建筑施工手册

（第五版）

2

《建筑施工手册》（第五版）编委会

中国建筑工业出版社

图书在版编目（CIP）数据

建筑施工手册 2/《建筑施工手册》（第五版）编委会. —5 版. 北京：中国建筑工业出版社，2011.12（2023.6重印）
ISBN 978-7-112-13692-6

Ⅰ.①建… Ⅱ.①建… Ⅲ.①建筑工程-工程施工-技术手册 Ⅳ.①TU7-62

中国版本图书馆 CIP 数据核字（2011）第 231902 号

《建筑施工手册》（第五版）共分 5 个分册，本册为第 2 分册。本书共分 7 章，主要内容包括：建筑施工测量；土石方及爆破工程；基坑工程；地基与桩基工程；脚手架工程；吊装工程；模板工程。

近年来，我国先后对建筑材料、建筑结构设计、建筑技术、建筑施工质量验收等标准、规范进行了全面的修订，并新颁布了多项规范、标准，本书修订紧密结合现行规范，符合新规范要求；对近年来发展较快的施工技术内容做了大量的补充，反映了住房和城乡建设部重点推广的新材料、新技术、新工艺；充分体现权威性、科学性、先进性、实用性、便捷性，内容更全面、更系统、更丰富、更新颖，是建筑施工技术人员的好参谋、好助手。

本书可供建筑施工工程技术人员、管理人员使用，也可供大专院校相关专业师生参考。

* * *

责任编辑：余永祯 范业庶 曾 威 万 李 王砾瑶
责任设计：李志立
责任校对：王誉欣 王雪竹

建 筑 施 工 手 册
（第 五 版）
2
《建筑施工手册》（第五版）编委会
*
中国建筑工业出版社出版、发行（北京西郊百万庄）
各地新华书店、建筑书店经销
北京红光制版公司制版
天津翔远印刷有限公司印刷
*
开本：787×1092 毫米 1/16 印张：69¼ 字数：1727 千字
2012 年 12 月第五版 2023 年 6 月第二十四次印刷
定价：**140.00** 元
ISBN 978-7-112-13692-6
（22776）

《建筑施工手册》（第五版）编委会

参编单位

同济大学
哈尔滨工业大学
东南大学
华东理工大学
上海建工一建集团有限公司
上海建工二建集团有限公司
上海建工四建集团有限公司
上海建工五建集团有限公司
上海建工七建集团有限公司
上海市机械施工有限公司
上海市基础工程有限公司
上海建工材料工程有限公司
上海市建筑构件制品有限公司
上海华东建筑机械厂有限公司
北京城建二建设工程有限公司
北京城建安装工程有限公司
北京城建勘测设计研究院有限责任公司
北京城建中南土木工程集团有限公司
北京市第三建筑工程有限公司
北京市建筑工程研究院有限责任公司
北京建工集团有限责任公司总承包部
北京建工博海建设有限公司
北京中建建筑科学研究院有限公司
全国化工施工标准化管理中心站
中建二局土木工程有限公司
中建钢构有限公司
中国建筑第四工程局有限公司
贵州中建建筑科研设计院有限公司
中国建筑第五工程局有限公司
中建五局装饰幕墙有限公司
中建（长沙）不二幕墙装饰有限公司
中国建筑第六工程局有限公司
中国建筑第七工程局有限公司
中建八局第一建设有限公司
中建八局第二建设有限公司
中建八局第三建设有限公司
中建八局第四建设有限公司
上海中建八局装饰装修有限公司
中建八局工业设备安装有限责任公司
中建土木工程有限公司
中建城市建设发展有限公司
中外园林建设有限公司
中国建筑装饰工程有限公司
深圳海外装饰工程有限公司
北京房地集团有限公司
中建电子工程有限公司
江苏扬安机电设备工程有限公司

第五版出版说明

《建筑施工手册》自1980年问世，1988年出版了第二版，1997年出版了第三版，2003年出版了第四版，作为建筑施工人员的常备工具书，长期以来在工程技术人员心中有着较高的地位，对促进工程技术进步和工程建设发展作出了重要的贡献。

近年来，建筑工程领域新技术、新工艺、新材料的应用和发展日新月异，我国先后对建筑材料、建筑结构设计、建筑技术、建筑施工质量验收等标准、规范进行了全面的修订，并陆续颁布出版。为使手册紧密结合现行规范，符合新规范要求，充分体现权威性、科学性、先进性、实用性、便捷性，内容更全面、更系统、更丰富、更新颖，我们对《建筑施工手册》（第四版）进行了全面修订。

第五版分5册，全书共37章，与第四版相比在结构和内容上有很大变化，主要为：

（1）根据建筑施工技术人员的实际需要，取消建筑施工管理分册，将第四版中"31施工项目管理"、"32建筑工程造价"、"33工程施工招标与投标"、"34施工组织设计"、"35建筑施工安全技术与管理"、"36建设工程监理"共计6章内容改为"1施工项目管理"、"2施工项目技术管理"两章。

（2）将第四版中"6土方与基坑工程"拆分为"8土石方及爆破工程"、"9基坑工程"两章；将第四版中"17地下防水工程"扩充为"27防水工程"；将第四版中"19建筑装饰装修工程"拆分为"22幕墙工程"、"23门窗工程"、"24建筑装饰装修工程"；将第四版中"22冬期施工"扩充为"21季节性施工"。

（3）取消第四版中"15滑动模板施工"、"21构筑物工程"、"25设备安装常用数据与基本要求"。在本版中增加"6通用施工机械与设备"、"18索膜结构工程"、"19钢—混凝土组合结构工程"、"30既有建筑鉴定与加固"、"32机电工程施工通则"。

同时，为了切实满足一线工程技术人员需要，充分体现作者的权威性和广泛性，本次修订工作在组织模式、表现形式等方面也进行了创新，主要有以下几个方面：

（1）本次修订采用由我社组织、单位参编的模式，以中国建筑工程总公司（中国建筑股份有限公司）为主编单位，以上海建工集团股份有限公司、北京城建集团有限责任公司、北京建工集团有限责任公司等单位为副主编单位，以同济大学等单位为参编单位。

（2）书后贴有网上增值服务标，凭ID、SN号可享受网络增值服务。增值服务内容由我社和编写单位提供，包括：标准规范更新信息以及手册中相应内容的更新；新工艺、新工法、新材料、新设备等内容的介绍；施工技术、质量、安全、管理等方面的案例；施工类相关图书的简介；读者反馈及问题解答等。

本手册修订、审稿过程中，得到了各编写单位及专家的大力支持和帮助，我们表示衷心地感谢；同时也感谢第一版至第四版所有参与编写工作的专家对我们出版工作的热情支持，希望手册第五版能继续成为建筑施工技术人员的好参谋、好助手。

中国建筑工业出版社

2012年12月

第五版执笔人

1

1 施工项目管理	赵福明 田金信 刘　杨 周爱民 姜　旭 张守健 李忠富 李晓东 尉家鑫 王　锋
2 施工项目技术管理	邓明胜 王建英 冯爱民 杨　峰 肖绪文 黄会华 唐　晓 王立营 陈文刚 尹文斌 李江涛
3 施工常用数据	王要武 赵福明 彭明祥 刘　杨 关　柯 宋福渊 刘长滨 罗兆烈
4 施工常用结构计算	肖绪文 王要武 赵福明 刘　杨 原长庆 耿冬青 张连一 赵志缙 赵　帆
5 试验与检验	李鸿飞 宫远贵 宗兆民 秦国平 邓有冠 付伟杰 曹旭明 温美娟 韩军旺 陈　洁 孟凡辉 李海军 王志伟 张　青
6 通用施工机械与设备	龚　剑 王正平 黄跃申 汪思满 姜向红 龚满哗 章尚驰

2

7 建筑施工测量	张晋勋 秦长利 李北超 刘　建 马全明 王荣权 罗华丽 纪学文 张志刚 李　剑 许彦特 任润德 吴来瑞 邓学才 陈云祥
8 土石方及爆破工程	李景芳 沙友德 张巧芬 黄兆利 江正荣
9 基坑工程	龚　剑 朱毅敏 李耀良 姜　峰 袁　芬 袁　勇 葛兆源 赵志缙 赵　帆
10 地基与桩基工程	张晋勋 金　淮 高文新 李　玲 刘金波 庞　炜 马　健 高志刚 江正荣
11 脚手架工程	龚　剑 王美华 邱锡宏 刘　群 尤雪春 张　铭 徐　伟 葛兆源 杜荣军 姜传库
12 吊装工程	张　琨 周　明 高　杰 梁建智 叶映辉
13 模板工程	张显来 侯君伟 毛凤林 汪亚东 胡裕新 王京生 安兰慧 崔桂兰 任海波 阎明伟 邵　畅

3

14 钢筋工程	秦家顺 沈兴东 赵海峰 王士群 刘广文 程建军 杨宗放

15 混凝土工程 龚 剑 吴德龙 吴 杰 冯为民 朱毅敏 汤洪家 陈尧亮 王庆生

16 预应力工程 李晨光 王 丰 仝为民 徐瑞龙 钱英欣 刘 航 周黎光 宋慧杰 杨宗放

17 钢结构工程 王 宏 黄 刚 戴立先 陈华周 刘 曙 李 迪 郑伟盛 赵志缙 赵 帆 王 辉

18 索膜结构工程 龚 剑 朱 骏 张其林 吴明儿 郝晨均

19 钢-混凝土组合结构工程 陈成林 丁志强 肖绪文 马荣全 赵锡玉 刘玉法

20 砌体工程 谭 青 黄延铮 朱维益

21 季节性施工 万利民 蔡庆军 刘桂新 赵亚军 王桂玲 项翥行

22 幕墙工程 李水生 贺雄英 李群生 李基顺 张 权 侯君伟

23 门窗工程 张晓勇 戈祥林 葛乃剑 黄 贵 朱帷财 唐际宇 王寿华

4

24 建筑装饰装修工程 赵福明 高 岗 王 伟 谷晓峰 徐 立 刘 杨 邓 力 王文胜 陈智坚 罗春雄 曲彦斌 白 洁 宓文喆 李世伟 侯君伟

25 建筑地面工程 李忠卫 韩兴争 王 涛 金传东 赵 俭 王 杰 熊杰民

26 屋面工程 杨秉钧 朱文键 董 曦 谢 群 葛 磊 杨 东 张文华 项桦太

27 防水工程 李雁鸣 刘迎红 张 建 刘爱玲 杨玉苹 谢 婧 薛振东 邹爱玲 吴 明 王 天

28 建筑防腐蚀工程 侯锐钢 王瑞堂 芦 天 修良军

29 建筑节能与保温隔热工程 费慧慧 张 军 刘 强 肖文凤 孟庆礼 梅晓丽 鲍宇清 金鸿祥 杨善勤

30 既有建筑鉴定与加固改造 薛 刚 吴学军 邓美龙 陈 娣 李金元 张立敏 王林枫

31 古建筑工程 赵福明 马福玲 刘大可 马炳坚 路化林 蒋广全 王金满 安大庆 刘 杨 林其浩 谭 放 梁 军

5

32 机电工程施工通则 刘 青 韦 薇 鞠 东

33	建筑给水排水及采暖工程	纪宝松	张成林	曹丹桂	陈　静	孙　勇
		赵民生	王建鹏	邵　娜	刘　涛	苗冬梅
		赵培森	王树英	田会杰	王志伟	
34	通风与空调工程	孔祥建	向金梅	王　安	王　宇	李耀峰
		吕善志	鞠硕华	刘长庚	张学助	孟昭荣
35	建筑电气安装工程	王世强	谢刚奎	张希峰	陈国科	章小燕
		王建军	张玉年	李显煜	王文学	万金林
		高克送	陈御平			
36	智能建筑工程	苗　地	邓明胜	崔春明	薛居明	庞　晖
		刘　森	郎云涛	陈文晖	刘亚红	霍冬伟
		张　伟	孙述璞	张青虎		
37	电梯安装工程	李爱武	刘长沙	李本勇	秦　宾	史美鹤
		纪学文				

手册第五版审编组成员（按姓氏笔画排列）

卜一德　马荣华　叶林标　任俊和　刘国琦　李清江　杨嗣信　汪仲琦　张学助
张金序　张婀娜　陆文华　陈秀中　赵志缙　侯君伟　施锦飞　唐九如　韩东林

出版社审编人员

胡永旭　余永祯　刘　江　郦锁林　周世明　曲汝铎　郭　栋　岳建光　范业庶
曾　威　张伯熙　赵晓菲　张　磊　万　李　王砾瑶

第四版出版说明

《建筑施工手册》自1980年出版问世，1988年出版了第二版，1997年出版了第三版。由于近年来我国建筑工程勘察设计、施工质量验收、材料等标准规范的全面修订，新技术、新工艺、新材料的应用和发展，以及为了适应我国加入WTO以后建筑业与国际接轨的形势，我们对《建筑施工手册》（第三版）进行了全面修订。此次修订遵循以下原则：

1. 继承发扬前三版的优点，充分体现出手册的权威性、科学性、先进性、实用性，同时反映我国加入WTO后，建筑施工管理与国际接轨，把国外先进的施工技术、管理方法吸收进来。精心修订，使手册成为名副其实的精品图书，畅销不衰。

2. 近年来，我国先后对建筑材料、建筑结构设计、建筑工程施工质量验收规范进行了全面修订并实施，手册修订内容紧密结合相应规范，符合新规范要求，既作为一本资料齐全、查找方便的工具书，也可作为规范实施的技术性工具书。

3. 根据国家施工质量验收规范要求，增加建筑安装技术内容，使建筑安装施工技术更完整、全面，进一步扩大了手册实用性，满足全国广大建筑安装施工技术人员的需要。

4. 增加补充建设部重点推广的新技术、新工艺、新材料，删除已经落后的、不常用的施工工艺和方法。

第四版仍分5册，全书共36章。与第三版相比，在结构和内容上有很大变化，第四版第1、2、3册主要介绍建筑施工技术，第4册主要介绍建筑安装技术，第5册主要介绍建筑施工管理。与第三版相比，构架不同点在于：(1) 建筑施工管理部分内容集中单独成册；(2) 根据国家新编建筑工程施工质量验收规范要求，增加建筑安装技术内容，使建筑施工技术更完整、全面；(3) 将第三版其中22装配式大板与升板法施工、23滑动模板施工、24大模板施工精简压缩成滑动模板施工一章；15木结构工程、27门窗工程、28装饰工程合并为建筑装饰装修工程一章；根据需要，增加古建筑施工一章。

第四版由中国建筑工业出版社组织修订，来自全国各施工单位、科研院校、建筑工程施工质量验收规范编制组等专家、教授共61人组成手册编写组。同时成立了《建筑施工手册》（第四版）审编组，在中国建筑工业出版社主持下，负责各章的审稿和部分章节的修改工作。

本手册修订、审稿过程中，得到了很多单位及个人的大力支持和帮助，我们表示衷心地感谢。

第四版总目（主要执笔人）

32 建筑工程造价　　丛培经
33 工程施工招标与投标　　张 琰 郝小兵
34 施工组织设计　　关 柯 王长林 董玉学 刘志才
35 建筑施工安全技术与管理　　杜荣军
36 建设工程监理　　张 莹 张稚麟

手册第四版审编组成员（按姓氏笔画排列）

王寿华 王家隽 朱维益 吴之昕 张学助 张 琰 张惠宗
林贤光 陈御平 杨嗣信 侯君伟 赵志缙 黄崇国 彭圣浩

出版社审编人员

胡永旭 余永祯 周世明 林婉华 刘 江 时咏梅 郦锁林

第三版出版说明

《建筑施工手册》自1980年出版问世，1988年出版了第二版。从手册出版、二版至今已16年，发行了200余万册，施工企业技术人员几乎人手一册，成为常备工具书。这套手册对于我国施工技术水平的提高，施工队伍素质的培养，起了巨大的推动作用。手册第一版荣获1971～1981年度全国优秀科技图书奖。第二版荣获1990年建设部首届全国优秀建筑科技图书部级奖一等奖。在1991年8月5日的新闻出版报上，这套手册被誉为"推动着我国科技进步的十部著作"之一。同时，在港、澳地区和日本、前苏联等国，这套手册也有相当的影响，享有一定的声誉。

近十年来，随着我国经济的振兴和改革的深入，建筑业的发展十分迅速，各地陆续兴建了一批对国计民生有重大影响的重点工程，高层和超高层建筑如雨后春笋，拔地而起。通过长期的工程实践和技术交流，我国建筑施工技术和管理经验有了长足的进步，积累了丰富的经验。与此同时，许多新的施工验收规范、技术规程、建筑工程质量验评标准及有关基础定额均已颁布执行。这一切为修订《建筑施工手册》第三版创造了条件。

现在，我们奉献给读者的是《建筑施工手册》(第三版)。第三版是跨世纪的版本，修订的宗旨是：要全面总结改革开放以来我国在建筑工程施工中的最新成果，最先进的建筑施工技术，以及在建筑业管理等软科学方面的改革成果，使我国在建筑业管理方面逐步与国际接轨，以适应跨世纪的要求。

新推出的手册第三版，在结构上作了调整，将手册第二版上、中、下3册分为5个分册，共32章。第1、2分册为施工准备阶段和建筑业管理等各项内容，分10章介绍；除保留第二版中的各章外，增加了建设监理和建筑施工安全技术两章。3～5册为各分部工程的施工技术，分22章介绍；将第二版各章在顺序上作了调整，对工程中应用较少的技术，作了合并或简化，如将砌块工程并入砌体工程，预应力板柱并入预应力工程，装配式大板与升板工程合并；同时，根据工程技术的发展和国家的技术政策，补充了门窗工程和建筑节能两部分。各章中着重补充近十年采用的新结构、新技术、新材料、新设备、新工艺，对建设部颁发的建筑业"九五"期间重点推广的10项新技术，在有关各章中均作了重点补充。这次修订，还将前一版中存在的问题作了订正。各章内容均符合国家新颁规范、标准的要求，内容范围进一步扩大，突出了资料齐全、查找方便的特点。

我们衷心地感谢广大读者对我们的热情支持。我们希望手册第三版继续成为建筑施工技术人员工作中的好参谋、好帮手。

1997年4月

手册第三版主要执笔人

第1册

1 常用数据　　关　柯　刘长滨　罗兆烈

2	施工常用结构计算	赵志缙　赵　帆
3	材料试验与结构检验	项翥行
4	施工测量	吴来瑞　陈云祥
5	脚手架工程和垂直运输设施	杜荣军　姜传库
6	建筑施工安全技术和管理	杜荣军

第2册

7	施工组织设计和项目管理	关　柯　王长林　田金信　刘志才　董玉学　周爱民
8	建筑工程造价	唐连珏
9	工程施工的招标与投标	张　琰
10	建设监理	张稚麟

第3册

11	土方与爆破工程	江正荣　赵志缙　赵　帆
12	地基与基础工程	江正荣
13	地下防水工程	薛振东
14	砌体工程	朱维益
15	木结构工程	王寿华
16	钢结构工程	赵志缙　赵　帆　范懋达　王　辉

第4册

17	模板工程	侯君伟　赵志缙
18	钢筋工程	杨宗放
19	混凝土工程	徐　帆
20	预应力混凝土工程	杨宗放　杜荣军
21	混凝土结构吊装工程	梁建智　叶映辉　赵志缙
22	装配式大板与升板法施工	侯君伟　戎　贤　朱维益　张晋元　孙　克
23	滑动模板施工	毛凤林
24	大模板施工	侯君伟　赵志缙

第5册

25	屋面工程	杨　扬　项桦太
26	建筑地面工程	熊杰民
27	门窗工程	王寿华
28	装饰工程	侯君伟
29	防腐蚀工程	芦　天　侯锐钢　白　月　陆士平
30	工程构筑物	王寿华
31	冬季施工	项翥行
32	隔热保温工程与建筑节能	张竹荪

第二版出版说明

《建筑施工手册》（第一版）自 1980 年出版以来，先后重印七次，累计印数达 150 万册左右，受到广大读者的欢迎和社会的好评，曾荣获 1971～1981 年度全国优秀科技图书奖。不少读者还对第一版的内容提出了许多宝贵的意见和建议，在此我们向广大读者表示深深的谢意。

近几年，我国执行改革、开放政策，建筑业蓬勃发展，高层建筑日益增多，其平面布局、结构类型复杂、多样，各种新的建筑材料的应用，使得建筑施工技术有了很大的进步。同时，新的施工规范、标准、定额等已颁布执行，这就使得第一版的内容远远不能满足当前施工的需要。因此，我们对手册进行了全面的修订。

手册第二版仍分上、中、下三册，以量大面广的一般工业与民用建筑，包括相应的附属构筑物的施工技术为主。但是，内容范围较第一版略有扩大。第一版全书共 29 个项目，第二版扩大为 31 个项目，增加了“砌块工程施工”和“预应力板柱工程施工”两章。并将原第 3 章改名为“施工组织与管理”、原第 4 章改名为“建筑工程招标投标及工程概预算”、原第 9 章改名为“脚手架工程和垂直运输设施”、原第 17 章改名为“钢筋混凝土结构吊装”、原第 18 章改名为“装配式大板工程施工”。除第 17 章外，其他各章均增加了很多新内容，以更适应当前施工的需要。其余各章均作了全面修订，删去了陈旧的和不常用的资料，补充了不少新工艺、新技术、新材料，特别是施工常用结构计算、地基与基础工程、地下防水工程、装饰工程等章，修改补充后，内容更为丰富。

手册第二版根据新的国家规范、标准、定额进行修订，采用国家颁布的法定计量单位，单位均用符号表示。但是，对个别计算公式采用法定计量单位计算数值有困难时，仍用非法定单位计算，计算结果取近似值换算为法定单位。

对于手册第一版中存在的各种问题，这次修订时，我们均尽可能一一作了订正。

在手册第二版的修订、审稿过程中，得到了许多单位和个人的大力支持和帮助，我们衷心地表示感谢。

手册第二版主要执笔人

上　册

项目名称	修订者
1. 常用数据	关　柯　刘长滨
2. 施工常用结构计算	赵志缙　应惠清　陈　杰
3. 施工组织与管理	关　柯　王长林　董五学　田金信
4. 建筑工程招标投标及工程概预算	侯君伟
5. 材料试验与结构检验	项翥行
6. 施工测量	吴来瑞　陈云祥

7. 土方与爆破工程 江正荣
8. 地基与基础工程 江正荣 朱国梁
9. 脚手架工程和垂直运输设施 杜荣军

中　册

10. 砖石工程 朱维益
11. 木结构工程 王寿华
12. 钢结构工程 赵志缙 范懋达 王 辉
13. 模板工程 王壮飞
14. 钢筋工程 杨宗放
15. 混凝土工程 徐 帆
16. 预应力混凝土工程 杨宗放
17. 钢筋混凝土结构吊装 朱维益
18. 装配式大板工程施工 侯君伟

下　册

19. 砌块工程施工 张稚麟
20. 预应力板柱工程施工 杜荣军
21. 滑升模板施工 王壮飞
22. 大模板施工 侯君伟
23. 升板法施工 朱维益
24. 屋面工程 项桦太
25. 地下防水工程 薛振东
26. 隔热保温工程 韦延年
27. 地面与楼面工程 熊杰民
28. 装饰工程 侯君伟 徐小洪
29. 防腐蚀工程 侯君伟
30. 工程构筑物 王寿华
31. 冬期施工 项翥行

1988 年 12 月

第一版出版说明

《建筑施工手册》分上、中、下三册，全书共二十九个项目。内容以量大面广的一般工业与民用建筑，包括相应的附属构筑物的施工技术为主，同时适当介绍了各工种工程的常用材料和施工机具。

手册在总结我国建筑施工经验的基础上，系统地介绍了各工种工程传统的基本施工方法和施工要点，同时介绍了近年来应用日广的新技术和新工艺。目的是给广大施工人员，特别是基层施工技术人员提供一本资料齐全、查找方便的工具书。但是，就这个本子看来，有的项目新资料收入不多，有的项目写法上欠简练，名词术语也不尽统一；某些规范、定额，因为正在修订中，有的数据规定仍取用旧的。这些均有待再版时，改进提高。

本手册由国家建筑工程总局组织编写，共十三个单位组成手册编写组。北京市建筑工程局主持了编写过程的编辑审稿工作。

本手册编写和审查过程中，得到各省市基建单位的大力支持和帮助，我们表示衷心的感谢。

手册第一版主要执笔人

上　　册

1. 常用数据	哈尔滨建筑工程学院	关　柯　陈德蔚
2. 施工常用结构计算	同济大学	赵志缙　周士富 潘宝根
	上海市建筑工程局	黄进生
3. 施工组织设计	哈尔滨建筑工程学院	关　柯　陈德蔚 王长林
4. 工程概预算	镇江市城建局	左鹏高
5. 材料试验与结构检验	国家建筑工程总局第一工程局	杜荣军
6. 施工测量	国家建筑工程总局第一工程局	严必达
7. 土方与爆破工程	四川省第一机械化施工公司	郭瑞田
	四川省土石方公司	杨洪福
8. 地基与基础工程	广东省第一建筑工程公司	梁　润
	广东省建筑工程局	郭汝铭
9. 脚手架工程	河南省第四建筑工程公司	张肇贤

中　　册

10. 砌体工程	广州市建筑工程局	余福荫
	广东省第一建筑工程公司	伍于聪
	上海市第七建筑工程公司	方　枚

11. 木结构工程	山西省建筑工程局	王寿华
12. 钢结构工程	同济大学	赵志缙　胡学仁
	上海市华东建筑机械厂	郑正国
	北京市建筑机械厂	范懋达
13. 模板工程	河南省第三建筑工程公司	王壮飞
14. 钢筋工程	南京工学院	杨宗放
15. 混凝土工程	江苏省建筑工程局	熊杰民
16. 预应力混凝土工程	陕西省建筑科学研究院	徐汉康　濮小龙
	中国建筑科学研究院	
	建筑结构研究所	裴　骕　黄金城
17. 结构吊装	陕西省机械施工公司	梁建智　于近安
18. 墙板工程	北京市建筑工程研究所	侯君伟
	北京市第二住宅建筑工程公司	方志刚

下　　册

19. 滑升模板施工	河南省第三建筑工程公司	王壮飞
	山西省建筑工程局	赵全龙
20. 大模板施工	北京市第一建筑工程公司	万嗣诠　戴振国
21. 升板法施工	陕西省机械施工公司	梁建智
	陕西省建筑工程局	朱维益
22. 屋面工程	四川省建筑工程局建筑工程学校	刘占罴
23. 地下防水工程	天津市建筑工程局	叶祖涵　邹连华
24. 隔热保温工程	四川省建筑科学研究所	韦延年
	四川省建筑勘测设计院	侯远贵
25. 地面工程	北京市第五建筑工程公司	白金铭　阎崇贵
26. 装饰工程	北京市第一建筑工程公司	凌关荣
	北京市建筑工程研究所	张兴大　徐晓洪
27. 防腐蚀工程	北京市第一建筑工程公司	王伯龙
28. 工程构筑物	国家建筑工程总局第一工程局二公司	陆仁元
	山西省建筑工程局	王寿华　赵全龙
29. 冬季施工	哈尔滨市第一建筑工程公司	吕元骐
	哈尔滨建筑工程学院	刘宗仁
	大庆建筑公司	黄可荣

手册编写组组长单位　北京市建筑工程局（主持人：徐仁祥　梅　璋　张悦勤）
手册编写组副组长单位　国家建筑工程总局第一工程局（主持人：俞佾文）
同济大学（主持人：赵志缙　黄进生）
手册审编组成员　王壮飞　王寿华　朱维益　张悦勤　项翥行　侯君伟　赵志缙
出版社审编人员　夏行时　包瑞麟　曲士蕴　李伯宁　陈淑英　周　谊　林婉华
胡凤仪　徐竞达　徐焰珍　蔡秉乾

1980年12月

总目录

目 录

7 建筑施工测量

8 土石方及爆破工程

9 基坑工程

10　地基与桩基工程

11　脚手架工程

12 吊装工程

13 模板工程

7　建筑施工测量

建筑施工测量是工程测量的重要组成部分，是为建筑工程施工提供全过程、全方位的测绘保障和服务的一项重要技术工作，对保障建筑工程施工质量具有不可替代的作用。

施工测量主要工作包括施工控制测量、建筑场地测量、基础施工测量、结构施工测量、装饰测量、设备安装测量、竣工测量以及为了解建筑工程和建筑环境在施工期间的安全所进行的变形监测等内容。

7.1　施工测量前期准备工作

施工测量前期准备工作，一般包括：施工资料的收集分析、红线点和测量控制点的交接与复测、测量方案编制以及测量仪器和工具的检验校正等。

7.1.1　施工资料收集、分析

施工测量前，应根据建设工程的要求和施工类型、规模、特点、进度计划安排等，全面收集有关的施工资料，分析其可用性和可靠性，并对数据关系等进行必要的复核。

7.1.1.1　资料收集

为了满足工程施工和施工测量的需要，一般需要收集的资料有：

1. 城市规划部门的建设用地规划审批图及说明；

2. 建设用地红线点测绘成果资料和测量平面控制点、高程控制点；

3. 总平面图、建筑施工图、结构施工图、设备施工图等施工设计图纸与有关变更文件；

4. 施工组织设计或施工方案；

5. 工程勘察报告；

6. 施工场区地形、地下管线、建（构）筑物等测绘成果。

7.1.1.2　资料分析

1. 城市规划部门的建设用地规划审批文件的分析

各类工程建设都是经过国家规划管理部门统筹规划并通过审批的。规划用地批复文件，都明确地规定了用地的使用面积、范围、性质、与周边位置关系、建筑高度限制等重要规划指标和要求，是建设用地使用时必须遵守的。因此必须认真分析和理解规划数据和要求。

2. 施工设计图纸与有关变更文件的分析

建筑施工是按设计图纸进行施工的过程，对施工设计图纸与有关变更文件的分析就是对设计要素和条件的了解、掌握与消化、分析的过程，以便指导施工测量工作。

7.1.1.3　测绘成果资料和测量控制点的交接与复测

建设用地红线点成果，既是确定建设位置详细的成果资料，同时也是施工测量的重要依据。首先要到现场通过正式交接，实地确认桩点完好情况，交接后要对其进行复测，以检核红线点成果坐标和边角关系。

测量所依据的平面和高程控制点，是施工测量放样定位的依据，一般平面坐标点不应少于三个、高程控制点不应少于两个。对测量控制点，同样通过正式交接确定桩点和测量控制点的完好性，并对平面控制点间的几何关系进行检测，其中角度限差为$\pm 60''$，点位限差为$\pm$50mm，边长相对误差 1/2500，对高程控制点按附合水准路线进行检测，允许闭合差为$\pm 10\sqrt{n}$mm（n 为测站数）。

7.1.2　施工测量方案编制

施工测量方案是编制施工方案的重要内容之一。施工测量方案应包括施工准备测量、临时设施测量、管线改移测量、主体施工测量、附属设施及配套工程施工测量、工程监控测量以及竣工验收测量等。对于特殊工程，还应编制专项测量方案。

7.1.2.1　施工测量方案编制基本要求

施工测量方案编制要遵守有依据性、全面性、合理性、针对性等基本要求。主要包括：编制施工测量方案的依据、编制施工测量方案的基本原则和施工测量方案的基本内容。

7.1.2.2　施工测量方案编制提纲

施工测量方案编制提纲内容主要包括：工程概况、任务要求、施工测量技术依据、施工测量方法、施工测量技术要求、起始依据点的检测、施工控制测量、建筑场地测量、基础施工测量、结构施工测量、装饰测量、设备安装测量、竣工测量、变形监测、安全和质量保证与具体措施、成果资料整理与提交等。

施工测量方案编制提纲内容可根据施工测量任务的大小与复杂程度，对上述内容进行选择。例如建筑小区工程、大型复杂建筑物、特殊工程的施工测量内容多，其方案编制可按上述提纲的内容编写，对于小型、简单建筑工程施工测量内容较少，可根据所涉及的工作进行施工测量方案编制。

7.2　测量仪器及其检校

7.2.1　常用测量仪器介绍

目前，在建筑施工测量中，常用测量仪器有 GPS 接收机、经纬仪、全站仪、水准仪、激光垂准仪和激光扫平仪等。

7.2.1.1　GPS 接收机

1. 概述

GPS 是 Global Positioning System 的简称，即全球卫星定位系统，通常意义上的 GPS 是指美国全球卫星定位系统。除了美国的全球卫星定位系统外，还有我国的“北斗”、欧洲的“伽利略”、俄罗斯的“格洛纳斯”等系统。

GPS 接收机有单频与双频之分，双频机最适宜于中、长基线（大于 20km）测量，具有快速静态测量的功能，可升级为 RTK 功能；单频机适宜于小于 20km 的短基线测量。RTK 系统由 GPS 接收设备、无线电通信设备、电子手簿及配套设备组成，具有操作简便、实时可靠、厘米级精度等特点，可以满足数据采集和工程放样的要求。

2. GPS 的组成

(1) 空间部分：由分布在 6 个轨道面上的 24 颗卫星组成，卫星上安置了精确的原子钟、发射和接收系统等装置；

(2) 地面控制部分：由主控站（负责管理、协调整个地面系统的工作）、注入站（即地面天线，在主控站的控制下向卫星注入导航电文和其他命令）、监测站（数据自动收集中心）和通信辅助系统（数据传输）组成；

(3) 用户装置部分：由天线、接收机、微处理机和输入输出设备组成。

3. GPS 测量应用特点

在施工测量中，GPS 测量具有精度高、测站间无需通视、选点灵活、观测时间短、仪器操作简便、全天候作业、提供三维坐标等特点。

7.2.1.2 经纬仪和全站仪

1. 经纬仪

(1) 经纬仪主要组成

经纬仪是角度测量仪器，由照准部、水平度盘和基座三部分组成。其中照准部由望远镜、竖盘、水准器、读数显微镜与横轴等部分组成；水平度盘部分由水平度盘、度盘变换手轮或复测手柄组成；基座由连接板和三个脚螺旋组成。

(2) 经纬仪的主要轴及其相互关系

1) 视准轴：指望远镜的物镜光心与十字丝交点的连线。视准轴应垂直于横轴。

2) 横轴：望远镜的旋转轴。横轴应与竖轴垂直。

3) 竖轴：照准部在水平方向的旋转轴。竖轴应垂直于管水准器轴。

4) 管水准器轴和圆水准器轴：过水准管零点的圆弧切线，即为管水准器轴；圆水准器球面顶点和球心的连线，即为圆水准器轴。管水准器轴应水平，圆水准器轴应竖直。管水准器气泡居中，表示管水准轴水平；圆水准器气泡居中，表示圆水准器轴竖直。

(3) 经纬仪的对中和整平

1) 对中，对中目的是使水平度盘中心与测站点位于同一铅垂线上。其具体步骤为：

①安置三脚架于测站上，使其高度适宜（约与心脏部位等高），脚架头大致处于水平位置，并使架头中心尽可能对准测站点；

②在脚架头上安上经纬仪、拧紧中心螺旋。稍稍提起靠近自己的两条三脚架腿，前后左右平移，同时观察光学对中器对准测站点，平移时注意保持架头水平。当仪器整平后对中器少许偏离测站点时，可稍稍松动中心螺旋，使仪器在架头上移动，直至对中器对准测站点，然后拧紧中心螺旋。对中误差一般应小于 1mm。

2) 整平，整平目的是使仪器竖轴竖直，水平度盘处于水平位置。其具体步骤为：

①当对中器对准测站点后，踩紧三脚架的三条架腿，伸缩其中两条架腿使圆水准气泡居中；

②转动照准部，使水准管平行于任意两个脚螺旋的连线。两手同时相对旋转这两个脚

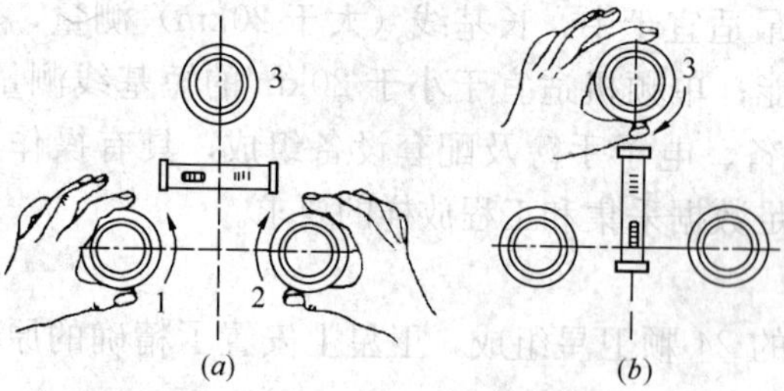

图 7-1　经纬仪的整平

螺旋，使水准管气泡居中（气泡移动的方向和左手拇指的转动方向相一致），如图 7-1（*a*）；

③将照准部转动 90°，使水准管与前一位置相垂直，旋转第三个脚螺旋使水准管气泡再次居中，如图 7-1（*b*）。

如此反复多次，直至照准部位于任何位置气泡均居中为止。

（4）度盘变换轮或复测手柄

对于一般设有度盘变换轮的仪器，转动度盘变换轮即可变换度盘使之转到需要的读数上，以达到配置水平度盘读数的目的。对复测型经纬仪，未设度盘变换轮，但设有复测手柄。利用复测手柄可使水平度盘和游标盘或作相对转动，或一起转动，以达配置水平度盘读数和进行复测法测角。

（5）经纬仪的读数

经纬仪目前一般有两种读数方法：分微尺读数法和测微器读数法，分述于下：

1）分微尺读数法：先读出位于分微尺上的一根度盘分划线的整度读数，再加上分划线所指示的分微尺上的分秒数。

2）测微器读数法：先转动测微螺旋，移动双平行丝指标线使之夹准度盘的一条分划线。然后读出此度盘分划注记的读数，再加上单指标线在测微尺上所指的分划数。

2. 全站仪简介

全站仪是一种集测角、测距、计算记录于一体的测量仪器。在实际应用中，只要将各种固定参数（如测站坐标、仪器高、仪器照准差、指标差、棱镜参数、气温、气压等）预先置入仪器，然后照准目标上的反射镜，启动仪器，就可获得水平角、水平距或目标的 *X*、*Y*、*Z* 坐标，且这些观测值都已经过多项改正，并显示在仪器的显示屏上。同时，数据记录在随机的存储器或外置的电子手簿当中，并利用随机的软件进行预处理，内业时直接传输到 PC（个人电脑）中，大大提高了作业的精度和效率。

全站仪大都有角度测量模式、距离测量模式、坐标测量模式、偏心测量模式等功能，其中在角度测量模式下可使仪器水平角置零、水平角读数锁定、从键盘输入设置水平角、设置倾斜改正、设置角度重复测量模式、垂直角及坡度显示等；在距离测量模式下设置距离精测或跟踪模式、偏心测量模式、放样测量模式等；在坐标测量模式下也可设置偏心测量模式等。根据测量任务和目的，利用全站仪可以进行待定点坐标测量、导线测量、后方交会、坐标放样等。

全站仪安置与经纬仪相同，但各个厂家生产的全站仪功能和特点不一样，由于全站仪型号较多，篇幅所限不再详述，每款全站仪具体的功能和特点详见各仪器说明书。

7.2.1.3　水准仪

水准仪是进行高程测量的仪器，水准测量是采用水准仪和水准尺测定地面点高程的一种方法，该方法在高程测量中普遍采用。

随着数字技术的发展，数字电子水准仪相继出现，实现了水准标尺的精密照准、标尺读数、数据储存和处理等数据采集的自动化，从而减轻了水准测量的劳动强度，提高了测量成果质量。

(1) 普通水准仪

普通水准仪包括DS3中等精度以下水准仪，主要分为光学微倾式水准仪和光学自动安平水准仪。其中光学微倾式水准仪用圆水准器进行粗略整平，水准管进行精确整平。每对准一个方向，就要调平一次水准管。水准管上安装有一组棱镜，把气泡两端各半个影像反射到望远镜左侧的观察镜中，当两半个气泡对称时，气泡居中，则仪器水平，如图7-2所示。由于微倾式水准仪对环境要求高，尤其是多风地区，使用难度较大，已经较少使用。

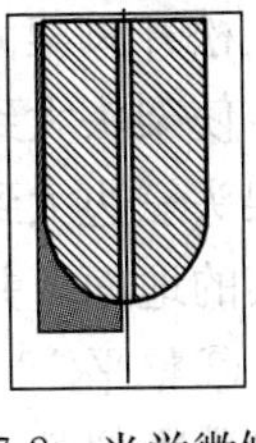

图7-2 光学微倾式水准仪气泡

(2) 光学自动安平水准仪

光学自动安平水准仪见图7-3所示。

光学自动安平水准仪取消了水准管及微倾螺旋，增加了光学补偿器，以补偿视准轴微小倾斜，但光学补偿器补偿能力有限，因此在使用自动安平水准仪时，应将圆水准器气泡居中。

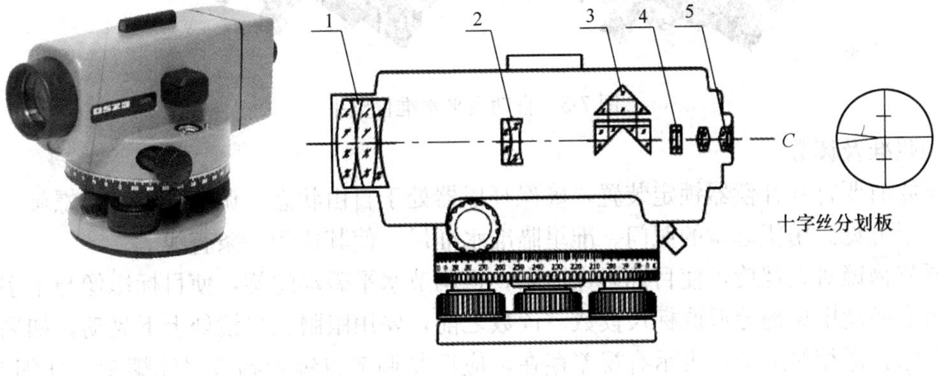

图7-3 光学自动安平水准仪

1—物镜；2—物镜调焦透镜；3—补偿器棱镜组；4—十字丝分划板；5—目镜

1) 光学自动安平水准仪的构造

目前使用最为广泛的是DS3级光学自动安平的水准仪（图7-3），它由望远镜、水准器、基座3部分组成。其中望远镜由物镜、目镜、十字丝分划板和调焦透镜等主要部件组成。旋转物镜调焦螺旋，对光（调焦）透镜可沿光轴前后移动，使远近不同距离目标反射来的光线，通过物镜构成影像落在固定的十字丝分划板上。目镜的作用是放大十字丝平面上的影像，转动目镜调焦螺旋，目镜前后移动，使不同视力的观测者能通过目镜清晰地看到放大的影像。

图7-4中纵横十字线称为十字丝，垂直于纵轴的上下短横线，称为视距丝，视距丝可配合水准尺测定立尺点至仪器间的距离。一般水准仪，都是用上下丝读数之差乘以100计算仪器至尺之间的距离。十字丝分划板装在十字丝环内，并用4个压环螺钉固定在望远镜的镜筒上。

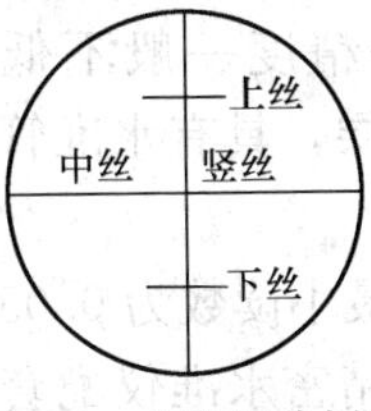

图7-4 十字丝分划板

2) 水准仪操作

①置架

松开脚架固定螺旋，抽出三条活动架腿，使三条架腿大约等长，高度适中，张开架腿，使架头大致水平。在斜坡上置架时，应两腿置于坡下，一腿置于坡上。仪器基座三边与架头三边大致平行，拧紧连接螺旋后，将仪器的 3 个脚螺旋调到等高。架设水准仪要选坚实的地面，并将架腿尖角牢固地插入土中。

②整平

水准仪整平同经纬仪。整平时，如果气泡无法调至水准器中间的圆圈内，说明架头不水平的程度超出圆水准器的调整范围，此时应再将脚螺旋全部调至等高位置，调整与圆水准器气泡方向相同或相反的架腿，将气泡调至靠近圆圈的位置后，再重新整平后即可使用，如图 7-5 所示。

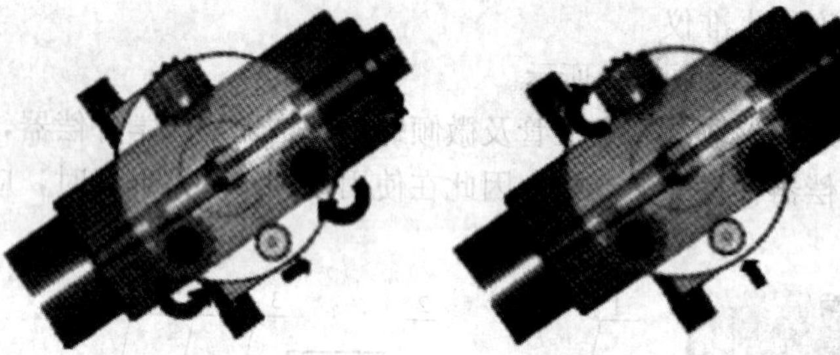

图 7-5　自动安平水准仪整平

③照准及读数

读数前要打开补偿器锁定装置，确保补偿器处于自由状态。调节目镜对光螺旋，使十字丝清晰可见。用望远镜的照门、准星瞄准水准尺，使其成为一条直线。

调节物镜对光螺旋，使目标影像清晰，再调节水平微动螺旋，使目标影像与十字丝重合，用十字丝中央部分截取标尺读数。读数之前，要用眼睛在目镜处上下晃动，如果十字丝与目标影像相对运动，表示有视差存在，应反复调节目镜和物镜对光螺旋，仔细对光，消除视差。

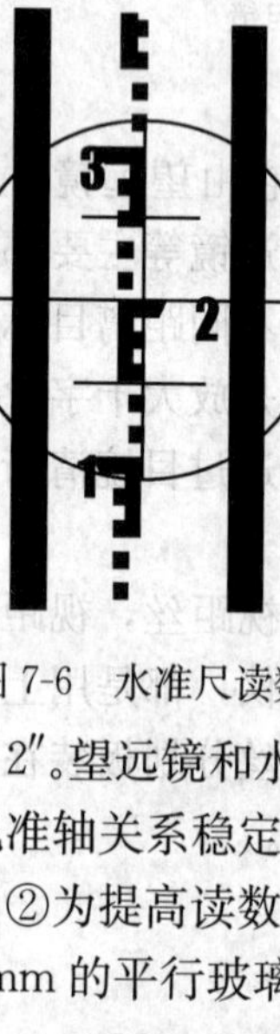

图 7-6　水准尺读数

消除视差后，如果目标清晰，圆水准器气泡居中即可开始读数，图 7-6 中所对应的读数为 0.204m。

(3) 精密水准仪

DS05 级和 DS1 级水准仪属精密水准仪，主要用于国家一、二级等水准测量和高精度的工程测量。

1) 精密水准仪特点

精密水准仪同样由望远镜、水准器、基座 3 部分组成。此外还具有以下特点：

①为提高视线整平精度，仪器配有符合水准器，水准管分划值一般为 (8″～10″) /2mm，精密水准仪的整平精度一般不低于 ±0.2″。望远镜和水准器的外套用因瓦合金铸成，有的仪器还装有隔热层，具有水准管轴与视准轴关系稳定的特点。

②为提高读数精度，望远镜的放大倍率一般不小于 40 倍，并配有最小读数为 0.05～0.1mm 的平行玻璃板测微器和楔形丝。此外，还有一对精密水准尺与精密水准仪配套使

用，测量时必须使用这种水准尺，否则就不能达到精密水准测量精度要求。

③平行玻璃板测微器（图 7-7）

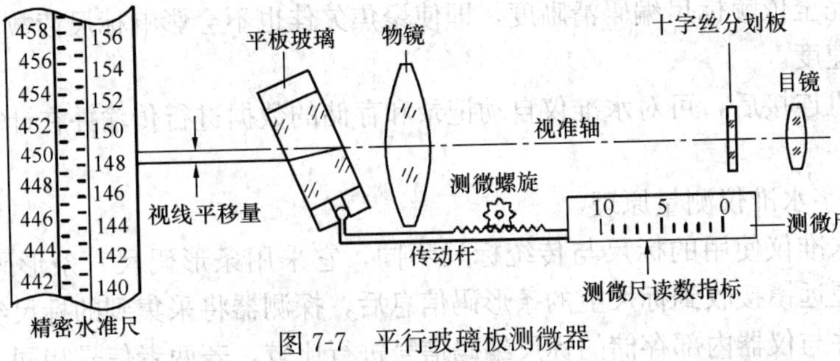

图 7-7　平行玻璃板测微器

在望远镜物镜前，有一平行玻璃板，通过带齿条的传动杆与测微分划尺和测微螺旋相连。传动杆推动平行玻璃板前后倾斜，通过平行玻璃板的水平视线在垂直面上平行移动，其移动量可在目镜旁的读数显微镜读出。分划尺上有 100 个分划，每移动一个分划，反映视线在垂直面上平移 0.1mm，100 个分划的平移总量为 10mm，恰好为测微螺旋旋转一周，即测微螺旋的周值。

2）精密水准尺

与精密水准仪配套使用的精密水准尺，称因瓦水准尺，该尺是在木制尺身的刻槽内装厚 1mm，宽 26mm 的因瓦尺带，底端固定，另一端用弹簧拉紧。尺上一般有左右两排分划，右侧为基本分划，左侧为辅助分划，数字注记在木尺边上，彼此相差 K 值，供测量校核使用。有的尺没有辅助分划，而是将基本分划按左右分为基、偶两排，方便读数。因瓦水准尺以 1cm 注记，但有 1cm、0.5cm 两种分划，0.5cm 分划的实际值为读数的 1/2，而且该尺与测微螺旋周值为 5mm 的水准仪配套使用。1cm 分划的水准尺应与周值 10mm 的仪器配套使用。

3）操作程序

除了读数方法以外，精密水准仪的操作与 DS3 水准仪基本相同。读数时先转动测微螺旋，使望远镜中的楔形横丝夹住尺上的就近分划，然后在尺上读出厘米及以上的读数。图 7-8 所示是分划值为 5mm、注记 lcm 的精密水准尺，读数为 1.73m。在望远镜旁边的读数显微镜中读出厘米以下的分微值，图 7-8 为 19 格，则该次观测的实际值为（1730mm＋19×0.05mm）/2＝865.475mm。

（4）电子水准仪

电子水准仪也称数字水准仪，测量时，水准仪直接读取特制水准尺上代表数字的条形编码，通过处理器进行分析，并最终转化为电子数据进行显示或存储。

1）电子数字水准仪的特点

①自动读数。只需照准专用的条形码标尺，便可进行自动读数和测量。

②作业效率高。自动读数提高了测量速度和工作效率。

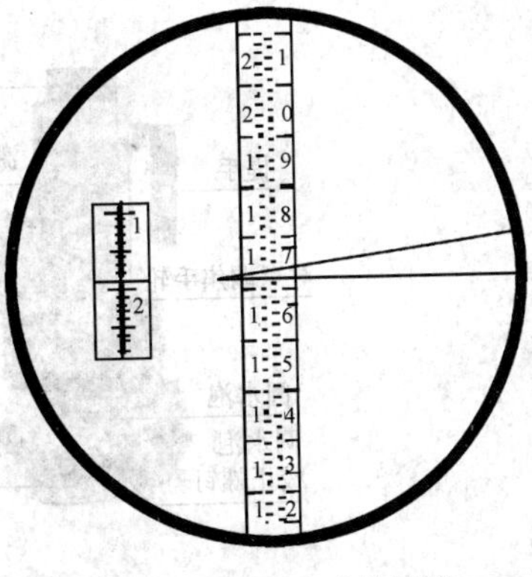

图 7-8　精密水准仪读数

③操作简便。较少的操作键结合自动读数功能大大地简化了测量过程。

④无疲劳观测及操作。只要照准标尺聚焦，按测量键即可完成标尺读数和视距测量。标尺读数并不完全依赖标尺编码清晰度，即使聚焦欠佳也不会影响标尺读数，但调焦清晰后可提高测量速度。

⑤与计算机连接后，可对水准仪自动记录和存储的数据进行传输并在计算机上进行数据处理。

2）电子数字水准仪测量原理

电子数字水准仪使用的标尺与传统标尺不同，它采用条形码尺，条形码印制在尺身上。观测时，望远镜接收到标尺上的条形码信息后，探测器将采集到的标尺编码光信号转换成电信号，并与仪器内部存储的标尺编码信号进行比较，若两者信号相同，则读数可以确定。条形码在探测器内成像的“宽窄”不同，转换成的电信号也随之不同，这就需要处理器按一定的步距改变电信号的“宽窄”，同时与仪器内部存储的信号进行比较，直至相同为止，这项工作花费时间较长。

为缩短比较时间，可调节望远镜的焦距，使标尺成像清晰。传感器通过采集调焦镜的移动量，对编码电信号进行缩放，使其接近仪器内部存储的信号，因此，可以在较短的时间内确定读数。

7.2.1.4　激光垂准仪

激光垂准仪主要用于高耸建筑物的内部铅垂线的放样控制。激光垂准仪分为一般垂准仪和全自动激光垂准仪。

1. 仪器特点及用途

激光垂准仪是在光学垂准系统的基础上添加两只半导体激光器，其中之一通过上垂准望远镜将激光束发射出来，激光束光轴与望远镜视准轴同心同轴同焦，当望远镜照准目标时会在目标处出现红色小亮斑。另一只激光器通过下对点系统将激光束发射出来，利用激光束对准基准点，快速直观。

激光垂准仪主要用于要求较高的垂直测量，可广泛用于建筑施工、安装工程及变形观测。

2. 仪器外形及各部件名称

仪器外形及各部件名称如图 7-9 所示。

3. 仪器使用

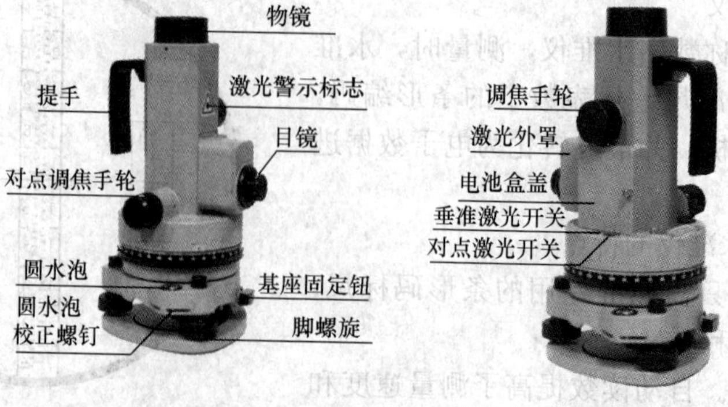

图 7-9　激光垂准仪

(1) 对中、整平：对中、整平同经纬仪。

(2) 照准：在目标处放置网格激光靶，转动望远镜目镜使分划板十字丝清晰可见，转动调焦手轮使激光靶在分划板上成像清晰，反复调整消除视差。

图 7-10 是与激光垂准仪配套使用的激光网格靶，该靶为边长 100mm 的方形玻璃板，网格间距为 10mm。

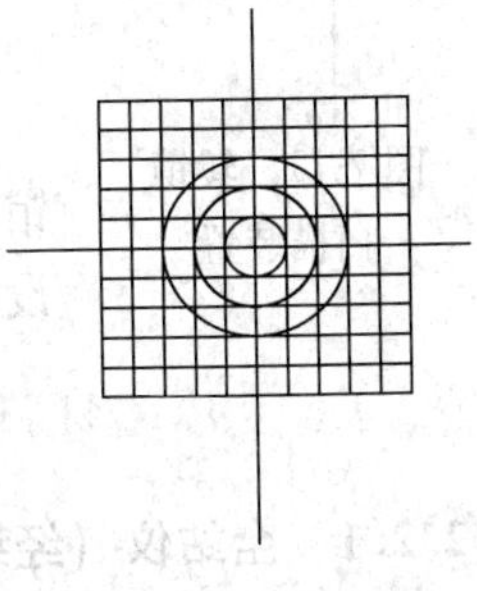
图 7-10 激光网格靶

(3) 向上垂准

1) 光学垂准。仪器对中、整平好后，指挥持靶人员将激光网格靶靶心置于十字丝交点上，然后利用通过网格靶心的延长线将点投测到目标平面上。为提高垂准精度，应将仪器照准部旋转 180°，通过望远镜观测第二个点，取两点连线的中点为测量值。

2) 激光垂准。打开垂准激光开关，激光从望远镜中射出，聚焦在激光靶上，光斑中心即为测设点。指挥持靶人员将激光网格靶靶心置于光斑中心，然后利用通过网格靶心的延长线将点投测到目标平面上。同时旋转照准部，采用对称测设的方法提高垂准精度。通过望远镜目镜观测时一定要在目镜外装上滤色片，避免激光对人眼造成伤害。

4. 全自动激光垂准仪

全自动型激光垂准仪只需居中圆水准器即可，精平由自动安平补偿器完成。它能提供向上或向下的激光铅垂线，向上和向下一测回垂准测量标准偏差为 1/100000。上、下激光的有效射程均为 150m，距激光出口 100m 处的光斑直径不大于 20mm。

7.2.1.5 激光扫平仪

激光扫平仪是一种新型的基准面定位仪器，激光扫平仪所发出的光束，在周边物体上可形成水平、铅垂或倾斜等光束基准面，实时提供一个共同的施工基准控制面。由于其工作特性，因此广泛应用于机械工程安装及建筑业等施工过程中，尤其是在建筑内部的装修中更为实用高效。

激光扫平仪扫描的工作范围可达到半径为 100～300m 的区域，能快速、持续地进行水平面测量工作。

1. 激光扫平仪分类及特点

根据激光扫平仪的工作原理，该类仪器大致可分成三类：水泡式激光扫平仪、自动安平激光扫平仪和电子式自动安平激光扫平仪。

(1) 水泡式激光扫平仪，其结构简单，适宜于建筑施工、室内装饰等施工工作。

(2) 自动安平激光扫平仪，利用吊丝式光机补偿器，以达到在补偿范围内自动安平的目的，这种仪器适合于振动较大的施工场地。

(3) 电子式自动安平激光扫平仪，其电子自动安平系统一般由传感器、电子线路和执行机构组成。一般补偿范围都限制在十几分之内，使安平范围得以扩大，与其他类别仪器相比，具有较高的稳定性和补偿精度。

2. 工作原理

激光扫平仪主要由激光准直器、转镜扫描装置、自动安平敏感元件和电源等部件组成。转镜扫描装置如图 7-11 所示，激光束沿五角棱镜旋转轴 oo' 入射时，出射光束为水

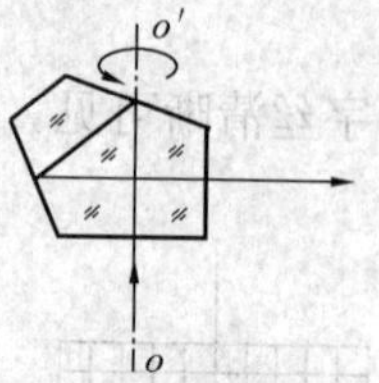

图 7-11　转镜扫描装置

平束；当五角棱镜在电动机驱动下水平旋转时，出射光束成为连续闪光的激光水平面，可以同时测定扫描范围内相同高程的任意点位置。

3. 应用范围

激光扫平仪所建立的大范围基准面，常用于机场、广场、体育场馆等大面积的土方施工及基础扫平作业；在室内装修工程中，用于测设墙裙水平线、吊顶龙骨架水平面和检测地坪平整度等。

7.2.2　测量仪器检验和校正

7.2.2.1　全站仪（经纬仪）检验和校正

1. 水准管的检验与校正

（1）检验：将水准管与任意两个脚螺旋连线平行，旋转这两个脚螺旋使管水准器气泡居中，将水准管水平旋转 180°，若水准管气泡不居中，则需校正。

（2）校正：用校正旋具调整水准管一端的校正螺钉，将气泡向中心调整偏移量的 1/2。利用脚螺旋居中水准管气泡，将水准管再旋转 180°，若气泡仍不居中，则重复上述步骤。

2. 圆水准器的检验与校正

（1）检验：利用已经检验、校正的管水准器精确整平全站仪，如果圆水准器气泡不居中，则需要校正。

（2）校正：利用校正旋具调整圆水准器底部的 3 个校正螺钉，直至气泡居中。

3. 十字丝竖丝的检验与校正

（1）检验：将全站仪严格整平，用十字丝瞄准至少 60m 以外一点，消除视差，然后缓缓纵转望远镜，如果该点沿竖丝移动，则不需校正，否则需要校正。

（2）校正：取下十字丝护罩，松开目镜固定螺钉，轻轻旋转目镜，直至竖丝与该点重合。

4. 视准轴的检验与校正

（1）检验方法

1）选与视准轴大致处于同一水平线上的一点作为照准目标，安置好仪器后，盘左位置照准此目标并读取水平度盘读数，作为 $a_{左}$。

2）以盘右位置照准此目标，读取水平度盘读数，作为 $a_{右}$。

3）如 $a_{左}=a_{右}\pm180°$，则此项条件满足。如果 $a_{左}\neq a_{右}\pm180°$，则说明视准轴与仪器横轴不垂直，存在视准差 c，即 $2c$ 误差，应进行校正 $2c$ 误差的计算公式如下：

$$2c=a_{左}-(a_{右}-180°)$$

（2）校正方法

1）仪器仍处于盘右位置不动，以盘右位置读数为准，计算两次读数的平均值 a，作为正确读数，即 $a=a_{左}+(a_{右}\pm180°)/2$。

2）转动照准部微动螺旋，使水平度盘指标在正确读数 a 上，这时，十字丝交点偏离了原目标。

3）旋下望远镜目镜端的十字丝护罩，松开十字丝环上、下校正螺钉，拨动十字丝环左右两个校正螺钉（先松左（右）边的校正螺钉，再紧右（左）边的校正螺钉），使十字丝交点回到原目标，即使视准轴与仪器横轴相垂直。

4）调整完后务必拧紧十字丝环上、下两校正螺钉，上好望远镜目标护罩。

5. 横轴的检验与校正

（1）检验方法

1）将仪器安置在一个清晰的高目标附近（望远镜仰角为30°左右），视准面与墙面大致垂直，如图7-12所示。盘左位置照准目标P，拧紧水平制动螺旋后，将望远镜放到水平位置，在墙上（或横放的尺子上）标出P_1点。

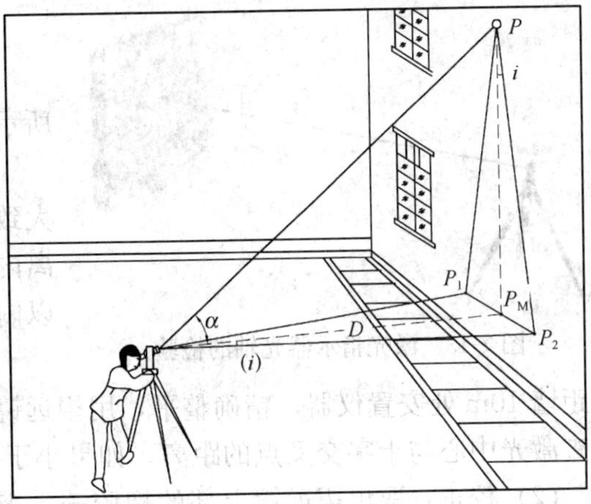

图7-12 横轴的校正

2）盘右位置仍照准高目标P，放平望远镜，在墙上（或横放的尺子上）标出P_2点。若P_1与P_2两点重合，说明望远镜横轴垂直仪器竖轴，否则需校正。

（2）校正方法

由于盘左和盘右度是相等的，取P_1与P_2的中点P_M，即是高目标点P的正确投影位置。得到P_M点后，用微动螺旋使望远镜照准点，再仰起望远镜看高目标点P，此时十字丝交点将偏离P点。此项校正一般应由仪器专修人员进行。

6. 光学对中器的检验与校正

（1）检验：将仪器置于白色地面上，在地面上标出黑色标志，用光学对中器严格对中该点，严格整平水准管，消除对中器视差。将仪器水平旋转180°，若对中器十字丝交点不在该点上，则需校正。

（2）校正：打开光学对中器目镜端护罩，用校正旋具旋转4颗校正螺钉，使其按偏移的相反方向移动偏移量的1/2，再利用脚螺旋使十字丝交点与地面点重合，再将仪器水平旋转180°，若不重合则继续校正，直至重合为止。

7. 竖盘指标水准管的检验与校正

（1）检验方法

1）安置仪器后，盘左位置照准某一高处目标（仰角大于30°），用竖盘指标水准管微动螺旋使水准管气泡居中，读取竖直度盘读数，求出其竖直角$a_{左}$。

2）再以盘右位置照准此目标，用同样方法求出其竖直角$a_{右}$。

3）若$a_{左} \neq a_{右}$，说明有指标差，应进行校正。

（2）校正方法

1）计算出正确的竖直角a：$a = a_{左} + a_{右}$。

2）仪器仍处于盘右位置不动，不改变望远镜所照准的目标，再根据正确的竖直角和竖直度盘刻划特点求出盘右时竖直度盘的正确读数值，并用竖直指标水准管微动螺旋使竖直度盘指标对准正确读数值，这时，竖盘指标水准管气泡不再居中。

3）用拨针拨动竖盘指标水准管上、下校正螺钉，使气泡居中即消除了指标差达到了检校的目的。

8. 仪器常数的检验

仪器有棱镜模式和无棱镜模式的常数不一样，必须分开检验和校正。通常仪器常数应送专门机构检验。

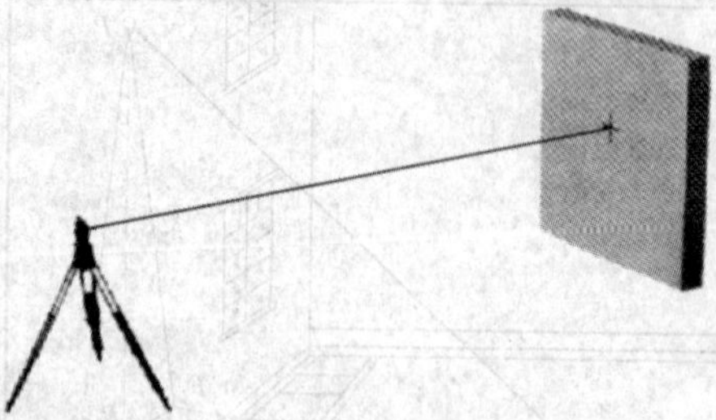

图 7-13　激光指示器光轴的检验

9. 激光指示器光轴的检验与校正

激光指示器光轴的检验与校正如图 7-13 所示。

（1）检验：激光指示器只能指示视准轴的大致位置，不能指示精确位置。因此在 10m 距离内，激光指示器与望远镜视准轴相差在 6mm 以内，仪器不需校正。

在与仪器大致等高的墙面上画一“十”字，在距墙 10m 处安置仪器，精确整平，用望远镜精确照准十字的交叉点。打开激光指示器，检查激光中心与十字交叉点的距离，如果小于 6mm，则不需校正。

（2）校正：取出望远镜上部的橡胶盖，露出校正螺钉。用校正旋具调整 3 个校正螺钉，移动激光指示器的光斑，直到精确对准十字交叉点。

7.2.2.2　水准仪的检验和校正

1. 一般性检验

安置仪器后，首先检验：三脚架是否牢固；制动和微动螺旋、微倾螺旋、脚螺旋等是否有效；望远镜成像是否清晰等。同时了解水准仪各主要轴线及其相互关系。

2. 圆水准器轴平行于仪器竖轴的检验和校正

为使光学自动安平水准仪的光学补偿器在正常范围内调节视准轴，保证观测精度，要对圆水准器进行检验和校正。

（1）检验：转动脚螺旋使圆水准器气泡居中，将仪器绕竖轴旋转 180°后，若气泡仍居中，则说明圆水准器轴平行于仪器竖轴。否则如图 7-14（*b*）和图 7-14（*c*）所示需要校正。

（2）校正：先稍松圆水准器底部中央的固紧螺钉，再拨动圆水准器校正螺钉，如图 7-15 使气泡返回偏移量的一半，然后转动脚螺旋使气泡居中。如此反复检校，直到圆水准器在任何位置时，气泡都在刻划圈内为止，如图 7-14（*d*）所示。最后旋紧固紧螺旋。

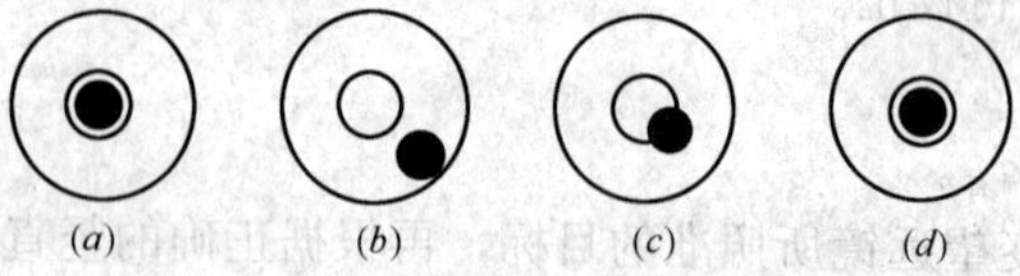

图 7-14　圆水准器的检验

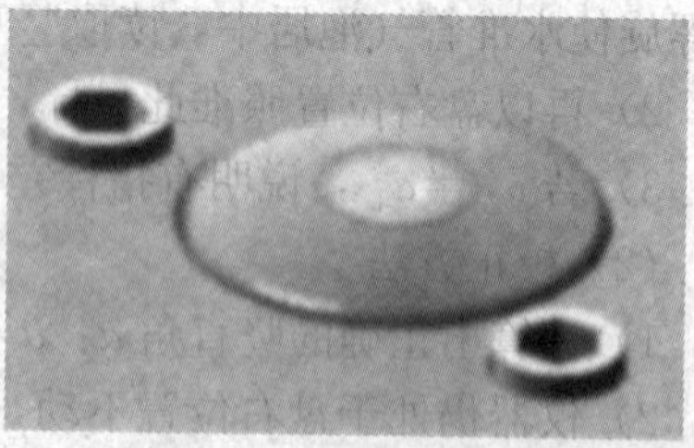

图 7-15　圆水准调节螺钉

3. 十字丝横丝垂直于仪器竖轴的检验与校正

（1）检验：以十字丝横丝一端瞄准约 20m 处一细小目标点，转动水平微动螺旋，若横丝始终不离开目标点，则说明十字丝横丝垂直于仪器竖轴。否则需要校正。

(2) 校正：旋下十字丝分划板护罩，用小螺钉旋具松开十字丝分划板的固定螺钉，微略转动十字丝分划板，使转动水平微动螺旋时横丝不离开目标点。如此反复检校，直至满足要求。最后将固定螺钉旋紧，并旋上护罩。

4. 望远镜视准轴水平的检验（i 角的检验）与校正

方法一：

(1) 检验：选平坦地段，将 60m 长的直线距离等分三段，直线上 4 点分别为 A、B、C、D，如图 7-16 所示。

仪器置于 A 点，同一水准尺分别立于 B、C 两点，由近及远分别读数为 b_1、c_1；仪器置于 D 点，由近及远分别读数 c_2、b_2，如果$(b_2-c_2)-(b_1-c_1)>3$mm，仪器需要校正。

(2)校正：仪器置于 D 点不动，调整后的读数 $B=b_2-(b_2-c_2)-(b_1-c_1)$，取下目镜罩用校正旋具拨动分划板调节螺钉(图 7-17)，使分划板的十字丝横丝与 B 值重合，旋紧目镜罩，然后按上述方法再校正一次。不同水准仪的分划板调节螺钉稍有不同，调节时要注意。

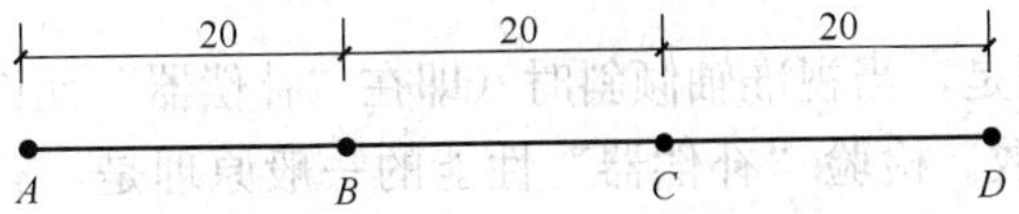

图 7-16 水准仪 i 角检验

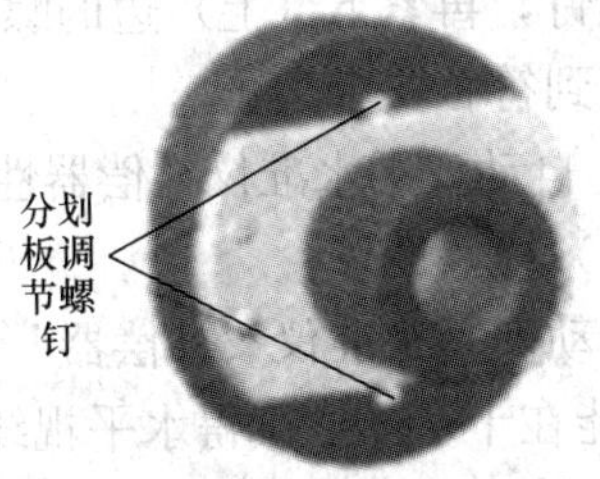

图 7-17 分划板调节螺钉

方法二：

在平坦地段选距离 80m 的 A、B 两点，取 AB 中点 M。置仪器于 M 点，A、B 两点分别立同一根水准尺，测得两值 a_1、b_1，测 $h_1=a_1-b_1$。原地改变仪器高后，测得 a_2、b_2，测 $h_2=a_2-b_2$，当 h_1、h_2 之差小于 2mm 时，取平均值为 A、B 两点的高差 h。将仪器沿直线移到 A 点旁边，望远镜照准 A 点测得 a_3，应读前视 $b_3=a_3-h$。将望远镜照准 B 尺，如读数 b'_3 与 b_3 相差大于 3mm，应校正。

5. 水准管轴与视准轴平行关系的检验与校正

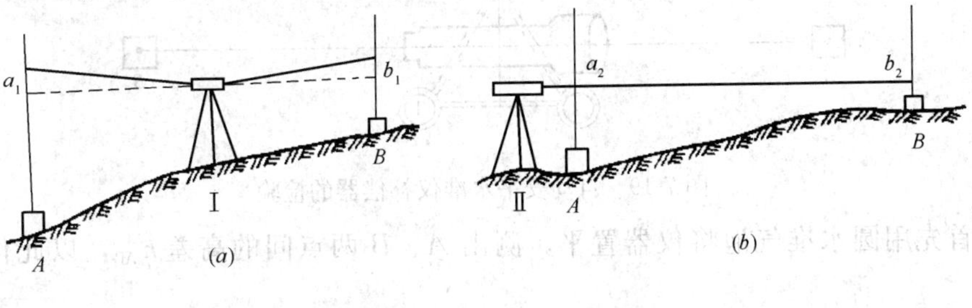

图 7-18 水准管轴的检验

(1) 检验

1) 如图 7-18 所示，选择相距 75～100m 稳定且通视良好的两点 A、B，在两点上各打一个木桩固定其点位。

2）水准仪置于距 A、B 两点等远处的Ⅰ位置，用变换仪器高法测定 A、B 两点间的高差（两次高差之差不超过 3mm 时可取平均值作为正确高差 h_{AB}）。

$$h_{AB}=(a'_1-b'_1+a''_1-b''_1)/2$$

3）在把水准仪置于离 A 点 3～5m 的Ⅱ位置（图 7-18b），精确整平仪器后读近尺 A 上的读数 a_2。

4）计算远尺 B 上的正确读数 b_2：$b_2=a_2-h_{AB}$。

5）照准远尺 B，旋转微倾螺旋。将水准仪视准轴对准 B 尺上的 b_2 读数，这时，如果水准管气泡居中，即符合气泡影像符合，则说明视准轴与水准管平行，否则应进行校正。

（2）校正

1）重新旋转水准仪微倾螺旋，使视准轴对准 B 尺读数 b_2，这时水准管符合气泡影像错开，即水准管气泡不居中。

2）用校正针先松开水准管左右校正螺钉，再拨动上下两个校正螺钉［先松上（下）边的螺钉，再紧下（上）边的螺钉］，直到使符合气泡影像符合为止。此项工作要重复进行，直到符合要求为止。

6．自动安平水准仪补偿器性能的检验与校正

（1）检验原理

自动安平水准仪"补偿器"的作用是，当视准轴倾斜时（即在"补偿器"允许的范围内），能在十字丝上读得水平视线的读数。检验"补偿器"性能的一般原理是，有意使仪器的旋转轴安置的不竖直，并测得两点间的高差，使之与正确高差相比较。如果"补偿器"的补偿性能正常，无论视线上倾或下倾，都可读得水平视线的读数，测得的高差亦是 A、B 两点间的正确高差；如果"补偿器"的补偿性不正常，由于前后视的倾斜方向不一致，实际倾斜产生的读数误差不能在高差计算中抵消。因此，测得的高差与正确的高差有明显的差异。

（2）检验方法

在较平坦的地方选择 100m 左右的 A、B 两点，在 A、B 点各定入一木桩，将水准仪置于 A、B 连线的中点，并使两个脚螺旋与 AB 连线方向一致，见图 7-19。

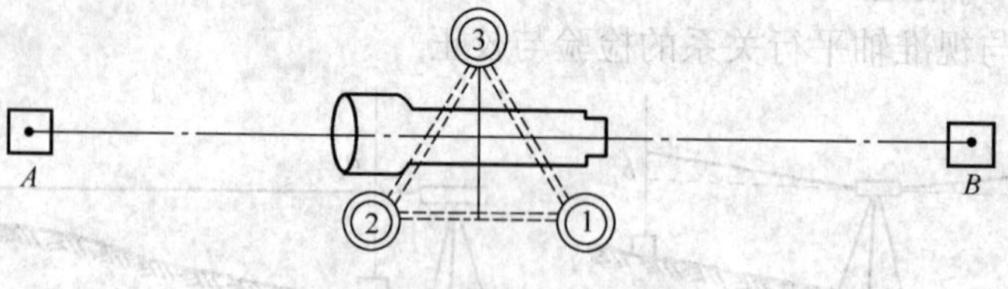

图 7-19　自动安平水准仪补偿器的检验

1）首先用圆水准气泡将仪器置平，测出 A、B 两点间的高差 h_{AB}，以此作为正确高差。

2）升高第 3 个脚螺旋，使仪器向左（或向右）倾斜，测出 A、B 两点间的高差 $h_{AB左}$。

3）降低第 3 个脚螺旋，使仪器向右（或向左）倾斜，测出 A、B 两点间的高差 $h_{AB右}$。

4）升高第 3 个脚螺旋，使圆水准气泡居中。

5）升高第 1 个脚螺旋，使后视时望远镜向上（或向下）倾斜，测出 A、B 两点间的

高差 $h_{AB上}$。

6）升高第 1 个脚螺旋，使后视时望远镜向下（或向上）倾斜，测出 A、B 两点间的高差 $h_{AB下}$。

无论左、右、上、下倾斜，仪器的倾斜角度均由水准气泡位置而定，四次倾斜的角度相同，一般取“补偿器”所能补偿的最大角度。

将 $h_{AB右}$、$h_{AB左}$、$h_{AB上}$、$h_{AB下}$ 相比较，视其差数确定“补偿器”的性能。对于普通水准测量，此差数一般应小于 5mm。

（3）补偿器的校正可按仪器使用说明书上指明的方法和步骤进行。

7.2.2.3 激光垂准仪的检验与校正

激光垂准仪应对仪器进行下述顺序的检验和校正，其中（1）、（2）项可自行检验与校正，其他各项校正应送检修单位。

（1）管水准器的检验与校正

将仪器安置在脚架或校正台上，先整平，转动仪器照准部使管水准器平行任意两个脚螺旋的中心连线。以相反或相对方向等量旋转两个螺旋，使气泡居中，转动照准部 90°旋转第三个脚螺旋使气泡居中。再转动照准部 90°，此时气泡偏离量的一半用脚螺旋校正，另一半用校正改针转动管水准器校正旋具来校正，重复以上步骤直至仪器转到任意位置管水准器气泡都居中为止。

（2）圆水准器圆水泡的检验与校正

保持上述仪器不动，用校正旋具转动圆水准器下面的两个校正螺钉，使气泡居中。

（3）望远镜视准轴与竖轴不重合的检验

使用过程中如发现仪器照准部旋转 180°后，目标影像偏离了望远镜十字丝中心，说明望远镜视准轴与竖轴不重合，需要调整。

（4）激光束同焦的检验

用望远镜照准目标并精确调焦后打开垂准激光开关，目标处的光斑直径应最小，否则说明激光束与望远镜光学系统不同焦，需要调整。

（5）激光束同心的调整

激光光斑中心与望远镜光孔中心重合称为同心，在仪器上方 2～3m 高度放置一张白纸，打开垂准激光开关，旋动调焦手轮使白纸上的激光斑最大，此时光斑应圆整，亮度均匀，否则需要调整。

（6）激光束同轴的检验

如激光聚焦后光斑不在望远镜分划板十字丝中心，说明激光轴与望远镜视准轴不重合，需要调整。

7.2.2.4 激光扫平仪的检验与校正

激光扫平仪几何轴的要求，类似于气泡式光学水准仪，工作过程中一是旋转轴处于铅垂状态，二是激光束垂直于旋转轴，两者的任何偏离，都将使扫描出的激光平面偏离水平面，这就是形成扫平仪的误差主要来源，前者我们称之为旋转轴倾斜误差 i，后者为锥角误差 c。如果是自动安平激光扫平仪，则补偿误差包含在 i 以内。激光扫平仪的 i 值和 c 值如图 7-20 所示。

1. 水准器轴线垂直于旋转轴的检验与校正

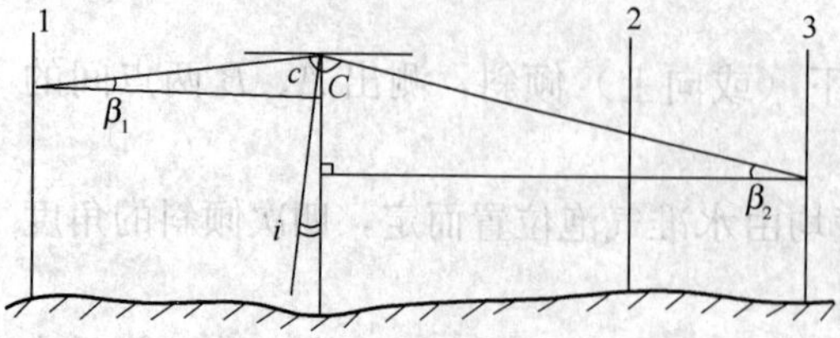

图 7-20 激光扫平仪的 i 值和 c 值关系示意

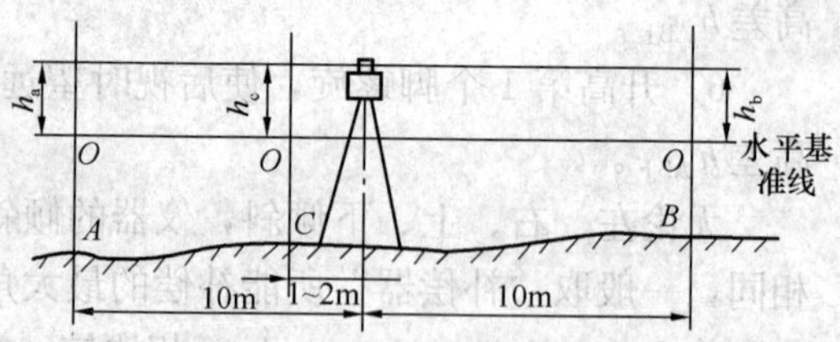

图 7-21 激光扫平仪的水准器轴线垂直于旋转轴检验

(1) 检验

根据扫平仪的工作范围，一般在相距 20m 处各立一带有毫米刻划的标尺 A 和 B，如图 7-21 所示，将扫平仪置于正中，旋转安平手轮，使水准器气泡严格居中，并使其中一个长水准器（对气泡式扫平仪而言）与标尺 A、B 方向一致，标尺 C 的位置以不妨碍观测尺 A 为宜，事先用水准仪找出标尺上同高点 O，打开激光扫平仪开关，观测激光点在标尺 A、B 上的高差 h_a 和 h_b，h_a 和 h_b 应相等，否则应进行校正。

(2) 校正

转动安平手轮使两者相等为止，由于是等距离观测，这时扫平仪旋转轴严格在铅垂位置，并产生气泡偏移，根据扫平仪的几何要求，气泡式扫平仪此时在标尺 A、B 方向的长水准器应使用校正工具，校正至气泡严格居中；同理自动安平扫平仪的圆水泡在 A、B 方向上也应居中，同时两侧的补偿范围应相等。

(3) 将激光扫平仪转过 90°，采用相同方法，对另一水准器进行检验和校正。如果条件允许，可选择一场地，在与扫平仪等距为 0°、90°、180°、270°四个方位安置四根标尺和距仪器 1～2m 处安置一根标尺，这时两个水准器的检验与校正可一次完成。

2. 锥角误差 c 的检测和校正

(1) 与水准器轴线垂直于旋转轴的检验步骤相同，观测并比较 h_a 和 h_c 是否相等。

(2) 将激光扫平仪转过 90°，观测 h_a 和 h_c 是否相等。如果 h_a 与 h_c 的差值超过允许的范围，仪器应送工厂检修。

3. 垂直旋转误差的检验与校正

(1) 检验

将激光扫平仪平卧，如图 7-22 所示，使垂直水准器居中，激光点自 A 点向下移动，在低处为 B 点。

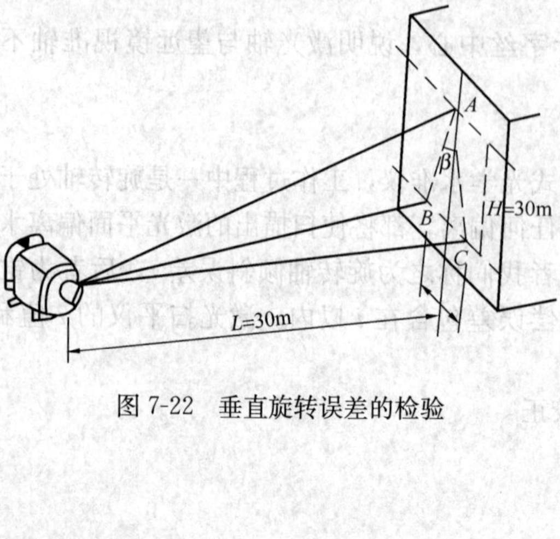

图 7-22 垂直旋转误差的检验

搬动扫平仪（调头），使垂直水准器居中，并使激光点与 A 重合，表明仪器存在垂直旋转误差。其允许值可根据说明与技术指标决定，如果超出要求，用户可自行校正。

(2) 校正

1) 仪器在上述状态，转动安平手轮，使激光点位于 B、C 点的中间位置。

2) 调整垂直水准器校正螺钉使气泡严格居中。

7.3 测设的基本方法

7.3.1 平面位置的测设

7.3.1.1 角度、距离测设

1. 已知水平角的测设

地面上一点到两个目标点的方向线，垂直投影到水平面上所形成的角称为水平角。测设已知水平角，就是在已知角顶点以一条边的方向为起始依据，按照测设的已知角度值，把该角的另一方向边测设到地面上。

测设水平角的方法按精度要求及使用仪器的不同，采用的方法亦不同。

(1) 一般方法

如测设水平角精度要求不高时，可采用盘左、盘右分中法测设，如图 7-23 所示，具体步骤如下：

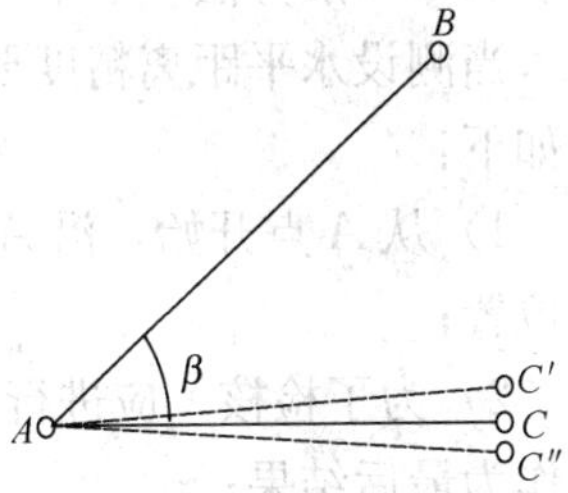

图 7-23 一般水平角测设示意图

1) 在 A 点安置经纬仪，对中、整平，用盘左位置照准已知 B 点，配置水平读盘读数为 $0°00'00''$；

2) 旋转照准部使读数为 β 角值，在此视线方向上定出 C' 点；

3) 然后用盘右位置重复上述步骤，定出 C'' 点；

4) 取 $C'C''$ 连线的中点 C 钉桩，则 AC 即为测设角值为 β 的另一方向线，$\angle BAC$ 就是要测设的 β 角。

(2) 精确方法

当要求测设水平角的精度较高时，可采用测设端点的垂线改正的方法。如图 7-24 所示，操作步骤如下：

1) 按前述一般方法测设出 AC 方向线，再实地标出 C 点位置。

2) 用经纬仪对 $\angle BAC$ 进行多测回水平角观测，设其观测值为 β'。

3) 按下式计算出垂直改正距离：

$$\Delta\beta=\beta-\beta',\ CC_0=D_{AC}\cdot\tan\Delta\beta=D_{AC}\cdot\frac{\Delta\beta''}{\rho''} \tag{7-1}$$

4) 从 C 点起沿 AC 边的垂直方向量出垂距 CC_0，定出 C_0 点。则 AC_0 即为测设角值为 β 的另一方向线。

从 C 点起向外还是向内量垂距，要根据 $\Delta\beta$ 的正负号来决定。若 $\beta'<\beta$，即 $\Delta\beta$ 为正值，则从 C 点向外量垂距，反之则向内改正。

2. 已知水平距离的测设

已知水平距离的测设，是从地面上一个已知点出发，沿给定的方向，量出已知的水平距离，在地面上定出另一端点的位置。

已知水平距离的测设，按其精度要求和使用工具及仪器的不同，采用的方法也不同。如图 7-25 所示，欲在实地测设水平距离 $AB=D$，其中 A 为地面上已知点，D 为已知的水平距离，在地面上给定的 AB 方向上测设水平距离 D，定出线段的另一端点 B。

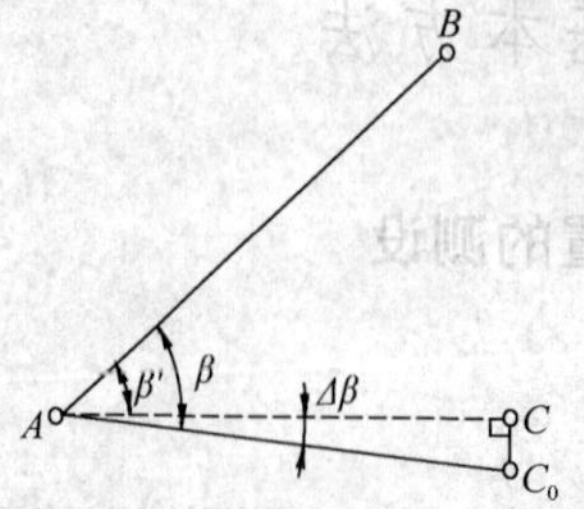

图 7-24　水平角精确测设示意图

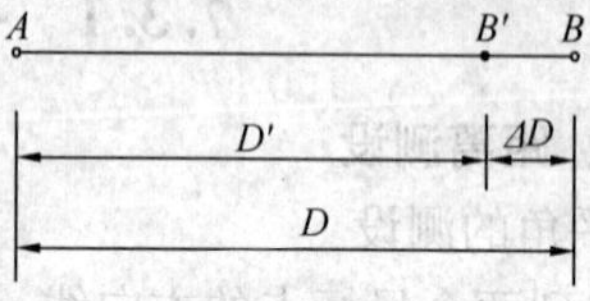

图 7-25　测设已知水平距离

(1) 一般方法

当测设水平距离精度要求不高时，可用钢尺直接丈量并对丈量结果加以改正，具体步骤如下：

1) 从 A 点开始，沿 AB 方向用钢尺拉平丈量，按已知水平距离 D 在地面上定出 B' 点的位置；

2) 为了检核，应进行两次测设或进行返测。若两次丈量之差在限差之内，取其平均值作为最后结果；

3) 根据实际丈量的距离 D' 与已知水平距离 D，求出改正数 $\delta=D-D'$；

4) 根据改正数 δ，将端点 B' 加以改正，求得 B 点的最后位置，使 AB 两点间水平距离等于已知设计长度 D。当 δ 为正时，向外改正；当 δ 为负时，则向内改正。

(2) 精密方法

当测设精度要求较高时，可先用上述一般方法在地面上概略定出 B' 点，然后再精密测量出 AB' 的距离，并加尺长改正、温度改正和倾斜改正等三项改正数，求出 AB' 的精确水平距离 D'。若 D' 与 D 不相等，则按其差值 $\delta=D-D'$ 沿 AB 方向以 B' 点为准进行改正。

当 δ 为正时，向外改正；反之，向内改正。计算时尺长、温度、倾斜等项改正数的符号与量距时相反。

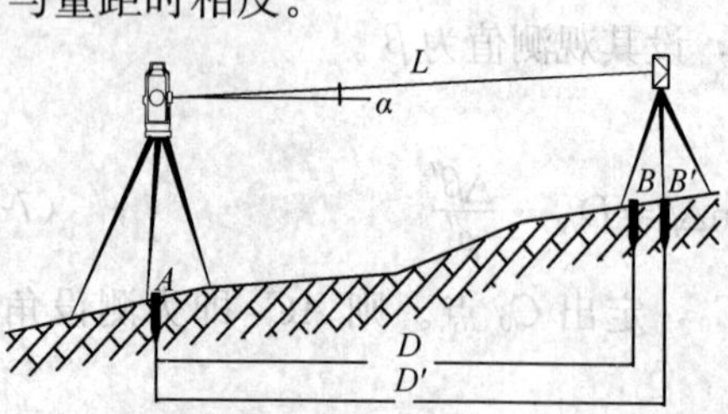

图 7-26　用测距仪测设水平距离

(3) 用光电测距仪测设已知水平距离

用测距仪测设水平距离的具体操作步骤如下（见图 7-26）：

1) 在 A 点设站，沿已知方向定出 B 点的概略位置 B' 点；

2) 再以测距仪精确测出 AB' 距离为 D'，求出 $\delta=D-D'$；

3) 根据 δ 的符号在实地用钢尺沿已知方向改正 B' 至 B 点；

4) 为了检核，可用测距仪测量 AB 距离，如其与 D 之差在限差之内，则 AB 为最后结果。

全站仪、测距仪有跟踪功能，可在测设方向上逐渐移动反光镜进行跟踪测量，直至显示接近测设距离定出 B' 点，并改正 B' 点至 B 点。

7.3.1.2 极坐标法测设点的平面位置

极坐标法是由已知的水平角和水平距离测设地面点平面位置方法。极坐标法适用于便于量距且保证通视的场地，该方法使用灵活，是施工现场最常用的一种点位测设方法。

如图 7-27 所示，用极坐标法测设 P 点平面位置。P 点坐标已知为（x_P，y_P），A、B 为两已知控制点，坐标分别为（x_A，y_A），（x_B，y_B），根据给出的设计值反算出水平角 β 及水平距离 D，在实地测设出 P 点点位。

极坐标法灵活方便，安置一次仪器可以测设多点，适用于复杂形状的建筑物定位。当使用全站仪测设时，应用极坐标法的优越性更为明显。

7.3.1.3 直角坐标法测设点的平面位置

直角坐标法是根据测点已知的设计坐标值，计算出设计坐标与已布设好的控制轴线点纵横坐标之差，从而测设出地面点的平面位置。

当建筑场地的施工控制网为方格网或轴线网形式时，采用直角坐标法放线最为方便。

如图 7-28 所示，Ⅰ、Ⅱ、Ⅲ、Ⅳ为方格网点，需要在地面上测设出点 A，其中，各方格网点及 A 点坐标已知，计算出坐标差值 Δx 、Δy ，用直角坐标法测设 A 点。

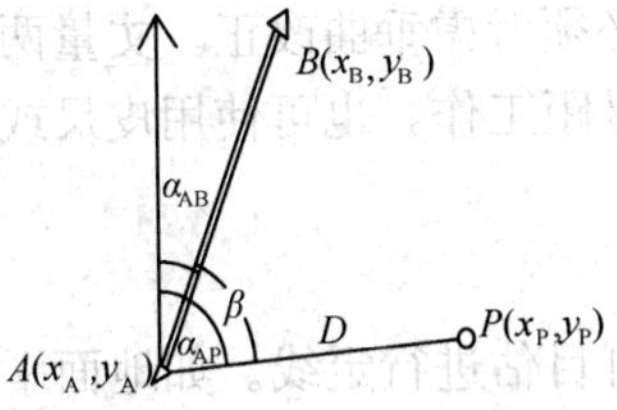

图 7-27 极坐标放线图

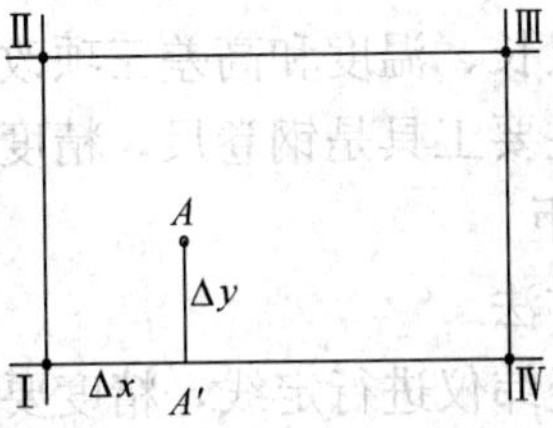

图 7-28 直角坐标法测设点位示意图

测设方法：

(1) 计算坐标增量：$\Delta x = x_A - x_Ⅰ$ ，$\Delta y = y_A - y_Ⅰ$ ；

(2) 置经纬仪于Ⅰ点，沿Ⅰ－Ⅱ边量取ⅠA'，使ⅠA'等于 A 与Ⅰ横坐标之差 Δx 得 A'点；

(3) 置经纬仪于 A'点，后视Ⅰ，以盘左、盘右分中法反时针测设 90°，测得Ⅰ－Ⅳ边的垂线，在垂线上量取 $A'A$，使 $A'A$ 等于 A 与Ⅰ纵坐标之差 Δy，则 A 点即为所求。

由此可见，用直角坐标法测设一个点的位置时，只需要按其坐标差值量取距离和测设直角，用加减法计算即可，工作方便，并便于检查。

7.3.1.4 角度交会法测设点的平面位置

角度交会法是根据两个或两个以上已知角度的方向线交会出点的平面位置。当待定点离控制点距离较远，地形复杂量距不便时，采用角度交会较为适宜。

如图 7-29 所示，用前方交会法测定 P 点，其中 M、N 为控制点，其坐标已知，P 点设计坐标已知，则可反算出方位角 α_{MP} 、α_{NP} 、α_{MN} ，再计算出夹角 α 及 β，通过角度交会测设出 P 点。

7.3.1.5 距离交会法测设点的平面位置

距离交会法是根据两个或两个以上的已知距离交会出点的平面位置。如图 7-30 所示，

A，B 为控制点，P 为待测点，其坐标已知。距离 $D_{AP}=b$，$D_{BP}=a$ 可由坐标反算或在设计图上图解求得。

1. 测设时分别以 A，B 为圆心，以 $D_{AP}=b$ 和 $D_{BP}=a$ 为半径，在场地上作弧线，两弧的交点就是 P 点。在实际工作中还应采用第三个距离进行校核。

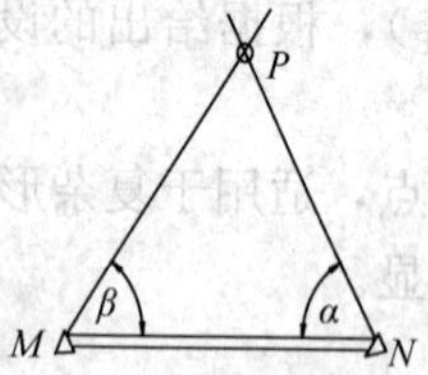

图 7-29　角度交会法

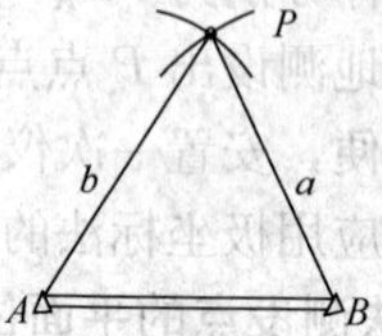

图 7-30　距离交会法

2. 距离交会法测设点位，不需使用仪器，操作简便，测设速度快，但精度较低。如用钢尺量距离，则要求场地平整，交会距离不大于一整钢尺尺长，交会角度应在 30°～120°之间。

7.3.1.6　距离测量

根据不同的精度要求，距离测量有普通量距和精密量距两种方法。精密量距时所量长度一般都要加尺长、温度和高差三项改正数，有时必须考虑垂曲改正。丈量两已知点间的距离，使用的主要工具是钢卷尺，精度要求较低的量距工作，也可使用皮尺或测绳。

1. 普通量距

(1) 量距方法

一般先用经纬仪进行定线，精度要求不高时也可目估进行定线。如地面平坦，可按整尺长度逐步丈量，直至最后量出两点间的距离。若地面起伏不平，可将尺子悬空并目估使其水平。以垂球或测钎对准地面点或向地面投点，测出其距离。地面坡度较大时，则可把一整尺段的距离分成几段丈量；也可沿斜坡丈量斜距，再用水准仪测出尺端间的高差，然后按式（7-6）求出高差改正数，将倾斜距离改化成水平距离。

如使用经检定的钢尺丈量距离，当其尺长改正数小于尺长的 1/10000，可不考虑尺长改正。量距时的温度与钢尺检定时的标准温度（一般规定为 20℃）相差不大时，也可不进行温度改正。

(2) 精度要求

为了校核并提高精度，一般要求进行往返丈量。取平均值作为结果，量距精度以往测与返测距离值的差数与平均值之比表示。在平坦地区应达到 1/3000，在起伏变化较大地区要求达到 1/2000，在丈量困难地区不得大于 1/1000。

2. 精密量距

(1) 量距方法

先用经纬仪进行直线定向，清除视线上的障碍，然后沿视线方向按每整尺段（即钢尺检定时的整长）设置传距桩。最好在桩顶面钉上白铁片，并画出十字线的标记。所使用的钢尺在开始量距前应先打开，使钢尺与空气充分接触，经 10min 后方可进行量距。前尺以弹簧秤施加与钢尺检定时相同的拉力，后尺则以厘米分划线对准桩顶标志，当钢尺达到稳定时，前尺对好桩顶标志，随即读数；随后后尺移动 1～2cm 分划线重新对准桩顶标志，再次读数；一般要求读出三组读数。读数时应估读到 0.1～0.5mm，每次读数误差为 0.5～1mm。读数时应同时测定温度，温度计最好绑在钢尺上，以便反映出钢尺量距时的实际温度。

（2）零尺段的丈量

按整尺段丈量距离，当量至另一端点时，必剩一零尺段。零尺段的长度最好采用经过检定的专门用于丈量零尺段的补尺来量度。如无条件，可按整尺长度沿视线方向将尺的一端延长，对钢尺所施拉力仍与检定时相同，然后按上述方法读出零尺段的读数。但由于钢尺刻度不均匀误差的影响，用这种方法测量不足整尺长度的零段距离，其精度有所降低，但对全段距离的影响是有限的。

（3）量距精度

当全段距离量完之后，尺端要调头，读数员互换，按同法进行返测，往返丈量一次为一测回，一般应测量两测回以上。量距精度以两测回的差数与距离之比表示。使用普通钢尺进行精密量距，其相对误差一般可达 1/50000 以上。

3. 精密量距的几项改正

（1）钢尺尺长改正

用钢尺测量空间两点间的距离时，因钢尺本身有尺长误差，在两点之间测量的长度不等于实际长度，此外因钢卷尺在两点之间无支托，使钢尺下挠引起垂曲误差，为使下挠垂曲小一些，需对钢尺施加一定的拉力，此拉力又势必使钢尺产生弹性变形，在尺端两桩高差为零的情况下，可列出钢尺尺长改正数理论公式的一般形式为：

$$\Delta L_i = \Delta C_i + \Delta P_i - \Delta S_i \tag{7-2}$$

式中　ΔL_i——零尺段尺长改正数；

ΔC_i——零尺段尺长误差（或刻划误差）；

ΔS_i——钢尺尺长垂曲改正数；

ΔP_i——钢尺尺长拉力改正数。

钢尺尺长误差改正公式：

钢尺上的刻划和注字，表示钢尺名义长度，由于钢尺制造设备，工艺流程和控制技术的影响，会有尺长误差，为了保证量距的精度，应对钢尺作检定，求出尺长误差的改正数。

检定钢尺长度（水平状态）系在野外钢尺基线场标准长度上，每隔 5m 设一托桩，以比长方法，施以一定的检定压力，检定 0～30m 或 0～50m 刻划间的长度，由此可按通用公式计算出尺长误差的改正数：

$$\Delta L_{平检} = L_{基} - L_{量} \tag{7-3}$$

式中　$\Delta L_{平检}$——钢尺水平状态检定拉力 P_0、20℃时的尺长误差改正数；

$L_{基}$——比长基线长度；

$L_{量}$——钢尺量得的名义长度。

当钢尺尺长误差分布均匀或存在系统误差时，钢尺尺长误差与长度成比例关系，则零尺段尺长误差的改正公式为：

$$\Delta C_i = \frac{L_i}{L} \cdot \Delta L_{平检} \tag{7-4}$$

式中　ΔC_i——零尺段尺长误差改正数；

L_i——零尺段长度；

L——整尺段长度。

所求得的尺长改正数亦可送有资质的单位去作检定。

（2）温度改正

钢尺的长度是随温度而变化的。钢尺的线胀系数 α 一般为 1.16×10^{-5}～1.25×10^{-5}，为了简化计算工作，取 $\alpha=1.2\times10^{-5}$。若量距时温度 t 不等于钢尺检定时的标准温度 t_0（t_0 一般为 20℃），则每一整尺段 L 的温度改正数 ΔL_t 按下式计算：

$$\Delta L_t=\alpha\ (t-t_0)\ L \tag{7-5}$$

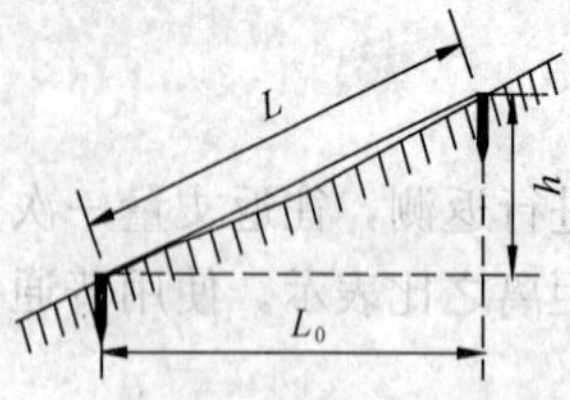

图 7-31　倾斜改正示意图

（3）倾斜改正（高差改正）

设沿倾斜地面量得 A、B 两点之距离为 L（见图 7-31），A、B 两点之间的高差为 h，为了将倾斜距离 L 改算为水平距 L_0，需要求出倾斜改正数 ΔL_h。

$$\Delta L_h=L_0-L=-\frac{h^2}{2L}-\frac{h^4}{8L^3} \tag{7-6}$$

7.3.2　已知高程的测设

7.3.2.1　已知高程点测设

在进行施工测量时，经常要在地面上和空间设置一些已知高程点。测设已知高程是根据已知高程的水准点，将设计高程测设到实地上，并设置标志作为施工的依据，高程测设非常广泛，如进行建筑物室内地坪±0 的测设；道路工程线路中心设计高程的测设；桥墩、隧道口高程的测设；管道工程坡度钉的测设等。如图 7-32 所示，欲测设设计高程为 H_B 的 B 点，其中 A 点为已知水准点，高程 H_A。

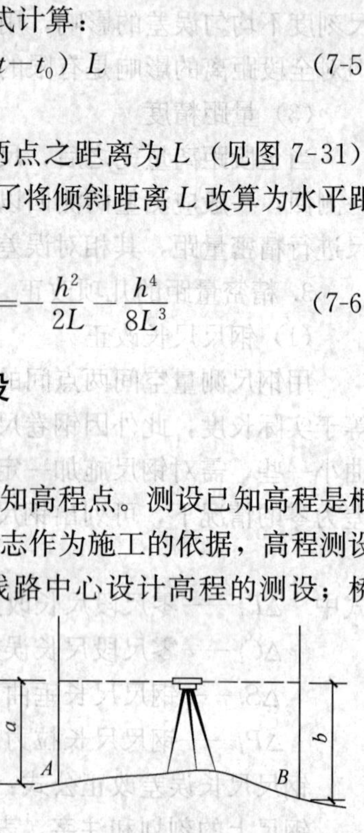

图 7-32　高程点测设示意图

测设方法：

1. 以水准点 A 为后视，读取后视读数，并计算出视线高 $H_i=H_A+a$；

2. 根据视线高和设计高程（H_B），计算欲测设计高程点的“应读前视读数 b”：

应读前视读数＝视线高－设计高程（$b=H_i-H_B$）

3. 以应读前视读数为基准，标出设计高程的位置或在所钉木桩上注明改正数。改正数为正数，表示桩顶低于设计高，应将桩顶接木条，自桩顶向上量改正数即可得设计高位置；如改正数为负数，说明桩顶高于设计高，应自桩顶向下量取改正数，即可得设计高程位置。

7.3.2.2　高程传递

1. 用水准测量法传递高程

在施工中，常需向深坑内测设已知高程点，或在高层建筑向上引测高程，一般是利用水准测量的方法通过悬吊钢尺进行高程传递测量。

如图 7-33 所示，拟利用地面水准点 A 的高程 H_A，测量基坑内 B 点高程 H_B。

高程传递的方法：在坑边架设一吊杆，从杆顶向下挂一根钢尺（钢尺 0 点在下），在钢尺下端吊一重锤，重锤的重量应与检定钢尺时所用的拉力相同。为了将地面水准点 A 的高程 H_A 传递到坑内的临时水准点 B 上，在地面水准点和基坑之间安置水准仪，先在 A 点立尺，测出后视读数 a，然后前视钢尺，测出前视读数 b。然后将仪器搬到坑内，测出钢尺上后视读数 c 和 B 点前视读数 d，则坑内临时水准点 B 之高程 H_B 按下式计算：

$$H_B = H_A + a - (b - c) - d \tag{7-7}$$

式中，$(b-c)$ 为通过钢尺传递的高差，如高程传递的精度要求较高时，对 $(b-c)$ 之值应进行尺长改正及温度改正。

上述是由地面向低处引测高程点的情况，当需要由地面向高处传递高程时，也可以采用同样方法进行。

2. 已知坡度线的测设

在道路、排水沟渠、上下水道等工程施工时，需要按一定的设计坡度（倾斜度）进行施工，这时需要在地面上测设坡度线。如图 7-34 所示，A、B 为地面上两点，要求沿 AB 测设一条坡度线。设计坡度为 i，AB 之间的距离为 L，A 点的高程为 H_A。为了测出坡度线，首先应根据 A、B 之间的距离 L 及设计坡度 i 计算 B 点的高程 H_B。

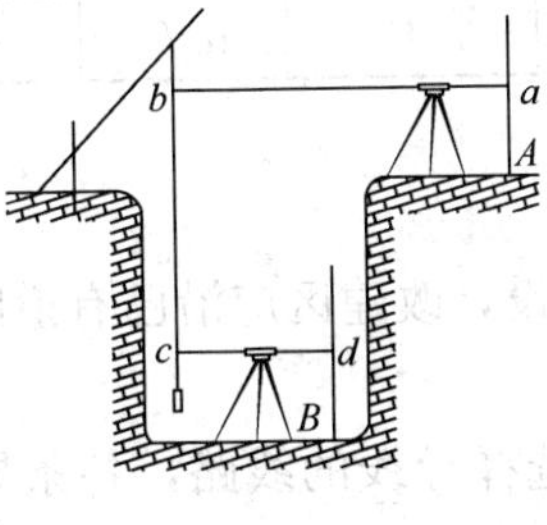

图 7-33 水准测量法传递高程

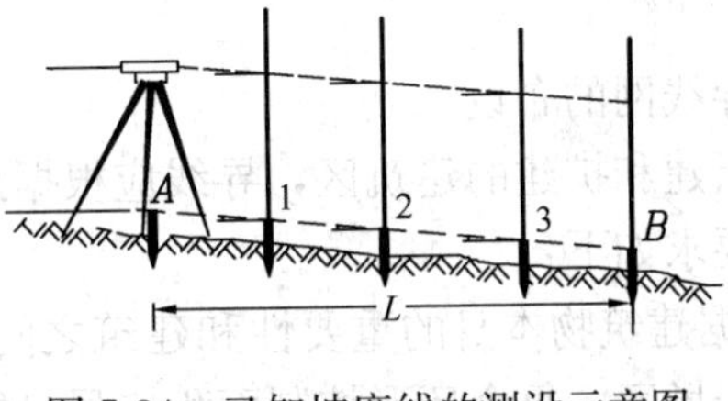

图 7-34 已知坡度线的测设示意图

$$H_B = H_A + i \cdot L \tag{7-8}$$

然后按前述地面上点的高程测设方法，利用计算出的 B 点的高程值 H_B，测定出 B 点。A、B 之间的 1、2、3 各点则可以用经纬仪或水准仪来测定。如果设计坡度比较平缓时，可以直接使用水准仪来设置坡度线。方法是：将水准仪安置于 A 点，使一个脚螺旋在 AB 线上，另外两个脚螺旋之连线垂直于 AB 线，旋转在 AB 线上的那个脚螺旋，使立于 B 点的水准尺上的读数等于 A 点的仪器高，此后在 1、2、3 各点打入木桩，使立尺于各桩上时其尺上读数皆等于仪器高，这样就在地面上测出了一条坡度线。

对于坡度较大的情况，则采用经纬仪来测设。将仪器安置于 A，纵转望远镜，对准 B 点水准尺上等于仪器高的地方。其他步骤与水准仪的测法相同。

7.4 平面控制测量

建筑施工测量平面控制网的建立一般遵守从整体到局部的原则，在施工现场应先建立统一的场区平面控制网，以此为基础进行建筑物平面控制网的布设，然后再利用建筑物平面控制点进行建筑物施工控制测量。

对于建筑场地较小或单体建筑则可直接建立建筑物平面控制网进行建筑施工测量。

7.4.1　场区平面控制测量

场区平面控制网的布设形式应根据建筑总平面图和施工场地的地形条件、已有测量控制点等情况，选择采用导线测量、三角测量和GPS测量等方法进行布设。

7.4.1.1　导线测量

导线测量布网形式灵活，在全站仪普及的情况下，更显示出其优越性。

1. 导线测量的等级与导线网的布设

(1) 导线测量等级和技术指标

场区导线测量一般分为两级，在面积较大场区，一级导线可作为首级控制，以二级导线加密。在面积较小场区以二级导线一次布设。各级导线网的技术指标应符合表7-1的规定。

场区导线测量的主要技术要求　　表7-1

等级	导线长度(km)	平均边长(m)	测角中误差(")	测距相对中误差	测回数		方位角闭合差(")	导线全长相对闭合差
					2" 级仪器	6" 级仪器		
一级	2.0	100～300	5	1/30000	3	—	$10\sqrt{n}$	≤1/15000
二级	1.0	100～200	8	1/14000	2	4	$16\sqrt{n}$	≤1/10000

注：n 为测站数。

(2) 导线网的布设

对于新建和扩建的建筑区，导线应根据总平面图布设，改建区应沿已有道路布网。布设的基本要求如下：

1) 根据建筑物本身的重要性和建筑之间的相关性选择导线的线路，各条导线应均匀分布于整个场区，每个环形控制面积应尽可能均匀。

2) 各条单一导线尽可能布成直伸导线，导线网应构成互相联系的环形。

3) 各级导线的总长和边长应符合场区导线测量的有关规定。

2. 导线测量的步骤

(1) 选点与标桩埋设

导线点位应选在建筑场地外围或设计中的净空地带，所选定之点要便于使用、安全稳定和能长期保存。导线点选定之后，应及时埋设标桩。控制点埋石应按图7-35所示埋设，并绘制点之记。

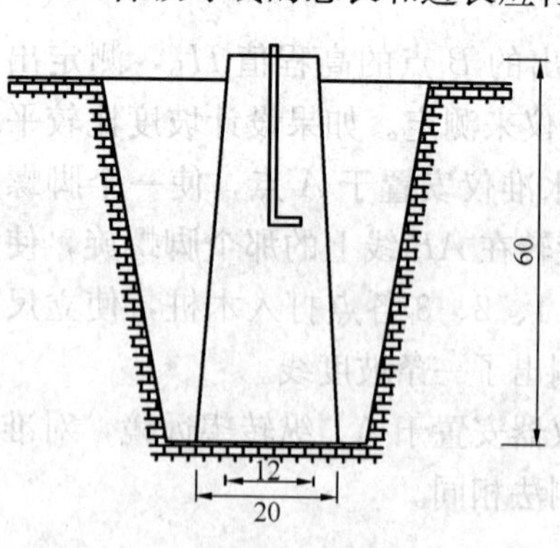

图7-35　控制点标石埋设示意图

(2) 角度观测及测量限差要求

角度观测一般采用测回法进行，但当方向大于3个时采用全圆测回法，各级导线网的测回数及测量限差参照表7-2的规定。

测回数及测量限差的规定　　表7-2

等级	仪器类别	测角中误差(")	测回数	半测回归零差(")	一测回中2C互差(")	各测回方向较差(")
一级	J1	5	2	≤6	≤9	≤6
	J2	5	3	≤8	≤13	≤9

续表

等级	仪器类别	测角中误差 (")	测回数	半测回归零差 (")	一测回中 2C 互差 (")	各测回方向较差 (")
二级	J2	8	2	≤12	≤18	≤12
	J6	8	4	≤18	—	≤24

(3) 边长观测及测量限差要求

边长测量的方法及限差参照表 7-3 的规定。

边长测量的各项要求及限差 **表 7-3**

等级	仪器测距精度	每边测回数		一测回读数较差（mm）	单程各测回较差（mm）	往返测距较差（mm）
		往	返			
一级	5mm 级仪器	2	—	≤5	≤7	≤2 $(a+b\cdot D)$
二级	10mm 级仪器	2	—	≤10	≤15	

(4) 导线网的起算数据

新建场区的导线网起算数据应选择当地测量控制点。扩建 、改建场区，新测导线应附合在已有施工控制网上。若原有施工控制网已被破坏，则应根据当地测量控制网或主要建筑物轴线确定起算数据。

(5) 导线测量的数据处理

导线平差宜采用严密平差方法。导线网平差前，应对观测数据进行处理和精度评定，各项数据处理内容和方法如下：

1) 导线测量水平距离计算要求

① 测量的斜距，须经气象改正和仪器的加、乘常数改正后才能进行水平距离计算。

② 两点间的高差测量，宜采用水准测量。当采用电磁波测距三角高程测量时，其高差应进行大气折光改正和地球曲率改正。

③ 水平距离可按式（7-9）计算：

$$D_P = \sqrt{S^2 - h^2} \tag{7-9}$$

式中 D_P——测距边的水平距离（m）；

S——经气象及加、乘常数改正后的斜距（m）；

h——仪器的发射中心与反光镜的反射中心之间的高差（m）。

2) 导线网水平角观测的测角中误差计算

导线网水平角观测的测角中误差按式（7-10）计算：

$$m_\beta = \sqrt{\frac{1}{N}\left[\frac{f_\beta f_\beta}{n}\right]} \tag{7-10}$$

式中 f_β——导线环的角度闭合差或附合导线的方位角闭合差（"）；

n——计算 f_β 时的相应测站数；

N——闭合环及附合导线的总数。

3) 测距边的精度评定

测距边的精度评定可按式（7-11）计算；当网中的边长相差不大时，可按式（7-12）计算网的平均测距中误差。

① 单位权中误差：

$$\mu = \sqrt{\frac{[Pdd]}{2n}} \tag{7-11}$$

式中 d——各边往、返测的距离较差（mm）；

n——测距边数；

P——各边距离的先验权，其值为 $\frac{1}{\sigma_D^2}$，σ_D 为测距的先验中误差，可按测距仪器的标称精度计算。

② 任一边的实际测距中误差：

$$m_{Di} = \mu\sqrt{\frac{1}{P_i}} \tag{7-12}$$

式中 m_{Di}——第 i 边的实际测距中误差（mm）；

P_i——第 i 边距离测量的先验权。

③ 网的平均测距中误差：

$$m_{Di} = \sqrt{\frac{[dd]}{2n}} \tag{7-13}$$

式中 m_{Di}——平均测距中误差（mm）。

4）测距边长度的归化投影计算，应符合以下要求：

① 归算到测区平均高程面上的测距边长度，按式（7-14）计算：

$$D_H = D_P\left(1 + \frac{H_P - H_m}{R_A}\right) \tag{7-14}$$

式中 D_H——归算到测区平均高程面上的测距边长度（m）；

D_P——测距边的水平距离（m）；

H_P——测区的平均高程（m）；

H_m——测距边两端点的平均高程（m）；

R_A——参考椭球体在测距边方向法截弧的曲率半径（m）。

② 归算到参考椭球上的测距边长度，按式（7-15）计算：

$$D_0 = D_P\left(1 - \frac{H_m + h_m}{R_A + H_m + h_m}\right) \tag{7-15}$$

式中 D_0——归算到参考椭球面上的测距边长度（m）；

h_m——测区大地水准面高出参考椭球面的高差（m）。

③ 测距边在高斯投影面上的长度，应按式（7-16）计算：

$$D_g = D_0\left(1 + \frac{y_m^2}{2R_m^2} + \frac{\Delta y^2}{24R_m^2}\right) \tag{7-16}$$

式中 D_g——测距边在高斯投影面上的长度（m）；

y_m——测距边两端点横坐标的平均值（m）；

R_m——测距边中点处在参考椭球面上的平均曲率半径（m）；

Δy——测距边两端点横坐标的增量（m）。

3. 施工控制网布设示例

对于大型建筑场区，可以采用导线法与轴线法联合测设施工控制网。首先在地面上测定两条互相垂直的主轴线。作为首级控制，然后以主轴线上的已知点作为起算点，用导线网来进行加密。加密导线可以按照建筑物施工精度不同要求或按照不同的开工时间，来分期测设。

如图 7-36 所示，纵横两条主轴线将场地分成四个象限。Ⅰ象限内采用具有两个结点的导线网加密，Ⅱ象限为简单的附合导线，Ⅲ、Ⅳ象限都是具有一个结点的导线网。

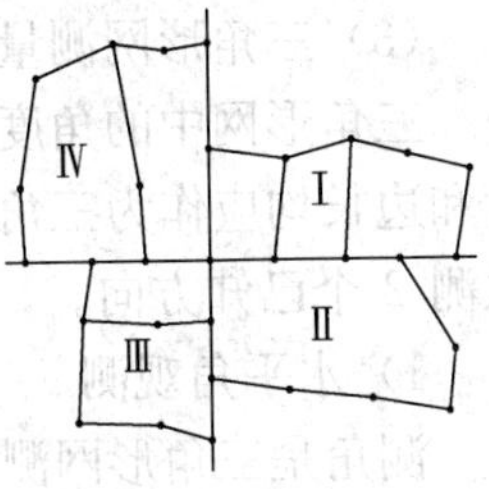

图 7-36 导线与轴线控制网示意图

7.4.1.2 三角形网测量

场区三角网测量是小地区建立测量平面控制的一种常用方法，主要用于难以直接丈量边长的建筑场地，或对网的可靠性指标有特殊要求的工程项目。

1. 场区三角形网测量等级与三角形网的布设

场区三角形网测量的等级和技术指标

场区三角网一般分为两级。面积较大场区应分两级布网，首级采用一级三角网，次级采用二级三角网加密。当场区面积较小时，可采用二级三角网一次布设。各级三角网的技术指标应符合表 7-4 的规定。

场区三角形网测量的主要技术要求 **表 7-4**

等级	边 长（m）	测角中误差（"）	测边相对中误差	最弱边边长相对中误差	测回数		三角形最大闭合差（"）
					2" 级仪器	6" 级仪器	
一级	300～500	5	1/30000	≤1/20000	3	—	15
二级	100～300	8	1/14000	≤1/10000	2	4	24

2. 场区三角形网的布设

布设场区三角形网常用的图形有：单三角锁（图 7-37*a*）、中点多边形（图 7-37*b*）和线形三角锁（图 7-37*c*）等。

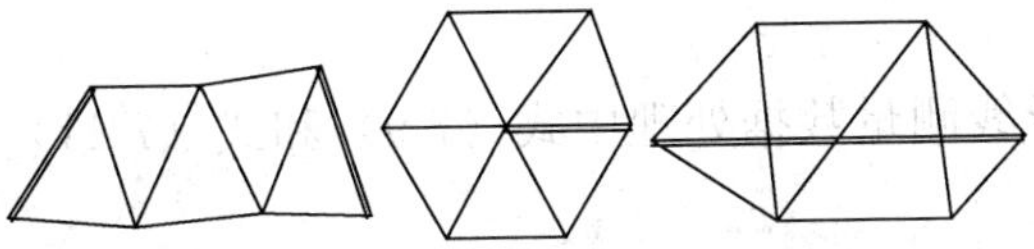

(*a*) (*b*) (*c*)

图 7-37 场区三角形网图

3. 三角形网测量的步骤及方法

(1) 踏勘选点

选点前应先在地形图上进行初步布网方案设计，然后到实地核对并修改落实点位。如果测区无地形图资料，则需到现场详细踏勘后拟定布网方案。

选定小三角点应注意以下几点：

1）相邻三角点间应互相通视，视野开阔，便于埋设标志和观测作业，并应考虑便于加密和扩展。

2）各三角形的边长应接近于相等，其平均边长应符合表 7-4 的规定。

3）三角形内角一般应不小于 30°，不大于 120°，尽可能布设成 60°的等边三角形。

(2) 埋设标桩

三角点选定后，应埋设标志，需长期保存的点要埋混凝土标石，顶面需平整，且标志明显。三角点应进行统一编号，三角点的形式和埋设如图 7-35 所示，并绘制“点之记”图。

(3) 三角形网测量的方法

三角形网中的角度宜全部观测，边长可根据需要选择部分观测或全部观测；观测的角度和边长均应作为三角形网中的观测量参与平差计算。首级控制网定向时，方位角传递宜联测 2 个已知方向。

1) 水平角观测

测角是三角形网测量外业中的一项主要工作。测角方法常用全圆测回法或测回法。三角点上观测方向多于三个时，应采用全圆测回法观测。

① 照准目标

场区三角形网点的照准目标应根据边长的长短来决定，当边较长时，观测照准花杆或悬挂大垂球，并在垂球线上绑一小花杆作为照准目标。当边长较短时，可采用悬吊垂球线作为照准目标。

② 角度观测

为了保证角度观测的质量，要选择较好的天气和成像良好的时间进行观测，观测前应检查目标是否偏心，如花杆或垂球线歪斜应校正竖直；经纬仪在测站要精确对中、置平。小三角网的角度观测应采用全圆测回法，其测回数及测量限差应符合表 7-4 的规定。

2) 距离观测

三角形边长的观测一般采用电磁波测距仪测量其平距，如用钢尺丈量，其丈量的方法按精密量距方法进行，边长测量的精度应符合表 7-3 的规定。

(4) 三角形网测量的数据处理

三角形网的测角中误差，应按式（7-17）计算：

$$m_{\beta}=\sqrt{\frac{[WW]}{3n}} \tag{7-17}$$

式中　m_{β}——测角中误差（"）；

W——三角形闭合差（"）；

n——三角形的个数。

水平距离计算和测边精度评定按本章导线测量数据处理中式（7-9）和式（7-11）～式（7-13）计算。

测距边长度的归化投影计算，按式（7-14）～式（7-16）计算。

三角形网平差时，观测角（或观测方向）和观测边均应参与平差，角度和距离的先验中误差应按式（7-9）和 式（7-11）～式（7-13）计算，也可用数理统计等方法求得的经验公式估算先验中误差的值，并用以计算角度（或方向）及边长的权。平差计算时，对计算略图和计算机输入数据应进行仔细校对，对计算结果应进行检查。打印输出的平差成果，应包含起算数据、观测数据以及必要的中间数据。

平差后的精度评定，应包含有单位权中误差、点位误差椭圆参数或相对点位误差椭圆参数、边长相对中误差或点位中误差等。

7.4.1.3　GPS 测量

1. GPS 测量的等级与 GPS 网的布设

场区 GPS 测量一般分为两级，在面积较大场区，一级 GPS 网可作为首级控制，以二级 GPS 网加密。在面积较小厂区以二级 GPS 网一次布设。

（1）GPS测量等级和技术指标

各级GPS网的技术指标应符合表7-5的规定。

场区GPS网测量的主要技术要求 **表7-5**

等级	边长（m）	固定误差A（mm）	比例误差系数B（mm/km）	边长相对中误差
一级	300～500	≤5	≤5	≤1/40000
二级	100～300			≤1/20000

（2）GPS网的布设

场区GPS网应按设计总平面图布设，布设的基本要求如下：

1）应根据测区的实际情况、精度要求、卫星状况、接收机的类型和数量以及测区已有的测量资料进行综合设计。

2）首级网布设时，宜联测2个以上高等级国家控制点或地方坐标系的高等级控制点；对控制网内的长边，宜构成大地四边形或中点多边形。

3）控制网应由独立观测边构成一个或若干个闭合环或附合路线：各等级控制网中构成闭合环或附合路线的边数不宜多于6条。

4）各等级控制网中独立基线的观测总数，不宜少于必要观测基线数的1.5倍。

5）加密网应根据工程需要，在满足精度要求的前提下可采用比较灵活的布网方式。

2. GPS网测量的步骤

（1）选点与标桩埋设

1）点位应选在土质坚实、稳固可靠的地方，同时要有利于加密和扩展，每个控制点至少应有一个通视方向。

2）点位应选在视野开阔，高度角在15°以上的范围内，应无障碍物；点位附近不应有强烈干扰接收卫星信号的干扰源或强烈反射卫星信号的物体。

3）充分利用符合要求的既有控制点。

4）控制点埋石应按图7-35所示埋设，并绘制点之记。

（2）GPS观测

1）GPS控制测量作业的基本技术要求，应符合表7-6的规定。

GPS控制测量作业的基本技术要求 **表7-6**

等级		一级	二级
接收机类型		双频或单频	双频或单频
仪器标称精度		10mm+5ppm	10mm+5ppm
观测量		载波相位	
卫星高度角（°）	静态	≥15	≥15
	快速静态	≥15	≥15
有效观测卫星数	静态	≥4	≥4
	快速静态	≥5	≥5
观测时段长度（min）	静态	≥30	≥30
	快速静态	≥15	≥15

续表

等级		一级	二级
数据采样间隔（s）	静态	10～30	10～30
	快速静态	5～15	5～15
点位几何图形强度因子 PDOP		≤8	≤8

2）GPS 控制测量测站作业，应满足下列要求：

①观测前，应对接收机进行预热和静置，同时应检查电池的容量、接收机的内存和可储存空间是否充足。

②天线安置的对中误差，不应大于 2mm；天线高的量取应精确至 1mm。

③观测中，应避免在接收机近旁使用无线电通信工具。

④作业同时，应做好测站记录，包括控制点点名、接收机序列号、仪器高、开关机时间等相关的测站信息。

3. GPS 测量数据处理

（1）基线解算，应满足下列要求：

1）解算模式可采用单基线解算模式，也可采用多基线解算模式。

2）解算成果，应采用双差固定解。

（2）GPS 控制测量外业观测的全部数据应经同步环、异步环和复测基线检核，并应满足下列要求：

1）同步环各坐标分量及全长闭合差应满足下列各式要求：

$$W_x \leqslant \frac{\sqrt{N}}{5}\sigma \tag{7-18}$$

$$W_y \leqslant \frac{\sqrt{N}}{5}\sigma \tag{7-19}$$

$$W_z \leqslant \frac{\sqrt{N}}{5}\sigma \tag{7-20}$$

$$W = \sqrt{W_x^2 + W_y^2 + W_z^2} \tag{7-21}$$

$$W \leqslant \frac{\sqrt{3N}}{5}\sigma \tag{7-22}$$

式中 N——同步环中基线边的个数；

W——环闭合差。

2）独立基线构成的独立环各坐标分量及全长闭合差应满足下列各式要求：

$$W_x \leqslant 2\sqrt{n}\sigma \tag{7-23}$$

$$W_y \leqslant 2\sqrt{n}\sigma \tag{7-24}$$

$$W_z \leqslant 2\sqrt{n}\sigma \tag{7-25}$$

$$W \leqslant 2\sqrt{3n}\sigma \tag{7-26}$$

式中 n——独立环中基线边的个数。

3）复测基线长度较差应满足下式的要求：

$$d_s \leqslant 2\sqrt{n}\sigma \tag{7-27}$$

式中　n——同一边复测的次数，通常等于2。

(3) GPS测量控制网的无约束平差

1) 应在WGS-84坐标系中进行三维无约束平差，并提供各观测点在WGS-84坐标系中的三维坐标、各基线向量三个坐标差观测值的改正数、基线长度、基线方位及相关的精度信息等。

2) 无约束平差的基线向量改正数的绝对值，不应超过相应等级的基线长度中误差的3倍。

(4) GPS测量控制网的约束平差

1) 应在国家坐标系或地方坐标系中进行二维或三维约束平差。

2) 对于已知坐标、距离或方位，可以强制约束，也可加权约束。

3) 平差结果应输出观测点在相应坐标系中的二维或三维坐标、基线向量的改正数、基线长度、基线方位角以及相关的精度信息。需要时，还应输出坐标转换参数及其精度信息。

7.4.2　建筑物平面控制测量

建筑物平面控制网通常局限于一定的施工现场及其附近，具有控制范围小、控制点密度大、精度要求高及使用频繁等特点。一般需要根据建筑物的设计形式和特点，布设成导线网、建筑方格网和建筑基线等形式，建筑物平面控制网要依据已建立的场区平面控制点为起算点，按一级或二级控制网进行布设。

1. 建筑物平面控制网测量的主要技术要求

建筑物平面控制网测量的主要技术要求应符合表7-7的规定。

建筑物施工平面控制网的主要技术要求　　**表7-7**

等　级	边长相对中误差	测角中误差
一级	≤1/30000	$7''/\sqrt{n}$
二级	≤1/15000	$15''/\sqrt{n}$

注：n为建筑物结构的跨数。

2. 水平角观测的测回数

水平角观测的测回数，应根据表7-7测角中误差的大小选定，如表7-8所示。

水平角观测的测回数　　**表7-8**

测角中误差 / 仪器精度等级	2.5″	3.5″	4.0″	5″	10″
1″级仪器	4	3	2		
2″级仪器	6	5	4	3	1
6″级仪器				4	3

3. 边长测量

边长测量宜采用电磁波测距的方法，作业的主要技术要求应符合表7-3的相关规定。

4. 施工坐标系与测量坐标系的坐标换算

施工坐标系亦称建筑坐标系，其坐标轴与主要建筑物主轴线平行或垂直，以便用直角坐标法进行建筑物的放样。

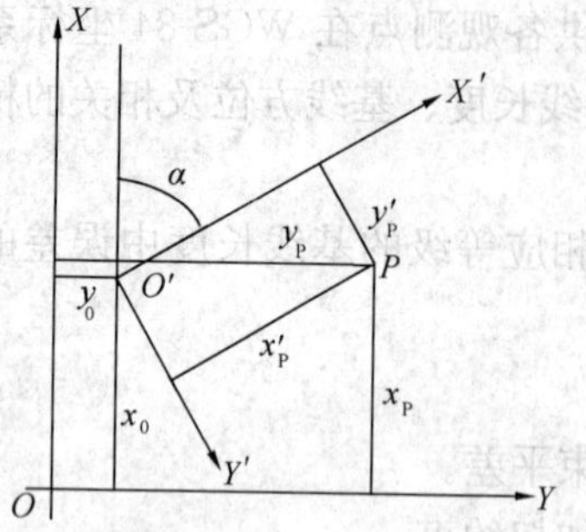

图 7-38　施工坐标系与测量坐标系的换算

施工控制测量的建筑基线和建筑方格网一般采用施工坐标系，而施工坐标系与测量坐标系往往不一致，因此，施工测量前通常需要进行施工坐标系与测量坐标系的坐标换算。

如图 7-38 所示，设 XOY 为测量坐标系，$X'O'Y'$为施工坐标系，X_0、Y_0 为施工坐标系的原点 O' 在测量坐标系中的坐标，α 为施工坐标系的纵轴 $O'X'$ 在测量坐标系中的坐标方位角。

设已知 P 点的施工坐标为（x'_P、y'_P），则可按下式将其换算为测量坐标（x_P、y_P）：

$$\begin{cases} x_P = x_0 + x'_P\cos\alpha - y'_P\sin\alpha \\ y_P = y_0 + x'_P\sin\alpha + y'_P\cos\alpha \end{cases} \tag{7-28}$$

如已知 P 的测量坐标，则可按下式将其换算为施工坐标：

$$\begin{cases} x'_P = (x_P - x_0)\cos\alpha + (y_P - y_0)\sin\alpha \\ y'_P = -(x_P - x_0)\sin\alpha + (y_P - y_0)\cos\alpha \end{cases} \tag{7-29}$$

7.4.2.1　导线网测量

由于导线测量法布网形式灵活多样，根据建筑物的设计形式和特点，建筑物平面导线控制网可布设成单一附合导线或导线网的形式，以便满足建筑物平面放样的要求。

建筑物平面导线控制网与场区平面导线控制网的测设方法大致相同，其主要技术要求和观测方法需满足表 7-7～表 7-9 的规定要求。

7.4.2.2　建筑方格网测量

建筑方格网是由正方形或矩形组成的施工平面控制网，或称矩形网，如图 7-39 所示。建筑方格网适用于按矩形布置的建筑群或大型建筑场地。

1. 建筑方格网的测设方法

（1）建筑方格网点初步定位

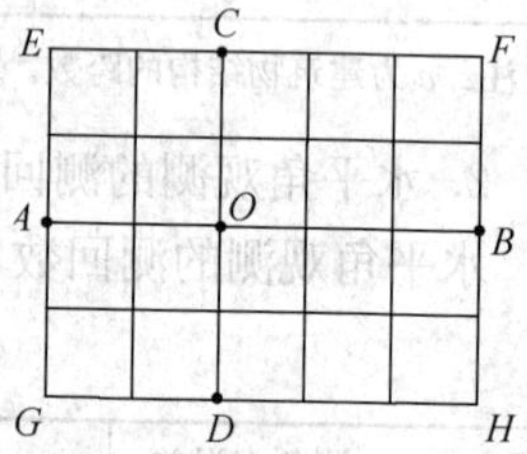

图 7-39　建筑方格网示意图

建筑方格网测量之前，应以建筑物主轴线为基础，对方格点的设计位置进行初步放样。要求初放样的点位误差（对方格网起算点而言）为±50mm。初步放样的点位用木桩临时标定，然后埋设永久标桩。如设计点所在位置地面标高与设计标高相差很大，这时应在方格点设计位置附近的方向线上埋设临时木桩。

（2）建筑方格网点坐标测定方法

建筑方格网点实地位置定出以后，一般采用导线测量法来建立建筑方格网。

1）采用导线测量法建立方格网一般有下列三种：

①中心轴线法

在建筑场地不大，布设一个独立的方格网就能满足施工定线要求时，则一般先行建立方格网中心轴线。如图 7-40 所示，以 AB 为纵轴，以 CD 为横轴，中心交点为 O。轴线测设调整后，再测设方格网，从轴线端点定出 N_1、N_2、N_3 和 N_4 点，组成大方格，通过测角、量边、平差、调整后构成一个四个环形的一级方格网，然后根据大方格边上点位，定出边上的内分点和交会出方格中的中间点，作为网中的二级点。

②附合于主轴线法

如果建筑场地面积较大，需按其建筑物不同精度要求建立方格网，则可以在整个建筑场地测设主轴线，在主轴线下分部建立方格网。如图 7-41 所示，为在一条三点直角形主轴线下建立由许多分部构成的一个整体建筑方格网。

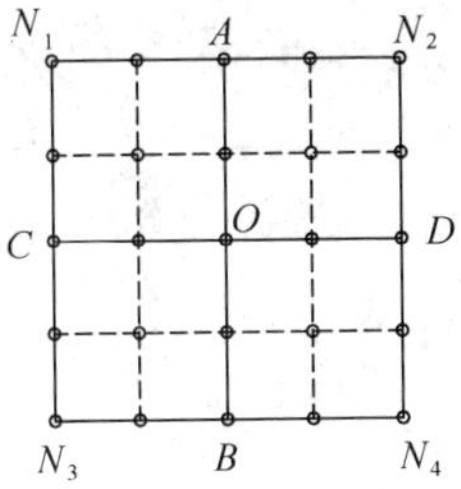

图 7-40 中心轴线方格网

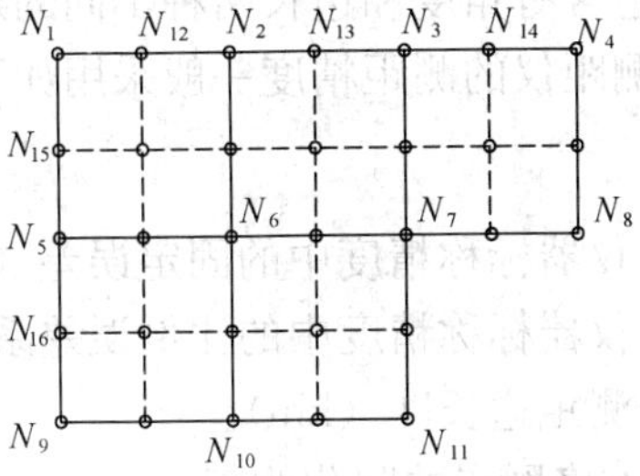

图 7-41 附合于主轴线方格网

图 7-41 中，$N_1 \sim N_9$ 为纵轴，$N_1 \sim N_4$ 为横轴。首先在主轴线上定出 N_2、N_3、N_5、N_{12}、N_{13}、N_{14}、N_{15}、N_{16} 等点作为方格网的起算数据，然后根据这些已知点各作与主轴线垂直方向线相交定出中间各 N_6、N_7、N_8、N_{10} 和 N_{11} 等环形结点，构成五个方格环形，经过测角、量距、平差、调整的工作后成为一级方格网。一级方格网布设完成后，再作内分点、中间点的加密作为二级方格点，这样就形成一个有 31 个点的建筑方格网。

③一次布网法

一般在小型建筑场地和在开阔地区中建立方格网，可以采用一次布网。测设方法有两种情况，一种方法不测设纵横主轴线，尽量布成二级全面方格网，如图 7-42 所示，可以将长边 $N_1 \sim N_5$ 先行定出，再从长边作垂直方向线定出其他方格点 $N_6 \sim N_{15}$，构成八个方格环形，通过测角、量距、平差、调整等工作，构成一个二级全面方格网。另一种方法，只布设纵横轴线作为控制，不构成方格网形。

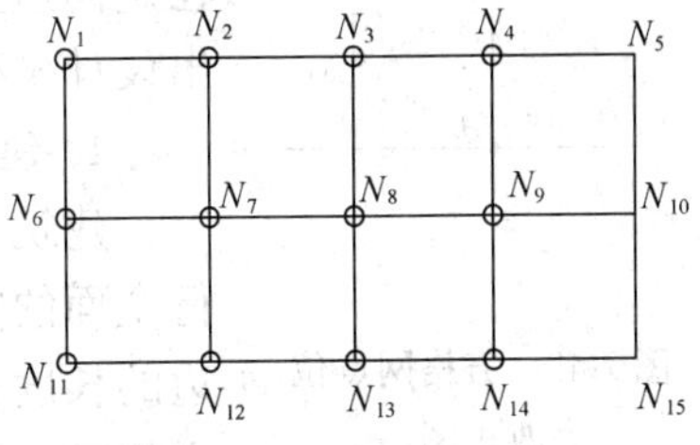

图 7-42 一次布设方格网图

2）水平角观测方法及技术要求

采用导线法建立方格网时，水平方向观测可以采用全圆测回法。水平角观测的主要技术要求应符合 7.4.1.1 中表 7-2 的规定。

3）光电测距

建筑方格网用光电仪测距时，对测距仪的精度和施测要求，应符合表 7-9 的规定。

光电测距仪测距的技术要求 **表 7-9**

等级	平均边长（m）	测距仪精度		测回数	读数次数	单程或往返
		固定误差（mm）	比例误差（ppm）			
一级	200	5	5	2	4	往返
二级	200	10	5	2	4	单程

2. 建筑方格网的平差计算

建筑方格网的平差方法应同导线网平差一致，采用严密平差法平差。平差时权的确定与导线网平差时确定权的方法相同，即：

$$P_{\beta} = \frac{u^2}{m_{\beta}^2} \tag{7-30}$$

$$P_{s} = \frac{u^2}{m_{s}^2} \tag{7-31}$$

平差中包含有角度和边长两种不同的观测值。因此在平差前应正确地确定它们的测量精度，对于测距仪的测距精度一般采用如下公式：

$$m_s = a + b \cdot D \tag{7-32}$$

式中　a——仪器标称精度中的固定误差（mm）；

b——仪器标称精度中的比例误差系数（mm/km）；

D——测距边长度（km）。

3. 建筑方格网点的归化改正

方格网点经实测和平差计算后的实际坐标往往与设计坐标不一致，则需要在标桩的标板上进行调整，其调整的方法是先计算出方格点的实测坐标与设计坐标的坐标差，计算式是

$$\Delta x = x_{设计} - x_{实际}$$

$$\Delta y = y_{设计} - y_{实际}$$

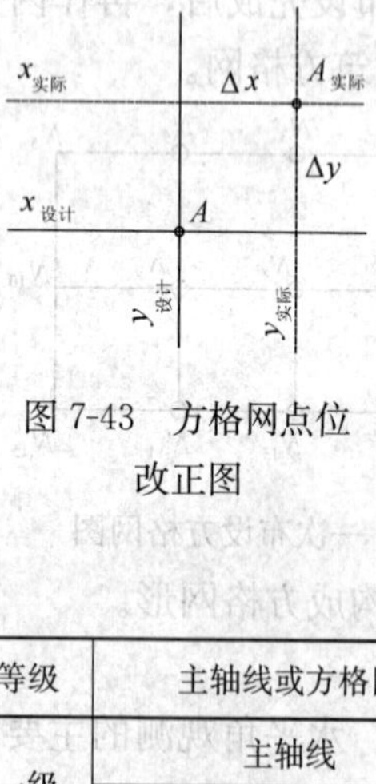

图 7-43　方格网点位改正图

然后以实测点位至相邻点在标板上方向线来定向，用三角尺在定向边上量出 Δx 与 Δy，如图 7-43 所示，并依据其数值平行推出设计坐标轴线，其交点 A 即为方格点正式点位并进行标定。

4. 建筑方格网的检查

建筑方格网的归化改正和加密工作完成以后，应对方格网进行全面的实地检查测量。检查时可隔点设站测量角度并实量几条边的长度，检查的结果应满足表 7-10 和表 7-11 的要求，如个别超出规定，应重新进行归化改正和调整。

方格网的精度要求　　**表 7-10**

等级	主轴线或方格网	边长精度	直线角误差	主轴线交角或直角误差
一级	主轴线	1∶50000	±5″	±3″
	方格网	1∶40000		±5″
二级	主轴线	1∶25000	±10″	±6″
	方格网	1∶20000		±10″

建筑方格网的主要技术要求　　**表 7-11**

等级	边长（m）	测角中误差（″）	边长相对中误差
一级	100～300	5	≤1/30000
二级	100～300	8	≤1/14000

7.4.2.3 建筑基线测量

建筑基线是建筑场地的施工控制基准线，即在建筑场地布置一条或几条轴线。它适用于建筑设计总平面图布置比较简单的小型建筑场地。

1. 建筑基线的布设形式和布设要求

(1) 建筑基线的布设形式应根据建筑物的分布、施工场地地形等因素来确定。常用的布设形式有“一”字形、“L”形、“十”字形和“T”形，如图 7-44 所示。

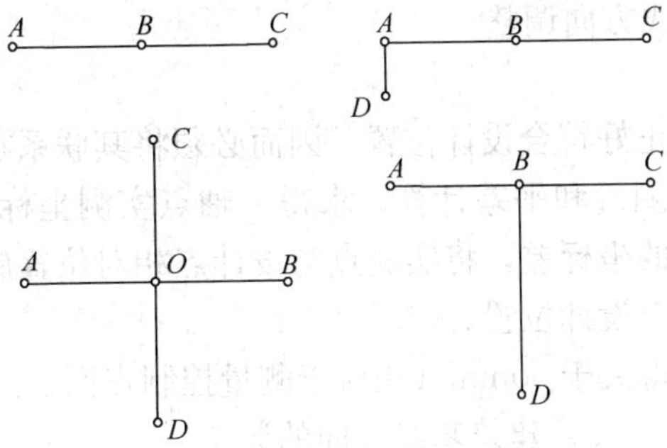

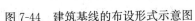

图 7-44 建筑基线的布设形式示意图

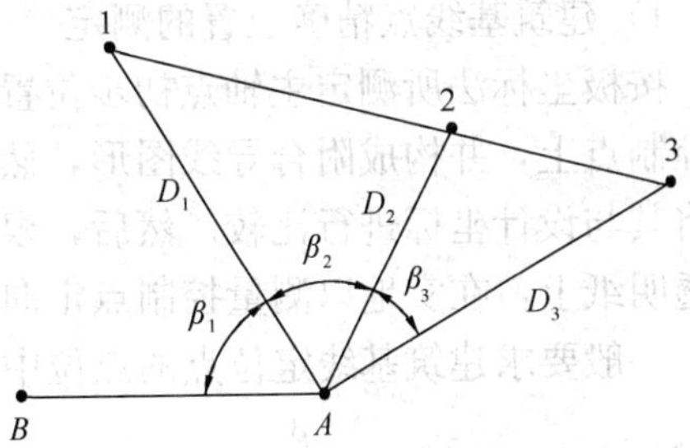

图 7-45 根据控制点测设建筑基线示意图

(2) 建筑基线的布设要求

①建筑基线应尽可能靠近拟建的主要建筑物，并与其主要轴线平行，以便使用比较简单的直角坐标法进行建筑物的定位。

②建筑基线上的基线点应不少于三个，以便相互检核。

③建筑基线应尽可能与施工场地的建筑红线相联系。

④基线点位应选在通视良好和不易被破坏的地方，为能长期保存，要埋设永久性的混凝土桩。

2. 建筑基线的测设

(1) 建筑基线点初步位置的测定方法及实地标定

1) 建筑基线点初步位置的测定方法

在新建筑区，可以利用建筑基线的设计坐标和附近已有建筑场区平面控制点，用极坐标法测设建筑基线。如图 7-45 所示，A、B 为附近已有的建筑场区平面控制点，1、2、3 为选定的建筑基线点。

测设方法如下：

首先根据已知控制点和建筑基线点的坐标，计算出测设放样的数据 β_1、D_1，β_2、D_2，β_3、D_3。然后可采用极坐标法测设 1、2、3 点的概略位置。

测定点位的精度可按式 (7-33) 估算。

$$m_{\mathrm{P}} = \sqrt{\frac{S^2}{\rho^2} m_{\beta}^2 + m_{\mathrm{S}}^2} \tag{7-33}$$

式中 m_{β}——测设 β 角度的中误差；

S——控制点至测定点的距离；

m_{S}——测定距离 S 的中误差。

2）建筑基线点初步位置的实地标定

建筑基线是整个场地的坚强控制，无论采用何种方法测定，都必须在实地埋设永久标桩。同时在投点埋设标桩时，务必使初步点位居桩顶的中部，以便改点时，有较大活动余地。此外在选定主轴点的位置和实地埋标时，应掌握桩顶的高程。一般的桩顶面高于地面设计高程 0.3m 为宜。否则可先埋设临时木桩，到场地平整以后，进行改点时，再换成永久性标桩。

(2) 建筑基线点精确位置的测定和建筑基线方向调整

1）建筑基线点精确位置的测定

按极坐标法所测定主轴点初步位置，不会正好符合设计位置，因而必须将其联系在测量控制点上，并构成附合导线图形，然后进行测量和平差计算，求得主轴点实测坐标值，并将其与设计坐标进行比较。然后，根据它们的坐标差，将实测点与设计点相对位置展绘在透明纸上，在实地以测量控制点定向，改正至设计位置。

一般要求建筑基线定位点的点位中误差不得大于 50mm（相对于测量控制点而言）。

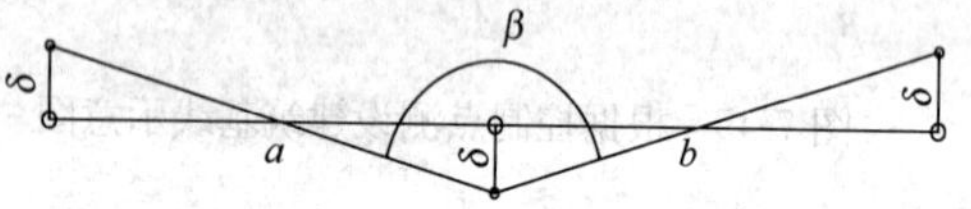

图 7-46　长轴线改点示意图

2）建筑基线方向的调整

建筑基线点放到实地上，并非严格在一条直线上，调整的方法，可以在轴线的交点上测定轴线的交角 β（图 7-46），测角中误差不应超过 $\pm 2.5''$。若交角不为 180°，则应按下列公式计算改正值 δ。

$$\delta = -\frac{a \cdot b}{a+b}\left(90° - \frac{\beta}{2}\right) \cdot \frac{1}{\rho} \tag{7-34}$$

改正的方法，是将各点位置按同一改正值 δ 沿横向移动，使各点均在一直线上，如 β 小于 180°，δ 为正值，则中间点往上移，两端点往下移，反之亦然。

改正后必须用同样方法进行检查，其结果与 180°之差不应超过 $\pm 5''$，否则仍应进行改正。

7.5　高程控制测量

场区高程控制网一般采用三、四等水准测量的方法建立。四等也可采用电磁波测距三角高程测量。大型建筑场区的高程控制网应分两级布设，首级为三等水准，次级用四等水准加密。小型建筑场区可用四等水准一次布设。水准网的高程应从附近的高等级水准点引测，作为高程起算的依据。

7.5.1　水准测量

7.5.1.1　水准测量的技术要求和方法

1. 水准测量的主要技术要求

高程控制网应布设成附合或闭合路线，水准测量的主要技术要求应符合表 7-12 的规定。

水准测量的主要技术要求　　**表 7-12**

等级	每千米高差全中误差（mm）	路线长度（km）	水准仪型号	水准尺	观测次数		往返较差、附合或环线闭合差	
					与已知点联测	附合或环线	平地（mm）	山地（mm）
三等	6	≤50	DS1	因瓦	往返各一次	往一次	$12\sqrt{L}$	$4\sqrt{n}$
			DS3	双面		往返各一次		
四等	10	≤16	DS3	双面	往返各一次	往一次	$20\sqrt{L}$	$6\sqrt{n}$

注：1. 结点之间或结点与高级点之间，其路线的长度，不应大于表中规定的 0.7 倍。
2. L 为往返测段、附合或环线的水准路线长度（km）；n 为测站数。
3. 数字水准仪测量的技术要求和同等级的光学水准仪相同。

2. 水准观测的主要技术要求

水准观测的主要技术要求应符合表 7-13 的规定。

水准观测的主要技术要求　　**表 7-13**

等级	水准仪的型号	视线长度（m）	前后视距较差（m）	前后视距较差累计（m）	视线离地面最低高度（m）	基本分划、辅助分划或黑、红面读数较差（mm）	基本分划、辅助分划或黑、红面所测高差较差（mm）
三等	DS1	100	3	6	0.3	1.0	1.5
	DS3	75				2.0	3.0
四等	DS3	100	5	10	0.2	3.0	5.0

注：三、四等水准采用变动仪器高度单面水准尺时，所测两次高差较差，应与黑面、红面所测高差之差要求相同。

3. 水准测量对水准仪及水准尺的要求

（1）水准仪：水准仪视准轴与水准管轴的夹角 i，DS1 型不应超过 15″；DS3 型不应超过 20″；补偿式自动安平水准仪的补偿误差 $\Delta\alpha$ 对于三等水准不应超过 0.5″；

（2）水准尺：水准尺上的米间隔平均长与名义长之差，对于木质双面水准尺，不应超过 0.5mm。

4. 水准点的布设和埋石

各级水准点标桩要求坚固稳定，应选在土质坚硬、便于长期保存和使用方便的地点；墙上水准点应选设于稳定的建筑物上，点位应便于寻找、保存和引用；各等级水准点，应埋设水准标石，并绘制点之记，必要时设置指示桩。

四等水准点也可利用已建立的场区或建筑物平面控制点，点间距离随平面控制点而定。三等水准点一般应单独埋设，点间距离一般以 600m 为宜，可在 400～800m 之间变动。三等水准点一般距离厂房或高大建筑物应不小于 25m、距振动影响范围以外应不小于 5m、距回填土边线应不小于 15m。水准基点组应采用深埋水准标桩或利用稳固的建（构）筑物设立墙上水准点。

7.5.1.2　三、四等水准测量

1. 三 、四等水准测量观测程序

三 、四等水准测量所使用的水准尺均为 3m 长红黑两面的水准尺。其观测方法也相同，即采用中丝测高法，三丝读数。每一测站的观测程序可按“后前前后”进行。

具体观测程序如下：

（1）按中丝和视距丝在后视尺黑色面上进行读数；

(2) 按中丝和视距丝在前视尺黑色面上进行读数；

(3) 按中丝在前视尺红色面上读数；

(4) 按中丝在后视尺红色面上读数。

2. 三、四等水准测量的记录与计算

每一测站的观测成果应在观测时直接记录于规定格式的手簿（表 7-14）中，不允许记在其他纸张上再进行转抄。每一测站观测完毕之后，应立即进行计算和检核。各项检核数值都在允许范围时，仪器方可搬站。

三、四等水准测量记录手簿　　**表 7-14**

测线：自______至______　　天气及成像：______　　观测______

日期___年___月___日　　尺常数 K：No. 12 之 K＝4787　　记录______

___时___分始___时___分终　　No. 13 之 K＝4687　　检查______

测站编号	后尺 下丝 上丝 后视距离 视距差	前尺 下丝 上丝 前视距离 视距累积差	方向及尺号	水准尺读数 黑面	水准尺读数 红面	K＋黑－红	平均高差
	(1) (2) (15) (17)	(4) (5) (16) (18)	后 前 后－前	(3) (6) (11)	(8) (7) (12)	(10) (9) (13)	(14)
1	157.1 119.7 37.5 －0.2	073.9 036.3 37.6 －0.2	后 12 前 13 后－前	1.384 0.551 ＋0.833	6.171 5.239 ＋0.932	0 －1 ＋1	＋0.8325
2	212.1 174.7 37.5 －0.1	219.6 182.1 37.5 －0.3	后 13 前 12 后－前	1.934 2.008 －0.074	6.621 6.796 －0.175	0 －1 ＋1	－0.0745

现根据三、四等水准测量记录格式，以实例表示其记录计算的方法与程序。示例表格内格中括号中的号码，表示相应的观测读数与计算的次序。现说明如下：

(1) 高差部分

(10)＝(3)＋K－(8)，(9)＝(6)＋K－(7)；(9)及(10)对三等不得大于 2mm，对四等不得大于 3mm。式中 K 为水准尺黑红面的常数差。本例中标尺 No. 12 之 K＝4787，No. 13 之 K＝4687。

(11)＝(3)－(6)，(12)＝(8)－(7) ±100(100 为两尺红面常数差)。

(13)＝(11)－(12)±100＝(10)－(9)(校核)；(13)对三等不得大于 3mm，四等不得大于 5mm。

(2) 视距部分

(15)＝(1)－(2)＝后视距离。

(16)＝(4)－(5)＝前视距离。

(17)＝(15)－(16)＝前后视距差数，此值对三等不应超出 2m，四等不应超过 3m。

(18)＝前站(18)＋(17)。(18)表示前后视距的累计值，对三等不应超过 5m，四等不应超过 10m。

(3) 检核与高差平均值的计算

观测后应按下式进行检核：

$$(13)=(11)-(12)\pm 100=(10)-(9)$$

高差平均值按下列三式计算并校核：

$$(14)=\frac{1}{2}[(11)+(12)\pm 100]=(11)-\frac{1}{2}(13)=(12)\pm 100+\frac{1}{2}(13)$$

(4) 末站检核与总视距的计算

求出Σ(15)、Σ(16)，并用Σ(15)－Σ(16)＝(18)对末站作检核。

所测路线的总视距＝Σ(15)＋Σ(16)。

3. 水准网的平差计算和精度评定

水准网的平差，根据水准路线布设的情况，可采用各种不同的方法。附合在已知点上构成结点的水准网，采用结点平差法。若水准网只具有 2～3 个结点，路线比较简单，则采用等权代替法。

当每条水准路线分测段施测时，应按（式 7-35）计算每千米水准测量的高差偶然中误差，其绝对值不应超过表 7-12 中相应等级每千米高差全中误差的 1/2。

$$M_{\Delta}=\sqrt{\frac{1}{4n}\left[\frac{\Delta\Delta}{L}\right]} \tag{7-35}$$

式中 M_{Δ}——高差偶然中误差（mm）；

Δ——测段往返高差不符值（mm）；

L——测段长度（km）；

n——测段数。

水准测量结束后，应按式（7-36）计算每千米水准测量高差全中误差，其绝对值不应超过表 7-12 中相应等级的规定。

$$M_{W}=\sqrt{\frac{1}{N}\left[\frac{WW}{L}\right]} \tag{7-36}$$

式中 M_W——高差全中误差（mm）；

W——附合或环线闭合差（mm）；

L——计算各 W 时，相应的路线长度（km）；

N——附合路线和闭合环的总个数。

当三等水准测量与国家水准点附合时，高山地区除应进行正常位水准面不平行修正外，还应进行其重力异常的归算修正。

各等级水准网，应按最小二乘法进行平差并计算每千米高差全中误差。

高差成果的取值，三、四等水准应精确至 1mm。

7.5.2 电磁波测距三角高程测量

电磁波测距三角高程测量一般适用于测定在山区或位于高层建筑物上控制点的高程，

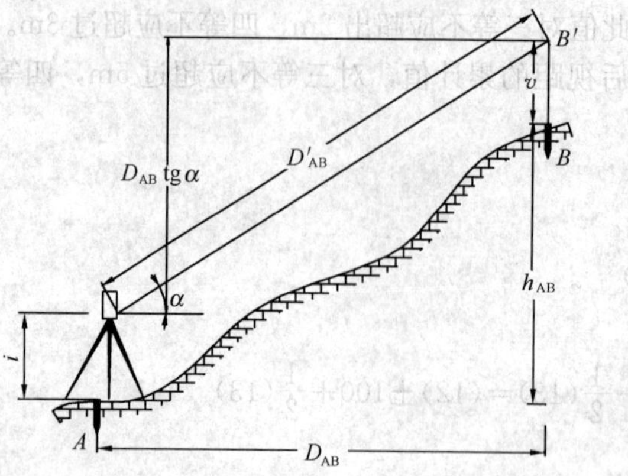

图 7-47　电磁波测距三角高程测量

一般在平面控制点上布设成三角高程网或高程导线，电磁波三角高程测量在一定条件下可以代替四等水准测量。

如图 7-47 所示，已知 A 点的高程 H_A，欲求 B 点高程 H_B，可将全站仪安置在 A 点，量取仪器高 i，照准 B 点目标的反光镜或觇牌 B'，测得竖直角 α，量取 B 点目标高为 v。设已知两点间水平距离为 D_{AB}，则两点间的高差计算式为：

$$h_{AB} = D_{AB}\text{tg}\alpha + i - v \tag{7-37}$$

1. 电磁波测距三角高程测量的主要技术要求

电磁波测距三角高程测量的主要技术要求，应符合表 7-15 的规定。

电磁波测距三角高程测量的主要技术要求　　表 7-15

等级	每千米高差全中误差（mm）	边　长（km）	观测方式	对向观测高差较差（mm）	附合或环形闭合差（mm）
四等	10	≤1	对向观测	$40\sqrt{D}$	$20\sqrt{\Sigma D}$

注：1. D 为测距边的长度（km）。
2. 起讫点的精度等级，四等应起讫于不低于三等水准的高程点上。
3. 路线长度不应超过相应等级水准路线的长度限值。

2. 电磁波测距三角高程观测的技术要求

（1）电磁波测距三角高程观测的主要技术要求，应符合表 7-16 的规定。

电磁波测距三角高程观测的主要技术要求　　表 7-16

等级	垂直角观测				边长测量	
	仪器精度等级	测回数	指标差较差（″）	测回较差（″）	仪器精度等级	观测次数
四等	2″级仪器	3	≤7″	≤7″	10mm 级仪器	往返各一次

（2）垂直角的对向观测，当直觇完成后应即刻迁站进行返觇测量。

（3）仪器、反光镜或觇牌的高度，应在观测前后各量测一次并精确至 1mm，取其平均值作为最终高度。

3. 电磁波测距三角高程测量的数据处理要求

（1）直返觇的高差，应进行地球曲率和折光差的改正。

（2）平差前，应按式（7-36）计算每千米高差全中误差。

$$M_W = \sqrt{\frac{1}{N}\left[\frac{WW}{L}\right]} \tag{7-36}$$

式中　M_W——高差全中误差（mm）；

W——附合或环线闭合差（mm）；

L——计算各 W 时，相应的路线长度（km）；

N——附合路线和闭合环的总个数。

（3）各等级高程网，应按最小二乘法进行平差并计算每千米高差全中误差。

（4）高程成果的取值，应精确至1mm。

7.6 建筑施工场地测量

7.6.1 场地平整测量

场地平整是指在建筑红线范围内的自然地形现状，通过人工或机械挖填平整改造成为设计所需要的平面，以利现场平面布置和文明施工。

7.6.1.1 场地平整的依据和合理规划

场地平整以工程设计的建筑总平面图的室外地坪标高为依据，综合考虑工程施工的具体情况，按照总体规划、生产施工工艺、交通运输和场地排水等要求，并尽量使土方的挖填平衡，减少运土量和重复挖运。若基础开挖为深基坑开挖时，即挖方远大于开挖区域外的填方时，在土方调配中，还需要考虑回填土的预存计划，为以后的土方回填做长远的打算。

7.6.1.2 场地平整的工序和准备工作

一般情况下，场地平整的施工工序为：现场勘察→清除地面障碍物→标定整平范围→水准基点检核和引测→设置方格网和测量标高→计算土方挖填工程量→平整土方→场地压实处理→验收。

了解其工艺流程后，就可以根据其步骤进行测量工作。首先，在现场勘察过程中，测量人员应到现场进行勘察，了解场地地形、地貌、周围环境、平面控制和高程控制基点；然后根据建筑总平面图及施工现场平面布置规划了解并确定现场平整场地的施工工序和主次关系，必要时测绘出场区的大比例尺地形图，为改进现场平面规划提供更全面的资料；然后复核平面控制点和高程控制基点，需要时还应进行基点加密测设，为场地测量做好前期准备。

7.6.1.3 场地平整的技术要求

平整场地的一般要求如下：

1. 平整场地应做好地面排水。平整场地的表面坡度应符合设计要求，一般应向排水沟方向做成不小于0.2%的坡度。

2. 平整后的场地表面应进行检查，检查点为每100～400m 取1点，但不少于10点；长度、宽度和边坡均为每20m取1点，每边不少于1点。

3. 场地平整应经常测量和校核其平面位置、水平标高和边坡坡度是否符合设计要求。平面控制桩和水准控制点应采取可靠措施加以保护，定期复测和检查。

7.6.1.4 场地平整标高的计算

对较大面积的场地平整，正确地选择场地平整标高，对节约工程成本、加快建设速度均具有重要意义。场地平整高度计算常用的方法为“挖填土方量平衡法”，因其概念直观，计算简便，精度能满足工程要求，应用最为广泛，其计算步骤和方法如下：

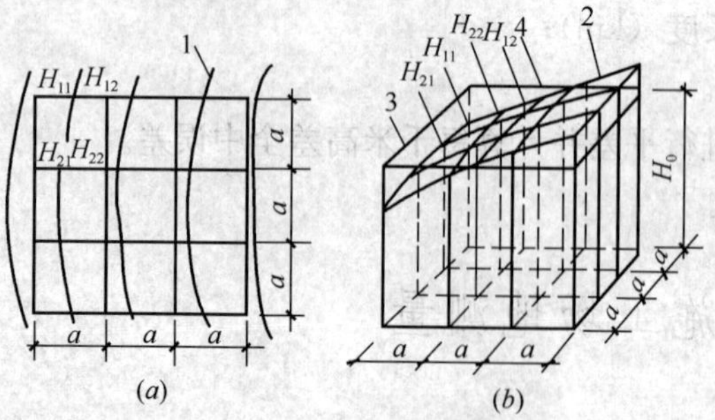

图 7-48　场地设计标高计算简图

(a) 地形图上划分方格；(b) 设计标高示意图
1—等高线；2—自然地坪；3—平整标高平面；
4—自然地面与平整标高平面的交线（零线）

(1) 计算场地平整标高

在建筑群的建筑总平面图中，都会反映出室外地坪标高 H' 和总体规划道路的坡度方向和标高，因此，在考虑争取一步平整到位的"效益原则"上，场地平整应以建筑总平面图的数据为依据，并结合现场施工总平面布置图，进行挖填平衡计算。场地平整标高计算如下：

如图 7-48 (a)，将地形图划分边长为 a 的方格网，每个方格的角点标高，一般可根据地形图上相邻两等高线的标高，用内插法求得。当无地形图时，亦可在现场布置方格网，然后用仪器直接测出。

一般应使场地内的土方在平整前和平整后相等而达到挖方和填方量平衡，如图 7-48 (b)。设达到挖填平衡的场地平整标高为 H_0，H_0 值可由下式求得：

$$H_0=\frac{\sum H_1+2\sum H_2+3\sum H_3+4\sum H_4}{4N} \tag{7-38}$$

式中　N——方格网数（个）；

$H_{11}\cdots H_{22}$——任一方格的四个角点的标高（m）；

H_1——一个方格共有的角点标高（m）；

H_2——二个方格共有的角点标高（m）；

H_3——三个方格共有的角点标高（m）；

H_4——四个方格共有的角点标高（m）。

此时，仅考虑基坑开挖区域外的挖填平衡时，若 H_0 与场外地坪标高 H' 的差值在 ±100mm时，则可取 H_0 作为场地平整的标高。

(2) 场地平整标高的适度调整值

上式计算的 H_0 为一理论数值，实际尚需考虑土的可松散系数、平整标高以下各种填方工程用土量或平整标高以上的各种挖方工程量、边坡填挖土方量不等、部分挖方就近弃土于场外或部分填方就近从场外取土、开挖方案等因素。考虑这些因素所引起的挖填土方量的变化后，可适当提高或降低平整标高。

(3) 施工现场总平面布置图对场地平整标高的影响

式 (7-38) 计算的 H_0 未考虑场地中规划道路和排水的要求，因此，应根据规划道路和排水坡度的技术要求，增加规划道路施工和排水设施所产生的挖方量。如场地面积较大，应有 2‰以上排水坡度，尚应考虑排水坡度对平整标高的影响。故场地内任一点实际施工时所采用的平整标高 H_n (m) 可由下式计算：

单向排水时
$$H_n=H_0+l\cdot i \tag{7-39}$$

双向排水时
$$H_n=H_0\pm l_x i_x\pm l_y i_y \tag{7-40}$$

式中 l——该点至 H_0 的距离（m）；

i——x 方向或 y 方向的排水坡度（不少于2‰）；

l_x、l_y——该点于 $x-x$、$y-y$ 方向距场地中心线的距离（m）；

i_x、i_y——分别为 x 方向和 y 方向的排水坡度；

±——该点比 H_0 高则取“+”号，反之取“-”号。

7.6.1.5 场地平整测量方法

1. 方格网测设

在建筑施工测量中，方格网法是场地平整的土方计算主要方法。

（1）方格网布设的基本原则

方格网的布设主要遵循以下几个原则：

1）场地的起伏情况是决定方格网布设最重要的依据，一般起伏不大的场地（成人站在场地中央能观测到场地各处边界），方格网边长一般为10～40m，对于场地起伏比较大的场地，边长一般为5～10m。具体取值还要依据对土方计算的精度要求和场地具体情况确定；

2）方格网的坐标系应尽量与建筑物坐标系相平行；

3）方格网点应布满整个施工区域；

4）地形起伏不一致的场地，应根据局部区域的场地起伏情况，适当的增大或减小方格网的边长。

（2）方格网测设的方法

方格网测设方法主要有：经纬仪测设法、全站仪测设法。

1）经纬仪测设法

经纬仪测设法是使用经纬仪测设角度和钢尺量距确定网点位置的方法。适用于地势比较平缓的地形。

操作方法：

a. 在场区一边的边界线附近选择其边界的一个角点作为测设起始点，在起始点上架设经纬仪，选择场区的长边方向尽量平行拟建建筑物的同方向轴线，并在该方向另一边边界上定方向点；

b. 在选定的方向上，以角点为起点，用钢尺量距，经纬仪定向，按一定间距测设出此方向上的方格网点；

c. 经纬仪分别在每个网点拨设90°在另一方向上按同样方法测设网点；

d. 在直角长边方向的网点上，依次架设经纬仪拨设90°，并以此方向点定向，用同样的方法测设其他直角边的网点。

2）全站仪测设法

全站仪测设法与经纬仪测设法原理相同，只是距离测量使用全站仪测量，该方法测量精度高，适用于所有的地形。

7.6.1.6 填挖土方计算

确定场地平整标高后，以此为基准进行土方挖填平衡计算，确定平衡调配方案。填挖土方计算的方法有多种，常用的方法有：方格网法、截面积法、等高线法等。每种方法都有其适用的条件和局限性，应根据场地条件合理选择计算方法。

1. 方格网法

方格网法适合地面坡度较平缓的场地。方格网可直接在地形图上绘制，如没有地形图则可现场测设各方格网点的位置和高程。方格网测设完毕后，绘出方格网图，并参照图7-49标注各方格网点的高程及与场地平整设计高程的较差，“+”为高于设计高程，“−”为低于设计高程。

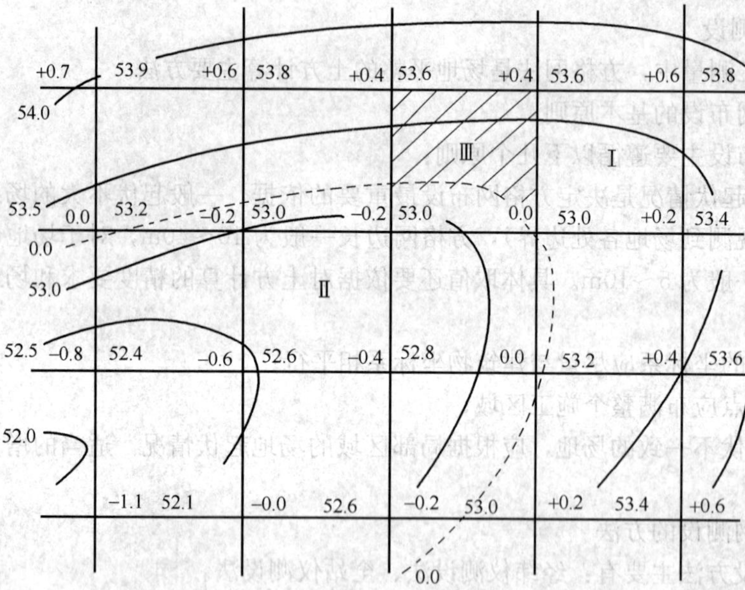

图 7-49 方格网图

方格网法的首要任务是计算出零线，零线即挖方区与填方区的交线，在该线上，施工高度为零。零线的确定方法是：在相邻角点施工高度为一挖一填的方格边线上，用插入法求出方格边线上零点的位置（图7-50），再将各相邻的零点连接起来即得零线。

土方工程量计算方法和详细步骤详列于表7-17中。

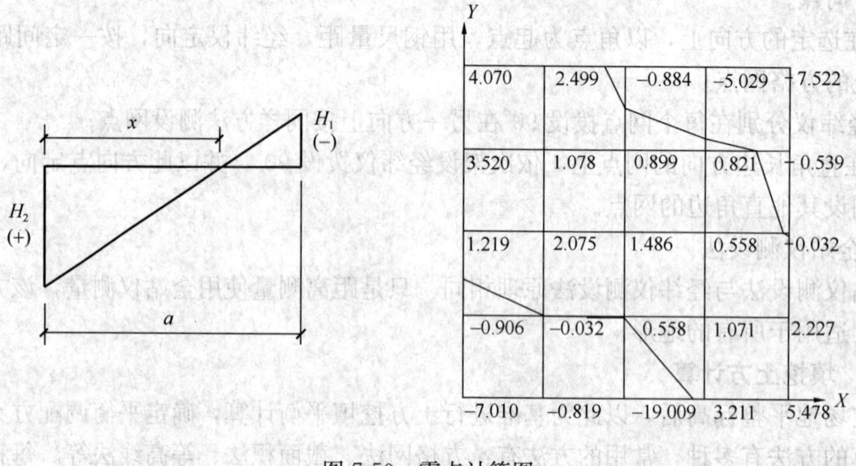

图 7-50 零点计算图

方格网土方量的图形计算 **表 7-17**

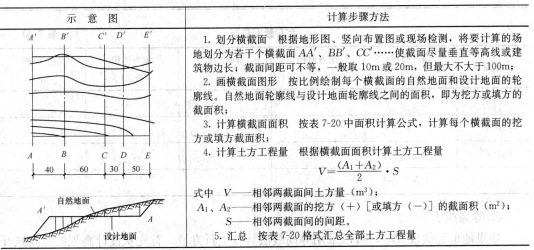

土方量特点	方格网示意图	计算公式
一点填方或挖方（三角形）	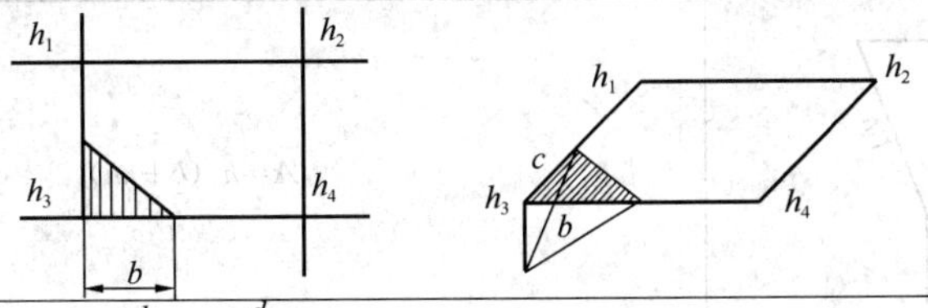	$V=\frac{1}{2}bc\frac{\Sigma h}{3}=\frac{bch_3}{6}$ 当 $b=c=\alpha$ 时，$V=\frac{a^2h_3}{6}$
二点填方或挖方（梯形）	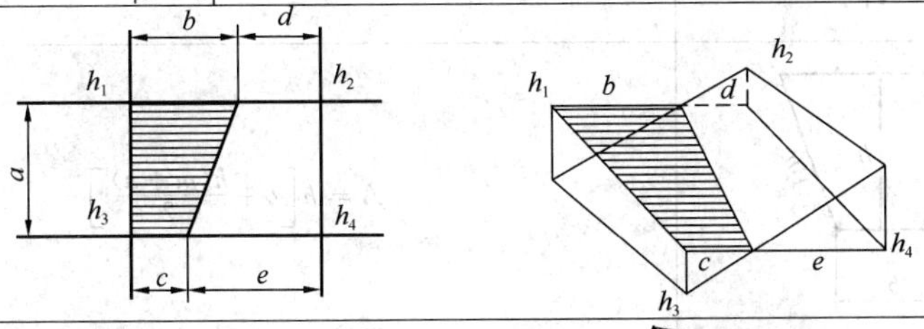	$V_-=\frac{b+c}{2}a\frac{\Sigma h}{4}=\frac{a}{8}(b+c)(h_1+h_3)$ $V_+=\frac{b+e}{2}a\frac{\Sigma h}{4}=\frac{a}{8}(b+c)(h_2+h_4)$
三点填方或挖方（五角形）	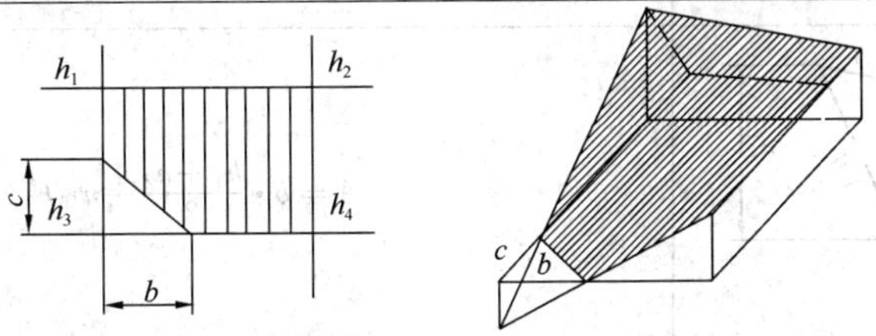	$V=\left(a^2-\frac{bc}{2}\right)\frac{\Sigma h}{5}$ $=\left(a^2-\frac{bc}{2}\right)\frac{h_1+h_2+h_3}{5}$
四点填方或挖方（正方形）	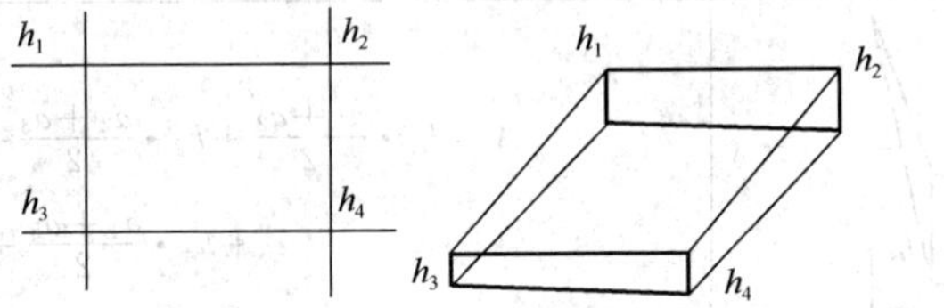	$V=\frac{a^2}{4}\Sigma h=\frac{a^2}{4}(h_1+h_2+h_3+h_4)$

2. 截面积法（横截面法）

截面积法也称横截面法，适用于地形起伏变化较大地区，或者地形狭长、挖填深度较大又不规则的地区，计算方法较为简单方便，但精度较低。其计算步骤和方法如表 7-18、表 7-19 所示，土方量汇总表见表 7-20。

截面积法计算步骤 **表 7-18**

示意图	计算步骤方法
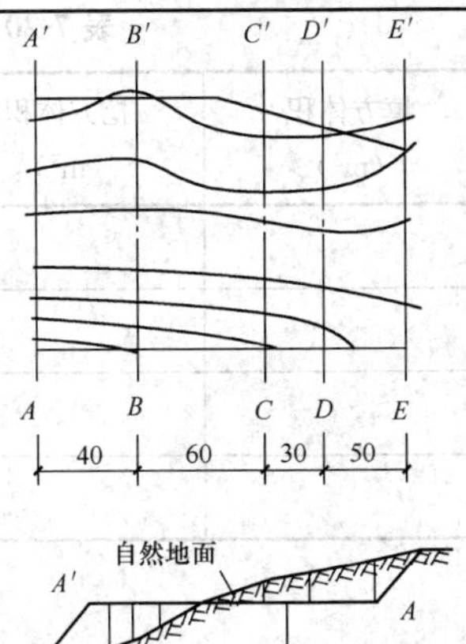	1. 划分横截面　根据地形图、竖向布置图或现场检测，将要计算的场地划分为若干个横截面 AA'、BB'、CC'……使截面尽量垂直等高线或建筑物边长；截面间距可不等，一般取 10m 或 20m，但最大不大于 100m； 2. 画横截面图形　按比例绘制每个横截面的自然地面和设计地面的轮廓线。自然地面轮廓线与设计地面轮廓线之间的面积，即为挖方或填方的截面积； 3. 计算横截面面积　按表 7-20 中面积计算公式，计算每个横截面的挖方或填方截面积； 4. 计算土方工程量　根据横截面面积计算土方工程量 $V=\frac{(A_1+A_2)}{2}\cdot S$ 式中　V——相邻两截面间土方量（m^3）； A_1、A_2——相邻两截面的挖方（+）［或填方（−）］的截面积（m^2）； S——相邻两截面间的间距。 5. 汇总　按表 7-20 格式汇总全部土方工程量

常用横截面计算公式　　**表 7-19**

项次	示 意 图	面积计算公式
1	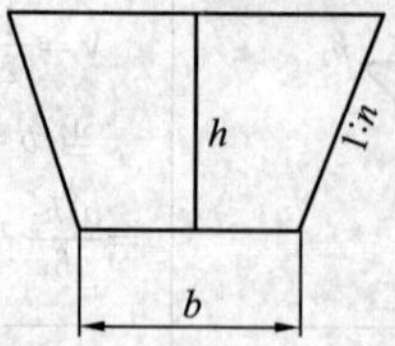	$A=h(b+nh)$
2	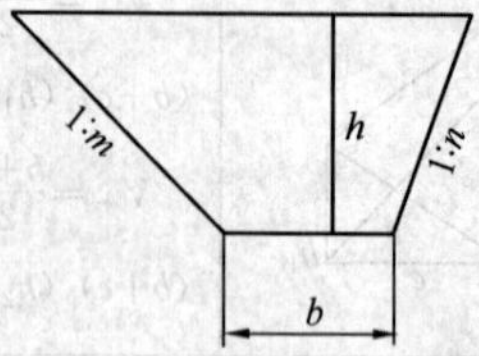	$A=h\left[b+\frac{h(m+n)}{2}\right]$
3	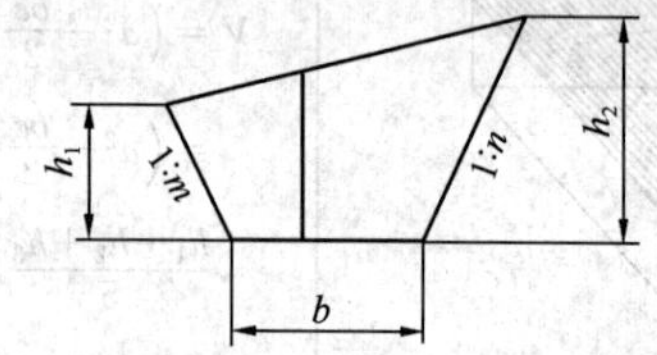	$A=b\cdot\frac{h_1+h_2}{2}+nh_1h_2$
4	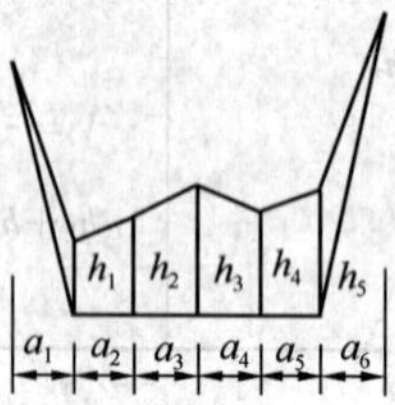	$A=h_1\cdot\frac{a_1+a_2}{2}+h_2\cdot\frac{a_2+a_3}{2}+h_3\cdot\frac{a_3+a_4}{2}+h_4\cdot\frac{a_4+a_5}{2}+h_5\cdot\frac{a_5+a_6}{2}$
5	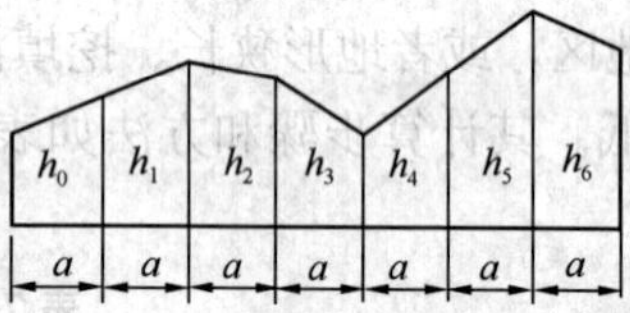	$A=\frac{a}{2}(h_0+2h+h_7)$ $h=h_1+h_2+h_3+h_4+h_5+h_6$

土方量汇总表　　**表 7-20**

截面	填方面积（m^2）	挖方面积（m^2）	截面间距（m）	填方体积（m^3）	挖方体积（m^3）
A—A′					
B—B′					
C—C′					
合　计					

3. 等高线法

如果地形起伏较大时，可以采用等高线法计算土石方量。首先从设计高程的等高线开始计算出各条等高线所包围的面积，然后将相邻等高线面积的平均值乘以等高距即得总的填挖方量。等高线所包围的面积，可采用求积仪法，方格网法等获得，如果是数字图，可在CAD上查询获得。以图7-51为例，地形图的等高距为5m，要求平整场地后的设计高程为492m，按等高线法计算土方量方法如下：

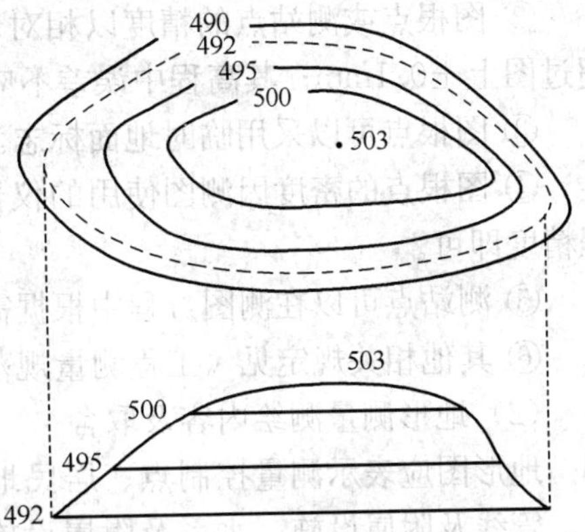

图7-51 等高线法计算示意图

首先在地形图中内插出设计高程为492m的等高线（如图7-51中虚线），再求出492m、495m、500m三条等高线所围成的面积A_{492}、A_{495}、A_{500}，即可算出每层土石方的挖方量为：

$$V_{492\sim495}=\frac{1}{2}(A_{492}+A_{495})\times3$$

$$V_{495-500}=\frac{1}{2}(A_{495}+A_{500})\times5$$

$$V_{500-503}=\frac{1}{3}A_{500}\times3$$

则总的土石方挖方量为：$V_{总}=\Sigma V=V_{492\sim495}+V_{495\sim500}+V_{500\sim505}$

式中 $V_{总}$——492m、495m、500m 3条等高线围成区域的土方挖方量；

$V_{492\sim495}$——492m、495m 2条等高线围成区域的土方挖方量；

$V_{495\sim500}$——495m、500m 2条等高线围成区域的土方挖方量；

$V_{500\sim505}$——500m、505m 2条等高线围成区域的土方挖方量。

7.6.2 场地地形和布置测量

7.6.2.1 场地地形测量

1. 场地地形测量的目的

在建筑施工中，为规划施工场区的现场平面布置，需要测绘场区地形图，从地形图上了解场地详细地貌和地物的信息，以便根据拟建建筑物与场区的位置关系，根据挖填平衡原则，更经济合理地对场区进行规划。

2. 地形测量的方法

场地一般进行大比例尺地形图测量，比例尺为1∶200、1∶500、1∶1000和1∶2000。地形测量控制网是在施工控制网基础上进行加密得到的。坐标系统和高程系统应与施工坐标系、高程系统相一致，有时候考虑方便施测也可以采用独立坐标系统，然后根据需要进行数据转换。地形测量图幅按正方形分幅，图式符号执行国家最新版本的相关地形图图式。地形测量由于外业数据采集和内业成图所使用的仪器和软件不同而采用不同的方法，不论采用何种方法，成图都必须满足相关规范和用户要求。

(1) 图根控制点的测量

1) 一般规定

① 图根点是直接供测图使用的平面和高程控制点，可在各等级控制点上采用经纬仪交会法、测距导线法、全站仪坐标法、三角高程、水准测量、GPS等方法测量。

② 图根点或测站点的精度以相对于邻近控制点的中误差来衡量，其点位中误差不应超过图上±0.1mm；其高程中误差不应超过测图基本等高距的1/10。

③ 图根点可以采用临时地面标志。

④ 图根点的密度因测图使用的仪器不同要求也不同，只要能够保证碎部点的平面高程精度即可。

⑤ 测站点可以在测图过程中根据需要随时测设。

⑥ 其他相关规定见《工程测量规范》(GB 50026)。

(2) 地形测量测绘内容及取舍

地形图应表示测量控制点、居民地和垣栅、工矿建筑物及其他设施、交通及附属设施、管线及附属设施、水系及附属设施、境界、地貌和土质、植被等各项地物、地貌要素，以及地理名称注记等，并着重显示与测图用途有关的各项要素。

(3) 地形图测量方法简介

1) 经纬仪配合量角器测图

经纬仪配合量角器测图步骤如下：

① 将经纬仪置于测站上，对中、整平、量仪器高，后视附近的一个控制点作为起始方向（零方向）。

② 小平板置于测站附近的任意位置，固定测图板，在图上测站点位置插绣花针，并将量角器圆心小孔套在针上，画出测站点至后视点的方向线。

③ 经纬仪观测碎部点的水平角、垂直角、视距。

④ 计算碎部点高程和碎部点至测站点的水平距离。

⑤ 用量角器和比例尺，按水平角、水平距离刺点，标注高程。

⑥ 重复③、④、⑤操作，完成其他碎部点测量。

⑦ 检查后视方向是否变动，勾绘，巡视检查，本站测量结束。

⑧ 用此法进行小面积测图时，可记录经纬仪野外观测数据，并绘制草图，在室内展点勾绘。

⑨ 为了解决量角器估读误差太大和量角器圆心偏心问题，可根据观测的水平角、垂直角、视距计算出碎部点的坐标和高程，用三角板和直尺或坐标尺手工展点。

⑩ 当视距较短时，用钢尺或皮尺量距代替视距，可以大大提高测距的精度。

⑪ 用经纬仪或经纬仪配钢尺（或皮尺）测量的测图数据可以计算、整理成坐标数据文件，用机助成图法成图。

2) 全站仪测记法测图

全站仪测记法测图步骤如下：

① 设站：对中整平，量仪器高；输入气温、气压、棱镜常数；建立（选择）文件名；输入测站坐标、高程及仪器高；输入后视点坐标（或方位角），瞄准后视目标后确定。

② 检查：测量1个已知坐标点的坐标并与原坐标比较（限差为图上0.1mm）；测量1个已知高程点的高程并与原高程比较（限差为1/10基本等高距）；如果前两项检查都在限差范围内，便可开始测量，否则查找原因重新检查。

③ 立镜：依比例尺地物轮廓线的转折点、半依比例尺或不依比例尺地物的中心位置和作为定位立镜点。

④ 观测：在建筑物的外角点、地界点、地形点上竖棱镜，回报镜高；全站仪跟踪棱镜，输入点号和棱镜高，在坐标测量状态下按测量键，显示测量数据后，输入测点类型代码后存储数据。继续下一个点的观测。

⑤ 皮尺量距：对于那些本站需要测量而仪器无法看见的点，可用皮尺量距来确定点位；半径大于 0.5m 的点状地物，如不能直接测定中心位置，应测量偏心距，并在草图上注明偏心方向；丈量的距离应标注在草图上。

⑥ 绘草图：现场绘制地形草图，标注立镜点的点号和丈量的距离，房屋结构、层次，道路铺材，植被，地名，管线走向、类别等。草图是内业编绘工作的依据之一，应尽量详细。草图的绘制应与碎部测量同步进行。

⑦ 检查：测量过程中每测量 30 点左右及收站前，应检查后视方向，也可以在其他控制点上进行方位角或坐标、高程检查。

⑧ 数据传输：连接全站仪与计算机之间的数据传输电缆；设置通信参数；在全站仪中选择要传输的文件和传输格式后按发送命令；计算机接收数据后以文本文件的形式存盘。

⑨ 数据转换：通过软件将测量数据转换为成图软件识别的格式。

⑩ 编绘：在专业软件平台下进行地形图编绘，具体操作依照相应软件使用说明进行。

⑪ 建立测区图库，图幅接边，输出成图。

⑫ 注意：每次外业观测的数据应当天输入计算机，以防数据丢失；外业绘制草图的人员与内业编绘人员最好是同一个人，且同一区域的外业和内业工作间隔时间不要太长。

3. 地形测量的精度要求

地形测量精度应该符合《工程测量规范》（GB 50026—2007）中“地形测量”的相关规定。

7.6.2.2 场地布置测量

1. 布置的依据

场地布置测量应根据建筑总平面图、施工组织设计、施工现场总平面布置图进行，并应遵守各项规程、规范的相关技术要求。

（1）确定场地布置测量依据

首先，我们要根据建筑总平面图获得室外地坪的标高和拟建建筑物的平面位置，结合场地平整标高，找出场地布置的标高和平面测量的施工依据。

（2）场地布置测量安排

施工组织设计详细地说明了施工生产的安排工序，因此，场地布置的测量顺序应以施工组织设计为依据，根据施工生产的安排进行。

（3）施工现场平面总布置图

施工现场平面总布置图对布置内容、尺寸和位置都有详细的表示，应结合建筑总平面布置图，测设出场地测量的平面和标高控制点，按照施工组织设计的安排，有序地进行场地布置测量。

2. 临时设施布置测量

临时设施布置测量是根据土方和基础工程规模、工期长短、施工力量安排等需要修建简易的临时性生产和生活设施（如工具库、材料库、油库、机具库、修理棚、休息棚、茶炉棚等），以及敷设管线、道路等进行的测量工作。

（1）平面测量的依据

通常情况下，平面测量的依据主要有：现场已有建筑物的定位桩、施工控制网、测设出建筑物的轮廓线或轴线控制线等。

若施工场地比较大时，可加密施工控制网，从而测设出连接建筑物与临时设施的相对位置关系的基线，以此作为平面控制的依据。

（2）平面测量

① 通过建筑总平面设计图与施工现场平面布置图，找出所放样的点位与拟建建筑物的相对位置关系；

② 根据平面控制线，使用全站仪，通过拨角量边的方法测设放样出临时房屋、临时道路、管线埋设和排水设施等点位。

（3）高程测量的依据

高程测量的依据为施工场地的首级和加密高程控制点。

（4）高程测量

①临时房屋：根据施工现场平面图中的设计标高，临时房屋的高程控制可用＋50cm或＋1.000m标高线控制；

②临时管线：根据施工现场平面图中的设计埋设或架设标高，可用水准测量方法控制管线的埋设，管线的架设则可用＋50cm或＋1.000m标高线控制。

7.6.2.3　场地布置测量允许误差技术要求

施工场地测量允许误差，应符合表7-21的规定。

施工场地测量允许误差　　**表7-21**

内　容	平面位置（mm）	高程（mm）
场地平整测量方格网点	50	±20
场区施工道路	70	±50
场区临时上水管道	70	±50
场区临时下水管道	50	±50
施工临时电缆管线	50	±70
暂设建（构）筑物	50	±30

7.7　基础施工测量

7.7.1　基槽开挖施工测量

基槽开挖的基础根据结构形式可分为：条形基础、杯形基础、筏板（筏形）基础和箱形基础。其中筏板基础和箱形基础为整体开挖基础，基础形式的不同，开挖过程中的测量工作也不尽相同，下面分别介绍每种基础形式的基槽开挖测量工作。

7.7.1.1 条形基础施工测量

建筑物墙的基础通常连续设置成长条形，称为条形基础，是浅基础的一种常见形式。施工测量工作包括基槽开挖上、下口线、基槽坡度放样，基槽底面高程测量。

首先根据设计图纸和开挖方案，计算出开挖上下口线的位置，然后利用轴线控制桩和计算的数据，放样出开挖上、下口线，撒上白灰作为开挖标记。

由于条形基础为浅基础，因此一般是一次开挖到位。在开挖过程，以轴线控制桩为准测设基槽边线，两灰线外侧为槽宽；从第一开挖点开始，测量其挖点的标高，根据所测数据指挥下一个挖点的挖深。

7.7.1.2 杯形基础施工测量

当建筑物上部结构采用框架结构或单层排架及门架结构承重时，其基础常采用方形或矩形的单独基础，这种基础称独立基础或柱式基础。独立基础是柱下基础的基本形式，当柱采用预制构件时，则基础做成杯口形，然后将柱子插入并嵌固在杯口内，故称杯形基础。见图 7-52。

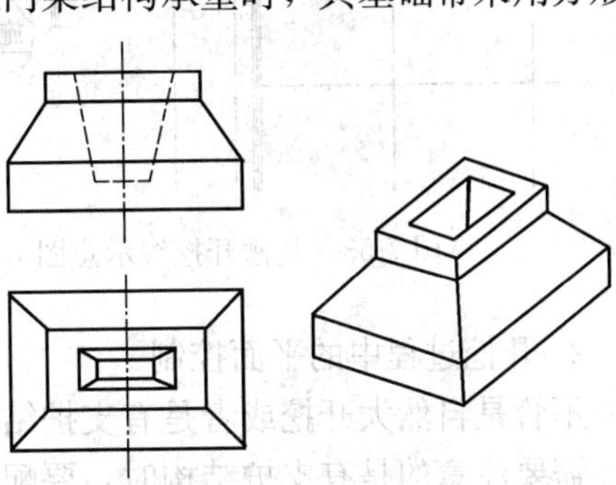

图 7-52 杯形基础

测量时同样首先根据设计图纸和开挖方案，计算出开挖上下口线的位置，利用轴线控制桩和计算的数据，放样出开挖上、下口线，撒上白灰作为开挖标记。

杯形基础为独立基础，其开挖面小而浅，在开挖过程，以轴线控制桩为准测设基槽边线，两灰线外侧为槽宽；同样从第一开挖点开始，测量其挖点的标高，根据所测数据指挥下一个挖点的挖深。

7.7.1.3 整体开挖基础施工测量

当柱子或墙承载的荷载很大，地基土较软弱，用单独基础或条形基础都不能满足地基承载力要求时，往往需要把整个房屋底面（或地下室部分）做成一片连续的钢筋混凝土板，作为房屋的基础，称为筏板基础（筏形基础）。为了增加基础板的刚度，以减小不均匀沉降，高层建筑往往把地下室的底板、顶板、侧墙及一定数量的内隔墙一起构成一个整体刚度很强的钢筋混凝土箱形结构，称为箱形基础。筏板基础与箱形基础形式在基坑开挖过程中的特征基本相同，因此，下面以梁式筏板基础为例，详细介绍开挖中的施工测量。

1. 开挖线的测设

（1）基础测量数据的获取

测设前，应熟悉建筑物的设计图纸，了解施工建筑物与相邻地物的相互关系，以及建筑物的尺寸和施工的要求等，并仔细核对各设计图纸的有关尺寸，并从以下图纸中查找测量所需基础数据：

1）从总平面图上查取或计算设计建筑物与原有建筑物或测量控制点之间的平面尺寸和高差，作为测设建筑物总体位置的依据。

2）从建筑平面图中查取建筑物的总尺寸，以及内部各定位轴线之间的关系尺寸，作为施工测设的基本资料。

3）从基础平面图上查取基础边线与定位轴线的平面尺寸，作为测设基础轴线的必要数据。

4）从基础详图中查取基础立面尺寸和设计标高，作为基础高程测设的依据。

5）从建筑物的立面图和剖面图中查取基础、地坪、门窗、楼板、屋架和屋面等设计高程，作为高程测设的主要依据。

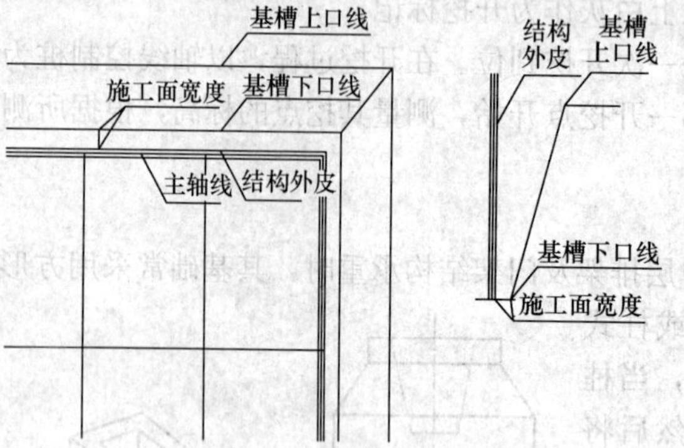

图 7-53 基槽开挖线示意图

（2）测设数据计算

获取以上数据之后，根据施工方案，按基槽开挖线示意图 7-53 计算出基槽上口下口的开挖尺寸。基槽上口线＝结构外皮线＋施工面宽度＋放坡系数×基槽深度 h。

（3）开挖线的测设

依据已布设的平面控制网测设轴线控制桩，根据轴线控制线与开挖线的位置关系，用钢尺丈量出开挖线的位置，并用白灰把基槽外边线交点连在一起。

2. 开挖过程中的平面控制

不管是自然大开挖或者是有支护结构的基坑开挖，均应严格按照开挖方案进行测量控制。需要注意的是有支护结构时，要配合支护工程进行挖深控制，因此，在开挖过程中，应根据支护工程的挖深要求，对每步开挖的下口线进行控制。

开挖过程中，根据每步开挖所撒的开挖下口线，从开挖的第一个开挖点起，根据挖深、坡度和标高严格控制其开挖的下口位置；并沿开挖路线每挖进 3～4m 时，采用“经纬仪挑线法”等方法，在轴线控制桩上架设经纬仪，在挖深部位投测出轴线控制线，并钉桩拉线，然后通过每步挖深下口线与轴线控制线的相对关系，对下口线进行平面控制，准确放样出该挖深标高的坡脚平面位置；依此方法，一直到槽底开挖设计标高预留位置。

3. 开挖过程的标高控制

开挖过程中，通过标高控制，避免因超过或少挖而造成高程误差累积，从而保证按设计要求进行开挖高程控制。标高控制的重要任务是开挖过程中的标高传递，可以根据开挖深度和坡度来选择水准仪测量加悬挂钢尺等方法进行。图 7-54 为水准仪加钢尺标高传递的示意图。

4. 测量技术要求

（1）条形基础放线，以轴线控制桩测设基槽边线并撒灰线，两灰线外侧为槽宽，共允许误差为－10～＋20mm；

（2）杯形基础放线，以轴线控制桩测设柱中心桩，再以柱中心桩及其轴线方向定出柱基开挖边线，中心桩的允许误差为±3mm；

（3）整体开挖基础放线，地下连续墙施工时，应以轴线控制桩测设连续墙中线，中线横向允许误差为±10mm；混凝土灌注桩施工时，应以轴线控制桩测设灌注桩中线，中线横向允许误差为±20mm；大开挖施工时应根据轴线控制桩分别测设出基槽上、下口径位置桩，并标定开挖边界线，上口桩允许误差为－20～＋50mm，下口桩允许误差为－10～＋20mm。

（4）在条形基础与杯形基础开挖中，应在槽壁上每隔 3m 距离测设距槽底设计标高

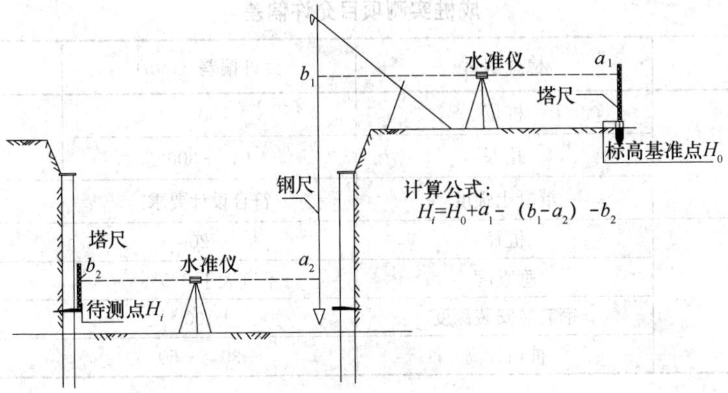

图 7-54 高程传递示意图

500mm 或 1000mm 的水平桩，允许误差为±5mm。

(5) 整体开挖基础，当挖土接近槽底时，应及时测设坡脚与槽底上口标高，并拉通线控制槽底标高。

7.7.2 支护结构施工测量

支护结构包括护坡桩、地下连续墙、土钉墙和沉井等，支护结构施工测量包括施工测量方法和监测，下面主要阐述施工测量方法，监测内容在 7.11 变形监测中介绍。

7.7.2.1 护坡桩施工测量

1. 护坡桩及施工工艺简介

护坡桩是直接在所设计的桩位上开截面为圆形的孔，然后在孔内加放钢筋骨架，灌注混凝土而成。由于其具有施工时无振动、无挤土、噪声小、一般在城市建筑物密集地区使用等优点，灌注桩在施工中得到较为广泛的应用。根据成孔工艺的不同，灌注桩可以分为干成孔灌注桩、长螺旋压浆灌注桩等。

护坡桩施工工艺流程为：场地平整→桩位放线、开挖浆池、浆沟→护筒埋设→钻机就位、孔位校正→冲击造孔、泥浆循环、清除废浆和泥渣→清孔换浆→终孔验收→下钢筋笼和钢导管→灌注水下混凝土→成桩养护。

2. 施工测量

根据护坡桩施工工艺流程，施工测量方法和技术要求如下：

(1) 桩位定位

根据图纸与施工方案，确定桩位中心线与轴线控制线的位置关系，然后利用投测的轴线控制线放样出桩位中心线，并在起点桩和终点桩位置设立中心线控制桩。在条件允许的情况下，也可以通过坐标法放样起点桩和终点桩位置，设立中心线控制桩。

(2) 标高控制

利用施工高程控制网，根据实际需要将水准点引测至施工现场。按照施工方案，在所测设的桩位中心线上测设其桩顶标高，以此控制标高。

(3) 成桩测量技术要求

成桩实测项目允许偏差见表 7-22。

成桩实测项目允许偏差　　**表 7-22**

项　目	检查项目	允许偏差（mm）	检验方法
主控项目	桩位	50	经纬仪测量
	孔深	0，＋300	测绳测量
	混凝土强度	符合设计要求	强度试验
一般项目	桩径	－20	孔径仪测量
	垂直度	不宜大于 0.5%	测斜仪测量
	钢筋笼安装深度	±100	卷尺测量
	桩顶标高	＋30，－50	水准仪测量

7.7.2.2　地下连续墙施工测量

1. 地下连续墙及施工工艺简介

地下连续墙指利用各种挖槽机械，借助于泥浆的护壁作用，在地下挖出窄而深的沟槽，并在其内浇注适当的材料而形成一道具有防渗、挡土和承重功能的连续的地下墙体。其按成墙方式可分为桩排式、槽板式和组合式；按墙的用途可分为防渗墙、临时挡土墙、永久挡土（承重）墙、作为基础用的地下连续墙。

地下连续墙施工工艺流程：场地平整→测量定位→导墙施工→成槽施工→消槽→吊放接头管（箱）→吊放钢筋笼→灌注混凝土→拔接头管（箱）。

2. 施工测量

根据地下连续墙施工工艺，施工测量方法和技术要求如下：

(1) 导墙的施工

导墙土方开挖：土方开挖时，根据图纸所示关系计算出连续墙中线坐标，用极坐标法放样出中线控制点，在不影响施工的一侧测设轴线控制桩，用来控制土方的开挖，见图7-55，轴线控制桩一般距离基坑边缘 1000mm 为宜。

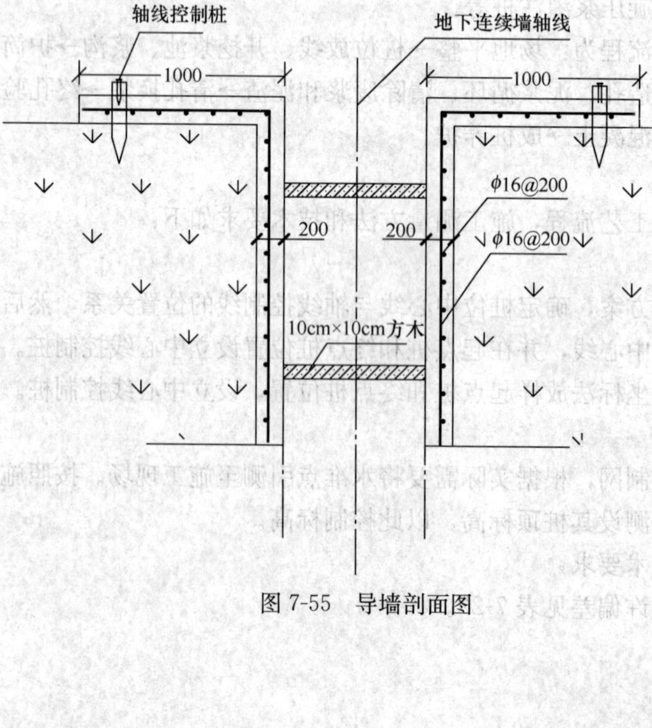

图 7-55　导墙剖面图

导墙混凝土浇筑：在模板支护好以后用中线的栓桩检查模板的相对关系，确保导墙成型后不发生偏移，影响以后连续墙的位置。

（2）连续墙的施工

连续墙施工前的准备：在导墙施工完成以后，根据图纸设计断面尺寸计算出连续墙的分段线控制坐标，一般在导墙的结构面上做控制点，根据施工技术交底，在导墙的中心位置设置控制点，用极坐标法放样。同时用水准仪测量出该段导墙顶的高程，根据设计图纸计算出每段连续墙两端的深度。并在导墙面上标注每段连续墙的编号和深度。

连续墙成槽：在成槽设备就位时，利用导墙面上的控制点调整成槽设备抓斗的中心位置。在成槽过程中利用经纬仪的铅直线观察成槽机的连接钢绳偏移垂线方向的距离来判断抓斗的偏移情况。指挥成槽机司机调整抓斗的垂直度。连续墙的深度直接用测绳丈量。

连续墙浇筑：在成槽完成后，下钢筋笼以前，计算吊点与导墙面的长度，利用吊筋的长短来控制连续墙顶的设计高度。

（3）连续墙测量技术要求

连续墙测量技术要求见表 7-23。

连续墙测量技术要求 表 7-23

项目	序号	检查项目		允许偏差或允许值		检查方法
				单位	数值	
主控项目	1	墙体强度			设计要求	查试块记录或取芯试压
	2	垂直度	永久结构 临时结构		1/300 1/150	声波测槽仪或成槽机上的检测系统
一般项目	1	导墙尺寸	宽度 墙面平整度 导墙平面位置	mm mm mm	$W+40$ <5 ±10	钢尺量，W 为设计墙厚 钢尺量 钢尺量
	2	沉渣厚度	永久结构 临时结构	mm mm	≤100 ≤200	重锤测或沉积物测定仪测
	3	槽深		mm	+100	重锤测
	4	混凝土坍落度		mm	180～220	检查计量数据
	5	钢筋笼尺寸		《建筑地基基础工程施工质量验收规范》		
	6	地下连续墙表面平整度	永久结构 临时结构 插入式结构	mm mm mm	<100 <150 <20	此为均匀黏土层，松散及易坍土层由设计决定
	7	永久结构的预埋件位置	水平向 垂直向	mm mm	≤10 ≤20	钢尺量 水准仪

7.7.2.3 土钉墙施工测量

1. 土钉墙及施工工艺简介

土钉墙是一种原位土体加筋技术，是由设置在坡体中的加筋杆件与其周围土体牢固粘结形成的复合体以及面层构成的类似重力挡土墙的支护结构。土钉墙墙面坡度不宜大于 1∶0.1，土钉必须和面层有效连接，应设置承压板或加强钢筋等构造措施，承压板或加强钢筋应与土钉螺栓连接或钢筋焊接连接。土钉墙基坑侧壁安全等级宜为二、三级的非软土场地，基坑深度不宜大于12m。当地下水位高于基坑底面时，应采取降水或截水措施。

土钉墙施工工艺为：基坑降水→开挖修坡→初喷混凝土→成孔→土钉制作→土钉推送→注浆→编制钢筋网→终喷混凝土。

2. 施工测量

(1) 平面控制

按照设计方案，基坑开挖完毕后，利用轴线控制桩对开挖面的上下口线进行严格的核实，超挖或少挖部分，均应及时采取措施处理合格后，方能进行土钉墙的下一步施工。上下口控制线可通过轴线投测法或极坐标法进行放样。

(2) 标高控制

基坑开挖已经确定了开挖工作面的标高，在进行土钉墙施工时只需复核一下即可。然后利用所传递的标高点，在边坡上测设出每一排土钉的设计标高，控制土钉施工。

(3) 土钉墙测量技术要求

土钉墙成孔应按设计要求定孔位，具体要求见表7-24。此外孔径允许误差在±2cm；孔深允许误差在±5cm；孔内碎土，杂物及泥浆应清除干净；成孔后用织物等将孔口临时堵塞；编号登记。

土钉墙支护工程技术要求　　**表7-24**

项目	序号	检查项目	允许偏差或允许值		检查方法
			单位	数值	
主控项目	1	锚杆土钉长度	mm	±30	钢尺量
	2	锚杆锁定力	设计要求		现场实例
一般项目	1	锚杆或土钉位置	mm	±100	钢尺量
	2	钻孔倾斜度		±1	测钻机倾角
	3	浆体强度	设计要求		试样送检
	4	注浆量	大于理论计算浆量		检查计量数据
	5	土钉墙面厚度	mm	±10	钢尺量
	6	墙体强度	设计要求		试样送检

7.7.2.4　沉井施工测量

沉井是修建深基础和地下深构筑物的主要基础类型。施工时先在地面或基坑内制作开口的钢筋混凝土井身，待其达到规定强度后，在井身内部分层挖土运出，随着挖土和土面的降低，沉井井身依其自重或在其他措施协助下克服与土壁间的摩阻力和刃脚反力，不断下沉，直至设计标高就位，然后进行封底。

沉井工艺一般适用于工业建筑的深坑、设备基础、水泵房、桥墩、顶管的工作井、深地下室、取水口等工程施工。

1. 沉井施工工艺

沉井的施工工艺流程为：平整场地→测量定位→基坑开挖→铺砂垫层和垫木或砌刃脚砖座→沉井浇筑→布设降水井点或挖排水沟、集水井→抽出垫木→沉井下沉封底→浇筑底板混凝土→施工内隔墙、梁、板、顶板及辅助设施。

2. 沉井施工测量

沉井施工测量主要包括沉井的定位、倾斜观测和位移观测。下面从施工工艺依次说明沉井施工测量的过程。

(1) 沉井定位

首先按照设计图纸计算沉井的中心控制线，沉井平面控制测量一般采用“十字形”中心控制线，见图 7-56 (*a*)。然后用经纬仪利用施工控制网测设出该控制线，作为沉井施工的平面控制和定位依据。

在沉井施工过程中，依据“十字形”中心控制线，采用经纬仪进行沉井定位。为了确保“十字形”中心控制线稳定可靠，每次施测前要对所测设的控制线进行复核。

1) 基坑开挖

开挖前，按照开挖方案根据开挖上口线与沉井控制线的位置关系，用钢尺丈量的方法放出开挖线，并撒上白灰作为开挖的依据。在开挖过程中，每步挖深均应对开挖下口线进行控制，详细操作见 7.7.1 相关内容。

2) 模板工程

模板支设过程中，根据沉井中心控制线和沉井的设计尺寸，放出＋30 或＋50 控制线作为模板支设和验收的平面依据。

3) 沉井下沉

施工中沉井下沉各阶段进行测量控制。

(2) 沉井施工的标高控制

利用水准基点，在施工区域建立高程控制网，然后在每个沉井周边设置三个以上的标高控制点，作为沉井施工的各项标高测量的基准点。

1) 基坑开挖

基坑开挖高程控制测量方法参照 7.7.1 相关内容。

2) 刃脚标高测量

沉井下沉前求出刃脚假定标高，下沉接高时，将刃脚底面标高返至沉井顶面。接高测量时底节顶面应高出地面 0.5～1.0m，并应在下沉偏差允许范围内接高，可采用现场实时监测的方法进行操作，也可按图 7-56 利用下沉控制点进行接高的测量控制。

(3) 沉井下沉中的测量控制

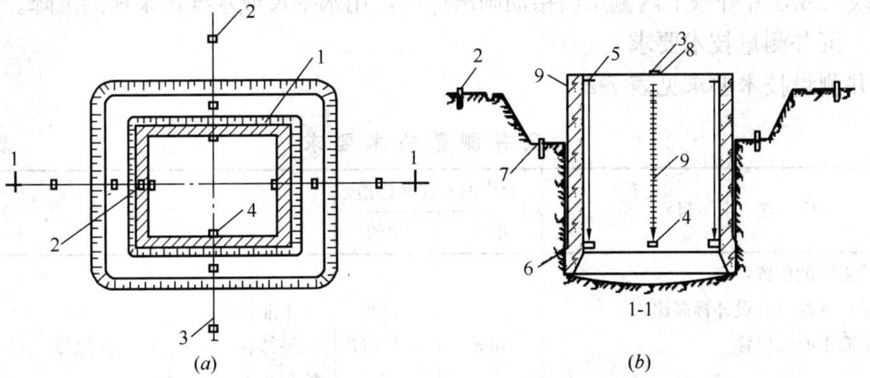

图 7-56 沉井下沉测量控制方法

1—沉井；2—中心线控制点；3—沉井中心线；4—钢标板；5—铁件；6—线坠；7—下沉控制点；8—沉降观测点；9—壁外下沉标尺

因为沉井下沉的测量控制为沉井施工测量控制的重要内容，因此下面根据下沉的各阶段的特点和技术要求进行说明。

1）下沉阶段

沉井初沉阶段：即下沉深度 0.3m 内，为保证沉井形成稳定准确的下沉轨迹，此时应缓慢下沉，速度严格控制在 0.2～0.5m/d，刃脚高差控制在 20cm 以内。

沉井中沉阶段：仍以缓慢为主，因沉井较高，应缓慢控制下沉，纠偏为主，保证下沉过程缓慢，防止突沉或倾斜等情况发生。

沉井终沉阶段：即距设计标高还有 2.5m 时，应减缓下沉速度，仍以纠偏为主，做到有偏必纠，速度一般在 0.2～0.5m/d。当下沉至设计标高还有 2m 时，停止下沉 24h，观测出预留沉降量后继续下沉至距设计标高还有 50cm，再停止下沉观察 24h，根据连续观测得出的沉降量，严格控制沉井下沉标高，使沉井终沉达到设计要求。

2）测量控制

沉井下沉过程中，自始至终对沉井高程、平面位置和垂直度进行测控，具体方法如下：

①高程控制

在不受施工影响的区域设置高程控制点（离沉井周围 40m 以外），用油漆在沉井四角井壁上画出四个相同的标尺作为沉井水平观测点，采用水准仪每隔 1h 全方位观测一次，做好记录，如发现倾斜立即纠偏；终沉严格控制刃脚标高及周边高差，控制在设计允许的范围内。

②平面位置控制

在沉井井壁上画出中线，沿中线轴线方向在不受施工影响的地方设置坐标控制点，用经纬仪及钢尺直接量测沉井中轴线位置，及时做好记录，按设计要求严格控制沉井平面位置。

③沉井垂直度的控制

沉井垂直度的控制，是在井筒内标出 4 或 8 条垂直轴线，定时用两台经纬仪进行垂直偏差观测，同时悬挂多条线坠分别对准下部标板（图 7-56*b*）。挖土时，随时观测垂直度，当线坠离墨线达 50mm，或四面标高不一致时，应及时纠正。沉井下沉的控制，系在井筒壁周围弹水平线，或在井外壁上两侧用白铅油画出标尺，用水平尺或水准仪来观测沉降。

（4）沉井测量技术要求

沉井测量技术要求见表 7-25。

沉井测量技术要求　　　　表 7-25

检查项目	允许偏差或允许值		检查方法
	单位	数值	
封底结束后的位置：			
刃脚平均标高（与设计标高比）	mm	<100	水准仪
刃脚平面中心线位移		$<1\%H$	经纬仪。H 为下沉总深度，$H<10$m 时，控制在 100mm 之内
四角中任何两角的底面高差		$<1\%L$	水准仪。L 为两角的距离。$L<10$m 时，控制在 100mm 之内

注：表中三项偏差可同时存在，下沉总高度，系指下沉前、后刃脚之高差。

7.7.3 基础结构施工测量

7.7.3.1 桩基工程施工测量

桩基础由基桩和连接于桩顶的承台共同组成，见图 7-57。桩基工程施工测量的主要任务是把设计总图上的建筑物基础桩位，按设计和施工的要求，准确地测设到拟建区地面上，为桩基础工程施工提供标志。

桩基工程施工工艺流程为：场地平整→桩位放线、开挖浆池、浆沟→护筒埋设→钻机就位、孔位校正→冲击造孔、泥浆循环、清除废浆、泥渣→清孔换浆→终孔验收→钢筋笼和钢导管→灌注水下混凝土→成桩养护。

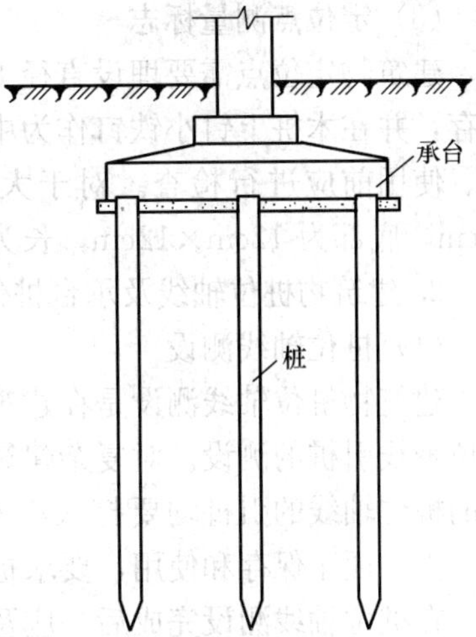

图 7-57 桩基础示意图

1. 桩基定位

建筑物桩基定位是根据设计所给定的条件，将其四周外廓主轴线的交点（简称角桩），测设到地面上，作为测设建筑物桩基定位轴线的依据。由于在桩基础施工时，所有的角桩均要因施工而被破坏无法保存，为了满足桩基础施工期间和竣工后续工序恢复建筑物桩位轴线和投测建筑物轴线的需要，所以，在建筑物定位测量时，不是直接测设建筑物外廓主轴线交点的角桩，而是在距建筑物四周外廓 5～10m，并平行建筑物处，首先测设建筑物定位矩形控制网，然后，测出桩位轴线在此定位矩形控制网上的交点桩，称之为轴线控制桩或叫引桩。桩基定位方法和技术要求简述如下。

（1）编制桩位测量放线图及说明书

为便于桩基础施工测量，在熟悉资料的基础上，作业前需编制桩位测量放线图及说明书，说明书包括以下主要内容。

1）确定定位主轴线。为便于施测放线，对于平面成矩形，外形整齐的建筑物一般以外廓墙体中心线作为建筑物定位主轴线，对于平面成弧形，外形不规则的复杂建筑物是以十字轴线和圆心轴线作为定位主轴线。以桩位主轴线作为承台桩的定位轴线。

2）根据桩位平面图所标定的尺寸，建立与建筑物定位主轴线相互平行的施工坐标系统，一般应以建筑物定位矩形控制网西南角的控制点作为坐标系的起算点，其坐标应假设成整数。

3）为避免桩点测设时的混乱，应根据桩位平面布置图对所有桩点进行统一编号，桩点编号应由建筑物的西南角开始，从左到右，从下而上的顺序编号。

4）根据设计资料计算建筑物定位矩形网、主轴线、桩位轴线和承台桩位测设数据，并把有关数据标注在桩位测量放线图上。

5）根据设计所提供的水准点或标高基点，拟定高程测量方案。

（2）建筑物的定位

1）建筑物定位依据

根据设计所给定的定位条件不同，建筑物的定位依据不同。实际工作中一般根据建筑施工控制点进行建筑物定位，如果没有建筑施工控制点也可利用原有建筑物、道路中心线、城市建设规划红线、三角点或导线点进行建筑物定位。

2）建筑物定位方法

在进行建筑物定位测量时，可根据设计所给的定位形式采用直角坐标法、内分法、极坐标法、角度或距离交会法、等腰三角形与勾股弦等测量方法。为确保建筑物的定位精度，对角度的测设均要按经纬仪的正倒镜位置测定，距离丈量必须按精密测量方法进行。

（3）定位点测量标志

建筑物定位点需要埋设直径 8cm，长 35cm 的大木桩，桩位既要便于作业，又要便于保存，并在木桩上钉小铁钉作为中心标志，对木桩要用水泥加固保护，在施工中要注意保护、使用前应进行检查。对于大型或较复杂、工期较长的工程应埋设顶部为 10cm×10cm，底部为 12cm×12cm，长为 80cm 的水泥桩为长期控制点。

2. 建筑物桩位轴线及承台桩位测设

（1）桩位轴线测设

建筑物桩位轴线测设是在建筑物定位完成后进行的，一般使用经纬仪采用内分法进行桩位轴线引桩的测设。对复杂建筑物或曲线圆心点的测设一般采用极坐标法测设。对所测设的桩位轴线的引桩均要打入小木桩，木桩顶上应钉小铁钉作为桩位轴线引桩的中心点位。为了便于保存和使用，要求桩顶与地面齐平，并在引桩周围撒上白灰。

在桩位轴线测设完成后，应及时对桩位轴线间长度和桩位轴线的长度进行检测，要求实量距离与设计长度之差，对单排桩位不应超过±10mm，对群桩不超过±20mm。在桩位轴线检测满足设计要求后才能进行承台桩位的测设。

（2）建筑物承台桩位测设

建筑物承台桩位的测设是以桩位轴线的引桩为基础进行测设的，桩基础设计根据地上建筑物的需要分群桩和单排桩。规范规定 3～20 根桩为一组的称为群桩。1～2 根为一组的称为单排桩。群桩的平面几何图形分为正方形、长方形、三角形、圆形、多边形和椭圆形等。测设时，可根据设计所给定的承台桩位与轴线的相互关系，选用直角坐标法、交会法、极坐标法等进行测设。对于复杂建筑物承台桩位的测设，往往根据设计所提供的数据经过计算后进行测设。在承台桩位测设后，应打入小木桩作为桩位标志，并撒上白灰，便于桩基础施工。在承台桩位测设后，应及时检测，对本承台桩位间的实量距离与设计长度之差不应大于±20mm，对相邻承台桩位间的实量距离与设计长度之差不应大于±30mm。在桩点位经检测满足设计要求后，才能移交给桩基础施工单位进行桩基础施工。

3. 桩基础竣工测量

桩基础竣工测量成果是桩基础竣工验收重要资料之一，其主要内容包括测出地面开挖后的桩位偏移量、桩顶标高、桩的垂直度等，有时还要协助测试单位进行单桩垂直静载实验。

（1）恢复桩位轴线。在桩基础施工中由于确定桩位轴线的引桩，往往因施工被破坏，不能满足竣工测量要求，所以首先应根据建筑物定位矩形网点恢复有关桩位轴线的引桩点，以满足重新恢复建筑物纵、横桩位轴线的要求。恢复引桩点的精度要求应与建筑物定位测量时的作业方法和要求相同。

(2) 桩位偏移量测定。桩位偏移量是指桩顶中心点在设计纵、横桩位轴线上的偏移量。对桩位偏移量的允许值，不同类型的桩有不同要求。当所有桩顶标高差别不大时，桩位偏移量的测定方法可采用拉线法，即在原有或恢复后的纵、横桩位轴线的引桩点间分别拉细尼龙绳各一条，然后用角尺分别量取每个桩顶中心点至细尼龙绳的垂直距离，即偏移量，并要标明偏移方向；当桩顶标高相差较大时，可采用经纬仪法。把纵、横桩位轴线投影到桩顶上，然后再量取桩位偏移量，或采用极坐标法测定每个桩顶中心点坐标与理论坐标之差计算其偏移量。

(3) 桩顶标高测量。采用普通水准仪，以散点法施测每个桩顶标高，施测时应对所用水准点进行检测，确认无误后才进行施测，桩顶标高测量精度应满足±10mm 要求。

(4) 桩身垂直度测量。桩身垂直度一般以桩身倾斜角来表示的，倾斜角系指桩纵向中心线与铅垂线间的夹角，桩身垂直度测定可以用自制简单测斜仪直接测定其倾斜角，要求度盘半径不小于 300mm，度盘刻度不低于 10′。

(5) 桩位竣工图编绘。桩位竣工图的比例尺一般与桩位测量放线图一致，采用 1∶500 或 1∶200，其主要包括内容：建筑物定位矩形网点、建筑物纵、横桩位轴线编号及其间距、承台桩点实际位置及编号、角桩、引桩点位及编号。

7.7.3.2 基础结构施工测量

基础结构施工具备条件后，以场地或建筑平面控制点为依据，在基坑边上可直接利用场地或建筑平面控制点进行地下主轴线投测。如果已有各类控制点不能满足要求，可加密施工控制点。测量前，先检查各级控制点位有无碰动后再安置仪器向下投测各控制线。每次放线每个方向应至少投测两条控制线，经闭合校核后，再以地下各层平面图为准详细放出其他各轴线，并用墨线弹出施工中需要的边界线、墙宽线、集水坑线等。施工用线必须进行多次检测，确保符合规范要求。

1. 轴线投测

垫层混凝土浇筑并凝固达到一定强度后，现场测量人员根据基坑边上的轴线控制桩，将经纬仪（或全站仪）架设在控制桩位上，经对中、整平后，后视同一方向桩（轴线标志），将控制轴线投测到作业面上。如下图 7-58 所示为常用的经纬仪投测法。不同的基础形式，有其不同的方法，下面分别进行介绍。

(1) 条形基础轴线投测

条形基础由于其“狭长”的特点，一般采取将基础轴线投测到龙门桩上，龙门桩形式见图 7-59。

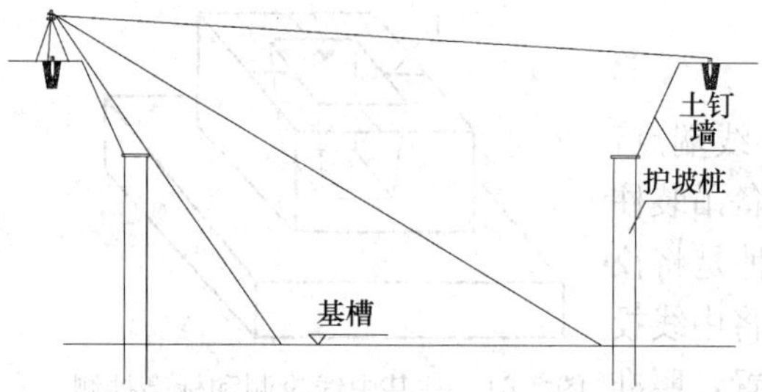

图 7-58 基槽轴线投测示意图

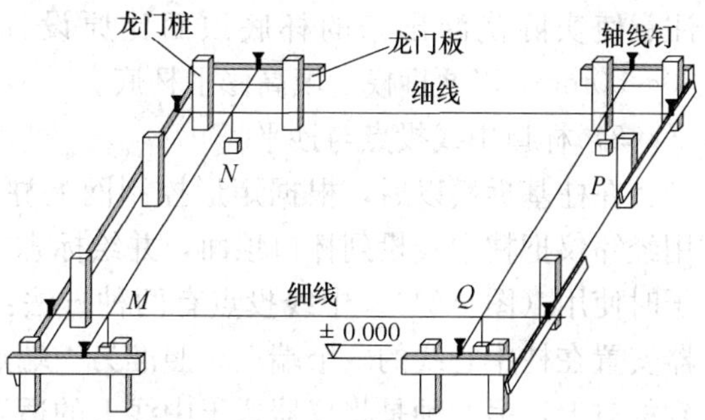

图 7-59 龙门桩

1）龙门桩设置

在建筑物四角与隔墙两端，基槽开挖边界线以外1.5～2m处，设置龙门桩。龙门桩要钉得竖直、牢固，龙门桩的外侧面应与基槽平行。

一般将各轴线引测到基槽外的水平龙门板上，固定龙门板的木桩称为龙门桩，如图7-59所示。设置龙门板的步骤如下：

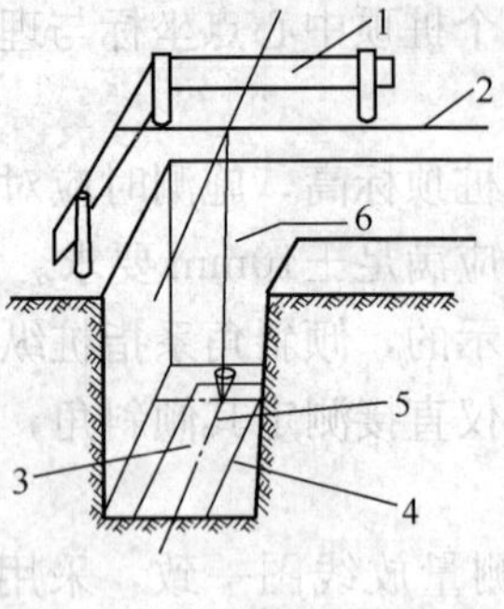

图7-60　龙门桩轴线投测示意图
1—龙门板；2—细线；3—垫层；4—基础边线；5—墙中线；6—垂线

①根据施工场地的水准点，用水准仪在每个龙门桩外侧，测设出该建筑物室内地坪设计高程线（即±0.000标高线），并作出标志。

②沿龙门桩上±0.000标高线钉设龙门板，使龙门板顶面的高程在±0.000的水平面上。然后，用水准仪校核龙门板的高程，如有差错应及时纠正，其允许误差为±5mm。

③在轴线一端控制点安置经纬仪，瞄准另一端点，沿视线方向在龙门板上定出轴线点，用小钉作标志。用同样的方法，将各轴线引测到龙门板上，所钉之小钉称为轴线钉。轴线钉定位误差应小于±5mm。

④用钢尺沿龙门板的顶面，检查轴线钉的间距，其误差不超过1/2000。检查合格后，以轴线钉为准，将墙边线、基础边线、基础开挖边线等标定在龙门板上。

2）轴线投测

根据轴线控制桩或龙门板上的轴线钉，用经纬仪或用拉绳挂锤球的方法，把轴线投测到垫层上即可，见图7-60。操作时通过测量龙门板上的控制线桩点，轴线桩点连线的交点间的角度和边长的方法来检核轴线控制线的精度。

（2）独立基础

以厂房混凝土杯形基础施工测量为例，独立基础投测方法和测量步骤如下。

1）基坑开挖后，当基坑快要挖到设计标高时，应在基坑的四壁或者坑底边沿及中央打入小木桩，在木桩上引测标高，以便根据标高拉线修整坑底和打垫层。

2）支立模板时的测量工作

垫层打好以后，根据柱基定位桩在垫层上放出基础中心线，并弹墨线标明，作为支模板的依据。支模上口还可由坑边定位桩直接拉线，用吊垂球的方法检查其位置是否正确。然后在模板的内表面用水准仪引测基础面的设计标高，并画线标明。在支杯底模板时，应注意使实际浇灌出来的杯底顶面比原设计的标高略低30～50mm，以便拆模后填高修平杯底。

3）杯口中线投点与抄平

在柱基拆模以后，根据矩形控制网上柱中心线端点，用经纬仪把柱中线投到杯口顶面，并绘标志，以备吊装柱子时使用（图7-61）。中线投点有两种方法：一种是将仪器安置在柱中心线的一个端点，照准另一端点而将中线投到杯口上，另一种是将仪器置于中线上的适当位置，照准控制网上柱基中心线两端点，采用正倒镜法进行投点。

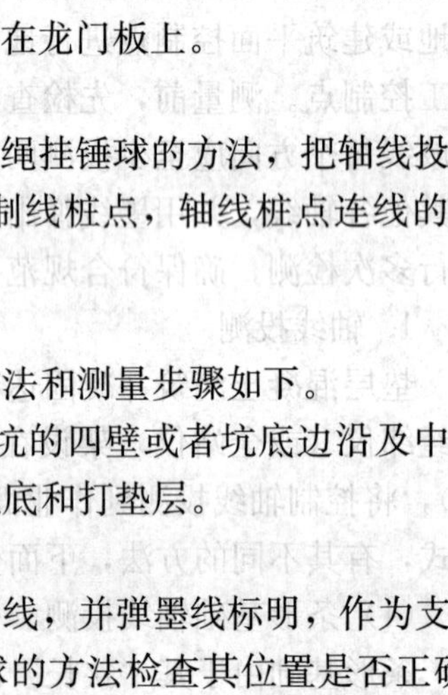

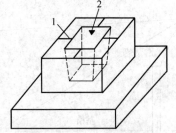

图7-61　柱基中线投测和标高抄测
1—柱基中线；2—标高控制点

为了修平杯底，须在杯口内壁测设标高线、该标高线应比基础顶面略低 30～50mm。与杯底设计标高的距离为整分米数，以便根据该标高线修平杯底。

(3) 整体开挖基础

在筏板基础和箱形基础的基础轴线投测中，一般都采用经纬仪投测法进行投测，在此不再赘述。

(4) 测量技术要求

主轴线投测允许偏差如表 7-26。

主轴线投测允许偏差 表 7-26

主轴线间距	允许偏差（mm）	主轴线间距	允许偏差（mm）
$L \leqslant 30m$	±5	$60m < L \leqslant 90m$	±15
$30m < L \leqslant 60m$	±10	$L > 90m$	±20

(5) 细部控制线放线

轴线投测完毕验收后，即可进行细部控制线的放线。在基础施工中，集水坑、联体基坑（电梯井筒部位）和地脚螺栓等重要部位埋件的定位控制，应采取下面所述针对性措施进行放线，以保证其放线精度。

1) 以轴线控制线为依据，依次放出各轴线。在此过程中，要坚持"通尺"原则，即放南北方向轴线时，要采用南北方向上距离最远的两条南北方向的轴线作为控制线，先测量此两条控制线的间距，若存在误差范围允许的误差，则在各轴线的放样中逐步消除，不能累积到一跨中。

2) 轴线放样完毕后，根据就近原则，以各轴线为依据，依次放样出离其较近的墙体或门窗洞口等控制线和边线。放样完毕后，务必再联测到另一控制线以作检核。若误差超限时应重新看图和检查，修正后方可进行下一步的工作。

3) 在厂房施工中，由于吊车梁的施工精度要求较高，因此，此部位的柱子拆模后，要将其对应的轴线投测到柱身上，再根据所抄测的标高控制线找出其标高位置，以此来控制预埋件的空间位置；

4) 对于电梯井筒（核心筒），结构剪力墙一定要在放线过程中对已浇筑的楼层进行垂直度测量，发现误差偏大时，应及时采取技术措施进行弥补，避免错台等质量问题。

7.7.3.3 施工高程控制

1. 施工高程控制的建立

建筑施工场地的高程控制测量在 7.5 已有论述，可按该节内容建立高程控制网。但是，在施工场地上，水准点的密度往往不够，还需加密高程控制点。加密高程控制点可以单独测设，也可以利用建筑基线点、建筑方格网点以及导线点等平面控制点兼作高程控制点。利用这些平面控制点时只要在其桩面上中心点旁边，设置一个突出的半球状标志即可。加密高程控制点是用来直接测设建筑物高程的。为了测设方便和减少误差，加密点应靠近建筑物。

此外，由于设计的建筑物常以底层室内地坪±0 标高为高程起算面，为了施工引测方便，常在建筑物内部或附近测设±0 水准点。±0 水准点的位置，一般选在稳定的建筑物墙、柱的侧面，用红漆绘成顶为水平线的"▼"形，其顶端表示±0 位置。

2. 高程控制点的测设

在向基坑内引测标高时，首先应对已建立的高程控制点进行检测。经确认无误后，方可向基坑内引测标高。

（1）基坑标高基准点的引测方法

以现场高程控制点为依据，采用 S3 水准仪以中丝读数法往基坑测设附合水准路线，将高程引测到基坑施工面上。标高基准点用红油漆标注在基坑侧面上，并标明数据。

（2）施工标高点的测设

施工标高点的测设是以引测到基坑的标高基准点为依据，采用水准仪以中丝读数法进行测设。施工标高点测设在墙、柱外侧立筋上，并用红油漆作好标记。

（3）标高测量的精度

标高测量的精度应控制在表 7-27 所示允许范围内。

标高测量允许偏差 表 7-27

高度 H	允许偏差（mm）	高度 H	允许偏差（mm）
每层	±3	60m<H≤90m	±15mm
H<30m	±5	H>90m	±20mm
30m<H≤60m	±10mm		

7.8 地上主体结构施工测量

7.8.1 混凝土结构施工测量

随着经济的发展和施工技术的提高，深基础和超高层的混凝土结构建筑物越来越多，对于建筑施工测量要求也越来越高。在建筑施工中，施工测量的原则依然是先整体后局部，高精度控制低精度。此外，还要根据具体建筑物的构造特点和施工难度，合理地选择施测方法、测量仪器等进行有序而科学的测量工作。下面简要介绍混凝土结构的地上建筑主体结构施工测量基本方法。

7.8.1.1 轴线竖向传递测量

主体结构施工测量中的主要工作之一是将建筑物的控制轴线准确地向上层引测，并控制竖向偏差，使轴线向上投测的偏差值满足规范规定的误差要求。轴线向上投测时，要求竖向误差在本层内不超过 5mm，全楼累计误差值不应超过 $2H/10000$（H 为建筑物总高度），且应符合表 7-28 的规定。

轴线竖向投测的允许误差 表 7-28

项目		允许误差（mm）	项目		允许误差（mm）
每层		3	每层		3
总高（H）	H≤30m	5	总高（H）	90m<H≤120m	20
	30m<H≤60m	10		120m<H≤150m	25
	60m<H≤90m	15		H>150m	30

建筑物轴线的竖向投测，根据控制点与建筑物的位置关系可分为外控法和内控法两种。

1. 外控法

外控法是在建筑物外部，利用经纬仪或全站仪，根据建筑物轴线控制桩来进行轴线的竖向投测，也称作“引桩投测法”，具体方法和操作步骤如下：

(1) 在建筑物底部投测中心轴线位置

建筑物基础工程完工后，如图 7-62 所示，将经纬仪或全站仪安置在轴线控制桩 k_1、k'_1、k_2、k'_2、k_3、k'_3、k_4、k'_4 上，把建筑物主轴线精确地投测到建筑物的底部，并设立标志，如图中的 K_1、K'_1、K_2、K'_2、K_3、K'_3、K_4、K'_4，以供下一步施工与向上投测之用。

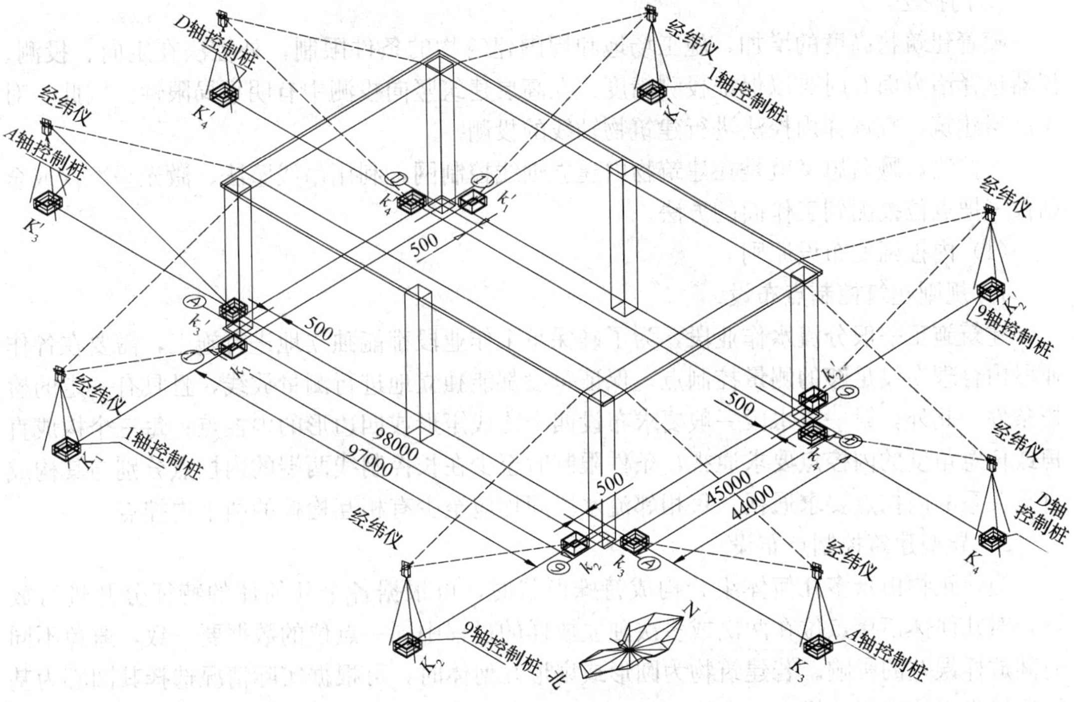

图 7-62　外控法投测示意图

(2) 向上投测中心线

随着建筑物不断升高，要逐层将轴线向上传递。具体做法是：将仪器安置在中心轴线控制桩 K_1 上，严格整平仪器，用望远镜瞄准建筑物底部控制桩 K'_1，用盘左和盘右分别向上投测到施工层楼板上，并取其中点作为该层中心轴线的投影点 T_1；然后把仪器搬到 K'_1 上，用同样的方法向施工层投测得 T'_1，$T_1T'_1$ 即为 $K_1K'_1$ 投测的轴线控制线。其他控制线 $K_2K'_2$、$K_3K'_3$ 和 $K_4K'_4$ 的投测方法相同，见图 7-62。

(3) 增设轴线引桩

当楼房逐渐增高，而轴线控制桩距建筑物又较近时，望远镜的仰角较大，操作不便，投测精度也会降低。为此，将原中心轴线控制桩引测到更远的安全地方，或者附近大楼的屋面。具体做法如下：将经纬仪安置在 K_1 上，瞄准 K'_1，用正倒镜投影法，将轴线延长

到远处的 K_1 和 K'_1 上，并设置固定标志，K_1 和 K'_1 即为新投测的 k_1、k'_1 轴控制桩。然后在控制桩上进行（2）的操作。

（4）外控法测量要点

1）测前要对经纬仪或全站仪的轴线关系进行严格的检校，观测时要精密对中整平，全站仪则可以用其电子水准器进行精平，以减少竖轴不铅直的误差。

2）保证轴线的延长桩点的精度，标志要准确、明显，并妥善保护好，并联测两至三个控制点，避免引桩时误差累积引起轴线偏移，然后直接向施工层投测，避免逐层上投造成误差积累。

3）利用正倒镜法取投测的平均位置，以抵消仪器的视准轴不垂直横轴和横轴不垂直竖轴的误差影响。

2. 内控法

随着建筑物高度的增加，施工场地和周围建筑物的条件限制，外控法在定向、投测、仪器选择诸方面有时难以保证投测精度，在高层建筑竖向投测中有明显局限性。因此，对于高层建筑，宜选择内控法进行建筑物轴线的投测。

内控法，顾名思义就是在建筑物内建立轴线控制网，利用吊线坠法、激光垂准仪或全站仪等把点位投测到工作面的方法。

（1）内控网的布设原则

1）规则建筑控制点布设

建筑施工一般分流水作业段，为了确保每个作业段都能独立地进行施工，需要在各作业段内合理布设足够的测量控制点，保证每段都能独立地进行测量放线，且具有一定的检校条件。此外，第一流水段一般要求布设四个构成矩形或四边形的内控点；每三个构成直角或任意角度的内控点要求通视，条件限制时至少在长控制线两端的内控点分别与其构成直角关系的内控点要求通视。每相邻流水段间均应至少有相互检校的两个内控点。

2）异型建筑控制点布设

当建筑物由众多几何体组合构成特殊形状时，可根据各个几何体的特征分开进行放样，对几何体衔接点位在两次或多次独立放样的过程中同一点位的数据要一致，避免不同时间放样误差的影响。若建筑物为圆形或扇形几何体时，可根据实际情况选择其圆心为基站用极坐标法进行放样。

除以上要求外，不管建筑物是否为规则矩形几何体，构成每流水段内控点的几何图形的线元素都应与其相对应的轴线平行，并与轴线相距 500～1000mm 为宜。当然，内控点的埋设位置要避开梁和柱子，为了满足上下通视条件，间距可适当的调整。

（2）内控网的测设

合理选择内控点的埋设位置后，应按照设计要求的精度对内控网进行预埋和测设。

1）内控点预埋

在工程浇筑首层顶板混凝土前，在首层底板上按照内控点位置预埋如下图 7-63 规格为 200mm×200mm×8mm 的钢板。在钢板下面焊接 $\phi12$ 钢筋，预埋钢板时要求与板筋进行焊接，并要求尽量水平，使预埋钢板的顶部高于底板结构 5mm 为宜，以避免预埋过低或过高而受积水浸泡、外力碰撞等外在因素的影响产生变形移位。内控点采用电钻在钢板上钻孔作为点位标记，钻孔直径应≤2mm。

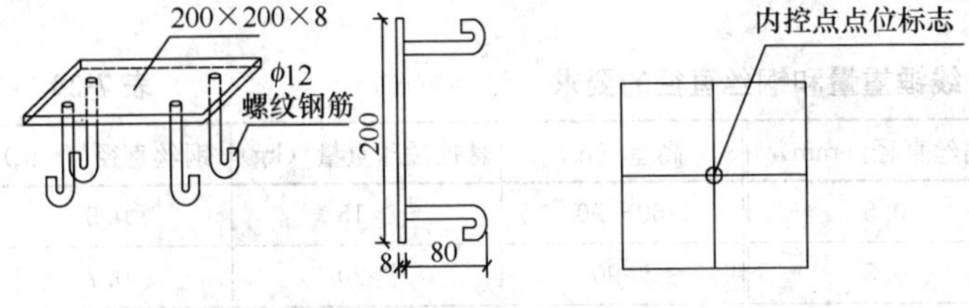

图 7-63 内控点位置预埋

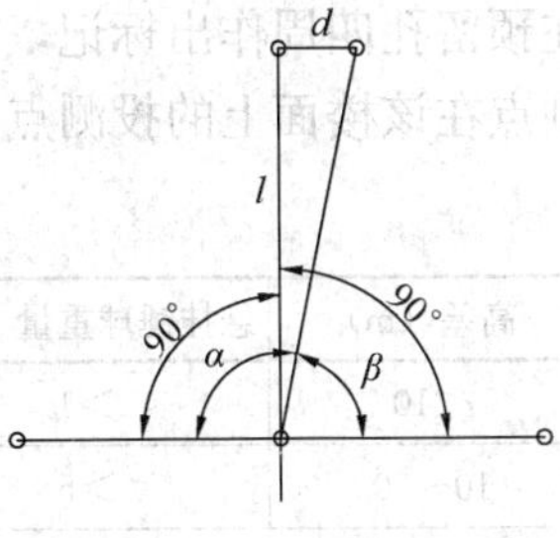

图 7-64 90°时校正示意图

2）内控点的测设

内控点的测设方法和步骤如下：

首先对首级控制网中的控制点间的角度、距离和坐标进行复测，确保控制点可靠。然后，选择合适的三个点，用双站极坐标法对内控点依次进行放样。放样过程中，通过两次放样的点位进行归化改正，在钢板上用钢钉作出点标志。然后，用双站极坐标法对其进行复核，直至满足精度要求。

3）内控网的点位几何及边长校正

考虑到建筑物的高度和结构特点，为了保证施工的精度，我们还必须对所放点位进行相对几何关系的校正。校正可按传统方法如下进行：

① 180°时的校正方法

可按照 7.4.2.3 中建筑基线方向调整的方法进行 180°的校正。

② 90°时的校正

如图 7-64，按公式 $d=l\times\frac{\delta}{\rho''}$，$\delta=\frac{\beta-\alpha}{2}$（其中 l 为轴线点至轴线端点的距离，δ 为设计角为直角时的偏差值）算出改正值，然后对其进行改正，改正后检查其结果，90°之差应≤±6″。

③ 边长的校正

边长的校正方法有钢尺丈量法和全站仪（测距仪）测量法等。其操作步骤为：首先，从长轴线一端为起点架设仪器，测量其实际水平距离，然后转动仪器测量此端点的短轴线的水平距离；最后，测量对角线距离。

若实际测量值与理论值出现较大误差时，应重新进行测设，若误差不大但超过允许误差时就要进行校正。

4）轴线投测的方法

①吊线坠法

吊线坠法是传统的轴线投测方法，适用于单层和多层建筑。利用钢丝悬挂重锤球的吊线坠法进行轴线竖向投测一般用于高度在 50～100m 的高层建筑施工中，钢丝和锤球选择参数详见表 7-29。

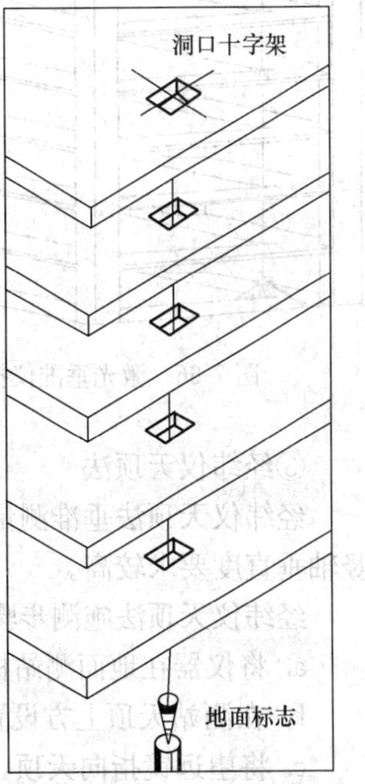

图 7-65 线坠法投测示意图

投测方法见图 7-65，在预留孔上面安置十字架，挂上锤球，对准首层预埋标志。当锤球线静止时，固定十字架，并在预留孔四周作出标记，作为以后恢复轴线及放样的依据。此时，十字架中心即为轴线控制点在该楼面上的投测点。

线锤重量和钢丝直径的要求　　表 7-29

高差（m）	悬挂锤球重量（kg）	钢丝直径（mm）	高差（m）	悬挂锤球重量（kg）	钢丝直径（mm）
<10	>1	0.5	60～90	>15	0.5
10～30	>5	0.5	>90	>20	0.7
30～60	>10	0.5			

②激光垂准仪

当建筑物为多层或高层时，用传统的线坠法进行轴线投测不能满足精度要求，一般采用激光垂准仪进行轴线投测。激光垂准仪是光、机、电集于一身的高精度激光仪器。

激光垂准仪投测轴线，测设示意图见图 7-66。实际测设步骤如下：

a. 在首层轴线控制点上安置激光垂准仪，利用激光器底端（全反射棱镜端）所发射的激光束进行对中，通过调节基座整平螺旋，使管水准器气泡严格居中。

b. 在上层施工楼面预留孔处，放置接收靶。如图 7-67。

c. 接通激光电源，启辉激光器发射铅直激光束，通过发射望远镜调焦，使激光束聚成的红色光斑投射到接收靶上。

d. 移动接收靶，使靶心与红色光斑重合，固定接收靶，并在预留孔四周作出标记，此时，靶心位置即为轴线控制点在该楼面上的投测点。

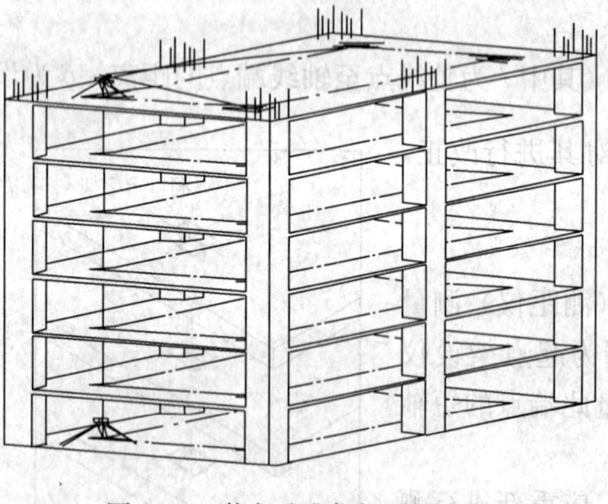

图 7-66　激光垂准仪投测示意图

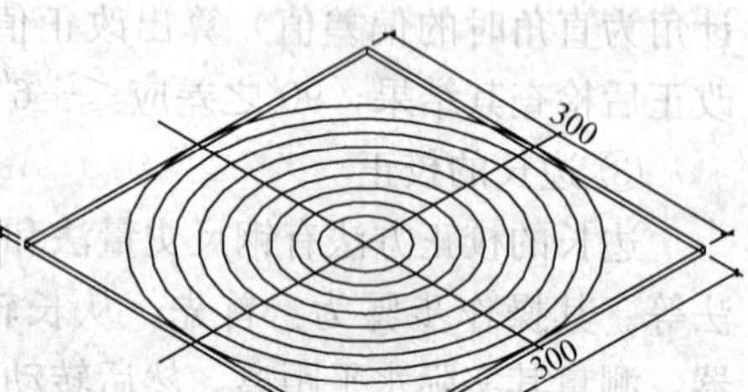

图 7-67　接收靶

③经纬仪天顶法

经纬仪天顶法垂准测量是利用带有弯管目镜的经纬仪望远镜进行天顶观测，该方法对竖轴垂直度要求较高。

经纬仪天顶法施测步骤如下：

a. 将仪器在地面测站标志上置中、整平、装上弯管棱镜。

b. 在测站天顶上方设置目标分划板，位置大致与仪器铅垂或置于已标出位置上。

c. 将望远镜指向天顶，并固定之。然后调焦，使目标分划呈现清晰。

d. 置望远镜十字丝与目标分划板上的参考坐标 X、Y 轴相平行，分别置横丝与纵丝

读取 x、y 的格值 GJ 和 CJ 或置横丝与目标分划板 Y 轴重合，读取 x 格值 GJ。转动仪器照准架 180°重复上述程序，分别读取 x 格值 $G'J$ 和 y 格值 $C'J$。然后调动望远镜微动手轮，将横丝与（$GJ+G'J$）/2 格值相重合。

e. 将仪器照准架转 90°，置横丝与目标分划板 X 轴平行，读取 y 格值 $C'J$，略调微动手轮，使横丝与（$CJ+C'J$）/2 值相重合。

所测得 $X_J=$（$GJ+G'J$）/2；$Y_J=$（$CJ+C'J$）/2 的读数为一个测回，计入手簿作为原始依据。

④经纬仪天底法（俯视法）

a. 经纬仪天底法垂准测量的基本方法

进行经纬仪天底法垂准测量时，基准点的对中是利用仪器的望远镜和目镜，先把望远镜指向天底方向，然后调焦到所观测目标清晰、无视差，使望远镜十字丝与基准点十字分画线相互平行，读出基准点的坐标读数 A_1，转动仪器照准架 180°，再读一次基准点坐标读数 A_2，由于仪器本身存在系统误差，A_1 与 A_2 不重合，故中数 $A=$（A_1+A_2）/2，这样仪器中心与基准点坐标 A 在同一铅垂线上。再将望远镜调焦至施工层楼面上，在俯视孔上放置十字坐标板（此板为仪器的必备附件），用望远镜十字丝瞄准十字坐标板，移动十字坐标板，使十字坐标板坐标轴平行于望远镜十字丝，并使 A 读数与望远镜十字丝中央重合，然后转动仪器，使望远镜与坐标板原点 O 重合，这样完成一次铅垂点的投测。

b. 垂准点的标定

按照上述方法确定的一系列的垂准点后，即可以记下每个垂准点在不同高度平面上目标分划板处 X_iY_i 坐标值或用“十”字丝刻线，把它标定在垂准点上，则一系列的垂准点标定后作为测站，即可进行测角、放样以及测设建筑物各楼层的轴线或进行垂直度控制和倾斜观测等测量工作。

c. 施测程序和操作方法

（a）依据工程的外形特点及现场情况，拟定出测量方案，并做好观测前的准备工作，定出建筑物底层天底法专用控制目标的位置以及在相应各楼层面留设天底孔；

（b）把目标分划板放置在底层控制点，使目标分划板中心与控制点上标志的中心重合；

（c）开启目标分划板附属照明设备；

（d）在天底孔位置上安置仪器；

（e）基准点对中；

（f）当垂准点标定在所测楼层面十字丝目标上后，用墨斗弹线在天底孔边上；

（g）利用标定出来的楼层十字丝目标作为测站，进行测角、放样以及测设建筑物的轴线。

5）精度控制

内控网的精度是整个竖向投测精度的保证，随着结构标高的不断增加，内控网的精度显得越来越重要。因此内控网精度的控制关系到整个建筑施工测量质量。

①影响内控网精度主要因素

影响内控网精度的主要因素有：建筑物的差异沉降、气候的变化、混凝土的特性和其他非自然力量因素。

②解决的相应措施

a. 建筑物的差异沉降

随着建筑物荷载的增加，建筑物在不同的部位会有不同的沉降。而内控点所在部位的沉降量的不同，就造成了整个内控网精度的下降。经研究，差异沉降对边长的影响可以忽略不计，但对其角度的影响较大，必须对其进行校正。校正方法如下：首先，用全站仪对各点进行测量，然后选择最长边的点位偏移量满足精度要求的两个点间距最远两点作为定向点；然后对理论上在同一直线或构成直角关系的点进行改正，直到满足精度要求为止。

b. 气候的变化

日照可以引起各控制点的温差变形，所以有必要进行温差变形观测，并对其进行改正，然后总结出变化的规律，选择最佳的时间段进行投测、放线。

c. 混凝土特性

混凝土由于其特性在平面上有收缩现象，因此对内控点的点位也有不小的影响，特别是在后浇带附近的点位变化尤为明显。不同强度等级和品种的混凝土在不同的强度时收缩是有差别的，针对此现象，总结出其伸缩的规律，并在投测过程中根据测量数据对控制线进行改正，保证投测的精度。

d. 非自然力量

非自然因素的影响也不容忽视。在施工中，难免会出现内控点被外力碰撞而引起的位移。此外，如果预埋标高控制不当的话，也会出现由于积水长时间浸泡而引起的位移。因此，应对每个控制点作好防护工作，保证它们不会受到外力的剧烈冲击和长期积水。

7.8.1.2　楼层平面放线测量

1. 放线的技术要领和注意事项

轴线投测验收满足要求后，就可根据轴线控制线进行楼层细部的放线了。放线技术要领和注意事项同 7.7.3.2 中第（5）条的内容。

2. 放样方法

由于建筑物造型从单一矩形逐步向“S”形、扇面形、圆筒形、多面体形等复杂的几何图形发展，建筑物的放样定位越来越复杂，但极坐标法仍是目前比较灵活的基本放样定位方法。采用极坐标法进行放样定位时，首先要了解设计要素如轮廓坐标，曲线半径、圆心坐标等与施工控制点的关系，据此计算放样的方向角及边长，在控制点上按其计算所得的方向角和边长，逐一测定点位。

圆弧平面曲线定位有拉线法、坐标法、偏角法、矢高法等。

1）直线拉线画弧法：根据建筑物轴线与轴线控制点确定圆弧曲线圆心 O 后，用半径 R 在实地直接拉线画弧即能放样出其圆弧曲线。

2）圆弧曲线坐标法：根据已知弧半径、弦长，求出弦上各点坐标值，采用极坐标法进行放样。

3）圆曲线矢高法定位：如图 7-68 所示，根据已知半径 R 及 AB 弦长，取弦中点矢高 OC，定出 C 点，再将弦 AC、BC，取弦中点矢高，得 G、F 点，逐渐加密弧上各点，然后画成弧线。

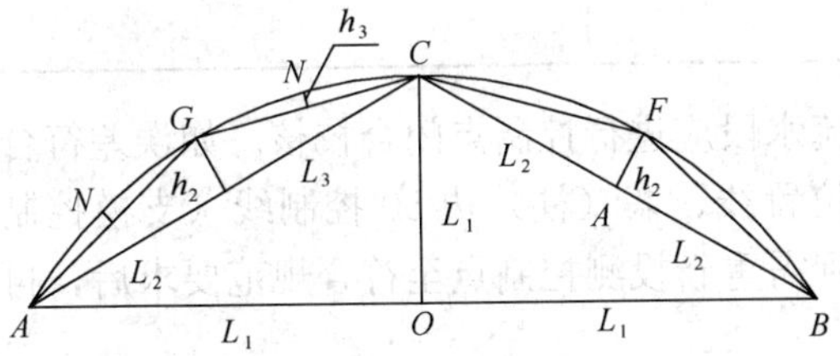

图 7-68 圆曲线矢高法定位

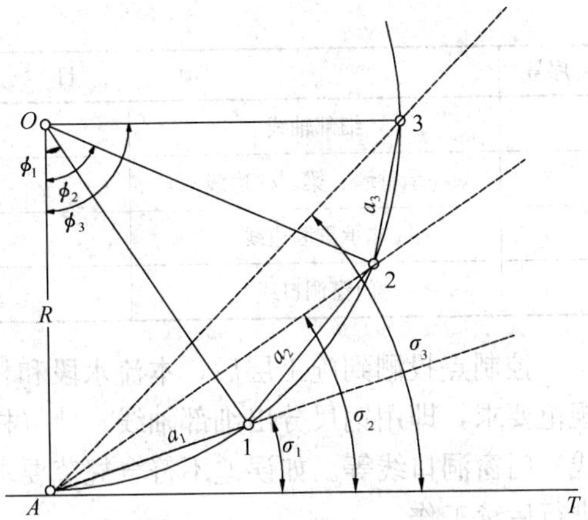

图 7-69 偏角法定位圆曲线

4）圆弧曲线偏角法：在圆曲线上某一点做一弦 AT，该弦与该点的切线所夹角称为偏角，根据几何定理可知，偏角等于该弦所对圆心角的一半，用偏角法定位圆曲线以此原理为基础。如图 7-69 中，h 为弧长，R 为半径，则圆心角 ϕ 及偏角 σ 可由以下公式求得：

$$\phi=\frac{h}{R}\cdot\frac{180^\circ}{\pi}$$

$$\sigma=\frac{1}{2}\phi=\frac{h}{R}\cdot\frac{180^\circ}{2\pi}$$

圆曲线偏角法定位步骤如下：

①在 A 点安置经纬仪，照准 T 点，使读盘读数为 $0°00'00''$。

②转动照准部使视线与切线成 σ_1 角，在视线方向上量出弦长 a_1，即得出点 1。根据半径 R 和圆心角 ϕ，可计算出弦长 a_1。

③再转动照准部使视线与切线成 σ_2 角，则由点 1 量出 a_2，并使其终点落在视线 A_2 的方向线上，即得出点 2，同理根据半径 R 和圆心角 ϕ，可计算出弦长 a_2。

④用同样的方法可定出 3 点，并测量 A 点至各点长度作校核。

⑤由曲线的两端向中央定位，当曲线中点不闭合时，曲线上各点按离曲线起点（或终点）长度之比按比例进行改正。

3. 楼层放线允许误差

（1）轴线竖向投测的允许误差为：每层 ±3mm；高度（H）≤30m 时误差 ±5～10mm；高度（H）30m<H≤60m 时误差 ±10mm；高度（H）60m<H≤90m 时误差 ±15mm；总高 H>90m 时误差为 ±20mm。

（2）各部位放线的允许误差见表 7-30。

放线允许误差 表 7-30

序号	项目		允许误差（mm）
1	主轴线	$L\leqslant30$m 30m$<L\leqslant60$ $60<L\leqslant90$m 90m$<L$	±5 ±10 ±15 ±20

续表

序号	项目			允许误差（mm）
2	细部轴线			±2
3	承重墙、梁、柱边线			±3
4	非承重墙边线			±3
5	门窗洞口线			±3

控制点投测到施工层后，本流水段和相邻流水段应进行控制点闭合校核。如误差符合规范要求，即用钢尺分出细部轴线，墙（柱）位置线、墙（柱）边 50 控制线（支模控制线）门窗洞口线等。如误差不符合规范要求，则需重新投测控制点至符合规范要求后，再进行后续工作。

7.8.1.3 标高竖向传递测量

首先从高程控制点将高程引测到首层便于向上竖直量尺处，校核合格后作为起始标高线，弹出墨线，并用红油漆标明高程数据。

1. 钢尺传递

钢尺传递是传统的标高传递的方法。悬吊钢尺传递标高，应以建筑物外墙弹有的±0.000 水平闭合线作为向上传递标高的基准线；当利用内控点预留洞、或电梯井筒等部位用钢尺进行标高传递时，则需将标高引测到首层建筑的墙体或柱子上。采用“两站水准法”将高程传递到施工层上，即分别在首层和施工层架设两台水准仪，从内控点预留洞或能通过垂直路线能直接到达施工层的电梯井筒等部位，以钢尺作为水准尺，将标高传递到施工层上。

高程传递过程中，不管采用什么方法，每一大流水段均要保证设置 3 个水准点，并且要进行校核，保证水平面一定要闭合。高程基准点一般设置在外窗、阳台或电梯井等容易传递的地方。因为施工过程要经历夏、冬季，所以施工测量时要进行尺长校正。

在各层抄测时，先校测各流水段传递上来的标高，闭合差小于 3mm，再抄测各结构构件的水平标高线，不允许就近引用上一流水段的标高线，以防止误差积累。

2. 测距仪法

当高度不断增加时，采用测距仪法避免了因高度大于尺长而造成的误差累积。测距仪法的主要操作步骤如下：

(1) 选择从首层测站点能垂直通视到施工作业层的部位作为标高竖向传递位置，内控点的预留洞或电梯井道均可；

(2) 然后将场区高程控制点引测至所要传递的地方；

(3) 在点位上架设测距仪或全站仪，严格对中整平，调整其垂直角显示为 $0°00'00''$，然后通过弯管目镜观测，使视线与反光镜或棱镜的中心重合，测量其水平距离 l，并连通棱镜参数 k 一起记录；

(4) 量取仪器高 h，取棱镜的背部觇牌厚度为 h'，得到作业层棱镜中点的绝对标高 $H=l+h+h'$；

(5) 在施工层架设水平仪，以棱镜中心点为测站，将标高引测到施工作业层；

使用测距仪法时，必须向施工层至少引测两个水准点，以便进行复核测量。

3. 三角高程法

三角高程也是一种很传统的传递高程的方法，但是由于受外界影响的因素甚多，不适合于高精度的水准测量。但是，在施工过程中，运用三角高程法进行标高传递时，对于精度要求不高的工程也有其优势，对于三角高程测量在建筑施工测量中应用的参考文献很多，此处不再介绍。

7.8.1.4 楼层标高测量

1. 楼层标高点的布设

在楼层标高测量中，标高点的布设原则主要有以下几点：

(1) 独立柱宜在每个柱面抄测两个点；

(2) 剪力墙应在转角部位、有门窗洞口部位、墙体范围内每 3～4m 设置一个抄测点；

(3) 楼梯在休息平台、梯段板有结构墙部位均应在板内两端各设一个抄测点；

(4) 坡道标高点的布设，应根据其坡度及弧度布设；其沿坡道延伸方向的相邻两点间的高差应小于 50mm，个别情况根据实际情况而定，原则上不应大于 100mm。

2. 楼层标高测量

(1) 单一矩形几何建筑

每一施工段墙、柱支模后均应在上节所提部位的（暗柱）钢筋上抄测结构 50cm 控制点，作为墙体支模和混凝土浇筑的控制依据。墙体混凝土浇筑后及时校正结构 50cm 控制点，作为顶板支模、钢筋绑扎、各种预埋等控制依据；每一施工段墙体拆模后应在同样部位抄测建筑 50cm 线或 1m 线，作为装饰与安装标高依据。抄测完毕后，每一测站均应进行重点部位的抽样复查，合格后方可进行下一测站。

在高大空间框架结构的厂房标高施测中，如果有吊车梁的柱子，应在施测完毕后，对准备预埋牛腿的柱子再进行一次小范围的闭合复核，使得控制埋件的标高控制线之间的较差满足其技术要求。

(2) 复杂特殊几何建筑

对于复杂几何图形的建筑，标高抄测时，圆弧部位应在其平面控制线的上方相应部位抄测其标高，在衔接点部位以及跟建筑物轴线相交部位都应有标高控制点；若其有坡度，根据标高抄测点的布设原则，可通过计算或计算机辅助（CAD）等方法，算出其标高值，然后依次抄测即可。

抄测完毕，将所有标高点连成直线或平滑曲线，至此楼层标高抄测完毕。

7.8.1.5 混凝土结构施工测量验收

1. 验收内容

混凝土结构工程验收内容包括建筑物定位桩点、施工现场引测的水准点位、基槽平面位置及高程、各楼层平面位置及高程、建筑物各个大角的垂直度及高程等。

2. 验收程序

上述验收内容在施工单位自检合格后，填写相关表格资料报监理单位，并配合监理单位进行现场实测验收和内业资料签认验收。

3. 验收标准

验收依据《混凝土结构工程施工质量验收规范》(GB 50204)。

4. 主控项目

(1) 现浇结构不应有影响结构性能和使用功能的尺寸偏差。混凝土设备基础不应有影响结构性能和设备安装的尺寸偏差。

(2) 对超过尺寸允许偏差且影响结构性能和安装、使用功能的部位，应由施工单位提出技术处理方案，并经监理（建设）单位认可后进行处理。对经处理的部位，应重新检查验收。

5. 一般项目

现浇结构、混凝土设备基础拆模后的尺寸偏差和预制构件尺寸的允许偏差及检验方法应符合表 7-31、表 7-32 和表 7-33 的规定。

现浇结构尺寸允许偏差和检验方法　　**表 7-31**

项目			允许偏差（mm）	检验方法
轴线位置	基础		15	钢尺检查
	独立基础		10	
	墙、柱、梁		8	
	剪力墙		5	
垂直度	层高	≤5m	8	经纬仪或吊线、钢尺检查
		＞5m	10	经纬仪或吊线、钢尺检查
	全高（H）		H/1000 且≤30	经纬仪、钢尺检查
标高	层高		±10	水准仪或拉线、钢尺检查
	全高		±30	
截面尺寸			+8，−5	钢尺检查
电梯井	井筒长、宽对定位中心线		+25，0	钢尺检查
	井筒全高（H）垂直度		H/1000 且≤30	经纬仪、钢尺检查
表面平整度			8	2m 靠尺和塞尺检查
预埋设施中心线位置	预埋件		10	钢尺检查
	预埋螺栓		5	
	预埋管		3	
预留洞中心线位置			15	钢尺检查

注：检查轴线、中心线位置时，应沿纵、横两个方向量测，并取其中的较大值。

混凝土设备基础尺寸允许偏差和检验方法　　**表 7-32**

项　　目	允许偏差（mm）	检 验 方 法
坐标位置	20	钢尺检查
不同平面的标高	0，−20	水准仪或拉线、钢尺检查
平面外形尺寸	±20	钢尺检查

续表

项目		允许偏差（mm）	检验方法
凸台上平面外形尺寸		0，−20	钢尺检查
凹穴尺寸		+20，0	钢尺检查
平面水平度	每米	5	水平尺、塞尺检查
	全长	10	水准仪或拉线、钢尺检查
垂直度	每米	5	经纬仪或吊线、钢尺检查
	全高	10	
预埋地脚螺栓	标高（顶部）	+20，0	水准仪或拉线、钢尺检查
	中心距	±2	钢尺检查
预埋地脚螺栓孔	中心线位置	10	钢尺检查
	深度	+20，0	钢尺检查
	孔垂直度	10	吊线、钢尺检查
预埋活动地脚螺栓锚板	标高	+20，0	水准仪或拉线、钢尺检查
	中心线位置	5	钢尺检查
	带槽锚板平整度	5	钢尺、塞尺检查
	带螺纹孔锚板平整度	2	钢尺、塞尺检查

注：检查轴线、中心线位置时，应沿纵、横两个方向量测，并取其中的较大值。

预制构件尺寸的允许偏差及检验方法 **表 7-33**

项目		允许偏差（mm）	检验方法
长度	板、梁	+10，−5	钢尺检查
	柱	+5，−10	
	墙板	±5	
	薄腹梁、桁架	+15，−10	
宽度、高（厚）度	板、梁、柱、墙板、薄腹梁、桁架	±5	钢尺量一端及中部，取其中较大值
侧向弯曲	梁、柱、板	$l/750$ 且≤20	拉线、钢尺量最大侧向弯曲处
	墙板、薄腹梁、桁架	$l/1000$ 且≤20	
预埋件	中心线位置	10	钢尺检查
	螺栓位置	5	
	螺栓外露长度	+10，−5	
预留孔	中心线位置	5	钢尺检查
预留洞	中心线位置	15	钢尺检查
主筋保护层厚度	板	+5，−3	钢尺或保护层厚度测定仪测量
	梁、柱、墙板、薄腹梁、桁架	+10，−5	

续表

项目		允许偏差（mm）	检验方法
对角线差	板、墙板	10	钢尺量两个对角线
表面平整度	板、墙板、柱、梁	5	2m 靠尺和塞尺检查
预应力构件预留孔道位置	梁、墙板、薄腹梁、桁架	3	钢尺检查
翘曲	板	$l/750$	调平尺在两端量测
	墙板	$l/1000$	

注：1. l 为构件长度（mm）。
2. 检查中心线、螺栓和孔道位置时，应沿纵、横两个方向量测，并取其中的较大值。
3. 对形状复杂或有特殊要求的构件，其尺寸偏差应符合规程、规范和设计的要求。

7.8.2　钢结构安装测量

钢结构工程安装精度要求高，必须采用精密施工测量方法才能满足要求，根据钢结构施工工艺的过程，钢结构施工测量内容一般包括前期测量工作准备、胎架制作及构件拼装测量、地脚螺栓埋设测量、钢柱安装及校正测量、钢桁架拼装测量、采用整体提升或滑移的网架拼装测量以及安装过程中的变形监测等。

7.8.2.1　钢结构安装基本方法

钢结构安装方法多种多样，高层、超高层钢结构工程，一般采用逐节逐层柱梁拼装法。网架、网壳安装方法有高空散拼法、分条分块安装法、高空滑移法，逐条累积滑移法，整体吊装法，整体提升/顶升法。球面网壳可采用内扩法，由内向外逐圈拼装，旋转滑移法。悬索结构安装根据结构形式分为单层悬索屋盖、单向双层悬索屋盖、双层辐射状悬索屋盖、双向单层悬索屋盖，不同的悬索结构采取不同的钢索制作及张拉工艺。

7.8.2.2　钢结构安装测量方法

尽管钢结构形式多种多样，安装方法各异，但安装过程中的测控方法基本归纳为三种方法：散拼测量方法，滑移测量方法，提升/顶升测量方法。其中，散拼测量方法又分为单层和高层、超高层散拼测量方法及大型网架散拼测量方法；滑移测量方法又分为整体滑移和累积滑移测量方法；提升和顶升测量方法基本是一致的。

各种安装测量方法又是由地脚螺栓埋设、钢柱垂直校正、轴线（或内控点）竖向投测、高程传递、胎架制作与构件拼装等基本相同的工序组成的。下面根据钢结构施工工艺中各道工序施工过程，分别介绍其施工测量方法。

1. 地脚螺栓埋设

地脚螺栓埋设是钢结构安装工序的第一步，埋设精度对钢结构安装质量有重要的影响，因此，要求安装精度高，其中平面误差小于 2mm，标高误差在 0～+30mm 之间。

（1）地脚螺埋设方法

地脚螺栓施工时，根据轴线控制网，在绑扎楼板梁钢筋时，将定位控制线投测到钢筋上，再测设出地脚螺栓的中心“十”字线，用油漆作标记。拉上小线，作为安装地脚螺栓定位板的控制线。浇筑混凝土过程中，要复测定位板是否偏移，并及时调正。地脚螺栓定位见示意图 7-70。埋设过程中，要用水准仪抄测地脚螺栓顶标高。

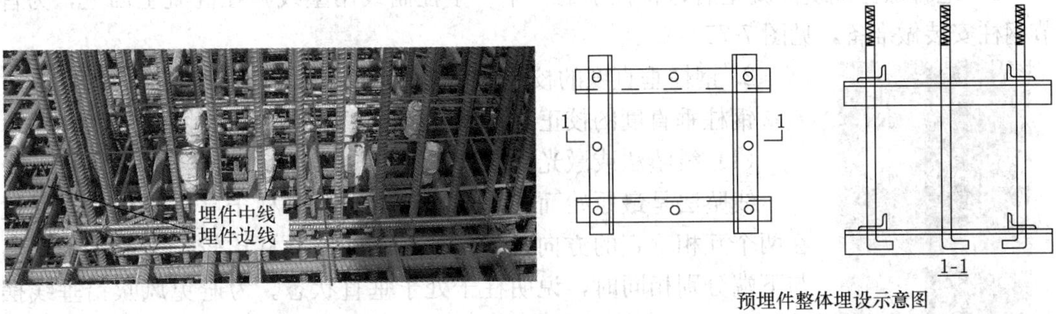

预埋件整体埋设示意图

图 7-70 地脚螺栓定位示意图

(2) 地脚螺栓埋设注意事项

1) 对于圆形的地脚螺栓，埋设时，应注意螺栓的方向和角度，见图 7-71。

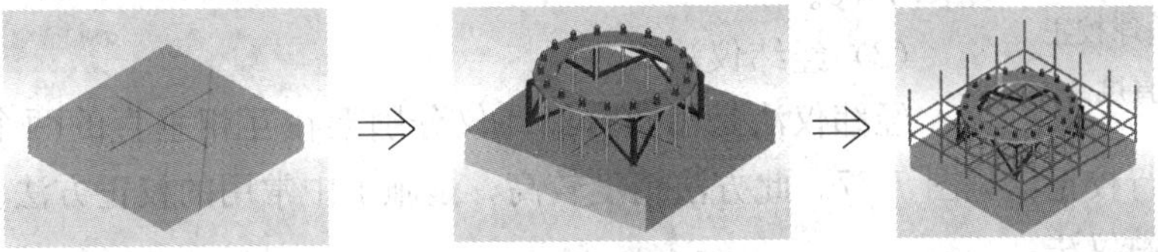

图 7-71 圆形的地脚螺栓

2) 对于不规则的地脚螺栓，如复杂的组合钢柱，见图 7-72，应放样出各部分的中心线，相互间距精度误差要在 2mm 以内。组合柱子的地脚螺栓埋设定位图，见图 7-73，组合柱子的实体见图 7-74。

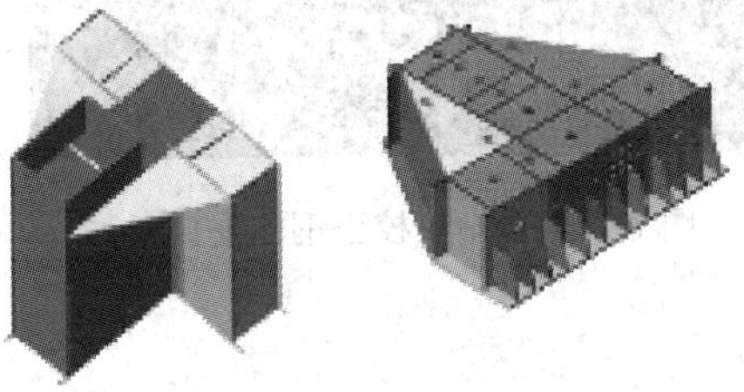

图 7-72 复杂的组合柱脚模型

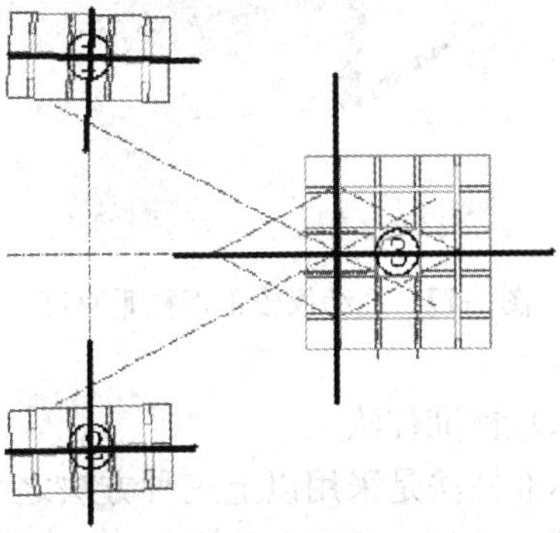

图 7-73 地脚螺栓埋设定位图

图 7-74 组合柱实体图

图 7-75 地脚螺栓“十”字控制墨线

3）地脚螺栓浇筑混凝土后，将柱子的“十”字控制线用墨线弹在混凝土面上，为首节钢柱安装做准备，见图 7-75。

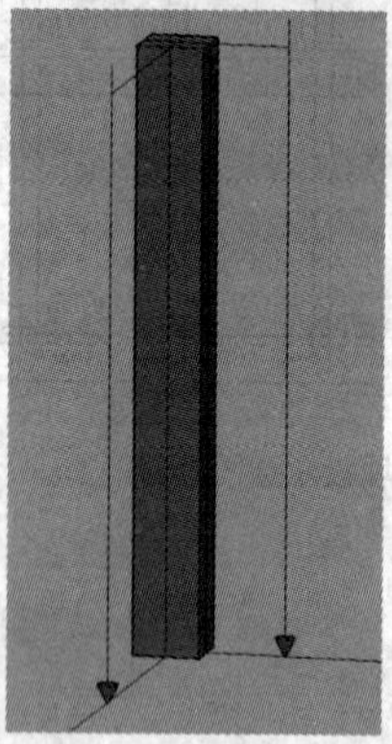

图 7-76　垂球校正钢柱垂直度

2. 钢柱垂直度的校正

钢柱垂直度的校正有多种方法，主要有以下几种：

（1）线坠法或激光垂准仪法

线坠法是最原始而实用的方法，当单节柱子高度较低时，通过在两个互相垂直的方向悬挂两条铅垂线与立柱比较，上端水平距离与下端分别相同时，说明柱子处于垂直状态。为避免风吹铅垂线摆动，可把锤球放在水桶或油桶中。

激光垂准仪法是利用激光垂准仪的垂直光束代替线坠，量取上端和下端垂直光束到柱边的水平距离是否相等，判断柱子是否垂直。见图 7-76。

（2）经纬仪法

经纬仪法是用两台经纬仪分别架在互相垂直的两个方向上，同时对钢柱进行校正，见图 7-77。此方法精度较高，是施工中常用的校正方法。

（3）全站仪法

采用全站仪校正柱顶坐标，使柱顶坐标等于柱底的坐标，钢柱就处于垂直状态。此方法适于只用一台仪器批量地校正钢柱而不用将仪器进行搬站。见图 7-78。

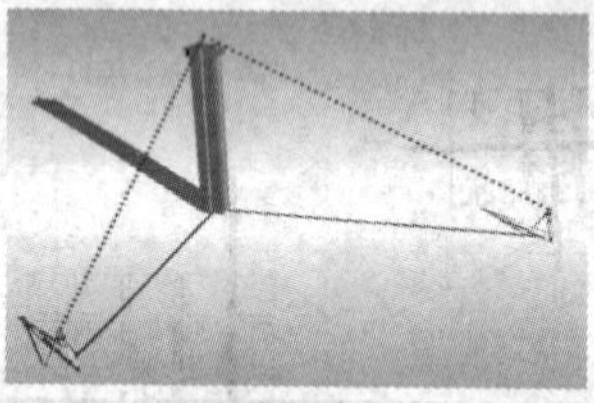

图 7-77　经纬仪校正钢柱垂直度

图 7-78　全站仪校正钢柱垂直度

（4）标准柱法

标准柱法是采用以上三种方法之一，校正出一根或多根垂直的钢柱作为标准柱，相邻的或同一排的柱子以此柱为基准，用钢尺、钢线来校正其他钢柱的垂直度。校正方法如图 7-79 所示，将四个角柱用经纬仪校正垂直作为标准垂直柱，其他柱子通过校正柱顶间距的距离，使之等于柱间距，然后，在两根标准柱之间拉细钢丝线，使另一侧柱边紧贴钢丝线，从而达到校正钢柱的目的。

（5）组合钢柱的垂直度校正

某组合钢柱如图 7-80 所示。进行组合钢柱垂直度校正时，采用（1）～（3）的方法之一或多种方法同时进行校正。其中，组合钢柱结构有铅垂的构件，宜用经纬仪进行校正；若构件全为复杂异型结构，则选用全站仪法测定构件上多个关键点的坐标，从而将组合钢柱校正到位。

对于图 7-81 所示的复合钢柱垂直度，应采用对各部分分别校正的方法进行校正，图中使用 6 台经纬仪同时对该复合钢柱垂直度进行校正。

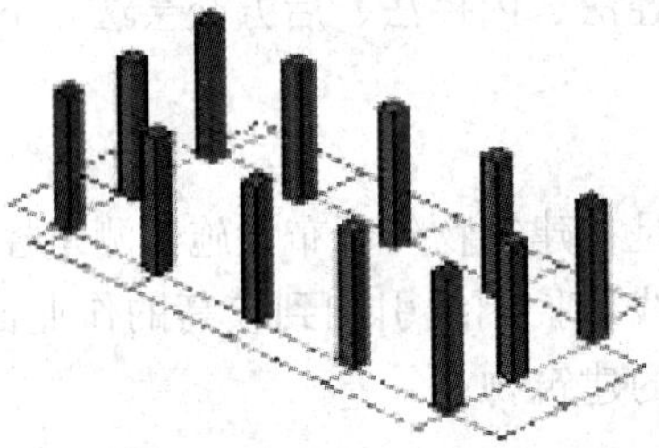

图 7-79 标准柱法校正钢柱垂直度

图 7-80 组合钢柱实体

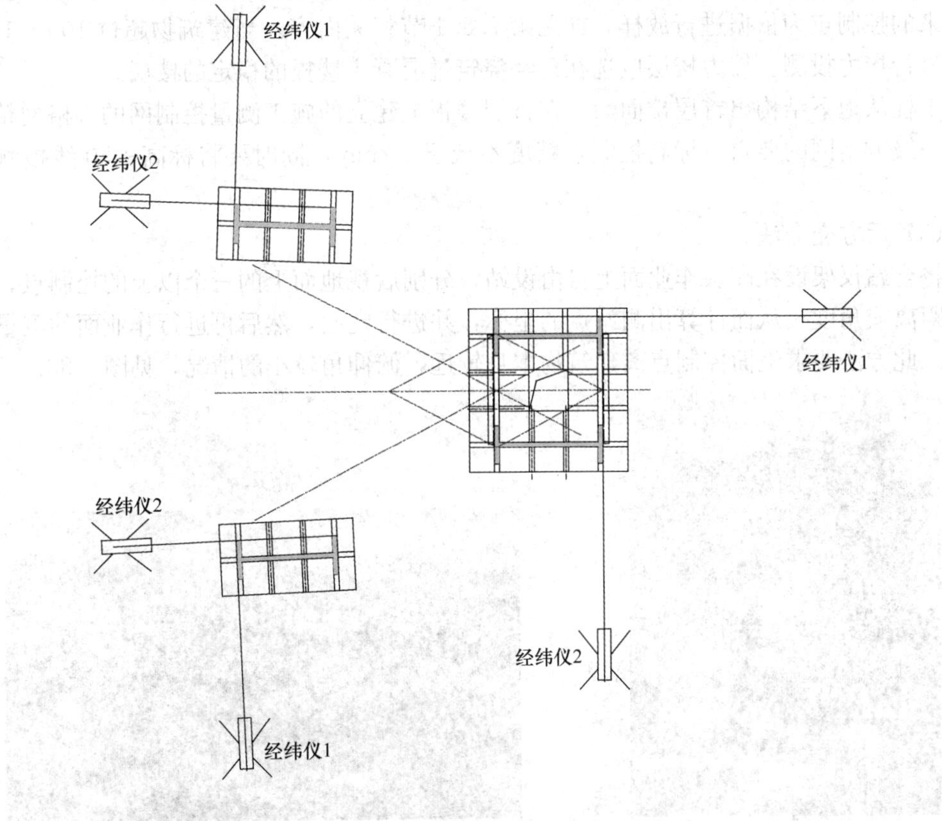

图 7-81 复合钢柱垂直度

(6) 高层、超高层钢柱的校正

不管是平行立柱，还是复合钢柱，当柱超过两节柱子时，则需要从下向上分段逐段向上安装，分段校正，校正方法可根据施工现场条件采用以上（1）～（5）的任一种方法。

(7) 复杂组合钢柱的校正

对于复杂组合钢柱立柱，例如国家体育场组合钢柱（见图 7-80）以及中央电视台新址钢斜柱（见图 7-82），宜用全站仪坐标法进行分段校正。

由于复杂组合钢柱的结构复杂，这类工程安装允许偏差在钢结构安装规范中没有明确的规定，需经专家进行专项论证，设定允许偏差，以便执行。

3. 轴线、平面控制点的竖向投测

轴线、平面控制点的竖向投测一般分为外控法、内控法、后方交会法，下面分别介绍相关方法。

(1) 外控法

外控法又分为挑直线法和坐标法。该方法是在建筑物外部布设施工测量控制网，将经纬仪或全站仪安置在控制点上，把地面上的轴线或控制线引测到较高的作业面上的方法，详见第 7.8.1 节相关内容。外控法适用于较低的建筑物。

(2) 内控法

内控法是将施工测量控制网布设在建筑物内部，在控制点的正上方的楼面上预留出 200mm×200mm 的孔洞，采用铅垂仪逐一将控制点垂直投测到上部的作业面上，再以投测上来的控制点为依据进行放样，详见第 7.8.1 节相关内容。当建筑物超过 100m 时，宜分段进行接力投测。接力楼层应选在已经浇筑过混凝土楼板的稳定的楼层。

钢柱从地下结构出首层楼面后，在首层楼板上建立的施工测量控制网的方格网精度要达到一级方格网的要求，标高控制点精度不低于±2mm，同时要将标高+50 线抄测到钢柱上。

(3) 后方交会法

将全站仪架设在高层作业面上自由设站，分别后视地面上的三个以上的控制点，通过观测距离或角度，从而计算出测站点的坐标，并进行定向，然后再进行作业面的测量放线工作。此方法要求地面控制点离建筑物本身较远，俯仰角较小的情况，见图 7-83。

图 7-82　中央电视台新址钢斜柱

图 7-83　后方交会

4. 高程传递

钢结构施工中，高程传递方法同 7.8.1 相关内容。

5. 胎架制作与构件拼装

(1) 胎架制作测量

大型钢构件每一个拼装单元进行组装时，需要制作支撑系统（简称胎架），将散件放在胎架进行拼装，然后焊接成拼装单元。胎架的制作，要根据桁架的几何结构尺寸和构件设计图，建立便于进行拼装的坐标系统（见图 7-84），利用经纬仪或全站仪在拼装场地上放出桁架的地面投影控制线和各特征点的地面投影点，然后用水准仪抄测各个杆件的控制标高等，配合胎架制作的测量工作。

不同形式的构件，其胎架的制作和构件拼装不一样，测量工作也不尽相同，下面分别进行介绍。

1）轴线法

对于构件为直线形状，具有明显纵、横轴线的构件，宜采用轴线法制作胎架。先在拼装场地测设出各条轴线，按轴线架设胎架，在竖向支架上抄测控制标高，见图 7-85 和图 7-86。

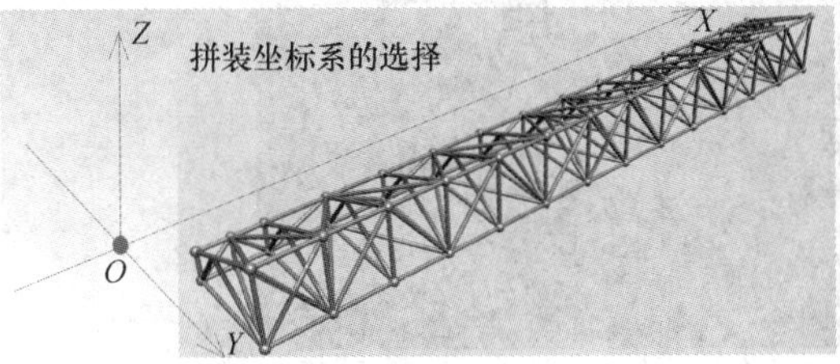

图 7-84 胎架坐标系

图 7-85 测设轴线

图 7-86 搭设胎架

2）极坐标散拼法

对于不规则的桁架和网架，结点复杂，不便于采用轴线法进行拼装，则采用极坐标散拼法逐点测设拼装关键点。

如图 7-87 所示，以圆球作为节点的网架，可采用全站仪测设各个钢球圆心的三维坐标（x，y，z）。对于接近地面的最下一层的钢球和桁架，则在地面放出圆心的投影点（或投影圆）；然后安装杆件，杆件上部采用全站仪三维坐标控制，位置合格后进行焊接即可。其中，钢球的圆心 z 坐标不便于直接测量，一般测量球底或球顶的三维坐标，再加或减上半径值得到球心位置三维坐标，见图 7-88 和图 7-89。球节点定位后，将连接杆与球节点焊接起来，形成完整的桁架单元，以便分节进行吊装。

（2）单元构件拼装测量

在胎架制作结束后，对于矩形和规则的单元构件，在胎架上测设各道轴线及平移控制线，然后进行构件拼装即可。

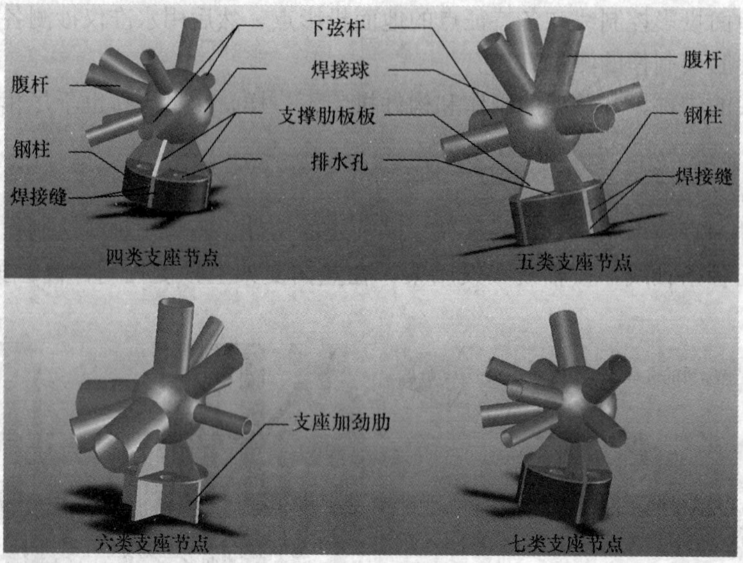

图 7-87　网架节点图

图 7-88　建立坐标系

图 7-89　测设球心位置

对于不规则的复杂单元构件，需要采用极坐标法根据构件空间三维位置，通过测量控制放置在胎架上的构件关键点，并调整到位。测设步骤和具体方法同胎架制作测量。图 7-90 为国家体育场现场进行复合钢桁架柱拼装的实际情况。

对于钢网架，球结点定位完成后，可采用距离交会法，由安装工人安装杆件。各个杆件安装固定后，验收各个关键节点之间的间距，符合验收规范和质量要求后，再进行焊接。

6. 大型网架散拼安装测量

大型钢结构网架结构形式多种多样，结构复杂，测量工作量非常大。

(1) 超大型屋顶支撑系统测量

超大型屋顶在进行散拼拼装前先要建立支撑系统，该支撑系统一般由支撑架组成。屋顶支撑系统测量就是根据支撑架的设计方案，将安装支撑架的位置和高度测设出来，以便在其上面进行超大型屋顶拼装。

图 7-91 是国家体育场屋顶桁架的支撑系统，图 7-92 是国家大剧院网架支撑系统。各

个支撑架位置采用全站仪测设其地面位置和进行安装测量与校正；支撑架顶端标高采用水准仪抄测，最后用千斤顶将端面调整到设计标高位置，见图 7-93。

图 7-90 复合钢桁架柱

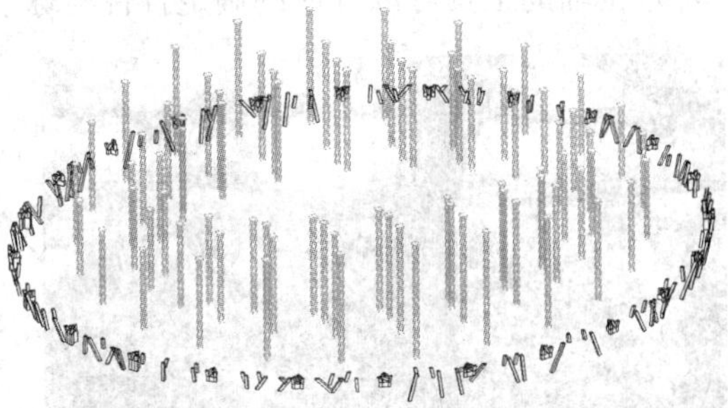

图 7-91 国家体育场屋顶桁架的支撑系统立体图

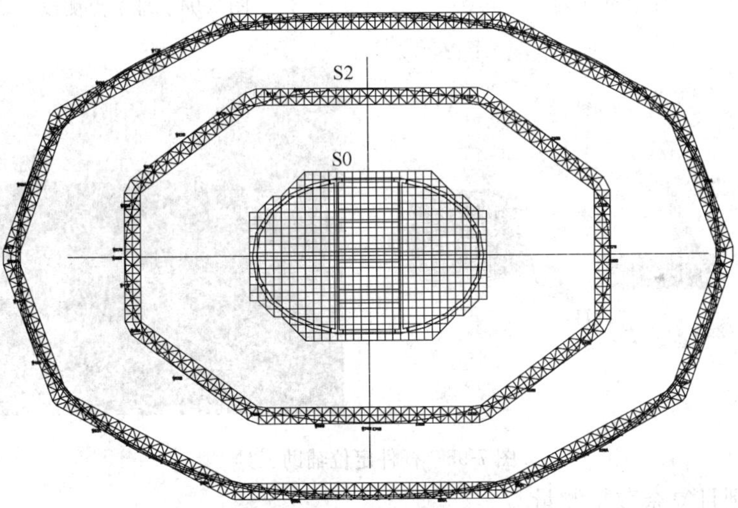

图 7-92 国家大剧院网架支撑系统平面图

(2) 球形网架散拼测量

球形网架由球节点和连接球节点的杆件组成。球形网架施工测量是将复杂的网架分解成球节点定位和杆件定位测量。在球节点放样时，又采用将三维坐标分解成平面（X，Y）和高程（H）分别进行放样的方法，有效简化了放样工作，便于现场测设和安装工人操作。

实际测量时，对于地面上的最下一层的球节点和桁架，采用全站仪在地面放出其投影点（或投影圆），标高采用水准仪抄测；上部球节点，可用全站仪根据各个球节点圆心的三维坐标（x，y，z）在支撑架上放样，并标志“十”字控制线，然后安装工人根据提供的安装控制线安装球节点到位，各球节点之间的几何距离满足要求后，连接杆件进行焊接，形成空间网架，见图 7-94。其中，钢球的圆心 z 坐标不便于直接测量，一般测量球底部（或顶部）的高程，再加上（或减去）半径值。

对于球节点体积较大杆件与球节点连接位置不好掌握时，还需要制作特殊的辅助工具，便于现场放样正确。图 7-95 是国家游泳中心（水立方）杆件定位辅助工具，通过杆件定位辅助工具可以方便的确定杆件与球节点连接位置和方向。

图 7-93　支撑架及顶端

图 7-94　球节点测设安装控制线

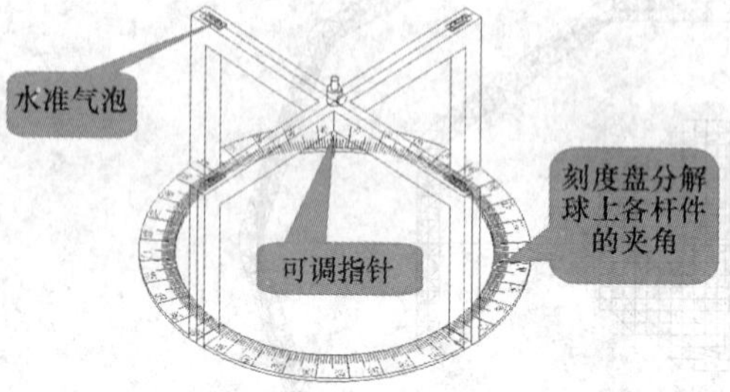

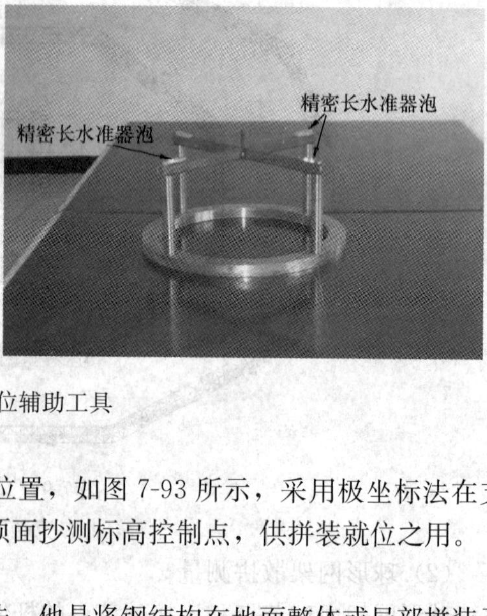

图 7-95　杆件定位辅助工具

（3）不规则且复杂散拼测量

对于不规则且复杂的大型屋架每一个安装位置，如图 7-93 所示，采用极坐标法在支撑架顶面上测设出桁架的轴线交点，在支撑架顶面抄测标高控制点，供拼装就位之用。

7. 钢结构整体或局部提升测量

钢结构整体或局部提升是一种施工工艺方法，他是将钢结构在地面整体或局部拼装及焊接后，采用液压提升系统提升到安装部位。该施工工艺的施工测量方法和步骤介绍如下。

（1）地面拼装放线

现场地面拼装的工作主要是将运输来的构件分段拼装成提升单元，其主要的工作包括运输构件到场的检验、拼装平台搭设与检验、构件组拼、焊接后的检验、吊耳及对口校正卡具安装、中心线及标高控制线标识、安装用脚手架搭设、上下垂直爬梯设置，吊装单元验收等测量工作，测量放线主要的流程如下：

1）根据本区域内的内控网测放出桁架的轴线，胎架定位线；

2）拼装平台搭设结束后，用水准仪抄测胎架标高，调整标高到位；

3）安装过程中，用经纬仪、水准仪配合桁架安装，校正到位。图 7-96 为拼装放线图，图 7-97 为已拼装完的桁架；

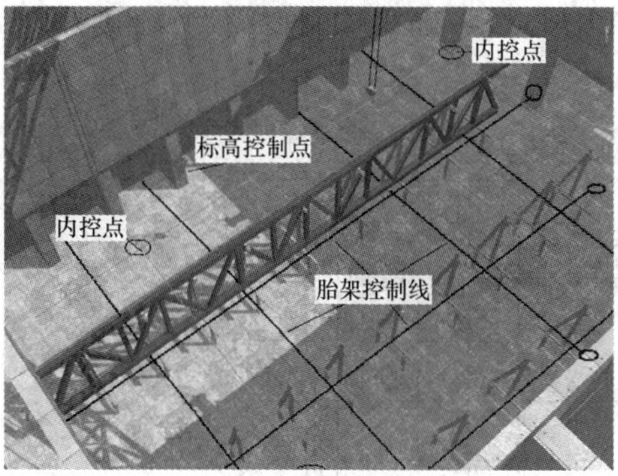

图 7-96 桁架拼装放线

图 7-97 已拼装完的桁架

图 7-98 提升牛腿和千斤顶

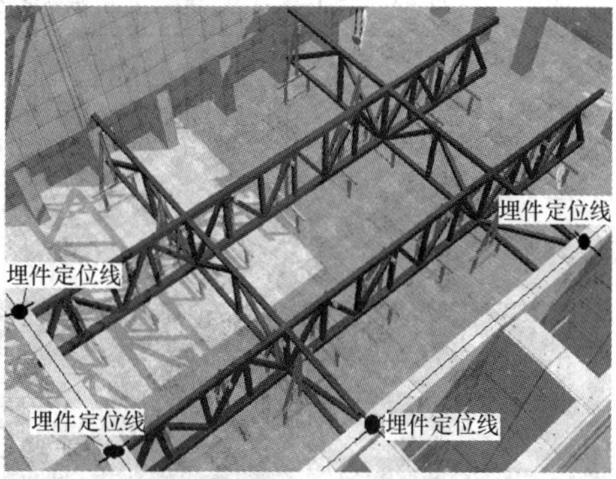

图 7-99 提升点部位

4）提升点的桁架安装，应以牛腿的垂直投影点位置进行提升点的桁架安装，保证上、下在同一垂线上，见图 7-98 和 7-99。

（2）提升过程测量

1）将桁架基座定位“十”字线测放到基座埋件上，供提升安装液压千斤顶定位用，见图 7-99。

2）提升前，用水准仪测量每一条桁架的挠度。

3）预提升中，复测每一条桁架挠度的变化情况，变形量是否在安全许可范围内。

4）提升过程中，除了液压提升系统能自行监控水平同步外，还应采用全站仪监测桁架的提升同步状况，保证桁架整体水平提升，发现某些部位不同步时（超过 5cm），应通知操作人员进行调整。

5）提升后进行桁架挠度测量，提供桁架的变形量，供技术人员分析是否满足结构安全要求。桁架挠度测量采用全站仪，在桁架四个大角贴上反射片监测挠度变化。

8. 桁架滑移安装测量

桁架滑移安装也是一种施工工艺方法，在桁架的拼装过程中，先在建筑安装部位一侧拼装出一部分或整体结构，然后通过液压千斤顶将桁架推移到设计位置。图 7-100 为滑移平面图。桁架滑移安装测量步骤和方法如下。

(1) 在拼装平台上测设出轴线，制作胎架。

(2) 根据滑移区域的内控点测放出两条滑移中心线，确保中心线不平行度小于 10mm；并测放出本区域内的各条轴线，见图 7-101。

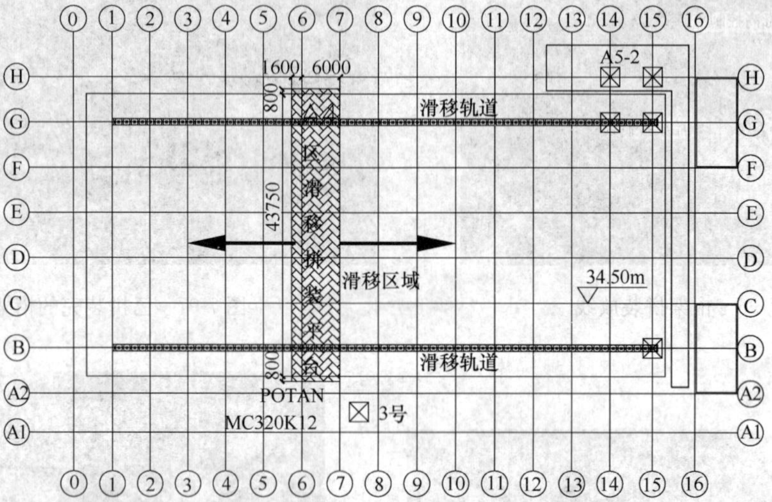

图 7-100 滑移平面图

图 7-101 滑移平台放线图

图 7-102 滑移挠度监测

(3) 在拼装平台上放出桁架轴线、胎架控制线，制作第一榀桁架。

(4) 用水准仪抄测标高，控制桁架安装标高。安装过程中，要按设计要求和施工经验，对桁架进行预起拱，起拱值应稍大于设计要求的起拱值。

(5) 检查滑移轨道的水平度，轨道两边高差和平行度都不应大于 10mm。

(6) 每安装一榀桁架后，向前滑移一榀跨距。滑移后，检测每一榀桁架的上、下挠度。桁架上沿挠度采用水准仪监测，下沿采用激光全站仪观测，见图 7-102。

(7) 本区域滑移结束，卸载后，重测每条桁架的挠度值，并存档备查。

9. 高耸结构的施工测量

高耸结构工程主要包括烟囱、电视塔等建筑。由于这些建筑具有塔身超高、水平截面小，且塔身在不同的高度存在截面变径、筒体扭曲、外形变化大等特点，施工测量控制难度大。

(1) 高耸结构施工测量特点及要求

高耸结构施工测量包括施工控制测量和施工测量，其特点如下：

1) 施工控制测量

施工控制测量应采用外控和内控相结合的控制测量方法，外控网一般在地面上布置成田字形、圆形或辐射多边形。内控点应设置在建筑结构内部主要轴线位置。

2) 施工测量

施工测量中平面控制点（内控点）向上引测时，由于相邻两点的距离较近，需要对引测的相邻两点间的边长、角度、对角线等几何要素进行校核，引测测量允许偏差不宜超过4mm。

塔身铅垂度的控制宜采用激光铅垂仪，激光垂准仪在100m高处激光仪旋转360°划出的激光点轨迹圆直径应小于10mm。对于低于100m的高耸建（构）筑物，宜在塔身的中心内控点上设置铅垂仪，有条件也可以设置多台激光垂准仪；100m以上的高耸建（构）筑物，宜在多个内控点上设置多台激光垂准仪，分段进行投测。设置激光垂准仪的内控点必须利用外控网控制点直接测定，并采用不同的测设方法进行校核。

高耸结构测量时，根据《钢结构工程施工质量验收规范》(GB 50205) 相关规定，激光垂准仪投测到接收靶的测量允许误差应符合表7-34的要求。对于有特殊要求的塔形建筑，其允许误差应通过专家论证确定。

高耸钢结构测量允许误差 **表 7-34**

项　目	允许偏差（mm）	测量允许误差（mm）
主体结构整体垂直度	(H/2500+10.0)，且不应大于50.0	10.0
主体结构总高度	H/1000，且不应大于30.0	6.0

3) 高耸结构动态变形测量

由于高耸结构对日照、风振的敏感性较其他高层建筑结构更加明显，一般应进行日照变形观测。根据日照观测，绘制出日照变形曲线，并列出最小日照变形区间，以指导施工测量。

(2) 高耸结构施工测量实例

1) 工程概况

河南广播电视发射塔(图7-103)，总高度388m，地下1层，地上48层。整体造型如五瓣盛开的梅花在空中绽放。结构形式采用了巨型钢结构体系，分为塔座、塔身、塔楼及天线桅杆四部分。其中塔身结构由内筒、外筒和底部五个“叶片”形斜向网架构成，外筒为格构式巨型空间钢架，内筒为竖向井道空间桁架构成的巨型柱。

图7-103 河南广播电视发射塔

2）钢结构施工测量概述

塔体钢结构测量工作主要内容包括：平面和高程控制网测量，井道安装、桉叶糖柱安装、塔楼安装等部位的测量放线及校正，超高塔桅钢结构安装轴线、标高、垂直度控制，变形观测等。

3）测量控制网建立

①平面控制网的布设

根据电视塔的施工特点，采用外控＋内控相结合的方法来控制钢构件的轴线位置和整体垂直度。平面控制网由塔中心点 O 和距塔体中心点 120m 设置的 TM_1，TM_2，TM_3，TM_4，TM_5 五个点，以及在塔体东、南、西、北四个方向距塔体中心 300m 设置的 KZ_1，KZ_2，KZ_3，KZ_4 四个点组成，见图 7-104。平面控制网采用 GPS 测量方法，并按《工程测量规范》（GB 50026）中三等卫星定位测量控制网技术要求进行观测和数据处理，精度

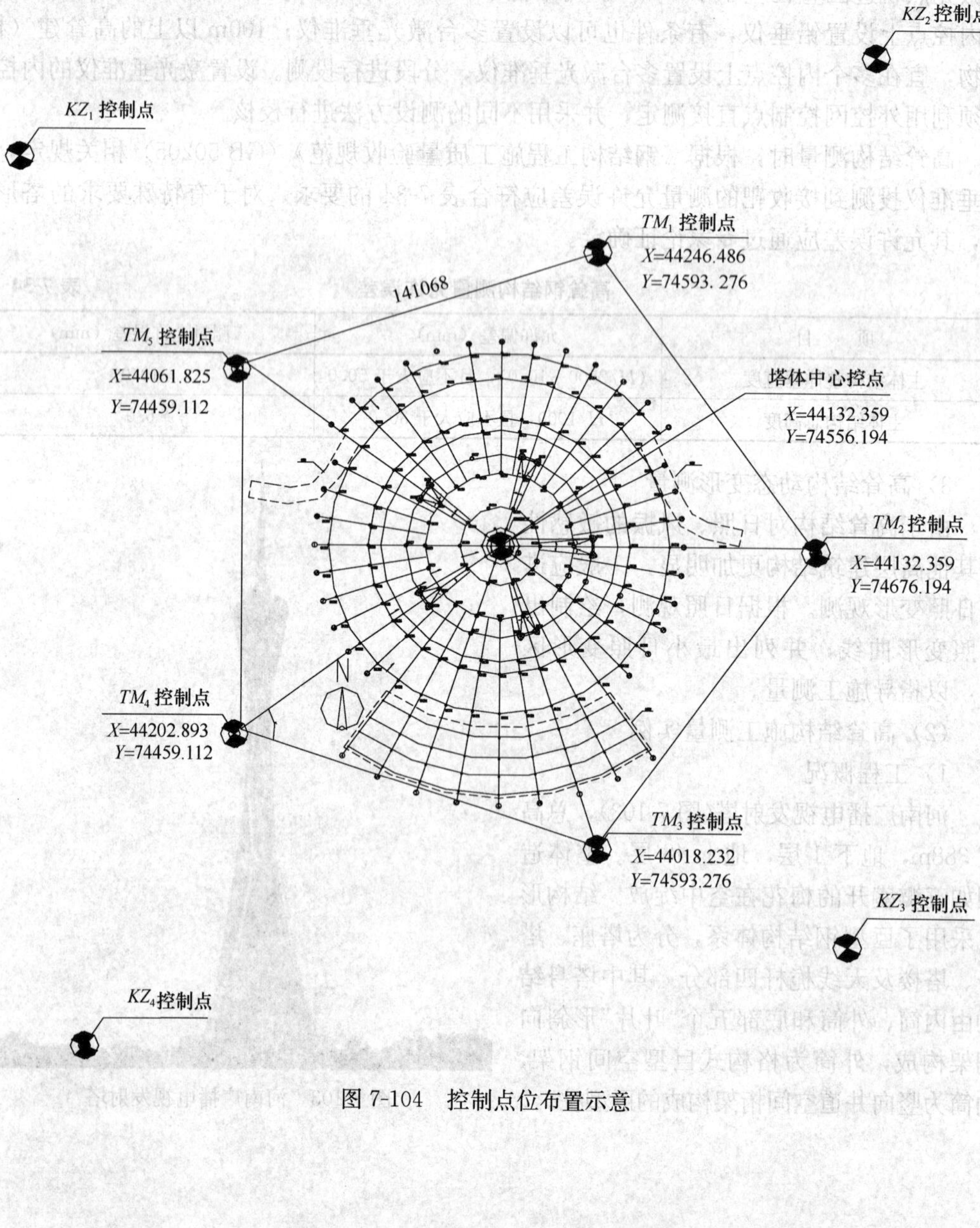

图 7-104　控制点位布置示意

满足规范要求。

②高程控制网测量

根据工程的实际情况，依据业主或总包移交的原始高程控制点，采用水准测量方法将高程引测到塔体钢柱上，并用红油漆作好标记。

施工中根据钢结构安装进度的要求加密水准点，对于布设的水准点定期进行检测，以确定高程控制点的稳定性。

4）施工测量

①塔中心点 O 向上传递测量

每安装完成一个结构楼层，塔体的中心点就要向上传递，通过测量塔中心与每一根井道柱的中心距离，就可以分析出塔体安装完成部分的整体垂直度偏差。通过整体垂直度偏差数据，及时对下一层钢柱进行调整，从而保证塔体整体垂直度。由于塔体中心有一道梁使塔体中心不能通视，在塔座楼层另选择两个点，该两个点与塔体中心点通视，并利用其向上投测。在投测面采用距离交会法即可交会出塔体中心点，具体做法如图 7-105 所示。

与此同时，在 TM_1、TM_2（或当结构安装到＋120m以上的时候，在 KZ_1，KZ_2）点架设两台激光经纬仪，测定 P_1 点。用同样的方法在 TM_4、TM_5 点（或当结构安装到＋120m的时候，在 KZ_3，KZ_4）测量出 P_2 点，见图 7-106。通过式（7-41）计算出 P_1，P_2 点坐标：

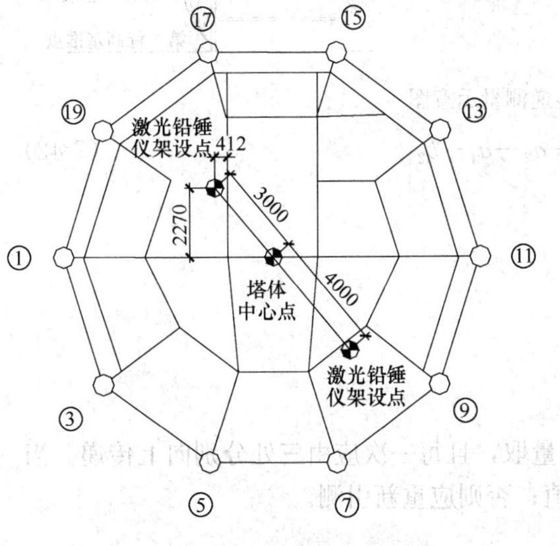

图 7-105 激光投测塔体中心示意图

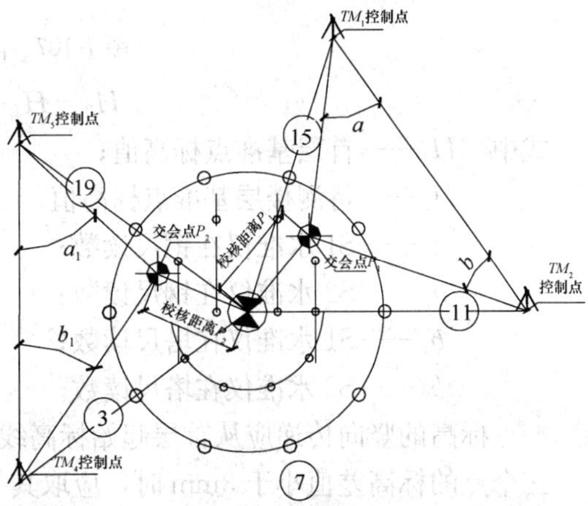

图 7-106 交汇法复核塔体中心点示意图

$$
\begin{aligned}
x_{p} &= \{x_{a} \cdot \mathrm{ctg}b + x_{b} \cdot \mathrm{ctg}a + (y_{b} - y_{a})\}/(\mathrm{ctg}a + \mathrm{ctg}b) \\
y_{p} &= \{y_{a} \cdot \mathrm{ctg}b + y_{b} \cdot \mathrm{ctg}a + (x_{a} - x_{b})\}/(\mathrm{ctg}a + \mathrm{ctg}b)
\end{aligned}
\tag{7-41}
$$

通过 P_1，P_2 点位坐标即用距离交会的方法检查出中心点的偏差。

激光垂准仪投测中心和经纬仪复核都同步进行，并且尽量安排在同一时间段完成，这样可以避开日照和施工机械对测量的影响。

②高程传递测量

如图 7-107 所示，利用井道，使用水准仪、塔尺和 50m 钢尺依次将标高由预留洞口传递至待测楼层，并用公式（7-42）进行计算，得该楼层的仪器的视线标高，同时依此制作本楼层统一的标高基准点。

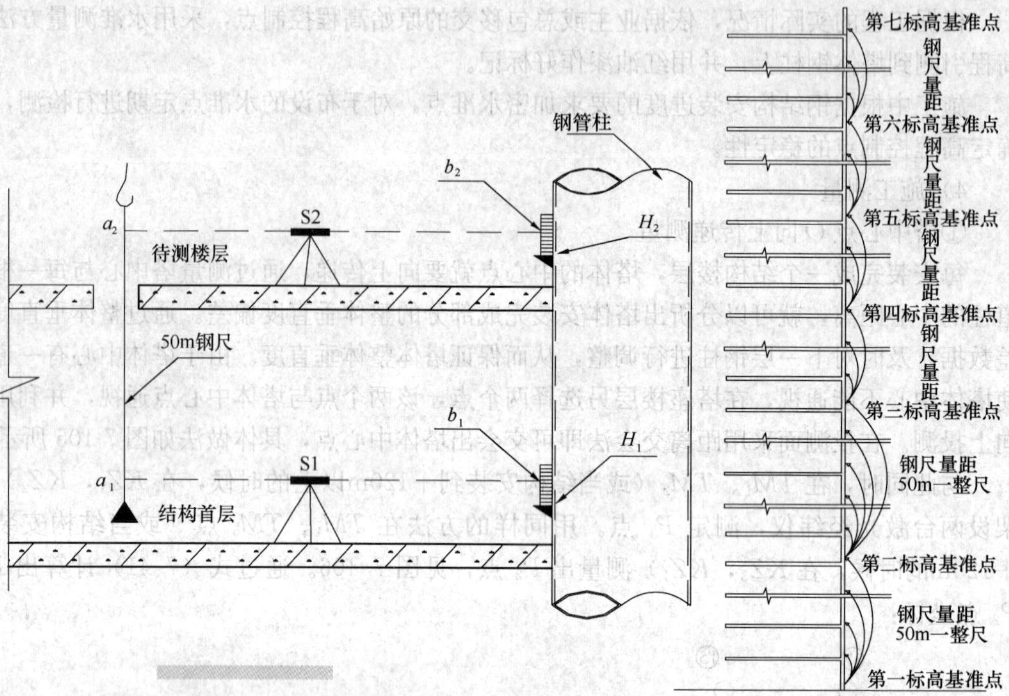

图 7-107 高程传递测量示意图

$$H_2 = H_1 + b_1 + a_2 - a_1 - b_2 \tag{7-42}$$

式中 H_1——首层基准点标高值；

H_2——待测楼层基准点标高值；

a_1——S1 水准仪在钢尺读数；

a_2——S2 水准仪在钢尺读数；

b_1——S1 水准仪在塔尺读数；

b_2——S2 水准仪在塔尺读数。

标高的竖向传递应从首层起始标高线竖直量取，且每一次应由三处分别向上传递。当三个点的标高差值小于 3mm 时，应取其平均值；否则应重新引测。

10. 索膜结构施工测量

图 7-108 索膜结构图

膜结构又叫空间膜、张拉膜结构（Tensioned Membrane structure）。索膜结构是以建筑织物，即膜材料为张拉主体，与支撑构件或拉索共同组成的结构体系。它以其新颖独特的建筑造型，良好的受力特点，成为大跨度空间结构的主要形式之一，见图 7-108。

索膜结构施工测量中的支撑结构定位、安装测量基本方法可参照 7.8.2.1 和 7.8.2.2 相关内容。

膜结构安装前应对安装位置和其本身几何尺寸进行复核测量，以满足安装要求，然后按照支撑结构与膜结构连接关系进行安装。

索膜结构施工测量中应注意的事项：

(1) 受钢索拉力的影响，安装过程中，支撑结构定位应向受力相反方向预留一定的变形量；

(2) 索膜结构的倾斜支撑结构较多，支撑结构上的不同位置在空间的三维坐标不一样，应采用三维坐标放样；

(3) 索膜结构安装完成后，应对主要结构进行复测，检查其变形状态，避免变形过量造成安全隐患。

7.8.2.3 钢结构安装测量注意事项

1. 注意混凝土收缩对首层内控点的影响，定期检测内控点的间距；

2. 焊缝收缩影响轴线间距和标高，从而影响垂直度和总高度，柱头标高复测结果应及时返给加工厂家进行调整；

3. 三级以上的大风天气，不宜进行内控点的投点；一般在清晨或夜间投点较好；

4. 在钢梁和压型板上架设测量仪器时，支腿应落在钢梁上或制作专用仪器架，焊接在钢柱上，确保仪器稳固；

5. 采用多种方法检验钢柱的垂直度，防止仪器的系统误差影响；

6. 经常检校仪器的各项技术指标，确保仪器处于正常工作状态下；

7. 密切监视日照、风力、焊接、沉降对钢结构垂直度的影响，当影响过大时应进行垂直改正。

7.8.2.4 钢结构工程安装测量验收要求

根据《钢结构工程施工质量验收规范》(GB 50205) 和《高层民用建筑钢结构技术规程》(JGJ 99)，钢结构工程安装测量常用的验收指标如下：

1. 钢柱安装的允许偏差

钢柱安装的允许偏差见表 7-35。

钢柱安装的允许偏差 **表 7-35**

项目		允许偏差 (mm)
柱子定位轴线		1
地脚螺栓位移		2
柱脚底座中心线对定位轴线的偏移		3
柱基准点标高		±2
挠曲矢高		$H/1200$，且≤15
同一层柱顶标高		±5
柱轴线垂直度	单节柱 (H>10m)	$H/1000$，且≤10
	单节柱 (H≤10m)	≤5
	总高 H	$3H/10000$，且≤30
主体结构整体平面弯曲	总长 L	$L/1500$，且≤25
主体结构总高	总高 H	$H/1000$，且≤±30

2. 柱、桁架、梁的安装测量允许偏差

柱、桁架、梁的安装测量允许偏差见表 7-36。

柱、桁架、梁的安装测量允许偏差（mm）　　**表 7-36**

钢柱垫层标高	±2	梁间距	±3
钢柱±0 标高检查	±2	梁面垫板标高	±2
桁架和实腹梁、桁架和钢架的支承节点间相邻高差	±5	上柱和下柱的相对扭转	3

3. 构件预装测量的允许偏差

构件预装测量的允许偏差见表 7-37。

构件预装测量的允许偏差（mm）　　**表 7-37**

平台抄平	±1
纵横中心线的正交度	$\pm 0.8\sqrt{l}$ mm；l 为自交点起算的横向中心线长度（mm），不足时以 5m 计
预装过程中的抄平工作	±2

4. 压型金属板安装的允许偏差

压型金属板安装的允许偏差见表 7-38。

压型金属板安装的允许偏差　　**表 7-38**

项　　目		允许偏差（mm）	
屋面	檐口与屋脊的垂直度	12	
	压型金属板波纹线地屋脊的垂直度	$L/800$，且≤25	L 为屋面半坡或单坡长度；H 为墙面高度
墙面	墙板波纹线的垂直度	$L/800$，且≤25	
	墙板包角板的垂直度	$L/800$，且≤25	

7.8.2.5　钢结构工程强制验收的主要项目

根据《钢结构工程施工质量验收规范》（GB 50205），钢结构工程施工结束后，应提供如下的验收数据：

（1）挠度；

（2）整体垂直度；

（3）主体结构总高度；

（4）主体结构整体平面弯曲。

以上各项数据的内容详见《钢结构工程施工质量验收规范》(GB 50205)的具体规定。

7.9　建筑装饰施工测量

建筑装饰施工测量是建筑装饰中的一项重要工作，如果测量放线不精确或轴线距离不准，都会导致错缝、拼接不上或无法安装等诸多工程质量问题。随着大量新型建筑材料的不断涌现，高级装饰装修中对于墙面、吊顶和地面的施工和施工测量要求逐渐提高。特别是块材的对缝、复杂的吊顶造型、地面拼花以及工厂化加工现场拼装等，都对建筑装饰测量提出了较高的精度要求。

7.9.1 室内装饰测量

7.9.1.1 室内装饰测量主要内容和常用测量仪器工具

1. 室内装饰测量主要内容

室内装饰测量主要包括：楼、地面施工测量，吊顶施工测量及墙面施工测量（包括隔墙及填充墙体）等内容。

2. 常用测量仪器工具

在室内装饰测量中常用的测量仪器主要有：水准仪、水准尺、塔尺、经纬仪、激光垂准仪、激光扫平仪、激光标线仪等；测量工具主要有：水平管与水平尺、净空尺、钢尺、靠尺、角尺、塞尺等。具体使用方法请参考有关介绍，此处不再赘述。

7.9.1.2 室内装饰测量作业基本要求

室内地面、墙面、顶面等结构施工误差，往往会给装饰装修工程带来一定的影响，为了消除这些误差和不利影响，室内装饰施工前，应根据主体结构的实际情况，利用测量仪器和工具进行结构复核测量。在复核测量的基础上确定地面、墙面、吊顶及外幕墙等装饰测量控制线，作为装饰工程施工的控制依据，然后再以控制线为基础，弹出相应的基准线或位置线，室内地面、墙面、顶面等装饰测量基本技术要求如下：

1. 分间基准线测设基本要求

分间基准线测设技术要求如下：

(1) 主体结构工程完成后，应对每一层的标高线、控制轴线进行复核，核查无误后，需分间弹出基准线，并将结构构件之间的实际距离标注在该层施工图上，并依此进行装饰细部弹线和水电安装的细部弹线。

(2) 计算实际距离与原图标示距离的误差，并按照不同情况，研究采取消除结构误差的相应措施。消除误差应保证装饰装修和安装精度的要求，尽量将误差消化在精度要求较低的部位。例如：首先要保证电梯井的净空和垂直度，其次保证卫生间、厨房等安放定型设施和家具的房间净空要求；再次保证有消防要求的走廊、通道的净空要求。在满足上述要求的前提下，把误差调整到精度要求不高的房间或部位，并判断这些误差在该房间或部位是否影响其使用功能，若影响到使用功能，则应对结构进行剔凿、修整。在高度方向上，首先保证吊顶下的净高要求和吊顶上管道、设备的最小安装，同时兼顾地面平整和管道坡度要求，若无法满足，则需进行楼地面剔凿或改用高度较矮的管道、设备。

(3) 根据调整后的误差消除方案，以每层轴线为直角坐标系，测设各间十字基准线，弹出各间的1000mm线或500mm线。

2. 墙面弹线（隔墙或外墙弹线）基本要求

(1) 砌筑填充墙弹线

砌筑填充墙无论采用何种材料，也无论是隔墙还是外墙均应根据放线图，以分间十字线为基准，弹出墙体边线，在边线外侧注明门窗洞口尺寸和标高。嵌贴装饰面层的墙体，在贴饰面一侧的边线外弹出一条平行的参考线，并注明其到墙体的距离。

(2) 龙骨饰面板墙弹线

首先核对龙骨饰面板墙的总厚度与龙骨宽度、两侧饰面板层数和厚度，合格后，在地面上弹出地龙骨的两侧边线，同时用线坠或接长的水平尺把地面上的龙骨边线返到顶棚上。注意当两侧饰面板层数不同时，地龙骨不可居中放线。

(3) 装饰墙面弹线

首先在墙面各阴、阳角吊垂线，依线对墙面进行找直、找方的剔凿、修补，抹出底灰后，在门窗洞口两侧吊垂线，并在洞口上下弹出水平通线。在墙面底部弹出地面标高线，并在沿墙的地面弹出墙面装饰外皮线，有对称要求的弹出对称轴。从对称轴向两侧测量墙面尺寸，然后根据饰面分隔尺寸进行调整，防止出现破活或不对称。

3. 楼、地面弹线基本要求

弹线前重新测量房间地面各部分尺寸，查明房间各墙面装饰面层的种类及其厚度，预留出四周墙面装饰面层厚度并弹出地面边线。有对称要求的弹出对称轴，有镶贴图案的在相应位置弹出图案边线。楼梯踏步铺贴饰面的，在楼梯两侧墙面弹出上、下楼层平台和休息平台的设计标高，然后根据楼梯踏步详图样式，弹出各踏步踢面的位置。

4. 吊顶弹线基本要求

吊顶弹线前，查明图纸和其他设计文件对房间四周墙面装饰面层类型及厚度要求，重新测量房间四周墙面是否规方。考虑四周墙面留出饰面层厚度，将中间部分的边线规方后弹在地面上，对于有对称要求的吊顶，先在地面上弹出对称轴，然后从对称轴向两侧量距弹线。对有高度变化的吊顶，应在地面上弹出不同高度吊顶的分界线，对有灯盒、风口和特殊装饰的吊顶，也应在地面上弹出这些设施的对应位置。用线坠或接长的水平尺将地面上弹的线返到顶棚上，对有标高变化的吊顶，在不同高度吊顶分界线的两侧标明各自的吊顶底标高。根据以上的弹线，在顶棚上弹出龙骨布置线，沿四周墙面弹出吊顶底标高线。

7.9.1.3 装饰测量误差要求

精装修工程施工测量放线应使用精密仪器，测量放线的精度一般为允许施工误差的1/2～1/3，室内垂直度精度应高于1/3000，在全高范围内应小于2mm，水平线每3m两端高差小于±1mm，同一条水准线（3～50m长）的标高允许误差为±2mm。具体要求如下：

1. 地面面层测量

在四周墙身与柱身上投测出500mm水平线，作为地面面层施工标高控制线。根据每层结构施工轴线放出各分隔墙线及门窗洞口的位置线，门窗洞口位置误差应小于2mm。

2. 吊顶施工测量

以1000mm线为依据，用钢尺量至吊顶设计标高，并在四周墙上弹出水平控制线。对于装饰物比较复杂的吊顶，应在顶板上弹出十字分格线，十字线应将顶板均匀分格，以此为依据向四周扩展等距方格网来控制装饰物的位置，同时按照吊顶工程的各项允许偏差进行控制。

3. 墙面装饰施工测量

内墙面装饰控制线，竖直线的精度不应低于1/3000，水平线精度每3m两端高差小于±1mm，同一条水平线的标高允许误差为±3mm。

4. 外幕墙施工测量

结构完工后，安装幕墙时，用铅垂钢丝控制竖直龙骨的竖直度，幕墙分格轴线的测量放线应以主体结构的测量放线相配合，对其误差应在分段分块内控制、分配、消化，不使其积累。幕墙与主体连接的预埋件，应按设计要求埋设，其测量放线偏差高差不大于±3mm，埋件轴线左右与前后偏差不大于10mm。

7.9.1.4 室内装饰测量主要方法

1. 楼、地面施工测量

(1) 标高控制

1) 装饰标高基准点设置

对于结构形式复杂的工程，为了能够便于施工及标高控制，需要在给定原有标高控制点的基础上，引测装饰标高基准点。装饰标高基准点应可靠、便于施工、易于保护，且与原有标高点的标识有明显区别，如采用不同颜色、不同形状的标志。

2) 标高控制线测设

在装饰施工之前，根据装饰标高基准点，采用DS3型水准仪（适于大开间区域使用）或4线激光水准仪（适于室内小开间使用）在墙体、柱体上引测出装饰用标高控制线，并用墨斗弹出控制线，通常控制线设置为+50线，即距装饰地面的完成面0.5m高的水平线。也可以根据现场情况引测+1m线，原则上引测的标高控制线要便于在使用时的计算，尽量取整数，并应在弹好墨线后做好标识，明确标高。

使用DS3型水准仪时视距一般不超过100m，视线高度应使上、中、下三丝都能在水准尺上读数以减少大气折光影响。前、后视的距离不应相差太大。有条件时也可采用增加了激光发射系统的DSJ3型激光水准仪，该仪器使测量放线更直观、快捷。

由于室内标高相对独立性更高，因此在较小空间可以使用4线激光水准仪进行标高线的引测，一般4线激光水准仪在室内环境使用的有效距离不宜大于10m，以减少折光和视线误差。

标示在墙面、柱面上的标高控制线，要注意保护，在面层施工覆盖后要及时进行恢复，保证控制线的准确性和延续性。

3) 测量复核

在全部标高线引测完成后，应使用水准仪对所有高程点和标高控制线进行复测，以避免粗差。

4) 施工控制

地面的标高控制是装饰施工的重点，如混凝土垫层施工、各种装饰面层施工等对标高控制都有很高的要求。一般地面施工的标高控制分为整体地面标高控制和块材楼地面标高控制。

整体地面标高控制，在混凝土地面、自流平地面等整体地面施工时，根据建筑+50线（或其他水平控制线），用水准仪测设出地面上的控制点（地面上为了控制标高设定的距墙2m，间距不大于2.5m呈梅花状布置的标志点）的标高，检查是否存在基层超高问题，如有基层超高现象及时和相关施工单位予以沟通，及时处理解决。每个控制点用砂浆做成的灰饼表示，施工中用3m靠尺随时检测地面标高的控制情况。

块材楼地面标高控制，在石材地面、木地板、抗静电地板、地砖地面等块材地面施工时，标高控制方法和整体地面施工标高控制基本一致，不同的是在面层施工时用水平尺和靠尺反复检测块材的水平和标高。在有坡度要求的地面施工时，应按设计的坡度要求设置坡度控制点或使用坡度尺进行控制，使完成后的地面坡度满足设计和施工规范的要求。

(2) 平面控制

1) 平面坐标系确定

对于装饰地面施工来说，一般都需要进行地面的平面控制。造型相对简单的地面砖铺贴，通常在排版后需要进行纵横分格线的测设和相对墙面控制线的测设。但对于造型复杂的拼花地面来说，就需要对每个拼花的控制点进行准确的放线和定位。因此在测量放线之前，首先要根据现场情况和拼花形状建立平面控制的坐标体系，一般应遵守便于测量，方便施工控制的原则，平面控制坐标系可采用极坐标系、直角坐标系或网格坐标系等。

2) 关键控制点测设

通常应先在图纸上找出需要进行控制的关键点，如造型的中心点、拐点、交接点等，通过计算得出平面拼花各个关键控制点的平面坐标，在计算室内关键控制点的坐标时，要考虑和天花吊顶造型的配合与呼应，不能只按房间几何尺寸进行计算；在计算室外关键控制点的坐标时，也要考虑与周边建筑物、构筑物的协调呼应，同样不能只考虑几何尺寸；现场关键控制点定位前还要注意检查结构尺寸偏差，并根据偏差情况调整关键控制点的坐标值，以保证造型观感效果的美观大方，并充分体现设计意图。然后用经纬仪、钢尺或全站仪根据计算出的坐标值测设现场关键控制点。直角坐标系对于多点同时施工更方便。

在布局规矩的室内地面拼花也采用平面网格坐标系。根据图纸中关键控制点与周边墙柱体的相对关系建立平面网格坐标系，网格边长可根据图形复杂程度控制在0.5～2m之间，根据控制点在网格中的相对位置使用钢尺进行定位。此种方法施工简便，但人工定位误差相对较大，适用于相对独立的拼花图形施工。

3) 测量复核

所有控制点的定位完成之后，应根据图纸尺寸和计算得到的坐标值进行复核，确认无误后方可进行施工作业。

2. 吊顶施工测量

(1) 标高控制

1) 标高控制线测设

根据室内标高控制线（＋50线或其他水平控制线）弹出吊顶边龙骨的底边标高线。通常用水准仪和3m塔尺进行测设；也可在房间内先测设一圈标高控制线（＋50cm或100cm水平线），然后用钢尺量测吊顶边龙骨的底边标高控制点，最后连成标高控制线。对于造型复杂的吊顶，中间部位还应测设关键标高控制点。

最后应根据各层的标高控制线拉小白线检查机电专业已施工的管线是否影响吊顶，如存在影响及时向总包、设计和监理反映，对专业管线或吊顶标高作出调整。

2）测量复核

标高控制线测设全部完成后，应进行复核检查验收，合格后方可进行下一道工序的施工。通常应采用水准仪对标高控制线，关键标高控制点进行闭合复测。在施工过程中还应随时进行标高复测，减少施工过程中的误差。

(2) 平面控制

1）平面坐标系确定

针对吊顶造型的特点和室内平面形状，建立平面坐标系，建立方法同地面平面坐标系。

2）关键控制点测设

建立了坐标系之后，先在图纸上找出需要进行控制的关键点，如造型的中心点、拐点、交接点、标高变化点等，通过计算得出平面内各个关键控制点的平面坐标；然后按照吊顶造型关键控制点的坐标值在地面上放线，最后再用激光铅直仪将地面的定位控制点投影到顶板上，施工时再按照顶板控制点位置，吊垂线进行平面位置控制。

关键控制点的设置，还应考虑吊顶上的各种设备（灯具、风口、喷淋、烟感、扬声器、检修孔等），以便在放线时进行初步定位，施工时调整龙骨位置或采取加固措施，避免吊顶封板后设备与龙骨位置出现不合理现象。

3）测量复核

完成所有控制点的定位之后，根据设计图纸和实际几何尺寸进行复核，确认无误后方可进行下步施工。在施工过程中还应随时进行复查，减少施工粗差。

(3) 综合放线

1）控制坐标系确定

针对吊顶造型的复杂程度、特点和室内形状，可建立综合坐标系，综合坐标系可采用直角坐标、柱坐标、球坐标或它们的组合坐标系。

2）综合控制点测设

综合坐标系建立后，同样在图纸上找出关键点，如造型的中心点、拐点、交接点、标高变化点等关键点，计算出各个关键点的空间坐标值；再用激光铅直仪将地面放出的关键控制点投影到顶板上，并在顶板上各关键控制点位置安装辅助吊杆。辅助吊杆安好后，根据关键点的垂直坐标值分别测设各个关键点的高度，并用油漆在辅助吊杆上做出明确标志。这样复杂吊顶的造型关键控制点的空间位置就得到了确定。

各种曲面造型的吊顶，同样根据图纸和现场实际尺寸，计算得到空间坐标值之后来进行定位。一般曲面施工采取折线近似法（将多段较短的直线相连近似成曲线），通过调整关键点（辅助吊杆）的疏密控制曲面的精确度。

3. 墙面施工测量

墙面装饰施工测量，适用于室内各种墙体位置的定位和室内外墙体垂直面上造型的测量定位。

(1) 墙面上造型控制

1）建立控制坐标

根据图纸要求在墙面基层上画出网格控制坐标系，网格边长可根据图形复杂程度控制在0.1～1m之间。

2）关键控制点测设

立体造型墙面，依据建筑水平控制线（+50线或其他水平控制线），按照图纸上关键控制点在网格中的相对位置，用钢尺进行定位。同时标示出造型与墙体基层大面的凹凸关系（即出墙或进墙尺寸），便于施工时控制安装造型骨架。所标示的凹凸关系尺寸一般为成活面出墙或进墙尺寸。

平面内造型墙面，关键控制点一般确定为造型中心或造型的四个角。放线时先将关键控制点定位在墙面基层上，再根据网格按1∶1尺寸进行绘图即可。也可将设计好的图样用计算机或手工按1∶1的比例绘制在大幅面的专用绘图纸上，然后在绘好的图纸上用粗针沿图案线条刺小孔，再将刺好孔的图纸按照关键控制点固定到墙面上，最后用色粉包在图纸上擦抹，取下图纸图案线条就清晰地印到墙面基底上了。还可采用传统方法，将绘制好的1∶1的图纸按关键控制点固定在需要放线的墙面上，然后用针沿绘好的图案线条刺扎，直接在墙面上刺出坑点作为控制线。

3）复核

完成所有控制点的定位之后，根据设计图纸进行复核，确认无误后方可进行下步施工，并在施工过程中随时进行复查，减少施工粗差。

（2）墙体定位控制

1）建立控制坐标系

根据设计图纸和现场实际尺寸，在地面上测设墙体成活面的控制线和墙体中心线。一般情况下，墙体定位采用直角坐标系；有时根据复杂程度可采用极坐标或直角坐标配合网格法进行定位放线。

2）关键控制点测设

对于简单的直墙，依据设计图纸和现场实际尺寸，按照墙体的相对位置，用钢尺进行定位，同时测设出墙体的中心线和成活面的控制线。对于复杂的曲线墙体，应先确定关键控制点，然后根据设计图纸和现场实际尺寸计算相对位置坐标，再按照相对位置坐标用经纬仪和钢尺测设关键控制点，最后通过关键控制点之间连线，测设出墙体中心线和成活面控制线。

3）复核

完成所有控制点、线的测设后，应根据图纸进行复核，确认无误后方可进行施工。在施工开始后还应进行一次复查，避免出现错误。

7.9.2　幕墙结构施工测量

幕墙结构施工测量是整个幕墙施工的基础工作，直接影响着幕墙的安装质量，因此必须对此项工作引起足够的重视，努力提高测量放线的精度。

7.9.2.1　幕墙结构工作内容和测设技术要求

1. 幕墙结构施工测量工作内容

幕墙结构施工测量工作内容包括基准点、线和轴线的测设及复核；水平标高控制线的测设及复核；测设幕墙内、外控制线；测设幕墙分格线；垂直钢线的布设；结构预埋件的检查测量等。

2. 测量误差控制要求

幕墙结构施工测量仍遵循“由整体至局部、测量过程步步校核”的原则，其各项测量误差控制要求如下：

(1) 标高测量误差控制要求

1) ±0.000 至 1m 线≤±1mm；

2) 层与层之间 1m 线≤±2mm；

3) ±0.000 至楼顶层总标高≤±10mm。

(2) 控制线测量误差控制要求

1) 墙完成面控制线≤±2mm；

2) 外控线≤±2mm；

3) 结构封闭线≤±2mm。

(3) 投点测量误差控制要求

各层之间对应的点与点之间垂直偏差≤±1mm。

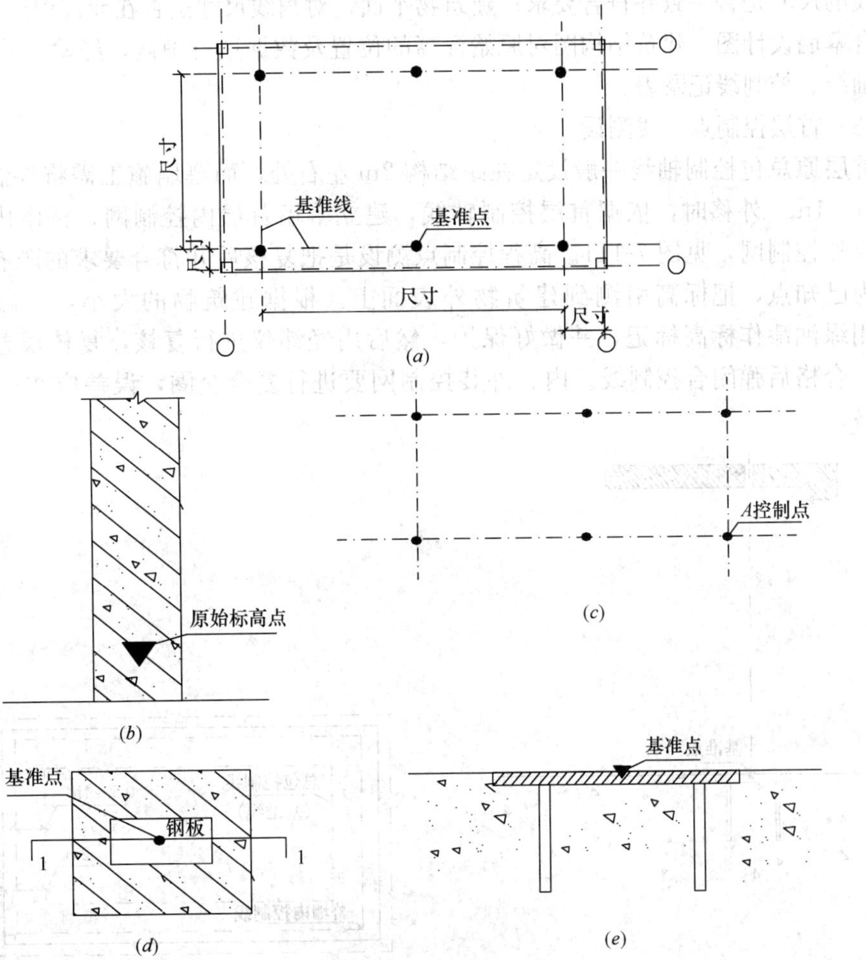

图 7-109 基准点线布置图和首层原始标高点图

(*a*) 基准点线布置图；(*b*) 原始标高点图；(*c*) 原始标高点图；(*d*) 基准点放大图；(*e*) 1-1 剖面图

7.9.2.2　幕墙结构测设方法

1. 首层控制点、线测设

(1) 基准点、线的复核

放线之前，要通过交接确认主体结构的水准测量基准点和平面控制测量基准点，对水准基准点和平面控制基准点进行复核，并依据复核后的基准点进行放线。

一般现场提供基准点线布置图和首层原始标高点图，见图 7-109，测量放线人员依据结构施工或总包单位提供的基准点、线布置图，对基准点、线和原始标高点进行复核。复核结果与原成果差异在允许范围内，一律以原有的成果为准，不作改动；对经过多次复测，证明原有成果有误或点位有较大变动时，应报总包、监理，经审批后，才能改动，使用新成果。

(2) 基准点、线的复核内容

首层基准点通常设置在首层顶板预留的方孔下方，如图 7-110 所示。

依据提供的基准点、线布置图，先检查各个基准点、线的数据是否正确；基准点、线与轴线的尺寸是否一致并符合要求；建筑物平面、对角线尺寸是否在允许误差范围内。然后结合幕墙设计图、建筑结构图对原始标高的位置及数据进行确认，经检查确认合格后，填写轴线、控制线记录表。

(3) 首层控制点、线测设

首层原总包控制轴线一般设定在距结构 2m 左右处，而幕墙施工需将控制线进行外移 0.5～1m。外移时，依据首层控制轴线，建立幕墙首层内控制网，再由内控制网外移形成外控制网，见图 7-111。高程控制点测设是把复核后并符合要求的既有标高控制点作为已知点，把标高引测到建筑物外表面上。根据建筑物的大小，一般间隔小于 25m 用绿油漆作标高标记，并做好保护，然后用经纬仪进行复核，复核误差应小于±2mm。合格后弹闭合控制线。内、外装控制网要进行复合交圈，误差应在±2mm 之内为合格。

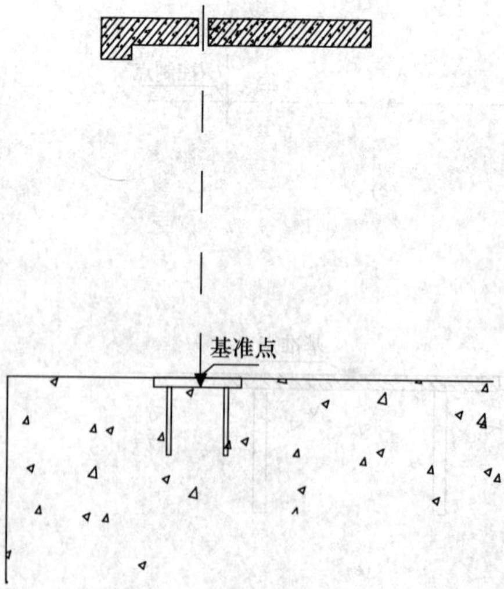

图 7-110　首层基准点

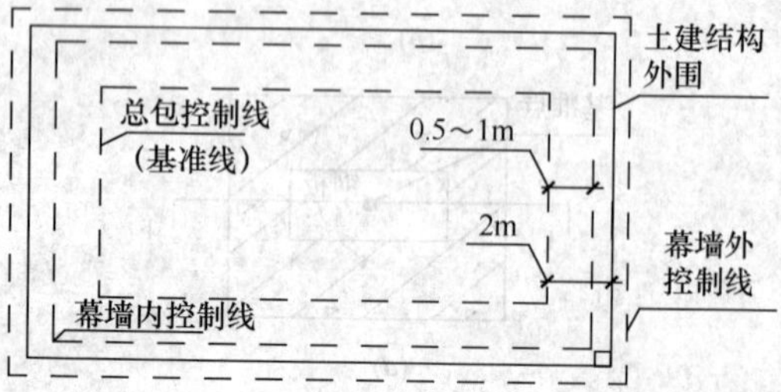

图 7-111　首层控制线测设示意图

2. 测量方法

(1) 首层基准点、线测设

首层的基准点、线主要用来控制幕墙的垂直度，保证各楼层的几何尺寸，满足放样要求。首层基准控制点、线为一级基准控制，通过楼板上的预留孔利用激光铅垂仪把一级基准控制点、线传递到各楼层，形成各层施工控制点、线。并应在底层和顶层分别架设全站仪进行控制基准点、线的检查复核，首先检查底层和顶层各投测点之间的距离和角度是否一致，若超过允许误差，应查找原因及时纠正。若在误差范围之内，则进行下一步对投测点之间的连线工作。

(2) 投点测量实施方法

将激光垂准仪架设在底层的基准点上对中、调平，向上投点定位，定位点必须牢固可靠（图 7-112）。投点完毕后进行连线，在全站仪或经纬仪监控下将墨线分段弹出。

(3) 内控线的测设

各层投点工作结束后，进行内控线的布控。以主控制线为准，通常把结构控制线进行平移得到幕墙内控线，内控线一般应放在离结构边缘 1000mm、避开柱子便于连线的位置，平移主控制线、弹线过程中，应使用全站仪或经纬仪进行监控。最后检查内控线与放样图是否一致，误差是否满足要求，有无重叠现象，最终使整个楼层内控线成封闭状。检查合格后再以内控线为基准，进行外围幕墙结构的测量。

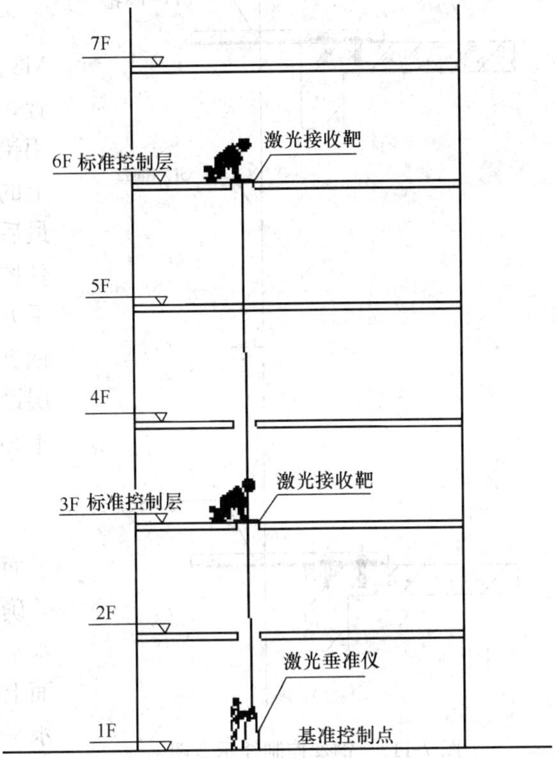

图 7-112 激光垂准仪投点示意图

(4) 外围控制线的测设

内控线测设完成后，以基准点、线为基准，用测距仪或全站仪在首层地面测出结构外围控制点。外控点应放在幕墙的外表控制线上，测设完各外控点后将各外控点之间连线并延长至交汇，形成闭合二级外控制网。

(5) 层间标高控制点测设

层间标高的测量，首先在关键轴线和控制线上用全站仪或经纬仪由下而上测设垂直线，同时在仪器的监控下，在建筑物上弹出垂直墨线，然后依据垂直线在建筑物外立面上悬挂不小于 30m 长的钢尺，上端用大力钳把钢卷尺夹紧，下端挂 10kg 重的砝码，在风力小于 4 级的气候条件下，量测出各楼层的实际高度和建筑物的总高度，再用等分法分别计算出各层的实际标高，然后每层按照计算标高设＋1m 水平线作为本层的标高控制线，并将各层的标高用绿色（与结构施工的红色标记区别）油漆记录在立柱或剪力墙的同一位置。整个幕墙施工安装过程，必须保持各标高、水平标记清晰完好。层与层之间的标高测

量误差应 ≤±2mm，总标高测量误差应≤±10mm。

(6) 钢丝控制线的设定

用ϕ1.5钢丝和5×50角钢制成的钢丝固定支架挂设钢丝控制线。角钢支架的一端用M8膨胀螺栓固定在建筑物外立面的相应位置，而另一端钻ϕ1.6～1.8的孔。支架固定时用铅垂仪或经纬仪监控，确保所有角钢支架上的小孔在同一直线上，且与控制线重合。最后把钢丝穿过孔眼，用花篮螺栓绷紧。钢丝控制线的长度较大时稳定性较差，通常水平方向的钢丝控制线应间隔15～20m设一角钢支架，垂直方向的钢丝控制线应每隔5～7层设一角钢支架，以防钢丝晃动过大，引起不必要的施工误差，见图7-113。

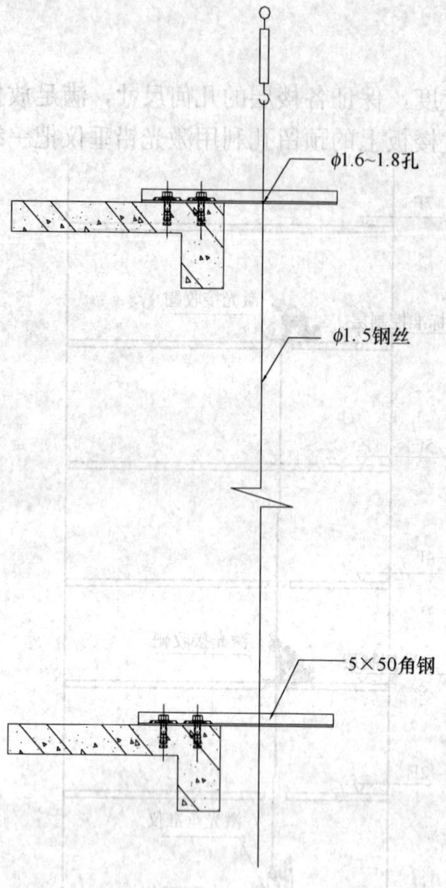

图7-113　钢丝控制线示意图

(7) 控制线的布置

竖向控制线一般采用钢丝控制线，幕墙平面上的所有转角处均应设置竖向控制线，并确保竖向控制线正好与幕墙的转角线重合。水平控制线每层均应设置，在长度较大的平面上还应间隔2层设置一道水平钢丝控制线，水平钢丝控制线应设在幕墙外表面外侧，距外表面20～50mm为宜。

(8) 结构误差的测量

将各层水平控制线与竖向控制线连成一体就形成了立体控制网，依据控制网就可确定出幕墙基础结构的内外轮廓。同时利用立体控制网可以复核建筑结构的外围实际尺寸，对于偏差超过设计允许偏差影响幕墙结构的区域，应进行详细记录，报送相关单位和部门进行处理。

(9) 各分格线及龙骨线的确定

幕墙转角的竖向钢丝控制线测设完成后，根据分格尺寸和龙骨位置尺寸，在两转角点之间进行分格，分格线一般弹在墙上或在水平钢丝控制线上作标记。根据幕墙图设计的外轮廓面距龙骨线的尺寸，通过外控制线测设出龙骨线，龙骨线是安装和检验龙骨的依据。

(10) 预埋件与结构误差检查

1) 预埋件位置检查

在测量放样过程中，应进行预埋件位置检查与结构尺寸、方正的检查，检查时测量人员将埋件水平标高线、垂直分格线均用墨线弹在结构上，然后依据十字线用尺子进行量测，检查出预埋件上、下、左、右的偏差，并作好记录。

2) 预埋件进出检查

检查埋件进出时，应从首层至顶层拉钢线进行检查，一般15m左右布置一根钢线，为减少垂直钢线的数量，横向挂尼龙鱼丝线检查，见图 7-114。偏差计算公式为：

理论尺寸－实际尺寸＝偏差尺寸

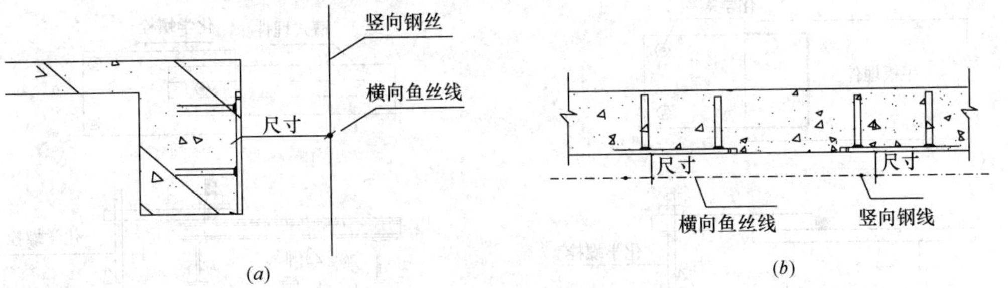

图 7-114 预埋件进出检查示意图

（*a*）侧向视图；（*b*）俯视图

3）埋件检查记录

预埋件应按埋件图进行检查，并按埋件图的埋件编号填写偏差记录表，详细记录埋件上、下、左、右、进出的偏差数据。

4）结构偏差的处理

①预埋件检查完毕后，将记录表整理成册，同时对每个埋件尺寸进行分析，依据施工图给定的尺寸，检查结构尺寸是否超过设计尺寸偏差。

②依据测量所得的结构偏差表，经计算预埋件超过设计尺寸，首先与设计进行沟通，将检查表提交给设计进行分析，若偏差超出设计范围，则要报告业主、监理和总包，采用推移或部分剔凿、部分推移等方式进行处理。

5）预埋件偏移处理

①埋件发生偏差，因将结构检查表提供给设计，设计师依据偏差情况制订埋件偏差施工方案，以及补埋的方式，并提供施工图及强度计算书，重新埋设预埋件。

②埋件补埋施工图及强度计算书应提交给业主、监理认可，待确认后方可施工。

③当锚板预埋左右偏差大于 30mm 时，角码一端已无法焊接，如图 7-115（*a*）。当哈芬槽式埋件大于 45mm 时，一端则连接困难，如图 7-115（*b*）。预埋件超过偏差要求，应

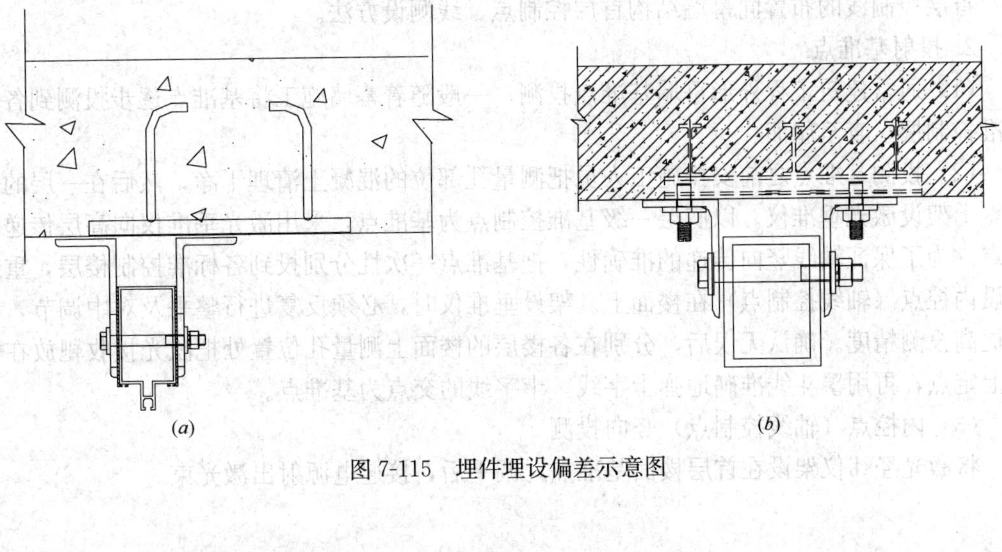

图 7-115 埋件埋设偏差示意图

采用与预埋件等厚度、同材质的钢板进行补板。锚板埋件补埋一端采用焊接方式，另一端采用化学螺栓固定，平板埋件如图 7-116（*a*），哈芬式埋件如图 7-116（*b*）。

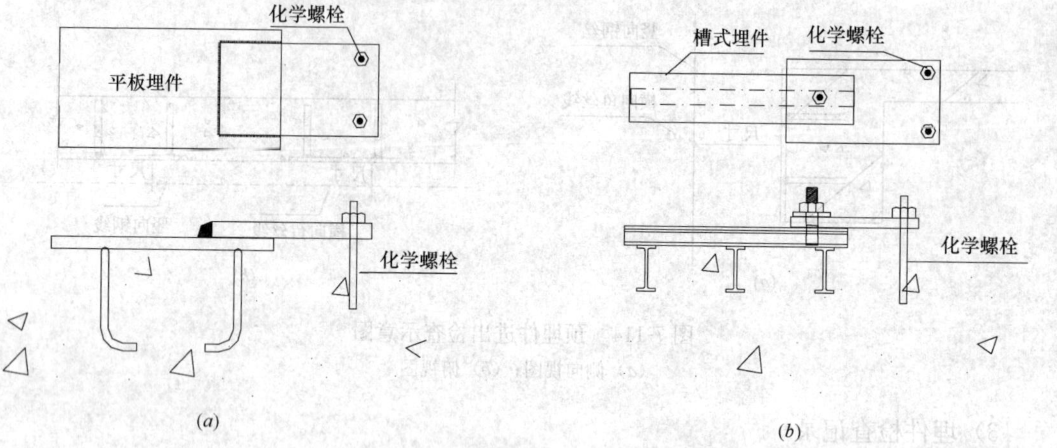

图 7-116　补埋埋件示意图

7.9.2.3　屋面装饰结构测量

屋面装饰结构测量一般随建筑立面幕墙结构施工测量进行，因此其测量内容包括建筑物幕墙结构测量和屋面装饰结构测量。

屋面装饰结构测量工艺过程为：测量基准点→投射基准点→主控线弹设→交点布置→外控制线布置→屋面标高设置→屋面外控线尺寸闭合→分格线布置→测量结构偏差。下面根据该工艺顺序进行屋面装饰结构主要环节测量介绍。

1. 首层基准点、线布置

（1）测量与复核基准点

首先施工人员应依据基准点、线布置图，进行基准点、线及原始标高点复核。采用全站仪对基准点轴线尺寸、角度进行检查校对，对出现的误差进行适当合理的分配，经检查确认后，填写轴线、控制线实测角度、尺寸、记录表。经相关负责人确认后方可再进行下一道工序的施工。

（2）首层控制线的布置

首层控制线的布置同幕墙结构首层控制点、线测设方法。

2. 投射基准点

（1）通常建筑工程外形幕墙基准点投测，一般随着幕墙施工将基准点逐步投测到各个标准控制层，直至屋面。

（2）投测基准点之前安排施工人员把测量孔部位的混凝土清理干净，然后在一层的基准点上架设激光垂准仪。以底层一级基准控制点为基准点，采用激光垂准仪向高层传递基准点。为了保证轴线竖向传递的准确性，把基准点一次性分别投到各标准控制楼层，重新布设内控点（轴线控制点）在楼面上。架设垂准仪时，必须反复进行整平及对中调节，以便提高投测精度。确认无误后，分别在各楼层的楼面上测量孔位置处把激光接收靶放在楼面上定点，再用墨斗线准确地弹十字线。十字线的交点为基准点。

（3）内控点（轴线控制点）竖向投测

将激光经纬仪架设在首层楼面基准点，调平后，接通电源射出激光束。

1）通过调焦，使激光束打在作业层激光靶上，并使得激光点最小而清晰。

2）通过顺时针转动望远镜360°，检查激光束的误差轨迹。如轨迹在允许限差内，则轨迹圆心为所投轴线点。

3）通过移动激光靶，使激光靶的圆心与轨迹圆心同心后固定激光靶。

（4）所有轴线控制点投测到标准控制层后，用全站仪及钢尺对控制轴线进行角度、距离校核，满足规范或设计要求后，进行下道工序。

3. 主控线弹设

（1）基准点投射完后，在各楼层的相邻两个测量孔位置做一个与测量通视孔相同大小的聚苯板塞入孔中，聚苯板保持与楼层面平，以便定位墨线交点。

（2）依据先前做好的十字线交出墨线交点，再把全站仪架在墨线交点上对每个基准点进行复查，对出现的误差进行合理适当的分配。

（3）基准点复核无误后，用全站仪或经纬仪指导进行连线工作。并用红蓝铅笔及墨斗配合全站仪或经纬仪把两个基准点用一条直线连接起来。

（4）仪器旋转180°进行复测，如有误差取中间值。同样方法对其他几条主控制线进行连接弹设。

4. 外控点控制网平面图制作

把每个面单元分格交接的点、线、面位置定位准确、紧密衔接是后期顺利施工的保障和基础。一般将控制分格点布置在幕墙分格立柱缝中，并与竖龙骨室内表面齐平，这样，可以避免板块吊装过程碰撞控制线而造成施工偏差，也可保证板块安装至顶层的过程中保留原控制线。对外控点控制网平面图制作时，先在电脑里边作一个模图，然后再按模图施工。模图制作方法步骤如下：

第一步：依据幕墙施工立面、平面、节点图找出分布点在不同楼层相对应轴线的进出、左右、标高尺寸，确定每个点 X、Y、Z 三维坐标。

第二步：依据提供的基准点控制网以及控制网与轴线关系尺寸，将幕墙外控点与轴线的关系尺寸，转换为幕墙外控点与基准点控制网的关系尺寸。

第三步：依据计算出基准点与各轴线进出、左右的关系尺寸，把主控线绘制到平面图上，再依据第二步中计算出的幕墙外控点与基准点控制网的关系尺寸数据，把每个点展绘到平面图上，见图7-117。同样方法绘制其余三个面的控制网平面图。

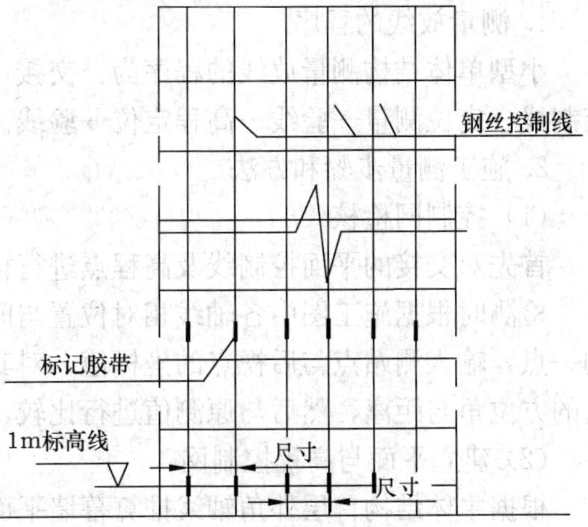

图7-117 外控点控制网平面图

5. 现场外控点、线布置

（1）依据放线平面图，把经纬仪架设在与幕墙定点对应的楼层主控线点上，依主控线为起点旋转90°定点，定点完毕后用墨斗进行连线，再对照放线图用钢卷尺，从主控线的点上顺90°墨线量取对应尺寸，进行控制幕墙立柱定位，也就是每个点 X、Y 坐标的定位。再用水平仪检查此点是否在理论的标高点上，也就是每个点 Z 坐标的定位。

（2）用L50角钢制成支座，用膨胀螺栓固定在楼台上。每个支座必须保持与对应点在同一高度。再用墨斗把分格线延长到支座上。利用钢尺在钢支座上定外控点，用ϕ2.8麻花钻在外控点上打孔。依此方法从首层开始每隔5层在各标准楼层的每个面上做钢支座定外控点。

（3）所有外控点做完后，用钢丝进行上下楼层对应点的连线。当外控钢丝线间距和倾斜长度太大，会导致中间部位控制线塌腰，对施工精度造成影响，因此规定两点间距大于50m的外控线，在总长度二分之一处对应楼层也要投测主控线，增加控制支点。

（4）放线完毕后必须对外控点进行检测，确保外控制线尺寸准确无误。

6. 屋面标高的设置

以提供的基准标高点为计算点。引测高程到首层便于向上竖直量尺位置（如电梯井周围墙立面），校核合格后作为起始标高线，并弹出墨线，用红油漆标明高程数据，以便于相互之间进行校核。

标高的竖向传递，采用钢尺从首层起始标高线竖直向上进行量取或用悬吊钢尺与水准仪相配合的方法进行，直至达到需要投测标高的楼层和屋面，并作好明显标记。在幕墙施工安装完成之前，所有的高度标记及水平标记必须清晰完好。

另考虑到整个大楼在施工过程中位移变形，确保水平标高的准确性，在主体结构外围施工中进行复核检查。过程中的施工误差及结构变形误差，在幕墙施工允许偏差中合理分配，确保立面标高处顺畅连接。

7. 分格线的确定

屋面标高和外控线测设完成后，根据图纸分格尺寸，在轮廓范围内进行分格，分格线一般在屋面结构上或在水平钢丝控制线上作标记。

8. 结构误差的测量

对于偏差超过设计允许偏差影响屋面结构的区域，应进行详细的记录，报送相关单位和部门进行处理。

对于只单独进行全面装饰的建筑，应将屋面装饰结构测量控制线和标高直接投测到屋面，并进行分格线的确定，以满足屋面装饰结构施工要求。

7.9.2.4　小型单体结构测量

1. 测量放线的程序

小型单体结构测量放线的程序为：交接主体控制线—复核主体控制线—建立幕墙外围控制线—定位测量—验线—高程定位—验线。

2. 施工测量步骤和方法

（1）控制网检核

首先对交接的平面控制线及高程点进行检核测量。

检测时根据施工图中各轴线相对位置与间距，将仪器置于其中一点上，前视其中最远的一点，输入测站点与后视点的坐标值，对其他各点进行坐标测量，测出各网点相对于测站的方位角与距离，然后与原测值进行比较，满足要求后方可使用。

（2）建立平面与高程控制网

根据主体结构首层外角轴线推算幕墙平面位置线，将幕墙主控点测设于主体结构相对应的位置上并用不同测量方法进行检核，且标志清楚。

在现场周围利用首层高程控制点测设 4 个高出该控制点 1.000m 的高程点，点位要牢固、设置在不易碰动的地方，并用红漆标示清楚。

(3) 定位放线

根据幕墙主控线与幕墙完成面的平面位置关系放出幕墙的外框线，确定各造型的平面位置。

3. 平面位置和标高控制

平面控制，可用激光垂准仪将首层所需的平面控制点，投测至屋面，然后对投测上的各点进行校核，误差控制在±3mm 以内。然后由主控线再结合各施工层图纸放出整体外围线，与主体结构各道墙皮和墙皮两侧的 500mm 控制线进行复核，经各级验线人员查验合格再进行下一道工序。

标高控制，根据主体结构的标高线，直接往上通尺的墙面上用红漆做好标记，写清标高数字。对各施工层的水平控制线与该层的主体的建筑标高线要进行复核，各层标高引测均应为从首层处的基点上直接量得的水平控制线，每次引测到的各施工层（段）上的标高点要层层校核，段段闭合，确保工程的质量，便于以下各道工序的顺利完成。

7.10 设备安装施工测量

7.10.1 机械设备安装测量

7.10.1.1 机械设备安装测量准备

在机械设备安装前须对设备基础进行测量控制网复核和控制点外观检查、相对位置及标高复查，检查合格后才能进行交接工序，开始机械设备的安装。

1. 设备基础的测量控制网复核

设备基础结构施工完成后，施工的单位应在基础表面上弹出纵、横中心标记线，大型设备基础还要加弹其他必要的辅助标记线，并在设备基础的立面用油漆画出标记。设备安装单位应对现场的轴线和高程基准点，及各种标记线进行复核，凡超过规定值不可进行交接工序。

2. 设备基础的外观检查

根据《混凝土结构工程施工质量验收规范》(GB 50204) 中的相关规定，对设备基础进行外观检查，检查有否蜂窝、孔洞、麻面、露筋、裂纹等缺陷，凡超过规定值不可进行交接工序。

3. 设备基础尺寸和位置允许偏差的检查

依据表 7-39 对设备基础的尺寸和位置允许偏差进行检查，凡超过规定值不可进行交接工序。

设备基础尺寸和位置的允许偏差 **表 7-39**

项　　目	允许偏差 (mm)
坐标位置（纵、横轴线）	±20
不同平面的标高	−20
平面外形尺寸	±20

续表

项　　目		允许偏差（mm）
凸台上平面外形尺寸		−20
凹穴尺寸		±20
平面的水平度（包括地坪上需安装设备的部分）	每米	5
	全长	10
垂直度	每米	5
	全长	10
预埋地脚螺栓	标高（顶端）	±20
	中心距（在根部和顶部测量）	±2
预埋地脚螺栓孔	中心位置	±10
	深度	+20
	孔壁铅垂度每米	10
预埋活动地脚螺栓锚板	标高	+20
	中心位置	±5
	水平度（带槽的锚板）每米	5
	水平度（带螺纹孔的锚板）每米	2

7.10.1.2　机械设备安装测量

机械设备安装测量的目的是找出设备安装的基准线，将机械设备安放和固定在设计规定的位置上。

要保证设备安放到正确的位置，并满足设备的精度要求，可通过确定设备的中心线以保证设备在水平方向位置的正确性；通过查找设备的标高以保证设备在垂直方向位置的正确性；通过确定设备的水平度以保证设备在安装方面的精度。

1. 确定基准线和基准点

(1) 利用水准仪、经纬仪等仪器，对施工单位移交的基础结构的中心线、安装基准线及标高精度是否符合规范，平面位置安装基准线与基础实际轴线，或是厂房墙柱的实际轴线、边缘线的距离偏差等进行复核检查，各项偏差应小于表 7-39 的规定。对于超出允许偏差的应进行校正。

(2) 根据已校正的中心线与标高点，测出基准线的端点及基准点的标高。

2. 确定设备中心线

(1) 确定基准中心点

1）一些建筑物、尤其是厂房，在建筑物的控制网和主轴线上设有固定的水准点和中心线，这种情况下，可通过测量仪器直接定出基准中心点。

2）对于无固定水准点和中心线的建筑物，可直接利用设备基础为基准确定基准中心点。

(2) 埋设中心标板

在一些大中型设备及要求坐标位置精确的设备安装中，可用预埋或后埋的方法，将一定长度的型钢埋设在基础表面，并使用经纬仪投点标记中心点，以作为设备安装时中心线放线的依据。

（3）基准线放线

基准中心点测定后，即可放线。基准线放线常用的有以下三种形式：

1）画墨线法：在设备安装精度要求 2mm 以下且距离较近时常采用画墨线法。

2）经纬仪投点：此法精度高、速度快。放线时将经纬仪架设在某一端点，后视另一点，用红铅笔在该直线上画点。点间的距离、部位可根据需要确定。

3）拉线法：拉线法为最常用的方法。但拉线法对线、线锤、线架以及使用方法都有一定的要求，现说明如下：

线：可采用直径为 0.3～0.8mm 的钢丝；

线锤：将线锤的锤尖对准中心点然后进行引测；

线架：线架上必须具备拉紧装置和调心装置。通过移动滑轮调整所拉线的位置，线架形式见图 7-118。

（4）设备中心找正的方法

设备中心找正的方法有两种：

1）钢板尺和线锤测量法：通过在所拉设的安装基准线上挂线锤和在设备上放置钢板尺测量。

2）边线悬挂法：在测量圆形物品时可采用此法，使线锤沿圆形物品表面自然下垂以测量垂线间的距离，边线悬挂法示意图见图 7-119。

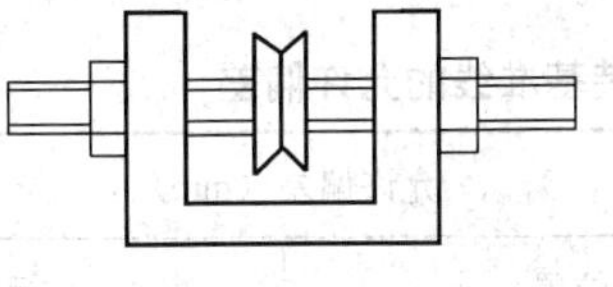

图 7-118 线架示意图

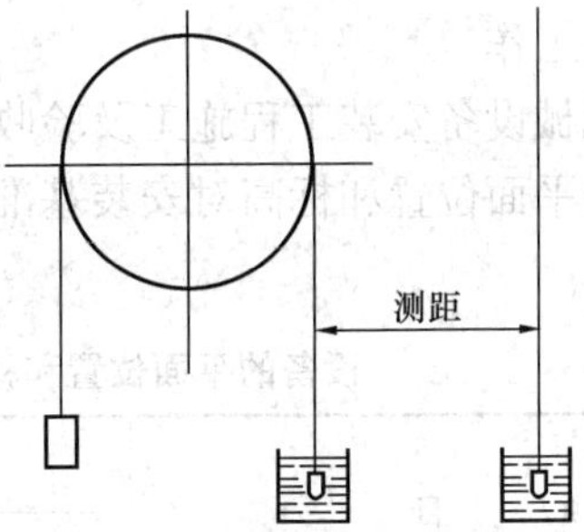

图 7-119 边线悬挂法

3. 确定设备的标高

（1）设备标高

1）设备标高基准点从建筑物的标高基准点引入到其他设备的基准点时，应一次完成。对一些大型、重型设备应多布置一些基准点，且基准点尽量布置在轴承部位和加工面附件上。

2）设备标高一般为相对标高。

3）设备标高基准点一般分为临时基准点和永久基准点，对一些大型、重型设备而言，永久基准点也应作为沉降观测点使用。

（2）设备标高基准点的形式

1）标记法：在设备基础上或设备附近的墙体、柱子上画出标高符号即可。

2）铆钉法：将焊有铆钉的方形铁板埋设在设备附近的基础上，作为标高基准点。

（3）埋设标高基准点要求

1）标高基准点可采用 ϕ20 的铆钉，牢固埋设在设备基础表面，并需露出铆钉的半圆形端。

2）如铆钉焊在基础钢筋上，应采用高强度水泥砂浆以保证灌浆牢固。在灌浆养护期后需进行复测。

3）标高基准点应设在方便测量作业且便于保护的位置。

(4) 测量标高的方法

测量标高的方法主要有以下三种：

1）利用水平仪和钢尺在不同加工面上测定标高。以加工平面为例：将水平仪放在加工平面上，调整设备使水平仪为零位，然后用钢尺测出加工平面到标高基准点之间的距离，即可测量出加工平面的标高（弧面和斜面可参考本方法）。

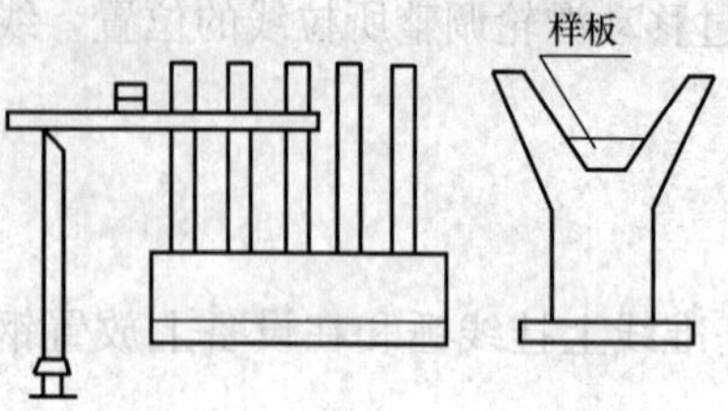

图 7-120　样板测定标高

2）利用样板测定标高：对于一些无规则面的设备，可制作样板，置放于设备上，以样板上的平面作为测定标高的基准面，样板测定标高示意图见图 7-120。

3）利用水准仪测定标高：这种方法操作较简单，在设备上安放标尺并将测量仪器放在无建筑物影响测量视线的位置即可。

4. 确定设备的水平度

(1) 准备工作

按照《机械设备安装工程施工及验收通用规范》(GB 50231) 中的相关规定，见表 7-40，对设备的平面位置和标高对安装基准线的允许偏差进行检查，如超过允许偏差应进行调整。

设备的平面位置和标高对安装基准线的允许偏差　　表 7-40

项　目	允许偏差 (mm)	
	平面位置	标　高
与其他设备无机械联系的	±10	−10～+20
与其他设备有机械联系的	±2	±1

(2) 找平工作面的确定

当设备技术文件没有规定的时候，可从设备的主要工作面、支撑滑动部件的导向面、保持转动部件的导向面或轴线、部件上加工精度较高的表面、设备上应为水平或铅垂的主要轮廓面等部位中选择，连续运输设备和金属结构上，宜选在可调的部位，两测点间距不宜大于 6m。

(3) 设备找平

设备的找平主要通过平尺和水平仪按照施工规范和设备技术文件要求偏差进行，但需要注意以下事项：

1）在较大的测定面上测量水平度时，应放上平尺，再用水平仪检测，两者接触应均匀。

2）在高度不同的加工面上测量水平度时，可在低的平面垫放垫铁。

3）在有斜度的测定面上测量水平度时，可采取角度水平仪进行测量。

4）平尺和水平仪使用前，应到相关单位进行校正。

5）对于一些精度要求不高的设备，可以采用液体连通器和钢板尺进行测量。

6）对于一些精度要求高和测点距离远的可采用光学仪器进行测量。

7.10.2 场区管线工程测量

7.10.2.1 管线工程测量的准备

1. 熟悉设计图纸内容，了解管线布置和走向。

2. 熟悉现场情况，了解管线周围已有的平面和高程控制点分部情况。

3. 利用已有的资料，编制施测方案，绘制施测草图。

4. 了解不同性质的各类管线，确定不同的测量精度要求和测量工作重点以控制贯通误差。

7.10.2.2 管道中线定位测量

管道中线定位测量主要是通过确定管线的交点桩、中桩，将管线位置在地面上测设出来。

1. 交点桩测设

（1）交点桩主要包括转折点、起点及终点桩。

（2）交点桩测设方法。

1）图解法：当管线规划设计图的比例尺较大，且管线交点附近又有明显可靠的地物，交点桩与地物有明显的几何关系，则可采用图解法。

2）解析法：根据已有管线的坐标资料，并计算相关数据利用导线点进行测设。

（3）交点桩的校核：采用极坐标法从不同的已知点进行校核。

2. 中桩测设

（1）中桩测设主要指沿管线中心线由起点开始测设，用以测定管线长度和纵、横断面图。

（2）中桩测设起点的确定：对于排水管道以下游出水口、给水管道以水源、煤气管道以气源、热力管道以热源、电力电信管道以电源为起点。

3. 转向角测量

管线转向角均应实测。线路密集部分或居民区的低压电力线和通信线，可选择主干线测绘；当管线直线部分的支架、线杆和附属设施密集时，可适当取舍；当多种线路在同一根柱上时，应择其主要表示。

7.10.2.3 地下管线测量

1. 地下管线测量说明

（1）地下管线测量的对象包括：给水、排水、燃气、热力管道；各类工业管道；电力、通信电缆。其中排水管道还可分为雨水、污水及雨污合流管道；工业管道主要包括油管、化工管、通风管、压缩空气、氧气、氮气、氯气和二氧化碳等管道；地下电缆有电力和电信，其中电信包括电话、广播、有线电视和各种光缆等。

（2）地下管线测量的坐标系统和高程基准，宜与原有基础资料相一致。平面和高程控制测量，可根据测区范围大小及工程要求，分别按《工程测量规范》（GB 50026）有关规定执行。

（3）地下管线测量成图比例尺，宜选用1∶500或1∶1000。

（4）地下管线图的测绘精度，应满足实际地下管线的线位与邻近地上建（构）筑物、道路中心线或相邻管线的间距中误差不超过图上0.6 mm。

（5）作业前，应充分收集测区原有的地下管线施工图、竣工图、现状图和管理维修资料等。

（6）地下管线的开挖、调查，应在安全的情况下进行。电缆和燃气管道的开挖，必须有专业人员的配合。下井调查，必须确保作业人员的安全，且应采取防护措施。

2. 开槽管线测量

（1）施工控制桩测设

1）地下管线施工时，各控制桩应设在引测方便、便于保存桩位的地方。

2）中线控制桩一般测设在管线起点、终点及转折点处的中线延长线上。井位控制桩则应测设在中线的垂直线上。

（2）槽口测设

根据槽口横断面坡度、埋深、土质情况、管径大小等计算开槽宽度，并在地面上定出槽边线位置，作为开槽的依据。

（3）中线及坡度控制标志测设

通过龙门板法及腰桩法等方法控制管线中线及高程。

3. 顶管施工测量

（1）顶管顶进过程前测量准备工作

1）设置顶管中线桩

依据非顶管部分的管道中线桩，用经纬仪在工作坑的前后分别测设中线控制桩和开挖边界，当工作坑挖到设计深度后，根据中线控制桩将中线引测到坑壁上，并钉以大钉或木桩，这些桩称为顶管中线桩。

2）设置临时水准点

当工作坑挖到设计高度后，将高程引测到工作坑内，作为安装导轨和管材顶进时高程和坡度控制的依据，为了相互校核，一般设置两个水准点。

（2）顶管顶进过程中的测量工作

1）中线测量

在顶管中线桩拉一条细线，在细线上做两条垂线，通过两条垂线的连线设置管道方向线。当距离较远可用经纬仪指向。

2）高程测量

利用水准仪，以临时水准点为后视，进行管底高程测量。

4. 管线测量允许误差

测点相对于邻近控制点的测量点位中误差不应大于5cm，测量高程中误差不应大于2cm。

7.10.2.4　架空管线测量

1. 选线测量工作

实地选线前，先确定选线方案，选线测量主要工作是中线测量，纵、横断面测量，纵、横断面图绘制。

2. 管线施工测量

对于单杆、双杆高压线路测量工作主要控制线路方向，即拐点定位。对于塔式线架主要放样塔脚位置和抄平工作。此外还要控制每个支架的位置和支撑底座的高程，以满足设计要求。

7.10.2.5 管线工程的竣工总图编绘

1. 竣工总图的编绘

(1) 竣工总图的编绘，应收集下列资料：总平面布置图；施工设计图；设计变更文件；施工检测记录；竣工测量资料；其他相关资料。

(2) 编绘前，应对所收集的资料进行实地对照检核。

(3) 竣工总图的编制，应符合下列规定：地面建（构）筑物，应按实际竣工位置和形状进行编制；地下管道及隐蔽工程，应根据回填前的实测坐标和高程记录进行编制；施工中，应根据施工情况和设计变更文件及时编制；对实测的变更部分，应按实测资料编制；当平面布置改变超过图上面积1/3时，不宜在原施工图上修改和补充，应重新编制。

(4) 竣工总图的绘制，应满足下列要求：应绘出地面的建（构）筑物、道路、铁路、地面排水沟渠、树木及绿化地等；矩形建（构）筑物的外墙角，应注明两个以上点的坐标；圆形建（构）筑物，应注明中心坐标及接地处半径；主要建筑物，应注明室内地坪高程；道路的起终点、交叉点，应注明中心点的坐标和高程；弯道处，应注明交角、半径及交点坐标；路面，应注明宽度及铺装材料；当不绘制分类专业图时，给水管道、排水管道、动力管道、工艺管道、电力及通信线路等在总图上的绘制，还应符合《工程测量规范》(GB 50026) 的规定。

(5) 给水排水管道专业图的绘制，应满足下列要求：给水管道，应绘出地面给水建筑物及各种水处理设施和地上、地下各种管径的给水管线及其附属设备；对于管道的起终点、交叉点、分支点，应注明坐标；变坡处应注明高程；变径处应注明管径及材料；不同型号的检查井应绘制详图。当图上按比例绘制管道节点有困难时，可用放大详图表示；排水管道，应绘出污水处理构筑物、水泵站、检查井、跌水井、水封井、雨水口、排出水口、化粪池以及明渠、暗渠等。检查井，应注明中心坐标、出入口管底高程、井底高程、井台高程；管道，应注明管径、材质、坡度；对不同类型的检查井，应绘出详图。

(6) 动力、工艺管道专业图的绘制，应满足下列要求：应绘出管道及有关的建（构）筑物。管道的交叉点、起终点，应注明坐标、高程、管径和材质；对于沟道敷设的管道，应在适当地方绘制沟道断面图，并标注沟道的尺寸及各种管道的位置。

(7) 电力及通信线路专业图的绘制，应满足下列要求：电力线路，应绘出总变电所、配电站、车间降压变电所、室内外变电装置、柱上变压器、铁塔、电杆、地下电缆检查井等；并应注明线径、送电导线数、电压及送变电设备的型号、容量；通信线路，应绘出中继站、交接箱、分线盒（箱）、电杆、地下通信电缆人孔等；各种线路的起终点、分支点、交叉点的电杆应注明坐标；线路与道路交叉处应注明净空高；地下电缆，应注明埋设深度或电缆沟的沟底高程；电力及通信线路专业图上，还应绘出地面有关建（构）筑物、铁路、道路等。

(8) 当竣工总图中图面负载较大但管线不甚密集时，除绘制总图外，可将各种专业管线合并绘制成综合管线图。综合管线图的绘制，也应满足《工程测量规范》(GB 50026)的要求。

2. 竣工总图的实测

竣工总图的实测，宜采用全站仪数字地形图测量方法。数字地形图编辑处理软件和绘图仪的选用，应分别满足《工程测量规范》(GB 50026) 的要求。

7.10.3 电梯安装测量

电梯安装测量包括垂直电梯、自动扶梯和自动人行道安装测量。

7.10.3.1 垂直电梯安装测量

1. 电梯土建尺寸测量

测量人员在测量前应收集与电梯有关的建筑施工图纸。经各方复核图纸无误后，测量人员在建筑施工图或电梯图纸中找到与电梯井道相关的图纸，其中包括：电梯井道剖面图、电梯井道平面图、厅门口立面图、电梯机房平面及剖面图等。

对于电梯数量较多的施工项目，测量人员要根据电梯井道详图与建筑总平面图中的定位轴线确定每台电梯的位置及编号，才能测量。

(1) 电梯井道垂直偏差测量方法及测量要求

1) 测量方法

①激光垂准仪放线

当上样板位置确定后，在其上方约500mm两根轿厢导轨安装位置处的墙面上，临时安装两个支架用于放置激光仪。首先固定好激光仪，调整检查仪器顶部圆水泡上的气泡在刻度范围内，调整仪器使光斑与孔的十字刻线对正，将光斑中心在下样板作标记。在其他支架处重复上述步骤，再按传统工艺进行检验无误后，便确定了基准线。

使用激光垂准仪进行井道放线定位时，首先将激光仪架设在井道样板架托架上并进行水平、垂直调整，按照需要，先后在几个控制点上，通过孔洞向下打出激光束，逐层对井道进行测量。对测量数据综合分析后按实际净空尺寸在最合理的位置安置稳固的样板。

②线坠放线测量

如图7-121将样板架固定在电梯井道顶板下面1m左右处，其水平度误差不大于1/1000，按照设计规定的电梯井道平面图纸尺寸，在样板架上标注2根间距为门口净宽线的厅门口线、2根间距为轿厢导轨顶面间距轨的轿厢导轨轨面线、2根间距为对重导轨顶面间距的对重导轨轨面线，共计6个放线线位置点，尺寸应符合图纸规定。放线后核实各线偏差不大于0.3mm。

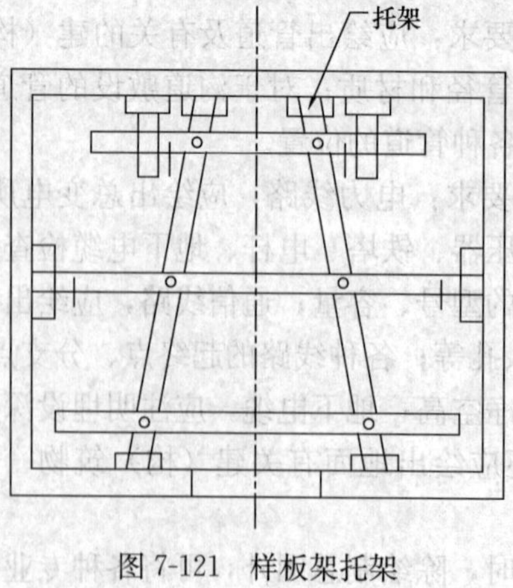

图7-121　样板架托架

在此处6个放线位置点分别放钢丝垂线坠入井道，钢丝垂线中间不能与脚手架或其他物体接触，并不能使钢丝有死结。在放线位置点处用锯条垂直锯V形小槽，使V型槽顶点为放线位置点，将线放入，以防放线位置点上的基准线移位造成误差，并在放线处注明此线名称，把尾线固定在角钢上绑牢。在底坑平面高800～1000mm处将50mm×

50mm 的角钢定位架支架固定于井道壁上，在定位架放线位置点处同样锯 V 形小槽，将线放入，并把尾线固定在角钢上绑牢。定位后核实各线偏差不大于 0.3mm，然后复核各尺寸无误后再进行测量。

③测量步骤

井道左墙壁、右墙壁、后墙壁共三个立面，用墨线在墙壁上弹出轿厢、对重导轨支架位置水平线，并从下向上标注每一个导轨支架编号，所有导轨支架位置应符合电梯安装图纸要求。

左、右墙壁允许偏差测量：用钢卷尺（测量上限 2m）分别测量井道左壁标注水平线到轿厢左列导轨轨面线垂直距离、对重左列导轨轨面线垂直距离、厅门口线左侧基准线垂直距离。按顺序编号测量并记录。取左墙壁每根基准线测量最小值，计算出偏差值，最小偏差值与国家相关规范规定比较，判断左墙壁是否符合允许偏差要求。依此方法判断右墙壁是否符合允许偏差要求。

后墙壁允许偏差测量：用钢卷尺（测量上限 2m）分别测量井道后壁标注水平线到对重左列和右列导轨轨面线垂直距离。按顺序编号测量并记录。取后墙壁每根基准线测量最小值，计算偏差值，判断后墙壁是否符合允许偏差要求。

当电梯井道左墙壁、右墙壁距厅门中心线的尺寸，以及后墙壁距对重中心线的尺寸（即井道进深）大于标准布置图尺寸 200mm 以内时，可以安装电梯而不改变井道土建结构，但要将实际尺寸注明在图纸上，并通知厂家相应加长导轨支架的长度。若井道宽度或井道深度过大，可采取导轨支架处增加钢梁的补救措施或订购加长加固特制的导轨支架办法，其特制导轨支架需由厂家设计人员进行验算，验算结果必须符合相关制造规范才可采用。井道内壁的左墙壁、右墙壁、后墙壁垂直面偏差可放宽在 0～+50mm 之内。

厅门口墙壁允许偏差测量：用钢卷尺（测量上限 2m）分别测量井道厅门门口墙壁到厅门口线垂直距离。按楼层编号测量并记录。取厅门口每根基准线测量的最小值，最小值分别减去标准值得出偏差值，再从偏差之中选出最小偏差值与相关规定比较，可判断厅门口墙壁是否符合土建布置图允许偏差要求。厅门口墙壁的垂直面偏差应保证在 0～+25mm之内较为理想。

2）测量要求

井道四壁（包括各层厅门口预留孔洞、导轨支架圈梁）应是垂直的，井道壁垂直允许偏差在不同情况下分别为：提升高度≤30m 的井道时为 0～+25mm；提升高度≥30m 且≤60m 的井道时为 0～+35mm；提升高度≥60m 且≤90m 的井道时为 0～+50mm；提升高度≥90m 的井道时，允许偏差应符合土建布置图要求。

(2) 井道宽度、井道进深、电梯顶层高度、提升高度、地坑深度、标准层楼土建尺寸测量

1）井道宽度测量：面对电梯厅门，用钢卷尺测量井道两侧壁间的净空水平尺寸。逐层测量并记录。

2）井道进深测量：用一根细长木条由电梯厅门洞口水平探入井道后壁，再将木条抽出来用钢卷尺测量探入部分长度，逐层测量并记录。

3）电梯顶层高度测量：将土建提供的上端站（顶层地面）基准线（50 线）反到电梯井道墙壁内，在墙壁上弹出水平线墨线。配合人员手持钢卷尺（5m）的头部将钢卷尺沿

着墙壁垂直方向拉到井道顶部，测量人员在水平线左右移动尺，读出尺上的刻度线与水平线最小重合部分即为测量值，测量值加上500mm为电梯顶层高度。

4）地坑深度测量：将土建提供的下端站（底层地面）基准线（50线）反到电梯井道墙壁内，在墙壁上弹出水平线墨线。同样以尺上的刻度线与水平线最小重合部分为测量值，测量值减去500mm为电梯地坑深度。

5）提升高度测量：在顶层测量人员将卷尺或测量绳头，缓缓放下至井道底部，配合人员接到卷尺或测量绳头部后，将卷尺或测量绳头部与反到下端站电梯井道墙壁内的水平线对齐，测量人员沿着墙壁方向垂直将卷尺或测量绳轻微拉紧到上端站电梯井道墙壁内的水平线，读出卷尺或测量绳上的刻度线与水平线最小重合部分即为提升高度。

6）标准层楼高度测量：即测量标准层电梯井道墙壁内的水平线与标准层上一层电梯井道墙壁内的水平线的距离，方法基本同提升高度测量。

（3）安全门、检修门土建尺寸测量

1）测量方法

外观检查，必要时用钢卷尺测量。

2）测量要求

当相邻两层安全门门地坎的间距大于11m时，其间应设置井道安全门。在同一井道内，两相邻轿厢间的水平距离不大于0.75m，且大于等于0.30m时，可使用轿厢安全门。

检修门的高度不得小于1.40m，宽度不得小于0.60m。井道安全门的高度不得小于1.80m，宽度不得小于0.35m。检修活板门的高度不得大于0.50m，宽度不得大于0.50m。

（4）并列及相对电梯各层门口尺寸测量

1）测量方法

当多台电梯并列及相对时，必须采用钢尺测量电梯厅门口净宽线与土建厅门口中心线的距离、电梯厅门口中心线偏差，使所有厅门口线保持相对一致。

2）测量要求

并列电梯厅门口净宽线与土建厅门口中心线之间的距离偏差不大于20mm。相对电梯偏差不大于20mm。

2. 轿厢侧、对重侧导轨安装测量

（1）导轨垂直度测量

1）测量方法

①激光垂准仪测量导轨垂直度

在导轨最上端导轨支架处架设激光垂准仪，调整检查仪器水平水泡在刻度线范围内。在仪器下方150mm左右的地方将光靶靠紧导轨拧好，调整光靶定位螺钉，使光靶上面中心处的坐标点与激光束光斑对正，拧好光靶定位螺钉，并用细铅笔标好中心点，该中心点为该列导轨的测量基准点。移动光靶到下一个导轨之处，固定好光靶，在光靶坐标纸上点出激光束光斑中心点，该测量中心点与测量基准点的坐标距离即为导轨垂直偏差。依此类推测量出该列导轨所有支架处导轨顶面的垂直偏差后，再测量该列导轨侧面的垂直偏差。按此方法测量各列导轨顶面、侧面的垂直偏差。

②线坠测量导轨垂直度

未拆脚手架及样板架前，根据已放置的线坠垂线，测量人员可站在井道脚手架内的脚手板上面，手拿直角尺，从下或从上按照导轨编号，将直角尺一直角边靠在轿厢导轨左列（人站在厅门口面对电梯厅门左手位，行业内称左边）第一个导轨支架固定的导轨侧面和顶面另一直角边靠近样板垂线，直角尺慢慢向样板垂线移动，读取直角边与样板垂线接触时直角边刻度线的切点值，并记录第一个读数。以此方法逐排测量轿厢侧（两列）、对重侧（两列）导轨支架与样板垂线间的距离，并逐排逐一记录读数。取最大值减去标准值，其差值不应超出相关技术标准。

拆脚手架及样板架后，测量人员可站在轿厢顶上，用检修控制电梯，从上按照导轨编号，选择轿厢导轨左列其中一个导轨支架，作为开始点，将磁力线坠靠在此处导轨侧面或顶面，并确认磁力线坠牢固吸附在导轨上，手持吊坠拉出500mm，待磁力线坠吊坠静止时，离出口处100mm处将直角尺一直角边靠在导轨侧面或顶面，直角尺慢慢向吊线移动，直到另一直角边靠近吊线，读取直角边与吊线接触时直角边刻度线的切点值，并记录第一个读数。在此点向下5m处（开始点导轨支架作为第一点，向下数第三导轨支架处约为5m）再测量出导轨支架与吊线间的距离，并记录第一个5m读数。以第三个导轨支架为第二个开始点，5m处（约第五个导轨支架处）再测量出导轨支架与吊线间的距离，并记录第二个5m读数。以此方法逐排测量轿厢侧（两列）、对重侧（两列）导轨支架与样板垂线间的距离，并逐排逐一记录读数。取最大值减去标准值，其差值不应超出相关技术标准的两倍。

2）测量要求

有安装基准线时，每列导轨应相对基准线进行整列检测，取最大偏差值。每列导轨工作面（包括侧面与顶面）对安装基准线每5m的偏差均应不大于下列数值：轿厢导轨和设有安全钳的对重导轨为0.6mm；不设安全钳的T形对重导轨为1.0mm。

电梯安装完成后检验导轨时，可对每5m铅垂线分段连续检测（至少测3次），测量值间的相对最大偏差应不大于上述规定值的2倍，即轿厢导轨和设有安全钳的对重导轨为1.2mm；不设安全钳的T形对重导轨为2.0mm。

（2）导轨对向度测量

1）测量方法

①激光校导仪测量

测量时将激光校导仪上的磁铁定位面吸附在轿厢左列导轨的侧面上，调整水泡，接通激光校导仪电源开关，使激光束射向对面轿厢右列导轨，上下调整对面轿厢右列导轨的磁力尺，使激光束打在尺面上，读取激光束光斑的中心点与尺面刻度线重合的刻度值即是导轨的扭曲度。若电梯轿厢左右列导轨的读数都为0，即表示无扭曲，调整正确（图7-122）。

②导轨尺测量

测量相对轿厢侧和对重侧的两列导轨侧面对向度（或称平行、扭曲度），按照导轨支架编号从上或从下，在第一个导轨支架处，一人手持导轨尺左端靠近轿厢侧左列导轨的侧面和顶面，另一人手持导轨尺右端靠近轿厢侧右列导轨的侧面和顶面，两人配合好将导轨尺端平（若两人无法端平可在导轨尺托板上有水平尺进行校正），并使两指针尾部侧面和

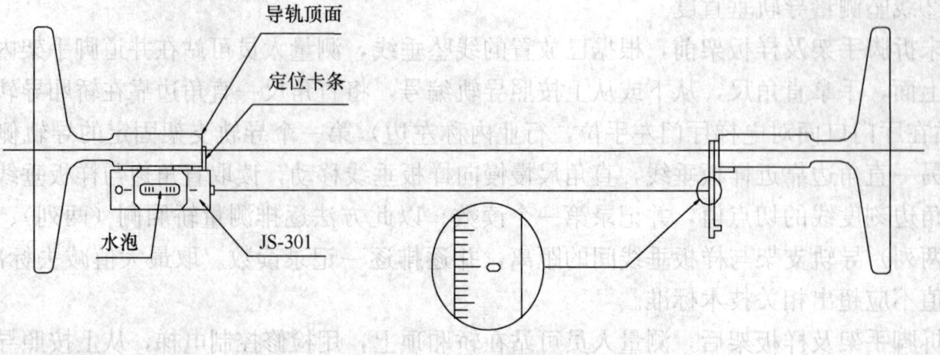

图 7-122　激光校导仪测量

导轨侧面贴平、贴严，两端指针尖端指在同一水平线上，说明无扭曲现象。为确保测量精度和准确度，用上述方法测量后，可将导轨尺反向 180°，用同一方法再进行测量。如果贴不严或指针偏离扭曲误差相对指示水平线，说明有扭曲现象。对向度等于轨距乘以指针偏差值除以指针长度，对向度允许值控制在 10mm 以内。依此方法在每个导轨支架处逐个进行测量导轨对向度（图 7-123）。

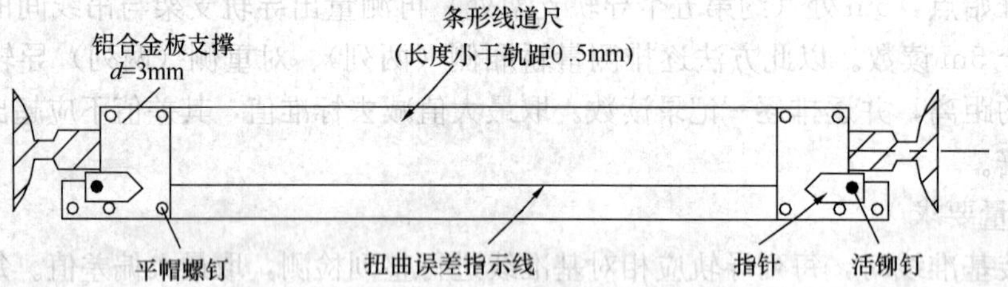

图 7-123　导轨尺测量

2）测量要求

对向度等于轨距乘以指针偏差值除以指针长度，对向度允许值控制在 10mm 以内。

（3）轿厢侧、对重侧两列导轨顶面间距测量

1）测量方法

测量相对轿厢侧和对重侧的两列导轨顶面间距，按照导轨支架编号从上或从下，在第一个导轨支架处，配合人员手持钢卷尺顶部拉出卷尺靠近轿厢侧左列导轨顶面，测量人员手持钢卷尺右端靠近轿厢侧右列导轨顶面，配合人员手持钢卷尺顶端让出 100mm（避免钢卷尺顶端磨损造成测量误差），并将钢卷尺 100mm 刻度线与轿厢侧左列导轨顶面对齐，测量人员在轿厢侧导轨侧面上下移动钢卷尺找出卷尺刻度线与导轨顶面对齐的最小值，最小值减去 100mm 即为实测的导轨顶面间距。依此方法在每个导轨支架处逐个进行测量导轨顶面间距。取最大值减去标准值，即为偏差值。

2）测量要求及数据处理计算

两列导轨顶面间的距离偏差：轿厢导轨为 0～＋2mm，对重导轨为 0～＋3mm。

（4）轿厢导轨与对重导轨对角线测量

1）测量方法

对轿厢中心线和对重中心线要求一致的电梯进行轿厢导轨与对重导轨对角线测量，按

照导轨支架编号从上或从下，在第一个导轨支架处，配合人员手持钢卷尺顶部拉出钢卷尺靠近轿厢侧左列导轨顶面，测量人员手持钢卷尺右端靠近对重侧右列导轨顶面，配合人员手持钢卷尺顶端让出100mm（避免钢卷尺顶端磨损造成测量误差）并将钢卷尺100mm刻度线与轿厢侧左列导轨顶面对齐，测量人员在对重侧导轨侧面上下移动钢卷尺找出钢卷尺刻度线与导轨顶面对齐的最小值，最小值减去100mm即为实测的轿厢导轨与对重导轨对角线值。依此方法在每个导轨支架处逐个进行测量轿厢导轨与对重导轨对角线值。取最大值减去标准值，即为偏差值。

2）测量要求

对轿厢中心线和对重中心线要求一致的电梯，轿厢导轨与对重导轨两对角线偏差不大于3mm。

（5）导轨接头处（台阶、缝隙）测量

1）测量方法

测量人员一只手手持600mm钢直尺或刀口尺，另一只手手持塞尺，在导轨接头处将钢直尺或刀口尺垂直分别靠在导轨接头连接处工作顶面和工作侧面上，并使钢直尺或刀口尺测试面与导轨接头连接处工作顶面和工作侧面紧贴平行放置，用适当塞尺上的塞尺片测量钢直尺或刀口尺与导轨接头连接处工作顶面和工作侧面两平行平面的最大空隙，读出塞尺片上数字即为导轨工作面接头处台阶。依此方法在每个导轨接头处逐一进行测量导轨工作面接头处台阶。（图7-124*a*、*b*、*c*、*d*处）。

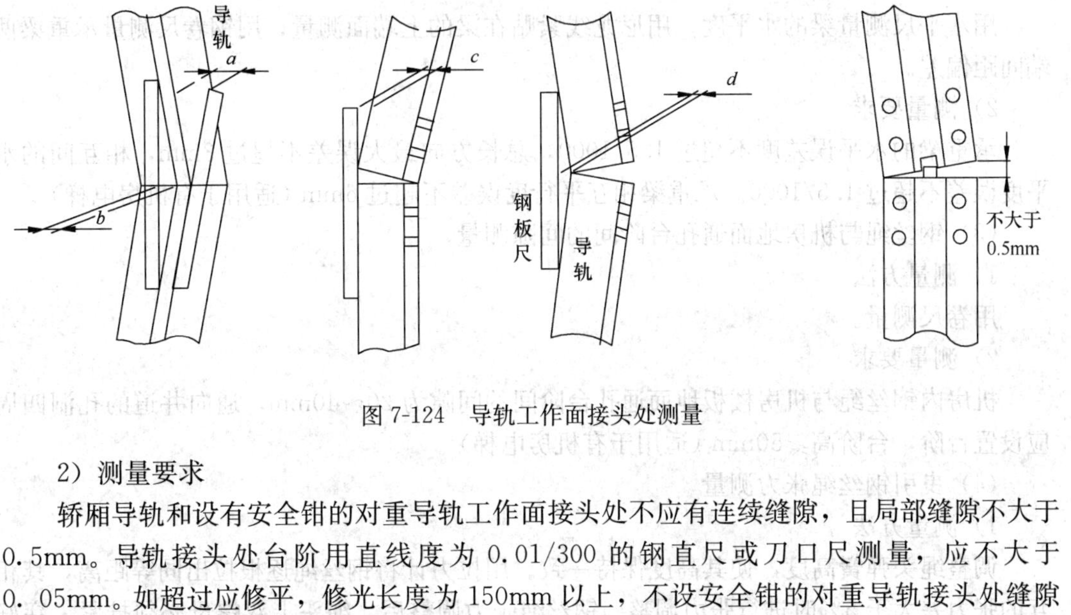

图7-124 导轨工作面接头处测量

2）测量要求

轿厢导轨和设有安全钳的对重导轨工作面接头处不应有连续缝隙，且局部缝隙不大于0.5mm。导轨接头处台阶用直线度为0.01/300的钢直尺或刀口尺测量，应不大于0.05mm。如超过应修平，修光长度为150mm以上，不设安全钳的对重导轨接头处缝隙不得大于1mm，导轨工作面接头处台阶应不大于0.15mm，如超差亦应校正。

3. 机房设备安装测量（承重梁、孔洞、曳引机底座、曳引轮、导向轮、制动器间隙）

（1）承重梁的入墙测量

1）测量方法

其两端施力点必须置于井道承重墙或承重梁上，一般要求埋入承重墙内并会同有关人员作隐蔽工程检查记录。在承重钢梁与承重墙（或梁）之间垫一块 $\delta \geqslant 16$mm 的钢板，以加大接触面积（图 7-125）。

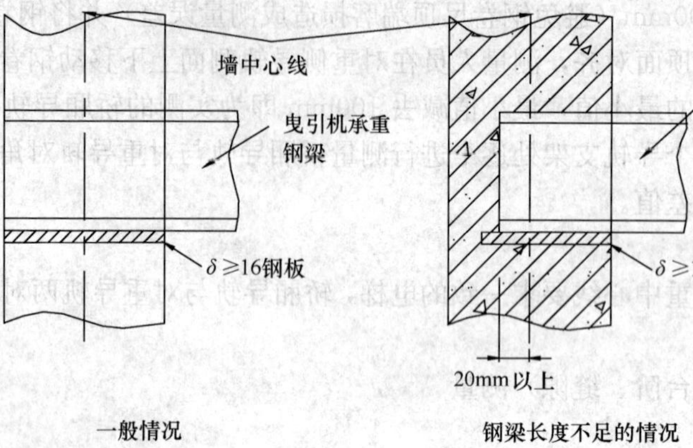

图 7-125　承重梁

2）测量要求

当曳引机承重钢梁需埋入承重墙时，埋入端长度应超过墙厚中心至少 20mm，且支承长度不应小于 75mm（图 7-125）。

（2）承重梁的水平度测量

1）测量方法

用水平尺测量梁的水平度；用尼龙线紧贴在梁的上端面测量；用钢卷尺测量承重梁两端间距偏差。

2）测量要求

承重梁的水平误差度不超过 1.5/1000，总长方向最大误差不超过 3mm，相互间的水平度误差不超过 1.5/1000。承重梁相互平行度误差不超过 6mm（适用于有机房电梯）。

（3）钢丝绳与机房地面通孔台阶间的间隙测量

1）测量方法

用卷尺测量。

2）测量要求

机房内钢丝绳与机房楼板地面通孔台阶间的间隙为 20～40mm，通向井道的孔洞四周应设置台阶，台阶高≥50mm（适用于有机房电梯）。

（4）曳引钢丝绳张力测量

1）测量方法

调整绳头弹簧高度，使其高度保持一致。用拉力计将钢丝绳逐根拉出同等距离，其相互的张力差大于 5%时进行张力调整。钢丝绳张力调整后，绳头上双螺母必须拧紧，穿好开口销，并保证绳头杆上丝扣留有必要的调整量。

①拉秤测量法

此方法适用于提升高度小于 40m 的场合。在电梯动车后，将轿厢处于井道高度 2/3 的位置。用弹簧秤测量对重侧的每一钢丝绳张力（拉同一距离）。按下式计算：平均值＝$(F_1+F_2+\cdots+F_n)/n$；$|(F_i-\text{平均值})|/\text{平均值}\times 100\%\leqslant 5\%$。

②锤击法

此方法适用于提升高度大于40m的场合。

a. 调整轿厢侧钢丝绳张紧时，将轿厢置于中间层站，在轿厢上方1m处以相同的力用橡胶锤子对每根钢丝绳进行侧向敲击，使其产生振动，测定每根钢丝绳往返5次所需的时间，其误差应控制在下列计算值内：（最大往返时间－最小往返时间）/最小往返时间≤0.2。

b. 对重侧钢丝绳张力调整时，将轿厢置于中间层站，用上述方法测定钢丝绳张力。

2）测量要求

各钢丝绳的张力相差值不超过5%。

7.10.3.2 自动扶梯、自动人行道安装测量

1. 自动扶梯、自动人行道土建尺寸测量

同样，测量人员在测量前应准备好与自动扶梯、自动人行道有关的建筑施工图纸。经各方复核图纸无误后，测量人员在提供的建筑施工图或电梯厂家电梯图纸中找到与自动扶梯、自动人行道井道相关的图纸和有关的参数，其中包括：自动扶梯或自动人行道井道剖面图、自动扶梯或自动人行道井道平面图、井道立面图等。

对于自动扶梯、自动人行道数量较多的施工项目，测量人员要根据自动扶梯、自动人行道土建设计布置图与建筑总平面图中的定位轴线确定每台自动扶梯、自动人行道的位置及编号后才能测量。

（1）底坑及开口尺寸的测量

1）测量方法

自动扶梯、自动人行道仅在大楼地面处设置，其余中间楼层没有底坑。

①引测基准点，测量人员先将施工现场的标高线引至支承平台楼面，方法是：可将一根无色透明的ϕ10软塑料管灌满清水，软塑料管水中不能有空气，管的一端水平面靠在大楼标高线处（施工现场的标高线一般标在显眼的建筑承重柱或墙面上，高500mm通常称为50线），并使水平面与标高线重合，管的另一端置于支承平台的正上方，此时管中的水平面即为大楼标高线，根据装饰完工楼层地面的标高尺寸，用钢卷尺从管中的水平面向下反尺寸并制作水泥桩作为本楼层±0.00基准点。

②底坑深度测量，测量人员将钢卷尺拉出，钢卷尺头部触到底坑底部地平面，保持钢卷尺垂直并沿底坑内墙壁，读出尺上刻度线与本楼层±0.00基准点水泥桩上平面重合部分的刻度值即为底坑深度尺寸。

③底坑宽度和底坑进深测量，测量时一人拉出钢卷尺手持钢卷尺的头部靠在底坑宽度墙壁内侧边缘，另一人手持钢卷尺尺盒到底坑宽度墙壁另一内侧边缘，保持钢卷尺水平，读出尺上刻度线与边缘重合部分的刻度值即为底坑宽度尺寸。用相同方法测量出底坑进深尺寸。

④开口尺寸测量，在底坑的上一层楼面，用钢卷尺测量出开口处的宽度、长度和对角线长度尺寸。

2）测量要求

自动扶梯、自动人行道要求土建工程按照厂家提供的土建布置图进行施工，且其主要尺寸允许误差为：底坑宽度0～＋50mm，底坑进深0～＋50mm，底坑深度0～＋50mm；

开口处的宽度 0～＋50mm，开口处的长度 0～＋50mm，对角线长度 0～＋50mm；上下开口边在同一直线上。

（2）支承平台尺寸的测量

1）测量方法

支承平台宽度与底坑宽度或开口处的宽度一致。

支承平台进深测量。用钢卷尺的头部触到支承平台侧面，保持钢卷尺水平，读出尺上刻度线与边缘重合部分的刻度值即为支承平台进深尺寸。

支承平台深度测量。用钢卷尺的头部触到支承平台底部平面，保持钢卷尺垂直于支承平台底部平面，读出尺上刻度线与本楼层±0.00 基准点水泥桩上平面重合部分的刻度值即为支承平台深度尺寸。

2）测量要求

支承平台宽度允许误差 0～＋50mm，支承平台进深允许误差 0～＋20mm，支承平台深度允许误差 0～＋20mm。

（3）提升高度（*H*）的测量

1）测量方法

依据本楼层±0.00 基准点测量，用钢卷尺测量上下支承平台处±0.00 基准点水泥桩上平面之间的垂直距离即为提升高度（*H*），见图 7-126。

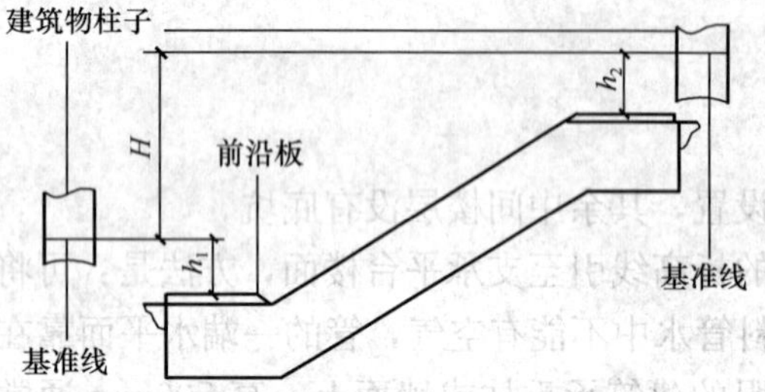

图 7-126　提升高度（*H*）测定图

2）测量要求

提升高度（*H*）尺寸测量允许误差－15mm～＋15mm。

（4）上下支承平台间水平距离（*L*）的测量

1）测量方法

在上支承平台处用线坠挂铅垂线到下支承平台所处楼层地面，一人手持钢卷尺的头部对齐下支承平台底坑内墙边缘，另一人手持钢卷尺丈量上支承平台到铅垂线处的距离，即为上下支承平台水平距离（*L*）尺寸。

上下支承平台间水平距离较长，测量时要注意钢卷尺必须拉直，并在同一水平面保持水平状态，钢卷尺拉出的尺下面不应有杂物，以避免影响测量的准确度。

为确保上下支承平台间水平距离（*L*）测量的准确性，上下支承平台宽度方向两端角处放铅垂线，分别测量出下支承平台相应两端角底坑内墙边缘到铅垂线水平距离，并测矩形对角线长度进行检核。避免出现一边支承平台间水平距离大，一边支承平台间水平距离小，或者上下支承平台宽度方向与两端水平距离测量线组成平行四边形现象。

2）测量要求

上下支承平台间水平距离（*L*）测量的允许误差 0～＋15mm。矩形对角线测量的允许误差 0～＋5mm。

（5）上下支承平台间的斜线距离（*Z*）的测量

1）测量方法

一人手持钢卷尺的头部对齐下支承平台底坑内墙边缘，另一人手持钢卷尺尺盒拉出卷尺到上支承平台底坑内墙边缘处，读出尺上刻度线与支承平台底坑内墙边缘重合部分的刻度值即为上下支承平台之间的斜线距离（Z）尺寸。

上下支承平台间的斜线距离较长，测量时要注意钢卷尺拉直，为确保上下支承平台的斜线距离测量的准确性，还应测出矩形对角线长度进行检核。避免出现一边距离大，一边距离小或者平行四边形现象。

2）测量要求

上下支承平台之间的斜线距离（Z）尺寸允许误差 0～＋15mm。矩形对角线允许误差 0～＋5mm。

2. 自动扶梯、自动人行道安装就位测量

（1）桁架两端角钢支承长度的测量

1）测量方法

自动扶梯、自动人行道安装示意图见图 7-127，测量时将钢直尺水平放置支承平台上，测量桁架端部角钢与支承平台重合部分尺寸；或者将钢直尺水平放置桁架端部角钢上平面，测量出桁架端部角钢边缘到支承平台内侧墙面的水平距离，用支承平台进深尺寸加此水平距离即为桁架角钢支承长度。

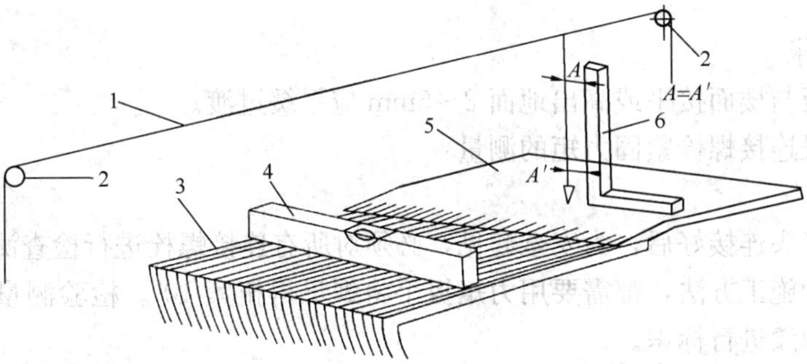

图 7-127 自动扶梯、自动人行道安装示意图

1—吊绳；2—吊绳架；3—梯级；4—精密水准尺；5—梳齿板；6—角尺

2）测量要求

桁架两端角钢支承长度应大于 100mm，并应符合产品设计要求。

（2）支承处（梳齿前沿板）水平度测量

1）测量方法

梳齿前沿板横向水平度测量：将水平尺放置到梳齿板前面第一个可见梯级或水平踏板上，水平尺尺身上镶装的水平水准器的气泡在刻度范围内。

梳齿前沿板纵向水平度测量：在梳齿前沿板与支承平台处的本楼层±0.00 基准点水泥桩上面架设直规。将水平尺（300mm）放置在直规上面，查验水平尺尺身上镶装的水平水准器的气泡在刻度范围内。

2）测量要求

两端支承处应保持水平，其水平度不大于 1/1000。

支撑处示意图见图 7-128，测量时应注意去除桁架端部角钢上的调整螺栓，且桁架端部角钢与支承平台之间所垫垫片的数量不得超过 5 片，若超过 5 片可用钢板代替垫片。

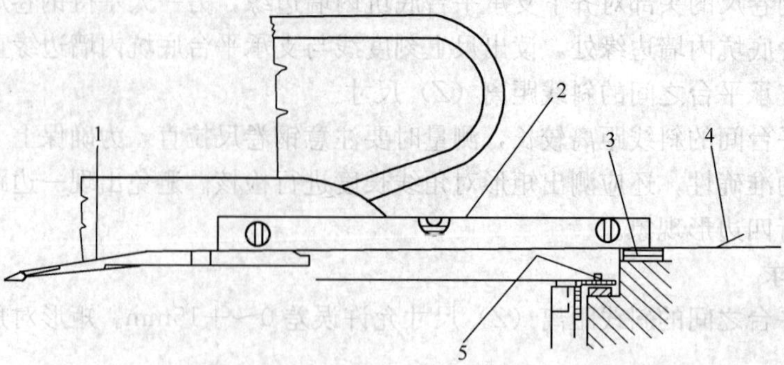

图 7-128 支撑处示意图

1—梳齿板；2—水平尺；3—找平垫片；4—基准点；5—桁架垫片

(3) 梳齿前沿板与楼面高度的测量

1) 测量方法

用钢直尺、直规测量。一人将直规靠紧、贴实在梳齿前沿板上，另一人将钢直尺的头部垂直于楼面，钢直尺的背面靠在直规侧面，量取钢直尺刻度线与直规下平面重合的刻度值。

2) 测量要求

梳齿前沿板与楼面接平或高出地面 2～5mm 应平缓过渡。

(4) 段与段连接螺栓紧固力矩的测量

1) 测量方法

分段桁架接头连接好后，为安全起见，必须对所有连接螺栓进行检查测量，不管拧紧时是采用哪一种施工方法，都需要用力矩扳手将螺母再扭紧 10°。检验测量完毕后，在螺母与螺栓上用油漆进行标识。

2) 测量要求

段与段连接螺栓紧固力矩应符合产品设计要求。若厂家未提供 10.9 级高强度螺栓的检测力矩值，检测力矩值参考表 7-41。

检测力矩值参考表　　表 7-41

螺栓（10.9 级）	检测力矩（N·m）
16	310
20	540 320（20×90 螺栓）
22	800

(5) 两台或两台以上两端前后、高低偏差的测量

1) 测量方法

用钢直尺、直规测量。

两台或两台以上并排又紧靠的自动扶梯上、下两端前后偏差。以其中一台端部盖板边缘拉一条直线到另一台端部盖板边缘处，将钢直尺的头部紧靠在端部盖板的边缘，钢直尺的背面紧贴楼面或端部盖板上，在端部盖板边缘的两头分别读出钢板尺上的刻度线与拉线的重合部分的刻度值，此值即为两台或两台以上并排又紧靠的自动扶梯上、下两端前后偏差。

两台或两台以上并排又紧靠的自动扶梯上、下两端高低偏差。在其中一台较高的端部盖板上放置直规，直规紧贴、贴实较高的端部盖板上平面，并使直规伸向另一台端部盖板处，将钢直尺的头部紧靠在端部盖板的上平面，钢直尺的背面紧贴直规侧面，在端部盖板

的两头分别读出钢板尺上的刻度线与直规下平面的重合部分的刻度值，此值即为两台或两台以上并排又紧靠的自动扶梯上、下两端高低偏差。

2）测量要求

两台或两台以上并排又紧靠的自动扶梯上、下两端前后偏差不大于 15mm 高低偏差不大于 8mm。

3. 自动扶梯、自动人行道扶手装置测量

自动扶梯、自动人行道扶手装置结构见图 7-129。

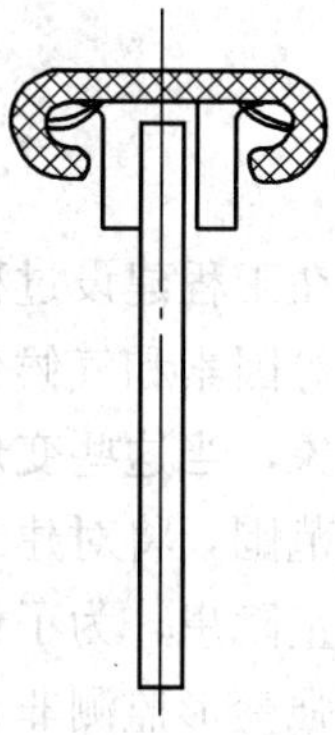

图 7-129 扶手装置结构

（1）压条或镶条凸出高度的测量

1）测量方法

用钢直尺测量。

2）测量要求

朝向梯级、踏板（或胶带）一侧的扶手装置应是光滑的，压条或镶条的装设方向与运行方向不一致时，其凸出高度不应超过 3mm，且应坚固和具有圆角或倒角的边缘。此类压条或镶条不允许设在围裙板上。

（2）扶手护壁板边缘的测量

1）测量方法

用钢直尺测量。

2）测量要求

扶手护壁板边缘应是倒圆或倒角，钢化玻璃之间应有间隙，其值不大于 4mm，玻璃的厚度不应小于 6mm。

（3）扶手带开口处与导轨或扶手支架之间的距离的测量

1）测量方法

用钢直尺或游标卡尺测量。

2）测量要求

扶手带开口处与导轨或扶手支架之间的距离不得超过 8mm。

（4）玻璃护壁板夹紧座螺栓扭力的测量

1）测量方法

测量前的玻璃板接缝间隙上下一致，间隙保持 2mm，且夹紧座已紧固。用力矩扳手拧夹紧座上的螺栓，注意用力不能过猛，以免损坏玻璃。

2）测量要求

夹紧力矩一般为 35N·m。

（5）围裙板的测量

1）测量方法

围裙板测量时，在力传感器上加置一个圆形或方形的尼龙或橡胶块，其面积为 25cm²。然后用一杠杆机构或小型的千斤顶，缓慢地加力，直至 1500N 为止。

2）测量要求

围裙板应有足够的强度和刚度。对裙板的最不利部分垂直施加一个 1500N 的力于 25cm² 的面积上，其凹陷值应不大于 4mm，且不应产生永久变形。

7.11　变形监测

7.11.1　变形监测的内容、等级划分及精度要求

在工程建设过程中，由于建筑场地和建筑基础岩土条件、建筑形式、结构特点、施工方法等因素和气候变化、建筑场地环境状况的影响，建筑将会产生沉降、位移、倾斜等变形现象，当这些变形量在允许范围内对建筑本身不会产生影响，但是一旦这些变形量超过允许范围，将对建筑本身的施工安全、建筑场地环境安全和质量产生影响，形成重大安全和质量隐患，为了保证建筑物在施工期间的安全和质量，预防发生重大安全事故，在建设中加强变形监测非常必要。

本节所述的变形监测包括对工业、民用及市政工程在施工阶段建（构）筑物的地基、基础、上部结构及建设场地的沉降测量、位移测量及特殊变形测量等。根据目前建筑施工单位测量仪器、技术水平等状况，本节主要介绍建筑施工中变形监测的一些常用方法。

7.11.1.1　变形监测内容

在工程建设过程中，根据建筑基坑可能产生的地基回弹、侧向位移，建筑可能产生的沉降、位移、倾斜、挠度、裂缝等以及建筑施工对建筑场地和建设环境影响情况，需要进行变形监测，变形监测的主要内容见表 7-42。

变形监测的主要内容　　**表 7-42**

变形监测对象	变形监测的内容
建筑基坑	基坑回弹观测、基坑侧向位移观测、建筑场地滑坡观测等
建筑物主体	沉降观测、水平位移观测、倾斜观测、挠度观测、裂缝观测等
建设环境中的建筑场地和周边已有建筑	沉降观测等
超高层、高耸、钢结构等建筑的特殊变形监测	日照变形、风振变形等

7.11.1.2　变形监测等级划分

《建筑变形测量规范》(JGJ 8) 针对监测对象的特点和对变形敏感的程度，将建筑变形测量分为特级、一级、二级和三级四个等级，每个等级主要适用范围见表 7-43。各个建筑工程应根据各自的工程特点、监测内容、监测目的和监测要求，按表 7-43 的规定，确定适当的监测等级。

建筑变形测量等级划分　　**表 7-43**

变形测量等级	主要适用范围
特级	特高精度要求的特种精密工程的变形测量
一级	地基基础设计为甲级的建筑物的变形测量；重大的古建筑和特大型桥梁等变形测量等

续表

变形测量等级	主要适用范围
二级	地基基础设计为甲、乙级的建筑物的变形测量；场地滑坡测量；管线变形测量；地铁施工及运营中变形测量；大型桥梁变形测量等
三级	地基基础设计为乙、丙级的建筑物的变形测量；地表、道路、管线的变形测量；中小型桥梁变形测量等

注：建筑物地基基础设计等级划分执行现行国家标准《建筑地基基础设计规范》(GB 50007) 的规定。

7.11.1.3 变形监测精度要求

《建筑变形测量规范》(JGJ 8) 对各等级变形监测精度的要求见表7-44。

建筑变形测量的精度要求　　表7-44

变形测量等级	沉降观测	位移观测
	观测点测站高差中误差 (mm)	观测点坐标中误差 (mm)
特级	±0.05	±0.3
一级	±0.15	±1.0
二级	±0.5	±3.0
三级	±1.5	±10.0

注：1. 观测点测站高差中误差，系指几何水准测量的测站高差中误差或静力水准测量、电子测距三角高程测量中相邻观测点相应测段间等价的相对高差中误差；

2. 观测点坐标中误差，系指观测点相对测站点（如工作基点）的坐标中误差、坐标差中误差以及等价的观测点相对基准线的偏差值中误差、建筑物或构件相对底部定点的水平位移分量中误差；

3. 观测点点位中误差为观测点坐标中误差的 $\sqrt{2}$ 倍。

7.11.2 变形监测控制测量

7.11.2.1 变形监测控制测量一般要求

采用几何测量仪器和方法进行变形监测，首先应建立变形监测控制网。变形监测控制网要根据变形监测内容及变形监测区域的监测环境和条件进行设计、布设。变形监测控制网设计的监测方法要简单易行，埋设的控制点点位要稳定，布局要合理，并能满足监测设计及精度要求，便于长期监测等。

采用静力水准仪、测斜仪等传感器进行变形监测时，则不需要布设变形监测控制网，直接在变形体上埋设传感器，并利用电子仪器采集变形数据。

1. 变形监测控制网的组成

变形监测控制网一般由基准点和工作基点组成。控制网中基准点应埋设在变形影响范围之外，当基准点能满足变形监测要求时，则直接利用基准点进行变形监测。当基准点密度不够，不能直接监测时，应加密工作基点，监测时可利用工作基点对监测对象上能反映变形状况的变形监测点进行变形监测。

变形监测控制网的标石、标志埋设完，应在其达到稳定后方可开始观测。标石、标志稳定时间要根据观测要求与地质条件确定，一般不少于 15 天。

2. 变形监测控制网布设形式

变形监测控制网一般为独立网。但有条件时应与当地测量控制网联测，通过联测以便了解监测对象在所采用的当地平面和高程系统中的变形状况。

3. 变形监测控制网的复测

在变形测量期间，变形监测控制网应定期复测，复测周期应视基准点的稳定情况确定。一般在建筑施工过程中宜 1～2 月复测一次，点位稳定后宜每季度或每半年复测一次。在变形监测过程中，当观测点的变形测量成果出现异常，或当测区受到地震、强降雨、洪水、爆破、临近场地施工等外界因素影响时，应及时进行复测，并对其稳定性、可靠性进行分析和评价。

7.11.2.2　沉降位移监测控制测量

1. 沉降位移监测高程控制网布设方法

进行垂直位移变形监测时，高程控制网布设一般采用高精度水准测量方法，对于精度要求为二、三级的变形测量，高程控制也可采用三角高程测量方法。建立沉降位移监测高程控制网的具体做法是：在建设场地外围埋设控制点，构成闭（附）合路线（网）。由于布设的控制点是变形监测的基准点，因此在布设时基准点要选在施工变形区外、场地稳固、便于寻找、保存和引测的地方。变形监测基准点布设个数不应少于 3 个，以便在监测过程中对其稳定性进行检核。

2. 基准点标石类型和埋设

基准点标石可分为混凝土水准标石、墙脚水准标石、基岩水准标石、深桩水准标石和深层金属管基准点标石五种。基准点埋设时，应以工程的地质条件为依据，因地制宜地进行埋设。标石类型和埋设方法可参照《建筑变形测量规范》(JGJ 8)。

3. 高程控制网精度要求

采用水准测量方法建立垂直沉降监测高程控制网时，高程控制网主要技术要求应符合表 7-45 的规定。

垂直位移监测控制网的主要技术要求　　　　**表 7-45**

等级	相邻基准点高差中误差 (mm)	每站高差中误差 (mm)	往返较差、附合或环线闭合差 (mm)	检测已测高差较差 (mm)
特等	0.3	0.07	$0.15\sqrt{n}$	$0.2\sqrt{n}$
一等	0.5	0.15	$0.30\sqrt{n}$	$0.4\sqrt{n}$
二等	1.0	0.30	$0.60\sqrt{n}$	$0.8\sqrt{n}$
三等	2.0	0.70	$1.40\sqrt{n}$	$2.0\sqrt{n}$

注：表中 n 为测站数。

4. 高程控制网基本测量方法

(1) 水准测量方法

水准测量仪器型号和标尺类型的选择：

应用几何水准测量方法进行各等级垂直位移监测控制网测量所使用的仪器型号和标尺类型按表 7-46 选择。

水准测量仪器型号和标尺类型的选择 **表 7-46**

等级	仪器型号			标尺类型		
	DSZ05、DS05	DSZ1、DSl 或	DSZ3、DS3	因瓦尺	条码尺	区格式木质标尺
特级	√	×	×	√	√	×
一级	√	×	×	√	√	×
二级	√	√	×	√	√	×
三级	√	√	√	√	√	√

注："√"表示允许使用；"×"表示不允许使用。

①水准观测技术要求

水准观测的技术参数应符合以下规定：

a. 水准观测的视线长度、前后视距差和视线高度应符合表 7-47 的规定。

水准观测的视线长度、前后视距差和视线高 **表 7-47**

等级	视线长度（m）	前后视距差（m）	前后视距累积差（m）	视线高度（m）
特级	≤10	≤0.3	≤0.5	≥0.8
一级	≤30	≤0.7	≤1.0	≥0.5
二级	≤50	≤2.0	≤3.0	≥0.3
三级	≤75	≤5.0	≤8.0	≥0.2

注：当采用数字水准仪观测时，前视或后视的水平视线应不低于 0.6m。

b. 水准观测的限差应符合表 7-48 的规定。

水准观测的限差 **表 7-48**

等级		基辅分划读数之差（mm）	基辅分划所测高差之差（mm）	往返较差及附合或环线闭合差（mm）	单程双测站所测高差较差（mm）	检测已测测段高差之差（mm）
特级		0.15	0.2	$\leqslant 0.1\sqrt{n}$	$\leqslant 0.07\sqrt{n}$	$\leqslant 0.15\sqrt{n}$
一级		0.3	0.5	$\leqslant 0.3\sqrt{n}$	$\leqslant 0.2\sqrt{n}$	$\leqslant 0.45\sqrt{n}$
二级		0.5	0.7	$\leqslant 1.0\sqrt{n}$	$\leqslant 0.7\sqrt{n}$	$\leqslant 1.5\sqrt{n}$
三级	光学测微法	1.0	1.5	$\leqslant 3.0\sqrt{n}$	$\leqslant 2.0\sqrt{n}$	$\leqslant 4.5\sqrt{n}$
	中丝读数法	2.0	3.0			

注：1. 当采用电子水准仪观测时，基辅分划的读数应为对同一尺面的两次读数；

2. 表中 n 为测站数。

②水准测量作业要求

a. 水准仪、水准标尺检验

水准仪、水准标尺应定期检验。其中 i 角对用于特级水准观测的仪器不得大于 10″，对用于一、二级水准观测的仪器不得大于 15″，对用于三级水准观测的仪器不得大于 20″。补偿式自动安平水准仪的补偿误差 Δ_α 绝对值不得大于 0.2″；水准标尺分划线的分米分划线误差和米分划间隔真长与名义长度之差，对线条式因瓦合金标尺不应大于 0.1mm，对区格式木质标尺不应大于 0.5mm。

b. 水准测量作业要求

水准观测作业应在标尺分划线成像清晰和稳定的条件下进行观测，避免在日出后或日落前约半小时、太阳中天前后等成像跳动而难以照准时进行观测。晴天观测时，应打测伞。每测段往测与返测的测站数均应为偶数，否则应加入标尺零点差改正。由往测转向返测时，两标尺应互换位置，并应重新整置仪器。在同一测站上观测时，不得两次调焦。转动仪器的倾斜螺旋和测微鼓时，其最后旋转方向，均应为旋进。

③水准观测成果的重测与取舍

水准观测成果凡超出表 7-48 规定限差的成果，均应进行重测，并根据实际情况返工。

（2）电磁波测距三角高程测量方法

对采用水准测量确有困难的二、三级高程控制测量，可采用电磁波测距三角高程测量。三角高程测量可布置为中间设站观测方式，也可布置为每点设站、往返观测方式。

1）电磁波测距三角高程测距边长要求

电磁波测距三角高程测量的视线长度一般不宜大于 300m，视线垂直角不得超过 10°，视线高度和离开障碍物的距离不得小于 1.3m。中间设站方式的前后视线长度之差，对于二级不得超过 15m，三级不得超过视线长度的 1/10；前后视距差累积，对于二级不得超过 30m，三级不得超过 100m。

2）电磁波测距三角高程测量的主要技术要求

①边长测定

三角高程测量边长的测定主要技术要求，应符合表 7-49 的规定。当采取中间设站时，前、后视各观测 2 测回。测距的各项限差和要求与电磁波测距三角高程测量要求相同。

电磁波测距的技术要求　　表 7-49

等级	仪器精度（mm）	每边最少测回数		一测回读数间较差限值（mm）	单程测回间较差限值（mm）	气象数据测定的最小读数		往返或时段间较差限值
		往	返			温度（℃）	气压（mmHg）	
二级	≤3	4	4	3	5.0	0.2	0.5	$\sqrt{2}(a+b\cdot D\cdot 10^{-6})$
三级	≤5	2	2	5	7.0	0.2	0.5	
	≤10	4	4	10	15.0	0.2	0.5	

注：1. 仪器精度，系根据仪器标称精度（$a+b\cdot D\cdot 10^{-6}$），以相应级别的平均边长 D 代入计算的测距中误差划分；
2. 一测回是指照准目标一次、读数 4 次的过程；
3. 时段是指测边的时间段，如上、下午和不同的白天。

②角度观测

垂直角观测的测回数与限差见表 7-50。

垂直角观测的测回数与限差　　表 7-50

项目＼测量等级	二级		三级	
	DJ05	DJ1	DJ1	DJ2
测回数	4	6	4	6
两次照准目标读数差（″）	1.5	4	4	6
垂直角测回差（″）	2	5	5	7
指标差较差（″）	3			

③观测时间

垂直角观测，宜在日出后2h至日落前2h的期间内目标成像清晰稳定时进行。阴天和多云天气可以全天观测。

④仪器高、觇标高量测

仪器高、觇标高应在观测前后用经过检验的量杆或钢尺各量测一次，精确读至0.5mm，当较差不大于1mm时取用中数。采用中间设站时可不用量仪器高。

⑤三角高程测量高差的计算及其限差规定

测定边长和垂直角时，由于测距仪光轴和经纬仪照准轴可能不共轴，或在不同觇牌高度上分两组观测垂直角时，必须进行边长和垂直角归算后才能计算和比较两组高差。

a. 每点设站、往返观测时，单向观测高差应按式（7-43）计算高差：

$$h = D\tan \alpha_V + \frac{1-K}{2R}D^2 + i - v \tag{7-43}$$

式中 h——三角高程测量边两端点的高差（m）；

D——三角高程测量边的水平距离（m）；

α_V——垂直角；

K——大气折光系数；

R——地球平均曲率半径（m）；

i——仪器高（m）；

v——觇牌高（m）。

b. 中间设站观测时应按式（7-44）计算高差：

$$h_{12} = (D_1\tan\alpha_1 - D_2\tan\alpha_2) + \left(\frac{D_1^2 - D_2^2}{2R}\right) - \left(\frac{D_1^2}{2R}K_1 - \frac{D_2^2}{2R}K_2\right) - (v_1 - v_2) \tag{7-44}$$

式中 h_{12}——后视点和前视点之间的高差（m）；

α_1、α_2——后视、前视垂直角；

D_1、D_2——后视、前视水平距离（m）；

K_1、K_2——后视、前视大气垂直折光系数；

R——地球平均曲率半径（m）；

v_1、v_2——后视、前视觇牌高（m）。

⑥三角高程测量观测的限差

三角高程测量观测的限差按表7-51的要求执行。

三角高程测量的限差 **表7-51**

等级	附合线路或环线闭合差（mm）	检测已测边高差之差（mm）
二级	$\leqslant \pm 4\sqrt{L}$	$\leqslant \pm 6\sqrt{D}$
三级	$\leqslant \pm 12\sqrt{L}$	$\leqslant \pm 18\sqrt{D}$

注：D为测距边边长，以km为单位；L为附合路线或环线长度，以km为单位。

7.11.2.3 水平位移监测控制测量

1. 水平位移监测控制网布设要求和方法

(1) 水平位移监测控制网布设要求

水平位移监测控制网同样由基准点、工作基点组成，其中基准点不得少于3个，工作基点可根据需要设置。基准点、工作基点设置位置应便于检核。

当水平位移监测控制网采用GPS测量方法时，基准点位置还要满足GPS测量的一些基本要求，例如要便于安置接收设备和操作；视场内障碍物的高度角不宜超过15°；离电视台、电台、微波站等大功率无线电发射源的距离不小于200m；离高压输电线和微波无线电信号传送通道的距离不得小于50m，附近不应有强烈反射卫星信号的大面积水域或大型建筑物等；通视条件好，有利于其他测量手段联测等。

(2) 水平位移监测控制网布设方法

平面控制测量可采用边角测量、导线测量及GPS测量等形式。

2. 基准点、工作基点标志的形式及埋设形式

(1) 对特级、一级及有需要的二级位移观测的基准点、工作基点，应建造观测墩或埋设专门观测标石，见图7-130，并应根据使用仪器和照准标志的类型，顾及观测精度要求，配备强制对中装置，强制对中装置的对中误差不应超过±0.1mm。

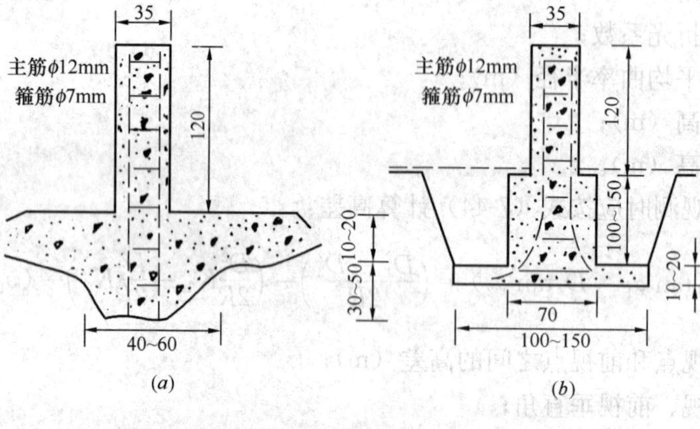

图7-130　水平位移观测墩（单位：cm）

(a) 岩层点观测墩；(b) 土层点观测墩

(2) 照准标志应具有明显几何中心或轴线，且图像反差大、图案对称和不变形等要求。

3. 平面控制测量精度要求

(1) 平面控制测量的精度设计原则

平面控制测量的精度设计要求边角网、导线网或GPS网的最弱边边长中误差，不应大于所选级别的观测点坐标中误差；工作基点相对于邻近基准点的点位中误差，不应大于相应级别的观测点点位中误差（点位中误差约定为坐标中误差的$\sqrt{2}$倍，下同）；用基准线法测定偏差值的中误差，不应大于所选等级的观测点坐标中误差。

(2) 一、二、三级平面控制网技术要求

特级控制网和其他大型、复杂工程变形控制网应经专门设计论证，除此之外，对于一、二、三级平面控制网，采用边角网、导线网或GPS网布设时，技术要求应符合表7-52、7-53的规定。

平面控制网技术要求 表 7-52

等级	平均边长（m）	测角中误差（″）	测距中误差（mm）	最弱边边长相对中误差
一级	200	±1.0	±1.0	1∶200000
二级	300	±1.5	±3.0	1∶100000
三级	500	±2.5	±10.0	1∶50000

表 7-52 中最弱边边长相对中误差中未计及基线边长误差影响。当最弱边边长中误差不同于表列规定和实际平均边长与表列数值相差较大时，不宜采用本规定。另各等级测角、测边平面控制网宜布设为近似等边三角形网。其三角形内角不宜小于 30°，当受地形或其他条件限制时，个别角可放宽，但不应小于 25°。边角网具有测角和测边精度的互补特性，可不受网形影响。在边角组合网中应以测边为主，加测部分角度，并合理配置测角和测边的精度。

导线测量技术要求 表 7-53

等 级	导线最弱点点位中误差（mm）	导线长度（m）	平均边长（m）	测 边 中误差（mm）	测 角 中误差（″）	导线全长相对闭合差
一 级	±1.4	$750C_1$	150	$\pm0.6C_2$	±1.0	1∶100000
二 级	±4.2	$1000C_1$	200	$\pm2.0C_2$	±2.0	1∶45000
三 级	±14.0	$1250C_1$	250	$\pm6.0C_2$	±5.0	1∶17000

注：1. C_1、C_2 为导线类别系数。对附合导线，$C_1=C_2=1$；对独立单一导线，$C_1=1.2$，$C_2=2$；对导线网，导线总长系指附合点与结点或结点间的导线长度，取 $C_1\leqslant0.7$、$C_2=1$；

2. 有下列情况之一时，不宜按本规定采用：

1）导线最弱点点位中误差不同于表列规定时；

2）实际平均边长与导线长度对比表列规定数值相差较大时。

7.11.3 变 形 监 测

7.11.3.1 沉降位移监测

对某观测对象进行沉降位移监测时，应根据工程的规模、性质及预计沉降量的大小及沉降速度等，选择观测的等级和精度要求。在观测过程中由于沉降量和沉降速度的变化，可以对观测的等级和精度进行调整，以便适应沉降位移观测需要。对于深基础建筑或高层、超高层建筑，为获取基础和主体荷载的全部沉降量，沉降监测应从基础施工开始。

沉降监测可采用几何水准测量、静力水准测量等方法。布置和埋设沉降观测点（变形点）时，应考虑观测方便、易于保存、稳固和美观。

1. 建筑场地沉降观测

为测定建筑物相邻影响范围之内的相邻地基沉降与建筑物相邻影响范围之外的场地地面沉降状况，需要对建筑场地进行沉降观测。沉降观测一般采用精密水准测量方法。

（1）相邻地基沉降观测点的设置

对相邻地基进行沉降观测的观测点可选在建筑物纵横轴线或边线的延长线上，或选在通过建筑物重心的轴线延长线上。其点位间距应视基础类型、荷载大小及地质条件确定，一般为 10～20m。点位可在以建筑物基础深度 1.5～2.0 倍距离为半径的范围内，由外墙附近向外由密到疏布设。相邻地基沉降观测点标志为浅埋标。浅埋标可采用普通水准标石或用直径 25cm 左右的水泥管现场浇灌，埋深 1～2m；深埋标可采用内管外加保护管的标石形式，埋深应与建筑物基础深度相适应，标石顶部须埋入地面下 20～30cm，并砌筑带盖的窨井加以保护。

(2) 场地地面沉降观测点的设置

场地地面沉降观测点，应在相邻地基沉降观测点布设线路之外的地面上均匀布设。布设时可根据地质地形条件选用平行轴线方格网法、沿建筑物四角辐射网法或散点法等。场地地面沉降观测点的标志与埋设，应根据观测要求确定，可采用浅埋标志。

(3) 建筑场地沉降观测的周期

建筑场地沉降观测的周期要根据不同任务要求、产生沉降的不同情况以及沉降速度等因素具体分析确定。对于基础施工相邻地基沉降观测，一般在基坑降水时和基坑土开挖中每天观测一次；混凝土底板浇完 10d 以后，可每 2～3d 观测一次，直至地下室顶板完工和水位恢复；此后可每周观测一次至回填土完工。

2. 基础工程沉降监测

(1) 基坑支护结构监测

1) 监测点布设和精度要求

基坑的支护结构一般由护坡桩、连续墙构成。基坑支护结构变形观测点的点位，应根据工程规模、基坑深度、支护结构和支护设计要求合理布设。普通建筑基坑，变形观测点点位宜布设在基坑侧壁顶部周边的冠梁上，点位间距以 10～20m 为宜。

变形监测的精度，不宜低于二等变形监测。

2) 监测方法

垂直位移可采用水准测量方法、电磁波三角高程测量方法等。

3) 监测周期

基坑变形监测周期，应根据施工进程确定。当开挖速度或降水速度较快引起变形速率较大时，应加密观测，当有变形量接近预警值或事故征兆时，应持续观测。

(2) 基坑回弹观测

基坑回弹观测是测定深埋大型基础在基坑开挖后，由于卸除基坑土自重而引起的基坑内外影响范围内相对于开挖前的地表回弹量。

1) 回弹观测点

布设回弹观测点位，应根据基坑形状及地质条件以最少的点数能测出所需各纵横断面回弹量为原则。对于矩形基坑，只沿基坑对称轴的一半的纵横断面布设，在基坑中央纵（长边）横（短边）轴线上布设，其间隔纵向每 8～10m、横向每 3～4m 布一点。对图形不规则的基坑，可与设计人员商定。基坑外的观测点，应在所选坑内方向线的延长线上距基坑深度 1.5～2 倍距离内布置。当所选点位遇到旧地下管道或其他构筑物时，可将观测点移至与之对应方向线的空位上。

回弹标志应埋入基坑底面以下 20～30cm，根据开挖深度和地层土质情况，可采用钻孔法或探井法埋设。根据埋设与观测方法，可采用辅助杆压入式、钻杆送入式或直埋式标志。

① 辅助杆压入式标志埋设步骤

a. 回弹标志的直径应与保护管内径相适应，可取长约 20cm 的圆钢一段，一端中心加工成半球状（r=15～20mm），另一端加工成楔形；

b. 钻孔可用小口径（如 127mm）工程地质钻机，孔深应达孔底设计平面以下数厘米。孔口与孔底中心偏差不宜大于 3/1000，并应将孔底清除干净；

c. 应将回弹标套在保护管下端顺孔口放入孔底，图 7-131（a）为回弹标落底图；

d. 利用辅助杆将回弹标压入孔底图，见图 7-131（b）。不得有孔壁土或地面杂物掉入，应保证观测时辅助杆与标头严密接触；

e. 先将保护管提起约 10cm，在地面临时固定，然后将辅助杆立于回弹标头即行观测。测毕，将辅助杆与保护管拔出地面，先用白灰回填约厚 50cm，再填素土至填满全孔，回填应小心缓慢进行，避免撞动标志，见图 7-131（c）。

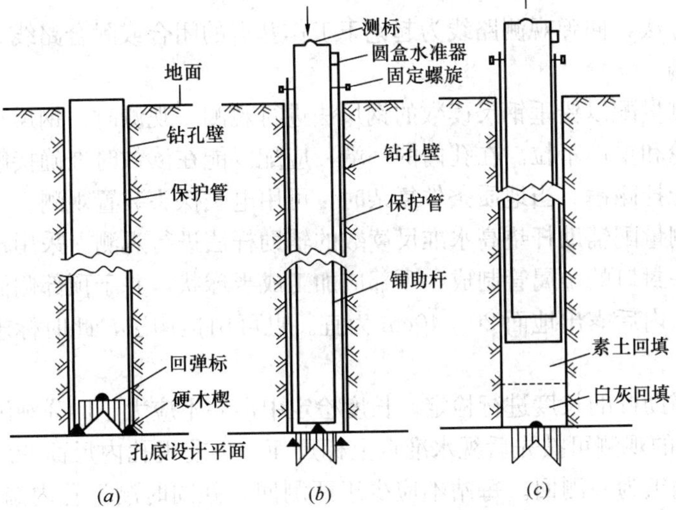

图 7-131 辅助杆压入式标志埋设步骤

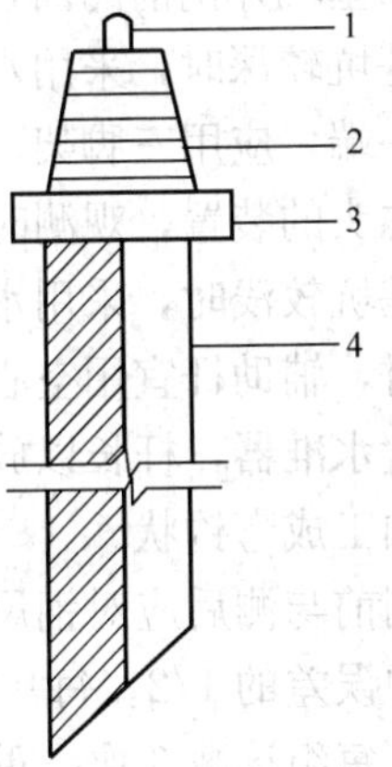

图 7-132 钻杆送入式标志

1—标头；2—连接钻杆反丝扣；3—连接圆盘；4—标身

② 钻杆送入式标志埋设步骤

a. 钻杆送入式标志形式见图 7-132。标志的直径应与钻杆外径相适应。标头可加工成直径 20mm、高 25mm 的半球体；连接圆盘可用直径 100mm、厚 18mm 钢板制成；标身可由断面 50mm×50mm×5mm、长 400～500mm 的角钢制成，图示四部分应焊接成整体；

b. 钻孔要求应与埋设辅助杆压入式标志的要求相同；

c. 当用磁锤观测时，孔内应下套管至基坑设计标高以下，提出钻杆卸下钻头，换上标志打入土中，使标头进至低于坑底面 20～30cm 以防开挖基坑时被铲坏。然后，拧动钻杆使与标志自然脱开，提出钻杆后即可进行观测；

d. 当用电磁探头观测时，在上述埋标过程中可免除下套管工序，直接将电磁探头放入钻杆内进行观测。

③直埋式标志

直埋式标志可用于浅基坑（深度在 10m 内）配合探井成孔使用。标志可用一段直径

20～24mm、长约400mm的圆钢或螺纹钢制成，一端加工成半球状，另一端锻尖。探井口径要小，直径不应大于1m，挖深应至基坑底部设计标高以下约10cm处，标志可直接打入至其顶部低于坑底设计标高数厘米为止，即可现测。

2）回弹观测精度要求

回弹观测的精度可根据预估的最大回弹量作为变形允许值，按《建筑变形测量规范》(JGJ 8) 相关规定进行观测点的测站高差中误差估算后，选择相应精度级别。但最弱观测点相对邻近工作基点的高差中误差不得大于±1.0mm。

3）观测时机

回弹观测不应少于3次，其中第一次应用在基坑开挖之前，第二次在基坑挖好之后，第三次在浇灌基础混凝土之前。当基坑挖完至基础施工的间隔时间较长时，亦应适当增加观测次数。

4）观测方法

回弹观测采用水准测量方法，回弹观测路线为起讫于工作基点的闭合或附合路线。

①基坑开挖前的回弹观测

基坑较深时，采用水准测量配以铅垂钢尺读数的钢尺法进行观测。观测时，钢尺在地面的一端，应用三脚架、滑轮和重锤牵拉。在孔内的一端，应配以能在读数时准确接触回弹标志头的装置，观测时要配挂磁锤。当地质条件复杂时，可用电磁探头装置观测。

基坑较浅时，采用水准测量配辅助杆垫高水准尺读数的辅助杆法进行观测。采用辅助杆法时，辅助杆宜用空心两头封口的金属管制成，顶部应加工成半球状，并于顶部侧面安置圆盒水准器，杆长以放入孔内后露出地面20～40cm为宜。也可用挂钩法，此时标志顶端应加工成弯钩状。

测前与测后应对钢尺和辅助杆的长度进行检定。长度检定中误差不应大于回弹观测站高差中误差的1/2。每一测站的观测可按先后视水准点上标尺面、再前视孔内尺面的顺序进行，每组读数3次，重复两组为一测回。每站不应少于两测回，并同时测记孔内温度。观测结果应加入尺长和温度的改正。

②基坑开挖后的回弹观测

基坑开挖后，可先在坑底一角埋设一个临时工作点，使用与基坑开挖前相同的观测设备和方法，将高程传递到坑底的临时工作点上。然后细心挖出各回弹观测点，按所需观测精度，用几何水准测量方法测出各观测点的标高。为了防止回弹点被破坏，应挖一点测一点，当全部点挖见后，再统一观测一次。

3. 建筑物沉降观测

(1) 沉降观测点埋设位置

沉降观测点应根据地质条件及建筑结构特点，在能反映建筑物及地基变形特征处进行布设。一般在建筑物的四角、大转角处及沿外墙每10～15m处或每隔2～3根柱基上；高低层建筑物、新旧建筑物交接处的两侧和沉降缝、伸缩缝两侧；基础埋深相差悬殊处、人工地基与天然地基接壤处、不同结构的分界处及填挖方分界处；框架结构建筑物的每个或部分柱基上或沿纵横轴线设点，片筏基础、箱形基础底板或接近基础的结构部分之四角处及其中部位置；电视塔、烟囱、水塔等高耸建筑物，沿周边在与基础轴线相交的对称位置上布点，点数不少于4个。

(2) 沉降观测的标志

沉降观测的标志可根据不同的建筑结构类型、建筑材料和委托人要求，采用墙（柱）标志、基础标志和隐蔽式标志等形式。各类标志的立尺部位应加工成半球形或有明显的突出点，并涂上防腐剂。标志的埋设位置应避开雨水管、窗台线等有碍设标与观测的障碍物，并应视立尺需要离开墙（柱）面和地面一定距离。隐蔽式沉降观测点标志的形式见图7-133～图7-135。

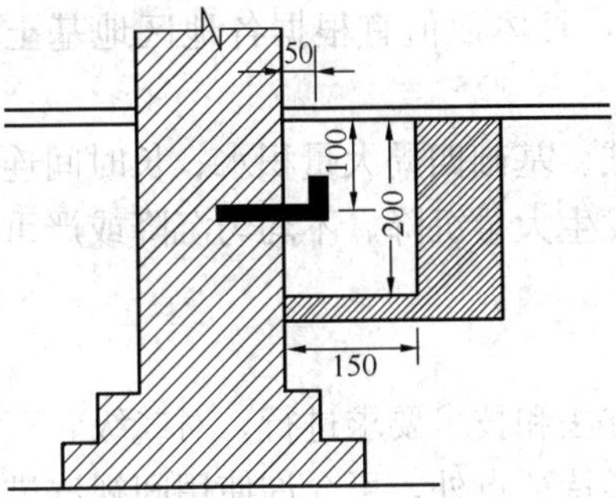

图 7-133 窨井式标志

（适用于建筑物内部埋设，单位：mm）

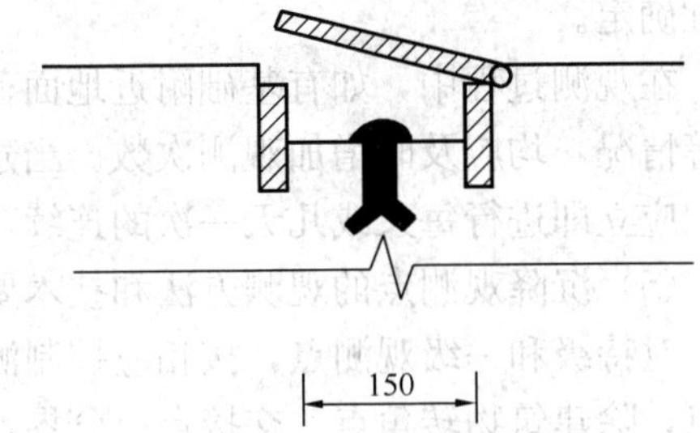

图 7-134 盒式标志

（适用于设备基础上埋设，单位：mm）

(3) 沉降观测点的施测精度

沉降观测点的施测精度应根据观测对象特点和相关具体要求，在本手册 7.11.1.3 变形监测精度要求中的表 7-44 内进行选择。

(4) 沉降观测点的观测周期和观测时间

建筑物施工阶段的观测，应随施工进度及时进行。一般建筑在基础完工后或地下室砌完后开始观测，大型、高层建筑可在基础垫层或基础底部完成后开始观测。观测次数与间隔时间应视地基与加荷情况而定，民用建筑每加高 1～5 层观测一次，工业建筑可按不同施工阶段如回填基坑、安装柱子和屋架、砌筑墙体、设备安装等分别进行观测。如建筑物

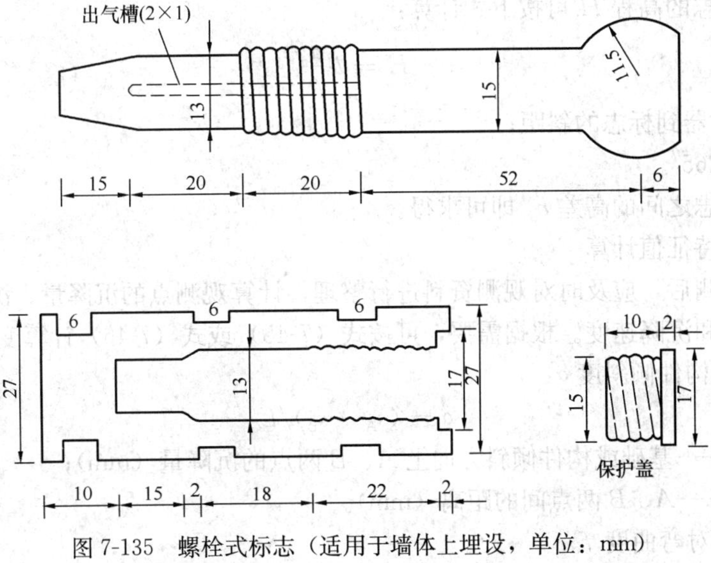

图 7-135 螺栓式标志（适用于墙体上埋设，单位：mm）

均匀增高，应至少在增加荷载的25%、50%、75%和100%时各测一次。施工过程中如暂停工，在停工时及重新开工时应各观测一次。停工期间可每隔2～3个月观测一次。

建筑物使用阶段的观测，要根据地基土类型和沉降速率大小确定，一般第一年观测3～4次，第二年观测2～3次，第三年及以后每年观测1次，直至稳定为止。沉降是否进入稳定阶段应由沉降量与时间关系曲线判定。对一级工程，若最后三个周期观测中每周期沉降量不大于$2\sqrt{2}$倍测量中误差可认为已进入稳定阶段。对其他等级观测工程，若沉降速度小于0.01～0.04mm/d可认为已进入稳定阶段，具体取值宜根据各地区地基土的压缩性确定。

在观测过程中，如有基础附近地面荷载突然增减、基础四周大量积水、长时间连续降雨等情况，均应及时增加观测次数。当建筑物突然发生大量沉降、不均匀沉降或严重裂缝时，应立即进行每天或几天一次的连续观测。

(5) 沉降观测点的观测方法和技术要求

对特级和一级观测点，按相应控制测量的观测方法和技术要求进行。对二级、三级观测点，除建筑物转角点、交接点、分界点等主要变形特征点外，可允许使用间视法进行观测，但视线长度不得大于相应等级规定的长度。观测时，仪器应避免安置在有空压机、搅拌机、卷扬机等振动影响的范围内，塔式起重机等施工机械附近也不宜设站。每次观测应记载施工进度、增加荷载量、仓库进货吨位、建筑物倾斜裂缝等各种影响沉降变化和异常的情况。

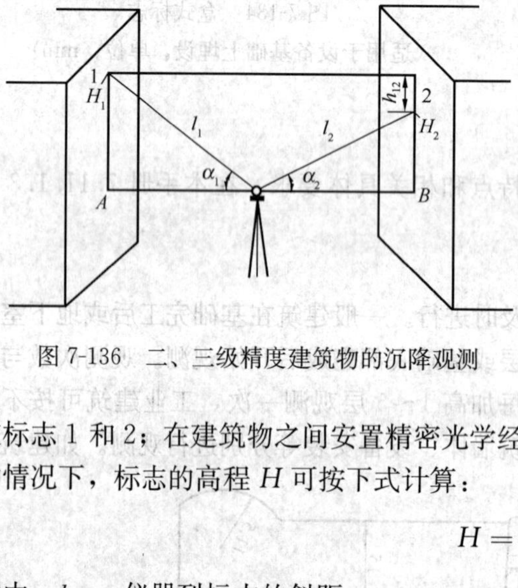

图7-136　二、三级精度建筑物的沉降观测

另外采用短边三角高程测量法进行二级、三级精度建筑物的沉降观测，其测量方法如图7-136所示，在建筑物上分别固定标志1和2；在建筑物之间安置精密光学经纬仪，测定竖直角α_1及α_2。当α_1及α_2很小的情况下，标志的高程H可按下式计算：

$$H = l\frac{\alpha}{\rho}$$

式中　l——仪器到标志的斜距；

$\rho = 206265''$。

则两个标志之间的高差h_{12}即可求得。

(6) 变形特征值计算

每周期观测后，应及时对观测资料进行整理，计算观测点的沉降量、沉降差以及本周期平均沉降量和沉降速度。根据需要，可按式（7-45）或式（7-46）计算变形特征值：

1）基础或构件倾斜度α：

$$\alpha = (s_A - s_B)/L \tag{7-45}$$

式中　s_A、s_B——基础或构件倾斜方向上A、B两点的沉降量（mm）；

L——A、B两点间的距离（mm）。

2）基础相对弯曲度f_c：

$$f_c = [2s_0 - (s_1 + s_2)]/L \tag{7-46}$$

式中　s_0——基础中点的沉降量（mm）；

s_1、s_2——基础两个端点的沉降量（mm）；

L——两个端点间的距离（mm）。

注：弯曲量以向上凸起为正，反之为负。

7.11.3.2　水平位移监测

建筑水平位移观测内容包括建筑物主体倾斜观测、建筑物水平位移观测、基坑侧向位移观测、挠度观测、裂缝观测等。

1. 建筑物主体倾斜观测

建筑物主体倾斜观测是测定建筑物顶部相对于底部或各层间上层相对于下层的水平位移与高差，由此数据分别计算整体或分层的倾斜度、倾斜方向以及倾斜速率。对具有刚性建筑物的整体倾斜，亦可通过测量顶面或基础的相对沉降来间接确定。

（1）观测点位的布设

主体倾斜观测点要沿建筑某一主体竖直线布设，对整体倾斜按顶部、底部上下对应布设，对分层倾斜按分层部位、底部上下对应布设。当从建筑物外部观测时，测站点或工作基点的点位应选在与照准目标中心连线呈接近正交或呈等分角的方向线上，距照准目标1.5～2.0倍目标高度的固定位置处。当利用建筑物内竖向通道观测时，可将通道底部中心点作为测站点。按纵横轴线或前方交会布设的测站点，每点应选设1～2个定向点。

（2）观测点标志设置

建筑物顶部和墙体上的观测点标志可采用埋入式照准标志形式。不便埋设标志的塔形、圆形建筑物以及竖直构件，可以照准视线所切同高边缘确定的位置或用高度角控制的位置作为观测点位。位于地面的测站点和定向点，可根据不同的观测要求，采用带有强制对中设备的观测墩或混凝土标石。对于一次性倾斜观测项目，观测点标志可采用标记形式或直接利用符合位置与照准要求的建筑物特征部位，测站点可采用小标石或临时性标志。

（3）观测点精度

主体倾斜观测的精度可根据给定的倾斜量允许值，按《建筑变形测量规范》（JGJ 8）相关规定进行观测点的坐标中误差估算后，选择相应精度级别。当由基础倾斜间接确定建筑物整体倾斜时，按沉降观测要求确定测站高差中误差估算后，选择相应精度级别。

（4）观测方法

1）从建筑物或构件的外部观测

从建筑物或构件的外部观测主体倾斜时，可采用经纬仪进行观测。

①投点法。观测时，应在底部观测点位置安置水平读尺等量测设施。在每测站安置经纬仪，应按正倒镜法以测定每对上下观测点标志间的水平位移分量见图7-137，按矢量相加法求得水平位移值（倾

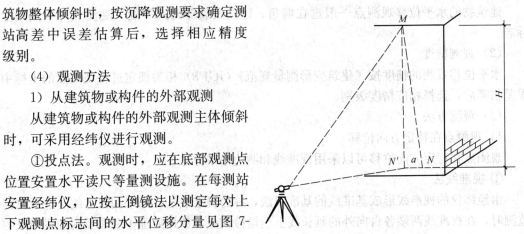

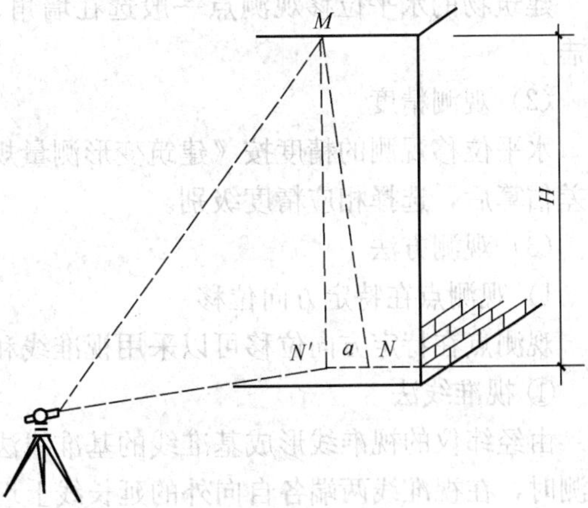

图7-137　投点法示意图

斜量）和位移方向（倾斜方向）。

②测水平角法。对塔形、圆形建筑物或构件，每测站的观测应以定向点作为零方向，以所测各观测点的方向值和至底部中心的距离，计算顶部中心相对底部中心的水平位移分量。对矩形建筑物，可在每测站直接观测顶部观测点与底部观测点或上层观测点与下层观测点之间的夹角，以所测角值与距离值计算整体的或分层的水平位移分量和位移方向。

2）利用建筑物内竖向通道观测

当利用建筑物或构件的顶部与底部之间竖向通视条件进行主体倾斜观测时，可选用下列铅垂观测方法：

①激光铅直仪观测法。应在顶部适当位置安置接收靶，在其垂线下的地面或地板上安置激光铅直仪或激光经纬仪，按一定周期观测，在接收靶上直接读取或量出顶部的水平位移量和位移方向。作业中仪器应严格置平、对中。

②吊垂球法。应在顶部或需要的高度处观测点位置上，直接或支出一点悬挂适当重量的垂球，在垂线下的底部固定毫米格网读数板等读数设备，直接读取或量出上部观测点相对底部观测点的水平位移量和位移方向。

3）间接测定建筑物整体倾斜

当按相对沉降间接确定建筑物整体倾斜时，可选用下列方法：

①倾斜仪。可采用倾斜仪进行观测。监测建筑物上部层面倾斜时，仪器可安置在建筑物顶层或需要观测的楼层的楼板上；监测基础倾斜时，仪器可安置在基础面上，以所测楼层或基础面的水平角变化值反映和分析建筑物倾斜的变化程度。

②测定基础沉降差法。在基础上选设观测点，采用水准测量方法，以所测各周期的基础沉降差换算求得建筑物整体倾斜度及倾斜方向。

（5）观测周期

主体倾斜观测的周期可视倾斜速度每1～3个月观测一次。当遇基础附近因大量堆载或卸载、场地降雨长期积水等原因而导致倾斜速度加快时，应及时增加观测次数。主体倾斜观测应避开日照和风荷载影响大的时段。

2. 建筑物水平位移观测

（1）观测点埋设位置和形式

建筑物的水平位移观测点一般选在墙角、柱基及裂缝两边等处，观测点可采用墙上标志。

（2）观测精度

水平位移观测的精度按《建筑变形测量规范》(JGJ 8）相关规定进行观测点的坐标中误差估算后，选择相应精度级别。

（3）观测方法

1）观测点在特定方向位移

观测点在特定方向位移可以采用视准线和测边角等方法。

① 视准线法

由经纬仪的视准线形成基准线的基准线法，称为视准线法。当采用视准线法进行位移监测时，在视准线两端各自向外的延长线上埋设检核点，数据处理中要顾及视准线端点的偏差改正。

a. 小角法，小角法示意图见图 7-138，基准线应按平行于待测的建筑物边线布置，观测点偏离视准线的偏角不应超过 30″。角度观测的精度和测回数应按要求的偏差值观测中误差估算确定，距离可按 1/2000 的精度量测。偏差值 Δ_l 按公式（7-47）计算：

$$\Delta_l = \frac{\alpha}{\rho} \cdot S_i \tag{7-47}$$

式中 α——偏角（″）；

S_i——测站到观测点的距离（m）；

ρ——常数，值为 206265。

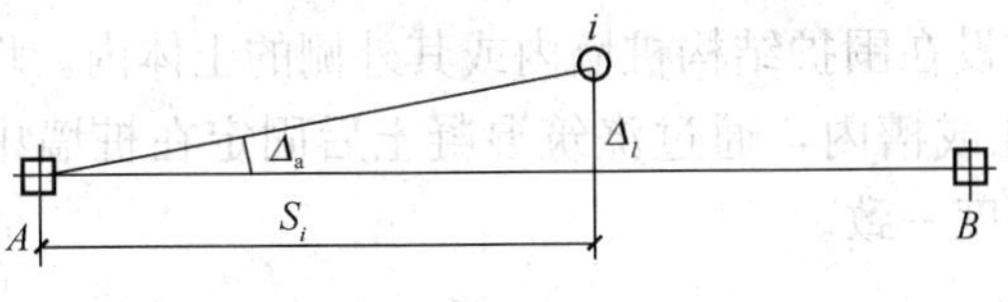

图 7-138 小角法示意图

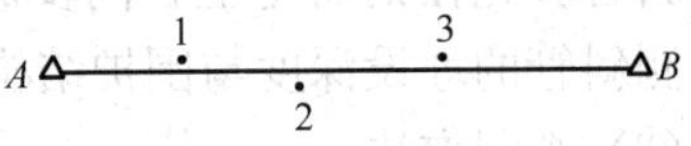

图 7-139 活动觇牌法

b. 活动觇牌法，活动觇牌法见图 7-139，该方法适用于变形方向为已知的建（构）筑物，是一种常用方法。视准线的两个端点 A、B 为基准点，变形点 1、2、3…布设在 AB 的连线上，变形点相对于视准线偏移量的变化，即是建（构）筑物在垂直于视准点方向上的位移。量测偏移量的设备为活动觇牌，觇牌图案可以左右移动，移动量可在刻划上读出。当图案中心与竖轴中心重合时，其读数应为零，这一位置称为零位。

采用活动觇牌法时基准线离开观测点的距离不应超过活动觇牌读数尺的读数范围。观测时在基准线一端安置经纬仪或视准仪，瞄准安置在另一端的固定观测标志进行定向，将活动觇牌安置在变形点上，左右移动觇牌，直至中心位于视准线上，这时的读数即为变形点相对视准线的偏移量。每个观测点应按确定的测回数进行往测与返测。

② 测边角法，对主要观测点，可以该观测点为测站测定对应基准线端点的边长和角度，求得偏差值。对其他观测点，可选适宜的主要观测点为测站，测出对应其他观测点的距离与方向值，按坐标法求得偏差值。角度观测测回数与长度的丈量精度要求，应根据要求的偏差值观测中误差确定。

2）观测点任意方向位移观测

测量观测点任意方向位移时，可视观测点的分布情况，采用前方交会、方向差交会及极坐标等方法。单个建筑物亦可采用直接量测位移分量的方向线法，在建筑物纵、横轴线的相邻延长线上设置固定方向线，定期测出基础的纵向位移和横向位移。

（4）观测的周期

水平位移观测的周期，对于不良地基土地区的观测，可与一并进行的沉降观测协调考虑确定；对于受基础施工影响的有关观测，应按施工进度的需要确定，可逐日或隔数日观测一次，直至施工结束。

3. 基坑壁侧向位移观测

基坑壁侧向位移观测是测定基坑支护结构桩墙顶水平位移和桩墙深层挠曲所进行的测量工作。

（1）观测点位置

基坑壁侧向位移观测点沿基坑周边桩墙顶每隔 10～15m 布设一点。当采用测斜仪方法观测时，测斜管宜埋设在基坑每边中部及关键部位。对变形较大的区域，应适当加密观测点位和增设相应仪表。

（2）观测点的标志

基坑壁侧向位移观测点宜布置在冠梁上，可采用铆钉枪射入铝钉，亦可钻孔埋设膨胀螺栓或用环氧树脂胶粘标志。对于较高安全监测要求的基坑，变形观测点点位宜布设在基坑侧壁的顶部、中部以及变形比较敏感的部位，应加测关键断面或埋设应力和位移传感器。

采用测斜仪方法观测时，测斜管宜布设在围护结构桩墙内或其外侧的土体内。埋设时将测斜管绑扎在钢筋笼上，同步放入成孔或槽内，通过浇筑混凝土后固定在桩墙中或外侧。测斜管的埋设深度与围护结构入土深度一致。

（3）观测方法

位移测定可根据现场条件选用前述视准线法、测小角法、前方交会法、极坐标等几何测量方法。

采用测斜仪观测方法时，要选择能连续进行多点测量的滑动式测斜仪，测头可选用伺服加速度计式或电阻应变计式；接收指示器应与测头配套；电缆应有距离标记，使用时在测头重力作用下不应有伸长现象；测斜管的模量既要与土体模量接近，又不致因土压力而压偏导管，导槽须具高成型精度；在观测点上埋设测斜管之前，应按预定埋设深度配好所需测斜管和钻孔或槽。连接测斜管时应对准导槽，使之保持在一直线上。管底端应装底盖，每个接头及底盖处应密封。埋设于结构（如基坑围护结构）中的测斜管，应绑扎在钢筋笼上，同步放入成孔或槽内，通过浇筑混凝土后固定在结构中；埋设于土体中的测斜管，应先用地质钻机成孔，将分段测斜管连接放入孔内，测斜管连接部分应密封处理，测斜管与钻孔壁之间空隙宜回填细砂或水泥与膨润土拌合的灰浆。将测斜管吊入孔或槽内时，应使十字形槽口对准观测的水平位移方向。埋好管后，需停留一段时间，使测斜管与土体或结构固连为一整体；观测时，可由管底开始向上提升测头至待测位置，或沿导槽全长每隔 500mm（轮距）测读一次，测完后，将测头旋转 180°再测一次。两次观测位置（深度）应一致，合起来作为一测回。每周期观测可测两测回，每个测斜导管的初测值，应测四测回，观测成果均取中数值。

（4）观测精度

基坑水平侧向位移观测的精度应根据基坑支护结构类型、基坑形状和深度、周边建筑及设施的重要程度、工程地质与水文地质条件和设计变形报警预估值等因素，按《建筑变形测量规范》（JGJ 8）相关规定进行观测点的坐标中误差估算后，选择相应精度级别，综合确定。

（5）观测周期

基坑开挖期间 2～3d 观测一次，位移量较大时应每天 1～2 次，在观测中应视其位移速率变化，以能准确反映整个基坑施工过程中的位移及变形特征为原则相应地增减观测次数。

4. 挠度观测

挠度观测包括建筑物基础和建筑物主体以及墙、柱等独立构筑物的挠度观测，挠度值示意图见图 7-140。通过挠度观测数据按一定周期分别测定其挠度值及挠曲程度。挠度值由建筑物上不同高度点相对于底点的水平位移值确定。

(1) 观测点布设

建筑基础观测点要沿基础的轴线或边线布设，每一轴线或边线上不得少于 3 点。建筑主体观测点按建筑结构类型在各不同高度或各层处沿一定垂直方向布设。

(2) 观测方法

建筑物基础挠度观测可参考建筑物沉降观测方法进行。建筑主体挠度观测可参考建筑物倾斜和位移观测方法进行。独立构筑物的挠度观测，除可采用建筑物主体挠度观测要求外，当观测条件允许时，亦可用挠度计、位移传感器等设备直接测定挠度值。

(3) 观测周期与精度

挠度观测的周期与观测精度应根据荷载情况并考虑设计、施工要求确定。

(4) 挠度值及跨中挠度值计算

挠度值及跨中挠度值应按式 (7-48)、式 (7-49)、式 (7-50) 和式 (7-51) 计算：

1) 挠度值 f_c（图 7-140）：

$$f_c = \Delta s_{AE} - \frac{L_a}{L_a + L_b}\Delta s_{AB} \tag{7-48}$$

$$\Delta s_{AE} = s_E - s_A \tag{7-49}$$

$$\Delta s_{AB} = s_B - s_A \tag{7-50}$$

式中 s_A——基础上 A 点的沉降量 (mm)；

s_B——基础上 B 点的沉降量 (mm)；

s_E——基础上 E 点的沉降量 (mm)；

L_a——AE 的距离 (m)；

L_b——EB 的距离 (m)。

2) 跨中挠度值 f_z：

$$f_z = \Delta s_{AE} - \frac{1}{2}\Delta s_{AB} \tag{7-51}$$

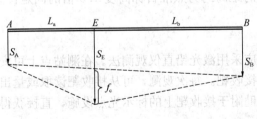

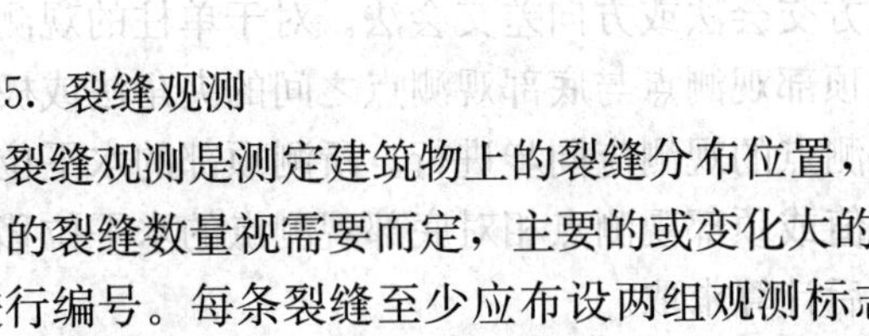

图 7-140 挠度值示意图

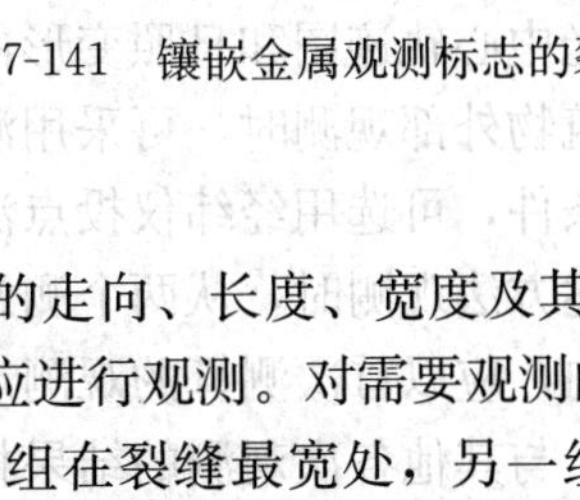

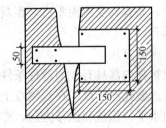

图 7-141 镶嵌金属观测标志的裂缝

5. 裂缝观测

裂缝观测是测定建筑物上的裂缝分布位置，裂缝的走向、长度、宽度及其变化程度。观测的裂缝数量视需要而定，主要的或变化大的裂缝应进行观测。对需要观测的裂缝应统一进行编号。每条裂缝至少应布设两组观测标志，一组在裂缝最宽处，另一组在裂缝末端。每组两个标志，分别位于裂缝两侧，图 7-141 是镶嵌金属标志的裂缝。

（1）观测标志

裂缝观测标志，应具有可供量测的明晰端面或中心。观测期较长时，可采用镶嵌或埋入墙面的金属标志（图 7-141）、金属杆标志或楔形板标志。观测期较短或要求不高时可采用油漆平行线标志或用建筑胶粘贴的金属片标志。当要求较高、需要测出裂缝纵横向变化值时，可采用坐标方格网板标志。

（2）测量方法

对于数量不多、易于量测的裂缝，可视标志形式不同采用比例尺、小钢尺或游标卡尺等工具定期量出标志间距离求得裂缝变位值，或用方格网板定期读取“坐标差”计算裂缝变化值。对于较大面积且不便于人工量测的众多裂缝可采用近景摄影测量方法；当需连续监测裂缝变化时，还可采用测缝计或传感器自动测记方法观测。

（3）观测周期

裂缝观测的周期应视其裂缝变化速度而定。通常开始可半月测一次，以后一月左右测一次。当发现裂缝加大时，应增加观测次数，直至几天或逐日一次的连续观测。

7.11.3.3　特殊变形监测

特殊变形是指建筑物或构件在日照、风荷、振动等动荷载作用下而产生的动态变形，通过特殊变形监测，测定其变形量，并分析其变化规律。

1. 日照变形观测

高耸建筑物或单柱（独立高柱）受阳光照射或辐射后，由于向阳面与背阳面的温差引起其上部结构发生位移。通过日照变形观测测定建筑物或单柱的偏移量，以了解其变化规律。

（1）观测点的设置

当利用建筑物内部竖向通道进行日照变形观测时，应以通道底部中心位置作为测站点，以通道顶部垂直对应于测站点的位置作为观测点。

当从建筑物或单柱外部进行日照变形观测时，观测点应选在受热面的顶部或受热面上部的不同高度处与底部适中位置设置照准标志，单柱亦可直接在照准顶部与底部中心线位置设置照准标志。外部观测的测站点要选在与观测点连线呈正交或近于正交的两条方向线上，其中一条宜与受热面垂直，距观测点的距离约为照准目标高度 1.5 倍的固定位置处，并埋设标石。

（2）观测方法

当建筑物内部具有竖向通视条件时，应采用激光铅直仪观测法。在测站点上可安置激光铅直仪或激光经纬仪，在观测点上安置接收靶。每次观测，可从接收靶读取或量出顶部观测点的水平位移值和位移方向，亦可借助附于接收靶上的标示光点设施，直接获得各次观测的激光中心轨迹图和日照变形曲线图。

从建筑物外部观测时，可采用测角前方交会法或方向差交会法。对于单柱的观测，按不同量测条件，可选用经纬仪投点法、测顶部观测点与底部观测点之间的夹角法或极坐标法。按上述方法观测时，从两个测站对观测点的观测应同步进行。所测顶部的水平位移量与位移方向，应以首次测算的观测点坐标值或顶部观测点相对底部观测点的水平位移值作为初始值，与其他各次观测的结果相比较后计算求取。

（3）观测精度

日照变形观测的精度，可根据观测对象的不同要求和不同观测方法，具体分析确定。用经纬仪观测时，观测点相对测站点的点位中误差，对投点法不应大于±1.0mm，对测角法不应大于±2.0mm。

(4) 观测时间

日照变形的观测时间，宜选在夏季的高温天进行。一般观测项目，可在白天时间段观测，从日出前开始，日落后停止，每隔约1h观测一次。在每次观测的同时，应测出建筑物向阳面与背阳面的温度，并测定风速与风向。

2. 风振观测

风振观测是在高层、超高层建筑物受强风作用的时间段内同步测定建筑物的顶部风速、风向和墙面风压以及顶部水平位移，以获取风压分布、体型系数及风振系数。

(1) 风速、风向和风压观测

风速、风向观测，可在建筑物顶部天面的专设桅杆上安置两台风速仪，分别记录脉动风速、平均风速及风向，并在距建筑物约100～200m距离的一定高度（如10～20m）处安置风速仪记录平均风速，以与建筑物顶部风速比较观测风力在不同高度的变化。

风压观测，应在建筑物不同高度的迎风面与背风面外墙上，对应设置适当数量的风压盒作传感器，或采用激光光纤压力计与自动记录系统，以测定风压分布和风压系数。

(2) 水平位移测量方法

顶部水平位移观测可根据要求和现场情况选用下列方法：

1) 自动测记方法

①激光位移计自动测记法。位移计宜安置在建筑物底层或地下室地板上，接收装置可设在顶层或需要观测的楼层，激光通道可利用楼梯间梯井，测试室宜选在靠近顶部的楼层内。当位移计发射激光时，从测试室的光线示波器上可直接获取位移图像及有关参数，并自动记录成果。

②长周期拾振器测记法。将拾振器设在建筑物顶部天面中间，由测试室内的光线示波器记录观测结果。

③双轴自动电子测斜仪（电子水枪）测记法。测试位置应选在振动敏感的位置，仪器的x轴与y轴（水枪方向）应与建筑物的纵横轴线一致，并用罗盘定向，根据观测数据计算出建筑物的振动周期和顶部水平位移值。

④加速度计法。将加速度传感器安装在建筑物顶部，测定建筑物在振动时的加速度，通过加速度积分求解位移值。

⑤GPS实时动态差分测量法。将一台GPS接收机安置在距待测建筑物一段距离且相对稳定的基准站上，另一台接收机的天线安装在待测建筑物楼顶。接收机高度角5°以上范围应无建筑物遮挡或反射物。其他技术要求应符合本手册7.4.1.3的规定。

2) 经纬仪测角前方交会法或方向差交会法

此法适用于在缺少自动测记设备和观测要求不高时建筑物顶部水平位移的测定，但作业中应采取措施防止仪器受到强风影响。

(3) 位移观测精度

风振位移的观测精度，当用自动测记法时，应视所用仪器设备的性能和精确程度要求具体确定；当采用经纬仪观测时，观测点相对测站点的点位中误差不应大于±15mm。由实测位移值计算风振系数β时，可采用式（7-52）或式（7-53）计算：

$$\beta = (s + 0.5A)/s \tag{7-52}$$

或

$$\beta = (s_s + s_d)/s_s \tag{7-53}$$

式中　s——平均位移值（mm）；

A——风力振幅（mm）；

s_s——静态位移（mm）；

s_d——动态位移（mm）。

3. 动荷载作用下的变形观测

建筑在动荷载作用下会产生动态变形，因此需要测定其瞬时变形量，通过对变形数据的分析，了解变形特征、变形规律和变形趋势，以便采取应对措施。

（1）观测方法

动荷载作用下的变形测量宜采用多测（摄）站自动实时的同步观测系统。观测方法可采用全站仪自动跟踪测量方法、激光测量方法、位移传感器和加速度传感器测量方法、GPS动态实时差分测量法。各种测量方法的选用，应根据工程项目的特点、精度要求、变形速率、变形周期特性以及建（构）筑物的安全性等指标灵活选用，也可同时采用多种测量方法进行综合实时观测。

1）全站仪自动跟踪测量方法

当采用全站仪自动跟踪测量方法时，测站应设立在控制点或工作基点上，并采用有强制对中装置的观测台或观测墩；测站视野应开阔无遮挡，周围应设立安全警示标志；应同时具有防水、防尘设施。观测体上的变形点宜采用观测棱镜，距离较短时也可采用反射片。数据通信电缆宜采用光纤或专用数据电缆，并应安全敷设。连接处应采取绝缘和防水措施。作业前应将自动观测成果与人工测量成果进行比对，确保自动观测成果无误后，方能进行自动观测。测站和数据终端设备应备有不间断电源。数据处理软件应具有观测数据自动检核、超限数据自动处理、不合格数据自动重测、观测目标被遮挡时可自动延时观测以及变形数据自动处理、分析、预报和预警等功能。

2）激光测量方法

当采用激光测量方法时，激光器（包括激光经纬仪、激光导向仪、激光垂准仪等）宜安置在变形区影响之外或受变形影响较小的区域。激光器应采取防尘、防水措施。安置激光器后，应同时在激光器附近的激光光路上，设立固定的光路检核标志。整个光路上应无障碍物，光路附近应设立安全警示标志。目标板（或感应器），应稳固设立在变形比较敏感的部位并与光路垂直；目标板的刻划应均匀、合理。观测时，应将接收到的激光光斑调至最小、最清晰。

3）位移传感器和加速度传感器测量方法

各种类型位移传感器使用说明、接线方法、安装、调试方法和注意事项等都有各自的特点，使用单位可根据生产厂家的相关信息的要求，进行安装和使用。

4）GPS动态实时差分测量法

当采用GPS动态实时差分测量法时，应建立GPS参考站。GPS参考站应设立在变形区之外或受变形影响较小的地势较高区域。参考站上部天空应开阔，无高度角超过10°的障碍物，且周围无GPS信号反射物（大面积水域，大型建构物）及高压线、电视台、无线电发射源、微波站等干扰源。变形观测点，宜设置在建（构）筑物顶部变形比较敏感的部位，变形观测点的数目应依具体的项目和建（构）筑物的结构灵活布设，接收天线的安置应稳固，并采取保护措施，周围无高度角超过10°的障碍物。卫星接收数量不应少于5颗，应采用固定解成果。数据通信，长期的变形观测宜采用光纤电缆或专用数据电缆，短期的也可采用无线电数据链通信等。

（2）观测点位置

动态变形观测点应选在变形体受动荷载作用最敏感并能稳定牢固地安置传感器、接收靶、反光镜等照准目标的位置。

（3）观测精度

应根据观测体建筑设计时允许的最大位移量按照本手册7.11.1.3的规定推算变形观测的观测中误差。

7.11.4 变形监测数据处理与资料整理

当建筑变形观测结束后，首先要对各项观测数据，进行认真的检查和验算，剔除超限的观测值，并对存在的系统误差进行补偿改正。然后依据测量误差理论和统计检验原理对获得的观测数据进行处理、检查、限差验算并计算变形量，有条件时还应对观测点的变形进行几何分析，作出物理解释。

7.11.4.1 变形监测数据处理

1. 观测数据的检查和限差验算

根据测量内容按规范要求分别对水准测量、电磁波测距三角高程测量、三角测量、三边测量、导线测量和GPS测量观测数据进行检查和限差计算。

2. 平差计算

在检查和验算合格的基础上，应对变形观测数据进行平差计算。平差计算应使用严密的方法和经验证合格的软件系统来进行。对于多期观测成果，其平差计算应建立在一个统一的基准上。

变形测量平差计算规定：

（1）一般基准点应单独构网，每次对基准点都应进行复测，并应对其单独进行平差计算，确定基准点稳定后利用其对观测点进行监测并作为起算点。如果基准点与观测点统一构网，每期变形观测后，都应利用其中稳定的基准点作为起算点对观测网进行平差计算。

（2）对于GPS网，首先进行无约束平差，在基线向量检核符合要求后，以三维基线向量及其相应方差——协方差阵作为观测信息，以一个点的WGS-84系三维坐标作为起算依据，进行GPS网的无约束平差。无约束平差应提供各点在WGS-84系下的三维坐标，各基线向量三个坐标差观测值的改正数、基线长度、基线方位及相关的精度信息。无约束平差中，基线向量的改正数绝对值（$V_{\Delta X}$、$V_{\Delta Y}$、$V_{\Delta Z}$）应满足式（7-54）：

$$
\begin{aligned}
V_{\Delta X} &\leqslant 3\sigma \\
V_{\Delta Y} &\leqslant 3\sigma \qquad (7\text{-}54) \\
V_{\Delta Z} &\leqslant 3\sigma
\end{aligned}
$$

式中，σ为相应级别规定的精度（按该级别固定误差、比例误差及实际平均边长计算的标准差，以下各式同）。

无约束平差后，利用其可靠观测值，选择在 WGS-84 坐标系、地方独立坐标系下进行三维约束平差或二维约束平差。平差中，对已知点坐标、已知距离和已知方位，可以强制约束，也可加权约束。平差结果应输出在相应坐标系中的三维或二维坐标、基线向量改正数、基线边长、方位、转换参数及其相应的精度信息。约束平差中，基线向量的改正数与无约束平差结果的同名基线相应改正数的较差（$dV_{\Delta X}$、$dV_{\Delta Y}$、$dV_{\Delta Z}$）应满足式（7-55）：

$$\begin{aligned} dV_{\Delta X} &\leqslant 2\sigma \\ dV_{\Delta Y} &\leqslant 2\sigma \\ dV_{\Delta Z} &\leqslant 2\sigma \end{aligned} \tag{7-55}$$

否则，认为作为约束的已知坐标、已知距离、已知方向中存在一些误差较大的值应采用自动或人工的方法剔除这些误差较大的约束值，直至上式满足。

（3）变形测量成果计算和分析中的数据取位应符合表 7-54 的规定。

观测成果计算和分析中的数据取位要求 表 7-54

等级	角度（″）	边长（mm）	坐标（mm）	高程（mm）	沉降值（mm）	位移值（mm）
一、二级	0.01	0.1	0.1	0.01	0.01	0.1
三 级	0.1	0.1	0.1	0.1	0.1	0.1

注：特级变形测量的数据取位，根据需要确定。

3. 变形监测分析

（1）基准点稳定性分析

不论基准点单独构网或与观测点统一构网，每次复测后，根据本次基准点复测数据与上次数据的差值，经比较进行判断。当采用相邻复测数据不能进行判断时，应通过统计检验的方法进行稳定性检测分析。

（2）观测点变化分析

1）对于观测点的变化，可依相邻两期观测成果中观测点的平差值之差与最大测量误差（取中误差的两倍）相比较进行。当平差值之差小于最大误差时，可认为观测点在这一周期内没有变动或变动不显著。

2）对多周期观测成果，如相邻周期平差值之差虽然很小，但呈现出一定的趋势，则应视为有变动。

（3）变形趋势分析

变形监测数据处理方法分为统计学方法和确定性方法两大类，其中统计学方法是以监测数据为基础，利用各种数理统计方法建立预报模型，从而达到对监测对象进行分析和预测今后变形趋势。工程中常用的监测数据处理典型方法如下：

1）监测曲线形态判断法

根据变形观测收集和记录的数据，求得监测时间、变形量（包括应力、应变）、施工状态（阶段）、荷载等参数，绘制变形过程曲线是一种最简单、直观而有效的数据处理方法。由过程曲线可找出监测对象不同时间的变形值和变形发展趋势，预测可能出现的最大变形值，由此判断出安全状态。

变形过程曲线有时间—变形曲线、时间—荷载—变形曲线等，通常将时间作为横轴，其他变形量等作为纵轴，表示方法见图 7-142 和图 7-143。

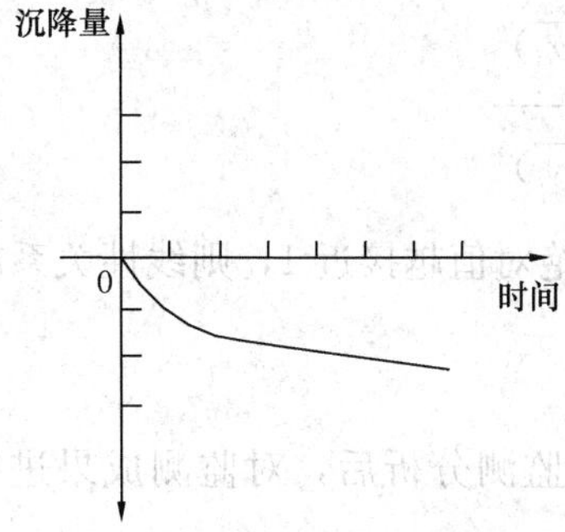

图 7-142 时间—变形曲线

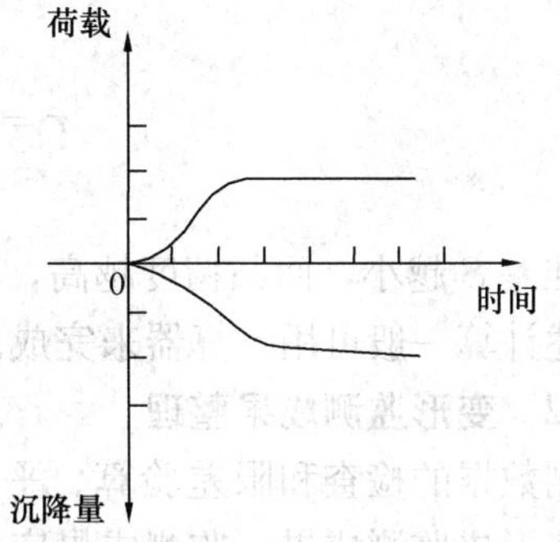

图 7-143 时间—荷载—变形曲线

2）回归分析

回归分析是数理统计中处理变量之间关系的常用方法。对一组监测数据进行处理时，通过回归分析找出引起变形原因与变形值之间的内在联系和统计规律。研究、处理两个变量之间关系的回归分析称为一元回归分析；研究、处理多个变量的回归分析称为多元回归分析。下面主要介绍一元线性回归分析。

当两个变量之间关系为线性时，则称一元线性回归分析，可用 $y=a+bx$ 函数进行回归。由于观测误差因素的影响，观测值并不符合上式要求，而产生观测误差 Δ，则

$$\Delta=y-(a+bx) \tag{7-56}$$

对于一组观测值来说，则有 $\Delta_i=y_i-(a+bx_i)$。

按最小二乘法估计原理，应在 $[\Delta\Delta]=\min$ 的条件下求回归常数 a 和回归系数 b 的估值，

即
$$M=\sum_{i=1}^{n}(y_i-\overline{y_i})^2=\sum_{i=1}^{n}(y_i-a-bx_i)^2=\min \tag{7-57}$$

为此，a、b 必须满足下列方程

$$\frac{\partial M}{\partial a}=-2\sum_{i=1}^{n}[y_i-(a+bx_i)]=0 \tag{7-58}$$

$$\frac{\partial M}{\partial b}=-2\sum_{i=1}^{n}(y_i-a-bx_i)x_i=0 \tag{7-59}$$

由此可以计算出回归常数 a 和回归系数 b 的估值

$$a=\overline{y}-b\overline{x} \tag{7-60}$$

$$b=\frac{\sum_{i=1}^{n}x_iy_i-\frac{1}{n}\sum_{i=1}^{n}x_i\sum_{i=1}^{n}y_i}{\sum_{i=1}^{n}x_i^2-\frac{1}{n}\left(\sum_{i}x_i\right)^2} \tag{7-61}$$

判断回归方程的有效性，还要计算和分析回归方程的剩余标准差 S 和相关系数 r。剩余标准差 S 和相关系数 r 可利用式（7-62）和式（7-63）计算：

$$S=\sqrt{\frac{1}{n-2}\sum_{i=1}^{n}(y_i-\overline{y_i})^2} \tag{7-62}$$

$$r = b\sqrt{\frac{\sum_{i=1}^{n}(x_i - \overline{x_i})^2}{\sum_{i=1}^{n}(y_i - \overline{y_i})^2}} \tag{7-63}$$

剩余标准差 S 越小，回归精度越高，相关系数 r 的绝对值越接近 1，则线性关系越好。

上述计算一般可用计算器来完成。

7.11.4.2　变形监测成果整理

观测数据的检查和限差验算、平差计算、变形监测分析后，对监测成果进行整理分析，最终形成监测成果。监测成果应包含如下内容：

1. 技术设计或监测方案；
2. 变形监测基准点和观测点位置图；
3. 标石和标志规格及埋设图；
4. 仪器检验与校正资料；
5. 平差计算、质量评定资料及成果表；
6. 变形体变形量随时间、荷载等变化的时态曲线图；
7. 变形监测技术报告。

7.11.5　远程自动化监测

很多情况下，由于监测对象位置不能或不适合接近，但需要实时了解变形状况和稳定状态，同时也为提高监测效率，由此发展了远程监测技术。远程实时监控就是利用现代计算机技术、现代控制技术和现代网络通信技术对监测对象的状态进行全面的监测、控制和管理。远程监测技术所形成的智能化、自动化监测系统，可以对各种物理量的测量传感器进行数据采集、实时监控、在线运算以及分析处理，及时向施工、设计、业主等单位反馈信息，为保障工程建设过程中建设项目和工程环境安全，为工程的顺利进展，远程自动化监测发挥了重要作用。

远程自动化监测方法很多，本章仅简单介绍全站仪自动跟踪测量方法、三维激光扫描测量方法及 GPS 动态实时差分测量法。

7.11.5.1　全站仪自动跟踪测量方法

当采用全站仪自动跟踪测量方法进行远程自动化监测时，应建立远程自动化监测系统，该系统包括具有自动识别目标、自动跟踪测量功能，带有马达驱动自动照准装置的全站仪；在测站和数据终端间连接的数据通信电缆以及室内控制电脑等组成，通过室内控制电脑的指令进行远程自动化监测。

1. 仪器设备要求

对于监测使用的全站仪要带有马达驱动自动照准装置，具有自动识别目标、自动跟踪测量功能，测角精度不应低于±1″，测距精度不应低于±（2mm＋2ppm×D）。角度和距离观测的测回数应根据监测精度要求进行设计。数据通信电缆宜采用光纤或专用数据电缆，为保证数据传输安全，连接处应采取绝缘和防水措施，同时测站和数据终端设备应备有不间断电源，以防电源中断。

2. 测站和变形观测点要求

安置监测仪器的测站应为基准点或工作基点，测站必须采用有强制对中装置的观测台或观测墩。为满足长时间观测要求，测站视野应开阔无遮挡，周围应设立醒目的安全警示标志。同时还要具有防水、防尘设施。观测体上的变形点应采用观测棱镜，距离较短时也可采用反射片。

3. 观测与数据处理要求

作业前应将自动观测成果与人工测量成果进行比对，确保自动观测成果无误后，方能进行自动观测。

数据处理软件应具有观测数据自动检核、超限数据自动处理、不合格数据自动重测、观测目标被遮挡时可自动延时观测以及变形数据自动处理、分析、预报和预警等功能。

7.11.5.2 三维激光扫描测量方法

三维激光扫描技术是利用激光测距的原理，通过记录被测物体表面大量的密集的点的三维坐标信息和反射率信息，将各种大实体或实景的三维数据完整地采集到电脑中，进而快速复建出被测目标的三维模型及线、面、体等各种图件数据，结合专业应用软件可进行点云数据编辑、拼接、数据点三维空间量测、点云数据可视化、空间数据三维建模、纹理分析处理和数据转换等功能。

1. 三维激光扫描系统的原理和组成

目前三维激光扫描仪包含两种类型的产品：脉冲式与相位式。脉冲式扫描仪在扫描时激光器发射出单点的激光，记录激光的回波信号。通过计算激光的传播时间，来计算目标点与扫描仪之间的距离。相位式扫描仪是发射出一束不间断的整数波长的激光，通过计算从物体反射回来的激光波的相位差，来计算和记录目标物体的距离。这样连续地对空间以一定的取样密度进行扫描测量，就能得到被测目标物体的密集的三维彩色散点数据，称作点云（PointCloud）。

三维激光扫描系统包括扫描仪和一体化的处理软件。一体化的处理软件包含了数据采集、拼接、建模、纹理贴图和数据发布几大功能模块。

2. 维激光扫描成果形式

（1）原始点云数据

点云数据是实际物体的真实尺寸的复原，是目前最完整、最精细和最快捷的对物体现状进行档案保存的手段。点云数据不但包含了对象物体的空间尺寸信息和反射率信息，结合高分辨率的外置数码相机，可以逼真地保留对象物体的纹理色彩信息；结合其他测量仪器诸如全站仪、GPS，可以将整个扫描数据放置在一定的空间坐标系内。通过软件，可以在点云中实现漫游、浏览和对物体尺寸、角度、面积、体积等的量测，直接将对象物体移到电脑中，利用点云在电脑中完成传统的数据测绘工作。

（2）线画图

作为传统建筑测绘图件，包括平面图，立面图和剖面图等。这些图件可以表示建筑物内部的结构或构造形式、分层情况，说明建筑物的长、宽、高的尺寸，门窗洞口的位置和形式，装饰的设计形式和各部位的联系和材料等。利用点云数据，在 CAD 中使用插件，可以方便地做出所需相应图件。

（3）发布在网络上的点云数据

利用软件中的发布模块和软件，扫描的点云可以发布在互联网上，让远端用户通过互联网有如置身于真实的现场环境之中。发布的点云不但可以网上浏览，还可以实现基于互联网的量测、标注等。

(4) 模型

三维激光扫描仪扫描的数据可以利用 Cyclone 或其他第三方软件进行建模，构建 mesh 格网模型，再通过纹理映射或是导入到其他三维软件中进行纹理贴图，最终得到数字化的模型。

7.11.5.3　GPS 动态实时差分测量法

高层建筑、桥梁等大型结构在特殊环境外力，如强台风、地震等的作用下产生的运动响应，可能会产生破坏性的影响，因此对大型结构尤其是高层结构物受外力作用下运动位置的实时连续监测是高层建筑物监测中非常重要的一个环节。

GPS 动态实时差分测量方法与传统手段相比，具有直接获取运动物体的空间三维绝对位置，并可以分析得到运动的频率和振幅；独立数据采样，可以更高精度捕获建筑物的运动位置和频率；全天候、24h 连续进行高速采样率观测；对其他监测系统进行独立检核等优点。

图 7-144　观测点位置

1. 参考站设置

GPS 参考站要设置在变形区以外的地势高处，参考站上方避免高度角超过 10°的障碍物，附近不应有大面积的水域或对电磁波反射（或吸引）强烈的物体，以避开多路径效应影响，同时要远离无线电发射装置和高压输电线，避免干扰。

2. 观测点设置

观测点宜设置在建筑物的顶部变形敏感部位，变形观测点数量根据建筑结构要求布设，接收天线埋设稳固并有保护装置，周围无高度角超过 10°的障碍物，见图 7-144。

3. 系统功能

监测系统具有集成化、一体化的特征，具有遥测遥控、数据远程传输、预警、一体化网络功能。通过自动化监测系统可以对异常、潜在隐患实现实时监控。大量监测数据自动传输至监测中心，进行数据存储、查询和比较验证。借助的系统配套软件，可迅速对此数据进行分析，对既有线结构健康状态进行评估。

7.12　竣工总图的编绘与实测

建筑工程项目施工结束后，应根据工程的需要进行竣工总图的编绘和实测工作。竣工总图是提供工程竣工成果的重要组成部分，它是验收和评价工程施工质量的基本依据之一。竣工总图一般根据设计和施工资料进行编绘，当资料不全或施工变更无法完全编绘时，应进行更加翔实的测绘工作。

7.12.1 竣工总图的编绘

7.12.1.1 编绘竣工总图的一般规定

1. 建筑工程项目竣工后，应根据工程需要编绘或实测竣工总图。有条件时，宜采用数字竣工图。

竣工总图及附属资料是验收和评价工程质量的依据。竣工总图编绘完成后，应经原设计及施工单位技术负责人审核、会签。

编绘竣工总图，需要在施工过程中收集一切相关的资料，加以整理，及时进行编绘。

竣工总图的比例尺，宜选用1/500；坐标系统、高程系统、图幅大小、图上注记、线条规格，应与原设计图一致。图例符号应采用现行国家标准《总图制图标准》（GB/T 50103）。

对于复杂场区，地上、地下管线密集，可采用计算机辅助绘图系统（CAD）或地理信息系统GIS进行绘制。

2. 竣工总图的编制，应符合下列规定：

（1）地面建（构）筑物，应按实际竣工位置和形状进行编制。

（2）地下管道及隐蔽工程，应根据回填前的实测坐标和高程记录进行编制。

（3）施工中，应根据施工情况和设计变更文件及时编制。

（4）对实测的变更部分，应按实测资料编制。

（5）当平面布置改变超过图上面积1/3时，不宜在原施工图上修改和补充，应重新编制。

3. 竣工总图的绘制，应满足下列要求：

（1）应绘出地面的建（构）筑物、道路、铁路、地面排水沟渠、树木及绿化地等。

（2）矩形建（构）筑物的外墙角，应注明两个以上点的坐标。

（3）圆形建（构）筑物，应注明中心坐标及接地处半径。

（4）主要建筑物，应注明室内地坪高程。

（5）道路的起终点、交叉点，应注明中心点的坐标和高程；弯道处，应注明交角、半径及交点坐标；路面，应注明宽度及铺装材料。

（6）当不绘制分类专业图时，给水管道、排水管道、动力管道、工艺管道、电力及通信线路等在总图上的绘制，还应符合分类专业图的相应具体规定。

7.12.1.2 编绘竣工总平面图的准备工作

1. 绘制前准备

总平面图的编绘，应收集以下各种资料：总平面布置设计图；施工设计图纸；设计变更文件；施工检测记录；竣工测量资料；其他相关资料。

2. 竣工总平面图比例尺的选择

竣工总平面图的比例尺，宜选用1/500。也可根据建筑规模大小和密集程度参考下列规定：小区内为1/500或1/1000；小区外为1/1000～1/5000。采用CAD或专用软件编辑时，单位宜设为m，比例可提前设定，也可出图时设定。

3. 绘制竣工总图图底坐标方格网

为了能长期保存竣工资料，竣工总图应采用质量较好的图纸。聚酯薄膜作为常用图纸，具有坚韧、透明、不易变形等特性，但要选用毛面颗粒大小适中、均匀，以增加绘图墨水的附着力。

编绘竣工总平面图，首先要在图纸上精确地绘出坐标方格网。一般使用坐标格网尺和比例尺来绘制。坐标格网绘好后，应立即进行检查。其精度应符合下列规定：

(1) 方格网实际长度与名义长度之差不应大于0.2mm；

(2) 图廓对角线长度与理论长度之差不应大于0.3mm；

(3) 控制点间图上长度与坐标反算长度之差不应大于0.3mm。

在当前计算机技术水平下，应尽量采用电子制图的方法绘制，常用的制图软件为计算机辅助设计（CAD）制图软件和相关地理信息系统（GIS）软件。

4. 展绘控制点

以图底上绘出的坐标方格网为依据，将施工控制网点按坐标展绘在图上。细部点展绘对所邻近的方格线而言，其允许偏差为±0.2mm。

采用电子制图的方法绘制时，应注意绘图坐标系的选择，*X*、*Y* 坐标互换等设置问题。控制点输入可采用“点”或“线”命令输入，亦可用自动展点命令批量输入所有的点。

5. 展绘设计总平面图

在编绘竣工总图之前，应根据坐标格网，先将设计总平面图的图面内容，按其设计坐标，用铅笔展绘于图纸上，作为底图。

7.12.1.3 竣工总平面图的编绘

1. 绘制竣工总图的依据

(1) 设计总平面图、单体工程平面图、纵横断面图和设计变更资料；对设计总平面图，宜进行扫描数字化，便于进行电子编辑绘图。

(2) 定位测量资料、施工检查测量及竣工测量资料。

2. 根据设计资料展点成图

凡按设计坐标定位施工的工程，应以测量定位资料为依据，按设计坐标（或相对尺寸）和标高编绘。建筑物和构筑物的拐角、起止点、转折点应根据坐标数据展点成图；对建筑物和构筑物的附属部分，如无设计坐标，可用相对尺寸绘制。

若原设计变更，则应根据设计变更资料编绘。

3. 根据竣工测量资料或施工检查测量资料展点成图

在工业与民用建筑施工过程中，在每一个单体工程完成后，应该进行竣工测量，并提出该工程的竣工测量成果。

对凡有竣工测量资料的工程，若竣工测量成果与设计值之比差不超过所规定的定位允许偏差时，按设计值编绘；否则应按竣工测量资料编绘。

4. 展绘竣工位置时的要求

根据上述资料编绘成图时，对于厂房应使用黑色墨线绘出该工程的竣工位置，并应在图上注明工程名称、坐标和标高及有关说明。对于各种地上、地下管线，应用各种不同颜色的墨线绘出其中心位置，注明转折点及井位的坐标、高程及有关注明。在一般没有设计变更的情况下，墨线绘的竣工位置与按设计原图用铅笔绘的设计位置应该重合，但坐标及标高数据与设计值比较有的会有微小出入。随着施工的进展，逐渐在底图上将铅笔线都绘成为墨线。

在图上按坐标展绘工程竣工位置时，与展绘控制点的要求一样，均以坐标格网为依据进行展绘，展点对邻近的方格而言，其允许偏差为±0.3mm。

5. 当竣工总图中图面负载较大但管线不甚密集时，除绘制总图外，可将各种专业管线合并绘制成综合管线图。综合管线图的绘制，也应满足分类专业图的相应要求。

6. 分类竣工总平面图的编绘

对于大型工矿企业、居民住宅小区和较复杂的工程，如将场区地上、地下所有建筑物和构筑物都绘在一张总平面图上，这样将会形成图面线条密集，不易辨认。为了使图面清晰醒目，便于使用，可根据工程的密集与复杂程度，按工程性质分类编绘竣工总平面图。

电子编辑绘图时，复杂的总图，应按专业，分图层进行绘制。

(1) 综合竣工总平面图

综合竣工总平面图即总体竣工总平面图，包括地上地下一切建筑物、构筑物和竖向布置及绿化情况等。如地上地下管线及运输线路密集，只编绘主要的。

(2) 工业管线竣工总平面图

工业管线竣工总平面图又可根据工程性质分类编绘，如上下水道竣工总平面图、动力管道竣工总平面图等。

(3) 随工程的竣工相继进行编绘

工业企业竣工总平面图的编绘，最好的办法是：随着单位或系统工程的竣工，及时地编绘单位工程或系统工程平面图；并由专人汇总各单位工程平面图编绘竣工总平面图。这样可及时利用当时竣工测量成果进行编绘，如发现问题，能及时到现场实测查对。同时由于边竣工边编绘竣工总平面图，可以考核和反映施工进度。

7. 竣工总图的图面内容和图例

竣工总图的图面内容和图例，一般应与设计图一致。图例不足时，可补充编制，但必须加以图例说明。

7.12.1.4 竣工总图的附件

为了全面反映竣工成果，便于管理、维修和日后扩建或改建，下列与竣工总图有关的一切资料，应分类装订成册，作为竣工总图附件的保存。

1. 地下管线竣工纵断面图。
2. 建筑场地及其附近的测量控制点布置图及坐标与高程成果一览表。
3. 建筑物或构筑物沉降及变形观测资料。
4. 工程定位、检查及竣工测量的资料。
5. 设计变更文件。
6. 建设场地原始地形图。

7.12.2 竣工总图的实测

7.12.2.1 实测范围

凡属下列情况之一者，必须进行现场实测，以编绘竣工总图：

1. 由于未能及时提出建筑物或构筑物的设计坐标，而在现场指定施工位置的工程；
2. 设计图上只标明工程与地物的相对尺寸而无法推算坐标和标高；

3. 由于设计多次变更，而无法查对设计资料；

4. 竣工现场的竖向布置、围墙和绿化情况，施工后尚保留的大型临时设施。

为了进行实测工作，可以利用施工期间使用的平面控制点和水准点进行施测。如原有控制点不够使用时，应补测控制点。

建筑物或构筑物的竣工位置应根据控制点采用极坐标法或直角坐标法实测其坐标。实测坐标与标高的精度应不低于建筑物和构筑物的定位精度。外业实测时，必须在现场绘出草图，最后根据实测成果和草图，在室内进行展绘，成为完整的竣工总平面图。

7.12.2.2 实测内容

1. 建筑小区市政测量

(1) 应绘出地面的建（构）筑物、道路、架空与地面上的管线、地面排水沟渠、地下管线等隐蔽工程、绿地园林等设施。

(2) 建筑小区道路中心线起点、终点、交叉点应测定坐标与高程，变坡点与直线段每30～40m处应测量高程；曲线应测量转角、半径与交点坐标，路面应注明材料与宽度。

(3) 架空电力线与电信线杆（塔）中心、架空管道应测量支架中心的起点、终点、转点、交叉点坐标，注坐标的点与变坡点应测量基座面或地面的高程，与道路交叉处应测量净空高度。

2. 建（构）筑物测量

(1) 对地上建（构）筑物外部轮廓线的测量

1) 应测量建（构）筑物外部轮廓线、规划许可证附图中标注坐标的建（构）筑物外轮廓点位。

2) 建（构）筑物外部轮廓线平面图形、次要点位及其附属、配套设施的测量可采用极坐标法或数字化成图法。采用极坐标法应记录观测数据；采用数字化成图法应符合《城市测量规范》(CJJ 8) 的规定；平面图绘制可根据建筑规模选定比例尺，尽量与原施工图比例尺一致。

(2) 主要角点距四至的距离测量

建（构）筑物四至边界点坐标宜实地测量，也可利用验线的测量成果。建（构）筑物与四至的距离测量可采用实量法或解析法。建（构）筑物每侧应计算的数据，应与规划许可证附图中标注的位置、数据一一对应。

(3) 建（构）筑物的高度测量

1) 应测量建（构）筑物的高度、层数和建（构）筑物室外地坪的高程，并在建设工程竣工测量成果报告书中绘制楼高示意图。

2) 平屋顶建（构）筑物的高度，应测量女儿墙顶到室外地坪的高度；坡屋面或其他曲面屋顶建（构）筑物的高度，应测量建（构）筑物外墙皮与屋面板交点至室外地坪的高度。

3) 楼高示意图应标注整体高度、女儿墙顶至楼顶、楼顶至设计±0、设计±0 至室外地坪的高度；如果室外地坪没有成形，应标注整体高度、女儿墙顶至楼顶、楼顶至设计±0、设计±0 至散水的高度；如果散水也没成形，应标注整体高度、女儿墙顶至楼顶、楼顶至设计±0 的高度，同时应在“说明”栏注明“现场室外地坪（散水）未成形”。

4) 阶梯式建筑应测出各楼层的高度，各楼层要标出分段高差和整体高度。一个楼高示意图表示不清的应绘制多个楼高示意图。

5）室外地坪或散水高程应标注在楼高示意图上。

（4）地下建（构）筑物的测量

1）地下建（构）筑物包括地下水泵房、地下配电室、地下停车场、地下人防工程、过街地道、地下商场和地下隐蔽工程等。应测量地下建（构）筑物外部轮廓线、地下建（构）筑物高度、主要细部点位距四至的距离，外部轮廓线及主要细部点位是内墙时，应在竣工测量成果图中说明。

2）规划许可证附图中需要标注坐标的点位，其水平角应左、右角各观测一测回，圆周角闭合差不应大于±60″，其他点位可采用碎部测量方法。

（5）地下管线测量

地下管线是指埋设在道路下的给水、排水、燃气、热力、工业等各种管道、电力、电信电缆以及地下管线综合管沟（廊）等。地下管线是建筑小区重要的组成部分，对建筑小区的运营管理极为重要。

地下管线细部点应按种类顺线路编号，编号宜采用“管线代号＋线号＋顺序号”组成，管线代号按本节上表的规定执行，管线起点、交叉点和终点应注编号全称，其他点可仅注顺序号，管线交叉点仅编一个号，四通应顺干线编号，排水管道应顺水流方向编号。

地下管线细部测量应测出地下管线起点、终点、转折点、分支点、交叉点、变径点、变坡点、主要构筑物中心，直线段宜每隔150m一点和曲线段起、中、终三点的坐标与高程（相近同高的细部点可测一个高程）。对于同种类双管或多管并行的直埋管线，当两最外侧管线的中心间距不大于1m时，应测并行管线的几何中心；大于1m时，应分别测各管线的中心。有检查井的管线可测井盖中心，地下管线小室应以检查井中心为定向点量测小室地下空间尺寸。

非自流管线应在回填土之前，而自流管道可在回填土之后测量其特征点的实际位置。特殊情况不能在回填土前测量时，则可先用三个固定地物用距离交会法拴出点位，测出与一个固定地物的高差，待以后还原点位再测坐标和联测高程。

7.12.2.3 竣工总图实测方法

1. 平面和高程控制测量的手段和方法与原施工控制测量方法相同，应充分利用原有的测量成果和点位。原有的控制点桩遭到破坏后，应重新建立或恢复控制网，点位精度能满足施测细部点精度要求为准。

2. 细部点的测量宜采用全站仪三维坐标法进行测定，便于数字成图和电子编辑。某些隐蔽点，可采用其他碎部点测量法进行观测，如距离交会法等。

参 考 文 献

1 建筑施工手册(第四版)编写组．建筑施工手册(第四版)．北京：中国建筑工业出版社，2003

2 工程测量规范(GB 50026—2007)．北京：中国计划出版社，2007

3 建筑变形测量规范(JGJ 8—2007)．北京：中国建筑工业出版社，2007

4 城市轨道交通工程测量规范(GB 50308—2008)．北京：中国建筑工业出版社，2008

5 建筑施工测量技术规程(DB 11/T 446—2007)．北京市建设委员会，2007

6　北京城建集团．建筑结构工程施工工艺标．北京：中国计划出版社，2004
7　北京城建集团．地基与基础工程施工工艺．北京：中国计划出版社，2004
8　全球定位系统 GPS 测量规范(GB/T 18314—2001)．北京：中国标准出版社，2001
9　文孔越，高德慈．土木工程测量．北京：北京工业大学出版社，2002
10　陈龙飞，金其坤．工程测量．上海：同济大学出版社，1990
11　张正禄，李广云，潘国荣，等．工程测量学．武汉：武汉大学出版社，2005
12　李青岳，张永奇．工程测量学(第 2 版)．北京：测绘出版社，1995
13　於宗寿，鲁林成．测量平差(第二版)．北京：测绘出版社，1983
14　秦长利．城市轨道交通工程测量．北京：中国建筑工业出版社，2008
15　秦长利．城市轨道交通工程变形监测的精度要求和频率探讨．城市勘测，2007
16　秦长利．城市轨道交通工程变形监测测量精度探讨．都市快轨交通，2008
17　JoelVanCranebroek，尤相骏，刘珂，张维．应用于世界最高建筑物的最小 GPS 网
18　电梯工程施工质量验收规范(GB 50310—2002)．北京：中国建筑工业出版社，2002
19　朱昌明，洪致育，张惠桥编著．电梯与自动扶梯原理·结构·安装·测试．上海：上海交通大学出版社，1995
20　朱德文．电梯施工技术．北京：中国电力出版社，2005
21　张元培．电梯与自动扶梯的安装维修．北京：中国电力出版社，2006
22　北京城建集团编制．建筑　路桥　市政工程施工工艺标准：电梯　智能建筑施工工艺标准(第Ⅶ分册)．北京：中国计划出版社，2004
23　城市地下管线探测技术规程(CJJ 61—2003)．北京：中国建筑工业出版社，2003
24　钢结构工程施工质量验收规范(GB 50205—2001)．北京：中国计划出版社，2001

8 土石方及爆破工程

8.1 土石的性质及分类

8.1.1 土石的基本性质

8.1.1.1 土的基本物理性质指标

土的物理性质就是指三相的质量与体积之间的相互比例关系及固、液两相相互作用表现出来的性质。它在一定程度上反映了土的力学性质，所以物理性质是土的最基本的工程特性。土的三相结构见图 8-1。

土的基本物理性质指标见表 8-1。

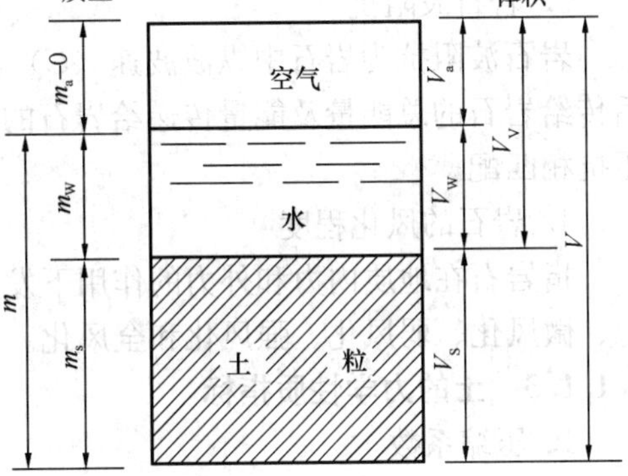

图 8-1 土的三相图

8.1.1.2 岩石的基本物理性质指标

1. 密度 ρ

ρ 为岩石的颗粒质量与所占体积之比。一般常见岩石的密度在 1400 ~ 3000kg/m^3 之间。

2. 孔隙率

孔隙率为岩土中孔隙体积（气相、液相所占体积）与岩土的总体积之比，也称孔隙度。常见岩石的孔隙率一般在 0.1% ~ 30%之间。随着孔隙率的增加，岩石中冲击波和应力波的传播速度降低。

土的基本物理性质指标 **表 8-1**

名称	定　义	符号	单位	表达式	测定方法	备　注
密度	土在天然状态下单位体积的质量	ρ	kg/m^3 或 g/cm^3	$\rho=\frac{m}{V}=\frac{m_s+m_w+m_a}{V_s+V_w+V_a}$	采用环刀法直接测定	随着土的颗粒组成、孔隙的多少和水分含量而变化
比重	土的质量（或重量）与同体积 4℃时纯水的质量之比（无因次）	G_s		$G_s=\frac{m_s}{V_s\times(\rho_w)_{4℃}}=\frac{\rho_s}{(\rho_w)_{4℃}}$	比重瓶法	
含水率	土中水的质量与土粒质量之比，以百分数表示	ω	%	$w=\frac{m_w}{m_s}\times100\%$	烘干法	对挖土的难易、土方边坡的稳定性、填土的压实等均有影响

续表

名称	定　义	符号	单位	表达式	测定方法	备　注
孔隙比	土中孔隙的体积与土粒的体积之比	e		$e=\frac{V_v}{V_s}$	计算求得	
孔隙率	土中的孔隙的体积与总体积之比	n	%	$n=\frac{V_v}{V}\times 100\%$	计算求得	
饱和度	土中孔隙水体积与孔隙体积之比	S_r	%	$S_r=\frac{V_w}{V_v}\times 100\%$	计算求得	
干密度	单位体积内土粒的质量	ρ_d	kg/m^3 或 g/cm^3	$\rho_d=\frac{m_s}{V}$	试验方法测定后计算	常用它来控制填土工程的施工质量
饱和密度	孔隙完全被水充满，处于饱和状态时单位体积质量	ρ_{sat}	kg/m^3 或 g/cm^3	$\rho_{sat}=\frac{m_s+V_v\times\rho_w}{V}$	计算求得	

3. 岩石波阻抗

岩石波阻抗为岩石中纵波波速（C）与岩石密度（ρ）的乘积。这一性质与炸药爆炸后传给岩石的总能量及能量传递给岩石的效率有直接关系。爆破要求炸药波阻抗与岩石波阻抗相匹配。

4. 岩石的风化程度

指岩石在地质内力和外力的作用下发生破坏疏松的程度。岩石的风化程度分为：未分化、微风化、弱风化、强风化和全风化。

8.1.1.3　土的力学性质指标

1. 压缩系数

土的压缩性通常用压缩系数（或压缩模量）来表示，其值由原状土的压缩试验确定。

压缩系数按下式计算：

$$a=1000\times\frac{e_1-e_2}{p_1-p_2} \tag{8-1}$$

式中　1000——单位换算系数；

a——土的压缩系数（MPa^{-1}）；

p_1、p_2——固结压力（kPa）；

e_1、e_2——相对应的 p_1、p_2 时的孔隙比。

评价地基压缩性时，按 p_1 为 100kPa，p_2 为 200kPa。相应的压缩系数值以 $a_{1\sim2}$ 划分为低、中、高压缩性，并应按以下规定进行评价：

（1）当 $a_{1\sim2}<0.1MPa^{-1}$时，为低压缩性土；

（2）当 $0.1\leqslant a_{1\sim2}<0.5MPa^{-1}$时，为中压缩性土；

（3）当 $a_{1\sim2}\geqslant 0.5MPa^{-1}$时，为高压缩性土。

2. 压缩模量

工程上常用室内试验，求压缩模量 E_s 作为土的压缩性指标。压缩模量按下式计算：

$$E_s=(1+e_0)/a \tag{8-2}$$

式中 E_s——土的压缩模量（MPa）；

e_0——土的天然（自重压力下）孔隙比；

a——从土的自重应力至土的自重加附加应力段的压缩系数（MPa^{-1}）。

用压缩模量划分压缩性等级和评价土的压缩性，可按表 8-2 规定。

地基土按 E_s 值划分压缩性等级的规定 **表 8-2**

室内压缩模量 E_s（MPa）	压缩等级	室内压缩模量 E_s（MPa）	压缩等级
<2	特高压缩性	7.6～11	中压缩性
2～4	易压缩性	11～15	中低压缩性
4.1～7.5	中高压缩性	>15	低压缩性

3. 抗剪强度

土在外力作用下抵抗剪切滑动的极限强度，用室内直剪、三轴剪切、十字板剪切、标准贯入、动力触探、静力触探等试验方法测定，是评价地基承载力，边坡稳定性、计算土压力的重要指标。

（1）抗剪强度计算

土的抗剪强度一般按下式计算：

$$\tau_f = \sigma \cdot \text{tg}\varphi + c \tag{8-3}$$

式中 τ_f——土的抗剪强度（kPa）；

σ——作用于剪切面上的法向应力（kPa）；

φ——土的内摩擦角（°），剪切试验法向应力与剪应力曲线的切线倾斜角；

c——土的黏聚力(kPa)，剪切试验中土的法向应力为零时的抗剪强度，砂类土 $c=0$。

（2）土的内摩擦角 φ 和黏聚力 c 的求法

同一土样，切取不少于 4 个环刀进行不同垂直压力作用下的剪力试验后，绘制抗剪强度 τ 与法向应力 σ 的相关直线，直线交 τ 值的截距即为土的黏聚力 c，砂土的 $c=0$，直线的倾斜角即为土的内摩擦角 φ，见图 8-2。

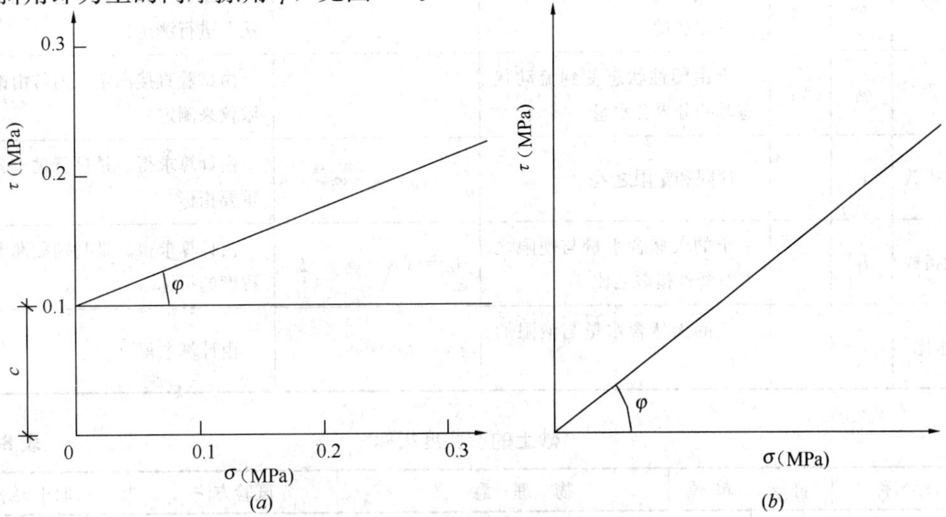

图 8-2 抗剪强度与法向应力的关系曲线

（a）黏性土；（b）砂土

8.1.1.4　岩石的力学性质指标

岩石的力学性质可视为其在一定力场作用下性态的反映。岩石在外力作用下将发生变形，这种变形因外力的大小、岩石物理力学性质的不同会呈现弹性、塑性、脆性性质。当外力继续增大至某一值时，岩石便开始破坏，岩石开始破坏时的强度称为岩石的极限强度。因受力方式的不同而有抗拉、抗剪、抗压等强度极限。与我们工程爆破施工相关的力学性质，如表8-3。

岩石的主要力学性质　　表8-3

名称		定义
变形特征	弹性	岩石受力后发生变形，当外力解除后恢复原状的性能
	塑性	当岩石所受外力解除后，岩石没能恢复原状而留有一定残余变形的性能
	脆性	在外力作用下，不经显著的残余变形就发生破坏的性能
强度特征	单轴抗压强度	岩石试件在单轴压力下发生破坏时的极限强度
	单轴抗拉强度	岩石试件在单轴拉力下发生破坏时的极限强度
	抗剪强度 τ	岩石抵抗剪切破坏的最大能力 用发生剪断时剪切面上的极限应力表示，它与对试件施加的压应力 σ、岩石的内聚力 c 和内摩擦角 φ 有关，即 $\tau=\sigma\tan\varphi+c$
弹性模量 E		岩石在弹性变形范围内，应力与应变之比
泊松比 μ		岩石试件单向受压时，横向应变与竖向应变之比

8.1.1.5　黏性土、砂土的性质指标

黏性土、砂土的性质指标见表8-4、表8-5。

黏性土的可塑性指标　　表8-4

指标名称	符号	单位	物理意义	表达式	附注
塑限	ω_P	%	土由固态变到塑性状态时分界含水量		由试验直接测定（通常用“搓条法”进行测定）
液限	ω_L	%	土由塑性状态变到流动状态时的分界含水量		由试验直接测定（通常由锥式液限仪来测定）
塑性指数	I_P		液限和塑限之差	$I_P=\omega_L-\omega_P$	由计算求得。是进行黏土分类的重要指标
液性指数	I_L		土的天然含水量与塑限之差对塑性指数之比	$I_L=(\omega_L-\omega_P)/I_P$	由计算求得。是判别黏性土软硬程度的指标
含水比	α		土的天然含水量与液限的比值	$\alpha=\omega/\omega_L$	由计算求得

砂土的密实度指标　　表8-5

指标名称	符号	单位	物理意义	试验方法	取土要求
最大干密度	ρ_{dmax}	t/m^3	土在最紧密状态下的干质量	击实法	扰动土
最小干密度	ρ_{dmin}	t/m^3	土在最松散状态下的干质量	注入法、量筒法	扰动土

8.1.2 土石的基本分类

8.1.2.1 黏性土

黏性土按塑性指数分类见表 8-6；按液性指数分类见表 8-7。

黏性土按塑性指数 I_p 分类 **表 8-6**

黏性土的分类名称	黏　土	粉质黏土
塑性指数	$I_p>17$	$10<I_p\leqslant17$

注：1. 塑性指数由相应 76g 圆锥体沉入土样中深度为 10mm 时测定的液限计算而得；

2. $I_p<10$ 的土，称粉土（少黏性土）；粉土又分黏质粉土（粉粒>0.05mm 不到 50%，$I_p<10$）、砂质粉土（粉粒>0.5mm 占 50%以上，$I_p<10$）。

黏性土的状态按液性指数 I_L 分类 **表 8-7**

塑性状态	坚硬	硬塑	可塑	软塑	流塑
液态指数 I_L	$I_L\leqslant0$	$0<I_L\leqslant0.25$	$0.25<I_L\leqslant0.75$	$0.75<I_L\leqslant1$	$I_L>1$

8.1.2.2 砂土

砂土的密实度分为松散、稍密、中密、密实见表 8-8；砂土的分类，见表 8-9。

砂土的密实度 **表 8-8**

松　散	稍　密	中　密	密　实
$N\leqslant10$	$10<N\leqslant15$	$10<N\leqslant30$	$N>30$

砂土的分类表 **表 8-9**

土的名称	颗　粒　级　配
砾砂	粒径大于 2mm 的颗粒占全重的 25%～50%
粗砂	粒径大于 0.5mm 的颗粒超过全重的 50%
中砂	粒径大于 0.25mm 的颗粒超过全重的 50%
细砂	粒径大于 0.075mm 的颗粒超过全重的 85%
粉砂	粒径大于 0.075mm 的颗粒不超过全重的 50%

8.1.2.3 碎石土

碎石类土分类见表 8-10；碎石土的密实度分为松散、稍密、中密、密实，见表 8-11。

碎　石　土　分　类 **表 8-10**

土的名称	颗　粒　形　状	颗　粒　级　配
漂石 块石	圆形及亚圆形为主 棱形为主	粒径大于 200mm 的颗粒超过全重的 50%
卵石 碎石	圆形及亚圆形为主 棱形为主	粒径大于 20mm 的颗粒超过全重的 50%
圆砾 角砾	圆形及亚圆形为主 棱形为主	粒径大于 2mm 的颗粒超过全重的 50%

碎石土的密实度 表 8-11

重型圆锥动力触探锤击数 $N_{63.5}$	密实度	重型圆锥动力触探锤击数 $N_{63.5}$	密实度
$N_{63.5} \leqslant 5$	松散	$10 < N_{63.5} \leqslant 20$	中密
$5 < N_{63.5} \leqslant 10$	稍密	$N_{63.5} > 20$	密实

8.1.2.4 岩石

岩石按坚硬程度分类见表 8-12；按岩体完整程度划分见表 8-13。

岩石坚硬程度的定性划分 表 8-12

类别		饱和单轴抗压强度标准值 f_{rk}（MPa）	定性鉴定	代表性岩石
硬质岩	坚硬岩	$f_{rk} > 60$	锤击声清脆，有回弹，震手，难击碎； 基本无吸水反映	未风化～微风化的花岗岩、闪长岩、辉绿岩、玄武岩、安山岩、石英岩、硅质砾岩、石英砂岩、硅质石灰岩等
	软硬岩	$60 \geqslant f_{rk} > 30$	锤击声较清脆，有轻微回弹，稍震手，较难击碎； 有轻微吸水反映	1. 微风化的坚硬岩； 2. 未风化～微风化的大理岩、板岩、石灰岩、钙质砂岩等
软质岩	较软岩	$30 \geqslant f_{rk} > 15$	锤击声不清脆，无回弹，较易击碎； 指甲可刻出印痕	1. 中风化的坚硬岩和较硬岩； 2. 未风化～微风化的凝灰岩、千枚岩、砂质泥岩、泥灰岩等
	软岩	$15 \geqslant f_{rk} > 5$	锤击声哑，无回弹，易击碎； 浸水后，可捏成团	1. 强风化的坚硬岩和较硬岩； 2. 中风化的较软岩； 3. 未风化～微风化的泥质砂岩、泥岩等
极软岩		$f_{rk} \leqslant 5$	锤击声哑，无回弹，有较深凹痕，手可捏碎； 浸水后，可捏成团	1. 风化软岩； 2. 全风化的各类岩石； 3. 各种半成岩

岩体完整程度的划分 表 8-13

类别	完整指数	结构面组数	控制性结构面平均间距（m）	代表性结构类型
完整	＞0.75	1～2	＞1.0	整体结构
较完整	0.75～0.55	2～3	0.4～1.0	块状结构
较破碎	0.55～0.35	＞3	0.2～0.4	镶嵌状结构
破碎	0.35～0.15	＞3	＜0.2	碎裂状结构
极破碎	＜0.15	无序		散体状结构

注：完整性指数为岩体纵波波速与同一岩体的岩石纵波波速之比的二次方。选定岩体、岩石测定波速时应有代表性。

8.1.3 土石的工程分类与性质

8.1.3.1 土石的工程分类

土石的工程分类见表 8-14。

土石的工程分类 表 8-14

土的分类	土的级别	土的名称	坚实系数 f	密度 (t/m^3)	开挖方法及工具
一类土（松软土）	Ⅰ	砂土、粉土、冲积砂土层、疏松的种植土、淤泥（泥炭）	0.5～0.6	0.6～1.5	用锹、锄头开挖，少许用脚蹬
二类土（普通土）	Ⅱ	粉质黏土；潮湿的黄土；夹有碎石、卵石的砂；粉土混卵（碎）石；种植土、填土	0.6～0.8	1.1～1.6	用锹、锄头开挖，少许用镐翻松
三类土（坚土）	Ⅲ	软及中等密实黏土；重粉质黏土、砾石土；干黄土、粉质黏土；压实的填土	0.8～1.0	1.75～1.9	主要用镐，少许用锹、锄头挖掘，部分撬棍
四类土（砂砾坚土）	Ⅳ	坚硬密实的黏性土或黄土；含碎石卵石的中等密实的黏性土或黄土；粗卵石；天然级配砂石；软泥灰岩	1.0～1.5	1.9	整个先用镐、撬棍，后用锹挖掘，部分使用风镐
五类土（软石）	Ⅴ～Ⅵ	硬质黏土；中密的页岩、泥灰岩、白垩土；胶结不紧的砾岩；软石灰岩及贝壳石灰岩	1.5～4.0	1.1～2.7	用镐或撬棍，大锤挖掘，部分使用爆破方法
六类土（次坚石）	Ⅶ～Ⅸ	泥岩、砂岩、砾岩；坚硬的页岩、泥灰岩、密实的石灰岩；风化花岗岩、片麻岩及正常岩	4.0～10.0	2.2～2.9	用爆破方法开挖，部分用风镐
七类土（坚石）	Ⅹ～Ⅻ	大理石；辉绿岩；玢岩；粗、中粒花岗岩；坚实的白云岩、砂岩、砾岩、片麻岩、石灰岩；微风化安山岩；玄武岩	10.0～18.0	2.5～3.1	用爆破方法开挖
八类土（特坚石）	ⅩⅣ～ⅩⅥ	安山岩；玄武岩；花岗片麻岩；坚实的细粒花岗岩、闪长岩、石英岩、辉长岩、辉绿岩、玢岩、角闪岩	18.0～25.0 以上	2.7～3.3	用爆破方法开挖

注：1. 土的级别为相当于一般 16 级土石级别；

2. 坚实系数 f 为相当于普氏强度系数。

8.1.3.2　土石的工程性质

1. 土石的可松性

土石的可松性是经挖掘以后，组织破坏，体积增加的性质，以后虽经回填压实，仍不能恢复成原来的体积。岩土的可松性程度一般以可松性系数表示（见表 8-15），它是挖填土方时，计算土方机械生产率、回填土方量、运输机具数量、进行场地平整规划竖向设计、土方平衡调配的重要参数。

各种岩土的可松性参考值　　**表 8-15**

土的类别	体积增加百分比（%）		可松性系数	
	最初	最终	K_p	K'_p
一类（种植土除外）	8～7	1～2.5	1.08～1.17	1.01～1.03
一类（植物性土、泥炭）	20～30	3～4	1.20～1.30	1.03～1.04
二类	14～28	1.5～5	1.14～1.28	1.02～1.05
三类	24～30	4～7	1.24～1.30	1.04～1.07
四类（泥灰岩、蛋白石除外）	26～32	6～9	1.26～1.32	1.06～1.09
四类（泥灰岩、蛋白石）	33～37	11～15	1.33～1.37	1.11～1.15
五～七类	30～45	10～20	1.30～1.45	1.10～1.20
八类	45～50	20～30	1.45～1.50	1.20～1.30

注：最初体积增加百分比$=\frac{V_2-V_1}{V_1}\times100\%$；最后体积增加百分比$=\frac{V_3-V_1}{V_1}\times100\%$；

K_p—最初可松性系数，$K_p=V_2/V_1$；

K'_p—最终可松性系数，$K'_p=V_3/V_1$；

V_1—开挖前土的自然体积；

V_2—开挖后土的松散体积；

V_3—运至填方处压实后之体积。

2. 土的压缩性

取土回填，经运输、填压以后，均会压缩，一般土的压缩性以土的压缩率表示，见表 8-16。

土的压缩率 *P* 的参考值　　**表 8-16**

土的类别	土的名称	土的压缩率（%）	每 m^3 松散土压实后的体积（m^3）	土的类别	土的名称	土的压缩率（%）	每 m^3 松散土压实后的体积（m^3）
一～二类土	种植土	20	0.80	三类土	天然湿度黄土	12～17	0.85
	一般土	10	0.90		一般土	5	0.95
	砂土	5	0.95		干燥坚实黄土	5～7	0.94

一般可按填方截面增加 10%～20%方数考虑。

3. 土石的休止角

土石的休止角，是指在某一状态下的岩土体可以稳定的坡度，一般岩土的坡度如表 8-17 所示。

土石的休止角 表 8-17

土的名称	干土		湿润土		潮湿土	
	角度（°）	高度与底宽比	角度（°）	高度与底宽比	角度（°）	高度与底宽比
砾石	40	1∶1.25	40	1∶1.25	35	1∶1.50
卵石	35	1∶1.50	45	1∶1.00	25	1∶2.75
粗砂	30	1∶1.75	35	1∶1.50	27	1∶2.00
中砂	28	1∶2.00	35	1∶1.50	25	1∶2.25
细砂	25	1∶2.25	30	1∶1.75	20	1∶2.75
重黏土	45	1∶1.00	35	1∶1.50	15	1∶3.75
粉质黏土、轻黏土	50	1∶1.75	40	1∶1.25	30	1∶1.75
粉土	40	1∶1.25	30	1∶1.75	20	1∶2.75
腐殖土	40	1∶1.25	35	1∶1.50	25	1∶2.25
填方的土	35	1∶1.50	45	1∶1.00	27	1∶2.00

8.1.4 岩土的现场鉴别方法

8.1.4.1 碎石土的现场鉴别

碎石土的现场鉴别，见表 8-18。

碎石土密实度现场鉴别方法 表 8-18

密实度	骨架颗粒含量和排列	可挖性	可钻性
密实	骨架颗粒含量大于总重量的70%，呈交错排列，连续接触	锹镐挖掘困难，用撬棍方能松动，坑壁一般稳定	钻进极困难，冲击钻探时，钻杆、吊锤跳动剧烈，孔壁较稳定
中密	骨架颗粒含量等于总重量的60%～70%，呈交错排列，大部分接触	锹镐可挖掘，坑壁有掉块现象，从坑壁取出大颗粒处，能保持颗粒凹面形状	钻进较困难，冲击钻探时，钻杆、吊锤跳动不剧烈，孔壁有坍塌现象
稍密	骨架颗粒含量等于总重量的50%～60%，排列混乱，大部分不接触	锹可以挖掘，坑壁易坍塌，从坑壁取出大颗粒后砂土立即坍落	钻进较容易，冲击钻探时，钻杆稍有跳动，孔壁易坍塌
松散	骨架颗粒含量小于总重量的55%，排列十分混乱，绝大部分不接触	锹易挖掘，坑壁极易坍塌	钻进很容易，冲击钻探时，钻杆无跳动，孔壁极易坍塌

注：1. 骨架颗粒系指与表 8-10 相对应粒径的颗粒；
2. 碎石土的密度应按表列各项要求综合确定。

8.1.4.2 黏性土的现场鉴别

黏性土的现场鉴别见表 8-19。

黏性土的现场鉴别方法 表 8-19

土的名称	湿润时用刀切	湿土用手捻摸时的感觉	土的状态		湿土搓条情况
			干土	湿土	
黏土	切面光滑，有黏刀阻力	有滑腻感，感觉不到有砂粒，水分较大，很黏手	土块坚硬，用锤才能打碎	易粘着物体，干燥后不易剥去	塑性大，能搓成直径小于 0.5mm 的长条，手持一端不易断裂

续表

土的名称	湿润时用刀切	湿土用手捻摸时的感觉	土的状态		湿土搓条情况
			干土	湿土	
粉质黏土	稍有光滑面，切面平整	稍有滑腻感，有黏滞感，感觉到有少量砂黏	土块用力可压碎	能粘着物体，干燥后较易剥去	有塑性，能搓成直径为0.5～2mm的土条
粉土	无光滑面，切面稍粗糙	有轻微黏滞感或无黏滞感，感觉有砂粒较多、粗糙	土块用手捏或抛扔时易碎	不易粘着物体干燥后一碰就掉	塑性小，能搓成直径为2～3mm的短条
砂土	无光滑面，切面粗糙	无黏滞感，感觉到全是砂粒、粗糙	松散	不能粘着物体	无塑性，不能搓成土条

8.1.5　特　殊　土

8.1.5.1　湿陷性黄土

天然黄土在上覆土的自重应力作用下，或在上覆土自重应力和附加应力共同作用下，受水浸湿后土的结构迅速破坏而发生显著附加下沉的黄土，称湿陷性黄土。

1. 湿陷性黄土的特征

（1）在天然状态下，具有肉眼能看见的大孔隙，孔隙比一般大于1，并常有由于生物作用形成的管状孔隙，天然剖面呈竖直节理。

（2）颜色在干燥时呈淡黄色，稍湿时呈黄色，湿润时呈褐黄色。

（3）土中含有石英、高岭土成分，含盐量大于0.3%，有时含有石灰质结核（通常称为“礓石”）。

（4）透水性较强，土样浸入水中后，很快崩解，同时有气泡冒出水面。

（5）土在干燥状态下，有较高的强度和较小的压缩性，土质垂直方向分布的小管道几乎能保持竖立的边坡，但在遇水后，土的结构迅速破坏，发生显著的附加下沉，产生严重湿陷。

湿陷性黄土按湿陷性质的不同又分非自重湿陷性黄土和自重湿陷性黄土两种。

2. 黄土湿陷性的判定

黄土的湿陷性，应按室内压缩试验，在一定压力下测定的湿陷系数 δ_s 来判定。

根据黄土的湿陷系数的大小，可按表8-20确定湿陷性黄土地基的类别。

黄土的湿陷性判别　　**表8-20**

类　别	非湿陷性黄土	湿陷性黄土
湿陷系数	$\delta_s<0.015$	$\delta_s\geqslant0.015$

3. 湿陷性黄土场地的自重湿陷性判定

根据计算的自重湿陷量 Δ_{zs} 值，按表8-21结合场地地质条件确定黄土场地的湿陷性类别。

黄土的自重湿陷性场地判别 **表 8-21**

类 别	非自重湿陷性场地	自重湿陷性场地
计算自重湿陷量	$\Delta_{zs} \leqslant 7cm$	$\Delta_{zs} > 7cm$

4. 湿陷性等级的划分

湿陷性黄土地基的湿陷等级，可根据基底下各土层累计的总湿陷量 Δ_s（cm）和计算自重湿陷量 Δ_{zs}（cm）的大小等因素，按表 8-22 判定。

湿陷性黄土地基的湿陷等级 **表 8-22**

湿陷类型 / 计算自重湿陷量（cm） / 总湿陷量（cm）	非自重湿陷性场地	自重湿陷性场地	
	$\Delta_{zs} < 7$	$7 < \Delta_{zs} < 35$	$\Delta_{zs} > 35$
$\Delta_s < 30$	Ⅰ（轻微）	Ⅱ（中等）	—
$30 < \Delta_s < 60$	Ⅱ（中等）	Ⅱ或Ⅲ	Ⅲ（严重）
$\Delta_s > 60$	—	Ⅲ（严重）	Ⅳ（很严重）

注：1. 当总湿陷量 $30cm < \Delta_s < 50cm$，计算自重湿陷量 $7cm < \Delta_{zs} < 30cm$ 时，可判为Ⅱ级；
2. 当总湿陷量 $\Delta_s > 50cm$，计算自重湿陷量 $\Delta_{zs} > 30cm$ 时，可判为Ⅲ级。

5. 湿陷性黄土地基防治措施

（1）建筑结构措施

1）在山前斜坡地带，建筑物宜沿等高线布置，填方厚度不宜过大；散水坡宜用混凝土，宽度不宜小于 1.5m，其下应设垫层，其宽宜超过散水 50cm，散水每隔 6～10m 设一条伸缩缝；

2）加强建筑物的整体刚度，如控制长宽比在 3 以内，设置沉降缝，增设钢筋混凝土圈梁等；

3）局部加强构件和砌体强度，底层横墙与纵墙交接处用钢筋拉结，宽大于 1m 的门窗设钢筋混凝土过梁等，以提高建筑物的整体刚度和抵抗沉降变形的能力，保证正常使用。

（2）地基处理

1）垫层法

将基础下的湿陷性土层全部或部分挖出，然后用黄土（灰土），在最优含水量状态下分层回填夯（压）实；垫层厚度约为 1～2 倍基础宽度，控制干密度不小于 $1.6t/m^3$，能改善土的工程性质，增强地基的防水效果，费用较低，适于地下水位以上进行局部的处理。

2）重锤夯实法

将 2～3t 重锤，提到 4～6m 高度，自由下落，一夯挨一夯如此重复夯打，使土的密度增加，减小或消除地基的湿陷变形，能消除 1～2m 厚土层的湿陷性，适于地下水位以上，饱和度 $S_r < 60\%$ 的湿陷性黄土进行局部或整片的处理。

3）强夯法

一般锤重 10～12t，落距 10～18m 时，可消除 3～6m 深土层的湿陷性，并提高地基的承载能力，适于饱和度 $S_r < 60\%$ 的湿陷性黄土深层局部或整片的处理。

4）挤密法

将钢管打入土中，拔出钢管后在孔内填充素土或灰土，分层夯实，要求密实度不低于0.95。通过桩的挤密作用改善桩周土的物理力学性能，可消除桩深度范围内黄土的湿陷性。处理深度一般可达5～10m，适于地下水位以上局部或整片的处理。

5）灌注（预制）桩基础

将桩穿透厚度较大的湿陷性黄土层，使桩尖（头）落于承载力较高的非湿陷性黄土层上，桩的长度和入土深度以及桩的承载力，应通过荷载试验或根据当地经验确定。处理深30m以内。

（3）防水措施

1）做好总体的平面和竖向设计及屋面排水和地坪防洪设施，保证场地排水畅通；

2）保证水池或管道与建筑物有足够的防护距离，防止管网和水池、生活用水渗漏。

（4）施工措施

1）合理安排施工程序，先地下后地上；对体型复杂的建筑物，先施工深、重、高的部分，后施工浅、轻、低的部分；敷设管道时，先施工防洪、排水管道，并保证其畅通；

2）临时防洪沟、水池、洗料场等应距建筑物外墙不小于12m，自重湿陷性黄土不小于25m。

3）基础施工完毕，应及时分层回填夯实，至散水垫层底面或室内地坪垫层底面止；

4）屋面施工完毕，应及时安装天沟、水落管和雨水管道等，将雨水引至室外排水系统。

8.1.5.2　膨胀土

1. 膨胀土的特征和判别

（1）多出现于河谷阶地、垅岗、山梁、斜坡、山前丘陵和盆地边缘，地形坡度平缓。

（2）在自然条件下，土的结构致密，多呈硬塑或坚硬状态；具有黄红、褐、棕红、灰白或灰绿等色；裂隙较发育，隙面光滑，裂隙中常充填灰绿灰白色黏土，土被浸湿后裂隙回缩变窄或闭合。

（3）自由膨胀率≥40%；天然含水量接近塑限，塑性指数大于17，多数在22～35之间；液性指数小于零；天然孔隙比变化范围在0.5～0.8之间。

（4）含有较多亲水性强的蒙脱石、多水高岭土、伊利石等，在空气中，易干缩龟裂。

（5）低层建筑物成群开裂，常见于角端及横隔墙上，并随季节变化而变化或闭合。

2. 膨胀土地基的膨胀潜势和等级

（1）膨胀土的膨胀潜势

膨胀土的膨胀潜势，可按表8-23分为3类。

膨胀土的膨胀潜势分类　　表8-23

自由膨胀率（%）	膨胀潜势	自由膨胀率（%）	膨胀潜势
$40<\delta_{ef}<65$	弱	$\delta_{ef}>90$	强
$65<\delta_{ef}<90$	中		

注：自由膨胀率（δ_{ef}）由人工制备的烘干土，在水中增加的体积与原体积之比按下式计算：

$$\delta_{ef}=(V_w-V_0)/V_0 \tag{8-4}$$

式中　V_w——土样在水中膨胀稳定后的体积（mL）；

V_0——土样原有体积（mL）。

(2) 膨胀土地基的胀缩等级

根据地基的膨胀、收缩变形对砖混房屋的影响程度，地基的膨胀等级，按表 8-24 分为 3 级。

膨胀土地基的胀缩等级 表 8-24

地基分级变形量 S_c（mm）	级别	破坏程度
$15<S_c<35$	Ⅰ	轻微
$35<S_c<70$	Ⅱ	中等
$S_c>70$	Ⅲ	严重

3. 膨胀土对建筑物的危害

膨胀土有受水浸湿后膨胀，失水后收缩的特性，在其上的建筑物随季节变化而反复产生不均匀沉降，可高达 10cm，使建筑物产生大量竖向裂缝，端部斜向裂缝和窗台下水平裂缝等；地坪上出现纵向长条和网格状裂缝，使建筑物开裂或损坏。成群出现，对房屋带来极大的危害，往往不易修复。

4. 膨胀土地基防治措施

(1) 建筑措施

1) 选择没有陡坎、地裂、冲沟不发育、地质分层均匀的有利地段设置建（构）筑物。

2) 建筑物体型力求简单，不要过长，并尽可能依山就势平行等高线布置，保持自然地形。

3) 山梁处、建筑结构类型（或基础）不同部位，适当设置沉降缝分隔开，减少膨胀的不均匀性。

4) 房屋四周种植草皮及蒸发量小的树种、花种，减少水分蒸发。

(2) 结构措施

1) 基础适当埋深（>1m）或设置地下室，减少膨胀土层厚度，使作用于土层的压力大于膨胀土的上举力，或采用墩式基础以增加基础附加荷重。或采用灌注桩穿透膨胀土层，并抵抗膨胀力。

2) 加强上部结构刚度，如设置地梁、圈梁，在角端和内外墙连接处设置水平钢筋加强连接等。

(3) 地基处理措施

采用换土、砂土垫层、土性改良等方法。采用非膨胀土或灰土置换膨胀土。平坦场地上Ⅰ、Ⅱ级膨胀土的地基处理，宜采用砂、碎石垫层、垫层厚度不应小于 300mm。

(4) 防水保湿措施

1) 在建筑物周围做好地表渗、排水沟等防水、排水设施，沟底作防渗处理，散水坡适当加宽，其下做砂或炉渣垫层，并设隔水层，防止地表水向地基渗透；

2) 对室内炉、窑、暖气沟等采取隔热措施，如做 300mm 厚的炉渣垫层，防止地基水分过多散失；

3) 严防埋设的管道漏水，使地基尽量保持原有天然湿度；

4) 屋面排水宜采用外排水。排水量较大时，应采用雨水明沟或管道排水。

(5) 施工措施

1）合理安排施工程序，先施工室外道路、排水沟、截水沟等工程，疏通现场排水；

2）加强施工用水管理，作好现场临时排水，防止管网漏水；

3）分段连续快速开挖基坑，尽快施工基础，及时回填夯实，避免基槽泡水或暴晒。

8.1.5.3　软土

软土是承载力低的软塑到流塑状态的饱和黏性土，包括淤泥、淤泥质土、泥炭、泥炭质土等。

1. 软土的特征

天然含水量高，一般大于液限 ω_L（40%～90%）；天然孔隙比 e 一般大于或等于 1；压缩性高，压缩系数 $\alpha_{1\sim2}$ 大于 0.5MPa^{-1}；强度低，不排水抗剪强度小于 30kPa，长期强度更低；渗透系数小，$k=1\times10^{-6}\sim1\times10^{-8}$cm/s；黏度系数低，$\eta=10^{9}\sim10^{12}$Pa·s。

2. 软土的工程性质

(1) 触变性：软土在未破坏时，具固态特征，一经扰动或破坏，即转变为稀释流动状态。

(2) 高压缩性：压缩系数大，大部分压缩变形发生在垂直压力为 0.1MPa 左右时，造成建筑物沉降量大。

(3) 低透水性：软土的透水性很低，软土的排水固结需要很长的时间，常在数年至 10 年以上。

(4) 不均匀性：软土土质不均匀，荷载不均匀常使建筑物产生较大的差异沉降，造成建筑物裂缝或损坏。

(5) 流变性：在一定剪应力作用下，土发生缓慢长期变形。因流变产生的沉降持续时间，可达几十年。

3. 软土地基防治措施

(1) 建筑措施

1）建筑设计力求荷载均匀，体型复杂的建筑，应设置必要的沉降缝或在中间用连接框架隔开；

2）选用轻型结构，如框架轻板体系、钢结构及选用轻质墙体材料。

(2) 结构措施

1）采用浅基础，利用软土上部硬壳层作持力层，避免室内过厚的填土；

2）选用筏片基础或箱形基础，提高基础刚度，减小不均匀沉降。

3）增强建筑物的整体刚度，如控制建筑物的长高比，合理布置纵横墙，墙上设置圈梁等。

(3) 地基处理措施

1）采用置换及拌入法，用砂、碎石等材料置换软弱土体，或用振冲置换法、生石灰桩法、深层搅拌法、高压喷浆法、CFG 法等进行加固，形成复合地基。

2）对大面积厚层软土地基，采用砂井预压、真空预压、堆载预压等措施，加速地基排水固结。

(4) 施工措施

1）合理安排施工顺序，先施工高度大、重量重的部分，使在施工期内先完成部分沉降。

2）在坑底保留 20cm 厚左右，施工垫层时再挖除，如已被扰动，可挖去扰动部分，用砂、碎石回填处理。同时注意井点降低地下水位对邻近建筑物的影响；

3）适当控制活载荷的施加速度，使软土逐步固结，地基强度逐步增长，以适应荷载增长的要求，同时可借以降低总沉降量，防止土的侧向挤出，避免建筑物产生局部破坏或倾斜。

8.1.5.4 盐渍土

土层中含有石膏、芒硝、岩盐等易溶盐，其含量大于 0.5%，且自然环境具有溶陷、盐胀等特性的土称为盐渍土。盐渍土多分布在气候干燥、年雨量较少、地势低洼、地下水位高的地区，地表呈一层白色盐霜或盐壳，厚度由数厘米至数十厘米。

1. 盐渍土的分类

(1) 根据含盐性质分为氯盐渍土、亚氯盐渍土、亚硫酸盐渍土、硫酸盐渍土、碱性盐渍土五类。

(2) 按盐渍土含盐量分为弱盐渍土、中盐渍土、强盐渍土和超强盐渍土。

2. 盐渍土对地基的影响

(1) 含盐量小于 0.5%时，对土的物理力学性能影响很小；大于 0.5%时，有一定影响；大于 3%时，土的物理力学性能主要取决于盐分和含盐的种类，土本身的颗粒组成将居其次。含盐量越多，则土的液限、塑限越低，在含水量较小时，土就会达到液性状态，失去强度。

(2) 盐渍土在干燥时呈结晶状态，地基具有较高的强度，但在遇水后易崩解，造成土体失稳。

3. 盐渍土地基防治处理措施

(1) 防水措施

1）做好场地的竖向设计，避免降水、洪水、生活用水及施工用水浸入地基或其附近场地，防止引起盐分向建筑场地及土中聚集，而造成建筑材料的腐蚀及盐胀；

2）绿化带与建筑物距离应加大，严格控制绿化用水，严禁大水漫灌。

(2) 防腐措施

1）采用耐腐蚀的建筑材料，不宜用盐渍土本身作防护层；在弱、中盐渍土区不得采用砖砌基础，管沟、踏步等应采用毛石或混凝土基础；对于强盐渍土区，地面以上 1.2m 墙体亦应采用浆砌毛石；

2）隔断盐分与建筑材料接触的途径，采用沥青类防水涂层、沥青或树脂防腐层作外部防护措施；

3）对强和超强盐渍土地区，在卵石垫层上浇 100mm 厚沥青混凝土，基础外部先刷冷底子油一度，再粘沥青卷材，室外贴至散水坡，室内贴至±0.00。

(3) 防盐膨胀措施

1）清除地基含盐量超过规定的土层，使非盐渍土层或含盐类型单一和含盐低的土层，作为地基持力层，以非盐渍土类的粗颗粒土层替代含盐多的盐渍土，隔断有害毛细水的上升；

2）铺设隔绝层或隔离层，以防止盐分向上运移；

3）采取降排水措施，防止水分在土表层的聚集，以避免土层中盐分含水量的变化而引起盐胀。

（4）地基处理措施

1）采用垫层、重锤击实及强夯法处理浅部土层，提高其密实度及承载力，阻隔盐水向上运移；

2）对溶陷性高、土层厚及荷载很大的盐沼地，可视情况采用桩基础、灰土墩、混凝土墩或砾石墩，埋置深度应大于盐胀临界深度及蜂窝状的淋滤层或溶蚀洞穴；

3）盐渍土边坡适当放缓；对软弱夹层破碎带及中、强风化带，应部分或全部加以防护。

（5）施工措施

1）做好现场排水、防洪等，各种用水点均应保持离基础10m以上；

2）先施工埋置较深、荷重较大或需处理的基础；尽快施工基础，及时回填，认真夯实填土；

3）先施工排水管道，并保证其畅通，防止管道漏水；

4）清除含盐的松散表层，用不含盐晶、盐块或含盐植物根茎的土料分层夯实，控制干密度不小于1.55（对黏土、粉土、粉质黏土、粉砂和细砂）～1.65t/m³（对中砂、粗砂、砾石、卵石）；

5）采用防腐蚀性较好的矿渣水泥或抗硫酸盐水泥配制混凝土、砂浆；不使用pH值≤4的酸性水和硫酸盐含量超过1.0%的水；在强腐蚀的盐渍土地基中，应选用不含氯盐和硫酸盐的外加剂。

8.1.5.5　冻土

温度等于或小于0℃，含有固态冰，当温度条件改变时，其物理力学性质随之改变，并可产生冻胀、融陷、热融滑塌等现象的土称为冻土。

1. 冻土的分类

冻土按冬夏季是否冻融交替分为季节性冻土和多年冻土两大类。

2. 冻土地基的冻胀性特征与判定

根据地基土的种类、含水量和地下水位情况、地基土冻胀性大小及其对建筑物的危害程度，分类见表8-25；按融陷性特征对多年冻土进行分类。

地基土冻胀性特征及对建筑物的危害　　表8-25

冻胀类别	冻胀率 η	特　征	对建筑物危害性
不冻胀土（或称Ⅰ类土）	$\eta \leqslant 1\%$	冻结时无水分转移，在天然情况下，有时地面呈现冻缩现象	对一般浅埋基础均无危害
弱冻胀土（或称Ⅱ类土）	$1\% < \eta \leqslant 3.5\%$	冻结时水分转移极少，冻土中的冰一般呈晶粒状。地表或散水无明显隆起，道路无翻浆现象	一般无危害，在最不利条件下建筑物可能出现细微裂缝，但不影响建筑物安全和正常使用
冻胀土（或称Ⅲ类土）	$3.5\% < \eta \leqslant 6\%$	冻结时水分转移，并形成冰夹层，地面和散水明显隆起，道路有翻浆现象	埋置较浅的基础，建筑物将产生裂缝，在冻深较大地区，非采暖建筑物因基础侧面受切向冻胀力而破坏

续表

冻胀类别	冻胀率 η	特征	对建筑物危害性
强冻胀土（或称Ⅳ类土）	$\eta>6\%$	冻结时有大量水分转移，形成较厚或较密的冰夹层。道路严重翻浆	浅埋基础的建筑物将产生严重破坏。在冻深较大地区，即使基础埋深超过冻深，也会因切向冻胀力而使建筑物破坏

注：冻胀率 $\eta=\Delta h/\Delta H$。式中 Δh 为地表最大冻胀量（cm）；ΔH 为最大冻结深度（cm）。

3. 地基冻胀对建筑物的危害

基础埋深超过冻深时，基础侧面承受切向冻胀力；基础埋深浅于冻深时，基础侧面承受切向冻胀力外，基础底面承受法向冻胀力。当基础自身及其上荷载不足以平衡法向和切向冻胀力时，基础就要隆起；融化时，基础产生沉陷。当房屋结构不同时，会使房屋周边产生周期性的不均匀冻胀和沉陷，使墙身开裂，顶棚抬起，门口、台阶隆起，散水坡冻裂，严重时使建筑物倾斜或倾倒。

4. 冻害防治措施

（1）建筑场地应尽量选择地势高、地下水位低、地表排水良好的地段。

（2）设计前查明土质和地下水情况，正确判定土的冻胀类别、冻深，以便合理地确定基础埋深，当冻深和土的冻胀性较大时，宜采用独立基础、桩基或砂垫层等措施，使基础埋设在冻结线以下。

（3）对低洼场地，宜在沿建筑物四周向外一倍冻深范围内，使室外地坪至少高出自然地面 300～500mm。

（4）为避免施工和使用期间的雨水、地表水、生产废水和生活污水等浸入地基，应做好排水设施。需作好截水沟及暗沟，以排走地表水和潜水，避免因基础堵水而造成冻害。

（5）对建在标准冻深大于 2m、基底以上为强冻胀土上的采暖建筑物及标准冻深大于 1.5m，基底以上为冻胀土和强冻胀土上的非采暖建筑物，为防止冻切力对基础侧面的作用，可在基础侧面回填粗砂、中砂、炉渣等非冻胀性材料或其他保温材料。

（6）冬期开挖，随挖、随砌、随回填，严防地基受冻。对跨年度工程，采取过冬保温措施。

8.2 土 石 方 施 工

8.2.1 工 程 场 地 平 整

8.2.1.1 场地平整的程序

场地平整的一般施工工艺程序如下：

现场勘察→清除地面障碍物→标定整平范围→设置水准基点→设置方格网，测量标高→计算土石方挖填工程量→平整土石方→场地碾压→验收。

1. 施工人员应到现场进行勘察，了解地形、地貌和周围环境，确定现场平整场地的大致范围。

2. 平整前把场地内的障碍物清理干净，然后根据总图要求的标高，从水准基点引进基准标高，作为确定土方量计算的基点。

3. 应用方格网法和横断面法，计算出该场地按设计要求平整需挖和回填的土石方量，作好土石方平衡调配，减少重复挖运，以节约运费。

4. 大面积平整土石方宜采用推土机、平地机等机械进行，大量挖方用挖掘机，用压路机压实。

8.2.1.2　平整场地的一般要求

参见 7.6.1.3。

8.2.1.3　场地平整的土石方工程量计算

平整前，确定场地设计标高，进行土石方挖填平衡计算，确定平衡调配方案。

1. 场地平整高度的计算

场地平整高度计算常用的方法为“挖填土石方量平衡法”，其计算步骤和方法参见 7.6.1.4。

2. 场地平整土石方工程量的计算

（1）方格网法

方格网法适用于地形较平缓或台阶宽度较大的地段，计算方法较为复杂，精度较高，其计算步骤参见 7.6.1.6 相关内容。

【例 8-1】 某厂房场地平整，部分方格网如图 8-3 所示，方格边长为 10m、5m、2m，用 CASS 软件计算挖填总土方工程量。

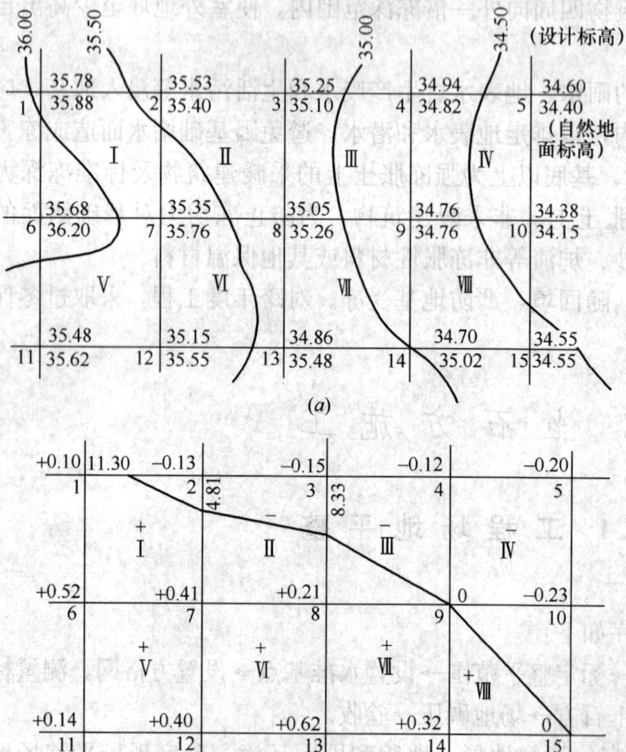

图 8-3　方格网法计算土方量

解：①划分方格网、标注高程。根据图 8-3（*a*）方格各点的设计标高和自然地面标高，计算方格各点的施工高度，标注于图 8-3（*b*）中各点的左角上。

② 运用 CASS 软件计算挖填方量步骤如下：

a. 打开 CASS 7.0 软件，在正交状态下，用直线命令绘制 8 个 20m×20m 方格，如题目给出的方格网图。

b. 在正交—对象捕捉状态下，根据方格网图上的高程数据，运用“交互展点”命令分别生成“自然地面标高”和“设计标高”2 个数据文件（.dat），点位选取为各方格交点。

c. 选择“等高线”菜单下“建立 DTM”命令，对话框中选择“由数据文件生成”，在复选框“坐标数据文件名”选择“设计标高.dat”数据文件；选择“三角网存取”命令，生成“设计标高.sjw”三角网文件。

d. 在“工具”菜单下，选择“画复合线”命令，沿方格网4个交点绘制闭合的“计算区域边界线”。

e. 选择“工程应用”菜单下“方格网法土方计算”命令，对话框中，“高程点坐标数据文件”选择“自然地面标高.dat”，“设计面”点选“三角网文件”，再从文件中选择“设计标高.sjw”；方格宽度，分别选取10m、5m、2m，计算3个工程量，见图8-4。

f. 图中对比工程量可以发现，当方格越小时，软件计算精度越高。

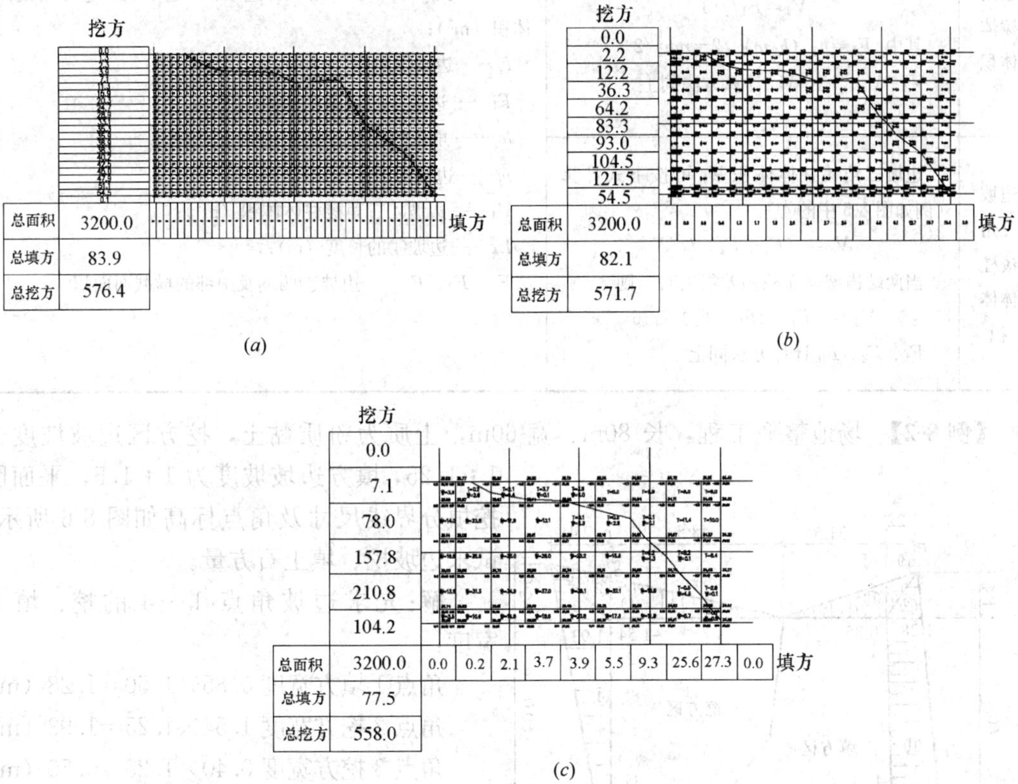

图8-4 CASS软件计算挖填工程量图表

(a) 2m方格；(b) 5m方格；(c) 10m方格

(2) 横截面法

横截面法适用于地形起伏、狭长，挖填深度较大又不规则的地区。其计算步骤参见7.6.1.6相关内容。

3. 边坡土石方量计算

用于平整场地、修筑路基、路堑的边坡挖、填土石方量计算，常用图算法。

图算法系根据地形图和边坡竖向布置图或现场测绘，将要计算的边坡划分为两种近似的几何形体（图8-5），一种为三角棱体（如体积①～③、⑤～⑩）；另一种

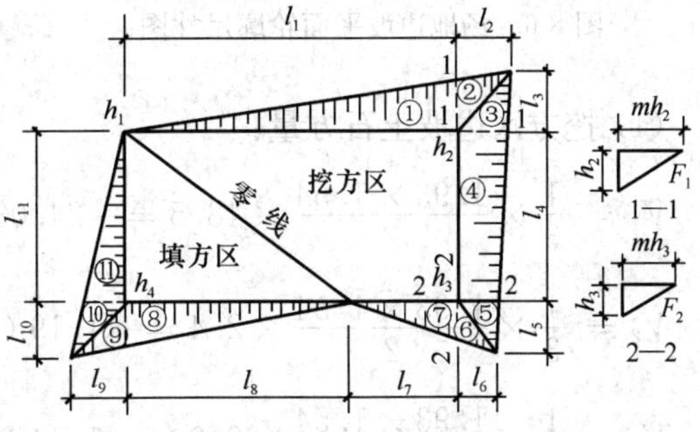

图8-5 场地边坡计算简图

为三角棱柱体（如体积④），然后应用表 8-26 几何公式分别进行土石方计算，最后将各级汇总即得场地总挖土（－）、填土（＋）的量。

常用边坡三角棱体、棱柱体计算公式　　表 8-26

项目	计算公式	符号意义
边坡三角棱体体积	边坡三角棱体体积 V 可按下式计算（例如图 8-5 中的①）： $V_1=F_1l_1/3$ 其中 $F_1=h_2(h_2m)/2=mh_2^2/2$ V_2、V_3、$V_5\sim V_{10}$ 计算方法同上	V_1、V_2、V_3、$V_5\sim V_{10}$——边坡①～③、⑤～⑩三角棱体体积（m^3）； l_1——边坡①的边长（m）； F_1——边坡①的端面积（m^2）； h_2——角点的挖土高度（m）； m——边坡的坡度系数； V_4——边坡④三角棱柱体体积（m^3）； L_4——边坡④的长度（m）； F_1、F_2、F_0——边坡④两端及中部的横截面面积
边坡三角棱柱体体积	边坡三角棱柱体体积 V_4 可按下式计算（例如图 8-5 中的④）： $V_4=(F_1+F_2)l_4/2$ 当两端横截面面积相差很大时，则 $V_4=(F_1+4F_0+F_2)l_4/6$ F_1、F_2、F_0 计算方法同上	

【例 8-2】 场地整平工程，长 80m、宽 60m，土质为粉质黏土，挖方区边坡坡度为 1∶1.25，填方边坡坡度为 1∶1.5，平面图挖填分界线尺寸及角点标高如图 8-6 所示，试求边坡挖、填土石方量。

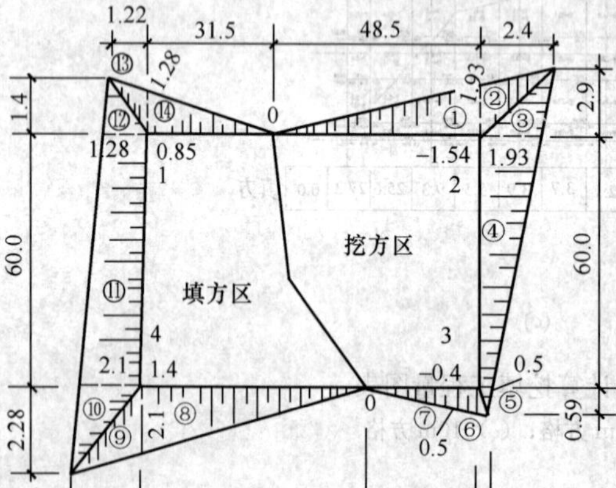

图 8-6　场地边坡平面轮廓尺寸图

解：先求边坡角点 1～4 的挖、填方宽度：

角点 1 填方宽度 0.85×1.50＝1.28（m）

角点 2 挖方宽度 1.54×1.25＝1.93（m）

角点 3 挖方宽度 0.40×1.25＝0.50（m）

角点 4 填方宽度 1.40×1.50＝2.10（m）

按照场地四个控制角点的边坡宽度，利用作图法可得出边坡平面尺寸（图 8-5 所示），边坡土石方工程量，可划分为三角棱体和三角棱柱体两种类型，按表 8-26 中公式计算如下：

(1) 挖方区边坡土石方量：

$$V_1=\frac{1}{3}\times\frac{1.93\times1.54}{2}\times48.5=-24.03\ (m^3)$$

$$V_2=\frac{1}{3}\times\frac{1.93\times1.54}{2}\times2.4=-1.19\ (m^3)$$

$$V_3=\frac{1}{3}\times\frac{1.93\times1.54}{2}\times2.9=-1.44\ (m^3)$$

$$V_4=\frac{1}{2}\times\left(\frac{1.93\times1.54}{2}+\frac{0.4\times0.5}{2}\right)\times60=-47.58\ (\mathrm{m}^3)$$

$$V_5=\frac{1}{3}\times\frac{0.5\times0.4}{2}\times0.59=-0.02\ (\mathrm{m}^3)$$

$$V_6=\frac{1}{3}\times\frac{0.5\times0.4}{2}\times0.5\approx-0.02\ (\mathrm{m}^3)$$

$$V_7=\frac{1}{3}\times\frac{0.5\times0.4}{2}\times22.6=-0.75\ (\mathrm{m}^3)$$

挖方区边坡的土石方量合计：

$$V_{挖}=-\ (24.03+1.19+1.44+47.58+0.02+0.02+0.75)\ =-75.03\ (\mathrm{m}^3)$$

(2) 填方区边坡的土石方量：

$$V_8=\frac{1}{3}\times\frac{2.1\times1.4}{2}\times57.4=28.13\ (\mathrm{m}^3)$$

$$V_9=\frac{1}{3}\times\frac{2.1\times1.4}{2}\times2.23=1.09\ (\mathrm{m}^3)$$

$$V_{10}=\frac{1}{3}\times\frac{2.1\times1.4}{2}\times2.28=1.12\ (\mathrm{m}^3)$$

$$V_{11}=\frac{1}{2}\times\left(\frac{2.1\times1.4}{2}+\frac{1.28\times0.85}{2}\right)\times60=60.42\ (\mathrm{m}^3)$$

$$V_{12}=\frac{1}{3}\times\frac{1.28\times0.85}{2}\times1.4=0.25\ (\mathrm{m}^3)$$

$$V_{13}=\frac{1}{3}\times\frac{1.28\times0.85}{2}\times1.22=0.22\ (\mathrm{m}^3)$$

$$V_{14}=\frac{1}{3}\times\frac{1.28\times0.85}{2}\times31.5=5.71\ (\mathrm{m}^3)$$

(3) 填方区边坡的土石方量合计：

$$V_{填}=28.13+1.09+1.12+60.42+0.25+0.22+5.71=+96.94\ (\mathrm{m}^3)$$

4. 土石方的平衡与调配计算

计算出土石方的施工标高、挖填区面积、挖填区土石方量，并考虑各种变动因素（如土的松散率、压缩率、沉降量等）进行调整后，应对土石方进行综合平衡与调配。

进行土石方平衡与调配，必须综合考虑工程和现场情况、进度要求和土石方施工方法以及分期分批施工工程的土石方堆放和调运问题，确定平衡调配的原则之后，才可着手进行土石方平衡与调配工作，如划分土石方调配区，计算平均运距、单位土石方的运价，确定土石方的最优调配方案。

土石方平衡与调配需编制相应的土石方调配图，其步骤如下：

(1) 划分调配区。在平面图上先划出挖填区的分界线，并在挖方区和填方区适当划出若干调配区，确定调配区的大小和位置。借土区或一个弃土区可作为一个独立的调配区。

(2) 计算各调配区的土石方量并标明在图上。

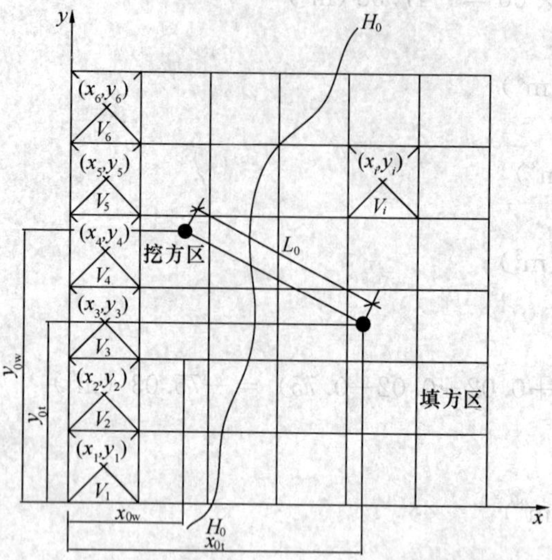

图 8-7　土方调配区间的平均远距

(3) 计算各挖、填方调配区之间的平均运距，即挖方区重心至填方区重心的距离，取场地或方格网中的纵横两边为坐标轴，以一个角作为坐标原点（图 8-7），按下式求出各挖方或填方调配区土石方重心坐标 x_0 及 y_0：

$$x_0=\Sigma(x_iV_i)/\Sigma V_i \quad (8\text{-}5)$$

$$y_0=\Sigma(y_iV_i)/\Sigma V_i \quad (8\text{-}6)$$

式中　x_i、y_i——i 块方格的重心坐标；

V_i——i 块方格的土方量。

填、挖方区之间的平均运距 L_0 为：

$$L_0=\left[(x_{0t}-x_{0w})^2+(y_{0t}-y_{0w})^2\right]^{1/2} \quad (8\text{-}7)$$

式中　x_{0t}、y_{0t}——填方区的重心坐标；

x_{0w}、y_{0w}——挖方区的重心坐标。

一般情况下，亦可用作图法近似地求出调配区的形心位置 O 以代替重心坐标。重心求出后，标于图上，用比例尺量出每对调配区的平均运输距离（L_{11}、L_{12}、L_{13}……）。

所有填挖方调配区的平均运距均需一一计算，将计算结果列于土石方平衡与运距表内（表 8-27）。

土石方平衡与运距表　　表 8-27

挖方区 \ 填方区	B_1	B_2	B_3	B_j	……	B_n	挖方量(m³)
A_1	L_{11} x_{11}	L_{12} x_{12}	L_{13} x_{13}	L_{1j} x_{1j}	……	L_{1n} x_{1n}	a_1
A_2	L_{21} x_{21}	L_{22} x_{22}	L_{23} x_{23}	L_{2j} x_{2j}	……	L_{2n} x_{2n}	a_2
A_3	L_{31} x_{31}	L_{32} x_{32}	L_{33} x_{33}	L_{3j} x_{3j}	……	L_{3n} x_{3n}	a_3
A_i	L_{i1} x_{i1}	L_{i2} x_{i2}	L_{i3} x_{i3}	L_{ij} x_{ij}	……	L_{in} x_{in}	a_i
……	……	……	……	……	……	……	……
A_m	L_{m1} x_{m1}	L_{m2} x_{m2}	L_{m3} x_{m3}	L_{mj} x_{mj}	……	L_{mn} x_{mn}	a_m
填方量(m³)	b_1	b_2	b_3	b_j	……	b_n	$\sum_{i=1}^{m}a_i=\sum_{j=1}^{n}b_j$

(4) 确定土方最优调配方案。对于线性规划中的运输问题，可以用“表上作业法”来求解，使总土方运输量 $W=\sum_{i=1}^{m}\sum_{j=1}^{n}L_{ij}\cdot x_{ij}$ 为最小值，即为最优调配方案。

上式中 L_{ij} ——各调配区之间的平均运距（m）；

x_{ij} ——各调配区的土方量（m^3）。

（5）绘出土方调配图。根据以上计算，标出调配方向、土方数量及运距（平均运距再加施工机械前进、倒退和转弯必需的最短长度）。

8.2.2 土石方开挖及运输

8.2.2.1 土石方施工准备工作

1. 学习和审查图纸。

2. 查勘施工现场，摸清工程场地情况，收集施工需要的各项资料为施工规划和准备提供可靠的资料和数据。

3. 编制施工方案，研究制定场地整平、基坑开挖施工方案；绘制施工总平面布置图和基坑土石方开挖图；提出机具、劳动力计划。

4. 平整施工场地，清除现场障碍物。

5. 作好排水降水设施。

6. 设置测量控制网，将永久性控制坐标和水准点，引测到现场，在工程施工区域设置测量控制网，作好轴线控制的测量和校核。

7. 根据工程特点，修建进场道路，生产和生活设施，敷设现场供水、供电线路。

8. 作好设备调配和维修工作，准备工程用料，配备工程施工技术、管理和作业人员；制定技术岗位责任制和技术、质量、安全、环境管理网络；对拟采用的土石方工程新机具、新工艺、新技术、新材料，组织力量进行研制和试验。

8.2.2.2 开挖的一般要求

1. 场地开挖

边坡稳定地质条件良好，土质均匀，高度在10m内的边坡，按表8-28选取；永久性场地，坡度无设计规定时，按表8-29选用；对岩石边坡，根据其岩石类别、坡度，按表8-30采用。

土质边坡坡度允许值 **表8-28**

土的类别	密实度或状态	坡度允许值(高宽比)	
		坡高在5m以下	坡高为5～10m
碎石土	密实	1∶0.35～1∶0.50	1∶0.50～1∶0.75
	中密	1∶0.50～1∶0.75	1∶0.75～1∶1.00
	稍密	1∶0.75～1∶1.00	1∶1.00～1∶1.25
黏性土	坚硬	1∶0.75～1∶1.00	1∶1.00～1∶1.25
	硬塑	1∶1.00～1∶1.25	1∶1.25～1∶1.50

永久性土工构筑物挖方边坡坡度 **表8-29**

项次	挖土性质	边坡坡度
1	天然湿度、层理均匀、不易膨胀的黏土、粉质黏土和砂土(不包括细砂、粉砂)内深度不超过3m	1∶1～1∶1.25
2	土质同上，深度为3～12m	1∶1.25～1∶1.50

续表

项次	挖土性质	边坡坡度
3	干燥地区内结构未经破坏的干燥黄土及类黄土，深度不超过12m	1∶0.10～1∶1.25
4	碎石土和泥灰岩土，深度≤12m，根据土的性质、层理特性确定	1∶0.50～1∶1.50
5	在风化岩内的挖方，根据岩石性质、风化程度、层理特性确定	1∶0.20～1∶1.50
6	在微风化岩石内的挖方，岩石无裂缝且无倾向挖方坡脚的岩层	1∶0.10
7	在未风化的完整岩石的挖方	直立的

岩石边坡坡度允许值　　**表 8-30**

岩石类土	风化程度	坡度允许值(高宽比)		
		坡高在8m以下	坡高8～15m	坡高15～30m
硬质岩石	微风化	1∶0.10～1∶0.20	1∶0.20～1∶0.35	1∶0.30～1∶0.50
	中等风化	1∶0.20～1∶0.35	1∶0.35～1∶0.50	1∶0.50～1∶0.75
	强风化	1∶0.35～1∶0.50	1∶0.50～1∶0.75	1∶0.75～1∶1.00
软质岩石	微风化	1∶0.35～1∶0.50	1∶0.50～1∶0.75	1∶0.75～1∶1.00
	中等风化	1∶0.50～1∶0.75	1∶0.75～1∶1.00	1∶1.00～1∶1.50
	强风化	1∶0.75～1∶1.00	1∶1.00～1∶1.25	

2. 边坡开挖

(1) 边坡开挖应采取沿等高线自上而下，分层、分段依次进行。

(2) 边坡台阶开挖，应做成一定坡度，边坡下部设有护脚及排水沟时，应尽快处理台阶的反向排水坡，进行护脚矮墙和排水沟的砌筑和疏通，否则应采取临时性排水措施。

(3) 边坡开挖对软土土坡或易风化的软质岩石边坡在开挖后应对坡面、坡脚采取喷浆、抹面、嵌补、护砌等保护措施，并做好坡顶、坡脚排水，避免在影响边坡稳定的范围内积水。

8.2.2.3　浅基坑、槽和管沟开挖

1. 浅基坑（槽）开挖，应先进行测量定位，抄平放线，定出开挖长度，根据土质和水文情况，采取在四侧或两侧直立开挖或放坡，以保证施工操作安全。

当土质为天然湿度、构造均匀、水文地质条件良好，且无地下水时，开挖基坑根据开挖深度，参考表8-31、表8-32中数值进行施工操作。

基坑（槽）和管沟不加支撑时的容许深度　　**表 8-31**

项次	土的种类	容许深度(m)
1	密实、中密的砂子和碎石类土(充填物为砂土)	1.00
2	硬塑、可塑的粉质黏土及粉土	1.25
3	硬塑、可塑的黏土和碎石类土(充填物为黏性土)	1.50
4	坚硬的黏土	2.00

临时性挖方边坡值 表 8-32

土的类别		边坡值(高：宽)
砂土(不包括细砂、粉砂)		1：1.25～1：1.50
一般黏性土	硬	1：0.75～1：1.00
	硬塑	1：1.00～1：1.25
	软	1：1.50 或更缓
碎石类土	充填坚硬、硬塑黏性土	1：0.50～1：1.00
	充填砂土	1：1.00～1：1.50

2. 当开挖基坑（槽）的土体含水量大，或基坑较深，或受到场地限制需用较陡的边坡或直立开挖而土质较差时，应采用临时性支撑加固结构。挖土时，土壁要求平直，挖好一层，支撑一层，挡土板要紧贴土面，并用小木桩或横撑钢管顶住挡板。开挖宽度较大的基坑，当在局部地段无法放坡，或下部土方受到基坑尺寸限制不能放较大的坡度时，应在下部坡脚采取加固措施，如采用短桩与横隔板支撑或砌砖、毛石或用编织袋装土堆砌临时矮挡土墙保护坡脚。

3. 基坑开挖尽量防止对地基土的扰动。人工挖土，基坑挖好后不能立即进行下道工序时，应预留 15～30cm 土不挖，待下道工序开始再挖至设计标高。采用机械开挖基坑时，应在基底标高以上预留 20～30cm，由人工挖掘修整。

4. 在地下水位以下挖土，应在基坑（槽）四侧或两侧挖好临时排水沟和集水井，或采用井点降水，将水位降低至坑、槽底以下 500mm，降水工作应持续至基础施工完成。

5. 雨期施工时，基坑槽应分段开挖，挖好一段浇筑一段垫层，并在基槽两侧围以土堤或挖排水沟，以防地面雨水流入基坑槽，同时应经常检查边坡和支撑情况，以防止坑壁受水浸泡造成塌方。

6. 基坑开挖时，应对平面控制桩、水准点、基坑平面位置、标高、边坡坡度等经常复测检查。

7. 基坑应进行验槽，作好记录，发现地基土质与勘探、设计不符，应与有关人员研究及时处理。

8.2.2.4 浅基坑、槽和管沟的支撑方法

基坑、槽和管沟的支撑方法见表 8-33，一般浅基坑的支撑方法见表 8-34。

8.2.2.5 浅基坑、槽和管沟支撑的计算

以连续水平板式支撑为例，计算简图如图 8-8（a）所示。水平挡土板与梁的作用相同，承受土的水平压力的作用，设土与挡土板间的摩擦力不计，则深度 h 处的主动土压力强度为：

$$p_n = \gamma h\,\mathrm{tg}^2\left(45° - \frac{\varphi}{2}\right)(\mathrm{kN/m^2}) \tag{8-8}$$

式中 γ——基坑槽（或管沟，下同）壁土的平均重度（$\mathrm{kN/m^3}$）；

$$\gamma = \frac{\gamma_1 h_1 + \gamma_2 h_2 + \gamma_3 h_3}{h_1 + h_2 + h_3} \tag{8-9}$$

h——基坑槽深度（m）；

φ——基坑槽的平均内摩擦角（°）。

$$\varphi=\frac{\varphi_1 h_1+\varphi_2 h_2+\varphi_3 h_3}{h_1+h_2+h_3} \tag{8-10}$$

基坑槽、管沟的支撑方法　　表 8-33

支撑方式	简　图	支撑方法及适用条件
间断式水平支撑	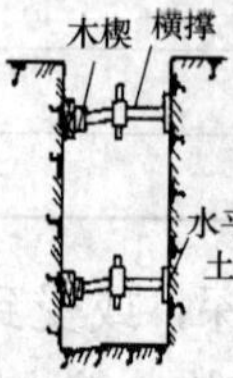	两侧挡土板水平放置，用工具式或木横撑借木楔顶紧，挖一层土，支顶一层 适于能保持立壁的干土或天然湿度的黏土类土，地下水很少、深度在 2m 以内
断续式水平支撑	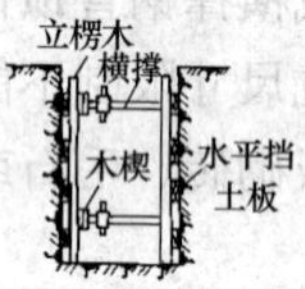	挡土板水平放置，中间留出间隔，并在两侧同时对称立竖方木，再用工具式或木横撑上、下顶紧 适于能保持直立壁的干土或天然湿度的黏土类土，地下水该少、深度在 3m 以内
连续式水平支撑	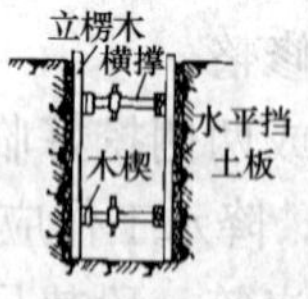	挡土板水平连续放置，不留间隙，然后两侧同时对称立竖方木，上、下各顶一根撑木，端头加木楔顶紧 适于较松散的干土或天然湿度的黏土类土，地下水很少、深度为 3～5m
连续或间断式垂直叉撑	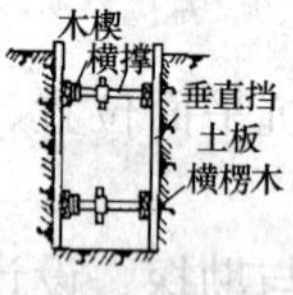	挡土板垂直放置，可连续或留适当间隙，然后每侧上、下各水平顶一根方木，再用横撑顶紧 适于土质较松散或湿度很高的土、地下水较少、深度不限
水平垂直混合式叉撑	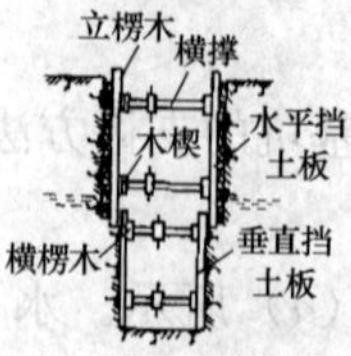	沟槽上部连续式水平支撑、下部设连续式垂直支撑 适于沟槽深度较大，下部有含水土层的情况

一般浅基坑的支撑方法　　表 8-34

支撑方式	简　图	支撑方法及适用条件
斜柱支撑	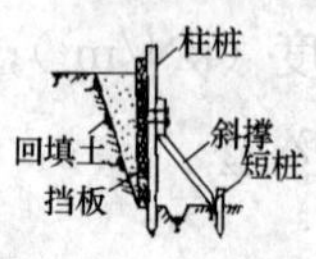	水平挡土板钉在柱桩内侧，柱桩外侧用斜撑支顶，斜撑底端支在木桩上，在挡土板内侧回填土 适于开挖较大型、深度不大的基坑或使用机械挖土时

续表

支撑方式	简 图	支撑方法及适用条件
锚拉支撑	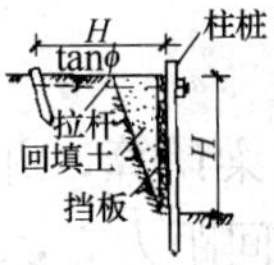	水平挡土板支在柱桩的内侧，柱桩一端打入土中，另一端用拉杆与锚桩拉紧、在挡土板内侧回填土 适于开挖较大型、深度不大的基坑或使用机械挖土，不能安设横撑时使用
型钢桩横挡板支撑	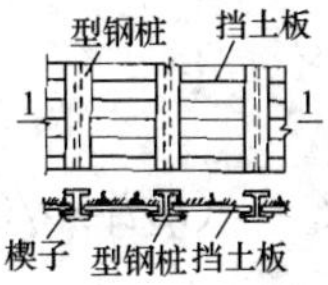	沿挡土位置预先打入钢轨、工字刚或 H 型钢桩，间距 1.0～1.5m，然后边挖方，边将 3～6cm 厚的挡土板塞进钢桩之间挡土，并在横向挡板与型钢桩之间打上楔子，使横板与土体紧密接触 适于地下水位较低，深度不很大的一般黏性或砂土层中使用
短桩横隔板支撑	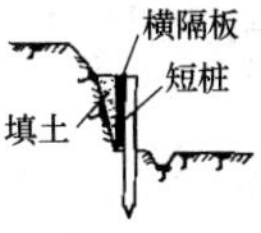	打入小短木桩，部分打入土中，部分露出地面，钉上水平挡土板，在背面填土、夯实 适于开挖宽度大的基坑，当部分地段下部放坡不够时使用
临时挡土墙支撑		沿坡脚用砖、石叠砌或用装水泥的聚丙烯扁丝编织袋、草袋装土、砂堆砌、使坡脚保持稳定 适于开挖宽度大的基坑，当部分地段下部放坡不够时使用
挡土灌注桩支护	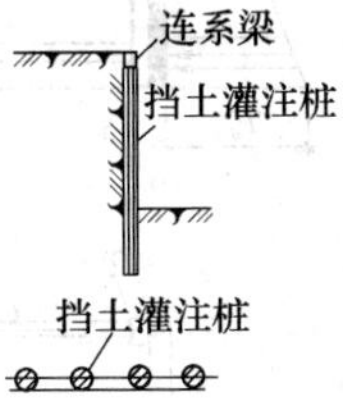	在开挖基坑的周围，用钻机或洛阳铲成孔、桩径 ϕ400～500mm，现场灌注钢筋混凝土桩，桩间距为 1.0～1.5m，在桩间土方挖成外拱形使之起土拱作用 适用于开挖较大，较浅(<5m)基坑，邻近有建筑物，不允许背面地基有下沉、位移时采用
叠袋式挡墙支护	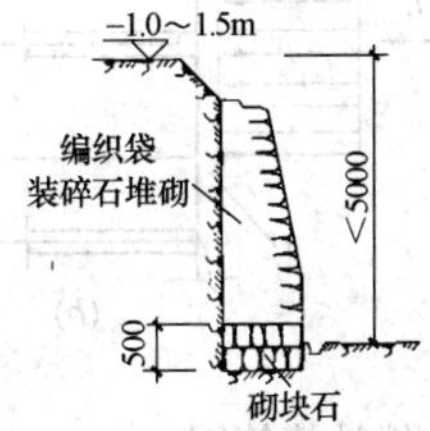	采用编织袋或草袋装碎石(砂砾石或土)堆砌成重力式挡墙作为基坑的支护，在墙下部砌 500mm 厚块石基础，墙底宽 1500～2000mm，顶宽 500～1200mm，顶部适当放坡卸土 1.0～1.5m，表面抹砂浆保护 适用于一般黏性土、面积大、开挖深度应在 5m 以内的浅基坑支护

挡土板厚度按受力最大的下面一块板计算，它所承受的压力图为梯形，可以简化为矩形压力图，设深度 h 处的挡土板宽度为 b，则主动土压力作用在该水平挡土板上的荷载 $q_1=p_a\cdot b$。

将挡土板视作简支梁，当立柱间距为 L 时，则挡土板承受的最大弯矩为：

$$M_{\max}=\frac{p_a bL^2}{8} \tag{8-11}$$

所需挡土板的截面抵抗矩 W 为：

$$W=\frac{M_{\max}}{f_m} \tag{8-12}$$

式中　f_m——木材的抗弯强度设计值（N/mm^2）。

需用木挡土板的厚度为：

$$d=\sqrt{\frac{6W}{b}} \tag{8-13}$$

立柱为承受三角形荷载的连续梁，也按多跨简支梁计算，并按控制跨度设计其尺寸。当坑槽壁仅设两道横撑木（图 8-8*b*）时，其上下横撑间距为 l_1，立柱间距为 L，则下端支点处主动土压力的荷载为：

$$q_2=p_aL\ (kN/m) \tag{8-14}$$

式中　p_a——立柱下端的土压力（kN/m^2）。

立柱承受三角形荷载作用，下端支点反力为：$R_a=(q_2l_1)/3$；上端支点反力为：$R_b=(q_2l_1)/6$。

由此可求得最大弯矩所在截面与上端支点的距离为：$x=0.578l_1$。

最大弯矩为　$$M_{max}=0.0642q_2l_1^2 \tag{8-15}$$

最大应力为　$$\sigma=\frac{M_{max}}{W}\leqslant f_m \tag{8-16}$$

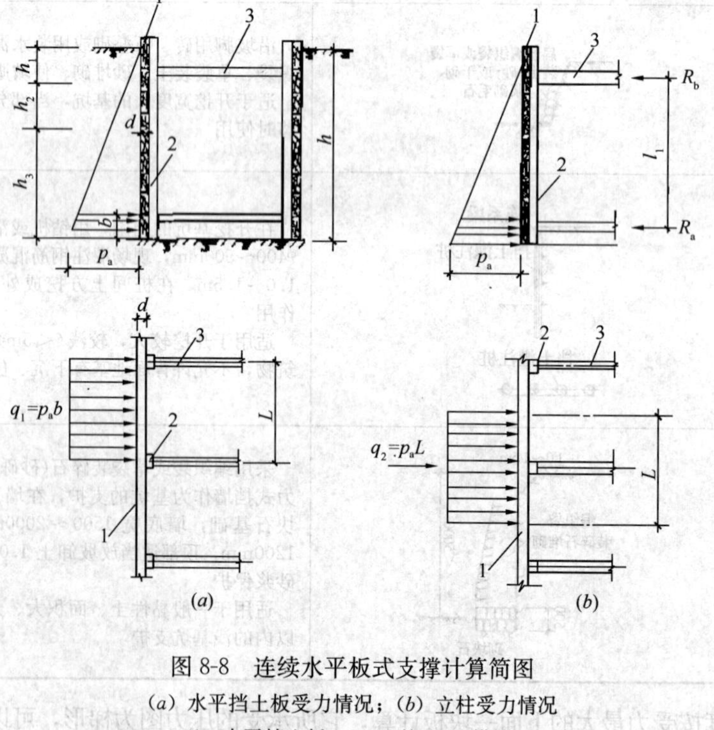

图 8-8　连续水平板式支撑计算简图

(*a*) 水平挡土板受力情况；(*b*) 立柱受力情况

1—水平挡土板；2—立柱；3—横撑

当坑槽壁设多道横撑木（图 8-9*a*），可将各跨间梯形分布荷载简化为均布荷载 q_i（等于其平均值），如图中虚线所示，然后取其控制跨度求其最大弯矩：$M_{max}=q_3L_3{}^3/8$，可同上法确定立柱尺寸。

支点反力可按承受相邻两跨度上各半跨的荷载计算，如图 8-9（*b*）中间支点的反力为：

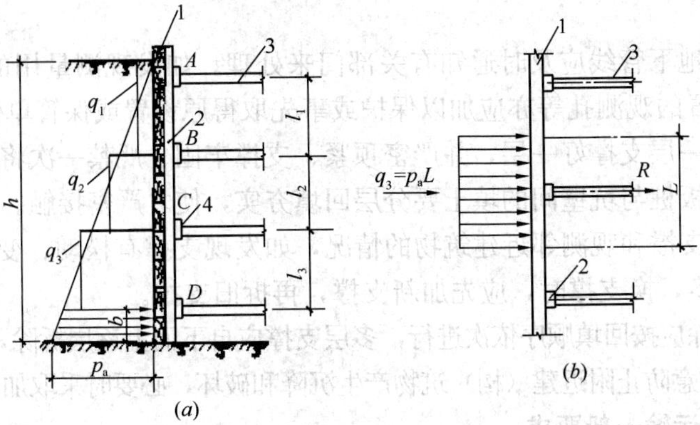

图 8-9 多道横撑的立柱计算简图

（a）多道横撑支撑情况；（b）立柱承受荷载情况

1—水平挡土板；2—立柱；3—横撑木；4—木楔

$$R=\frac{q_3 l_3+q_2 l_2}{2} \tag{8-17}$$

A、D 两点的外侧无支点，故计算的立柱两端的悬臂部分的荷载亦应分别由上下两个支点承受横撑木为承受点的反力的中心受压杆件，可按下式计算需用截面积：

$$A_c=\frac{R}{\varphi f_c} \tag{8-18}$$

式中 A_c——横撑木的截面积（mm^2）；

R——横撑木承受的支点最大反力（N）；

f_c——木材顺纹抗压及承压强度设计值（N/mm^2）；

φ——横撑木的轴心受压稳定系数，按下式计算：

树种强度等级为 TC17、TC15 及 TB20：

当 $\lambda\leqslant 75$ 时
$$\varphi=\frac{1}{1+\left(\frac{\lambda^2}{80}\right)^2} \tag{8-19}$$

当 $\lambda>75$ 时
$$\varphi=\frac{3000}{\lambda^2} \tag{8-20}$$

树种强度等级为 TC13、TC11、TB17 及 TB15：

当 $\lambda\leqslant 91$ 时
$$\varphi=\frac{1}{1+\left(\frac{\lambda}{65}\right)^2} \tag{8-21}$$

当 $\lambda>91$ 时
$$\varphi=\frac{2800}{\lambda^2} \tag{8-22}$$

式中 λ——横撑木的长细比。

8.2.2.6 土石方开挖和支撑施工注意事项

1. 大型挖土及降低地下水位时，注意观察附近已有建（构）筑物、管线，有无沉降和移位。

2. 发现文物或古墓，妥善保护并及时报请当地有关部门处理，妥善处理后，方可继续施工。

3. 挖掘发现地下管线应及时通知有关部门来处理。如发现测量用的永久性标桩或地质、地震部门设置的观测孔等亦应加以保护或事先取得原设置或保管单位的书面同意。

4. 支撑应挖一层支撑好一层，并严密顶紧、支撑牢固、严禁一次将土挖好后再支撑。

5. 挡土板或板桩与坑壁间的填土要分层回填夯实，使之严密接触。

6. 经常检查支撑和观测邻近建筑物的情况，如发现支撑有松动、变形、位移等情况，应及时加固或更换，换支撑时，应先加新支撑，再拆旧支撑。

7. 支撑的拆除应按回填顺序依次进行，多层支撑应自下而上逐层拆除，边拆除，边回填，拆除支撑时，应注意防止附近建（构）筑物产生沉降和破坏，必要时采取加固措施。

8.2.2.7　土石方运输一般要求

1. 严禁超载运输土石方，运输过程中应进行覆盖，严格控制车速，不超速、不超重，安全生产。

2. 施工现场运输道路要布置有序，避免运输混杂、交叉，影响安全及进度。

3. 土石方运输装卸要有专人指挥倒车。

8.2.2.8　基坑边坡防护

当基坑放坡高度较大，施工期和暴露时间较长，应保护基坑边坡的稳定。

1. 薄膜覆盖或砂浆覆盖法

在边坡上铺塑料薄膜，在坡顶及坡脚用编织袋装土压住或用砖压住；或在边坡上抹水泥砂浆 2～2.5cm 厚保护，在土中插适当锚筋连接，在坡脚设排水沟（图 8-10*a*）。

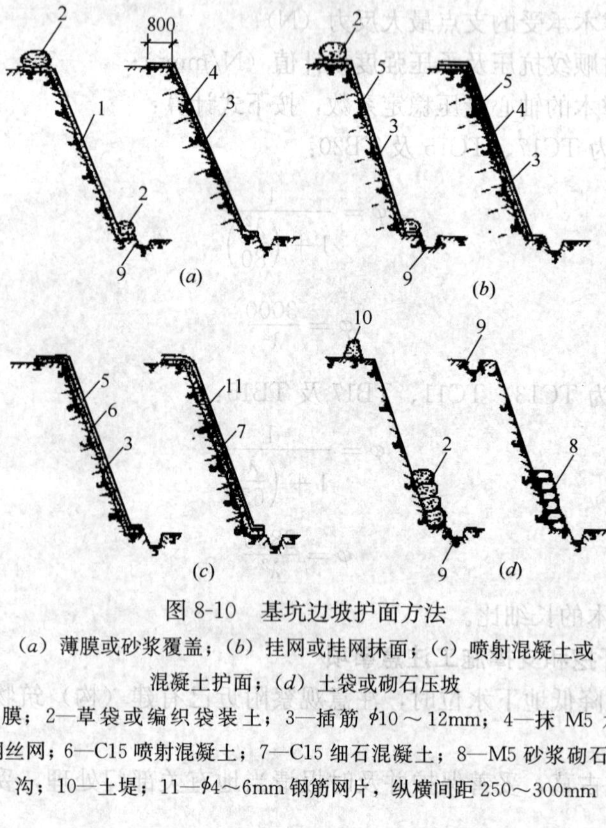

图 8-10　基坑边坡护面方法

（*a*）薄膜或砂浆覆盖；（*b*）挂网或挂网抹面；（*c*）喷射混凝土或混凝土护面；（*d*）土袋或砌石压坡

1—塑料薄膜；2—草袋或编织袋装土；3—插筋 ϕ10～12mm；4—抹 M5 水泥砂浆；5—20 号钢丝网；6—C15 喷射混凝土；7—C15 细石混凝土；8—M5 砂浆砌石；9—排水沟；10—土堤；11—ϕ4～6mm 钢筋网片，纵横间距 250～300mm

2. 挂网或挂网抹面法

对施工期短，土质差的临时性基坑边坡，垂直坡面楔入直径10～20mm，长40～60cm插筋，纵横间距1m，上铺20号铁丝网，上下用编织袋装土或砂压住，在铁丝网上抹2.5～3.5cm厚的M5水泥砂浆，在坡顶坡脚设排水沟（图8-10*b*）。

3. 喷射混凝土或混凝土护面法

对邻近有建筑物的深基坑边坡，可在坡面垂直楔入直径10～12mm，长40～50cm插筋，纵横间距1m，上铺20号铁丝网，喷射40～60mm厚的C15细石混凝土直到坡顶和坡脚（图8-10*c*）。

4. 土袋或砌石压坡法

深度在5m以内的临时基坑边坡，在边坡下部用草袋或聚丙烯扁丝编织袋装土堆砌或砌石压住坡脚。边坡高3m以内可采用单排顶砌法，5m以内，水位较高，用二排顶砌或一排一顶构筑法，保持坡脚稳定。在坡顶设挡水土堤或排水沟，防止冲刷坡面，在底部作排水沟，防止冲坏坡脚（图8-10*d*）。

8.2.2.9 土石方开挖施工中的质量控制要点

1. 对定位放线的控制

复核建筑物的定位桩、轴线、方位和几何尺寸。

2. 对土方开挖的控制

检查挖土标高、截面尺寸、放坡和排水。地下水位应保持低于开挖面500mm以下。

3. 基坑（槽）验收

由施工单位、设计单位、监理单位或建设单位、质量监督部门等共同进行验槽、用表面检查验槽法，必要时采用钎探检查，检查合格，填写基坑槽验收记录，办理交接手续。

4. 土石方开挖工程质量检验标准，见表8-35、表8-36。

土方开挖工程质量检验标准　　表8-35

项	序	项　目	允许偏差或允许值(mm)					检验方法
			柱基、基坑、基槽	挖方场地平整		管沟	地(路)面基层	
				人工	机械			
主控项目	1	标高	−50	±30	±50	−50	−50	水准仪
主控项目	2	长度、宽度(由设计中心线向两边量)	+200 −50	+300 −100	+500 −100	+100	—	经纬仪、用钢尺量
主控项目	3	边坡	设计要求					观察用坡度尺检查
一般项目	1	表面平整度	20	20	50	20	20	用2m靠尺和楔形塞尺检查
一般项目	2	基底土性	设计要求					观察或土样分析

石方开挖工程质量检验标准　　表8-36

类别	序号	检查项目	质量标准	单位	检验方法及器具
主控项目	1	底基岩土质	必须符合设计要求	—	观察检查及检查试验记录
主控项目	2	边坡坡度偏差	应符合设计要求，不允许偏陡，稳定无松石	—	用坡度尺检查

续表

类别	序号	检查项目		质量标准	单位	检验方法及器具
一般项目	1	顶面标高偏差	基坑、基槽、管沟	−200	mm	水准仪检查
			场地平整	+100 −300		
	2	几何尺寸偏差	基坑、基槽、管沟	+200	mm	从定位中心线至纵横边拉线和尺量
			场地平整	+400 −100		

8.2.3　土石方回填

8.2.3.1　填料要求与含水量控制

填方土料应符合设计要求，如设计无要求时应符合以下规定：

1. 碎石类土 、砂土和爆破石渣（粒径不大于每层铺土厚度的2/3），可用于表层下的填料。

2. 含水量符合压实要求的黏性土，可作各层填料。

3. 淤泥和淤泥质土，一般不作填料，在软土层区，经处理符合要求的，可填筑次要部位。

4. 填土土料含水量的大小，直接影响到压实质量，在压实前应先试验，以得到符合密实度要求条件下的最优含水量和最少压实夯实遍数。各种土的最优含水量和最大密实度，见表8-37。黏性土料施工含水量与最优含水量之差，可控制在±2%范围内。

土的最优含水量和最大干密度参考表　　表8-37

项次	土的种类	变动范围	
		最优含水量(%)(重量比)	最大干密度(kg/m^3)
1	砂土	8～12	1.80～1.88
2	黏土	19～23	1.58～1.70
3	粉质黏土	12～15	1.85～1.95
4	粉土	16～22	1.61～1.80

5. 土料含水量以手握成团，落地开花为宜。含水量过大，应翻松、晾干、风干、换土回填、掺入干土或其他吸水性材料；土料过干，预先洒水润湿，每$1m^3$铺好的土层需要补充水量按下式计算：

$$V=\rho_{\omega}\cdot(\omega_{op}-\omega)/(1+\omega) \tag{8-23}$$

式中　V——单位体积内需要补充的水量（L）；

ω——土的天然含水量（%）（以小数计）；

ω_{op}——土的最优含水量（%）（以小数计）；

ρ_{ω}——填土碾压前的密度（kg/m^3）。

6. 当含水量小时，亦可采取增加压实遍数或使用大功率压实机械等措施，在气候干燥时，须加快施工速度，减少土的水分散失，当填料为碎石类土时，碾压前应充分洒水湿透，以提高压实效果。

8.2.3.2 基底处理

1. 场地回填应先清除基底上垃圾、草皮、树根，排除坑穴中的积水、淤泥和杂物，并应采取措施防止地表滞水流入填方区，浸泡地基，造成基土塌陷。

2. 当填方基底为松土时，应将基底充分夯实和碾压密实。

3. 当填方位于水田、沟渠、池塘等松散土地段，应排水疏干，或作换填处理。

4. 当填土场地陡于1/5时，应将斜坡挖成阶梯形，阶高0.2～0.3m，阶宽大于1m，分层填土。

8.2.3.3 填方边坡

1. 填方的边坡坡度按设计规定施工，设计无规定时，可按表8-38和表8-39采用。

2. 对使用时间较长的临时性填方边坡坡度，当填方高度小于10m时，可采用1∶1.5；超过10m可作成折线形，上部采用1∶1.5，下部采用1∶1.75。

永久性填方边坡的高度限值 表8-38

项次	土的种类	填方高度(m)	边坡坡度
1	黏土类土，黄土、类黄土	6	1∶1.50
2	粉质黏土、泥灰岩土	6～7	1∶1.50
3	中砂或粗砂	10	1∶1.50
4	砾石或碎石土	10～12	1∶1.50
5	易风化的岩土	12	1∶1.50
6	轻微风化，尺寸25cm内的石料	6以内 6～12	1∶1.33 1∶1.50
7	轻微风化，尺寸大于25cm的石料，边坡用最大石块，分排整齐铺砌	12以内	1∶1.50～1∶0.75
8	轻微风化，尺寸大于40cm内的石料，其边坡分排整齐	5以内 5～10 >10	1∶0.50 1∶0.65 1∶1.00

压实填土的边坡允许值 表8-39

填料类别	压实系数 λ_c	边坡允许值(高宽比) 填料厚度 H(m)			
		$H\leqslant5$	$5<H\leqslant10$	$10<H\leqslant15$	$15<H\leqslant20$
碎石、卵石	0.94～0.97	1∶1.25	1∶1.50	1∶1.75	1∶2.00
砂夹石(其中碎石、卵石占全重的30%～50%)		1∶1.25	1∶1.50	1∶1.75	1∶2.00
土夹石(其中碎石、卵石占全重的30%～50%)	0.94～0.97	1∶1.25	1∶1.50	1∶1.75	1∶2.00
粉质黏土，黏粒含量$\rho_c\geqslant10\%$的粉土		1∶1.50	1∶1.75	1∶2.00	1∶2.25

8.2.3.4 人工填土方法

1. 从场地最低部分开始，由一端向另一端自下而上分层铺填。每层虚铺厚度，用打夯机械夯实时不大于25cm。采取分段填筑，交接处应填成阶梯形。

2. 墙基及管道回填在两侧用细土同时均匀回填、夯实，防止墙基及管道中心线位移。

3. 回填用打夯机夯实，两机平行时间距不小于 3m，在同一路线上，前后间距不小于 10m。

8.2.3.5　机械填土方法

1. 推土机填土

自下而上分层铺填，每层虚铺厚度不大于 30cm。推土机运土回填，可采用分堆集中，一次运送方法，分段距离为 10～15m，以减少运土漏失量。用推土机来回行驶进行碾压，履带应重复宽度的一半，填土程序应采用纵向铺填顺序，从挖土区至填土区段，以 40～60m 距离为宜。

2. 铲运机填土

铺填土区段长度不宜小于 20m，宽度不宜小于 8m，铺土应分层进行，每次铺土厚度不大于 30～50cm，铺土后，空车返回时将地表面刮平，填土尽量采取横向或纵向分层卸土。

3. 汽车填土

自卸汽车成堆卸土，配以推土机摊平，每层厚度不大于 30～50cm，汽车不能在虚土层上行驶，卸土推平和压实工作须分段交叉进行。

8.2.4　土石方的压实

8.2.4.1　压实的一般要求

1. 密度的要求

填方的密度要求和质量指标通常以压实系数 λ_c 表示。压实系数为土的实际干土密度 ρ_d 与最大干土密度 ρ_{dmax} 的比值。最大干土密度 ρ_{dmax} 是在最优含水量时，通过标准的击实方法确定的。密实度要求，由设计根据工程结构性质，使用要求确定。如未作规定，可参考 8-40 数值。

压实填土的质量控制　　**表 8-40**

结构类型	填土部位	压实系数 λ_c	控制含水量(%)
砌体承重结构和框架结构	在地基主要受力层范围内	≥0.97	$\omega_{op}\pm2$
	在地基主要受力层范围以下	≥0.95	
框架结构	在地基主要受力层范围内	≥0.96	$\omega_{op}\pm2$
	在地基主要受力层范围以下	≥0.94	

压实填土的最大干密度 ρ_{dmax}（t/m^3）宜采用击实试验确定。当无试验资料时，可按下式计算：

$$\rho_{dmax}=\eta\frac{\rho_{\omega}d_s}{1+0.01\omega_{op}d_s} \tag{8-24}$$

式中　η——经验系数，对于黏土取 0.95，粉质黏土取 0.96，粉土取 0.97；

ρ_{ω}——水的密度（t/m^3）；

d_s—土粒相对密度；

ω_{op}——最优含水量（%），可按当地经验或取 ω_p+2（ω_p—土的塑限）。

2. 含水量控制

参见8.2.3.1。

3. 摊铺厚度和压实遍数

每层摊铺厚度和压实遍数，视土的性质、设计要求和使用的压实机具性能，通过现场碾（夯）压试验确定。表8-41为参考数值，如无试验依据，可参考应用。

填土施工时的分层厚度及压实遍数 **表8-41**

压实机具	分层厚度(mm)	每次压实遍数	压实机具	分层厚度(mm)	每次压实遍数
平碾	250～300	6～8	柴油打夯机	200～250	3～4
振动压实机	250～350	3～4	人工打夯	<200	3～4

8.2.4.2 填土压（夯）实方法

1. 一般要求

（1）应尽量采用同类土填筑，并控制土的含水率在最优含水量范围内。当采用不同的土填筑时，应按土类有规则的分层铺填，不得混杂使用，边坡不得用透水性较小的土封闭，避免形成水囊和产生滑动现象。

（2）填土应从最低处开始，由下向上整个宽度分层铺填碾压或夯实。

（3）地形起伏之处，应做好接槎，修筑1∶2阶梯形边坡，台阶高可取50cm、宽100cm。分段填筑时每层接缝处应作成大于1∶1.5的斜坡，碾迹重叠0.5～1.0m，上下层错缝距离不应小于1m。接缝部位不得在基础、墙角、柱墩等重要部位。

（4）应预留一定的沉降量，以备在行车、堆重或干湿交替等自然因素作用下，土体逐渐沉降密实。预留沉降量根据工程性质、填方高度、填料种类、压实系数和地基情况等确定。当用机械分层夯实时，其预留下沉高度（以填方高度的百分数计）：对砂土为1.5%；对粉质黏土为3%～3.5%。

2. 人工夯实方法

（1）人力打夯前应将填土初步整平，按一定方向进行，一夯压半夯，夯夯相接，行行相连，两遍纵横交叉，分层夯打。夯实基槽及地坪时，行夯路线应由四边开始，然后再夯向中间。

（2）用柴油打夯机等小机具夯实时，填土厚度不宜大于25cm，均匀分布，不留间隙。

（3）基坑（槽）回填，应在相对两侧或四周同时进行回填与夯实。

（4）回填管沟时，先用人工在管子周围对称填土夯实，直至管顶0.5m以上，方可机械夯填。

3. 机械压实方法

（1）碾压机械碾压之前，宜先用轻型推土机、平地机整平，低速预压，使表面平实；采用振动平碾压实，爆破石渣或碎石类土，应先静压，后振压。

（2）碾压机械压实填方时，应控制行驶速度，一般平碾、振动碾不超过2km/h，并要控制压实遍数。碾压机械与基础或管道应保持一定的距离，防止将基础或管道压坏或位移。

（3）用压路机进行填方压实，填土厚度不应超过25～30cm；碾压方向应从两边逐渐压向中间，碾轮每次重叠宽度约15～25cm，避免漏压。运行中碾轮边距填方边缘应大于50cm，边坡边缘压实不到之处，辅以人力夯或小型夯实机具夯实。

4. 压实排水要求

（1）填土层如有地下水或滞水时，应在四周设置排水沟和集水井，将水位降低。

（2）填土区应保持一定横坡，或中间稍高两边稍低，以利排水。当天填土，应在当天压实。

8.2.4.3　填石压（夯）实方法

1. 一般要求

（1）填石的基底处理同填土，填石应分层填筑，分层压实。逐层填筑时，应安排好石料运输路线，水平分层，先低后高、先两侧后中央卸料，大型推土机摊平。不平处人工用细石块、石屑找平。

（2）填石石料强度不应小于15MPa；石料最大粒径不宜超过层厚的2/3。

（3）分段填筑时每层接缝处应作成大于1∶1.5的斜坡，碾迹重叠0.5～1.0m，上下层错缝距离不应小于1m。接缝部位不得在基础、墙角、柱墩等重要部位。

（4）应将不同岩性的填料分层或分段填筑。

2. 机械压实方法

（1）石方压实应使用重型振动压路机进行碾压；先静压，后振压。

（2）碾压时，控制行驶速度，一般振动碾不超过2km/h；碾压机械与基础或管道保持一定距离。

（3）用压路机进行石质填方压实，分层松铺厚度不宜大于0.5m；碾压时，直线段先两侧后中间，压实路线应纵向互相平行，反复碾压，曲线段，则由内侧向外侧进行。

8.2.4.4　质量控制与检验

（1）回填施工过程中应检查排水措施，每层填筑厚度、含水量控制和压实程序。

（2）对每层回填的质量进行检验，采用环刀法（或灌砂法、灌水法）取样测定土（石）的干密度，求出土（石）的密实度，或用小轻便触探仪检验干密度和密实度。

（3）基坑和室内填土，每层按100～500m^2取样1组；场地平整填方，每层按400～900m^2取样一组；基坑和管沟回填每20～50m^2取样1组，但每层均不少于1组，取样部位在每层压实后的下半部。

（4）干密度应有90%以上符合设计要求，10%的最低值与设计值之差，不大于0.08t/m^3，且不应集中。

（5）填方施工结束后应检查标高、边坡坡度、压实程度等，检验标准参见表8-42。

填土工程质量检验评定标准（mm）　　表8-42

项	序	检验项目	允许偏差或允许值					检查方法
			桩基、基坑、基槽	场地平整		管沟	地（路）面基础层	
				人工	机械			
主控项目	1	标高	−50	±30	±50	−50	−50	水准仪
	2	分层压实系数	设计要求					按规定方法
一般项目	1	回填土料	设计要求					取样检查或直观鉴别
	2	分层厚度及含水量	设计要求					水准仪及抽样检查
	3	表面平整度	20	20	30	20	20	用靠尺或水准仪

8.2.5 土石方工程特殊问题的处理

8.2.5.1 滑坡与塌方的处理

1. 滑坡与塌方原因分析

(1) 斜坡土(岩)体本身存在倾向相近、层理发达、破碎严重的裂隙,或内部夹有易滑动的软弱带,如软泥、黏土质岩层,受水浸后滑动或塌落。

(2) 土层下有倾斜度较大的岩层,或软弱土夹层;或岩层虽近于水平,但距边坡过近,边坡倾度过大,堆土或堆置材料、建筑物荷重,增加了土体的负担,降低了土与岩面之间的抗剪强度。

(3) 边坡坡度不够,倾角过大,土体因雨水或地下水浸入,剪切应力增大,黏聚力减弱。

(4) 开堑挖方,不合理的切割坡脚;或坡脚被地表、地下水掏空;或斜坡地段下部被冲沟所切,地表、地下水浸入坡体;或开坡放炮使坡脚松动,加大坡体坡度,破坏了土(岩)体的内力平衡。

(5) 在坡体上不适当的堆土或填土,设置建筑物;或土工构筑物设置在尚未稳定的古(老)滑坡上,或设置在易滑动的坡积土层上,填方或建筑物增荷后,重心改变,在外力(堆载振动、地震等)和地表、地下水双重作用下,坡体失去平衡或触发古(老)滑坡复活,而产生滑坡。

2. 处理的措施和方法

(1) 加强工程地质勘察,对拟建场地(包括边坡)的稳定性进行认真分析和评价;对具备滑坡形成条件或存在有古老滑坡的地段,一般不应选作建筑场地,或采取必要的措施加以预防。

(2) 在滑坡范围外设置多道环形截水沟,以拦截附近的地表水,在滑坡区域内,修设或疏通原排水系统,疏导地表水及地下水,阻止其渗入滑坡体内。

(3) 处理好滑坡区域附近的生活及生产用水,防止浸入滑坡地段。

(4) 如因地下水活动有可能形成山坡浅层滑坡时,可设置支撑盲沟、渗水沟,排除地下水。

(5) 不能随意切割坡脚。土体削成平缓的坡度,或做成台阶,以增加稳定(图 8-11*a*);土质不同时,削成 2～3 种坡度(图 8-11*b*)。在坡脚有弃土条件时,将土石方填至坡脚,起反压作用,筑挡土堆或修筑台阶,避免在滑坡地段切去坡脚或深挖方。如整平场地必须切割坡脚,且不设挡土墙时,应按切割深度,将坡脚随原自然坡度由上而下削坡,逐渐挖至要求的坡脚深度(图 8-12)。

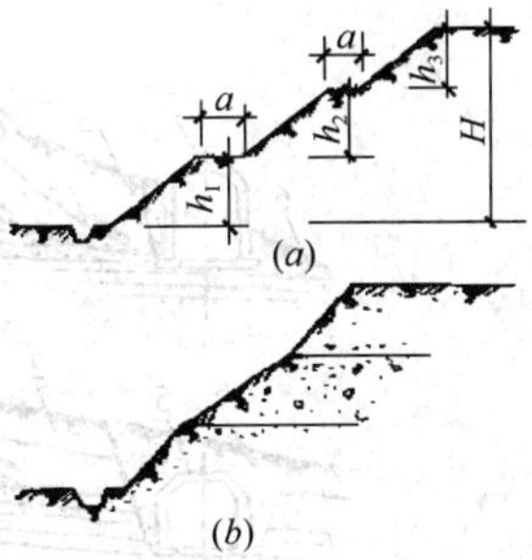

图 8-11 边坡处理

(*a*) 作台阶或边坡;
(*b*) 不同土层留设不同坡度
(a=1500～2000mm)

(6) 避免在坡脚处取土,在坡肩上设置弃土或建筑物。在斜坡地段挖方时,应遵守由上而下分层的开挖程序。在斜坡上填方,由下往上分层填压,避免对滑坡体的各种振动作用。

(7) 对出现的浅层滑坡,如滑坡量不大,将滑坡体全部挖除;如土方量较大,难于挖

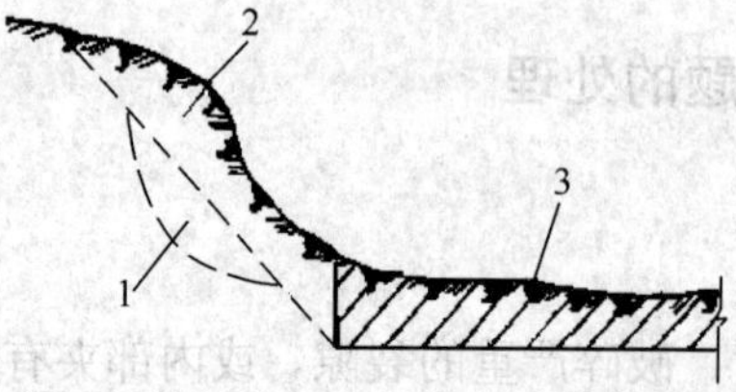

图 8-12　切割坡脚措施

1—滑动面；2—应削去的不稳定部分；3—实际挖去部分

除，且表层破碎含有滑坡夹层时，对滑坡体采取深翻、推压、打乱滑坡夹层、表面压实等，减少滑坡因素。

(8) 对主滑地段采取挖方卸荷，拆除已有建筑物等减重措施，对抗滑地段采取堆方加重措施。

(9) 滑坡面土质松散或具有大量裂缝时，应填平、夯填，防止地表水下渗。

(10) 对已滑坡工程，稳定后设置混凝土锚固排桩、挡土墙、抗滑明洞、抗滑锚杆或混凝土墩与挡土墙等加固坡脚（图 8-13～图 8-17），并作截水沟、排水沟，陡坝部分去土减重，保持适当坡度。

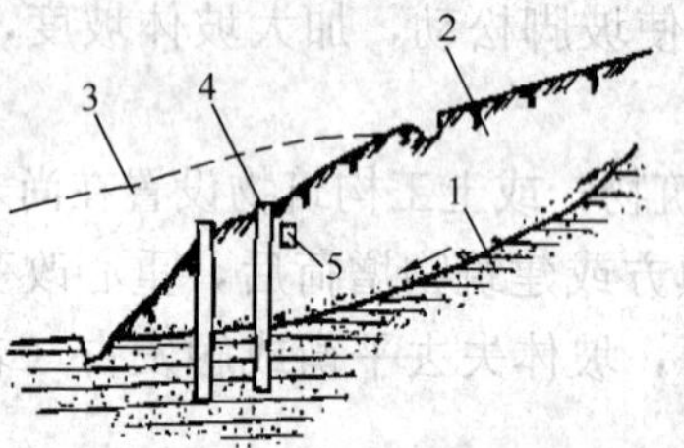

图 8-13　用钢筋混凝土锚固桩（抗滑桩）整治滑坡

1—基岩滑坡面；2—滑动土体；3—原地面线；4—钢筋混凝土锚固排桩；5—排水盲沟

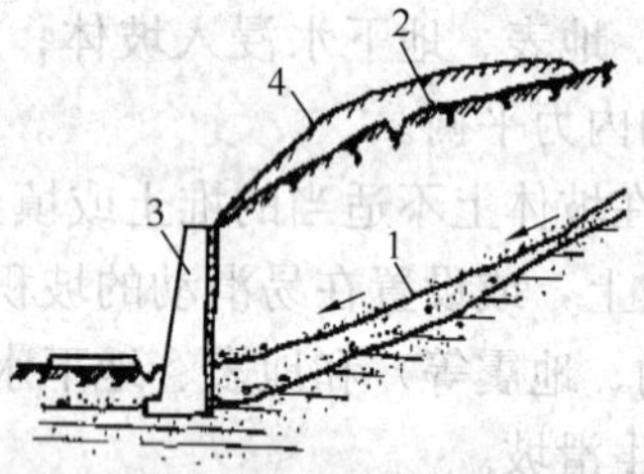

图 8-14　用挡土墙与卸荷结合整治滑坡

1—基岩滑坡面；2—滑动土体；3—钢筋混凝土或块石挡土墙；4—卸去土体

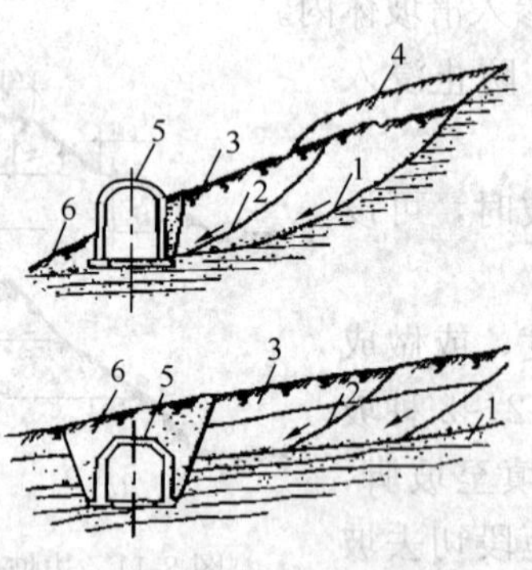

图 8-15　用钢筋混凝土明洞（涵洞）和恢复土体平衡整治滑坡

1—基岩滑坡面；2—土体滑动面；3—滑动土体；4—卸去土体；5—混凝土或钢筋混凝土明洞（涵洞）；6—恢复土体

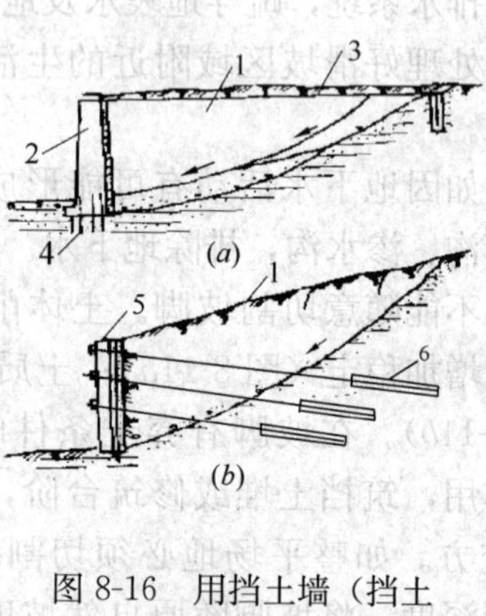

图 8-16　用挡土墙（挡土板、柱）与岩石（土层）锚杆结合整治滑坡

(*a*) 挡土墙与岩石锚杆结合整治滑坡；

(*b*) 挡土板、柱与土层锚杆结合整治滑坡

1—滑动土体；2—挡土墙；3—岩石锚杆；4—锚桩；5—挡土板、柱；6—土层锚杆

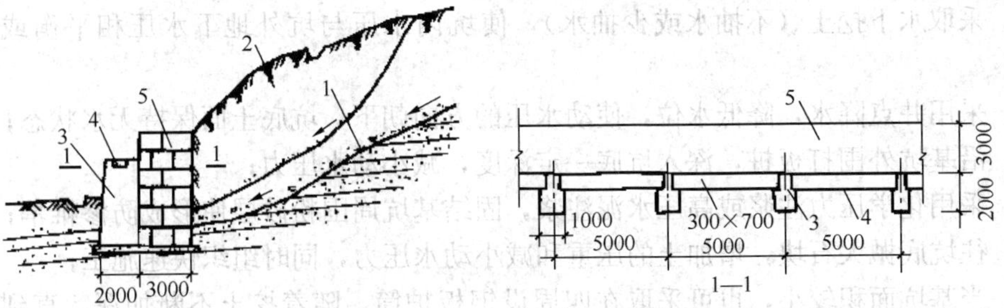

图 8-17 用混凝土墩与挡土墙结合整治滑坡

1—基岩滑坡面；2—滑动土体；3—混凝土墩；4—钢筋混凝土横梁；5—块石挡土墙

8.2.5.2 冲沟、土洞、古河道、古湖泊的处理

1. 冲沟处理

一般处理方法是：对边坡上不深的冲沟，用好土或 3∶7 灰土逐层回填夯实，或用浆砌块石填砌至坡面，并在坡顶作排水沟及反水坡，对地面冲沟用土分层夯填。

2. 土洞处理

将土洞上部挖开，清除软土，分层回填好土（灰土或砂卵石）夯实，面层用黏土夯填并使之高于周围地表，同时作好地表水的截流，将地表径流引到附近排水沟中，不使下渗；对地下水采用截流改道的办法；如用作地基的深埋土洞，宜用砂、砾石、片石或混凝土填灌密实，或用灌浆挤压法加固。对地下水形成的土洞和陷穴，除先挖除软土抛填块石外，还应作反滤层，面层用黏土夯实。

3. 古河道、古湖泊处理

（1）对年代久远的古河道、古湖泊，已被密实的沉积物填满，底部尚有砂卵石层，土的含水量小于 20%，且无被水冲蚀的可能性，可不处理；对年代近的古河道、古湖泊，土质较均匀，含有少量杂质，含水量大于 20%，如沉积物填充密实，亦可不处理；

（2）如为松软含水量大的土，应挖除后用好土分层夯实，或采取地基加固措施；用作地基部位用灰土分层夯实，与河、湖边坡接触部位做成阶梯形接槎，阶宽不小于 1m，接槎处应仔细夯实，回填应按先深后浅的顺序进行。

8.2.5.3 橡皮土处理

1. 暂停一段时间施工，避免再直接拍打，使“橡皮土”含水量逐渐降低，或将土层翻晾；

2. 如地基已成“橡皮土”，可在上面铺一层碎石或碎砖后进行夯击，将表土层挤紧；

3. 橡皮土较严重的，可将土层翻起并粉碎均匀，掺加石灰粉，改变原土结构成为灰土；

4. 当为荷载大的房屋地基，采取打石桩，将毛石（块度为 20～30cm）依次打入土中；

5. 挖去“橡皮土”，重新填好土或级配砂石夯实。

8.2.5.4 流砂处理

发生流砂时，土完全失去承载力，不但使施工条件恶化，而且流砂严重时，会引起基础边坡塌方，附近建筑物会因地基被掏空而下沉、倾斜，甚至倒塌。

1. 安排在全年最低水位季节施工，使基坑内动水压减小；

2. 采取水下挖土（不抽水或少抽水），使坑内水压与坑外地下水压相平衡或缩小水头差；

3. 采用井点降水，降低水位，使动水压的方向朝下，坑底土面保持无水状态；

4. 沿基坑外围打板桩，深入坑底一定深度，减小动水压力；

5. 采用化学压力注浆或高压水泥注浆，固结基坑周围粉砂层使形成防渗帷幕；

6. 往坑底抛大石块，增加土的压重和减小动水压力，同时组织快速施工；

7. 当基坑面积较小，也可采取在四周设钢板护筒，随着挖土不断加深，直到穿过流砂层。

8.2.6 土石方开挖与回填安全技术措施

1. 挖土石方不得在危岩、孤石的下边或贴近未加固的危险建筑物的下面进行。

2. 基坑开挖时，两人操作间距应大于 2.5m。多台机械开挖，挖土机间距应大于 10m。在挖土机工作范围内，不许进行其他作业。开挖应由上而下，逐层进行，严禁先挖坡脚或逆坡挖土。

3. 基坑开挖严格按要求放坡。随时注意边坡的变动情况，发现有裂纹或部分坍塌现象，及时进行支撑，并注意支撑的稳固和边坡的变化。不放坡开挖时，应通过计算设置临时支护。

4. 机械多台阶同时开挖，应验算边坡的稳定，挖土机离边坡应有一定的安全距离，以防塌方。

5. 在有支撑的基坑槽中使用机械挖土时，应防止碰坏支撑。在坑槽边使用机械挖土时，应计算支撑强度，必要时应加强支撑。

6. 基坑（槽）和管沟回填时，下方不得有人，检查打夯机的电器线路，防止漏电、触电。

7. 拆除护壁支撑时，应按照回填顺序，从下而上逐步拆除；更换支撑，必须先安后拆。

8.3 爆 破 工 程

8.3.1 爆 破 器 材

8.3.1.1 炸药及其分类

1. 凡在外部施加一定的能量后，能发生化学爆炸的物质称为炸药；应用于国民经济各个部门的炸药称为工业炸药。

(1) 按主要化学成分分类

1) 硝铵类炸药，以硝酸铵为主要成分，加上适量的可燃剂、敏化剂及其附加剂的混合炸药均属此类。

2) 硝化甘油类炸药，以硝化甘油或硝化甘油与硝化乙二醇混合物为主要组分的混合炸药，有粉状和胶质之分。

3) 芳香族硝基化合物类炸药，苯及其同系物以及苯胺、苯酚和萘的硝基化合物，如梯恩梯、二硝基甲苯磺酸钠等。

(2) 按使用条件分类

1) 准许在一切地下和露天爆破工程中使用的炸药，是安全炸药，又叫做煤矿许用炸药。

2) 准许在露天和地下工程中使用的炸药，但不包括有瓦斯和矿尘爆炸危险的矿山。

3) 只准许在露天爆破中使用的炸药。

2. 工程爆破对工业炸药的基本要求

(1) 具有较低的机械感度和适宜的起爆感度，既能保证生产、贮存、运输和使用过程中的安全，又能保证使用操作中方便顺利地起爆。

(2) 爆炸性能好，具有足够的爆炸威力，以满足不同矿岩的爆破需要。

(3) 其组分、配比应达到零氧平衡或接近于零氧平衡，不含或少含有毒成分。

(4) 有适当的稳定贮存期，在规定的贮存期间内，不应变质失效。

3. 常用工业炸药

(1) 膨化硝铵炸药

膨化硝铵炸药是指用膨化硝酸铵作为炸药氧化剂的一系列粉状硝铵炸药，其关键技术是硝酸铵的膨化敏化改性，膨化硝酸铵颗粒中含有大量的“微气泡”，颗粒表面被“歧性化”、“粗糙化”，当其受到外界强力激发作用时，这些不均匀的局部就可能形成高温高压的“热点”进而发展成为爆炸，实现硝酸铵的“自敏化”设计。膨化硝铵炸药的分类和性能，见表 8-43。

常用膨化硝铵炸药的组分和性能表 **表 8-43**

组分和性能	岩石膨化硝铵炸药	露天膨化硝铵炸药	一级煤矿许用膨化硝铵炸药	二级煤矿许用膨化硝铵炸药
硝酸铵(%)	90.0～94.0	89.5～92.5	81.0～85.0	80.0～84.0
木粉(%)	3.0～5.0	6.0～8.0	4.5～5.5	3.0～4.0
食盐(%)	—	—	8～10	10～12
油相(%)	3.0～5.0	1.5～2.5	2.5～3.5	3.0～4.0
水分(H_2O)(%)	≤0.30	≤0.30	≤0.30	≤0.30
密度($g \cdot cm^{-3}$)	0.80～1.00	0.80～1.00	0.85～1.05	0.85～1.05
猛度(mm)	≥12.0	≥10.0	≥10.0	≥10.0
做功能力(mL)	≥298	≥228	≥228	≥218
殉爆距离(cm)	≥4	—	≥4	≥3
爆速($m \cdot s^{-1}$)	≥3200	≥2400	≥2800	≥2600
保质期(月)	6	4	4	4

(2) 铵梯炸药

铵梯类炸药是以硝酸铵为氧化剂，木粉为可燃剂，梯恩梯为敏化剂，并按一定比例均匀混合制得的硝铵炸药，其分类和性能见下表 8-44。

几种铵梯炸药的组分和性能表　　表 8-44

组分和性能	1号露天铵梯炸药	2号露天铵梯炸药	3号露天铵梯炸药	2号抗水露天铵梯炸药	2号岩石铵梯炸药	2号抗水岩石铵梯炸药
硝酸铵(%)	80～84.0	84.0～88.0	86.0～90.0	84.0～88.0	83.5～86.5	83.5～86.5
梯恩梯(%)	9.0～11.0	4.0～6.0	2.5～3.5	4.0～6.0	10.0～12.0	10.5～11.5
木粉(%)	7.0～9.0	8.0～10.0	8.0～10.0	7.2～9.2	3.5～4.5	2.7～3.7
抗水剂(%)	—	—	—	0.6～1.0	—	0.6～1.0
水分(%)	≤0.5	≤0.5	≤0.5	≤0.5	≤0.3	≤0.3
密度($g\cdot cm^{-3}$)	0.85～1.1	0.85～1.10	0.85～1.1	0.85～1.10	0.95～1.10	0.95～1.10
殉爆距离(cm)	≥4	≥3	≥2	≥3	≥5	≥5
作功能力(mL)	≥278	≥228	≥208	≥228	≥298	≥298
猛度(mm)	≥11	≥8	≥5	≥8	≥12	≥12
爆速($m\cdot s^{-1}$)	—	2100	—	2100	3200	3200
有效期(月)	4	4	4	4	6	6

4. 铵油炸药

由硝酸铵和燃料油为主要成分的粒状爆炸性混合物称为铵油炸药。

(1) 铵油炸药。其组成和性能及适用条件，见表 8-45。

铵油炸药的组分配比、性能与适用条件　　表 8-45

炸药名称	组分(%)			水分(不大于)(%)	爆炸性能					炸药保证期(d)	炸药保证期内		适用条件
	硝酸铵	柴油	木粉		装药密度($g\cdot cm^{-3}$)	殉爆距离(不小于)(cm)	猛度(不小于)(mm)	爆力(不小于)(mL)	爆速(不小于)($m\cdot s^{-1}$)		殉爆距离(不小于)(cm)	水分(不大于)(%)	
1号铵油炸药(粉状)	92±1.5	4±1	4±0.5	0.25	0.9～1.0	5	12	300	3300	(7) 15	5	0.5	露天或无矿尘无瓦斯爆炸危险的中硬以上矿石的爆破工程
2号铵油炸药(粉状)	92±1.5	1.8±0.5	6.2±1	0.8	0.8～0.9	—	18	250	3800	15	—	1.5	露天中硬以上矿岩的爆破和硐室爆破工程
3号铵油炸药(粒状)	94.5±1.5	5.5±1.5	—	0.8	0.9～1.0	—	18	250	3800	15	—	1.5	露天大爆破工程和地下中深孔爆破

(2) 重铵油炸药

将 W/O 型乳胶基质按一定的比例掺混到粒状铵油炸药中，形成的乳胶与铵油炸药掺合物。

(3) 膨化铵油炸药

用膨化硝酸铵替代结晶硝酸铵或多孔粒状硝酸铵制备的炸药称为膨化铵油炸药。

5. 乳化炸药等含水炸药

(1) 乳化炸药：外观形态是以极薄油膜包覆的硝酸铵等无机氧化剂盐结晶粉末，有较高的爆轰感度和良好的爆炸性能。具有抗水性能强，环境污染小，爆破效果好等特点。主要成分：氧化剂、油包水型乳化剂、水、油相材料、密度调整剂、少量添加剂。

(2) 岩石型乳化炸药的品种和技术性能，见表8-46。

我国几种乳化炸药的组分与性能 **表 8-46**

系列或型号		EL 系列	CLH 系列	RJ 系列	MRY-3	岩石型	煤矿许用型
组分（%）	硝酸铵	63～75	50～70	53～80	60～65	65～86	65～80
	硝酸钠	10～15	15～30	5～15	10～15	—	—
	水	10	4～12	8～15	10～15	8～13	8～13
	乳化剂	1～2	0.5～2.5	1～3	1～2.5	0.8～1.2	0.8～1.2
	油相材料	2.5	2～8	2～5	3～6	4～6	3～5
	铝　粉	2～4	—	—	3～5	—	—
	添加剂	2.1～2.2	0～4；3～15	0.5～2	0.4～1.0	1～3	5～10
	密度调整剂	0.3～0.5	—	0.1～0.7	0.1～0.5	—	—
性能	爆速(kms^{-1})	4.5～5.0	4.5～5.5	4.5～5.4	4.5～5.2	3.9	3.9
	猛度(mm)	16～19	15～17	16～18	16～19	12～17	12～17
	爆力(mL)	—	295～330	—	—	—	—
	殉爆距离(cm)	8～12	—	>8	8	6～8	6～8
	贮存期(月)	>6	>8	3	3	3～4	3～4

8.3.1.2 电雷管

1. 瞬发电雷管，是一种通电即爆炸的雷管，管内装有电点火装置，由脚线、桥丝和引火药组成。

2. 秒和半秒延期电雷管，通电后延时起爆，在电引火元件与起爆药之间加入延期装置，国产秒或半秒延期雷管的延期时间和标志，见表8-47、表8-48。

秒延期电雷管的段别、秒量及脚线颜色 **表 8-47**

段　别	延期时间(s)	脚线标志颜色	段　别	延期时间(s)	脚线标志颜色
1	0	灰红	5	4.8	绿红
2	1.2	灰黄	6	6.2	绿黄
3	2.3	灰蓝	7	7.7	绿蓝
4	3.5	灰白			

半秒延期电雷管的段别与秒量 **表 8-48**

段　别	延期时间(s)	标　志	段　别	延期时间(s)	标　志
1	0	雷管壳上印有段别标志，每发雷管还有段别标签	6	2.5	雷管壳上印有段别标志，每发雷管还有段别标签
2	0.5		7	3.0	
3	1.0		8	3.5	
4	1.5		9	4.0	
5	2.0		10	4.5	

3. 毫秒延期电雷管，其组成基本上与秒和半秒延期电雷管相同，不同点在于其延期装置是毫秒级延期药，国产毫秒电雷管段别及其延期时间见表8-49。

国内毫秒延期电雷管段别与秒量　　表8-49

段别	第1ms系列(ms)	第2ms系列(ms)	第3ms系列(ms)	第4ms系列(ms)
1	0	0	0	0
2	25	25	25	25
3	50	50	50	45
4	75	75	75	65
5	110	100	100	85
6	150		128	105
7	200		157	125
8	250		190	145
9	310		230	165
10	380		280	185
11	460		340	205
12	550		410	225
13	650		480	250
14	760		550	275
15	880		625	300
16	1020		700	330
17	1200		780	360
18	1400		860	395
19	1700		945	430
20	2000		1035	470
21			1125	510
22			1225	550
23			1350	590
24			1500	630
25			1675	670
26			1875	710
27			2075	750
28			2300	800
29			2550	850
30			2800	900
31			3050	

8.3.1.3 导爆索

以黑索金或泰安为索芯，棉线、麻线或人造纤维为被覆材料的传递爆轰波的一种索状起爆器材。外观尺寸，导爆索的外径为5.7～6.2mm，爆速标准规定不低于6500m/s，以黑索金为药芯的药量为12～14g/m。

8.3.1.4 导爆管雷管

1. 导爆管：是一种内壁涂有混合炸药粉末的塑料软管，管壁材料是高压聚乙烯，外径 2.95±0.15mm，内径 1.40±0.10mm。起爆感度高、传爆速度快，有良好的传爆、耐火、抗冲击、抗水、抗电和强度性能，应用普遍，和非电毫秒雷管配合使用。

2. 导爆管的连通元件主要有连接块：用于固定击发雷管和被爆导爆管的连通元件，用普通塑料制成。另一种连通管直接把主爆导爆管和被爆导爆管连通导爆的装置，采用高压聚乙烯压铸而成，有分岔式和集束式。

3. 导爆管毫秒雷管：是用塑料导爆管引爆，延期时间以毫秒级计量的雷管，由塑料导爆管的爆轰波点燃延期药，导爆管毫秒雷管的段别及其延期时间，见表 8-50。

导爆管毫秒雷管的段别及延期时间　　表 8-50

段别	第一系列	第二系列	第三系列	段别	第一系列	第二系列	第三系列
1	0	0	0	16	1020	375	400
2	25	25	25	17	1200	400	450
3	50	50	50	18	1400	425	500
4	75	75	75	19	1700	450	550
5	110	100	100	20	2000	475	600
6	150	125	125	21		500	650
7	200	150	150	22			700
8	250	175	175	23			750
9	310	200	200	24			800
10	380	225	225	25			850
11	460	250	250	26			950
12	550	275	275	27			1050
13	650	300	300	28			1150
14	760	325	325	29			1250
15	880	350	350	30			1350

除非电导爆管毫秒雷管外，还有非电导爆管秒延期雷管和非电导爆管瞬发雷管。

8.3.1.5 爆破仪表

专用起爆器，是引爆电雷管和激发笔的专用电源，主要规格及性能，见表 8-51。遇复杂电爆网路时，要认真阅读起爆器说明书，严格按照要求选择联网方式，保证可靠起爆。

专用起爆器的性能与规格　　表 8-51

型号	起爆能力（发）	输出峰值（V）	最大外电阻（Ω）	充电时间（s）	冲击电流持续时间（ms）	电源	质量（kg）	外形尺寸（mm）长×宽×高	生产厂家
MFB-50/100	50/100	960	170	<6	3～6	1 号电池 3 节		135×92×75	抚顺煤炭研究所
NFJ-100	100	900	320	<12	3～6	1 号电池 4 节	3	180×105×165	营口市无线电二厂
J20F-300-B	100/200	900	300	7～20	<6		1.25	148×82×115	营口市无线电二厂

续表

型　号	起爆能力（发）	输出峰值（V）	最大外电阻（Ω）	充电时间（s）	冲击电流持续时间（ms）	电源	质量（kg）	外形尺寸（mm）长×宽×高	生产厂家
MFB-200	200	1800	620	<6				165×105×102	抚顺煤炭研究所
QLDF-1000-C	300/1000	500/600	400/800	15/40		1号电池8节	5	230×140×190	营口市无线电二厂
GM-2000	最大4000 抗杂雷管480	2000		<80		8 V(XQ-1蓄电池)	8	360×165×184	湘西矿山电子仪表厂
GNDF-4000	铜4000 铁2000	3600	600	10～30	50	蓄电池或干电池12V	11	385×195×360	营口市无线电二厂

8.3.1.6　电力起爆法

电力起爆法是利用电能引爆电雷管进而直接或通过其他起爆器材起爆工业炸药的起爆方法；特点是敷设起爆网路前后，能用仪表检查电雷管和对网路进行测试，保证网路的可靠性；可以远距离起爆并控制起爆时间，实现分段延时起爆。缺点是：雷雨期和存在电干扰的危险区内不能使用电爆网路。

1. 电爆网路的组成

（1）电雷管：见第8.3.1.2节。

（2）起爆电源：主要有起爆器、照明电、动力交流电源、干电池、蓄电池和移动式发电机。起爆电源的功率，应能保证流经每个雷管的电流值必须满足以下要求：一般爆破，交流电≥2.5A，直流电≥2A；硐室爆破，交流电≥4A，直流电≥2.5A。

（3）导线：导线一般采用绝缘良好的铜和铝线，在大型电爆网路中，常将导线按其位置和作用划分为：端线、联接线、区域线和主线。

2. 电爆网路的联接方式

（1）串联电爆网路，如图8-18所示，是将所有要起爆的电雷管的两根脚线或端线依次串联成一回路。串联回路的总电阻 R 为：

$$R = R_1 + nR_2 + nr \tag{8-25}$$

式中　R_1——主线电阻（Ω）；

R_2——药包之间的联接电阻（不计差别）（Ω）；

R——电雷管的电阻（不计差别）（Ω）；

n——串联回路中电雷管数目。

串联回路总电流 I 为：

$$i = I = E/(R_1 + nR_2 + nr) \tag{8-26}$$

式中　E——起爆电源的电压（V）；

i——通过每个雷管的电流（A）。

串联电爆网路大多采用高能起爆器，电压有900V、1800V。

(2) 并联电爆网路，并联电爆网路典型的联接方式，如图 8-19 所示。它是将所有要起爆的电雷管两脚线分别联接到两主线上，然后再与电源相接。并联电爆网路总电阻 R 为：

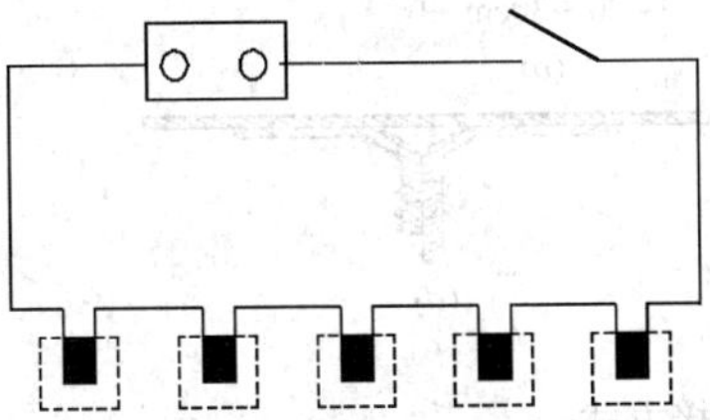

图 8-18 串联网路

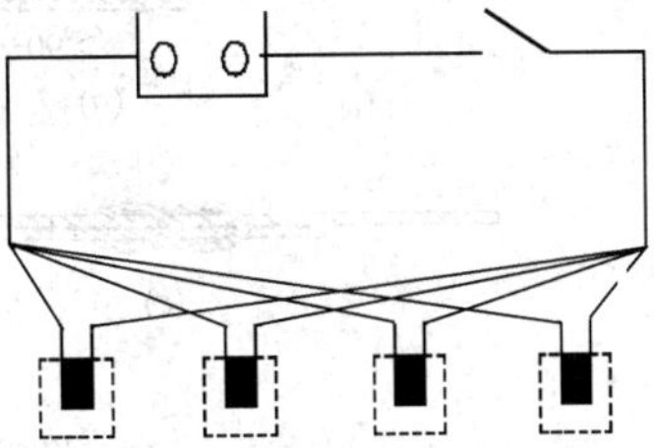

图 8-19 并联网路

$$R = R_1 + R_2/n + r/n \tag{8-27}$$

式中，n 为电爆网路中并联的电雷管数目；其他符号含义同前。

并联电爆网路总电流 I 为：$I = E/(R_1 + R_2/n + r/n)$ (8-28)

通过每发电雷管的电流 i 为：$i = I/n$ (8-29)

并联电爆网路联接要求每条支路的联接线电阻和雷管电阻相同，各支路的电阻值平衡。

(3) 混合联电爆网路，混合电爆网路是由串联和并联组合起来的一种网路，有串并联、并串联和并串并联等类型。

3. 电力起爆法施工

(1) 装药、堵塞：注意起爆导线的保护，特别是在深孔爆破中，孔内不宜有接头，如有接头应联接牢固，并作防水、防绝缘处理。堵塞时要防止把导线、接头碰伤或打断。

(2) 网路的连线：装药、堵塞全部完成，无关人员已全部撤到安全地方后进行，接头不要和金属导体或地面接触，导线要留有一定的伸缩量；从现场向起爆站后退方式进行。

(3) 电爆网路的导通与检测：网路敷设和联接完毕后，要对其进行导通与检测，用专用的爆破欧姆表或导通器检查网路是否接通，测量网路的电阻值是否和设计值一致，发现断路或短路，要立即找出原因，排除故障。

(4) 起爆：导通检测后，将主线与电源插头联接，控制充电时间，起爆后立即切断电源。

8.3.1.7 导爆索起爆法

导爆索起爆网路常用于深孔爆破、光面爆破、预裂爆破、水下爆破以及硐室爆破等。

1. 导爆索起爆网路：由导爆索和雷管组成；导爆索传递爆轰波的能力有一定方向性。联接网路时必须使每一支线的接法迎着主线的传爆方向，支线与主线传爆方向的夹角应小于 90°（图 8-20）。

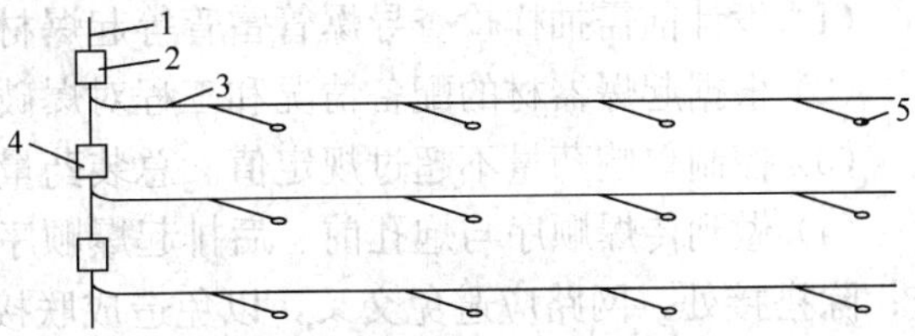

图 8-20 导爆索分段并联微差起爆网路

1—主导爆索；2—起爆雷管；3—支导爆索；4—导爆管继爆管；5—炮孔

导爆索之间的搭接长度不应小于 15cm。搭接方式有平行搭接、扭接、水手接及三角形联接等方式（图 8-21）。支线与干线联接之间的夹角必须符合图 8-21（*a*）所示角度。

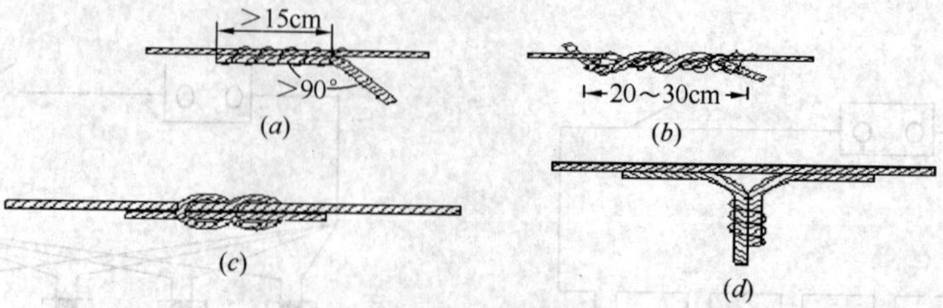

图 8-21　导爆索联接方式

（*a*）平行搭接；（*b*）扭接；（*c*）水手接；（*d*）三角形联接

2. 导爆索与炸药联接：有两种常用方式，炮孔内联接是将导爆索插入袋装药包内与药袋捆扎结实后送入炮孔内；硐室爆破的网路往往用导爆索组成辅助网路，用导爆索做成辅助起爆药包与主起爆药包联接，导爆索宜用塑料布包裹防油浸入产生拒爆。

3. 导爆索的引爆：可由炸药、雷管引爆；当用雷管引爆时，雷管聚能穴应朝向导爆索传爆方向，并绑扎在距导爆索端部 15cm 以外的位置。

8.3.1.8　导爆管起爆法

利用导爆管传递冲击波点燃雷管进而直接或通过导爆索起爆工业炸药的一种起爆法，特点是可以在有电干扰的环境下进行操作，安全性较高；起爆的药包数量不受限制，不用进行复杂的计算，缺点是没有检测网路的有效手段。

1. 导爆管的引爆方法

(1) 导爆管引爆器引爆：导爆管引爆器形同起爆器，可远距离联接导线直接引爆导爆管。

(2) 用电雷管引爆导爆管：导爆管在雷管上应分布均匀，用雷管引爆导爆管。

2. 导爆管爆破网路的基本形式

(1) 孔内延期爆破网路：把非电延期雷管直接装入孔内，用瞬发电雷管一次引爆。

(2) 孔外延期爆破网路：地面网路中的传爆雷管用毫秒延期雷管，炮孔内用瞬发雷管（或高段别毫秒延期雷管），可以实施多排多孔爆破。

(3) 孔内、外延期相结合爆破网路：减少地面网路中的传爆雷管用量，孔内用不同段别雷管并实行分区分块，然后用大于孔内段别的雷管作孔外延期雷管，引爆另一分区分块的导爆管雷管，达到大方量爆破的目的。

3. 导爆管爆破网路设计原则

(1) 设计前需抽样检查导爆管雷管等起爆材料，确定雷管准爆率及延时精度。

(2) 根据起爆器材的配备情况和工程对爆破网路的要求，确定网路的类型。

(3) 控制单响药量不超过规定值。总装药量一定时，单响药量越小，分段数越多。

(4) 做到传爆顺序与炮孔前、后排起爆顺序相一致，有利于对其联接质量进行直观检查；除搭接处，网路应避免交叉，以免造成联接上的混乱与错误。

4. 导爆管爆破网路联接的主要形式

(1) 单式联接爆破网路（每个孔装一发雷管）这种网路适用小爆破，见图 8-22。

(2) 复式爆破网路（每个孔内装两发雷管，形成两个独立的传爆路线），见图 8-23。

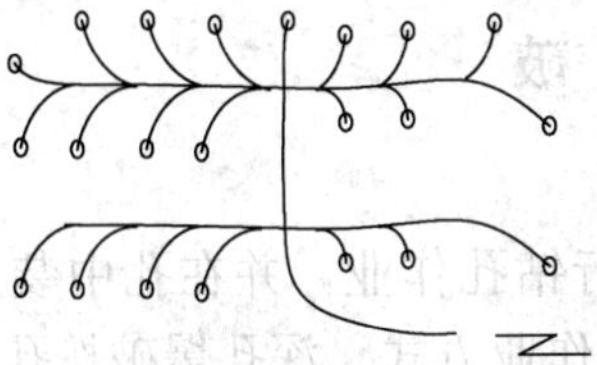

图 8-22 单式联接爆破网路

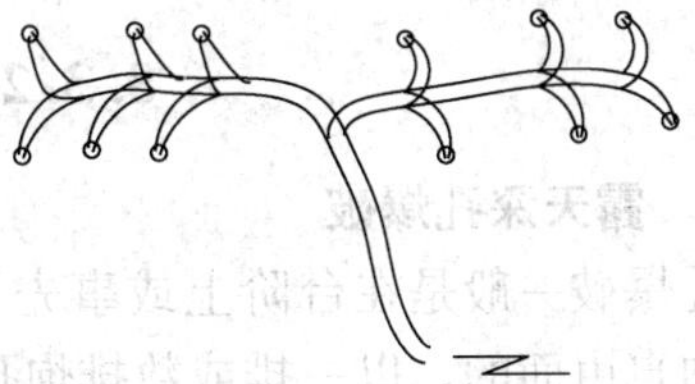

图 8-23 复式爆破网路

(3) 单闭合爆破网路，各个孔内非电雷管，用塑料套管接头连成一个闭合圈，见图 8-24。

(4) 多闭合爆破网路，每排孔组成一个小闭合网路，各小闭合网路之间又用一个闭合网路联接起来，见图 8-25。

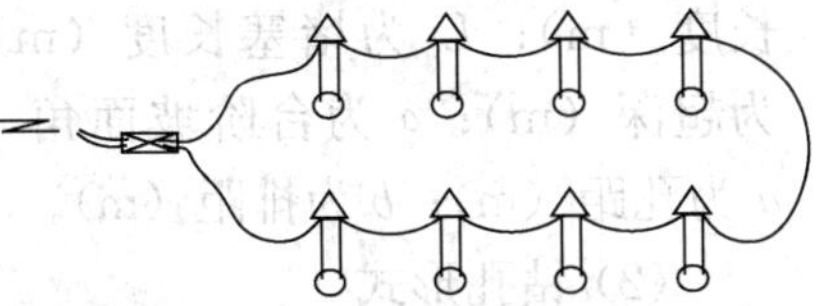

图 8-24 单闭合爆破网路

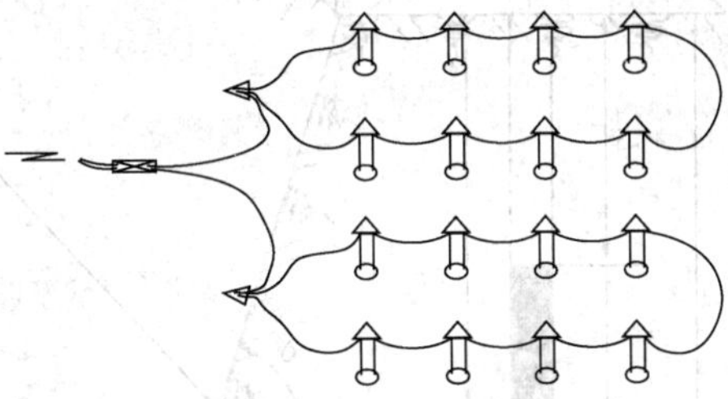

图 8-25 多闭合爆破网路

(5) 并联闭合爆破网路，用 3 联或 4 联塑料套管把网路一头并在一起，使每一支路与其他支路均组成闭合网路，安全准爆性又提高了一步，见图 8-26。

(6) 采用塑料套管组成孔外延期闭合网路，见图 8-27。

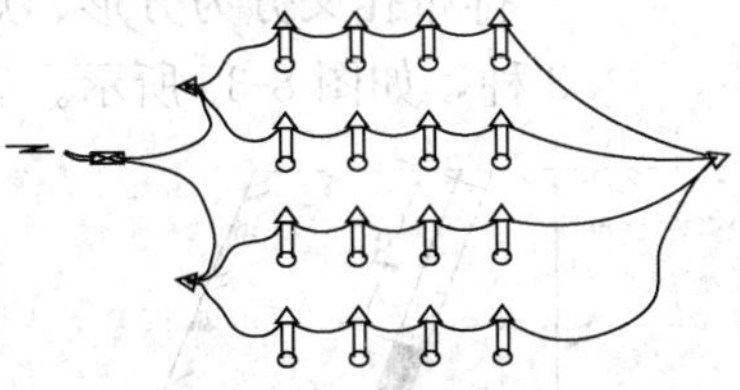

图 8-26 并联闭合爆破网路

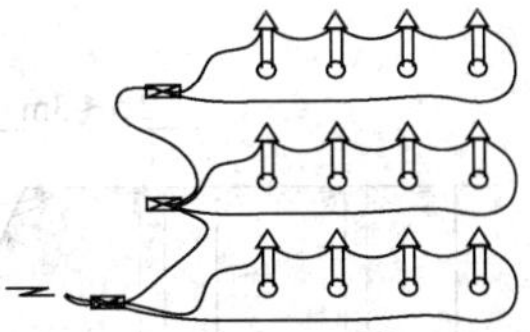

图 8-27 孔外延期闭合网路

8.3.1.9 混合网路起爆法

工程爆破中，将起爆方法组合使用，形成两套完整独立，准爆率和安全性较高的混合网路。

1. 电—导爆管混合网路：由孔外用电雷管网路引爆炮孔内导爆管雷管，拆除爆破使用较多。

2. 导爆索—导爆管混合网路：导爆管与导爆索垂直联接：将导爆管放在导爆索上，呈“十”字形，交叉点用胶布包捆好，炮孔内可装入同段导爆管雷管，也可装入不同段雷管。

3. 电—导爆索起爆网路：硐室爆破使用较多，也可用在深孔台阶爆破中。

8.3.2　露　天　爆　破

8.3.2.1　露天深孔爆破

深孔爆破一般是在台阶上或事先平整的场地上进行钻孔作业，并在孔中装入延长药包，朝向自由面的，以一排或数排炮孔进行爆破的一种作业方式。深孔爆破按孔径、孔深不同，分为深孔台阶爆破和浅孔台阶爆破。通常将孔径大于 75mm，孔深大于 5m 的钻孔称为深孔。反之，则称为浅孔。

1. 台阶要素，钻孔形式和布孔方式

(1) 台阶要素

如图 8-28 所示，H 为台阶高度 (m)；W_1 为前排钻孔的底盘抵抗线 (m)；L 为钻孔深度 (m)；L_1 为装药长度 (m)；L_2 为堵塞长度 (m)；h 为超深 (m)；α 为台阶坡面角 (°)；a 为孔距 (m)；b 为排距 (m)。

(2) 钻孔形式

露天深孔爆破的钻孔形式分为垂直钻孔和倾斜钻孔两种（图 8-29）。特殊情况下采用水平钻孔。

(3) 布孔方式

分为单排布孔和多排布孔两种。多排布孔又分为方形、矩形及三角形 3 种，如图 8-30 所示。

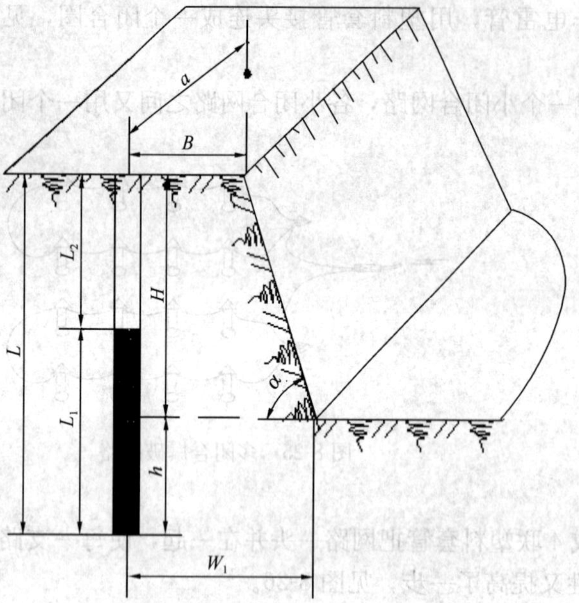

图 8-28　台阶要素示意图

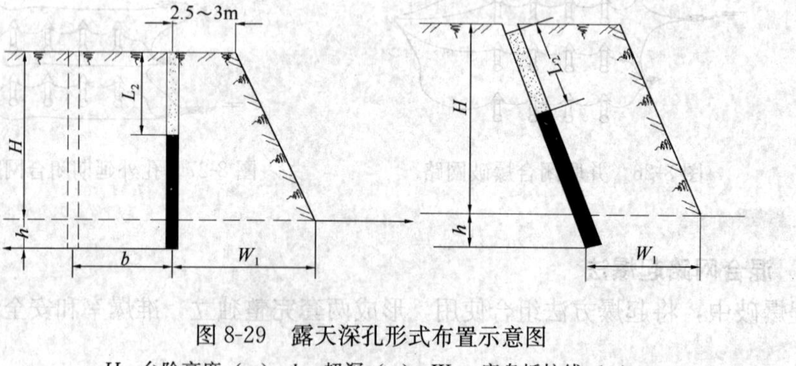

图 8-29　露天深孔形式布置示意图

H—台阶高度 (m)；h—超深 (m)；W_1—底盘抵抗线 (m)；
L_2—堵塞长度 (m)；b—排距 (m)

2. 爆破参数设计（经验法）

(1) 孔径 D，主要取决于钻机类型、台阶高度和岩石性质。孔径为 76～170mm 不等。

(2) 台阶高度，以 H=10～15m 为佳。

(3) 底盘抵抗线 W_1 和排距 b。

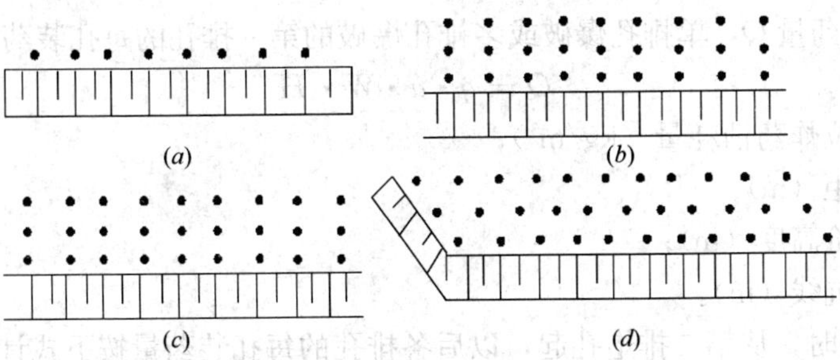

图 8-30 深孔布置方式

(a) 单排布孔；(b) 方形布孔；(c) 矩形布孔；(d) 三角形布孔

1) 根据钻孔作业的安全条件计算：

$$W_1 \leqslant H\text{ctg}\alpha + B \tag{8-30}$$

2) 按台阶高度和孔径计算：

$$W_1 = (0.6 \sim 0.9)H, (W_1 = k \cdot d) \tag{8-31}$$

式中 W_1——底盘抵抗线（m）；

α——台阶坡面角，一般为 60°～75°；

H——台阶高度（m）；

B——钻孔中心至坡顶线的安全距离，$B \geqslant 2.5 \sim 3.0$m；

k——系数，为 20～40；

d——炮孔直径（mm）。

3) 排距 b 是指多排孔爆破时，相邻两排钻孔间的距离，$b=W$。W 为实际抵抗线。

(4) 孔距 a，是指同一排深孔中相邻两钻孔中心线间的距离。

$$a = mW = mb \tag{8-32}$$

式中 m——炮孔密集系数，m 通常大于 1.0。一般为 1.0～1.2。

(5) 超深 h

$$h = (0.15 \sim 0.30)W \text{ 或}(10 \sim 20)d \tag{8-33}$$

(6) 孔深 L

直孔：
$$L = H + h \tag{8-34}$$

斜孔：
$$L = (H + h)/\sin a \tag{8-35}$$

(7) 堵塞长度 L_2

$$L_2 = (0.9 \sim 1.2)W_1 \tag{8-36}$$

或
$$L_2 = (20 \sim 30)d_0 \tag{8-37}$$

式中 d_0——药包直径（mm）。

(8) 单位炸药消耗量 q，可参考实践经验，或按表 8-52 选取。该表以 2 号岩石铵梯炸药为标准。

单位炸药消耗量 q 值 **表 8-52**

岩石坚固性系数 f	0.8～2	3～4	5	6	8	10	12	14	16	20
q(kg·m^{-3})	0.40	0.43	0.46	0.50	0.53	0.56	0.60	0.64	0.67	0.70

(9) 每孔装药量 Q，单排孔爆破或多排孔爆破的第一排孔的每孔装药量按下式计算：

$$Q = q \cdot a \cdot W \cdot H \tag{8-38}$$

式中　q——单位炸药消耗量（kg/m^3）；

a——孔距（m）；

H——台阶高度（m）；

W——抵抗线（m）。

多排孔爆破时，从第二排炮孔起，以后各排孔的每孔装药量按下式计算：

$$Q = k \cdot q \cdot a \cdot b \cdot H \tag{8-39}$$

式中　k——考虑先爆排孔应力波作用和岩石碰撞作用的系数，$k = 0.95 \sim 0.90$；

b——排距（m）。

3. 装药结构

(1) 连续装药结构，沿着炮孔轴向方向连续装药，孔深超过 8m 时，布置两个起爆药包，一个置于距孔底 0.3～0.5m 处，另一个置于药柱顶端 0.5m 处。

(2) 分段装药结构，将深孔中的药柱分为若干段，用空气或岩渣间隔（图 8-31）。

(3) 孔底间隔装药结构，底部一段长度不装药，以空气或柔性材料作为间隔介质（图 8-32）。

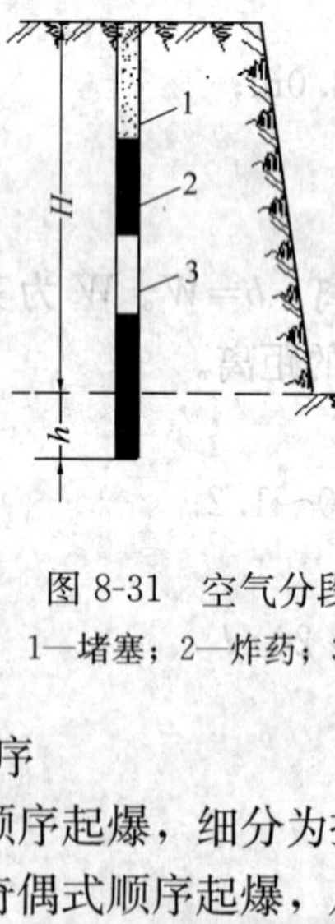

图 8-31　空气分段装药

1—堵塞；2—炸药；3—空气

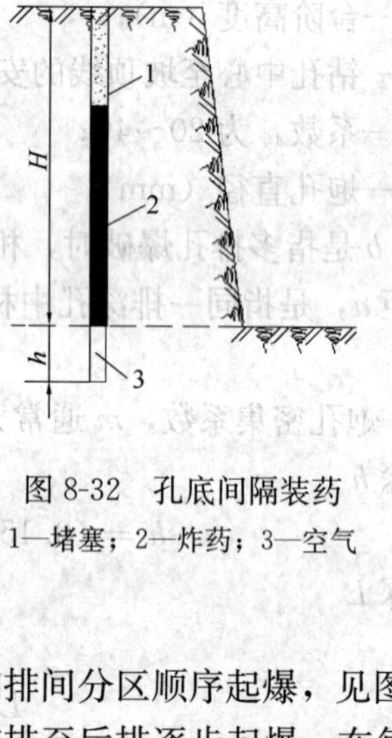

图 8-32　孔底间隔装药

1—堵塞；2—炸药；3—空气

4. 起爆顺序

(1) 排间顺序起爆，细分为排间全区顺序起爆和排间分区顺序起爆，见图 8-33。

(2) 排间奇偶式顺序起爆，从自由面开始，由前排至后排逐步起爆，在每一排里均按奇数孔和偶数孔分成两段起爆，见图 8-34。

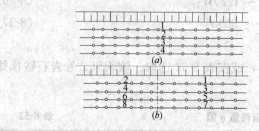

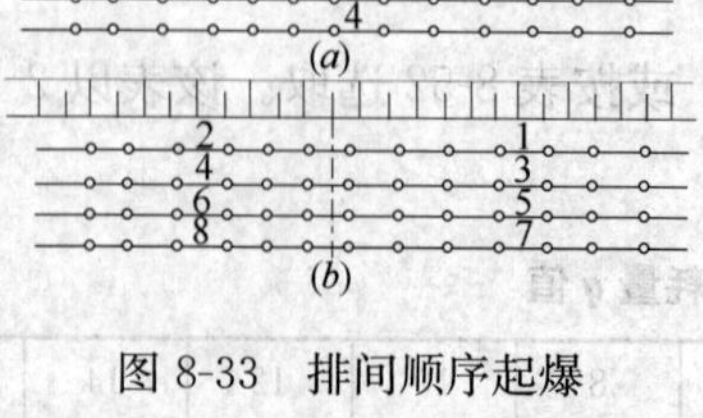

图 8-33　排间顺序起爆

(a) 排间全区顺序起爆；(b) 排间分区顺序起爆

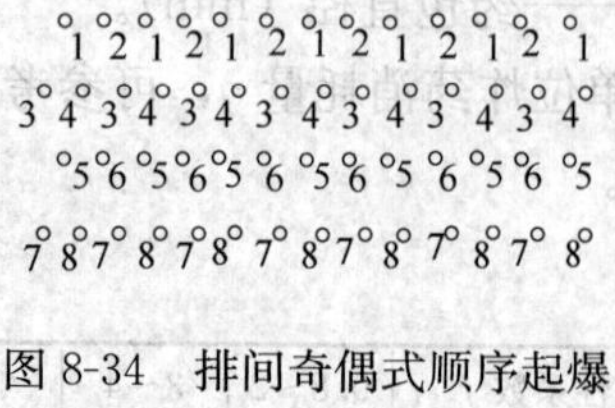

图 8-34　排间奇偶式顺序起爆

(3) 波浪式顺序起爆，即相邻两排炮孔的奇偶数孔相连，其爆破顺序犹如波浪，见图 8-35。

(4) V 字形顺序起爆，前后排孔同段相连，起爆顺序似 V 字形。起爆时，先从爆区中部爆出一个 V 字形的空间，为后段炮孔创造自由面，然后两侧同段起爆，见图 8-36。

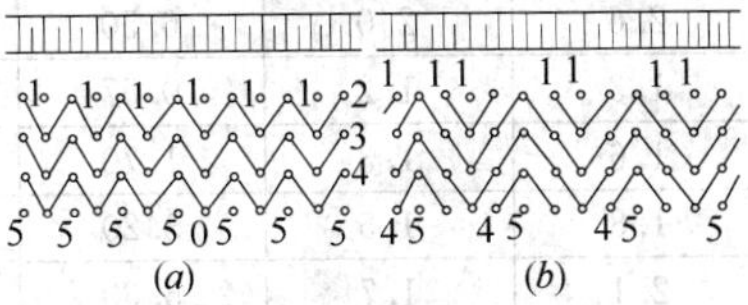

图 8-35　波浪式顺序起爆
(a) 小波浪式；(b) 大波浪式

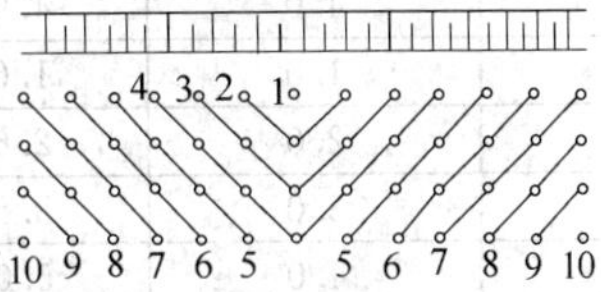

图 8-36　V 字形顺序起爆

(5) 梯形顺序起爆，前后排同段炮孔连线似梯形，该起爆顺序碰撞挤压效果好，见图 8-37。

(6) 对角线顺序起爆，从爆区侧翼开始，同时起爆的各排炮孔均与台阶坡顶线斜交，毫秒爆破为后爆炮孔创造了新的自由面，图 8-38。

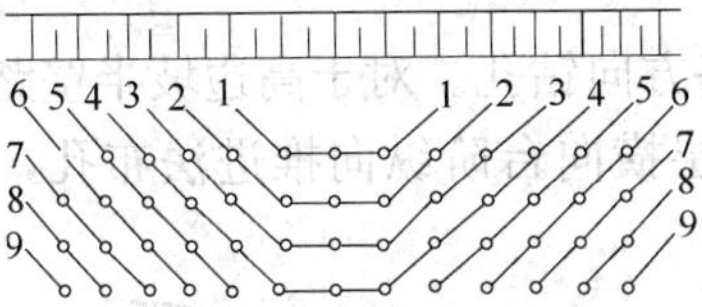

图 8-37　梯字形顺序起爆

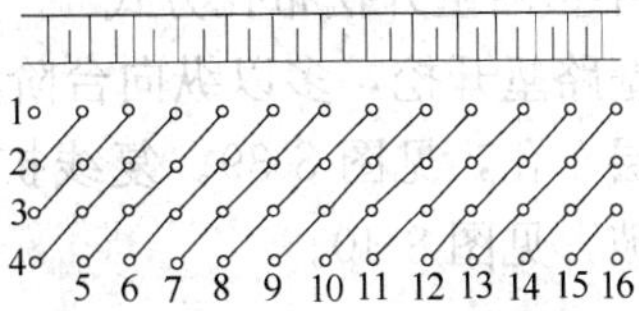

图 8-38　对角线顺序起爆

8.3.2.2　露天浅孔爆破

与露天深孔爆破基本原理、爆破参数选择相似，露天浅孔爆破的孔径、孔深、孔间距、爆破规模比较小。

浅孔爆破主要参数，可参考表 8-53。

坚硬岩石浅孔爆破主要参数表　　　　**表 8-53**

孔 径 (mm)	台阶高 (m)	孔 深 (m)	抵抗线 (m)	孔间距 (m)	堵 塞 (m)	装药量 (kg)	单 耗 (kg/m³)
26～34	0.2	0.6	0.4	0.5	0.5	0.05	1.25
26～34	0.3	0.6	0.4	0.5	0.5	0.05	0.83
26～34	0.4	0.6	0.4	0.5	0.5	0.05	0.63
26～34	0.6	0.9	0.5	0.65	0.8	0.10	0.51
26～34	0.8	1.1	0.6	0.75	0.1	0.20	0.56
26～34	1.0	1.4	0.8	1.0	1.0	0.40	0.50
51	1.0	1.4	0.8	1.0	1.1	0.40	0.50
51	1.5	2.0	1.0	1.2	1.2	0.85	0.47
51	2.0	2.6	1.3	1.6	1.3	1.70	0.41
51	2.5	3.2	1.5	1.9	1.5	2.70	0.38
64	1.0	1.4	0.8	1.0	1.1	0.40	0.50

续表

孔　径 (mm)	台阶高 (m)	孔　深 (m)	抵抗线 (m)	孔间距 (m)	堵　塞 (m)	装药量 (kg)	单　耗 (kg/m^3)
64	2.0	2.7	1.3	1.6	1.5	1.90	0.46
64	3.0	3.8	1.6	2.0	1.6	3.80	0.40
64	4.0	4.9	2.1	2.6	2.0	6.50	0.30
76	1.0	1.6	1.1	1.3	1.2	0.57	0.40
76	2.0	2.6	1.3	1.6	1.3	1.70	0.41
76	3.0	3.8	1.5	1.8	1.5	3.20	0.40
76	4.0	5.0	1.7	2.1	1.7	5.60	0.39
76	5.0	6.2	2.0	2.5	2.0	10.0	0.40
76	6.0	7.4	2.6	3.2	2.6	18.1	0.36

8.3.2.3　路堑深孔爆破

铁路、公路路堑爆破与露天深孔爆破有所不同，特点是地形变化大，多在条形地带施工，爆破区域不规则，孔深、孔间距、抵抗线、每孔装药量等变化大，布孔条件复杂，通常有两种布孔方法。

1. 半壁路堑开挖布孔方式

半壁路堑开挖，多以纵向台阶法布置，平行线路方向钻孔。对于高边坡半壁路堑，应采用分层布孔，见图 8-39。复线扩建路堑，采用浅层横向台阶纵向推进法布孔，边坡用预裂爆破，见图 8-40。

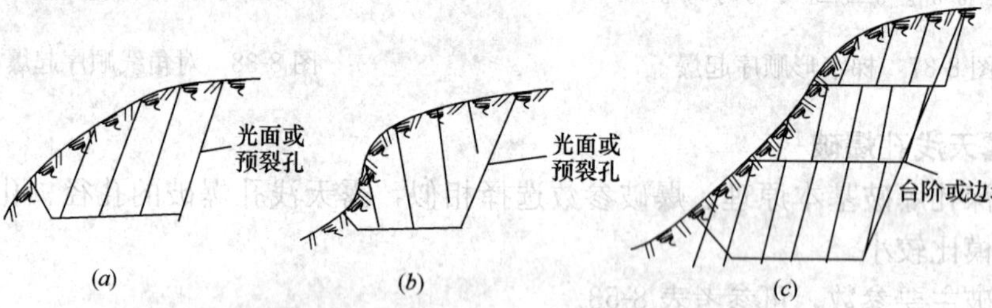

图 8-39　半壁路堑布孔

(a) 倾斜孔；(b) 垂直孔；(c) 分层布孔

2. 全路堑开挖布孔方式

全路堑开挖断面小，缺少自由面，爆破易影响边坡的稳定性。最好采用纵向浅层开挖。上层边孔可布置倾斜孔进行预裂爆破，下层靠边坡的垂直孔深度应控制在边坡线以内，如图 8-41 所示。

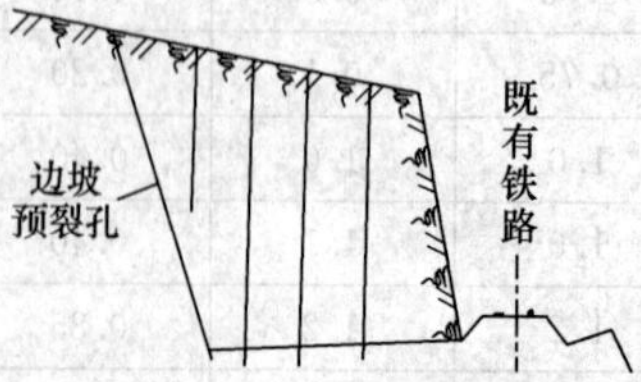

图 8-40　复线扩建路堑开挖法

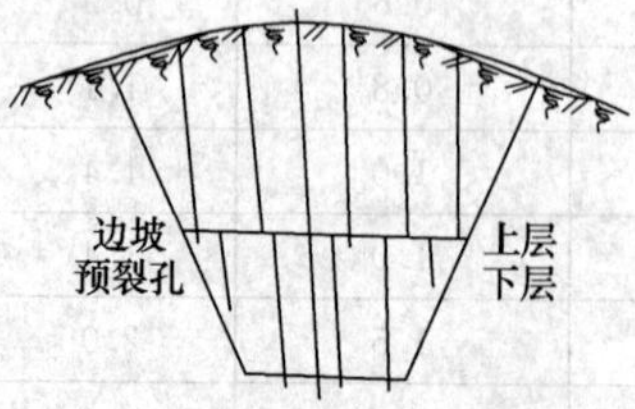

图 8-41　单线全路堑分层开挖法

8.3.2.4 沟槽爆破

1. 常规沟槽爆破，宽度小于4m的台阶爆破称为沟槽爆破。中间孔（单孔或双孔）布置在边孔前面，起爆顺序是先中间后两边，装药量基本相同，装药量集中于底部，见图8-42。

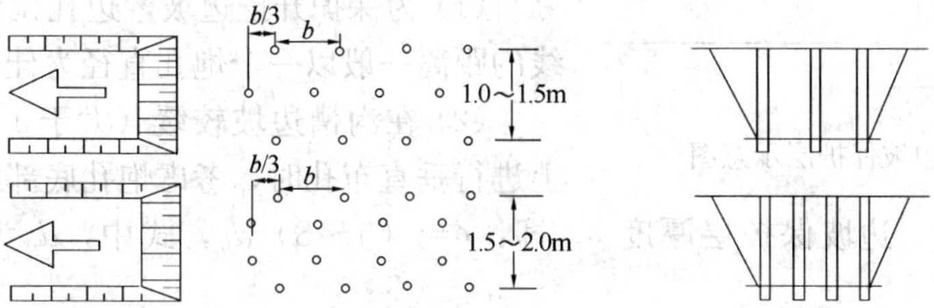

图 8-42 常规沟槽爆破炮孔布置

2. 光面沟槽爆破

光面沟槽爆破布孔是中间孔和边孔布置在一排，见图8-43。

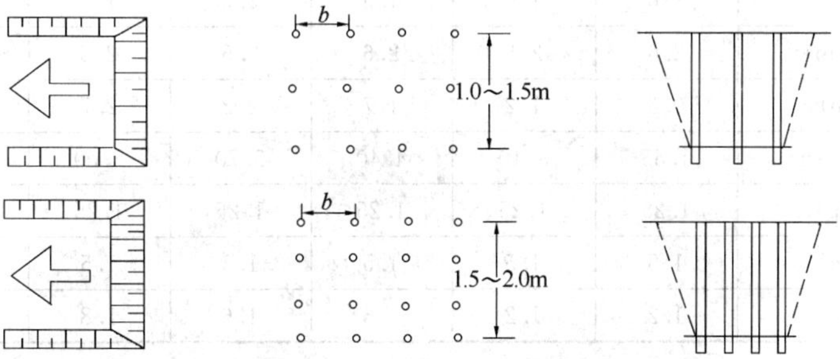

图 8-43 光面沟槽爆破孔布置方式

中间孔先响，边孔后响，周边孔与中间孔装药结构差异，光面沟槽爆破参数，见表8-54。

光面沟槽爆破参数 **表 8-54**

沟槽深度 H(m)		1.0	1.5	2.0	2.5	3.0	3.5	4.0
炮孔深度 L(m)		1.6	2.1	2.6	3.1	3.7	4.2	4.7
抵抗线 W(m)		0.8	0.8	0.8	0.8	0.7	0.7	0.7
中间孔	底部装药(kg)	0.4	0.5	0.6	0.7	0.8	0.9	0.9
	上部装药(kg)	0.2	0.3	0.4	0.6	0.8	0.9	1.1
	总药量(kg)	0.6	0.8	1.0	1.3	1.6	1.8	2.0
	堵塞长度(m)	0.8	0.8	0.8	0.8	0.8	0.7	0.7
周边孔	底部装药(kg)	0.3	0.4	0.5	0.6	0.6	0.7	0.7
	上部装药(kg)	0.2	0.2	0.3	0.3	0.4	0.5	0.6
	总药量(kg)	0.5	0.6	0.8	0.9	1.0	1.2	1.3
	堵塞长度(m)	0.3	0.3	0.3	0.3	0.3	0.3	0.3
平均单耗(kg/m^3)		1.0	0.8	0.8	0.8	0.8	0.8	0.8

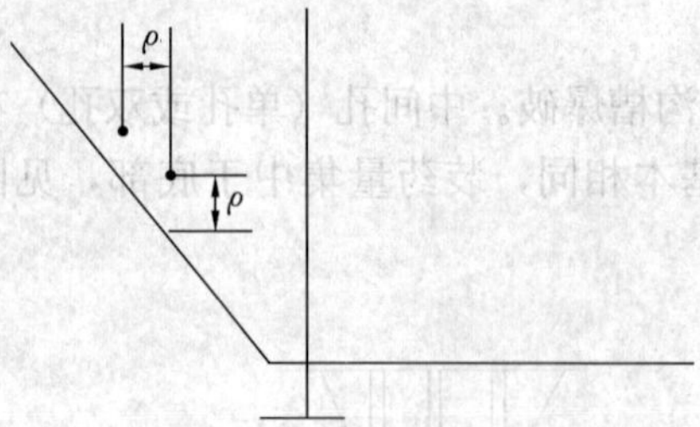

图 8-44　边坡保护层示意图

3. 高效沟槽爆破

采用孔径 64～75mm 炮孔，开挖宽度 3m，深度 2.0～5.0m，爆破参数，见表 8-55。

4. 沟槽爆破的注意事项

(1) 为保护开挖边坡，边孔位置距沟槽顶口边线的距离一般以一个炮孔直径为佳。

(2) 在沟槽边坡较缓（大于 1∶0.75）的边坡上进行垂直布孔时，考虑炮孔底部距边坡的保护层厚度，见图 8-44。边坡保护层厚度 ρ，即：$\rho=(5\sim8)\ d_0$，式中，d_0 为底部药包直径(mm)。

高效沟槽爆破参数　　**表 8-55**

沟槽深度 H(m)	2.0	2.5	3.0	3.5	4.0	4.5	5.0
炮孔深度 L(m)	2.6	3.2	3.7	4.2	4.7	5.3	5.8
抵抗线 W(m)	1.6	1.6	1.6	1.6	1.5	1.5	1.5
装药集中度(kg/m)	2.6	2.6	2.6	2.6	2.6	2.6	2.6
装药高度 L_1(m)	0.6	1.2	1.7	2.2	2.7	3.3	3.8
ANFO 装药量 Q_1(kg)	1.55	3.10	4.40	5.70	7.00	8.60	9.90
起爆药量 Q_2(kg)	1.25	1.25	1.25	1.25	1.25	1.25	1.25
堵塞长度 L_2(m)	1.5	1.5	1.5	1.5	1.5	1.5	1.5
平均单耗(kg/m^3)	1.2	1.2	1.6	1.6	1.8	1.8	1.8

8.3.3　岩土控制爆破

为了使爆破开挖的边界尽量与设计的轮廓线符合，对临近永久边坡和堑沟、基坑、基槽的深孔爆破，常采用多种岩土控制爆破方法，来保护边坡，以确保爆破安全。

8.3.3.1　深孔预裂爆破

沿开挖边界布置密集炮孔，采用不偶合装药，在主爆区之前起爆，使爆区与保留区间形成具有一定宽度的预裂缝，减弱主爆区爆破对保留岩体的破坏和震动，形成平整轮廓面。

1. 爆破参数选择

(1) 孔径和孔距，孔径一般为 50～100mm，也可选择孔径 150～200mm。孔距取 8～15 倍的孔径。

(2) 与邻近孔的排距，预裂孔与最近一排正常主爆孔的排距，距离不得大于 1.5～2.0m。

(3) 炮孔深度，深孔预裂爆破孔原则上不得超深，最多超深不超过 0.5m。

2. 装药结构和装药量

(1) 装药结构，是将细药卷（25mm、32mm 或 35mm 等直径的标准药卷）顺次连续或间隔绑在导爆索上。绑在导爆索上的药串可以再绑在竹片上，缓缓送入孔中间，使竹片贴靠保留岩壁一侧。

(2) 装药量，预裂爆破孔的线装药密度一般为0.1～1.5kg/m，孔底部1～2m，增加装药量1～4倍；上部1m装药量减小1/2～1/3。炮孔不偶合系数2～5。

1) 经验公式计算法

$$(\text{地下隧道爆破})Q_{线}=0.034[\delta_y]^{0.63}a^{0.67} \tag{8-40}$$

$$(\text{露天深孔爆破})Q_{线}=0.367[\delta_y]^{0.50}a^{0.86} \tag{8-41}$$

$$(\text{露天深孔爆破})Q_{线}=0.127[\delta_y]^{0.50}a^{0.82}(d/2)^{0.24} \tag{8-42}$$

式中 $Q_{线}$——线装药密度（kg/m）；

$[\delta_y]$——岩石的极限抗压强度（MPa）；

d——炮孔直径（m）；

a——炮孔间距（m）。

2) 经验数据法

根据经验提出一些数据供选取，再通过试验确定合理的装药量和装药结构。见表8-56。

预裂爆破参数经验数据 **表 8-56**

岩石性质	岩石抗压强度(MPa)	钻孔直径(mm)	钻孔间距(mm)	线装药量(g/m)
软弱岩石	<50	50	0.45～0.7	100～160
软弱岩石	<50	80	0.6～0.8	100～180
软弱岩石	<50	100	0.8～1.0	150～250
中硬岩石	50～80	50	0.4～0.65	160～260
中硬岩石	50～80	80	0.6～0.8	180～300
中硬岩石	50～80	100	0.8～1.0	250～350
次坚石	80～120	90	0.8～0.9	250～400
次坚石	80～120	100	0.8～1.0	300～450
坚　石	>120	90～100	0.8～1.0	300～700

3. 起爆网格

采用导爆索线型爆破网路，起爆药量太大时，采用导爆索微差爆破网路。

4. 质量标准

(1) 裂缝必须贯通，壁面上不应残留未爆落岩体。

(2) 相邻炮孔间岩壁面的不平整度小于±15cm。

(3) 壁面应残留有炮孔孔壁痕迹，且不小于原炮孔壁的1/2～1/3。残留的半孔率，对于节理裂隙不发育的岩体应达85%以上；节理裂隙发育的，应达50%～85%；节理裂隙极发育的，应达10%～50%。

8.3.3.2 深孔光面爆破

沿开挖边界布置密集炮孔，不偶合装药或装填低威力炸药。主爆孔后起爆，形成平整轮廓面。

1. 爆破参数选择

(1) 光面爆破最小抵抗线的确定

$$W=(10\sim20)d \tag{8-43}$$

式中　W——光面爆破最小抵抗线（m）；

d——钻孔直径（m）。

（2）光面爆破炮孔间距可采用下式计算：

$$a=(0.5\sim0.8)W \tag{8-44}$$

式中　a—光面爆破孔间距（m）；W 同上。

2. 装药结构和装药量

（1）装药结构是将细药卷（25mm、32mm 或 35mm 等直径的标准药卷）顺次连续或间隔绑在导爆索上。绑在导爆索上的药串可以再绑在竹片上，缓缓送入孔中间，使竹片贴靠保留岩壁一侧。

（2）装药量

1）计算法

$$Q=q\cdot a\cdot h\cdot W \tag{8-45}$$

式中　Q——装药量（kg）；

a——炮孔间距（m）；

h——炮孔深度（m）；

q——炸药单耗药量（kg/m^3）；

W 同上。

2）经验数据法，光面爆破装药量主要依据经验数值，可参考表 8-57、表 8-58 数据。

隧洞光面爆破参数参考表　　表 8-57

钻爆参数 / 围岩条件	炮孔间距 a(m)	最小抵抗线 W(m)	线装药密度 q(kg/m)	适用条件
坚硬岩	0.55～0.70	0.60～0.80	0.30～0.35	炮孔直径 D 为 40～50mm，药卷直径为 20～25mm，炮孔深度为 1.3～3.5m
中硬岩	0.45～0.65	0.60～0.80	0.20～0.30	
软岩	0.35～0.50	0.40～0.60	0.08～0.12	

国内一些土石方工程的光面爆破参数参考表　　表 8-58

工程名称	岩石种类	孔　径 (mm)	孔　距 (m)	抵抗线 (m)	线装药密度 (kg/m)	炸药单耗 (kg/m^3)
张家船路堑	矿　岩	150	1.5～2.0	3.0～3.3	0.31	0.12～0.18
前坪路堑	砂　岩	150	1.5	2.3	0.70	0.13
马颈坳路堑	石灰岩	150	1.5～1.6	1.6～1.9	0.90	0.3
休宁站场	红砂岩	150	2.0	2～3	1.2～2.7	0.3～0.4
凡洞铁矿	班岩、花岗岩	150	2.0～2.3	2.0～2.5	1.0	—

3. 质量标准

同深孔预裂爆破质量标准要求。

8.3.4　建（构）筑物拆除爆破

8.3.4.1　拆除爆破的特点及适用范围

利用少量炸药爆破拆除废弃的建（构）筑物，使其塌落解体或破碎；受环境约束，严格控制爆破产生的震动、飞石、粉尘、噪声等危害的影响，保护周围建筑物和设备安全的控制爆破技术。

1. 拆除爆破的特点

(1) 保证拟拆除范围塌散、破碎充分，邻近的保留部分不受损坏。

(2) 控制建（构）筑物爆破后的倒塌方向和堆积范围。

(3) 控制爆破时个别碎块的飞散方向和抛出距离。

(4) 控制爆破时产生的冲击波、爆破振动和建筑物塌落振动的影响范围。

2. 拆除爆破建（构）筑物的类别

(1) 分为两大类，一类是有一定高度的建（构）筑物，如：厂房、桥梁、烟囱等；另一类是基础结构物、构筑物，如：建筑基础、桩基等；

(2) 按材质分为钢筋混凝土、素混凝土、砖砌体、浆砌片石、钢结构等。

8.3.4.2 拆除爆破工程设计

拆除爆破工程大多数位于城市建筑物密集区，周围环境复杂，既要拆旧又要建新，为了不扰民或少扰民，尽量减小爆破危害的影响，爆破设计包括设计方案、爆破参数和控制危害的措施。

1. 拆除爆破总体设计方案

在了解周围环境及拆除爆破可能产生的各种危害的前提下，对要拆除的建筑物选择确定的最基本的爆破方案、设计思想，如对一座建筑物是采用折叠倒塌方案，还是分段（跨）原地塌落的方案；对多个楼房进行拆除爆破，是逐座分别爆破，还是一次爆破实施完成等。

2. 拆除爆破技术设计

在总体爆破设计方案基础上编制的具体爆破设计方案，包括：工程概况、爆破参数选择、爆破网路、爆破安全及防护措施等。

(1) 详细描述设计方案的内容，如倒塌方案的依据，爆破部位的确定，起爆次序的安排等。

(2) 爆破参数选择，包括炮孔布置，各个药包的最小抵抗线、药包间距、炮孔深度、药量计算、堵塞长度等参数的确定。

(3) 爆破网路设计，包括起爆方法的确定、网路设计、联接方法、起爆方式等。

(4) 爆破安全防护措施设计，根据要保护对象允许的地面振动速度，确定最大一段的起爆药量及一次爆破的总药量，采取的减振、防振措施。对烟囱、水塔类建（构）筑物爆破后可能产生的后坐、残体滚落、前冲，采取的防护措施；对爆破体表面的覆盖或防护屏障的设置。

3. 拆除爆破设计参数选择

(1) 最小抵抗线 W。

根据拆除物特点选择最小抵抗线 W，对墙、梁、柱等物，一般抵抗线 $W=1/2B$（B 为断面厚度）；对拱形或圆形结构物，外侧的最小抵抗线 $W=(0.65\sim0.68)B$，内侧的最小抵抗线 $W=(0.3\sim0.35)B$；对大体积构筑物，混凝土基础 $W=35\sim50$cm；浆砌片石 $W=50\sim70$cm；钢筋混凝土墩台帽：$W=(3/4\sim4/5)H$，（H 为墩台帽厚度）。

(2) 炮孔间距 a 和排距 b

炮孔间排距按 $a=mW$，$b=nW$ 确定。m、n 系数一般凭经验选取。钢筋混凝土，$a=(1.2\sim2.0)W$；浆砌片石，$a=(1.0\sim1.5)W$；浆砌砖墙，$a=(1.2\sim2.0)W$；多排炮孔排距，$b=(0.6\sim0.9)a$。

(3) 炮孔直径 d 和炮孔深度 L

炮孔直径 d 采用 38～44mm。炮孔深度 L 不宜超过 2m。爆破体底部有临空面时，取 $L=(0.5\sim0.65)H$；底部无临空面时，取 $L=(0.7\sim0.8)H$。堵塞长度，$L_1\geqslant(1.1\sim1.2)W$。

(4) 单位炸药消耗量 q

对重要的拆除爆破工程，或对爆破体的材质、强度和原施工质量不了解，则应对爆破体进行小范围局部试爆，摸索 q 值，也可作模拟试验。

4. 拆除爆破的药量计算

(1) 爆破破碎的药量可用下式计算：

① $Q_i=qWaH$；② $Q_i=qabH$；③ $Q_i=qBaH$。

式中 Q_i——单个炮孔装药量（kg）；

W——最小抵抗线（m）；

a——炮孔间距（m）；

b——炮孔排距（m）；

B——爆破体的宽度或厚度（m）；

H——爆破体的高度（m）；

q——单孔炸药消耗量（kg/m^3）。

(2) 各种不同材质及爆破条件下的 q 值，参考表 8-59、表 8-60。

单位炸药消耗量 q 参考表　　**表 8-59**

爆破对象	W(cm)	q(g/m^3)		
		一个临空面	二个临空面	三个临空面
混凝土圬工强度较低	35～50	150～180	120～150	100～120
混凝土圬工强度较高	35～50	180～220	150～180	120～150
混凝土桥墩及桥台	40～60	250～300	200～250	150～200
混凝土公路路面	45～50	300～360		
钢筋混凝土桥墩台帽	35～40	440～500	360～440	
钢筋混凝土铁路桥板梁	30～40		480～550	400～480
浆砌片石或料石	50～70	400～500	300～400	
钻孔桩的桩头直径 1.00m	50			250～280
钻孔桩的桩头直径 0.80m	40			300～340
钻孔桩的桩头直径 0.60m	30			530～580
浆砌砖墙厚约 37cm($a=1.5W$)	18.5	1200～1400	1000～1200	
$b=(0.8\sim0.9)a$ 厚约 50cm($a=1.5W$)	25	950～1100	800～950	
($a=1.2W$) 厚约 63cm	31.5	700～800	600～700	
($a=1.2W$) 厚约 75cm	37.5	500～600	400～500	

钢筋混凝土梁柱爆破单位炸药消耗量 q 参考表 表 8-60

W/(cm)	q(g/m³)	布筋情况	爆破效果
10	1150～1300 1400～1500	正常布筋 单箍筋	混凝土破碎、疏松、与钢筋分离、部分碎块逸出钢筋笼 混凝土粉碎、疏松、脱离钢筋笼、箍筋拉断、主筋膨胀
15	500～560 650～740	正常布筋 单箍筋	混凝土破碎、疏松、与钢筋分离、部分碎块逸出钢筋笼 混凝土粉碎、疏松、脱离钢筋笼、箍筋拉断、主筋膨胀
20	380～420 420～460	正常布筋 单箍筋	混凝土破碎、疏松、与钢筋分离、部分碎块逸出钢筋笼 混凝土粉碎、疏松、脱离钢筋笼、箍筋拉断、主筋膨胀
30	300～340 350～380	正常布筋 单箍筋	混凝土破碎、疏松、与钢筋分离、部分碎块逸出钢筋笼 混凝土粉碎、疏松、脱离钢筋笼、箍筋拉断、主筋膨胀
	380～400 460～480	布筋较密 双箍筋	混凝土破碎、疏松、与钢筋分离、部分碎块逸出钢筋笼 混凝土粉碎、疏松、脱离钢筋笼、箍筋拉断、主筋膨胀
40	260～280 290～320	正常布筋 单箍筋	混凝土破碎、疏松、与钢筋分离、部分碎块逸出钢筋笼 混凝土粉碎、疏松、脱离钢筋笼、箍筋拉断、主筋膨胀
	350～370 420～440	布筋较密 双箍筋	混凝土破碎、疏松、与钢筋分离、部分碎块逸出钢筋笼 混凝土粉碎、疏松、脱离钢筋笼、箍筋拉断、主筋膨胀
50	220～240 250～280	正常布筋 单箍筋	混凝土破碎、疏松、与钢筋分离、部分碎块逸出钢筋笼 混凝土粉碎、疏松、脱离钢筋笼、箍筋拉断、主筋膨胀
	320～340 380～400	布筋较密 双箍筋	混凝土破碎、疏松、与钢筋分离、部分碎块逸出钢筋笼 混凝土粉碎、疏松、脱离钢筋笼、箍筋拉断、主筋膨胀

8.3.4.3 砖混结构楼房拆除爆破

1. 砖混结构楼房爆破拆除的特点

砖混结构楼房一般10层以下，有的含部分钢筋混凝土柱，拆除爆破多采用定向倒塌方案或原地塌落方案。爆破楼房要往一侧倾倒时，对爆破缺口范围的柱、墙实施爆破时，一定使保留部分的柱和墙体有足够的支撑强度，成为铰点使楼房倾斜后向一侧塌落。

2. 砖墙爆破设计参数的选取原则

一般采用水平钻孔，W 为砖墙厚度的一半，即 $W=B/2$，炮孔水平方向。间距 a，随墙体厚度及其浆砌强度而变化，取 $a=(1.2-2.0)W$。排距 $b=(0.8\sim0.9)a$，砖墙拆除爆破参数，见表 8-61。

砖墙拆除爆破参数 表 8-61

墙厚(cm)	W(cm)	a(cm)	b(cm)	孔深(cm)	炸药单耗(g/m³)	单孔药量(g)
24	12	25	25	15	1000	15
37	18.5	30	30	23	750	25
50	25	40	36	35	650	45

3. 砖混结构楼房拆除爆破施工

(1) 对非承重墙和隔断墙可以进行必要的预拆除，拆除高度应与要爆破的承重墙高度一致。

(2) 楼梯段影响楼房顺利坍塌和倒塌方向，爆破前预处理或布孔装药与楼房爆破时一起起爆。

8.3.4.4　框架结构楼房拆除爆破

1. 框架结构楼房内承重构件是钢筋混凝土立柱，它们和梁构成框架，爆破拆除时，将立柱一段高度的混凝土充分爆破破碎，使之和钢筋骨架脱离开，使柱体上部失去支撑，爆破部位以上的建筑结构物在重力作用下失稳，在动力和重力矩作用下，爆破柱体以上的构件受剪力破坏，向爆破一侧倾斜塌落，若后排立柱根部和前排立柱同时或延期进行松动爆破破碎，则建筑物整体将以其支撑点转动塌落。

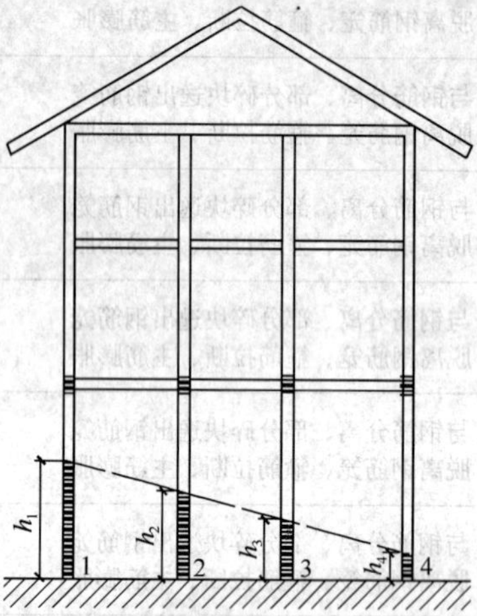

图 8-45　定向倒塌爆破切口示意图

2. 实现定向倒塌的办法，一是在沿倾斜方向的承重墙、柱上布置不同炸高；二是安排恰当的起爆顺序，如图 8-45 所示，$h_1 \sim h_4$为爆破切口，并且$h_1 > h_2 > h_3 > h_4$，起爆顺序为 1、2、3、4。

3. 设计原则

(1) 少布眼：在爆破之前用手风钻、人工进行充分的预拆除，拆高 0.5～1.0m。对立柱炸除不采用连续布孔，而是下部 3～4 孔，上部节点 2～3 孔，炮孔间距可取 $a=(2\sim4)W$，以减少钻孔数量。

(2) 必须布孔的部位应包括：

1) 承力墙、柱，炸毁一定高度，使之失稳。

2) 承重主梁与桩的结合部，需布 2～3 个炮孔切断，使上部结构随着梁的切断而扭曲下落。

3) 室内和地下室承重构件（楼梯、电梯间）部分，应提高钻爆比例，与整体一起起爆炸毁。

4. 设计方法

(1) 确定倒塌方案。

(2) 划出爆破区段：包括炸高、破坏结构、截断各种作用的钻爆的地点范围。

(3) 布孔及药量计算：房屋由墙、柱、梁、板和基础构成，各单体上钻孔、爆破，参见 8.3.4.2。

8.3.4.5　烟囱、水塔类构筑物拆除爆破

特点是重心高，支撑面积小，最常用的是“定向倒塌”爆破拆除方案。

1. 烟囱、水塔拆除爆破设计

采用“定向倒塌”时，倒塌方向应有一定的场地，长度不小于烟囱的高度，倒塌中心线侧面的宽度，不小于其底部外径的 3 倍。若倒塌的场地小，采用分段折叠爆破的倒塌方式或提高爆破的位置。

(1) 爆破部位的确定

对其底部筒壁实施爆破，不考虑烟道口和出灰口的位置时，爆破范围是筒壁周长的 1/2～2/3。即：

$$\frac{1}{2}\pi D \leqslant L \leqslant \frac{2}{3}\pi D \tag{8-46}$$

式中，L 为爆破部位长度，其对应的圆心角为 180°～240°；D 为爆破部位筒壁的外径。

为了控制烟囱倒塌方位，爆破部位（爆破缺口）不是全部采用爆破完成，而是在设计的爆破缺口的两端预先开定向窗口，只对余下的一段弧长的筒体实施爆破。设计要求爆破部位的高度 h：

$$h \geqslant (3.0 \sim 5.0)S \tag{8-47}$$

式中，S 为爆破缺口部位烟囱的壁厚，筒壁较厚时，取小值。钢筋混凝土烟囱壁较薄时取大值，同样壁厚条件下烟囱高的取小值，高度小的取大值。

（2）定向窗的形状

定向窗有三角形、梯形、倒梯形、人字形等。常用三角形，其底角一般先取 25°～35°，三角形底边长为 2～3 倍壁厚，其高度可以和爆破高度相同，也可小于爆破高度，两侧定向窗一定要对称。

（3）爆破设计参数的选择可参考表 8-62，表 8-63。

钢筋混凝土烟囱爆破单位炸药消耗量 q **表 8-62**

壁厚 d(cm)	q(g/m³)	$(\sum Q_i)/V$ (g/m³)	壁厚 d(cm)	q(g/m³)	$(\sum Q_i)/V$ (g/m³)
50	900～1000	700～800	70	480～530	380～420
60	660～730	530～580	80	410～450	330～360

砖烟囱爆破单位炸药消耗量 q **表 8-63**

壁厚 d(cm)	径向砖块数(块)	q(g/m³)	$(\sum Q_i)/V$ (g/m³)
37	1.5	2100～2500	2000～2400
49	2.0	1350～1450	1250～1350
62	2.5	830～950	840～900
75	3.0	640～690	600～650
89	3.5	440～480	420～460
101	4.0	340～370	320～350
114	4.5	270～300	250～280

2. 烟囱、水塔拆除爆破工程施工

（1）爆破缺口中心线位置的确定和钻孔布置

准确测量定向倾倒中心线方向、位置，从中心线向两侧均匀对称布孔，炮孔应指向截面的圆心。

（2）爆破缺口内衬的处理

爆破前采用人工方法破碎拆除或和筒壁同时进行爆破，处理范围应与爆破缺口部位一致。

（3）定向窗的预处理

要准确测量两侧三角形底角顶点的位置，进行小药量爆破，人工剔凿，两边三角形的剔凿面要尽量对称，其连线的中垂线将是烟囱倒塌的方向，对于钢筋混凝土烟囱，定向窗部位的钢筋也要预切除。

（4）烟囱水塔倒塌方向的地面处理

在设计倒塌的地面铺上沙土等缓冲材料，严禁堆放煤渣、块状材料。

8.3.4.6 钢筋混凝土桥梁拆除爆破

钢筋混凝土桥梁爆破拆除，其特点是处交通安全要道，建筑物、各种管道，线路多、车多、人多，工程爆破时间紧，安全要求高。

1. 设计原则

(1) 一般考虑两次爆破，即墩、台和桥面为一次坍塌，桥基和翼墙作为第二次爆破。其好处是利用桥面防护墩台，可减少防护材料，防飞石，安全性好。

(2) 作结构力学分析，只需把关键部位的结点约束力爆破解除。减少钻孔爆破工程量。

(3) 针对清渣手段，控制解体残渣合适的块度。

(4) 应当把钻孔爆破、切割爆破等爆破手段结合起来使用，根据环境情况确定一次起爆药量。

2. 炮孔布置及药量计算

(1) 基本参数

1) 最小抵抗线 W，根据结构、材质及清渣方式决定。一般 $W=35\sim50$cm。

2) 孔深 L 和底部边界条件有关：有自由面时 $L=0.6H$，是实体时 $L=0.9H$，H 为爆破体高或厚度。

3) 孔距、排距，一般排距 $b=W$，孔距 $a=(1.0\sim1.8)W$，切除爆破，$a=(0.5\sim0.8)W$。

(2) 布孔方式

1) 桥墩、台，采用单排或多排水平孔；桥面、梁、肋用垂直孔。采用多排孔时，可采用矩形或梅花形布孔。

2) 装药量计算，用体积公式：$Q=qV$　(8-48)

q 为单耗药量，可参照表 8-64 选取。

混凝土桥梁拆除爆破 q 值参考表　**表 8-64**

材料种类	低强度等级混凝土	高强度等级混凝土	砌砖(石)	钢筋混凝土	密筋混凝土
临空面个数	1～2	1～2	2～3	3～4	1～2
q(g/m³)	125～150	150～180	160～200	280～340	360～420

3. 安全防护

(1) 控制地震，一般用毫秒爆破技术，严格控制最大段起爆药量。

(2) 控制飞石和噪声，第一是保证钻孔质量，严格装药量；第二用草袋加胶帘或荆芭帘进行密集防护覆盖。

8.3.4.7　钢筋混凝土支撑爆破

1. 高层建筑基坑开挖时用钢筋混凝土支撑作临时支护，在基础施工时要拆除掉，用爆破法拆除是行之有效的好办法。钢筋混凝土支撑的特点是混凝土强度等级高达 C40，含钢量高达 10%以上，断面大（1.12～1.26m²），钢筋混凝土支撑梁爆破拆除工程量有上万 m³。

2. 爆破拆除方案

因基坑条件限制，爆破拆除钻孔采用手风钻钻孔、孔径 $D=38\sim42$mm，标准药卷 $\phi=32$mm，导爆管毫秒雷管爆破网路进行爆破拆除。为了保证爆破后支撑中钢筋便于切割，分段爆破切口长度不应小于 2 倍的构件高度，即 $L\geqslant2H\approx200$cm。对于较长的支撑梁，除支点进行爆破外，还应根据吊车起吊能力，进行分段切割爆破，分段长度 10～15m

左右为宜。围檩最靠墙的炮孔距墙 0.2m。

3. 爆破孔网参数

(1) 炮孔参数：最小抵抗线 $W=35cm$；孔距 $a=(1.2\sim1.4)W=45(48)cm$；排距 $b=W=35cm$；孔深 $L=2/3H=52(60)cm$；回填长度 $L_2=(0.8\sim1.0)W=28\sim35cm$；排与排分段延期时间 $t=75\sim100ms$。

注：上述括号内数据为构件高度 $H=0.9m$ 的参数值，括号外数据为 $H=0.8m$ 的参数值。

(2) 确定炮孔参数时应注意，孔深 L 应大于孔距 a，否则应减小孔距，采用梅花形布孔，炮孔平面布置示意，见图 8-46。节点区段炮孔参数按此原则适当进行调整。

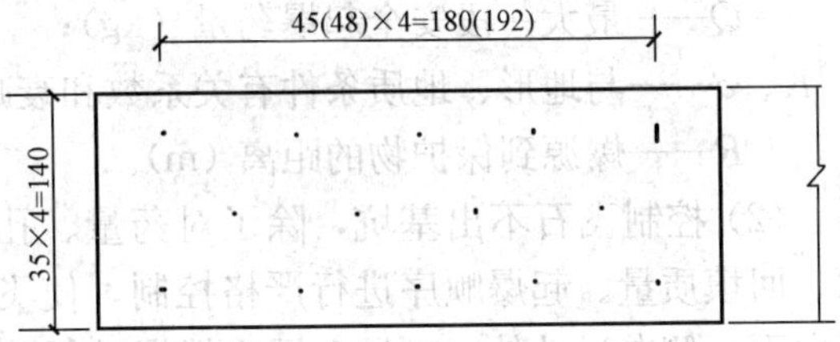

图 8-46 炮孔平面布置示意图

4. 药量计算：爆破拆除的药量按下式进行估算，然后行试炮校核决定。

$$Q = KabH \qquad (8\text{-}49)$$

式中 Q——单孔药量（g）；

K——单耗药量，1000g/m³～1300g/m³（按四面临空考虑）；

a——炮孔间距（m）；

b——炮孔排距（m）；

H——构件高度（m）。

5. 区段划分及网路保护

(1) 一般先炸支撑，后炸围檩；或用微差爆破先切割分开围檩和支撑，再进行破碎爆破。

(2) 支撑沿纵向分段，限定一段药量，支撑的节点断面大，布筋密，应当成一个独立体爆破，由外层到内层延期起爆，见图 8-47。

(3) 围檩爆破要严格单响药量，先沿纵向分成若干区，区间延时，每区从外向内再分排延期起爆，见图 8-48。

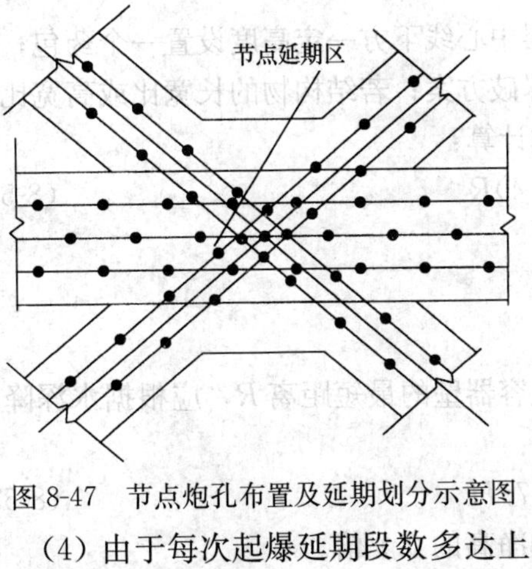

图 8-47 节点炮孔布置及延期划分示意图

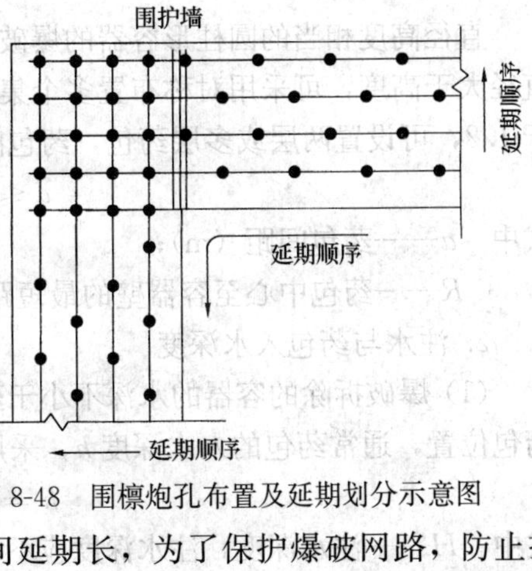

图 8-48 围檩炮孔布置及延期划分示意图

(4) 由于每次起爆延期段数多达上百段，时间延期长，为了保护爆破网路，防止拒爆，采取三项措施：爆破体网路均用湿草袋覆盖保护，各区段之间采用孔外复式延期雷管，同段各排之间用导爆管复式闭合网路。

6. 安全技术措施

(1) 爆破振动强度用最大一段药量控制。按下式进行计算：

$$V=K\left(\frac{Q^{1/3}}{R}\right)^{a} \tag{8-50}$$

式中　V——爆破振动速度（cm/s），根据《爆破安全规程》（GB 6722）规定，一般砖房建筑物，取安全震动速度值不超过 $V=2.0$cm/s；

Q——最大一段安全起爆药量（kg）；

K、a——与地形、地质条件有关系数和衰减系数，取 $K=300$，$a=1.90$；

R——爆源到保护物的距离（m）。

(2) 控制飞石不出基坑，除了对药量、孔深、回填质量、起爆顺序进行严格控制，使飞石向下，侧向运动外，对最上层支撑爆破拆除除了作爆破体用湿草袋主动覆盖外，对在坑口还用钢管脚手架，一层竹排，二层湿草袋进行被动防护，见图 8-49。

(3) 根据基坑四周环境条件情况，酌情挖掘有一定深度，宽度 1m 左右防震沟，以减小爆破振动对四周建（构）筑物的影响。

(4) 以上防护还可以减弱空气冲击波，噪声及烟尘，保障环境安全。

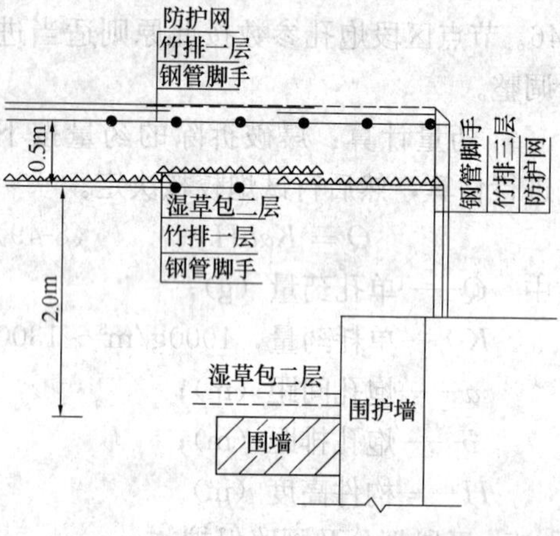

图 8-49　坑口安全防护示意图

8.3.5　水　压　爆　破

利用水传递炸药的爆炸能量，破坏结构物达到拆除目的的爆破称为水压拆除爆破。主要用于拆除能够充水的容器状构筑物，如水槽、水罐、蓄水池、管桩、料斗、水塔和碉堡等。

8.3.5.1　水压爆破拆除设计原则

1. 药包布置

直径高度相当的圆柱形容器的爆破体，在容器中心线下方一定高度设置一个药包；若直径大于高度，可采用对称布置多个集中药包的爆破方案；若结构物的长宽比或高宽比大于 1.2，可设置两层或多层药包，药包间距按下式计算：

$$a \leqslant (1.3 \sim 1.4)R \tag{8-51}$$

式中　a——药包间距（m）；

R——药包中心至容器壁的最短距离（m）。

2. 注水与药包入水深度

(1) 爆破拆除的容器的水深不小于药包中心至容器壁的最短距离 R，应根据水深降低药包位置，通常药包的入水深度 h，采用下式计算：

$$h=(0.6 \sim 0.7)H \tag{8-52}$$

式中　H——注水深度，注水深度应不低于结构物净高的 0.9 倍。

药包入水深度，最小值按下式验算：

$$H_{min} \geqslant 3Q^{1/2} \text{或} h_{min} \geqslant (0.35 \sim 0.5)B \tag{8-53}$$

式中 Q——单个药包质量（kg）；

B——容器直径或内短边长度（m）。

当 h_{min} 计算值小于 0.4m 时，一律取 0.4m。

(2) 对两侧壁厚不同的方形断面的容器结构物，采用偏炸的药包设计方案，使药包偏向壁厚的一侧。药包偏离容器中心的距离 x 用下式计算：

$$x = R(\delta_1^{1.143} - \delta_2^{1.143})/(\delta_1^{1.143} + \delta_2^{1.143}) \approx [R(\delta_1 - \delta_2)]/(\delta_1 + \delta_2) \tag{8-54}$$

式中 x——偏炸距离（m）；

R——容器中心至侧壁的距离（m）；

δ_1、δ_2——容器两侧的壁厚（m）。

3. 药量计算

(1) 水压爆破药量计算公式：

$$Q = KR^{1.41}\delta^{1.59} \tag{8-55}$$

式中 Q——炸药量（kg）；

R——圆筒形结构物的半径（m）；

δ——筒体的壁厚（m）；

K——药量系数，与结构物的材质、结构特点、要求的破碎程度有关。一般 K 取值范围 2.5～10，对素混凝土 K=2～4，对钢筋混凝土 K=4～8，配筋密、要求破碎块度小时取大值，反之取小值。

(2) 对截面不是圆环形的结构物，采用等效半径和等效壁厚进行计算。

1) 等效半径 R

$$R = [(S_R)/\pi]^{1/2} \tag{8-56}$$

式中 S_R——爆破结构物横断面的面积（m^2）。

2) 等效壁厚 S

$$S = R[(1 + S_S/S_R)^{1/2} - 1] \tag{8-57}$$

式中 S_S——爆破结构物要拆除材料的截面积（m^2）。

8.3.5.2 水压爆破拆除施工

1. 通常容器类结构物不是理想的贮水结构，要对其进行防漏和堵漏处理，其外侧一般是临空面，对半埋式的构筑物，应对周边覆盖物进行开挖，若要对其底板获得良好的效果，需挖底板下的土层。

2. 注意有缺口的封闭处理，孔隙漏水的封堵，注水速度，排水，用防水炸药和电爆网路和导爆管网路。药包采用悬挂式或支架式，需附加配重防止上浮和移位。

3. 水压爆破引起的地面震动比一般基础结构物爆破时大，为控制震动的影响范围，应采取开挖防震沟等隔离措施。

8.3.6 爆破工程施工作业

8.3.6.1 爆破施工工艺流程与施工组织设计

1. 爆破工程工艺流程

爆破工程的作业程序可以分为工程准备及爆破设计阶段、施工阶段、爆破实施阶段。

以下介绍两个工程实例，可供实际操作时参考。

(1) 拆除爆破施工工艺流程

拆除爆破施工工艺流程，见图 8-50。

1) 工程准备及爆破设计阶段，收集被拆除建（构）筑物的设计、施工验收等资料，

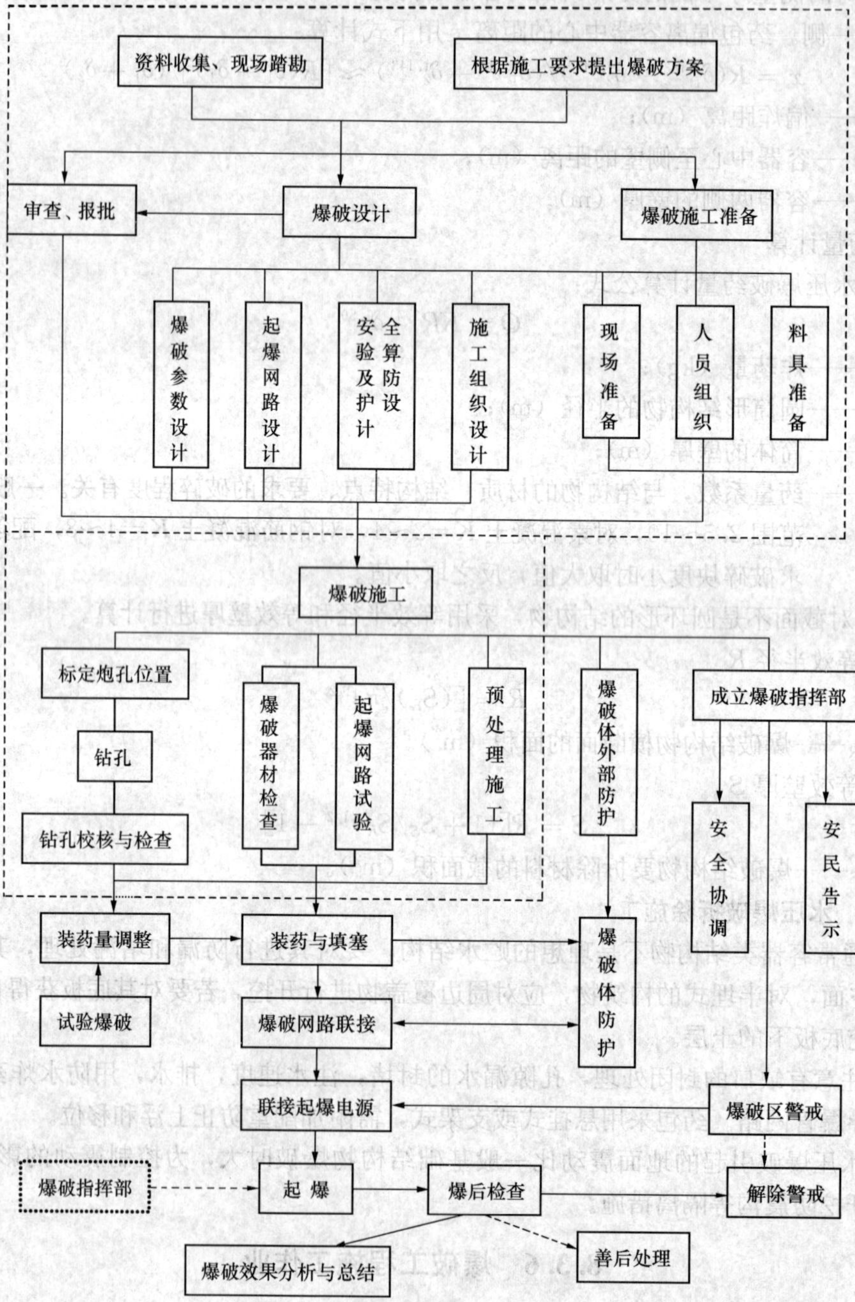

图 8-50 拆除爆破施工工艺的流程图

虚线框内的各项作业属工程准备及爆破设计阶段；中间虚线框内的各项作业属施工阶段；其余作业属施爆阶段

对被拆除的建（构）筑物和周围环境的了解，根据这些资料和施工要求进行可行性论证，提出爆破方案。爆破设计包括爆破参数、起爆网路、防护设计和施工组织设计等内容。爆破设计的同时，应进行施工准备，包括人员、机具和现场安排。爆破设计应报相关部门审查批准、安全评估，做好爆破器材的检查和起爆网路的试验工作。

2）施工阶段，拆除爆破一般采用钻孔法施工。钻孔前，将孔位准确地标注在爆破体上；逐孔检查炮孔位置、深度、倾角等，有无堵孔、乱孔现象。预处理施工，在钻孔前进行，要保证结构稳定，而承重部位的预处理，以钻孔完毕后实施为好，即预处理与拆除爆破之间的时间应尽可能短。

3）施爆阶段，成立爆破指挥部，负责施爆阶段的管理、协调和指挥工作。爆破实施阶段中装药、填塞、防护和连线作业，进入施工现场的应是经过培训合格的爆破工程技术人员和爆破员。从爆破器材进入施工现场，就应设置警戒区，全天候配备安全警戒人员。

4）装药必须按设计编号进行，严防装错。药包要安放到位，尤其注意分层药包的安装。要选择合适的填塞材料，保证填塞质量，同时严格按设计要求进行起爆网路的联接和爆破防护工作。

(2) 深孔爆破施工工艺流程

深孔爆破的施工工艺流程，见图 8-51。

1）爆破设计。根据选定的爆破技术参数，结合现场地形地质条件和分选装车要求，工程技术人员对爆区位置、爆破规模、布孔参数、装药结构、起爆网络、警戒界限进行设计，填写爆破技术参数表，布孔网路图，形成技术审批资料，经项目总工审核后，提供施工。

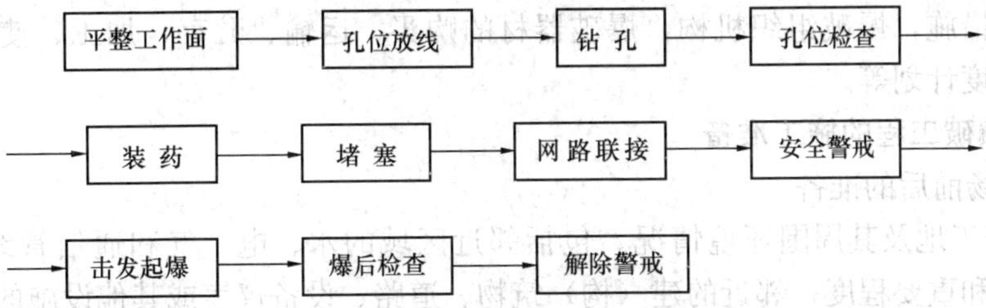

图 8-51 深孔爆破施工工艺流程图

2）平整工作面。土石方挖装过程中尽量做到场地平整，遇个别孤石采用手风钻凿眼，进行浅孔爆破，推土机整平。台阶宽度满足钻机安全作业、并保证按设计方向钻凿炮孔。

3）孔位放线。用全站仪进行孔位测放，从台阶边缘开始布孔，边孔与台阶边缘保留一定距离，确保钻机安全作业，炮孔避免布置在松动、节理发育或岩性变化大的岩面上。

4）钻孔。采用潜孔钻进行凿岩造孔。掌握“孔深、方向和倾斜角度”三大要素。从台阶边缘开始，先钻边、角孔，后钻中部孔。钻孔结束后应将岩粉吹除干净，并将孔口封盖好，防止杂物掉入，保证炮孔设计深度。

5）孔位检查。用测绳测量孔深；用长炮棍插入孔内检查孔壁及堵塞与否。测量时做好炮孔记录。

6）装药结构。采用连续柱状或间隔柱状装药结构，药包（卷）要装到设计位置，严防药包在孔中卡住；用高压风将孔内积水吹干净，选用防水炸药，做好装药记录。

7）堵塞。深孔爆破必须保证堵塞质量，以免造成爆炸气体逸出，影响爆破效果，产生飞石。堵塞材料首先选用石屑粉末，其次选用细砂土。

8）网路联接。将导爆管、传爆元件和导爆雷管捆扎联接。接头必须联接牢固，传爆雷管外侧排列8～15根塑料导爆管为佳，要求排列均匀。导爆管末梢的余留长度≥10cm。

9）安全警戒。火工材料运到工作面，开始设置警戒，警戒人员封锁爆区，检查进出现场人员的标志和随身携带的物品。装药、堵塞、连线结束，检查正确无误后，所有人员和设备撤离工作现场至安全地点，并将警戒范围扩大到规定的范围。指挥部将按照安民告示规定的信号，发布预告，准备起爆及解除警戒信号。相关人员做好各自安全警戒记录。

10）击发起爆。采用非电导爆管引爆器击发起爆，并做好击发起爆记录。

11）爆破安全检查。起爆后，爆破员按规定的时间进入爆破场地进行检查，发现危石、盲炮现象要及时处理，现场设置危险警戒标志，并设专人警戒。经检查，确认安全后，方可解除警戒，做好爆破后安全检查记录。

2. 施工组织设计

（1）施工组织设计的编制依据

工程招标投标的有关文件，施工合同，爆破技术设计，有关规范、规程，施工现场的实际情况等。

（2）施工组织设计的主要内容

工程概况及施工方法、设备、机具概述，施工准备，钻孔及施工组织，装药及填塞，起爆网路敷设及起爆，安全警戒撤离区域及信号标志，主要设施和设备的安全防护措施，预防事故的措施，爆破组织机构，爆破器材的购买、运输、贮存、加工、使用的安全制度，工程进度计划等。

8.3.6.2　爆破工程的施工准备

（1）进场前后的准备

1）调查工地及其周围环境情况。包括邻近区域的水、电、气和通信管线路的位置、埋深、材质和重要程度；邻近的建（构）筑物、道路、设备仪表或其他设施的位置、重要程度和对爆破的安全要求；附近有无危及爆破安全的射频电源及其他产生杂散电流的不安全因素。

2）了解爆破区周围的居民情况，车流和人流的规律，做好施工的安民告示，消除居民对爆破存在的紧张心理，妥善解决施工噪声、粉尘等扰民问题。

3）对地形地貌和地质条件进行复核；对拆除爆破体的图纸、质量资料等进行校核。

4）组织施工方案评估，办理相关手续、证件，包括《爆炸物品使用许可证》、《爆炸物品安全贮存许可证》、《爆炸物品购买证》和《爆炸物品运输证》等。

（2）施工现场管理

1）拆除爆破工程和城镇岩土爆破工程，应采用封闭式施工，设置施工牌，标明工程名称、主要负责人和作业期限等，并设置警戒标志和防护屏障。

2）爆破前以书面形式发布爆破通告，通知当地有关部门、周围单位和居民，以布告形式进行张贴，内容包括：爆破地点、起爆时间、安全警戒范围、警戒标志、起爆信号等。

(3) 施工现场准备

根据爆破施工组织设计，对施工场地进行规划和清理的准备工作。

(4) 施工现场的通信联络

为了及时处置突发事件，确保爆破安全，有效地组织施工，项目经理部与爆破施工现场、起爆站、主要警戒哨之间应建立并保持通信联络。

8.3.6.3 爆破施工安全管理制度与运行机制

1. 爆破施工安全管理运行机制

(1) 爆破工程开工前，结合具体情况，有针对性地进行爆破安全教育。工程结束，进行施工安全总结。对从事爆破作业的人员，定期组织安全教育和学习。

(2) 制订爆破安全事故处理预案。发生事故时的处理工作流程，如图 8-52。

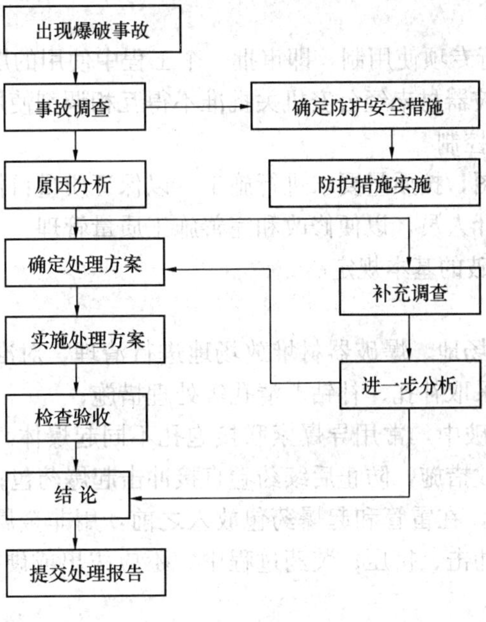

图 8-52 爆破事故处理流程图

2. 爆破施工安全管理制度

每一个爆破项目，都必须建立和健全爆破施工安全管理制度。主要包括以下内容：

爆破施工安全管理制度体系
- 行政管理制度
  - 爆破器材管理办法
  - 施工现场安全管理办法
  - 安全岗位责任制及考核办法
- 技术管理制度
  - 爆破作业指导书
  - 爆破作业安全、质量记录表
- 爆破安全事故应急预案

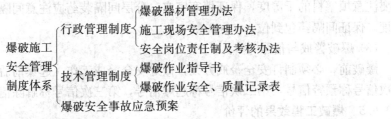

8.3.6.4 爆破施工的现场组织管理

1. 爆破器材的现场管理

(1) 爆破器材保管员应建立并认真填写爆破器材收、发流水账、三联式领用单和退料单，逐项逐次登记，定期核对账目，做到账物相符；

(2) 严格履行领、退签字手续，对无《爆破员作业证》和无专用运输车辆牌证人员，爆破器材保管员有权拒绝发给爆破器材；

(3) 爆破班长和安全员应检查爆破器材的现场使用情况和剩余爆破器材的及时退库情况；

(4) 爆破员应凭批准的爆炸物品领料单，从仓库领取爆炸物品，数量不得超过当班使用量；

(5) 爆破员应保管好所领取的爆破器材，不得遗失或转交他人。不准擅自销毁或挪做他用；

(6) 爆破人员领取的爆破器材后，应直接运送到爆破地点，运送过程必须确保爆炸物品安全，防止发生意外爆炸事故和爆炸物品丢失、被盗、被抢事件；

(7) 任何人发现爆破器材丢失、被盗以及其他安全隐患，应及时报告单位和当地公安机关；

(8) 爆破器材应实行专项使用制，即审批一个工程中使用的爆破器材不得挪做另外工程中使用，不同单位爆破器材未经公安机关批准不得互相调剂使用。

2. 施工质量管理与控制

正确的贯彻设计意图，按质量要求进行施工，以保证质量目标的实现；将施工中发现的信息，及时反馈给设计人员，以便修改和完善施工质量管理。

3. 装药、填塞与爆破的基本规定

(1) 装药

1) 装药前应对作业场地、爆破器材堆放场地进行清理，对准备装药的全部炮孔进行检查，不合格的孔可以采取补孔、补钻、清孔等处理措施；

2) 在大孔径深孔爆破中，常用导爆索联接炮孔不同起爆体。不应投掷起爆药包，起爆药包装入后应采取有效措施，防止后续药卷直接冲击起爆药包；

3) 装药发生卡塞时，在雷管和起爆药包放入之前，用非金属长杆处理。装入起爆药包后，不得用任何工具冲击、挤压；装药过程中，不应拔出或硬拉起爆药包中的导爆管、导爆索和电雷管脚线。

(2) 填塞

深孔爆破可以用钻屑或细石料填塞，浅孔爆破宜用炮泥填塞。拆除爆破中，一般用黄土或黏土和砂子按 2∶1 的拌合料，要求不含石块和较大颗粒，含水量 15%～20%；填塞时要注意填塞料的干湿度，保证填塞密实；分层间隔装药应注意间隔填塞段的位置和填塞长度，保证间隔药包到位。

(3) 爆破警戒与信号

爆破前，必须制订安全警戒方案，做好安全警戒工作。起爆前后要发布三次信号，第一次信号称预警信号，第二次信号称起爆信号，第三次信号称解除信号。

8.3.6.5　爆破工程效果的评价

评价爆破工程效果的标准和主要技术经济指标

(1) 评价爆破工程效果的标准

1) 安全标准。一是爆破作业本身的安全，是否安全准爆，拆除爆破建筑物是否顺利倒塌；二是环境安全，爆破振动、冲击波、个别飞石、有害气体、噪声和粉尘等有害效应是否控制在允许的范围之内；三是爆区周围需要保护的建筑物和其他设施是否安全。

2）质量标准。不同的爆破工程有不同的爆破质量标准。质量标准是根据爆破工程的目的、采用的爆破方法、爆破对象的具体条件、周围环境情况来确定的。

3）经济标准。尽可能提高炸药能量的利用率，降低炸药单耗，降低爆破成本。但有时适当增加爆破成本，改善石方爆堆的破碎效果和松散程度，改善被拆除建（构）筑物的解体程度，可以提高挖装机械的施工效率和清运速度，降低其配件损耗，有利于降低整个工程项目的成本。

（2）爆破工程的主要技术经济指标

1）炸药单耗：爆破 $1m^3$ 或 1t 岩石所消耗的炸药量，单位为 kg/m^3 或 kg/t。

2）延米爆破量：1m 炮孔所能崩落的岩石的平均体积或质量，单位为 m^3/m 或 t/m。

3）炮孔利用率：一般用于地下井巷和隧道掘进爆破，指一次爆破循环的进尺与炮孔平均深度之比；深孔爆破中，常常把炮孔中装药长度与孔深之比也称为炮孔利用率，单位为%。

4）大块率：指爆破产生的不合格大块占总爆破岩石量的比率，单位为%。

5）爆破成本：爆破 $1m^3$ 岩石所消耗的材料、人工、设备及管理等方面的费用，单位为元/m^3。

6）除了上述指标外，还采用岩石松动、抛掷堆积效果，保留边坡、围岩的稳定性，爆破对周围环境的安全影响等来评价爆破的技术效果。

8.4 绿色施工技术要求

8.4.1 爆破危害控制

8.4.1.1 爆破地震的控制

爆破地震对环境的影响可能造成对周围建（构）筑物的损伤和影响，为人们所关注，是爆破危害控制的主要项目。

1. 爆破地震强度预报，我国采用保护对象所在地振动速度作为爆破振动判据的主要指标。按下式计算：

$$V = K\left(\frac{Q^{1/3}}{R}\right)^{\alpha}$$

式中符号同前；K、α 可按表 8-65 选取，也可通过类似工程选取或现场试验确定。

爆区不同岩性的 K、α 值与岩性的关系 表 8-65

岩　性	K	α	岩　性	K	α
坚硬岩石	50～150	1.3～1.5	软岩石	250～350	1.8～2.0
中硬岩石	150～250	1.5～1.8			

2. 拆除爆破产生的地震波：药包数量比较多，也比较分散，计算拆除爆破产生的地面振动速度的经验公式，在上述公式的基础上，引入一个修正系数 K' 即：

$$V = K \cdot K'\left(\frac{Q^{1/3}}{R}\right)^{\alpha} \tag{8-58}$$

根据部分整体框架式建筑物拆除爆破测振资料，公式中经验系数的取值范围：K—175；

α—1.5～1.8；K'—0.25～1.0，离爆源近，且爆破体临空面较少时取大值；反之取小值。

3. 爆破振动安全允许标准

爆破安全规程规定，采用保护对象所在地振动速度和主振频率。振动安全允许标准见表8-66。

爆破振动安全允许标准　　**表8-66**

序号	保护对象类别	安全允许振速（$cm \cdot s^{-1}$）		
		<10Hz	10～50Hz	50～100Hz
1	土窑洞、土坯房、毛石房屋①	0.5～1.0	0.7～1.2	1.1～1.5
2	一般砖房、非抗震的大型砖块建筑物①	2.0～2.5	2.3～2.8	2.7～3.0
3	钢筋混凝土结构房屋①	3.0～4.0	3.5～4.5	4.2～5.0
4	一般古建筑与古迹②	0.1～0.3	0.2～0.4	0.3～0.5
5	水工隧道③	7～15		
6	交通隧道③	10～20		
7	矿山巷道③	15～30		
8	水电站及发电厂中心控制室设备	0.5		
9	新浇大体积混凝土④ 龄期：初凝～3d 龄期：3～7d 龄期：7～28d	 2.0～3.0 3.0～7.0 7.0～12		

① 选取建筑物安全允许振速时，应综合考虑建筑物的重要性、建筑质量、新旧程度、自振频率、地基条件等因素。

② 省级以上(含省级)重点保护古建筑与古迹的安全允许振速，应经专家论证选取，并报相应文物管理部门批准。

③ 选取隧道、巷道安全允许振速时，应综合考虑构筑物的重要性、围岩状况、断面大小、爆源方向、地震振动频率等因素。

④ 非挡水新浇大体积混凝土的安全允许振速，可按本表给出的上限值选取。

4. 降低爆破地震效应的措施

(1) 采用微差爆破，与齐发爆破相比，平均降振率为50%，微差段数越多，降振效果越好。

(2) 采用预裂爆破，起到降振效果，降振率可达30%～50%。

(3) 限制一次爆破的最大用药量。根据下式，计算一次爆破允许的最大用药量，即：

$$Q_{\max} = R^3 \left(\frac{V_{KP}}{K}\right)^{3/\alpha} \tag{8-59}$$

对被保护物爆破振动标准V_{KP}确定后，即可根据R、K和α，计算出一次爆破允许的最大用药量。

8.4.1.2　爆破空气冲击波控制

1. 爆破冲击波的传播及危害范围，受不同地形适当增减。如峡谷地形爆破，沿沟的纵深方向或沟的出口方向增大50%～100%；山坡一侧爆破，山后影响较小，在有利的地形条件可减小30%～70%。

2. 爆破冲击波的破坏判据及安全允许距离

爆破安全规程规定：露天裸露爆破大块时，一次爆破的炸药量不应大于20kg，并应按下式确定空气冲击波对在掩体内避炮作业人员的安全允许距离。

$$R_k = 25\sqrt[3]{Q} \tag{8-60}$$

式中 R_k——空气冲击波对掩体内人员的最小允许距离（m）；

Q——一次爆破的炸药量（kg）；秒延时爆破按最大分段药量计算；毫秒延时爆破按一次爆破的总药量计算。

3. 降低爆破冲击波的主要措施

露天爆破，合理确定爆破参数、选择微差起爆方式、保证合理的填塞长度和填塞质量等；对建筑物拆除爆破、城镇浅孔爆破，做好爆破部位的覆盖防护；井巷掘进爆破，要重视爆破空气冲击波的影响。实际工作中采用许多措施防护空气冲击波，例如在爆区附近垒砖墙、砂袋墙、砌石墙等，还可以砌筑两道混凝土墙中间注满水的“夹水墙”或街垒式挡墙。

8.4.1.3 爆破个别飞散物的控制

1. 爆破个别飞散物的安全允许距离

爆破个别飞散物主要在高速爆轰气体作用下，介质碎块自填塞不良的炮孔及介质裂隙（缝）中加速抛射所造成。爆破安全规程规定：爆破个别飞散物对人员的不应小于表 8-67 的规定；对设备或建筑物的安全允许距离，应由设计确定，并报单位总工程师批准。

爆破个别飞散物对人员的安全允许距离表 **表 8-67**

爆破类型和方法		个别飞散物的最小安全允许距离(m)
1. 露天土岩爆破①	①破碎大块岩矿： 裸露药包爆破法； 浅孔爆破法	 400 300
	② 浅孔爆破	200(复杂地质条件下或未形成台阶工作面时不小于 300)
	③ 浅孔药壶爆破	300
	④ 蛇穴爆破	300
	⑤ 深孔爆破	按设计，但不小于 200
	⑥ 深孔药壶爆破	按设计，但不小于 300
	⑦ 浅孔孔底扩壶	50
	⑧ 深孔孔底扩壶	50
	⑨ 硐室爆破	按设计，但不小于 300
2. 爆破树墩		200
3. 森林救火时，堆筑土壤防护带		50
4. 爆破拆除沼泽地的路堤		100
5. 拆除爆破、城市浅孔爆破及复杂环境深孔爆破		由设计确定

①沿山坡爆破时，下坡方向的飞石安全允许距离应增大 50%。

（1）深孔爆破时，个别飞散物的飞散距离，一般按下式计算：

$$R_f = \frac{40}{2.54}d = 15.8d \quad (8\text{-}61)$$

式中 R_f——个别飞散物的安全允许距离（m）；

d——爆破炮孔直径（cm）。

（2）拆除爆破时，按下式计算：

$$R_f = 71q^{0.58} \quad (8\text{-}62)$$

式中符号同前。

（3）施工条件对个别飞散物距离的影响很大。当单耗药量过高或抵抗线过小，以及药包位置不当时，容易产生爆破飞散物。若填塞质量不好，或药包起爆间隔时间过大，造成后排抵抗线大小与方向失控，个别飞散物距离往往大于设计安全距离，甚至出现严重的后果。

2. 爆破个别飞散物的控制和防护

（1）精心设计，选择合理的抵抗线 W 和爆破作用指数 n；精心施工，药室、炮孔位置测量验收严格，是预防飞散物事故的基础工作。装药前，应校核各药包的抵抗线，如有变化，修正装药量；

（2）注意避免药包位于岩石软弱夹层或基础的接打面，以免薄弱面冲出飞散物。慎重对待断层、软弱带张开裂隙、成组发育的节理、覆盖层等地质构造，采取间隔填塞、避免过量装药等措施；

（3）保证填塞质量、填塞长度，填塞物中不能夹杂碎石。采用不偶合装药、挤压爆破和毫秒延时爆破等措施。选择合理的延迟时间，防止前排爆破后，造成后排最小抵抗线大小与方向失控。

（4）控制爆破施工中，应对爆破体采取覆盖和对保护对象采取防护措施；覆盖范围，应大于炮孔的分布范围；覆盖时要注意保护起爆网路，捆扎牢固，防止覆盖物滑落和抛散，分段起爆时，防止覆盖物受先爆药包影响，提前滑落、抛散。

（5）在重点保护物方向及飞散物抛出主要方向上，设立屏障，材料可以用木板、荆笆或铁丝网，屏障的高度和长度，应能完全挡住飞散碎块。

（6）对于高耸建筑物定向拆除爆破，应当特别注意爆破体定向倾倒冲砸地面引起的碎石飞溅，必须做好地面缓冲垫，加大对人员的安全距离。

8.4.1.4　爆破对环境影响的控制

对露天深孔爆破，有害气体、粉尘、噪声对环境、人体影响应引起重视，特别是凿岩粉尘的控制，对近体操作人员影响不可忽视，应用新技术、新设备，坚持湿式凿岩作业。隧道施工中，实行标准化施工，严格按表 8-68、表 8-69、表 8-70 中要求控制有害气体的含量，防止人员中毒。

中毒程度与 CO 浓度的关系表　　　**表 8-68**

中毒程度	中毒时间	CO 浓度	
		mg/L	（按体积计算）%
无征兆或有轻微征兆	数小时	0.2	0.016
轻微中毒	1h 以内	0.6	0.048
严重中毒	0.5～1h	1.6	0.128
致命中毒	短时间内	5.0	0.400

中毒程度与 NO_2 浓度的关系　　　**表 8-69**

NO_2 浓度（%）	人体中毒反映
0.004	经过 2～4h 还不会引起中毒反映现象
0.006	短时间呼吸器官有刺激作用，咳嗽，胸部发痛
0.01	短时间内对呼吸器官起强烈刺激作用，剧烈咳嗽，声带痉挛性收缩、呕吐、神经系统麻木
0.025	短时间内很快死亡

地下爆破作业点有害气体允许浓度表　　表 8-70

有害气体名称		CO	N_nO_m	SO_2	H_2S	NH_3
允许浓度	按体积(%)	0.00240	0.00025	0.00050	0.00066	0.00400
	按质量(mg/m^3)	30	5	15	10	30

8.4.2 爆破安全、职业健康、环境保护评估

8.4.2.1 主要危险、有害因素辨识

根据《企业职工伤亡事故分类》（GB 6441）标准，结合爆破工程的生产实际，生产设备及设施的运行情况，分析其可能存在的主要危险，有害因素。

1. 物体打击：在边坡爆破工作面上，悬石或滚石发生滚（坠）落，会产生物体打击事故。

2. 车辆伤害：爆破开挖区有车辆进出，车辆的维护和保养不到位，均可引发车辆伤害事故。

3. 机械伤害：对设备缺乏防护，不配备或不正确穿戴劳保用品，违章操作，均可造成机械伤害。

4. 高处坠落：分台阶开挖具有一定的高度，若平台、坡面不当或悬空作业人员身体不适，注意力不集中及违规操作，均可能发生高空坠落事故。

5. 坍塌：深基坑（槽），路堑边坡存在软弱结构面、软弱层或岩石节理裂隙发育，自然或人为外力的作用，均可能发生坍塌事故。

6. 爆炸伤害：爆炸物品贮存、运输、使用及管理不当，或在爆破作业过程中的任何不慎，均有可能导致爆炸伤害。爆炸将导致设备、设施损毁及人员伤亡。

7. 中毒窒息：爆破和设备排放大量的CO、NO_2、SO_2等有害有毒气体。通风不畅，未正确穿戴防护用品，擅自进入或操作，极易导致中毒、窒息事故的发生。

8. 粉尘危害：石方凿岩、挖装和运输都会产生的粉尘，长期接触，对人体健康造成一定的危害。

9. 噪声危害：凿岩、挖装、运输设备，空压机、发电机等在运行中产生噪声，对人体产生危害。

8.4.2.2 安全评估程序

安全评估的程序，见图 8-53。

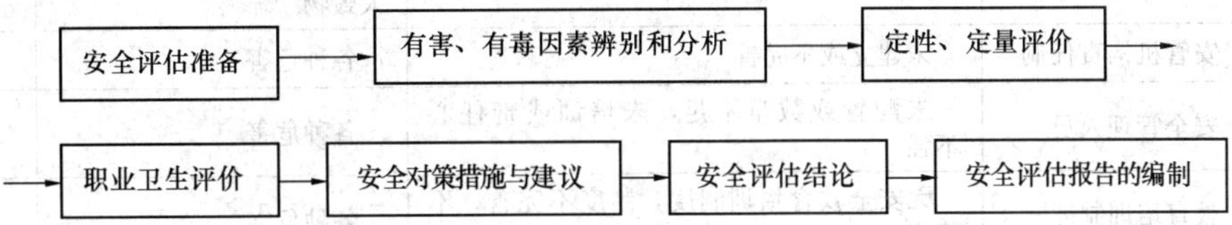

图 8-53　安全评估程序图

8.4.2.3 预先危险性分析

1. 危险性等级划分

为了衡量危险性的大小及其破坏性的影响程度，将各类危险性划为四个等级，见表 8-71。

危险性等级划分表 **表 8-71**

级别	危险程序	可能导致的后果
Ⅰ	安全的	不会造成人员伤亡及系统损坏
Ⅱ	临界的	处于事故的边缘状态，暂时还不至于造成人员伤亡，系统损坏或降低系统性能，但应予以排除或采取控制措施
Ⅲ	危险的	会造成人员伤亡和系统损坏，要立即采取防范对策措施
Ⅳ	灾难性的	造成人员重大伤亡及系统严重破坏的灾难性事故，必须予以果断排除并进行重点防范

2. 预先危险性分析结论

根据石方爆破工程实践，项目实施过程中可能引起的危险源，见表 8-72。

预先危险性评价分析表 **表 8-72**

序号	危险源位置	触发条件	事故模式	危险等级
1	断层、裂隙、节理、软弱层、软弱面、岩层面	结构面倾向与边坡一致，倾角小于边坡角，结构面在边坡出露，结构面两端有自由面加之坡底采空，裂隙、节理发育，雨水冲刷、爆破振动影响，开挖时未按设计要求进行控制并采取加固安全技术措施	岩体滑坡、塌方、坍塌、人员伤亡、设备损坏	Ⅰ
2	台阶高度	台阶高度设计不合理，与挖掘设备不匹配	岩石垮落，伤人毁物，物体打击	Ⅱ～Ⅲ
3	钻孔、凿岩操作及工作面	操作或防护不当，工作平台宽度不够等	机毁人伤，粉尘危害，噪声危害，职业病，高处坠落	Ⅱ
4	火工品运输	违反安全规程、程序，未使用专用的运药车辆，无专职安全员	爆炸伤害	Ⅳ
5	火工品使用	违反安全规程、程序	爆炸伤害，中毒，窒息	Ⅳ
6	装药、联接爆破网路、起爆	不按操作规程施工，爆破网路设计，施工方法不当	早爆、拒爆、盲炮、爆炸伤害	Ⅳ
7	安全警戒	警戒范围距离不够，警戒标志不全或不明显，警戒措施，时间不适当等	飞石、振动、冲击波伤人、毁物、物体打击	Ⅳ
8	开挖	操作不当，挖装设备配置与台阶高度以及运输设备不匹配	岩石滚落、岩体滑落、设备调度混乱等伤人毁物、物体打击、中毒窒息、车辆伤害	Ⅱ～Ⅲ
9	边坡结构、边坡监测、边坡作业	边坡参数设计不符合标准，规范；施工作业不符合设计要求；监测管理不到位	边坡滑落、塌方、伤人毁物、坠落	Ⅲ
10	供电线路	维护、检修不到位，负荷超限	停电、触电、失火、伤人毁物	Ⅱ
11	安管机构责任制	未建立或不完善	各种危害	Ⅲ
12	安全管理人员	未配置或数量不足，未培训或责任心不强	各种危害	Ⅲ
13	教育培训制度	无安全教育培训制度，制度不完善，不落实	各种危害	Ⅲ
14	操作规程	未制订或不完善，不规范执行	各种危害	Ⅲ
15	特种作业制度	未制订或不完善，操作人员未培训，未持证上岗，操作不规范	各种危害	Ⅲ
16	应急组织人员措施	未建立应急救援组织，未配备应急救援人员，未制订应急救援措施	各种危害	Ⅲ

根据上表可知，在土石方爆破工程施工中，可能引起危险等级为Ⅰ级1处；Ⅱ级2处；Ⅱ～Ⅲ级2处；Ⅲ级7处，Ⅳ级4处。另外，对推土机，碾压机、洒水车等辅助设备，结合实际，酌情考虑。

8.4.2.4 故障类型及影响分析

1. 分析对象及范围。以表格的形式对生产过程中的故障类型模式进行详细预测分析，并提出相应的对策措施。

2. 故障类型及措施。爆破工程主要包括：钻孔、爆破两部分，分析爆破生产过程中的故障类型及其后果，有针对性地提出如下安全技术防范措施。详见表8-73、表8-74。

8.4.2.5 原因—结果分析

1. 物的不安全状态。起爆器材有缺陷，没有用专车运输火工品；起爆器材与炸药混装；起爆器材运输没有采取减振措施；在水孔中接头绝缘不良，炸药受潮。

钻孔系统故障类型及影响分析　　表8-73

危险部位	作业名称	故障模式	技术措施
场区运输道路	钻机转移	1. 钻机碰台阶边缘； 2. 钻机倾斜； 3. 触电	1. 钻机沿边缘行走时，机架突出部分距台阶外边缘距离不得小于1.5m； 2. 钻机通过坡道时，钻架必须放下，以防钻机倾斜； 3. 如遇钻机通过高压线时，最高部分与高压线距离不得小于5m
作业台阶	钻机固定	1. 作业台阶边缘失稳，钻机滑落到下台阶； 2. 起落钻架时钻架伤人	1. 停车时，钻机司机室距 崖边最小距离不得小于2m； 2. 起落钻架时，钻架上下均不能站人
	凿岩钻孔过程	1. 设备事故处理不当引起人身伤亡，设备损坏事故； 2. 粉尘污染及噪声引起职业病； 3. 坠落事故	1. 当机械、电气、风路安全控制装置失灵时，以及除尘装置发生故障及损坏时，应立即停止作业，及时修理、维护和更换； 2. 钻机、凿岩机进行湿式作业； 3. 钻机、凿岩机夜间作业时，照明要完善； 4. 钻机、凿岩机开始作业运行时，必须检查机械周围是否有人或障碍物； 5. 在钻架或机械顶盖上不准站人； 6. 高处凿岩时，必须戴好保险装置，保险装置并固定在安全可靠的位置
	钻孔后爆破前	1. 炮孔被经过车辆压垮； 2. 作业人员未保护而被雨水等毁坏	1. 过往车辆一律严禁通过爆区； 2. 与作业无关人员严禁进入爆区； 3. 加强作业区管理，做好有关的安全警示

爆破系统故障类型及影响分析表　　表8-74

危险部位	故障模式	技术措施
作业台阶	1. 根块、大块； 2. 早爆、拒爆； 3. 飞石伤人，设备损坏； 4. 爆破振动对建(构)筑物的振动破坏； 5. 爆破冲击波气浪伤人毁物； 6. 打残眼引爆盲炮； 7. 炮烟中毒； 8. 爆破产生岩石松动，产生裂缝，引起台阶或边坡失稳	1. 孔网参数设计合理，实践中不断优化调整； 2. 对过期变质的火工材料应销毁，严禁使用； 3. 爆前进行杂电检查，严禁雷雨天爆破作业； 4. 爆破15min后才可进入爆区检查； 5. 爆破作业时，爆破作业人员撤到安全警戒线以外； 6. 控制最小抵抗线方向和大小； 7. 堵塞长度必须不小于设计要求，并注意回填质量； 8. 盲炮处理要及时，处理方法按规范要求进行； 9. 爆破作业后，应加强对边坡(台阶)的监测和管理并采取相应的加固措施

续表

危险部位	故障模式	技术措施
火工品运输	1. 炸药运输车翻车引起事故； 2. 运输中振动撞击引起事故； 3. 炸药与雷管混装； 4. 未使用专用车辆运输	1. 保护好炸药包，如有散粉及时清扫； 2. 运输前及时检查运输路线、确保火工品运输车辆的安全； 3. 炸药、雷管分开运输
安全管理	1. 在不适合爆破作业下爆破导致爆炸伤人事故； 2. 爆破前没有确定危险区的边界和标志，导致伤人事故； 3. 无证作业或违反爆破安全规程导致爆炸伤人事故	1. 设计每一次爆破作业，并制订爆破组织设计方案； 2. 针对实际情况制定爆破安全操作规程； 3. 加强爆破工的安全技术知识的培训； 4. 爆破前，明确危险区的边界并设置明显的标志，但有专人安全警戒； 5. 检查，消除、避免不安全的作业条件

2. 人的不安全行为。爆破网路设计不合理，现场作业错误；装药回填不严格，堵塞时线路受破坏，多段起爆时冲断线路，网路联接时传爆方向接反；爆破警戒不严，范围不够，人和设备没有及时撤到安全区；作业人员爆后提前进入作业面；二次爆破时不按规范作业；爆破设计参数不合理，钻孔位置发生偏差，钻孔超深不够、坍孔；装药量不够或过大；炮眼没有堵塞或堵塞长度不够。

3. 自然环境因素。静电或电击，爆破时遇到雷雨天气；爆破安全警戒内有建（构）筑物；高温干燥天气作业；临近边坡爆破时，边坡预裂缝未提前形成；夜间作业时缺乏照明。

8.4.2.6　职业卫生健康评估

1. 主要有害因素。粉尘、有毒有害气体、高噪声是爆破作业危害身体健康的主要三大因素。

2. 职业卫生健康对策措施。采用湿式凿岩抑制粉尘的产生，喷雾洒水，改进爆破方法等措施抑制爆破粉尘的产生；对挖装工作面，运输道路等定期喷雾洒水抑尘；操作人员佩戴防尘罩；正确选择机型，装配尾气净化器；选用高标准优质油料，严禁超负荷，严格维修保养；爆破前关注天气、风向情况，爆破时人员撤离危险区，爆破后人员不得提前进入危险区；

露天爆破有毒有害气体的影响范围可参照下式计算：

$$R = KQ^{1/3} \tag{8-63}$$

式中　R——有毒有害气体的影响范围（m）；

Q——爆破总药量（t）；

K——系数，平均160。

3. 噪声的控制及对策措施。选择低噪声设备；提高安装技术，保证安装质量；改变能量结构，用液压代替电动或压缩空气动力；操作人员佩带防噪声用品。

参 考 文 献

1 建筑施工手册(第四版)编写组．建筑施工手册(第四版)．北京：中国建筑工业出版社，2003

2 刘殿中，杨仕春．工程爆破实用手册(第 2 版)．北京：冶金工业出版社，2003

9 基坑工程

9.1 基坑工程的特点和内容

9.1.1 基坑工程特点

随着城市建设的快速发展，地下空间大规模开发已成为了一种趋势。基坑工程是集地质工程、岩土工程、结构工程和岩土测试技术于一身的系统工程，其设计和施工成为了岩土工程学科的主要研究课题之一。近年来，深基坑工程的设计计算方法、施工技术、监测手段以及基坑工程计算理论在我国都有长足的发展。基坑工程具有如下特点：

(1) 基坑工程具有较大的风险性。基坑支护体系一般为临时措施，其荷载、强度、变形、防渗、耐久性等方面的安全储备相对较小。

(2) 基坑工程具有明显的区域特征。不同的区域具有不同的工程地质和水文地质条件，即使是同一城市的不同区域也可能会有较大差异。

(3) 基坑工程具有明显的环境保护特征。基坑工程的施工会引起周围地下水位变化和应力场的改变，导致周围土体的变形，对相邻环境会产生影响。

(4) 基坑工程理论尚不完善。基坑工程是岩土、结构及施工相互交叉的学科，且受多种复杂因素相互影响，其在土压力理论、基坑设计计算理论等方面尚待进一步发展。

(5) 基坑工程具有时空效应规律。基坑的几何尺寸、土体性质等对基坑有较大影响。施工过程中，每个开挖步骤中的空间尺寸、开挖部分的无支撑暴露时间和基坑变形具有一定的相关性。

(6) 基坑工程具有很强的个体特征。基坑所处区域地质条件的多样性、基坑周边环境的复杂性、基坑形状的多样性、基坑支护形式的多样性，决定了基坑工程具有明显的个性。

9.1.2 基坑工程的主要内容

基坑开挖最简单、最经济的办法是放坡大开挖，但经常会受到场地条件、周边环境的限制，所以需设计支护系统以保证施工的顺利进行，并能较好地保护周边环境。基坑工程具有一定的风险，过程中应利用信息化手段，通过对施工监测数据的分析和预测，动态地调整设计和施工工艺。基坑土方开挖是基坑工程的重要内容，其目的是为地下结构施工创造条件。基坑支护系统分为围护结构和支撑结构，围护结构是指在开挖面以下插入一定深度的板墙结构，其常用材料有混凝土、钢材、木材等，形式一般是钢板桩、钢筋混凝土板桩、灌注桩、水泥土搅拌桩、地下连续墙等。根据基坑深度不同，围护结构可以是悬臂式的，但更多采用单撑或多撑式（单锚或多锚式）结构。支撑是为围护结构提供弹性支撑点，以控制墙体弯矩和墙体截面面积。为了给土方开挖创造适宜的施工空间，在水位较高的区域一般会采取降水、排水、隔水等措施，保证施工作业面在地下水位面以上，所以地下水位控制也是基坑工程重要的组成部分。

综上所述，基坑工程主要由工程勘察、支护结构设计与施工、基坑土方开挖、地下水控制、信息化施工及周边环境保护等构成。

9.2 基坑工程勘察

基坑工程支护设计前，应对影响设计和施工的基础资料进行全面收集和深入分析，以便正确地进行基坑支护结构设计，合理的组织基坑工程施工。这些基础资料主要包括工程地质和水文地质勘察资料、周边环境勘察资料、地下结构设计资料等。

9.2.1 工程地质和水文地质勘察

目前基坑工程的勘察很少单独进行，一般都包含在工程勘察内容中。勘察前委托方应提供基本的工程资料和设计对勘察的技术要求、建设场地及周边地下管线和设施资料及可能采用的围护方式、施工工艺要求等。勘察单位应提供勘察方案，该方案应依据主体工程和基坑工程的设计与施工要求统一制定。若勘察人员对基坑工程的特点和要求不太了解，提供的勘察成果不能满足基坑支护设计和施工要求，应进行补充勘察。

岩质基坑的勘察要求和土质基坑有较大差别，到目前为止，我国基坑工程的经验主要在土质基坑方面，岩质基坑的经验较少。对岩质基坑，应根据场地的地质构造、岩体特征、风化情况、基坑开挖深度等，按当地标准或当地经验进行勘察。

9.2.1.1 勘察内容和要求

1. 基坑工程勘察应针对以下内容进行分析，提供有关计算参数和建议：

（1）边坡的局部稳定性、整体稳定性和坑底抗隆起稳定性；

（2）坑底和侧壁的渗透稳定性；

（3）挡土结构和边坡可能发生的变形；

（4）降水效果和降水对环境的影响；

（5）开挖和降水对邻近建筑物和地下设施的影响。

2. 岩土工程勘察报告中与基坑工程有关的部分应包括下列内容：

（1）与基坑开挖有关的场地条件、土质条件和工程条件；

（2）提出处理方式、计算参数和支护结构选型的建议；

（3）提出地下水控制方法、计算参数和施工控制的建议；

（4）提出施工方法和施工中可能遇到的问题的防治措施的建议；

（5）对施工阶段的环境保护和监测工作的建议。

3. 勘察基本要求：

在受基坑开挖影响和可能设置支护结构的范围内，应查明岩土分布，分层提供支护设计所需的抗剪强度指标。土的抗剪强度试验方法，应与基坑工程设计要求一致，符合设计采用的标准，并应在勘察报告中说明。

深基坑工程的水文地质勘察工作不同于供水水文地质勘察工作，其目的是满足降水设计需要和对环境影响评估的需要。前者按通常供水水文地质勘察工作的方法即可满足要求，后者因涉及问题很多，要求更高。降水对环境影响评估需要对基坑外围的渗流进行分析，考虑降水延续时间很短的影响。因此，要求勘察对整个地层的水文地质特征作更详细的了解。当场地水文地质条件复杂，在基坑开挖过程中需要对地下水进行控制，且已有资料不能满足要求时，应进行专门的水文地质勘察。当基坑开挖可能产生流砂、流土、管涌等渗透性破坏时，应有针对性地进行勘察，分析评价其产生的可能性及对工程的影响。当基坑开挖过程中有渗流时，地下水的渗流作用宜通过渗流计算确定。

在特殊性岩土分布区进行基坑工程勘察时，对软土的蠕变和长期强度，软岩和极软岩的失水崩解，膨胀土的膨胀性和裂隙性及非饱和土增湿软化等对基坑的影响进行分析评价。

基坑工程勘察，应根据开挖深度、岩土和地下水条件以及环境要求，对基坑边坡的处理方式提出建议。

4. 勘察布孔及取样要求：

(1) 勘探点宜沿基坑周边布置，基坑主要转角处宜有勘探孔，同时尚应按基坑工程安全等级在坑内布置。相邻勘探孔间距应根据基坑安全等级、地层条件确定，可在15～30m内选择，当相邻孔揭露的地层变化较大并影响到设计或施工时，应适当加密勘探孔。

(2) 勘察范围应根据开挖深度及场地的岩土工程条件确定，勘察的平面范围宜超出开挖边界外开挖深度的2～3倍。当开挖边界外无法布置勘探点时，应通过调查取得相应资料。对于软土，支护结构一般需穿过软土层进入相对硬层。

(3) 勘探点深度应根据支护结构设计要求确定，宜为开挖深度的2～3倍，软土地区应穿越软土层，同时还应满足不同基础类型、施工工艺及基坑稳定性验算对孔深的要求。

(4) 浅层勘察宜沿基坑周边布置小螺纹钻孔，发现暗浜及厚度较大的杂填土等不良地质现象时，应加密孔距，场地条件许可时宜将范围适当外延。当场地地表下存在障碍物而无法按要求完成浅层勘察时，应在施工清障后进行施工勘察。

(5) 取土数量应根据工程规模、钻孔数量、地基土层的厚度和均匀性等确定。在受环境污染的场地，勘察时应有针对性并至少取两件水样进行化验，判别其有无腐蚀性。污染严重的场地尚应查明污染源及分布范围。

(6) 地下水的妥善处理是支护结构设计成功的基本条件，也是侧向荷载计算的重要指标，因此应认真查明地下水的性质，并对地下水可能影响周边环境提出相应的治理措施供设计人员参考。应查明开挖范围及邻近场地地下水含水层和隔水层的层位、埋深和分布情况，查明各含水层（包括上层滞水、潜水、承压水）的补给条件和水力联系；测量场地各含水层的渗透系数和渗透影响半径；分析施工过程中水位变化对支护结构和基坑周边环境的影响，提出应采取的措施。

(7) 潜水稳定水位量测时，宜对每个钻孔在水位恢复稳定后量测稳定水位，量测稳定水位的间隔时间应根据地层的渗透性确定。需绘制地下水等水位线图时，可在勘探结束后统一量测稳定水位。对位于江边、岸边的工程，地表水、地下水应同时量测，并注明量测时间，以了解地下水与地表水之间的水力联系。当量测对工程有影响的承压水时，应采取止水措施后测其稳定水位；当有多个承压含水层时，应分别量测其稳定水位。工程需要时，宜搜集该区域的长期水位观测资料。当地下水变化或承压含水层的水文地质特性对设计及施工有重大影响、且已有勘察资料不能满足分析评价要求时，宜进行专门水文地质勘察，以获取相关的水文地质参数。当承压水对基坑有影响时，基坑内勘探孔如钻入拟开挖深度以下的砂土、粉性土时，钻探结束后应及时采用有效措施进行回填封孔。

（8）应勘察基坑范围内及围护墙附近地下障碍物的性质、规模、埋深等情况，以便采用合适的措施进行处理。地下障碍物一般包括废弃的建（构）筑物基础和桩、地下室、人防工程、水池或箱涵、设备基础、废井、驳岸、较大垃圾或树根、抛石等。

9.2.1.2　测试参数

基坑工程地质和水文地质的测试参数一般包括土的常规物理试验指标、土的抗剪强度指标、室内或原位试验测试土的渗透系数、特殊条件下所需的参数，测试参数、试验方法与参数功能见表 9-1。

岩土测试参数、试验方法与参数的功能　　**表 9-1**

试验类别	测试参数	试验方法	参数的功能
物理性质	ω ρ G_s	含水量试验 密度试验 比重试验	土的基本参数计算
	颗粒大小分布曲线 不均匀系数 $C_u = d_{60}/d_{10}$ 有效粒径 d_{10} 中间粒径 d_{30} 平均粒径 d_{50} 限制粒径 d_{60}	颗粒分析试验	评价流砂、管涌可能性
水理性质	渗透系数 k_v、k_h	渗透试验	土层渗透性评价，降水、抗渗计算
力学性质	$e \sim p$ 曲线 压缩系数 a 压缩模量 E_s 回弹模量 E_{ur}	固结试验	土体变形及回弹量计算
	$e \sim l_{ogp}$ 曲线 先期固结压力 p_c 超固结比 OCR 压缩指数 C_c 回弹指数 C_s	固结试验	土体应力历史评价、 土体变形及回弹量计算
	内摩擦角 φ_{cq} 黏聚力 c_{cq}	直剪固结快剪试验	土压力计算及稳定性验算
	内摩擦角 φ_s 黏聚力 c_s	直剪慢剪试验	土压力计算及稳定性验算
	内摩擦角 φ_{cu}（总应力） 黏聚力 c_{cu}（总应力） 有效内摩擦角 φ' 有效黏聚力 c'	三轴固结不排水剪（CU）试验	土压力计算及稳定性验算
	有效内摩擦角 φ' 有效黏聚力 c'	三轴固结排水剪（CD）试验	土压力计算
	内摩擦角 φ_{uu} 黏聚力 c_{uu}	三轴不固结不排水剪（UU）试验	施工速度较快，排水条件差的黏性土的稳定性验算
	无侧限抗压强度 q_u 灵敏度 S_t	无侧限抗压强度试验	稳定性验算
	静止土压力系数 K_0	静止土压力系数试验	静止土压力计算

基坑工程勘察除提供直剪固结快剪强度指标外，尚宜提供渗透性指标，对于粉性土、砂土还宜提供土的颗粒级配曲线等。对安全等级为一、二级的基坑工程应进行三轴固结不排水压缩试验或直剪慢剪试验，并提供土的静止土压力系数，必要时还宜进行回弹再压缩试验。基坑工程勘察除应进行静力触探试验外，还应选择部分勘探孔在粉性土和砂性土中进行标准贯入试验。对安全等级为一、二级的基坑工程宜在软黏性土层进行十字板剪切试验，必要时可以进行旁压试验、扁铲侧胀试验等。对安全等级为一、二级的基坑工程宜进行现场简易抽（注）水试验综合测定土层的渗透系数。

9.2.1.3　勘察成果

勘察成果文件是基坑设计、施工的依据。勘察成果应对基坑工程影响深度范围内的土层埋藏条件、分布和特性进行综合分析评价，并分析填土、暗浜、地下障碍物等浅层不良地质现象分布情况及其对基坑工程的影响；应阐明场地浅部潜水及深部承压水的埋藏条件、水位变化幅度和与地表水间的联系，以及土层渗流条件，并对产生流砂、管涌、坑底突涌等可能性进行分析评价；应提供基坑工程影响范围内的各土层物理、力学试验指标的统计值；应对基坑工程支护类型、设计和施工中应注意的岩土问题及对基坑监测工作提出建议。

9.2.2　周 边 环 境 勘 察

基坑开挖带来的水平位移和地层沉降会影响周围邻近建（构）筑物、道路和地下管线，该影响如果超过一定范围，则会影响正常使用或带来较严重的后果。所以基坑工程设计和施工，一定要采取措施保护周围环境，使该影响限制在允许范围内。为限制基坑施工的影响，在施工前要对周围环境进行应有的调查，做到心中有数，以便采取针对性的有效措施。

9.2.2.1　基坑周边临近建（构）筑物状况调查

在大中城市建筑物稠密地区进行基坑工程施工，宜对基坑周边影响范围内的建（构）筑物进行调查，调查一般包括以下内容：

（1）建（构）筑物的分布，其与基坑边线的距离；

（2）建（构）筑物的上部结构形式、基础结构及埋深、有无桩基和对沉降差异的敏感程度，需要时要收集和参阅有关的设计图纸；

（3）建筑物是否属于历史文物或近代优秀建筑，或有精密仪器与设备的厂房等使用有特殊严格的要求；

（4）如周围建（构）筑物在基坑开挖之前已经存在倾斜、裂缝、使用不正常等情况，需通过影像、绘图等手段收集有关资料，必要时应事先进行分析鉴定；

（5）如周围有地铁隧道、地铁车站、地下车库、地下商场、地下通道、人防、箱涵等，应调查其与基坑的相对位置、埋设深度、基础形式与结构形式、对变形与沉降的敏感程度、变形控制指标或其他特殊要求。

9.2.2.2　基坑周边管线状况调查

在大中城市进行基坑工程施工，基坑周围的主要管线为燃气、上水、下水和电缆等，调查的主要内容如下：

（1）燃气管道。应调查和掌握燃气管道与基坑的相对位置、埋深、管径、管内压力、接头构造、管材、每个管节长度、埋设年代等。燃气管道的管材一般采用钢管和铸铁管，也可采用塑料管和复合管，管节长度一般为4～12m，管径一般为100～800mm。铸铁管一般采用承插连接、法兰连接、机械连接，钢管一般采用焊接或法兰连接，塑料管多为电熔连接或热熔连接，复合管一般采用法兰连接或电熔连接。

（2）上水管道。应调查和掌握与基坑的相对位置、埋深、管径、管材、管内水压、管节长度、接头构造、管内水压、埋设年代等。上水管管材一般采用钢管、铸铁管、塑料管、复合管等，管节长度一般为4～12m，管径一般为100～3000mm。铸铁管一般采用承插连接、法兰连接，钢管多采用焊接，塑料管多为电熔连接或热熔连接，复合管一般采用法兰连接或电熔连接。

（3）下水管道。应调查和掌握与基坑的相对位置、管径、埋深、管材、管节长度、基础形式、接头构造、窨井间距等。下水道多采用预制混凝土管、铸铁管，混凝土管一般采用承插式、企口式、平口式等连接方式，铸铁管多采用承插连接。

（4）电缆。应调查和掌握与基坑的相对位置、埋深（或架空高度）、规格型号、用途、使用要求、保护装置（形式）等。电缆种类很多，有高压电缆、通信电缆、照明电缆、防御设备电缆等。有的放在电缆沟内，有的架空。有的用共同沟，多种电缆放在一起。电缆有普通电缆和光缆之分，光缆的保护要求更高。

（5）基坑内的管线。坑内地下管线一般分为废弃管线和使用管线。废弃管线及其附属设施一般可作为地下障碍物进行调查和处理，但处理前必须确认废弃段已经关闭或者封堵。坑内正在使用的地下管线必须进行详细调查，除了解其平面位置、直径、材料类型、埋深、接头形式、压力、建造年代等情况外，还应在场内进行详细的标注，必要时可进行地下管线探测。基坑设计时应采取针对性的措施，并在施工前确定地下管线保护方案。

9.2.2.3 基坑周边道路及交通状况调查

在城市繁华地区进行基坑工程施工，邻近常有道路。这些道路的重要性不相同，有些是次要道路，而有些则属城市干道。为保证周边道路不因基坑变形而产生破坏，应了解基坑周边道路的性质、类型、与基坑的相对位置、路基和路面结构、路面裂缝和破损、路面沉降等情况，为基坑施工方案的确定提供参考。为保证基坑施工阶段的材料和设备进出场便利，应重点调查周边道路交通的运输能力，包括交通流量、通行能力、路面承载力、人流量、同行规则、交通管理等情况。

9.2.2.4 基坑周边施工条件调查

现场周围的条件对基坑设计和施工有直接影响，事先必须加以调查，其主要内容包括：

（1）施工现场周围的交通运输、商业规模等特殊情况，了解基坑施工期间对土方和材料、混凝土等运输有无限制，必要时是否允许阶段性封闭施工等。这对选择施工方案有影响；

（2）了解施工现场附近对施工产生的噪声和振动的限制。如对施工噪声和振动有严格的限制，则影响桩型选择和支护结构混凝土支撑的爆破拆除；

（3）了解施工场地条件，是否有足够场地供运输车辆运行、堆放材料、停放施工机械、加工钢筋等，以便确定是全面施工、分区施工还是用逆作法施工。

9.2.3 地下结构设计资料

主体结构地下工程的设计资料是基坑工程设计的重要依据。一般情况下，基坑工程设计在主体结构设计完成后、基坑工程施工前进行。一些大型的、重要的基坑工程，在主体结构设计阶段即可进行基坑工程的设计工作，以便更好地协调基坑与主体结构之间的关系，如支撑立柱桩与工程桩的结合、水平支撑与结构楼层标高的协调、地下结构换撑、分隔墙拆除与结构对接等关系的处理。支护结构与主体结构相结合的基坑工程的设计，应与主体结构设计同步进行。利用地下结构兼作基坑支护结构，基坑施工阶段与永久使用期的荷载状况和结构状况有较大差别，结构设计应同时满足各工况下的承载能力极限状态和正常使用极限状态的要求，并应考虑不同阶段的变形协调。基坑工程设计前，应主要掌握以下地下结构工程设计资料：

（1）主体地下结构的平面布置和形状。包括电梯井、集水井、管道沟等各种落深区域的平面布置和形状，地下室与建筑红线的相对位置。这些资料是选择基坑支护形式、设计支撑的重要依据。若地下室外墙与建筑红线较近，则应采用厚度较小的围护墙，或采用"两墙合一"地下连续墙；若平面尺寸较大或形状复杂，则应在支撑布置时考虑特殊的形式；若局部区域落深较大或高差较大，则应考虑在该区域采取临时支护或土体加固措施。

（2）主体工程基础桩位布置图。支撑立柱设置时应考虑尽量利用工程桩，以节约成本。

（3）主体地下结构的层数、各层楼板和底板的布置与标高、地面标高等。根据结构标高和结构形式，可确定基坑的开挖深度，从而选择合适的支护结构形式、确定支撑布置形式和支撑标高、制定降水和土方开挖方案。根据结构形式，可选择合适的换撑形式。

（4）主体结构顶板的承载能力。施工阶段可根据地下室顶板的设计承载力，确定合理的施工平面布置，以加快施工速度。

9.3 基坑支护结构的类型和选型

9.3.1 总体方案选择

基坑支护是为满足地下结构的施工要求及保护基坑周边环境的安全，对基坑侧壁采取的支挡、加固与保护措施，基坑支护总体方案的选择直接关系到基坑及周边环境安全、施工进度、工程建设成本。总体方案主要有顺作法和逆作法两类，在同一基坑工程中，顺作法和逆作法可以在不同的区域组合使用，从而在特定条件下满足工程的经济技术要求。

9.3.1.1 顺作法

顺作法是指先施工周边围护结构，然后由上而下开挖土方并设置支撑（锚杆），挖至坑底后，再由下而上施工主体结构，并按一定顺序拆除支撑的过程。顺作法基坑支护结构通常有围护墙、支撑（锚杆）及其竖向支承结构组成。顺作法是基坑工程传统的施工方法，设计较便捷，施工工艺成熟，支护结构与主体结构相对独立，设计的关联性较低。顺作法常用的总体设计方案包括放坡开挖、水泥土挡墙、排桩与板墙、土钉墙、逆作拱墙等。基坑工程中常用的支护形式如表 9-2。

基坑支护工程中的常用支护形式 表 9-2

主要支护形式		备　注
放坡		必要时应采取护坡等措施
重力式水泥土墙或高压旋喷围护墙		依靠自重和刚度保护坑壁，一般不设内支撑
土钉墙、复合土钉墙		其中复合土钉墙有土钉墙结合隔水帷幕、土钉墙结合预应力锚杆、土钉墙结合微型桩等形式
支挡式结构	型钢横挡板	应设置内支撑
	钢板桩	可结合内支撑或锚杆系统
	混凝土板桩	可结合内支撑或锚杆系统
	灌注桩排桩	有分离式、咬合式、双排式、交错式、格栅式等；可结合内支撑或锚杆系统；可与隔水帷幕组合
	预制（钢管、混凝土）排桩	可结合内支撑或锚杆系统
	地下连续墙	有现浇和预制地下连续墙，可结合内支撑系统
	型钢水泥土搅拌墙	可结合内支撑或锚杆系统
逆作拱墙		很多情况下不用内支撑或锚杆系统

9.3.1.2 逆作法

逆作法是指利用主体地下结构水平梁板结构作为内支撑，按楼层自上而下并与基坑开挖交替进行的施工方法。逆作法围护墙可与主体结构外墙结合，也可采用临时围护墙。逆作法是借助地下结构自身能力对基坑产生支护作用，即利用各层水平结构的刚度、强度，使其成为基坑围护墙水平支撑点，以平衡土压力。在采用逆作法进行地下结构施工的同时，还可同步进行上部结构的施工，但上部结构允许施工的层数（高度）须经设计计算确定。

1. 逆作法的优点

(1) 基坑变形较小，有利于周边环境保护；
(2) 地上和地下同步施工时，可缩短工期；
(3) 支护结构与主体结构相结合，可大大节约支撑等材料；
(4) 围护墙与主体结构外墙结合时，可减少土方开挖和回填；
(5) 有利于解决特殊平面形状的支撑设置难题；
(6) 可充分利用地下室顶板作施工场地，解决施工场地狭小的难题。

2. 逆作法的不足

(1) 基坑设计与结构设计的关联度较大，设计与施工的沟通和协作紧密；
(2) 施工技术要求高，如结构构件节点复杂、中间支承柱垂直度控制要求高；
(3) 挖运设备尚有待研究，土方挖运效率受到限制；
(4) 立柱之间及立柱与围护墙之间的差异沉降较难控制；
(5) 结构局部区域需采用二次浇筑施工工艺；
(6) 施工作业环境较差。

9.3.1.3 顺逆结合

对于某些条件复杂或具有特殊技术经济要求的基坑，可采用顺作法和逆作法结合的设计方案，从而可发挥顺作法和逆作法的各自优势，满足基坑工程特定要求。工程中常用顺逆结合主要有主楼先顺作裙房后逆作、裙房先逆作主楼后顺作、中心顺作周边逆作等方案。

1. 主楼先顺作、裙房后逆作

高层和超高层建筑通常由主楼和裙房组成，若主楼为工期控制的主导因素，在施工场地紧张的情况下，可先采用顺作法施工主楼地下室基坑，裙房暂作施工场地，待主楼进入上部结构施工某一阶段，再逆作裙房地下室基坑。该方法一方面可解决施工场地狭小、作业困难的问题，另一方面由于主楼基坑面积较小，可加快施工速度；裙房逆作不占绝对工期，缩短了总工期。同时裙房逆作基坑可较好的控制基坑变形，可减少对周边环境的影响。

2. 裙房先逆作、主楼后顺作

高层和超高层建筑施工中，若裙房的工期要求非常高（如裙房作为商业建筑而需要尽快投入商业运营），而主楼的工期要求较低，裙房可先采用逆作法，且可上下同步施工，以满足工期要求，而在主楼区域可设置大空间取土口。待裙房地下结构完成后再顺作施工主楼结构。该方法由于在主楼区域设置大空间，可大大提高挖土效率，加快裙房施工速度；同时大空间也改善了逆作区域的通风和采光条件。裙房可采取上下同步施工工艺，可缩短裙房施工工期。裙房采用逆作法施工可较好地控制基坑变形。

3. 中心顺作、周边逆作

对于面积较大且周边环境保护要求不是很高的基坑，可在基坑周边先施工一圈具有一定水平刚度的环状结构梁板，然后在基坑周边被动区留土护壁，并采用多级放坡的方式使基坑中心区域开挖至坑底，在中心区域顺作地下结构，并与周边环状结构梁板贯通后，再逐层开挖和逆作周边留土区域。该方法由于周边利用结构梁板作为水平支撑，而中心区域无需临时支撑，具有较高的经济效益，且由于中部敞开，出土速度较快，可加快整体施工工期。同时由于中心区域顺作施工，可节省逆作施工中的中间支承柱。

中心顺作、周边逆作也可在施工周边环状结构梁板后，盆式开挖中心区域土方，再开挖周边环状结构梁板下土方，然后逆作基坑周边下层结构，在强度满足要求后再逐层进行土方开挖和周边地下结构施工，开挖至坑底后浇筑基础底板，最后由下而上顺作完成中心区域地下结构。

9.3.2　基坑支护工程选型

放坡是一种最简单的基坑开挖形式，一般适用于基坑侧壁安全等级三级的基坑，施工现场场地应满足放坡条件，也可独立或与其他支护结构结合使用；当地下水位高于坡脚时，应采取降水措施。为了在基坑工程中做到技术先进，经济合理，确保基坑及周边环境安全，支护结构形式的选择应综合工程地质与水文地质条件、地下结构设计、基坑平面及开挖深度、周边环境和坑边荷载、场地条件、施工季节、支护结构使用期限等因素，选型时应考虑空间效应和受力条件的改善，采用有利于支护结构材料受力性状的形式。在软土场地可局部或整体对坑底土体进行加固，或在不影响基坑周边环境的情况下，采用降水措施提高土的抗剪强度和减小水土压力。设计时可按表 9-3 选用支挡式结构、土钉墙、重力式水泥土墙或采用上述形式的组合。常用的几种支护结构如图 9-1。

支护结构选型 **表 9-3**

结构类型	适 用 条 件
支挡式结构	适于一级、二级及三级的基坑安全等级；对需要隔水的基坑，挡土构件采用排桩时，应同时采用隔水帷幕；挡土构件采用地下连续墙，地下连续墙宜同时用于隔水；采用锚拉式结构时，应具备允许在土层中设置锚杆与不会受到周边地下建筑阻碍的条件，且应有能够提供足够锚固力的地层；采用支撑式结构时，应能够满足主体结构及防渗的设计与施工的要求；基坑周边环境复杂、环境保护的要求很严格时，宜采用支护与主体结合的逆作法支护；基坑深度较浅时，可采用悬臂式排桩、悬臂式地下连续墙或双排桩
土钉墙	适于二级及三级的基坑安全等级；在基坑潜在滑动体内没有永久建筑或重要地下管线；土钉墙适于地下水位以上或经降水的非软土土层，且基坑深度不宜大于 12m；不宜用于淤泥质土，不应用于淤泥或没有自稳能力的松散填土；非软土地层中，对垂直复合型土钉墙，基坑深度不宜大于 12m；对坡度不大于 1∶0.3 的复合土钉墙，基坑深度不宜大于 15m；淤泥质土层中，对垂直复合型土钉墙，基坑深度不宜大于 6m；复合土钉墙不应用于基坑潜在滑动范围内的淤泥厚度大于 3m 的地层
重力式水泥土墙	适于二级及三级的基坑安全等级；软土地层中，基坑深度不宜大于 6m；水泥土桩底以上地层的硬度，应满足水泥土桩施工能力的要求
放 坡	适于三级的基坑安全等级；具有放坡的场地；可与各类支护结构结合，在基坑上部采用放坡

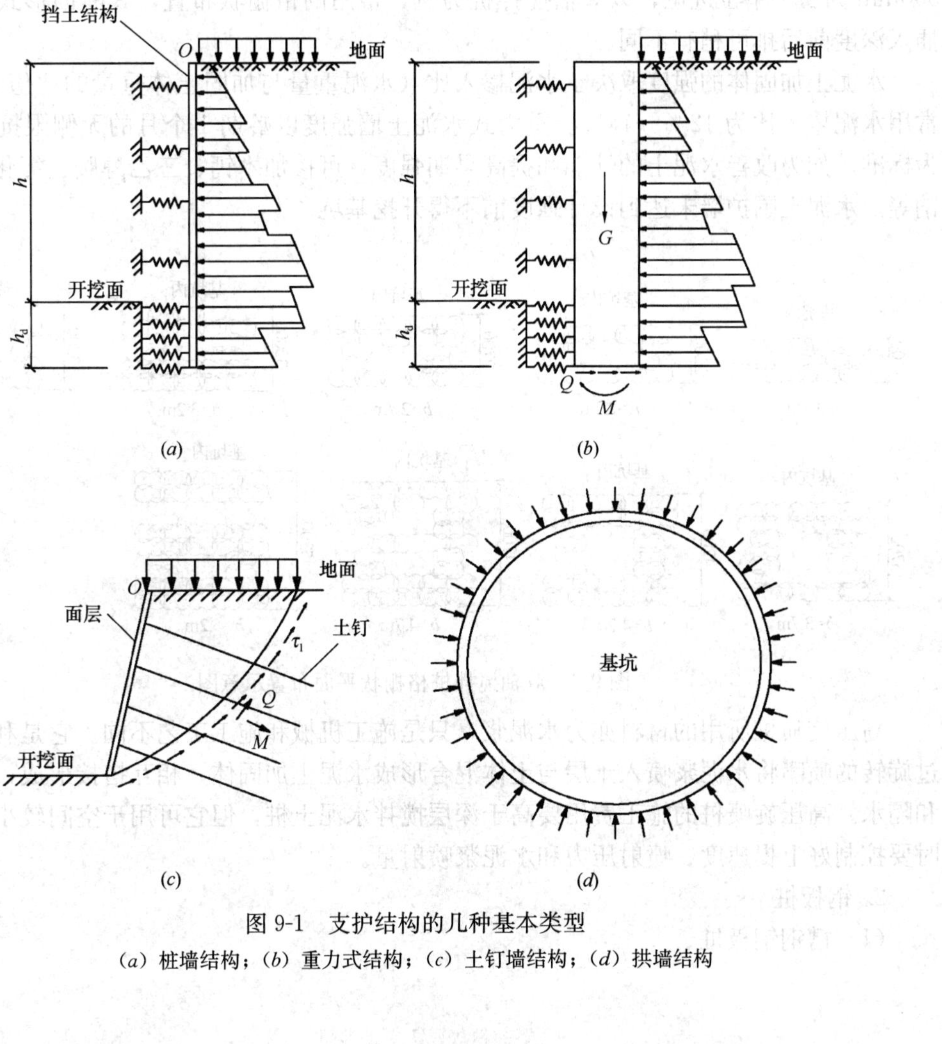

图 9-1 支护结构的几种基本类型

（*a*）桩墙结构；（*b*）重力式结构；（*c*）土钉墙结构；（*d*）拱墙结构

9.3.2.1 围护墙选型

1. 重力式水泥土墙

重力式水泥土墙结构是在基坑侧壁形成一个具有相当厚度和重量的刚性实体结构，以其重量抵抗基坑侧壁土压力，满足抗滑移和抗倾覆要求。这类结构一般采用水泥土搅拌桩，有时也采用旋喷桩，使桩体相互搭接形成块状或格栅状等形状的重力结构。重力式水泥土墙具有挡土、隔水双重功能，且坑内无支撑可方便机械化快速挖土。其缺点是不宜用于深基坑，一般不宜大于6m；位移相对较大，尤其在基坑长度较大时，一般采取中间加墩、起拱等措施以限制过大位移；重力式水泥土墙厚度较大，需具备足够的场地条件。重力式水泥土墙宜用于基坑侧壁安全等级为二、三级者；地基土承载力不宜大于150kPa。

重力式水泥土墙的渗透系数不大于10^{-7}cm/s，能止水防渗，可利用其本身重量和刚度进行挡土，具有双重作用。重力式水泥土墙截面有满堂布置或格栅状布置，相邻桩搭接长宽不小于200mm，截面置换率对淤泥不宜小于0.8，淤泥质土不宜小于0.7，一般黏性土、黏土及砂土不宜小于0.6。格栅长度比不宜大于2。墙体宽度b和插入深度h_d，应根据开挖深度、土层分布及物理力学性能、周围环境、地面荷载等计算确定。在软土地区当基坑开挖深度$h \leqslant 5$m时，可按经验取$b=(0.6 \sim 0.8)h$，$h_d=(0.8 \sim 1.2)h$。墙体宽度以500mm为一个单位进位，以双轴搅拌桩为例，常用的格栅状布置，其断面形式如图9-2，插入深度前后排可稍有不同。

水泥土加固体的强度取决于水泥掺入比（水泥重量与加固土体重量的比值），围护墙常用水泥掺入比为12%～14%。重力式水泥土墙强度以龄期1个月的无侧限抗压强度q_u为标准。如为改善水泥土的性能和提高早期强度，可掺加木钙、三乙醇胺、氯化钙、碳酸钠等。水泥土围护墙未达到设计强度前不得开挖基坑。

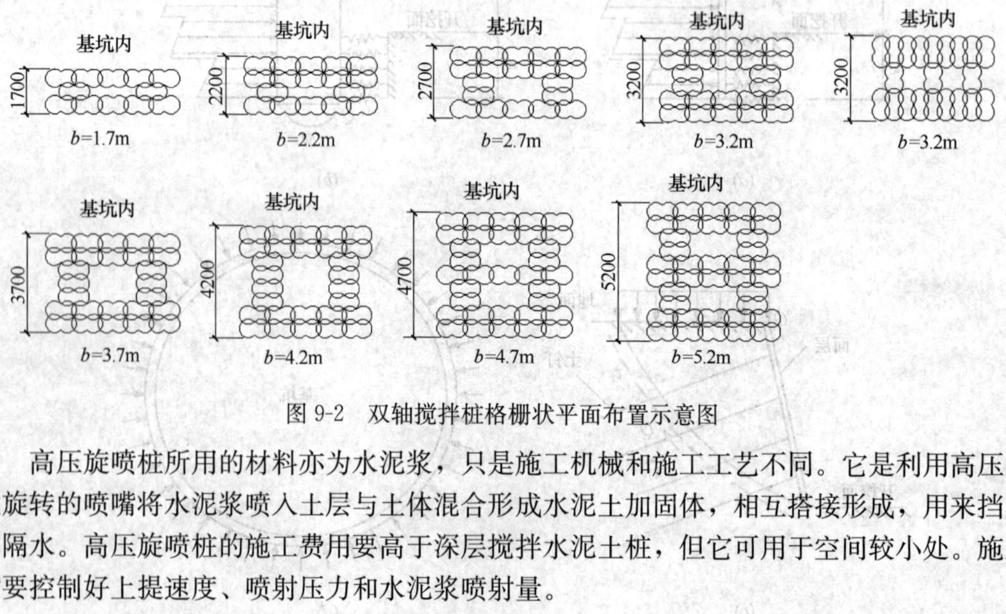

图9-2　双轴搅拌桩格栅状平面布置示意图

高压旋喷桩所用的材料亦为水泥浆，只是施工机械和施工工艺不同。它是利用高压经过旋转的喷嘴将水泥浆喷入土层与土体混合形成水泥土加固体，相互搭接形成，用来挡土和隔水。高压旋喷桩的施工费用要高于深层搅拌水泥土桩，但它可用于空间较小处。施工时要控制好上提速度、喷射压力和水泥浆喷射量。

2. 钢板桩

(1) 槽钢钢板桩

槽钢钢板桩是一种简易的钢板桩围护墙，由槽钢正反扣搭接或并排组成。槽钢一般长6～8m，规格由计算确定。打入地下后顶部设拉锚或支撑。由于其截面抗弯能力弱，一般用于深度不超过4m的基坑；由于搭接处不严密，不能完全止水，如地下水位高，需要时可用轻型井点降低地下水位。一般适用于小型工程。其优点是材料来源广，施工简便，可以重复使用。

(2) 热轧锁口钢板桩

热轧锁口钢板桩的形式有U形、L形、一字形、H形和组合形。建筑工程中常用前两种，基坑深度较大时才用后两种，但我国较少使用。我国生产的鞍Ⅳ型钢板桩为“拉森式”(U形)，其截面宽400mm、高310mm，重77kg/m，每米截面模量为2042cm^3。我国也使用从日本、卢森堡等国进口的钢板桩。由于其一次性投资大，施工中多以租赁方式租用，用后拔出归还。

钢板桩的优点是材料质量可靠，在软土地区打设方便，施工速度快而且简便；有一定的挡水能力；可多次重复使用；一般费用较低。其缺点是一般的钢板桩刚度不够大，用于较深基坑时变形较大；在透水性较好的土层中不能完全挡水；拔除时易带土，如处理不当会引起土层移动，可能危害周围环境。常用的U形钢板桩，多用于周围环境要求不太高的深5～8m的基坑，视支撑（拉锚）加设情况而定。

3. 型钢横挡板

型钢横挡板围护墙亦称桩板式支护结构。这种围护墙由工字钢（或H型钢）和横挡板（亦称衬板）组成，加上围檩、支撑等形成的一种支护体系。施工时先打设工字钢或H型钢桩，然后边挖土边加设横挡板。施工结束拔出工字钢或H型钢桩，并在安全允许条件下尽可能回收横挡板。横挡板直接承受水土压力，由横挡板传给工字钢桩，再通过围檩传至支撑或拉锚。横挡板长度取决于工字钢桩间距和厚度，由计算确定。多用厚度60mm的木板或预制钢筋混凝土薄板。型钢横挡板围护墙多用于土质较好、地下水位较低的地区。

4. 钻孔灌注桩

根据目前的施工工艺，钻孔灌注桩为间隔排列，缝隙不小于100mm，因此它不具备挡水功能，需另做隔水帷幕，隔水帷幕应用较多的是水泥土搅拌桩（图9-3*a*、图9-3*b*），水泥土搅拌桩的搭接长度一般为200mm，也可采用高压旋喷桩作为隔水帷幕，地下水位较低地区则不需做隔水帷幕。如基坑周围狭窄，不允许在钻孔灌注桩后再施工隔水帷幕时，可考虑在水泥土桩中套打钻孔灌注桩（图9-3*c*）。还有一种采用全套管灌注桩机施工形成的桩与桩之间相互咬合排列的灌注桩，即咬合桩，一般不需要另作隔水帷幕，其咬合搭接量一般为200mm（图9-3*d*）。

钻孔灌注桩施工无噪声、无振动、无挤土，刚度大，抗弯能力强，变形较小，几乎在全国都有应用。多用于深度7～15m的基坑工程，在土质较好地区已有8～9m悬臂桩的工程实践，在软土地区多加设内支撑（或拉锚），悬臂式结构不宜大于5m，桩径和配筋通过计算确定。有些工程为简化施工不用支撑，采用相隔一定距离的双排钻孔灌注桩与桩顶横梁组成空间结构围护墙，使悬臂桩围护墙可用于深度14m左右的基坑。

5. 挖孔桩

挖孔桩围护墙也属桩排式围护墙，多在我国东南沿海地区使用。成孔采用人工挖土，

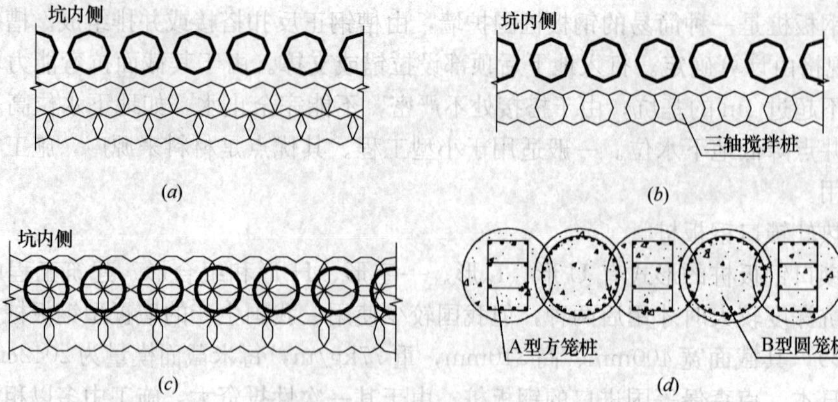

图 9-3　钻孔灌注桩布置形式
(a) 双轴水泥土搅拌桩隔水帷幕；(b) 三轴水泥土搅拌桩隔水帷幕；
(c) 套打式水泥土搅拌桩隔水帷幕；(d) 咬合桩

多为大直径桩，宜用于土质较好地区。如土质松软、地下水位高时，需边挖土边施工衬圈，衬圈多为混凝土结构。在地下水位较高地区施工挖孔桩，应注意挡水问题，否则地下水流入桩孔，大量抽排水会引起邻近地区地下水位下降，因土体固结而出现较大的地面沉降。

挖孔桩由于人下孔开挖，便于检验土层，亦易扩孔；可多桩同时施工，施工速度可保证；大直径挖孔桩用作围护桩可不设或少设支撑。但挖孔桩劳动强度高；施工条件差；如遇有流砂还有一定危险。

6. 地下连续墙

地下连续墙是于基坑开挖之前，用特殊挖槽设备在泥浆护壁之下开挖深槽，然后下钢筋笼浇筑混凝土形成的地下混凝土墙。我国于 20 世纪 70 年代后期开始出现壁板式地下连续墙，此后用于深基坑支护结构。目前常用的厚度为 600mm、800mm、1000mm，多用于较深基坑。

地下连续墙施工时对周围环境影响小，能紧邻建（构）筑物进行施工；其刚度大、整体性好，变形小；处理好接头能较好的抗渗止水；如用逆作法施工，可实现两墙合一，能降低成本。我国一些重大、知名的高层建筑深基坑，多采用地下连续墙围护。其适用于基坑侧壁安全等级为一、二、三级者；在软土中悬臂式结构不宜大于 5m。地下连续墙如单纯用作围护墙，只为施工挖土服务则成本较高；施工过程中的泥浆需妥善处理，否则影响环境。

7. 型钢水泥土搅拌墙

即在水泥土搅拌桩内插入 H 型钢，使之成为同时具有受力和抗渗两种功能的支护结构围护墙，亦可加设支撑。型钢的布置方式通常有密插、插二跳一和插一跳一三种（图 9-4）。国外已用于坑深 20m 的基坑，我国较多应用于 8～12m 基坑。加筋水泥土桩的施工机械为三轴深层搅拌机，H 型钢靠自重可顺利下插至设计标高。加筋水泥土桩围护墙的水泥掺入比达 20%，水泥土的强度较高，与 H 型钢粘结好，能共同作用。

8. 土钉墙

土钉墙是一种边坡稳定式的支护，它通过主动嵌固作用增加边坡稳定性，如图

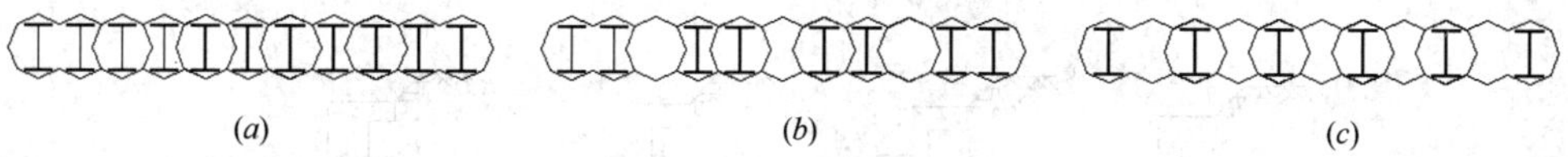

图 9-4 型钢布置方式
（a）密插；（b）插二跳一；（c）插一跳一

9-5（a）。施工时每挖深 1.0～1.5m 左右，即钻孔插入钢筋或钢管并注浆，然后在坡面挂钢筋网，喷射细石混凝土面层，依次进行直至坑底。

在土钉墙的基础上，后来又发展了复合土钉墙，即预应力锚杆、隔水帷幕、微型桩与土钉墙进行组合的形式，其组合类型如图 9-5（b）～图 9-5（h）。

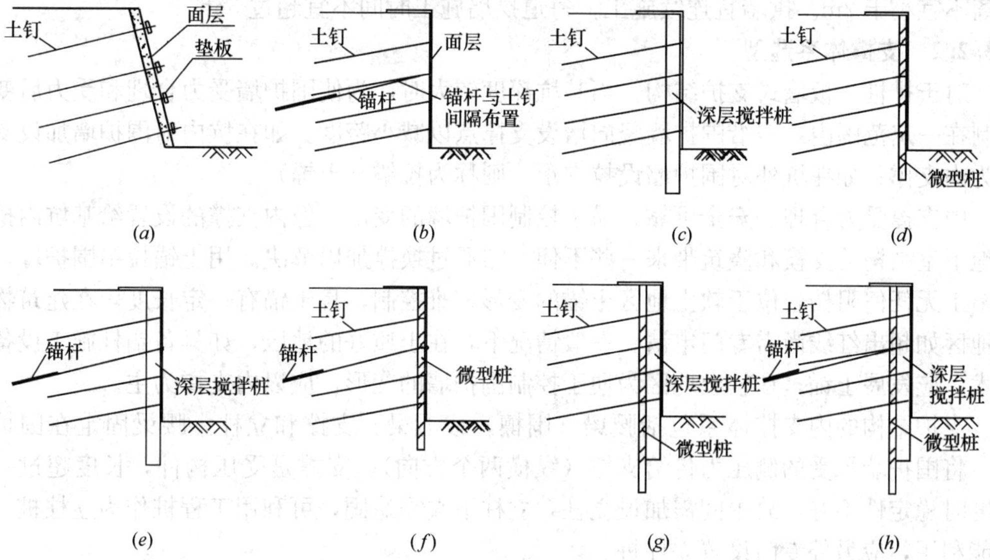

图 9-5 土钉墙
（a）土钉墙；（b）土钉＋预应力锚杆组合；（c）土钉＋隔水帷幕组合；（d）土钉＋微型桩组合；
（e）土钉＋隔水帷幕＋预应力锚杆组合；（f）土钉＋微型桩＋预应力锚杆组合；
（g）土钉＋隔水帷幕＋微型桩组合；（h）土钉＋隔水帷幕＋微型桩＋预应力锚杆组合

9. 逆作拱墙

当基坑平面形状适合时，可采用拱墙作为围护墙。拱墙有圆形闭合拱墙、椭圆形闭合拱墙和组合拱墙。对于组合拱墙，可将局部拱墙视为两铰拱。逆作拱墙宜用于基坑侧壁安全等级为三级者；淤泥和淤泥质土场地不宜应用；拱墙轴线的矢跨比不宜小于 1/8；基坑深度不宜大于 12m；地下水位高于基坑底面时应采取降水或隔水措施。

拱墙截面宜为 Z 字形，拱壁上下端宜加肋梁；当基坑较深，一道 Z 字形拱墙不够时，可由数道拱墙叠合组成，或沿拱墙高度设置数道肋梁，肋梁竖向间距不宜小于 2.5m，亦可不设肋梁而采用加厚肋壁的办法（图 9-6）。

圆形拱墙壁厚不宜小于 400mm，其他拱墙壁厚不宜小于 500mm。混凝土强度等级不宜低于 C25。拱墙水平方向应通长双面配筋，配筋率不小于 0.7%。拱墙在垂直方向应分道施工，每道施工高度视土层直立高度而定，不宜超过 2.5m。待上道拱墙合拢且混凝土强度达到设计要求后，才可进行下道拱墙施工，上下两道拱墙的竖向施工缝应错开，错开

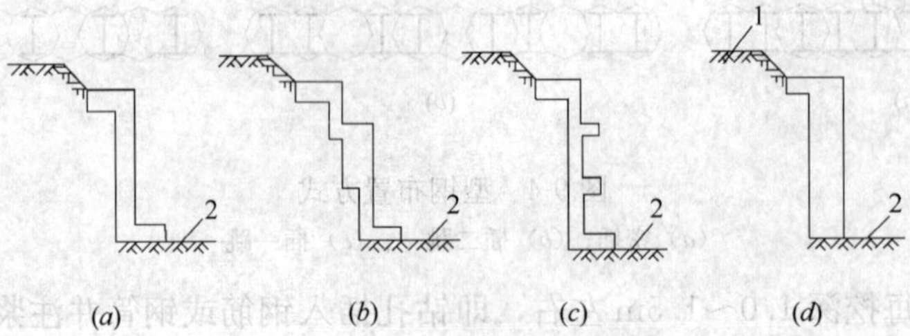

图 9-6　拱墙截面构造示意简图

1—地面；2—基坑底

距离不宜小于 2m。拱墙宜连续施工，每道拱墙施工时间不宜超过 36h。

9.3.2.2　支撑体系选型

对于排桩、板墙式支护结构，当基坑深度较大时，为使围护墙受力合理和受力后变形控制在一定范围内，需沿围护墙竖向增设支撑点以减小跨度。如在坑内对围护墙加设支承称为内支撑；如在坑外对围护墙设拉支承，则称为拉锚（土锚）。

内支撑受力合理、安全可靠、易于控制围护墙的变形，但内支撑的设置给基坑内挖土和地下室结构的支模和浇筑带来一些不便，需通过换撑加以解决。用土锚拉结围护墙，坑内施工无任何阻挡，位于软土地区土锚的变形较难控制，且土锚有一定长度，在建筑物密集地区如超出红线尚需专门申请。一般情况下，在土质好的地区，如具备锚杆施工设备和技术，应发展土锚；在软土地区为便于控制围护墙的变形，应以内支撑为主。

支护结构的内支撑体系包括腰梁（围檩）或冠梁、支撑和立柱。腰梁固定在围护墙上，将围护墙承受的侧压力传给支撑（纵横两个方向），支撑是受压构件，长度超过一定限度时稳定性不好，故中间需加设立柱，立柱下端需稳固，可利用工程桩作为立柱桩，若不能利用，应另外专门设置立柱桩。

1. 内支撑类型

(1) 钢支撑

钢支撑一般分为钢管支撑和型钢支撑。钢管支撑多用 ϕ609 钢管，有多种壁厚（10mm、12mm、14mm）可供选择，壁厚大者承载能力高；亦有用较小直径钢管者，如 ϕ580、ϕ406 钢管等。型钢支撑多用 H 型钢，有多种规格（表 9-4）以适应不同的承载力。不过作为一种工具式支撑，要考虑能适应多种情况。在纵、横向支撑的交叉部位，可用上下叠交固定；亦可用专门加工的“十”字形定型接头，以便连接纵、横向支撑构件。前者纵、横向支撑不在一个平面上，整体刚度差；后者则在一个平面上，刚度大，受力性能好。

H 型钢支撑的规格　　**表 9-4**

尺寸 (mm)	单位重量 (kg/m)	断面积 (cm^2)	回转半径 (cm)		截面惯性矩 (cm^4)		截面抵抗矩 (cm^3)	
$A\times B\times t_1\times t_2$	W	A	i_x	i_y	I_x	I_y	W_x	W_y
200×200×8×12	49.9	63.53	8.62	5.02	4720	1600	472	160
250×250×9×14	72.4	92.18	10.8	6.29	10800	3650	867	292
300×300×10×15	94.0	119.8	13.1	7.51	20400	6750	1360	450
350×350×12×19	137	173.9	15.2	8.84	40300	13600	2300	776
400×400×13×31	172	218.7	17.5	10.10	66600	22400	3330	1120

续表

尺 寸 (mm)	单位重量 (kg/m)	断面积 (cm^2)	回转半径 (cm)		截面惯性矩 (cm^4)		截面抵抗矩 (cm^3)	
$A\times B\times t_1\times t_2$	W	A	i_x	i_y	I_x	I_y	W_x	W_y
594×302×14×23	175	222.4	24.9	6.90	137000	10600	4620	701
⊙700×300×13×24	185	235.5	29.3	6.78	201000	10800	5760	722
⊙800×300×14×23	210	267.4	33.0	6.62	292000	11700	7290	782
⊙900×300×16×28	243	309.8	36.4	6.39	411000	12600	9140	843
⊙600×200×12×24	131	166.4	24.5	4.39	99500	3210	3320	321
⊙600×200×15×34	173	220.0	24.4	4.55	131000	4550	4370	456

注：A—型钢断面高度；B—型钢断面宽度；t_1—型钢腹板厚度；t_2—上、下翼缘厚度。

钢支撑的优点是安装和拆除方便、速度快，能尽快发挥支撑的作用，减小时间效应，使围护墙因时间效应增加的变形减小；可以重复使用，多为租赁方式，便于专业化施工；可以施加预紧力，还可根据围护墙变形发展情况，多次调整预紧力值以限制围护墙变形发展。其缺点是整体刚度相对较弱，支撑的间距相对较小；由于两个方向施加预紧力，使纵、横向支撑的连接处处于铰接状态。

(2) 混凝土支撑

混凝土支撑的混凝土强度等级多为C30，截面尺寸经计算确定。腰梁截面尺寸常用600mm×800mm（高×宽）、800mm×1000mm和1000mm×1200mm；支撑截面尺寸常用600mm×800mm（高×宽）、800mm×1000mm、800mm×1200mm和1000mm×1200mm。支撑截面尺寸在高度方向要与腰梁高度相匹配。配筋要经计算确定。混凝土支撑是根据设计规定的位置，随挖土现场支模浇筑而成。其优点是可根据基坑平面形状，浇筑成最优化的布置形式；整体刚度大，安全可靠，可使围护墙变形小，有利于保护周围环境；灵活优化构件截面和配筋，以适应其内力变化。其缺点是支撑成型和发挥作用时间长，时间效应大，可能使围护墙产生的变形增大；不能重复利用；拆除相对困难，如采用爆破拆除，有时周围环境不允许，如用人工拆除，时间较长、劳动强度大。

(3) 钢支撑和混凝土支撑组合形式

在一定条件下的基坑可采用钢支撑和混凝土支撑组合的形式。组合的方式一般有两种，一种是分层组合方式，如第一道支撑采用混凝土支撑，第二道及以下各道支撑采用钢支撑，另一种为同层支撑平面内钢和混凝土组合支撑。

(4) 支撑立柱

对平面尺寸大的基坑，在支撑交叉点处需设立柱，在垂直方向支承平面支撑。立柱可为四个角钢组成的格构式钢柱、圆钢管或型钢。考虑到承台施工时便于穿钢筋，格构式钢柱较好，应用较多。立柱的下端应插入作为工程桩使用的灌注桩内，插入深度不宜小于2m，如立柱不对准作为工程桩使用的灌注桩，立柱就要作专用的灌注桩基础。

2. 内支撑的布置和形式

内支撑的布置要综合考虑基坑平面形状、尺寸、开挖深度、基坑周围环境保护要求和邻近地下工程的施工情况、主体工程地下结构的布置、土方开挖和主体工程地下结构的施工顺序和施工方法等因素。支撑布置不应妨碍主体工程地下结构的施工，为此事先应详细了解地下结构的设计图纸。对于面积较大基坑，其施工速度在很大程度上取决于土方开挖速度，故内支撑布置应尽可能便于土方开挖。相邻支撑之间的水平距离，在结构合理的前提下，尽可能扩大其间距，以便挖土机运作。

支撑体系在平面上的布置形式，有正交支撑、角撑、对撑、桁架式、框架式、圆环形等（图 9-7）。有时在同一基坑中混合使用，如角撑加对撑、环梁加边桁（框）架、环梁加角撑等。根据基坑的平面形状和尺寸设置最适合的支撑。一般情况下，平面形状接近方形且尺寸不大的基坑，宜采用角撑，基坑中间较大空间可方便挖土。形状接近方形但尺寸较大的基坑，可采用环形或桁架式、边框架式支撑，其受力性能较好，亦能提供较大的空间，便于挖土。长方形的基坑宜采用对撑或对撑加角撑形式，安全可靠且便于控制变形。

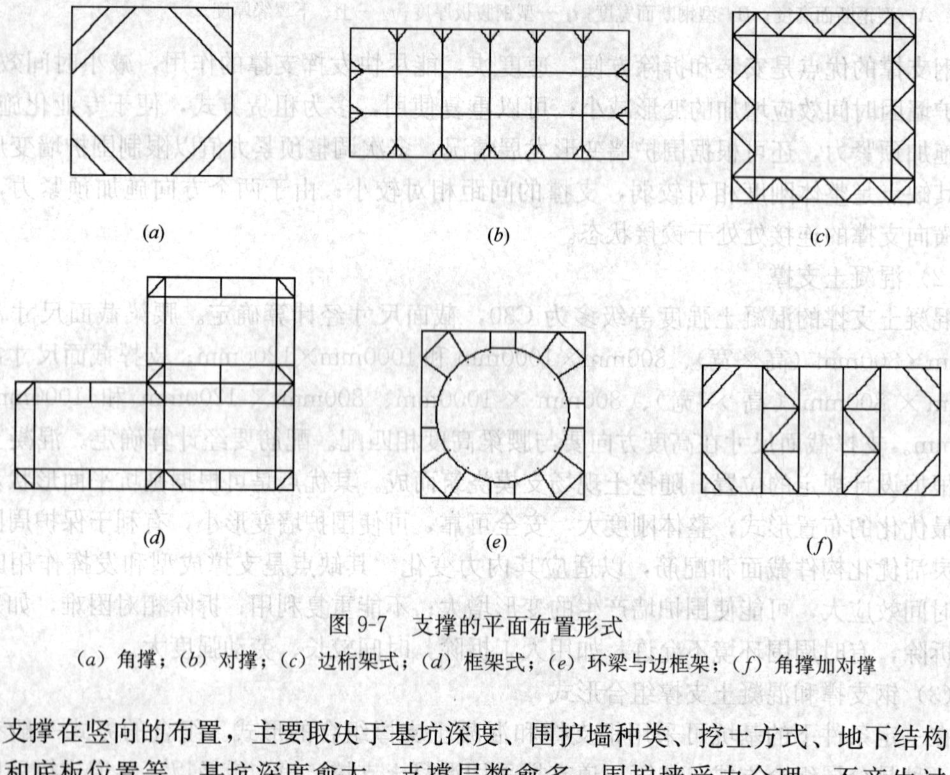

图 9-7　支撑的平面布置形式

（*a*）角撑；（*b*）对撑；（*c*）边桁架式；（*d*）框架式；（*e*）环梁与边框架；（*f*）角撑加对撑

支撑在竖向的布置，主要取决于基坑深度、围护墙种类、挖土方式、地下结构各层楼盖和底板位置等。基坑深度愈大，支撑层数愈多，围护墙受力合理，不产生过大弯矩和变形。支撑标高要避开地下结构楼盖位置，以便于支模浇筑地下结构时换撑，支撑多数布置在楼盖之下和底板之上，其净距离最好不小于 600mm。支撑竖向间距还与挖土方式有关，如人工挖土，支撑竖向间距不宜小于 3m，如挖土机下坑挖土，竖向间距最好不小于 4m。

在支模浇筑地下结构时，在拆除上面一道支撑前，先设换撑，换撑位置都在底板上表面和楼板标高处。如靠近地下室外墙附近楼板有缺失时，为便于传力，在楼板缺失处要增设临时钢支撑。换撑时需要在换撑（多为混凝土板带或间断的条块）达到设计规定的强度、起支撑作用后才能拆除上面一道支撑。换撑工况在计算支护结构时亦需加以计算。

9.4 基坑支护工程的设计原则和方法

9.4.1 基坑支护工程的设计原则

9.4.1.1 基坑支护结构的极限状态设计

基坑支护结构设计采用可靠性分析设计方法（概率极限状态设计方法），用分项系数表示的极限状态设计表达式进行设计。基坑支护结构极限状态可分为承载能力极限状态和正常使用极限状态，前者表现为由任何原因引起的基坑侧壁破坏；后者表现为支护结构变形而影响地下室侧墙施工及周边环境的正常使用。

（1）承载能力极限状态：对应于支护结构达到最大承载能力或土体失稳、过大变形导致结构或基坑周边环境破坏；

（2）正常使用极限状态：对应于支护结构的变形已妨碍地下结构施工或影响基坑周边环境的正确使用功能。

承载能力极限状态和妨碍地下结构施工的正常使用极限状态下支护结构变形的限值相对比较容易确定，但对影响基坑周边环境的正常使用功能的支护结构变形的限值则不太容易把握，因为不同周边环境，如建筑物、道路和各种地下管线的适应能力和要求各不相同。如建筑物至基坑的距离、建筑物及其基础的形式、管线和种类等都会影响到对支护结构和对地面沉降变形的要求，应根据具体情况和实际经验做出判断。

9.4.1.2 基坑支护结构的安全等级

基坑支护结构设计应根据表 9-5 选用相应的侧壁安全等级及重要性系数。

基坑侧壁安全等级及重要性系数　　表 9-5

安全等级	破　坏　后　果	γ_0
一级	支护结构破坏、土体失稳或过度变形对基坑周边环境及地下结构施工影响很严重	1.10
二级	支护结构破坏、土体失稳或过度变形对基坑周边环境及地下结构施工影响一般	1.00
三级	支护结构破坏、土体失稳或过度变形对基坑周边环境及地下结构施工影响不严重	0.90

注：有特殊要求的建筑基坑侧壁安全等级可根据具体情况另行确定。

《建筑地基基础工程施工质量验收规范》（GB 50202）对基坑分级和变形监控值做出了规定，如表 9-6。

基坑变形的监控值（mm）　　表 9-6

基坑类别	围护结构墙顶位移监控值	围护结构墙体最大位移监控值	地面最大沉降监控值
一级基坑	30	50	30
二级基坑	60	80	60
三级基坑	80	100	100

注：1. 符合下列情况之一，为一级基坑：
（1）重要工程或支护结构为主体结构的一部分；
（2）开挖深度大于 10m；
（3）与邻近建筑物、重要设施的距离在开挖深度以内的基坑；
（4）基坑范围内有历史文物、近代优秀建筑、重要管线等需严加保护。
2. 三级基坑为开挖深度小于 7m，且周围环境无特别要求时的基坑。
3. 除一级和三级外的基坑属二级基坑。
4. 当周围已有设施有特殊要求时，尚应符合这些要求。

支护结构设计应考虑其结构水平变形、地下水的变化对周边环境的水平与竖向变形的影响，对于安全等级为一级和对周边环境变形有限定要求的二级建筑基坑侧壁，应根据周边环境的重要性、对变形的适应能力及土的性质等因素确定支护结构的水平变形限值。具体的位移和沉降指标应由设计人员针对工程实际情况进行分析、判断和确定。

当场地内有地下水时，应根据场地及周边区域的工程地质条件、水文地质条件、周边环境情况和支护结构与基础形式等因素，确定地下水控制方法。当场地周边有地表水汇流、排泄或地下水管渗漏时，应对基坑采取保护措施。对于安全等级为一级及对支护结构变形有限定的二级基坑侧壁，应对基坑周边环境和支护结构变形进行验算。

9.4.2 基坑支护工程设计内容

9.4.2.1 基坑支护工程破坏模式

支护结构的破坏或失效有多种形式，任何一种控制条件不能满足都有可能造成支护结构的整体破坏或支护功能的丧失。基坑支护结构设计时应全面考虑这些破坏因素，有针对性地对支护结构、边坡及土体进行计算和验算。施工过程中应观察和监测各种不同的破坏迹象，判断其发展趋势。发现问题及时采取有效措施，避免产生不良后果。

基坑有可能产生的破坏形式主要包括：基坑支护结构整体失稳破坏、基坑支护结构构件破坏、支护结构正常使用功能丧失、地下水作用下土体的渗透破坏。地下水位高于基坑面或地层中有承压含水层的场地上，当有水的渗流时，应防止坑底和侧壁土的渗流破坏。土的渗流破坏的形式主要有基坑流土、管涌破坏、坑底隔水层突涌破坏。

9.4.2.2 基坑支护工程设计内容

根据承载能力极限状态和正常使用极限状态的设计要求，基坑支护应按下列规定进行计算和验算：

(1) 基坑支护结构均应进行承载能力极限状态的计算，计算内容应包括：根据基坑支护形式及其受力特点进行土体稳定性计算；基坑支护结构的受压、受弯、受剪承载力计算；当有锚杆或支撑时，应对其进行承载力计算和稳定性验算。

(2) 对于安全等级为一级及对支护结构变形有限定的二级建筑基坑侧壁，尚应对基坑周边环境及支护结构变形进行验算。

(3) 地下水控制计算和验算应包括：抗渗透稳定性验算；基坑底突涌稳定性验算；根据支护结构设计要求进行地下水位控制计算。

设计与施工密切配合是支护结构合理设计的根本要求。因此基坑支护设计内容应包括对支护结构计算和验算、质量检测及施工监控的要求。放坡开挖是最经济、有效的方式，坡度一般根据当地经验确定，并应进行必要的验算。

9.4.3 基坑支护结构主要荷载计算方法

9.4.3.1 水土压力计算模式

作用在基坑围护结构上的水平荷载，主要是土压力、水压力和地面超载产生的水平荷载。基坑围护结构的水平荷载受到土质、围护结构刚度、施工方法，基坑空间布置方式、开挖进度安排以及气候变化影响，精确确定存在极大的困难。目前工程上常采用的土压力计算方法有朗肯土压力、库仑土压力和各种经验土压力确定方法。基坑支护工程的土压力、水压力计算，常采用以朗肯土压力理论为基础的计算方法，根据不同的土性和施工条件，分为水土合算和水土分算两种方法。由于水土分算和水土合算的计算结果相差较大，对基坑挡土结构工程造价影响很大，故需要非常慎重的取舍，要根据具体情况合理选择。

1. 水土分算

水土分算是分别计算土压力和水压力，以两者之和为总侧压力。水土分算适用于土孔隙中存在自由的重力水的情况或土的渗透性较好的情况，一般适用于碎石土和砂土，这些土无黏聚性或弱黏聚性，地下水在土颗粒间容易流动，重力水对土颗粒中产生孔隙水压力。

对于砂土、粉性土和粉质黏土等渗透性较好的土层，应该采用水土分算的原则来确定支护结构的侧向压力。侧向土压力通常可按朗肯主动压力和被动压力公式计算。地下水无渗流时，作用于挡土结构上的水压力按静水压力三角形分布计算。地下水有稳定渗流时，作用于挡土结构上的水压力可通过渗流分析计算各点的水压力，或近似地按静水压力计算，水位以下的土的重度应采用浮重度，土的抗剪强度指标宜取有效抗剪强度指标。

2. 水土合算

地下水位以下的水压力和土压力，按有效应力原理分析时，水压力与土压力应分开计算。水土分算方法概念比较明确，但实际使用中还存在一些困难，特别是对黏性土，水压力取值的难度大，土压力计算还应采用有效应力抗剪强度指标，在实际工程中往往难以解决。因此很多情况下黏性土往往采用总应力法计算土压力，也有了一定的工程实践经验。

水土合算是将土和土孔隙中的水看做同一分析对象，适用于不透水和弱透水的黏土、粉质黏土和粉土。通过现场测试资料的分析，黏土中实测水压力往往达不到静水压力值，可认为土孔隙中的水主要是结合水，不是自由的重力水，因此它不宜流动而不单独考虑静水压力。然而黏性土并不是完全理想的不透水层，因此在黏性土层尤其是粉土中，采用水土合算方法只是一种近似方法。这种方法亦存在一些问题，可能低估了水压力的作用。

9.4.3.2 基坑支护结构土压力计算

采用朗肯土压力方法时，作用在支护结构外侧任意深度 z 处第 i 层土的主动土压力强度的标准值 $e_{ak,i}$ 与作用在支护结构内侧任意深度 z 处第 i 层土的被动土压力强度标准值 $e_{pk,i}$，应按下列公式计算（图 9-8）：

1. 采用水土合算时

$$e_{ak,i} = \left(\sigma_k + \sum_{j=1}^{i} \gamma_j \Delta h_j\right) - 2c_i\sqrt{K_{a,i}} \tag{9-1}$$

$$K_{a,i} = \tan^2\left(45^\circ - \frac{\varphi_i}{2}\right) \tag{9-2}$$

$$e_{pk,i} = \left(\sum_{j=n_2}^{i} \gamma_j \Delta h_j\right) K_{p,i} + 2c_i\sqrt{K_{p,i}} \tag{9-3}$$

$$K_{p,i} = \tan^2\left(45^\circ + \frac{\varphi_i}{2}\right) \tag{9-4}$$

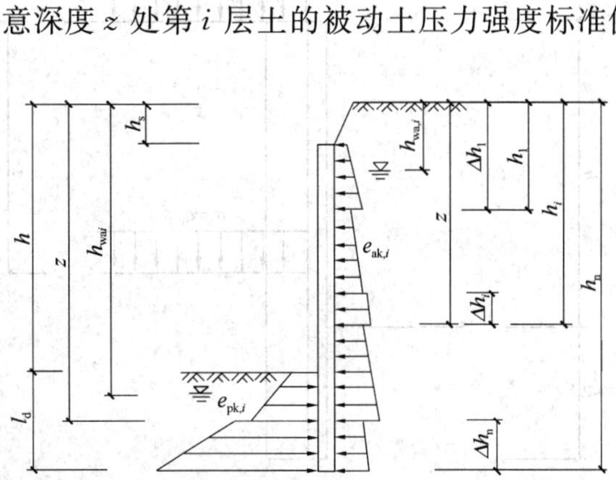

图 9-8 土压力计算

式中 $e_{ak,i}$ ——支护结构外侧任意深度 z 处第 i 层土的主动土压力强度的标准值；

σ_k ——由支护结构外侧建筑物的基底压力、施工材料与设备的重量、车辆的重量等附加荷载引起的深度 z 处的附加竖向应力标准值，按式（9-7）～式（9-9）计算；

γ_j ——第 j 层土的天然重度；

Δh_j ——第 j 层土的厚度；对第 i 层土，其厚度由该层土的顶面取至计算点深度 z 处；

$K_{p,i}$ ——第 i 层的被动土压力系数；计算被动土压力 $e_{pk,i}$ 时，基坑面所在的第 n_2 层土的厚度从基坑面向下算起；

$K_{a,i}$ ——第 i 层的主动土压力系数；

c_i ——第 i 层土的黏聚力；

φ_i ——第 i 层土的内摩擦角；

$e_{pk,i}$ ——支护结构内侧任意深度 z 处第 i 层土的被动土压力强度的标准值；

n_2 ——基坑底面所在的土层数。

注：土层数从地面开始向下计数，且地面下的土层数取 1。

2. 采用水土分算

$$e_{ak,i}=\left[\sigma_k+\sum_{j=1}^{i}\gamma_j\Delta h_j-(z-h_{wa,i})\gamma_w\right]K_{a,i}-2c_i\sqrt{K_{a,i}}+(z-h_{wa,i})\gamma_w \tag{9-5}$$

$$e_{pk,i}=\left[\sum_{j=1}^{i}\gamma_j\Delta h_j-(z-h_{wp,i})\gamma_w\right]K_{p,i}+2c_i\sqrt{K_{p,i}}+(z-h_{wp,i})\gamma_w \tag{9-6}$$

式中　z ——计算点距离地面的深度；

γ_w ——地下水的重度，取 10kN/m³；

$h_{wa,i}$ ——基坑外侧第 i 层土中地下水水位距地面的深度；

$h_{wp,i}$ ——基坑内侧第 i 层土中地下水水位距地面的深度。

注：按以上公式计算的主动土压力强度 $e_{ak,i}<0$ 时，应取 $e_{ak,i}=0$。

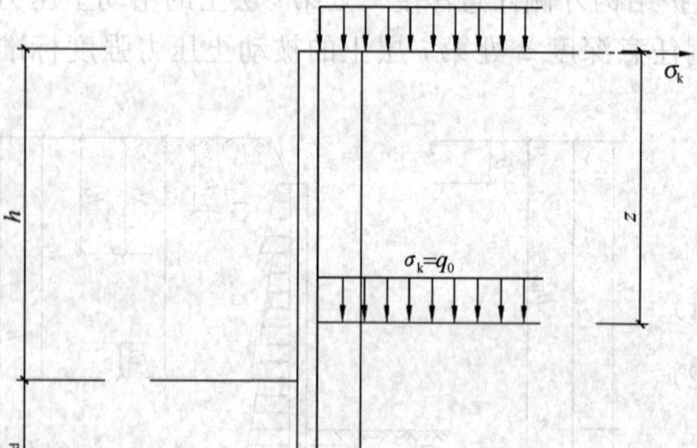

图 9-9　半无限均布地面荷载附加竖向应力

3. 支护结构外侧建筑物的基底压力、地面施工材料与设备的重量、车辆的重量等附加荷载引起的地层中附加竖向应力标准值 σ_k 的计算

（1）当支护结构外侧地面荷载的作用面积较大时，可按均布荷载考虑。此时，支护结构外侧任意深度 z 处的附加竖向应力标准值 σ_k 可按下式计算（图 9-9）：

$$\sigma_k=q_0 \tag{9-7}$$

式中　q_0 ——地面均布荷载标准值。

（2）当支护结构外侧地面下深度 d 处作用有条形、矩形基础荷载时，支护结构外侧任意深度 z 处的附加竖向应力标准值 σ_k 可按下式计算（图 9-10）：

1）当 $d+a\leqslant z\leqslant d+(3a+b)$ 时，对于条形基础：

$$\sigma_k = (p - \gamma d)\frac{b}{2a} \tag{9-8}$$

式中 p——基础下基地压力的标准值；

d——基础埋置深度；

γ——基础底面以上土的平均天然重度；

b——条形基础的宽度；

a——支护结构至条形基础的距离。

对于矩形基础：

$$\sigma_{\mathrm{k}} = (p - \gamma d)\frac{bl}{(b+2a)(l+2a)} \tag{9-9}$$

式中 b——与基础边垂直方向上矩形基础的宽度；

l——与基础边平行方向上矩形基础的长度。

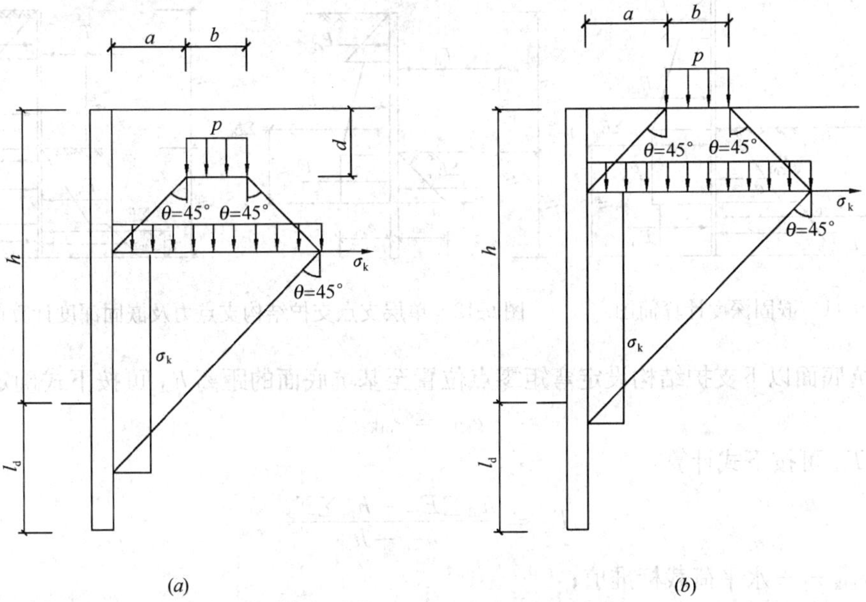

图 9-10 条形（矩形）均布荷载附加竖向应力计算

（a）荷载作用面在地面以下；（b）荷载作用面在地面上

2）当 $z < d + a$ 或 $z > d + (3a + b)$ 时，取 $\sigma_{\mathrm{k}} = 0$。

（3）对作用在地面上的条形荷载、矩形荷载，可按上述公式计算附加竖向应力标准值 σ_{k}，但应取 $d = 0$。

9.4.4 基坑围护结构的设计方法

9.4.4.1 支挡式结构

对于较深基坑，支挡式结构围护应用最多，其承受的荷载比较复杂，一般应考虑土压力、水压力、地面超载、影响范围内的地面上建筑物和构筑物荷载、施工荷载、邻近基础工程施工影响等。作为主体结构一部分时，应考虑上部结构传来的荷载及地震作用，需要时应结合工程经验考虑温度变化影响和混凝土收缩、徐变引起的作用以及时空效应。支挡式结构的破坏，包括强度破坏、变形过大和稳定性破坏。

1. 嵌固深度计算

支挡式结构嵌固深度设计值宜按下列规定确定：

(1) 悬臂式支护结构嵌固深度设计值 h_d 宜按下式确定（图 9-11）：

$$h_p \sum E_{pj} - 1.2\gamma_0 h_a \sum E_{ai} \geqslant 0 \tag{9-10}$$

式中　$\sum E_{pj}$ ——桩、墙底以上基坑内侧各土层水平抗力标准值 e_{pjk} 的合力之和；

h_p ——合力 $\sum E_{pj}$ 作用点至桩、墙底的距离；

$\sum E_{ai}$ ——桩、墙底以上基坑外侧各土层水平荷载标准值 e_{aik} 的合力之和；

h_a ——合力 $\sum E_{ai}$ 作用点至桩、墙底的距离；

γ_0 ——基坑侧壁重要性系数。

(2) 单层支点支护结构支点力及嵌固深度设计值 h_d 宜按下列规定计算（图 9-12）：

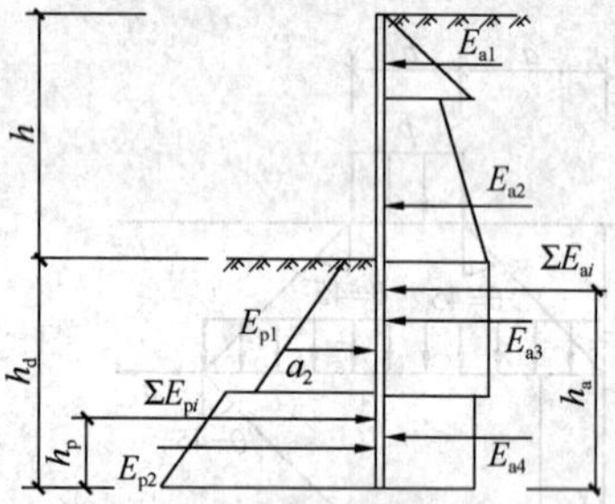

图 9-11　嵌固深度计算简图

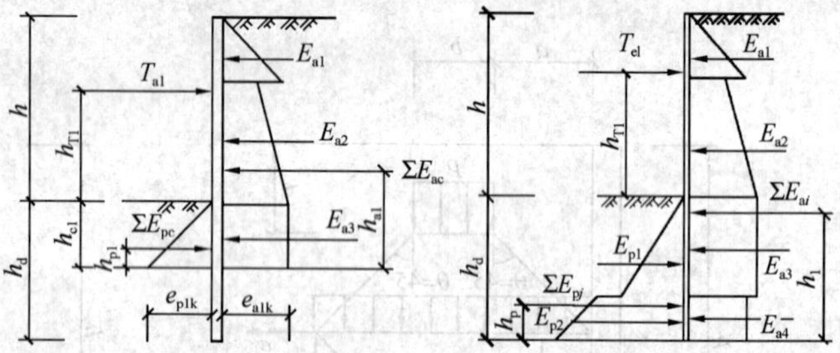

图 9-12　单层支点支护结构支点力及嵌固深度计算简图

基坑底面以下支护结构设定弯矩零点位置至基坑底面的距离 h_{c1} 可按下式确定；

$$e_{a1k} = e_{p1k} \tag{9-11}$$

支点力 T_{c1} 可按下式计算：

$$T_{c1} = \frac{h_{a1}\sum E_{ac} - h_{p1}\sum E_{pc}}{h_{T1} + h_{c1}} \tag{9-12}$$

式中　e_{a1k} ——水平荷载标准值；

e_{p1k} ——水平抗力标准值；

$\sum E_{ac}$ ——设定弯矩零点位置以上基坑外侧各土层水平荷载标准值的合力之和；

h_{a1} ——合力 $\sum E_{ac}$ 作用点至设定弯矩零点的距离；

$\sum E_{pc}$ ——设定弯矩零点位置以上基坑内侧各土层水平抗力标准值的合力之和；

h_{p1} ——合力 $\sum E_{pc}$ 作用点至设定弯矩零点的距离；

h_{T1} ——支点至基坑底面的距离；

h_{c1} ——基坑底面至设定弯矩零点位置的距离。

嵌固深度设计值 h_d 可按下式确定：

$$h_p \sum E_{pj} + T_{c1}(h_{T1} + h_d) - 1.2\gamma_0 h_a \sum E_{ai} \geqslant 0 \tag{9-13}$$

(3) 多层支点支挡式结构嵌固深度设计值 h_d 宜按圆弧滑动简单条分法确定。当按上述方法确定的悬臂式及单支点支护结构嵌固深度设计值 $h_d < 0.3h$ 时，宜取 $h_d = 0.3h$；多支点支护结构嵌固深度设计值小于 0.2h 时，宜取 $h_d = 0.2h$。当基坑底为碎石土及砂土、基坑内排水且作用有渗透水压力时，侧向截水的支挡式结构除应满足上述规定外，嵌固深

度设计值尚应满足式（9-14）抗渗透稳定条件（图 9-13）：

$$h_d \geqslant 1.2\gamma_0(h-h_{wa}) \tag{9-14}$$

当嵌固深度下部存在软弱土层时，应继续验算软下卧层整体稳定性。

对于均质黏性土及地下水位以上的粉土或砂类土，嵌固深度 h_0 可按下式计算：

$$h_0 = n_0 h \tag{9-15}$$

式中　n_0——嵌固深度系数，当 γ_k 取 1.3 时，可根据三轴试验（当有可靠经验时，可采用直接剪切试验）确定的土层固结不排水（快）剪内摩擦角 φ_k 及黏聚力系数 $\delta=c_k/\gamma h$，查表 9-7 取值。

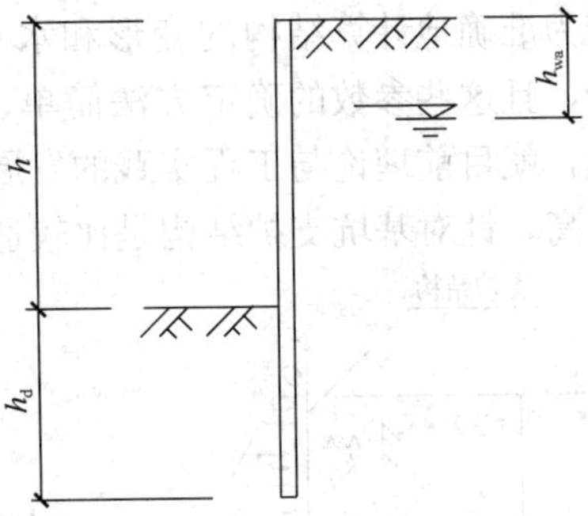

图 9-13　渗透稳定计算简图

嵌固深度系数 n_0 值（地面超载 $q_0=0$）　　**表 9-7**

δ \ φ_k	7.5	10.0	12.5	15.0	17.5	20.0	22.5	25.0	27.5	30.0	32.5	35.0	37.5	40.0	42.5
0.00	3.18	2.24	1.69	1.28	1.05	0.80	0.67	0.55	0.40	0.31	0.26	0.25	0.15	<0.1	
0.02	2.87	2.03	1.51	1.15	0.90	0.72	0.58	0.44	0.36	0.26	0.19	0.14	<0.1		
0.04	2.54	1.74	1.29	1.01	0.74	0.60	0.47	0.36	0.24	0.19	0.13	<0.1			
0.06	2.19	1.54	1.11	0.81	0.63	0.48	0.36	0.27	0.17	0.12	<0.1				
0.08	1.89	1.28	0.94	0.69	0.51	0.35	0.26	0.15	<0.1	<0.1					
0.10	1.57	1.05	0.74	0.52	0.35	0.25	0.13	<0.1							
0.12	1.22	0.81	0.54	0.36	0.22	<0.1	<0.1								
0.14	0.95	0.55	0.35	0.24	<0.1										
0.16	0.68	0.35	0.24	<0.1											
0.18	0.34	0.24	<0.1												
0.20	0.24	<0.1													
0.22	<0.1														

围护墙的嵌固深度设计值，则为

$$h_d = 1.1h_0 \tag{9-16}$$

当嵌固深度下部存在软弱土层时，应继续验算软下卧层整体稳定性。

2. 结构计算

（1）支挡式结构可根据受力条件分段按平面问题计算，排桩水平荷载计算宽度可取排桩的中心距；地下连续墙可取单位宽度或一个墙段。

（2）结构内力与变形计算值、支点力计算值应根据基坑开挖及地下结构施工过程的不同工况进行计算。宜按弹性支点法计算，支点刚度系数 k_T 及地基土水平抗力系数 m 应按地区经验取值，当缺乏地区经验时可通过计算确定；悬臂及单层支点结构的支点力计算值 T_{c1}、截面弯矩计算值 M_c、剪力计算值 V_c 可按静力平衡条件确定。

（3）弹性支点法基本计算步骤

采用弹性杆系有限元法作为结构计算的基本模型。与各种经典计算方法相比，杆系有限元法更能体现基坑开挖过程的实际工况，边界条件可根据工程特点灵活确定和选择，能较为准确地计算结构的变形和水平位移。与二维、三维有限元法相比，涉及的计算参数少，且这些参数的确定方法简单、明确，已有大量工程经验对参数进行验证和校对。因此，就目前理论与工程实践的发展水平，当边界条件选择合理时，杆系有限元法计算精度较高，针对基坑支护结构是比较适宜的计算方法。

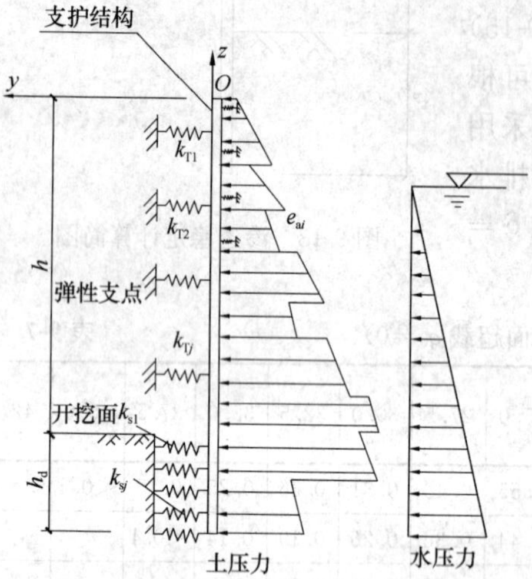

图 9-14　弹性支点法基本计算模型

挡土结构后的土压力和水压力作为荷载作用在桩墙结构上。作为整个支护结构一部分的支撑或锚杆看作挡土结构的弹性支点，考虑到结构与土相互作用，挡土结构与土接触面上，土对结构的作用模拟为弹簧，其中开挖面以上为单向压缩型弹簧。基本计算模型如图 9-14。

1）荷载

作用在挡土结构上的荷载由土的自重、地下水和附加竖向荷载产生。一般情况下认为，基坑开挖前作用在挡土结构两侧土压力相等，为静止土压力，挡土结构处于受力平衡状态。当基坑开挖，即挡土结构一侧卸荷后，力平衡状态被破坏，挡土结构和土体向基坑方向位移，挡土结构与土接触面上的侧向压力减小，按经典朗肯或库仑土压力理论，当达到一定变形后，水平荷载按主动土压力计算。假定基坑开挖全过程水平荷载不变，当有地下水压力作用时，水平荷载为土压力与水压力之和。

2）弹性支点

对于加有内支撑或锚杆的支护结构体系，支撑或锚杆是整个支护结构的一部分。但用弹性杆系有限元法计算挡土结构时，将支撑或锚杆看做桩墙结构的弹性支座。为了考虑支点预加轴力及挡土结构初始位移的影响，该弹性支座用下式表示：

$$T_i = K_i \cdot (y_i - y_{0i}) + T_{0i} \tag{9-17}$$

式中　T_i——第 i 层支点的水平反力；

K_i——第 i 层支点的水平刚度；

y_i——第 i 层支点的水平位移；

y_{0i}——第 i 层支点施加预加力后，挡土结构在该支点处的初始位移；

T_{0i}——第 i 层支点的预加水平力。

支点水平刚度 K_i 应根据支撑或锚杆设置的实际情况由计算或试验确定。对不同的支点形式，K_i 值的选择方法是不同的。下面列举三种常用支点形式的水平刚度 K_i 值确定方法：

①简单对称

如图 9-15 所示，对撑两侧挡土结构对称，水平荷载对称。此时支撑受力后，支撑不动点在支撑长度 L 的中点 A 处。根据材料力学理论，钢支撑或钢筋混凝土支撑的刚度理论值为：

$$K_i = \frac{T_i}{y_i - y_{0i}} = \frac{2 \times F \times E}{L} \tag{9-18}$$

式中 F——支撑的截面面积；

E——支撑材料的弹性模量；

L——支撑长度。

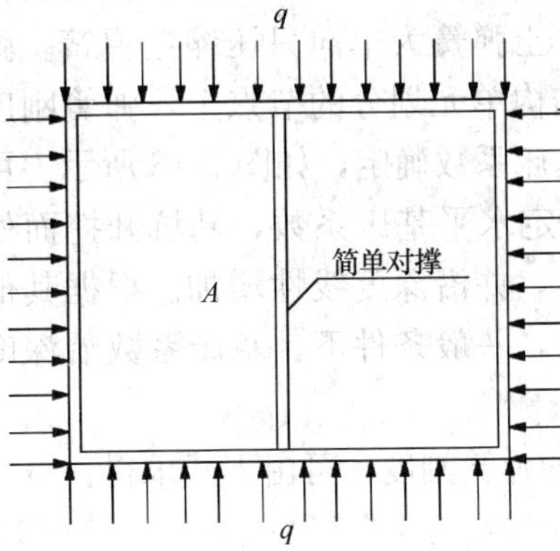

图 9-15 简单对称示意图

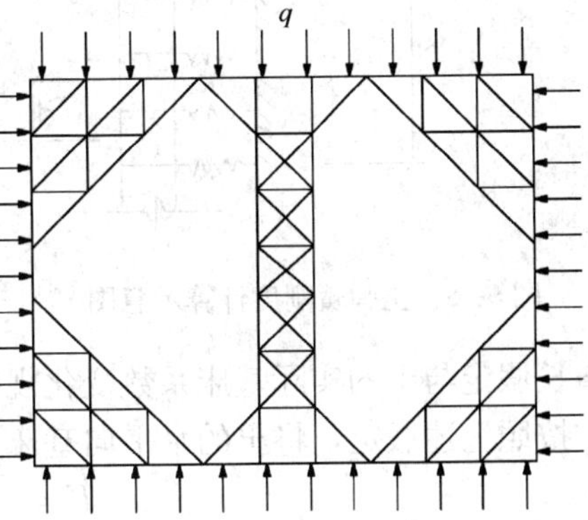

图 9-16 平面框架支撑示意图

②平面框架支撑

如图 9-16 所示，支撑平面框架为任意的复杂结构，框架四周的水平荷载是桩墙结构作用在支撑外框的作用力。严格地讲，该作用力是随挡土结构在支点处的变形而变化的。同时，作为平面问题，沿框架外缘各点支点水平刚度是不同的，所以各点的变形与力的大小也是不同的。为简化分析，可假定其各边水平荷载为均布荷载，从而用有限元法计算出各支点处的弹性刚度 K_i。

③锚杆的支点刚度

锚杆的支点刚度可根据锚杆自由段的材料刚度与锚固段的变形确定，但锚固段的变形伸长量与锚杆体和周围土体间的剪切刚度有关，其刚度难以计算得出。但通过锚杆拉伸试验，可以测出锚杆拉力-变形关系，如图 9-17 所示即为循环加荷法试验的锚杆拉力-变形曲线。对于预应力锚杆，挡土结构首先受到锚杆预加锁定拉力，当基坑向下开挖引起支点力增加时，其锚杆刚度应为锚杆拉力增量 ΔT_i 与位移增量 Δy_i 的比值，用下式计算：

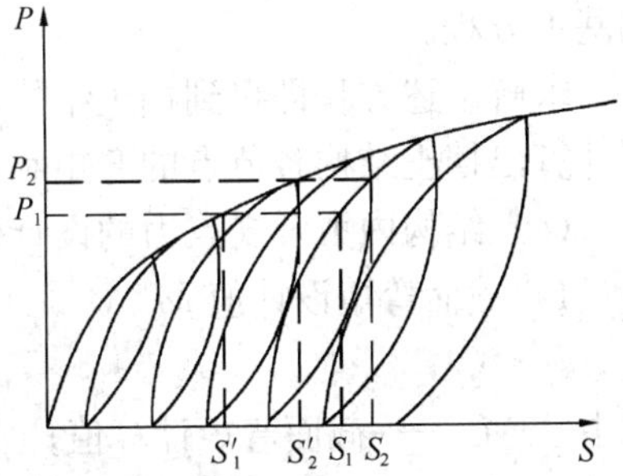

图 9-17 由锚杆拉力-变形曲线确定支点刚度示意图

$$K_i = \frac{T_i - T_{0i}}{S_i - S_{0i}} \tag{9-19}$$

式中 T_i——锚杆计算拉力；

T_{0i}——锚杆锁定拉力；

S_i——锚杆计算拉力下的实测伸长量；

S_{0i}——锚杆锁定拉力下的实测伸长量。

对于具体工程，往往设计前无法得到锚杆拉伸曲线。因此，用试验确定锚杆的刚度

K_i 很难实现。在这种情况下，可以根据地质条件与工程条件相近的工程类比，根据经验确定锚杆的刚度 K_i。

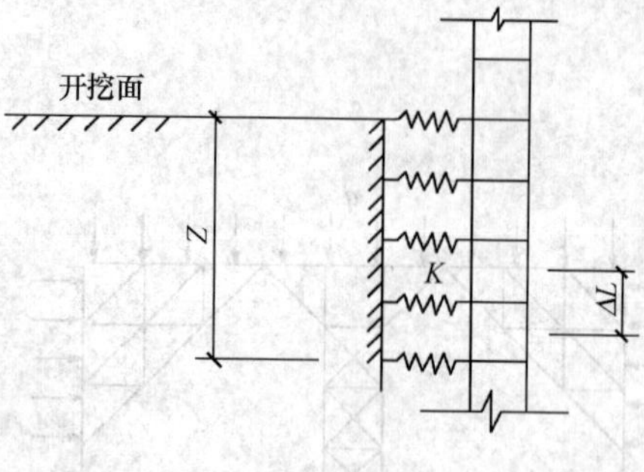

图 9-18　土弹簧刚度计算示意图

3）土的水平弹簧刚度

土与结构间的相互作用可将土按挡土结构单元的划分相应离散化后，模拟为加在桩墙结构上的水平弹簧，土弹簧为单向只压缩型弹簧。弹簧作用在挡土结构单元划分的节点上，弹簧刚度由土的水平向基床系数确定，如图 9-18 所示。可以按"m"法确定水平基床系数，基坑开挖面处取基床系数为零，并沿深度线性增加。根据其他研究资料的成果，一般条件下，基床系数沿深度线性增长假定与土的实际基床系数变化规律比较吻合。

按照上述假定，将土的水平向基床系数转化为土的弹簧刚度，可由下式求得：

$$K = m \times Z \times \Delta L \times b_0 \tag{9-20}$$

式中　K——土的水平向单元弹簧刚度；

m——基床系数的 m 值；

Z——计算点到开挖面的距离；

ΔL——计算点处桩墙结构单元划分长度；

b_0——桩墙结构水平抗力计算宽度。

4）弹性杆系有限元法的基本方程

桩墙结构的有限元法基本方程按以下步骤建立：将挡土结构简化为杆件、挡土结构离散化、建立单元刚度方程、建立结构总刚度矩阵和总节点荷载向量、边界条件的引入和结构基本方程。

求解上述方程即得到挡土结构的节点位移，把求得的节点位移代回单元刚度方程，即可计算出挡土结构各节点的弯矩和剪力。

（4）结构内力及支点力的设计值应按下列规定计算：

1）截面弯矩设计值 M

$$M = 1.25\gamma_0 M_c \tag{9-21}$$

式中　M_c——截面弯矩计算值；

γ_0——基坑侧壁重要性系数。

2）截面剪力设计值 V

$$V = 1.25\gamma_0 V_c \tag{9-22}$$

式中　V_c——截面剪力计算值。

3）支点结构第 j 层支点力设计值 T_{dj}

$$T_{dj} = 1.25\gamma_0 T_{cj} \tag{9-23}$$

式中　T_{cj}——第 j 层支点力计算值。

3. 截面承载力计算

支挡式结构及支撑体系混凝土结构的承载力应按下列规定计算：

（1）正截面受弯及斜截面受剪承载力计算以及纵向钢筋、箍筋的构造要求，应符合混凝土结构设计的相关规范；

(2) 沿截面受拉区和受压区周边配置局部均匀纵向钢筋或集中纵向钢筋的圆形截面钢筋混凝土桩，应计算其正截面受弯承载力，纵向受拉、受压钢筋截面面积的重心至圆心的距离、受压区圆心半角的余弦等应符合要求。配置在圆形截面受拉区的纵向钢筋的最小配筋率（按全截面面积计算）不宜小于0.2%。在不配置纵向受力钢筋的圆周范围内应设置周边纵向构造钢筋，直径不应小于纵向受力钢筋直径的二分之一，且不应小于10mm；纵向构造钢筋的环向间距不应大于圆截面的半径和250mm两者的较小值，且不得少于1根。

4. 支撑体系计算

(1) 支撑体系结构构件的内力计算

1) 支撑体系（含冠梁）或其与锚杆混合的支撑体系应按支撑体系与排桩、地下连续墙的空间作用协同分析方法，计算支撑体系及排桩或地下连续墙的内力与变形；

2) 支撑体系竖向荷载设计值应包括构件自重及施工荷载，构件的弯矩、剪力可按多跨连续梁计算，计算跨度取相邻立柱中心距；

3) 当基坑形状接近矩形且基坑对边条件相近时，支点水平荷载可沿腰梁、冠梁长度方向分段简化为均布荷载，对撑构件轴向力可近似取水平荷载设计值乘以支撑点中心距；腰梁内力可按多跨连续梁计算，计算跨度取相邻支撑点中心距。

(2) 支撑构件的受压计算长度的确定

1) 当水平平面支撑交汇点设置竖向立柱时，在竖向平面内的受压计算长度取相邻两立柱的中心距；在水平平面内的受压计算长度取与该支撑相交的相邻横向水平支撑的中心距。当支撑交汇点不在同一水平面时，其受压计算长度应取与该支撑相交的相邻横向水平支撑或联系构件中心距的1.5倍。

2) 当水平平面支撑交汇点处未设立柱时，在竖向平面内的受压计算长度取支撑的全长。

3) 钢支撑尚应考虑构件安装误差产生的偏心弯矩，偏心距可取计算长度的1/1000。

(3) 钢支撑结构设计

钢支撑多为对撑或角撑，为直线形构件。所承受的支点水平荷载为由腰梁或冠梁传来的土压力、水压力和地面超载产生的水平力；竖向荷载则为构件自重和施工荷载。为此钢支撑多按压弯杆件（单跨压弯杆件、多跨连续压弯杆件）计算。钢支撑如施加预顶紧力，则预顶紧力值不宜大于支撑力设计值的40%～60%。

(4) 混凝土支撑结构设计

混凝土支撑体系按平面封闭框架结构设计，其外荷载直接作用在封闭框架周边与围护墙连接的腰梁上。封闭框架的周边约束条件视基坑形状、地基土物理力学性质和围护体系的刚度而定。对这个封闭框架结构，要计算它在最不利荷载作用下，产生的最不利内力组合和最大水平位移。因此要依据基坑的挖土方式的多种工况，对每一种工况的不利荷载，分别计算围护墙和钢筋混凝土支撑体系的内力及水平位移。

1) 选择合适的结构几何参数，计算混凝土支撑的水平变形刚度 K_c。

$$K_c = \frac{1}{\delta} \tag{9-24}$$

式中 δ——混凝土支撑的变形柔度，即当混凝土支撑沿基坑周边承受单位均布支撑力 R

$=1$ 时，支撑点（即腰梁）的水平位移。

实际上，由于混凝土支撑在支撑力作用下，腰梁上不同截面的水平位移不相同，所以对于不同地方的腰梁支撑刚度 K_c 并不相同，为了控制基坑边缘的最大水平位移，在设计计算中，取混凝土支撑腰梁的最大水平位移为水平变形柔度，即

$$\delta = \delta_{max} \tag{9-25}$$

这样使计算偏于安全。

2）求得刚度 K_c 后，根据工程地质勘察提供的有关数据，利用围护墙（加支撑、锚杆）的有限单元法计算程序，计算围护墙体结构的内力和基坑边缘的最大水平位移 Δ_{max}，并求混凝土支撑对围护墙体结构的支撑力 R_0。

3）判别基坑边缘最大水平位移是否满足设计要求，即

$$\Delta_{max} \leqslant [\Delta] \tag{9-26}$$

式中 $[\Delta]$——基坑边缘允许的最大水平位移。

若不满足，则重新调整钢筋混凝土支撑的几何参数，提高其水平刚度，重复计算；当 $\Delta_{max} \geqslant [\Delta]$ 时，为了调整整个基坑的刚度，通常采用三种调整方式，即调整支撑体系的高程布置或增设支撑道数；或加大支撑体系的杆件截面尺寸以增加水平面上的刚度；或加大围护墙厚度或加长入土深度。

4）用有限单元法计算混凝土支撑的内力并进行配筋计算。

当基坑各侧壁荷载相差较大时，如相邻基坑同时开挖，基坑坑外附近有相邻工程在进行预制桩施工等，这时基坑侧壁的不平衡荷载可能引起整个基坑向一侧“漂移”，支撑体系的刚体位移很大，此项因素绝不可忽略。为此，要考虑围护体系外围土体的约束作用，可根据地层特性，采用适当刚度的弹簧模拟之。为了计算该刚体位移，必须将支撑体系与围护墙一同视为一空间结构。如采用钻孔灌注桩作为围护墙，可将围护桩沿基坑周边按“刚度等效”进行连续化，将整个结构体系简化为带内撑杆的薄壁结构，按薄壁结构的有限元程序进行内力和位移计算。

（5）立柱的计算应符合下列规定

1）立柱内力宜根据支撑条件按空间框架计算，也可按轴心受压构件计算。轴向力设计值按下列经验公式确定：

$$N_z = N_{z1} + \sum_{i=1}^{n} 0.1N_i \tag{9-27}$$

式中 N_{z1}——水平支撑及柱自重产生的轴力设计值；

N_i——第 i 层交汇于本立柱的最大支撑轴力设计值。

2）各层水平支撑间的立柱的受压计算长度，可按各层水平支撑间距计算；最下层水平支撑下的立柱的受压计算长度，可按底层高度加 5 倍立柱直径或边长计算。

3）立柱基础应满足抗压和抗拔要求，并应考虑基坑回弹的影响。

5. 锚杆计算

在土质较好地区，以外拉方式用土层锚杆锚固支护结构的围护墙，可便利基坑土方开挖和主体结构地下工程的施工，对尺寸较大的基坑一般也较经济。

土层锚杆一般由锚头、锚头垫座、钻孔、防护套管、拉杆（拉索）、锚固体、锚底板（有时无）等组成。

土层锚杆根据潜在滑裂面，分为自由段（非锚固段）l_f 和锚固段 l_a。土层锚杆的自由段处于不稳定土层中。要使拉杆与土层脱离，一旦土层滑动，它可以自由伸缩，其作用是将锚头所承受的荷载传递到锚固段。锚固段处于稳定土层中，它通过与土层的紧密接触将锚杆所承受的荷载分布到周围土层中去。锚固段是承载力的主要来源。

(1) 土层锚杆布置

锚杆的上下排垂直间距不宜小于 2m；水平间距不宜小于 1.5m；锚杆锚固体上覆土层厚度不宜小于 4m。锚杆的倾角宜为 15°～25°，且不应大于 45°。锚杆自由段长度不宜小于 5m，并应超过潜在滑裂面 1.5m。锚杆的锚固段长度不宜小于 4m。拉杆（拉索）下料长度，应为自由段、锚固段及外露长度之和。外露长度需满足锚固及张拉作业的要求。锚杆的锚固体宜采用水泥浆或水泥砂浆，其强度等级不宜低于 M10。

(2) 土层锚杆计算

1) 锚杆承载力计算，应符合下式要求（图 9-19）：

$$T_d \leqslant N_u \cos\theta \tag{9-28}$$

式中 T_d——锚杆水平拉力设计值；

N_u——锚杆轴向受拉承载力设计值；

θ——锚杆与水平面的倾角。

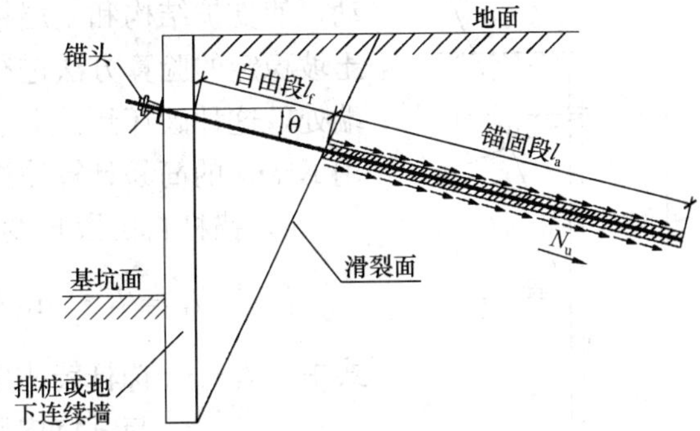

图 9-19 锚杆承载力计算

对安全等级为一级和缺乏地区经验的二级基坑侧壁，锚杆应进行基本试验，N_u 值取基本试验确定的极限承载力除以受拉抗力分项系数 γ_s(γ_s =1.3)；基坑侧壁安全等级为二级且有邻近工程经验时，可按式（9-29）计算锚杆轴向受拉承载力设计值，并进行锚杆验收试验：

$$N_u = \frac{\pi}{\gamma_s}[d \cdot \sum q_{sik} l_i + 2c(d_1^2 - d^2) + d_1 \sum q_{sjk} l_j] \tag{9-29}$$

式中 d_1——扩孔锚固体直径；

d——非扩孔锚固或扩孔锚杆的直孔段锚固体直径；

l_i——第 i 层土中直孔部分锚固段长度；

l_j——第 j 层土中扩孔部分锚固段长度；

q_{sik}、q_{sjk}——土体与锚固体的极限摩阻力标准值，应根据当地经验取值；

γ_s——锚杆轴向受拉力分项系数，可取 1.3；

c——扩孔部分土体黏聚力标准值。

基坑侧壁安全等级为三级时，亦按式（9-29）计算 N_u 值。

对于塑性指数大于 17 的黏性土层中的锚杆，应进行徐变试验。

2) 拉杆（拉索）截面计算：

普通钢筋的截面面积，按下式计算：

$$A_s = \frac{T_d}{f_y \cos\theta} \tag{9-30}$$

预应力钢筋截面面积，应按下式计算：

$$A_p = \frac{T_d}{f_{py}\cos\theta} \tag{9-31}$$

式中　A_s、A_p——普通钢筋、预应力钢筋杆体截面面积；

f_y、f_{py}——普通钢筋、预应力钢筋抗拉强度设计值；

θ——锚杆与水平面的倾角。

3）整体稳定性验算：

进行土层锚杆设计时，不仅要研究土层锚杆的承载能力，而且要研究支护结构与土层锚杆所支护土体的稳定性，以保证在使用期间土体不产生滑动失稳。土层锚杆的稳定性，分为整体稳定性和深部破裂面稳定性两种，需分别予以验算。

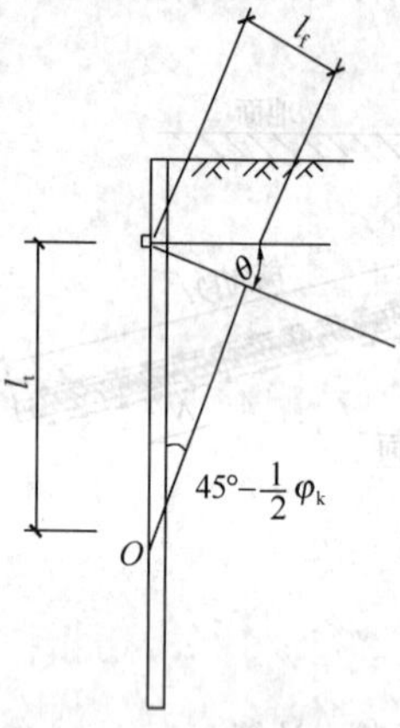

图 9-20　锚杆自由段长度计算简图

整体失稳时，土层滑动面在支护结构的下面，由于土体的滑动，使支护结构和土层锚杆失效而整体失稳。对于此种情况可按土坡稳定的验算方法进行验算。深部破裂面在基坑支护结构的下端处，这种破坏形式是德国的 E. Kranz 于 1953 年提出的，可利用 Kranz 的简易计算法进行验算。

4）锚杆自由段长度 l_f 宜按下式计算（图 9-20）：

$$l_f = l_t \cdot \sin\left(45° - \frac{1}{2}\varphi_k\right) \Big/ \sin\left(45° + \frac{\varphi_k}{2} + \theta\right) \tag{9-32}$$

式中　l_t——锚杆锚头中点至基坑底面以下基坑外侧荷载标准值与基坑内侧抗力标准值相等处的距离；

φ_k——土体各土层厚度加权内摩擦角标准值；

θ——锚杆倾角。

5）锚杆预加力值（锁定值）应根据地层条件及支护结构变形要求确定。宜取为锚杆轴向受拉承载力设计值的 0.50～0.65 倍。

6. 逆作法的计算要点

（1）地下连续墙计算

在逆作法施工中，地下连续墙在基坑开挖阶段用作支护结构的围护墙，在使用阶段作为永久性的承重结构外墙，这种作法一般称为两墙合一结构。

两墙合一地下连续墙设计，除满足支护结构围护墙的设计要求外，还要着重解决下列三个问题：第一要使地下连续墙做到与有桩基的主体结构在垂直荷载作用下，变形协调一致，沉降基本同步，沉降差异小；第二是地下连续墙墙段之间的接头，在水平和垂直荷载作用下整体性好、变形小、抗渗性能好，而且构造简单、费用低、施工方便；第三是地下连续墙与地下室楼盖结构（梁、板）和底板的接头刚度好、抗剪性能好，而且构造简单、施工方便。

1）地下连续墙围护墙设计

在施工阶段地下连续墙用作支护结构的围护墙，所以地下连续墙先要按围护墙的要求进行设计。即设计和验算内容包括：基坑底部土体的抗隆起稳定性和抗渗流或抗管涌稳定性验算、围护墙结构的抗倾覆稳定性验算、围护墙结构和地基的整体抗滑动稳定性验算、围护墙结构的内力和变形计算、围护墙的截面强度和节点构造设计与计算、基坑外地表变形和土体移动的验算。

在荷载取值方面要考虑逆作法施工的特点。用逆作法施工的地下连续墙围护墙，由于有一定的截面厚度、采用刚性接头、利用刚度很大的地下结构楼盖作为水平支撑，只要地下楼盖布置比较合理，一般变位都较小，因此在进行围护墙计算时宜取静止土压力。

2）地下连续墙承重墙设计

地下连续墙作为地下结构的承重墙，除按一般的结构计算方法，根据上部传下的荷载进行内力分析和截面计算之外，要解决的关键问题之一是无桩的地下连续墙与有桩的地下室底板的变形协调和基本的同步沉降。对于变形协调问题在我国还是正在深入研究探讨的问题，目前采用的设计方法之一，即根据群桩设计理论，把地下连续墙模拟折算成工程桩的方法，即把地下连续墙的垂直承载能力，通过等量代换计算方法，将地下连续墙模拟折算成若干根工程桩，布置在基础底板的周边上，将桩、土、底板三位一体视为共同结构的复合基础，利用有关的计算机程序，来计算底板的内力、桩端轴力以及总体沉降。

在进行地下连续墙和工程桩的等量代换时，可参考混凝土灌注桩设计规范计算地下连续墙的壁侧摩阻力和端阻力。

通过研究和工程观测，证明地下连续墙的壁侧摩阻力不仅取决于上层性质，还与端阻力之间存在着互相影响的关系，即端阻力的大小影响壁侧摩阻力的发挥和分布。一般在加荷初期，荷载大部分由壁侧摩阻力承担，传递到墙底的荷载很小，当壁侧摩阻力达到极限后，墙顶荷载再增加则主要由端阻力承担。当壁侧摩阻力达到极限时，端阻力约占荷载的20％～40％。一般壁侧摩阻力全部发挥，需要的位移较小；而端阻力全部发挥，则需要较大的位移。在逆作法施工过程中，随着挖土的加深、墙体位移及土压力的变化，壁侧摩阻力亦有所降低。

在逆作法施工过程中，实际存在地下连续墙、工程桩、地下室结构和上部结构（采用封闭式逆作法时）的共同作用问题，应通过该复合结构的沉降计算，来控制施工进度。通过上海一些采用逆作法施工的工程的观测，发现在施工初期，上述复合结构的中心沉降较大，周边沉降较小，地下连续墙的沉降小于中间工程桩的沉降。而随着地下室结构及上部结构施工的进展及结构刚度的增大，地下连续墙和中间工程桩的沉降均随之增大，但差异沉降变化不大。

(2) 中间支承桩（中柱桩）设计

中间支承柱（中柱桩）是逆作法施工中，在底板未封底受力之前与地下连续墙共同承受地下结构、上部结构自重和施工荷载的承重构件。其布置、数量和结构形式都对逆作法施工有很大的影响。

1）结构形式

目前常用的中间支承柱结构形式有底端插入灌注桩的格构柱或H型钢支承柱、钢管混凝土支承柱或钻孔灌注桩作支承柱（图9-21）。

在地下室开挖时中间支承柱作为临时承重柱，随后作为地下结构工程柱的一部分浇筑在工程柱内；同时中间支承柱要与楼盖梁连接，由于柱已形成，梁是否能接上去，其节点有一定的复杂性。因此在选择中间支承柱的结构形式时，一方面要考虑使其有较高的承载能力、施工方便，另一方面又要便于与梁板的连接。为此中间支承柱采用底端插入灌注桩的型钢和钢管混凝土较多。主要原因是因为型钢或钢管与楼盖梁等钢筋的连接较方便；而且承载能力亦较高，在这方面钢管混凝土更有利。

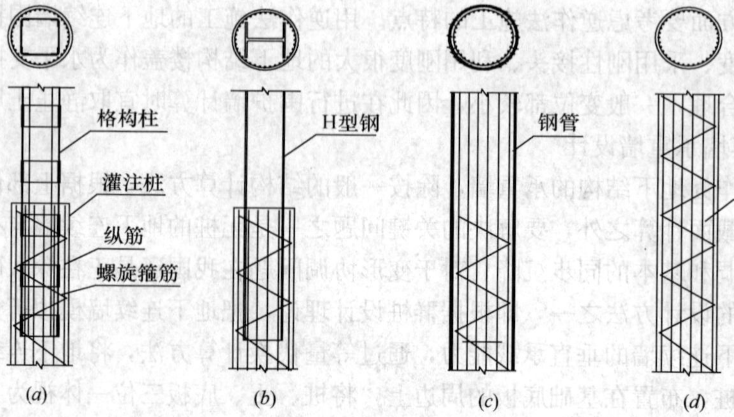

图 9-21　常见中间支承柱结构形式
（a）格构柱式；（b）H 型钢式；（c）钢管混凝土式；（d）钻孔灌注桩式

在型钢中，一般工字钢由于在 x、y 两个方向的回转半径相差较大，相应的长细比相差较大，有时要加大断面、多费材料，因而不宜采用。角钢格构柱、H 型钢和钢管具有良好的截面特性，目前的应用较为广泛。

钢管中浇筑混凝土形成钢管混凝土，具有较高的承载能力，且经济性亦较好，但钢管的内径不宜过小，以保证钢管内混凝土的浇捣质量。

中间支承柱采用灌注桩。土方开挖后，人工进行修凿，再绑扎钢筋，后包成结构柱。此法国内近几年应用不多，主要原因是灌注桩的垂直度偏差控制难度较大，可能会造成后包结构柱截面较大。

2）设计计算

①荷载

逆作法分“敞开式逆作法”和“封闭式逆作法”，其荷载是不同的。

采用“敞开式逆作法”时，计算地下结构自重时，视楼盖结构浇筑方式而定。如果为便于挖土和有利于通风、照明，则可先浇筑楼盖梁，待底板封底后再逐层浇筑楼板，此种情况下的结构自重和施工荷载都较小。

如果楼盖梁、板同时浇筑，则结构自重包括楼板的重量。如地下室顶板不作施工场地使用时，恒载和施工荷载可按现有规范规定；如地下室顶板用作施工场地时，施工荷载则应按实际情况计算。

采用“封闭式逆作法”时，恒载按实际情况计算；施工荷载则视施工内容、材料（钢筋）加工和材料、设备堆放情况等按实际情况计算。

②计算原则

当以封闭式逆作法施工时，是利用地下室的楼盖结构作支护结构的水平支撑。水平支撑的刚度可假定为无限大，因而中间支承柱假定为无水平位移，如果中间支承柱是等跨均匀布置，则地下结构上的荷载在中间支承柱上不产生弯矩，因此上部结构荷载传递到最下层中间支承柱上的弯矩较小，因而对中间支承柱可近似地按轴心受压柱简化计算。

进行逆作法施工时，当下层土方已开挖，上一层的中间支承柱一般在楼盖混凝土浇筑的同时也浇筑成复合柱，其承载能力增大很多，故仅需验算最底一层的中间支承柱的承载能力。最底层的中间支承柱，上端固定在楼盖中，由于楼盖的刚度大可视为固结；下端插入工程桩内，由于工程桩周围土体的刚度小，下端认为可转动的，因而将下端视为铰接。

9.4.4.2 重力式水泥土墙

重力式水泥土墙设计应包括方案选择、结构布置、结构计算、水泥掺量与外加剂配合比确定、构造处理等。重力式水泥土墙一般宜用于基坑深度不大于 6m 的基坑支护，特殊情况例外。

1. 重力式水泥土墙布置

重力式水泥土墙平面布置，主要是确定支护结构的平面形状、格栅形式及局部构造等。平面布置时宜考虑下述原则：

（1）支护结构沿地下结构底板外围布置，支护结构与地下结构底板应保持一定净距，以便于底板、墙板侧模的支撑与拆除，并保证地下结构外墙板防水层施工作业空间。

当地下结构外墙设计有外防水层时，支护结构离地下结构外墙的净距不宜小于 800mm；当地下结构设计无外防水层时，该净距可适当减小，但不宜小于 500mm；如施工场地狭窄，地下室设计无外防水层且基础底板不挑出墙面时，该净距还可减小，考虑到重力式水泥土墙的施工偏差及支护结构的位移，净距不宜小于 200mm。此时，模板可采用砖胎模、多层夹板等不拆除模板。如地下室基础底板挑出墙面，则可以使地下室底板边与重力式水泥土墙的净距控制在 200mm 左右。

（2）重力式水泥土墙应尽可能避免向内折角，而采用向外拱的折线形，以利减小支护结构位移，避免由两个方向位移而使重力式水泥土墙内折角处产生裂缝。

1）搭接长度 L_d：

搅拌桩桩径 $d_0=700$mm 时，L_d 一般取 200mm；$d_0=600$mm 时，L_d 一般取 150mm；$d_0=500$mm 时，L_d 一般取 100m～150mm。水泥土桩与桩之间的搭接长度应根据挡土及止水要求设定，考虑抗渗作用时，桩的有效搭接长度不宜小于 150mm；当不考虑止水作用时，搭接宽度不宜小于 l00mm。在土质较差时，桩的搭接长度不宜小于 200mm。

2）支护挡墙的组合宽度 b：

水泥土搅拌桩搭接组合成的围护墙宽度根据桩径 d_0 及搭接长度 L_d，形成一定的模数，其宽度 b 可按下式计算：

$$b=d_0+(n-1)(d_0-L_d) \tag{9-33}$$

式中 b——水泥土搅拌桩组合宽度（m）；

d_0——搅拌桩桩径（m）；

L_d——搅拌桩之间的搭接长度（m）；

n——搅拌桩搭接布置的单排数。

3）沿重力式水泥土墙纵向的格栅间距离 L_g：

当格栅为单排桩时，L_g 取 1500～2500mm；当格栅为双排桩时，L_g 取 2000～3000mm；当格栅为多排桩时，L_g 也可相应的放大。格栅间距应与搅拌桩纵向桩距相协调，一般为桩距的 3～6 倍。

4）根据基坑开挖深度、土压力分布、基坑周围的环境平面布置可设计成变宽度的形式。

重力式水泥土墙的剖面主要是确定挡土墙的宽度 b、桩长 h 及插入深度 L_d，根据基坑开挖深度，可按下式初步确定挡土墙宽度及插入深度：

$$b=(0.5\sim0.8)h \tag{9-34}$$

$$h_d=(0.8\sim1.2)h \tag{9-35}$$

式中　b——重力式水泥土墙的宽度（m）；

h_d——重力式水泥土墙插入基坑底以下的深度（m）；

h——基坑开挖深度（m）。

当土质较好、基坑较浅时，b、h_d 取小值；反之，应取大值。根据初定的 b、h_d 进行支护结构计算，如不满足，则重新假设 b、h_d 后再行验算，直至满足为止。按式（9-34）估算的支护结构宽度，还应考虑布桩形式，b 的取值应与按式（9-33）计算的结果吻合。

如计算所得的支护结构搅拌桩桩底标高以下有透水性较大的土层，而支护结构又兼作止水帷幕时，桩长的设计还应满足防止管涌及工程所要求的止水深度，通常可采用加长部分桩长的方法，使搅拌桩插入透水性较小的土层或加长后满足止水要求。插入透水性较小的土层的长度可取（1～2）d_0，加长部分宽度不宜小于 1/2 的加长段长度并不小于1200mm，以防止支护结构位移造成加长段折断而失去止水效果。此外，加长部分在沿支护结构纵向必须是连续的。

2. 重力式水泥土墙计算

重力式水泥土墙的计算一般包括抗倾覆稳定、抗滑动稳定、整体稳定、抗隆起稳定、抗管涌（抗渗透）稳定、桩体强度、基底地基承载力、格栅稳定、位移等，实际应用时应根据土质条件、开挖深度、平面布置等情况选择和确定重力式水泥土墙的计算内容。

（1）嵌固深度计算

重力式水泥土墙的嵌固深度设计值 h_d 的计算，同多层支点的排桩、地下连续墙嵌固深度设计值 h_d 的计算，亦宜按圆弧滑动简单条分法进行计算。

1）按整体稳定计算嵌固深度

采用圆弧滑动简单条分法用下式计算。

$$\sum c_{ik}l_i+\sum(q_0b_i+w_i)\cos\theta_i\tan\varphi_{ik}-\gamma_k\sum(q_0b_i+w_i)\sin\theta_i\geqslant0 \tag{9-36}$$

式中　c_{ik}、φ_{ik}——最危险滑动面上第 i 条滑动面上的黏聚力、内摩擦角；

l_i——第 i 土条的弧长；

b_i——第 i 土条的宽度；

q_0——地面荷载；

w_i——第 i 土条单位宽度的实际重量，黏性土、水泥土按饱和重度计算，砂类土按浮重度计算；

θ_i——第 i 土条弧线中点切线与水平线夹角；

γ_k——整体稳定分项系数，一般取 1.3。

计算时选择的各计算滑动面应通过墙体嵌固端或在墙体以下。当嵌固深度以下存在软弱土层时，尚应验算沿软弱下卧层滑动的整体稳定性。有关资料表明，整体稳定条件是墙体嵌固深度的主要控制因素。当按圆弧滑动简单条分法计算的嵌固深度设计值 h_d（$h_d=1.1h_0$）小于基坑开挖深度 h 的 0.4 倍时，宜取 $0.4h$。

2）抗渗透稳定条件验算

当基坑底为碎石土及砂土、基坑内排水且作用有渗透水压力时，重力式水泥土墙的嵌固深度设计值尚应满足抗渗透稳定的条件，按下式进行抗渗透稳定验算：

$$h_d \geqslant 1.2\gamma_0(h-h_{wa}) \tag{9-37}$$

式中　h_d——重力式水泥土墙的嵌固深度设计值；

γ_0——基坑侧壁重要性系数；

h——基坑开挖深度；

h_{wa}——地下水位埋深。

3）抗隆起稳定验算嵌固深度

按极限承载力法验算嵌固深度是有些资料中提到的另一种方法，是将水泥土结构的底平面作为基准面，可采用如下计算模型和滑动线，如图 9-22。

根据极限承载力的平衡条件整理得验算公式为：

$$h_d \geqslant \frac{\left(1+\frac{q_0}{\gamma h}\right)+\frac{c}{\gamma h}\left(K_p e^{\pi\tan\varphi}-1\right)\frac{1}{\tan\varphi}}{K_p e^{\pi\tan\varphi}-1} \tag{9-38}$$

式中　h_d——重力式水泥土墙嵌固深度；

q_0——地面荷载；

γ——土层平均厚度；

h——基坑深度；

c——嵌固端部以下土层黏聚力；

φ——嵌固端部以下土层内摩擦角；

K_p——被动土压力系数。

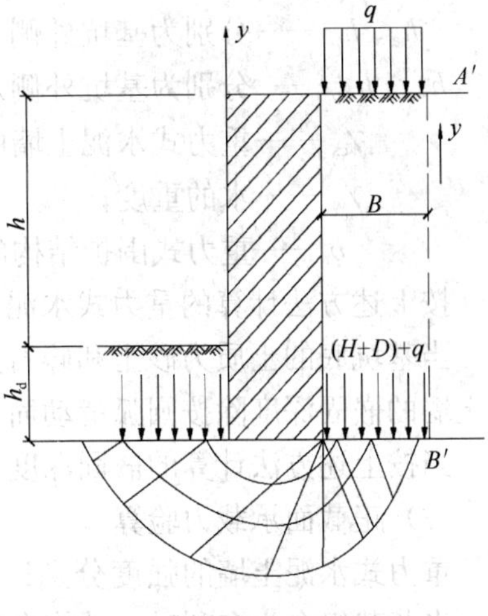

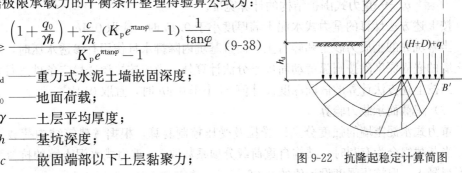

图 9-22　抗隆起稳定计算简图

（2）墙体厚度计算

重力式水泥土墙厚度设计值宜按重力式结构的抗倾覆极限平衡条件来确定（图9-23）。

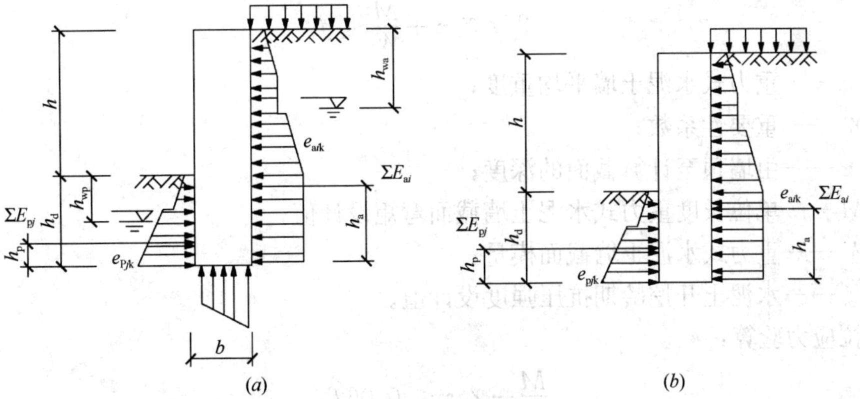

图 9-23　重力式水泥土墙体厚度计算

（a）砂土及碎石；（b）粉土及黏性土

1）对于墙底位于碎石土、砂土上时，根据重力式水泥土墙上各力对 0 点取矩的平衡条件，重力式水泥土墙体厚度 b 应满足：

$$b \geqslant \sqrt{\frac{10\times(1.2\gamma_0 h_a \sum E_{ai}-h_p \sum E_{pj})}{5\gamma_{cs}(h+h_d)-2\gamma_0\gamma_w(2h+3h_d-h_{wp}-2h_{wa})}} \tag{9-39}$$

2）对于墙底位于黏性土、粉土上时，根据平衡条件，重力式水泥土墙体厚度应满足：

$$b \geqslant \sqrt{\frac{2\times(1.2\gamma_0 h_a \sum E_{ai} - h_p \sum E_{pj})}{\gamma_{cs}(h+h_d)}} \tag{9-40}$$

式中 $\sum E_{ai}$——基坑外侧（主动侧）水平力的总和；

$\sum E_{pj}$——基坑内侧（被动侧）水平力的总和；

h、h_d——分别为基坑开挖深度及重力式水泥土墙嵌固深度；

h_a、h_p——分别为基坑外侧及内侧水平力合力作用点距支护结构底部的距离；

h_{wa}、h_{wp}——分别为基坑外侧及内侧的地下水位埋深；

γ_{cs}——重力式水泥土墙的复合重度；

γ_w——水的重度；

b——重力式围护结构的计算宽度。

按上述方法计算的重力式水泥土墙厚度小于 $0.4h$ 时，应取 $0.4h$。

当基坑底的土质为砂土和碎石土、而且基坑内降排水且作用有渗透水压时，重力式水泥土墙的嵌固深度除按圆弧滑动简单条分法计算外，尚应按抗渗透稳定条件进行验算。

当按上述方法计算的嵌固深度设计值 h_d 小于 $0.4h$ 时，宜取 $0.4h$。

（3）正截面承载力验算

重力式水泥土墙的强度分别以受拉及受压控制验算，根据《建筑结构荷载规范》规定，当荷载组合为有利时，结构自重荷载分项系数取 1，重力式水泥土墙的抗拉强度类似于素混凝土，取抗压强度设计值的 0.06 倍。

重力式水泥土墙厚度设计值，除应符合上述要求外，其正截面承载力尚需符合下述要求：

1）压应力验算：

$$1.25\gamma_0\gamma_{cs}z + \frac{M}{W} \leqslant f_{cs} \tag{9-41}$$

式中 γ_{cs}——重力式水泥土墙平均重度；

γ_0——重要性系数；

z——由墙顶至计算截面的深度；

M——单位长度重力式水泥土墙截面弯矩设计值；

W——重力式水泥土墙截面模量；

f_{cs}——水泥土开挖龄期抗压强度设计值。

2）拉应力验算：

$$\frac{M}{W} - \gamma_{cs}z \leqslant 0.06 f_{cs} \tag{9-42}$$

9.4.4.3 土钉墙

土钉墙由密集的土钉群、被加固的原位土体、喷射的混凝土面层和必要的防水系统组成。土钉是用来加固或同时锚固现场原位土体的细长杆件。土钉是一种原位土加筋加固技术，土钉体的设置过程较大限度地减少了对土体的扰动；从施工角度看，土钉墙是随着从上到下的土方开挖过程，逐层将土钉设置于土体中，可以与土方开挖同步施工。

1. 设计基本要求

土钉墙支护适用于可塑、硬塑或坚硬的黏性土；胶结或弱胶结（包括毛细水黏结）的粉土、砂土和角砾；填土；风化岩层等。在松散砂和夹有局部软塑、流塑黏性土的土层中采用土钉墙支护时，应在开挖前预先对开挖面上的土体进行加固，如采用注浆或微型桩托换。土钉墙支护适用于基坑侧壁安全等级为二、三级者。采用土钉墙支护的基坑，深度不宜大于 12m，使用期限不宜超过 18 个月。土钉墙支护工程的设计、施工与监测应密切配合，及时根据现场测试与监控结果进行反馈、沟通。

当支护变形需要严格限制且在不良土体中施工时，宜联合使用其他支护技术，将土钉墙扩展为：土钉墙与预应力锚杆的组合；垂直土钉墙、水泥土桩及预应力锚杆的组合；土钉墙、微型桩及预应力锚杆的组合；垂直土钉墙、水泥土桩、微型桩及预应力锚杆的组合等（图 9-24）。

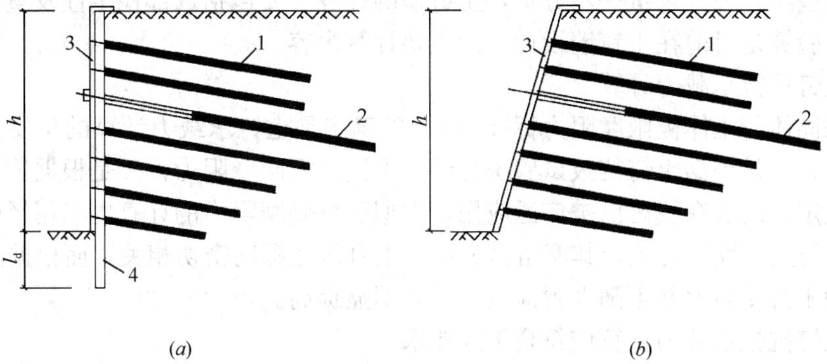

图 9-24 复合土钉墙的形式

(a) 垂直土钉墙＋微型桩或水泥土桩＋预应力锚杆；(b) 土钉墙＋预应力锚杆

1—土钉；2—预应力锚杆；3—喷射混凝土面层；4—微型桩或水泥土桩

2. 土钉墙设计计算

(1) 设计内容

根据工程情况和以往经验，初选支护各部件的尺寸和参数；分析计算主要内容有支护的内部整体稳定性分析和外部整体性分析、土钉计算、喷射混凝土面层的设计计算，以及土钉与面层的连接计算。对各部件初选尺寸和参数进行修改和调整，绘出施工图。对重要的工程，宜采用有限元法对支护的内力和变形进行分析。根据施工过程中获得的量测和监控数据以及发现的问题，进行反馈设计。

土钉支护的整体稳定性计算和土钉的设计计算采用总安全系数设计方法，其中以荷载和材料性能的标准值作为计算值，并据此确定土压力。喷混凝土面层的设计计算，采用以概率理论为基础的结构极限状态设计方法，设计时对作用于面层上的土压力，应乘以荷载分项系数 1.2 后作为计算值，在结构的极限状态设计表达式中，应考虑结构重要性系数。

土钉支护设计应考虑的荷载除土体自重外，还应包括地表荷载如车辆、材料堆放和起重运输造成的荷载，以及附近地面建筑物基础和地下构筑物所施加的荷载，并按荷载的实际作用值作为标准值。当地表荷载小于 $15kN/m^2$ 时则按 $15kN/m^2$ 取值。此外，当施工或使用过程中有地下水时，还应计入水压对支护稳定性、土钉内力和喷混凝土面层的作用。

土钉支护设计采用的土体物理力学性能参数以及土钉与周围土体之间的界面粘结力参

数均应以实测结果作为依据，取值时应考虑到基坑施工及使用过程中由于地下水位和土体含水量变化对这些参数的影响，并对其测试值作出偏于安全的调整。

土的力学性能参数 c、φ，土钉与土体界面粘结强度 τ 的计算值取标准值，界面粘结强度的标准值可取为现场实测平均值的 0.8 倍。以上参数应按不同土层分别确定。

土钉支护的设计计算可取单位长度支护按平面应变问题进行分析。对基坑平面上靠近凹角的区段，可考虑三维空间作用的有利影响，对该处的支护参数（如土钉的长度和密度）做部分调整。对基坑平面上的凸角区段，应局部加强。

土钉墙的研究在我国起步较晚，相应科研工作大大落后于工程实践。目前，土钉墙的设计在理论上尚无一套完整严格的分析计算体系，但在工程实践上，技术人员根据支护结构的通常受力分析方法给出了一些实用的计算经验公式并经大部分工程实践证明是可行的。根据这些经验公式及进一步分析，土钉墙的计算主要包括局部稳定性及整体稳定性验算，这两种验算是目前在土钉墙设计中的主要计算内容。

(2) 土钉抗拉承载力计算

土钉锚固体与土体极限摩阻力标准值 q_{sik} 的确定是土钉承载力计算的重要参数。有两种取值方法，一是根据土钉抗拔试验统计给出不同的极限摩阻力；二是根据剪切试验得出的值计算确定。前者在我国已被广泛应用，类似于桩侧摩阻力的计算也采用经验公式，后者则由于 σ 与土体埋深有关，其摩阻力大小与土钉所在深度密切相关，而根据国内外的研究结果认为土钉摩阻力并不随埋置深度增加有明显提高。

单根土钉抗拉承载力计算应符合下式要求：

$$\gamma_t \gamma_0 T_{jk} \leqslant T_{uj} \tag{9-43}$$

式中 T_{jk}——第 j 根土钉受拉荷载标准值；

T_{uj}——第 j 根土钉抗拉承载力设计值；

γ_0——重要性系数；

γ_t——土钉的抗拔安全系数，不应小于 1.3。

土钉墙在保证整体稳定性条件下，土钉墙面层与土钉的联系作用防止了沿朗肯主动土压力破裂面所产生的破坏，土钉墙面层与土钉共同承担由主动土压力所产生的荷载，由于土钉墙面层刚度较小，整个面层无法形成一个相互协同作用的刚体。为保证沿主动土压力破裂面不发生破坏，需要依靠单根土钉的抗拉能力以平衡作用于面层上的主动土压力。当土钉的水平间距为 s_x，垂直间距为 s_z 时，单根土钉受拉荷载标准值可按下式计算：

$$T_{jk} = \xi \eta_j e_{ajk} s_{xj} s_{zj} / \cos\alpha_j \tag{9-44}$$

式中 ξ——坡面倾斜时的土压力折减系数；

η_j——第 j 个土钉处的主动土压力调整系数可按下式计算；

e_{ajk}——第 j 个土钉位置处的基坑水平荷载标准值；

s_{xj}、s_{zj}——第 j 根土钉与相邻土钉的平均水平、垂直间距；

α_j——第 j 根土钉与水平面的夹角。

主动土压力分布调整系数 η_j 可按下式计算：

$$\eta_j = \left(1 - \frac{z_j}{h}\right) \frac{\sum_{j=1}^{n} \left(1 - \eta_b \frac{z_j}{h}\right) E_{aj}}{\sum_{j=1}^{n} \left(1 - \eta_b \frac{z_j}{h}\right) E_{aj}} + \eta_b \frac{z_j}{h} \tag{9-45}$$

式中 z_j ——第 j 个土钉至基坑顶面的垂直距离；

h ——基坑深度；

E_{aj} ——第 j 根土钉在 s_{xj}、s_{zj} 所围土钉墙坡面面积内的土压力标准值；

η_b ——基坑底面处的主动土压力调整系数，对黏性土取 0.6，对砂土取 0.7。

坡面倾斜时的土压力折减系数 ξ 可按下式计算：

$$\xi = \tan\frac{\beta-\varphi_m}{2}\left(\frac{1}{\tan\dfrac{\beta+\varphi_m}{2}}-\frac{1}{\tan\beta}\right)\Bigg/\tan^2\left(45°-\frac{\varphi_m}{2}\right) \tag{9-46}$$

式中 β——土钉墙坡面与水平面的夹角；

φ_m ——基坑底面以上土体内摩擦角标准值按土层厚度加权的平均值。

对于基坑侧壁安全等级为二级的土钉抗拉承载力设计值应按试验确定，基抗侧壁安全等级为三级时可按下式计算（图 9-25*a*）：

$$T_{jk} = \frac{1}{\gamma_s}\pi d_{nj}\sum q_{sik} l_i \tag{9-47}$$

式中 γ_s ——土钉抗拉抗力分项系数，取 1.3；

d_{nj} ——第 j 根土钉锚固体直径；

q_{sik} ——土钉穿越第 i 层土土体与锚固体极限摩阻力标准值，应由现场试验或当地经验确定；

l_i ——第 j 根土钉在直线破裂面外穿越第 i 稳定土体内的长度，破裂面与水平面的夹角为 $\dfrac{\beta+\varphi_k}{2}$。

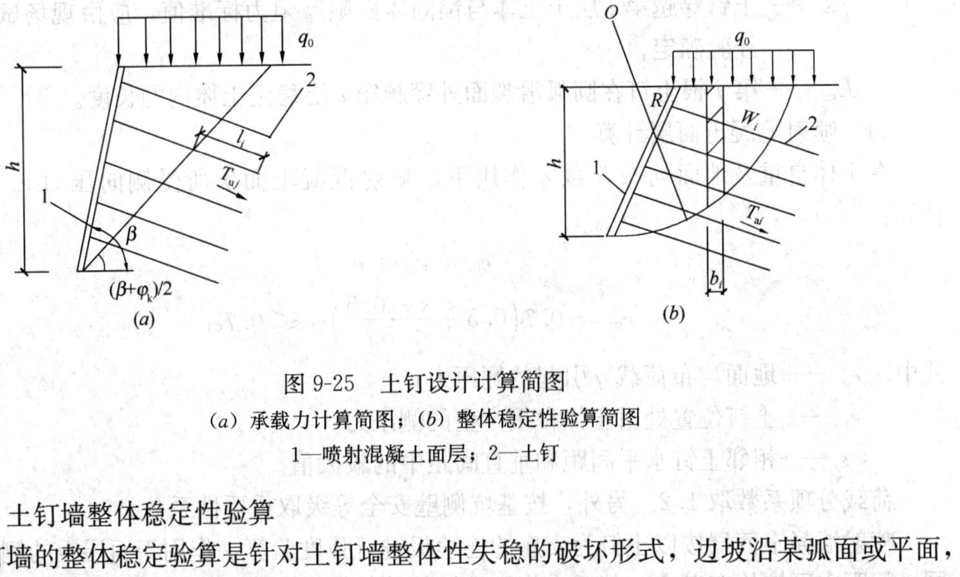

图 9-25 土钉设计计算简图

（*a*）承载力计算简图；（*b*）整体稳定性验算简图

1—喷射混凝土面层；2—土钉

（3）土钉墙整体稳定性验算

土钉墙的整体稳定验算是针对土钉墙整体性失稳的破坏形式，边坡沿某弧面或平面，整体向坑内滑移或塌滑，此时土钉或者与土体一起滑入基坑，或者与土钉墙面层脱离，或者被拉断。整体稳定分析采用极限平衡状态的圆弧滑动条分法（图 9-25*b*）。按下式进行整体稳定性验算：

$$\sum_{i=1}^{n} c_{ik}L_i s + s\sum_{i=1}^{n}(w_i+q_0 b_i)\cos\theta_i\tan\varphi_{ik} + \sum_{j=1}^{m} T_{nj}\times\left[\cos(\alpha_j+\theta_j)+\frac{1}{2}\sin(\alpha_j+\theta_j)\tan\varphi_{ik}\right]$$

$$-s\gamma_k\gamma_0\sum_{i=1}^{n}(w_i+q_0b_i)\sin\theta_i\geqslant 0 \quad (9\text{-}48)$$

式中　n——滑动体分条数；

m——滑动体内土钉数；

γ_k——整体滑动分项系数，可取 1.3；

γ_0——基坑侧壁重要性系数；

w_i——第 i 条分条土重，滑裂面位于黏性土或粉土中时，按上覆土层的饱和土重度计算；滑裂面位于砂土或碎石类土中时，按上覆土层的浮重度计算；

b_i——第 i 分条宽度；

c_{ik}——第 i 分条滑裂面处土体固结不排水（快）剪黏聚力标准值；

φ_{ik}——第 i 分条滑裂面处土体固结不排水（快）剪内摩擦角标准值；

θ_i——第 i 分条滑裂面处中点切线与水平面夹角；

α_j——土钉与水平面之间的夹角；

L_i——第 i 分条滑裂面处弧长；

s——计算滑动体单元厚度；

T_{nj}——第 j 根土钉在圆弧滑裂面外锚固体与土体的极限抗拉力。

单根土钉在圆弧滑裂面外锚固体与土体的极限抗拉力可按下式确定：

$$T_{nj}=\pi d_{nj}\sum q_{sik}L_{ni} \quad (9\text{-}49)$$

式中　T_{nj}——第 j 根土钉在圆弧滑裂面外锚固体与土体的极限抗拉力；

d_{nj}——第 j 根土钉锚固体直径；

q_{sik}——土钉穿越第 i 层土土体与锚固体极限摩阻力标准值，应由现场试验或当地经验确定；

L_{ni}——第 j 根土钉在圆弧滑裂面外穿越第 i 层稳定土体内的长度。

（4）喷射混凝土面层计算

在土体自重及地面均布荷载 q 作用下，喷射混凝土面层所受侧向压力 e_0 可按下式估算：

$$e_0=e_{01}+e_a \quad (9\text{-}50)$$

$$e_{01}=0.7\left(0.5+\frac{s-0.5}{5}\right)e_1\leqslant 0.7e_1 \quad (9\text{-}51)$$

式中　e_a——地面均布荷载 q 引起的侧压力；

e_1——土钉位置处由土体自重产生的侧压力；

s——相邻土钉水平间距和垂直间距中的较大值。

荷载分项系数取 1.2。另外，按基坑侧壁安全等级取重要性系数。

喷射混凝土面层按以土钉为支座的连续板进行强度验算，作用于面层上的侧压力，在同一间距内可按均布考虑，其反力作为土钉的端部拉力。验算内容包括板在跨中和支座截面处的受弯、板在支座截面处的冲切等。

（5）其他类型土钉墙计算

上述计算适用于以钢筋作为中心钉体的钻孔注浆型土钉。对于其他类型的土钉如注浆的钢管击入型土钉或不注浆的角钢击入型土钉，亦可参照上述计算原则进行土钉墙支护的稳定性分析。

至于复合型土钉墙，目前应用较多的是水泥土搅拌桩与土钉墙组合、微型桩与土钉墙组合两种形式。前者是在基坑开挖线外侧设置一排至两排（多数为一排）水泥土搅拌桩，以解决隔水、开挖后面层土体强度不足而不能自立、喷射混凝土面层与土体粘结力不足的问题；同时由于水泥土搅拌桩有一定插入深度，可避免坑底隆起、管涌、渗流等情况发生。后者是在基坑开挖线外侧击入一排或两排（多数为一排）竖向立管进行超前支护，立管内高压注入水泥浆形成微型桩。微型桩虽不能形成隔水帷幕，但可以增强土体的自立能力，并可防止坑底涌土。

由于复合型土钉墙中的水泥土搅拌桩和微型桩，主要解决基坑开挖中的隔水、土体自立和防止涌土等问题，所以在土钉墙计算中多不考虑其受力作用，仍按上述方法进行计算。

9.5 水泥土重力式挡墙施工

水泥土重力式挡墙是用于加固软黏土地基的一种围护方法。它是利用水泥材料作为固化剂，通过特制的深层搅拌机械，在地基深处就地将软土和水泥强制搅拌形成连续搭接的水泥土柱状加固体，利用水泥和软土之间所产生的一系列物理化学反应，使软土硬结成具有整体性、稳定性和一定强度的挡土、防渗墙，从而提高地基强度和增大变形模量。

9.5.1 施工机械与设施

水泥土重力式挡墙施工机械种类繁多。按机械传动方式可分为转盘式和动力头式；按喷射方式可分为中心管喷浆和叶片喷浆方式；按搅拌轴数量可分为单轴、二轴和三轴深层水泥土搅拌机。具体详见第6章。水泥土搅拌机的配套设备有灰浆搅拌机、灰浆泵、冷却水泵、输浆胶管等，其型号、规格、性能等应与搅拌机匹配。

9.5.2 施 工 准 备

1. 材料和设备准备

（1）重力式水泥土墙可采用不同品种的水泥，如普通硅酸盐水泥、矿渣水泥、火山灰水泥及其他品种的水泥，也可选择不同强度等级的水泥，要求水泥新鲜无结块。

（2）重力式水泥土墙所用砂子为中砂或粗砂，要求含泥量小于5%，搅拌用水不得影响水泥土的凝结与硬化，水泥土搅拌用水中的物质含量限值可参照素混凝土的要求。

（3）采用二轴水泥土搅拌机时，水泥掺量通常为12%～14%；采用三轴水泥土搅拌机时，水泥掺量通常为20%左右；采用高压喷射注浆法时，水泥掺量通常为25%～30%左右。水泥掺量以每立方加固体所拌和的水泥重量与土重之比计算。为改善水泥土性能或提高早期强度，宜加入粉煤灰、木质素磺酸钙、碳酸钠、氯化钙、三乙醇胺等外掺剂。木质素磺酸钙减水剂的掺量一般为0.2%～0.5%，碳酸钠为0.2%～0.4%，氯化钙为2%～5%，三乙醇胺为0.05%～0.2%。水泥浆液的水灰比一般为0.50～0.60。

（4）施工前应确定搅拌机械灰浆泵输送量、灰浆输送管到达搅拌机喷口的时间和起吊设备提升速度等施工工艺参数。施工机械应配备电脑记录仪及打印设备，以便了解和控制水泥浆用量及喷浆均匀程度。施工机械必须具备良好及稳定的性能，所有机具开机之前应进行检修、调试，检查机器运行和输料管畅通情况，经验收合格后方可开机。

2. 场地准备

重力式水泥土墙施工前应熟悉地质资料、施工图纸等；施工前场地应先整平，应清除施打范围内的障碍物，以防止施工受阻或成桩偏斜；对影响施工机械运行的松软或不平整场地应进行适当处理，防止机架倾斜，并有排水措施；根据测量放出平面布桩图，用小木桩或竹片定位并做出醒目标志；应设置测量基准线、水准基点，并妥加保护。

3. 试桩

试桩的目的是根据实际情况确定施工方法，寻求最佳搅拌次数，确定水灰比、泵送时间及压力、搅拌机提升及下钻速度、复搅深度等参数，以指导下一步水泥土搅拌桩大规模施工。一般每个标段试桩不少于 5 根，且待试桩成功后方可进行水泥土搅拌桩的正式施工。可在 7d 后直接开挖取出，或至少 14d 后取芯，以检验水泥搅拌桩的均匀程度和水泥土强度。

9.5.3 施 工 工 艺

重力式水泥土墙施工工艺可采用三种方法：喷浆式深层搅拌（湿法）、喷粉式深层搅拌（干法）、高压喷射注浆法（也称高压旋喷法）。湿法施工注浆量容易控制，成桩质量好，目前绝大部分重力式水泥土墙施工中都采用湿法工艺。干法施工工艺虽然水泥土强度较高，但其喷粉量不易控制，搅拌难以均匀导致桩体均匀性差，桩身强度离散较大，目前使用较少。高压喷射注浆法是采用高压水、气切削土体并将水泥与土搅拌形成重力式水泥土墙。高压旋喷法施工简便，施工时只需在土层中钻一个 50～300mm 的小孔，便可在土中喷射成直径 0.4～2m 的水泥土桩。该法可在狭窄施工区域或邻近已有基础区域施工，但该工艺水泥用量大，造价高，一般当施工场地受到限制，湿法机械施工困难时选用。

9.5.3.1 二轴水泥土墙工程（湿法）施工工艺

1. 工艺流程

二轴水泥土墙工程施工工艺可采用“二次喷浆、三次搅拌”工艺，主要依据水泥掺入比及土质情况而定。二轴水泥土墙施工顺序如图 9-26，一般的施工工艺流程如图 9-27。

（1）定位

水泥土搅拌桩机开行到达指定桩位（安装、调试）就位。当地面起伏不平时应注意调整机架的垂直度。

（2）预搅下沉

待搅拌机的冷却水循环及相关设备运行正常后，启动搅拌机电机。放松桩机钢丝绳，使搅拌机沿导向架旋转搅拌切土下沉，下沉速度控制在≤1.0m/min，可由电气装置的电流监测表控制。如遇硬黏土等下沉速度太慢，可以输浆系统适当补给清水以利钻进。

（3）制备水泥浆

水泥土搅拌机预搅下沉到一定深度后，即开始按设计及试验确定的配合比拌制水泥浆，压浆前将水泥浆倾倒入集料斗中。制浆时，水泥浆拌合时间不得少于 5～10min，制备好的水泥浆不得离析、沉淀，水泥浆在倒入储浆池时，应加筛过滤以免结块。水泥浆存储时间不得超过 2h，否则应予以废弃。

（4）提升喷浆搅拌

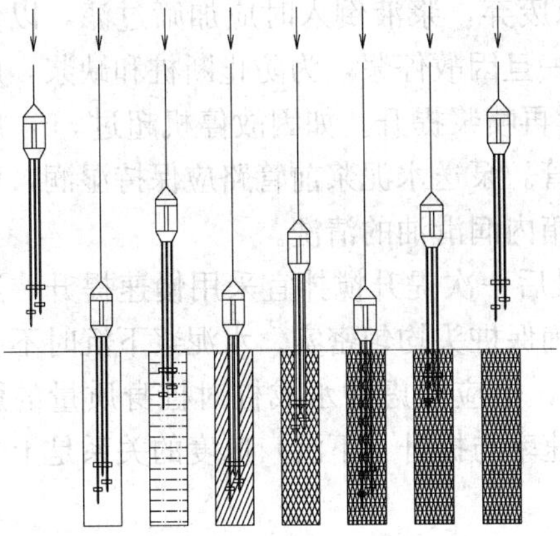

图 9-26 二轴水泥土墙施工顺序图
(a) 定位下沉；(b) 预搅下沉；(c) 提升喷浆搅拌；
(d) 重复下沉搅拌；(e) 重复提升注浆搅拌；
(f) 第三次下沉搅拌；(g) 第三次提升搅拌；
(h) 沉桩结束

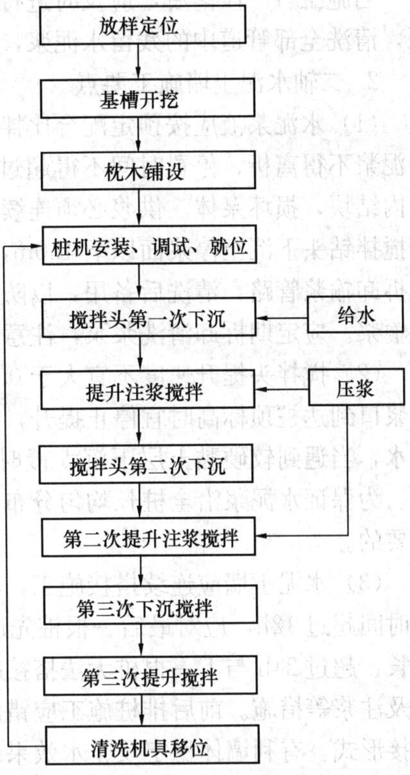

图 9-27 二轴水泥土墙施工工艺流程图

水泥土搅拌机下沉到达设计深度后，开启灰浆泵将水泥浆压入地基土中，且边喷浆边搅拌、同时按上述确定的提升速度提升搅拌机，直至到达设计桩顶标高。搅拌提升速度一般应控制在 0.5m/min 以内，确保喷浆量，以满足桩身强度达到设计要求。在水泥土搅拌桩成桩过程中，如遇到故障停止喷浆时，应在 12h 内采取补浆措施，补浆重叠长度不小于 1.0m。

(5) 重复下沉、提升搅拌

为使已喷入土中的水泥浆与土充分搅拌均匀，再次沉钻进行复搅，复搅下沉速度控制在 0.5～0.8m/min，复搅提升速度控制在 0.5m/min 以内。当水泥掺量较大或因土质较密在提升时不能将应喷入土中的水泥浆全部喷完时，可在重复下沉、提升搅拌时予以补喷，但此时仍应注意喷浆的均匀性。由于过少的水泥浆很难做到沿全桩均匀分布，第二次喷浆量不宜过少，可控制在单桩总喷浆量的 40%左右。

(6) 第三次搅拌

停浆，进行第三次搅拌，钻头搅拌下沉，钻头搅拌提升至地面停机。第三次搅拌下沉速度控制在 1m/min 以内，提升搅拌速度控制在 0.5m/min 以内。

(7) 移位

桩机移位至新的桩位，进行下一根桩的施工。移位转向时要注意桩机的稳定。相邻桩施工时间间隔保持在 16h 内，若超过 16h，在搭接部位采取加桩防渗措施。

(8) 清洗

当施工告一段落后，应及时进行清洗。向已排空的集料斗中注入适量清水，开启灰浆泵，清洗全部管道中的残留水泥浆，同时将黏附于搅拌头上的土清洗干净。

2. 二轴水泥土墙施工要点

（1）水泥浆液应按预定配合比拌制，每根桩所需水泥浆液一次单独拌制完成；制备好的泥浆不得离析，停置时间不得超过 2h，否则予以废弃，浆液倒入时应加筛过滤，以免浆内结块，损坏泵体。供浆必须连续，搅拌均匀。一旦因故停浆，为防止断桩和缺浆，应使搅拌钻头下沉至停浆面以下 1.0m，待恢复供浆后再喷浆提升。如因故停机超过 3h，应先拆卸输浆管路，清洗后备用，以防止浆液结硬堵管。泵送水泥浆前管路应保持湿润，以便输浆。应定期拆卸清洗浆泵，注意保持齿轮减速箱内润滑油的清洗。

（2）搅拌头提升速度不宜大于 0.5m/min，且最后一次提升搅拌宜采用慢速提升，当喷浆口到达桩顶标高时宜停止提升，搅拌数秒，以确保桩头均匀密实。水泥浆下沉时不宜冲水，当遇到较硬黏土层下沉太慢时，可适当冲水，但应考虑冲水成桩对桩身质量的影响。为保证水泥浆沿全桩长均匀分布，控制好喷浆速率与提升（下沉）速度的关系是十分重要的。

（3）水泥土墙应连续搭接施工，相邻桩施工的时间间隔一般不应超过 12h，如因故停歇时间超过 12h，应对最后一根桩先进行空钻留出榫头，以待下一批桩搭接。如间隔时间太长，超过 24h 与下一根桩无法搭接时，应采取局部补桩或在后面桩体施工中增加水泥掺量及注浆等措施。前后排桩施工应错位成踏步式，以便发生停歇时，前后施工桩体成错位搭接形式，有利墙体稳定及止水效果。

9.5.3.2　三轴水泥土墙工程（湿法）施工工艺

1. 三轴水泥土墙工程施工工艺流程

三轴水泥土墙工程施工流程如图 9-28。

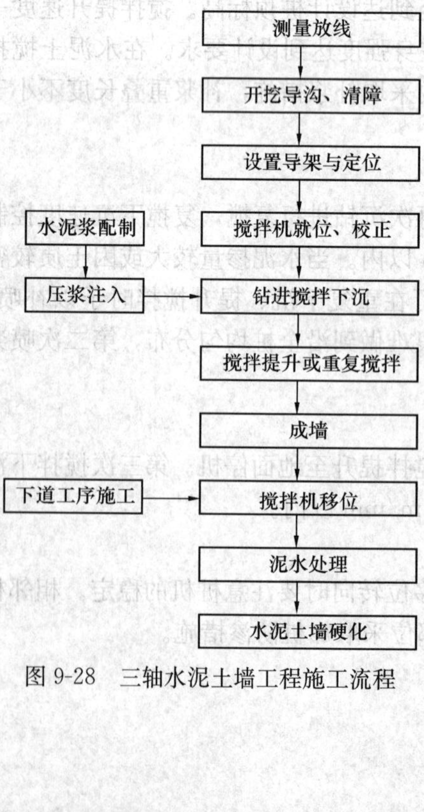

图 9-28　三轴水泥土墙工程施工流程

（1）测量放线

根据坐标基准点，按图放出桩位，设立临时控制桩，做好测量复核单，提请验收。

（2）开挖导沟及定位型钢放置

按基坑围护边线开挖沟槽，沟槽开挖及定位型钢放置示意图如图 9-29 所示。在沟槽两侧打入若干槽钢作为固定支点，垂直方向放置两根工字钢与支点焊接，再在平行沟槽方向放置两根工字钢与下面工字钢焊接作为定位型钢。

（3）三轴搅拌桩孔位及桩机定位

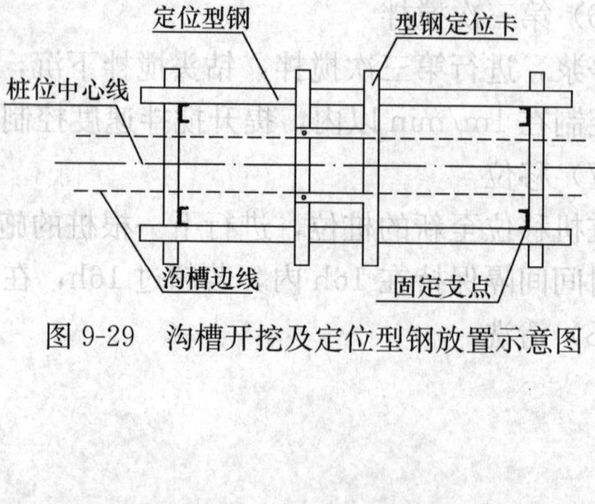

图 9-29　沟槽开挖及定位型钢放置示意图

根据三轴搅拌桩中心间距尺寸在平行工字钢表面画线定位。桩机就位，移动前，移动结束后检查定位情况并及时纠正。桩机应平稳平正，并用经纬仪观测以控制钻机垂直度。三轴水泥搅拌桩桩位定位偏差应小于20mm。

(4) 水泥土搅拌桩成桩施工

三轴水泥土墙施工按图9-30所示顺序施工，采用套接一孔的工艺，保证墙体的连续性和接头的施工质量，这种施工顺序一般适用于N值小于50的地基土。三轴水泥搅拌桩的搭接以及施工设备的垂直度补救是依靠重复套钻来保证的，以达到止水的作用。

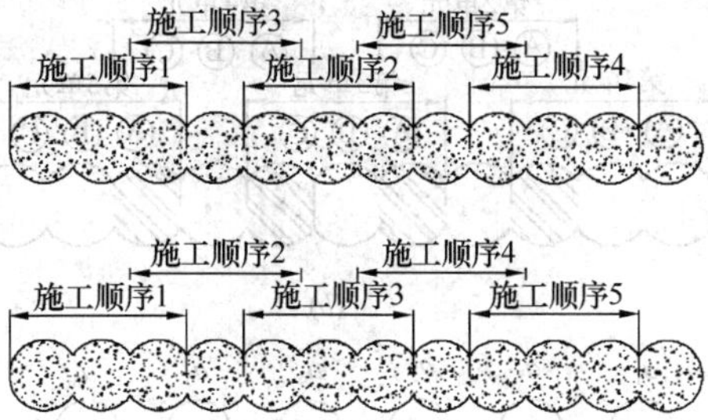

图9-30 三轴水泥搅拌桩施工顺序

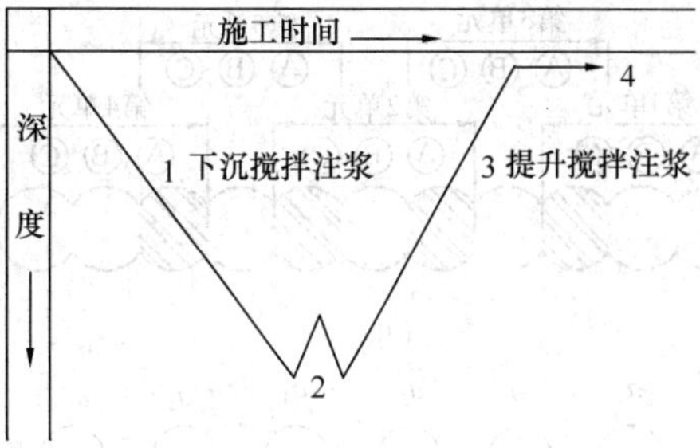

图9-31 搅拌时间-下沉、提升关系图

三轴水泥搅拌桩在下沉和提升过程中均应注入水泥浆液，同时严格控制下沉和提升速度，下沉速度不大于1m/min，提升速度不大于2m/min，在桩底部分重复搅拌注浆。搅拌时间一下沉、提升关系图如图9-31所示。开机前应按事先确定的配合比进行水泥浆液的拌制，注浆压力根据实际施工状况确定。水泥土搅拌桩施工时，不得冲水下沉，相邻两桩施工间隔不得超过12h。

三轴水泥土搅拌桩应采用套接一孔施工，施工过程如图9-32所示。为保证搅拌桩质量，对土质较差或者周边环境较复杂的工程，搅拌桩底部采用复搅施工。

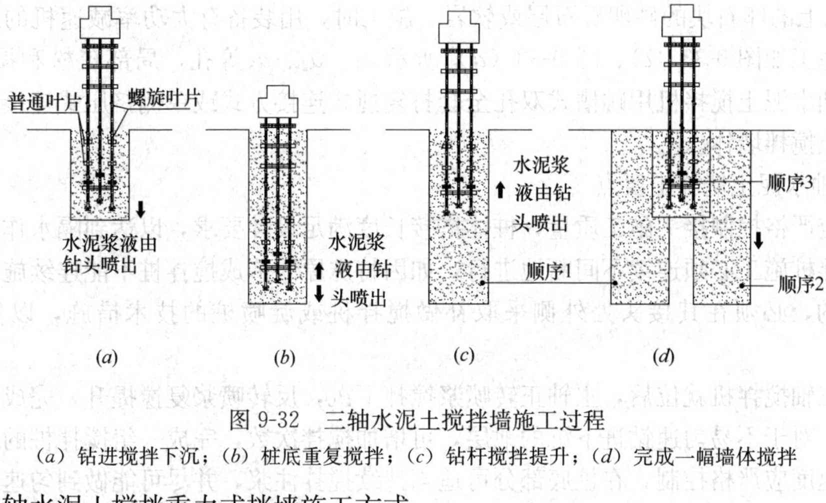

图9-32 三轴水泥土搅拌墙施工过程

(a) 钻进搅拌下沉；(b) 桩底重复搅拌；(c) 钻杆搅拌提升；(d) 完成一幅墙体搅拌

2. 三轴水泥土搅拌重力式挡墙施工方式

(1) 跳槽式双孔全套打复搅式连接方式

跳槽式双孔全套打复搅式连接是常规情况下采用的连续方式，一般适用于N值50以下的土层。施工时先施工第一单元，然后施工第二单元。第三单元的A轴及C轴分别插入到第一单元的C轴孔及第二单元的A轴孔中，完成套接施工。依次类推，施工第四单元和套接的第五单元，形成连续的水泥土搅拌墙体，如图9-33（*a*）所示。

（2）单侧挤压式连接方式

单侧挤压式连接方式适用于*N*值50以下的土层，一般在施工受限制时采用，如在搅拌墙体转角处或施工间断的情况下。施工顺序如图9-33（*b*）所示，先施工第一单元，第二单元的A轴插入第一单元的C轴中，边孔套接施工，依次类推施工完成水泥土搅拌墙体。

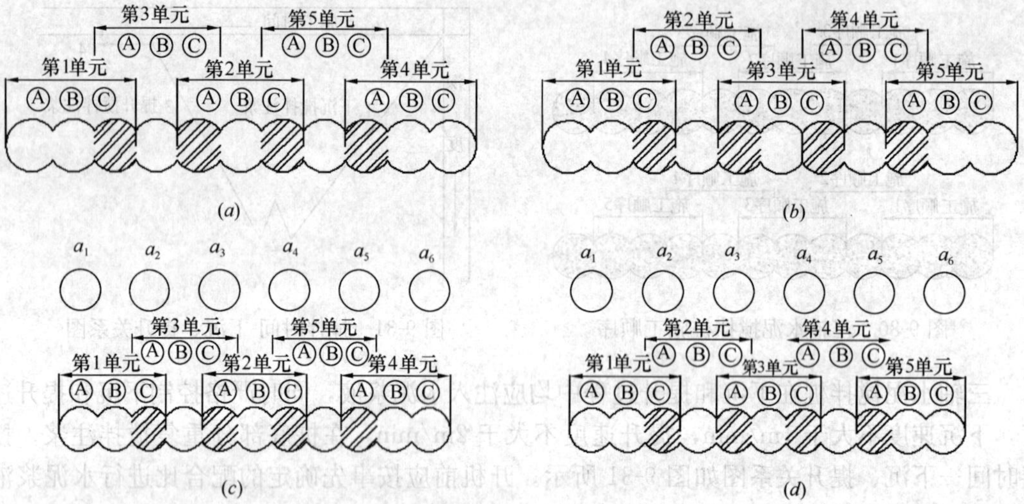

图9-33　三轴水泥土搅拌墙施工顺序

（3）先行钻孔套打方式

先行钻孔套打方式适用于*N*值50以上的非常密实的土层，以及*N*值50以下但混有ϕ100mm以上的卵石块的砂卵砾石层或软岩。施工时，用装备有大功率减速机的螺旋钻孔机，先行施工如图9-33（*c*）、图9-33（*d*）所示a_1、a_2、a_3等孔，局部疏松和捣碎地层，然后用三轴水泥土搅拌机用跳槽式双孔全套打复搅式连接方式或单侧挤压式连接方式施工完成水泥土搅拌墙体。

3. 三轴水泥土墙施工要点

（1）应严格控制接头施工质量，桩体搭接长度满足设计要求，以达到隔水作用。一般情况下搅拌桩施工必须连续不间断地进行，如因特殊原因造成搅拌桩不能连续施工，时间超过24h的，必须在其接头处外侧采取补做搅拌桩或旋喷桩的技术措施，以保证隔水效果。

（2）三轴搅拌机就位后，主轴正转喷浆搅拌下沉，反转喷浆复搅提升，完成一组搅拌桩的施工。对于不易匀速钻进下沉的地层，可增加搅拌次数，完成一组搅拌桩的施工，下沉和提升速度应严格控制，在桩底部分可适当持续搅拌注浆，并尽可能做到匀速下沉和匀速提升，使水泥浆和原地基土充分搅拌。

（3）注浆泵流量控制应与三轴搅拌机下沉（提升）速度相匹配。一般下沉时喷浆量控制在每幅桩总浆量的70%～80%，提升时喷浆量控制在20%～30%，确保每幅桩体的用浆量。提升搅拌时喷浆对可能产生的水泥土体空隙进行充填，对于饱和疏松的土体具有特别意义。施工时如因故停浆，应在恢复压浆前，先将搅拌机提升或下沉 0.5m 后注浆搅拌施工。

(4) 正常情况下搅拌机搅拌翼（含钻头）下沉喷浆、搅拌和提升喷浆、搅拌各一次，桩体范围做到水泥搅拌均匀，桩体垂直度偏差不得大于 1/200，桩位偏差不大于 20mm，浆液水灰比一般为 1.5～2.0，在满足施工的前提下，浆液水灰比可以恰当降低。

(5) 三轴水泥土搅拌桩施工前应对施工区域地下障碍物进行探测，如有障碍物应对其清理及回填素土，分层夯实后方可进行三轴水泥土搅拌桩施工，并应适当提高水泥掺量。

(6) 近开挖面一排水泥土桩宜采用套接一孔法施工，以确保防渗可靠性。其余桩体可以采用搭接法施工，搭接厚度不小于 200mm。

(7) 三轴水泥土搅拌桩作为隔断场地内浅部潜水层或深部承压水层时，或在砂性土中进行搅拌桩施工时，施工应采取有效措施确保隔水帷幕的质量。

(8) 采用三轴水泥土搅拌桩施工时，在墙顶标高深度以上的土层被扰动区应采用低掺量水泥回掺加固。

(9) 三轴水泥土搅拌桩施工过程，搅拌头的直径应定期检查，其磨损量不应大于 10mm，水泥土搅拌桩的施工直径应符合设计要求。可以选用普通叶片与螺旋叶片交互配置的搅拌翼或在螺旋叶片上开孔，添加外掺剂等辅助方法施工，以避免较硬土层发生三轴搅拌翼大量包泥“糊钻”，影响施工质量。

9.5.4 质 量 控 制

9.5.4.1 重力式水泥土墙的质量检验

重力式水泥土墙的质量检验应分成桩施工期、开挖前和开挖期三个阶段进行。

1. 成桩施工期质量检验

检验内容主要包括机械性能、材料质量、配合比试验，以及逐根检查桩位、桩长、桩顶标高、桩架垂直度、桩身水泥掺量、上提喷浆速度、外掺剂掺量、水灰比、搅拌和喷浆起止时间、喷浆量的均匀、搭接桩施工间歇时间等。

2. 基坑开挖前质量检验

宜在重力式水泥土墙压顶混凝土浇筑之前进行。检验内容包括桩身强度、桩的数量。可采用钻取桩芯的方法检验桩长和桩身强度，也可采用制作水泥土试块方法。试块制作应采用立方体试模，宜每个机械台班抽查 2 根桩，每根桩不应少于 2 个取样点。每个取样点制作 3 件水泥土试块。试块应在水下养护并测定 28d 龄期的无侧限抗压强度。

钻取桩芯宜采用 ϕ110 钻头，在开挖前或水泥土搅拌桩龄期达到 28d 后连续钻取全桩长范围内的桩芯，桩芯应呈硬塑状态并无明显的夹泥、夹砂断层。芯样应立即密封并及时进行强度试验。单根取芯数量不少于 3 组，每组 3 件试块。第一次取芯不合格应加倍取芯，取芯应随机进行。钻取桩芯得到的试块强度，宜根据钻芯过程中芯样的损伤情况乘以 1.2～1.3 的系数。钻孔取芯完成后的空隙应及时注浆填充。

3. 基坑开挖期质量检验

主要是通过外观检验开挖面桩体的质量，并查验墙体和坑底渗漏水情况。

9.5.4.2 质量检验标准

水泥土搅拌桩的质量检验标准如表 9-8 所示。

水泥土搅拌桩质量检验标准　　表 9-8

项	序	检查项目	允许偏差或允许值	检查方法
主控项目	1	水泥及外掺剂质量	设计要求	查产品合格证书或抽样送检
	2	水泥用量	参数指标	查看流量计
	3	水灰比	设计及施工工艺要求	按规定办法
	4	桩体强度	设计要求	按规定办法
	5	地基承载力	设计要求	按规定办法
一般项目	1	搅拌提升速度	≤0.5m/min	量机头上升距离及时间
	2	桩底标高	±100mm	测机头深度
	3	桩顶标高	+100mm、−50mm	水准仪(上端 500mm 不计入)
	4	桩位偏差	<50mm	用钢尺量
	5	桩径	<0.04D	用钢尺量，D 为桩径
	6	垂直度	≤1%	经纬仪
	7	搭接	≥200mm	用钢尺量
	8	搭接桩施工间歇时间	<16h	施工记录

9.6 钢板桩工程施工

钢板桩是带锁口或钳口的热轧型钢，钢板桩靠锁口或钳口相互连接咬合，形成连续的钢板桩墙，用来挡土和挡水。钢板桩作为建造水上、地下构筑物或基础施工中的围护结构，由于它具有强度高，结合紧密、不漏水性好、施工简便、速度快、减少开挖土方量、可重复使用等特点，因此在一定条件下使用会取得较好的效益。

9.6.1 常用钢板桩的种类

钢板桩断面形式很多，常用的钢板桩有 U 形和 Z 形，其他还有热轧普通槽钢、直腹板式、H 型、箱形和组合钢板桩。箱形钢板桩有拉森型箱形钢板桩、富丁汉型金属平板箱形钢板桩和富丁汉型双箱形钢板桩三种。近些年来出现了许多复合加工型钢板桩，即将钢板桩冷加工成型后，利用焊接方式将特制的锁扣焊接至钢板桩，实现了钢板桩连接的灵活性和更高的防水性能。此外还出现了许多组合式的钢板桩结构，即采用截面模量较大的 H 型桩或管桩和钢板桩的组合结构，大大提高了整片桩墙的承载能力，组合钢板桩已成为大型重载或深水码头采用的一种重要结构形式。

9.6.1.1 拉森式（U 形）钢板桩

拉森式（U 形）钢板桩如图 9-34 所示，拉森式（U 形）钢板桩规格尺寸及特征参数

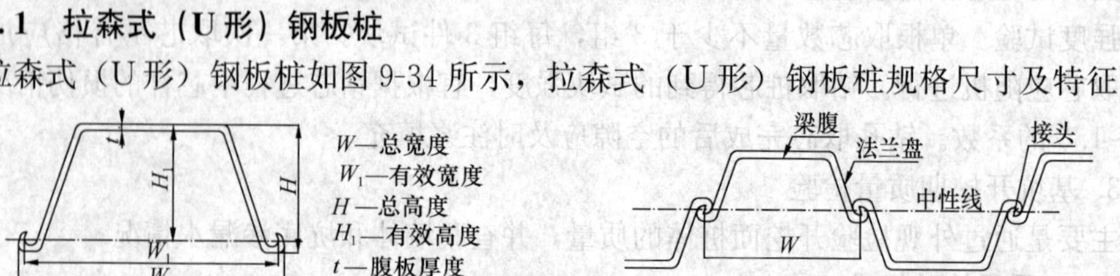

图 9-34　拉森式（U 形）钢板桩

如表 9-9 所示。

拉森式（U 形）钢板桩的尺寸及特征参数 **表 9-9**

型号	钢板桩尺寸			截面积		单位重量		惯性矩		截面模数	
	宽 W (mm)	高 H (mm)	厚 t (mm)	每根桩 (cm^2)	每米墙宽 (cm^2/m)	每根桩 (kg/m)	每米墙宽 (kg/m)	每根桩 (cm^4)	每米墙宽 (cm^4/m)	每根桩 (cm^3)	每米墙宽 (cm^3/m)
SP-Ⅰ	400	85	8	45.21	113.0	35.5	88.8	598	4500	88	529
SP-ⅠA	400	85	8	45.2	113.0	35.5	89	598	4500	88	529
SP-Ⅱ	400	100	10.5	61.2	153.0	48.0	120	1240	8740	152	874
SP-ⅡA	400	120	9.2	55.01	137.5	43.2	108	1460	10600	160	880
SP-ⅡW	600	130	10.3	78.7	131.2	61.8	103	2110	13000	203	1000
SP-Ⅲ	400	125	13.0	76.4	191.0	60.0	150	2220	16800	223	1340
SP-ⅢA	400	150	13.1	74.4	186.0	58.4	146	2790	22800	250	1520
SP-ⅢAD	400	150	13.0	76.4	191.0	60.0	150	3060	22600	278	1510
SP-ⅢAE	400	150	13.1	74.4	186.0	58.4	146	2790	22800	250	1520
SP-ⅢAW	600	180	13.4	103.9	173.2	81.6	136	5220	32400	376	1800
SP-Ⅳ	400	170	15.5	96.9	242.5	76.1	190	4670	38600	362	2270
SP-ⅣA	400	185	16.1	94.21	235.1	74.0	185	5300	41600	400	2250
SP-ⅤA	500	200	19.5	133.8	267.6	105.0	210	7960	63000	520	3150
SP-ⅤL	500	200	24.3	133.8	267.6	105.0	210	7960	63000	520	3150
SP-ⅥL	500	225	27.6	153.0	306.0	120.0	240	11400	86000	680	3820
SP-SX10	600	130	10.3	78.7	131.2	61.8	103	2110	13000	203	1000
SP-SX18	600	180	13.4	103.9	173.2	81.6	136	5220	32400	376	1800
SP-SX27	600	210	18.0	135.3	225.5	106.0	177	8630	56700	539	2700
750×205	750	204	10.0	99.4	132	77.9	103.8	6590	28710	456	1410
	750	205.5	11.5	109.9	147	86.6	115.0	7110	32850	481	1600
	750	206	12.0	118.4	151	89.0	118.7	7270	34270	488	1665
750×220	750	220.5	10.5	112.1	150	88.5	118.0	8760	39300	554	1780
	750	222	12.0	123.4	165	96.9	129.2	9380	44440	579	2000
	750	222.5	12.5	127.0	169	99.7	132.9	9580	46180	588	2075
750×225	750	224.5	13.0	130.1	173	102.1	136.1	9830	50700	579	2270
	750	225	14.5	140.6	188	110.4	147.2	10390	56240	601	2500
	750	225.5	15.0	144.2	192	113.2	150.9	10580	58140	608	2580

9.6.1.2 Z 形钢板桩

Z 形钢板桩相对于 U 形钢板桩来说，其惯性矩更大，截面模数更大，对于在海中施工来讲，其具有更强的抗弯性能。Z 形钢板桩如图 9-35 所示，其尺寸规格及相关参数见表 9-10。

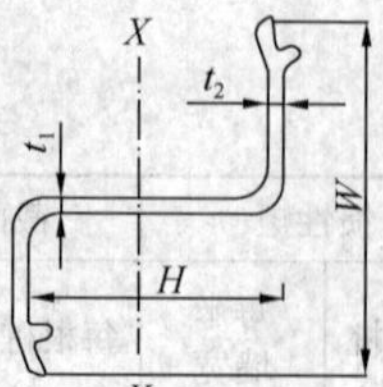

图 9-35　Z 形钢板桩

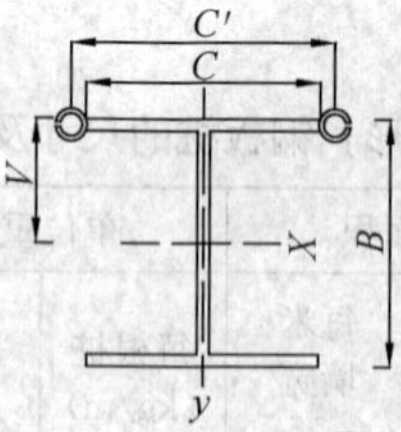

图 9-36　单 H 形冷弯钢板桩

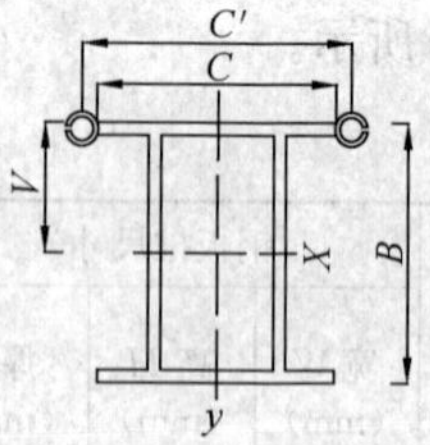

图 9-37　双 H 形冷弯钢板桩

Z 形钢板桩尺寸规格及相关参数　　表 9-10

型　号	宽 W (mm)	高 H (mm)	厚 t (mm)		截面积 (cm^2/m)	每桩单重 (kg/m)	每米墙身 (kg/m)	惯性矩 (cm^4/m)	截面模数 (cm^3/m)
WRZ14	700	420	7		111.00	61	87.1	30907	1472
WRZ18	700	420	9		140.00	77	110	38865	1842
WRZ14-650	650	320	8		127.00	64.8	99.7	22047	1378
WRZ18-635	635	380	8		138.60	69.1	108.8	34291	1805
NKSP-Z-25	400	305	13.0	9.6	94.32	74.0	185	38300	2510
NKSP-Z-32	400	344	14.2	10.4	107.70	84.5	211	55000	3200
NKSP-Z-38	400	364	17.2	11.4	122.20	96.0	240	69200	3800
NKSP-Z-45	400	367	21.9	13.2	148.20	116.0	290	83500	4550

9.6.1.3　H 形钢板桩

H 形钢板桩分单 H 形和双 H 形，如图 9-36 和图 9-37 所示，其尺寸规格及特性参数见表 9-11 和表 9-12 所示。

9.6.1.4　箱形钢板桩

一般的箱形钢板桩有拉森型箱形钢板桩、富丁汉型金属平板箱形钢板桩和富丁汉型双箱形钢板桩三种，如图 9-38、图 9-39 和图 9-40 所示。

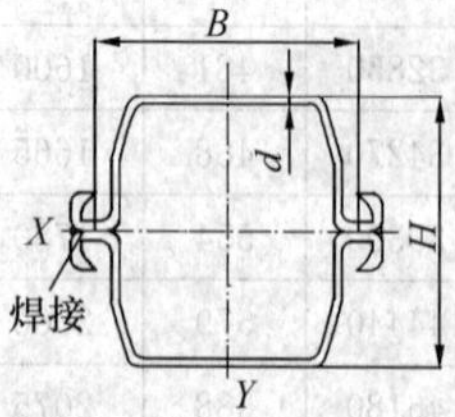

图 9-38　拉森型箱形钢板桩

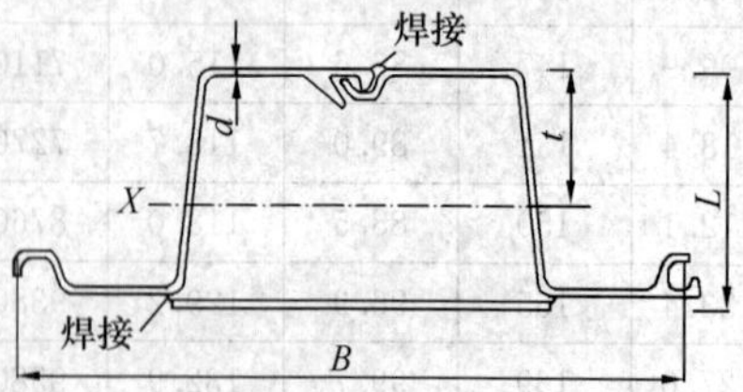

图 9-39　富丁汉型金属平板箱形钢板桩

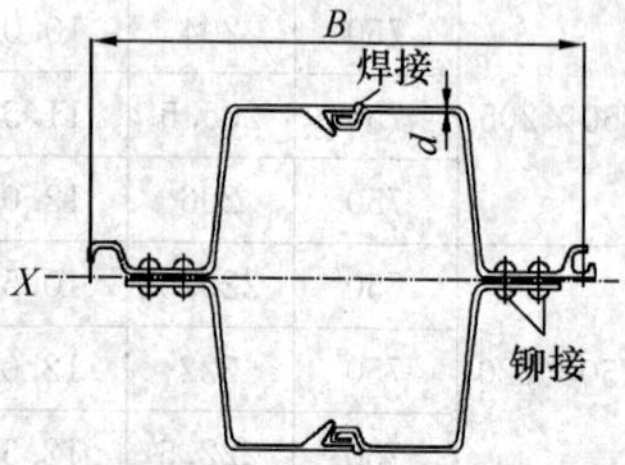

图 9-40　富丁汉型双箱形钢板桩

单 H 形冷弯钢板桩尺寸规格及特性参数　　表 9-11

截　面	钢板桩尺寸(mm)				截面积 (cm^2)	单位重量 (kg/m)	旋转半径(cm)		惯性矩(cm^4)		截面模数(cm^3)	
	B	C′	C	V			r_x	r_y	I_x	I_y	Z_x	Z_y
H50/20A	496	247.3	199	283	118.9	93.34	20.75	6.12	51210	4460	1810	302

续表

截面	钢板桩尺寸(mm)				截面积 (cm²)	单位重量 (kg/m)	旋转半径(cm)		惯性矩(cm⁴)		截面模数(cm³)	
	B	C'	C	V			r_x	r_y	I_x	I_y	Z_x	Z_y
H50/20B	500	248.3	200	282	131.8	103.46	20.87	6.02	57409	4778	2036	322
H50/20C	506	249.3	201	281	148.9	116.89	21.11	5.93	66345	5239	2361	352
H60/30A	582	348.3	300	317	192.1	150.80	24.35	8.18	113944	12868	3594	649
H60/30B	588	348.3	300	318	210.1	164.93	24.84	8.23	129607	14218	4076	717
H60/30C	594	350.3	302	318	240	188.40	24.93	8.12	149109	15842	4689	795
H60/30D	622	375.3	327	330	266	208.81	26.34	8.71	184541	20200	5592	954
H70/30A	692	348.3	300	368	229.1	179.84	28.81	7.69	190092	13537	5166	683
H70/30B	700	348.3	300	370	253.1	198.68	29.49	7.78	220159	15336	5950	773
H70/30C	708	350.3	302	372	291.1	228.51	29.66	7.74	256139	17451	6885	876
H90/40A	915	436.3	388	497	320.69	251.74	37.65	10.24	454547	33655	9146	1389
H90/40B	915	436.3	388	491	383.94	301.39	37.55	10.02	541375	38545	11026	1591
H90/40C	925	436.3	388	493	422.74	331.85	38.43	10.13	624452	43411	12666	1792

双 H 形冷弯钢板桩尺寸规格及特性参数 **表 9-12**

截面	钢板桩尺寸(mm)				截面积 (cm²)	单位重量 (kg/m)	旋转半径(cm)		惯性矩(cm⁴)		截面模数(cm³)	
	B	C'	C	V			r_x	r_y	I_x	I_y	Z_x	Z_y
H50/20A	496	446.3	398	283	220.2	172.86	20.71	12.16	94406	32561	3336	1317
H50/20B	500	448.3	400	282	246	193.11	20.81	12.10	106518	36022	3777	1451
H50/20C	506	450.3	402	281	280.2	219.96	21.04	12.05	124070	40660	4415	1631
H60/30A	582	648.3	600	317	366.6	287.78	24.26	17.41	215802	111078	6808	3189
H60/30B	588	648.3	600	318	402.6	316.04	24.76	17.22	246816	119415	7762	3429
H60/30C	594	652.3	604	318	462.4	362.98	25.02	17.40	289420	139996	9101	3996
H60/30D	622	702.3	654	330	514.4	403.80	26.27	18.91	354966	183893	10757	4900
H70/30A	692	648.3	600	368	440.6	345.87	28.83	17.18	366184	130036	9951	3733
H70/30B	700	648.3	600	370	488.6	383.55	29.48	17.19	424568	144435	11475	4147
H70/30C	708	652.3	604	372	564.6	443.21	29.64	17.23	496156	167587	13338	4784
H90/40A	915	824.3	776	497	607.14	476.60	37.62	22.50	859430	307245	17292	7042
H90/40B	915	824.3	776	491	733.64	575.91	37.51	22.29	1032438	364614	21027	8357
H90/40C	925	824.3	776	493	811.24	636.82	38.42	22.30	1197458	403573	24289	9250

9.6.1.5 组合钢板桩

近些年出现了许多复合加工型钢板桩。一些生产厂家在将钢板桩冷加工成型后，利用焊接方式将特制的锁扣焊接至钢板桩，实现了钢板桩连接的灵活性和高防水性能。此外，还出现了许多组合式的钢板桩结构，即采用截面模量较大的 H 形桩或管桩和钢板桩的组合结构，大大提高了整片桩墙的承载能力，组合钢板桩已成为大型重载或深水码头采用的一种重要结构形式。某种组合钢板桩见图 9-41 所示，冷弯钢板桩 2 根组合如图 9-42 所示。

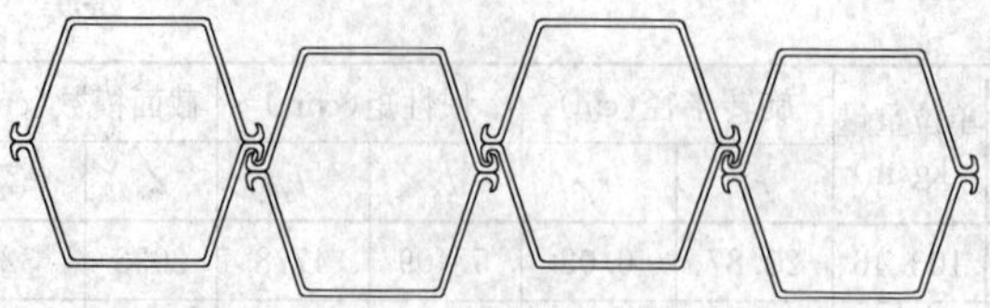

图 9-41　组合钢板桩

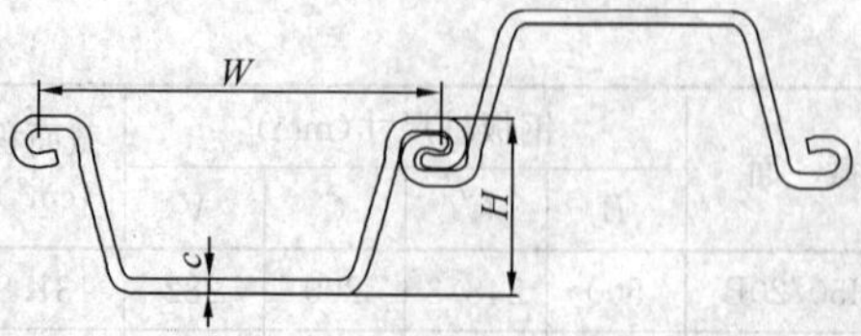

图 9-42　冷弯钢板桩 2 根组合

9.6.2　施工机械

打设钢板桩所用机械的选择与其他桩施工相似，但以采用三支点导杆式履带打桩机较为理想，因它稳定性好、行走方便、导杆可作水平垂直和前后调节，便于每块板桩随时校正，对保证垂直度起很大作用。

桩锤应根据板桩打入阻力进行选择，即根据不同土层土质确定其侧壁摩阻力和端部阻力。打设钢板桩，自由落锤、蒸汽锤、空气锤、液压锤、柴油锤、振动锤等皆可，但使用较多的为振动锤。振动锤是以振动体上下振动而使板桩沉入，贯入效果好，但振动会使钢板桩锁口的咬合和周围土体受到影响。如使用柴油锤时，为保护桩顶因受冲击而损伤和控制打入方向，在桩锤和钢板桩之间需设置桩帽。桩锤选择还应考虑锤体外形尺寸，其宽度不大于组合打入块数的宽度之和。

9.6.3　钢板桩施工

9.6.3.1　施工准备

1. 场地平面布置

施工道路布置应利于桩架开进移出以及大量钢板桩运输。设置钢板桩堆放场地，应便于大型机械和车辆进出。应设置必要的钢板桩材料堆场。

2. 钢板桩材料准备

桩于打入前应将桩尖处的凹槽底口封闭，避免泥土挤入，锁口应涂以黄油或其他油脂。用于永久性工程的桩表面应涂红丹和防锈漆。对于年久失修、锁口变形、锈蚀严重的钢板桩，应整修矫正；弯曲变形的桩可用油压千斤顶顶压或火烘等方法进行矫正。

（1）钢板桩检验

钢板桩进入施工现场前均需检查整理，只有完整平直的板桩可运入现场使用。钢板桩检验分为材质检验和外观检验，对焊接钢板桩，尚需进行焊接部位的检验。对用于基坑临时支护结构的钢板桩，主要进行外观检验，并对不符合形状要求的钢板桩进行矫正，以减少打桩过程中的困难。外观检验包括钢板桩长度、宽度、高度、厚度等指标，检查有无表面缺陷，端头矩形比及平直度和锁口形状等是否符合要求。材质检验包括对钢板桩母材的化学成分及机械性能进行全面试验及分析。

（2）钢板桩的矫正

钢板桩为多次周转使用的材料，在使用过程中会发生板桩的变形、损伤，使用前应进行矫正与修补。矫正主要包括表面缺陷修补、端部平面矫正、桩体挠曲矫正、桩体扭曲矫正、桩体局部变形矫正、锁口变形矫正等。

3. 导架安装

为保证沉桩轴线位置正确和桩的竖直，控制桩的打入精度，防止板桩屈曲变形和提高桩的贯入能力，一般都需要设置一定刚度的、坚固的导架，亦称“施工围檩”，其作用为保持钢板桩打入的垂直度和打入后板桩墙面平直。导架通常由导梁和导桩等组成，其形式在平面上有单面和双面之分，在高度上有单层、双层及多层之分，在移动方式上有锚固式和移动式之分，在刚度上有刚性和柔性之分。一般常用的是单层双面导架（图 9-43）。导桩可用 H 型钢、工字钢或槽钢等，导桩间距一般为 3～5m，双面导梁之间的间距一般比板桩墙高度大 8～15mm，其打入土中深度以 5m 左右为宜。导梁底面距地面高度设为 50mm，双层或多层导梁的层高间距按导梁刚度情况而定，但不宜过大，导梁宽度略大于桩厚度 3～5cm。

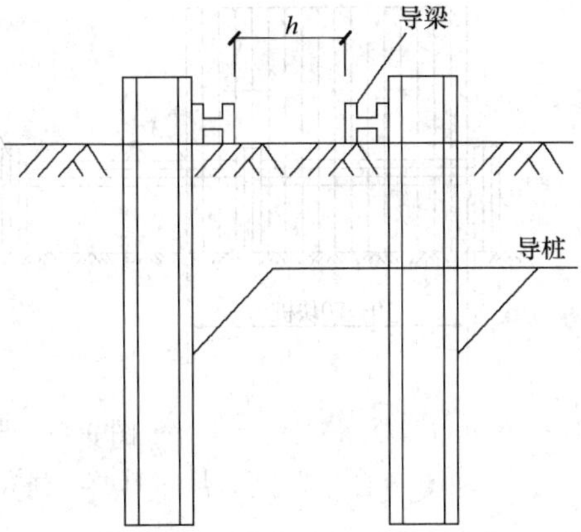

图 9-43 导架

导架应结构简单、牢固和设置方便，导架位置不得与钢板桩相碰，导桩不能随钢板桩打设而下沉或变形。导架每次设置长度按施工具体情况而定，并可考虑周转使用。导梁高度要适宜，要有利于控制钢板桩的施工高度和提高工效，导梁的位置和标高应严格控制。

4. 转角桩的制作

由于钢板桩构造的需要，常要配备改变打桩轴线方向的特殊形状的钢板桩，在矩形墙中为 90°的转角桩。一般是将工程所用的钢板桩从背面中线处切断，再根据所选择的截面进行焊接或铆接组合而成为转角桩。

9.6.3.2 钢板桩打设

1. 打桩方式选择

钢板桩打设方法可分为“单独打入法”和“屏风式打入法”两种。

单独打入法是最普通的施工法，这种方法是从板桩墙的一角开始，逐块（或两块为一组）打设，直至工程结束。这种打入方法简便、施工速度快，不需要其他辅助支架。但是易使钢板桩向一侧倾斜，且误差积累后不易纠正。为此，这种方法只适用于板桩墙要求不高、且板桩长度较小（如小于 10m）的情况。

屏风式打入法是将 10～20 根钢板桩成排插入导架内，呈屏风状，然后再分批施打。该打入法又可按屏风组立的排数，分为单屏风、双屏风和全屏风。单屏风应用最普遍；双屏风多用于轴线转角处施工；全屏风只用于要求较高的轴线闭合施工。施打时先将屏风墙两端的钢板桩打至设计标高或一定深度，成为定位板桩，然后在中间按顺序分 1/3，1/2 板桩高度呈阶梯状打入（图 9-44）。按屏风式打入法施打时，一排钢板桩的施打顺序有多种，视施工时具体情况选择。施打顺序影响钢板桩的垂直度、位移、板桩墙的凹凸和打设效率。

2. 钢板桩的打设

先用吊车将钢板桩吊至插桩点处进行插桩，插桩时锁口要对准，每插入一块即套上桩帽轻轻加以锤击。在打桩过程中，为保证钢板桩的垂直度，用两台经纬仪在两个方向加以

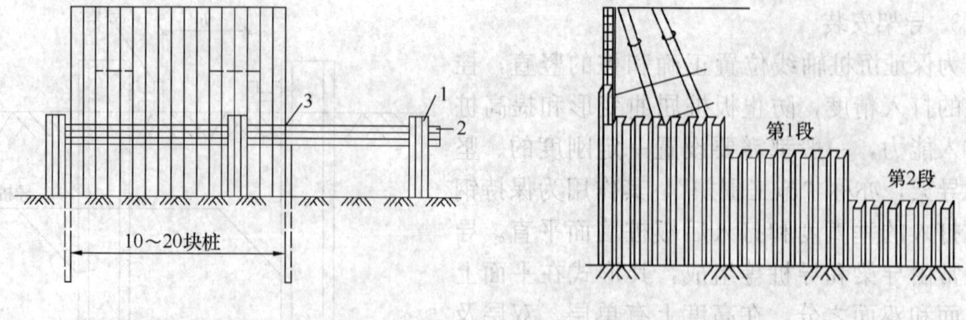

图 9-44　导架及屏风法打钢板桩

1—导桩；2—导梁；3—两端先打入的定位钢板桩

控制。为防止锁口中心线平面位移，可在打桩进行方向的钢板桩锁口处设卡板，阻止板桩位移。同时在围檩上预先算出每块板块的位置，以便随时检查校正。

钢板桩分几次打入，如第一次由 20m 高打至 15m，第二次则打至 10m，第三次打至导梁高度，待导架拆除后第四次才打至设计标高。打桩时开始打设的第一、二块钢板桩的打入位置和方向要确保精度，它可以起样板导向作用，一般每打入 1m 应测量一次。

钢板桩墙的设计水平总长度，有时并不是钢板桩标准宽度的整倍数，或者钢板桩墙的轴线较复杂，钢板桩的制作和打设有误差，均会给钢板桩墙的最终封闭合拢施工带来困难，这时候可采用异形板桩法、连接件法、骑缝搭接法、轴线调整法等方法。

若在坚实的砂层、砂砾层中沉桩，桩的阻力过大，需在打桩前对地质情况作详细分析，充分研究贯入的可能性，在施工时可伴以高压冲水或振动法沉桩，不要用锤硬打。若钢板桩连接锁口锈蚀、变形，入土阻力大，致使板桩不能顺利沿锁口而下，应在打桩前对钢板桩逐根检查，有锈蚀或变形的加以除锈、矫正，还可在锁口内涂油脂，以减少阻力。

在软土中打桩时，由于连接锁口处的阻力大于板桩与土体间的阻力，形成一个不平衡力，使板桩易向前进方向倾斜。可用卷扬机和钢丝绳将板桩反向拉住后再锤击，或改变锤击方向。当倾斜过大，靠上述方法不能纠正时，可用特制楔形板桩进行纠正。

当遇到不明障碍物或板桩倾斜，板桩阻力增大，会把相邻板桩带入。可按下列措施处理：①不是一次把板桩打到标高，留一部分在地面，待全部板桩入土后，用屏风法打设余下部分。②把相邻钢板桩焊在导梁上。③在连接锁口处涂以黄油减少阻力。④数根钢板桩用型钢连在一起。⑤运用特殊塞子，防止砂土进入连接锁口。⑥板桩被带入土中后，应在其顶部焊以同类型的板桩以补充不足的长度。

3. 钢板桩的转角和封闭

钢板桩的设计水平总长度，有时并不是钢板桩标准宽度的整倍数，或者钢板桩墙的轴线较复杂，钢板桩的制作和打设有误差，均会给钢板桩墙的最终封闭合拢施工带来困难，一般可采取下述方法：

(1) 异形板桩法：异形板桩的加工质量较难保证，而且打入和拔出也较困难，特别是用于封闭合拢的异形板桩，一般是在封闭合拢前根据需要进行加工，往往影响施工进度，所以应尽量避免采用异形板桩。

(2) 连接件法：此法是用特制的"ω"（Omega）和"δ"（Delta）型连接件来调整钢板桩的根数和方向，实现板桩墙的封闭合拢。钢板桩打设时，预先测定实际的板桩墙的有效宽度，并根据钢板桩和连接件的有效宽度确定板桩墙的合拢位置。

（3）骑缝搭接法：利用选用的钢板桩或宽度较大的其他型号的钢板桩作闭合板桩，打设于板桩墙闭合处。闭合板桩应打设于挡土的一侧。此法用于板桩墙要求较低的工程。

（4）轴线调整法：此法是通过钢板桩墙闭合轴线设计长度和位置的调整实现封闭合拢。封闭合拢处最好选在短边的角部。轴线修正的具体做法见图 9-45。先后沿直线段打至离转角桩约有 8 块钢板桩时暂时停止，量出至转角桩的总长度和增加的长度；根据两边水平方向增加的长度和转角桩的尺寸，将短边方向的导梁与围檩桩分开，用千斤顶向外顶出，进行轴线外移，经核对无误后再将导梁和围檩桩重新焊接固定；在长边方向的导梁内插桩，继续打设，插打到转角桩后，再转过来接着沿短边方向插打两块钢板桩；根据修正后的轴线沿短边方向继续向前插打，最后一块封闭合拢的钢板桩，设在短边方向从端部算起的第三块板桩的位置。

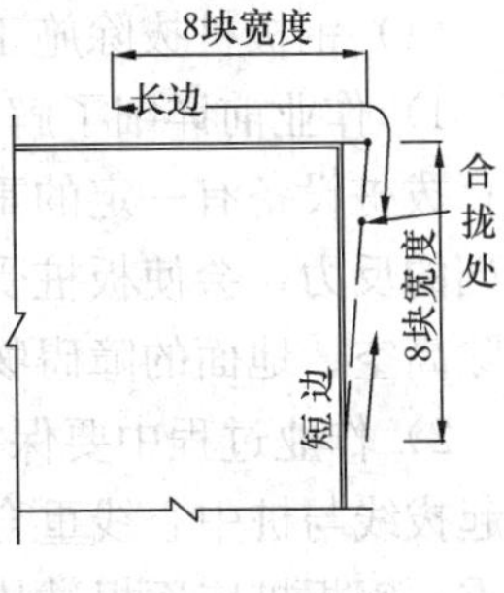

图 9-45 轴线修正

9.6.3.3 钢板桩拔除

1. 钢板桩拔出方法

钢板桩拔出不论采用何种方法都是从克服钢板桩的阻力着眼，根据所用机械的不同，拔桩方法分为静力拔桩、振动拔桩和冲击拔桩三种。

静力拔桩所用的设备简单，主要为卷扬机或液压千斤顶，受设备及能力所限，这种方法一般效率较低，有时不能将桩顺利拔出，但成本较低。

振动拔桩是利用机械的振动，激起钢板桩的振动，以克服钢板桩的阻力将桩拔出。这种方法的效率较高，操作简便，是施工人员优先考虑的一种方法；由于大功率振动拔桩机的出现，使多根钢板桩一起拔出有了可能。但振动拔桩时会对桩及土体产生一定振动，如拔桩再带土过多引起土体位移、地面沉降，给已施工的地下结构带来危害，影响邻近建筑物、道路和地下管线的正常使用。

冲击拔桩是以蒸汽、高压空气为动力，利用打桩机的原理，给予钢板桩向上的冲击力，利用卷扬机将钢板桩拔出。这类机械国内不多，工程中不常运用，下面重点介绍振动拔桩。

2. 拔桩施工

钢板桩拔除的难易，取决于打入时顺利与否。如果在硬土或密实砂土中打入时困难，则板桩拔除时也很困难，尤其是一些板桩的咬口在打入时产生变形或垂直度很差，则拔桩时会遇到很大的阻力。

此外基坑开挖时，支撑（拉锚）不及时，使板桩产生很大的变形，拔除也很困难，这些因素必须予以充分重视。拔桩产生出的桩孔，可用振动法、挤实法和填入法，及时回填以减少对邻近建筑物等的影响。在软土地区，拔桩产生的空隙会引起土层损失和扰动，使已施工的地下结构产生沉降，亦可能引起周围地面沉降，为此拔桩时要采取措施对拔桩造成的地层空隙及时回填，往往灌砂填充法效果较差，因此在控制地层位移有较高要求时，宜进行跟踪注浆等新的填充法。

振动拔除钢板桩采用振动锤与起重机共同拔除。后者用于振动锤拔不出的钢板桩，在钢板桩上设吊架，起重机在振动锤振拔的同时向上引拔。振动锤产生强迫振动，破坏板桩与周围土体间的粘结力，依靠附加的起吊力克服拔桩阻力将桩拔出。拔桩时先用振动锤将锁口振活以减小与土的粘结，然后边振边拔。较难拔的桩可选用柴油锤先振打，然后再与振动锤交替进行振打和振拔。

(1) 钢板桩拔除施工要点

1) 作业前详细了解土质及板桩打入情况、基坑开挖后板桩变形情况、周边环境情况等；拔桩设备有一定的重量，要验算作业区域的承载力；由于拔桩设备的重量及拔桩时对基础的反力，会使板桩受到侧向压力，为此需使拔桩设备同拔桩保持一定距离；作业前应排除高空、地面的障碍物。

2) 作业过程中要保持机械设备处于良好的工作状态；拔桩时用拔桩机卡头卡紧桩头，使起拔线与桩中心线重合；为防止邻近板桩同时拔出，可将邻近板桩临时焊死或在其上加配重；钢板桩应逐根试拔，易拔桩先拔出；钢板桩起到可用吊车直接吊起时应停振；振出的钢板桩及时吊出，起吊点必须在桩长 1/3 以上部位；拔桩时应随时观察吊机尾部翘起情况，防止倾覆；拔桩时应正确操作设备，拔桩机振幅达到最大负荷、振动 30min 时仍不能拔起时，应停止振动；在地下管线附近拔桩时，必须采取管线保护措施。

3) 对孔隙填充的情况及时检查，发现问题随时采取措施弥补；拔出的钢板桩应及时清除土砂，涂以油脂；完整的板桩要及时运出工地，堆置在平整的场地上；拔出的钢板桩进行修整，并用冷弯法调直后待用。

(2) 钢板桩拔不出时的措施

将钢板桩用振动锤或柴油锤等再复打一次，以克服与土的粘结力及咬口间的铁锈等产生的阻力。按与钢板桩打设顺序相反的次序拔桩。板桩承受土压一侧的土较密实，在其附近并列打入另一根板桩，可使原来的板桩顺利拔出。可在板桩两侧开槽，放入膨润土浆液（或黏土浆），拔桩时可减少阻力。

(3) 有利于拔桩的其他辅助手段

1) 膨润土泥浆槽施工法（图 9-46），膨润土泥浆随钢板桩一起跟入土层中，在板桩表面形成一薄膜，既有利于打桩又有利拔桩。

2) 排除钢板桩齿口中的土砂。在砂土层中打钢板桩，板桩齿口内会进入部分砂，造成打桩阻力增大，齿口变形，以致拔桩阻力也增大。图 9-47 所示排砂器具，可将砂土排除。也可在齿口开口部放入发泡塑料以防砂土进入，有利于下一块板桩打入且可减少拔桩阻力。

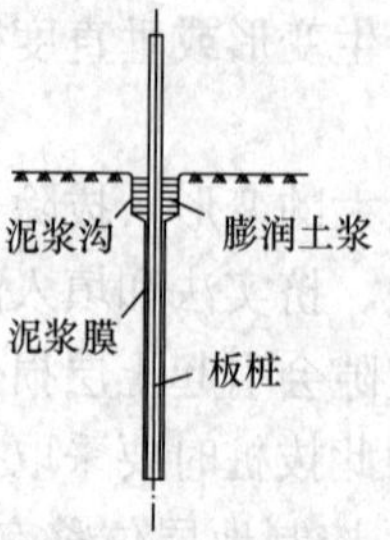

图 9-46　用膨润土泥浆槽打板桩

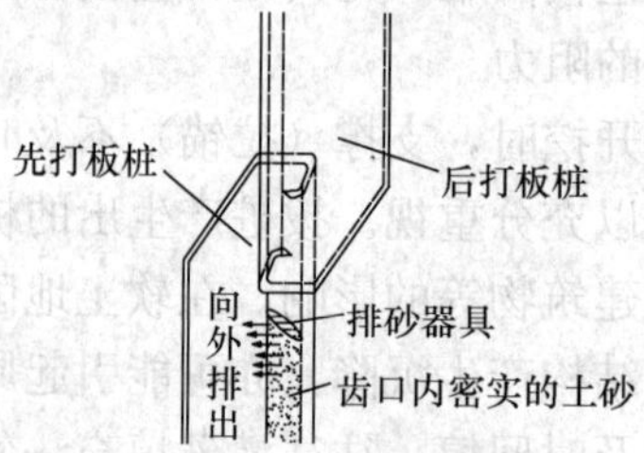

图 9-47　排除板桩齿口内土砂的专用器具

3）涂刷油脂或沥青。在钢板桩齿口内，桩表面涂以油脂或沥青可减少齿口内部或桩表面的摩阻力，也可防止表面锈蚀同样达到降低摩阻力的目的。

4）射水施工法。如图 9-48 所示，在板桩一侧安放 1 根管道，板桩入土同时将高压水泵入，使水流破坏桩表面与土之间的摩阻力，拔桩时也可用此法。

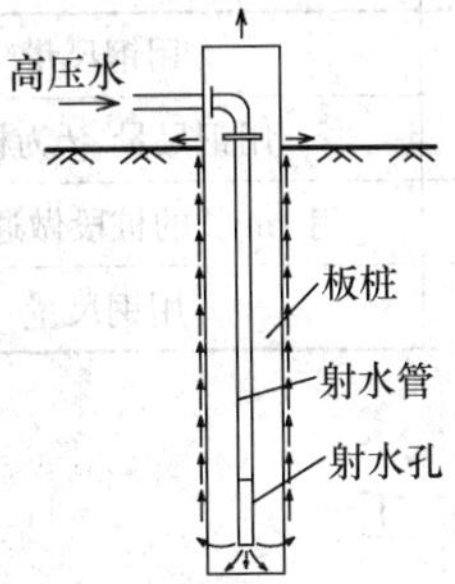

图 9-48 射水施工法

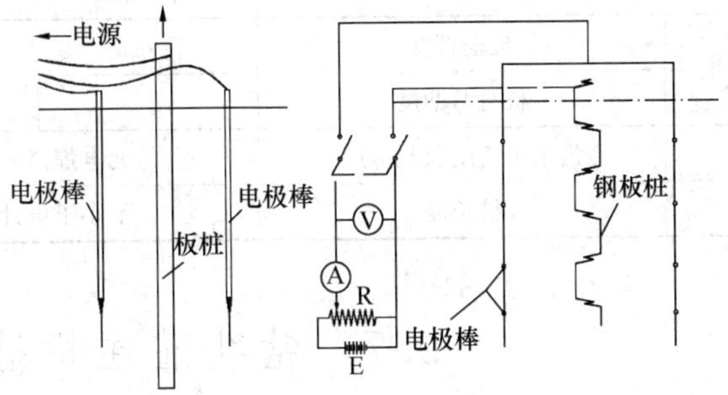

图 9-49 电渗法拔板桩

5）与长螺旋钻并用。板桩施工前先用长螺旋钻孔，再将板桩插入，钻孔时已将土松动，拔桩周围摩阻力亦可减少。

6）钻孔法。在钢板桩的侧面钻孔，松动土层以减小周围摩阻力。

7）电渗施工法。当黏土中含水量增加时，其抗剪强度会降低，以钢板桩作为阴极，阳极置于土层中，通电后，土中孔隙水便会集结在钢板桩周围，使其周围的黏土含水量大大增加，在板桩与土之间产生水膜并有气泡发生，起到减阻作用，如图 9-49 所示。

8）不同机械并用。板桩相互连接处锈蚀后使拔桩阻力增大，可用落锤在起拔前锤击板桩，使铁锈脱落，再用高能量拔桩机将桩拔出。

9.6.4 质 量 控 制

1. 质量控制要点

在拼接钢板桩时，两端钢板桩要对正、顶紧进行焊接，要求两钢板桩端头间缝隙不大于 3mm，断面上的错位不大于 2mm，使用新钢板桩时，要有其机械性能和化学成分的出厂证明文件，并详细丈量尺寸，检验是否符合要求。

组拼的钢板桩两端要平齐，误差不大于 3mm，钢板桩组上下一致，误差不大于 30mm，全部的锁口均要涂防水混合材料，使锁口嵌缝严密。在使用拼接接长的钢板桩时，钢板桩的拼接接头不能在同一断面上，而且相邻桩的接头上下错开至少 2m。在组拼钢板桩时要预先配桩，插桩时按规定的顺序吊插。

桩身应垂直，施工中应加强测量工作，发现倾斜及时调整。钢板桩桩顶标高允许偏差为±100mm；轴线允许偏差为±100mm；垂直度允许偏差为 1%。钢板桩打设时，当钢板桩的垂直度较好，可一次将桩打到要求深度；当垂直度较差时，要分两次进行施打，即先将所有的桩打入约一半深度后，再第二次打到要求的深度。打桩时必须在桩顶安装桩帽，以免桩顶破坏，切忌锤击过猛，以免桩尖弯卷，造成拔桩困难。

2. 钢板桩质量检验

钢板桩均为工厂成品，新桩可按出厂标准检验，重复使用的钢板桩应符合表 9-13 的规定。

重复使用的钢板桩检验标准　　　　表 9-13

序号	检 查 项 目	允许偏差或允许值		检查方法
		单　位	数　值	
1	桩垂直度	%	<1	用钢尺量
2	桩身弯曲度		<2% l	用钢尺量，l 为桩长
3	齿槽平直度及光滑度	无电焊渣或毛刺		用 1m 长的桩段做通过试验
4	桩长度	不小于设计长度		用钢尺量

9.7　钻孔灌注排桩工程施工

排桩式围护结构又称桩排式地下墙，它是把单个桩体，如钻孔灌注桩、挖孔桩及其他混合式桩等并排连续起来形成的地下挡土结构。排桩式围护结构属板式支护体系，是以排桩作为主要承受水平力的构件，并以水泥土搅拌桩、压密注浆、高压旋喷桩等作为防渗止水措施的围护结构形式。钻孔灌注排桩即为由钻孔灌注桩为桩体组成的排桩体系。单个桩体可在平面布置上采取不同排列形式，形成连续的板式挡土结构，以支撑不同地质和施工条件下基坑开挖时的侧向水土压力。图 9-50 中列举了几种常用排桩式围护结构形式。

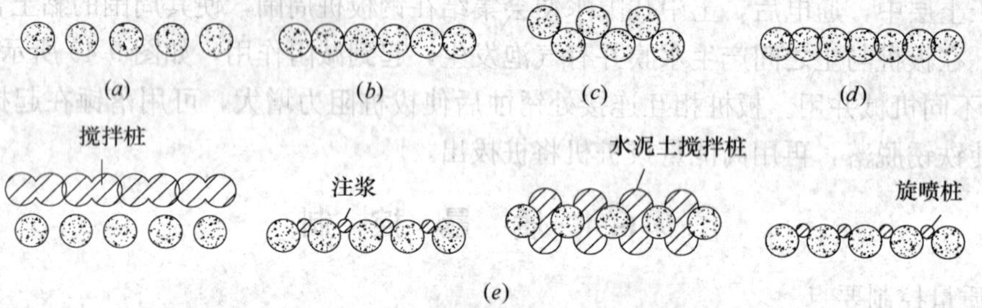

图 9-50　几种常用的排桩式围护结构形式

(*a*) 间隔排列；(*b*) 一字形相切排列；(*c*) 交错相切排列；
(*d*) 一字形搭接排列；(*e*) 间隔排列的防水措施

近年来通过大量基坑工程实践，以及防渗技术的提高，钻孔灌注排桩适用深度范围已逐渐被突破并取得了较好效果。钻孔灌注排桩应用于深基坑支护中，可减少开挖工程量，避免了因基坑施工对周边环境的影响，同时也缩短了前期的施工工期，节省了工程投资。

9.7.1　施工机械与设备

目前国内主要的钻孔机械有螺旋钻孔机、全套管钻孔机、转盘式钻孔机、回转斗式钻孔机、潜水钻孔机、冲击式钻孔机。

9.7.2　施　工　工　艺

钻孔灌注排桩施工工艺包括两部分，即钻孔灌注桩施工工艺和作为围护墙的钻孔灌注排桩的相关施工要求。

9.7.2.1 钻孔灌注桩施工工艺

钻孔灌注桩的施工工艺详见桩基工程部分，本节不作介绍。

9.7.2.2 钻孔灌注排桩施工要求

当基坑不考虑防水（或已采取降水措施）时，钻孔灌注桩可按一字形间隔排列或相切排列形成排桩。间隔排列的间距常为2.5～3.5倍桩径。土质较好时可利用桩侧“土拱”作用适当扩大桩距。当基坑考虑防水时，可按一字形搭接排列，也可按间隔或相切排列，并设隔水帷幕。搭接排列时，搭接长度宜为保护层厚度；间隔或相切排列时需另设隔水帷幕时，桩体净距可根据桩径、桩长、开挖深度、垂直度及扩颈情况来确定，一般为100～150mm。

钻孔灌注排桩中桩径和桩长根据地质和环境条件由计算确定，一般桩径可取500～1000mm，通常以采用ϕ600mm或大于ϕ600mm为宜。密排式钻孔灌注排桩每根桩的中心线间距一般应为桩直径加100～150mm，即两根桩的净间距为100～150mm，以免钻孔时碰及邻桩。分离式钻孔灌注排桩的中心距，应由设计根据实际受力情况确定。桩的埋入深度由设计根据结构受力和基坑底部稳定以及环境要求确定。

钻孔灌注排桩施工前必须试成孔，数量不得少于2个。以便核对地质资料，检验所选的设备、机具、施工工艺以及技术是否适宜。如孔径、垂直度、孔壁稳定和沉淤等检测指标不能满足设计要求时，应拟定补救技术措施，或重新选择施工工艺。

排桩要承受地面超载和侧向水土压力，其配筋量往往比工程桩大。当挖土面及其背面配筋不同时，施工必须严格按受力要求采取技术措施保证钢筋笼的正确位置。非均匀配筋排桩的钢筋笼在绑扎、吊装和埋设时，应保证钢筋笼的安放方向与设计方向一致。

钻孔灌注排桩施工时要采取间隔跳打，隔桩施工，并应在灌注混凝土24h后进行邻桩成孔施工，防止由于土体扰动对已浇筑的桩带来影响，排桩施工顺序如图9-51。对于砂质土，可采用套打排桩的形式（图9-52），即对有严重液化砂土地基先进行搅拌桩加固，然后在加固土中施工排桩以保证成孔质量，这就需要在搅拌桩结束后不久即进行排桩施工。

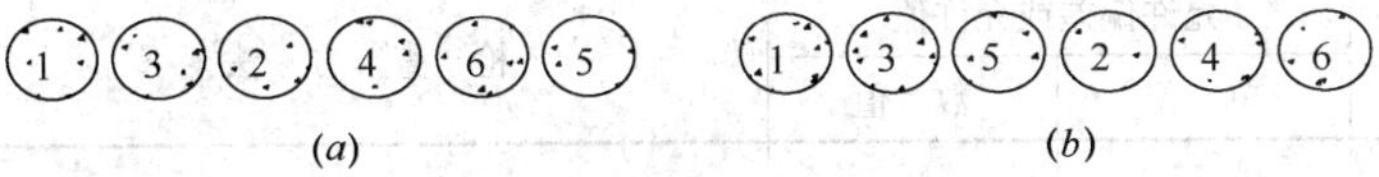

图9-51 排桩施工顺序

(a) 隔一跳打；(b) 隔二跳打

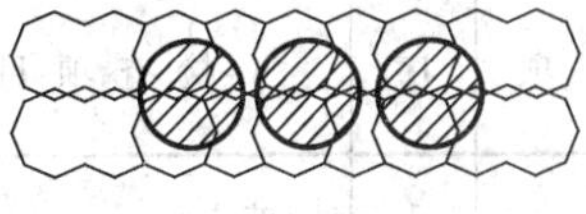

图9-52 套打排桩

按照工程经验，当距钻孔灌注排桩外侧100mm作双钻头排列（宽度1200mm）制作搅拌桩作为隔水帷幕时，其深度应满足基坑底防管涌的要求。如采用注浆（一般对粉质土或砂质土），也应满足形成隔水帷幕的要求。

钻孔灌注排桩顶部一般需作一道顶圈梁，以形成整体，便于开挖时整体受力和满足控制变形的要求。在开挖时需根据支撑设置围檩以构成整体受力。围檩要有一定刚度，防止由于围檩和支撑发生变形而导致围护墙变形过大或失稳破坏（图9-53）。

钻孔灌注排桩施工时要严防个别桩坍孔，致使后施工的邻桩无法成孔，造成开挖时严

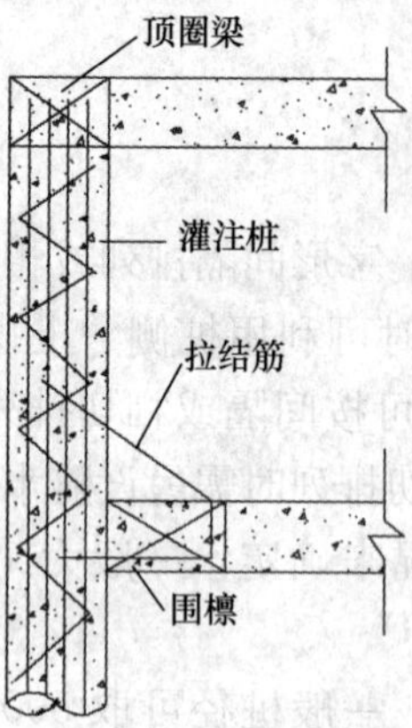

图 9-53　顶圈梁和围檩剖面

重流砂或涌土。钻孔灌注排桩采用泥浆护壁作业法成孔时，要特别注意孔壁护壁问题。由于通常采用跳孔法施工，当桩孔出现坍塌或扩径较大时，会导致两根已经施工的桩之间插入后施工的桩时发生成孔困难，可采取排桩轴线外移的措施。

应严格控制钻孔垂直度，避免桩间隙过大。若地下水从桩间空隙渗出，应及时采取针对性的封堵措施。

因钻孔灌注桩后一般有搅拌桩作隔水帷幕，围护结构厚度加大，造成施工场地减少。今后的趋势应是选用相互搭接的结构形式，省去后面的隔水帷幕。但是施工时应间隔进行。每相邻两根桩结束后，要在其中间插入 1 根桩，这就要求较高的施工精度，而且钻孔机钻头需有切割刀具，对机械的扭矩要求也高，非一般的机械所能达到。国外已很普遍采用这类结构，实质上这种形式已属柱列式地下连续墙范畴了。

9.7.3　质　量　控　制

钻孔灌注桩排桩的质量检验内容包括成孔深度、桩位、桩垂直度、泥浆比重、泥浆黏度、桩径、沉渣厚度、钢筋笼长度、主筋间距、箍筋间距、混凝土保护层厚度、钢筋笼安装深度、钢筋笼直径、混凝土充盈系数、混凝土坍落度、桩顶标高等。

混凝土抗压强度试块每 50m^3 混凝土不少于 1 组试块，且每根桩不少于一组试块。必要时可采用低应变动测法检测桩身完整性。周边环境保护要求较高的基坑，可采用坑内预降水的方法对隔水帷幕的隔水性能进行检测。

当采用低应变动测法检测桩身完整性时，检测桩数不宜少于总桩数的 20%，且不得少于 5 根；当根据低应变动测法判定的桩身完整性为Ⅲ类或Ⅳ类时，应采用钻芯法进行验证，并应扩大低应变动测法检测的数量。

除特殊要求外，钻孔灌注桩排桩的施工偏差应符合表 9-14 规定。

灌注桩质量检验标准　　**表 9-14**

项	序	检查项目	允许偏差或允许值		检查方法
			单位	数值	
主控项目	1	桩位	mm	≤100	基坑开挖前量护筒，开挖后量桩中心
	2	孔深	mm	＋300	只深不浅，用重锤测，或测钻杆、套管长度，嵌岩桩应确保进入设计要求的嵌岩深度
	3	桩体质量检验	按基桩检测技术规范。如钻芯取样，大直径嵌岩桩应钻至桩尖下 50cm		按基桩检测技术规范
	4	混凝土强度	设计要求		试件报告或钻芯取样送检
	5	承载力	按基桩检测技术规范		按基桩检测技术规范

续表

项	序	检查项目	允许偏差或允许值		检查方法
			单位	数值	
一般项目	1	垂直度	%	<1	测套管或钻杆，或用超声波探测，干施工时吊垂球
	2	桩径	mm	±50	井径仪或超声波检测，干施工时用钢尺量，人工挖孔桩不包括内衬厚度
	3	泥浆密度(黏土或砂性土中)	1.15～1.2		用密度计测，清孔后在距孔底 50cm 处取样
	4	泥浆面标高(高于地下水位)	m	0.5～1.0	目测
	5	沉渣厚度：端承桩摩擦桩	mm mm	≤50 ≤150	用沉渣仪或重锤测量
	6	混凝土坍落度：水下灌注干施工	mm mm	160～220 70～100	坍落度仪
	7	钢筋笼安装深度	mm	±100	用钢尺量
	8	混凝土充盈系数	>1		检查每根桩的实际灌注量
	9	桩顶标高	mm	+30 −50	水准仪，需扣除桩顶浮浆层及劣质桩体

9.8 型钢水泥土搅拌墙工程施工

型钢水泥土搅拌墙通常称为 SMW 工法（Soil Mixed Wall)，是一种在连续套接的三轴水泥土搅拌桩内插入型钢形成的复合挡土隔水结构。即型钢承受土侧压力，而水泥土则具有良好的抗渗性能，因此 SMW 墙具有挡土与止水双重作用。除了插入 H 型钢外，还可插入钢管、拉森板桩等。由于插入了型钢，故也可设置支撑。即利用三轴搅拌桩钻机在原地层中切削土体，同时钻机前端低压注入水泥浆液，与切碎土体充分搅拌形成隔水性较高的水泥土柱列式挡墙，在水泥土浆液尚未硬化前插入型钢的一种地下工程施工技术。

9.8.1 施工机械与设备

型钢水泥土搅拌墙施工应根据地质条件和周边环境条件、成桩深度、桩径等选用不同形式和不同功率的三轴搅拌机，与其配套的桩架性能参数应与三轴搅拌机成桩深度和提升力相匹配，钻杆及搅拌叶片构造应满足在成桩过程中水泥和土能充分搅拌的要求。型钢水泥土搅拌墙标准施工配置主要有三轴水泥土搅拌机、全液压履带式（步履式）桩架、水泥运输车、水泥筒仓、高压洗净机、电脑计量拌浆系统、空压机、履带吊、挖掘机等。

9.8.2 施工工艺

9.8.2.1 施工准备

(1) 施工现场应先进行场地平整，清除施工区域表层硬物和地下障碍物，遇明浜（塘）及低洼地时应抽水和清淤，回填黏性土并分层夯实。路基承载能力应满足重型桩机和吊车平稳行走移动的要求。

(2) 应按照桩位平面布置图，确定合理的施工顺序及配套机械、水泥等材料的放置位置。搭建拌浆设施和水泥储存场地，供浆系统相应设备试运转正常后方可就位。三轴搅拌机与桩架进场组装并试运转正常后方可就位。

(3) 测量放线定位后应做好测量技术复核工作，并经监理复核验收签证。

(4) 应根据基坑围护控制线开挖导向沟，并在沟槽边设置定位型钢。应根据内插型钢规格尺寸，制作相应的型钢定位导向架和防止下沉的悬挂构件。对进场型钢及其接头焊接质量进行验收，合格后方可使用。同时应按照产品操作规程在内插型钢表面涂抹减摩剂。

(5) 三轴搅拌机与桩架进场组装并试运转正常后方可就位。桩机吊至指定桩位、对中，并使桩机平台保持水平状态。

(6) 搭建拌浆设施和水泥堆场，供浆系统相应设备试运转正常后方可就位。

(7) 按设计确定的配合比制备水泥浆。正式施工前应通过试成桩，检验各项参数指标，用水清洗整个管道并检验管道中有无堵塞现象。

9.8.2.2　型钢水泥土搅拌墙施工流程

型钢水泥土搅拌墙施工流程如图 9-54。

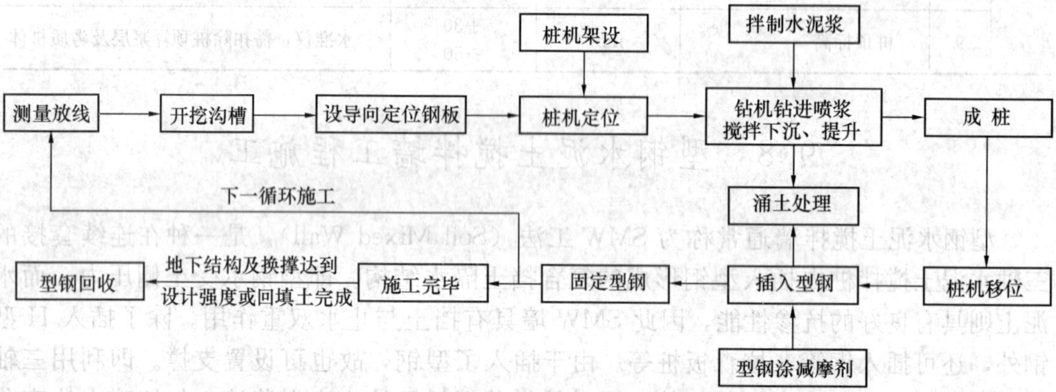

图 9-54　型钢水泥土搅拌墙施工流程图

9.8.2.3　型钢水泥土搅拌墙施工方法

型钢水泥土搅拌墙施工工况如图 9-55。

1. 测量放线

根据轴线基准点、围护平面布置图，放出围护桩边线和控制线，设立临时控制标志，做好技术复核。

2. 开挖沟槽

开挖槽沟并清除地下障碍物，开挖出来的土体应及时处理，以保证搅拌桩正常施工。在沟槽上部两侧设置定位导向钢板桩，标出插筋位置、间距，如图 9-56。

3. 桩机就位

桩机应平稳、平正，应用线锤对龙门立柱垂直定位观测以确保桩机垂直度，并经常校核，桩机立柱导向架垂直度偏差应小于 1/250。三轴水泥土搅拌桩桩位定位后应再进行定位复核，偏差值应小于 20mm。

4. 制备水泥浆液及浆液注入

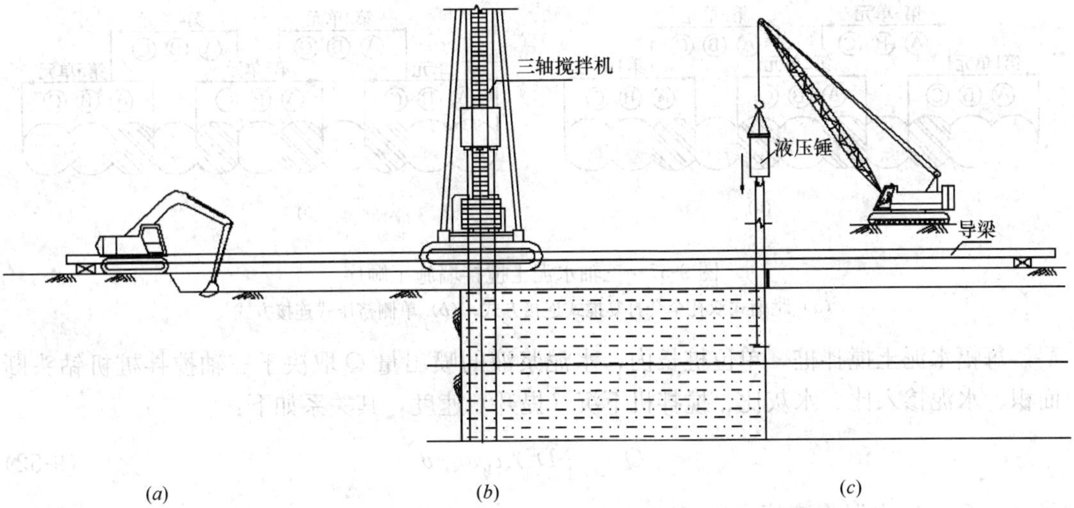

图 9-55 型钢水泥土搅拌墙施工工况

(*a*) 挖槽，放置定位梁；(*b*) 桩机定位、搅拌喷浆；(*c*) 成桩后插入型钢

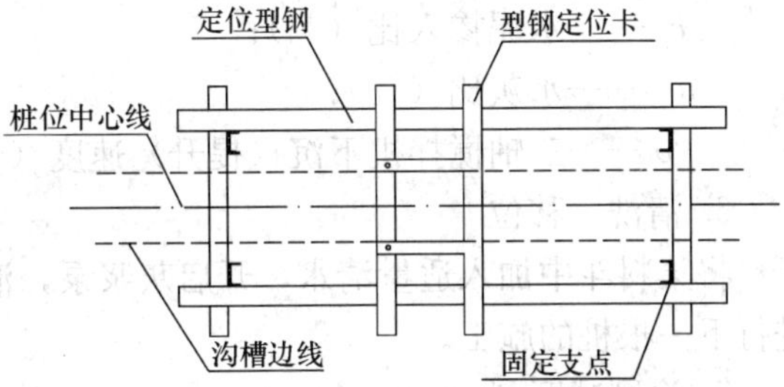

图 9-56 定位型钢示意图

开机前按要求进行水泥浆液的搅制。将配制好的水泥浆送入贮浆桶内备用。待三轴搅拌机启动，用空压机送浆至搅拌机钻头。应设计合理的水泥浆液及水灰比，使其在确保水泥土强度的同时，尽量使型钢能靠自重插入水泥土。水泥掺入比设计应确保水泥土强度满足要求，应降低土体置换率，减轻施工对环境的不利影响。对黏性土特别是标贯值和黏聚力高的地层，水灰比控制在 1.5～2.0；对于透水性强的砂土地层，水灰比宜控制在 1.2～1.5，必要时可在水泥浆液中掺入 5%左右的膨润土，可保持孔壁稳定性和提高墙体抗渗性。

5. 钻进搅拌

(1) 型钢水泥土搅拌墙的钻进搅拌施工顺序。跳槽式双孔全套打复搅式连接是常用的方式，施工时先施工第一单元，然后施工第二单元。第三单元的 A 轴及 C 轴分别插入到第一单元的 C 轴孔及第二单元的 A 轴孔中，完成套接施工。依次类推，施工第四单元和套接的第五单元，形成连续墙体，如图 9-57 (*a*) 所示。

单侧挤压式连接方式一般在施工受限制时采用，如在墙体转角处或施工间断的情况下。施工顺序如图 9-57 (*b*) 所示，先施工第一单元，第二单元的 A 轴插入第一单元的 C 轴中，边孔套接施工，依次类推施工完成水泥土搅拌墙体。

(2) 三轴水泥搅拌桩在下沉和提升过程中均应注入水泥浆液，并严格控制下沉和提升速度，喷浆下沉速度应控制在 0.5～1.0m/min，提升速度应控制在 1.0～2.0m/min，在桩底部分适当持续搅拌注浆，并尽可能做到匀速下沉和提升，使水泥浆和原地基土充分搅拌。

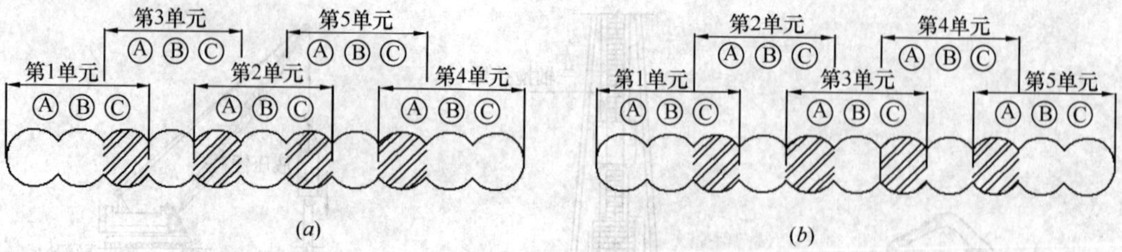

图 9-57 三轴水泥土搅拌墙施工顺序

(*a*) 跳槽式双孔全套打复搅式连接方式；(*b*) 单侧挤压式连接方式

每幅水泥土搅拌桩，单位桩长内，水泥浆液的喷出量 Q 取决于三轴搅拌桩机钻头断面积、水泥掺入比、水灰比、搅拌机下沉（提升）速度，其关系如下：

$$Q=\frac{\pi}{4}D^2\gamma_s c_p w_c/v \tag{9-52}$$

式中 Q——水泥浆液喷出量（L）；

D——三轴搅拌机钻头断面积（m^2）；

γ_s——土的重度（kN/m^3）；

c_p——水泥掺入比（%）；

w_c——水灰比（%）；

v——三轴搅拌机下沉（提升）速度（m/min）。

6. 清洗、移位

将集料斗中加入适量清水，开启灰浆泵，清洗压浆管道及其他所用机具，然后移位再进行下一根桩的施工。

7. 涂刷减摩剂

应清除型钢表面的污垢及铁锈，减摩剂应在干燥条件下均匀涂抹在型钢插入水泥土的部分。减摩剂必须加热至完全熔化，搅拌均匀后方可涂敷于型钢上，否则涂层不均匀，易剥落。如遇雨天等情况造成型钢表面潮湿，应先用抹布擦干后再涂刷减摩剂，不可在潮湿表面上直接涂刷，否则将剥落。浇筑围护墙压顶圈梁时，埋设在圈梁中的型钢部分应用泡沫塑料片等硬质隔离材料将其与混凝土隔开，以利于型钢的起拔回收。

8. 插入型钢

三轴水泥搅拌桩施工完毕后，吊机应立即就位，准备吊放型钢。型钢插入宜在搅拌桩施工结束后 30min 内进行，插入前应检查其规格型号、长度、直线度、接头焊缝质量等，以满足设计要求。型钢插入应采用牢固的定位导向架，先固定插入型钢的平面位置，然后起吊型钢，将型钢底部中心对正桩位中心并沿定位导向架徐徐垂直插入水泥土搅拌桩体内。必要时可采用经纬仪校核型钢插入时的垂直度，型钢插入到位后用悬挂物件控制型钢顶标高。型钢插入宜依靠自重插入，也可借助带有液压钳的振动锤等辅助手段下沉到位，严禁采用多次重复起吊型钢并松钩下落的插入方法。型钢下插至设计深度后，用槽钢穿过吊筋将其搁置在定位型钢上，待水泥土搅拌桩硬化后，将吊筋及沟槽定位型钢撤除。

9. 涌土处理

由于水泥浆液的定量注入搅拌和型钢插入，一部分水泥土被置换出沟槽，采用挖土机将沟槽内的水泥土清理出沟槽，保持沟槽沿边的整洁，确保桩体硬化成型和下道工序的继续，被清理的水泥土将在24h之后开始硬化，随日后基坑开挖一起运出场地。

10. 型钢拔除

主体地下结构施工完毕，结构外墙与围护墙间回填密实后方可拔除型钢，应采用专用夹具及千斤顶，以圈梁为反力梁，配以吊车起拔型钢。型钢拔除后的空隙应及时充填密实。型钢拔除如图9-58。

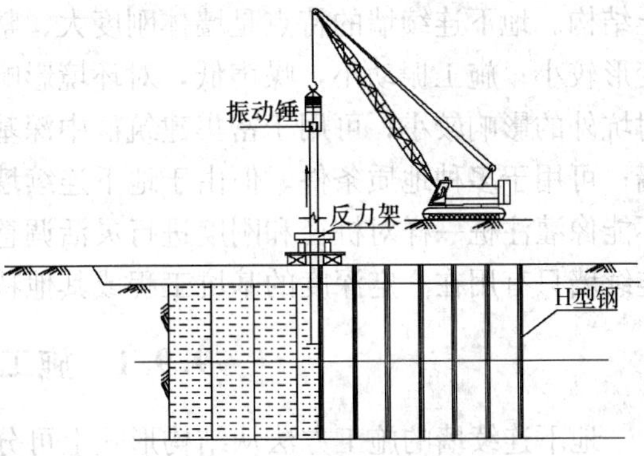

图9-58　型钢拔除施工图

9.8.3　质　量　控　制

型钢水泥土搅拌墙的质量包括两个方面。一方面是检验水泥土的质量，包括水泥土桩的材料质量、配合比试验，桩位、桩长、桩顶标高、桩架垂直度、桩身水泥掺量、上提喷浆速度、外掺剂掺量、水灰比、搅拌和喷浆起止时间、喷浆量的均匀、搭接桩施工间歇时间、水泥土桩身强度、桩的数量等。另一方面是检验插入型钢的质量，包括型钢的长度、垂直度、插入标高、平面位置、型钢转向等。具体质量控制标准应符合表9-15、表9-16的规定。

水泥土搅拌桩成桩允许偏差　　表9-15

序号	检查项目	允许偏差或允许值	检查频率	检查方法
1	桩底标高(mm)	±200	每根	测钻杆长度
2	桩顶标高(mm)	+100～−50	每根	水准仪
3	桩位偏差(mm)	<50	每根	钢尺量
4	桩径(mm)	±10	每根	钢尺量
5	桩体垂直度	1/200	每根	经纬仪测量

型钢插入允许偏差　　表9-16

序号	检查项目	允许偏差或允许值	检查频率	检查方法
1	型钢长度(mm)	±10	每根	钢尺量
2	型钢底标高(mm)	−30	每根	水准仪测量
3	型钢垂直度(%)	≤0.5	每根	经纬仪测量
4	型钢插入平面位置(mm)	50(平行于基坑方向)	每根	钢尺量
		10(垂直于基坑方向)	每根	
5	形心转角 ϕ(°)	3	每根	量角器测量

9.9　地下连续墙工程施工

地下连续墙是在地面上利用各种挖槽机械，沿支护轴线，在泥浆护壁条件下，开挖出一条狭长深槽，清槽后在槽内吊放钢筋笼，然后用导管法浇筑水下混凝土，筑成一个单元槽段，如此逐段进行，在地下筑成一道连续的钢筋混凝土墙，作为截水、防渗、承重、挡土结构。地下连续墙的特点是墙体刚度大、整体性好，基坑开挖过程安全性高，支护结构变形较小；施工振动小，噪声低，对环境影响小；墙身具有良好的抗渗能力，坑内降水时对坑外的影响较小；可用于密集建筑群中深基坑支护及逆作法施工；可作为地下结构的外墙；可用于多种地质条件。但由于地下连续墙施工机械的因素，其厚度具有固定的模数，不能像灌注桩一样对桩径和刚度进行灵活调整，且地下连续墙的成本较为昂贵，因此地下连续墙只有用在一定深度的基坑工程或其他特殊条件下才能显示其经济性和特有的优势。

9.9.1　施工机械与设备

地下连续墙的施工方法从结构形式上可分为柱列式和壁式两大类，其施工机械也相应的分为柱列式和壁式两大类。前者主要通过水泥浆及添加剂与原位置的土进行混合搅拌形成桩，并在横向上重叠搭接形成连续墙。后者则由水泥浆与原位置土搅拌形成连续墙，并就地灌注混凝土形成连续墙。柱列式地下连续墙施工机械设备一般采用长螺旋钻孔机和原位置土混合搅拌壁式地下连续墙（TRD工法）施工设备；壁式地下连续墙施工机械设备一般采用抓斗式成槽机、回转式成槽机及冲击式三大类，抓斗式包括悬吊式液压抓斗成槽机、导板式液压抓斗成槽机和导杆式液压抓斗成槽机三种，回转式包括垂直多轴式成槽机和水平多轴式回转钻成槽机（铣槽机）两种。地下连续墙施工机械详见第6章。

随着地下空间开发技术的发展，地下连续墙作为一种重要的深基坑围护结构，也有越做越深、越做越厚的趋势，相应的地层条件、周边环境、作业空间也越来越复杂。大型化、一体化、组合成槽等已经成为了地下连续墙施工机械的发展方向。

9.9.2　施　工　工　艺

9.9.2.1　工艺流程

我国建筑工程中应用最多的是现浇钢筋混凝土壁板式地下连续墙，其施工工艺过程通常如图9-59所示。

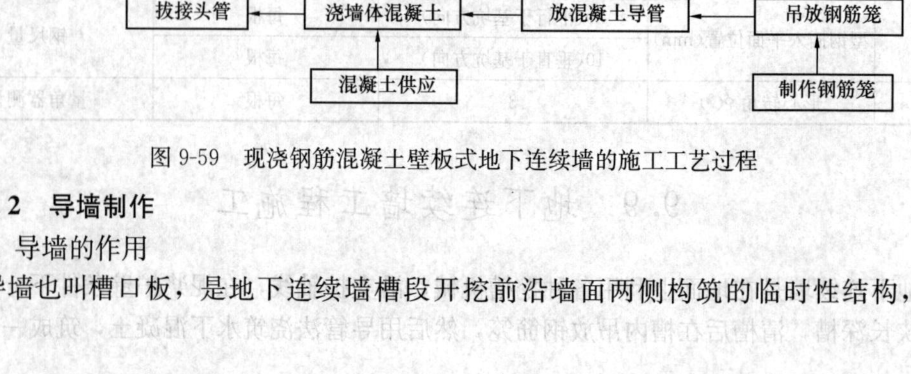

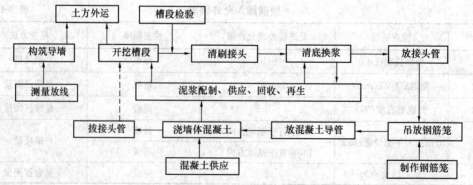

图9-59　现浇钢筋混凝土壁板式地下连续墙的施工工艺过程

9.9.2.2　导墙制作

1. 导墙的作用

导墙也叫槽口板，是地下连续墙槽段开挖前沿墙面两侧构筑的临时性结构，其作用是：

(1) 成槽导向、测量基准;

(2) 稳定上部土体,防止槽口塌方;

(3) 重物支撑平台,承受施工荷载;

(4) 存储泥浆、稳定泥浆液位、围护槽壁稳定;

(5) 对地面沉降和位移起到一定控制作用。

2. 导墙的结构形式

导墙一般为现浇的钢筋混凝土结构,也有钢制或预制钢筋混凝土结构。图 9-60 所示是适用于各种施工条件的现浇钢筋混凝土导墙的形式。形式 (*a*)、(*b*) 适用于表层土良好和导墙荷载较小的情况;形式 (*c*)、(*d*) 适用于表层土承载力较弱的土层;形式 (*e*) 适用于导墙上的荷载很大的情况;形式 (*f*) 适用于邻近建(构)筑物需要保护的情况;当地下水位很高而又不采用井点降水时,可采用形式 (*g*) 的导墙;当施工作业面在地下时,导墙需要支撑于已施工的结构作为临时支撑用的水平导梁,可采用形式 (*h*) 的导墙;形式 (*i*) 是金属结构的可拆装导墙中的一种,由 H 型钢和钢板组成。

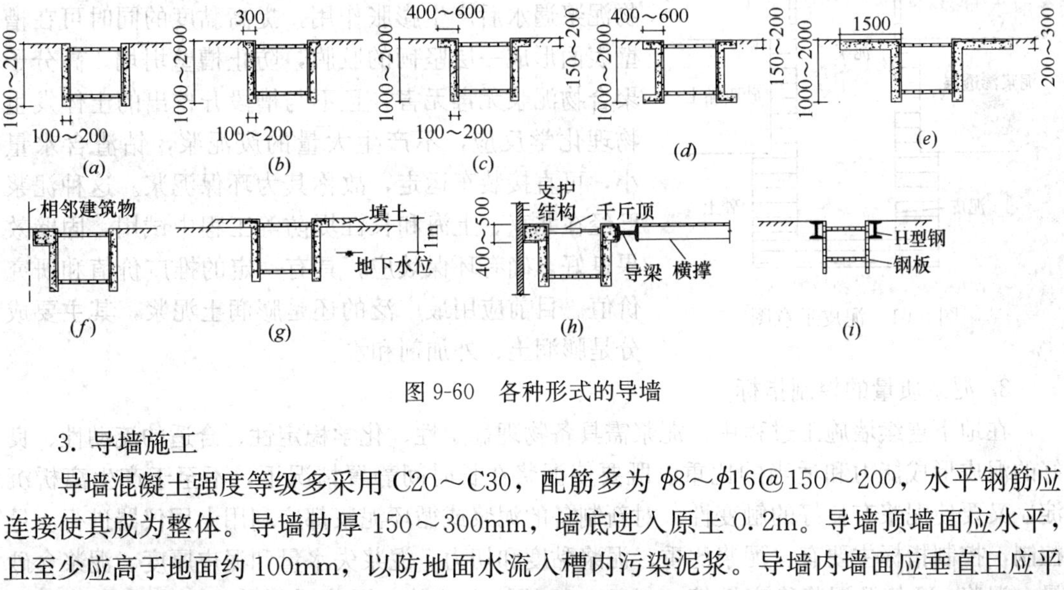

图 9-60 各种形式的导墙

3. 导墙施工

导墙混凝土强度等级多采用 C20~C30,配筋多为 ϕ8~ϕ16@150~200,水平钢筋应连接使其成为整体。导墙肋厚 150~300mm,墙底进入原土 0.2m。导墙顶墙面应水平,且至少应高于地面约 100mm,以防地面水流入槽内污染泥浆。导墙内墙面应垂直且应平行于地下连续墙轴线,导墙底面应与原土面密贴,以防槽内泥浆渗入导墙后侧。墙面平整度应控制在 5mm 内,墙面垂直度不大于 1/500。内外导墙间净距比设计的地下连续墙厚度大 40~60mm,净距的允许偏差为±5mm,轴线距离的最大允许偏差为±10mm。导墙应对称浇筑,强度达到 70%后方可拆模。现浇钢筋混凝土导墙拆模后,应立即加设上、下两道木支撑(10cm 直径圆木或 10cm 见方方木),防止导墙向内挤压,支撑水平间距为 1.5~2.0m,上下为 0.8~1.0m。

9.9.2.3 泥浆配制

1. 泥浆的作用

泥浆是地下连续墙施工中成槽槽壁稳定的关键。在地下连续墙挖槽时,泥浆起到护壁、携渣、冷却机具和切土滑润作用。槽内泥浆液面应高出地下水位一定高度,以防槽壁倒塌、剥落和防止地下水渗入。同时由于泥浆在槽壁内的压差作用,在槽壁表面形成一层透水性很低的固体颗粒胶结物——泥皮(图 9-61),起到护壁作用。

2. 泥浆的成分

护壁泥浆除通常使用的膨润土泥浆外，还有高分子聚合物泥浆、CMC（羧甲基纤维素）泥浆和盐水泥浆等，其主要成分和外加剂如表 9-17 所示。

护壁泥浆的种类及其主要成分　　**表 9-17**

泥浆种类	主要成分	常用的外加剂
膨润土泥浆	膨润土、水	分散剂、增黏剂，加重剂、防漏剂
高分子聚合物泥浆	高分子聚合物、水	
CMC 泥浆	CMC、水	膨润土
盐水泥浆	膨润土、盐水	分散剂、特殊黏土

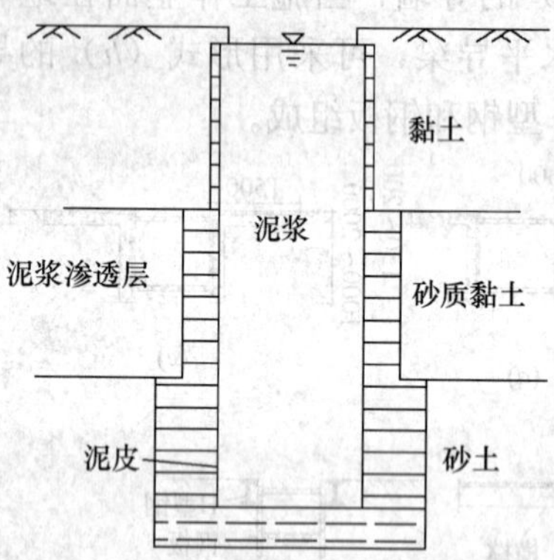

图 9-61　泥皮示意图

高分子聚合物泥浆是以长链高分子有机聚合物和无机硅酸盐为主体的泥浆，该种泥浆一般不加（或掺很少量）膨润土，是近十多年才研制成功的。该聚合物泥浆遇水后产生膨胀作用，提高黏度的同时可在槽壁表面形成一层坚韧的胶膜，防止槽壁坍塌。高分子聚合物泥浆无毒无害，且不与槽段开挖出的土体发生物理化学反应，不产生大量的废泥浆，钻渣含水量小，可直接装车运走，故称其为环保泥浆。这种泥浆已经在北京、上海和长江堤防等工程中试用，固壁效果良好，确有环保效应，具有一定的推广价值和研究价值。目前应用最广泛的还是膨润土泥浆，其主要成分是膨润土、外加剂和水。

3. 泥浆质量的控制指标

在地下连续墙施工过程中，泥浆需具备物理稳定性、化学稳定性、合适的流动性、良好的泥皮形成能力和适当的比重。既要使泥浆在长时间静置情况下，不至于产生离析沉淀，又要使泥浆有良好的触变性。对新制备的泥浆或循环泥浆都应利用专用仪器进行质量控制，控制指标主要有：泥浆比重、泥浆黏度和切力、泥浆失水量和泥皮厚度、泥浆含砂量、泥浆 pH 值及泥浆稳定性等。对于一般的软土地基，泥浆质量的控制指标如表 9-18 所示。

泥浆质量的控制指标　　**表 9-18**

泥浆性能	新配制		循环泥浆		废弃泥浆		检验方法
	黏性土	砂性土	黏性土	砂性土	黏性土	砂性土	
密度 (g/cm^3)	1.04～1.05	1.06～1.08	＜1.15	＜1.25	＞1.25	＞1.35	比重计
黏度 (s)	20～24	25～30	＜25	＜35	＞50	＞60	漏斗黏度计
含砂率 (%)	＜3	＜4	＜4	＜7	＞8	＞11	含砂量杯
pH 值	8～9	8～9	8～11	8～11	＞12	＞12	pH 试纸

续表

泥浆性能	新配制		循环泥浆		废弃泥浆		检验方法
	黏性土	砂性土	黏性土	砂性土	黏性土	砂性土	
失水量	<10mL/30min	<10mL/30min	<20mL/30min	<20mL/30min	—	—	失水仪
泥皮厚度（mm）	<1	<1	<2.5	<2.5	—	—	
胶体率（%）	>98	>98	>98	>98	—	—	量筒法
静切力（mg/cm²）	20～30/1min 50～100/10min	20～30/1min 50～100/10min	20～30/1min 50～100/10min	20～30/1min 50～100/10min	—	—	静切力仪或旋转黏度计

4. 泥浆的制备与处理

（1）泥浆的配合比和需要量

确定泥浆配合比时，根据为保持槽壁稳定所需的黏度来确定各类成分的掺量，膨润土的掺量一般为6%～10%，膨润土品种和产地较多，应通过试验选择；增黏剂CMC（羧甲基钠纤维素）的掺量一般为0.01%～0.3%；分散剂（纯碱）的掺量一般为0～0.5%。不同地区、不同地质水文条件，不同施工设备，对泥浆的性能指标都有不同的要求，为达到最佳的护壁效果，应根据实际情况由试验确定泥浆最优配合比。

计算地下连续墙施工泥浆需要量主要是按泥浆损失量进行计算，作为参考，可用下式进行估算：

$$Q=\frac{V}{n}+\frac{V}{n}\left(1-\frac{K_1}{100}\right)(n-1)+\frac{K_2}{100}V \tag{9-53}$$

式中　Q——泥浆总需要量（m^3）；

V——设计总挖土量（m^3）；

n——单元槽段数量；

K_1——浇筑混凝土时的泥浆回收率（%），一般为60%～80%；

K_2——泥浆消耗率（%），一般为10%～20%。

（2）泥浆制备

泥浆制备包括泥浆搅拌和泥浆贮存。制备膨润土泥浆一定要充分搅拌，否则会影响泥浆的失水量和黏度。泥浆投料顺序一般为水、膨润土、CMC、分散剂、其他外加剂。CMC较难溶解，最好先用水将CMC溶解成1%～3%的溶液，CMC溶液可能会妨碍膨润土溶胀，宜在膨润土之后再掺入进行拌合。

为充分发挥泥浆在地下连续墙施工中的作用，泥浆最好在膨润土充分水化之后再使用，新配制的泥浆应静置贮存3h以上，如现场实际条件允许静置24h后再使用更佳。泥浆存贮位置以不影响地下连续墙施工为原则，泥浆输送距离不宜超过200m，否则应在适当地点位置设置泥浆回收接力池。

（3）泥浆处理

在地下连续墙施工过程中，泥浆与地下水、砂、土、混凝土等接触，膨润土、外加剂等成分会有所消耗，而且也会混入一些土渣和电解质离子等，使泥浆受到污染而性质恶化。被污染后性质恶化了的泥浆，经过处理后仍可重复使用。如污染严重难以处理或处理不经济者则舍弃。泥浆处理方法通常因挖槽方法而异：对于泥浆循环挖槽方法，要处理挖槽过程中含有大量土渣的泥浆以及浇筑混凝土所置换出来的泥浆；对于直接出渣挖槽方法只处理浇筑混凝土置换出来的泥浆。泥浆处理分为土渣的分离处理（物理再生处理）和污染泥浆的化学处理（化学再生处理），其中物理处理又分重力沉淀和机械处理两种，重力沉淀处理是利用泥浆与土渣的相对密度差使土渣产生沉淀的方法，机械处理是使用专用除砂除泥装置回收。泥浆再生处理用物理再生处理和化学再生处理联合进行效果更好。

从槽段中回收的泥浆经振动筛除，除去其中较大的土渣，进入沉淀池进行重力沉淀，再通过旋流器分离颗粒较小的土渣，若还达不到使用指标，再加入掺合物进行化学处理。浇筑混凝土置换出来的泥浆混入阳离子时，土颗粒就易互相凝聚，增强泥浆的凝胶化倾向。泥浆产生凝胶化后，泥浆的泥皮形成性能减弱，槽壁稳定性较差；黏性增高，土渣分离困难；在泵和管道内的流动阻力增大。对这种恶化了的泥浆要进行化学处理。化学处理一般用分散剂，经化学处理后再进行土渣分离处理。通常槽段最后 2～3m 左右浆液因污染严重而直接废弃。泥浆经过化学处理后，用控制泥浆质量的各项指标进行检验，如果需要可再补充掺入泥浆材料进行再生调制。经再生调制的泥浆，送入贮浆池（罐），待新掺入的材料与处理过的泥浆完全融合后再重复使用。化学处理的一般规则见表 9-19。

化学处理泥浆的一般规则　　**表 9-19**

调整项目	处理方法	对其他性能的影响
增加黏度	加膨润土	失水量减小，稳定性、静切力、密度增加
	加 CMC	失水量减小，稳定性、静切力增加，密度不变
	加纯碱	失水量减小，稳定性、静切力、pH 值增加，密度不变
减小黏度	加水	失水量增加，密度、静切力减小
增加密度	加膨润土	黏度、稳定性增加
减小密度	加水	黏度、稳定性减少，失水量增加
减小失水量	加膨润土和 CMC	黏度、稳定性增加
增加稳定性	加膨润土和 CMC	黏度增加，失水量减小
增加静切力	加膨润土和 CMC	黏度、稳定性增加，失水量减小
减小静切力	加水	黏度、密度减小，失水量增加

注：泥浆稳定性是指在地心引力作用下，泥浆是否容易下沉的性质。测定泥浆稳定性常用“析水性试验”和“上下相对密度差试验”。对静置 1h 以上的泥浆，从其容器的上部 1/3 和下部 1/3 处各取出泥浆试样，分别测定其密度，如两者没有差别则泥浆质量满足要求。

（4）泥浆制备与处理设备

泥浆制备包括泥浆搅拌和泥浆贮存。泥浆搅拌可采用低速卧式搅拌机搅拌、高速回转式搅拌机搅拌、螺旋桨式搅拌机搅拌、喷射式搅拌机搅拌、压缩空气搅拌、离心泵重复循环搅拌等。常用高速回转式搅拌机和喷射式搅拌机两类。搅拌设备应保证必要的泥浆性能，搅拌效率要高，能在规定时间内供应所需泥浆，要使用和拆装方便，噪声小。亦可将高速回转式搅拌机与喷射式搅拌机组合使用进行制备泥浆，即先经过喷嘴喷射拌合后再进入高速回转搅拌机拌合，直至泥浆达到设计浓度。

高速回转式搅拌机（亦称螺旋桨式搅拌机）由搅拌筒和搅拌叶片组成，是以高速回转的叶片使泥浆产生激烈的涡流，将泥浆搅拌均匀。其主要性能如表 9-20。

高速回转式搅拌机的主要性能　**表 9-20**

型　号	结构形式	搅拌筒容量(m^3)	搅拌筒尺寸(尺寸×高度)(mm)	搅拌叶片回转速度(r/min)	电机功率(kW)	尺寸(高×宽×长)(mm)	重量(kg)
HM-250	单筒式	0.20	700×705	600	5.5	1100×920×1250	195
HM-500	双筒并列式	0.40×2	780×1100	500	11	1720×990×1720	550
HM-8	双筒并列式	0.25×2	820×720	280	3.7	1250×1000×2000	400
GSM-15	双筒并列式	0.50×2	1400×900	280	5.5×2	2400×1700×1600	900
MH-2	双筒并列式	0.39×2	800×910	1000	3.7	1470×950×2000	450
MCE-200A	单筒式	0.20	762×710	800～1000	2.2	1000×800×1250	180
MCE-600B	单筒式	0.60	1000×1095	600	5.5	1600×990×1720	400
MCE-2000	单筒式	2.0	1550×1425	550～650	15	2100×1550×1940	1200
MS-600	双筒并列式	0.48×2	950×900	400	7.5×2	1500×1200×2200	550
MS-1000	双筒并列式	0.88×2	1150×1000	600	18.5×2	1850×1350×2600	850
MS-1500	双筒并列式	1.2×2	1200×1300	600	18.5×2	2100×1350×2600	850

将泥浆搅拌均匀所需的搅拌时间，取决于搅拌机的搅拌能力（搅拌筒大小、搅拌叶片回转速度等）、膨润土浓度、泥浆搅拌后贮存时间长短和加料方式，一般应根据搅拌试验结果确定，常用搅拌时间为 4～7min，即搅拌后贮存时间较长者搅拌时间为 4min，搅拌后立即使用者搅拌时间为 7min。

喷射式搅拌机是一种利用喷水射流进行拌合的搅拌方式，可进行大容量搅拌。其工作原理是用泵把水喷射成射流状，利用喷嘴附近的真空吸力把加料器中的膨润土吸出与射流拌合（图 9-62），在泥浆达到设计浓度之前可循环进行。我国使用的喷射式搅拌机其制备能力为 8～60m^3/h，泵的压力约 0.3～0.4MPa。喷射式搅拌机的效率高于高速回转式搅拌机，耗电较少，而且达到相同黏度时其搅拌时间短。

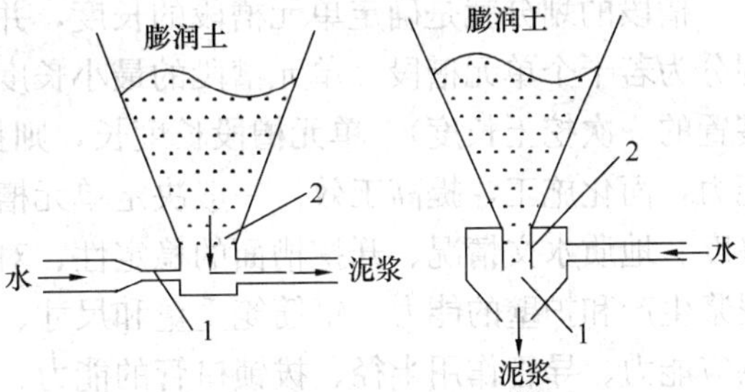

图 9-62　喷射式搅拌机工作原理
(a) 水平型；(b) 垂直型
1—喷嘴；2—真空部位

制备膨润土泥浆一定要充分搅拌，否则如果膨润土溶胀不充分，会影响泥浆的失水量和黏度。一般情况下膨润土和水混合 3h 后就有很大的溶胀，可供施工使用，经过一天就可达到完全溶胀。膨润土比较难溶于水，如搅拌机的搅拌叶片回转速度在 200r/min 以上，则可使膨润土较快地溶于水。增黏剂 CMC 较难溶解，如用喷射式搅拌机则可提高 CMC 的溶解效率。

泥浆存贮池分搅拌池、储浆池、重力沉淀池及废浆池等，其总容积为单元槽段体积的 3～3.5 倍左右。贮存泥浆宜用钢贮浆罐或地下、半地下式贮浆池。如用立式贮浆罐或离地一定高度的卧式贮浆罐，则可自流送浆或补浆，无需送浆泵。贮浆罐容积应适应施工的需要。如用地下或半地下式贮浆池，要防止地面水和地下水流入池内。

（5）泥浆控制要点

应严格控制泥浆液位，确保泥浆液位在地下水位 0.5m 以上，并不低于导墙顶面以下 0.3m，液位下落及时补浆，以防槽壁坍塌。为减少泥浆损耗，在导墙施工中遇到的废弃管道要堵塞牢固；施工时遇到土层空隙大、渗透性强的地段应加深导墙。

在施工中定期对泥浆指标进行检查测试，随时调整，做好泥浆质量检测记录。在遇有较厚粉砂、细砂地层时，可恰当提高黏度指标，但不宜大于 45s；在地下水位较高，又不宜提高导墙顶标高的情况下，可恰当提高泥浆密度，但不宜超过 1.25g/cm^3。

为防止泥浆污染，浇筑混凝土时导墙顶加盖板阻止混凝土掉入槽内；挖槽完毕应仔细用抓斗将槽底土渣清完，以减少浮在上面的劣质泥浆数量；禁止在导墙沟内冲洗抓斗；不得无故提拉浇筑混凝土的导管，并注意经常检查导管水密性。

9.9.2.4 成槽作业

成槽是地下连续墙施工中的主要工艺，成槽工期约占地下连续墙工期的一半，提高成槽的效率是缩短工期的关键。成槽精度决定了地下连续墙墙体的制作精度。

1. 单元槽段划分

地下连续墙通常分段施工，每一段称为地下连续墙的一个槽段，一个槽段是一次混凝土灌注单位。地下连续墙施工时，预先沿墙体长度方向把地下连续墙划分为若干个一定长度的施工单元，该施工单元称“单元槽段”，挖槽是按一个个单元槽段进行挖掘，在一个单元槽段内，挖槽机械挖土时可以是一个或几个挖掘段。

（1）槽段长度的确定

槽段的划分就是确定单元槽段的长度，并按设计平面构造要求和施工的可能性，将墙划分为若干个单元槽段。单元槽段的最小长度不得小于一个挖掘段（挖槽机械的挖土工作装置的一次挖土长度）。单元槽段长度长，则接头数量少，可提高墙体整体性和隔水防渗能力，简化施工，提高工效。一般决定单元槽段长度的因素有设计构造要求、墙的深度和厚度、地质水文情况、开挖槽面的稳定性、对相邻结构物的影响、挖掘机最小挖槽长度、泥浆生产和护壁的能力、钢筋笼重量和尺寸、吊放方法和起重机能力、单位时间内混凝土供应能力、导管作用半径、拔锁口管的能力、作业空间、连续操作的有效工作时间、接头位置等，而最重要的是要保证槽壁的稳定性。单元槽段长度应是挖槽机挖槽长度的整数倍，一般采用挖槽机最小挖掘长度（即一个挖掘单元的长度）为一单元槽段。地质条件良好，施工条件允许，亦可采用 2～4 个挖掘单元组成一个槽段，槽段长度一般为 4～8m。

（2）单元槽段的常见形式

按地下连续墙的平面形状，划分单元槽段的常见形式如图 9-63 所示。

（3）单元槽段接缝位置

槽段分段接缝位置应尽量避开转角部位及与内隔墙连接位置，以保证地下连续墙有良好的整体性和足够的强度。图 9-64 为结构常用的交接处理方法。

2. 成槽施工工艺

（1）成槽作业顺序

首先根据已划分的单元槽段长度，在导墙上标出各槽段的相应位置。一般可采取两种施工顺序：1）顺槽法，按序（顺墙）施工：顺序为 1,2,3,4,…,n。将施工的误差在最后一单元槽段解决；2）跳槽法，间隔施工：即 $(2n-1)-(2n+1)-(2n)$，能保证墙体的整

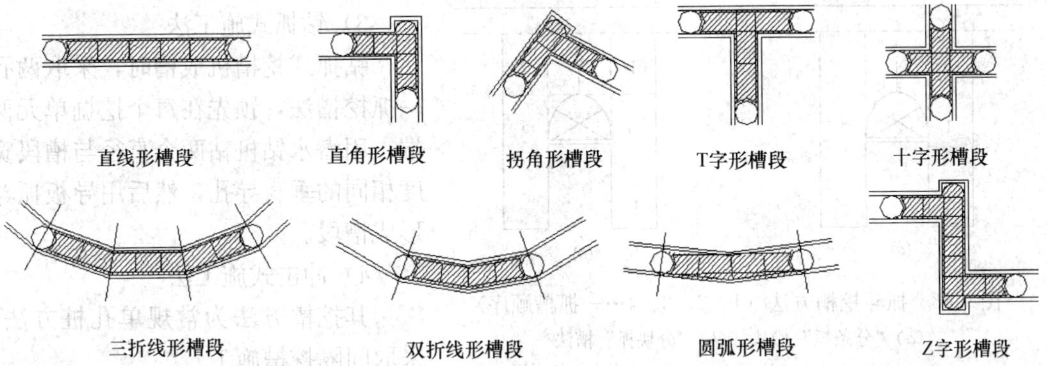

图 9-63 单元槽段的常见形式

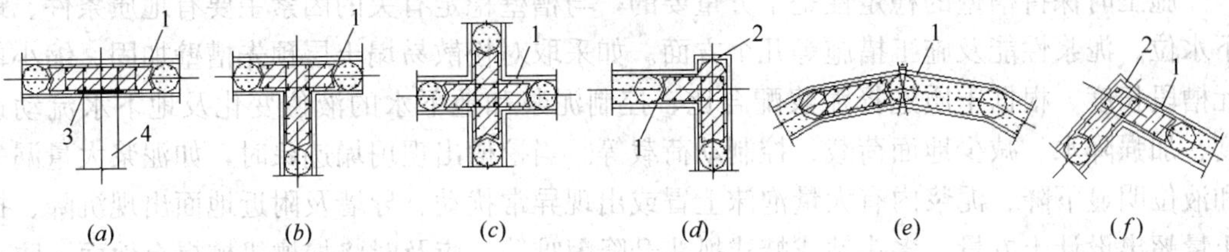

图 9-64 地下连续墙的交接处理

(a) 预留筋连接；(b) 丁字形连接；(c) 十字形连接；(d) 90°拐角连接；

(e) 圆形或多边形连接；(f) 钝角拐角连接

1—导墙；2—导墙伸出部分；3—聚苯烯板；4—后浇墙

体质量，但较费时。

(2) 单元槽段施工

采用接头管的单元槽段的施工顺序见图 9-65 所示。

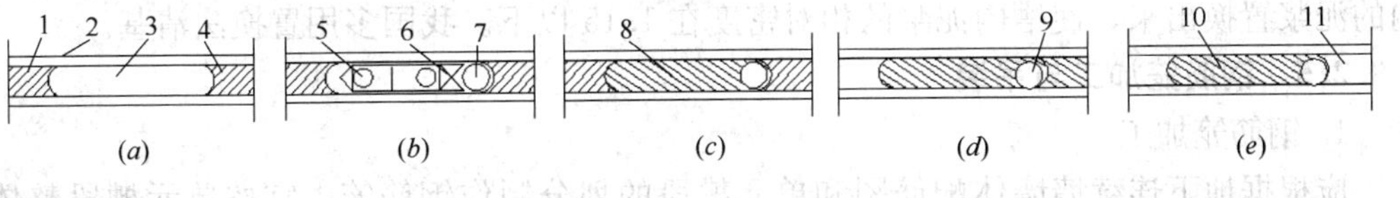

图 9-65 单元槽段施工顺序

(a) 挖槽；(b) 吊放接头管钢筋笼；(c) 浇混凝土；

(d) 拔接头管；(e) 形成半圆接头，挖下一槽段

1—已完成槽段；2—导墙；3—已挖完槽段；4—未开挖槽段；5—混凝土导管；6—钢筋笼；

7—接头管；8—混凝土；9—拔管后形成的圆孔；10—已完成槽段；11—开挖新槽段

(3) 成槽作业施工方法

1) 多头钻施工法

下钻应使吊索保持一定张力，即使钻具对地层保持适当压力，引导钻头垂直成槽。下钻速度取决于钻渣的排出能力及土质的软硬程度，注意使下钻速度均匀。

2) 抓斗式施工法

导杆抓斗安装在起重机上，抓斗连同导杆由起重机操纵上下、起落卸土和挖槽，抓斗挖槽通常用“分条抓”或“分块抓”两种方法（图 9-66）。

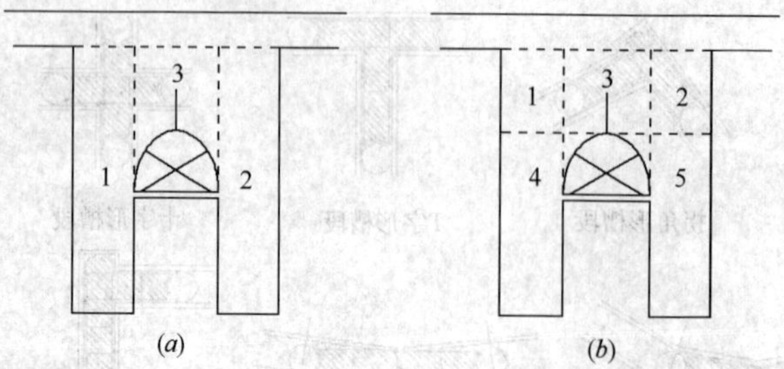

图 9-66　抓斗挖槽方法（1、2、3、4…—抓槽顺序）
（a）“分条抓”槽法；（b）“分块抓”槽法

3）钻抓式施工法

钻抓式挖槽机成槽时，采取两孔一抓挖槽法，预先在每个挖掘单元两端，用潜水钻机钻两个直径与槽段宽度相同的垂直导孔，然后用导板抓斗形成槽段。

4）冲击式施工法

其挖槽方法为常规单孔桩方法，采取间隔挖槽施工。

3. 防止槽壁塌方的措施

施工时保持槽壁的稳定性是十分重要的，与槽壁稳定有关的因素主要有地质条件、地下水位、泥浆性能及施工措施等几个方面。如采取对松散易塌土层预先槽壁加固、缩小单元槽段长度、根据土质选择泥浆配合比、控制泥浆和地下水的液位变化及地下水流动速度、加强降水、减少地面荷载、控制动荷载等。当挖槽出现坍塌迹象时，如泥浆大量漏失和液位明显下降、泥浆内有大量泡沫上冒或出现异常扰动、导墙及附近地面出现沉降、排土量超出设计土方量、多头钻或蚌式抓斗升降困难等，应及时将挖槽机械提至地面，防止其埋入地下，然后迅速采取措施避免坍塌进一步扩大。

4. 清基

挖槽结束后清除以沉渣为主的槽底沉淀物的工作称为清基。地下连续墙槽孔的沉渣如不清除，会在底部形成夹层，可能会造成地下连续墙沉降量增大，承载力降低，减弱隔水防渗性能，会使混凝土的强度、流动性、浇筑速度等受到不利影响，还会可能造成钢筋笼上浮或不能吊放到预定深度。清基的方法有沉淀法和置换法两种。沉淀法是在土渣基本都沉至槽底之后再进行清底。置换法是在挖槽结束后，在土渣尚未沉淀之前就用新泥浆把槽内的泥浆置换出来，使槽内泥浆的相对密度在 1.15 以下。我国多用置换法清基。

9.9.2.5　钢筋笼加工与吊装

1. 钢筋笼加工

应根据地下连续墙墙体配筋图和单元槽段的划分制作钢筋笼，宜按单元槽段整体制作。若地下连续墙深度较大或受起重设备起重能力的限制，可分段制作，在吊放时再逐段连接；接头宜用绑条焊；纵向受力钢筋的搭接长度，如无明确规定时可采用 60 倍的钢筋直径。

钢筋笼应在型钢或钢筋制作的平台上成型。工程场地设置的钢筋笼制作安装平台应有一定的尺寸（应大于最大钢筋笼尺寸）和平整度。为便于纵向钢筋定位，宜在平台上设置带凹槽的钢筋定位条。为便于钢筋放样布置和绑扎，应在平台上根据钢筋间距、插筋、预埋件的位置画出控制标记，以保证钢筋笼和各种埋件的布设精度。

钢筋笼端部与接头管或混凝土接头面间应留有 15～20cm 的空隙。主筋净保护层厚度通常为 7～8cm，保护层垫块厚 5cm，在垫块和墙面之间留有 2～3cm 的间隙。垫块一般用薄钢板制作，以防止吊放钢筋笼时垫块损坏或擦伤槽壁面。作为永久性结构的地下连续墙的主筋保护层，应根据设计要求确定。

制作钢筋笼时应确保钢筋的正确位置、间距及数量。纵向钢筋接长宜采用气压焊、搭接焊等。钢筋连接除四周两道钢筋的交点需全部点焊外，其余可采用50%交叉点焊。成型用的临时扎结铁丝焊后应全部拆除。制作钢筋笼时应预先确定浇筑混凝土用导管的位置，应保持上下贯通，周围应增设箍筋和连接筋加固，尤其在单元槽段接头附近等钢筋较密集区域。为防横向钢筋阻碍导管插入，纵向主筋应放在内侧，横向钢筋放在外侧（图9-67*a*）。纵向钢筋底端应距离槽底10～20cm。纵向钢筋底端应稍向内弯折，以防止吊放钢筋笼时擦伤槽壁，但向内弯折程度亦不要影响插入混凝土导管。应根据钢筋笼重量、尺寸及起吊方式和吊点布置，在钢筋笼内布置一定数量的纵向桁架（图9-67*b*）。由于钢筋笼起吊时易变形，纵向桁架上下弦断面应计算确定，一般以加大相应受力钢筋断面作桁架的上下弦。

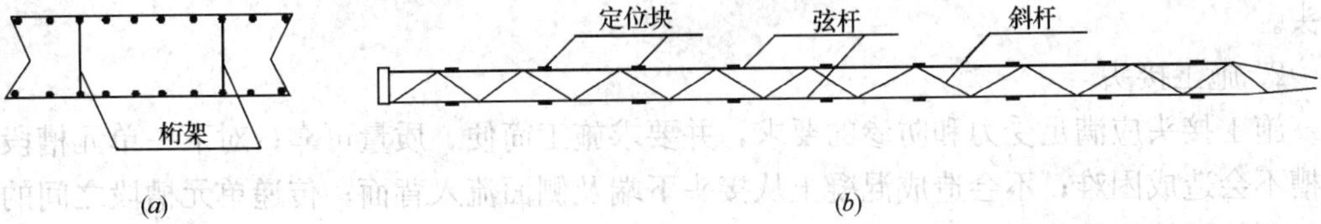

图9-67 钢筋笼构造示意图

(*a*) 横剖面图；(*b*) 纵向桁架纵剖面图

地下连续墙与基础底板以及内部结构板、梁、柱、墙的连接，如采用预留锚固钢筋的方式，锚固筋一般用光圆钢筋，直径不超过20mm。锚固筋布置应确保混凝土自由流动以充满锚固筋周围的空间，如采用预埋钢筋连接器则宜用直径较大钢筋。

2. 钢筋笼的吊装

钢筋笼的起吊、运输和吊放应制定施工方案，不得在此过程中产生不能恢复的变形。根据钢筋笼重量选取主、副吊设备，并进行吊点布置。应对吊点局部加强，沿钢筋笼纵横向设置桁架增强钢筋笼整体刚度。选择主、副扁担并对其进行验算，应对主、副吊钢丝绳、吊具索具、吊点及主吊巴杆长度进行验算。

钢筋笼起吊应用横吊梁或吊架。吊点布置和起吊方式应防止起吊引起钢筋笼过大变形。起吊时钢筋笼下端不得在地面拖引，以防下端钢筋弯曲变形；为防止钢筋笼吊起后在空中摆动，应在钢筋笼下端系拽引绳。钢筋笼吊装如图9-68所示。

插入钢筋笼时应使钢筋笼对准单元槽段中心，垂直而又准确的插入槽内。钢筋笼入槽时，吊点中心应对准槽段中心，然后徐徐下降，此时应注意不得因起重臂摆动或其他影响而使钢筋笼产生横向摆动，造成槽壁坍塌。钢筋笼入槽后应检查其顶端高度是否符合设计要求，然后将其搁置在导墙上。若钢筋笼分段制作，吊放时需接长，下段钢筋笼应垂直悬挂在导墙上，然后将上段钢筋笼垂

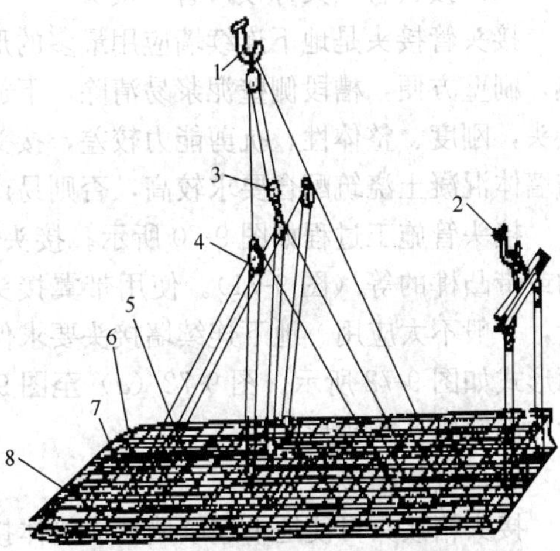

图9-68 钢筋笼的构造与起吊方法

1、2—吊钩；3、4—滑轮；5—卸车；6—钢筋笼底端；7—纵向桁架；8—横向架立桁架

直吊起，上下两段钢筋笼成直线连接。若钢筋笼不能顺利入槽，应将其吊出，查明原因加以解决；若有必要应修槽后再吊放，不能强行插放，以防止引起钢筋笼变形或使槽壁坍塌，增加沉渣厚度。

9.9.2.6　接头选择

1. 接头形式分类

地下连续墙由若干个槽段分别施工后连成整体，各槽段间的接头成为挡土挡水的薄弱部位。地下连续墙接头形式很多，一般分为施工接头（纵向接头）和结构接头（水平接头）。施工接头是浇筑地下连续墙时纵向连接两相邻单元墙段的接头；结构接头是已竣工的地下连续墙在水平向与其他构件（地下连续墙内部结构梁、柱、墙、板等）相连接的接头。

2. 施工接头

施工接头应满足受力和防渗的要求，并要求施工简便、质量可靠；对下一单元槽段的成槽不会造成困难；不会造成混凝土从接头下端及侧面流入背面；传递单元槽段之间的应力起到伸缩接头的作用；能承受混凝土侧压力不致有较大变形等。

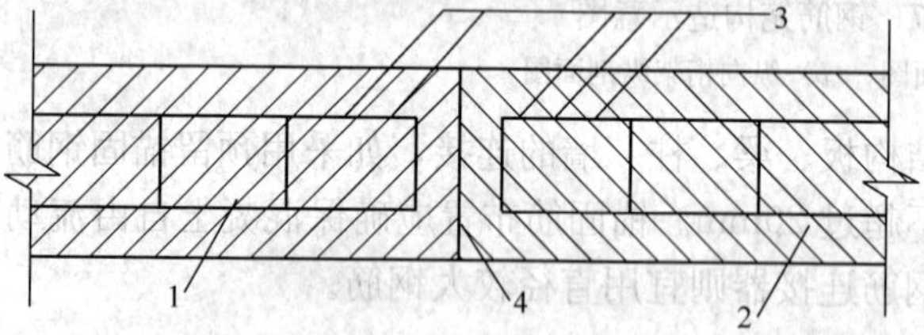

图 9-69　直接接头

1—一期工程；2—二期工程；3—钢筋；4—接缝

（1）直接连接构成接头

单元槽段浇灌混凝土后，混凝土与未开挖土体直接接触，在开挖下一单元槽段时，用冲击锤等将与土体相接触的混凝土改造成凹凸不平的连接面，再浇灌混凝土形成所谓“直接接头”（图 9-69）。而粘附在连接面上的沉渣与土用抓斗的斗齿或射水等方法清除，但难以清除干净，受力与防渗性能均较差。故此种接头目前已很少使用。

（2）接头管（又称锁口管）接头

接头管接头是地下连续墙应用最多的形式。该类型接头构造简便，施工方便，工艺成熟，刷壁方便，槽段侧壁泥浆易清除，下放钢筋笼方便，造价较低。但该类型接头属柔性接头，刚度、整体性、抗剪能力较差，接头呈光滑圆弧面，易产生接头渗水，接头管拔出与墙体混凝土浇筑配合要求较高，否则易产生“埋管”或“塌槽”的情况。

接头管施工过程如图 9-70 所示。接头管大多为圆形的，此外还有缺口圆形的、带翼的或带凸榫的等（图 9-71）。使用带翼接头管时，泥浆容易淤积在翼的旁边影响工程质量，一般不太应用。地下连续墙接头要求保持一定的整体性、抗渗性，常见的一些接头平面形式如图 9-72 所示。图 9-72（*a*）至图 9-72（*g*）为多头钻成孔接头形式，图 9-72（*h*）为冲击钻成孔接头形式。

（3）接头箱接头

接头箱接头可使地下连续墙形成整体接头，接头刚度较大，变形小，防渗效果较好。但该接头构造复杂，施工工序多，刷壁清浆困难，伸出接头钢筋易弯，给刷壁清浆和安放钢筋笼带来一定的困难。接头箱接头施工方法与接头管接头相似，只是以接头箱代替接头管。其施工过程如图 9-73 所示，构造如图 9-74。

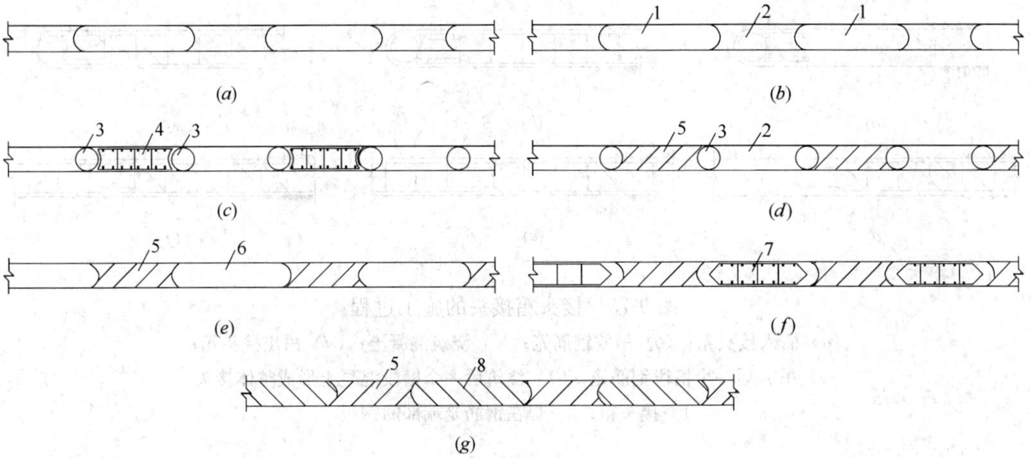

图 9-70 使用接头管的施工过程

(*a*) 待开挖的连续墙；(*b*) 开挖一期槽段；(*c*) 下接头管和钢筋笼；(*d*) 浇筑一期槽段混凝土；(*e*) 拔起接头管；(*f*) 开挖二期槽段及下钢筋笼；(*g*) 浇筑二期槽段混凝土

1—已开挖的一期槽段；2—未开挖的二期槽段；3—接头管；4—钢筋笼；5—一期槽段混凝土；6—拔去接头管尚未开挖的二期槽段；7—二期槽段钢筋笼；8—二期槽段混凝土

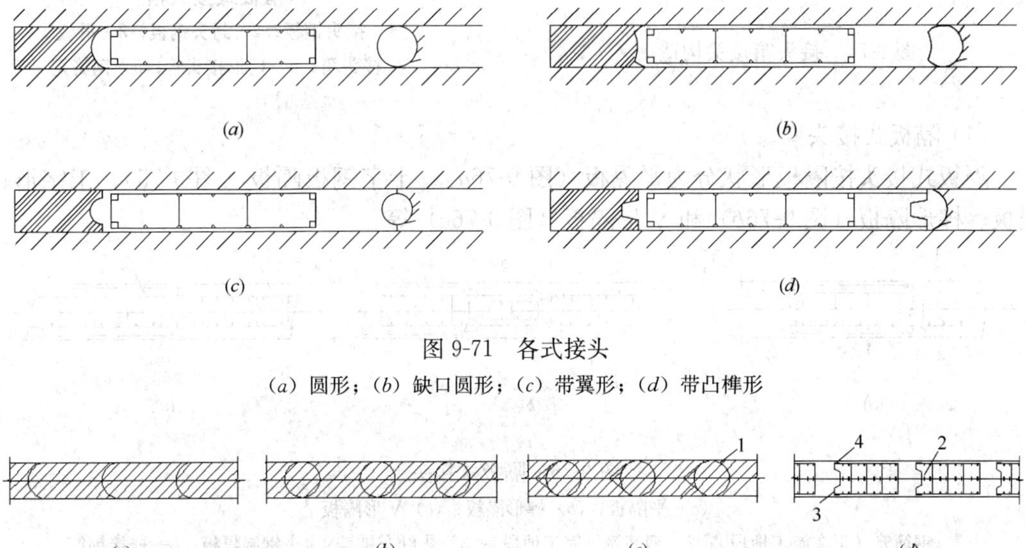

图 9-71 各式接头

(*a*) 圆形；(*b*) 缺口圆形；(*c*) 带翼形；(*d*) 带凸榫形

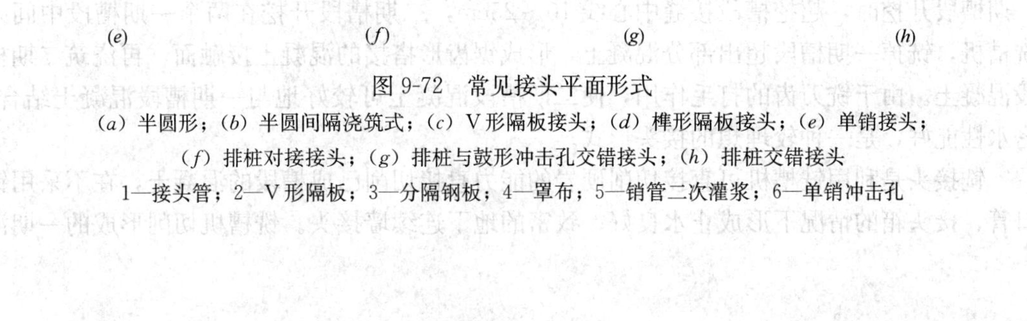

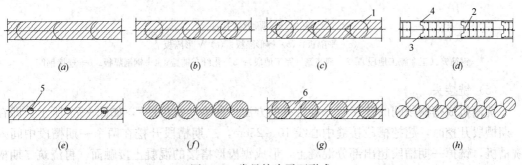

图 9-72 常见接头平面形式

(*a*) 半圆形；(*b*) 半圆间隔浇筑式；(*c*) V 形隔板接头；(*d*) 榫形隔板接头；(*e*) 单销接头；(*f*) 排桩对接接头；(*g*) 排桩与鼓形冲击孔交错接头；(*h*) 排桩交错接头

1—接头管；2—V 形隔板；3—分隔钢板；4—罩布；5—销管二次灌浆；6—单销冲击孔

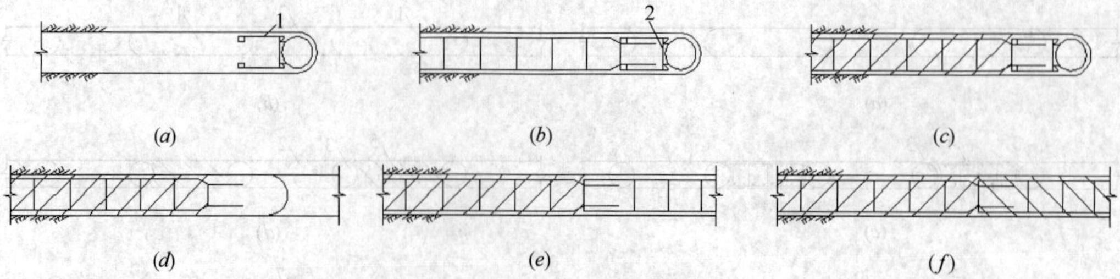

图 9-73　接头箱接头的施工过程

（a）插入接头箱；（b）吊放钢筋笼；（c）浇筑混凝土；（d）吊出接头箱；

（e）吊放后一个槽段钢筋笼；（f）浇筑后一个槽段混凝土形成整体接头

1—接头箱；2—焊在钢筋笼端部的钢板

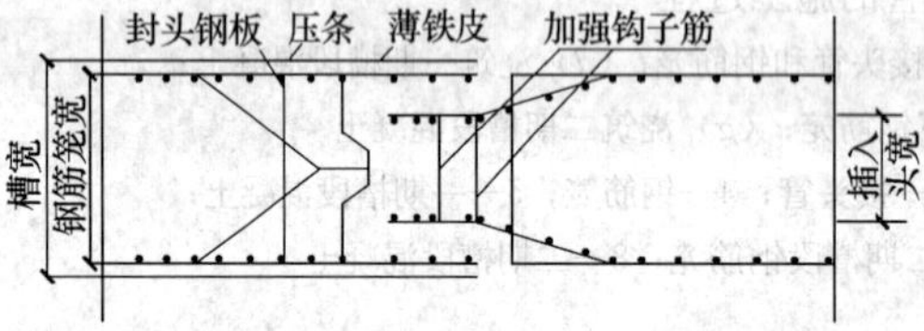

图 9-74　接头箱接头构造

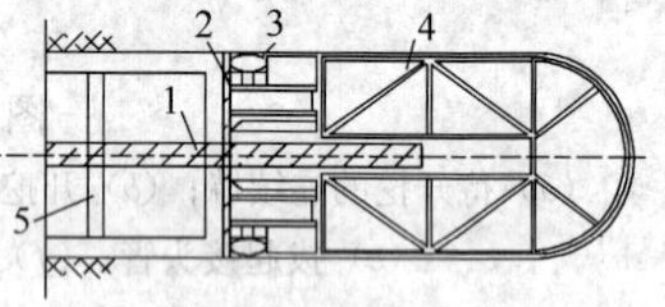

图 9-75　十字钢板接头

（滑板式接头箱）

1—接头钢板；2—封头钢板；3—滑板式接头箱；4—U 形接头管；5—钢筋笼

（4）隔板式接头

隔板式接头按隔板形状分为平隔板（图 9-76*a*）、十字钢板隔板（图 9-75）、工字形钢隔板、榫形隔板（图 9-76*b*）和 V 形隔板（图 9-76*c*）等。

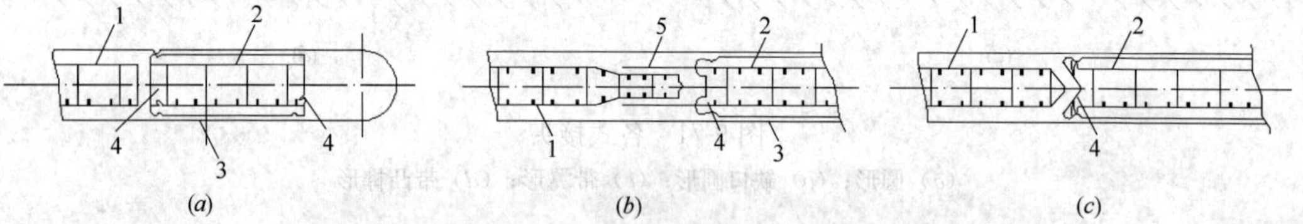

图 9-76　隔板式接头

（a）平隔板；（b）榫形隔板；（c）V 形隔板

1—钢筋笼（正在施工地段）；2—钢筋笼（完工地段）；3—化纤布铺盖；4—钢制隔板；5—连接钢筋

（5）铣接头

铣槽机成槽槽段间的连接有一种特有的方法，称为“铣接法”，如图 9-77 所示。即在一期槽段开挖时，超挖槽段接缝中心线 10～25cm，二期槽段开挖在两个一期槽段中间入铣槽机，铣掉一期槽段超出部分混凝土，形成锯齿形搭接的混凝土接触面，再浇筑二期槽段混凝土。由于铣刀齿的打毛作用，使二期槽段混凝土可较好地与一期槽段混凝土结合，密水性能好，是一种较理想的接头形式。

铣接头是利用铣槽机可直接切削硬岩的能力直接切削已成槽段的混凝土，在不采用锁口管、接头箱的情况下形成止水良好、致密的地下连续墙接头。铣槽机切削形成的一期混凝土表面如图 9-78 所示。

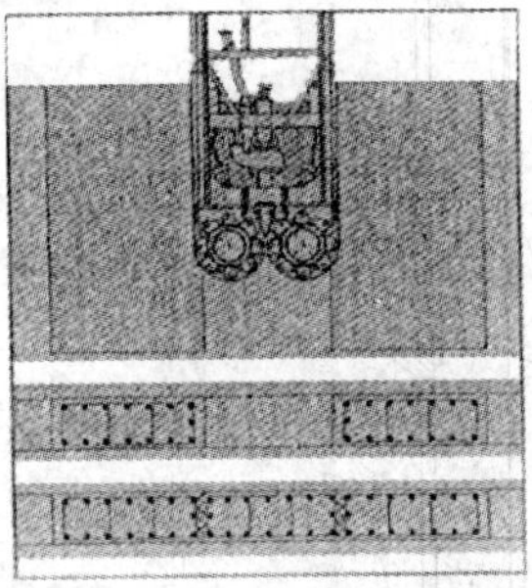

图 9-77 铣接头施工示意图

图 9-78 铣槽机切削形成的一期混凝土表面

对比其他传统式接头，套铣接头主要优点如下：

1）施工中不需要其他配套设备，如吊车、锁口管等。

2）可节省昂贵的工字钢或钢板等材料费用，同时钢筋笼重量减轻，可采用吨数较小的吊车，降低施工成本。

3）不论一期或二期槽段挖掘或浇筑混凝土时，均无预挖区，且可全速浇筑无扰流问题，确保接头质量和施工安全性。

4）挖掘二期槽段时双轮铣套铣掉两侧一期槽段已硬化的混凝土，新鲜且粗糙的混凝土面在浇筑二期槽段时形成水密性良好的混凝土套铣接头。

3. 结构接头

（1）直接连接接头

在浇筑墙体混凝土之前，在连接部位预先埋设连接钢筋。即将该连接筋一端直接与地下连续墙主筋连接，另一端弯折后与地下连续墙墙面平行且紧贴墙面。待开挖地下连续墙内侧土体露出该部位墙面时，凿除该处混凝土面层，露出预埋钢筋，再弯成所需形状与后浇筑的主体结构受力筋连接（图 9-79）。

（2）间接接头

间接接头是通过钢板或钢构件连接地下连续墙和地下工程内部构件的接头。一般有预埋连接钢板（图 9-80）、预埋剪力连接件（图 9-81）和预埋钢筋连接器（图 9-82）三种方法。

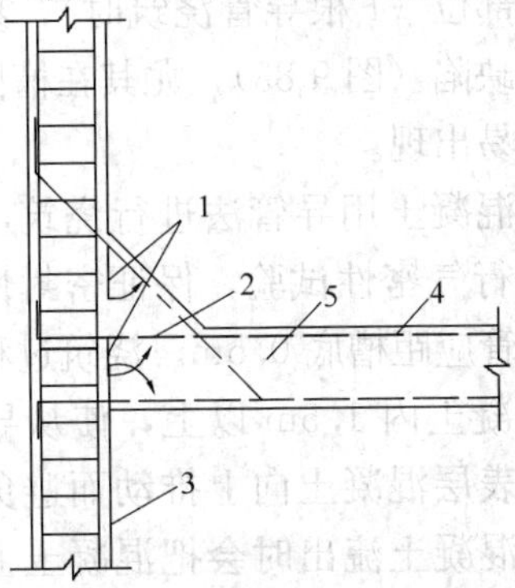

图 9-79 预埋钢筋连接接头

1—预埋的连接钢筋；2—焊接处；3—地下连续墙；4—后浇结构中受力钢筋；5—后浇结构

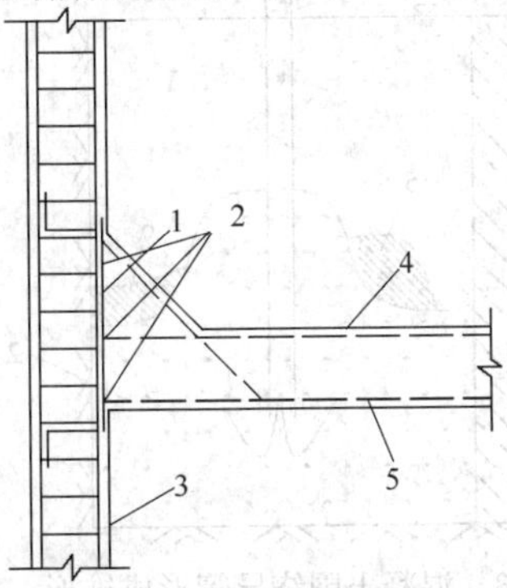

图 9-80 预埋连接钢板接头

1—预埋连接钢板；2—焊接处；3—地下连续墙；4—后浇结构；5—后浇结构中受力钢筋

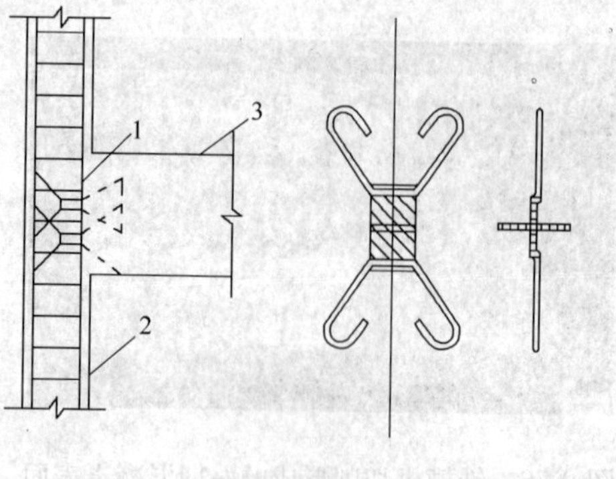

图 9-81　预埋剪力连接件接头
1—预埋剪力连接件；2—地下连续墙；3—后浇结构

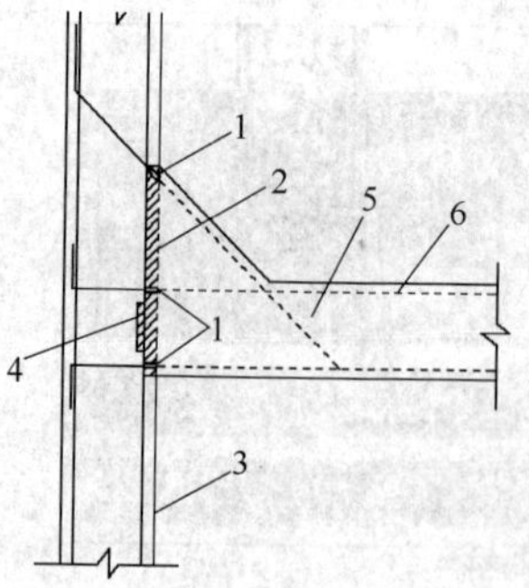

图 9-82　预埋钢筋连接器接头
1—接驳器；2—泡沫塑料；3—地下连续墙；4—剪力槽；5—后浇结构；6—后浇结构中受力钢筋

9.9.2.7　水下混凝土浇筑

地下连续墙所用混凝土的配合比除满足设计强度要求外，还应考虑导管法在泥浆中浇筑混凝土应具有的和易性好、流动度大、缓凝的施工特点和对混凝土强度的影响。

混凝土除满足一般水工混凝土要求外，尚应考虑泥浆中浇筑混凝土的强度随施工条件变化较大，同时在整个墙面上的强度分散性亦大，因此混凝土应按照结构设计规定的强度提高等级进行配合比设计。若无试验情况下，上海地区对水下混凝土强度比设计强度提高的等级作了相应的规定，如表 9-21。

水下混凝土强度等级对照　　**表 9-21**

设计强度等级	C25	C30	C35	C40	C45	C50
水下混凝土强度等级	C30	C35	C40	C50	C55	C60

混凝土应具有黏性和良好的流动性。若缺乏流动性，浇筑时会围绕导管堆积成一个尖顶的锥形，泥渣会滞留在导管中间（多根导管浇筑时）或槽段接头部位（1 根导管浇筑时），易卷入混凝土内形成质量缺陷（图 9-83），尤其在槽段端部连接钢筋密集处更易出现。

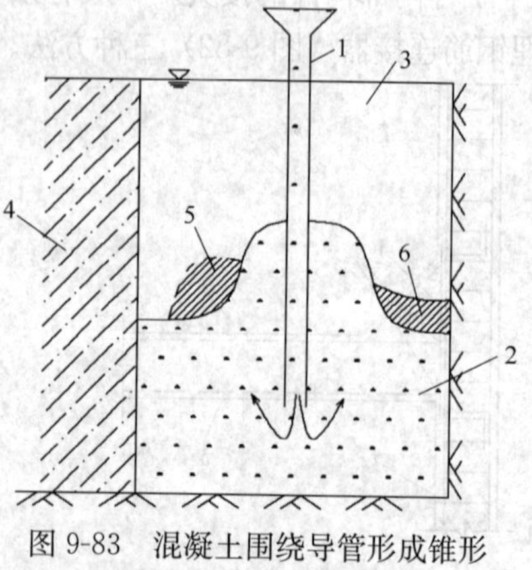

图 9-83　混凝土围绕导管形成锥形
1—导管；2—正在浇灌的混凝土；3—泥浆；4—已浇筑混凝土的槽段；5—易卷入混凝土内的泥渣；6—滞留泥渣

地下连续墙混凝土用导管法进行浇筑，导管在首次使用前应进行气密性试验，保证密封性能。浇筑混凝土时，导管应距槽底 0.5m。浇筑过程中导管下口总是埋在混凝土内 1.5m 以上，使从导管下口流出的混凝土将表层混凝土向上推动而避免与泥浆直接接触，否则混凝土流出时会把混凝土上升面附近的泥浆卷入混凝土内。但导管插入太深会使混凝土在导管内流动不畅，有时还可能产生钢筋笼上浮，因此导管最大插入深度亦不宜超过 9m。

当混凝土浇筑到地下连续墙顶部附近时，导管内混凝土不易流出，应降低浇筑速度，并将导管最小埋入深度控制在1m左右，可将导管上下抽动，但抽动范围不得超过30cm。混凝土浇筑过程中导管不得作横向运动，以防止沉渣和泥浆混入混凝土内；应随时掌握混凝土的浇筑量、混凝土上升高度和导管埋入深度；应防止导管下口暴露在泥浆内，造成泥浆涌入导管。

导管的间距一般为3～4m，导管距槽段端部的距离不宜超过2m；若管距过大，易使导管中间部位的混凝土面低，泥浆易卷入；若一个槽段内用两根及以上导管同时浇筑，应使各导管处的混凝土面大致处在同一水平面上。

宜尽量加快单元槽段混凝土浇筑速度，一般槽内混凝土面上升速度不宜小于2m/h。混凝土应超浇30～50cm，以便在明确混凝土强度情况下，将设计标高以上的浮浆层凿除。

9.9.3 质量检验

地下连续墙质量控制标准见表9-22，地下连续墙钢筋笼质量控制标准见表9-23。

地下连续墙质量控制标准 **表9-22**

项	序	检查项目		允许偏差或允许值		检查方法
				单位	数值	
主控项目	1	墙体强度		设计要求		查试块记录或取芯试压
	2	垂直度	永久结构		1/300	声波测槽仪或成槽机上的监测系统
			临时结构		1/150	
一般项目	1	导墙尺寸	宽度	mm	W+40	钢尺量，W为设计墙厚
			墙面平整度	mm	<5	钢尺量
			导墙平面位置	mm	±10	钢尺量
	2	沉淀厚度	永久结构	mm	≤100	重锤测或沉积物测定仪测
			临时结构	mm	≤200	
	3	槽深		mm	+100	重锤测
	4	混凝土坍落度		mm	180～220	坍落度测定器
	5	钢筋笼尺寸		见表9-23		
	6	地下连续墙表面平整度	永久结构	mm	<100	此为均匀黏土层，松散及易坍土层由设计决定
			临时结构	mm	<150	
			插入式结构	mm	<20	
	7	永久结构的预埋件位置	水平向	mm	≤10	钢尺量
			垂直向	mm	≤20	水准仪

地下连续墙钢筋笼质量控制标准（mm） **表9-23**

项	序	检查项目	允许偏差或允许值	检查方法
主控项目	1	主筋间距	±10	钢尺量
	2	长度	±100	钢尺量
一般项目	1	钢筋材质检验	设计要求	抽样送检
	2	箍筋间距	±20	钢尺量
	3	直径	±10	钢尺量

9.10 土钉墙工程施工

9.10.1 土钉墙的类型

1. 土钉墙

土钉墙是用于土体开挖时保持基坑侧壁或边坡稳定的一种挡土结构，主要由密布于原位土体的土钉、粘附于土体表面的钢筋混凝土面层、土钉之间的被加固土体和必要的防水系统组成，如图 9-84（*a*）。土钉是置于原位土体中的细长受力杆件，通常可采用钢筋、钢管、型钢等。按土钉置入方式可分为钻孔注浆型、直接打入型、打入注浆型。面层通常采用钢筋混凝土结构，可采用喷射工艺或现浇工艺。面层与土钉通过连接件进行连接，连接件一般采用钉头筋或垫板，土钉之间的连接一般采用加强筋。土钉墙支护一般需设置防排水系统，基坑侧壁有透水层或渗水土层时，面层可设置泄水孔。土钉墙的结构较合理，施工设备和材料简单，操作方便灵活，施工速度快捷，对施工条件要求不高，造价较低；但其不适合变形要求较为严格或较深的基坑，对用地红线有严格要求的场地具有局限性。

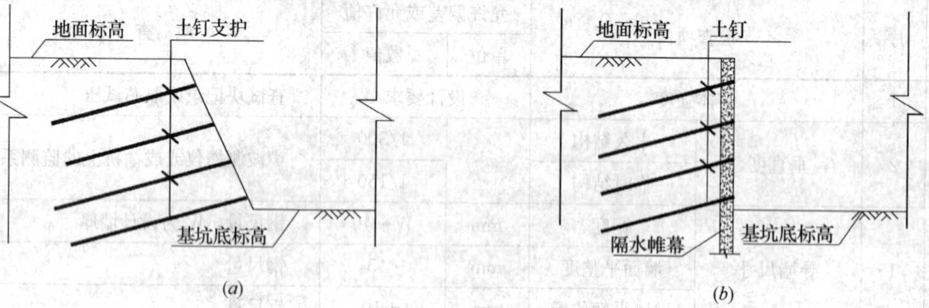

图 9-84　土钉墙典型剖面

（*a*）土钉墙；（*b*）土钉与止水帷幕结合的复合土钉墙

2. 复合土钉墙

复合土钉墙是土钉墙与各种隔水帷幕、微型桩及预应力锚杆等构件的结合，可根据工程具体条件选择与其中一种或多种组合，形成了复合土钉墙。它具有土钉墙的全部优点，克服了其较多的缺点，应用范围大大拓宽，对土层的适用性更广，整体稳定性、抗隆起及抗渗流性能大大提高，基坑风险相应降低。土钉与隔水帷幕结合的复合土钉墙，如图 9-84（*b*）。

9.10.2 施工机械与设备

土钉墙施工主要机械设备包括钻孔机具、注浆泵、混凝土喷射机、空气压缩机，详见第 6 章。其中空气压缩机是提供钻孔机械和注浆泵的动力设备。钻孔机具包括锚杆钻机、地质钻机和洛阳铲。

9.10.3 施工工艺

9.10.3.1 施工准备

1. 材料准备

土钉一般采用带肋钢筋（直径 ϕ18～ϕ32mm）、钢管、型钢等，使用前应调直、除锈、除油；面层混凝土水泥应优先选用强度等级为42.5的普通硅酸盐水泥；砂应采用干净的中粗砂，含水量应小于5%；钢筋网采用钢筋（直径ϕ6～ϕ8mm）绑扎成型；速凝剂应做与水泥相溶性试验及水泥浆凝结效果试验；土钉注浆采用水泥浆或强度等级不低于M10的水泥砂浆。

2. 施工机具准备

（1）成孔机具和工艺视场地土质特点及环境条件选用，要保证进钻和抽出过程中不引起坍孔的机具，一般宜选用体积较小、重量较轻、装拆移动方便的机具。常用的有锚杆钻机、地质钻机、洛阳铲等，在易坍孔的土体中钻孔时宜采用套管成孔或挤压成孔工艺。

（2）注浆泵规格、压力和输浆量应满足设计要求。宜选用小型、可移动、可靠性好的注浆泵，压力和输浆量应满足施工要求。工程中常用灰浆泵和注浆泵。

（3）混凝土喷射机应密封良好，输料连续均匀，输送距离应满足施工要求，输送水平距离不宜小于100m，垂直距离不宜小于30m。

（4）空压机应满足喷射机工作风压和风量要求。作为钻孔机械和混凝土喷射机械的动力设备，一般选用风量9m^3/min以上、压力大于0.5MPa的空压机。若1台空压机带动2台以上钻机或混凝土喷射机时，要配备储气罐。

（5）宜采用商品混凝土，若现场搅拌混凝土，宜采用强制式搅拌机。

（6）输料管应能承受0.8MPa以上的压力，并应有良好的耐磨性。

（7）供水设施应有足够的水量和水压（不小于0.2MPa）。

3. 其他准备工作

充分理解设计及施工方案，掌握工程质量、施工监测的内容和要求、基坑变形控制和周边环境控制要求；根据设计图纸确定和设置基坑开挖线、轴线定位点、水准基点、基坑及周边环境监测点等，并采取保护措施；编制基坑工程施工组织设计，确定支护施工与土方开挖的关键技术方案；地下水位降低至基坑底以下，设置合理的坑内外明排水系统；组织合理的施工资源，包括满足工程要求的施工材料、施工机具、劳动力及相关的管理资源。

9.10.3.2 土钉墙施工工艺流程

1. 土钉墙施工流程

开挖工作面→修整坡面→施工第一层面层→土钉定位→钻孔→清孔检查→放置土钉→注浆→绑扎钢筋网→安装泄水管→施工第二层面层→养护→开挖下一层工作面→重复上述步骤直至基坑设计深度。

2. 复合土钉墙施工流程

止水帷幕或微型桩施工→开挖工作面→修整坡面→施工第一层混凝土面层→土钉或锚杆定位→钻孔→清孔检查→放置土钉或锚杆→注浆→绑扎面层钢筋网及腰梁钢筋→安装泄水管→施工第二层混凝土面层及腰梁→养护→锚杆张拉→开挖下一层工作面→重复上述步骤直至基坑设计深度。

9.10.3.3 土钉墙主要施工方法及操作要点

1. 土方开挖

基坑土方应分层开挖，且应与土钉支护施工作业紧密协调和配合。挖土分层厚度应与土钉竖向间距一致，开挖标高宜为相应土钉位置下200mm，逐层开挖并施工土钉，严禁超挖。每层土开挖完成后应进行修整，并在坡面施工第一层面层，若土质条件良好，可省去该道面层，开挖后应及时完成土钉安设和混凝土面层施工；在淤泥质土层开挖时，应限时完成土钉安设和混凝土面层。完成上一层作业面土钉和面层后，应待其达到70%设计强度以上后，方可进行下一层作业面的开挖。开挖应分段进行，分段长度取决于基坑侧壁的自稳能力，且与土钉支护的流程相互衔接，一般每层的分段长度不宜大于30m。有时为保持侧壁稳定，保护周边环境，可采用划分小段开挖的方法，也可采用跳段同时开挖的方法。基坑土方开挖应提供土钉成孔施工的工作面宽度，土方开挖和土钉施工应形成循环作业。

2. 土钉施工

土钉施工根据选用的材料不同可分为两种，即钢筋土钉施工和钢管土钉施工。

钢筋土钉施工是按设计要求确定孔位标高后先成孔。成孔可分机械成孔和人工成孔，其中人工成孔一般采用洛阳铲，目前应用较少。机械成孔一般采用小型钻孔机械，保持其与面层的一定角度先采用合金钻头钻进，放入护壁套管，再冲水钻进。钻到设计位置后应继续供水洗孔，待孔口溢出清水为止。机械成孔采用机具应符合土层特点，在进钻和抽出钻杆过程中不得引起土体坍孔。易坍孔土体中钻孔时宜采用套管成孔或挤压成孔。成孔过程中应按土钉编号逐一记录取出土体的特征、成孔质量等，并将取出土体与设计认定的土质对比，发现有较大的偏差时要及时修改土钉的设计参数。

钢管土钉施工一般采用打入法，即在确定孔位标高处将管壁留孔的钢管保持与面层一定角度打入土体内。打入最早采用大锤、简易滑锤，目前一般采用气动潜孔锤或钻探机。

施工前应完成土钉杆件的制作加工。钢筋土钉和钢管土钉的构造如图9-85。

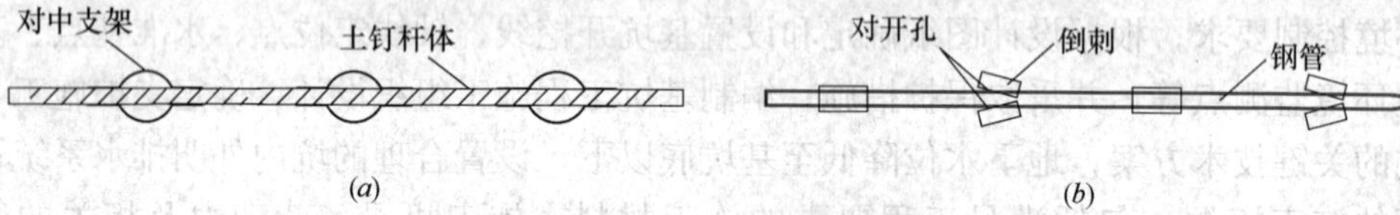

图9-85　土钉杆体构造

(*a*) 钢筋土钉；(*b*) 钢管土钉

插入土钉前应清孔和检查。土钉置入孔中前，先在其上安装连接件，以保证钢筋处于孔位中心位置且注浆后保证其保护层厚度。连接件一般采用钢筋或垫板（图9-86）。

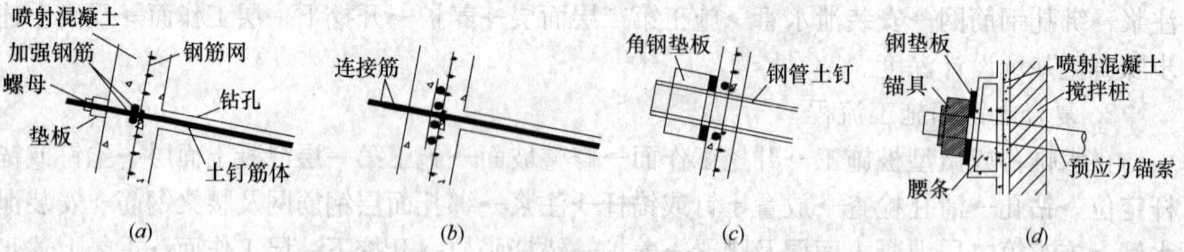

图9-86　土钉（锚索）与面层连接构造

(*a*) 螺母垫板连接；(*b*) 钢筋连接；(*c*) 角钢连接；(*d*) 锚索与腰梁、面层连接

3. 注浆

钢筋土钉注浆前应将孔内残留或松动的杂土清除。根据设计要求和工艺试验，选择合适的注浆机具，确定注浆材料和配合比。注浆材料一般采用水泥浆或水泥砂浆。一般采用

重力、低压（0.4～0.6MPa）或高压（1～2MPa）注浆。水平注浆多采用低压或高压，注浆时应在孔口或规定位置设置止浆塞，注满后保持压力3～5min；斜向注浆则采用重力或低压注浆，注浆导管底端插至距孔底250～500mm处，在注浆时将导管匀速缓慢地撤出，过程中注浆导管口始终埋在浆体表面下。有时为提高土钉抗拔能力还可采用二次注浆工艺。每批注浆所用砂浆至少取3组试件，每组3块，立方体试块经标准养护后测定3d和28d强度。

4. 混凝土面层施工

应根据施工作业面分层分段铺设钢筋网，钢筋网之间的搭接可采用焊接或绑扎，钢筋网可用插入土中的钢筋固定。钢筋网宜随壁面铺设，与坡面间隙不小于20mm。土钉与面层钢筋网的连接可通过垫板、螺帽及端部螺纹杆、井字加强钢筋焊接等方式固定。

喷射混凝土一般采用混凝土喷射机，施工时应分段进行，同一分段内喷射顺序应自下而上，喷头运动一般按螺旋式轨迹一圈压半圈均匀缓慢移动；喷头与受喷面应保持垂直，距离宜为0.6～1.0m，一次喷射厚度不宜小于40mm；在钢筋部位可先喷钢筋后方以防其背面出现空隙；混凝土上下层及相邻段搭接结合处，搭接长度一般为厚度的2倍以上，接缝应错开。混凝土终凝2h后应喷水养护，保持混凝土表面湿润，养护期视当地环境条件而定，宜为3～7d。喷射混凝土强度可用试块进行测定，每批至少留取3组试件，每组3块。

5. 排水系统的设置

基坑边若含有透水层或渗水土层时，混凝土面层上应做泄水孔，即按间距1.5～2.0m均布设长0.4～0.6m、直径不小于40mm的塑料排水管，外管口略向下倾斜，管壁上半部分可钻透水孔，管中填满粗砂或圆砾作为滤水材料，以防土颗粒流失。也可在喷射混凝土面层施工前预先沿土坡壁面每隔一定距离设置一条竖向排水带，即用带状皱纹滤水材料夹在土壁与面层之间形成定向导流带，使土坡中渗出的水有组织地导流到坑底后集中排除。

9.10.3.4 质量控制

1. 土钉墙工程质量控制标准

土钉支护成孔、注浆、喷混凝土等工艺可参照《基坑土钉支护技术规程》（CECS 96）、《建筑基坑支护技术规程》（JGJ 120）、《喷射混凝土施工技术规程》（YBJ 226）、《建筑地基基础工程施工质量验收规范》（GB 50202）等。土钉钻孔孔距允许偏差为±100mm；孔径允许偏差为±5mm；孔深允许偏差为±30mm；倾角允许偏差为±1°。

2. 土钉墙工程质量检验

（1）材料

所使用原材料（钢筋、钢管、水泥、砂、碎石等）质量应符合有关规范规定标准和设计要求，并要具备出厂合格证及试验报告书。材料进场后应按有关标准进行抽样质量检验。

（2）土钉现场测试

土钉支护设计与施工应进行土钉现场抗拔试验，包括基本试验和验收试验。

通过基本试验可取得设计所需的有关参数，如土钉与各层土体之间的界面粘结强度等，以保证设计的正确、合理性，或反馈信息以修改初步设计方案；基本试验往往在大面积土钉施工前进行。验收试验是检验土钉支护工程质量的有效手段。

1）土钉现场测试应采用接近于土钉实际工作条件的试验方法，应在专门设置的非工作钉上进行抗拔试验直至破坏，用来确定极限荷载，并据此估计土钉的界面极限粘结强度。每一典型土层中至少应有3个专门用于测试的非工作钉。

2）测试钉除其总长度和粘结长度可与工作钉有区别外，应与工作钉采用相同的施工工艺、施工参数。测试钉注浆粘结长度不小于工作钉长度的二分之一且不短于5m，在满足钢筋不发生屈服并最终发生拔出破坏的前提下宜取较长的粘结段，必要时适当加大土钉钢筋直径。为消除加载试验时支护面层变形对粘结界面强度的影响，测试钉在距孔口处应保留不小于1m长的非粘结段。在试验结束后，非粘结段再用浆体回填。

3）土钉的现场抗拔试验宜用穿孔液压千斤顶加载，土钉、千斤顶、测力杆三者应在同一轴线上，千斤顶反力支架可置于混凝土面层上，加载时用油压表大体控制加载值并由测力杆准确计量。土钉拔出位移量用百分表测量。

4）测试钉进行抗拔试验时的注浆体抗压强度不应低于6MPa。试验采用分级连续加载。根据试验得出的极限荷载，可算出界面粘结强度的实测值。这一试验平均值应大于设计计算所用标准值的1.25倍，否则应进行反馈修改设计。极限荷载下的总位移必须大于测试钉非粘结长度段土钉弹性伸长理论计算值的80%，否则这一测试数据无效。

5）上述试验也可不进行到破坏，但此时所加的最大试验荷载值应使土钉界面粘结应力的计算值（按粘结应力沿粘结长度均匀分布算出）超出设计计算所用标准值的1.25倍。

（3）混凝土面层的质量检验

混凝土应养护28d后进行抗压强度试验。试块数量为每500m^2面层取一组，且不少于3组；墙面喷射混凝土厚度应采用钻孔检测，钻孔数宜按每100m^2墙面取1组，每组不应小于3点。合格条件为全部检查孔处的厚度平均值不小于设计厚度，厚度达不到设计要求的面积不大于50%，最小厚度不应小于设计厚度的60%并不小于50mm；混凝土面层外观检查应符合设计要求，无漏喷现象。

（4）施工质量检验

根据《建筑地基基础工程施工质量验收规范》（GB 50202），土钉墙工程质量检验标准应符合表9-24的要求。

土钉墙支护工程质量检验标准　　表9-24

项	序	检查项目	允许偏差或允许值		检查方法
			单位	数值	
主控项目	1	土钉长度	mm	±30	钢尺量
一般项目	1	土钉位置	mm	±100	钢尺量
	2	钻孔倾斜度	°	±1	测钻机倾角
	3	浆体强度	设计要求		试样送检
	4	注浆量	大于理论计算浆量		检查计量数据
	5	土钉墙面厚度	mm	±10	钢尺量
	6	墙体强度	设计要求		试样送检

9.11 土层锚杆工程施工

土层锚杆简称土锚杆，它是在深开挖的地下室墙面（排桩墙、地下连续墙或挡土墙）或地面，或已开挖的基坑立壁土层钻孔（或掏孔），达到一定设计深度后，或再扩大孔的端部，形成柱状或其他形状，在孔内放入钢筋、钢管或钢丝束、钢绞线或其他抗拉材料。灌入水泥浆或化学浆液，使之与土层结合成为抗拉（拔）力强的锚杆。锚杆是一种新型受拉杆件，它的一端与工程结构物或挡土桩墙连接，另一端锚固在地基的土层或岩层中，以承受结构物的上托力、拉拔力、倾侧力或挡土墙的土压力、水压力等。其特点是能与土体结合在一起承受很大的拉力，以保持结构的稳定；可用高强钢材，并可施加预应力，可有效地控制建筑物的变形量；施工所需钻孔孔径小，不用大型机械；用它代替钢横撑作侧壁支护，可节省大量钢材；能为地下工程施工提供开阔的工作面；经济效益显著，可大量节省劳力，加快工程进度。土层锚杆施工适用于深基坑支护、边坡加固、滑坡整治、水池、泵站抗浮、挡土墙锚固及结构抗倾覆等工程。

锚杆由锚头、锚具、锚筋、塑料套管、分割器、腰梁及锚固体等组成，如图 9-87～图 9-90。锚头是锚杆体的外露部分，锚固体通常位于钻孔的深部，锚头与锚固体间一般还有一段自由段，锚筋是锚杆的主要部分，贯穿锚杆全长。

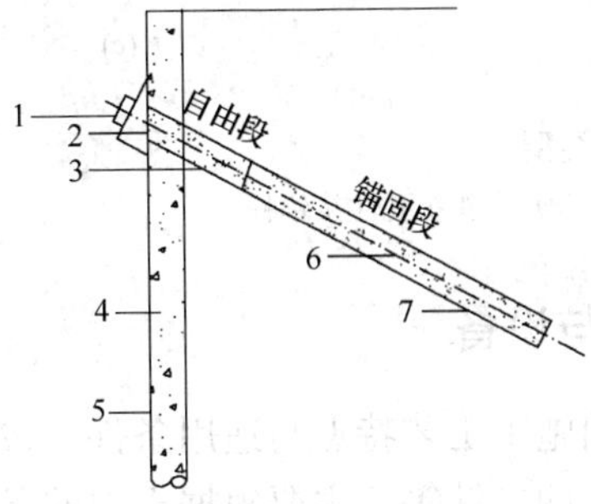

图 9-87 锚杆示意图

1—锚夹；2—腰梁；3—塑料管；4—挡土桩墙；5—基坑；6—锚筋；7—灌浆锚杆

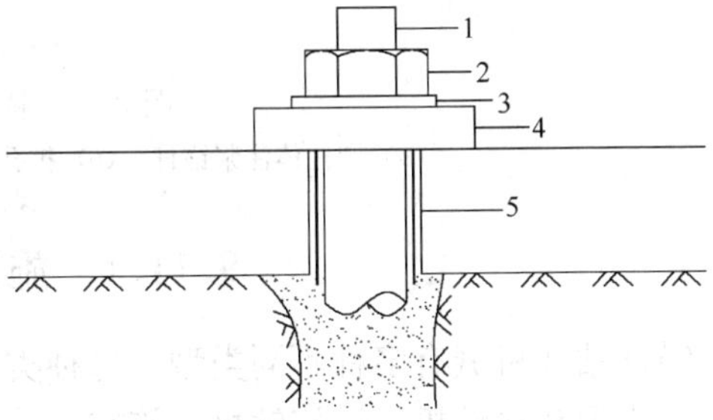

图 9-88 钢筋锚杆、锚头装置

1—钢筋；2—螺帽；3—垫圈；4—承载板；5—混凝土土墙

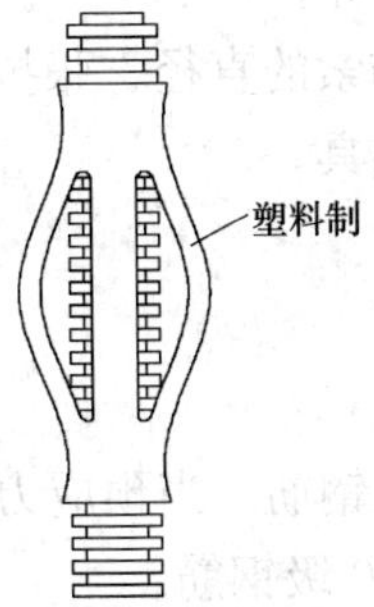

图 9-89 定位分隔器

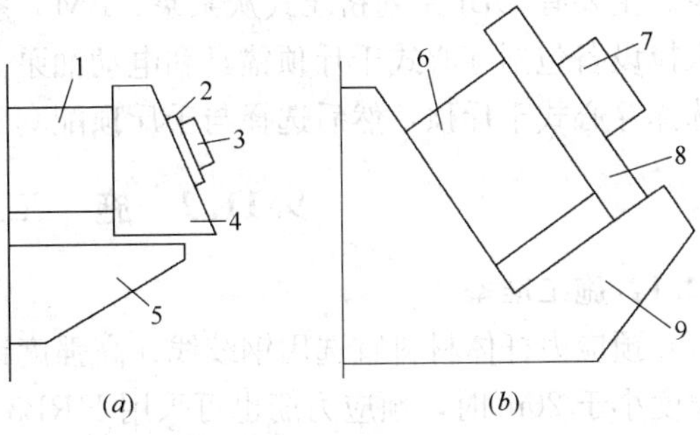

图 9-90 腰梁种类

(*a*) 直梁式腰梁；(*b*) 斜梁式腰梁

1—钢腰梁；2—承压板；3—锚具；4—锚座；5—腰梁支板；6—腰梁；7—锚具；8—张拉支座；9—异形板

锚杆有三种基本类型，第一种锚杆类型如图 9-91（*a*）所示，系一般注浆（压力为 0.3～0.5MPa）圆柱体，孔内注水泥浆或水泥砂浆，适用于拉力不高、临时性锚杆。第二种锚杆类型如图 9-91（*b*）所示，为扩大的圆柱体或不规则体，系用压力注浆，压力从 2MPa（二次注浆）到高压注浆 5MPa 左右，在黏土中形成较小的扩大区，在无黏性土中可以扩大较大区。第三种锚杆类型如图 9-91（*c*）所示，是采用特殊的扩孔机具，在孔眼内沿长度方向扩一个或几个扩大头的圆柱体，这类锚杆用特制扩孔机械，通过中心杆压力将扩张式刀具缓缓张开削土成型，在黏土及无黏性土中都可适用，可以承受较大的拉拔力。

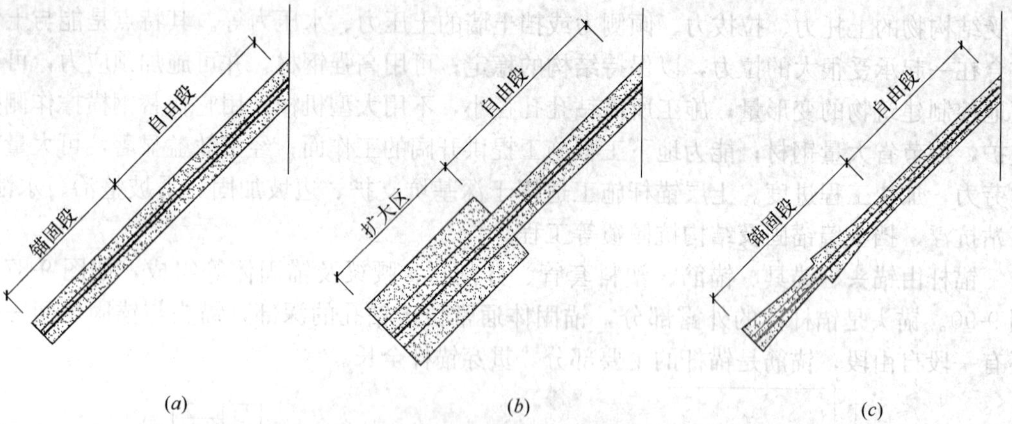

图 9-91　锚杆的基本类型
（*a*）圆柱体注浆锚杆；（*b*）扩孔注浆锚杆；（*c*）多头扩孔注浆锚杆

9.11.1　施工机械与设备

锚杆钻孔机械有多种不同类型，每种类型有不同施工工艺特点与适用条件。按工作原理可分为回转式钻机、螺旋钻机、旋转冲击钻及潜孔冲击钻等，主要根据土层的条件、钻孔深度和地下水情况进行选择。

灌浆机具设备有灰浆泵、灰浆搅拌机等。锚杆灌浆宜选用小型、可移动、安全可靠的注浆泵。主要有 UBJ 系列挤压式灰浆泵、BMY 系列锚杆注浆泵等。

张拉设备包括穿心式千斤顶锚具和电动油泵。根据锚杆、锚索的直径、张拉力、张拉行程选择穿心式千斤顶，然后选择与千斤顶配套的电动油泵和锚具。

9.11.2　施　工　工　艺

9.11.2.1　施工准备

（1）预应力杆体材料宜选用钢绞线、高强度钢丝或高强螺纹钢筋。当预应力值较小或锚杆长度小于 20m 时，预应力筋也可采用 HRB335 级或 HRB400 级钢筋。

（2）水泥浆体所需的水泥应选用普通硅酸盐水泥，必要时可采用抗硫酸盐水泥，不得使用高铝水泥；骨料应选用粒径小于 2mm 的中细砂。

（3）塑料套管材料应具有足够的强度，具有抗水性和化学稳定性，与水泥砂浆和防腐剂接触无不良反应。隔离架应由钢、塑料或其他对杆体无害的材料制作，不得使用木质隔离架。

(4) 防腐材料应具有耐久性，在规定的工作温度内或张拉过程中不开裂、变脆或成为流体，应保持其化学稳定性和防水性，不得对锚杆自由段的变形产生任何限制。

(5) 锚杆施工必须掌握施工区域的工程地质和水文地质条件。

(6) 应查明锚杆施工区域的地下管线、构筑物等的位置和情况，慎重研究锚杆施工对其产生的不利影响。

(7) 应根据设计要求、土层条件和环境条件，合理选择施工设备、器具和工艺。相关的电源、注浆机泵、注浆管钢索、腰梁、预应力张拉设备等准备就绪。

(8) 根据设计要求和机器设备的规格、型号，平整场地以保证安全和有足够的施工场地。

(9) 工程锚杆施工前，按锚杆尺寸宜取两根锚杆进行钻孔、穿筋、灌浆、张拉与锁定等工艺的试验性作业，检验锚杆质量，考核施工工艺和施工设备的适应性。掌握锚杆排数、孔位高低、孔距、孔深、锚杆及锚固件形式。清点锚杆及锚固件数量。定出挡土墙、桩基线和各个锚杆孔的孔位，锚杆的倾斜角。

9.11.2.2 孔位测量校正

钻孔前按设计及土层定出孔位作出标记。钻机就位时应测量校正孔位的垂直、水平位置和角度偏差，钻进应保证垂直于坑壁平面。钻进时应控制钻进速度、压力及钻杆的平直。钻进速度一般以0.3～0.4m/min为宜。对于自由段钻进速度可稍快；对锚固段，尤其在扩孔时，钻进速度宜适当降低。遇流砂层应适当加快钻进速度提高孔内水头压力，成孔后应尽快灌浆。应保证钻孔位置正确，随时调整锚孔位置及角度。锚杆水平方向孔距误差不大于50mm，垂直方向孔距误差不大于100mm。钻孔底部偏斜尺寸不大于长度的3%。

9.11.2.3 成孔

由于土层锚杆的施工特点，要求孔壁不得松动和坍陷，以保证钢拉杆安放和锚杆承载力；孔壁要求平直以便于安放钢拉杆和浇筑水泥浆；为了保证锚固体与土壁间的摩阻力，钻孔时不得使用膨润土循环泥浆护壁，以免在孔壁上形成泥皮；应保证钻孔的准确方向和线性。常用的钻进成孔方法有螺旋干作业钻孔法、潜钻成孔法和清水循环钻进法等。

螺旋干作业钻孔法用于无地下水、处于地下水位以上或呈非浸水状态时的黏土、粉质黏土、砂土等地层。该方法利用回转螺旋钻杆，在一定钻压和钻速下，在向土体钻进的同时将切削下来的土体排出孔外。采用该方法应根据不同土质选用不同的回转速度和扭矩。

潜钻成孔法主要用于孔隙率大，含水量低的土层，它采用风动成孔装置，由压缩空气驱动，利用活塞的往复运动作定向冲击，使成孔器挤压土层向前运动成孔。该方法具有成孔效率高、噪声低、孔壁光滑而坚实、孔壁无坍落和堵塞等特点。冲击器有较好的导向作用，即使在卵石、砾石的土层中成孔亦较直。成孔速度可达1.3m/min。

清水循环钻进法是锚杆施工应用较多的一种钻孔工艺，适合于各种软硬地层，可采用地质钻机或专用钻机，但需要配备供排水系统。对于土质松散的粉质黏土、粉细砂以及有地下水的情况下应采用护壁套管。该方法可把钻孔过程中的钻进、出渣、固壁、清孔等工序一次完成，可防坍孔，不留残土。但此法施工应具有良好的排水系统。

扩孔主要有机械法扩孔、爆破法扩孔、水力法扩孔和压浆法扩孔四种方法。机械法扩孔多适用于黏性土，需要用专门的扩孔装置。爆破法扩孔是引爆预先放置在钻孔内的炸药，把土向四侧挤压形成球形扩大头，多适用于砂性土，但在城市中不推广。水力法扩孔虽会扰动土体，但施工简易，常与钻进并举。压浆法扩孔是用10～20个大气压，使浆液渗入土中充满孔隙与土结成共同工作块体，提高土的强度，在国外广泛采用，但需用堵浆设施。我国多用二次灌浆法来达到扩大锚固段直径的目的。

9.11.2.4　杆体组装安放

锚杆用的拉杆常用的有钢筋、钢丝束和钢绞线，主要根据锚杆承载力和现有材料情况选择。承载能力较小时，多用粗钢筋；承载能力较大时，多用钢绞线。

1. 钢筋拉杆

钢筋拉杆（包括各种钢筋、精轧螺纹钢筋、中空螺纹钢管）的制作较简单。预应力筋前部常焊有导向帽以便于预应力筋的插入，在预应力筋长度方向每隔1～2m焊有对中支架。自由段需外套塑料管隔离，对防腐有特殊要求的锚固段钢筋应提供具有双重防腐作用的波形管并注入灰浆或树脂。钢筋拉杆长度一般都在10m以上，为了将拉杆安置在钻孔的中心，防止其自由段挠度过大、插入时土壁不扰动、增加拉杆与锚固体的握裹力，需在拉杆表面设置定位器（或撑筋环）。定位器的外径宜小于钻孔直径1cm，定位器示意如图9-92所示。

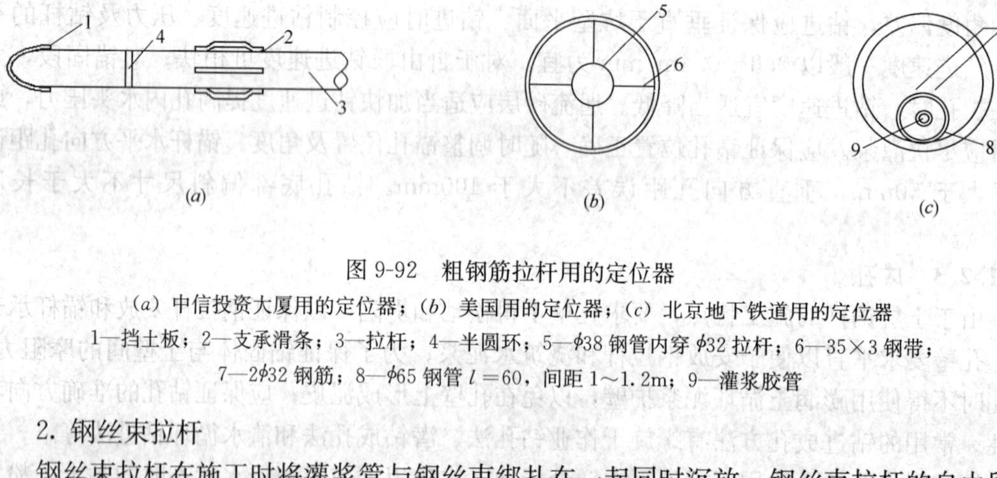

图9-92　粗钢筋拉杆用的定位器

(*a*) 中信投资大厦用的定位器；(*b*) 美国用的定位器；(*c*) 北京地下铁道用的定位器

1—挡土板；2—支承滑条；3—拉杆；4—半圆环；5—ϕ38钢管内穿ϕ32拉杆；6—35×3钢带；7—2ϕ32钢筋；8—ϕ65钢管 l=60，间距1～1.2m；9—灌浆胶管

2. 钢丝束拉杆

钢丝束拉杆在施工时将灌浆管与钢丝束绑扎在一起同时沉放。钢丝束拉杆的自由段需进行防腐处理，可用玻璃纤维布缠绕两层，外面再用粘胶带缠绕，也可将自由段插入特制护管内，护管与孔壁间的空隙可与锚固段同时进行灌浆。钢丝束拉杆的锚固段亦需定位器，该定位器为撑筋环，如图9-93。钢丝束外层钢丝绑扎在撑筋环上，撑筋环的间距为0.5～1.0m，锚固段形成一连串菱形，使钢丝束与锚固体砂浆的接触面积增大，增强粘结力。

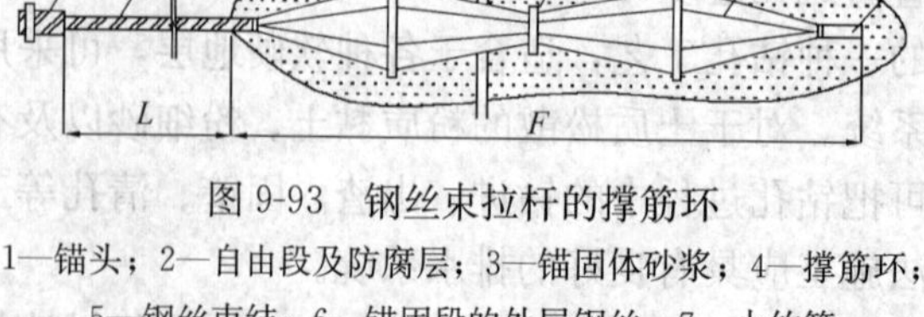

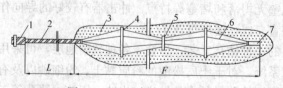

图9-93　钢丝束拉杆的撑筋环

1—锚头；2—自由段及防腐层；3—锚固体砂浆；4—撑筋环；5—钢丝束结；6—锚固段的外层钢丝；7—小竹筒

3. 钢绞线拉杆

钢绞线分为有粘结钢绞线和无粘结钢绞线，有粘结钢绞线锚杆制作时应在锚杆自由段的每根钢绞线上做防腐层和隔离层。由于钢绞线拉杆的柔性好，在向钻孔中沉放时较方便，因此在国内外

应用较多，常用于承载能力大的锚杆。锚固段的钢绞线要清除其表面油脂，以防止其与锚固体砂浆粘结不良。自由段的钢绞线应套聚丙烯防护套等进行防腐处理。钢绞线拉杆还需用特制的定位架。钢丝束或钢绞线一般在现场装配，下料时应对各股长度精确控制，每股长度误差不大于 50mm，以保证受力均匀和同步工作，组装方式见图 9-94。

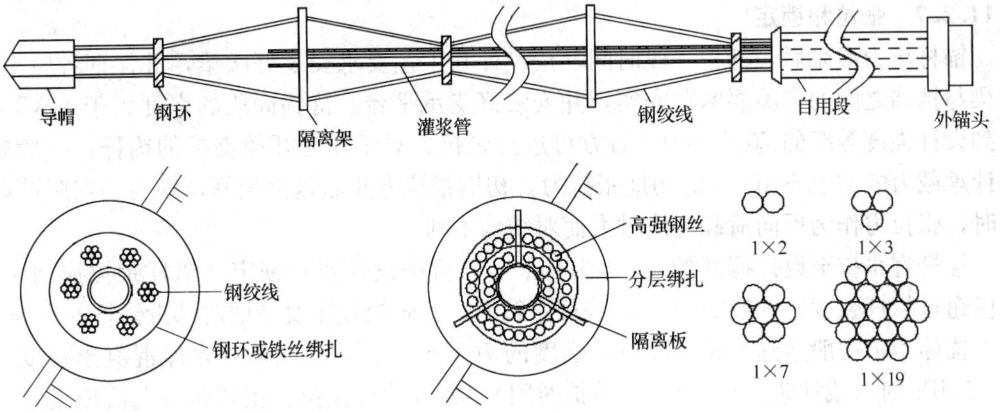

图 9-94　锚索组装示意图

9.11.2.5　灌浆

灌浆用水泥砂浆的成分及拌制、注入方法决定了灌浆体与周围土体的粘结强度和防腐效果。灌浆浆液为水泥砂浆或水泥浆。水泥通常采用质量良好的普通硅酸盐水泥，不宜用高铝水泥，氯化物含量不应超过水泥重的 0.1%。压力型锚杆宜采用高强度水泥。拌合水泥浆或水泥砂浆所用的水，一般应避免采用含高浓度氯化物的水。

一次灌浆法宜选用砂灰比 0.8～1.0、水灰比 0.38～0.45 的水泥砂浆，或水灰比 0.40～0.50 的纯水泥浆；二次灌浆法中的二次高压灌浆，宜用水灰比 0.45～0.55 的水泥浆。浆体强度一般 7d 不应低于 20MPa，28d 不应低于 30MPa；压力型锚杆浆体强度 7d 不应低于 25MPa，28d 不应低于 35MPa。二次灌浆法是在一次灌浆形成注浆体的基础上，对锚杆锚固段进行二次高压劈裂注浆，使浆液向周围地层挤压渗透，形成直径较大的锚固体并提高周围地层力学性能，可提高锚杆承载能力。二次灌浆通常在一次注浆后 4～24h 进行，具体间隔时间由浆体强度达到 5MPa 左右而加以控制。二次灌浆适用于承载力低的土层中的锚杆。

9.11.2.6　腰梁安装

腰梁是传力结构，将锚头轴拉力进行有效传递，分成水平力及垂直力。腰梁设计应考虑支护结构特点、材料、锚杆倾角、锚杆垂直分力以及结构形式等。直梁式腰梁是利用普通托板将工字钢组合梁横置，如图 9-90（*a*）所示，其特点是垂直分力较小，由腰梁托板承受，制作简单，拆装方便。斜梁式腰梁是通过异形支承板，将工字钢组合梁斜置，如图 9-90（*b*）所示，其特点是由工字组合梁承受轴压力，由异形钢板承受垂直分力，结构受力合理，节约钢材，加工简单。腰梁的加工安装应使异形支承板承压面在一个平面内，以保证梁受力均匀。安装腰梁应考虑围护墙的偏差。一般是通过实测桩偏差，现场加工异形支撑板，锚杆尾部也应进行标高实测，找出最大偏差和平均值，用腰梁的两根工字钢间距进行调整。

腰梁安装有直接安装法和整体吊装法。直接安装法是把工字钢放置在围护墙上，垫平后焊板组成箱梁，安装较为方便，但后焊缀板的焊缝质量较难控制。整体吊装法是在现场将梁分段组装焊接，再运到坑内整体吊装安装；该方法质量可靠，可与锚杆施工流水作业，但安装时要有吊运机具，较费工时。

9.11.2.7 张拉和锁定

锚杆压力灌浆后，养护一段时间，按设计和工艺要求安装好腰梁，并保证各段平直，腰梁与挡墙之间的空隙要紧贴密实，并安装好支承平台。待锚固段的强度大于15MPa并达到设计强度等级的70%～80%后方可进行张拉。对于作为开挖支护的锚杆，一般施加设计承载力的50%～100%的初期张拉力。初期张拉力并非越大越好，因为当实际荷载较小时，张拉力作为反向荷载可能过大而对结构不利。

锚杆宜张拉至设计荷载的0.9～1.0倍后，再按设计要求锁定。锚杆张拉控制应力，不应超过拉杆强度标准值的75%。锚杆张拉时，其张拉顺序要考虑对邻近锚杆的影响。

锚体养护一般达到水泥（砂浆）强度的70%～80%，锚固体与台座混凝土强度均大于15MPa时（或注浆后至少有7d养护时间），方可进行张拉。正式张拉前应取设计拉力的10%～20%，对锚杆预张1～2次，使各部位接触紧密和杆体完全平直，保证张拉数据准确。

正式张拉宜分级加载，每级加载后，保持3min，记录伸长值。锚杆张拉至1.1～1.2设计轴向拉力值Nt时，土质为砂土时保持10min，为黏性土时保持15min，且不再有明显伸长，然后卸荷至锁定荷载进行锁定作业。锚杆张拉荷载分级观测时间遵守表9-25的规定。

锚杆张拉荷载分级观测时间　　表9-25

张拉荷载分级	观测时间(min)		张拉荷载分级	观测时间(min)	
	砂质土	黏性土		砂质土	黏性土
0.1Nt	5	5	1.0Nt	5	10
0.25Nt	5	5	1.1～1.2Nt	10	15
0.50Nt	5	5	锁定荷载	10	10
0.75Nt	5	5			

锚杆锁定工作，应采用符合技术要求的锚具。当拉杆预应力没有明显衰减时，即可锁定拉杆，锁定预应力以设计轴拉力的75%为宜。锚杆锁定后，若发现有明显预应力损失时，应进行补偿张拉。

9.11.3 试验和检测

锚杆工程常用的试验主要有基本试验、验收试验和蠕变试验。

9.11.3.1 基本试验

基本试验亦称极限抗拔试验，用以确定设计锚杆是否安全可靠，施工工艺是否合理，并根据极限承载力确定允许承载力，掌握锚杆抵抗破坏的安全程度，揭示锚杆在使用过程中可能影响其承载力的缺陷，以便在正式使用锚杆前调整锚杆结构参数或改进锚杆制作工艺。任何一种新型锚杆或已有锚杆用于未曾应用的土层时，必须进行基本试验。试验应在有代表性的土层中进行，所有锚杆的材料、几何尺寸、施工工艺、土的条件等应与工程实际使用的锚杆条件相同。

1）基本试验锚杆数量不得少于3根。

2）基本试验最大的试验荷载不宜超过锚杆杆体承载力标准值的0.9倍。

3）锚杆基本试验应采用分级加、卸载法。拉力型锚杆的起始荷载为计划最大试验荷载的10%，压力分散型或拉力分散型锚杆的起始荷载为计划最大试验荷载的20%。

4）锚杆破坏标准：后一级荷载产生的锚头位移增量达到或超过前一级荷载产生位移增量的2倍时；锚头位移不稳定；锚杆杆体拉断。

5）试验结果宜按循环荷载与对应的锚头位移读数列表整理，并绘制锚杆荷载-位移（$Q-s$）曲线，锚杆荷载—弹性位移（$Q-s_e$）曲线和锚杆荷载—塑性位移（$Q-s_p$）曲线。

6）锚杆弹性变形不应小于自由段长度变形计算值的80%，且不应大于自由段长度与1/2锚固段长度之和的弹性变形计算值。

7）锚杆极限承载力取破坏荷载的前一级荷载，在最大试验荷载下未达到基本试验中第3条规定的破坏标准时，锚杆极限承载力取最大试验荷载值。

9.11.3.2 验收试验

验收试验是检验现场施工的锚杆的承载能力是否达到设计要求，确定在设计荷载作用下的安全度，并对锚杆的拉杆施加一定的预应力。加荷设备亦用穿心式千斤顶在原位进行。检验时的加荷方式，依次为设计荷载的0.5、0.75、1.0、1.2、1.33、1.5倍，然后卸载至某一荷载值，接着将锚头的螺帽紧固，此时即对锚杆施加了预应力。验收试验锚杆数量不少于锚杆总数的15%，且不得少于3根。

1）锚杆验收试验加荷等级及锚头位移测读间隔时间应符合下列规定：

①初始荷载宜取锚杆轴向拉力设计值的0.5倍；

②加荷等级与观测时间宜按表9-26规定进行；

验收试验锚杆加荷等级及观测时间 **表9-26**

加荷等级	$0.5N_u$	$0.75N_u$	$1.0N_u$	$1.2N_u$	$1.33N_u$	$1.5N_u$
观测时间(min)	5	5	5	10	10	15

③在每级加荷等级观测时间内，测读锚头位移不应少于3次；

④达到最大试验荷载后观测15min，并测读锚头位移。

2）试验结果宜按每级荷载对应的锚头位移列表整理，绘制锚杆荷载-位移（Q-s）曲线。

3）锚杆验收标准：在最大试验荷载作用下，锚头位移稳定，应符合上述基本试验中第5条的规定。

9.11.3.3 蠕变试验

为判明永久性锚杆预应力的下降，蠕变可能来自锚固体与地基之间的蠕变特性，也可能来自锚杆区间的压密收缩，应在设计荷载下长期量测张拉力与变位量，以便决定什么时候需要做再张拉，这就是蠕变试验。对于设置在岩层和粗粒土里的锚杆，没有蠕变问题。但对于设置在软土里的锚杆必须作蠕变试验，判定可能发生的蠕变变形是否在容许范围内。

蠕变试验需要能自动调整压力的油泵系统，使作用于锚杆上的荷载保持恒量，不因变形而降低，然后按一定时间间隔（1、2、3、4、5、10、15、20、25、30、45、60min）精确测读 1h 变形值，在半对数坐标纸上绘制蠕变时间关系图，曲线（近似为直线）的斜率即锚杆的蠕变系数 K_s。一般认为，$K_s \leqslant 0.4$mm，锚杆是安全的；$K_s > 0.4$mm 时，锚固体与土之间可能发生滑动，使锚杆丧失承载力。

9.11.3.4　永久性锚杆及重要临时性锚杆的长期监测

锚杆监测的目的是掌握锚杆预应力或位移变化规律，确认锚杆的长期工作性能。必要时，可根据检测结果，采取二次张拉锚杆或增设锚杆等措施，以确保锚固工程的可靠性。

永久性锚杆及用于重要工程的临时性锚杆，应对其预应力变化进行长期监测。永久性锚杆的监测数量不应少于锚杆数量的 10%，临时性锚杆的监测数量不应少于锚杆数量的 5%。预应力变化值不宜大于锚杆设计拉力值的 10%，必要时可采取重复张拉或恰当放松的措施以控制预应力值的变化。

1. 锚杆预应力变化的外部因素

温度变化、荷载变化等外部因素会使锚杆的应力变化，影响锚杆的性能。爆破、重型机械和地震力发生的冲击引起的锚杆预应力损失量，较之长期静荷载作用引起的预应力损失量大得多，必须在受冲击范围内定期对锚杆重复施加应力。车辆荷载、地下水位变化等可变荷载，对保持锚杆预应力和锚固体的锚固力具有不利影响。温度变化会使锚杆和锚固结构产生膨胀或收缩，被锚固结构的应力状态变化对锚杆预应力产生较大影响，土体内部应力增大也会使锚杆预应力增加。

2. 锚杆预应力随时间的变化

随着时间的推移，锚杆的初始预应力总是会有所变化。一般情况下，通常表现为预应力的损失。在很大程度上，这种预应力损失是由锚杆钢材的松弛和受荷地层的徐变造成的。长期受荷的钢材预应力松弛损失量通常为 5%～10%。钢材的应力松弛与张拉荷载大小密切相关，当施加的应力大于钢材强度的 50%时，应力松弛就会明显加大。地层在锚杆拉力作用下的徐变，是由于岩层或土体在受荷影响区域内的应力作用下产生的塑性压缩或破坏造成的。对于预应力锚杆，徐变主要发生在应力集中区，即靠近自由段的锚固区域及锚头以下的锚固结构表面处。

3. 锚杆预应力的测量仪器

对预应力锚杆荷载变化进行观测，可采用按机械、液压、振动、电气和光弹原理制作的各种不同类型的测力计。测力计通常都布置在传力板与锚具之间。必须始终保证测力计中心受荷，并定期检查测力计的完好程度。

9.11.4　锚　杆　防　腐

土层锚杆要进行防腐处理，锚杆的防腐主要有如下三个方面：

1. 锚杆锚固段的防腐处理

(1) 一般腐蚀环境中的永久锚杆，其锚固段内杆体可采用水泥浆或砂浆封闭防腐，但杆体周围必须有 2.0cm 厚的保护层。

(2) 严重腐蚀环境中的永久锚杆，其锚固段内杆体宜用波纹管外套，管内孔隙用环氧树脂水泥浆或水泥砂浆充填，套管周围保护层厚度不得小于 1.0cm。

(3) 临时性锚杆锚固段应采用水泥浆封闭防腐，杆体周围保护层厚度不得小于 1.0cm。

2. 锚杆自由段的防腐处理

(1) 永久性锚杆自由段内杆体表面宜涂润滑油或防腐漆，然后包裹塑料布，在塑料布面再涂润滑油或防腐漆，最后装入塑料套管中，形成双层防腐。

(2) 临时性锚杆的自由段可采用涂润滑油或防腐漆，再包裹塑料布等简易防腐措施。

3. 外露锚杆部分的防腐处理

(1) 永久性锚杆采用外露头时，必须涂以沥青等防腐材料，再采用混凝土密封，外露钢板和锚具的保护层厚度不得小于 2.5cm。

(2) 永久性锚杆采用盒具密封时，必须用润滑油填充盒具的空隙。

(3) 临时性锚杆的锚头宜采用沥青防腐。

9.11.5 质 量 控 制

1. 锚杆工程所用材料，钢材、水泥、水泥浆、水泥砂浆强度等级，必须符合设计要求，锚具应有出厂合格证和试验报告。水泥、砂浆及接驳器必须经过试验，并符合设计和施工规范的要求，有合格的试验资料。

2. 锚固体的直径、标高、深度和倾角必须符合设计要求。

3. 锚杆的组装和安放必须符合《土层锚杆设计与施工规范》(CECS 22) 的要求。在进行张拉和锁定时，台座的承压面应平整，并与锚杆的轴线方向垂直。

4. 锚杆的张拉、锁定和防锈处理必须符合设计和施工规范的要求。

5. 土层锚杆的试验和监测必须符合设计和施工规范的规定。进行基本试验时，所施加最大试验荷载 (Q_{max}) 不应超过钢丝、钢绞线、钢筋强度标准值的 0.8 倍。基本试验所得的总弹性位移应超过自由段理论弹性伸长的 80%，且小于自由段长度与 1/2 锚固段长度之和的理论弹性伸长。

6. 允许偏差

锚杆水平方向孔距误差不应大于 50mm，垂直方向孔距误差不应大于 100mm。钻孔底部的偏斜尺寸不应大于锚杆长度的 3%。锚杆孔深不应小于设计长度，也不宜大于设计长度的 1%。锚杆锚头部分的防腐处理应符合设计要求。土层锚杆施工尺寸和允许偏差见表 9-27。

土层锚杆施工质量检验标准 **表 9-27**

项	序	检查项目	允许偏差或允许值		检查方法
			单 位	数 值	
主控项目	1	锚杆土钉长度	mm	±30	用钢尺量
	2	锚杆锁定力	设计要求		现场实测
一般项目	1	锚杆或土钉位置	mm	±100	用钢尺量
	2	钻孔倾斜度	°	±1	测钻机倾角
	3	浆体强度	设计要求		试样送检
	4	注浆量	大于理论计算浆量		检查计量数据
	5	土钉墙面厚度	mm	±10	用钢尺量
	6	墙体强度	设计要求		试样送检

9.12　基坑支撑系统施工

9.12.1　支撑系统的主要形式

基坑支撑系统是增大围护结构刚度，改善围护结构受力条件，确保基坑安全和稳定性的构件。目前支撑体系主要有钢支撑和混凝土支撑。支撑系统主要由围檩、支撑和立柱组成。根据基坑的平面形状、开挖面积及开挖深度等，内支撑可分为有围檩和无围檩两种，对于圆形围护结构的基坑，可采用内衬墙和围檩两种方式而不设置内支撑。

9.12.1.1　圆形围护结构采用内衬墙方式

圆形围护结构的内衬墙方式一般由圆形基坑的地下连续墙与内衬墙相结合（图 9-95）。圆形结构的"拱效应"可将结构体上可能出现的弯矩转化成轴力，充分利用了结构的截面尺寸和材料的抗压性能，支护结构较安全经济。同时圆形围护结构无内支撑方式可在坑内提供一个良好的开挖空间，适合大型挖土机械的施工，缩短工期。

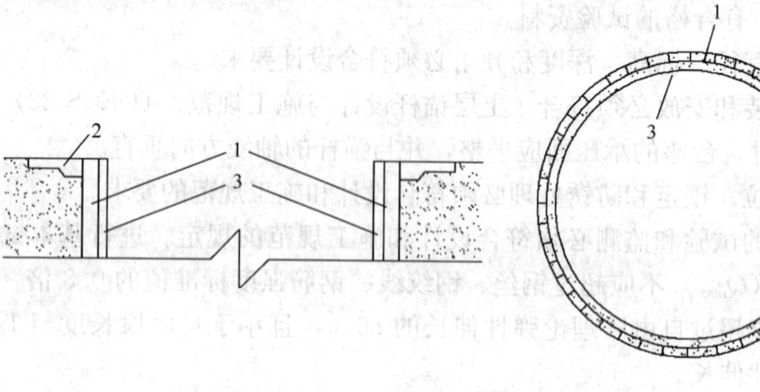

图 9-95　内衬方式的圆形围护剖面图及俯视图

1—围护墙；2—导墙；3—内衬墙

9.12.1.2　圆形围护结构采用围檩方式

圆形围护结构采用围檩方式一般由圆形基坑的地下连续墙与围檩相结合（图 9-96）。该方式与内衬墙方式相比，在施工便利性、成本、工期上更具有优势。

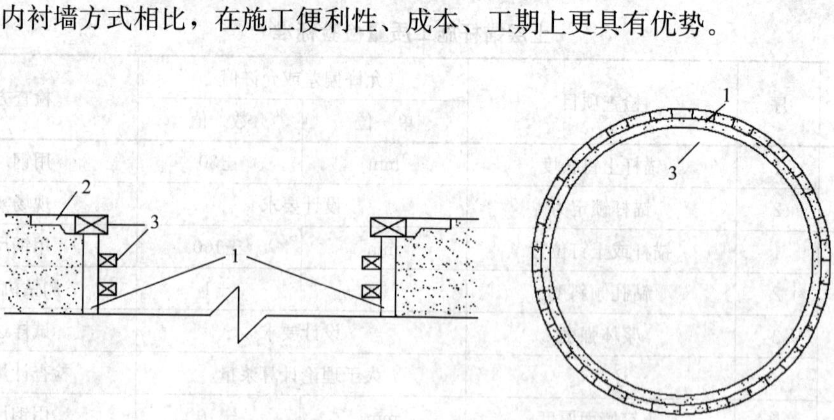

图 9-96　围檩式的圆形围护剖面图及俯视图

1—围护墙；2—导墙；3—顶圈梁及围檩

9.12.1.3 内支撑有围檩方式

内支撑有围檩方式从空间结构上可分为平面支撑体系和竖向斜撑体系。根据工程的不同平面形状，水平支撑可采用对撑、角撑以及边桁架和八字撑等组成的平面结构体系；对于方形基坑也可以采用内环形平面结构体系。支撑布置形式目前常用的主要有正交支撑、角撑结合边桁架、圆形支撑、竖向斜撑等布置形式。

正交支撑系统（图 9-97）具有刚度大、受力直接、变形小、适应性强的特点，工程应用较为广泛，较适合敏感环境下面积较小基坑工程。但该支撑形式的支撑杆件较密集，工程量较大，出土空间较小，土方开挖效率受到一定影响。

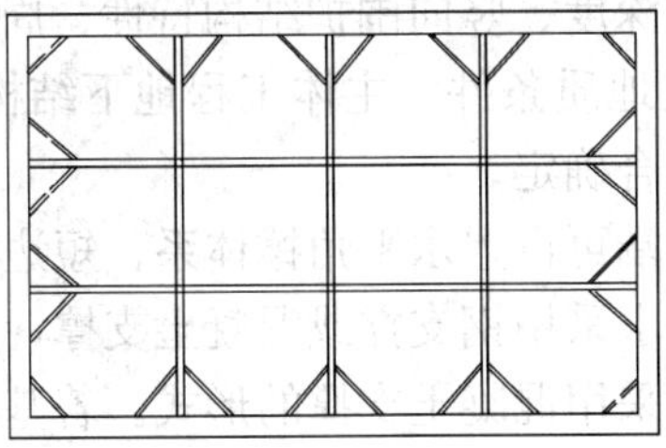

图 9-97 正交支撑示意图

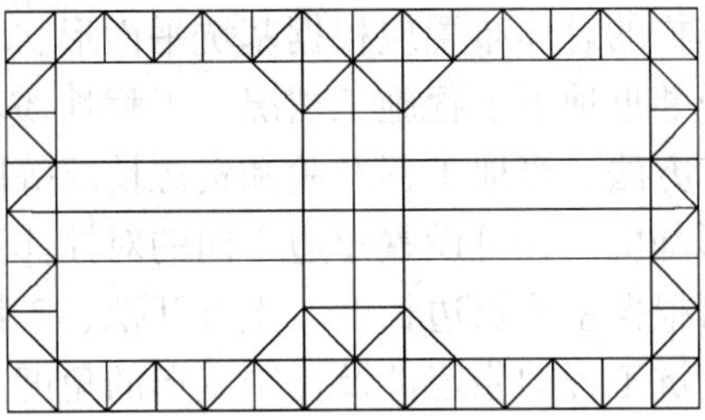

图 9-98 对撑、角撑结合边桁架支撑示意图

对撑、角撑结合边桁架支撑体系（图 9-98）近年来在深基坑工程中得到了广泛的应用，设计和施工经验较成熟。该支撑体系受力简单明确，各块支撑受力相对独立，可实现支撑与土方开挖的流水作业，可缩短绝对工期，同时该支撑体系无支撑空间较大，有利于出土，可在对撑及角撑区域结合栈桥设计。

圆环形支撑体系（图 9-99）可充分利用混凝土抗压能力高的特点，基坑周边的侧压力通过围护墙传给围檩和边桁架腹杆，最后集中传递至圆环。中部无支撑，空间大，有利于出土。圆形支撑体系适用于面积较大基坑。

采用竖向斜撑体系的基坑，先开挖基坑中部土方，施工中部基础底板或地下结构，然后安装斜撑，再挖除周边土方。该体系适用于平面尺寸较大、形状不规则、深度较浅、周边环境较好的基坑，其施工较简单，可节省支撑材料。竖向斜撑体系通常由斜撑、腰梁和斜撑基础等构件组成，斜撑基础一般为基础底板，也可以地下室结构作为斜撑基础。斜撑长度较长时宜在中部设置立柱，如图 9-100 所示。采用该支撑体系应考虑基坑周边土方变形、斜撑变形、斜撑基础变形等因素可能造成的围护墙位移。

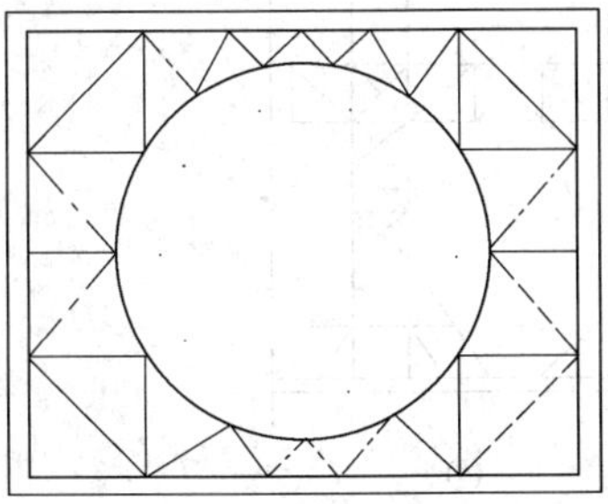

图 9-99 圆环形支撑示意图

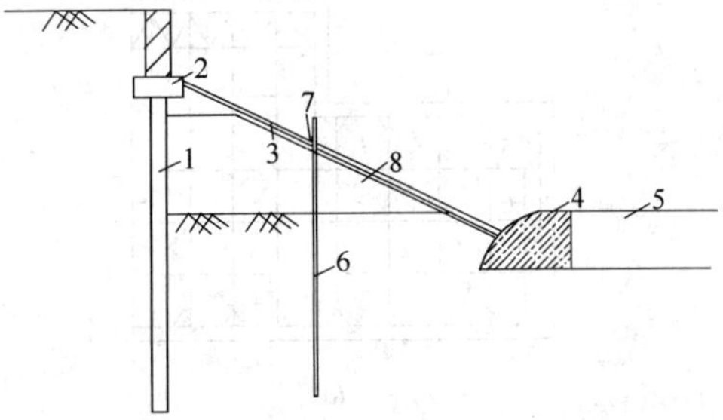

图 9-100 竖向斜撑体系

1—围护墙；2—顶圈梁；3—斜撑；4—斜撑基础；5—基础；6—立杆；7—系杆；8—土堤

9.12.1.4　内支撑无围檩方式

地铁等狭长形基坑的施工中常采用无围檩支撑体系，该支撑体系在地下连续墙每幅槽段应有不少于2个支撑点，且墙体内设置暗梁。该支撑体系与有围檩的内支撑体系较相似，施工方便，材料节省，且在支撑拆除过程中对围护墙影响较小；但该支撑体系在结构受力方面要求较高，在支撑端头会产生较大集中力，可能会造成围护墙局部破坏。

9.12.2　支 撑 体 系 布 置

9.12.2.1　支撑体系的平面布置

支撑结构的总体布置应根据基坑平面形状和开挖深度、竖向围护结构特性、周边环境保护要求或邻近地下工程施工情况、工程地质和水文地质条件、主体工程地下结构设计、施工顺序和方法、当地工程经验和资源情况等因素综合确定。

长条形基坑工程可设置短边方向的对撑体系，两端可设置水平角撑体系；短边方向的对撑体系可根据基坑长边长度、土方开挖、工期等要求采用钢支撑或混凝土支撑，两端角撑体系从基坑工程的稳定性及控制变形的角度上，宜采用混凝土支撑的形式。若基坑周边环境保护要求较高，基坑变形控制要求较为严格时，或基坑面积较小、基坑边长大致相等时，宜采用相互正交的对撑布置方式。若基坑面积较大、平面不规则，且支撑平面中需留设较大作业空间时，宜采用角部设置角撑、长边设置沿短边方向的对撑结合边桁架的支撑体系。基坑平面为规则的方形、圆形或者平面虽不规则但基坑边长尺寸大致相等时，可采用圆环形支撑或多圆环形支撑体系。基坑平面有向坑内折角（阳角）时，可在阳角的两个方向上设置支撑点，或可根据实际情况将该位置的支撑杆件设置为现浇板，还可对阳角处的坑外地基进行加固，提高坑外土体的强度，以减少围护墙侧向压力。

一般情况下平面支撑体系由腰梁、水平支撑和立柱组成。根据工程具体情况，水平支撑可用对撑、对撑桁架、斜角撑、斜撑桁架以及边桁架和八字撑等形式组成的平面结构体系，如图9-101。支撑平面位置应避开主体工程地下结构的柱网轴线。当采用混凝土围檩时，沿围檩方向支撑点的间距不宜大于9m，采用钢围檩时支撑点间距不宜大于4m。采用无围檩支撑体系时，每幅槽段墙体上应设2个以上对称支撑点。若相邻水平支撑间距较大，可在支撑端部两侧与围檩间设置八字撑，八字撑宜对称设置。基坑平面有阳角时，应在阳角两个方向上设支撑点，地下水位较高的软土地区尚宜对阴角处的坑外地基进行

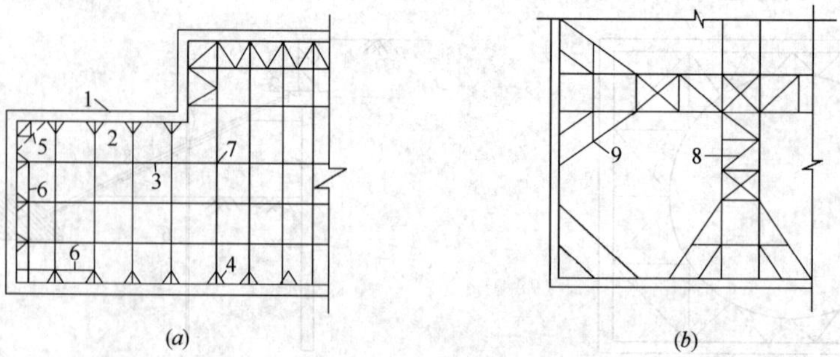

图 9-101　水平支撑体系

1—围护墙；2—腰梁；3—对撑；4—八字撑；5—角撑；
6—系杆；7—立柱；8—对撑桁架；9—斜撑桁架

处理。

9.12.2.2 支撑体系的竖向布置

在竖向平面内布置水平支撑的层数，应根据开挖深度、工程地质条件、环境保护要求、围护结构类型、工程经验等确定。上下层水平支撑轴线应布置在同一竖向平面内，竖向相邻水平支撑的净距不宜小于 3m，当采用机械坑下开挖及运输时，尚应适当放大。设定的各层水平支撑标高，不得妨碍主体地下结构的施工。一般情况下围护墙顶水平圈梁可与第一道围檩结合，当第一道水平支撑标高低于墙顶圈梁时可另设腰梁，但不宜低于自然地面以下 3m。当为多层支撑时，最下一层支撑的标高在不影响主体结构底板施工的条件下，应尽可能降低。立柱应布置在纵横向支撑的交点处或桁架式支撑的节点位置，并应避开主体结构梁、柱及承重墙的位置，立柱的间距一般不宜超过 15m；立柱下端一般应支撑在较好土层上或锚入钻孔灌注桩中，开挖面以下埋入深度应满足支撑结构对立柱承载力和变形的要求。

竖向斜撑体系的斜撑长度大于 15m 时，宜在中部设置立柱（图 9-100）。斜撑宜采用型钢或组合型钢。竖向斜撑宜均匀对称布置，水平间距不宜大于 6m；斜撑与坑底间的夹角不宜大于 35°，在地下水位较高的软土地区不宜大于 26°，并应与基坑周边土体边坡一致。斜撑基础与围护墙间的水平距离不宜小于围护墙在开挖面以下插入深度的 1.5 倍。斜撑与腰梁、斜撑与基础以及腰梁与围护墙间的连接应满足斜撑水平分力和垂直分力的传递要求。

9.12.3 支 撑 材 料

作为水平支撑的材料主要有木材、钢管和型钢、钢筋混凝土结构。

木材支撑以圆木为主，一般用于简单的小型基坑。采用木材作为支撑材料施工十分方便，还可用于抢险辅助支撑。

钢管和型钢是工厂定型生产的规格化材料，钢管一般有 ϕ609mm×16mm、ϕ609mm×14mm、ϕ580mm×14mm、ϕ580mm×12mm、ϕ406mm 等型号，H 型钢有焊接 H 型钢和轧制 H 型钢。钢支撑质量轻、强度高、稳定性好、可施加预应力、施工速度快、可重复使用，已广泛应用。

钢筋混凝土支撑一般在现场浇筑。该类型支撑杆件设计灵活、整体性好、可靠度高、节点易处理，但施工工序多，后期支撑拆除费工费时。

9.12.4 支撑系统构造措施

9.12.4.1 钢支撑

钢支撑结构形式较多，结构形式的选择应考虑地质及环境条件、平面尺寸、深度及地下结构特点和施工要求等诸多因素，常见结构形式的构造措施如以下节点构造图所示。

图 9-102 为钢管支撑与围檩、立柱连接节点详图。

图 9-103 为 H 型钢支撑与围檩连接节点详图。

钢支撑构件连接可采用焊接或高强螺栓连接；腰梁连接节点宜设置在支撑点附近且不应超过支撑间距的 1/3；钢腰梁与围护墙间宜采用细石混凝土填充，钢腰梁与钢支撑的连接节点宜设加劲板；支撑拆除前应在主体结构与围护墙之间设置换撑传力构件或回填夯实。

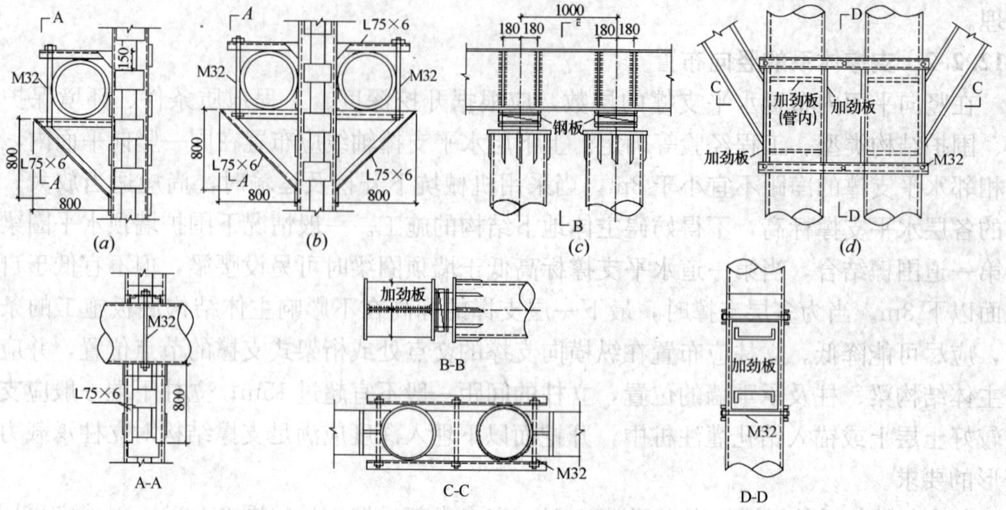

图 9-102　钢管支撑节点详图

(*a*) 单肢钢管支撑与格构式立柱连接节点构造详图；(*b*) 双肢钢管支撑与格构式立柱连接节点构造详图；(*c*) 钢管支撑与 H 型钢围檩连接节点构造详图；(*d*) 双肢钢管与八字撑连接节点构造详图

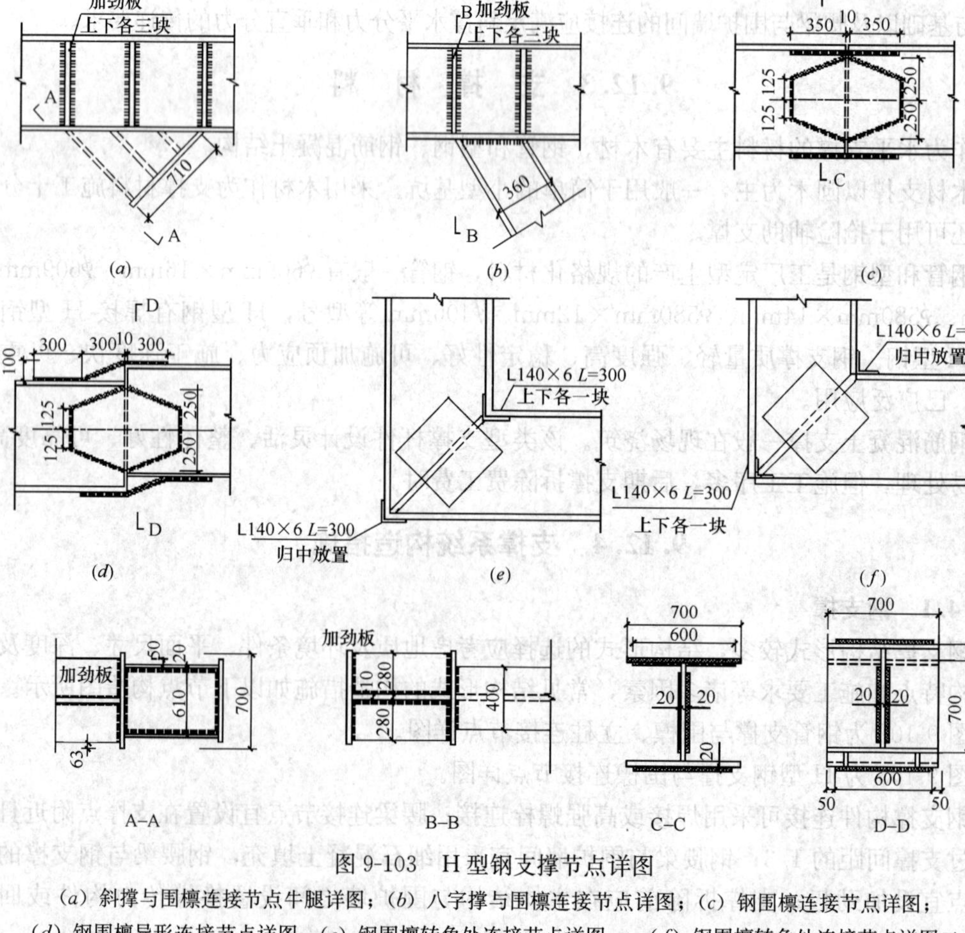

图 9-103　H 型钢支撑节点详图

(*a*) 斜撑与围檩连接节点牛腿详图；(*b*) 八字撑与围檩连接节点详图；(*c*) 钢围檩连接节点详图；(*d*) 钢围檩异形连接节点详图；(*e*) 钢围檩转角处连接节点详图一；(*f*) 钢围檩转角处连接节点详图二

9.12.4.2 混凝土支撑

混凝土支撑在达到一定强度后具有较大刚度，变形控制可靠度高，制作方便，对基坑形状要求不高，对基坑周边环境具有较好的保护作用，已被广泛采用。钢筋混凝土支撑构件的混凝土强度等级不应低于C20，同一平面内宜整体浇筑。

图9-104为钢筋混凝土支撑与围檩连接节点的详图。

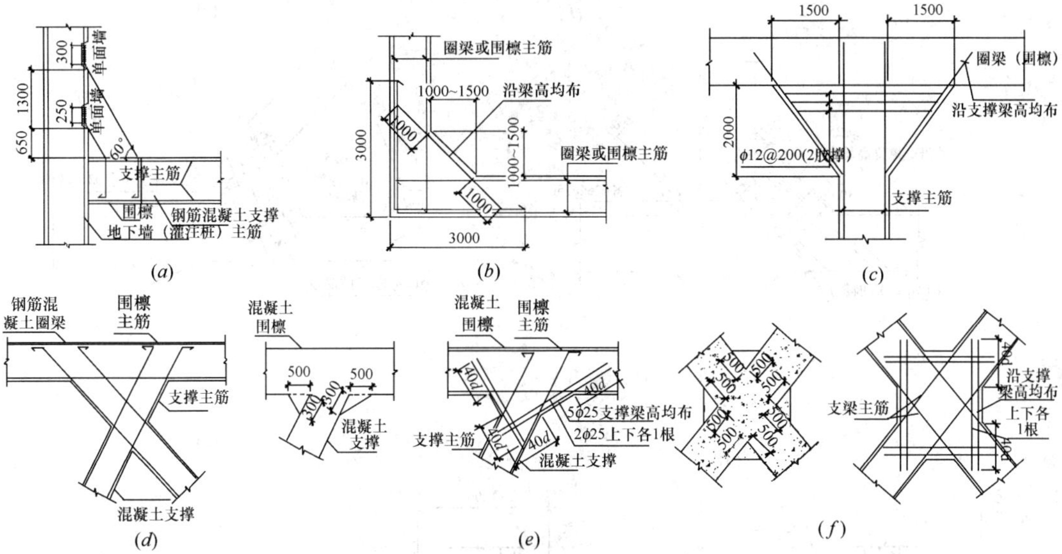

图9-104 混凝土支撑与围檩连接大样图

(*a*) 围檩与围护结构连接大样；(*b*) 圈梁或围檩折角加强筋构造；(*c*) 支撑扩大头与圈梁围檩连接大样；(*d*) 双支撑与围檩的连接大样；(*e*) 单支撑与围檩的连接大样；(*d*) 支撑相交处倒角处理

图9-105为钢筋混凝土支撑与立柱连接节点的详图。

9.12.5 钢支撑施工

1. 工艺流程

机械设备进场→测量放线→土方开挖→设置围檩托架→安装围檩→设置立柱托架→安装支撑→支撑与立柱抱箍固定→围檩与围护墙空隙填充→施加预应力。

2. 施工要点

(1) 钢支撑常用形式有钢管支撑和H型钢支撑。钢围檩多采用H型钢或双拼工字钢、双拼槽钢等，截面宽度一般不小于300mm。可通过设置在围护墙上的钢牛腿与墙体连接，或通过墙体伸出的吊筋予以固定，围檩与墙体间的空隙用细石混凝土填塞，如图9-106。

(2) 支撑端头应设置一定厚度的钢板作封头端板，端板与支撑杆件间满焊，焊缝高度与长度应能承受全部支撑力或与支撑等强度。必要时可增设加劲板，加劲板数量、尺寸应满足支撑端头局部稳定要求和传递支撑力的要求，如图9-107 (*a*)。为方便对钢支撑预加压力，端部可做成“活络头”，活络头应考虑液压千斤顶的安装及千斤顶顶压后钢楔的施

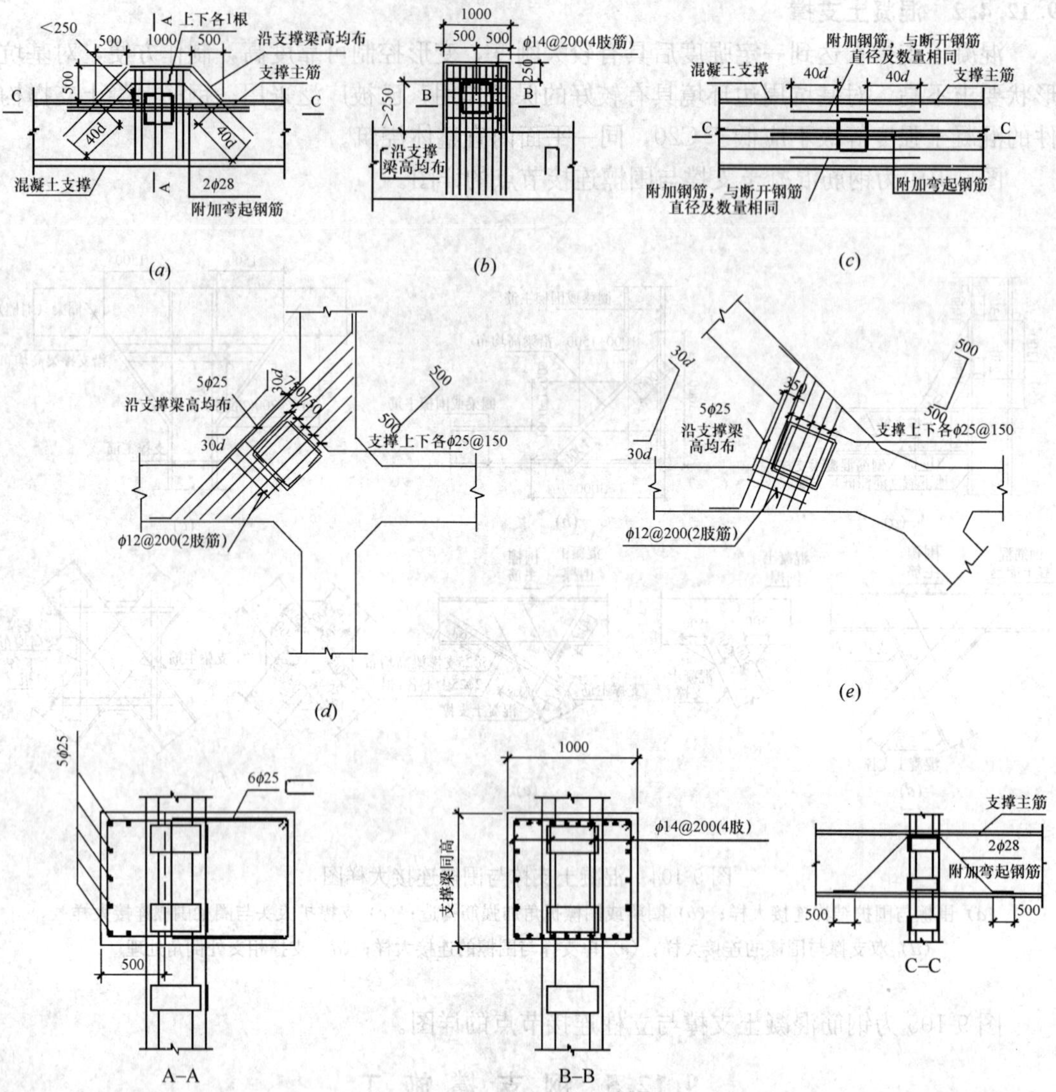

图 9-105　混凝土支撑与立柱连接大样图

(*a*) 支撑与偏心立柱连接平面一；(*b*) 支撑与偏心立柱连接平面二；(*c*) 支撑钢筋与立柱连接；(*d*) 十字交叉支撑与偏心立柱连接；(*e*) 斜交支撑与偏心立柱连接

工。“活络头”的构造如图 9-107 (*b*)。钢支撑轴线与围檩不垂直时，应在围檩上设置预埋铁件或采取其他构造措施以承受支撑与围檩间的剪力。

(3) 水平纵横向钢支撑宜设置在同一标高，宜采用定型的十字接头连接，该种连接整体性好，节点可靠。采用重叠连接施工方便，但整体性较差。纵横向水平支撑采用重叠连接时，相应围檩在基坑转角处不在同一平面内相交，也需采用重叠连接，此时应在围檩端部采取加强构造措施，防止围檩端部产生悬臂受力状态，可采用如图 9-108 的连接形式。

(4) 立柱间距应根据支撑稳定及竖向荷载大小确定，一般不大于 15m。常用截面形式及立柱底部支承桩的形式如图 9-109，立柱穿过基础底板时应采取止水构造措施。

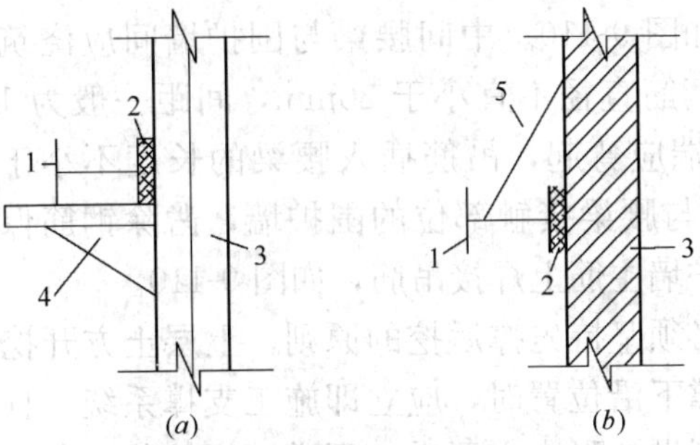

图 9-106　钢围檩与支护墙的固定

（a）钢牛腿支撑钢围檩；（b）用吊筋固定钢围檩

1—钢围檩；2—填塞细石混凝土；3—支护墙体；4—钢牛腿；5—吊筋

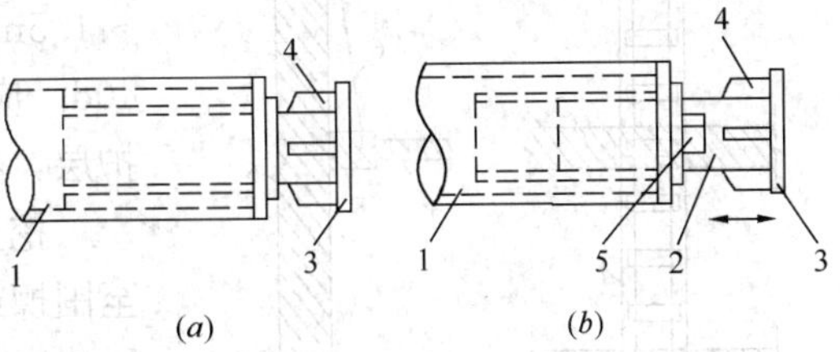

图 9-107　钢支撑端部构造

（a）固定端头；（b）活络端头

1—钢管支撑；2—活络头；3—端头封板；4—肋板；5—钢楔

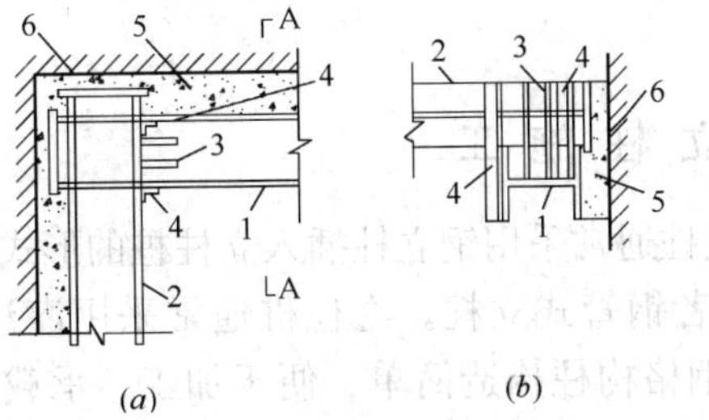

图 9-108　围檩叠接示意图

（a）平面图；（b）A—A 剖面图

1—下围檩；2—上围檩；3—连接肋板；4—连接角钢；5—细石混凝土；6—围护桩

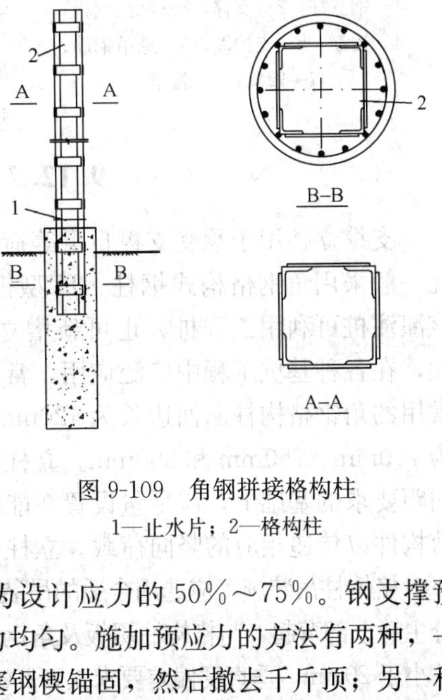

图 9-109　角钢拼接格构柱

1—止水片；2—格构柱

（5）钢支撑应按要求施加预应力，预应力一般为设计应力的 50%～75%。钢支撑预应力施加可减少围护墙体的侧向位移，并使支撑受力均匀。施加预应力的方法有两种，一种是用千斤顶在围檩与支撑交接处加压，在缝隙处塞钢楔锚固，然后撤去千斤顶；另一种是用特制的千斤顶作为支撑部件，安装在各支撑上，预加应力后保留至支撑拆除。支撑安装完毕后应及时检查各节点的连接情况，经确认符合要求后方可施加预压力，预压力施加宜在支撑两端同步对称进行；预压力应分级施加，重复进行，加至设计值时，再次检查各连接点的情况，必要时应对节点进行加固，待额定压力稳定后锁定。

9.12.6　混凝土支撑施工

混凝土支撑体系宜在同一平面内整体浇筑，支撑与支撑、支撑与围檩相交处宜采用加腋等构造措施，使其形成刚性节点。支撑施工时宜采用开槽浇筑的方法，底模板可用素混凝土、木模、小钢模等铺设，土质条件较好时也可利用槽底做土模；侧模多用木模或钢模板。混凝土支撑浇筑前应保持基槽平整，底模支立牢固。

支撑与立柱的连接，在顶层支撑处可采用钢板承托方式，其余支撑位置一般可由立柱

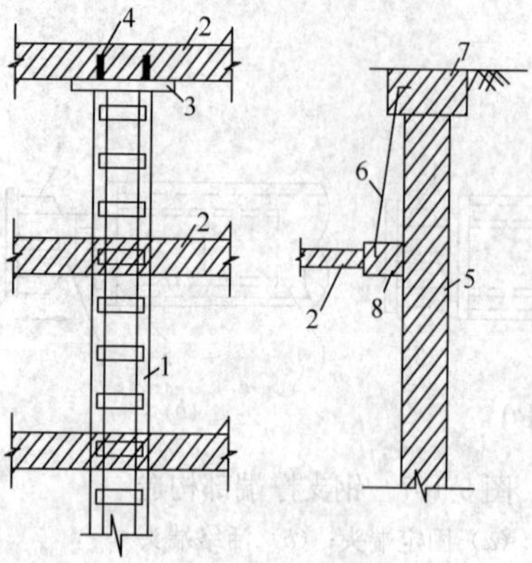

图 9-110　支撑与立柱、围护墙的连接

1—钢立柱；2—支撑；3—承托钢板；4—插筋；5—支护墙；6—悬吊钢筋；7—冠梁；8—腰梁

直接穿过，如图 9-110。中间腰梁与围护墙间应浇筑密实，悬吊钢筋直径不宜小于 20mm，间距一般为 1～1.5m，两端应弯起，吊筋插入腰梁的长度不小于 40d。应清理与腰梁接触部位的围护墙，凿除钢筋保护层，在围护墙主筋上焊接吊筋，如图 9-110。

挖土时必须坚持先撑后挖的原则，上层土方开挖至围檩或支撑下沿位置时，应立即施工支撑系统，且需待支撑达到设计强度方可进入下道工序，若工期较紧时可采取提高混凝土强度等级的措施。

应保证围檩与内支撑配筋方位与设计规定的方位一致，同时面层钢筋和构造钢筋布置应满足设置爆破孔位的要求。钢筋绑扎时应将监测所需的传感器及时预埋且做好保护工作。采用地下连续墙围护时，围檩施工缝应设置在地下连续墙的中间位置，禁止设置在接缝处。

9.12.7　支 撑 立 柱 施 工

支撑立柱用于承受支撑自重等荷载，支撑立柱通常采用钢立柱插入立柱桩的形式。立柱一般采用角钢格构式钢柱、H 型钢式立柱或者钢管式立柱。立柱桩通常采用灌注桩，该灌注桩可利用工程桩，也可新增立柱桩。角钢格构柱构造简单、便于加工、承载力较大，在各种基坑工程中广泛应用，常见的角钢格构柱采用 4 根角钢拼接通过缀板拼接，最常用的角钢格构柱断面边长为 420mm、440mm 和 460mm，所适用的最小立柱桩桩径分别为 700mm、750mm 和 800mm。立柱拼接钢缀板应采用平行、对称分布，在满足设计计算间距要求的基础上，应尽量设置在能够避开支撑钢筋的标高位置。各道支撑位置需设置抗剪构件以传递相应的竖向荷载。立柱一般插入立柱桩顶以下 3m 左右。

格构柱吊装施工应选用合适的吊装机械，吊点位于格构柱上部，格构柱固定采用钢筋笼部分主筋上部弯起，与格构柱缀板及角钢焊接固定，固定时格构柱应居于钢筋笼正中心，定位偏差小于 20mm，垂直度偏差要求≤1/200。焊接时吊装机械始终吊住格构柱，避免其受力。格构柱吊装后应采取固定措施，防止其沉降。立柱在穿越底板的范围内应设置止水片。格构柱四个面中的一个面应保证与支撑轴线平行，施工中应有防止立柱转向的技术措施。

9.12.8　支撑系统质量控制

支撑系统施工应符合《钢结构工程施工质量验收规范》(GB 50205) 和《混凝土结构工程施工质量验收规范》(GB 50204) 的有关规定，且应符合表 9-28 的要求。

钢及混凝土支撑系统工程质量检验标准　　**表 9-28**

项	序	检查项目	允许偏差或允许值		检 查 方 法
			单　位	数　值	
主控项目	1	支撑位置：标高 平面	mm mm	30 100	水准仪 用钢尺量
	2	预加顶力	kN	±50	油泵读数或传感器

续表

项	序	检查项目	允许偏差或允许值		检查方法
			单位	数值	
一般项目	1	围檩标高	mm	30	水准仪
	2	立柱桩	参见桩基部分		参见桩基部分
	3	立柱位置：标高 平面	mm mm	30 50	水准仪 用钢尺量
	4	开挖超深(开槽放支撑除外)	mm	<200	水准仪
	5	支撑安装时间	设计要求		用钟表估测

9.13 地下结构逆作法施工

逆作法施工时，先沿地下室轴线（两墙合一）或周边（围护墙作临时结构）施工围护墙；在结构柱或墙体处施工中间支承柱（临时或永久立柱），作为施工期承受永久结构、施工荷载的支撑；然后开挖土方，顺作施工梁板结构，作为基坑水平支撑兼作逆作阶段作业层；逐层向下开挖土方，施工各层地下结构，直至结构底板完成。逆作法施工可根据设计要求、进度及场地条件，同时施工上部结构。逆作法施工时，两墙合一地下连续墙、中间支承柱、基坑土方开挖及地下结构施工、施工环境改善等技术均有别于传统的顺作法施工。

9.13.1 逆作法施工分类

（1）全逆作法：利用地下各层永久水平结构对四周围护结构形成水平支撑，自逆作面向下依次施工地下结构的施工方法。

（2）半逆作法：利用地下室各层永久水平结构中先期浇筑的肋梁，对四周围护结构形成水平支撑，待土方开挖完成后，再二次浇筑楼板的施工方法。

（3）部分逆作法：基坑部分采取顺作法，部分采用逆作法的施工方法。部分逆作法一般有主楼先顺作裙房后逆作、裙房先逆作主楼后顺作、中间顺作周边逆作等。

（4）分层逆作法：针对基坑围护采取土钉支护、土层锚杆等方式，由上往下进行施工，各层采取先开挖周边土方，施工土钉或锚杆后再大面积开挖中部土方，继而完成该层地下结构的施工方法。分层逆作法造价较低，施工进度较快，一般应用在土质较好的地区。

9.13.2 逆作法施工基本流程

各种逆作法施工原理基本相同，但施工步骤有所不同，以全逆作法为例，其典型施工流程如图 9-111。

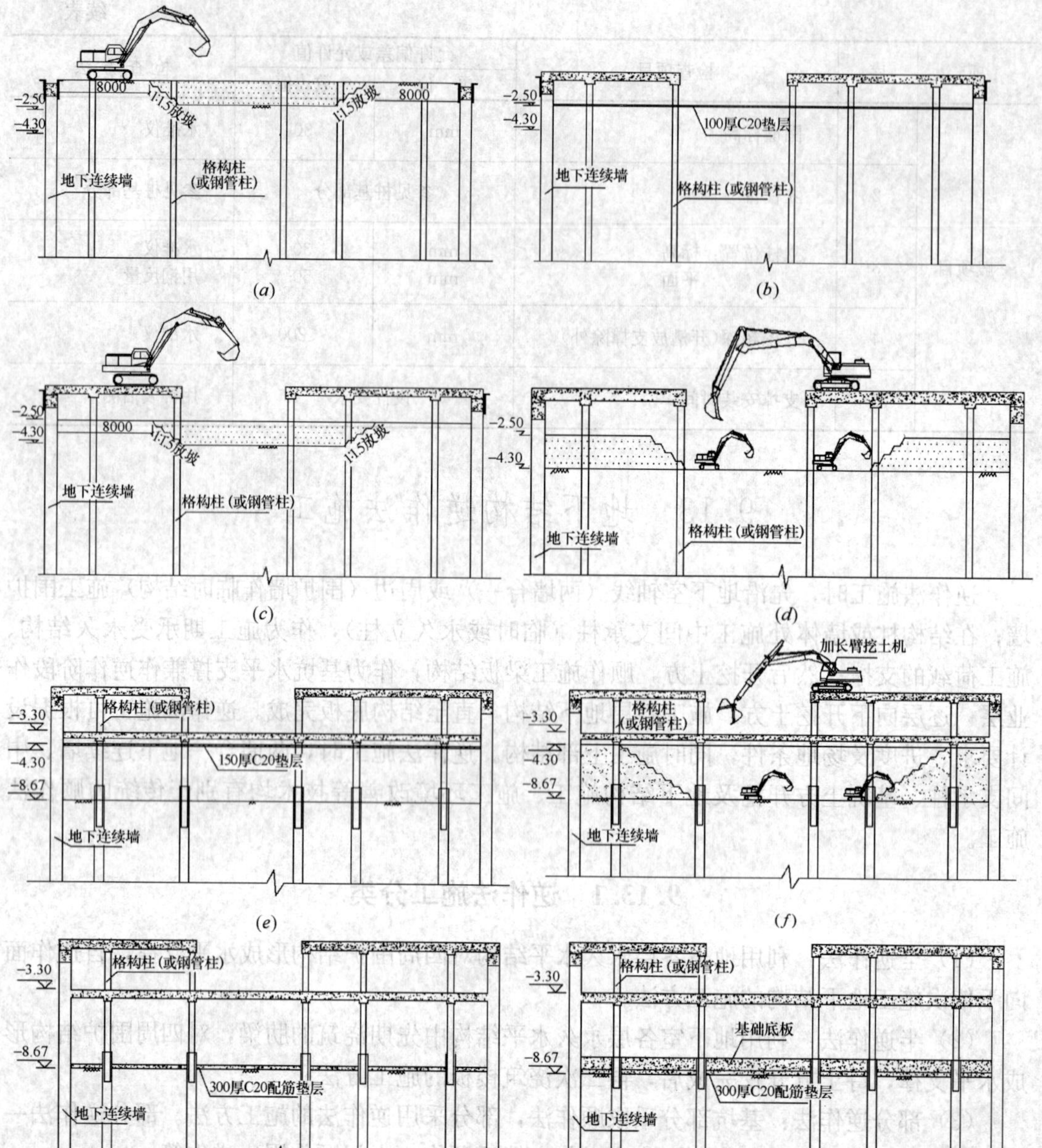

图 9-111　全逆作法基坑施工流程

(*a*) 第一层土方盆式开挖；(*b*) 施工垫层及首层梁板；(*c*) 盆式开挖第二层土方；(*d*) 开挖第二层周边土方；(*e*) 施工 B1 层梁板；(*f*) 盆式开挖第三层土；(*g*) 施工配筋垫层；(*h*) 施工基础底板

9.13.3　围护墙与结构外墙相结合的工艺

地下连续墙作为主体地下室外墙与围护墙相结合的方式通常称为“两墙合一”。其结合的方式又分为单一墙、分离墙、重合墙、混合墙（如图 9-112）。单一墙构造简单，但地下连续墙与主体结构连接节点需满足结构受力要求，且防渗要求较高；一般需在地下连续墙内侧设置内衬墙，两墙之间设置排水沟以解决渗漏问题。分离墙结构也较简单且受力明确，地下连续墙只有挡土和防渗功能，主体结构外墙承受竖向荷载；若结构层高较高，可在层间加设支点，并对外墙结构采取加强措施。重合墙由于中间填充了隔绝材料，地下连续墙与主体结构外墙所产生的竖向变形互不影响，但水平方向的变形则相同；若地下结构深度较大，在地下连续墙厚度不变的条件下，可通过增大外墙厚度等措施承受较大应力；但由于地下连续墙表面不平整，不利于隔绝材料的铺设施工，且可能导致应力传递不均。复合墙即把地下连续墙和主体结构外墙形成整体，刚度大大提高，防渗性能较好，但是结合面的施工较为复杂，且新老混凝土不同收缩产生的应变差可能会影响复合墙的受力效果。

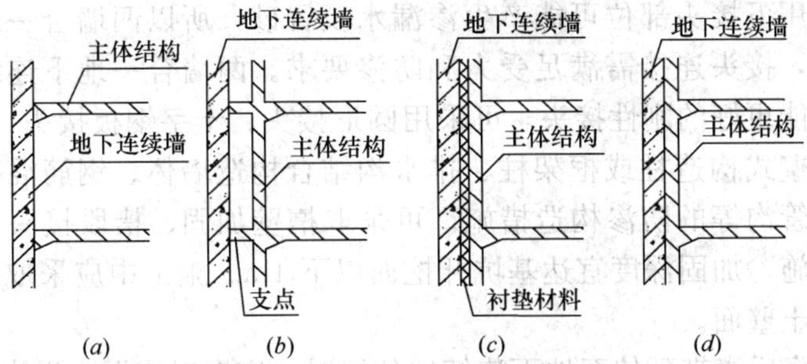

图 9-112　地下连续墙的结合方式

（a）单一墙；（b）分离墙；（c）重合墙；（d）混合墙

与临时的地下连续墙相比，“两墙合一”地下连续墙的施工时垂直度控制、平整度控制、接头防渗、墙底注浆具有较高的要求。

9.13.3.1　两墙合一地下连续墙施工控制

1. 垂直度控制

成槽所采用的成槽机或铣槽机均需具有自动纠偏装置，以便在成槽过程中适时监测偏斜情况，并且可以自动调整。成槽过程须随时注意槽壁垂直度情况，每一抓到底后，用超声波测井仪监测成槽情况，发现倾斜指针超出规定范围，应立即启动纠偏系统调整垂直度，确保垂直精度达到规定的要求。

应根据各槽段宽度尺寸决定挖槽的抓数和次序，当槽段三抓成槽时，应采用先两侧后中间的方法，抓斗入槽、出槽应慢速、稳定，并根据成槽机仪表及实测垂直度情况及时纠偏，以满足精度要求。成槽应按设计槽孔偏差控制斗体和液压铣铣头下放位置，将斗体和液压铣铣头中心线对正槽孔中心线，缓慢下放斗体和液压铣铣头施工。单元槽段成槽挖土时，抓斗中心应每次对准放在导墙上的孔位标志物，保证挖土位置准确。抓斗闭斗下放，开挖时再张开，每斗进尺深度控制在 0.3m 左右，上、下抓斗时要缓慢进行，避免形成涡流冲刷槽壁，引起塌方，同时在槽孔混凝土未灌注前严禁重型机械在槽孔附近行走产生振动。

2. 平整度控制

对两墙合一地下连续墙墙面平整度影响最大的是泥浆护壁效果，可根据实际试成槽施工情况，调节泥浆比重，并对每一批新制泥浆进行主要性能的测试。

施工过程中大型机械不得在槽段边缘频繁走动，以保证地下连续墙边道路的稳定，可在道路施工前对道路下部分土体加固，也可起到隔水作用。对于暗浜区等极弱土层，宜采用水泥搅拌桩对地下连续墙两侧土体进行加固，以保证该范围内的槽壁稳定性。

应控制成槽机掘进速度和铣槽进尺速度，成槽机掘进速度应控制在15m/h左右，液压抓斗不宜快速掘进，以防槽壁失稳；同样铣槽机进尺速度也应控制，特别是在软硬层交接处，应有防止出现偏移、被卡等现象的技术措施。泥浆应随着出土及时补入，保证泥浆液面在规定高度上，以防槽壁失稳。

3. 接头防渗技术

由于地下连续墙采用泥浆护壁成槽，接头混凝土面上附着一定厚度的泥皮，基坑开挖后，在水压作用下接头部位可能产生渗漏水及冒砂，所以两墙合一地下连续墙的防水防渗要求极高，接头连接需满足受力和防渗要求。两墙合一地下连续墙接头形式应优先选用防水性能更好的刚性接头，可采用圆形接头、十字钢板接头、H型钢接头等。接头处宜设置扶壁式构造柱或框架柱、排水沟结合构造墙体、钢筋混凝土内衬墙结合防水材料、排水管沟等的防渗构造措施。可采取槽壁加固、槽段接头外侧高压喷射注浆等构造防渗措施，加固深度宜达基坑开挖面以下1m。施工中应采取有效的方法清刷地下连续墙混凝土壁面。

主体结构沉降后浇带延伸至地下连续墙位置时，宜在对应沉降后浇带位置留设槽段分缝，分缝位置应确保止水可靠性；地下连续墙在使用阶段需要开设外接通道时，应根据开洞位置采取加强措施和可靠的防水措施；地下连续墙与主体结构连接的接缝位置（如顶板、底板）可根据防水等级要求设置刚性止水片、膨胀止水条或预埋注浆管等构造措施。

4. 墙底注浆技术

两墙合一地下连续墙与主体工程桩不处于同一持力层，且上部荷重的分担不均，会对变形协调有较大的影响；而且由于施工工艺的因素，地下连续墙墙底和工程桩端受力状态的差异会产生两者的差异沉降。故两墙合一地下连续墙可通过槽底注浆消除墙底沉淤、加固墙侧和墙底附近的土层，以减少地下连续墙沉降量、协调槽段间和地下连续墙与桩基的差异沉降，还可以使地下连续墙墙底端承力和侧壁摩阻力充分发挥，提高其竖向承载能力。

地下连续墙成槽时，在槽段内预设注浆管，待墙体浇筑并达到一定强度后对槽底进行注浆。注浆管应采用钢管，宜设置在墙厚中部，且应沿槽段长度方向均匀布置；单幅槽段注浆管数量不应少于2根，槽段长度大于6m宜增设注浆管；注浆管下段应伸至槽底200～500mm；注浆管应在混凝土浇筑后的7～8h内进行清水开塞；注浆量应符合设计要求，注浆压力控制在0.2～0.4MPa。

9.13.3.2　两墙合一地下连续墙施工质量控制

两墙合一地下连续墙施工过程中应全数检测槽段垂直度、沉渣厚度等指标。墙面垂直度应符合设计要求，一般须控制在1/300；沉渣厚度不应大于100mm；墙面平整度应小于100mm；预埋件位置水平向偏差不大于10mm，垂直向偏差不大于20mm。

两墙合一地下连续墙应采用超声波透射法对墙体混凝土质量进行检测，同类型槽段的检测数量不应少于10%，且不应少于3幅；必要时可采用钻孔取芯方法进行检测，单幅墙身的钻孔取芯数量不少于2个；钻孔取芯完成后应对芯孔进行注浆填充。

9.13.4 立柱桩与工程桩相结合的工艺

考虑到基坑支护体系成本及主体结构体系的具体情况，竖向支承结构立柱一般尽量设置于主体结构柱位置，并应利用结构柱下工程桩作为立柱桩。立柱可采用角钢格构柱、H型钢柱或钢管混凝土柱等形式。竖向支承结构宜采用1根结构柱位置布置1根立柱和立柱桩的形式（一柱一桩），也可采用1根结构柱位置布置多根立柱和立柱桩的形式（一柱多桩）。与临时立柱相比，利用主体结构的立柱，其定位和垂直度控制、沉降控制是施工的关键。

9.13.4.1 一柱一桩施工控制

1. 一柱一桩定位与调垂施工控制技术

首先应严格控制工程桩的施工精度，精度控制贯穿于定位放线、护筒埋设、校验复核、机架定位、成孔全过程，必须对每一个环节加强控制。立柱的施工必须采用专用的定位调垂装置。目前立柱的垂直度控制有机械调垂法、导向套筒法等方法。

机械调垂系统主要由传感器、纠正架、调节螺栓等组成。在立柱上端X和Y方向上分别安装1个传感器，支撑柱固定在纠正架上，支撑柱上设置2组调节螺栓，每组共4个，两两对称，两组调节螺栓有一定的高差以形成扭矩。测斜传感器和上下调节螺栓在东西、南北各设置1组。若支承柱下端向X正方向偏移，X方向的两个上调螺栓一松一紧，使支承柱绕下调螺栓旋转，当支撑柱进入规定的垂直度范围后，即停止调节螺栓；同理Y方向通过Y方向的调节螺栓进行调节。

导向套筒法是把校正立柱转化为导向套筒。导向套筒的调垂可采用气囊法和机械调垂法。待导向套筒调垂结束并固定后，从导向套筒中间插入支撑柱，导向套筒内设置滑轮以利于支撑柱的插入，然后浇筑立柱桩混凝土，直至混凝土能固定支撑柱后拔出导向套筒。

2. 钢管混凝土立柱一柱一桩不同强度等级混凝土施工控制技术

竖向支撑体系采用钢管混凝土立柱时，一般钢管内混凝土强度等级高于工程桩混凝土，此时在一柱一桩混凝土施工时应严格控制不同强度等级的混凝土施工界面，确保混凝土浇捣施工。水下混凝土浇灌至钢管底标高时，即更换高强度等级混凝土进行浇筑。典型的钢管混凝土柱不同强度等级混凝土浇筑流程如图9-113所示。

3. 立柱桩差异沉降控制技术

立柱桩在上部荷载及基坑开挖土体应力释放的作用下，发生竖向变形，同时立柱桩承载的不均匀，增加了立柱桩间及立柱桩与围护结构之间产生较大沉降差的可能。控制整个结构的不均匀沉降是支护结构与主体结构相结合工程施工的关键技术之一，差异沉降控制一般可采取桩端后注浆、坑内增设临时支撑、坑内外土体的加固、立柱间及立柱与围护墙间增设临时剪刀撑、快速完成永久结构、局部节点增加压重等措施。

桩端后注浆施工技术可提高一柱一桩的承载力，有效解决差异沉降的问题。施工前应通过现场试验来确定注浆量、压力等施工参数进而掌握桩端后注浆和工程桩的实际承载力。注浆管应采用钢管，注浆管应沿桩周均匀布置且伸出桩端200～500mm。灌注桩成桩后的7～8h，应对注浆管进行清水开塞，注浆宜在成桩48h后进行。若注浆量达到设计要

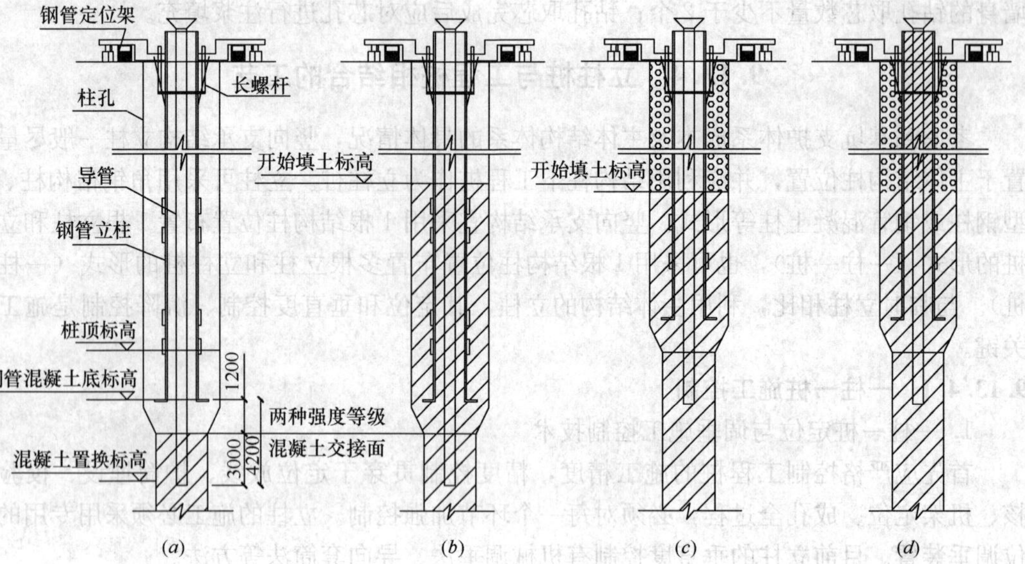

图 9-113　钢管混凝土柱不同强度等级混凝土浇筑流程示意图

(*a*) 置换开始；(*b*) 土置换至回填高度；(*c*) 碎石回填；(*d*) 浇筑至顶面

求，或注浆量达到设计要求的 80%以上，且压力达到 2MPa 时，可视为注浆合格，可以终止注浆。

9.13.4.2　一柱一桩施工质量控制

立柱和立柱桩定位偏差不应大于 10mm；成孔后灌筑前的沉渣厚度不大于 100mm；立柱桩成孔垂直度一般不大于 1/150；立柱的垂直度偏差不应大于 1/300；格构柱、H 型钢柱的转向不宜大于 5°。每根立柱桩的抗压强度试块数量不少于 1 组；立柱桩成孔垂直度应全数检查；桩身完整性应全数检测，可采用低应变动测法，也可采用超声波透射法检测桩身完整性。

9.13.5　支撑体系与结构楼板相结合的工艺

1. 出土进料口

逆作法施工即是地下结构施工由上而下进行，在土方开挖和地下结构施工时，需进行施工设备、土方、模板、钢筋、混凝土等的上下运输，需预留若干上下贯通的施工孔洞作为竖向运输通道口，其尺寸大小根据施工需要设置，且应满足进出材料、设备及结构件的尺寸要求。地下结构梁板与基坑内支撑系统相结合的逆作法施工工程中，水平结构一般采用梁板结构体系和无梁楼盖结构体系。梁板结构体系的孔洞一般开设在梁间，并在首层孔洞边梁周边预留止水片，逆作法结束后再浇筑封闭；在无梁楼盖上设置施工孔洞时，一般需设置边梁并在首层孔洞边梁周边附加止水构造。

2. 模板体系

地下室结构浇筑方法有两种，即利用土模浇筑和利用支模方式浇筑。施工通常采用土胎模或架立模板形式，采用土胎模时应避免超挖，并确保降水深度在开挖面以下1m，确保地基土具有一定的承载能力；采用架立矮排架模板体系时，应验算排架整体稳定性。

(1) 利用土模浇筑梁板

开挖至设计标高后，将土面整平夯实，浇筑素混凝土垫层（土质好抹一层砂浆亦可），然后设置隔离层，即成楼板模板。对于梁模板，如土质好可用土胎模，挖出槽穴即可，土质较差时可采用支模或砖砌梁模板。所浇筑的素混凝土层，待下层挖土时一同挖去。

对于结构柱模板，施工时先把结构柱处的土挖出至梁底下500mm左右，设置结构柱的施工缝模板，为使下部的结构柱易于浇筑，该模板宜呈斜面安装，柱子钢筋穿通模板向下伸出接头长度，在施工缝模板上将立柱模板与梁模板相连接。施工缝处常用的浇筑方法有三种，即直接法、充填法和注浆法（图9-114）。直接法是在施工缝下部继续浇筑相同的混凝土，或添加一些铝粉以减少收缩；充填法是在施工缝处留出充填接缝，待混凝土面处理后，再在接缝处充填膨胀混凝土或无浮浆混凝土；注浆法是在施工缝处留出缝隙，待后浇混凝土硬化后用压力压入水泥浆充填。施工时可对接缝处混凝土进行二次振捣，以进一步排除混凝土中的气泡，确保混凝土密实和减少收缩。

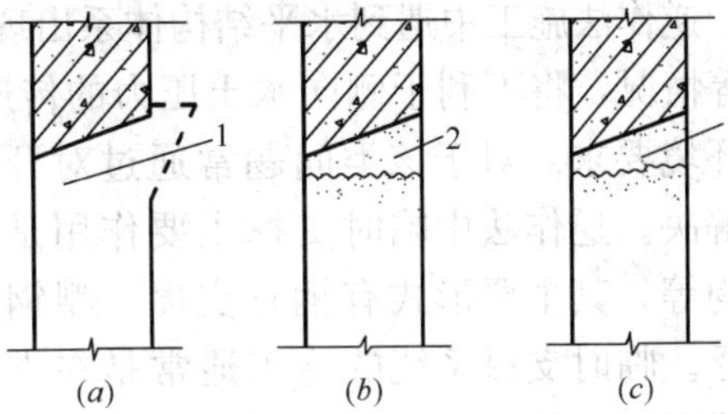

图9-114 上下混凝土连接

(a) 直接法；(b) 充填法；(c) 注浆法

1—浇筑混凝土；2—填充无浮浆混凝土；3—压入水泥浆

(2) 利用支模方式浇筑梁板

先挖去地下结构一层高的土层，然后按常规方法搭设梁板模板，浇筑梁板混凝土，再向下延伸竖向结构（柱或墙板）。为此需对梁板支撑的沉降和结构的变形进行控制，并确保竖向构件上下连接和混凝土浇筑便利。采用盆式开挖方式的较大基坑，在开挖形成的临时边坡的高差区域，模板支撑系统应采取加固措施；在基坑周边的矮排架高度应考虑土方超挖可能造成的基坑变形过大，并应满足矮排架的作业净空要求。为减少模板支撑的沉降和结构变形，施工时需对土层采取措施进行临时加固。加固方法一般为浇筑素混凝土以提高土层承载力，该方法需额外耗费少量混凝土；也可铺设砂垫层并上铺枕木以扩大支撑面积，且竖向结构钢筋可插入砂垫层，以便与下层后浇筑结构的钢筋连接。

有时也可采用悬吊模板的方式，即模板悬吊在上层已浇筑水平结构上，用吊杆悬吊模板，模板骨架采用刚度较大的型钢，悬吊模板也可在下层土方开挖后通过动力系统下降至下层结构标高。悬吊支模施工速度快，不受坑底土质影响，但构造复杂，成本较高。

(3) 竖向结构的浇筑

逆作法工程竖向结构大部分待结构底板施工完成后再由下往上浇筑。由于水平结构已经完成，竖向结构的施工较为困难，一般通过留设浇捣孔或搭设顶部开口喇叭形模板的方式。浇捣孔一般设置在柱四周楼板的位置，采用150～200mm的PVC管材或钢管，可根据施工需要设置垂直竖向或斜向以满足浇捣要求，浇捣孔可兼作振捣孔使用。顶部开口喇叭形模板施工竖向结构时，由于混凝土是从顶部的侧面进入，为便于浇筑和保证连接处质量，除对竖向钢筋间距适当调整外，应将模板开口面标高设置高出竖向结构的水平施工缝。为防止竖向结构施工缝处存在缝隙，可在施工缝处的模板上预留若干压浆孔，必要时可采取压力灌浆的方式消除缝隙，保证竖向结构连接处的密实。

9.13.6　逆作法施工中临时的支撑系统施工

逆作法施工中遇到水平结构体系出现过多的开口或高差、斜坡、局部开挖作业深度较大等情况，将不利于侧向水土压力的传递，也难以满足结构安全、基坑稳定以及保护周边环境要求。对于该类问题常通过对开口区域采取临时封板、增设临时支撑等加固措施解决。逆作法中临时支撑主要作用是增强已有支撑系统的水平刚度，加固局部薄弱结构等，其主要形式有钢管支撑、型钢支撑、钢筋混凝土支撑等，其中钢支撑应用较广泛。临时支撑系统的施工通常是在支撑两端的架设位置设预埋件，埋件埋设在已完成混凝土结构中，再将临时钢支撑两端与埋件焊接牢固。逆作法施工中，后浇带位置亦有临时支撑系统。通常做法是在后浇带两侧水平结构间设置水平型钢临时支撑，在水平肋梁下距后浇带1m左右处设竖向支承以确保结构稳定。具体施工方法及相关节点构造与临时支撑基本相同。

9.13.7　逆作法结构施工措施

9.13.7.1　协调地下连续墙与主体结构沉降的措施

两墙合一地下连续墙和主体桩基之间可能会产生差异沉降，尤其是当地下连续墙作为竖向承重墙体时。一般需采取如下的措施控制差异沉降：

（1）地下连续墙和立柱桩尽量处于相同的持力层，或在地下连续墙和立柱桩施工时预设注浆管，通过槽底注浆和桩端后注浆提高地下连续墙和立柱桩的竖向承载力。

（2）合理确定地下连续墙和立柱桩的设计参数，选择承载力较高的持力层，并对地下连续墙和立柱桩的设计进行必要的协调。

（3）可在基础底板靠近地下连续墙位置设置边桩，或对基坑内外土体进行加固；为增加地下结构刚度，可采取增设水平临时支撑、周边设置斜撑、增设竖向剪刀撑、局部结构构件加强等措施。

（4）成槽结束后及入槽前，往槽底投放适量碎石，使碎石面标高高出设计槽底5～10cm左右，依靠墙段的自重压实槽底碎石层及土体，以提高墙端承载力，改善墙端受力条件。

（5）应严格控制地下连续墙、立柱及立柱桩的施工质量；合理确定土方开挖和地下结构的施工顺序，适时调整施工工况；若上部结构同时施工，应根据监测数据适时调整上部结构的施工区域和施工速度。

（6）为增强地下连续墙纵向整体刚度，协调各槽段间的变形，可在墙顶设置贯通、封闭的压顶圈梁。压顶圈梁上预留与上部后浇筑结构墙体连接的插筋。此外压顶圈梁与地下连续墙、后浇筑结构外墙之间应采取止水措施，也可在底板与地下连续墙连接处设置嵌入地下连续墙中的底板环梁，或采用刚性施工接头等措施，将各幅地下连续墙槽段连成整体。

9.13.7.2 后浇带与沉降缝位置的构造处理

1. 施工后浇带

地下连续墙在施工后浇带位置时通常的处理方法是将相邻的两幅地下连续墙槽段接头设置在后浇带范围内，且槽段之间采用柔性连接接头，即为素混凝土接触面，不影响底板在施工阶段的各自沉降。同时为确保地下连续墙分缝位置的止水可靠性以及与主体结构连接的整体性，施工分缝位置设置的旋喷桩及壁柱待后浇带浇捣完毕后再施工。

2. 永久沉降缝

在沉降缝等结构永久设缝位置，两侧两墙合一地下连续墙也应完全断开，但考虑到在施工阶段地下连续墙起到挡土和止水的作用，在断开位置需要采取一定的构造措施。设缝位置在转角处时，一侧连续墙应做成转角槽段，与另一侧平直段墙体相切，两幅槽段空档在坑外采用高压旋喷桩进行封堵止漏，地下连续墙内侧应预留接驳器和止水钢板，与内部后接结构墙体形成整体连接。设缝位置在平直段时，两侧地下连续墙间空开一定宽度，在外侧增加一副直槽段解决挡土和止水的问题；或直接在沉降缝位置设置槽段接头，该接头应采用柔性接头，另外在正常使用阶段必须将沉降缝两侧地下连续墙的压顶梁完全分开。

9.13.7.3 立柱与结构梁施工构造措施

1. 角钢格构柱与梁的连接节点

角钢格构柱与结构梁连接节点处的竖向荷载，主要通过立柱上的抗剪栓钉或钢牛腿等抗剪构件承受（图 9-115）。

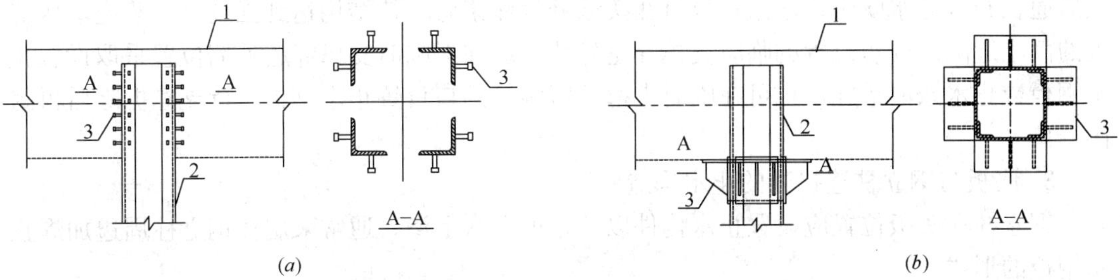

图 9-115 钢立柱设置抗剪构件与结构梁板的连接节点

(*a*) 设置栓钉；(*b*) 设置钢牛腿

1—结构梁；2—立柱；3—栓钉或钢牛腿

结构梁钢筋穿越立柱时，梁柱连接节点一般有钻孔钢筋连接法、传力钢板法、梁侧加腋法。钻孔钢筋连接法是在角钢格构柱的缀板或角钢上钻孔穿钢筋的方法。该方法应通过严格计算以确保截面损失后的角钢格构柱承载力满足要求。传力钢板法是在格构柱上焊接连接钢板，将无法穿越的结构梁主筋与传力钢板焊接连接的方法。梁侧加腋法是通过在梁侧加腋的方式扩大节点位置梁的宽度，使梁主筋从角钢格构柱侧面绕行贯通的方法。

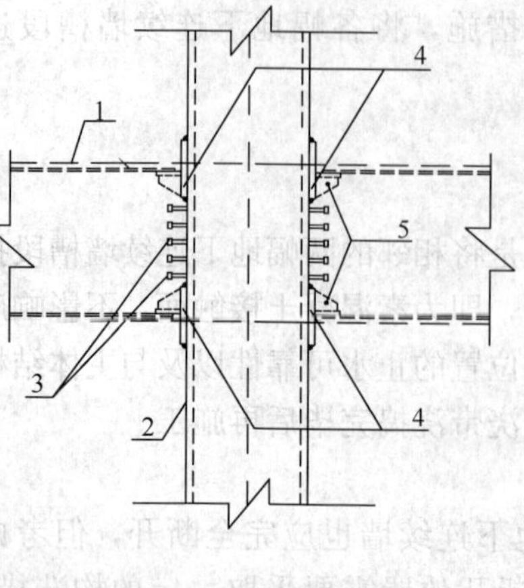

图 9-116　钢管立柱环形钢板传力件节点
1—结构框架梁；2—钢管立柱；3—栓钉；
4—弧形钢板；5—加劲环板

2. 钢管混凝土立柱与梁的连接节点

平面上梁主筋均无法穿越钢管混凝土立柱，该节点可通过传力钢板连接，即在钢管周边设置带肋环形钢板，梁板钢筋焊接在环形钢板上（图 9-116）；也可采用钢筋混凝土环梁的形式。结构梁宽度与钢管直径相比较小时，可采用双梁节点，即将结构梁分成两根梁从钢管立柱侧面穿越。

9.13.7.4　水平结构与围护墙的构造措施

1. 水平结构与两墙合一地下连续墙的连接

结构底板和地下连续墙的连接一般采用刚性连接。常用连接方式主要有预埋钢筋接驳器连接和预埋钢筋连接等形式。地下结构楼板和地下连续墙的连接通常采用预埋钢筋和预埋剪力连接件的形式；也可通过边环梁与地下连续墙连接，楼板钢筋进入边环梁，边环梁通过地下连续墙内预埋钢筋的弯出和地下连续墙连接。

2. 水平结构与临时围护墙的连接

水平结构与临时围护墙的连接需解决水平传力和接缝防水问题。临时围护墙与地下结构之间水平传力支撑体系一般采用钢支撑、混凝土支撑或型钢混凝土组合支撑等形式。地下结构周边一般应设置通长闭合的边环梁，可提高逆作阶段地下结构的整体刚度，改善边跨结构楼板的支承条件；水平支撑应尽量对应地下结构梁中心，若不能满足，应进行必要的加固。边跨结构存在二次浇筑的工序要求，逆作阶段先施工的边梁与后浇筑的边跨结构接缝处应采取止水措施。若顶板有防水要求，可先凿毛边梁与后浇筑结构顶板的接缝面，然后通长布置遇水膨胀止水条；也可在接缝处设注浆管，待结构达到强度后注浆充填接缝处的微小缝隙。周边设置的临时支撑穿越外墙，应在对临时支撑穿越外墙位置采取设置止水钢板或止水条的措施，也可在临时支撑处留洞，洞口设置止水钢板，待支撑拆除后再封闭洞口。

3. 底板与钢立柱连接处的止水构造

钢立柱在底板位置应设置止水构件以防止地下水上渗，通常采用在钢立柱周边加焊止水钢板的形式。

9.13.8　逆作法施工的监测

由于逆作法施工采用永久结构与支护结构相结合的工艺，除了常规的基坑工程施工监测外，尚应进行针对性的施工监测。

采用两墙合一地下连续墙的墙顶监测点布设间距应较临时围护墙稍密。布点宜按立柱桩轴线与围护墙的交叉点布置，既可以监测围护墙顶部的变形，又可掌握围护墙与立柱桩之间的变形差。同样围护墙位移监测点布设间距应较顺作法基坑稍密，布点宜与围护墙压顶梁垂直及与水平位移监测点协调。与永久结构相结合的围护墙应考虑施工阶段和使用阶段的内力情况，故应在围护墙内布设钢筋应力测孔，每个监测孔中宜分两个剖面埋设，分别为迎土面、迎坑面，每个监测孔在竖向范围埋设若干应力计。应在围护墙外侧设置土压力计，实测坑外土压力的变化，其埋设的位置宜与围护结构深层侧向变形监测点一致。通过在坑内外埋设分层沉降观测孔，利用分层沉降仪可量测基坑开挖过程中土层的沉隆量及坑外土体的沉降量。立柱桩与工程桩结合时，应对每根立柱桩的垂直位移进行监测，监测点一般设置在立柱桩的顶部。同时应监测立柱桩桩身应力，应根据立柱桩设计荷载分布和立柱桩平面分布特点，宜根据立柱桩荷载大小确定设点比例，荷载越大，设点比例越高，布点时还应考虑压力差较大的立柱桩。水平结构与支撑相结合时，梁板结构的应力监测涉及到结构安全，一般在梁的上下皮钢筋各布 1 只应力计，测试时按预先标定的率定曲线，根据应变计频率推算梁板轴向力；设点应考虑楼板取土口等结构相对薄弱区域。逆作法施工中，在基础底板浇筑以前，围护结构、各层梁板、立柱桩、剪力墙等构件通过相互作用承担了来自侧向水、土压力、坑底的隆起和上部结构荷载等外力，因此有必要监测剪力墙的应力。若采取地下结构和上部结构双向同步的施工工艺，还应在上部结构的典型位置设置沉降观测点。

9.13.9 逆作法施工通风与照明

逆作法施工地下结构时，尤其在已施工楼板下进行土方开挖，由于暗挖阶段作业条件差，照明和通风设施的布置非常关键。在浇筑地下室各层楼板时，按挖土行进路线应预先留设通风口。根据柱网轴线和实际送风量的要求，通风口间距控制在 8.5m 左右。随着地下挖土工作面的推进，当露出通风口后即应及时安装大功率涡流风机，并启动风机向地下施工操作面送风，将清新空气从各送风口流入，经地下施工操作面再从两个取土孔中流出，形成空气流通循环，保证施工作业面的安全。地下施工动力、照明线路设置专用的防水线路，并埋设在楼板、梁、柱等结构中，专用的防水电箱应设置在柱上，不得随意挪动。随着地下工作面的推进，自电箱至各电器设备的线路均需采用双层绝缘电线，并架空铺设在楼板底。施工完毕应及时收拢架空线，并切断电箱电源。

9.14 地 下 水 控 制

9.14.1 地下水控制主要方法和原则

9.14.1.1 地下水控制主要方法

基坑工程施工中为避免产生流砂、管涌、坑底突涌，防止坑壁土体坍塌，减少开挖对周边环境的影响，便于土方开挖和地下结构施工作业，当基坑开挖深度内存在饱和软土层和含水层，坑底以下存在承压含水层时，需选择合适的方法对地下水进行控制。

地下水控制是基坑工程的重要组成部分，主要方法包括集水明排、井点降水、隔水和回灌，其适用条件大致如表 9-29 所示，选择时根据土层情况、降水深度、周围环境、支护结构类型等综合考虑后优选。根据降水目的不同，分为疏干降水和减压降水。井点类型主要包括轻型井点、喷射井点、电渗井点、管井井点和真空管井井点。当因降水而危及基坑及周边环境安全时，宜采用隔水或回灌方法。

地下水控制方法适用条件 **表 9-29**

方法名称		土质类别	渗透系数（cm/s）	降水深度（m）	水文地质特性
集水明排		填土、粉土、黏土、砂土	$1\times10^{-7}\sim2\times10^{-4}$	<5	上层滞水或水量不大的潜水
降水	轻型井点			<6	
	多层轻型井点			<20	
	喷射井点			<20	
	降水管井	黏土、粉土、砂土、砾砂、卵石	$>1\times10^{-5}$	>5	含水丰富潜水、承压水、裂隙水
	真空降水井管		$>1\times10^{-6}$		
隔水		黏土、粉土、砂土、砾砂、卵石	不限	不限	
回灌		填土、粉土、砂土、砾砂、卵石	$1\times10^{-7}\sim2\times10^{-4}$	不限	

9.14.1.2　地下水控制主要原则

（1）应根据基坑围护设计方案和环境条件，制定有效的地下水控制方案，疏干降水后的坑内水位线宜低于基坑开挖面及基坑底面0.5～1.0m。

（2）满足承压水稳定性要求。当承压含水层顶板埋深小于基坑开挖深度，或按式（9-54）验算抗承压水稳定性不满足要求时，应通过有效的减压降水措施，将承压水水头降低至安全埋深以下。

$$\gamma_{y}p_{wyk}\leqslant\frac{1}{\gamma_{Ry}}\sum\gamma_{tki}h_{i}\tag{9-54}$$

式中　γ_y——承压水作用分项系数，取1.0；

P_{wyk}——承压水层顶部的水压力标准值（kPa）；

γ_{tki}——承压水层顶面至坑底间各土层的重度（kN/m^3）；

h_i——承压水层顶面至坑底间各土层的厚度（m）；

γ_{Ry}——抗承压水分项系数，取1.05～1.2。

（3）对于涉及承压水控制的基坑工程，应进行专门的基坑降水设计。降水设计前应进行专门的水文地质勘察，通过现场水文地质抽水试验，获取降水影响范围内的含水层或含水层组的水文地质参数。

（4）降低承压水应按照按需降水的原则，即在降水方案设计中按式（9-54）计算出每层土方开挖需降低的承压水高度，在土方开挖前通过群井抽水试验确定降压井运行方案，在土方开挖及降压井运行过程中通过观测井监测承压水水位，严格按照降水方案和群井抽水试验中规定的要求抽水，严禁多抽，从而把因降水引起的周边地表沉降降到最低。观测井在坑内可以利用备用井，坑外观测井需另外打设。

（5）可组合采用多种地下水控制措施，如轻型井点结合管井井点降水，即在浅层采用轻型井点，开挖深度大于6m后采用管井井点。

9.14.1.3　涌水量计算

根据水井理论，水井分为潜水（无压）完整井、潜水（无压）非完整井、承压完整井和承压非完整井。这几种井的涌水量计算公式不同。

1. 均质含水层潜水完整井基坑涌水量计算

根据基坑是否邻近水源，分别计算如下：

(1) 基坑远离地面水源时（图 9-117a）

$$Q = 1.366K\frac{(2H-S)S}{\lg\left(1+\frac{R}{r_0}\right)} \tag{9-55}$$

式中 Q——基坑涌水量；

K——土的渗透系数；

H——潜水含水层厚度；

S——基坑水位降深；

R——降水影响半径；宜通过试验或根据当地经验确定，当基坑安全等级为二、三级时，对潜水含水层按下式计算：

$$R = 2S\sqrt{kH} \tag{9-56}$$

对承压含水层按下式计算：

$$R = 10S\sqrt{k} \tag{9-57}$$

式中 k——土的渗透系数；

r_0——基坑等效半径。

当基坑为圆形时，基坑等效半径取圆半径。当基坑非圆形时，对矩形基坑的等效半径按下式计算：

$$r_0 = 0.29(a+b) \tag{9-58}$$

式中 a、b——分别为基坑的长、短边。

对不规则形状的基坑，其等效半径按下式计算：

$$r_0 = \sqrt{\frac{A}{\pi}} \tag{9-59}$$

式中 A——基坑面积。

(2) 基坑近河岸（图 9-117b）

$$Q = 1.366k\frac{(2H-S)S}{\lg\frac{2b}{r_0}} \quad (b < 0.5R) \tag{9-60}$$

(3) 基坑位于两地表水体之间或位于补给区与排泄区之间时（图 9-117c）

$$Q = 1.366k\frac{(2H-S)S}{\lg\left[\frac{2(b_1+b_2)}{\pi r_0}\cos\frac{\pi}{2}\frac{(b_1-b_2)}{(b_1+b_2)}\right]} \tag{9-61}$$

(4) 当基坑靠近隔水边界时（图 9-117d）

$$Q = 1.366k\frac{(2H-S)S}{2\lg(R+r_0)-\lg r_0(2b+r_0)} \tag{9-62}$$

2. 均质含水层潜水非完整井基坑涌水量计算

(1) 基坑远离地面水源（图 9-118a）

$$Q = 1.366k\frac{H^2-h_m^2}{\lg\left(1+\frac{R}{r_0}\right)+\frac{h_m-l}{l}\lg\left(1+0.2\frac{h_m}{r_0}\right)} \quad \left(h_m = \frac{H+h}{2}\right) \tag{9-63}$$

(2) 基坑近河岸，含水层厚度不大时（图 9-118b）

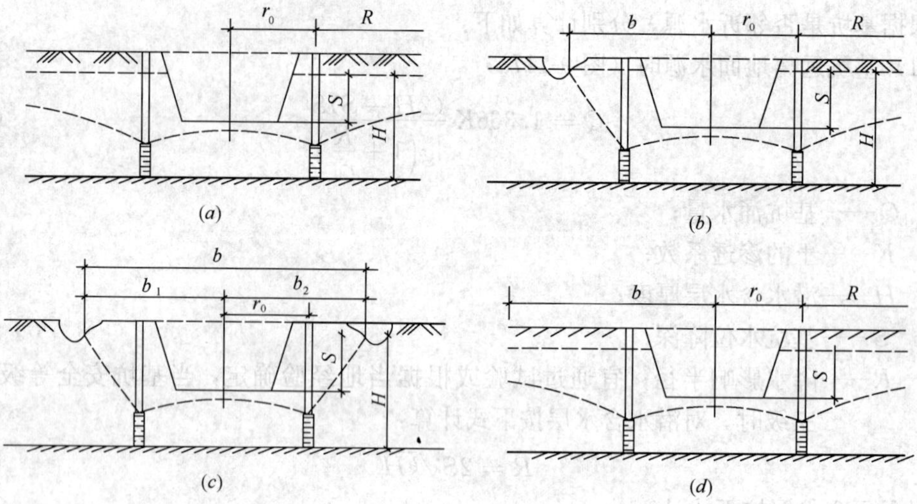

图 9-117　均质含水层潜水完整井基坑涌水量计算简图

(a) 基坑远离地面水源；(b) 基坑近河岸；(c) 基坑位于两地表水体之间；(d) 基坑靠近隔水边界

$$Q=1.366ks\left[\frac{l+s}{\lg\frac{2b}{r_0}}+\frac{l}{\lg\frac{0.66l}{r_0}+0.25\frac{l}{M}\cdot\lg\frac{b^2}{M^2-0.14l^2}}\right](b>M/2) \tag{9-64}$$

式中　M——由含水层底板到滤头有效工作部分中点的长度。

(3) 基坑近河岸（含水层厚度很大时，图 9-118c）：

$$Q=1.366ks\left[\frac{l+s}{\lg\frac{2b}{r_0}}+\frac{l}{\lg\frac{0.66l}{r_0}-0.22\mathrm{arsh}\frac{0.44l}{b}}\right](b>l) \tag{9-65}$$

$$Q=1.366ks\left[\frac{l+s}{\lg\frac{2b}{r_0}}+\frac{l}{\lg\frac{0.66l}{r_0}-0.11\frac{l}{b}}\right](b<l) \tag{9-66}$$

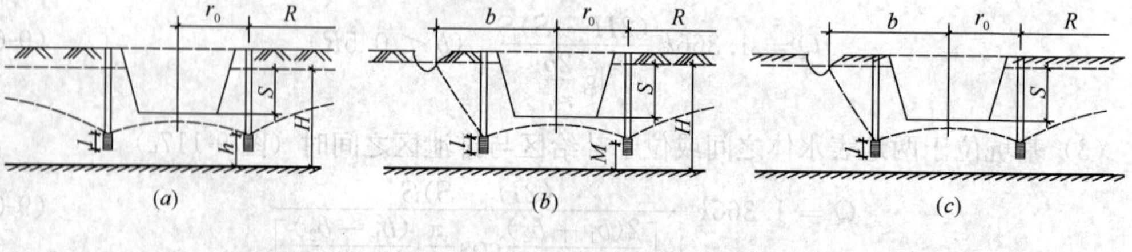

图 9-118　均质含水层潜水非完整井涌水量计算简图

(a) 基坑远离地面水源；(b) 基坑近河岸，含水层厚度不大；(c) 基坑近河岸，含水层厚度很大

3. 均质含水层承压水完整井基坑涌水量计算

(1) 基坑远离地面水源（图 9-119a）：

$$Q=2.73k\frac{MS}{\lg\left(1+\frac{R}{r_0}\right)} \tag{9-67}$$

式中　M——承压含水层厚度。

(2) 基坑近河岸（图 9-119b）：

$$Q = 2.73k \frac{MS}{\lg\left(\frac{2b}{r_0}\right)} (b < 0.5r_0) \tag{9-68}$$

(3) 基坑位于两地表水体之间或位于补给区与排泄区之间（图 9-119c）：

$$Q = 2.73k \frac{MS}{\lg\left[\frac{2(b_1+b_2)}{\pi r_0}\cos\frac{\pi}{2}\frac{(b_1-b_2)}{(b_1+b_2)}\right]} \tag{9-69}$$

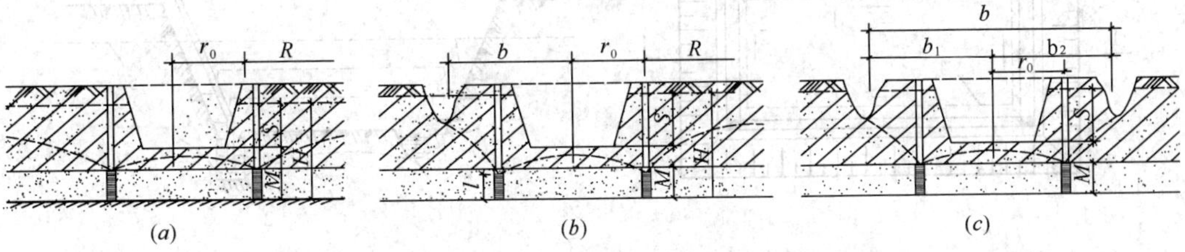

图 9-119 均质含水层承压水完整井涌水量计算简图

（a）基坑远离地面水源；（b）基坑近河岸；（c）基坑位于两地表水体之间

4. 均质含水层承压水非完整井基坑涌水量计算（图 9-120）

$$Q = 2.73k \frac{MS}{\lg\left(1+\frac{R}{r_0}\right)+\frac{M-l}{l}\lg\left(1+0.2\frac{M}{r_0}\right)} \tag{9-70}$$

5. 均质含水层承压-潜水非完整井基坑涌水量计算（图 9-121）

$$Q = 1.366k \frac{(2H-M)M-h^2}{\lg\left(1+\frac{R}{r_0}\right)} \tag{9-71}$$

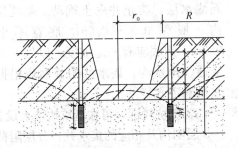

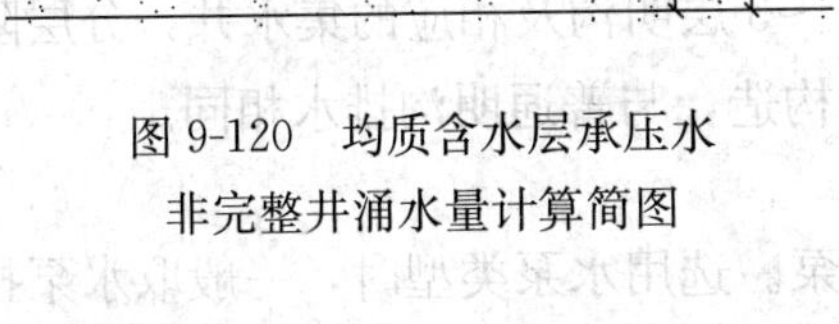

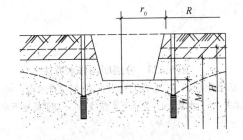

图 9-120 均质含水层承压水非完整井涌水量计算简图

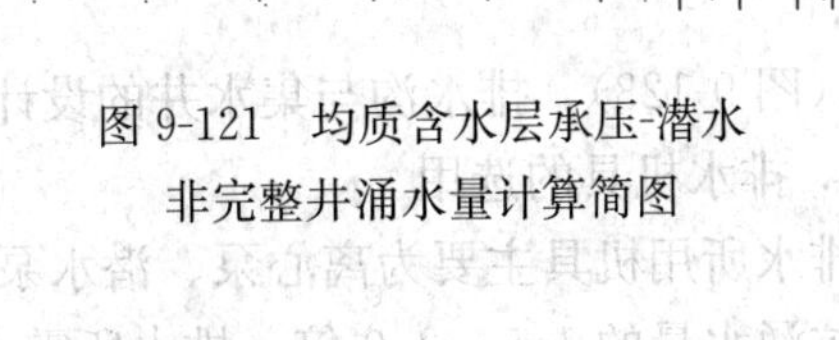

图 9-121 均质含水层承压-潜水非完整井涌水量计算简图

9.14.2 集 水 明 排

1. 基坑外侧集水明排

应在基坑外侧场地设置集水井、排水沟等组成的地表排水系统，避免坑外地表水流入基坑。集水井、排水沟宜布置在基坑外侧一定距离，有隔水帷幕时，排水系统宜布置在隔水帷幕外侧且距隔水帷幕的距离不宜小于 0.5m；无隔水帷幕时，基坑边从坡顶边缘起计算。

2. 基坑内集水明排

应根据基坑特点，沿基坑周围合适位置设置临时明沟和集水井（图 9-122），临时明沟和集水井应随土方开挖过程适时调整。土方开挖结束后，宜在坑内设置明沟、盲沟、集水井。基坑采用多级放坡开挖时，可在放坡平台上设置排水沟。面积较大的基坑，还应在基坑中部增设排水沟。当排水沟从基础结构下穿过时，应在排水沟内填碎石形成盲沟。

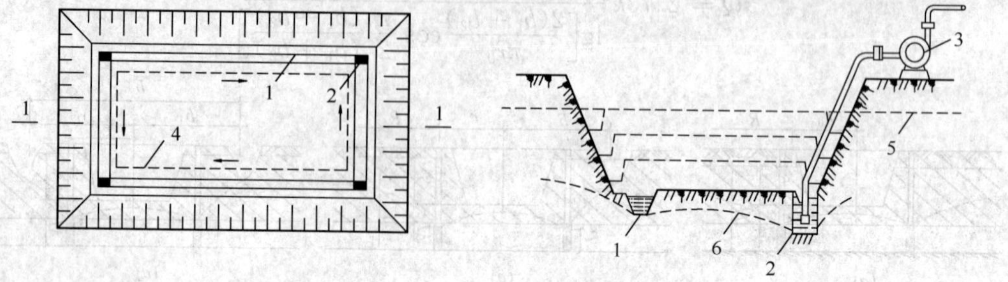

图 9-122　普通明沟排水方法

1—排水明沟；2—集水井；3—水泵；4—基础边线；5—原地下水位线；6—降低后地下水位线

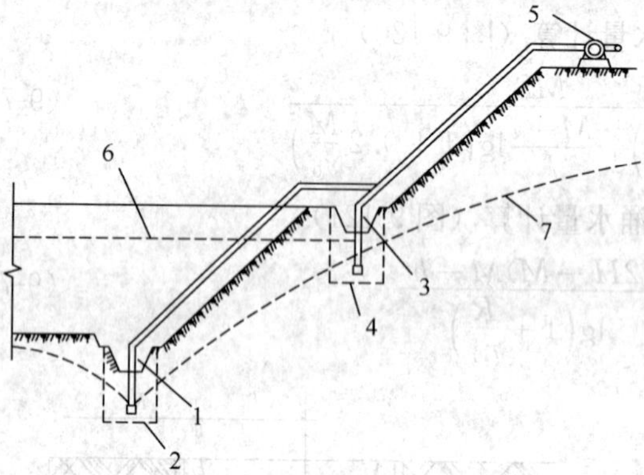

图 9-123　分层明沟排水方法

1—底层排水沟；2—底层集水井；3—二层排水沟；4—二层集水井；5—水泵；6—原地下水位线；7—降低后地下水位线

3. 基本构造

一般每隔 30～40m 设置一个集水井。集水井截面一般为 0.6m×0.6m～0.8m×0.8m，其深度随挖土加深而加深，并保持低于挖土面 0.8～1.0m，井壁可用砖砌、木板或钢筋笼等简易加固。挖至坑底后，井底宜低于坑底 1m，并铺设碎石滤水层，防止井底土扰动。基坑排水沟一般深 0.3～0.6m，底宽不小于 0.3m，沟底应有一定坡度，以保持水流畅通。排水沟、集水井的截面应根据排水量确定。

若基坑较深，可在基坑边坡上设置 2～3 层明沟及相应的集水井，分层阻截地下水（图 9-123）。排水沟与集水井的设计及基本构造，与普通明沟排水相同。

4. 排水机具的选用

排水所用机具主要为离心泵、潜水泵和泥浆泵。选用水泵类型时，一般取水泵排水量为基坑涌水量的 1.5～2.0 倍。排水所需水泵功率按下式计算：

$$N = \frac{K_1 QH}{75\eta_1\eta_2} \tag{9-72}$$

式中　K_1——安全系数，一般取 2；

Q——基坑涌水量（m^3/d）；

H——包括扬水、吸水及各种阻力造成的水头损失在内的总高度（m）；

η_1——水泵功率，0.4～0.5；

η_2——动力机械效率，0.78～0.85。

5. 集水明排施工和维护

为防止排水沟和集水井在使用过程中出现渗透现象，施工中可在底部浇筑素混凝土垫层，在沟两侧采用水泥砂浆护壁。土方施工过程中，应注意定期清理排水沟中的淤泥，以防止排水沟堵塞。另外还要定期观测排水沟是否出现裂缝，及时进行修补，避免渗漏。

9.14.3 基 坑 隔 水

基坑工程隔水措施可采用水泥土搅拌桩、高压喷射注浆、地下连续墙、咬合桩、小齿口钢板桩等。有可靠工程经验时，可采用地层冻结技术（冻结法）阻隔地下水。当地质条件、环境条件复杂或基坑工程等级较高时，可采用多种隔水措施联合使用的方式，增强隔水可靠性。如搅拌桩结合旋喷桩、地下连续墙结合旋喷桩、咬合桩结合旋喷桩等。

隔水帷幕在设计深度范围内应保证连续性，在平面范围内宜封闭，确保隔水可靠性。其插入深度应根据坑内潜水降水要求、地基土抗渗流（或抗管涌）稳定性要求确定。隔水帷幕的自身强度应满足设计要求，抗渗性能应满足自防渗要求。

基坑预降水期间可根据坑内、外水位观测结果判断止水帷幕的可靠性；当基坑隔水帷幕出现渗水时，可设置导水管、导水沟等构成明排系统，并应及时封堵。水、土流失严重时，应立即回填基坑后再采取补救措施。

9.14.4 基 坑 降 水

9.14.4.1 基坑降水井点的选型

基坑降水应根据场地的水文地质条件、基坑面积、开挖深度、各土层的渗透性等，选择合理的降水井类型、设备和方法。常用降水井类型和适用范围见表 9-30。

应根据基坑开挖深度和面积、水文地质条件、设计要求等，制定和采用合理的降水方案，并宜参照表 9-31 中的规定施工。

降水井类型及适用条件 **表 9-30**

<table>
<tr><th>降水类型</th><th>渗透系数(cm/s)</th><th>可能降低的水位深度(m)</th></tr>
<tr><td>轻型井点
多级轻型井点</td><td>$10^{-2}\sim10^{-5}$</td><td>3～6
6～12</td></tr>
<tr><td>喷射井点</td><td>$10^{-3}\sim10^{-6}$</td><td>8～20</td></tr>
<tr><td>电渗井点</td><td>$<10^{-6}$</td><td>宜配合其他形式降水使用</td></tr>
<tr><td>深井井管</td><td>$\geqslant10^{-5}$</td><td>>10</td></tr>
</table>

降水井布置要求 **表 9-31**

<table>
<tr><th>水位降深(m)</th><th>适用井点</th><th>降水布置要求</th></tr>
<tr><td rowspan="2">≤6</td><td>轻型井点</td><td>井点管排距不宜大于 20m，滤管顶端宜位于坑底以下 1～2m。井管内真空度应不小于 65kPa</td></tr>
<tr><td>电渗井点</td><td>利用轻型井点，配合采用电渗法降水</td></tr>
<tr><td>6～10</td><td>多级
轻型井点</td><td>井点管排距不宜大于 20m，滤管顶端宜位于坡底和坑底以下 1～2m。井管内真空度应不小于 65kPa</td></tr>
<tr><td>8～20</td><td>喷射井点</td><td>井点管排距不宜大于 40m，井点深度与井点管排距有关，应比基坑设计开挖深度大 3～5m</td></tr>
</table>

续表

水位降深（m）	适用井点	降水布置要求
>6	降水管井	井管轴心间距不宜大于 25m，井径不宜小于 600mm，坑底以下的滤管长度不宜小于 5m，井底沉淀管长度不宜小于 1m
	真空降水管井	利用降水管井采用真空降水，井管内真空度应不小于 65kPa
	电渗井点	利用喷射井点或轻型井点，配合采用电渗法降水

9.14.4.2 轻型井点降水

轻型井点降低地下水位，是按设计要求沿基坑周围埋设井点管，一般距基坑边0.7～1.0m，铺设集水总管（并有一定坡度），将各井点与总管用软管（或钢管）连接，在总管中段适当位置安装抽水水泵或抽水装置。

1. 轻型井点构造

井点管为 ϕ38～55mm 的钢管，长度 5～7m，井点管水平间距一般为 1.0～2.0m（可根据不同土质和预降水时间确定）。管下端配有滤管和管尖。滤管直径与井点管相同，管壁上渗水孔直径为 12～18mm，呈梅花状排列，孔隙率应大于 15%；管壁外应设两层滤网，内层滤网宜采用 30～80 目的金属网或尼龙网，外层滤网宜采用 3～10 目的金属网或尼龙网；管壁与滤网间应采用金属丝绕成螺旋形隔开，滤网外面应再绕一层粗金属丝。滤管下端装一个锥形铸铁头。井点管上端用弯管与总管相连。

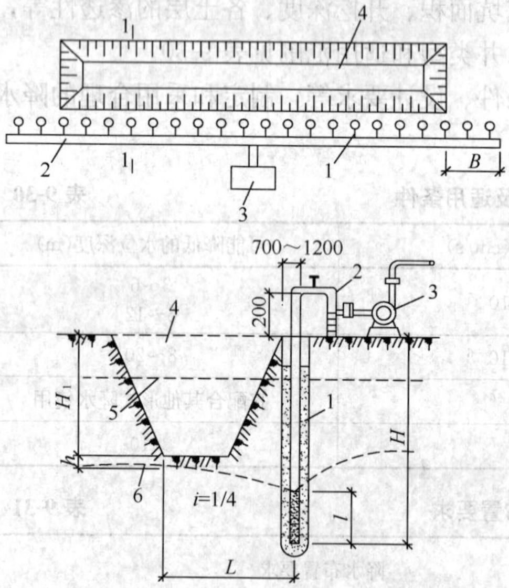

图 9-124 单排线状井点布置

1—井点管；2—集水总管；3—抽水设备；4—基坑；5—原地下水位线；6—降低后地下水位线

H—井管长度；H_1—井点埋设面至坑底距离；l—滤管长度；h—降低后水位至坑底安全距离；L—井管至坑边水平距离

连接管常用透明塑料管。集水总管一般用直径 75～110mm 的钢管分节连接，每节长 4m，每隔 0.8～1.6m 设一个连接井点管的接头。根据抽水机组的不同，真空井点分为真空泵真空井点、射流泵真空井点和隔膜泵真空井点，常用者为前两种。

2. 轻型井点设计

轻型井点的布置主要取决于基坑的平面形状和基坑开挖深度，应尽可能将要施工的建筑物基坑面积内各主要部分都包围在井点系统之内。开挖窄而长的沟槽时，可按线状井点布置。如沟槽宽度大于 6m，且降水深度不超过 6m 时，可用单排线状井点，布置在地下水流的上游一侧，两端适当加以延伸，延伸宽度以不小于槽宽为宜，如图 9-124 所示。当因场地限制不具备延伸条件时可采取沟槽两端加密的方式。如开挖宽度大于 6m 或土质不良，则可用双排线状井点。当基坑面积较大时，宜采用环状井点（图 9-125），有时亦可布置成“U”

形，以利于挖土机和运土车辆出入基坑。井点管距离基坑壁一般可取 0.7～1.0m 以防局部发生漏气。在确定井点管数量时应考虑在基坑四角部分适当加密。当基坑采用隔水帷幕时，为方便挖土，坑内也可采用轻型井点降水。

一套机组携带的总管最大长度：真空泵不宜超过 100m；射流泵不宜超过 80m；隔膜泵不宜超过 60m。当主管过长时，可采用多套抽水设备；井点系统可以分段，各段长度应大致相等，宜在拐角处分段，以减少弯头数量，提高抽吸能力；分段宜设阀门，以免管内水流紊乱，影响降水效果。

真空泵由于考虑水头损失，一般降低地下水深度只有 5.5～6m。当一级轻型井点不能满足降水深度要求时，可采用明沟排水结合井点的方法，将总管安装在原地下水位线以下，或采用二级井点排水（降水深度可达 7～10m），即先挖去第一级井点排干的土，然后再在坑内布置埋设第二级井点，以增加降水深度，如图 9-126 所示。抽水设备宜布置在地下水的上游，并设在总管的中部。

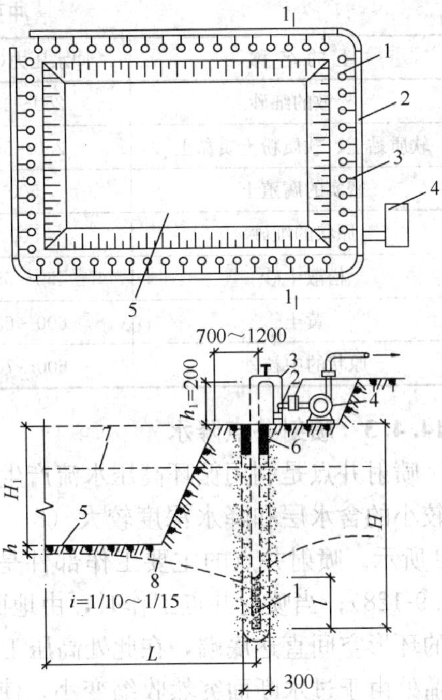

图 9-125 环形井点布置图

1—井点；2—集水管；3—弯联管；4—抽水设备；5—基坑；6—填黏土；7—原地下水位线；8—降低后地下水位线

3. 轻型井点施工

(1) 轻型井点的施工工艺

定位放线→挖井点沟槽，敷集水总管→冲孔（或钻孔）→安装井点管→灌填滤料、黏土封口→用弯联管连通井点管与总管→安装抽水设备并与总管连接→安装排水管→真空泵排气→离心水泵试抽水→观测井中地下水位变化。

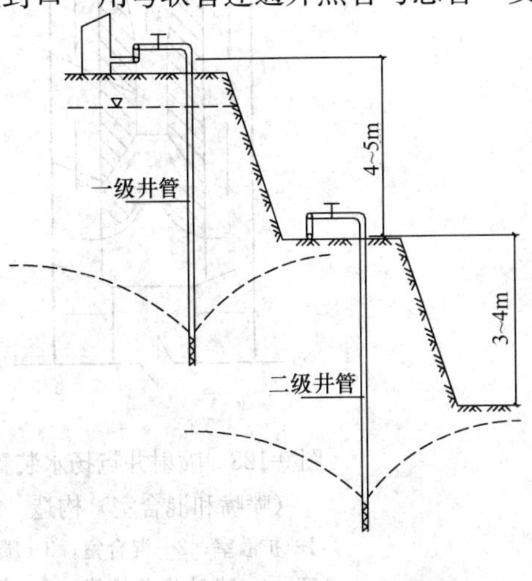

图 9-126 二级轻型井点布置图

(2) 井点管的埋设

井点管埋设可用射水法、钻孔法和冲孔法成孔，井孔直径不宜小于 300mm，孔深宜比滤管底深 0.5～1.0m。在井管与孔壁间应用滤料回填密实，滤料回填至顶面与地面高差不宜小于 1.0m。滤料顶面至地面之间，须采用黏土封填密实，以防止漏气。填砾石过滤器周围的滤料应为磨圆度好、粒径均匀、含泥量小于 3%的砂料，投入滤料数量应大于计算值的 85%。目前常用的方法是冲孔法，冲孔时的冲水压力如表 9-32 所示。

冲孔所需的水流压力　表 9-32

土的名称	冲水压力(kPa)	土的名称	冲水压力(kPa)
松散的细砂	250～450	中等密实黏土	600～750
软质黏土、软质粉土质黏土	250～500	砾石土	850～900
密实的腐殖土	500	塑性粗砂	850～1150
原状的细砂	500	密实黏土、密实粉土质黏土	750～1250
松散中砂	450～550	中等颗粒的砾石	1000～1250
黄土	600～650	硬黏土	1250～1500
原状的中粒砂	600～700	原状粗砾	1350～1500

9.14.4.3 喷射井点降水

喷射井点是利用循环高压水流产生的负压把地下水吸出。喷射井点主要适用于渗透系数较小的含水层和降水深度较大（8～20m）的降水工程。其工作原理如图 9-127、图 9-128 所示。喷射井点的主要工作部件是喷射井管内管底端的扬水装置——喷嘴的混合室（图 9-128）；当喷射井点工作时，由地面高压离心水泵供应的高压工作水，经过内外管之间的环形空间直达底端，在此处高压工作水由特制内管的两侧进水孔进入至喷嘴喷出，在喷嘴处由于过水断面突然收缩变小，使工作水流具有极高的流速（30～60m/s），在喷口附近造成负压（形成真空），因而将地下水经滤管吸入，吸入的地下水在混合室与工作水混合，然后进入扩散室，水流从动能逐渐转变为位能，即水流的流速相对变小，而水流压力相对增大，把地下水连同工作水一起扬升出地面，经排水管道系统排至集水池或水箱，由此再用排水泵排出。

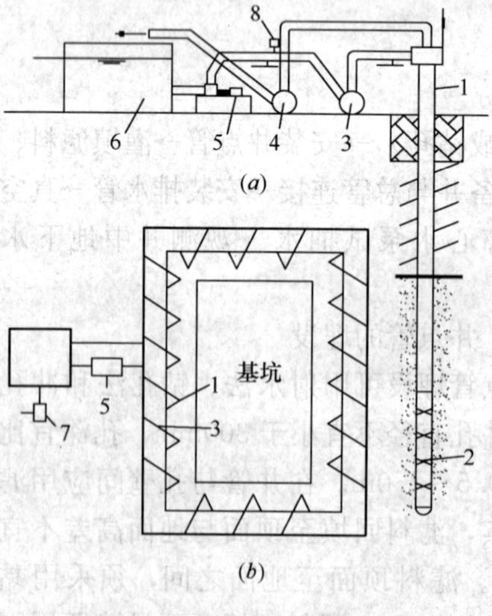

图 9-127　喷射井点布置示意图

1—喷射井管；2—滤管；3—供水总管；4—排水总管；5—高压离心水泵；6—水池；7—排水泵；8—压力表

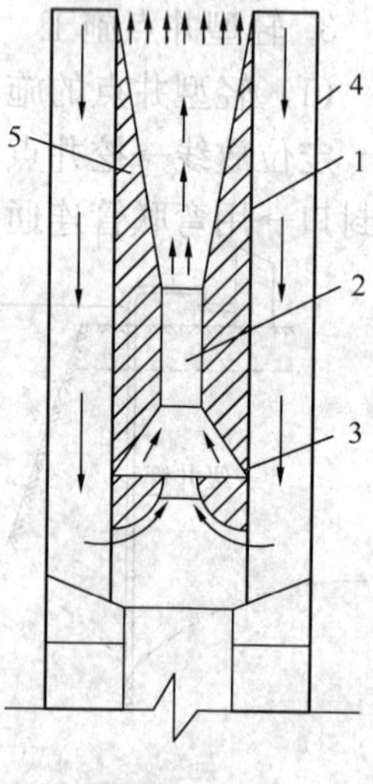

图 9-128　喷射井点扬水装置（喷嘴和混合室）构造

1—扩散室；2—混合室；3—喷嘴；4—喷射井点外管；5—喷射井点内管

1. 喷射井点布置

喷射井点降水设计方法与轻型井点降水设计方法基本相同。基坑面积较大时，井点采用环形布置（图 9-129）；基坑宽度小于 10m 时采用单排线型布置。喷射井管管间距一般为 2～4m。当采用环形布置时，进出口（道路）处的井点间距可扩大为 5～7m。冲孔直径为 400～600mm，深度比滤管底深 1m 以上。

2. 喷射井点降水施工

（1）工艺流程

设置泵房，安装进排水总管→水冲法或钻孔法成井→安装喷射井点管、填滤料→接通过水、排水总管，与高压水泵或空气压缩机接通→各井点管外管与排水管接通，通到循环水箱→启动高压水泵或空气压缩机抽水→离心泵排除循环水箱中多余水→观测地下水位。

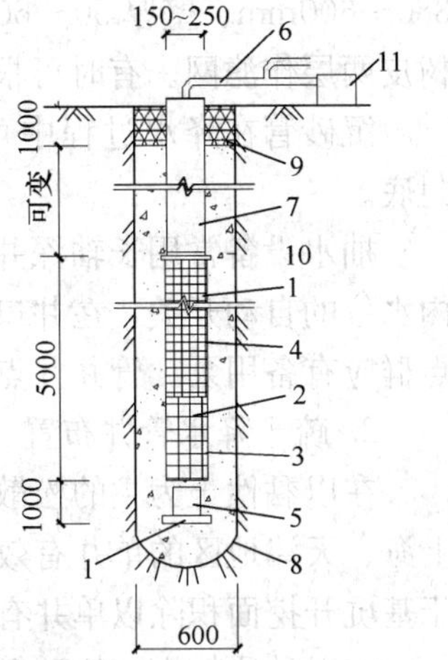

图 9-129 管井井点构造示意图
1—滤水井管；2—钢筋焊接管架；3—铁环；4—管架外包铁丝网；5—沉砂管；6—吸水管；7—钢管；8—井孔；9—黏土封口；10—填充砂砾；11—抽水设备

（2）施工要点

井点管的外管直径宜为 73～108mm，内管直径宜为 50～73mm，滤管直径为 89～127mm。井孔直径不宜大于 400mm，孔深应比滤管底深 1m 以上。滤管的构造与真空井点相同。扬水装置（喷射器）的混合室直径可取 14mm，喷嘴直径可取 6.5mm，工作水箱不应小于 $10m^3$。井点使用时，水泵的启动泵压不宜大于 0.3MPa。正常工作水压为 $0.25P_0$（扬水高度）。

井点管与孔壁之间填灌滤料（粗砂）。孔口到填灌滤料之间用黏土封填，封填高度为 0.5～1.0mm。每套喷射井点的井点数不宜超过 30 根。总管直径宜为 150mm，总长不宜超过 60m。每套井点应配备相应的水泵和进、回水总管。如果由多套井点组成环圈布置，各套进水总管宜用阀门隔开，自成系统。

每根喷射井点管埋设完毕，必须及时进行单井试抽，排出的浑浊水不得回入循环管路系统，试抽时间要持续到水由浑浊变清为止。喷射井点系统安装完毕，亦需进行试抽，不应有漏气或翻砂冒水现象。工作水应保持清洁，在降水过程中应视水质浑浊程度及时更换。

9.14.4.4 用于疏干降水的管井井点

1. 疏干降水管井构造

用于疏干降水的管井降水一般由井管、抽水泵、泵管、排水总管、排水设施等组成（图 9-129）。

井管由滤水管、吸水管和沉砂管三部分组成。可用钢管、铸铁管、塑料管或混凝土管制成，管径一般为 300mm，内径宜大于潜水泵外径 50mm。

在降水过程中，含水层中的水通过滤网将土、砂过滤在网外，使地下清水流入管内。滤水管长度取决于含水层厚度、透水层的渗透速度和降水的快慢，一般为 5～9m。通常在钢管上分段抽条或开孔，在抽条或开孔后的管壁上焊垫筋与管壁点焊，在垫筋外螺旋形缠绕铁丝，或外包镀锌铁丝网两层或尼龙网。当土质较好，深度在 15m 内，亦可采用外径

380～600mm、壁厚 50～60mm、长 1.2～1.5m 的无砂混凝土管作滤水管，或在外再包棕树皮两层作滤网。有时可根据土质特点，可在管井不同深度范围设置多滤头。

沉砂管在降水过程中可起到沉淀作用，一般采用与滤水管同径钢管，下端用钢板封底。

抽水设备常用长轴深井泵或潜水泵。每井 1 台，并带吸水铸铁管或胶管，配置控制井内水位的自动开关，在井口安装阀门以便调节流量的大小，阀门用夹板固定。每个基坑井点群应有备用泵。管井井点抽出的水一般利用场内的排水系统排出。

2. 疏干降水管井布置

在以黏性土为主的松散弱含水层中，疏干降水管井数量一般按地区经验进行估算。如上海、天津地区的单井有效疏干降水面积一般为 200～300m^2，坑内疏干降水井总数约等于基坑开挖面积除以单井有效疏干降水面积。

在以砂质粉土、粉砂等为主的疏干降水含水层中，考虑砂性土的易流动性以及触变液化等特性，管井间距宜适当减小，以加强抽排水力度、有效减小土体的含水量，便于机械挖土、土方外运，避免坑内流砂、提供坑内干作业施工条件等。尽管砂性土的渗透系数相对较大，水位下降较快，但含水量的有效降低标准高于黏性土层，重力水的释放需要较高要求的降排条件（降水时间以及抽水强度等），该类土层中的单井有效疏干降水面积一般以 120～180m^2 为宜。

除根据地区经验确定疏干降水管井数量以外，也可按以下公式确定：

封闭型疏干降水：
$$n=\frac{Q}{q_{\mathrm{w}}t} \tag{9-73}$$

半封闭或敞开型疏干降水：
$$n=\frac{Q}{q_{\mathrm{w}}} \tag{9-74}$$

式中 Q——基坑涌水量（疏干降水排水总量，m^3）；

q_{w}——单口管井的流量（m^3/d）；

t——基坑开挖前的预降水时间（d）。

管井深度与基坑开挖深度、水文地质条件、基坑围护结构类型等密切相关。一般情况下，管井底部埋深应大于基坑开挖深度 6.0m。

3. 疏干降水管井施工

（1）现场施工工艺流程

准备工作→钻机进场→定位安装→开孔→下护口管→钻进→终孔后冲孔换浆→下井管→稀释泥浆→填砂→止水封孔→洗井→下泵试抽→合理安排排水管路及电缆电路→试抽水→正式抽水→水位与流量记录。

（2）成孔工艺

成孔工艺即管井钻进工艺，指管井井身施工所采用的技术方法、措施和施工工艺过程。管井钻进方法分为冲击钻进、回转钻进、前孔锤钻进、反循环钻进、空气钻进等。选择降水管井钻进方法时，应根据钻进地层的岩性和钻进设备等因素进行选择，一般以卵石和漂石为主的地层，宜采用冲击钻进或潜孔锤钻进，其他第四系地层宜采用回转钻进。

钻进过程中为防止井壁坍塌、掉块、漏失以及钻进高压含水、气层时可能产生的喷涌等井壁失稳事故，需采取井孔护壁措施。可采用泥浆护壁钻进成孔，钻进中保持泥浆密度为1.10～1.15g/cm³，宜采用地层自然造浆。护孔管中心、磨盘中心、大钩应成一垂线，要求护孔管进入原状土中200mm左右。应采用减压钻进的方法，避免孔内钻具产生一次弯曲。钻孔孔斜应不超过1%，要求钻孔孔壁圆正、光滑。终孔后应彻底清孔，直到返回泥浆内不含泥块。

（3）成井工艺

管井成井工艺包括安装井管、填砾、止水、洗井、试验抽水等工序。

安装井管前应对井身和井径的质量进行检查，以保证井管顺利安装和滤料厚度均匀。应根据井管结构设计进行配管，井管焊接应确保完整无隙，避免井管脱落或渗漏。井管安装应准确到位，井管应平稳入孔、自然落下，避免损坏过滤结构。为保证井管周围填砾厚度基本一致，应在滤水管上下部各加1组扶正器。过滤器应刷洗干净，过滤器缝隙应均匀。

填砾前应确保井内泥浆稀释至密度小于1.05g/cm³；滤料应徐徐填入，并随填随测填砾顶面高度。在稀释泥浆时井管管口应密封，使泥浆从过滤器经井管与孔壁的环状空间返回地面。

为防止泥皮硬化，下管填砾之后，应立即进行洗井。管井洗井方法较多，一般分为水泵洗井、活塞洗井、空压机洗井、化学洗井和二氧化碳洗井以及两种以上洗井方法组合的联合洗井。洗井方法应根据含水层特性、管井结构及管井强度等因素选用，一般采用活塞和空气压缩机联合洗井方法洗井。

4. 真空管井井点

真空管井井点是上海等软土地基地区深基坑施工应用较多的一种深层降水设备，主要适用土层渗透系数较小情况下的深层降水。真空管井井点即在管井井点系统上增设真空泵抽气集水系统（图9-130）。所以它除遵守管井井点的施工要点外，还需增加下述施工要点：

（1）真空管井井点系统分别用真空泵抽气集水和长轴深井泵或井用潜水泵排水。井管除滤管外应严密封闭，保持井管内真空度不小于65kPa，并与真空泵吸气管相连。吸气管路和各接头均应不漏气。对于分段设置滤管的真空管井，开挖后暴露的滤管、填砾层等采取有效封闭措施。

（2）孔径一般为650mm，井管外径一般为273mm。孔口在地面以下1.5m用黏土夯实。单井出水口与总出水管的连接管路中应设单向阀。

（3）真空管井井点的有效降水面积，在有隔水帷幕的基坑内降水，每个井点的有效降水面积约为250m²。由于挖土后井点管的悬空长度较长，在有内支撑的基坑内布置井点管时，宜使其尽可能靠近内支撑。在进行基坑挖土时，要采取保护

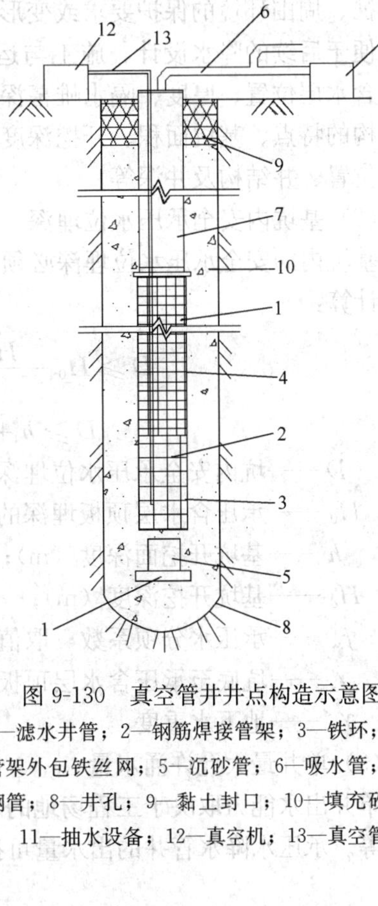

图9-130 真空管井井点构造示意图

1—滤水井管；2—钢筋焊接管架；3—铁环；4—管架外包铁丝网；5—沉砂管；6—吸水管；7—钢管；8—井孔；9—黏土封口；10—填充砂砾；11—抽水设备；12—真空机；13—真空管

管井的措施。

9.14.4.5　用于减压降水的管井井点

1. 减压降水管井构造

减压降水管井构造与疏干降水管井构造相同，只是滤管应位于承压含水层。

2. 减压降水管井设计

(1) 设计原则

在大多数自然条件下，软土地区的承压水要离与其上覆土层的自重应力相互平衡或小于上覆土层的自重应力。当基坑开挖到一定深度后，导致基坑底面下的土层自重应力小于下覆承压水压力，承压水将会冲破上覆土层涌向坑内，坑内发生突水、涌砂或涌土，即形成所谓的基坑突涌。基坑突涌往往具有突发性，导致基坑围护结构严重损坏或倒塌、坑外大面积地面下沉或坍塌、危及周边建筑物及地下管线的安全，以及施工人员伤亡等。基坑突涌引起的工程事故是无可挽回的灾难性事故，经济损失巨大，社会负面影响严重。

深基坑工程中必须十分重视承压水对基坑稳定性的重要影响。由于基坑突涌的发生是承压水的高水头压力引起的，通过承压水减压降水降低承压水位（通常亦称之为“承压水头”），达到降低承压水压力的目的，已成为最直接、最有效的承压水控制措施之一。基坑工程施工前，应认真分析工程场地的承压水特性，制定有效的承压水降水设计方案。在基坑工程施工中，应采取有效的承压水降水措施，将承压水位严格控制在安全埋深以下。

承压水降水设计是指综合考虑基坑工程场区的工程地质与水文地质条件、基坑围护结构特征、周围环境的保护要求或变形限制条件因素，提出合理、可行的承压水降水设计理念，便于后续的降水设计、施工与运行等工作。在承压水降水设计阶段，需根据降水目的、含水层位置、厚度、隔水帷幕深度、周围环境对工程降水的限制条件、施工方法、围护结构的特点、基坑面积、开挖深度、场地施工条件等一系列因素，综合考虑减压井群的平面位置、井结构及井深等。

(2) 基坑内安全承压水位埋深

基坑内的安全承压水位埋深必须同时满足基坑底部抗渗稳定与抗突涌稳定性要求，按下式计算：

$$D \geqslant H_0 - \frac{H_0 - h}{f_w} \cdot \frac{\gamma_s}{\gamma_w} \begin{cases} h \leqslant H_d \\ H_0 - h \geqslant 1.50\text{m} \end{cases}$$

或

$$D \geqslant h + 1.0 (H_0 - h \leqslant 1.50\text{m}) \tag{9-75}$$

式中　D——坑内安全承压水位埋深（m）；

H_0——承压含水层顶板埋深的最小值（m）；

h——基坑开挖面深度（m）；

H_d——基坑开挖深度（m）；

f_w——承压水分项系数，取值为 1.05～1.2；

γ_s——坑底至承压含水层顶板之间的土的天然重度的层厚加权平均值（kN/m^3）；

γ_w——地下水重度。

(3) 单井最大允许涌水量

单井出水能力取决于工程场地的水文地质条件、井点过滤器的结构、成井工艺和设备能力等。承压水降水管井的出水量可按下式估算：

$$Q = 130\pi r_w l \sqrt[3]{k} \tag{9-76}$$

式中 Q——单井涌水量(m^3/d)(单井涌水量还要通过现场单井抽水试验验证并确定);

l——过滤管长度(m);

r_w——井壁半径(m);

k——土的渗透系数。

(4) 减压降水管井布置

减压降水管井可以布置在坑内也可以布置在坑外，当现场客观条件不能完全满足完全布置在坑内或坑外时也可以坑内-坑外联合布置。当布置在坑内时，在具体施工时应避开支撑、工程桩和坑底的抽条加固区，同时尽量靠近支撑以便井口固定。井的深度应根据相应的区域的基坑开挖深度来定。降水工作应与开挖施工密切配合，根据开挖的顺序、开挖的进度等情况及时调整降水井的运行数量。

1) 坑内减压降水

对于坑内减压降水而言，不仅将减压降水井布置在基坑内部，而且必须保证减压井过滤器底端的深度不超过隔水帷幕底端的深度，才是真正意义上的坑内减压降水。坑内井群抽水后，坑外的承压水需绕过隔水帷幕的底端，绕流进入坑内，同时下部含水层中的水经坑底流入基坑，在坑内承压水位降到安全埋深以下时，坑外的水位降深相对下降较小，从而因降水引起的地面变形也较小。

如果仅将减压降水井布置在坑内，但降水井过滤器底端的深度超过隔水帷幕底端的深度，伸入承压含水层下部，则抽出的大量地下水来自于隔水帷幕以下的水平径向流，不但使基坑外侧承压含水层的水位降深增大，降水引起的地面变形也增大，失去了坑内减压降水的意义，成为“形式上的坑内减压降水”。换言之，坑内减压降水必须合理设置减压井过滤器的位置，充分利用隔水帷幕的挡水(屏蔽)功效，以较小的抽水流量，是基坑范围内的承压水水头降低到设计标高以下，并尽量减小坑外水头降低，即减少因降水而引起的地面变形。、

满足以下条件之一时，应采用坑内减压降水方案：

①当隔水帷幕部分插入减压降水承压含水层中，隔水帷幕进入承压含水层顶板以下的长度 L 不小于承压含水层厚度的 1/2，如图 9-131 (*a*) 所示，或不小于 10.0m，如图

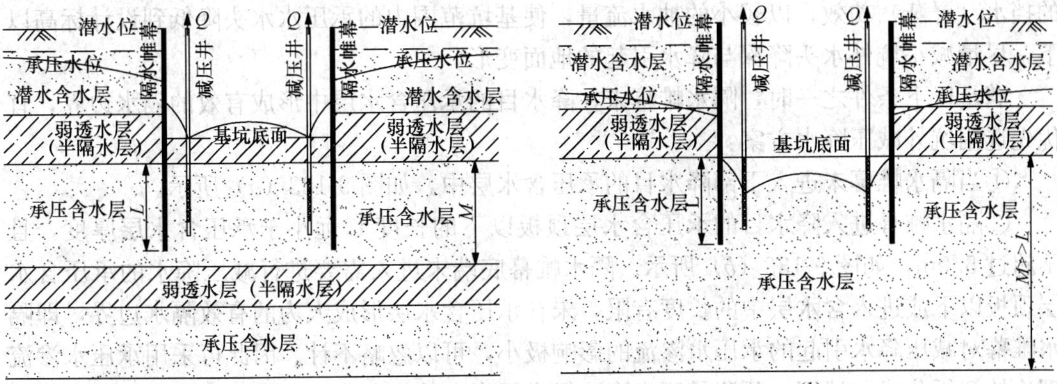

图 9-131 承压含水层不封闭条件下的坑内减压降水示意图

(*a*) 坑内承压含水层半封闭；(*b*) 悬挂式止水帷幕

9-131 (*b*)所示，隔水帷幕对基坑内外承压水渗流具有明显的阻隔效应。

②当隔水帷幕进入承压含水层，并进入承压含水层底板以下的半隔水层或弱透水层中，隔水帷幕已完全阻断了基坑内外承压含水层之间的水力联系，如图 9-132 所示。隔水帷幕底端均已进入需要进行减压降水的承压含水层顶板以下，并在承压含水层形成了有效隔水边界。由于隔水帷幕进入承压含水层顶板以下长度的差异及减压降水井结构的差异性，在群井抽水影响下形成的地下水渗流场形态也具有较大差别。地下水运动不再是平面流或以平面流为主的运动，而是形成三维地下水非稳定渗流场，渗流计算时应考虑含水层的各向异性，无法应用解析法求解，必须借助三维数值方法求解。

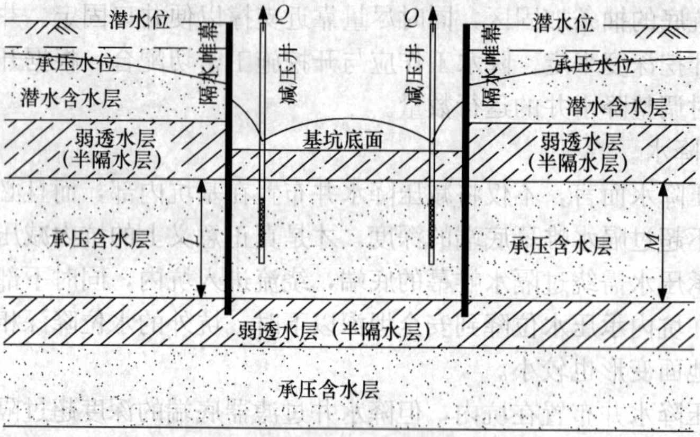

图 9-132　承压含水层全封闭条件下坑内减压降水示意图

2）坑外减压降水

对于坑外减压降水而言，不仅将减压降水井布置在基坑围护体外侧，而且要使减压井过滤器底端的深度不小于隔水帷幕底端的深度，才能保证坑外减压降水效果。

如果坑外减压降水井过滤器埋藏深度小于隔水帷幕深度，则坑内地下水需绕过隔水帷幕底端后才能进入坑外降水井内，抽出的地下水大部分来自于坑外的水平径向流，导致坑内水位下降缓慢或降水失效，不但使基坑外侧承压含水层的水位降深增大，降水引起的地面变形也增大。换言之，坑外减压降水必须合理设置减压井过滤器的位置，减小隔水帷幕的挡水（屏蔽）功效，以较小的抽水流量，使基坑范围内的承压水水头降低到设计标高以下，尽量减小坑外水头降深与降水引起的地面变形。

满足以下条件之一时，隔水帷幕未在降水目的承压含水层中形成有效的隔水边界，宜优先选用坑外减压降水方案：

①当隔水帷幕未进入下部降水目的承压含水层中，如图 9-133（*a*）所示。

②隔水帷幕进入降水目的承压含水层顶板以下的长度 L 远小于承压含水层厚度，且不超过 5.0m，如图 9-133（*b*）所示。隔水帷幕底端未进入需要进行减压降水的承压含水层顶板以下或进入含水层中的长度有限，未在承压含水层形成人为的有效隔水边界，即隔水帷幕对减压降水引起的承压水渗流的影响极小，可以忽略不计。因此可采用承压水渗流理论的解析公式，计算、预测承压水渗流场内任意点的水位降深，但其适用条件应与现场水文地质实际条件基本一致。

3）坑内-坑外联合减压降水

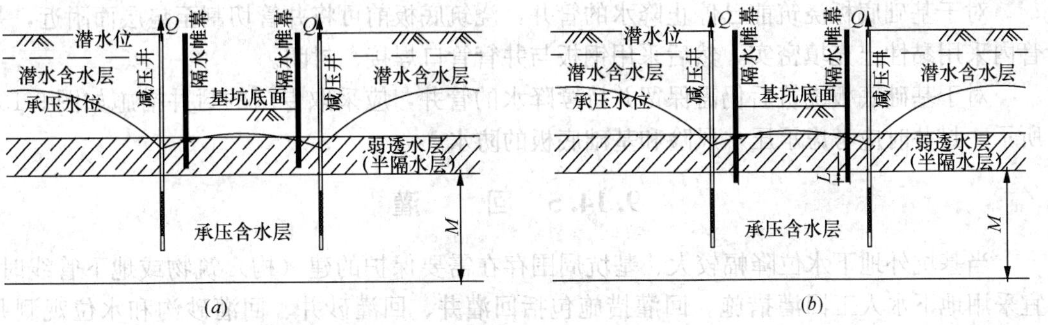

图 9-133 坑外减压降水示意图

(a) 坑内外承压含水层全连通；(b) 坑内外承压含水层几乎全连通

当现场客观条件不能完全满足前述关于坑内减压降水或坑外减压降水的选用条件时，可综合考虑现场施工条件、水文地质条件、隔水帷幕特征，以及基坑周围环境特征与保护要求等，选用合理的坑内-坑外联合减压方案。

3. 管井施工

减压降水管井施工与疏干降水管井施工相同。

4. 减压降水运行控制

减压降水运行应满足承压水位控制在安全埋深以下的要求，同时应考虑其对周边环境的不利影响。主要的控制原则如下：

(1) 应严格遵守“按需减压降水”的原则，综合考虑环境因素、安全承压水位埋深与基坑施工工况之间的关系，确定各施工区段的阶段性承压水位控制标准，制定详细的减压降水运行方案；降水运行过程中，应严格执行减压降水运行方案。如基坑施工工况发生变化，应及时调整或修改降水运行方案；

(2) 所有减压井抽出的水应排到基坑影响范围以外或附近天然水体中。现场排水能力应考虑到所有减压井（包括备用井）全部启用时的排水量。每个减压井的水泵出口宜安装水量计量装置和单向阀；

(3) 减压井全部施工完成、现场排水系统安装完毕后，应进行一次抽水试验或减压降水试运行，对电力系统（包括备用电源）、排水系统、井内抽水泵、量测系统、自动监控系统等进行一次全面检验；

(4) 不同含水层中的地下水位观测井应单独分别设置，坑外同一含水层中观测井之间的水平间距宜为 50m，坑内水位观测井（兼备用井）数量宜为同类型降水井总数的 5%～10%。

5. 封井

停止降水后，应对降水管井采取可靠的封井措施。封井时间和措施应符合设计要求。

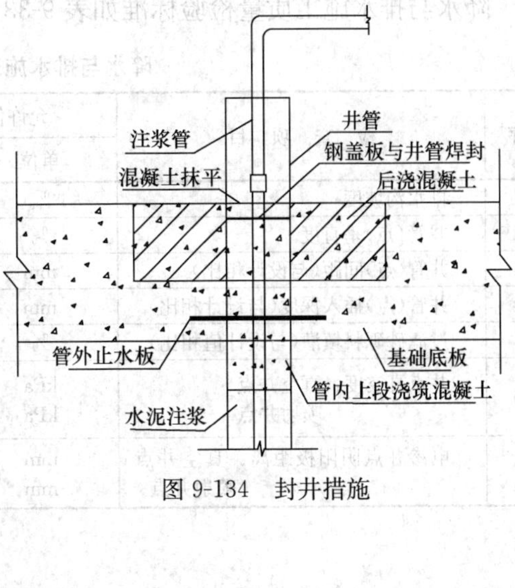

图 9-134 封井措施

对于基础底板浇筑前已停止降水的管井，浇筑底板前可将井管切割至垫层面附近，井管内采用黏性土充填密实，然后采用钢板与井管管口焊接、封闭。

对于基础底板浇筑后仍需保留并持续降水的管井，应采取专门的封井措施如图 9-134 所示。封井时应考虑承压水风险和基础底板的防水。

9.14.5　回　　灌

当基坑外地下水位降幅较大、基坑周围存在需要保护的建（构）筑物或地下管线时，宜采用地下水人工回灌措施。回灌措施包括回灌井、回灌砂井、回灌砂沟和水位观测井等。回灌砂井、回灌砂沟一般用于浅层潜水回灌，回灌井用于承压水回灌。

对于坑内减压降水，坑外回灌井深度不宜超过承压含水层中基坑截水帷幕的深度，以影响坑内减压降水效果。对于坑外减压降水，回灌井与减压井的间距宜通过计算确定，回灌砂井或回灌砂沟与降水井点的距离一般不宜小于 6m，以防降水井点仅抽吸回灌井点的水，而使基坑内水位无法下降。回灌砂沟应设在透水性较好的土层内。在回灌保护范围内，应设置水位观测井，根据水位动态变化调节回灌水量。

回灌井可分为自然回灌井与加压回灌井。自然回灌井的回灌压力与回灌水源的压力相同，一般可取为 0.1～0.2MPa。加压回灌井通过管口处的增压泵提高回灌压力，一般可取为 0.3～0.5MPa。回灌压力不宜超过过滤管顶端以上的覆土重量，以防止地面处回灌水或泥浆混合液的喷溢。

回灌井施工结束至开始回灌，应至少有 2～3 周的时间间隔，以保证井管周围止水封闭层充分密实，防止或避免回灌水沿井管周围向上反渗、地面泥浆水喷溢。井管外侧止水封闭层顶至地面之间，宜用素混凝土充填密实。

为保证回灌畅通，回灌井过滤器部位宜扩大孔径或采用双层过滤结构。回灌过程中为防止回灌井堵塞，每天应进行至少 1～2 次回扬，至出水由浑浊变清后，恢复回灌。

回灌水必须是洁净的自来水或利用同一含水层中的地下水，并应经常检查回灌设施，防止堵塞。

9.14.6　质 量 控 制

降水与排水施工质量检验标准如表 9-33 所示。

降水与排水施工质量检验标准　　表 9-33

序	检查项目	允许值或允许偏差 单位	允许值或允许偏差 数值	检查方法
1	排水沟坡度	‰	1～2	目测：沟内不积水，沟内排水畅通
2	井管(点)垂直度	%	1	插管时目测
3	井管(点)间距(与设计相比)	mm	≤150	钢尺量
4	井管(点)插入深度(与设计相比)	mm	≤200	水准仪
5	过滤砂砾料填灌(与设计值相比)	%	≤5	检查回填料用量
6	井点真空度：真空井点 喷射井点	kPa kPa	>60 >93	真空度表 真空度表
7	电渗井点阴阳极距离：真空井点 喷射井点	mm mm	80～100 120～150	钢尺量 钢尺量

9.15 基坑土方工程施工

9.15.1 基坑土方开挖的施工准备

基坑土方工程是基坑工程重要组成部分，合理的土方开挖施工组织、开挖顺序和挖土方法，可以保证基坑本身和周边环境的安全。由于基坑工程的复杂性，所以开挖前必须要做好相关的施工准备工作。施工前应首先熟悉和掌握合同、勘察报告、设计图纸、法律法规和标准规范等文件；应对场内地下障碍物、不良土质、场内外地下管线、周边建（构）筑物状况、场地条件、场外交通状况及弃土点等做详细的调查；应编制基坑土方开挖施工方案，在对设计文件和周边环境进行分析的基础上，确定土方开挖的平面布置、机械选型、施工测量、挖土顺序和流程、场内交通组织、挖土方法及相关技术措施，并编制基坑开挖应急预案；应对施工场地进行必要的平整，做好测量放线工作；合理调配临时设施、物料、机具、劳动力等资源。

土方开挖前应确保工程桩、围护结构等施工完毕，且强度达到设计要求；应通过降水等措施，保证坑内水位低于基坑开挖面及基坑底面0.5～1.0m，同时开挖前应完成排水系统的设置；应对相关的基坑监测数据进行必要的分析，以确定前期施工的基坑支护体系的变形情况及对周边环境的影响，并进一步复核相关监测点。

9.15.2 基坑土方开挖方案的选择

挖土通常针对基坑工程支护设计、周边环境和场地条件等情况进行组织，在控制基坑变形、保护周边环境的原则下，根据对称、均衡、限时等要求，确定开挖方法。基坑开挖在深度范围可分为分层开挖和不分层开挖，在平面上可分为分块开挖和不分块开挖，盆式开挖和岛式开挖是分块开挖的典型形式。

9.15.3 基坑土方开挖施工机械

土方开挖施工中常用机械主要有反铲挖掘机、抓铲机、土方运输车等。其中反铲挖掘机是土方开挖施工的主要机械，一般根据土质条件、斗容量大小与工作面高度、土方工程量以及与运输机械的匹配等条件进行选型。

9.15.4 基坑土方开挖的基本原则

1. 放坡开挖

当场地允许并经验算能保证土坡稳定性时，可采用放坡开挖；开挖较深时应采用多级放坡；多级放坡的平台宽度不宜小于1.5m。采用放坡开挖的基坑，应按照圆弧滑动简单条分法验算边坡整体稳定性；多级放坡时应同时验算各级和多级的边坡整体稳定性。

放坡坡脚位于地下水位以下时，应采取降水或隔水帷幕的措施。放坡坡顶、放坡平台和坡脚位置的明水应及时排除，排水系统与坡脚的距离宜大于1.0m。土质较差或留置时间较长的放坡坡体表面，宜采用钢丝网水泥砂浆、喷射混凝土、插筋挂网喷浆、土工布、聚合材料覆盖等方法进行护坡，护坡面层宜扩展至坡顶一定距离，也可与坡顶施工道路结合。坑顶不宜堆土或存在堆载（材料或设备），遇有不可避免的附加荷载时，在进行边坡稳定性验算时应计入附加荷载的影响。坡脚存在局部深坑时，宜采取坡度放缓、土体加固等措施。若放坡区域存在浜填土等不良土质，宜采用土体加固等措施对土体进行改善。机械挖土时严禁超挖或造成边坡松动。边坡宜采用人工进行清坡，其坡度控制应符合放坡设计要求。

2. 有围护无内支撑的基坑开挖

采用土钉墙、土层锚杆支护的基坑，开挖时应与土钉、锚杆施工相协调，应提供成孔施工的工作面宽度，开挖和支护施工应形成循环作业。开挖应分层分段进行，每层开挖深度宜为相应土钉、锚杆的竖向间距，每层分段长度不宜大于30m。每层每段开挖后应及时进行支护施工，尽量缩短无支护暴露时间。采用重力式水泥土墙、板墙悬臂围护的基坑开挖，开挖前围护结构的强度和龄期均应满足设计要求。面积较大的基坑可采取平面分块、均匀对称的开挖方式，并及时浇筑垫层。采用钢板桩拉锚的基坑开挖前，应确保拉锚体系设置完毕且预应力施加达到设计要求；锚桩与锚筋在土方开挖过程中应采取保护措施。

3. 有内支撑的基坑开挖

开挖的方法和顺序应遵循“先撑后挖、限时支撑、分层开挖、严禁超挖”的原则，尽量减少基坑无支撑暴露时间和空间。应根据基坑工程等级、支撑形式、场内条件等因素，确定基坑开挖的分区及其顺序，并及时设置支撑或基础底板。挖土机械和车辆不得直接在支撑上行走或作业，可在支撑上覆土并铺设路基箱。挖土机械和车辆严禁在底部已经挖空的支撑上行走或作业。

4. 逆作法基坑开挖的原则

当采用逆作法、盖挖法进行暗挖施工时，基坑开挖方法的确定必须与主体结构设计、支护结构设计相协调，主体结构在施工期间的变形、不均匀沉降均应满足设计要求。应根据基坑设计工况、平面形状、结构特点、支护结构、土体加固、周边环境等情况设置取土口，分层、分块、对称开挖，并及时进行水平结构施工。以主体结构作为取土平台、土方车辆停放及运行路线的，应根据施工荷载要求对主体结构、支撑立柱等进行加固专项设计。施工设备应按照规定的线路行走。面积较大的基坑宜采用盆式开挖，先形成中部结构，再分块、对称、限时开挖周边土方和进行结构施工。取土平台、施工机械和土方车辆停放及行驶区域的结构平面尺寸和净空高度应满足施工机械及车辆的要求。暗挖作业区域可利用取土口作为自然通风采光，并应采取强制通风的措施。暗挖作业区域、通道等应配置足够的照明设施，照明采用防爆、防潮灯具，照明系统应采用防水电线电缆和防水电箱。应有备用应急照明线路，照明设施应根据挖土的进度及时配置。

9.15.5　基坑土方开挖常用施工方法

9.15.5.1　盆式开挖

先开挖基坑中部土方，过程中在基坑中部形成类似盆状土体，再开挖基坑周边土方，这种方式称为盆式土方开挖（图9-135）。盆式开挖由于保留基坑周边土方，减少了基坑围护暴露时间，对控制围护墙变形和减小周边环境影响较有利，而基坑中部土方可在支撑系统养护阶段进行开挖。盆式土方开挖适用于基坑中部支撑较为密集的大面积基坑。采用盆式土方开挖时，盆边土体高度、盆边宽度、土体坡度等应根据土质条件、基坑变形和环境保护等因素确定。基坑中部盆状土体形成的边坡应满足相应的构造要求，以保证挖土过程中盆边土体的稳定。盆边土体应按照对称的原则进行开挖，并应结合支撑系统的平面布置，先行开挖与对撑相对应的盆边分块土体，以使支撑系统尽早形成。

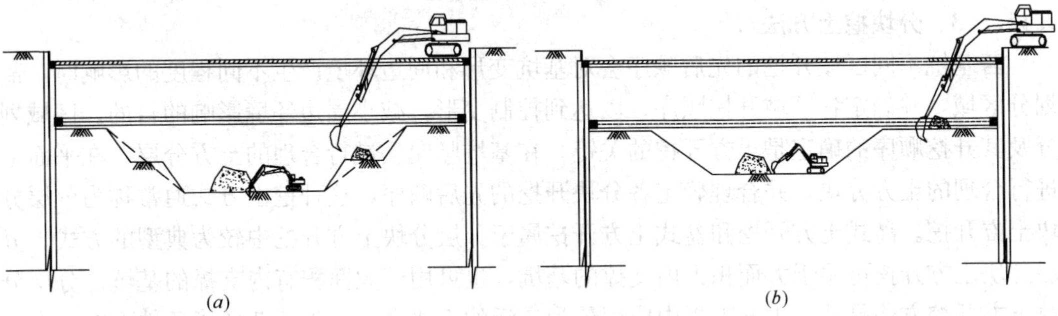

(a)　　　　(b)

图 9-135　盆式开挖典型剖面图

(a) 盆状土体二级放坡；(b) 盆状土体一级放坡

9.15.5.2　岛式开挖

先开挖基坑周边土方，过程中在基坑中部形成类似岛状的土体，再开挖基坑中部的土方，这种挖土方式称为岛式土方开挖（图 9-136）。岛式土方开挖可在较短时间内完成基坑周边土方开挖及支撑系统施工，这种开挖方式对基坑变形控制较有利。基坑中部大面积无支撑空间的土方开挖较为方便，可在支撑养护阶段进行开挖。岛式开挖适用于支撑系统沿基坑周边布置且中部留有较大空间的基坑，边桁架与角撑相结合的支撑体系、圆环形桁架支撑体系、圆形围檩体系的基坑采用岛式土方开挖较为典型，土钉支护、土层锚杆支护的基坑也可采用岛式土方开挖方式。

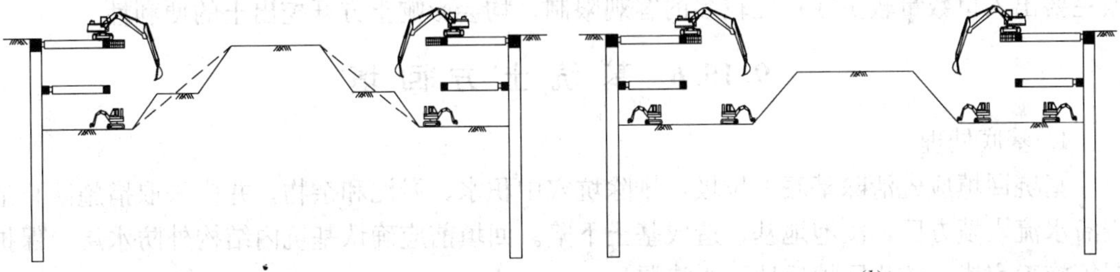

(a)　　　　(b)

图 9-136　岛式开挖典型剖面

(a) 中心岛状土体二级放坡；(b) 中心岛状土体一级放坡

在开挖基坑中部岛状土方阶段，可先将土方挖出或驳运至基坑边，再由基坑边挖掘机取土外运；也可先将土方挖出或驳运至基坑中部，由基坑中部岛状土体顶面的挖掘机进行取土，再由基坑中部土方运输车通过内外相连的土坡或栈桥将土方外运。

采用岛式土方开挖时，基坑中部岛状土体大小、岛状土体高度、土体坡度应根据土质条件、支撑位置等因素确定，岛状土体的大小不应影响整个支撑系统的形成。基坑中部岛状土体形成的边坡应满足相应的构造要求，以保证挖土过程中岛状土体的稳定。挖掘机、土方运输车在岛状土体顶部进行挖运作业，须在基坑中部与基坑边部之间设置栈桥或土坡用于土方运输。栈桥或土坡的坡度应严格控制，采用土坡作为内外联系通道时，一般可采用先开挖土坡区域的土方进行支撑系统施工，然后进行回填筑路再次形成土坡，作为后续土方外运行走通道。用于挖运作业的土坡，自身的稳定性有较高的要求，一般可采取护坡、土体加固等措施，土坡路面的承载力还应满足土方运输车辆、挖掘机作业要求。

9.15.5.3　分块挖土方法

若基坑不同区域开挖的先后顺序会对基坑变形和周边环境产生不同程度的影响时，需划分区域，并确定各区域开挖顺序，以达到控制变形，减小周边环境影响的目的。区域划分及其开挖顺序的确定是土方开挖的关键。在基坑竖向上进行合理的土方分层，在平面上进行合理的土方分块，并合理确定各分块开挖的先后顺序，这种挖土方式通常称为分层分块土方开挖。岛式土方开挖和盆式土方开挖属于分层分块土方开挖中较为典型的方式。分层分块土方开挖可用于大面积无内支撑的基坑，也可用于大面积有内支撑的基坑。分层分块土方开挖方法是基坑土方工程中应用最为广泛的方法之一，为复杂环境条件下的超大超深基坑工程所普遍采用。

应在控制基坑变形和保护周边环境的要求下确定基坑土方分块的大小和数量，制定分块施工先后顺序，并确定土方开挖的施工方案。土方分块开挖后，与相邻的土方分块形成高差，应根据土质条件和周边保护要求进行必要的限制，并进行相关的稳定性验算。以对撑系统为主的基坑，通常情况下应先开挖对撑系统区域的土体，及时施工对撑系统，减少无支撑暴露时间，土体在纵向应采用间隔开挖的方式。对于设置角撑系统的基坑，通常情况下可先开挖角撑系统区域的角部土体，及时施工角撑系统，控制基坑角部变形。一般情况下，环境要求相对较低的基坑侧宜先行开挖，然后再开挖环境要求相对较高的基坑侧，并采取减小分块面积、对称开挖、限时完成支撑或垫层的方式进行施工，以保护周边环境；分块开挖的顺序还应考虑现场条件，由于场地狭小造成部分区域无法形成施工道路，或主要出入口数量较少或存在较多的客观限制，均会影响土方开挖出土的便利性。

9.15.6　基 坑 土 方 回 填

1. 基底处理

基坑回填应先清除基底上垃圾，排除坑穴中积水、淤泥和杂物，并应采取措施防止地表滞水流入填方区，浸泡地基，造成基土下陷。回填前应确认基坑内结构外防水层、保护层等施工完毕，防止回填后地下水渗漏。

2. 基坑土方回填方法

基坑土方回填方法主要有人工填土和机械回填方法。人工回填一般适用于工作量较小的基坑回填，或机械回填无法实施的区域。机械回填一般适用于回填工作量较大且场地条件允许的基坑回填。

人工回填一般用铁锹等工具将回填料填至基坑。若基坑较深，可设置简易滑槽入坑。回填过程中应注意对防水层等已完工程的保护。一般从场地最低处开始，由一端向另一端自下而上分层铺填。基坑回填应在相对两侧或四周同时进行回填；对于设置混凝土或型钢换撑的基坑，在换撑下方的回填应采取人工对称回填的方式。

机械回填可采用推土机、铲运机、装载机、翻斗运输车等机械，回填均应由下而上分层回填，分层厚度一般控制在 300mm。回填可采取纵向铺填顺序，推土机作业应分堆集中，一次运送，应选择合适的分段距离，一般可控制在 10m 左右。若存在机械回填不能实施的区域，应以人工回填配合。

3. 填土的压实

应严格控制分层厚度、每层压实遍数，其主要控制参数见表 9-34。

回填施工时的分层厚度及压实遍数 **表 9-34**

压实机具	每层铺土厚度(mm)	每层压实遍数	压实机具	每层铺土厚度(mm)	每层压实遍数
平碾	200～300	6～8	振动压路机	120～150	10
羊足碾	200～350	8～16	推土机	200～300	6～8
蛙式打夯机	200～250	3～4	人工打夯	不大于 200	3～4
振动碾	60～130	6～8			

采用平板或冲击打夯机等小型机具压实时，打夯之前对填土初步平整，打夯机具应依次夯打，均匀分布，不留间隙。在打夯机具工作不到的地方应采用人力打夯，虚铺厚度不大于 200mm，人力打夯前应将填土初步整平，打夯要按一定方向进行，一夯压半夯，夯夯相连，行行相连，两遍纵横交叉，分层夯打。行夯路线应由四边开始，然后夯向中间。

采用各种压路机械压实时，为保证回填土压实的均匀性及密实度，避免碾轮下陷，提高碾压效率，在碾压机械碾压之前，宜先用轻型推土机推平，低速预压 4～5 遍，使平面平实。碾压机械压实回填土时，应控制行驶速度，一般平碾和振动碾不超过 2km/h，并要控制压实遍数。压实机械要与基础结构保持一定的距离，防止将基础结构压坏或使之位移。用平碾压路机进行回填压实，应采用“薄填、慢驶、多次”的方法，填土厚度均不应超过 250～300mm，每层压实遍数 6～8 遍，碾压方向应从两边逐渐压向中间，碾轮每次重叠宽度约 15～25cm，避免漏压。运行中碾轮边距填方边缘应大于 500mm，以防发生溜坡倒角。边角、边坡边缘压实不到之处，应辅以人力夯实或小型夯实机具配合夯实。压实密实度除另有规定外，一般应压至轮子下沉量不超过 10～20mm 为宜。平碾碾压一层完后，应用人工或推土机将表面拉毛，土层表面太干时，应洒水湿润后继续回填，以保证上下层结合良好。

9.15.7 基坑土方开挖注意事项

(1) 深基坑土方开挖施工应安排 24h 专人巡视；应采取信息化施工措施对附近已有建筑或构筑物、道路、管线实施不间断监测。如发现位移超过报警值，应及时与设计和建设单位联系，采取应急措施。施工中应经常检查支撑和观测邻近建筑物的情况，如发现支撑有松动、变形、位移等情况，应及时采取加固或更换措施。

(2) 土方开挖顺序、方法必须与设计工况一致，并遵循“先撑后挖，分层开挖，严禁超挖”的原则，严格控制基坑无支撑暴露时间，尽早形成基坑对撑，支撑强度达设计强度后再开挖下一层土方。

(3) 支撑的拆除应按设计工况依次进行，拆除支撑时，应注意防止附近建筑物或构筑物产生下沉和破坏，必要时采取加固措施。

(4) 应制定应急方案，落实相关应急资源，包括人、材、物、机。

(5) 开挖过程中应注意对降水井点、工程桩、监测点、支护结构的保护，控制坑边堆载和栈桥的施工荷载。在群桩基础的桩打设后，宜停留一定时间，待土中应力有所释放，孔隙水压力有所降低，被扰动的土体重新固结后，再开挖基坑土方，且土方开挖宜均匀、分层，尽量减少开挖时的土压力差，以保证桩位正确和边坡稳定。

(6) 逆作法基坑开挖过程中应调整开挖施工流程，控制工程桩间差异沉降。

(7) 开挖施工前，应设置地表水排水设施；开挖过程中，在坑底边应设置排水沟槽和集水井，并保持对坑内外水位的控制，坑内水位应保持在坑底下 0.5～1m 处。

(8) 对于两个深浅不一的邻近基坑，宜采用先深后浅的施工方法；对于设置分隔墙分区开挖的情况，应注意坑与坑之间开挖过程中的相互影响。

(9) 深基坑土体开挖后，会使基坑底面产生一定的回弹变形（隆起）。施工中应采取减少基坑回弹变形的措施，在基坑开挖过程中和开挖后均应保证井点降水正常进行，并在挖至设计标高后，尽快浇筑垫层和底板。必要时可对基础结构下部土层进行加固。

(10) 应严格控制开挖过程中形成的临时边坡，尤其是边坡坡度、坡顶堆载、坡脚排水等，避免造成边坡失稳。

9.15.8 基坑周边环境保护

基坑开挖施工中必须对基坑周围各类建（构）筑物、地下管道等进行有效的保护，使其免受或少受施工所引起的不利影响。

(1) 可在临近基坑的管线底部和建（构）筑物地基基础下采取注浆加固，无桩建（构）筑物还可采用锚杆静压桩基础托换技术。

(2) 加强施工监测，开挖前可根据管线的管节长度、建（构）筑物基础尺寸及其对差异沉降的承受力确定监测位置，开挖过程中可根据监测信息跟踪注浆，以控制其位移和变形。

(3) 在保护建筑物及重要管线与基坑间打设隔离桩，并在隔离桩与基坑围护结构间跟踪注浆。

(4) 在无桩地下设施上方（如隧道）开挖时，可采取土方抽条开挖等措施防止地下结构上浮；基坑减压降水应按需降水，避免多抽引起水土流失过多而造成对周边建筑物的影响。

(5) 对相邻且同期或相继施工的工程（包括基坑开挖、降水、打桩、爆破等），宜事先协调施工进度，避免相互产生影响或危害。

(6) 应按照周边环境的重要性，合理确定分块的大小及其开挖顺序。

9.15.9 基坑土方开挖质量控制

应严格复核建筑物的定位桩、轴线、方位和几何尺寸。按设计平面对基坑、槽的灰线进行轴线和几何尺寸的复核，工程轴线控制桩设置离建筑物的距离一般应大于两倍的挖土深度；水准点标高可引测在已建成的沉降已稳定的建（构）筑物上并妥加保护。挖土过程中要定期进行复测。在接近设计坑底标高或边坡边界时应预留 200～300mm 厚的土层，用人工开挖和修整，边挖边修，以保证不扰动土和标高符合设计要求。挖土应做好地表和坑内排水、地面截水和地下降水，地下水位应保持低于开挖面 500mm 以下。

基坑开挖完毕应由施工单位、设计单位、勘察单位、监理单位或建设单位等有关人员共同到现场进行检查、鉴定验槽，核对地质资料，检查地基土与工程地质勘察报告、设计图纸要求是否相符合，有无破坏原状土结构或发生较大的扰动现象。

9.16 基坑工程现场施工设施

在基坑施工阶段，现场大部分场地已被开挖的基坑占去，周围可供的施工用地往往很小，这种情况在闹市区或建筑密集地区更为突出。因此施工时应根据现场条件、工程特点及施工方案，合理进行施工场地布置，如塔吊、坡道或栈桥、临时施工平台、临时扶梯、行车道路、大型设备停放点、冲洗设备等，以保证施工的顺利进行。

9.16.1 塔吊及其基础设置

基坑工程的塔吊可布置在基坑外或基坑内。塔吊基础可采用桩基、混凝土或型钢基础，也可设在地下室底板上。

1. 基坑内塔吊的设置

基坑内塔吊的布置位置除满足基坑施工阶段的需求外，还应与上部结构施工需要相协调。附着式塔吊应避开地下室外墙、支护结构支撑、换撑等部位，布置在上部结构外墙外侧的合适位置；内爬式塔吊则布置在上部结构电梯井或预留通道等位置。基坑内塔吊的拆除时间可在地下室结构施工完毕后拆除，也可一直在上部结构施工阶段使用，与支撑或栈桥相结合的塔吊一般在支撑或栈桥拆除前予以拆除。

基坑内塔吊一般采用组合式基础，是由混凝土承台或型钢平台、格构式钢柱或钢管柱及灌注桩或钢管桩等组成。图 9-137 为常见的组合形式。

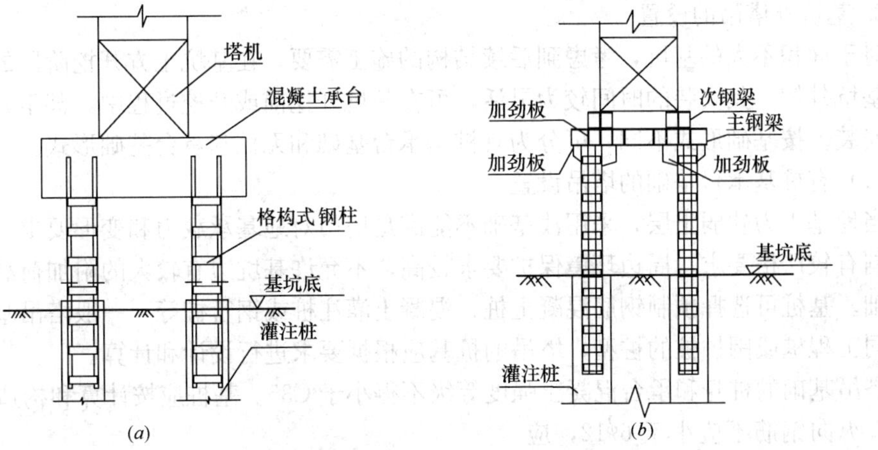

图 9-137 独立式塔吊基础示意图

(*a*) 混凝土承台、格构式钢柱、灌注桩组合式基础；(*b*) 型钢基础、格构式钢柱、灌注桩组合式基础

塔吊在基坑内的基桩宜避开底板的基础梁、承台、后浇带或加强带等区域。格构式钢柱的布置应与下端的基桩轴线重合且宜采用焊接四肢组合式对称构件，截面轮廓尺寸不宜小于 400mm×400mm，主肢宜采用等边角钢，且不宜小于 90mm×8mm；缀件宜采用缀板式，也可采用缀条（角钢）式。格构式钢柱上端伸入混凝土承台的锚固长度应满足抗拔要求。下端伸入灌注桩的锚固长度不宜小于 2.0m，且应与基桩纵筋焊接，灌注桩在该部

位的箍筋应加密。

近年来，塔吊基础与支撑或栈桥相结合的形式也开始出现。这种组合式基础形式主要是利用支撑或栈桥立柱桩及立柱作为塔吊基桩，利用栈桥梁或支撑梁作为塔吊基础承台。承台与栈桥梁或支撑梁相结合时，一般应通过计算对栈桥梁或支撑梁等进行加固。承台宜设计为方形板式或十字形梁式，基桩宜按均匀对称布置，且不宜少于4根，以满足塔吊任意方向倾翻力矩的作用。

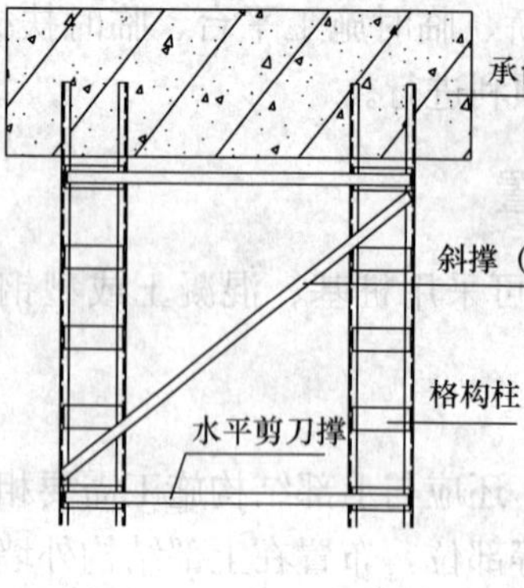

图9-138　型钢支撑加固

随着基坑土方分层开挖，在格构式钢柱外侧四周应及时用型钢设置支撑，焊接于主肢，将承台基础下的格构式钢柱连接为整体，如图9-138所示。当格构式钢柱较高时，宜再设置型钢水平剪刀撑，以利于抗塔吊回转产生的扭矩。基坑开挖到设计标高后，应立即浇筑垫层，宜在组合式基础的混凝土承台投影范围加厚垫层并掺入早强剂。由于格构柱穿越基础底板，故格构柱在底板范围的中央位置，应在分肢型钢上焊接止水钢板。

有时在坑内栈桥施工完毕且强度满足要求后在其上面设置行走式塔吊。在拆除栈桥前进行塔吊拆除。栈桥上设置的行走式塔吊主要是满足支撑和基础结构施工需要，该形式的塔吊具有覆盖面较大、拆装简便等优点。栈桥上行走式塔吊的设置应综合考虑基坑形状和大小、栈桥布置形式、现场条件等因素，并在栈桥设计时一并考虑。

2. 基坑外塔吊的设置

对于面积不大的基坑，考虑到后续结构的施工需要，在基坑土方开挖阶段的塔吊可设置在基坑外侧，其安装的时间较为灵活，可在基坑开挖前或开挖过程中，甚至开挖完毕后进行安装。按基础形式不同，可分为有桩基承台基础和无桩基承台基础形式。

（1）有桩基承台基础的塔吊设置

当地基土为软弱土层，采用浅基础不能满足塔吊对地基承载力和变形要求；或基坑变形控制有较严格要求，周边环境保护要求较高，不允许基坑边有较大的附加荷载，可采用桩基础。基桩可选择预制钢筋混凝土桩、混凝土灌注桩或钢管桩等，一般塔吊基础的基桩可随同工程桩或围护桩的桩型，塔吊的桩基应根据要求进行设计和计算。

塔吊基础的桩身和承台混凝土强度等级不得小于C35。基桩应按计算和构造要求配置钢筋。纵向钢筋不应小于6ϕ12，应沿桩周边均匀布置，其净距不应小于60mm。箍筋应采用螺旋式，直径不应小于6mm，间距宜为200～300mm，桩顶以下5d（d为纵向钢筋直径）范围内箍筋间距应加密至不大于100mm。当基桩属抗拔桩或端承桩，应等截面或变截面通长配筋。承台宜设计成方形板式（图

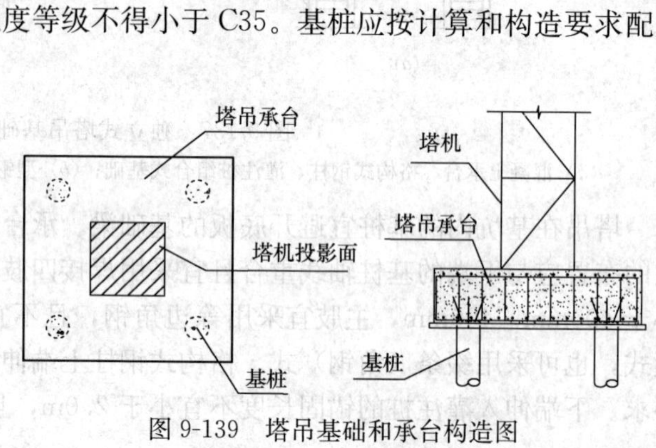

图9-139　塔吊基础和承台构造图

9-139)。或十字形梁式，截面高度不宜小于1000mm，基桩宜按均匀对称式布置，且不宜少于4根。边桩中心至承台边缘的距离应不小于桩的直径或边长，且桩的外边缘至承台边缘的距离不小于200mm。板式承台基础上、下面均应根据计算或构造要求配筋，直径不小于12mm，间距不大于200mm，上下层钢筋之间设置架立筋，宜沿对角线配置暗梁。十字形承台应按梁式配筋，宜按对称式配置正、负弯矩筋，箍筋不宜小于ϕ8@200。

对于排桩式围护墙或地下连续墙，塔吊位置也可位于围护墙顶上，如直接设置塔吊基础，会造成基底软硬严重不均的现象，在塔吊工作时产生倾斜。故一般在支护墙外侧另行布置桩基，一般布置2根即可。该桩设计时应考虑与围护墙的沉降差异。

(2) 无桩基承台基础的塔吊设置

若地基土较好，能满足塔吊地基承载要求，且基坑开挖深度较浅，坑底标高与塔吊基础底标高基本一致；或周边环境较好且围护设计时已经考虑塔吊区域的附加荷载，可在坑外采用无桩基承台基础的塔吊，即塔吊基础位于天然或复合地基上（图9-140）。混凝土基础的构造应根据塔吊说明书及现场工程地质等要求确定，宜选用板式或十字形式。基础埋置深度应综合考虑工程地质、塔吊荷载大小以及相邻环境条件等因素。采用重力式或悬臂式支护结构的基坑边不宜设置无桩基承台基础的塔吊。重力式支护结构的基坑可采用加宽水泥土墙与加大其入土深度，且宜在塔吊基础部位下方及塔吊基础对应的基坑内采取加固措施，以减小塔吊和基坑之间产生相互不利影响。同时在土方开挖时特别是开挖初期应加强对塔吊监测，包括位移、沉降及垂直度等。

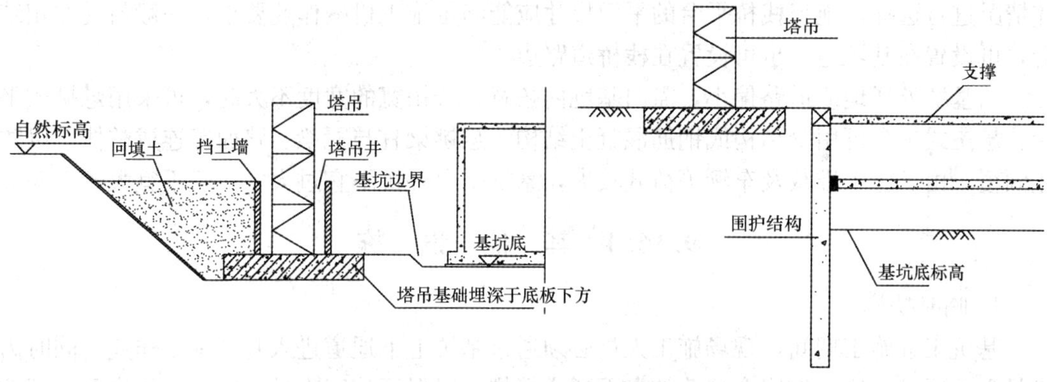

图9-140 无桩基承台塔吊基础形式

若地基土较好，能满足塔吊地基承载要求，周边环境较好，且围护设计时已经考虑塔吊区域的附加荷载，可在坑外采用行走式塔吊。这种布置形式适用于长方形基坑，或与其他塔吊组合使用以减少吊运盲区。

9.16.2 运输车辆施工道路设置

1. 坑外道路的设置

坑外道路的设置一般沿基坑四周布置，其宽度应满足机械行走和作业要求。若条件允许，坑外道路应尽量环形布置。对于设置坑内栈桥的基坑，坑外道路的设置还应与栈桥相连接。由于施工道路上荷载较大，且属动荷载，坑外道路应进行必要的加强措施，如铺设路基箱或浇筑一定厚度的刚性路面，以分散荷载，减小对围护墙的不利影响。

2. 坑内土坡道路的设置

坑内土坡道路的宽度应能满足机械行走的要求。由于坑内土坡道路行走频繁，土坡易受扰动，通常情况下土坡应进行必要的加固。土坡面层加强可采用浇筑钢筋混凝土和铺设路基箱等方法；土坡两侧坡面加强可采用护坡、降水等方法；土坡土体加固可采用高压旋喷、压密注浆等加固方法。

3. 坑内栈桥道路的设置

城市中心的基坑一般距离红线较近，场内交通组织较为困难，需结合支撑形式、场内道路、施工工期等设置施工栈桥道路。坑内栈桥道路的宽度应能满足机械行走和作业要求。一般第一道混凝土支撑梁及支撑下立柱进行加强后可兼作施工栈桥道路。逆作法施工基坑一般以取土作业层作为施工机械作业和行走道路，施工机械应严格按照规定区域进行作业。坑内栈桥道路也可采用在支撑系统上铺设路基箱，通过这种组合结构形成栈桥道路。坑内栈桥道路也可作为土方装车挖掘机的作业平台。

9.16.3 施工栈桥平台的设置

施工栈桥平台有钢筋混凝土栈桥平台、钢结构栈桥平台、钢结构与钢筋混凝土结构组合式栈桥平台。钢结构栈桥平台一般由立柱、型钢梁、箱型板等组成；钢结构与钢筋混凝土结构组合式栈桥平台一般可采用钢立柱、钢筋混凝土梁和钢结构面板组合而成，也可采用钢立柱、型钢梁和钢筋混凝土板组合而成，组合式挖土栈桥平台在实际应用中可根据具体情况进行选择。施工栈桥平台的平面尺寸应能满足施工机械作业要求，一般与支撑相结合，可设置在基坑边，也可设置在栈桥道路边。

当基坑外场地或道路偏小，需向基坑内拓宽，若拓宽的宽度不大时，可采用悬挑式平台。悬挑式平台可用钢结构或钢筋混凝土结构。悬挑梁宜与冠梁、路面等连成整体，以防止倾覆。由于施工堆载及车辆等荷载较大，悬挑平台外挑不宜过大，一般不宜大于1.5m。

9.16.4 其他设施

1. 临时扶梯

基坑工程施工期间，现场施工人员必须通过基坑上下通道进入基坑施工作业，同时为满足消防要求，应制作安全规范的上下通道楼梯，以保证施工人员的安全。扶梯可采用钢管或型钢制作，宽度一般为1～1.2m，踏步可采用花纹钢板、钢管、木板等，踏步宽度宜为250～300mm。扶梯应具有足够的稳定性和刚度。扶梯边应设置临边栏杆；楼梯的坡度一般不超过60°；扶梯的一个楼梯段内踏步级数一般不超过15级。扶梯要做定期清洁保养，对油污等应及时进行清洗，以防滑跌，对损坏的栏杆要及时修复或更换。

2. 临边围栏

为防止基坑边作业人员、车辆或材料落入基坑内，通常沿基坑边一周、坑内支撑上的临时通道、施工栈桥等区域设置临边围栏。一般是先在围栏下的基础内预埋短钢管，再在其上搭设钢管围栏，围栏一般高1.2m，设置两道横杆，栏杆应布设防尘网，底部设踢脚板。目前各种形式的工具式围栏开始得到广泛应用。

3. 冲洗设备

施工现场大门口设置冲洗设备是文明施工的需要，目前全国各地均有较严格的要求。

采用高压水枪人工冲洗车辆是最常见的方式，一般须在门口设置高压水泵、高压水枪、排水沟槽、沉淀池及其他附属设施。近年来在上海等地出现了一种新型的循环自动冲洗系统（图9-141）。该系统通过优化冲洗排放沟槽布置，使废水能汇流收集；采用合适的路面构造，使泥浆水彻底及时回收，防止路面二次污染；建立循环储水装置和泵吸喷水再利用装置，使冲洗用水能重复利用。该系统具有水资源消耗较少、利用率高、冲洗效率提高、冲洗用时短，盖板的设置可疏干路面，减少了二次污染。

图 9-141 循环自动冲洗系统

9.17 基坑工程施工监测

基坑支护工程的实践性很强，岩土的复杂性使工程中的设计分析与现场实测存在一定差异。为准确掌握和预测基坑工程施工过程中的受力和变形状态及其对周边环境的影响，科学的组织基坑工程施工，必须进行施工监测。我国各地区近年来均相继编写并颁布实施了各种基坑设计和施工的规范标准，其中都特别强调了基坑监测与信息化施工的重要性，甚至有些城市专门颁布了基坑工程监测规范，如《上海市基坑工程施工监测规程》等。国家标准《建筑基坑工程监测技术规范》（GB50497）明确规定“开挖深度超过 5m 或开挖深度未超过 5m 但现场地质情况和周围环境较复杂的基坑工程均应实施基坑工程监测”。

9.17.1 监测的目的和原则

1. 监测目的

使参建各方能够完全客观真实地把握工程质量，掌握工程各部分的关键性指标，确保工程安全；在施工过程中通过实测数据检验工程设计所采取的各种假设和参数的正确性，及时改进施工技术或调整设计参数以取得良好的工程效果；对可能发生危及基坑工程本体和周围环境安全的隐患进行及时、准确的预报，确保基坑结构和相邻环境的安全；积累工程经验，为提高基坑工程的设计和施工整体水平提供基础数据支持。

2. 监测原则

监测数据必须可靠真实，数据的可靠性由测试元件安装或埋设的可靠性、监测仪器的精度及监测人员的素质来保证；监测数据必须及时，监测数据需在现场及时计算处理，发现有问题及时复测，做到当天测当天反馈；埋设于土层或结构中的监测元件应尽量减少对结构正常受力的影响，埋设监测元件时应注意与岩土介质的匹配；对所有监测项目，应按照工程具体情况预先设定预警值和报警制度，预警体系包括变形或内力累积值及其变化速率；监测应整理完整的监测记录、数据报表、图表和曲线，监测结束后整理出监测报告。

9.17.2 监 测 方 案

建筑基坑工程监测应综合考虑基坑工程设计方案、建设场地的岩土工程条件、周边环境条件、施工方案等因素，制定合理的监测方案，精心组织和实施监测。监测方案根据不同需要会有不同内容，一般包括工程概况、工程设计要点、地质条件、周边环境概况、监测目的和依据、监测内容及项目、测点布置和保护措施、监测人员配置、监测方法及精度、数据整理方法、监测期及频率、监测报警值及异常情况下的监测措施、主要仪器设备及检定要求、拟提供的监测成果以及监测信息反馈、作业安全等，且基坑工程的现场监测应采用仪器监测与巡视检查相结合的方法。

9.17.3　监测项目和监测频率

1. 基坑工程监测的对象

基坑工程监测对象包括：支护结构、地下水、坑底及周边土体、周边建（构）筑物、周边管线及设施、周边道路等。从基坑边缘以外 1～3 倍基坑开挖深度范围内需要保护的周边环境应作为监测对象，必要时尚应扩大范围。监测项目应与基坑工程设计、施工方案相匹配，应抓住关键部位，做到重点观测、项目配套，形成有效和完整的监测系统。

2. 基坑工程仪器监测项目

基坑工程监测项目，可根据支护结构的重要程度、周围环境的复杂性和施工要求而定。要求严格则监测项目增多，否则可减之。应根据表 9-35 进行选择仪器监测项目。

3. 巡视检查

基坑工程施工和使用期内，每天均应由专人进行巡视检查。巡视检查一般包括支护结构、施工工况、周边环境、监测设施等。

基坑工程监测项目　　表 9-35

基坑类型 / 监测项目	一级	二级	三级
围护墙（边坡）顶部水平位移	应测	应测	应测
围护墙（边坡）顶部竖向位移	应测	应测	应测
深层水平位移	应测	应测	宜测
立柱竖向位移	应测	宜测	宜测
围护墙内力	宜测	可测	可测
支撑内力	应测	宜测	可测
立柱内力	可测	可测	可测
锚杆内力	应测	宜测	可测
土钉内力	宜测	可测	可测
坑底隆起（回弹）	宜测	可测	可测
围护墙侧向土压力	宜测	可测	可测
空隙水压力	宜测	可测	可测
地下水位	应测	应测	应测
土体分层竖向位移	宜测	可测	可测
周边地表竖向位移	应测	应测	宜测
周边建筑竖向位移	应测	应测	应测
周边建筑倾斜	应测	宜测	可测
周边建筑水平位移	应测	宜测	可测
周边建筑、地表裂缝	应测	应测	应测
周边管线变形	应测	应测	应测

对支护结构的巡视主要包括：支护结构成型质量，支撑及围檩的裂缝情况，支撑及立柱变形情况，止水帷幕开裂或渗漏情况，墙后土体裂缝及变形情况，基坑流砂或管涌情况等。

对各施工工况的巡视检查包括：开挖后暴露的土质情况与岩土勘察报告有无差异，基坑开挖分段长度、分层厚度及支锚设置是否与设计要求一致，场地地表水、地下水排放状况是否正常，基坑降水、回灌设施是否运转正常，基坑周边地面有无超载等。

对周边环境的巡视检查包括：周边管道有无破损、泄漏情况，周边建筑有无新增裂缝出现，周边道路（地面）有无裂缝、沉陷，邻近基坑及建筑的施工变化情况。

对监测设施的巡视检查包括：基准点、监测点完好状况，监测元件的完好及保护情况，有无影响监测工作的障碍物。

巡视检查宜以目测为主，可辅以锤、钎、量尺、放大镜等工具、器具以及摄像、摄影等设备进行。对自然条件、支护结构、施工工况、周边环境、监测设施等的巡视检查情况应做好记录。检查记录应及时整理，并与仪器监测数据进行综合分析。巡视检查如发现异常和危险情况，应及时通知建设方及其他相关单位。

4. 基坑工程监测频率

基坑工程监测频率应以能系统反映监测对象所测项目的重要变化过程，而又不遗漏其变化时刻为原则。基坑工程监测工作应贯穿于基坑工程和地下工程施工全过程。监测工作一般应从基坑工程施工前开始，直至地下工程完成为止。对有特殊要求的周边环境的监测应根据需要延续至变形趋于稳定后才能结束。对于应测项目，在无数据异常和事故征兆的情况下，开挖后仪器监测频率的确定可参照表 9-36。

现场仪器监测的监测频率　　**表 9-36**

基坑类别	施工进程		基坑设计开挖深度			
			≤5m	5～10m	10～15m	>15m
一级	开挖深度（m）	≤5	1次/1d	1次/2d	1次/2d	1次/2d
		5～10		1次/1d	1次/1d	1次/1d
		>10			2次/1d	2次/1d
	底板浇筑后时间（d）	≤7	1次/1d	1次/1d	2次/1d	2次/1d
		7～14	1次/3d	1次/2d	1次/1d	1次/1d
		14～28	1次/5d	1次/3d	1次/2d	1次/1d
		>28	1次/7d	1次/5d	1次/3d	1次/3d
二级	开挖深度（m）	≤5	1次/2d	1次/2d		
		5～10		1次/1d		
	底板浇筑后时间（d）	≤7	1次/2d	1次/2d		
		7～14	1次/3d	1次/3d		
		14～28	1次/7d	1次/5d		
		>28	1次/10d	1次/10d		

注：当基坑工程等级为二级时，监测频率可视具体情况要求适当降低；基坑工程施工至开挖前的监测频率视具体情况确定；宜测、可测项目的仪器监测频率可视具体情况要求适当降低；有支撑的支护结构各道支撑开始拆除到拆除完成后 3d 内监测频率应为 1 次/1d。

监测频率应综合考虑基坑类别、基坑及地下工程的不同施工阶段以及周边环境、自然条件的变化和当地经验而确定，并可根据施工进程、施工工况、外部环境因素等的变化适时作出调整。一般在开挖阶段，土体处于卸载状态，支护结构处于逐步加荷状态，应适当加密监测；当监测值相对稳定时，可适当降低监测频率。当出现异常情况和数据临近及达到报警值、存在勘察中未发现的不良地质、未按照设计和施工方案施工等情况时，应提高监测频率，并及时向委托方及相关单位报告监测结果。

9.17.4 监测点布置和监测主要方法

1. 墙顶（坡顶）位移

基坑围护墙（边坡）顶部的水平和竖向位移监测点应沿基坑周边布置，基坑周边中部、阳角处应布置监测点，监测点间距不宜大于20m，每边监测点数目不应少于3个。为便于监测，水平位移监测点宜同时作为垂直位移监测点。监测点宜设置在基坑冠梁或边坡坡顶上（图9-142）。

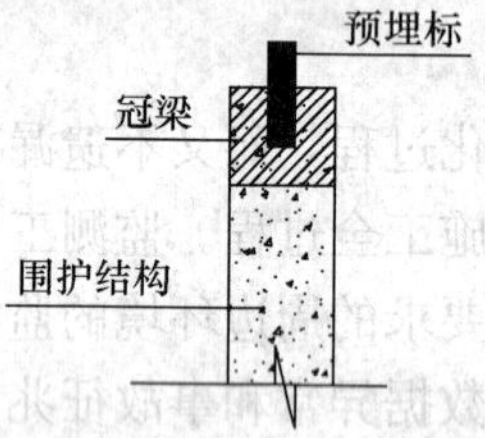

图9-142　墙顶位移点布设

测定特定方向上的水平位移时可采用视准线法、小角度法、投点法；测定监测点任意方向水平位移时可采用前方交会法、自由设站法、极坐标法等；当基准点距基坑较远时，可采用GPS测量法或三角、三边、边角测量与基准线法相结合的综合测量方法。水平位移监测基准点应埋设在基坑开挖深度3倍范围以外不受施工影响的稳定区域，或利用已有稳定的施工控制点，不应埋设在低洼积水、湿陷、冻胀、胀缩等影响范围内；宜设置有强制对中的观测墩上；采用精密光学对中装置，对中误差不宜大于0.5mm。

2. 围护（土体）水平位移

围护墙或土体深层水平位移监测点宜布置在基坑周边的中部、阳角处及有代表性的部位。监测点水平间距宜为20～50m，每边监测点数目不应少于1个。用测斜仪观测深层水平位移，当测斜管埋设在围护墙体内时，测斜管长度不宜小于围护墙的深度；当测斜管埋设在土体中时，测斜管长度不宜小于基坑开挖深度的1.5倍，并应大于围护墙的深度。以测斜管底为固定起算点时，管底应嵌入到稳定的土体中。

测斜管宜采用塑料管或金属管，直径宜为45～90mm，管内应有两组相互垂直的纵向导槽。测斜管应在基坑开挖1周前埋设，测斜管连接时应保证上下管段的导槽相互对准顺畅，接头处应密封处理，并注意保证管口的封盖；当以下部管端作为位移基准点时，应保证测斜管进入稳定土层2～3m；测斜管埋设主要采用钻孔埋设和绑扎埋设（图9-143），一般测围护墙挠曲采用绑扎埋设，测土体深层位移时采用钻孔埋设。测斜管与钻孔之间孔隙应填充密实；埋设时测斜管应保持竖直无扭转，其中一组导槽方向应与所需测量的方向一致。

3. 立柱竖向位移

立柱竖向位移监测点宜布置在基坑中部、多根支撑交汇处、施工栈桥下、地质条件复杂处的立柱上。监测点不应少于立柱总根数的5%，逆作法施工的基坑不应少于10%，且均不应少于3根。立柱的内力监测点宜布置在受力较大的立柱上，位置宜设在坑底以上各层立柱下部的1/3部位。

4. 支护结构内力

围护墙内力监测点应布置在受力、变形较大且有代表性的部位，监测点数量和水平间距视具体情况而定，每边至少应设1处监测点。竖直方向监测点应布置在弯矩极值处，竖向间距宜为2～4m。

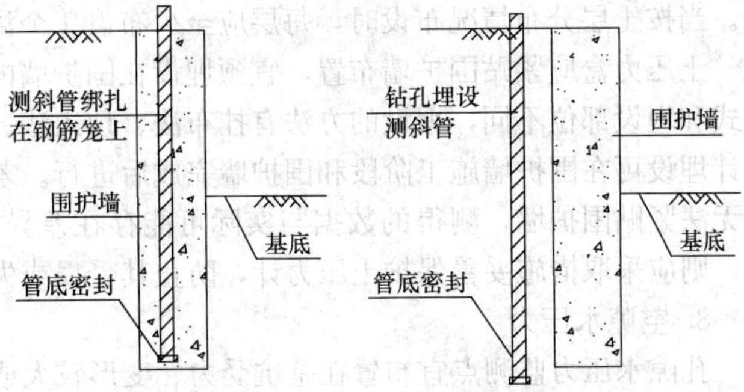

图9-143 测斜管埋设示意图

支撑内力监测点宜设置在支撑内力较大或在整个支撑系统中起关键作用的杆件上；每道支撑内力监测点不应少于3个，各道支撑监测点位置宜在竖向保持一致。钢支撑的监测截面宜布置在支撑长度的1/3部位或支撑端头处；混凝土支撑监测截面宜布置在支撑长度的1/3部位，并避开节点位置。每个监测点截面内传感器的设置数量及布置应满足不同传感器测试要求。支护结构内力监测值应考虑温度变化的影响，对混凝土支撑尚应考虑混凝土收缩、徐变以及裂缝开展的影响。应力计或应变计的量程宜为最大设计值的1.2倍。围护墙等的内力监测元件宜在相应工序施工时埋设并在开挖前取得稳定初始值。

基坑开挖过程中支护结构内力变化可通过在结构内部或表面安装应变计或应力计进行量测。对于钢筋混凝土支撑，宜采用钢筋应力计（钢筋计）或混凝土应变计进行量测；对于钢结构支撑，宜采用轴力计进行量测。围护墙等内力宜在围护墙钢筋制作时，在主筋上焊接钢筋应力计的预埋方法进行量测。

5. 锚杆拉力（土钉内力）

锚杆内力监测点应选择在受力较大且有代表性的位置，基坑每边跨中部位、阳角处和地质条件复杂区域宜布置监测点。每层锚杆内力监测点数量应为该层锚杆总数的1%～3%，并不少于3根。各层监测点位置在竖向上宜保持一致。每根杆体上的测试点宜设置在锚头附近和受力有代表性的位置。

锚杆拉力量测宜采用专用的锚杆测力计，钢筋锚杆可采用钢筋应力计或应变计，当使用钢筋束时应分别监测每根钢筋的受力。

土钉的内力监测点应选择在受力较大且有代表性的位置，应沿基坑周边布置，基坑每边中部、阳角处和地质条件复杂的区段宜布置监测点。各层监测点在竖向上的位置宜保持一致，每根杆体上的测试点应设置在受力、变形有代表性的位置。

6. 坑底隆起（回弹）

坑底隆起监测点宜按纵向或横向剖面布置，剖面应选择在基坑中央、距坑底边约1/4坑底宽度处以及其他能反映变形特征的位置，数量不应少于2个。纵横向有多个监测剖面时，其间距宜为20～50m。同一剖面上监测点横向间距宜为10～30m，数量不应少于3个。

7. 围护墙侧向土压力

围护墙侧向土压力监测点应布置在受力、土质条件变化较大或有代表性的部位；平面布置上基坑每边不宜少于2个测点。在竖向布置上，测点间距宜为2～5m，测点下部宜密。当按土层分布情况布设时，每层应至少布设 1 个测点，且布置在各层土的中部。

土压力盒应紧贴围护墙布置，宜预埋设在围护墙的迎土面一侧。根据土压力计的结构形式和埋设部位不同，埋设的方法有挂布法、顶入法、弹入法、插入法、钻孔法等。土压力计埋设可在围护墙施工阶段和围护墙完成后进行。若在围护墙完成后埋设，由于土压力计无法紧贴围护墙，测得的数据与实际可能存在差异；若土压力计埋设与围护墙同时进行，则应采取措施妥善保护土压力计，防止其受损或失效。

8. 空隙水压力

孔隙水压力监测点宜布置在基坑受力、变形较大或有代表性的部位。监测点竖向布置宜在水压力变化影响深度范围内按土层分布情况布设，监测点竖向间距一般为 2～5m，并不宜少于 3 个。

孔隙水压力宜通过埋设钢弦式、应变式等孔隙水压力计，采用频率计或应变计量测。孔隙水压力计埋设可采用压入法、钻孔法等。孔隙水压力计应在事前 2～3 周埋设，应浸泡饱和。采用钻孔法埋设孔隙水压力计时，钻孔直径宜为 110～130mm，不宜使用泥浆护壁成孔，钻孔应圆直、干净；封口材料宜采用直径 10～20mm 的干燥膨润土球。孔隙水压力计埋设后应测量初始值，且宜逐日量测 1 周以上并取得稳定初始值。应在孔隙水压力监测的同时测量孔隙水压力计埋设位置附近的地下水位。

9. 地下水位

当采用管井降水时，水位监测点宜布置在基坑中央和两相邻降水井的中间部位；当采用轻型井点、喷射井点降水时，水位监测点宜布置在基坑中央和周边拐角处，监测点数量视具体情况确定；水位监测管的埋置深度应在最低设计水位之下 3～5m。对于需要降低承压水水位的基坑工程，水位监测管埋置深度应满足降水设计要求。

基坑外地下水位监测点应沿基坑周边、保护对象周边或在两者之间布置，监测点间距宜为 20～50m。相邻建（构）筑物、重要地下管线或管线密集处应布置水位监测点；如有隔水帷幕，宜布置在其外侧约 2m 处。回灌井点观测井应设置在回灌井点与被保护对象之间。

地下水位监测宜采用通过孔内设置水位管，采用水位计等方法进行测量，监测精度不宜低于 10mm。检验降水效果的水位观测井宜布置在降水区内，采用轻型井点管降水时可布置在总管的两侧，采用管井降水时应布置在两孔管井之间，水位孔深度宜在最低设计水位下 2～3m。潜水水位管应在基坑施工前埋设，滤管长度应满足测量要求。水位管埋设后，应逐日连续观测水位并取得稳定初始值。

10. 周边建（构）筑物沉降

基坑工程的施工会引起周围地表的下沉，从而导致地面建筑物的沉降，这种沉降一般都是不均匀的，因此将造成地面建筑物的倾斜甚至开裂破坏，应给以严格控制。建筑物变形监测需进行沉降、倾斜、裂缝三种监测。在建筑物变形观测前，应掌握建筑物结构和基础设计资料，如受力体系、基础类型、基础尺寸和埋深、结构物平面布置及其与基坑围护的相对位置等；应掌握地质勘测资料，包括土层分布及各土层的物理力学性质、地下水分布等；应了解基坑工程的围护体系、施工计划、地基处理情况和坑内外降水方案等。

建筑物沉降监测采用精密水准仪监测。测出观测点高程，计算沉降量。建筑物倾斜监测采用经纬仪测定监测对象顶部相对于底部的水平位移，结合建筑物沉降相对高差，计算监测对象的倾斜度、倾斜方向和倾斜速率。建筑物裂缝监测采用直接量测方法进行。将裂缝进行编号并画出测读位置，通过游标卡尺进行裂缝宽度测读。对裂缝深度量测，当裂缝深度较小时采用凿出法和单面接触超声波法监测；深度较大裂缝采用超声波法监测。

建筑物监测点直接用电锤在建筑物外侧墙体上打洞，并将膨胀螺栓或道钉打入，或利用其原有沉降监测点，如图 9-144 所示。

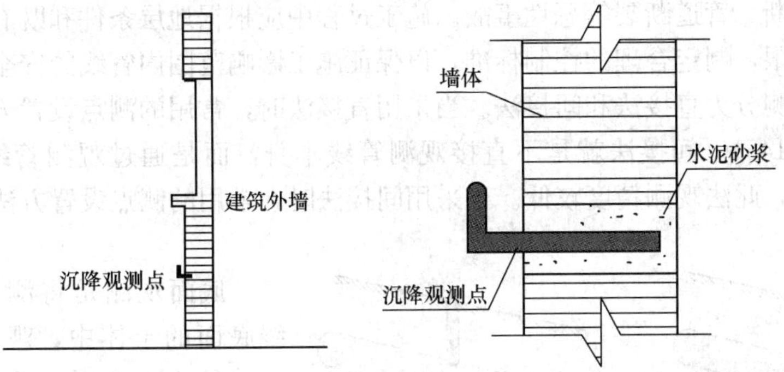

图 9-144 建筑物沉降监测点示意图

建筑物竖向位移监测点应布置在建筑物四角、沿外墙每 10～15m 处或每隔 2～3 根柱基上，距每边不少于 3 个监测点；不同地基或基础分界处、建筑物不同结构分界处；变形缝及抗震缝、严重开裂处两侧、新旧建筑物或高低建筑物交接处两侧等位置均应布置监测点，烟囱、水塔和大型储仓罐等高耸构筑物基础轴线的对称部位，每一构筑物不少于 4 点布置监测点。建筑水平位移监测点应布置在建筑的外墙墙角、外墙中间部位的墙上或柱上、裂缝两侧以及其他有代表性的部位，监测点间距视具体情况而定，一侧墙体的监测点不宜少于 3 点。

建筑物倾斜监测点宜布置在建筑物角点、变形缝或抗震缝两侧的承重柱或墙上；监测点应沿主体顶部、底部对应布设，上、下监测点布置在同一竖直线上。

裂缝监测点应选择有代表性的裂缝进行布置，在基坑施工期间当发现新裂缝或原有裂缝有增大趋势时，要及时增设监测点。每一条裂缝的测点至少设 2 组，裂缝的最宽处及裂缝末端宜设置测点。

裂缝宽度监测可在裂缝两侧贴石膏饼、划平行线或贴埋金属标志等，采用千分尺或游标卡尺等直接量测的方法；也可采用裂缝计、粘贴安装千分表法、摄影量测等方法。当裂缝深度较小时宜采用凿出法和单面接触超声波法监测；深度较大裂缝宜采用超声波法监测。

基坑开挖引起建筑物沉降可以分为四个阶段，即围护施工阶段、开挖阶段、回筑阶段和后期沉降。围护施工阶段一般占总变形的 10%～20%，沉降量在 5～10mm 左右，但如果不加以控制，也会造成较大的沉降。开挖阶段引起的沉降占总沉降量的 80%左右，而且和围护侧向变形有较好的对应关系，所以注重开挖阶段的变形控制是减少周围建筑物沉降的一个重要因素。结构回筑阶段和后期沉降占总沉降的 5%～10%左右，在结构封顶后，沉降基本稳定。

在饱和含水地层中，尤其在砂层、粉砂层、砂质粉土或其他透水性较好的夹层中，止水帷幕或围护墙有可能产生开裂、空洞等不良现象，造成围护结构的止水效果不佳或止水结构失效，致使大量的地下水夹带砂粒涌入基坑，坑外产生水土流失。严重的水土流失可能导致支护结构失稳以及在基坑外侧发生严重的地面沉陷，周边环境监测点（地表沉降、房屋沉降、管线沉降）也随即产生较大变形。

11. 周边管线监测

深基坑开挖引起周围地层移动，地下管线亦随之移动。如管线变位过大或不均，将使管线挠曲变形而产生附加的变形及应力，若在允许范围内，则保持正常使用，否则将导致泄漏、通信中断、管道断裂等恶性事故。施工过程中应根据地层条件和既有管线种类、形式及其使用年限，制定合理的控制标准，以保证施工影响范围内管线的安全和正常使用。

管线的观测分为直接法和间接法。当采用直接法时，常用的测点设置方法有抱箍法和套管法（图 9-145）。间接法就是不直接观测管线本身，而是通过观测管线周边的土体，分析管线变形，此法观测精度较低。当采用间接法时，常用的测点设置方法有底面观测和顶面观测。

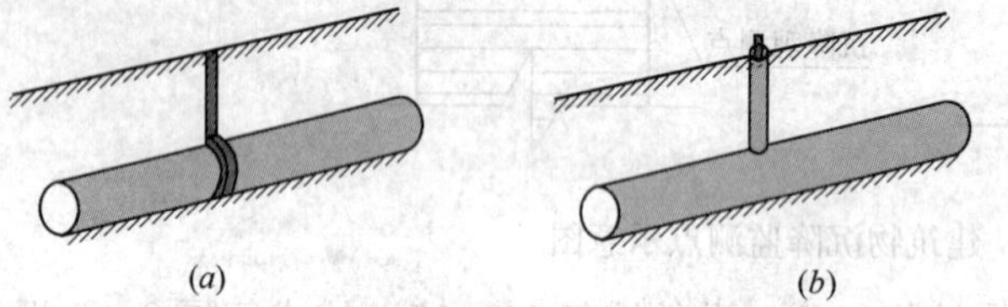

图 9-145　直接法测管线变形

(a) 抱箍式埋设方案；(b) 套筒式埋设方案

底面观测是将测点设在靠近管线底面的土体中，观测底面的土体位移。此法常用于分析管道纵向弯曲受力状态或跟踪注浆、调整管道差异沉降。顶面观测是将测点设在管线轴线相对应的地表或管线的窨井盖上观测。由于测点与管线本身存在介质，因而观测精度较差，但可避免破土开挖，只有在设防标准较低的场合采用，一般情况下不宜采用。

应根据管线修建年份、类型、材料、尺寸及现状等情况，确定监测点设置；监测点宜布置在管线的节点、转角点和变形曲率较大的部位，监测点平面间距宜为 15～25m，并宜延伸至基坑边缘以外 1～3 倍基坑开挖深度范围内的管线；供水、煤气、暖气等压力管线宜设置直接监测点，在无法埋设直接监测点的部位，可设置间接监测点。

管线的破坏模式一般有两种情况：一是管段在附加拉应力作用下出现裂缝，甚至发生破裂而丧失工作能力；一是管段完好，但管段接头转角过大，接头不能保持封闭状态而发生渗漏。地下管线应按柔性管和刚性管分别进行考虑。

对于采用焊接或机械连接的煤气管、上水管以及钢筋混凝土管保护的重要通信电缆，一般均属刚性管道。当土体移动不大时，它们可以正常使用，但土体移动幅度超过一定极限时就发生断裂破坏。柔性管道的接头构造，均设有可适应一定接缝张开度的接缝填料。对于这类管道在地层下沉时的受力变形研究，可从管节接缝张开值、管节纵向受弯曲及横向受力等方面分析每节管道可能承受的管道地基差异沉降值，或沉降曲线的曲率。

9.18　基坑工程特殊问题的处理

9.18.1　特殊地质条件

1. 暗浜、浜填土

若基坑工程中遇暗浜、浜填土等极软弱土层，会对支护围护结构、土方开挖等施工造成不利影响。若暗浜、浜填土较浅且范围较小时，可采取土体置换的措施。若暗浜、浜填土较深或范围较大时，可通过土体改良（如土体加固）的措施。水泥土搅拌桩施工时可采取增加水泥掺量、调整施工参数的措施；地下连续墙施工时可采取槽壁加固、调整泥浆指标等措施；钻孔灌注桩施工时可采取在水泥土搅拌桩内套打的方式；混凝土支撑施工时应采取设置垫层等措施保证支撑的质量；放坡坡体区域若有暗浜、浜填土时，应采取设置临时围护墙或土体加固等保持边坡稳定的措施；基坑土方开挖时，应采取临时边坡稳定措施，同时应在开挖面设置路基箱等防止土方机械失稳的措施。

2. 岩石基坑

岩石基坑根据地层组成情况可分为纯岩石基坑和土岩组合基坑。基坑的稳定性主要受岩体的风化程度和岩体成因类型的影响。岩质基坑可根据工程地质与水文地质条件、周边环境保护要求、支护形式等情况，选择合理的开挖顺序和开挖方式。

岩质基坑应采取分层分段的开挖方法，遇不良地质、不稳定或欠稳定的基坑，应采取分层分段间隔开挖的方法，并限时完成支护。岩石的开挖一般采用爆破法，强风化的硬质岩石和中风化的软质岩石，在现场试验满足的条件下，也可采用机械开挖方式。施工中遇中风化、微风化的岩石部分，须进行爆破开挖，爆破开挖宜先在基坑中间进行开槽爆破，再向基坑周边进行台阶式爆破开挖；在接近支护结构或坡脚附近的爆破开挖，应采取减小对基坑边坡岩体和支护结构影响的措施；爆破后的岩石坡面或基底，应采用机械进行修整。周边环境保护要求较高的基坑，基坑爆破开挖应采取静力爆破等控制振动、冲击波、飞石的爆破方式。岩石基坑爆破参数可根据现场条件和当地经验确定，地质复杂或重要的基坑工程，宜通过试验确定爆破参数；单位体积耗药量一般取 0.3～0.8kg/m^3，炮孔直径一般取 36～42mm。施工中应根据岩体条件和爆破效果，及时调整和优化爆破参数。

9.18.2 特殊环境条件下的处理

城市中心区域的基坑规模越来越大，开挖深度越来越深，且市区建筑物密集、管线繁多、地铁车站密布、地铁区间隧道纵横交错，在这种复杂城市环境条件下的深基坑工程，除了需关注基坑本身安全以外，尚需重点关注其实施对周边已有建（构）筑物及管线的影响。在这种情况下，基坑设计的稳定性及承载力仅是必要条件，变形往往成为主要的控制条件，从而使得基坑工程的设计从强度控制转向变形控制。基坑工程施工对环境的影响主要分如下三类：围护结构施工过程中产生的挤土效应或土体损失引起的相邻地面隆起或沉降；长时间、大幅度降低地下水可能引起地面沉降，从而引起邻近建（构）筑物及地下管线的变形及开裂；基坑开挖时产生的不平衡力、软黏土发生蠕变和坑外水土流失而导致周围土体及围护墙向开挖区发生侧向移动、地面沉降及坑底隆起，从而引起紧邻建（构）筑物及地下管线的侧移、沉降或倾斜。因此除从设计方面采取有关环境保护措施外，还应从围护结构施工、降水及开挖三个方面分别采取相关措施保护周围环境。

1. 围护结构施工

围护墙施工时应采用适当的工艺和方法减少沉桩时的挤土与振动影响；板桩拔出时应采用边拔边注浆等措施；在粉性土或砂土层中进行地下连续墙施工宜采用减小单幅槽段宽度、调整泥浆配合比、槽壁预加固及降水等措施；灌注排桩施工可选用在搅拌桩中套打、提高泥浆密度、采用优质泥浆护壁等措施提高灌注桩成孔质量以及控制孔壁坍塌；搅拌桩施工过程中应通过控制施工速度、优化施工流程，减少搅拌桩挤土效应对周围环境的影响；邻近古树名木进行有泥浆污染的围护墙施工时，宜采取钢板桩等有效隔离措施。

2. 基坑降水

应利用经验公式或通过抽水试验对降水的影响范围进行估算，并采取有效的控制措施；在降水系统的布置和施工方面，应考虑尽量减少保护对象下地下水位变化的幅度；井点降水系统宜远离保护对象，相距较近时应采取适当布置方式及措施减少降水深度；降水井施工时，应避免采用可能危害保护对象的施工方法；宜设置隔水帷幕减小降水对保护对象的影响；宜设置回灌水系统以保持保护对象下的地下水位。

3. 基坑开挖

基坑工程开挖方法、支撑和拆撑顺序应与设计工况相一致，并遵循及时支撑、先撑后挖、分层开挖、严禁超挖的原则。对面积较大的基坑，土方宜采用分区、对称开挖和分区安装支撑的施工方法，尽量缩短基坑无支撑暴露时间。同时开工或相继开工的相邻基坑工程，施工前应事先协调双方的施工进度、流程等，避免或减少相互干扰与影响；相邻基坑宜先开挖较深基坑，后开挖较浅的基坑；相邻工程中出现打桩、开挖同时进行的情况时，应控制打桩至基坑的距离。相邻基坑应根据相应最不利工况，选择合适的支护结构形式。

在基坑开挖前，对邻近基坑的建（构）筑物和地下设施等采用树根桩或锚杆静压桩进行基础托换，也可在基坑和保护对象之间设置隔离桩等隔离措施；对于基坑周围埋深较浅的管线，可采取暴露、架空等措施；可在保护对象的侧面和底部设置注浆管，对其土体注浆预加固。可在基坑与保护对象之间预先设置注浆管，基坑开挖期间根据监测情况采用跟踪注浆保护。跟踪注浆宜采用双液注浆。

9.18.3　特殊使用条件下的处理

基坑工程的辅助设施诸如坑边道路、坑内栈桥、机械停放点和材料堆场等，会对施工产生一定的影响，其主要特点是在基坑附近局部区域存在较大荷载，对围护结构或坑内支撑系统产生一定的作用，当荷载作用大于结构正常使用极限状态时，可能发生基坑安全事故。为此，首先应根据基坑施工各工况对机械、设备、材料堆放安置进行预安排，施工中动态调整以满足安全需要；施工中应严格控制大型机械设备的作业荷载；应对荷载较大区域的支护结构进行验算，如坑边重车道路，施工栈桥下支承柱和支撑板等，并采取钢筋混凝土道路加强、加大竖向支承柱截面等措施；应在荷载较大位置设置相应监测点，观测该位置的位移，一旦发生变形值过大或监测值报警的情况，应及时采取有效措施进行加固，必要时停工，待变形趋缓或受损结构修复后再施工。

9.18.4　基坑地下障碍物的处理

一般开挖深度范围内存在的地下障碍物主要有老建筑物地基基础、桩基、各类地下管线、废弃管材、岩石块、砖瓦块、各类建筑垃圾等。对于地下障碍物的处理一般根据障碍物的保留和废弃实际需要进行处置。多数障碍物经确认废弃后，清除后外运，其中一般废弃物由挖掘机开挖土方时随带一起挖除，部分钢筋混凝土结构、大石块等，可采用镐头机将其凿碎成小块后吊出外运；基坑范围内若存在市政管线需保留或使用，为保证基坑工程正常施工，通常的做法是将位于基坑范围的管线部分迁移至基坑外，待地下结构施工完毕后视情况决定是否回搬，有时也可采取设置临时加固、箱涵、吊架等措施，在管线不搬迁的情况下进行基坑施工，该种情况的施工应密切关注管线的位移和变形情况。基坑开挖过程中，若开挖出历史文物、遗址等，应向有关部门反映，现场应采取临时保护措施。

9.19　基坑工程突发事件及应急预案

基坑工程施工中有时会引起围护墙或邻近建筑物、管线等产生一些异常现象。比较常见的突发事件及相应的应急预案如下：

1. 土方边坡位移过大

挖土速度过快会改变原状土的平衡状态，降低了土体的抗剪强度，呈流塑状态的软土对水平位移极为敏感，易造成滑坡。基坑开挖深度大，卸荷快速，土方边坡不加以控制，加上机械的振动和坑边的堆载，易于造成边坡失稳。为了防止边坡失稳，土方开挖应在降水达到要求后，采用分层开挖的方式施工，宜设置多级平台开挖，在坡顶和坑边不宜进行堆载，不可避免时，应在设计时予以考虑；工期较长的基坑，宜对边坡进行护面。挖土过程中如果出现边坡位移过大的现象，应及时对坑外土体进行卸载处理，同时视情况采取坑内加固或增设临时支撑等措施。必要时可在变化趋势变缓后再进行坡体加固处理。

2. 围护墙渗水与漏水

土方开挖后支护墙出现渗水或漏水，对基坑施工带来不便，如渗漏严重时则往往会造成土颗粒流失，引起支护墙背地面沉陷甚至坍塌。在基坑开挖过程中，一旦出现渗水或漏水应及时处理，常用的方法如下：

（1）对渗水量较小，不影响施工也不影响周边环境的情况，可采用坑底设沟排水的方法。对渗水量较大，但没有泥砂带出，造成施工困难但对周围影响不大的情况下，可采用“引流－修补”方法。即在渗漏较严重部位先在围护墙上打入一根钢管，内径20～30mm，使其穿透围护墙进入墙背土体内，由此将水从该管引出，而后将管边围护墙薄弱处用防水混凝土或砂浆修补封堵，待封堵的混凝土或砂浆达到一定强度后，再将钢管出水口封住。如封住管口后出现二次渗漏，可继续进行“引流－修补”。如果引流出的水为清水，周边环境较简单或出水量不大，则不作修补也可，只需将引入基坑的水设法排出即可。

（2）若渗漏水量很大，且漏水位置离地面不深处，可将围护墙背开挖至漏水位置下500～1000mm，在墙后用混凝土封堵。如漏水位置埋深较大，则可在墙后采用压密注浆等方法，浆液中应掺入水玻璃，使其能尽早凝结，也可采用高压喷射注浆方法。采用压密注浆时应注意其对围护墙会产生一定压力，有时会引起围护墙向坑内的侧向位移，这在重力式或悬臂支护结构中更应注意，必要时应在坑内局部回填土后进行，待注浆达到效果后再重新开挖。

3. 围护墙侧向位移过大

基坑开挖后，支护结构发生一定的位移是正常的，但如位移过大，或位移发展过快，则往往会造成较严重后果。如发生这种情况，应针对不同支护结构采取相应的应急措施。

（1）重力式支护结构

如果开挖后重力式支护结构位移超过1/100或设计估计值，首先应做好位移的监测，绘制位移——时间曲线，掌握发展趋势。一般在刚开始挖土阶段的位移发展迅速，以后仍会有所发展，但位移增长速率明显下降。如果位移超过估计值不太多但又趋于稳定，一般不必采取特殊措施，但应注意尽量减小坑边堆载，严禁动荷载作用于围护墙或坑边区域，并加快垫层浇筑与地下室底板施工的速度，以减少基坑暴露时间；应将墙背裂缝用水泥砂浆或细石混凝土灌满，防止明水进入基坑及浸泡围护墙背土体。对位移超过估计值较多，且数天后仍无减缓趋势，或基坑周边环境较复杂的情况下，应采取重力式水泥土墙背后卸荷、加快垫层施工速度、设置加强垫层、加设支撑等措施。

(2) 悬臂式支护结构

悬臂式支护结构发生位移主要是其上部向基坑内倾斜，也有一定的深层滑动。防止悬臂式支护结构上部位移过大的应急措施较简单，加设支撑或拉锚都是十分有效的，也可采用支护墙背卸土的方法。防止深层滑动也应及时浇筑垫层，必要时也可设置加强垫层。

(3) 支撑式支护结构

带有支撑的支护结构一般位移较小，其位移主要是插入坑底部分的支护桩墙向内变形。为了满足基础底板施工需要，最下一道支撑离坑底总有一定距离，对一道支撑的支护结构，其支撑离坑底距离更大，支护墙下段的约束较小，因此在基坑开挖后，围护墙下段位移较大，往往由此造成墙背土体的沉陷。因此对于支撑式支护结构，如发生墙背土体的沉陷，主要应设法控制围护墙嵌入部分的位移，着重加固坑底部位。一般可采取增设坑内降水设备（也可在坑外降水）、坑底加固、合理调整挖土分块及其施工顺序、支撑快速形成、设置加强垫层（加厚垫层、配筋垫层或垫层内设置型钢支撑等）。

对于周围环境保护要求很高的工程，若开挖后发生较大变形，可在坑底加厚垫层，并采用配筋垫层，使坑底形成可靠的支撑，同时加厚配筋垫层对抑制坑内土体隆起也非常有利。减少了坑内土体隆起，也就控制了支护墙下段位移。必要时还可在坑底设置支撑，如采用型钢，或在坑底浇筑钢筋混凝土暗支撑（其顶面与垫层面相同）以减少位移，此时在支护墙根处应设置围檩，否则单根支撑对整个围护墙的作用不大。

若由于围护墙刚度不够而产生较大侧向位移，则应加强支护墙体，如在其后加设树根桩或钢板桩，或对土体进行加固等。

4. 流砂及管涌

对轻微的流砂现象，在基坑开挖后可采用加快垫层浇筑或加厚垫层的方法“压住”流砂。对较严重的流砂应增加坑内降水措施，使地下水位降至坑底以下 0.5～1m 左右。降水是防治流砂的最有效的方法。造成管涌的原因一般是由于坑底下部位的支护排桩中出现断桩，或施打未及标高，或地下连续墙出现较大的孔洞，或由于排桩净距较大，其后止水帷幕又出现漏桩、断桩或孔洞，造成管涌通道所致。如果管涌十分严重，可在支护墙前再打设一排钢板桩，在钢板桩与支护墙间进行注浆，钢板桩底应与支护墙底标高相同，顶面与坑底标高相同，钢板桩的打设宽度应比管涌范围宽 3～5m。

5. 坑底隆起的处理

坑底隆起是地基卸荷后，坑底土体产生向上的竖向变形。在开挖深度不大时，坑底为弹性隆起；随着开挖深度的增大，坑内外高差所形成的加载和地面各种超载的作用会使围护墙外侧土体向坑内移动，使坑底产生向上的塑性变形，同时引起基坑周边地面沉降。施工中减少坑底隆起的有效措施是设法减少土体中有效应力的变化，提高土的抗剪强度和刚度。在基坑开挖过程中和开挖后，应保证井点降水正常进行，减少坑底暴露时间，尽快浇筑垫层和底板，也可对坑底土层进行搅拌桩和旋喷桩加固。

6. 邻近建筑与管线位移的控制

基坑开挖后，土体平衡发生很大变化，对坑外建筑或地下管线往往也会引起较大的沉降或位移，有时还会造成建筑倾斜，并由此引起房屋裂缝，管线断裂、泄漏。基坑开挖时必须加强观察，当位移或沉降值达到报警值后，应立即采取措施。如果条件许可，在基坑开挖前对邻近建筑物下的地基或支护墙背土体先进行加固处理，如采用压密注浆、搅拌桩、静力锚杆压桩等加固措施，此时施工较为方便，效果更佳。

对建筑的沉降控制一般可采用跟踪注浆的方法。根据基坑开挖进程，连续跟踪注浆。注浆孔布置可在围护墙背及建筑物前各布置一排，两排注浆孔间则适当布置。注浆深度应在地表至坑底以下 2～4m 范围，具体可根据工程条件确定。注浆压力控制不宜过大，否则不仅对围护墙会造成较大侧压力，对建筑本身也不利。注浆量可根据支护墙的估算位移量及土的空隙率来确定。采用跟踪注浆时应严密观察建筑的沉降状况，防止由注浆引起土体扰动而加剧建筑物的沉降或将建筑物抬起。

对基坑周围管线保护的应急措施一般可采取打设封闭桩或挖隔离沟、管线架空的方法。

若地下管线离开基坑较远，但开挖后引起的位移或沉降又较大的情况下，可在管线靠基坑一侧设置封闭桩，为减小打桩挤土，封闭桩宜选用树根桩，也可采用钢板桩、槽钢等，施打时应控制打桩速率，封闭板桩离管线应保持一定距离，以免影响管线。在管线边开挖隔离沟也对控制位移有一定作用，隔离沟应与管线有一定距离，其深度宜与管线埋深接近或略深，在靠管线一侧还应做出一定坡度。

若地下管线离基坑较近的情况下，设置隔离桩或隔离沟既不易行也无明显效果，此时可采用管线架空的方法。管线架空后与围护墙后的土体基本分离，土体的位移与沉降对它影响很小，即使产生一定位移或沉降后，还可对支承架进行调整复位。管线架空前应先将管线周围的土挖空，在其上设置支承架，支承架的搁置点应可靠牢固，能防止过大位移与沉降，并应便于调整其搁置位置。然后将管线悬挂于支承架上，如管线发生较大位移或沉降，可对支承架进行调整复位，以保证管线的安全。

7. 支护结构失稳

基坑土方开挖过快、坑边堆载过大、支撑非正常作业等都会对支护结构产生影响，造成支护结构失稳、严重时支撑产生裂缝甚至损坏。一般可对支护结构变形过大处采取局部卸载并控制坑边道路大型机械设备的使用时间，避免局部区域集中作业；应合理安排土方开挖施工节奏，支撑结构未达设计要求时严禁开挖下一层土，减缓支撑位移速度；可对支撑采取加固措施，如采取在支撑下搭设临时支架等；当支撑产生裂缝时，通常是采用比原强度等级高一级的混凝土进行注浆修补。

8. 降水失效或效果不佳的处理

降水失效或效果不佳，主要是由于降水井或降水设备故障或损坏，围护结构止水帷幕深度不足或未封闭等。处理方法是先检查降水井及降水设备是否正常使用，确定降水井抽水量，及时修复损坏设备、打设新降水井、启用备用降水井等措施；在基坑渗漏水的围护结构外侧加打旋喷桩加固，对围护结构与旋喷桩之间缝隙采取压密注浆，保证止水效果。

9.20 特殊基坑工程施工

9.20.1 沉 井 施 工

9.20.1.1 原理和特点

沉井是修筑地下结构和深基础的一种结构形式。施工时先在地面或基坑内制作一个井筒状的钢筋混凝土结构物，待其达到规定强度后，在井身内部分层挖土运出，随着挖土和土面的降低，沉井井身在其自重及上部荷载或在其他措施协助下克服与土壁间的摩阻力和刃脚反力，不断下沉，直至设计标高就位，然后进行封底。

沉井施工工艺具有如下特点：沉井结构整体刚度大，整体性好，抗震性好；沉井施工法工艺成熟，与其他地下施工相比更优越；沉井施工地质适用范围广，对周围环境影响小，适用于对土体变形敏感的地区；沉井结构本身兼做围护结构，不需另加设支撑和防水措施。

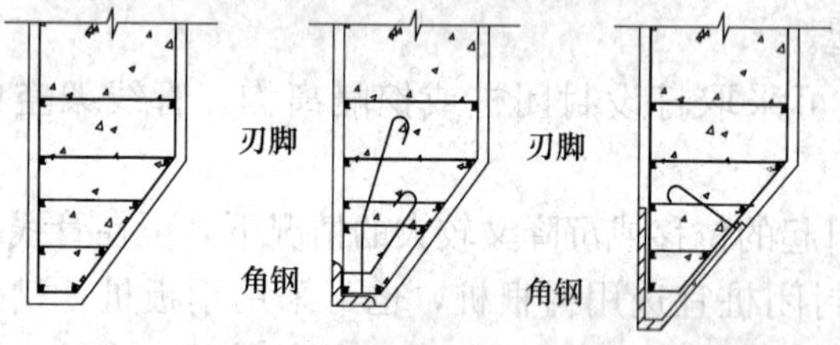

图 9-146　刃脚构造示意图

沉井由井壁、刃脚、内隔墙、井孔凹槽、底板、顶盖等组成。井壁是井体的主要受力部位，必须具备一定的强度以承受井壁周围的水、土压力。刃脚的作用是切土下沉，故必须有足够的强度，以免破损。其构造如图 9-146 所示。内墙为井内纵横设置的内隔墙，井壁与内墙，或者内墙和内墙间所夹的空间即为井孔。凹槽位于刃脚内侧上方，目的在于更好的将井壁与底板混凝土连接。通常底板为两层浇筑的混凝土，下层为素混凝土，上层为钢筋混凝土。顶盖即为沉井封底后根据实际需要，井体顶端设置的板，通常为钢筋混凝土或钢结构。

9.20.1.2 沉井类型

按沉井的横截面形状可分为：圆形、方形、矩形、椭圆形、端圆形、多边形及多孔井字形等，如图 9-147 所示。

沉井按竖向剖面形状分：有圆柱形、阶梯形及锥形等，如图 9-148 所示。

按构成材料：可分为素混凝土沉井、钢筋混凝土沉井及钢沉井。

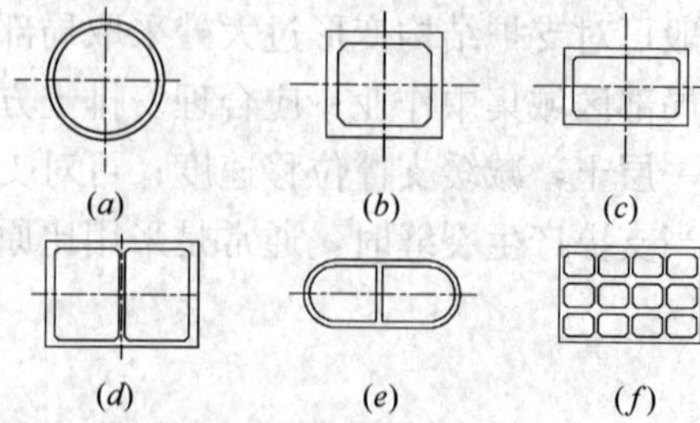

图 9-147　沉井平面图

(a) 圆形单孔沉井；(b) 方形单孔沉井；(c) 矩形单孔沉井；(d) 矩形双孔沉井；(e) 椭圆形双孔沉井；(f) 矩形多孔沉井

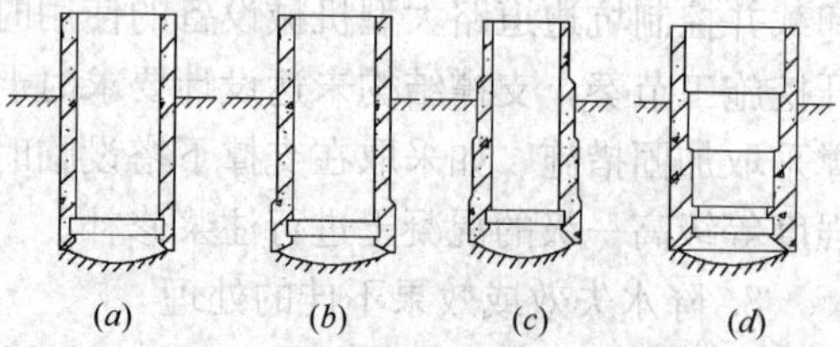

图 9-148　沉井剖面图

(a) 圆柱形；(b) 外壁单阶梯形；(c) 外壁多阶梯形；(d) 内壁多阶梯形

9.20.1.3　沉井施工技术

1. 沉井施工的准备工作

应对施工场地进行勘察，查清和排除地面及以下3m内障碍物，提供土层变化、地下水位、地下障碍物及有无承压水等情况，对各土层要提供详细的物理力学指标。应编制技术上先进、经济上合理的切实可行的施工方案，在方案中要重点解决沉井制作、下沉、封底等技术措施及保证质量的技术措施。事先要设置测量控制网和水准基点，作为定位放线、沉井制作和下沉的依据。

2. 沉井刃脚垫层及垫木的设计

在松软地基上制作沉井应对地基进行处理，以防由于地基不均匀下沉引起井身开裂。处理方法一般采用砂垫层和垫木。

（1）砂垫层

1）砂垫层的厚度计算

当地基强度较低、经计算垫木需用量较多，铺设过密时，应在垫木下设砂垫层加固，以减少垫木数量，如图9-149所示。砂垫层厚度应根据第一节沉井重量和垫层底部地基土的承载力进行计算，计算公式如下：

$$P \geqslant \frac{G_s}{l + 2h_s \tan\varphi} + \gamma_s h_s \tag{9-77}$$

式中　h_s——砂垫层厚度（m）；

G_s——沉井单位长度的重量（kN/m）；

P——地基土的承载力（kPa）；

γ_s——砂的密度，一般为1.8t/m^3。

φ——砂垫层压力扩散角（°），不大于45°；

l——承垫木长度（m）。

2）砂垫层宽度的计算

砂垫层的底面尺寸（即基坑坑底宽度），如图9-150所示，可由承垫木边缘向下作45°的直线扩大确定。为了抽除承垫木的需要，砂垫层的宽度应不小于井壁内外侧各有1根承垫木长度。即：

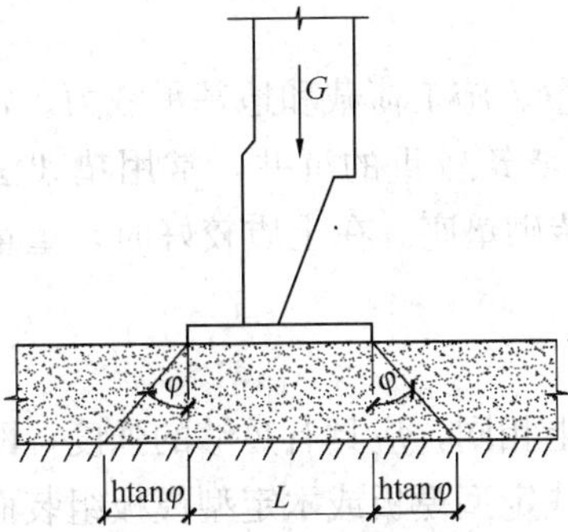

图9-149　砂垫层计算简图

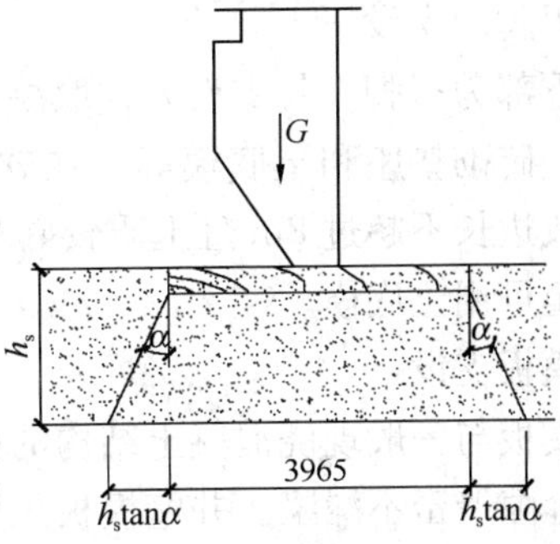

图9-150　砂垫层的宽度

$$B > b + 2l \tag{9-78}$$

式中　B——砂垫层的底面宽度（m）；

b——刃脚踏面或隔墙的宽度（m）；

l——承垫木的长度（m）。

（2）刃脚下承垫木的计算

承垫木数量根据沉井第一节浇筑的重量及地基承载力而定，承垫木的根数按下式计算：

$$n=\frac{G}{A[f]} \tag{9-79}$$

式中　n——承垫木的根数（根）；

A——1根垫木与地基（或砂垫层）的接触面积（m^2）；

G——沉井第一节的浇筑重力（kN）；

$[f]$——地基土（或砂垫层）的容许承载力（kPa）。

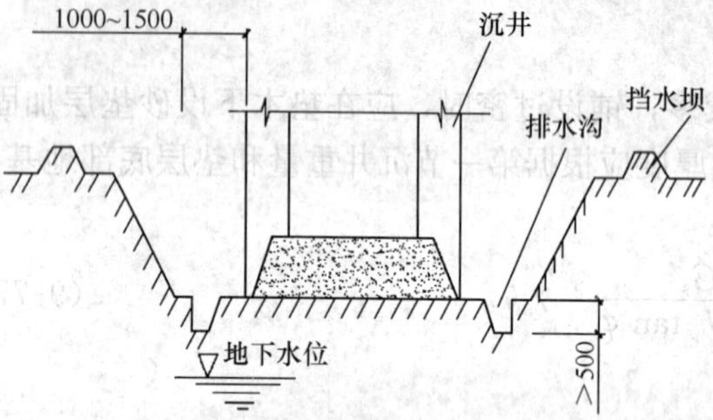

图 9-151　制作沉井的基坑图

垫木的间距一般为 0.5～1.0m。当沉井为分节浇筑一次下沉时，在允许产生沉降时，砂浆垫层的承载力可以提高，但不得超过木材强度。

3. 沉井制作

（1）沉井制作方式

沉井的制作有一次制作和多节制作，地面制作及基坑制作等方案，如沉井高度不大时宜采用一次制作，可减少接高作业，加快施工进度；高度较大时可分节制作，但尽量减少分节节数。沉井制作可在修建构筑物的地面上进行，亦可在基坑中进行，如在水中施工还可在人工筑岛上进行。应用较多的是在基坑中制作。

采取在基坑中制作，基坑应比沉井宽 2～3m，四周设排水沟、集水井，使地下水位降至比基坑底面低 0.5m，挖出的土方在周围筑堤挡水，要求护堤宽不少于 2m，如图 9-151 所示。沉井过高，常常不够稳定，下沉时易倾斜，一般高度大于 12m 时，宜分节制作；在沉井下沉过程中或在井筒下沉各个阶段间歇时间，继续加高井筒。

（2）刃脚的支设

沉井下部为刃脚，其支设方式取决于沉井重量、施工荷载和地基承载力。常用的方法有垫架法、砖砌垫座和土底模等。在软弱地基上浇筑较重的沉井，常用垫架法。沉井较小，直径或边长不超过 8m 且土质较好时可采用砖砌垫座。在土质较好时，重量轻的小型沉井，甚至可用土底模。

（3）模板支设

沉井模板与一般现浇混凝土结构的模板基本上相同，应具有足够的强度、刚度、整体稳定性和缝隙严密不漏浆。井壁模板采用钢组合式定型模板或木定型模板组装而成。采用木模时，外模朝混凝土的一面应刨光，内外模均采取竖向分节支设，每节高 1.5～2.0m，用 ϕ12～16mm 对拉螺栓拉槽钢圈固定，如图 9-152 所示。有抗渗要求的，在螺栓中间设止水板。第一节沉井筒壁应按设计尺寸周边加大 10～15mm，第二节相应缩小一些，以减少下沉摩阻力。对高度大的大型沉井，亦可采用滑模方法制作。用滑动模板浇筑混凝土，可不必搭设脚手架，也可避免在高空进行模板安装及拆除工作。

(4) 钢筋绑扎

沉井钢筋可用吊车垂直吊装就位，用人工绑扎，或在沉井附近预先绑扎钢筋骨架或网片，用吊车进行大块安装。竖筋可一次绑好，按井壁竖向钢筋的50%接头配置。水平筋分段绑扎。在分不清是受拉区或受压区时，应按照受拉区的规定留出钢筋的搭接长度。与前一节井壁连接处伸出的插筋采用焊接连接方法，接头错开1/4。沉井内隔墙可采取与井壁同时浇筑或在井壁与内隔墙连接部位预留插筋，下沉完后，再施工隔墙。

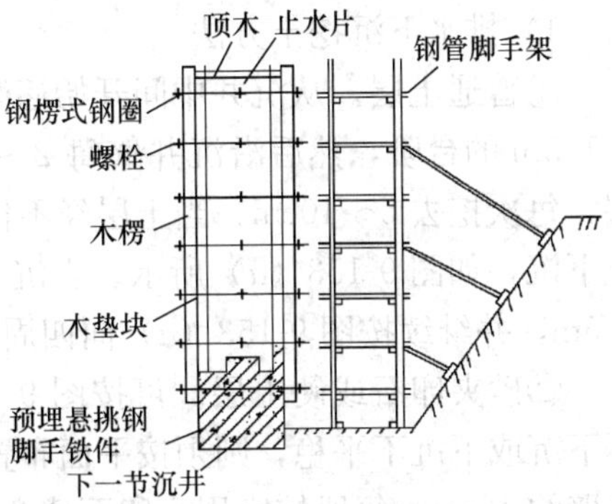

图 9-152 沉井井壁钢模板支设

(5) 混凝土浇筑和养护

沉井混凝土浇筑，可根据沉井高度及下沉工艺的要求采用不同方法浇筑。高度在10m以内的沉井可一次浇筑完成，浇筑混凝土时应分层对称地进行施工，且应在混凝土初凝时间内浇筑完一层，避免出现冷缝。沉井拆模时对混凝土强度有一定要求，当达到设计强度的25%以上时，可拆除不承受混凝土重量的侧模；当达到设计强度的70%或设计强度的90%以上时，可拆除刃脚斜面的支撑及模板。分节浇筑时，第一节混凝土的浇筑与单节式混凝土的浇筑相同，第一节混凝土强度达到设计强度的70%以上，可浇筑第二节沉井的混凝土，混凝土接触面处须进行凿毛、吹洗等处理。

混凝土浇筑完毕后12h内对混凝土表面覆盖和浇水养护，井壁侧模拆除后应悬挂草袋并浇水养护，每天浇水次数应能保持混凝土处于湿润状态。浇水养护时间，当混凝土采用硅酸盐水泥、普通硅酸盐水泥或矿渣硅酸盐水泥时不得少于7d，当混凝土内掺用缓凝型外加剂或有抗渗要求时不得少于14d。

4. 沉井下沉

沉井下沉按其制作与下沉的顺序，有三种形式：①一次制作，一次下沉。一般中小型沉井，高度不大，地基很好或者经过人工加固后获得较大的地基承载力时，最好采用一次制作，一次下沉方式；②分节制作，多次下沉。将井墙沿高度分成几段，每段为一节，制作一节，下沉一节，循环进行；③分节制作，一次下沉。这种方式的优点是脚手架和模板可连续使用，下沉设备一次安装，有利于滑模。沉井下沉应具有一定的强度，第一节混凝土或砌体砂浆应达到设计强度的100%，其上各节达到70%以后，方可开始下沉。

(1) 凿除混凝土垫层

沉井下沉之前，应先凿除素混凝土垫层，使沉井刃脚均匀地落入土层中，凿除混凝土垫层时，应分区域对称按顺序凿除。凿断线应与刃脚底板齐平，凿断之后的碎渣应及时清除，空隙处应立即采用砂或砂石回填，回填时采用分层洒水夯实，每层20～30cm。

(2) 下沉方法选择

沉井下沉有排水下沉和不排水下沉两种方法。前者适用于渗水量不大（每平方米渗水不大于1m^3/min）、稳定的黏性土或在砂砾层中渗水量虽很大，但排水并不困难时使用；后者适用于流砂严重的地层和渗水量大的砂砾地层，以及地下水无法排除或大量排水会影响附近建筑物的安全的情况。

1）排水下沉挖土方法

①普通土层。从沉井中间开始逐渐挖向四周，每层挖土厚 0.4～0.5m，在刃脚处留 1～1.5m 的台阶，然后沿沉井壁每 2～3m 一段向刃脚方向逐层全面、对称、均匀开挖土层，每次挖去 5～10cm，当土层经不住刃脚的挤压而破裂，沉井便在自重作用下均匀地破土下沉，如图 9-153（*a*）所示。当沉井下沉很少或不下沉时，可再从中间向下挖 0.4～0.5m，并继续按图 9-153（*a*）向四周均匀掏挖，使沉井平稳下沉。

②砂夹卵石或硬土层。可按图 9-153（*a*）所示方法挖土，当土垅挖至刃脚，沉井仍不下沉或下沉不平稳，则须按平面布置分段的次序逐段对称地将刃脚下挖空，并挖出刃脚外壁约 10cm，每段挖完用小卵石填塞夯实，待全部挖空回填后，再分层去掉回填的小卵石，可使沉井均匀减少承压面而平衡下沉，如图 9-153（*b*）所示。

③岩层。风化或软质岩层可用风镐或风铲等按图 9-153（*a*）的次序开挖。较硬的岩层可按图 9-153（*c*）所示的顺序进行，在刃口打炮孔，进行松动爆破，炮孔深 1.3m，以 1×1m 梅花形交错排列，使炮孔伸出刃脚口外 15～30cm，以便开挖宽度可超出刃口 5～10cm。下沉时，顺刃脚分段顺序，每次挖 1m 宽即进行回填，如此逐段进行，至全部回填后，再去除土堆，使沉井平稳下沉。

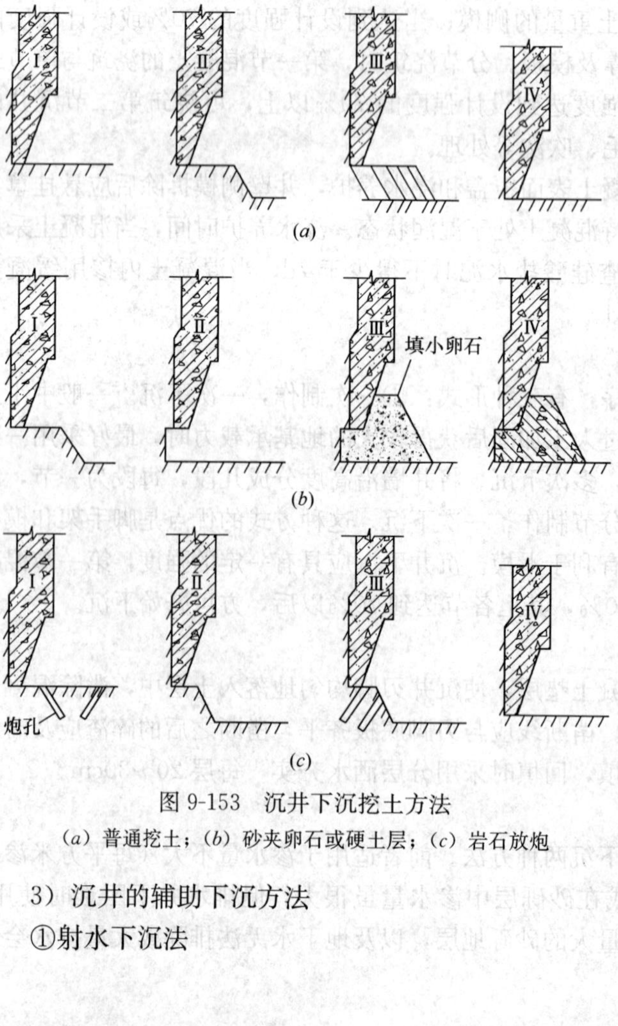

图 9-153　沉井下沉挖土方法

（*a*）普通挖土；（*b*）砂夹卵石或硬土层；（*c*）岩石放炮

2）不排水下沉挖土方法

①抓斗挖土。用吊车吊住抓斗挖掘井底中央部分的土，使沉井底形成锅底。在砂或砾石类土中，一般当锅底比刃脚低 1～1.5m 时，沉井即可靠自重下沉，而将刃脚下的土挤向中央锅底，再从井孔中继续抓土，沉井即可继续下沉。在黏质土或紧密土中，刃脚下的土不易向中央坍落，则应配以射水管松土，如图 9-154 所示。

②水力机械冲土。使用高压水泵将高压水流通过进水管分别送进沉井内的高压水枪和水力吸泥机，利用高压水枪射出高压水流冲刷土层，使其形成一定稠度的泥浆，汇流至集泥坑，然后用水力吸泥机（或空气吸泥机）将泥浆吸出，从排泥管排出井外，如图 9-155 所示。

3）沉井的辅助下沉方法

①射水下沉法

用预先安设在沉井外壁的水枪，借助高压水冲刷土层，使沉井下沉。射水所需水压在砂土中，冲刷深度在8m以下时，需要0.4～0.6MPa；在砂砾石层中，冲刷深度在10～12m以下时，需要0.6～1.2MPa；在砂卵石层中，冲刷深度在10～12m时，需要8～20MPa。冲刷管的出水口口径为10～12mm，每一管的喷水量不得小于0.2m³/s，如图9-156所示。

②触变泥浆护壁下沉法

沉井外壁制成宽度为10～20cm的台阶作为泥浆槽。泥浆是用泥浆泵、砂浆泵或气压罐通过预埋在井壁体内或设在井内的垂直压浆管压入，如图9-157所示，使外井壁泥浆槽内充满触变泥浆，其液面接近于自然地面。

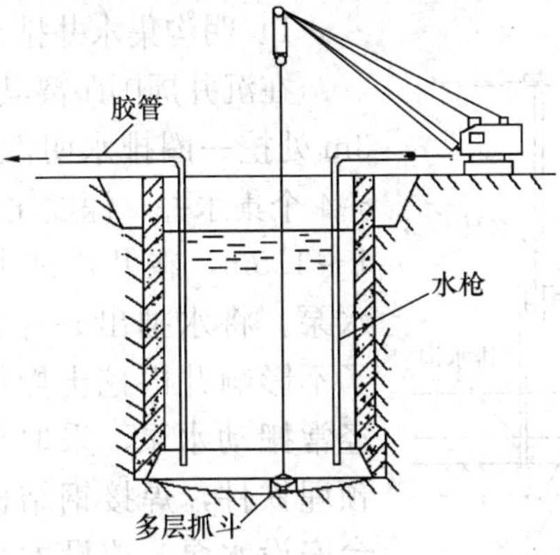

图9-154 水枪冲土、抓斗在水中抓土

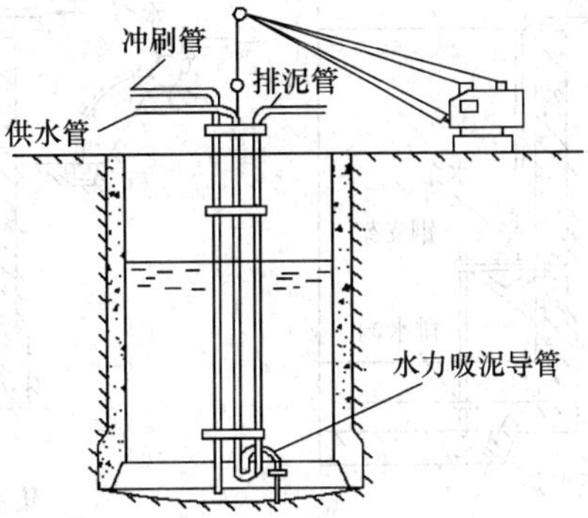

图9-155 用水力吸泥机水中冲土

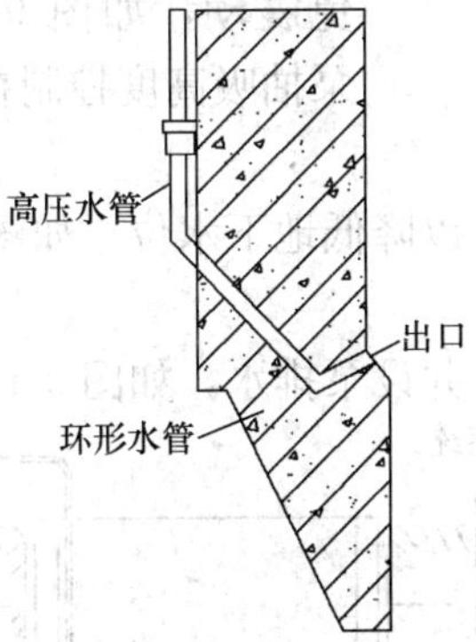

图9-156 沉井预埋冲刷管组

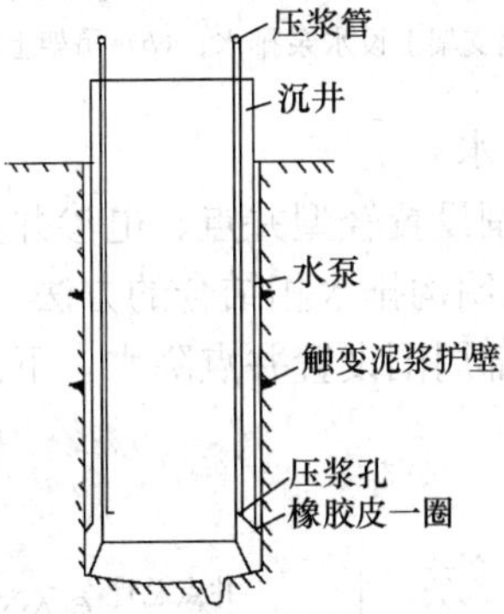

图9-157 触变泥浆护壁下沉方法

③抽水下沉法

不排水下沉的沉井，抽水降低井内水位，减少浮力，可使沉井下沉。

④井外挖土下沉法

若上层土中有砂砾或卵石层，井外挖土下沉就很有效。

⑤压重下沉法

可利用灌水、铁块，或用草袋装砂土以及接高混凝土筒壁等加压配重，使沉井下沉。

⑥炮震下沉法

当沉井内的土已经挖出掏空而沉井不下沉时，可在井中央的泥土面上放药起爆，一般用药量为0.1～0.2kg。同一沉井，同一地层不宜多于4次。

（3）降水措施

基坑底部四周应挖出一定坡度的排水沟与基坑四周的集水井相通。集水井比排水沟低500mm以上，将汇集的地面水和地下水及时用潜水泵、离心泵等抽除。基坑中应防止雨水积聚，保持排水通畅。基坑面积较小，坑底为渗透系数较大的砂质含水土层时可布置土井降水。土井一般布置在基坑周围，其间距根据土质而定。一般用800～900mm直径的渗水混凝土管，四周布置外大内小的孔眼，孔眼一般直径为40mm，用木塞塞住，混凝土管下沉就位后由内向外敲去木塞，用旧麻袋布填塞。在井内填150～200mm厚的石料和100～150mm厚的砾石砂，使抽吸时细砂不被带走。

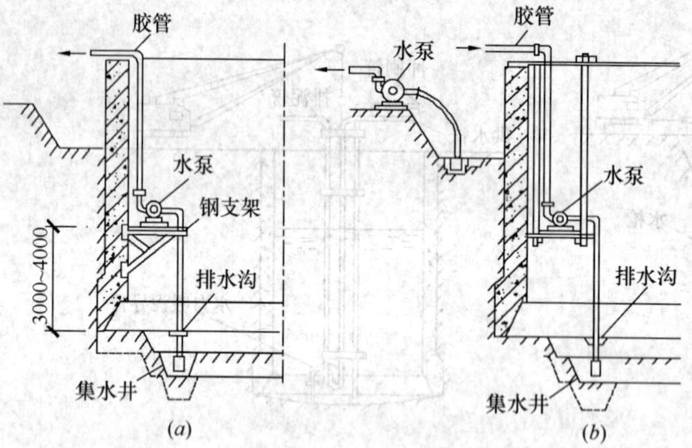

图9-158　明沟直接排水法

（a）钢支架上设水泵排水；（b）吊架上设水泵排水

1）明沟集水井排水

在沉井周围距离其刃脚2～3m处挖一圈排水明沟，设置3～4个集水井，深度比地下水深1～1.5m，在井内或井壁上设水泵，将水抽出井外排走。为了不影响井内挖土操作和避免经常搬动水泵，采取在井壁上预埋铁件，焊接钢结构操作平台安设水泵，或设木吊架安设水泵，用草垫或橡皮承垫，避免震动，如图9-158所示，水泵抽吸高度控制在不大于5m。

2）井点排水

在沉井周围设置轻型井点、电渗井点或喷射井点以降低地下水位，如图9-159所示。

3）井点与明沟排水相结合的方法

在沉井上部周围设置井点降水，下部挖明沟集水井设泵排水，如图9-160所示。

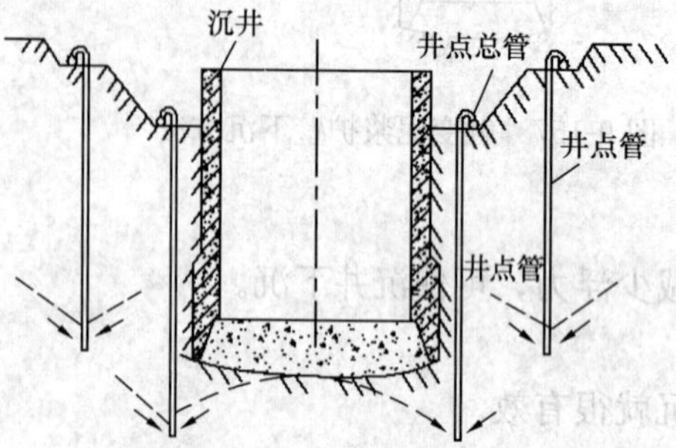

图9-159　井点系统降水

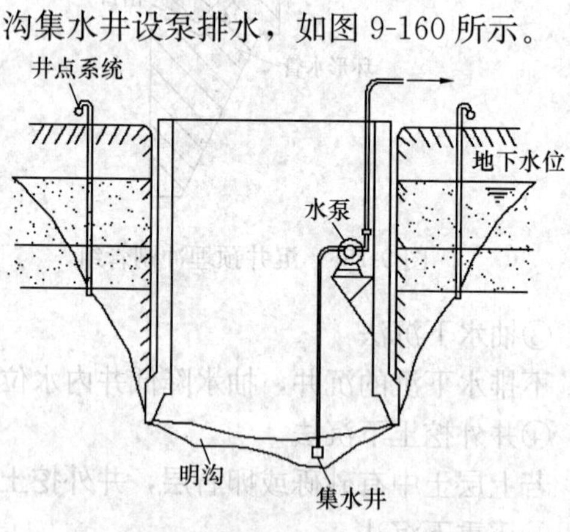

图9-160　井点与明沟相结合的方法

（4）空气幕措施

沉井下沉深度越深，其侧壁摩阻力越大，采用空气幕措施可减少井壁与土层之间的摩阻力，使沉井顺利下沉到设计标高。该法是在沉井井壁内预设一定数量的管路，管路上预留小孔，之后向管内压入一定压力的压缩空气，通过小孔内向沉井井壁外喷射，形成一层空气帷幕，从而降低井壁与土层之间的摩阻力。

5. 沉井封底

当沉井下沉到距设计标高 0.1m 时，应停止井内挖土和抽水，使其靠自重下沉至设计或接近设计标高，再经 2～3d 下沉稳定，经过观测在 8h 内累计下沉量不大于 10mm 或沉降率在允许范围内，沉井下沉已经稳定时，即可进行沉井封底。封底方法有排水封底和不排水封底两种，宜尽可能采用排水封底。

(1) 排水封底时的干封底

该方法是将新老混凝土接触面冲刷干净或打毛，对井底进行修整，使之成锅底形，由刃脚向中心挖成放射形排水沟，填以卵石做成滤水暗沟，在中部设 2～3 个集水井，深 1～2m，井间用盲沟相互连通，插入 ϕ600～800mm 四周带孔眼的钢管或混凝土管，管周填以卵石，使井底的水流汇集在井中，用潜水泵排出，如图 9-161 所示。

浇筑封底混凝土前应将基底清理干净。清理基底要求将基底土层作成锅底坑，便于封底，各处清底深度均应满足设计要求。在不扰动刃脚下面土层的前提下，清理基底土层可采用人工清理、射水清理、吸泥或抓泥清理。清理基底风化岩可用高压射水、风动凿岩工具，以及小型爆破等办法，配合吸泥机清除。

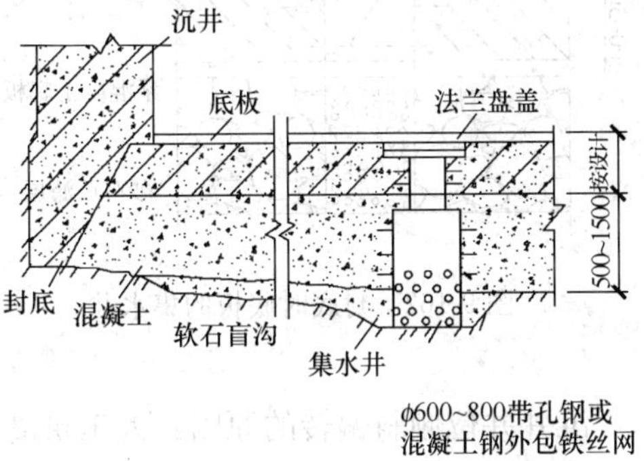

图 9-161 沉井封底构造

封底一般先浇一层 0.5～1.5m 的素混凝土垫层，达到 50%设计强度后，绑扎钢筋，两端伸入刃脚或凹槽内，浇筑上层底板混凝土。浇筑应在整个沉井面积上分层，同时不间断地进行，由四周向中央推进，每层厚 300～500mm，并用振捣器捣实。当井内有隔墙时，应前后左右对称地逐孔浇筑。混凝土采用自然养护，养护期间应继续抽水。待底板混凝土强度达到 70%后，对集水井逐个停止抽水，逐个封堵。封堵方法是，将滤水井中的水抽干，在套筒内迅速用干硬性的高强度等级混凝土进行堵塞并捣实，然后上法兰盘盖，用螺栓拧紧或焊牢，上部再用混凝土填实捣平。

(2) 不排水封底时的水下封底

不排水封底即在水下进行封底。要求将井底浮泥清除干净，新老混凝土接触面用水冲刷干净，并铺碎石垫层。封底混凝土用导管法浇筑。待水下封底混凝土达到所需要的强度后，即一般养护为 7～10d，方可从沉井中抽水，按排水封底法施工上部钢筋混凝土底板。

导管法浇筑可在沉井各仓内放入直径为 200～400mm 的导管，管底距离坑底约 300～500mm，导管搁置在上部支架上，在导管顶部设置漏斗，漏斗颈部安放一个隔水栓，并用铅丝系牢。水下封底的混凝土应具有较大的坍落度，浇筑时将混凝土装满漏斗，随后将其与隔水栓一起下放一段距离，但不能超过导管下口，割断铅丝之后不断向漏斗内浇筑混凝土，混凝土由于重力作用源源不断由导管底向外流动，导管下端被埋入混凝土并与水隔绝，避免了水下浇筑混凝土时冷缝的产生，保证了混凝土的质量。

(3) 浇筑钢筋混凝土底板

在沉井浇筑钢筋混凝土底板前，应将井壁凹槽新老混凝土接触面凿毛，并洗刷干净。

1) 干封底时底板浇筑方法

当沉井采用干封底时，为保证钢筋混凝土底板不受破坏，在浇筑混凝土过程中应防止沉井产生不均匀下沉。特别是在软土中施工，如沉井自重较大，可能发生继续下沉时，宜分格对称地进行封底工作。在钢筋混凝土底板尚未达到设计强度之前，应从井内底板以下的集水井中不间断地进行抽水。抽水时钢筋混凝土底板上预留孔，如图 9-162 所示。待沉井钢筋混凝土底板达到设计强度，停止抽水后，集水井用素混凝土填满。集水井的上口标高应比钢筋混凝土底板顶面标高低 200～300mm，待集水井封口完毕后用混凝土找平。

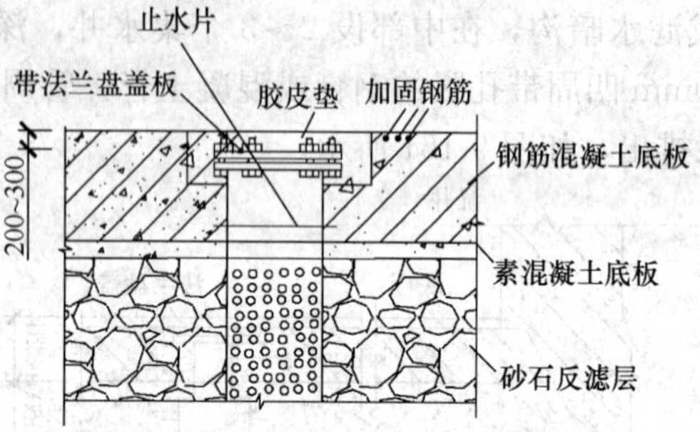

图 9-162　封底时底板的集水井

2) 水下封底时底板浇筑方法

当沉井采用水下混凝土封底时，从浇筑完最后一格混凝土至井内开始抽水的时间，须视水下混凝土的强度（配合比、水泥品种、井内水温等均有影响），并根据沉井结构（底板跨度、支承情况）、底板荷载（地基反力、水压力），以及混凝土的抗裂计算决定。但为了缩短施工工期，一般约在混凝土达到设计强度的70%后开始抽水。

9.20.1.4　沉井施工质量的控制措施

1. 沉井井位偏差及纠偏

沉井井位倾斜偏转的原因：人工筑岛被水流冲坏，或沉井一侧的土被水流冲空；沉井刃脚下土层软硬不均匀；没有对称地抽除承垫木，或没有及时回填夯实；没有均匀除土下沉，使井孔内土面高低相差很多；刃脚下掏空过多，沉井突然下沉，易于产生倾斜；刃脚一角或一侧被障碍物搁住，没有及时发现和处理；由于井外弃土或其他原因造成对沉井井壁的偏压；排水下沉时，井内产生大量流砂等。

根据沉井产生倾斜偏转的原因，可以用下述的一种或几种方法来进行纠偏。

(1) 偏除土纠偏：如系排水下沉，可在沉井刃脚高的一侧进行人工或机械除土，如图 9-163 所示。如系不排水下沉的沉井，一般可靠近刃脚高的一侧吸泥或抓土，必要时可由潜水员在刃脚下除土。

(2) 井外射水、井内偏除土纠偏：当沉井下沉深度较大时，若纠正沉井的偏斜，关键在于降低土层的被动土压力，如图 9-164 所示。高压射水管沿沉井高的一侧井壁外面插入土中，破坏土层结构，使土层的被动土压力大为降低。这时再采用上述的偏除土方法，可使沉井的倾斜逐步得到纠正。

(3) 增加偏土压或偏心压重纠偏：在沉井倾斜低的一侧回填砂或土，并进行夯实，使低的一侧产生土偏的作用。如在沉井高的一侧压重，最好使用钢锭或生铁块，如图 9-165 所示。

(4) 沉井位置扭转纠正：沉井位置如发生扭转，如图 9-166 所示。可在沉井的 A、C 二角偏除土，B、D 二角偏填土，借助刃脚下不相等的土压力所形成的扭矩，使沉井在下沉过程中逐步纠正其位置。

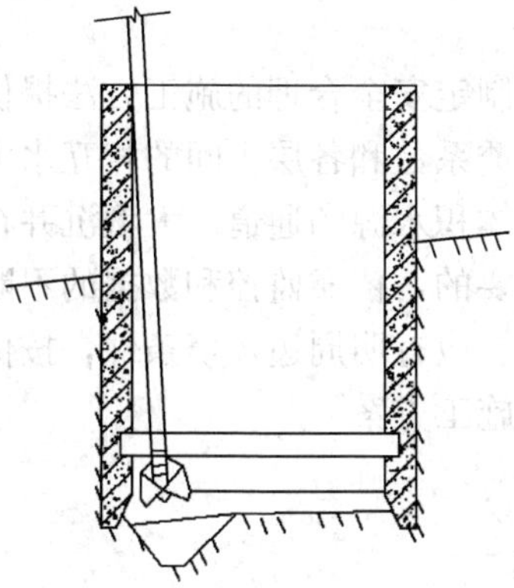

图 9-163　偏除土纠偏

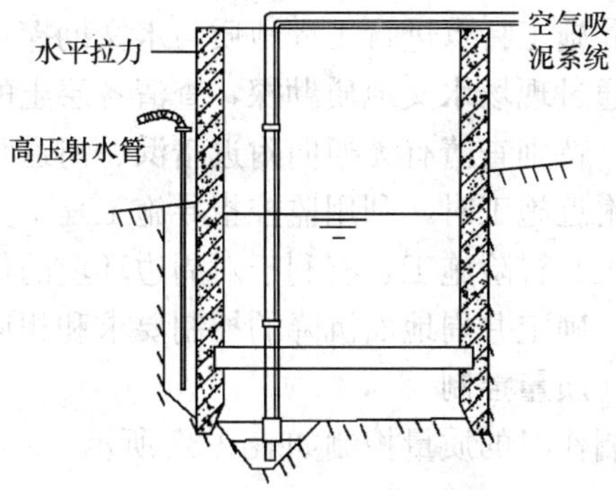

图 9-164　井外射水纠偏

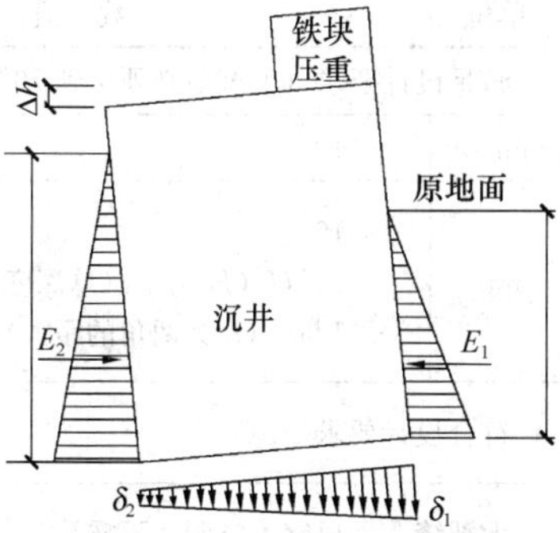

图 9-165　偏心压重纠偏

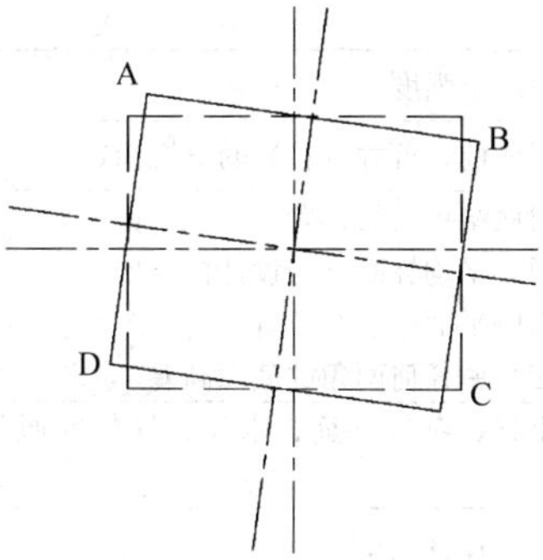

图 9-166　平面扭转的纠偏

2. 井内流砂及处理措施

沉井井内出现流砂的原因是由于井内锅底开挖过深，井外松散土涌入井内；井内表面排水后，井外地下水动水压力把土压入井内；爆破处理障碍物，井外土受振进入井内；挖土深超过地下水位 0.5m 以上。

一般采用排水法下沉，水头宜控制在 1.5～2.0m；挖土避免在刃脚下掏挖，以防流砂大量涌入，中间挖土也不宜挖成锅底形；穿过流砂层应快速，最好加荷，如抛大块石增加土的压重，使沉井刃脚切入土层；采用深井或井点降低地下水位，防止井内流淤；深井宜安置在井外，井点则可设置在井外或井内；采用不排水法下沉沉井，保持井内水位高于井外水位，以避免流砂涌入。

3. 沉井突沉的预防措施

可适当加大下沉系数，可沿井壁注一定的水，减少与井壁摩阻力；控制挖土，锅底不要挖太深；刃脚下避免掏空过多；在沉井梁中设置一定数量的支撑，以承受一部分土反力。

4. 沉井终沉时的超沉预防措施

沉井至设计标高，应加强观测；在井壁底梁交接处设置承台（砌砖），在其上面铺方木，使梁底压在方木上，以防过大下沉；沉井下沉至距设计标高 0.1m 时，停止挖土和井内抽水，使其完全靠自重下沉至设计标高或接近设计标高；避免涌砂发生。

5. 沉井下沉对周边环境的保护措施

按沉井施工特点进行工程地质与水文勘探，为制定安全合理的施工方法提供必需的地质资料。通过现场水文地质勘探，查清各层土的渗透系数和各层土间的相互水力联系、承压水压力，特别查清有无通向附近暗浜、河道和大体积水源的通道。大型沉井在建筑物和地下管线附近施工时，利用监控指导施工是十分必要的，依靠监控和数据的不断反馈可避免盲目施工、冒险施工，有利于对周边环境的保护。应查明周边环境条件，按保护周边环境的要求，确定井周地面沉降的控制要求和相应的施工方案。

9.20.1.5　质量控制

沉井制作时的质量控制如表 9-37 所示。

沉井制作时的质量控制　　**表 9-37**

项	序	检查项目		允许偏差或允许值：单位	允许偏差或允许值：数值
主控项目	1	混凝土强度		满足设计要求（下沉前必须达到 70%设计强度）	
	2	封底前，沉井（箱）的下沉稳定		mm/8h	<10
	3	封底结束后的位置： 刃脚平均标高（与设计标高比） 刃脚平面中心线位置 四角中任何两角的底面高差		mm	 <100 <1%H（H 为下沉总深度） <1%L（L 为两角的距离）
一般项目	1	钢材、对接钢筋、水泥、骨料等原材料检查		符合设计要求	
	2	结构体外观		无裂缝，无风窝、空洞，不露筋	
	3	平面尺寸：长与宽 曲线部分半径 两对角线差 预埋件		% % % mm	±0.5，且不得大于 100 ±0.5，且不得大于 50 1.0 20
	4	沉井井壁厚度		mm	±15
	5	井壁、隔墙垂直度		%	1
	6	下沉过程中的偏差	高差	%	1.5~2.0
			平面轴线	<1.5%H（H 为下沉深度）	
	7	封底混凝土坍落度		cm	18~22

沉井下沉结束，刃脚平均标高与设计标高的偏差不得超过 100mm；沉井水平位移不得超过下沉总深度的 1%，当下沉总深度小于 10m 时，其水平位移不得超过 100mm。矩形沉降刃脚底面四角（圆形沉井为相互垂直两直径与圆周的交点）中的任何两角的高差，不得超过该两角间水平距离的 1%，且最大不得超过 300mm。如两角间水平距离小于 10m，其刃脚底面高差允许为 100mm。

9.20.2　气压沉箱施工

9.20.2.1　原理和特点

1. 气压沉箱施工的原理是在沉箱下部预先构筑底板，在沉箱下部形成一个气密性高的混凝土结构工作室，向工作室内注入压力与刃口处地下水压力相等的压缩空气，在无水的环境下进行取土排土，箱体在本身自重以及上部荷载的作用下下沉到指定深度，然后进行封底施工。由于工作室内气压的气垫作用，可使沉箱平稳下沉；同时由于工作室气压可平衡外界水压力，因此下沉过程中可防止基坑隆起，涌水涌砂现象，尤其是在含承压水层中施工时工作室内气压可平衡水头压力，无需地面降水，从而可减轻施工对周边环境的影响。

2. 气压沉箱施工工艺与步骤（图 167）如下：

场地平整→作业室的构筑→运输出入口的设置→下沉开挖与沉箱体的浇筑→基底混凝土的浇筑与竖井的撤去。

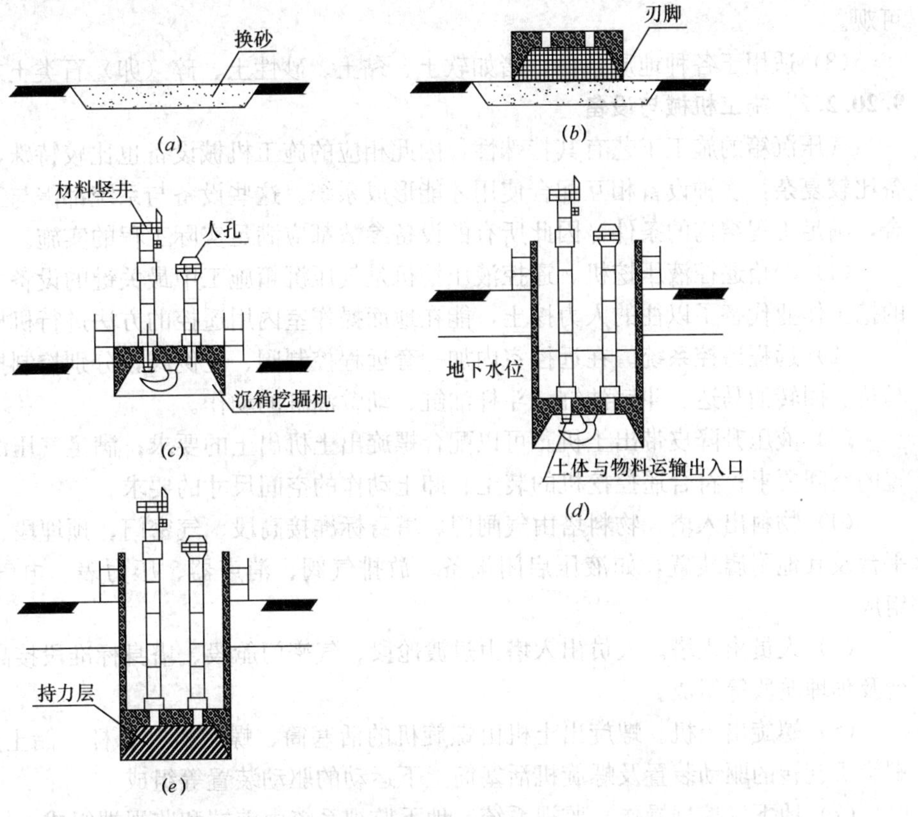

图 9-167 气压沉箱施工步骤

(a) 场地平整；(b) 作业室构筑；(c) 运输出入口设置；(d) 下沉及制作；(e) 基底混凝土浇筑

3. 气压沉箱施工优点。气压沉箱施工方法与传统施工方法相比，气压沉箱施工在深基础（深基坑）等地下建（构）筑物施工中具有诸多的独特优点：

(1) 气压沉箱的侧壁可以兼作挡土结构，与地下连续墙明挖法相比，工程量减少而结构刚度大，且用气压沉箱施工减少了临时设施用地，可以充分利用狭小的施工空间资源。

(2) 由于连续地向沉箱底部的工作室内注入与地下水压力相等的压缩空气，因而可以避免坑底隆起和流砂管涌现象从而控制周围地基的沉降。

(3) 现代化的气压沉箱技术可以在地面上通过远程控制系统，在无水的地下作业室内实现挖排土的无人机械自动化。

(4) 相比沉井施工，可以较快地处理地下障碍物，使工程能顺利进行。沉箱顶板封闭后，在下沉的同时可继续在顶板上往上施工内部结构，不需向沉井那样过多受地基承载力限制。

（5）工作室内的压缩空气起到了气垫作用，可以消除急剧下沉的危险情况，同时容易纠偏和控制下沉速度及防止超沉，保证了安全和施工质量。

（6）气压沉箱利用气压平衡箱外水压力，作业空间处于无水状态，不需要对箱外高水头地下水及承压水进行降水和降压处理。

（7）由于沉箱以气压平衡高水头压力差，相比一般的板式围护体系如地下连续墙、排桩等，可显著减少插入深度，并能有效起到反压作用，对控制承压水破坏有利，性价比可观。

（8）适用于各种地质条件，诸如软土、黏土、砂性土、碎（卵）石类土及软硬岩等。

9.20.2.2　施工机械与设备

气压沉箱的施工工艺有其特殊性，因此相应的施工机械设备也比较特殊，有些机械设备比较复杂，多种设备相互配合使用才能形成系统。这些设备与系统都需与工程实际相结合，满足工程结构的条件，因此所有的设备参数都应满足实际工程的实施。

（1）沉箱遥控液压挖机。遥控液压挖机是气压沉箱施工中最关键的设备之一，该设备的挖土作业代替了以往的人力挖土，能在地面操作室内用遥控的方法进行机械挖掘作业。

（2）远程遥控系统。在远控室内加一套远程控制阀、比例阀，分别控制挖机的行走油马达、回转油马达、斗铲油缸、斗杆油缸、动臂油缸的动作。

（3）液压升降皮带出土机。可以配合螺旋出土机出土的要求；满足气压沉箱内设备布置的空间要求；符合遥控挖机的装土、卸土动作的空间尺寸的要求。

（4）物料出入塔。物料塔由气闸门、塔身标准接高段、气密门、预埋段、上部的工作平台及其他附属装置，如液压启闭设备、放排气阀、消声器、压力表、电气控制设备等组成。

（5）人员出入塔。人员出入塔由过渡舱段、气密门舱段、塔身标准段接高段、工作平台及预埋舱段等组成。

（6）螺旋出土机。螺旋出土机由螺旋机的活塞筒、螺旋机叶、杆、储土舱、出泥门、螺旋机旋转的驱动装置及螺旋机活塞筒上下运动的驱动装置等组成。

（7）地下（挖掘操作）监视系统。地下监视系统由前端和监视端组成。

（8）供排气系统。供排气系统主要用于气压沉箱下沉时的所需的平衡气压，同时也供给人员出入塔的过渡舱。

（9）三维地貌显示系统。三维地貌显示系统主要功能：将激光扫描传感送来的数据处理后，显示三维地貌；控制报警；显示挖掘机位置；查看高差和地貌高度。

9.20.2.3　气压沉箱施工技术

气压沉箱施工技术是利用供气装置通过箱体内预置的送气管路向沉箱底部的工作室内持续压入压缩空气，使箱内气压与箱外地下水压力相等，起到排开水体作用，从而使工作室内的土体在无水干燥状态下进行挖排土作业，箱体在本身自重以及上部荷载的作用下下沉到指定深度，最后将沉箱作业室填充混凝土进行封底的一种施工方法。

1. 沉箱结构制作

（1）刃脚制作

在软弱土层上进行沉井、沉箱结构制作时，一般需采用填砂置换法改善下部地基承载力，随后沉箱结构在地面制作。在基坑挖深后，沉箱结构在基坑内制作。在完成刃脚、底板制作后，在结构外围可回填黏性土。

(2) 底板制作

结构底板在下沉前制作完毕是气压沉箱施工的一个特色，以便结构在下沉前可形成由刃脚和底板组成的下部密闭空间。因此该部分结构要求密闭性好，不得产生大量漏气现象，同时需考虑对后续工序的影响。

(3) 底板以上井壁制作

底板以上井壁制作时，内脚手可直接在底板上搭设，并随着井壁的接高而接高。井壁外脚手可采取直接在地面搭设方式。但由于沉箱需多次制作、多次下沉，为避免沉箱下沉对周边土体扰动较大，影响外脚手稳定性，外脚手须在每次下沉后重新搭设。该工艺的缺点是外脚手架需反复搭设，结构施工在沉箱下沉施工时无法进行。沉箱外脚手需采用外挑牛腿的方式解决外脚手架搭设问题，从而可使结构施工与沉箱下沉交叉进行，提高施工效率。

2. 沉箱下沉出土施工

由于采用的是新型无人化遥控式气压沉箱工艺，因此正常状况下工作室内没有作业人员，沉箱出土依靠地面人员遥控操作工作室内设备进行。

(1) 正常出土流程

当进行挖土作业时，悬挂在工作室顶板上的挖机根据指令取土放入皮带运输机的皮带上，当皮带机装满后，地面操作人员遥控皮带机将土倾入螺旋出土机的底部储土筒内。待螺旋出土机的底部储土筒装满土后，地面操作人员启动螺旋机油泵，开动千斤顶将螺旋机螺杆（外设套筒）逐渐旋转并压入封底钢管内，保持螺杆头部有适度压力，通过螺杆转动使土在螺杆与外套筒之间的空隙内上升。最后从设置在外套筒上方的出土口涌出，落入出土箱内，出土箱满后，由行车或吊车将出土箱提出，并运至井外。

(2) 备用出土措施

考虑到采用螺旋机出土，螺旋机体积大，维修不方便，因此实际施工工程中还可将物料塔作为备用出土方式。

(3) 沉箱挖土下沉

沉箱挖土下沉是一个多工种联合作业的过程，沉箱内挖土、出土由地面操作人员遥控完成。工作室内挖机挖土时按照分层取土的原则，按每层 30～40cm 左右在工作室内均匀取土。同时遵循由内向外，层层剥离的原则。开始取土时位置应集中在底板中心区域，逐步向外扩展，使工作室内均匀、对称地形成一个全刃脚支承的锅底，使沉箱安全下沉，并应注意锅底不应过深。

3. 沉箱下沉控制措施

(1) 沉箱下沉施工过程的气压控制

气压沉箱施工时，由于底部气压的气垫作用，可使沉箱较平稳下沉，对周边土体的扰动较小。因此在沉箱下沉过程中，应首先保证工作室内气压的相对稳定。

工作室内气压的设定应根据沉箱下沉深度以及施工区域的地下水位，土质情况等因素来进行设定，以保证气压可与地下水头压力相平衡。在沉箱外侧设置水位观测井，根据地下水位情况，沉箱入土深度，承压水头大小，穿越土质情况等因素决定工作室气压的大小。

（2）沉箱下沉施工的支撑及压沉系统

沉箱下沉初期因结构自重较重，而刃脚入土深度浅，工作室内气压反托力及沉箱周边摩阻力均较小，导致沉箱初期下沉系数较大。在沉箱下沉后期，随着下沉深度的增加，沉箱所受下沉阻力相应逐渐增大，导致沉箱下沉困难。在国内的沉箱施工中，如沉箱需调整下沉姿态或助沉时，常规往往通过偏挖土，地面局部堆载，加配重物等方式进行，施工繁琐，施工精度和时效性均较差。在沉箱外部设置方便调节的外加荷载系统，可较方便的对沉箱进行支撑（初沉时）及压沉（后期下沉时），可对沉箱下沉速度做到及时控制。

（3）沉箱下沉施工其余助沉措施

1）触变泥浆减阻

当沉箱外围设置泥浆套后，可显著减小侧壁摩阻力。沉箱外围泥浆套的存在，可填充沉箱外壁与周边土体之间的可能空隙，阻止气体沿此通道外泄，尤其在沉箱入土深度不深的情况下，由于沉箱下沉姿态不断变化，外井壁与周边土体间可能不断出现地下水来不及补充的空隙，因此有必要采取泥浆套形式作为沉箱外壁的封闭挡气手段，如图 9-168 所示。

2）灌水压沉

当沉箱下沉系数较小，下沉困难时，除采取上述措施压沉，还可采取底板上灌水压重的方式进行助沉。可通过在底板上接高内隔墙的方式在底板两侧形成若干混凝土隔舱，需要时可通过向舱内灌水进行压重。采用水作为压重材料的主要原因，是考虑一定高度的压重水对底板上的预留孔处可起到平衡上下压力差，减小预留孔处漏气的可能，如图 9-169 所示。

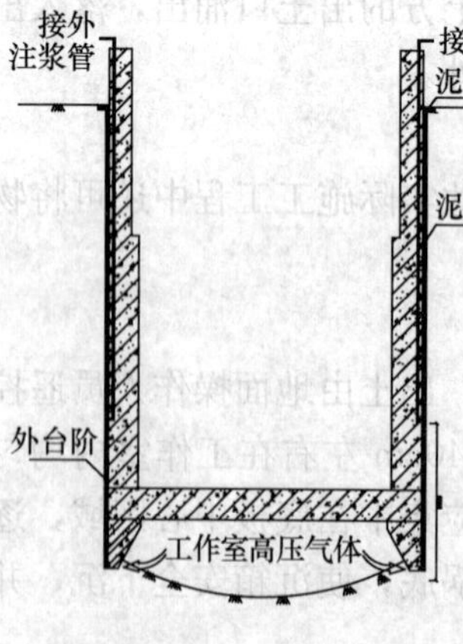

图 9-168　触变泥浆减阻示意图

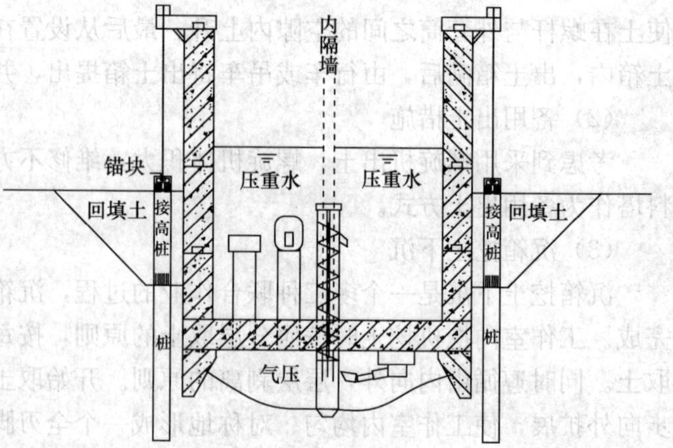

图 9-169　灌水压沉示意图

4. 沉箱封底措施

沉箱下沉到位后，其工作室内部空间需填充，即须进行封底施工。

以往国内的封底施工采取人工在工作室内进行封底作业，现今的气压沉箱考虑采取混凝土自动浇捣的工艺，不需人工进入工作室作业。沉箱封底施工借鉴水工工程中常用的水下封底施工形式。即在底板施工时按一定间距预埋与泵车导管口径相匹配的导管，在底板上端采用闸门封闭，上端并留有接头，便于以后的接高。

进行封底施工时将泵车导管与预埋管上口相连，打开闸门，利用泵车压力将混凝土压入工作室内。由于混凝土自重大，且从地面浇筑，可克服工作室内高压气体压力进入工作室内。当一处浇筑完毕后，将闸门关闭。然后将混凝土导管移至下一处进行浇筑。

施工时要求封底混凝土具有足够的流动性，以保证混凝土在工作室内均匀摊铺。施工中应利用多辆泵车连续浇筑，并须保证混凝土浇筑的连续性。向工作室内浇筑混凝土时，由于工作室内气体空间逐渐缩小，可通过底板上排气装置适当放气，以维持工作室内气压稳定，如图 9-170 所示。

5. 气压施工的生命保障措施

由于气压沉箱施工过程中工作室内的设备、通信、供电系统可能需要调试维修，在沉箱下沉至底标高时工作室内主要设备还需进行拆除并运出井外。因此施工过程中仍需维修人员在必要时进入工作室气压环境内。

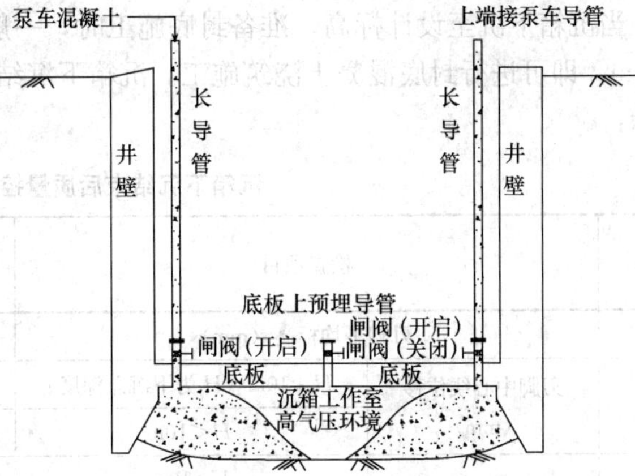

图 9-170　沉箱封底施工示意图

由于本施工设备涉及人员高气压下作业，为保证作业人员的健康与安全，除人员进出高气压环境时按规定执行增减压程序外，还须在现场设置专门的医疗减压舱，以保证气压作业人员的身体恢复和应对紧急事件。

9.20.2.4　质量控制

1. 沉箱制作

在沉箱结构制作期间，需对结构制作偏差等内容进行控制，以便控制沉箱制作质量。沉箱制作时的质量控制见表 9-38 所示。

沉箱制作质量控制　　表 9-38

序号	检查项目		允许偏差或允许值	检查数量	
				范围	点数
1	平面尺寸	长度（mm）	±0.5%L 且≤100（L 为设计沉箱长度）	每边	1
2		宽度（mm）	±0.5%B 且≤50（B 为设计沉箱长度）	每边	1
3		高度（mm）	±30	每边	1
				圆形沉箱 4 点	
4		直径（圆形沉箱）（mm）	±0.5%D 且≤100（D 为设计沉箱直径）	2	
5		对角线（mm）	±0.5%线长且≤100	2	
6	箱壁厚度（mm）		±15	每边	3
				圆形沉箱 4 点	
7	箱壁、隔墙垂直度（mm）		≤1%H（H 为设计沉箱高度）	每边	3
				圆形沉箱 4 点	
8	预埋件中心线位置（mm）		±20	每件	1
9	预留孔（洞）位移（mm）		±20	每边	1
				每孔 1（洞）	

2. 沉箱下沉

在沉箱下沉期间，需对沉箱的下沉姿态进行控制，以便掌握沉箱下沉深度及偏差情况，便于及时调整各施工参数，确保沉箱最终下沉施工精度，对沉箱下沉质量进行控制。一般沉箱下沉时，在初期阶段由于插入土体深度浅，是容易出现下沉偏差的阶段，但是也容易进行调整。因此在沉箱下沉初期应根据监测情况控制好沉箱姿态，以便形成良好下沉轨道。在沉箱下沉中期，沉箱下沉轨道已形成，应以保证施工效率为主。在沉箱下沉后期，应逐渐控制下沉速度，而根据监测情况以调整沉箱下沉姿态为主。使沉箱下沉至设计标高时能够满足施工精度要求。

当沉箱下沉至设计标高，准备封底施工时，一般应进行8h连续观察，如下沉量小于10mm，即可进行封底混凝土浇筑施工。沉箱下沉结束后，其质量控制指标应符合表9-39所示：

沉箱下沉结束后质量控制标准 **表9-39**

序号	检查项目		允许偏差或允许值	检查数量	
				范围	点数
1	刃脚平均标高（mm）		±50	每个	4
2	刃脚中心线位移（mm）	$H\geqslant10$m（H为下沉总深度）	$<0.5\%H$	每边	1
		$H<10$m	50	每边	1
3	四角中任何两角高差	$L\geqslant10$m	$<0.5\%L$，且$\leqslant150$	每角	2
		$L<10$m	50	每角	2

3. 封底

沉箱封底的质量控制标准如表9-40所示

沉箱封底的质量控制标准 **表9-40**

检查项目	允许偏差或允许值		备注
	单位	数值	
封底前，沉井（箱）的下沉稳定	mm/8h	<10	
刃脚平均标高（与设计标高比）	mm	<100	
刃肢平面中心线位移		$<1\%H$	H为下沉总深度，$H<10$m时控制在100mm之内
四角中任何两角的底面高差		$<1\%L$	L为两角的距离，且不超过300mm，$L<10$m时控制在100mm内
封底混凝土坍落度	cm	18～22	

4. 沉箱监测

在沉箱施工的过程中，有必要对沉箱的结构内力、基坑周围土体和基坑周边的环境进行全面和系统的监测。一方面，通过监测对沉箱的变形及内力进行实时监控，从而确保结构本身的安全并保证周边的环境的变形在可控范围内；另一方面，监测的结果可以验证设计时所采取的假设和参数的正确性，评价相关的施工技术措施的效果，指导沉箱的施工。

在沉箱结构制作及下沉过程中，需对沉箱各施工阶段进行监测。主要内容包括：由于沉箱工艺是采取先在地面进行结构制作，随后进行下沉的施工工艺。在结构制作期间，需对结构制作偏差，制作阶段结构的地面沉降情况等内容进行监测。在沉箱下沉期间，需对沉箱的下沉姿态进行控制。

施工监测数据应具备概括性强，能及时反映施工进展情况的特点。结合相关施工经验，在沉箱下沉阶段监测内容主要包括沉箱姿态情况、沉箱下沉深度、工作室内气压大小等数据。

9.21 基坑工程的绿色施工

1. 环境保护技术要点

(1) 扬尘控制

运送土方、垃圾、设备及建筑材料等，不污损场外道路。运输容易散落、飞扬、流漏物料的车辆，必须采取措施封闭严密，保证车辆清洁。施工现场出口应设置洗车槽；土方作业阶段，采取洒水、覆盖等措施；对粉末状材料应封闭存放；机械剔凿作业时可用局部遮挡、掩盖、水淋等防护措施；清理垃圾应搭设封闭性临时专用道或采用容器吊运；对现场易飞扬物质采取有效措施，如洒水、地面硬化、围挡、密网覆盖、封闭等，防止扬尘产生；改进施工工艺，采用逆作法施工地下结构可以降低施工扬尘对大气环境的影响，降低基础施工阶段噪声对周边的干扰。

(2) 噪声与振动控制

在施工场界对噪声进行实时监测与控制。使用低噪声、低振动的机具，采取隔声与隔振措施，避免或减少施工噪声和振动。

(3) 光污染控制

尽量避免或减少施工过程中的光污染。夜间室外照明灯加设灯罩，透光方向集中在施工范围；电焊作业采取遮挡措施，避免电焊弧光外泄。

(4) 水污染控制

施工现场污水排放应达到相关标准；施工现场应针对不同的污水，设置相应的处理设施，如沉淀池、隔油池、化粪池等；污水排放应委托有资质的单位进行废水水质检测，提供相应的污水检测报告；在缺水地区或地下水位持续下降的地区，基坑降水尽可能少地抽取地下水；当基坑开挖抽水量大于50万 m^3 时，应进行地下水回灌，并避免地下水被污染。

(5) 土体保护

保护地表环境，防止土体侵蚀、流失。因施工造成的裸土，及时覆盖砂石或种植速生草种，以减少土体侵蚀；因施工造成容易发生地表径流土体流失的情况，应采取设置地表排水系统、稳定斜坡、植被覆盖等措施，减少土体流失；沉淀池、隔油池、化粪池等不发生堵塞、渗漏、溢出等现象，及时清掏各类池内沉淀物，并委托有资质的单位清运；对于有毒有害废弃物如电池、墨盒、油漆、涂料等应回收后交有资质的单位处理，不能作为建筑垃圾外运，避免污染土体和地下水。

(6) 建筑垃圾控制

碎石类、土石方类建筑垃圾可采用地基填埋、铺路等方式提高再利用率。

(7) 地下设施、文物和资源保护

施工前应调查清楚地下各种设施，做好保护计划，保证施工场地周边的各类管道、管线、建筑物、构筑物的安全运行；施工过程中一旦发现文物，立即停止施工，保护现场并通报文物部门并协助做好工作；避让、保护施工场区及周边的古树名木。

2. 节材与材料资源利用技术要点

(1) 节材措施

材料运输工具适宜，装卸方法得当，防止损坏和遗洒，根据现场平面布置情况就近卸载，避免和减少二次搬运；采取技术和管理措施提高模板、脚手架等的周转次数；提倡就地取材。

(2) 结构材料

尽量使用散装水泥；推广使用高强钢筋和高性能混凝土，减少资源消耗；推广钢筋专业化加工和配送；优化钢筋配料和钢构件下料方案；优化钢结构制作和安装方法，钢支撑宜采用工厂制作，现场拼装；宜采用分段吊装安装方法，减少方案的措施用材量；基坑逆作法施工时，采用“二墙合一”地下连续墙作围护结构，一柱一桩竖向支承，地下水平结构兼作支撑等措施，通过一料多用的方法减少结构材料的投入。

(3) 周转材料

应选用耐用、维护与拆卸方便的周转材料和机具；优先选用制作、安装、拆除一体化的专业队伍进行模板工程施工；模板应以节约自然资源为原则，推广使用定型钢模、钢框竹模、竹胶板；在施工过程中应注重钢构件材料的回收，包括围护工法桩和逆作施工阶段的一柱一桩所采用的钢材料。

3. 节水与水资源利用技术要点

(1) 提高用水效率

施工现场喷洒路面、绿化浇灌不宜使用市政自来水。现场搅拌用水、养护用水应采取有效的节水措施，严禁无措施浇水养护混凝土；现场机具、设备、车辆冲洗用水必须设立循环用水装置。施工现场建立可再利用水的收集处理系统，使水资源得到梯级循环利用。

(2) 非传统水源利用

处于基坑降水阶段的工地，宜优先采用地下水作为混凝土搅拌用水、养护用水、冲洗用水和部分生活用水；现场机具、设备、车辆冲洗、喷洒路面、绿化浇灌等用水，优先采用非传统水源，尽量不使用市政自来水；大型施工现场，尤其是雨量充沛地区的大型施工现场建立雨水收集利用系统，充分收集自然降水用于施工和生活中适宜的部位。

4. 节能与能源利用的技术要点

(1) 节能措施

优先使用国家、行业推荐的节能、高效、环保的施工设备和机具，如选用变频技术的节能施工设备等；在施工组织设计中，合理安排施工顺序、工作面，以减少作业区域的机具数量，相邻作业区充分利用共有的机具资源；安排施工工艺时，应优先考虑耗用电能的或其他能耗较少的施工工艺，避免设备额定功率远大于使用功率或超负荷使用设备的现象。

(2) 机械设备与机具

选择功率与负载相匹配的施工机械设备，避免大功率施工机械设备低负载长时间运行。机电安装可采用节电型机械设备，如逆变式电焊机和能耗低、效率高的手持电动工具等，以利节电；机械设备宜使用节能型油料添加剂，在可能的情况下，考虑回收利用，节约油量；合理安排工序，提高各种机械的使用率和满载率，降低各种设备的单位耗能。

(3) 施工用电及照明

临时用电优先选用节能电线和节能灯具，临电线路合理设计、布置，临电设备宜采用自动控制装置。采用声控、光控等节能照明灯具；照明设计以满足最低照度为原则。

5. 节地与施工用地保护的技术要点

(1) 临时用地指标

要求平面布置合理、紧凑，在满足环境、职业健康与安全及文明施工要求的前提下尽可能减少废弃地和死角。

(2) 临时用地保护

应对深基坑施工方案进行优化，减少土方开挖和回填量，最大限度地减少对土地的扰动，保护周边自然生态环境；红线外临时占地应尽量使用荒地、废地，少占用农田和耕地；工程完工后，及时对红线外占地恢复原地形、地貌，使施工活动对周边环境的影响降至最低；利用和保护施工用地范围内原有绿色植被。对于施工周期较长的现场，可按建筑永久绿化的要求，安排场地新建绿化。

(3) 施工总平面布置

施工总平面布置应做到科学、合理，充分利用原有建筑物、构筑物、道路、管线为施工服务；基坑土方施工组织时应合理布置土方堆场和进出土运输线路，科学控制出土方量，优化运距节省油耗；施工现场搅拌站、仓库、加工厂、作业棚、材料堆场等布置应尽量靠近已有交通线路或即将修建的正式或临时交通线路，缩短运输距离。

9.22 基坑工程施工管理

9.22.1 信息化施工

信息化施工，即是采用监测手段对工程施工过程进行实时监控，在现代化多功能软件的模拟计算下，通过分析监测数据来完善设计、调整施工参数以达到控制施工质量、保护周边环境的过程。

基坑工程由于地质条件复杂，变化因素多，开挖施工过程中往往会引起支护结构内力和位移以及基坑内外土体变形发生等种种意外变化，传统的设计方法难以事先设定或事后处理。有鉴于此，人们不断总结实践经验，针对深基坑工程，萌发了信息化设计和动态设计的新思想，结合施工监测、信息反馈、临界报警、应变（或应急）措施设计等一系列理论和技术，制定相应的设计标准、安全等级、计算图式、计算方法等，对开挖过程实施跟踪监测，并将信息及时反馈。总之，基坑工程施工总过程逐渐呈现出“动态设计、信息施工”的新局面。

建立完善的信息化施工监测体系。通过对基坑各阶段施工的跟踪监测，将监测信息及时反馈，不断完善设计，调整施工参数，确保施工顺利。根据监测信息，对基坑支护进行优化设计，动态调整施工参数。基坑开挖施工过程中通常会存在设计预期与现场实际的偏差，出现偏差的主要原因是设计和施工参数的选取，现场地质土的变化。根据反馈的监测信息和现场开挖的实际情况，全面了解基坑支护和周边环境变化的情况，动态优化设计，调整施工参数，指导施工，并且根据监测信息和施工参数的变化规律预测下一步施工工况，及时提出应对措施。做好信息化施工还应保证信息通畅，需要业主、设计、施工、监理、监测各方面加强合作，及时沟通信息；还要重视监测数据在设计、施工中的地位，使其作为一个优化设计和施工的依据。

9.22.2 施工安全技术措施

1. 土方开挖安全技术措施

（1）基坑开挖前，应在顶部四周设排水沟，并保持畅通，防止集水灌入而引发坍塌事故，基坑四周底部设置集水坑；放坡开挖时，应对坡顶、坡面、坡脚采取降排水措施。

（2）基坑开挖临边及栈桥两侧应设置防护栏杆，且坑边严禁超堆荷载。

（3）机械挖土严禁无关人员进入场地内，挖掘机工作半径范围内不得站人或进行其他作业。应采取措施防止机械碰撞支护结构、工程桩、降水设备等。

（4）采用人工挖土时，两人操作间距应大于 3m，不得对头挖土；挖土面积较大时，每人工作面不小于 $6m^2$。

（5）土方开挖后，应及时设置支撑，并观察支撑的变形情况，发现异常及时处理。

（6）夜间土方开挖施工应配备足够的照明设施，主干道交通不留盲点。

（7）土方回填应按要求由深至浅分层进行，填好一层拆除一层支撑。

2. 支撑施工安全技术措施

（1）吊装钢支撑时，严禁人员进入挖土机回转半径内。

（2）吊装长构件时必须加强指挥，避免因惯性等原因发生碰撞事故。

（3）经常检查起吊钢丝绳损坏情况，如断丝超出要求立即更换。

（4）吊车司机、指挥、电焊工、电工必须持证上岗。严格遵守吊装“十不吊”规定。

（5）拆除钢筋混凝土支撑下模板时，应搭设排架进行拆除作业，下方严禁站人。

（6）钢筋混凝土支撑拆除时，应分段、分块逐步拆除，并注意对已有结构的保护。

3. 施工用电安全技术措施

（1）施工现场的电气设备设施必须制定有效的安全管理制度，现场电线、电气设备设施必须应由专业电工定期检查整理，发现问题必须立即解决。夜班施工后，第二天整理和收集，凡是触及或接近带电体的地方，均应采取绝缘保护以及保持安全距离等措施。

（2）现场施工用电采用三相五线制。照明与动力用电分开，插座上标明设备使用名称。配电箱设置总开关，同时做到一机一闸一漏一箱用电保护。

（3）配电箱的电缆应有套管，电线进出不混乱。

（4）照明导线应用绝缘子固定。严禁使用花线或塑料胶质线。导线不得随地拖拉或绑在脚手架上。照明灯具的金属外壳必须接地或接零。单相回路内的照明开关箱必须装设漏电保护器。

（5）电箱内开关电器必须完整无损，接线正确。电箱内应设置漏电保护器，选用合理的额定漏电动作电流进行分级配合。配电箱应设总熔丝，分熔丝，分开关。

（6）配电箱的开关电器应与配电或开关箱一一对应配合，作分路设置，以确保专路专控；总开关电器与分路开关电器的额定值相适应。熔丝应和用电设备的实际负荷相匹配。

（7）现场移动的电动工具应具有良好的接地，使用前应检查其性能，长期不用的电动工具其绝缘性能应经过测试方可使用。

（8）设备及临时电气线路接电应设置开关或插座，不得任意搭挂，露天设置的电气装置必须有可靠的防雨、防湿措施，电气箱内须设置漏电开关。

（9）电线和设备安装完毕以后，由动力部门会同安全部门对施工现场进行验收，合格后方可使用。

9.22.3 文明施工与环境保护

1. 文明施工

（1）现场文明布置

施工现场四周设置施工围挡和进出口，在大门出入口处设洗车槽、沉淀池、高压冲水枪。工地的施工道路、出入口、材料堆放场、加工地、办公及仓库等施工临房地面均作地坪硬化处理。施工过程中产生的泥浆、废水和生活污水等进行沉淀过滤后再排入市政管网。施工现场的水准基点、轴线控制桩、埋地电缆、架空电线有醒目的明显标志，并加以保护，任何人不得损坏、移动。施工现场的设备、材料、构件、机具必须按平面指定的位置摆放或堆放整齐并挂牌标识；材料标识包括名称、品种、规格等有关内容的标识。易燃、易爆物品进行分类堆放。现场施工垃圾采用专人管理，活完场清，层层清理，集中堆放，统一运输的方法。施工现场设置吸烟区，严禁在非吸烟区吸烟。施工现场和场内建筑物按面积或高度要求设置一定数量的灭火器或消防栓。

（2）施工现场防尘措施

运输车辆进出的主干道应定期洒水清扫，保持车辆出入口清洁，以减少由于车辆行驶引起的地面扬尘污染。运输车辆应控制载重量，不过分超载，车厢顶部应设盖封闭，以避免运输过程中的扬撒、颠落，污染运输沿线的环境。现场内的堆土、堆砂用帆布或密目网等进行重叠式覆盖。清理施工垃圾时，采用容器吊运的办法，严禁任何人随意凌空抛洒。采用封闭垃圾站存放垃圾，并将生活垃圾和建筑垃圾区分存放，及时清运。施工现场设专人清扫保洁，使用洒水设备定时洒水降尘。木工加工棚内产生的木屑有专人收集装袋，集中清理。对水泥、白灰等易扬尘材料，实行轻卸慢放，用封闭式库存的方法，以减少扬尘的产生。施工作业面做到及时清理，及时将建筑垃圾装入容器。

（3）噪声防护

为了减少和避免对周围居民、行人的干扰，从减低噪声源的发声强度、控制噪声源的发声时间段、采用隔声措施、减少噪声源等几个方面，将噪声控制在规定范围内。对混凝土振动机、混凝土固定泵、木工圆锯、型材切割机等噪声源进行噪声强度限制，优先选取低噪声设备，定期监测，发现超标设备及时更换或修复。要求施工班组拆钢板和清理、堆放时应小心轻放。如确有特殊原因必须夜间施工时，应事先向有关主管部门申办夜间施工许可证，并事先通过居委会征得当地居民和业主的同意。尽量采用外加工成型，场内加工时应采取搭设加工棚等隔声措施。施工现场不设砂石料堆场，减少车辆进出及卸料所发生的噪声。

2. 对建（构）筑物、地下管线的保护

对有环境保护要求的基坑工程，不宜在围护墙外侧采用井点降水。必须设置时应采取地基加固、回灌和隔水帷幕等措施进行保护。开挖前发现围护墙体质量不符合要求时，应采用注浆等方法进行抗渗补强；开挖期发现墙体渗漏，则应及时分析原因，堵塞渗漏通道。应按基坑工程等级确定地面沉降和墙体侧向位移的控制标准。考虑变形的时空效应，控制监测值的变化速率。当变化速率突然增加或连续保持高速率时，应及时分析原因，采取相应对策。相继或同时开工的相邻基坑工程，必须事先协调施工进度，以确定设计工况，避免相互产生危害。邻近建筑物或地下管线进行搅拌桩施工时，应严格控制喷浆时钻头提升速度和水灰比，并根据监测资料调节施工速度和合理安排工序，采取合适的技术措施进行事先的加固或隔离。

参考文献

[1] 中华人民共和国国家标准．建筑地基基础工程施工质量验收规范(GB 50202—2002)。北京：中国计划出版社，2002.

[2] 中华人民共和国国家标准．岩土工程勘察规范(GB 50021—2001)．北京：中国计划出版社(2009年修订版).

[3] 中华人民共和国国家标准．建筑地基基础设计规范(GB 50007—2002)．北京：中国计划出版社，2002.

[4] 中华人民共和国国家标准．建筑基坑工程监测技术规范(GB 50497—2009)．北京：中国计划出版社，2009.

[5] 中华人民共和国行业标准．建筑基坑支护技术规程(JGJ 120—99)．北京：中国建筑工业出版社，1999.

[6] 中华人民共和国行业标准．湿陷性黄土地区建筑基坑工程安全技术规程(JGJ 2009)．北京：中国建筑工业出版社，2009.

[7] 刘建航，侯学渊．基坑工程手册．北京：中国建筑工业出版社，1997.

[8] 刘国彬、王卫东．基坑工程手册(第二版)．北京：中国建筑工业出版社，2009.

[9] 刘宗仁．基坑工程．哈尔滨：哈尔滨工业大学出版社，2008.

[10] 肖捷．地基与基础工程施工．北京：机械工业出版社，2006.

[11] 史佩栋、高大钊、桂业琨主编．高层建筑基础工程手册．北京：中国建筑工业出版社，2000.

[12] 曾宪明、黄久松、王作民．土钉支护设计与施工手册．北京：中国建筑工业出版社，2000.

[13] 徐至钧、赵锡宏．逆作法设计与施工．北京：机械工业出版社，2002.

[14] 姚天强、石振华．基坑降水手册．北京：中国建筑工业出版社，2006.

[15] 吴睿、夏才初等编著．软土水利基坑工程的设计与应用．北京：中国水利水电出版社，2002.

[16] 龚晓南．地基处理手册(第三版)．北京：中国建筑工业出版社，2008.

[17] 高振峰主编．土木工程施工机械实用手册．山东：山东科学技术出版社，2005.

[18] 注册岩土工程师专业考试复习教程(第五版)．中国建筑工业出版社，2010.

[19] 《建筑施工手册》(第三版)编写组．建筑施工手册(第三版)．北京：中国建筑工业出版社，1997.

[20] 《建筑施工手册》(第四版)编写组．建筑施工手册(第四版)．北京：中国建筑工业出版社，2003.

10　地基与桩基工程

10.1　地　　基

10.1.1　地基土的工程特性

地基是指建筑物下面支承基础承受上部结构荷载的土体或岩体。相对于岩体而言，构成地基的土体对上部结构的作用更加复杂，承受上部结构荷载的能力取决于地基土的工程特性：物理性质、压缩性、强度、稳定性、均匀性、动力特性和水理性等。

10.1.1.1　地基土的物理性质

土是由固体颗粒、水和气体三部分组成的三相体系。土的固体颗粒，一般由矿物质组成，有时含有有机质，构成土的骨架。土颗粒间相互贯通的孔隙中充填着水和气体。当土中孔隙完全被水充满时，称为饱和土；一部分充填着水、一部分充填着气体时，称为非饱和土；完全被气体充满时，称为干土。这三种组成部分本身的性质和相互之间的比例关系决定了地基土的物理性质。

工程中常用的地基土物理性质指标有：密度 ρ、比重、含水量 w、孔隙比 e 或孔隙度 n、饱和度 S_r，这些指标可以通过室内试验取得。

碎石土、砂土、粉土物理状态的指标是密实度，《岩土工程勘察规范》GB 50021—2001（2009 年版）规定：碎石土的密实度可根据圆锥动力触探锤击数按表 10-1、表 10-2 确定；砂土的密实度应根据标准贯入试验锤击数实测值 N 按表 10-5 划分；粉土的密实度应根据孔隙比 e 按表 10-6 划分。

黏性土通过稠度反映土的软硬程度，稠度指标液限 w_s、塑限 w_p、液性指数 I_L、塑性指数 I_p 可以通过室内试验取得。

碎石土密实度按 $N_{63.5}$ 分类　　表 10-1

重型动力触探锤击数 $N_{63.5}$	密实度	重型动力触探锤击数 $N_{63.5}$	密实度
$N_{63.5} \leqslant 5$	松散	$10 < N_{63.5} \leqslant 20$	中实
$5 < N_{63.5} \leqslant 10$	稍密	$N_{63.5} > 20$	密实

注：本表适用于平均粒径等于或小于 50mm，且最大粒径小于 100mm 的碎石土。对于平均粒径大于 50mm 或最大粒径大于 100mm 的碎石土，可用超重型动力触探或用野外观察鉴别。

碎石土密实度按 N_{120} 分类　　表 10-2

超重型动力触探锤击数 N_{120}	密实度	超重型动力触探锤击数 N_{120}	密实度
$N_{120} \leqslant 3$	松散	$11 < N_{120} \leqslant 14$	密实
$3 < N_{120} \leqslant 6$	稍密	$N_{120} > 14$	很密
$6 < N_{120} \leqslant 11$	中密		

当采用重型圆锥动力触探确定碎石土密实度时，锤击数 $N_{63.5}$ 应按下式修正：

$$N_{63.5}=a_1\cdot N'_{63.5}$$

式中　$N_{63.5}$——修正后的重型圆锥动力触探锤击数；

a_1——修正系数（按表 10-3 取值）；

$N'_{63.5}$——实测重型圆锥动力触探锤击数。

重型圆锥动力触探锤击数修正系数 a_1　　**表 10-3**

$N'_{63.5}$ / L（m）	5	10	15	20	25	30	35	40	≥50
2	1.00	1.00	1.00	1.00	1.00	1.00	1.00	1.00	
4	0.96	0.95	0.93	0.92	0.90	0.89	0.87	0.86	0.84
6	0.93	0.90	0.88	0.85	0.83	0.81	0.79	0.78	0.75
8	0.90	0.86	0.83	0.80	0.77	0.75	0.73	0.71	0.67
10	0.88	0.83	0.79	0.75	0.72	0.69	0.67	0.64	0.61
12	0.85	0.79	0.75	0.70	0.67	0.64	0.61	0.59	0.55
14	0.82	0.76	0.71	0.66	0.62	0.58	0.56	0.53	0.50
16	0.79	0.73	0.67	0.62	0.57	0.54	0.51	0.48	0.45
18	0.77	0.70	0.63	0.57	0.53	0.49	0.46	0.43	0.40
20	0.75	0.67	0.59	0.53	0.48	0.44	0.41	0.39	0.36

注：表中 L 为杆长。

当采用超重型圆锥动力触探确定碎石土密实度时，锤击数 N_{120} 应按下式修正：

$$N_{120}=a_1\cdot N'_{120}$$

式中　N_{120}——修正后的超重型圆锥动力触探锤击数；

a_1——修正系数，按表 10-4 取值；

N'_{120}——实测超重型圆锥动力触探锤击数。

超重型圆锥动力触探锤击数修正系数 a_1　　**表 10-4**

N'_{120} / L（m）	1	3	5	7	9	10	15	20	25	30	35	40
1	1.00	1.00	1.00	1.00	1.00	1.00	1.00	1.00	1.00	1.00	1.00	1.00
2	0.96	0.92	0.91	0.90	0.90	0.90	0.90	0.89	0.89	0.88	0.88	0.88
3	0.94	0.88	0.86	0.85	0.84	0.84	0.84	0.83	0.82	0.82	0.81	0.81
5	0.92	0.82	0.79	0.78	0.77	0.77	0.76	0.75	0.74	0.73	0.72	0.72
7	0.90	0.78	0.75	0.74	0.73	0.72	0.71	0.70	0.68	0.68	0.67	0.66
9	0.88	0.75	0.72	0.70	0.69	0.68	0.67	0.66	0.64	0.63	0.62	0.62
11	0.87	0.73	0.69	0.67	0.66	0.66	0.64	0.62	0.61	0.60	0.59	0.53
13	0.86	0.71	0.67	0.65	0.64	0.63	0.61	0.60	0.58	0.57	0.56	0.55
15	0.84	0.69	0.65	0.63	0.62	0.61	0.59	0.58	0.56	0.55	0.54	0.53
17	0.85	0.68	0.63	0.61	0.60	0.60	0.57	0.56	0.54	0.53	0.52	0.50
19	0.84	0.66	0.62	0.60	0.58	0.58	0.56	0.54	0.52	0.51	0.50	0.48

注：表中 L 为杆长。

砂土密实度分类　　**表 10-5**

标准贯入锤击数 N	密实度	标准贯入锤击数 N	密实度
$N\leqslant 10$	松散	$15<N\leqslant 30$	中密
$10<N\leqslant 15$	稍密	$N>30$	密实

粉土密实度分类　**表 10-6**

孔隙比 e	密实度
$e<0.75$	密实
$0.75\leqslant e\leqslant 0.9$	中密
$e>0.9$	稍密

10.1.1.2　地基土的压缩性

地基土的压缩性是指在压力作用下体积缩小的性能。从理论上，土的压缩变形可能是：土粒本身的压缩变形；孔隙中不同形态的水和气体等流体的压缩变形；孔隙中水和气体有一部分被挤出，土的颗粒相互靠拢使孔隙体积减小。

反映土的压缩性的参数，包括土体压缩模量 E_s、体积压缩系数 m_v、变形模量 E_0、切线模量 E_t 和割线摸量 E_q、回弹变形模量 E_{ur}。一般勘察成果中包括压缩模量、压缩系数和回弹模量。

压缩模量 E_s 是土体在无侧向变形条件下，竖向应力 σ_z 与竖向应变 ε_z 之比值，可通过压缩试验测定。体积压缩系数 m_v 是土体在压缩时竖向应变与竖向应力之比，其数值等于压缩模量的倒数。

回弹模量 E_c 为无侧向变形条件下，土体卸荷或重复加荷阶段，即土体处于超固结状态时，竖向应力 σ_z 与竖向应变 ε_z 之比值，通常可通过回弹试验测定。

变形模量 E_0 是在固定的围压下侧向自由变形条件时，竖向应力增量 $\Delta\sigma_z$ 与竖向应变增量 $\Delta\varepsilon_z$ 之比值。变形模量可采用切线模量或割线模量形式表示。

回弹变形模量 E_{ur}是侧向自由变形条件下，土体卸荷回弹时或重复加荷时竖向应力与竖向回弹应变之比值。

10.1.1.3　地基土的强度与承载力

地基土的强度问题，实质上就是土的抗剪强度问题。土的抗剪强度与法向压力 σ_n、土的内摩擦角 φ 和土的内聚力 c 三者有关。

无黏性土的抗剪强度来源于土粒之间的摩擦力。因为摩擦力存在于土体内部颗粒间的作用，故称内摩擦力。内摩擦力包含两部分：一部分是由于土颗粒粗糙产生的表面摩擦力；另一部分是粗颗粒之间互相镶嵌、联锁作用产生的咬合力。黏性土的抗剪强度，除内摩擦力外，还有内聚力。内聚力主要来源于：土颗粒之间的电分子吸引力和土中天然胶结物质（如硅、铁物质和碳酸盐等）对土粒的胶结作用。

地基承受荷载的能力称为地基承载力。地基承载力是地基土在基础的形状、尺寸、埋深及加载条件等外部因素确定下的固有属性，但在实际应用过程中，地基实际承载力的大小则与地基的变形相适应。地基承载力的确定可参照“10.2.1.3 天然地基的承载力计算与评价”。

10.1.1.4　地基土的稳定性

广义的地基稳定性问题包括地基土承载力不足而失稳，作用有水平荷载和地震作用的构筑物基础的倾覆和滑动失稳以及边坡失稳。地基土的稳定性评价可参照“10.2.1.1 天然地基的稳定性评价”。

10.1.1.5　地基土的均匀性

地基土的均匀性即为基底以下分布地基土的物理力学性质均匀性，这体现在两个方面，一是地基承载力差异较大；二是地基土的变形性质差异较大。地基土不均匀性评价可参照“10.2.1.2 天然地基的均匀性评价”。

由于不均匀地基的地基土在纵向和横向上物理力学性质均有不同程度的差异，地基反力的集中现象比均匀地基更为明显，基础设计若不采取某些结构措施易给建筑物埋下安全隐患。

10.1.1.6　地基土的动力特性

土体在动荷载作用下的力学特性称为地基土的动力特性。动荷载作用对土的力学性质的影响可以导致土的强度减低，产生附加沉降、土的液化和触变等结果。

影响土的动力变形特性的因素包括周期压力、孔隙比、颗粒组成、含水量等，最为显著是应变幅值的影响。应变幅值在 $10^{-6}\sim10^{-4}$ 及以下的范围内时，土的变形特性可认为是属于弹性性质。一般由火车、汽车的行驶以及机器基础等所产生的振动的反应都属于这种弹性范围。应变幅值在 $10^{-4}\sim10^{-2}$ 范围内时，土表现为弹塑性性质，在工程中，如打桩、地震等所产生的土体振动反应即属于此。当应变幅值超过 10^{-2} 时，土将破坏或产生液化、压密等现象。

土在动荷载下的抗剪强度存在速度效应和循环效应，以及动静应力状态的组合问题。循环荷载作用下土的强度有可能高于或低于静强度，由土的类别、所处的应力状态以及加荷速度、循环次数等而定。对于一般的黏土，在地震或其他动荷载作用下，破坏时的应力与静强度比较，并无太大的变化。但是对于软弱的黏性土，如淤泥和淤泥质土等。则动强度会有明显降低，所以在路桥工程遇到此类地基土时，必须考虑地震作用下的强度降低问题。土的动强度亦可如静强度一样通过动强度指标 c_d、φ_d 得到反映。

10.1.1.7　地基土的水理性

地基土的水理性是指地基土在水的作用下工程特性发生改变的性质，施工过程中必须充分了解这种变化，避免地基土的破坏。黏性土的水理性主要包括三种性质，黏性土颗粒吸附水能力的强弱称为活性，由活性指标 A 来衡量；黏性土含水量的增减反映在体积上的变化称胀缩性；黏性土由于浸水而发生崩解散体的特性称崩解性，通常由崩解时间、崩解特征、崩解速度三项指标来评价。对于岩石的水理性，包括吸水性、软化性、可溶性、膨胀性等性质。

10.1.2　地基土的工程地质勘察

地基土的工程地质勘察工作内容是要查明建设场地的岩土工程条件，提供地基土的物理力学性质指标，评价场地岩土工程问题，并提出针对该问题的方法与建议。工程地质勘察可用技术手段。包括工程地质测绘和调查、勘探和取样、各种原位测试技术、室内土工试验、检验和现场监测等。

10.1.2.1　工程钻探

工程钻探是工程地质勘察中最为常用且有效的手段，钻探方法种类及适用范围见表10-7

钻探方法的适用范围 **表 10-7**

钻探方法		钻进地层					勘察要求	
		黏性土	粉土	砂土	碎石土	岩石	直观鉴别，采取不扰动土样	直观鉴别，采取扰动土样
回转	螺旋钻探	++	+	+	—	—	++	++
	无岩芯钻探	++	++	++	+	++	—	—
	岩芯钻探	++	++	++	+	++	++	++
冲击	冲击钻探	—	+	++	++	—	—	—
	锤击钻探	++	++	++	+	—	++	++
振动钻探		++	++	++	+	—	+	++
冲洗钻探		+	++	++	—	—	—	—

注：++：适用；+：部分适用；—：不适用。

10.1.2.2 原位测试

原位测试技术是在工程地质勘察现场进行岩土体物理力学性质测试和岩土层划分的重要勘察技术。选择原位测试方法应根据岩土条件、设计对参数的要求、地区经验和测试方法的适用性等因素选用。原位测试的试验项目、测定参数、主要试验目的可参照表 10-8 的规定。

10.1.2.3 室内试验

工程地质勘察室内试验主要目的是测定土的物理力学性质指标。室内土工试验项目、方法以及指标应用见表 10-9。

原位测试项目 **表 10-8**

试验项目	适用范围	测定参数	主要试验目的
载荷试验	各类地基土	比例界限压力 p_0(kPa)、极限压力 p_u(kPa)和压力与变形关系	1. 评定岩土承载力； 2. 估算土的变形模量； 3. 计算土的基床系数
静力触探试验	软土、一般黏性土、粉土、砂土和含少量碎石的土	单桥比贯入阻力 p_s(MPa)，双桥锥尖阻力 q_c(MPa)、侧壁摩阻力 f_s(kPa)、摩阻比 R_f(%)，孔压静力触探的孔隙水压力 u(kPa)	1. 判别土层均匀性和划分土层； 2. 选择桩基持力层、估算单桩承载力； 3. 估算地基土承载力和压缩模量； 4. 判断沉桩可能性； 5. 判别地基土液化可能性及等级
标准贯入试验	砂土、粉土和一般黏性土	标准贯入击数 N(击)	1. 判别土层均匀性和划分土层； 2. 判别地基液化可能性及等级； 3. 估算地基承载力和压缩模量； 4. 估算砂土密实度及内摩擦角； 5. 选择桩基持力层、估算单桩承载力； 6. 判断沉桩的可能性

续表

试验项目	适用范围	测定参数	主要试验目的
圆锥动力触探试验	浅部填土、黏性土、粉土、砂土、碎石土、残积土、极软岩和软岩	动力触探击数 N_{10}、$N_{63.5}$、N_{120}(击)	1. 判别土层均匀性和划分土层； 2. 估算地基土承载力和压缩模量； 3. 选择桩基持力层、估算单桩承载力； 4. 地基检验
十字板剪切试验	饱和软黏性土	不排水抗剪强度峰值 c_u(kPa)和残余值 c'_u(kPa)	1. 测求饱和黏性土的不排水抗剪强度和灵敏度； 2. 估算地基土的承载力和单桩承载力； 3. 计算边坡稳定性； 4. 判断软黏性土的应力历史
现场渗透试验	粉土、砂土、碎石土等富水地层	岩土层渗透系数 k(cm/s)，必要时测定释水系数 μ 等	为重要工程或深基础工程的设计提供的渗透系数、影响半径、单井涌水量等
旁压试验	黏性土、粉土、砂土、碎石土、残积土、极软岩和软岩	初始压力 p_0(kPa)、临塑压力 p_f(kPa)、极限压力 p_L(kPa)和旁压模量 E_m(kPa)	1. 测求地基土的临塑荷载和极限荷载强度，从而估算地基土的承载力； 2. 测求地基土的变形模量，从而估算沉降量； 3. 估算桩基承载力； 4. 计算土的侧向基床系数； 5. 自钻式旁压试验可确定土的原位水平应力和静止侧压力系数
扁铲侧胀试验	软土、一般黏性土、粉土、黄土和松散～中密的砂土	侧胀模量 E_D(kPa)、侧胀土性指数 I_D、侧胀水平应力指数 K_D 和侧胀孔压指数 U_D	1. 划分土层和区分土类； 2. 计算土的侧向基床系数； 3. 判别地基土液化可能性
波速测试	各类岩土体	压缩波速 v_P(m/s)、剪切波速 v_S(m/s)	1. 划分场地类别； 2. 提供地震反应分析所需的场地土动力参数； 3. 评价岩体完整性； 4. 估算场地卓越周期
场地微振动测试		场地卓越周期 T(s)和脉动幅值	确定场地卓越周期

室内土工试验的主要项目、方法及指标应用　　表 10-9

试验项目	方　法	测得指标	应　用
含水量	烘干法，酒精燃烧法，比重法，炒干法，实容积法	含水量 w	1. 计算孔隙比等其他指标； 2. 物理性质指标； 3. 评价土的承载力； 4. 评价土的冻胀性
密度	环刀法，蜡封法、灌水法、灌砂法	密度 ρ 干密度 ρ_d	计算孔隙比、重度等其他物理性质指标
土的相对密度(比重)	比重试验、比重瓶法、浮称法、虹吸筒法	比重 G_s	计算孔隙比等其他物理指标
界限含水率	圆锥式法、碟式法、联合测定法 滚搓法，联合测定法	液限 w_L 塑限 w_p 液性指数 塑性指数 含水比 活动度	1. 黏性土的分类定名； 2. 划分黏性土状态； 3. 评价土的承载力； 4. 估计土的最优含水量； 5. 估算土的力学性质； 6. 评价黏土和红黏土的承载力（含水比）； 7. 评价含水量变化时土的体积变化（活动度）
颗粒级配	筛分法；比重计法；移液管法	有效粒径 d_{10} 平均粒径 d_{50} 不均匀系数 C_u 曲率系数 C_c	1. 砂土分类定名和级配情况； 2. 计算反滤层或计算过滤器孔径； 3. 评价砂土和粉土液化可能性； 4. 评价砂土和粉土液化的可能性
砂土的相对密实度	最小干密度试验，最大干密度试验	最大孔隙比 e_{max} 最小孔隙比 e_{min} 相对密度 D_r	1. 评价砂土密度； 2. 估计砂土体积变化； 3. 评价砂土液化可能性
击实	轻型击实试验，重型击实试验	最大干密度 ρ_{dmax} 最优含水量 w_y	控制填土地基质量及夯实效果
压缩（固结）	标准法，快速法，回弹试验，再压缩试验	压缩系数 a_{1-2} 压缩模量 E_s 压缩指数 C_c 体积压缩系数 m_v 固结系数 C_s 先期固结压力 p_c 超固结比 OCR	1. 计算地基变形； 2. 评价土的承载力； 3. 计算沉降时间及固结度； 4. 判断土的应力状态和压密状态
渗透	常水头，变水头	渗透系数 K	1. 计算基坑涌水量； 2. 设计排水构筑物； 3. 施工降水设计

续表

试验项目	方　法	测得指标	应　用
无侧限抗压强度	原状土试验，重塑土试验	无侧限抗压强度 q_u 灵敏度 S_r	1. 估计（算）土的承载力； 2. 估计算土的抗剪强度； 3. 评价土的结构性
直接剪切	慢剪，固结快剪，快剪，反复剪	黏聚力 c 内摩擦角 φ	1. 评价地基的稳定性、计算承载力； 2. 计算斜坡的稳定性； 3. 计算挡土墙的土压力
承载比	贯入法	承载比 CBR	计算公路、机场跑道
水土化学试验	电测法，比色法	酸碱度 pH 值	评价水土腐蚀性
	包括易溶盐，中溶盐，难溶盐，总量测定可用烘干法，各离子含量用化学分析法	易溶盐总量 W 中溶盐含量 W_{csh} 难溶盐含量 W_{cc}	
	重铬酸钾容量法，烧失法	有机质含量 W_u	

10.1.2.4　其他方法

工程地质勘察中，当钻探方法难以准确查明地下情况时，可采用探井、探槽详细探明深部岩层性质、构造特征等。常见的还有地球物理勘探方法，是利用物探仪器探测地下天然的或人工的物理场变化，借以查明地层、构造，测定岩、土的物理力学性质及水文地质参数的一种勘探方法。

10.1.3　地基承载力的现场静载试验

10.1.3.1　现场静载荷试验

静力载荷试验是通过一定垂直压力测定土在天然产状条件下的变形模量、土的变形随时间的延续性及在载荷板接近于实际基础条件下估计地基承载力等。

10.1.3.2　仪器设备

地基土静载荷试验仪器设备主要包括承压板、加荷系统、反力系统，观测系统等组成，如图 10-1 所示。

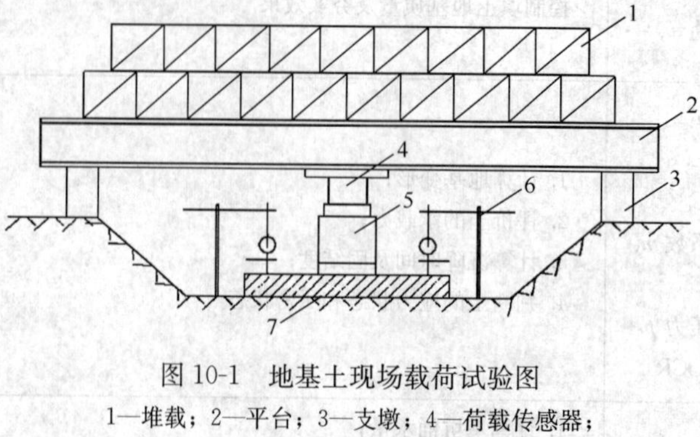

图 10-1　地基土现场载荷试验图

1—堆载；2—平台；3—支墩；4—荷载传感器；5—千斤顶；6—百分表；7—承压板

10.1.3.3　现场试验操作

以平板载荷试验为例，介绍一下静载荷试验的操作步骤。

（1）试验场地准备

在有代表性的地点，整平场地，开挖试坑。试坑底面宽度不小于承压板直径（或宽度）的 3 倍。试验前应保持试坑土层的天然状态。在开挖试坑及安装设备中，应将坑内地下水位降至坑底以下，并防止因降低地下水位而可能产生破坏土体的现象。试验前应在试坑边取原状土样 2 个，以测定土的含水率和密度。

（2）仪器设备安装

1）安装承压板。安装承压板前应整平试坑面，铺约1cm厚的中砂垫层，并用水平尺找平，承压板与试验面平整接触。

2）安放载荷台架或加荷千斤顶反力构架，其中心应与承压板中心一致。当调整反力构架时，应避免对承压板施加压力。

3）安装沉降观测装置，其固定点应设在不受变形影响的位置处。沉降观测点应对称设置。

（3）试验点应避免冰冻、暴晒、雨淋，必要时设置工作棚。

（4）荷载一般按等量分级施加，并保持静力条件和沿承压板中心传递。每级荷载增量一般取预估试验土层极限压力的1/10～1/8。当不易预估其极限压力时，可按表10-10所列选用不同土层的荷载增量。

不同土层的荷载增量表 **表10-10**

试验土层特征	荷载增量（kPa）
淤泥、流塑状黏质土、饱和或松散的粉细砂	≤15
软塑状黏质土、疏松的黄土、稍密的粉细砂	15～25
可塑～硬塑状黏质土、一般黄土、中密～密实的粉细砂	25～100
坚硬的黏质土、中粗砂、碎石类土、软质岩石	50～200

（5）稳定标准：一般采用相对稳定法，即每施加一级荷载，待沉降速率达到相对稳定后再加下一级荷载。当连读两小时每小时沉降量小于等于0.1mm时，可认为沉降已达相对稳定标准，施加下一级荷载；当试验对象是岩体时，当连续三次读数差小于等于0.01mm时，可认为沉降已达相对稳定标准，施加下一级荷载。

（6）应按时、准确观测沉降量。每级荷载下观测沉降的时间间隔一般采用下列标准：

自加荷开始，按10min、10min、10min、15min、15min观测一次，以后每隔30～60min观测1次（岩体试验时间隔1min、2min、2min、5min测读1次沉降，以后每隔10min测读一次），直至1h的沉降量不大于0.1mm为止。

（7）参照前面叙述的标准终止试验。

（8）当需要卸载观测回弹时，每级卸载量可为加载增量的2倍，历时1h，每隔15min观测一次。荷载安全卸除后继续观测3h。

10.1.3.4 成果整理及应用

1. 成果资料整理

（1）相对稳定法（常规慢速法）

根据原始记录数据绘制 *p-s*、*s-t* 曲线草图，见图10-2。

p-s 曲线存在拐点，第一拐点对应压力为比例界限压力 p_0，第二拐点对应压力为极限承载力 p_u。

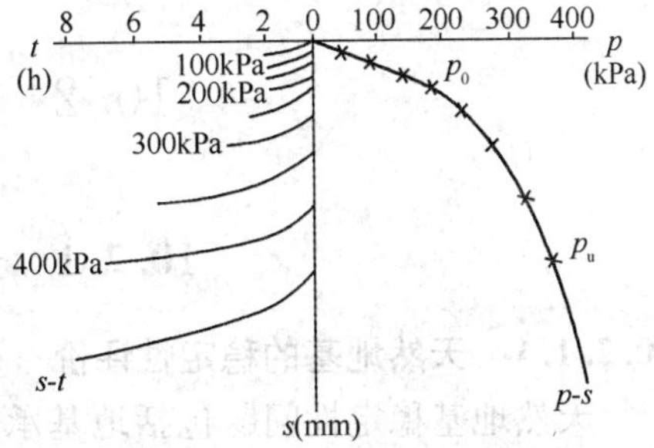

图10-2 静载荷试验 *p-s*、*s-t* 曲线

（2）非稳定法（快速法）

根据试验记录按外推法推算各级荷载下，沉

降速率达到相对稳定标准时所需的时间和沉降量，然后以推算的沉降量绘制 p-s 曲线。

2. 成果应用

(1) 确定地基土承载力特征值

1) 强度控制法（比例界限作为承载力特征值）

①p-s 曲线上有明显的直线段时，一般取直线段终点对应的荷载值为比例界限 p_0，该值作为地基土承载力特征值。

当 p-s 曲线上无明显的直线段时，可用下述方法确定比例界限 p_0：

a. 在某一荷载下，其沉降增量超过前一级荷载下沉降增量的两倍，即 $\triangle s_n > 2\triangle s_{n-1}$ 的点所对应的压力即为比例界限。

b. 绘制 $\lg p$-$\lg s$ 曲线，曲线上转折点所对应的压力即为比例界限。

c. 绘制 p-$\Delta s/\Delta p$ 曲线，曲线上的转折点所对应的压力即为比例界限，其中 Δp 为荷载增量，Δs 为相应的沉降增量。

②当极限荷载能确定时，且该值小于 p_0 的 1.5 倍时，取极限承载力 p_u 的一半。

2) 相对沉降控制法

当不能按比例界限和极限荷载确定时，承压板面积为 $0.25 \sim 0.50m^2$，可根据沉降量和承压板宽度的比值 s/b 确定。对于一般黏性土、粉土宜采用相对沉降量 $s/b < 0.02$ 对应的压力为地基承载力特征值；对砂土宜采用 0.010～0.015 对应的压力为地基承载力特征值。

同一层参加统计的试验点不应少于 3 点，当试验实测值的极差不超过平均值的 30% 时，取此平均值为该土层的地基承载力特征值。

(2) 确定地基土的变形模量

载荷试验一般以比例界限点以前的 p-s 曲线段，按加权线性斜率 s/p 值代入下列基于弹性理论推导的变形模量计算公式，即可求得地基土变形模量 E_0 值。

$$E_0 = I_0(1-\nu^2)d \cdot p/s \tag{10-1}$$

式中　E_0——土的变形模量（MPa）；

I_0——刚性承压板的形状系数，圆形承压板取 0.785；方形板取 0.886；

ν——土的泊松比，碎石土取 0.27，砂土取 0.30，粉土取 0.35，粉质黏土取 0.35，黏土取 0.42；

p——p-s 曲线线性段的压力（kN）；

s——与荷载 p 对应的沉降量（cm）；

d——承压板直径或边长（cm）。

10.2　天　然　地　基

10.2.1　天然地基的评价与防护

10.2.1.1　天然地基的稳定性评价

天然地基稳定性问题包括地基承载力不足而失稳，以及地基变形过大造成建筑物失稳，还有经常作用有水平荷载的构筑物基础的倾覆和滑动失稳以及边坡失稳。地基土的稳定性评价是岩土工程问题分析与评价中的一项重要内容。

作为天然地基，应有足够的强度，即地基单位面积上允许承受最大的压力，相当于地基极限承载力值的1/2。地基承载力的确定及修正在本手册中有详细介绍。

评价地基土变形量，是确定天然地基应用的条件。各级建（构）筑物按其结构特点和使用上的要求，允许地基适当下沉，称为允许变形值，可分为沉降量、沉降差、倾斜、局部倾斜。当地基基础下沉量超过允许变形值时（见表10-11），建（构）筑物将遭破坏或影响正常使用。

建筑物的地基变形允许值 **表10-11**

变形特征	地基土类别	
	中、低压缩性土	高压缩性土
砌体承重结构基础的局部倾斜	0.002	0.003
工业与民用建筑相邻柱基的沉降差		
（1）框架结构	0.002l	0.003l
（2）砖石墙填充的边排柱	0.0007l	0.001l
（3）当基础不均匀沉降时不产生附加应力的结构	0.005l	0.005l
单层排架结构（柱距为6m）柱基的沉降量（mm）	(120)	200
桥式吊车轨面的倾斜（按不调整轨道考虑）		
纵向	0.004	
横向	0.003	
多层和高层建筑基础的倾斜 $H_g \leqslant 24$	0.004	
$24 < H_g \leqslant 60$	0.003	
$60 < H_g \leqslant 100$	0.0025	
$H_g > 100$	0.002	
体型简单的高层建筑基础的平均沉降量（mm）	200	
高耸结构基础的倾斜 $H_g \leqslant 20$	0.008	
$20 < H_g \leqslant 50$	0.003	
$50 < H_g \leqslant 100$	0.006	
$100 < H_g \leqslant 150$	0.005	
$150 < H_g \leqslant 200$	0.004	
$200 < H_g \leqslant 250$	0.002	
高耸结构基础的沉降量（mm） $H_g \leqslant 100$	400	
$100 < H_g \leqslant 200$	300	
$200 < H_g \leqslant 250$	200	

注：1. 本表数值为建筑地基实际最终变形允许值；

2. 有括号者仅适用于中压缩性土；

3. l为相邻柱基的中心距离（mm）；H_g为自室外地面起算的建筑物高度（m）；

4. 倾斜指基础倾斜方向两端点的沉降差与其距离的比值；

5. 局部倾斜指砌体承重结构沿纵向6～10m内基础两点的沉降差与其距离的比值。

计算地基变形时，地基内的应力分布，可采用各向同性均质的直线变形体理论。其最终沉降量可按下式计算：

$$s=\psi_s s'=\sum_{i=1}^{n}\frac{p_0}{E_{si}}(z_i\alpha_i-z_{i-1}\alpha_{i-1}) \quad (10\text{-}2)$$

式中　s——地基最终沉降量（mm）；

s'——按分层总和法计算出的地基沉降量；

ψ_s——沉降计算经验系数，根据地区沉降观测资料及经验确定，也可采用表 10-12 数值；

n——地基沉降计算深度范围内所划分的土层数；

p_0——对应于荷载标准值时的基础底面处的附加压力（kPa）；

E_{si}——基础底面下第 i 层土的压缩模量，按实际应力范围取值（MPa）；

z_i，z_{i-1}——基础底面至第 i 层土、第 $i-1$ 层土底面的距离（m）；

α_i，α_{i-1}——基础底面计算点至第 i 层土、第 $i-1$ 层土底面范围内平均附加应力系数。

沉降计算经验系数 ψ_s　　**表 10-12**

$\overline{E}_s$（MPa） / 基底附加压力	2.5	4.0	7.0	15.0	20.0
$p_0 \geqslant f_{ak}$	1.4	1.3	1.0	0.4	0.2
$p_0 \leqslant 0.75 f_{ak}$	1.1	1.0	0.7	0.4	0.2

注：$\overline{E}_s$ 为沉降计算深度范围内压缩模量的当量值，应按式 $\overline{E}_s=\sum A_i/\overline{E}_s$ 计算，式中 A_i 为第 i 层土附加应力系数沿土层厚度的积分值。

当地基受力层范围内存在软弱下卧层时，确定基础底面尺寸后需进行变形验算，要求作用在软弱下卧层顶面处的附加应力与自重应力之和不超过它的承载力设计值。

位于斜坡地段的高层建筑，其场地稳定性评价应符合下列规定：

（1）高层建筑场地不应选在滑坡体上，对选在滑坡体附近的建筑场地，应对滑坡进行专门勘察，验算滑坡稳定性，论证建筑场地的适宜性，并提出治理措施；

（2）位于坡顶或临近边坡下的高层建筑，应评价边坡整体稳定性、分析判断整体滑动的可能性；

（3）当边坡整体稳定时，尚应验算基础外边缘至坡顶的安全距离；

（4）位于边坡下的高层建筑，应根据边坡整体稳定性论证分析结果，确定离坡脚的安全距离。

按照《建筑地基基础设计规范》GB 50007，地基稳定性可采用圆弧滑动面法进行验算。

10.2.1.2　天然地基的均匀性评价

天然地基均匀性评价标准：

（1）当地基持力层层面坡度大于 10％时，可视为不均匀地基；

（2）建筑物基础底面跨两个以上不同的工程地质单元时为不均匀地基；

（3）建筑物基础底面位于同一地质单元、土层属于相同成因年代时，地基不均匀性用建筑物基础平面范围内，其中两个钻孔所代表的压缩最大、最小的压缩模量当量值 $\overline{E}_s$ 之比，即地基不均匀系数 β 来判定．当 β 大于表 10-13 规定的数值时，为不均匀地基。

不均匀系数 β 表 10-13

压缩模量当量值 $\overline{E}_s$ (MPa)	≤4	7.5	15	>15
地基不均匀系数 β	1.3	1.5	1.8	2.5

注：1. 土的压缩模量当量值 $\overline{E}_s$；

2. 地基不均匀系数 β 为 $\overline{E}_{smax}$ 与 $\overline{E}_{smin}$ 之比，其中 $\overline{E}_s$ 为该场地某一钻孔所代表的低级土层在压缩层深度内最大的压缩模量当量值，$\overline{E}_{smin}$ 为另一钻孔所代表的第几土层在压缩层深度内最小的压缩模量当量值；

3. 土的压缩模量按实际应力段取值。

（4）地基持力层和第一下卧层在基础宽度方向上，地层厚度的差值小于 $0.05b$（b 为基础宽度）时，可视为均匀地基。

当按上述标准判定为不均匀地基时，应进行变形验算，并采取相应的结构和地基处理措施。

10.2.1.3 天然地基的承载力计算与评价

确定地基承载力时，应结合当地建筑经验按下列方法综合考虑：

（1）对一级建筑物采用载荷试验、理论公式计算及原位测试方法综合确定。

（2）对二级建筑物可按有关规范查表，或原位测试确定，有些二级建筑物尚应结合理论公式计算确定。

（3）对三级建筑物可根据邻近建筑物的经验确定。

依据《建筑地基基础设计规范》GB 50007，地基承载力特征值可由载荷试验或其他原位测试、公式计算、并结合工程实践经验等方法综合确定。

当基础宽度大于 3m 或埋置深度大于 0.5m 时，从浅层载荷试验或其他原位测试、经验值等方法确定的地基承载力特征值，尚应按下式修正：

$$f_a = f_{ak} + \eta_b \gamma (b-3) + \eta_d \gamma_m (d-0.5) \tag{10-3}$$

式中 f_a——修正后的地基承载力特征值；

f_{ak}——地基承载力特征值；

η_b、η_d——基础宽度和埋深的地基承载力修正系数，按基底下土的类别查表 10-14 取值；

γ——基础底面以下土的重度，地下水位以下取浮重度；

b——基础底面宽度（m），当基础底面宽度小于 3m 时按 3m 取值，大于 6m 时按 6m 取值；

γ_m——基础底面以上土的加权平均重度，位于地下水位以下的土层取有效重度；

d——基础埋置深度（m），自室外地面标高算起。在填方整平地区，可自填土地面标高算起，但填土在上部结构施工后完成时，应从天然地面标高算起。对于地下室，如采用箱形基础或筏形基础时，基础埋置深度自室外地面标高算起；当采用独立基础或条形基础时，应从室内地面标高算起。

当偏心距 e 小于或等于 0.033 倍基础底面宽度时，根据土的抗剪强度指标确定地基承载力可按下式计算，并应满足变形要求：

$$f_a = M_b \gamma b + M_d \gamma_m d + M_c c_k \tag{10-4}$$

式中　f_a——由土的抗剪强度指标确定的地基承载力设计值（kPa）；

M_b，M_d，M_c——承载力系数，按表 10-15 确定；

b——基础底面宽度，大于 6m 时按 6m 考虑，对于砂土小于 3m 时按 3m 取值；

c_k——基底下一倍短边宽度的深度范围内土的黏聚力标准值（kPa）。

承载力修正系数　**表 10-14**

土的类别		η_b	η_d
淤泥和淤泥质土		0	1.0
	人工填土，e 或 I_L 大于等于 0.85 的黏性土	0	1.0
红黏土	含水比 $\alpha_w>0.8$	0	1.2
	含水比 $\alpha_w\leqslant0.8$	0.15	1.4
大面积压实填土	压实系数大于 0.95，黏粒含量 $\rho_c\geqslant10\%$ 的粉土	0	1.5
	最大干密度大于 2100kg/m³ 的级配砂石	0	2.0
粉土	黏粒含量 $\rho_c\geqslant10\%$ 的粉土	0.3	1.5
	黏粒含量 $\rho_c<10\%$ 的粉土	0.5	2.0
e 及 I_L 均小于 0.85 的黏性土		0.3	1.6
粉砂、细砂（不包括很湿与饱和时的稍密状态）		2.0	3.0
中砂、粗砂、砾砂和碎石土		3.0	4.4

注：1. 强风化和全风化的岩石，可参照所风化成的相应土类取值，其他状态下的岩石不修正；

2. 地基承载力特征值按《建筑地基基础设计规范》GB 50007—2011 附录 D 深层平板载荷试验要点确定时 η_d 取 0；

3. 含水比是指土的天然含水量与液限的比值；

4. 大面积压实填土是指填土范围大于两倍基础宽度的填土。

承载力系数 M_b，M_d，M_c　**表 10-15**

土的内摩擦角标准值 φ_k（°）	M_b	M_d	M_c
0	0	1.00	3.14
2	0.03	1.12	3.32
4	0.06	1.39	3.51
6	0.10	1.55	3.71
8	0.14	1.73	3.93
10	0.18	1.94	4.17
12	0.23	2.17	4.42
14	0.29	2.43	4.69
16	0.36	2.72	5.00
18	0.43	3.06	5.31
20	0.51	3.44	5.66
22	0.61	3.87	6.04
24	0.80	4.37	6.45
26	1.10	4.93	6.90
28	1.40	5.59	7.40
30	1.90	6.35	7.95
32	2.60	7.21	8.55
34	3.40	8.25	9.22
36	4.20	9.44	9.97
38	5.00	10.84	10.80
40	5.80	1.73	11.73

注：φ_k 为基底下一倍短边宽度的深度范围内土的内摩擦角标准值（°）。

岩石地基承载力特征值，可按《建筑地基基础设计规范》GB 50007—2011 录 H 岩基载荷试验要点确定。对完整、较完整和较破碎的岩石地基承载力特征值可根据室内饱和单轴抗压强度按下式计算：

$$f_a = \psi_r f_{rk} \tag{10-5}$$

式中 f_a——岩石地基承载力特征值（kPa）；

f_{rk}——岩石饱和单轴抗压强度标准值（kPa），可按《建筑地基基础设计规范》附录J确定；

ψ_r——折减系数。根据岩体完整程度以及结构面的间距、宽度、产状和组合，由地区经验确定。无经验时，对完整岩体可取 0.5；对较完整岩体可取 0.2～0.5；对较破碎岩体可取 0.1～0.2。

注：①上述折减系数未考虑施工因素及建筑物使用后风化作用的继续；②对于黏土质岩，在确保施工期及使用期不致遭水浸泡时，也可采用天然湿度的试样，不进行饱和处理；③对破碎、极破碎的岩石地基承载力特征值，可根据地区经验取值，无地区经验时，可根据平板载荷试验确定。

10.2.1.4 天然地基的防护

天然地基的防护主要是指在基槽施工时应保持地基土的天然状态，避免对地基土扰动、受水浸泡、冻胀等。具体做法如下：

（1）开槽时应预留 20～30cm 保护层，保护层应采用人工清除，防止对地基土扰动，禁止超挖。

（2）雨期施工时应有必要的排水设施，防止泡槽。

（3）冬期施工时应采取必要的防冻措施，现场应配置草垫、麻袋等材料，防止对地基土冻胀。

10.2.2 地基局部处理[49]

10.2.2.1 松土坑、古墓、坑穴处理

松土坑、古墓、坑穴处理方法参见表 10-16。

松土坑、古墓、坑穴处理方法 **表 10-16**

地基情况	处 理 简 图	处 理 方 法
松土坑在基槽中范围内	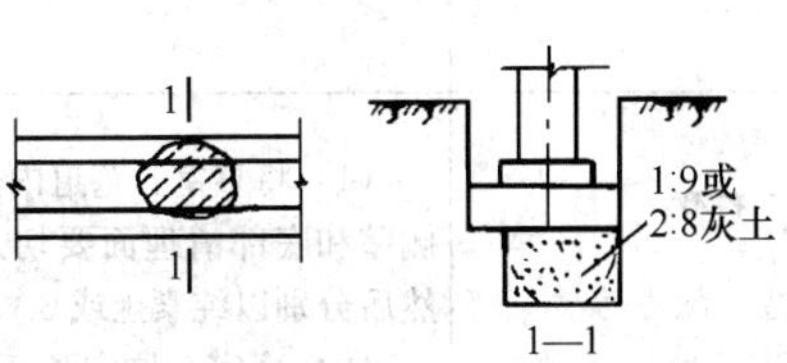	将坑中松软土挖除，使坑底及四壁均见天然土为止，回填与天然土压缩性相近的材料。当天然土为砂土时，用砂或级配砂石回填；当天然土为较密实的黏性土，用 3∶7 灰土分层回填夯实；天然土为中密可塑的黏性土或新近沉积黏性土，可用 1∶9 或 2∶8 灰土分层回填夯实，每层厚度不大于 20cm
松土坑在基槽中范围较大，且超过基槽边沿时	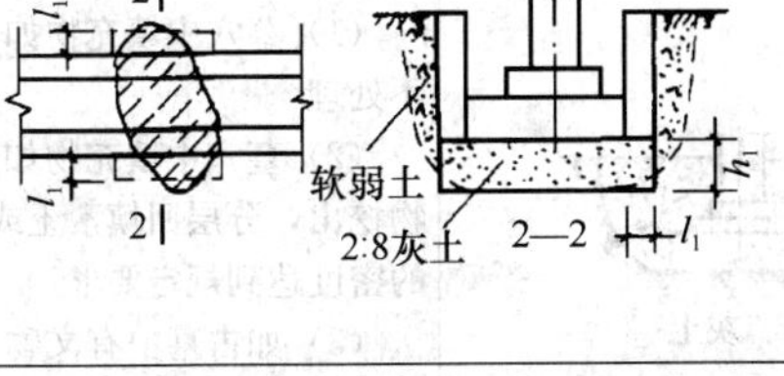	因条件限制，槽壁挖不到天然土层时，则应将该范围内的基槽适当加宽，加宽部分的宽度可按下述条件确定：当用砂土或砂石回填时，基槽壁边均应按 $l_1 : h_1 = 1 : 1$ 坡度放宽；用 1∶9 或 2∶8 灰土回填时，基槽每边应按 $b : h = 0.5 : 1$ 坡度放宽；用 3∶7 灰土回填时，如坑的长度≤2m，基槽可不放宽，但灰土与槽壁接触处应夯实
松土坑范围较大，且长度超过 5m 时	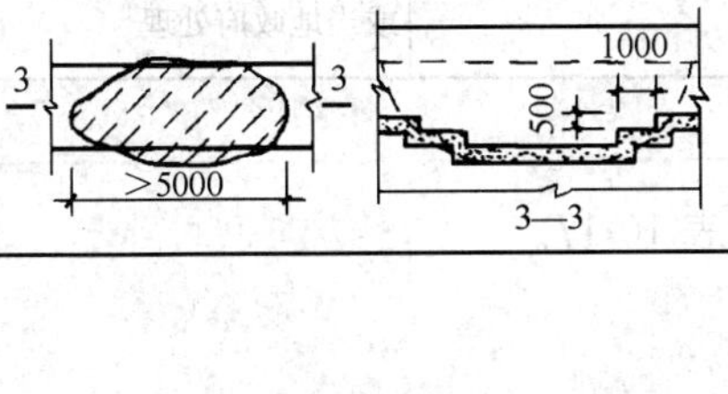	如坑底土质与一般槽底土质相同，可将此部分基础加深，做 1∶2 踏步与两端相接。每步高不大于 50cm，长度不小于 100cm，如深度较大，用灰土分层回填夯实至坑（槽）底齐平

续表

地基情况	处理简图	处理方法
松土坑较深，且大于槽宽或1.5m时	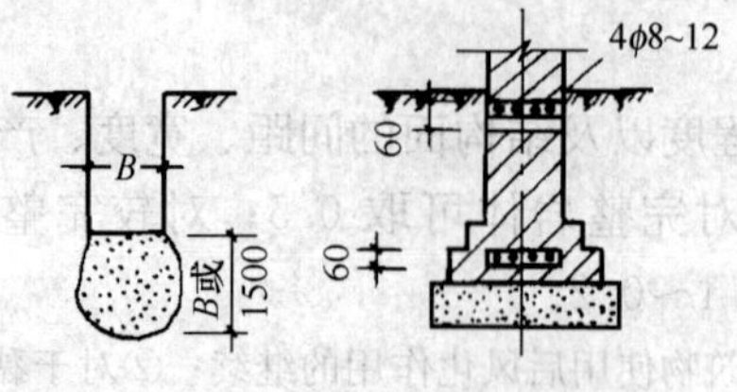	按以上要求处理挖到老土，槽底处理完毕后，还应适当考虑加强上部结构的强度，方法是在灰土基础上1～2皮砖处（或混凝土基础内）、防潮层下1～2皮砖处及首层顶板处，加配4ϕ8～12mm钢筋跨过该松土坑两端各1m，以防产生过大的局部不均匀沉降
松土坑下水位较高时	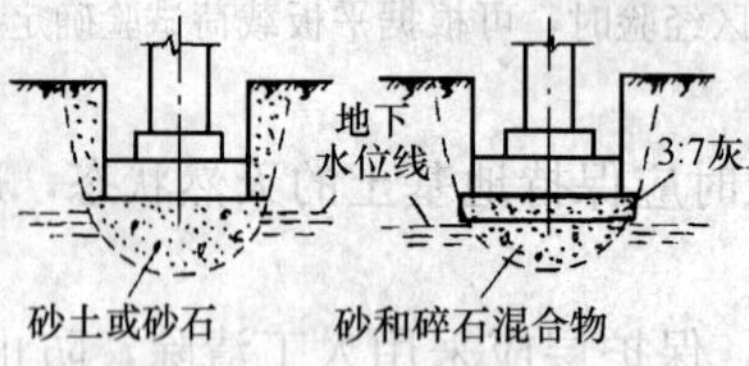	当地下水位较高，坑内无法夯实时，可将坑（槽）中软弱的松土挖去后，再用砂土、砂石或混凝土代替灰土回填，如坑底在地下水位以下时．回填前先用粗砂与碎石（比例为1∶3）分层回填夯实；地下水位以上用3∶7灰土回填夯实至要求高度
基础下压缩土层范围内有古墓、地下坑穴	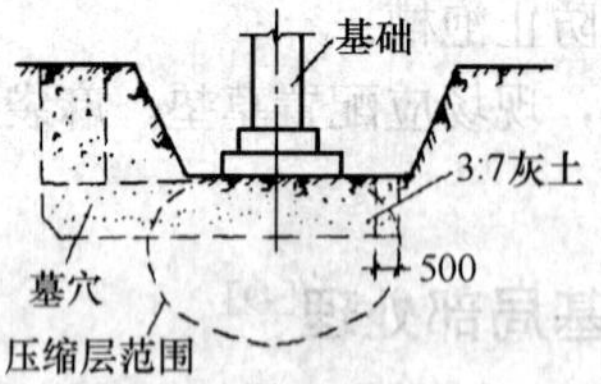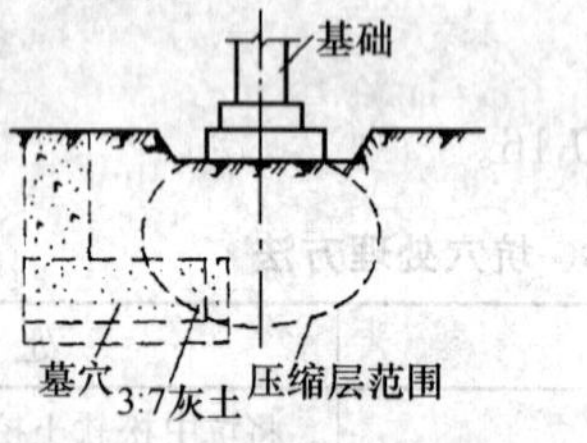	（1）墓坑开挖时，应沿坑边四周每边加宽50cm，加宽深入到自然地面下50cm，重要建筑物应将开挖范围扩大，沿四周每边加宽50cm；开挖深度：当墓坑深度小于基础压缩土层深度，应挖到坑底；如墓坑深度大于基层压缩土层深度，开挖深度应不小于基础压缩土层深度 （2）墓坑和坑穴用3∶7灰土回填夯实；回填前应先打2～3遍底夯，回填土料宜选用粉质黏土分层回填，每层厚20～30cm，每层夯实后用环刀逐点取样检查，土的密度应不小于1.55t/m³
基础外有古墓、地下坑穴	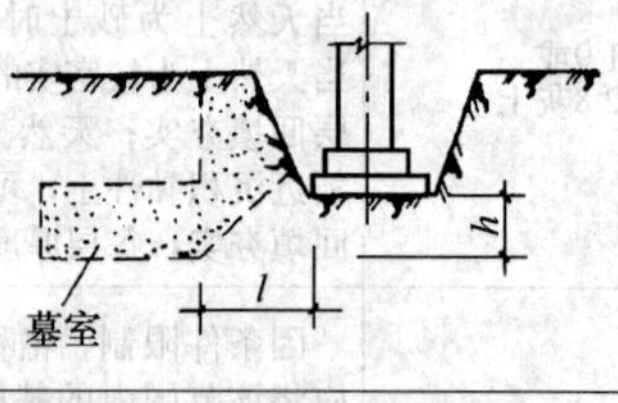	（1）将墓室、墓道内全部充填物清除，对侧壁和底部清理面要切入原土150mm左右，然后分别以纯素土或3∶7灰土分层回填夯实 （2）墓室、坑穴位于墓坑平面轮廓外时，如$l/h>1.5$，则可不作专门处理
基础下有古墓、地下坑穴	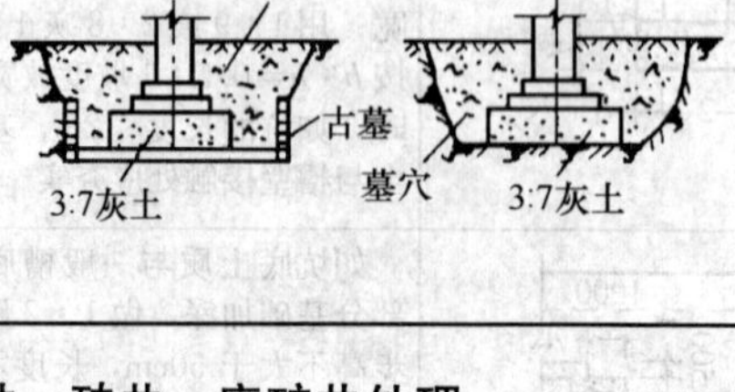	（1）墓穴中填充物如已恢复原状结构的可不处理 （2）墓穴中填充物如为松土，应将松土杂物挖出，分层回填素土或3∶7灰土夯实到土的密度达到规定要求 （3）如古墓中有文物，应及时报主管部门或当地政府处理

10.2.2.2　土井、砖井、废矿井处理

土井、砖井、废矿井处理方法参见表10-17。

土井、砖井、废矿井处理方法 **表10-17**

井的部位	处理简图	处理方法
土井、砖井在室外，距基础边缘5m以内	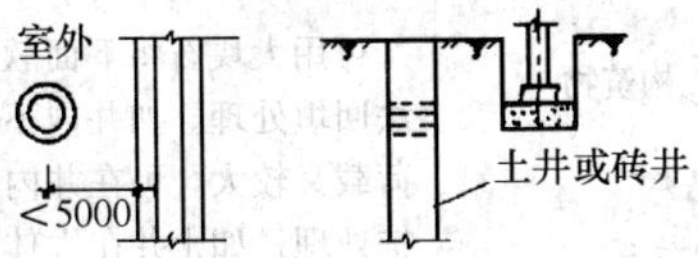	先用素土分层夯实，回填到室外地坪以下1.5m处，将井壁四周砖圈拆除或松软部分挖去，然后用素土分层回填并夯实
土井、砖井在室内基础附近		将水位降到最低可能的限度，用中、粗砂及块石、卵石或碎砖等回填到地下水位以上50cm。并应将四周砖圈拆至坑（槽）底以下1m或更深些，然后再用素土分层回填并夯实，如井已回填，但不密实或有软土，可用大块石将下面软土挤紧，再分层回填素土夯实
土井、砖井在基础下或条形基础3*B*或柱基2*B*范围内	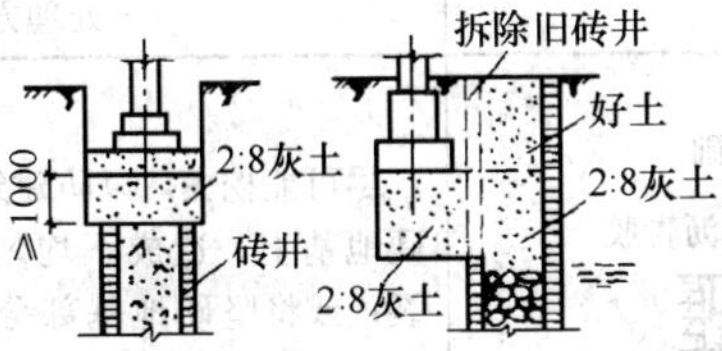	先用素土分层回填夯实，至基础底下2m处，将井壁四周松软部分挖去，有砖井圈时，将井圈拆至槽底以下1～1.5m。当井内有水，应用中、粗砂及块石、卵石或碎砖回填至水位以上50cm，然后再按上述方法处理；当井内已填有土，但不密实，且拔除困难时，可在部分拆除后的砖石井圈上加钢筋混凝土盖封口，上面用素土或2∶8灰土分层回填、夯实至槽底
土井、砖井在房屋转角处，且基础部分或全部压在井上	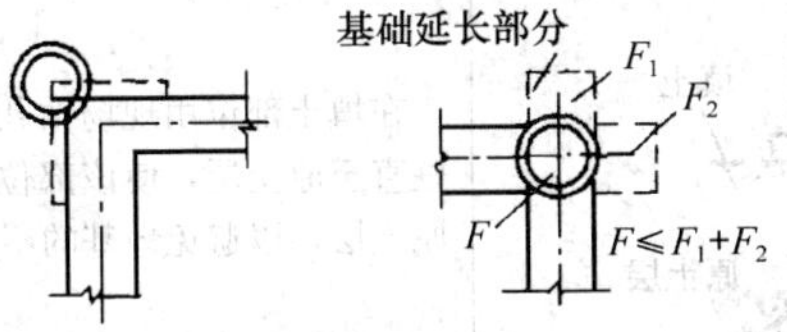	除用以上办法回填处理外，还应对基础加固处理。当基础压在井上部分较少，可采用从基础中挑钢筋混凝土梁的办法处理。当基础压在井上部分较多，用挑梁的方法较困难或不经济时，则可将基础沿墙长方向向外延长出去，使延长部分落在天然土上，落在天然土上基础总面积应等于或稍大于井圈范围内原有基础的面积，并在墙内配筋或用钢筋混凝土梁来加强
基础下存在采矿废井，基础部分或全部压在废矿井上	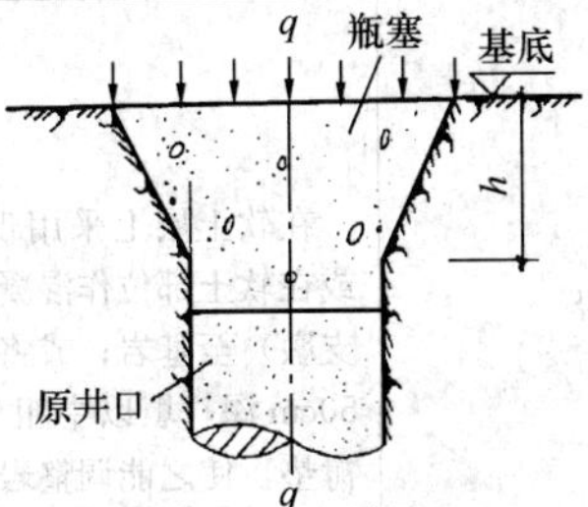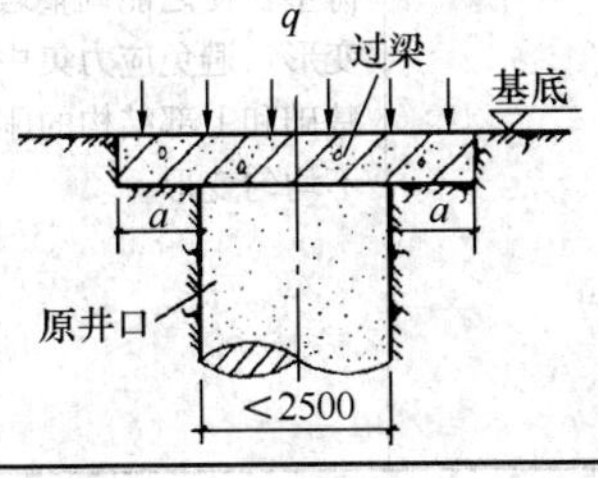	废矿井处理可用以下3种方法：（1）瓶井法：将井口挖成倒圆台形的瓶塞状，通过计算可得出a和h，将井口上部的载荷分布到井壁四周。瓶塞用毛石混凝土浇筑而成或用3∶7灰土分层夯成，应视井口的大小及计算而定，较大的井口还应配筋；（2）过梁法：遇到建筑物轴线通过井口，在上部做钢筋混凝土过梁跨过井口，但应有适当的支承长度a；（3）换填法：井深在3～5m可直接采用换填的方法，将井内的松土全部挖去，用3∶7灰土分层夯实至设计基底标高

续表

井的部位	处　理　简　图	处　理　方　法
土井、砖井已淤填，但不密实	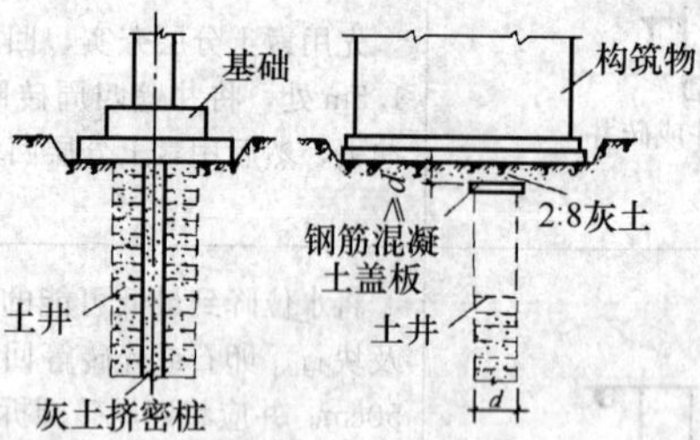	可用大块石将下面软土挤密，再用上述办法回填处理。如井内不能夯填密实，而上部荷载又较大，可在井内设灰土挤密桩或石灰桩处理；如土井在大体积混凝土基础下，可在井圈上加钢筋混凝土盖板封口，上部再用素土或2∶8灰土回填密实的办法处理，使基土内附加应力传布范围比较均匀，但要求盖板到基底的高差 $h>d$

10.2.2.3　软硬地基处理

软硬地基的处理方法见表10-18。

软硬地基的处理方法　　　　**表10-18**

地基情况	处　理　简　图	处理方法
基础下局部遇基岩、旧墙基、大孤石、老灰土或圬工构筑物	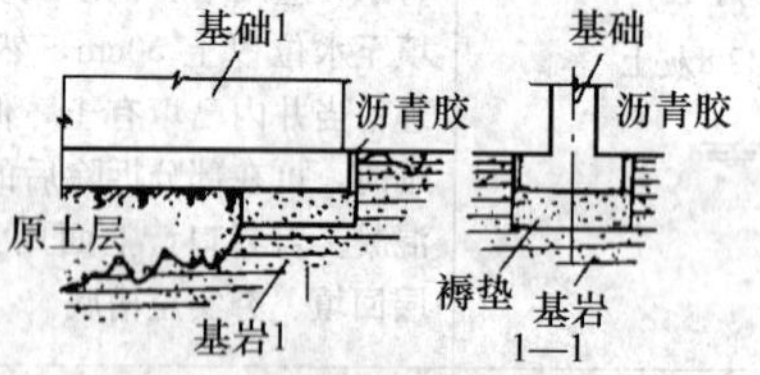	尽可能挖去，以防建筑物由于局部落于坚硬地基上，造成不均匀沉降而使建筑物开裂；或将坚硬地基部分凿去30～50cm深，再回填土砂混合物或砂作软性褥垫，使软硬部分可起到调整地基变形作用，避免裂缝
基础一部分落于原土层上，一部分落于回填土地基上	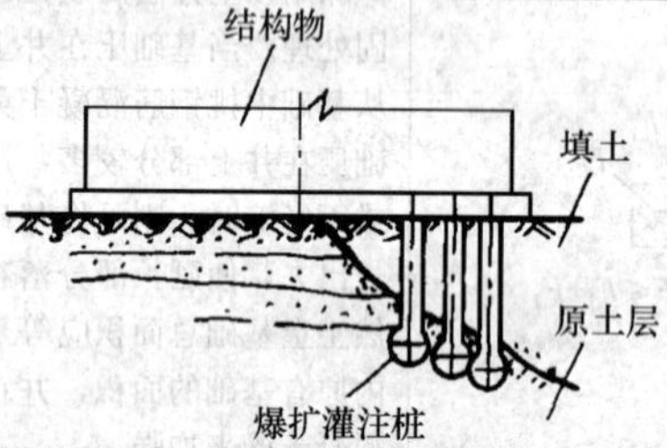	在填土部位用现场钻孔灌注桩或钻孔爆扩桩直至原土层，使该部位上部荷载直接传至原土层，以避免地基的不均匀沉降
基础一部分落于基岩或硬土层上，一部分落于软弱土层上，基岩表面坡度较大	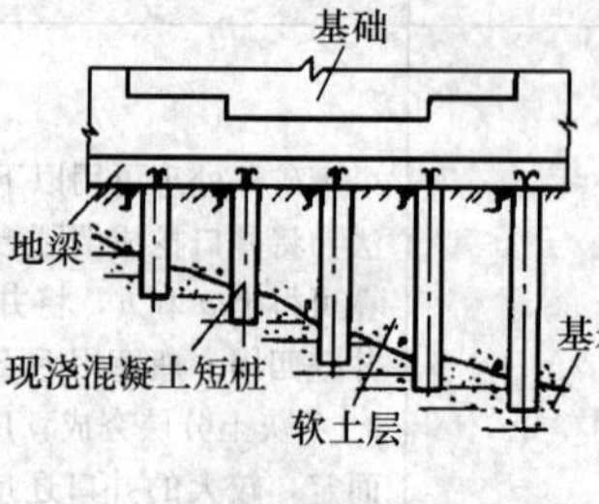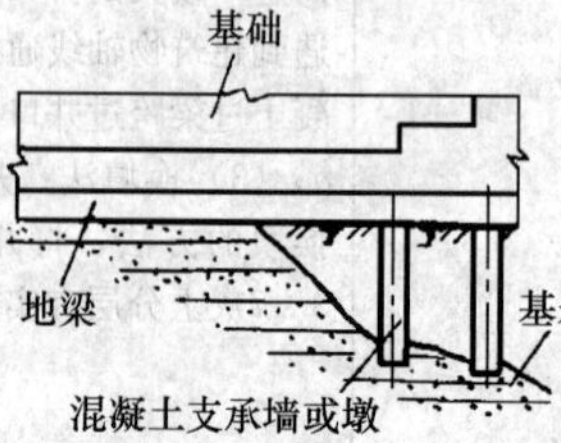	在软土层上采用现场钻孔灌注桩至基岩；或在软土部位作混凝土或砌块石支承墙（或支墩）至基岩；或将基础以下基岩凿去30～50cm深，填以中粗砂或土砂混合物作软性褥垫，使之能调整岩土交界部位地基的相对变形，避免应力集中出现裂缝；或采取加强基础和上部结构的刚度，来克服软硬地基的不均匀变形

续表

地基情况	处理简图	处理方法
基础落于厚度不一的软土层上，下部有倾斜较大的岩层	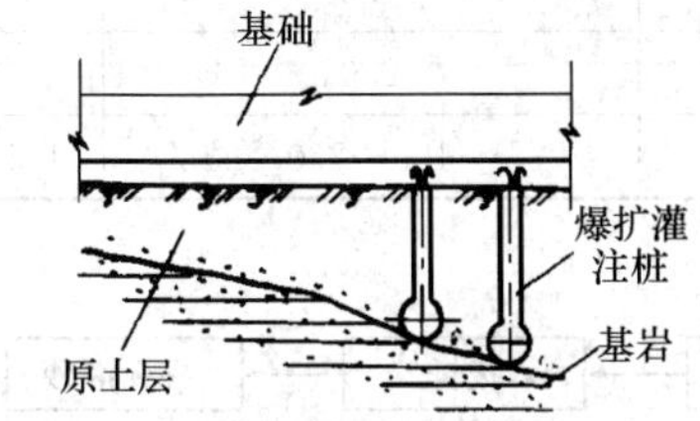 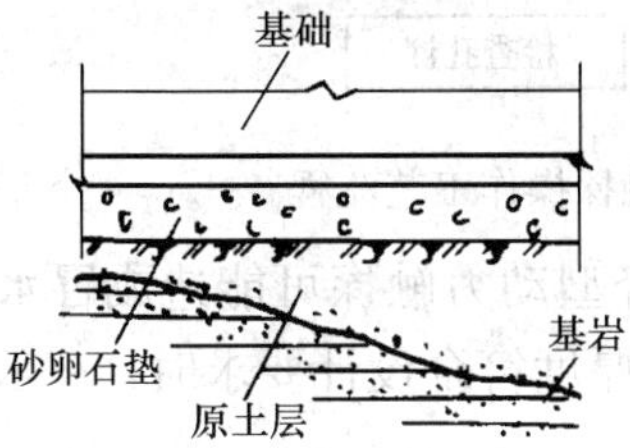	如建（构）筑物处于稳定的单向倾斜的岩层上，基底离岩面不小于300mm，且岩层表面坡度及上部结构类型符合表10-19的要求时，此种地基的不均匀变形较小，可不作变形验算，也可不进行地基处理。为了防止建（构）筑物倾斜，可在软土层采用现场钻孔灌筑钢筋混凝土短桩直至基岩，或在基础底板下作砂石垫层处理，使应力扩散，减低地基变形；亦可调整基础的底宽和埋深，如将条形基础沿基岩倾斜方向分阶段加深，做成阶梯形基础，使其下部土层厚度基本一致，以使沉降均匀。 如建筑物下外基岩呈八字形倾斜，地基变形将为两侧大，中间小，建（构）筑物较易在两个倾斜面交界部位出现开裂，此时在倾斜面交界处，建（构）筑物还宜设沉降缝分开

下卧基岩表面允许坡度值参见表10-19。

下卧基岩表面允许坡度值　　表10-19

上覆土层的承载力标准值 f_k（kPa）	四层和四层以下的砌体承重结构，三层和三层以下的框架结构	具有15t和15t以下吊车的一般单层排架结构	
		带墙的边柱和山墙	无墙的中柱
≥150	≤15%	≤15%	≤30%
≥200	≤25%	≤30%	≤50%
≥300	≤40%	≤50%	≤70%

注：本表适用于建筑地基处于稳定状态，基岩坡面为单向倾斜，且基岩表面距基础底面的土层厚度大于0.3m时。

10.2.3 天然地基的检验与验收

1. 天然地基的检验方法

（1）基坑（基槽）的土质检验，应采用以下方法进行：

1）基坑（基槽）开挖后，对新鲜的未扰动的岩土直接观察，并与勘察报告核对，注意坑（槽）内是否有填土、坑穴、古墓、古井等分布，是否有因施工不当而使土质扰动、因排水不及时而使土质软化、因保护不当而使土体冰冻等现象。

2）在进行直接观察时，可用袖珍贯入仪作为辅助手段。

3）应在坑（槽）底普遍进行：①地基持力土层的强度和均匀性；②是否有浅部埋藏的软弱下卧层；③是否有浅部埋藏直接观察难以发现的坑穴、古墓、古井等。

轻型动力触探有人工与机械两种形式，采用直径为ϕ22～25mm钢筋制成的钢钎，钎头呈60°尖锥形状，钎长1.8～2.0m，8～10磅大锤。轻型动力触探孔布置方式见表10-20。

轻型动力触探孔布置形式　　**表 10-20**

排列方式	基槽宽度（m）	检验深度（m）	检验间距（m）
中心一排	＜0.8	1.2	1.5
两排错开	0.8～2.0	1.5	1.5
梅花形	2.0＞	2.0	2.0
梅花形	柱基	1.5～2.0	1.5，且不小于基础宽度

轻型动力触探操作工艺如图 10-3 所示。

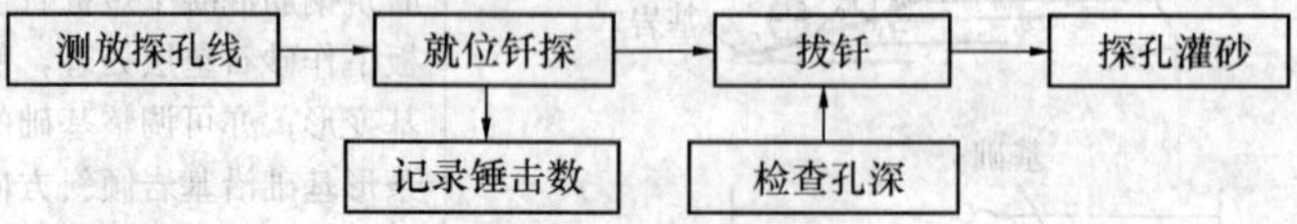

图 10-3　轻型动力触探操作工艺流程

4）基坑（基槽）底部深处有承压水层，轻型动力触探可能造成冒水涌砂时，不宜进行轻型动力触探；持力层为砾石或卵石时，且厚度符合设计要求时，一般不需进行轻型动力触探。

（2）在观察基坑（基槽）内是否有填土、坑穴、古墓、古井时，除了采用观察土的结构、构造、含有物等常规勘察的鉴别手段，还应注意以下情况：

1）局部岩土的颜色与周围土质颜色不同或有深浅变化；

2）局部含水量与其他部位有差异；

3）坑（槽）内是否有条带状、圆形等异常带。

（3）基坑（基槽）开挖后，为防止地基土的松动或软化，应采取下列保护措施：

1）严防基坑（基槽）积水；

2）用机械开挖时，应在设计基坑（基槽）底标高以上保留 300～500mm 厚的保护层，保护层用人工开挖清理，严禁局部超挖后用虚土回填；

3）地基土为干砂时，在基础施工前应适当洒水夯实；

4）很湿及饱和的黏性土不宜拍打，不宜将砖石等材料直接抛入基坑，如地基土因践踏、积水而软化，应将软化和扰动部分清除。

（4）基坑（基槽）内有房基、压实路面等局部硬土时，宜全部挖除，如厚度很大，全部挖除有困难时，一般情况下可挖除 0.6m，做软垫层，使地基沉降均匀。

（5）基坑（基槽）内原有的上下水管道，宜予拆除，妥善处理，防止因漏水而浸湿地基。

（6）基坑（基槽）内有坑穴、古墓、古井或局部分布填土等松软土时，处理方法详见第 10.2.2 条。

2. 天然地基的验收内容

（1）核对工程性质。基础的施工位置、平面形状、平面尺寸及基础深埋；

（2）检验槽底土质，可配合使用轻便触探等简单工具；

（3）注意防止基底土质的扰动，注意防冻，防积水；

（4）根据检验结果，提出对勘察成果的修改意见，对设计和施工处理提出建议，检验结果与勘察报告出入较大时应进行补充勘察测试工作。

(5) 基坑检验后，应填写验收报告。对用轻型动力触探检验的工程，应将触探检验位置标在图上，注明编号，将检验击数填入相应的表内备查。

10.3 地 基 处 理 技 术

10.3.1 地基处理技术概述

1. 地基处理的目的[18]

地基处理的目的是采取各种地基处理方法以改善地基条件，这些措施包括以下五个方面内容：

(1) 改善剪切特性；(2) 改善压缩特性；(3) 改善透水特性；(4) 改善动力特性；(5) 改善特殊土的不良地基特性。

2. 地基处理方法分类及适用范围

地基处理方法，可以按地基处理原理、地基处理的目的、处理地基的性质、地基处理的时效、动机等不同角度进行分类[19]。一般多采用根据地基处理原理进行分类方法，可分为换土垫层处理、预压（排水固结）处理、夯实（密实）法、深层挤密（密实）处理、化学加固处理、加筋处理、热学处理等。将地基处理方法进行严格分类是很困难的，不少地基处理方法具有几种不同的作用。例如：振冲法具有置换作用还有挤密作用；又如各种挤密法中，同时也有置换作用。此外，还有一些地基处理方法的加固机理、计算方法目前还不是十分明确，尚需进一步探讨[19]。随着地基处理技术的不断发展，功能不断地扩大，也使分类变得更加困难。因此下述分类仅供读者参考。在介绍地基处理方法分类的同时，将扼要介绍各种地基处理方法的适用范围（表10-21）。

地基处理方法分类及适用范围一览表 **表10-21**

分类	处理方法	原理及作用	适用范围
换填垫层法	灰土垫层	挖除浅层软弱土或不良土，回填灰土、砂、石等材料再分层碾压或夯实。它可提高持力层的承载力，减少变形量，消除或部分消除土的湿陷性和胀缩性，防止土的冻胀作用以及改善土的抗液化性，提高地基的稳定性	一般适用于处理浅层软弱地基、不均匀地基、湿陷性黄土地基、膨胀土地基，季节性冻土地基、素填土和杂填土地基
	砂和砂石垫层		
	粉煤灰垫层		
预压（排水固结）法	堆载预压法	通过布置垂直排水竖井、排水垫层等，改善地基的排水条件，采取加载、抽气等措施，以加速地基土的固结，增大地基土强度，提高地基土的稳定性，并使地基变形提前完成	适用于处理厚度较大的、透水性低的饱和淤泥质土、淤泥和软黏土地基，但堆载预压法需要有预压的荷载和时间的条件。对泥炭土等有机质沉积物地基不适用
	真空预压法		

续表

分类	处理方法	原理及作用	适用范围
夯实法	强夯法	强夯法系利用强大的夯击能，迫使深层土压密，以提高地基承载力，降低其压缩性	适用于处理碎石土、砂土、低饱和度的粉土与黏性土、湿陷性黄土、素填土和杂填土等地基
	强夯置换法	采用边强夯，边填块石、砂砾、碎石，边挤淤的方法，在地基中形成碎石墩体，以提高地基承载力和减小地基变形	适用于高饱和度的粉土与软塑～流塑的黏性土等地基上对变形控制要求不严的工程
深层挤密法	振冲法	挤密法系通过挤密或振动使深层土密实，并在振动挤密过程中，回填砂、砾石、灰土、土或石灰等形成砂桩、碎石桩灰土桩、二灰桩、土桩或石灰桩，与桩间土一起组成复合地基，减少沉降量，消除或部分消除土的湿陷性或液化性	适用于处理砂土、粉土、粉质黏土、素填土和杂填土等地基。对于处理不排水抗剪强度不小于20kPa的饱和黏性土和饱和黄土地基，应在施工前通过现场试验确定其适用性。不加填料振冲加密适用于处理黏粒含量不大于10%的中砂、粗砂地基
	砂石桩复合地基		适用于挤密松散砂土、粉土、黏性土、素填土、杂填土等地基。对饱和黏土地基上对变形控制要求不严的工程也可采用砂石桩置换处理。砂石桩复合地基也可用于处理可液化地基
	水泥粉煤灰碎石桩法		适用于处理黏性土、粉土、砂土和已自重固结的素填土等地基。对淤泥质土应按地区经验或通过现场试验确定其适用性
	夯实水泥土桩法		适用于处理地下水位以上的粉土、素填土、杂填土、黏性土等地基。处理深度不宜超过10m
	石灰桩法		适用于处理饱和黏性土、淤泥、淤泥质土、素填土和杂填土等地基；用于地下水位以上的土层时，宜增加掺合料的含水量并减少生石灰用量，或采取土层浸水等措施
	灰土挤密桩法和土挤密桩法		适用于处理地下水位以上的湿陷性黄土、素填土和杂填土等地基，可处理地基的深度为5～15m。当以消除地基土的湿陷性为主要目的时，宜选用土挤密桩法。当以提高地基土的承载力或增强其水稳性为主要目的时，宜选用灰土挤密桩法。当地基土的含水量大于24%、饱和度大于65%时，不宜选用土桩、灰土桩复合地基

续表

分类	处理方法	原理及作用	适用范围
化学（注浆）加固法	水泥土搅拌法	分湿法（亦称深层搅拌法）和干法（亦称粉体喷射搅拌法）两种。湿法是利用深层搅拌机，将水泥浆与地基土在原位拌合；干法是利用喷粉机，将水泥粉或石灰粉与地基土在原位拌合。搅拌后形成柱状水泥土体，可提高地基承载力，减少地基变形，防止渗透，增加稳定性	适用于处理正常固结的淤泥与淤泥质土、粉土、饱和黄土、素填土、黏性土以及无流动地下水的饱和松散砂土等地基。当地基土的天然含水量小于30%（黄土含水量小于25%）、大于70%或地下水的pH值小于4时不宜采用干法
	旋喷桩法	将带有特殊喷嘴的注浆管通过钻孔置入要处理的土层的预定深度，然后将浆液（常用水泥浆）以高压冲切土体。在喷射浆液的同时，以一定速度旋转、提升，即形成水泥土圆柱体；若喷嘴提升不旋转，则形成墙状固化体可用以提高地基承载力，减少地基变形，防止砂土液化、管涌和基坑隆起，建成防渗帷幕	适用于处理淤泥、淤泥质土、流塑、软塑或可塑黏性土、粉土、砂土、黄土、素填土和碎石土等地基。当土中含有较多的大粒径块石、大量植物根茎或有较高的有机质时，以及地下水流速过大和已涌水的工程，应根据现场试验结果确定其适用性
	硅化法和碱液法	通过注入水泥浆液或化学浆液的措施。使土粒胶结。用以改善土的性质，提高地基承载力，增加稳定性减少地基变形，防止渗透	适用于处理地下水位以上渗透系数为0.10～2.00m/d的湿陷性黄土等地基。在自重湿陷性黄土场地，当采用碱液法时，应通过试验确定其适用性
	注浆法		适用于处理砂土、粉土、黏性土和人工填土等地基
加筋法	土工合成材料	通过在土层中埋设强度较大的土工聚合物、拉筋、受力杆件等达到提高地基承载力，减少地基变形，或维持建筑物稳定的地基处理方法，使这种人工复合土体，可承受抗拉、抗压、抗剪和抗弯作用，借以提高地基承载力、增加地基稳定性和减少地基变形。	适用于砂土、黏性土和软土
	加筋土		适用于人工填土地基
	树根桩法		适用于淤泥、淤泥质土、黏性土、粉土、砂土、碎石土、黄土和人工填土等地基
托换	锚杆静压桩法	在原建筑物基础下设置钢筋混凝土桩以提高承载力、减少地基变形达到加固目的，按设置桩的方法，可分为锚杆静压桩法和坑式静压桩法	适用于淤泥、淤泥质土、黏性土、粉土和人工填土等地基。
	坑式静压桩法		适用于淤泥、淤泥质土、黏性土、粉土、人工填土和湿陷性黄土等地基

3. 地基处理方案确定步骤[18]

(1) 在选择地基处理方案前应具备的资料

1) 选择地基处理方案应有必要的勘察资料，如果勘察资料不全，则必须根据可能采用的地基处理方法所需的勘察资料作必要的补充勘察；并须搜集地下管线和地下障碍物分布情况的资料；并对地基处理施工时可能对周围环境造成影响进行评估；

2) 地基处理设计时，必须满足地基土强度、变形、抗液化和抗渗等要求，同时应确定地基处理的范围；

3) 某一地区常用的地基处理方法往往是该地区的设计和施工经验的总结，它综合体现了材料来源、施工机具、工期、造价和加固效果，故应重视类似场地上同类工程的地基处理经验至为重要。

(2) 在确定地基处理方案时，可按下列步骤进行：[18]

根据搜集的上述资料，初步选定可供考虑的几种地基处理方案。

1) 对初步选定的几种地基处理方案，应分别从预期处理效果、材料来源和消耗、施工机具和进度、对周围环境影响等各种因素，进行技术、经济、安全性分析和对比，从中选择最佳的地基处理方案。

2) 选择地基处理方案时，尚应同时考虑加强上部结构的整体性和刚度。

3) 对已选定的地基处理方案，根据建筑物的地基基础设计等级和场地复杂程度，可在有代表性的场地上进行相应的现场实体试验，以检验设计参数、选择合理的施工方法（其目的是为了调试机械设备，确定施工工艺、用料及配比等各项施工参数）和确定处理效果。

4. 地基处理效果检验

加固后地基必须满足有关工程对地基土的强度和变形要求，因此必须对地基处理效果进行检验。对地基处理效果检验，应在地基处理施工结束后经一定时间的休止恢复后再进行检验。效果检验的方法有：钻孔取样、静力触探试验、轻便触探试验、标准贯入试验、载荷试验、取芯试验等措施。有时需要采用多种手段进行检验，以便综合评价地基处理效果[18]。

10.3.2 换填垫层

换填垫层法是将基础底面下一定范围内的软弱土层挖去，然后分层填入质地坚硬、强度较高、性能较稳定、具有抗腐蚀性的砂、碎石、素土、灰土、粉煤灰及其他性能稳定和无侵蚀性的材料，并同时以人工或机械方法夯实（或振实）使之达到要求的密实度，成为良好的人工地基。[19]按换填材料的不同，将垫层分为砂垫层、碎石垫层、灰土垫层和粉煤灰垫层等。不同材料的垫层，其应力分布稍有差异，但根据实验结果及实测资料，垫层地基的强度和变形特性基本相似，因此可将各种材料的垫层设计都近似地按砂垫层的设计方法进行计算。

10.3.2.1 砂和砂石垫层设计施工

1. 加固原理及适用范围

砂和砂石地基（垫层）采用砂或砂砾石（碎石）混合物，经分层夯（压）实，作为地基的持力层，提高基础下部地基强度，并通过垫层的压力扩散作用，降低地基的压实力，减少变形量，同时垫层可起排水作用，地基土中孔隙水可通过垫层快速地排出，能加速下部土层的压缩和固结。适于处理 3.0m 以内的软弱、透水性强的地基土；不宜用于加固湿陷性黄土地基及渗透系数小的黏性土地基。

2. 设计

砂和砂石垫层的设计应符合下列规定：

(1) 材料选择

宜采用颗粒级配良好的中砂、粗砂、砾砂、圆砾、角砾、卵石、碎石等，砂石的最大粒径不宜大于 50mm。采用细砂时应掺入碎石或卵石，掺量按设计规定或不少于总重的 30%。应去除草根、垃圾等有机杂物，有机物含量不应超过 5%，兼作排水垫层时，含泥量不得超过 3%。对湿陷性黄土地区，不得选用砂石等透水材料。

(2) 施工设计及验算[19][20]

砂垫层的设计原则是既要有足够的厚度以置换可能受剪切破坏的软弱土层，又要有足够的宽度以防止砂垫层向两侧挤出，见图 10-4。作为排水垫层还要求形成一个排水层面，以利于软土的排水固结。

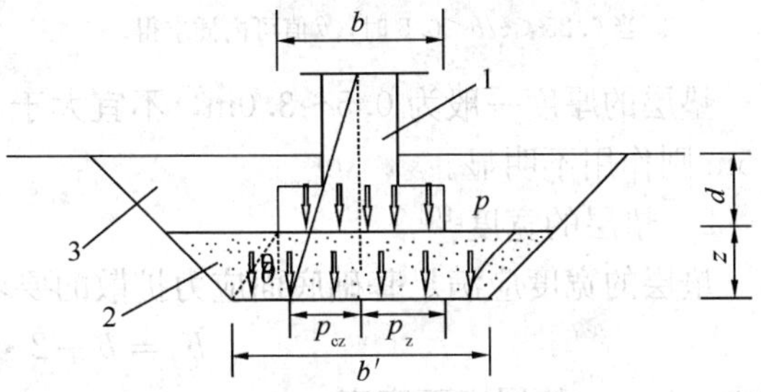

图 10-4 垫层内应力的分布

1—基础；2—砂垫层；3—回填土

1) 垫层的厚度

垫层的厚度 z 应根据需置换软弱土的深度或下卧土层的承载力确定，如图 10-4 所示，并应符合下式要求：

$$p_z + p_{cz} \leqslant f_{az} \tag{10-6}$$

式中 p_z——相应于荷载效应标准组合时，垫层底面处的附加压力值 (kPa)；

p_{cz}——垫层底面处土的自重压力值 (kPa)；

f_{az}——经深度修正后垫层底面处土层的地基承载力特征值 (kPa)。

$$f_{az} = f_k + \eta_b \cdot \gamma(b-3) + \eta_d \cdot \gamma_0(d-0.5)^{[15]} \tag{10-7}$$

式中 f_k——软弱下卧层地基承载力特征值 (kPa)；

η_d——基础宽度和埋深的承载力修正系数；

γ——垫层底面下土的重度，地下水位以下取浮重度 (kN/m³)；

b——基础底面宽度 (m)，基宽小于 3m 时按 3m 考虑，大于 6m 时按 6m 考虑；

γ_0——基础底面以上土的加权平均重度 (kN/m³)；

d——基础埋置深度 (m)。

p_z 可根据基础不同形式分别按以下简化式计算：

条形基础
$$p_z = \frac{b(p_k - p_c)}{b + 2z\tan\theta} \tag{10-8}$$

矩形基础
$$p_z = \frac{bl(p_k - p_c)}{(b + 2z\tan\theta)(l + 2z\tan\theta)} \tag{10-9}$$

式中 b——条形基础或矩形基础底面的宽度 (m)；

l——矩形基础底面的长度 (m)；

p_k——相应于荷载效应标准组合时，基础底面处的平均压力值 (kPa)；

p_c——基础底面处土的自重压力值（kPa）；

z——基础底面下垫层的厚度（m）；

θ——垫层的压力扩散角（°），宜通过试验确定，当无试验资料时，可按表 10-22 采用；

压力扩散角 θ（°）　　**表 10-22**

换填材料 / z/b	中砂、粗砂、砾砂、圆砾、角砾、石屑、卵石，碎石、矿渣
0.25	20
≥0.50	30

注：1. 当 $z/b<0.25$ 时，除灰土取 $\theta=28°$ 外，其余材料。均取 $\theta=0°$，必要时，宜由试验确定；

2. 当 $0.25<z/b<0.5$ 时，θ 值可内插求得。

垫层的厚度一般为 0.5～3.0m，不宜大于 3.0m，施工比较困难，也不够经济，小于 0.5m 则作用不明显。

2）垫层的宽度[20]

垫层的宽度应满足基础底面应力扩散的要求，可按下式计算：

$$b'=b+2\cdot z\cdot\tan\theta \tag{10-10}$$

式中　b'——垫层底面宽度；

θ——垫层的压力扩散角，可按表 10-22 采用；当 $z/b<0.25$ 时，仍按表中 $z/b=0.25$ 取值。

其他符号意义同上。

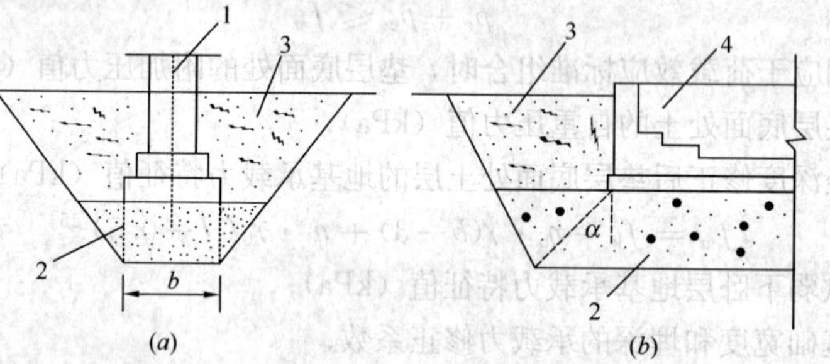

图 10-5　砂或砂石垫层[49]

（*a*）柱基础垫层；（*b*）设备基础垫层

1—柱基础；2—砂或砂石垫层；3—回填土；4—设备基础

α—砂或砂石垫层自然倾斜角（休止角）；b—基础宽度

垫层顶面每边宜超出基础底边不小于 300mm，或从垫层底面两侧向上按当地基坑开挖经验的要求放坡，向上延伸至地表面。大面积整片垫层的底面宽度，常按自然倾斜角控制适当加宽（图 10-5）。当垫层两侧土质较好时，垫层顶部与底部可以等宽，其宽度可沿基础两边各放出 300mm，侧面土质较差时，应增加垫层底部的宽度，具体计算时可根据侧面土的承载力按表 10-23 中的规定计算。

垫层的承载力宜通过现场试验确定，当无试验资料时，可按表 10-24 选用，并验算下卧层的承载力。

砂石垫层断面确定后，对比较重要的建筑物还要验算基础的沉降，沉降值应小于建筑物的地基变形允许值。砂垫层地基的变形由垫层自身变形和下卧层变形组成。

软土地基垫层加宽的规定[18] **表 10-23**

垫层侧面土的承载力标准值（kPa）	垫层底部宽度（m）	备　注
$f_k \geqslant 200$	$b' = b + (0 \sim 0.36) \cdot z$	b——基础宽度；
$120 \leqslant f_k < 200$	$b' = b + (0.6 \sim 1.0) \cdot z$	
$f_k < 120$	$b' = b + (1.6 \sim 2.0) \cdot z$	z——垫层厚度

砂石垫层自身的沉降仅考虑其压缩变形，垫层的压缩模量，应由荷载试验确定，当无试验资料时，砂可选用 20～30MPa，碎石、卵石可选用 30～50MPa。下卧土层的变形值可由分层总和法求得。对于超出原地面标高的垫层或换填材料的密度高于天然土层的密度的垫层，宜早换填并应考虑附加的荷载对建筑物及邻近建筑沉降的影响[18][21]。

砂和砂石垫层的承载力[20][21][51] **表 10-24**

施工方法	换填材料	压实系数 λ_c	承载力 f_k（kPa）
碾压振密夯实	碎石、卵石	0.94～0.97	200～300
	砂夹石（其中碎石、卵石占全重的 30%～50%）		200～250
	土夹石（其中碎石、卵石占全重的 30%～50%）		150～200
	中砂、粗砂、砾砂		150～200

注：1. 压实系数小的垫层，承载力取低值，反之取高值；

2. 压实系数 λ_c 为土的控制干密度 ρ_d 与最大干密度 ρ_{max} 的比值；土的最大干密度宜采用击实试验确定，碎石或卵石的最大干密度可取 $2.2t/m^3$；

3. 当采用轻型击实试验时，压实系数 λ_c 应取高值，采用重型击实试验时，压实系数 λ_c 可取低值。

3. 施工

（1）施工设备[20]

砂垫层一般采用平板式振动器、插入式振捣器等设备，砂石垫层一般采用振动碾、木夯或机械夯。

（2）施工程序及注意事项[19][20][49]

1）基坑开挖时应避免坑底土层受扰动，可保留约 200mm 厚的土层暂不挖去，待铺填垫层前再挖至设计标高。

2）铺设垫层前应验槽，并清除基底表面浮土、杂物，两侧应设一定坡度，防止振捣时塌方。

3）垫层铺设时，严禁扰动垫层下卧层及侧壁的软弱土层，防止被践踏、受冻或受浸泡，降低其强度。

4）垫层下有厚度较小的淤泥或淤泥质土层，在碾压荷载下抛石能挤入该层底面时，可采取挤淤处理。先在软弱土面上堆填块石、片石等，然后将其压入以置换和挤出软弱土，再做垫层。基底为软土时应在与土面接触处先铺一层 150～300mm 厚的细砂层或铺一层土工织物。

5）垫层底面标高不同时，土面应挖成阶梯或斜坡搭接，并按先深后浅的顺序施工，搭接处应夯压密实。分层铺设时，接头应做成斜坡或阶梯形搭接，每层错开 0.5～1.0m，并注意充分捣实。

6）人工级配的砂砾石，应先将砂砾石拌合均匀后，再铺夯压实。

7）垫层应分层铺设，分层夯或压实，控制每层砂垫层的铺设厚度。每层铺设厚度、砂石最优含水量控制及施工设备、方法的选用参见表 10-25。夯实、碾压遍数、振实时间应通过试验确定。用细砂作垫层材料时，不宜使用振捣法或水撼法，以免产生液化现象。

砂垫层和砂石垫层铺设厚度及施工最优含水量　　表 10-25

捣实方法	每层铺设厚度（mm）	施工时最优含水量（%）	施工要点	备注
平振法	200～250	15～20	1. 用平板式振动器往复振捣，往复次数以简易测定密实度合格为准 2. 振动器移动时，每行应搭接三分之一，以防振动面积不搭接	不宜使用干细砂或含泥量较大的砂铺筑砂垫层
插振法	振捣器插入深度	饱和	1. 用插入式振捣器 2. 插入间距可根据机械振幅大小决定 3. 不应插至下卧黏性土层 4. 插入振捣完毕，所留的孔洞应用砂填实 5. 应有控制地注水和排水	不宜使用干细砂或含泥量较大砂铺筑砂垫层
水撼法	250	饱和	1. 注水高度略超过铺设面层 2. 用钢叉摇撼捣实，插入点间距 100mm 左右 3. 有控制地注水和排水 4. 钢叉分四齿，齿的间距 30mm，长 300mm，木柄长 900mm	湿陷性黄土、膨胀土、细砂地基上不得使用
夯实法	150～200	8～12	1. 用木夯或机械夯 2. 木夯重 40kg，落距 400～500mm 3. 一夯压半夯，全面夯实	适用于砂石垫层
碾压法	150～350	8～12	6～10t 压路机往复碾压；碾压次数以达到要求密实度为准，一般不少于 4 遍，用振动压实机械，振动 3～5min	适用于大面积的砂石垫层，不宜用于地下水位以下的砂垫层

8）地下水高于基坑底面时，宜采取排降水措施，注意边坡稳定，以防止塌土混入砂石垫层中。

9）当采用水撼法或插振法施工时，以振捣棒振幅半径的 1.75 倍为间距（一般为400～500mm）插入振捣，依次振实，以不再冒气泡为准，直至完成；同时应采取措施做到有控制地注水和排水。垫层接头应重复振捣，插入式振动棒振完所留孔洞应用砂填实；在振动首层的垫层时，不得将振动棒插入原土层或基槽边部，以避免使软土混入砂垫层而降低砂垫层的强度。

10）垫层铺设完毕，应即进行下道工序施工，严禁小车及人在砂层上面行走，必要时应在垫层上铺板行走。

10.3.2.2　素土、灰土垫层设计施工

1. 加固原理及适用范围

素土、灰土地基是将基础底面下要求范围内的软弱土层挖去，用素土或一定比例的石灰与土，在最优含水量情况下，充分拌合，分层回填夯实或压实而成。具有一定的强度、水稳性和抗渗性，施工工艺简单，费用较低，是一种应用广泛、经济、实用的地基加固方法。适用于加固深1～3m厚的软弱土、湿陷性黄土、杂填土等，还可用作结构的辅助防渗层。

2. 设计

素土、灰土垫层的设计应符合下列规定：

(1) 材料选择[19][20]

1) 素土地基土料可采用黏土或粉质黏土，有机物含量不应超过5%，不应含有冻土或膨胀土，严禁采用地表耕植土、淤泥及淤泥质土、杂填土等土料，当含有碎石时，其粒径不宜大于50mm。用于湿陷性黄土或膨胀土地基的粉质黏土垫层，土料中不得夹有砖、瓦和石块。

2) 灰土地基的土料采用粉质黏土，不宜使用块状黏土和砂质粉土，有机物含量不应超过5%，其颗粒不得大于15mm；石灰宜采用新鲜的消石灰，含氧化钙、氧化镁越高越好，越高其活性越大，胶结力越强。使用前1～2d消解并过筛，其颗粒不得大于5mm，且不应夹有未熟化的生石灰块粒及其他杂质，也不得含有过多的水分。

(2) 施工设计及验算

1) 厚度确定

垫层厚度的确定与砂垫层相同，可参考10.3.2.1的相关内容。

对非自重湿陷性黄土地基上的垫层厚度应保证天然黄土层所受的压力小于其湿陷起始压力值。根据试验结果，当矩形基础的垫层厚度0.8～1.0倍基底宽度，条形基础的垫层厚度为1.0～1.5倍基底宽度时，能消除部分至大部分非自重湿陷性黄土地基的湿陷性。当垫层厚度为1.0～1.5倍柱基基底宽度或1.5～2.0倍条基基底宽度时，可基本消除非自重湿陷性黄土地基的湿陷性。在自重湿陷性黄土地基上，垫层厚度应大于非自重湿陷性黄土地基上垫层的厚度，或控制剩余湿陷量不大于20cm才能取得好的效果[22]。

2) 宽度确定[20]

灰土垫层的宽度的确定与砂垫层相同，可参考10.3.2.1的相关内容。θ可按表10-26确定。

压力扩散角 θ (°)　　表10-26

换填材料 / z/b	粉质黏土、粉煤灰	灰土
0.25	6	28
≥0.50	23	

注：1. 当$z/b<0.25$时，除灰土仍取$\theta=28°$外，其余材料均取$\theta=0°$；
2. 当$0.25<z/b<0.5$时，θ值可内插求得。

3) 平面处理范围

素土、灰土垫层可分为局部垫层和整片垫层。

整片素土、灰土垫层宽度可取 $b' \geqslant b+3.0$（m），当 $z>2.0$m 时，b' 还可适当放宽[18]。

在湿陷性黄土场地，宜采用局部或整片灰土垫层，以消除基底下处理土层的湿陷性，提高土的承载力或水稳定性。

局部垫层的平面处理范围，其宽度 b' 可按下式计算[23]：

$$b'=b+2\cdot z\cdot \tan\theta+c,\ b'\geqslant z/2 \tag{10-11}$$

式中　c——考虑施工机具影响而增加的附加宽度，宜为 200mm。

整片垫层的平面处理范围，每边超出建筑物外墙基础的外缘的宽度不应小于垫层的厚度，并不应小于 2m[18]。

4）垫层的承载力宜通过现场试验确定，当无试验资料时，可按表 10-27 选用，并验算下卧层的承载力。

素土、灰土的承载力[20][21]　　表 10-27

施工方法	换填材料	压实系数 λ_c	承载力 f_k（kPa）
碾压或振密	黏性土和粉土（$8<I_p<14$）	0.94～0.97	130～180
	灰土	0.95	200～250
夯实	土或灰土	0.93～0.95	150～200

注：1. 压实系数小的垫层，承载力取低值，反之取高值；
2. 夯实土的承载力取低值，灰土取高值；
3. 压实系数 λ_c 为土的控制干密度 ρ_d 与最大干密度 ρ_{max} 的比值，当采用轻型击实试验时，压实系数 λ_c 应取高值，采用重型击实试验时，压实系数 λ_c 可取低值；土的最大干密度宜采用击实试验确定。

3. 施工

（1）施工设备[20]

一般采用平碾、振动碾或羊足碾，中小型工程也可采用蛙式夯、柴油夯。

（2）施工程序及注意事项[19][20][49]

1）施工前准备工作参见砂石垫层施工程序及注意事项第 1）～3）条。

2）场地有积水应晾干；局部有软弱土层或孔洞，应及时挖除后用灰土分层回填夯实。

3）灰土体积配合比一般用 3∶7 或 2∶8，垫层强度随含灰量的增加而提高。但含灰量超过一定值后，灰土强度增加很慢。多用人工翻拌，不少于 3 遍，使达到均匀，颜色一致，并适当控制含水量，一般控制在最优含水量 $w_{op}\pm2\%$ 的范围内，最优含水量可通过击实试验确定，也可按当地经验取用。如含水过多或过少时，应稍晾干或洒水湿润，现场以手握成团，两指轻捏即散为宜；如有球团应打碎，要求随拌随用。

4）铺灰应分段分层夯筑，每层虚铺厚度可参见表 10-28，夯实机具可根据工程大小和现场机具条件用人力或机械夯打或碾压，遍数按设计要求的干密度由试夯（或碾压）确定，一般不少于 4 遍。

5）灰土分段施工时，不得在墙角、柱基及承重窗间墙下接缝，上下两层的接缝距离不得小于 500mm，接缝处应夯压密实。当灰土地基高度不同时，应做成阶梯形，每阶宽不少于 500mm；对作辅助防渗层的灰土，应将地下水位以下结构包围，并处理好接缝，同时注意接缝质量，每层虚土从留缝处往前延伸 500mm，夯实时应夯过接缝 300mm 以上；接缝时，用铁锹在留缝处垂直切齐，再铺下段夯实。

灰土最大虚铺厚度 表 10-28

夯实机具种类	重量（t）	虚铺厚度（mm）	备 注
石夯、木夯	0.04～0.08	200～250	人力送夯，落距 400～500mm，一夯压半夯，夯实后约 80～100mm 厚
轻型夯实机械	0.12～0.4	200～250	蛙式夯机、柴油打夯机，夯实后约 100～150mm 厚
压路机	6～10	200～300	双轮

6）灰土应当日铺填夯压，入槽（坑）灰土不得隔日夯打。夯实后的灰土 3d 内不得受水浸泡，并及时进行基础施工与基坑回填，或在灰土表面作临时性覆盖，避免日晒雨淋。雨期施工时，应采取适当防雨、排水措施，以保证灰土在基槽（坑）内无积水的状态下进行。刚打完的灰土，如突然遇雨，应将松软灰土除去，并补填夯实；稍受湿的灰土可在晾干后补夯。

7）冬期施工，必须在基层不冻的状态下进行，土料应覆盖保温，冻土及夹有冻块的土料不得使用；已熟化的石灰应在次日用完，以充分利用石灰熟化时的热量，当日拌合灰土应当日铺填夯完，表面应用塑料面及草袋覆盖保温，以防灰土垫层早期受冻降低强度。

10.3.2.3 粉煤灰垫层设计施工[20][24]

1. 加固原理及适用范围

粉煤灰是火力发电厂的工业废料，有良好的物理力学性能，用它作为处理软弱土层的换填材料，已在许多地区得到应用。其压实曲线与黏性土相似，具有相对较宽的最优含水量区间，即其干密度对含水量的敏感性比黏性土小[18]，同时具有可利用废料，施工方便、快速，质量易于控制，技术可行，经济效果显著等优点。可用于作各种软弱土层换填地基的处理，以及用作大面积地坪的垫层等。

2. 设计

粉煤灰垫层的设计应符合下列规定：

（1）材料选择

1）粉煤灰垫层的特性

根据化学分析，粉煤灰中含有大量 SiO_2、Al_2O_3、Fe_2O_3，有类似火山灰的特性，有一定活性，在压实功能作用下能产生一定的自硬强度。粉煤灰垫层具有遇水后强度降低的特性，其经验数值是：对压实系数 $\lambda_c=0.90\sim0.95$ 的浸水垫层，其容许承载力可采用 120～200kPa，但尚应满足软弱下卧层的强度与变形要求。

2）粉煤灰质量要求

用一般电厂Ⅲ级以上粉煤灰，含 SiO_2、Al_2O_3、Fe_2O_3 总量尽量选用高的，颗粒粒径宜 0.001～2.0mm，烧失量宜低于 12%，含 SO_3 宜小于 0.4%，以免对地下金属管道等产生一定的腐蚀性。粉煤灰中严禁混入植物、生活垃圾及其他有机杂质。

（2）施工设计及验算

粉煤灰垫层的设计可参照砂垫层设计方法和有关的技术要求进行。在缺少资料和没有工程经验的情况下采用粉煤灰垫层，应对使用的材料进行物理、化学和力学性质试验，为设计提供资料及技术参数。

在确定粉煤灰垫层厚度时，压力扩散角取值可参考表 10-31，计算方法可参考 10.3.2.1 的相关内容。

粉煤灰垫层的承载力一般应通过现场试验确定，当无试验资料时，可参考以下数据：

1）经过人工压实（夯实）的粉煤灰垫层，当压实系数控制在 0.90 及其干密度为 $0.90\rho_{dmax}$（t/m^3）时，其承载力可达 120～150kPa。

2）当压实系数控制在 0.95 及其干密度为 $0.95\rho_{dmax}$（t/m^3）时，其承载力可达 300kPa，但应进行下卧层强度验算。

3. 施工

(1) 施工设备

一般采用平碾、振动碾、平板振动器、蛙式夯。

(2) 施工程序及注意事项

1）施工前准备工作参见砂石垫层施工程序及注意事项第 1）～3）条。

2）垫层应分层铺设与碾压，并设置泄水沟或排水盲沟。垫层四周宜设置具有防冲刷功能的帷幕。虚铺厚度和碾压遍数应通过现场小型试验确定。若无试验资料时，可选用铺筑厚度 200～300mm，压实厚度 150～200mm。小型工程可采用人工分层摊铺，在整平后用平板振动器或蛙式打夯机进行压实。施工时须一板压 1/3～1/2 板往复压实，由外围向中间进行，直至达到设计密实度要求；大中型工程可采用机械摊铺，在整平后用履带式机具初压二遍，然后用中、重型压路机碾压。施工时须一轮压 1/3～1/2 轮往复碾压，后轮必须超过两施工段的接缝。碾压次数一般为 4～6 遍，碾压至达到设计密实度要求。

3）粉煤灰铺设含水量应控制在最优含水量 $w_{op}\pm4\%$的范围内；如含水量过大时，需摊铺晾干后再碾压。施工时宜当天铺设，当天压实。若压实时呈松散状，则应洒水湿润再压实，洒水的水质应不含油质，pH 值＝6～9；若出现“橡皮”土现象，则应暂缓压实，采取开槽、翻开晾晒或换灰等方法处理。

4）每层当天即铺即压完成，铺完经检测合格后，应及时铺筑上层，以防干燥、松散、起尘、污染环境，并应严禁车辆在其上行驶；全部粉煤灰垫层铺设完经验收合格后，应及时进行浇筑混凝土垫层或上覆 300～500mm 土进行封层，以防日晒、雨淋破坏。

5）冬期施工，最低气温不得低于 0℃，以免粉煤灰含水冻胀。

6）粉煤灰地基不宜采用水沉法施工，在地下水位以下施工时，应采取降排水措施，不得在饱和和浸水状态下施工。基底为软土时宜先铺填 200mm 左右厚的粗砂或高炉干渣。

10.3.2.4　质量检验与验收[20][26]

1. 施工期质量检验

施工期质量检验应包括以下内容：

(1) 施工前应检查原材料，应检查粉质黏土、砂、石、灰土、粉煤灰等原材料质量；灰土的配合；比砂、石、灰土拌合均匀程度；对基槽清底状况、地质条件予以检验。

(2) 施工过程中应检查分层铺设厚度，分段施工时上下两层的搭接长度，施工含水量控制、夯压遍数等。

(3) 每层施工结束后应分层对垫层的质量进行检验，检查地基的压实系数。一般可采用环刀法、贯入测定法。

①环刀法：用容积不小于 200cm³ 的环刀压入每层 2/3 的深度处取样，测定其干密度，干密度应不小于该砂石料在中密状态的干密度值（中砂为 1.55～1.60t/m³，粗砂为 1.70t/m³，碎石、卵石为 2.00～2.20t/m³）。检验点数量，对大基坑每 50～100m² 不应少于 1 个检验点；对基槽每 10～20m 不应少于 1 个点；每个独立柱基不应少于 1 个点。粉煤灰垫层对大中型工程检测点布置要求：环刀法按 100～400m² 布置 3 个测点；贯入测定法按 20～50m² 布置一个测点。

②贯入测定法：先将砂垫层表面 3cm 左右厚的砂刮去，然后用贯入仪、钢钗或钢筋以贯入度的大小来定性地检查砂垫层质量。在检验前应先根据砂石垫层的控制干密度进行相关性试验，以确定贯入度值。

a. 钢筋贯入法：用直径为 20mm，长度 1250mm 的平头钢筋，自 700mm 高处自由落下，插入深度以不大于根据该砂的控制干密度测定的深度为合格。

b. 钢钗贯入法：用水撼法使用的钢钗，自 500mm 高处自由落下，其插入深度以不大于根据该砂控制干密度测定的深度为合格。

当使用贯入仪或钢筋检验垫层的质量时，检验点的间距应小于 4m。当取土样检验时，大基坑每 50～100m² 不应小于一个检验点；对基槽每 10～20m 不应少于一个点；每个单独柱基不应少于一个点。

(4) 对素土、灰土、砂石、粉煤灰垫层还可采用静力触探、轻型动力触探或标准贯入试验检验。砂石垫层可用重型动力触探检验，并均应通过现场试验以设计压实系数所对应的贯入度为标准检验垫层的施工质量。

2. 竣工后质量验收[26]

竣工验收采用载荷试验检验垫层承载力，每单位工程不应少于 3 点，1000m² 以上工程，每 100m² 至少应有 1 点，3000m² 以上工程，每 300m² 至少应有 1 点。每一独立基础下至少应有 1 点，基槽每 20 延米应有 1 点。

3. 检验与验收标准

(1) 砂及砂石地基的质量验收标准如表 10-29 所示。

砂及砂石地基质量检验标准 表 10-29

项	序	检查项目	允许偏差或允许值		检查方法
			单位	数值	
主控项目	1	地基承载力	设计要求		载荷试验或按规定方法
	2	配合比	设计要求		检查拌合时的体积比或重量比
	3	压实系数	设计要求		现场实测
一般项目	1	砂石料有机质含量	%	≤5	焙烧法
	2	砂石料含泥量	%	≤5	水洗法
	3	石料粒径	mm	100	筛分法
	4	含水量（与最优含水量比较）	%	±2	烘干法
	5	分层厚度（与设计要求比较）	mm	±50	水准仪

(2) 灰土地基的质量验收标准如表 10-30 所示。

灰土地基质量检验标准　　表 10-30

项	序	检查项目	允许偏差或允许值		检查方法
			单位	数值	
主控项目	1	地基承载力	设计要求		载荷试验或按规定方法
	2	配合比	设计要求		检查拌合时的体积比或重量比
	3	压实系数	设计要求		现场实测
一般项目	1	石灰粒径	mm	≤5	筛分法
	2	土料有机质含量	%	≤5	试验室焙烧法
	3	土颗粒粒径	mm	≤15	筛分法
	4	含水量（与要求的最优含水量比较）	%	±2	烘干法
	5	分层厚度偏差（与设计要求比较）	mm	±50	水准仪

(3) 粉煤灰地基质量检验标准如表 10-31 所示。

粉煤灰地基质量检验标准　　表 10-31

项	序	检查项目	允许偏差或允许值		检查方法
			单位	数值	
主控项目	1	压实系数	设计要求		按规定方法
	2	地基承载力	设计要求		按规定方法
一般项目	1	粉煤灰粒径	mm	0.001～2.0	过筛
	2	氧化铝及二氧化硅含量	%	≥70	试验室化学分析
	3	烧失量	%	≤12	试验室烧结法
	4	每层铺筑厚度	mm	±50	水准仪
	5	含水量（与最优含水量比较）	%	±2	取样后试验室确定

10.3.3　预　压　法

10.3.3.1　堆载预压法设计施工

1. 加固原理及适用范围

堆载预压法就是对地基进行堆载，使土体中的水通过砂井或塑料排水带排出，土体孔隙比减小，使地基土固结的地基处理方法，这种方法可有效减少工后变形和提高地基稳定性。对于在持续荷载下体积发生很大压缩且强度会增长的土，而又有足够时间进行压缩时，这种方法特别适用。为了加速压缩过程，可采用比建筑物重量大的所谓超载进行预压。根据排水系统的不同又可以分为砂井堆载预压法、袋装砂井堆载预压法、塑料排水带堆载预压法。

不同排水系统的堆载预压法的特点及适用范围如表 10-32 所示。

2. 设计

堆载预压法的设计应符合下列规定：

(1) 竖向排水体尺寸[20]

1) 砂井或塑料排水带直径

堆载预压法的特点及适用范围一览表 **表 10-32**

方 法	特 点	适用范围
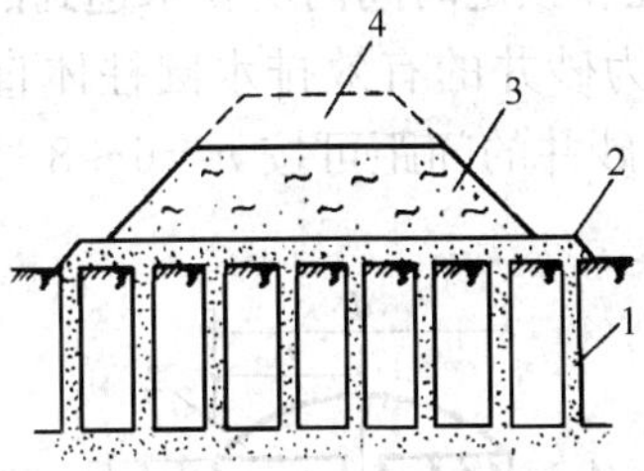 1—砂井；2—砂垫层；3—堆载；4—临时超载 砂井堆载预压法	可加速饱和软黏土的排水固结，使变形及早完成和稳定（下沉速度可加快 2.0～2.5 倍），同时可大大提高地基的抗剪强度和承载力，防止基土滑动破坏；而且施工机具、方法简单，就地取材，不用三材，可缩短施工期限，降低造价	适用于处理淤泥质土、淤泥、冲填土等饱和黏性土地基的加固；用于机场跑道、油罐、冷藏库、水池、水工结构、道路、路堤、堤坝、码头、岸坡等工程地基处理。对于泥炭等有机沉积地基则不适用
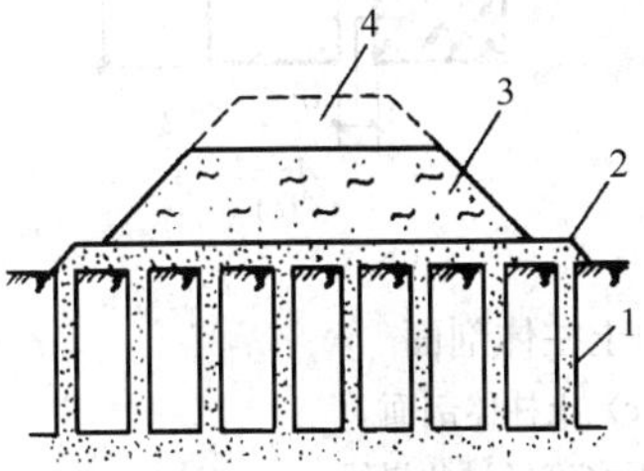 1—袋装砂井；2—砂垫层； 3—堆载；4—临时超载 袋装砂井堆载预压法	能保证砂井的连续性，不易混入泥砂，或使透水性减弱；打设砂井设备实现了轻型化，比较适应于在软弱地基上施工；采用小截面砂井，用砂量大为减少；施工速度快，每班能完成 70 根以上；工程造价降低，每 $1m^2$ 地基的袋装砂井费用仅为普通砂井的 50%左右	适用范围同砂井堆载预压地基
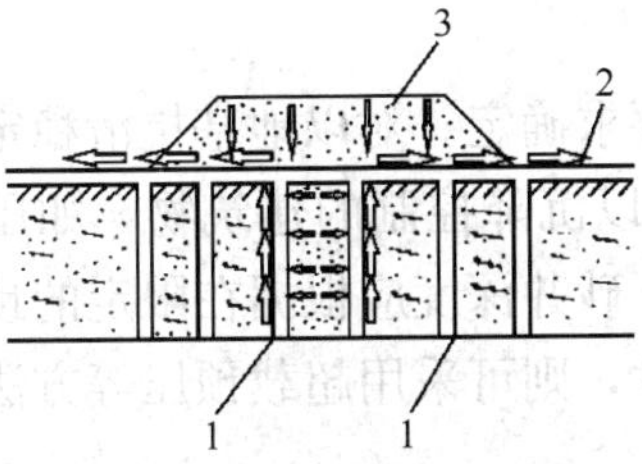 1—塑料排水带；2—土工织物；3—堆载 塑料排水带堆载预压法	(1) 板单孔过水面积大，排水畅通；(2) 质量轻，强度高，耐久性好；其排水沟槽截面不易因受土压力作用而压缩变形；(3) 用机械埋设，效率高，运输省，管理简单；特别用于大面积超软弱地基土上进行机械化施工，可缩短地基加固周期；(4) 加固效果与袋装砂井相同，承载力可提高 70%～100%，经 100d，固结度可达到 80%；加固费用比袋装砂井节省 10%左右	适用范围与砂井堆载预压、袋装砂井堆载预压相同

注：对塑性指数大于 25 且含水量大于 85%的淤泥，应通过现场试验确定其适用性。

砂井直径主要取决于土的固结性和施工期限的要求。砂井分普通砂井和袋装砂井，普通砂井直径可取 300～500mm，袋装砂井直径可取 70～120mm。塑料排水带的当量换算直径可按下式计算：

$$d_p = \frac{2(b+\delta)}{\pi} \tag{10-12}$$

式中 d_p——塑料排水带当量换算直径；

b——塑料排水带宽度；

δ——塑料排水带厚度。

2）砂井或塑料排水带间距

砂井或塑料排水带的间距可根据地基土的固结特性和预定时间内所要求达到的固结度确定。通常砂井的间距可按井径比 n（$n=d_e/d_w$，d_e 为砂井的有效排水圆柱体直径，d_w 为砂井直径，对塑料排水带可取 $d_w=d_p$）确定。普通砂井的间距可按 $n=6\sim8$ 选用；袋装砂井或塑料排水带的间距可按 $n=15\sim22$ 选用。

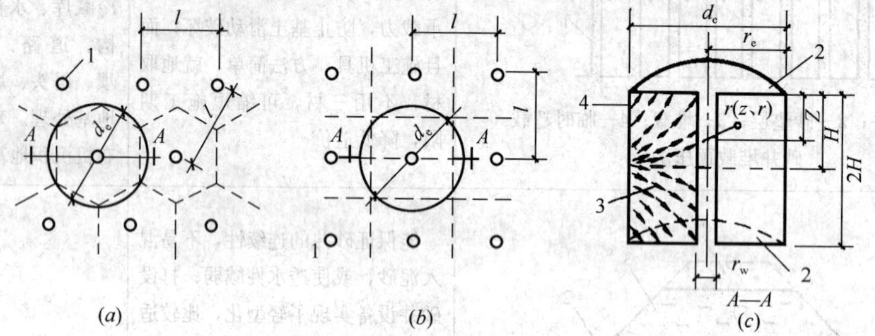

图10-6 砂井平面布置及影响范围土柱体剖面

(a) 正三角形排列；(b) 正方形排列；(c) 土柱体剖面

1—砂井；2—排水面；3—水流途径；4—无水流经过此界线

3）砂井排列方式

砂井的平面布置可采用等边三角形或正方形排列（图10-6）。一根砂井的有效排水圆柱体的直径 d_e 和砂井间距 l 的关系按下列规定取用：

等边三角形布置 $d_e=1.05l$；正方形布置 $d_e=1.13l$。

4）砂井深度

砂井的深度应根据建筑物对地基的稳定性和变形要求确定。对以地基抗滑稳定性控制的工程，砂井深度至少应超过最危险滑动面2.0m。对以沉降控制的建筑物，如压缩土层厚度不大，砂井宜贯穿压缩土层；对深厚的压缩土层，砂井深度应根据在限定的预压时间内消除的变形量确定，若施工设备条件达不到设计深度，则可采用超载预压等方法来满足工程要求。

若软土层厚度不大或软土层含较多的薄粉砂夹层，预计固结速率能满足工期要求时，可不设置竖向排水体。

(2) 确定加载的数量、范围和速率[18][20]

1）加载数量

预压荷载的大小，应根据设计要求确定，通常可与建筑物的基底压力大小相同。对于沉降有严格限制的建筑，应采用超载预压法处理地基，超载数量应根据预定时间内要求消除的变形量通过计算确定，并宜使预压荷载下受压土层各点的有效竖向压力等于或大于建筑荷载所引起的相应点的附加压力。

2）加载范围

预压荷载顶面的范围应等于或大于建筑物基础外缘所包围的范围，以保证建筑物范围内的地基得到均匀加固。

3）加荷速率

加荷速率应根据地基土的强度确定。当天然地基土的强度满足预压荷载下地基的稳定性要求时，可一次性加载，否则应分级逐渐加荷，待前期预压荷载下地基土的强度增长满足下一级荷载下地基的稳定性要求时方可加荷。特别是在加荷后期，更需严格控制加荷速率。加荷速率应通过对地基抗滑稳定计算来确定，以确保工程安全。但更为直接而可靠的方法是通过各种现场观测来控制，对竖井地基，最大竖向变形量不应超过 15 mm/d；对天然地基，最大竖向变形量不应超过 10 mm/d；边缘处水平位移不应超过 5 mm/d。

（3）计算地基的固结度、强度增长、抗滑稳定和变形[20]

1）地基固结度

地基固结度一级或多级等速加载条件下，当固结时间为 t 时，对应总荷载的地基平均固结度可按下式计算：

$$\overline{U}_{t}=\sum_{i=1}^{n}\frac{\dot{q}_i}{\sum\Delta p}\left[(T_i-T_{i-1})-\frac{\alpha}{\beta}e^{-\beta t}\ (e^{\beta T_i}-(e^{\beta T_{i-1}})\right] \tag{10-13}$$

式中 $\overline{U}_t$——t 时间地基的平均固结度；

q_i——第 i 级荷载的加荷速率（kPa/d）；

$\sum\Delta p$——各级荷载的累加值（kPa）；

T_{i-1}、T_i——分别为第 i 级荷载加荷的起始和终止时间（从零点起算）（d），当计算第 i 级荷载加荷过程中某时间的固结度时，T_i 改为 t；

α、β——参数，按表 10-33 采用。

α、β 值 **表 10-33**

排水固结条件 / 参数	竖向排水固结 $\overline{U}_z>30\%$	向内径向排水固结	竖向和向内径向排水固结（竖井穿透受压土层）	说明
α	$\frac{8}{\pi^2}$	1	$\frac{8}{\pi^2}$	$F_n=\frac{n^2}{n^2-1}\ln(n)-\frac{3n^2-1}{4n^2}$ C_h——土的径向排水固结系数（cm²/s）； C_v——土的竖向排水固结系数（cm²/s）； H——土层竖向排水距离（cm）； $\overline{U}_z$——双面排水土层或固结应力均匀分布的单面排水土层平均固结度
β	$\frac{\pi^2 C_v}{4H^2}$	$\frac{8C_h}{F_n d_e^2}$	$\frac{8C_h}{Fnd_e^2}+\frac{\pi^2 C_v}{4H^2}$	

注：对排水竖井未穿透受压土层之地基，应分别计算竖井范围土层的平均固结度和竖井底面以下受压土层的平均固结度，通过预压使该两部分固结度和所完成的变形量满足设计要求。

对竖井长径比（长度与直径之比）大、纵向通水量 q_w 与天然土层水平向渗透系数 k_h

的比值较小的袋装砂井或塑料排水带，应考虑井阻作用。当采用挤土方式施工时，尚应考虑土的涂抹和扰动影响。

瞬时加载条件下，考虑涂抹和井阻影响时，竖井地基径向排水平均固结度可按下式计算：

$$\overline{U_r} = 1 - e^{-\frac{8c_h}{Fd_e^2}t} \tag{10-14}$$

$$F = F_n + F_s + F_r \tag{10-15}$$

$$F_n = \ln(n) - 3/4 \quad n \geqslant 15 \tag{10-16}$$

$$F_s = (k_h/k_s - 1)\ln s \tag{10-17}$$

$$F_r = \frac{\pi^2 L^2}{4}\frac{k_h}{q_w} \tag{10-18}$$

式中 $\overline{U_r}$——固结时间 t 时竖井地基径向排水平均固结度；

k_h——天然土层水平向渗透系数（cm/s）；

k_s——涂抹区土的水平向渗透系数，可取 $k_s = (1/5 \sim 1/3)k_h$（cm/s）；

s——涂抹区直径 d_s 与竖井直径 d_w 的比值，可取 s＝2.0～3.0，对中等灵敏黏性土取低值，对高灵敏黏性土取高值；

L——竖井深度（cm）；

q_w——竖井纵向通水量，为单位水力梯度下单位时间的排水量（cm^3/s）。

一级或多级等速加荷条件下，考虑涂抹和井阻影响时竖井穿透受压土层地基之平均固结度可按式（10-13）计算，其中 $\alpha = 8/\pi^2$，$\beta = 8C_h/(F_n d_e^2) + \pi^2 C_v/(4H^2)$。

2）抗滑稳定

预压荷载下，正常固结饱和黏性土地基中某点某一时间的抗剪强度可按下式计算：

$$\tau_{ft} = \tau_{f0} + \Delta\sigma_z \cdot U_t \tan\varphi_{cu} \tag{10-19}$$

式中 τ_{ft}——t 时刻，该点土的抗剪强度（kPa）；

τ_{f0}——地基土的天然抗剪强度，由十字板剪切试验测定（kPa）；

$\Delta\sigma_z$——预压荷载引起的该点的附加竖向压力；

U_t——该点土的固结度；

φ_{cu}——三轴固结不排水压缩试验求得的土的内摩擦角（°）。

3）竖向变形

预压荷载下地基的最终竖向变形量可按下式计算：

$$s_f = \xi\sum_{i=1}^{n}\frac{e_{0i} - e_{1i}}{1 + e_{0i}}h_i \tag{10-20}$$

式中 s_f——最终竖向变形量；

e_{0i}——第 i 层中点土自重应力所对应的孔隙比，由室内固结试验所得的孔隙比 e 和固结压力 p（即 e—p）关系曲线查得；

e_{1i}——第 i 层中点土自重应力和附加应力之和所对应的孔隙比，由室内固结试验所得的 e—p 关系曲线查得；

h_i——第 i 层土层厚度；

ξ——经验系数，对正常固结饱和黏性土地基可取 ξ＝1.1～1.4，荷载较大，地基土较软弱时取较大值，否则取较小值。

变形计算时，可取附加应力与土自重应力的比值为0.1的深度作为受压层计算深度。

4）水平排水垫层

预压法处理地基时，为了使砂井排水有良好的通道，必须在地表铺设排水砂垫层，其厚度不小于500mm，以连通各砂井将水引到预压区以外。

砂垫层砂料宜用中粗砂，黏粒含量不宜大于3%，砂料中可混有少量粒径小于50mm的石粒。砂垫层的干密度应大于$1.5\times10^3kg/m^3$，其渗透系数宜大于$1\times10^{-2}cm/s$。

在预压区中宜设置与砂垫层相连的排水盲沟，并把地基中排出的水引出预压区。

3. 施工

（1）施工设备

1）砂井施工机具可采用振动锤、射水钻机、螺旋钻机等机具或选用灌注桩的成孔机具。

2）袋装砂井施工机具可采用EHZ-8型袋装砂井打设机，也可采用各种导管式的振动打设机械。

3）塑料排水带施工主要设备为插带机，基本上可与袋装砂井打设机械共用，只需将圆形导管改为矩形导管，每次可同时插设塑料排水带两根。

（2）施工程序及注意事项

1）水平排水垫层施工

水平排水砂垫层施工目前有四种方法：

①当地基表层有一定厚度的硬壳层，其承载力较好，能上一般运输机械时，一般采用机械分堆摊铺法，即先堆成若干砂堆，然后用机械或人工摊平。

②当硬壳层承载力不足时，一般采用顺序推进摊铺法。

③当软土地基表面很软，如新沉积或新吹填不久的超软地基，首先要改善地基表面的持力条件，使其能上施工人员和轻型运输工具。

④尽管对超软地基表面采取了加强措施，但持力条件仍然很差，一般轻型机械上不去，在这种情况下，通常采用人工或轻便机械顺序推进铺设。

2）竖向排水体施工

①砂井施工[19]

砂井施工一般先在地基中成孔，再在孔内灌砂形成砂井。砂井的灌砂量，应按井孔的体积和砂在中密时的干密度（应大于$1.5\times10^3kg/m^3$）计算，其实际灌砂量不得小于计算值的95%。

砂井成孔施工方法有振动沉管法、射水法、螺旋钻成孔法和爆破法四种。

a. 振动沉管法，是以振动锤为动力，将套管沉到预定深度，灌砂后振动、提管形成砂井。

b. 射水法，是指利用高压水通过射水管形成高速水流的冲击和环刀的机械切削，使土体破坏，并形成一定直径和深度的砂井孔，然后灌砂而成砂井。射水法适用于土质较好且均匀的黏性土地基。

c. 螺旋钻成孔法，是用动力螺旋钻钻孔，属于干钻法施工，提钻后孔内灌砂成形。此法适用于砂井长度在10m以内，土质较好，不会出现缩颈和塌孔现象的软弱地基。

d. 爆破法，是先用直径73mm的螺纹钻钻成一个砂井所要求设计深度的孔，在孔中放置由传爆线和炸药组成的条形药包，爆破后将孔扩大，然后往孔内灌砂形成砂井。这种方法施工简易，不需要复杂的机具，适用于深度为6～7m的浅砂井。

以上各种成孔方法，必须保证砂井的施工质量，以防缩颈、断颈或错位现象，如图10-7所示。

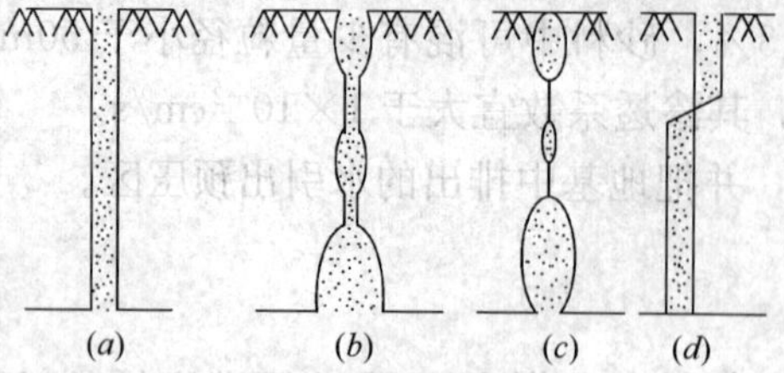

图10-7 砂井可能产生的质量事故
(a) 理想的砂井形状；(b) 缩颈；(c) 断颈；(d) 错位

②袋装砂井施工[19]

袋装砂井是用具有一定伸缩性和抗拉强度很高的聚丙烯或聚乙烯编织袋装满砂子，它基本上解决了大直径砂井中所存在的问题，使砂井的设计和施工更加科学化，保证了砂井的连续性；打设设备实现了轻型化，比较适应在软弱地基上施工；用砂量大为减少；施工速度加快，工程造价降低，是一种比较理想的竖向排水体。

a. 材料要求

砂袋要满足排水要求，透水、透气性应良好，要具有一定的耐腐蚀、抗老化性能及足够的抗拉强度，能承受袋内装砂自重和弯曲所产生的拉力，装砂不易漏失。国内多采用聚丙烯编织布。

b. 袋装砂井施工工艺（图10-8）

施工工艺方法要点如下：

(a) 袋装砂井的施工程序是：定位、整理桩尖，沉入导管，将砂袋放入导管，往管内灌水（减少砂袋与管壁的摩擦力），拔管。

(b) 袋装砂井在施工过程中应注意以下几点：

a) 定位要准确，要保证砂井的垂直度，以确保排水距离与理论计算一致；

b) 袋中装砂宜用风干砂，不宜采用潮湿砂，以免干燥后，体积减小，造成袋装砂井缩短与排水垫层不搭接或缩颈、断颈等质量事故；

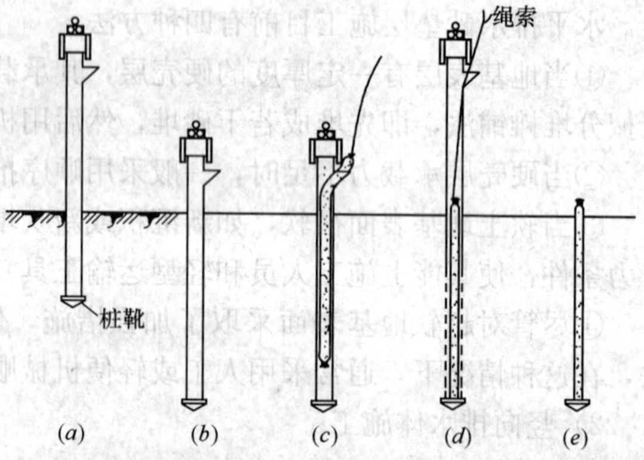

图10-8 袋装砂井的施工过程
(a) 打入成孔套管；(b) 套管到达规定标高；(c) 放下砂袋；(d) 拔套管；(e) 袋装砂井施工完毕

c) 聚丙烯编织袋，在施工时应避免太阳曝晒老化。

d) 砂袋入口处的导管口应装设滚轮，下放砂袋要仔细，防止砂袋破损漏砂；

e) 施工中要经常检查桩尖与导管口的密封情况，避免管内进泥过多，造成井阻，影响加固深度；

f) 砂袋埋入砂垫层中的长度不应小于500mm。确定袋装砂井施工长度时，应考虑袋内砂体积减小、因饱水沉实而减少、袋装砂井在井内的弯曲、超深以及伸入水平排水垫层内的长度等因素，杜绝砂井全部沉入孔内，造成顶部与排水垫层不连接事故发生。

g) 拔管后带上砂袋的长度不应超过500mm，回带根数不应超过总根数的5%。

③塑料排水带施工[19][49]

塑料排水带堆载预压地基，是将带状塑料排水带用插板机将其插入软弱土层中，组成垂直和水平排水体系，然后在地基表面堆载预压，土中孔隙水沿塑料带的沟槽上升溢出地面，从而加速了软弱地基的沉降过程，使地基得到压密加固。

a. 塑料排水带的性能和规格

塑料排水带由芯带和滤膜组成。芯带是由聚丙烯和聚乙烯塑料加工而成两面有间隔沟槽的带体，滤膜为化纤材料无纺胶粘而成，土层中的固结渗流水通过滤膜渗入到沟槽内，并通过沟槽从排水垫层中排出。根据塑料排水带的结构，要求滤网膜渗透性好，与黏土接触后，其渗透系数不低于中粗砂，排水沟槽输水畅通，不因受土压力作用而减小。塑料排水带的结构由所用材料不同，结构型式也各异，主要有图 10-9 所示几种。

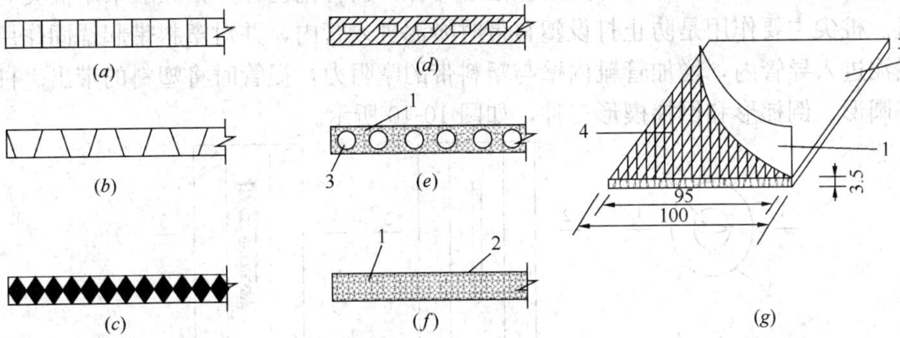

图 10-9 塑料排水带结构型式、构造

(*a*) 门形塑料带；(*b*) 梯形槽塑料带；(*c*) Δ形槽塑料带；(*d*) 硬透水膜塑料带；
(*e*) 无纺布螺栓孔排水带；(*f*) 无纺布柔性排水带；(*g*) 结构构造
1—滤膜；2—无纺布；3—螺栓排水孔；4—芯板

带芯材料：沟槽型排水带，如图 10-9 (*a*)、(*b*)、(*c*)，国内外多采用聚丙烯或聚乙烯塑料带芯，聚氯乙烯制作的质较软，延伸率大，在土压作用下易变形，使过水截面减小。多孔型带芯如图 10-9 (*d*)、(*e*)、(*f*)，一般用耐腐蚀的涤纶丝无纺布。

滤膜材料：一般用耐腐蚀的涤纶衬布，涤纶布不低于 60 号，含胶量适当（不小于 35%），以保证涤纶布泡水后的强度满足要求，又有较好的透水性。

排水带的厚度应符合表 10-34 要求，排水带的性能应符合表 10-35 要求。

不同型号塑料排水带的厚度[49] **表 10-34**

型号	A	B	C	D
厚度 (mm)	>3.5	>4.0	>4.5	>6

塑料排水带的性能[49] **表 10-35**

项目	单位	A 型	B 型	C 型	条件
纵向通水量	cm^3/s	≥15	≥25	≥40	侧压力
滤膜渗透系数	cm/s	$\geq 15\times10^{-4}$	$\geq 15\times10^{-4}$	$\geq 15\times10^{-4}$	试件在水中浸泡 24h
滤膜等效孔径	μm	<75	<75	<75	以 D_{98} 计，D 为孔径
复合体抗拉强度（干态）	kN/10cm	≥1.0	≥1.3	≥1.5	延伸率 10%时

续表

项目		单位	A型	B型	C型	条件
滤膜抗拉强度	干态	N/cm	≥15	≥25	≥30	延伸率15%时试件在水中浸泡24h
	湿态	N/cm	≥10	≥20	≥25	
滤膜重度		N/m²		0.8		

注：A型排水带适用于插入深度小于15m；B型排水带适用于插入深度小于25m；C型排水带适用于插入深度小于35m。

b. 工艺方法要点

（a）打设塑料排水带的导管有圆形和矩形两种，其管靴也各异，一般采用桩尖与导管分离设置。桩尖主要作用是防止打设塑料带时淤泥进入管内，并对塑料带起锚固作用，同时避免淤泥进入导管内，增加管靴内壁与塑料带的摩阻力，提管时将塑料的带出。桩尖常用形式有圆形、倒梯形和倒梯楔形三种，如图10-10所示。

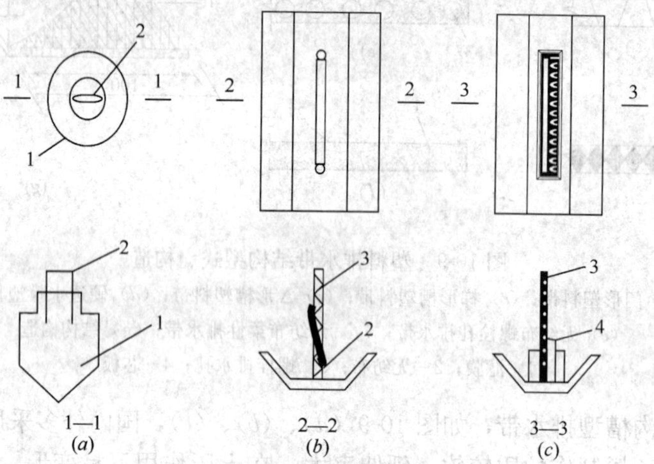

图10-10　塑料排水带用桩尖形式[49]

（a）混凝土圆形桩尖；（b）倒梯形桩尖；（c）楔形固定桩尖

1—混凝土桩尖；2—塑料带固定架；3—塑料带；4—塑料楔

（b）塑料排水带打设程序是：定位，将塑料排水带通过导管从管下端穿出，将塑料带与桩尖连接贴紧管下端并对准桩位，打设桩管插入塑料排水带，拔管、剪断塑料排水带。工艺流程如图10-11所示。

（c）塑料排水带在施工过程中应注意以下几点：

a）塑料带滤水膜在搬运、开包和打设过程中应避免损坏，防止淤泥进入带芯堵塞输水孔，影响塑料带的排水效果；

b）塑料带与桩尖要牢固连接，以免拔管时脱离，将塑料带拔出；

c）桩尖平端与导管下端要紧密连接，防止错缝，使淤泥在打设过程中进入导管，增大对塑料带的阻力，或将塑料带拔出，如塑料排水带出超过1m以上，应立即查找原因并进行补打；

d）当塑料排水带需接长时，应采用滤膜内芯带平搭接的连接方法，搭接长度宜大于200mm，以减小带与导管的阻力，保证输水畅通和有足够的搭接强度；

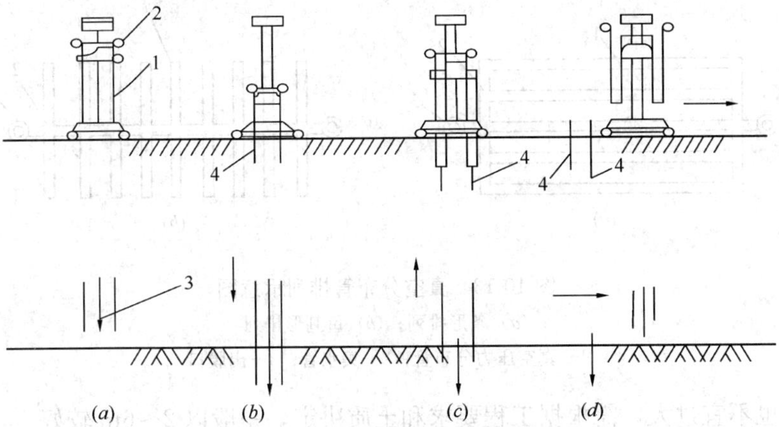

图 10-11 塑料排水带插带工艺流程[49]
（a）准备；（b）插设；（c）上拔；（d）切断移动
1—套杆；2—塑料带卷筒；3—钢靴；4—塑料带

e）塑料排水带埋入砂垫层中的长度不应小于 500mm；

f）拔管后带上塑料排水带的长度不应超过 500mm，回带根数不应超过总根数的 5%。

10.3.3.2 真空预压法设计施工

1. 加固原理及适用范围

真空预压法是在饱和软土地基中设置竖向排水通道（砂井或塑料排水带等）和砂垫层，在其上覆盖不透气塑料薄膜或橡胶布。通过埋设于砂垫层的渗水管道与真空泵连通进行抽气，使砂垫层和砂井中产生负压，而使软土排水固结的方法，如图 10-12 所示。

真空预压法适于饱和均质黏性土及含薄层砂夹层的黏性土，特别适于新淤填土、超软土地基的加固。但不适于在加固范围内有足够的水源补给的透水土层，以及施工场地狭窄的工程进行地基处理。

2. 设计[18][19][20]

真空预压法的设计应符合下列规定：

（1）竖向排水体尺寸

采用真空预压法处理地基必须设置砂井或塑料排水带。竖向排水体可采用直径为 700mm 的袋装砂井，也可采用普通砂井或塑料排水带。砂井或塑料排水带设计可参考堆载预压法处理地基设计的相关内容。

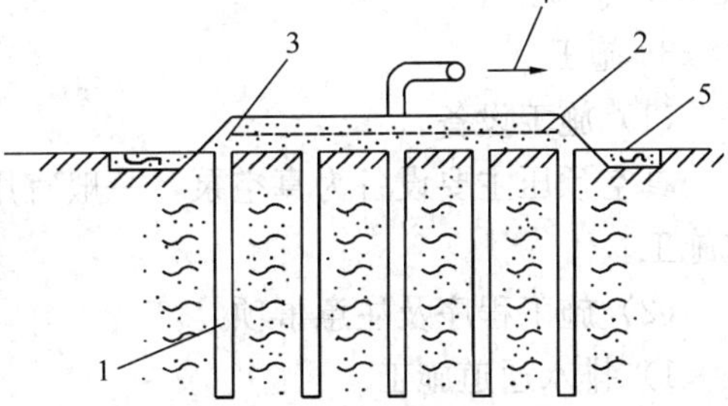

图 10-12 真空预压地基
1—砂井；2—薄膜；3—砂垫层；
4—抽水：气；5—黏土

（2）真空分布滤管的布设

一般采用条形或鱼刺形两种排列方法，如图 10-13 所示。

（3）预压区面积和分块大小

采用真空预压处理地基时，真空预压的总面积不得小于建筑物基础外缘所包围的面积，真空预压加固面积较大时，宜采取分区加固，分区面积宜为 20000～40000m^2。每块预压面积宜尽可能大且相互连接，因为这样可加快工程进度和消除更多的沉降量。两个预

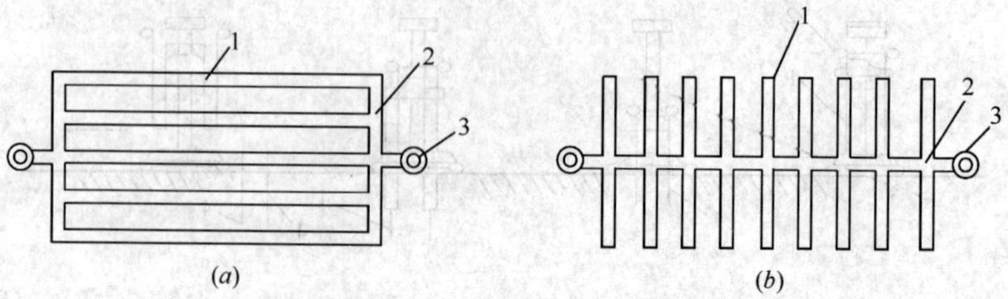

图 10-13　真空分布管排列示意图

(a) 条形排列；(b) 鱼刺形排列

1—真空压力分布管；2—集水管；3—出膜口

压区的间隔也不宜过大，需根据工程要求和土质决定，一般以 2～6m 较好。

(4) 膜内真空度

真空预压效果与密封膜下所能达到的真空度大小关系极大。当采用合理的施工工艺和设备时，真空预压的膜下真空度应保持在 650mmHg 以上，相当于 95kPa 以上的真空压力，此值可作为最小膜下设计真空度。真空预压所需抽真空设备的数量，可按加固面积的大小和形状、土层结构特点，以一套设备可抽真空的面积为 1000～1500m^2 确定，且每块预压区至少应设置两台真空泵。

(5) 平均固结度

加固区压缩土层的平均固结度应大于 90%。

(6) 变形计算

先计算加固前建筑物荷载下天然地基的沉降量，再计算真空预压期间所完成的沉降量，两者之差即为预压后在建筑物使用荷载下可能发生的沉降。预压期间的沉降可根据设计所要求达到的固结度推算加固区所增加的平均有效应力，从固结度—有效应力曲线上查出相应的孔隙比进行计算。真空预压地基最终竖向变形可按式 (10-29) 计算，其中 ξ 可取 0.8～0.9。

3. 施工

(1) 施工设备

真空预压主要设备为真空泵，一般宜用射流真空泵。排水通道的施工设备同堆载预压法施工。

(2) 施工程序及注意事项

1) 排水通道施工

首先在软基表面铺设砂垫层和在土体中埋设袋装砂井或塑料排水带，其施工工艺参见堆载预压法施工。

2) 膜下管道施工

真空滤水管一般设在排水砂垫中，其上宜有厚 100～200mm 砂覆盖层。滤水管可采用钢管或塑料管，外包尼龙纱或土工织物等滤水材料。滤水管在预压过程中应能适应地基的变形。水平向分布滤水管可采用条状、鱼刺状等形式，布置宜形成回路。如图 10-14 所示。

3) 密封膜施工

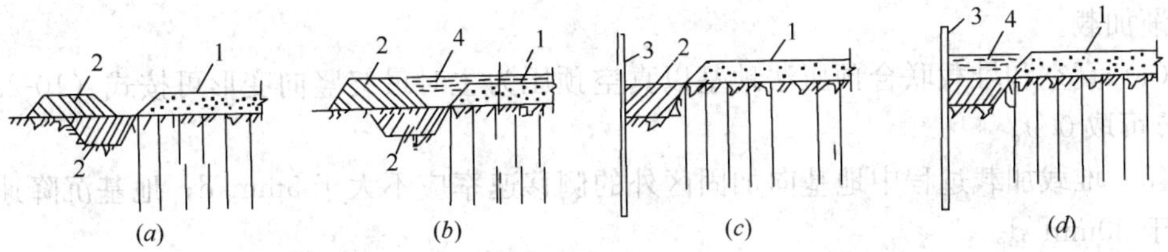

图 10-14 薄膜周边密封方法

(a) 挖沟折铺；(b) 钢板桩密封；(c) 围捻内面覆水密封；(d) 钢板桩墙加沟内覆水

1—密封膜；2—填土压实；3—钢板桩；4—覆水

①密封膜材料

密封膜应采用抗老化性能好、韧性好、抗穿刺能力强的不透气材料，如线性聚乙烯等专用薄膜。

②密封膜热合

密封膜热合时宜采用双热合缝的平搭接，搭接长度应大于 15mm。在热合时，应根据密封膜材料、厚度，选择合适的热温度、刀的压力和热合时间，使热合缝粘结牢而不熔。

③密封膜铺设

由于密封膜系大面积施工，有可能出现局部热合不好、搭接不够等问题，影响膜的密封性。为确保在真空预压全过程的密封性，密封膜宜铺设 3 层，覆盖膜周边可采用挖沟折铺、平铺并用黏土压边，围埝沟内覆水以及膜上全面覆水等方法进行密封。

当处理区地基土渗透性强时应设置黏土密封墙。黏土密封墙宜采用双排水泥土搅拌桩，搅拌桩直径不宜小于 700mm（当搅拌桩深度小于 15m 时，搭接宽度不宜小于 200mm，当搅拌桩深度大于 15m 时，搭接宽度不宜小于 300mm）；或采用封闭式板桩墙、封闭式板桩墙加沟内覆水或其他密封措施隔断透水层，如图 10-14 所示。

4）管路连接

真空管路的连接点应严格进行密封，以保证密封膜的气密性。由于射流真空泵的结构特点，射流真空泵经管路进入密封膜内，形成连接密封，但系敞开系统，真空泵工作时，膜内真空度很高，一旦由于某种原因，射流泵全部停止工作，膜内真空度随之全部卸除，这将直接影响地基加固效果，并延长预压时间。为避免膜内真空度在停泵后很快降低，在真空管路中应设置止回阀和截门。

10.3.3.3 真空和堆载联合预压法设计施工

真空和堆载联合预压设计和施工可参考堆载预压和真空预压的有关内容，但还要注意下列事项：

（1）采用真空和堆载联合预压时，先进行抽真空，当真空压力达到设计要求并稳定后，再进行堆载，并继续抽真空。对于一般软黏土，当膜下真空度稳定地达到 650mmHg 后，抽真空 10 天左右可进行上部堆载施工，即边抽真空，边施加堆载。对于高含水量的淤泥类土，当膜下真空度稳定地达到 650mmHg 后，一般抽真空 20～30d 可进行堆载施工。

（2）堆载体的坡肩线宜与真空预压边线一致，堆载前需在膜上铺设土工编织布等保护层。保护层可采用编织布或无纺布等，其上铺设 100～300mm 厚的砂垫层。

（3）当堆载较大时，若天然地基土的强度不满足预压荷载下地基的稳定性要求时应分级逐渐加载。

（4）真空和堆载联合预压法地基以真空预压为主时最终竖向变形可按式（10-29）计算，ξ可取0.9。

（5）堆载加载过程中地基向加固区外的侧移速率应不大于5mm/d；地基沉降速率应不大于30mm/d。

10.3.3.4　质量检验与验收[20][26]

1. 施工期质量检验

施工期质量检验应包括以下内容：

（1）竖向排水体施工质量检测，包括材料质量、允许偏差、垂直度等；砂井或袋装砂井的砂料必须取样进行颗粒分析和渗透性试验。

（2）水平排水体砂料按施工分区进行检测单元划分，或以每10000m^{2}的加固面积为一检测单元，每一检测单元的砂料检测数量应不少于3组。

（3）堆载施工应检查堆载高度、沉降速率。堆载分级荷载的高度偏差不应大于本级荷载折算高度的2%，最终堆载高度不应小于设计总荷载的折算高度。堆载高度按每25m^{2}一个点进行检测。

（4）堆载分级堆高结束后应在现场进行堆料的重度检测，检测数量宜为每1000m^{2}一组，每组3个点。

（5）真空预压施工中应检查密封膜的密封性能，真空表读数等。抽真空期间真空管内真空度应大于90kPa，膜下真空度宜大于80kPa。

2. 竣工后质量验收

竣工后质量检验应包括以下内容：

（1）排水竖井处理深度范围内和竖井底面以下受压土层，经预压所完成的竖向变形和平均固结度应满足设计要求。

（2）应对预压的地基土进行原位十字板剪切试验和室内土工试验。必要时，尚应进行现场载荷试验，试验数量不应少于3点。

3. 检验与验收标准

堆载预压地基质量标准如表10-36所示。

预压地基和塑料排水带质量检验标准[26]　　表10-36

项	序	检查项目	允许偏差或允许值		检查方法
			单位	数值	
主控项目	1	预压载荷	%	≤2	水准仪
	2	固结度（与设计要求比）	%	≤2	根据设计要求采用不同方法
	3	承载力或其他性能指标	设计要求		按规定方法
一般项目	1	沉降速率（与控制值比）	%	±10	水准仪
	2	砂井或塑料排水带位置	mm	±100	用钢尺量
	3	砂井或塑料排水带插入深度	mm	±200	插入时用经纬仪检查
	4	插入塑料排水带时的回带长度	mm	≤500	用钢尺量
	5	塑料排水带或砂井高出砂垫层距离	mm	≥200	用钢尺量
	6	插入塑料排水带的回带根数	%	<5	目测

注：1. 本表适用于砂井堆载、袋装砂井堆载、塑料排水带堆载预压地基及真空预压地基的质量检验；
2. 砂井堆载、袋装砂井堆载预压地基无一般项中的4、5、6；
3. 如真空预压，主控中预压载荷的检查为真空度降低值<2%。

10.3.4 夯实法

10.3.4.1 强夯法设计施工

1. 加固原理及适用范围

强夯法是反复将夯锤提到高处使其自由落下，给地基以冲击和振动能量，将地基土夯实的地基处理方法，属于夯实地基。强大的夯击能给地基一个冲击力，并在地基中产生冲击波，在冲击力作用下，夯锤对上部土体进行冲切，土体结构破坏，形成夯坑，并对周围土进行动力挤压。

根据地基土的类别和强夯施工工艺的不同，强夯法加固地基有两种不同的加固机理：动力密实和动力固结。

（1）动力密实机理

强夯加固多孔隙、粗颗粒，非饱和土是基于动力密实机理，即强大的冲击能强制压密地基，使土中气相体积大幅度减小。

（2）动力固结机理

强夯加固细粒饱和土是基于动力固结机理，即强大的冲击能，在土中产生很大的应力波，破坏土的结构，使土体局部液化并产生许多裂隙，作为孔隙的排水通道，加速土体固结土体发生触变，强度逐步恢复。

强夯法适用于处理碎石土、砂土、低饱和度的粉土与黏性土、湿陷性黄土、素填土和杂填土等地基。

2. 设计[19][20][49]

强夯法的设计应符合下列规定：

（1）有效加固深度

有效加固深度既是选择地基处理方法的重要依据，又是反映处理效果的重要参数。影响有效加固深度的因素很多，除了和锤重和落距有关外，还与地基土的性质、不同土层的厚度和埋置顺序、地下水位以及其他强夯的设计参数等都与有效加固深度有着密切的关系。因此，强夯法的有效加固深度应根据现场试夯或当地经验确定。在缺少试验资料或经验时可按表 10-37 预估。

强夯的有效加固深度（m） 表 10-37

单击夯击能（kN·m）	碎石土、砂土等粗颗粒土	粉土、黏性土、湿陷性黄土等细颗粒土
1000	4.0～5.0	3.0～4.0
2000	5.0～6.0	4.0～5.0
3000	6.0～7.0	5.0～6.0
4000	7.0～8.0	6.0～7.0
5000	8.0～8.5	7.0～7.5
6000	8.5～9.0	7.5～8.0
8000	9.0～9.5	8.0～9.0
10000	10.0～11.0	9.5～10.5
12000	11.5～12.5	11.0～12.0
14000	12.5～13.5	12.0～13.0
15000	13.5～14.0	13.0～13.5
16000	14.0～14.5	13.5～14.0
18000	14.5～15.5	——

注：强夯法的有效加固深度应从最初起夯面算起。

(2) 单位夯击能

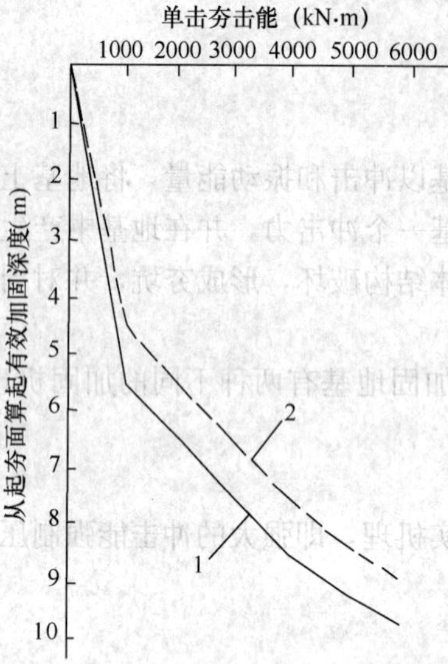

图 10-15　单击夯击能与有效加固深度的关系

1—碎石土、砂土等；2—粉土、黏性土、湿陷性黄土

锤重 M 与落距 h 的乘积称为单击夯击能 $E(=Mh)$，可根据工程要求的加固深度确定。强夯的单位夯击能（指单位面积上所施加的总夯击能），其大小与地基土类别、结构类型、荷载大小和要求处理的深度有关，一般通过现场试夯确定。由于锤重 M (t) 与落距 h (m) 直接决定每一击的夯击能量。夯击能过小，加固效果差；夯击能过大，不仅浪费能源，相应也增加费用（图 10-15），而且，对饱和黏性土还会破坏土体，形成橡皮土，降低强度。

(3) 夯击点布置及间距[20]

夯击点布置可根据基础的平面形状，采用等边三角形、等腰三角形或正方形（图 10-16）；对条形基础，夯点可成行布置；对独立柱基础，可按柱网设置采取单点或成组布置，在基础下面必须布置夯点。强夯处理范围应大于建筑物基础范围，具体的放大范围，可根据建筑物类型和重要性等因素考虑决定。对一般建筑物，每边超出基础外缘的宽度宜为设计处理深度的 1/3～1/2，并不宜小于 3m；对可液化地基，扩大范围不应小于可液化土层厚度的 1/2，并不应小于 5m。

夯击点间距受基础布置、加固土层厚度和土质等条件影响。对于加固土层厚、土质差、透水性差、含水率高的黏性土，夯点间距宜大，否则夯击点太密，会导致相邻夯击点的加固效应在浅处叠加而形成硬壳层，影响夯击能向深部传递；加固土层薄、透水性好、含水量低的砂质土，间距宜小些。通常第一遍夯击点间距可取夯锤直径的 2.5～3.5 倍（通常为 5～15m），第二遍夯击点位于第一遍夯击点之间，以后各遍夯击点间距可适当减小。对处理深度较深或单击夯击能较大的工程，第一遍夯击点间距宜适当增大[20]。

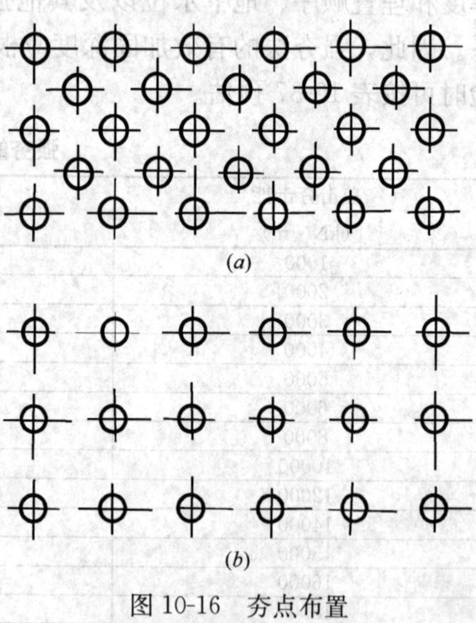

(a)

(b)

图 10-16　夯点布置

(a) 梅花形布置；(b) 方形布置

(4) 单点的夯击次数与夯击遍数

1) 夯击击数。每遍每夯点的夯击击数可通过试验确定，且应同时满足下列条件：

①最后两击的平均夯沉量不大于下列数值：当单击夯击能小于 3000kN・m 时为 50mm；当单击夯击能为 3000～6000kN・m 时为 100mm；当单击夯击能为 6000～10000kN・m 时为 200mm；当单击夯击能为 10000～15000kN・m 时为 250mm；当单击夯击能大于 15000kN・m 时为 300mm。

②夯坑周围地面不应发生过大隆起。

③不因夯坑过深而发生起锤困难。

总之，各夯击点的夯击数，应使土体竖向压缩最大，而侧向位移最小为原则，一般为4～10击。

2）夯击遍数。夯击遍数应根据地基土的性质确定，一般情况下，可采用点夯2～4遍，最后再以低能量（为前几遍能量的1/5～1/4，锤击数为2～4击）满夯1～2遍，满夯可采用轻锤或低落距锤多次夯击，锤印搭接。对于渗透性较差的细颗粒土，必要时夯击遍数可适当增加。

（5）间歇时间

两遍夯击之间应有一定的时间间隔，间隔时间取决于土中超静孔隙水压力的消散时间。当缺少实测资料时，可根据地基土的渗透性确定，对于渗透性较差的黏性土地基，间隔时间不应少于3～4周；对于渗透性好的地基可连续夯击。目前国内有的工程对黏性土地基的现场埋设了袋装砂井（或塑料排水带），以便加速孔隙水压力的消散，缩短间歇时间。

（6）现场测试（试夯）

根据初步确定的强夯参数，提出强夯试验方案，进行现场试夯。应根据不同土质条件待试夯结束一至数周后，对试夯场地进行检测，并与夯前测试数据进行对比，检验强夯效果，确定工程采用的各项强夯参数。测试工作一般有以下几个方面内容：

1）地面及深层变形，主要是为了了解地表隆起的影响范围及垫层的密实度变化；通过研究夯击能与夯沉量的关系，确定单点最佳夯击能量。

2）孔隙水压力，研究在夯击作用下孔隙水压力沿深度和水平距离的增长和消散的分布规律。从而确定两个夯击点间的夯距、夯击的影响范围、间歇时间以及饱和夯击能等参数。

3）侧向挤压力，在夯击作用下，可测试每夯击一次的压力增量沿深度的分布规律。

4）振动加速度，通过测试地面振动加速度可以了解强夯振动的影响范围。

5）根据试夯夯沉量确定起夯面标高和夯坑回填方式。

3. 施工[20][49]

（1）施工设备

1）夯锤

用钢板作外壳，内部焊接钢筋骨架后浇筑C30混凝土（图10-17），或用钢板做成组合成的夯锤（图10-18），以便于使用和运输。夯锤底面有圆形和方形两种，圆形定位方便，稳定性和重合性好，采用较广；锤底面积宜按土的性质和锤重确定，锤底静压力值可取25～80kPa或20～80kPa，单击夯击能高时取大值，单击夯

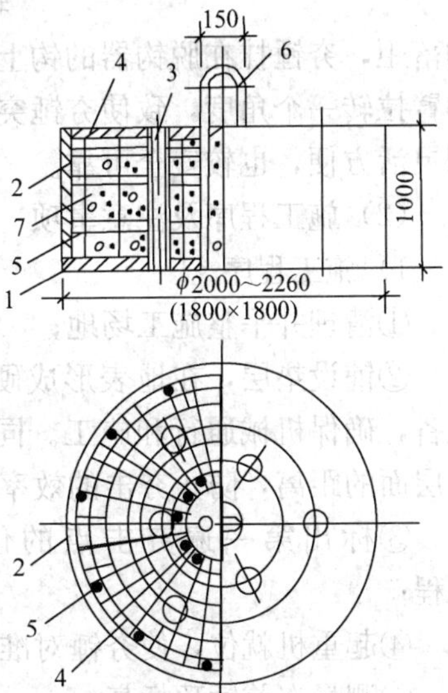

图10-17 混凝土夯锤图

（圆柱形重12t；方形重8t）

1—30mm厚钢板底板；

2—18mm厚钢板外壳；

3—6×ϕ159mm钢管；

4—水平钢筋网片ϕ16@200mm；

5—钢筋骨架ϕ14@400mm；

6—ϕ50mm吊环；7—C30混凝土

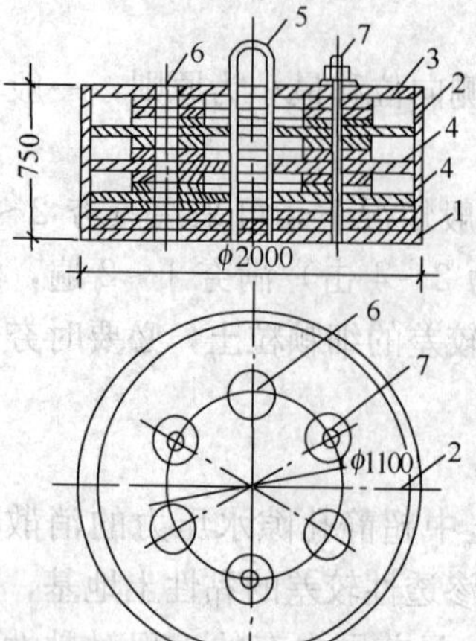

图 10-18　装配式钢夯锤
（可组合成 6、8、10、12t）
1—50mm 厚钢板底盘；2—15mm 厚钢板外壳；3—30mm 厚钢板顶板；4—中间块（50mm 厚钢板）；5—φ50mm 吊环；6—φ200mm 排气孔；7—M48mm 螺栓

击能低时取小值，对于细颗粒土锤底静接地压力宜取较小值。对于粗颗粒土（砂质土和碎石类土）选用较大值，一般锤底面积为 3～4m^2；对于细颗粒土（黏性土或淤泥质土）宜取较小值，锤底面积不宜小于 6m^2。锤重一般为 10～60t。夯锤中宜设 4～6 个直径 300～400mm 或 250～500mm 上下贯通的排气孔，以利空气迅速排走，减小起锤时，锤底与土面间形成真空产生的强吸附力和夯锤下落时的空气阻力，以保证夯击能的有效性。

2）起重设备

施工机械宜采用带有自动脱钩装置的履带式起重机或其他专用设备。采用履带式起重机时，可在臂杆端部设置辅助门架，或采取其他安全措施，防止落锤时机架倾覆。

3）脱钩装置

国内目前使用较多的是通过动滑轮组用脱钩装置来起落夯锤。脱钩装置要求有足够的强度，使用灵活，脱钩快速、安全。常用的工地自制自动脱钩器由吊环、耳板、销环、吊钩等组成（图 10-19），系由钢板焊接制成。拉动脱钩器的钢丝绳，其一端固定在销柄上，另一端穿过转向滑轮，固定在悬臂杆底部横轴上，以钢丝绳的长短控制夯锤的落距，夯锤挂在脱钩器的钩上，当吊钩提升到要求的高度时，张紧的钢丝绳将脱钩器的伸臂拉转一个角度，致使夯锤突然下落，同时可控制每次夯击落距一致，可自动复位，使用灵活方便，也较安全可靠。

（2）施工程序及注意事项

1）施工程序[20]

①清理并平整施工场地；

②铺设垫层，在地表形成硬层，用以支承起重设备，确保机械通行和施工。同时可加大地下水和表层面的距离，防止夯击的效率降低；

③标出第一遍夯击点的位置，并测量场地高程；

④起重机就位，使夯锤对准夯点位置；

⑤测量夯前锤顶标高；

⑥将夯锤起吊到预定高度，待夯锤脱钩自由下落后放下吊钩，测量锤顶高程；若发现因坑底倾斜而造成夯锤歪斜时，应及时将坑底整平；

⑦重复步骤⑥，按设计规定的夯击次数及控制标准，完成一个夯点的夯击；

⑧重复步骤④～⑦，完成第一遍全部夯点的夯击；

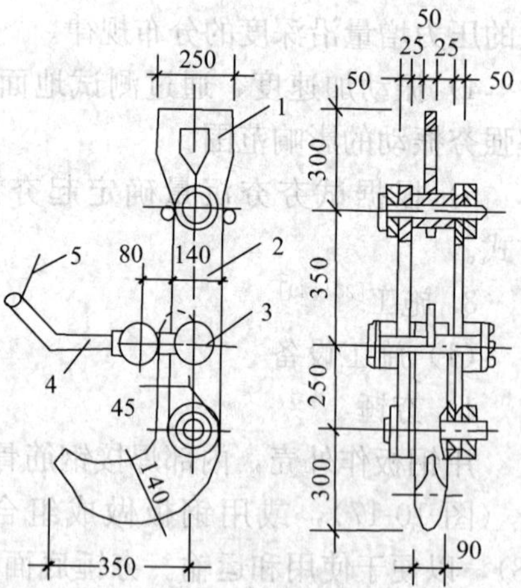

图 10-19　强夯自动脱钩器[50]
1—吊环；2—耳板；3—销环轴辊；4—销柄；5—拉绳

⑨用推土机将夯坑填平，并测量场地高程；

⑩在规定的间隔时间后，按上述步骤逐次完成全部夯击遍数，最后用低能量满夯，将场地表层土夯实，并测量夯后场地高程。

2）施工中的注意事项[49]

①做好强夯地基的地质勘察，对不均匀土层适当增多钻孔和原位测试工作，掌握土质情况，作为制定强夯方案和对比夯前、夯后加固效果之用。必要时进行现场试验性强夯，确定强夯施工的各项参数。同时应查明强夯范围内的地下构筑物和各种地下管线的位置及标高，并采取必要的防护措施，以免因强夯施工而造成损坏。

②强夯前应平整场地，周围做好排水沟，沟网最大间距不宜超过15m，按夯点布置测量放线确定夯位。地下水位较高时，应在表面铺0.5～2.0m中（粗）砂或砂砾石、碎石垫层，以防设备下陷和便于消散强夯产生的孔隙水压，或采取降低地下水位后再强夯。

③强夯应分段进行，顺序从边缘夯向中央（图10-20）。对厂房柱基亦可一排一排夯，起重机直线行驶，从一边向另一边进行，每夯完一遍，用推土机整平场地，放线定位即可接着进行下一遍夯击。强夯法的加固顺序是：先深后浅，即先加固深层土，再加固中层土，最后加固表层土。最后1遍夯完后，再以低能量满夯2遍，如有条件以采用小夯锤夯击为佳。

16	13	10	7	4	1
17	14	11	8	5	2
18	15	12	9	6	3
18′	15′	12′	9′	6′	3′
17′	14′	11′	8′	5′	2′
16′	13′	10′	7′	4′	1′

图10-20 强夯顺序

④回填土应控制含水量在最优含水量范围内，如低于最优含水量，可钻孔灌水或洒水浸渗。

⑤夯击时应按试验和设计确定的强夯参数进行，落锤应保持平稳，夯位应准确，夯击坑内积水应及时排除。坑底上含水量过大时，可铺砂石后再进行夯击。在每一遍夯击之后，要用新土或周围的土将夯击坑填平，再进行下一遍夯击。强夯后，基坑应及时修整，浇筑混凝土垫层封闭。

⑥雨季填土区强夯，应在场地四周设排水沟、截洪沟，防止雨水流入场内；填土应使中间稍高；土料含水率应符合要求；认真分层回填，分层推平、碾压，并使表面保持1%～2%的排水坡度；当班填土当班推平压实；雨后抓紧排除积水，推掉表面稀泥和软土，再碾压；夯后夯坑立即推平、压实，使高于四周。

⑦冬期施工应清除地表的冻土层再强夯，当最低温度在－15℃以上、冻深在800mm以内时，夯击次数要适当增加，如有硬壳层，要适当增加夯次或提高夯击功能；冬季点夯处理的地基，满夯应在解冻后进行，满夯能级应适当增加；强夯施工完成的地基在冬季来临时，应设覆盖层保护，覆盖层厚度不应低于当地标准冻深。

⑧做好施工过程中的监测和记录工作，包括检查夯锤重和落距，对夯点放线进行复核，检查夯坑位置，按要求检查每个夯点的夯击次数和每击的夯沉量等，并对各项参数及施工情况进行详细记录，作为质量控制的根据。

⑨软土地区及地下水位埋深较浅地区可采用降水联合低能级强夯施工，施工前应先安设降排水系统，降水系统宜采用真空井点系统，在加固区以外3～4m处宜设置外围封闭井点；夯击区降水设备的拆除应待地下水位降至设计水位并稳定不少于2d后进行；低能级强夯原则为少击多遍、先轻后重；每遍强夯间歇时间宜根据超孔隙水压力消散不低于

80％所需时间确定。

⑩当强夯施工时所产生的振动，对邻近建筑物或设备产生有害影响时，应采取防振或隔振措施。

10.3.4.2　强夯置换法设计施工

1. 加固原理及适用范围

强夯置换法是近年来从强夯加固法发展起来的一种新的地基处理方法，属于夯实地基，它主要适用于软弱黏性土地基的加固处理。加固机理为动力置换，即强夯将碎石整体挤入软弱黏性土成整式置换或间隔夯入淤泥成桩式碎石墩。

按强夯置换方式的不同，强夯置换法又可分为桩式置换和整式置换两种不同的形式。整式置换是采用强夯将碎石整体挤入软弱黏性土中，其作用机理类似于换土垫层。桩式置换是通过强夯将碎石填筑土体中，部分碎石桩（或墩）间隔地夯入软弱黏性土中，形成桩式（或墩式）的碎石墩（或桩）。其作用机理类似于振冲法等形成的碎石桩，它主要是靠碎石内摩擦角和墩间土的侧限来维持桩体的平衡，并与墩间土起复合地基的作用。

2. 设计[20][49]

强夯置换法的设计应符合下列规定：

(1) 桩式置换施工设计参数

1) 桩式置换中，置换深度的大小由土质条件决定，除厚层饱和粉土外，应穿透软土层，到达较硬土层上。深度不宜超过 10m。

2) 置换深度又与强夯置换的夯击能量和夯锤的底面积密切相关。试验表明，单击夯击能量越大，强夯产生的有效加固深度也越深，强夯挤密区域也越大，夯坑深度相应也较深。同时，在一定范围内，提高单点夯击能，也能大大改善置换加固的效果。在夯击能量和地质条件一定的情况下，夯坑夯击深度同单位底面积的夯击能量与单位面积锤底静压力密切相关，也即与夯锤底面积有关。夯锤底面积越小，对地基的楔入效果和贯入力就越大，夯击后获得的置换深度就越深。因此，强夯置换与普通强夯相比，宜采用锤底面积较小的夯锤，一般夯锤底面直径宜控制在 2m 以内。

3) 夯点的夯击次数应通过现场试夯确定，且应同时满足下列条件[20]：

①墩底穿透软弱土层，且达到设计墩长；

②累计夯沉量为设计墩长的 1.5～2.0 倍；

③最后两击的平均夯沉量参见强夯法的要求。

4) 桩式置换的夯点布置宜采用等边三角形或正方形。夯点的间距应视被置换土体的性质（承载力）和上部结构的荷载大小而定，当满堂布置时可取夯锤直径的 2.0～3.0 倍。对独立基础或条形基础可取夯锤直径的 1.5～2.0 倍。墩的计算直径可取夯锤直径的1.1～1.2 倍。当土质较差、要求置换深度较深及承载力要求较高时，夯点间距宜适当加密。对独立基础或条形基础可根据基础形状与宽度相应布置。对于办公楼、住宅楼等，可根据承重墙位置布置较密的置换点，一般可采用等腰三角形布点，这样可保证承重墙以及纵、横墙交接处墙基下有夯击点，对于一般堆场、水池、仓库、储罐等地基，夯点间距可适当加大些。

为防止夯击时吸锤现象，强夯置换前，可在软土表面铺设 1～2m 的砂石垫层，同时也利于强夯机械在软土表面上的行走。

5）桩式置换材料要求

桩式置换形成的桩体，主要依靠自身骨料的内摩擦角和桩间土的侧限来维持桩身的平衡。桩体材料，必须选择具有较高抗剪性能，级配良好的石渣等粗颗粒骨料。可采用级配良好的块石、碎石、矿渣、建筑垃圾等坚硬粗颗粒材料，粒径大于 300mm 的颗粒含量不宜超过全重的 30%，含泥量不得超过 10%。

（2）整式置换法施工设计参数

1）单击夯击能

整式置换由于需要将淤泥挤向四周而将填筑材料挤至淤泥底层，因而其单击能量应大于普通的强夯加固能量。单击夯击能可采用 Menard 公式估算。

$$H=\sqrt{M \cdot h} \quad [28] \tag{10-21}$$

式中 H——有效加固深度（m）；

M——夯锤重（t）；

h——落距（m）。

国内外大量工程实测结果表明，按 Menard 公式计算加固深度偏大很多，需经修正才能符合实际加固深度，即有

$$H=\alpha\sqrt{M \cdot h} \tag{10-22}$$

式中 α——修正系数。

王成华收集整理了我国 40 项强夯工程和试验实测的 Menard 公式修正系数的值，α 值范围为 0.2～0.95，α 在 0.40～0.70 之间的频数约为 80%[29]。

2）单位面积的单击能

强夯时，强夯动应力的扩散随夯锤底面积的变化而变化，夯锤底面积小时，动应力扩散小，应力等值线呈柱状分布，有利于挤淤；夯锤底面积大时，应力等值线呈灯泡状分布，有利于压实而不利于挤淤。杨光煦等通过现场原位对比试验也揭示出，单位面积单击夯击能越大挤淤效果越显著，单位面积单击夯击能或锤底静压力过小，挤淤效果就较差。因此，强夯挤淤应提高夯锤锤底单位面积的静压力和单位面积的单击夯击能，单位面积单击夯击能不宜小于 $1500\text{kN} \cdot \text{m/m}^2$。

3）夯击次数

强夯挤淤与强夯加固的目的不同，因此，夯击时宜利用淤泥的触变性连续夯击挤淤，不宜间歇，一般宜一遍接底。夯击次数宜控制在最后一击下沉量不超过 5cm。夯坑深度超过 2.5m 后，挂钩会发生困难，因此，当夯坑深度超过 2.5m 时，如仍击接底，可推平后再进行夯击。

4）夯点间距

整体置换挤淤的间距可根据强夯抛填体实测应力扩散角，按式（10-23）计算，并参照强夯试验结果，要求夯坑顶部连成一片，且夯坑间夹壁应比周围未强夯部位低 0.5m 以上。

$$S=D+2H\tan\alpha \quad [30] \tag{10-23}$$

式中 S——夯点间距；

D——夯锤直径；

H——抛填体厚度；

α——应力扩散角，块石可取 8°～11°。

5）加固宽度

整式挤淤置换除了要满足建筑物基础应力扩散要求和建筑施工期间车辆往来的宽度要求外，还要满足整式挤淤沉堤的整体稳定性和局部稳定性。整式挤淤沉堤的宽度 L 应满足式（10-24）和式（10-25），的要求。

$$L \geqslant \frac{\gamma H^2}{C_u}\tan\left(45^\circ - \frac{\varphi}{2}\right) + 2H\tan\left(45^\circ - \frac{\varphi}{2}\right)^{[30]} \tag{10-24}$$

式中　L——整式置换的宽度；

γ、φ——沉堤填料的重度及内摩擦角；

H——施工期间沉堤厚度；

C_u——淤泥的不排水抗剪强度。

式中第一项为整体稳定的宽度要求，第二项为局部稳定的安全储备。

$$B' = B + 2z\tan\theta^{[30]} \tag{10-25}$$

式中　B'——接底宽度；

B——基础底面宽度；

z——强夯置换地基深度。

3. 施工

（1）施工设备

施工机具参见强夯法。锤底静压力值宜大于 100kPa。

（2）施工程序及注意事项

1）施工程序[20]

①清理并平整施工场地，当表土松软时可铺设一层厚度为 1.0～2.0m 的砂石施工垫层。

②标出夯点位置，并测量场地高程。

③起重机就位，夯锤置于夯点位置。

④测量夯前锤顶高程。

⑤夯击并逐击记录夯坑深度。当夯坑过深而发生起锤困难时停夯，向坑内填料直至与坑顶平，记录填料数量，如此重复直至满足规定的夯击次数及控制标准完成一个墩体的夯击。当夯点周围软土挤出影响施工时，可随时清理并在夯点周围铺垫碎石，继续施工。

⑥按由内而外，隔行跳打原则完成全部夯点的施工。

⑦整式挤淤置换宜采用一排施打方式，如图 10-21 所示，排夯击顺序必须由抛填体中心向两侧逐点夯击。采用 50t 夯机时，为避免形成扇形布点，分二序施工；先夯击一侧，再夯击另一侧。采用 100t 夯机时，可一序施工。如两边孔夯击一遍有残夯淤泥，须进行第二遍夯填。

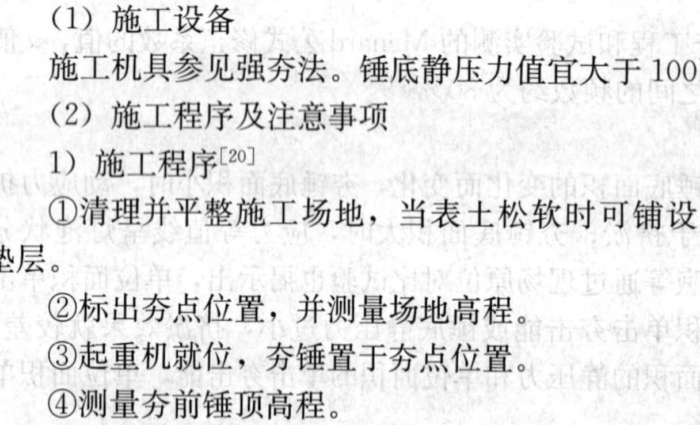

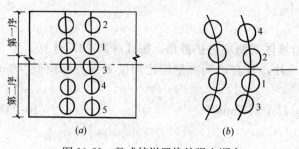

图 10-21　整式挤淤置换的强夯顺序

（a）二序施工法；（b）一序施工法

⑧推平场地，用低能量满夯，将场地表层松土夯实，并测量夯后场地高程。

⑨铺设垫层，并分层碾压密实。

2）施工注意事项

施工中的注意事项参见强夯法。

10.3.4.3 重锤夯实法设计施工

1. 加固原理及适用范围

重锤夯实是利用起重机械将夯锤提升到一定高度，然后自由落下，重复夯击基土表面，使地基表面形成一层比较密实的硬壳层，从而使地基得到加固。（重锤）夯实法主要适用于稍湿的杂填土、黏性土、砂性土、湿陷性黄土和碎石土、砂土、粗粒土与低饱和度细粒土的分层填土等地基。

2. 设计[20]

重锤夯实法设计应符合下列规定：

（1）施工前应进行试夯，试夯的层数不宜小于两层，确定有关技术参数，如夯锤重量、底面直径及落距，最后下沉量及相应的夯击遍数和总下沉量。常用锤重为 1.5～3.2t，落距为 2.5～4.5m，夯打遍数一般取 6～10 遍。当最后两遍的平均夯沉量对于黏性土和湿陷性黄土等一般不大于 10～20mm，对于砂性土等一般不大于 5～10mm。最后下沉量对细颗粒土不宜超过 10～20mm。土被夯实的有效影响深度，一般约为重锤直径的 1.5 倍。

（2）夯实前，槽、坑底面的标高应高出设计标高，预留土层的厚度可为试夯时的总下沉量再加 50～100mm；基槽、坑的坡度应适当放缓。

（3）重锤夯实地基的质量以压实系数控制，应根据结构类型和压实填土所在部位按表 10-38 的数值确定。

重锤夯实地基的质量控制 　　　　**表 10-38**

结构类型	填土部位	压实系数 c	控制含水量（%）
砌体承重结构和框架结构	在地基主要受力层范围内	≥0.97	$w_{op}\pm2$
	在地基主要受力层范围以下	≥0.95	
排架结构	在地基主要受力层范围内	≥0.96	
	在地基主要受力层范围以下	≥0.94	

3. 施工[20][49]

（1）施工设备

1）夯锤

用 C20 钢筋混凝土制成，外形为截头圆锥体，底直径 1.0～1.5m，锤底面单位静压力宜为 15～20kPa。吊钩宜采用自制半自动脱钩器，以减少吊索的磨损和机械振动。

2）起重机

可采用配置有摩擦式卷扬机的履带式起重机、打桩机、悬臂式桅杆起重机或龙门式起重机等。其起重能力：当采用自动脱钩时，应大于夯锤重量的 1.5 倍；当直接用钢丝绳悬吊夯锤时，应大于夯锤重量的 3 倍。

（2）施工程序及注意事项

1）夯实前检查地基土的含水量，控制在最优含水量范围以内，现场以手捏紧后，松手土不散，易变形而不挤出，抛在地上即呈碎裂为合适；如表层含水量过大，可采取撒干土、碎砖、生石灰粉或换土等措施；如土含水量过低，应适当洒水，加水后待全部渗入土中，一昼夜后方可夯打。

2）大面积基坑或条形基槽内夯实时，应一夯换一夯顺序进行［图 10-22（*a*）］；在独立柱基夯打时，可采用先周边后中间或先外后里的跳打法［图 10-22（*b*）、（*c*）］；当采用悬臂式桅杆式起重机或龙门式起重机夯实时，可采用［图 10-22（*d*）］顺序，以提高功效。

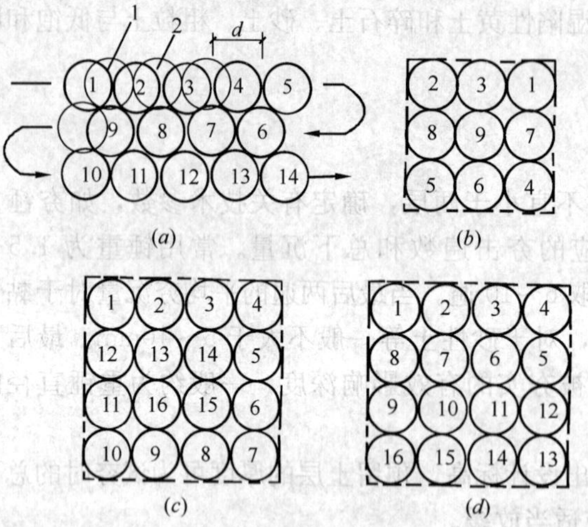

图 10-22　重锤夯打顺序
1—夯位；2—重叠夯；*d*—重锤直径

3）基底标高不同时，应按先深后浅的程序逐层挖土夯实，不宜一次挖成阶梯形，以免夯打时在高低相交处发生坍塌。夯打做到落距正确，落锤平稳，夯位准确，基坑的夯实宽度应比基坑每边宽 0.2～0.3m。基槽底面边角不易夯实部位应适当增大夯实宽度。

4）重锤夯实填土地基时，应分层进行，每层的虚铺厚度以相当于锤底直径为宜。夯实层数不宜少于 2 层。夯实完后，应将基坑、槽表面修整至设计标高。

5）重锤夯实在 10～15m 以外对建筑物振动影响较小，可不采取防护措施，在 10～15m 以内，应挖防振沟等作隔振处理。

6）冬期施工，如土已冻结，应将冻土层挖去或通过烧热法将土层融解。若基坑挖好后不能立即夯实，应采取防冻措施，如在表面覆盖草垫、锯屑或松土保温。

7）夯实结束后，应及时将夯松的表层浮土清除或将浮土在接近最优含水量状态下重新用 1m 的落距夯实至设计标高。

10.3.4.4　质量检验与验收[20][26]

1. 施工期质量检验

施工期质量检验应包括以下内容：

（1）施工前应检查夯锤质量、尺寸，落距控制手段，排水设施及被夯地基的土质。

（2）在每一遍夯击前，应对夯点放线进行复核，夯完后检查夯坑位置，发现偏差或漏夯应及时纠正。

（3）施工中应检查落距、夯击遍数、夯点位置、夯击范围和每击的夯沉量、最后两级的平均夯沉量和总夯沉量。对强夯置换尚应检查置换深度。

（4）检查施工过程中的各项测试数据和施工记录，不符合设计要求时应补夯或采取其他有效措施。强夯置换施工中可采用超重型或重型圆锥动力触探检查置换墩着底情况。

（5）重锤夯实地基的施工质量检验应分层进行，应分层取样检验土的干密度和含水量，每 50～100m² 面积内应有一个检测点，压实系数不得低于表 10-38 的规定，对碎石土干密度不得低于 2.0t/m^3。

(6) 重锤夯实的质量验收，除符合试夯最后下沉量的规定要求外，同时还要求基坑(槽) 表面的总下沉量不小于试夯总下沉量的 90%为合格。如不合格应进行补夯，直至合格为止。

2. 竣工后质量验收[20][26]

竣工后质量检验应包括以下内容：

(1) 强夯处理后的地基竣工验收承载力检验，应在施工结束后间隔一定时间方能进行，对于碎石土和砂土地基，其间隔时间可取 7～14d；粉土和黏性土地基可取 14～28d。强夯置换地基间隔时间可取 28d。

(2) 强夯处理后的地基竣工验收时，承载力检验应采用原位测试和室内土工试验。强夯置换后的地基竣工验收时，承载力检验除应采用单墩载荷试验检验外，尚应采用动力触探等有效手段查明置换墩着底情况及承载力与密度随深度的变化，对饱和粉土地基允许采用单墩复合地基载荷试验代替单墩载荷试验。

(3) 竣工验收承载力检验的数量，应根据场地复杂程度和建筑物的重要性确定，对于简单场地上的一般建筑物，每个建筑地基的载荷试验检验点不应少于 3 点；对于复杂场地或重要建筑地基应增加检验点数。强夯置换地基载荷试验检验和置换墩着底情况检验数量均不应少于墩点数的 1%，且不应少于 3 点。

3. 检验与验收标准

强夯、强夯置换法及重锤夯实地基质量标准如表 10-39 所示。

强夯、强夯置换法及重锤夯实地基质量检验标准[26] **表 10-39**

项	序	检查项目	允许偏差或允许值		检查方法
			单位	数值	
主控项目	1	地基强度	设计要求		按规定方法
	2	地基承载力	设计要求		按规定方法
一般项目	1	夯锤落距	mm	±300	钢尺量、钢索设标志
	2	夯锤定位	mm	±150	钢尺量
	3	锤重	kg	±100	称重
	4	夯击遍数及顺序设计要求计数法	设计要求		计数法
	5	夯点间距	mm	±500	用钢尺量
	6	满夯后场地平整度	mm	±100	水准仪
	7	夯击范围（超出基础范围距离）	设计要求		用钢尺量
	8	最后两击平均夯沉量	设计要求		水准仪
	9	前后两遍间歇时间设计要求	设计要求		

10.3.5 振 冲 法

10.3.5.1 振冲法设计施工

1. 加固原理及适用范围

振冲法加固地基的基本原理是对原地基土进行挤密和置换，分为振冲置换法和振冲密实法两类。前者是在地基土中借振冲器成孔，振密填料置换，形成以碎石、砂砾等散粒材料组成的桩体，与原地基土一起构成复合地基，使地基承载力提高，减少地基变形，此方法又称为振冲置换碎石桩法；后者主要是利用振动和压力水使砂层液化，砂颗粒相互挤密，重新排列，孔隙减少，从而提高砂层的承载力和抗液化能力，它又称为振冲挤密砂桩法，这种桩根据砂土性质的不同，又有加填料和不加填料两种。

振冲法适用于处理砂土、粉土、粉质黏土、素填土和杂填土等地基。在砂性土中，振冲起挤密作用，称振冲挤密。不加填料的振冲挤密仅适用于处理黏粒含量小于10%的中、粗砂地基。在黏性土中，振冲主要起置换作用，称振冲置换。主要适用于处理不排水抗剪强度不小于20kPa的黏性土、粉土、饱和黄土和人工填土等地基。

对于处理不排水抗剪强度不小于20kPa的饱和黏性土和饱和黄土地基，应在施工前通过现场试验确定其适用性。对于大型的、重要的或者场地地质条件复杂的工程，在正式施工前应通过现场试验确定其处理效果。

2. 设计[20]

振冲法的设计应符合下列规定：

（1）振冲桩处理范围：振冲桩处理范围应根据建筑物的重要性和场地条件确定，当用于多层建筑和高层建筑时，宜在基础外缘扩大1～3排桩。当要求消除地基液化时，在基础外缘扩大宽度不应小于基底下可液化土层厚度的1/2，并不应小于5m。

（2）桩位布置方式：对大面积满堂处理，宜用等边三角形布置；对单独基础或条形基础，宜用正方形、矩形或等腰三角形布置。

（3）振冲桩间距：振冲桩的间距应根据上部结构荷载大小和场地土层情况，并结合所采用的振冲器功率大小综合考虑。30kW振冲器布桩间距可采用1.3～2.0m；55kW振冲器布桩间距可采用1.4～2.5m；75kW振冲器布桩间距可采用1.5～3.0m。荷载大或对黏性土宜采用较小的间距，荷载小或对砂土宜采用较大的间距。

（4）桩长的确定：当相对硬层埋深不大时，应按相对硬层埋深确定；当相对硬层埋深较大时，按建筑物地基变形允许值确定；在可液化地基中，桩长应按要求的抗震处理深度确定。桩长不宜小于4m。

（5）振冲桩直径的确定：振冲桩的平均直径可按每根桩所用填料量计算。振冲桩直径通常为0.8～1.2m。

（6）桩体所用材料：桩体材料可用含泥量不大于5%的碎石、卵石、矿渣或其他性能稳定的硬质材料，不宜使用风化易碎的石料。常用的填料粒径为：30kW振冲器20～80mm；55kW振冲器30～100mm；75kW振冲器40～150mm。填料的作用，一方面是填充在振冲器上拔后在土中留下的孔洞，另一方面是利用其作为传力介质，在振冲器的水平振动下通过连续加填料将桩间土进一步振挤加密。

（7）碎石垫层的铺设：在桩顶和基础之间宜铺设一层300～500mm厚的碎石垫层，碎石垫层起水平排水的作用，有利于施工后土层加快固结，更大的作用在碎石桩顶部采用碎石垫层可以起到明显的应力扩散作用，降低碎石桩和桩周围土的附加应力，减少碎石桩侧向变形，从而提高复合地基承载力，减少地基变形量。在大面积振冲处理的地基中，如局部基础下有较薄的软土，应考虑加大垫层厚度。

（8）承载力的确定：振冲桩复合地基承载力特征值应通过现场复合地基载荷试验确

定，初步设计时也可用单桩和处理后桩间土承载力特征值按下式估算：

$$f_{spk} = mf_{pk} + (1-m)f_{sk} \tag{10-26}$$

式中 f_{spk}——振冲桩复合地基承载力特征值（kPa）；

f_{pk}——桩体承载力特征值（kPa），宜通过单桩静载荷试验确定；

f_{sk}——处理后桩间土承载力特征值（kPa），宜按当地经验取值，如无经验时，可取天然地基承载力特征值。

$$m = d^2 / d_e^2 \tag{10-27}$$

式中 m——桩土面积置换率；

d——桩身平均直径（m）；

d_e——每根桩分担的处理地基面积的等效圆直径。

等边三角形布桩：$d_e = 1.05s$

正方形布桩：$d_e = 1.13s$

长方形布桩：$d_e = 1.13\sqrt{s_1 s_2}$

s、s_1、s_2 分别为桩间距、纵向间距和横向间距。

对小型工程的黏性土地基如无现场载荷试验资料，初步设计时复合地基的承载力特征值，也可按下式估算：

$$f_{spk} = [1 + m(n-1)]\alpha f_{ak} \tag{10-28}$$

式中 n——桩土应力比，在无实测资料时，可取 2～4，原土强度低取大值，原土强度高取小值；

f_{ak}——天然地基承载力特征值（kPa）；

α——桩间土承载力提高系数，应按静载荷试验确定。

（9）地基变形计算：振冲处理地基的变形计算应符合现行国家标准《建筑地基基础设计规范》GB 50007 有关规定。复合土层的压缩模量可按下式计算：

$$E_{sp} = [1 + m(n-1)]E_s \tag{10-29}$$

式中 E_{sp}——复合土层压缩模量（MPa）；

E_s——桩间土压缩模量（MPa），宜按当地经验取值，如无经验时，可取天然地基压缩模量。

（10）不加填料振冲法设计

1）不加填料振冲加密宜在初步设计阶段进行现场工艺试验，确定不加填料振密的可能性、孔距、振密电流值、振冲水压力、振后砂层的物理力学指标等。用 30kW 振冲器振密深度不宜超过 7m，75kW 振冲器不宜超过 15m。

2）不加填料振冲加密孔距可为 2～3m，宜用等边三角形布孔。

3）不加填料振冲加密地基承载力特征值应通过现场载荷试验确定，初步设计时也可根据加密后原位测试指标按现行国家标准《建筑地基基础设计规范》GB 50007 有关规定确定。

4）不加填料振冲加密地基变形计算应符合现行国家标准《建筑地基基础设计规范》GB 50007 有关规定。加密深度内土层的压缩模量应通过原位测试确定。

3. 施工

（1）施工设备

振冲法施工设备主要有振冲器、行走式起吊装置、泵送输水系统、加料机具和控制操作台等。

(2) 施工程序及注意事项[20]

1) 施工程序

①振冲法施工前应做好以下准备工作：

a. 建筑物场地工程地质资料和必要的水文地质资料，建筑场地地下管线与地下障碍物等资料。

b. 振冲桩施工图纸，振冲桩工程的施工组织设计或施工方案。

c. 施工前应根据复合地基承载力的大小，设计桩长，原状土强度的高低与设计桩径等条件，选用不同功率的振冲器。施工前，在施工现场（处理范围以外）进行两三个孔的试验，确定振冲施工参数，水压、清孔次数、填料方式、振密电流和留振时间等。

d. 清理平整施工场地，在施工场地四周用土筑起 0.5～0.8m 高的围堰，修排泥浆沟及泥浆存放池，布置振冲桩的桩位。

e. 成孔设备组装完成后，为准确控制成孔深度，在桩管上应设置控制深度的标尺，以便在施工中进行观察记录。

②振冲桩的施工

a. 振冲器的选择。应根据振冲桩的直径、原状土的强度等选用不同规格的振冲器。30kW 振冲器一般成孔直径 0.6～0.9m；55kW 振冲器一般成孔直径 0.7～1.1m；75kW 振冲器一般成孔直径 0.9～1.5m。

b. 成孔方法。施工机具就位，振冲器对准桩位，即振冲器喷水中心与孔径中心偏差小于 50mm。启动水泵和振冲器，成孔时振冲器应保持 0.5～2.0m/min 的速度下沉，水压为 200～600kPa，水量为 200～400L/min。

c. 清孔。当成孔达到设计深度，以 1m/min 的速度边提振冲器边冲水（水压 0.2～0.3MPa），将振冲器提至孔口，再以 5～6m/min 的速度边下沉振冲器边冲水至孔底。如此重复 2～3 次，最后将振冲器停留在设计加固深度以上 30～50cm 处，用循环水将孔中比较稠的泥浆排出，清孔时间大约 1～2min。

d. 填料振密。清孔后开始填料制桩，每次倒入孔中的填料 0.2～0.5m^3（即填料厚度不宜大于 500mm），然后将振冲器沉入到填料中进行振密。振密直至达到密实电流并留振（保持密实电流）30s。将振冲器提升 300～500mm，重复填料、振密等以上步骤，自下而上逐段制作桩体直至完成整个桩体，每米振密时间宜为 1min。上述这种不提出振冲器，在孔口投料的方法称为连续下料法。当采用小功率振冲器下料困难时可采用间断下料法，将振冲器提出孔口，再将振冲器沉入到填料中进行振密，如此反复进行，也是自下而上逐段制作桩体直至完成整个桩体。

e. 每根桩每倒一次料，都必须记录桩体深度、填料量、密实电流和留振时间等。

f. 密实电流：30kW 振冲器密实电流一般为 45～55A；55kW 振冲器密实电流一般为 75～85A；75kW 振冲器密实电流一般为 95～105A。

g. 施工现场应事先开设泥水排放系统，或组织好运浆车辆将泥浆运至预先安排的存放地点，应尽可能设置沉淀池重复使用上部清水。

h. 桩体施工完毕后应将顶部预留的松散桩体挖除，如无预留应将松散桩头压实，随后铺设并压实垫层。

i. 不加填料振冲加密宜采用大功率振冲器，为了避免造孔中塌砂将振冲器抱住，下沉速度宜快，造孔速度宜为 8～10m/min，到达深度后将射水量减至最小，留振至密实电流达到规定时，上提 0.5m，逐段振密直至孔口，一般每米振密时间约 1min。在粗砂中施工如遇下沉困难，可在振冲器两侧增焊辅助水管，加大造孔水量，但造孔水压宜小。

j. 振密孔施工顺序宜沿直线逐点逐行进行。

2）施工中的注意事项

①振冲施工时，要特别注意清孔问题。如果孔内黏土颗粒较多，不仅影响振冲桩的强度，而且桩体透水性差，尤其是对于处理液化地基，振冲桩起不到排水通道的作用，因此在施工中注意以下几点：

a. 清孔必须清到底，否则桩体底部将充满成孔时带下来的小颗粒土；

b. 清孔时上提振冲器的速度不宜过快，否则小颗粒土还没有清除孔外，振冲器的振冲水流又将它们冲回孔内；

c. 成孔后应及时清孔，否则孔内泥浆沉淀在桩体下部，对振冲桩强度有较大的影响；

d. 上下反复清孔 2～3 次，并保证最后振冲器在孔底清孔时间不少于 1min。

②监控台至振冲器的电缆不宜太长，过长电缆的电压降使振冲器的工作电压达不到设计要求的电压，影响振冲器正常工作，即影响振冲桩的施工质量。

③一般成孔时的水压应根据土质情况而定，对强度低的土水压要小一些；强度高的土水压要大一些。成孔时的水压与水量要比加料振密过程中的大，当成孔接近设计加固深度时，要降低水压，避免破坏桩底以下的土。

④在填料振密制桩施工时，不要把振冲器刚接触填料瞬间的电流值作为密实电流。只有振冲器在某个固定深度上达到并保持密实电流持续一段时间（称为留振时间），才能保证该段桩体的密实，一般留振时间为 10～20s。为确保桩体的密实，每制成 300～500mm 的桩，留振 30～50s。

⑤对于抗剪强度低的黏性土地基，为防止串孔并减少制桩时对原状土的扰动，应采用间隔施工方法。

10.3.5.2 质量检验与验收[20][26]

1. 施工期质量检验

施工期质量检验应包括以下内容：

(1) 施工前应检查振冲器的性能，电流表、电压表的准确度及填料的性能。

(2) 施工中应检查密实电流、供水压力、供水量、填料量、孔底留振时间、振冲点位置、振冲器施工参数等（施工参数由振冲试验或设计确定）。

2. 竣工后质量验收

竣工后质量检验应包括以下内容：

(1) 检验时间，振冲施工结束，粉土地基 14～21d 后进行检验；黏性土地基 21～28d 后进行检验，对砂土和杂填土地基，不宜少于 7d。

(2) 检验方法，振冲桩的施工质量检验可采用单桩载荷试验，或采用重型（Ⅱ）动力触探。单桩载荷试验的数量为总桩数的 0.5%，并且不少于 3 根；对桩体可采用动力触探试验检测，对桩间土可采用标准贯入、静力触探、动力触探或其他原位测试等方法进行检测。桩间土质量的检测位置应在等边三角形或正方形的中心。检测数量不应少于桩孔总数的2%。

(3) 液化地基的检验，如果振冲地基还需要消除地基地震液化，应采用桩间土标准贯入试验进行判别。标准贯入试验的数量，按《岩土工程勘察规范》GB 50021详细勘察要求的勘探点布置标准贯入试验孔。孔深应大于所处理的液化层深度。

(4) 采用复合地基载荷试验，载荷试验的数量为总桩数的0.5%，且每个单体工程不应少于3点。

(5) 对不加填料振冲挤密处理的砂土地基，竣工验收承载力检验应采用标准贯入、动力触探、载荷试验或其他合适的试验方法。检验点应选择在有代表性或地基土质较差的地段，并位于振冲点围成的单元形心处及振冲点中心处。检验数量可为振冲点数量的1%，总数不应少于5点。

(6) 经质量检验不符合设计或规范要求的振冲地基，应进行补桩或采取其他有效的补救措施后，再进行质量检验。

3. 检验与验收标准

振冲地基质量检验标准应符合表10-40的规定。

振冲地基质量检验标准 表10-40

项	序	检查项目	允许偏差或允许值		检查方法
			单位	数值	
主控项目	1	填料粒径	设计要求		抽样检查
	2	密实电流（黏性土）	A	50～55	电流表读数，A_0为空振电流
		密实电流（砂性土或粉土）（以上为功率30kW振冲器）	A	40～50	
		密实电流（其他类型振冲器）	A	$(1.5\sim2.0)A_0$	
	3	地基承载力	设计要求		按规定方法
一般项目	1	填料含泥量	%	<5	抽样检查
	2	振冲器喷水中心与孔径中心偏差	mm	≤50	用钢尺量
	3	成孔中心与设计孔位中心偏差	mm	≤100	用钢尺量
	4	桩体直径	mm	<50	用钢尺量
	5	孔深	mm	±200	用钻杆或重锤测
	6	垂直度	%	≤1	经纬仪检查

10.3.6 砂石桩复合地基

10.3.6.1 砂石桩复合地基设计施工

1. 加固原理及适用范围

砂石桩复合地基是指使用振动或冲击荷载在地基中成孔，再将砂石挤入土中，而形成的密实的砂（石）质桩体。其加固的基本原理是对原性质较差的土进行挤密和置换，达到提高地基承载力，减小沉降的目的。适用于以下地质条件：

(1) 挤密松散的砂土、粉土、素填土和杂填土地基。

(2) 对饱和黏土地基上对变形控制要求不严的工程也可采用砂石桩置换处理。

(3) 可以处理饱和粉土、砂土的液化问题。

2. 设计[20]

砂石桩复合地基设计应符合下列规定：

(1) 设计所需资料

进行砂石桩复合地基设计需提供以下资料：

1) 拟建建筑物对承载力和变形的要求，特别需注意对变形的要求。

2) 对砂土和粉土地基应有地基土的天然孔隙比、相对密实度或标准贯入击数，对于黏性土地基，应有地基土的不排水抗剪强度指标。

3) 所用砂石料特性。

4) 施工机具及性能等资料。

(2) 桩的布置方式及范围

桩位布置，对大面积满堂处理，可采用三角形、正方形、矩形布桩；对条形基础，可沿基础轴线布桩，当单排桩不能满足设计要求时，可采用多排布桩；对单独基础，可采用三角形、正方形、矩形或混合型布桩。

砂石桩处理范围应大于基底范围，处理宽度宜在基础外缘扩大 1～3 排桩。对可液化地基，在基础外缘扩大宽度不应小于可液化土层厚度的 1/2，并不应小于 5m。

(3) 桩直径的选择和布桩间距的确定

砂石桩直径可采用 300～800mm，对饱和黏性土地基宜选用较大的直径。砂石桩的间距应通过现场试验确定。对粉土和砂土地基，不宜大于砂石桩直径的 4.5 倍；对黏性土地基不宜大于砂石桩直径的 3 倍。初步设计时，砂石桩的间距也可按下列公式估算。

1) 松散粉土和砂土地基

等边三角形布置：
$$s=0.95\xi d\sqrt{\frac{1+e_0}{e_0-e_1}} \tag{10-30}$$

正方形布置：
$$s=0.89\xi d\sqrt{\frac{1+e_0}{e_0-e_1}} \tag{10-31}$$

$$e_1=e_{max}-D_{r1}(e_{max}-e_{min}) \tag{10-32}$$

式中 s——砂石桩间距（m）；

d——砂石桩直径（m）；

ξ——修正系数，当考虑振动下沉密实作用时，可取 1.1～1.2；不考虑振动下沉密实作用时，可取 1.0；

e_0——地基处理前砂土的孔隙比，可按原状土样试验确定，也可根据动力或静力触探等对比试验确定；

e_1——地基挤密后要求达到的孔隙比；

e_{max}、e_{min}——分别为砂土的最大、最小孔隙比，可按现行国家标准《土工试验方法标准》GB/T 50123 的有关规定确定；

D_{r1}——地基挤密后要求砂土达到的相对密实度，可取 0.70～0.85。

2) 黏性土地基

等边三角形布置：$s=1.08\sqrt{A_e}$ (10-33)

正方形布置：$s=\sqrt{A_e}$ (10-34)

式中　A_e——1 根砂石桩承担的处理面积（m^2），$A_e = A_p / m$；

m——面积置换率，同式（10-27）。

（4）桩长的确定

砂石桩桩长可根据工程要求和工程地质条件通过计算确定：

1）当松软土层厚度不大时，砂石桩桩长宜穿过松软土层；

2）当松软土层厚度较大时，对按稳定性控制的工程，砂石桩桩长应不小于最危险滑动面以下 2m 的深度；对按变形控制的工程，砂石桩桩长应满足处理后地基变形量不超过建筑物的地基变形允许值并满足软弱下卧层承载力的要求；

3）对可液化的地基，砂石桩桩长应按现行国家标准《建筑抗震设计规范》GB 50011 的有关规定采用；

4）桩长不宜小于 4m。

（5）桩体材料的选用及填料量的控制

桩体材料可用碎石、卵石、角砾、圆砾、砾砂、粗砂、中砂或石屑等硬质材料，含泥量不得大于 5%，最大粒径不宜大于 50mm。

砂石桩桩孔内的填料量应通过现场试验确定，估算时可按设计桩孔体积乘以充盈系数 β 确定，β 可取 1.2～1.4。如施工中地面有下沉或隆起现象，则填料数量应根据现场具体情况予以增减。

（6）承载力的确定

砂石桩复合地基的承载力特征值，应通过现场复合地基载荷试验确定，初步设计时，也可通过下列方法估算：

1）对于采用砂石桩处理的复合地基，可按式（10-36）估算，估算承载力时，桩间土承载力提高系数，宜按当地经验取值，如无经验，对于松散的砂土、粉土可取 1.2～1.5，原土强度低取大值，原土强度高取小值；复合地基桩土应力比 n，在无实测资料时，可取 1.5～2.5，原土强度低取大值，原土强度高取小值。

2）对于采用砂桩处理的砂土地基，可根据挤密后砂土的密实状态，按现行国家标准《建筑地基基础设计规范》GB 50007 的有关规定确定。

（7）变形计算

砂石桩处理地基的变形计算，应按第 10.3.5.2 节第 9 条的规定计算；对于砂桩处理的砂土地基，应按现行国家标准《建筑地基基础设计规范》GB 50007 的有关规定计算。

当砂石桩用于处理堆载地基时，应按现行国家标准《建筑地基基础设计规范》GB 50007 有关规定进行抗滑稳定性验算。

（8）砂石垫层的设置要求

砂石桩顶部宜铺设一层厚度为 300～500mm 的砂石垫层。

3. 施工

（1）施工设备

砂石桩采用振动沉管打桩机（KM2－1200A 型振动打桩机，图 10-22）或锤击沉管打桩机进行施工，参见桩基设备部分。配套机具有桩管、吊斗、1t 机动翻斗车等。

（2）施工程序及注意事项 [19][49][20]

1）施工程序

①施工前应进行成孔挤密试验，试验目的是确定施工工艺、填砂量、提升高度、挤压次数和时间、电机工作电流等。以此作为控制质量的标准，以保证挤密均匀和桩身的连续性。试验桩孔不得少于 7～9 个，以便核对地层资料，检验施工机具及施工工艺，发现问题及时通知设计单位调整设计或改进工艺。

②砂石桩的施工顺序，应从外围或两侧向中间进行，砂石桩的施工顺序：对砂土地基宜从外围或两侧向中间进行，在既有建（构）筑物邻近施工时，应背离建（构）筑物方向进行。如砂石桩间距较大，亦可逐排进行，以挤密为主的砂石桩同一排应间隔进行。

③砂石桩复合地基施工，成桩施工工艺有振动成桩法和锤击成桩法两种。

振动法系采用振动沉桩机将带活瓣桩尖的砂石桩同直径的钢管沉下，往桩管内灌砂石后，可采用一次拔管、逐步拔管、重复压拔管三种方法，拔管宜在管内灌入砂料高度大于 1/3 管长后开始，拔管速度要均匀，不宜过快。一次拔管是边振动边缓慢拔出桩管，拔管速度 1～2m/min；逐步拔管是在振动拔管的过程中，每拔 0.5m 后停拔振动 10～20s；重复压拔管是将桩管压下然后再拔，以便将落入桩孔内的砂石压实，并可使桩径扩大。振动力以 30～70kN 为宜，不应太大，以防过分扰动土体。本法机械化、自动化水平和生产效率较高（150～200m/d），但因振动是垂直方向的，所以桩径扩大有限，适用于松散砂土和软黏土。

锤击法是将带有活瓣桩靴或混凝土桩尖的桩管，用锤击沉桩机打入土中，往桩管内灌砂后缓慢拔出，或在拔出过程中低锤击管，或将桩管压下再拔，砂石从桩管内排入桩孔成桩并使密实。由于桩管对土的冲击力作用，使桩周围土得到挤密，并使桩径向外扩展。但拔管不能过快，以免形成中断、缩颈而造成事故。对特别软弱的土层，亦可采取二次打入桩管灌砂石工艺，形成扩大砂石桩。如缺乏锤击沉管机，亦可采用蒸汽锤、落锤或柴油打桩机沉桩管，另配一台起重机拔管。本法适用于软弱黏性土。

④砂石桩施工后，应将基底标高下的松散层挖除或夯压密实，随后铺设并压实砂石垫层。

2）施工中的注意事项

①施工时桩位水平偏差不应大于 0.3 倍套管外径；套管垂直度偏差不应大于 1%。

②砂石桩桩孔内材料填料量应通过现场试验确定，估算时可按设计桩孔体积乘以充盈系 数确定，充盈系数可取 1.2～1.4。如施工中地面有下沉或隆起现象，则填料数量应根据现场具体情况予以增减。

③由于砂石的挤入，打砂石桩地基表面会产生松动或隆起，因此，砂石桩施工标高要比基础底面高 1～2m，以便在开挖基坑时消除表层松土；如基坑底仍不够密实，可辅以人工夯实或机械碾压。

④灌砂石时含水量应加控制，对饱和土层，砂石可采用饱和状态，对非饱和土或杂填土，或能形成直立的桩孔壁的土层，含水量可采用 7%～9%。

⑤砂石桩应控制填砂石量。砂石桩孔内的填砂石量可按下式计算[19]：

$$S=\frac{A_{\mathrm{p}}\cdot l\cdot d_{\mathrm{s}}}{1+e}(1+0.01w)\gamma_{\mathrm{w}} \tag{10-35}$$

式中 S——填砂石量（以重量计）；

A_p——砂石桩的截面积；

l——桩长；

d_s——砂石料的相对密度；

e——地基挤密后要求达到的孔隙比；

w——砂石料的含水量（%）；

γ_w——水的重度。

⑥砂石桩的灌砂量通常按桩孔的体积和砂在中密状态时的干密度计算（一般取2倍桩管入土体积）。砂石桩实际灌砂石量（不包括水重），不得少于设计值的95%。如发现砂石量不够或砂石桩中断等情况，可在原位进行复打灌砂石[49]。

10.3.6.2　质量检验与验收[20][26]

1. 施工期质量检验

施工期质量检验应包括以下内容：

(1) 施工前应检查砂、砂石料的含泥量及有机质含量、样桩的位置等。

(2) 施工中检查每根砂桩、砂石桩的桩位、灌砂、砂石量、标高、垂直度等。

(3) 对套管法及沉管法，尚应检查套管往复挤压振动次数与时间、套管升降幅度和速度、每次填砂量及电流等项施工记录。

2. 竣工后的质量检验

竣工后质量检验应包括以下内容：

(1) 砂桩、砂石桩地基竣工质量检验标准见表10-41。

砂桩、砂石桩地基竣工质量检验标准　　表10-41

部位	检测标准		试验位置	试验数量
砂桩	动力触探	符合设计要求	砂桩中心	≥0.5%×桩数，且不少于3根，单体建筑不少于3点
	单桩载荷试验	符合设计要求		
桩间土	动力触探	符合设计要求	三角形或正方形的中心	≥2%×桩数
	标贯	符合设计要求		
	静力触探	符合设计要求		
可液化判别	实际标贯击数大于土层临界击数			

(2) 竣工后的质量检验的时间。

砂桩施工结束后的质量检验时间应根据土性区别对待。对于饱和黏性土时间间隔不宜少于28d，饱和粉土和杂填土时间间隔不宜少于14～21d，饱和砂性土时间间隔不宜少于7d；对非饱和土一般可在施工后3～5d进行。

3. 检验与验收标准

砂石桩地基施工期间的质量检验标准如表10-42所示。

砂石桩地基施工期的质量检验标准[26]　　表10-42

项目	序	检查项目	允许偏差或允许值		检查方法
			单位	数值	
主控项目	1	灌砂、砂石量	%	≥95	实际用砂、砂石量与计算体积比

续表

项目	序	检查项目	允许偏差或允许值		检查方法
			单位	数值	
一般项目	1	砂、砂石料的含泥量	%	≤3	试验室测定
	2	砂、砂石料的有机质含量	%	≤5	焙烧法
	3	桩位	mm	≤50	用钢尺量
	4	砂桩、砂石桩标高	mm	±150	水准仪
	5	垂直度	%	≤1.5	经纬仪检查桩管垂直度

10.3.7　水泥粉煤灰碎石桩复合地基（CFG桩）

10.3.7.1　水泥粉煤灰碎石桩复合地基（CFG桩）设计施工

1. 加固原理及适用范围

水泥粉煤灰碎石桩（简称CFG桩）是由水泥、粉煤灰、碎石、石屑或砂加水拌合形成的高粘结强度桩，和桩间土、褥垫层一起形成复合地基，共同承担上部结构荷载。

水泥粉煤灰碎石桩适用于处理黏性土、粉土、砂土和已自重固结的素填土等地基。对淤泥质土应按地区经验或通过现场试验确定其适用性。就基础形式而言，既可用于扩展基础，又可用于箱形基础、筏形基础。

2. 设计[20][51]

水泥粉煤灰碎石桩的设计应符合下列规定：

(1) 水泥粉煤灰碎石桩应选择承载力相对较高的土层作为桩端持力层。

(2) 桩径：长螺旋钻中心压灌、干成孔和振动沉管成桩宜取350～600mm；泥浆护壁钻孔灌注素混凝土成桩宜取600～800mm；钢筋混凝土预制桩宜取300～600mm。

(3) 桩距应根据基础形式、设计要求的复合地基承载力和复合地基变形、土性、施工工艺确定。箱形基础、筏形基础和独立基础，桩距宜取3～5倍桩径；墙下条形基础单排布桩宜取3～6倍桩径。桩长范围内有饱和粉土、粉细砂、淤泥、淤泥质土层，采用长螺旋钻中心压灌成桩施工中可能发生窜孔时宜采用大桩距或采用跳打措施。

(4) 水泥粉煤灰碎石桩可只在基础内布桩，应根据建筑物荷载分布、基础形式、地基土性状，合理确定布桩参数：

1) 对框架核心筒结构形式，核心筒部位布桩，宜减小桩距、增加桩长或加大桩径，提高复合地基承载力和模量；

2) 对设有沉降缝或抗震缝的建筑物，宜在沉降缝或抗震缝部位，采用减小桩距、增加桩长或加大桩径布桩，以防止建筑物发生较大相向变形；

3) 对相邻柱荷载水平相差较大的独立基础，应按变形控制进行复合地基设计，荷载水平高的宜采用较高承载力确定布桩参数；

4) 对筏形基础，筏板厚度与跨距之比小于1/6，梁板式基础、梁的高跨比大于1/6以及板的厚跨比（筏板厚度与梁的中心距之比）小于1/6时，基底压力不满足线性分布，不宜采用均匀布桩，应主要在柱边（平板式筏形基础）和梁边（梁板式伐形基础）外扩2.5倍板厚的面积范围布桩。

5）墙下条形基础，当荷载水平不高时，可采用墙下单排布桩。

（5）桩顶和基础之间应设置褥垫层，褥垫层厚度宜取 0.4～0.6 倍桩径。褥垫材料宜用中砂、粗砂、级配砂石和碎石等，最大粒径不宜大于 30mm。

（6）水泥粉煤灰碎石桩复合地基承载力特征值，应通过现场复合地基载荷试验确定，初步设计时也可按下式估算：

复合地基承载力特征值：

$$f_{\mathrm{spk}}=\lambda m\frac{R_{\mathrm{a}}}{A_{\mathrm{P}}}+\beta(1-m)f_{\mathrm{sk}} \tag{10-36}$$

式中　f_{spk}——复合地基承载力特征值（kPa）；

m——面积置换率；

R_{a}——单桩竖向承载力特征值（kN）；

A_{p}——桩的截面积（m^2）；

β——桩间土承载力折减系数，宜按地区经验取值，如无经验时可取 0.75～0.95，天然地基承载力较高时取大值；

λ——单桩承载力发挥系数，宜按当地经验取值，无经验值可取 0.7～0.9；

f_{sk}——处理后桩间土承载力特征值（kPa），宜按当地经验取值，如无经验时，可取天然地基承载力特征值（kPa）。

（7）单桩竖向承载力特征值 R_{a} 的取值，应符合下列规定：

1）当采用单桩载荷试验时，应将单桩竖向极限承载力除以安全系数 2；

2）当无单桩载荷试验资料时，可按下式估算：

单桩承载力特征值：

$$R_{\mathrm{a}}=u_{\mathrm{p}}\sum_{i=1}^{n}q_{\mathrm{si}}l_i+q_{\mathrm{p}}A_{\mathrm{p}} \tag{10-37}$$

式中　u_{p}——桩身周长（m）；

n——桩长范围内所划分的土层；

q_{si}、q_{p}——桩周第 i 层土的侧阻力、桩端端阻力特征值（kPa），可按现行国家标准《建筑地基基础设计规范》GB 50007 的有关规定确定；

l_i——第 i 层土的厚度（m）。

（8）桩体试块抗压强度平均值应满足下式要求：

$$f_{\mathrm{cu}}\geqslant 3\frac{R_{\mathrm{a}}}{A_{\mathrm{p}}} \tag{10-38}$$

式中　f_{cu}——桩体混合料试块（边长 150mm 立方体）标准养护 28d 立方体抗压强度平均值（kPa）。

（9）地基处理后的变形计算应按现行国家标准《建筑地基基础设计规范》GB 50007 的有关规定执行。复合土层的分层与天然地基相同，各复合土层的压缩模量等于该层天然地基压缩模量的 ζ 倍，ζ 值可按下式确定：

$$E_{\mathrm{sp}}=\zeta\cdot E_{\mathrm{s}} \tag{10-39}$$

$$\xi=\frac{f_{\mathrm{spk}}}{f_{\mathrm{ak}}} \tag{10-40}$$

式中　f_{ak}——基础底面下天然地基承载力特征值（kPa）。

变形经验系数 ψ_s 根据当地沉降观测资料及经验确定，也可采用表 10-43 数值。

变形计算经验系数 ψ_s[51] **表 10-43**

$\overline{E}_s$（MPa）	4.0	7.0	15.0	20.0	35
ψ_s	1.0	0.7	0.4	0.25	0.2

注：$\overline{E}_s$ 为变形计算深度范围内压缩模量的当量值，应按下式计算：

$$\overline{E}_s = \sum A_i / \sum (A_i / E_{si}) \tag{10-41}$$

式中 A_i——第 i 层土附加应力系数沿土层厚度的积分值；

E_{si}——基础底面下第 i 层土的压缩模量（MPa），桩长范围内的复合土层按复合土层的压缩模量取值。

（10）地基变形计算深度应大于复合土层的厚度，并符合现行国家标准《建筑地基基础设计规范》GB 50007 中地基变形计算深度的有关规定。

3. 施工[20]

（1）施工设备

水泥粉煤灰碎石桩的施工设备常用的为长螺旋钻机、振动沉管打桩机。常用的长螺旋钻机的钻头可分为四类：尖底钻头、平底钻头、耙式钻头及筒式钻头，各类钻头的适用地层见表 10-44。

钻头适用地层表 **表 10-44**

钻头类型	适 用 地 层
尖底钻头	黏性土层，在刃口上镶焊硬质合金刀头，可钻硬土及冻土层
平底钻头	松散土层
耙式钻头	含有大量砖瓦块的杂填土层
筒式钻头	混凝土块、条石等障碍物

长螺旋钻头直径与钻孔直径的匹配关系见表 10-45。

钻头直径与钻孔直径匹配关系表 **表 10-45**

成孔直径（mm）	300	400	500	600	700	800	1000
钻头直径（mm）	296	396	495	594	693	792	990

（2）施工程序及注意事项[19][20][49]

1）施工程序

①施工前应按设计要求由实验室进行配合比试验，施工时按配合比配制混合料。长螺旋钻孔、管内泵压混合料成桩施工的混合料坍落度宜为 160～200mm；振动沉管灌注成桩施工的混合料坍落度宜为 30～50mm。振动沉管灌注成桩后，桩顶浮浆厚度小于 200mm。

②根据桩位平面布置图及测量基准点，进行桩位施放。桩位定位点应明显且不易破坏。对满堂布桩基础，桩位偏差不应大于 0.4 倍桩径；对条形基础，桩位偏差不应大于 0.25 倍桩径，对单排布桩桩位偏差不应大于 60mm。

③水泥粉煤灰碎石桩复合地基施工，成桩工艺包括长螺旋钻孔灌注成桩、长螺旋钻孔、管内泵压混合料灌注成桩、振动沉管灌注成桩、泥浆护壁成孔灌注成桩、锤击或静压

预制桩等。

a. 长螺旋钻孔灌注成桩，适用于地下水位以上的黏性土、粉土、素填土、中等密实以上的砂土。

b. 长螺旋钻孔、管内泵压混合料灌注成桩，适用于黏性土、粉土、砂土、粒径不大于60mm土层厚度不大于4m的卵石（卵石含量不大于30%），以及对噪声或泥浆污染要求严格的场地。

c. 振动沉管灌注成桩，适用于粉土、黏性土及素填土地基。

d. 泥浆护壁成孔灌注成桩，适用土性应满足《建筑桩基技术规范》JGJ 94的有关规定。对桩长范围和桩端有承压水的土层，应首选该工艺。

e. 锤击、静压预制桩，适用土性应满足《建筑桩基技术规范》JGJ 94的有关规定。

④水泥粉煤灰碎石桩复合地基施工时应合理安排打桩顺序，宜从一侧向另一侧或由中心向两边顺序施打，以避免桩机碾压已施工完成的桩，或使地面隆起，造成断桩。

⑤水泥粉煤灰碎石桩施工完成后，待桩体达到一定强度后（一般为桩体设计强度的70%），方可进行开挖。开挖时，宜采用人工开挖，也可采用小型机械和人工联合开挖，但应有专人指挥，保证小型机械不碰撞桩头，同时应避免扰动桩间土。

⑥挖至设计标高后，应剔除多余的桩头。剔除桩头时，应在距设计标高2～3cm的同一平面按同一角度对称放置2个或3个钢钎，用大锤同时击打，将桩头截断。桩头截断后，用手锤、钢钎剔至设计标高并凿平桩顶表面。

⑦桩头剔至设计标高以下，或发现浅部断桩时，应提出上部断桩并采取补救措施。

⑧褥垫层施工，当厚度大于200mm，宜分层铺设，每层虚铺厚度$H=h/\lambda$，其中h为褥垫层设计厚度，λ为夯实度，一般取0.87～0.90。虚铺完成后宜采用静力压实至设计厚度；褥垫层铺设宜采用静力压实法，当基础底面下桩间土的含水量较小时，也可以采用动力夯实法。对较干的砂石材料，虚铺后可适当洒水再进行碾压或夯实。

2）施工中的注意事项

①施工时应调整钻杆（沉管）与地面垂直，保证垂直度偏差不大于1%；桩位偏差符合前述有关规定。控制钻孔或沉管入土深度，保证桩长偏差在±100mm范围内。

②长螺旋钻孔、管内泵压混合料成桩施工在钻至设计深度后，应掌握提拔钻杆时间，混合料泵送量应与拔管速度相配合，遇到饱和砂土或饱和粉土层，不得停泵待料；沉管灌注成桩施工拔管速度应按匀速控制，拔管速度应控制在1.2～1.5m/min左右，如遇淤泥或淤泥质土，拔管速度应适当放慢；对遇有松散饱和粉土、粉细砂、淤泥、淤泥质土，当桩距较小时，防止窜孔宜采用隔桩跳打措施。

③施工时，桩顶标高应高出设计标高，高出长度应根据桩距、布桩形式、现场地质条件和施打顺序等综合确定，一般不宜小于0.5m；当施工作业面与有效桩顶标高距离较大时，宜增加混凝土灌注量，提高施工桩顶标高，防止缩径。

④成桩过程中，抽样做混合料试块，每台机械每台班应做一组（3块）试块（边长150mm立方体），标准养护，测定其立方体28d抗压强度。施工中应抽样检查混合料塌落度。

⑤冬期施工时，混合料入孔深度不得低于5℃，对桩头和桩间土应采取保温措施。

⑥清土和截桩时，不得造成桩顶标高以下桩身断裂和扰动桩间土。

10.3.7.2 质量检验与验收[20][26]

1. 施工期质量检验

施工期质量检验应包括以下内容：

(1) 水泥、粉煤灰、砂及碎石等原材料应符合设计要求。

(2) 施工中应检查施工记录、桩数、桩位偏差、混合料的配合比、坍落度、提拔钻杆速度（或提拔套管速度）、成孔深度、混合料灌入量、褥垫层厚度、夯填度和桩体试块抗压强度等。

2. 竣工后质量验收

竣工后质量检验应包括以下内容：

(1) 施工结束后，应对桩顶标高、桩位、桩体质量、地基承载力以及褥垫层的质量做检查。

(2) 水泥粉煤灰碎石桩复合地基，其承载力检验应采用复合地基载荷试验，宜在施工结束 28d 后进行。试验数量宜为总桩数的 0.5%～1%，但不应少于 3 处。有单桩强度检验要求时，数量为总数的 0.5%～1%，且每个单体工程不应少于 3 点。

(3) 应抽取不少于总桩数的 10%的桩进行低应变动力试验，检测桩身完整性。

(4) 褥垫层夯填度，检验数量，每单位工程不应少于 3 点，1000m^2 以上工程，每 100m^2 至少应有 1 点，3000m^2 以上工程，每 300m^2 至少应有 1 点。每一独立基础下至少应有 1 点，基槽每 20 延米应有 1 点。

3. 检验与验收标准

水泥粉煤灰碎石桩复合地基的质量检验标准应符合表 10-46 的规定。

水泥粉煤灰碎石桩复合地基质量检验标准　　表 10-46

项	序	检查项目	允许偏差或允许值		检查方法
			单位	数值	
主控项目	1	原材料	设计要求		查产品合格证或抽样检查
	2	桩径	mm	−20	用钢尺量或计算填料量
	3	桩身强度	设计要求		查 28d 试块强度
	4	地基承载力	设计要求		按规定方法
一般项目	1	桩身完整性	按《建筑基桩检测技术规范》JGJ 106		按《建筑基桩检测技术规范》JGJ 106
	2	桩位偏差	mm	满堂布桩≤0.40D 条基布桩≤0.25D	用钢尺量，D 为桩径
	3	桩垂直度	%	≤1.5	用经纬仪检查测桩管
	4	桩长	mm	±100	测桩管长度或垂球测孔深
	5	褥垫层夯填度	≤0.9		用钢尺量

注：1. 夯填度指夯实后的褥垫层厚度与虚体厚度的比值。
2. 桩径允许偏差负值是指个别断面。

10.3.8 夯实水泥土桩复合地基

10.3.8.1 夯实水泥土桩复合地基设计施工

1. 加固原理及适用范围

夯实水泥土桩是指利用机械成孔（挤土、不挤土）或人工挖孔，然后将土与不同比例的水泥拌合，将它们夯入孔内而形成的桩。由于夯实中形成的高密度及水泥土本身的强度，夯实水泥土桩桩体有较高强度。在机械挤土成孔与夯实的同时可将桩周土挤密，提高桩间土的密度和承载力。夯实水泥土桩法适用于处理地下水位以上的粉土、素填土、杂填土、黏性土等地基。处理深度不宜超过 10m。

2. 设计[20]

夯实水泥土桩的设计应符合下列规定：

（1）岩土工程勘察应查明土层的厚度和组成、土的含水量、有机质含量和地下水的腐蚀性等。

（2）夯实水泥土桩处理地基的厚度，应根据土质情况、工程要求和成孔设备等因素确定。当采用洛阳铲成孔工艺时，深度不宜超过 6m。

（3）夯实水泥土桩可只在基础范围内布置。桩孔直径宜为 300～600mm，可根据设计及所选用的成孔方法确定。桩孔宜按等边三角形布置，桩孔之间的中心距离，可为桩孔直径宜为 2～4 倍。

（4）夯实水泥土桩设计前必须进行配比试验，针对现场地基土的性质，选择合适的水泥品种，为设计提供各种配比的强度参数。夯实水泥土桩体强度宜取 28d 龄期试块的立方体抗压强度平均值。水泥与土的体积配合比，宜为 3∶7 或 2∶8。

（5）当相对硬层的埋藏深度不大时，应按相对硬层埋藏深度确定；当相对硬层埋藏深度较大时，应按建筑物地基的变形允许值确定。

（6）夯实水泥土桩的材料应满足下列要求：

①土料有机质含量不应大于 5%，严禁使用含有冻土和膨胀土的上料，使用时应过 2mm 的筛，混合料含水量应满足最优含水量的偏差不大于 2%，土料和水泥应拌合均匀。

②混合料中水泥的品种及掺合量应按配合比试验确定。一般情况混合料设计强度不宜大于 C5。

（7）孔内填料应分层回填夯实，填料的平均压实系数不应低于 0.97，其中压实系数最小值不应低于 0.94。

（8）在桩顶面应铺设 100～300mm 厚的褥垫层，垫层材料可采用中砂、粗砂或碎石等，最大粒径不宜大于 20mm。褥垫层的夯填度不应大于 0.9。

（9）夯实水泥土桩复合地基承载力特征值应按现场复合地基载荷试验确定。初步设计时也可按式（10-44）估算，公式中 R_a 为单桩竖向承载力特征值（kN），可按式（10-45）确定；β 为桩间土的承载力折减系数，可取 0.9～1.0；f_{sk} 为处理后桩间土承载力特征值（kPa），可取天然地基承载力特征值。

（10）地基处理后的变形计算应按现行国家标准《建筑地基基础设计规范》GB 50007 的有关规定执行。计算深度必须大于复合土层的深度。复合土层的压缩模量可按第 10.3.7.2 节规定确定。

3. 施工[20]

（1）施工设备

成孔机具采用洛阳铲或螺旋钻机；夯实机具用偏心轮夹杆式夯实机。

（2）施工程序及注意事项[19][20][49]

1）施工程序

①应根据设计要求、现场土质、周围环境等情况选择适宜的成桩设备和夯实工艺。设计标高上的预留土层应不小于500mm，垫层施工时将多余桩头凿除，桩顶面应水平。

②夯实水泥土桩混合料的拌合。夯实水泥土桩混合料的拌合可采用人工和机械两种。人工拌合不得少于3遍；机械拌合宜采用强制式搅拌机，搅拌时间不得少于1min。

③采用人工或机械洛阳铲成孔在达到设计深度后要进行孔底虚土的夯实，在确保孔底虚土密实后再倒入混合料进行成桩施工。

④夯实水泥土桩复合地基施工。分段夯填时，夯锤落距和填料厚度应满足夯填密实度的要求，水泥土的铺设厚度应根据不同的施工方法按表10-47选用。夯击遍数应根据设计要求，通过现场干密度试验确定。

采用不同施工方法虚铺水泥土的厚度控制 **表10-47**

夯实机械	机具重量（t）	虚铺厚度（cm）	备注
石夯、木夯（人工）	0.04～0.08	20～25	人工，落距60cm
轻型夯实机	1～1.5	25～30	夯实机或孔内夯实机
沉管桩机		30	40～90kW振动锤
冲击钻机	0.6～3.2	30	

2）施工中的注意事项

①水泥土料应按设计体积比要求拌合均匀，颜色一致。施工时使用的混合料含水量应接近最优含水量。最优含水量应通过配合比试验确定。一般控制土的含水量为16%左右，施工现场检验的方法是用手将土或灰土紧握成团，轻捏即碎为宜，如果含水量过多或不足时，应晒干或洒水湿润。拌合后的混合料不宜超过2h使用。

②雨期施工时，应采取防雨及排水措施，刚夯实完的水泥土，如受水浸泡，应将积水及松软的土挖除，再进行补夯；受浸泡的混合料不得使用。

③夯实水泥土桩在冬期施工时，应对混合料采取有效的防冻措施，确保其不受冻害。

④采用人工洛阳铲或螺旋钻机成孔时，按梅花形布置进行并及时成桩，以避免大面积成孔后再成桩。

10.3.8.2 质量检验与验收[20][26]

1. 施工期质量检验

施工期质量检验应包括以下内容：

（1）水泥及夯实用土料的质量应符合设计要求。

土的质量标准主要指标应满足表10-48的要求。

土的质量标准 **表10-48**

部位	压实系数 λ_c	控制含水量
夯实水泥土桩	≥0.93	人工夯实 $w_{op}+(1\sim2)\%$ 机械夯实 $w_{op}-(1\sim2)\%$

夯实水泥土桩复合地基的现场质量检验，宜采用环刀取样，测定其干密度，水泥土的最小干密度要求列于表10-49。

水泥土的质量标准　　表10-49

部位	土的类别	最小干密度 ρ_d（t/m^3）
夯实水泥土桩	细砂	1.75
	粉土	1.73
	粉质黏土	1.59
	黏土	1.49

（2）施工中应检查孔位、孔深、孔径、水泥和土的配比、混合料含水量等。

（3）当采用轻型动力触探 N_{10} 或其他手段检验夯实水泥土桩复合地基质量时，使用前，应在现场做对比试验（与控制干密度对比）。

（4）桩孔夯填质量检验应随机抽样检测，抽检的数量不应少于桩总数的1%。其他方面的质量检测应按设计要求执行。对于干密度试验或轻型动力触探 N_{10} 质量不合格的夯实水泥桩复合地基，可开挖一定数量的桩体，检查外观尺寸，取样做无侧限抗压强度试验。如仍不符合要求，应与设计部门协商，进行补桩。

2. 竣工后质量验收

夯实水泥土桩地基竣工验收时，承载力检测应采用单桩复合地基载荷试验，对于重要或大型工程，尚应进行多桩复合地基载荷试验。检测数量为总桩数的0.5%，且每个单体工程不应少于3点。

3. 检验与验收标准

夯实水泥土桩复合地基的质量检测内容及标准应符合表10-50的要求。

夯实水泥土桩复合地基质量检验标准　　表10-50

项	序	检查项目	允许偏差或允许值		检查方法
			单位	数值	
主控项目	1	桩径	mm	−20	用钢尺量
	2	桩长	mm	+500	测桩孔深度
	3	桩体干密度	设计要求		现场取样检查
	4	地基承载力	设计要求		按规定的方法
一般项目	1	土料有机质含量	%	≤5	焙烧法
	2	含水量（与最优含水量比）	%	±2	烘干法
	3	土料粒径	mm	≤20	筛分法
	4	水泥质量	设计要求		查产品质量合格证书或抽样送检
	5	桩位偏差	满堂布桩≤0.4D 条基布桩≤0.25D		用钢尺量，D为桩径
	6	桩垂直度	%	≤1.5	用经纬仪测桩管
	7	褥垫层夯填度	≤0.9		用钢尺量

10.3.9 水泥土搅拌复合地基

10.3.9.1 水泥土搅拌复合地基设计施工

1. 加固原理及适用范围

水泥土搅拌桩复合地基是指利用水泥（或水泥系材料）为固化剂，通过特制的搅拌机械，在地基深处对原状土和水泥强制搅拌，形成水泥土圆柱体，与原地基土构成的地基。水泥土搅拌桩除作为竖向承载的复合地基外，还可用于基坑工程围护挡墙、被动区加固、防渗帷幕等。加固体形状可分为柱状、壁状、格栅状或块状等。根据固化剂掺入状态的不同，分为湿法（浆液搅拌）和干法（粉体喷射搅拌）。

水泥土搅拌桩适用于处理正常固结的淤泥与淤泥质土、粉土、饱和黄土、素填土、黏性土以及无流动地下水的饱和松散砂土等地基。当地基土的天然含水量小于30%（黄土含水量小于25%）、大于70%或地下水的pH值小于4时不宜采用干法。冬期施工时，应注意负温对处理效果的影响。当用于处理泥炭土、有机质含量较高或pH值小于4的酸性土、塑性指数大于25的黏土或在腐蚀性环境中以及无工程经验的地区采用水泥土搅拌法时，必须通过现场和室内试验确定其适用性。

2. 设计[20][49]

水泥土搅拌桩的设计应符合下列规定：

（1）确定处理方案前应搜集拟处理区域内详尽的岩土工程资料。尤其是填土层的厚度和组成；软土层的分布范围、分层情况；地下水位及pH值；土的含水量、塑性指数和有机质含量等。

（2）设计前应进行拟处理土的室内配比试验。针对现场拟处理的最弱层软土的性质，选择合适的固化剂、外掺剂及其掺量，为设计提供各种龄期、各种配比的强度参数。对竖向承载的水泥土强度宜取90d龄期试块的立方体抗压强度平均值；对承受水平荷载的水泥土强度宜取28d龄期试块的立方体抗压强度平均值。

（3）固化剂宜选用强度等级不低于42.5级的普通硅酸盐水泥（型钢水泥土搅拌墙不低于P.O42.5级）。水泥掺量应根据设计要求的水泥土强度经试验确定；块状加固时水泥掺量不应小于被加固天然土质量的7%，作为复合地基增强体时不应小于12%，型钢水泥土搅拌墙（桩）不应小于20%。一般每加固1m^{3}土体掺入水泥约110～160kg。

湿法的水泥浆水灰比可选用0.45～0.55，外掺剂可根据工程需要和土质条件选用具有早强、缓凝、减水以及节省水泥等作用的材料，但应避免污染环境；干法可掺加二级粉煤灰等材料。

某些深层搅拌机（如：SJB-1型）还可用水泥砂浆作固化剂，其配合比为1∶1～2（水泥∶砂），为增强流动性，可掺入水泥重量0.20%～0.25%的木质素磺酸钙减水剂，另加1%的硫酸钠和2%的石膏以促进速凝、早强。水灰比为0.43～0.50，水泥砂浆稠度为11～14cm。

（4）水泥土搅拌法的设计，主要是确定搅拌桩的置换率和长度。竖向承载搅拌桩的长度应根据上部结构对承载力和变形的要求确定，并宜穿透软弱土层到达承载力相对较高的土层；为提高抗滑稳定性而设置的搅拌桩，其桩长应超过危险滑弧以下2m。

干法的加固深度不宜大于15m；湿法及型钢水泥土搅拌墙（桩）的加固深度应考虑机

械性能的限制。单头、双头加固深度不宜大于 20m，多头及型钢水泥土搅拌墙（桩）的深度不宜超过 35m。水泥土搅拌桩的桩径不应小于 500mm。

（5）竖向承载水泥土搅拌桩复合地基的承载力特征值应通过现场单桩或多桩复合地基荷载试验确定，但不宜大于 180kPa。初步设计时也可按式（10-36）估算，公式中 f_{sk} 为桩间土承载力特征值（kPa），可取天然地基承载力特征值；β 为桩间土承载力折减系数。当桩端土未经修正的承载力特征值大于桩周土的承载力特征值的平均值时，可取 0.1～0.4，差值大时取低值；当桩端土未经修正的承载力特征值小于或等于桩周土的承载力特征值的平均值时，可取 0.5～0.9，差值大时或设置褥垫层时均取高值。

（6）单桩竖向承载力特征值应通过现场载荷试验确定。初步设计时也可按式（10-37）估算，并应同时满足式（10-42）的要求，应使由桩身材料强度确定的单桩承载力大于（或等于）由桩周土和桩端土的抗力所提供的单桩承载力：

$$R_a = u_p \sum_{i=1}^{n} q_{si} l_i + \alpha q_p A_p$$

$$R_a = \eta f_{cu} A_p \tag{10-42}$$

式中　f_{cu}——与搅拌桩桩身水泥土配合比相同的室内加固土试块（边长为 70.7mm 立方体，也可为 50mm 的立方体）在标准养护条件下 90d 龄期的立方体抗压强度平均值（kPa）；单头、双头搅拌桩不宜小于 1MPa；型钢水泥土搅拌桩不宜小于 0.8MPa；

η——桩身强度折减系数，干法可取 0.2～0.3，湿法可取 0.25～0.33；

u_p——桩的周长（m）；

n——桩长范围内所划分的土层；

q_{si}——桩周第 i 层土的侧阻力特征值（kPa），对淤泥可取 4～7kPa；对淤泥质土可取 6～12kPa；对软塑状态的黏性土可取 10～15kPa；对可塑状态的黏性土可取 12～18kPa；对稍密砂类土可取 15～20kPa；对中密砂类土可取 20～25kPa；

l_i——第 i 层土的厚度（m）；

q_p——桩端地基土未经修正的承载力特征值（kPa），可按现行国家标准《建筑地基基础设计规范》GB 50007 的有关规定确定；

α——桩端天然地基土的承载力折减系数，可取 0.4～0.6，承载力高时取低值。

（7）竖向承载水泥土搅拌桩复合地基宜在基础和桩之间设置褥垫层，刚性基础下褥垫层厚度可取 150～300mm。褥垫层材料可选用中粗砂、级配砂石等，最大粒径不宜大于 20mm，褥垫层的压实系数不应小于 0.94。

（8）竖向承载搅拌桩复合地基中的桩长超过 10m 时，可采用变掺量设计。在全桩水泥总掺量不变的前提下，桩身上部三分之一桩长范围内可适当增加水泥掺量及搅拌次数；桩身下部三分之一桩长范围内可适当减少水泥掺量。

（9）竖向承载搅拌桩的平面布置可根据上部结构特点及对地基承载力和变形的要求，采用柱状、壁状、格栅状或块状等加固型式。桩可只在基础平面范围内布置，独立基础下的桩数不宜少于 3 根。柱状加固可采用正方形、等边三角形等布桩型式。

（10）当搅拌桩处理范围以下存在软弱下卧层时，应按现行国家标准《建筑地基基础设计规范》GB 50007 的有关规定进行下卧层承载力验算。

(11) 竖向承载搅拌桩复合地基的变形包括搅拌桩复合土层的平均压缩变形 s_1 与桩端下未加固土层的压缩变形 s_2：

1) 搅拌桩复合土层的压缩变形 s_1 可按下式计算：

$$s_1 = (p_z + p_{z1})l/2E_{sp} \tag{10-43}$$

$$E_{sp} = mE_p + (1-m)E_s \tag{10-44}$$

式中 p_z——搅拌桩复合土层顶面的附加压力值（kPa）；

p_{z1}——搅拌桩复合土层底面的附加压力值（kPa）；

E_{sp}——搅拌桩复合土层的压缩模量（kPa）；

E_p——搅拌桩的压缩模量（kPa），可取（100～120）f_{cu}。对桩较短或桩身强度较低者可取低值，反之可取高值；

E_s——桩间土的压缩模量（kPa）；

l——桩长。

2) 桩端以下未加固土层的压缩变形 s_2 可按现行国家标准《建筑地基基础设计规范》GB 50007 的有关规定进行计算。

(12) 对堆载场地柔性基础下的水泥土桩复合地基应进行稳定性验算，计算参数可按下式估算：

$$\tan\varphi_{sp} = m\tan\varphi_p + (1-m)\tan\varphi_s \tag{10-45}$$

$$c_{sp} = mc_p + (1-m)c_s \tag{10-46}$$

式中 φ_{sp}、c_{sp}——复合土层的内摩擦角及凝聚力；

φ_p、c_p——水泥土加固体的内摩擦角及黏聚力，重要工程应通过直剪试验确定，并应考虑桩身受弯按地区经验予以折减：一般工程可取 $\varphi_p=0$，$c_p=80$～100kPa；

φ_s、c_s——桩间土的内摩擦角及黏聚力；

m——面积置换率。

3. 施工[19][20][49]

(1) 施工设备[19][49]

水泥土搅拌桩的主要施工设备为深层搅拌机，有中心管喷浆方式的 SJB-1 型搅拌机和叶片喷浆方式的 GZB-600 型搅拌机两类。

SJB-1 型深层搅拌机外形和构造如图 10-23（*a*）所示；GZB-600 型深层搅拌机是利用进口钻机改装的单搅拌轴、叶片喷浆方式的搅拌机，其外形和构造如图 10-23（*b*）所示。

(2) 施工程序及注意事项[19][20][49]

1) 施工程序

①施工现场事先应予以平整，必须清除地上和地下的障碍物。遇有明浜、池塘及洼地时应抽水和清淤，回填土料应压实，不得回填生活垃圾。

②在制定水泥土搅拌施工方案前，应做水泥土的配比试验，测定各水泥土的不同龄期，不同水泥土配比试块强度，确定施工时的水泥土配比。

③水泥土搅拌桩施工前应根据设计进行工艺性试桩，数量不得少于 3 根，多头搅拌不得少于 3 组，确定水泥土搅拌施工参数及工艺。即水泥浆的水灰比、喷浆压力、喷浆量、

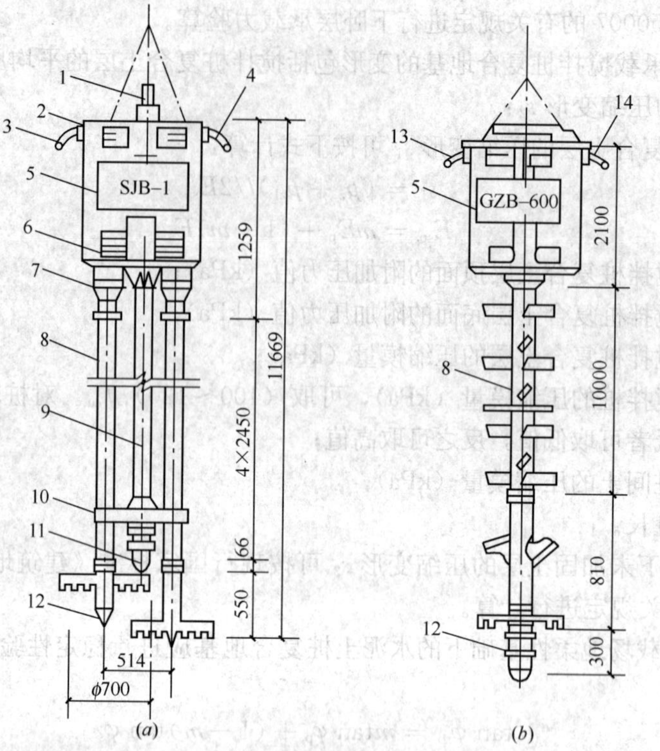

图 10-23　深层搅拌机外形和构造

（a）SJB-1 型深层搅拌机；（b）GZB-600 型深层搅拌机

1—输浆管；2—外壳；3—出水口；4—进水口；5—电动机；6—导向滑块；7—减速器；8—搅拌轴；9—中心管；10—横向系板；11—球形阀；12—搅拌头；13—电缆接头；14—进浆口

旋转速度、提升速度、搅拌次数等。

④搅拌机械就位、调平，为保证桩位准确使用定位卡，桩位对中偏差不大于 20mm，导向架和搅拌轴应与地面垂直，垂直度的偏差不大于 1.5%。

⑤预搅下沉至设计加固深度后，边喷浆（粉）、边搅拌提升直至预定的停浆（灰）面。

⑥重复钻进搅拌，按前述操作要求进行，如喷粉量或喷浆量已达到设计要求时，只需复搅不再送粉或只需复搅不再送浆。

⑦根据设计要求，喷浆（粉）或仅搅拌提升直至预定的停浆（灰）面，关闭搅拌机械。

⑧在预（复）搅下沉时，也可采用喷浆（粉）的施工工艺，必须确保全桩长上下至少再重复搅拌一次。

⑨对地基土进行干法咬合加固时，如复搅困难，可采用慢速搅拌，保证搅拌的均匀性。

2）施工中的注意事项

①湿法施工控制要点

a. 水泥浆液到达喷浆口的出口压力不应小于 10MPa。

b. 施工前应确定灰浆泵输浆量、灰浆经输浆管到达搅拌机喷浆口的时间和起吊设备提升速度等施工参数，并根据设计要求通过工艺性成桩试验确定施工工艺。

c. 所使用的水泥都应过筛，制备好的浆液不得离析，泵送必须连续。拌制水泥浆液的罐数、水泥和外掺剂用量以及泵送浆液的时间等应有专人记录；喷浆量及搅拌深度必须采用经国家计量部门认证的监测仪器进行自动记录。

d. 搅拌机喷浆提升的速度和次数必须符合施工工艺的要求，并应有专人记录。

e. 当水泥浆液到达出浆口后，应喷浆搅拌 30s，在水泥浆与桩端土充分搅拌后，再开始提升搅拌头。

f. 搅拌机预搅下沉时不宜冲水，当遇到硬土层下沉太慢时，方可适量冲水，但应考虑冲水对桩身强度的影响。

g. 施工时如因故停浆，应将搅拌头下沉至停浆点以下 0.5m 处，待恢复供浆时再喷浆搅拌提升。若停机超过 3 小时，宜先拆卸输浆管路，并妥加清洗。

h. 壁状加固时，相邻桩的施工时间间隔不宜超过 24h。如间隔时间太长，与相邻桩无法搭接时，应采取局部补桩或注浆等补强措施。

i. 喷浆未到设计桩顶标高（或底部桩端标高），集料斗中浆液已排空时，应检查投料量、有无漏浆、灰浆泵输送浆液流量。处理方法：重新标定投料量，或者检修设备，或者重新标定灰浆泵输送流量。

j. 喷浆到设计桩顶标高（或底部桩端标高），集料斗中浆液剩浆过多时。应检查投料量、输浆管路部分堵塞、灰浆泵输送浆液流量。处理方法：重新标定投料量，或者清洗输浆管路，或者重新标定灰浆泵输送流量。

②干法施工控制要点

a. 喷粉施工前应仔细检查搅拌机械、供粉泵、送气（粉）管路、接头和阀门的密封性、可靠性。送气（粉）管路的长度不宜大于 60m。

b. 水泥土搅拌法（干法）喷粉施工机械必须配置经国家计量部门确认的具有能瞬时检测并记录出粉体计量装置及搅拌深度自动记录仪。

c. 搅拌头每旋转一周，其提升高度不得超过 16mm。

d. 搅拌头的直径应定期复核检查，其磨耗量不得大于 10mm。

e. 当搅拌头到达设计桩底以上 1.5m 时，应即开启喷粉机提前进行喷粉作业。当搅拌头提升至地面下 500mm 时，喷粉机应停止喷粉。

f. 成桩过程中因故停止喷粉，应将搅拌头下沉至停灰面以下 1m 处，待恢复喷粉时再喷粉搅拌提升。

③搅拌机预搅下沉不到设计深度，但电流不高，可能是土质黏性大，搅拌机自重不够造成的。应采取增加搅拌机自重或开动加压装置。

④搅拌钻头与混合土同步旋转，是由于灰浆浓度过大或者搅拌叶片角度不适宜造成的。可重新确定浆液的水灰比，或者调整叶片角度、更换钻头等措施。

10.3.9.2 质量检验与验收[20][26]

1. 施工期质量检验

施工期质量检验应包括以下内容：

(1) 水泥土搅拌施工时，应随时检查施工中的各项记录，如发现地质条件发生变化，或有遗漏，或水泥土搅拌桩（水泥土搅拌点）施工质量不符合规定要求，应进行补桩或采取其他有效的补救措施。

（2）重点检查输浆量（水泥用量）、输浆速度、总输浆时间、桩长、搅拌头转数和提升速度、复搅次数和复搅深度、停浆处理方法等。

2. 竣工后质量验收

竣工后质量验收应包括以下内容：

（1）水泥土搅拌施工结束 28 天后进行检验。

（2）水泥土搅拌桩桩体的主要检测内容如下：

1）成桩 7d 后，采用浅部开挖桩头进行检查，开挖深度宜超过停浆（灰）面下 0.5m，目测检查搅拌的均匀性，量测成桩直径。检查量为总桩数的 5%。

2）成桩后 3d 内，可用轻型动力触探（N_{10}）检查上部桩身的均匀性。检验数量为施工总桩数的 1%，且不少于 3 根。

3）桩身强度检验应在成桩 28d 后，用双管单动取样器钻取芯样作搅拌均匀性和水泥土抗压强度检验，检验数量为施工总桩（组）数的 0.5%，且不少于 6 点。钻芯有困难时，可采用单桩抗压静载荷试验检验桩身质量。

（3）承载力检测

竖向承载水泥土搅拌桩复合地基竣工验收时，承载力检验应采用复合地基载荷试验和单桩载荷试验。载荷试验必须在桩身强度满足试验荷载条件时，并宜在成桩 28d 后进行。验收检测检验数量为桩总数的 0.5%～1%，其中每单项工程单桩复合地基载荷试验的数量不应少于 3 根（多头搅拌为 3 组），其余可进行单桩静载荷试验或单桩、多桩复合地基载荷试验。

（4）基槽开挖后，应检验桩位、桩数与桩顶质量，如不符合设计要求，应采取有效补强措施。

3. 检验与验收标准

水泥土搅拌桩复合地基的质量检验内容及标准应符合表 10-51 的要求。

水泥土搅拌桩复合地基质量检验标准　　表 10-51

项	序	检查项目	允许偏差或允许值		检查方法
			单位	数值	
主控项目	1	水泥及外掺剂质量	设计要求		查产品合格证或抽样送检
	2	水泥用量	参数指标		查看流量计
	3	桩体强度	设计要求		按规定方法
	4	地基承载力	设计要求		按规定方法
一般项目	1	机头提升速度	m/min	≤0.50	量机头上升距离和时间
	2	桩底标高	mm	±200	测机头深度
	3	桩顶标高	mm	+200 −50	水准仪（最上部 500mm 不计入）
	4	桩位偏差	mm	<50	用钢尺量
	5	桩径		<0.04D	用钢尺量，D 为桩径
	6	垂直度	%	≤1.50	经纬仪
	7	搭接	mm	>200	用钢尺量

注：水泥土搅拌法（湿法）喷浆量和搅拌深度必须采用经国家计量部门认证的监测仪器进行自动记录。同理，水泥土搅拌法（干法）喷粉量和搅拌深度必须采用经国家计量部门确认的具有能瞬时检测并记录出粉量的粉体计量装置及搅拌深度自动记录仪。

10.3.10 旋喷桩复合地基

10.3.10.1 旋喷桩复合地基设计施工

1. 加固原理及适用范围

旋喷桩复合地基是利用钻机成孔，再把带有喷嘴的注浆管进至土体预定深度后，用高压设备以 20～40MPa 高压把混合浆液或水从喷嘴中以很高的速度喷射出来，土颗粒在喷射流的作用下（冲击力、离心力、重力），与浆液搅拌混合，待浆液凝固后，便在土中形成一个固结体，与原地基土构成新的地基。

根据使用机具设备的不同，分为单管法、二重管法和三重管法，如表 10-52 所示。

旋喷桩法分类[19] 表 10-52

分类	单管法	二重管法	三重管法
喷射方法	浆液喷射	浆液、空气喷射	水、空气喷射、浆液注入
硬化剂	水泥浆	水泥浆	水泥浆
常用压力（MPa）	15.0～20.0	15.0～20.0	高压 20.0～40.0 低压 0.5～3.0
喷射量（L/min）	60～70	60～70	高压 60～70 低压 80～150
压缩空气（kPa）	不使用	500～700	500～700
旋转速度（rpm）	16～20	5～16	5～16
桩径（mm）	300～600	600～1500	800～2000
提升速度（cm/min）	15～25	7～20	5～20

旋喷桩适用于处理砂土、粉土、黏性土（包括淤泥和淤泥质土）、黄土、素填土和杂填土等地基。但对于砾石直径过大，砾石含量高以及含有大量纤维质的腐殖土，喷射质量较差。强度较高的黏性土中喷射直径受到限制。

对于地下水流速过大、无填充物的岩溶地段、永久冻土和对水泥有严重腐蚀的地基，均不宜采用旋喷桩地基。

当土中含有较多的大粒径块石、大量植物根茎或有较高的有机质时，以及地下水流速过大和已涌水的工程，应根据现场试验结果确定其适用性。

旋喷桩法既可用于新建建筑物地基加固，也可用于既有建筑物地基加固。

旋喷桩法不仅仅用于提高地基承载力，还可用于整治局部地基下沉、防止基坑底部隆起、防止小型塌方滑坡、防止地基冻胀、防止砂土液化、减少设备基础振动、止水帷幕等，应用范围很广。

2. 设计[20]

旋喷桩复合地基的设计应符合下列规定：

（1）旋喷桩法分旋喷、定喷和摆喷三种类别。根据工程需要和土质条件，可分别采用单管法、双管法和三管法。加固形状可分为柱状、壁状、条状和块状。

（2）对既有建筑物在制定旋喷桩方案时应搜集有关的历史和现状资料、邻近建筑物和地下埋设物等资料。

(3) 旋喷桩方案确定后，应结合工程情况进行现场试验、试验性施工或根据工程经验确定施工参数及工艺。

(4) 旋喷桩形成的加固体强度和范围，应通过现场试验确定。当无现场试验资料时，亦可参照相似土质条件的工程经验。

(5) 竖向承载旋喷桩复合地基承载力特征值应通过现场复合地基载荷试验确定。初步设计时，也可按本章式（10-45）估算，公式中 β 为桩间土承载力折减系数，可根据试验或类似土质条件工程经验确定，当无试验资料或经验时，可取 0.33，承载力较低时取低值。

(6) 单桩竖向承载力特征值可通过现场单桩载荷试验确定。也按式（10-37）和式（10-42）估算，桩身强度折减系数 η 可取 0.33。

(7) 当旋喷桩处理范围以下存在软弱下卧层时，应按现行国家标准《建筑地基基础设计规范》GB 50007 的有关规定进行下卧层承载力验算。

(8) 竖向承载旋喷桩复合地基宜在基础和桩顶之间设置褥垫层。褥垫层厚度可取 200～300mm，其材料可选用中砂、粗砂、级配砂石等，最大粒径不宜大于 30mm。

(9) 竖向承载旋喷桩的平面布置可根据上部结构和基础特点确定。独立基础下的桩数一般不应少于 4 根。

(10) 桩长范围内复合土层以及下卧层地基变形值应按现行国家标准《建筑地基基础设计规范》GB 50007 有关规定计算，其中，复合土层的压缩模量可根据地区经验确定。

(11) 旋喷桩法用于深基坑、地铁等工程形成连续体时，相邻桩搭接不宜小于 300mm，并应符合设计要求和国家现行的有关规范的规定。

3. 施工

(1) 施工设备[49]

旋喷桩法主要机具设备包括：高压泵、钻机、浆液搅拌器等；辅助设备包括操纵控制系统、高压管路系统、材料储存系统以及各种管材、阀门、接头安全设施等。

旋喷桩法施工常用主要机具设备规格、技术性能要求见表 10-53。

旋喷桩法施工常用主要机具设备参考表　　表 10-53

设备名称		规格性能	用途
单管法	高压泥浆泵	1. SNC-H300 型黄河牌压浆车 2. ACF—700 型压浆车，柱塞式、带压力流量仪表	旋喷注浆
单管法	钻机	1. 无锡 30 型钻机 2. XJ100 型振动钻机	旋喷用
单管法	旋喷管	单管、直径 42mm 地质钻杆，旋喷管直径 3.2～4.0mm	注浆成桩
单管法	高压胶管	工作压力 31MPa、9MPa，内径 19mm	高压水泥浆用
三重管法	高压泵	1. 3W-TB，高压柱塞泵，带压力流量仪表 2. SNC-H300 型黄河牌压浆车 3. ACF-700 型压浆车	高压水助喷
三重管法	泥浆泵	1. BW250/50 型，压力 3～5MPa，排量 150～250L/min 2. 200/40 型，压力 4MPa，排量 120～200L/min 3. ACF-700 型压浆车	旋喷注浆

续表

设备名称		规格性能	用途
三重管法	空压机	压力0.55～0.70MPa，排量6～9m³/min	旋喷用气
	钻机	1. 无锡30型钻机 2. XJ100型振动钻机	旋喷用、成孔用
	旋喷管	三重管，泥浆压力2MPa，水压20MPa，气压0.5MPa	水、气、浆成桩
	高压胶管	工作压力31MPa、9MPa，内径19mm	高压水泥浆用
	其他	搅拌管，各种压力、流量仪表等	控制压力流量用

注：1. 钻机的转速和提升速度，根据需要应附设调速装置，或增设慢速卷扬机；
2. 二重管法选用高压泥浆泵、空压机和高压胶管等可参照上列规格选用；
3. 三重管法尚需配备搅拌罐（一次搅拌量3.5m³），旋转及提升装置、吊车、集泥箱、指挥信号装置等；
4. 其他尚需配各种压力、流量仪表等。

三重管系以三根互不相通的管子，按直径大小在同一轴线上重合套在一起，用于向土体内分别压入水、气、浆液。内管由泥浆泵压送2MPa左右的浆液；中管由高压泵压送20MPa左右的高压水；外管由空压机压送0.5MPa以上的压缩空气。空气喷嘴套在高压水喷嘴外，在同一圆心上。三重管由回转器、连接管和喷头三部分组成。回转器指三重管的上段，内安有支承轴承，当钻机转盘带动三重管旋转时，回转器外部不转内部转；连接管是指三重管的中段，为连接水、气、浆液的通道，旋转是由钻机转盘直接带动连接管使整根三重管旋转，根据旋喷深度可将多节连接管接长；喷头是指三重管的下段，其上装有喷嘴（图10-24），是旋喷时向土层中喷射水、气、浆液的装置，也随连接管一起转动。喷嘴制造材料为硬质合金管，$D_0 \approx 2$mm左右。

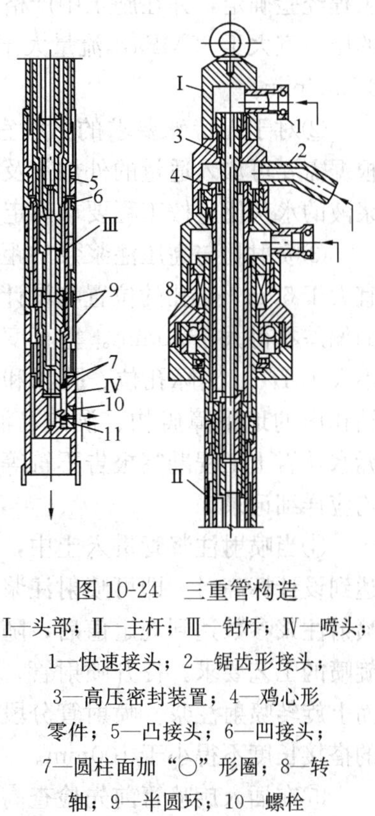

图10-24 三重管构造
Ⅰ—头部；Ⅱ—主杆；Ⅲ—钻杆；Ⅳ—喷头；1—快速接头；2—锯齿形接头；3—高压密封装置；4—鸡心形零件；5—凸接头；6—凹接头；7—圆柱面加"○"形圈；8—转轴；9—半圆环；10—螺栓塞；11—喷嘴

浆液搅拌可采用污水泵自循环式的搅拌罐或水力混合器。

辅助设备包括操纵控制系统、高压管路系统、材料储存、运输系统以及各种管件、阀门、接头、压力流量仪表、安全设施等。

(2) 施工程序及注意事项[49]

1) 施工程序

①旋喷桩法施工工艺流程如图10-25、图10-26所示。

②施工前先进行场地平整，挖好排浆沟，做好钻机定位。要求钻机安放保持水平，钻杆保持垂直，其倾斜度不得大于1.5%。

③旋喷桩施工程序为：机具就位→贯入注浆管→试喷射→喷射注浆→拔管及冲洗等。

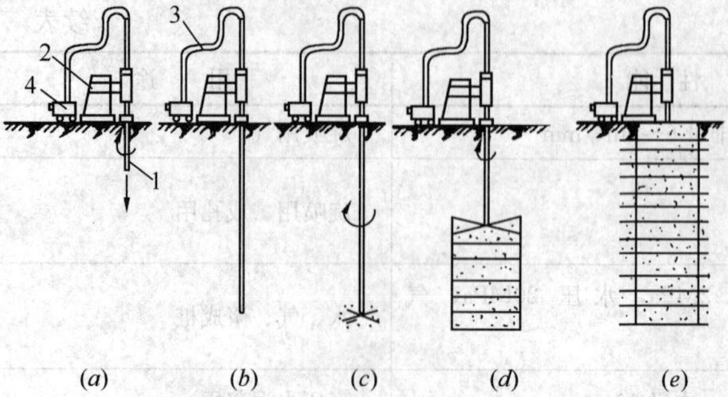

图 10-25　单管旋喷桩法施工工艺流程

(a) 钻机就位钻孔；(b) 钻孔至设计标高；(c) 旋喷开始；(d) 边旋喷边提升；(e) 放喷结束成桩

1—旋喷管；2—钻孔机械；3—高压胶管；4—超高压脉冲泵

④单管法和二重管法可用注浆管射水成孔至设计深度后，再一边提升一边进行喷射注浆。三重管法施工须预先用钻机或振动打桩机钻成直径 150～200mm 的孔，然后将三重注浆管插入孔内，按旋喷、定喷或摆喷的工艺要求，由下而上进行喷射注浆，注浆管分段提升的搭接长度不得小于 200mm。喷嘴型式如图 10-27 所示。

2）施工中的注意事项

①旋喷桩的施工参数应根据土质条件、加固要求通过试验或根据工程经验确定，并在施工中严格加以控制。单管法及双管法的高压水泥浆和三管法高压水的压力宜大于 30MPa，流量大于 30L/min，气流压力宜取 0.7MPa，提升速度可取 0.1～0.2m/min。

②对于无特殊要求的工程宜采用强度等级为 P.O42.5 级及以上的普通硅酸盐水泥，根据需要可加入适量的外加剂及掺合料。外加剂和掺合料的用量，应通过试验确定。水泥浆液的水灰比应按工程要求确定，可取 0.8～1.2，常用 0.9。

③喷射孔与高压注浆泵的距离不宜大于 50m。钻孔的位置与设计位置的偏差不得大于 50mm。垂直度偏差不大于 1%。实际孔位、孔深和每个钻孔内的地下障碍物、洞穴、涌水、漏水及岩土工程勘察报告不符等情况均应详细记录。

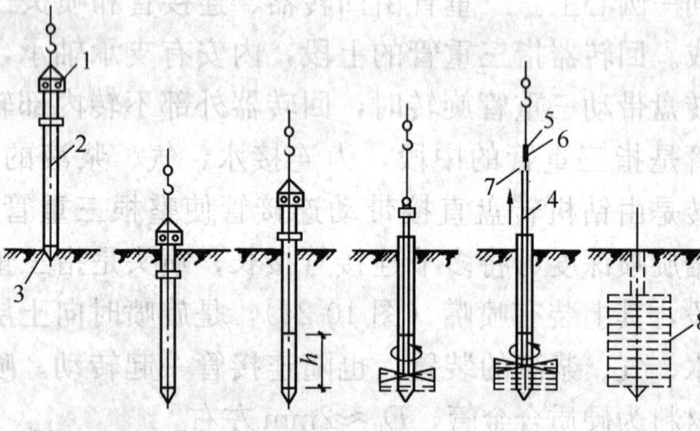

图 10-26　三重管旋喷桩法施工工艺流程

(a) 振动沉桩机就位，放桩靴，立套管，安振动锤；(b) 套管沉入设计深度；(c) 拔起一段套管，卸上段套管，使下段露出地面（使 h 大于要求的旋喷长度）；(d) 套管中插入三重管，边旋、边喷、边提升；(e) 自动提升旋喷管；(f) 拔出旋喷管与套管，下部形成圆柱喷射桩加固体

1—振动锤；2—钢套管；3—桩靴；4—三重管；5—浆液胶管；6—高压水胶管；7—压缩空气胶管；8—旋喷桩加固体

④当喷射注浆管贯入土中，喷嘴达到设计标高时，即可喷射注浆。在喷射注浆参数达到规定值后，随即按旋喷的工艺要求，提升喷射管，由下而上旋转喷射注浆。喷射管分段提升的搭接长度不得小于 100mm。

⑤在插入旋喷管前先检查高压水与空气喷射情况，各部位密封圈是否封闭，插入后先作高压水射水试验，合格后方可喷射浆液。如因塌孔插入困难时，可用低压（0.1～2MPa）水冲孔喷下，但须把高压水喷嘴用塑料布包裹，以免泥土堵塞。

⑥喷嘴直径、提升速度、旋喷速度、喷射压力、排量等旋喷参数见表 10-54 或根据现场试验确定。

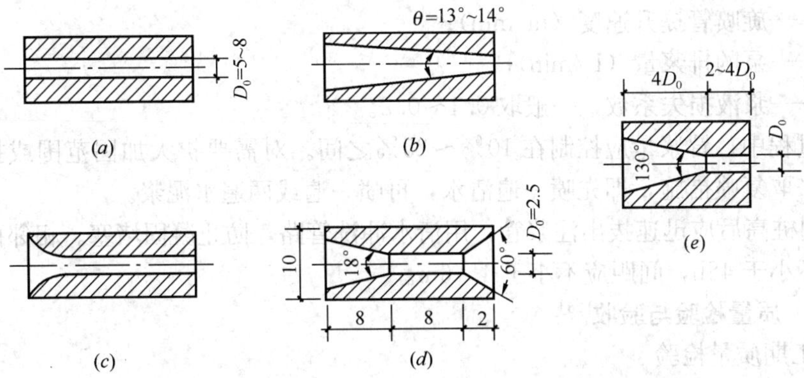

图 10-27　喷嘴型式

（*a*）圆柱式；（*b*）收敛圆锥形；（*c*）流线形；（*d*）双喷嘴；（*e*）三重管用喷嘴

旋喷桩法施工主要机具和参数　　　　**表 10-54**

项目			单管法	二重管法	三重管法
参数	喷嘴孔径（mm）		$\phi2\sim\phi3$	$\phi2\sim\phi3$	$\phi2\sim\phi3$
	喷嘴个数		2	1～2	1～2
	旋转速度（r/min）		20	10	5～15
	提升速度（mm/min）		200～250	100	50～150
机具性能	高压泵	压力（MPa）	20～40	20～40	20～40
		流量（L/min）	60～120	60～120	60～120
	空压机	压力（MPa）	—	0.7	0.7
		流量（L/min）	—	1～3	1～3
	泥浆泵	压力（MPa）	—	—	3～5
		流量（L/min）	—	—	100～150
浆液配合比：水：水泥：陶土：碱			（1～1.5）：1：0.03：0.0009		

注：高压泵喷射的（单管法、二重管法）是浆液或（三重管法）水。

⑦当采用三重管法旋喷，开始时，先送高压水，再送水泥浆和压缩空气，在一般情况下，压缩空气可晚送 30s。在桩底部边旋转边喷射 1min 后，再进行边旋转、边提升、边喷射。

⑧喷射时，先应达到预定的喷射压力、喷浆量后再逐渐提升注浆管。中间发生故障时，应停止提升和旋喷，以防桩体中断，同时立即进行检查排除故障；如发现有浆液喷射不足，影响桩体的设计直径时，应进行复核。

⑨当处理既有建筑地基时，应采取速凝浆液或大间隔孔旋喷和冒浆回灌等措施，以防旋喷过程中地基产生附加变形和地基与基础间出现脱空现象，影响被加固建筑及邻近建筑。

⑩桩喷浆量 Q（L/根）可按下式计算：

$$Q=\frac{H}{v}q(1+\beta) \qquad (10\text{-}47)$$

式中　H——旋喷长度（m）；

v——旋喷管提升速度（m/min）；

q——泵的排浆量（L/min）；

β——浆液损失系数，一般取0.1～0.2。

旋喷过程中，冒浆量应控制在10%～25%之间。对需要扩大加固范围或提高强度的工程，可采取复喷措施，即先喷一遍清水，再喷一遍或两遍水泥浆。

⑪喷到桩高后应迅速拔出注浆管，用清水冲洗管路，防止凝固堵塞。相邻两桩施工间隔时间应不小于48h，间距应不小于4～6m。

10.3.10.2　质量检验与验收[26]

1. 施工期质量检验

施工期质量检验应包括以下内容：

（1）施工前应检查水泥、外掺剂等的质量，桩位、压力表、流量表的精度和灵敏度、高压喷射设备的性能等。

（2）施工中应检查施工参数（压力、水泥浆量、提升速度、旋转速度等）的应用情况及施工程序。

2. 竣工后质量验收

竣工后质量检验应包括以下内容：

（1）旋喷桩施工结束28d后进行检验。

（2）旋喷桩的施工质量检验主要内容：

1）桩体的完整性。桩体的完整性检查，在施工完成的桩体上，钻孔取岩芯来观察桩体的完整性，并可将所取岩心做成标准试件进行室内压力试验，获得强度指标，是否满足设计要求。

2）桩体的有效直径。桩体的有效直径检查，当旋喷桩具有一定强度后，将桩顶部挖开，检查旋喷桩的直径、桩体施工质量（均匀性）等。

3）桩体的垂直度。桩体的垂直度，可以检查钻孔的垂直度，代替桩体的垂直度。在施工中经常测量钻机钻杆的垂直度，或测量孔的倾斜度。

4）桩体的强度。桩体的强度，可以采用钻孔取芯检查桩体强度，也可以采用标准贯入度试验、单桩载荷试验等方法检查桩体的强度。

（3）施工质量的检验数量，应为喷射孔数量的2%，并不少于5点。

（4）承载力的检测

竖向承载旋喷桩地基竣工验收时，承载力检验应采用复合地基载荷试验和单桩载荷试验。载荷试验的数量为总桩数的0.5%～1%，并且每个单体工程不少于3根。

3. 检验与验收标准

旋喷桩（高压喷射注浆）复合地基质量检验标准如表10-55所示。

旋喷桩（高压喷射注浆）复合地基质量检验标准　　表10-55

项	序	检查项目	允许偏差或允许值		检查方法
			单位	数值	
主控项目	1	水泥及外掺剂质量	符合出厂要求		查产品合格证书或抽样送检
	2	水泥用量	设计要求		查看流量表及水泥浆水灰比
	3	桩体抗压强度及完整性检验	设计要求		按规定方法
	4	地基承载力	设计要求		按规定的方法

续表

项	序	检查项目	允许偏差或允许值		检查方法
			单位	数值	
一般项目	1	钻孔位置	mm	≤50	用钢尺量
	2	钻孔垂直度	%	≤1.5	经纬仪测钻杆或实测
	3	孔深	mm	±200	用钢尺量
	4	注浆压力	按设定参数指标		查看压力表
	5	桩体搭接	mm	>200	用钢尺量
	6	桩体直径	mm	≤50	开挖后用钢尺量
	7	桩身中心允许偏差		≤0.2D	开挖后桩顶下500mm处用尺量，D为设计桩径

10.3.11　石灰桩复合地基

10.3.11.1　石灰桩复合地基设计施工

1. 加固原理及适用范围

石灰桩的主要固化剂为生石灰，与粉煤灰、火山灰、炉渣、黏性土等掺合料按一定的比例均匀混合后，在桩孔中经机械或人工分层振压或夯实所形成的密实桩体，为提高桩身强度，还可添加石膏、水泥等外加剂。生石灰与掺合料的配合比宜根据地质情况确定，生石灰与掺合料的体积比可选用1∶1或1∶2，对于淤泥、淤泥质土等软土可适当增加生石灰用量，桩顶附近生石灰用量不宜过大。当掺石膏和水泥时，掺加量为生石灰用量的3%～10%。

石灰桩的主要作用机理是通过生石灰的吸水膨胀挤密桩周土，继而通过离子交换和胶凝反应使桩间土强度提高，同时桩身生石灰与活性掺和料经过水化、胶凝反应，使桩身具有0.3～1.0MPa的抗压强度。由于生石灰的吸水膨胀作用，特别适用于新填土和淤泥的加固，生石灰吸水后还可使淤泥产生自重固结，形成强度后的密集的石灰桩身与经加固的桩间土结合为一体，使桩间土欠固结状态消失。

石灰桩法适用于处理饱和黏性土、淤泥、淤泥质土、素填土和杂填土等地基；用于地下水位以上的土层时，宜增加掺合料的含水量并减少生石灰用量，或采取土层浸水等措施。

石灰桩不适用于地下水位下的砂类土。

2. 设计

根据《建筑地基处理技术规范》JGJ 79石灰桩的设计应符合下列规定：

（1）对重要工程或缺少经验的地区，施工前应进行桩身材料配合比、成桩工艺及复合地基承载力试验。桩身材料配合比试验应在现场地基土中进行。

（2）当地基需要排水通道时，可在桩顶以上设200～300mm厚的砂石垫层。

（3）石灰桩宜留500mm以上的孔口高度，并用含水量适当的黏性土封口，封口材料必须夯实，封口标高应略高于原地面。石灰桩桩顶施工标高应高出设计桩顶标高100mm以上。

（4）石灰桩成孔直径应根据设计要求及所选用的成孔方法确定，常用300～400mm，可按等边三角形或矩形布桩，桩中心距可取 2～3 倍成孔直径。石灰桩可仅布置在基础底面下，当基底土的承载力特征值小于 70kPa 时，宜在基础以外布置 1～2 排围护桩。

（5）洛阳铲成孔桩长不宜超过 6m；机械成孔管外投料时，桩长不宜超过 8m；螺旋钻成孔及管内投料时可适当加长。

（6）石灰桩桩端宜选在承载力较高的土层中。在深厚的软弱地基中采用“悬浮桩”时，应减少上部结构重心与基础形心的偏心，必要时宜加强上部结构及基础的刚度。

（7）地基处理的深度应根据岩土工程勘察资料及上部结构设计要求确定。应按现行国家标准《建筑地基基础设计规范》GB 50007 验算下卧层承载力及地基的变形。

（8）石灰桩复合地基承载力特征值不宜超过 160kPa，当土质较好并采取保证桩身强度的措施，经过试验后可以适当提高。

（9）石灰桩复合地基承载力特征值应通过单桩或多桩复合地基载荷试验确定。初步设计时，也可按式（10-36）估算，公式中 f_{spk} 为石灰桩桩身抗压强度比例界限值，由单桩竖向载荷试验测定，初步设计时可取 350～500kPa，土质软弱时取低值；f_{sk} 为桩间土承载力特征值，取天然地基承载力特征值的 1.05～1.20 倍，土质软弱或置换率大时取高值；m 为面积置换率，桩面积按 1.1～1.2 倍成孔直径计算，土质软弱时宜取高值。

（10）处理后地基变形应按现行国家标准《建筑地基基础设计规范》GB 50007 有关规定进行计算。变形经验系数 ψ_s 可按地区沉降观测资料及经验确定。

石灰桩复合土层的压缩模量宜通过桩身及桩间土压缩试验确定，初步设计时可按式（10-36）估算。

3. 施工

（1）施工设备

成孔机械主要为螺旋钻机、洛阳铲（人工或机械），夯实机具用偏心轮夹杆式夯实机。

（2）施工程序及注意事项

1）施工程序

材料质量要求：

① 生石灰的膨胀率大于生石灰粉，同时生石灰粉易污染环境。为使生石灰与掺合料反应充分，应将块状生石灰粉碎，其粒径 30～50mm 为佳，最大不宜超过 70mm。

② 掺合料含水量过少则不易夯实，过大时在地下水位以下易引起放炮。使用粉煤灰或炉渣时含水量控制在 30%左右，无经验时宜进行成桩工艺试验。

2）施工技术要求

① 施工准备。应根据设计要求、现场土质、周围环境等情况选择适宜的成桩设备和夯实工艺。

② 混合料的拌合，夯实水泥土桩混合料的拌合可采用人工和机械两种。人工拌合不得少于 3 遍；机械拌合宜采用强制式搅拌机，搅拌时间不得少于 1min。

③ 采用人工或机械洛阳铲成孔在达到设计深度后要进行孔底虚土的夯实，在确保孔底虚土密实后再倒入混合料进行成桩施工。

3）施工中的注意事项

① 雨期施工时，应采取防雨及排水措施，刚夯实完的石灰桩，如受水浸泡，应将积水及松软的土挖除，再进行补夯；受浸泡的混合料不得使用。

② 管外投料或人工挖孔时，孔内常有积水，此时应采用小型软抽水泵或潜水泵排干孔内积水，方能向孔内投料。在向孔内投料的过程中如孔内渗水严重，则影响夯实桩料的质量，此时应采用降水或增打围护桩隔水的措施。

③ 施工顺序宜由外围或两侧向中间进行，在软土中宜间隔成桩。

④ 石灰桩施工期间的放炮现象应引起重视，其主要原因是在于孔内进水或存水使生石灰和水迅速反应。其温度高达 200～300°C，空气预热膨胀，不易夯实，桩身孔隙大，孔隙内空气在高温下迅速膨胀，将上部夯实的桩料冲出孔口。应采取减少掺合料含水量，排干孔内积水或降水，加强夯实等措施，确保安全。

10.3.11.2 质量检验与验收

1. 施工期质量检验

石灰桩施工检测宜在 7～10d 后进行，具体标准按表 10-56 的要求。可采用静力触探、动力触探或标准贯入试验。

石灰桩复合地基质量检验标准 **表 10-56**

项	序	检查项目	允许偏差或允许值		检查方法
			单位	数值	
主控项目	1	桩径	mm	−20	用钢尺量
	2	桩长	mm	+500	测桩孔深度
	3	桩体干密度	设计要求		现场取样检查
	4	地基承载力	设计要求		按规定的方法
	5	桩位偏差		满堂布桩≤0.4D 条基布桩≤0.25D	用钢尺量，D 为桩径
	6	桩垂直度	%	≤1.5	用经纬仪测桩管
	7	褥垫层夯填度	≤0.9		用钢尺量

2. 竣工后质量验收

竣工后应进行桩体检测和承载力检测，载荷试验数量应为每 200m^2 左右一个点，每个单体工程不少于 3 个点。

10.3.12 土桩、灰土桩复合地基

10.3.12.1 土桩、灰土桩复合地基设计施工

1. 加固原理及适用范围

土桩、灰土桩复合地基通过成孔过程的横向挤压作用，桩孔内的土被挤向周围，使桩间土得以密实，然后将准备好的灰土或素土（黏土）分层填入桩孔内，并分层捣实至设计标高，用灰土分层夯实的桩体，称为灰土挤密桩；用素土夯实的桩体称为土挤密桩。

土桩、灰土桩复合地基适用于处理地下水位以上的湿陷性黄土、素填土和杂填土等地基，可处理地基的深度为 5～15m。当以消除地基土的湿陷性为主要目的时，宜选用土挤密桩法。当以提高地基土的承载力或增强其水稳性为主要目的时，宜选用灰土挤密桩法。当地基土的含水量大于 24%、饱和度大于 65%时，不宜选用土桩、灰土桩复合地基。

2. 设计

土桩、灰土桩复合地基的设计应符合下列规定：

（1）对重要工程或在缺乏经验的地区，施工前应按设计要求，在现场进行试验。如土性基本相同，试验可在一处进行，如土性差异明显，应在不同地段分别进行试验。

（2）土桩、灰土桩复合地基处理地基的面积，应大于基础或建筑物底层平面的面积，并应符合下列规定：

1）当采用局部处理时，超出基础底面的宽度：对非自重湿陷性黄土、素填土和杂填土等地基，每边不应小于基底宽度的 0.25 倍，并不应小于 0.50m；对自重湿陷性黄土地基，每边不应小于基底宽度的 0.75 倍，并不应小于 1.00m。

2）当采用整片处理时，超出建筑物外墙基础底面外缘的宽度，每边不宜小于处理土层厚度的 1/2，并不应小于 2m。

（3）土桩、灰土桩复合地基处理厚度宜为 3～15m，应根据建筑场地的土质情况、工程要求和成孔及夯实设备等综合因素确定。对湿陷性黄土地基，应符合现行国家标准《湿陷性黄土地区建筑规范》GB 50025 的有关规定。

（4）桩孔直径宜为 300～450mm，并可根据所选用的成孔设备或成孔方法确定。桩孔宜按等边三角形布置，桩孔之间的中心距离，可为桩孔直径的 2.0～2.5 倍，也可按下式估算：

$$s=0.95d\sqrt{\frac{\overline{\eta}_{c}\rho_{dmax}}{\overline{\eta}_{c}\rho d_{dmax}-\overline{\rho}_{d}}} \tag{10-48}$$

式中　s——桩孔之间的中心距离（m）；

d——桩孔直径（m）；

ρ_{dmax}——桩间土的最大干密度（t/m^3）；

$\overline{\rho}_d$——地基处理前平均干密度（t/m^3）；

$\overline{\eta}$——桩间土经成孔挤密后的平均挤密系数，对重要工程不小宜于 0.93，对一般工程不应小于 0.9。

（5）桩间土的平均挤密系数 $\overline{\eta}_c$ 应按下式计算：

$$\overline{\eta}_c=\overline{\rho}_{d1}/\rho_{dmax} \tag{10-49}$$

式中　$\overline{\rho}_{d1}$——在成孔挤密深度内，桩间土的平均干密度（t/m^3），平均试样数量不少于 6 组。

（6）桩孔的数量可按下式估算：

$$n=A/A_e \tag{10-50}$$

式中　n——桩孔的数量；

A——拟处理地基的面积（m^2）；

A_e——1 根土或灰土挤密桩所承担的处理地基面积（m^2），

即：
$$A_e=\pi d_e^2/4 \tag{10-51}$$

式中　d_e——1 根桩分担的处理地基面积的等效圆直径（m）；

等边三角形布桩：$d_1=1.05s$；正方形布桩：$d_e=1.13s$。

（7）桩孔内的填料，应根据工程要求或处理地基的目的确定，采用素土、灰土、二灰（粉煤灰与石灰）或水泥土等。对于灰土，消石灰与土的体积配合比宜为 2∶8 或 3∶7；对于水泥土，水泥与土的体积配合比宜为 1∶9 或 2∶8。孔内填料均应分层回填夯实，填料的平均压实系数 $\lambda_c\geqslant0.97$，其中压实系数最小不应小于 0.94。

(8) 桩顶标高以上应设置 300～600mm 厚的 2∶8 灰土垫层，其压实系数不应小于 0.95。

(9) 土桩、灰土桩复合地基承载力特征值，应通过单桩静载荷试验或复合地基载荷试验确定。初步设计当无试验资料时，可按当地经验确定，但对灰土挤密桩复合地基的承载力特征值，不宜大于处理前的 2.0 倍，并不宜大于 250kPa；对土挤密桩复合地基的承载力特征值，不宜大于处理前的 1.4 倍，并不宜大于 180kPa。

(10) 土桩、灰土桩复合地基的变形计算，应符合现行国家标准《建筑地基基础设计规范》GB 50007 的有关规定，其中复合土层的压缩模量，可采用载荷试验的变形模量代替。

3. 施工

(1) 施工设备

施工机具包括成孔设备和夯实机具。

一般采用 0.6t 或 1.2t 柴油打桩机或自制锤击式打桩机，亦可采用冲击钻机成孔。

常用夯实机具有偏心轮夹杆式夯实机和卷扬机提升式夯实机两种，后者工程中应用较多。夯锤用铸钢制成，重量一般选用 100～300kg，其竖向投影面积的静压力不小于 20kPa。

夯锤最大部分的直径应较桩孔直径小 100～150mm，以便填料顺利通过夯锤 4 周。夯锤形状下端应为抛物线形锥体或尖锥形锥体，上段成弧形。

(2) 施工程序及注意事项

1) 施工程序

①施工准备。应根据设计要求、现场土质、周围环境等情况选择适宜的成桩设备和施工工艺。设计标高上的预留土层应满足下列要求：沉管（锤击、振动）成孔，宜不小于 1.0m；冲击、钻孔夯扩法，宜不小于 1.50m。

②土或灰土的铺设厚度应根据不同的施工方法按表 10-57 选用。夯击遍数应根据设计要求，通过现场干密度试验确定。

采用不同施工方法虚铺土或灰土的厚度控制　　表 10-57

夯实机械	机具重量（t）	虚铺厚度（cm）	备注
石夯、木夯（人工）	0.04～0.08	20～25	人工，落距 40～50cm
轻型夯实机	1～1.5	25～30	夯实机或孔内夯实机
沉管桩机		30	40～90kW 振动锤
冲击钻机	0.6～3.2	30	

③成孔和孔内回填夯实的施工顺序。当整片处理时，宜从里（或中间）向外间隔 1～2 孔进行，对大型工程可采用分段施工；当局部处理时，宜从外向里间隔 1～2 孔进行。

2) 施工中的注意事项

①土桩、灰土桩复合地基的土料宜采用有机质含量不大于 5%的素土，严禁使用膨胀土、盐碱土等活动性较强的土。使用前应过筛，最大粒径不得大于 15mm。石灰宜用消解（闷透）3～4d 的新鲜生石灰块，使用前应过筛，粒径不得大于 5mm，熟石灰中不得夹有未熟的生石灰块。

②灰土料应按设计体积比要求拌合均匀，颜色一致。施工时使用的土或灰土含水量应

接近最优含水量。最优含水量应通过击实试验确定。一般控制土的含水量为16%左右，灰土的含水量为10%左右，施工现场检验的方法是用手将土或灰土紧握成团，轻捏即碎为宜，如果含水量过多或不足时，应晒干或洒水湿润。拌合后的土或灰土料应当日使用。

③施工时地基土的含水量也应接近土的最优含水量，当地基土的含水量小于12%时，应进行增湿处理。增湿处理宜在地基处理前4～6d进行，将需增湿的水通过一定数量和一定深度的渗水孔，均匀地浸入拟处理范围的土层中。

10.3.12.2　质量检验与验收

1. 施工期质量检验

施工期质量检验应包括以下内容：

（1）施工过程中分层取样检验的取样位置及数量不应少于以下规定：

对于桩间土干密度取样：取样位置自桩顶下0.5m起，每一米不应少于2点（1组），即：桩孔外100mm处1点，桩孔之间中心距（1/2处）1点。桩长大于6m，全部深度内取样点不应少于12点（6组）；桩长小于6m时，全部深度内取样点不应少于10点（5组）。

对于桩体土干密度取样：取样位置自桩顶下0.5m起，每一米不应少于2点（1组），即：桩孔内距桩孔边缘50mm处1点，桩孔中心（1/2处）1点。桩长大于6m时，全部深度内取样点不应少于12点（6组）；桩长小于6m时，全部深度内取样点不应少于10点（5组）。

抽样检验的数量为：重要工程不少于总桩数的1.5%；一般工程不少于总桩数的15%，且每台班不得少于1孔，桩间土检测与其相对应。其他方面的质量检测应按设计要求执行。

（2）土桩、灰土桩复合地基土或灰土的质量指标按表10-58及表10-59选用。

土桩或灰土桩的质量标准　　**表10-58**

部位	压实系数 λ_c	挤密系数 η_c	控制含水量
土和灰土挤密桩	≥0.96		$w_{op}\pm2\%$
桩间土		重要工程≥0.93 一般工程≥0.90	
湿陷性判别	满足设计及相关规范的要求		

复合地基土或灰土的质量标准　　**表10-59**

部位	土的类别	最小干密度 ρ_d（t/m^3）
土挤密桩	粉土	1.73
	粉质黏土	1.59
	黏土	1.49
灰土挤密桩	粉土	1.55
	粉质黏土	1.50
	黏土	1.45
桩间土（重要工程）	粉土	1.68
	粉质黏土	1.54
	黏土	1.45
桩间土（一般工程）	粉土	1.62
	粉质黏土	1.49
	黏土	1.40

2. 竣工后质量验收

竣工后质量验收应包括以下内容：

（1）土桩、灰土桩复合地基的现场质量检验，宜采用环刀取样，测定其干密度。

（2）当采用量入仪或其他手段检验土和灰土挤密桩复合地基质量时，使用前，应在现场作对比试验（与控制干密度对比）。

（3）桩孔夯填质量检验应随机抽样检测，抽检的数量不应少于桩总数的1%；且总计不得少于9根桩。

（4）土桩、灰土桩复合地基的载荷试验检验数量不应少于桩总数的0.5%，且每项单体工程不应少于3点。

3. 检验与验收标准

土桩、灰土桩复合地基的质量检测内容及标准应符合表10-60的要求。

土桩和灰土桩复合地基质量检验标准 **表10-60**

项	序	检查项目	允许偏差或允许值		检查方法
			单位	数值	
主控项目	1	桩体及桩间土干密度	设计要求		现场取样检查
	2	桩长	mm	+500	测桩管长度或垂球测孔深
	3	桩径	mm	−20	用钢尺量
	4	地基承载力	设计要求		按规定方法
一般项目	1	土料有机质含量	%	≤5	试验室焙烧法
	2	石灰粒径	mm	≤5	筛分法
	3	桩位偏差		满堂布桩≤0.40D 条基布桩≤0.25D	用钢尺量，D为桩径
	4	桩径	mm	−20	用钢尺量
	5	垂直度	%	≤1.50	经纬仪测桩管

10.3.13 柱锤冲扩桩复合地基

10.3.13.1 柱锤冲扩桩复合地基设计施工

1. 加固原理及适用范围

柱锤冲扩桩地基是利用直径300～500mm、长2～6m圆柱形重锤冲击成孔，再向孔内添加填料（碎砖三合土、级配砂石、矿渣、灰土、水泥混合土等）并夯实制成桩体，与原地基土构成的地基。

柱锤冲扩桩复合地基适用于处理地下水位以上的杂填土、粉土、黏性土、素填土和黄土等地基，对地下水位以下饱和松软土层，应通过现场试验确定其适用性。地基处理深度不宜超过10m，复合地基承载力特征值不宜超过160kPa。

用柱锤冲扩桩法处理可液化地基，处理范围为基础外缘扩大的宽度不应小于基底下可液化土层厚度的一半。对于上部荷载较小的室内非承重墙及单层砖房可仅在基础范围内布桩，其余适当加大处理宽度。

2. 设计

柱锤冲扩桩的设计应符合下列规定：

(1) 对大型的、重要的或场地复杂的工程，在正式施工前，应在有代表性的场地上进行试验。

(2) 处理范围应大于基底面积。对一般地基，在基础外缘应扩大1～3排桩，并不应小于基底下处理土层厚度的1/2。对可液化地基，处理范围可按上述要求适当加宽。

(3) 桩位布置可采用正方形、矩形、三角形布置。常用桩距为1.2～2.5m，或取桩径的2～3倍。

(4) 桩径可取500～800mm，桩孔内填料量应通过现场试验确定。

(5) 地基处理深度可根据工程地质情况及设计要求确定。对相对硬层埋藏较浅的土层，应深达相对硬土层；当相对硬层埋藏较深时，应按下卧层地基承载力及建筑物地基的变形允许值确定；对可液化地基，应按现行国家标准《建筑抗震设计规范》GB 50011的有关规定确定。

(6) 在桩顶部应铺设200～300mm厚砂石垫层。

(7) 桩体材料可采用碎砖三合土、级配砂石、矿渣、灰土、水泥混合土等。当采用碎砖三合土时，其配合比（体积比）可采用生石灰：碎砖：黏性土为1：2：4。当采用其他材料时，应经试验确定其适用性和配合比。

(8) 柱锤冲扩桩复合地基承载力特征值应通过现场复合地基载荷试验确定，初步设计时，也可按式（10-36）估算，公式中 f_{spk} 为柱锤冲扩桩复合地基承载力特征值（kPa）；m 为面积置换率，可取0.2～0.5；n 为桩土应力比，无实测资料时可取2～4，桩间土承载力低时取大值；f_{sk} 为处理后桩间土承载力特征值（kPa），宜按当地经验取值，如无经验时，可取天然地基承载力特征值。

(9) 地基处理后变形计算应按现行国家标准《建筑地基基础设计规范》GB 50007的有关规定执行。初步设计时复合土层的压缩模量可按式（10-47）估算，公式中 E_{sp} 为复合土层的压缩模量（MPa）；E_s 为加固后桩间土的压缩模量（MPa），可按当地经验取值。

(10) 当柱锤冲扩桩处理深度以下存在软弱下卧层时，应按现行国家标准《建筑地基基础设计规范》GB 50007的有关规定进行下卧层地基承载力验算。

(11) 所用材料配合比见表10-61。

碎砖三合土、级配砂石、灰土、水泥混合土常用配合比　　表10-61

填料材料	碎砖三合土	级配砂石	灰土	水泥混合土
配合比	生石灰：碎砖：黏性土 1：2：4	石子：砂 1：0.6～0.9	石灰：土 1：3～4	水泥：土 1：7～9

3. 施工

(1) 施工设备

柱锤冲扩桩法宜用直径300～500mm、长度2～6m、质量1～8t的柱状锤（柱锤）进行施工。起重机具可用起重机、步履式夯扩桩机或其他专用机具设备。

(2) 施工程序及注意事项

1) 施工程序

①清理平整施工场地，布置桩位；

②施工机具就位，使柱锤对准桩位；

③柱锤冲孔：根据土质及地下水情况可分别采用下述三种成孔方式：

a. 冲击成孔：将柱锤提升一定高度（一般5～10m），自动脱钩下落冲击土层，如此反复冲击，接近设计成孔深度时，可在孔内填少量粗骨料继续冲击，夯送的锤体瞬间沉入量很小时（一般每击下沉量不大于100mm），认为孔底已被夯密实。

b. 填料冲击成孔：成孔时出现缩颈或塌孔时，可分次填入碎砖和生石灰块，边冲击边将填料挤入孔壁及孔底，当孔底接近设计成孔深度时，夯入部分碎砖挤密桩端土。

c. 复打成孔：当塌孔严重难以成孔时，可提锤反复冲击至设计孔深，然后分次填入碎砖和生石灰块（配合比一般为1∶1），待孔内生石灰吸水膨胀、桩间土性质有所改善后，再进行二次冲击复打成孔。

d. 当采用上述方法仍难以成孔时，也可以采用套管成孔，即用柱锤边冲孔边将套管压入土中，直至桩底设计标高。

④成桩：用标准料斗或运料车将拌合好的填料分层填入桩孔夯实。当采用套管成孔时，边分层填料夯实，边将套管拔出。锤的质量、锤长、落距、分层填料量、分层夯填度、夯击次数、总填料量等应根据试验或按当地经验确定。每个桩孔应夯填至桩顶设计标高以上至少0.5m，其上部桩孔宜用原槽土夯封。施工中应作好记录，并对发现的问题及时进行处理。

⑤施工机具移位，重复上述步骤进行下一根桩施工。

⑥成孔和填料夯实的施工顺序，宜间隔进行。

⑦基槽开挖后，应进行晾槽拍底或碾压，随后进行褥垫层的施工，夯填度不大于0.9。

2）施工中的注意事项

①夯锤的质量、锤长、落距、分层填料量、分层夯填度、夯击次数、总填料量等应根据施工前现场试验确定。

②当试成桩孔时发现孔内积水较多且塌孔严重，宜采取措施降低地下水位。

③柱锤冲扩桩施工时，如果出现缩颈和塌孔，采取分次填碎砖和生石灰，边冲击边将填料挤入孔壁及孔底。此时，柱锤的落距应适当降低，冲孔速度也应适当放慢，使碎砖和生石灰与孔内松软土层强行拌合，生石灰吸水膨胀，改善孔壁土的性质。

④当采用填料冲击成孔或二次复打成孔仍难以成孔时，也可以采用套管成孔，即用柱锤边成孔边将套管压入土中，直至桩底设计标高。

⑤成桩顺序依土质情况决定。当地基土为新近沉积土或比较松软，施工柱锤冲扩桩后地面不隆起，采用自外向内成桩；当地基土为稍密，施工柱锤冲扩桩后地面有轻微隆起，采用自内向外成桩；当地基土为中密，施工柱锤冲扩桩后地面隆起严重，先用长螺旋钻引孔，再施工柱锤夯扩桩。

⑥第二次复打成孔既可在原桩位，也可在桩间进行。

⑦柱锤夯扩桩施工质量关键在桩体密实度，即分层填料量、分层夯实厚度及总填料量。施工时应随时计算每分层夯实厚度的充盈系数 K 是否大于1.5（或设计要求），如果密实度达不到设计要求，应空夯直至密实。

⑧当柱锤夯扩桩夯实桩体施工至设计桩顶标高以上时，为了防止倒锤，余下桩体夯实

可改用平锤夯封。

⑨柱锤夯扩桩成桩是由下向上夯实加固，即由地下向地表进行夯实加固，由于地表约束减少以及桩间土隆起，造成桩头松散和槽底土松动。为保证地基处理效果，对低于基底标高的松散桩头和松软基底土应挖除，换填碎砖三合土或碎石垫层，也可以采用压实处理。

10.3.13.2　质量检验与验收

1. 施工期质量检验

施工期质量检验应包括以下内容：

（1）柱锤冲扩桩施工时，应随时检查施工中的各项记录，如发现地质条件发生变化，或有遗漏，或柱锤冲扩桩施工质量不符合规定要求，应进行补桩或采取其他有效的补救措施。

（2）桩体的有效直径检查，应将桩顶部挖开，检查柱锤夯扩桩的直径、桩位等。

（3）桩体的垂直度，可以检查桩孔的垂直度，代替桩体的垂直度。在施工中经常测量桩孔的倾斜度。

2. 竣工后质量验收

竣工后质量验收应包括以下内容：

（1）柱锤冲扩桩施工结束7～14d后进行检验。

（2）桩间土轻便触探检验，触探点按4～10m方格网布置，触探深度不小于1.8m。

（3）柱锤冲扩桩密实度检查，采用重型（Ⅱ）动力触探。重型（Ⅱ）动力触探检测的数量为总桩数的2%，并且不少于6根。对于柱锤冲扩桩密实程度判别标准参考当地勘察规范标准。对于碎砖三合土也可参考表10-62。

碎砖三合土密实度与$\overline{N}_{63.5}$关系表　　**表10-62**

$\overline{N}_{63.5}$	6	8	10	12	14	16	18	20
密实程度	稍密		中密			密实		

注：1. 碎砖三合土配合比为，生石灰：碎砖：土＝1：2：4；
2. $\overline{N}_{63.5}$计算时应去掉10%极大值。当触探深度大于4m时，$N_{63.5}$应乘以0.9折减系数。

（4）如果柱锤冲扩地基还需要消除地基地震液化，应采用桩间土标准贯入试验进行判别。标准贯入试验的数量，按《岩土工程勘察规范》GB 50021详细勘察要求的勘探点布置标准贯入试验孔。孔深应大于所处理的液化层深度。

（5）柱锤夯扩桩地基竣工验收时，承载力检验应采用复合地基载荷试验。载荷试验的数量为总桩数的0.5%，并且每个单体工程不少于3点，载荷试验应在成桩14d后进行。

（6）经质量检验不符合设计或规范要求的柱锤冲扩地基，应进行补桩或采取其他有效的补救措施后，再进行质量检验。

10.3.14　多桩型复合地基

10.3.14.1　多桩型复合地基设计施工

1. 加固原理及适用范围

多桩型复合地基是指由两种及两种以上不同材料增强体或由同一材料增强体而桩长不

同时形成的复合地基，适用于处理存在浅层欠固结土、湿陷性土、液化土等特殊土，或场地土层具有不同深度持力层以及存在软弱下卧层，地基承载力和变形要求较高时的地基处理。

2. 设计

多桩型复合地基的设计应符合下列要求：

(1) 多桩形复合地基设计应考虑土层情况、承载力与变形控制要求、经济性、环境要求等选择合适的桩形及施工工艺。

(2) 多桩型复合地基中，两种桩可选择不同直径、不同持力层；对复合地基承载力贡献较大或用于控制复合土层变形的长桩，应选择相对更好的持力层并应穿越软弱下卧层；对处理欠固结土的桩，桩长应穿越欠固结土层；对需要消除湿陷性的桩，应穿越湿陷性土层；对处理液化土的桩，桩长应穿越液化土层。

(3) 对浅部存有较好持力层的正常固结土选择多桩型复合地基方案时，可采用刚性长桩与刚性短桩、刚性长桩与柔性短桩的组合方案。

(4) 对浅部存在欠固结土，宜先采用预压、压实、夯实、挤密方法或柔性桩等处理浅层地基，而后采用刚性或柔性长桩进行处理的方案.

(5) 对湿陷性黄土应根据《湿陷性黄土地区建筑规范》。对湿陷性的处理要求，选择压实、夯实或土桩、灰土桩、夯实水泥土桩等处理湿陷性，再采用刚性长桩进行处理的方案。

(6) 对可液化地基，应根据《建筑抗震设计规范》对可液化地基的处理设计要求，采用碎石桩等方法处理液化土层，再采用刚性或柔性长桩进行处理的方案。

(7) 对膨胀土地基采用多桩型复合地基方案时，应采用灰土桩等处理膨胀性，长桩宜穿越膨胀土层及大气影响层以下进入稳定土层，且不应采用桩身透水性较强的桩。

(8) 多桩型复合地基的布桩宜采用正方形或三角形间隔布置；刚性桩可仅在基础范围内布置，柔性桩布置要求应满足《建筑抗震设计规范》、《湿陷性黄土地区建筑规范》、《膨胀土地区建筑技术规范》对不同性质土处理的规定。

(9) 对刚性长短桩复合地基应选择砂石垫层，垫层厚度宜取对复合地基承载力贡献较大桩直径的二分之一；对刚性桩与柔性桩组合的复合地基，垫层厚度宜取刚性桩直径的二分之一；对柔性长短桩复合地基及长桩采用微型桩的复合地基，垫层厚度宜取100～150mm。对未完全消除湿陷性的黄土及膨胀土，宜采用灰土垫层，其厚度宜为300mm。

(10) 多桩型复合地基承载力特征值应采用多桩复合地基承载力载荷试验确定，初步设计时可采用以下方式估算，但应考虑施工顺序对桩承载力的相互影响；对刚性桩施工较为敏感的土层，不宜采用刚性桩与静压桩的组合，刚性桩与其他桩组合时，应对其他桩的单桩承载力进行折减。

1) 由具有粘结强度的A桩、B桩组合形成的多桩型复合地基（含长短桩复合地基、等长桩复合地基）承载力特征值采用下式：

$$f_{spk}=m_1\frac{\lambda_1 R_{a1}}{A_{p1}}+m_2\frac{\lambda_2 R_{a2}}{A_{p2}}+\beta(1-m_1-m_2)f_{sk} \tag{10-52}$$

式中 m_1、m_2——分别为A桩、B桩的面积置换率；

λ_1、λ_2——分别为A桩、B桩单桩承载力发挥度；应由单桩复合地基试验按等变形准则或多桩复合地基载荷试验确定，有地区经验时也可按地区经验确定；

R_{a1}、R_{a2}——分别为A桩、B桩单桩承载力特征值；

A_{p1}、A_{p2}——分别为A桩、B桩的横截面面积；

β——桩间土承载力发挥系数；

f_{sk}——A桩、B桩处理后复合地基桩间土承载力特征值。

2）由具有粘结强度的A桩与散体材料B桩组合形成的复合地基承载力特征值采用下式：

$$f_{spk}=m_1\frac{\lambda_1 R_{a1}}{A_{p1}}+\beta[1+m_2(n-1)]f_{sk} \tag{10-53}$$

式中　β——仅由B桩加固处理形成的复合地基承载力发挥系数；

n——仅由B桩加固处理形成复合地基的桩土应力比；

f_{sk}——仅由B桩加固处理后桩间土承载力特征值。

(11) 多桩型复合地基面积置换率的计算应根据基础面积与该面积范围内实际的布桩数进行计算，当基础面积较大或条形基础较长时，也可按单元面积置换率替代。单元面积置换率的计算模型如图10-28所示。

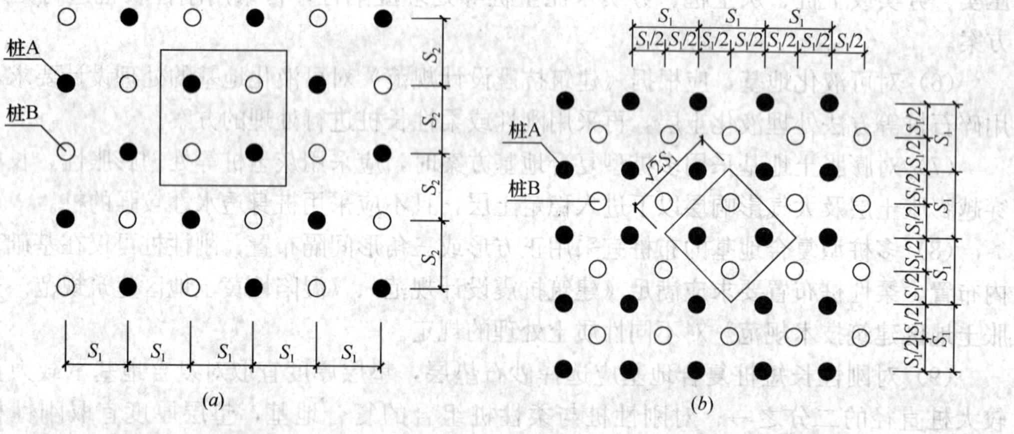

图10-28　多桩型复合地基面积置换率计算模型

(12) 多桩型复合地基变形计算可按下列规定进行：

1）具有粘结强度的长短桩复合地基宜采用以下方法

①将总变形量视为三部分组成，即长短桩复合加固区压缩变形、短桩桩端至长桩桩端的加固区压缩变形、复合土层下卧土层压缩变形。其中加固区的压缩变形计算可采用复合模量法计算，复合土层下卧土层变形宜按现行国家标准《建筑地基基础设计规范》GB 50007的规定，采用分层总和法计算。

$$s=s_1+s_2+s_3 \tag{10-54}$$

式中　s——长短桩复合地基变形量；

s_1——长、短桩复合土层产生的压缩变形；

s_2——短桩桩端至长桩桩端复合土层产生的压缩变形；

s_3——下卧土层的压缩变形。

②采用复合模量法计算复合地基变形：

$$s=\psi_{sp}\left[\sum_{i=1}^{n_1}\frac{P_b}{\zeta_1 E_{si}}(z_i\bar{\alpha}_i-z_{i-1}\bar{\alpha}_{i-1})+\sum_{i=n+1}^{n_2}\frac{P_b}{\zeta_2 E_{si}}(z_i\bar{\alpha}_i-z_{i-1}\bar{\alpha}_{i-1})+\sum_{j=n+1}^{n_3}\frac{P_b}{E_{si}}(z_j\bar{\alpha}_j-z_{j-1}\bar{\alpha}_{j-1})\right] \tag{10-55}$$

式中 n_1、n_2——分别为长短桩复合加固区、短桩桩端至长桩桩端加固区土层分层数；

n_3——变形计算深度内下卧土层分层；

ζ_1、ζ_2——长短桩复合加固区、短桩桩端至长桩桩端加固区各土层的模量提高系数，分别按下式计算：

$$\zeta_1=f_{spk}/f_{ak} \tag{10-56}$$

$$\zeta_2=f_{spk1}/f_{ak} \tag{10-57}$$

式中 f_{spk1}——仅由长桩处理形成复合地基承载力特征值；

f_{spk}——长短桩复合地基承载力特征值；

f_{ak}——天然地基承载力特征值。

2）由具有粘结强度的A桩与散体材料B桩组合形成的复合地基变形计算，宜采用水泥粉煤灰碎石桩复合地基变形计算方法，其中散体材料桩与有粘结强度桩共同形成的复合土层模量计算采用下式：

$$\zeta_1 E_{si}=\frac{f_{spk}}{f_{sk}}[m_2E_{p2}+(1-m_2)E_{si}] \text{ 或 } \zeta_1 E_{si}=\frac{f_{spk}}{f_{sk}}[1+m_2(n-1)]\alpha E_s \tag{10-58}$$

式中 f_{sk}——仅由B桩加固处理后间土承载力特征值；

E_{p2}——散体材料桩身材料压缩模量。

n——桩土应力比，可按第10.3.6.1节的有关内容选取；

α——桩间土承载力提高系数，可按第10.3.6.1节的有关规定选取。

3）复合地基变形计算深度必须大于复合土层的厚度，并应满足现行国家标准《建筑地基基础设计规范》GB 50007中地基变形计算深度的有关规定。

3. 施工

（1）后施工桩不应对先施工桩产生使其降低或丧失承载力的扰动；

（2）对可液化土，应先处理液化，再施工提高承载力增强体桩；

（3）对湿陷性黄土，应先处理湿陷性，再施工提高承载力增强体桩；

（4）对长短桩复合地基，应先施工长桩后施工短桩。

10.3.14.2 质量检验与验收

多桩型复合地基的承载力检测宜采用多桩复合地基载荷试验，承载力载荷试验及复合地基质量检验的具体要求可参考本手册中有关章节的内容。

10.3.15 硅化法和碱液法

10.3.15.1 硅化法设计施工

1. 加固原理及适用范围

硅化加固法是指采用硅酸钠溶液注入地基土层中，使土粒之间及其表面形成硅酸凝胶薄膜，增强了土颗粒间的联结，赋予土耐水性、稳固性和不湿陷性，并提高土的抗压和抗剪强度的地基处理方法[20]，亦称硅化灌浆法。

硅化法根据浆液注入的方式分为压力硅化、电动硅化、加气硅化和溶液自渗四类。压力硅化根据溶液的不同，又可分为压力双液硅化、压力单液硅化和压力混合液硅化三种。

各种硅化方法适用范围，根据被加固土的种类、渗透系数而定，可参见表 10-63。硅化法多用于局部加固新建或已建的建（构）筑物基础、稳定边坡以及作防渗帷幕等。对酸性土和已渗入沥青、油脂及石油化合物的地基上，不宜采用硅化法。

各种硅化法的适用范围及化学溶液的浓度[49]　　**表 10-63**

硅化方法	土的种类	土的渗透系数（m/d）	溶液的密度（$t=18$℃）	
			水玻璃（模扩 2.5～3.3）	氯化钙
压力双液硅化	砂类土和黏性土	0.1～10.0	1.35～1.38	1.26～1.28
		10.0～20.0	1.38～1.41	—
		20.0～80.0	1.41～1.44	—
压力单液硅化	地下水位以上的湿陷性黄土	0.1～2.0	1.13～1.25	—
压力混合液硅化	粗砂、细砂	—	2.4～2.8	—
电动双液硅化	各类土	≤0.1	1.13～1.21	1.07～1.11
加气硅化	砂土、湿陷性黄土、一般黏性土	0.1～2.0	1.09～1.21	—
无压单液硅化	自重湿陷性黄土	0.1～2.0	1.13～1.25	—

注：1. 防渗注浆加固用的水玻璃模数不宜小于 2.2；
2. 水玻璃浆液温度为 13～15℃，凝胶时间为 13～15s，浆液初期黏度为 4×10^{-3}Pa·s，不溶于水的杂质含量不得超过 2%；
3. 氯化钙溶液的 pH 值不得小于 5.5，每一升溶液中杂质不得超过 0.06%（即 60g），悬浮颗粒不得超过 1%；
4. 铝酸钠：含铝量为 180g/L，苛化系数为 2.4～2.5；
5. 二氧化碳：采用工业用二氧化碳（压缩瓶装）。

2. 设计

(1) 加固半径

硅化注浆加固的加固半径应根据孔隙比、浆液黏度、凝固时间、灌浆速度、灌浆压力、灌浆量等通过试验确定。无试验资料时可按土的渗透系数参数表 10-64 确定。

压力硅化加固半径　　**表 10-64**

土的类型及加固方法	渗透系数（m/d）	加固半径（m）
砂土（双液硅化法）	2～10 10～20 20～50 50～80	0.3～0.4 0.4～0.6 0.6～0.8 0.8～1.0
粉砂（单液硅化法）	0.3～0.5 0.5～1.0 1.0～2.0 2.0～5.0	0.3～0.4 0.4～0.6 0.6～0.8 0.8～1.0

续表

土的类型及加固方法	渗透系数（m/d）	加固半径（m）
黄土（单液硅化法）	0.1～0.3 0.3～0.5 0.5～1.0 1.0～2.0	0.3～0.4 0.4～0.6 0.6～0.8 0.8～1.0

（2）注浆管的各排间距可取加固半径的1.5倍；注浆管的间距可取加固半径的1.5～1.7倍；注浆孔超出基础底面宽度不得少于0.5m；分层注浆时，加固层的厚度可按注浆管带孔部分的长度上下各0.25倍加固半径计算。

（3）灌浆溶液的总用量Q（L）可按下式确定：

$$Q \approx K \cdot V \cdot n \cdot 1000 \tag{10-59}$$

式中 V——硅化土的体积（m^3）；

n——土的孔隙率；

K——经验系数：对淤泥、黏性土、细砂，$K=0.3\sim0.5$；中砂、粗砂，$K=0.5\sim0.7$；砾砂，$K=0.7\sim1.0$；湿陷性黄土，$K=0.5\sim0.8$。采用双液硅化时，两种溶液用量应相等。

（4）单液硅化法应由浓度为10%～15%的硅酸钠($Na_2O \cdot nSiO_2$)溶液，掺入2.5%氯化钠组成。加固湿陷性黄土的溶液用量，可按下式估算：

$$Q = V\bar{n}d_{N1}\alpha \tag{10-60}$$

式中 Q——硅酸钠溶液的用量(m^3)；

V——拟加固湿陷性黄土的体积(m^3)；

$\bar{n}$——加固前土的平均孔隙率；

d_{N1}——灌注时，硅酸钠溶液的相对密度；

α——溶液填充孔隙的系数，可取0.60～0.80。

(5)当硅酸钠溶液的浓度大于加固湿陷性黄土所要求的浓度时，应将其加水稀释，加水量可按下式估算：

$$Q' = \frac{d_N - d_{N1}}{d_{N1} - 1} \times q \tag{10-61}$$

式中 Q'——稀释硅酸钠溶液的加水量(t)；

d_N——稀释前，硅酸钠溶液的相对密度；

q——拟稀释硅酸钠溶液的质量(t)。

(6)采用单液硅化法加固湿陷性黄土地基，灌注孔的布置应符合下列要求：

1）灌注孔的间距：压力灌注宜为0.80～1.20m；溶液自渗宜为0.40～0.60m。

2）加固拟建的设备基础和建(构)筑物的地基，应在基础底面下按等边三角形满堂布置，超出基础底面外缘的宽度，每边不得小于1m。

3)加固既有建(构)筑物和设备基础的地基，应沿基础侧向布置，每侧不宜少于2排。当基础底面宽度大于3m时，除应在基础每侧布置2排灌注孔外，必要时，可在基础两侧布置斜向基础底面中心以下的灌注孔或在其台阶上布置穿透基础的灌注孔，以加固基础底面下的土层。

3. 施工[20][49]

(1)施工设备

硅化灌浆主要机具设备有：振动打拔管机(振动钻或三脚架穿心锤)、注浆花管、压力胶管、ϕ42mm 连接钢管、齿轮泵或手摇泵、压力表、磅秤、浆液搅拌机、贮液罐、三脚架、倒链等。

(2)施工程序及注意事项

1)施工程序

① 施工前应具有岩土工程勘察报告、基础施工图、地下埋设物位置资料及设计对地基加固的要求等。

② 机具设备已经备齐，并经试用处于良好状态。

③ 进行现场试验，已确定各项施工工艺参数，包括注浆孔间距、平面布置、注浆打管(钻)深度、注浆量、浆液浓度、灌浆压力、灌浆速度、灌浆方法、加固体的物理力学性质等。

④先将钻机或三角架安放于预定孔位，调好高度和角度，然后将注浆泵及管路(包括出浆管、吸浆管、回浆管)连接好；再安装压力表，并检查是否完好，然后进行试运转。

⑤向土中打入灌注管和灌注溶液，应自基础底面标高起向下分层进行，达到设计深度后，将管拔出，清洗干净可继续使用。

⑥土的加固程序，一般自上而下进行，如土的渗透系数随深度而增大时，则应自下而上进行。如相邻土层的土质不同时，渗透系数较大的土层应先进行加固。灌注溶液次序，根据地下水的流速而定，当地下水流速在 1m/d 时，向每个加固层自上而下地灌注水玻璃，然后再自下而上地灌注氯化钙溶液，每层厚 0.6～1.0m；当地下水流速为 1～3m/d 时，轮流将水玻璃和氯化钙溶液均匀地注入每个加固层中；当地下水流速大于 3m/d 时，应同时将水玻璃和氯化钙溶液注入，以减低地下水流速，然后再轮流将两种溶液注入每个加固层。采用双液硅化法灌注，先由单数排的灌浆管压入，然后从双数排的灌浆管压入；采用单液硅化法时，溶液应逐排灌注。灌注水玻璃与氯化钙溶液的间隔时间不得超过表 10-59 规定。溶液灌注速度宜按表 10-60 的范围进行。

⑦计算溶液量全部注入土中后，所有注浆孔宜用 2∶8 灰土分层回填夯实。

2)施工中的注意事项

①压力灌注溶液施工中的注意事项

a. 灌注管可采用内径为 20～50mm，壁厚不小于 5mm 的无缝钢管。它由管尖、有孔管、无孔接长管及管头等组成。管尖做成 25°～30°圆锥体，尾部带有丝扣与有孔管连接；有孔管长一般为 0.4～1.0m，每米长度内有 60～80 个直径为 1～3mm 向外扩大成喇叭形的孔眼，分 4 排交错排列；无孔接长管一般长 1.5～2.0m，两端有丝扣。灌浆管网系统包括输送溶液和输送压缩空气的软管、泵、软管与注浆管的连接部分、阀等，其规格应能适应灌注溶液所采用的压力。泵或空气压缩设备应能以 0.2～0.6MPa 的压力，向每个灌浆管供应 1～5L/min 的溶液压入土中，灌浆管的管排列及构造如图 10-29 所示。灌浆管间距为 1.73R，各行间距为 1.5R(R 为一根灌浆管的加固半径，其数值见表 10-64)。

b. 根据注浆深度及每根管的长度进行配管；再根据钻或三角架的高度，将配好的管用打入法或钻孔法逐节沉入土中，保持垂直和距离正确，管子四周也用土填塞夯实。

c. 加固既有建筑物地基时，在基础侧向应先施工外排，后施工内排。

d. 灌注溶液的压力值由小逐渐增大，一般在 0.2～0.4MPa(始)和 0.8～1.0MPa(终)范围内。

②溶液自渗施工中的注意事项

a. 在基础侧向，将设计布置的灌注孔分批或全部打(或钻)至设计深度。

b. 将配好的硅酸钠溶液注满各灌注孔，溶液宜高出基础底面标高 0.50m，使溶液自选渗入土中。

c. 在溶液自渗过程中，每隔 2～3h，向孔添加一次溶液，防止孔内溶液渗干。

③电动硅化法施工中的注意事项

a. 向土中打入电极，可用打入法或先钻孔 2～3m 再打入。电极采用直径不小于 22mm 的钢筋或直径 33mm 钢管。通过不加固土层的注浆管和电极表面，须涂沥青绝缘，以防电流的损耗和作防腐。电极沿每行注液管设置，间距与灌浆管相同。土的加固可分层进行，砂类土每一加固层的厚度为灌浆管有孔部分的长度加 0.5R，湿陷性黄土及黏土类土按试验确定。

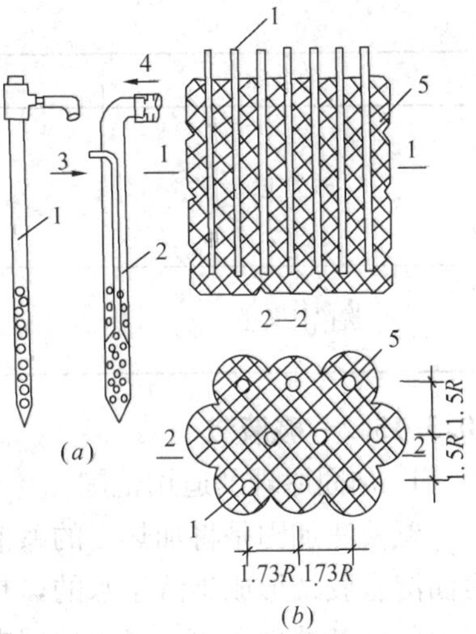

图 10-29 压力硅化注浆管排列及构造
(a)灌浆管构造；(b)灌浆的排列与分层加固
1—单液灌浆管；2—双液灌浆管；3—第一种溶液；4—第二种溶液；5—硅化加固区

b. 电动硅化系在灌注溶液的时候，同时通入直流电，电压梯度采用 0.50～0.75V/cm。电源可由直流发电机或直流电焊机供给。灌注溶液与通电工作要连续进行，通电时间最长不超过 36h。为了提高加固的均匀性，可采取每隔一定时间后变换电极改变电流方向的办法。加固地区的地表水，应注意疏干。

c. 电动硅化法灌注溶液的压力不超过 0.3MPa(表压)。

④加气硅化法施工中的注意事项

a. 加气加量用二氧化碳流量计称量；

b. 放气时将二氧化碳容器放到磅秤上，接通减压阀后，按要求的数量放气；

c. 排放压力：第一次排气压力 P_1 不控制，第二次排气压力 P_2=0.1～0.2MPa；

d. 排气时间：第一次二氧化碳排气时间 t_1 不控制，第二次排气时间 t_2；当加固饱和度<0.6 时，t_2≥18min；当加固饱和度≥0.6 时(包括地下水位以下)，t_2≥45min。

e. 加气硅化在注浆管周围挖一高 150mm、直径 150～250mm 倒锥圆台形填封孔桩，用水泥加水玻璃快速搅拌填满封孔坑，硬化后即可加气注浆。

⑤硅化加固的土层以上应保留 1m 厚的不加固土层，以防溶液上冒，必要时须夯填素土或灰土。

⑥配制浆液程序是：先用波美计量测原液密度和波美度，并作好记录；然后根据设计配制使其达到要求的密度。

向注液管中灌注水玻璃和氯化钙溶液的间隔时间 **表 10-65**

地下水流速(m/d)	0.0	0.5	1.0	1.5	3.0
最大间隔时间(h)	24	6	4	2	1

注：当加固土的厚度大于 5m，且地下水流速小于 1m/d，为避免超过上述间隔时间，可将加固的整体沿竖向分成几段进行。

土的渗透系数和灌注速度　　表 10-66

土的名称	土的渗透系数(m/d)	溶液灌注速度(L/min)
砂类土	<1	1～2
	1～5	2～5
	10～20	2～3
	20～80	3～5
湿陷性黄土	0.1～0.5	2～3
	0.5～2.0	3～5

10.3.15.2　碱液法

1. 加固原理及适用范围

碱液法加固是将加热后的碱液(即氢氧化钠溶液)，以无压自流方式注入土中，使土粒表面溶合胶结形成难溶于水的，具有高强度的钙、铝硅酸盐络合物，从而达到提高地基承载力的地基处理方法。当土粒周围有充分的钙离子存在时，与产生的硅酸钠发生化学反应生成强度高和难溶的硅酸钙($CaO \cdot mSiO_2 \cdot xH_2O$)及石灰硅土状胶结材料($CaO \cdot xNa_2O \cdot ySiO_2$)，使土粒相互牢固地粘结在一起，增强土颗料附加黏聚力的作用，从而使土体得到加固。反应是在固——液相间进行，在常温下反应速度缓慢，而提高温度则能加速反应过程。对于钙镁离子含量较高的土(大于 10mg 当量/1000g 土)，仅灌入碱液即可得到较好的加固效果。对于钙、镁离子含量较少的土，可采用双液法，即在灌完碱液后，再灌入氯化钙溶液，从而生成加固土所需要的氢氧化钙与水硬性的胶结物($nSiO_2 \cdot xH_2O$)，与土颗粒起到一定胶结作用，即所谓的硅化加固作用。

2. 设计

(1) 材料要求

碱液加固所用 NaOH 溶液可用浓度大于 30%或固体烧碱加水配制；对于 NaOH 含量大于 50g/L 的工业废碱液和用土碱及石灰烧煮的土烧碱液，经试验对加固有效时亦可使用。配制好的碱液中，其不溶性杂质含量不宜超过 1g/L，Na_2CO_3 含量不应超过 NaOH 的 5%。$CaCl_2$ 溶液要求杂质含量不超过 1g/L，而悬浮颗粒不得超过 1%，pH 值不得小于 5.5～6.0。

(2) 当 100g 干土中可溶性和交换性钙镁离子含量大于 10mg·eq 时，可采用单液法，即只灌注氢氧化钠一种溶液加固；否则，应采用双液法，即需采用氢氧化钠溶液与氯化钙溶液轮番灌注加固。

(3) 碱液加固地基的深度应根据场地的湿陷类型、地基湿陷等级和湿陷性黄土层厚度，并结合建筑物类别与湿陷事故的严重程度等综合因素确定。加固深度宜为 2～5m；对非自重湿陷性黄土地基，加固深度可为基础宽度的 1.5～2.0 倍；对Ⅱ级自重湿陷性黄土地基，加固深度可为基础宽度的 2.0～3.0 倍。

(4) 碱液加固土层的厚度 h，可按下式估算：

$$h = l + r \tag{10-62}$$

式中　l——灌注孔长度，从注液管底部到灌注孔底部的距离 (m)；

r——有效加固半径 (m)。

(5) 碱液加固地基的半径 r，宜通过现场试验确定。也可按下式估算：

$$r = 0.6\sqrt{\frac{V}{nl \times 10^3}} \tag{10-63}$$

式中 V——每孔碱液灌注量（L），试验前可根据加固要求达到的有效加固半径按式（10-64）进行估算；

n——拟加固土的天然孔隙率。

当无试验条件或工程量较小时，可取 0.40～0.50m。

（6）当采用碱液加固既有建（构）筑物的地基时，灌注孔的平面布置，可沿条形基础两侧或单独基础周边各布置一排。当地基湿陷较严重时，孔距可取 0.7～0.9m，当地基湿陷较轻时，孔距可适当加大至 1.2～2.5m。

（7）每孔碱液灌注量可按下式估算：

$$V = \alpha\beta\pi r^2 (l + r)n \tag{10-64}$$

式中 α——碱液充填系数，可取 0.6～0.8；

β——工作条件系数，考虑碱液流失影响，可取 1.1。

3. 施工

（1）施工设备

碱液加固机具设备包括：贮浆桶、注液管、输浆胶管及阀门以及加热设备等。

（2）施工程序及注意事项

1）施工程序

①加固前，应在原位进行单孔灌注试验，以确定单孔加固半径、溶液灌注速度、温度及灌注量等技术参数。

②灌注孔可用洛阳铲、螺旋钻成孔或用带有尖端的钢管打入土中成孔，孔径为 60～100mm，孔中填入粒径为 20～40mm 的石子，直到注液管下端标高处，再将内径 20mm 的注液管插入孔中，管底以上 300mm 高度内填入粒径为 2～5mm 的小石子，其上用 2∶8 灰土填入并夯实。

③碱液加固多采用不加压的自渗方式灌注，溶液宜采取加热（温度 90～100C°）和保温措施。灌注顺序为：

a. 单液法先：灌注浓度较大（100%～130%）的 NaOH 溶液，接着灌注较稀（50%）的 NaOH 溶液，灌注应连续进行，不应中断。

b. 双液法：按单液法灌完 NaOH 溶液后，间隔 4h 至 1d 再灌注 $CaCl_2$ 溶液。$CaCl_2$ 溶液同样先浓（100%～130%）后稀（50%）。为加快渗透硬化，灌注完后，可在灌注孔中通入 1～1.5 个大气压的蒸气加温约 1h。

2）施工中的注意事项

①当灌注孔深度（石子填充部分）小于 3m 时，注液管底部以上 30cm 周围应用粒径 0.5～20mm 小石子填充；大于 3m 时高度应适当加大，以上用素土填充夯实直到地表为止。当加固深度大于 5m，可以采用分层灌注，以保证加固的均匀性。

②加固时，灌注孔应分期分批间隔打设和灌注，同一批打设的灌注孔的间距为 2～3m，每个孔必须灌注完全部溶液后，才可打设相邻的灌注孔。碱液可用固体烧碱或液体烧碱配制，加固 $1m^3$ 黄土需要 NaOH 量约为干土质量的 3%，即 35～45kg。碱液浓度不应低于 90g/L，常用浓度为 90～100g/L。双液加固时，氯化钙溶液的浓度为 50～80g/L。

③加固时，用蒸汽保温可使碱液与地基地层作用得快而充分，即在70～100kPa的压力下通蒸汽1～3h，如需灌$CaCl_2$溶液，在通汽后随即灌注。应注意的是，对自重湿陷性显著的黄土而言，需用挤密成孔方法，并且注浆和注汽要交叉进行，使地基尽快获得加固强度，以消除灌浆过程中所产生的附加沉陷。

④加固已湿陷基础，灌浆孔设在基础两侧或周边各布置一排。如要求将加固体连成一体，孔距可取0.7～0.8m。单孔的有效加固半径R可达0.4m，有效厚度为孔长加0.5R。如不要求加固体连接成片，加固体可视作桩体，孔距为1.2～1.5m，加固土柱体强度可按300～400kPa使用。

⑤配溶液时，应先放水，而后徐徐放入碱块或浓碱液。溶液加碱量可按下列公式计算：

a. 采用固体烧碱配制每立方米浓度为M的碱液时，每立方米水中的加碱量为：

$$G_s = \frac{1000M}{P} \tag{10-65}$$

式中　G_s——每立方米碱液中投入的固体烧碱量（kg）；

M——配制碱液的浓度（g/L），计算时将g化为kg；

P——固体烧碱中，NaOH含量的百分数（%）。

b. 采用液体烧碱配制每立方米浓度为的碱液时，投入的液体烧碱量为：

$$V_1 = 1000\frac{M}{d_N N} \tag{10-66}$$

加水量为：

$$V_2 = 1000\left(1-\frac{M}{d_N N}\right) \tag{10-67}$$

式中　V_2——加水的体积（L）；

d_N——液体烧碱的相对密度；

N——液体烧碱的质量分数。

⑥应在盛溶液桶中将碱液加热到90℃以上才能进行灌注，灌注过程中桶内溶液温度应保持不低于80℃。

⑦灌注碱液的速度，宜为2～5L/min。

⑧碱液加固施工，应合理安排灌注顺序和控制灌注速率。宜间隔1～2孔灌注，并分段施工，相邻两孔灌注的间隔时间不宜少于3d。同时灌注的两孔间距不应小于3m。

⑨当采用双液加固时，应先灌注氢氧化钠溶液，间隔8～12h后，再灌注氯化钙溶液，后者用量为前者的1/2～1/4。

10.3.15.3　质量检验与验收[20][26]

1. 施工期质量检验

施工期质量检验应包括以下内容：

(1) 施工前应掌握有关技术文件（注浆点位置、浆液配比、注浆施工参数、检测要求等）。浆液组成材料的性能应符合设计要求，注浆设备应确保正常运转。

(2) 施工中应经常抽查浆液的配比及主要性能指标、注浆顺序、注浆过程的压力控制等。

(3) 施工应作好施工记录，施工中每间隔1～3d，应对既有建筑物的附加沉降进行观测。

2. 竣工后质量验收

竣工后质量验收应包括以下内容:

(1) 硅化法

1) 硅酸钠溶液灌注完毕，应在7～10d后，对加固的地基土进行检验。

2) 硅化法处理后的地基竣工验收时，应检查注浆体强度、承载力及其均匀性采用动力触探或其他原位测试检验，检查孔数为总量的2%～5%，不合格率大于或等于20%时应进行二次注浆。必要时，尚应在加固土的全部深度内，每隔1m取土样进行室内试验，测定其压缩性和湿陷性。

3) 地基加固结束后，尚应对已加固地基的建（构）筑物或设备基础进行沉降观测，直至沉降稳定，观测时间不应少于半年。

(2) 碱液法

1) 碱液加固地基的竣工验收，应在加固施工完毕28d后进行。可通过开挖或钻孔取样，对加固土体进行无侧限抗压强度试验和水稳性试验。取样部位应在加固土体中部，试块数不少于3个，28d龄期的无侧限抗压强度平均值不得低于设计值的90%。将试块浸泡在自来水中，无崩解。当需要查明加固土体的外形和整体性时，可对有代表性加固土体进行开挖，量测其有效加固半径和加固深度。

2) 地基经碱液加固后应继续进行沉降观测，观测时间不得少于半年，按加固前后沉降观测结果或用触探法检测加固前后土中阻力的变化，确定加固质量。

3. 检验与验收标准

硅化法及碱液法的部分质量检验标准可参考第10.3.17节注浆法的相关检验标准。

10.3.16 土工合成材料地基处理工程

土工合成材料是指以聚合物为原料的材料名词的总称，它是岩土工程领域中一种新型建筑材料。土工合成材料的主要功能为反滤、排水、加筋、隔离等作用，不同材料的功能不尽相同，但同一种材料往往兼有多种功能。土工合成材料可分为土工织物、土工膜、特种土工合成材料和复合型土工合成材料四大类，目前在实际工程中广泛使用的主要是土工织物和加筋土。

10.3.16.1 土工织物地基设计施工[49]

1. 加固原理及适用范围

通过在土层中埋设强度较大的土工聚合物达到提高地基承载力，减少地基变形，使用这种人工复合土体，可承受抗拉、抗压、抗剪和抗弯作用，借以提高地基承载力、增加地基稳定性和减少地基变形。适用于砂土、黏性土和软土地基。

土工聚合物在岩土工程中应用的主要作用有排水、反滤、隔离和加固、补强等。

2. 设计

土工织物可以采用聚酯纤维（涤纶）、聚丙纤维（腈纶）和聚丙烯纤维（丙纶）等高分子化合物（聚合物）经加工后合成。根据其加工制造的不同分为：有纺型、编织型、无纺型、组合型。

一般采用无纺土工织物，将聚合物原料投入经过熔融挤压喷出纺丝，直接平铺成网，然后用粘合剂粘合（化学方法或湿法）、热压粘合（物理方法或干法）或针刺结合（机械方法）等方法将网联结成布。土工织物产品因制造方法和用途不一，其宽度和重量的规格变化甚大，用于岩土工程的宽度由2～18m；重量大于或等于0.1kg/m²；开孔尺寸（等效孔径）为0.05～0.5mm，导水性不论垂直向或水平向，其渗透系数 $k \geqslant 10^{-2}$ cm/s（相当于中、细砂的渗透系数）；抗拉强度为10～30kN/m（高强度的达30～100kN/m）。

3. 施工

（1）施工程序及注意事项

1）施工程序

①铺设土工织物前，应将基土表面压实、修整平顺均匀，清除杂物、草根，表面凹凸不平的可铺一层砂找平。当作路基铺设，表面应有4%～5%的坡度，以利排水。

②铺设应从一端向另一端进行，端部应先铺填，中间后铺填，端部必须精心铺设锚固，铺设松紧应适度，防止绷拉过紧或褶皱，同时需保持连续性、完整性。避免过量拉伸超过其强度和变形的极限而发生破坏、撕裂或局部顶破等。在斜坡上施工，应注意均匀和平整，并保持一定的松紧度；避免石块使其变形超出聚合材料的弹性极限；在护岸工程坡面上铺设时，上坡段土工织物应搭在下坡段土工织物上。

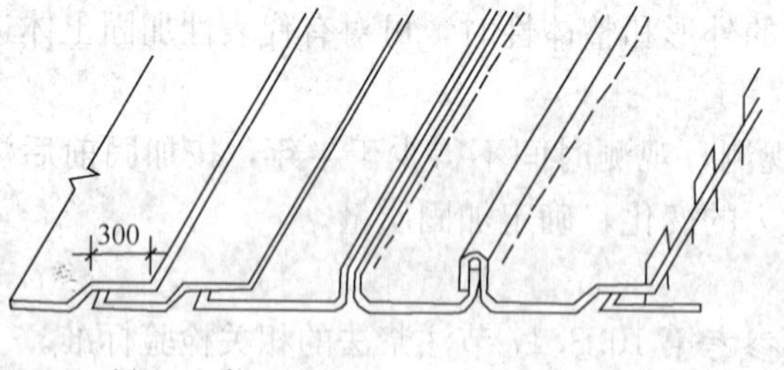

图10-30　土工织物连接方法

（a）搭接；（b）胶合；（c）、（d）缝合；（e）钉接

③土工织物连接一般可采用搭接、缝合、胶合或U形钉钉合等方法（图10-30）。采用搭接时，应有足够的宽（长）度，一般为0.3～0.9m，在坚固和水平的路基，一般为0.3m，在软的和不平的地面，则需0.9m；在搭接处尽量避免受力，以防移动；缝合采用缝合机面对面或折叠缝合，用尼龙或涤纶线，针距7～8mm，缝合处的强度一般可达缝物强度的80%；胶结法是用胶粘剂将两块土工织物胶结在一起，最少搭接长度为100mm，胶结后应停2h以上。其接缝处的强度与土工织物的原强度相同；用U形钉连接是每隔1.0m用一U形钉插入连接，其强度低于缝合法和胶结法。一般多采用搭接和缝合法施工方法。

2）施工中的注意事项

①为防止土工织物在施工中产生顶破、穿刺、擦伤和撕破等，一般在土工织物下面宜设置砾石或碎石垫层，在其上面设置砂卵石护层，其中碎石能承受压应力，土工织物承受拉应力，充分发挥织物的约束作用和抗拉效应，铺设方法同砂、砾石垫层。

②铺设一次不宜过长，以免下雨渗水难以处理，土工织物铺好后应随即铺设上面砂石材料或土料，避免长时间曝晒和暴露，使材料劣化。

③土工织物用于作反滤层时应作到连续，不得出现扭曲、褶皱和重叠。土工织物上抛石时，应先铺一层30mm厚卵石层，并限制高度在1.5m以内，对于重而带棱角的石料，抛掷高度应不大于50cm。

④土工织物上铺垫层时，第一层铺垫厚度应在50cm以下，用推土机铺垫时，应防止刮土板损坏土工织物，在局部不应加过重集中应力。

⑤铺设时，应注意端头位置和锚固，在护坡坡顶可使土工织物末端绕在管子上，埋设于坡顶沟槽中，以防土工织物下落；在堤坝，应使土工织物终止在护坡块石之内，避免冲刷时加速坡脚冲刷成坑。

⑥对于有水位变化的斜坡，施工时直接堆置于土工织物上的大块石之间的空隙，应填塞或设垫层，以避免水位下降时，上坡中的饱和水因来不及渗出形成显著水位差，使土挤向没有压载空隙，引起土工织物鼓胀而造成损坏。

⑦现场施工中发现土工织物受到损坏时，应立即修补好。

10.3.16.2 加筋土地基设计施工[49]

1. 加固机理及适用范围

松散土的抗拉能力低，甚至为零，抗剪强度也很有限，若在土体中放置一定数量水平带状筋材，构成土—筋材的复合体，当受外力作用时，将会产生体变，引起筋材与其周围土之间的相对位移趋势，因而使土和拉筋之间的摩擦充分起作用，在拉筋方向获得和拉筋的抗拉强度相适用的黏聚力，可阻止土颗粒的移动，限制了土的侧向位移。其横向变形等于拉筋的伸长变形，一般拉筋的弹性系数比土的变形系数大得多，故侧向变形可忽略不计，因而能使土体保持直立和稳定。

加筋土适用于山区或城市道路的挡土墙、护坡、路堤、桥台、河坝以及水工结构和工业结构等工程上，图 10-31 为加筋土的部分应用，此外还可用于处理滑坡。

2. 设计[49]

加筋土地基的设计应符合下列规定：

（1）材料要求

1）土工合成材料加筋垫层所用土工合成材料的品种与性能及填料的土类应根据工程特性和地基土条件，按照现行国家标准《土工合成材料应用技术规范》GB 50290 的要求，通过现场试验后确定其适用性。

2）作为加筋的土工合成材料应采用抗拉强度较高、受力时伸长率不大于 4%～5%、耐久性好、抗腐蚀的土工格栅、土工格室、土工垫或土工织物等土工合成材料，多采用镀锌带钢（截面 5mm×40mm 或 5mm×60mm）、铝合金钢带和不锈带钢、Q235 钢条、尼龙绳、玻璃纤维等。

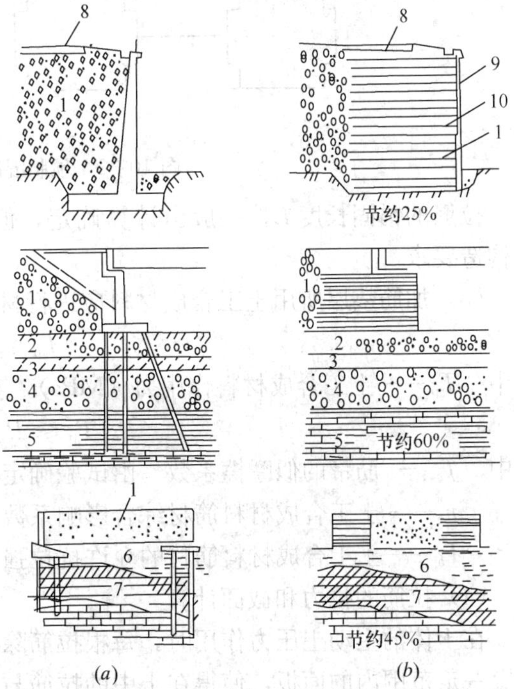

图 10-31 加筋土的应用

（*a*）常规深基处理方法；（*b*）加筋土处理方法（不用深基）

1—填土；2—矿渣；3—粉土；4—砾石；5—泥灰岩；6—近代冲积层；7—白垩土；8—公路；9—面板；10—拉筋

垫层填料宜用碎石、角砾、砾砂、粗砂、中砂或粉质黏土等材料。当工程要求垫层具有排水功能时，垫层材料应具有良好的透水性。但不得使用腐殖土、冻土、白垩土及硅藻土等，以及对拉筋有腐蚀性的土。

(2) 构造要求

面板一般采用钢筋混凝土预制构件，其厚度不应小于80mm，混凝土强度等级不应低于C18；简易的面板亦可采用半圆形油桶或椭圆形钢管。面板设计应满足坚固、美观、运输方便和安装容易等要求，同时要求能承受拉筋一定距离的内部土引起的局部应力集中。面板的形式有十字形、槽形、六角形、L形、矩形、Z形等，一般多用十字形，其高度和宽度由50～150mm；厚度80～250mm。面板上的拉筋结点，可采用预锚拉环、钢板锚头或留穿筋孔等形式。钢拉环应采用直径不小于10mm的I级钢筋，钢板锚头采用厚度不小于3mm的钢板，露于混凝土外部部分应做防锈处理；土工聚合物与钢拉环的接触面应做隔离处理。十字形面板与拉筋连接多在两侧预留小孔，内插销子，将面板竖向互相连锁起来（图10-32）。面板与拉筋的连接处必须能承受施工设备和面板附近回填土压密时所产生的应力。

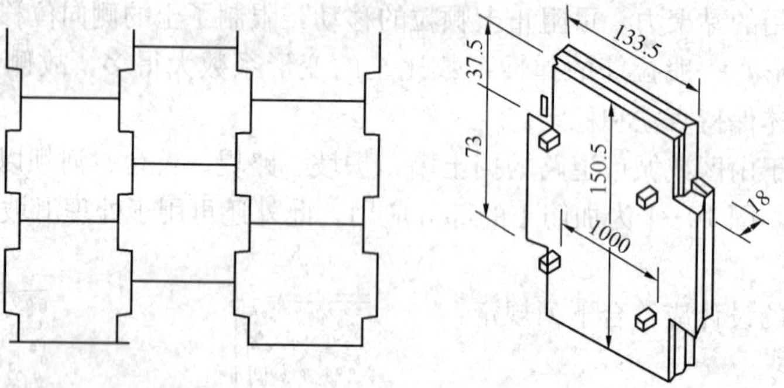

图10-32　预制混凝土面板的拼装

拉筋的锚固长度 L，一般由计算确定，但是还要满足 $L \geqslant 0.7H$（H 为挡土墙高度）的构造要求。

(3) 加筋垫层所用土工合成材料应进行材料强度验算，并符合下列规定：

$$T_p \leqslant T_a \tag{10-68}$$

式中　T_p——土工合成材料作用力（MPa），对于筋材可按下式确定：

$$T_p \leqslant P_z f_s / m_c \tag{10-69}$$

式中　f_s——筋带的似摩擦系数，由试验确定；

m_c——土工合成材料筋材综合影响系数，宜控制在3～8之间，一般取4～6；

T_a——土工合成材料筋材的允许抗拉强度（kN/m）。

(4) 拉筋的拉力和截面计算

在土体的主动土压力作用时，每根拉筋除通过摩擦阻止部分填土水平位移外，还应能拉紧一定范围内的面板，使得在土中的拉筋与主动土压力维持平衡。因此，每根拉筋所受到的拉力随深度的增加而增大，最下面的一根拉筋拉力 T_1 受力最大，其可按下式计算：

$$T_1 = \gamma (H + h_e) K_a \cdot s_x \cdot s_y \tag{10-70}$$

式中　γ——填土的重量（kN/m^3）；

H——挡土墙高度（m）；

h_e——地面超载换算成土层厚度（m）；

K_a——主动土压力系数，$K_a = \tan^2(45° - \varphi/2)$

φ——土的内摩擦角（°）；

s_x、s_y——拉筋的水平和垂直间距（m）。

拉筋需要的横截面面积 A 按下式计算：

$$A = \frac{T_1}{[f_g]} \tag{10-71}$$

式中 $[f_g]$——拉筋的抗拉强度设计值（kPa）。

（5）拉筋需要总长度计算

拉筋在锚固区内由于摩擦作用产生的抗拉力 T_b 可由下式计算：

$$T_b = 2L_0 \cdot b \cdot \gamma(H + h_e) \cdot f \tag{10-72}$$

在同一深度处抗拉板的安全系数 K_b 为：

$$K_b = \frac{T_b}{T_1} = \frac{2 \cdot L_0 \cdot b \cdot f}{K_a \cdot s_x \cdot s_y} \tag{10-73}$$

式中 K_b——拉筋抗拉板安全系数，一般取 1.5～2.0；

L_0——拉筋的锚固长度，可由下式得到：

$$L_0 = \frac{K_b \cdot K_a \cdot s_x \cdot s_y}{2 \cdot b \cdot f} \tag{10-74}$$

所以拉筋的总长度可由下式计算：

$$L = \frac{H}{\tan\left(45° + \frac{\varphi}{2}\right)} + \frac{K_b \cdot K_a \cdot s_x \cdot s_y}{2 \cdot b \cdot f} \tag{10-75}$$

（6）加筋土体的外部稳定性验算

加筋土体的外部稳定性验算包括：考虑地基的沉降、地基承载力、抗滑稳定性以及深层滑动稳定性等。验算时可将拉杆末端的连续与墙面板间视为整体结构，其他与一般重力式挡土墙的计算方法相同。

验算抗滑稳定性时，将加筋土结构物视作一个整体，如图 10-33 所示，再将其后面作用的主动土压力用以验算加筋土结构物底部的抗滑稳定性，基底摩擦系数可按表 10-67 取用，抗滑稳定系数一般可取 1.2～1.5。

基底摩擦系数 μ 值 **表 10-67**

地基土的种类	摩擦系数 μ 值
黏质粉土、粉质黏土、半干硬的黏土	0.30～0.40
砂类土、碎石类土、软质和硬质岩石	0.40
软塑黏土	0.25
硬塑黏土	0.30

注：加筋体材料为黏质粉土、粉质黏土、半干硬的黏土时，可按同名地基土采用 μ 值。

由于加筋结构物是柔性结构，并且它能承受很大的沉降而不致对加筋土结构产生危害，如法国一道路的加筋土挡墙，采用钢筋混凝土面板，结果在 15m 长度内差异沉降量达 140mm 而并不影响使用，可见加筋土结构物能容许较大的差异沉降，但一般应控制在 1%范围内。地基的极限承载力求得后，其安全系数不需像通常的刚性结构取 3，而取 2 即可。

由于加筋土挡墙具有柔性，一般不产生倾覆破坏，但应验算深层滑动稳定性，滑动时可能穿越加筋土结构物，滑动破坏面可考虑是圆的，滑动安全系数取大于或等于 15。如图 10-33 所示，滑动破坏面越是接近垂直于加筋的层面以及离开加筋土结构的端部越远，表示加筋土结构内发挥的内部阻抗力越大，相反则表示加筋的抗拉强度没有得到发挥，如图 10-34 中②、③。

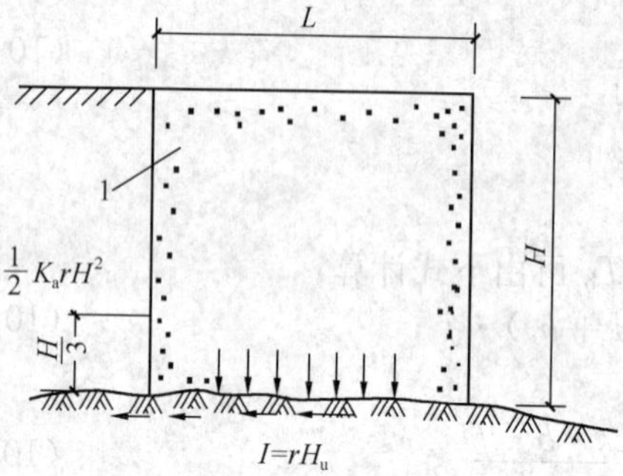

图 10-33　加筋土挡墙底部的滑动稳定性验算

1—加筋土

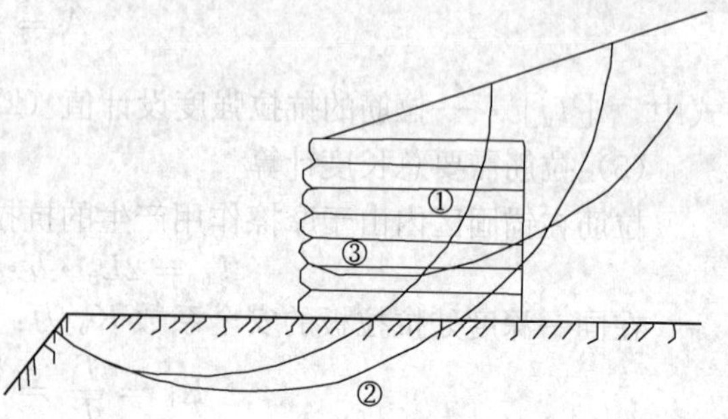

图 10-34　加筋土挡墙的深层滑动

3. 施工

（1）加筋土工程结构物的施工程序是：基础施工、构件预制→面板安装→填料摊铺、压密和拉筋铺设→地面设施施工。

（2）基础开挖时，基槽（坑）底平面尺寸一般应大于基础外缘 0.3m，基底应整平夯实。基底必须平整，使面板能够直立。

（3）面板可在工厂或附近就地预制。安装可用人工或机械进行。每块板布置有安装的插销和插销孔。拼装时由一端向另一端自下而上逐块吊装就位，拼装最下一层面板时，应把半尺寸的和全尺寸的面板相间地、平衡地安装在基础上。安装时单块面板倾斜度一般宜内倾 1/150 左右，作为填料压实时面板外倾的预留度。为防止填土时面板向内外倾斜而不成一垂直面，宜用夹木螺栓或支斜撑撑住，水平误差用软木条或低强度砂浆调整，水平及倾斜误差应逐块调整，不得将误差累积到最后再进行调整。

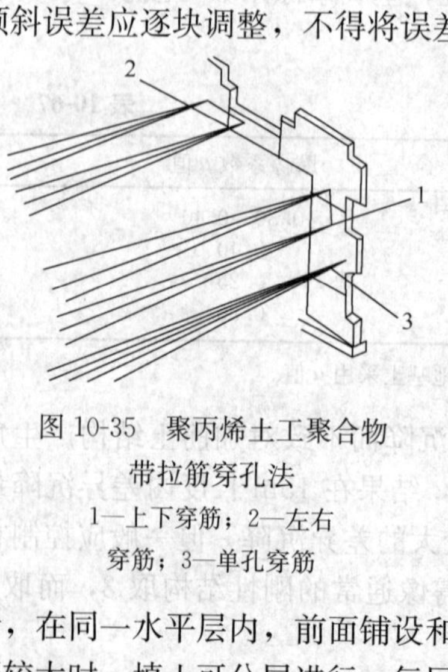

图 10-35　聚丙烯土工聚合物带拉筋穿孔法

1—上下穿筋；2—左右穿筋；3—单孔穿筋

（4）拉筋应铺设在已经压实的填土上，并与墙面垂直，拉筋与填土间的空隙，应用砂垫平，以防拉筋断裂。采用钢条作拉筋时，要用螺栓将它与面板连接。钢带或钢筋混凝土带与面板拉环的连接以及钢带、钢筋混凝土带间的连接，可采用电焊、扣环或螺栓连接。聚丙烯土工聚合物带与面板的连接，可将带一端从面板预埋拉环或预留孔中穿过，折回与另一端对齐。聚合物可采用单孔穿过、上下穿过或左右环孔合拼穿过，并绑扎防止抽动（图 10-35），但避免土工聚合物带在环（孔）上绑成死结。

（5）填土的铺设与压实，可与拉筋的安装同时进行，在同一水平层内，前面铺设和绑拉筋，后面即可随填土和进行压密。当拉筋的垂直间距较大时，填土可分层进行。每层填土厚度应根据上下两层拉筋的间距和碾压机具性能确定。一般一次铺设厚度不应小于200mm。压实时一般应先轻后重，但不得使用羊足碾。压实作业应先从拉筋中部开始，并平行墙面板方向逐步驶向尾部，而后再向面板方向进行碾压，严禁平行拉筋方向碾压，直压到最佳密实度为止。土料运输、铺设、碾压离板面不应小于2.0m。在近面板区域内应使用轻型压密机械，如平板式振动器或手扶式振动压路机压实。

（6）加劲土挡墙内填土的压实度，距面板1.0m以外，路槽底面以下0～80cm深度，对高速一级公路应≥95%；对二、三、四级公路应≥93%，路槽底面80cm以下深度，对高速一级公路及二、三、四级公路均应大于90%；距面板1.0m以内，全部墙高，对高速一级公路及二、三、四级公路均应≥90%。

10.3.16.3 质量检验与验收[26]

1. 施工期质量检验

施工期质量检验应包括以下内容：

（1）土工织物地基

1）施工前应对土工织物的物理性能（单位面积的质量、厚度、比重）、强度、延伸率以及土、砂石料等进行检验。土工织物以100m^2为一批，每批抽查5%。

2）施工过程中应检查清基、回填料铺设厚度及平整度、土工织物的铺设方向、搭接缝搭接长度或缝接状况、土工织物与结构的连接状况等。

（2）加筋土地基

1）施工前应对拉筋材料的物理性能（单位面积的质量、厚度、相对密度）、强度、延伸率以及土、砂石料等进行检验。拉筋材料以100m^2为一批，每批抽查5%。

2）施工过程中应检查清基、回填料铺设厚度、拉筋（土工合成材料）的铺设方向、搭接长度或缝接状况，拉筋与结构的连接状况等。

2. 竣工后质量验收

施工结束后，应作承载力检验或检测。

3. 检验与验收标准

土工织物及加筋土地基质量检验标准参照表10-68所示。

土工织物（土工合成材料）地基质量检验标准 **表10-68**

项	序	检查项目	允许偏差或允许值		检查方法
			单位	数值	
主控项目	1	土工合成材料强度	%	≤5	置于夹具上作拉伸试验（结果与设计标准相比）
	2	土工合成材料延伸率	%	≤3	置于夹具上作拉伸试验（结果与设计标准相比）
	3	地基承载力	设计要求		按规定方法
一般项目	1	土工合成材料搭接长度	mm	≥300	用钢尺量
	2	土石料有机质含量	%	≤5	焙烧法
	3	层面平整度	mm	≤20	用2m靠尺
	4	每层铺设厚度	mm	±25	水准仪

10.3.17　注　浆　加　固

10.3.17.1　注浆加固设计施工

1. 加固原理及适用范围

注浆加固的原理是用压送设备将具有充填和胶结性能的浆液材料注入地层中土颗粒的间隙、土层的界面或岩层的裂隙内，使其扩散、胶凝或固化，以增加地层强度、降低地层渗透性、防止地层变形和进行托换技术的地基处理技术。注浆法可防止或减少渗透和不均匀的沉降，在建筑工程中应用较为广泛。

注浆法适用于加固砂土、淤泥质黏土、粉质黏土、黏土和一般填土层。

2. 设计[18][49]

注浆加固设计应包括下述内容：

(1) 注浆有效范围

注浆有效范围应根据工程的不同要求，通过现场注浆试验确定，同时必须充分满足防渗堵漏、提高土体强度和刚度、充填空隙等的目的。注浆点的覆盖土一般应大于2m。

(2) 注浆材料

1) 水泥

宜用P.O.42.5普通硅酸盐水泥；在特殊条件下亦可使用矿渣水泥、火山灰质水泥或抗硫酸盐水泥，要求新鲜无结块。

2) 水

用一般饮用淡水，但不应采用含硫酸盐大于0.1%、氯化钠大于0.5%以及含过量糖、悬浮物质、碱类的水。

一般用净水泥浆，水灰比变化范围为0.6～2.0，常用水灰比从8∶1到1∶1；要求快凝时，可采用快硬水泥或在水中掺入水泥用量1%～2%的氯化钙；如要求缓凝时，可掺加水泥用量0.1%～0.5%的木质素磺酸钙；亦可掺加其他外加剂以调节水泥浆性能。在裂隙或孔隙较大、可灌性好的地层，可在浆液中掺入适量细砂，或粉煤灰比例为1∶0.5～1∶3，以节约水泥，更好地充填，并可减少收缩。对不以提高固结强度为主的松散土层，亦可在水泥浆中掺加细粉质黏土配成水泥黏土浆，灰泥比为1∶3～8（水泥∶土，体积比），可以提高浆液的稳定性，防止沉淀和析水，使填充更加密实。

(3) 凝胶时间

凝胶时间必须根据地基条件和注浆目的决定。在砂土地基注浆中，一般使用的浆液胶凝时间为5～20min；在黏土中劈裂注浆时，浆液凝固时间一般为1～2h。对人工填土，应采用多次注浆，间隔时间按浆液的初凝时间根据试验结果确定一般不应大于4h。

(4) 注浆量

注浆量因受注浆对象的地基土性质、浆液渗透性的影响，故必须在充分掌握地基条件的基础上才能决定。进行大量注浆施工时，宜进行试验性注浆以决定注浆量。一般情况下，黏性土地基中的浆液充填率为15%～20%左右。

(5) 注浆压力

对劈裂注浆的注浆压力，在砂土中，宜选用0.2～0.5MPa；在黏性土中，宜选用0.2～0.3MPa。对压密注浆，当采用水泥砂浆浆液时，坍落度宜为25～75mm，注浆压力为

1～7MPa。当坍落度较小时，注浆压力可取上限值。当采用水泥-水玻璃双液快凝浆液时，注浆压力应小于 1MPa。注浆压力因地基条件、环境影响、施工目的等不同而不能确定时，也可参考类似条件下成功的工程实例来决定。

（6）注浆孔布置

注浆孔的布置原则，应能使被加固土体在平面和深度范围内连成一个整体，宜通过试验结果确定，一般可取 1.0～2.0m。

（7）注浆顺序

注浆顺序必须采用适合于地基条件、现场环境及注浆目的的方法进行，一般不宜采用自注浆地带一端开始单向推进压注方式的施工工艺，应按隔孔注浆，以防止窜浆，提高注浆孔与时俱增的约束性。注浆时应采用先外围、后内部的注浆施工方式，以防止浆液流失。如注浆范围外，有边界约束条件时，也可采用自内侧开始顺次往外侧注浆的方法。

3. 施工

（1）施工设备

灌浆设备主要是压浆泵，其选用原则是：能满足灌浆压力的要求，一般为灌浆实际压力的 1.2～1.5 倍；应能满足岩土吸浆量的要求；压力稳定，能保证安全可靠地运转；机身轻便，结构简单，易于组装、拆卸、搬运。

水泥压浆泵多用泥浆泵或砂浆泵代替。国产泥浆泵、砂浆泵类型较多，常用于灌浆的有 BW-250/50 型、TBW-200/40 型、TBW-250/40 型、NSB-100/30 型泥浆泵以及 100/15（C-232）型砂浆泵等。配套机具有搅拌机、灌浆管、阀门、压力表等，此外还有钻孔机等机具设备。

（2）施工程序及注意事项

1）花管注浆（单管注浆）施工程序

①施工场地应预先平整，并沿钻孔位置开挖沟槽和集水坑。

②注浆施工时，宜采用自动流量和压力记录仪，并应及时对资料进行整理分析。

③花管注浆法施工可按下列步骤进行：

a. 钻机与注浆设备就位。

b. 钻孔或采用振动法将花管置入土层。

c. 当采用钻孔法时，应从钻杆内注入封闭泥浆，然后插入孔径为 50mm 的金属注浆管。

d. 待封闭泥浆凝固后，移动花管自下向上或自上向下进行注浆。

e. 注浆完毕后，应用清水冲洗花管中的残留浆液，以利下次再行重复注浆。

2）花管注浆（单管注浆）施工中的注意事项

①注浆孔的孔径宜为 70～110mm，垂直度偏差应小于 1%，注浆孔有设计角度时就预先调节钻杆角度，此时机械必须用足够的锚栓等特别牢固地固定。

②注浆开始前应充分作好准备工作，包括机械器具、仪表、管路、注浆材料、水和电等的检查及必要的试验，注浆一经开始即应连续进行，力求避免中断。

③注浆的流量一般为 7～10L/s，对充填型灌浆，流量可适当加快，但也不宜大于 20L/s。

④注浆用水应是可饮用的河水、井水及其他清洁水，不宜采用，pH 值小于 4 的酸性

水和工业废水。

⑤水泥浆的水灰比可取0.6～2.0，常用的水灰比为1.0。

⑥在满足强度要求的前提下，可用磨细粉煤灰或粗灰部分替代水泥，掺入量宜通过试验确定，也可按水泥重量的20%～50%掺入。

⑦注浆使用的原材料及制成的浆体应符合下列要求：

a. 制成浆体应能在适宜的时间内凝固成具有一定强度的结石，其本身的防渗性和耐久性应能满足设计要求。

b. 浆体在硬结时其体积不应有较大的收缩。

c. 所制成的浆体短时间内不应发生离析现象。

⑧为了改善浆液性能，应在浆液拌制时加入如下外加剂：

a. 加速浆体凝固的水玻璃，其模数应为3.0～3.3。当为3.0时，密度应大于1.41。不溶于水的杂质含量应不超过2%，水玻璃掺量应通过试验确定。

b. 提高浆液扩散能力和可泵性的表面活性剂（或减水剂），其掺量为水泥用量的0.3%～0.5%。

c. 提高浆液均匀性和稳定性，防止固体颗粒离析和沉淀而掺加的膨润土，其掺加量不宜大于水泥用量的5%。

⑨浆体应经过搅拌机充分搅拌均匀后才能开始压注，并应在注浆过程中不停缓慢搅拌，搅拌时间应小于浆液初凝时间。浆液在泵送前液压经过筛网过滤。

⑩在冬季，当日平均温度低于5℃或最低温度低于−3℃的条件下注浆时，应在施工现场采取适当措施，以保证不使浆体冻结。

⑪在夏季炎热条件下注浆时，用水温度不得超过30～35℃，并应避免将盛浆桶和注浆管路在注浆体静止状态下暴露于阳光下，以免浆体凝固。

⑫每次上拔或下钻高度宜为0.5m。

3）压密注浆（套管注浆）施工程序

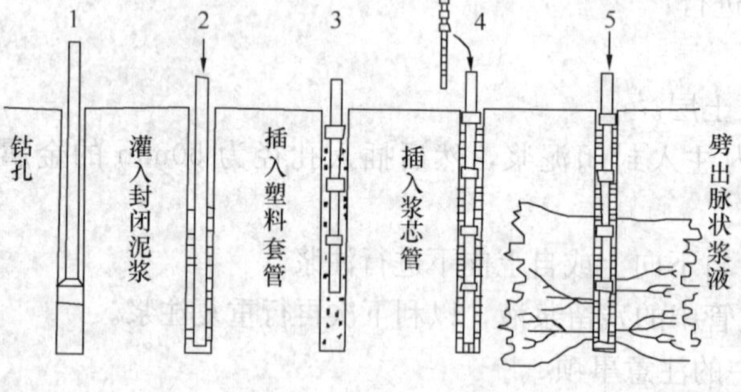

图10-36　注浆法施工步骤

压密注浆施工可按下列步骤进行（如图10-36和图10-37所示）：

①钻机与注浆设备就位；

②钻孔或采用振动法将金属注浆管压入土层；

③采用钻孔法时，应从钻杆内注入封闭泥浆，然后插入孔径为50mm的塑料或金属注浆管；

④待封闭泥浆凝固后，捅去注浆管的活络堵头，然后提升注浆管自下向上或自上向下对地层注入水泥－砂浆液或水泥－水玻璃双液快凝浆液；

⑤注浆完毕后，应用清水冲洗塑料阀管中的残留浆液，以利下次再行重复注浆。对于不宜用清水冲洗的场地，可考虑用纯水玻璃浆或陶土浆灌满阀管内。

4）压密注浆（套管注浆）施工中的注意事项

①为了保证浆液分层效果，当钻到设计深度后，必须通过钻杆注入封闭泥浆，直

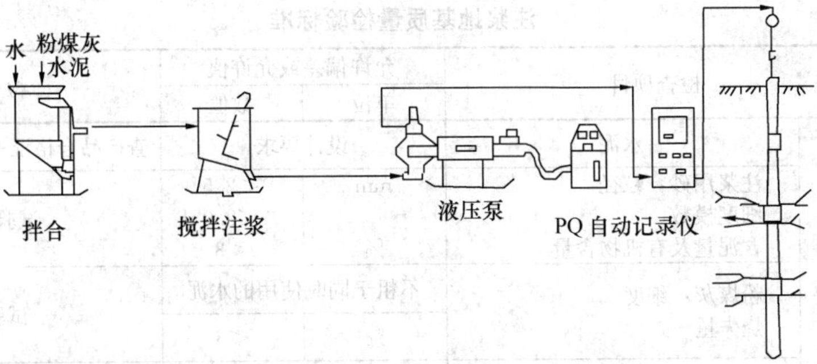

图10-37 压密注浆（套管注浆）注浆工艺流程图

到孔口溢出泥浆方可提杆，当提杆至中间深度时，应再次注入封闭泥浆，最后完全提出钻杆。

②封闭泥浆的试块（边长为70.7mm），7天无侧限抗压强度宜为q_u＝0.3～0.5MPa，浆液黏度80″～90″。

③塑料单向阀管每一节均应检查，要求管口平整无收缩，内壁光滑。事先将每六节塑料阀管对接成2m长度作备用，准备插入钻孔时应再复查一遍，必须旋紧每一节螺纹。

④注浆芯管的聚氨酯密封圈使用前要进行检查，应无残缺和大量气泡现象。上部密封圈裙边向下，下部密封圈裙边向上，且都应抹上黄油。所有注浆管接头螺纹均应保持有充分的油脂，这样既可保证丝牙寿命，又可避免浆液凝固在丝牙上，造成拆卸困难。

⑤其他注意事项同花管注浆。

10.3.17.2 质量检验与验收[26]

1. 施工期质量检验

施工期质量检验应包括以下内容：

(1) 施工前应检查有关技术文件（注浆点位置、浆液配合比、注浆施工技术参数，检测要求等），对有关浆液组成材料的性能及注浆设备也应进行检查。

(2) 施工中应经常抽查浆液的配合比及主要性能指标、注浆的顺序、注浆过程中的压力控制等。

2. 竣工后质量验收

竣工后质量验收应包括以下内容：

(1) 注浆检验时间应在注浆结束28d后进行，对砂土、黄土应在15d，对黏性土应在60d进行。可选用标准贯入、轻型动力触探或静力触探对加固地层均匀性进行检测。

(2) 应在加固土的全部深度范围内每隔1m取样进行室内试验，测定其压缩性、强度或渗透性。

(3) 施工结束后应检查注浆体强度、承载力等。注浆检验点可为注浆孔数的2%～5%。当检验点合格率小于或等于80%，或虽大于80%但检验点的平均值达不到强度或防渗的设计要求时，应对不合格的注浆区实施重复注浆。

3. 检验与验收标准

注浆加固的质量检验标准如表10-69所示。

注浆地基质量检验标准　　表 10-69

项	序	检查项目		允许偏差或允许值		检查方法
				单位	数值	
主控项目	1	原材料检验	水泥	设计要求		查产品合格证书或抽样送检
			注浆用砂：粒径 细度模数 含泥量及有机物含量	mm %	＜2.5 ＜2.0 ＜3	试验室试验
			粉煤灰：细度	不粗于同时使用的水泥		试验室试验
			烧失量	%	＜3	
			水玻璃：模数	2.5～3.3		抽样送检
			其他化学浆液	设计要求		查出厂质保书或抽样送检
	2	注浆体强度		设计要求		取样检验
	3	地基承载力		设计要求		按规定的方法
一般项目	1	各种注浆材料称量误差		%	＜3	抽查
	2	注浆孔位		mm	±20	用钢尺量
	3	注浆孔深		mm	±100	量测注浆管长度
	4	注浆压力（与设计参数比）		%	±10	检查压力表读数

10.4　桩　基　工　程

10.4.1　桩的分类与桩型选择

10.4.1.1　桩的分类

1. 按承载性状分类

(1) 摩擦型桩：

摩擦桩，在极限承载力状态下，桩顶竖向荷载全部或主要由桩侧阻力承担；根据桩侧阻力承担荷载的份额，或桩端有无较好的持力层，摩擦桩又分为摩擦桩和端承摩擦桩。

(2) 端承型桩：

端承桩，在极限承载力状态下，桩顶竖向荷载全部或主要由桩端阻力承担；根据桩端阻力承担荷载的份额，端承桩又分为端承桩和摩擦端承桩。

2. 按成桩方法与工艺分类

(1) 非挤土桩：成桩过程中，将与桩体积相同的土挖出，因而桩周围的土体较少受到扰动，但有应力松弛现象。如干作业法桩、泥浆护壁法桩、套管护壁法桩、人工挖孔桩。

(2) 部分挤土桩：成桩过程中，桩周围的土仅受到轻微的扰动。如部分挤土灌注桩，预钻孔打入式预制桩、打入式开口钢管桩、H 型钢桩、螺旋成孔桩等。

(3) 挤土桩：成桩过程中，桩周围的土被压密或挤开，因而使周围土层受到严重扰动。如挤土灌注桩、挤土预制混凝土桩（打入式桩、振入式桩、压入式桩）。

3. 按桩的使用功能分类

(1) 竖向抗压桩：桩承受荷载以竖向荷载为主，由桩端阻力和桩侧摩阻力共同承受。

(2) 竖向抗拔桩：承受上拔力的桩，其桩侧摩阻力的方向与竖向抗压桩的情况相反，单位面积的摩阻力小于抗压桩。

（3）水平受荷桩：承受水平荷载为主的桩，或用于防止土体或岩体滑动的抗滑桩，桩的作用主要是抵抗水平力。

（4）复合受荷桩：同时承受竖向荷载和水平荷载之间共同作用的桩。

10.4.1.2 桩型的选择

桩的类型的选择应从技术经济多方面入手，综合考虑多方面的因素，包括建筑结构类型、荷载性质、桩的使用功能、穿越土层、桩端持力层土类、地下水位、施工设备、施工环境、施工经验、制桩材料供应条件等，概括为以下几方面：

（1）建筑物特点及荷载要求，选择桩型必须考虑桩将要承受的荷载性质和大小。

（2）工程地质和水文地质条件，各种类型的桩均有其适用的土层条件。因此，应查明场地的地层分布，持力层的深度，不良的地质现象，地面水和地下水的流速和腐蚀性等。

（3）施工对周围环境的影响，应对场地周围的环境污染的限制，污水处理，施工和周围建筑物的相互影响等进行分析。

（4）设备、材料和运输条件，打入桩和机械成孔桩都需要采用大中型施工设备，必须先做好临时道路等设施。同时应考虑桩型材料、设备供应的可能性。

（5）施工安全，施工安全是评价设计施工方案的一个至关重要的因素。特别是，人工挖孔桩在施工过程中常会产生有毒气体或硅尘，或通风不良、孔底隆起、涌水，须特别审慎。

（6）经济分析与施工工期，在满足上述条件的基础上确定可供选择桩型，最终应从经济及工期要求确定桩型。

下面介绍我国应用的几种主要桩型，见表 10-70。

常 用 桩 型 **表 10-70**

<table>
<tr><th>成桩方法</th><th>制桩材料或工艺</th><th colspan="2">桩身与桩尖形状</th><th colspan="2">施工工艺</th></tr>
<tr><td rowspan="7">预制桩</td><td rowspan="5">钢筋混凝土</td><td>方桩</td><td>传统桩尖
桩尖型钢加强</td><td rowspan="7">三角形桩
传统桩尖
平底</td><td rowspan="11">锤击沉桩
振动沉桩
静力压桩</td></tr>
<tr><td colspan="2">三角形桩</td></tr>
<tr><td>空心方桩</td><td rowspan="2">传统桩尖
平底</td></tr>
<tr><td>管桩</td></tr>
<tr><td>预应力管桩</td><td>尖底
平底</td></tr>
<tr><td rowspan="2">钢筋</td><td>钢管桩</td><td>开口
闭口</td></tr>
<tr><td colspan="2">H 型钢桩</td></tr>
<tr><td rowspan="5">灌注桩</td><td rowspan="4">沉管灌注桩</td><td colspan="3">直桩身-预制锥形桩</td></tr>
<tr><td rowspan="3">扩底</td><td colspan="2">内击式扩底</td></tr>
<tr><td colspan="2">无桩端夯扩</td></tr>
<tr><td colspan="2">预制平底人工扩底</td></tr>
<tr><td>钻（冲、挖）
孔灌注桩</td><td>直身桩
扩底桩
多节挤扩灌注桩
嵌岩桩</td><td colspan="2">钻孔
冲孔
人工挖孔</td><td>压浆
不压浆</td></tr>
</table>

10.4.2　桩　基　构　造

10.4.2.1　基桩构造

根据成桩方法并考虑材料性质，工程中的常用桩型可分成灌注桩、预制混凝土桩和钢桩三种主要类型。

灌注桩构造与预制桩一致，均需按照配筋率及混凝土保护层厚度设计确定基桩构造。灌注桩只是配筋问题，不需考虑运输、吊运、锤击沉桩等因素。灌注桩桩身直径为300～2000mm时，正截面配筋率可取0.65%～0.2%（小直径桩取高值），箍筋直径不应小于6mm，采用螺旋式，间距宜为200～300mm。桩身混凝土强度等级不得小于C25，混凝土预制桩尖强度等级不得小于C30。

钢筋混凝土预制桩的截面边长不小于200mm，其中预应力混凝土预制桩的截面边长不小于350mm。预制桩的主筋直径不宜小于ϕ14，箍筋一般采用Ⅰ级钢筋，采用封闭式；混凝土强度等级不宜低于C30，预应力混凝土实心桩的混凝土强度等级不宜低于C40。

钢桩在我国过去很少采用，仅从20世纪70年代末起，对海洋平台基础和建造在深厚软土地基上少量的高重建筑物，才开始采用大直径开口钢管桩，在个别工程中也有采用宽翼板H型钢桩或其他异型桩。使用钢桩时，需根据环境条件考虑防腐蚀问题，防腐蚀的措施有：①外壁加覆防腐蚀涂层或其他覆盖层；②增加管壁的腐蚀厚度；③水下采用阴极保护；④选用耐腐蚀钢种。

10.4.2.2　承台构造

桩基承台的构造，应满足抗冲切、抗剪切、抗弯承载力和上部结构要求外，承台的最小尺寸、混凝土、钢筋配置的设计的具体要求参照现行行业标准《建筑桩基技术规范》JGJ 94执行。

基桩与承台的连接应满足下列要求：

（1）桩嵌入承台内的长度，对中等直径桩不宜小于50mm；对大直径桩不宜小于100mm。

（2）混凝土桩的桩顶纵向主筋应锚入承台内，其锚入长度不宜小于35倍纵向主筋直径。对于抗拔桩，桩顶纵向主筋的锚固长度应按现行国家标准《混凝土结构设计规范》GB 50010确定。

（3）对于大直径灌注桩，当采用一柱一桩时可设置承台或将桩与柱直接连接。

10.4.3　桩基承载力的确定

10.4.3.1　桩基竖向受压承载力

1. 单桩竖向承载力

单桩竖向承载力特征值以R_a表示，可按下式确定：

$$R_a = \frac{1}{K}Q_{uk} \tag{10-76}$$

式中　Q_{uk}——单桩竖向极限承载力标准值，由总极限桩侧摩阻力Q_{sk}和总极限桩端阻力Q_{pk}组成；

K——安全系数，取$K=2$。

《建筑桩基技术规范》JGJ94 中规定，设计采用的单桩竖向极限承载力标准值应符合下列规定：

(1) 设计等级为甲级的建筑桩基，应通过单桩静载试验确定；

(2) 设计等级为乙级的建筑桩基，当地质条件简单时，可参照地质条件相同的试桩资料，结合静力触探等原位测试和经验参数综合确定；其余均应通过单桩静载试验确定；

(3) 设计等级为丙级的建筑桩基，可根据原位测试和经验参数确定。

《建筑桩基技术规范》JGJ94 中列出单桩竖向极限承载力的标准值计算方法如下：

(1) 常规桩基单桩极限承载力

1) 原位测试法

①根据单桥探头静力触探资料确定：

$$Q_{uk}=Q_{sk}+Q_{pk}=u\sum q_{sik}l_i+\alpha p_{sk}A_p \tag{10-77}$$

当 $p_{sk1}\leqslant p_{sk2}$ 时，$p_{sk}=\frac{1}{2}(p_{sk1}+\beta\cdot p_{sk2})$ (10-78)

当 $p_{sk1}>p_{sk2}$ 时，$p_{sk}=p_{sk2}$ (10-79)

式中 Q_{sk}、Q_{pk}——分别为总极限侧阻力标准值和总极限端阻力标准值；

u——桩身周长；

q_{sik}——用静力触探比贯入阻力值估算的桩周第 i 层土的极限侧阻力；

l_i——桩周第 i 层土的厚度；

α——桩端阻力修正系数，可按表 10-71 取值；

p_{sk}——桩端附近的静力触探比贯入阻力标准值（平均值）；

A_p——桩端面积；

p_{sk1}——桩端全截面以上 8 倍桩径范围内的比贯入阻力平均值；

p_{sk2}——桩端全截面以下 4 倍桩径范围内的比贯入阻力平均值，如桩端持力层为密实的砂土层，其比贯入阻力平均值 p_s 超过 20MPa 时，则需乘以表 10-72 中系数 C 予以折减后，再计算 p_{sk2} 及 p_{sk1} 值；

β——折减系数，按表 10-73 选用。

桩端阻力修正系数 α 值 **表 10-71**

桩长（m）	$l<15$	$15\leqslant l\leqslant 30$	$30<l\leqslant 60$
α	0.75	0.75～0.90	0.90

系数 C 值 **表 10-72**

p_s（MPa）	20～30	35	>40
系数 C	5/6	2/3	1/2

折减系数 β 值 **表 10-73**

p_{sk2}/p_{sk1}	≤5	7.5	12.5	≥15
β	1	5/6	2/3	1/2

系数 η_s 值 **表 10-74**

p_{sk}/p_{sl}	≤5	7.5	≥10
η_s	1.00	0.50	0.33

注：1. 桩长 $15\leqslant l\leqslant 30$m，$\alpha$ 值按 l 值直线内插；l 为桩长（不包括桩尖高度）；

2. 表 10-71、表 10-72 可内插取值。

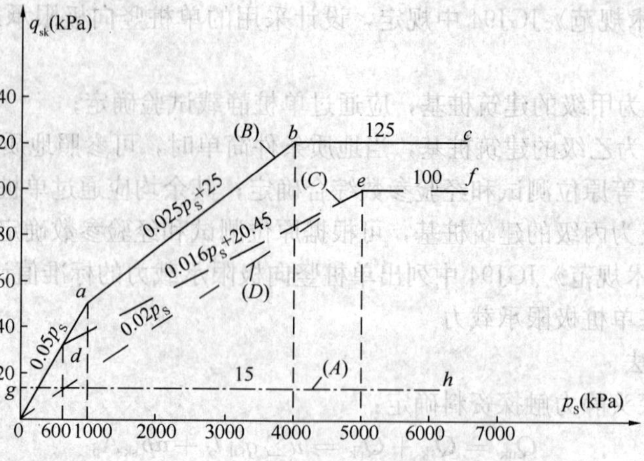

图 10-38　q_{sk}-p_s 曲线

注：①q_{sik}值应结合土工试验资料，依据土的类别、埋藏深度、排列次序，按图 10-38 折线取值；图 10-38 中，直线（A）（线段 gh）适用于地表下 6m 范围内的土层；折线（B）（$oabc$）适用于粉土及砂土土层以上（或无粉土及砂土土层地区）的黏性土；折线（C）（线段 $odef$）适用于粉土及砂土土层以下的黏性土；折线（D）（线段 oef）适用于粉土、粉砂、细砂及中砂；②p_{sk}为桩端穿过的中密～密实砂土、粉土的比贯入阻力平均值；p_{sl}为砂土、粉土的下卧软土层的比贯入阻力平均值；③采用的单桥探头，圆锥底面积为 15cm²，底部带 7cm 高滑套，锥角 60°；④当桩端穿过粉土、粉砂、细砂及中砂层底面时，折线（D）估算的q_{sik}值（表 10-75）需乘以表 10-74 中系数 η_s 值。

桩的极限侧阻力标准值 q_{sik}　（kPa）　**表 10-75**

土的名称	土的状态		混凝土预制桩	泥浆护壁钻（冲）孔桩	干作业钻孔桩
填土			22～30	20～28	20～28
淤泥			14～20	12～18	12～18
淤泥质土			22～30	20～28	20～28
黏性土	流塑	$I_L>1$	24～40	21～38	21～38
	软塑	$0.75<I_L\leqslant1$	40～55	38～53	38～53
	可塑	$0.50<I_L\leqslant0.75$	55～70	53～68	53～66
	硬可塑	$0.25<I_L\leqslant0.50$	70～86	68～84	66～82
	硬塑	$0<I_L\leqslant0.25$	86～98	84～96	82～94
	坚硬	$I_L\leqslant0$	98～105	96～102	94～104
红黏土	$0.7<\alpha_w\leqslant1$		13～32	12～30	12～30
	$0.5<\alpha_w\leqslant0.7$		32～74	30～70	30～70
粉土	稍密	$e>0.9$	26～46	24～42	24～42
	中密	$0.75\leqslant e\leqslant0.9$	46～66	42～62	42～62
	密实	$e<0.75$	66～88	62～82	62～82
粉细砂	稍密	$10<N\leqslant15$	24～48	22～46	22～46
	中密	$15<N\leqslant30$	48～66	46～64	46～64
	密实	$N>30$	66～88	64～86	64～86

续表

土的名称	土的状态		混凝土预制桩	泥浆护壁钻（冲）孔桩	干作业钻孔桩
中砂	中密 密实	$15<N\leqslant30$ $N>30$	54～74 74～95	53～72 72～94	53～72 72～94
粗砂	中密 密实	$15<N\leqslant30$ $N>30$	74～95 95～116	74～95 95～116	76～98 98～120
砾砂	稍密 中密（密实）	$5<N_{63.5}\leqslant15$ $N_{63.5}>15$	70～110 116～138	50～90 116～130	60～100 112～130
圆砾、角砾	中密、密实	$N_{63.5}>10$	160～200	135～150	135～150
碎石、卵石	中密、密实	$N_{63.5}>10$	200～300	140～170	150～170
全风化软质岩		$30<N\leqslant50$	100～120	80～100	80～100
全风化硬质岩		$30<N\leqslant50$	140～160	120～140	120～150
强风化软质岩		$N_{63.5}>10$	160～240	140～200	140～220
强风化硬质岩		$N_{63.5}>10$	220～300	160～240	160～260

注：1. 对于尚未完成自重固结的填土和以生活垃圾为主的杂填土，不计算其侧阻力；

2. α_w 为含水比，$\alpha_w=w/w_l$，w 为土的天然含水量，w_l 为土的液限；

3. N 为标准贯入击数；$N_{63.5}$ 为重型圆锥动力触探击数；

4. 全风化、强风化软质岩和全风化、强风化硬质岩系指其母岩分别为 $f_{rk}\leqslant15$MPa、$f_{rk}>30$MPa 的岩石。

②根据双桥探头静力触探资料可按下式计算：

$$Q_{uk}=Q_{sk}+Q_{pk}=u\sum l_i\cdot\beta_i\cdot f_{si}+\alpha\cdot q_c\cdot A_p \tag{10-80}$$

式中 f_{si}——第 i 层土的探头平均侧阻力（kPa）；

q_c——桩端平面上、下探头阻力，取桩端平面以上 $4d$（d 为桩的直径或边长）范围内按土层厚度的探头阻力加权平均值（kPa），再和桩端平面以下 $1d$ 范围内的探头阻力进行平均；

α——桩端阻力修正系数，对于黏性土、粉土取 2/3，饱和砂土取 1/2；

β_i——第 i 层土桩侧阻力综合修正系数：

黏性土、粉土：
$$\beta_i=10.04\,(f_{si})^{-0.55} \tag{10-81}$$

砂土：
$$\beta_i=5.05\,(f_{si})^{-0.45} \tag{10-82}$$

注：双桥探头的圆锥底面积为 15cm^2，锥角 60°，摩擦套筒高 21.85cm，侧面积 300cm^2。

2）经验法确定单桩极限承载力

当根据土的物理指标与承载力参数之间的经验关系确定单桩竖向极限承载力标准值时，宜按下式估算：

$$Q_{uk}=Q_{sk}+Q_{pk}=u\sum q_{sik}l_i+q_{pk}A_p \tag{10-83}$$

式中 q_{sik}——桩侧第 i 层土的极限侧阻力标准值，如无当地经验时，可按表 10-75 取值；

q_{pk}——极限端阻力标准值，如无当地经验时，可按表 10-76 取值。

桩的极限端阻力标准值 q_{pk}（kPa） **表 10-76**

土名称	土的状态	桩型	混凝土预制桩桩长 l（m）				泥浆护壁钻（冲）孔桩桩长 l（m）				干作业钻孔桩桩长 l（m）		
			$l \leqslant 9$	$9 < l \leqslant 16$	$16 < l \leqslant 30$	$l > 30$	$5 \leqslant l < 10$	$10 \leqslant l < 15$	$15 \leqslant l < 30$	$30 \leqslant l$	$5 \leqslant l < 10$	$10 \leqslant l < 15$	$15 \leqslant l$
黏性土	软塑	$0.75 < I_L \leqslant 1$	210～850	650～1400	1200～1800	1300～1900	150～250	250～300	300～450	300～450	200～400	400～700	700～950
	可塑	$0.50 < I_L \leqslant 0.75$	850～1700	1400～2200	1900～2800	2300～3600	350～450	450～600	600～750	750～800	500～700	800～1100	1000～1600
	硬可塑	$0.25 < I_L \leqslant 0.50$	1500～2300	2300～3300	2700～3600	3600～4400	800～900	900～1000	1000～1200	1200～1400	850～1100	1500～1700	1700～1900
	硬塑	$0 < I_L \leqslant 0.25$	2500～3800	3800～5500	5500～6000	6000～6800	1100～1200	1200～1400	1400～1600	1600～1800	1600～1800	2200～2400	2600～2800
粉土	中密	$0.75 \leqslant e \leqslant 0.9$	950～1700	1400～2100	1900～2700	2500～3400	300～500	500～650	650～750	750～850	800～1200	1200～1400	1400～1600
	密实	$e < 0.75$	1500～2600	2100～3000	2700～3600	3600～4400	650～900	750～950	900～1100	1100～1200	1200～1700	1400～1900	1600～2100
粉砂	稍密	$10 < N \leqslant 15$	1000～1600	1500～2300	1900～2700	2100～3000	350～500	450～600	600～700	650～750	500～950	1300～1600	1500～1700
	中密、密实	$N > 15$	1400～2200	2100～3000	3000～4500	3800～5500	600～750	750～900	900～1100	1100～1200	900～1000	1700～1900	1700～1900
细砂	中密、密实	$N > 15$	2500～4000	3600～5000	4400～6000	5300～7000	650～850	900～1200	1200～1500	1500～1800	1200～1600	2000～2400	2400～2700
中砂			4000～6000	5500～7000	6500～8000	7500～9000	850～1050	1100～1500	1500～1900	1900～2100	1800～2400	2800～3800	3600～4400
粗砂			5700～7500	7500～8500	8500～10000	9500～11000	1500～1800	2100～2400	2400～2600	2600～2800	2900～3600	4000～4600	4600～5200
砾砂	中密、密实	$N > 15$	6000～9500		9000～10500		1400～2000		2000～3200		3500～5000		
角砾、圆砾		$N_{63.5} > 10$	7000～10000		9500～11500		1800～2200		2200～3600		4000～5500		
碎石、卵石		$N_{63.5} > 10$	8000～11000		10500～13000		2000～3000		3000～4000		4500～6500		
全风化软质岩		$30 < N \leqslant 50$	4000～6000				1000～1600				1200～2000		
全风化硬质岩		$30 < N \leqslant 50$	5000～8000				1200～2000				1400～2400		
强风化软质岩		$N_{63.5} > 10$	6000～9000				1400～2200				1600～2600		
强风化硬质岩		$N_{63.5} > 10$	7000～11000				1800～2800				2000～3000		

注：1. 砂土和碎石类土中桩的极限端阻力取值，宜综合考虑土的密实度，桩端进入持力层的深径比 h_b/d，土愈密实，h_b/d 愈大，取值愈高；

2. 预制桩的岩石极限端阻力指桩端支承于中、微风化基岩表面或进入强风化岩、软质岩一定深度条件下极限端阻力；

3. 全风化、强风化软质岩和全风化、强风化硬质岩指其母岩分别为 $f_{rk} \leqslant 15MPa$、$f_{rk} > 30MPa$ 的岩石。

(2) 非常规桩基单桩极限承载力

1) 大直径桩

根据土的物理指标与承载力参数之间的经验关系，确定大直径桩单桩极限承载力标准值时，可按下式计算：

$$Q_{uk}=Q_{sk}+Q_{pk}=u\sum \psi_{si}q_{sik}l_i+\psi_p q_{pk}A_p \tag{10-84}$$

式中 q_{sik}——桩侧第 i 层土极限侧阻力标准值，如无当地经验值时，可按表 10-75 取值，对于扩底桩变截面以上 $2d$ 长度范围不计侧阻力；

q_{pk}——桩径为 800mm 的极限端阻力标准值，对于干作业挖孔（清底干净）可采用深层载荷板试验确定；当不能进行深层载荷板试验时，可按表 10-77 取值；

ψ_{si}、ψ_p——大直径桩侧阻、端阻尺寸效应系数，可按表 10-78 取值。

u——桩身周长，当人工挖孔桩桩周护壁为振捣密实的混凝土时，桩身周长可按护壁外直径计算。

干作业挖孔桩（清底干净，D=800mm）极限端阻力标准值 q_{pk}（kPa）　　**表 10-77**

土名称		状态		
黏性土		$0.25<I_L\leqslant 0.75$	$0<I_L\leqslant 0.25$	$I_L\leqslant 0$
		800～1800	1800～2400	2400～3000
粉土			$0.75\leqslant e\leqslant 0.9$	$e<0.75$
			1000～1500	1500～2000
砂土碎石类土		稍密	中密	密实
	粉砂	500～700	800～1100	1200～2000
	细砂	700～1100	1200～1800	2000～2500
	中砂	1000～2000	2200～3200	3500～5000
	粗砂	1200～2200	2500～3500	4000～5500
	砾砂	1400～2400	2600～4000	5000～7000
	圆砾、角砾	1600～3000	3200～5000	6000～9000
	卵石、碎石	2000～3000	3300～5000	7000～11000

注：1. 当桩进入持力层的深度 h_b 分别为：$h_b\leqslant D$，$D<h_b\leqslant 4D$，$h_b>4D$ 时，q_{pk}可相应取低、中、高值；

2. 砂土密实度可根据标贯击数判定，$N\leqslant 10$ 为松散，$10<N\leqslant 15$ 为稍密，$15<N\leqslant 30$ 为中密，$N>30$ 为密实；

3. 当桩的长径比 $l/d\leqslant 8$ 时，q_{pk}宜取较低值；

4. 当对沉降要求不严时，q_{pk}可取高值。

大直径灌注桩侧阻尺寸效应系数 ψ_{si}、端阻尺寸效应系数 ψ_p　　**表 10-78**

土类型	黏性土、粉土	砂土、碎石类土
ψ_{si}	$(0.8/d)^{1/5}$	$(0.8/d)^{1/3}$
ψ_p	$(0.8/D)^{1/4}$	$(0.8/D)^{1/3}$

注：当为等直径桩时，表中 $D=d$。

2) 钢管桩单桩极限承载力

当根据土的物理指标与承载力参数之间的经验关系确定钢管桩单桩竖向极限承载力标准值时，可按下列公式计算：

$$Q_{uk}=Q_{sk}+Q_{pk}=u\sum q_{sik}l_i+\lambda_p q_{pk}A_p \tag{10-85}$$

式中　q_{sik}、q_{pk}——分别按表10-75、表10-76取，与混凝土预制桩相同值；

λ_p——桩端土塞效应系数，对于闭口钢管桩 $\lambda_p=1$，对于敞口钢管桩：当 $h_b/d<5$ 时，$\lambda_p=0.16h_b/d$，当 $h_b/d\geqslant5$ 时，$\lambda_p=0.8$；

h_b——桩端进入持力层深度；

d——钢管桩外径。

对于带隔板的半敞口钢管桩，应以等效直径 d_e 代替 d 确定 λ_p；$d_e=d/\sqrt{n}$；其中 n 为桩端隔板分割数。

3）混凝土空心桩单桩极限承载力

当根据土的物理指标与承载力参数之间的经验关系确定敞口预应力混凝土空心桩单桩竖向极限承载力标准值时，可按下列公式计算：

$$Q_{uk}=Q_{sk}+Q_{pk}=u\sum q_{sik}l_i+q_{pk}(A_j+\lambda_pA_{p1}) \tag{10-86}$$

当 $h_b/d<5$ 时，$\lambda_p=0.16h_b/d$

当 $h_b/d\geqslant5$ 时，$\lambda_p=0.8$

式中　q_{sik}、q_{pk}——分别按表10-75、表10-76取与混凝土预制桩相同值；

A_j——空心桩桩端净面积：管桩：$A_j=\frac{\pi}{4}(d^2-d_1^2)$；空心方桩：$A_j=b^2-\frac{\pi}{4}d_1^2$；

A_{p1}——空心桩敞口面积：$A_{p1}=\pi d_1^2/4$；

λ_p——桩端土塞效应系数；

d、b——空心桩外径、边长；

d_1——空心桩内径。

4）嵌岩桩单桩极限承载力

桩端置于完整、较完整基岩的嵌岩桩单桩竖向极限承载力，可按下式计算：

$$Q_{uk}=Q_{sk}+Q_{rk}=u\sum q_{sik}l_i+\zeta_rf_{rk}A_p \tag{10-87}$$

式中　Q_{sk}、Q_{rk}——分别为土的总极限侧阻力标准值、嵌岩段总极限阻力标准值；

q_{sik}——桩周第 i 层土的极限侧阻力标准值，无当地经验时，可根据成桩工艺按表10-75取值；

f_{rk}——岩石饱和单轴抗压强度标准值，黏土岩取天然湿度单轴抗压强度标准值；

ζ_r——嵌岩段侧阻和端阻综合系数，可按表10-79采用；表中数值适用于泥浆护壁成桩，对于干作业成桩（清底干净）和泥浆护壁成桩后注浆，ζ_r 应取表列数值的1.2倍。

嵌岩段侧阻和端阻综合系数 ζ_r　　**表10-79**

嵌岩深径比 h_r/d	0	0.5	1.0	2.0	3.0	4.0	5.0	6.0	7.0	8.0
极软岩、软岩	0.60	0.80	0.95	1.18	1.35	1.48	1.57	1.63	1.66	1.70
较硬岩、坚硬岩	0.45	0.65	0.81	0.90	1.00	1.04	—	—	—	—

注：1. 极软岩、软岩指 $f_{rk}\leqslant15$MPa，较硬岩、坚硬岩指 $f_{rk}>30$MPa，介于二者之间可内插取值；

2. h_r 为桩身嵌岩深度，当岩面倾斜时，以坡下方嵌岩深度为准；当 h_r/d 为非表列值时，ζ_r 可内插取值。

5）后注浆灌注桩单桩极限承载力

后注浆灌注桩的单桩极限承载力，应通过静载试验确定。在后注浆技术实施规定的条件下，其后注浆单桩极限承载力标准值可按下式估算：

$$Q_u = Q_{sk} + Q_{gsk} + Q_{gpk} = u\sum q_{sjk} l_j + u\sum \beta_{si} q_{sik} l_{gi} + \beta_p q_{pk} A_p \tag{10-88}$$

式中 Q_{sk}——后注浆非竖向增强段的总极限侧阻力标准值；

Q_{gsk}——后注浆竖向增强段的总极限侧阻力标准值；

Q_{gpk}——后注浆总极限端阻力标准值；

u——桩身周长；

l_j——后注浆非竖向增强段第 j 层土厚度；

l_{gi}——后注浆竖向增强段内第 i 层土厚度：对于泥浆护壁成孔灌注桩，当为单一桩端后注浆时，竖向增强段为桩端以上 12m；当为桩端、桩侧复式注浆时，竖向增强段为桩端以上 12m 及各桩侧注浆断面以上 12m，重叠部分应扣除；对于干作业灌注桩，竖向增强段为桩端以上、桩侧注浆断面上下各 6m；

q_{sik}、q_{sjk}、q_{pk}——分别为后注浆竖向增强段第 i 土层初始极限侧阻力标准值、非竖向增强段第 j 土层初始极限侧阻力标准值、初始极限端阻力标准值；

β_{si}、β_p——分别为后注浆侧阻力、端阻力增强系数，无当地经验时，可按表 10-80 取值。

后注浆侧阻力增强系数 β_{si}、端阻力增强系数 β_p **表 10-80**

土层名称	淤泥、淤泥质土	黏性土、粉土	粉砂、细砂	中砂	粗砂、砾砂	砾石、卵石	全风化岩、强风化岩
β_{si}	1.2～1.3	1.4～1.8	1.6～2.0	1.7～2.1	2.0～2.5	2.4～3.0	1.4～1.8
β_p		2.2～2.5	2.4～2.8	2.6～3.0	3.0～3.5	3.2～4.0	2.0～2.4

注：干作业钻、挖孔桩，β_p 按表列值乘以小于 1.0 的折减系数。当桩端持力层为黏性土或粉土时，折减系数取 0.6；为砂土或碎石土时，取 0.8。

后注浆钢导管注浆后可替代等截面、等强度的纵向主筋。

2. 桩基竖向受压承载力

《建筑桩基技术规范》JGJ 94 规定：对于端承型桩基、桩数少于 4 根的摩擦型柱下独立桩基、或由于地层土性、使用条件等因素不宜考虑承台效应时，桩基竖向受压承载力特征值应取单桩竖向承载力特征值。

对于符合下列条件之一的摩擦型桩基，宜考虑承台效应确定其桩基竖向受压承载力特征值：

（1）上部结构整体刚度较好、体形简单的建（构）筑物；

（2）对差异沉降适应性较强的排架结构和柔性构筑物；

（3）按变刚度调平原则设计的桩基刚度相对弱化区；

（4）软土地基的减沉复合疏桩基础。

考虑承台效应的桩基竖向受压承载力特征值可按下列公式确定：

不考虑地震作用时 $$R = R_a + \eta_c f_{ak} A_c \tag{10-89}$$

考虑地震作用时

$$R = R_a + \frac{\zeta_a}{1.25}\eta_c f_{ak} A_c \quad (10\text{-}90)$$

$$A_c = (A - nA_{ps})/n \quad (10\text{-}91)$$

式中　η_c——承台效应系数，可按表 10-81 取值，当承台底为可液化土、湿陷性土、高灵敏度软土、欠固结土、新填土时，沉桩引起超孔隙水压力和土体隆起时，不考虑承台效应，取 $\eta_c=0$；

f_{ak}——承台下 1/2 承台宽度且不超过 5m 深度范围内各层土的地基承载力特征值按厚度加权的平均值；

A_c——计算基桩所对应的承台底净面积；

A_{ps}——为桩身截面面积；

A——为承台计算域面积。对于柱下独立桩基，A 为承台总面积；对于桩筏基础，A 为柱、墙筏板的 1/2 跨距和悬臂边 2.5 倍筏板厚度所围成的面积；桩集中布置于单片墙下的桩筏基础，取墙两边各 1/2 跨距围成的面积，按条基计算 η_c；

ζ_a——地基抗震承载力调整系数，应按现行国家标准《建筑抗震设计规范》GB 50011 采用；

n——总桩数。

承台效应系数 η_c　　**表 10-81**

B_c/l \ s_a/d	3	4	5	6	>6
≤0.4	0.06～0.08	0.14～0.17	0.22～0.26	0.32～0.38	0.50～0.80
0.4～0.8	0.08～0.10	0.17～0.20	0.26～0.30	0.38～0.44	
>0.8	0.10～0.12	0.20～0.22	0.30～0.34	0.44～0.50	
单排桩条形承台	0.15～0.18	0.25～0.30	0.38～0.45	0.50～0.60	

注：1. 表中 s_a/d 为桩中心距与桩径之比；B_c/l 为承台宽度与桩长之比。当计算基桩为非正方形排列时，$s_a=\sqrt{A/n}$，A 为承台计算域面积，n 为总桩数；
2. 对于桩布置于墙下的箱、筏承台，η_c 可按单排桩条基取值；
3. 对于单排桩条形承台，当承台宽度小于 1.5d 时，η_c 按非条形承台取值；
4. 对于采用后注浆灌注桩的承台，η_c 宜取低值；
5. 对于饱和黏性土中的挤土桩基、软土地基上的桩基承台，η_c 宜取低值的 0.8 倍。

10.4.3.2　桩基水平承载力

1. 单桩水平承载力

《建筑桩基技术规范》JGJ 94 中规定，确定单桩的水平承载力特征值应符合下列规定：

（1）对于受水平荷载较大的设计等级为甲级、乙级的建筑桩基，单桩水平承载力特征值应通过单桩水平静载试验确定，试验方法可按现行行业标准《建筑基桩检测技术规范》JGJ 106 执行。

（2）对于钢筋混凝土预制桩、钢桩、桩身配筋率不小于 0.65％的灌注桩，可根据静载试验结果取地面处水平位移为 10mm（对于水平位移敏感的建筑物取水平位移 6mm）

所对应的荷载的75%为单桩水平承载力特征值。

(3) 对于桩身配筋率小于0.65%的灌注桩，可取单桩水平静载试验的临界荷载的75%为单桩水平承载力特征值。

(4) 当缺少单桩水平静载试验资料时，可按下列公式估算桩身配筋率小于0.65%的灌注桩的单桩水平承载力特征值：

$$R_{ha}=\frac{0.75\alpha\gamma_m f_t W}{\nu_M}(1.25+22\rho_g)\left(1\pm\frac{\zeta_N\cdot N_k}{\gamma_m f_t A_n}\right) \tag{10-92}$$

式中 α——桩的水平变形系数，$\alpha=\sqrt[5]{\frac{mb_0}{EI}}$，$m$ 为桩侧土水平抗力系数的比例系数，b_0 为桩身的计算宽度，圆形桩：当直径 $d\leqslant 1$m 时，$b_0=0.9(d+1)$；方形桩：当边宽 $b\leqslant 1$m 时，$b_0=1.5b+0.5$；当边宽 $b>1$m 时，$b_0=b+1$。

EI——桩身抗弯刚度，对于钢筋混凝土桩，$EI=0.85E_cI_0$；其中 I_0 为桩身换算截面惯性矩：圆形截面为 $I_0=W_0d_0/2$；矩形截面为 $I_0=W_0d_0/2$；

R_{ha}——单桩水平承载力特征值，±号根据桩顶竖向力性质确定，压力取“+”，拉力取“−”；

γ_m——桩截面模量塑性系数，圆形截面 $\gamma_m=2$，矩形截面 $\gamma_m=1.75$；

f_t——桩身混凝土抗拉强度设计值；

W_0——桩身换算截面受拉边缘的截面模量，圆形截面为：$W_0=\frac{\pi d}{32}[d^2+2(\alpha_E-1)\rho_g d_0^2]$；方形截面为：$W_0=\frac{b}{6}[b^2+2(\alpha_E-1)\rho_g b_0^2]$，其中 d 为桩直径，d_0 为扣除保护层厚度的桩直径；b 为方形截面边长，b_0 为扣除保护层厚度的桩截面宽度；α_E 为钢筋弹性模量与混凝土弹性模量的比值；

ν_M——桩身最大弯矩系数，按表10-82取值，当单桩基础和单排桩基纵向轴线与水平力方向相垂直时，按桩顶铰接考虑；

桩顶（身）最大弯矩系数 ν_M 和桩顶水平位移系数 ν_x　　表10-82

桩顶约束情况	桩的换算埋深（αh）	ν_M	ν_x
铰接、自由	4.0	0.768	2.441
	3.5	0.750	2.502
	3.0	0.703	2.727
	2.8	0.675	2.905
	2.6	0.639	3.163
	2.4	0.601	3.526
固接	4.0	0.926	0.940
	3.5	0.934	0.970
	3.0	0.967	1.028
	2.8	0.990	1.055
	2.6	1.018	1.079
	2.4	1.045	1.095

注：1. 铰接（自由）的 ν_M 系桩身的最大弯矩系数，固接的 ν_M 系桩顶的最大弯矩系数；2. 当 $\alpha_h>4$ 时取 $\alpha_h=4.0$。

ρ_g——桩身配筋率；

A_n——桩身换算截面积。

圆形截面为：$A_n=\frac{\pi d^2}{4}[1+(\alpha_E-1)\rho_g]$；方形截面为：$A_n=b^2[1+(\alpha_E-1)\rho_g]$

ζ_N——桩顶竖向力影响系数，竖向压力取 0.5；竖向拉力取 1.0；

N_K——在荷载效应标准组合下桩顶的竖向力（kN）。

（5）当桩的水平承载力由水平位移控制，且缺少单桩水平静载试验资料时，可按下式估算预制桩、钢桩、桩身配筋率不小于 0.65%的灌注桩单桩水平承载力特征值：

$$R_{ha}=0.75\frac{\alpha^3 EI}{\nu_x}x_{0a} \tag{10-93}$$

式中 EI——桩身抗弯刚度，对于钢筋混凝土桩，$EI=0.85E_cI_0$；其中 E_c 为混凝土弹性模量，I_0 为桩身换算截面惯性矩：圆形截面为 $I_0=W_0d_0/2$；矩形截面为 $I_0=W_0d_0/2$；

x_{0a}——桩顶允许水平位移；

ν_x——桩顶水平位移系数，按表 10-82 取值，取值方法同 ν_M。

2. 桩基水平承载力

《建筑桩基技术规范》JGJ 94 中规定，桩基水平承载力特征值应考虑由承台、桩群、土相互作用产生的群桩效应，可按下列公式确定：

$$R_h=\eta_h R_{ha} \tag{10-94}$$

考虑地震作用且 $s_a/d\leqslant 6$ 时：

$$\eta_h=\eta_i\eta_r+\eta_l \tag{10-95}$$

$$\eta_i=\frac{\left(\frac{s_a}{d}\right)^{0.015n_2+0.45}}{0.15n_1+0.10n_2+1.9} \tag{10-96}$$

$$\eta_l=\frac{m\cdot x_{0a}\cdot B'_c\cdot h_c}{2\cdot n_1\cdot n_2\cdot R_{ha}} \tag{10-97}$$

其他情况：

$$\eta_h=\eta_i\eta_r+\eta_l+\eta_b \tag{10-98}$$

$$\eta_b=\frac{\mu\cdot P_c}{n_1\cdot n_2\cdot R_h} \tag{10-99}$$

$$B'_c=B_c+1\ (m) \tag{10-100}$$

$$P_c=\eta_c f_{ak}(A-nA_{ps}) \tag{10-101}$$

式中 η_h——群桩效应综合系数；

η_i——桩的相互影响效应系数；

η_r——桩顶约束效应系数（桩顶嵌入承台长度 50～100mm 时），按表 10-83 取值；

η_l——承台侧向土抗力效应系数（承台侧面回填土为松散状态时取 $\eta_l=0$）；

η_b——承台底摩阻效应系数；

s_a/d——沿水平荷载方向的距径比；

n_1，n_2——分别为沿水平荷载方向与垂直水平荷载方向每排桩中的桩数；

m——承台侧面土水平抗力系数的比例系数，当无试验资料时可按表 10-84 取值；

x_{0a}——桩顶（承台）的水平位移允许值，当以位移控制时，可取 $x_{0a}=10$mm（对水平位移敏感的结构物取 $x_{0a}=6$mm）；当以桩身强度控制（低配筋率灌注桩）时，可近似 $x_{0a}=\frac{R_{ha}\cdot\nu_x}{\alpha^3\cdot EI}$ 确定；

B'_c——承台受侧向土抗力一边的计算宽度；

B_c——承台宽度；

h_c——承台高度；

μ——承台底与基土间的摩擦系数，可按表 10-85 取值；

P_c——承台底地基土分担的竖向总荷载标准值；

η_c——与前面意义相同；

A——承台总面积；

A_{ps}——桩身截面面积。

桩顶约束效应系数 η_r **表 10-83**

换算深度 α_h	2.4	2.6	2.8	3.0	3.5	≥4.0
位移控制	2.58	2.34	2.20	2.13	2.07	2.05
强度控制	1.44	1.57	1.71	1.82	2.00	2.07

注：$\alpha=\sqrt[5]{mb_0/(EI)}$，$h$ 为桩的入土长度。

地基土水平抗力系数的比例系数 m 值 **表 10-84**

序号	地基土类别	预制桩、钢桩		灌注桩	
		m (MN/m^4)	相应单桩在地面处水平位移 (mm)	m (MN/m^4)	相应单桩在地面处水平位移 (mm)
1	淤泥；淤泥质土；饱和湿陷性黄土	2～4.5	10	2.5～6	6～12
2	流塑（$I_L>1$）、软塑（$0.75<I_L\leqslant1$）状黏性土；$e>0.9$ 粉土；松散粉细砂；松散、稍密填土	4.5～6.0	10	6～14	4～8
3	可塑（$0.25<I_L\leqslant0.75$）状黏性土、湿陷性黄土；$e=0.75\sim0.9$ 粉土；中密填土；稍密细砂	6.0～10	10	14～35	3～6
4	硬塑（$0<I_L\leqslant0.25$）、坚硬（$I_L\leqslant0$）状黏性土、湿陷性黄土；$e<0.75$ 粉土；中密的中粗砂；密实老填土	10～22	10	35～100	2～5
5	中密、密实的砾砂、碎石类土			100～300	1.5～3

注：1. 当桩顶水平位移大于表列数值或灌注桩配筋率较高（≥0.65%）时，m 值应适当降低；当预制桩的水平向位移小于 10mm 时，m 值可适当提高；

2. 当水平荷载为长期或经常出现的荷载时，应将表列数值乘以 0.4 降低采用；

3. 当地基为可液化土层时，应将表列数值乘以表 10-86 中相应的系数 ψ_l。

承台底与地基土间的摩擦系数 μ **表 10-85**

土的类别		摩擦系数 μ
黏性土	可塑	0.25～0.30
	硬塑	0.30～0.35
	坚硬	0.35～0.45

续表

土的类别		摩擦系数 μ
粉土	密实、中密（稍湿）	0.30～0.40
中砂、粗砂、砾砂		0.40～0.50
碎石土		0.40～0.60
软岩、软质岩		0.40～0.60
表面粗糙的较硬岩、坚硬岩		0.65～0.75

土层液化折减系数 ψ_l　　**表 10-86**

$\lambda_N=\frac{N}{N_{cr}}$	自地面算起的液化土层深度 d_L（m）	ψ_l
$\lambda_N\leqslant0.6$	$d_L\leqslant10$	0
	$10<d_L\leqslant20$	1/3
$0.6<\lambda_N\leqslant0.8$	$d_L\leqslant10$	1/3
	$10<d_L\leqslant20$	2/3
$0.8<\lambda_N\leqslant1.0$	$d_L\leqslant10$	2/3
	$10<d_L\leqslant20$	1.0

注：1. N 为饱和土标贯击数实测值；N_{cr} 为液化判别标贯击数临界值；λ_N 为土层液化指数；

2. 对于挤土桩当桩距小于 $4d$，且桩的排数不少于 5 排、总桩数不少于 25 根时，土层液化系数可取 2/3～1；桩间土标贯击数达到 N_{cr} 时，取 $\psi_l=1$。

10.4.3.3　桩的抗拔承载力

桩基的抗拔极限承载力值应通过现场单桩抗拔静载荷试验测定。设计等级为丙级建筑桩基，采用下压桩的静力计算公式先算出下压桩侧壁摩阻力计算值，然后乘以拔桩折减系数，即得等截面桩的抗拔承载力。对于一般性工程桩基，可按下列规定计算桩基抗拔极限承载力标准值。

群桩呈非整体破坏时，桩基的抗拔极限承载力标准值可按下式计算：

$$T_{uk}=\sum\lambda_i q_{sik}u_i l_i \tag{10-102}$$

式中　T_{uk}——基桩抗拔极限承载力标准值；

u_i——桩身周长，对于等直径桩取 $u=\pi d$；对于扩底桩按表 10-87 取值；

q_{sik}——桩侧表面第 i 层土的抗压极限侧阻力标准值，可按表 10-75 取值；

λ_i——抗拔系数，可按表 10-88 取值。

扩底桩破坏表面周长 u_i　　**表 10-87**

自桩底起算的长度 l_i	$\leqslant$（4～10）d	$>$（4～10）d
u_i	πD	πd

注：l_i 对于软土取低值，对于卵石、砾石取高值；l_i 取值按内摩擦角增大而增加。

抗拔系数 λ_i　　**表 10-88**

土类	λ 值
砂土	0.50～0.70
黏性土、粉土	0.70～0.80

注：桩长 l 与桩径 d 之比小于 20 时，λ 取小值。

群桩呈整体破坏时，桩基的抗拔极限承载力标准值可按下式计算：

$$T_{gk} = \frac{1}{n} u_l \sum \lambda_i q_{sik} l_i \tag{10-103}$$

式中 u_l——桩群外围周长；

n——总桩数。

等截面桩依据桩周土体破裂面的形状，桩的抗拔承载力计算公式如下：

(1) 圆柱状剪切破坏时的桩抗拔承载力：

$$P_u = W + \pi d \int_0^L K\bar{\gamma}\tan\bar{\varphi} dz \tag{10-104}$$

式中 P_u——桩的极限抗拔承载力；

W——钻孔桩的有效重量；

d——钻孔桩直径；

L——钻孔桩长度（入土深度）；

K——土的侧压力系数，破坏时 $K=K_u$；

γ——土的有效重度平均值；

φ——桩周土的平均有效内摩擦角。

(2) 对于锥形破坏面的抗拔承载力计算公式为：

$$P_u = \pi\bar{\gamma}L\left[\frac{d^2}{4} + \frac{dL\tan\theta}{2} + \frac{L^2\tan\theta}{3}\right] + W_c \tag{10-105}$$

对于曲线倒锥滑动面的抗拔承载力计算公式为：

$$P_u = \pi\bar{\gamma}d\frac{L^2}{2}Sk\tan\bar{\varphi} + W_c \tag{10-106}$$

式中 γ——土的有效重量；

W_c——桩基础的有效重量；

S——形状系数；

k——土侧压力系数；

$\bar{\varphi}$——土的有效内摩擦角。

扩底桩的极限抗拔承载力 P_u 由桩体侧摩阻力 Q_s、扩底部分抗拔承载力 Q_B 和桩与倒锥形土体的有效自重 W_c 组成。桩扩底部分的抗拔承载力可分两大不同性质的土类（黏性土和砂性土）分别求得

黏性土（按不排水状态考虑）：$Q_B = \frac{\pi}{4}(d_B^2 - d_S^2)N_C \cdot \omega \cdot C_u$ (10-107)

砂性土（按排水状态考虑）：$Q_B = \frac{\pi}{4}(d_B^2 - d_s^2)\bar{\sigma} \cdot N_q$ (10-108)

式中 d_B——扩大头直径；

d_S——桩杆直径；

ω——扩底扰动引起的抗剪强度折减系数；

N_C、N_q——承载力因素；

C_u——不排水抗剪强度；

$\bar{\sigma}$——有效上覆压力。

10.4.3.4 桩的负摩擦力

当桩周土层产生的沉降超过桩基的沉降时，在计算基桩承载力时应计入桩侧负摩

阻力：

（1）桩穿越较厚松散填土、自重湿陷性黄土、欠固结土、液化土层进入相对较硬土层时；

（2）桩周存在软弱土层，邻近桩侧地面承受局部较大的长期荷载，或地面大面积堆载（包括填土）时；

（3）由于降低地下水位，使桩周土有效应力增大，并产生显著压缩沉降时。

桩侧负摩阻力及其引起的下拉荷载，当无实测资料时可按下列规定计算。

1）中性点以上单桩桩周第 i 层土负摩阻力标准值，可按下列公式计算：

$$q_{si}^{n} = \xi_{ni}\sigma'_{i} \tag{10-109}$$

当填土、自重湿陷性黄土湿陷、欠固结土层产生固结和地下水降低时：$\sigma'_{i} = \sigma'_{\gamma i}$

当地面满布荷载时：$\sigma'_{i} = p + \sigma'_{\gamma i}$

$$\sigma'_{\gamma i} = \sum_{m=1}^{i-1} \gamma_{m}\Delta z_{m} + \frac{1}{2}\gamma_{i}\Delta z_{i} \tag{10-110}$$

式中　q_{si}^{n}——第 i 层土桩侧负摩阻力标准值；当按上式计算值大于正摩阻力标准值时，取正摩阻力标准值进行设计；

ξ_{ni}——桩周第 i 层土负摩阻力系数，可按表 10-89 取值；

$\sigma'_{\gamma i}$——由土自重引起的桩周第 i 层土平均竖向有效应力；桩群外围桩自地面算起，桩群内部桩自承台底算起；

σ'_{i}——桩周第 i 层土平均竖向有效应力；

γ_{i}、γ_{m}——分别为第 i 计算土层和其上第 m 土层的重度，地下水位以下取浮重度；

Δz_{i}、Δz_{m}——第 i 层土、第 m 层土的厚度；

p——地面均布荷载。

负摩阻力系数 ζ_{n}　　**表 10-89**

土类	ζ_{n}
饱和软土	0.15～0.25
黏性土、粉土	0.25～0.40
砂土	0.35～0.50
自重湿陷性黄土	0.20～0.35

注：1. 在同一类土中，对于挤土桩，取表中较大值，对于非挤土桩，取表中较小值；
2. 填土按其组成取表中同类土的较大值。

2）考虑群桩效应的桩基下拉荷载可按下式计算：

$$Q_{g}^{n} = \eta_{n} \cdot u\sum_{i=1}^{n} q_{si}^{n} l_{i} \tag{10-111}$$

$$\eta_{n} = s_{ax} \cdot s_{ay} \Big/ \left[\pi d\left(\frac{q_{s}^{n}}{\gamma_{m}} + \frac{d}{4}\right)\right] \tag{10-112}$$

式中　n——中性点以上土层数；

l_{i}——中性点以上第 i 土层的厚度；

η_{n}——负摩阻力群桩效应系数；

s_{ax}、s_{ay}——分别为纵横向桩的中心距；

q_s^n——中性点以上桩周土层厚度加权平均负摩阻力标准值；

γ_m——中性点以上桩周土层厚度加权平均重度（地下水位以下取浮重度）。

对于单桩基础或按上式计算的群桩效应系数 $\eta_n>1$ 时，取 $\eta_n=1$。

3）中性点深度 l_n 应按桩周土层沉降与桩沉降相等的条件计算确定，也可参照表10-90确定。

中性点深度 l_n **表 10-90**

持力层性质	黏性土、粉土	中密以上砂	砾石、卵石	基岩
中性点深度比 l_n/l_0	0.5～0.6	0.7～0.8	0.9	1.0

注：1. l_n、l_0—分别为自桩顶算起的中性点深度和桩周软弱土层下限深度；

2. 桩穿过自重湿陷性黄土层时，l_n 可按表列值增大10%（持力层为基岩除外）；

3. 当桩周土层固结与桩基固结沉降同时完成时，取 $l_n=0$；

4. 当桩周土层计算沉降量小于20mm时，l_n 应按表列值乘以0.4～0.8折减。

10.4.4 桩基成桩工艺的选择

桩型与成桩工艺应根据建筑结构类型、荷载性质、桩的使用功能、穿越地层、桩端持力层性质、地下水位、工程环境、施工设备、施工经验、制桩材料供应条件等，按安全适用、经济合理的原则选择，施工时可参考表10-91选用。

10.4.5 灌注桩施工

10.4.5.1 施工准备

（1）应有建筑场地岩土工程勘察报告；

（2）应对桩基工程施工图进行设计交底及图纸会审；设计交底及图纸会审记录连同施工图等应作为施工依据，并应列入工程档案；

（3）应对建筑场地和邻近区域内的地下管线、地下构筑物、地面建筑物等进行调查；

（4）应有主要施工机械及其配套设备的技术性能资料；成桩机械必须经鉴定合格，不得使用不合格机械；

（5）应有桩基工程的施工组织设计（或施工方案）和保证工程质量、安全和季节性施工的技术措施；

（6）应有水泥、砂、石、钢筋等原材料及其制品的质检报告；

（7）应有有关试桩或桩试验的参考资料；

（8）桩基施工用的供水、供电、道路、排水、临时房屋等临时设施，必须在开工前准备就绪，施工场地应进行平整处理，保证施工机械正常作业；

（9）基桩轴线的控制点和水准点应设在不受施工影响的地方。开工前，经复核后应妥善保护，施工中应经常复测；

（10）用于施工质量检验的仪表、器具的性能指标，应符合现行国家相关标准的规定。

10.4.5.2 常用机械设备

按成孔方法不同分为正反循环钻机、旋挖钻机、冲（抓）式钻机、长螺旋钻机、锤击、振动等，常用灌注桩钻孔机械型号及技术性能见本手册第6.2.4、6.4.9节中相应内容。

桩型成桩工艺选择表[44]

表 10-91

桩类			桩径 桩身（mm）	桩径 扩大头（mm）	最大桩长（m）	穿越地层 一般黏性土及其填土	穿越地层 淤泥和淤泥质土	穿越地层 粉土	穿越地层 砂土	穿越地层 碎石土	穿越地层 季节性冻土膨胀土	穿越地层 黄土 非自重湿陷性黄土	穿越地层 黄土 自重湿陷性黄土	穿越地层 中间有硬夹层	穿越地层 中间有砂夹层	穿越地层 中间有砾石夹层	桩端进入持力层 硬黏性土	桩端进入持力层 密实砂土	桩端进入持力层 碎石土	桩端进入持力层 软质岩石和风化岩石	地下水位 以上	地下水位 以下	对环境影响 振动和噪声	对环境影响 排浆	孔底有无挤密
非挤土成桩	干作业法	长螺旋钻孔灌注桩	300～800	—	28	○	×	○	△	×	○	○	△	×	△	×	○	○	△	△	○	×	无	无	无
非挤土成桩	干作业法	短螺旋钻孔灌注桩	300～800	—	20	○	×	○	△	×	○	○	×	×	△	×	○	○	×	×	○	×	无	无	无
非挤土成桩	干作业法	钻孔扩底灌注桩	300～600	800～1200	30	○	×	○	×	×	○	○	△	×	△	×	○	○	△	△	○	×	无	无	无
非挤土成桩	干作业法	机动洛阳铲成孔灌注桩	300～500	—	20	○	×	△	×	×	○	○	△	△	×	△	○	○	×	×	○	×	无	无	无
非挤土成桩	干作业法	人工挖孔扩底灌注桩	800～2000	1600～3000	30	○	×	△	△	△	○	○	○	○	△	△	○	△	△	○	○	△	无	无	无
非挤土成桩	泥浆护壁法	潜水钻成孔灌注桩	500～800	—	50	○	○	○	△	×	△	△	×	×	△	×	○	○	△	×	○	○	无	有	无
非挤土成桩	泥浆护壁法	反循环钻成孔灌注桩	600～1200	—	80	○	○	○	△	△	△	○	○	○	○	△	○	○	△	○	○	○	无	有	无
非挤土成桩	泥浆护壁法	正循环钻成孔灌注桩	600～1200	—	80	○	○	○	△	△	△	○	○	○	○	△	○	○	△	○	○	○	无	有	无
非挤土成桩	泥浆护壁法	旋挖成孔灌注桩	600～1200	—	60	○	△	○	△	△	△	○	○	○	△	△	○	○	○	○	○	○	无	有	无
非挤土成桩	泥浆护壁法	钻孔扩底灌注桩	600～1200	1000～1600	30	○	○	○	△	△	△	○	○	○	○	△	○	△	△	△	○	○	无	有	无
非挤土成桩	套管护壁	贝诺托灌注桩	800～1600	—	50	○	○	○	○	○	△	○	△	○	○	○	○	○	○	○	○	○	无	无	无
非挤土成桩	套管护壁	短螺旋钻孔灌注桩	300～800	—	20	○	○	○	○	×	△	○	△	△	△	△	○	○	△	△	○	○	无	无	无
部分挤土成桩	灌注桩	冲击成孔灌注桩	600～1200	—	50	○	△	△	△	○	△	×	×	○	○	○	○	○	○	○	○	○	有	有	无
部分挤土成桩	灌注桩	长螺旋钻孔压灌桩	300～800	—	25	○	△	○	○	△	○	○	○	△	△	△	○	○	△	△	○	△	无	无	无
部分挤土成桩	灌注桩	钻孔挤扩多支盘桩	700～900	1200～1600	40	○	○	○	△	△	△	○	○	○	○	△	○	○	△	×	○	○	无	有	无
部分挤土成桩	预制桩	预钻孔打入式预制桩	500	—	50	○	○	○	△	×	○	○	○	○	○	△	○	○	△	△	○	○	有	无	有
部分挤土成桩	预制桩	静压混凝土（预应力混凝土）敞口管桩	800	—	60	○	○	○	△	×	△	○	○	△	△	△	○	○	○	△	○	○	无	无	有
部分挤土成桩	预制桩	H型钢桩	规格	—	80	○	○	○	○	○	△	△	△	○	○	○	○	○	○	○	○	○	有	无	无
部分挤土成桩	预制桩	敞口钢管桩	600～900	—	80	○	○	○	○	△	△	○	○	○	○	○	○	○	○	○	○	○	有	无	有
挤土成桩	灌注桩	内夯沉管灌注桩	325，377	460～700	25	○	○	○	△	△	○	○	○	×	△	×	○	△	△	×	○	○	有	无	有
挤土成桩	预制桩	打入式混凝土预制桩闭口钢管桩、混凝土管桩	500×500 1000	—	60	○	○	○	△	△	△	○	○	○	○	△	○	○	△	△	○	○	有	无	有
挤土成桩	预制桩	静压桩	1000	—	60	○	○	△	△	△	△	○	△	△	△	×	○	○	△	×	○	○	无	无	有

注：表中符号○表示比较合适；△表示有可能采用；×表示不宜采用。

10.4.5.3 泥浆护壁成孔灌注桩

1. 护壁泥浆

(1) 泥浆的功能

1) 泥浆有防止孔壁坍塌的功能

在天然状态下，若竖直向下挖掘处于稳定状态的地基土，就会破坏土体的平衡状态，孔壁往往有发生坍塌的危险，泥浆则有防止发生这种坍塌的作用。主要表现在：

①泥浆的静侧压力可抵抗作用在壁上的土压力和水压力，并防止地下水的渗入。

②泥浆在孔壁上形成不透水的泥皮，从而使泥浆的静压力有效地作用在孔壁上，同时防止孔壁的剥落。

③泥浆从孔壁表面向地层内渗透到一定的范围就粘附在土颗粒上，通过这种粘附作用可降低孔壁坍塌性和透水性。

2) 泥浆有悬浮排出土渣的功能

在成孔过程中，土渣混在泥浆中，合理的泥浆密度能够将悬浮于泥浆当中的土渣，通过泥浆循环排出至泥浆池沉淀。

3) 泥浆有冷却施工机械的功能

钻进成孔时，钻具会同地基土作用产生很大热量，泥浆循环能够携带排出热量，延长施工机具的寿命。

(2) 泥浆的制备和处理

除能自行造浆的黏性土层外，均应制备泥浆。泥浆制备应选用高塑性黏土或膨润土。泥浆应根据施工机械、工艺及穿越土层情况进行配合比设计。施工期间护筒内的泥浆面应高出地下水位 1.0m 以上，在受水位涨落影响时，泥浆面应高出最高水位 1.5m 以上；在清孔过程中，应不断置换泥浆，直至灌注水下混凝土。

(3) 泥浆试验

在灌注桩工程中所使用的泥浆，必须经常保持地层和施工条件等所要求的性质。为此施工中不仅在制备泥浆时，而且在施工的各个阶段都必须测定泥浆的性质并进行质量管理。灌注混凝土前，应对泥浆相对密度、含砂率、黏度等进行测定。孔底 500mm 以内的泥浆比重应小于 1.25，含砂率不得大于 8%，黏度不得大于 28s；这里也仅对一些常用的测定试验作一介绍。

1) 密度测定

密度测定可用下面两种方法的任一种方法进行密度测定，取值为小数点后 2 位数。

①泥浆比重计；

②把泥浆放入已知容积的容器内测定泥浆的质量。泥浆相对密度计由台座上的泥浆杯和样杆组成泥浆杯内装满要测定的泥浆，盖上杯盖，刮去由盖上的小孔溢出的泥浆，把刀口支撑放在台座上。移动游码秤杆为水平状态时的刻度读数表示泥浆密度。泥浆相对密度计必须经常用测定清水的方法进行校正。校正的办法是增减秤杆端部的砝码。

2) 含砂率测定

测定泥浆的含砂量时，可用含砂量测定器。

其方法如下：

①在量筒内装人泥浆 75ml；然后加入水至 250ml，堵住量筒口，仔细晃动量筒使泥

浆混合均匀。

②把量筒内的泥浆倒在筛网（74μm）上，并用清水洗净量筒内的泥浆残渣，全部倒在筛网上。然后按压筛网上面的残渣，不能硬性地使其通过筛网。

③将斗颠倒过来插在筛网上，斗出口插入量筒口内。将整体慢慢地转动，然后用少量的水冲洗筛网内侧，使筛网上的土砂全部冲洗到量筒内，在这种状态下，使砂在量筒内沉淀。

④量筒里的沉淀物为土砂，量筒上的刻度为土砂容积，用%表示出来，作为含砂率。

3）黏度测定

漏斗黏度计主要用于现场测定泥浆的黏度。

将斗放在试验架子上，用手指堵住下面的出口，将一定量的泥浆从上面注入漏斗黏度计内。这时泥浆先通过 0.25mm 金属丝网，除去大的固体颗粒，然后移开堵住下口的手指，用秒表测定泥浆全部流出的时间。

2. 正、反循环钻孔灌注桩的适用范围

正、反循环钻孔灌注桩宜用于地下水位以下的黏性土、粉土、砂土、填土、碎石土及风化岩层；对孔深较大的端承型桩和粗粒土层中的摩擦型桩，宜采用反循环工艺成孔或清孔，也可根据土层情况采用正循环钻进，反循环清孔。

3. 正、反循环钻孔灌注桩的工艺原理

使用钻头或切削刀具成孔属于泥浆循环方式，在孔内充满泥浆的同时，用泵使泥浆在孔底与地面之间进行循环，把土渣排出地面，即泥浆除了起稳定孔壁的作用之外，还被用作排渣的手段。通过管道把泥浆压送到孔底，浆在管道的外面上升，把土渣携出地面，为正循环方式。泥浆从管道的外面自然流入或泵入孔内，然后和土渣一起被抽吸到地面上来，即反循环方式。

4. 施工工艺

(1) 材料要求

1）混凝土宜采用和易性、泌水性较好的预拌混凝土，强度等级符合设计及相关验收规范要求，初凝时间不少于 6h。灌注前坍落度宜为 180～220mm。

2）水泥强度等级不应低于 P. O. 42.5，质量符合《通用硅酸盐水泥》GB 175 的规定，并具有出厂合格证明文件和检测报告。

3）砂应选用洁净中砂，含泥量不大于 3%，质量符合《普通混凝土用砂、石质量及检验方法标准》JGJ 53 的规定。

4）石子宜优先选用质地坚硬的粒径不宜大于 30mm 的豆石或碎石，含泥量不大于 2%，质量符合《普通混凝土用砂、石质量及检验方法标准》JGJ 53 的规定。

5）煤灰宜选用Ⅰ级或Ⅱ级粉煤灰，细度分别不大于 12%和 20%，质量检验合格，掺量通过配比试验确定。

6）外加剂宜选用液体速凝剂，质量符合相关标准要求，掺量和种类根据施工季节通过配比试验确定。

7）搅拌用水应符合《混凝土用水标准》JGJ 63 的规定。

8）钢筋品种、规格、性能符合现行国家产品标准和设计要求，并有出厂合格证明文件及检测报告。主筋及加强筋规格不宜低于 HRB335 级，箍筋可选用 HPB300 级钢筋。

(2) 机具设备

主要机具设备为回转钻机，多用转盘式。钻架多用龙门式（高6～9m），钻头常用三翼或四翼式钻头、牙轮合金钻头或钢粒钻头，以前者使用较多；配套机具有钻杆、卷扬机、泥浆泵（或离心式水泵）、空气压缩机（6～9m^3/h）、测量仪器以及混凝土配制、钢筋加工系统设备等。

(3) 工艺流程（图10-39）

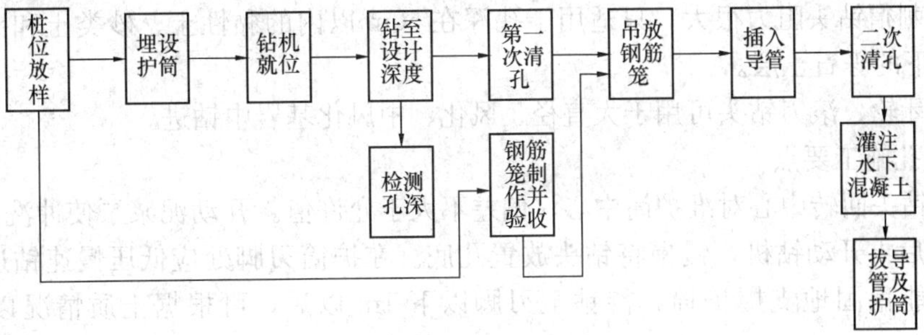

图10-39 泥浆护壁成孔灌注桩工艺流程图

(4) 主要施工方法

1) 测量放线。要由专业测量人员根据给定的控制点用“双控法”测量桩位，并用标桩标定准确。

2) 埋设护筒。泥浆护壁成孔时，宜采用孔口护筒，护筒设置应符合下列规定：

①护筒埋设应准确、稳定，护筒中心与桩位中心的偏差不得大于50mm；

②护筒可用4～8mm厚钢板制作，其内径应大于钻头直径100mm，上部宜开设1～2个溢浆孔；

③护筒的埋设深度：在黏性土中不宜小于1.0m；砂土中不宜小于1.5m。护筒下端外侧应采用黏土填实；其高度尚应满足孔内泥浆面高度的要求；

④受水位涨落影响或水下施工的钻孔灌注桩，护筒应加高加深，必要时应打入不透水层。

3) 钻机就位。钻机就位前，先平整场地，铺好枕木并用水平尺校正，保证钻机平稳、牢固。成孔设备就位后，必须平正、稳固，确保在施工过程中不发生倾斜、移动。使用双向吊锤球校正调整钻杆垂直度，必要时可使用经纬仪校正钻杆垂直度。为准确控制钻孔深度，应在桩架上作出控制深度的标尺，以便在施工中进行观测、记录。

4) 钻进。钻进参数应根据地层、桩径、砂石泵的合理排量和钻机的经济钻速等因素加以选择和调整。

①正循环钻进

a. 常用正循环回转钻机的规格、型号及技术性能见表10-92。

b. 钻头的选择

正循环钻机钻头有鱼尾钻头、笼式刮刀钻头、四翼阶梯式定心钻头、刺猬钻头、牙轮、滚刀钻头。

(a) 鱼尾钻头结构简单，与孔底接触面积小，以较小的钻压即能获得较高的钻进效率。但该钻头导向性差，遇局部阻力或侧向挤压力易偏斜。可在鱼尾钻头翼板上方加焊导向笼，形成笼式鱼尾钻头。

(b) 笼式刮刀式钻头适用于黏土、粉砂、细砂、中粗砂和含少量砾石（不多于10%）的土层，钻孔的垂直精度较高、钻头工作平稳，摆动小，扩孔率也小，破岩土效率高，应用最为广泛。

(c) 四翼阶梯式定心钻头在翼板上用螺丝固定镶有硬合金片，提高了钻头的寿命和钻进效率。适用于中等风化基岩或硬土层钻进。

(d) 刺猬钻头阻力很大，只适用于孔深在50m以内的黏性土、砂类土和夹有砾径在25mm以下的砾石土层。

(e) 牙轮、滚刀钻头可用于大直径、风化、中风化基岩中钻进。

c. 成孔施工要点

(a) 钻头回转中心对准护筒中心，偏差不大于允许值。开动泥浆泵使冲洗液循环2～3min，然后再开动钻机，慢慢将钻头放置孔底。在护筒刃脚处应低压慢速钻进，使刃脚处的地层能稳固地支撑护筒，待钻至刃脚以下1m以后，可根据土质情况以正常速度钻进。

(b) 在黏土地层钻进时，由于土层本身的造浆能力强，钻屑成泥块状，易出现钻头包泥、憋泵现象，因此要选用尖底且翼片较少的钻头，采用低钻压、快转速、大泵量的钻进工艺。

(c) 在砂层钻进时，应采用较大密度、黏度和静切力的泥浆，以提高泥浆悬浮、携带砂粒的能力。在坍塌段，必要时可向孔内投入适量黏土球，以帮助形成泥壁，避免再次坍塌。要控制钻具的升降速度和适当降低回转速度，减轻钻头上下运动对孔壁的冲刷。

(d) 在碎石土层钻进时，易引起钻具跳动、憋车、憋泵、钻头切削具崩刃、钻孔偏斜等现象，宜用低档慢速、优质泥浆、慢进尺钻进。

(e) 为保证冲洗液在外环空间的上返流速在0.25～0.3m/s，以能够携带出孔底泥砂和岩屑，要有足够的冲洗液量。

已知钻孔和钻具的直径，可按下式计算冲洗液量：

$$Q = 4.71 \times 10^4 (D^2 - d^2) v \tag{10-113}$$

式中 Q——冲洗液量（L/min）；

D——钻孔直径，通常按钻头直径计算（m）；

d——钻具外径（m）；

v——冲洗液上返流速（m/s）。

(f) 钻速的选择除了满足破碎岩土的扭矩的需要，还要考虑钻头不同部位的磨耗情况，按下式计算：

$$n = 60V/\pi D \tag{10-114}$$

式中 n——转速（rpm）；

D——钻头直径（m）；

V——钻头线速度，0.8～2.5m/s。

式中钻头线速度的取值如下：在松散的第四系地层和软土中钻进时取大值；在硬岩中钻进时取小值；钻头直径大时取小值，钻头直径小时取大值。

根据经验数据，一般地层钻进时，转速范围40～80 r/min，钻孔直径小、黏性土层取高值，钻孔直径大、砂性土层取低值；较硬或非匀质土层转速可相应减少到 20～40 r/min。

(g) 钻压的确定原则：

a) 在土层中钻进时，钻进压力应保证冲洗液畅通、钻渣清除及时为前提，灵活加以掌握。

b) 在基岩钻进时，要保证每颗（或每组）硬质合金切削具上具有足够的压力。在此压力下，硬质合金钻头能有效地切入并破碎岩石，同时又不会过快的磨钝、损坏。应根据钻头上硬质合金片的数量和每颗硬质合金片的允许压力计算出总压力。

②反循环钻进

a. 常用反循环回转钻机的规格、型号及技术性能见表 6-13。

b. 钻头的选择

反循环钻机钻头有锥形三翼钻头、筒式捞石钻头、牙轮钻头等。

(a) 锥形三翼钻头结构简单，回转稳定，聚渣作用好，适用于土层、砂层、砂砾层，是大口径反循环桩孔施工中最广泛使用的一种钻头。同时还可以根据需要，适当加以改进。

(b) 筒式捞石钻头适用于砂砾、砂卵石层。细小的砂砾在冲洗液的作用下，沿活动棚进入筒内上升排往地面；大块的卵石则被暂时积存在筒内，最后随钻头一起提至地面倒出。

(c) 牙轮钻头适用于硬岩层或非均质地层。

c. 成孔施工要点

(a) 钻头回转中心对准护筒中心，偏差不大于允许值。先启动砂石泵，待泥浆循环正常后，开动钻机慢速回转下放钻头至孔底。开始钻进时应轻压慢转，待钻头正常工作后，逐渐加大转速，调整压力，并使钻头不产生堵水。在护筒刃脚处应低压慢速钻进，使刃脚处的地层能稳固地支撑护筒，待钻至刃脚以下 1m 以后，可根据土质情况以正常速度钻进。

(b) 在钻进时，要仔细观察进尺情况和砂石泵排水出渣的情况，排量减少或出水中含钻渣量较多时，要控制钻进速度，防止因循环液比重过大而中断循环。

(c) 采用反循环在砂砾、砂卵地层中钻进时，为防止钻渣过多，卵砾石堵塞管路，可采用间断钻进、间断回转的方法来控制钻进速度。

(d) 加接钻杆时，应先停止钻进，将机具提离孔底 80～100mm，维持冲洗液循环 1～2min，以清洗孔底并将管道内的钻渣携出排净，然后停泵加接钻杆。

(e) 钻杆连接应拧紧上牢，防止螺栓、螺母、拧卸工具等掉入孔内。

(f) 钻进时如孔内出现坍孔、涌砂等异常情况，应立即将钻具提离孔底，控制泵量，保持冲洗液循环，吸除坍落物和涌砂，同时向孔内补充性能符合要求的泥浆，保持水头压力以抑制涌砂和塌孔，恢复钻进后，泵排量不宜过大，以防吸坍孔壁。

(g) 钻进达到要求孔深停钻时，仍要维持冲洗液正常循环，直到返出冲洗液的钻渣含量小于 4%时为止。起钻时应注意操作轻稳，防止钻头拖刮孔壁，并向孔内补入适量冲洗液，稳定孔内水头高度。

5) 清孔

①正循环清孔

a. 抽浆法：

(a) 空气吸泥机清孔（空气升液排渣法）是利用灌注水下混凝土的导管作为吸泥管，高压风作动力将孔内泥浆抽排走。高压风管可设在导管内也可设在导管外。将送风管通过导管插入到孔底，管子的底部插入水下至少 10m，气管与导管底部的最小距离为 2m 左右。压缩空气从气管底部喷出，搅起沉渣，沿导管排出孔外，直到达到清孔要求。为不降低孔内水位，必须不断地向孔内补充清水。

(b) 砂石泵或射流泵清孔。利用灌注水下混凝土的导管作为吸泥管，砂石泵或射流泵作动力将孔内泥浆抽排走。

b. 换浆法：

(a) 第一次沉渣处理：在终孔时停止钻具回转，将钻头提离孔底 10～20cm，维持冲洗液的循环，并向孔中注入含砂量小于 4%（相对密度 1.05～1.15）的新泥浆或清水，令钻头在原位空转 10～30min 左右，直至达到清孔要求为止。

(b) 第二次沉渣处理：在钢筋笼和下料导管放入孔内至灌注混凝土以前进行第二次沉渣处理，通常利用混凝土导管向孔内压入相对密度 1.15 左右的泥浆，把孔底在下钢筋笼和导管的过程中再次沉淀的钻渣置换出。

②反循环清孔

a. 第一次沉渣处理：在终孔时停止钻具回转，将钻头提离孔底 10～20cm，维持冲洗液的循环，并向孔中注入含砂量小于 4%（相对密度 1.05～1.15）的新泥浆或清水，令钻头在原位空转 10～30min 左右，直至达到清孔要求为止。

b. 第二次沉渣处理：（空气升液排渣法）是利用灌注水下混凝土的导管作为吸泥管，高压风作动力将孔内泥浆抽排走。基本要求与正循环法清孔相同。

③孔底沉渣厚度

灌注混凝土之前，孔底沉渣厚度指标应符合下列规定：

a. 对端承型桩，不应大于 50mm；

b. 对摩擦型桩，不应大于 100mm；

c. 对抗拔、抗水平力桩，不应大于 200mm。

6) 钢筋笼加工及安放

①钢筋笼制作

a. 钢筋笼的加工场地应选择在运输和就位比较方便的场所，最好设置在现场内。

b. 钢筋的种类、型号及规格尺寸要符合设计要求。

c. 钢筋进场后应按钢筋的不同型号、直径、长度分别堆放。

d. 钢筋笼绑扎顺序应先在架立筋（加强箍筋）上将主筋等间距布置好，再按规定的间距绑扎箍筋。箍筋、架立筋和主筋之间的接点可用电焊焊接等方法固定。在直径大于 2m 的大直径钢筋笼中，可使用角钢或扁钢作为架立筋，以增大钢筋笼刚度。

e. 钢筋笼长度一般在 8m 左右，当采取辅助措施后，可加长到 12m 左右。

f. 钢筋笼下端部的加工应适应钻孔情况。

g. 为确保桩身混凝土保护层的厚度，一般应在主筋外侧安设钢筋定位器或滚轴垫块。

h. 钢筋笼堆放应考虑安装顺序，钢筋笼变形和防止事故等因素，以堆放两层为好，如果采取措施可堆放三层。

②钢筋笼安放

a. 钢筋笼安放要对准孔位，扶稳、缓慢，避免碰撞井壁，到位后立即固定。

b. 大直径桩的钢筋笼要使用吨位适应的吊车将钢筋笼吊入孔内。在吊装过程中，要防止钢筋笼发生变形。

c. 当钢筋笼需要接长时，要先将第一段钢筋笼放入孔中，利用其上部架立筋暂时固定在护筒上部，然后吊起第二段钢筋笼对准位置后用绑扎或焊接等方法接长后放入孔中，如此逐段接长后放入到预定位置。

d. 待钢筋笼安设完成后，要检查确认钢筋顶端的高度。

7）混凝土灌注

①灌注混凝土的导管直径宜为200～250mm，壁厚不小于3mm，分节长度视工艺要求而定，一般由2.0～2.5m，导管与钢筋应保持100mm距离，导管使用前应试拼装，以水压力0.6～1.0MPa进行试压。

②开始灌注水下混凝土时，管底至孔底的距离宜为300～500mm，并使导管一次埋入混凝土面以下0.8m以上，在以后的浇筑中，导管埋深宜为2～6m。

③桩顶灌注高度不能偏低，应使在凿除泛浆层后，桩顶混凝土要达到强度设计值。

10.4.5.4 旋挖成孔灌注桩

1. 适用范围

旋挖成孔灌注桩宜用于黏性土、粉土、砂土、填土、碎石土及风化岩层。旋挖钻成孔灌注桩应根据不同的地层情况及地下水位埋深，采用干作业成孔和泥浆护壁成孔工艺，本节主要介绍泥浆护壁旋挖钻机成孔。

2. 工艺原理

利用钻杆和钻头的旋转及重力使土屑进入钻斗，土屑装满钻斗后，提升钻斗出土，这样通过钻斗的旋转、削土、提升和出土，多次反复而成孔。

3. 施工工艺

（1）材料要求

1）混凝土宜采用和易性、泌水性较好的预拌混凝土，强度等级符合设计及相关验收规范要求，初凝时间不少于6h。灌注前坍落度宜为180～200mm。

2）水泥强度等级不应低于P.O.42.5，质量符合现行国家标准《通用硅酸盐水泥》GB 175的规定，并具有出厂合格证明文件和检测报告。

3）砂应选用洁净中砂，含泥量不大于3%，质量符合现行行业标准《普通混凝土用砂、石质量及检验方法标准》JGJ 53的规定。

4）石子宜优先选用质地坚硬的粒径不宜大于30mm的豆石或碎石，含泥量不大于2%，质量符合现行行业标准《普通混凝土用砂、石质量及检验方法标准》JGJ 53的规定。

5）煤灰宜选用Ⅰ级或Ⅱ级粉煤灰，细度分别不大于12%和20%，质量检验合格，掺量通过配比试验确定。

6）外加剂宜选用液体速凝剂，质量符合相关标准要求，掺量和种类根据施工季节通过配比试验确定。

7）搅拌用水应符合现行行业标准《混凝土用水标准》JGJ 63的规定。

8）钢筋品种、规格、性能符合现行国家产品标准和设计要求，并有出厂合格证明文件及检测报告。主筋及加强筋规格不宜低于 HRB335 级，箍筋可选用 HPB300 级钢筋。

（2）施工机具

旋挖钻机由主机、钻杆和钻头三部分组成。主机有履带式、步履式和车装式底盘。常用旋挖钻机的规格、型号及技术性能见表 6-39。

钻头种类很多，常见的几种钻头如图 10-40 所示。

对于一般土层选用锅底式钻头，对于卵石或者密实的砂砾层则用多刃切削式钻头。对于虽被多刃切削式钻头破碎还进不了钻头中的卵石、孤石等，可采用抓斗抓取上来，为取出大孤石就要用锁定式钻头。

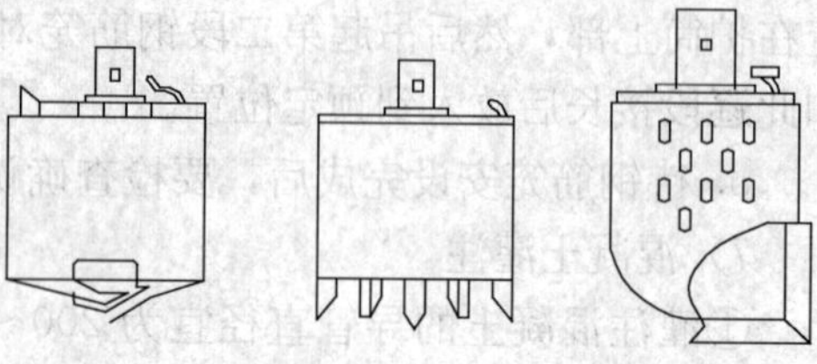

图 10-40　旋挖钻头

（a）锅底式钻头；（b）多刃切削式钻头；（c）锁定式钻头

（3）工艺流程（图 10-41）

（4）主要施工方法

1）测量放线。要由专业测量人员根据给定的控制点用“双控法”测量桩位，并用标桩标定准确。

2）钻机就位。安装旋挖钻机，成孔设备就位后，必须平正、稳固，确保在施工过程中不发生倾斜、移动。使用双向吊锤球校正调整钻杆垂直度，必要时可使用经纬仪校正钻杆垂直度。为准确控制钻孔深度，应及时用测绳量测孔深以校核钻机操作室内所显示成孔深度，同时也便于在施工中进行观测、记录。旋挖钻机施工时，应保证机械稳定、安全作业，必要时可在场地铺设能保证其安全行走和操作的钢板或垫层（路基板）。

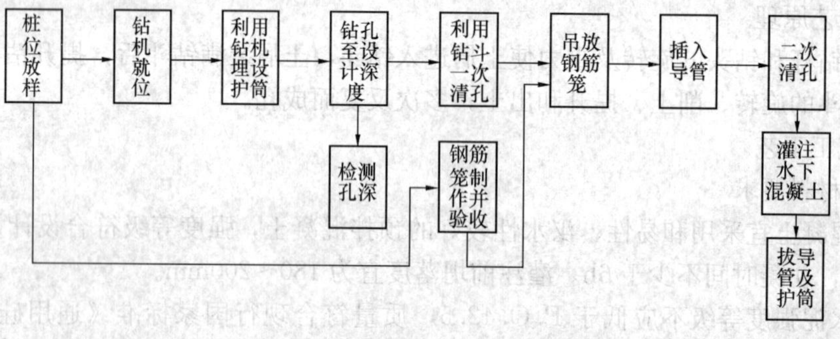

图 10-41　旋挖成孔灌注桩工艺流程图

3）钻头着地，旋转，开孔。以钻头自重并加液压作为钻进压力。

4）当钻头内装满土、砂后，将其提升上来，开始灌水。

5）旋转钻机，将钻头中的土倾斜到翻斗车上。

6）关闭钻头的活门。将钻头转回钻进地点，并将旋转体的上部固定住。

7）降落钻头。

8）埋设护筒。采用旋挖钻机成孔时，必须设置护筒。护筒埋设应准确、稳定，护筒中心与桩位中心的偏差不得大于 50mm；护筒可用 4～8mm 厚钢板制作，其内径应大于钻头直径 100mm，上部宜开设 1～2 个溢浆孔；护筒的埋设深度：在黏性土中不宜小于 1.0m；砂土中不宜小于 1.5m。护筒下端外侧应采用黏土填实；其高度尚应满足孔内泥浆面高度的要求；受水位涨落影响或水下施工的钻孔灌注桩，护筒应加高加深，必要时应打入不透水层。在埋设过程中，一般采用十字拴桩法确保护筒中心与桩位中心重合。

9）泥浆制备。泥浆护壁旋挖钻机成孔应配备成孔和清孔用泥浆及泥浆池（箱），在容易产生泥浆渗漏的土层中可采取提高泥浆相对密度、掺入锯末、增黏剂提高泥浆黏度等维持孔壁稳定的措施。泥浆制备的能力应大于钻孔时的泥浆需求量，每台套钻机的泥浆储备量不应少于单桩体积。

10）将侧面铰刀安装在钻头内侧，开始钻进。旋挖钻机成孔应采用跳挖方式，钻斗倒出的土距桩孔口的最小距离应大于6m，并应及时清除。应根据钻进速度同步补充泥浆，保持所需的泥浆面高度不变。成孔前和每次提出钻斗时，应检查钻斗和钻杆连接销子、钻斗门连接销子以及钢丝绳的状况，并应清除钻斗上的渣土。

11）清孔。钻孔达到设计深度时，应采用清孔钻头进行清孔，并测定深度。

12）测定孔壁。

13）插入钢筋笼。

14）插入导管。

15）二次清孔。

16）水下灌注混凝土。

由上述可知，12）以后同泥浆护壁成孔灌注桩。

10.4.5.5 冲（抓）成孔灌注桩

1. 适用范围

冲（抓）成孔灌注桩宜用于黏性土、粉土、砂土、填土、碎石土及风化岩层。除上述地质情况外，还能穿透旧基础、建筑垃圾填土或大孤石等障碍物。在岩溶发育地区应慎重使用，采用时，应适当加密勘察钻孔。

2. 工艺原理

冲击成孔灌注桩系用冲击式钻机或卷扬机悬吊一定重量的冲击钻头（又称冲锤）上下往复冲击，将硬质土或岩层破碎成孔，部分碎渣和泥浆挤入孔壁中，大部分成为泥渣，用掏渣筒掏出成孔，然后再灌筑混凝土成桩。

3. 施工工艺

（1）材料要求

1）混凝土宜采用和易性、泌水性较好的预拌混凝土，强度等级符合设计及相关验收规范要求，初凝时间不少于6h。灌注前坍落度宜为180～220mm。

2）水泥强度等级不应低于P.O.42.5，质量符合现行国家标准《通用硅酸盐水泥》GB 175的规定，并具有出厂合格证明文件和检测报告。

3）砂应选用洁净中砂，含泥量不大于3%，质量符合现行行业标准《普通混凝土用砂、石质量及检验方法标准》JGJ 53的规定。

4）石子宜优先选用质地坚硬的粒径不宜大于30mm的豆石或碎石，含泥量不大于2%，质量符合现行行业标准《普通混凝土用砂、石质量及检验方法标准》JGJ 53的规定。

5）煤灰宜选用Ⅰ级或Ⅱ级粉煤灰，细度分别不大于12%和20%，质量检验合格，掺量通过配比试验确定。

6）外加剂宜选用液体速凝剂，质量符合相关标准要求，掺量和种类根据施工季节通过配比试验确定。

7）搅拌用水应符合《混凝土用水标准》JGJ 63 的规定。

8）钢筋品种、规格、性能符合现行国家产品标准和设计要求，并有出厂合格证明文件及检测报告。主筋及加强筋规格不宜低于 HRB335 级，箍筋可选用 HPB300 级钢筋。

（2）机具设备

国内外常用的冲击钻机可分为钻杆冲击式和钢丝绳冲击式两种，钢丝绳冲击式应用广泛。主要设备为冲击钻孔机。冲击钻孔机主要由钻机或桩架、冲击钻头、掏渣筒、转向装置和打捞装置组成。

1）冲击钻头

冲击钻头是最主要的施工机具，它由上部接头、钻头体、导向环和底刃脚组成。钻头体提供钻头所必需的重量和冲击动能，并起导向作用；底刃脚为直接冲击破碎岩土的部件；上部接头与转向装置相连接。冲击钻头形式有十字形、一字形、工字形、人字形、圆形和管式等。其中以十字形钻头应用最广，其接触压力最大，冲击孔形较好，适用于各类土层和岩层钻头自重与钻机匹配。刃脚直径取决于设计孔径的大小。为了保证顺利成孔，钻头应具备下列性能：

①钻头重量应略小于钻机最大容许吊重，以使单位长度底刃脚上的冲击压力最大。

②有高强的耐磨底刃脚，为此钻刃必须采用工具钢或者弹簧钢，并用高锰焊条补焊。

③根据不同土质选用不同的钻头系数（表 10-92）。

钻头系数表　　**表 10-92**

土层	α（°）	β（°）	γ（°）	φ（°）
黏土、细砂	70	40	12	160
堆积层砂卵石	80	50	15	170
坚硬漂卵石	90	60	15	170

注：本表中 α、β、γ、φ 角的位置见相关规程。

④钻头截面变化要平缓，使冲击应力不集中，不易开裂折断，水口大，阻力小，冲击力大。

⑤钻头上应焊有便于打捞的装置。

2）掏渣筒

掏渣筒的主要作用是捞取被冲击钻头破碎后的孔内钻渣，主要由提梁、管体、阀门和官靴等组成。

（3）工艺流程（图 10-42）

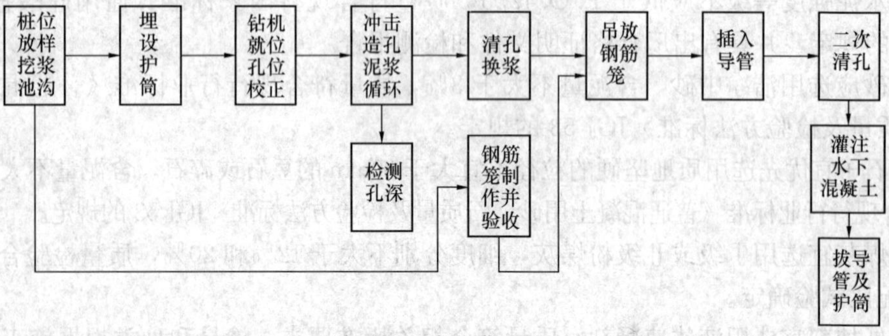

图 10-42　冲（抓）成孔灌注桩工艺流程图

(4) 主要施工方法

1) 埋设护筒。

护筒内径应比钻头直径大200mm，直径大于1m的护筒如果刚度不够时，可在顶端焊接加强圆环，在筒身外壁焊竖向加肋筋；埋设可用加压、振动、锤击等方法。

2) 安装冲击钻机。

冲击钻成孔冲击钻头的质量，一般按其冲孔直径每100mm取100～140kg为宜，一般正常悬距可取0.5～0.8m；冲击行程一般为0.78～1.5m，冲击频率为40～48次/min为宜。

3) 冲击钻进。

①大直径桩孔可分级成孔，第一级成孔直径应为设计桩径的0.6～0.8倍。开孔时，应低锤密击，当表土为淤泥、细砂等软弱土层时，可加黏土块夹小片石反复冲击造壁，孔内泥浆面应保持稳定；

②在各种不同的土层、岩层中成孔时，可按照表10-93的操作要点进行；

冲击成孔操作要点[1] **表10-93**

项目	操作要点
在护筒刃脚以下2m范围内	小冲程1m左右，泥浆相对密度1.2～1.5，软弱土层投入黏土块夹小片石
黏性土层	中、小冲程1～2m，泵入清水或稀泥浆，经常清除钻头上的泥块
粉砂或中粗砂层	中冲程2～3m，泥浆相对密度1.2～1.5，投入黏土块，勤冲、勤掏渣
砂卵石层	中、高冲程3～4m，泥浆相对密度1.3左右，勤掏渣
软弱土层或塌孔回填重钻	小冲程反复冲击，加黏土块夹小片石，泥浆相对密度1.3～1.5

注：1. 土层不好时提高泥浆比重或加黏土块；
2. 防粘钻可投入碎砖石；
3. 进入基岩后，应采用大冲程、低频率冲击，当发现成孔偏移时，应回填片石至偏孔上方300～500mm处，然后重新冲孔；
4. 当遇到孤石时，可预爆或采用高低冲程交替冲击，将大孤石击碎或挤入孔壁；
5. 应采取有效的技术措施防止扰动孔壁、塌孔、扩孔、卡钻和掉钻及泥浆流失等事故；冲孔中遇到斜孔、弯孔、梅花孔、塌孔及护筒周围冒浆、失稳等情况时，应停止施工，采取措施后方可继续施工；
6. 每钻进4～5m应验孔一次，在更换钻头前或容易缩孔处，均应验孔；
7. 进入基岩后，非桩端持力层每钻进300～500mm和桩端持力层每钻进100～300m时，应清孔取样一次，并应作记录。

4) 清除沉渣。

排渣可采用泥浆循环或抽渣筒等方法。前者是将输浆管插入孔底，泥浆在孔内向上流动，将残渣带出孔外，本法造孔工效高，护壁效果好，泥浆较易处理，但对孔深时，循环泥浆的压力和流量要求高，较难实施，故只适于在浅孔应用。抽渣筒法，是用一个下部带活门的钢筒，将其放到孔底，作上下来回活动，提升高度在2m左右，当抽筒向下活动时，活门打开，残渣进入筒内；向上运动时，活门关闭，可将孔内残渣抽出孔外。排渣时，必须及时向孔内补充泥浆，以防亏浆造成孔内坍塌。

5) 清孔。

①不易塌孔的桩孔，可采用空气吸泥清孔；

②稳定性差的孔壁应采用泥浆循环或抽渣筒排渣，清孔后灌注混凝土之前的泥浆指标：孔底500mm以内的泥浆相对密度应小于1.25；含砂率不得大于8%；黏度不得大于28s；

③清孔时，孔内泥浆面应高出地下水位1.0m以上，在受水位涨落影响时，泥浆面应高出最高水位1.5m以上；

④灌注混凝土前，孔底沉渣允许厚度应符合下列规定：

a. 对端承型桩，不应大于50mm；

b. 对摩擦型桩，不应大于100mm；

c. 对抗拔、抗水平力桩，不应大于200mm。

此后施工程序基本上与泥浆护壁灌注桩相同，此处不再叙述。

10.4.5.6 长螺旋干作业钻孔灌注桩

1. 适用范围

长螺旋干作业钻孔灌注桩宜用于地下水位以上的黏性土、粉土、填土、中等密实以上的砂土、风化岩层。

2. 工艺原理

用长螺旋钻机的螺旋钻头，在桩位处就地切削土层，被切削土块钻屑随钻头旋转，沿着带有长螺旋叶片的钻杆上升，输送到出土器后自动排出孔外，然后装卸到翻斗车（或手推车）中运走，其成孔工艺可实现全部机械化。

3. 施工工艺

（1）材料要求

1）混凝土宜采用和易性、泌水性较好的预拌混凝土，强度等级符合设计及相关验收规范要求，初凝时间不少于6h。灌注前坍落度宜为180～220mm。

2）水泥强度等级不应低于P.O.42.5，质量符合现行国家标准《通用硅酸盐水泥》GB 175的规定，并具有出厂合格证明文件和检测报告。

3）砂应选用洁净中砂，含泥量不大于3%，质量符合现行行业标准《普通混凝土用砂、石质量及检验方法标准》JGJ 53的规定。

4）石子宜优先选用质地坚硬的粒径不宜大于30mm的豆石或碎石，含泥量不大于2%，质量符合现行行业标准《普通混凝土用砂、石质量及检验方法标准》JGJ 53的规定。

5）粉煤灰宜选用Ⅰ级或Ⅱ级粉煤灰，细度分别不大于12%和20%，质量检验合格，掺量通过配比试验确定。

6）外加剂宜选用液体速凝剂，质量符合相关标准要求，掺量和种类根据施工季节通过配比试验确定。

7）搅拌用水应符合现行行业标准《混凝土用水标准》JGJ 63的规定。

8）钢筋品种、规格、性能符合现行国家产品标准和设计要求，并有出厂合格证明文件及检测报告。主筋及加强筋规格不宜低于HRB335级，箍筋可选用HPB300级钢筋。

（2）施工机具

根据工程桩设计参数和工程地质、水文地质条件确定施工工艺，选择钻机型号及配套设备。长螺旋钻机的规格、型号及技术性能见表 6-11。

(3) 工艺流程(图 10-43)

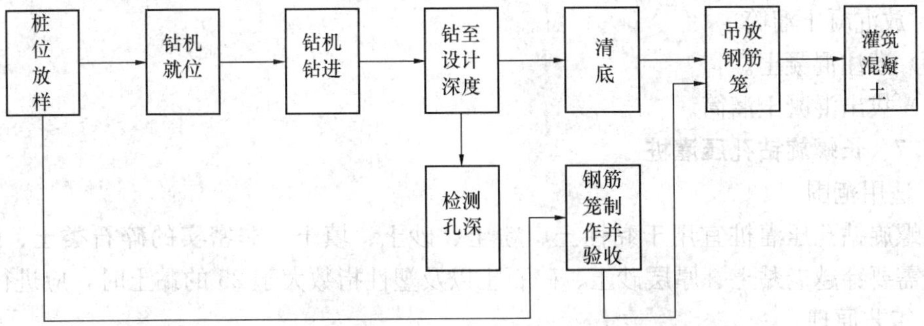

图 10-43 长螺旋干作业钻孔灌注桩工艺流程图

(4) 主要施工方法

1) 钻孔机就位:现场放线、抄平后,移动长螺旋钻机至钻孔桩位置,完成钻孔机就位。钻孔机就位时,必须保持平稳,确保施工中不发生倾斜、位移。使用双向吊锤球校正调整钻杆垂直度,必要时可使用经纬仪校正钻杆垂直度。

2) 钻进:调直机架挺杆,对好桩位(用对位圈),开动机器钻进、出土。螺旋钻进应根据地层情况,合理选择和调整钻进参数,并可通过电流表来控制进尺速度,电流值增大,说明孔内阻力增大,应降低钻进速度。开始钻进及穿过软硬土层交界处,应保持钻杆垂直,控制速度缓慢进尺,以免扩大孔径。钻进遇含有砖头瓦块卵石较多的土层,或含水量较大的软塑黏土层时,应控制钻杆跳动与机架摇晃,以免引起孔径扩大,致使孔壁附着扰动土和孔底增加回落土。当钻进中遇到卡钻,不进尺或钻进缓慢时,应停机检查,找出原因,采取措施,避免盲目钻进,导致桩孔严重倾斜、跨孔甚至卡钻、折断钻具等恶性孔内事故。遇孔内渗水、跨孔、缩颈等异常情况时,须立即采取相应的技术措施;上述情况不严重时,可调整钻进参数,投入适量黏土球,经常上下活动钻具等,保证钻进顺畅;冻土层、硬土层施工,宜采用高转速,小进尺,恒钻压钻进。钻杆在砂卵石层中钻进时,钻杆易发生跳动、晃动现象,影响成孔的垂直度,该过程必须用经纬仪严密监测,并建立控制系统,做到及时控制成孔垂直度。

3) 停止钻进,读钻孔深度:为了准确控制钻孔深度,钻进中应观测挺杆上的深度控制标尺或钻杆长度,当钻至设计孔深时,需再次观测并做好记录。

4) 孔底土清理:钻到预定的深度后,必须在孔底处进行空转清土,然后停止转动。孔底的虚土厚度超过质量标准时,要分析原因,采取措施进行处理。

5) 提起钻杆:提起钻杆时,不得曲转钻杆。

6) 检查成孔质量:用测深绳(坠)或手提灯测量孔深及虚土厚度,成孔的控制深度应符合下列要求:

①摩擦型桩:摩擦桩以设计桩长控制成孔深度。

②端承型桩:必须保证桩孔进入持力层的深度。

③端承摩擦桩:必须保证设计桩长及桩端进入持力层深度。

检查成孔垂直度、桩径,检查孔壁有无胀缩、塌陷等现象。

7) 复核桩位,移动钻机:经成孔检查后,填好桩钻孔施工记录,并将钻机移动到下一桩位。

8）下放钢筋笼。

9）放混凝土溜筒。

10）灌注混凝土。

11）拔出混凝土溜筒。

10.4.5.7　长螺旋钻孔压灌桩

1. 适用范围

长螺旋钻孔压灌桩宜用于黏性土、粉土、砂土、填土、非密实的碎石类土、强风化岩。当需要穿越老黏土、厚层砂土、碎石土以及塑性指数大于25的黏土时，应进行试钻。

2. 工艺原理

利用长螺旋钻机钻孔至设计深度，在提钻的同时利用混凝土泵通过钻杆中心通道，以一定压力将混凝土压至桩孔中，混凝土灌注到设定标高后，再借助钢筋笼自重或专用振动设备将钢筋笼插入混凝土中至设计标高，形成的钢筋混凝土灌注桩。

3. 施工工艺

（1）材料要求

1）混凝土宜采用和易性、泌水性较好的预拌混凝土，强度等级符合设计及相关验收规范要求，初凝时间不少于6h。灌注前坍落度宜为180～220mm。

2）水泥强度等级不应低于P.O42.5，质量符合现行国家标准《通用硅酸盐水泥》GB 175的规定，并具有出厂合格证明文件和检测报告。

3）砂应选用洁净中砂，含泥量不大于3%，质量符合现行行业标准《普通混凝土用砂、石质量及检验方法标准》JGJ 53的规定。

4）石子宜优先选用质地坚硬的粒径不宜大于30mm的豆石或碎石，含泥量不大于2%，质量符合现行行业标准《普通混凝土用砂、石质量及检验方法标准》JGJ 53的规定。

5）粉煤灰宜选用Ⅰ级或Ⅱ级粉煤灰，细度分别不大于12%和20%，质量检验合格，掺量通过配比试验确定。

6）外加剂宜选用液体速凝剂，质量符合相关标准要求，掺量和种类根据施工季节通过配比试验确定。

7）搅拌用水应符合现行行业标准《混凝土用水标准》(JGJ 63）的规定。

8）钢筋品种、规格、性能符合现行国家产品标准和设计要求，并有出厂合格证明文件及检测报告。主筋及加强筋规格不宜低于HRB335级，箍筋可选用HPB300级钢筋。

（2）施工机具

1）成孔设备：长螺旋钻机，动力性能满足工程地质水文地质情况、成孔直径、成孔深度要求。

2）灌注设备：混凝土输送泵，可选用45～60m^3/h规格或根据工程需要选用；连接混凝土输送泵与钻机的钢管、高强柔性管，内径不宜小于150mm。

3）钢筋笼加工设备：电焊机、钢筋切断机、直螺纹机、钢筋弯曲机等。

4）钢筋笼置入设备：振动锤、导入管、吊车等。

5）其他满足工程需要的辅助工具。

(3) 工艺流程(图 10-44)

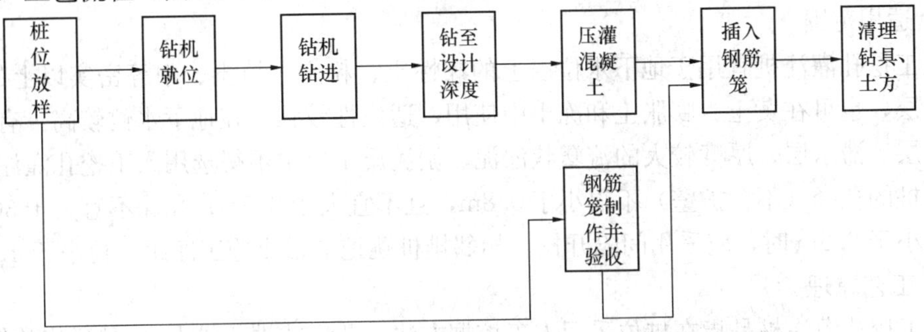

图 10-44 长螺旋钻孔压灌桩工艺流程图

(4) 主要施工方法

1) 放线定位:按桩位设计图纸要求,测设桩位轴线、定位点,并做好标记。

2) 钻机就位:钻机就位后,保持钻机平稳、调整钻塔垂直,钻杆的连接应牢固。钻机定位后,应进行复检,钻头与桩位点偏差不得大于 20mm,开孔时下钻速度应缓慢。钻机启动前应将钻杆、钻尖内的土块、残留的混凝土等清理干净。

3) 钻进成孔:钻进速度根据地层情况按成桩工艺试验确定的参数进行控制。钻机钻进过程中,不宜反转或提升钻杆,如需提升钻杆或反转应将钻杆提至地面,对钻尖开启门须重新清洗、调试、封口。桩间距小于 1.3m 的饱和粉细砂及软土层部位,宜采取跳打的方法,防止发生串孔。钻进过程中,当遇到卡钻、钻机摇晃、偏斜或发生异常声响时,应立即停钻,查明原因,采取相应措施后方可继续作业。

4) 压灌混凝土:达到设计桩底标高终孔验收后,应先泵入混凝土并停顿 10~20s,再缓慢提升钻杆。混凝土泵应根据桩径选型,混凝土输送泵管布置宜减少弯道,混凝土泵与钻机的距离不宜超过 60m。混凝土的泵送宜连续进行,边泵送混凝土边提钻,提钻速度应根据土层情况确定,且应与混凝土泵送量相匹配,保证管内有一定高度的混凝土,保持料斗内混凝土的高度不低于 400mm,并保证钻头始终埋在混凝土面以下不小于 1000mm。

5) 冬期施工应采取有效的冬施方案。压灌混凝土时,混凝土的入孔温度不得低于 5℃。气温高于 30℃时,宜在输送泵管上覆盖隔热材料,每隔一段时间应洒水降温。

6) 钢筋笼制作:按设计要求的规格、尺寸制作钢筋笼,刚度应满足振插钢筋笼的要求,钢筋笼底部应有加强构造,保证振动力有效传递至钢筋笼底部。

7) 插入钢筋笼:混凝土压灌结束后,应立即将钢筋笼插至设计深度。钢筋笼插设宜采用专用插筋器。将振动用钢管在地面水平穿入钢筋笼内,并与振动装置可靠连接,钢筋笼顶部与振动装置应进行连接。钢筋笼吊装时,应采取措施,防止变形,安放时对准孔位,并保证垂直、居中。在插入钢筋笼时,先依靠钢筋笼与导管的自重缓慢插入,当依靠自重不能继续插入时,开启振动装置,使钢筋笼下沉到设计深度,断开振动装置与钢筋笼的连接,缓慢连续振动拔出钢管。钢筋笼应连续下放,不宜停顿,下放时禁止采用直接脱钩的方法。

8) 压灌桩的充盈系数宜为 1.0~1.2。桩顶混凝土超灌高度不宜小于 0.3~0.5m。

9) 成桩后,应及时清除钻杆及泵(软)管内残留混凝土。长时间停置时,应采用清水将钻杆、泵管、混凝土泵清洗干净。

10.4.5.8　人工挖孔灌注桩

1. 适用范围

人工挖孔灌注桩宜用于地下水位以上的黏性土、粉土、填土、中等密实以上的砂土、风化岩层，也可在黄土、膨胀土和冻土中使用，适应性较强。在地下水位较高，有承压水的砂土层、滞水层、厚度较大的流塑状淤泥、淤泥质土层中不得选用人工挖孔灌注桩。人工挖孔桩的孔径（不含护壁）不得小于0.8m，且不宜大于2.5m；孔深不宜大于30m。当桩净距小于2.5m时，应采用间隔开挖。相邻排桩跳挖的最小施工净距不得小于4.5m。

2. 工艺原理

人工挖孔灌注桩是指在桩位采用人工挖掘方法成孔（或端部扩大），然后安放钢筋笼、灌注混凝土而成桩。

3. 施工工艺

（1）施工机具

人工挖孔桩的机具比较简单，主要有：

1）吊架。可用木头或钢架构成。

2）电动葫芦（或手摇辘轳）和提土筒。用于材料和弃土的垂直运输以及施工工人上下。使用的电动葫芦、吊笼等应安全可靠，并配有自动卡紧保险装置，不得使用麻绳和尼龙绳吊挂或脚踏井壁凸缘上下。电葫芦宜用按钮式开关，使用前必须检验其安全起吊能力。

3）短柄铁锹、镐、锤、钎等挖土工具。

4）护壁钢模板。

5）鼓风机和送风机。用于向桩孔中强制送入新鲜空气。当桩孔开挖深度超过10m时，应有专门向井下送风的设备，风量不宜少于25L/s。

6）应急软爬梯。桩孔内必须设置应急软爬梯供人员上下。

7）潜水泵。用于抽出桩孔中的积水。其绝缘性应完好，电缆不应漏电，检查是否有划破。有地下水应配潜水泵及胶皮软管等。

8）混凝土浇筑机具、小直径插入式振动器、串筒等。当水下浇筑混凝土时，尚应配导管、吊斗、混凝土储料斗、提升装置（卷扬机或起重机等）、浇筑架、测锤。

（2）工艺流程（图10-45）

（3）主要施工方法

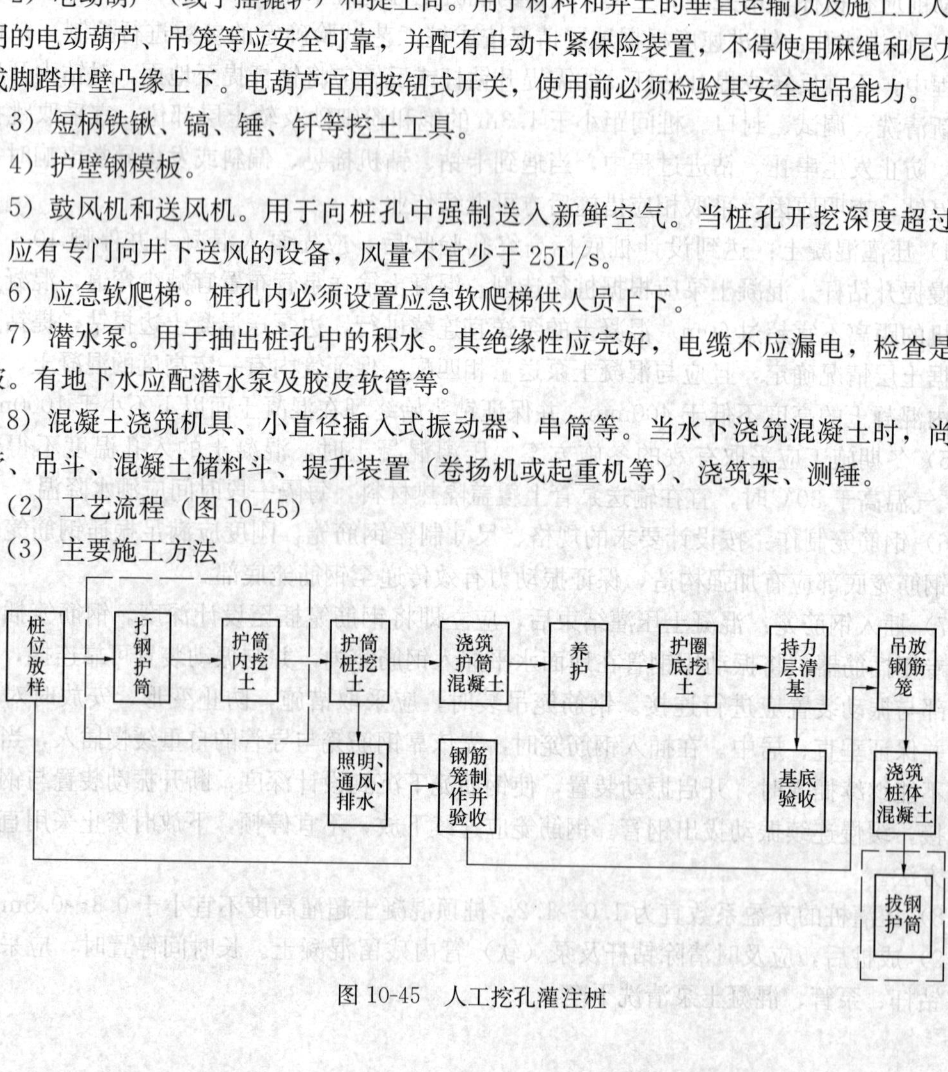

图10-45　人工挖孔灌注桩

1）混凝土护壁施工

混凝土护壁的施工是人工挖孔灌注桩成孔的关键，大量人工挖孔桩事故，大都是在灌注护壁混凝土时发生的，顺利地将护壁混凝土灌注完成，人工挖孔桩的成孔也就完成了。人工挖孔桩混凝土护壁的厚度不应小于100mm，混凝土强度等级不应低于桩身混凝土强度等级，并应振捣密实；护壁应配置直径不小于8mm的构造钢筋，竖向筋应上下搭接或拉结。

①混凝土护壁厚度计算

混凝土护壁厚度t可按下式计算：

$$T \geqslant \frac{KN}{f_c} \text{或} t \geqslant \frac{KpD}{2f_c} \tag{10-115}$$

式中 t——护壁厚度（m）；

N——作用在混凝土护壁截面上的压力（N/m^2），$N=p \times D/2$；

K——安全系数，一般取$K=1.65$；

f_c——混凝土轴心抗压强度（MPa）；

p——土和地下水对护壁的最大侧压力（MPa）。

②混凝土护壁形式

混凝土护壁形式分为外齿式和内齿式两种，如图10-46所示。

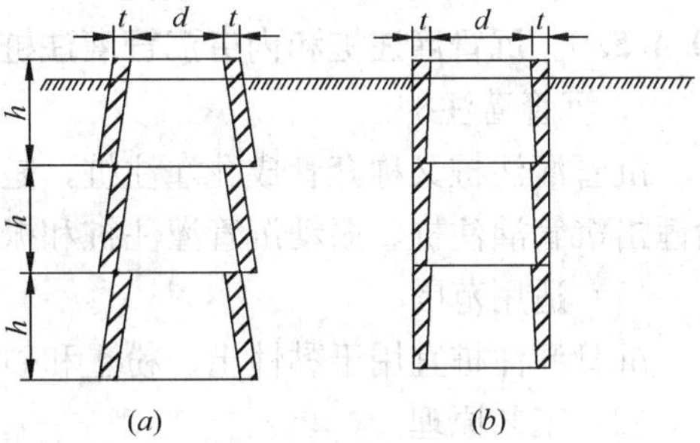

图10-46 混凝土护壁形式

（a）外齿式；（b）内齿式

开孔前，桩位应准确定位放样，在桩位外设置定位基准桩，安装护壁模板必须用桩中心点校正模板位置，并应由专人负责。第一节孔圈护壁井圈中心线与设计轴线的偏差不得大于20mm；孔圈顶面应比场地高出100～150mm，壁厚应比下面井壁厚度增加100～150mm。

③孔圈护壁施工的基本规定

孔圈护壁施工应符合下列规定：

a. 护壁的厚度、拉结钢筋、配筋、混凝土强度等级均应符合设计要求；

b. 上下节护壁的搭接长度不得小于50mm；

c. 每节护壁均应在当日连续施工完毕；

d. 护壁混凝土必须保证振捣密实，应根据土层渗水情况使用速凝剂；

e. 护壁模板的拆除应在灌注混凝土24h之后；

f. 发现护壁有蜂窝、漏水现象时，应及时补强；

g. 同一水平面上的孔圈任意直径的极差不得大于50mm；

h. 当遇有局部或厚度不大于1.5m的流动性淤泥和可能出现涌土涌砂时，护壁施工可按下列方法处理：

（a）将每节护壁的高度减小到300～500mm，并随挖、随验、随灌注混凝土；

（b）采用钢护筒或有效的降水措施。

2）桩体混凝土灌注

挖至设计标高，终孔后应清除护壁上的泥土和孔底残渣、积水，并应进行隐蔽工程验收。验收合格后，应立即封底和灌注桩身混凝土。灌注桩身混凝土时，混凝土必须通过溜槽；当落距超过 3m 时，应采用串筒，串筒末端距孔底高度不宜大于 2m；也可采用导管泵送；混凝土宜采用插入式振捣器振实。当渗水量过大时，应采取场地截水、降水或水下灌注混凝土等有效措施。严禁在桩孔中边抽水边开挖边灌注，包括相邻桩的灌注。

（4）安全措施

1）孔内必须设置应急软爬梯供人员上下；使用的电动葫芦、吊笼等应安全可靠，并配有自动卡紧保险装置，不得使用麻绳和尼龙绳吊挂或脚踏井壁凸缘上下。电动葫芦宜用按钮式开关，使用前必须检验其安全起吊能力；

2）每日开工前必须检测井下的有毒、有害气体，并应有足够的安全防范措施。当桩孔开挖深度超过 10m 时，应有专门向井下送风的设备，风量不宜少于 25L/s；

3）孔口四周必须设置护栏，护栏高度宜为 0.8m；

4）挖出的土石方应及时运离孔口，不得堆放在孔口周边 1m 范围内，机动车辆的通行不得对井壁的安全造成影响；

5）施工现场的一切电源、电路的安装和拆除必须遵守现行行业标准《施工现场临时用电安全技术规范》JGJ 46 的规定。

10.4.5.9　沉管灌注桩和内夯沉管灌注桩

1. 沉管灌注桩

沉管灌注桩又称套管成孔灌注桩，是国内广泛采用的一种灌注桩。按其成孔方法可分为锤击沉管灌注桩、振动沉管灌注桩和振动冲击沉管灌注桩。

（1）适用范围

沉管灌注桩宜用于黏性土、粉土和砂土。

（2）工艺原理

采用锤击沉管打桩机或振动沉管打桩机，将带有活瓣式桩尖、或锥形封口桩尖、或预制钢筋混凝土桩尖的钢管沉入土中，然后边灌注混凝土、边振动或边锤击边拔出钢管而形成灌注桩（图 10-47）。

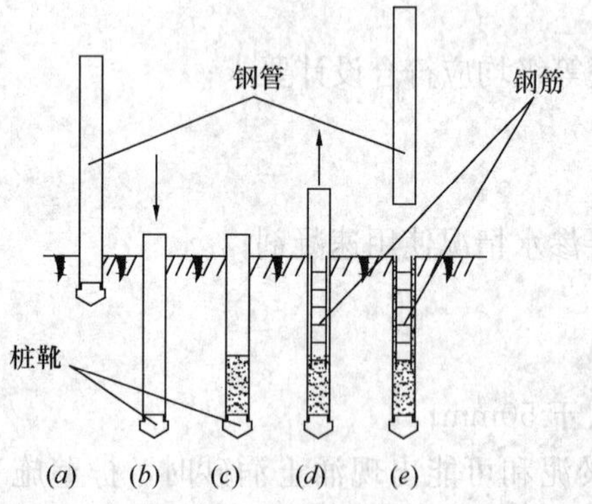

图 10-47　沉管灌注桩施工示意图

（a）就位；（b）沉套管；（c）开始灌注混凝土；（d）下钢筋骨架继续浇灌混凝土；（e）拔管成型

（3）施工工艺

1）机具设备

锤击打桩设备为一般锤击打桩机，由桩架、桩锤、落锤、柴油锤、蒸汽锤、桩管等组成，桩管直径为 270～370mm，长 8～15m。

振动沉桩设备有 DZ60 或 DZ90 型振动锤，DJB25 型步履式桩架、卷扬机、加压装置、桩管、桩尖或钢筋混凝土预制等，桩管直径为 220～370mm，长 10～28m。

配套机具设备：有下料斗，1t 机动翻斗车，强制式混凝土搅拌机，钢筋加工机械，交流电焊机，氧割装置，50 型装载机等。

2）工艺流程

放线定位→钻机就位→锤击（振动）沉管→灌注混凝土→边拔管、边锤击（振动）、边灌注混凝土→下放钢筋笼→成桩。

3）主要施工方法

①锤击沉管灌注桩

a. 锤击沉管灌注桩施工应根据土质情况和荷载要求，分别选用单打法、复打法或反插法。打沉桩机就位时，应垂直、平稳架设在打（沉）桩部位，桩锤（振动箱）应对准工程桩位，同时在桩架或套管上标出控制深度标记，以便在施工中进行套管深度观测。成桩施工顺序一般从中间开始，向两侧边或四周进行，对于群桩基础或桩的中心距小于或等于3.5d（d为桩径）时，应间隔施打，中间空出的桩，须待邻桩混凝土达到设计强度的50%后，方可施打。群桩基础的基桩施工，应根据土质、布桩情况，采取消减负面挤土效应的技术措施，确保成桩质量。

b. 桩机就位：就位后吊起桩管，对准预先埋好的预制钢筋混凝土桩尖，放置麻（草）绳垫于桩管与桩尖连接处，以作缓冲层和防地下水进入，然后缓慢放入桩管，套入桩尖压入土中；桩管、混凝土预制桩尖或钢桩尖的加工质量和埋设位置应与设计相符，桩管与桩尖的接触应有良好的密封性。采用活瓣式桩尖时，应先将桩尖活瓣用麻绳或铁丝捆紧合拢，活瓣间隙应紧密。当桩尖对准桩基中心，并核查高速套管垂直度后，利用锤击及套管自重将桩尖压入中。采用预制混凝土桩尖时，应先在桩基中心预埋好桩尖，在套管下端与桩尖接触处垫好缓冲材料。桩机就位后，吊起套管，对准桩尖，使套管、桩尖、桩锤在一条垂直线上，利用锤重及套管自重将桩尖压入土中。

c. 锤击沉管。开始沉管时应轻击慢振。锤击沉管时，可用收紧钢绳加压或加配重的方法提高沉管速率。当水或泥浆有可能进入桩管时，应事先在管内灌入1.5m左右的封底混凝土。应按设计要求和试桩情况，严格控制沉管最后贯入度。锤击沉管应测量最后二阵十击贯入度。在沉管过程中，如出现套管快速下沉或套管沉不下去的情况，应及时分析原因，进行处理。如快速下沉是因桩尖穿过硬土层进入软土层引起的，则应继续沉管作业。如沉不下去是因桩尖顶住孤石或遇到硬土层引起的，则应放慢沉管速度（轻锤低击），待越过障碍后再正常沉管。如仍沉不下去或沉管过深，最后贯入度不能满足设计要求，则应核对地质资料，会同建设单位研究处理。

d. 灌注混凝土。沉管至设计标高后，应立即检查和处理桩管内的进泥、进水和吞桩尖等情况，并立即灌注混凝土。当桩身配置局部长度钢筋笼时，第一次灌注混凝土应先灌至笼底标高，然后放置钢筋笼，再灌至桩顶标高。第一次拔管高度应以能容纳第二次灌入的混凝土量为限，不应拔得过高。在拔管过程中应采用测锤或浮标检测混凝土面的下降情况。

e. 边拔管、边锤击、边继续灌注混凝土。拔管速度应保持均匀，对一般土层拔管速度宜为1m/min，在软弱土层和软硬土层交界处拔管速度宜控制在0.3～0.8m/min；采用倒打拔管的打击次数，单动汽锤不得少于50次/min，自由落锤小落距轻击不得少于40次/min；在管底未拔至桩顶设计标高之前，倒打和轻击不得中断。第一次拔管高度不宜过高，应控制在能容纳第二次需要灌入的混凝土数量为限，以后始终保持使管内混凝土量略高于地面；

f. 下放钢筋笼。当混凝土灌至钢筋笼底标高时，放入钢筋骨架，继续浇筑混凝土及拔管，直到全管拔完为止；

g. 全长复打桩施工时应符合下列规定：

(a) 第一次灌注混凝土应达到自然地面；

(b) 拔管过程中应及时清除粘在管壁上和散落在地面上的混凝土；

(c) 初打与复打的桩轴线应重合；

(d) 复打施工必须在第一次灌注的混凝土初凝之前完成。

②振动、振动锤击沉管灌注桩

a. 振动、振动冲击沉管灌注桩应根据土质情况和荷载要求，分别选用单打法、复打法、反插法等。单打法可用于含水量较小的土层，且宜采用预制桩尖；反插法及复打法可用于饱和土层。打沉桩机就位时，应垂直、平稳架设在打（沉）桩部位，桩锤（振动箱）应对准工程桩位，同时在桩架或套管上标出控制深度标记，以便在施工中进行套管深度观测。成桩施工顺序一般从中间开始，向两侧边或四周进行，对于群桩基础或桩的中心距小于或等于 3.5d（d 为桩径）时，应间隔施打，中间空出的桩，须待邻桩混凝土达到设计强度的 50%后，方可施打。群桩基础的基桩施工，应根据土质、布桩情况，采取消减负面挤土效应的技术措施，确保成桩质量。

b. 桩机就位：将桩管对准桩位中心，桩尖活瓣合拢，放松卷扬机钢绳，利用振动机及桩管自重，把桩尖压入土中；桩管、混凝土预制桩尖或钢桩尖的加工质量和埋设位置应与设计相符，桩管与桩尖的接触应有良好的密封性。采用活瓣式桩尖时，应先将桩尖活瓣用麻绳或铁丝捆紧合拢，活瓣间隙应紧密。当桩尖对准桩基中心，并核查高速套管垂直度后，利用锤击及套管自重将桩尖压入中。采用预制混凝土桩尖时，应先在桩基中心预埋好桩尖，在套管下端与桩尖接触处垫好缓冲材料。桩机就位后，吊起套管，对准桩尖，使套管、桩尖、桩锤在一条垂直线上，利用锤重及套管自重将桩尖压入土中。

c. 振动沉管。开动振动箱，桩管即在强迫振动下迅速沉入土中。沉管过程中，应经常探测管内有无水或泥浆，如发现水或泥浆较多，应拔出桩管，用砂回填桩孔后重新沉管；如发现地下水和泥浆进入套管，一般在沉入前先灌入 1m 高左右的混凝土或砂浆，封住活瓣桩尖缝隙，然后再继续沉入。沉管时，为了适应不同土质条件，常用加压方法来调整土的自振频率，桩尖压力改变可利用卷扬机把桩架的部分重量传到桩管上加压，并根据桩管沉入速度，随时调整离合器，防止桩架抬起发生事故。在沉管过程中，如出现套管快速下沉或套管沉不下去的情况，应及时分析原因，进行处理。如快速下沉是因桩尖穿过硬土层进入软土层引起的，则应继续沉管作业。如沉不下去是因桩尖顶住孤石或遇到硬土层引起的，则应放慢沉管速度（轻锤低击或慢振），待越过障碍后再正常沉管。如仍沉不下去或沉管过深，最后贯入度不能满足设计要求，则应核对地质资料，会同建设单位研究处理，振动沉管应测量最后 2min 贯入度。

d. 振动、振动冲击沉管灌注桩单打法施工：

(a) 必须严格控制最后 30s 的电流、电压值，其值按设计要求或根据试桩和当地经验确定；

(b) 桩管内灌满混凝土后，应先振动 5～10s，再开始拔管，应边振边拔，每拔出 0.5～1.0m，停拔，振动 5～10s；如此反复，直至桩管全部拔出；

(c) 在一般土层内，拔管速度宜为 1.2～1.5m/min，用活瓣桩尖时宜慢，用预制桩尖时可适当加快；在软弱土层中宜控制在 0.6～0.8 m/min。

e. 振动、振动冲击沉管灌注桩反插法施工：

(a) 桩管灌满混凝土后，先振动再拔管，每次拔管高度 0.5～1.0m，反插深度 0.3～0.5m；在拔管过程中，应分段添加混凝土，保持管内混凝土面始终不低于地表面或高于地下水位 1.0～1.5m 以上，拔管速度应小于 0.5m/min；

(b) 在距桩尖处 1.5m 范围内，宜多次反插以扩大桩端部断面；

(c) 穿过淤泥夹层时，应减慢拔管速度，并减少拔管高度和反插深度，在流动性淤泥中不宜使用反插法。

f. 下放钢筋笼。当混凝土灌至钢筋笼底标高时，放入钢筋骨架，继续浇筑混凝土及拔管，直到全管拔完为止。

2. 内夯沉管灌注桩

(1) 适用范围

内夯沉管灌注桩，又称夯扩桩，宜用于黏性土、粉土和砂土。

(2) 工艺原理

内夯沉管灌注桩是在普通锤击沉管灌筑桩的基础上加以改进发展起来的一种新型桩，由于其扩底作用，增大了桩端支撑面积，能够充分发挥桩端持力层的承载潜力，具有较好的技术经济指标，在国内许多地区得到广泛的应用（图 10-48）。

(3) 施工工艺

1) 机具设备

沉管机械采用锤击式沉桩机或 D16～D32 筒式柴油打桩机、静力压桩机，并配有 2 台 2t 慢速卷扬机，用于拔管。

桩管由外管和内管组成。内夯管应比外管短 100mm，内夯管底端可采用闭口平底或闭口锥底。

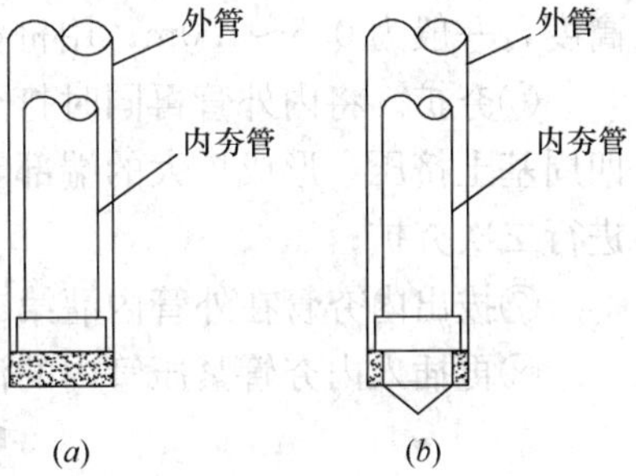

图 10-48 内夯沉管灌注桩示意图
(*a*) 平底；(*b*) 锥底内夯管

①外管封底可采用干硬性混凝土、无水混凝土配料，经夯击形成阻水、阻泥管塞，其高度可为 100mm。当内、外管间不会发生间隙涌水、涌泥时，亦可不采用上述封底措施。

②桩端夯扩头平均直径可按下列公式估算：

一次夯扩
$$D_1 = d_0\sqrt{\frac{H_1 + h_1 - C_1}{h_1}} \tag{10-116}$$

二次夯扩
$$D_2 = d_0\sqrt{\frac{H_1 + H_2 + h_2 - C_1 - C_2}{h_2}} \tag{10-117}$$

式中 D_1、D_2——第一次、第二次夯扩扩头平均直径（m）；

d_0——外管直径（m）；

H_1、H_2——第一次、第二次夯扩工序中，外管内灌注混凝土面从桩底算起的高度（m）；

h_1、h_2——第一次、第二次夯扩工序中，外管从桩底算起的上拔高度（m），分别可取 $H_1/2$，$H_2/2$；

C_1、C_2——第一次、第二次夯扩工序中，内外管同步下沉至离桩底的距离，均可取为 0.2m。

③桩身混凝土宜分段灌注；拔管时内夯管和桩锤应施压于外管中的混凝土顶面，边压边拔。

④施工前宜进行试成桩，并应详细记录混凝土的分次灌注量、外管上拔高度、内管夯击次数、双管同步沉入深度，并应检查外管的封底情况，有无进水、涌泥等，经核定后可作为施工控制依据。

2）工艺流程

放线定位→桩机就位→内、外管同步夯入土中→提升内夯管、除去防淤套管，灌筑第一批混凝土→插入内夯管，提升外管→夯扩→拔出内夯管在外管内灌注第二批混凝土。

3）主要施工方法

①放线定位。按基础平面图测放出各桩的中心位置，并用套板和撒石灰标出桩位；

②桩机就位。机架就位，在桩位垫一层150～200mm厚与灌注桩同强度等级的干硬性混凝土，放下桩管，紧压在其上面，以防回淤；

③内、外管同步夯入土中。将外桩管和内套管套叠同步打入设计深度；

④拔出内夯管并在外桩管内灌入第一批混凝土，混凝土量一般为0.1～0.3m^3；

⑤插入内夯管，提升外管。将内夯管放回外桩管中压在混凝土面上，并将外管拔起h高度，一般为0.6～1.0m；用桩锤通过内夯管将外桩管中灌入的混凝土挤出外管；

⑥夯扩。将内外管再同时打至设计要求的深度（h深处），迫使其内混凝土向下部和四周基土挤压，形成扩大的端部，完成一次夯扩。或根据设计要求，可重复以上施工程序进行二次夯扩；

⑦拔出内夯管在外管内灌第二批混凝土，一次性浇筑桩身所需的高度；

⑧再插入内夯管紧压管内的混凝土，边压边徐徐拔起外桩管，直至拔出地面。

10.4.5.10　三岔双向挤扩灌注桩（DX桩）

1. 适用范围

DX桩可作为高层建筑、一般工业与民用建筑及高耸构筑物的桩基。

承力盘应设置在可塑～硬塑状态的黏性土中，或稍密～密实状态（$N<40$）的粉土和砂土中；还可设置在密实状态（$N\geqslant40$）的粉土和砂土或中密～密实状态的卵砾石层的上层面上；底承力盘也可设置在强风化岩或残积土层的上层面上。设置承力盘的土层厚度宜大于$3d$（d为桩身设计直径），且除底承力盘外各承力盘下$2d$深度范围内不应有软弱下卧层。当底承力盘下存在软弱下卧层时，其持力层厚度不宜小于$4d$。

淤泥与淤泥质土层、松散状态的砂土层、可液化土层、湿陷性黄土层、大气影响深度以内的膨胀土层、遇水丧失承载力的强风化岩层不得作为抗压三岔双向挤扩灌注桩的承力盘和承力岔的持力土层。

承力岔设置时，选择地层的原则基本上与承力盘相同，但设置承力岔的土层厚度宜大于$2d$，且承力岔以下

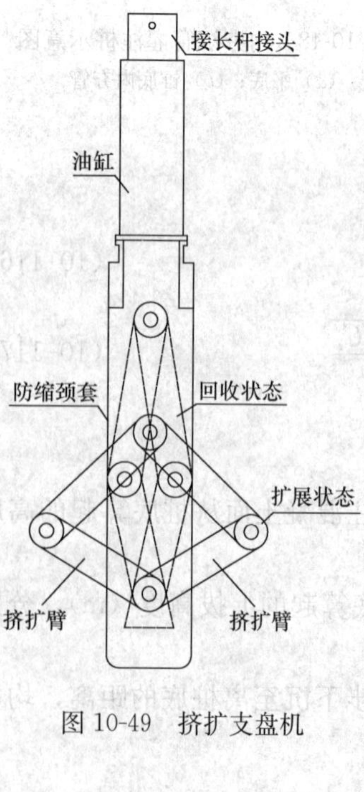

图10-49　挤扩支盘机

1d深度范围内不应有软弱下卧层。

在无成直孔条件或在桩长范围内无适合挤扩盘（岔）的土层时不应采用DX桩。

2. 工艺原理

三岔双向挤扩灌注桩是在预钻（冲）孔内，放入专用的三岔双缸双向液压挤扩装置，按承载力要求和地层土质条件在桩身的适当部位，通过挤扩装置双向油缸的内外活塞杆作大小相等方向相反的竖向位移，带动三对等长挤扩臂对土体进行水平向挤压，挤扩出互成120°夹角的三岔状或3n岔（n为同一水平面上的转位挤扩次数）状的上下对称的扩大腔，成腔后提出三岔双缸双向液压挤扩装置，放入钢筋笼，灌注混凝土，制成由桩身、承力岔、承力盘和桩根共同承载的钢筋混凝土灌注桩。

3. 施工工艺

(1) 机具设备

YZJ型液压挤扩支盘成型机由接长管、液压缸、主机、液压胶管和液压站5个部分组成，由液压站提供动力，驱动主机的平面连杆机构作往复运动，实现钻孔中支盘空间的挤扩成型（见表10-94）。

DX挤扩装置主要技术参数表[48] 表10-94

技术参数 \ 设备型号	98-400型	98-500型	98-600型	06-800型	06-1000型
适应挤扩的直孔直径（mm）	450～500	500～650	600～800	800～1200	1200～1500
承力盘公称直径（mm）	1000	1200	1550	2050	2550
承力盘设计直径（mm）	900	1000	1400	1900	2400
挤扩最大尺寸时两臂夹角（°）	70	70	70	70	70
液压系统额定工作压力（MPa）	25	25	25	25	25
油缸公称输出压力（kN）	1256	1256	2198	4270	4270
油泵流量（L/min）	25	25	63	63	63
电机功率（kW）	18.5	18.5	37	37	37

(2) 工艺流程

定位放线→桩位复核→钻机就位→钻进成孔→检测孔深→放置挤扩支盘机→挤扩支盘→盘径抽检→放置钢筋笼→测定沉渣厚度→混凝土灌注→桩养护。

(3) 主要施工方法

①成孔可采用长螺旋钻，其施工工艺与长螺旋干作业钻孔灌注桩相同。

②成孔设备就位后应平整、稳固，不得发生倾斜、移动情况。施工中，桩架或桩管上应设置控制深度标尺，并观测和记录成孔深度。

③当发生电流值波动较大、钻进缓慢、钻具摇晃时，应立即提钻检查处理。

④在孔口周围1m范围内不得堆放积土，并随时清理。

⑤钻到设计深度时，应进行空钻清土。清土后提钻时不得回钻钻具。当测量孔深符合设计要求后，方可继续施工。

⑥扩挤支盘作业应自下而上进行。

⑦支、扩成型后，第二次测量孔深时，如孔底虚土厚度大于100mm，应处理。

⑧灌注混凝土必须通过溜槽。当灌注深度超过3m时，宜用串筒，且串筒末端离孔底

高度不宜大于2m。混凝土宜采用插入式振捣器振实。当桩径较小时，可采取其他有效措施，确保混凝土灌注的质量。混凝土采用C25以上级别。

⑨在渗透性能较好、地下水位较高的粗粒土中钻进时，应避免泥浆流失，防止塌孔。

⑩钻进过程中应复核各土层的层位和厚度，并检查泥浆的相对密度，终孔后应检查孔深、孔径、垂直度、沉渣厚度和泥浆相对密度。

10.4.5.11　水下混凝土的灌注

水下混凝土灌注的方法主要有以下四种：①预填骨料的灌浆混凝土；②箱底张开法灌注混凝土；③用混凝土泵法；④用导管法。

灌注桩最常用的方法就是用导管法，本节主要介绍导管法灌注水下混凝土施工。

1. 导管法的主要机具

向水下输送混凝土用的导管；导管进料用的漏斗；初存量大时，还应配备储料斗；首批混凝土填充导管的隔离混凝土与导管内水所用的器具，如划阀、隔水栓和底盖等；升降安装导管、漏斗的设备，如灌注平台或者吊车。

2. 导管与隔水塞的设计

(1) 导管一般采用无缝钢管或者钢板卷制焊成。导管壁厚不宜小于3mm，直径宜为200～250mm；直径制作偏差不应超过2mm，导管的分节长度可视工艺要求确定，底管长度不宜小于4m，接头宜采用双螺纹方扣快速接头；

(2) 导管使用前应试拼装、试压，试水压力可取为0.6～1.0MPa；

(3) 每次灌注后应对导管内外进行清洗；

(4) 使用的隔水栓应有良好的隔水性能，并应保证顺利排出；隔水栓宜采用球胆或与桩身混凝土强度等级相同的细石混凝土制作。

3. 水下混凝土灌注

(1) 钢筋笼吊装完毕后，应安置导管或气泵管二次清孔，并应进行孔位、孔径、垂直度、孔深、沉渣厚度等检验，合格后应立即灌注混凝土。

(2) 水下灌注的混凝土应符合下列规定：

1) 水下灌注混凝土必须具备良好的和易性，配合比应通过试验确定；坍落度宜为180～220mm；水泥用量不应少于360kg/m^3（当掺入粉煤灰时水泥用量可另行确定）；

2) 水下灌注混凝土的含砂率宜为40%～50%，并宜选用中粗砂；粗骨料的最大粒径应小于40mm；粗骨料可选用卵石或碎石，其骨料粒径不得大于钢筋间距最小净距的1/3。

3) 水下灌注混凝土宜掺外加剂。

4. 水下混凝土灌注的质量控制

灌注水下混凝土的质量控制应满足下列要求：

(1) 开始灌注混凝土时，导管底部至孔底的距离宜为300～500mm；

(2) 应有足够的混凝土储备量，导管一次埋入混凝土灌注面以下不应少于0.8m；

(3) 导管埋入混凝土深度宜为2～6m。严禁将导管提出混凝土灌注面，并应控制提拔导管速度，应有专人测量导管埋深及管内外混凝土灌注面的高差，填写水下混凝土灌注记录；

(4) 灌注水下混凝土必须连续施工，每根桩的灌注时间应按初盘混凝土的初凝时间控制，对灌注过程中的故障应记录备案；

(5) 应控制最后一次灌注量，超灌高度宜为0.8～1.0m，凿除泛浆高度后必须保证暴露的桩顶混凝土强度达到设计等级。

10.4.5.12 灌注桩后注浆技术

(1) 灌注桩后注浆工法可用于各类钻、挖、冲孔灌注桩及地下连续墙的沉渣（虚土）、泥皮和桩底、桩侧一定范围土体的加固。

(2) 后注浆装置的设置应符合下列规定：

1) 后注浆导管应采用钢管，且应与钢筋笼加劲筋绑扎固定或焊接；

2) 桩端后注浆导管及注浆阀数量宜根据桩径大小设置。对于直径不大于 1200mm 的桩，宜沿钢筋笼圆周对称设置 2 根；对于直径大于 1200mm 而不大于 2500mm 的桩，宜对称设置 3 根；

3) 对于桩长超过 15m 且承载力增幅要求较高者，宜采用桩端桩侧复式注浆。桩侧后注浆管阀设置数量应综合地层情况、桩长和承载力增幅要求等因素确定，可在离桩底 5～15m 以上、桩顶 8m 以下，每隔 6～12m 设置一道桩侧注浆阀，当有粗粒土时，宜将注浆阀设置于粗粒土层下部，对于干作业成孔灌注桩宜设于粗粒土层中部；

4) 对于非通长配筋桩，下部应有不少于 2 根与注浆管等长的主筋组成的钢筋笼通底；

5) 钢筋笼应沉放到底，不得悬吊，下笼受阻时不得撞笼、墩笼、扭笼。

(3) 后注浆阀应具备下列性能：

1) 注浆阀应能承受 1MPa 以上静水压力；注浆阀外部保护层应能抵抗砂石等硬质物的刮撞而不致使管阀受损；

2) 注浆阀应具备逆止功能。

(4) 浆液配比、终止注浆压力、流量、注浆量等参数设计应符合下列规定：

1) 浆液的水灰比应根据土的饱和度、渗透性确定，对于饱和土水灰比宜为 0.45～0.65，对于非饱和土水灰比宜为 0.7～0.9（松散碎石土、砂砾宜为 0.5～0.6）；低水灰比浆液宜掺入减水剂；

2) 桩端注浆终止注浆压力应根据土层性质及注浆点深度确定，对于风化岩、非饱和黏性土及粉土，注浆压力宜为 3～10MPa；对于饱和土层注浆压力宜为 1.2～4MPa，软土宜取低值，密实黏性土宜取高值；

3) 注浆流量不宜超过 75L/min；

4) 单桩注浆量的设计应根据桩径、桩长、桩端桩侧土层性质、单桩承载力增幅及是否复式注浆等因素确定，可按下式估算：

$$G_c = \alpha_p d + \alpha_s n d \tag{10-118}$$

式中 α_p、α_s——分别为桩端、桩侧注浆量经验系数，$\alpha_p = 1.5 \sim 1.8$，$\alpha_s = 0.5 \sim 0.7$；对于卵、砾石、中粗砂取较高值；

n——桩侧注浆断面数；

d——基桩设计直径（m）；

G_c——注浆量，以水泥质量计（kg）。

对独立单桩、桩距大于 $6d$ 的群桩和群桩初始注浆的数根基桩的注浆量应按上述估算值乘以 1.2 的系数；

5) 后注浆作业开始前，宜进行注浆试验，优化并最终确定注浆参数。

（5）后注浆作业起始时间、顺序和速率应符合下列规定：

1）注浆作业宜于成桩 2d 后开始；

2）注浆作业与成孔作业点的距离不宜小于 8～10m；

3）对于饱和土中的复式注浆顺序宜先桩侧后桩端；对于非饱和土宜先桩端后桩侧；多断面桩侧注浆应先上后下；桩侧桩端注浆间隔时间不宜少于 2h；

4）桩端注浆应对同一根桩的各注浆导管依次实施等量注浆；

5）对于桩群注浆宜先外围、后内部。

（6）当满足下列条件之一时可终止注浆：

1）注浆总量和注浆压力均达到设计要求；

2）注浆总量已达到设计值的 75%，且注浆压力超过设计值。

（7）当注浆压力长时间低于正常值或地面出现冒浆或周围桩孔串浆，应改为间歇注浆，间歇时间宜为 30～60min，或调低浆液水灰比。

（8）后注浆施工过程中，应经常对后注浆的各项工艺参数进行检查，发现异常应采取相应处理措施。当注浆量等主要参数达不到设计值时，应根据工程具体情况采取相应措施。

（9）后注浆桩基工程质量检查和验收应符合下列要求：

1）后注浆施工完成后应提供水泥材质检验报告、压力表检定证书、试注浆记录、设计工艺参数、后注浆作业记录、特殊情况处理记录等资料；

2）在桩身混凝土强度达到设计要求的条件下，承载力检验应在后注浆 20d 后进行，浆液中掺入早强剂时可于注浆 15d 后进行。

10.4.5.13　质量控制

1. 成孔深度控制

成孔的控制深度应符合下列要求：

（1）摩擦型桩：摩擦桩应以设计桩长控制成孔深度；端承摩擦桩必须保证设计桩长及桩端进入持力层深度。

（2）端承型桩：当采用钻（冲），挖掘成孔时，必须保证桩端进入持力层的设计深度；当采用沉管深度控制以贯入度为主，以设计持力层标高对照为辅。

2. 灌注桩质量控制

（1）灌注桩的桩位偏差必须符合表 10-95 规定，桩顶标高至少要比设计标高高出 0.5m；每灌注 50m³ 混凝土必须有 1 组试块。对于小于 50m³ 的单柱单桩或每个承台下的桩，至少有 1 组试块。

灌注桩的平面位置和垂直度的允许偏差[44]　　**表 10-95**

序号	成孔方法		桩径允许偏差（mm）	垂直度允许偏差（%）	桩位允许偏差（mm）	
					1～3 根、单排桩基垂直于中心线方向和群桩基础的边桩	条形桩基沿中心线方向和群基础的中间桩
1	泥浆护壁钻孔桩	$d \leqslant 1000$mm	±50	<1	$d/6$，且不大于 100	$d/4$，且不大于 150
		$d > 1000$mm	±50		$100+0.01H$	$150+0.01H$
2	沉管成孔灌注桩	$d \leqslant 500$mm	−20	<1	70	150
		$d > 500$mm			100	150

续表

序号	成孔方法		桩径允许偏差（mm）	垂直度允许偏差（%）	桩位允许偏差（mm）	
					1～3根、单排桩基垂直于中心线方向和群桩基础的边桩	条形桩基沿中心线方向和群基础的中间桩
3	干成孔灌注桩		−20	＜1	70	150
4	人工挖孔桩	混凝土护壁	＋50	＜0.5	50	150
		钢套管护壁	＋50	＜1	100	200

注：1. 桩径允许偏差的负值是指个别断面；

2. 采用复打、反插法施工的桩径允许偏差不受上表限制；

3. H 为施工现场地面标高与桩顶设计标高的距离，d 为设计桩径。

（2）灌注桩的沉渣厚度：对摩擦型桩，不应大于100mm；对端承型桩，不应大于50mm。

（3）桩的静载荷载试验根数应不少于总桩数的1%，且不少于3根，当总桩数少于50根时，不应少于2根。

（4）桩身完整性检测的抽检数量：柱下三桩或三桩以下承台抽检桩数不得少于1根；设计等级为甲级，或地质条件复杂，成桩可靠性较差的灌注桩，抽检数量不应少于总桩数的30%，且不少于20根，其他桩基工程的抽检数量不应少于总桩数的20%，且不少于10根。

（5）对砂子、石子、钢材、水泥等原材料的质量，检验项目、批量和检验方法，应符合国家现行有关标准的规定。

（6）施工中应对成孔、清渣、放置钢筋笼，灌注混凝土等全过程检查；人工挖孔桩尚应复验孔底持力层土（岩）性。嵌岩桩必须有桩端持力层的岩性报造。

（7）施工结束后，应检查混凝土强度，并应做桩体质量及承载力检验。

（8）混凝土灌注桩的质量检验标准见表10-96、表10-97和表10-98。

混凝土灌注桩钢筋笼质量检验标准[44] **表10-96**

项	序	检查项目	允许偏差或允许值		检查方法
			单位	数值	
主控项目	1	主筋间距	mm	±10	用钢尺量
	2	长度	mm	±100	用钢尺量
一般项目	1	钢筋材质检验	设计要求		抽样送检
	2	箍筋间距	mm	±20	用钢尺量
	3	直径	mm	±10	用钢尺量

（9）桩基工程桩位验收应按下列规定进行：

1）当桩顶设计标高与施工场地标高相同时，或桩基施工结束后，有可能对桩位进行检查时，桩基工程的验收应在施工结束后进行。

2）当桩顶设计标高低于施工场地标高时，可对护筒位置作中间验收，待承台或底板开挖到设计标高后，再作最终验收。

混凝土灌注桩质量检验标准[44]　　**表 10-97**

项	序	检查项目	允许偏差或允许值		检查方法
			单位	数值	
主控项目	1	桩位	同表 10-98 数值		基坑开挖前量护筒，开挖后量桩中心
	2	孔深	mm	+300	只深不浅，用重锤测，或测钻杆、套管长度，嵌岩桩应确保进入设计要求的嵌岩深度
	3	桩体质量检验	按《桩基检测技术规范》。如岩芯取样，大直径嵌岩桩应钻至桩尖下 50cm		按基桩检测技术规范
	4	混凝土强度	设计要求		试块报告或钻芯取样送检
	5	承载力	按基桩检测技术规范		按基桩检测技术规范
一般项目	1	垂直度	同表 10-98 数值		测套管或钻杆，或用超声波探测。干施工时吊垂球
	2	桩径	同表 10-98 数值		井径仪或超声波检测，干施工时用尺量，人工挖孔桩不包括内衬厚度
	3	泥浆相对密度（黏土或砂性土中）		1.15～1.20	用相对密度计测，清孔后在距孔底 50cm 处取样
	4	泥浆面标高（高于地下水位）	m	0.5～1.0	目测
	5	混凝土坍落度（水下灌注） （干施工）	mm mm	160～220 70～100	坍落度仪
	6	钢筋笼安装深度	mm	±100	尺量
	7	混凝土充盈系数	>1		检查每根桩的实际灌注量
	8	桩顶标高	mm	+30 −50	水准仪，需扣除桩顶浮浆层及劣质桩体
	9	沉渣厚度：端承型桩 摩擦型桩	mm mm	≤50 ≤100	用沉渣仪或重锤测量

挤扩支盘桩质量检验标准[48]　　**表 10-98**

检查项目		允许偏差或允许值		检查方法
		单位	数值	
成孔	桩位			按现行国家标准执行
	泥浆护壁成孔			井径仪或超声波井壁测定仪
	干作业成孔			钢尺或井径仪
	孔深			重锤测量或测钻杆长度
	成孔垂直度			挤扩装置或测斜仪
清孔	虚土厚度（抗压桩）	mm	<100	重锤测量
	虚土厚度（抗拔桩）	mm	<200	重锤测量
成腔	盘径	%	4	用承力盘腔直径检测器检测
	泥浆相对密度		<1.25	用比重计

续表

检查项目		允许偏差或允许值		检查方法
		单位	数值	
钢筋笼制作	—	—	—	按现行国家标准执行
混凝土灌注	混凝土坍落度（泥浆护壁）	mm	160～220	坍落度仪
	混凝土坍落度（干法）	mm	70～100	坍落度仪
	混凝土强度	—	—	符合设计要求
	混凝土充盈系数	—	>1	检查混凝土实际灌注量
	桩顶标高	mm	－50、＋30	水准仪测量

（10）桩基工程验收时应提交下列资料：

1）岩土工程勘察报告、桩基施工图、图纸会审纪要、设计变更单及材料代用通知单等；

2）经审定的施工组织设计、施工方案及执行中的变更单；

3）桩位测量放线图，包括工程桩位线复核签证单；

4）原材料的质量合格和质量鉴定书；

5）半成品如预制桩、钢桩等产品的合格证；

6）施工记录及隐蔽工程验收文件；

7）成桩质量检查报告；

8）单桩承载力检测报告；

9）基坑挖至设计标高的基桩竣工平面图及桩顶标高图；

10）其他必须提供的文件和记录。

10.4.5.14 施工安全技术措施

1. 安全操作要求

（1）进入施工现场必须佩戴安全帽，并系下颌带，戴安全帽不系下颌带视同违章。

（2）凡从事 2m 以上无法采用可靠防护设施的高处作业人员必须系安全带。安全带应高挂低用，不得低挂高用，操作中应防止摆动碰撞，避免意外事故发生。

（3）冬、雨期施工时必须有必要的劳保用品。

（4）特殊工种包括钻机司机、装载司机、电工、信号工等必须持证上岗。

（5）施工现场的临时用电必须严格遵守现行行业标准《施工现场临时用电安全技术规范》JGJ 46 要求。

（6）遇有大雨、雪、雾和 6 级以上大风等恶劣气候，应停止作业。

（7）登高检查时挺杆下严禁站人。

（8）不能改移的地下障碍物应在地面做出标识。

2. 桩基工程安全技术措施

（1）进场前应对参施人员作好技术、安全、环保等方面的书面交底。

（2）钻机周围 5m 以内应无高压线路，作业区应有明显标志或围栏，严禁闲人入内。

（3）电缆尽量架空设置；钻机行走时一定要有专人提起电缆同行；不能架起的绝缘电缆通过道路时应采取保护措施，以免机械车辆压坏电缆，发生事故。

(4) 施工场地应按坡度不大于 1%，地基承载力小于 83kPa 的要求时应进行整平压实。

(5) 钻机所配置的电动机、卷扬机、内燃机、液压装置等应按有关安全操作规定执行。

(6) 钻机应安装漏电保护器，并保持完好状态。

(7) 钻机要站在平整坚实的平面上，其平坦度和承载力要满足钻机施工的要求。

(8) 启动前应将操纵杆放在空档位置，启动后应空档运转试验，检查仪表、制动等各项工作正常，方可作业。

(9) 在成孔施工前，认真查清邻近建（构）筑物情况，采取有效的防振安全措施，以避免成孔施工时，振坏邻近建（构）筑物，造成裂缝、倾斜，甚至倒塌事故。

(10) 成孔机械操作时安放平稳，防止作业时突然倾倒，造成人员伤亡或机械设备损坏。

(11) 钻孔时若遇卡钻，应立即切断电源，停止进钻，未查明原因前不得强行启动。

(12) 钻孔时若遇机架晃动、移动、偏斜或钻头内发生有节奏声响时，应立即停钻，经处理后方可继续下钻。

(13) 钻机作业中，电缆应有专人负责收放，如遇停电，应将控制器放置零位，切断电源，将钻头接触地面。

(14) 灌注桩成孔后在不灌注混凝土之前，用盖板封严，以免掉土或发生人身安全事故。

(15) 恶劣气候停止成孔作业，休息或作业结束时，应切断电源总开关。

10.4.5.15　文明施工与环境保护

1. 文明施工措施

(1) 文明施工管理目标

做到"五化"：亮化、硬化、绿化、美化、净化。

(2) 文明施工管理措施

1) 成立由项目经理部管理负责人为首的现场文明施工领导小组，组织领导施工现场的文明施工管理工作。

2) 根据要求设立围墙和大门，同时对现场办公区、施工区、生活区进行统一标识，做到标识书写规范、美观，现场各类标识齐全、清楚。施工现场钢筋笼加工棚等临时设施要合理布置使之符合整体布局要求，做到既有利于现场施工，又有利于现场的文明整洁。

3) 现场设置五板二图（即：施工现场安全生产管理制度板、施工现场消防保卫管理制度板、施工现场管理制度板、施工现场环境保护管理制度板、施工现场行政卫生管理制度板、施工现场总平布置图、施工现场卫生区域划分图）。

4) 现场各种料具按照施工现场总平面布置图指定位置存放，做到分类规范存放、干净整洁。施工现场所有机械设备和建筑设备应做到定位并归类码放整齐，现场道路应平整畅通。

5) 施工现场内的各种材料，根据材料性能妥善保管，采取有效的防雨、防晒、防潮、防火、防冻、防损坏等措施，易燃、易爆危险品和贵重物品要专库专管。

6) 车辆进出场地前要清好车辆轮胎，每天作业后工人将工地清扫干净。

7）施工现场严禁不文明现象发生，严禁泥浆沿地面外流。

8）严禁施工期间钻机碾压破坏和泥浆污染路面。

9）强化企业职工敬业精神并进行预防教育，做到内外协作友善，保证企业的良好形象，所有施工人员应严格要求自己，讲文明，讲礼貌，工地上严禁发生打架斗殴，酗酒闹事等不良现象，争做文明的施工人员。

10）做好施工的宣传工作，要求施工中悬挂一定数量的文明施工宣传标语标牌。

11）施工过程，现场安排劳务工专门负责清扫现场，保持工地环境整洁。

12）钢筋加工场地应清洁无污水；搬运时要轻拿轻放，减少噪声扰民。

13）施工现场严禁随地大小便，严禁吸烟，应保持清洁。

14）施工现场严禁打架斗殴，大声喧哗。

2. 环境保护管理

（1）环保目标

1）噪声排放达标：昼间<70dB，夜间<55dB。

2）防大气污染达标：施工现场扬尘、生活用锅炉烟尘的排放符合要求（扬尘达到国家二级排放规定，烟尘排放浓度<350mg/nm^3）。

3）生活及生产污水达标：污水排放符合国家、省、市的有关规定。

4）施工垃圾分类处理，尽量回收利用。

5）节约水、电、纸张等资源消耗，节约资源，保护环境。

（2）环境保护的教育与监督

1）加强对现场人员的培训与教育，提高现场人员的环保意识。

根据环境管理体系运行的要求，结合环境管理方案，对所有可能对环境产生影响的人员进行相应的培训。

①符合环境方针与程序和符合环境管理体系要求的重要性。

②个人工作对环境可能生产的影响。

③在实现环境保护要求方面的作用与职责。

④违反规定的运行程序和规定产生的不良后果。

2）加强信息交流与传送，实施有力监督

①建立项目内部环境保护信息的传递与沟通渠道，以便确认环境保护方案是否被实施，以及环境保护工作中存在的问题，从而对下一步工作及时作出决策。

②建立项目与企业总部，项目与外部主管部门的信息交流与传递渠道。按规定要求接收、传递、发放有关文件，对需回复的文件，按规定要求审核后予以回复。

3）加强文件控制，不断了解有关环保知识与法律法规

①文件要有专人负责保管，并设置专门的有效工具。

②对文件定期进行评审，与现行法律和规定不符时，及时修改。

③确保与环保有关的人员，都能得到有关文件的现行版本。

④失效文件要从所有发放和使用场所撤回或采取其他有效措施。

4）监测和测量：组织有关人员，通过定期或不定期的安全文明施工大检查来落实环境管理方案的执行情况，对环境管理体系的运行实施监督检查。

5）不符合项的纠正与预防：对安全文明施工大检查中发现的环境管理的不符合项，

由安全环境管理部门开出不符合报告，技术部门根据不符合项分析产生的原因，制定纠正措施，交专业工程师负责落实实施，安全环境管理部负责跟踪检查，对实施结果要加以确认。

(3) 噪声污染控制措施

桩基施工期间，施工机械噪声较大，为了尽量降低对办公的影响，制定措施如下：

1) 选用符合环保标准的施工机械。

2) 加强施工机械的保养维修，尽可能地降低施工噪声的排放。

3) 合理组织施工，尽量将大噪声作业安排在非上班时间和节假日。

(4) 大气污染控制措施

对扬尘控制要求严格，为了避免大气污染，制定措施如下：

1) 现场临时道路和加工场地进行硬化。对临时道路设专人负责每日洒水和清扫，保持道路清洁湿润。

2) 对于现场其他土壤裸露场地，进行绿化。

3) 施工全部采用商品混凝土，不在现场搅拌混凝土。

4) 搅拌砂浆时，为防止水泥在搅拌过程中的泄漏扬尘，现场设封闭的水泥库，并采取封闭措施将搅拌机封闭处理。

5) 水泥和其他易飞扬颗粒建筑材料应密闭存放或采取覆盖等措施，工地必须设置降尘设备，尽量采取湿式作业，现场空气尘埃含量不得超过当地环保要求规定。

(5) 固体废弃物控制措施

1) 建筑垃圾的控制

①建筑垃圾可分为可利用建筑垃圾和不可利用建筑垃圾。

②按现场平面布置图确定的建筑垃圾存放点分类堆放建筑垃圾。

③施工过程中产生的渣土、弃土、弃料、余泥、泥浆等垃圾按“可利用”、“不可利用”、“有毒害”等字样分开堆放，并进行标识。

④不可用建筑垃圾应设置垃圾池存放，稀料类垃圾采用桶类容器存放；可利用的建筑垃圾分类存放并按平面布置图中规定存放。

⑤建筑垃圾在施工现场内装卸运输时，将用水喷洒，卸到堆放场地后及时覆盖或用水喷洒，以防扬尘。遵照当地有关规定将建筑垃圾运出施工现场。

⑥有毒有害垃圾严禁任意排放，单独存放，由项目经理部与焚烧处置单位签订协议书，按协议处理。

2) 生活垃圾的控制

①生活垃圾存放在桶类容器内，不随意抛弃垃圾；有毒害垃圾将单独存放在容器内。

②生活垃圾的清运将委托合法单位承运并签订清运协议，自运时将取得外运手续如《生活弃物处置证》，按指定路线、地点倾倒。出现场前覆盖严实，不出现遗洒。

(6) 水污染控制措施

1) 开工前，在做现场总平面规划时，设计现场排水管网，并将其与市政雨水管网连接。

2) 设计现场污水管网时，确保不得与雨水管网连接。由环保管理员通知进入现场的所有单位和人员，不得将非雨水类污水排入雨水管网。

3）污水管理：施工现场的所有施工污水经过沉淀后，再排入市政污水管网。

4）施工前制定技术先进、安全有效的施工方案，制定防坍塌污染环境的措施，加强监察施工过程，及时处理隐患。施工现场泥浆和污水未经处理不得直接排入城市排水设施。

5）现场设置沉淀池，门口设置洗车槽，避免污水外流和车辆带泥上路。

（7）节约水电、纸张措施

1）节水

①施工现场安装水表，现场使用的所有水阀门均为节水型。

②对现场人员进行节水教育。

③办公区、施工区均明确一名责任人员，检查水泄漏等，杜绝长流水现象。

④施工养护用水及现场道路喷洒等用水，在降水期间，一律使用地下水；在非降水期间，喷洒者注意节约用水。

2）节电

①施工现场安装总电表，施工区及生活区安装分电表，并设专人定期抄表。

②对现场人员进行节电教育。

③在保证正常施工及安全的前提下，尽量减少夜间不必要的照明。

④办公区使用节能型照明器具，下班前，做到人走灯灭。

⑤夏季控制使用空调，在无人办公或气候适宜的情况下，不开空调。

⑥现场照明禁止使用碘钨灯，生活区严禁使用电炉。

⑦施工机械操作人员，尽量控制机械操作，减少设备的空转。

3）节约纸张

①要制定办公用品（纸张）的节约措施，通过减少浪费，节约能源达到保护环境的目的。

②推广无纸化和网上办公，须打印的文件采用双面打印。

10.4.5.16 常见施工问题及处理

1. 成孔过程中出现的问题

（1）塌孔、漏浆、流砂

产生原因：

1）护筒周围黏土封填不紧密或者护筒搁置深度不够。

2）泥浆质量不符合地层特性和施工要求；孔内泥浆面低于或过高于孔外水位。

3）在易塌孔地层内钻进，进尺太快或停在一处空转时间太长。

4）遇到透水性强或地下水流动地层

处理措施：

护筒周围必须用黏土封填紧密；钻进时及时添加泥浆，使泥浆面高于地下水位；当遇到松散地层时，依据现场试验调整泥浆密度；进尺适宜，不快不慢；如遇轻度塌孔，加大泥浆密度和提高水位。严重塌孔，用黏土泥浆投入，待孔壁稳定后采用低速钻进。

（2）钻孔偏移倾斜

产生原因：

1）桩架不稳，钻杆导架不垂直，钻杆弯曲接头不直；

2）土层软硬不均，或有孤石或大颗粒存在。

处理措施：

安装钻机时，对导杆进行水平和垂直校正，检修钻进设备，如有钻杆弯曲，及时更换。遇软硬地层时降低进尺，低速掘进。偏斜过大时，填入黏土，碎石重新掘进，慢速上下提升，往复扫孔。如有孤石，可使用钻机钻透或击碎。如遇倾斜基岩，可投入块石，用锤高频低幅密打。

（3）缩颈

产生原因：

由于黏性土层有较强的造浆能力和遇水膨胀的特性，使钻孔易于缩颈。

处理措施：

除严格控制泥浆的黏度增大外，还应适当向孔内投入部分砂砾，钻头宜采用肋骨的钻头，边钻进边上下反复扩孔，防治缩颈。

2. 钢筋笼安装过程中的问题

（1）钢筋笼偏位、变形、上浮

产生原因：

1）钢筋笼过长，未设加筋箍，刚度过低；

2）钢筋笼上未设垫块或耳环控制保护层厚度；

3）钢筋笼未垂直吊放缓慢入底；

4）孔地沉渣未清除干净；

5）混凝土导管埋深不够，当混凝土面至钢筋笼底时，造成钢筋笼上浮。

处理措施：

1）钢筋过长，应分2～3节制作，分段吊放，分段焊接或加设箍筋加强；

2）每隔一定距离设置垫块控制灌注混凝土保护层厚度；

3）孔底沉渣应置换清水或适当密度泥浆清除；

4）浇灌混凝土时，应将钢筋笼固定在孔壁上或者压住，使混凝土导管买入钢筋笼底面以下1.5m以上。

（2）吊脚桩

产生原因：

1）清孔后泥浆密度过小，孔壁坍塌或孔底涌进泥浆或未立即灌混凝土。

2）沉渣未清净，残留石渣过厚。

3）吊放钢筋骨架导管等物碰撞孔壁，使泥土塌落。

处理措施：

做好清孔工作，达到要求立即灌注混凝土，注意泥浆密度并使孔内水位经常保持高于孔外水位0.5m以上，施工注意保护孔壁，不让重物碰撞，造成孔壁坍塌。

3. 浇筑成桩过程中发生的问题

断桩

产生原因：

1）因混凝土多次浇灌不成功，出现泥质夹层而造成断桩。

2）孔壁塌方将导管卡住，强力拔管时，使泥水混入混凝土内或导管接头不良，泥水进入管内。

3）施工时因雨水等原因造成泥浆冲入管内。

处理措施：

力争混凝土一次浇灌成功，钻孔选用较大密度和黏度、胶体率好的泥浆护壁，控制进尺速度，保持孔壁稳定；导管接头应用方丝扣连接，并设橡皮圈密封严密；孔口护筒不使埋置太浅，下钢筋笼骨架过程中，不使碰撞孔壁；施工时如遇下雨，争取一次性浇筑完毕，灌注桩严重塌方或导管无法拔出形成断桩，可在一侧补桩；深部不大可挖出；对断桩处做适当处理后，支模重新浇筑混凝土。如桩体实际情况较好，可采取在断桩或夹渣部位进行注浆加固的处理措施。

10.4.6 混凝土预制桩与钢桩施工

10.4.6.1 混凝土预制桩的制作

1. 预制桩的制作流程

现场布置→场地整平与处理→场地地坪作三七灰土或浇筑混凝土→支模→绑扎钢筋骨架、安设吊环→浇筑混凝土→养护至30%强度拆模，再支上层模，涂刷隔离层→重叠生产浇筑第二层桩混凝土→养护至70%强度起吊→达100%强度后运输、堆放→沉桩。

2. 预制桩的制作

（1）混凝土预制桩可在工厂或施工现场预制，预制场地必须平整、坚实。工厂预制利用成组拉模生产、且不小于桩截面高度的槽钢安装在一起组成。现场预制宜采用钢模板，模板应具有足够刚度，并应平整，尺寸应准确。

（2）混凝土预制桩的截面边长不应小于200mm；预应力混凝土预制实心桩的截面边长不宜小于350mm。

（3）预制桩的混凝土强度等级不宜低于C30；预应力混凝土实心桩的混凝土强度等级不应低于C40；预制桩纵向钢筋的混凝土保护层厚度不宜小于30mm。

（4）预制桩的桩身配筋应按吊运、打桩及桩在使用中的受力等条件计算确定。采用锤击法沉桩时，预制桩的最小配筋率不宜小于0.8%。静压法沉桩时，最小配筋率不宜小于0.6%，主筋直径不宜小于ϕ14，打入桩桩顶以下4～5倍桩身直径长度范围内箍筋应加密，并设置钢筋网片。

（5）长桩可分节制作，预制桩的分节长度应根据施工条件及运输条件确定；每根桩的接头数量不宜超过3个。

（6）预制桩的桩尖可将主筋合拢焊在桩尖辅助钢筋上，对于持力层为密实砂和碎石类土时，宜在桩尖处包以钢桩桩靴，加强桩尖。

（7）钢筋骨架的主筋连接宜采用对焊和电弧焊，当钢筋直径不小于20mm时，宜采用机械接头连接。主筋接头配置在同一截面内的数量，应符合下列规定：

1）当采用对焊或电弧焊时，对于受拉钢筋，不得超过50%；

2）相邻两根主筋接头截面的距离应大于$35d_g$（主筋直径），并不应小于500mm；

3）必须符合现行行业标准《钢筋焊接及验收规程》JGJ 18和《钢筋机械连接通用技术规程》JGJ 107的规定。

（8）预制桩钢筋骨架的允许偏差应符合表10-99的规定。

(9) 确定桩的单节长度时应符合下列规定：

1) 满足桩架的有效高度、制作场地条件、运输与装卸能力；

2) 避免在桩尖接近或处于硬持力层中时接桩。

预制桩钢筋骨架的允许偏差　　表 10-99

项　目		允许偏差 (mm)	检查方法
主控项目	桩顶预埋件位置	±3	
	多节桩锚固钢筋位置	5	
	主筋距桩顶距离	±5	
	主筋保护层厚度	±5	
一般项目	主筋间距	±5	
	桩尖中心线	10	
	桩顶钢筋网片位置	±10	
	箍筋间距或螺旋筋的螺距	±20	

(10) 灌注混凝土预制桩时，宜从桩顶开始灌筑，并应防止另一端的砂浆积聚过多。

(11) 锤击预制桩的骨料粒径宜为 5～40mm。

(12) 锤击预制桩，应在强度与龄期均达到要求后，方可锤击。

(13) 重叠法制作预制桩时，应符合下列规定：

1) 桩与邻桩及底模之间的接触面不得粘连；

2) 上层桩或邻桩的浇注，必须在下层桩或邻桩的混凝土达到设计强度的 30%以上时，方可进行；

3) 桩的重叠层数不应超过 4 层。

(14) 预应力混凝土桩的其他要求及离心混凝土强度等级评定方法，应符合国家现行标准《先张法预应力混凝土管桩》DBJ T08—1992、《先张法预应力混凝土薄壁管桩》JC 888 和《预应力混凝土空心方桩》08SG 360 的规定。

10.4.6.2　混凝土预制桩的起吊、运输和堆放

1. 混凝土预制桩的起吊

混凝土预制桩出厂前应作出厂检查，其规格、批号、制作日期应符合所属的验收批号内容。混凝土设计强度达到 70%及以上方可起吊，桩起吊时应采取相应措施，保证安全平稳，保护桩身质量，在吊运过程中应轻吊轻放，避免剧烈碰撞。吊点位置和数目应符合设计规定。单节桩长在 20m 以下可以采用两点起吊，为 20～30m 时可采用 3 点起吊。当吊点多于 3 个时，其位置应该按照反力相等的原则计算确定，见图 10-50。

2. 混凝土预制桩的运输

桩的运输通常可分为预制厂运输、场外运输、施工现场运输。

预制桩达到设计强度的 100%方可运输。运桩前，应按照验收规范要求，检查桩的混凝土质量，尺寸、预埋件、桩靴或桩帽的牢固性以及打桩中使用的标志是否备全等。水平运输时，应做到桩身平稳放置，严禁在场地上直接拖拉桩体。运至施工现场时应进行检查验收，严禁使用质量不合格及在吊运过程中产生裂缝的桩。

3. 混凝土预制桩的堆放

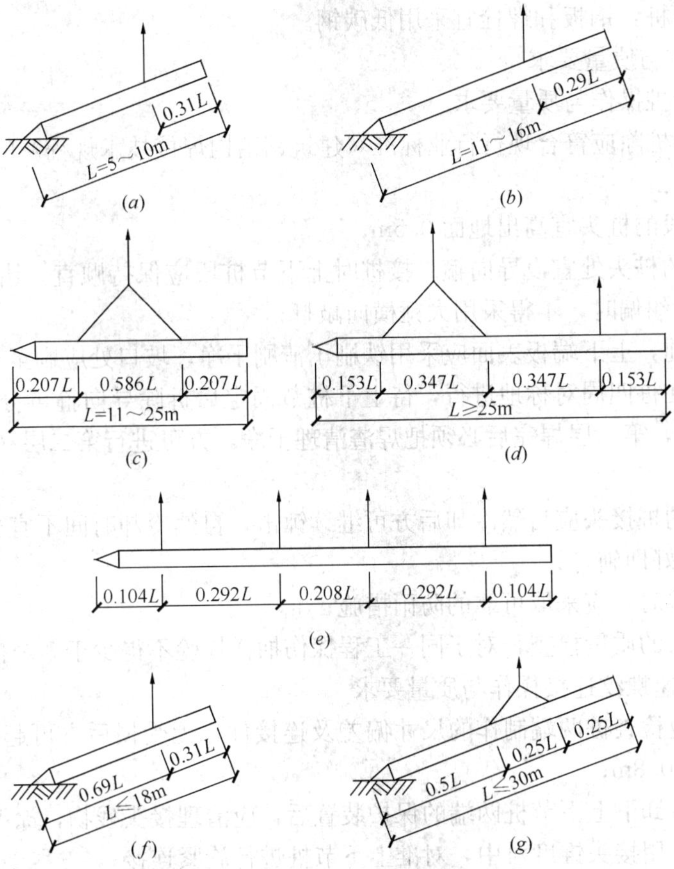

图 10-50　预制桩吊点位置

(a)、(b) 一点吊法；(c) 二点吊法；(d) 三点吊法；(e) 四点吊法；(f) 预应力管桩一点吊法；(g) 预应力管桩两点吊法

堆放场地应平整坚实，不得产生过大的或不均匀沉陷，最下层与地面接触的垫木应有足够的宽度和高度。

堆放时桩应稳固，不得滚动，并应按不同规格、长度及施工流水顺序分别堆放。

当场地条件许可时，宜单层堆放；当叠层堆放时，外径为 500～600mm 的桩不宜超过 4 层，外径为 300～400mm 的桩不宜超过 5 层。

叠层堆放桩时，应在垂直于桩长度方向的地面上设置两道垫木，垫木应分别位于距桩端 0.2 倍桩长处；底层最外缘的桩应在垫木处用木楔塞紧。

垫木宜选用耐压的长木枋或枕木，不得使用有棱角的金属构件。

10.4.6.3　混凝土预制桩的接桩

当施工设备条件对桩的限制长度小于桩的设计长度时，需要用多节桩组成设计桩长。接头的构造分为焊接、法兰连接或机械快速连接（螺纹式、啮合式）三类形式。

1. 接桩材料

（1）焊接接桩：钢钣宜采用低碳钢，焊条宜采用 E43；并应符合现行行业标准《建筑钢结构焊接技术规程》要求。接头宜采用探伤检测，同一工程检测量不得少于 3 个接头。

（2）法兰接桩：钢板和螺栓宜采用低碳钢。

2. 接桩操作与质量要求

（1）焊接接桩操作与质量要求

采用焊接接桩除应符合现行行业标准《建筑钢结构焊接技术规程》的有关规定外，尚应符合下列规定：

1）下节桩段的桩头宜高出地面 0.5m；

2）下节桩的桩头处宜设导向箍。接桩时上下节桩段应保持顺直，错位偏差不宜大于 2mm。接桩就位纠偏时，不得采用大锤横向敲打；

3）桩对接前，上下端板表面应采用铁刷子清刷干净，坡口处应刷至露出金属光泽；

4）焊接宜在桩四周对称地进行，待上下桩节固定后拆除导向箍再分层施焊；焊接层数不得少于 2 层，第一层焊完后必须把焊渣清理干净，方可进行第二层（的）施焊，焊缝应连续、饱满；

5）焊好后的桩接头应自然冷却后方可继续锤击，自然冷却时间不宜少于 8min；严禁采用水冷却或焊好即施打；

6）雨天焊接时，应采取可靠的防雨措施；

7）焊接接头的质量检查，对于同一工程探伤抽样检验不得少于 3 个接头。

（2）机械快速螺纹连接操作与质量要求

1）安装前应检查桩两端制作的尺寸偏差及连接件，无受损后方可起吊施工，其下节桩端宜高出地面 0.8m；

2）接桩时，卸下上下节桩两端的保护装置后，应清理接头残物，涂上润滑脂；

3）应采用专用接头锥度对中，对准上下节桩进行旋紧连接；

4）可采用专用链条式扳手进行旋紧（臂长 1m 卡紧后人工旋紧再用铁锤敲击扳臂），锁紧后两端板尚应有 1～2mm 的间隙。

（3）机械啮合接头接桩操作与质量要求

1）将上下接头板清理干净，用扳手将已涂抹沥青涂料的连接销逐根旋入上节桩Ⅰ型端头板的螺栓孔内，并用钢模板调整好连接销的方位；

2）剔除下节桩Ⅱ型端头板连接槽内泡沫塑料保护块，在连接槽内注入沥青涂料，并在端头板面周边抹上宽度 20mm、厚度 3mm 的沥青涂料；当地基土、地下水含中等以上腐蚀介质时，桩端板板面应满涂沥青涂料；

3）将上节桩吊起，使连接销与Ⅱ型端头板上各连接口对准，将连接销插入连接槽内；

4）加压使上下节桩的桩头板接触，接桩完成。

10.4.6.4　施工准备

（1）选择沉桩机具设备，进行改装、返修、保养，并准备运输。

（2）现场预制桩或订购构件、加工件的验收。

（3）组织现场作业班组的劳动力进场。

（4）进入施工现场的运输道路的拓宽、加固、平整。

（5）检查桩的质量，将需用的桩按平面布置图堆放在打桩机附近，不合格的桩不能运至打桩现场。

（6）沉桩前处理空中和地下障碍物，场地应平整，排水应畅通，并应满足打桩所需的地面承载力。采用静压沉桩时，场地地基承载力不应小于压桩机接地压强的1.2倍。

（7）学习、熟悉桩基施工图纸，并进行会审；做好技术交底，特别是地质情况、设计要求、操作规程和安全措施的交底。

（8）布置测量控制网、水准基点，按平面图进行测量放线，定出桩基轴线，先定出中心，再引出两侧。设置的控制点和水准点的数量不少于2个，并应设在受打桩影响范围以外，以便随时检查桩位。

（9）准备好桩基工程沉桩记录和隐蔽工程验收记录表格，并安排好记录和监理人员等。

10.4.6.5 桩锤的选择

桩锤的选用应根据地质条件、桩型、桩的密集程度、单桩竖向承载力及现有施工条件等因素确定，具体参见第6.2.2节相应内容。

10.4.6.6 锤击法施工

1. 锤击桩的工作机理

工作机理是利用桩锤自由下落时的瞬时冲击力锤击桩头所产生的冲击机械能，克服土体对桩的桩侧摩阻力和桩端阻力，其静力平衡状态遭受破坏，导致桩体下沉，达到新的静力平衡状态。

2. 锤击桩的施工设备

打桩设备包括桩锤、桩架、动力装置、送桩器及衬垫。

（1）桩锤

桩锤是锤击沉桩的主要设备，有落锤、蒸汽锤、柴油锤和液压锤等类型。目前，应用最多的是柴油锤。用锤击沉桩时，力求采用"重锤轻击"。

（2）桩架

桩架由支架、导向架、起吊设备、动力设备、移动设备等组成。其主要功能包括起吊桩锤、吊桩和插桩、导向沉桩。是支持桩身和桩锤，在打桩过程中引导桩的方向，并保证桩锤能沿着所要求方向冲击的打桩设备。

常用的桩架：多功能桩架和履带式桩架。

①多功能桩架：沿轨道行驶，可作360°回转。

优点：可适应各种预制桩，也可用于灌注桩施工。

缺点：机构较庞大，现场组装和拆迁比较麻烦。

②履带式桩架：以履带式起重机为底盘，增加立柱和斜撑用以打桩。

优点：性能比多功能桩架灵活，移动方便，可适应各种预制桩施工，目前应用最多。

（3）动力装置

动力装置的配置取决于所选的桩锤，包括启动桩锤用的动力设施。当选用蒸汽锤时，则需配备蒸汽锅炉和卷扬机。

（4）送桩器及衬垫

送桩器及衬垫设置应符合下列规定：

1）送桩器宜做成圆筒形，并应有足够的强度、刚度和耐打性。送桩器长度应满足送桩深度的要求，弯曲度不得大于1/1000；

2）送桩器上下两端面应平整，且与送桩器中心轴线相垂直；

3）送桩器下端面应开孔，使空心桩内腔与外界连通；

4）送桩器应与桩匹配。套筒式送桩器下端的套筒深度宜取250～350mm，套管内径应比桩外径大20～30mm，插销式送桩器下端的插销长度宜取200～300mm，杆销外径应比（管）桩内径小20～30mm。对于腔内存有余浆的管桩，不宜采用插销式送桩器；

5）送桩作业时，送桩器与桩头之间应设置1～2层麻袋或硬纸板等衬垫。内填弹性衬垫压实后的厚度不宜小于60mm。

3. 打桩顺序

制定打桩顺序时，应先研究现场条件和环境、桩区面积和位置、邻近建筑物和地下管线的状况、地基土质性质、桩型、布置、间距、桩长和桩数、堆放场地、采用的施工机械、台数及使用要求、施工工艺和施工方法等，然后结合施工条件选用打桩效率高、对环境污染小的合理打桩顺序，打桩顺序要求应符合下列规定：

（1）对于密集桩群，自中间向两个方向或四周对称施打；

（2）当一侧毗邻建筑物时，由毗邻建筑物处向另一方向施打；

（3）根据基础的设计标高，宜先深后浅；

（4）根据桩的规格，宜先大后小，先长后短；

（5）施打大面积密集桩群时，可采取下列辅助措施：

1）对预钻孔沉桩，预钻孔孔径可比桩径（或方桩对角线）小50～100mm，深度可根据桩距和土的密实度、渗透性确定，宜为桩长的1/3～1/2；施工时应随钻随打；桩架宜具备钻孔锤击双重性能；

2）应设置袋装砂井或塑料排水板。袋装砂井直径宜为70～80mm，间距宜为1.0～1.5m，深度宜为10～12m；塑料排水板的深度、间距与袋装砂井相同；

3）应设置隔离板桩或地下连续墙；

4）可开挖地面防震沟，并可与其他措施结合使用。防震沟沟宽可取0.5～0.8m，深度按土质情况决定；

5）应限制打桩速率；

6）沉桩结束后，宜普遍实施一次复打；

7）沉桩过程中应加强邻近建筑物、地下管线等的观测、监护。

4. 打桩与送桩

（1）打桩

1）将桩锤控制箱的各种油管及导线与动力装置连接好；

2）启动动力装置，并逐渐加速；

3）打开控制板上的开关，并把行程开关调节到适当的位置；

4）当人工控制时，只须按动手控阀按钮，即可提起冲击块，松掉按钮，即冲击下落；

5）当进行连续作业时，须将“提升”和“停止”控制装置调整到所要求位置，并把“输出”开关扳到“自动控制”位置；

6）对首次使用的液压锤，需添加液压油；

7）停锤时，把“输出开关”扳回关闭位置；

8）桩打入时应符合下列规定：

①桩帽或送桩帽与桩周围的间隙应为5～10mm；

②锤与桩帽、桩帽与桩之间应加设硬木、麻袋、草垫等弹性衬垫；

③桩锤、桩帽或送桩器应和桩身在同一中心线上；

④桩插入时的垂直度偏差不得超过 0.5%。

(2) 送桩

当桩顶设计标高在地面以下，或由于桩架导杆结构及桩机平台高程等原因而无法将桩直接打至设计标高时，需要使用送桩。锤击沉桩送桩应符合下列规定：

1) 送桩深度不宜大于 2.0m；

2) 当桩顶打至接近地面，应测出桩的垂直度并检查桩顶质量，合格后应及时送桩；

3) 送桩的最后贯入度应参考相同条件下不送桩时的最后贯入度并修正；

4) 送桩后遗留的桩孔应立即回填或覆盖；

5) 当送桩深度超过 2.0m 且不大于 6.0m 时，打桩机应为三点支撑履带自行式或步履式柴油打桩机；桩帽和桩锤之间应用竖纹硬木或盘圆层叠的钢丝绳作"锤垫"，其厚度宜取 150~200mm。

5. 桩终止锤击控制标准

在捶击法沉桩施工过程中，如何确定沉桩已符合设计要求可以停止施打是施工中必须解决的首要问题，在沉桩施工中，确定最后停打标准有两种控制指标，即设计预定的"桩尖标高控制"和"最后贯入度控制"，采用单一的桩的"最后贯入度控制"或"预定桩尖标高控制"是不恰当的，也是不合理的，有时甚至是不可能的。桩终止锤击的控制应符合下列规定：

(1) 当桩端位于一般土层时，应以控制桩端设计标高为主，贯入度为辅；

(2) 桩端达到坚硬、硬塑的黏性土、中密以上粉土、砂土、碎石类土及风化岩时，应以贯入度控制为主，桩端标高为辅；

(3) 贯入度已达到设计要求而桩端标高未达到时，应继续锤击 3 阵，并按每阵 10 击的贯入度不应大于设计规定的数值确认，必要时，施工控制贯入度应通过试验确定；

(4) 当遇到贯入度剧变，桩身突然发生倾斜、位移或有严重回弹、桩顶或桩身出现严重裂缝、破碎等情况时，应暂停打桩，并分析原因，采取相应措施。

10.4.6.7 静压法施工

1. 静压桩的施工机理

在桩压入过程中，以桩机本身的重量（包括配重）作为反作用力，克服压桩过程中的桩侧摩阻力和桩端阻力。当预制桩在竖向静压力作用下沉入土中时，桩周土体发生急速而激烈的挤压，土中孔隙水压力急剧上升，土的抗剪强度大大降低，桩身很容易下沉。

2. 适用范围

通常应用于高压缩性黏土层或砂性较轻的软黏土地层。当桩需贯穿有一定厚度的砂性土夹层时，必须根据桩机的压桩力与终压力及土层的性状、厚度、密度、组合变化特点与上下土层的力学指标，桩型、桩的构造、强度、桩截面规格大小与布桩形式，地下水位高低，以及终压前的稳压时间与稳压次数等综合考虑其适用性。

3. 静压桩机具设备

(1) 静力压桩宜选择液压式和绳索式压桩工艺；宜根据单节桩的长度选用顶压式液压压桩机和抱压式液压压桩机。选择压桩机的参数应包括下列内容：

1）压桩机型号、桩机质量（不含配重）、最大压桩力等；

2）压桩机的外形尺寸及拖运尺寸；

3）压桩机的最小边桩距及最大压桩力；

4）长、短船型履靴的接地压强；

5）夹持机构的形式；

6）液压油缸的数量、直径，率定后的压力表读数与压桩力的对应关系；

7）吊桩机构的性能及吊桩能力。

静力压桩机的主要技术参数见表10-100～表10-102。

（2）压桩机的每件配重必须用量具核实，并将其质量标记在该件配重的外露表面；液压式压桩机的最大压桩力应取压桩机的机架重量和配重之和乘以0.9。

（3）当边桩空位不能满足中置式压桩机施压条件时，宜利用压边桩机构或选用前置式液压压桩机进行压桩，但此时应估计最大压桩能力减少造成的影响。

（4）当设计要求或施工需要采用引孔法压桩时，应配备螺旋钻孔机，或在压桩机上配备专用的螺旋钻。当桩端持力层需进入较坚硬的岩层时，应配备可入岩的钻孔或冲孔桩机。

（5）最大压桩力不得小于设计的单桩竖向极限承载力标准值，也可由现场试验确定。

YZY系列液压静力压桩机主要技术参数　　表10-100

参数＼型号				200	280	400	500	600	650
最大压入力			kN	2000	2800	4000	5000	6000	6500
边桩距离			m	3.9	3.5	3.5	4.5	4.2	4.2
接地压强（长船/短船）			MPa	0.08/0.09	0.094/0.120	0.097/0.125	0.090/0.137	0.100/0.136	0.108/0.147
适用桩截面	方桩	最小	m×m	0.35×0.35	0.35×0.35	0.35×0.35	0.40×0.40	0.35×0.35	0.35×0.35
		最大	m×m	0.50×0.50	0.50×0.50	0.50×0.50	0.60×0.60	0.50×0.50	0.50×0.50
	圆桩最大直径		m	0.50	0.50	0.60	0.60	0.60	0.50
配电功率			kW	96	112	112	132	132	132
工作吊机	起重力矩		kN·m	460	460	480	720	720	720
	用桩长度		m	13	13	13	13	13	13
整机重量	自重		kg	80000	90000	130000	150000	158000	165000
	配重		kg	130000	210000	290000	350000	462000	505000
拖运尺寸（宽×高）			m×m	3.38×4.20	3.38×4.30	3.39×4.40	3.38×4.40	3.38×4.40	3.38×4.40

ZYJ系列液压静力压桩机主要技术参数（一）　　表10-101

名称	单位	ZYJ180-Ⅱ	ZYJ120	ZYJ150	ZYJ200
压桩力	kN	800	1200	1500	2000
压力桩规格	mm	300×300×600	350×350	400×400	450×450
压圆桩规格	mm	ϕ250，ϕ300	ϕ250，ϕ300，ϕ350	ϕ300，ϕ350，ϕ400	ϕ450

续表

名称	单位	ZYJ180-Ⅱ	ZYJ120	ZYJ150	ZYJ200
压柱最大行程	mm	800	1200	1200	1200
压桩速度	mm/min	0.9（满载）	0.9（满载）	1.5（满载）	1.5（满载）
边桩距离	m	25	3	3	3
接地比大船/小船	t/m²	7.2/6.8	9.2/8.8	10.3/10.5	10.5/11.2
横向步履行程	mm	500	600	600	600
行程速度	m/min	1.5	2.8	2.5	2.1
纵向步履行程	mm	1500	1500	2000	2000
行程速度	m/min	1.5	2.2	2.5	2.5
工作吊机起重力矩	kN·m	限吊 1.5t	360	460	460
电机总功率	kW	42	56	92	96
外形尺寸（长×宽×高）	mm	8×5.2×10.2	10.2×5.1×6.2	10.8×5.7×6.4	10.8×5.7×6.5
整机质量＋配重	kg	25500＋5500	5200＋7000	5800＋9500	7000＋13000
压桩方式	/	顶压式	夹桩式	夹桩式	夹桩式

ZYJ 系列液压静力压桩机主要技术参数（二）　　表 10-102

参数＼型号		ZYJ240	ZYJ320	ZYJ380	ZYJ420	ZYJ500	ZYJ600	ZYJ680
额定压桩力（kN）		2400	3200	3800	4200	5000	6000	6800
压桩速度（m/min）	高速	2.76	2.76	2.3	2.8	2.2	1.8	1.8
	低速	0.9	1.0	0.9	0.95	0.75	0.65	0.6
一次压桩行程（m）		2.0	2.0	2.0	2.0	2.0	1.8	1.8
适用方桩（mm）	最小	□300	□350		□400		□400	
	最大	□500	□500		□550		□600	
最大圆桩（mm）		ϕ500	ϕ500		ϕ550		ϕ600	
边桩距离（mm）		600	600		650		680	
角桩距离（mm）		920	935		1000		1100	
起吊重量（kN）		120	120		120		120	
变幅力矩（kN·m）		600	600		600		600	
功率（kW）	压桩	44	60		74		74	
	起重	30	37		37		37	
主要尺寸（mm）	工作长	11000	12000		13000		13800	
	工作宽	6630	6900	6950	7100	7200	7600	7700
	运输高	2920	2940		2940		3020	
总重量（kg）		245000	325000	383000	425000	500000	602000	680000

静力压桩机的选择应综合考虑桩的截面、长度穿越土层和桩端土的特性，单桩极限承载力及布桩密度等因素，表 10-103 可供参考。

静压桩机选择参考　　表 10-103

压桩机型号		160～180	240～280	300～360	400～460	500～600
最大压桩力（kN）		1600～1800	2400～2800	3000～3600	4000～4600	5000～6000
适用桩径（mm）	最小	300	300	350	400	400
	最大	400	450	500	550	600
单桩极限承载力（kN）		1000～2000	1700～3000	2100～3800	2800～4600	3500～5500
桩端持力层		中密～密实，砂层，硬塑～坚硬黏土层，残积土层	密实砂层，坚硬黏土层，全风化岩层	密实砂层，坚硬黏土层，全风化岩层	密实砂层，坚硬黏土层，全风化岩层，强风化岩层	密实砂层，坚硬黏土层，全风化岩层，强风化岩层
桩端持力层标准值（N）		20～25	20～35	30～40	30～50	30～55
穿透中密～密实砂层厚度（m）		约 2	2～3	3～4	5～6	5～8

4. 压桩顺序与压桩程序

（1）压桩顺序

压桩顺序宜根据场地工程地质条件确定，并应符合下列规定：

1）对于场地地层中局部含砂、碎石、卵石时，宜先对该区域进行压桩；

2）当持力层埋深或桩的入土深度差别较大时，宜先施压长桩后施压短桩。

（2）压桩程序

静压法沉桩一般都采取分段压入，逐段接长的方法。其程序为：

测量定位→压桩机就位、对中、调直→压桩→接桩→再压桩→送桩→终止压桩→切桩头。

压桩的工艺程序如图 10-51 所示。

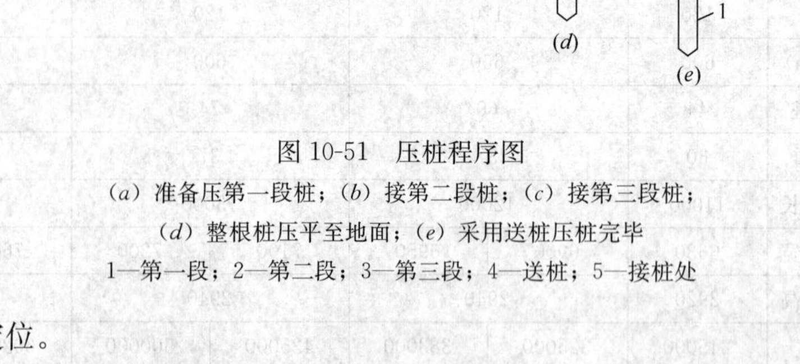

图 10-51　压桩程序图

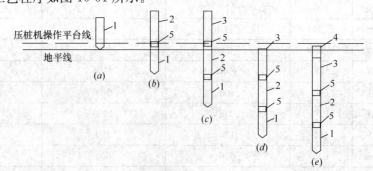

（a）准备压第一段桩；（b）接第二段桩；（c）接第三段桩；

（d）整根桩压平至地面；（e）采用送桩压桩完毕

1—第一段；2—第二段；3—第三段；4—送桩；5—接桩处

1）测量定位。

通常在桩位中心打 1 根短钢筋，如在较软的场地施工，由于桩机的行走会挤走预定短钢筋，故当桩机大体就位之后要重新测定桩位。

2）桩尖就位、对中、调直。

对于 YZY 型压桩机，通过启动纵向和横向行走油缸，将桩尖对准桩位；开动压桩油缸将桩压入土中 1m 左右后停止压桩，调正桩在两个方向的垂直度。第一节桩是否垂直，是保证桩身质量的关键。

3）压桩。

通过夹持油缸将桩夹紧，然后使压桩油缸压桩。在压桩过程中要认真记录桩入土深度和压力表读数的关系，以判断桩的质量及承载力。

4）接桩。

桩的单节长度应根据设备条件和施工工艺确定。当桩贯穿的土层中夹有薄层砂土时，确定单节桩的长度时应避免桩端停在砂土层中进行接桩。当下一节桩压到露出地面 0.8～1.0m，便可接上一节桩。

5）送桩或截桩。

如果桩顶接近地面，而压桩力尚未达到规定值，可以送桩。如果桩顶高出地面一段距离，而压桩力已达到规定值时则要截桩，以便压桩机移位。

6）压桩结束。

当压力表读数达到预先规定值时，便可停止压桩。

5. 终止压桩的控制原则

静压法沉桩时，终止压桩的控制原则与压桩机大小、桩型、桩长、桩周土灵敏性、桩端土特性、布桩密度、复压次数以及单桩竖向设计极限承载力等因素有关。终压条件应符合下列规定：

（1）应根据现场试压桩的试验结果确定终压力标准；

（2）终压连续复压次数应根据桩长及地质条件等因素确定。对于入土深度大于或等于 8m 的桩，复压次数可为 2～3 次；对于入土深度小于 8m 的桩，复压次数可为 3～5 次；

（3）稳压压桩力不得小于终压力，稳定压桩的时间宜为 5～10s。

10.4.6.8 钢桩施工

1. 钢桩的特点及适用范围

（1）钢桩的特点

钢桩通常指钢管桩或型钢桩，可采用管型、H 型或其他异型钢材。有以下特点：

1）由于钢材强度高，能承受强大的冲击力，穿透硬土层的性能好，能有效地打入坚硬的地层，获得较高的承载能力，有利于建筑物的沉降控制。

2）能承受较大的水平力。

3）桩长可任意调节，特别是当持力层深度起伏较大时，接桩、截桩、调整桩的长度比较容易。

4）重量轻、刚性好，装卸运输方便。

5）桩顶端与上部承台、板结构连接简便。

6）钢桩截面小，打入时挤土量少，对土的扰动小，对邻近建筑物的影响亦小。

7）在干湿经常变化的情况下，钢桩须采取防腐处理。

（2）钢桩的适用范围

钢桩一般适用于码头、水中结构的高桩承台、桥梁基础、超高层公共与住宅建筑桩基、特重型工业厂房等基础工程。

2. 钢桩的制作

（1）制作钢桩的材料应符合设计要求，并应有出厂合格证和试验报告。

（2）现场制作钢桩应有平整的场地及挡风防雨措施。

（3）钢桩的分段长度应满足桩架的有效高度、制作场地条件、运输与装卸能力，避免在桩尖接近或处于硬持力层中时接桩，且不宜大于15m。钢桩制作的允许偏差应符合表10-104的规定。

钢桩制作的允许偏差　　**表 10-104**

项　目		容许偏差（mm）
外径或断面尺寸	桩端部	±0.5%外径或边长
	桩 身	±0.1%外径或边长
长　度		>0
矢　高		≤1‰桩长
端部平整度		≤2（H型桩≤1）
端部平面与桩身中心线的倾斜值		≤2

（4）钢管桩制作，钢管桩一般用普通碳素钢，抗拉强度为402MPa，屈服强度为235.2MPa，或按设计要求选用。按加工工艺区分，有螺旋缝钢管和直缝钢管两种，由于螺旋缝钢管刚度大，工程上使用较多。为便于运输和受桩架高度所限，钢管桩常分别由一根上节桩，一根下节桩和若干根中节桩组合而成，每节的长度一般为13m或15m，钢管桩的下口有开口和闭口之分。

钢管桩的直径自ϕ406.4～ϕ2032.0mm，壁厚自6～25mm不等，常用钢管桩的规格、性能见表10-105，应根据工程地质、荷载、基础平面、上部荷载以及施工条件综合考虑后加以选择。国内常用的有ϕ406.4mm、ϕ609.6mm和ϕ914.4mm等几种，壁厚用10、11、12.7、13mm等几种。一般上、中、下节桩常采用同一壁厚。有时，为了使桩顶能承受巨大的锤击应力，防止径向失稳，可把上节桩的壁厚适当增大，或在桩管外圈加焊一条宽200～300mm、厚6～12mm的扁钢加强箍，为减少桩管下沉的摩阻力，防止贯入硬土层时端部因变形而破损，在钢管桩的下端亦设置加强箍，对ϕ406.4～ϕ914.4mm钢管，高度为200～300mm，厚度6～12mm。

常用钢管桩规格　　**表 10-105**

钢管桩尺寸			重量		面积			断面特性		
外径（mm）	厚度（mm）	内径（mm）	（kg/m）	（m/t）	断面积（cm^2）	外包面积（m^2）	外表面积（m^2/m）	断面系数（cm^3）	惯性矩（cm^4）	惯性半径（cm）
406.4	9	388.4	88.2	11.34	112.4	0.130	1.28	109×10	222×10^2	14.1
	12	382.4	117	8.55	148.7			142×10	289×10^2	14.0
508	9	490	111	9.01	141	0.203	1.60	173×10	439×10^2	17.6
	12	484	147	6.8	187.0			226×10	575×10^2	17.5
	14	480	171	5.85	217.3			261×10	663×10^2	17.5

续表

钢管桩尺寸			重量		面积			断面特性		
外径 (mm)	厚度 (mm)	内径 (mm)	(kg/m)	(m/t)	断面积 (cm^2)	外包面积 (m^2)	外表面积 (m^2/m)	断面系数 (cm^3)	惯性矩 (cm^4)	惯性半径 (cm)
609.6	9	591.6	133	7.52	169.8	0.292	1.92	251×10	766×10^2	21.2
	12	585.6	177	5.65	225.3			330×10	101×10^3	21.1
	14	581.6	206	4.85	262.0			381×10	116×10^3	21.1
	16	577.6	234	4.27	298.4			432×10	132×10^3	21.0
711.2	9	693.2	156	6.41	198.5	0.397	2.23	344×10	122×10^3	24.8
	12	687.2	207	4.83	263.6			453×10	161×10^3	24.7
	14	683.2	241	4.15	306.6			524×10	186×10^3	24.7
	16	679.2	274	3.65	349.4			594×10	212×10^3	24.6
812.8	9	794.8	178	5.62	227.3	0.519	2.55	452×10	184×10^3	28.4
	12	788.8	237	4.22	301.9			596×10	242×10^3	28.3
	14	784.8	276	3.62	351.3			690×10	280×10^3	28.2
	16	780.8	314	3.18	400.5			782×10	318×10^3	28.2
914.4	12	890.4	311	3.75	340.2	0.567	2.87	758×10	346×10^3	31.9
	14	886.4	351	3.22	396.0			878×10	401×10^3	31.8
	16	882.4	420	2.85	451.6			997×10	456×10^3	31.8
	19	876.4	297	2.38	534.5			117×10^2	536×10^3	31.7
1016	12	992	346	3.37	378.5	0.811	3.19	939×10	477×10^3	35.5
	14	988	395	2.89	440.7			109×10^2	553×10^3	35.4
	16	984	467	2.53	502.7			124×102	628×10^3	35.4
	19	978	311	2.14	595.4			146×102	740×10^3	35.2

（5）H 型钢桩制作，H 型钢桩采用钢厂生产的热轧 H 型钢打（沉）入土中成桩。这种桩在南方较软的土层中应用较多，除用于建筑物桩基外，还可用作基坑支护的立柱，而且还可拼成组合桩以承受更大的荷载。H 型钢桩常用规格如表 10-106 所示。

H 型钢桩常用规格表 **表 10-106**

H 型钢桩规格 $h\times b$ (mm×mm)	每米重量 (kg/m)	尺寸				
		h (mm)	b (mm)	a (mm)	e (mm)	R (mm)
HP200×200 HP250×250	43	200	205	9	9	10
	53	204	207	11.3	11.3	10
	53	243	254	9	9	13
	62	246	256	10.5	10.7	13
	85	254	260	14.4	14.4	13
HP310×310	64	295	304	9	9	15
	79	299	306	11	11	15
	93	303	308	13.1	13.1	15
	110	308	310	15.4	15.5	15
	125	312	312	17.4	17.4	15

续表

H型钢桩规格 $h\times b$ (mm×mm)	每米重量 (kg/m)	尺寸				
		h (mm)	b (mm)	a (mm)	e (mm)	R (mm)
HP360×370	84	340	367	10	10	15
	108	346	370	12.8	12.8	15
	132	351	373	15.6	15.6	15
	152	356	376	17.9	17.9	15
	174	361	378	20.4	20.4	15
HP360×410	105	344	384	12	12	15
	122	348	390	14	14	15
	140	352	392	16	16	15
	158	356	394	18	18	15
	176	360	396	20	20	15
	194	364	398	22	22	15
	213	368	400	24	24	15
	231	372	402	26	26	15

3. 钢桩的焊接

钢桩的焊接应符合下列规定：

（1）必须清除桩端部的浮锈、油污等脏物，保持干燥；下节桩顶经锤击后变形的部分应割除；

（2）上下节桩焊接时应校正垂直度，对口的间隙宜为2～3mm；

（3）焊丝（自动焊）或焊条应烘干；

（4）焊接应对称进行；

（5）应采用多层焊，钢管桩各层焊缝的接头应错开，焊渣应清除；

（6）当气温低于0℃或雨雪天无可靠措施确保焊接质量时，不得焊接；

（7）每个接头焊接完毕，应冷却1min后方可锤击；

（8）焊接质量应符合国家现行标准《钢结构工程施工质量验收规范》GB 50205和《建筑钢结构焊接技术规程》JGJ 81的规定，每个接头除应按表10-107规定进行外观检查外，还应按接头总数的5%进行超声或2%进行X射线拍片检查，对于同一工程，探伤抽样检验不得少于3个接头。

接桩焊缝外观允许偏差　　　表10-107

项目	允许偏差（mm）
上下节桩错口：	
①钢管桩外径≥700mm	3
②钢管桩外径＜700mm	2
H型钢桩	1
咬边深度（焊缝）	0.5
加强层高度（焊缝）	2
加强层宽度（焊缝）	3

4. 钢桩的运输和堆放

钢桩的运输与堆放应符合下列规定：

（1）堆放场地应平整、坚实，排水通畅；

（2）桩的两端应有适当保护措施，钢管桩应设保护圈；

（3）搬运时应防止桩体撞击而造成桩端、桩体损坏或弯曲；

（4）钢桩应按规格、材质分别堆放，堆放层数：Φ900mm 的钢桩，不宜大于 3 层；Φ600mm 的钢桩，不宜大于 4 层；Φ400mm 的钢桩，不宜大于 5 层；H 型钢桩不宜大于 6 层。支点设置应合理，钢桩的两侧应采用木楔塞住。

5. 钢桩的沉桩

（1）当钢桩采用锤击沉桩时，可参照混凝土桩。

（2）对敞口钢管桩，当锤击沉桩有困难时，可在管内取土助沉。

（3）锤击 H 型钢桩时，锤重不宜大于 4.5t 级（柴油锤），且在锤击过程中桩架前应有横向约束装置。

（4）当持力层较硬时，H 型钢桩不宜送桩。

（5）当地表层遇有大块石、混凝土块等回填物时，应在插入 H 型钢桩前进行触探，并应清除桩位上的障碍物。

10.4.6.9 钢桩的防腐蚀

用于有地下水侵蚀的地区或腐蚀性土层的钢桩，应按设计要求作防腐处理。钢桩的防腐处理应符合下列规定：

（1）钢桩的腐蚀速率当无实测资料时可按表 10-108 确定；

（2）钢桩防腐处理可采用外表面涂防腐层、增加腐蚀余量及阴极保护；当钢管桩内壁同外界隔绝时，可不考虑内壁防腐。

钢桩年腐蚀速率 **表 10-108**

钢桩所处环境		单面腐蚀率（mm/y）
地面以上	无腐蚀性气体或腐蚀性挥发介质	0.05～0.1
地面以下	水位以上	0.05
	水位以下	0.03
	水位波动区	0.1～0.3

10.4.6.10 质量控制

1. 一般规定

（1）桩位的放样允许偏差如下：

群桩 20mm；单排桩 10mm。

（2）桩基工程的桩位验收，除设计有规定外，应按下述要求进行：

1）当桩顶设计标高与施工现场标高相同时，或桩基施工结束后，有可能对桩位进行检查时，桩基工程的验收应在施工结束后进行。

2）当桩顶设计标高低于施工场地标高，送桩后无法对桩位进行检查时，对打入桩可在每根桩桩顶沉至场地标高时，进行中间验收，待全部桩施工结束，承台或底板开挖到设计标高后，再做最终验收。

(3) 打（压）入桩（预制凝土方桩、先张法预应力管桩、钢桩）的桩位偏差，必须符合表10-109的规定。斜桩倾斜度的偏差不得大于倾斜角正切值的15%（倾斜角系桩的纵向中心线与铅垂线间夹角）。

预制桩（钢桩）桩位的允许偏差（mm）　　表10-109

项	项　目	允许偏差
1	带有基础梁的桩： (1) 垂直基础梁的中心线 (2) 沿基础梁的中心线	 $100+0.01H$ $150+0.01H$
2	桩数为1～3根桩基中的桩	100
3	桩数为4～16根桩基中的桩	1/2桩径或边长
4	桩数大于16根桩基中的桩： (1) 最外边的桩 (2) 中间桩	 1/3桩径或边长 1/2桩径或边长

注：H为施工现场地面标高与桩顶设计标高的距离。

(4) 工程桩应进行承载力检验。对于地基基础设计等级为甲级或地质条件复杂，成桩质量可靠性低的灌注桩，应采用静载荷试验的方法进行检验，检验桩数不应少于总数的1%，且不应少于3根，当总桩数不少于50根时，不应少于2根。

(5) 桩身质量应进行检验。对设计等级为甲级或地质条件复杂，成桩质量可靠性低的灌注桩，抽检数量不应少于总数的30%，且不应少于20根；其他桩基工程的抽检数量不应少于总数的20%，且不应少于10根；对混凝土预制桩及地下水位以上且终孔后经过核验的灌注桩，检验数量不应少于总桩数的10%，且不得少于10根。每个柱子承台下不得少于1根。

(6) 对砂、石子、钢材、水泥等原材料的质量、检验项目、批量和检验方法，应符合国家现行标准的规定。

2. 混凝土预制桩

(1) 桩在现场预制时，应对原材料、钢筋骨架（表10-110）、混凝土强度进行检查；采用工厂生产的成品桩时，桩进场后应进行外观及尺寸检查。

预制桩钢筋骨架质量检验标准　　表10-110

项	序	检查项目	允许偏差或允许值		检查方法
			单位	数值	
主控项目	1	主筋距桩顶距离	mm	±5	用钢尺量
	2	多节桩锚固钢筋位置	mm	5	用钢尺量
	3	多节桩预埋铁件	mm	±3	用钢尺量
	4	主筋保护层厚度	mm	±5	用钢尺量
一般项目	1	主筋间距	mm	±5	用钢尺量
	2	桩尖中心线	mm	10	用钢尺量
	3	箍筋间距	mm	±20	用钢尺量
	4	桩顶钢筋网片	mm	±10	用钢尺量
	5	多节桩锚固钢筋长度	mm	±10	用钢尺量

(2) 施工中应对桩体垂直度、沉桩情况、桩顶完整状况、接桩质量等进行检查，对电

焊接桩，重要工程应做10%的焊缝探伤检查。

（3）施工结束后，应对承载力及桩体质量做检验。

（4）对长桩或总锤击数超过500击的锤击桩，应符合桩体强度及28d龄期的两项条件才能锤击。

（5）钢筋混凝土预制桩的质量检验标准见表10-111。

钢筋混凝土预制桩的质量检验标准 **表10-111**

项	序	检查项目	允许偏差或允许值		检查方法
			单位	数值	
主控项目	1	桩体质量检验	按《基桩检测技术规范》		按《基桩检测技术规范》
	2	桩位偏差	同表10-115数值		用钢尺量
	3	承载力	按《基桩检测技术规范》		按《基桩检测技术规范》
一般项目	1	砂、石、水泥、钢筋等原材料（现场预制时）	符合设计要求		查出厂质保文件或抽样送检
	2	混凝土配合比及强度（现场预制时）	符合设计要求		检查称量及查试块记录
	3	成品桩外形	表面平整，颜色均匀，掉角深度＜10mm，蜂窝面积小于总面积0.5%		直观
	4	成品桩裂缝（收缩裂缝或起吊、装运、堆放引起的裂缝）	深度＜20mm，宽度＜0.25mm，横向裂缝不超过边长的一半		裂缝测定仪，该项在地下水有侵蚀地区及锤击数超过500击的长桩不适用
	5	成品桩尺寸：横截面边长	mm	±5	用钢尺量
		桩顶对角线差	mm	＜10	用钢尺量
		桩尖中心线	mm	＜10	用钢尺量
		桩身弯曲矢高		＜1/1000l	用钢尺量（l为桩长）
		桩顶平整度	mm	＜2	水平尺量
	6	电焊接桩：焊缝质量	按《建筑基桩检测技术规范》		按《建筑基桩检测技术规范》
		电焊结束后停歇时间	min	＞1.0	秒表测定
		上下节平面偏差	mm	＜10	用钢尺量
		节点弯曲矢高		＜1/1000l	用钢尺量（l为两桩节长）
	7	硫磺胶泥接桩：胶泥浇筑时间	min	＜2	秒表测定
		浇筑后停歇时间	min	＞7	秒表测定
	8	桩顶标高	mm	±50	水准仪
	9	停锤标准	设计要求		现场实测或查沉桩记录

3. 静力压桩

（1）静力压桩包括锚杆静压桩及其他各种非冲击力沉桩。

（2）施工前应对成品桩（锚杆静压成品桩一般均由工厂制造，运至现场堆放）做外观及强度检验，按桩用焊条或半成品硫磺胶泥应有产品合格证书，或送有关部门检验，压桩用压力表、锚杆规格及质量也应进行检查、硫磺胶泥半成品应每100kg做一组试件（3

件）。

（3）压桩过程中应检查压力、桩垂直度、接桩间歇时间、桩的连接质量及压入深度、重要工程应对电焊接桩的接头做10%的探伤检查。对承受反力的结构应加强观测。

（4）施工结束后，应做桩的承载力及桩体质量检验。

（5）锚杆静压桩质量检验标准应符合表10-112的规定。

锚杆静压桩质量检验标准　　表10-112

项	序	检查项目	允许偏差或允许值 单位	允许偏差或允许值 数值	检查方法
主控项目	1	桩体质量检验	按《建筑基桩检测技术规范》		按《建筑基桩检测技术规范》
	2	桩位偏差	按《桩基施工规程》		用钢尺量
	3	承载力	按《建筑基桩检测技术规范》		按《建筑基桩检测技术规范》
一般项目	1	成品桩质量：外观 外形尺寸 强度	表面平整，颜色均匀，掉角深度<10mm，蜂窝面积小于总面积0.5% 按桩基施工规程 满足设计要求		直观 钢尺，卡尺 查出厂质保证明或钻芯试压
	2	硫磺胶泥质量（半成品）	设计要求		查出厂质保证明或抽样送检
	3	接桩　电焊接桩：焊缝质量 电焊结束后停歇时间	按《桩基施工规程》 min	 >1.0	超声波检测 秒表测定
		接桩　硫磺胶泥接桩：胶泥浇筑时间 浇筑后停歇时间	min	<2 >7	秒表测定 秒表测定
	4	电焊条质量	设计要求		查产品合格证书
	5	压桩压力（设计有要求时）	%	±5	查压力表读数
	6	接桩时上下节平面偏差 接桩时节点弯曲矢高	mm	<10 $<l/1000$	用钢尺量 l尺量（l为两节桩长）
	7	桩顶标高	mm	±50	水准仪

4. 先张法预应力管桩

（1）施工前应检查进入现场的成品桩，接桩用电焊条等产品质量。

（2）施工过程中应检查桩的贯入情况、桩顶完整状况、电焊接桩质量、桩体垂直度、电焊后的停歇时间。重要工程应对电焊接头做10%的焊缝探头检查。

（3）施工结束后，应做承载力检验及桩体质量检验。

（4）先张法预应力管桩的质量检验应符合表10-113的规定。

5. 钢桩

（1）施工前应检查进入现场的成品钢桩，成品桩的质量标准应符合表10-114。

（2）施工中应检查钢桩的垂直度、沉入过程、电焊连接质量、电焊后的停歇时间、桩顶锤击后的完整状况、电焊质量除常规检查外，应做10%的焊缝探伤检查。

（3）施工结束后应做承载力检验。

（4）钢桩施工质量检验标准应符合表10-114及表10-115的规定。

先张法预应力管桩质量检验标准 **表 10-113**

项	序	检查项目		允许偏差或允许值		检查方法
				单位	数值	
主控项目	1	桩体质量检验		按《建筑基桩检测技术规范》		按《建筑基桩检测技术规范》
	2	桩位偏差		按《桩基施工规程》		用钢尺量
	3	承载力		按《建筑基桩检测技术规范》		按《建筑基桩检测技术规范》
一般项目	1	成品桩质量	外观	无蜂窝、露筋、裂缝、色感均匀、桩顶处无孔隙		直观
			桩径	mm	±5	用钢尺量
			管壁厚度	mm	±5	用钢尺量
			桩尖中心线	mm	<2	用钢尺量
			顶面平整度	mm	10	用水平尺量
			桩体弯曲		<1/1000l	用钢尺量，l 为桩长
	2	接桩：焊缝质量		按桩基施工规程		超声波检测
		电焊结束后停歇时间		min	>1.0	秒表测定
		上下节平面偏差			<10	用钢尺量
		节点弯曲矢高		mm	<1/1000l	用钢尺量，l 为桩长
	3	停锤标准		设计要求		现场实测或查沉桩记录
	4	桩顶标高		mm	±50	水准仪

成品钢桩质量检验标准 **表 10-114**

项	序	检查项目	允许偏差或允许值		检查方法
			单位	数值	
主控项目	1	钢桩外径或断面尺寸：桩端 桩身		±0.5%D ±1D	用钢尺量，D 为外径或边长
	2	矢高		<1/1000l	用钢尺量，l 为桩长
一般项目	1	长度	mm	+10	用钢尺量
	2	端部平整度	mm	≤2	用水平尺量
	3	H 钢桩的方正度 h>300 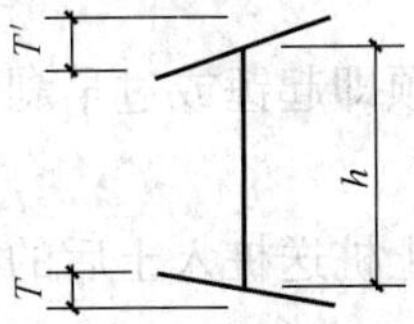 h<300	mm mm	$T+T'\leqslant 8$ $T+T'\leqslant 6$	用钢尺量，h、T、T' 见图示
	4	端部平面与桩中心线的倾斜值	mm	≤2	用水平尺量

钢桩施工质量检验标准　　　　**表 10-115**

项	序	检查项目	允许偏差或允许值		检查方法
			单位	数值	
主控项目	1	桩位偏差	按《桩基施工规程》		用钢尺量
	2	承载力	按《建筑基桩检测技术规范》		按《建筑基桩检测技术规范》
一般项目	1	电焊接桩焊缝： (1) 上下节端部错口			
		(外径≥700mm)	mm	≤3	用钢尺量
		(外径<700mm)	mm	≤2	用钢尺量
		(2) 焊缝咬边深度	mm	≤0.5	焊缝检查仪
		(3) 焊缝加强层高度	mm	2	焊缝检查仪
		(4) 焊缝加强层宽度	mm	2	焊缝检查仪
		(5) 焊缝电焊质量外观	无气孔、无焊瘤、无裂缝		直观
		(6) 焊缝探伤检验	满足设计要求		按设计要求
	2	电焊结束后停歇时间	min	>1.0	秒表测定
	3	节点弯曲矢高		<1/1000l	用钢尺量（l 为两节桩长）
	4	桩顶标高	mm	±50	水准仪
	5	停锤标准	设计要求		用钢尺量或沉桩记录

10.4.6.11　施工安全技术措施

（1）打桩前，应对邻近施工范围内的原有建筑物、地下管线等进行检查，对有影响的工程，应采取有效的加固措施或隔振措施，以确保施工安全。

（2）机具进场要注意危桥、陡坡、陷地和防止碰撞电杆、房屋等，以免造成事故。

（3）打桩机行走道路必须平整、坚实，必要时宜铺设道碴，经压路机碾压密实。场地四周应挖排水沟以利排水，保证移动桩机时的安全。

（4）在施工前应先全面检查机械，发现有问题时及时解决，检查后要进行试运转，严禁带病作业。机械操作必须遵守安全技术操作要求，由专人操作，并加强机械的维护保养，保证机械各项设备和部件、零件的正常使用。

（5）吊装就位时，起吊要慢，拉住溜绳，防止桩头冲击桩架，撞坏桩身；加强检查，发现不安全情况，及时处理。

（6）在打桩过程中遇有地坪隆起或下陷时，应随时对机架及路轨调平或垫平。

（7）机械司机，在施工操作时要集中精力，服从指挥信号，不得随便离开岗位，并经常注意机械运转情况，发现异常情况要及时纠正。要防止机械倾斜、倾倒，桩锤不工作时，突然下落等事故的发生。

（8）打桩时严禁用手拨正桩垫，不要在桩锤未打到桩顶即起锤或过早刹车，以免损坏设备。

（9）钢管桩打桩后必须及时加盖临时桩帽；预制混凝土桩送桩入土后的桩孔，必须及时用砂子或其他材料填灌，以免发生人身事故。

（10）冲抓锥或冲孔锤操作时，不准任何人进入落锤区施工范围内，以防砸伤。

（11）成孔钻机操作时，注意钻机安定平稳，以防止钻架突然倾倒或钻具突然下落。

（12）施工现场的一切电源、电路的安装和拆除必须由持证电工操作；电器必须严格接地、接零和使用漏电保护器。

10.4.6.12 文明施工与环境保护

参见第10.5.5.15节内容。

10.4.6.13 常见事故及处理

1. 锤击法常见问题及处理

(1) 桩顶移位及倾斜

产生原因：

1) 桩入土后，由于桩身不正、钻孔倾斜过大、群桩沉桩次序不当引起土体受到挤压，造成邻近桩产生横向位移或桩身上涌。

2) 桩入土后，遇到大块孤石或坚硬障碍物，或遇流砂等不良地质情况。

处理措施：

施工前探明地下障碍物情况，预先采取排出、钻透或爆碎进行处理；钻孔插桩成孔过程要严格执行规程保证钻孔垂直，插桩时吊线保证桩身垂直。对于软土地基尤其注意桩间距并按照设计打桩顺序进行施工，如位移过大，应拔出，移位再打，位移不大，可用木架顶正，再慢锤打入；障碍物不深，可挖去回填后再打；浮起量大的桩应重新打入。

(2) 桩头击碎

产生原因：

1) 桩顶的混凝土强度等级设计偏低，钢筋网片不足，造成强度不够。预制桩混凝土配合比不准确、养护不好，未达到设计要求。桩外形制作没达到设计要求。

2) 施工机具选择不当，桩锤选用过大或过小；桩顶与桩帽接触不平，造成应力集中；沉桩时未加缓冲桩或桩垫不合要求，失去缓冲作用，使桩直接承受冲击荷载。

3) 遇到砂层或者大块石等不良地质情况。

处理措施：

桩设计应根据工程地质条件和施工机具性能合理设计桩头，保证有足够的强度；桩制作时混凝土配合比要正确，振捣密实，充分养护。沉桩前，应复核所选桩锤，必要时进行试桩。如桩顶不平或不垂直于桩轴线，应修补后才能使用，桩顶应加草垫、纸袋或胶皮等缓冲垫，如发现损坏，应及时更换；如桩顶已破碎，应更换或加垫桩垫，如破碎严重，可把桩顶剔平补强，必要时加钢板箍，再重新沉桩；遇砂夹层或大块石，可采用小钻孔再插预制桩的办法施打。

(3) 断桩

产生原因：

1) 桩细长比过大。

2) 桩制作质量差，局部强度过低；弯曲度过大；吊运过程产生裂缝或断裂。

3) 桩在反复施打时，桩身受拉大于混凝土的抗拉强度时，产生裂缝，剥落而导致断裂。

处理措施：

桩细长比应控制不大于40；桩制作时，应保证混凝土配合比正确，振捣密实，强度均匀；桩在堆放、起吊、运输过程中，应严格按操作规程，发现桩超过有关验收规定不得使用；施工前查清地下障碍物并清除，检查桩外形尺寸，发现弯曲超过规定或桩尖不在桩纵轴线上时，不得使用；已断桩，可采取在一旁补桩的办法处理。

(4) 沉桩达不到设计控制要求

产生原因：

1) 地质勘察资料不明，致使设计桩尖标高与实际不符；或持力层过高。

2) 沉桩遇地下障碍物，如大块石、混凝土坑等，或遇坚硬土夹层、砂夹层。

3) 桩锤选择太小或太大，使桩沉不到或超过设计要求的控制标高。

4) 桩顶打碎或桩身打断，致使桩不能继续打入，打桩间歇时间过长，摩阻力增大。

处理措施：

详细探明工程地质情况，必要时应作补勘；探明地下障碍物，并清除掉，或钻透或爆碎；正确选择持力层或标高，根据地质情况和桩重，合理选择施工机械、桩锤大小、施工方法和桩混凝土强度；在新近代砂层沉桩，注意打桩次序，减少向一侧挤密的现象；打桩应连续打入，不宜间歇时间过长；防止桩顶打碎和桩身打断。

(5) 桩急剧下沉或回弹

产生原因：

1) 遇软土层或土洞、断桩；

2) 桩尖遇树根、坚硬土层。

处理措施：

遇软土层或土洞应进行补桩或填洞处理；沉桩前检查桩垂直度和有无裂缝情况，发现弯曲或裂缝，处理后再沉桩；落锤不要过高，将桩拔起检查，改正后重打，或靠近原桩位作补桩处理。

2. 静力压桩常见事故及处理

(1) 桩压不下去

原因分析：

1) 桩端停在砂层中接桩，中途间断时间过长；

2) 压桩机部分设备工作失灵，压桩停歇时间过长。

处理措施：

1) 避免桩端停在砂层中接桩；

2) 及时检查压桩设备、做好设备维护保养，维修。

(2) 桩达不到设计标高

原因分析：

1) 勘察报告不明确或有错误；

2) 桩压至接近设计标高时过早停压，在补压时压不下去。

处理措施：

1) 变更设计桩长；

2) 改变过早停压的做法。

(3) 桩身倾斜或位移。

原因分析：

1) 桩不保持轴心受压；

2) 上下节桩轴线不一致；

3）遇障碍物。

处理措施：

及时调整；加强测量；障碍物不深时，可挖除回填后再压；歪斜较大，可利用压桩油缸回程，将土中的桩拔出，回填后重新压桩。

3. 钢桩常见事故及处理

（1）桩达不到设计标高或沉桩困难

原因分析：

1）桩锤大小与桩的形状、断面和地层不匹配；

2）或遇到坚硬土夹层；或桩端持力层深度与勘察报告不符。

处理措施：

需更换合适的桩锤，依据重新勘察结果变更桩设计和施工方法。

（2）桩破损

原因分析：

1）制作瑕疵或运输问题；

2）地质情况，如遇到孤石和局部硬质地层造成桩身屈曲破损；

3）桩锤、桩帽还有锤垫不匹配造成沉桩过程出现桩损。

处理措施：

需更换桩，依据重新勘察结果变更桩设计和施工方法。检查桩部件匹配性，及时调整。

（3）贯入度突然增大

原因分析：

1）桩在土中失稳；

2）桩发生倾斜；

3）桩截面刚度过小，锤击时桩自由度较大；

4）桩下有空洞。

处理措施：

搞好测量控制，做到垂直地插入 H 型钢桩；预先对不良地质情况作处理。

（4）钢桩加工质量问题，夹渣、漏焊、裂纹等

原因分析：

焊接电流不匹配，焊接速度过快或者过慢，焊接工序工艺存在问题。

处理措施：

严格按照加工工艺说明进行焊接施工。

10.4.7 特殊用途的桩

10.4.7.1 抗拔桩

在建筑工程中，尤其是无上部结构的地下室以及地下停车场、污水处理池、深井泵房、船坞、人防和地铁工程；高耸结构：如输电线铁塔、电视塔、烟囱的基础；锚锭基础以及在水平力作用下出现上拔力的建（构）筑物基础，如码头、挡土墙等，都有可能遇到工程结构的抗浮抗拔问题。

抗浮抗拔措施视具体情况而定且型式多样，最常见的是设置抗拔桩，抗拔桩的形式一般常用的为等截面的抗拔桩，为了获得最大的抗拔承载力，其入土深度一般不宜小于20倍桩径；为了提高桩的承载力，也可将抗拔桩做成非等截面，如扩底桩（夯扩、爆扩、机扩、掏扩），这种形式不仅能发挥桩的侧摩阻力，而且还能充分发挥桩的扩大部分的抗拔阻力。抗拔桩的设置方向主要取决于荷载的性质和作用方向，如竖桩、斜桩和叉桩等形式。

常用的抗拔桩型式主要有钻（冲）孔灌注桩、混凝土预制桩和钢桩等。

10.4.7.2 微型桩

微型桩是通过一定的方法在地基中先成孔，再在孔中下入设计所要求的钢筋笼和注浆用的注浆管，经清孔后在孔中投入一定规格的石料或细石混凝土，再用水泥浆液替代出孔中的水，进行压力注浆所形成的直径为90～300mm的同径或异径的桩。微型桩复合地基是由桩间改良后的土与注浆微型桩桩体组成的人工“复合地基”。微型桩因其对打桩设备及施工场地的要求低，而承载力较高，安全可靠等性质，所以得到了广泛的应用。其主要应用于基础托换、基坑支护、公路工程、边坡加固以及新建工程。

按照注浆微型桩的施工工艺，注浆微型桩在最后成桩前要进行静力压浆，并进行稳压工作，这样原来桩壁与周围土层接触不好的地方就会被强行压入的水泥浆强制充填，从而使桩侧与桩周土体接触良好。同时在水泥浆的水解、水化作用，黏土颗粒与水泥水化物的作用、碳酸化作用下，更增强了注浆微型桩与其桩周土之间胶结力，从而提高了注浆微型桩桩周土的摩阻力。

通过静力压浆后，大部分浆液会被压入到桩间土体的孔隙中去，在一定的压力下，浆液会沿阻力最小的方向流动，并充填于桩间土体中的空隙中，使密度增大，地基土的承载力提高。

这对于人工填土和砂性土尤为明显。由于注浆微型桩桩体的变形模量远远大于桩间土的变形模量，这样当注浆微型桩与周围土体共同承担上部基底应力时，基底应力会向注浆微型桩桩体集中，静载荷试验资料表明，仅占承压板面积约10%的微型桩承担了总荷载的50%～60%，而占承压板面积约90%的桩间土仅承担了总荷载的40%～50%。因此，注浆微型桩降低了基底下一定深度范围内土层中的附加应力，从而也就减小了持力层内可能产生的大量压缩变形。此外，注浆微型桩对桩间土也能起侧向约束作用，限制桩间土的侧向位移。对于一定的基底应力而言，注浆微型桩承担的基底应力份额大了，其桩间土所承担的基底应力份额自然减小，这样一来，地基土的承载力自然也就提高了。

1. 微型桩的优点

微型桩直径一般在150～300mm，桩长不超过30m，布置形式有各种排列的直桩和网状结构的斜桩。与其他地基加固或基础托换方法相比微型桩具有以下优点：

（1）所需施工场地较小，一般平面尺寸为0.6m×1.8m，净空高度为2.1～2.7m即可施工；

（2）施工时噪声和振动小，施工也较方便；

（3）压力注浆使微型桩与地基土紧密结合，桩和墙身连接成一体；

（4）施工时桩孔孔径小，因而对基础和地基土几乎都不产生附加应力，施工时对原有基础影响小；也不干扰建筑物的正常使用；

(5) 能穿透各种障碍物，适用于各种不同的土质条件；

(6) 桩和桩间土通过褥垫层形成复合地基。

2. 微型桩的设计

在设计中首先要评价建筑场地土的工程性能，选用并确定设计计算模式，确定复合地基或单桩的承载力，最后布置桩位，并绘出施工图。

(1) 桩径设计

根据不同的工程条件、结构要求、地质特征选用不同的桩径，桩径一般为90～300mm。

(2) 桩长设计

对于按刚性桩理论进行设计的注浆微型桩，其桩长设计应满足两个条件：一是满足单桩承载力的要求；二是满足进入相对较好持力层的要求。对于按复合地基理论进行设计的注浆微型桩主要是要满足复合地基承载力的要求，但不宜将桩端置于软弱土层上，以免日后沉降偏大。

1) 对于受水平力较小的桩，可按配筋率0.40%～0.65%配筋。

2) 钢筋笼外径宜小于设计桩径40～60mm。主筋保护层的厚度不小于30mm。

3) 主筋规格一般不少于3根，有3ϕ10、3ϕ12、3ϕ14、4ϕ18mm等几种，箍筋可采用ϕ6.5mm、间隔200～350mm的形式。对软弱地基，主要承受竖向荷载时的钢筋长度不得小于1/2桩长；主要承受水平荷载时应全长配筋。

4) 桩身混凝土强度等级应不小于C20。

5) 注浆压力以0.5～3.0MPa为宜，砂性土和杂填土可小于0.5MPa，若对地基承载力有较高的要求，压力可适当大些。

6) 浆液的配合比，水灰比可取0.55∶1.00，0.60∶1.00，0.65∶1.00，0.70∶1.00，0.80∶1.00；外加剂可用Na_2SiO_3、FDN（减水剂）、$CaCl_2$等。对作为承重桩的微型桩，宜注水泥砂浆，配合比为水∶水泥：砂＝0.5∶1.0∶0.3（重量比），砂粒粒径不宜大于0.5mm。

7) 注浆量，取充盈比K为1.5～2.0，砂性土和杂填土取高值，黏性土取低值。桩径300mm时，注浆量可取75kg/m。

3. 微型桩的施工

微型桩的施工一般按以下工序进行：成孔→清孔→安放钢筋笼→注浆成桩。

(1) 定位和校正垂直度

桩位偏差应控制在20mm以内，直桩的垂直度偏差应不超过1%，斜桩的倾斜度应按设计要求作相应调整。

(2) 成孔

一般采用钻机成孔，分干作业和湿作业两种。

干作业钻孔是取出天然土，无泥浆处理问题。适用于地下水位较低的地区，一般采用工程地质钻机成孔，有的地区甚至用洛阳铲。

在地下水位高的饱和黏土地区，普遍采用湿作业钻孔。除端承桩的钻孔必须下套以确保桩身截面均匀外，一般只在孔口附近下1～2m的套管防止孔口坍落。钻孔时可采用泥浆护壁或清水护壁。钻孔到设计标高后下100～200mm停钻，然后清孔，直至孔口泛水为止；钻机经改造后，桩孔距建筑物墙（柱）边最近可为350mm，必要时也可采用斜孔。

（3）吊放钢筋笼和注浆管

钢筋笼宜整根吊放，因为钻孔暴露时间越长就越容易造成塌孔和缩径。当受到净空和起吊设备限制时可采用分步吊放钢筋笼，节间钢筋搭接焊缝长度双面焊不小于5倍钢筋直径，双面焊不小于10倍钢筋直径。预留钢筋段长度不小于35倍主筋直径。注浆管可采用直径20mm铁管，直插孔底。施工时应尽量缩短吊放和焊接时间。

（4）填灌碎石

碎石粒径宜在10～25mm范围内，并用水冲洗后计量填放，填入量应不小于计算体积的0.9倍。在填灌过程中应始终利用注浆管注水清孔，并不断摇晃和轻锤钢筋笼，以防止碎石架桥和泥砂沉积孔口，当填入量过小时，应分析原因，采取相应的措施。

（5）注浆

注浆材料可采用水泥浆液、水泥砂浆或细石混凝土，当采用碎石填灌时，注浆应采用水泥浆。

当采用一次注浆时，泵的最大工作压力不应低于1.5MPa，开始注浆时，需要1MPa的起始压力，将浆液经注浆管从孔底压出，接着注浆压力宜为0.1～0.3MPa，使浆液逐渐上冒，直至浆液泛出孔口停止注浆。

当采用二次注浆时，泵的最大工作压力不应低于4MPa。待第一次注浆的浆液初凝时方可进行第二次注浆，浆液的初凝时间根据水泥品种和外加剂掺量确定，可控制在45～60min范围。第二次注浆压力宜为2～4MPa，二次注浆不宜采用水泥砂浆和细石混凝土。

注浆施工时应采用间隔施工、间歇施工或增加速凝剂掺量等措施，以防止出现相邻桩冒浆和窜孔现象。树根桩施工不应出现缩颈和塌孔。

（6）拔注浆管、移位

拔管后按质检要求在顶部取混凝土制成试块，拔管后应立即在桩顶填充碎石，并在1～2m范围内补充注浆。

4. 质量检验

（1）施工过程中应作好现场验收记录，包括钢筋笼制作、成孔和注浆等各项工序指标。

（2）每3～6根桩做一组试块，测定抗压强度，桩身强度应符合设计要求。

（3）对承受垂直荷载的微型桩，应采用载荷试验检验树根桩的竖向承载力，有经验时也可采用动测法检验桩身质量，两者均应符合设计要求。在建造上部结构前应检验桩位、桩数和桩头强度。

10.4.8　承 台 施 工

10.4.8.1　基坑开挖和回填

（1）桩基承台施工顺序宜先深后浅。

（2）当承台埋置较深时，应对邻近建筑物及市政设施采取必要的保护措施，在施工期间应进行监测。

（3）基坑开挖前应对边坡支护型式、降水措施、挖土方案、运土路线及堆土位置编制施工方案，若桩基施工引起超孔隙水压力，宜待超孔隙水压力大部分消散后开挖。

（4）当地下水位较高需降水时，可根据周围环境情况采用内降水或外降水措施。

(5) 挖土应均衡分层进行，对流塑状软土的基坑开挖，高差不应超过 1m。

(6) 挖出的土方不得堆置在基坑附近。

(7) 机械挖土时必须确保基坑内的桩体不受损坏。

(8) 基坑开挖结束后，应在基坑底做出排水盲沟及集水井，如有降水设施仍应维持运转。

(9) 在承台和地下室外墙与基坑侧壁间隙回填土前，应排除积水，清除虚土和建筑垃圾，填土应按设计要求选料，分层夯实，对称进行。

10.4.8.2 钢筋和混凝土施工

1. 钢筋和混凝土施工

(1) 绑扎钢筋前应将灌注桩桩头浮浆部分和预制桩桩顶锤击面破碎部分去除，桩体及其主筋埋入承台的长度应符合设计要求，钢管桩尚应焊好桩顶连接件，并应按设计施作桩头和垫层防水。

(2) 承台混凝土应一次浇注完成，混凝土入槽宜采用平铺法。对大体积混凝土施工，应采取有效措施防止温度应力引起裂缝。

2. 承台工程验收

(1) 承台钢筋、混凝土的施工与检查记录；

(2) 桩头与承台的锚筋、边桩离承台边缘距离、承台钢筋保护层记录；

(3) 桩头与承台防水构造及施工质量；

(4) 承台厚度、长度和宽度的量测记录及外观情况描述等；

(5) 承台工程验收除符合本节规定外，尚应符合现行国家标准《混凝土结构工程施工质量验收规范》GB 50204 的规定。

10.4.9 桩的检测

10.4.9.1 桩的静载试验

静载试验是获得桩的竖向抗压、抗拔以及水平承载力的最基本而可靠的桩基检测方法。通过现场静载试验确定单桩的竖向极限承载力，作为设计依据，或对工程桩的承载力进行抽样检验和评价。

桩的静载试验，是模拟实际荷载情况，通过静载加压，得出一系列关系曲线，综合评定确定其容许承载力，它能较好地反映单桩的实际承载力。荷载试验有多种类型，通常采用的是单桩竖向抗压静载试验、单桩竖向抗拔静载试验和单桩水平静载试验。

受检桩的混凝土龄期达到 28d 或预留同条件养护试块强度达到设计强度。当无成熟的地区经验时，尚不应少于表 10-116 规定的时间。

不同土类型的休止时间　　表 10-116

土的类型		休止时间 (d)
砂土		7
粉土		10
黏性土	非饱和	15
	饱和	25

注：对于泥浆护壁灌注桩，宜适当延长休止时间。

检测数量：在同一条件下不应少于 3 根，且不宜少于总桩数的 1%；当工程桩总数在 50 根以内时，不应少于 2 根。

1. 单桩竖向抗压静载试验法

(1) 基本规定

1) 当设计有要求或满足下列条件之一时，施工前应采用静载试验确定单桩竖向抗压承载力特征值：

①设计等级为甲级、乙级的桩基；

②地质条件复杂、桩施工质量可靠性低；

③本地区采用的新桩型或新工艺。

2) 对单位工程内且在同一条件下的工程桩，当符合下列条件之一时，应采用单桩竖向抗压承载力静载试验进行验收检测：

①设计等级为甲级的桩基；

②地质条件复杂、桩施工质量可靠性低；

③本地区采用的新桩型或新工艺；

④挤土群桩施工产生挤土效应。

(2) 试验设备仪器及安装

1) 试验加载装置

单桩竖向抗压静载试验一般采用油压千斤顶加载，当采用两台及两台以上千斤顶加载时应并联同步工作，应采用同型号、同规格的千斤顶，千斤顶的合力中心应与桩轴线重合。千斤顶的加载反力装置可根据现场实际条件采取下述四种方法之一：

①锚桩横梁反力装置

锚桩横梁反力装置由四根锚桩、主梁、次梁、油压千斤顶以及测量仪表等组成。锚桩、反力梁装置能提供的反力应不得小于最大加载量的 1.2 倍。应对主次梁进行强度和变形验算。应对锚桩抗拔力（地基土、抗拔钢筋、桩的接头）进行验算；采用工程桩作锚桩时，锚桩数量不应少于 4 根，并应监测锚桩上拔量。压重宜在检测前一次加足，并均匀稳固地放置于平台上。

②压重平台反力装置

压重平台反力装置由支墩（或垫木）、钢横梁、钢锭、油压千斤顶及测量仪表等组成。堆载量不得小于预估试桩破坏荷载的 1.2 倍。压重应在试验开始前一次加上，并均匀稳固的放置于平台上。压重宜在检测前一次加足，并均匀稳固地放置于平台上。压重施加于地基的压应力不宜大于地基承载力特征值的 1.5 倍，有条件时宜利用工程桩作为堆载支点。

③锚桩压重联合反力装置

当试桩最大加载量超过锚桩的抗拔能力时，可在锚桩上或主次梁上配重，由锚桩和堆重共同承受千斤顶加压的反力。

为了避免加荷过程中的相互影响，试桩、锚桩（压重平台支墩边）和基准桩之间的中心距离应符合表 10-117 规定。

④地锚反力装置

对于单桩承载力较小的摩擦桩可采用土锚作反力，对于岩层面浅的嵌岩桩，可采用岩锚提供反力。

常见单桩竖向抗压静载试验装置见图10-52。

试桩、锚桩（或压重平台支墩边）和墓准桩之间的中心距离　　表10-117

距离 / 反力装置	试桩中心与锚桩中心（或压重平台支墩边）	试桩中心与基准桩中心	基准桩中心与锚桩中心（或压重平台支墩边）
锚桩横梁	≥4（3）d且>2.0m	≥4（3）d且>2.0m	≥4（3）d且>2.0m
压重平台	≥4d且>2.0m	≥4（3）d且>2.0m	≥4d且>2.0m
地锚装置	≥4d且>2.0m	≥4（3）d且>2.0m	≥4d且>2.0m

注：1. d为试桩、锚桩或地锚的设计直径或边宽、取其较大者；
2. 如试桩或锚桩为扩底桩或多支盘桩时，其中心距上不应小于2倍扩大端直径；
3. 括号内数值可用于工程桩验收检测时多排桩设计桩中心距离小于4d的情况；
4. 软土场地堆载重量较大时，宜增加支墩边与基准桩中心和试桩中心之间的距离，并在试验过程中观测基准桩的竖向位移。

2）仪表和测试元件

荷载测量可用放置在千斤顶上的荷重传感器直接测定；或采用并联于千斤顶油路的压力表或压力传感器测定油压，根据千斤顶率定曲线换算荷载。传感器的测量误差不应大于1%，压力表精度应优于或等于0.4级。试验用压力表、油泵、油管在最大加载时的压力不应超过规定工作压力的80%。

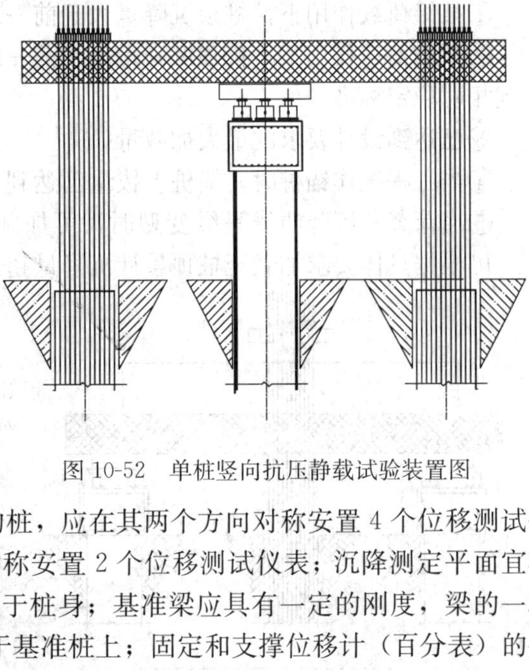
图10-52　单桩竖向抗压静载试验装置图

试桩沉降一般宜采用位移传感器或大量程百分表，并应符合下列规定：测量误差不大于0.1%FS，分辨力优于或等于0.01mm；直径或边宽大于500 mm的桩，应在其两个方向对称安置4个位移测试仪表，直径或边宽小于等于500mm的桩可对称安置2个位移测试仪表；沉降测定平面宜在桩顶200mm以下位置，测点应牢固地固定于桩身；基准梁应具有一定的刚度，梁的一端应固定在基准桩上，另一端应自由地搁置于基准桩上；固定和支撑位移计（百分表）的夹具及基准梁应避免气温、振动及其他外界因素的影响。

（3）单桩的静载荷试验要点

载荷试验时，为设计提供依据的试验桩，应加载至破坏；当桩的承载力以桩身强度控制时，可按设计要求的加载量进行。对工程桩抽样检测时，加载量不应小于设计要求的单桩承载力特征值的2.0倍。

1）荷载分级

试验时加载分级荷载宜为最大加载量或预估极限承载力的1/10，其中第一级可取分级荷载的2倍。卸载应分级进行，每级卸载量取加载时分级荷载的2倍，逐级等量卸载。

2）试验加载方式

采用慢速维持荷载法，即逐级加载，每级荷载达到相对稳定后加下一级荷载，直到试桩破坏，然后逐级等量卸载到零。加、卸载时应使荷载传递均匀、连续、无冲击，每级荷载在维持过程中的变化幅度不得超过分级荷载的±10%。当桩顶沉降速率达到相对稳定标准时，再施加下一级荷载。当考虑结合实际工程桩的荷载特征，也可采用多循环加、卸载法（每级荷载达到相对稳定后卸载到零）或用等速率贯入法。当考虑缩短试验时间，对于工程桩的检验性试验，可采用快速维持荷载法，即一般每隔 1h 加一级荷载。

3）测读桩沉降量的间隔时间

每级荷载施加后按第 5、15、30、45、60min 测读桩顶沉降量，以后每隔 30min 测读一次，每次测读值记入试验记录表。

4）稳定标准

在每级荷载作用下，每 1h 内的桩顶沉降量不超过 0.1mm，并连续出现两次（从分级荷载施加后第 30min 开始，按 1.5h 连续三次每 30min 的沉降观测值计算），认为已达到相对稳定，可加下一级荷载。

5）终止加荷的条件

①某级荷载作用下，桩顶沉降量大于前一级荷载作用下沉降量的 5 倍。

②某级荷载作用下，桩顶沉降量大于前一级荷载作用下沉降量的 2 倍，且经 24h 尚未达到相对稳定标准。

③已达到设计要求的最大加载量。

④当工程桩作锚桩时，锚桩上拔量已达到允许值。

⑤当荷载—沉降曲线呈缓变型时，可加载至桩顶总沉降量 60～80mm；在特殊情况下，可根据具体要求加载至桩顶累计沉降量超过 80mm。

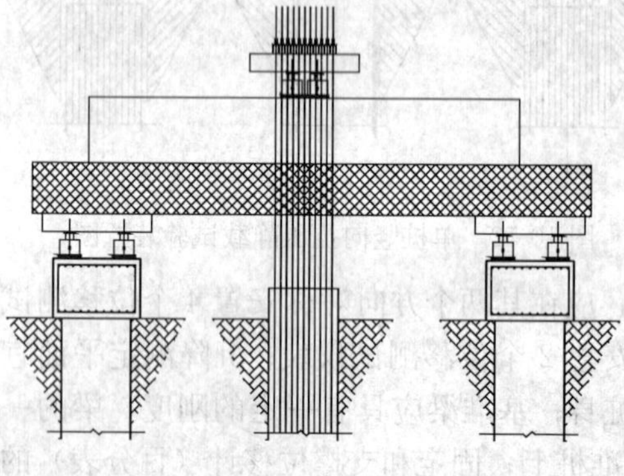

图 10-53　单桩竖向抗拔静载试验装置图

6）卸载与卸载沉降观测

卸载时，每级荷载维持 1h，按第 15、30、60min 测读桩顶沉降量后，即可卸下一级荷载。卸载至零后，应测读桩顶残余沉降量，维持时间为 3h，测读时间为第 15、30min，以后每隔 30min 测读一次，每次测读值记入试验记录表。

2. 单桩竖向抗拔静载试验方法

在拔力作用下桩的破坏形式有两种：一是地基变形带动周围的土体被拔出；二是桩身强度不够，被拉裂或拉断。

(1) 试验加载装置

一般采用油压千斤顶加载，千斤顶的加载反力装置宜采用反力桩（或工程桩）提供支座反力，也可根据现场情况采用天然地基提供支座反力。试验设备主要用油压千斤顶，把试桩的主筋连接到传力架上，当千斤顶上升时，产生上拔力把试桩拔升。

(2) 加载方法

一般采用慢速维持荷载法。需要时，也可采用多循环加、卸载方法。慢速维持荷载法可参照抗压静载试验方法。

(3) 终止加载条件

当出现下列情况之一时，即可终止加载：

1）在某级荷载作用下，桩顶上拔量大于前一级上拔荷载作用下的上拔量5倍。

2）按桩顶上拔量控制，当累计桩顶上拔量超过100mm时。

3）按钢筋抗拉强度控制，桩顶上拔荷载达到钢筋强度标准值的0.9倍。

4）对于验收抽样检测的工程桩，达到设计要求的最大上拔荷载值。

3. 单桩水平静载试验方法

桩的水平静载荷试验是采用接近于桩的实际工作条件进行试验，以确定单桩的水平承载力和地基土的水平抗力系数。当桩身埋设有应力测量元件时，可测出桩身应力变化，并由此求得桩身弯矩分布。

（1）试验设备与仪表装置

进行单桩水平静载试验时，常采取互推法，在两根桩中间放置千斤顶施加水平荷载，水平作用线应通过地面标高处（地面标高应与实际工作桩基承台底面标高一致）（图10-54）。在千斤顶与试桩接触处宜安置一球形铰座，以保证千斤顶作用力能水平通过桩身轴线。用电动油泵加荷，用电阻应变式传感器和电子秤控制荷载。在桩外侧地面及地面以上500～1000mm设置双层大量程百分表（下表测量桩身在地面处的水平位移，上表测量桩顶水平位移，根据两表位移差可求得地面以上桩身转角），以测定桩的水平位移。百分表的基准桩宜打设在桩侧面靠位移的反方向，与试桩的净距不少于1倍试桩直径。

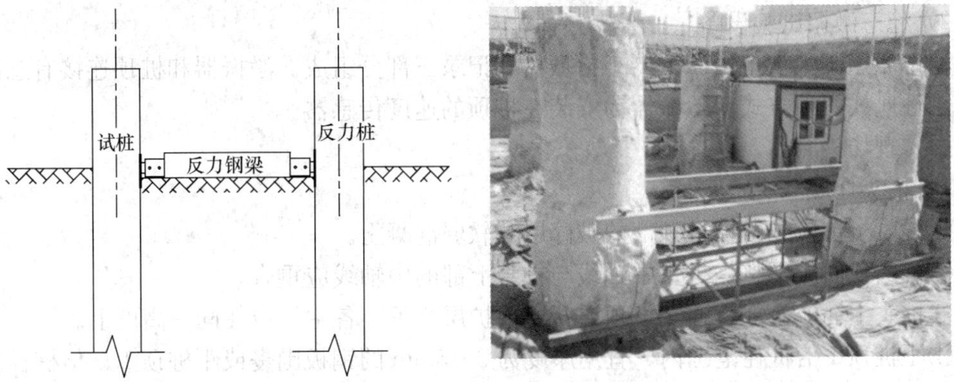

图10-54 单桩水平静载试验装置图

（2）加载方法

对于承受反复作用的水平荷载的桩基，一般采用单向多循环加、卸载方法，视受力情况和设计要求也可采取慢速维持荷载法及其他加载方法。

单向多循环加载法的分级荷载应小于预估水平极限承载力或最大试验荷载的1/10。每级荷载施加后，恒载4min后可测读水平位移，然后卸载至零，停2min测读残余水平位移，至此完成一个加卸载循环。如此循环5次，完成一级荷载的位移观测。试验不得中间停顿。

对承受长期作用的水平荷载的桩基，宜采用分级连续的加载方式，各级荷载的增量同上所述，各级荷载维持10min，并记录百分表读数后即进行下一级荷载的试验，如到10min时的水平位移还未稳定，则应延长该级荷载的维持时间，直至稳定为止。其稳定标准可参照竖向静载试验方法。

（3）终止加荷的条件

1）桩身折断；

2）水平位移超过 30～40mm（软土取 40mm）；

3）水平位移达到设计要求的水平位移允许值。

10.4.9.2　桩的动测

1. 低应变法

在基桩动态无损检测中，国内外广泛使用的方法是应力波反射法，是低应变法的一种。

（1）原理

根据一维杆件弹性波反射理论（波动理论）采用锤击振动力法检测桩体的完整性，即以波在不同阻抗和不同约束条件下的传播特性来判别桩身完整性。

（2）适用范围

本方法适用于检测混凝土桩的桩身完整性，判定桩身缺陷的程度及位置。

（3）检测仪器设备

1）瞬态激振设备

瞬态激振试验设备由力锤、锤垫、检测仪、速度传感器和加速度传感器和绘图仪组成。

2）稳态激振试验设备

稳态激振试验设备由激振器、拾振器和记录三部分组成。激振器和桩顶连接有悬吊式和半刚性座式两种方式。拾振器为安装在桩顶的速度传感器。

（4）现场检测

1）桩头处理

①混凝土桩应先凿掉桩顶部的破碎层和软弱混凝土。

②桩头顶面应平整，桩头中轴线与桩身上部的中轴线应重合。

③桩头主筋应全部直通至桩顶混凝土保护层之下，各主筋应在同一高度上。

④距桩顶 1 倍桩径范围内，宜用厚度为 3～5mm 的钢板围裹或距桩顶 1.5 倍桩径范围内设置箍筋，间距不宜大于 100mm。桩顶应设置钢筋网片 2～3 层，间距 60～100mm。

⑤桩头混凝土强度等级宜比桩身混凝土提高 1～2 级，且不得低于 C30。

2）传感器安装和激振操作

①传感器安装应与桩顶面垂直；用耦合剂粘结时，应具有足够的粘结强度。

②实心桩的激振点位置应选择在桩中心，测量传感器安装位置宜为距桩中心 2/3 半径处；空心桩的激振点与测量传感器安装位置宜在同一水平面上，且与桩中心连线形成的夹角宜为 90°，激振点和测量传感器安装位置宜为桩壁厚的 1/2 处。

③激振点与测量传感器安装位置应避开钢筋笼的主筋影响。

④激振方向应沿桩轴线方向。

⑤瞬态激振应通过现场敲击试验，选择合适重量的激振力锤和锤垫，宜用宽脉冲获取桩底或桩身下部缺陷反射信号，宜用窄脉冲获取桩身上部缺陷反射信号。

⑥稳态激振应在每一个设定频率下获得稳定响应信号，并应根据桩径、桩长及桩周土约束情况调整激振力大小。

⑦一根桩应敲击多少次合适，假如信号重复性较好，一般一根桩敲击三次即可，若重

复性不好应查明原因。

3）信号的采集与筛选

①根据桩径大小，桩心对称布置 2～4 个检测点；每个检测点记录的有效信号数不宜少于 3 个。

②检查判断实测信号是否反映桩身完整性特征。

③不同检测点及多次实测时域信号一致性较差，应分析原因，增加检测点数量。

④信号不应失真和产生零漂，信号幅值不应超过测量系统的量程。

（5）检测结果分析

1）桩身波速平均值判定

①当桩长已知、桩底反射信号明确时，在地质条件、设计桩型、成桩工艺相同的基桩中，选取不少于 5 根Ⅰ类桩的桩身波速值按下式计算其平均值：

$$c_{\mathrm{m}} = \frac{1}{n}\sum_{i=1}^{n} c_i \tag{10-119}$$

$$c_i = \frac{2000L}{\Delta T} \tag{10-120}$$

$$c_i = 2L \cdot \Delta f \tag{10-121}$$

式中 c_{m}——桩身波速的平均值（m/s）；

c_i——第 i 根受检桩的桩身波速值（m/s），且 $|c_i - c_{\mathrm{m}}|/c_{\mathrm{m}} \leqslant 5\%$；

L——测点下桩长（m）；

ΔT——速度波第一峰与桩底反射波峰间的时间差（ms）；

Δf——幅频曲线上桩底相邻谐振峰间的频差（Hz）；

n——参加波速平均值计算的基桩数量（$n \geqslant 5$）。

②当无法按上款确定时，波速平均值可根据本地区相同桩型及成桩工艺的其他桩基工程的实测值，结合桩身混凝土的骨料品种和强度等级综合确定。

2）桩身缺陷位置判定

桩身缺陷位置应按下列公式计算：

$$x = \frac{1}{2000} \cdot \Delta t_{\mathrm{x}} \cdot c \tag{10-122}$$

$$x = \frac{1}{2} \cdot \frac{c}{\Delta f'} \tag{10-123}$$

式中 x——桩身缺陷至传感器安装点的距离（m）；

Δt_{x}——速度波第一峰与缺陷反射波峰间的时间差（m）；

c——受检桩的桩身波速（m/s），无法确定时用 c_{m} 值替代；

$\Delta f'$——幅频信号曲线上缺陷相邻谐振峰间的频差（Hz）。

3）桩身完整性类别判定

桩身完整性判定应根据实测波形的特征、信号衰减特性、缺陷所处深度及成桩工艺、施工记录、地质条件以及个人经验综合判定。判定标准如表 10-118。

2. 高应变法

目前我国常用的高应变动测法有 Case 法和波形拟合法，下面主要介绍 Case 法。

（1）适用范围

本方法适用于检测基桩的竖向抗压承载力和桩身完整性；监测预制桩打入时的桩身应力和锤击能量传递比，为沉桩工艺参数及桩长选择提供依据。进行灌注桩的竖向抗压承载力检测时，应具有现场实测经验和本地区相近条件下的可靠对比验证资料。对于大直径扩底桩和 Q-s 曲线具有缓变型特征的大直径灌注桩，不宜采用本方法进行竖向抗压承载力检测。

桩身完整性判断　　表 10-118

类别	时域信号特征	幅频信号特征
Ⅰ	$2L/c$ 时刻前无缺陷反射波，由桩底反射波	桩底接诊缝排列基本等间距，其相邻频差 $\Delta f \approx c/2L$
Ⅱ	$2L/c$ 时刻前出现轻微缺陷反射波，有桩底反射波	桩底接诊缝排列基本等间距，其相邻频差 $\Delta f \approx c/2L$，轻微缺陷产生的谐振峰与桩底谐振峰之间的频差 $\Delta f' > c/2L$
Ⅲ	有明显缺陷反射波，其他特征介于Ⅱ类和Ⅳ类之间	
Ⅳ	$2L/c$ 时刻前出现严重缺陷反射波或周期性反射波，天桩底反射波；或因桩身浅部严重缺陷使波形呈现低频大振幅衰减振动，无桩底反射波	缺陷谐振峰排列基本等间距，相邻频差 $\Delta f' > c/2L$，无桩底谐振峰； 或因桩身浅部严重缺陷只出现单一谐振峰，无桩底谐振峰

注：对同一场地、地质条件相近、桩型和成桩工艺相同的基桩，因桩端部分桩身阻抗与持力层阻抗相匹配导致实测信号无桩底反射波时，可按本场地同条件下有桩底反射波的其他桩实测信号判定桩身完整性类别。

（2）检测仪器设备

检测仪器设备由锤击设备、传感器组成。

锤击设备宜具有稳固的导向装置；打桩机械或类似的装置（导杆式柴油锤除外）都可作为锤击设备。重锤应材质均匀、形状对称、锤底平整。高径（宽）比不得小于1，并采用铸铁或铸钢制作。当采取自由落锤安装加速度传感器的方式实测锤机力时，重锤应整体铸造。且高径（宽）比应在1.0～1.5范围内。进行高应变承载力检测时，锤的重量应大于预估单桩极限承载力的1.0%～1.5%，混凝土桩的桩径大于600mm或桩长大于30m时取高值。

高应变法是距离桩顶一定距离的桩的两侧对称各安装两只速度传感器和两个应变式力传感器。

（3）现场检测

1）桩头处理

①混凝土桩应先凿掉桩顶部的破碎层和软弱混凝土。

②桩头顶面应平整，桩头中轴线与桩身上部的中轴线应重合。

③桩头主筋应全部直通至桩顶混凝土保护层之下，各主筋应在同一高度上。

④距桩顶1倍桩径范围内，宜用厚度为3～5m的钢板围裹或距桩顶1.5倍桩径范围内设置箍筋，间距不宜大于100mm。桩顶应设置钢筋网片2～3层，间距60～100 mm。

⑤桩头混凝土强度等级宜比桩身混凝土提高1～2级，且不得低于C30。

⑥高应变法检测的桩头测点处截面尺寸应与原桩身截面尺寸相同。

2）传感器安装

①检测时至少应对称安装冲击力和冲击响应（质点运动速度）测量传感器各两个。冲

击力和响应测量可采取以下方式：

a. 在桩顶下的桩侧表面分别对称安装加速度传感器和应变式力传感器，直接测量桩身测点处的响应和应变，并将应变换算成冲击力。

b. 在桩顶下的桩侧表面对称安装加速传感器直接测量响应，在自由落锤锤体 0.5m 处（为锤体高度）对称安装加速度传感器直接测量冲击力。

②传感器宜分别对称安装在距桩顶不小于 $2d$ 的桩侧表面处（d 为试桩的直径或边宽）；对于大直径桩，传感器与桩顶之间的距离可适当减小，但不得小于 $1d$。安装面处的材质和截面尺寸应与原桩身相同，传感器不得安装在截面突变处附近。

③应变传感器与加速度传感器的中心应位于同一水平线上；同侧的应变传感器和加速度传感器间的水平距离不宜大于 80mm。安装完毕后，传感器的中心轴应与桩中心轴保持平行。

④各传感器的安装面材质应均匀、密实、平整，并与桩轴线平行，否则应采用磨光机将其磨平。

⑤安装螺栓的钻孔应与桩侧表面垂直；安装完毕后的传感器应紧贴桩身表面，锤击时传感器不得产生滑动。安装应变式传感器时应对其初始应变值进行监视，安装后的传感器初始应变值应能保证锤击时的可测轴向变形余量为：

a. 混凝土桩应大于 $\pm1000\mu\varepsilon$；

b. 钢桩应大于 $\pm1500\mu\varepsilon$。

⑥当连续锤击监测时，应将传感器连接电缆有效固定（图 10-55）。

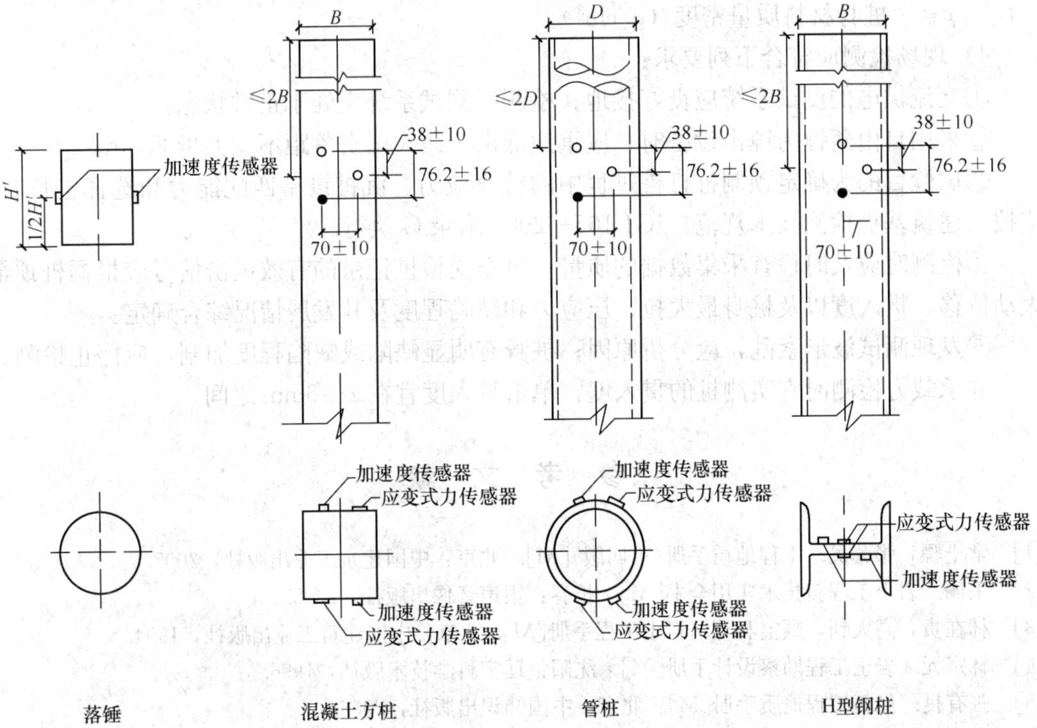

图 10-55 传感器安装示意图

3）计算参数设定

①采样时间间隔宜为 50～200μs，信号采样点数不宜少于 1024 点。

②传感器的设定值应按计量检定结果设定。

③自由落锤安装加速度传感器测力时，力的设定值由加速度传感器设定值与重锤质量的乘积确定。

④测点处桩截面尺寸应按实际测量确定，波速、质量密度和弹性模量应按实际情况设定。

⑤测点以下桩长和截面积可采用设计文件或施工记录提供的数据作为设定值。

⑥桩身材料质量密度应按表 10-119 取值。

桩身材料质量密度（g/cm³）　　**表 10-119**

钢桩	混凝土预制桩	离心管桩	混凝土灌注桩
7.85	2.45～2.50	2.55～2.60	2.40

⑦桩身波速可结合本地经验或按同场地同类型已检桩的平均波速初步设定，现场检测完成后调整。

⑧桩身材料弹性模量应按下式计算：

$$E = \rho c^2 \tag{10-124}$$

式中　E——桩身材料弹性模量（kPa）；

c——桩身应力波传播速度（m/s）；

ρ——桩身材料质量密度（g/cm³）。

4）现场检测应符合下列要求：

①交流供电的测试系统应良好接地；检测时测试系统应处于正常状态。

②采用自由落锤为锤击设备时，应重锤低击，最大锤击落距不宜大于 2.5m。

③试验目的为确定预制桩打桩过程中的桩身应力、沉桩设备匹配能力和选择桩长时，应按《建筑基桩检测技术规范》JGJ 106—2003 附录 G 执行。

④检测时应及时检查采集数据的质量；每根受检桩记录的有效锤击信号应根据桩顶最大动位移、贯入度以及桩身最大拉、压应力和缺陷程度及其发展情况综合确定。

⑤发现测试波形紊乱，应分析原因；桩身有明显缺陷或缺陷程度加剧，应停止检测。

⑥承载力检测时宜实测桩的贯入度，单击贯入度宜在 2～6mm 之间。

参 考 文 献

[1]　常士骠，张苏民．工程地质手册(第四版)[M]．北京：中国建筑工业出版社，2007.
[2]　王珊．岩土工程新技术实用全书[M]．长春：银声音像出版社，2005.
[3]　林在贯，高大钊，顾宝和等．岩土工程手册[M]．北京：中国建筑工业出版社，1994.
[4]　林宗元．岩土工程勘察设计手册[M]．沈阳：辽宁科学技术版社，1996.
[5]　张有良．最新工程地质手册[M]．北京：中国知识出版社，2006.
[6]　龚晓南．高等土力学[M]．浙江：浙江大学出版社，1998.
[7]　陈希哲．土力学地基基础[M]．北京：清华大学出版社，2004.
[8]　顾晓鲁，钱鸿缙，刘惠珊，汪时敏．地基与基础(第三版)[M]．北京：中国建筑工业出版

社，2003.
[9] 郑水敢，何珊儒，朱石稳. 岩土工程勘察报告中地基均匀性及稳定性评价[J]. 西部探矿工程，2006，1，60～62.
[10] 中华人民共和国行业标准. 高层建筑岩土工程勘察规程 JGJ 72—2004[S]. 北京：中国建筑工业出版社，2004.
[11] 中华人民共和国国家标准. 岩土工程勘察规范(2009 年版)GB 50021—2001[S]. 北京：中国建筑工业出版社，2009.
[12] 中华人民共和国国家标准. 铁路工程地质原位测试规程 TB 10018—2003[S]. 北京：中国铁道出版社，2003.
[13] 四川省地方标准. 成都地区建筑地基基础设计规范 DB 51/T5026—2001[S].
[14] 中华人民共和国国家标准. 土工试验方法标准 GB/T 50123—1999[S]. 北京：中国计划出版社，1999.
[15] 中华人民共和国国家标准. 建筑地基基础设计规范 GB 50007—2002[S]. 北京：中国建筑工业出版社，2002.
[16] 北京市标准. 北京地区建筑地基基础勘察设计规范 DBJ 11—501—2009[S]. 北京：中国计划出版社，2009.
[17] 中华人民共和国国家标准. 建筑抗震设计规范(2008 年版)GB 50011—2001[S]. 北京：中国建筑工业出版社，2008.
[18] 李昂. 建筑地基处理技术及地基基础工程标准规范实施手册[M]. 北京：金版电子出版社，2003.
[19] 《地基处理手册》编写委员会. 地基处理手册(第三版)[M]. 北京：中国建筑工业出版社，2008.
[20] 中华人民共和国行业标准. 建筑地基处理技术规范 JGJ 79—2002[S]. 北京：中国建筑工业出版社，2002.
[21] 中华人民共和国行业标准. 建筑地基处理技术规范条文说明 JGJ 79—2002[S]. 北京：中国建筑工业出版社，2002.
[22] 黄生根等. 地基处理与基坑支护工程(第三版). [M]. 北京：中国地质大学出版社，2004
[23] 中华人民共和国国家标准. 湿陷性黄土地区建筑规范 GB 50025—2004[S]. 北京：中国建筑工业出版社，2004.
[24] 上海市标准. 地基处理技术规范 DBJ 08—40—94[S]. 上海：同济大学出版社，1994.
[25] 罗宇生. 湿陷性黄土地基处理[M]. 北京：中国建筑工业出版社，2008.
[26] 中华人民共和国国家标准. 建筑地基基础工程施工质量验收规范 GB 50202—2002[S]. 北京：中国计划出版社，2002.
[27] 广东省标准. 建筑地基处理技术规范 DBJ 15—38—2005[S]. 北京：中国建筑工业出版社，2005.
[28] Menard L，Boroise Y. Theoretical and Practical Aspects of Dynamic Consolidation [J]Geotecnique，1975，25(1)：3—18.
[29] 王成华. 强夯地基加固深度估算的等效拟静力法. 第六届全国土力学及基础工程学术会议文集[c]. 上海：同济大学出版社，1991.
[30] 杨光煦. 强夯挤淤的原理、方法及工程实践[J]. 建筑技术，1992(1).
[31] 中国建筑工业出版社. 建筑地基基础规范选编[M]. 北京：中国建筑工业出版社，1993.
[32] 王琨等. 强夯法地基加固深度的估算分析[J]. 山东交通学院学报，2005，13(2).
[33] 中国建筑科学研究院. 既有建筑地基基础加固技术规范 JGJ 123—2000[S]. 北京：中国建筑工业出版社，2000.
[34] 王恩远，吴迈. 工程实用地基处理手册[M]. 北京：中国建材工业出版社，2005.
[35] 上海市工程建设规范. 地基基础设计规范 DGJ 08—11—2010[S]. 上海：1999.

[36]　广东省标准．建筑地基基础设计规范 DBJ 15—31—2003[S]．北京：中国建筑工业出版社，2003.
[37]　湖北省地方标准．建筑地基基础技术规范 DB 42/242—2003[S]．2003.
[38]　江正荣．建筑施工工程师手册(第三版)[M]．北京：中国建筑工业出版社，2009.
[39]　史佩栋．桩基工程手册(桩和桩基础手册)[M]．北京：人民交通出版社，2008.
[40]　曾国熙，叶政青，冯国栋，周镜，刘金砺，陈竹昌，彭大用．桩基工程手册[M]．北京：中国建筑工业出版社，1995.
[41]　中国建筑科学研究院．建筑桩基技术规范 JGJ 94—2008[S]．北京：中国建筑工业出版社，2008.
[42]　徐维钧．桩基施工手册[M]．北京：人民交通出版社，2007.
[43]　沈保汉．桩基与深基坑支护技术进展(沈保汉论文集)[M]．北京：知识产权出版社，2006.
[44]　上海市基础工程公司．建筑地基基础工程施工质量验收规范 GB 50202—2002[S]．北京：中国计划出版社，2002.
[45]　中国建筑科学研究院．建筑基桩检测技术规范 JGJ 106—2003[S]．北京：中国建筑工业出版社，2003.
[46]　北京交通大学．挤扩支盘灌注桩技术规程 CECS192：2005[S]．北京：中国建筑工业出版社，2005.
[47]　北京城建科技促进会．长螺旋钻孔压灌混凝土后插钢筋笼灌注桩施工技术规程 DB11T 582—2008[S]．北京，2008.
[48]　北京中阔地基基础技术有限公司．三岔双向挤扩灌注桩设计规程 JGJ 171—2009[S]．北京：中国建筑工业出版社，2009.
[49]　江正荣．建筑地基与基础施工手册(第二版)[M]．北京：中国建筑工业出版社，2005.
[50]　岩土工程施工方法编写组．岩土工程施工方法．沈阳：辽宁科学技术出版社，1990.

11 脚手架工程

11.1 脚手架的分类

脚手架是指施工现场为工人操作并解决垂直和水平运输而搭设的各种支架。主要为了施工人员上下操作或外围安全网围护及高空安装构件等作业。脚手架的种类较多，可按照用途、构架方式、设置形式、支固方式、脚手架平杆与立杆的连接方式以及材料来划分种类。

11.1.1 按用途划分

(1) 操作用脚手架。它又分为结构脚手架和装修脚手架。其架面施工荷载标准值分别规定为 $3kN/m^2$ 和 $2kN/m^2$。

(2) 防护用脚手架。架面施工（搭设）荷载标准值可按 $1kN/m^2$ 计。

(3) 承重—支撑用脚手架。架面荷载按实际使用值计。

11.1.2 按构架方式划分

(1) 杆件组合式脚手架。

(2) 框架组合式脚手架（简称“框组式脚手架”）。它由简单的平面框架（如门架、梯架、“日”字架和“目”字架等）与连接、撑拉杆件组合而成的脚手架，如门式钢管脚手架、梯式钢管脚手架和其他各种框式构件组装的鹰架等。

(3) 格构件组合式脚手架。它由桁架梁和格构柱组合而成的脚手架，如桥式脚手架（又分提升（降）式和沿齿条爬升（降）式两种）。

(4) 台架。它是具有一定高度和操作平面的平台架，多为定型产品，其本身具有稳定的空间结构，可单独使用或立拼增高与水平连接扩大，并常带有移动装置。

11.1.3 按脚手架的设置形式划分

(1) 单排脚手架：只有一排立杆，横向平杆的一端搁置在墙体上的脚手架。

(2) 双排脚手架：由内外两排立杆和水平杆构成的脚手架。

(3) 满堂脚手架：按施工作业范围满设的，纵、横两个方向各有三排以上立杆的脚手架。

(4) 封圈型脚手架：沿建筑物或作业范围周边设置并相互交圈连接的脚手架。

(5) 开口型脚手架：沿建筑周边非交圈设置的脚手架，其中呈直线型的脚手架为一字型脚手架。

（6）特型脚手架：具有特殊平面和空间造型的脚手架，如用于烟囱、水塔、冷却塔以及其他平面为圆形、环形、“外方内圆”形、多边形以及上扩、上缩等特殊形式的建筑施工脚手架。

11.1.4　按脚手架的支固方式划分

（1）落地式脚手架：搭设（支座）在地面、楼面、墙面或其他平台结构之上的脚手架。

（2）悬挑脚手架（简称“挑脚手架”）：采用悬挑方式支固的脚手架。

（3）附墙悬挂脚手架（简称“挂脚手架”）：在上部或（和）中部挂设于墙体挂件上的定型脚手架。

（4）悬吊脚手架（简称“吊脚手架”）：悬吊于悬挑梁或工程结构之下的脚手架。当采用篮式作业架时，称为“吊篮”。

（5）附着式升降脚手架（简称“爬架”）：搭设一定高度附着于工程结构上，依靠自身的升降设备和装置，可随工程结构逐层爬升或下降，具有防倾覆、防坠落装置的悬空外脚手架。

（6）整体式附着升降脚手架：有三个以上提升装置的连跨升降的附着式升降脚手架。

（7）水平移动脚手架：带行走装置的脚手架或操作平台架。

11.1.5　按脚手架平、立杆的连接方式划分

（1）承插式脚手架：在平杆与立杆之间采用承插连接的脚手架。

（2）扣接式脚手架：使用扣件箍紧连接的脚手架，即靠拧紧扣件螺栓所产生的摩擦作用构架和承载的脚手架。

（3）销栓式脚手架：采用对穿螺栓或销杆连接的脚手架，此种形式已很少使用。

此外，还按脚手架的材料划分为传统的竹、木脚手架，钢管脚手架或金属脚手架等。

11.2　脚手架工程的技术要求

11.2.1　脚手架构架的组成部分和基本要求

脚手架的构架由构架基本结构、整体稳定和抗侧力杆件、连墙件和卸载装置、作业层设施、其他安全防护设施五部分组成。

11.2.1.1　构架的基本结构

脚手架构架的基本结构为直接承受和传递脚手架垂直荷载作用的构架部分，在多数情况下，构架基本结构由基本结构单元组合而成。

构架基本结构的一般要求：

（1）杆部件的质量和允许缺陷应符合规范和设计要求。

（2）节点构造尺寸和承载能力应符合规范和设计规定。

（3）具有稳定的结构。

（4）具有可满足施工要求的整体、局部和单肢的稳定承载力。

(5) 具有可将脚手架荷载传给地基基础或支承结构的能力。

11.2.1.2 整体稳定和抗侧力杆件

此构件是附加在构架基本结构上的、加强整体稳定和抵抗侧力作用的杆件，如剪刀撑、斜杆、抛撑以及其他撑拉杆件。

这类构件设置的基本要求为：

(1) 设置的位置和数量应符合规定和需要。

(2) 必须与基本结构杆件可靠连接，以保证共同作用。

(3) 抛撑以及其他连接脚手架体和支承物的支、拉杆件，应确保杆件和其两端的连接能满足撑、拉的受力要求。

(4) 撑拉件的支承物应具有可靠的承受能力。

11.2.1.3 连墙件、挑挂和卸载设施

1. 连墙件

采用连墙件实现的附壁联结，对于加强脚手架的整体稳定性，提高其稳定承载力和避免出现倾倒或坍塌等重大事故具有很重要的作用。

连墙件构造的形式：

(1) 柔性拉结件：采用细钢筋、绳索、双股或多股铁丝进行拉结、只承受拉力和主要起防止脚手架外倾的作用，而对脚手架稳定性能（即稳定承载力）的帮助甚微。此种方式一般只能用于10层以下建筑的外脚手架中，且必须相应设置一定数量的刚性拉结件，以承受水平压力的作用。

(2) 刚性拉结件：采用刚性拉杆或构件，组成既可承受拉力、又可承受压力的连接构造。其附墙端的连接固定方式可视工程条件确定，一般有以下几种形式：

1) 拉杆穿过墙体，并在墙体两侧固定。

2) 拉杆通过门窗洞口，在墙两侧用横杆夹持和背楔固定。

3) 在墙体结构中设预埋铁件，与装有花篮螺栓的拉杆固接，用花篮螺栓调节拉结间距和脚手架的垂直度。

4) 在墙体中预埋铁件，与定长拉杆固结。

对附墙连接的基本要求如下：

1) 确保连墙点的设置数量，一个连墙点的覆盖面为20～40m^2。脚手架越高，则连墙点的设置应越密，连墙点的位置遇到洞口、墙体构件、墙边或窄的窗间墙等时，应在近处补设，不得取消。

2) 连墙件及其两端连墙点，必须满足抵抗最大计算水平力的需要。

3) 在设置连墙件时，必须保持脚手架立杆垂直，避免产生不利的初始侧向变形。

4) 设置连墙件处的建筑结构必须具有可靠的支承能力。

2. 挑、挂设施

(1) 悬挑设施的构造形式。一般有三种形式：

1) 上拉下支式：即简单的支挑架，水平杆穿墙后锚固，承受拉力；斜支杆上端与水平杆连接、下端支在墙体上，承受压力。

2) 双上拉底支式：常见于插口架，它的两根拉杆分别从窗洞的上下边沿伸入室内，用竖杆和别杆固定于墙体的内侧，插口架底部伸出横杆支顶于外墙面上。

3）底锚斜支拉式：底部用悬挑梁式杆件（其里端固定到楼板上），另设斜支杆和带花篮螺栓的拉杆，与挑脚手架的中上部联结。

（2）靠挂式设施：即靠挂脚手架的悬挂件，其里端预埋于墙体中或穿过墙体后予以锚固。

（3）悬吊式设施：用于吊篮，即在屋面上设置悬挑梁，用绳索或吊杆将吊篮悬吊于悬挑梁之下。

（4）挑、挂设施的基本要求：

1）应能承受挑、挂脚手架所产生的竖向力、水平力和弯矩。

2）可靠地固结在工程结构上，且不会产生过大的变形。

3）确保脚手架不晃动（对于挑脚手架）或者晃动不大（对于挂脚手架和吊篮）。吊篮需要设置定位绳。

3. 卸载设施

卸载设施是指将超过搭设限高的脚手架荷载部分地卸给工程结构承受的措施。

11.2.1.4　作业层设施

作业层设施包括扩宽架面构造、铺板层、侧面防（围）护设施（挡脚板、栏杆、维护板网）以及其他设施，如梯段、过桥等。

作业层设施的基本要求：

（1）采用单横杆挑出的扩宽架面的宽度不宜超过 300mm，否则应进行构造设计或采用定型扩宽构件。扩宽部分一般不堆物料并限制其使用荷载。外立杆一侧扩宽时，防（围）护设施应相应外移。

（2）铺板一定要满铺，不得花铺，且脚手板必须铺放平稳，必要时还要加以固定。

（3）防（围）护设施应按规定的要求设置，间隙要合适，固定要牢固。

11.2.2　脚手架产品或材料的要求

（1）杆配件、连接件材料和加工的质量要求。

（2）构架方式和节点构造。

（3）杆配件、连接件的工作性能和承载能力。

（4）搭设、拆除的程序，操作要求和安全要求。

（5）检查验收标准和使用中的维护要求。

（6）应用范围和对不同应用要求的适用性。

（7）运输、储存和保养要求。

11.2.3　脚手架的技术要求

（1）满足使用要求的构架设计。

（2）特殊部位的技术处理和安全保证措施（加强构造、拉结措施等）。

（3）整架、局部构架、杆配件和节点承载能力的验算。

（4）连墙件和其他支撑、约束措施的设置及其验算。

（5）安全防（围）护措施的设置要求及其保证措施。

（6）地基、基础和其他支撑物的设计与验算。

(7) 荷载、天然因素等自然条件变化时的安全保障措施。

11.3 脚手架构架与设置及其使用的一般规定

11.3.1 脚手架构架和设置要求的一般规定

脚手架的构架设计应充分考虑工程的使用要求、使用环境、各种实施条件和因素，并符合以下各项规定：

11.3.1.1 构架尺寸规定

(1) 双排结构脚手架和装修脚手架的立杆纵距和平杆步距应≤2.0m。

(2) 外脚手架作业层铺板的宽度不应小于750mm，里脚手架不小于500mm。

11.3.1.2 连墙点设置规定

当架高≥6m时，必须设置均匀分布的连墙点，其设置应符合以下规定：

(1) 门式钢管脚手架：应进行计算确定连墙点设置间距，并且满足表11-1要求：

连墙件最大间距或最大覆盖面积 **表 11-1**

序号	脚手架搭设方式	脚手架高度(m)	连墙件间距(m)		每根连墙件覆盖面积(m^2)
			竖向	水平向	
1	落地、密目式安全网全封闭	≤40	$3h$	$3l$	≤40
2			$2h$	$3l$	≤27
3		>40			
4	悬挑、密目式安全网全封闭	≤40	$3h$	$3l$	≤40
5		40～60	$2h$	$3l$	≤27
6		>60	$2h$	$2l$	≤20

注：1. 序号4～6为架体位于地面上高度；

2. 按每根连墙件覆盖面积选择连墙件设置时，连墙件的竖向间距不应大于6m；

3. 表中h为步距，l为跨距。

(2) 其他落地（或底支托）式脚手架：当架高≤20m时，不大于40m^2一个连墙点，且连墙点的竖向间距应≤6m；当架高>20m时，不大于30m^2一个连墙点，且连墙点的竖向间距应≤4m。

(3) 脚手架上部未设置连墙点的自由高度不得大于6m。

(4) 单片或非连续的脚手架两端连墙点应加密设置。

(5) 架体高度≤20m时，连墙件必须采用可同时承受拉力和压力的构造，采用拉筋必须配用顶撑；架体高度>20m时，连墙件必须采用刚性构造形式。

(6) 当设计位置及其附近不能装设连墙件时，应采取其他可行的刚性拉结措施予以弥补。

11.3.1.3 整体性拉结杆件设置规定

脚手架应根据确保整体稳定和抵抗侧力作用的要求，按以下规定设置剪刀撑或其他有相应作用的整体性拉结杆件：

(1) 周边交圈设置的单、双排扣件式钢管脚手架，当架高为6～24m时，应于外侧面的两端和其间按≤15m的中心距并自下而上连续设置剪刀撑；当架高>24m时，应于外侧面满设剪刀撑。

(2) 碗扣式钢管脚手架，当高度≤24m时，每隔5跨设置一组竖向通高斜杆；脚手架高度>24m时，每隔3跨设置一组竖向通高斜杆；脚手架拐角处及端部必须设置竖向通高斜杆；斜杆必须对称设置。

(3) 门式脚手架高度≤24m，在脚手架的转角处、两端及中间间隔不超过15m的外侧立面必须各设置一道剪刀撑，并应由底至顶连续设置；脚手架高度>24m时，应在脚手架外侧连续设置剪刀撑；悬挑脚手架外立面必须设置连续剪刀撑。当架高≤40m时，水平框架允许间隔一层设置；当架高>40m时，每层均满设水平框架；此外，门式脚手架在顶层、连墙件层必须设置。

(4) 一字形单双排脚手架按上述相应要求增加50%的设置量。

(5) 满堂脚手架应按构架稳定要求设置适量的竖向和水平整体拉结杆件。

(6) 剪刀撑的斜杆与水平面的交角宜在45°～60°之间，水平投影宽度应不小于4跨且不应小于6m。斜杆应与脚手架基本构架杆件加以可靠连接。

(7) 横向斜撑的设置应符合下列规定：高度在24m以下的封闭型双排脚手架可不设横向斜撑，高度在24m以上的封闭型脚手架，除拐角应设置横向斜撑外，中间应每隔6跨设置一道；横向斜撑应在同一节间，由底至顶层呈之字形连续布置；一字型、开口型双排脚手架的两端均必须设置横向斜撑。

(8) 在脚手架立杆底端之上100～300mm处一律遍设纵向和横向扫地杆，并与立杆连接牢固。

11.3.1.4 杆件连接构造规定

脚手架的杆件连接构造应符合以下规定：

(1) 多立杆式脚手架左右相邻立杆和上下相邻平杆的接头应相互错开并置于不同的构架框格内。

(2) 扣件式钢管脚手架各部位杆件连接应符合下列规定：

1) 纵向水平杆宜采用对接扣件连接，也可采用搭接。

2) 立杆接长除顶层顶步可采用搭接外，其余各层各步接头必须采用对接扣件连接。

3) 剪刀撑斜杆接长采用搭接或对接。

4) 搭接杆件接头长度应≥1m；搭接部分的固定点应不少于2道，且固定点间距应≤0.6m。

(3) 杆件在固定点处的端头伸出长度应不小于0.1m。

(4) 一般情况下，禁止不同材料和连接方式的脚手架杆配件混用。特殊情况可参见地方标准规定。

11.3.1.5 安全防（围）护规定

脚手架必须按以下规定设置安全防护措施，以确保架上作业和作业影响区域内的安全：

(1) 作业层距地（楼）面高度≥2.0m时，在其外侧边缘必须设置挡护高度≥1.2m

的栏杆和挡脚板，且栏杆间的净空高度应不大于 0.5m。

(2) 临街脚手架，架高≥25m 的外脚手架以及在脚手架高空落物影响范围内同时进行其他施工作业或有行人通过的脚手架，应视需要采用外立面全封闭、半封闭以及搭设通道防护棚等适合的防护措施。封闭围护材料应采用阻燃式密目安全立网、竹笆或其他板材。

(3) 架高 9～24m 的外脚手架，除执行（1）规定外，可视需要加设安全立网维护。

(4) 挑脚手架、吊篮和悬挂脚手架的外侧面应按防护需要采用立网围护或执行（2）的规定；挑脚手架、附着升降脚手架和悬挂脚手架，其底部应采用密目安全网加小眼网封闭，并宜采用可翻转的闸板将脚手架体和建筑物之间的空隙封闭。

(5) 遇有下列情况时，应按以下要求加设安全网：

1) 架高≥9m，未作外侧面封闭、半封闭或立网封护的脚手架，应按以下规定设置首层安全（平）网和层间（平）网：

① 首层网应距地面 4m 设置，悬挑出宽度应≥3m。

② 层间网自首层网每隔 3 层设一道，悬出高度应≥3m。

2) 外墙施工作业采用栏杆或立网围护的吊篮，架设高度≤6m 的挑脚手架、挂脚手架和附墙升降脚手架时，应于其下 4～6m 起设置两道相隔 3m 的随层安全网，其距外墙面的支架宽度应≥3m。

(6) 门洞、通道口构造和防护要求：

脚手架遇电梯、井架或其他进出洞口时，洞口和临时通道周边均应设置封闭防护措施，脚手架体构造应符合下列要求：

1) 扣件式单、双排钢管脚手架和木脚手架门洞宜采用上升斜杆、平行弦杆桁架结构形式，斜杆与地面的倾角 α 应在 45°～60°之间。

2) 门式脚手架洞口构造规定：通道洞口高不宜大于 2 个门架，宽不宜大于 1 个门架跨距。当通道洞口高大于 2 个门架跨距时，在通道口上方应设置经专门设计和制作的托架梁。

3) 双排碗扣式钢管脚手架通道设置时，应在通道上部架设专用梁，通道两侧脚手架应加设斜杆，通道宽度应≤4.8m。

(7) 上下脚手架的梯道、坡道、栈桥、斜梯、爬梯等均应设置扶手、栏杆、防滑措施或其他安全防（围）护措施并清除通道中的障碍，确保人员上下的安全。

采用定型的脚手架产品时，其安全防护配件的配备和设置应符合以上要求；当无相应安全防护配件时，应按上述要求增配和设置。

11.3.1.6 搭设高度限制

脚手架的搭设高度一般不应超过表 11-2 的限值。

脚手架搭设高度的限值 表 11-2

序次	类别	形式	高度限值（m）	备注
1	扣件式钢管脚手架	单排	24	视连墙件间距、构架尺寸通过计算确定
		双排	50	
2	附着式升降脚手架	双排整体	20m 或不超过 5 个层高	—

续表

序次	类　别	形　式	高度限值（m）	备　注
3	碗扣式钢管脚手架	单排	20	视连墙件间距、构架尺寸通过计算确定
		双排	60	
4	门式钢管脚手架	落地	55	施工荷载标准值≤3.0（kN/m^2）
			40	5.0≥施工荷载标准值>3.0（kN/m^2）
		悬吊	24	施工荷载标准值≤3.0（kN/m^2）
			18	5.0≥施工荷载标准值>3.0（kN/m^2）

当需要搭设超过表 11-2 规定高度的脚手架时，可采取下述方式及其相应的规定解决：

（1）在架高 20m 以下采用双立杆（钢管扣件式）和在架高 30m 以上采用部分卸载措施。

（2）架高 50m 以上采用分段全部卸载措施。

（3）采用挑、挂、吊形式或附着式升降脚手架。

11.3.1.7　单排脚手架的设置规定

单排扣件式脚手架的横向水平杆支搭在建筑物的外墙上，外墙需要具有一定的宽度和强度，因为单排架的整体刚度较差，承载能力较低，因而在下列条件下不应使用：

（1）单排脚手架不得用于以下砌体工程中：

1）墙体厚度小于或等于 180mm。

2）空斗砖墙、加气块墙等轻质墙体。

3）砌筑砂浆强度等级小于或等于 M2.5 时的砖墙。

（2）在砌体结构墙体的以下部位不得留脚手眼：

1）设计上不允许留脚手眼的部位。

2）过梁上与过梁两端成 60°的三角形范围内及过梁净跨度 1/2 的高度范围内。

3）宽度小于 1m 的窗间墙。

4）梁或梁垫下及其两侧各 500mm 的范围内。

5）砖砌体的门窗洞口两侧 200mm 和转角处 450mm 的范围内，其他砌体的门窗洞口两侧 300mm 和转角处 600mm 的范围内。

6）墙体厚度小于或等于 180mm。

7）独立或附墙砖柱，空斗砖墙、加气块墙等轻质墙体。

8）砌筑砂浆强度等级小于或等于 M2.5 的砖墙。

11.3.2　脚手架杆配件的一般规定

脚手架的杆件、构件、连接件、其他配件和脚手板必须符合以下质量要求，不合格者禁止使用。

11.3.2.1　脚手架杆件

钢管件采用镀锌焊管，钢管的端部切口应平整。禁止使用有明显变形、裂纹和严重锈蚀的钢管。使用普通焊管时，应内外涂刷防锈层并定期复涂以保持其完好。

11.3.2.2　脚手架连接件

应使用与钢管管径相配合的、符合我国现行标准的可锻铸铁扣件。使用铸钢和合金钢扣件时，其性能应符合相应可锻铸铁扣件的规定指标要求。严禁使用加工不合格、锈蚀和有裂纹的扣件。

11.3.2.3　脚手架配件

（1）加工应符合产品的设计要求。

（2）确保与脚手架主体构架杆件的可靠连接。

11.3.2.4　脚手板

（1）各种定型冲压钢脚手板、焊接钢脚手板、钢框镶板脚手板以及自行加工的各种形式金属脚手板，自重均不宜超过0.3kN，性能应符合设计使用要求，且表面应具有防滑、防积水构造。

（2）使用大块铺面板材（如胶合板、竹笆板等）时，应进行设计和验算，确保满足承载和防滑要求。

11.3.3　脚手架搭设、使用和拆除的一般规定

11.3.3.1　脚手架的搭设规定

脚手架的搭设作业应遵守以下规定：

（1）搭设场地应平整、夯实并设置排水措施。

（2）立于土地面之上的立杆底部应加设宽度≥200m、厚度≥50mm的垫木、垫板或其他刚性垫块，每根立杆的支垫面积应符合设计要求且不得小于0.15m²。

（3）在搭设之前，必须对进场的脚手架杆配件进行严格的检查，禁止使用规格和质量不合格的杆配件。

（4）脚手架的搭设作业，必须在统一指挥下，严格按照以下规定程序进行：

1）按施工设计放线、铺垫板、设置底座或标定立杆位置。

2）周边脚手架应从一个角部开始并向两边延伸交圈搭设；一字型脚手架应从一端开始并向另一端延伸搭设。

3）应按定位依次竖起立杆，将立杆与纵、横向扫地杆连接固定，然后装设第1步的纵向和横向平杆，随校正立杆垂直之后予以固定，并按此要求继续向上搭设。

4）在设置第一排连墙件前，一字型脚手架应设置必要数量的抛撑，以确保构架稳定和架上作业人员的安全。边长>20m的周边脚手架亦应适量设置抛撑。

5）剪刀撑、斜杆等整体拉结杆件和连墙件应随搭升的架子一起及时设置。

（5）脚手架处于顶层连墙点之上的自由高度不得大于6m。当作业层高出其下连墙件2步或4m以上，且其上尚无连墙件时，应采取适当的临时撑拉措施。

（6）脚手板或其他作业层铺板的铺设应符合以下规定：

1）脚手板或其他铺板应铺平铺稳，必要时应予绑扎固定。

2）作业层距地（楼）面高度>2.0m的脚手架，作业层铺板的宽度不应小于：外脚手架为750mm，里脚手架为500mm。铺板边缘与墙面的间隙应为300mm，与挡脚板的间隙应为100mm。当边侧脚手板不贴靠立杆时，应予可靠固定。

3）脚手板采用对接平铺时，在对接处，与其下两侧支承横杆的距离应控制在100～200mm；采用挂扣式定型脚手板时，其两端挂扣必须可靠地接触支承横杆并与其扣紧。

4）脚手板采用搭设铺放时，其搭接长度不得小于200mm，且应在搭接段的中部设有

支承横杆。铺板严禁出现端头超出支承横杆 250mm 以上未作固定的探头板。

5）长脚手板采用纵向铺设时，其下支承横杆的间距不得大于：竹串片脚手板为 0.75m；木脚手板为 1.0m；冲压钢脚手板和钢框组合脚手板为 1.5m（挂扣式定型脚手板除外）。纵铺脚手板应按以下规定部位与其下支承横杆绑扎固定：脚手架的两端和拐角处；沿板长方向每隔 15～20m；坡道的两端；其他可能发生滑动和翘起的部位。

6）采用以下板材铺设架面时，其支承杆件的间距不得大于：竹笆板为 400mm，七夹板为 500mm。

（7）当脚手架下部采用双立杆时，主立杆应沿其竖轴线搭设到顶，辅立杆与主立杆之间的中心距不得大于 200mm，且主辅立杆必须与相交的全部平杆进行可靠连接。

（8）用于支托挑、吊、挂脚手架的悬挑梁、架必须与支承结构可靠连接。其悬臂端应有适当的架设起拱量，同一层各挑梁、架上表面之间的水平误差应不大于 20mm，且应视需要在其间设置整体拉结构件，以保持整体稳定。

（9）装设连墙件或其他撑拉杆件时，应注意掌握撑拉的松紧程度，避免引起杆件和架体的显著变形。

（10）工人在架上进行搭设作业时，作业面上宜铺设必要数量的脚手板并予临时固定。工人必须戴安全帽和佩挂安全带。不得单人进行装设较重杆配件和其他易发生失衡、脱手、碰撞、滑跌等不安全的作业。

（11）搭设中不得随意改变构架设计、减少杆配件设置和对立杆纵距作≥100mm 的构架尺寸放大。确有实际情况，需要对构架作调整和改变时，应提交或请示技术主管人员解决。

11.3.3.2 脚手架搭设质量的检查验收规定

脚手架搭设质量的检查验收工作应遵守以下规定：

（1）脚手架的验收标准规定：

1）构架结构符合前述的规定和设计要求，个别部位的尺寸变化应在允许的调整范围之内。

2）节点的连接可靠。其中扣件的拧紧程度应控制在扭力矩达到 40～60N·m；碗扣应盖扣牢固（将上碗扣拧紧）；8 号钢丝十字交叉扎点应拧 1.5～2 圈后箍紧，不得有明显扭伤，钢丝在扎点外露的长度应≥80mm。

3）钢脚手架立杆的垂直度偏差应≤$l/300$，且应同时控制其最大垂直偏差值：当架高≤20m 时为不大于 50mm；当架高＞20m 时为不大于 75mm。

4）纵向钢平杆的水平偏差应≤$l/250$，且全架长的水平偏差值应不大于 50mm。木脚手架的搭接平杆按全长的上皮走向线（即各杆上皮线的折中位置）检查，其水平偏差应控制在 2 倍钢平杆的允许范围内。

5）作业层铺板、安全防护措施等均应符合前述要求。

（2）脚手架及其地基基础应在下列阶段进行检查与验收，检查合格后，方允许投入使用或继续使用：1）基础完工后及脚手架搭设前；2）作业层上施加荷载前；3）每搭设完 10～13m 高度后；4）达到设计高度后；5）停用超过一个月；6）连续使用达到 6 个月；7）在遭受暴风、六级大风、大雨、大雪、地震等强力因素作用之后；寒冷地区开冻后；8）在使用过程中，发现有显著的变形、沉降、拆除杆件和拉结以及安全隐患存在的情况时。

11.3.3.3 脚手架的使用规定

脚手架的使用应遵守以下规定：

（1）作业层每1m架面上实际的施工荷载（人员、材料和机具重量）不得超过以下的规定值或施工设计值：

施工荷载（作业层上人员、器具、材料的重量）的标准值，结构脚手架取3kN/m²；装修脚手架取2kN/m；吊篮、桥式脚手架等工具式脚手架按实际值取用，但不得低于1kN/m²。

（2）在架板上堆放的砂浆和容器总重不得大于1.5kN；施工设备单重不得大于1kN；使用人力在架上搬运和安装的构件的自重不得大于2.5kN。

（3）在架面上设置的材料应码放整齐稳固，不得影响施工操作和人员通行。按通行手推车要求搭设的脚手架应确保车道畅通。严禁上架人员在架面上奔跑、退行或倒退拉车。

（4）作业人员在架上的最大作业高度应以可进行正常操作为度，禁止在架板上加垫器物或单块脚手板以增加操作高度。

（5）在作业中，禁止随意拆除脚手架的基本构架杆件、整体性杆件、连接紧固件和连墙件。确因操作要求需要临时拆除时，必须经主管人员同意，采取相应弥补措施，并在作业完毕后，及时予以恢复。

（6）工人在架上作业中，应注意自我安全保护和他人的安全，避免发生碰撞、闪失和落物。严禁在架上嬉闹和坐在栏杆上等不安全处休息。

（7）人员上下脚手架必须走设安全防护的出入通（梯）道，严禁攀援脚手架上下。

（8）每班工人上架作业时，应先行检查有无影响安全作业的问题存在，在排除和解决后方可开始作业。在作业中发现有不安全的情况和迹象时，应立即停止作业进行检查，解决以后才能恢复正常作业；发现有异常和危险情况时，应立即通知所有架上人员撤离。

（9）在每步架的作业完成之后，必须将架上剩余材料物品移至上（下）步架或室内；每日收工前应清理架面，将架面上的材料物品堆放整齐，垃圾清运出去；在作业期间，应及时清理落入安全网内的材料和物品。在任何情况下，严禁自架上向下抛掷材料物品和倾倒垃圾。

11.3.3.4 脚手架的拆除规定

脚手架的拆除作业应按确定的拆除程序进行。连墙件应在位于其上的全部可拆杆件都拆除之后才能拆除。墙面装饰施工时，其工序应与脚手架拆除相协调，避免任意拆除脚手杆件和连墙件，如确有矛盾，应采取相应措施后方可拆除脚手架。

在拆除过程中，凡已松开连接的杆配件应及时拆除运走，避免误扶和误靠已松脱连接的杆件。拆下的杆配件应以安全的方式运出和吊下，严禁向下抛掷。在拆除过程中，应作好配合、协调动作，禁止单人进行拆除较重杆件等危险性的作业。

11.3.3.5 特种脚手架的规定

凡不能按一般要求搭设的高耸、大悬挑、曲线形、提升以及吊篮和移动式等特种脚手架，应遵守下列规定：

（1）特种脚手架只有在满足以下各项规定要求时，才能按所需高度和形式进行搭设：

1）按确保承载可靠和使用安全的要求经过严格的设计计算，在设计时必须考虑风荷载的作用。

2）有确保达到构架要求质量的可靠措施。

3）脚手架的基础或支撑结构物必须具有足够的承受能力。

4）有严格确保安全使用的实施措施和规定。

（2）特种脚手架中用于挂扣、张紧、固定、升降的机具和专用加工件，必须完好无损和无故障，且应有适量的备用品，在使用前和使用中应加强检查，以确保其工作安全可靠。

11.3.3.6　脚手架对基础的要求

良好的脚手架底座和基础、地基，对于脚手架的安全极为重要，在搭设脚手架时，必须加设底座、垫木（板）或基础并作好对地基的处理。

（1）一般要求

1）脚手架地基应平整夯实。

2）脚手架的钢立柱不能直接立于土地面上，应加设底座和垫板（或垫木），垫板（木）厚度不小于50mm。

3）遇有坑槽时，立杆应下到槽底或在槽上加设底梁（一般可用枕木或型钢梁）。

4）脚手架地基应有可靠的排水措施，防止积水浸泡地基。

5）脚手架旁有开挖的沟槽时，应控制外立杆距沟槽边的距离：当架高在30m以内时，不小于1.5m；架高为30～50m时，不小于2.0m；架高在50m以上时，不小于2.5m。当不能满足上述距离时，应核算土坡承受脚手架的能力，不足时可加设挡土墙或其他可靠支护，避免槽壁坍塌危及脚手架安全。

6）位于通道处的脚手架底部垫木（板）应低于其两侧地面，并在其上加设盖板；避免扰动。

（2）一般做法

1）30m以下的脚手架其内立杆大多处在基坑回填土之上。回填土必须严格分层夯实。垫木宜采用长2.0～2.5m、宽不小于200mm、厚50～60mm的木板，垂直于墙面放置（长4.0m左右，亦可平行于墙面放置），并应在脚手架外侧开挖排水沟排除积水。

2）架高超过30m的高层脚手架的基础做法为：

① 采用道木支垫。

② 在地基上加铺20cm厚道渣后铺混凝土预制块或硅酸盐砌块，在其上沿纵向铺放12～16号槽钢，将脚手架立杆坐于槽钢上。

3）若脚手架地基为回填土，应按规定分层夯实，达到密实度要求，并自地面以下1m深度采用三七灰土加固。

11.4　脚手架的设计和计算

11.4.1　脚手架的计算规定

11.4.1.1　脚手架和支撑架设计的基本要求

（1）设置高度、作业面、防（围）护和跟进施工配合等满足施工作业要求。

（2）具有稳定的构架结构。

（3）具有符合安全保证要求的承载能力，特别是抗失稳能力。

（4）具有应对施工中改动情况（例如变更杆件位置，临时拆除杆件等）的预案弥补措施。

（5）确保装拆和使用安全的技术与管理措施。

11.4.1.2 脚手架设计注意事项

在实现以上设计的基本要求时，应特别注意以下环节：

（1）地基和支承结构的承载能力。

（2）安装偏差。

（3）节点连接的构造和承载能力。

（4）整体性和加强刚度杆构件的设置。

（5）控制荷载和可能出现的不利作用。

（6）监控措施及其落实程度。

（7）脚手架材料和设备的质量。

（8）隐患的检查和整改要求。

11.4.1.3 脚手架设计的内容

建筑施工脚手架的设计包含以下内容：

（1）脚手架设置方案的选择，包括：1）脚手架的类别；2）脚手架构架的形式和尺寸；3）相应的设置措施（基础、支承、整体拉结和附墙连接、进出（或上下）措施等）。

（2）承载可靠性的验算，包括：1）构架结构验算；2）地基、基础和其他支承结构的验算；3）专用加工件验算。

（3）安全使用措施，包括：1）作业面的防（围）护措施；2）整架和作业区域（涉及的空间环境）的防（围）护措施；3）进行安全搭设、移动（升降）和拆除的措施；4）安全使用措施。

（4）脚手架的施工图。

（5）必要的设计计算资料。

11.4.2 脚手架设计计算的统一规定

11.4.2.1 脚手架设计计算要求和方法

1. 脚手架设计的计算项目

（1）按承载力极限状态的计算项目。

（2）按正常使用极限状态的计算项目。

（3）一般计算项目。由于脚手架的一些杆配件在通常使用条件下具有足够的承受荷载作用的能力而不必逐项计算，因此，脚手架的一般计算项目为：

1）构架的整体稳定性计算（可转化为立杆稳定性计算）。

2）单肢立杆的稳定性计算。当单肢立杆稳定性计算已包括在整体稳定性计算中，且立杆未显著超出构架的计算长度和使用荷载时，可以略去此项计算。

3）水平杆的抗弯强度和挠度计算。

4）连墙杆的强度和稳定验算。

5）抗倾覆验算。

6）地基基础和支承结构的验算，主要是悬挂件、挑支撑拉件的验算（根据其受力状态确定验算项目）。

当脚手架的结构和设置设计都符合相应规范的不必计算的要求时，可不进行计算；当作业层施工荷载和构架尺寸不超过规范的限定时，一般可不进行水平杆件的计算。脚手架失稳（包括整体、局部和单肢）破坏是其最大的危险所在，一般必须进行计算；当脚手架的局部或单肢无显著的荷载或长度增大时，可不进行局部或单肢立杆的失稳验算。总之，在上述规定的计（验）算项目中，凡没有不必计算的可靠依据时，均应进行计算。

2. 脚手架结构设计采用的方法

各类脚手架结构体系都属于临时性建筑结构体系，因此，采用《建筑结构设计统一标准》(GBJ 68）规定的“概率极限状态设计法”。结构的极限状态有承载能力极限状态与正常使用极限状态两类。

对于建筑脚手架结构来说，由于对构架杆配件的质量和缺陷都作了规定，且在出现正常使用极限状态时会有明显的征兆和发展过程，有时间采取相应措施而不会出现突发性事故。因此，在脚手架设计时可只考虑其承载能力极限状态，而不考虑正常使用极限状态。

在承载能力极限状态中，倾覆问题可通过加强结构的整体性和附墙拉结来解决（对拉结件进行抗水平力作用的计算）；转变为机动体系的问题也可用合理的构造（如加设适量的斜杆和剪刀撑）来解决而不必计算。因此，应主要考虑强度和稳定的计算。而脚手架整体或局部失稳破坏是造成脚手架的破坏主要危险，因而是最主要的设计计算项目。

脚手架结构的安全等级采用三级，即次要建筑物，破坏后果不严重。建筑脚手架结构可靠度的校核方法可规定为：按概率极限状态设计法计算的结果，在总体效果上应与脚手架使用的历史经验大体一致。亦即按新方法设计的脚手架结构，如按原《工业与民用建筑荷载规范》(TJ 9—74）与原《薄壁型钢结构技术规范》(TJ 18—5）进行安全度校核，其单一安全系数应满足下列要求：

强度计算　$K \geqslant 1.5$；稳定计算　$K \geqslant 2.0$。

当不能满足上述要求时，主要应通过调整材料强度附加分项系数 γ'_m（γ'_a、γ'_t、γ'_b）来解决。必要时，也可采取其他有效措施（调整构架结构、卸载等）。

11.4.2.2　脚手架结构设计基本计算模式和实用设计表达式

1. 脚手架结构设计基本计算模式

根据概率极限状态设计法的规定，脚手架结构设计的基本计算模式如下：

$$\gamma_0 S \leqslant R \tag{11-1}$$

式中　荷载效应　$$S = \gamma_G S_{GK} + \gamma_Q \psi (S_{Qk} + S_{Wk}) \tag{11-2}$$

结构抗力　$$R = R\left(\frac{f_{mk}}{\gamma_m \cdot \gamma'_m}, a_k, \cdots\cdots\right) = R\left(\frac{f_{md}}{\gamma'_m}, a_k, \cdots\cdots\right) \tag{11-3}$$

总的荷载效应 S（即荷载作用下所产生的内力——轴力、弯矩、剪力扭矩等）等于所有恒载作用效应 S_{Gk} 和活荷载作用效应 S_{Qk} 的组合。组合时分别乘以相应的荷载分项系数 γ_G、γ_Q 和荷载效应组合系数 ψ。

荷载分项系数按《建筑结构荷载规范》(GB 50009)规定：对恒荷载，一般情况下取 $\gamma_G=1.2$；但抗倾覆验算时取 $\gamma_G=0.9$；对施工荷载和风荷载等活荷载，取 $\gamma_Q=1.4$。

对于荷载效应组合系数 ψ，当不考虑风荷载而仅考虑施工荷载时，取 $\psi=1.0$；当同时考虑风荷载与施工荷载时，取 $\psi=0.9$。

结构抗力 R 为结构材料的强度设计值 $f_{md}=\frac{f_{mk}}{\gamma_m}$（$f_{mk}$是材料强度的标准值，$\gamma_m$ 是相应的抗力分项系数，其脚标 m，相应于钢材和竹材分别取 a 和 b）。

对用于脚手架的钢管，其强度设计值 $f_{ad}=\frac{f_{ak}}{\gamma_a}$ 按《冷弯薄壁型钢结构技术规范》(GB 50018) 采用；对于竹材，其强度设计值 $f_{bd}=\frac{f_{bk}}{\gamma_b}$ 按试验资料经统计并参照国外标准确定（相应安全技术规范颁布后，按规范的规定）。

材料强度附加分项系数 γ'_m 考虑脚手架露天重复使用的不利条件并满足上述可靠度的要求，因此，亦可称为"脚手架的可靠度系数"。γ'_m 可从两种设计方法的系数比较中加以确定。

钢管脚手架 γ'_m 的取值或计算式列于表 11-3 中：

钢管脚手架 γ'_m 的取值或计算式列表 **表 11-3**

构件类别	荷载组合情况	
	不组合风荷载	组合风荷载
受弯构件	$\gamma'_m=1.19\frac{1+\eta}{1+1.17\eta}$	$\gamma'_m=1.19\frac{1+0.9(\eta+\lambda)}{1+\eta+\lambda}$
轴心受压构件	$\gamma'_m=1.59\frac{1+\eta}{1+1.17\eta}$	$\gamma'_m=1.59\frac{1+0.9(\eta+\lambda)}{1+\eta+\lambda}$

注：表中 η、λ 分别为活载、风荷载标准值作用效应与恒载标准值作用效应的比值。

在 1997 年制订的"编制建筑施工脚手架安全技术标准的统一规定"（修订稿）中明确，当各地认为有必要规定脚手架实用搭设高度 H_J（其值由各地相应标准确定），以确保其结构可靠性的标准，即当 $H\leqslant H_J$ 时，仍采用 $K=2.0$；而当 $H>H_J$ 时，采用一个新的搭设高度调整系数 K'_H，使 $K>2.0$（并随高度的增加而增加）。K'_H 的计算式为：

$$K'_H=\frac{1}{1+0.005(H-H_J)} \tag{11-4}$$

2. 钢管脚手架结构的实用设计表达式

(1) 受弯构件

不组合风荷载：

$$1.2S_{Gk}+1.4S_{Qk}\leqslant\frac{fW}{0.9\gamma'_m} \tag{11-5}$$

组合风荷载：

$$1.2S_{Gk}+1.4\times0.85(S_{Qk}+S_{Wk})\leqslant\frac{fW}{0.9\gamma'_m} \tag{11-6}$$

（2）轴心受压构件

$$1.2S_{Gk}+1.4S_{Qk}\leqslant\frac{\varphi fA}{0.9\gamma'_{m}} \tag{11-7}$$

$$1.2\frac{S_{Gk}}{\varphi}+1.4\times0.85\left(\frac{S_{Qk}}{\varphi}+S_{Wk}\right)\leqslant\frac{fA}{0.9\gamma'_{m}} \tag{11-8}$$

式中　S_{Gk}、S_{Qk}、S_{Wk}——分别为永久荷载、可变荷载、风荷载标准值的作用效应（受弯构件为弯矩 M_{Gk}、M_{Qk}、M_{Wk}，轴心受压构件为 N_{Gk}、N_{Qk}、N_{Wk}）；

f——材料强度的设计值；

W——杆件的截面模量；

A——杆件的截面面积；

0.9——结构重要性系数（脚手架按临时结构，取 $\gamma_0=0.9$）。

在计算时，可取 $\gamma'_{R}=0.9\gamma'_{m}$，称 γ'_{R} 为“抗力附加分项系数”。

式（11-5）、式（11-8）为脚手架结构的通用设计表达式，将相应的荷载作用效应 N 和 M 代入后，即可转化为实用设计表达式。在组合风荷载情况下，因 φ 只能调整轴力，而不能调整弯矩，因而，将 φ 移入左端相应项中。$\gamma'_{R}=0.9\gamma'_{m}$ 的作用是调整抗力设计值，在公式的转化中，应注意不要改变其调整的效果，即达到相当于“单一系数设计法”中 $K\geqslant2.0$（稳定验算）的要求。

11.4.3　脚手架荷载的分类与取值

11.4.3.1　荷载的分类

作用于脚手架的荷载可分为永久荷载（恒荷载）与可变荷载（活荷载）。

永久荷载（恒荷载）可分为：

（1）脚手架结构自重，包括立杆、纵横向水平杆、横向水平杆、剪刀撑、横向斜撑和扣件等的自重。

（2）构、配件自重，包括脚手板、栏杆、挡脚板、安全网等防护设施的自重。

可变荷载（活荷载）：包括施工荷载（作业层上人员、材料、机具的重量）和风荷载。计算时不考虑雪荷载、地震作用等其他活荷载。

11.4.3.2　荷载标准值的取值

1. 永久荷载标准值 G_k

（1）脚手架结构自重标准值 g_{k1}

1）扣件式钢管脚手架立杆承受的每米结构自重标准值 g_{k1}

① 单、双排脚手架立杆承受的每米结构自重标准值 g_{k1}，可按表 11-4 采用。

单、双排脚手架立杆承受的每米结构自重标准值 g_{k1}（kN/m）　　**表 11-4**

步距（m）	脚手架类型	纵距（m）				
		1.2	1.5	1.8	2.0	2.1
1.20	单排	0.1642	0.1793	0.1945	0.2046	0.2097
	双排	0.1538	0.1667	0.1796	0.1882	0.1925

续表

步距（m）	脚手架类型	纵距（m）				
		1.2	1.5	1.8	2.0	2.1
1.35	单排	0.1530	0.1670	0.1809	0.1903	0.1949
	双排	0.1426	0.1543	0.1660	0.1739	0.1778
1.50	单排	0.1440	0.1570	0.1701	0.1788	0.1831
	双排	0.1336	0.1444	0.1552	0.1624	0.1660
1.80	单排	0.1305	0.1422	0.1538	0.1615	0.1654
	双排	0.1202	0.1295	0.1389	0.1451	0.1482
2.00	单排	0.1238	0.1347	0.1456	0.1529	0.1565
	双排	0.1134	0.1221	0.1307	0.1365	0.1394

上表中立杆承受的每米结构自重标准值的计算条件如下：

a. 构配件取值：

每个扣件自重是按抽样 408 个的平均值加两倍标准差求得：

直角扣件：按每个主节点处二个，每个自重 13.2N/个；

旋转扣件：按剪刀撑每个扣接点一个，每个自重 14.6N/个；

对接扣件：按每 6.5m 长的钢管一个，每个自重 18.4N/个；

横向水平杆每个主节点一根，取 2.2m 长；

钢管尺寸：ϕ48.3×3.6mm，每米自重 39.7N/m。

b. 计算图形见图 11-1 所示。

c. 由于单排脚手架立杆的构造与双排的外立杆相同，故立杆承受的每米结构自重标准值可按双排的外立杆等值采用。

d. 为简化计算，双排脚手架立杆承受的每米结构自重标准值是采用内、外立杆的平均值。

e. 由钢管外径或壁厚引起的钢管截面尺寸小于 ϕ48.3×3.6mm，脚手架立杆承受的每米结构自重标准值，也可按表 11-4 取值计算，计算结果偏安全。步距、纵距中间值可按线性插入计算。

②满堂脚手架立杆承受的每米结构自重标准值与满堂支撑架立杆承受的每米结构自重标准值，可按表 11-5、表 11-6 采用。

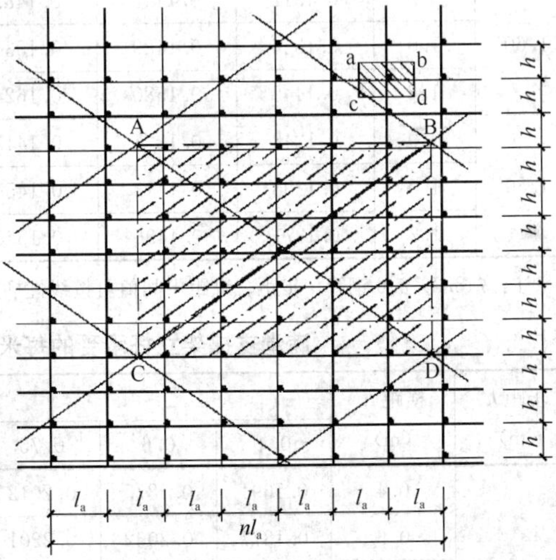

图 11-1 立杆承受的每米结构自重标准值计算图

满堂脚手架立杆承受的每米结构自重标准值 g_{k1}（kN/m） **表 11-5**

步距 h（m）	横距 l_b（m）	纵距 l_a（m）						
		0.6	0.9	1.0	1.2	1.3	1.35	1.5
0.6	0.4	0.1820	0.2086	0.2176	0.2353	0.2443	0.2487	0.2620
	0.6	0.2002	0.2273	0.2362	0.2543	0.2633	0.2678	0.2813

续表

步距 h (m)	横距 l_b (m)	纵距 l_a (m)						
		0.6	0.9	1.0	1.2	1.3	1.35	1.5
0.90	0.6	0.1563	0.1759	0.1825	0.1955	0.2020	0.2053	0.2151
	0.9	0.1762	0.1961	0.2027	0.2160	0.2226	0.2260	0.2359
	1.0	0.1828	0.2028	0.2095	0.2226	0.2295	0.2328	0.2429
	1.2	0.1960	0.2162	0.2230	0.2365	0.2432	0.2466	0.2567
1.05	0.9	0.1615	0.1792	0.1851	0.1970	0.2029	0.2059	0.2148
1.20	0.6	0.1344	0.1503	0.1556	0.1662	0.1715	0.1742	0.1821
	0.9	0.1505	0.1666	0.1719	0.1827	0.1882	0.1908	0.1988
	1.0	0.1558	0.1720	0.1775	0.1883	0.1937	0.1964	0.2045
	1.2	0.1665	0.1829	0.1883	0.1993	0.2048	0.2075	0.2156
	1.3	0.1719	0.1883	0.1939	0.2049	0.2103	0.2130	0.2213
1.35	0.9	0.1419	0.1568	0.1617	0.1717	0.1766	0.1791	0.1865
1.50	0.9	0.1350	0.1489	0.1535	0.1628	0.1674	0.1697	0.1766
	1.0	0.1396	0.1536	0.1583	0.1675	0.1721	0.1745	0.1815
	1.2	0.1488	0.1629	0.1676	0.1770	0.1817	0.1840	0.1911
	1.3	0.1535	0.1676	0.1723	0.1817	0.1864	0.1887	0.1958
1.60	0.9	0.1312	0.1445	0.1489	0.1578	0.1622	0.1645	0.1711
	1.0	0.1356	0.1489	0.1534	0.1623	0.1668	0.1690	0.1757
	1.2	0.1445	0.1580	0.1624	0.1714	0.1759	0.1782	0.1849
1.80	0.9	0.1248	0.1371	0.1413	0.1495	0.1536	0.1556	0.1618
	1.0	0.1288	0.1413	0.1454	0.1537	0.1579	0.1599	0.1661
	1.2	0.1371	0.1496	0.1538	0.1621	0.1663	0.1683	0.1747

注：ϕ48.3×3.6 钢管，步距、纵距中间值可按线性插入计算。

满堂支撑架立杆承受的每米结构自重标准值 g_{k1}（kN/m）　表 11-6

步距 h (m)	横距 l_b (m)	纵距 l_a (m)							
		0.4	0.6	0.75	0.9	1.0	1.2	1.35	1.5
0.60	0.4	0.1691	0.1875	0.2012	0.2149	0.2241	0.2424	0.2562	0.2699
	0.6	0.1877	0.2062	0.2201	0.2341	0.2433	0.2619	0.2758	0.2897
	0.75	0.2016	0.2203	0.2344	0.2484	0.2577	0.2765	0.2905	0.3045
	0.9	0.2155	0.2344	0.2486	0.2627	0.2722	0.2910	0.3052	0.3194
	1.0	0.2248	0.2438	0.2580	0.2723	0.2818	0.3008	0.3150	0.3292
	1.2	0.2434	0.2626	0.2770	0.2914	0.3010	0.3202	0.3346	0.3490
0.75	0.6	0.1636	0.1791	0.1907	0.2024	0.2101	0.2256	0.2372	0.2488
0.90	0.4	0.1341	0.1474	0.1574	0.1674	0.1740	0.1874	0.1973	0.2073
	0.6	0.1476	0.1610	0.1711	0.1812	0.1880	0.2014	0.2115	0.2216
	0.75	0.1577	0.1712	0.1814	0.1916	0.1984	0.2120	0.2221	0.2323

续表

步距 h (m)	横距 l_b (m)	纵距 l_a (m)							
		0.4	0.6	0.75	0.9	1.0	1.2	1.35	1.5
0.90	0.9	0.1678	0.1815	0.1917	0.2020	0.2088	0.2225	0.2328	0.2430
	1.0	0.1745	0.1883	0.1986	0.2089	0.2158	0.2295	0.2398	0.2502
	1.2	0.1880	0.2019	0.2123	0.2227	0.2297	0.2436	0.2540	0.2644
1.05	0.9	0.1541	0.1663	0.1755	0.1846	0.1907	0.2029	0.2121	0.2212
1.20	0.4	0.1166	0.1274	0.1355	0.1436	0.1490	0.1598	0.1679	0.1760
	0.6	0.1275	0.1384	0.1466	0.1548	0.1603	0.1712	0.1794	0.1876
	0.75	0.1357	0.1467	0.1550	0.1632	0.1687	0.1797	0.1880	0.1962
	0.9	0.1439	0.1550	0.1633	0.1716	0.1771	0.1882	0.1965	0.2048
	1.0	0.1494	0.1605	0.1689	0.1772	0.1828	0.1939	0.2023	0.2106
	1.2	0.1603	0.1715	0.1800	0.1884	0.1940	0.2053	0.2137	0.2221
1.35	0.9	0.1359	0.1462	0.1538	0.1615	0.1666	0.1768	0.1845	0.1921
1.50	0.4	0.1061	0.1154	0.1224	0.1293	0.1340	0.1433	0.1503	0.1572
	0.6	0.1155	0.1249	0.1319	0.1390	0.1436	0.1530	0.1601	0.1671
	0.75	0.1225	0.1320	0.1391	0.1462	0.1509	0.1604	0.1674	0.1745
	0.9	0.1296	0.1391	0.1462	0.1534	0.1581	0.1677	0.1748	0.1819
	1.0	0.1343	0.1438	0.1510	0.1582	0.1630	0.1725	0.1797	0.1869
	1.2	0.1437	0.1533	0.1606	0.1678	0.1726	0.1823	0.1895	0.1968
	1.35	0.1507	0.1604	0.1677	0.1750	0.1799	0.1896	0.1969	0.2042
1.80	0.4	0.0991	0.1074	0.1136	0.1198	0.1240	0.1323	0.1385	0.1447
	0.6	0.1075	0.1158	0.1221	0.1284	0.1326	0.1409	0.1472	0.1535
	0.75	0.1137	0.1222	0.1285	0.1348	0.1390	0.1475	0.1538	0.1601
	0.9	0.1200	0.1285	0.1349	0.1412	0.1455	0.1540	0.1603	0.1667
	1.0	0.1242	0.1327	0.1391	0.1455	0.1498	0.1583	0.1647	0.1711
	1.2	0.1326	0.1412	0.1476	0.1541	0.1584	0.1670	0.1734	0.1799
	1.35	0.1389	0.1475	0.1540	0.1605	0.1648	0.1735	0.1800	0.1864
	1.5	0.1452	0.1539	0.1604	0.1669	0.1713	0.1800	0.1865	0.1930

注：ϕ48.3×3.6 钢管，步距、纵距中间值可按线性插入计算。

满堂脚手架与满堂支撑架立杆承受的每米结构自重标准值计算图形见图 11-2。

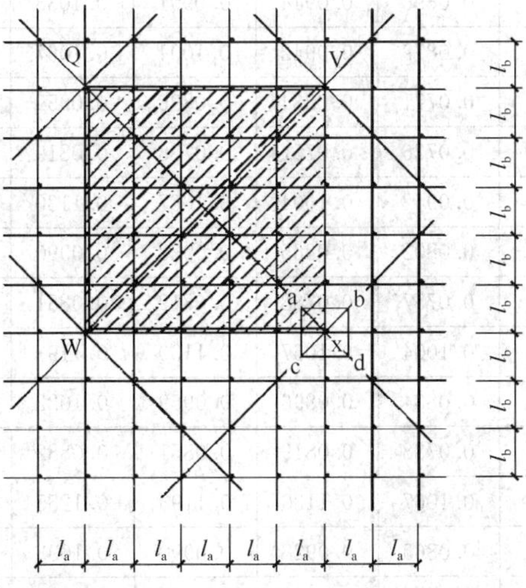

图 11-2 立杆承受的每米结构自重标准值计算图（平面图）

钢管截面尺寸小于 ϕ48.3×3.6mm 时，脚手架立杆承受的每米结构自重标准值也可按表 11-5、表 11-6 取值计算。

2）碗扣式钢管脚手架立杆承受的每米结构自重标准值 g_{k1} 表（表 11-7）

碗扣式钢管脚手架的 g_{k1} 值　　表 11-7

步距 h (m)	立杆横距 l_b (m)	立杆类别	g_{k1} (kN/m)，当 l_a (m) 为 0.3	0.6	0.9	1.2	1.5	1.8	2.4
0.9	0.3	角	0.0845	0.0939	0.1033	0.1127	0.1221	0.1315	0.1503
	0.6	中	0.1305	0.1493	0.1681	0.1869	0.2057	0.2246	0.2622
		边	0.1075	0.1263	0.1451	0.1639	0.1827	0.2015	0.2392
		角	0.0939	0.1033	0.1127	0.1220	0.1315	0.1409	0.1597
	0.9	中	0.1493	0.1681	0.1869	0.2057	0.2246	0.2434	0.2622
		边	0.1169	0.1357	0.1545	0.1732	0.1922	0.2110	0.2485
		角	0.1033	0.1127	0.1220	0.1314	0.1409	0.1503	0.1691
1.2	0.6	中	0.0939	0.1033	0.1127	0.1220	0.1315	0.1409	0.1597
		边	0.0824	0.0917	0.1011	0.1105	0.1200	0.1294	0.1482
		角	0.0755	0.0802	0.0849	0.0896	0.0944	0.0991	0.1084
	0.9	中	0.1033	0.1127	0.1220	0.1315	0.1409	0.1503	0.1691
		边	0.0870	0.0964	0.1058	0.1152	0.1247	0.1341	0.1529
		角	0.0802	0.0849	0.0896	0.0944	0.0991	0.1038	0.1131
	1.2	中	0.1127	0.1220	0.1315	0.1409	0.1503	0.1597	0.1785
		边	0.0917	0.1011	0.1105	0.1200	0.1294	0.1388	0.1576
		角	0.0849	0.0896	0.0944	0.0991	0.1038	0.1084	0.1178
	1.5	中	0.1220	0.1315	0.1409	0.1503	0.1597	0.1691	0.1879
		边	0.0965	0.1059	0.1153	0.1248	0.1342	0.1435	0.1623
		角	0.0896	0.0944	0.0991	0.1038	0.1084	0.1131	0.1226
1.8	0.9	中	0.0879	0.0942	0.1004	0.1067	0.1130	0.1193	0.1318
		边	0.0771	0.0834	0.0896	0.0959	0.1022	0.1085	0.1210
		角	0.0726	0.0757	0.0788	0.0819	0.0851	0.0882	0.0945
	1.2	中	0.0942	0.1004	0.1067	0.1130	0.1193	0.1255	0.1381
		边	0.0802	0.0865	0.0928	0.0990	0.1053	0.1116	0.1241
		角	0.0757	0.0788	0.0819	0.0851	0.0882	0.0914	0.0976
	1.5	中	0.1004	0.1067	0.1130	0.1193	0.1255	0.1318	0.1444
		边	0.0834	0.0896	0.0959	0.1022	0.1085	0.1147	0.1273
		角	0.0788	0.0819	0.0851	0.0882	0.0914	0.0945	0.1008
	1.8	中	0.1067	0.1130	0.1193	0.1255	0.1318	0.1381	0.1506
		边	0.0865	0.0928	0.0990	0.1053	0.1116	0.1179	0.1304
		角	0.0819	0.0851	0.0882	0.0914	0.0945	0.0976	0.1039

续表

步距 h (m)	立杆横距 l_b (m)	立杆类别	g_{k1} (kN/m)，当 l_a (m) 为						
			0.3	0.6	0.9	1.2	1.5	1.8	2.4
2.4	0.9	中	0.0802	0.0849	0.0896	0.0943	0.0991	0.1038	0.1131
		边	0.0721	0.0768	0.0815	0.0862	0.0909	0.0956	0.1050
		角	0.0687	0.0711	0.0734	0.0758	0.0781	0.0805	0.0852
	1.2	中	0.0849	0.0896	0.0943	0.0991	0.1038	0.1084	0.1178
		边	0.0745	0.0792	0.0839	0.0886	0.0933	0.0980	0.1074
		角	0.0711	0.0734	0.0758	0.0781	0.0805	0.0828	0.0875
	1.5	中	0.0896	0.0943	0.0991	0.1038	0.1084	0.1131	0.1226
		边	0.0768	0.0815	0.0862	0.0909	0.0956	0.1004	0.1098
		角	0.0734	0.0758	0.0781	0.0805	0.0828	0.0852	0.0899
	1.8	中	0.0943	0.0991	0.1038	0.1084	0.1131	0.1178	0.1273
		边	0.0792	0.0839	0.0886	0.0933	0.0980	0.1027	0.1121
		角	0.0758	0.0781	0.0805	0.0828	0.0875	0.0875	0.0922

注：1. 立杆重量按 57.17N/m 取，纵、横杆重量 g_{1a}、g_{1b} 按实际取；

2. g_{k1} 算式：

中立柱 $g_{k1}=1/h(0.0572h+g_{1a}+g_{1b})$ (11-9)

边立柱 $g_{k1}=1/h(0.0572h+g_{1a}+g_{1b}/2)$ (11-10)

角立柱 $g_{k1}=1/h[0.0572h+(g_{1a}+g_{1b})/2]$ (11-11)

3) 门式钢管脚手架立杆承受的每米结构自重标准值 g_{k1} 表（表 11-8）

门式钢管脚手架的 g_{k1} 值 **表 11-8**

门架高度 h (m)	门架宽度 l_b (m)	水平架重 g_p (N)	门架重 g_m (N)	g_{k1} (kN/m)，当 n_2' 为	
				0.5	1.0
1.7	0.9	118	136	0.0563	0.0733
		141	168	0.0688	0.0891
	1.2	128	146	0.0606	0.0790
			159	0.0643	0.0828
		162	192	0.0788	0.1021
			198	0.0805	0.1039
1.8			200	0.0765	0.0986
1.9			203	0.0733	0.0942
		128	215	0.0720	0.0885

注：表中仅为几种门架和水平架组合的 g_{k1}，当实用构件与表中不一致时，可直接用式（11-12）计算。

标准型门架宽 1.2m，高 1.7m 或 1.9m，门架间距 1.8m。另有窄型门架，宽 0.9m。通常单排单层或多层叠高架设，在设置形式上相当于双排脚手架。计算其构架自重荷载时，可将门架和水平架计入构架基本结构杆部件，将交叉支撑（十字拉杆）和水平加强杆计入整体拉结杆部件。两排以上的满堂脚手架和交错叠布构架形式的荷载计算见本手册的

11.5.3节。

普通构造门式钢管脚手架 g_{k1} 的计算涉及相应的门架高度 h、门架宽度 l_b、门架的单位自重 g_m（kN）、水平架的单位自重 g_p 及其设置数量系数 n'_2。n'_2 的取值为：水平架每层设置时，$n'_2=1.0$；隔层设置的 $n'_2=0.5$。g_{k1} 的计算式为：

$$g_{k1}=\frac{1}{2h}(g_m+n'_2 g_P) \tag{11-12}$$

4）竹脚手架的 g_{k1} 表

竹竿的平均自重依其中径和相应杆长而变，如表11-9所示。竹脚手架的 g_{k1} 可按下式计算：

$$g_{k1}=\frac{g_{b0}}{h}(\beta_{ba}\beta_a l_a+\beta_{bb}\beta_b l_b)$$
$$=\frac{0.0097}{h}(\beta_{ba}\beta_a l_a+\beta_{bb}\beta_b l_b) \tag{11-13}$$

式中 g_{b0}——长2m、中径40mm竹竿的每米平均自重（0.0097kN/m），见表11-9；

β_{ba}、β_{bb}——分别为纵向平杆和横向平杆自重的直径调整系数，见表11-10（脚标符号中首位的“b”代表竹材，次位的a、b分别代表纵向和横向平杆）；

β_a、β_b——分别为纵向平杆和横向平杆自重的杆长调整系数，见表11-11。

竹竿自重表 g_{b0} **表11-9**

中径（mm）	每米长平均自重（N），当中径位于以下杆高部位（m）						
	1	2	3	4			
40	9.3	9.7					
50	11.6	12.1	12.4				
60	13.9	14.6	14.8	14.9			
70	16.2	17.0	17.3	17.4	17.7		
80	18.5	19.4	19.8	19.9	20.2	20.3	
90	20.8	21.9	22.2	22.4	22.6	22.9	23.1
100	23.1	24.3	24.7	24.9	25.3	25.4	25.9
110	25.5	26.8	27.2	27.4	27.8	27.9	28.3
120	27.8	29.2	29.6	29.9	30.3	30.5	30.8
130	30.1	31.7	32.1	32.4	32.8	33	33.4
140	32.4	34.1	34.6	34.9	35.4	35.5	36
150	34.7	36.5	37.0	37.4	37.9	38.1	38.6

β_{ba}（β_{bb}）值 **表11-10**

中径（mm）	40	50	60	70	80	90	100	110	120	130	140	150
β_{ba}（β_{bb}）	1.0	1.25	1.50	1.74	1.99	2.24	2.48	2.74	2.99	3.24	3.48	3.73

注：β_{ba}（β_{bb}）可使用以下简式计算：

$$\beta_b=\frac{d_i}{40} \tag{11-14}$$

d_i——竹竿直径（mm）。

β_a（β_b）值 **表11-11**

杆长（m）	2	4	6	8	10	12	14
β_a（β_b）	1.00	1.051	1.067	1.076	1.092	1.097	1.112

（2）作业层面材料自重标准值 g_{k2}（表 11-12）

作业层面材料自重计算基数 g_{k2} 值 **表 11-12**

序次	脚手架类别		脚手板种类	板底支承间距（m）	拦护设置	g_{k2}（kN/m），当立杆横距 l_b（m）为 0.9	1.2	1.5	1.8
1	扣件式钢管脚手架		竹串片	0.75	有	0.3587	0.4112	0.4637	0.5162
2			木，其他		无	0.2087	0.2612	0.3137	0.3662
3				1.0	有	0.3459	0.3484	0.4509	0.5034
					无	0.1959	0.2984	0.3009	0.3534
4			冲压钢	1.5	有	0.3331	0.3856	0.4381	0.4906
					无	0.1831	0.2356	0.2881	0.3406
5	碗扣式钢管脚手架	无间横杆	挂扣式	l_a	有	0.2625	0.3000	0.3375	0.3750
					无	0.1125	0.1500	0.1875	0.2250
6			其他		有	0.3075	0.3600	0.4125	0.4650
					无	0.1575	0.2100	0.2625	0.3150
7		有间横杆	竹串片	0.75	有	0.3608	0.4133	0.4658	0.4183
8			木，其他		无	0.2108	0.2633	0.3158	0.3683
9				1.0	有	0.3475	0.4000	0.4525	0.5050
					无	0.1975	0.2500	0.3025	0.3550
10			冲压钢	1.5	有	0.3117	0.3567	0.4017	0.4467
					无	0.1617	0.2067	0.2517	0.2967
11	门式钢管脚手架		挂扣式	1.8	木挡板	0.2025	0.2700	—	—
						0.1325	0.1767		
					钢网无	0.1125	0.1500		
12	竹脚手架		竹串片	0.5	有	0.2975	0.3500	0.4025	0.4550
					无	0.1975	0.2500	0.3025	0.3550
13			木	0.75	有	0.2842	0.3467	0.3892	0.4417
					无	0.1842	0.2367	0.2892	0.3417
14				1.0	有	0.2775	0.3300	0.3825	0.4350
					无	0.1775	0.2300	0.2825	0.3350

注：1. 拦护设置按两道栏杆和一块挡脚板（以及随作业层的安全立网）计；

2. 间横杆是钢管两端焊有插卡装置的横杆，为在构架结构横杆之外增加的支撑杆；

3. 单件自重分别取：挂扣式钢管脚手板 0.25kN/m^2；木脚手板、竹串片脚手板和其他脚手板 0.35kN/m^2；钢、木间横杆 0.08kN/m；竹间横杆 0.04kN/m；钢、木栏杆和挡脚板拦护取 0.15kN/m，竹栏杆和挡脚板拦护取 0.10kN/m；钢网栏板取 0.02kN/m；

4. 门式脚手架按不设栏杆，只有挡脚板计。

（3）整体拉结和防护材料自重计算基数 g_{k3} 表

g_{k3} 计算按满高连续设置于脚手架外立面上的整体拉结杆件（剪刀撑、斜杆、水平加强杆）和封闭杆件、材料的自重，列于表 11-13。

整体拉结和防护材料自重计算基数 g_{K3} 值 表 11-13

序次	脚手架类别	整体拉结杆件设置情况	围护材料	封闭类型	g_{k3}（kN/m^2），当 l_a（m）为			
					1.2	1.5	1.8	2.1
1	扣件式钢管脚手架	剪刀撑，增加一道横杆固定封闭材料	安全网，塑料编织布	半 全	0.0602 0.0614	0.0753 0.0768	0.0904 0.0922	0.1054 0.1075
2			席子	半 全	0.0638 0.0686	0.0798 0.0858	0.0958 0.1030	0.1117 0.1201
3			竹笆	半 全	0.0890 0.1190	0.1113 0.1988	0.1336 0.1786	0.1558 0.2083
4	碗扣式钢管脚手架	不设斜杆，增加一道横杆固定封闭材料	安全网，编织布	半 全	0.0281 0.0293	0.0351 0.0366	0.0421 0.0439	0.0491 0.0512
5			席子	半 全	0.0137 0.0365	0.0396 0.0456	0.0475 0.0547	0.0554 0.0638
6			竹芭	半 全	0.0569 0.0869	0.0711 0.1086	0.0853 0.1303	0.0995 0.1520
7		1/3 框格设斜杆，增加一道横杆固定封闭材料	安全网，编织布	半 全	0.0423 0.0437	0.0531 0.0546	0.0637 0.0655	0.0743 0.0764
8			席子	半 全	0.0461 0.0509	0.0576 0.0636	0.0691 0.0763	0.0806 0.0890
9			竹笆	半 全	0.0713 0.1013	0.0891 0.1266	0.1096 0.1519	0.1247 0.1772
10	门式钢管脚手架	交叉支撑，6 步一道水平加强杆	安全网，编织布	半 全	—	—	0.0342 0.0360	—
11			席子	半 全			0.0396 0.0468	
12			保护网板	半 全			0.1224 0.2124	
13			竹笆	半 全			0.0774 0.1224	
14	竹脚手架	剪刀撑，增加一道横杆固定封闭材料	安全网，编织布	半 全	0.0455 0.0467	0.0569 0.0584	0.0682 0.0700	0.0796 0.0817
15			席子	半 全	0.0491 0.0539	0.0614 0.0674	0.0736 0.0808	0.0859 0.0943
16			竹笆	半 全	0.0742 0.1043	0.0929 0.1304	0.1114 0.1564	0.1300 0.1825

注：1. 单件和材料的自重分别取：安全网、塑料编织布 0.002kN/m²；席子 0.008kN/m²；竹笆 0.05kN/m²；交叉支撑 0.021kN/m²；

2. 剪刀撑或斜杆的覆盖率取：扣件式钢管脚手架，0.67m/m²（即 1m² 架立面上有 0.67m 长剪刀撑）；竹脚手架 0.67m/m²；碗扣式钢管脚手架，当 1/3 框格时取 0.3m/m²，占 1/2 框格时取 0.45m/m²；门式脚手架的交叉支撑取 0.68m/m²；设一道横杆另计 0.56m/m²。

2. 施工荷载标准值 Q_k 表

(1) 施工均布荷载标准值（表 11-14）

施工均布荷载标准值　　表 11-14

类别	标准值（kN/m^2）
装修脚手架	2.0
混凝土、砌筑结构脚手架	3.0
轻型钢结构及空间网格结构脚手架	2.0
普通钢结构脚手架	3.0

注：斜道上的施工均布荷载标准值不应低于 $2.0kN/m^2$。

(2) 当在双排脚手架上同时有 2 个及以上操作层作业时，在同一个跨距内各操作层的施工均布荷载标准值总和不得超过 $5.0kN/m^2$。在施工中，当脚手架的实用施工荷载超过以上规定时，应按可能出现的最大值进行计算。

(3) 对于满堂支撑架上荷载标准值取值应符合下列规定：

1) 当永久荷载与可变荷载（不含风荷载）标准值总和不大于 $4.2kN/m^2$ 时，施工均布荷载标准值可按表 11-14 取用；

2) 当永久荷载与可变荷载（不含风荷载）标准值总和大于 $4.2kN/m^2$ 时，须符合下列要求：

①作业层上的人员及设备荷载标准值取 $1.0kN/m^2$；大型设备、结构构件等可变荷载按实际计算；

②用于混凝土结构施工时，作业层上荷载标准值的取值应符合现行行业标准《建筑施工模板安全技术规范》(JGJ 162) 的规定。

3. 风荷载标准值 ω_k

垂直于脚手架外表面的风压标准值 w_k，应按下式计算：

$$w_k = \mu_z \mu_s w_0 \tag{11-15}$$

式中 μ_s——风荷载体型系数，按表 11-15 选用；

脚手架风荷载体型系数 μ_s　　表 11-15

背靠建筑物的状况		全封闭墙	敞开、框架和开洞墙
脚手架状况	全封闭、半封闭	1.0φ	1.3φ
	敞开	μ_{stw}	

注：1. μ_{stw} 为按桁架确定的脚手架本身构架结构的风荷载体型系数，可参照《建筑结构荷载规范》(GB 50009—2001) 表 7.3.1 中第 31、32 项和第 36 项计算；

2. φ 为按脚手架封闭情况确定的挡风系数，$\varphi=1.2A_n/A_w$，其中：A_n 为挡风面积，A_w 为迎风面积；

3. 各种封闭情况包括全封闭、半封闭和局部封闭。

μ_z——风压高度变化系数，按现行国家标准《建筑结构荷载规范》GB 50009—2001 规定采用；

w_0——基本风压值（kN/m^2），应按现行国家标准《建筑结构荷载规范》GB 50009—2001 附表 D.4 的规定采用，取重现期 $n=10$ 对应的风压值。

现行国家标准《建筑结构荷载规范》(GB 50009) 规定的风荷载标准值还应乘以风振系数 β_z，以考虑风压脉动对高层结构的影响。由于脚手架是附着在主体结构上的，故取 $\beta_z=1.0$。

4. 荷载效应组合

(1) 设计脚手架的承重构件时，应根据使用过程中可能出现的荷载取其最不利组合进行计算，荷载效应组合宜按表 11-16 采用。

脚手架荷载效应组合　　表 11-16

计算项目	荷载效应组合
纵向、横向水平杆强度与变形	永久荷载+施工荷载
脚手架立杆地基承载力 型钢悬挑梁的强度、稳定与变形	①永久荷载+施工荷载
	②永久荷载+0.9(施工荷载+风荷载)
立杆稳定	①永久荷载+可变荷载(不含风荷载)
	②永久荷载+0.9(可变荷载+风荷载)
连墙件强度与稳定	单排架，风荷载+2.0kN 双排架，风荷载+3.0kN

(2) 在基本风压小于 0.35kN/m^2 的地区，对于敞开式脚手架，当搭设高度小于 50m，连墙件均匀设置且每点覆盖面积不大于 30m^2，构造符合规范规定时，验算脚手架的稳定性，可以不考虑风荷载的作用。在其他情况下，设计中均应考虑风荷载。

11.4.4 脚手架的整体稳定性计算

脚手架整体和局部的稳定性是设计计算中的关键项目。在计算时，由于常把整架稳定问题转化成对立柱的稳定性进行计算，故总称为"整体(立柱)稳定性计算。"下面在详述扣件式钢管脚手架整体稳定性计算的基础上，兼述其他脚手架形式的这项计算。

11.4.4.1 扣件式钢管脚手架的整体(立杆)稳定性计算

1. 计算方法的确定

扣件式钢管脚手架整体稳定性的计算方法，系通过对多种常用构架尺寸和连墙点设置的 1∶1 原型单、双排脚手架段进行整体加荷试验，得到其整体失稳时的临界荷载 P_{cr}，由 $\varphi_0=\dfrac{P_{cr}}{Af_y}$ (A 为立杆的毛截面积，f_y 为立杆钢材的屈服强度) 得到的 φ_0 为脚手架段的整体稳定系数，将 φ_0 视为立杆段(长度为步距 h)的稳定系数，从《冷弯薄壁型钢结构技术规范》(GB 50018—2002) 附表 3.1.1 中反查出长细比 λ_0，由 λ 求计算长度，$l_0=\lambda i$ (i 为杆件截面的回转半径)，而计算长度 l_0 又等于 μl，由此得到计算长度系数 $\mu=l_0/l$。经对试验数据的综合整理以后，确定了计算扣件式钢管脚手架整体稳定性的立杆计算长度系数 μ 的取值，从而将复杂的脚手架整体性验算，转为简单的对立杆稳定性的验算。

按上述方法确定的计算长度系数 μ 值列于表 11-17 中。在这一结果中，也已经包括了立杆偏心受压和初弯曲等初始缺陷的影响。计算和使用结果表明，此表可以满足一般施工要求的需要，但也需在今后的使用中进一步予以完善。

单、双排扣件式钢管脚手架立杆的计算长度系数 μ **表 11-17**

类 别	立杆横距 (m)	连墙件布置	
		二步三跨	三步三跨
双排架	1.05	1.50	1.70
	1.30	1.55	1.75
	1.55	1.60	1.80
单排架	≤1.50	1.80	2.00

注：μ 值已综合考虑了整架作用、连墙点作用以及荷载偏心和初弯曲等初始缺陷的影响。

2. 立杆整架稳定性计算公式：

(1) 不组合风荷载时：

$$\frac{N}{\varphi A} \leqslant f_c \tag{11-16}$$

组合风荷载时：

$$\frac{N}{\varphi A} + \frac{M_w}{W} \leqslant f_c \tag{11-17}$$

式中 N——计算立杆段的轴向力设计值（N），应按式（11-19）、（11-20）计算；

φ——轴心受压杆件的稳定系数，根据长细比 λ，由表 11-19 查得；

λ——长细比，按下式计算：$\lambda = \frac{l_0}{i}$ （11-18）

l_0——计算长度（mm），应按式（11-21）的要求计算；

i——截面回转半径（mm），可按表 11-18 采用；

A——立杆的截面面积（mm^2），可按表 11-18 要求采用；

M_w——计算立杆段由风荷载设计值产生的弯矩（N·mm），可按式（11-22）计算；

f_c——钢材的抗压强度设计值（N/mm^2），应按表 11-20 采用。

(2) 计算立杆段的轴向力设计值 N，应按下列公式计算：

不组合风荷载时：

$$N = 1.2(N_{G1k} + N_{G2k}) + 1.4\Sigma N_{Qk} \tag{11-19}$$

组合风荷载时：

$$N = 1.2(N_{G1k} + N_{G2k}) + 0.9 \times 1.4\Sigma N_{Qk} \tag{11-20}$$

式中 N_{G1k}——脚手架结构自重产生的轴向力标准值；

N_{G2k}——构配件自重产生的轴向力标准值；

ΣN_{Qk}——施工荷载产生的轴向力标准值总和，内、外立杆各按一纵距内施工荷载总和的 1/2 取值。

(3) 立杆计算长度 l_0 应按下式计算：

$$l_0 = k\mu h \tag{11-21}$$

式中 k——立杆计算长度附加系数，其值取 1.155，当验算立杆允许长细比时，取 $k=1$；受压、受拉构件的容许长细比按表 11-18 选用；

μ——考虑单、双排脚手架整体稳定因素的单杆计算长度系数，应按表 11-17 采用；

h——步距。

（4）由风荷载产生的立杆段弯矩设计值 M_w，可按下式计算：

$$M_w = 0.9 \times 1.4 M_{wk} = \frac{0.9 \times 1.4 w_k l_a h^2}{10} \tag{11-22}$$

式中　M_{wk}——风荷载产生的弯矩标准值（kN·m）；

w_k——风荷载标准值（kN/m²），应按式（11-15）计算；

l_a——立杆纵距（m）。

受压、受拉构件的容许长细比与钢管截面几何特性　　**表 11-18**

受压、受拉构件的容许长细比

构件类别		容许长细比 [λ]
立杆	双排架、满堂支撑架	210
	单排架	230
	满堂脚手架	250
横向斜撑、剪刀撑中的压杆		250
拉杆		350

钢管截面几何特性

外径 ϕ，d (mm)	壁厚 t (mm)	截面积 A (cm²)	惯性矩 I (cm⁴)	截面模量 W (cm³)	回转半径 i (cm)	每米长质量 (kg/m)
48.3	3.6	5.06	12.71	5.26	1.59	3.97

Q235 钢轴心受压构件的稳定系数 φ　　**表 11-19**

λ	0	1	2	3	4	5	6	7	8	9
0	1.000	0.997	0.995	0.992	0.989	0.987	0.984	0.981	0.979	0.976
10	0.974	0.971	0.968	0.966	0.963	0.960	0.958	0.955	0.952	0.949
20	0.947	0.947	0.944	0.941	0.938	0.936	0.930	0.927	0.924	0.921
30	0.918	0.915	0.912	0.909	0.906	0.903	0.899	0.896	0.893	0.889
40	0.886	0.882	0.879	0.875	0.872	0.868	0.864	0.861	0.858	0.855
50	0.852	0.849	0.846	0.4843	0.839	0.836	0.832	0.829	0.825	0.822
60	0.818	0.814	0.810	0.806	0.802	0.797	0.793	0.789	0.784	0.779
70	0.775	0.770	0.765	0.760	0.755	0.750	0.744	0.739	0.733	0.728
80	0.722	0.716	0.710	0.704	0.798	0.692	0.686	0.680	0.673	0.667
90	0.661	0.654	0.648	0.641	0.634	0.626	0.618	0.611	0.603	0.595
100	0.588	0.580	0.573	0.566	0.558	0.551	0.544	0.537	0.530	0.523
110	0.516	0.509	0.502	0.496	0.489	0.483	0.476	0.470	0.464	0.458
120	0.452	0.446	0.440	0.434	0.428	0.423	0.417	0.412	0.406	0.401
130	0.396	0.391	0.386	0.381	0.376	0.371	0.367	0.362	0.357	0.353

续表

λ	0	1	2	3	4	5	6	7	8	9
140	0.349	0.344	0.340	0.336	0.332	0.328	0.324	0.320	0.316	0.312
150	0.308	0.305	0.301	0.298	0.294	0.291	0.287	0.284	0.281	0.277
160	0.274	0.271	0.268	0.265	0.262	0.259	0.256	0.253	0.251	0.248
170	0.245	0.243	0.240	0.237	0.235	0.232	0.230	0.277	0.225	0.223
180	0.220	0.218	0.216	0.214	0.211	0.209	0.207	0.205	0.203	0.201
190	0.199	0.197	0.195	0.193	0.191	0.189	0.188	0.186	0.184	0.182
200	0.180	0.179	0.177	0.175	0.174	0.172	0.171	0.169	0.167	0.166
210	0.164	0.163	0.161	0.160	0.159	0.157	0.156	0.154	0.153	0.152
220	0.150	0.149	0.180	0.146	0.145	0.144	0.143	0.141	0.141	0.139
230	0.138	0.137	0.136	0.135	0.133	0.132	0.131	0.130	0.219	0.218
240	0.129	0.126	0.125	0.124	0.123	0.122	0.121	0.120	0.119	0.118
250	0.117	—	—	—	—	—	—	—	—	—

注：当 $\lambda > 250$ 时，$\varphi = \frac{7320}{\lambda^2}$。

Q235 钢钢材的强度设计与弹性模量　　表 11-20

抗拉、抗弯 f（kN/mm²）	抗压 f_c（kN/mm²）	弹性模量 E（kN/mm²）
0.205	0.205	2.06×10^5

3. 单、双排脚手架立杆稳定性计算部位的确定应符合以下规定：

（1）当脚手架搭设尺寸采用相同步距、立杆纵距、立杆横距和连墙件间距时，应计算底层立杆段。

（2）当脚手架搭设尺寸中的步距、立杆纵距、立杆横距和连墙件间距有变化时，除计算底层立杆段外，还必须对出现最大步距或最大立杆纵距、立杆横距、连墙件间距等部位的立杆段进行验算。

（3）双管立杆变截面处主立杆上部单根立杆的稳定性计算可按式（11-16）或式（11-17）进行计算。

4. 有关搭设高度的计算

单、双排脚手架允许搭设高度［H］应按下列公式计算，并应取较小值。

不组合风荷载时：

$$[H] = \frac{\varphi A f - (1.2N_{G2k} + 1.4\Sigma N_{Qk})}{1.2g_{k1}} \tag{11-23}$$

组合风荷载时：

$$[H] = \frac{\varphi A f - \left[1.2N_{G2k} + 0.9 \times 1.4\left(\Sigma N_{Qk} + \frac{M_{wk}}{W}\varphi A\right)\right]}{1.2g_{k1}} \tag{11-24}$$

式中　［H］——脚手架允许搭设高度（m）；

g_{k1}——立杆承受的每米结构自重标准值（kN/m），可按表 11-4 采用；

M_{wk}——风荷载标准值产生的弯矩。

11.4.4.2 其他脚手架的整体稳定性计算

1. 碗扣式钢管脚手架

碗扣式钢管脚手架由于其杆件之间采用轴心连接，碗扣节点的承载能力和约束作用大以及斜杆设置的有利作用等，使其承载能力比扣件式钢管脚手架约提高 15%以上。故可采用表 11-21 所列的计算长度系数的建议值，其他计算均可沿用扣件式钢管脚手架的计算方法。

碗扣式钢管脚手架稳定性计算长度系数 μ 的建议值　　**表 11-21**

立杆横距 l_b（m）		μ 值，当连墙件布置为 2 步 3 跨	μ 值，当连墙件布置为 3 步 3 跨
双排架	0.9	1.37	1.56
	1.2	1.43	1.61
	1.5	1.50	1.67
单排架		1.73	

注：当不小于 1/3 的框格有斜杆设置时，按表中数值乘以 0.95 使用。

2. 门式钢管脚手架

门式钢管脚手架的整体稳定性以单榀门架计算，其门架立杆的稳定系数 φ 按组合杆件确定，并取更为简便的作用于门架立柱的轴心力设计值 N 小于等于其承载力设计值 N_d 的计算式，即：

$$N \leqslant N_d \tag{11-25}$$

式中　N——作用于一榀门架的轴心力设计值，取式（11-26）和式（11-27）计算结果的较大值；不组合风荷载时：

$$N = 1.2(N_{Gk1} + N_{Gk2})H + 1.4\Sigma N_{Qk} \tag{11-26}$$

式中　N_{Gk1}——每米高度脚手架构配件自重产生的轴向力标准值；

N_{Gk2}——每米高度脚手架附件重产生的轴向力标准值；

ΣN_{Qk}——各施工层施工荷载作用于一榀门架的轴向力标准值总和；

H——以米为单位的脚手架高度值。

组合风荷载：

$$N = 1.2(N_{Gk1} + N_{Gk2})H + 0.9 \times 1.4\left(\Sigma N_{Qk} + \frac{2M_k}{b}\right) \tag{11-27}$$

$$M_k = \frac{q_k H_1^2}{10}$$

式中　M_k——风荷载产生的弯矩标准值；

q_k——风荷载标准值；

H_1——连墙件的竖向间距。

一榀门架的稳定承载力设计值 N_d 按下式计算：

$$N_d = \varphi \cdot A \cdot f \tag{11-28}$$

$$i = \sqrt{\frac{I}{A_1}} \tag{11-29}$$

$$I = I_0 + I_1 \frac{h_1}{h_0} \tag{11-30}$$

式中 A—— 一榀门架两根立柱的毛截面积（$=2A_1$）；

f——门架钢材的强度设计值；

φ——门架立柱的稳定系数，按 $\lambda=kh_0/i$ 查表 11-19；

h_0——门架的高度（几何尺寸）；

i——门架组合立杆（包括加强杆）的回转半径；

I——门架组合立杆的等效截面惯性矩；

I_0、A_1——门架柱立杆的毛截面惯性矩和毛截面积；

h_1、I_1——门架柱加强杆的高度和毛截面积。

采用上述方法计算的门式钢管脚手架，均应符合以下构造要求：

（1）脚手架的两个侧立面必须满设交叉支撑。

（2）水平架的设置，当搭设高度≤45m 时，间隔一个门架设置一层；当搭设高度>45m 时，应层层设置。

（3）当脚手架高度大于 20m 时，在外侧立面应连续设置长剪刀撑；并每隔 3～5 步设置一道水平加固杆。

（4）应符合交圈整体性构造要求。

（5）首层门架底部应设置封口杆。

其他设计计算事项，可参照前述扣件式钢管脚手架的计算方法和原则，并依据门式脚手架的设计和使用情况予以具体解决。

11.4.5 水平杆件、脚手板、扣件抗滑、立杆底座和地基承载力的验算

11.4.5.1 水平杆件和脚手板

横向（水）平杆在立杆以外无铺板时，按简支梁计算；立杆以外伸出部分有铺板时，按带悬臂的单跨梁计算；纵向（水）平杆宜按三跨连续梁计算。定型挂扣式钢脚手板按简支梁计算；3～4m 长的木脚手板和钢脚手板一般可按两跨连续梁计算；而长度 5～6m 的木脚手板，则可按三跨或四跨连续梁计算。计算时，可以忽略平杆的自重，但脚手板的自重不能忽略。脚手板和横向平杆一般受均布施工荷载的作用（当荷载不均匀分布时，可化为几种荷载分布情况的叠加）；而纵向平杆则一般受由横向平杆传来的集中荷载的作用。

1. 抗弯强度验算

$$\frac{1.2}{W}(M_{Gk} + 1.4M_{Qk}) \leqslant f \tag{11-31}$$

式中 W——平杆或脚手板的毛截面抵抗矩；

M_{Gk}——由脚手板自重标准值产生的最大弯矩值；

M_{Qk}——由施工荷载标准值产生的最大弯矩值；

f——杆件材料的抗弯强度设计值。

2. 挠度验算

$$w_{Qk} \leqslant [w] \tag{11-32}$$

式中 w_{Qk}——施工荷载标准值产生的挠度；

$[w]$——容许变形，横向平杆和脚手板为 $l/150$（l 为受弯跨度），纵向平杆为 10mm；卸载构件为 $l/400$。

M 和 w（挠度）均可按《建筑结构静力计算手册》进行计算。

11.4.5.2　扣件抗滑移承载力计算

$$R \leqslant R_c \tag{11-33}$$

式中　R——扣件节点处的支座反力的计算值（计算时，取结构的重要性系数 $\gamma_0=1.0$，荷载分项系数依前规定）；

R_c——扣件抗滑移承载力设计值，每个直角扣件和旋转扣件取 8kN。

碗扣节点的承载力由于远远大于它可能受到的作用力，因而不必对其进行验算。

11.4.5.3　连墙件计算

连墙件所受的轴力 N_l 按下式确定：

$$N_l = N_w + N_s \tag{11-34}$$

式中　N_w——风荷载引起的连墙件轴压力设计值，按下式计算：

$$N_w = 1.4 S_w w_k \tag{11-35}$$

S_w——连墙件的作用（覆盖）面积：$S_w = l_w \times h_w$

l_w——连墙件横距；

N_s——由脚手架平面外变形在连墙件中引起的轴压力，取值不小于 3kN。

由于连墙件的构造各异，其验算项目可根据设计情况确定，并按《冷弯薄壁型钢结构技术规范》(GB 50018) 的有关规定进行验算。当采用扣件连接的杆件时，尚应验算扣件抗滑移承载力。

11.4.5.4　立杆底座和地基承载力验算

立杆底座验算

$$N \leqslant R_b \tag{11-36}$$

立杆地基承载力验算

$$\frac{N}{A_d} \leqslant K \cdot f_k \tag{11-37}$$

式中　N——上部结构传至立杆底部的轴心力设计值；

R_b——底座承载力（抗压）设计值，一般取 40kN；

f_k——地基承载力标准值，按《建筑地基基础设计规范》(GB 50007) 的规定确定；

K——调整系数，按以下规定采用：碎石土、砂土、回填土取 0.4；黏土取 0.5；岩石、混凝土取 1.0；

A_d——立杆基础的计算底面积，可按以下情况确定：

(1) 仅有立杆支座（支座直接放于地面上）时，A 取支座板的底面积。

(2) 在支座下设厚度为 50～60mm 的木垫板（或木脚手板），则 $A=a\times b$（a 和 b 为垫板的两个边长，且不小于 200mm），当 A 的计算值大于 0.25m^2 时，则取 0.25m^2 计算。

(3) 在支座下采用枕木作垫木时，A 按枕木的底面积计算。

(4) 当一块垫板或垫木上支承 2 根以上立杆时，$A=\dfrac{1}{n}a\times b$（n 为立杆数）。用木垫板时应符合 (2) 的取值规定。

(5) 当承压面积 A 不足而需要作适当基础以扩大其承压面积时，应按式 (11-38) 的要求确定基础或垫层的宽度和厚度：

$$b \leqslant b_0 + 2H_0 \mathrm{tg}\alpha \tag{11-38}$$

式中　b_0——立杆支座或垫板（木）的宽度；

b——基础或垫层的宽度；

H_0——基础或垫层的厚（高）度；

$\mathrm{tg}\alpha$——基础台阶宽高比的允许值，按表 11-22 选用。

$$\tau \leqslant 0.7 f_c A \tag{11-39}$$

式中　τ——剪力设计值；

f_c——混凝土轴心抗压强度设计值；

A——台阶高度变化处的剪切断面。

刚性基础台阶高宽比的允许值　　**表 11-22**

基础材料	质量要求		台阶宽高比的允许值		
			$P \leqslant 1000$	$100 < P \leqslant 200$	$200 < P \leqslant 300$
混凝土基础	C10 混凝土		1：1.00	1：1.100	1：1.25
	C7.5 混凝土		1：1.00	1：1.25	1：1.50
毛石混凝土基础	C7.5～C10 混凝土		1：1.00	1：1.25	1：1.50
砖基础	砖不低于 MU7.5	M5 砂浆	1：1.50	1：1.50	1：1.50
		M2.5 砂浆	1：1.50	1：1.50	
毛石基础	M2.5～M5 砂浆		1：1.25	1：1.50	
	M1 砂浆		1：1.50		
灰土基础	体积比为 3：7 或 2：8 的灰土，其最小干密度：粉土 1.55t/m³；粉质黏土 1.50t/m³；黏土 1.45t/m³		1：1.25	1：1.50	
三合土基础	体积比 1：2：4～1：3：6（石灰：砂：骨料），每层约虚铺 220mm，夯至 150mm		1：1.50	1：2.00	

注：1. P 为基础底面处的平均应力（kN/m^2）；
2. 阶梯形毛石基础的每阶伸出宽度，不宜大于 200mm；
3. 当基础由不同材料叠合组成时，应对接触部分作抗压验算；
4. 对混凝土基础，当基础底面处的平均应力超过 $300kN/m^2$ 时，尚应按上式进行抗剪验算。

11.4.6　脚手架挑支构造和设施的计算

11.4.6.1　挑支构造的分类及其设置和构造要求

脚手架的挑支构造可按其用途划分为：

1. 扩宽作业平台

扩宽作业平台按其设置部位可分为一侧挑扩和两侧挑宽；按其挑出跨度可分为小挑跨（300～500mm）和大挑跨（600～1200mm），挑跨大于 1200mm 时，脚手架的自身结构就难以承受其悬挑荷载的作用，需要另外加设撑拉构造。

扩宽作业平台的设置和构造要求：

（1）协调考虑施工要求和自脚手架上设置挑扩构造的能力，采取可靠的方案和给以适当的安全储备。

（2）采用ϕ48.3×3.6钢管单杆挑扩时，其挑跨不宜超过500mm；当挑跨大于500mm时，应加设斜撑杆或采用三角形桁架的挑扩结构，并在脚手架的挑扩部位加强整体性构造。

2. 改变脚手架外形

在搭设烟囱、水塔、凉水塔等外形尺寸变化的构筑物以及造型独特的房屋建筑的外脚手架时，常需采用挑扩构造，随应用工程外形而变的上扩式或上收（缩）式脚手架，其设置和构造的一般要求如下：

（1）必须保持至少有一跨（两排立杆）以上的主体构架立杆为满高设置（即自地面搭至挑扩部分的传力部位），应绝对避免出现用单排架挑扩（即使仅为一小段）的情况，见图11-3（*a*）。

（2）当落地的主体构架的立杆不能再向上升高时，可在工程结构上设置悬挑支撑架，在悬挑支撑架上另行搭设，并与下部脚手架在受力上截然分开，分段设计和搭设，见图11-3（*b*）。

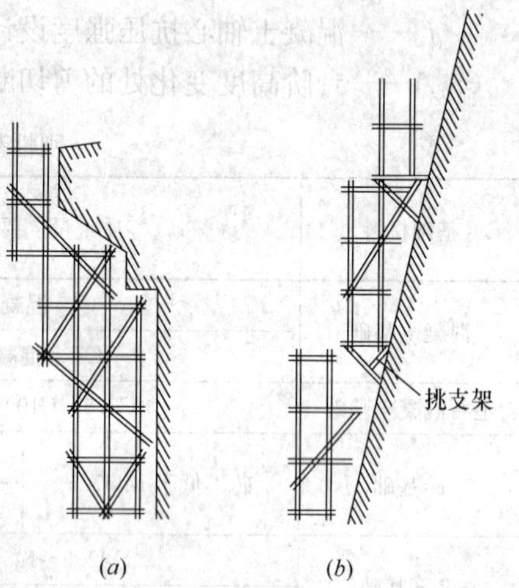

图11-3　变形脚手架的设置

（*a*）主体构造立杆满高设置；（*b*）分段搭设

3. 用于高层脚手架的卸载

当高层建筑外脚手架超过30m时，常需考虑卸载要求而设置挑支构造。其卸载方式有不明确卸载和明确卸载两种：前者的脚手架立杆在卸载装置处不断开，一直搭上去，卸载装置一般采用撑拉杆件体系，可分担一部分上部荷载，但分配数量不明确；后者的脚手架立杆在卸载装置处断开，往上另行搭设，卸载装置承受上架段的全部荷载，受力明确，见图11-4。

卸载装置的设置和构造一般应满足以下要求：

（1）挑支构造及其与脚手架和墙体的连接点必须经过严格的设计，使其具有足够的承载力。

（2）不明确卸载装置按其承载能力的一半分配上部荷载且不超过上部荷载的1/3，其撑拉节点必须满足传力要求。

（3）必须经过荷载试验并确保其安全可靠后，方能应用到工程上。

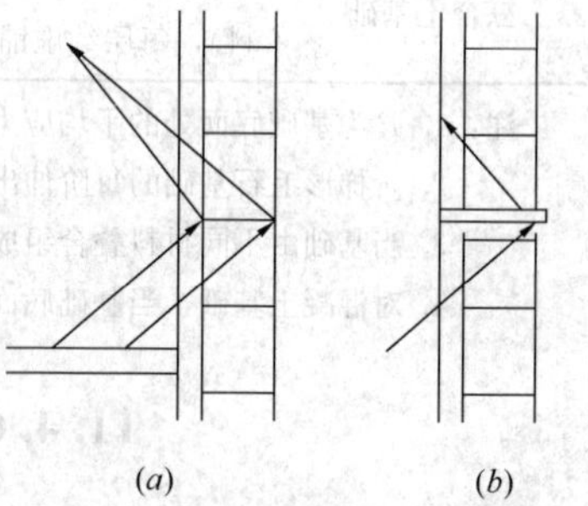

图11-4　卸载装置类型

（*a*）不明确卸载装置；（*b*）明确卸载装置

4. 用于构造挑脚手架

挑脚手架的形式根据工程条件和施工要求确定，其常见形式可见图11-5。一般可分为三类：

（1）单层轻荷载挑脚手架：由于荷载较小且悬挑跨度不大（一般<1.0m），故多采用单拉撑式或悬挑梁式。前者的水平杆为拉杆，穿过墙体后用螺栓或其他方式固定到墙体内壁上；斜撑杆为压杆，直接顶到外墙上。在上平杆上铺设脚手板，且在水平杆外端焊有短钢管，以便插入栏杆柱与外侧防护；后者采用刚度较大的悬挑梁，其里端与楼板锚固。

（2）双层挑脚手架：由于荷载较大，其支挑构造比单层脚手架相应加强，一般采用双拉单撑式或单拉挑梁式。前者采用双水平拉杆或一根水平拉杆加一根带花篮螺栓、可张紧的斜拉杆，再加斜撑杆构成；后者由挑梁和带花篮螺栓的斜拉杆构成。双层挑脚手架底部靠墙一侧宜设置可调距短顶杆（可采用丝杆构造，旋紧后顶于墙体上），使墙体承受一部分挑脚手架的倾覆力矩，提高支挑构造的安全性。

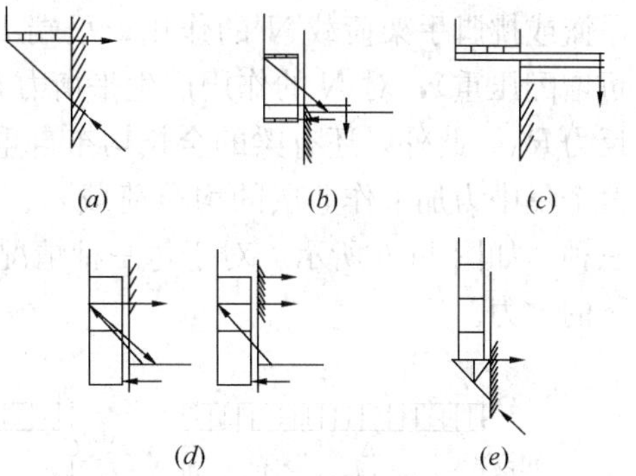

图 11-5 挑脚手架形式

(*a*) 单拉撑式；(*b*) 单拉挑梁式；(*c*) 悬挑梁式；(*d*) 双拉单撑式；(*e*) 三角形挑架拉固式

（3）挑脚手架段：架段的高度根据施工需要和支挑构造的承载能力协调决定。一般为 4～6 步架，即承担 2～3 个楼层的施工之用，以便减少拆装倒升次数。此种挑脚手架的构造与前述明确卸载措施的那种脚手架相同，只是架段高度低于后者。

挑脚手架的设置和构造应符合以下一般要求：

1）尽可能减小悬挑的跨度；

2）确保挑脚手的稳定；

3）解决好施工人员安全上、下架的措施。

5. 用于支托挂脚手架

挂脚手架与挑脚手架的区别在于；在挂脚手架上部靠墙一侧焊有挂钩（或挂环），在墙体上预埋或留孔装设挂环（或挂钩），将脚手架悬挂于墙体上，同时在其底部靠墙一侧设置顶杆与墙体接触。其挂靠构造承受拉弯作用。因此，其设置和构造的一般要求为：

（1）挂靠构造及其支撑墙体必须具有足够的承载能力，在使用中不会脱出。

（2）挂装和吊运（升、降）时操作要方便。

6. 用于悬挂吊篮

悬挂吊篮的支挑构造一般设于屋顶之上，并多采用杠杆构造悬挑梁（梁可以是水平的或外端向上翘起一定角度），支点位于外墙之上，支点以内的梁段较长，其端部固定在屋面结构上或加设足以承受悬挑荷载（吊篮）的配重；在支点以外的悬挑梁段挂置吊篮。其设置和构造的一般要求为：

（1）在各悬挑梁之间应设置水平拉杆或剪刀撑，以确保其整体稳定；

（2）在支点之下应设置垫块或垫木，以分散支点的集中压力。

此外，还可按挑支构造的结构将其划分为：

1）单独的悬挑梁、拉杆、压杆和拉弯杆件；

2）三角形桁架。

11.4.6.2 挑支构造的内力计算

尽管挑支构造的形式多种多样，但就其受力的基本构造而言，大致有单独的拉杆或压杆、带悬臂单跨梁、拉杆和撑杆体系以及三角形桁架 4 种，其内力分析和验算项目分述如下：

1. 带悬臂的单跨梁

用于悬挂吊篮的屋顶杠杆梁和固定在楼板结构的一端悬出的单跨梁，其悬出端 C 受吊篮或挑脚手架荷载 N 的作用；里端 B 点为锚固点或压重点（在锚拉构造能力不足时，可增配压重），对 N 的作用产生平衡力 N_1（$=-R_B$），在支点（座）A 处产生向上的支座反力 R_A。此外，还有梁的全长均布自重荷载 q，而挑脚手架荷载也可能为两个集中力或两个集中力加上作业层的均布荷载 q_1。因此，带悬臂单跨梁挑支构造的荷载情况大致有三种，如图 11-6 所示。对于每一种情况，将单荷载的内力值相加即可得到组合荷载作用下的内力。

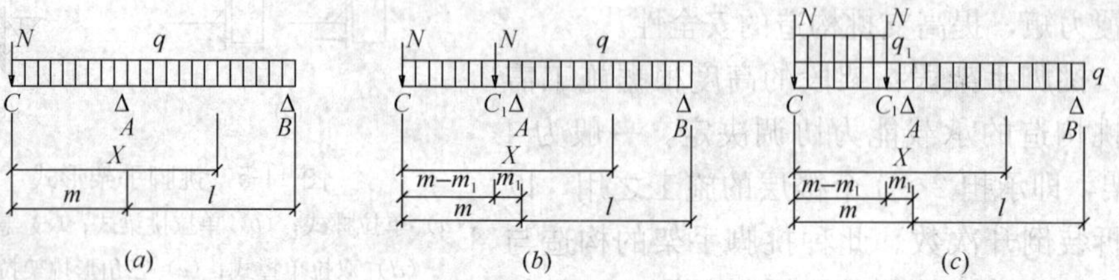

图 11-6　带悬臂梁的荷载

2. 简单的拉撑杆件体系

简单的拉撑杆件体系由作为承载主体的水平梁式杆件与支拉杆件（斜杆）组成。水平杆件在不同的支拉构造下呈受拉或受拉弯作用，或者受压弯作用；起支拉作用的斜杆相当于设在水平杆件悬挑一端的支座。简单的拉撑杆件体系的拉撑杆件节点所形成的这种支座只有 1～2 个，因此，可以把其转化为受拉、压作用的单跨梁或两跨连续梁（一般为不等跨）来分析其内力。

（1）由水平梁式杆件和斜支顶杆组成的单跨梁体系

由处于上部的水平梁式杆件和支于其外端的斜顶（压）杆组成，在斜杆的支顶处形成了水平梁式杆件的外端支座。它又可分为在支座外无伸出段和有伸出段两种情况，按不同荷载作用下分别计算内力。

（2）其他形式的简单拉撑杆件体系

其他形式的简单拉撑杆件体系有：1）由水平梁式杆件和斜拉杆组成的单跨梁体系；2）由水平梁式杆件与斜支顶杆和斜拉杆组成的单跨梁体系；3）由双根或多根拉支斜杆与水平梁式杆件组成的双跨或多跨梁体系，而位于梁杆之上的各斜拉杆和位于梁杆之下的各斜支杆之间可以是平行的或成角度的，后者可以减少在固定结构上的拉、支固定点。上述杆件体系见图 11-7 和图 11-8（图中仅绘出一种荷载）。

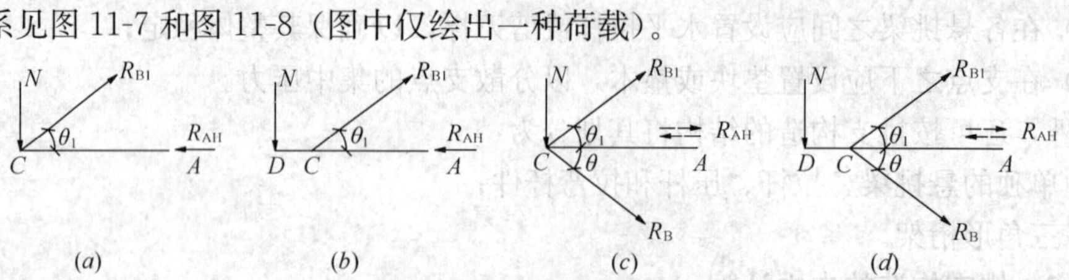

图 11-7　其他形式单跨梁式拉撑杆件体系

（a）斜拉杆简支梁体系；（b）斜拉杆带悬臂单跨梁体系；（c）斜拉、支杆简支梁体系；（d）斜拉、支杆带悬臂单跨梁体系

当采用双跨或多跨梁体系时，各梁段宜采用等跨布置。

3. 几种挑支体系的内力分析

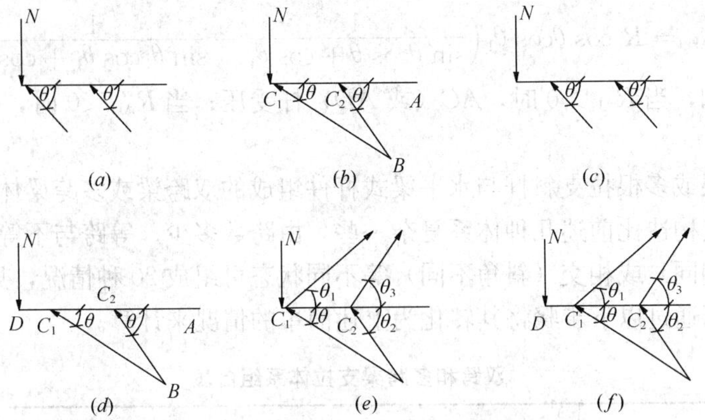

图 11-8 其他形式双跨或多跨梁式拉撑杆件体系

(a)、(b) 斜支杆双跨梁体系；(c)、(d) 斜支杆双跨带悬臂双跨梁体系；

(e) 斜支、拉杆双梁体系；(f) 斜支、拉杆带悬臂双跨梁体系

(1) 由斜拉杆和水平梁式杆件组成的单跨梁体系

如图 11-7，斜拉杆 CB 受拉力 R_{B1} 的作用，R_{B1} 在支点 C 处的垂直分力和水平分力分别形成 C 点的支座反力 R_C 和水平杆 AC（或 AD）所受的压力 R_{AH}，即：

$$R_c = R_{B1}\sin\theta_1 \tag{11-40}$$

$$R_{AH} = R_{B1}\cos\theta_1 \tag{11-41}$$

$$R_{B1} = R_C\csc\theta_1 \tag{11-42}$$

则

$$R_{AH} = R_C\cos\theta\csc\theta \tag{11-43}$$

因此，由斜拉杆与水平梁式杆件组成的单跨梁体系的杆件内力和由斜支杆与水平梁式杆件组成的单跨梁体系的相应杆件的内力，在数值上相等而符号相反，可以按照上拉下支杆件体系的内力计算公式来计算。当只有集中荷载 N 作用于支点 C 处时，水平杆的 A 端只有水平反力 R_{AH} 的作用；当 AC（或 AD）杆沿线有其他竖向荷载（集中力或分布力）作用时，在 A 端支座还有垂直反力 R_{AV} 的作用。

(2) 由斜拉杆、斜支杆和水平梁式杆件组成的单跨梁体系

确定其杆件内力的计算步骤如下：

1）根据实用荷载，按水平杆件相应的简支梁或带悬臂单跨梁确定支座反力 R_C 和 R_{AV}（但当只有集中荷载 N 作用在支、拉点 C 时，$R_{AV}=0$）；

2）计算确定 AC（或 AD）杆的轴力 R_{AH} 和 CB、CB_1 杆的轴力 R_B、R_{B1}；

由

$$R_{AH} = R_{B1}\cos\theta_1 - R_B\cos\theta$$

$$R_B\sin\theta + R_{B1}\sin\theta_1 = R_c$$

$$\frac{R_B}{R_{B1}} = \frac{\cos\theta_1}{\cos\theta}$$

得到

$$R_B = \frac{R_C\cos\theta_1}{\sin\theta\cos\theta_1 + \cos\theta} \tag{11-44}$$

$$R_{B1} = \frac{R_C\cos\theta}{\sin\theta_1\cos\theta + \cos\theta_1} \tag{11-45}$$

$$R_{AH}=R_c\cos\theta\cos\theta_1\left(\frac{1}{\sin\theta\cos\theta+\cos\theta_1}-\frac{1}{\sin\theta_1\cos\theta_1+\cos\theta}\right) \tag{11-46}$$

由上式可知，当 $R_{AH}>0$ 时，AC（或 AD）杆受压；当 $R_{AH}<0$ 时，AC（或 AD）杆受拉。

（3）由双根或多根拉支斜杆与水平梁式杆件组成的双跨梁或多跨梁体系

这一类挑支构造比前述几种体系复杂一些，由跨数多少、等跨与不等跨、同侧拉支杆件平行（斜角相同）或相交（斜角不同）等不同状态可组成20种情况，见表11-23，但其内力的分析仍可通过以下步骤将其转化为上述简单的情况来计算。

双跨和多跨梁支拉体系组合表　　表11-23

拉支杆设置	同侧拉支杆件之间状态	双跨		多跨	
		等跨	不等跨	等跨	不等跨
单侧设置拉杆或支杆	相互平行	1	2	3	4
	不同角度（在另一端相交）	5	6	7	8
梁上设拉杆、梁下设支杆	相互平行	9	10	11	12
	不同角度（在另一端相交）	13	14	15	16
	一侧平行 一侧相交	17	18	19	20

1）根据实用荷载，按水平梁式杆件相应的双跨等跨梁、双跨不等跨梁、多跨等跨梁或多跨不等跨梁确定支座反力 R_{AV}（水平梁式杆件里端支点的垂直反力）和水平梁式杆件上各拉支点 C_i 的垂直反力 R_{Ci}。支座反力按每种荷载分别计算予以叠加，包括直接作用于支点的集中力（脚手架荷载 N_{Ci-1} 和支拉杆件自重的垂直分力 N_{Ci-2}）、由跨中集中荷载和水平梁的线分布荷载（其中水平梁式杆件的自重沿梁全长分布；由脚手架传来的分布荷载则可能为局部分布或全长分布）在支点处引起的支座反力，不要遗漏（但自重荷载与脚手架荷载相比小于0.05时，可以忽略自重荷载）。

不等跨双跨梁和不等跨三跨梁在均布荷载作用下的内力可由建筑结构静力计算图表查得。

2）按以下公式计算确定水平杆 AC（或 AD）的轴力 R_{AH} 和拉杆、支杆的轴力 R_{Bi}、R_{Bi+1}：

$$R_{AH}=\sum_{i=1}^{n}R_{Bi}\cdot\cos\theta_i-\sum_{i=1}^{n}R_{Bi+1}\cos\theta_{i+1} \tag{11-47}$$

式中"i"取奇数1、3、5、…n。$\sum_{i=1}^{n}R_{Bi}\cdot\cos\theta_i$ 为所有拉杆的拉力对水平杆产生的轴压力之和；$\sum_{i=1}^{n}R_{Bi+1}\cos\theta_{i+1}$ 为所有支顶杆的顶力对水平杆产生的轴力之和。当 $R_{AH}>0$ 时，AC 杆受压；当 $R_{AH}<0$ 时，AC 杆受拉；当 $R_{AH}=0$ 时，AC 杆无轴力作用。

由　$R_{Ci}=R_{Bi}\sin\theta_i+R_{Bi}\sin\theta_{i+1}\quad i=1、3、5、\cdots n$

$$\frac{R_{Bi}}{R_{Bi}+1}=\frac{\cos\theta_i+1}{\cos\theta_i}$$

得到

$$R_{Bi}=\frac{R_{Ci}\cos\theta_i+1}{\sin\theta_i\cos\theta_{i+1}+\cos\theta_i} \tag{11-48}$$

$$R_{Bi+1}=\frac{R_{Ci}\cos\theta_i}{\sin\theta_{i+1}\cos\theta_i+\cos\theta_{i+1}} \tag{11-49}$$

4. 三角形桁架

（1）三角形桁架支挑构造的应用形式

在建筑施工中，使用三角形桁架作为支挑构造的情况较为普遍，其一般形式示于图11-9中，在需要时也可带一段悬臂杆。

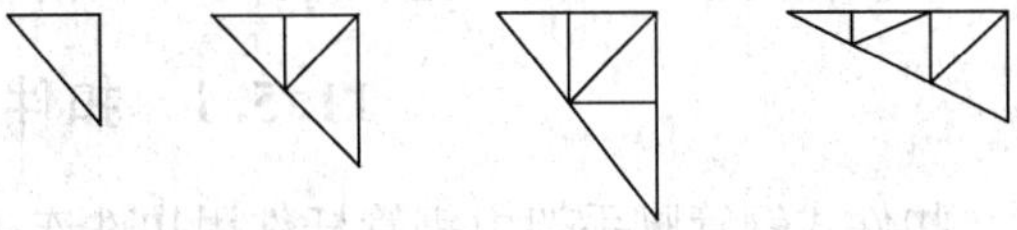

(*a*) (*b*) (*c*) (*d*)

图 11-9 三角形桁架的一般形式

（*a*）3杆；（*b*）4杆；（*c*）6杆；（*d*）7杆

（2）三角形桁架支挑构造的内力计算

以上所述各种三角形桁架支挑构造的内力分析和计算可按以下步骤进行：

1）按桁架的一般计算方法，视各杆件之间的节点为铰接点，各杆件只承受轴力作用。在计算时，将作用于水平杆上的均布荷载都转化为作用于杆件节点的集中力。

2）求支座反力。根据外力的平衡条件（即 $\Sigma X=0$、$\Sigma Y=0$ 和 $\Sigma M=0$）求出桁架在荷载作用下的支座反力。当无拉杆设置时，上弦支座 A 在水平方向受拉，下撑支座（下弦斜杆的底端）B 沿斜杆方向受压。当有拉杆设置时，上拉支座（拉杆上端支座）B_1 受拉，下撑支座 B 受压，上弦支座 A 在水平方向可能受拉、受压或反力为零。

3）计算各杆件的轴力。自三角形桁架的外端节点 C 开始，用节点力系平衡（$\Sigma X_i=0$、$\Sigma Y_i=0$）条件，依次求出各杆件的内力。

三角形桁架是较简单的桁架结构，按上述步骤可方便地确定出其支座反力和杆件的内(轴)力。

11.4.6.3 挑支构造的杆件和连接验算

挑支构造的杆件内力和支座的反力与弯矩通过内力分析确定后，按杆件和支座（点）的受力和构造情况分别进行设计和验算，支挑构造杆（构）件的类型大致划分如下：

（1）受弯构件当支挑构造的梁式杆件有跨间集中荷载和均布（或线分布）荷载作用、而支拉杆件对梁式杆件所产生的水平分力（压力和拉力）之和为零时，则梁式杆件为只受弯矩作用的受弯构件。

（2）轴心受力构件在支挑构造中，当没有或不考虑风荷载等垂直于杆件轴线的水平荷载（即横向荷载）作用时，则可按轴心受力构件设计，主要有以下几种：

1）支挑构造的支顶杆（压杆）和拉杆。

2）只受轴力作用的桁架杆件。

3）无跨间集中荷载和线分布荷载、只有支拉杆的水平分力作用的梁式杆件。

（3）拉弯和压弯构件大多数挑支构造中的梁式杆件为同时承受轴力和弯矩作用的拉弯或压弯构件；而考虑风荷载等垂直于杆件轴线的水平荷载（即横向荷载）作用时，则这类轴心受力杆件将成为拉弯或压弯构件。

此外，支挑构造的连接点、支座和支拉点也应根据其受力和构造情况进行有关的设计验算。挑支构造杆件和连接的设计验算按《钢结构设计规范》的有关规定进行。

11.5　常用落地式脚手架的设置、构造和设计

目前我国在建筑工程施工中常用的落地式脚手架，主要有扣件式钢管脚手架、碗扣式钢管脚手架和门式钢管脚手架等 3 种，竹脚手架和其他形式的钢管脚手架也有一定应用。本节将介绍这几种常用脚手架的杆配件、设置和构造要求以及在落地式脚手架的应用。有关其在模板支架和其他设置形式脚手架中的应用，将在其他相应节段中阐述。

11.5.1　扣件式钢管脚手架

扣件式钢管脚手架由钢管杆件用扣件连接而成的临时结构架，具有工作可靠、装拆方便和适应性强等优点，是目前我国使用最为普遍的脚手架品种。

11.5.1.1　材料规格及用途

1. 钢管杆件

（1）脚手架钢管宜采用 ϕ48.3×3.6 钢管。每根钢管的最大质量不应大于 25.8kg，尺寸应按表 11-24 采用。

脚手架钢管尺寸（mm）　　表 11-24

钢管类别	截面尺寸		最大长度	
	外径 ϕ，d	壁厚 t	双排架横向水平杆	其他杆
低压流体输送用焊接钢管、直缝电焊钢管	48.3	3.6	2200	6500

（2）钢管要求

1）脚手架钢管应采用现行国家标准《直缝电焊钢管》（GB/T 13793）或《低压流体输送用焊接钢管》（GB/T 3091）中规定的 Q235 普通钢管，其质量应符合现行国家标准《碳素结构钢》（GB/T 700）中 Q235 级钢的规定。

2）钢管上严禁打孔。

3）脚手架杆件使用的钢管必须进行防锈处理，即对购进的钢管先行除锈，然后外壁涂防锈漆一道和面漆两道。在脚手架使用一段时间以后，由于防锈层会受到一定的损伤，因此需重新进行防锈处理。

（3）钢管用途

按钢管在脚手架上所处的部位和所起的作用，可分为：

1）立杆，又叫冲天、立柱和竖杆等，是脚手架主要传递荷载的杆件。

2）纵向水平杆，又称牵杆、大横杆等，是保持脚手架纵向稳定的主要杆件。

3）横向水平杆，又称小横杆、横楞、横担、楞木等，是脚手架直接接受荷载的杆件。

4）栏杆，又称扶手，是脚手架的安全防护设施，又起着脚手架的纵向稳定作用。

5）剪刀撑，又称十字撑、斜撑，是防止脚手架产生纵向位移的主要杆件。

6）抛撑，用脚手架外侧与地面呈斜角的斜撑，一般在开始搭设脚手架时作临时固定之用。

以上杆件如图 11-10 所示。

（4）低合金钢管技术指标

近年来，强度较高、耐腐蚀性较好的低合金钢管在扣件式钢管脚手架中已有试点应用，其与普碳钢管的技术经济指标列于表 11-25 中。其与扣件连接的性能（扣件抗滑力等）要符合要求。当脚手架的使用要求仅按其强度条件控制时，$\phi48\times2.5$ 的低合金钢管的强度承载能力大致相当于 $\phi48.3\times3.6$ 普碳钢管，但钢管截面积之比为 0.71∶1.00，可使单位重量降低 29%，相同重量的长度增加 41%，但其失稳承载能力却不到后者的 80%，其应用需经验算合格才可。

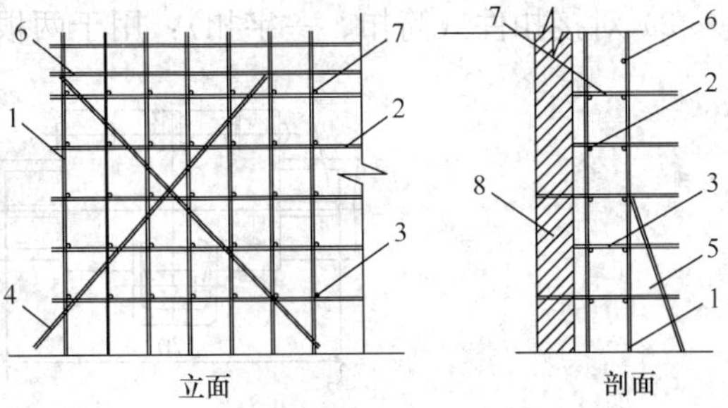

图 11-10 外脚手架示意图

1—立柱；2—大横杆；3—小横杆；4—剪刀撑；5—抛撑；6—栏杆；7—脚手架；8—墙身

低合金钢管与普通碳钢管技术经济参数比较 **表 11-25**

序号	钢材类别	低合金钢管		普碳钢管	比值 (2)/(3)
1	钢号	STK-51	SM490A	Q235	
	代号	(1)	(2)	(3)	
2	外径（mm）×壁厚（mm）	$\phi48.6\times2.4$	$\phi48\times2.5$	$\phi48.3\times3.6$	—
3	屈服点 σ_s（N/mm^2）	353	345	235	1.47
4	抗拉强度 σ_b（N/mm^2）	500	490	400	1.23
5	截面积 A（mm^2）	348.3	357.2	506	0.71
6	截面特性 惯性矩 I（cm^4）	9.32	9.278	12.71	0.73
7	截面特性 回转半径（cm）	1.636	1.645	1.59	1.03
8	按强度计的受压承载能力 P_N（kN）	—	≤87.52	≤84.79	1.03
9	可承受的最大弯矩 M（kN·m）	—	≤0.94	≤0.88	1.1
10	耐大气腐蚀性	—	1.20～1.38	1	1.2～1.38
11	每吨长度（m/t）	—	357	252	1.42

2. 扣件和底座

(1) 扣件和底座的基本形式

1) 直角扣件（十字扣）：用于两根呈垂直交叉钢管的连接（图 11-11）；

2) 旋转扣件（回转扣）：用于两根呈任意角度交叉钢管的连接（图 11-12）；

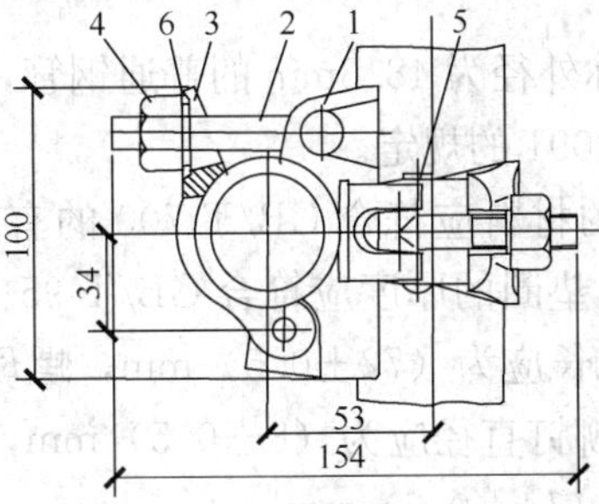

图 11-11 直角扣件

1—直角座；2—螺栓；3—盖板；4—螺栓；5—螺母；6—销钉

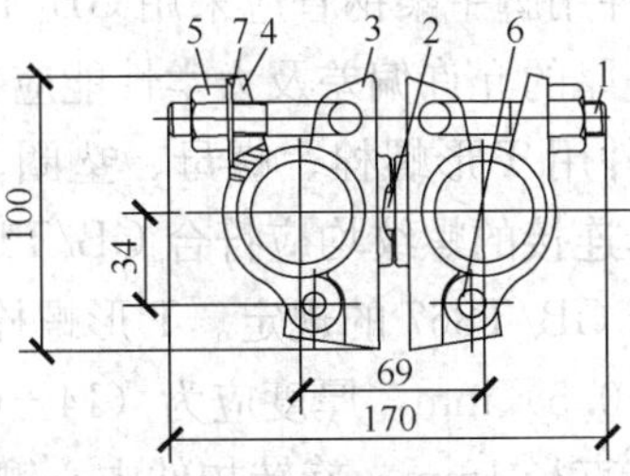

图 11-12 旋转扣件

1—螺栓；2—铆钉；3—旋转座；4—螺栓；5—螺母；6—销钉

3）对接扣件（筒扣、一字扣）：用于两根钢管对接连接（图 11-13）。

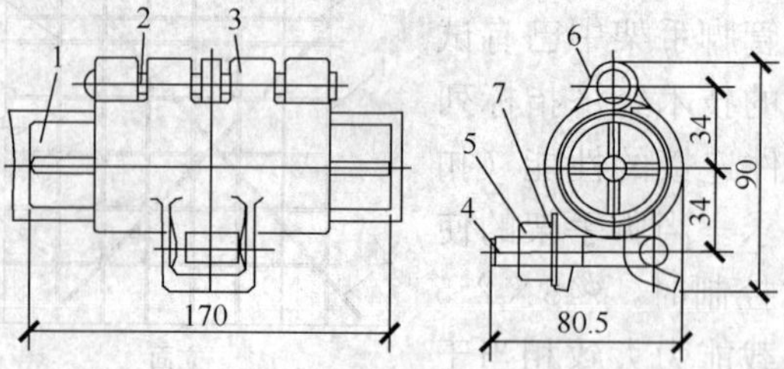

图 11-13 对接扣件

1—杆芯；2—铆钉；3—对接座；4—螺栓；5—螺母；6—对接盖；7—垫圈

4）底座 ：扣件式钢管脚手架的底座用于承受脚手架立杆传递下来的荷载，用可锻铸铁制造的标准底座的构造见图 11-14。底座亦可用厚 8mm、边长 150mm 的钢板作底板，外径 60mm，壁厚 3.5mm、长 150mm 的钢管作套筒焊接而成（图 11-15）。

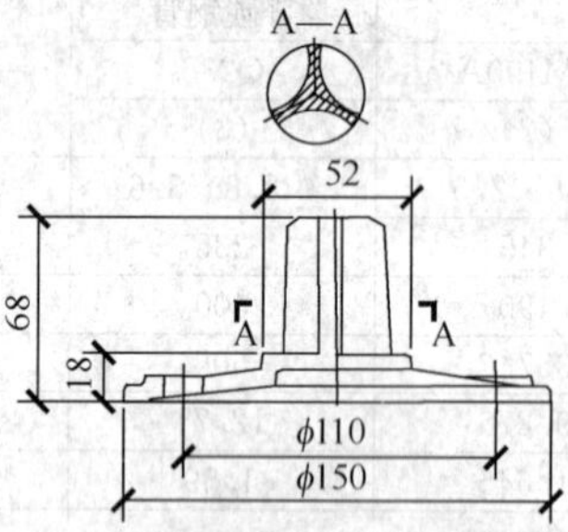

图 11-14 标准底座

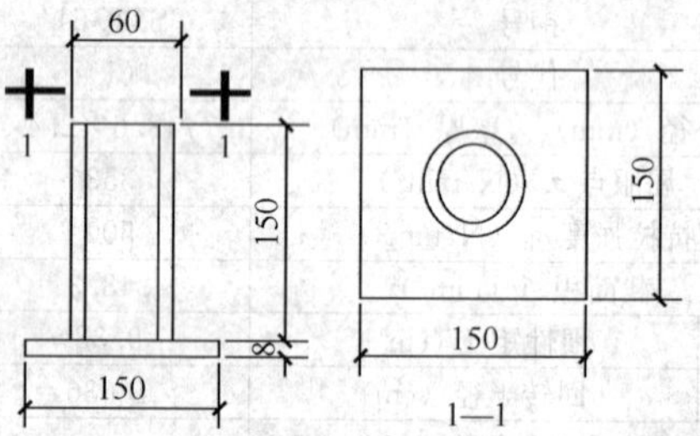

图 11-15 焊接底座

（2）扣件和底座的技术要求

1）扣件式钢管脚手架应采用可锻铸铁制作的扣件，其材质应符合现行国家标准《钢管脚手架扣件》（GB 15831）的规定；采用其他材料制作的扣件，应经试验证明其质量符合该标准的规定后方可使用。

2）扣件应经过 60N·m 扭力矩试压，扣件各部位不应有裂纹，在螺栓拧紧扭力矩达 65N·m 时，不得发生破坏。

3）扣件用脚手架钢管应采用 GB/T 3091 中公称外径为 48.3mm 的普通钢管，其他公称外径、壁厚的允许偏差及力学性能应符合 GB/T 3091 的规定。

4）扣件用 T 形螺栓、螺母、垫圈、铆钉采用的材料应符合 GB/T 700 的有关规定。螺栓与螺母连接的螺纹均应符合 GB/T196 的规定，垫圈的厚度应符合 GB/T 95 的规定，铆钉应符合 GB/T867 的规定。T 形螺栓 M12，其总长应为（72±0.5）mm，螺母对边宽应为（22±0.5）mm，厚度应为（14±0.5）mm；铆钉直径应为（8±0.5）mm，铆接头应大于铆孔直径 1mm；旋转扣件中心铆钉直径应为（14±0.5）mm。

5）外观和附件质量要求：

① 扣件各部位不应有裂纹。

② 盖板与底座的张开距离不小于 50mm；当钢管公称外径为 51mm 时，不得小于 55mm。

③ 扣件表面大于 $10mm^2$ 的砂眼不应超过 3 处，且累计面积不应大于 $50mm^2$。

④ 扣件表面粘砂累计不应大于 $150mm^2$。

⑤ 错缝不应大于 1mm。

⑥ 扣件表面凹（或凸）的高（或深）值不应大于 1mm。

⑦ 扣件与钢管接触部位不应有氧化皮，其他部位氧化皮面积累计不应大于 $150mm^2$。

⑧ 铆接处应牢固，不应有裂纹。

⑨ T 形螺栓和螺母应符合 GB/T 3098.1、GB/T 3098.2 的规定。

⑩ 活动部位应灵活转动，旋转扣件两旋转面间隙应小于 1mm。

⑪ 产品的型号、商标、生产年号应在醒目处铸出，字迹、图案应清晰完整。

⑫ 扣件表面应进行防锈处理（不应采用沥青漆），油漆应均匀美观，不应有堆漆或露铁。

3. 脚手板

1）脚手板可采用钢、木、竹材料制作，每块质量不宜大于 30kg。

2）冲压钢脚手板的材质应符合现行国家标准《碳素结构钢》（GB/T 700）中 Q235-A 级钢的规定，并应有防滑措施。新、旧脚手板均应涂防锈漆。

3）木脚手板应采用杉木或松木制作，其材质应符合现行国家标准《木结构设计规范》（GBJ 5）中Ⅱ级材质的规定。木脚手板的宽度不宜小于 200mm，脚手板厚度不应小于 50mm，两端应各设直径为 4mm 的镀锌钢丝箍两道，腐朽的脚手板不得使用。

4）竹脚手板宜采用由毛竹或楠竹制作的竹串片板、竹笆板。

4. 连接杆

又称固定件、附墙杆、连接点、拉结点、拉撑点、附墙点、连墙杆等。连接一般有软连接与硬连接之分。软连接是用 8 号或 10 号镀锌铁丝将脚手架与建筑物结构连接起来，软连接的脚手架在受荷载后有一定程度的晃动，其可靠性较硬连接差，故规定 24m 以上采用硬拉结，24m 以下宜采用软硬结合拉结。硬连接是用钢管、杆件等将脚手架与建筑物结构连接起来，安全可靠，已为全国各地所采用。硬连接的示意如图 11-16。

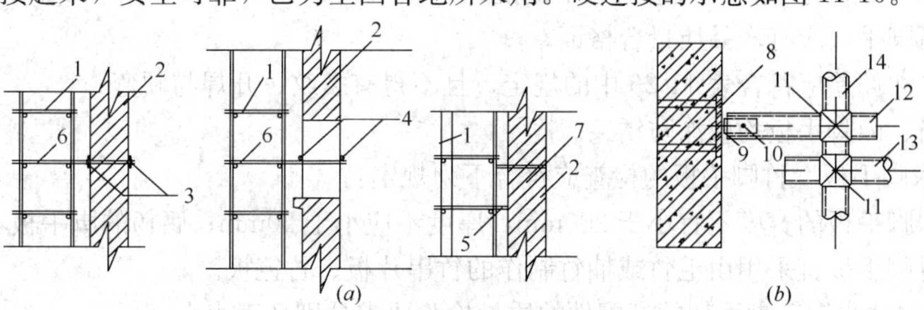

图 11-16 连接杆剖面示意

(a) 用扣件钢管做的硬连接；(b) 预埋件式硬连接

1—脚手架；2—墙体；3—两只扣件；4—两根短管用扣件连接；5—此小横杆顶墙；6—此小横杆进墙；7—连接用镀锌钢丝，埋入墙内；8—埋件；9—连接角铁；10—螺栓；11—直角扣件；12—连接用短钢管；13—小横杆；14—立柱

5. 杆配件、脚手板的质量检验要求和允许偏差

(1) 钢管质量检验要求

1）新钢管的检查应符合下列规定。

① 应有产品质量合格证。

② 应有质量检验报告，钢管材质检验方法应符合现行国家标准《金属拉伸试验方法》(GB/T 228) 的有关规定。

③ 钢管表面应平直光滑，不应有裂缝、结疤、分层、错位、硬弯、毛刺、压痕和深的划道。

④ 钢管外径、壁厚、端面等的偏差，应分别符合表 11-26 的规定。

⑤ 钢管必须进行防锈处理。

2）旧钢管的检查应符合下列规定：

① 表面锈蚀深度应符合表 11-26 中的规定。锈蚀检查应每年一次。检查时，应在锈蚀严重的钢管中抽取 3 根，在每根锈蚀严重的部位横向截断取样检查，当锈蚀深度超过规定值时不得使用。

② 钢管弯曲变形应符合表 11-26 中的规定。

(2) 扣件的验收应符合下列规定：

1）新扣件应有生产许可证、法定检测单位的测试报告和产品质量合格证。当对扣件质量有怀疑时，应按现行国家标准《钢管脚手架扣件》(GB 15831) 的规定抽样检测。

2）扣件进入施工现场应检查产品合格证，并应进行抽样复试，技术性能应符合现行国家标准《钢管脚手架扣件》(GB 15831) 的规定。扣件在使用前应逐个挑选，有裂缝、变形、螺栓出现滑丝的严禁使用。

3）扣件活动部位应能灵活转动，旋转扣件的两旋转面间隙应小于 1mm。

4）当扣件夹紧钢管时，开口处的最小距离应不小于 5mm。

5）扣件表面应进行防锈处理。

6）新、旧扣件均应进行防锈处理。

(3) 脚手板的检查应符合下列规定：

1）冲压钢脚手板的检查应符合下列规定：

① 新脚手板应有产品质量合格证。

② 尺寸偏差应符合表 11-26 中的规定，且不得有裂纹、开焊与硬弯；

③ 新、旧脚手板均应涂防锈漆。

2）木脚手板、竹脚手板的检查应符合下列规定：

① 木脚手板的宽度不宜小于 200mm，厚度不应小于 50mm；腐朽的脚手板不得使用。

② 竹脚手板宜采用由毛竹或楠竹制作的竹串片板、竹笆板。

(4) 扣件式钢管脚手架的杆配件的质量检验要求分别列于表 11-26。

构配件的允许偏差　　　　**表 11-26**

序号	项目		允许偏差 Δ (mm)	示意图	检查工具
1	焊接钢管尺寸 (mm)	外径 48.3 壁厚 3.6	±0.5 ±0.36		游标卡尺

续表

序号	项　目		允许偏差Δ (mm)	示　意　图	检查工具
2	钢管两端面切斜偏差		1.70	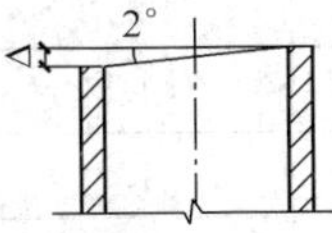	塞尺、拐角尺
3	钢管外表面锈蚀深度		≤0.18	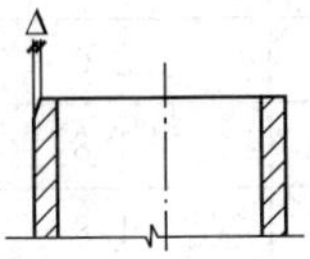	游标卡尺
4	钢管弯曲	①各种杆件钢管的端部弯曲 $l\leqslant1.5$m	≤5	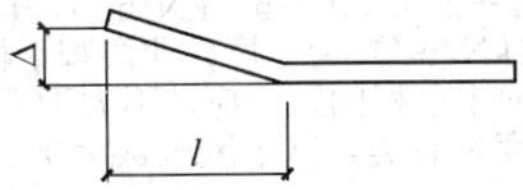	钢板尺
		②立杆钢管弯曲 $3\text{m}<l\leqslant4$m $4\text{m}<l\leqslant6.5$m	≤12 ≤20	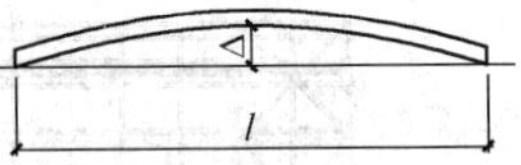	
		③水平杆、斜杆的钢管弯曲 $l\leqslant6.5$m	≤30	—	
5	冲压钢脚手板	①板面挠曲 $l\leqslant4$m $l>4$m	≤12 ≤16	—	钢板尺
		②板面扭曲（任一角翘起）	≤5	—	

11.5.1.2 扣件式钢管脚手架的形式、特点和构造要求

扣件式钢管脚手架可用于搭设单排脚手架、双排脚手架、满堂脚手架、支撑架以及其他用途的架子。以下分别介绍其构架的形式、特点和构造要求。

1. 单、双排外脚手架

(1) 常用密目式安全网全封闭双排脚手架结构的设计尺寸见表11-27。

常用密目式安全立网全封闭式双排脚手架的设计尺寸（m）　　表11-27

连墙件设置	立杆横距 l_b	步距 h	下列荷载时的立杆间距 l_a（m）				脚手架允许搭设高度（H）
			2+0.35 (kN/m²)	2+2+2×0.35 (kN/m²)	3+0.35 (kN/m²)	3+2+2×0.35 (kN/m²)	
二步三跨	1.05	1.50	2.0	1.5	1.5	1.5	50
		1.80	1.8	1.5	1.5	1.5	32

续表

连墙件设置	立杆横距 l_b	步距 h	下列荷载时的立杆间距 l_a（m）				脚手架允许搭设高度（H）
			2＋0.35（kN/m²）	2＋2＋2×0.35（kN/m²）	3＋0.35（kN/m²）	3＋2＋2×0.35（kN/m²）	
二步三跨	1.30	1.50	1.8	1.5	1.5	1.5	50
		1.80	1.8	1.2	1.5	1.2	30
	1.55	1.50	1.8	1.5	1.5	1.5	38
		1.80	1.8	1.2	1.5	1.2	22
三步三跨	1.05	1.50	2.0	1.5	1.5	1.5	43
		1.80	1.8	1.2	1.5	1.2	24
	1.30	1.50	1.8	1.5	1.5	1.5	30
		1.80	1.8	1.2	1.5	1.2	17

注：1. 表中所示 2＋2＋2×0.35（kN/m²），包括下列荷载：2＋2（kN/m²）是二层装修作业层施工荷载标准值；2×0.35（kN/m²）为二层作业层脚手板自重荷载标准值；
2. 作业层横向水平杆间距，应按不大于 $l_a/2$ 设置；
3. 地面粗糙度为B类，基本风压 ω_0＝0.4 kN/m²。

（2）双排脚手架的构造情况示于图 11-17 中。

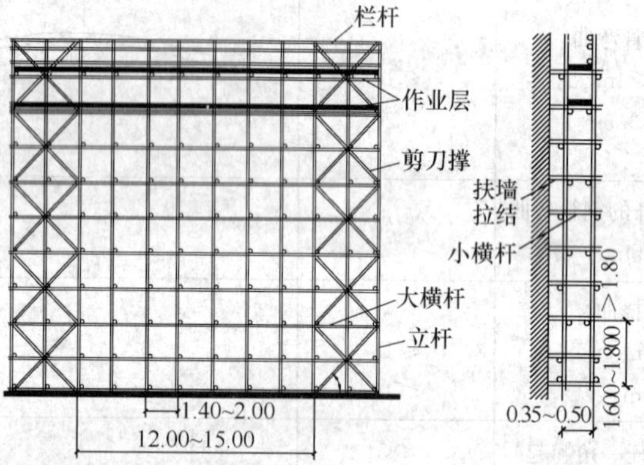

图 11-17　扣件式钢管外脚手架（单位：m）

（3）常用密目式安全立网全封闭式单排脚手架的设计尺寸见表 11-28。

常用密目式安全立网全封闭式单排脚手架的设计尺寸（m）　　**表 11-28**

连墙件设置	立杆横距 l_b	步距 h	下列荷载时的立杆纵距 l_a（m）		脚手架允许搭设高度（H）
			2＋0.35（kN/m²）	3＋0.35（kN/m²）	
二步三跨	1.20	1.5	2.0	1.8	24
		1.80	1.5	1.2	24
	1.40	1.5	1.8	1.5	24
		1.80	1.5	1.2	24
三步三跨	1.20	1.5	2.0	1.8	24
		1.80	1.2	1.2	24
	1.40	1.5	1.8	1.5	24
		1.80	1.2	1.2	24

注：同表 11-27。

(4) 立杆。双排脚手架的搭设限高为 50m，当需要搭设 50m 以上的脚手架时，应采取调整立杆间距或分段卸载等措施，并应通过计算复核，脚手架从上而下 24m 允许单立杆，24m 以下为双立杆。相邻立杆的接头位置应错开布置在不同的步距内，与相近大横杆的距离不宜大于步距的三分之一（图 11-18）。立杆与大横杆必须用直角扣件扣紧（大横杆对立杆起约束作用，对确保立杆承载能力的作用很大），不得隔步设置或遗漏。当采用双立杆时，必须都用扣件与同一根大横杆扣紧，不得只扣紧 1 根，以避免其计算长度成倍增加。立杆采用上单下双的高层脚手架，单双立杆的连接构造方式有两种，如图 11-19 所示。

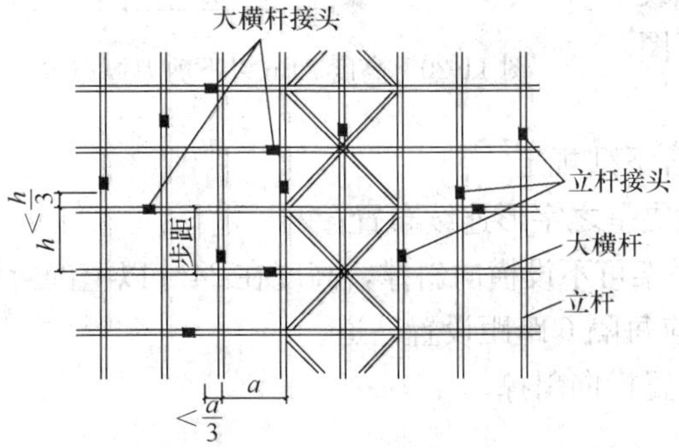

图 11-18　立杆、大横杆的接头位置

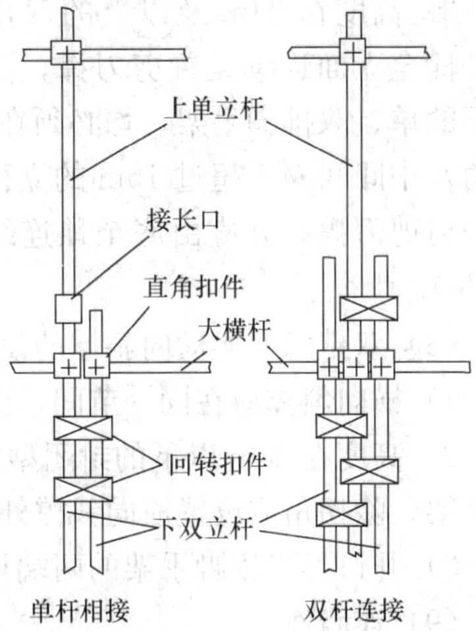

图 11-19　单立杆和双立杆的连接方式

1) 单立杆与双立杆之中的一根对接。

2) 单立杆同时与两根双立杆用不少于 3 道旋转扣件搭接，其底部支于小横杆上，在立杆与大横杆的连接扣件之下加设两道扣件（扣在立杆上），且三道扣件紧接，以加强对大横杆的支持力。

3) 立杆的垂直偏差应不大于架高的 1/300，并同时控制其绝对偏差值：当架高≤20m 时，为不大于 50mm；20m＜架高≤50m 时，为不大于 75mm；＞50m 时应不大于 100mm。

(5) 大横杆。大横杆步距为 1.5～1.8m。上下横杆的接长位置应错开布置在不同的立杆纵距中，与相近立杆的距离不大于纵距的三分之一（图 11-18）。同一排大横杆的水平偏差不大于该片脚手架总长度的 1/250，且不大于 50mm。相邻步架的大横杆应错开布置在立杆的里侧和外侧，以减少立杆偏心受力情况。

(6) 小横杆贴近立杆布置（对于双立杆，则设于双立杆之间），搭于大横杆之上并用直角扣件扣紧。在相邻立杆之间根据需要加设 1 根或 2 根。在任何情况下，均不得拆除作为基本构架结构杆件的小横杆。

(7) 单、双排脚手架剪刀撑的设置应符合下列规定：

1) 每道剪刀撑跨越立杆的根数应按表 11-29 的规定确定。每道剪刀撑宽度不应小于 4 跨，且不应小于 6m，斜杆与地面的倾角应在 45°～60°之间。

剪刀撑跨越立杆的最多根数　　**表 11-29**

剪刀撑斜杆与地面的倾角 α	45°	50°	60°
剪刀撑跨越立杆的最多根数 n	7	6	5

2）剪刀撑斜杆的接长应采用搭接或对接，剪刀撑斜杆应用旋转扣件固定在与之相交的横向水平杆的伸出端或立杆上，旋转扣件中心线至主节点的距离不应大于 150mm。

3）高度在 24m 及以上的双排脚手架应在外侧全立面连续设置剪刀撑；高度在 24m 以下的单、双排脚手架，均必须在外侧两端、转角及中间间隔不超过 15m 的立面上，各设置一道剪刀撑，并应由底至顶连续设置（图 11-20）。

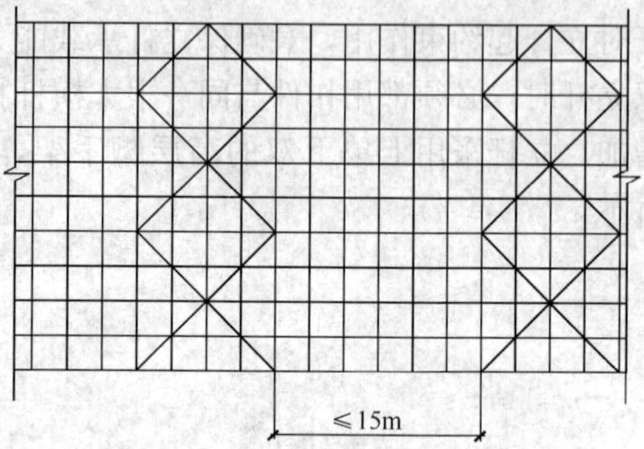

图 11-20　高度 24m 以下剪刀撑布置

(8) 双排脚手架横向斜撑的设置应符合下列规定：

1）横向斜撑应在同一节间，由底至顶层呈之字形连续布置；

2）高度在 24m 以下的封闭型双排脚手架可不设横向斜撑，高度在 24m 以上的封闭型脚手架，除拐角应设置横向斜撑外，中间应每隔 6 跨距设置一道。

3）开口形双排脚手架的两端均必须设置横向斜撑。

(9) 连墙件

1）连墙件布置：脚手架连墙件设置的位置、数量应按专项施工方案确定。连墙件可按二步三跨或三步三跨设置，其间距应不超过表 11-30 的规定，且连墙件一般应设置在框架梁或楼板附近等具有较好抗水平力作用的结构部位。

连墙件最大设置要求表　　**表 11-30**

脚手架高度		竖向间距（h）	水平间距（l_a）	每根连墙件覆盖面积（m²）
双排	≤50m	$3h$	$3l_a$	≤40m
	＞50m	$2h$	$3l_a$	≤27m
单排	≤24m	$3h$	$3l_a$	≤50m

注：h—步距；l_a—纵距。

2）刚性连墙构造的形式

扣件式钢管脚手架的刚性连墙构造的几种常用形式如图 11-21 所示，具体如下：

① 单杆穿墙夹固式：单根小横杆穿过墙体，在墙体两侧用短钢管（长度≥0.6m，立放或平放）塞以垫木（6cm×9cm 或 5cm×10cm 方木）固定。

② 双杆穿墙夹固式：一对上下或左右相邻的小横杆穿过墙体，在墙体的两侧用小横杆塞以垫木固定。

③ 单杆窗口夹固式：单杆小横杆通过门窗洞口，在洞口墙体两侧用适长的钢管（立放或平放）塞以垫木固定。

④ 双杆窗口夹固式：一对上下或左右相邻的小横杆通过门窗洞口，在洞口墙体两侧

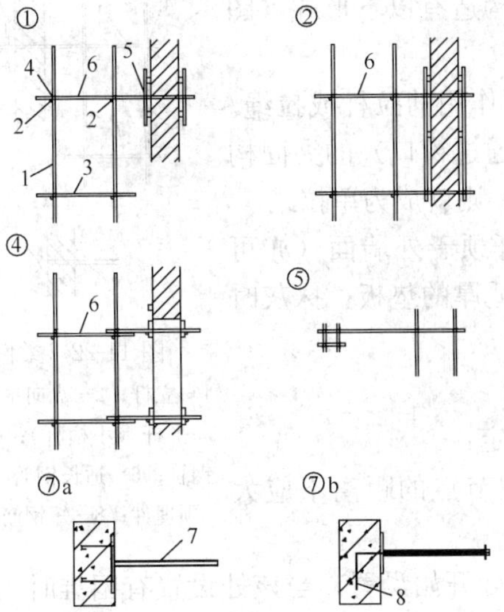

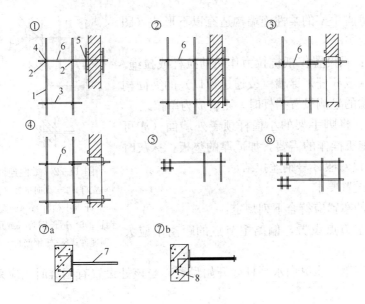

图 11-21 刚性连墙构造形式

1—立杆；2—纵向平杆（大横杆）；3—横向平杆（小横杆）；4—直角扣件；5—短钢管；6—适长钢管（或用小横杆）；7—带短钢管预埋件；8—带长弯头的预埋螺栓

用适长的钢管塞以垫木固定。

⑤ 单杆箍柱式：单杆适长的横向平杆紧贴结构的柱子，用 3 根短横杆将其固定于柱侧。

⑥ 双杆箍柱式：用适长的横向平杆和短钢管各 2 根抱紧柱子固定。

⑦ 埋件连固式：在混凝土墙体（或框架的柱、梁）中埋设连墙件，用扣件与脚手架立杆或纵向水平杆连接固定。预埋的连墙件有以下两种形式。

a. 带短钢管埋件：在普通埋件的钢板上焊以适长的短钢管，钢管长度以能与立杆或大横杆可靠联结为度。拆除时需用气割从钢管焊接处割开。

b. 预埋螺栓和套管：将一端带适长弯头的 M12～M16 螺栓垂直埋入混凝土墙体结构中，套入底端带中心孔支承板的套管，在另一端加垫板并以螺母拧紧固定。

⑧ 绑挂连固式：即采用绑或挂的方式固定螺栓套管连墙件：

a. 绑式：采用适长的双股 8 号钢丝，一端套入短钢筋横杆后埋入墙体（或穿过墙体贴靠在墙体里表面上），伸出外墙面足够长度，穿入套管（套管的里端焊有带中心孔的支承板，外端带有可卡置短钢筋的半圆形槽口）后，加 $\phi16$ 短钢筋绑扎固定。

b. 挂式：在墙体中埋入用 $\phi6$ 圆钢制作的挂环件（或另一端弯起、钩于里墙面上），伸出外墙面形成适合的挂环，将 M12～M16 螺栓带弯头的一端卡入挂环，穿入带支承板的套管后，另一端加垫板以螺母拧紧固定。这种形式，既可用于混凝土墙体，亦可用于砖砌墙体。

⑨ 插杆绑固式：在使用单排脚手架的墙体中设预埋件，在墙周则设短钢管，塞以垫木用双股 8 号钢丝绑扎固定。亦可使用短钢筋将双股 8 号铁丝一端埋入墙体或贴固于里墙面。

3）柔性连墙构造

扣件式钢管脚手架的柔性连墙构造有以下形式（图11-22）。

① 单拉式：只设置仅抵抗拉力作用的拉杆或拉绳。前述采用单杆（或双杆）穿墙（或通过窗口）的夹固构造，如果只在墙的里侧设置挡杆时，则就成为单拉式。

② 拉顶式：将脚手架的小横杆顶于外墙面（亦可根据外墙装修施工操作的需要，加适厚的垫板，抹灰时可撤去），同时设双股8号钢丝拉结。

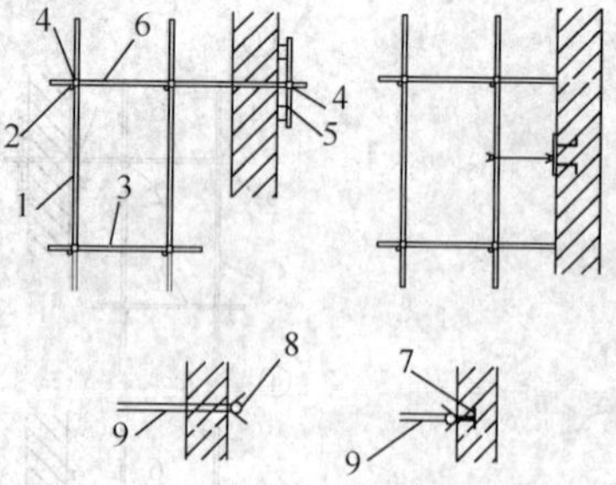

图11-22　柔性连墙构造形式

1—立杆；2—纵向平杆（大横杆）；3—横向平杆（小横杆）；4—直角扣件；5—短钢管；6—适长钢管（或用小横杆）；7—预埋件；8—短钢筋；9—双股8号钢丝

4）连墙件设置要求

① 连墙件的布置应符合下列规定：

a. 宜靠近主节点设置，偏离主节点的距离不应大于300mm。

b. 应从底层第一步纵向水平杆处开始设置，当该处设置有困难时，应采用其他可靠措施固定。

c. 宜优先采用菱形布置，也可采用方形、矩形布置。

d. 开口形脚手架的两端必须设置连墙件，连墙件的垂直间距不应大于建筑物的层高，并不应大于4m（2步）。

② 连墙件必须采用可承受拉力和压力的构造。对高度24m以上的双排脚手架，应采用刚性连墙件与建筑物连接。

③ 采用拉筋必须配用顶撑，顶撑应可靠地顶在混凝土圈梁、柱等结构部位。拉筋应采用两根以上直径4mm的钢丝拧成一股，使用的不应少于2股；亦可采用直径不小于6mm的钢筋。

④ 当脚手架下部暂不能设连墙件时应采取防倾覆措施。当搭设抛撑时，抛撑应采用通长杆件，并用旋转扣件固定在脚手架上，与地面的倾角应在45°～60°之间；连接点中心至主节点的距离不应大于300mm。抛撑应在连墙件搭设后再拆除。

⑤ 架高超过40m且有风涡流作用时，应采取抗上升翻流作用的连墙措施。

5）连墙构造设置的注意事项

① 确保杆件间的连接可靠。扣件必须拧紧；垫木必须夹持稳固，防止脱出。

② 装设连墙件时，应保持立杆的垂直度要求，避免拉固时产生变形。

③ 当连墙件轴向荷载（水平力）的计算值大于6kN时，应增设扣件以加强其抗滑动能力。特别是在遇有强风袭来之前，应检查和加固连墙措施，以保证架子安全。

④ 连墙构造中的连墙杆或拉筋应垂直于墙面设置，并呈水平位置或稍可向脚手架一端倾斜，但不容许向上翘起（图11-23）。

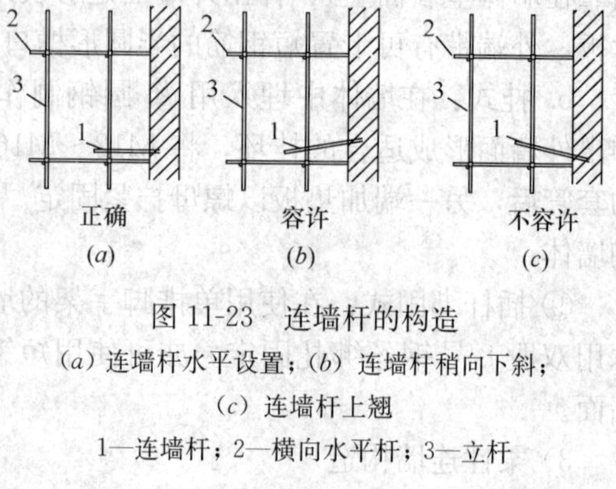

图11-23　连墙杆的构造

（a）连墙杆水平设置；（b）连墙杆稍向下斜；（c）连墙杆上翘

1—连墙杆；2—横向水平杆；3—立杆

(10) 门洞构造

扣件式单、双排钢管脚手架和木脚手架门洞宜采用上升斜杆、平行弦杆桁架结构形式，斜杆与地面的倾角 α 应在 45°～60°之间，如图 11-24 所示。

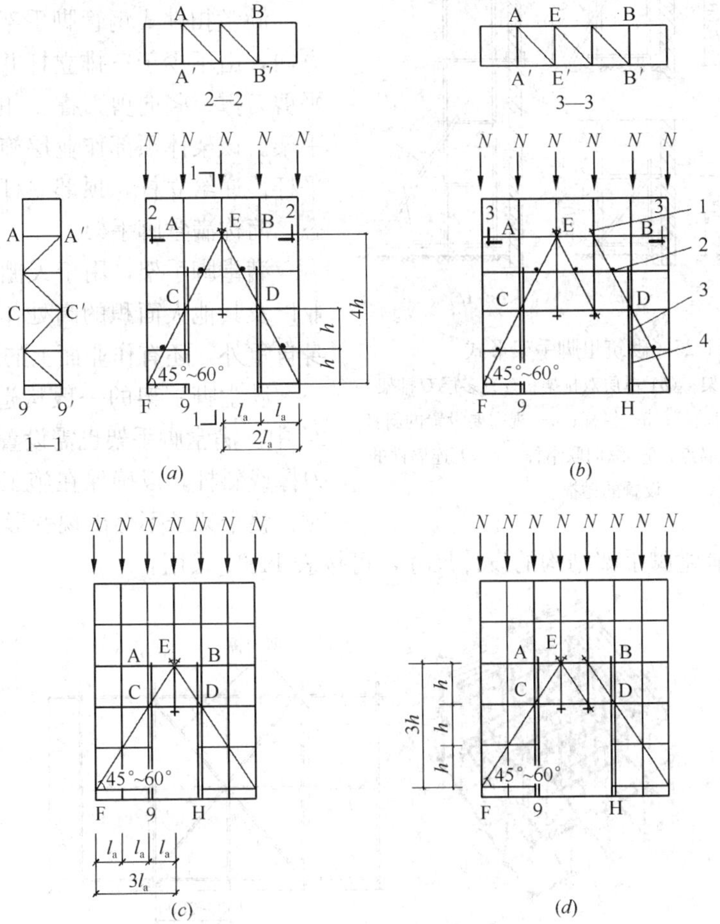

图 11-24 门洞处上升斜杆、平行弦杆桁架

(*a*) 挑空一根立杆 A 型；(*b*) 挑空二根立杆 A 型；(*c*) 挑空一根立杆 B 型；

(*d*) 挑空二根立杆 B 型

1—防滑扣件；2—增设的横向水平杆；3—副立杆；4—主立杆

(11) 护栏和挡脚板

在铺脚手板的操作层上必须设挡脚板和 2 道护栏。上栏杆≥1.2m。挡脚板亦可用加设一道低栏杆（距脚手板面 0.2～0.3m）代替。

(12) 里脚手架

里脚手架为室内作业架。里脚手架依作业要求和场地条件搭设，常为一字形的分段脚手架，可采用双排或单排架。为装修作业架时，铺板宽度不少于 2 块板或 0.6m；为砌筑作业架时，铺板 3～4 块，宽度应不小于 0.9m。当作业层高＞2.0m 时，应按高处作业规定，在架子外侧设栏杆防护；用于高大厂房和厅堂的高度大于等于 4.0m 的里脚手架应参照外脚手架的要求搭设。用于一般层高墙体的砌筑作业架，亦应设置必要的抛撑，以确保架子稳定。单层抹灰脚手架的构架要求虽较砌筑架为低，但必须保证稳定、安全和操作的需要。砌筑用里脚手架的构架形式如图 11-25 所示。

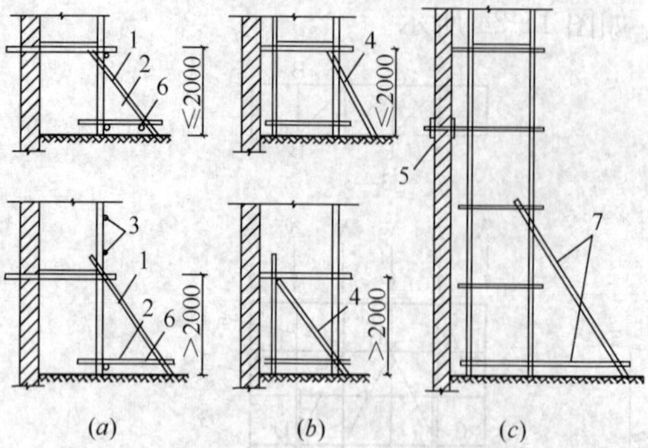

图 11-25　砌筑里脚手架形式

（*a*）单层单排架；（*b*）单层双排架；（*c*）多层双排架
1—抛撑；2—扫地杆；3—栏杆；4—视需要设置的斜杆和抛撑；5—连墙点；6—纵向联结杆；7—无连墙件的设置的抛撑

2. 满堂脚手架

满堂扣件式钢管脚手架：指在纵、横方向，由不少于三排立杆并与水平杆、水平剪刀撑、竖向剪刀撑、扣件等构成的脚手架。该架体顶部作业层施工荷载通过水平杆传递给立杆，顶部立杆呈偏心受压状态，简称满堂脚手架。

满堂脚手架，用于天棚安装和装修作业以及其他大面积的高处作业，荷载除本身自重外，还有作业面上的施工荷载。

满堂脚手架的一般构造形式如图 11-26 中。满堂脚手架也需设置一定数量的剪刀撑或斜杆，以确保在施工荷载偏于一边时，整个架子不会出现变形。

（1）常用满堂脚手架结构的设计尺寸，可按表 11-31 采用。

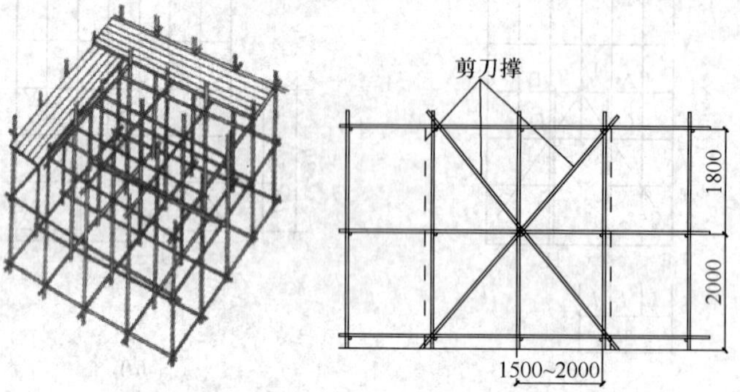

图 11-26　满堂脚手架

常用敞开式满堂脚手架结构的设计尺寸　　表 11-31

序号	步距（m）	立杆间距（m）	支架高宽比不大于	下列施工荷载时最大允许高度（m）	
				2（kN/m^2）	3（kN/m^2）
1	1.7～1.8	1.2×1.2	2	17	9
2		1.0×1.0	2	30	24
3		0.9×0.9	2	36	36
4	1.5	1.3×1.3	2	18	9
5		1.2×1.2	2	23	16
6		1.0×1.0	2	36	31
7		0.9×0.9	2	36	36
8	1.2	1.3×1.3	2	20	13
9		1.2×1.2	2	24	19
10		1.0×1.0	2	36	32
11		0.9×0.9	2	36	36

续表

序号	步距（m）	立杆间距（m）	支架高宽比不大于	下列施工荷载时最大允许高度（m）	
				2（kN/m^2）	3（kN/m^2）
12	0.9	1.0×1.0	2	36	33
13		0.9×0.9	2	36	36

注：1. 最少跨数应符合《建筑施工扣件式钢管脚手架安全技术规范》（JGJ 130—2011）附录C表C-1的规定；
2. 脚手板自重标准值取 $0.35kN/m^2$；
3. 地面粗糙度为B类，基本风压 $W_0=0.35kN/m^2$；
4. 立杆间距不小于1.2m×1.2m，施工荷载标准值不小于 $3kN/m^2$ 时，立杆上应增设防滑扣件，防滑扣件应安装牢固，且顶紧立杆与水平杆连接的扣件。

（2）满堂脚手架搭设高度不宜超过36m；满堂脚手架施工层不得超过1层。

（3）满堂脚手架应在架体外侧四周及内部纵、横向每6m至8m由底至顶设置连续竖向剪刀撑。当架体搭设高度在8m以下时，应在架顶部设置连续水平剪刀撑；当架体搭设高度在8m及以上时，应在架体底部、顶部及竖向间隔不超过8m分别设置连续水平剪刀撑。水平剪刀撑宜在竖向剪刀撑斜杆相交平面设置。剪刀撑宽度应为6～8m。

（4）满堂脚手架的高宽比不宜大于3，当高宽比大于2时，应在架体的外侧四周和内部水平间隔6～9m，竖向间隔4～6m设置连墙件与建筑结构拉结，当无法设置连墙件时，应采取设置钢丝绳张拉固定等措施。

（5）最少跨数为2、3跨的满堂脚手架，宜按本章11.5.1.2-1-（9）的规定设置连墙件。

（6）当满堂脚手架局部承受集中荷载时，应按实际荷载计算并应局部加固。

3. 满堂支撑架

（1）满堂支撑架当步距1.5m时，立杆间距不宜超过1.2m×1.2m，当步距1.8m时，立杆间距不宜超过1.0m×1.0m，立杆伸出顶层水平杆中心线至支撑点的长度 a 不应超过0.5m。满堂支撑架搭设高度不宜超过30m。

（2）满堂支撑架应根据架体的类型设置剪刀撑，并应符合下列规定：

1）普通型剪刀撑：

① 在架体外侧周边及内部纵、横向每5～8m，应由底至顶设置连续竖向剪刀撑，剪刀撑宽度应为5～8m（图11-27）。

② 在竖向剪刀撑顶部交点平面应设置连续水平剪刀撑。当支撑高度超过8m，或施工总荷载大于 $15kN/m^2$，或集中线荷载大于20kN/m的支撑架，扫地杆的设置层应设置水平剪刀撑。水平剪刀撑至架体底平面距离与水平剪刀撑间距不宜超过8m（图11-27）。

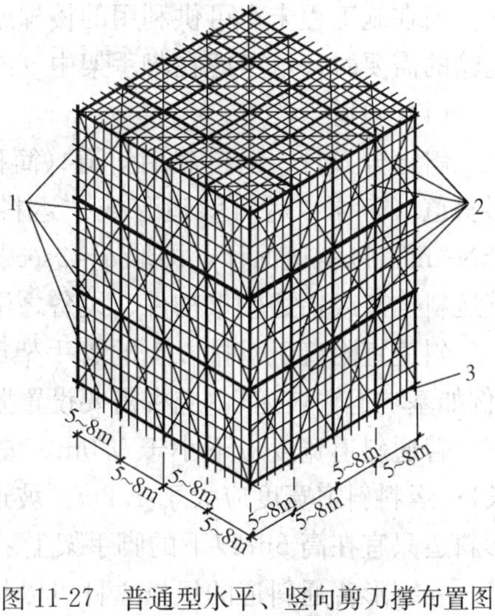

图11-27 普通型水平、竖向剪刀撑布置图
1—水平剪刀撑；2—竖向剪刀撑；
3—扫地杆设置层

2）加强型剪刀撑：

① 当立杆纵、横间距为0.9m×0.9m～1.2m

×1.2m时，在架体外侧周边及内部纵、横向每4跨（且不大于5m），应由底至顶设置连续竖向剪刀撑，剪刀撑宽度应为4跨。

② 当立杆纵、横间距为0.6m×0.6m～0.9m×0.9m（含0.6m×0.6m，0.9m×0.9m）时，在架体外侧周边及内部纵、横向每5跨（且不小于3m），应由底至顶设置连续竖向剪刀撑，剪刀撑宽度应为5跨。

③ 当立杆纵、横间距为0.4m×0.4m～0.6m×0.6m（含0.4m×0.4m）时，在架体外侧周边及内部纵、横向每3～3.2m应由底至顶设置连续竖向剪刀撑，剪刀撑宽度应为3～3.2m。

④ 在竖向剪刀撑顶部交点平面应设置水平剪刀撑，扫地杆的设置层水平剪刀撑的设置应符合前述"1）普通型剪刀撑"的第②条的规定，水平剪刀撑至架体底平面距离与水平剪刀撑间距不宜超过6m，剪刀撑宽度应为3～5m（图11-28）。

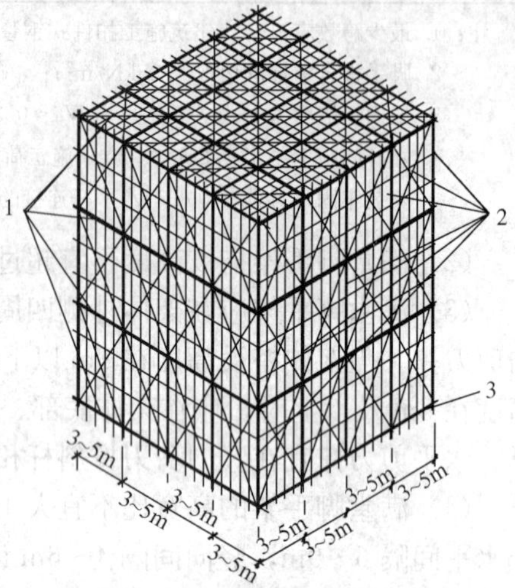

图11-28　加强型水平、竖向剪刀撑构造布置图

1—水平剪刀撑；2—竖向剪刀撑；3—扫地杆设置层

（3）满堂支撑架的可调底座、可调托撑螺杆伸出长度不宜超过300mm，插入立杆内的长度不得小于150mm。

（4）满堂支撑架高宽比不应大于3，当满堂支撑架高宽比大于2时，满堂支撑架应在支架的四周和中部与结构柱进行刚性连接，连墙件水平间距应为6～9m，竖向间距应为2～3m。在无结构柱部位应采取预埋钢管等措施与建筑结构进行刚性连接，在有空间部位，满堂支撑架宜超出顶部加载区投影范围向外延伸布置2～3跨。

4. 斜道和人梯

当在施工程未有可供利用的楼梯或楼梯与垂直运输设施不能满足施工人员上下和材料运输的需要时，可考虑在脚手架中（或外附）设置斜道和人梯（踏步梯）。

（1）斜道

斜道分人行、运料兼用斜道（简称"斜道"、"坡道"）和专用运料斜道（简称"运料斜道"或"运料坡道"）。前者的设计荷载可取$3kN/m^2$（以斜道面计，即取$q=3\sec\theta$，图11-29），后者多作为拖拉重载运料推车或抬运较重构件、设备之用，荷载应按实际取用。

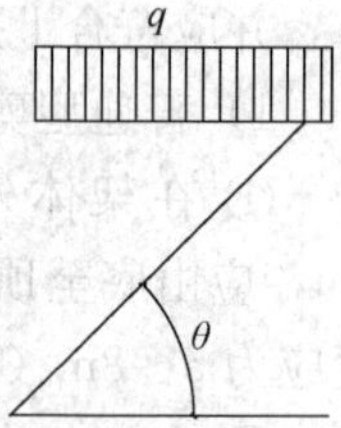

图11-29　斜道计算简图

斜道宜附着于双排以上的脚手架或建筑物设置。单独设置的斜道（例如基坑运输坡道），应视需要设置抛撑或拉杆、缆绳固定。

普通斜道宽度应不小于1.0m，坡度宜采用1∶（2.5～3.5）（高长）；运料斜道宽度应大于1.2m，坡道宜采用1∶5～1∶6。附着于脚手架的斜道，一字形斜道只宜在高6m以下的脚手架上采用，高6m以上的脚手架宜采用之字形斜道。

一字形普通斜道的里排立杆可以与脚手架的外排立杆共用，之字形普通斜道和运料斜道因架板自重和施工荷载较大，其构架应单独设计和验算，以确保使用安全。

斜道的一般构造形式示于图11-30中。运料斜道立杆间距不宜大于1.5m，且需设置足够的剪刀撑或斜杆，确保构架稳定、承载可靠。此外，尚有以下注意事项：

1）之字形斜道部位必须自下至上设置连墙件，连墙件应设置在斜道转向节点处或斜道的中部竖线上，连墙点竖向间距取不大于楼层高度。

2）斜道两侧和休息平台外围均按规定设置挡脚板和栏杆。

3）脚手板的支承跨度，普通斜道为0.75～1.0m；运料斜道为0.5～0.75m。

4）脚手板顺铺时，接头采用搭接时，板下端与脚手架横杆绑扎固定，以下脚手板的顶板头压上脚手板的底板头，起始脚手板的底端应可靠顶固，以避免下滑。板头棱台用三角木填顺；接头采用平接时，接头部位用双横杆，间距200～300mm。

5）斜道面上应每隔250～300mm设置防滑条一道。

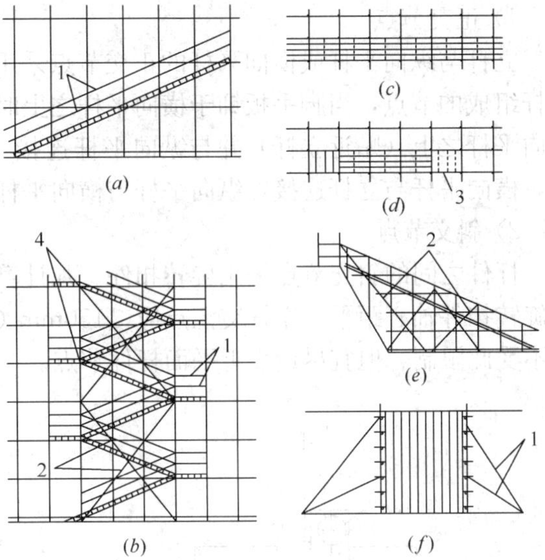

图11-30 斜道的构造形式
(a) 附脚手架一字形斜道立面；(b) 附脚手架之字形斜道立面；(c) 附脚手架一字形斜道平面；(d) 附脚手架之字形斜道平面；(e) 基坑运料斜道立面；(f) 基坑运料斜道侧面
1—栏杆；2—剪刀撑；3—休息平台；4—连墙件

（2）人梯

采用斜道供操作人员上下，固然安全可靠，但工料用量较多，因此，在一般中小建筑物上大多不用斜道而用人梯。根据建筑物和所用脚手架的情况，分别采用不同类型的梯子。

1）高梯

高度不大的架子（10m以内）可用高梯上下。梯子要坚实，不得有缺层，梯阶高度不大于40cm，梯子架设的坡度以60°为宜，底端应支设稳固，上端用绳绑在架子上。两梯连接使用时，连接处要绑扎牢固，必要时可设支撑加固。

2）短梯

当脚手架为多立杆式、框式或桥式脚手架时，可在脚手架或支承架上设置短爬梯；在单层工业厂房上采用吊脚手架或挂脚手架时，也可以专门搭设一孔上人井架设置短爬梯。爬梯上端用挂钩挂在脚手架的横杆上，底部支在脚手架上，并保持60°～80°的倾角。

爬梯一般长2.5～2.8m，宽40cm，阶距30cm。可用$\phi 25 \times 2.5$钢管作梯帮，$\phi 14$钢筋作梯步焊接而成，并在上端焊$\phi 16$挂钩。

（3）踏步梯

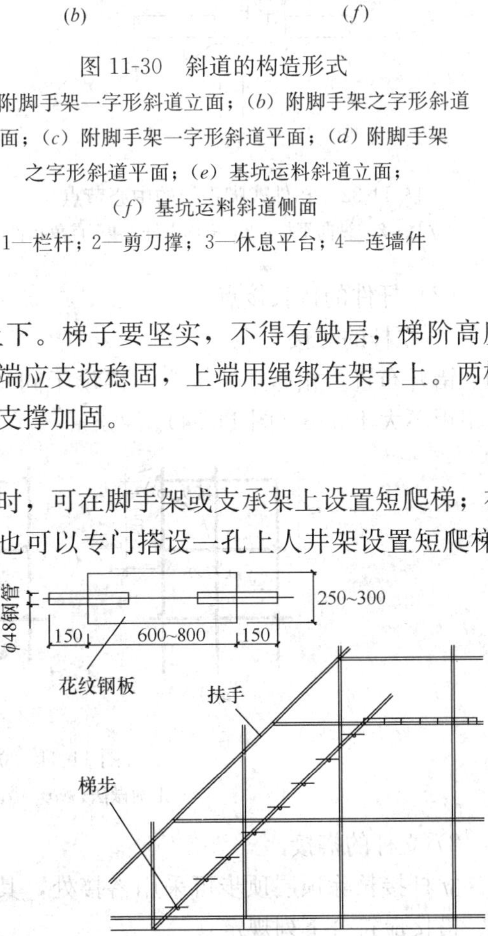

图11-31 扣结式踏步梯

如图11-31所示，用短钢管和花纹钢板焊成踏步板，用扣件将其扣结到斜放的钢管上，构成踏步梯，梯宽700～800mm。供施工人员上下，相当方便。

5. 节点构造

(1) 交汇杆件节点

1) 正交节点

立杆与纵向平杆或横向平杆的正交节点采用直角扣件。对于由立杆、纵向平杆和横向平杆组成的节点，当脚手板铺于横向平杆之上时，立杆应与纵向平杆连接，横向平杆置于纵向平杆之上（贴近立杆）并与纵向平杆连接（图 11-32）；当脚手板铺于纵向平杆之上时，横向平杆与立杆连接，纵向平杆与横向平杆连接；无铺板要求时，可视情况确定。

2) 斜交节点

杆件之间的斜交节点采用旋转扣件。凡计算简图中由平杆、立杆和斜杆交汇的节点，其旋转扣件轴心距平、立杆交汇点应≤150mm（图 11-33）。无三杆交汇要求的斜交节点，可不受此限制，但宜尽量靠近平面杆件节点。

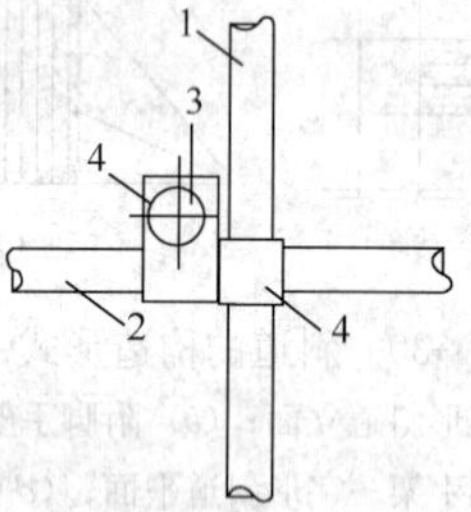

图 11-32　扣件式脚手架的中心节点

1—立柱；2—纵向平杆；3—横向平杆；4—直角扣件

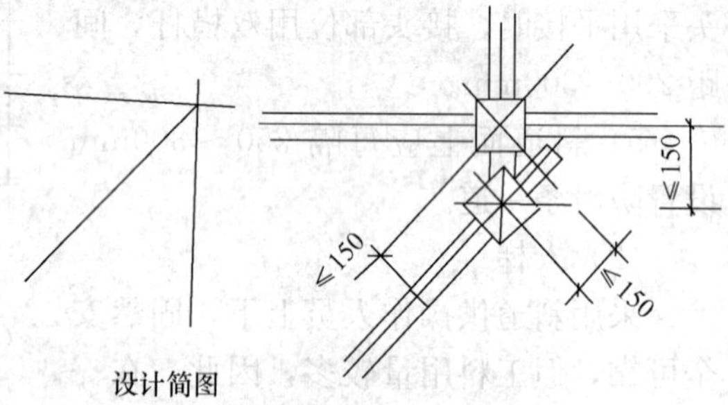

图 11-33　斜交节点

(2) 杆件的接长接点

1) 立杆的对接

错开布置，相邻立杆接头不得设于同步内，错开距离≥500mm，立杆接头与中心节点相距不大于 $h/3$（图 11-34）。

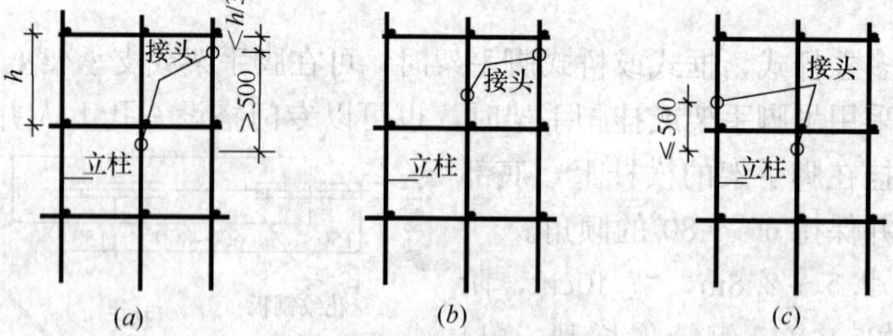

图 11-34　立柱接头的作用

(a) 正确做法；(b) 错误做法一；(c) 错误做法二

2) 立杆的搭接

立杆接长除顶层顶步可采用搭接处，其余各层各步接头必须采用对接扣件连接。对接、搭接应符合下列规定：

① 立杆上的对接扣件应交错布置：两根相邻立杆的接头不应设置在同步内，同步内隔一根立杆的两个相隔接头在高度方向错开的距离不宜小于500mm；各接头中心至主节点的距离不宜大于步距的1/3。

② 搭接长度不应小于1m，应采用不少于2个旋转扣件固定，端部扣件盖板的边缘至杆端距离不应小于100mm。

3）单、双立柱连接

高层建筑脚手架下部采用双立杆，上部为单立杆的连接形式有两种：①并杆，主辅杆间用旋转扣件连接，底部需采用双杆底座加工件，如图11-35所示；②不并杆，主箱杆中心距为150～300mm，在搭接部位增设纵向平杆连接加强（图11-36）。

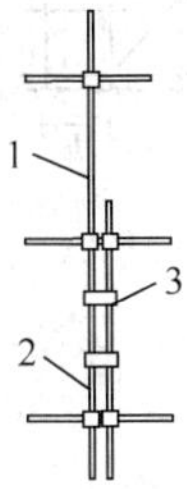

图11-35 并杆的单、双立柱连接

1—主立柱；2—辅立柱；3—旋转扣件

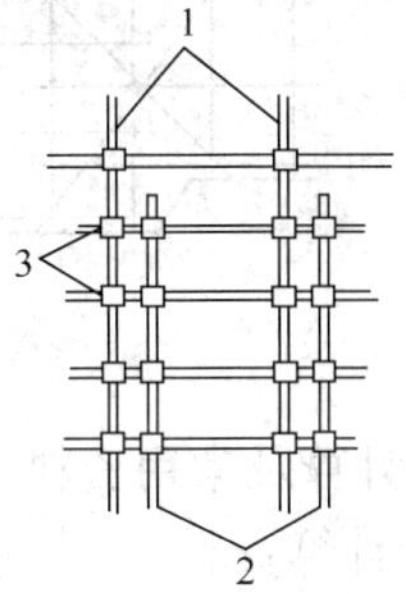

图11-36 不并杆的单、双立柱连接

1—主立柱；2—辅立柱；3—直角扣件

4）平杆的接长

平杆（主要是纵向平杆）的接长一般应采用对接，对接接头应错开，上下邻杆接头不得设在同跨内，相距≥500mm，且应避开跨中（图11-37）。

（3）不等高构架连接

1）基地不等高情况下的构架方式

当脚手架的基地有坡面、错台、坑沟等不等高情况时，其构架应注意以下三点：①立杆底端必须落在可靠的基地（或结构物）上，若遇土坡，则应离开坡上沿≥500mm，以确保立杆基底稳定（图11-38）；无可靠基地部位可采用前述洞口构造、悬空一二根立柱的作法；②在不等高基地区段，相接上扫地杆应至少向下扫地杆方向延伸1跨固定；③严格控制首步架步距≤2000mm，否则应增设纵向平杆及相应的横向平杆，以确保立杆承载稳定和操作要求。

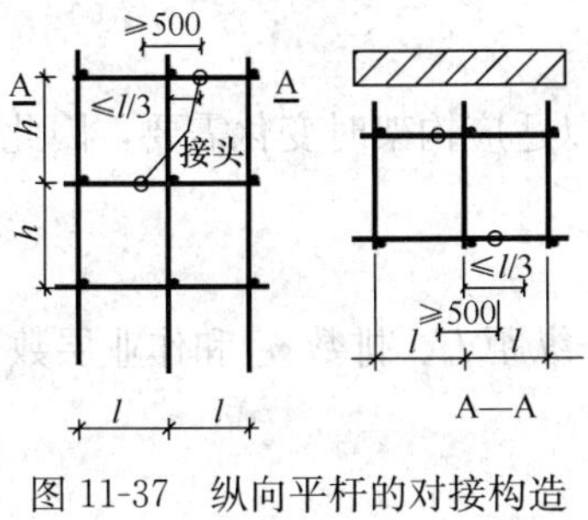

图11-37 纵向平杆的对接构造

1—纵向平杆；2—立杆

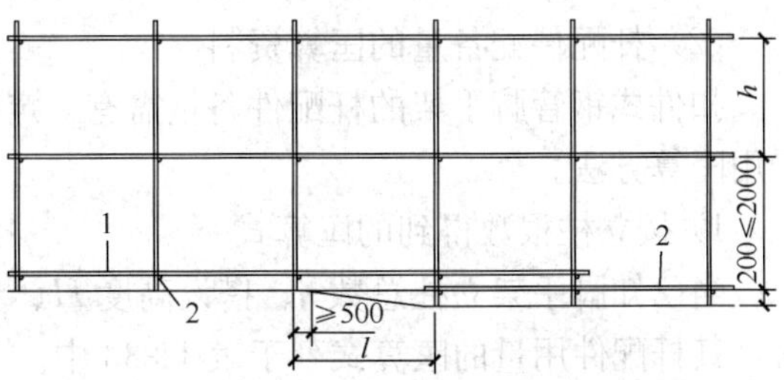

图11-38 纵横向扫地杆构造

1—纵向扫地杆；2—横向扫地杆

2）不等步构架连接

由于工程结构和施工要求，必须搭设不同步脚手架时，其交接部位应采取以下措施：

①平杆向前延伸一跨。

②视需要在交接部增加或加强剪刀撑设置。

③增设梯杆，方便不等高作业层间通行联系（图 11-39）。

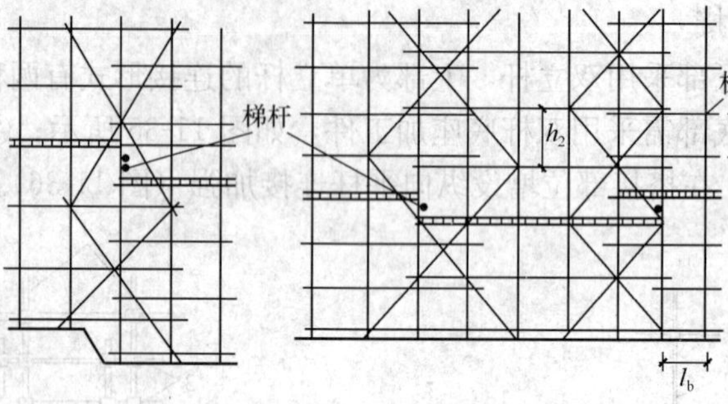

图 11-39　不等步构架连接

11.5.1.3　设计计算及常用资料

1. 常用设计计算资料

（1）常用构架尺寸

常用敞开式（仅有作业层栏杆防护、无封闭围护）单排、双排扣件式钢管脚手架的常用构架尺寸列于表 11-32 中。当所采用脚手架的构架尺寸和实用荷载不大于该表的规定值，且工程处于基本风压小于 0.35kN/m² 的地区时，可不必计算，其他情况下，可作为初选尺寸，经验算后予以确认或调整。

扣件式脚手架常用几何尺寸（m）　　**表 11-32**

脚手架类型	排距（宽度）	步距 h	柱距 l	连墙件间距	
				H_1	H_2
单排架	1.20	1.20	1.20	3.0～6.0	4.0～7.0
	1.45**	1.35	1.50		
双排架	0.90～1.05*	1.50	1.80		
	1.30	1.80	2.00		
	1.55**	2.00	—		

注：带*号者多用于高架；**用于砌筑，目前国内采用较少。

（2）杆配件配备量的匡算资料

扣件式钢管脚手架的杆配件备量需有一定的富余量，以适应构架时变化需要，因此可采用匡算方法。

1）按立柱根数得到的匡算式

当已知脚手架立柱总数 n、搭设高度 H、步距 h、立杆纵距 l_a、排数 n_1 和作业层数 n_2 时，其杆配件用量的匡算式列于表 11-33 中。

扣件式钢管脚手架杆配件用量匡算式 **表 11-33**

序次	计算项目	单位	条件	单排脚手架	双排脚手架	满堂脚手架
1	长杆总长度 L	m	A	$L=1.1H\left(n+\frac{l_a}{h}n-\frac{l_a}{h}\right)$	$L=1.1H\left(n+\frac{l_a}{h}n-2\frac{l_a}{h}\right)$	$L=1.2H\left(n+\frac{l_a}{h}n-\frac{l_a}{h}n_1\right)$
			B	$L=(2n-1)H$	$L=(2n-2)H$	$L=(2.2n-n_1)H$
2	小横杆数 N_1	根	C	$N_1=1.1\left(\frac{H}{h}+2\right)n$	$N_1=1.1\left(\frac{H}{2h}+1\right)n$	
			D	$N_1=1.1\left(\frac{H}{h}+3\right)n$	$N_1=1.1\left(\frac{H}{2h}+1.5\right)n$	
3	直角扣件数 N_2	个	C	$N_2=2.2\left(\frac{H}{h}+1\right)n$	$N_2=2.2\left(\frac{H}{h}+1\right)n$	$N_2=2.4n\frac{H}{h}$
			D	$N_2=2.2\left(\frac{H}{h}+1.5\right)n$	$N_2=2.2\left(\frac{H}{h}+1.5\right)n$	
4	对接扣件数 N_3	个		$N_3=\frac{L}{l}$（l：长杆的平均长度）		
5	旋转扣件数 N_4	个		$N_2=0.3\frac{L}{l}$（l：长杆的平均长度）		
6	脚手板面积 S	m^2	C	$S=2.2(n-1)l_a l_b$	$S=1.1(n-2)l_a l_b$	$S=0.55\left(n-n_1+\frac{n}{n_1}+1\right)l_a^2$
			D	$S=3.3(n-1)l_a l_b$	$S=1.6(n-2)l_a l_b$	

注：1. 长杆包括立杆、纵向平杆和剪刀撑（满堂脚手架也包括横向水平杆）；

2. A 为原算式，B 为 $\frac{l_b}{h}=0.8$ 时的简算式，表中 l_a 为立杆纵距，l_b 为立杆横距；

3. C 为二层作业；D 为三层作业（但满堂架为一层作业）；

4. 满堂脚手架为一层作业，且按一半作业层面积计算脚手板。

2）按面积或体积计的杆配件用量参考表

当取 $l_a=1.5$m，$l_b=1.2$m 和 $h=1.8$m 时，每 100m² 单、双排脚手架和每 100m³ 满堂脚手架的杆配件用量列于表 11-34 中。

按面积或体积计的扣件式钢管脚手架杆配件用量参考表 **表 11-34**

类别	作业层数 n_2	长杆（m）	小横杆（根）	直角扣件（个）	对接扣件（个）	旋转扣件（个）	底座（个）	脚手板（m²）
单排脚手架（100m² 用量）	2	137	51	93	28	9	(4)	14
	3		55	97				20
双排脚手架（100m² 用量）	2	273	51	187	55	17	(7)	14
	3		55	194				20
满堂脚手架 100m² 用量	0.5	125	—	81	25	8	(6)	8

注：1. 满堂脚手架按一层作业且铺占一半面积的脚手板；

2. 长杆的平均长度取 5m；

3. 底座数量取决于 H，表中（ ）内数字的依据为：单、双排架 H 取为 20m，满堂架取 10m，所给数字仅供参考。

3）按长杆重量计的杆配件配备量表

当企业拥有长 4～6m 的扣件钢管时，其相应的杆配件的配备量（参考值）列于表 11-35 中。在计算时取加权平均值，单排架、双排架和满堂架的使用比例（权值）分别取 0.1、0.8 和 0.1。该表可作为企业购进和补充杆配件时估算之用。当按重量计而杆件的装备量为 1 时，扣件的装备量大致为 0.26～0.27。

扣件式钢管脚手架杆配件的参考配备量 **表 11-35**

序号	杆配件名称	单位	数量
1	4～6m 长杆	t	100
2	1.8～2.1m 小横杆	根（t）	4770（34～41）
3	直角扣件	个（t）	18178（24）
4	对接扣件	个（t）	5271（9.7）
5	旋转扣件	个（t）	1636（2.4）
6	底座	个（t）	600～750
7	脚手板	块（m^2）	2300（1720）

2. 计算项目、步骤

（1）计算项目

扣件式钢管脚手架的计算项目、要求和不需进行计算的情况（条件）列于表 11-36 中。此外，在确定计算项目时，尚应注意：1）有挑支构造者，需验算挑支构造；2）满堂脚手架和特形脚手架按单肢稳定计算；3）连墙、支撑和悬挑等构造中的专用加工件按照钢结构规范的有关规定进行计算。

扣件式钢管脚手架的计算项目、要求和不需进行计算的情况 **表 11-36**

序号	计算项目	计算要求	不需要进行计算的情况（条件）
1	脚手架（立杆）整体稳定承载力	转化为验算立杆的稳定承载力，验算截面一般取立杆底部	（1）在基本风压小于 0.35kN/m^2 地区、高 50m 以上敞开式脚手架、构造符合要求者，可不计算风载作用；（2）符合表 11-30 或表 11-31 构架规定者，可不进行计算
2	横向平杆，纵向平杆，脚手板	在“跨度界值”之内验算抗弯强度；在“跨度界值”之外验算挠度	在“控制跨度”或“控制荷载”之内（及其相应条件）者，可不计算
3	连墙件、扣件抗滑	按相应公式验算	无
4	地基	按相应公式根据实际荷载进行设计计算	无
5	单肢稳定	按相应公式验算	无局部构造和荷载的不利性变化者不计算

（2）计算步骤

1）根据施工要求，参考表 11-32。初选构架设计参数，确定以下脚手架的计算参数。

2）计算荷载：

① 计算恒荷载标准值 G_k；

② 计算作业层施工荷载标准值 Q_k；

③ 计算风荷载标准值 w_k；

④ 计算横向平杆、纵向平杆、脚手板、连墙件、立杆地基等项的验算荷载，按相应验算要求分别确定。

3）脚手架整体稳定计算：

① 确定材料强度附加分项系数 γ_m'；

② 计算轴心力设计值 N（或 N'）；

③ 计算风荷载弯矩；

④ 确定稳定系数 φ：先计算长细比 λ（$\lambda=\mu h/i$，μ 查表），然后查表得到 φ；

⑤ 验算脚手架的整体稳定。

具体计算公式详见 11.4.4.1。

4）验算其他需要验算的项目；

5）若验算不合格时，应适当调整构架设计参数，重新验算并达到要求。

3. 满堂脚手架计算

（1）立杆的稳定性计算可按式（11-16）或式（11-17）进行计算，由风荷载产生的立杆段弯矩设计值 M_W 可按照式（11-22）计算。

（2）计算立杆段的轴向力设计值 N，可按式（11-19）、式（11-20）计算。施工荷载产生的轴向力标准值总和 ΣN_{Qk}，可按所选取计算部位立杆负荷面积计算。

（3）立杆稳定性计算部位的确定应符合下列规定：

1）当满堂脚手架采用相同的步距、立杆纵距、立杆横距时，应计算底层立杆段；

2）当架体的步距、立杆纵距、立杆横距有变化时，除计算底层立杆段外，还必须对出现最大步距、最大立杆纵距、立杆横距等部位的立杆段进行验算；

3）当架体上有集中荷载作用时，尚应计算集中荷载作用范围内受力最大的立杆段。

（4）满堂脚手架立杆的计算长度应按下式计算：

$$l_0 = k\mu h \tag{11-50}$$

式中 k——满堂脚手架立杆计算长度附加系数，应按表 11-37 采用。

h——步距；

μ——考虑满堂脚手整体稳定因素的单杆计算长度系数，应按表 11-38 采用。

满堂脚手架立杆计算长度附加系数 **表 11-37**

高度 H（m）	$H\leqslant 20$	$20<H\leqslant 30$	$30<H\leqslant 36$
k	1.155	1.191	1.204

注：当验算立杆允许长细比时，取 $k=1$。

满堂脚手架计算长度系数 **表 11-38**

步距（m）	立杆间距（m）			
	1.3×1.3	1.2×1.2	1.0×1.0	0.9×0.9
	高宽比不大于 2	高宽比不大于 2	高宽比不大于 2	高宽比不大于 2
	最少跨数 4	最少跨数 4	最少跨数 4	最少跨数 5
1.8	—	2.176	2.079	2.017
1.5	2.569	2.505	2.377	2.335
1.2	3.011	2.971	2.825	2.758
0.9	—	—	3.571	3.482

注：1. 步距两级之间计算长度系数按线性插入值；

2. 立杆间距两级之间，纵向间距与横向间距不同时，计算长度系数按较大间距对应的计算长度系数取值。立杆间距两级之间值，计算长度系数取两级对应的较大的 μ 值。要求高宽比相同；

3. 高宽比超过表中规定时，按 11.5.1.2-2-（4）执行。

（5）满堂脚手架纵、横水平杆可按式（11-31）～式（11-33）计算。

（6）当满堂脚手架立杆间距不大于1.5m×1.5m，架体四周及中间与建筑物结构进行刚性连接，并且刚性连接点的水平间距不大于4.5m，竖向间距不大于3.6m时，可按式（11-16）～式（11-22）双排脚手架的规定进行计算。

4. 满堂支撑架计算

（1）满堂支撑架顶部施工层荷载应通过可调托撑传递给立杆。

（2）满堂支撑架立杆的稳定性可按式（11-16）或式（11-17）进行计算，由风荷载产生的立杆段弯矩设计值M_W可按照式（11-22）计算。

（3）计算立杆段的轴向力设计值N，应按下列公式计算：

不组合风荷载时：

$$N = 1.2\Sigma N_{Gk} + 1.4\Sigma N_{Qk} \tag{11-51}$$

组合风荷载时：

$$N = 1.2\Sigma N_{Gk} + 0.9 \times 1.4\Sigma N_{Qk} \tag{11-52}$$

式中　ΣN_{Gk}——永久荷载对立杆产生的轴向力标准值总和（kN）。

ΣN_{Qk}——可变荷载对立杆产生的轴向力标准值总和（kN）。

（4）立杆稳定性计算部位的确定应符合下列规定：

1）当满堂支撑架采用相同的步距、立杆纵距、立杆横距时，应计算底层与顶层立杆段；

2）当架体的步距、立杆纵距、立杆横距有变化时，除计算底层立杆段外，还必须对出现最大步距、最大立杆纵距、立杆横距等部位的立杆段进行验算；

3）当架体上有集中荷载作用时，尚应计算集中荷载作用范围内受力最大的立杆段。

（5）满堂支撑架立杆的计算长度应按下式计算，取整体稳定计算结果最不利值：

顶部立杆段：

$$l_0 = k\mu_1(h+2a) \tag{11-53}$$

非顶部立杆段：

$$l_0 = k\mu_2 h \tag{11-54}$$

式中　k——满堂支撑架计算长度附加系数，应按表11-39采用；

h——步距；

a——立杆伸出顶层水平杆中心线至支撑点的长度；应不大于0.5m，当0.2m<a<0.5m时，承载力可按线性插入值；

μ_1、μ_2——考虑满堂支撑架整体稳定因素的单杆计算长度系数，普通型构造可按表11-40、表11-41采用；加强型构造可按表11-42、表11-43采用。

（6）当满堂支撑架小于4跨时，宜设置连墙件将架体与建筑结构刚性连接。当架体未设置连墙件与建筑结构刚性连接，立杆计算长度系数μ按表11-40～表11-43采用时，应符合如下规定：

1）支撑架高度不应超过一个建筑楼层高度，且不应超过5.2m；

2）架体上永久荷载与可变荷载（不含风荷载）总和标准值不大于7.5kN/m^2；

3）架体上永久荷载与可变荷载（不含风荷载）总和的均布线荷载标准值不大于7kN/m。

满堂支撑架计算长度附加系数 k 取值 表 11-39

高度 H（m）	$H \leqslant 8$	$8 < H \leqslant 10$	$10 < H \leqslant 20$	$20 < H \leqslant 30$
k	1.155	1.185	1.217	1.291

注：当验算立杆允许长细比时，取 $k=1$。

满堂支撑架（剪刀撑设置普通型）立杆计算长度系数 μ_1 表 11-40

步距（m）	立杆间距（m）											
	1.2×1.2		1.0×1.0		0.9×0.9		0.75×0.75		0.6×0.6		0.4×0.4	
	高宽比不大于 2		高宽比不大于 2		高宽比不大于 2		高宽比不大于 2		高宽比不大于 2.5		高宽比不大于 2.5	
	最少跨数 4		最少跨数 4		最少跨数 5		最少跨数 5		最少跨数 5		最少跨数 8	
	$a=0.5$（m）	$a=0.2$（m）	$a=0.5$（m）	$a=0.2$（m）	$a=0.5$（m）	$a=0.2$（m）	$a=0.5$（m）	$a=0.2$（m）	$a=0.5$（m）	$a=0.2$（m）	$a=0.5$（m）	$a=0.2$（m）
1.8	—	—	1.165	1.432	1.131	1.388	—	—	—	—	—	—
1.5	1.298	1.649	1.241	1.574	1.215	1.54	—	—	—	—	—	—
1.2	1.403	1.869	1.352	1.799	1.301	1.719	1.257	1.669	—	—	—	—
0.9	—	—	1.532	2.153	1.473	2.066	1.422	2.005	1.599	2.251	—	—
0.6	—	—	—	—	1.699	2.622	1.629	2.526	1.839	2.846	1.839	2.846

注：1. 同表 11-38 注 1、注 2；
2. 立杆间距 0.9×0.6m 计算长度系数，同立杆间距 0.75×0.75m 计算长度系数，高宽比不变，最小宽度 4.2m；
3. 高宽比超过表中规定时，按 11.5.1.2-3-（4）执行。

满堂支撑架（剪刀撑设置普通型）立杆计算长度系数 μ_2 表 11-41

步距（m）	立杆间距（m）					
	1.2×1.2	1.0×1.0	0.9×0.9	0.75×0.75	0.6×0.6	0.4×0.4
	高宽比不大于 2	高宽比不大于 2	高宽比不大于 2	高宽比不大于 2	高宽比不大于 2.5	高宽比不大于 2.5
	最少跨数 4	最少跨数 4	最少跨数 5	最少跨数 5	最少跨数 5	最少跨数 8
1.8	—	1.750	1.697	—	—	—
1.5	2.089	1.993	1.951	—	—	—
1.2	2.492	2.399	2.292	2.225	—	—
0.9	—	3.109	2.985	2.896	3.251	—
0.6	—	—	4.371	4.211	4.744	4.744

注：同表 11-40 注。

满堂支撑架（剪刀撑设置加强型）立杆计算长度系数 μ_1 表 11-42

步距（m）	立杆间距（m）											
	1.2×1.2		1.0×1.0		0.9×0.9		0.75×0.75		0.6×0.6		0.4×0.4	
	高宽比不大于 2		高宽比不大于 2		高宽比不大于 2		高宽比不大于 2		高宽比不大于 2.5		高宽比不大于 2.5	
	最少跨数 4		最少跨数 4		最少跨数 5		最少跨数 5		最少跨数 5		最少跨数 8	
	$a=0.5$（m）	$a=0.2$（m）	$a=0.5$（m）	$a=0.2$（m）	$a=0.5$（m）	$a=0.2$（m）	$a=0.5$（m）	$a=0.2$（m）	$a=0.5$（m）	$a=0.2$（m）	$a=0.5$（m）	$a=0.2$（m）
1.8	1.099	1.355	1.059	1.305	1.031	1.269	—	—	—	—	—	—
1.5	1.174	1.494	1.123	1.427	1.091	1.386	—	—	—	—	—	—
1.2	1.269	1.685	1.233	1.636	1.204	1.596	1.168	1.546	—	—	—	—
0.9	—	—	1.377	1.940	1.352	1.903	1.285	1.806	1.294	1.818	—	—
0.6	—	—	—	—	1.556	2.395	1.477	2.284	1.497	2.3	1.497	2.3

注：同表 11-40 注。

满堂支撑架（剪刀撑设置加强型）立杆计算长度系数 μ_2　　表 11-43

步距（m）	立杆间距（m）					
	1.2×1.2	1.0×1.0	0.9×0.9	0.75×0.75	0.6×0.6	0.4×0.4
	高宽比不大于 2	高宽比不大于 2	高宽比不大于 2	高宽比不大于 2	高宽比不大于 2.5	高宽比不大于 2.5
	最少跨数 4	最少跨数 4	最少跨数 5	最少跨数 5	最少跨数 5	最少跨数 8
1.8	1.656	1.595	1.551	—	—	—
1.5	1.893	1.808	1.755	—	—	—
1.2	2.247	2.181	2.128	2.062	—	—
0.9	—	2.802	2.749	2.608	2.626	—
0.6	—	—	3.991	3.806	3.833	3.833

注：同表 11-40 注。

11.5.1.4　搭设要求

1. 地基处理和底座安装

按一般要求或设计计算结果进行搭设场地的平整、夯实等地基处理，确保立杆有稳固可靠的地基。然后按构架设计的立杆间距 l_a 和 l_b 进行放线定位，铺设垫板（块）和安放立杆底座，并确保位置准确、铺放平稳，不得悬空。使用双立杆时，应相应采用双底座、双管底座或将双立杆焊于 1 根槽钢底座板上（槽口朝上）。

2. 搭设作业

（1）搭设作业程序

放置纵向扫地杆→自角部起依次向两边竖立底（第 1 根）立杆，底端与纵向扫地杆扣接固定后，装设横向扫地杆并与立杆固定（固定立杆底端前，应吊线确保立杆垂直），每边竖起 3～4 根立杆后，随即装设第一步纵向平杆（与立杆扣接固定）和横向平杆（小横杆，靠近立杆并与纵向平杆扣接固定）、校正立杆垂直和平杆水平使其符合要求后，按 40～60N・m 力矩拧紧扣件螺栓，形成构架的起始段→按上述要求依次向前延伸搭设，直至第一步架交圈完成。交圈后，再全面检查一遍构架质量和地基情况，严格确保设计要求和构架质量→设置连墙件（或加抛撑）→按第一步架的作业程序和要求搭设第二步、第三步→随搭设进程及时装设连墙件和剪刀撑→装设作业层间横杆（在构架横向平杆之间加设的、用于缩小铺板支承跨度的横杆），铺设脚手板和装设作业层栏杆、挡脚板或围护、封闭措施。

（2）搭设作业注意事项

1）严禁不同规格钢管及其相应扣件混用。

2）底立杆应按立杆接长要求选择不同长度的钢管交错设置，至少应有两种适合不同长度的钢管作立杆。

3）在设置第一排连墙件前，应约每隔 6 跨设一道抛撑，以确保架子稳定。

4）一定要采取先搭设起始段从后向前延伸的方式，当两组作业时，可分别从相对角开始搭设。

5）连墙件和剪刀撑应及时设置，滞后不得超过 2 步。

6）杆件端部伸出扣件之外的长度不得小于 100mm。

7）在顶排连墙件之上的架高（以纵向平杆计）不得多于3步，否则应每隔6跨加设1道撑拉措施。

8）剪刀撑的斜杆与基本构架结构杆件之间至少有3道连接，其中斜杆的对接或搭接接头部位至少有1道连接。

9）周边脚手架的纵向平杆必须在角部交圈并与立杆连接固定，因此，东西两面和南北两面的作业层（步）有一交汇搭接固定所形成的小错台，铺板时应处理好交接处的构造。当要求周边铺板高度一致时，角部应增设立杆和纵向平杆（至少与3根立杆连接），如图11-40所示。

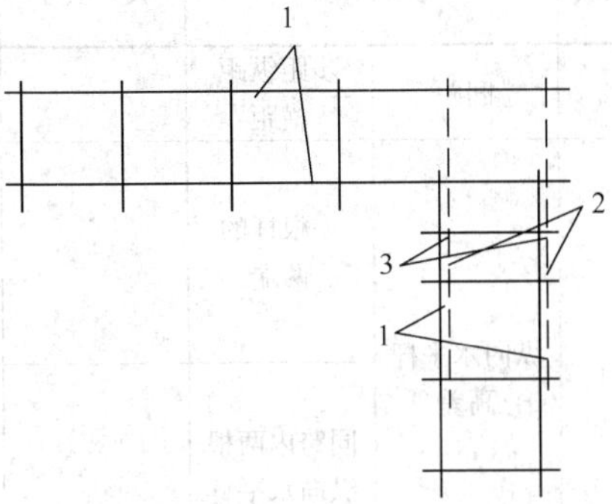

图11-40　平层时角部纵向平杆交圈设置做法

1—平层纵向平杆；2—角部下层纵向平杆；3—增设立杆

10）对接平板脚手板时，对接处的两侧必须设置间横杆。

作业层的栏杆和挡脚板一般应设在立杆的内侧。栏杆接长亦应符合对接或搭接的相应规定。

3. 脚手架搭设质量的检查与验收

（1）搭设的技术要求、允许偏差与检验方法见表11-44。

脚手架搭设技术要求、允许偏差与检验方法　　表11-44

<table>
<tr><th>项次</th><th colspan="2">项　　目</th><th>技术要求</th><th>允许偏差Δ（mm）</th><th colspan="2">示　意　图</th><th>检验方法与工具</th></tr>
<tr><td rowspan="5">1</td><td rowspan="5">地基基础</td><td>表面</td><td>坚实平整</td><td rowspan="3">—</td><td colspan="2" rowspan="5">—</td><td rowspan="5">观察</td></tr>
<tr><td>排水</td><td>不积水</td></tr>
<tr><td>垫板</td><td>不晃动</td></tr>
<tr><td>底座</td><td>不滑动</td><td rowspan="2">−10</td></tr>
<tr><td></td><td>降沉</td></tr>
<tr><td rowspan="6">2</td><td rowspan="6">立杆垂直度</td><td>最后验收
垂直度
20～80m</td><td>—</td><td>±100</td><td colspan="2">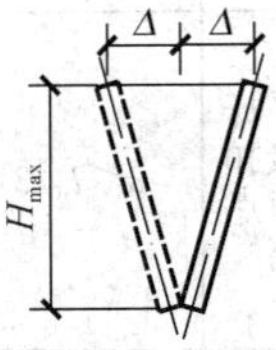</td><td rowspan="6">用经纬仪或
吊线和卷尺</td></tr>
<tr><td colspan="5">下列脚手架允许水平偏差（mm）</td></tr>
<tr><td rowspan="2">搭设中的检
查偏差的
高度（m）</td><td colspan="4">总　高　度</td></tr>
<tr><td colspan="2">50m</td><td>40m</td><td>20m</td></tr>
<tr><td>H=2
H=10
H=20
H=30
H=40
H=50</td><td>±7
±20
±40
±60
±80
±100</td><td></td><td>±7
±25
±50
±75
±100</td><td>±7
±50
±100</td></tr>
<tr><td colspan="5">中间档次用插入法</td></tr>
</table>

续表

项次	项目		技术要求	允许偏差 Δ（mm）	示意图	检验方法与工具
3	间距	步距纵距横距	—	±20±50±20		钢板尺
4	纵向水平杆高差	一根杆的两端	—	±20	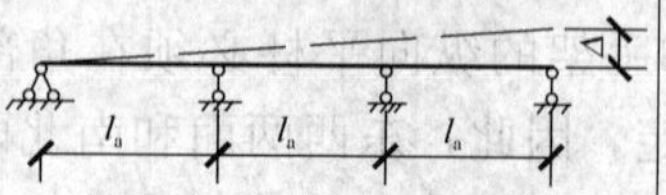	水平仪或水平尺
		同跨内两根纵向水平杆高差	—	±10	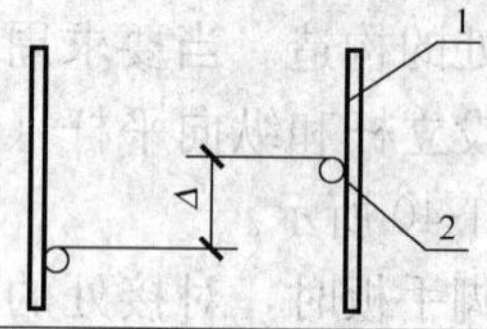	
5	双排脚手架横向水平杆外伸长度偏差	外伸 500mm		−50	—	钢板尺
6	扣件安装	主节点处各扣件中心点相互距离	$a \leqslant 150$mm	—	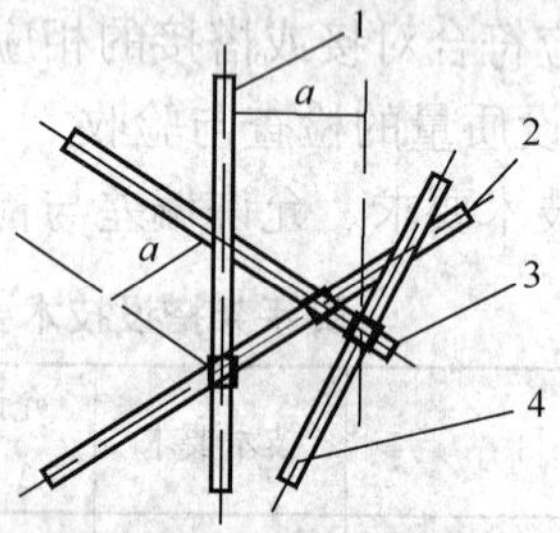	钢板尺
		同步立杆上两个相隔对接扣件的高差	$a \geqslant 150$mm	—	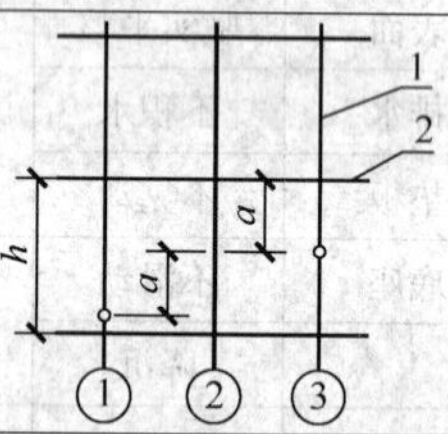	钢卷尺
		立杆上的对接扣件至主节点的距离	$a \leqslant h/3$	—		
		纵向水平杆上的对接扣件至主节点的距离	$a \leqslant l_a/3$	—	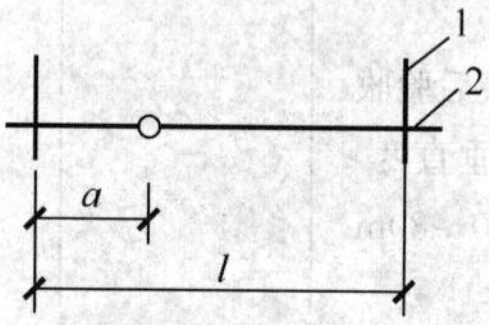	钢卷尺
		扣件螺栓拧紧扭力矩	40～5N·m	—	—	扭力扳手
7	剪刀撑斜杆与地面的倾角		45°～60°	—	—	角尺
8	脚手板外伸长度	对接	$a=130$～150mm $l \leqslant 300$mm	—	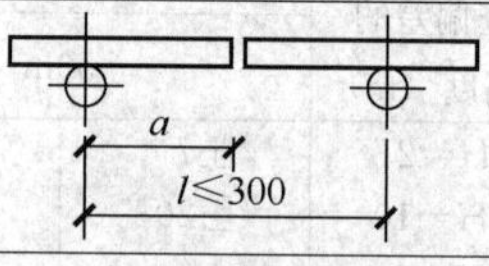	卷尺
		搭接	$a \geqslant 100$mm $l \geqslant 200$mm	—	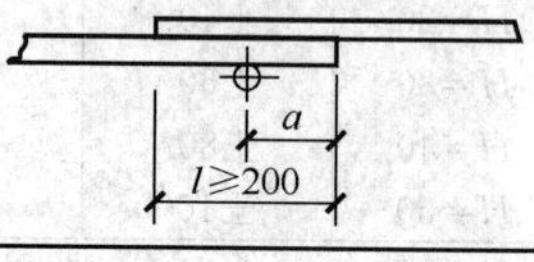	卷尺

注：图中 1—立杆；2—纵向水平杆；3—横向水平杆；4—剪刀撑。

(2) 扣件连接质量检查

扣件紧固质量用扭力扳手检查，抽样按随机均布原则确定，检查数量与质量判定标准按表11-45的规定，不合格者必须重新拧紧并达到紧固要求。

扣件紧固质量抽样数量及判定标准 **表11-45**

项次	检查项目	安装扣件数量（个）	抽检数量（个）	允许不合格数量（个）
1	连接立杆与纵（横）向水平杆或剪刀撑的扣件；接长立杆、纵向水平杆或剪刀撑的扣件	51～90 91～150 151～280 281～500 501～1200 1201～3200	5 8 13 20 32 50	0 1 1 2 3 5
2	连接横向水平杆与纵向水平杆的扣件（非主节点处）	51～90 91～150 151～280 281～500 501～1200 1201～3200	5 8 13 20 32 50	1 2 3 5 7 10

(3) 拆卸作业

拆卸作业按搭设作业的相反程序进行，并应特别注意以下几点：

1) 连墙件待其上部杆件拆除完毕（伸上来的立杆除外）后才能松开拆去。

2) 松开扣件的平杆件应随即撤下，不得松挂在架上。

3) 拆除长杆件时应两人协同作业，以避免单人作业时的闪失事故。

4) 拆下的杆配件应吊运至地面，不得向下抛掷。

11.5.2 碗扣式钢管脚手架

碗扣式钢管脚手架是一种杆件轴心相交（接）的承插锁固式钢管脚手架，采用带连接件的定型杆件，组装简便，具有比扣件式钢管脚手架更强的稳定承载能力，不仅可以组装各式脚手架，而且更适合构造各种支撑架，特别是重载支撑架。

11.5.2.1 材料规格及用途

碗扣式钢管脚手架的原设计杆配件，共计有23类、56种规格，按其用途可分为主构件、辅助构件、专用构件三类，见表11-46。

1. 主构件

主构件系构成脚手架主体的杆部件，共有6类25种规格。

碗扣式钢管脚手架构件种类与规格 **表11-46**

类别	名称	型号	规格（mm）	单重（kg）	用途
主构件	立杆	LG-120	$\phi 48\times3.5\times1200$	7.41	构架垂直承立杆
		LG-180	$\phi 48\times3.5\times1800$	10.67	
		LG-240	$\phi 48\times3.5\times2400$	13.34	
		LG-300	$\phi 48\times3.5\times3000$	17.31	

续表

类别		名称		型号	规格（mm）	单重（kg）	用途
主构件		顶杆		DG-90	ϕ48×3.5×900	5.30	支撑架（柱）顶端垂直承立杆
				DG-150	ϕ48×3.5×1500	8.62	
				DG-210	ϕ48×3.5×2100	11.93	
		横杆		HG-30	ϕ48×3.5×300	1.67	立杆横向连接杆，框架水平承立杆
				HG-60	ϕ48×3.5×600	2.82	
				HG-90	ϕ48×3.5×900	3.97	
				HG-120	ϕ48×3.5×1200	5.12	
				HG-150	ϕ48×3.5×1500	6.82	
				HG-180	ϕ48×3.5×1800	7.43	
				HG-240	ϕ48×3.5×2400	9.73	
		单排横杆		DHG-140	ϕ48×3.5×1400	7.51	单排脚手架横向水平杆
				DHG-180	ϕ48×3.5×1800	9.05	
		斜杆		XG-170	ϕ48×2.2×1697	5.47	1.2m×1.2m 框架斜撑
				XG-216	ϕ48×2.2×2160	6.63	1.2m×1.8m 框架斜撑
				XG-234	ϕ48×2.2×2343	7.07	1.5m×1.8m 框架斜撑
				XG-255	ϕ48×2.2×2546	7.58	1.8m×1.8m 框架斜撑
				XG-300	ϕ48×2.2×3000	8.72	1.8m×2.4m 框架斜撑
		立杆底座	立杆底座	LDZ	150×150×150	1.7	立杆底部垫板
			立杆可调座	KTZ-30	0-300	6016	立杆底部可调高度支座
				KTZ-60	0-300	7.86	
			粗细调座	CXZ-60	0-300	6.1	立杆底部有粗细可调高度支座
辅助构件	作业面辅助构件	间横杆		JHG-120	ϕ48×3.5×1200	6.43	水平框架之间连在两横杆间的横杆
				JHG-120+30	ϕ48×3.5×(1200+300)	7.74	同上，有 0.3m 挑梁
				JHG-120+60	ϕ48×3.5×(1200+600)	9.96	同上，有 0.6m 挑梁
		脚手板		JB-120	1200×270	9.05	用于施工作业层面的台板
				JB-150	1500×270	11.15	
				JB-180	1800×270	13.24	
				JB-240	2400×270	17.03	
		斜道板		XB-190	1897×540	28.24	用于搭设栈桥或斜道的铺板
		挡板		DB-120	1200×220	7.18	施工作业层防护板
				DB-150	1600×220	8.93	
				DB-180	1800×220	10.68	
		挑梁	窄挑梁	TL-30	ϕ48×3.5×300	1.68	用于扩大作业面的挑梁
			宽挑梁	TL-60	ϕ48×3.5×600	9.3	
		架梯		JT-225	2546×540	26.32	人员上、下楼梯

续表

类别		名称	型号	规格（mm）	单重（kg）	用途
辅助构件	用于连接的构件	立杆连接销	LLX	ϕ10	0.104	立杆之间连接锁定用
		直角撑	ZJC	125	1.62	两相交叉的脚手架之间的连接件
		连墙撑 碗扣式	WLC	415～625	2.04	脚手架同建筑物之间连接件
		连墙撑 扣件式	KLC	415～625	2	
		高层卸荷拉结杆	GLC	—	—	高层脚手架卸荷用杆件
	其他用途辅助构件	立托支撑 立托支撑	LTC	200×150×5	2.39	支撑架顶部托梁座
		立托支撑 立托可调支撑	KTC-60	0～600	8.49	支撑架顶部可调托梁座
		横拖带 横拖带	HTC	400	3.13	支撑架横向支托撑
		横拖带 可调横拖带	KHC-30	400～700	6.23	支撑架横向可调支托撑
		安全网支架	AWJ	—	18.69	悬挂安全网支承架
专用构件		专用构件支撑柱 支撑柱垫座	ZDZ	300×300	19.12	支撑柱底部垫块
		专用构件支撑柱 支撑柱转角座	ZZZ	0°～10°	21.54	支撑柱斜向支撑垫块
		专用构件支撑柱 支撑柱可调座	ZKZ-30	0～300	40.53	支撑柱可调高度支座
		提升滑轮	THL	—	1.55	插入宽挑梁提升小件物料
		悬挑板	TYL-140	ϕ48×3.5×1400	19.24	用于搭设悬挑脚手架
		爬升挑梁	PTL-90+65	ϕ48×3.5×1500	8.7	用于搭设爬升脚手架

（1）立杆

立杆是脚手架的主要受力杆件，由一定长度的ϕ48×3.5，Q235钢管上每隔0.60m安装一套碗扣接头，并在其顶端焊接立杆连接管制成。立杆有3.0m和1.8m两种规格。

（2）顶杆

顶杆即顶部立杆，其顶端没有立杆连接管，便于在顶端插入托撑或可调托撑等，有2.1m、1.5m、0.9m三种规格。主要用于支撑架、支撑柱、物料提升架等的顶部，以解决由于立杆顶部有内销管，无法插入托撑的问题，但也相应增加了杆件种类，而且立杆、顶杆不通用，利用率低。有的模板脚手架公司将立杆的内销管改为下套管，取消了顶杆，实现了立杆和顶杆的统一，使用效果很好，改进后立杆规格为1.2m、1.8m、2.4m、3.0m。两种立杆的基本结构如图11-41所示。

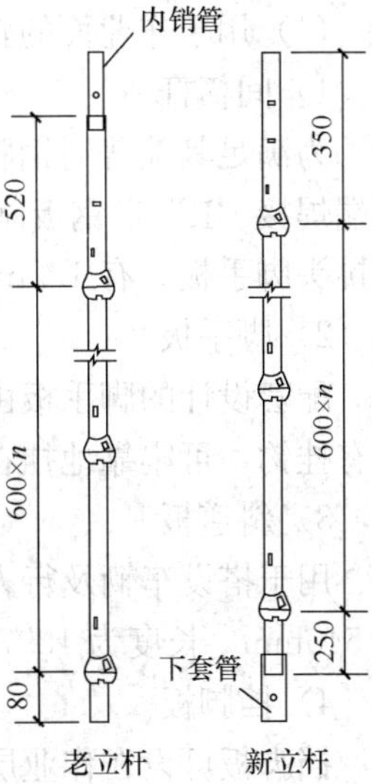

图11-41 两种立杆的基本结构

（3）横杆

组成框架的横向连接杆件，由一定长度的ϕ48×3.5、Q235钢管两端焊接横杆接头制成，有2.4m、1.8m、1.5m、1.2m、0.9m、0.6m、0.3m等7种规格。为适应模板早拆支撑的要求（模数为300mm的两个早拆模板间一般留50mm宽迟拆条），增加了规格为950mm、1250mm、1550mm、1850mm的横杆。

（4）单排横杆

主要用作单排脚手架的横向水平横杆，只在 ϕ48×3.5、Q235 钢管一端焊接横杆接头，有 1.4m、1.8m 两种规格。

（5）斜杆

斜杆是为增强脚手架稳定强度而设计的系列构件，在 ϕ48×2.2、Q235 钢管两端铆接斜杆接头制成，斜杆接头可转动，同横杆接头一样可装在下碗扣内，形成节点斜杆。有 1.69m、2.163m、2.343m、2.546m、3.00m 等五种规格，分别适用于 1.20m×1.20m、1.20m×1.80m、1.50m×1.80m、1.80m×1.80m、1.80m×2.40m 五种框架平面。

（6）底座

底座是安装在立杆根部，防止其下沉，并将上部荷载分散传递给地基基础的构件，有以下三种：

1）垫座。只有一种规格（LDZ），由 150mm×150mm×8mm 钢板和中心焊接连接杆制成，立杆可直接插在上面，高度不可调。

2）立杆可调座。由 150mm×150mm×8mm 钢板和中心焊接螺杆并配手柄螺母制成，按可调范围分为 0.3m 和 0.6m 的两种规格。

3）立杆粗细调座。基本上同立杆可调座，只是可调方式不同，由 150mm×150mm×8mm 钢板、立杆管、螺管、手柄螺母等制成，只有 0.6m 一种规格。

2. 辅助构件

辅助构件系用于作业面及附壁拉结等的杆部件，共有 13 类 24 种规格。按其用途又可分成 3 类：

（1）用于作业面的辅助构件

1）间横杆

为满足其他普通钢脚手板和木脚手板的需要而设计的构件，由 ϕ48×3.5、Q235 钢管两端焊接“Ⅱ”形钢板制成，可搭设于主架横杆之间的任意部位，用以减小支撑间距或支撑挑头脚手板。有 1.2m、(1.2+0.3)m 和 (1.2+0.6)m 三种规格。

2）脚手板

配套设计的脚手板由 2mm 厚钢板制成，宽度为 270mm，其面板上冲有防滑孔，两端焊有挂钩，可牢靠地挂在横杆上，不会滑动。有 1.2m、1.5m、1.8m 和 2.4m 四种规格。

3）斜道板

用于搭设车辆及行人栈道，只有一种规格，坡度为 1∶3，由 2mm 厚钢板制成，宽度为 540mm，长度为 1897mm，上面焊有防滑条。

4）挡脚板

挡脚板可设在作业层外侧边缘相邻两立杆间，以防止作业人员踏出脚手架。用 2mm 厚钢板制成，有 1.2m、1.5m、1.8m 三种规格。

5）挑梁

为扩展作业平台而设计的构件，有窄挑梁和宽挑梁。窄挑梁由一端焊有横杆接头的钢管制成，悬挑宽度为 0.3m，可在需要位置与碗扣接头连接。宽挑梁由水平杆、斜杆、垂直杆组成，悬挑宽度为 0.6m，也是用碗扣接头同脚手架连成一整体，其外侧垂直杆上可再接立杆。

6）架梯

用于作业人员上下脚手架通道，由钢踏步板焊在槽钢上制成，两端有挂钩，可牢固地挂在横杆上，只有JT-255一种规格。其长度为2546mm，宽度为540mm，可在1800mm×1800mm框架内架设。普通1200mm廊道宽的脚手架刚好装两组，可成折线上升，并可用斜杆、横杆作栏杆扶手。

（2）用于连接的辅助构件

1）立杆连接销

立杆连接销是立杆之间连接的销定构件，为弹簧钢销扣结构，由ϕ10mm钢筋制成。有一种规格（LLX）。

2）直角撑

为连接两交叉的脚手架而设计的构件，由ϕ48×3.5、Q235钢管一端焊接横杆接头，另一端焊接“门”形卡制成，只有ZJC一种规格。

3）连墙撑

连墙撑是使脚手架与建筑物的墙体结构等牢固连接，加强脚手架抵御风荷载及其他水平荷载的能力，防止脚手架倒塌且增强稳定承载力的构件。为便于施工，分别设计了碗扣式连墙撑和扣件式连墙撑两种形式。其中碗扣式连墙撑可直接用碗扣接头同脚手架连在一起，受力性能好；扣件式连墙撑是用钢管和扣件同脚手架相连，位置可随意设置，不受碗扣接头位置的限制，使用方便。

4）高层卸荷拉结杆

高层卸荷拉结杆是高层脚手架卸荷专用构件，由预埋件、拉杆、索具螺旋扣、管卡等组成，其一端用预埋件固定在建筑物上，另一端用管卡同脚手架立杆连接，通过调节中间的索具螺旋扣，把脚手架吊在建筑物上，达到卸荷目的。

（3）其他用途辅助构件

1）立杆托撑

插入顶杆上端，用作支撑架顶托，以支撑横梁等承载物。由U形钢板焊接连接管制成，只有LTC一种规格。

2）立杆可调托撑

作用同立杆托撑，只是长度可调，有0.6m长一种规格（KTC-60），可调范围为0～600mm。

3）横托撑

用作重载支撑架横向限位，或墙模板的侧向支撑构件。由ϕ48×3.5、Q235钢管焊接横杆接头，并装配托撑组成，可直接用碗扣接头同支撑架连在一起，只有一种规格（HTC）。其长度为400mm，也可根据需要加工。

4）可调横托撑

把横托撑中的托撑换成可调托撑（或可调底座）即成可调横托撑，可调范围为0～300mm，只有KHC-30一种规格。

5）安全网支架

安全网支架是固定于脚手架上，用以绑扎安全网的构件，由拉杆和撑杆组成，可直接用碗扣接头连接固定，只有AWJ一种规格。

3. 专用构件

专用构件是用作专门用途的构件，共有 4 类，6 种规格。

(1) 支撑柱专用构件

由 0.3m 长横杆和立杆、顶杆连接可组成支撑柱，作为承重构杆单独使用或组成支撑柱群。为此，设计了支撑柱垫座、支撑柱转角座和支撑柱可调座等专用构件。

1) 支撑柱垫座

支撑柱垫座是安装于支撑柱底部，均匀传递其荷载的垫座。由底板、筋板和焊于底板上的四个柱销制成，可同时插入支撑柱的四个立杆内，从而增强支撑柱的整体受力性能，只有 ZDZ 一种规格。

2) 支撑柱转角座

作用同支撑柱垫座，但可以转动，使支撑柱不仅可用作垂直方向支撑，而且可以用作斜向支撑，其可调偏角为±10°，只有 ZZZ 一种规格。

3) 支撑柱可调座

对支撑柱底部和顶部均适用，安装于底部作用同支撑柱垫座，但高度可调，可调范围为 0～300mm；安装于顶部即为可调托撑，同立杆可调托撑不同的是，它作为一个构件需要同时插入支撑柱 4 根立杆内，使支撑柱成为一体。

(2) 提升滑轮

提升滑轮是为提升小物料而设计的构件，与宽挑梁配套使用。由吊柱、吊架和滑轮等组成，其中吊柱可直接插入宽挑梁的垂直杆中固定，只有 THL 一种规格。

(3) 悬挑架

悬挑架是为悬挑脚手架专门设计的一种构件，由挑杆和撑杆等组成，挑杆和撑杆用碗扣接头固定在楼内支承架上，可直接从楼内挑出，在其上搭设脚手架，不需要埋设预埋件。挑出脚手架宽度设计为 0.90m，只有 TYJ-140 一种规格。

(4) 爬升挑梁

爬升挑梁是为爬升脚手架而设计的一种专用构件，可用它作依托，在其上搭设悬空脚手架，并随建筑物升高而爬升。它由 $\phi48\times3.5$、Q235 钢管、挂销、可调底座等组成，爬升脚手架宽度为 0.90m，只有 PTL-90+65 一种规格。

11.5.2.2 碗扣式钢管脚手架形式、特点和构造要求

1. 碗扣式钢管脚手架功能特点

碗扣式钢管脚手架采用每隔 0.6m 设 1 套碗扣接头的定型立杆和两端焊有接头的定型横杆，并实现杆件的系列标准化。

碗扣接头是该脚手架系统的核心部件，它由上、下碗扣、横杆接头和上碗扣的限位销等组成（图 11-42）。

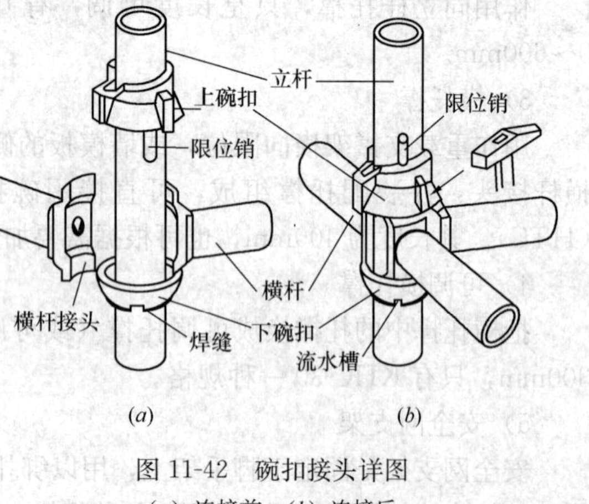

图 11-42　碗扣接头详图

(*a*) 连接前；(*b*) 连接后

上、下碗扣和限位销按 60cm 间距设置在钢管立杆之上，其中下碗扣和限位销则直接焊在立杆上。将上碗扣的缺

口对准限位销后，即可将上碗扣向上抬起（沿立杆向上滑动），把横杆接头插入下碗扣圆槽内，随后将上碗扣沿限位销滑下并顺时针旋转以扣紧横杆接头（可使用锤子敲击几下即可达到扣紧要求）。碗扣式接头的拼接完全避免了螺栓作业。

碗扣接头可同时连接4根横杆，可以相互垂直或偏转一定角度。

此外，该脚手架还配有多种不同功能的辅助构件，如可调的底座和托撑、脚手板、架梯、挑梁、悬挑架、提升滑轮、安全网支架等。

性能特点：

（1）多功能：能根据具体施工要求，组成不同组架尺寸、形状和承载能力的单、双排脚手架，支撑架，支撑柱，物料提升架，爬升脚手架，悬挑架等多种功能的施工装备。也可用于搭设施工棚、料棚、灯塔等构筑物，特别适合于搭设曲面脚手架和重载支撑架。

（2）高功效：该脚手架常用杆件中最长为3130mm，重17.07kg。整架拼拆速度比常规快3～5倍，拼拆快速省力，工人用一把铁锤即可完成全部作业，避免了螺栓操作带来的诸多不便。

（3）通用性强：主构件均采用普通的扣件式钢管脚手架的钢管，可用扣件同普通钢管连接，通用性强。

（4）承载力大：立杆连接是同轴心承插，横杆同立杆靠碗扣接头连接，接头具有可靠的抗弯、抗剪、抗扭力学性能，而且各杆件轴心线交于一点，节点在框架平面内，因此，结构稳固可靠，承载力大。

（5）安全可靠：接头设计时，考虑到上碗扣螺旋摩擦力和自重力作用，使接头具有可靠的自锁能力。作用于横杆上的荷载通过下碗扣传递给立杆，下碗扣具有很强的抗剪能力（最大199kN），上碗扣即使没被压紧，横杆接头也不致脱出而造成事故。同时配备有安全网支架、间横杆、脚手板、挡脚板、架梯、挑梁、连墙撑等杆配件，使用安全可靠。

（6）易于加工：主构件用ϕ48×3.5、Q235焊接钢管，制造工艺简单，成本适中，可直接对现有扣件式脚手架进行加工改造，不需要复杂的加工设备。

（7）不易丢失：该脚手架无零散易丢失扣件，把构件丢失减少到最低程度。

（8）维修少：该脚手架构件消除了螺栓连接，构件耐碰、耐磕，一般锈蚀不影响拼拆作业，不需特殊养护、维修。

（9）便于管理：构件系列标准化，构件外表涂以橘黄色，美观大方，构件堆放整齐，便于现场材料管理，满足文明施工要求。

（10）易于运输：该脚手架最长构件3130mm，最重构件40.53kg，便于搬运和运输。

2. 碗扣式钢管脚手架形式

（1）双排外脚手架

用碗扣式钢管脚手架可方便地搭设双排外脚手架，拼装快速省力，且特别适用于搭设曲面脚手架和高层脚手架。

1）构造类型

用于构造双排外脚手架时，一般立杆横距（即脚手架廊道宽度）取1.2m（用HG-120），步距取1.8m，立杆纵距依建筑物结构、脚手架搭设高度及荷载等具体要求确定，可选用0.9m、1.2m、1.5m、1.8m、2.4m等多种尺寸。根据使用要求，有以下几种构造形式：

① 重型架

这种结构脚手架取较小的立杆纵距（0.9m或1.2m），用于重载作业或作为高层外脚手架的底部架。对于高层脚手架，为了提高其承载力和搭设高度，采取上、下分段，每段立杆纵距不等的组架方式，见图11-43。组架时，下段立杆纵距取0.9m（或1.2m），上段则用1.8m（或2.4m），即每隔一根立杆取消一根，用1.8m（HG-180）或2.4m（HG-240）的横杆取代0.9m（HG-90）或1.2m（HG-120）横杆。

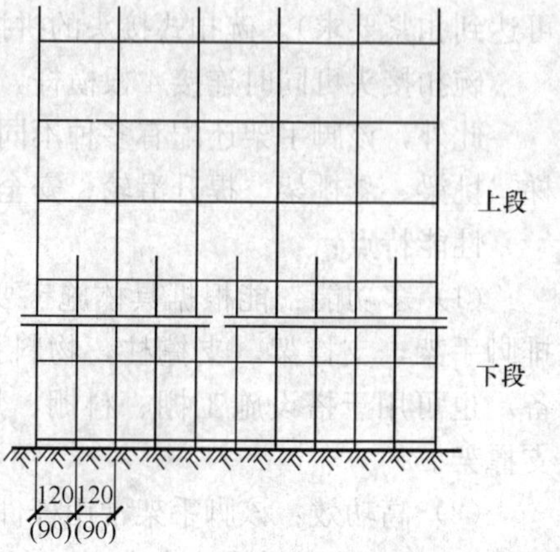

图11-43 分段组架布置

② 普通架

普通架是最常用的一种，构造尺寸为1.5m（立杆纵距）×1.2m（立杆横距）×1.8m（横杆步距）（以下表示同）或1.8m×1.2m×1.8m，可作为砌墙、模板工程等结构施工用脚手架。

③ 轻型架

主要用于装修、维护等作业荷载要求的脚手架，构架尺寸为2.4m×1.2m×1.8m。另外，也可根据场地和作业荷载要求搭设窄脚手架和宽脚手架。窄脚手架构造形式为立杆横距取0.9m，即有0.9m×0.9m×1.8m，1.2m×0.9m×1.8m，1.5m×0.9m×1.8m，1.8m×0.9m×1.8m，2.4m×0.9m×1.8m等五种构造尺寸。

宽脚手架即立杆横距取为1.5m，有0.9m×1.5m×1.8m，1.2m×1.5m×1.8m，1.5m×1.5m×1.8m，1.8m×1.5m×1.8m，2.4m×1.5m×1.8m等五种构造尺寸。

2）组架构造

① 斜杆设置

斜杆设置可增强脚手架结构的整体刚度，提高其稳定承载能力。

斜杆同立杆连接的节点构造如图11-44所示，可装成节点斜杆（即斜杆接头同横杆接头装在同一碗扣接头内）或非节点斜杆（即斜杆接头同横杆接头不装在同一碗扣接头内），但一般斜杆应尽量布置在框架节点上。根据荷载情况，高度在20m以下的脚手架，设置斜杆的面积为整架立面面积的1/2～1/5；高度超过20m的高层脚手架，设置斜杆的框架面积要不小于整架面积的1/2。在拐角边缘及端部必须设置斜杆，中间则应均匀间隔布置。

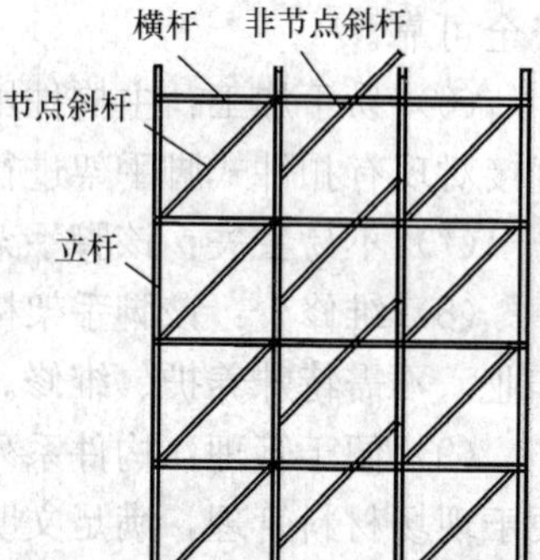

图11-44 斜杆构造布置图

由于横向框架失稳是脚手架的主要破坏形式，因此，在横向框架内设置斜杆即廊道斜杆，对于提高脚手架的稳定强度尤为重要。对于一字形及开口形脚手架，应在两端横向框架内沿全高连续设置节点斜杆；30m以下的脚手架，中间可不设廊道斜杆；20m以上的脚手架，中间应每隔5～6跨设置一道沿全高连续设置的廊道斜杆；高层和重载脚手架，除按上述构造要求设置廊道斜杆外，荷载达到或超过 25kN 的横向平面框架应增设廊道斜杆。用碗扣式斜杆设置廊道斜杆时，除脚手架两端框架可以设于节点外，中间框架只能设成非节点斜杆。

当设置高层卸荷拉结杆时，须在拉结点以上第一层加设廊道水平斜杆，以防止水平框架变形。斜杆既可用碗扣脚手架系列斜杆，也可用钢管和扣件代替，这样可使斜杆的设置更加灵活，而不受接头内所装杆件数量的限制。特别是用钢管和扣件设置大剪刀撑（包括竖向剪刀撑以及纵向水平剪刀撑），既可减少碗扣式斜杆的用量，又能使脚手架的受力性能得到改善。

竖向剪刀撑的设置应与碗扣式斜杆的设置相配合，一般高度在 20m 以下的脚手架，可每隔 4～6 跨设置一组沿全高连续搭设的剪刀撑，每道剪刀撑跨越 5～7 根立杆，设剪刀撑的跨内不再设碗扣式斜杆；对于高度在 20m 以上的高层脚手架，应沿脚手架外侧以及全高方向连续设置，两组剪刀撑之间用碗扣式斜杆。其设置构造见图 11-45。

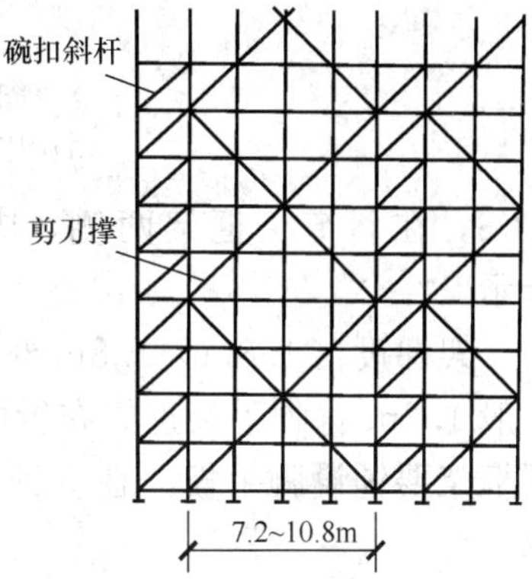

图 11-45　剪刀撑设置构造

纵向水平剪刀撑可增强水平框架的整体性和均匀传递连墙撑的作用。对于 20m 以上的高层脚手架，应每隔 3.5 步架设置一层连续、闭合的纵向水平剪刀撑。

② 连墙撑布置

连墙撑是脚手架与建筑物之间的连接件，除防止脚手架倾倒、承受偏心荷载和水平荷载作用外，还可加强稳定约束、提高脚手架的稳定承载能力。

一般情况下，对于高度在 20m 以下的脚手架，可四跨三步设置一个（约 $40m^2$）；对于高层及重载脚手架，则要适当加密，60m 以下的脚手架至少应三跨三步布置一个（约 $25m^2$）；60m 以上的脚手架至少应三跨二步布置一个（约 $20m^2$）。

连墙撑设置应尽量采用梅花形布置方式。另外，当设置宽挑梁、提升滑轮、安全网支架、高层卸荷拉结杆等构件时，应增设连墙撑，对于物料提升架也要相应地增设连墙撑数量。

连墙撑应尽量连接在横杆层碗扣接头内，同脚手架、墙体保持垂直，并随建筑物及架子的升高及时设置，设置时要注意调整间隔，使脚手架竖向平面保持垂直。碗扣式连墙撑同脚手架连接与横杆同立杆连接相同，其构造如图 11-46 所示。

③ 脚手板设置

脚手板可以使用碗扣式脚手架配套设计的钢制脚手板，也可使用其他普通脚手板、木脚手板、竹脚手板等。使用配套的钢脚手板时，必须将其两端的挂钩牢固地挂在横杆上，不得浮放；其他类型脚手板应配合间横杆一块使用，即在未处于构架横杆之上的脚手板端设间横杆作支撑。

在作业层及其下面一层要满铺脚手板。当架设梯子时，在每一层架梯拐角处铺设脚手板作为休息平台。

④ 斜道板及人行梯设置

斜脚手板可作为行人及车辆的栈道，一般限在 1.8m 跨距的脚手架上使用，升坡为

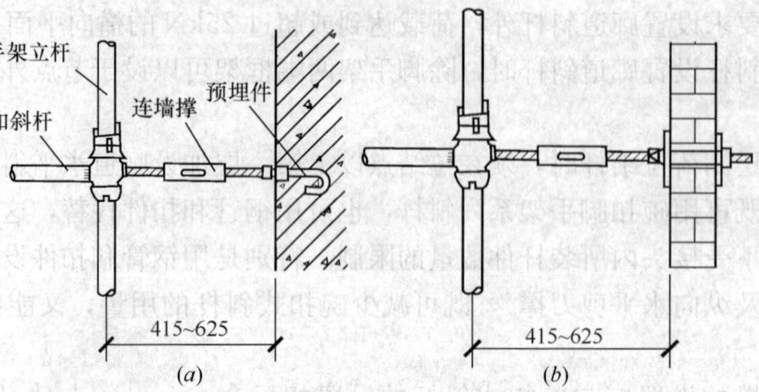

图 11-46　碗扣式连墙撑的设置构造

(a) 混凝土墙固定连墙撑；(b) 砖墙固定用连墙撑

1∶3，在斜道板框架两侧，应该设置横杆和斜杆作为扶手和护栏。构造如图 11-47 所示。

架梯设在 1.8m×1.8m 框架内，其上有挂钩，直接挂在横杆上。梯子宽为 540mm，一般 1.2m 宽脚手架正好布置两个，可在一个框架高度内折线布置。人行梯转角处的水平框架要铺设脚手板，在立面框架上安装斜杆和横杆作为扶手。其构造如图 11-48 所示。

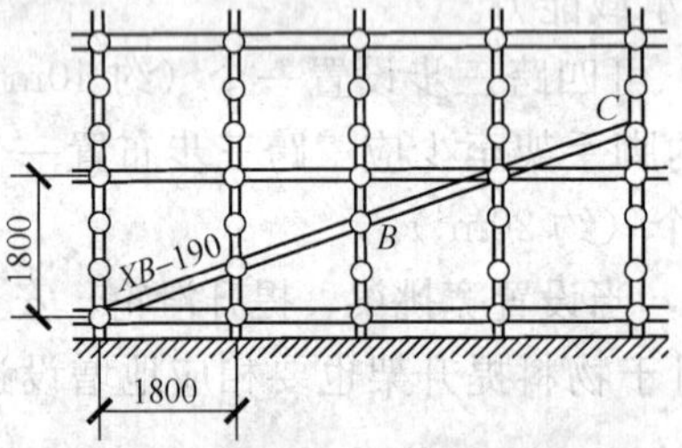

图 11-47　斜脚手板布置

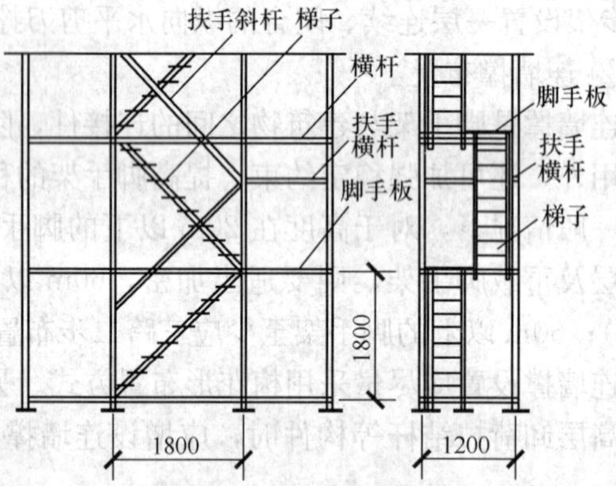

图 11-48　架梯设置

⑤ 挑梁的设置

当遇到某些建筑物有倾斜或凹进凸出时，窄挑梁上可铺设一块脚手板；宽挑梁上可铺设两块脚手板，其外侧立柱可用立杆接长，以便装防护栏杆。挑梁一般只作为作业人员的工作平台，不容许堆放重物。在设置挑梁的上、下两层框架的横杆层上要加设连墙撑，见图 11-49。把窄挑梁连续设置在同一立杆内侧每个碗扣接头内，可组成爬梯，爬梯步距为 0.6m，其构造如图 11-50 所示。设置时在立杆左右两跨内要增加护栏杆和安全网等安全设施，以确保人员上下安全。

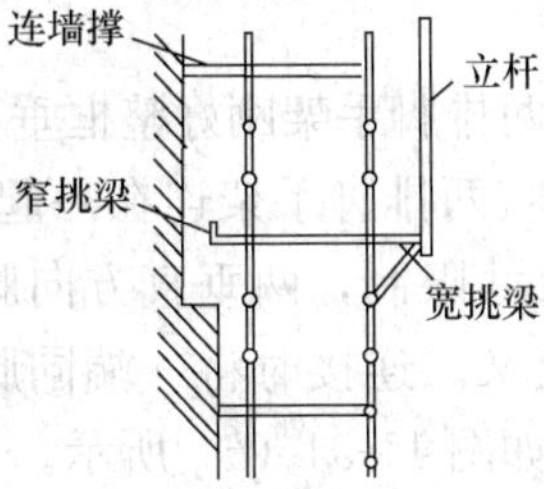

图 11-49　挑梁设置构造

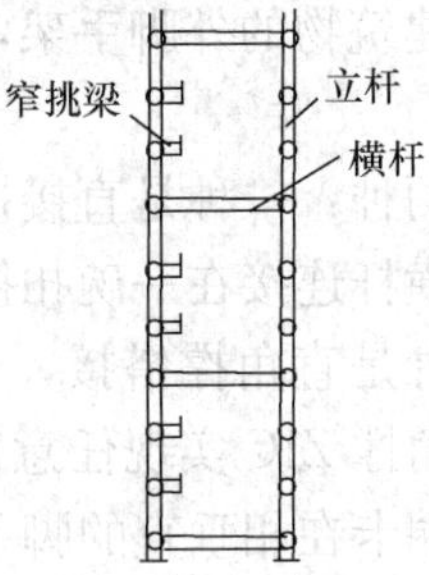

图 11-50　窄挑梁组成爬梯构造

⑥ 提升滑轮设置

随着建筑物的升高，当人递料不太方便时，可采用物料提升滑轮来提升小物料及脚手架物件，其提升重量应不超过 100kg。提升滑轮要与宽挑梁配套使用，使用时，将滑轮插入宽挑梁垂直杆下端的固定孔中，并用销钉锁定即可。其构造如图 11-51 所示。在设置提升滑轮的相应层加设连墙撑。

⑦ 安全网防护设置

一般沿脚手架外侧要满挂封闭式安全网（立网），并应与脚手架立杆、横杆绑扎牢固，绑扎间距应不大于 0.3m。根据规定在脚手架底部和层间设置水平安全网，使用安全网支架。安全网支架可直接用碗扣接头固定在脚手架上，其结构布置如图 11-52 所示。

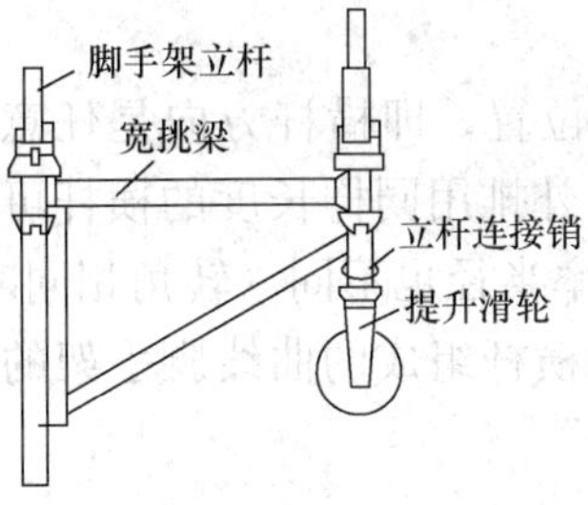

图 11-51　提升滑轮布置构造

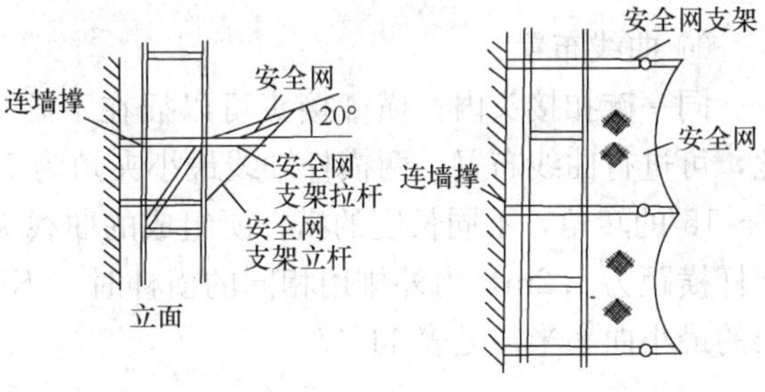

图 11-52　挑出安全网布置

⑧ 高层卸荷拉结杆设置

高层卸荷拉结杆主要是为减轻脚手架荷载而设计的一种构件，其设置依脚手架高度和荷载而定，一般每 30m 高卸荷一次，但总高度在 60m 以下的脚手架可不用卸荷（注：高层卸荷拉结杆所卸荷载的大小取决于卸荷拉结杆的几何性能及其装配的预紧力，可以通过选择拉杆截面尺寸，吊点位置以及调整索具螺旋扣等来调整卸荷的大小。一般在选择拉杆及索具螺旋时，按能承受卸荷层以上全部荷载来设计；在确定脚手架卸荷层及其位置时，按能承受卸荷层以上全部荷载的 1/3 来计算）。

卸荷层应将拉结杆同每一根立杆连接卸荷，设置时，将拉结杆一端用预埋件固定在墙体上，另一端固定在脚手架横杆层下碗扣底下，中间用索具螺旋调节拉力，以达到悬吊卸荷目的，其构造形式如图 11-53 所示。卸荷层要设置水平廊道斜杆，以增强水平框架刚度。此外，尚应用横托撑同建筑物顶紧，且其上、下两层均应增设连墙撑。

⑨ 直角交叉

对一般方形建筑物的外脚手架，在拐角处两直角交叉的排架要连在一起，以增强脚手架的整体稳定性。

连接形式有两种：一种是直接拼接法，即当两排脚手架刚好整框垂直相交时，可直接将两垂直方向的横杆连接在一碗扣接头内，从而将两排脚手架连在一起，构造如图 11-54（*a*）所示；另一种是直角撑搭接，当受建筑物尺寸限制，两垂直方向脚手架非整框垂直相交时，可用直角撑 ZJC 实现任意部位的直角交叉。连接时将一端同脚手架横杆装在同一接头内，另一端卡在相垂直的脚手架横杆上，如图 11-54（*b*）所示。

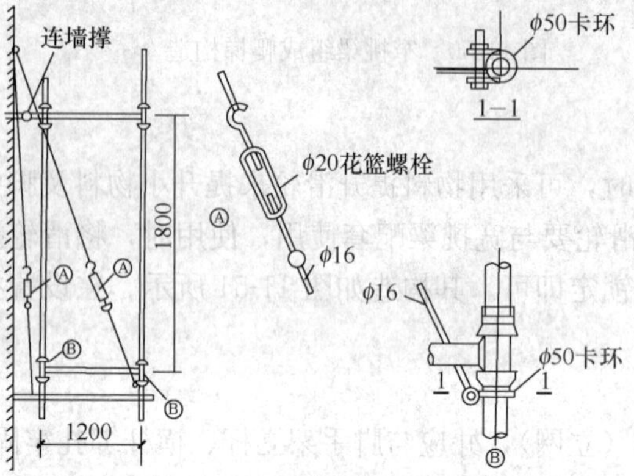

图 11-53　卸荷拉结杆布置

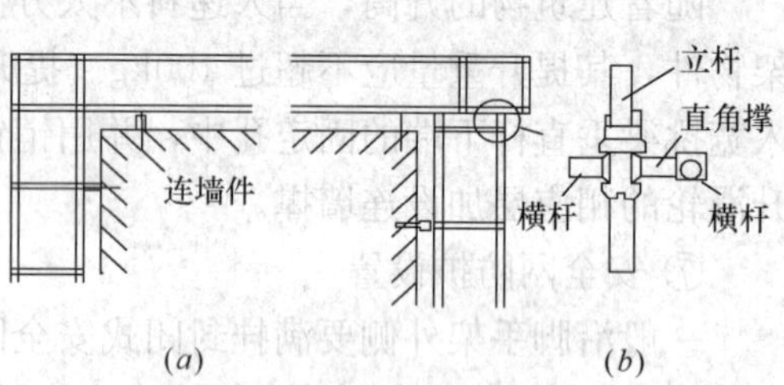

图 11-54　直角交叉构造
（*a*）直接拼接；（*b*）直角撑搭接

⑩ 曲线布置

同一碗扣接头内，横杆接头可以插在下碗扣的任意位置，即横杆方向是任意的，因此，可进行曲线布置。两横杆轴线最小夹角为 75°，内、外排用同样长度的横杆可以实现 0°～15°的转角，不同长度的横杆所组成的曲线脚手架曲率半径也不同（转角相同时）。当立杆横距为 1.2m，内外排用相同的横杆时，不同长度的横杆组成的曲线脚手架的内弧排架的最小曲率半径见表 11-47。

内外排用相同横杆时各种横杆组成的曲线脚手架曲率半径　　表 11-47

横杆型号	HG-240	HG-180	HG-150	HG-120	HG-90
横杆长度（m）	2.4	1.8	1.5	1.2	0.9
最小曲率半径（m）	4.6	3.5	2.9	2.3	1.7

内、外排用不同长度的横杆可组装成不同转角、不同曲率半径的曲线脚手架。表 11-48 列出了当立杆横向间距为 1.2m 时，内、外排用不同横杆组成的曲线脚手架其内弧排架的最大转角度数和最小曲率半径。

内外排用不同横杆时各种横杆组成的曲线脚手架最大转角及最小曲率半径　表 11-48

组合杆件名称	每组最大转角（°）	最小曲率半径（m）
HG-240，HG-180	28	3.7
HG-180，HG-150	14	6.1
HG-180，HG-120	28	2.5
HG-150，HG-120	14	4.8
HG-150，HG-90	28	1.9
HC-120，HG-90	14	3.6

曲线脚手架的平面布置构造如图 11-55 所示。

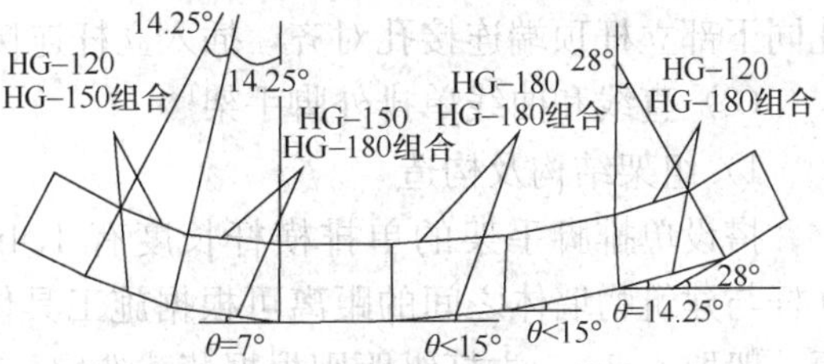

图 11-55 曲线脚手架平面布置

实际布架时，可根据曲线曲率，选择弦长（即纵向横杆长）和弦切角 θ（即横杆转角），如果 $\theta<150°$，则选用内、外排相同的横杆，每跨转角 θ，当转角累计达 15°时（即 $n\theta\leqslant15°$，n 为跨数），则选择内外排不同长度横杆实现不同转角，此为一组；如果布架曲线曲率相同，则由几组组合即可满足要求。用不同长度的横杆梯形组框与不同长度的横杆平行四边形组框混合组合，能组成曲率半径大于 1.70m 的任意曲线布架。

3）组装方法及要求

根据布架设计，在已处理好的地基上安放立杆底座（立杆垫座或立杆可调座），然后将立杆插在其上，采用 3.0m 和 1.8m 两种不同长度立杆相互交错、参差布置，如图 11-56 所示，上面各层均采用 3.0m 长立杆接长，顶部再用 1.8m 长立杆找齐（或同一层用同一种规格立杆，最后找齐）以避免立杆接头处于同一水平面上。架设在坚实平整的地基基础上的脚手架，其立杆底座可直接用立杆垫座；地势不平或高层及重载脚手架底部应用立杆可调座；当相邻立杆地基高差小于 0.6m，可直接用立杆可调座调整立杆高度，使立杆碗扣接头处于同一水平面内；当相邻立杆地基高差大于 0.6m 时，则先调整立杆节间，即对于高差超过 0.6m 的地基，立杆相应增长一个节间（0.6m），使同一层碗扣接头高差小于 0.6m，再用立杆可调座调整高度，使其处于同一水平面内，如图 11-57 所示。

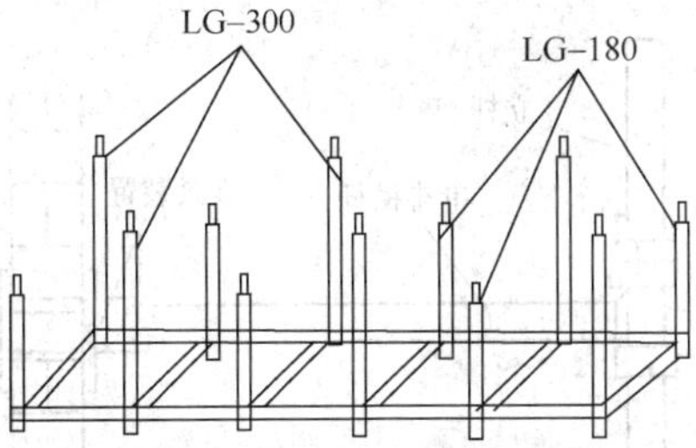

图 11-56 立杆平面布置

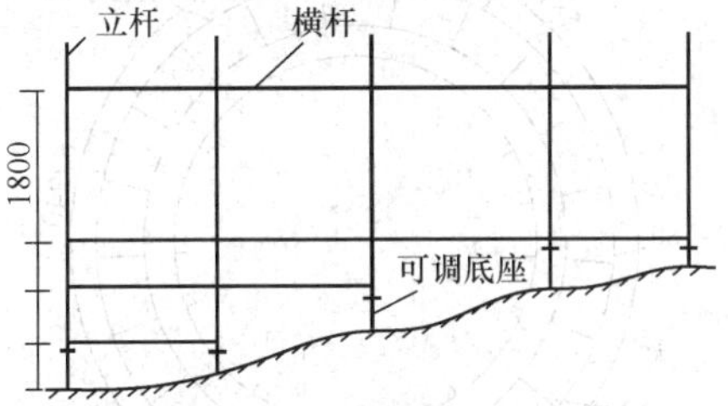

图11-57 地基不平时立杆及其底座的设置

在装立杆时应及时设置扫地横杆，将所装立杆连成一整体，以保证立杆的整体稳定性。立杆同横杆的连接是靠碗扣接头锁定，连接时，先将上碗扣滑至限位销以上并旋转，使其搁在限位销上，将横杆接头插入下碗扣，待应装横杆接头全部装好后，落下上碗扣预锁紧。

碗扣式脚手架的底层组架最为关键，其组装的质量直接影响到整架的质量，因此，要严格控制搭设质量。当组装完两层横杆后，首先应检查并调整水平框架的直角度和纵向直线度（对曲线布置的脚手架应保证立杆的正确位置）；其次应检查横杆的水平度，并通过调整立杆可调座使横杆间的水平偏差小于 $L/400$；同时应逐个检查立杆底脚，并确保所有立杆不浮地不松动。当底层架子符合搭设要求后，检查所有碗扣接头，并锁紧。在搭设过程中，应随时注意检查上述内容，并调整。

立杆的接长是靠焊于立杆顶端的连接管承插而成，立杆插好后，使上部立杆底端连接孔同下部立杆顶端连接孔对齐，插入立杆连接销并锁定。

(2) 直线和曲线单排外脚手架

1) 组架结构及构造

搭设单排脚手架的单排横杆长度有 1.4m（DHG-140）和 1.8m（DHF-180）两种，立杆与建筑物墙体之间的距离可根据施工具体要求在 0.7～1.5m 范围内调节。脚手架步距一般取 1.8m，立杆纵距则根据荷载选取。单排脚手架斜杆、剪刀撑、脚手板及安全防护设施等杆部件设置参见双排脚手架。

单排碗扣式脚手架最易进行曲线布置，横杆转角在 0°～30°之间任意设置（即两纵向横杆之间的夹角为 180°～150°），特别适用于烟囱、水塔、桥墩等圆形构筑物。当进行圆曲线布置时，两纵向横杆之间的夹角最小为 150°，故搭设成的圆形脚手架最少为 12 边形。实际使用时，只需根据曲线及荷载要求，选择适当的弦长（即立杆纵距）即可，圆曲线脚手架的平面构造形式见图 11-58。曲线脚手架的斜杆应用碗扣式斜杆，其设置密度应不小于整架的 1/4；对于截面沿高度变化的圆形建筑物，可以用不同单排横杆以适应立杆至墙间距离的变化，其中 1.4m 单横杆，立杆至墙间距离由 0.7～1.1m 可调；1.8m 的单横杆，立杆至墙间距离由 1.1～1.5m 可调，当这两种单横杆不能满足要求时，可以增加其他任意长度的单排横杆，其长度可按两端铰接的简支梁计算设计。

2) 组架方法

单排横杆一端焊有横杆接头，可用碗扣接头与脚手架连接固定，另一端带有活动夹板，用夹板将横杆与整体夹紧。构造见图 11-59。

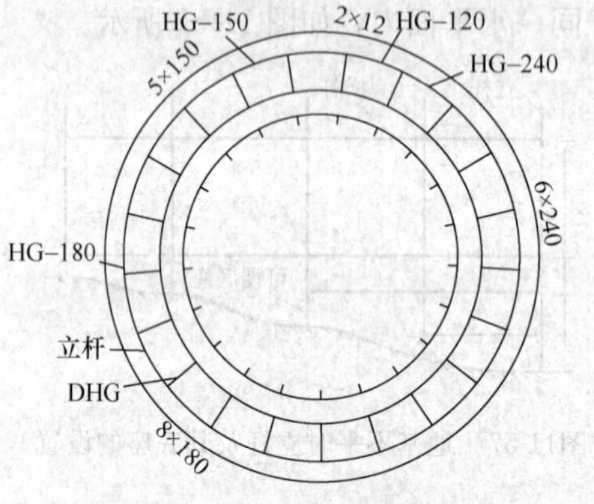

图 11-58　圆曲线单排脚手架

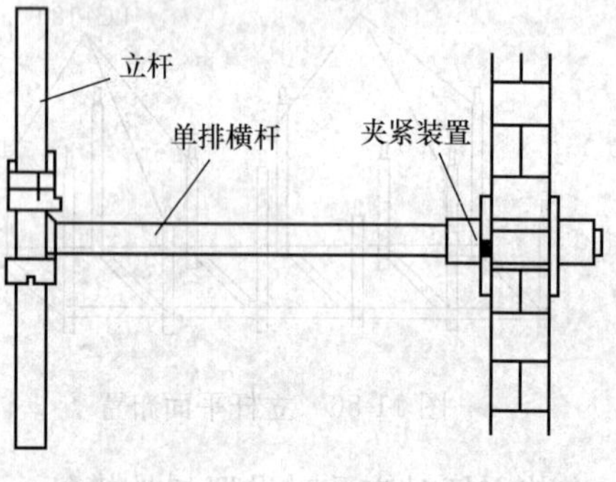

图 11-59　单排横杆设置构造

11.5.2.3　设计计算方法及常用资料

1. 双排脚手架的结构计算

(1) 无风荷载时，单肢立杆承载力计算

单肢立杆承载力按式（11-19）计算，单肢立杆稳定性按下式计算：

$$N \leqslant \varphi A f \tag{11-55}$$

式中　A——立杆横截面积；

φ——轴心受压杆件稳定系数；

f——钢材强度设计值。

(2) 组合风荷载时单肢立杆承载力计算

组合风荷载时单肢立杆承载力按 11.4.4.1 小节中的式（11-21）计算。

（3）连墙件计算

连墙件的具体计算详见 11.4.5.3。

2. 双排外脚手架的搭设高度

（1）双排外脚手架的搭设高度主要受以下因素影响：

1）最不利立杆的单肢承载力（应为立杆最下段）。

2）施工荷载及层数及脚手板铺设层数。

3）立杆的纵向和横向间距及横杆的步距。

4）拉墙件间距。

5）风荷载等的影响。

（2）计算最不利立杆的单肢承载力，确定单肢立杆承载能力：$N \leqslant \phi A f$。

（3）计算立杆的轴向力，根据施工条件确定荷载等级和层数以及脚手板的层数，计算立杆的轴向力（图 11-60）。

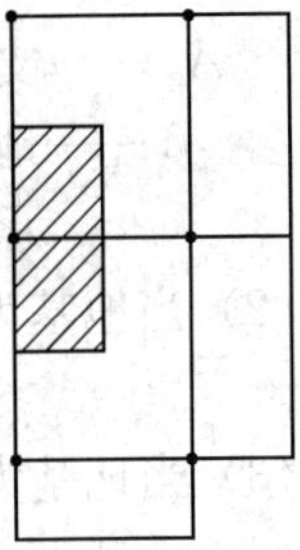

图 11-60 搭设高度计算图

1）脚手板、挡脚板、防护栏杆及外挂密目式安全立网等荷载产生的轴向力 N_{G2}：

$$N_{G2} = m\left(g_2 \frac{l_a l_b}{2} + 0.14 \times l_a\right) + 0.01 l_a H \tag{11-56}$$

式中 m——脚手板层数；

g_2——脚手板单位面积自重（kN/m^2）；

l_a——双排脚手架立杆纵距（m）；

l_b——双排脚手架立杆横距（m）。

2）施工荷载

$$N_{Q1} = n_c Q \frac{l_a l_b}{2} \tag{11-57}$$

式中 n_c——作业层层数；

Q——脚手架作业层均布施工荷载标准值（kN/m）。

（4）每步脚手架自重计算

$$N_{g1} = h t_1 + 0.5 t_2 + t_3 + 0.5 t_4 + 0.5 t_5 \tag{11-58}$$

式中 h——步距（m）；

t_1——立杆每米重量（N/m）；

t_2——横向（小）横杆单件重量（N）；

t_3——纵向横杆单件重量（N）；

t_4——内外立杆间斜杆重量（N）；

t_5——水平斜杆及扣件等重量（N）。

（5）搭设高度计算

不组合风荷载时按下式计算：

$$H \leqslant \frac{[\varphi A f - (1.2 N_{G2} + 1.4 N_{Q1})] h}{1.2 N_{g1}} \tag{11-59}$$

组合风荷载时的 H 按下式计算：

$$H \leqslant \frac{[N_w-(1.2N_{G2}+0.9\times 1.4N_{Q1})]h}{1.2N_{g1}} \tag{11-60}$$

$$N_w = \varphi A\left(f-0.9\frac{M_w}{W}\right) \tag{11-61}$$

3. 地基承载力计算

（1）立杆最小底面积的计算

$$A_g = \frac{N}{f_g} \tag{11-62}$$

式中　A_g——支撑单肢立杆底座面积（m^2）；

f_g——地基承载力设计值（kPa），按地勘报告选用，当地基为回填土时乘以地基承载系数。

（2）当地基为岩石或混凝土时，可不进行计算，但应保证立杆底座与基底均匀传递荷载。

（3）当地基为回填土时，必须分层夯实，并应考虑雨水渗透的影响。地基承载系数：对碎石土、砂土、回填土应取 0.4；对黏土应取 0.5。

（4）当脚手架搭设在结构的楼板、挑台上时，立杆底座应铺设垫板，并应对楼板或挑台等的承载力进行验算。

11.5.2.4　搭设要求

1. 搭设与拆除

（1）施工准备

1）脚手架施工前必须制定施工设计或专项方案，保证其技术可靠和使用安全。经技术审查批准后方可实施。

2）脚手架搭设前工程技术负责人应按脚手架施工设计或专项方案的要求对搭设和使用人员进行技术交底。

3）对进入现场的脚手架构配件，使用前应对其质量进行复检。

4）构配件应按品种、规格分类放置在堆料区内或码放在专用架上，清点好数量备用。脚手架堆放场地排水应畅通，不得有积水。

5）连墙件如采用预埋方式，应提前与设计协商，并保证预埋件在混凝土浇筑前埋入。

6）脚手架搭设场地必须平整、坚实、排水措施得当。

（2）地基与基础处理

1）脚手架地基基础必须按施工设计进行施工，按地基承载力要求进行验收。

2）地基高低差较大时，可利用立杆 0.6m 节点位差调节。

3）土壤地基上的立杆必须采用可调底座。

4）脚手架基础经验收合格后，应按施工设计或专项方案的要求放线定位。

（3）脚手架搭设

1）底座和垫板应准确地放置在定位线上；垫板宜采用长度不少于 2 跨、厚度不小于 50mm 的木垫板；底座的轴心线应与地面垂直。

2）脚手架搭设应按立杆、横杆、斜杆、连墙件的顺序逐层搭设，每次上升高度不大于 3m。底层水平框架的纵向直线度偏差应≤$L/200$；横杆间水平度偏差应≤$L/400$。

3）脚手架的搭设应分阶段进行，第一阶段的撂底高度一般为 6m，搭设后必须经检查验收后方可正式投入使用。

4）脚手架的搭设应与建筑物的施工同步上升，每次搭设高度必须高于即将施工楼层 1.5m。

5）脚手架全高的垂直度偏差应小于 $L/500$，最大允许偏差应小于 100mm。

6）脚手架内外侧加挑梁时，挑梁范围内只允许承受人行荷载，严禁堆放物料。

7）连墙件必须随架子高度上升及时在规定位置处设置，严禁任意拆除。

8）作业层设置应符合下列要求：

① 必须满铺脚手板，外侧应设挡脚板及护身栏杆。

② 护身栏杆可用横杆在立杆的 0.6m 和 1.2m 的碗扣接头处搭设两道。

③ 作业层下的水平安全网应按《建筑施工扣件式钢管脚手架安全技术规范》（JGJ 130）的规定设置。

9）采用钢管扣件作加固件、连墙件、斜撑时应符合《建筑施工扣件式钢管脚手架安全技术规范》（JGJ 130）的有关规定。

10）脚手架搭设到顶时，应组织技术、安全、施工人员对整个架体结构进行全面的检查和验收，及时解决存在的结构缺陷。

（4）脚手架拆除

1）应全面检查脚手架的连接、支撑体系等是否符合构造要求，经按技术管理程序批准后方可实施拆除作业。

2）脚手架拆除前现场工程技术人员应对在岗操作工人进行有针对性的安全技术交底。

3）脚手架拆除时必须划出安全区，设置警戒标志，派专人看管。

4）拆除前应清理脚手架上的器具及多余的材料和杂物。

5）拆除作业应从顶层开始，逐层向下进行，严禁上下层同时拆除。

6）连墙件必须拆到该层时方可拆除，严禁提前拆除。

7）拆除的构配件应成捆用起重设备吊运或人工传递到地面，严禁抛掷。

8）脚手架采取分段、分立面拆除时，必须事先确定分界处的技术处理方案。

9）拆除的构配件应分类堆放，以便于运输、维护和保管。

2. 检查与验收

（1）进入现场的碗扣架构配件应具备以下证明资料：

1）主要构配件应有产品标识及产品质量合格证。

2）供应商应配套提供管材、零件、铸件、冲压件等材质、产品性能检验报告。

（2）构配件进场质量检查的重点：

钢管壁厚；焊接质量；外观质量；可调底座和可调托撑丝杆直径、与螺母配合间隙及材质。

（3）脚手架搭设质量应按阶段进行检验：

1）首段以高度为 6m 进行第一阶段（撂底阶段）的检查与验收。

2）架体应随施工进度定期进行检查；达到设计高度后进行全面的检查与验收。

3）遇 6 级以上大风、大雨、大雪后特殊情况的检查。

4）停工超过一个月恢复使用前。

（4）对整体脚手架应重点检查以下内容：

1）保证架体几何不变性的斜杆、连墙件、十字撑等设置是否完善。

2）基础是否有不均匀沉降，立杆底座与基础面的接触有无松动或悬空情况。

3）立杆上碗扣是否可靠锁紧。

4）立杆连接销是否安装、斜杆扣接点是否符合要求、扣件拧紧程度。

（5）搭设高度在20m以下（含20m）的脚手架，应由项目负责人组织技术、安全及监理人员进行验收；对于高度超过20m的脚手架、超高、超重、大跨度的模板支撑架，应由其上级安全生产主管部门负责人组织架体设计及监理等人员进行检查验收。

（6）脚手架验收时，应具备下列技术文件：

1）施工组织设计及变更文件。

2）高度超过20m的脚手架的专项施工设计方案。

3）周转使用的脚手架构配件使用前的复验合格记录。

4）搭设的施工记录和质量检查记录。

11.5.3　门（框组）式钢管脚手架

以门形、梯形以及其他变化形式钢管框架为基本构件，与连接杆（构）件、辅件和各种功能配件组合而成的脚手架，统称为“框组式钢管脚手架”。采用门形架（简称“门架”）者称为“门式钢管脚手架”，采用梯形架（简称“梯架”）者称为“梯式钢管脚手架”。可用来搭设各种用途的施工作业架子，如外脚手架、里脚手架、满堂脚手架、模板和其他承重支撑架、工作台等。

11.5.3.1　材料规格及用途

1. 基本结构和主要部件

门式钢管脚手架由门式框架（门架）、交叉支撑（十字拉杆）和水平架（平行架、平架）或脚手板构成基本单元（图11-61）。将基本单元相互联结起来并增加梯子、栏杆等部件构成整片脚手架（图11-62）。

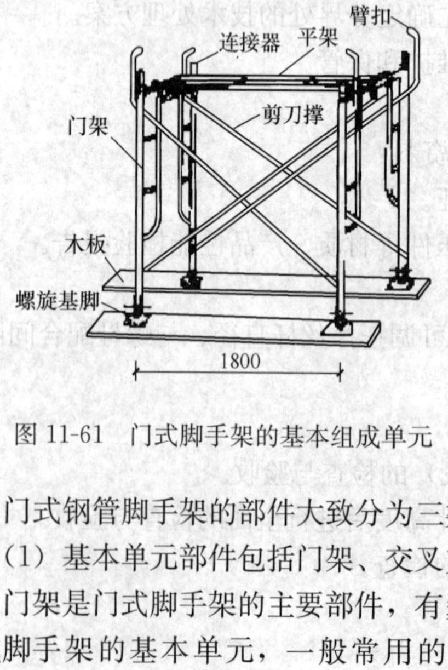

图11-61　门式脚手架的基本组成单元

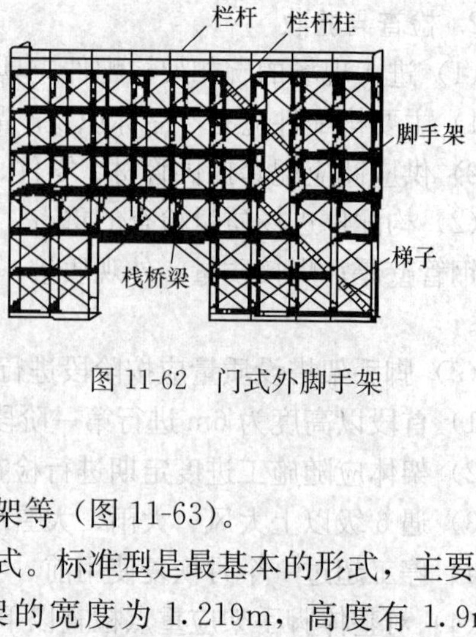

图11-62　门式外脚手架

门式钢管脚手架的部件大致分为三类：

（1）基本单元部件包括门架、交叉支撑和水平架等（图11-63）。

门架是门式脚手架的主要部件，有多种不同形式。标准型是最基本的形式，主要用于构成脚手架的基本单元，一般常用的标准型门架的宽度为1.219m，高度有1.9m和

1.7m。门架的重量，当使用高强薄壁钢管时为13～16kg；使用普通钢管时为20～25kg。

梯形框架（梯架）可以承受较大的荷载，多用于模板支撑架、活动操作平台和砌筑里脚手架，架子的梯步可供操作人员上下平台之用。简易门架的宽度较窄，用于窄脚手板。还有一种调节架，用于调节作业层高度，以适应层高变化时的需要。

门架之间的连接，在垂直方向使用连接棒和锁臂，在脚手架纵向使用交叉支撑，在架顶水平面使用水平架或脚手板。交叉支撑和水平架的规格根据门架的间距来选择，一般多采用1.8m。

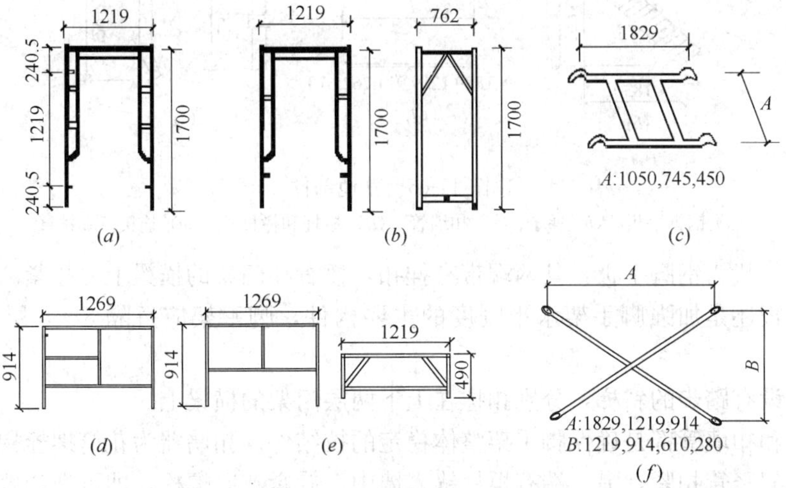

图11-63 基本单元控制

(a) 标准门架；(b) 简易门架；(c) 水平架；(d) 轻型梯形门架；(e) 接高门架；(f) 交叉支撑

(2) 底座和托座底座有三种：可调底座可调高200～550mm，主要用于支模架以适应不同支模高度的需要，脱模时可方便地将架子降下来。用于外脚手架时，能适应不平的地面，可用其将各门架顶部调节到同一水平面上。简易底座只起支承作用，无调高功能，使用它时要求地面平整。带脚轮底座多用于操作平台，以满足移动的需要。

托座有平板和U形两种，置于门架竖杆的上端，多带有丝杠以调节高度，主要用于支模架。底座和托座见图11-64。

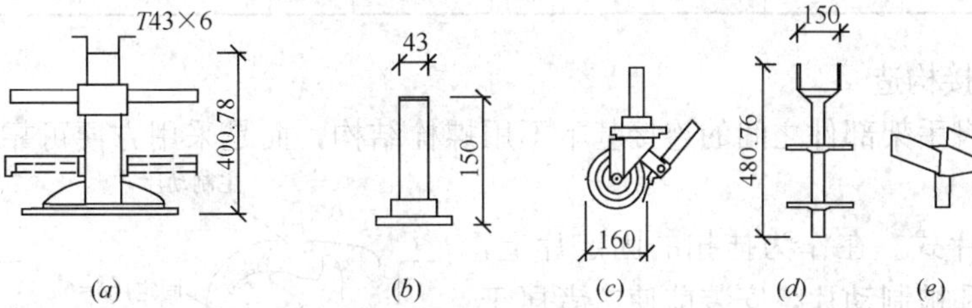

图11-64 底座与托座

(a) 可调底座；(b) 简易底座；(c) 脚轮；(d) 可调U形顶托；(e) 简易U形托

(3) 其他部件有脚手板 、梯子、扣墙器、栏杆、连接棒、锁臂和脚手板托
图11-65所示。

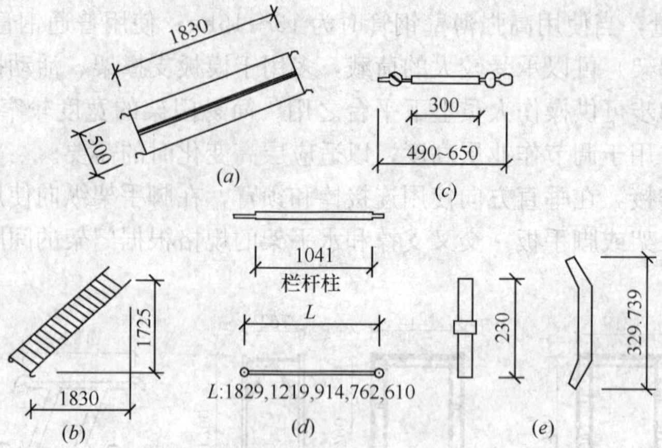

图 11-65　其他部件

(*a*) 钢脚手板；(*b*) 梯子；(*c*) 扣墙管；(*d*) 栏杆和栏杆柱；(*e*) 连接棒和锁臂

脚手板一般为钢脚手板，其两端带有挂扣，搁置在门架的横梁上并扣紧。在这种脚手架中，脚手板还是加强脚手架水平刚度的主要构件，脚手架应每隔 3～5 层设置一层脚手板。

梯子为设有踏步的斜梯，分别扣挂在上下两层门架的横梁上。

扣墙器和扣墙管都是确保脚手架整体稳定的拉结件。扣墙器为花篮螺栓构造，一端带有扣件与门架竖管扣紧，另一端有螺杆锚入墙中，旋紧花篮螺栓，即可把扣墙器拉紧；扣墙管为管式构造，一端的扣环与门架拉紧，另一端为埋墙螺栓或夹墙螺栓，锚入或夹紧墙壁。托架分定长臂和伸缩臂两种形式，可伸出宽度 0.5～1.0m，以适应脚手架距墙面较远时的需要。小桁架（栈桥梁）用来构成通道。

连接扣件亦分三种类型：回转扣、直角扣和筒扣，相同管径或不同管径杆件之间的连接扣件规格见表 11-49。

扣 件 规 格　　**表 11-49**

类型		回转扣			直角扣			筒扣	
规格		ZK-4343	ZK-4843	ZK-4848	JK-4343	JK-4843	JK-4848	TK-4343	TK-4848
扣径（mm）	D_1	43	48	48	43	48	48	43	48
	D_2	43	43	48	43	43	48	43	48

2. 自锚连接构造

门式钢管脚手架部件之间的连接基本不用螺栓结构，而是采用方便可靠的自锚结构。主要形式包括：

(1) 制动片式。在作为挂扣的固定片上，铆上主制动片和被制动片，安装前使二者居于脱开位置，开口尺寸大于门架横梁直径，就位后，将被制动片推至实线位置，主制动片即自行落下，将被制动片卡住，使脚手板（或水平梁架）自锚于门架上（图 11-66）。

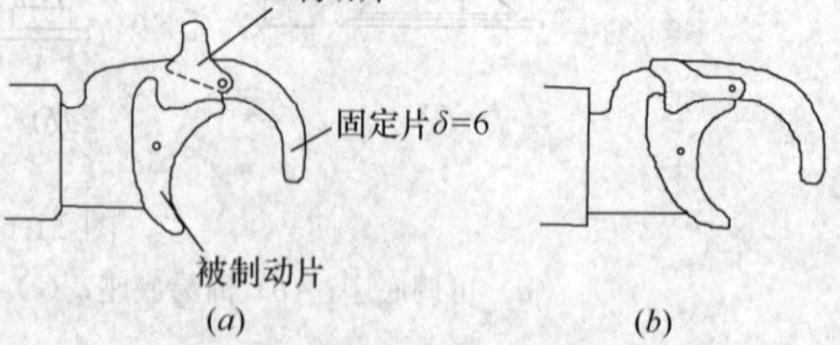

图 11-66　制动片式挂扣

(*a*) 安装前；(*b*) 就位后

(2) 滑动片式。在固定片上设一滑动片，安装前使滑动片位于虚线位置，就位后利用滑动片的自重，将其推下（图 11-67），使开口尺寸缩小以锚住横梁。

另一种滑动片式构造示于图 11-68。挂钩式联结片上设一限位片，安装前置于虚线位置，就位后顺槽滑至实线位置，因限位片受力方向异于滑槽方向达到自锚。这种构造多用于梯子与门架横梁的连接上。

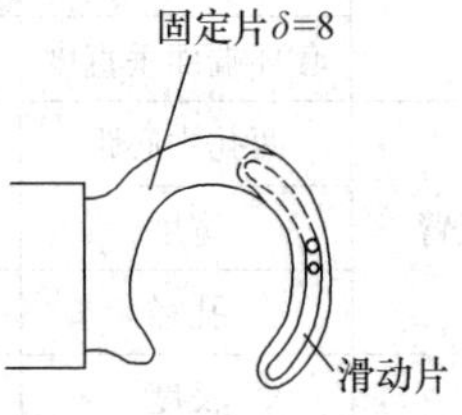

图 11-67 滑动片式挂扣（一）

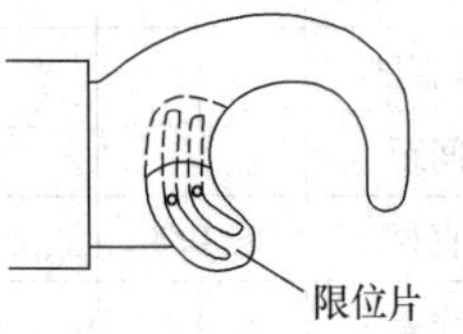

图 11-68 滑动片式挂扣（二）

(3) 弹片式。在门架竖管的连接部位焊一外径为 12mm 的薄壁钢管，其下端开槽，内设刀片式固定片和弹簧片（图 11-69）。安装时将两端钻有孔洞的剪刀撑推入，此时因孔的直径小于固定片外突尺寸而将固定片向内挤压至虚线位置，直至通过后再行弹出，达到自锚。

(4) 偏重片式。在门架竖管上焊一段端头开槽的 $\phi12$ 圆钢，槽呈坡形，上口长 23mm，下口长 20mm，槽内设一偏重片（用 $\phi10$ 圆钢制成厚 2mm，一端保持原直径），在其近端处开一椭圆形孔，安装时置于虚线位置，其端部斜面与槽内斜面相合，不会转动，就位后将偏重片稍向外拉，自然旋转到实线位置达到自锚（图 11-70）。

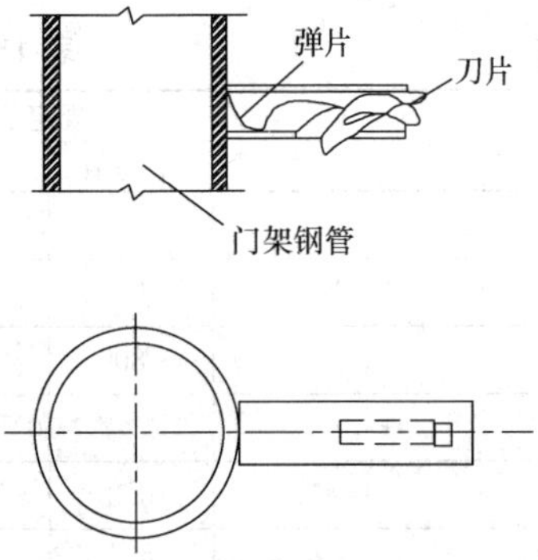

图 11-69 弹片式连接扣

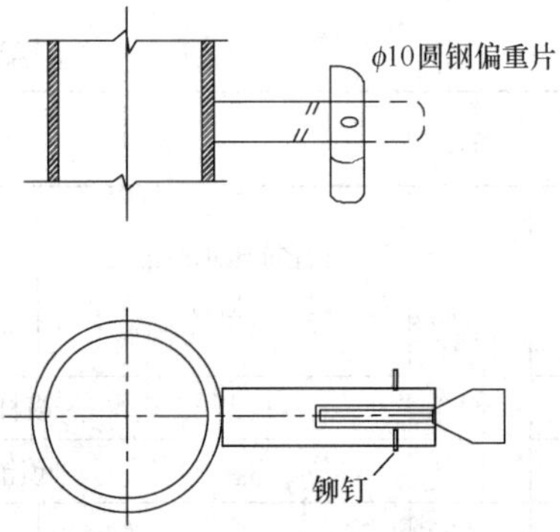

图 11-70 偏重片式锚扣

3. 杆配件的质量和性能要求

(1) 杆配件的一般要求

国产门架及其配件的规格、性能和质量应符合现行行业标准《门式钢管脚手架》(JG13) 的规定进行质量类别判定、维修和使用。

(2) 构配件基本尺寸的允许偏差（表 11-50）

门架、配件基本尺寸的允许偏差　　表 11-50

构配件	项目	允许偏差（mm）		序次	构配件	项目	允许偏差（mm）	
		优良	合格				优良	合格
门架	高度 h	±1.0	±1.5	17	连接棒	长度	±3.0	±5.0
	高度 b（封闭端）			18		套环高度	±1.0	±1.5
	立杆端面垂直度	0.3	0.3	19		套环端面垂直度	0.3	0.3
	销锁垂直度	±1.0	±1.5	20	锁臂	两孔中心距	±1.5	±2.0
	销锁间距			21		宽度	±1.5	±2.0
	销锁直径	±0.3	±0.3	22		孔径	±0.3	±0.5
	对角线差	4	6	23		长度	±3.0	±5.0
	平面度	4	6	24	底座托盘	螺杆的直线度	±1.0	±1.0
	两钢管相交轴线差	±1.0	±2.0	25		手柄端面垂直		
水平架脚手板钢梯	搭钩中心距	±1.5	±2.0	26		度插管、螺杆与底面的垂直度	$L/200$	$L/200$
	宽度	±2.0	±3.0					
	平面度	4	6					
交叉支撑	两孔中间距离	±1.5	±2.0		—	—	—	—
	孔至销钉距离							
	孔直径	±0.3	±0.5					
	孔与钢管轴线	±1.0	±1.5					

（3）门架及配件的性能要求（表 11-51）

门架及配件的性能要求　　表 11-51

项次	名称	项目		规定值	
				平均值	最小值
1	门架	立杆抗压承载能力（kN）	高度 h=1900mm	70	65
2			高度 h=1700mm	75	70
3			高度 h=1500mm	80	75
4		横杆跨中挠度（mm）		10	
5	配件	锁销承载能力（kN）		6.3	6
6		水平架、脚手板	抗弯承载能力（kN）	5.4	5
7			跨中挠度（mm）	10	
8			搭钩（4 个）承载能力（kN）	20	18
9			挡板（4 个）抗脱承载能力（kN）	3.2	3
10		交叉支撑抗压承载能力（kN）		7.5	7
11		连接棒抗拉承载能力（kN）		10	10
12		锁臂	抗拉承载能力（kN）	6.3	6
13			拉伸变形（mm）	2	
14		连墙杆抗拉和抗压承载能力（kN）		10	9
15		可调底座抗压承载能力（kN）	l_1≤200mm	45	40
16			200＜l_1≤250mm	42	38
17			250＜l_1≤300mm	40	36
18			l_1＞300mm	38	34

11.5.3.2　门（框组）式钢管脚手架的形式、特点和构造要求

门（框组）式钢管脚手架有许多用途，除用于搭设内、外脚手架外，还可用于搭设活动工作台、梁板模板的支撑、临时看台和观礼台、临时仓库和工棚以及其他用途的作业架子。

1. 外脚手架

外脚手架的一般形式见图 11-62，门架立杆离墙面净距不宜大于 150mm，否则应采取内挑架板或其他安全封盖措施。上人楼梯段的架设可以集中设置，亦可分开设置（图 11-71）。当施工场地狭窄时，最初几步脚手架可采用宽度较窄的简易门架，使用托架或挑梁过渡到标准门架（图 11-72）。脚手架下部需要留门洞时，可使用栈桥梁搭设，但最多不得超过 3 跨，且架高不宜超过 15 层，并应复算栈桥梁的承载能力。需要设置垂直运输井字架时，井字架应设在脚手架的外侧，进入建筑物的通道可采用扣件式钢管脚手架搭设（图 11-73）。

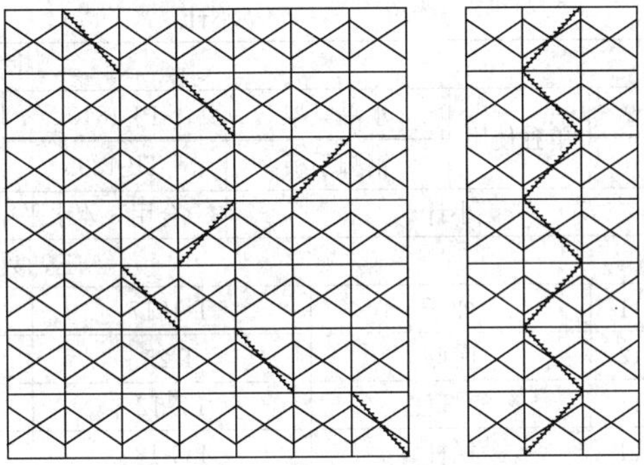

图 11-71　上人楼梯段的设置形式

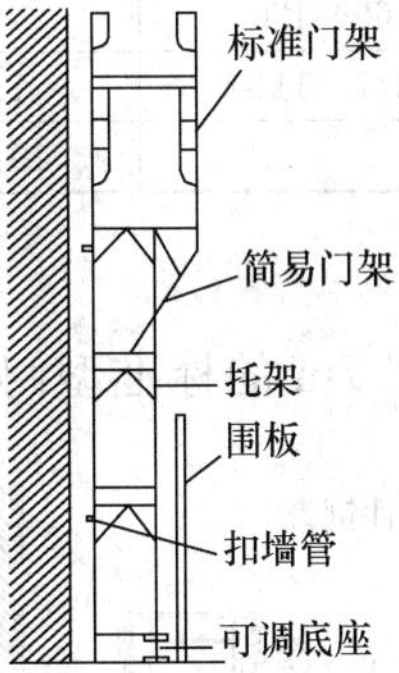

图 11-72　下窄上宽脚手架和托架

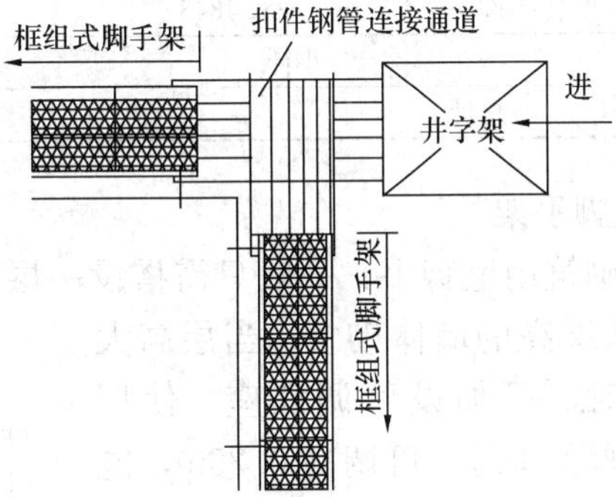

图 11-73　框组式脚手架与井字架的连接

一般外脚手架每 1000m² 墙面的材料用量列于表 11-52（计算标准用量部件时取架长 36.6m，架高 27.3m，即每层用 21 棍门架，共搭设 16 层）。折合为每平方米部件用量为 3.23～4.0 件，重量为 19.44～28.07kg。

1000m² 的外脚手架的材料（部件）用量　　**表 11-52**

序号	部件名称	规格	单重（kg）	数量（件）	总重（kg）
一、标准用量部位					
1	标准门架	MJ-1217	16～24.5	336	5376～8232
2	交叉拉杆	JG-1812	5.2～5.7	640	3328～3648
3	连接棒	JF-2	0.6～0.7	630	410～504
4	锁臂	CB-7	0.65～0.8	630	1229
5	长剪刀撑	ϕ48-80	30.72	40	168
6	回转扣件	ZK-4843	1.4	120	75～120

续表

序号	部件名称	规格	单重（kg）	数量（件）	总重（kg）
7	扣墙管	KG-10	2.5～4	30	42
8	直角扣件	TK-4343	1.4	30	11006～14242
小计				2456	
二、同时使用的部件					
9	单独使用 水平梁架	PJ-1810	14～18.5	320	4480～5920
10	单独使用 钢脚手板	TB-1805	20～22	640	12800～14080
小计		合用 3/4 水平梁架 1/4 钢脚手板		400	6560～7960
三、数量不定的部件					
11	梯子	T-1817	32～41	9～28	288～1148
12	底座	T-25	4.3	13～36	56～155
13	栏杆柱	LZ-12	3.4	13～36	44～122
14	栏杆	LG-18	1.8	24～70	43～126
15	水平加固杆	ϕ48-40	15.36	54～180	829～2765
16	直角扣件	TK-4848	1.4	126～420	176～588
17	接长扣件	ϕ48	1.4	48～160	67～244
18	辅助支撑	ϕ48-25	9.6	30～60	288～576
19	回转扣件	ZK-4843	1.4	60～120	84～168
小计				377～1110	1875～5872
总计				3323～3966	19441～28074

2. 里脚手架

作为砌筑用里脚手，一般只需搭设一层。采用高度为 1.7m 的标准型门架，能适应 3.3m 以下层高的墙体砌筑；当层高大于 3.3m 时，可加设可调底座。使用 DZ-40 可调底座时，可调高 0.25m，能满足 3.6m 层高的砌筑作业；使用 DZ-78 可调底座时，可调高 0.6m，能满足 4.2m 层高作业要求。当层高大于 4.2m 时，可再接一层高 0.9～1.5m 的梯形门架（图 11-74）。由于房间墙壁的长度不一定是门架标准间距 1.83m 的整倍数，一般不能使用交叉拉杆，可使用脚手钢管横杆，其门架间距为 1.2～1.5m，且需铺一般的脚手板。

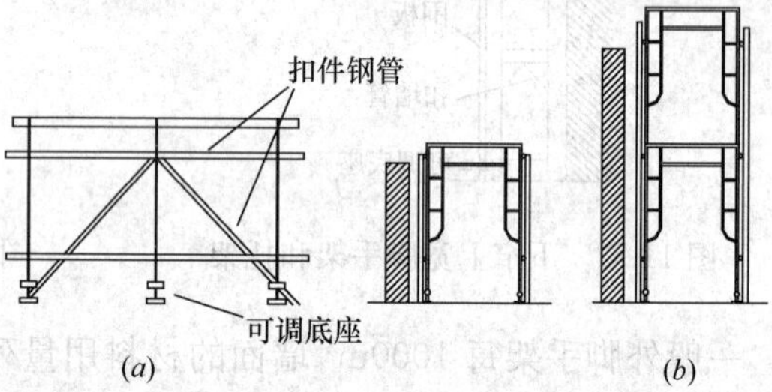

图 11-74　里脚手架

（a）普通里脚手架；（b）高里脚手架

3. 满堂脚手架

将门架按纵排和横排均匀排开，门架间的间距在一个方向上为 1.83m，用剪刀撑连接；另一个方向为 1.5～2.0m，用脚手钢管连接，其上满铺脚手板，其高度的调节方法同里脚手架。当层高大于 5.2m 时，可使用 2 层以上的标准门架搭起，用于宾馆、饭店、展览馆等建筑物的高大的厅堂天棚装修，非常方便（图 11-75）。

4. 活动工作台

使用梯形门架可以搭设组装方便、使用灵活的操作平台，利用门架上的梯步上下，不用搭设上人梯。图 11-76 所示为用二棍架组成，底部设有带丝杠千斤顶的行走轮，可以调节高度。当小平台的操作面积不够时，也可用几排平行梯型门架组成大平台。

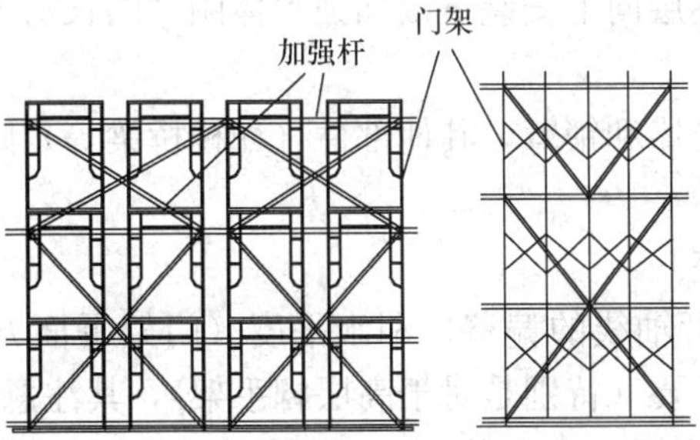

图 11-75 满堂脚手架

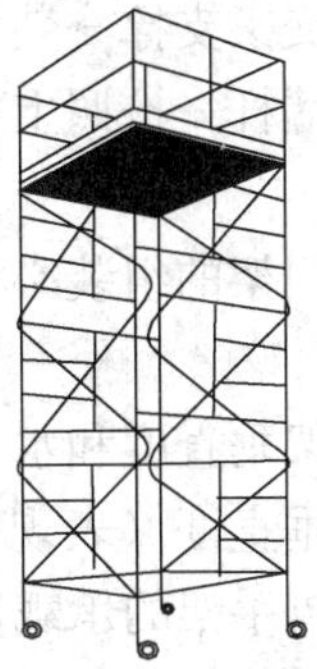
图 11-76 活动操作平台

5. 搭设技术要求和注意事项

(1) 基底处理

应确保地基具有足够的承载力，在脚手架荷载作用下不发生塌陷和显著的不均匀沉降。当采用可调底座时，其地基处理和加设垫板（木）的要求同扣件式钢管脚手架。当不采用可调底座时，必须采取以下三项措施，以确保脚手架的构造和使用要求。

1) 基底必须严格夯实抄平。当基底处于较深的填土层之上或者架高超过 40m 时，应加做厚度不小于 400mm 的灰土层或厚度不小于 200mm 的钢筋混凝土基础梁（沿纵向），其上再加设垫板或垫木。

2) 严格控制第一步门架顶面的标高，其水平误差不得大于 5mm（超出时，应塞垫铁板予以调整）。

3) 在脚手架的下部加设通常的大横杆（ϕ48 脚手管，用异径扣件与门架连接），并不少于 3 步（图 11-77），且内外侧均需设置。

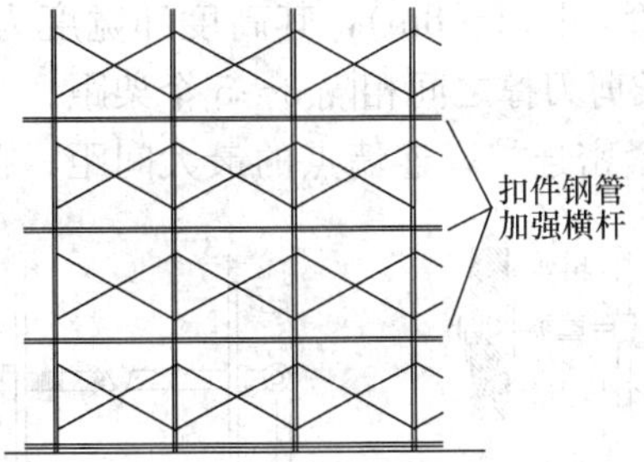

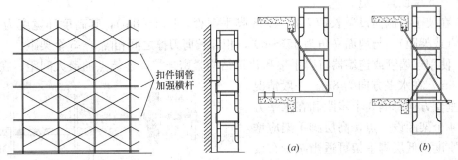

图 11-77 防止不均匀沉降的整体加固做法

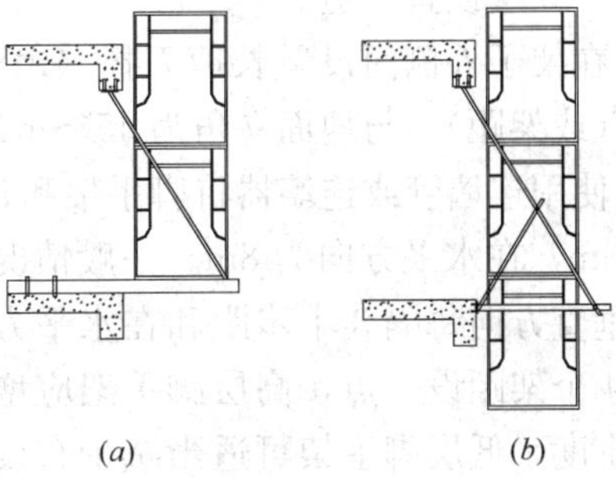

图 11-78 架设的非落地支承形式
(a) 分段搭设构造；(b) 分段卸载构造

(2) 分段搭设与卸载构造的做法

当不能落地架设或搭设高度超过规定（45m 或轻载的 60m）时，可分别采取从楼板伸出支挑构造的分段搭设方式或支挑卸载方式，如图 11-78 所示，或与前述相适合的支挑方式，并经过严格设计（包括对支承建筑结构的验算）后予以实施。

(3) 脚手架搭设程序

一般门式钢管脚手架按以下程序搭设：铺放垫木（板）→拉线、放底座→自一端起立门架并随即装交叉支撑→装水平架（或脚手板）→装梯子→（需要时，装设作加强用的大横杆）装设连墙杆→按照上述步骤，逐层向上安装→装加强整体刚度的长剪刀撑→装设顶部栏杆。

上、下榀门架的组装必须设置连接棒和锁臂，其他部件（如栈桥梁等）则按其所处部位相应装上。

(4) 脚手架垂直度和水平度的调整

脚手架的垂直度（表现为门架竖管轴线的偏移）和水平度（门架平面方向和水平方向）对于确保脚手架的承载性能至关重要（特别是对于高层脚手架），其注意事项为：

1) 严格控制首层门架的垂直度和水平度。在装上以后要逐片地、仔细地调整好，使门架竖杆在两个方向的垂直偏差都控制在 2mm 以内，门架顶部的水平偏差控制在 5mm 以内。随后在门架的顶部和底部用大横杆和扫地杆加以固定。

2) 接门架时上下门架竖杆之间要对齐，对中的偏差不宜大于 3mm。同时，注意调整门架的垂直度和水平度。

3) 及时装设连墙杆，以避免在架子横向发生偏斜。

(5) 确保脚手架的整体刚度

1) 门架之间必须满设交叉支撑。当架高≤45m 时，水平架应至少两步设一道；当架高>45m 时，水平架必须每步设置（水平架可用挂扣式脚手板和水平加固杆替代），其间连接应可靠。

2) 因进行作业需要临时拆除脚手架内侧交叉拉杆时，应先在该层里侧上部加设大横杆，以后再拆除交叉拉杆。作业完毕后应立即将交叉拉杆重新装上，并将大横杆移到下一或上一作业层上。

3) 整片脚手架必须适量设置水平加固杆（即大横杆），前三层宜隔层设置，二层以上则每隔 3～5 层设置一道。

4) 在架子外侧面设置长剪刀撑（ϕ48 脚手钢管，长 6～8m），其高度和宽度为 3～4 个步距（或架距），与地面夹角为 45°～60°，相邻长剪刀撑之间相隔 3～5 个架距。

5) 使用连墙管或连墙器将脚手架和建筑结构紧密连接，连墙点的最大间距，在垂直方向为 6m，在水平方向为 8m。一般情况下，在垂直方向每隔 3 个步距和在水平方向每隔 4 个架距设一点，高层脚手架应增加布设密度，低层脚手架可适当减少布设密度，连墙点间距规定见表 11-1。

连墙点应与水平加固杆同步设置。连墙点的一般做法如图 11-79 所示。

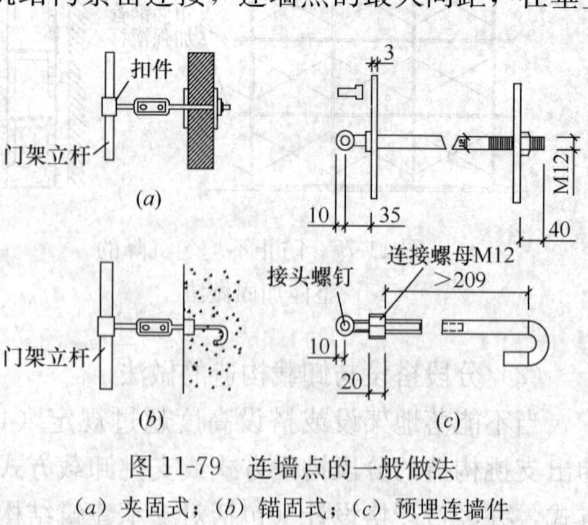

图 11-79　连墙点的一般做法

(a) 夹固式；(b) 锚固式；(c) 预埋连墙件

6) 作好脚手架的转角处理。脚手架在转角之处必须作好连接和与墙拉结，以确保脚手架的整体性，处理方法为：

① 利用回转扣直接把两片门架的竖

管扣接起来。

② 利用钢管（ϕ48 或 ϕ43 均可）和扣件把处于角部两边的门架连接起来，连接杆可沿边长方向或斜向设置（图 11-80）。

另外，在转角处应适当增加连墙点的布设密度。

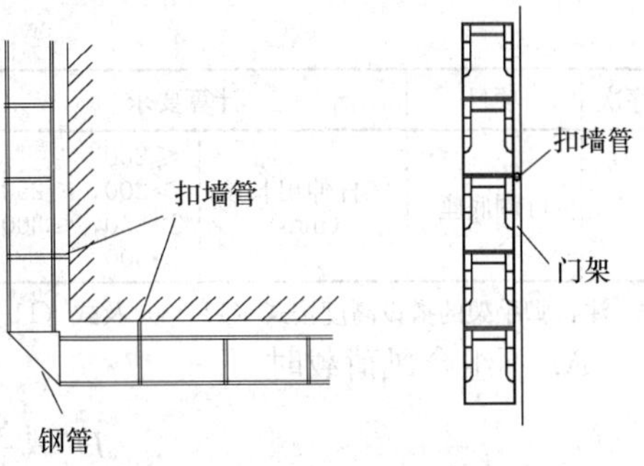

图 11-80 框组式脚手架的转角连接

11.5.3.3 设计计算及常用资料

1. 受力特点和计算要求

（1）主要构件的受力特点

1）脚手板。受自重和施工荷载作用，为受弯构件（按简支梁计算），并传力给门架横梁。

2）门架。门架横梁受脚手板挂扣传来的集中荷载作用，为受弯构件；门架立杆受横梁及其上门架传下来的荷载以及风荷载作用，是压弯构件，但以受轴心压力作用为主。由于门架本身的框架结构，其实际内力情况较为复杂。

3）连墙件。承受风荷载（水平力）、由施工荷载偏心作用引起的倾覆力以及门架平面内整体失稳时的屈曲剪力，后二者不易确定，按 3kN 水平力计算。

4）交叉支撑。它是确保形成稳定构架的支撑件，其设置情况直接影响脚手架的破坏形式和承载能力，必须按构造要求满设，但不必计算。

5）水平架、加固件等。均有其重要作用，按规定设置，也不必计算。

（2）计算项目和要求

门式钢管脚手架的计算项目和要求列于表 11-53 中。

门式钢管脚手架的计算项目和要求　　表 11-53

序次	项目	计算要求	按承载能力极限状态验算	按正常使用极限状态验算
1	挂扣式脚手板	一般不要求验算，但使用荷载（标准值）需满足右栏要求	均布荷载≤$3kN/m^2$；跨中集中荷载≤2kN	挠度≤10mm
2	门架横梁	当门架符合 JG13 产品标准时，不必验算，否则应按右栏要求验算	1）跨中受力 P 的作用： Q235 钢管：P≤12kN STK51 钢管：P≤15kN 2）加强杆上各受 $P/2$ 作用 Q235 钢管：P≤28kN STK51 钢管：P≤35kN	挠度≤10mm
3	交叉支撑和加固杆件	—	—	长细比≤220
4	交叉支撑的刚度	符合产品标准时，不必验算，否则应按右栏要求验算	$I_b/L_b \geqslant 0.3I/h_0$ 式中 I_b 为交叉支撑杆的截面惯性矩；L_b 为交叉支撑杆长度；I 为门架立柱的等效截面惯性矩；h_0 为门架高度	—
5	脚手架稳定	荷载和搭设高度应符合表 11-2 规定，并进行验算	按式（11-25）、（11-26）验算，N_d 按式（11-28）计算	长细比≤150
6	搭设高度		按式（11-59）、（11-60）验算	—

续表

序次	项目	计算要求		按承载能力极限状态验算		按正常使用极限状态验算
7	可调底座	螺杆伸出长度(mm)	≤200 >200，≤250 >250，≤300 >300	底座轴心力设计值 N	≤35kN ≤32kN ≤30kN ≤29kN	长细比≤150

注：脚手架的搭设高度按式（11-63）及式（11-64）计算并且取小值。

A. 不组合风荷载时

$$H=\frac{\varphi Af-1.4\Sigma N_{\mathrm{Qik}}}{1.2(N_{\mathrm{Gk1}}+N_{\mathrm{Gk2}})} \tag{11-63}$$

B. 组合风荷载时

$$H=\frac{\varphi Af-0.9\times1.4\left(\Sigma N_{\mathrm{Qk}}+\frac{2M_{\mathrm{k}}}{b}\right)}{1.2(N_{\mathrm{Gk1}}+N_{\mathrm{Gk2}})} \tag{11-64}$$

式中符号见式（11-26）、式（11-27）注释。

（3）设计指标和计算用表

宽1219mm、高1700mm的标准型门架各杆件采用的管材规格和架重见图11-81和表11-54。

2010年颁布实施的《建筑施工门式钢管脚手架安全技术规范》（JGJ 128—2010）（以下简称"门架规范"）在其附录B中给出的典型的门架几何尺寸及杆件规格如表11-55所示。

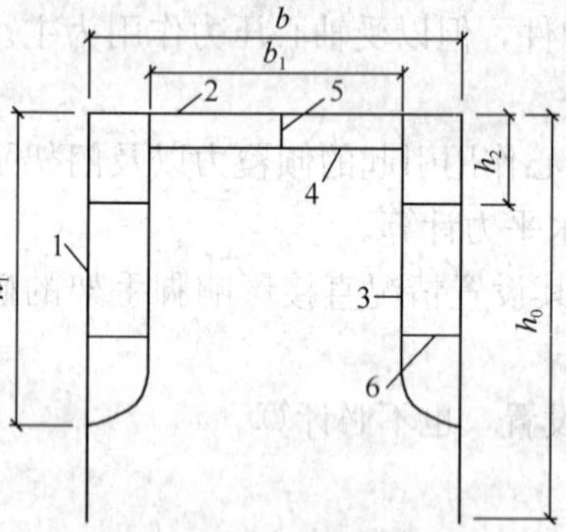

图11-81 标准型门架杆件

注：图中1～6见表11-54

标准型门架的杆件材料和架重 **表11-54**

类别			杆件编号 1	2	3	4	5	6	架重(kg)
日产钢管	普通型(A)	材料	ϕ42.7×2.2	ϕ34×2.2	ϕ27.2×1.9		ϕ27.2×1.9		15.58
		单重(kg)	4.06	2.08	1.79	0.95	0.09	0.19	
	重型(A)	材料	ϕ48.6×2.4	ϕ27.2×1.9	ϕ27.2×1.9		ϕ27.2×1.9		17.57
		单重(kg)	4.66	2.87	1.79	0.95	0.09	0.19	
国产钢管	普通型(A)	材料	ϕ42.25×3.25	ϕ33.5×3.25	ϕ26.75×2.75		ϕ26.75×2.75		20.87
		单重(kg)	5.32	2.9	2.45	1.3	0.13	0.25	
	重型(A)	材料	ϕ48×3.5	ϕ42.25×3.25	ϕ26.75×3.25		ϕ26.75×2.75		24.15
		单重(kg)	6.53	3.76	2.45	1.3	0.13	0.25	

典型的门架 MF1219 的几何尺寸及杆件规格 表 11-55

类别	几何尺寸（mm）					杆件规格（mm）			
	h_0	h_0	h_0	b_0	b_0	1	2	3	4
ϕ42 立杆	1930	1536	80	1219	750	ϕ42×2.5		ϕ26.8×2.5	
ϕ48 立杆	1900	1550	100	1200	800	ϕ48×3.5		ϕ26.8×2.5	

钢材的力学性能及设计指标见表 11-56，国产门架的材质、杆件单重和几何特性见表 11-57。

钢材的力学性能及设计指标 表 11-56

钢材牌号	力学性能			设计指标		
	抗拉强度（N/mm²）	屈服点（N/mm²）	伸长率（%）	抗拉、抗压抗弯强度设计值（N/mm²）	抗剪强度设计值（N/mm²）	端面承压强度设计值（N/mm²）
Q235（3 号钢）	370～460	235	≥26	205	120	310
STK41	≥410	≥235	≥23	205	120	310
STK51	≥510	≥350	≥15	300	175	425

注：STK41、STK51 钢系引入日本钢材的牌号，因在我国有厂家采用，故列入本表。STK41 钢的强度等级与 Q235 相当，STK51 钢的强度等级则与我国的 16Mn（16 锰）钢相当。

国产门架用钢材牌号、钢管单重及钢管截面几何特性 表 11-57

钢管外径（mm）	壁厚（mm）	钢材牌号	单重（kg/m）	截面积（cm²）	截面惯性矩（cm⁴）	截面抵抗矩（cm³）	截面回转半径（cm）
48	3.5	Q235	3.83	4.89	12.19	5.08	1.58
48.6	2.4	STK51	2.73	3.48	9.32	3.83	1.64
42.7	2.4	STK51	2.39	3.04	6.19	2.90	1.43
42.0	2.5	Q235	2.30	3.10	6.08	2.83	1.42
34.0	2.2	STK51	1.73	2.20	2.79	1.64	1.13
27.2	1.9	STK41	1.18	1.51	1.22	0.89	0.90
26.8	2.5	Q235	1.50	1.91	1.42	1.06	0.86

2. “门架规范”（JGJ 128—2010）对 N_d 的计算规定

（1）N_d 计算的规定及其效果

“门架规范”（JGJ 128—2010）也和“扣件架规范”一样，采用将 $\gamma'_R=0.9\gamma'_m$ 转化为对 ϕ 的调整，即门架立杆的稳定系数 ϕ 按 $\lambda=kh_0/i$ 计算，i 按式（11-29）确定，k 值列于表 11-58 中，N_d 计算公式如下：

$$N_d=\phi A_i \tag{11-65}$$

门架立杆 ϕ 值计算中的调整系数 k 表 11-58

脚手架高度（m）	≤30	>30 且≤45	>45 且≤55
k	1.13	1.17	1.22

“门架规范”（JGJ 128—2010）在确定 k 值的推导中取不组合风载情况，γ_G 和 γ_Q 以

其加权平均值 γ_s（>1.2）取代，通过对概率极限状态和容许应力两种设计表达式的比较，得到安全系数 K 与材料强度附加分项系数 γ'_m 的关系式（11-66）：

$$\begin{cases} 0.9(\gamma_G N_{Gk} + \gamma_\theta \Sigma N_{Qik}) \leqslant \varphi \dfrac{f_k}{\gamma_R} \cdot A \cdot \dfrac{1}{\gamma'_m} & \text{(概率极限状态设计)} \\ N_{Gk} + \Sigma N_{Qik} \leqslant \varphi \dfrac{f_k}{K} \cdot A & \text{(容许应力设计)} \end{cases}$$

即

$$\begin{cases} 0.9\gamma_s(N_{Gk} + \Sigma N_{Qik}) \leqslant \varphi \dfrac{f_k}{\gamma_R} \cdot A \cdot \dfrac{1}{\gamma'_m} \\ \gamma_s = \dfrac{\gamma_G N_{Gk} + \gamma Q \Sigma N_{Qik}}{N_{Gk} + \Sigma N_{Qik}} \\ N_{Gk} + \Sigma N_{Qik} \leqslant \varphi \dfrac{f_k}{K} \cdot A \end{cases}$$

则

$$\gamma'_m = \frac{K}{0.9\gamma_R \cdot \gamma_s}$$

$$K = 0.9\gamma_R \cdot \gamma_s \cdot \gamma'_m = \gamma_R \cdot \gamma_s \cdot \gamma'_R \tag{11-66}$$

式中　γ_R——抗力分项系数，$\gamma_R = 1.165$（“门架规范”中为 γ_m）；

γ'_m——材料强度附加分项系数（“门架规范”中为 γ'_R）。

按表 11-58 的 k 值，其所得结果达到 K 值的情况列于表 11-59 中。

门式钢管脚手架设计计算达到的安全系数 K 值　　**表 11-59**

H (m)	k	活载 Q_k (kN/m²)	恒载产生的轴力标准值（kN）		活载产生的轴力标准值 ΣN_{qik}（kN）	γ_s	K
			结构自重 N_{Gk1}	附加重 N_{Gk2}			
45	1.17	2	0.276×45=12.42	0.079×45=3.56	4.39	1.243	1.931
		3			6.59	1.258	1.954
		4			8.79	1.271	1.974
		5			10.98	1.281	1.99
55	1.22	2	0.276×55=15.18	0.079×55=4.345	4.39	1.234	2.054
		3			6.59	1.247	2.075

“门架规范”按以上计算给出的一榀门架的稳定承载力设计值列入表 11-60 中。

一榀 MF1219 门架的稳定承载力设计值 N'_d　　**表 11-60**

门架代号		MF1219	
项　目		设计参数	
		ϕ42×2.5 立杆门架	ϕ48×2.5 立杆门架
门架高度 h_0（mm）		1930	1900
立杆加强杆高度 h_1（mm）		1536	1550
立杆换算截面回转半径 i（cm）		1.525	1.652
立杆长细比 λ	$H \leqslant 45$m	148	135
	45<$H \leqslant 55$m	154	140

续表

门架代号		MF1219	
项　目		设计参数	
		ϕ42×2.5 立杆门架	ϕ48×2.5 立杆门架
立杆稳定系数 ϕ	$H\leqslant45$m	0.316 (0.235)	0.371 (0.280)
	$45<H\leqslant55$m	0.294 (0.218)	0.349 (0.261)
钢材强度设计值 f (N/mm^2)		205 (300)	205 (300)
门架稳定承载力设计值 N_d (kN)	$H\leqslant45$m	40.16 (43.71)	74.38 (82.15)
	45m$<H\leqslant55$m	37.37 (40.55)	69.97 (76.58)

（2）k 的调整效果

k 对于 φ 的调整效果，应相当于 $\gamma'_R=0.9\gamma'_m$ 对于 $f=\dfrac{f_k}{\gamma_R}$ 的调整效果。当取门架立杆 $\lambda=kh_0/i$ 时的稳定系数为 φ，取 φ_1 为 $\lambda=h_0/i$ 时的稳定系数，则有 $k=\lambda/\lambda_1$ 和 $\gamma'_R=\varphi_1/\varphi_2$。将相应于表 11-59 计算的 k、φ、γ'_R和 K 值列入表 11-61 中。由表中可以看出，k 值按三个高度段的取值依 1.13、1.17 和 1.22 的顺序，对 $K\geqslant2.0$ 的要求由不足到满足。若将 1.13 和 1.17 分别调为 1.15 和 1.18，则更加符合安全情况。但上述推导未考虑组合风荷载的情况，当考虑风荷载时，还会存在变化的误差情况。

由于取系数 k 是为了对应"统一规定"中的系数 γ'_m，只是计算进行简化，且可能出现 $K<2.0$ 的情况，故在计算时应保留适当余地，使其达到 $K\geqslant2.0$ 的要求。

门式钢管脚手架计算参数和效果分析表　　表 11-61

f_k (N/mm^2)	搭设高度 H (m)	k	立杆	λ	φ	λ_1	φ_1	γ_R	K	γ_s 的最低值
205	$\leqslant30$	1.13	ϕ42	143	0.336	126.56	0.414	1.232	1.435γ_s	1.394
			ϕ48	130	0.396	115	0.483	1.22	1.421γ_s	1.408
	31～45	1.17	ϕ42	148	0.316	126.56	0.414	1.31	1.526γ_s	1.311
			ϕ48	135	0.371	115	0.483	1.301	1.516γ_s	1.319
	46～55	1.22	ϕ42	154	0.294	126.56	0.414	1.408	1.640γ_s	1.22
			ϕ48	140	0.34	115	0.483	1.421	1.655γ_s	1.208
300	$\leqslant30$	1.13	ϕ42	143	0.251	126.56	0.315	1.255	1.462γ_s	1.368
			ϕ48	130	0.3	115	0.375	1.25	1.456γ_s	1.374
	31～45	1.17	ϕ42	148	0.235	126.56	0.315	1.34	1.561γ_s	1.281
			ϕ48	135	0.28	115	0.375	1.399	1.560γ_s	1.282
	46～55	1.22	ϕ42	154	0.218	126.56	0.315	1.445	1.683γ_s	1.188
			ϕ48	140	0.261	115	0.375	1.437	1.674γ_s	1.195

注：1. $K=\gamma_R\cdot\gamma'_R\cdot\gamma_s=1.165\gamma'_R\cdot\gamma_s$；

2. γ_s 的最低值为 $K=2.0$ 时的 γ_s 值。

11.5.3.4 搭设要求

1. 搭设与拆除

(1) 施工准备

1) 脚手架搭设前，工程技术负责人应按本规程和施工组织设计要求向搭设和使用人员做技术和安全作业要求的交底。

2) 对门架、配件、加固件应按要求进行检查、验收；严禁使用不合格的门架、配件。

3) 对脚手架的搭设场地应进行清理、平整，并做好排水措施。

4) 地基基础施工应按规定和施工组织设计要求进行。基础上应先弹出门架立杆位置线，垫板、底座安放位置应准确。

(2) 搭设

1) 搭设门架及配件应符合下列规定：

① 交叉支撑、水平架、脚手板、连接棒和锁臂的设置应符合要求。

② 不配套的门架与配件不得混合使用于同一脚手架。

③ 门架安装应自一端向另一端延伸，并逐层改变搭设方向，不得相对进行。搭完一步架后，应按要求检查并调整其水平度与垂直度。

④ 交叉支撑、水平架或脚手板应紧随门架的安装及时设置。

⑤ 连接门架与配件的锁臂、搭钩必须处于锁住状态。

⑥ 水平架或脚手板应在同一步内连续设置，脚手板应满铺。

⑦ 底层钢梯的底部应加设钢管并用扣件扣紧在门架的立杆上，钢梯的两侧均应设置扶手，每段梯可跨越两步或三步门架再行转折。

⑧ 栏板（杆）、挡脚板应设置在脚手架操作层外侧、门架立杆的内侧。

2) 加固杆、剪刀撑等加固件的搭设除应符合要求外，尚应符合下列规定：

① 加固杆、剪刀撑必须与脚手架同步搭设。

② 水平加固杆应设于门架立杆内侧，剪刀撑应设于门架立杆外侧并连牢。

3) 连墙件的搭设除应符合要求外，尚应符合下列规定：

① 连墙件的搭设必须随脚手架搭设同步进行，严禁滞后设置或搭设完毕后补做。

② 当脚手架操作层高出相邻连墙件以上两步时，应采用确保脚手架稳定的临时拉结措施，直到连墙件搭设完毕后方可拆除。

③ 连墙件宜垂直于墙面，不得向上倾斜，连墙件埋人墙身的部分必须锚固可靠。

④ 连墙件应连于上、下两榀门架的接头附近。

4) 加固件、连墙件等与门架采用扣件连接时应符合下列规定：

① 扣件规格应与所连钢管外径相匹配。

② 扣件螺栓拧紧扭力矩宜为 50～60N・m，并不得小于 40N・m。

③ 各杆件端头伸出扣件盖板边缘长度不应小于 100mm。

5) 脚手架应沿建筑物周围连续、同步搭设升高，在建筑物周围形成封闭结构；如不能封闭时，在脚手架两端应增设连墙件。

2. 检查与验收

(1) 脚手架搭设完毕或分段搭设完毕，应按规定对脚手架工程的质量进行检查，经检查合格后方可交付使用。

(2) 高度在 20m 及 20m 以下的脚手架，应由单位工程负责人组织技术安全人员进行检查验收。高度大于 20m 的脚手架，应由上一级技术负责人随工程进行分阶段组织单位工程负责人及有关的技术人员进行检查验收。

(3) 验收时应具备下列文件：

1) 根据要求所形成的施工组织设计文件。

2) 脚手架构配件的出厂合格证或质量分类合格标志。

3) 脚手架工程的施工记录及质量检查记录。

4) 脚手架搭设过程中出现的重要问题及处理记录。

5) 脚手架工程的施工验收报告。

(4) 脚手架工程的验收，除查验有关文件外，还应进行现场检查，检查应着重以下各项，并记入施工验收报告。

1) 构配件和加固件是否齐全，质量是否合格，连接和挂扣是否紧固可靠。

2) 安全网的张挂及扶手的设置是否齐全。

3) 基础是否平整坚实、支垫是否符合规定。

4) 连墙件的数量、位置和设置是否符合要求。

5) 垂直度及水平度是否合格。

(5) 脚手架搭设的垂直度与水平度允许偏差应符合表11-62的要求。

脚手架搭设垂直度与水平度允许偏差　　**表11-62**

项　目		允许偏差（mm）
垂直度	每步架	h/1000 及±2.0
	脚手架整体	H/600 及±50
水平度	一跨距内水平架两端高差	±l/600 及±3.0
	脚手架整体	±L/600 及±50

注：h—步距；H—脚手架高度；l—跨距；L—脚手架长度。

3. 拆除

(1) 脚手架经单位工程负责人检查验证并确认不再需要时，方可拆除。

(2) 拆除脚手架前，应清除脚手架上的材料、工具和杂物。

(3) 拆除脚手架时，应设置警戒区和警戒标志，并由专职人员负责警戒。

(4) 脚手架的拆除应在统一指挥下，按后装先拆、先装后拆的顺序及下列安全作业的要求进行：

1) 脚手架的拆除应从一端走向另一端、自上而下逐层地进行。

2) 同一层的构配件和加固件应按先上后下、先外后里的顺序进行，最后拆除连墙件。

3) 在拆除过程中，脚手架的自由悬臂高度不得超过两步，当必须超过两步时，应加设临时拉结。

4) 连墙杆、通长水平杆和剪刀撑等，必须在脚手架拆卸到相关的门架时方可拆除。

5) 工人必须站在临时设置的脚手板上进行拆卸作业，并按规定使用安全防护用品。

6) 拆除工作中，严禁使用榔头等硬物击打、撬挖，拆下的连接棒应放入袋内，锁臂应先传递至地面并放室内堆存。

7) 拆卸连接部件时，应先将锁座上的锁板与卡钩上的锁片旋转至开启位置，然后开始拆除，不得硬拉，严禁敲击。

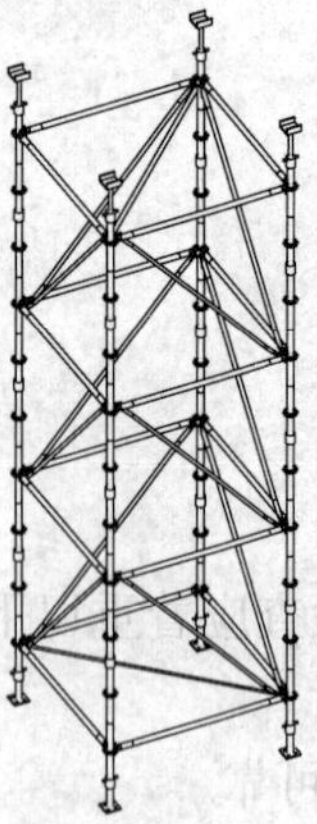
图 11-82　盘扣式钢管支架

8）拆下的门架、钢管与配件，应成捆用机械吊运或由井架传送至地面，防止碰撞，严禁抛掷。

11.5.4　盘扣式脚手架

承插型盘扣式钢管支架由立杆、水平杆、斜杆、可调底座及可调托座等构配件构成。立杆采用套管插销连接，水平杆采用盘扣、插销方式快速连接（简称速接），并安装斜杆，形成结构几何不变体系的钢管支架（图 11-82）。

11.5.4.1　材料规格及用途

1. 材料规格及组成

承插型盘扣式钢管支架由立杆、水平杆、斜杆、可调底座及可调托座等构配件构成。立杆采用套管插销连接，水平杆采用盘扣、插销方式快速连接（简称速接），并安装斜杆，形成结构几何不变体系的钢管支架（图 11-83）。盘扣式脚手架的规格见表 11-63。

承插型盘扣式钢管支架主要构、配件种类及规格　　表 11-63

名称	型　号	规格（mm）	材质	设计重量（kg）
立　杆	A-LG-500	ϕ60×3.2×500	Q345A	3.40
	A-LG-1000	ϕ60×3.2×1000	Q345A	6.36
	A-LG-1500	ϕ60×3.2×1500	Q345A	9.31
	A-LG-2000	ϕ60×3.2×2000	Q345A	12.27
	A-LG-2500	ϕ60×3.2×2500	Q345A	15.23
	A-LG-3000	ϕ60×3.2×3000	Q345A	18.19
	B-LG-500	ϕ48×3.2×500	Q345A	2.70
	B-LG-1000	ϕ48×3.2×1000	Q345A	5.03
	B-LG-1500	ϕ48×3.2×1500	Q345A	7.36
	B-LG-2000	ϕ48×3.2×2000	Q345A	9.69
	B-LG-2500	ϕ48×3.2×2500	Q345A	12.02
	B-LG-3000	ϕ48×3.2×3000	Q345A	14.35
水平杆	A-SG-300	ϕ48×2.5×240	Q235B	1.67
	A-SG-600	ϕ48×2.5×540	Q235B	2.58
	A-SG-900	ϕ48×2.5×840	Q235B	3.50
	A-SG-1200	ϕ48×2.5×1140	Q235B	4.41
	A-SG-1500	ϕ48×2.5×1440	Q235B	5.33
	A-SG-1800	ϕ48×2.5×1740	Q235B	6.24
	A-SG-2000	ϕ48×2.5×1940	Q235B	6.85
	B-SG-300	ϕ42×2.5×240	Q235B	2.23
	B-SG-600	ϕ42×2.5×540	Q235B	3.04
	B-SG-900	ϕ42×2.5×840	Q235B	3.84
	B-SG-1200	ϕ42×2.5×1140	Q235B	4.65
	B-SG-1500	ϕ42×2.5×1440	Q235B	5.45
	B-SG-1800	ϕ42×2.5×1740	Q235B	6.25
	B-SG-2000	ϕ42×2.5×1940	Q235B	6.78

续表

名称	型 号	规格（mm）	材质	设计重量（kg）
竖向斜杆	A-XG-300×1000	ϕ48×2.5×1058	Q195	2.88
	A-XG-300×1500	ϕ48×2.5×1555	Q195	3.82
	A-XG-600×1000	ϕ48×2.5×1136	Q195	3.03
	A-XG-600×1500	ϕ48×2.5×1609	Q195	3.92
	A-XG-900×1000	ϕ48×2.5×1284	Q195	3.31
	A-XG-900×1500	ϕ48×2.5×1715	Q195	4.12
	A-XG-900×2000	ϕ48×2.5×2177	Q195	4.99
	A-XG-1200×1000	ϕ48×2.5×1481	Q195	3.68
	A-XG-1200×1500	ϕ48×2.5×1866	Q195	4.40
	A-XG-1200×2000	ϕ48×2.5×2297	Q195	5.22
	A-XG-1500×1000	ϕ48×2.5×1709	Q195	4.11
	A-XG-1500×1500	ϕ48×2.5×2050	Q195	4.75
	A-XG-1500×2000	ϕ48×2.5×2411	Q195	5.43
	A-XG-1800×1000	ϕ48×2.5×1956	Q195	4.57
	A-XG-1800×1500	ϕ48×2.5×2260	Q195	5.15
	A-XG-1800×2000	ϕ48×2.5×2626	Q195	5.84
	A-XG-2000×1000	ϕ48×2.5×2129	Q195	4.90
	A-XG-2000×1500	ϕ48×2.5×2411	Q195	5.55
	A-XG-2000×2000	ϕ48×2.5×2756	Q195	6.34
	B-XG-300×1000	ϕ33×2.3×1057	Q195	2.88
	B-XG-300×1500	ϕ33×2.3×1555	Q195	3.82
	B-XG-600×1000	ϕ33×2.3×1131	Q195	3.02
	B-XG-600×1500	ϕ33×2.5×1606	Q195	3.91
	B-XG-900×1000	ϕ33×2.3×1277	Q195	3.29
	B-XG-900×1500	ϕ33×2.3×1710	Q195	4.11
	B-XG-900×2000	ϕ33×2.3×2173	Q195	4.99
	B-XG-1200×1000	ϕ33×2.3×1472	Q195	3.66
	B-XG-1200×1500	ϕ33×2.3×1859	Q195	4.39
	B-XG-1200×2000	ϕ33×2.3×2291	Q195	5.21
	B-XG-1500×1000	ϕ33×2.3×1699	Q195	4.09
	B-XG-1500×1500	ϕ33×2.3×2042	Q195	4.74
	B-XG-1500×2000	ϕ33×2.3×2402	Q195	5.42
	B-XG-1800×1000	ϕ33×2.3×1946	Q195	4.56
	B-XG-1800×1500	ϕ33×2.3×2251	Q195	5.13
	B-XG-1800×2000	ϕ33×2.3×2618	Q195	5.83
	B-XG-2000×1000	ϕ33×2.3×2119	Q195	4.88
	B-XG-2000×1500	ϕ33×2.3×2411	Q195	5.53
	B-XG-2000×2000	ϕ33×2.3×2756	Q195	6.32

续表

名称	型　号	规格（mm）	材质	设计重量（kg）
水平斜杆	A-SXG-900×900	ϕ48×2.5×1224	Q235B	4.67
	A-SXG-900×1200	ϕ48×2.5×1452	Q235B	5.36
	A-SXG-900×1500	ϕ48×2.5×1701	Q235B	6.12
	A-SXG-1200×1200	ϕ48×2.5×1649	Q235B	5.96
	A-SXG-1200×1500	ϕ48×2.5×1873	Q235B	6.64
	A-SXG-1500×1500	ϕ48×2.5×2073	Q235B	7.25
	B-SXG-900×900	ϕ42×2.5×1224	Q235B	4.87
	B-SXG-900×1200	ϕ42×2.5×1452	Q235B	5.48
	B-SXG-900×1500	ϕ42×2.5×1701	Q235B	6.15
	B-SXG-1200×1200	ϕ42×2.5×1649	Q235B	6.01
	B-SXG-1200×1500	ϕ42×2.5×1873	Q235B	6.61
	B-SXG-1500×1500	ϕ42×2.5×2073	Q235B	7.14
可调托座	A-ST-500	ϕ48×6.3×500	Q235B	7.12
	A-ST-600	ϕ48×6.3×600	Q235B	7.60
	B-ST-500	ϕ38×5.0×500	Q235B	4.38
	B-ST-600	ϕ38×5.0×600	Q235B	4.74
可调底座	A-XT-500	ϕ48×6.3×500	Q235B	5.67
	A-XT-600	ϕ48×6.3×600	Q235B	6.15
	B-XT-500	ϕ38×5.0×500	Q235B	3.53
	B-XT-600	ϕ38×5.0×600	Q235B	3.89

注：1. 立杆规格为ϕ60×3.2mm的为A型承插型盘扣式钢管支架；立杆规格为ϕ48×3.2mm的为B型承插型盘扣式钢管支架；

2. A-SG、B-SG为水平杆，适用于A型、B型承插型盘扣式钢管支架；

3. A-SXG、B-SXG为斜杆，适用于A型（B型）承插型盘扣式钢管支架。

2. 用途

根据具体施工要求，能组成多种组架尺寸的单排、双排脚手架、支撑架、支撑柱、物料提升架施工装备，尤其在户外大型临时舞台、体育场、大型观看台、大型广告架、会展施工中遇曲线布置时，更突显出模块式拼装灵活多变。

3. 主要构配件及材质性能

（1）主要构配件

1）盘扣节点构成：由焊接于立杆上的八角盘、水平杆杆端扣接头和斜杆杆端扣接头组成（图11-83）。

2）水平杆和斜杆的杆端扣接头的插销必须与八角盘具有防滑脱构造措施。

3）立杆盘扣节点宜按0.5m模数设置。

4）每节段立杆上端应设有接长用立杆连接套管及连接销孔。

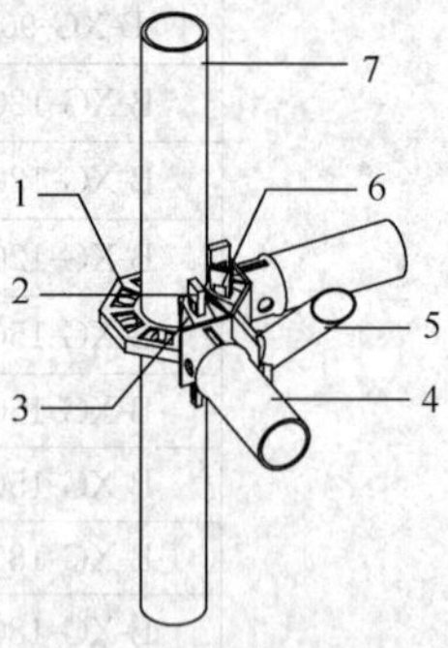

图11-83　盘扣节点

1—八角盘；2—扣接头插销；3—水平杆杆端扣接头；4—水平杆；5—斜杆；6—斜杆杆端扣接头；7—立杆

(2) 材质性能

1) 承插型盘扣式钢管支架的构配件除有特殊要求外，其材质应符合《低合金高强度结构钢》(GB/T 1591)、《碳素结构钢》(GB/T 700) 以及《一般工程用铸造碳钢件》(GB/T 11352) 的规定，各类支架主要构配件材质应符合表 11-64 的规定。

承插型盘扣式钢管支架主要构配件材质表 表 11-64

型号	立杆	水平杆	竖向斜杆	水平斜杆	八角盘、调节手柄、扣接头、插销	连接套管	可调底座 可调托座
A型 B型	Q345A	Q235B	Q195	Q235B	ZG230-450	ZG230-450 或 20号无缝钢管	Q235B

2) 所用钢管允许偏差应符合表 11-65 的规定。

钢管允许偏差 (mm) 表 11-65

公称外径 D	管体外径允许偏差	壁厚允许偏差
$D \leqslant 48$	+0.2 −0.1	±0.1
$D > 48$	+0.3 −0.1	

3) 八角盘、扣接头、插销以及调节手柄采用碳素铸钢制造，其材料机械性能不得低于《一般工程用铸造碳钢件》(GB/T 11352) 中牌号为 ZG230−450 的屈服强度、抗拉强度、延伸率的要求。八角盘的厚度不得小于 8mm，允许尺寸偏差±0.5mm。铸钢件应符合 GB/T 11352 规定要求。

4) 八角盘、连接套管应与立杆焊接连接，横杆扣接头以及水平斜杆扣接头应与水平杆焊接连接，竖向斜杆扣接头应与立杆八角盘扣接连接。杆件焊接制作应在专用工装上进行，各焊接部位应牢固可靠。焊丝应采用符合《气体保护电弧焊用碳钢、低合金钢焊丝》(GB/T 8110) 中气体保护电弧焊用碳钢、低合金钢焊丝的要求，有效焊缝高度不应小于 3.5mm。

5) 立杆连接套管有铸钢套管和无缝钢管套管两种形式。对于铸钢套管形式，立杆连接套长度不应小于 90mm，外伸长度不应小于 75mm；对于无缝钢管套管形式，立杆连接套长度不应小于 160mm，外伸长度不应小于 110mm。套管内径与立杆钢管外径间隙不应大于 2mm。

6) 立杆与立杆连接的连接套上应设置立杆防退出销孔，承插型盘扣式钢管支架销孔直径为 ϕ14mm，立杆连接销直径为 ϕ12mm。

7) 构配件外观质量应符合以下规定要求：

① 钢管应无裂纹、凹陷、锈蚀，不得采用接长钢管。

② 钢管应平直，直线度允许偏差为管长的 1/500，两端面应平整，不得有斜口、毛刺。

③ 铸件表面应光整，不得有砂眼、缩孔、裂纹、浇冒口残余等缺陷，表面粘砂应清

除干净。

④ 冲压件不得有毛刺、裂纹、氧化皮等缺陷。

⑤ 各焊缝有效焊缝高度应符合规定，且焊缝应饱满，焊药清除干净，不得有未焊透、夹砂、咬肉、裂纹等缺陷。

⑥ 可调底座和可调托座的螺牙宜采用梯形牙，A 型管宜配置 ϕ48 丝杆和调节手柄、B 型管宜配置 ϕ38 丝杆和调节手柄。可调底座和可调托座的表面应镀锌，镀锌表面应光滑，在连接处不得有毛刺、滴瘤和多余结块。架体杆件及构配件表面应镀锌或涂刷防锈漆，涂层应均匀、牢固。

⑦ 主要构配件上的生产厂标识应清晰。

8）可调底座及可调托座丝杆与螺母旋合长度不得小于 4～5 牙，可调托座插入立杆内的长度必须符合规定，可调底座插入立杆内的长度应符合规定。

11.5.4.2　盘扣式脚手架的形式、特点和构造要求

1. 模板支撑架

（1）模板支撑架应根据施工方案计算得出的立杆排架尺寸选用水平杆，并根据支撑高度组合套插的立杆段、可调托座和可调底座。

（2）搭设高度不超过 8m 的满堂模板支架时，支架架体四周外立面向内的第一跨每层均应设置竖向斜杆，架体整体最底层以及最顶层均应设置竖向斜杆，并在架体内部区域每隔 4～5 跨由底至顶均设置竖向斜杆（图 11-84）或采用扣件钢管搭设的大剪刀撑（图 11-85）。满堂模板支架的架体高度不超过 4m 时，可不设置顶层水平斜杆，架体高度超过 4m 时，应设置顶层水平斜杆或钢管剪刀撑。

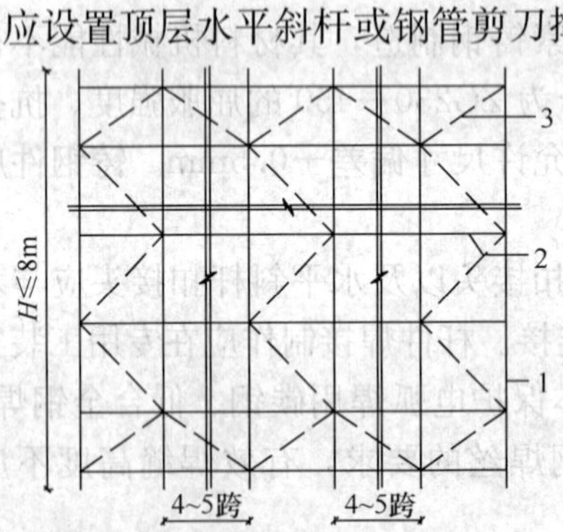

图 11-84　满堂架高度不大于 8m 斜杆设置立面图

1—立杆；2—水平杆；3—斜杆

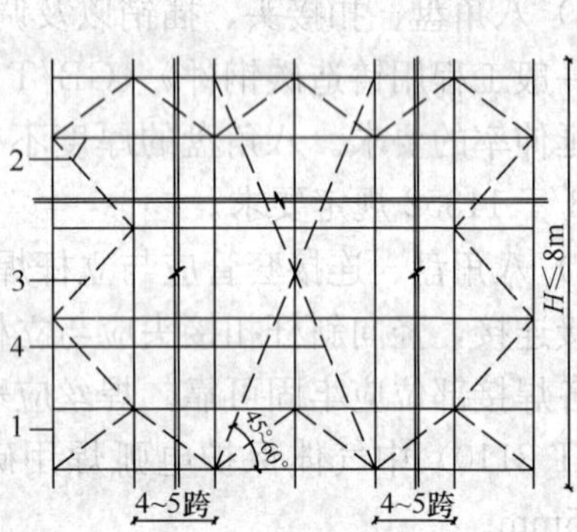

图 11-85　满堂架高度不大于 8m 剪刀撑设置立面图

1—立杆；2—水平杆；3—斜杆；4—大剪刀撑

（3）搭设高度超过 8m 的满堂模板支架时，竖向斜杆应满布设置，并控制水平杆的步距不得大于 1.5m，沿高度每隔 3～4 个标准步距设置水平层斜杆或钢管大剪刀撑（图 11-86），并应与周边结构形成可靠拉结。对于长条状的独立高支模架，应控制架体总高度与架体的宽度之比 H/B 不大于 5（图 11-87），否则应扩大下部架体宽度，或者按有关规定验算，并按照验算结果采取设置缆风绳等加固措施。

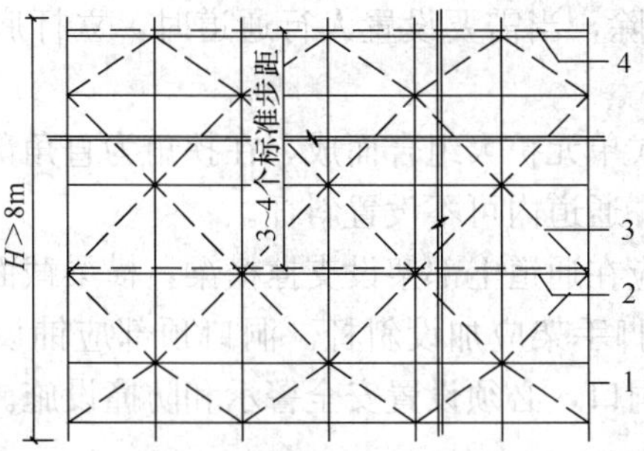

图 11-86 满堂架高度大于 8m 水平斜杆设置立面图

1—立杆；2—水平杆；3—斜杆；4—水平层斜杆或大剪刀撑

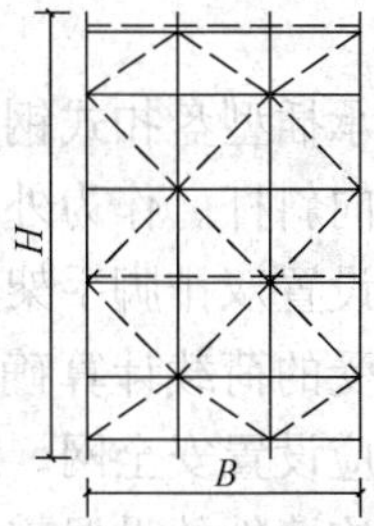

图 11-87 条状支模架的高宽比

(4) 模板支撑架搭设成独立方塔架时，每个侧面每步均应设竖向斜杆。当有防扭转要求时，可在顶层及每隔 3～4 步增设水平层斜杆或钢管剪刀撑（图 11-88）。

(5) 模板支撑架必须严格控制立杆可调托座的伸出顶层水平杆的悬臂长度（图 11-89），严禁超过 650mm，架体最顶层的水平杆步距应比标准步距缩小一个盘扣间距。

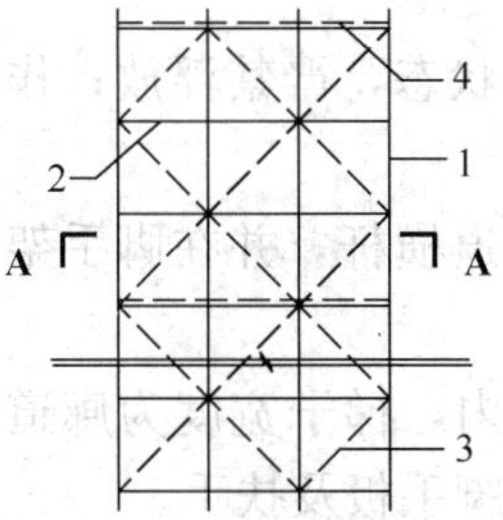

图 11-88 独立支模塔架

1—立杆；2—水平杆；3—斜杆；4—水平层斜杆

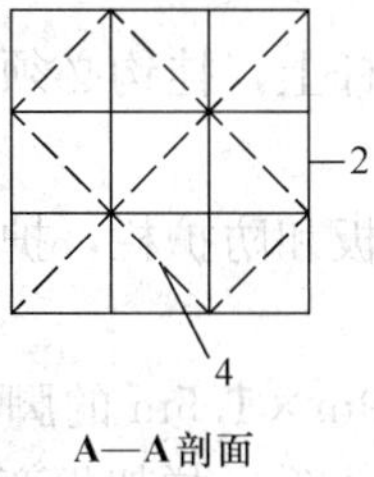

图 11-89 立杆带可调托座伸出顶层水平杆的悬臂长度

1—可调托座；2—立杆悬臂端；3—顶层水平杆

(6) 模板支撑架应设置扫地水平杆，可调底座调节螺母离地高度不得大于 300mm，作为扫地杆的水平杆离地高度应小于 550mm，架体底部的第一层步距应比标准步距缩小一个盘扣间距，并可间隔抽除第一层水平杆形成施工人员进入通道。

(7) 模板支撑架应与周围已建成的结构进行可靠连接。

(8) 模板支撑架体内设置人行通道时，应在通道上部架设支撑横梁，横梁截面大小应按跨度以及承受的荷载确定。通道两侧支撑梁的立杆间距应根据计算结果设置，通道周围的模板支撑架应连成整体（图 11-90）。洞口顶部应铺设封闭的防护板，两侧应设置安全网。通行机动车的洞口，必须设置安全警示和防撞设施。

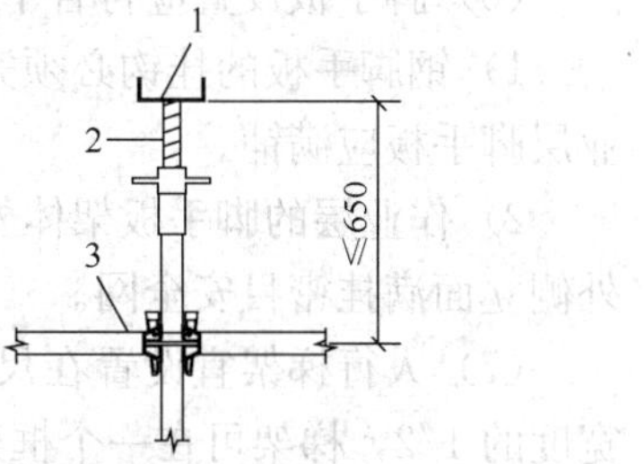

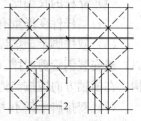

图 11-90 模板支撑架人行通道设置图

1—支撑横梁；2—立杆加密

2. 双排外脚手架

(1) 用承插型盘扣式钢管支架搭设双排脚手架时可根据使用要求选择架体几何尺寸，相邻水平杆步距宜选用 2m，立杆纵距宜选用 1.5m，立杆横距宜选用 0.9m。

(2) 脚手架首层立杆应采用不同长度的立杆交错布置，错开应不小于500mm，底部水平杆严禁拆除，当需要设置人行通道时，立杆底部应配置可调底座。

（3）承插型盘扣式钢管支架是由塔式单元扩大组合而成，在拐角为直角部位应设置立杆间的竖向斜杆。作为外脚手架使用时，通道内可不设置斜杆。

（4）设置双排脚手架人行通道时，应在通道上部架设支撑横梁，横梁截面大小应按跨度以及承受的荷载计算确定，通道两侧脚手架应加设斜杆。洞口顶部应铺设封闭的防护板，两侧应设置安全网。通行机动车的洞口，必须设置安全警示和防撞设施。

（5）连墙件的设置应符合下列规定：

1）连墙件必须采用可承受拉、压荷载的刚性杆件。连墙件与脚手架立面及墙体应保持垂直，同一层连墙件应在同一平面，水平间距不应大于3跨。

2）连墙件应设置在有水平杆的盘扣节点旁，连接点至盘扣节点距离不得大于300mm；采用钢管扣件作连墙杆时，连墙杆应采用直角扣件与立杆连接。

3）当脚手架下部暂不能搭设连墙件时应用扣件钢管搭设抛撑。抛撑杆应与脚手架通长杆件可靠连接，与地面的倾角在45°～60°之间，抛撑应在连墙件搭设后方可拆除。

（6）脚手板设置应符合下列规定：

1）钢脚手板的挂钩必须完全落在水平杆上，挂钩必须处于锁住状态，严禁浮放；作业层脚手板应满铺。

2）作业层的脚手板架体外侧应设挡脚板和防护栏，护栏应设两道横杆，并在脚手架外侧立面满挂密目安全网。

（7）人行梯架宜设置在尺寸不小于0.9m×1.5m的脚手架框架内，梯子宽度为廊道宽度的1/2，梯架可在一个框架高度内折线上升；梯架拐弯处应设置脚手板及扶手。

11.5.4.3　设计计算及常用资料

1. 基本设计规定

（1）本结构设计按概率极限状态设计法要求，以分项系数设计表达式进行设计。

（2）承插型盘扣式钢管支架的架体结构设计应保证整体结构形成几何不变体系。

（3）受弯构件的挠度不应超过表11-66中规定的容许值。

受弯构件的容许挠度　　**表11-66**

构件类别	容许挠度
受弯构件	$l/150$ 和10mm

（4）立杆的长细比[λ]不得大于210，水平杆、斜杆[λ]不应大于250。

（5）当杆件变形量有控制要求时，应按照正常使用极限状态验算其变形量。

（6）双排脚手架搭设高度不宜大于24m。沿架体外侧纵向应每层设一根斜杆（图11-91）或安装钢管剪刀撑（图11-92），以保证沿纵轴方向形成两片几何不变体系的网格结构，在横轴方向应按与连墙件支撑作用共同计算分析。

（7）双排脚手架不考虑风荷载时，立杆应按承受垂直荷载杆件计算，当考虑风荷载作用时应按压弯杆件计算。

（8）脚手架不挂密目网或帆布时，可不进行风荷载计算；当脚手架采用密目安全网、帆布或其他方法封闭时，应按挡风面积进行计算。

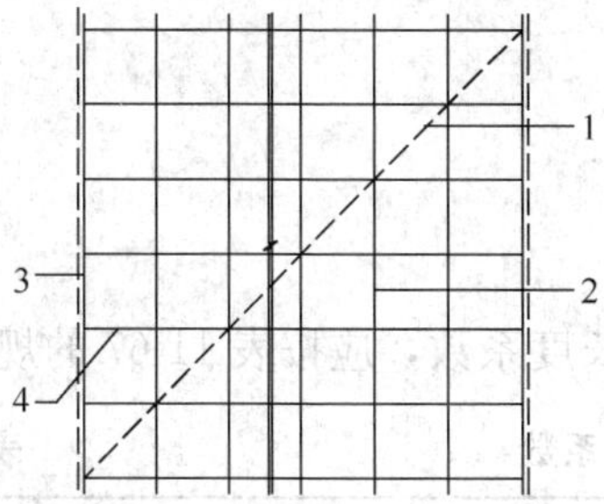

图 11-91 双排脚手架每层设一根斜杆
1—斜杆；2—立杆；3—两端竖向斜撑；
4—水平杆

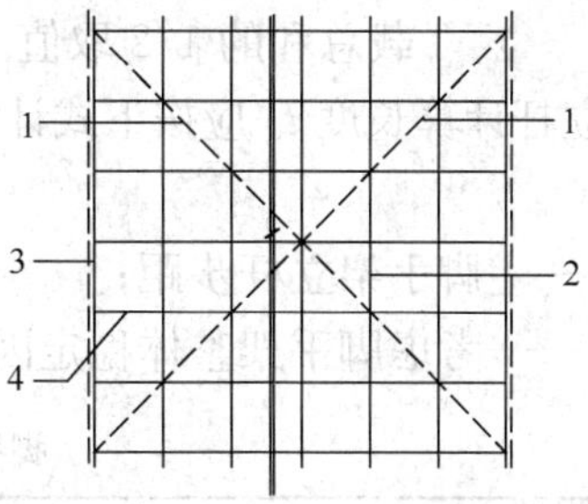

图 11-92 双排脚手架扣件钢管剪刀撑
1—钢管剪刀撑；2—立杆；3—两端竖向斜撑；
4—水平杆

2. 专项施工方案设计

(1) 专项施工方案设计应包括以下内容：

1) 工程概况：应说明所应用对象的主要情况，模板支撑架应按结构设计平面图说明需支模的结构情况以及支架需要搭设的高度；外脚手架应说明所建主体结构形式及高度，平面形状和尺寸。

2) 架体结构设计和计算应按以下步骤进行：

第一步：制定架体方案。

第二步：荷载计算及架体验算。架体验算应包括立杆稳定性验算，脚手架连墙件承载力验算以及基础承载力验算。

第三步：绘制架体结构布置的平面图、立面图、剖面图，模板支撑架应绘制支架顶部梁、板模板支撑架节点构造详图及支撑架与已建结构的拉结或水平支撑构造详图。脚手架应绘制连墙件构造详图。

3) 说明混凝土浇筑程序及方法。

4) 说明结构施工流水步骤，并编制构配件用料表及供应计划。

5) 说明架体搭设、使用和拆除方法。

6) 保证质量安全的技术措施。高大支模架另应通过专家组论证和编制相应的应急预案。

(2) 架体的构造设计尚应符合有关规定。

3. 地基承载力计算

地基承载力具体计算详见 11.4.5.4 小节。

4. 双排外脚手架计算

(1) 无风荷载时，单立杆承载验算应按下列公式计算：

1) 立杆轴向力设计值应按下式计算：

$$N = 1.2(N_{G1k} + N_{G2k}) + 1.4\Sigma N_{Qk} \tag{11-67}$$

式中 N_{G1k}——脚手架结构自重标准值产生的轴力；

N_{G2k}——构配件自重标准值产生的轴力；

ΣN_{Qk}——施工荷载标准值产生的轴力总和，内外立杆可按一纵距（跨）内施工荷载总和的 1/2 取值。

2）立杆计算长度 l_0 应按下式计算：

$$l_0 = \mu h \tag{11-68}$$

式中 h——脚手架立杆步距；

μ——考虑脚手架整体稳定因素的单杆计算长度系数，应按表 11-67 的规定确定。

脚手架立杆计算长度系数　表 11-67

类别	连墙件布置	
	2 步 3 跨	3 步 3 跨
双排架	1.48	1.72

3）单立杆稳定性应按下式计算：

$$N \leqslant \varphi A f \tag{11-69}$$

式中 N——计算立杆段的轴向力设计值；

φ——轴心受压构件的稳定系数；

f——钢材的抗拉、抗压和抗弯强度设计值。

（2）组合风荷载时单肢立杆承载力应按下列公式计算：

1）立杆轴向力设计值应按下式计算：

$$N = 1.2(N_{G1k} + N_{G2k}) + 0.9 \times 1.4 \Sigma N_{Qk} \tag{11-70}$$

2）立杆压弯强度应按下式计算：

$$\frac{N}{\varphi A} + \frac{M_W}{W} \leqslant f \tag{11-71}$$

3）立杆段风荷载弯矩设计值应按下式计算：

$$M_W = 0.9 \times 1.4 M_{Wk} = \frac{0.9 \times 1.4 \omega_k l_a h^2}{10} \tag{11-72}$$

式中 M_W——由风荷载设计值产生的立杆段弯矩；

ω_k——风荷载标准值；

l_a——立杆纵距；

W——立杆截面模量。

（3）连墙件计算

连墙件的具体计算详见 11.4.5.3 小节。

11.5.4.4 盘扣式脚手架的操作要求

1. 施工准备

（1）模板支撑架及脚手架施工前应根据施工对象情况、地基承载力、搭设高度，按照规程编制专项施工方案，保证架体构造合理，荷载传力路线直接明确，技术可靠和使用安全，并应经审核批准后方可实施。

（2）搭设操作人员必须经过专业技术培训及专业考试合格，持证上岗。模板支撑架及脚手架搭设前工程技术负责人应按专项施工方案的要求对搭设作业人员进行技术和安全作业交底。

(3) 应对进入施工现场的钢管支架及构配件进行验收，使用前应对其外观进行检查，并核验其检验报告以及出厂合格证，严禁使用不合格的产品。

(4) 经验收合格的构配件应按品种、规格分类码放，宜标挂数量、规格铭牌备用。构配件堆放场地排水应畅通，无积水。

(5) 采用预埋方式设置脚手架连墙件时，应确保预埋件在混凝土浇筑前埋入。

2. 地基与基础处理

(1) 模板支撑架及脚手架搭设场地必须平整，且必须坚实，排水措施得当。支架地基与基础必须结合搭设场地条件综合考虑支架承担荷载、搭设高度的情况，应按现行国家标准《建筑地基基础工程施工质量验收规范》(GB 50202) 的有关规定进行。

(2) 直接支承在土体上的模板支撑架及脚手架，立杆底部应设置可调底座，土体应采取压实、铺设块石或浇筑混凝土垫层等加固措施防止不均匀沉陷；也可在立杆底部垫设垫板，垫板宜采用长度不少于2跨，厚度不小于50mm的木垫板，也可采用槽钢、工字钢等型钢。

(3) 地基高低差较大时，可利用立杆八角盘盘位差配合可调底座进行调整，使相邻立杆上安装的同一根水平杆的八角盘在同一水平面。

3. 双排外脚手架搭设与拆除

(1) 脚手架立杆应定位准确，搭设必须配合施工进度，一次搭设高度不应超过相邻连墙件以上两步。

(2) 连墙件必须随架子高度上升在规定位置处设置，严禁任意拆除。

(3) 作业层设置应符合下列要求：

1) 必须满铺脚手板，脚手架外侧应设挡脚板及护身栏杆；护身栏杆可用水平杆在立杆的0.5m和1.0m的盘扣接头处搭设两道，并在外侧满挂密目安全网。

2) 作业层与主体结构间的空隙应设置马槽网。

(4) 加固件、斜杆必须与脚手架同步搭设。采用扣件钢管作加固件、斜撑时，应符合《建筑施工扣件式钢管脚手架安全技术规程》(JGJ 130) 有关规定。

(5) 架体搭设至顶层时，立杆高出搭设架体平台面或混凝土楼面的长度不应小于1000mm，用作顶层的防护立杆。

(6) 脚手架可分段搭设、分段使用，应由工程项目技术负责人组织相关人员进行验收，符合专项施工方案后方可使用。

(7) 脚手架应经单位工程负责人确认不再需要并签署拆除许可令后方可拆除。

(8) 脚手架拆除时必须划出安全区，设置警戒标志，派专人看管。

(9) 拆除前应清理脚手架上的器具及多余的材料和杂物。

(10) 脚手架拆除必须按照后装先拆、先装后拆的原则进行，严禁上下同时作业。连墙件必须随脚手架逐层拆除，严禁先将连墙件整层或数层拆除后再拆脚手架，分段拆除高度差应不大于两步，如高度差大于两步，必须增设连墙件加固。

(11) 拆除的脚手架构件应保证安全地传递至地面，严禁抛掷。

11.6　常用非落地式与移动式脚手架的设置、构造、设计和使用

非落地式脚手架包括悬挑式脚手架、附着式升降脚手架、吊篮等脚手架，这些类型脚手架由于主要采用悬挑、附着、吊挂方式设置，避免了落地式脚手架用材多、搭设工作量大的缺点，因而特别适合高层建筑的结构与外装饰施工使用，以及不便或是不必搭设落地式脚手架的情况。

11.6.1　悬挑式脚手架

悬挑式脚手架系利用建筑结构外边缘向外伸出的悬挑构架作施工上部结构，或作外装修用的外脚手架。脚手架的荷载全部或大部分传递给已施工完的下部建筑物承受。它是由钢管挑架或型钢支承架、扣件式钢管脚手架及连墙件等组合而成。这种脚手架要求必须有足够的强度、刚度和稳定性，并能将脚手架的荷载有效传给建筑结构。

11.6.1.1　悬挑式脚手架的形式、特点和构造要求

1. 悬挑式脚手架的形式与特点

悬挑式脚手架的形式构造，大致可分为四类：

（1）钢管式悬挑脚手架

采用钢管在每层楼搭设外伸钢管架施工上部结构，包括支模、绑钢筋、浇筑混凝土，并且可用于外墙砌筑以及外墙装修作业。图 11-93 为钢管搭设悬挑脚手架的三种型式。其中 a 型系在已完结构楼层上设悬挑钢管，下层设钢管斜撑形成外伸的悬挑架以施工上层结构的形式，可挑设 1～2 层向上周转施工；b 型系利用支模钢管架将横杆外挑出柱外，下部加设钢管斜撑，组成挑架形成双排外架，进行边梁及边柱的支模和现浇混凝土，可挑设 2～3 层量并周转向上；c 型系在建筑物边部门窗洞口位置搭设钢管悬挑架，主要用作外装饰施工使用。

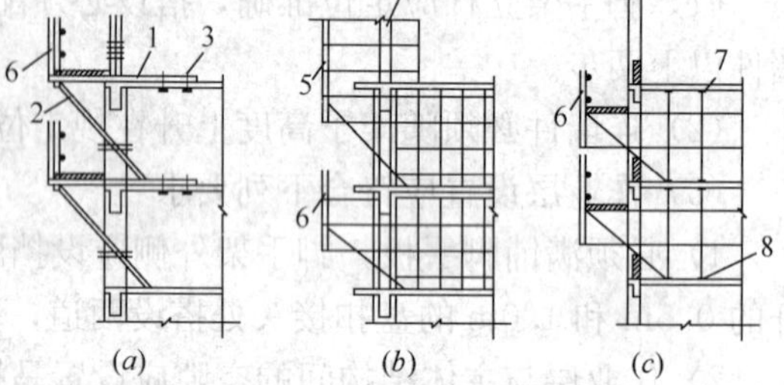

图 11-93　钢管式悬挑外脚手架

（*a*）a 型；（*b*）b 型；（*c*）c 型

1—悬挑脚手钢管；2—钢管斜撑；3—锚固用 U 形螺栓或钢筋拉环；4—现浇钢筋混凝土；5—悬挑管架；6—安全网；7—木垫板；8—木楔

钢管搭设的悬挑脚手架的优点是：材料简单，利用常规脚手钢管材料即可；搭设方便，每次只搭设 2～3 层流水作业，可节省大量材料。

（2）悬臂钢梁式悬挑脚手架

系用一根型钢（工字钢、槽钢）作悬挑梁，内伸入端部通过连接件同楼面预埋件固定。在钢梁外伸的悬挑段上方搭设双排外脚手架以施工上部结构的脚手架形式，上部脚手架搭设方法与一般扣件式钢管外脚手架相同，并按要求设置连墙件（图 11-94）。型钢挑梁的布置可按照立杆的纵距布置，也可在挑钢梁上立杆位置设置连梁，再搭设上部脚手架。脚手架的高度（或分段搭设高度）不宜超过 20m。这种形式的悬挑脚手架其优点在于

搭设简便，节省材料，便于周转使用。存在问题主要是外挑悬臂钢梁为压弯杆件，需要有较大的承载能力，故选用型钢截面较大，钢材用量较多，且笨重。

(3) 下撑式钢梁悬挑脚手架

系采用型钢（工字钢、槽钢）焊接三角桁架作为悬挑支承架，支架的上下支点与建筑主体结构连接固定，以形成悬挑支承结构。在支承架的上部搭设双排外脚手架（图11-95），脚手架搭设方法与一般扣件式钢管外脚手架相同，并按要求设置连墙点，脚手架的高度（或分段搭设高度）不宜超过24m。支架水平钢梁可按照悬臂钢梁式悬挑脚手架的钢梁伸入结构楼板的锚固方式，也可在结构边缘预埋钢板将钢梁端部与之点焊连接，也可随结构混凝土浇筑直接将钢梁浇进结构柱、墙内锚固。这种脚手架受力合理，安全可靠，节省材料。存在问题主要是三角架的斜撑为受压杆件，其承载能力由压杆的稳定性控制，因而需用较大截面的型钢，钢材用量较多，且较为笨重。

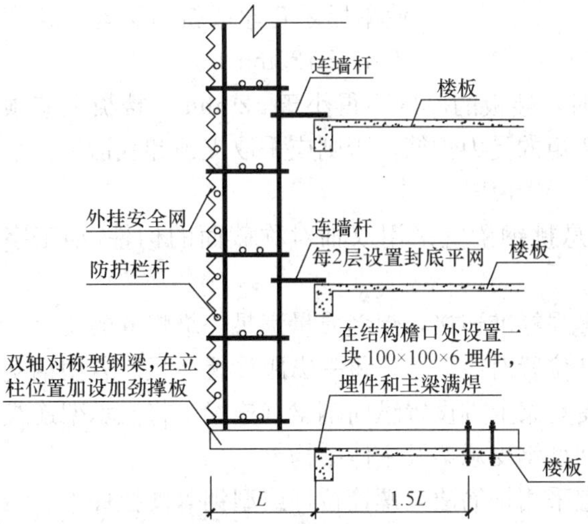

图11-94 悬臂钢梁式悬挑脚手架

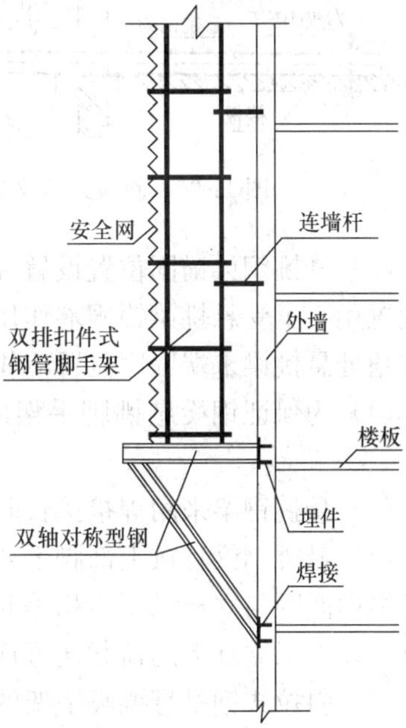

图11-95 下撑式钢梁悬挑脚手架

(4) 斜拉式钢梁悬挑脚手架

系采用型钢（工字钢、槽钢）作梁挑出，外挑端部加设钢丝绳或硬拉杆（钢筋法兰螺栓拉杆或型钢）斜拉，组成悬挑支承结构，在其上方搭设双排扣件式钢管脚手架（图11-96），脚手架搭设方法与一般扣件式钢管外脚手架相同，并按要求设置连墙点，脚手架的高度（或分段搭设高度）不宜超过24m。这种脚手架搭设较下撑式悬挑脚手架简便、快速，由于其挑出端支承杆件是斜拉索（或硬拉杆），其承载能力由拉杆的强度控制，因此，型钢挑梁截面较小，能节省35%钢材，且自重轻，装、拆省工省时。但应注意采用钢丝绳作斜拉的形式，由于钢丝绳为柔性材料，受力不均匀，变形较大，难以保证上部架体的垂直度以及与型钢梁的协同工作效能。

2. 悬挑脚手架的构造要求

(1) 悬挑脚手架的悬挑梁制作采用的型钢，其型号、规格、锚固端和悬挑端尺寸的选

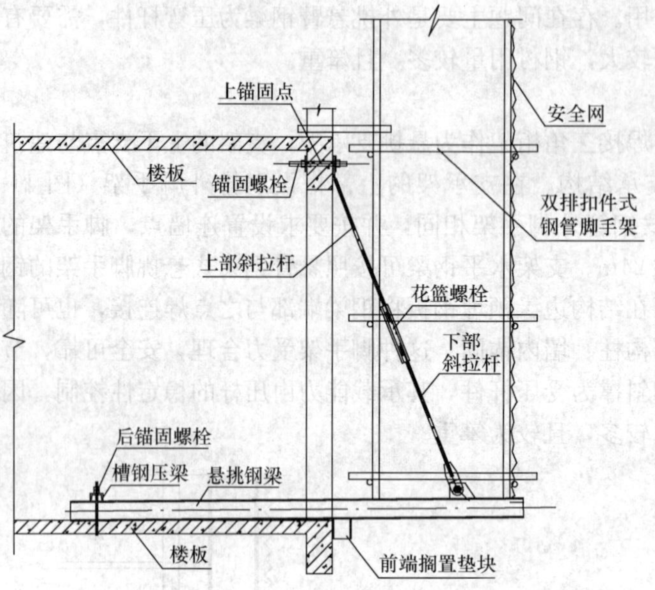

图 11-96　斜拉式钢梁悬挑脚手架

用应经设计计算确定，与建筑结构连接应采用水平支承于建筑梁板结构上的形式，锚固端长度应不小于 2.5 倍的外挑长度。

（2）钢梁悬挑脚手架的型钢支承架与主体混凝土结构连接必须可靠，其固定可采用预埋件焊接固定、预埋螺栓固定等方式（如由不少于两道的预埋 U 形螺栓与压板采用双螺母固定，螺杆露出螺母应不少于 3 扣），连接强度应经计算确定。预埋 U 形螺栓宜采用冷弯成型，螺栓丝扣应采用机床加工并冷弯成型，不得使用板牙套丝或挤压滚丝，长度不小于 120mm。

（3）悬挑钢梁锚固位置设置在楼板上时，楼板的厚度不得小于 120mm；楼板上应预先配置用于承受悬挑梁锚固端作用引起负弯矩的受力钢筋，否则应采取支顶卸载措施，平面转角处悬挑梁末端锚固位置应相互错开。

（4）为保证钢梁悬挑脚手架的稳定，悬挑钢梁宜采用双轴对称截面的构件，如工字钢等。

（5）悬挑钢梁采用焊接接长时，应按等强标准连接，焊缝质量满足一级焊缝的要求。

（6）悬挑钢梁宜按上部脚手架架体立杆位置对应设置，每一纵距设置一根。若型钢支承架纵向间距与立杆纵距不相等时，可在支承架上方设置纵向钢梁（连梁）将支承架连成整体，以确保立杆上的荷载通过连梁传递到型钢支承架及主体结构。

（7）斜拉式钢梁悬挑脚手架的斜拉杆宜采用钢筋法兰螺栓拉杆或型钢等硬拉杆。

（8）钢梁悬挑脚手架的型钢支承架间应设置保证水平向稳定的构造措施。可以采用型钢支承架间设置横杆斜杆的方式，也可以采用在型钢支承架上部扫地杆位置设置水平斜撑的办法。

（9）悬挑式脚手架架体立杆的底部必须支托在牢靠的地方，并有固定措施确保底部不发生位移。架体底部应设置纵向和横向扫地杆，扫地杆应贴近悬挑梁（架），纵向扫地杆距悬挑梁（架）不得大于 20cm；首步架纵向水平杆步距不得大于 1.5m。

11.6.1.2　悬挑式脚手架的搭设要求

（1）悬挑脚手架依附的建筑结构应是钢筋混凝土结构或钢结构，不得依附在砖混结构或石结构上。在悬挑式脚手架搭设时，连墙件、型钢支承架对应的主体结构混凝土必须达到设计计算要求的强度，上部脚手架搭设时型钢支承架对应的混凝土强度不应低于 C15。

（2）钢梁悬挑式脚手架立杆接长应采用对接扣件连接。两根相邻立杆接头不应设置在同步内，且错开距离不应小于 500mm，与最近主节点的距离不宜大于步距的 1/3。

（3）悬挑架架体应采用刚性连墙件与建筑物牢靠连接，并应设置在与悬挑梁相对应的建筑物结构上，并宜靠近主节点设置，偏离主节点的距离不应大于 300mm；连墙件应从脚手架底部第一步纵向水平杆开始设置，设置有困难时，应采用其他可靠措施固定。主体结构阳角或阴角部位，两个方向均应设置连墙件。

（4）连墙件宜采取二步二跨设置，竖向间距 3.6m，水平间距 3.0m。具体设置点宜优先采用菱形布置，也可采用方形、矩形布置。连墙件中的连墙杆宜与主体结构面垂直设置，当不能垂直设置时，连墙杆与脚手架连接的一端不应高于与主体结构连接的一端。在一字形、开口形脚手架的端部应增设连墙件。

（5）脚手架应在外侧立面沿整个长度和高度上设置连续剪刀撑，每道剪刀撑跨越立杆根数为 5～7 根，最小距离不得小于 6m，剪刀撑水平夹角为 45°～60°，将构架与悬挑梁（架）连成一体。

（6）剪刀撑在交接处必须采用旋转扣件相互连接，并且剪刀撑斜杆应用旋转扣件与立杆或伸出的横向水平杆进行连接，旋转扣件中心线至主节点的距离不宜大于 150mm；剪刀撑斜杆接长应采用搭接方式，搭接长度不应小于 1m，应采用不少于 2 个旋转扣件固定，端部扣件盖板的边缘至杆端距离不应小于 100mm。

（7）一字形、开口形脚手架的端部必须设置横向斜撑；中间应每隔 6 根立杆纵距设置一道，同时该位置应设置连墙件；转角位置可设置横向斜撑予以加固。横向斜撑应由底至顶层呈之字形连续布置。

（8）悬挑式脚手架架体结构在平面转角处应采取加强措施。

（9）钢管式悬挑架体的单层搭设高度不得超过 5.4m，双层不得超过 7.2m。搭设应符合下列要求：

1）斜撑杆及其顶支稳固杆件不得与模板支架连接。

2）斜撑杆必须与内外立杆及水平挑杆用扣件连接牢固，每一连接点均应为双向约束；斜撑杆按每一纵距设置，斜撑杆上相邻两扣件节点之间的长度不得大于 1.8m，底部应设置扫地杆；斜撑杆应为整根钢管，不得接长。

3）斜撑杆的底部应支撑在楼板上，其与架体立杆的夹角不应大于 30°。

4）水平挑杆应通过扣件与焊于楼面上的短管牢固连接，出结构面处应垫实，与斜撑杆、内外立杆均应通过扣件连接牢固。

5）立杆接长必须采用搭接。

6）外立杆距主体结构面的距离不应大于 1.0m。

（10）悬挑架宜采取钢丝绳保险体系；钢丝绳不得参与架体的受力计算。

（11）悬挑式脚手架的防护

1）沿架体外围必须用密目式安全网全封闭，密目式安全网宜设置在脚手架外立杆的内侧，并顺环扣逐个与架体绑扎牢固。安装时，密目网上的每个环扣都必须穿入符合规定的纤维绳，允许使用强力及其他性能不低于标准规定的其他绳索（如钢丝绳或金属线）代替。

2）架体底层的脚手板必须铺设牢靠、严实，且应用平网及密目式安全网双层兜底。

3）在每一个作业层架体外立杆内侧应设置上下两道防护栏杆和挡脚板（挡脚笆），上道栏杆高度为 1.2m，下道栏杆高度为 0.6m，挡脚板高度为 0.18m（挡脚笆高度不小于 0.5m）。塔式起重机处或开口的位置应密封严实。

4）施工现场暂时停工时，应采取相应的安全防护措施。

11.6.1.3　设计计算方法

1. 荷载

详见11.4.3节。

2. 设计指标

（1）钢材宜采用Q235钢，钢材强度设计值与弹性模量按表11-68采用。

钢材强度设计值与弹性模量　　**表 11-68**

厚度或直径（mm）	抗拉、抗弯、抗压 f（N/mm²）	抗剪 f_v（N/mm²）	端面承压（刨平顶紧）f_{ce}（N/mm²）	弹性模量 E（N/mm²）
≤16	215	125	320	2.06×10^5
17～40	200	115		

（2）扣件承载力设计值可按表11-69采用。

单个扣件抗滑力 N_v^c 设计值（kN）　　**表 11-69**

项　目	承载力设计值
对接扣件抗滑力	3.2
直角扣件、旋转扣件抗滑力	8.0

注：扣件螺栓紧扭力矩值不应小于40N·m，且不应大于65N·m。

（3）焊缝强度设计值按表11-70采用。

焊缝强度设计值（N/mm²）　　**表 11-70**

焊接方法和焊条型号	钢　号	厚度或直径（mm）	对接焊缝			角焊缝
			抗拉和抗弯 f_t^w	抗压 f_c^w	抗剪 f_v^w	抗拉、抗压、抗剪 f_f^w
自动焊、半自动焊和E43型焊条的手工焊	Q235	≤16	185	215	125	160
		17～40	175	205	120	

（4）螺栓连接强度设计值按表11-71采用。

螺栓连接强度设计值（N/mm²）　　**表 11-71**

钢　号	抗　拉	抗　剪
Q235	170	130

（5）型钢支承架受压构件的长细比不应超过表11-72规定的容许值。

型钢支承架受压构件的容许长细比［λ］　　**表 11-72**

构件类型	容许长细比［λ］
受压构件	150

（6）型钢支承受弯构件的容许挠度不应超过表11-73规定的容许值。

型钢支承受弯构件的容许挠度值［v］　　**表 11-73**

构件类型		容许挠度［v］
型钢支承	悬臂式	$L/400$
	非悬臂式	$L/250$

注：L 为受弯构件的跨度（对悬臂式为悬伸长度的2倍）。

3. 计算模型

(1) 悬挑式脚手架的架体和型钢支承架结构应按照概率理论为基础的极限状态设计方法进行设计计算，主要包括：

1) 纵向、横向水平钢杆等受弯构件的强度和连接扣件的抗滑承载力计算。

2) 连墙杆受力计算。

3) 立杆的稳定性。

4) 型钢支承架的承载力、变形和稳定性计算。

(2) 悬挑式脚手架的形式及其力学模型，如图 11-97 及图 11-98 所示。

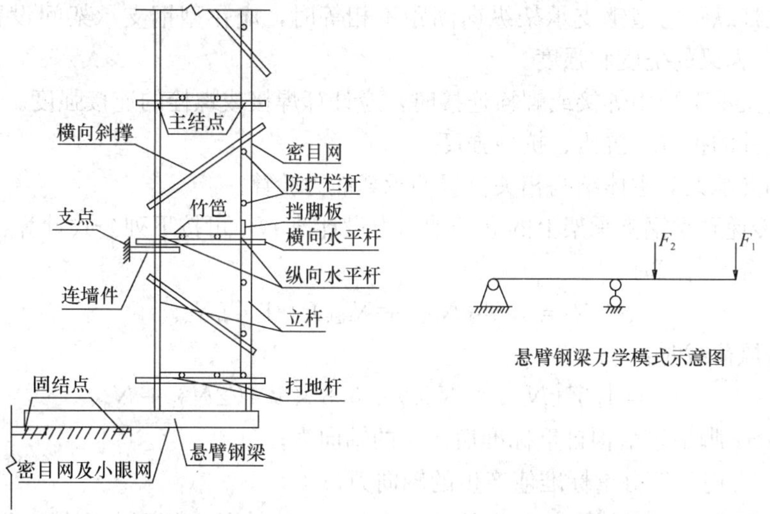

图 11-97 悬挑式脚手架剖面示意图（悬臂钢梁式）

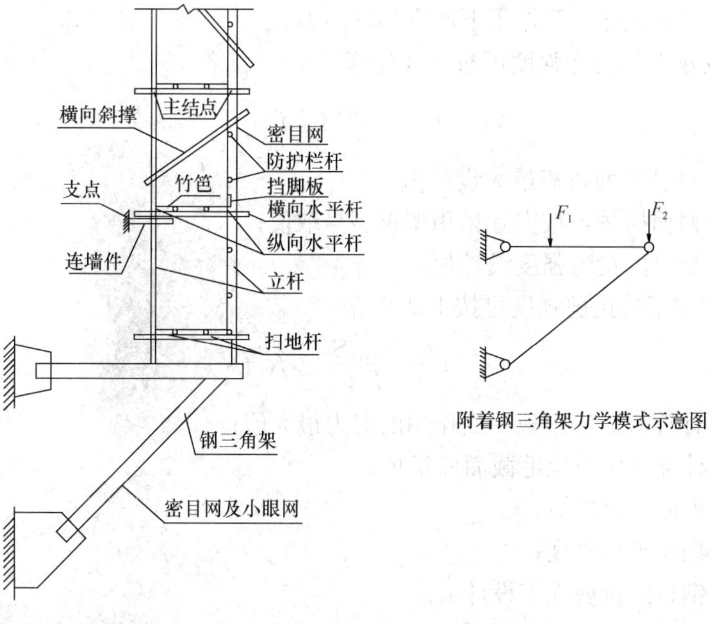

图 11-98 悬挑式脚手架剖面示意图（附着钢三角架式）

4. 型钢支承架的设计计算

(1) 悬挑式脚手架的纵向水平杆、横向水平杆、立杆、连墙件等扣件式钢管脚手架部分的计算可参考 11.4 节与 11.5 节的有关内容进行计算。

(2) 有关型钢支承架的计算，可根据不同形式，按《钢结构设计规范》(GB 50017) 对其主要受力构件和连接件分别进行以下验算：

1) 抗弯构件应验算抗弯强度、抗剪强度、挠度和稳定性。

2) 抗压构件应验算抗压强度、局部承压强度和稳定性。

3) 抗拉构件应验算抗拉强度。

4) 当立杆纵距与型钢支承架纵向间距不相等时，应在型钢支承架间设置纵向钢梁，同时计算纵向钢梁的挠度和强度。

5) 型钢支承架采用焊接或螺栓连接时，应计算焊接或螺栓的连接强度。

6) 预埋件的抗拉、抗压、抗剪强度。

7) 型钢支承架对主体结构相关位置的承载能力验算。

(3) 对传递到型钢支承架上的立杆轴向力设计值 N，可按下列公式计算：

1) 不组合风荷载时：

$$N = 1.35(N_{G1k} + N_{G2k}) + 1.4\Sigma N_{Qk} \tag{11-73}$$

2) 组合风荷载时：

$$N = 1.35(N_{G1k} + N_{G2k}) + 0.8 \times 1.4(\Sigma N_{Qk} + N_w) \tag{11-74}$$

式中 N_{G1k}——脚手架结构自重标准值产生的轴向力；

N_{G2k}——构配件自重标准值产生的轴向力；

N_{Qk}——施工荷载标准值产生的轴向力总和，内、外立杆可分别按一纵距(跨)内施工荷载总和的 1/2 取值；

N_w——风荷载标准值作用下产生的轴向力。

(4) 型钢支承架的抗弯强度可按下式计算：

$$\sigma = \frac{M_{max}}{W} \leqslant f \tag{11-75}$$

式中 M_{max}——计算截面弯矩最大设计值；

W——截面模量，按实际采用型钢型号取值；

f——钢材的抗弯强度设计值。

(5) 型钢支承架的抗剪强度可按下式计算：

$$\tau = \frac{V_{max}S}{It_w} \leqslant f_v \tag{11-76}$$

式中 V_{max}——计算截面沿腹板平面作用的剪力最大值；

S——计算剪应力处毛截面面积矩；

I——毛截面惯性矩；

t_w——型钢腹板厚度；

f_v——钢材的抗剪强度设计值。

(6) 当型钢支承架同时受到较大的正应力及剪应力时，应根据最大剪应力理论进行折算应力验算：

$$\sqrt{\sigma^2+3\tau^2}\leqslant \beta_1 f \tag{11-77}$$

式中 σ、τ——腹板计算高度边缘同一点上同时产生的正应力、剪应力；

β_1——取1.1值；

τ——按式11-76计算；

σ——应按下式计算：

$$\sigma=\frac{M}{I_n}\leqslant y_1 \tag{11-78}$$

式中 I_n——梁净截面惯性矩；

y_1——计算点至型钢中和轴的距离。

(7) 型钢支承架受压构件的稳定性可按下式计算：

$$\sigma=\frac{N}{\varphi A}\leqslant f \tag{11-79}$$

式中 N——计算截面轴向压力最大设计值；

φ——稳定系数，按《钢结构设计规范》(GB 50017) 规定采用；

A——计算截面面积。

5. 有关钢管式悬挑脚手架的计算见11.4.6小节的相关计算。

11.6.2 附着式升降脚手架

在高层、超高层建筑的施工中，凡采用附着于工程结构、依靠自身提升设备实现升降的悬空脚手架，统称为附着式升降脚手架，附着式升降脚手架也是工具式脚手架，其主要架体构件为工厂制作的专用的钢结构的产品，在现场按特定的程序组装后，将其固定（附着）在建筑物上，脚手架本身带有升降机构和升降动力设备，随着工程的进展，脚手架沿建筑物整体或分段升降，满足结构和外装修施工的需要；外脚手架的材料用量与建筑物的高度无关，仅与建筑物的周长有关。材料用量少，工时用量省，造价较低，技术经济效果良好，当建筑物高度在80m以上时，其经济性则更为显著。

11.6.2.1 附着式升降脚手架的形式、特点及构造要求

1. 附着式升降脚手架的形式

(1) 按附着支承方式划分

附着支承系将脚手架附着于工程结构（墙体、框架）之边侧并支承和传递脚手架荷载的附着构造，按附着支承方式可划分为7种，如图11-99所示。

1) 套框（管）式附着升降脚手架。即由交替附着于墙体结构的固定和滑动框架（可沿固定框架滑动）构成的附着升降脚手架。

2) 导轨式附着升降脚手架。即架体沿附着于墙体结构的导座升降的脚手架。

3) 导座式附着升降脚手架。即带导轨架体沿附着于墙体结构的导座升降的脚手架。

4) 挑轨式附着升降脚手架。即架体悬吊于带防倾导轨的挑梁架（固定于工程结构）下并沿导轨升降的脚手架。

5) 套轨式附着升降脚手架。即架体与固定支座相连并沿套轨支座升降、固定支座与套轨支座交替与工程结构附着的升降脚手架。

6) 吊套式附着升降脚手架。即采用吊拉式附着支承的、架体可沿套框升降的脚手架。

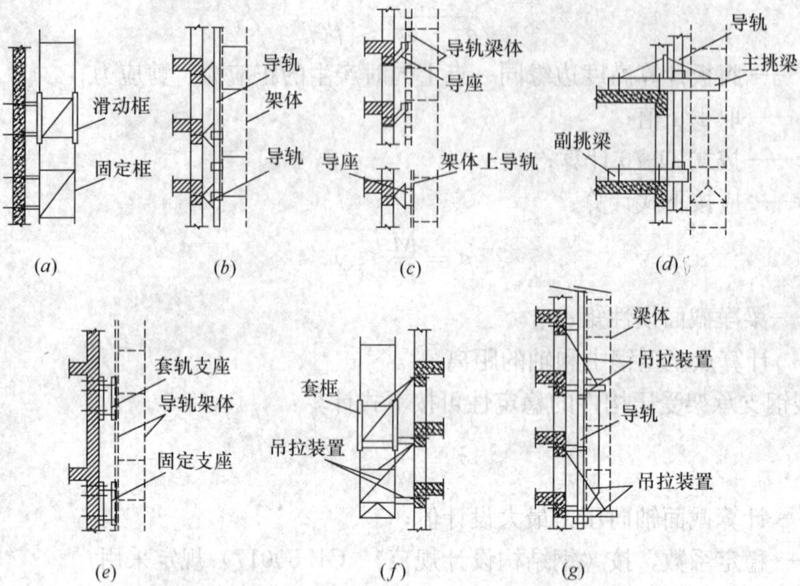

图 11-99　附着支承结构的 7 种形式

(*a*) 套框式；(*b*) 导轨式；(*c*) 导座式；(*d*) 挑轨式；(*e*) 套轨式；(*f*) 吊套式；(*g*) 吊轨式

7）吊轨式附着升降脚手架。即采用设导轨的吊拉式附着支承、架体沿导轨升降的脚手架。

图 11-100～图 11-102 分别示出了导轨式、导座式和套轨式附着升降脚手架的基本构造情况。

（2）按升降方式划分

附着式升降脚手架都是由固定或悬挂、吊挂于附着支承上的各节（跨）3～7 层（步）架体所构成，按各节架体的升降方式可划分为：

1）单跨（片）升降的附着式升降脚手架。即每次单独升降一节（跨）架体的附着升降脚手架。

2）整体升降的附着式升降脚手架。即每次升降 2 节（跨）以上架体，乃至四周全部架体的附着升降脚手架。

3）互爬升降的附着式升降脚手架。即相邻架体互为支托并交替提升（或落下）的附着升降脚手架。

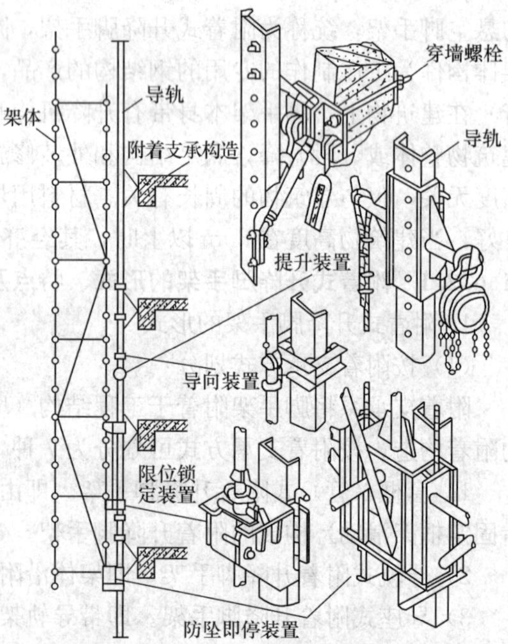

图 11-100　导轨式附着升降脚手架

互爬式爬升脚手架的升降原理如图 11-103 所示。每一个单元脚手架单独提升，在提升某一单元时，先将提升葫芦的吊钩挂在与被提升单元相邻的两架体上，提升葫芦的挂钩则钩住被提升单元底部，解除被提升单元约束，操作人员站在两相邻的架体上进行升降操作；当该升降单元升降到位后，将其与建筑物固定好，再将葫芦挂在该单元横梁上，进行与之相邻的脚手架单位的升降操作。相隔的单元脚手架可同时进行升降操作。

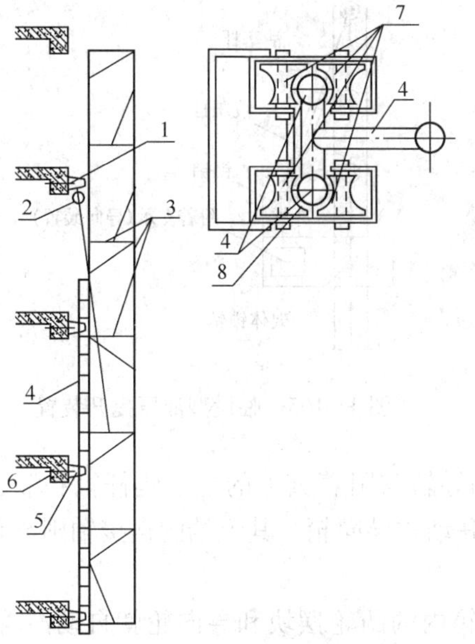

图 11-101 导座式附着升降脚手架

1—吊挂支座；2—提升设备；3—架体；4—导轨；5—导座；6—固定螺栓；7—滚轴；8—导轨立杆

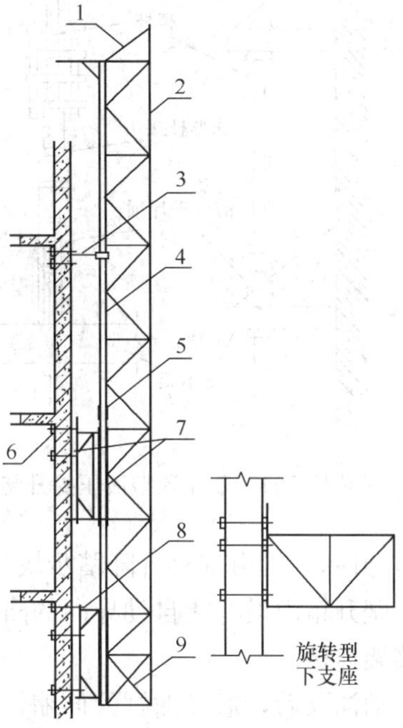

图 11-102 套轨式附着升降脚手架

1—三角挂架；2—架体；3—滚动支座；4—导轨；5—防坠装置；6—穿墙螺栓；7—滑动支座；8—固定支座；9—架底框架

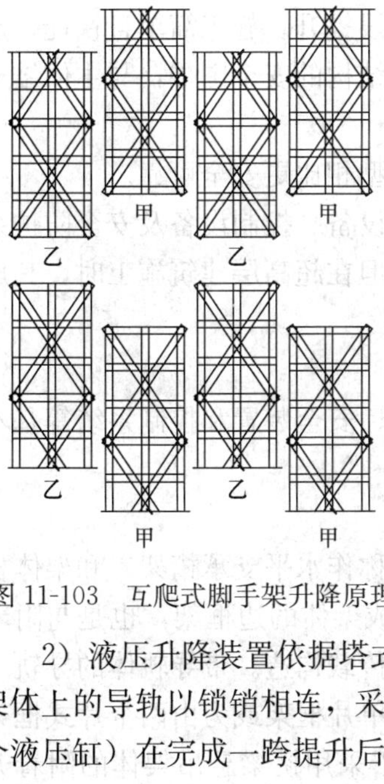

图 11-103 互爬式脚手架升降原理

(3) 按提升设备划分

附着式升降脚手架按提升设备划分共有 4 种，即手动（葫芦）提升、电动（葫芦）提升、卷扬提升和液压提升，其提升设备分别使用手动葫芦、电动葫芦、小型卷扬机和液压升降设备。手动葫芦只用于分段（1~2 跨架体）提升和互爬提升；电动葫芦可用于分段和整体提升；卷扬提升方式用得较少，而液压提升方式则仍处在技术不断发展之中。

目前国内已使用的液压提升方式的附着式升降脚手架有 3 种：

1）采用穿心式带载升降液压千斤顶，沿 $\phi48\times6$ 爬杆爬升，爬杆也是架体的导杆的防倾装置，其附着支承构造为吊拉式（图 11-104）。

2）液压升降装置依据塔式起重机液压千斤顶的原理进行设计，液压缸活塞杆与设于架体上的导轨以锁销相连，采用单跨提升方式，一套液压提升装置（泵站、高压软管和 2 个液压缸）在完成一跨提升后，转移到另一跨进行提升（图 11-105）。

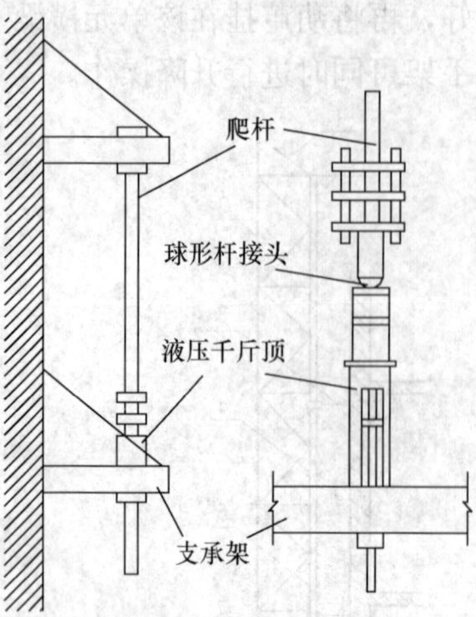

图 11-104　千斤顶型液压提升装置

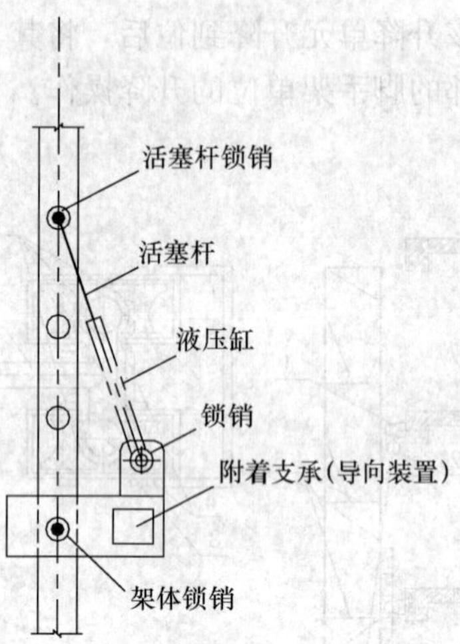

图 11-105　临设型液压提升装置

3）升降机构由带有升降踏步块和导向板的导轨与附着其上的上下爬杆箱和液压油缸组成。爬升箱内设有能自动导向的凸轮摆块和联动式导向轮，其上端的连接轴则与爬架的主连接架连接。

启动油泵后，通过油缸的伸缩，上下爬升箱内的凸轮摆块和导向轮就自动沿着 H 形导轨的导向板和踏步块实现升降，并实现自动导向、自动复位和自动锁定，这种液压升降装置用于图 11-106 所示的导轨式带模板的附着升降脚手架。

此外，还可按其用途划分带模板的附着式升降脚手架。

2. 附着式升降脚手架的特点

(1) 采用附着式升降脚手架施工速度快、工效高、明显降低造价。

(2) 附着式升降脚手架是围绕建筑物整体提升，也可分段提升。施工简单且快捷，从准备到提升一层到就位固定大约只需要 3～4h 就完成了主体结构的安全围护，与主体结构的施工配合比较紧密。

(3) 在严密的施工顺序下，附着式升降脚手架与其他类型相比更安全可靠。

(4) 因组成附着式升降脚手架的各种钢结构构件、提升设备、控制设备及安全防护系统的成本较高，因此，附着式升降脚手架的施工成本较高，但在超高层建筑施工时，其成本是最低的，也是最安全的一种脚手架。

3. 附着式升降脚手架的基本组成部分

附着式升降脚手架由架体、附着支承、提升机构和设备、安全装置和控制系统等基本部分构成。

(1) 架体

附着式升降脚手架的架体由竖向主框架、水平梁架（也称作水平支承桁架）和架体板（或架体构架）构成，如图 11-107 所示。竖向主框架既是构成架体的边框架，也是与附着支承构造连接，并将架体荷载传给工程结构承受的架体主承传载构造。带导轨体的导轨一般都设计为竖向主框架的内侧立杆。竖向主框架的形式可为单片框架或为由两个片式框架（分别为相邻跨的边框架）组成的格构柱式框架，后者多用于采用挑梁悬吊架体的附着升

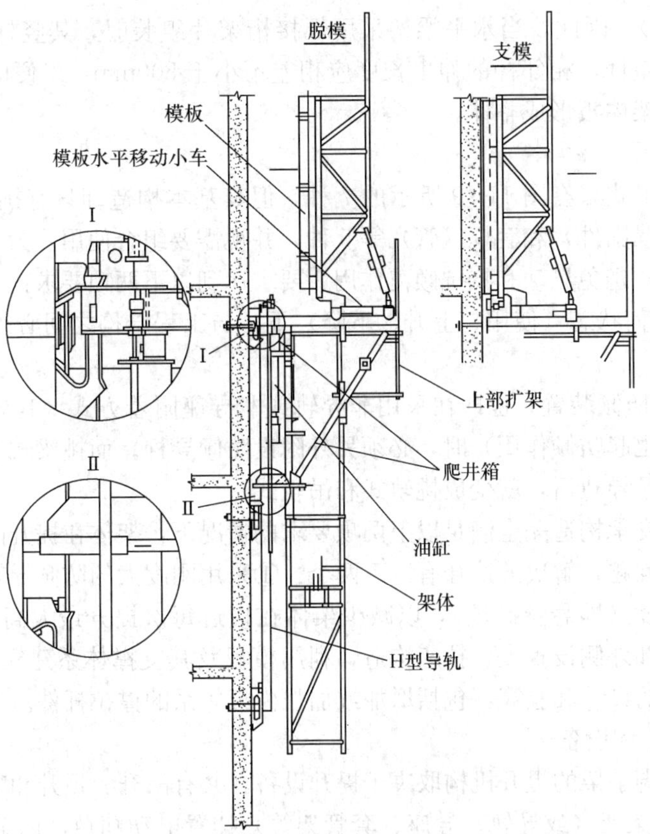

图 11-106　带模液压升降脚手架

降脚手架。水平梁一般设于底部，承受架体板传下来的架体荷载并将其传给竖向主框架，水平梁架的设置也是加强架体的整体性和刚度的重要措施，因而要求采用定型焊接或组装的型钢结构。除竖向主框架和水平梁架的其余架体部分为架体构架，即采用钢管件搭设的位于相邻两竖向主框架之间和水平支承桁架之上的架体，是附着式升降脚手架架体结构的组成部分，也是操作人员的作业场所。

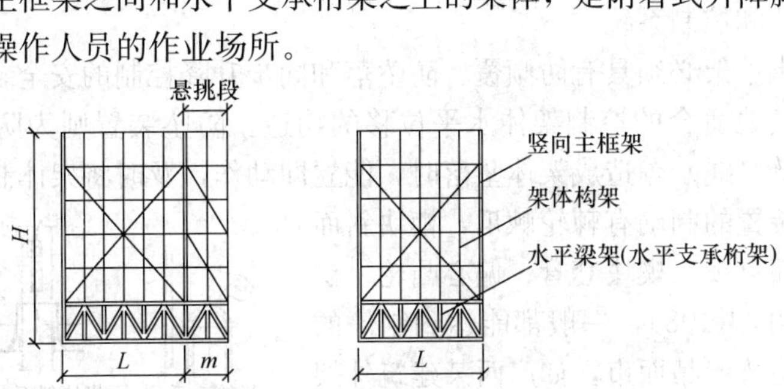

图 11-107　附着升降脚手架的架体构成

对架体进行设计时，按竖向荷载传给水平梁架，再传给竖向主框架和水平荷载直接由架体板、水平梁架传给竖向主框架进行验算，这是偏于安全的算法。实际上，部分架体构架上的竖向荷载可以直接传给竖向主框架，而水平梁架的竖杆如亦为架体板的立杆时（例如水平梁亦采用脚手架杆件搭设且与立杆共用时），将会提高其承载能力（相关试验表明，可提高30%左右)。因此，当水平梁架采用焊接桁架片组装时，其竖杆宜采用ϕ48×3.5钢管并伸出其上弦杆，相邻杆的伸出长度应相差不小于500mm，以便向上接架体板的立杆，使水平梁和架体板形成整体。

(2) 附着支承

附着支承的形式虽有图11-99所示的7种，但其基本构造却只有挑梁、拉杆、导轨、导座（或支座、锚固件）和套框（管）等5种，并视需要组合使用。为了确保架体在升降时处于稳定状态，避免晃动和抵抗倾覆作用，要求达到以下两项要求：

1) 架体在任何状态（使用、上升、下降）下，与工程结构之间必须有不少于2处的附着支承点。

2) 必须设置防倾装置。也即在采用非导轨或非导座附着方式（其导轨或导座既起支承和导向作用，也起防倾作用）时，必须另外附设防倾导杆。而挑梁式和吊拉式附着支承构造，在加设防倾导轨后，就变成挑轨式和吊轨式。

即使在附着支承构造完全满足以上两项要求的情况下，架体在提升阶段多会出现上部自由高度过大的问题，解决的途径有以下两个：①采用刚度大的防倾导轨，使其增加支承点以上的设置高度（即悬臂高度），以减少架体在接近每次提升最大高度时的自由高度；②在外墙模板顶部外侧设置支、拉座构造，利用模板及其支撑体系建立上部附着支承点，这需要进行严格的设计和验算，包括增加或加强模板体系的撑拉杆件。

(3) 提升机构和设备

附着式升降脚手架的提升机构取决于提升设备，共有吊升、顶升和爬升等3种。

1) 吊升。在梁架（或导轨、导座、套管架等）挂置电动葫芦，以链条或拉杆（竖向或斜向）吊着架体，实际为沿导轨滑动的吊升。提升设备为小型卷扬机时，则采用钢丝绳，经导向滑轮实现对架体的吊升。

2) 顶升。即图11-105所示的方式，通过液压缸活塞杆的伸长，使导轨上升并带动架体上升。

3) 爬升。即图11-106所示的方式。其上下爬升箱带着架体沿导轨自动向上爬升。

(4) 安全装置和控制系统

附着式升降脚手架必须具有防倾覆、防坠落和同步升降控制的安全装置。防倾覆装置采用防倾导轨及其他适合的控制架体水平位移的构造。防坠装置则为防止架体坠落的装置，即一旦因断链（绳）等造成架体坠落时，能立即动作，及时将架体制停在防坠杆等支持构造上。防坠装置的制动有棘轮棘爪，楔块斜面自锁、摩擦轮斜面自锁、楔块套管、偏心凸轮、摆针等多种类型（图11-108），一般都能达到制停的要求，已有几种防坠产品面市，如广西某建筑外架技术开发部研制出的限载连动防坠装置，采用凸轮构造防坠器（图11-109），广西某建筑公司开发的“爬架防坠器”采用楔块套管构造（图11-110）。

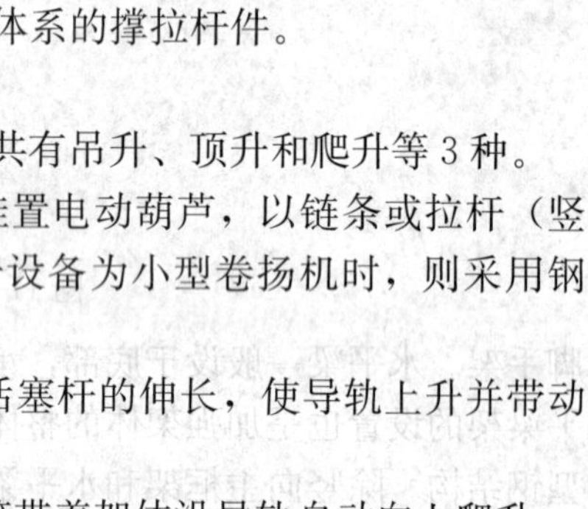

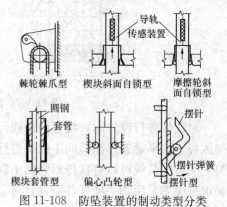

图11-108　防坠装置的制动类型分类

附着式升降脚手架采用整体提升方式时，其控制系统应确保实现同步提升和限载保安全的要求。由于同步和限载要求之间有密切的内在联系，不同步时则荷载的差别亦大，因此，也常用限载来实现同步升降的要求。对升降同步性的控制应实现自动显示、自动调整和遇故障自停的要求。这些年来在这方面已经取得了重要的技术进展，例如：

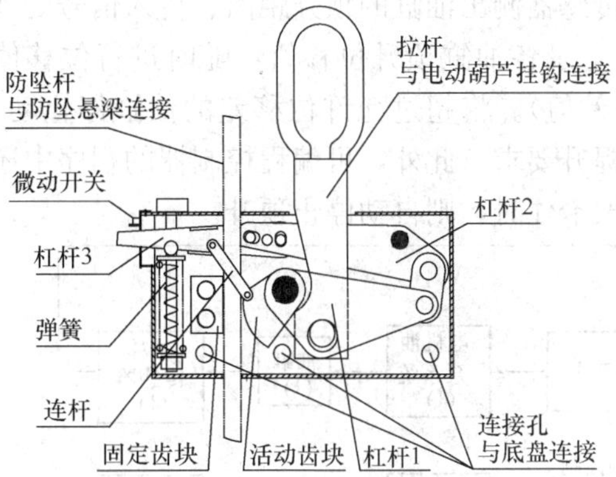

图 11-109　凸轮式防坠器构造

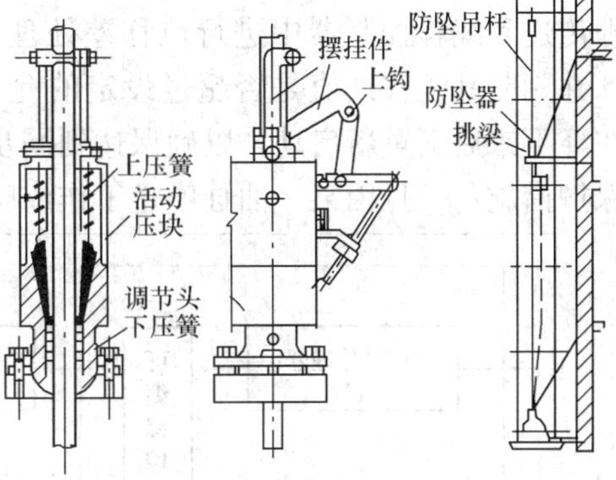

图 11-110　采用楔块套管构造的防坠器

1）江苏省某研究所研制出的“预警安全保护系统”，由串联于电动葫芦机位上的机械式载荷传感器、中继站和自动检测显示仪组成，每 4 只传感器并联为一组连至中继站，各中继站用 1 根电源线和信号线合一的电缆线串联至自动显示仪（图 11-111），将各机位的荷载限定在 10～40kN 的范围内。当机位荷载超出上述范围时，传感器立即向中央自动检测显示仪发出报警信号并指示异常及情况类型、切断电源并发出声、光报警信号。

2）一种如图 11-112 所示的控制系统，它由荷载增量控制与防坠安全制动器组成，通过荷载监控系统抓住吊点荷载的变化（超载和失载）及时报警，自动切断电源，并使防坠装置动作、锁住架体。防坠安全制动器采用了电磁铁吸合形式与机械形式兼容，既可分别控制，也可同时控制。当吊点荷载超过设定值时，控制器发出指令使电磁铁吸合，作防坠前的准备。机械式的作用为在发生断链时可快速制动。而制动器则是采用凸轮与 $\phi25$ 制动刹杆接触时，其压力角小于其摩擦角的原理设计的，凸轮的另一面（即非摩擦面）则与电磁铁连接。

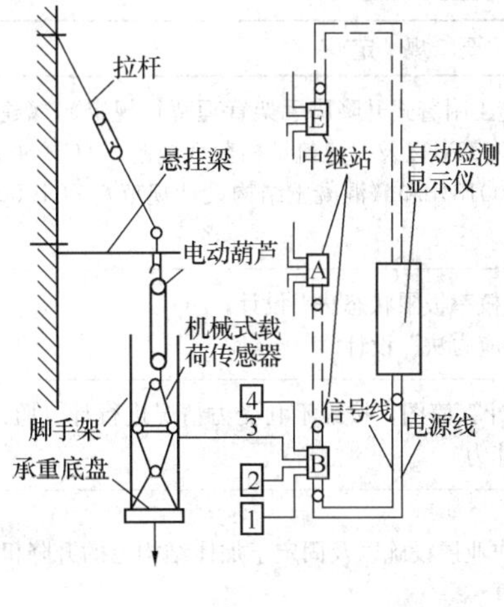

图 11-111　预警安全保护系统

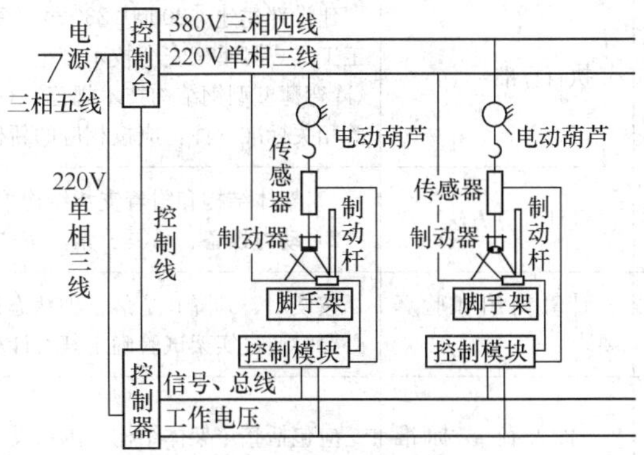

图 11-112　控制系统工作框图示意

3）北京市某工程研究院在其研制的液压带模附着升降脚手架中，按图 11-113 的框图进行控制。在架体的分组爬升时，采用便携式油缸和泵站，油缸压力按设计预先调定，并设有相应的液压锁，手动控制；当整体爬升时，在油缸内加设位移传感器，使用由可编程控制器组成的自动控制系统。该系统由位移传感器测出油缸的顶升距离、传入信号处理器整理传送到编程控制器中进行位移差处理（记录各油缸顶升位移值，随时进行位移值比较，并判断其位移差值是否超过设定的允许差值）。将超过允许位移差的油缸停止动行，并在降下来后又重新启动，以确保达到同步提升要求。此外，可编程控制器的程序中还设有保护措施，一旦因某一油缸停止工作或爬架卡住时，则自动停止顶升。

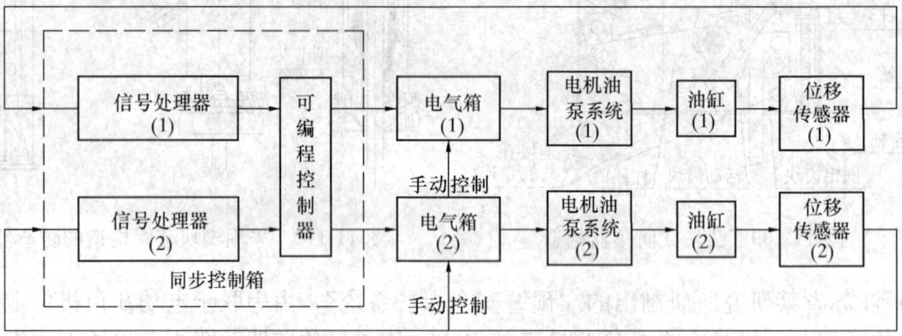

图 11-113　控制系统框图

11.6.2.2　附着式升降脚手架的安全规定和注意事项

1. 对附着式升降脚手架设计要求

如表 11-74 所示，对实现设计安全要求的注意事项如下：

(1) 确保达到安全设计的关键要求

1）各设计项目使用相应的设计方法，并确保达到规定的安全保证度（可靠指标或安全系数）要求。

2）正确确定各种架型在不同工况下承传载受力情况的分析模式。

3）按规定使用在不同部件、工况下的计算系数。

附着式升降脚手架设计要求的主要规定　　**表 11-74**

序次	项　目	主 要 规 定
1	执行标准	建设部建建［2000］230 号《建筑施工附着式升降脚手架管理暂行规定》、《建筑施工工具式脚手架安全技术规范》（JGJ 202）以及《建筑结构荷载规范》（GB 50009）、《冷弯薄壁型钢结构技术规范》（GB 50018）和《混凝土结构设计规范》（GB 50010）等相关标准（注：应按相应的新标准）
2	设计计算方法	1）架体结构和附着支承结构采用“概率极限状态法”设计； 2）动力设备、吊具、索具按“容许应力法”设计
3	计算简图和验算要求	按使用、升降和坠落三种状态确定计算简图，按最不利受力情况进行计（验）算，必要时通过实架试验确定其设计承载能力
4	永久荷载标准值 G_k	应包括整个架体结构，围护设施、作业层设施以及固定于加体结构上的升降机构和其他设备、装置的自重，应按实际计算

续表

<table>
<tr><th>序次</th><th>项 目</th><th>主 要 规 定</th></tr>
<tr><td>5</td><td>活载标准值 Q_k</td><td>应包括施工人员、材料及施工机具，应根据施工具体情况，按使用、升降及坠落三种工况确定控制荷载标准值。可按设计的控制值采用，但其取值不得小于以下规定：1）结构施工按二层同时作业；装修施工按三层作业；2）使用工况结构作业按 $3kN/m^2$ 计，装修作业按 $2kN/m^2$ 计；3）升降工况按 $0.5kN/m^2$ 计；4）结构施工阶段使用工况下坠落时，其瞬间标准荷载应为 $3.0kN/m^2$ 计；升降工况下坠落其标准值应为 $0.5kN/m^2$；5）装修施工阶段使用工况下坠落时，其瞬间标准荷载应为 $2.0kN/m^2$ 计；升降工况下坠落其标准值应为 $0.5kN/m^2$</td></tr>
<tr><td>6</td><td>荷载计算系数</td><td>
<table>
<tr><th rowspan="2">设计方法</th><th colspan="2" rowspan="2">设计项目</th><th colspan="2">计入的计算系数</th></tr>
<tr><th>使用工况</th><th>升降、坠落工况</th></tr>
<tr><td rowspan="5">概率极限状态设计法</td><td rowspan="3">架体结构</td><td>构架</td><td>γ_G、γ_Q、φ、γ'_m</td><td>—</td></tr>
<tr><td>竖向主框架</td><td rowspan="4">$\gamma_1\times(\gamma_G、\gamma_Q、\varphi)$</td><td rowspan="4">$\gamma_2\times(\gamma_G、\gamma_Q、\varphi)$</td></tr>
<tr><td>水平梁架</td></tr>
<tr><td colspan="2">附着支承结构</td></tr>
<tr><td rowspan="2">防倾、防坠装置</td><td>工程结构</td></tr>
<tr><td rowspan="3">容许应力设计法</td><td>机械设备</td><td rowspan="2">—</td><td rowspan="3">γ_2</td></tr>
<tr><td colspan="2">动力设备</td></tr>
<tr><td colspan="2">吊具、索具</td><td>γ_1</td></tr>
</table>
注：1）γ_G、γ_Q、φ、γ'_m 执行《统一规定》；
2）γ_1、γ_2 为荷载变化系数，取 $\gamma_1=1.3$、$\gamma_2=2.0$</td></tr>
<tr><td>7</td><td>容许应力法中安全系数和容许荷载的取值</td><td>1）荷载值应小于升降动力设备的额定值；2）吊具安全系数 K 应取 5；3）钢丝绳索具安全系数 $K=6\sim8$，当建筑物层高 3m（含）以下时应取 6，3m 以上时应取 8</td></tr>
<tr><td>8</td><td>受压杆件的长细比 λ 和受弯杆件的容许挠度</td><td>1）$\lambda\not>150$；2）容许挠度：水平杆 $\frac{L}{150}$；水平支撑结构 $\frac{L}{250}$；其他受弯构件 $\frac{L}{400}$（L 为受弯杆件跨度）</td></tr>
<tr><td>9</td><td>支承（机位）的平面布置</td><td>控制跨度和悬挑长度，避免超过其设计（或试验）承载能力</td></tr>
<tr><td>10</td><td>架体尺寸</td><td>1）高度≤5 倍楼层高；2）宽度≤1.2m；3）支撑跨度≤7m（直线架体）或 5.4m（曲线、折线）架体；4）架体的全高×跨度≤$110m^2$；5）架体的水平悬挑长度≤$\frac{1}{2}$跨度，且$\not>$2m</td></tr>
<tr><td>11</td><td>设计应达到安全可靠（有效）的项目</td><td>1）架体结构；2）附着支承结构；3）防倾、防坠装置；4）监控荷载和确保同步升降的控制系统；5）动力设备；6）安全防护设施</td></tr>
<tr><td>12</td><td>架体结构和构造设计</td><td>1）竖向主框架应为定型加强的、并采用焊接或螺栓连接结构，不得使用脚手架杆件组装；2）竖向主框架与附着支承的导向构造之间不得采用扣接等脚手架连接方式；3）水平梁架应采用焊接或螺栓连接的桁架梁式结构，局部可采用脚手架杆连接，但其长度不得大于 2m；4）架体外产面沿全高设置剪刀撑，其跨度不得大于 6.0m；5）悬挑端应以竖向主框架为中心设对称的斜拉杆；6）分段提升的架体必须为直线形架体</td></tr>
</table>

续表

序次	项　目	主要规定
13	架体应采取加强构造措施的部位	1）与附墙支座的连接处；2）架体上提升机构的设置处；3）架体上防倾、防坠装置的设置处；4）架体吊拉点设置处；5）架体平面的转角处；6）架体因碰塔式起重机、施工升降机、物料平台等设施而需要断开或开洞处；7）其他需要加强的部位
14	物料平台布置	1）必须将荷载独立地传递给工程结构；2）平台所在跨的架段应单独升降；3）在使用工况下，确保平台荷载不传递给架体
15	附着支承的设置和构造要求	1）在升降和使用工况下，确保设于每一竖向主框架并可单独承受该跨全部设计荷载和倾覆作用的附着支承构造均不得小于2套；2）穿墙螺栓应采用双螺母固定。螺母外螺杆长度不得小于3扣，垫板尺寸应由设计确定，且不得小于100mm×100mm×10mm，采用单根螺栓锚固时，应有防扭转措施；3）附着构造应具有适应误工误差的调整功能，避免出现过大的安装应力和变形；4）位于建筑物凸出或凹进处的附着支承构造应单独设计；5）对连接处工程结构混凝土强度的要求，应按计算确定，且不小于C10
16	防倾装置设置	1）防倾覆装置中应包括导轨和两个以上与导轨连接的可滑动的导向件；2）在防倾导向件的范围内应设置防倾覆导轨，且应与竖向主框架可靠连接；3）在升降和使用两种工况下，最上和最下两个导向件之间的最小间距不得小于2.8m或架体高度的1/4；4）应具有防止竖向主框架倾斜的功能；5）应采用螺栓与附墙制作连接，其装置与导轨之间的间隙应小于5mm
17	防坠装置设置	1）防坠落装置应设置在竖向主框架处并附着在建筑结构上，每一升降点不得少于一个防坠落装置，防坠落装置在使用和升降工况下都必须起作用；2）防坠落装置必须采用机械式的全自动装置，严禁使用每次升降需要重组的手动装置；3）防坠落装置应具有防尘、防污染的措施，并应灵敏可靠和运转自如；其制动距离应不大于80mm（整体提升）或150mm（分段提升）；4）防坠落装置与升降设备必须分别独立固定在建筑结构上；5）采用钢吊杆式防坠落装置，钢吊杆规格应由计算确定，且不应小于ϕ25
18	动力设备	1）应满足升降工作的性能要求；2）手拉葫芦只能用于单跨升降（即升降点不超过2个）；3）升降设备应与建筑结构和架体有可靠连接；4）固定电动升降动力设备的建筑结构应安全可靠；5）设置电动液压设备的架体部位应有加强措施
19	控制系统	1）确保达到同步和荷载的控制要求； 2）具有超载报警、停机和负载报警的功能
20	安全保护措施	1）架体外侧必须用≥2000目/100cm^{2}密目安全网围挡，并可靠固定；2）底层脚手架铺设严密，并用密目网兜底；3）设置防止物料坠落，在升降时可折起的底层翻板构造；4）每一作业层的外侧应设置高1.2m和0.6m的两道防护栏杆和180mm高挡脚板
21	加工制作	1）必须具有完整的设计图纸、工艺文件、产品标准和产品质量检测规则；2）制作单位有完善的质量管理体系，确保产品质量；3）对材料、辅料的材质、性能进行验证，检验；4）构配件按工艺要求和检验标准进行检验，附着支承构造、防倾防坠装置等重要加工件必须100%进行检验，并可有追溯性标志

4）按规定确定设置、构造和连接的设计要求。

5）全面确定对安全保险（防倾、防坠）装置和保护设施的设置与设计要求。

6）确定对实架试验和其他试验、检测、检查及其监控管理的要求。

(2) 确保达到设计的安全保证度要求

非脚手架杆件组装的工程结构部分执行普钢或薄钢设计规范的规定，并取结构重要性

系数 $\gamma_0=0.9$。采用容许应力法设计的动力和机械设计项目，手拉葫芦的 $K\geqslant4.0$（国内电动葫芦产品，因多系在手拉葫芦基础上设计制作的，故亦应考虑相同的安全系数），其他无相应标准的动力设备可取 $K\geqslant3.0$，机械部件取 $K\geqslant2.0$。

（3）正确确定计算简图

虽然附着式升降脚手架的设置要求确保其在任何情况下都必须有两处（套）附着支承构造，但在设计时，必须按每套均可独立承受全部荷载作用进行计算，并建立相应的计算简图，8 种附着支撑方式的承传载情况可分为 4 组，见图 11-114，可供确定计算简图时参考。

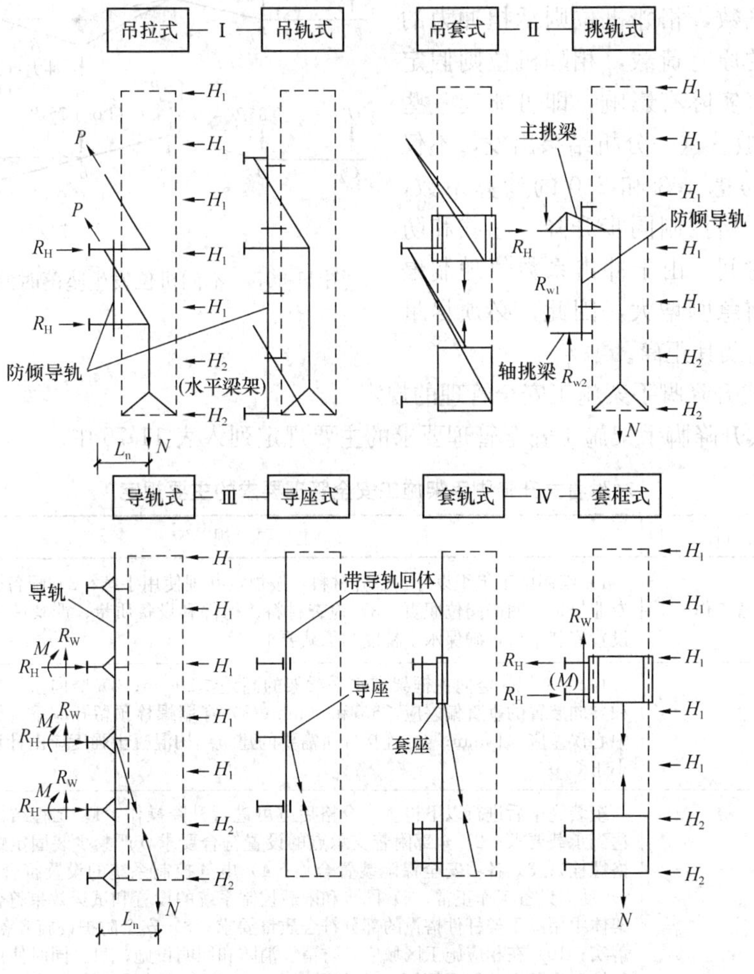

图 11-114　附着支承与架体间的承传载简图

（4）控制升降同步、限制超载和确保坠落时制停的设计要求

在严格控制架上施工荷载均匀分布且不超过设计规定值的情况下，升起机位出现超载的原因主要来自以下两个方面：1）升降阻碍和提升设备故障（如电动葫芦翻链、卡链等）；2）因荷载分布不均或架子倾斜造成的机位荷载的增加。前者会造成荷载的异常变化（急剧增高），若不立即停机，会引起断链和架体坠落。一旦发生坠落，这部分超载亦随即消失；后者一般不会超过设计（平均）荷载 P 的 30%，即 $0.3P$，这部分超载会增加其坠

落时的冲击力，需要在防坠装置等的设计中认真考虑。当取A机位荷载为1.3P，与其相邻的$B_{左}$和$B_{右}$机位的荷载为0.85P。其他机位的荷载为P，并取发生坠落到制停住架体所产生的冲击系数为1.5～1.8时，可分别绘出A机位、B机位和C机位发生坠落时各机位荷载的变化情况（图11-115）。其中，坠落点的冲力等于机位原荷载乘以冲击系数，相邻机位则承担冲力的一半和自身的原有荷载，相隔机位则假定其不受影响（实际有影响，即可能起一些帮忙作用）。故从这一分析结果出发，不仅应在设计中考虑1.3和2.0的计算系数，而且还必须严格控制同步升降、超载和防坠器的制停时间。由于冲击系数值随制停时间的延长而急剧增大，因此，必须尽量缩小制停时间及其距离。

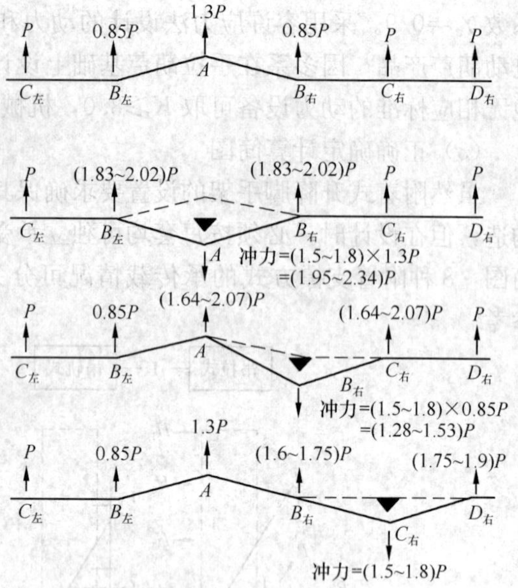

图11-115　不同机位发生坠落时的荷载变化

2. 附着式升降脚手架施工安全管理的规定

对附着式升降脚手架施工安全管理要求的主要规定列入表11-75中。

对附着式升降脚手架施工安全管理要求的主要规定　　**表11-75**

序次	项　目	主 要 规 定
1	施工准备工作	1）编制施工组织设计，备齐材料，按规定办理使用手续；2）配备合格人员、进行专业培训、明确岗位职责；3）检查材料、构件和设备质量，严禁使用不合格品；4）设置安装平台，确保水平精度和承载要求
2	安装要求	1）相邻架体竖向主框架和水平梁架的高差≤20mm；2）竖向主框架、导轨、防倾和导向装置的垂直偏差应≤5‰和60mm；3）穿墙螺栓预留孔应垂直结构外表面，其中心误差应≤15mm；4）连接处所需要的建筑结构混凝土强度应由计算确定，但不应小于C10
3	检查要求	组装完毕后进行以下检查，合格后方可进行升降操作：1）工程结构混凝土的强度达到承载要求；2）全部附着支承点的设置符合要求（严禁少装固定螺栓或使用不合格螺栓）；3）各项安全保险装置合格；4）电气控制系统的设置符合用电安全规定；5）动力设备工作正常；6）同步和限载控制系统的设置和试运效果符合设计要求；7）架体中用脚手架杆件搭设的部分符合质量要求；8）安全防护设施齐备；9）岗位人员落实；10）在相应施工区域应有防雷、消防和照明设施；11）同时使用的动力、防坠与控制设备应分别采用同一厂家同规定型产品，其装设防应有防雨、防尘和防砸措施；12）其他
4	升降操作要求	1）严格执行作业的程序规定和技术要求；2）严格控制架体上的荷载符合设计规定；3）按设计规定拆除影响架体升降的障碍物和约束；4）严禁操作人员停留在架体上。确属需要上人时，必须采取可靠防护措施，并由建筑安全监管部门审查认可；5）设置安全警戒线和专人监护；6）严格按设计规定进行同步提升，相邻提升点的高差应≤30mm，整架最大升降差应≤80mm；7）规范指令，统一指挥。有异常情况时，任何人均可发出停止指令；8）严密监视环链葫芦运行情况，及时发现和排除可能出现的翻链、绞链和其他故障；9）升降到位后及时按设计要求进行附着固定。未完成固定工作时，施工人员不得擅离岗位或下班；未办交付使用手续者，不得投入使用

续表

序次	项 目	主 要 规 定
5	交付使用的检查项目	1）附着支承、架体按设计要求进行固定及螺栓拧紧和承力件预紧程度情况；2）碗扣和扣件接头的紧固情况（无松动）；3）安全防护设施齐备与否；4）其他
6	使用规定	1）遵守其设计性指标，不得随意扩大使用范围（架体超高、超跨度等）；2）严禁超载；3）严禁在架上集中堆放施工材料、机具；4）及时清除架上垃圾和杂物
7	使用中严禁进行的作业和出现的情况	1）利用架体吊运物料；2）在架体上拉结吊缆绳（索）；3）在架体上推车；4）任意拆除结构件和松动连接件；5）拆除或减少架体上的安全防护措施；6）吊运物料碰撞或扯动架体；7）利用架体支顶模板；8）使用中的物料平台与架体仍连接在一起；9）其他影响架体安全的作业
8	检查和加固规定	1）按"3"的检查要求每月进行一次全面检查；2）预计停用超过一个月时，停用前进行加固；3）停用超过一个月或遇六级大风后复工时，按"4"的要求进行检查；4）连接件（螺栓）、动力设备、安全保险装置和控制设备至少每月维护保养一次
9	禁止进行作业规定	1）遇五级（含五级）以上大风和大雨、大雷、雷雨等恶劣天气时，禁止进行升降和拆卸作业，并对架体进行加固；2）夜间禁止进行升降作业
10	拆除作业规定	1）按专项措施和安全操作规程的有关要求进行；2）对施工人员进行安全技术交底；3）有可靠防止人员和物料掉落的措施；4）严禁抛扔物料
11	材料、设备报废规定	1）焊接件严重变形（无法修复）或严重锈蚀；2）导轨、构件严重弯曲；3）螺栓连接件变形、磨损、锈蚀或损坏；4）弹簧件变形、失效；5）钢丝绳扭曲、打结、断股、磨损达到报废程度；6）其他不符合设计要求的情况

11.6.3 吊 篮

高处作业吊篮应用于高层建筑外墙装修、装饰、维护、检修、清洗、粉饰等工程施工。

11.6.3.1 吊篮的形式、特点和构造要求

1. 吊篮的分类

（1）按用途划分：可分为维修吊篮和装修吊篮。前者为篮长≤4m、载重量≤5kN的小型吊篮，一般为单层；后者的篮长可达8m左右，载重量5～10kN，并有单层、双层、三层等多种形式，可满足装修施工的需要。

（2）按驱动形式划分：可分为手动、气动和电动三种。

（3）按提升方式划分：可分为卷扬式（又有提升机设于吊箱或悬挂机构之分）和爬升式（又有α式卷绳和S式卷绳之分）两种。

2. 吊篮的型号和性能

吊篮的型号按图11-116所示规定顺序编排。表11-76和表11-77则分别列出了LGZ-300-3.6A型高层维修吊篮（图11-117）和其他几种常用吊篮的性能参数。

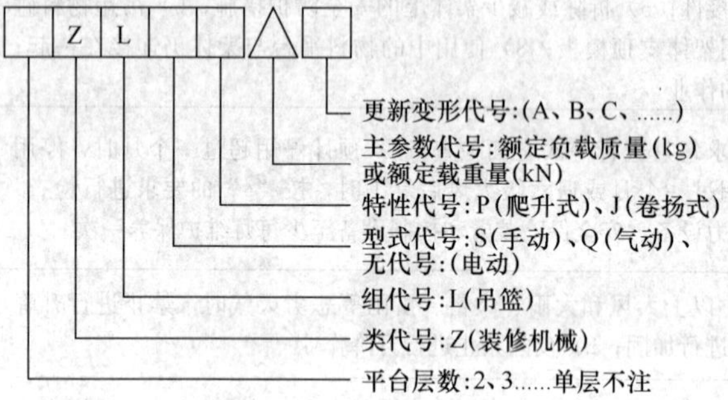

图 11-116　吊篮的型号

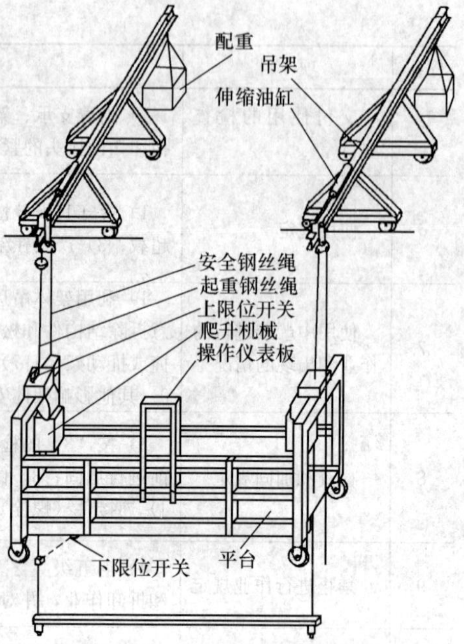

图 11-117　LGZ-300-3.6A 型高层维修吊篮

LGZ-300-3.6A 型吊篮的主要技术参数　　表 11-76

机构名称	项目名称	单　位	规格性能
吊篮	额定荷载	kN	3.0
	自重	kg	450
	升降速度	m/min	5
	吊篮面积	m×m	3.6×0.7
	操作方式		电动或手动
吊架	自重	kg	690
	占地面积	m×m	4.8×3.9
	油缸工作压力	kN/cm^2	0.16
	油缸流量	L/min	2.94
	油缸行程	mm	600
升降机构	钢丝绳绕法		"S" 式回绕
	载荷	kN	4.0
	电机功率	kW	0.8
	电压（三相交流）	V	380
	额定转速	r/min	1400
	频率	Hz	50
	温度	℃	40
其他	配重	kg	470
	钢丝绳规格	mm	YB261-73φ8.25 航空钢丝绳
	钢丝绳拉断力	kN	44.60

几种常见吊篮的性能参数　　表 11-77

型　号		ZLP800	ZLP630	ZLP500	ZLP300	ZLS300
额定负载质量（kg）		800	630	500	300	300
升降速度（m/min）		8～11	8～11	6～11	6～11	3
作业平台尺寸（长度，m）		2.5～7.5	2.0～6.0	2～6	2～4	2
钢丝绳直径（mm）		ϕ8.6	ϕ8.3	ϕ8.3	ϕ7	ϕ7
电机功率（kW）		2.2	1.5	1.1	0.55	（手动）
安全锁	锁绳速度（离心式）（m/min）	18～22				（手动断绳保护锁）
	锁绳角度（摆臂式）（°）	3～8				
整机自重（kg）		2010	1715	1525	1160	950

3. 吊篮的设置和升降方法

吊篮吊挂设置于屋面的悬挂机构上，图 11-118 所示为吊篮的常见设置情况。

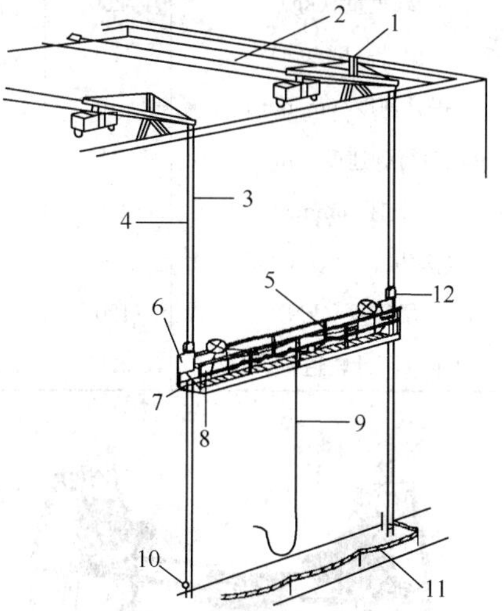

图 11-118　吊篮的设置全貌

1—悬挂机构；2—悬挂机构安全锁；3—工作钢丝绳；4—安全钢丝绳；5—安全带及安全绳；6—提升机；7—悬吊平台；8—电器控制柜；9—供电电缆；10—绳坠铁；11—安全锁

吊篮的升降方式有以下 3 种：

（1）手扳葫芦升降

手扳葫芦携带方便、操作灵活，牵引方向和距离不受限制，水平、垂直、倾斜均可使用。常用手扳葫芦的规格性能列于表 11-78 中。

用手扳葫芦升降时，在每根悬吊钢丝绳上各装一个手扳葫芦。将钢丝绳通过手扳葫芦的导向孔向吊钩方向穿入，压紧。往复扳动前进手柄，即可进行起吊和牵引；而往复扳动倒退手柄时，即可下落或放松，但必须增设 1 根 ϕ12.5mm 保险钢丝绳，以确保葫芦出现打滑或断绳时的安全。

为避免钢丝绳打滑脱出，可将钢丝绳头弯起，与导绳孔上部的钢丝绳合在一起用轧头夹紧，同时在导绳孔上口增设 1 个压片，葫芦停止升降时，用止动螺栓通过压片压紧钢丝绳（图 11-119）。

手扳葫芦的规格性能　　表 11-78

额定负荷（kN）	8	15	30
额定负荷的最大手扳力（kN）	<0.35	0.45	0.45
手扳一次钢丝绳最大行程（mm）	50	50	25～30
手柄长度（mm）	800	1070	1200
机体重量（kg）	5.5	9.5	14.5
钢丝绳规格	ϕ7.7（6×19+1）	ϕ9（7×7）	ϕ13.5（7×19）
钢丝绳长度（m）	10	20	10

（2）卷扬升降

卷扬升降采用的卷扬提升机与常用的卷扬机属同一类型，通过钢丝绳的收卷和释放，带动吊箱升降。其体积小，重量轻，并带有多重安全装置。卷扬提升机可设于悬吊平台的两侧（图 11-120）或屋顶之上（图 11-121）。后者常需增设移动装置，成为电动吊篮传动车（图 11-122）。在此基础上又出现了一种带有旋转臂杆，并在轨道上行走的移动式吊篮（图 11-123），其技术性能列于表 11-79 中。

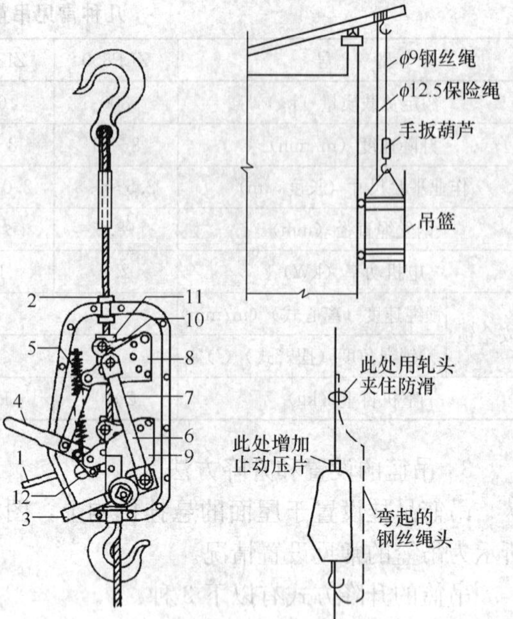

图 11-119　手扳葫芦构造及升降示意图

1—松卸手柄；2—导绳孔；3—前进手柄；4—倒退手柄；5—拉伸弹簧；6—左连杆；7—右连杆；8—前夹钳；9—后平钳；10—偏心板；11—夹子；12—松卸曲柄

移动式吊篮的技术性能　　表 11-79

项　目	甲　型	乙　型
载重量（kg）	250	300
提升高度（m）	80	100
提升速度（m/min）	10	10
沿轨道行驶速度（m^2/min）	12	12
轨距（mm）	800	1000
电动机总功率（kW）	3	3
吊篮重（kN）	1200	1200
总重（不计轨道）（kN）	3250	2860

图 11-120　提升机设于吊箱的卷扬式吊篮

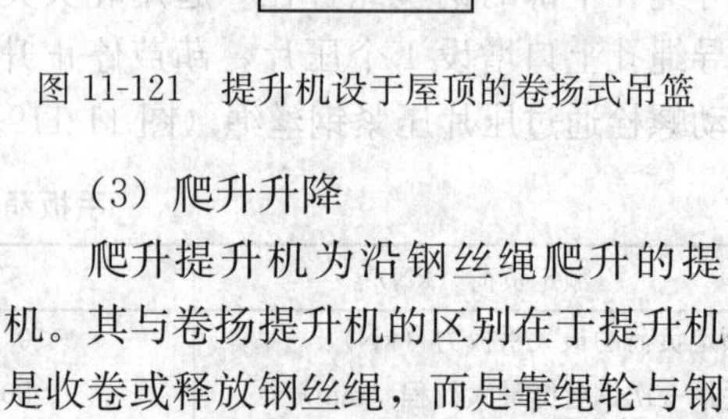

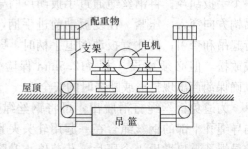

图 11-121　提升机设于屋顶的卷扬式吊篮

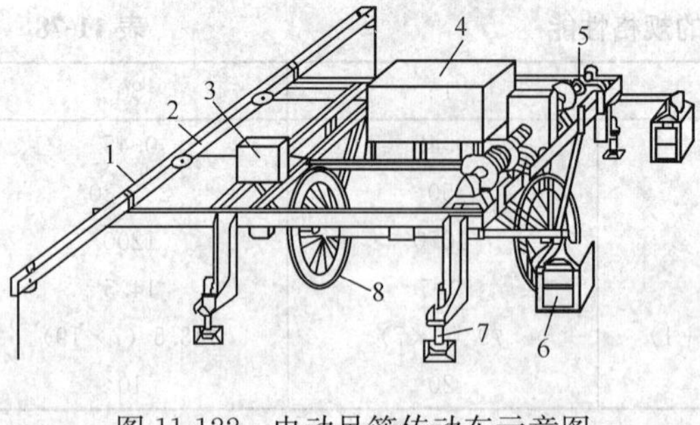

图 11-122　电动吊篮传动车示意图

1—钢丝绳；2—活动横担；3—电闸箱；4—电动机防护罩；5—钢丝绳卷筒；6—配重箱；7—丝杠支脚；8—行走车

（3）爬升升降

爬升提升机为沿钢丝绳爬升的提升机。其与卷扬提升机的区别在于提升机不是收卷或释放钢丝绳，而是靠绳轮与钢丝绳的特形缠绕所产生的摩擦力提升吊篮。

由不同的钢丝绳缠绕方式形成了“S”形卷绕机构（图 11-124）、“3”形卷绕机构（图 11-125）和“α”形卷绕机构（图 11-126）。“S”形机构为一对靠齿轮啮合的槽轮，靠摩擦带动其槽中的钢丝绳一起

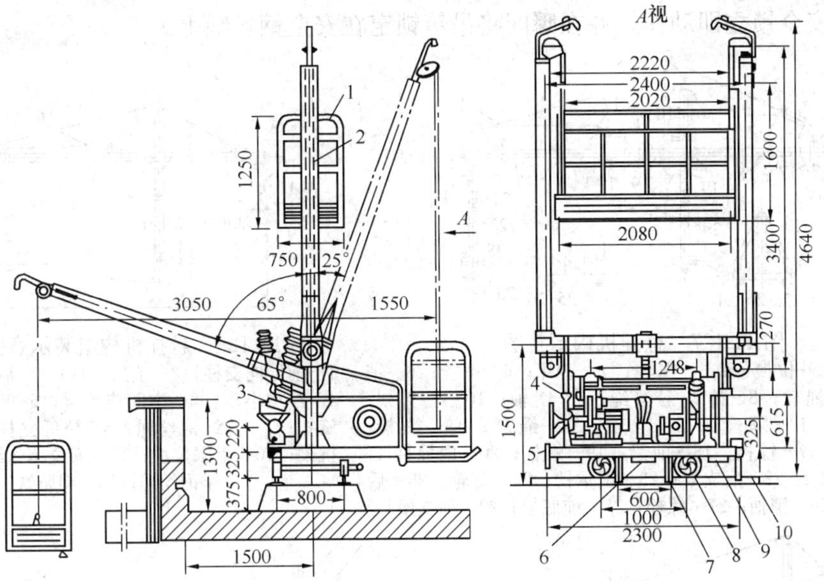

图 11-123 带旋转臂杆的移动式吊篮

1—吊篮；2—臂杆；3—调臂装置；4—卷扬机；5—制动器；6—配重；7—夹具；8—行走机构；9—车架；10—轨道

旋转，并依旋转方向的改变实现提升或下降；“3”形机构只有 1 个轮子，钢丝绳在卷筒上缠绕 4 圈后从两端伸出，分别接至吊篮和排挂支架上；“α”形机构采用行星齿轮机构驱动绳轮旋转，带动吊篮沿钢丝绳升降。

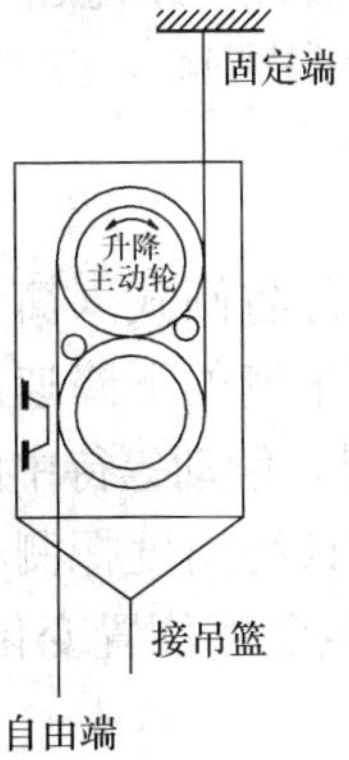

图 11-124 “S”形卷绕机构

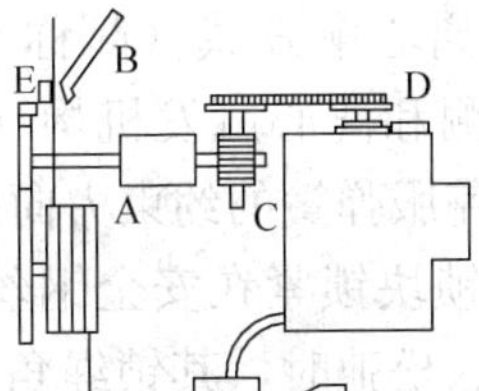

图 11-125 “3”形卷绕机构

A—制动器；B—安全锁；C—蜗轮蜗杆减速装置；D—电机过热保护装置；E—棘爪式刹车装置

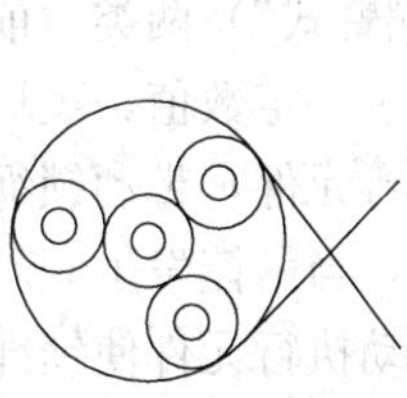

图 11-126 “α”形卷绕机构

4. 悬挂机构的组成和设置方法

典型悬挂机构的组成及其设置情况见图 11-127～图 11-130 中，其挑梁多采用长度可调构造（图 11-131）。

5. 安全锁

安全锁是吊篮的防坠装置。当提升机构的钢丝绳突然折断或吊篮因其他故障出现超速下滑时，安全锁立即动作，并在瞬间将吊箱锁定在安全钢丝绳上。

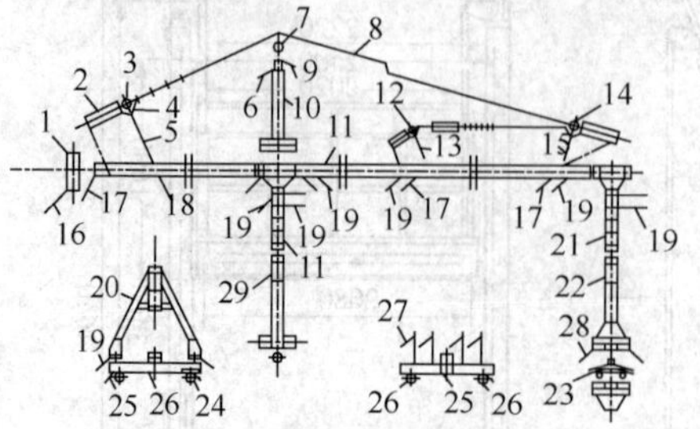

图 11-127　悬挂机构示意图

1—挂板；2—拉拽板；3—绳轮；4—垫片；5—螺栓；6—销轴；7—小绳轮；8—拉纤钢丝绳；9—销轴；10—上支架；11—中梁；12—隔套；13—销轴；14—绳轮；15—螺栓；16—销轴；17—螺栓；18—前梁；19—螺栓；20—内插架 1；21—内插架 2；22—后支架；23—配重铁；24—脚轮；25—后底架；26—销轴；27—螺栓；28—前底架；29—前支架

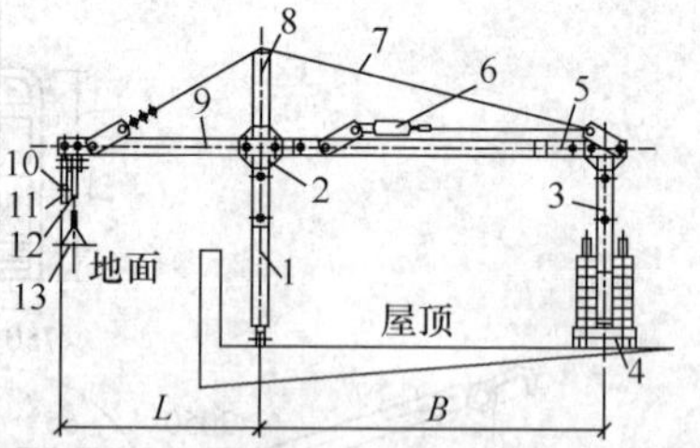

图 11-128　悬挂机构组装示意图（一）

1—前导向支柱；2—前后支柱；3—后导向支柱；4—配重小车；5—中间连接梁；6—开式索具螺旋扣；7—拉纤钢丝绳；8—拉纤立柱；9—悬臂挑梁；10—上限位块；11—安全钢丝绳；12—工作钢丝绳；13—绳坠铁

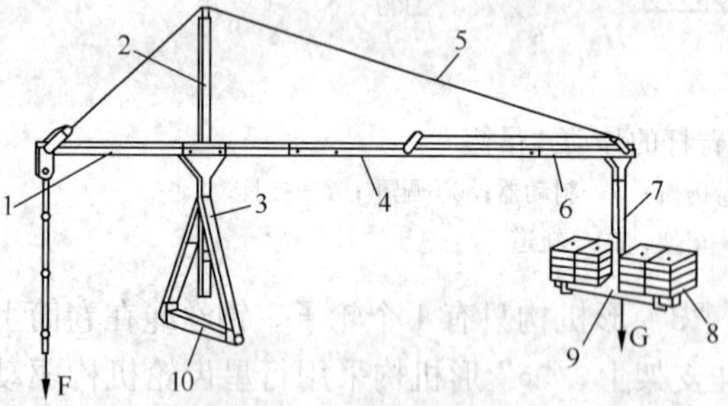

图 11-129　悬挂机构组装示意图（二）

1—前梁；2—上支柱；3—三角形支座；4—中梁；5—拉纤钢丝绳；6—后梁；7—后座；8—配重；9—后底座；10—前底座

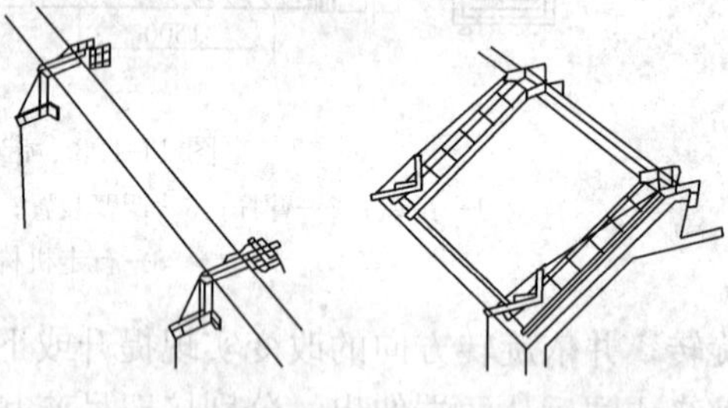

(*a*)　(*b*)

图 11-130　悬挂机构的骑墙和斜坡示意图

(*a*) 骑墙设置；(*b*) 斜坡设置

安全锁按其工作原理，可分为离心触发式（简称“离心式”）和摆臂防倾式（简称“摆臂式”）两类。前者具有绳速检测和离心触发机构（图 11-132*a*），当吊篮的下降速度超过一定数值，飞块产生的离心力克服弹簧的约束力向外甩到一定程度时，触动等待中的执行元件，带动锁绳机构动作，将锁块锁紧在安全钢丝绳上；后者具有锁绳角度探测机构，当吊篮发生倾斜或工作绳断裂、松弛时，其锁绳角度探测机构即发生角度位置变化，带动执行元件使锁绳机构动作，将吊篮锁住（图 11-132*b*）。

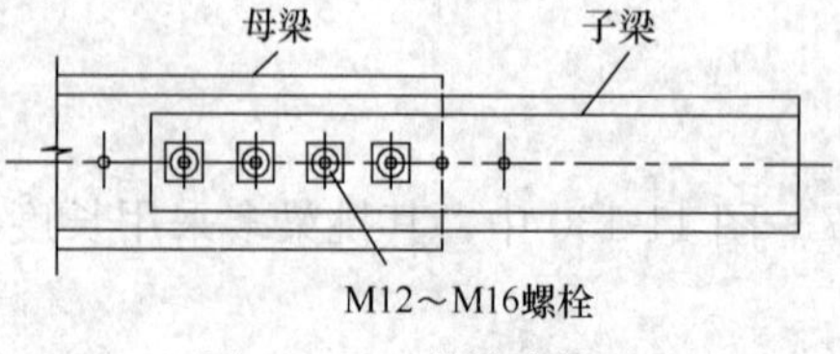

图 11-131　伸缩式挑梁

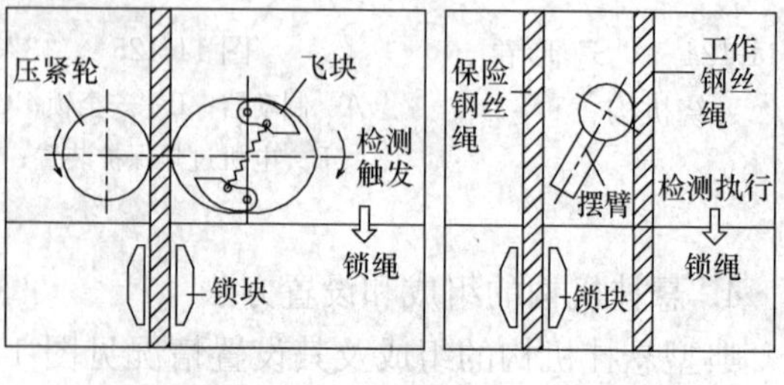

(*a*)　(*b*)

图 11-132　安全锁的工作原理示意图

(*a*) 离心式；(*b*) 摆臂式

6. 非标吊篮

如图 11-121 所示的为标准吊篮，但某些高度超高或是造型独特、构造复杂的建（构）筑物的外立面装饰或维护，如广州电视塔异型外筒钢结构的涂装作业（图 11-133）、浙江宁海电厂海水冷却塔双曲面内壁的清洗（图 11-134）等高危作业，难以使用标准吊篮进行施工操作，因此，需要根据建（构）筑物的构造特点专门设计制作一些非标准的吊篮。以江苏某建筑机械有限公司和上海某建筑机械厂为代表的一批高处作业吊篮行业的龙头企业，以雄厚的技术实力为基础，以快速反应的应变能力为手段，逐步将吊篮推广应用到建桥、筑坝、造船、电厂、电站和高塔等高大构筑物施工领域。

图 11-133 非标吊篮在外筒钢结构进行涂装作业

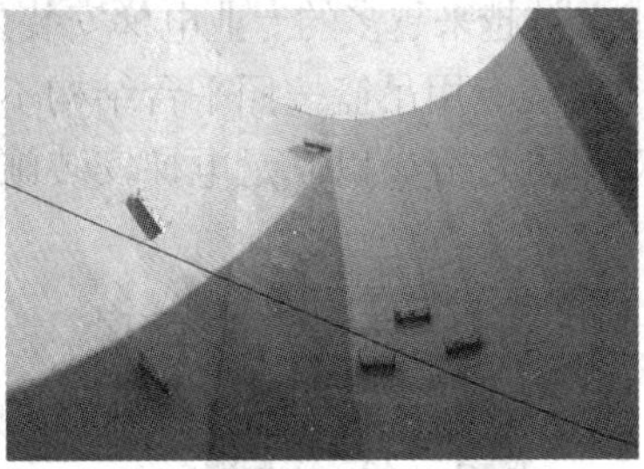

图 11-134 冷却塔内沿双曲面作强制内倾牵引施工的非标吊篮

（1）烟囱维护专用吊篮

江苏某建筑机械有限公司为电厂烟囱内筒壁防腐维护施工，专门研制的 ZLP·（F）2000 型高处作业圆弧复式烟囱、井道施工吊篮（图 11-135），已在近千个电厂烟囱脱硫改造工程中发挥了重要作用。其与搭设脚手架施工方式相比较，可以缩短施工工期 2～4 倍，减少钢材占用量 90%以上，降低施工成本 30%以上，符合节能减排的产业政策。

(a)

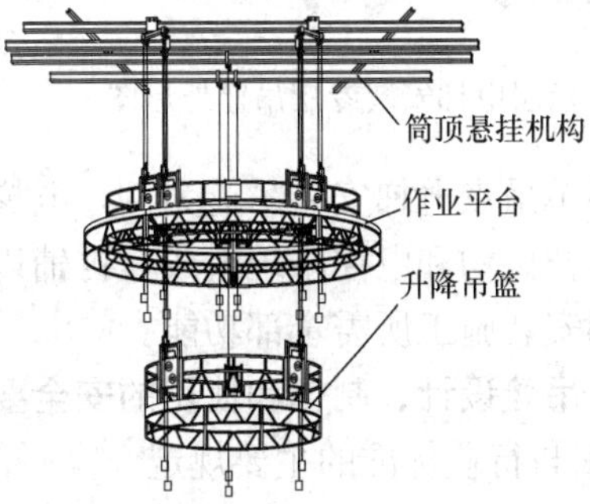

(b)

图 11-135 圆弧复式烟囱、井道专用吊篮外形及结构
（a）外形；（b）结构简图

如图 11-135（b）所示，圆弧复式烟囱、井道专用吊篮由作业平台、升降吊篮、筒顶悬挂机构三大部件组成。作业平台底板呈环形，外圈因靠近筒壁，设有高 300mm 的盘边；内圈设有高 800mm 的护栏。整个作业平台依靠三吊点悬吊，每吊点各配备两台 LTD8 型提升机作为上下移动的动力。其主要功能是载人、载物接近作业面进行施工。升降吊篮底板呈圆形，外圈设有高 800mm 的护栏；圆周均布三个吊点，每吊点各配备一台

LTD8 型提升机作为升降运行的动力。其主要功能是为作业平台输送物料或操作人员。作业平台和升降吊篮均采用爬升式提升机牵引。每台提升机均配备一根安全钢丝绳和一具安全锁。筒顶悬挂机构是作业平台及升降吊篮的承载结构。作业平台及升降吊篮的所有牵引钢丝绳和安全钢丝绳均牢固地固结在筒顶悬挂机构上。悬挂机构由悬梁、吊点和连接副梁等组成。筒顶悬梁一般采用工字钢制作而成，安全系数应在 5 倍以上。

(2) 电梯安装专用吊篮

江苏某建筑机械有限公司和广东某建筑机械有限公司，先后研制成功电梯安装专用吊篮(图 11-136、图 11-137)。该吊篮取代脚手架用于电梯安装，高效、省时、安全、便捷，优点十分突出，被越来越多的专业电梯安装公司认可，已批量用于电梯安装工程施工。

电梯安装专用吊篮按照平台结构不同，有单层和双层之分；按照吊点设置不同，有单吊点和双吊点之分，以满足电梯安装施工的不同需求。

图 11-136　双层电梯安装专用吊篮外形图

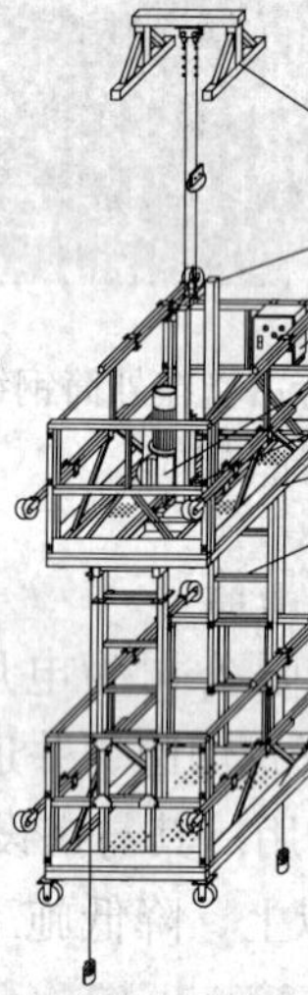

图 11-137　双层单吊点电梯安装吊篮结构简图

以双层单吊点电梯安装吊篮为例，电梯安装专用吊篮主要由平台（上、下）、提升机、安全锁、悬挂机构和电控系统组成，再辅以提升架、连接架和防撞导向轮等功能性构件，来实现电梯安装施工所需全部功能。

11.6.3.2　吊篮设计、制作和使用的安全要求

1. 国家与行业标准的主要规定

国家标准《高处作业吊篮》(GB 19155) 以及行业标准《建筑施工工具式脚手架安全技术规范》(JGJ202) 规定了吊篮在设计、制作、安装、使用、维修保养等方面的安全要求，其中一些主要规定归纳列入表 11-80 中。

吊篮设计、制作、安装、使用、维修保养的安全要求　　**表 11-80**

序次	项　目	安全要求和规定
1	一般要求	1）工作环境温度为－20～40℃，工作平台处阵风风速≤8.3m/min（五级风）；2）质量不合格的产品不得出厂和使用；3）产品必须有符合要求的标牌和齐全的技术文件（合格证、说明书、有关图纸等）；4）吊篮作业人员必须适合高处作业并培训、考核合格

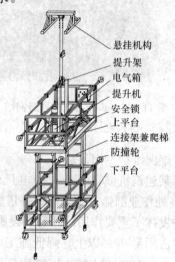

续表

序次	项　目	安全要求和规定
2	结构安全系数	1）承载结构件为塑性材料时，按材料的屈服点计算，其安全系数不应小于2；2）承载结构件为非塑性材料时，按材料的强度极限计算，其安全系数不应小于5；3）结构安全系数K_1按下式确定：$K_1=\frac{\sigma}{(\sigma_1+\sigma_2)f_1f_2}$，式中$\sigma$为材料的屈服点或强度极限；$\sigma_1$、$\sigma_2$分别为结构质量和额定载荷引起的应力；应力集中系数$f_1$取≥1.0，动载系数$f_2$取≥1.25
3	吊篮平台的要求	1）出厂前必须做平台试验；2）平台底板有效面积不小于0.25m²/人，且必须有防滑措施；3）平台内最小通道宽度≥0.4m；4）装在固定式安全护栏，靠建筑一侧高度≥0.8m，其他各侧高度≥1.1m；5）平台四周装设高度不小于150mm挡脚板；6）平台若装门时，则不得外开，并设电气联锁装置
4	提升机构的要求	1）卷扬式提升机的卷筒必须设挡线盘，吊篮提升至最大高度时，挡线盘高出钢丝绳上表面不小于2倍绳径。卷筒的最小名义直径D与钢丝绳名义直径d之比应不小于20；2）爬升式提升机滑轮的名义直径D与钢丝绳名义直径d之比应不小于12。当$D/d=12\sim18$时，应采用航空用钢丝绳；3）提升传动机构禁止采用摩擦装置、离合器和皮带传动，其外露部分必须装机罩或保护装置；4）应备有在电气失效时，不超过两个人就可以操作的手驱动装置；5）制动器必须使带有动力试验载荷的吊篮平台，在不大于100mm制动距离内停止运行；6）卷扬提升机的卷筒设于屋面小车上时，必须配备制动器；7）提升机构额定速度不大于18m/min
5	安全保护装置的要求	1）一般须配制动器，行程限位和安全锁等，检验合格才能安装；2）吊篮必须装有上下限位开关，并以吊篮平台自身去触动；3）每根安全钢丝绳上必须装有不能自动复位的安全锁；4）安全锁应在吊篮平台下滑速度大于25m/min时动作，在不超过100mm的距离内停住；5）安全锁必须在其有效期内使用，超期者必须由专业厂检测合格后方可使用；6）吊篮上须有防倾装置，并宜设超载保护装置
6	钢丝绳的要求	1）钢丝绳的直径不应小于6mm；2）钢丝绳安全系数n按下式确定，且不应小于9；$n=\frac{sa}{W}$，式中s为单根钢丝绳的额定破断拉力（kN），a为钢丝绳根数，W为吊篮的全部荷载（含自重）；3）不允许以连接两根或多根钢丝绳的方法去加长或修补；4）除随时对钢丝绳可见的部分、与设备连接部位、绳端固定装置等进行检查外，每月至少按《起重机械用钢丝绳检验和报废实用规范》（GB 5972）中2.4.1条的规定检查两次，检查部位应符合2.4.2条的规定，报废执行2.5条的规定
7	悬挂机构的要求	1）必须使用钢材或其他适合金属材料制作，可采用焊接、铆接或螺栓连接，结构应具有足够的强度和刚度；2）受力构件必须进行质量检查并达到设计要求；3）悬挂吊篮支架支撑点部位结构的承载能力应大于所选择吊篮各工况的荷载最大值；4）悬挂机构前支架严禁支撑在女儿墙上、女儿墙外或建筑物挑檐边缘，并且应与支撑面保持垂直，脚轮不得受力
8	配重的要求	1）配重应准确，并经安全检查员核实后才能使用；2）抗倾覆系数（=配重矩/前倾力矩）不得小于3，按下式计算：$K=\frac{G\cdot b}{F\cdot a}\geqslant3$，式中$G$、$F$分别为配重和吊篮的总荷载，$b$和$a$分别为配重中心和承重钢丝绳中心到支点的距离；3）配重件应稳定可靠地安放在配重架上，并有防止随意移动的措施。严禁使用破损的配重件或其他替代物。配重件的重量应符合设计规定
9	电气系统的要求	1）电气控制系统供电应采用三相五线制。接地、接零线应始终分开，接地线应采用黄绿相间线；2）电气控制系统应可靠接地，接地电阻不应大于4Ω；3）电气元件必须安装在电器控制箱内的绝缘板上，其绝缘电阻不得小于2MΩ；4）吊篮的电源和电缆应单设，并有保护措施；5）电器控制箱应有防水、防振、防尘措施；6）电气系统应有可靠接零并配备过热、短路、漏电保护等装置，电气元件必须灵敏可靠；7）在吊篮上使用的便携式电动工具的额定电压不得超过220V；8）必须设置紧急状态下切断主电源控制回路的急停按钮，该电路独立于各控制电路。急停按钮为红色，并有明显的“急停”标记，不能自动回位
10	其他要求	1）作业人员应配置独立于悬吊平台的安全绳及安全带或其他安全装置；2）应严格遵守操作规程，严禁超载使用；3）作业时，作业人员不得悬空俯身；4）在作业区域内设围栏防护

2. 吊篮平面布置与施工流程

（1）吊篮悬挂高度在60m及其以下的，宜选用长边不大于7.5m的吊篮平台；悬挂高度在100m及其以下的，宜选用长边不大于5.5m的吊篮平台；悬挂高度在100m以下的，宜选用不大于2.5m的吊篮平台。

（2）吊篮设计平面布局宜从外墙大角的一端开始，沿建筑物外墙满挂排列，按最大组拼长度不大于7.5m进行标准篮组拼，两作业吊篮之间的距离不得小于300mm。为施工方便，弧形外檐可以考虑优先使用弧形或折线形吊篮。

（3）施工工艺流程：吊篮组拼→悬挂机构及配重块安装→安装起重钢丝绳及安全钢丝绳→挂配重锤→连接电源→吊篮平台就位→检查提升装置、电气控制箱及安全装置→调试及荷载试验→安装跟踪绳→投入使用→拆除。

3. 吊篮安装

（1）采用吊篮进行外装修作业时，一般应选用设备完善的吊篮产品。自行设计、制作的吊篮应达到标准要求，并严格审批制度。使用境外吊篮设备时应有中文说明书；产品的安全性能应符合我国的行业标准。

（2）进场吊篮必须具备符合要求的生产许可证或准用证、产品合格证、检测报告以及安装使用说明书、电气原理图等技术性文件。

（3）吊篮安装前，根据工程实际情况和产品性能，编制详细、合理、切实可行的施工方案，并根据施工方案和吊篮产品使用说明书，对安装及上篮操作人员进行安全技术培训。

（4）吊篮标准篮进场后按吊篮平面布置图在现场拼装成作业平台，在离使用部位最近的地点组拼，以减少人工倒运。作业平台拼装完毕，再安装电动提升机、安全锁、电气控制箱等设备。

（5）使用吊篮的工程应对屋面结构进行复核，确保工程结构的安全。

（6）悬挂机构安装时调节前支座的高度使梁的高度略高于女儿墙，且使悬挑梁的前端比后端高出50～100mm。对于伸缩式悬挑梁，尽可能调至最大伸出量。配重数量应按满足抗倾覆力矩大于2倍倾覆力矩的要求确定，配重块在悬挂机构后座两侧均匀放置。放置完毕后，将配重块销轴顶端用铁线穿过拧死，以防止配重块被随意搬动。

（7）吊篮组拼完毕后，将起重钢丝绳和安全钢丝绳挂在挑梁前端的悬挂点上，紧固钢丝绳的马牙卡不得少于4个。从屋面向下垂放钢丝绳时，先将钢丝绳自由盘放在楼面，然后将绳头仔细抽出后沿墙面缓慢滑下。

（8）连接二级配电箱与提升机电气控制箱之间的电缆，电源和电缆应单设，电器控制箱应有防水措施，电气系统应有可靠接零，并配备灵敏可靠的漏电保护装置。接通电源，检查提升机，按动电钮提升机空转，看转动是否正常，不得有杂声或卡阻现象。

（9）将钢丝绳穿入提升机内，启动提升机，绳头应自动从出绳口内出现。再将安全钢丝绳穿入安全锁，并挂上配重锤。检查安全锁动作是否灵活，扳动滑轮时应轻快，不得有卡阻现象。

（10）钢丝绳穿入后应调整起重钢丝绳与安全锁的距离，通过移动安全锁达到吊篮倾斜300～400mm，安全锁能锁住安全钢丝绳为止。安全锁为常开式，各种原因造成吊篮坠落或倾斜时，安全锁能够在200mm以内将吊篮锁在安全钢丝绳上。

4. 其他使用与安全注意事项

(1) 吊篮在升降时应设专人指挥，升降操作应同步，防止提升（降）差异。在阳台、窗口等处，设专人负责推动吊篮，预防吊篮碰撞建筑物或吊篮倾斜。

(2) 吊篮内的作业人员不应超过 2 个。吊篮正常工作时，人员应从地面进入吊篮内，不得从建筑物顶部、窗口等处或其他孔洞处出入吊篮。

(3) 不得将吊篮作为垂直运输设备，不得采用吊篮运送物料。

(4) 在吊篮内的作业人员应佩戴安全帽、系安全带，并应将安全锁扣正确挂置在独立设置的安全绳上。

(5) 吊篮作升降运行时，不得将两个或三个吊篮连在一起升降，并且工作平台高差不得超过 150mm。

(6) 发现吊篮工作不正常时，应及时停止作业、检查和消除隐患。严禁在带病吊篮上继续进行作业。

(7) 当吊篮提升到使用高度后，应将保险安全绳拉紧卡牢，并将吊篮与建筑物锚拉牢固。吊篮下降时，应先拆除与建筑物拉接装置，再将保险安全绳放长到要求下降的高度后卡牢，再用机具将吊篮降落到预定高度（此时保险钢丝绳刚好拉紧），然后再将吊篮与建筑物拉接牢固、方可使用。

(8) 使用手扳葫芦升降时，在操作中应注意以下事项：

1) 切勿超载使用，必要时增设适当的滑轮组。

2) 前进手柄及倒退手柄绝对不可同时扳动。

3) 工作中严禁扳动松卸手柄（拉簧手柄）以免葫芦下滑。

4) 在任何情况下，机内结构不能发生纵向阻塞，务必使钢丝绳能顺利通过机体中心，机壳不得有变形现象。

5) 选用钢丝绳长度应比建筑物高度长 2～3m，并注意使绳子脱离地面一小段距离，以利于保护钢丝绳。

6) 使用时应经常注意保持机体内部和钢丝绳的清洁和润滑，防止杂物进入机体。

7) 扳动手柄时，葫芦如遇阻碍，应停止扳动手柄，以免损坏钢丝绳。

8) 几台扳手同时升降时应注意同步升降。

11.6.4 移动式脚手架

移动式脚手架是工业与民用建筑装修施工或管道安装用的移动式平台架，也是施工现场为工人操作并解决垂直和水平运输而搭设的各种支架。移动脚手架多用在外墙、内部装修或层高较高无法直接施工的地方。主要为了施工人员上下干活或外围安全网维护及高空安装构件等。移动脚手架制作材料通常有：竹、木、钢管、铝合金或合成材料等。此外在广告业、市政、交通路桥、矿山等部门也被广泛使用。

11.6.4.1 移动式脚手架的形式、特点

目前建筑市场使用的移动脚手架，多采用钢管或铝合金管材制作，主要有扣件式钢管移动脚手架、门式移动脚手架、盘扣式移动脚手架、承插式钢管移动脚手架、碗扣式钢管移动脚手架，还有采用钢管等材料拼装的高空桥式悬挂移动脚手架等形式。有关移动式脚手架的设计、搭拆及使用无直接的施工标准，可按相应种类脚手架的安全技术规范以及

《建筑施工高处作业安全技术规范》(JGJ 80)的有关规定执行。

1. 扣件式钢管移动式脚手架

(1) 构造：由钢管、扣件、滚轮组合而成，立杆间距 1800mm，水平连杆跨距 1800mm，操作面均布荷载 250kg/m²，见图 11-138。

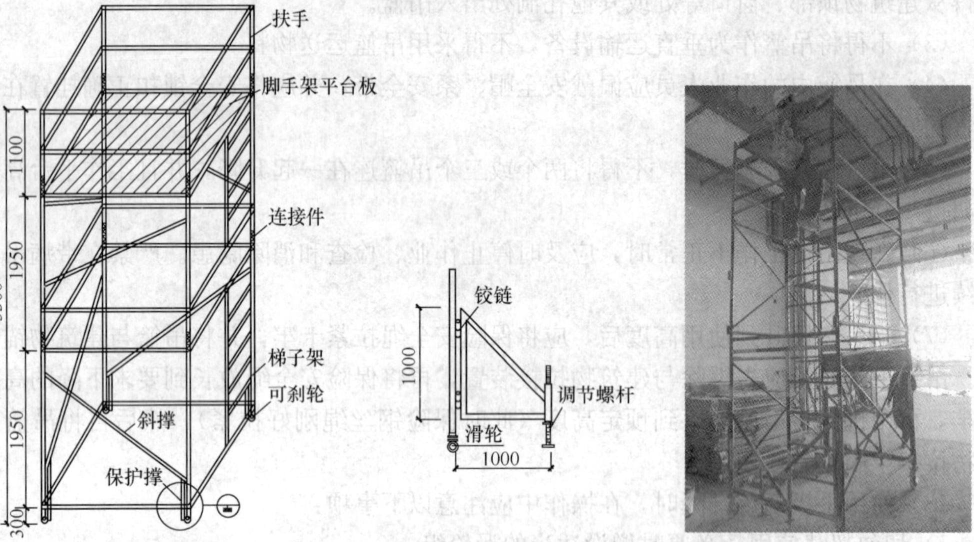

图 11-138　扣件式钢管移动式脚手架

(2) 适用高度 5m 以下。

(3) 现场作业要求：地面与空中施工要求交替进行；施工区域不可有大面积堆物；施工场地需平整，移动过程中的沟渠、地坑等留孔要有临时便桥，迎风六级以上需停止施工。

这种移动脚手架的优点：1) 承载力较大；2) 装拆方便，搭设灵活；3) 比较经济：加工简单，一次投资费用较低；如果精心设计几何尺寸，注意提高钢管周转使用率，则材料用量也可取得较好的经济效果。

主要缺点：1) 扣件（特别是它的螺杆）容易丢失；2) 节点处的杆件为偏心连接，靠抗滑力传递荷载和内力，因而降低了其承载能力；3) 扣件节点的连接质量受扣件本身质量和工人操作的影响显著。

2. 门架式移动脚手架

(1) 构造：由门架、交叉支撑、可调底座、可调托座、调节杆、链销以及滚轮组合成工具式操作平台（图 11-139），架体自重一般为 12.5kg/m³，操作面均布荷载 200kg/m²。

(2) 适用高度 10m 以下。

(3) 现场作业要求：地面与空中施工要求交替进行；施工区域不可有大面积堆物；施工场地需平整，移动过程中的沟渠、地坑等留孔要有临时便桥；迎风六级以上需停止施工。

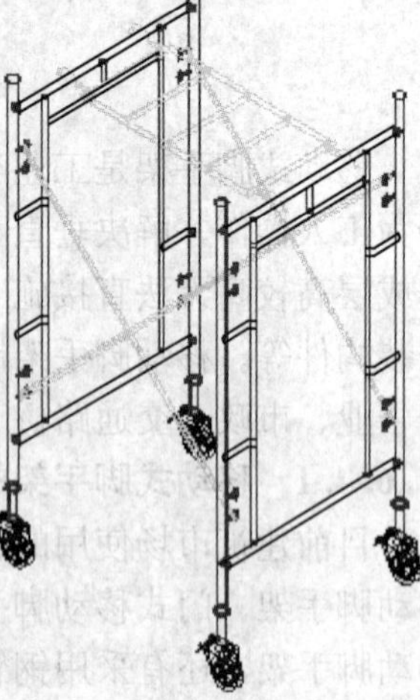

图 11-139　门架式移动脚手架

这种移动脚手架的优点：1）门式钢管脚手架几何尺寸标准化；2）结构合理，受力性能好，充分利用钢材强度，承载能力高；3）施工中装拆容易、架设效率高，省工省时、安全可靠、经济适用。

主要缺点：1）构架尺寸无任何灵活性，构架尺寸的任何改变都要换用另一种型号的门架及其配件；2）交叉支撑易在中铰点处折断；3）定型脚手板较重；4）价格较贵。

3. 盘扣式移动脚手架

(1) 构造：由定加工钢管、固定销、定型楼梯、三角撑、立杆上的盘扣（立杆每 60cm 一个圆盘，见图 11-140）、顶盘、滚轮等组合而成的移动式脚手架（图 11-141）。其立杆间距 1800mm，水平连杆跨距 1800mm 及部分斜拉杆，架体自重 13.5kg/m³ 操作面均布荷载 200kg/m²。此类型脚手架在欧美先进国家和地区已经普及使用；在国内 20 世纪 90 年代开始生产销售此类产品，但由于大多用户只看到成本昂贵，没有考虑整体效益，盘扣脚手架在中国的普及率一直不高。

图 11-140 盘扣构造图

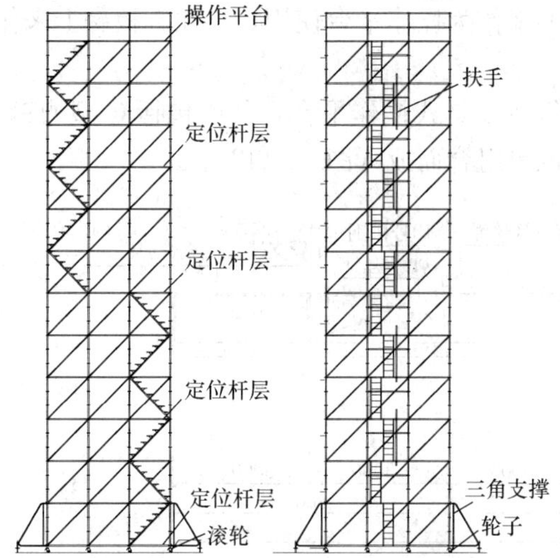

(a)

(b)

图 11-141 盘扣式移动脚手架

(a) 立面示意图；(b) 实景图

插口设计，横杆是主受力部件，连接横杆的插孔对称分布于盘面，连接横杆的孔较小，故能获得更大的约束；连接斜杆的孔较大，故在连接斜杆的时候能比较灵活，或在曲线布置的时候，横杆能有一定角度的灵活性。

插销采用自锁设计，即使插销未被敲紧，插销因自锁与重力，也不会松弛与脱落。

(2) 适用高度 25m 以下。

(3) 现场作业要求：地面与空中施工要求交替进行；施工区域不可有大面积堆物；施工场地需平整，移动过程中的沟渠、地坑等留孔要有临时便桥；搭设高度 10m 以上、迎风六级以上需停止施工。

盘扣式脚手架具有以下几个特点：1）轻松快捷：搭建轻松快速，并具有很强的机动性，可满足大范围的作业要求；2）灵活安全可靠：可根据不同的实际需要，搭建多种规格、多排移动的脚手架，各种完善安全配件，在作业中提供牢固、安全的支持；3）储运方便：拆卸储存占地小，并可推动，方便转移，部件能通过各种窄小通道。

4. 高空悬挂移动脚手架

高空悬挂移动脚手架适用于20m以上高度，或是地面难以搭设满堂脚手架的高空吊平顶及机电设备安装作业。高空悬挂移动脚手架为桥式脚手架，悬挂于顶棚结构，操作人员站在脚手架内进行操作，架体可利用顶棚结构进行移动。该类型操作平台无直接的施工标准可依，可参阅国家及地方相关标准。

（1）结构形式：高空悬挂移动脚手架的结构形式采用桥式，由桥面与两边护栏组成，桥面采用纵、横梁形式，护栏采用平面桁架结构。为适应不同工况，架体平面尺寸与结构有所调整，单榀架体规格宽度为2.5m、3m、4m不等，长度为6m，一般三跨连续设置，总的拼接长度按实际需要（宜控制在20m以内）。

考虑到顶棚架构边缘部位的施工以及部分区域因结构阻挡无法安装脚手架，则可在架体的两侧采用3m两联活页翻板向外悬挑1.5m操作平台，在脚手架移动状态下，翻板向上折叠作为护栏使用，工作状态时一联翻板翻下来作为操作平台使用，二联翻板翻上来作为护栏使用。

（2）材料：架体一般采用轻型薄钢结构制作成工具式操作平台，其中包括C型槽钢、钢管护栏、起吊钢丝绳、毛竹走道筋、上人竹笆等组合而成（图11-142）。

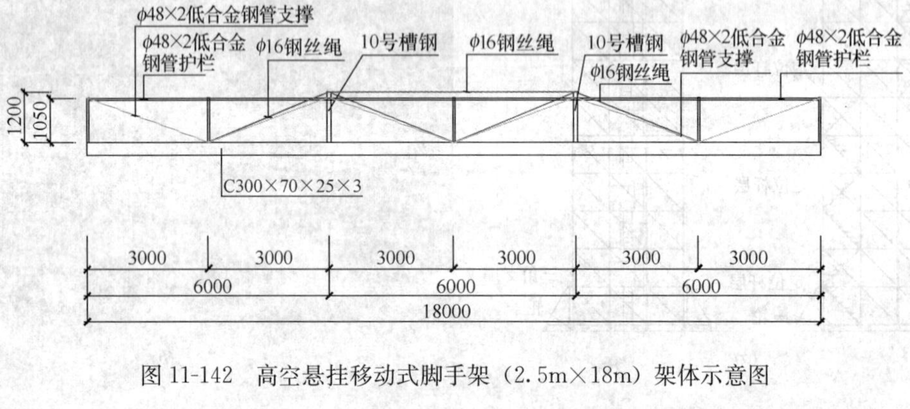

图11-142　高空悬挂移动式脚手架（2.5m×18m）架体示意图

为满足结构强度，架体所有C型槽钢和节点连接板均采用Q345钢板加工制作，其中纵、横梁槽钢可选用300mm×70mm×25mm×3mm和160mm×50mm×20mm×2mm的冷拔或冷弯卷边薄板材料。其各种铁件和螺栓均必须符合国家标准，采购的材料要求有出厂合格证，并抽样进行力学性能试验，对不合格的材料严禁使用。

护栏采用ϕ48×2mm低合金钢管；钢丝绳选用镀锌6×37×16钢丝绳；节点连接螺栓采用12mm镀锌六角螺栓；M22型花篮螺栓；2.1D型卸扣。

（3）吊点设置：在工作状态下，三跨都要受力，在每跨的端部利用顶棚结构悬挂钢丝绳吊住脚手架架体，共八个吊点（图11-143）；在高空移动状态下，只有中间一跨的端部设置的4个吊点受力，其余两跨处于悬臂状态（图11-144）。

（4）适用高度：由于悬挂在顶棚结构上，因此，可按顶棚结构高度进行安装作业。

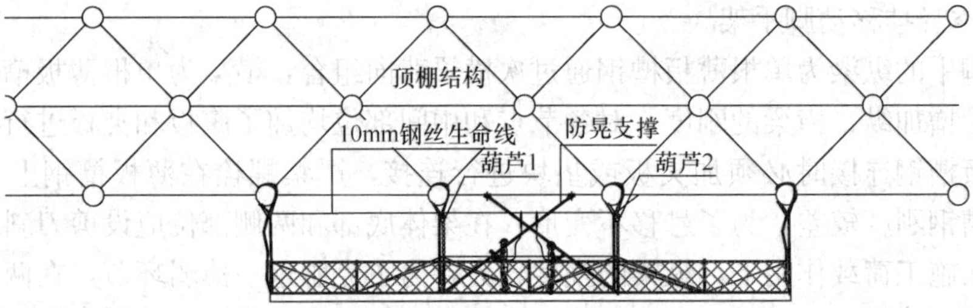

图 11-143　高空悬挂脚手架工作状态吊点设置示意图

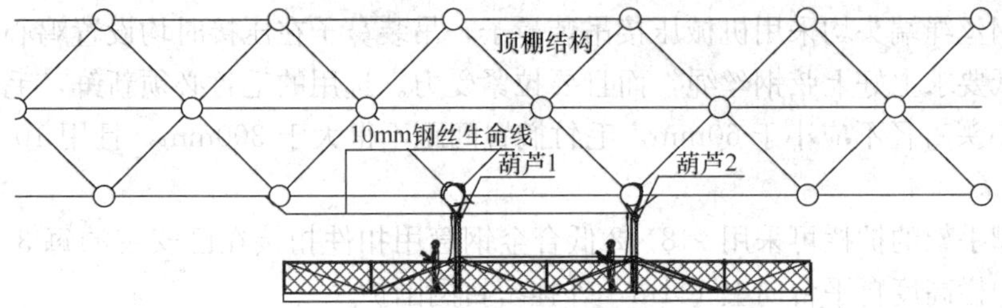

图 11-144　高空悬挂脚手架移动状态

(5) 现场作业要求：地面与空中施工要求交替进行；施工区域需有组拼脚手架的空间；移动区域不能有固定遮挡物；施工区域需有承载桥式悬移脚手架受力点；同一部位的安装施工需同步进行；配备人员就位和进入架体的登高设施；悬移架拆除后吊点部位的施工收尾和大面积完成后的零星修补操作架，迎风六级及以上需停止施工。

(6) 高空悬挂移动脚手架具有以下几个特点：1) 采用新材料，重量轻，组装方便，灵活，并具有很强的机动性，可满足大范围的作业要求；2) 采用新工艺，整体脚手架可移动，拆装只需一次，减少了许多满堂脚手架中存在的危险因素和大量的周转材料，减少了搭拆脚手架出现的重复劳动，确保了立体交叉施工，加快了进度，降低了造价；3) 采用高空桥式悬挂脚手架只占空间一部分，保证其他各工种正常施工不受影响。

11.6.4.2　移动式脚手架的主要构造要求

1. 落地移动式脚手架

(1) 移动脚手架的构造一般采用梁板结构形式。以 $\phi22\sim\phi48\times(1.5\sim3.5)$ 钢管作立杆、主梁和次梁形成框架，立杆间距不宜大于 1.5m，采用扣件连接进行制作，也可采用门式钢管脚手架或碗扣式钢管脚手架的部件，按其适应要求进行组装。上铺厚度不小于 30mm 的木板作铺板。

(2) 装设轮子的移动脚手架，轮子与平台的接合处应牢固可靠，立杆底端离地面不得超过 80mm。对于行走轮宜采用钢脚轮配橡胶实心轮胎并附制动装置。脚轮应选用合格厂家生产的产品，应附合格证和检定证书。

(3) 立杆底部和平台立面应分别设置扫地杆、剪刀撑或斜撑，平台铺板应满铺，并设置防护栏杆和登高扶梯。

(4) 平台的次梁间距不应大于 400mm。

(5) 平台铺板如用木板，要逐一固定。也可用竹笆以镀锌钢丝绑扎，扎结点位于板下。

2. 高空悬挂移动脚手架

(1) 脚手的纵梁为单根薄板槽钢通过次横梁背向组合，横梁为单根薄板槽钢组成。

(2) 为增加纵、横梁的刚度，对各节点和中间部位均加了腹板和夹板进行加固。凡是铁件与薄板槽钢连接时必须加夹板或垫块进行连接，严禁螺栓在薄板槽钢上直接挤压受力。薄板槽钢刚度较差，为了悬移不变形，在架体底部和两侧部位应设剪刀斜撑。

(3) 在施工荷载作用下，纵梁的挠度较大，为了克服这一薄弱环节，在两侧设置上弦钢丝绳，并用 $\phi48\times2$mm 低合金钢管设置 1.2m 高护栏，同时设置斜向支撑组成桁架，从而有效地增加架子的纵向刚度。

(4) 钢丝绳端头均采用机械压接吊装鼻子，吊装鼻子在压接时均设置鸡心线槽。施工前应按图纸要求上好上弦钢丝绳，而且要拉紧受力。选用的毛竹必须新鲜，毛竹大头直径100mm，小头直径不应小于 60mm，毛竹搁置间距不得大于 300mm，且用 10 号钢丝固定牢固。

(5) 脚手架的护栏可采用 $\phi48\times2$ 低合金钢管用扣件扣接在已安装的每 3 米一根立柱钢管上，护栏高度自平台向上 1.1m，外挂密目网围护。

(6) 按脚手架要求将新鲜毛竹按大头对大头、小头对小头的原则，排列整齐、平整。用 10 号钢丝与中间横梁绑扎牢固，上部竹笆满铺，竹笆必须将角及中间与横愣绑扎牢固。

(7) 架体与架体之间空档处用钢管和竹笆设置 1.5m 硬隔离通道，除通道以外的部位全部用安全网和密目网封闭。

(8) 在架体吊装就位后，随时进行支撑U 形箍安装和节点连接，由于架体处于摇晃不稳的秋千状态，因此两侧均应设置剪刀支撑，该支撑可用 $\phi48\times3.5$ 钢管制作，脚手架吊装前将下端铰接在架体外侧预留的支点上，并将支撑钢管搁置在架子上，架体吊装结束后，根据支撑钢管的长度，将支撑 U 形箍安装在上部骨架钢梁上，并将支撑钢管和卡箍连接起来，安装人员在脚手架上操作，操作时必须按要求操作，螺母既不要太紧，又不要太松，用力适度，确保安装质量。

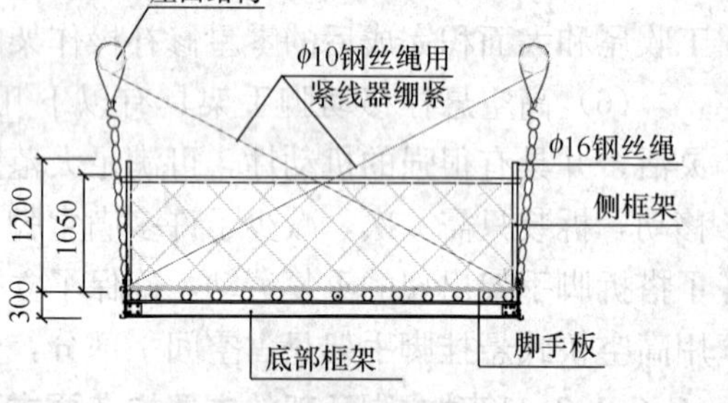

图 11-145 悬挂架体横向防晃设置示意图

(9) 横向防晃措施采用两根直径 10mm 钢丝绳组成十字形，用紧线器将钢丝绳绷紧，以防止架体横向晃动（图 11-145）。

11.6.4.3 设计计算方法

1. 落地移动式脚手架设计计算方法

(1) 计算项目

1) 次梁、主梁的横杆抗弯承载力计算。

2) 立杆强度及稳定性验算。

(2) 次梁计算

1) 荷载

① 恒荷载（永久荷载）中的自重，$\phi48\times3.5$ 钢管以 38.4N/m 计，30mm 厚板以 0.30kN/m^2 计。

② 施工活荷载（可变荷载）以 $2kN/m^2$ 计。

2）按次梁为单跨简支梁，承受均布荷载计算：

$$M=(1/8)ql^2 \tag{11-80}$$

式中 M——弯矩设计值（N·m）；

q——次梁上的等效均布荷载设计值（N·m）；

l——次梁计算跨度（m）。

3）按次梁承受集中荷载计算：

$$M=(1/8)ql^2+(1/4)pl \tag{11-81}$$

式中 q——次梁上仅依恒荷载计算的均布荷载设计值（N/m）；

p——次梁上的集中活荷载。

4）取以上两项弯矩值中的较大值按下式验算次梁强度：

$$\sigma=\frac{M}{W}\leqslant f \tag{11-82}$$

式中 M——弯矩设计值（N·m）；

W——截面模量；

f——钢材抗弯强度设计值（N/mm^2）。

（3）主梁计算

1）荷载。主梁以立柱为支承点。将次梁传递的恒荷载和施工活荷载，加上主梁自重的恒荷载，按等效均布荷载计算。

2）内力计算。立杆为3根时，位于中间立杆支点处的弯矩值较大，故可按结构静力计算双跨简支梁公式，按下式计算中间立杆上部的主梁负弯矩：

$$M=-\frac{1}{8}ql^2 \tag{11-83}$$

式中 q——主梁上的等效均布荷载设计值（N/m）；

l——次梁计算跨度（m）。

3）强度计算。按式（11-82）计算。

（4）立杆计算

1）强度。由于双跨梁的中间立杆受力较大，取中间立杆计算，按照轴心受压杆件用下式计算：

$$\sigma=\frac{N}{A_n}\leqslant f \tag{11-84}$$

式中 σ——受压正应力（N/mm^2）；

N——轴心压力设计值（N）；

A_n——立杆净截面面积（mm^2）；

f——抗压强度设计值（N/mm^2）。

2）稳定性。

$$\frac{N}{\varphi A}\leqslant f \tag{11-85}$$

式中 φ——受压构件的稳定系数；

A——立柱的毛截面面积（mm^2）。

注：在计算荷载设计值时，恒荷载应按标准值乘以荷载分项系数1.2；活荷载应按标准值乘以可变荷载分项系数1.4。

2. 高空悬挂移动脚手架设计计算方法

高空悬挂移动脚手架的使用应根据现场实际作业条件，包括作业面积、作业高度、上部结构情况以及场地条件等进行专项设计。架体本身应确保承载可靠与使用安全的要求，构成架体的材料应选用轻质材料，底部与侧框架纵横梁应具有相应刚度，底部框架纵梁应满足在移动状态主架体两端挑出部分的承载要求。悬挂脚手架上方的工程结构构件应满足所承担吊点在各种工况下承载力要求。

（1）高空悬挂移动脚手架的设计计算项目主要包括：

1）构成架体框架的主梁、次梁的抗弯承载力计算。

2）架体立柱强度及稳定性验算。

3）吊挂钢丝绳的受力计算。

（2）计算荷载包括：

脚手架的荷载包括脚手架自重、施工材料荷载、施工人员荷载和吊点荷载以及风荷载。按6m三跨架体形式（图11-142），其中，脚手架自重可按0.35kN/m^2计算；施工材料荷载是指施工中在架体内堆放的所需材料的重量，可按9kN计算；施工人员荷载，按工作状态6人（按6kN计算），高空移动状态5人考虑（按5kN计算）。吊点荷载考虑在工作状态下8个吊点，高空移动状态下4个吊点，并考虑最不利工况下吊绳受力不均匀时只有三点受力，每个吊点的荷载设计值为10kN。

综合上述分析，高空悬挂移动脚手架的荷载设计分为工作状态和高空移动状态两种情况，其工作状态下均布荷载设计值为15kN，移动状态下均布荷载设计值5kN，其中移动状态下的两边跨架体为悬挑结构，其末端的集中总荷载设计值为1.5kN。

在计算荷载设计值时，永久荷载应按标准值乘以荷载分项系数1.2；活荷载应按标准值乘以可变荷载分项系数1.4。

（3）高空悬挂移动脚手架主框架纵横梁与立柱的设计应包括在工作状态、初始滑移状态以及移动中间状态的承载力计算与稳定性验算。有关设计计算可参照行业标准《建筑施工工具式脚手架安全技术规范》JGJ202中附着式升降脚手架与高处作业吊篮设计计算的相关规定。

11.7 卸料平台的设计与施工

11.7.1 概　　述

在施工过程中，为保证建筑结构施工材料的进出，常在建筑物外立面设置平台作为施工材料、器具、设备的周转平台，将无法用电梯、井架提运的大件材料、器具、设备用塔式起重机先吊运至卸料平台上，再转运至使用或安装地点。

目前常用的卸料平台分为采用钢管落地搭设的卸料平台和采用悬挑方式搭设的卸料平台，见图11-146。

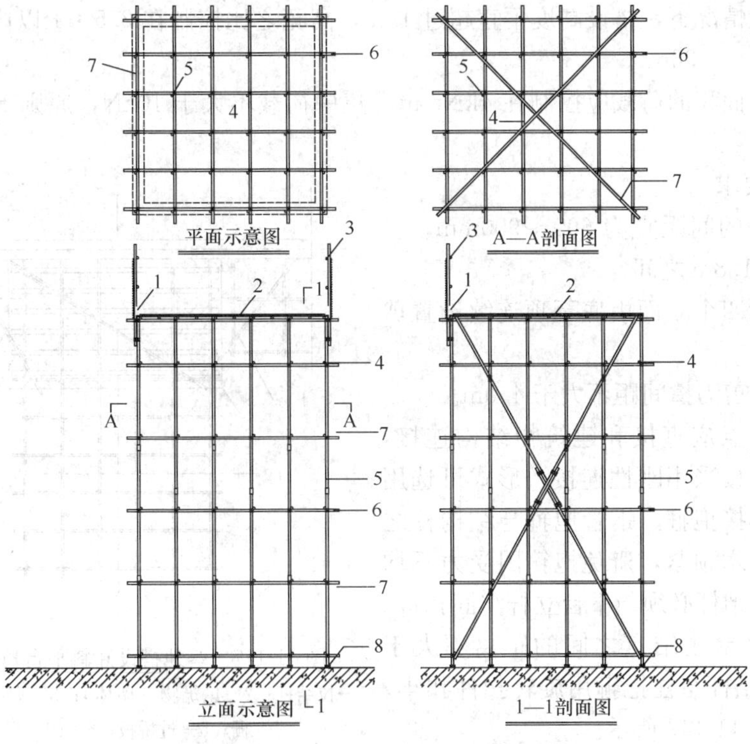

图 11-146　落地搭设卸料平台示意图

1—挡脚板；2—竹笆板；3—防护栏杆；4—纵向水平杆；5—立杆；6—横向水平杆；7—水平剪刀撑；8—垫木

11.7.2　材料规格及用途

11.7.2.1　材料规格

（1）落地搭设的卸料平台：一般采用 ϕ48×3.5 钢管的扣件连接方式搭设，也可采用其他规格的钢管和碗扣式连接的方式搭设。平面板宜采用钢板或大于 1.8cm 厚的木质夹板。

（2）悬挑搭设的卸料平台：一般采用钢平台，钢平台的材料全部为 Q235，平台骨架一般由型钢和钢板焊接而成，平面板宜采用花纹钢板，拉索、保险钢丝绳的直径不小于 20mm。

11.7.2.2　用途

卸料平台是作为施工材料、器具、设备垂直运输的周转平台，它可以灵活地适用于各类施工工地。

（1）落地搭设的卸料平台常用于多层建筑物的施工中。

（2）悬挑搭设的卸料平台一般用于高层建筑物的施工中。

11.7.3　卸料平台的形式及构造要求

11.7.3.1　落地式脚手架搭设的卸料平台

1. 卸料平台的形式

（1）一般情况下，搭设高度不宜超过12m，高宽之比控制在2.5∶1以内，面积一般不超过6m×6m=36m²。

（2）单位面积的荷载应控制在4kN/m²，集中荷载不大于10kN，原则上总荷载不能大于20kN。

2. 构造要求

（1）立杆的间距宜为600～900mm，步高宜在1.5～1.8m之间。

（2）外侧四个立面由底至顶连续设置剪刀撑。

（3）水平剪刀撑间距不大于4.0m。

（4）拉结点应直接和建筑物结构连接，每层设置。连接采用刚性连接。形式可选用埋件、钢管直接抱箍。钢管抱箍与结构柱之间需用防滑垫木顶紧，避免抱箍因受力不均产生滑动。拉结杆必须与平台立杆牢固扣接，且拉结点与平台主结点之间的距离不大于2000mm；拉结杆与柱抱箍用旋转扣件扣牢。拉结方式如图11-147所示。

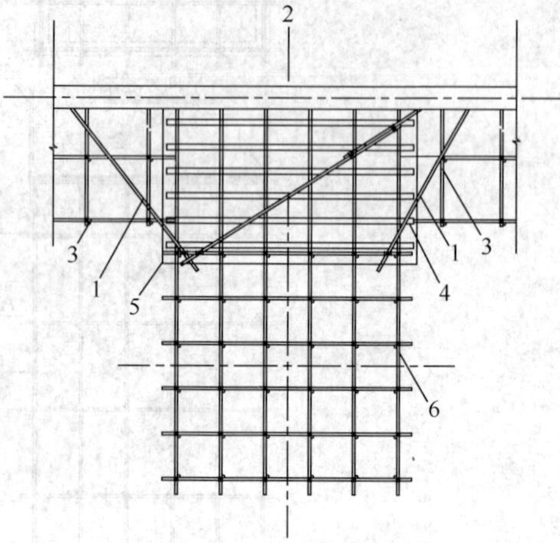

图11-147　落地搭设卸料平台拉结点示意
1—拉结杆；2—建筑物（墙体）；3—脚手架；4—木格栅；5—过桥板；6—卸料平台

11.7.3.2　悬挑式钢平台

按其悬挑方式可分为悬挂式和斜撑式两种，目前主要以悬挑式为主。

1. 卸料平台的形式

（1）一般可根据不同需要设置，常见的长宽尺寸有4.5m×2.4m、4.8m×2.4m、5.0m×1.6m；悬挂式钢平台结构见图11-148。

（2）平台上堆载的荷载重量不得大于1.2t。

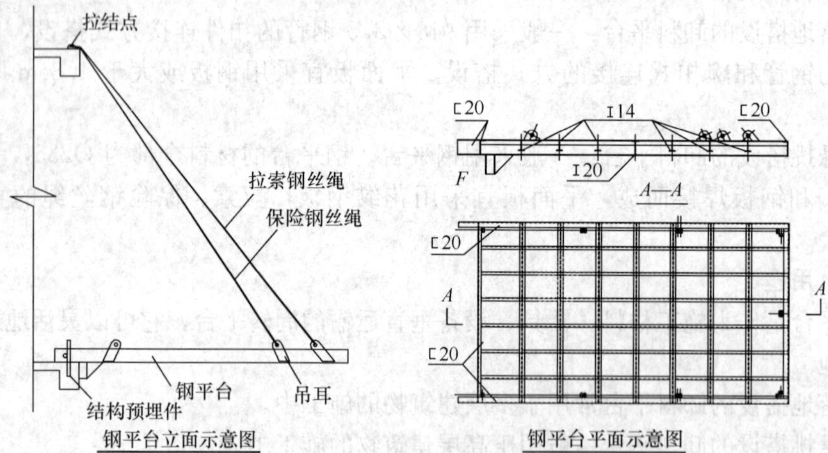

图11-148　悬挂式钢平台结构示意图

2. 构造要求

应满足《建筑施工扣件式钢管脚手架安全技术规范》（JGJ 130）、《建筑施工安全检查标准》(JGJ 59)、《建筑施工高处作业安全技术规范》(JGJ 80) 的相关规定。

(1) 平台要求

应设置 4 个经过验算的吊环，吊运平台时应使用卡环，不得使吊钩直接钩挂吊环。吊环应用甲类 3 号沸腾钢制作。吊耳详图见图 11-149。

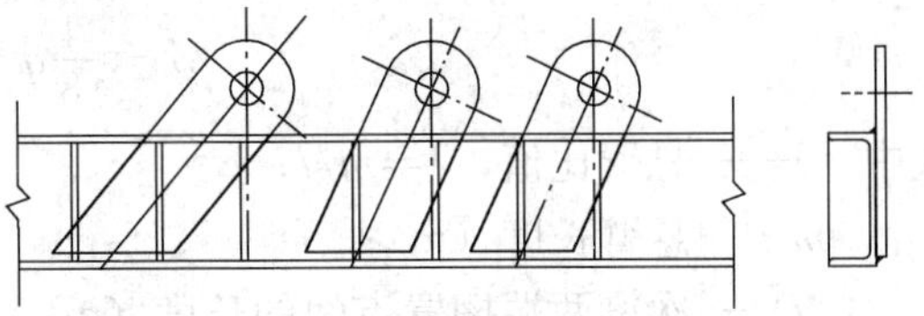

图 11-149 悬挂式钢平台吊耳详图

(2) 拉索钢丝绳要求

斜拉杆或钢丝绳，构造上宜两边各设前后两道，两道中的每一道均应作单道受力计算。

(3) 围护栏杆要求

平台三面均应设置防护栏杆，当需要吊运长度超过卸料平台的材料时，其端部护栏可做成格栅门。人员上卸料平台时，必须采取可靠的安全防护措施。

3. 材料要求

制作卸料平台的钢材应采用国家标准材料，制作严格，按图施工，尺寸正确，点焊接点牢固，达到安全防护之目的。

11.7.4 卸料平台的设计

由于卸料平台的悬挑长度和所受荷载都远大于挑脚手架，故必须严格地进行设计和验算，并按设计要求进行加工和安装。设计过程中需参照《建筑施工高处作业安全技术规程》(JGJ 80)，《钢结构设计规范》(GB 50017)，《建筑施工安全检查标准》(JGJ 59)。

11.7.4.1 钢管落地搭设的卸料平台

钢管落地搭设的卸料平台，其承载能力应按概率极限状态设计法的要求，采用分项系数设计表达式进行设计。应进行下列设计计算：

(1) 纵向、横向水平杆等受弯构件的强度和连接扣件的抗滑承载力计算。

(2) 立杆的稳定性计算。

(3) 连墙件的强度、稳定性和连接强度的计算。

(4) 立杆地基承载力计算。

(5) 平台面板厚度及刚度计算。

11.7.4.2 悬挑搭设的卸料平台

悬挑式钢平台可用槽钢作次梁与主梁，上铺厚度不小于 50mm 的木板，并以螺栓与槽钢相固定。荷载设计值与强度设计值的取用按《建筑施工高处作业安全技术规程》(JGJ 80) 附录。钢丝绳的取用应按现行的《结构安装工程施工操作规程》YSJ 404 的规定执行。杆件计算可按下列步骤进行。

(1) 次梁计算：

1) 恒荷载（永久荷载）中的自重，采用 10 号槽钢时以 100N/m 计、铺板以 400N/m² 计；施工活荷载（可变荷载）以 1500N/m² 计。按次梁承受均布荷载考虑，采用式 (11-85) 计算弯矩。

$$M = \frac{1}{8}ql^2 \tag{11-86}$$

当次梁带悬臂时，按下式计算弯矩：

$$M=\frac{1}{8}ql^2(1-\lambda^2)^2 \tag{11-87}$$

式中 λ——悬臂比值，$\lambda=m/l$；

m——悬臂长度（m）；

l——次梁两端搁置点间的长度（m）。

2）以上弯矩值按式（11-88）计算次梁抗弯强度。

$$M\leqslant W_n f \tag{11-88}$$

式中 M——上杆的弯矩（N·m）；

W_n——上杆净截面抵抗矩（cm^3）；

f——上杆抗弯强度设计值（N/mm^2）。

（2）主梁计算：

1）按外侧主梁以钢丝绳吊点作支承点计算。为安全计，按里侧第二道钢丝绳不起作用，里侧槽钢亦不起作用计算。将次梁传递的恒荷载和施工活荷载，加上主梁自重的恒荷载，按式（11-86）计算外侧主梁弯矩值。主梁采用20号槽钢时，自重以260N/m计。当次梁带悬臂时，先按式（11-89）计算次梁所传递的荷载；再将此荷载换算为等效均布荷载设计值，加上主梁自重的荷载设计值，按式（11-86）计算外侧主梁弯矩值：

$$R_{外}=\frac{1}{2}ql(1+\lambda)^2 \tag{11-89}$$

式中 $R_{外}$——次梁搁置于外侧主梁上的支座反力，即传递于主梁的荷载（N）。

2）将上面弯矩按式（11-88）计算外侧主梁弯曲强度。

（3）钢丝绳验算：

1）为安全计，钢平台每侧两道钢丝绳均以一道受力作验算。钢丝绳按下式计算其所受拉力：

$$T=\frac{ql}{2\sin\alpha} \tag{11-90}$$

式中 T——钢丝绳所受拉力（N）；

q——主梁上的均布荷载标准值（N/m）；

l——主梁计算长度（m）；

α——钢丝绳与平台面的夹角；当夹角为45°时，$\sin\alpha=0.707$；为60°时，$\sin\alpha=0.866$。

2）以钢丝绳拉力按下式验算钢丝绳的安全系数K：

$$K=\frac{F}{T}\geqslant[K] \tag{11-91}$$

式中 F——钢丝绳的破断拉力，取钢丝绳的破断拉力总和乘以换算系数（N）；

$[K]$——作吊索用钢丝绳的法定安全系数，定为10。

11.7.5 卸料平台的施工

（1）采用扣件式钢管脚手架，平台搭设、拆除及使用过程中的技术要求必须符合《建筑施工扣件式钢管脚手架安全技术规范》（JGJ 130）中的相关规定要求。

(2) 卸料平台应设置在有大开孔的部位，台面与楼板取平或搁置在楼板上。

(3) 悬挑搭设的卸料平台在建筑物的垂直方向应错开设置，不得设在同一平面位置上，以避免上层的卸料平台阻碍其下层卸料平台吊运物品材料。

(4) 卸料平台搭设完成，必须经过安全验收，挂牌后才能正式使用。

11.7.5.1 钢管落地搭设的卸料平台

1. 搭设

(1) 地基：处理应牢固可靠，要满足计算承载力的要求，并设置垫木或型钢。应铺设平稳，不能有悬空。

(2) 搭设顺序：严格按照方案要求进行搭设。

(3) 材质要求：严禁将不同外径的钢管混合使用。

(4) 立杆搭设要求：相邻立杆的对接扣件不得在同一高度内，错开距离应符合《建筑施工扣件式钢管脚手架安全技术规范》(JGJ 130) 的相关规定；当搭至有连墙件的构造点时，在搭设完该处的立杆、纵向水平杆、横向水平杆后，应立即设置连墙件。

(5) 横杆搭设要求：应符合《建筑施工扣件式钢管脚手架安全技术规范》(JGJ 130) 中的相关规定。架横向水平杆的靠墙一端至墙装饰面的距离不宜大于 2000mm。

(6) 纵向、横向扫地杆搭设应符合《建筑施工扣件式钢管脚手架安全技术规范》(JGJ 130) 规范的相关构造规定。

(7) 连墙件、剪刀撑、横向斜撑等的搭设应符合下列规定：

1) 连墙件搭设应符合《建筑施工扣件式钢管脚手架安全技术规范》(JGJ 130) 规范 6.4 节的构造规定。施工操作层不应超出楼层的顶部。

2) 剪刀撑、横向斜撑搭设应符合《建筑施工扣件式钢管脚手架安全技术规范》(JGJ 130) 规范第 6.6 节的规定，并应随立杆、纵向和横向水平杆等同步搭设，各底层斜杆下端均必须支承在垫块或垫板上。

(8) 扣件安装应符合下列规定：

1) 扣件规格必须与钢管外径 (ϕ48 或 ϕ51) 相同。

2) 螺栓拧紧扭力矩不应小于 40N·m，且不应大于 65N·m。

3) 在主节点处固定横向水平杆、纵向水平杆、剪刀撑、横向斜撑等用的直角扣件、旋转扣件的中心点的相互距离不应大于 150mm。

4) 对接扣件开口应朝上或朝内。

5) 各杆件端头伸出扣件盖板边缘的长度不应小于 100mm。

(9) 搭设时要及时与建筑物结构拉结，或采用临时支顶，以确保搭设过程中的安全，并随搭随校正杆件的垂直度和水平偏差，同时适度拧紧扣件，螺栓的根部要放正，当用力矩扳手检查，应在 40～50N·m 之间，最大不能超过 80N·m，连接杆件的对接扣件，开口应朝架子内侧，螺栓要向上，以防雨水进入。

(10) 拉结杆安装时必须避开脚手架各杆件（无联结），防止脚手架受到附加外力，影响脚手架体系的安全。

2. 验收、维护和管理

(1) 卸料平台搭设完成必须按照《建筑施工安全检查标准》(JGJ 59) 以及《建筑施工高处作业安全技术规范》(JGJ80) 的有关内容进行检查，验收合格后方可使用。

（2）卸料平台应设专人管理，定期维护：对卸料平台的杆件、扣件等定期检测，发现松动及时加固。

（3）卸料平台必须挂设限载牌，严格按照其要求限载堆放。

3. 拆除

（1）架子拆除时应划分作业区，周围设围栏或竖立警戒标志。

（2）拆除顺序应遵循由上而下、先搭后拆、后搭先拆的原则。即先拆脚手板、斜拉杆，后拆横杆、纵杆、立杆等，并按一步一清的原则依次进行，要严禁上下同时进行拆除作业。

（3）拆立杆时，应先抱住立杆再拆开最后两个扣。

（4）连墙件应随拆除进度逐层拆除。

（5）拆除时如附近有外电线路，要采取隔离措施，严禁架杆接触电线。

（6）拆下的材料，应用绳索拴住，利用滑轮徐徐下运，严禁抛掷，运至地面的材料应按指定地点，随拆随运，分类堆放，当天拆当天清，拆下的扣件或钢丝要集中回收处理。

11.7.5.2　悬挑搭设的卸料平台

1. 搭设

（1）挑式钢平台的搁置点与上部拉结点，必须位于建筑物上，不得设置在脚手架等施工设备上。

（2）钢平台加工制作完成，必须经过验收合格，方可安装使用。

（3）平台安装时，钢丝绳应采用四角四根拉设，每根的承载力不小于设计计算值；卸夹和夹具应采用定型的专业产品。建筑物锐角利口围系钢丝绳处应加衬软垫物，钢平台外口应略高于内口。

（4）搭设完成必须按照《建筑施工高处作业安全技术规范》（JGJ 80）的有关内容进行检查，验收合格后方可使用。

2. 验收、周转使用、维护

（1）平台吊装翻转时，需待横梁支撑点电焊固定，接好钢丝绳，调整完毕，经过检查验收，方可松卸起重吊钩，进行上翻操作。

（2）每次安装完毕必须经过安全验收合格方可使用。使用过程中必须挂设限载牌，严格按照其要求限载堆放。

（3）卸料平台应设专人管理，定期维护，发现问题及时整改加固。

3. 拆除

（1）钢平台的拆除过程与安装过程相反。

（2）钢平台拆除前必须将钢平台上物料清除干净，同时拆除时在吊车未吊住钢平台前不允许松卸钢丝绳。吊车将钢平台吊紧后方可松卸钢丝绳并拆除钢平台与预埋钢管的连接。

（3）拆除钢平台时，地面应设围栏和警戒标志，并派专人看守，严禁非操作人员入内。

11.7.6　卸料平台的安全施工要求

（1）卸料平台搭设和制作的各种材料，必须符合规范要求，不合格的材料严禁使用。

(2) 钢管式卸料平台在搭设之前，确定搭设位置已清理，尽量避开外防护架的剪刀撑，以防通道与剪刀撑冲突。

(3) 工人在搭设钢管式卸料平台时，应严格按照技术交底和安全操作规程进行作业，夜间施工必须有足够照明。

(4) 搭设完毕后，必须由生产部门组织，技术、质量、安全等部门相关人员参加，按要求对平台进行验收，合格后方可投入使用，并填写必要的资料。

(5) 钢管式卸料平台在向上搭接时，必须由专人监督，按技术交底和安全操作规程要求进行拆改，搭设到需要的高度时，同样必须经过验收合格后，方可投入使用。

(6) 悬挑式卸料平台制作过程中，严格按照技术交底和操作规程进行作业，焊缝的长度、高度和强度必须满足规范要求。制作完毕后，必须由生产部门组织技术、质量、安全等部门相关人员参加，对平台进行验收，合格后方可投入使用。

(7) 悬挑式卸料平台在首次吊装时，生产、技术、质量、安全等相关人员必须到场，对吊装和安装过程进行监控，信号工、塔式起重机司机和安装工人紧密配合，严格按照操作规程作业。在吊装就位、钢丝绳拉紧后，要对平台和各种相关防护进行验收，并做荷载试压试验，合格后方可投入使用，并填写必要的资料。平台在倒运过程中，必须由专人进行监督，按照安全操作规程进行作业，安装就位后，必须再次经过验收合格后，方可投入使用。

(8) 吊装时，利用平台四角的吊环将平台吊至安装位置，平行移动使主龙骨工字钢穿过外防护架（注意不要磕碰外防护架）就位，使定位角钢卡在结构边梁上（角钢下垫软物），然后拉结受力钢丝绳和保险绳，两道受力钢丝绳受力平衡后，慢慢放下平台，确认钢丝绳受力后，松去塔式起重机吊绳。钢绳要有防剪切保护，钢绳穿墙螺杆必须双垫双帽，平台倒运时，先用塔式起重机将平台四角吊起，使平台拉结钢丝绳松弛、拆卸，然后慢慢平行向外移动，待平台工字钢完全伸出外防护架后，再向上吊装。向上吊装时，平台严禁上人。

(9) 施工负责人要组织相关人员定期对搭设的卸料平台进行定期和不定期的检查，掌握平台的使用、维护情况，尤其是在大风大雨过后，要对卸料平台进行检查，对不合格的部位进行修复或更换，合格后方可继续使用。

(10) 平台上悬挂限重标志牌，标明吨位和卸料数量，严禁超载或长期堆放材料，随堆随吊；堆放材料高度不得超过平台护栏高度；工人限数1～2人，严禁将平台作为休息平台。

11.8 脚手架工程的绿色施工

脚手架总的趋势是向着轻质高强结构、标准化、装配化和多功能方向发展。材料由木、竹发展为金属制品；搭设工艺将逐步采用组装方法，尽量减少或不用扣件、螺栓等零件；脚手架的主要杆件，不宜采用木、竹材料。其材质宜采用强度高、重量轻的薄壁型钢、铝合金制品等。

随着我国大量现代化大型建筑体系的出现，应大力开发和推广应用新型脚手架。其中新型脚手架是指碗扣式脚手架、门式脚手架；在桥梁施工中推广应用方塔式脚手架；在高层建筑施工中推广整体爬架和悬挑式脚手架。

各地有关部门首先应制定政策鼓励施工企业采用新型脚手架，尤其是高大空间的脚手架，保证施工安全，避免使用扣件式钢管脚手架，尽快淘汰竹（木）脚手架。同时对扣件式钢管脚手架和碗扣式脚手架的产品质量及使用安全问题，应大力开展整治工作，引导施工企业采用安全可靠的新型脚手架。插销式脚手架是国际主流脚手架，这种脚手架结构合理，技术先进，安全可靠，当前在国内一些重大工程已得到大量应用。

脚手架工程的绿色施工应以扩大使用功能及其应用的灵活程度为方向。各种先进的脚手架系列已不仅是局限于满足搭设几种常用的脚手架，而是作为一种常备的多功能的施工工具设备，力求适应现代施工各个领域中不同项目的要求和需要。

努力提升脚手架的环保要求，成立制作、安装、拆除一体化与专业化的脚手架承包公司等。

11.9　脚手架工程的安全技术管理

11.9.1　脚手架安全管理工作的基本内容

(1) 制定对脚手架工程进行规范管理的文件（规范、标准、工法、规定等）。

(2) 编制施工组织设计、技术措施以及其他指导施工的文件。

(3) 建立有效的安全管理机制和办法。

(4) 对脚手架搭、拆操作人员（上岗资格、安全装备、必要培训）进行管理。

(5) 脚手架各类构配件质量控制。

(6) 对脚手架搭、拆和使用过程中对周边环境影响因素的控制。

(7) 对影响脚手架使用安全因素的控制。

(8) 搭设过程中的安全监管。

(9) 检查验收的实施措施。

(10) 及时处理和解决施工中所发生的问题。

(11) 施工总结。

11.9.2　防止事故发生的措施

脚手架设计必须确保脚手架的构架和防护设施达到承载可靠和使用安全的要求。在编制施工组织设计、技术措施和施工应用中，必须对以下方面作出明确的安排和规定：

(1) 对脚手架杆配件的质量和允许缺陷的规定。

(2) 脚手架的构架方案、尺寸以及对控制误差的要求。

(3) 连墙点的设置方式、布点间距，对支承物的加固要求（需要时）以及某些部位不能设置时的弥补措施。

(4) 在工程体型和施工要求变化部位的构架措施。

(5) 作业层铺板和防护的设置要求。

(6) 对脚手架中荷载大、跨度大、高空间部位的加固措施。

(7) 对搭设人员安全的保障措施。

(8) 对实际使用荷载（包括架上人员、材料机具以及多层同时作业）的限制。

(9) 对施工过程中需要临时拆除杆部件和拉结件的限制，以及在恢复前的安全弥补措施。

(10) 安全网及其他防（围）护措施的设置要求。

(11) 脚手架地基或其他支承物的技术要求和处理措施。

(12) 与其他施工设备、设施交接处的加固和封闭措施。

(13) 避免受其他施工设备，尤其是大型施工机械影响的措施。

(14) 临街搭设脚手架时，外侧应有防止坠物伤人的防护措施。

(15) 在脚手架上进行电、气焊作业时，必须有防火措施。

(16) 脚手架接地、避雷措施。

11.9.3 脚手架工程技术与安全管理措施

(1) 施工企业和现场项目部必须加强以确保安全为基本要求的规范管理，健全规章制度、制定相应的管理细则和配备相应的管理人员、制止和杜绝违章指挥和违章作业、尽快完善有关脚手架方面的施工安全标准。

(2) 施工企业和现场项目部必须完善防护措施和提高施工人员、管理人员的自我保护意识和素质。

(3) 加强脚手架工程的技术与管理中值得注意的问题：

1) 高层、超高层以及复杂体型的建筑大量出现，对脚手架设计和应用提出了更高的要求。对于这些高难度工程，不能仅仅满足规范的基本要求和依靠过去的传统做法来应用脚手架，必须根据工程具体形式、使用要求和使用环境来进行针对性的设计，并让施工和管理人员充分掌握其搭设和使用要求。

2) 对于首次使用的高、难、新脚手架，在周密设计的基础上，还需要进行必要的型式试验，检验其承载能力和安全储备，在确保可靠后才能正式使用。

3) 对于高层、高耸、大跨建筑以及有其他特殊要求的脚手架，由于在安全防护方面的要求相应提高，因此，必须对其设置、构造和使用要求加以严格的限制，并认真监控。

4) 按提高综合管理水平的要求，除了技术的可靠性和安全保证性外，还要考虑进度、工效、材料的周转与消耗等综合性管理要求。

5) 对已经落后或较落后的脚手架形式的更新要求。比如，近年来，我国多个省市已对竹脚手架的使用范围作出了限制或禁止使用，仍在使用竹脚手架的地区应认真调研，严格规定，慎重使用。

12 吊装工程

12.1 吊装工程特点及基本要求

12.1.1 吊装工程特点

吊装工程是施工结构装配式部分的主要工序。所谓结构的装配式部分，是指建筑物的某些构件在工厂或施工现场预制成各个单体构件或单元，然后利用起重机械按图纸要求在施工现场完成组装。与现浇钢筋混凝土结构施工方法相比，它具有设计标准化、构件定型化、生产工厂化、安装机械化的优点，是建筑业施工现代化的重要途径之一。

目前，超高层、大跨度钢结构的施工在我国比比皆是，吊装工程的突出特点可总结为：

(1) 为减少吊装次数，吊装构件朝大型化、单元化发展。

(2) 吊装构件受力复杂。在构件安放和起吊过程中，其受力的大小、性质不断改变，因而须对构件在施工全过程中的承载力和变形进行验算，并采取相应的措施。

(3) 构件预制及拼装质量要求严格。构件制作的外观尺寸及吊装单元的拼装精度是否达到设计要求，将直接影响安装的效率。

12.1.2 吊装基本要求

(1) 必须编制吊装作业施工组织设计，并应充分考虑施工现场的环境、道路、架空电线等情况。作业前应进行技术交底；作业中，未经技术负责人批准，不得随意更改。

(2) 起重吊装操作人员必须身体健康，持证上岗，作业时应穿防滑鞋、戴安全帽，高处作业应佩挂安全带，并应系挂可靠和严格遵守高挂低用的规定。

(3) 吊装作业区四周应设明显标志，严禁非操作人员入内，夜间施工须有足够照明。

(4) 绑扎所用的吊索、卡环、绳扣等的规格应按计算确定。起吊前，应对起重机钢丝绳及连接部位和索具设备进行检查。

(5) 吊装大、重、新结构构件和采用新的吊装工艺时，应先进行试吊，确认无问题后，方可正式起吊。

(6) 高空吊装屋架、梁和斜吊法吊装柱时，应在构件两端绑扎溜绳，由操作人员控制构件的平衡和稳定。

(7) 构件吊装和翻身扶直时的吊点必须符合设计规定。异形构件或无设计规定时，应经计算确定，并保证使构件起吊平稳。

(8) 开始起吊时，应先将构件吊离地面 200～300mm 后停止起吊，并检查起重机的稳定性、制动装置的可靠性、构件的平衡性和绑扎的牢固性等，待确认无误后，方可继续起吊。已吊起的构件不得长久停滞在空中。

(9) 起吊时不得忽快忽慢和突然制动。回转时动作应平稳，当回转未停稳前不得做反向动作。

(10) 起吊过程中，在起重机行走、回转、俯仰吊臂、起落吊钩等动作前，起重司机应鸣声示意。一次只宜进行一个动作，待前一动作结束后，再进行下一动作。

(11) 因故（天气、下班、停电等）对吊装中未形成空间稳定体系的部分，应采取有效的加固措施。

(12) 对起吊物进行移动、吊升、停止、安装时的全过程应用旗语或通用手势信号进行指挥，信号不明不得启动，上下相互协调联系应采用对讲机。

12.2 起重设备选择

进行起重设备选择时，主要考虑以下几个因素：

(1) 场地环境。要根据现场的施工条件，包括道路、邻近建筑物、障碍物等，来确定选择起重设备的类型。

(2) 安装对象。要根据待安装对象的高度、半径和重量来确定起重设备。

(3) 起重性能。要根据起重机的主要技术参数确定起重设备的选型。

(4) 资源情况。要根据自有设备和市场的实际情况来选择起重设备。

(5) 经济效益。要根据工期、整体吊装方案等综合考虑经济效益来决定起重设备的类型和大小。

12.2.1 塔式起重机

12.2.1.1 塔式起重机的选择原则

1. 塔式起重机的分类和特点

按架设方式、变幅方式、回转方式、起重量大小，塔式起重机可分为多种类型，其分类和相应的特点见表 12-1。

塔式起重机的分类和特点　　表 12-1

分类方法	类　型	特　点
按架设方式	轨道行走式	底部设行走机构，可沿轨道两侧进行吊装，作业范围大，非生产时间少，并可替代履带式和汽车式等起重机。 需铺设专用轨道，路基工作量大、占用施工场地大
	固定式	无行走机构，底座固定，能增加标准节，塔身可随施工进度逐渐提高。 缺点是不能行走，作业半径较小，覆盖范围很有限
	附着自升式	须将起重机固定，每隔 16～36m 设置一道锚固装置与建筑结构连接，保证塔身稳定性。其特点是可自行升高，起重高度大，占地面积小。 需增设附墙架，对建筑结构会产生附加力，必须进行相关验算并采取相应的施工措施
	内爬式	特点是塔身长度不变，底座通过附墙架支承在建筑物内部（如电梯井等），借助爬升系统随着结构的升高而升高，一般每隔 1～3 层爬升一次。 优点是节约大量塔身，体积小，既不需要铺设轨道，又不占用施工场地；缺点是对建筑物产生较大的附加力，附着所需的支承架及相应的预埋件有一定的用钢量；工程完成后，拆机下楼需要辅助起重设备

续表

分类方法	类　型	特　点
按变幅方式	动臂式	当塔式起重机运转受周围环境的限制，如邻近的建筑物、高压电线的影响以及群塔作业条件下，塔式起重机运转空间比较狭窄时，应尽量采用动臂塔式起重机，起重灵活性增强。 吊臂设计采用“杆”结构，相对于平臂“梁”结构稳定性更好。因此，常规大型动臂式塔式起重机起重能力都能够达到30～100t，有效解决了大起重能力的要求
	平臂式	小车变幅式的起重小车在臂架下弦杆上移动，变幅就位快，可同时进行变幅、起吊、旋转三个作业。 由于臂架平直，与变幅形式相比，起重高度的利用范围受到限制
按回转方式	上回转式	回转机构位于塔身顶部，驾驶室位于回转台上部，司机视野广。 均采用液压顶升接高（自升）、平臂小车变幅装置。 通过更换辅助装置，可改成固定式、轨道行走式、附着自升式、内爬式等，实现一机多用
	下回转式	回转机构在塔身下部，塔身与起重臂同时旋转。 重心低，运转灵活，伸缩塔身可自行架设，采用整体搬运，转移方便
按起重量	轻型	起重量0.5～3t
	中型	起重量3～5t
	重型	起重量15～40t

2. 塔式起重机的选型

塔式起重机的选型见表12-2。

塔式起重机的选型　　**表12-2**

结构形式	常用塔式起重机类型	说　明
普通建筑	固定式	因不能行走，作业半径较小，故用于高度及跨度都不大的普通建筑施工
大跨度场馆	轨道行走式	因可行走，作业范围大，故常用于大跨度、体育场馆及长度较大的单层工业厂房的钢结构施工
高层建筑	附着自升式	因通过增加塔身标准节的方式可自行升高，故常用于高度在100m左右的高层建筑施工。 国内使用的附着自升式塔式起重机多采用平臂式设计
超高层建筑	内爬式	常规的附着自升式塔式起重机，塔身最大高度只能达到200m左右。 内爬式因塔身高度固定，依赖爬升框固定于结构，与结构交替上升。特别适用于施工现场狭窄的200m以上的超高层施工。 与附着自升式相比，内爬式不占用建筑外立面空间，使得幕墙等围护结构的施工不受干扰。 国内内爬式起重机多采用平臂式设计，国外产品多为动臂式

12.2.1.2 塔式起重机相关计算

1. 塔式起重机基础计算

塔式起重机的基础是保证起重机正常工作的前提，根据起重机类型不同，基础形式主要有：轨道基础（轨道行走式塔式起重机）、钢筋混凝土基础（固定式塔式起重机）、支撑架（附着自升式、内爬式塔式起重机）。安装前，需根据塔式起重机的作用特点设计计算。

固定式塔式起重机一般宜采用钢筋混凝土基础，其常用的形式有整体式（如 X 形整体式、整体式方块基础）、分离式（如双条块分离式、四块分离式）、灌注桩承台式等。表 12-3 为几种常用固定式混凝土基础特点及适用范围。

几种常用固定式混凝土基础特点及适用范围 表 12-3

名　称	构造特点	适用范围	图　例
X 形整体基础	形状及平面尺寸大致与塔式起重机 X 形底架相似，起重机底架通过预埋地脚螺栓固定	多用于轻型自升式塔式起重机	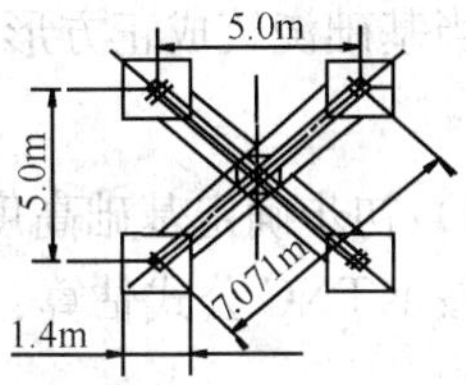
长条形基础	由两条或四条并列平行的钢筋混凝土底架组成，支撑起重机底架的四个支腿	多用于直接安装在原有混凝土地面上的塔式起重机	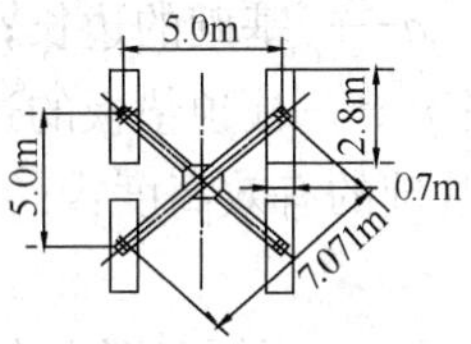
分块式基础	由四个独立的钢筋混凝土块体组成，支撑起重机底架的四个支腿，块体的构造尺寸视底架支反力及地耐力而定	构造简单，混凝土及钢筋用量少。适用于设置于建筑物外部的塔式起重机基础或装有行走底架但无台车的基础	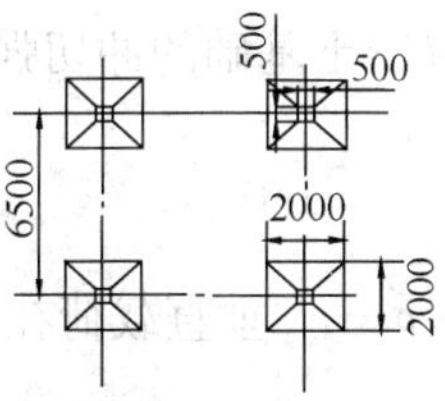
独立式整体基础	通过塔身基础节、预埋塔身框架等将塔身固定在混凝土基础上，将上部荷载传递到地基上。对塔身嵌固作用好，可防整机倾覆	适用于无底架固定自升式塔式起重机	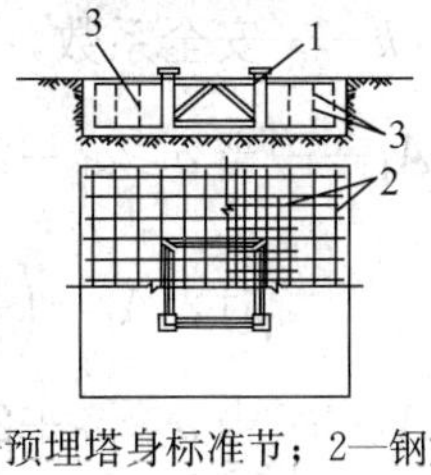 1—预埋塔身标准节；2—钢筋；3—架设钢筋

（1）分离式基础验算

1）确定基础预埋深度

根据施工场地的地基情况而定，一般塔式起重机基础埋设深度为 1～1.5m。

2）基础面积 F 的估算

塔式起重机所需基础的底面积 F 按地基需用承载力估算如下：

$$F=\frac{N+G}{[\sigma_d]-\gamma_d\cdot d} \tag{12-1}$$

式中　N——每个基础承担的垂直载荷；

G——基础自重，可按 $0.06N$ 估算；

$[\sigma_d]$——地基容许承载力（具体取值需根据地质报告确定），常用灰土处理后的地基承载力为 200kN/m²；

γ_d——20kN/m³；

d——基础埋深（从基础顶面到地面高度，m）。

3）基础平面尺寸的确定

当基础浇筑成正方形，其边长为：

$$a=\sqrt{F} \tag{12-2}$$

4）初步确定基础高度

按 KTNC 公式估算：

$$H=x(a-a_0) \tag{12-3}$$

式中　x——系数，取为 0.38；

a——基础的边长；

a_0——柱顶垫板的边长。

基础的有效高度：

$$h_0=H-\delta$$

式中　δ——基础配筋的保护层厚度，一般不少于 70mm。

5）验算混凝土基础的冲切强度

混凝土基础的冲切强度应满足下式

$$\sigma_t<\frac{R_L A_2}{k\cdot A_1} \tag{12-4}$$

式中　σ_t——垂直载荷在基础底板上产生的应力，$\sigma_t=\frac{N}{a^2}$；

R_L——混凝土抗拉强度；

k——安全系数，一般取 1.3；

A_1——当 $a\geqslant a_0+2h_0$ 时，$A_1=\left(\frac{a}{2}-\frac{a_0}{2}-h_0\right)\cdot a-\left(\frac{a}{2}-\frac{a_0}{2}-h_0\right)^2$；当 $a<a_0+2h_0$ 时，$A_1=\left(\frac{a}{2}-\frac{a_0}{2}-h_0\right)\cdot a$；

A_2——当 $a\geqslant a_0+2h_0$ 时，$A_2=(a_0+h_0)h_0$；当 $a<a_0+2h_0$ 时，$A_2=(a_0+h_0)h_0-\left(h_0+\frac{a_2}{2}-\frac{a}{2}\right)^2$。

当 $\sigma>\frac{0.75R_2A_2}{k\cdot A_1}$ 时，需要放大 H 重新确定基础高度，一般为便于施工以 50mm 为单位放大。

6）配筋计算

地基反力对基础底板产生的弯矩 M：

$$M=\frac{\sigma_t}{24}(a-a_0)^2(2a+a_0) \quad (12\text{-}5)$$

所需钢筋截面面积 F_g 为：

$$F_g=\frac{k\cdot M}{\sigma_s\times 0.875h_0} \quad (12\text{-}6)$$

式中 k——安全系数，取为2.0；

σ_s——钢筋屈服强度。

所配钢筋面积尚应满足以下要求：

$$\frac{F_g}{a\cdot H}>0.15\% \quad (12\text{-}7)$$

（2）整体式基础计算

根据起重机在倾覆力矩作用下的稳定性条件和土壤承载条件确定基础的尺寸和质量，计算时不考虑和基础接触的侧壁的影响。

1）确定基础预埋深度

根据施工现场地基情况而定，一般塔式起重机基础埋设深度为1～1.5m，但应注意须将基础整体埋住。

2）基础面积的估算

所需基础的底面积的估算见式（12-1），但此处 N 为基础承担的垂直载荷。

3）基础平面尺寸的确定

当基础浇筑为正方形时，应满足以下两个条件：

$$\frac{N+G+\gamma_d\cdot d\cdot a^2}{a^2}+\sigma_M<[\sigma_d] \quad (12\text{-}8)$$

$$\frac{N+G+\gamma_d\cdot d\cdot a^2}{a^2}-\varepsilon\cdot\sigma_M>0 \quad (12\text{-}9)$$

式中 a——基础边长，可按式 $a=1.4\sqrt{F}$ 初步估算；

σ_M——由弯矩作用产生的压应力，$\sigma_M=\frac{M}{W_d}$；

M——起重机的倾覆力矩（kN·m）；

W_d——基础底面对垂直于弯曲作用平面的截面模量（m^3），$W_d=\frac{1}{6}a^3$；

ε——安全系数，取为1.5。

4）初步确定基础高度

基础高度的初步确定，见式（12-3）。根据稳定性条件验算基础质量：

$$\frac{2M\cdot k}{a}<V\cdot\gamma \quad (12\text{-}10)$$

式中 M——起重机的倾覆力矩（kN·m）；

a——基础边长（m）；

k——最小稳定系数（附载时），不考虑惯性力、风力和离心力时，取为1.4；

V——基础体积（m^3）；

γ——混凝土的重度（kN/m^3），$\gamma=25kN/m^3$。

5）验算基础抗冲切强度和配筋计算

同分离式基础，但在进行冲切强度验算时，式（12-4）中的安全系数 k 应取为 2.2。

2. 附着式塔式起重机的附着计算

附着式塔式起重机在使用过程中，常会出现超高使用或超附着距离使用，此时需对附着架重新计算，不能随意套用原设计。下面简要介绍其计算原则和计算步骤。

（1）附着方案制定

附着方案需根据最大附着高度（即最大悬臂高度）、附着距离等制定。一般地，设置 2～4 道锚固装置即可满足施工需要。第一道锚固装置约距基础表面 30～50m 高处，此后每隔 16～25m 设一道锚固。重型塔式起重机的锚固间距可达 32～50m，甚至更大。图 12-1 代表某塔式起重机的附着方案。

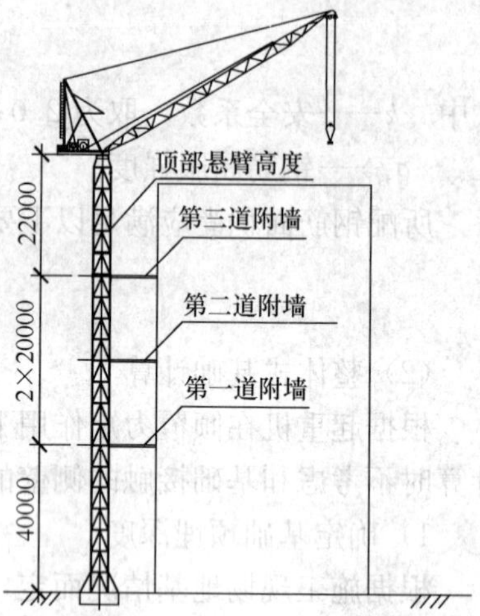

图 12-1　某塔式起重机附着方案图

（2）塔身的内力及支反力计算

一般附着杆件可视为刚性约束，因此可将塔身视为带一悬臂端的多支承连续梁，图 12-2 为其计算模型简图。具体计算方法参见本手册第 4 章施工常用结构计算内容。

（3）附着杆的内力计算

附着杆的内力计算应考虑两种计算工况：

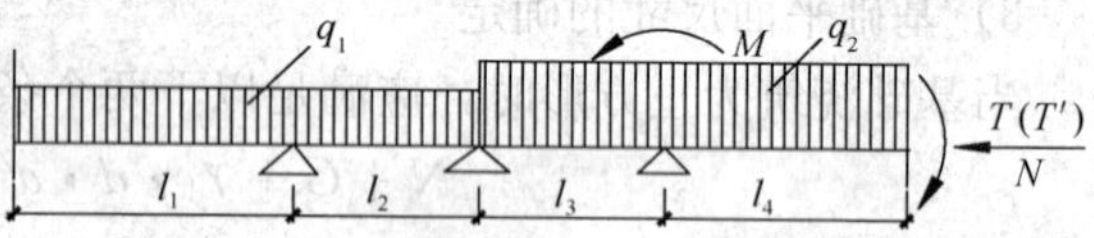

图 12-2　塔身内力及支反力计算简图

计算工况 1：塔式起重机满载工作，起重臂顺塔身 x-x 轴或 y-y 轴，风向垂直于起重臂，如图 12-3（a）所示。

计算工况 2：塔式起重机非满载工作，起重臂处于塔身对角线方向，风由起重臂吹向平衡臂，如图 12-3（b）所示。

可将附着杆视为二力杆件（即只考虑附着杆承受杆轴方向拉力或压力），按力矩平衡原理计算附着杆内力。

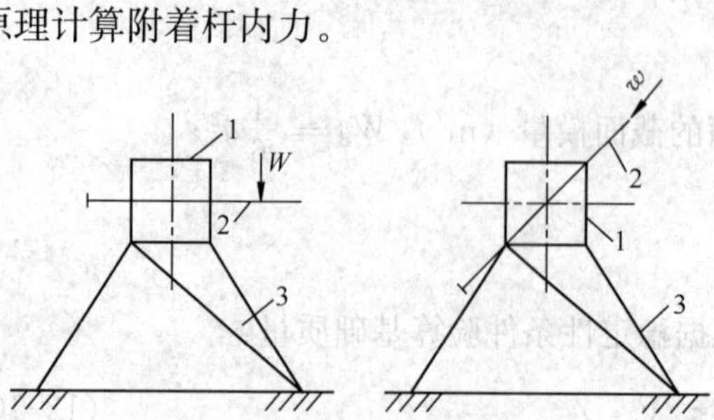

图 12-3　两种附着杆内力计算示例

（a）计算工况 1；（b）计算工况 2

1—锚固环；2—起重臂；3—附着杆；w—风力

（4）附着杆设计

1）附着杆长细比计算

对于实腹式附着杆：

$$\lambda=\frac{l_0}{i} \tag{12-11}$$

式中　λ——附着杆长细比，不应大于 100；

l_0——附着杆计算长度，取为附着杆的实际长度；

i——附着杆截面的最小惯性半径。

对于格构式附着杆长细比计算，可参

阅《钢结构设计规范》(GB 50017)，此处从略。

2）稳定计算

$$\frac{N}{\varphi A} \leqslant f \tag{12-12}$$

式中 N——附着杆所承受的轴向力，按使用说明书取用或由计算取得；

A——附着杆的毛截面面积；

φ——轴心受压杆件的稳定系数，按《钢结构设计规范》(GB 50017) 取用；

f——钢材的抗拉强度设计值，按《钢结构设计规范》(GB 50017) 取用。

12.2.1.3 外附塔式起重机的安装、附着、拆除

外附塔式起重机一般采用附着自升式，可为平臂式或动臂式塔式起重机。本节以平臂式塔式起重机为例，阐述外附塔式起重机的安装、附着及拆除技术。

1. 安装前基础准备

外附塔式起重机的塔身着地，由于塔身超高，基础竖向荷载较大，因此一般采用独立承台桩基础。混凝土基础应符合下列要求：

（1）混凝土强度等级不低于C35；

（2）基础表面平整度允许偏差1/1000；

（3）埋设件的位置、标高和垂直度以及施工工艺符合出厂说明书要求；

（4）当塔式起重机安装在建筑物基坑内底板上时，须对底板进行抗冲切强度验算，一般应加密纵横向配筋，并增加底板厚度；

（5）当塔式起重机安装在坑侧支护结构上，必须对支护结构的强度和稳定性进行验算，如不满足安全要求，须对支护结构进行加固；

（6）当塔式起重机安装在坑侧土地面上时，安装地点须与基坑保持一定安全距离，并应对坑侧土体进行抗滑动、抗倾覆验算和抗整体滑动验算，如不满足安全要求，须采取支护措施或采用桩基础；

（7）塔式起重机的混凝土基础周围应修筑边坡和排水设施；

（8）塔式起重机的基础施工完毕，经验收合格后方可使用。

2. 塔式起重机的安装

（1）安装准备工作

1）在塔式起重机基础周围，清理出场地，要求平整、无障碍物；

2）留出塔式起重机进出场和堆放场地，起重机、汽车进出道路及汽车式起重机安装位置，路基必须压实、平整；

3）塔式起重机安装范围内上空所有障碍物及临时施工电线必须拆除或改道；

4）塔式起重机基础旁准备独立配电箱一只，符合一机一闸一漏一箱一锁的规定；

5）按照审批的安装方案，做好员工进场前的三级安全教育，并做好书面记录；建立和健全安全应急预案，制定安全应急措施，确保安全工作始终处于受控状态；

6）按照方案的要求，准备好捯链、力矩扳手、气动扳手、起重用钢丝绳、吊环、电工工具、机修工具、经纬仪、铅垂仪、水准仪、水平管（尺）、对讲机、电焊机、楔铁、撬棍、麻绳、冲销等工具，对进场的安装起重设备和特殊工种人员进行报验。

(2) 安装操作顺序

图 12-4 为某典型塔式起重机的组成示意图。对于外附塔式起重机，初始安装高度一般较低，塔身只需安装到满足爬升套架工作需要的高度即可。

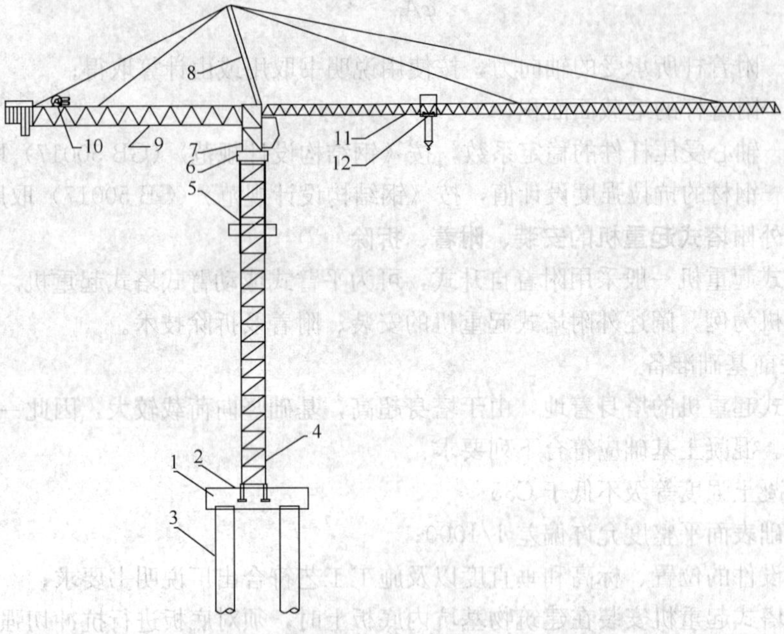

图 12-4　某典型塔式起重机组成示意图

1—承台基础；2—预埋基脚；3—桩基础；4—基础节和标准节；5—套架总成；6—回转支承总成；7—驾驶室节总成；8—撑架组件；9—平衡臂总成；10—起升机构；11—起重臂；12—小车总成

在塔式起重机桩承台底筋绑扎完毕后，应及时预埋固定支脚并加校正框定位和埋设避雷接地镀锌角铁，在基础混凝土达到 70%强度要求后，取下校正框，按照以下顺序进行安装。

1) 安装基础节和标准节；

2) 安装顶升套架，装好油缸、平台、顶升横梁及爬梯；

3) 安装回转支承总成；

4) 安装塔头总成附驾驶室；

5) 安装平衡臂总成；

6) 安装起重臂附变幅小车总成；

7) 穿引变幅小车牵引钢丝绳、主卷扬机钢丝绳和吊钩；

8) 安装平衡配重并锁牢；

9) 安装电气系统通车试车，同时检查供电电源是否正常；

10) 如果安装完毕后塔式起重机即投入使用，则必须按有关规定的要求调整好安全装置；

11) 根据施工需要顶升；

12) 调试各限位、限制器等安全保险装置；

13) 验收合格后挂牌使用；

14) 埋设附墙预埋件；

15）埋件混凝土强度达到设计强度的80%后开始安装塔式起重机附着装置；

16）塔式起重机一次顶升到自由高度；

17）重复14）～16）步，塔式起重机逐步顶升。

（3）安装注意事项

1）塔式起重机安装工作应在塔式起重机最高处风速不大于8m/s时进行；

2）注意吊点的选择，根据吊装部件选用长度适当、质量可靠的吊具；

3）塔式起重机各部件所有可拆的销轴，塔身连接螺栓、螺母均是专用特制零件；

4）必须安装并使用安全和保护措施，如扶梯、平台、护栏等；

5）必须根据起重臂长，正确确定配重数量；

6）装好起重臂后，平衡臂上未装够规定的平衡重前，严禁起重臂吊载；

7）标准节的安装不得任意交换方位；

8）顶升前，应将小车开到规定的顶升平衡位置，起重臂转到引进横梁的正前方，然后用回转制动器将塔式起重机的回转锁紧；

9）顶升过程中，严禁旋转起重臂或开动小车使吊钩起升和放下；

10）标准节起升（或放下）时，必须尽可能靠近塔身。

3. 塔身附着

（1）锚固装置及形式

自升塔式起重机的塔身接高到设计规定的独立高度后，须使用锚固装置将塔身与建筑物拉结（附着），以减少塔身的自由高度，改善塔式起重机的稳定性。同时，可将塔身上部传来的力矩，以水平力的形式通过附着装置传给已施工的结构。

锚固装置的多少与建筑物高度、塔身结构、塔身自由高度有关。一般设置2～4道锚固装置即可满足施工需要。进行超高层建筑施工时，不必设置过多的锚固装置。因为锚固装置受到塔身传来的水平力，自上而下衰减很快，所以随着建筑物的升高，在验算塔身稳定性的前提下，可将下部锚固装置周转到上部使用，以便节省锚固装置费用。

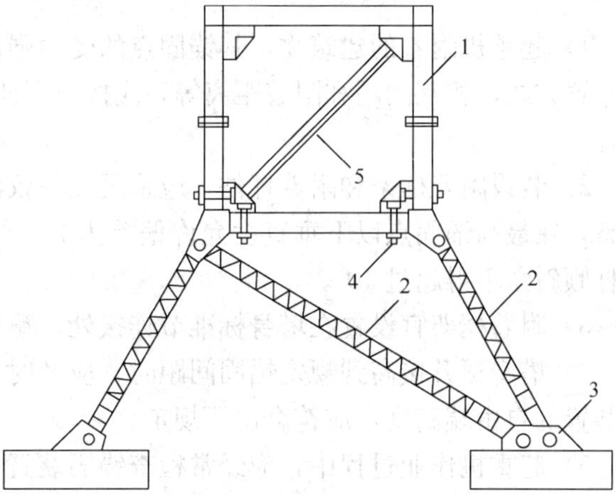

图12-5 锚固装置的构造

1—附着框架；2—附着杆；3—支座；4—顶紧螺栓；5—加强撑

锚固装置由附着框架、附着杆和附着支座组成，如图12-5所示。塔身中心线至建筑物外墙之间的水平距离称为附着距离，多为4.1～6m，有时大至10～15m。附着距离小于10m时，可用三杆式或四杆式附着形式，否则宜采用空间桁架，见表12-4。

（2）锚固装置安拆注意事项

塔式起重机的附着（锚固装置）的安装与拆卸，应按使用说明书的规定进行，切实注意下列几点：

外附塔式起重机附着形式示意　表 12-4

附着形式	示意图
三杆式附着	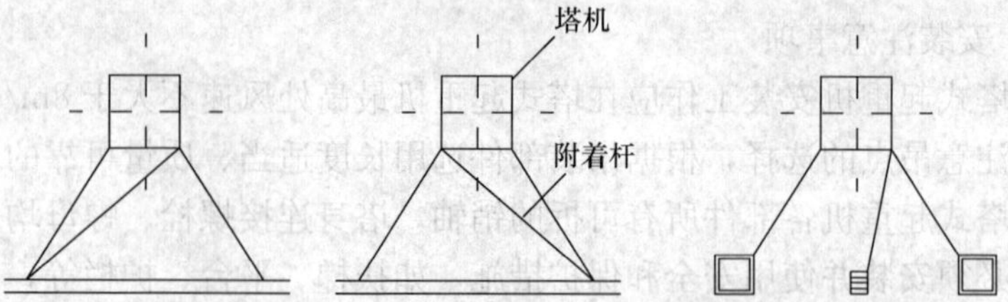
四杆式附着	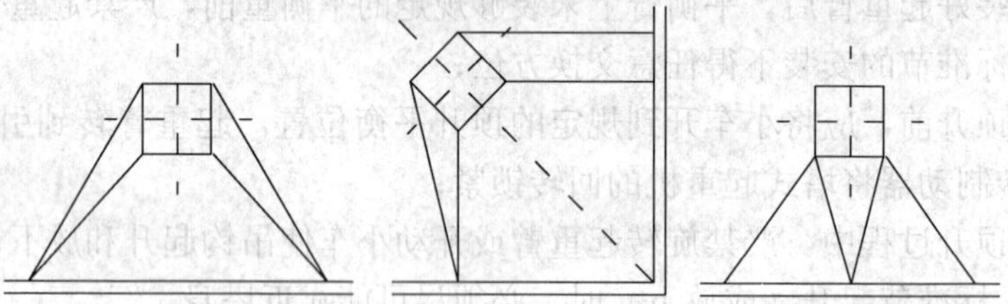
空间桁架附着	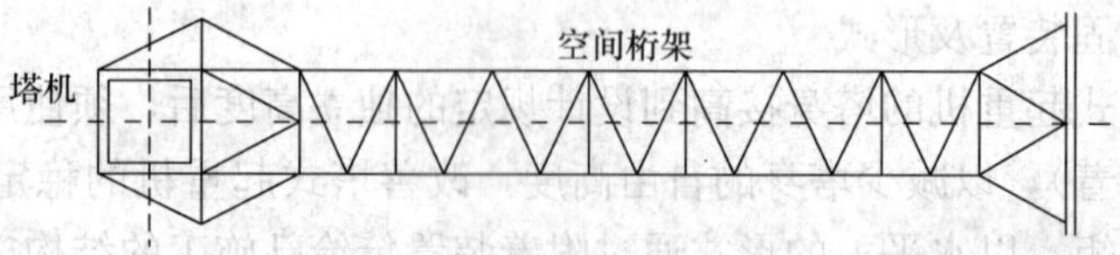

1）起重机附着的建筑物，其锚固点的受力强度应满足起重机的设计要求。附着杆系的布置方式、相互间距和附着距离等，应按出厂使用说明书规定执行。有变动时，应另行设计。

2）装设附着框架和附着杆件，应采用经纬仪测量塔身垂直度，并应采用附着杆进行调整，在最高锚固点以下垂直度允许偏差为 2/1000；在附着框架和附着支座布设时，附着杆倾斜角不得超过 10°。

3）附着框架宜设置在塔身标准节连接处，箍紧塔身。塔架对角处在无斜撑时应加固。

4）塔身顶升接高到规定锚固间距时，应及时增设与建筑物的锚固装置。塔身高出锚固装置的自由端高度，应符合出厂规定。

5）起重机作业过程中，应经常检查锚固装置，发现松动或异常情况时，应立即停止作业，故障未排除，不得继续作业。

6）拆卸起重机时，应随着降落塔身的进程拆卸相应的锚固装置。严禁先拆锚固装置，再逐节拆卸塔身，以避免突然刮大风造成塔身扭曲或倒塌事故。

7）遇有六级及以上大风时，严禁安装或拆卸锚固装置。

8）应对布设附着支座的建筑物构件进行强度验算（附着荷载的取值，一般塔式起重机使用说明书均有规定），如强度不足，须采取加固措施。构件在布设附着支座处应加配钢筋并适当提高混凝土的强度等级。

9）附着支座须固定牢靠，其与建筑物构件之间的空隙应嵌塞紧密。

4. 顶升加节

(1) 顶升前的准备

1) 按液压泵站要求给油箱加油。

2) 清理好各个标准节，在标准节连接处涂上黄油，将待顶升加高用的标准节在顶升位置时的吊臂下排成一排，这样在整个顶升加节过程中不用回转机构，节省时间。

3) 放松电缆长度略大于总的顶升高度，并紧固好电缆。

4) 将吊臂旋转至顶升套架前方，平衡臂处于套架的后方（顶升油缸位于平衡臂下方）。

5) 在引进平台上准备好引进滚轮，套架平台上准备好塔身高强度螺栓（连接销轴）。

(2) 顶升前塔式起重机的配平

1) 塔式起重机配平前，必须先将小车运行到参考位置，并吊起一节标准节或其他重物，然后拆除下支座4个支脚与标准节的连接螺栓。

2) 将液压顶升系统操纵杆推至“顶升方向”，使套架顶升至下支座支脚刚刚脱离塔身的主弦杆的位置。

3) 通过检验下支座支脚与塔身主弦杆是否在一条垂直线上，并观察套架导轮与塔身主弦杆间隙是否基本相同，来确定塔式起重机是否平衡，若不平衡，则微调小车的配平位置，直至平衡，使得塔式起重机上部重心落在顶升油缸梁的位置上。

4) 操纵液压系统使套架下降，连接好下支座和塔身标准节间的连接螺栓。

(3) 顶升作业步骤

自升式塔式起重机的顶升接高系统由顶升套架、引进轨道及小车、液压顶升机组三部分组成。顶升接高的步骤如下（图12-6）：

1) 回转起重臂使其朝向与引进轨道一致并加以锁定。吊运一个标准节到摆渡小车上，并将过渡节与塔身标准节相连的螺栓松开，准备顶升。

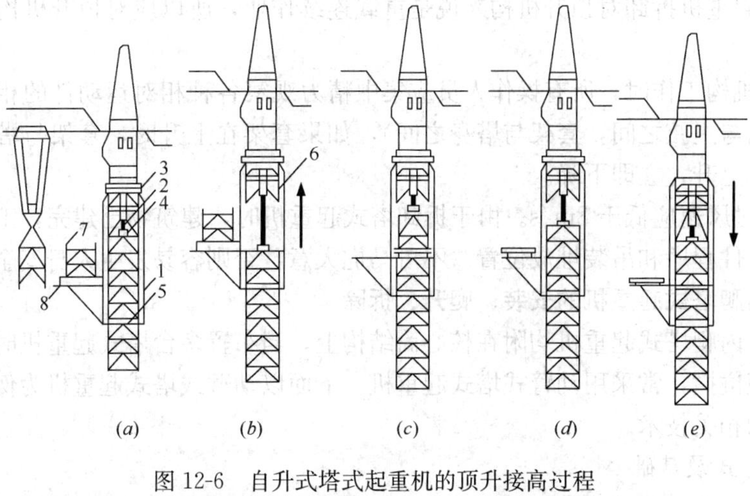

图12-6 自升式塔式起重机的顶升接高过程

(a) 准备状态；(b) 顶升塔顶；(c) 推入塔身标准节；

(d) 安装塔身标准节；(e) 塔顶与塔身连成整体

1—顶升套架；2—千斤顶；3—承座；4—顶升横梁；5—定位销；

6—过渡节；7—标准节；8—摆渡小车

2）开动液压千斤顶，将塔式起重机上部结构包括顶升套架约上升到超过一个标准节的高度；然后用定位销将套架固定，于是塔式起重机上部结构的质量就通过定位箱传递到塔身。

3）液压千斤顶回缩，形成引进空间，此时将装有标准节的摆渡小车开到引进空间内。

4）利用液压千斤顶稍微提起待接高的标准节，退出摆渡小车；然后将待接高的标准节平稳地落在下面的塔身上，并用螺栓连接。

5）拔出定位销，下降过渡节，使之与已接高的塔身连成整体。

塔身降落与顶升方法相似，仅程序相反。

5. 外附塔式起重机拆除

与内爬式塔式起重机相比，附着自升式塔式起重机的拆除相对比较容易。通过自升的逆过程完成自降，至地面后由地面起重机拆除塔式起重机的其他部件，关键问题是塔式起重机附着的位置要避开建筑物，能进行自降。

（1）塔式起重机拆除流程

将塔式起重机旋转至拆卸区域，保证该区域无影响拆卸作业的障碍，严格执行说明书的规定，按程序操作，拆卸步骤与立塔组装的步骤相反。拆塔具体程序如下：

1）降塔身标准节（如有附着装置，相应地拆卸）；2）拆下平衡臂配重；3）起重臂的拆卸；4）平衡臂的拆卸；5）拆卸塔顶；6）拆卸回转塔身；7）拆卸回转总成；8）拆卸套架及塔身加强节；9）拆除附墙机构。

（2）拆卸注意事项

1）塔式起重机拆出工地之前，顶升机构由于长期停止使用，应对顶升机构进行保养和试运转。

2）在试运转过程中，应有目的地对限位器、回转机构的制动器等进行可靠性检查。

3）在塔式起重机标准节已拆出，但下支座与塔身还没有用高强度螺栓连接好之前，严禁使用回转机构、变幅机构和起升机构。

4）塔式起重机拆卸对顶升机构来说是重载连续作业，所以应对顶升机构的主要受力件经常检查。

5）顶升机构工作时，所有操作人员应集中精力观察各种相对运动件的相对位置是否正常（如滚轮与主弦之间，套架与塔身之间），如果套架在上升时，套架与塔身之间发生偏斜，应停止上升，立即下降。

6）拆卸时风速应低于 8m/s。由于拆卸塔式起重机时，建筑物已建完，工作场地受限制，应注意工件程序和吊装堆放位置。不可马虎大意，否则容易发生人身安全事故。

12.2.1.4　内爬塔式起重机的安装、爬升、拆除

一般地，内爬塔式起重机均附在核心筒结构上，当布置多台塔式起重机时，往往相距较近，为避免碰撞，常采用动臂式塔式起重机。下面以动臂式塔式起重机为例，介绍内爬塔式起重机的相关技术。

1. 附着方式及基础

内爬塔式起重机与结构之间采用上、下两道爬升框来支承。从爬升框受力机制上看，下道爬升框承受塔式起重机竖向荷载（自重及吊重），上道爬升框不承受竖向荷载，只承受水平力及扭转 M_t。两道爬升框分别承担水平力 R_1、R_2，R_1、R_2 形成力偶以平衡塔式起重机的倾覆力矩。其中，由于风荷载作用，实际的 R_1 要比 R_2 大。

图 12-7 为国内超高层建筑普遍采用的某内爬塔式起重机的荷载说明，数据仅供参考，以塔式起重机说明书为准。

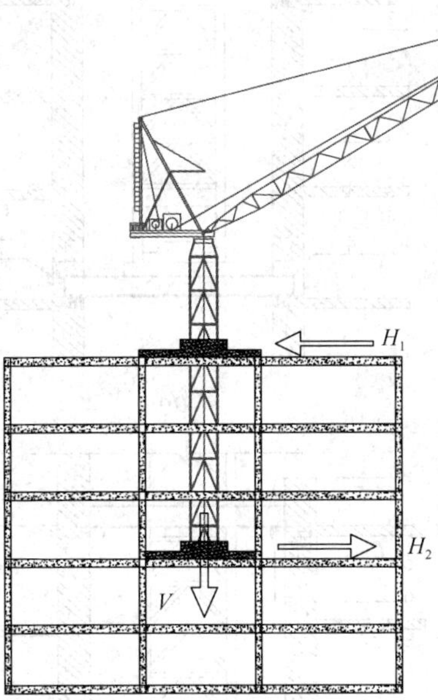

某内爬塔机荷载

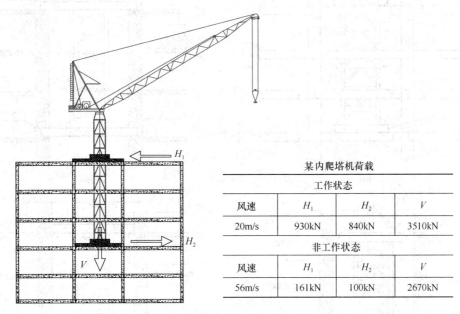

工作状态			
风速	H_1	H_2	V
20m/s	930kN	840kN	3510kN
非工作状态			
风速	H_1	H_2	V
56m/s	161kN	100kN	2670kN

图 12-7 某内爬塔式起重机荷载

内爬塔式起重机的基础，与其附着形式密切相关。由于内爬塔式起重机一般用于超高层建筑的施工，按附着方式的不同，大致可分为简支形式和悬挂形式。附着方式及相应的基础形式见表 12-5。

内爬塔式起重机附着方式及基础形式 **表 12-5**

附着方式	基础形式	说明
简支形式	直接支承	直接支承即爬升梁直接搁置在结构上； 直接搁置于钢框架结构的梁面上，见图 12-8（*a*）； 直接搁置在混凝土核心筒结构墙体上，但需开洞，见图 12-8（*b*）
	间接支承	间接支承是指通过设置临时牛腿等措施转换，通常在混凝土核心筒结构上爬升时多采用此法； 临时牛腿可采用钢耳板，并与爬升梁端头的耳板销接，钢耳板应与核心筒墙体同步施工，待施工完成后再割掉，见图 12-8（*c*）； 临时牛腿也可采用钢牛腿形式，爬升梁搁置在牛腿上，此时应在墙体施工时预埋埋件，后焊钢牛腿，见图 12-8（*d*）
悬挂形式	间接支承	塔式起重机一般悬挂在混凝土核心筒墙体上，此时基础形式只能是采用牛腿转换，属间接支承； 悬挂形式有多种，见图 12-9

2. 内爬塔式起重机安装

（1）安装工况

内爬塔式起重机的安装分两种情况：悬臂工况和爬升工况，其安装要点可见表 12-6。

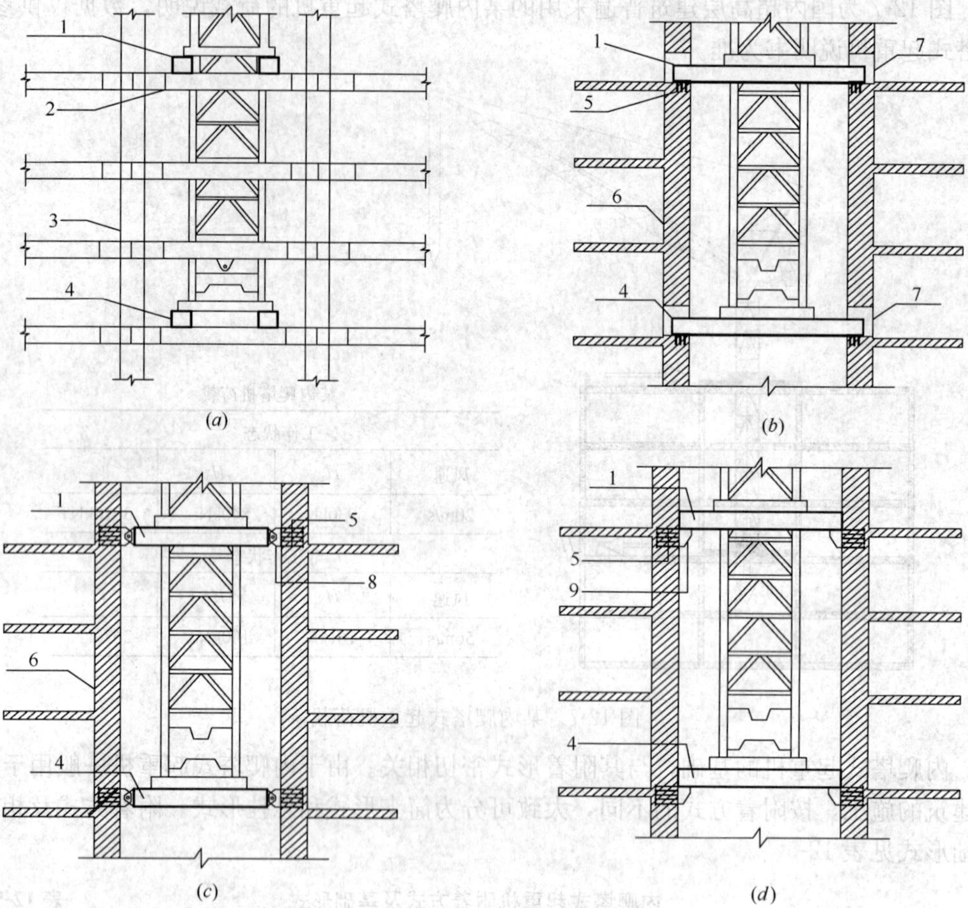

图 12-8　内爬塔式起重机的附着方式及基础形式（简支形式）
(a) 搁置于钢框架上；(b) 搁置于核心筒墙体洞口中；
(c) 核心筒墙体上设置钢耳板；(d) 核心筒墙体上设置钢牛腿
1—上道爬升梁；2—钢梁；3—钢柱；4—下道爬升梁；5—预埋件；6—核心筒剪力墙；
7—剪力墙留洞；8—钢耳板（与爬升梁销接）；9—钢牛腿

内爬塔式起重机的安装　　**表 12-6**

安装工况	说　明	安 装 考 虑
悬臂	悬臂工况即内爬塔式起重机初次安装采用固定式悬臂状态，待主体结构施工满足内爬要求后，改为内爬式。 这种安装工况需要在结构底板上预埋塔身连接件，供塔式起重机固定	在地下室施工完成后进行安装时，结构应满足内爬塔式起重机支承及附着的要求，塔式起重机安装可以使用汽车式起重机，利用加固后的地下室顶板作为通道，进入塔楼区域进行安装。 在条件允许的情况下，应优先考虑使用地下室施工阶段的塔式起重机进行安装。 塔式起重机安装宜采用基坑施工阶段的塔式起重机进行安装。如果因为吊装所使用的塔式起重机起重能力不足，则应考虑采用履带式起重机或汽车式起重机进入基坑进行安装。 当起重机不能下到基坑时，可以采用搭设临时栈桥进入基坑吊装。
爬升	爬升工况即直接将内爬塔式起重机安装在上、下两道爬升框上，塔式起重机安装后即可爬升	

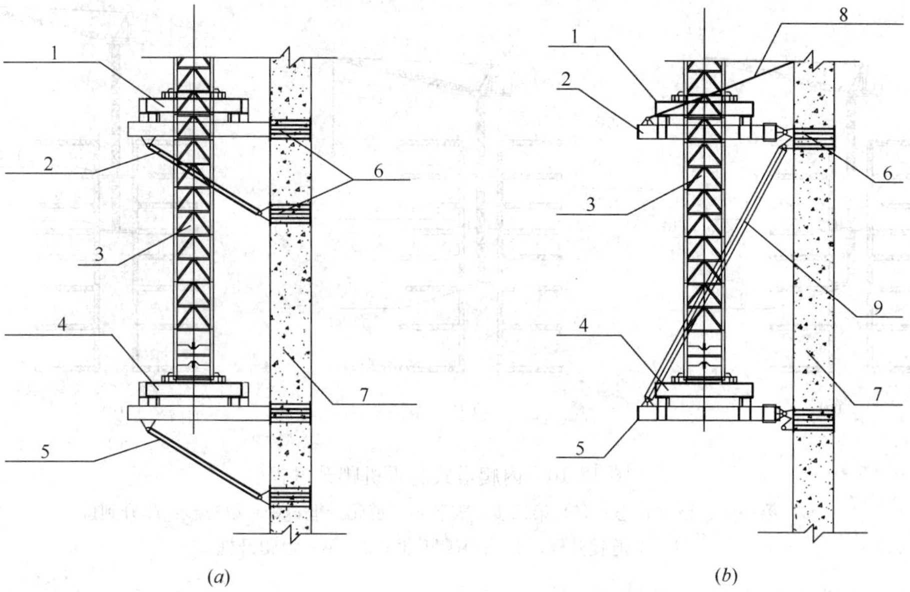

图 12-9 悬挂形式的爬升支承系统
1—上道爬升框；2—上支架；3—塔身；4—下道爬升框；5—下支架；
6—预埋件；7—核心筒墙体；8—稳定索；9—支架钢棒

（2）安装顺序

以某内爬塔式起重机为例，当采用悬挂的附墙形式时，其安装顺序一般可分为八步。第一步：安装悬挂支架；第二步：安装塔身；第三步：安装回转机构；第四步：安装机械平台；第五步：安装桅杆；第六步：安装卷扬机系统；第七步：安装主臂；第八步：安装配重。

3. 内爬塔式起重机爬升

内爬塔式起重机爬升时，需先设置第三道爬升框，利用塔式起重机自带的爬升系统将塔式起重机整体顶升，原上道爬升框变成下道爬升框，新增的第三道爬升框则作为上道爬升框，原下道爬升框拆除，供下次爬升时周转使用。以下分别介绍爬升过程和爬升系统作业。

（1）爬升过程

内爬塔式起重机的爬升过程如图 12-10 所示。

（2）爬升系统

塔式起重机爬升主要通过布置在塔式起重机标准节内的千斤顶和固定在上下爬升框（套架）之间的爬升梯的相对运动来实现，其爬升系统作业过程见表 12-7。

内爬塔式起重机爬升系统作业过程 **表 12-7**

步　骤	说　明
第一步	安装第三道爬升框，千斤顶开始顶升
第二步	塔式起重机标准节固定在爬升梯孔内，千斤顶回缩
第三步	千斤顶重复步骤一、二，塔式起重机标准节向上移动
第四步	塔式起重机爬升到位，千斤顶缩回，爬升梯向上移动，完成一次爬升动作

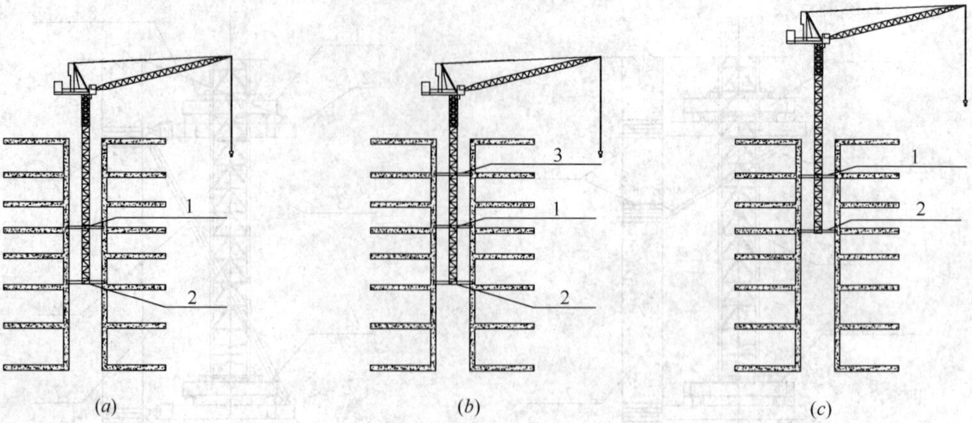

图 12-10　内爬塔式起重机爬升过程

(a) 第一步：原始状态；(b) 第二步：安装第三道爬升框；(c) 第三步：爬升到位

1—上道爬升框；2—下道爬升框；3—第三道爬升框

(3) 爬升作业注意事项

1) 内爬升作业应在白天进行。风力在五级及以上时，应停止作业。

2) 内爬升时，应加强机上与机下之间的联系以及上部楼层与下部楼层之间的联系，遇有故障及异常情况，应立即停机检查，故障未排除，不得继续爬升。

3) 内爬升过程中，严禁进行起重机的起升、回转、变幅等各项动作。

4) 起重机爬升到指定楼层后，应立即拔出塔身底座的支承梁或支腿，通过内爬升框架固定在楼板上，并应顶紧导向装置或用楔块塞紧。

5) 内爬升塔式起重机的固定间隔应符合设备制造商的要求。

6) 对固定内爬升框架的楼层楼板，在楼板下面应增设支柱作为临时加固。搁置起重机底座支承梁的楼层下方两层楼板，也应设置支柱作临时加固。

7) 每次内爬升完毕后，楼板上遗留下来的开孔，应立即封闭。

8) 起重机完成内爬升作业后，应检查内爬升框架的固定、底座支承梁的紧固以及楼板临时支撑的稳固等，确认可靠后，方可进行吊装作业。

4. 内爬塔式起重机拆除

(1) 拆除方法概述

内爬塔式起重机无法实现自降节至地面，其拆除工序比较复杂且是高空作业。国内比较成熟的方法是先另设一台屋面起重机，利用屋面起重机拆除大型内爬塔式起重机，然后用桅杆式起重机（或人字拔杆），逐步拆除屋面起重机。拆除后的屋面起重机组件通过电梯运至地面。

屋面起重机也称为便携式塔式起重机、救援塔式起重机，其起重能力较小，组件质量和尺寸都比较小。使用时，一般安装于屋面开阔部位，利用主体结构作为基础，其安装高度、臂长、起重能力和起重钢丝绳卷筒容绳量应满足拆除内爬塔式起重机的需要。

屋面起重机应能实现人工拆解和搬运。拆解后的组件的体积、质量应适合人工搬运和电梯运输。当不能满足人工拆解的要求时，应采用多台屋面起重机，逐级拆除，吊至地面，以实现最后一部人工拆除和电梯搬运的要求。

（2）拆除前的现场准备工作

1）清除现场内影响塔式起重机拆除工作的所有障碍物，清理屋面层，并封闭塔式起重机安装位置的电梯井，检查并做好相关的防护工作。

2）对塔式起重机所在的各楼层洞口处预留的钢筋等进行清理，保证预留洞口的畅通无阻。

3）检查塔式起重机各主要机构部分的机械性能是否良好，回转机构制动装置是否可靠。

4）检查液压顶升机构，包括油泵、油缸、顶升横梁及保险锁。检查液压油位是否符合规定要求，油液是否变质，并按规定要求加足或更换。

5）内爬塔式起重机在拆除前应降低高度，方便拆除。应在塔式起重机降节前，检查液压系统的工作状况是否完好。

6）将屋面起重机安装在预定位置，进行调试，检查验收；另外，需对屋面起重机所在位置楼板下方进行加固。

7）拆除平台由脚手架搭设，上面铺设 10mm 厚钢板，主要承受塔式起重机起重臂在拆除过程中产生的竖向压力。

8）准备好拆除所需工具，在屋面预定堆放构件的区域作标记，铺设枕木。

（3）内爬式塔式起重机拆除

拆卸步骤与立塔组装的步骤相反，即按以下顺序进行：配重→起重臂→桅杆→卷扬机系统→机械平台→回转机构→塔身标准节。

12.2.1.5 塔式起重机使用要点

（1）作业前检查：

1）轨道基础应平直无沉陷，接头连接螺栓及道钉无松动；

2）各安全装置、传动装置、指示仪表、主要部件连接螺栓、钢丝绳磨损情况、供电电缆等必须符合相关规定；

3）应按有关规定进行试验及试运转。

（2）吊运重物时，不得猛起猛落，以防吊运过程中发生散落、松绑、偏斜等情况。起吊时必须先将重物吊起，离地面 0.5m 左右停住，确定制动、物料捆扎、吊点和吊具无问题后，方可继续操作。

（3）不允许起重机超载和超风力作业，在特殊情况下如需超载，不得超过额定载荷的10%，并由使用部门提出超载使用的可行性分析及超载使用申请报告。

（4）在起升过程中，当吊钩滑轮组接近起重臂 5m 时，应用低速起升，严防与起重臂顶撞。

（5）提升重物，严禁自由下降。重物就位时，可采用慢就位机构或使用制动器使之缓慢下降。

（6）作业中平移起吊重物时，重物高出其所跨越障碍物的高度不得小于 1m。

（7）作业中，临时停歇或停电时，必须将重物卸下，升起吊钩。将各操作手柄（钮）置于“零位”。如因停电无法升、降重物，则应根据现场具体情况，由有关人员研究，采取适当的措施。

（8）起重机在作业中，严禁对传动部分、运动部分以及运动件所及区域做维修、保养、调整等工作。

（9）多机作业时，应避免各起重机在回转半径内重叠作业。在特殊情况下，需要重叠作业时，必须符合《塔式起重机安全规程》（GB 5144）的规定。

（10）凡是回转机构带有止动装置或常闭式制动器的起重机，在停止作业后，司机必须松开制动器。绝对禁止限制起重臂随风转动。

（11）动臂式起重机将起重臂放到最大幅度位置，小车变幅起重机把小车开到说明书中规定的位置，并且将吊钩起升到最高点，吊钩上严禁吊挂重物。

12.2.2 履带式起重机

12.2.2.1 履带式起重机的特点

1. 型号分类及表示

履带式起重机是以履带及其支承驱动装置为运行部分的自行式起重机，因可负载行走，工作范围大，在装配式结构特别是大跨度场馆的钢结构施工中应用广泛。

履带式起重机是在单斗挖掘机上装设起重机臂架而形成的，后来逐渐发展成为独立的机种。按传动方式，履带式起重机可分为机械式、液压式和电动式三种。目前常用液压式，电动式不适用于需要经常转移作业场地的建筑施工。履带式起重机的发展趋势是重型化、微型化、液压化、一机多用化和监控完善化。表 12-8 为履带式起重机的型号分类及表示方法。

履带式起重机的型号分类及表示方法　　**表 12-8**

组		型	代　号	代号含义	主参数代号		
名称	代号				名称	单位	表示法
履带式起重机	QU(起履)	机械式	QU	机械式履带起重机	最大额定起重量	t	主参数
		液压式 Y(液)	QUY	液压式履带起重机			
		电动式 D(电)	QUD	电动式履带起重机			

2. 构造特点

一般履带式起重机主要由行走装置、回转机构、机身及起重臂等部分组成（图 12-11），具体特点见表 12-9。习惯上，把取物装置、吊臂、配重和上车回转部分统称为上车，其余部分统称为下车。

履带起重机构造特点　　**表 12-9**

组成部分	构 造 特 点
吊钩	也称取物装置，取物装置一般为吊钩，仅在抓泥土、黄砂或石料时才使用抓斗
动臂	一般履带式起重机起重臂为多节组装桁架结构，也称桁架臂，桁架臂由只受轴向力的弦杆和腹杆组成。 由于变幅拉力作用于起重臂的前端，使臂架主要受轴向压力，自重引起的弯矩很小，因此有桁架臂自重较轻。 一套桁架臂可由多节臂架组成，作业时可根据需要组合，调整节数后可改变长度，其下端铰装于转台前部，顶端用变幅钢丝绳滑轮组悬挂支承，可改变其倾角。 也有在动臂顶端加装副臂的，副臂与动臂成一定夹角。起升机构有主、副两卷扬系统，主卷扬系统用于动臂吊重，副卷扬系统用于副臂吊重

续表

组成部分	构 造 特 点
转台	也称上车回转部分，通过回转支承装在底盘上，其上装有动力装置、传动系统、卷扬机、操纵机构、平衡重和机棚等。 动力装置通过回转机构可使转台作 360°回转。回转支承由上、下滚盘和其间的滚动件(滚球、滚柱)组成，可将转台上的全部质量传递给底盘，并保证转台的自由转动
底盘	包括行走机构和行走装置，前者使起重机作前后行走和左右转弯；后者由履带架、驱动轮、导向轮、支重轮、托链轮和履带轮等组成。 动力装置通过垂直轴、水平轴和链条传动使驱动轮旋转，从而带动导向轮和支重轮，使整机沿履带滚动而行走
平衡重	也称配重，配重是在起重机平台尾部所挂的适当质量的铁块，以保证起重机工作稳定。大型起重机行驶时，可卸下配重，另车装运。 中、小型起重机的配重包括在上车回转部分内。部分大型履带式起重机还配有外挂配重，也称超级配重，以提高起重性能

3. 优缺点简介

(1)履带式起重机的优点

履带式起重机地面附着力大、爬坡能力强、转弯半径小(甚至可在原地转弯)，作业时不需要支腿支承，可以吊载行驶，也可进行挖土、夯土、打桩等多种作业。

由于履带的面积较大，可有效降低对地面的压强，地基经合理处理后，履带式起重机能在松软、泥泞、坎坷不平的场地作业。此外，其通用性好，适应性强，可借助附加装置实现一机多用。

近年来，履带式起重机还具有起重量大、提升高度高、吊装距离远几大优点，目前世界上起重量最大的履带式起重机的起重量可达 3200t，最大起升高度达到 160m，最远吊装距离超过 130m。

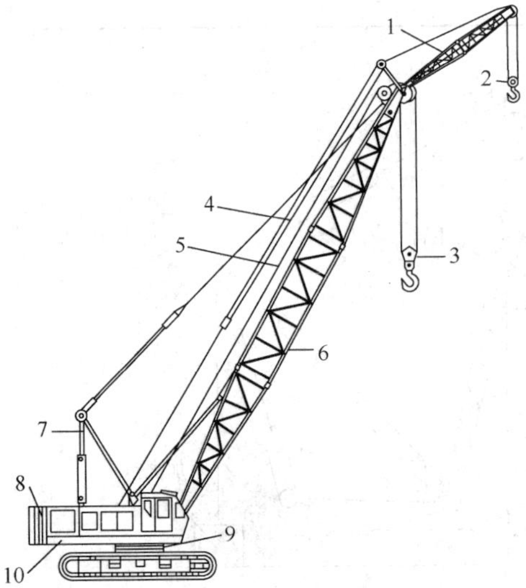

图 12-11 一般履带式起重机构造简图

1—副臂；2—副吊钩；3—主吊钩；4—副臂固定索；5—起升钢丝绳；6—动臂；7—门架；8—平衡重；9—回转支承；10—转台

(2)履带式起重机的缺点

履带式起重机行走时易啃路面，可铺设石料、枕木、钢板或特制的钢木路基箱等提高地面承载能力。

履带式起重机机身稳定性较差，在正常条件不宜超负荷吊装。在超负荷吊装或由于施工需要接长起重臂时，需进行稳定性验算，保证吊装作业中不发生倾覆事故。

履带式起重机行驶速度慢且履带易损坏路面，因而装运比较困难，多用平板拖车装运。履带式行走装置也容易损坏，须经常加油检查，清除污秽。

12.2.2.2　履带式起重机的选用

1. 履带式起重机的技术参数

选择履带式起重机进行起重吊装作业中，除考虑履带式起重机的优缺点外，还要从起重能力、工作半径、起吊高度、起重臂杆长度等条件进行综合分析，具体见表12-10。

履带式起重机技术参数选择　表12-10

技术参数	说　明
起重量	起重量必须大于所吊装构件的质量与索具质量之和； 起重量与吊装幅度相关，图12-12中虚线为CC1200型履带式起重机的起重性能曲线，当原机起重能力不足时，可通过增加配重提高其起重能力，见图12-12实线
起重高度	起重高度必须满足所吊构件的吊装高度要求
起重半径	当起重机可不受限制地开到所安装构件附近时，可不验算起重半径； 当起重机受限不能靠近吊装位置作业时，则应验算当起重半径为一定值时，其起重量与起重高度是否能满足吊装构件要求
起重臂杆长度	当起重臂须跨过已安装好的结构去吊装构件时，例如跨过屋架安装屋面板时，为不与屋架碰撞，需求出其最小起重臂长度

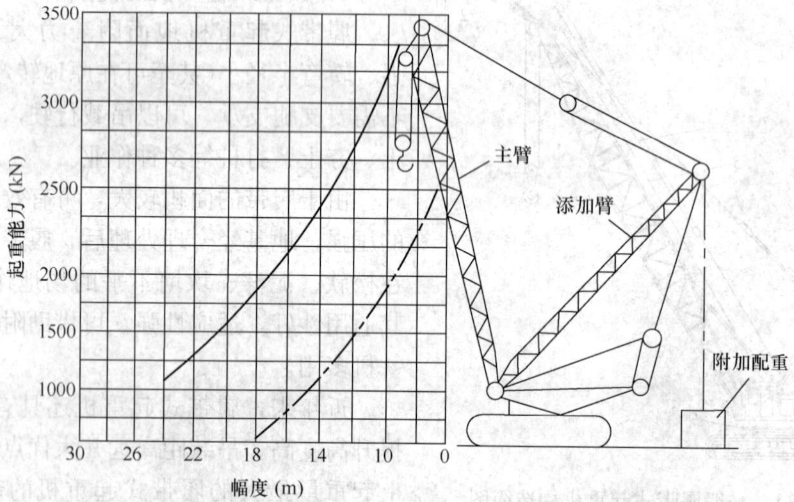

图12-12　一般履带式起重机起重能力与幅度关系曲线

2. 履带式起重机工况及工作范围

经过近年发展，履带式起重机衍生出多种不同工况，如：主臂工况(SH)、固定副臂工况(LF)、塔式工况(SW)、带超级起重主臂工况(SSL)等多种工况形式。对不同的工况，同型号起重机的起重量、工作半径和起吊高度均不相同。各工况的选用原则见表12-11。

以国外DEMAG CC-2800-1型履带式起重机为例，给出工作范围曲线(图12-13)，详细需参见厂家的专用设备手册。

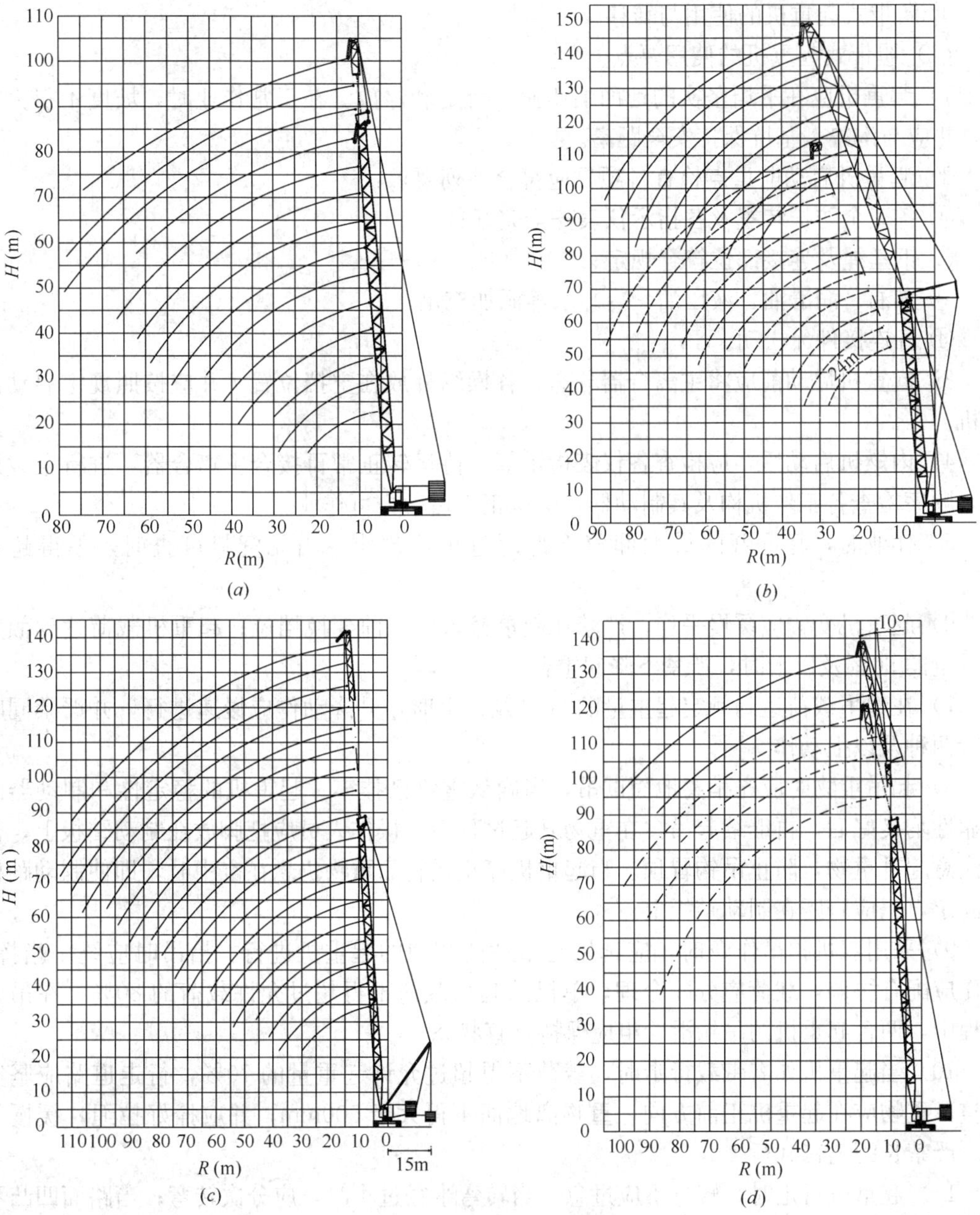

图 12-13 履带式起重机各工况工作范围

(a)主臂工况；(b)塔式工况；(c)超起工况；(d)固定副臂工况

履带式起重机的工况 **表 12-11**

工况名称	选用说明
主臂工况(SH)	主臂工况为履带式起重机的最常用工况，即主臂工况即可满足吊装作业要求，包括起重量、起升高度、作业半径
固定副臂工况(LF)	当起重半径不足时，可采用固定副臂工况，增大工作范围
塔式工况(SW)	若采用固定副臂工况仍然不能满足工作半径要求时，可采用塔式工况，进一步增大作业范围
带超级起重主臂工况(SSL)	带超级起重主臂工况主要针对的是原机起重量不足的情形，是在起重机尾部增加独立配重，以使起重机获得更大的起重量

3. 履带式起重机的使用与转移

(1) 履带式起重机的使用要点

1) 起重机应在平坦坚实的地面上作业、行走和停放。在正常作业时，坡度不得大于3°，并应与沟渠、基坑保持安全距离。

2) 起重机启动前重点检查各项目应符合下列要求：

① 各安全防护装置及各指示仪表齐全完好；

② 钢丝绳及连接部位符合规定；

③ 燃油、润滑油、液压油、冷却水等添加充足；

④ 各连接件无松动。

3) 起重机启动前应将主离合器分离，各操纵杆放在空挡位置，并应按照规定启动内燃机。

4) 内燃机启动后，应检查各仪表指示值，待运转正常再接合主离合器，进行空载运转，顺序检查各工作机构及其制动器，确认正常后，方可作业。

5) 作业时，起重臂的最大仰角不得超过出厂规定。当无资料可查时，不得超过78°。

6) 起重机变幅应缓慢平稳，严禁在起重臂未停稳前变换挡位；起重机载荷达到额定起重量的90%及以上时，严禁下降起重臂。

7) 在起吊载荷达到额定起重量的90%及以上时，升降动作应慢速进行，并严禁同时进行两种及以上动作。

8) 起吊重物时应先稍离地面试吊，当确认重物已挂牢、起重机的稳定性和制动器的可靠性均良好后，再继续起吊。在重物升起过程中，操作人员应把脚放在制动踏板上，密切注意起升重物，防止吊钩冒顶。当起重机停止运转而重物仍悬在空中时，即使制动踏板被固定，仍应脚踩在制动踏板上。

9) 采用双机抬吊作业时，应选用起重性能相似的起重机进行。抬吊时应统一指挥，动作应配合协调，载荷应分配合理，单机的起吊载荷不得超过允许载荷的80%。在吊装过程中，两台起重机的吊钩滑轮组应保持垂直状态。

10) 当起重机如需带载行走时，载荷不得超过允许起重量的70%，行走道路应坚实平整，重物应在起重机正前方向，重物离地面不得大于500mm，并应拴好拉绳，缓慢行驶。严禁长距离带载行驶。

11) 起重机行走时，转弯不应过急；当转弯半径过小时，应分次转弯；当路面凹凸不平时，不得转弯。

12) 起重机上下坡道时应无载行走，上坡时应将起重臂仰角适当放小，下坡时应将起重臂仰角适当放大。严禁下坡空挡滑行。

13) 作业后，起重臂应转至顺风方向，并降至40°～60°之间，吊钩应提升到接近顶端的位置，关停内燃机，将各操纵杆放在空挡位置，各制动器加保险固定，操纵室和机棚应关门加锁。

(2) 履带式起重机的转移

履带式起重机行走慢，对路面损坏大，转移需用平板拖车或铁路运输运送，只在特殊情况且运距不长时才自行转移。具体可见表12-12。

履带式起重机的转移方式 表 12-12

转移方式	说 明
自行转移	起重机自行转移，在行驶前应对行走机构进行检查，并做好润滑、紧固、调整等保养工作； 应卸去配套、拆短起重臂，主动轮在后面，机身、起重臂、吊钩等必须处于制动位置，并加保险固定； 每行驶 500～1000m 时，应对行走机构进行检查和润滑；自行转移前，要察看沿途空中电线架设情况，要保证起重机通过时，其机体、起重臂与电线的距离符合安全要求
平板拖车运输	采用平板拖车运输时应注意下列几点： 1. 首先了解所运输的起重机的自重、外形尺寸、运输路线和桥梁的安全承载能力、桥洞高度等情况； 2. 选用相应载重量的平板拖车； 3. 起重机上、下平板必须由经验丰富的人指挥并由熟悉该起重机性能、操作技术良好的驾驶员操作，所用跳板坡度不得大于 15°； 4. 起重机上平板时，拖车驾驶员必须离开驾驶室，拖车和平板均必须将制动器制动牢固，前后车轮用三角木掩牢，平板尾部用道木垫实； 5. 起重机在平板上的停放位置，应使起重机的重心大致在平板载重面的中心上，以使起重机的全部质量均匀地分布在平板的各个轮胎上； 6. 应将起重臂和配重拆下，并将回转制动器刹住，再将插销销牢，在履带两端加上垫木并用扒钉钉住，履带左右两面用钢丝绳或其他可靠绳索绑牢。如运距远、路面差，尚须用高凳或搭道木垛将尾部垫实。为了降低高度，可将起重机上部人字架放下
铁路运输	1. 采用铁路运输时，必须注意将支垫起重臂的高凳或道木垛搭在起重机停放的同一个平板上，固定起重臂的绳索也绑在这个平板上； 2. 如起重臂长度超出装起重机的平板，须另挂一个辅助平板，但起重臂在此平板上不设支垫，也不用绳索固定，吊钩钢丝绳应抽掉，见图 12-14； 3. 另外，铁路运输大型起重机时，可向铁路运输部门申请凹形平板装载，以便顺利通过隧道

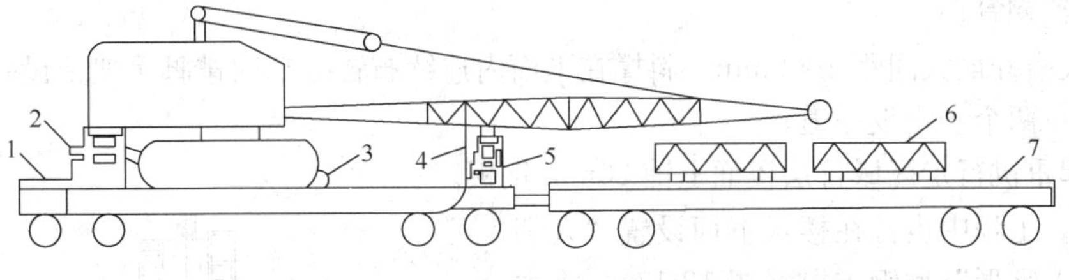

图 12-14 铁路平板车转移履带式起重机

1—载重平板；2—道木垛；3—三角木；4—绳索；5—高凳；6—中间起重臂；7—辅助平板

4. 履带式起重机的轨道处理

（1）地基加固

由于履带式起重机行走时易啃路面，而且当采用大中型履带式起重机时，容易因地基处理不好而发生倾覆事故。尽管有覆带将荷载进行扩散，但作业时对地基的荷载仍然较大（尤其是大中型起重机），所以常需对地基进行适当处理，以满足履带式起重机对路面的要求。其常见措施如下：

1）直接推平夯实。

2）铺设碎石或钢板。

3）铺设路基箱。经过匹配的路基箱进行荷载扩散后，300t 履带起重机作业时对地基最大压强小于 0.12MPa，600t 履带式起重机对地基最大压强小于 0.16MPa。

若铺设路基箱仍不能满足地基承载力，如上海等软土区域，则应根据实际地质条件，对地基进行适当加固处理。以上海地区为例，典型地质条件下，300t 履带式起重机软土地基可按图 12-15 中的方法加固。

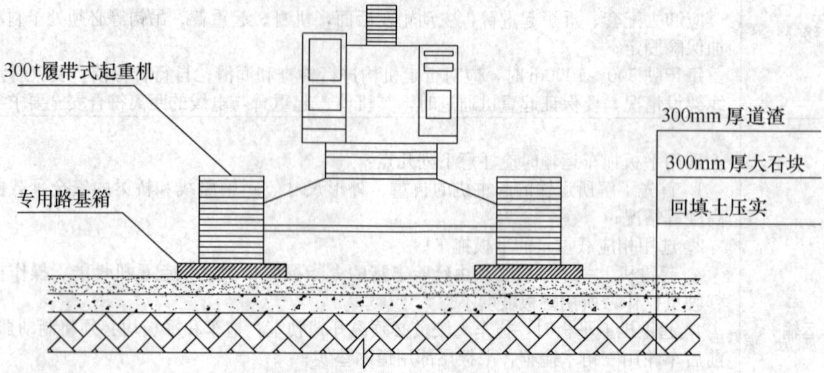

图 12-15　300t 履带式起重机软土地基加固示意

(2) 楼板加固

工程中常遇到大型履带式起重机上楼面情形，若楼板承受能力不满足要求，则需对楼板进行加固处理。

比如广州歌剧院结构吊装时，混凝土楼板强度等级为 C30，厚度 200mm，200t 履带式起重机对楼板均布荷载约为 $40kN/m^2$，大于楼板的承载能力，加固对策如下（图 12-16）：

1）采用 500mm×500mm 的脚手架，通过可调托撑顶紧楼板，脚手架采用 $\phi48\times3.5$ 的热轧无缝钢管；

2）大横杆最大间距 1000mm，斜撑在平面内连续布置，每四排脚手架架设一道斜撑，水平支撑每两个步距设一道；

3）起重机行走区域首层楼面上铺 20mm 钢板。

此外，工程中也常在楼板下面设置“人字形”或“A 字形”型钢支撑（图 12-17），将主梁跨度减小，以保证设计配筋满足承载力要

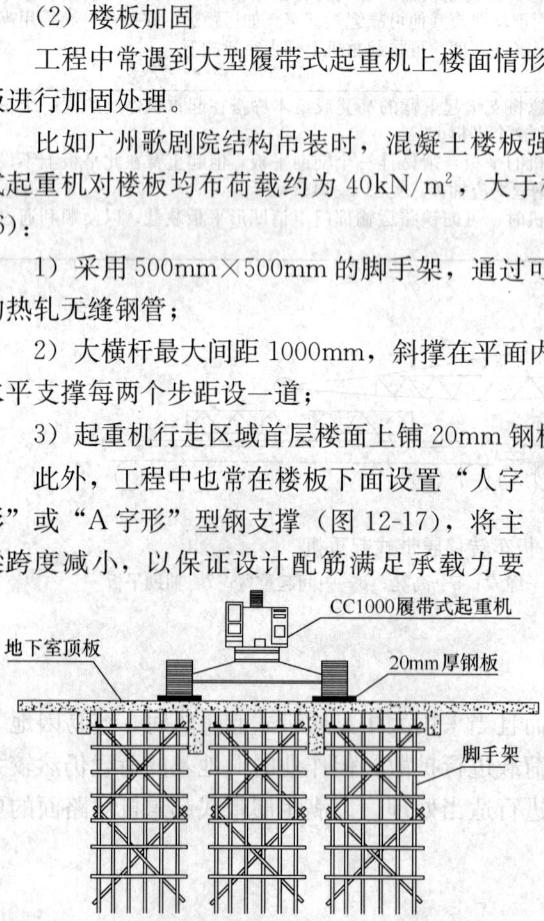

图 12-16　200t 履带式起重机上楼面加固示意

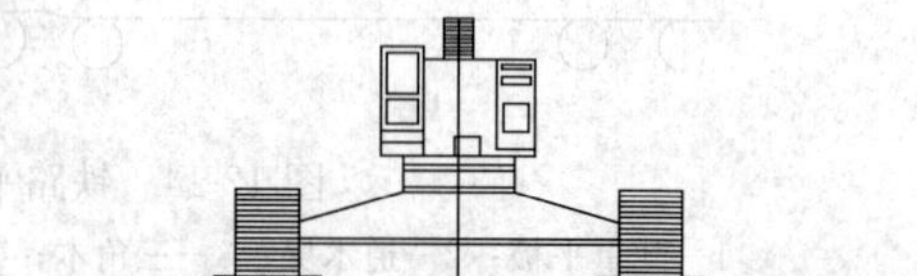

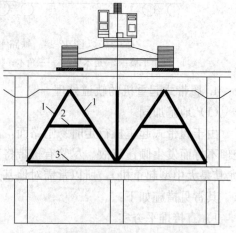

图 12-17　地下室楼板加固示意

1—斜撑；2—拉杆（增强斜撑稳定）；3—拉杆（承担斜撑水平推力）

求；同时，主梁将竖向荷载又传给结构柱，利用结构柱强大的竖向承载能力来承受大型履带式起重机带来的楼面荷载。

这种加固方式传力路径很明确，计算简明，施工方便，且避免了采用满堂脚手架的作业量。

12.2.3 汽车式起重机

12.2.3.1 汽车式起重机的特点

1. 型号分类及表示

汽车式起重机是一种自行式全回转起重机，起重机构安装在汽车通用或专用底盘上，其行驶驾驶室与起重操纵室分开设置。

汽车起重机起重量的范围很大，为 8～1000t，按起重量大小分为轻型、中型和重型三种；起重量在 20t 以内的为轻型，50t 及以上的为重型。

按传动装置形式分为机械传动、电力传动、液压传动三种。按起重臂形式分为桁架臂和伸缩箱形臂两种，见图 12-18。现在普遍使用的多为液压式伸缩臂汽车起重机，吊臂内装有液压伸缩机构控制其伸缩。表 12-13 为汽车式起重机的型号分类及表示方法。

汽车式起重机的型号分类及表示方法 表 12-13

组		型	代号	代号含义	主参数代号		
名称	代号				名称	单位	表示法
汽车式起重机	Q（起）	机械式	Q	机械式汽车起重机	最大额定起重量	t	主参数
		液压式 Y（液）	QY	液压式汽车起重机			
		电动式 D（电）	QD	电动式汽车起重机			

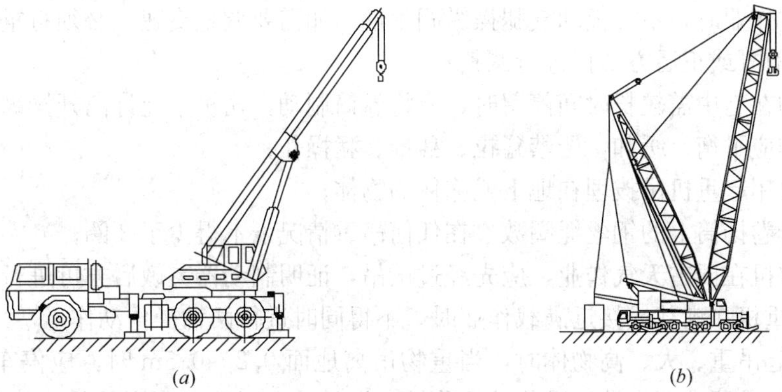

图 12-18 汽车式起重机
(a) 伸缩式；(b) 桁架式

2. 主要特点

这种起重机的优点有行驶速度快、机动性好，转移迅速、对地面破坏性小等，特别适合于流动性大、经常变换地点的作业。缺点是工作时须支腿，不能负荷行驶；另外由于汽车式起重机机身长，所以行驶时转弯半径较大。

12.2.3.2 汽车式起重机的选用

1. 起重机的类型选择

近年来，随着汽车载重能力的不断提高，各种专用底盘相继产生，带动了大吨位汽车式起重机的不断发展，起重量达到上百吨的汽车式起重机已不在少数。在建筑钢结构领域，各种起重级别的汽车式起重机得到广泛应用。同时，随着液压机构及高强度钢的使用，使得汽车式起重机无论是操作还是使用性能都具备了更多的优势，是目前使用最广泛的起重机。

按起重量来看，轻型起重机主要用于装卸作业，大型汽车式起重机则用于结构吊装。国内建筑工程常用的中小型起重机以 QY 系列为主；大型起重机以进口为主，如 LTM（德国）、ATF（日本）、GMK（美国）系列等。

2. 起重机型号与起重臂长度的选择

起重机类型确定之后，还要确定起重机的型号与起重臂长度。起重机的型号主要根据起重量、起升高度和工作幅度三个技术参数来选择。而且，与履带式起重机的工况类似，汽车式起重机也有多种工况，如为了获得更高的起升高度或更远的作业半径，汽车式起重机可附带副臂装置。

以德国某汽车式起重机为例，给出了各种工况的起升高度及作业范围，见图 12-19，详细起重性能需参见厂家的专用设备手册。

3. 汽车式起重机使用规定

(1) 起重作业注意事项

1) 起重作业时，起重臂下严禁站人；下部车驾驶室不得坐人，重物不得超越驾驶室上方，也不得在车前方起吊；

2) 一般整体倾斜度不得大于 1.5，底盘车的手制器必须锁死；

3) 内力大于 6 级，应停止工作；

4) 起重作业时，不要扳动支腿操纵阀手柄。如需要调整支腿，必须将重物放至地面，吊臂位于正前方或正后方，再进行调整；

5) 重物在空中需较长时间停留时，应将卷筒制动，司机不允许离开操纵室；

6) 操作应平衡、缓和，严禁猛拉、猛推、猛操作；

7) 不要用起重机吊拔埋在地下或冻住的物体；

8) 起升卷扬筒上的钢丝绳圈数，在任何吊重情况下不得少于 3 圈；

9) 起重机在雨雪天气作业，应先经过试吊，证明制动器灵敏后方可进行作业；

10) 起重机在满载或接近满载作业时，不得同时进行两种操作动作；

11) 当起吊重、大、高物体时，当重物吊离地面 0.2～0.5m 时，应停车检查起重机的稳定性、制动器的可靠性、重物的平稳性、绑扎的牢固性，确认无误后方可再起吊；

12) 当出现倾翻迹象时，应快速下落使重物着地，严禁中途制动。

(2) 重物的上升和下降操作

1) 起重机的额定起重量是根据机件的承受能力及整体的稳定性确定的，因此，在任何时候不得超载作业，以免发生事故；

2) 过载起重、横向拖拉、前吊以及急剧的转换操作等，都是非常危险的，应严格禁止；

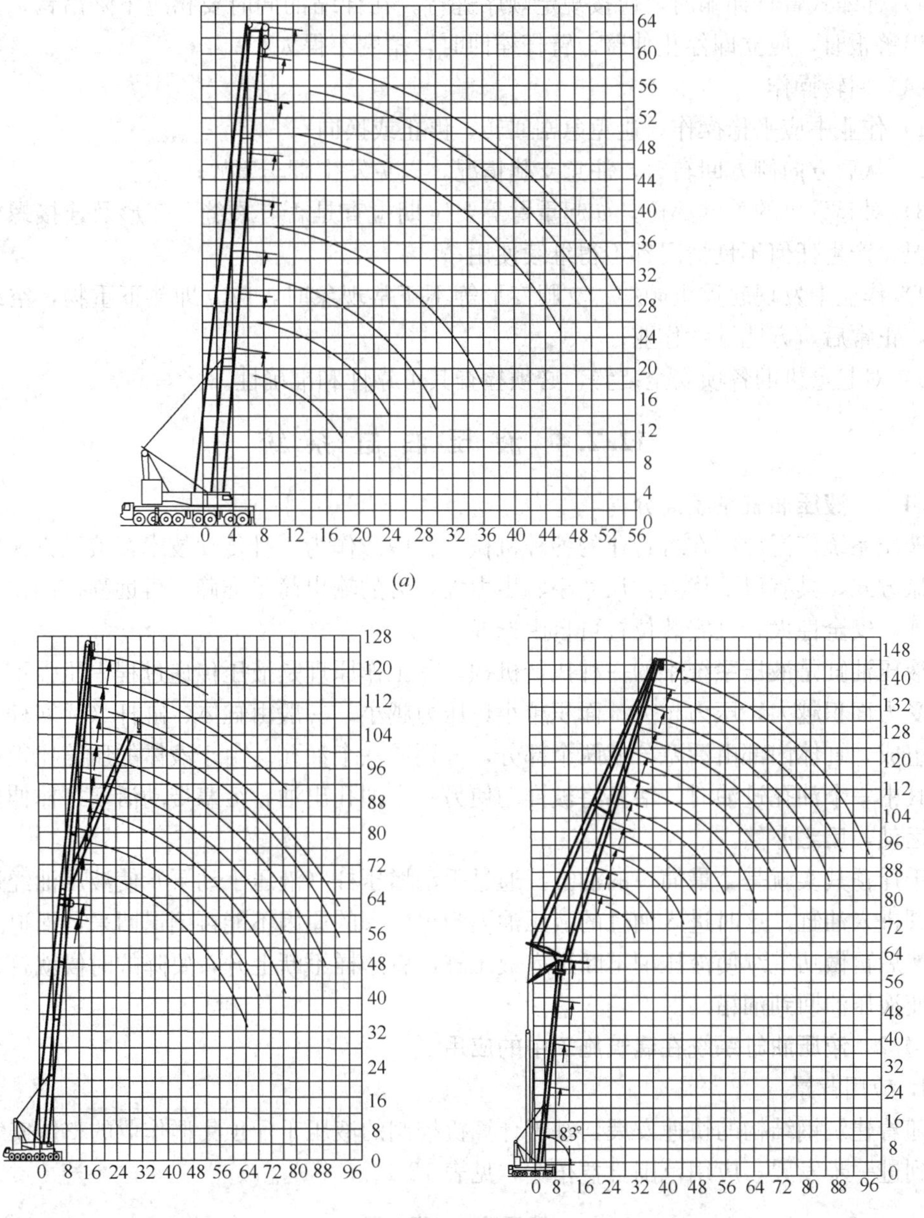

图 12-19　汽车式起重机各工况起升高度及作业范围

(a) 主臂工况；(b) 副臂工况；(c) 塔式工况

3）操作重物下降时，应使重物有控制的下降，逐渐减速，最后停止。

(3) 吊臂的伸缩操作

1）吊臂伸缩时，吊钩会随之上升，在伸长吊臂之前，应先使吊钩下降到适当的位置；

2）吊臂伸出后，出现前节臂杆长度大于后节伸出长度时，必须经过调整，消除不正常情况后方可作业；

3）吊臂作业接近满负荷时，应注意检查臂杆的挠度；

4）伸缩式臂杆伸缩时，应按规定顺序进行。在伸缩的同时要相应下降吊钩，当限制器发出警报时，应立即停止伸臂。臂杆缩回时，角度不得太小。

（4）回转操作

1）作业中应平稳操作，避免急剧回转、停止或换向；

2）从后方向侧方回转时，注意支腿情况，以免发生翻车事故；

3）对起重机的关键部位，如起重臂等要定期检查是否有裂缝、变形及连接螺栓的紧固情况，产生任何不良情况都不得继续使用；

4）作业中发现起重机倾斜、支腿变形等不正常现象时，应立即放下重物，空载进行调整，正常后，方能继续作业；

5）对起重机的各项安全装置，必须检查其可靠性和准确性。

12.2.4 液压油缸系统

12.2.4.1 液压油缸系统简介

液压系统广泛应用在各行业的各种机械设备中。作为一种传动技术，液压方式比传统的机械方式，具有以下优点：尺寸小、出力大，力的输出简单准确，可远程控制；容易防止过载，安全性大，且安装位置可自由选择。

液压油缸是液压系统中的一种执行机构，其工作原理是液压传递过程中压强不变的原理，受力面积越大，压力越大；面积越小，压力越小。一般由缸体、缸杆（活塞杆）及密封件组成，缸体内部由活塞分成两个部分，分别通一个油孔。由于液体的压缩比很小，所以当其中一个油孔进油时，活塞将被推动使另一个油孔出油，活塞带动活塞杆作伸出（缩回）运动，反之亦然。

千斤顶其实就是个最简单的油缸。通过手动增压杆（液压手动泵）使液压油经过一个单向阀进入油缸，这时进入油缸的液压油因为单向阀的原因不能再倒退回来，逼迫缸杆向上，然后再做功继续使液压油不断进入液压缸，就这样不断上升，要降的时候就打开液压阀，使液压油回到油箱。

12.2.4.2 液压油缸系统在建筑施工中的应用

1. 应用背景

随着建筑钢结构的快速发展，基于计算机控制的液压千斤顶集群作业的整体安装技术也得到进一步发展，应用范围日益拓宽，见表12-14。

液压系统工程应用　　**表12-14**

连接形式	应用形式	说　明
柔性连接	垂直提升（或下降）	指利用穿心式千斤顶作为动力来源，通过柔性的钢绞线作为动力传输媒介，带动需安装的结构按既定方向运动，最终达到设计位置
	折叠展开提升	
	整体起扳	
	水平直线牵引	
刚性连接	水平直线顶推	与柔性连接的整体安装技术不同，刚性连接摒弃了钢绞线，而改用刚性连杆直接与液压千斤顶及待滑移结构，或千斤顶直接作用在结构上的一种安装技术。 与柔性连接相比，在水平移位时，刚性技术可伸可退，对结构运动姿态的控制更容易，特别适用于应用在曲线滑移中

2. 选用原则

无论提升或滑移，整体安装采用的主要液压设备有：液压提升器、液压爬行器、液压千斤顶。目前，国内应用在建筑钢结构整体移位安装工程中的液压千斤顶有 50t、100t、200t、250t 和 350t 等级别。其选用原则可见表 12-15。

选用原则 **表 12-15**

液压设备分类	主要应用范围	选用理由
液压提升系统	整体提升或牵引	提升安装也可采用卷扬机、捯链或人工绞盘提供提升力，由钢丝绳承重。 但对于同步要求较高的结构，特别是大跨度体育场馆的提升（顶升），宜采用计算机控制的液压千斤顶集群提供提升力，钢绞线承重。采用此技术时，各提升点的高差能得到控制。 除了同步性可控外，与卷扬机相比，计算机控制的液压千斤顶集群作业还可实时监控各点的提升（顶升）力。 总的来说，液压同步提升（顶升）系统采用计算机控制后，通过跳频扩频通信技术传递控制指令，能全自动完成同步动作、负载均衡、姿态矫正、应力控制、操作锁闭、过程显示以及故障报警等多种功能。是集机、电、液、传感器、计算机控制于一体的现代化设备
液压千斤顶系统	整体顶升	
液压爬升系统	直线或曲线滑移	液压爬行系统由液压爬行器、液压泵站、传感器和计算机组成，它们之间通过液压油管和通信线连接。 与爬升器相比，提升器或牵引线通过钢绞线与随动结构相连，一般只能直线运行。爬行器则一般放置在轨道上，沿轨道运行；轨道可是直线或曲率半轻较大的曲线。 同样，爬行器也可采用计算机控制，同步性较好，可在远离施工点处进行力和位移的监控

3. 工程应用实例

采用液压提升系统完成整体提升的技术已得到普遍应用，如 2003 年完成的广州新白云国际机库，见图 12-20。

(a)

(b) (c)

图 12-20 液压整体提升技术的工程应用（广州新白云国际机场机库）

12.2.5　卷　扬　机

12.2.5.1　卷扬机特点及选用

卷扬机又称绞车，按驱动方式可分为手动和电动。手动卷扬机因起重牵引力小，劳动强度大，在实际结构吊装中已很少使用。现在以电动卷扬机为主。

电动卷扬机是由电动机、减速部分、滚轴筒、电涡流制动及电磁抱死制动组合而成的一个设备，是建筑施工土法吊装作业中常用的动力设备。其优点是能够适应于作业空间相对狭小的位置，使用灵活方便；缺点是吊装速度较慢，对工期进展速度有一定影响。了解了卷扬机的优缺点之后，现场施工过程中选取卷扬机时应把握以下原则：

1. 现场吊装环境

主吊装设备无法直接将构件吊装到位时，可利用卷扬机将构件牵引至恰当位置后，再用主吊设备吊装。如内爬塔式起重机爬升后遗留的支架转运等。

2. 构件质量

根据吊装构件的质量选择相应吨位的卷扬机。一般卷扬机的吨位为 5～10t。微型卷扬机又叫同轴卷扬机，吨位有 200～1000kg。

12.2.5.2　电动卷扬机的技术参数

电动卷扬机速度可快可慢，按其牵引速度可分为快速、中速、慢速等。

快速卷扬机又分为单筒和双筒，其钢丝绳牵引速度为 25～50m/min，单头牵引力为 4.0～80kN。如配以井架、龙门架、滑车等可用作垂直、水平运输以及打桩作业等。

慢速卷扬机多为单筒式，钢丝绳牵引速度为 6.5～22m/min，单头牵引力为 5～100kN。如配以拔杆、人字架、滑车组等可用于大型构件吊装及钢筋冷拔等作业。

电动卷扬机的主要技术参数是安全使用的重要依据，使用过程中，关心的主要技术参数包括额定静拉力、卷筒的直径、宽度和容绳量、电动机的功率、整机自重钢丝绳的直径和绳速。

12.2.5.3　电动卷扬机牵引力计算

卷扬机的牵引力是指卷筒上钢丝绳缠绕一定层数时，钢丝绳所具有的实际牵引力。实际牵引力与额定牵引力有时不一致，当钢丝绳缠绕层数较少时，实际牵引力比额定牵引力大，需要按实际情况进行计算。

电动卷扬机的传动简图见图 12-21。其卷筒上钢丝绳的牵引力可按式（12-13）和式（12-14）计算。

$$F = 1.02\frac{N_{H}\eta}{V} \tag{12-13}$$

$$F = 0.75\frac{N_{P}\eta}{V} \tag{12-14}$$

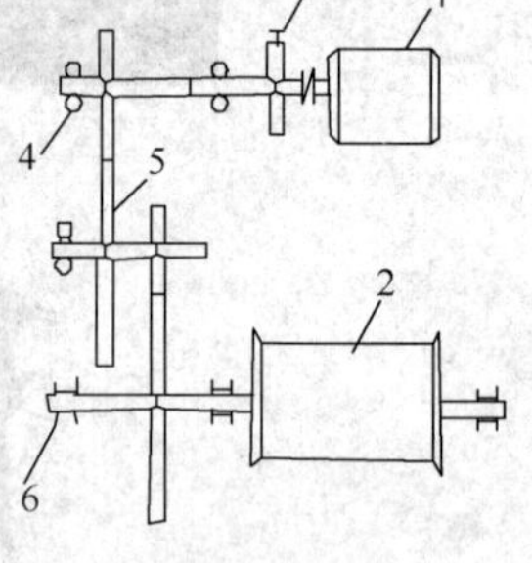

图 12-21　电动卷扬机传动简图

1—电动机；2—卷筒；3—止动器；4—滚动轴承；5—齿轮；6—滚动轴承

式中　F——作用于卷筒上钢丝绳的牵引力（kN）；

N_{H}——电动机的功率（kW）；

N_{P}——电动机的功率（马力）；

V——钢丝绳速度（m/s）；

η——卷扬机传动机构总效率，有：

$$\eta = \eta_0 \eta_1 \eta_2 \eta_3 \cdots \eta_n \tag{12-15}$$

式中 η_0——卷筒效率，当卷筒装在滑动轴承上时，$\eta_0=0.94$；当卷筒装在滚动轴承上时，$\eta_0=0.96$；

$\eta_0, \eta_1, \eta_2, \eta_3, \cdots, \eta_n$——分别为第1、2、3、…、$n$组等传动机构的效率，可见表12-16。

各种传动机构的效率表 **表 12-16**

项次	传动机构名称			传动效率 η
1	平皮带传动三角皮带传动			0.92～0.97
2				0.90～0.94
3	卷筒	滑动轴承		0.93～0.95
4		滚动轴承		0.93～0.96
5	齿轮（圆柱）	开式传动	滑动轴承	0.93～0.95
6			滚动轴承	0.93～0.96
7	传动	闭式传动（稀油润滑）	滑动轴承	0.95～0.97
8			滚动轴承	0.96～0.98
9	涡轮蜗杆传动	单头		0.70～0.75
10		双头		0.75～0.80
11		三头		0.80～0.85
12		四头		0.85～0.92

钢丝绳速度计算：

$$V = \pi D \times n_n \tag{12-16}$$

式中 D——卷筒直径（m）；

n_n——卷筒转速（r/s），有：

$$n_n = \frac{n_H i}{60} \tag{12-17}$$

式中 n_H——电动机转速（r/s）；

i——传动比，有：

$$i = \frac{T_Z}{T_B} \tag{12-18}$$

式中 T_Z——所有主动轮齿数的乘积；

T_B——所有被动轮齿数的乘积。

12.2.5.4 卷扬机的固定、布置和使用注意事项

1. 卷扬机的固定

电动卷扬机的安装效果将直接影响到设备的安全运行。起重运输现场安装的电动卷扬机，所选择的位置对于司机和指挥人员来说应视野宽广，便于观察和安全瞭望。

卷扬机与支撑面的安装定位应平整牢固，露天设置时应有防雨棚。为防止起吊或搬运设备时卷扬机产生滑动、颠覆、振动，须对卷扬机加以安全固定。固定方法有：基础固定、平衡重法固定及地锚法固定三种。

（1）基础固定［图12-22（a）］。将卷扬机安放在水泥基础上，用地脚螺栓将卷扬机底座固定，但这指的是长期使用状况，例如码头、仓库、矿井等，短期使用的情况不适合此法。

(2) 平衡配重法固定［图 12-22 (*b*)］。将卷扬机固定在木垫板上，前端设置挡桩，后端加压重物，既防滑移，又防倾覆。

(3) 地锚法固定［图 12-22 (*c*)、(*d*)］。利用地锚将卷扬机固定，又可分为水平地锚和桩式地锚，这是工地普遍使用的方法。

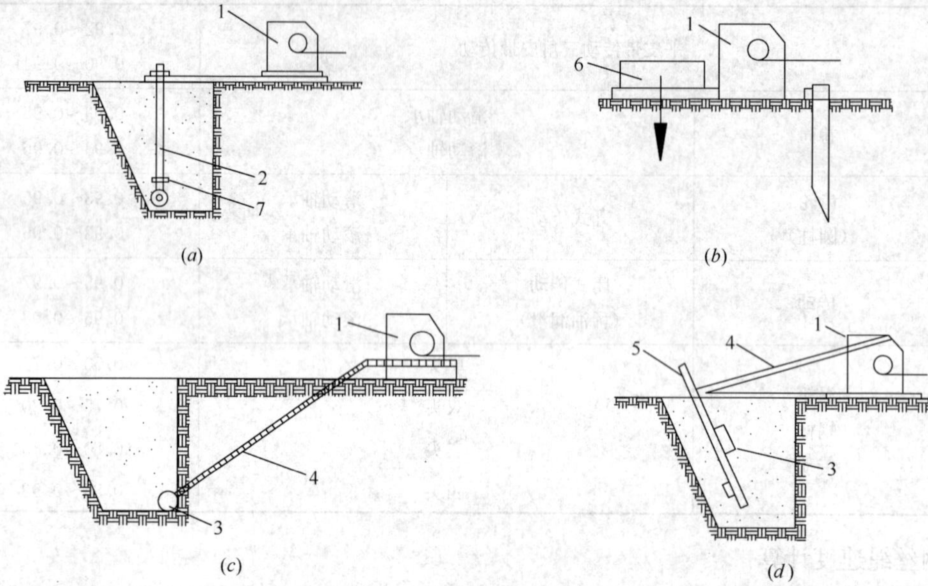

图 12-22 卷扬机的固定

(*a*) 基础固定法；(*b*) 平衡配重固定法；(*c*) 水平地锚固定法；(*d*) 立桩固定法

1—卷扬机；2—地脚螺栓；3—横木；4—拉索；5—木桩；6—压重；7—压板

2. 卷扬机的布置

卷扬机的布置（即安装位置）应注意以下几点：

(1) 卷扬机安装位置周围必须排水通畅并应搭设工作棚，防止电气部分受潮失灵。

(2) 卷扬机的安装位置应能使操作人员看清指挥人员和起吊或拖动的物件。卷扬机至构件安装位置的水平距离应大于构件的安装高度，即当构件被吊到安装位置时，操作者视线仰角应小于 45°。

(3) 钢丝绳绕入卷筒的方向应与卷筒轴线垂直，这样才能使钢丝绳排列整齐，不致斜绕和相互错叠挤压。

(4) 在卷扬机正前方应设置导向滑车，导向滑车至卷筒轴线的距离应不小于卷筒长度的 15 倍，即倾斜角不大于 2°，以免钢丝绳与导向滑车槽缘产生过分的摩擦。见图 12-23。

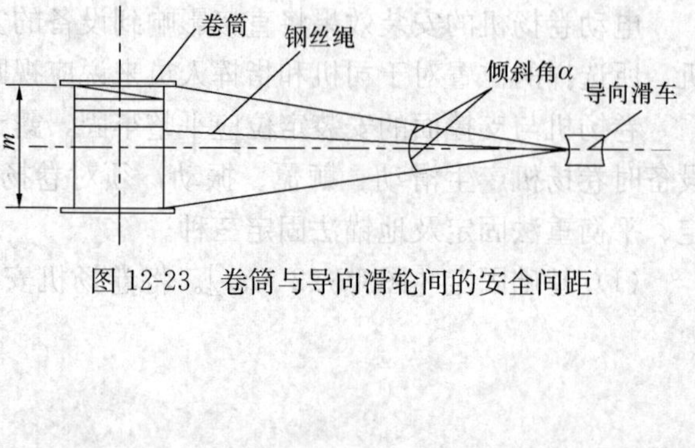

图 12-23 卷筒与导向滑轮间的安全间距

3. 卷扬机使用注意事项

(1) 卷扬机使用前必须有可靠的

固定，以防使用中滑移或倾覆。

（2）为保证卷扬机安全工作，在使用前，应针对卷扬机的相关项目进行严格验收。

（3）缠绕在卷筒上的钢丝绳至少应保留2圈的安全储存长度，不可全部拉出，以防绳松脱钩发生事故。

（4）钢丝绳引入卷筒时应接近水平，并应从卷筒的下面引入，以减少卷扬机的倾覆力矩。

（5）卷扬机操作时，周围严禁站人。工作中严禁任何人跨越或停留在导向滑轮的钢丝绳夹角内。

（6）运行中突然停电时，应立即切断电源，手柄扳回零位，并将重物固定。

（7）停机后，要切断电源，将控制器放到零位，用保险闸自动刹紧，并使跑绳放松。

（8）长期不使用时，要做好定期保养和维修工作。其内容包括：测验定电动机绝缘电阻，拆洗检查零件，更换润滑油等。

12.2.6 非标准起重装置

非标准起重装置，主要指独脚拔杆、人字拔杆及桅杆式起重机。由于现代起重机械的快速发展和普及，非标准起重装置的应用相对较少。但作为一种传统实用的起重设备，非标准起重装置在现代建筑施工中仍有用武之地，比如：

（1）超高层结构的施工中，结构封顶后，大型内爬塔式起重机最后需要利用非标准起重机协助，以进行高空拆除；

（2）在一些场地极为狭小的场合，也常利用非标准起重机进行吊装作业，弥补其他大型起重机无法进场的不足；

（3）在一些重型构件吊装时，经常利用具有大吨位起重特点的非标准起重装置辅助吊装。

12.2.6.1 独脚拔杆

1. 拔杆构造及分类

独脚拔杆是由拔杆、起重滑轮组、卷扬机、缆风绳等组成（图12-24），其中拔杆可用木料或金属制成。使用时，拔杆顶部应保持一定的倾角（$\beta \leqslant 10°$），以保证吊装构件时不致撞击拔杆。

拔杆的稳定主要依靠缆风绳，绳的一端固定在桅杆顶端，另一端固定在锚碇上。缆风绳在安装前需经过计算，且要用卷扬机或捯链施加初拉力进行试验，合格后方可安装。缆风绳一般采用钢丝绳，常设4～8根。与地面夹角α为30°～45°。

根据制作材料的不同，独脚拔杆又可分为：木独脚拔杆、钢管独脚拔杆和格构式独脚拔杆。

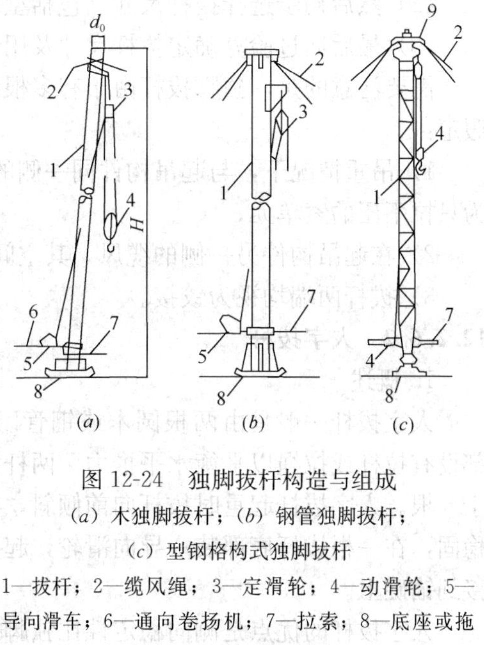

图12-24 独脚拔杆构造与组成
（a）木独脚拔杆；（b）钢管独脚拔杆；（c）型钢格构式独脚拔杆
1—拔杆；2—缆风绳；3—定滑轮；4—动滑轮；5—导向滑车；6—通向卷扬机；7—拉索；8—底座或拖子；9—活动顶板

(1) 木独脚拔杆常用独根圆木做成，圆木梢径20～32cm，起重高度一般为8～15m，起重量为3～10t。

(2) 钢管独脚拔杆常用钢管直径200～400mm，壁厚8～12mm，起重高度可达30m，起重量可达45t。

(3) 金属格构式独脚拔杆起重高度达75m，起重量可达100t以上。格构式独脚拔杆一般用四个角钢作主肢，并由横向和斜向缀条联系而成，截面多成正方形，常用截面为450mm×450mm～1200mm×1200mm不等。格构式拔杆根据设计长度均匀制作成若干节，以方便运输。并且，在拔杆上焊接吊环，用卡环把缆风绳、滑轮组、拔杆连接在一起。

2. 独脚拔杆适用范围

独脚桅杆的优点是设备的安装拆卸简单，操作简易，节省工期，施工安全等；缺点是侧向稳定性较差，需要拉设多根缆风绳。独脚拔杆在工程中主要用于吊装塔类结构构件，还可以用于整体吊装高度大的钢结构槽罐容器设备。吊装塔类构件时可将独脚拔杆系在塔类结构的根部，利用独脚拔杆作支柱，将拟竖立的塔体结构当作悬臂杆，用卷扬机通过滑轮组拉绳整体拔起就位。

3. 独脚拔杆的技术参数

独脚拔杆的主要技术参数是安全吊装的重要依据，在吊装工程中，关心的主要技术参数包括拔杆起重力、拔杆高度、缆风绳直径、起重滑轮组（钢丝绳直径、滑车门数）及卷扬机起重力。

4. 独脚拔杆计算要点

独脚拔杆的计算步骤及方法是：

(1) 先根据结构吊装的实际需要，定出基本参数（起重量和起升高度）；

(2) 然后初步选择拔杆尺寸（包括型钢规格）；

(3) 最后通过验算确定拔杆尺寸及用料规格。

需要注意的是，独脚拔杆由于有多根缆风，实际受力情况较为复杂，分析时应作以下假定：

1) 吊重情况下，与起吊构件同一侧的缆风拉力设定为零；电算时，则应将缆风定义为只拉不压的索单元；

2) 在起吊构件另一侧的缆风，其空间合力与起重滑轮及拔杆轴线作用在同一平面内；

3) 拔杆两端均视为铰接。

12.2.6.2 人字拔杆

1. 概述

人字拔杆一般是由两根圆木或钢管以钢丝绳绑扎或铁件铰接而成（图12-25）。其底部设有拉杆或拉绳以平衡水平推力，两杆夹角以30°为宜。上部应有缆风绳，且一般不少于5根。人字拔杆起重时拔杆向前倾斜，在后面有两根缆风绳。为保证起重时拔杆底部的稳固，在一根拔杆底部装一导向滑轮，起重索通过它连到卷扬机上，再用另一根钢丝绳连接到锚碇上。

人字拔杆的优点是侧向稳定性比独脚拔杆好，所用缆风绳数量少，但构件起吊后活动范围小。一般仅用于安装重型构件或作为辅助设备用于吊装厂房屋盖体系上的轻型构件。

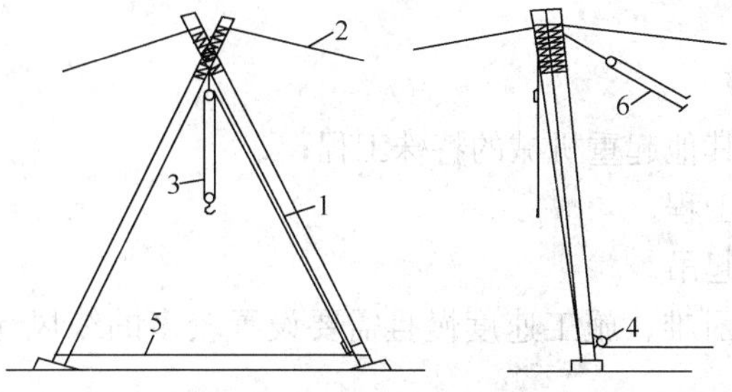

图 12-25 人字拔杆
1—圆木或钢管；2—缆风；3—起重滑车组；
4—导向滑车；5—拉索；6—主缆风

人字拔杆的竖立可利用起重机械吊立，也可另立一副小的人字拔杆起扳。其移动方法与独脚拔杆基本相同。

2. 人字拔杆的特点及适用范围

人字拔杆的特点是：起升荷载大、稳定性好，但构件吊起后活动范围小，适用于吊装重型柱子等构件。在建筑施工中吊装环境受到限制时，大型起重设备无法进入，难以发挥机械效能，此时一般多采用在构件根部设置木或钢格构人字拔杆，借助卷扬机在地面旋转整体垂直起吊的方法吊装。

3. 人字拔杆技术参数

人字拔杆的主要技术参数包括：

圆木人字拔杆的木杆长度、直径及起重量；钢管人字拔杆的起重量及钢管规格。

4. 人字拔杆的计算要点

（1）确定吊点位置和数量。吊装时，构件的吊点位置，根据构件形式、高度、重心和吊装环境等的不同，可采用 1～4 点绑扎起吊。

（2）计算构件的重心位置。

（3）计算拔杆内力和斜拉绳内力。

12.2.6.3 桅杆式起重机

1. 桅杆式起重机的构造

桅杆式起重机亦称牵缆式起重机，它是在独脚拔杆下端安装一根可以回转和起伏的吊杆拼装而成。如图 12-26 所示。桅杆式起重机的缆风至少 6 根，根据缆风最大的拉力选择钢丝绳和地锚，地锚必须安全可靠。

起重量在 5t 以下的桅杆式起重机，大多用圆木做成；起重量在 10t 左右的，大多用无缝钢管做成，桅杆高度可达 25m；大型桅杆式起重机，其起重量可达 60t，桅杆高度可达 80m，桅杆和吊杆都是用角钢组成的格构式截面。

桅杆式起重机的起重臂可起伏，机身可全回转，故可把起重半径范围内的构件吊到任意位置，适用于构件多且集中的工程。

在大型桅杆式起重机的下部，一般还设有专门行走装置，中小型桅杆式起重机则在下面设滚筒。移动桅杆，多用卷扬机加滑车组牵动桅杆底脚。移动时，将吊杆收拢，并随时调整缆风。

随着吊装构件的大型化和标准起重机械的重型化，对桅杆式起重机的起重量也提出了越来越高的要求。现代桅杆式起重机也不局限于利用传统的卷扬机配合钢丝绳作为起重动力，出现了大量用刚性撑杆替代缆风绳的例子，以形成刚性的三角稳定体系，提高安全性。

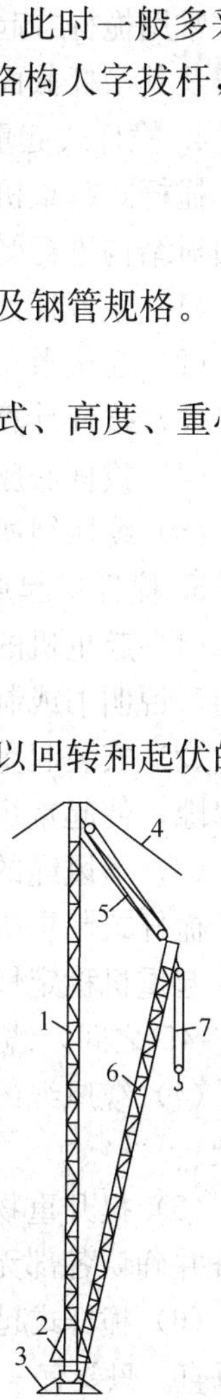

图 12-26 桅杆式起重机示意图
1—桅杆；2—转盘；3—底座；4—缆风；5—起伏吊杆滑车组；6—吊杆；7—起重滑车组

2. 桅杆式起重机的优缺点及使用范围

桅杆式起重机的优点是：构造简单、装拆方便、起重能力较大。

它适合在以下几种情况中应用：

（1）场地比较狭窄的工地；

（2）缺少其他大型起重机械或不能安装其他起重机械的特殊工程；

（3）没有其他相应起重设备的重大结构工程；

（4）在无电源情况下，可使用人工绞磨起吊。

其不足之处是：作业半径小、移动较为困难、施工速度慢且需要设置较多的缆风绳，因而它适用于安装工程量较集中的结构工程。

3. 常用桅杆式起重机的技术参数

常用桅杆式起重机的技术参数有：最大起重量、桅杆高度、吊杆长度、起重机自重、桅杆及其吊杆截面、起重滑轮组、吊杆起伏滑轮组及缆风绳根数、直径。

4. 桅杆式起重机的计算要点

桅杆式起重机受力为一个空间结构体系，分析时可按平面力系处理。主要从以下几个方面对结构进行受力计算。

（1）悬臂杆计算；

（2）起伏滑车组受力计算；

（3）拔杆计算；

（4）拔杆底座上的受力计算；

（5）缆风绳所受的张力计算。

5. 桅杆式起重机安装注意事项

（1）起重机的安装和拆卸应划出警戒区，清除周围的障碍物，在专人统一指挥下，按照出厂说明书或制定的拆装技术方案进行。

（2）安装起重机的地基应平整夯实，底座与地面之间应垫两层枕木，并应采用木块楔紧缝隙，使起重机所承受的全部力量能均匀地传给地面，以防在吊装中发生沉陷和偏斜。

（3）缆风绳的规格、数量及地锚的拉力、埋设深度等，按照起重机性能经过计算确定。桅杆式起重机缆风绳与地面的夹角关系到起重机的稳定性能，夹角小，缆风绳受力小，起重机稳定性好，但要增加缆风绳长度和占地面积。因此，缆风绳与地面的夹角应在30°～45°之间，缆绳与桅杆和地锚的连接应牢固。

（4）缆风绳的架设应避开架空电线。在靠近电线的附近，应装有绝缘材料制作的护线架。

（5）提升重物时，吊钩钢丝绳应垂直，操作应平稳，当重物吊起刚离开支承面时，应检查并确认各部无异常时，方可继续起吊。

（6）桅杆式起重机结构简单，起重能力大，完全是依靠各根缆风绳均匀地拉牢主杆使之保持垂直。只要有一个地锚稍有松动，就能造成主杆倾斜而发生重大事故。因此，在起吊满载重物前，应有专人检查各地锚的牢固程度。各缆风绳都应均匀受力，主杆应保持直立状态。

（7）作业时，起重机的回转钢丝绳应处于拉紧状态。回转装置应有安全制动控制器。

（8）起重作业在小范围移动时，可以采用调整缆绳长度的方法使主杆在直立情况下稳定移动。起重机移动时，其底座应垫以足够承重的枕木排和滚杠，并将起重臂收紧至处于移动方向的前方。移动时，主杆不得倾斜，缆风绳的松紧应配合一致。距离较远时，由于缆风绳的限制，只能采用拆卸转运后重新安装。

6. 现代桅杆式起重机的工程应用

以昆明机场钢彩带基座的安装为例说明。

(1) 应用背景

钢彩带基座质量达 50t，小型起重机无法进行吊装，若选择大型起重机又受到现场施工情况限制。因为彩带基座的施工须在楼板上施工，由于混凝土达到 100%强度的时间长，施工工期紧，土建与钢结构交叉施工等条件的限制，无法使用大型机械设备进入现场吊装。经过反复研究和广泛讨论后决定采用桅杆式起重机进行彩带基座吊装。

(2) 桅杆式起重机的设计

为了方便桅杆式起重机的转运，增强支撑的整体稳定性，减小支撑长细比，故采用斜撑、双槽钢横向连系将吊装彩带基座的 2 台桅杆式起重机连成整体。考虑到现场楼板混凝土强度未达到要求强度，且为了保证桅杆式起重机的移动，将于楼板上架设工字钢梁作为行走轨道。图 12-27 为吊装示意图及现场施工情况。

(*a*) (*b*) (*c*) (*d*)

图 12-27 桅杆式起重机应用

(*a*) 桅杆式起重机附着轨道；(*b*) 缆风绳固定；(*c*) 拔杆旋转轴；(*d*) 桅杆式起重机吊构件

12.3 吊装索具、工具

12.3.1 钢 丝 绳

钢丝绳是由高强度钢丝搓捻而成的。它具有自重轻、强度高、耐磨损、弹性大、寿命长、在高速下运转平衡、没有噪声、安全可靠等优点。而且能承受冲击荷载，磨损后外部产生许多毛刺，容易检查，便于预防事故，是结构吊装作业中常用的绳索之一。

12.3.1.1　钢丝绳的构造和种类

结构吊装中常用的钢丝绳采用六股钢丝绳（图12-28），每股由19根、37根、61根直径为0.4～3.0mm的高强度钢丝组成。通常表示方法是：6×19+1、6×37+1、6×61+1；前两种使用最多，6×19钢丝绳多用作缆风绳和吊索；6×37钢丝绳多用于穿滑车组和作吊索。

按捻制方向或外形，可分为以下三类（图12-29）：

（1）顺绕钢丝绳。其特征是钢绕成股与股捻成绳的方向相同，表面较平滑。它与滑轮或卷筒凹槽的接触面较大，磨损较轻，但容易松散和产生扭结卷曲，吊装重物时易打转，不宜吊装，一般用于缆风绳。

（2）交绕钢丝绳。其特征是钢丝绳绕成股和捻成绳的方向相反，这种钢丝绳较硬，吊装时不易松散扭结，广泛应用于起重吊装中。

（3）混绕钢丝绳。其特征是相邻层股的绕捻方向相反，它同时具有前两种钢丝绳的优点。

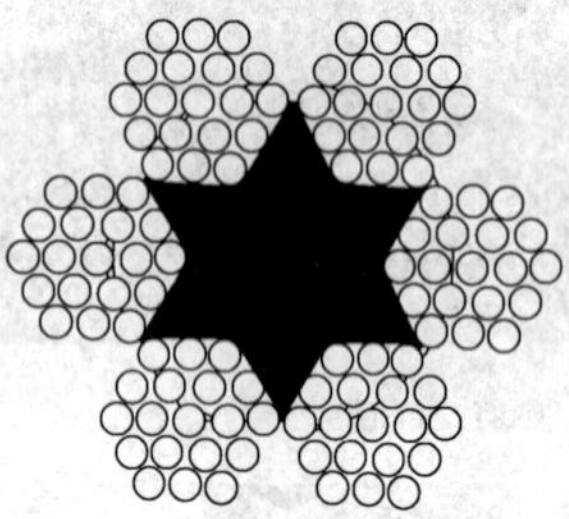

图12-28　普通钢丝绳截面

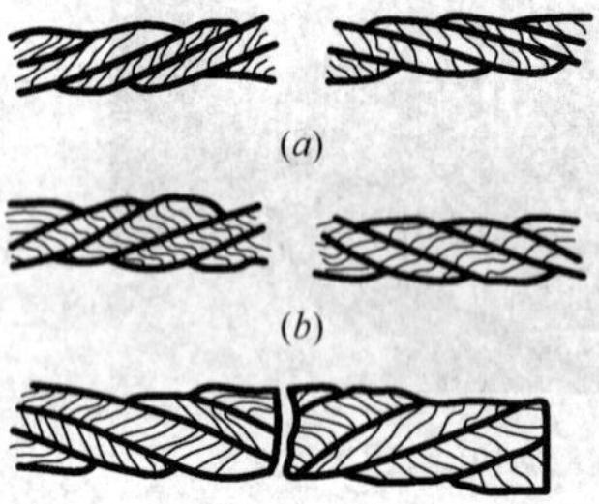

图12-29　钢丝绳按捻制方向或外形分类

（*a*）顺绕钢丝绳；（*b*）交绕钢丝绳；（*c*）混绕钢丝绳

12.3.1.2　钢丝绳的技术性能

国产钢丝绳早已标准化生产，常用钢丝绳的直径为6.2～65mm，其抗拉强度分别为1400N/mm²、1550N/mm²、1700N/mm²、1850N/mm²和2000N/mm²五个等级。实际选用时，主要规格和技术参数见表12-17和表12-18。

6×19钢丝绳的主要数据表　　**表12-17**

直径		钢丝总断面积	参考质量	钢丝绳公称抗拉强度（N/mm²）				
钢丝绳	钢丝			1400	1550	1700	1850	2000
				钢丝破坏拉力总和				
（mm）		（mm²）	（kg/100m）	（kN）不小于				
6.2	0.4	14.32	13.53	20.0	22.1	24.3	26.4	28.6
7.7	0.5	22.37	21.14	31.3	34.6	38.0	41.3	44.7
9.3	0.6	32.22	30.45	45.1	49.9	54.7	59.6	64.4

续表

直径		钢丝总断面积	参考质量	钢丝绳公称抗拉强度（N/mm²）				
钢丝绳	钢丝			1400	1550	1700	1850	2000
				钢丝破坏拉力总和				
（mm）		（mm²）	（kg/100m）	（kN）不小于				
11.0	0.7	43.85	41.44	61.3	67.9	74.5	81.1	87.7
12.5	0.8	57.27	54.12	80.1	88.7	97.3	105.5	114.5
14.0	0.9	72.49	68.50	101.0	112.0	123.0	134.0	144.5
15.5	1.0	89.49	84.57	125.0	138.5	152.0	165.5	178.5
17.0	1.1	103.28	102.3	151.5	167.5	184.0	200.0	216.5
18.5	1.2	128.87	121.8	180.0	199.5	219.0	238.0	257.5
20.0	1.3	151.24	142.9	211.5	234.0	257.0	279.5	302.0
21.5	1.4	175.40	165.8	245.5	271.5	298.0	324.0	350.5
23.0	1.5	201.35	190.3	281.5	312.0	342.0	372.0	402.5
24.5	1.6	229.09	216.5	320.5	355.0	389.0	423.5	458.5
26.0	1.7	258.63	244.4	362.0	400.5	439.5	478.0	517.0
28.0	1.8	289.95	274.0	405.5	449.0	492.5	536.0	579.5
31.0	2.0	357.96	338.3	501.0	554.5	608.5	662.0	715.5
34.0	2.2	433.13	409.3	306.0	671.0	736.0	801.0	
37.0	2.4	515.46	487.1	721.5	798.5	876.0	953.5	
40.0	2.6	604.95	571.7	846.5	937.5	1025.0	1115.0	
43.0	2.8	701.60	663.0	982.0	1085.0	1190.0	1295.0	
46.0	3.0	805.41	761.1	1125.0	1245.0	1365.0	1490.0	

注：表中粗线左侧，可供应光面或镀锌钢丝绳，右侧只供应光面钢丝绳。

6×37 钢丝绳的主要数据表 **表 12-18**

直径		钢丝总断面积	参考质量	钢丝绳公称抗拉强度（N/mm²）				
钢丝绳	钢丝			1400	1550	1700	1850	2000
				钢丝破坏拉力总和				
（mm）		（mm²）	（kg/100m）	（kN）不小于				
8.7	0.4	27.88	26.21	39.0	43.2	47.3	51.5	55.7
11.0	0.5	43.57	40.96	60.9	67.5	74.0	80.6	87.1
13.0	0.6	62.74	58.98	87.8	97.2	106.5	116.0	125.0
15.0	0.7	85.39	80.57	119.5	132.0	145.0	157.5	170.5
17.5	0.8	111.53	104.8	156.0	172.5	189.5	206.0	223.0
19.5	0.9	141.16	132.7	197.5	213.5	239.5	261.0	282.0
21.5	1.0	174.27	163.3	243.5	270.0	296.0	322.0	348.5
24.0	1.1	210.87	198.2	295.0	326.5	358.0	390.0	421.5

续表

直径		钢丝总断面积	参考质量	钢丝绳公称抗拉强度（N/mm²）				
钢丝绳	钢丝			1400	1550	1700	1850	2000
				钢丝破坏拉力总和				
（mm）		（mm²）	（kg/100m）	（kN）不小于				
26.0	1.2	250.95	235.9	351.0	388.5	426.5	464.0	501.5
28.0	1.3	294.52	276.8	412.0	456.5	500.5	544.5	589.0
30.0	1.4	241.57	321.1	478.0	529.0	580.5	631.5	683.0
32.5	1.5	392.11	368.6	548.5	607.5	666.5	725.0	784.0
34.5	1.6	446.13	419.4	624.5	691.5	758.0	825.0	892.0
36.5	1.7	503.64	473.4	705.0	780.5	856.0	931.5	1005.0
39.0	1.8	564.63	530.8	790.0	875.0	959.5	1040.0	1125.0
43.0	2.0	697.08	655.3	975.5	1080.0	1185.0	1285.0	1390.0
47.5	2.2	843.47	792.9	1180.0	1305.0	1430.0	1560.0	
52.0	2.4	1003.80	943.6	1405.0	1555.0	1705.0	1855.0	
56.0	2.6	1178.07	1107.4	1645.0	1825.0	2000.0	2175.0	
60.5	2.8	1366.28	1234.3	1910.0	2115.0	2320.0	2525.0	
65.0	3.0	1568.43	1474.3	2195.0	2430.0	2665.0	2900.0	

注：表中粗线左侧，可供应光面或镀锌钢丝绳，右侧只供应光面钢丝绳。

12.3.1.3　钢丝绳的许用拉力计算

（1）静荷载

钢丝绳的强度校核，主要是按钢丝绳的规格和使用条件所得出的许用拉力来确定。许用拉力按式（12-19）计算。

$$[S]\leqslant\frac{\alpha P}{K} \tag{12-19}$$

式中　$[S]$——钢丝绳的许用拉力（kN）；

P——钢丝绳的钢丝破坏拉力总和（kN）；

α——破断拉力换算系数，按表12-19取用；

K——钢丝绳的安全系数，按表12-20取用。

钢丝绳破断拉力换算系数 α　　表12-19

钢丝绳结构	换算系数
6×19	0.85
6×37	0.82
6×61	0.80

钢丝绳的安全系数 K　　表12-20

用途	安全系数	用途	安全系数
作缆风绳	3.5	作吊索、无弯曲时	6～7
用于手动起重设备	4.5	作捆绑吊索	8～10
用于机动起重设备	5～6	用于载人的升降机	14

【例】 用一根全新的直径20mm、公称抗拉强度为1550N/mm^{2}的6×19钢丝绳作吊索，求它的允许拉力。

【解】 由表12-17查得$P=234$kN，由表12-19查得$\alpha=0.85$，由表12-20查得$K=6$许用拉力为：

$$[S]\leqslant\frac{\alpha P}{K}=\frac{0.85\times1\times234}{6}=33.15\text{kN}$$

(2) 冲击荷载（图12-30）

使用钢丝绳进行起重吊装作业时，钢丝绳不可避免会有冲击作用。与静荷载相比，冲击作用下，重物对钢丝绳的拉力会有不同程度的放大。冲击荷载可按式（12-20）进行计算：

$$F_s=Q\left(1+\sqrt{1+\frac{2EAh}{QL}}\right)\qquad(12\text{-}20)$$

式中 F_s——冲击荷载（N）；

Q——静荷载（N）；

E——钢丝绳的弹性模量（N/mm^2）；

A——钢丝绳截面积（mm^2）；

h——落下高度（mm）；

L——钢丝绳的悬挂长度（mm）。

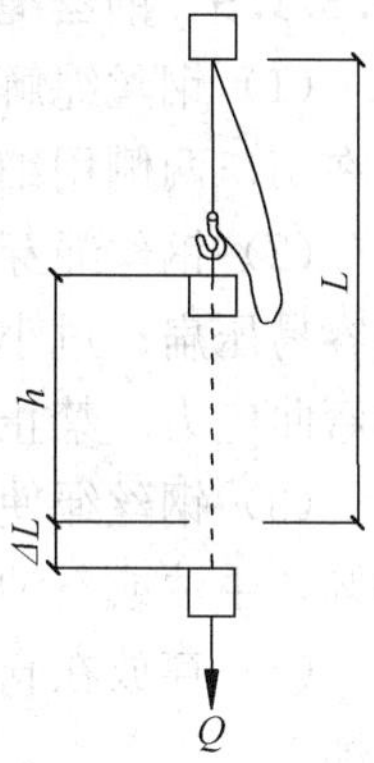

图12-30 冲击荷载计算简图

【例】 采用一根直径为17.5mm的6×37钢丝绳进行吊装作业，钢丝总截面积$A=111.53$mm^2，钢丝绳的弹性模量$E=7.84\times10^4$N/mm^2，吊重（静荷载）$Q=20.5$kN，悬挂长度$L=5$m，落下距离$h=250$mm，试求其冲击荷载。

【解】 由式（2-20）得到：

$$F_s=Q\left(1+\sqrt{1+\frac{2EAh}{QL}}\right)=2.05\times10^4\left(1+\sqrt{1+\frac{2\times7.84\times10^4\times111.54\times250}{2.05\times10^4\times5000}}\right)$$

$$=2.05\times10^4(1+6.6)=15.58\times10^4\approx156\text{kN}$$

从计算中可以看出冲击荷载为156kN，是静荷载的7.6倍。

12.3.1.4 钢丝绳的安全检查

钢丝绳使用一段时间后，就会产生断丝、腐蚀和磨损现象，其承载力降低。一般规定钢丝绳在一个节距内断丝数量超过表12-21的数字时就应当报废，以免造成事故。

钢丝绳的报废标准（一个节距内的断丝数） **表12-21**

采用的安全系数	钢丝绳种类					
	6×19		6×37		6×61	
	交互捻	同向捻	交互捻	同向捻	交互捻	同向捻
6以上	12	6	22	11	36	18
6～7	14	7	26	13	38	19
7以上	16	8	30	15	40	20

当钢丝绳表面锈蚀或磨损使钢丝绳的直径显著减少时应将表 12-21 报废标准按表 12-22 折减并按折减后的断丝数报废。

钢丝绳锈蚀或磨损时报废标准的折减系数　　表 12-22

钢丝绳表面锈蚀或磨损量（%）	10	15	20	25	30～40	大于 40
折减系数	85	75	70	60	50	报废

12.3.1.5　钢丝绳的使用注意事项

（1）钢丝绳解开使用时，应按正确的方法进行，以免钢丝绳产生扭结。钢丝绳切断前应在切口两侧用细铁丝绑扎，以防切断后绳头松散。

（2）钢丝绳穿过滑轮时，滑轮槽的直径应比绳的直径大 1～3.5mm。滑轮槽过大钢丝绳容易压扁；过小则容易磨损。滑轮的直径不得小于钢丝绳直径的 10～12 倍，以减小绳的弯曲应力。禁止使用轮缘破损的滑轮。

（3）钢丝绳使用一段时间（4 个月左右）后应进行保养，保养用油膏配方可为干黄油 90%，牛油或石油沥青 10%。

（4）存放在仓库里的钢丝绳应成卷排列，避免重叠堆置，库中应保持干燥，以防钢丝锈蚀。

（5）绑扎边缘锐利的构件时，应使用半圆钢管或麻袋、木板等物予以保护。

（6）使用中，如绳股间有大量的油挤出，表明钢丝绳的荷载已相当大，这时必须勤加检查，以防发生事故。

12.3.2　绳　　夹

12.3.2.1　绳夹类型

绳夹又称绳卡、卡头，是用来夹紧钢丝绳末端，或将两根钢丝绳固定在一起的一种索具，见图 12-31。用它来固定和夹紧钢丝绳不但牢固，而且装拆方便。绳夹通常用骑马式、压板式（U 形）、拳握式（L 形）三种类型，其中骑马式绳夹最为常见，见图 12-32。

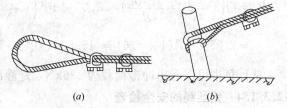

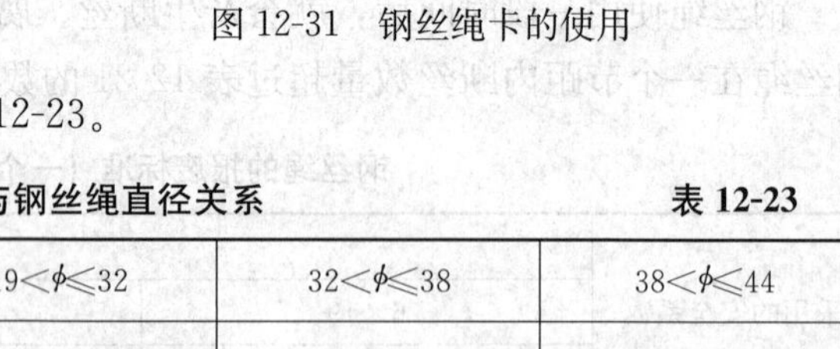

图 12-31　钢丝绳卡的使用

12.3.2.2　构造要求

吊装作业中，一定直径的钢丝绳须绳卡个数及间距相匹配，见图 12-33 及表 12-23。

绳卡数量与钢丝绳直径关系　　表 12-23

钢丝绳直径（mm）	$\phi\leqslant19$	$19<\phi\leqslant32$	$32<\phi\leqslant38$	$38<\phi\leqslant44$
绳卡数量（个）	3	4	5	6

12.3.2.3　使用注意事项

（1）钢丝绳夹必须有出厂合格证和质量证明书。螺母与螺栓的配合应符合要求，螺母应能用手拧入，但无松旷现象，螺纹部位应加润滑油。

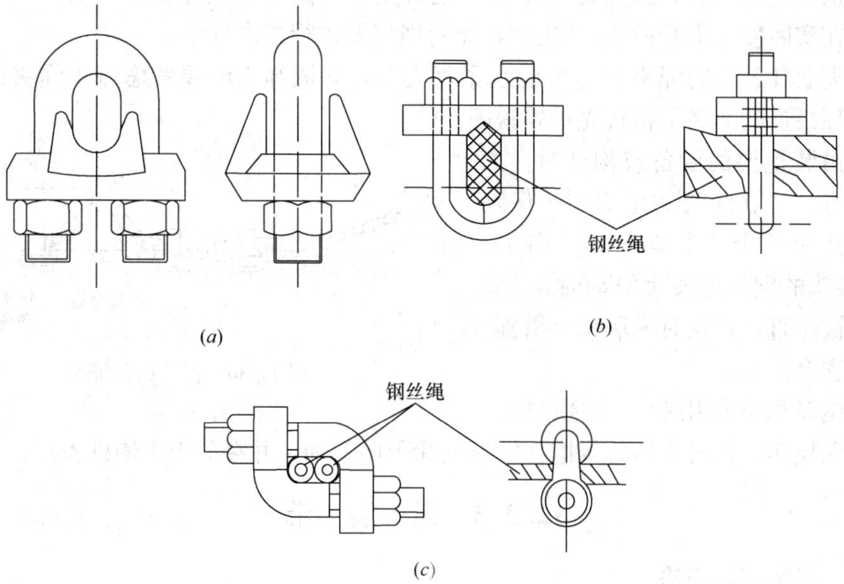

图 12-32 绳夹分类示意
(a) 骑马式钢丝绳卡；(b) U形钢丝绳卡；(c) L形钢丝绳卡

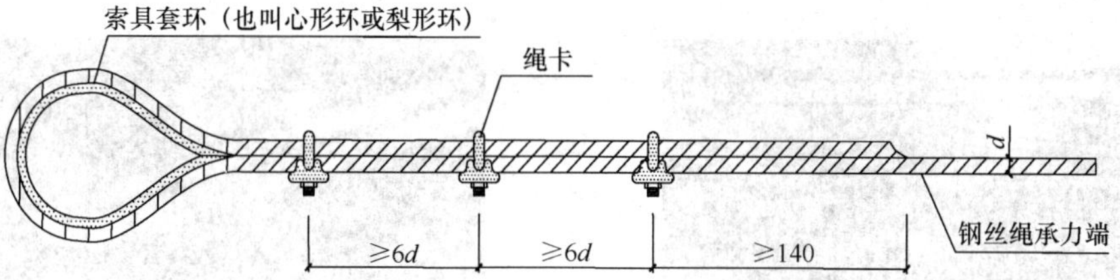

图 12-33 绳卡间距要求

(2) 作用时，应根据所卡夹钢丝绳的直径大小选择相应规格的钢丝绳夹，严禁代用（大代小或小代大）或采用在钢丝绳中加垫料的方法拧紧绳夹。

(3) 每个钢丝绳夹都要拧紧，以压扁钢丝绳直径 1/3 左右为宜，并应将压板式绳夹部分卡在绳头（即活头）的一边，见图 12-34。这是因为压板式绳夹与钢丝绳的接触面小，容易使钢丝绳产生弯曲，如有松动或滑移，绳头也不会从压板式绳夹环中滑出，只是钢丝绳夹与主绳滑动，有利于安全。

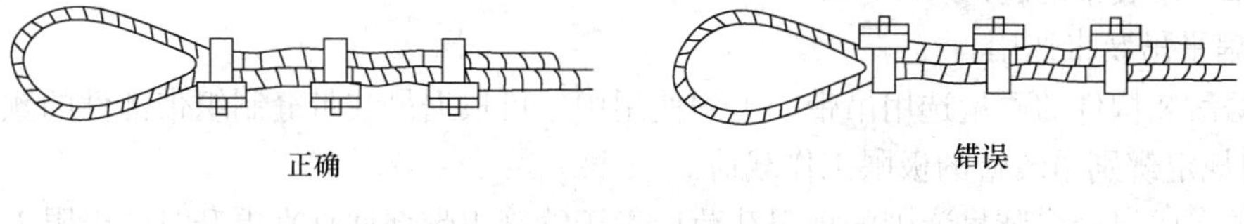

图 12-34 钢丝绳卡的安放

(4) 卡绳时，应将两根钢丝绳理顺，使其紧密相靠，不能一根紧一根松，否则钢丝绳夹不能同时起作用，将会影响安全使用。

（5）钢丝绳受力后，应立即检查绳夹是否走动。由于钢丝绳受力后会产生变形，因此，绳夹在实际使用中受荷1～2次后，要对绳夹要进行二次拧紧。

（6）离套环最近的绳夹应尽可能地紧靠套环，紧固绳夹时要考虑每个绳夹的合理受力，离套环最远的绳夹不得首先单独紧固。

（7）吊装重要的设备或构件时，为了便于检查，可在绳头的尾部加一保险绳卡，并放出一个“安全弯”（图12-35）。当接头的钢丝绳发生滑动时，“安全弯”即被拉直，可及时采取相应措施，保证作业安全。

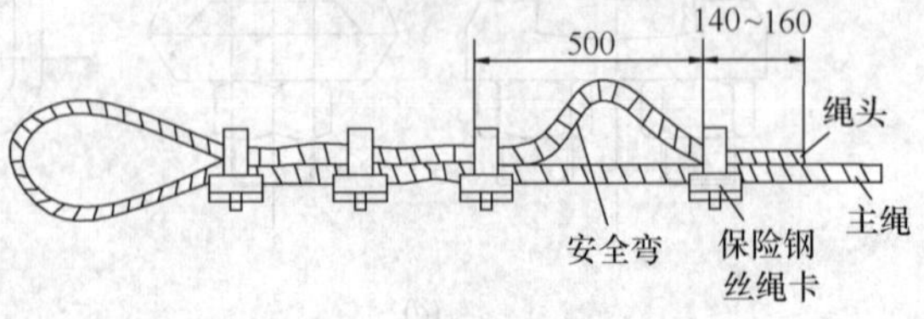

图12-35　保险钢丝绳卡

（8）钢丝绳夹使用后，要检查螺栓的螺纹有无损坏。暂时不用时，应在螺纹处涂上防锈油，并存放于干燥处备用。

12.3.3　吊　装　带

12.3.3.1　吊装带的规格

吊装带为钢结构施工常用的吊装工具，一般在吊装外表圆滑的钢构件时使用，严禁使用吊装带吊装有锋利边缘的钢构件。

按照吊装带外形分为扁平吊装带和圆形吊装带两种（图12-36）。

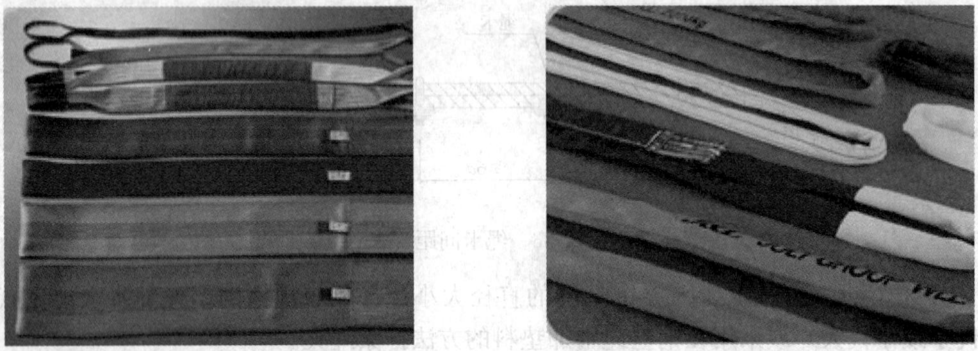

(*a*)　(*b*)

图12-36　吊装带外形分类

（*a*）扁平吊装带；（*b*）圆形吊装带

12.3.3.2　吊装带的选用

1. 扁平吊装带选用

根据吊装构件的质量选用吊带。工程使用中，可根据吊装带缝制织带部件的颜色按表12-24的规定辨别吊装带的极限工作载荷。

吊装带或组合多肢吊装带的极限载荷应等于缝制织带部件垂直提升时的极限工作载荷乘以相应的方式系数M（按表12-24选用）。

按照端头的连接构造将连接形式分为W01型（环眼型）、W02型（重型环眼型）、W03型（环型）、W04型（重型环型）、W05型（宽体型）。

2. 圆形吊装带选用

圆形吊装带选用国际上最优质的合成纤维为原料，采用国际上最先进的织造设备与工艺加工而成，其主要由承载芯、吊装带保护套组成。承载芯无级环绕平行排列，保护套由特制耐磨套管对接成环型，以警示、保护承载芯安全使用。圆形吊装带具有质量轻、承载能力强、柔软、不导电等特点，为用户提供一种安全、轻便的吊装工具。

扁平吊装带极限工作载荷和颜色标记 **表 12-24**

吊装带垂直提升时的极限工作载荷（t）	缝制织带部件颜色	极限工作载荷（t）								
		垂直提升	扼圈式提升	吊篮式提升			两肢吊索		三肢和四肢吊索	
		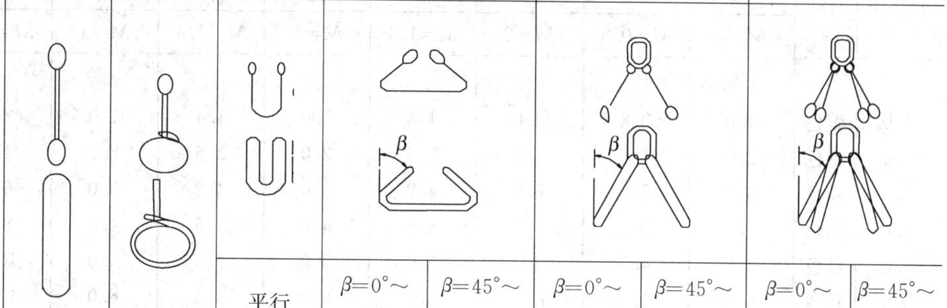								
				平行	$\beta=0°\sim45°$	$\beta=45°\sim60°$	$\beta=0°\sim45°$	$\beta=45°\sim60°$	$\beta=0°\sim45°$	$\beta=45°\sim60°$
		$M=1$	$M=0.8$	$M=2$	$M=1.4$	$M=1$	$M=1.4$	$M=1$	$M=2.1$	$M=1.5$
1.0	紫色	1.0	0.8	2.0	1.4	1.0	1.4	1.0	2.1	1.5
2.0	绿色	2.0	1.6	4.0	2.8	2.0	2.8	2.0	4.2	3.0
3.0	黄色	3.0	2.4	6.0	4.2	3.0	4.2	3.0	6.3	4.5
4.0	灰色	4.0	3.2	8.0	5.6	4.0	5.6	4.0	8.4	6.0
5.0	红色	5.0	4.0	10.0	7.0	5.0	7.0	5.0	10.5	7.5
6.0	棕色	6.0	4.8	12.0	8.4	6.0	8.4	6.0	12.6	9.0
8.0	蓝色	8.0	6.4	16.0	11.2	8.0	11.2	8.0	16.8	12.0
10.0	橙色	10.0	8.0	20.0	14.0	10.0	14.0	10.0	21.0	15.0
>10.0	橙色									

注：1. M—对称承载的方式系数，吊装带或吊装带零件的安装公差：垂直方向为 6°；

2. 表中未列出的极限工作载荷的吊装带，其颜色应与表中颜色不同。

根据不同吊装环境要求，可分为：普通型、防火型、荧光型、光检型、高强型、组合型等系列。

按照端头的连接构造将连接形式分为 R01 型（环型）、R02 型（防护型）、R03 型（环眼型）、R04 型（花辫型）、RH01 型（高强环型）、RH02 型（高强环眼型）、RK01 型（防火环型）、RK02 型（防火环眼型）。

对于某一组合形式或使用方式，吊装带或组合多肢吊装带的极限工作载荷应等于垂直提升时吊装带的极限工作载荷乘以相应的方式系数 M。圆形吊装带的极限工作载荷和颜色标记见表 12-25。

圆形吊装带极限工作载荷和颜色标记 **表 12-25**

吊装带垂直提升时的极限工作载荷（t）	吊装带部件颜色	极限工作载荷（t）								
		垂直提升	扼圈式提升	吊篮式提升			两肢吊索		三肢和四肢吊索	
		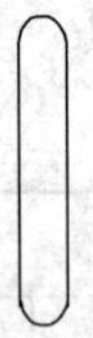		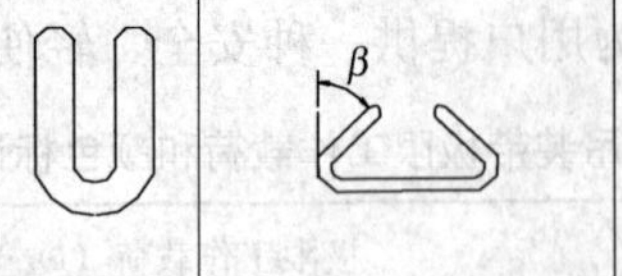			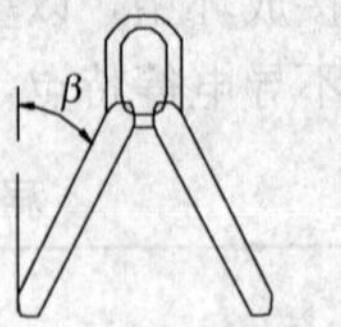		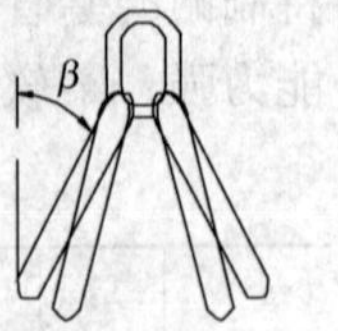	
				平行	$\beta=0°\sim45°$	$\beta=45°\sim60°$	$\beta=0°\sim45°$	$\beta=45°\sim60°$	$\beta=0°\sim45°$	$\beta=45°\sim60°$
		$M=1$	$M=0.8$	$M=2$	$M=1.4$	$M=1$	$M=1.4$	$M=1$	$M=2.1$	$M=1.5$
1.0	紫色	1.0	0.8	2.0	1.4	1.0	1.4	1.0	2.1	1.5
2.0	绿色	2.0	1.6	4.0	2.8	2.0	2.8	2.0	4.2	3.0
3.0	黄色	3.0	2.4	6.0	4.2	3.0	4.2	3.0	6.3	4.5
4.0	灰色	4.0	3.2	8.0	5.6	4.0	5.6	4.0	8.4	6.0
5.0	红色	5.0	4.0	10.0	7.0	5.0	7.0	5.0	10.5	7.5
6.0	棕色	6.0	4.8	12.0	8.4	6.0	8.4	6.0	12.6	9.0
8.0	蓝色	8.0	6.4	16.0	11.2	8.0	11.2	8.0	16.8	12.0
10.0	橙色	10.0	8.0	20.0	14.0	10.0	14.0	10.0	21.0	15.0
12.0	橙色	12.0	9.6	24.0	16.8	12.0	16.8	12.0	25.2	18.0
15.0	橙色	15.0	12.0	30.0	21.0	15.0	21.0	15.0	31.5	22.5
20.0	橙色	20.0	16.0	40.0	28.0	20.0	28.0	20.0	30.0	30.0
25.0	橙色	25.0	20.0	50.0	35.0	25.0	35.0	25.0	52.5	37.5
30.0	橙色	30.0	24.0	60.0	42.0	30.0	42.0	30.0	63.0	45.0
40.0	橙色	40.0	32.0	80.0	56.0	40.0	56.0	40.0	84.0	60.0
50.0	橙色	50.0	40.0	100.0	70.0	50.0	70.0	50.0	105.0	75.0
60.0	橙色	60.0	48.0	120.0	84.0	60.0	84.0	60.0	126.0	90.0
80.0	橙色	80.0	64.0	160.0	112.0	80.0	112.0	80.0	168.0	120.0
100.0	橙色	100.0	80.0	200.0	140.0	100.0	140.0	100.0	210.0	150.0

注：1. M—对称承载的方式系数，吊装带或吊装带零件的安装公差：垂直方向为 6°；

2. 表中未列出的极限工作载荷的吊装带，其颜色应与表中颜色不同。

12.3.4 捯 链

12.3.4.1 捯链用途及分类

捯链又称"手拉葫芦"、"神仙葫芦"，起重能力在 20t 以内，提升距离在 2.5～12m 之间。常常配合三脚架或单轨桁车使用，作简易短距离垂直吊装机械使用，吊运平稳，操作方便；还可作短距离水平或倾斜收紧牵引绳、缆风绳用。

从构造来分，捯链主要有蜗杆传动和齿轮传动两种。蜗杆传动捯链不仅省力而且灵活稳定，但由于结构笨重、效率低、零件易磨损、吊重不宜超过 10t 等缺点，其应用逐渐减少。齿轮传动捯链自重轻、体积小、搬运方便，广泛应用于小型设备和重物短距离起重安装及搬运工作。

12.3.4.2 使用注意事项

(1) 使用前应仔细检查吊钩、链条、轮轴及制动器等是否有损伤，传动部分是否灵活，并在传动部分加润滑油。挂上重物后，先慢慢拉动链条，等起重链条受力后再检查一次，看齿轮咬合是否妥当，链条自锁装置是否起作用。

(2) 起重前应弄清重物质量，严禁超负荷使用，在气温低于－10℃的条件下工作时，捯链的额定负荷减半。

(3) 捯链一般一个人即可以拉动，两个人拉应感觉很轻松，如拉不动时，不能硬拉，更不能随便加人，应检查重物是否超载、链环是否被卡、捯链机件是否损坏、被吊物是否与其他物牵连，弄清原因、排除故障后方可继续提升。

(4) 手拉动链条时，应均匀缓和，不得猛拉。不得在与链条不同平面内进行拽动，以免造成跳链、卡环现象。

(5) 捯链使用完毕应将机件上污垢擦净，存放在干燥场所，严防生锈和酸性腐蚀。

(6) 每年应由熟练的工人对捯链进行拆洗，用汽油或煤油进行清洗。齿轮或轴承部分清洗后加注黄油润滑。装配后应进行空载或满载试验，确认机构运转正常，避免制动失灵使重物自坠，防止不懂捯链构造的人乱拆乱装。

12.3.5 卡　环

12.3.5.1 卡环用途及分类

卡环也称卸甲或卸扣，由卸体和横销两部分组成。根据横销固定方式不同，分为普通卡环和自动卡环两种，另外还有一种半自动卡环，也是自动卡环的一种。

普通卡环（也称横销有螺纹卡环）见图12-37，常用于吊装中连接起重滑车、吊环或固定绳索、连接绳索。当横销插入卸体，把螺纹拧紧之后，卡环便成了可靠的封闭圆环，吊索或吊环都不能滑出，在起重作业中非常安全。

自动卡环（也称横销无螺纹卡环）形式与普通卡环基本相同，就是横销上无螺纹，卸体孔中也无螺纹，使用时将横销插入卸体孔中即可，靠卸体孔和横销后段入孔部分之间的摩擦力和一些辅助措施来保证横销不滑出。

自动卡环一般在高空吊装作业中构件吊立后人们够不着去拆卸的情况下使用。如吊装柱子，拔掉横销的方法是事先在横销的耳孔上拴一根麻绳，麻绳绕过事先在起重机吊钩或横吊梁上挂的导向滑车后垂到地面，柱子就位后，拉动麻绳横销即可拔出，锁具自动拆除。

半自动卡环（图12-38）具有自动卡环拆卸方便的优点，也用于高空吊装中人们够不

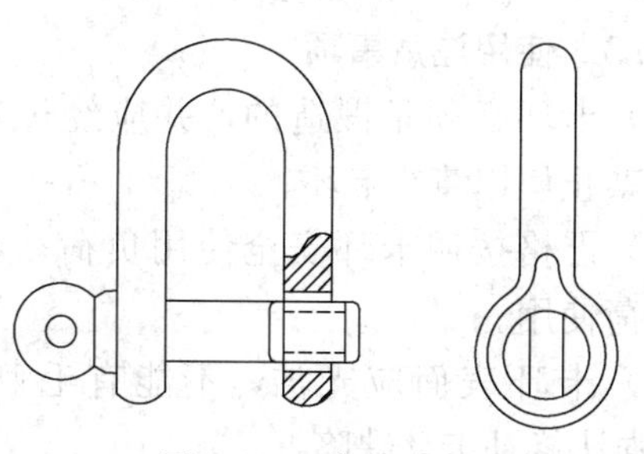

图12-37 普通卡环

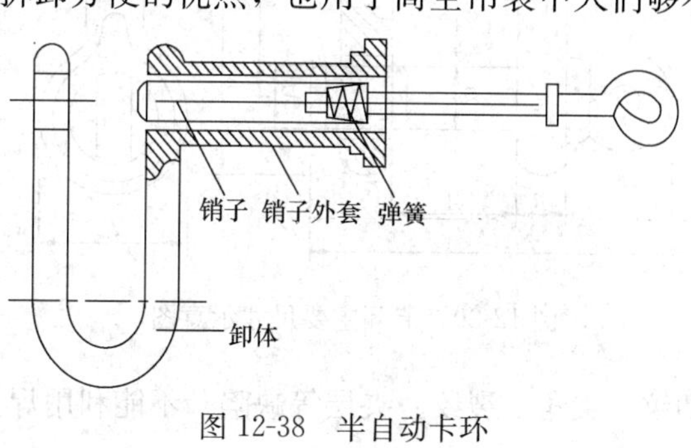

图12-38 半自动卡环

着拆卸卡环的地方，而且由于横销不容易自动滑出，所以使用比较安全可靠。使用方法与自动卡环相同。

12.3.5.2 卡环规格

卡环主要尺寸规格见表 12-26，表中字母所表示部位详见图 12-39。

卡环主要尺寸规格（mm）　　表 12-26

起重量（t）	A	B	C	D	d	d_1	M	R	H	l
1	28	14	68	20	14	40	18	14	102	79
2	36	18	90	25	20	48	22	18	132	103
3	44	24	107	33	24	65	30	22	164	128
4	56	28	118	37	28	72	33	25	182	145
5	64	32	138	40	32	80	36	25	210	150
8	72	36	149	43	36	80	38	25	225	154
10	50	38	148	45	38	84	42	25	228	174
15	60	46	178	54	46	100	52	30	274	214
20	70	52	205	62	52	114	60	35	314	246
25	80	60	230	70	60	130	68	40	355	245
30	90	65	258	78	65	144	76	45	395	270
35	100	70	280	85	70	156	80	50	428	295
40	110	76	300	90	76	166	85	55	459	320
45	120	82	320	96	82	178	95	60	491	346
50	130	88	343	104	88	192	100	65	527	371

注：产品出厂前均按本表额定能力 1.5 倍进行拉力试验。

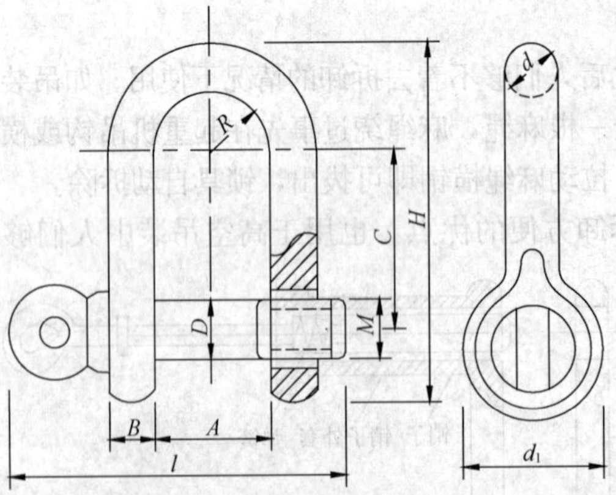

图 12-39　卡环主要尺寸示意图

现场施工时，若查不到卡环的性能参数，也可根据销子的直径按式（12-21）估算出卡环的允许载荷。

$$Q = 0.035d^2 \qquad (12\text{-}21)$$

式中　Q——卡环的估算允许荷载（kN）；

d——卡环的销子直径（mm）。

12.3.5.3 使用注意事项

（1）卡环必须是锻造的，并应经过热处理，禁止使用铸造卡环。

（2）严格按照卡环安全使用负荷，不准超负荷使用。

（3）卡环表面应光洁，不能有毛刺、切纹、尖角、裂纹、夹层等缺陷。不能利用焊接或补强法修补卡环缺陷。

(4) 无制造标记或合格证明的卡环，需进行拉伸强度试验，合格后才能使用。

(5) 卡环连接的两根绳索或吊环，应该一根套在横销上。一根套在卸体上，而不能分别套在卸体的两个直段，使卸甲受横向力。

(6) 吊装完毕后，卸下卡环，要随时将横销插入卸体，拧好丝扣，严禁将横销乱扔，以防碰坏丝扣，防止使卸体和横销螺纹处粘上泥污，并定时涂黄油润滑。存放时应放在干燥处，用木方、木板垫好，以防锈蚀。

(7) 除特别吊装外不得使用自动卡环。使用时，要有可靠的保障措施，防止横销滑出，如吊柱时应使横销带有耳孔的一端朝上。

(8) 使用时，应考虑轴销拆卸方便，以防拉出落下伤人。

(9) 不允许在高空将拆除的卡环向下抛甩，以防伤人以及卡环碰撞变形和内部产生不易发觉的损伤和裂纹。

(10) 工作完毕后，要将卡环收回擦干净，并将横销插入弯环内上满螺纹，存放在干燥处，以防表面生锈影响使用。

(11) 当卡环任何部位产生裂纹、塑性变形、螺纹脱扣、销轴和扣体断面磨损达原尺寸的3%～5%时，应报废处理。

12.3.6 吊　　钩

12.3.6.1 吊钩用途及分类

吊钩为结构吊装作业中勾挂绳索或构件吊环的必需工具，取物方便，工作安全可靠。一般用20号优质钢经锻造后退火制成，锻成后要进行后火处理，以消除其残余应力，增加韧性，要求硬度达到95～135HB。

吊钩按其使用不同分双吊钩和单吊钩两种（图12-40）。前者主要用于起重设备，一般作为起重机的附件，吊装工程上应用最广泛的是带环单吊钩。

(1) 单钩。单钩构造简单、使用方便，因而被广泛使用，但其受力性能不如双钩好。单钩一般由20号优质碳素钢或16号锰钢锻制而成。

(2) 双钩。起重量大的吊装机械大多配用双钩，它受力均匀对称，能充分利用钩体材料，在起重量相同的情况下，一般双钩比单钩自重要轻。双钩材质通常与单钩相同。

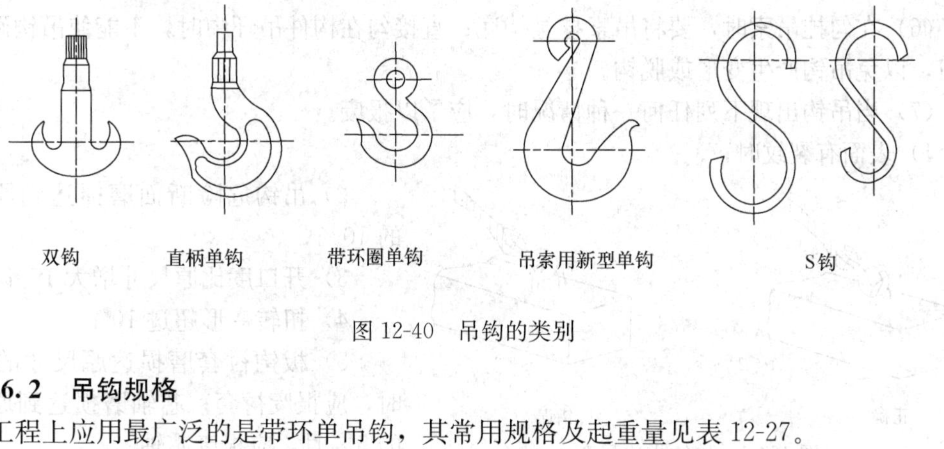

图12-40　吊钩的类别

12.3.6.2 吊钩规格

工程上应用最广泛的是带环单吊钩，其常用规格及起重量见表12-27。

带环单吊钩起重量及规格（mm）　表 12-27

简　图	起重量 (t)	A	B	C	D	E	F	适用钢丝绳直径 (mm)	每只自重 (kg)
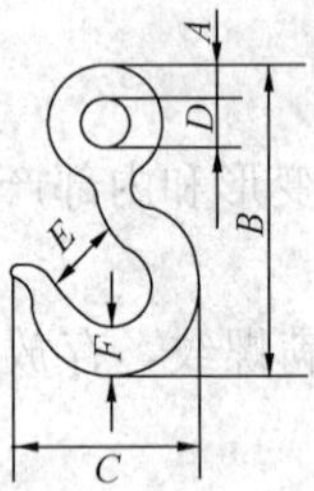	0.5	7	114	73	19	19	19	6	0.34
	0.75	9	133	86	22	25	25	6	0.45
	1	10	146	98	25	29	27	8	0.79
	1.5	12	171	109	32	32	35	10	1.25
	2	13	191	121	35	35	37	11	1.54
	2.5	15	216	140	38	38	41	13	2.04
	3	16	232	152	41	41	48	14	2.90
	3.75	18	257	171	44	48	51	16	3.86
	4.5	19	282	193	51	51	54	18	5.00
	6	22	330	206	57	57	64	19	7.40
	7.5	24	356	227	64	64	70	22	9.76
	10	27	394	255	70	70	79	25	12.30
	12	33	419	279	76	76	89	29	15.20
	14	34	456	308	83	83	95	32	19.10

12.3.6.3　使用注意事项

（1）吊钩应有制造单位的合格证等技术文件，方可投入使用。否则，应经检验合格后方可使用。

（2）在使用过程中，应对吊钩定期进行检查，保证其表面光滑，不能有剥裂、刻痕、锐角、毛刺和裂纹等缺陷，对缺陷部分不得进行补焊。

（3）结构吊装作业中使用吊钩时，应将吊索挂到钩底，吊钩上的防脱钩装置应安全可靠。

（4）起重吊装作业不得使用铸造的吊钩。

（5）吊钩与重物吊环相连接时，挂钩方式要正确，必须保证吊钩的位置和受力符合安全要求（图 12-41）。

（6）在勾挂吊索时，要将吊索挂至钩底；直接勾在构件吊环中时，不能使吊钩硬别或歪扭，以免吊钩产生变形或脱钩。

（7）当吊钩出现下列任何一种情况时，应予以报废。

1）表面有裂纹时；

2）吊钩危险断面磨损达到原尺寸的 10%；

3）开口度比原尺寸增大 15%；

4）扭转变形超过 10°；

5）板钩衬套磨损达原尺寸的 50% 时，应报废衬套；芯轴磨损达到原尺寸的 5%时，应报废芯轴。

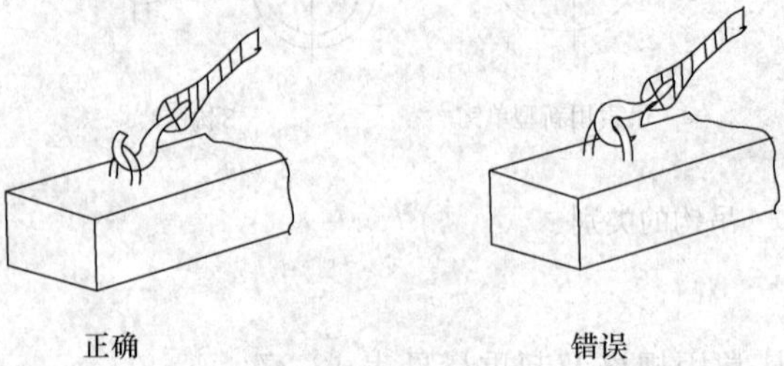

图 12-41　挂钩方法示意

12.3.7 滑车和滑车组

在结构吊装作业中，滑车和滑车组得到了极为广泛的应用，是非常重要的起重吊装工具。滑车与卷扬机配合使用能起吊和搬运很重的物体。

12.3.7.1 滑车

滑车按用途一般分为定滑车、动滑车、导向滑车、平衡滑车等，如图12-42所示。定滑车用来改变用力的方向，亦可用作平衡滑车或转向滑车，但不省力。动滑车可省力，但不改变力的方向。

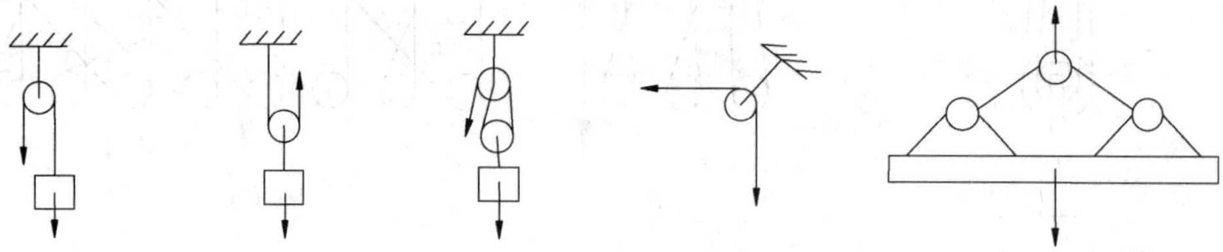

图12-42 滑车的类型

(a) 定滑车；(b) 动滑车；(c) 滑轮车；(d) 导向滑车；(e) 平衡滑车

按滑车的多少，又可分为单门、双门和多门等；按连接件的结构形式不同，可分为吊钩型、链环型、吊环型和吊梁型四种；按滑车的夹板是否可以打开来分，有开口滑车和闭口滑车两种。

滑车的允许荷载，根据滑轮和轴的直径确定，使用时应按其标定的数量选用，不能超载。

常用钢滑车的允许荷载见表12-28。

常用钢滑车的允许荷载 **表12-28**

轮滑直径(mm)	允许荷载(kN)								适用钢丝直径(mm)	
	单门	双门	三门	四门	五门	六门	七门	八门	适用	最大
70	5	10	—	—	—	—	—	—	5.7	7.7
85	10	20	30	—	—	—	—	—	7.7	11.0
115	20	30	50	80	—	—	—	—	11.0	14.0
135	30	50	80	100	—	—	—	—	12.5	15.5
165.	50	80	100	160	200	—	—	—	15.5	18.5
185	—	100	160	200	—	320	—	—	17.0	20.0
210	80	—	200	—	320	—	—	—	20.0	23.5
245	100	160	—	320	—	500	—	—	23.5	25.0
280	—	200	—	—	500	—	800	—	26.5	28.0
320	160	—	—	500	—	800	—	1000	30.5	32.5
360	200	—	—	—	800	1000	—	1400	32.5	35.0

12.3.7.2　滑车组

1. 特性及使用范围

滑车组是由若干个定滑车和动滑车以及绳索组成。它既可省力，又可根据需要改变用力方向（图 12-43）。滑车组中，绳索有普通穿法和花穿法两种，见图 12-44。

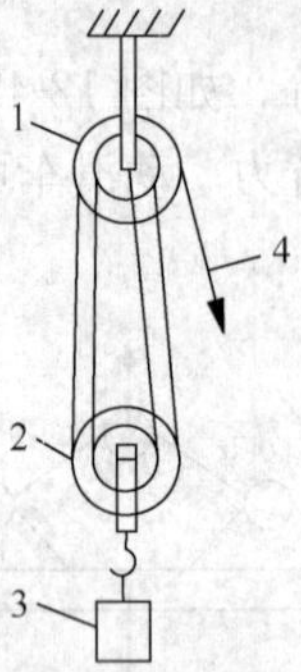

图 12-43　滑车组

1—定滑车；2—动滑车；3—重物；4—绳索

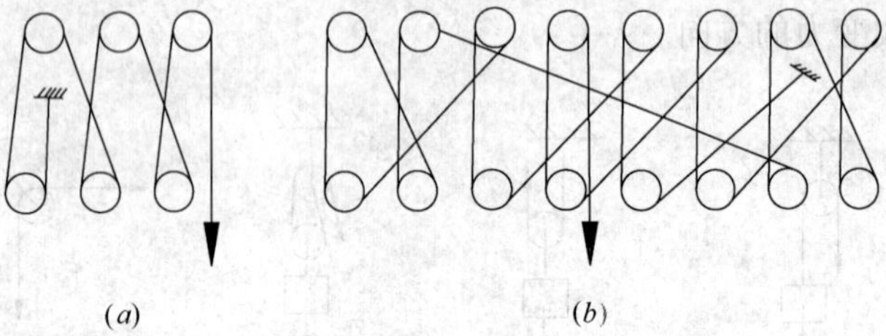

图 12-44　滑车组的穿法

（a）普通穿法；（b）花穿法

普通穿法是将绳索自一侧滑车开始，顺序地穿过中间滑车，最后从另一侧滑车引出。这种穿法在滑车组工作时，由于两侧钢丝绳的拉力相差较大，滑车组在工作中不平稳，甚至会发生自锁现象（即重物不能靠自重下落）。

花穿法的跑头从中间滑车引出，两侧钢丝绳的拉力相差较小，在用“三三”以上的滑车组时，宜用花穿法。

在实际施工过程中，由于现场的构件多，位置狭窄，导致无法使用其他起重机械时，往往用滑车组配合桅杆在条件差的现场操作，以解决现场施工作业面狭窄的问题，这是滑车组在施工现场运用的最大优点之一。

2. 滑轮车绳索拉力计算

滑轮车可作简单的起重工具，也是起重机械不可缺少的组成部分。滑轮车的绳索拉力为：

$$P = KQ \tag{12-22}$$

式中　P——绳索拉力（kN）；

　　　Q——构件自重（kN）；

　　　K——滑车组的省力系数，有：

$$K = \frac{f^n(f-1)}{f^n - 1} \tag{12-23}$$

式中　f——单个滑车组的阻力系数（滚珠轴承，$f=1.02$；青铜轴套轴承，$f=1.04$；无轴套轴承，$f=1.06$）；

　　　n——工作线数。

若绳索从定滑车引出，则 n=定滑车数+动滑车数+1；若绳索从动滑车引出，则 n=定滑车数+动滑车数；起重机的滑车组，常用青铜轴套轴承，其滑车组的省力系数 K 值可直接查表 12-29。

青铜轴套滑车组省力系数 **表 12-29**

项目		$K=f^n(f-1)/(f^n-1)$ $(f=1.04)$									
1	工作线数 n	1	2	3	4	5	6	7	8	9	10
	省力系数 k	1.040	0.529	0.360	0.275	0.224	0.190	0.116	0.148	0.134	0.123
2	工作线数 n	11	12	13	14	15	16	17	18	19	20
	省力系数 k	0.114	0.106	0.100	0.095	0.090	0.086	0.082	0.079	0.076	0.074

12.3.8 千 斤 顶

千斤顶结构简单，质量小，便于搬运，操作方便，易于维护。在起重运输行业中得到普遍应用，利用它可校正构件的安装偏差及矫正构件的变形。在钢结构工程中，常用于顶升和提升大跨度桁架或屋盖等。

12.3.8.1 分类及技术规格

千斤顶分为液压式千斤顶、螺旋式千斤顶和齿条式千斤顶三种。

1. 液压式千斤顶

这种千斤顶起重能力大，操作省力，工作平稳，自重较轻。它的起重能力可达 500t，顶升高度为 130～250mm。安装工程常用的 YQ 型液压千斤顶是一种手动液压式千斤顶。

2. 螺旋式千斤顶

与液压式千斤顶相比，螺旋式千斤顶有许多优越性：①不受环境清洁度和温度的影响；起升高度较高；②自锁性能好，安全可靠，可长时间作业不下沉等。

3. 齿条式千斤顶

齿条式千斤顶是由手柄、棘轮、齿轮、齿条等组成。它的起重量为 3t、5t、8t、10t、15t、20t 等。起升高度可达 40cm。用 1～2 人操作转动手柄，以顶起重物，在千斤顶的手柄上备有制动时需要的齿轮。

当起重量在 3～15t 时，可用齿条顶端，顶起位于高处的重物，同时还可以用齿条的下脚，拉起低处的重物。它的特点是升降速度快，能顶升离地面比较低的重物。

12.3.8.2 操作技术

1. 千斤顶的基础

千斤顶的基础应平稳、坚实、可靠。在地面设置千斤顶时应垫上道木或其他适当的材料，以扩大受力面积。

2. 千斤顶的放置

在松软的地面上放置千斤顶时，应在千斤顶下垫好木块，以免受力后倾斜歪倒。当重物升高时，重物下面也要随时放入支撑垫木，但手不能误入危险区，放置方法如图 12-45 所示。

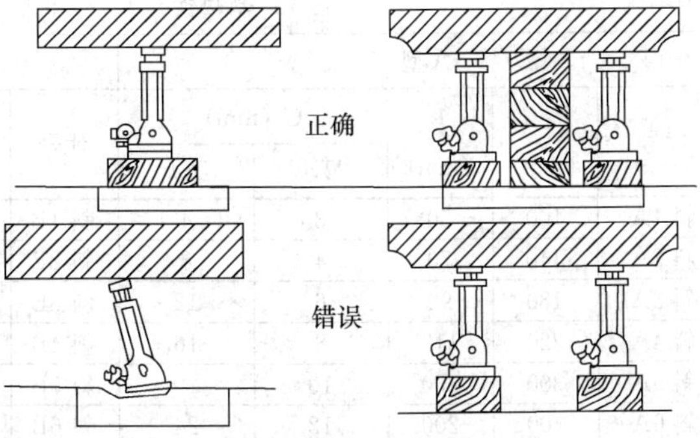

图 12-45 千斤顶的放置方法

在千斤顶的放置过程中，保持荷载重心作用线与千斤顶轴线一致，顶升过程中要严防由于千斤顶地基偏沉或荷载水平位移而发生千斤顶偏歪、倾斜的危险。要防止千斤顶与重物的金属面或混凝土光滑面接触发生滑动，必要时要垫以硬木块。

3. 顶升操作

千斤顶的顶升高度应不超过有效顶程。起升大型物体时（如大梁）应两端分开起落，一端起落，另一端必须垫实、垫牢、放稳。千斤顶不准超负荷使用。

启动千斤顶不宜急促，应有节奏匀速上升。下降时要缓慢。多台千斤顶同时使用时，要同步操作。千斤顶操作完毕，要进行认真检查，检查油压和隐患情况，并进行维护保养，放置在适当的地方。

12.3.8.3　使用注意事项

（1）对齿条式千斤顶先要检查下面有无销子，否则千斤顶支撑面不够稳定。对于螺旋式千斤顶预先要检查棘轮和齿条是否变形，动作是否灵活，丝母与丝杠的磨损是否超过允许范围。

（2）液压式千斤顶重点要看油路连接是否可靠，阀门是否严密，以免承重时油发生回漏。在使用时不要站在保险塞对面。

（3）千斤顶应放在坚实平坦的地面上，若土质松软则应铺设垫板，以扩大承压面积；构件被顶部位应平整坚实，并加垫木板，载荷应与千斤顶轴线一致。

（4）应严格按照千斤顶的标定起重量顶重，每次顶升高度不得超过有效顶程。

（5）千斤顶开始工作时，应先将构件稍微顶起后暂停，检查千斤顶、枕木垛、地面和物件等情况是否良好，如发现偏斜和枕木垛不稳等情况，进行处理后才能继续工作。

（6）顶升过程中应设保险垫，并应随顶随垫，其脱空距离应小于 50mm，以防千斤顶倾倒或突然回油而造成安全事故。

（7）用两台或两台以上千斤顶同时顶升一个构件时，应统一指挥，动作一致。不同类型的千斤顶应避免放在同一端使用。

12.3.9　垫　　铁

垫铁分斜垫铁和平垫铁两种，主要用于钢结构安装及设备安装的调整。斜垫铁的材料可采用普通碳素钢；平垫铁的材料可采用普通碳素钢或铸铁。

12.3.9.1　垫铁的规格要求

垫铁类型见图 12-46，规格和尺寸应符合表 12-30 的规定。

斜垫铁和平垫铁的规格和尺寸　　　表 12-30

斜垫铁									平垫铁		
A 型					B 型				C 型		
代号	*L* (mm)	*B* (mm)	*C* (mm) 最小	*C* (mm) 最大	代号	*L* (mm)	*B* (mm)	*C* 最小 (mm)	代号	*L* (mm)	*B* (mm)
斜 1A	100	50	3	4	斜 1B	90	50	3	平 1	90	50
斜 2A	140	70	4	8	斜 2B	120	70	4	平 2	120	70
斜 3A	180	90	6	12	斜 3B	160	90	6	平 3	160	90
斜 4A	220	110	8	16	斜 4B	200	110	8	平 4	200	110
斜 5A	300	150	10	20	斜 5B	280	150	10	平 5	280	150
斜 6A	400	200	12	24	斜 6B	380	200	12	平 6	380	200

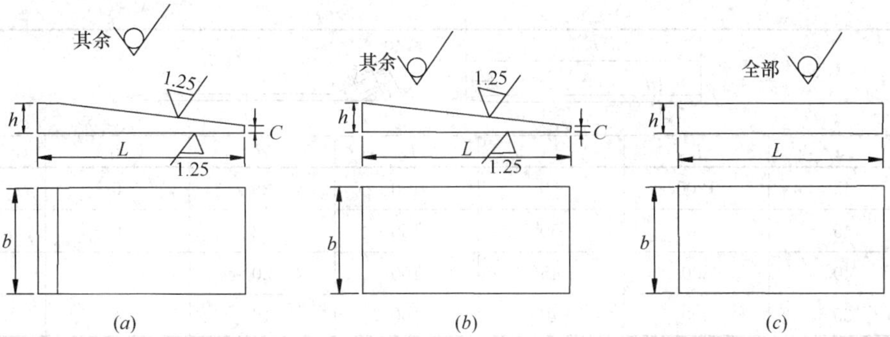

图 12-46 垫铁类型

(*a*) 斜垫铁 A 型；(*b*) 斜垫铁 B 型；(*c*) 斜垫铁 C 型

12.3.9.2 使用注意事项

(1) 采用斜垫铁时，斜垫铁的代号宜与同代号的平垫铁配合使用。

(2) 斜垫铁应成对使用，成对的斜垫铁应采用同一斜度。

(3) 承受载荷的垫铁组，应使用成对斜垫铁，且在调平后灌浆前，取出垫铁。

(4) 每一垫铁组的块数不宜超过 5 块，且不宜采用薄垫铁；放置平垫铁时，厚的宜放在下面，薄的宜放在中间。

(5) 每一垫铁组应放置整齐平稳，接触良好。钢柱调平后，每组垫铁均应压紧，并应用手锤逐组轻击听音检查。当采用 0.05mm 塞尺检查垫铁之间和垫铁与钢柱底座面之间的间隙时，在垫铁同一断面两侧塞入的总长度不应超过垫铁长度或宽度的 1/3。

(6) 调平后，垫铁端面应露出钢柱底面外缘；平垫铁宜露出 10～30mm；斜垫铁宜露出 10～50mm。垫铁组伸入底座底面的长度应超过地脚螺栓的中心。

(7) 当钢柱等构件的载荷由垫铁组承受时，垫铁组的位置和数量，应符合下列要求：

1) 每个地脚螺栓旁边至少应有一组垫铁；

2) 垫铁组在能放稳和不影响灌浆的情况下，应放在靠近地脚螺栓和底座主要受力部位的下方；

3) 相邻两垫铁组间的距离宜为 500～1000mm。

12.3.10 撬 棍

12.3.10.1 常用撬棍规格

撬棍是一种利用杠杆原理让重物从地面掀起并发生位移的工具，撬棍分为六棱棍，圆棍和扁撬，其规格选用见表 12-31。

常用撬棍规格表 **表 12-31**

编号	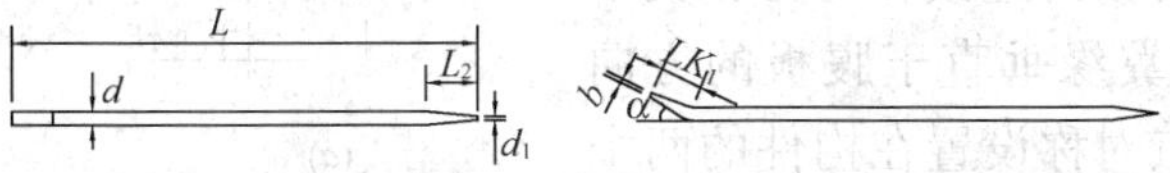						
	α	L	L_1	L_2	d	d_1	b
1	45°	1500	65	170	30	8	2.0

续表

编号	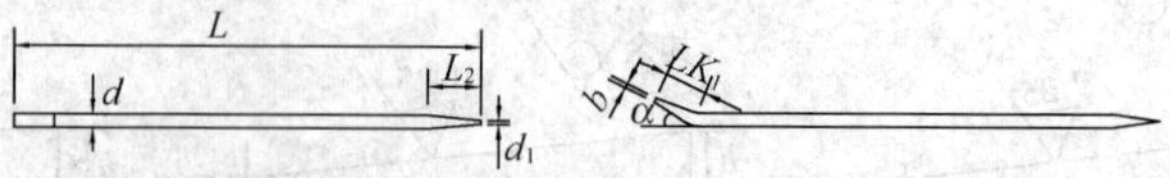						
	α	L	L_1	L_2	d	d_1	b
2	45°	1200	60	150	25	6	2.0
3	45°	1000	50	150	22	6	2.0
4	40°	800	45	100	20	4	1.5
5	35°	600	40	100	16	4	1.5

12.3.10.2　使用注意事项

（1）撬棍工作时要承受较大的弯矩，选用时其形状、大小应便于操作；不要用其他杆件替代，以免难以操作或造成折断、压扁、变形等的后果。

（2）拨重物时，支点要选用坚固构件，不要用易滑动、易破碎或不规则物体，以免因打滑而伤人。

（3）在使用撬棍作业时，其临边危险处禁止操作。防止撬棍滑脱，人体重心失控，造成人员坠落。

（4）用撬棍时，不可随意加长和松手，防止滑倒，掉落伤人，多人同时作业须有统一指挥。

（5）用撬棍时应选好力点，保持身体平衡，移动或滚动物件时前方严禁站人。

（6）用撬棍时，必须统一口号，同时用力，并且不能用肩扛用力。

12.4　吊　装　绑　扎

12.4.1　吊　点　设　置

在吊运各种物体时，为避免物体的倾斜、翻倒、变形损坏，应根据物体的形状特点、重心位置，正确选择起吊点，使物体在吊运过程中有足够的稳定性，以免发生事故。吊点的选择主要依据的是构件的重心，尽可能使吊点与被吊物体重心在同一条铅垂线上。

1. 竖直构件吊点设置

竖直构件吊点一般设置在构件的上端，吊耳方向与构件长度方向一致，钢柱吊点通常设置在柱上端对接的连接板上，在螺栓孔上部，吊装孔径大于螺栓孔径。

如图 12-47 所示，工形、箱形截面吊点设置在上下柱对接的连接板上方。其中 H 形截面设置在翼缘垂直于腹板的方向上；箱形截面吊点对称设置在构件的两个面上，若截面较大，构件较重，可在四个面上均设置吊点。

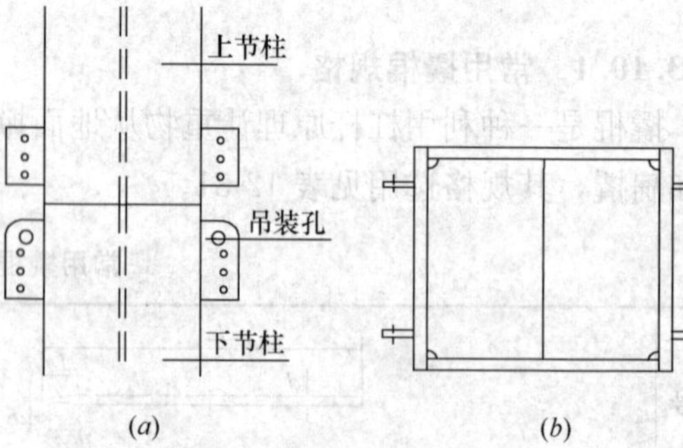

图 12-47　工形及箱形截面构件吊点设置示意
（a）工形截面吊点设置；（b）箱形截面吊点设置

2. 水平构件吊点设置

水平构件的吊点设置，应遵循以下原则：

(1) 水平吊装长形构件，按照吊点数量分以下几种情况（图 12-48）：一个吊点时，吊点的位置拟在距起吊端的 0.3L（L 为构件长度）处；两个吊点时，吊点分别距杆件两端的距离为 0.2L 处；三个吊点时，其中两端的两个吊点位置距各端的距离为 0.13L，而中间的一个吊点位置则在杆件的中心。

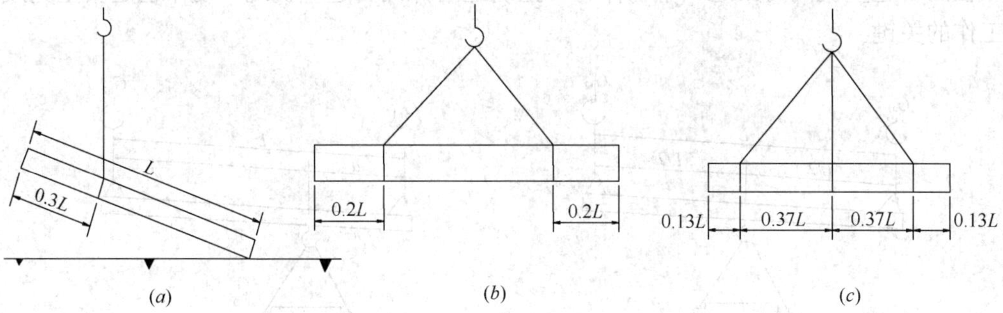

图 12-48 水平构件起吊位置

(*a*) 单吊点起吊位置；(*b*) 双吊点起吊位置；(*c*) 三个吊点起吊位置

(2) 起吊箱形构件，杆件的中心和重心基本一致时，吊耳对称布置在距离杆件端头 1/3跨位置。

(3) 杆件的中心与重心差别较大时，即构件存在偏心时，先估计构件的重心位置，采用低位试吊的方法来逐步找到重心，确定吊点的绑扎位置。也可用几何方法求出构件的重心，以中心为圆心画圆，圆半径大小根据构件尺寸而定，吊耳对称设置在圆周上，偏心构件一般对称设置四个吊耳。

(4) 拖拉构件时，应顺长度方向拖拉，吊点应在重心的前端，横拉时，两个吊点应在距重心等距离的两端。

3. 复杂节点吊点设置

随着建筑结构不断向新、高、大的方面发展，对节点的构造要求也相应地提高，节点类型复杂多样化给吊装带来了诸多不利，吊点的设置准确与否直接影响吊装的安全性和安装的精确度。

若节点上有吊耳或吊环，其吊点要用原设计的吊点；若节点需要设置吊耳，需先估计节点的重心位置，低位试吊找出重心位置。若有条件建立节点三维模型，可采用 CAD 软件将节点重心找出，方便吊点设置。

4. 双机抬吊吊点设置

物体的质量超过一台起重机的额定起重量时，通常采用两台起重机使用平衡梁调运物体的方法。此方法应满足两个条件：

(1) 被吊装物体的质量与平衡梁质量之和应小于两台起重机额定起重量之和，并且每台起重机的起重量应留有 1.2 倍的安全系数。

(2) 利用平衡梁抬吊时，应合理分配荷载，使两台起重机均不能超载。

当两台起重机起重量相等时，即 $G_{n1}=G_{n2}$，则吊点应选在平衡梁中点处，如图 12-49

所示。

当两台起重机的起重量不等时（图 12-50），则应根据力矩平衡条件，选择合适的吊点距离 a 或 b。

$$a=\frac{G_{n2}l}{G}\text{或}b=\frac{G_{n1}l}{G} \tag{12-24}$$

在两台起重机同时吊运一个物体时，正确地指挥两台起重机统一动作也是安全完成吊装工作的关键。

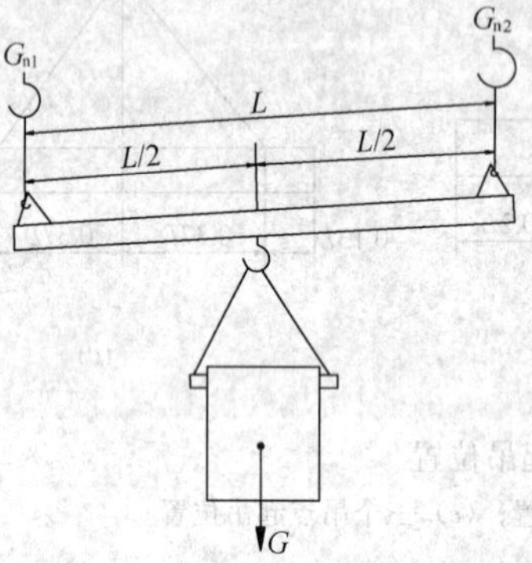

图 12-49 起重量相同时的吊点

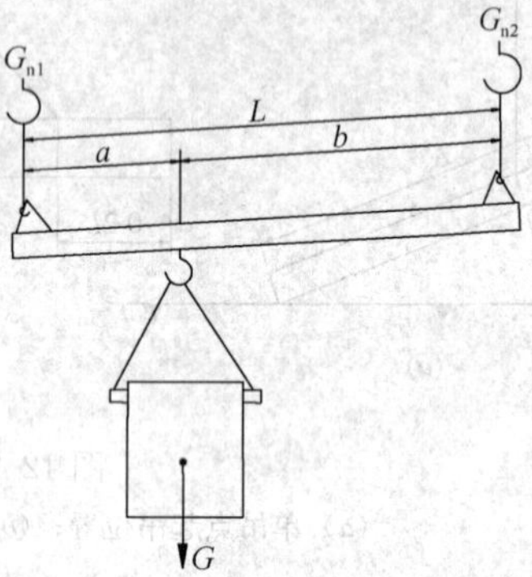

图 12-50 起重量不同时的吊点

5. 物体翻转吊点的选择

让物体翻转的常见方法有兜翻，将吊点选择在物体重心之下，或将吊点选择在物体重心一侧，见图 12-51。物体兜翻时应根据需要加护绳，护绳的长度略长于物体不稳定状态时的长度，同时应指挥吊车，使吊钩顺向移动，避免物体倾倒后的碰撞冲击。

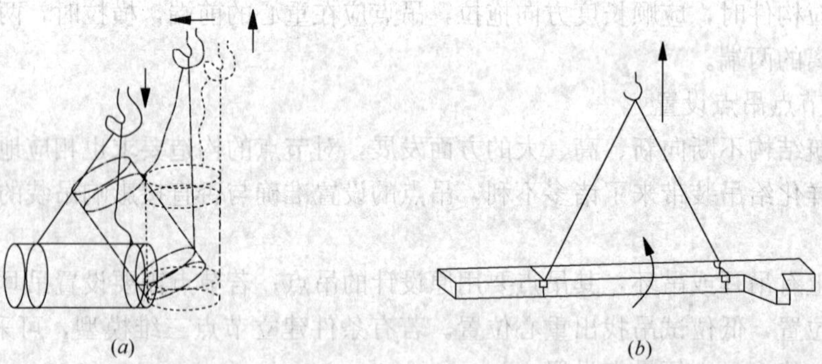

图 12-51 物体兜翻吊点设置

对于大型物体翻转，一般采用绑扎后利用几组滑车或主副钩或两台起重机在空中完成翻转作业。翻转绑扎时，应根据物体的重心位置、形状特点选择吊点，使物体在空中能顺利安全翻转。

例如（图 12-52）：用主副钩对大型封头的空中翻转，在略高于封头重心、相隔 180°位置选两个吊装点 A 和 B，在略低于封头重心与 A、B 中线垂直位置选一吊点 C。主钩吊 A、B 两点，副钩吊 C 点，起升主钩使封头处在翻转作业空间内。副钩上升，用改变其重心的方法使封头开始翻转，直至封头重心越过 A、B 点，翻转完成 135°，副钩再下降，使封头水平完成封头 180°空中翻转作业。

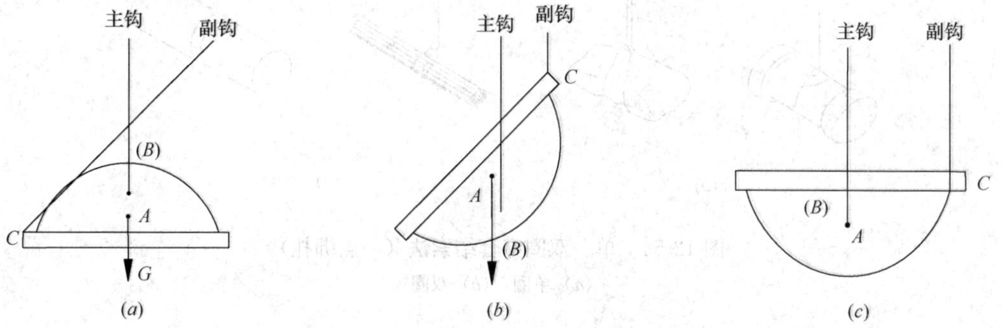

图 12-52 封头翻转示意

(a) 选点挂钩；(b) 主钩不动副钩上升；(c) 降副钩至水平

物体翻转或吊运中时，每个吊环、节点承受的力应满足物体的总质量要求。对大直径薄壁型物体和大型桁架结构吊装，应特别注意选择吊点是否满足被吊物件整体刚度或构件结构的局部稳定性要求，避免起吊后发生整体变形或局部变形造成的损坏，必要时应采用临时加固法或采用辅助吊具法，如图 12-53 所示。

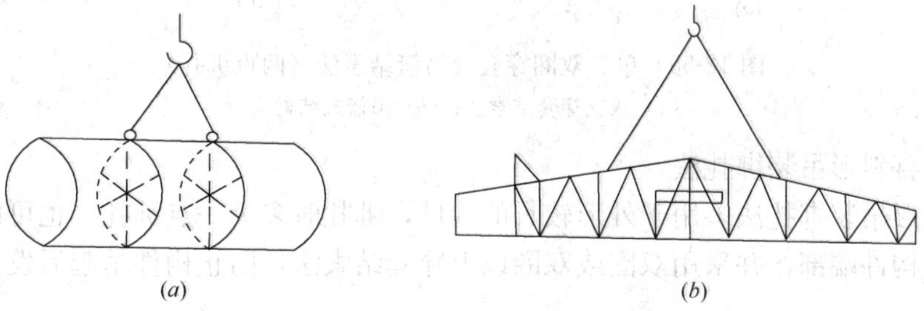

图 12-53 辅助吊具法

(a) 薄壁构件临时加固吊装；(b) 大型屋架临时加固吊装

12.4.2 钢丝绳绑扎

为保证物体在吊装过程中安全可靠，吊装之前应根据物体的质量、外形特点、安装要求、吊装方法，综合考虑钢丝绳绑扎方法。绑扎方法很多，应尽量选择已规范化的绑扎方法。此外，钢丝绳绑扎形式很多，其受力大小也有所变化。为避免事故，将以吊装作业中常见形式来说明绳的受力变化。

12.4.2.1 绑扎方法

1. 柱形物体绑扎法

(1) 平行吊装绑扎法

平行吊装绑扎法一般有两种：一种是仅用一个吊点，根据所吊物体的整体及松散性，选用单圈或双圈结索法，见图 12-54。另一种是两个吊点，常采用双支穿套结索法和吊篮式结索法，见图 12-55。

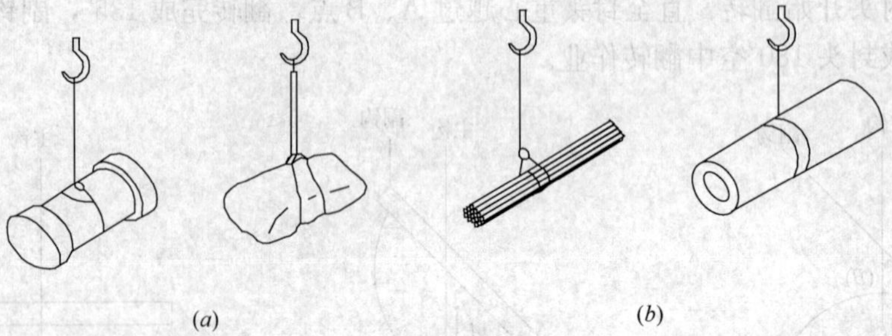

图 12-54　单、双圈穿套结索法（一点绑扎）
（*a*）单圈；（*b*）双圈

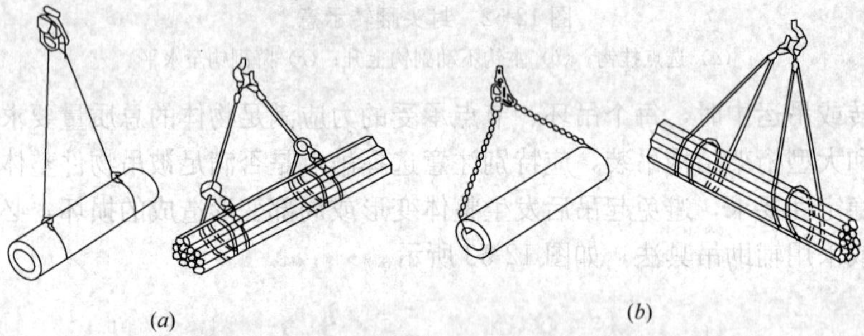

图 12-55　单、双圈穿套及吊篮结索法（两点绑扎）
（*a*）双支穿套结索法；（*b*）吊篮式结索法

（2）垂直斜形吊装绑扎法

垂直斜形吊装绑扎法多用于外形较长的构件，绑扎时多为一点绑扎（也可两点绑扎），绑扎位置在构件端部，并采用双圈或双圈以上穿套结索法，防止构件吊起后发生滑落，见图 12-56。

2. 矩形物体绑扎法

矩形物体通常采用平行吊装、两点绑扎法。若物体重心居中，可不用绑扎，采用兜挂法直接吊装，见图 12-57。

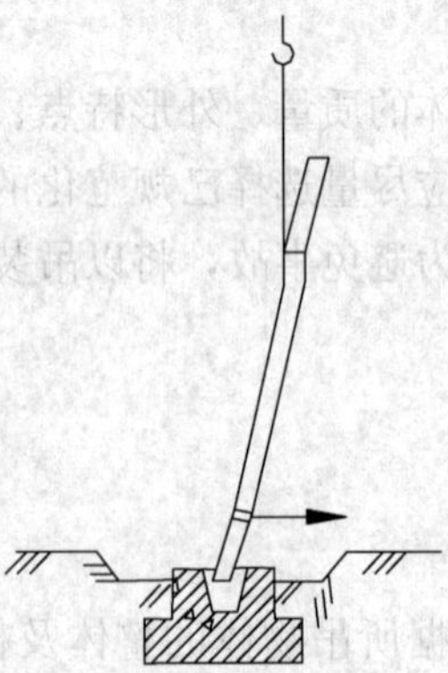

图 12-56　垂直吊装绑扎

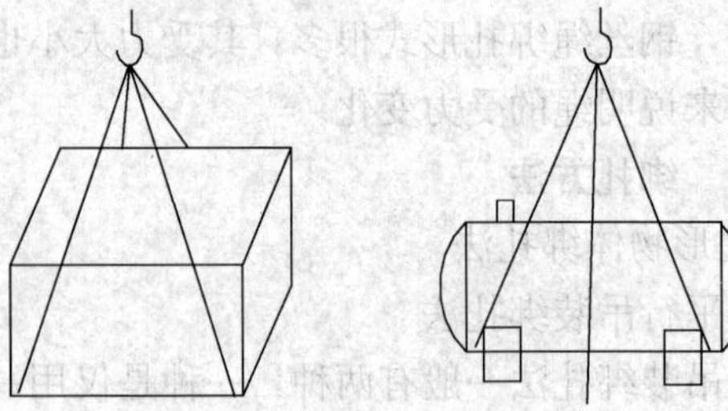

图 12-57　兜挂法

12.4.2.2 绑扎安全要求

（1）用于绑扎的钢丝绳吊索不得用插接、打结或绳卡固定连接的方法缩短或加长。绑扎时锐角处应加防护衬垫，以防钢丝绳损坏。

（2）采用穿套结索法，应选用足够长的吊索，以确保挡套处角度不超过120°，且在挡套处不得向下施加损坏吊索的压紧力。

（3）吊索绕过吊重的曲率半径应不小于该绳径的2倍。

（4）绑扎吊运大型或薄壁物件时，应采取加固措施。

（5）注意风载荷对物体受力的影响。

12.4.3 卡环绑扎

在现场的施工过程中，对构件进行转运及吊装作业时广泛使用卡环进行构件的绑扎，操作简单方便。

12.4.3.1 卡环的选用

卡环是结构吊装过程广泛使用的连接器具。其种类多，绑扎方式也不尽相同。吊装时主要根据以下几点进行卡环的选择：

（1）根据构件的吨位及吊点设置情况选择相应规格的卡环；

（2）卡环不能超吨位使用；

（3）普通卡环的承载力较小，使用时要注意。

活络式卡环拆卸较方便，不需要人攀爬解扣，减少了高空作业，节省了吊装时间。

12.4.3.2 卡环的使用方法

（1）活络式卡环在建筑施工中常用于吊装钢柱，如图12-58所示。

柱子就位后，吊点距地面很高，如果使用螺旋式卡环，需要高空作业才能解开吊索，这样既不安全，效率又低。而使用活络式卡环，由于销子可以直接抽出，故只需在地面用白棕绳拉出销子（此时销子尾部必须朝下），即可方便地解开吊索。

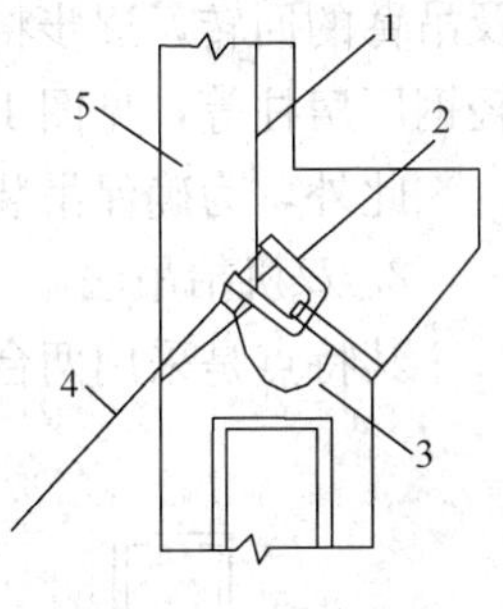

图12-58 用活络式卡环绑扎钢柱
1—吊索；2—活络式卡环；3、4—白棕绳；5—柱子

使用活络式卡环绑扎柱子时，必须使销子尾部朝下，才能拉出销子，卸下吊索。起吊时务必使吊索压紧销子，才能保证吊索在起吊过程中不松开，安全可靠。否则吊索很容易滑到弯环边上，使弯环直接受力，导致销子脱落，造成重大安全事故。为预防此类事故，可将活络式卡环的尾部加长并配以弹簧，使销子在工作时自动压进弯环孔内，需要卸下时，只要在地面用白棕绳拉出（克服弹簧力）销子即可。

（2）设置吊装耳板，利用卡环销子插入耳板孔进行连接，这样可以避免用钢丝绳绑扎破坏构件边角。

（3）一些轻型工字钢梁吊装时可采用翼缘板穿孔，利用卡环穿孔连接进行绑扎。但此法不适宜绑扎较重构件。

12.4.4 吊带绑扎

吊带在现场施工过程中主要用来绑扎轻质易损构件，比如彩色压型钢板、屋面板、采光板等。

12.4.4.1　吊带的选用理由

吊带的种类很多，广泛应用于工厂、施工现场吊装构件。根据吊带的特点选用时应注意以下几点：有棱角构件用吊带绑扎时，应加保护铁，以防割伤吊带造成安全事故；圆形构件绑扎时要合理选择吊带的绑扎位置，以防构件受力不均滑脱；根据构件的质量选择吊带的规格，禁止超限吊装。

12.4.4.2　吊带的使用方法

（1）吊带缠绕构件后直接挂于吊钩上，即单圈绑扎。这种绑扎方法多用于构件的转运。

（2）吊带打结后挂于吊钩上，即双圈绑扎。此法主要用于几根构件绑扎后一起吊装或屋面板吊装等。

12.5　主要构件吊装方法

12.5.1　一般柱的吊装方法

构件吊装时与使用受力状态不同，可能导致构件损坏，应进行必要的构件吊装验算。钢柱的吊装，其工艺过程主要有绑扎、起吊、就位等几道工序。

1. 单机旋转回直法

其特点是起吊时将柱回转成直立状态，其底部必须垫实，不可拖拉。吊点一般设在柱顶，对于钢柱宜利用临时固定连接板上螺孔作为吊点。柱起吊后，通过吊钩的起升、变幅及吊臂的回转，逐步将柱扶直，柱停止晃动后再继续提升。此法适用于质量较轻的柱，如轻钢厂房柱等，见图12-59。

此外，为确保吊装平稳，常在柱底端拴两根溜绳牵引，单根绳长可取柱长的1.2倍。

2. 双机抬吊法

其特点是采用两台起重机将柱起吊、悬空，柱底部不着地。起吊时，双机同时将柱水

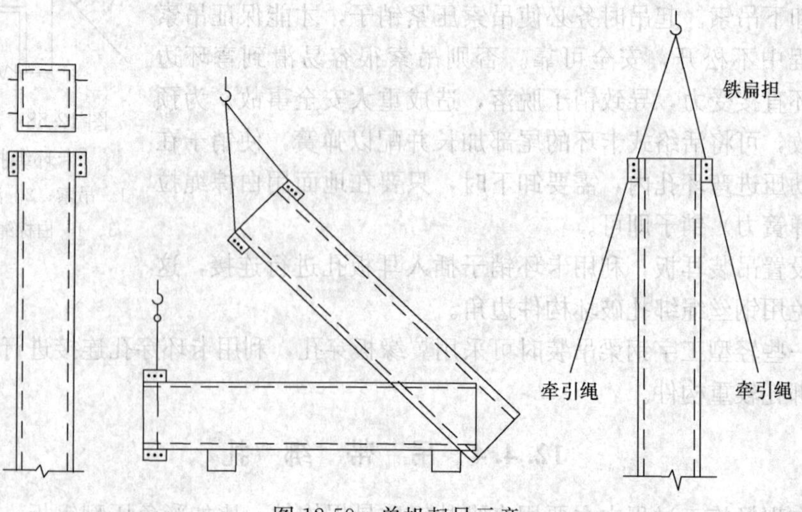

图12-59　单机起吊示意

平吊起，离地面一定高度后暂停，然后主机提升吊钩、副机停止上升，面向内侧旋转或适当开行，使柱逐渐由水平转向垂直至安装状态，见图12-60。此法适用于一般大型、重型柱，如广州国际金融中心（西塔）的重型钢柱就采用了双机抬吊。

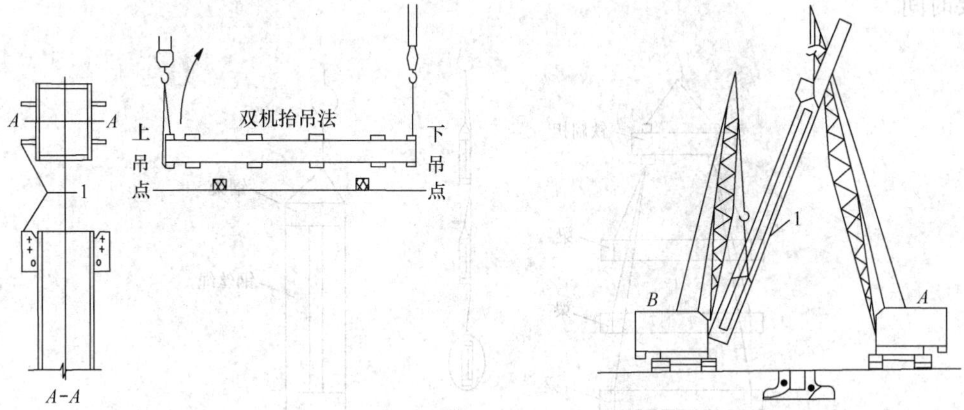

图12-60 柱双机抬吊示意

12.5.2 一般梁的吊装方法

1. 单机及双机抬吊

重型钢梁一般采用整体吊装法，钢梁部件在地面拼装胎架上将全部连接部件调整找平，用螺栓栓接或焊接成整体。验收合格后，一般采用单机或双机抬吊法进行吊装，见图12-61。

当吊装斜梁时，如斜撑杆件，可通过捯链调整斜梁的角度，以便在高空就位，见图12-62。

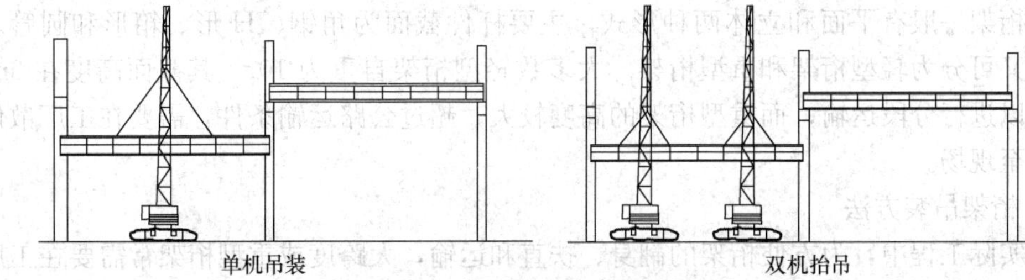

图12-61 钢梁的吊装方法

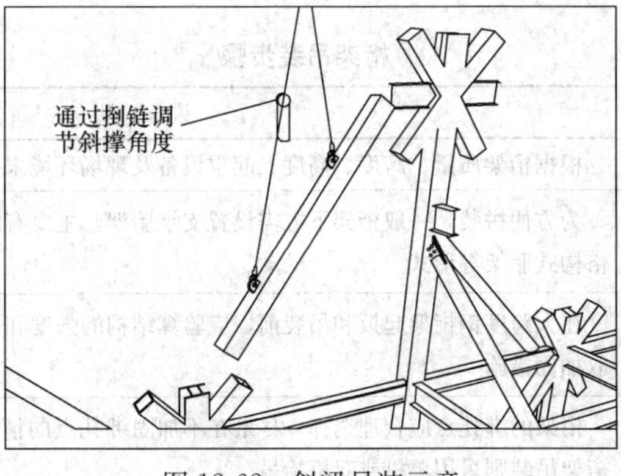

图12-62 斜梁吊装示意

2. 三层串吊

对于次梁，根据小梁的质量和起重机的起重能力，实行两梁一吊或上中下三梁一吊，如图 12-63 所示。这种方法在超高层建筑中使用可以加快安装速度，大大节约吊钩上下的必要时间。

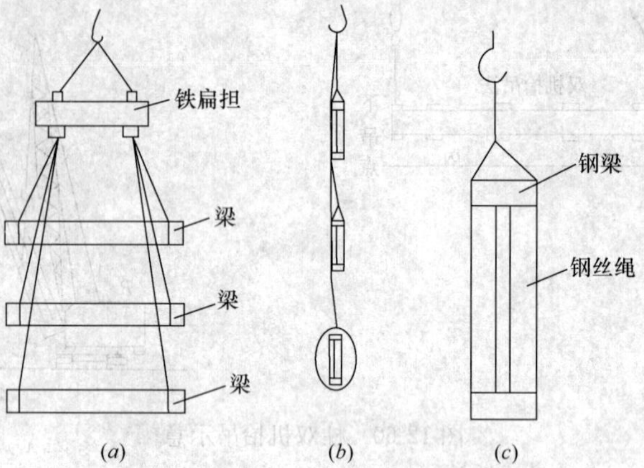

图 12-63　钢梁绑扎示意图

(*a*) 正面图；(*b*) 侧面图；(*c*) 绑扎方法

12.5.3　特殊钢结构的吊装方法

12.5.3.1　桁架的吊装方法

1. 桁架分类

钢桁架一般有平面和立体两种形式，主要杆件截面为角钢、H 形、箱形和圆管。按质量则又可分为轻型桁架和重型桁架。大多数轻型桁架自重为 10t，其截面高度在 3m 以内，可以进行分段运输；而重型桁架的高度较大，超过公路运输条件，需要在工厂散件加工运输至现场。

2. 桁架吊装方法

在实际工程中，为方便桁架的翻身、扶直和运输，大跨度或重型桁架常需要在工厂散件加工后，运至现场进行地面拼装，然后再散件或分段吊装。其吊装方法一般经过四步，见表 12-32。

桁架吊装步骤　　　　**表 12-32**

步骤	具体内容	说　明
1	确定桁架分段	根据桁架质量、跨度、高度、起重设备及现场环境来确定桁架的分段位置及数量
2	地面拼装	为方便拼装，一般桁架下方需设置支承胎架，主要有脚手架胎架、型钢或圆管以及格构式胎架等形式
3	吊装验算及加固	在大跨度钢桁架起扳和吊装前，应验算结构的强度和面外稳定性，如不够，则需采取加固措施
4	绑扎及吊装	桁架的绑扎点应合理选择，尽量在不加固绑扎点的情况下保证屋架吊装的稳定性；桁架吊装则采用单机或双机抬吊

3. 桁架的吊装验算及加固

桁架平面刚度较弱，稳定性较差，桁架吊点的具体位置和绑点数量初步确定后，若计算表明其平面外稳定不能满足或挠度较大，则需反复选取绑扎点及数量或对桁架采取临时加固处理。

常用的增强面外稳定的方法是利用杉木加固，见图12-64。另外，加大索具与桁架之间的夹角也是避免其面外失稳的有效方法，而增加吊点、设置扁担梁等措施也是为了加大索具与屋架夹角，减小因夹角存在而引起的水平分力，确保桁架在吊装过程中的面外稳定。

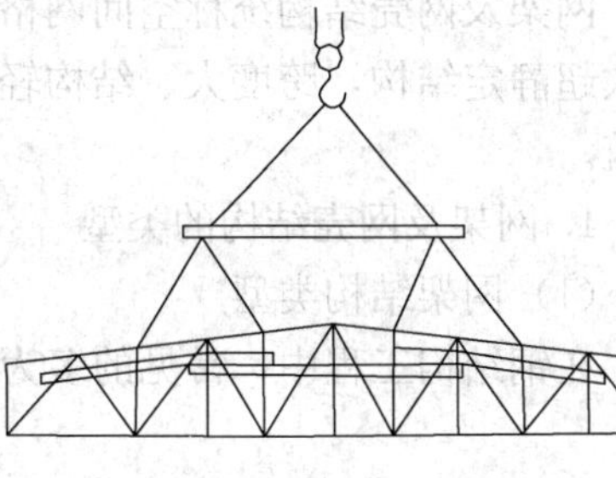

图 12-64 钢桁架杉木加固

4. 桁架的绑扎及吊装

（1）桁架的绑扎

杵架吊点（绑扎点）一般设在桁架上弦节点处，左右对称，并高于屋架重心，使桁架起吊后基本保持水平，不晃动，不倾翻。

吊点数目、位置与形式与桁架的形式、跨度有关，通常由设计确定。绑扎时，吊索与水平线夹角不宜小于45°，以免屋架弦杆承受过大的横向压力。为使桁架在起吊后不致发生摇晃及与其他构件碰撞，起吊前可在屋架两端绑扎溜绳，随吊随放，以此保持其合理位形。

一般当跨度小于18m时，取两点绑扎；当跨度大于18m而小于30m时，取四点绑扎；当跨度大于30m时，宜采用铁扁担；如图12-65所示。

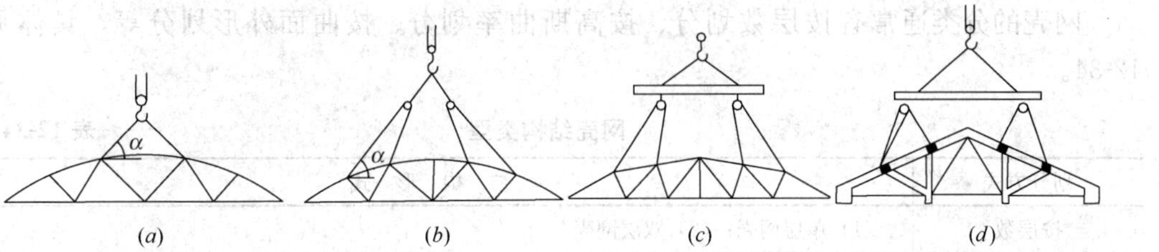

图 12-65 钢桁架的绑扎

（*a*）跨度小于18m；（*b*）跨度大于18m小于30m；（*c*）跨度大于30m；（*d*）三角组合屋架

（2）桁架的吊装

按照桁架质量以及现场吊装条件分类，桁架吊装常用的方法有单机吊装、双机抬吊或多机抬吊，见图12-66。

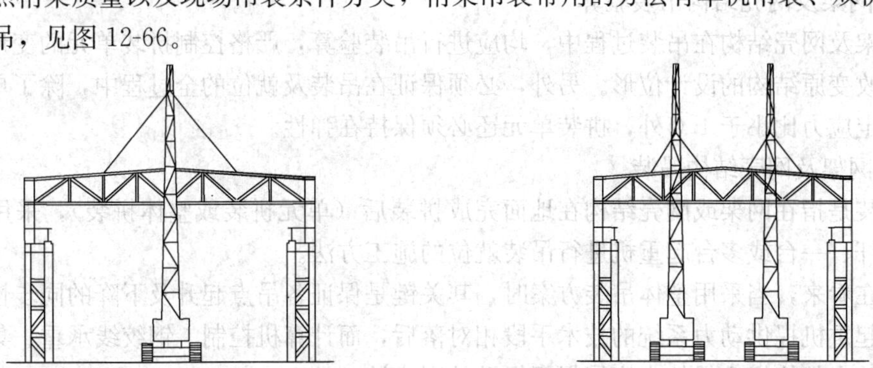

图 12-66 吊装示意图

（*a*）单机吊装；（*b*）双机抬吊

双机或多机抬吊时，应按照《建筑施工起重吊装工程安全技术规范》(JGJ 276) 对吊机的起重荷载进行合理分配，每台起重机分担的质量不得大于该机额定起重量的 80%。两机应协调起吊和就位，起吊的速度应平稳缓慢。

12.5.3.2　网架及网壳的吊装方法

网架及网壳结构统称空间网格结构，是由很多杆件从两个或多个方向有规律地组成的高次超静定结构，跨度大、结构轻，多用于体育场馆、展览馆、车站候车大厅等大型公共建筑。

1. 网架及网壳结构的类型

(1) 网架结构类型

在钢结构工程中，常见的多为双层平板网架，其结构类型见表 12-33。

双层平板网架结构类型　　表 12-33

基本单元	结构形式
平面桁架	(1) 两向正交正放；(2) 两向正交斜放；(3) 两向斜交斜放；(4) 单向折线形
四角锥	(1) 正放四角锥；(2) 正放抽空四角锥；(3) 棋盘形四角锥；(4) 斜放四角锥；(5) 星形四角锥
三角锥	(1) 三角锥；(2) 抽空三角锥；(3) 蜂窝形三角锥

(2) 网壳结构类型

网壳的分类通常有按层数划分、按高斯曲率划分、按曲面外形划分等，具体见表 12-34。

网壳结构类型　　表 12-34

划分方式	结构形式
按层数	(1) 单层网壳；(2) 双层网壳
按高斯曲率	(1) 零高斯曲率；(2) 正高斯曲率；(3) 负高斯曲率
按曲面外形	(1) 球面网壳；(2) 双曲扁网壳；(3) 柱面网壳；(4) 圆锥面网壳；(5) 扭曲面网壳；(6) 单块扭网壳；(7) 双曲抛物面网壳；(8) 切割或组合成形曲面网壳

2. 网架及网壳结构吊装验算

网架及网壳结构在吊装过程中，均应进行吊装验算，严格控制拼装单元的变形，以免就位后改变原结构的设计位形。另外，必须保证在吊装及就位的全过程中，除了单元各杆件的稳定应力比小于 1.0 外，拼装单元还必须保持在弹性。

3. 网架及网壳结构吊装

吊装是指在网架或网壳结构在地面完成拼装后（单元拼装或整体拼装），采用单根或多根拔杆、一台或多台起重机进行吊装就位的施工方法。

现在看来，当采用整体吊装方案时，其关键是保证各吊点起升及下降的同步性，使用拔杆或起重机提供动力系统的技术手段相对落后，而计算机控制、钢绞线承重、集群千斤顶提供动力整体提升的技术容易保证提升的同步性。

但当液压千斤顶集群作业因各种原因不能采用时，拔杆或起重机提供动力系统仍然是可行的选择。

(1) 分条（块）吊装

采用分块或分条吊装方法时，其施工重点是吊装单元的合理划分。图 12-67 为分块吊装示意图，图 12-68 为分条吊装示意图。

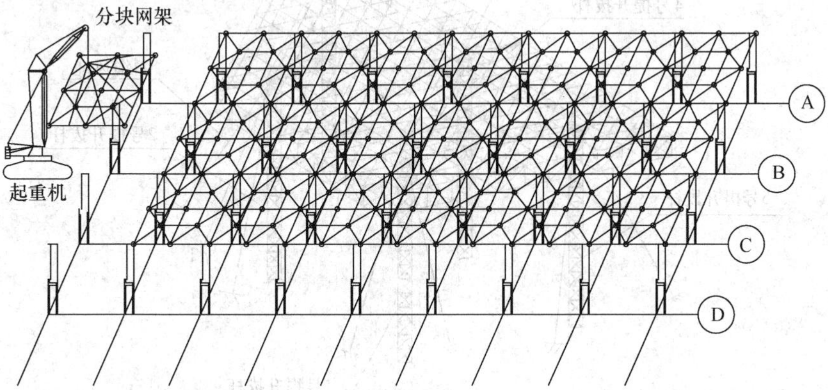

(*a*)

(*b*)

图 12-67 网架及网壳分块吊装

(*a*) 网架分块吊装；(*b*) 网壳分块吊装

(2) 整体提升法

采用整体吊装时，其施工重点是结构同步上升的控制和空中移动的控制。大致可分为拔杆吊装法（图 12-68）和多机抬吊法两类，当采用 4 台起重机联合作业时，将地面错位拼装好的网架整体吊升到柱顶后，在空中进行移动落下就位安装，一般有四侧抬吊和两侧抬吊两种方法，见图 12-69。

两侧抬吊系用四台起重机网架或网壳吊过柱顶，同时向一个方向旋转一定距离，即可就位。

四侧抬吊时，为防止起重机因升降速度不一而产生不均匀荷载，每台起重机设两个吊点，每两台起重机的吊索互相用滑轮串通，使各吊点受力均匀，以使结构平稳上升。

此外，当采用多根拔杆或多台起重机吊装时，宜将额定负荷能力乘以折减系数 0.75，当采用 4 台起重机将吊点连通成两组或用 3 根拔杆吊装时，折减系数可适当放宽。

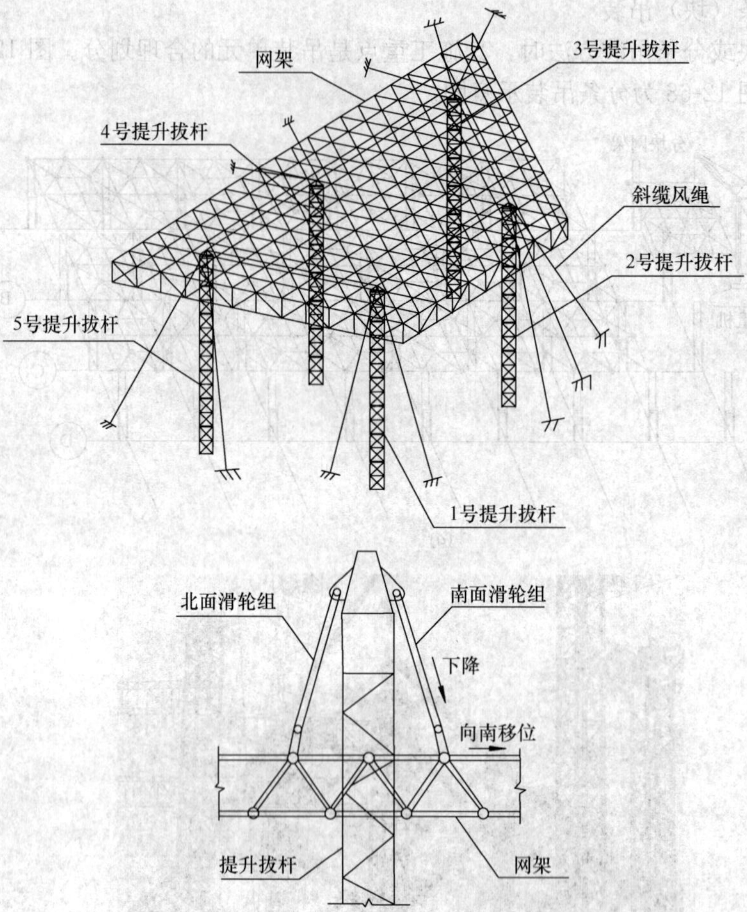

图 12-68　整体吊装（拔杆提供动力）

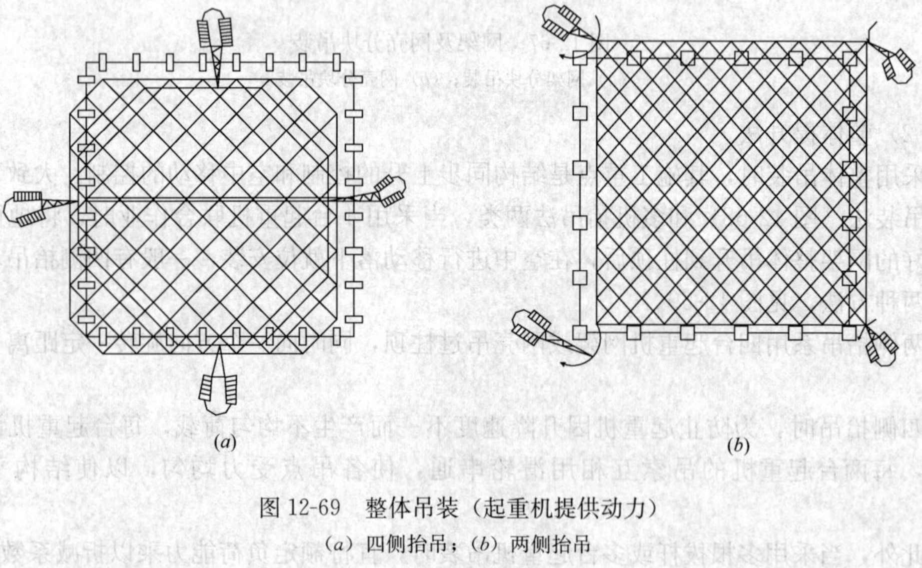

图 12-69　整体吊装（起重机提供动力）

(a) 四侧抬吊；(b) 两侧抬吊

12.6 吊装质量与安全技术

12.6.1 吊装工程质量

1. 吊装质量要求

(1) 吊装件应严格执行工序内自检和工序间交接检验制度，吊装前需对吊装件进行质量复查，合格后方可进行吊装作业。

混凝土预制构件复查内容包括构件的混凝土强度和构件的观感质量。混凝土强度检查主要通过查阅附带的混凝土试块的试验报告单，看其强度是否符合设计、运输、吊装等要求。观感质量检查，主要包括裂缝及裂缝宽度、混凝土密实度（蜂窝、孔洞、露筋）和外形尺寸偏差等。混凝土预制构件外形尺寸允许偏差及检验方法如表12-35所示。

钢结构吊装前复查内容主要包括焊缝质量、吊装耳板规格质量、螺栓孔加工质量、摩擦面的抗滑移性能及构件外形尺寸等的检查（一般在构件进场时进行验收），具体要求和检查方法参见本手册第17章“钢结构工程”相关内容。

预制构件尺寸的允许偏差及检验方法　　表12-35

项目		允许偏差（mm）	检验方法
长度	板、梁	+10，−5	钢尺检查
	柱	+5，−10	
	墙板	±5	
	薄腹梁、桁架	+15，−10	
宽度、高（厚）度	板、梁、柱、墙板、薄腹梁、桁架	±5	钢尺量一端及中部，取其中较大值
侧向弯曲	板、梁、柱	l/750且≤20	拉线、钢尺量最大侧向弯曲处
	墙板、薄腹梁、桁架	l/1000且≤20	
预埋件	中心线位置	10	钢尺检查
	螺栓位置	5	
	螺栓外露长度	+10，−5	
预留孔	中心线位置	5	钢尺检查
预留洞	中心线位置	15	钢尺检查
主筋保护层厚度	板	+5，−3	钢尺或保护层厚度测定仪量测
	梁、柱、墙板、薄腹梁、桁架	+10，−5	
对角线差	板、墙板	10	钢尺量两个对角线
表面平整度	板、墙板、柱、梁	5	2m靠尺和塞尺检查
预应力构件预留孔道位置	梁、墙板、薄腹梁、桁架	3	钢尺检查
翘曲	板	l/750	调平尺在两端量测
	墙板	l/1000	

注：1. l—构件长度（mm）；

2. 检查中心线、螺栓和孔道位置时，应沿纵、横两个方向量测，并取其中的较大值；

3. 对形状复杂或有特殊要求的构件，其尺寸偏差应符合标准图或设计的要求。

(2) 吊装前宜进行吊装力学计算，合理设置吊点，或对待吊构件进行加固，以保证构件具备足够的强度、刚度和稳定性。

混凝土预制件吊装时应保证混凝土不至出现裂纹甚至断裂。为此，吊装时构件的混凝土强度、预应力混凝土构件孔道灌浆的水泥砂浆强度以及下层结构承受内力的接头（接缝）的混凝土或砂浆的强度，必须符合设计要求。设计无规定时，混凝土强度不应低于设计强度的70%，预应力混凝土构件孔道砂浆强度不应低于15MPa，下层结构承受内力的接头（接缝）的混凝土或砂浆的强度不应低于10MPa。

钢结构吊装应保证钢构件不出现损伤。对于长而柔的钢构件，需重点控制吊装作业时构件的变形量值，保证在弹性阶段，不至出现不可恢复的变形。对于片状构件（如钢屋架），吊装时应重点控制构件的稳定性，不至失稳破坏。

2. 安装质量要求

构件吊装就位后即进行测量、校正、固定等安装作业。混凝土预制构件安装的允许偏差及检验方法如表12-36所示。钢结构安装允许偏差及检验方法等参见本手册第17章“钢结构工程”相关内容。

混凝土预制构件安装允许偏差及检验方法　　表12-36

项次	项目			允许偏差（mm）	检验方法
1	杯形基础	中心线对轴线位置偏移		10	尺量检查
		杯底安装标高		+0，−10	水准仪检查
2	柱	中心线对定位轴线位置偏移		5	尺量检查
		上下柱接口中心线位置偏移		3	
		垂直度	≤5m	5	用经纬仪或吊线与尺量检查
			>5m	10	
			≥10m，多节柱	1/1000柱高，且不大于20	
		牛腿上表面和柱顶标高	≤5m	+0，−5	用水准仪或尺量检查
			>5m	+0，−8	
3	梁或吊车梁	中心线对定位轴线位置偏移		5	尺量检查
		梁上表面标高		+0，−5	用经纬仪或吊线与尺量检查
4	屋架	下弦中心线对定位轴线位置偏移		5	
		垂直度	桁架拱形屋架	1/250屋架高	尺量检查
			薄腹梁	5	用经纬仪或吊线与尺量检查
5	天窗架	构件中心线对定位轴线位置偏移		5	尺量检查
		垂直度		1/300天窗架高	用经纬仪或吊线与尺量检查
6	托架梁	底座中心线对定位轴线位置偏移		5	尺量检查
		垂直度		10	用经纬仪或吊线与尺量检查
7	板	相邻板下表面平整度	抹灰	5	用直尺或锲形塞尺检查
			不抹灰	3	
8	楼梯阳台	水平位置偏移		10	尺量检查
		标高		±5	用水准仪或尺量检查
9	工业厂房墙板	标高		±5	
		墙板两端高低差		±5	

12.6.2 吊装安全技术

1. 防止起重机事故措施

(1) 使用合格的起重作业人员。起重作业人员（包括司机、指挥、司索工、维修工等）除具备本工种的作业技能要求外，尚须进行严格的安全技术培训，具备安全意识和熟练的安全操作技术。

(2) 吊装机具安全检查。对使用的起重机和吊装工具、辅件进行安全检查，如吊索的质量状况、起重机安全保护装置可靠性等，发现问题，及时处理。

(3) 采用合理的吊点设置与绑扎。可参考本手册第12.4节“吊装绑扎”的相关要求。

(4) 保证行走式起重设备行走线路的坚实平整。软土地面宜作硬化处理或采取铺设路基箱、钢板和其他有效措施。在混凝土楼面上行走和作业时，可视情况采用楼板下设置型钢支撑、脚手架支撑或楼面上设置架空转换构件等加固措施，以避免破坏既有结构。

(5) 尽量避免超载吊装。当无法避免时，可采取在起重机吊杆上拉设缆风或在其尾部增加平衡重等措施。起重机增加平衡重后，卸载或空载时，吊杆必须落到与水平线夹角60°以内，操作时应缓慢进行。

(6) 禁止直接吊装起重机吊杆覆盖范围以外的重物。吊起的构件应确保在起重机吊杆顶的正下方，严禁采用斜拉、斜吊，严禁起吊埋于地下或粘结在地面上的构件。

(7) 应尽量避免带载行走。当需作短距离带载行走时，载荷不得超过允许起重量的70%，构件离地面不得大于50cm，并将构件转至正前方，拉好溜绳，控制构件摆动。

(8) 双机抬吊。宜选用同类型或性能相近的起重机，负载分配应合理，单机载荷不得超过额定起重量的80%。两机应协调起吊和就位，起吊的速度应平稳缓慢。

(9) 明确待吊物件质量。严禁超载吊装和起吊质量不明的重大构件和设备。

(10) 严控吊装作业环境。大雨天、雾天、大雪天及六级以上大风天等恶劣天气应停止吊装作业。事后应及时清理冰雪并应采取防滑和防漏电措施。雨雪过后作业前，应先试吊，确认制动器灵敏可靠后方可进行作业。

(11) 严格执行安全操作技术规范。起重机的安全操作，应严格按照《建筑施工起重吊装工程安全技术规范》(JGJ 276)、《塔式起重机安全规程》(GB 5144) 等国家标准的要求执行。

2. 防止高空坠落措施

(1) 操作人员进行高处作业（3m以上即可视为高处作业）时，必须正确使用安全带，一般应高挂低用，即安全绳端钩环挂于高处，而人在低处操作。

(2) 雨天和雪天进行高处作业时，必须采取可靠的防滑、防寒、防冻措施。作业处与构件上有水、冰、霜、雪均应及时清除。

(3) 登高梯子的上端应予固定，立梯工作角度以75°±5°为宜，踏板上下间距以30cm为宜，不得有缺档。高空用的吊篮和临时工作台应绑扎牢靠，吊篮和工作台的脚手板应铺平绑牢，严禁出现探头板。吊移操作平台时，平台上面严禁站人。

(4) 在高处独根横梁、屋面、屋架以及在其他危险边缘进行工作时，在临空一面应装设栏杆和安全网。

(5) 进行高空构件安装时，需搭设牢固可靠的操作平台。需在梁上行走时，应设置护栏横杆或绳索。

3. 防止高空落物伤人措施

（1）地面操作人员必须佩带安全带。

（2）高处作业所使用的工具和零配件等，必须放在工具袋（盒）内，严防掉落，并严禁上下抛掷。

（3）高处安装中的电、气焊作业，应严格采取安全防火措施，在作业处下面周围 10m 范围内不得有人。

（4）严禁在已吊起的构件下面或起重臂下旋转范围内作业或行走。

（5）构件吊装就位后进行临时固定，必须保证固定的可靠性，检查无误后方可松钩。

4. 防止触电措施

（1）吊装方案中应涵盖现场电器线路及设备位置平面布置图。现场电器线路和设备应由专人负责安装、维护与管理，严禁非电工人员随意拆改。

（2）施工现场架设的低压线路不得采用裸导线。所架设的高压线应距建筑物 10m 以外，距地面 7m 以上。跨越交通要道时，需加安全保护装置。施工现场夜间照明、电线及灯具高度不应低于 2.5m。

（3）起重机靠近架空输电线路作业或在架空输电线路下行走时，必须与架空输电线始终保持不小于表 12-37 所示的安全距离。当需要在小于规定的安全距离范围内进行作业时，必须采取严格的安全保护措施，并应经供电部门审查批准。

（4）使用塔式起重机或长起重臂的其他类型起重机时，应有诸如接地、接零、熔断等避雷防触电设施。

（5）在雨天或潮湿环境中作业时，应穿戴绝缘手套和绝缘鞋。大风雪后，应对供电线路进行检查，防止断线造成触电事故。

（6）根据具体情况，电器设备和机械设备标志牌上应有“禁止合闸，有人工作”，“止步”，“高压危险”，“禁止攀登，高压危险”等字样，并规定标牌的尺寸，颜色及悬挂位置。

起重机与架空输电线的安全距离　　**表 12-37**

安全距离 \ 电压（kV）	<1	1～15	20～40	60～110	220
沿垂直方向（m）	1.5	3.0	4.0	5.0	6.0
沿水平方向（m）	1.0	1.5	2.0	4.0	6.0

12.7 有关绿色施工的技术要求

（1）充分利用现有结构进行钢结构吊装。根据现有环境资源，特别是现有建筑结构资源的充分利用，从而节约大量的物质资源。

（2）设备改造的重组和循环利用。通过对老旧闲置设备、既有结构部件和动力装置的灵活组合，开发和研制了新式机械设备，最大限度地实现有限资源的循环利用。

（3）合理优化吊装方案，最大限度满足其他工种交叉施工，节约施工工期，从而节约工程成本。

（4）可减少大型设备的使用，节约机械台班费用，节约施工成本。例如：广州新白云国际机库、广州天建花园等项目采用多吊点同步控制、整体提升的施工技术，减低了大型设备的使用。

（5）可减少吊装辅助措施的使用，周转使用，节约措施用钢量，节约成本和资源。例如：在吊装构件时，吊装耳板的设置应尽量优化，避免承载力的过度富余。

（6）对于机械设备的油缸等用油部位应进行定期检查，避免漏油产生不必要的浪费，同时防止污染环境。

（7）对于工程施工过程中和完工后的吊装耳板、扭剪型螺栓梅花头等进行回收。

（8）吊装用钢丝绳等有油污的吊具、工具严禁随意丢放，避免污染环境。

（9）钢丝绳、绳卡、吊带、卡环等吊具，千斤顶、垫铁、撬棍等工具不得随意乱扔、乱放、丢弃，如有损坏应进行回收、修理。

（10）低能耗，低噪声。采用先进的动力源，具有良好的社会效益和环境效益。由于移位技术采用的是计算机控制的液压系统作为动力源，完全能够做到低能耗，低噪声。

（11）当使用电动或其他噪声较大的工具时，要尽量避免夜间施工，以免噪声扰民。

（12）利用虚拟仿真现实技术建立虚拟模型，对施工方案进行模拟、验证、对比和优化，进而采用数字化手段制定和修改施工方案可以缩短决策时间，避免资金、人力和时间的浪费，而且安全可靠。并且计算机可以为施工提供精确的理论和计算依据，可以保障整个施工过程中的安全性。

参考文献

［1］ 中华人民共和国国家标准．钢结构工程施工质量验收规范(GB 50205—2001)．北京：中国计划出版社，2001.

［2］ 吴欣之．现代建筑钢结构安装技术．北京：中国电力出版社，2009.

［3］ 本手册编委会．塔式起重机设计计算与安装拆除及使用维护实用手册．北京：北方工业出版社，2007.

［4］ 卜一德．起重吊装计算及安全技术．北京：中国建筑工业出版社，2008.

［5］ 江正荣．建筑施工计算手册．北京：中国建筑工业出版社，2001.

［6］ 本手册编委会．最新起重机械设计、制造、安装调试、维护新工艺新技术与常用数据及质量检验标准实用手册．广州：广州音像出版社，2004.

［7］ 谢亚力．建筑施工起重、吊装安全技术．北京：中国劳动社会保障出版社，2006.

［8］ 杨文柱．重型设备吊装工艺与计算(第二版)．北京：中国建筑工业出版社，1984.

［9］ 《建筑施工手册》(第四版)编写组．建筑施工手册(第四版)．北京：中国建筑工业出版社，2003.

13　模板工程

混凝土结构依靠模板系统成型。直接与混凝土接触的是模板面板，一般将模板面板、主次龙骨（肋、背楞、钢楞、托梁）、连接撑拉锁固件、支撑结构等统称为模板；亦可将模板与其支架、立柱等支撑系统的施工称为模架工程。

现浇混凝土施工，每 1 立方米混凝土构件，平均需用模板 4～5m^2。模架工程所耗费的资源，在一般的梁板、框架和板墙结构中，费用约占混凝土结构工程总造价的 30%左右，劳动量占 28%～45%；在高大空间、大跨、异形等难度大和复杂的工程中的比重则更大。某些水平构件模架施工项目还存在较大的施工风险。

近年来，随着多种功能混凝土施工技术的开发，模架施工技术不断发展。采用安全、先进、经济的模架技术，对于确保混凝土构件的成型要求、降低工程事故风险、提高劳动生产率、降低工程成本和实现文明施工，具有十分重要的意义。

13.1　通用组合式模板

通用组合式模板，系按模数制设计，工厂成型，有完整的、配套使用的通用配件，具有通用性强、装拆方便、周转次数多等特点，包括组合钢模板、钢框竹（木）胶合板模板、塑料模板、铝合金模板等。在现浇钢筋混凝土结构施工中，用它能事先按设计要求组拼成梁、柱、墙、楼板的大型模板整体吊装就位，也可采用散装、散拆方法。

13.1.1　55 型及中型组合钢模板

13.1.1.1　55 型钢模板

组合钢模板的部件，主要由钢模板、连接件和支承件三大部分组成。

（1）钢模板包括平板模板、阴角模板、阳角模板、连接角模等通用模板及倒棱模板、梁腋模板、柔性模板、搭接模板、可调模板、嵌补模板等专用模板。见表 13-1。

钢模板材料、规格（mm）　　　　**表 13-1**

<table>
<tr><th>序号</th><th>名　称</th><th>宽　度</th><th>长　度</th><th>肋高</th><th>材　料</th><th>备　注</th></tr>
<tr><td>1</td><td>平板模板</td><td>600、550、500、450、400、350、300、250、200、150、100</td><td rowspan="4">1800、1500、1200、900、750、600、450</td><td rowspan="4">55</td><td rowspan="4">Q235 钢板
δ=2.5
δ=2.75</td><td rowspan="4">通用模板</td></tr>
<tr><td>2</td><td>阴角模板</td><td>150×150、100×150</td></tr>
<tr><td>3</td><td>阳角模板</td><td>100×100、50×50</td></tr>
<tr><td>4</td><td>连接角模</td><td>50×50</td></tr>
</table>

续表

序号	名　称		宽　度	长　度	肋高	材　料	备　注
5	倒棱模板	角棱模板	17、45	1500、1200、900、750、600、450	55	Q235 钢板 $\delta=2.5$ $\delta=2.75$	专用模板
		圆棱模板	$R20$、$R35$				
6	梁腋模板		50×150、50×100				
7	柔性模板		100				
8	搭接模板		75				
9	可调模板	双曲可调	300、200	1500、900、600			
		变角可调	200、160				
10	嵌板模板	平面嵌板	200、150、100	300、200、150			
		阴角嵌板	150×150、100×150				
		阳角嵌板	100×100、50×50				
		连接角模	50×50				

（2）连接件包括U形卡、L形插销、对拉螺栓、钩头螺栓、紧固螺栓、扣件。

（3）支承件包括钢管支架、门式支架、碗扣式支架、盘销（扣）式脚手架、钢支柱、四管支柱、斜撑、调节托、钢楞、方木等。见表13-2。

支承件规格（mm）　　**表13-2**

名　称		规　格	材　料	备　注
钢管支架		$\phi48\times3.5$，$l=2000\sim6000$	Q235 钢管	
门式架		$\phi48\times3.5$、$\phi48\times2.5$（低合金钢管）宽度 $b=1200$，900	Q235 钢管	
承插式支架	碗扣架	$l=3000$、2400、1800、1200、900、600	Q235 钢管	
	盘销（扣）架	$l=3000$、2400、1800、1200、900、600	Q235 钢管	
方塔式支架		$\phi48\times3.5$、$\phi48\times2.5$（低合金钢管）	Q235 钢管	
钢支柱	C-18 型	$l=1812\sim3112$、$\phi48\times2.5$、$\phi60\times2.5$	Q235 钢管、Q235 钢板、$\delta=8$	
	C-22 型	$l=2212\sim3512$、$\phi48\times2.5$、$\phi60\times2.5$		
	C-27 型	$l=2712\sim4012$、$\phi48\times2.5$、$\phi60\times2.5$		
四管支柱	GH-125 型	$l=1250$	Q235 钢管 Q235 钢板、$\delta=8$	
	GH-150 型	$l=1500$		
	GH-175 型	$l=1750$		
	GH-200 型	$l=2000$		
	GH-300 型	$l=3000$		
斜撑		$\phi48\times3.5$	Q235 钢管	
调节托、早拆柱头		$l=600$、500	Q235 圆钢 $\delta=8$、6	

续表

名称		规格	材料	备注
钢楞	圆钢管	ϕ48×3.5、ϕ48×3.0	Q235 钢管	
	矩形钢管	□80×40×2.0、□100×50×3.0	Q235 钢管	
	轻型槽钢	80×40×3.0、100×50×3.0	Q235 钢板	
	内卷边槽钢	80×40×15×3.0、100×50×20×3.0	Q235 钢板	
	轧制槽钢	80×43×5.0	Q235 槽钢	
木方		100×100、100×50	方木	
钢木组合背楞		100×50	Q235 钢板	

13.1.1.2　特点及用途

1. 钢模板的用途

钢模板的用途　　表 13-3

名称		图示	用途
平板模板		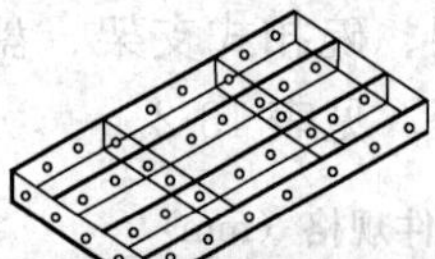	用于基础、柱、墙体、梁和板等多种结构平面部位
阴角模板		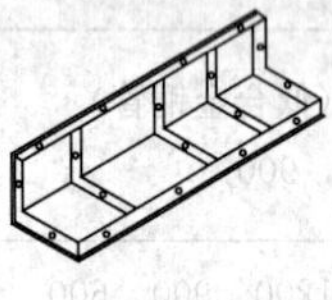	用于结构的内角及凹角的转角部位
阳角模板		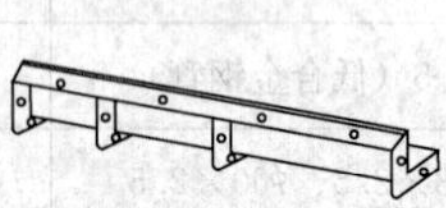	用于结构的外角及凸角的转角部位
倒棱模板	角棱模板	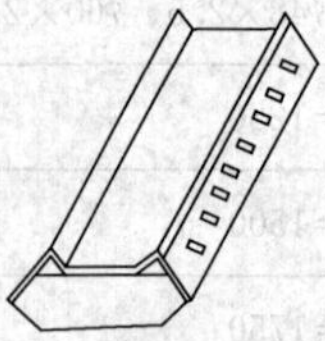	用于结构阳角的倒棱部位
	圆棱模板	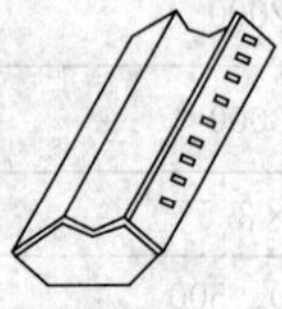	用于结构圆棱部位

续表

名称	图示	用途
柔性模板	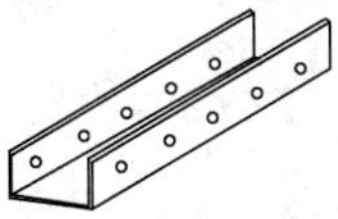	用于圆形筒壁、曲面墙体等部位
可调模板	双曲可调模板 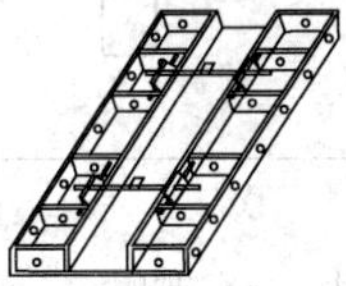	用于结构的曲面部位
连接角模	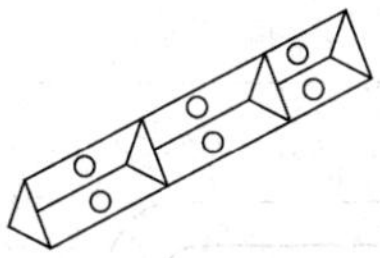	用于结构的外角及凸角的转角部位
嵌板模板	同平板横板、阴阳角模板、连接角模	用于梁、柱、墙、板等结构接头部位
梁腋模板	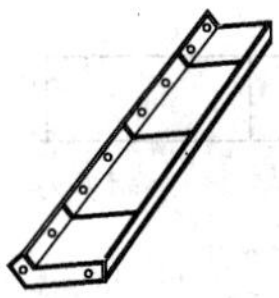	用于渠道、沉箱和各种结构的梁腋部位
搭接模板	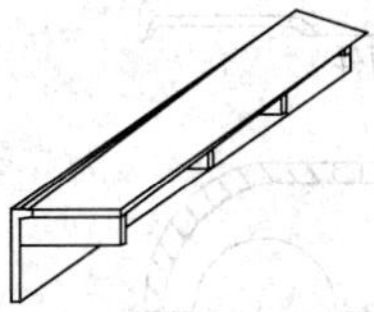	用于调节 50mm 以内的拼装模板尺寸
变角可调模板	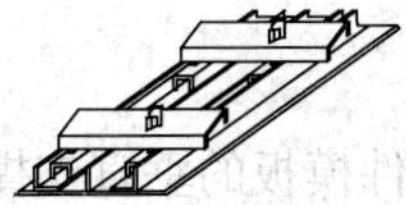	用于展开面为扇形及梯形结构部位

2. 连接件的用途

连接件的用途　　　　表 13-4

序号	名　称	图　示	用　途
1	U形卡		用于钢模板纵横向拼接，将相邻钢模板卡紧固定
2	L形插销	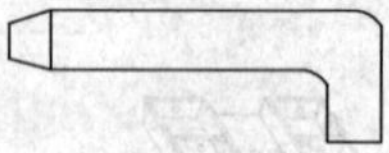	用来增强钢模板的纵向刚度，保证接缝处板面平整
3	对拉螺栓	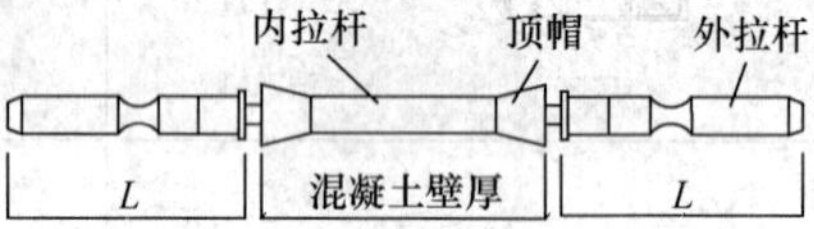	用于拉结两侧模板，保证两侧模板的间距，使模板具有足够的刚度和强度，能承受混凝土的侧压力及其他荷载
4	钩头螺栓	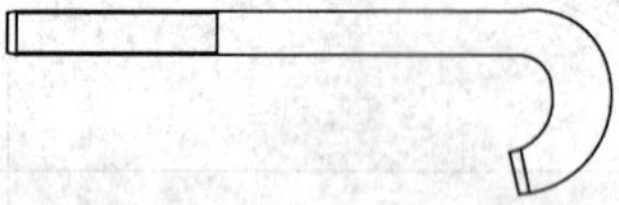	用于钢模板与内、外龙骨之间的连接固定
5	紧固螺栓	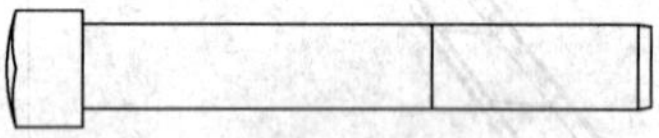	用于紧固内外钢楞，增强拼接模板的整体刚度
6	扣件	 碟式扣件 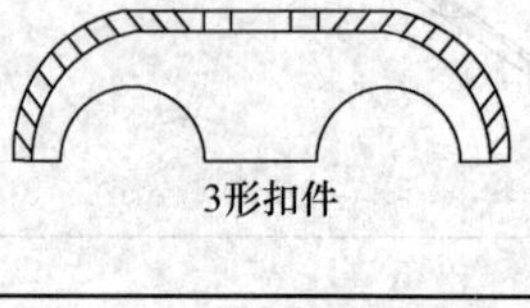 3形扣件	用于钢楞与钢模板或钢楞之间的紧固连接，与其他配件一起将钢模板拼装连接成整体

3. 支承件

（1）钢管脚手架

主要用于层高较大的梁、板等水平构件模板的垂直支撑。目前常用的有扣件式钢管脚手架、碗扣式钢管脚手架、盘销（扣）式脚手架、门式脚手架。

1）扣件式钢管脚手架

一般采用外径 ϕ48、厚壁 3.5mm 的焊接钢管，长有 2000mm、3000mm、4000mm、5000mm、6000mm 几种，另配有短钢管，供接长调距使用。

2）碗扣式钢管脚手架

碗扣式脚手架是一种常规的承插式钢管脚手架，节点主要由上碗扣、下碗扣、横杆插头、限位销构成，立杆连接方式一般有外套管式和内接式。立杆型号主要为 LG-300、LG-240、LG-180、LG-120。

3）门式脚手架

①基本结构和主要部件：

门式脚手架由门式框架、交叉支撑（及斜拉杆）和水平架或脚手板构成基本单元（图 13-1）。将基本单元相互连接，并增加梯子、栏杆等部件构成整片脚手架，并可通过上架（及接高门架）达到调整门式架高度、适应施工需要的目的。

②基本单元部件包括门架、交叉支撑和水平架。

③底座和托座：

a. 底座有三种：可调底座、简易底座和带脚轮底座。可调底座的可调高度范围为 200～550mm，主要用于支模架以适应不同支模高度的需要；简易底座只起支撑作用，无调高功能，使用时要求地面平整；带脚轮底座多用于操作平台，以满足移动的需要。

b. 托座有平板和 L 形两种，置于门架竖杆的上端，带有丝杠以调节高度，主要用于支模架。

④其他部件：包括脚手板、梯子、扣墙器、栏杆、连接棒、锁臂和脚手板托架等。其中脚手板一般为钢脚手板，其两端带有挂扣，置于门架的横梁上并扣紧，脚手板也是加强门式架水平刚度的主要构件。

⑤门式架之间的连接构造：门式架连接不采用螺栓结构，而是用方便可靠的自锚结构。主要形式包括制动片式、滑片式、弹片式和偏重片式。

（2）钢支柱

用于大梁、楼板等水平模板的垂直支撑，采用 Q235 钢管制作，有单管支柱和四管支柱多种形式（图 13-2）。单管支柱分 C-18 型、C-22 型和 C-27 型三种，其规格（长度）分

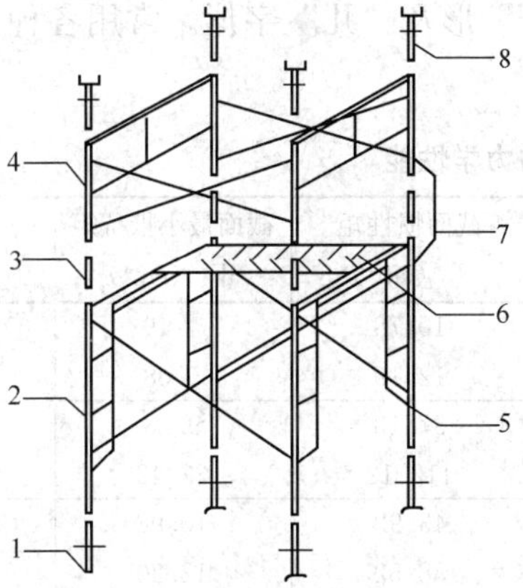

图 13-1　内装修门式脚手架构造

1—可调底座；2—下架；3—连接销；4—上架；5—斜拉杆；6—脚踏板；7—连接臂；8—可调 U 形顶托

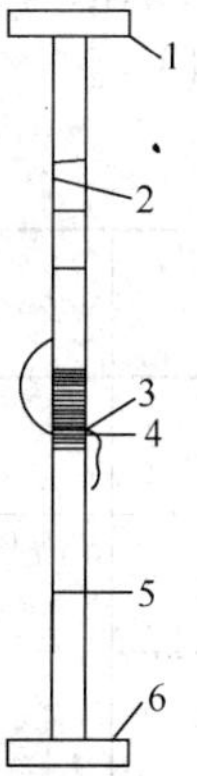

图 13-2　钢支柱

1—顶板；2—插管；3—插销；4—转盘；5—套管；6—底板

别为 1812～3112mm、2212～3512mm 和 2712～4012mm，其截面特征见表 13-5。

单管钢支柱的截面特征 表 13-5

类型	项目	直径（mm）		壁厚（mm）	截面积（cm^2）	截面惯性矩 I（cm^4）	截面抵抗矩 W（cm^3）	回转半径 r（cm）
		外径	内径					
CH	插管	48	43	2.5	3.57	9.28	3.87	1.16
	套管	60	55		4.52	18.70		2.03
YJ	插管	48	41	3.5	4.89	12.19	5.08	1.58
	套管	60	53		6.21	24.88		2.00

四管支柱为 GH-125、GH-150、GH-175、GH-200、GH-300，四管支柱截面特征见表 13-6。

四管支柱截面特征 表 13-6

规格	中心距	截面积（cm^2）	截面惯性矩 I（cm^4）	截面抵抗矩 W（cm^3）	回转半径 r（cm）
ϕ48×3.5	200	19.57	2005.34	121.24	10.12
ϕ48×3.0		16.96	1739.06	105.14	10.13

（3）斜撑

用于承受墙、柱等侧模板的侧向荷载和调整竖向支模的垂直度。

（4）调节托、早拆柱头

用于梁和楼板模板的支撑顶托。见图 13-3。

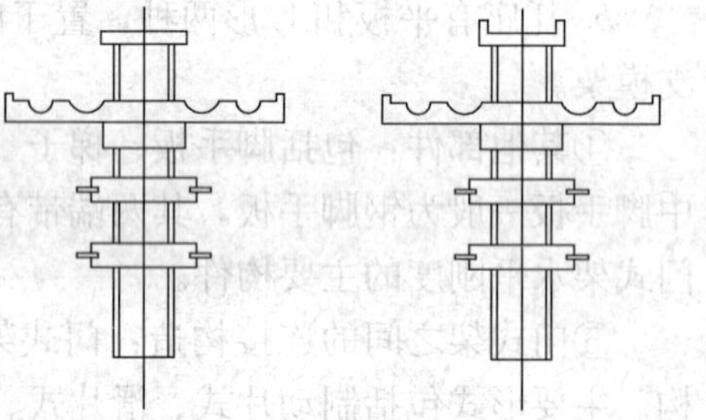

图 13-3 早拆柱头

（5）龙骨

龙骨包括钢楞、木楞及钢木组合楞。主要用于支承模板并加强整体刚度。钢楞包括圆钢管、矩形钢管、轻型槽钢、内卷边槽钢及轧制槽钢。木楞主要有 100mm×100mm、100mm×50mm 方木。钢木组合楞是由方木与冷弯薄壁型钢组成的可共同受力的模板背楞，主要包括“U”形及“几”字形。常用各种龙骨的力学性能见表 13-7。

常用各种龙骨的力学性能 表 13-7

名称	规格（mm）	截面积 A（cm^2）	截面惯性矩 I_x（cm^4）	截面最小抵抗矩 W_x（cm^3）	重量（kg/m）
圆钢管	ϕ48×3.0	4.24	10.78	4.49	3.33
	ϕ48×3.5	4.89	12.19	5.08	3.84
矩形钢管	□80×40×2.0	4.52	37.13	9.28	3.55
	□100×50×3.0	8.54	112.12	22.42	6.78
轻型槽钢	80×40×3.0	4.5	43.92	10.98	3.53
	100×50×3.0	5.7	88.52	12.20	4.47
内卷边槽钢	80×40×15×3.0	5.08	48.92	12.23	3.99
	100×50×20×3.0	6.58	100.28	20.06	5.16
轧制槽钢	80×43×5.0	10.24	101.30	25.30	8.04

13.1.1.3 施工设计

（1）施工前，应根据结构施工图、施工组织设计及施工现场实际情况，编制模板工程施工方案。模板工程专项施工方案应包括以下内容：

1）工程概况：施工平面布置、施工要求和技术保证条件。包括结构形式、层高、主要构件截面尺寸等。

2）编制依据：相关法律、法规、规范性文件、标准、规范及图纸（国标图集）、施工组织设计等。

3）施工计划：包括施工进度计划、材料与设备计划。编制模板数量明细表，包括模板、构配件及支承件的规格、品种；制定模板及配件的周转使用计划，编制分批进场计划。

4）施工工艺技术：技术参数、工艺流程、施工方法、检查验收等。根据结构形式和施工条件，确定模板及支架类型、荷载，对模板和支承系统等进行力学计算。

5）施工安全保证措施：制定模板安装及拆模工艺，明确质量验收标准，以及技术安全措施。

6）劳动力计划：专职安全生产管理人员、特种作业人员等。

7）计算书及相关图纸：绘制配板设计图、加固和支承系统布置图，以及细部结构、异形和特殊部位的模板详图；模架荷载计算书。

（2）模板的强度和刚度验算，应按照下列要求进行：

1）模板承受的荷载参见《混凝土结构工程施工规范》（GB 50666—2011）的有关规定进行计算。

2）组成模板结构的钢模板、钢楞和支柱应采用组合荷载验算其刚度，其容许挠度应符合规范要求。

（3）配板设计和支承系统的设计，应遵守以下规定：

1）要保证构件的形状尺寸及相互位置的正确。

2）要使模板具有足够的强度、刚度和稳定性，能够承受新浇混凝土的重量和侧压力，以及各种施工荷载。

3）力求构造简单，装拆方便，不妨碍钢筋绑扎，保证混凝土浇筑时不漏浆。柱、梁、墙、板的各种模板面的交接部分，应采用连接简便、结构牢固的专用模板。

4）配制的模板，应优先选用通用、大块模板，使其种类和块数最小，木模镶拼量最少。设置对拉螺栓的模板，为了减少钢模板的钻孔损耗，可在螺栓部位用 100mm 宽钢模。

5）相邻钢模板的边肋，都应用 U 形卡插卡牢固，U 形卡的间距不应大于 300mm，端头接缝上的卡孔，也应插上 U 形卡或 L 形插销。

6）模板长向拼接宜采用错开布置，以增加模板的整体刚度。

7）模板的支承系统应根据模板的荷载和部件的刚度进行布置。

（4）配板步骤

1）根据施工组织设计对施工工期的安排，施工区段和流水段的划分，首先明确需要配制模板的层、段数量。

2）根据工程情况和现场施工条件，决定模板的组装方法。

3）根据已确定配模的层段数量，按照施工图纸中柱、墙、梁、板等构件尺寸，进行模板组配设计。

4）确定支撑系统的类型，明确支撑系统的布置、连接和固定方法。

5）进行夹箍和支撑件等的设计计算和选配工作。

6）确定预埋件的固定方法、管线埋设方法以及特殊部位（如预留孔洞等）的处理方法。

7）根据所需钢模板、连接件、支撑及架设工具等列出统计表，以便备料。

13.1.1.4　模板工程的施工及验收

1. 施工前的准备工作

（1）安装前，要做好模板的定位基准工作，其工作步骤是：

1）进行中心线和位置的放线。

2）做好标高量测工作。

3）进行找平工作：模板衬垫底部应预先找平，以保证模板位置正确，防止模板底部漏浆。常用的找平方法是沿模板边线（构件边线外侧）用1∶3水泥砂浆抹找平层。

4）设置模板定位基准：

采用钢筋定位：墙体模板可根据构件断面尺寸切割一定长度的钢筋焊成定位梯子支撑筋（钢筋端头刷防锈漆），绑（焊）在墙体两根竖筋上，起到支撑作用，间距1200mm左右；柱模板可在基础和柱模上口用钢筋焊成井字形套箍撑位模板并固定竖向钢筋，也可在竖向钢筋靠模板一侧焊一短截钢筋，以保持钢筋与模板的位置（图13-4）。

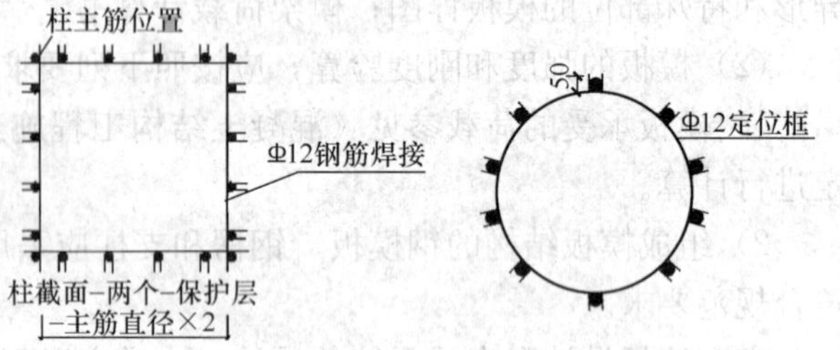

图13-4　柱定位框

5）合模前要检查构件竖向接槎处面层混凝土是否已经凿毛。

（2）按施工需用的模板及配件对其规格、数量逐项清点检查，未经修复的部件不得使用。

（3）采取预组装模板施工时，顶板组装工作应在组装平台或经平整处理的地面上进行，要求逐块检验后进行试吊，试吊后再进行复查，并检查配件数量、位置和紧固情况。

（4）经检查合格的模板，应按照安装程序进行堆放或装车运输。重叠平放时，每层之间应加垫木，模板与垫木均应上下对齐，底层模板应垫离地面不小于10cm。运输时，要避免碰撞，防止倾倒。应采取措施，保证稳固。

（5）模板安装前，应做好下列准备工作：

1）向施工班组进行技术交底，并且做样板，经监理等有关人员认可后，再大面积展开。

2）支承支柱的土体地面，应事先夯实整平，并做好防水、排水设置，准备支柱底垫木。

3）竖向模板安装的底面应平整坚实，并采取可靠的定位措施，按施工设计要求预埋支承锚固件。

4）模板应涂刷脱模剂。结构表面需作处理的工程，严禁在模板上涂刷废机油或其他油类。

2. 模板的支设安装

（1）模板的支设安装，应遵守下列规定：

1）按配板设计循序拼装，以保证模板系统的整体稳定。

2）配件必须装插牢固。支柱和斜撑下的支承面应平整垫实，要有足够的受压面积。支承件应着力于外钢楞。

3）预埋件与预留孔洞必须位置准确，安设牢固。

4）基础模板必须支撑牢固，防止变形，侧模斜撑的底部应加设垫木。

5）墙和柱子模板的底面应找平，下端应与事先做好的定位基准靠紧垫平，在墙、柱子上继续安装模板时，模板应有可靠的支承点，其平直度应进行校正。

6）楼板模板支模时，应先完成一个格构的水平支撑及斜撑安装，再逐渐向外扩展，以保持支撑系统的稳定性。

7）预组装墙模板吊装就位后，下端应垫平，紧靠定位基准；两侧模板均应利用斜撑调整和固定其垂直度。

8）支柱所设的水平撑与剪刀撑，应按构造与整体稳定性要求布置。

9）多层支设的支柱上下应设置在同一竖向中心线上，下层楼板应具有承受上层荷载的承载能力或加设支架支撑。下层支架的立柱应铺设垫板。

（2）模板安装时，应符合下列要求：

1）同一条拼缝上的U形卡，不宜向同一方向卡紧。

2）墙模板的对拉螺栓孔应平直相对，穿插螺栓不得斜拉硬顶。钻孔应采用机具，严禁采用电、气焊灼孔。

3）钢楞宜采用整根杆件，接头应错开设置，搭接长度不应少于200mm。

（3）对现浇混凝土梁、板，当跨度不小于4m时，模板应按设计要求起拱；当设计无具体要求时，起拱高度宜为跨度的1/1000～3/1000。

（4）曲面结构可用双曲可调模板，模板组装时，应使模板面与设计曲面的最大差值不超过设计的允许值。

（5）模板安装及注意事项：

模板的支设方法基本上有两种，即单块就位组拼（散装）和预组拼，其中预组拼又可分为分片组拼和整体组拼两种。采用预组拼方法，可以加快施工速度，提高工程和模板的安装质量，但必须具备相适应的吊装设备和有较大的拼装场地。

1）柱模板

①保证柱模的长度符合模数，不符合的部分放到节点部位处理；或以梁底标高为准，高度在4m和4m以上时，一般应四面支撑。当柱高超过6m时，不宜单根柱支撑，宜几根柱同时支撑连成构架。

②柱模根部要用水泥砂浆堵严，防止跑浆；配模时留置浇筑口和清扫口。

③梁、柱模板分两次支设时，在柱子混凝土达到拆模强度时，最上一段柱模先保留不拆，以便于与梁模板连接。

④柱模的清渣口应留置在柱脚一侧，如果柱子断面较大，为了便于清理，亦可两面留

设。清理完毕，立即封闭。

⑤柱模安装就位后，立即用四根支撑或有张紧器花篮螺栓的缆风绳与柱顶四角拉结，并校正其中心线和偏斜，全面检查合格后，再群体固定。

2）梁模板

①梁柱接头模板的连接特别重要，一般可按图 13-5 处理；或用专门加工的梁柱接头模板。

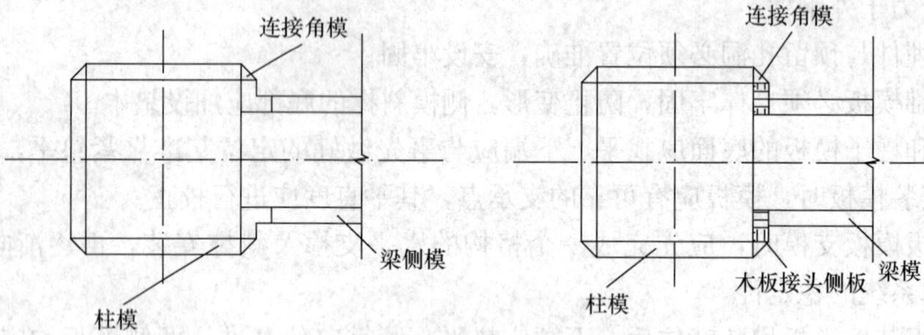

图 13-5　梁柱接头模板

②梁模支柱的设置，应经模板设计计算决定，一般情况下采用双支柱时，间距以 600～1000mm 为宜。

③模板支柱纵、横方向的水平拉杆、剪刀撑等，均应按设计要求布置；一般工程当设计无规定时，支柱间距一般不宜大于 2m，纵横方向水平拉杆的上下间距不宜大于 1.5m，纵横方向的垂直剪刀撑的间距不宜大于 6m；跨度大或楼层高的工程，必须认真进行设计，尤其是对支撑系统的稳定性，必须进行结构计算，按设计精心施工。高大模板的支撑体系必须编制专项方案，并应按有关规定组织专家论证。

④采用扣件钢管脚手架或碗扣式脚手架作支架时，扣件要拧紧，杯口要紧扣，要抽查扣件的扭力矩。横杆的步距要按设计要求设置。

⑤由于空调等各种设备管道安装的要求，需要在模板上预留孔洞时，应尽量使穿梁管道孔分散，穿梁管道孔的位置应设置在梁中，以防削弱梁的截面，影响梁的承载能力。

3）墙板模板

①组装模板时，要使两侧穿孔的模板对称放置，确保孔洞对准，以便穿墙螺栓与墙模保持垂直。见图 13-6。

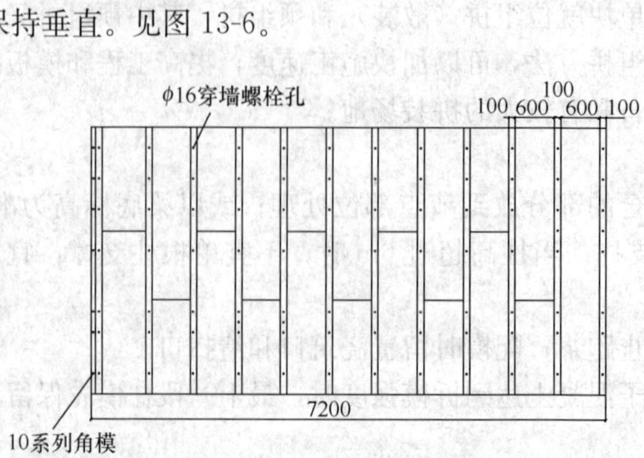

图 13-6　墙体模板拼装图

②相邻模板边肋用 U 形卡连接的间距不得大于 300mm，预组拼模板接缝处每一个边孔均宜用 U 形卡连接。

③预留门窗洞口的模板应有锥度，安装要牢固，既不变形，又便于拆除。

④墙模板上预留的小型设备孔洞，当遇到钢筋时，应设法确保钢筋位置正确，不得将钢筋移向一侧。

⑤优先采用预组装的大块模板，

必须要有良好的刚度，以便于整体装、拆、运。

⑥墙模板上口必须在同一水平面上，严防墙顶标高不一。

4）楼板模板

①采用立柱作支架时，从边跨一侧开始逐排安装立柱，并同时安装外钢楞（大龙骨）。立柱和钢楞（龙骨）的间距，根据模板设计荷载计算决定，调平后即可铺设模板。在模板铺设完，并校正标高后，立柱之间应加设水平拉杆，其道数根据立柱高度决定。离地面200～300mm处设置扫地杆。

②当采用单块就位组拼楼板模板时，宜以每个节间从四周先用阴角模板与墙、梁模板连接，然后向中央铺设。相邻模板边肋应按设计要求用U形卡连接，也可用钩头螺栓与钢楞连接，亦可采用U形卡预拼大块再吊装铺设。

③采用钢管脚手架作支撑时，在支柱高度方向每隔1.2～1.3m设一道双向水平拉杆。

④要优先采用直撑系统的快拆体系，加快模板周转速度。

⑤楼板后浇带模板。楼板、梁后浇带模板要求独立支设，宽度为后浇带宽度每边加5cm，待后浇带施工时把后浇带模板单独拆下，后浇带两侧模板作为支撑体系不动，然后在后浇带两侧混凝土面上弹线剔除施工缝面上的混凝土及钢丝网，处理干净后在后浇带两侧混凝土楼板底面上粘上薄海绵条，把原先拆下的模板再重新支上，浇筑后浇带混凝土。对于楼板上的后浇带在上层施工时应加盖废旧多层板以防止上层施工时落灰污染后浇带钢筋。

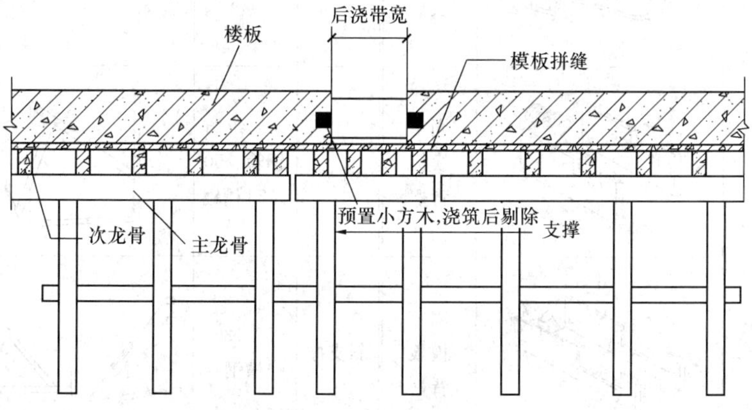

图13-7 后浇带模板支设

13.1.1.5 中型组合钢模板

中型组合钢模板是针对55型组合钢模板而言，一般模板的肋高有70mm、75mm等，模板规格尺寸也比55型加大，采用的薄钢板厚度也加厚，使模板的刚度增大。下面介绍G-70组合钢模板。

1. 组成

(1) 模板块

全部采用厚度2.75～3mm厚优质薄钢板制成；四周边肋呈L形，高度为70mm，弯边宽度为20mm，模板块内侧每300mm高设一条横肋，每150～200mm设一条纵肋。

模板边肋及纵、横肋上的连接孔为蝶形，孔距为50mm，采用板销连接，也可以用一对楔板或螺栓连接。规格分别见表 13-8、表 13-9。

G-70 组合钢模板材料、规格（mm）　　　表 13-8

序号	名　称	宽　度	长　度	肋高	材　料
1	平板模板	600、300、250、200、150、100	1500、1200、900	70	Q235 钢板
2	阴角模	150×150	1500、1200、900		δ=3.0、
3	阳角模	150×150	1500、1200、900		δ=2.75
4	铰链角模	150×150	900、600		δ=4－5
5	可调阴角模	280×280	3000、2700		δ=4
6	L 形调节板	74×80、74×130	3000、2700		δ=5
7	连接角钢	70×70	1500、1200、900		δ=4

（2）模板配件

G-70 组合钢模板的配件，见表 13-9。

G-70 组合钢模板配件规格（mm）　　　表 13-9

名 称	规 格	图　示	用 途	名 称	规 格	图　示	用 途
楔板	一对楔板		锁紧相邻模板	板销	1 个楔板、1 个销键	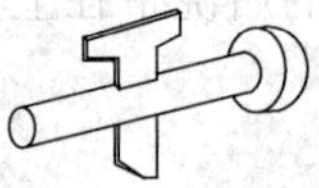	连接模板
小钢卡	卡 ϕ48 钢管	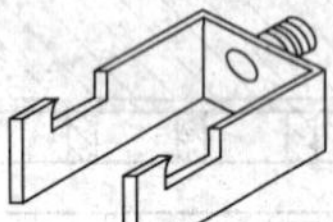	固定模板背楞	平台支架	40×40 方钢管、50×26 槽钢	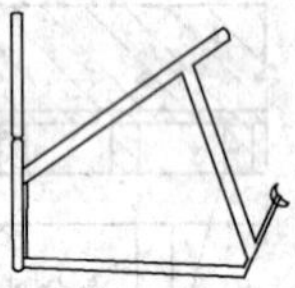	
大钢卡	卡 2ϕ48 钢管 卡 50×100 矩形钢管 卡 8 号槽钢	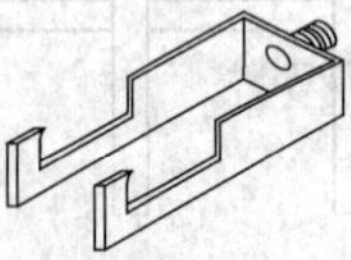	固定模板背楞	斜支撑	50×26 槽钢	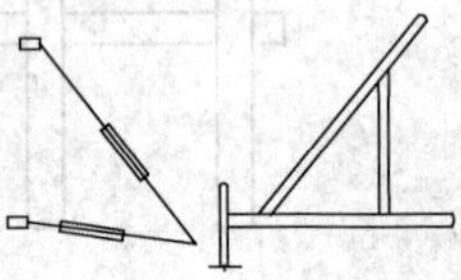	模板支撑
双环钢卡	卡 2 根 50×100 矩形钢管 卡 2 根 8 号槽钢	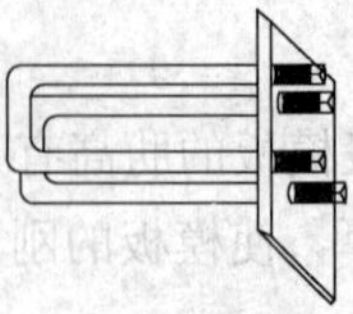	固定模板背楞	外墙挂架	ϕ48 钢管、8 号槽钢、T25 高强螺栓	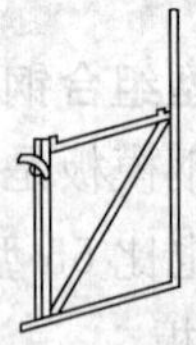	
模板卡				钢爬梯	ϕ16 钢筋		

2. 特点

G-70 组合钢模板由于采用 2.75～3mm 厚钢板制成，肋高为 70mm，边肋增加卷边，提高了模板的刚度。模板接缝严密，浇筑的混凝土表面平整、光洁，能达到清水混凝土的要求。

3. 施工工艺

G-70 组合钢模板的安装施工工艺参见“55 型组合钢模板”有关内容。

13.1.2 钢框木（竹）胶合板模板

13.1.2.1 75 系列钢框胶合板模板

75 系列模板是由胶合板或竹胶合板的面板与高度为 75mm 的钢框构成的模板。见图 13-8。

1. 组成

（1）平面模板

平面模板以 600mm 为最宽尺寸，作为标准板，级差为 50mm 或其倍数，宽度小于 600mm 的为补充板。长度以 2400mm 为最长尺寸，级差为 300mm。见表 13-10。

（2）连接模板

有阴角模、连接角钢与调缝角钢三种。

（3）配件

有连接件、支承架两部分。

1）连接件：有楔形销、单双管背楞卡、L 形插销、扁杆对拉、厚度定位板等。可采用“一把榔头”或一插就能完成拼装，操作快捷，安全可靠。

2）支承件：有脚手架、钢管、背楞、操作平台、斜撑等。

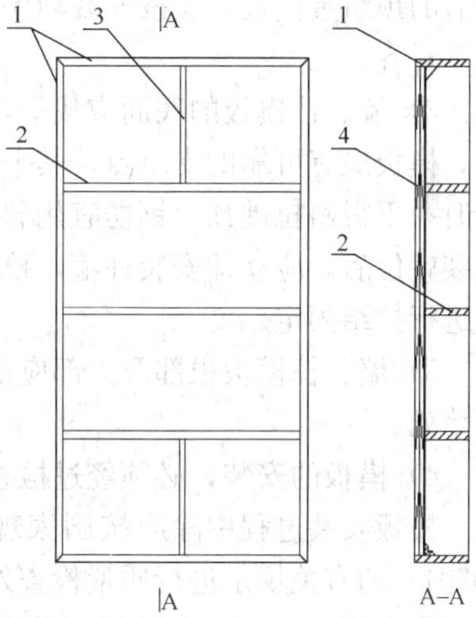

图 13-8 钢框木（竹）胶合板模板

1—边肋；2—主肋；3—次肋；4—面板

75 钢框胶合板模板材料、规格（mm） **表 13-10**

序号	名　称	宽　度	长　度	肋高	材　料
1	平板模板	600、450、300、250、200	2400、1800、1500、1200、900	75	胶合板或竹胶合板、钢肋
2	阴角模	150×150、100×150	1500、1200、900		热轧型钢
3	阳角模	75×75			角钢
4	调缝角钢	150×150、200×200	1500、1200、900		角钢

2. 模板工程的施工及要求

（1）施工设计

1）根据工程结构情况及施工设备和料具供应的条件，对模板进行选配，并编制模板施工设计。

施工设计应包括模板排列图、连接件和支承件布置图以及细部结构、异型模板和特殊部位详图，图中应标明预埋件、预留孔洞、清扫孔、浇筑孔等位置，并注明其固定方法等。对于预组装模板，还应绘出其分界线位置。

2）尽量减少在模板上钻孔。当需要在模板上钻孔时，应使钻孔的模板能多次周转使用。

3）模板组拼宜采取错缝布置，以增强模板的整体刚度。

4）根据配模图编制配模表，进行备料。

（2）施工准备

1）钢筋绑扎完毕，水电管线及预埋件已安装，并办完隐预检手续。

2）支搭操作用的脚手架和安全防护设施。

（3）安装与拆除要求

1）预组装的模板，为防止模板块窜角，连接件应交叉对称由外向内安装。经检查合格后的预组装模板，应按安装顺序堆放，其堆放层数不宜超过6层，各层间用方木立垫，上下对齐。

2）墙、柱模板的底面应找平，下端应设置定位基准，靠紧垫平。向上继续安装模板时，模板应有可靠的支承点，其平直度应进行校正。墙模的对拉螺栓孔应平直，穿对拉螺栓时，不得斜拉硬顶，钢楞宜用整根杆件，接头应错开，搭接长度不少于200mm。柱模组装就位后，应立即安装柱箍，校正垂直度。对于高度较大的独立柱模，应用钢丝绳在四角进行拉结固定。

3）墙、柱模板根部及上部应留清扫口和观察孔、振捣孔。在浇筑混凝土之前应将洞口堵死。

4）模板的安装，必须经过检查验收后，方可进行下一道工序施工。

模板安装过程中除应按国家现行标准《混凝土结构工程施工质量验收规范》（GB 50204）的有关规定进行质量检查外，尚应检查下列内容：

①立柱、支架、水平撑、剪刀撑、钢楞、对拉螺栓的规格、间距以及零配件紧固情况。

②立柱、斜撑在基底的支撑面积、坚实情况和排水措施。

③预埋件和预留孔洞的固定情况。

④模板拼缝的严密程度。拼缝缝隙不得大于2mm。

13.1.2.2 55型和78型钢框胶合板模板

1. 55型钢框胶合板模板

这种模板可与组合钢模板通用。

（1）构造：模板由钢边框、加强肋和防水胶合板模板组成。边框采用带有面板承托肋的异型钢，宽55mm，厚5mm，承托肋宽6mm。边框四周设ϕ13连接孔，孔距150mm，模板加强肋采用—43×3扁钢，纵横间距300mm。在模板四角及中间一定距离位置设斜铁，用沉头螺栓同面板连接。面板采用12mm厚防水胶合板。模板允许承受混凝土侧压力为30kN/m^2。见图13-9。

（2）55型钢框胶合板模板的规格：

长度：900mm、1200mm、1500mm、1800mm、2100mm、2400mm。

宽度：300mm、450mm、600mm、900mm。

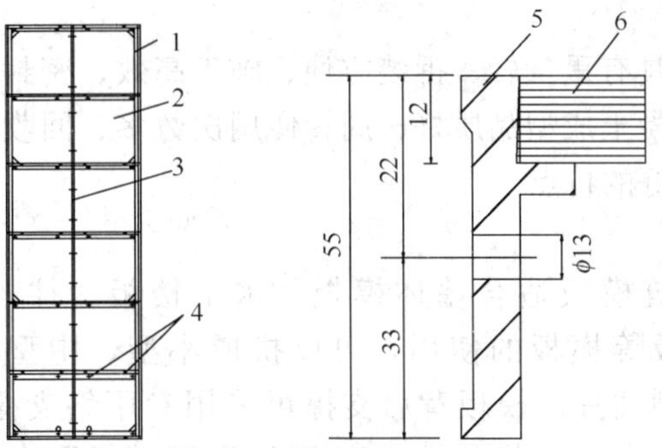

图 13-9 55 型钢框胶合板模板
1—钢边框；2—防水胶合板；3—加强肋；4—面板连接孔；5—异形钢边框；6—防水胶合板框

常用规格为 600mm × 1200mm (1800mm、2400mm)。

2. 重型（78 型）钢框胶合板模板

该模板刚度大，面板平整光洁，可以整装整拆，也可散装散拆。

（1）构造：模板由钢边框、加强肋和防水胶合板面板组成。边框采用带有面板承托肋的异型钢，宽 78mm，厚 5mm，承托肋宽 6mm。边框四周设 17mm×21mm 连接孔，孔距 300mm。模板加强肋采用钢板压制成型的 60mm × 30mm × 3mm 槽钢，肋距 300mm，在加强肋两端设节点板，节点板上留有与背楞相连的 17mm×21mm 连接孔，面板上有 ϕ25 穿墙孔。在模板四角斜铁及加强位置用沉头螺栓同面板连接。面板采用 18mm 厚防水胶合板。模板允许承受混凝土侧压力为 $50kN/m^2$。

（2）78 型钢框胶合板模板的规格：

长度：900mm、1200mm、1500mm、1800mm、2100mm、2400mm。

宽度：300mm、450mm、600mm、900mm、1200mm。

3. 支撑系统及施工工艺

有关模板施工工艺内容可参见本手册“75 系列钢框胶合板模板”。

13.1.3 54 型铝合金模板

铝合金模板是新一代的建筑模板，在世界发达国家越来越多的地方可以见到它们的应用。铝合金模板具有重量轻、拆装灵活、刚度高、使用寿命长、板面大、拼缝少、精度高、浇筑的水泥平整光洁、施工对机械依赖程度低、能降低人工和材料成本、应用范围广、维护费用低、施工效率高、回收价值高等特点。

13.1.3.1 部件组成及特点

（1）铝合金模板的部件，主要由铝合金面板、连接件和支承件三大部分组成。

铝合金模板由 3.15mm 厚铝合金板制成，36″×（9′、8′、7′、6′、5′）等五个规格为标准主板，最大板面为 914mm×2743mm（英制为 36″×9′），54 型铝合金模板共有 135 种规格（图 13-10），连接件主要由销钉构成，见图 13-11。

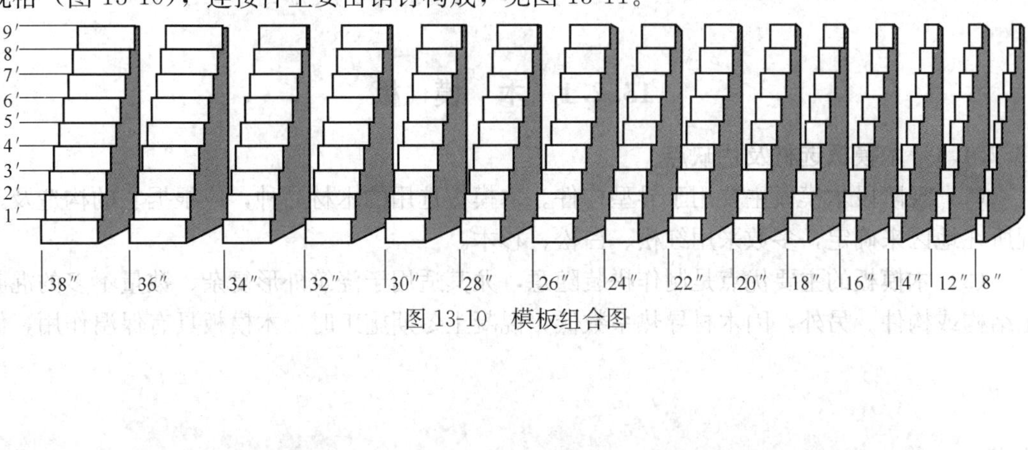

图 13-10 模板组合图

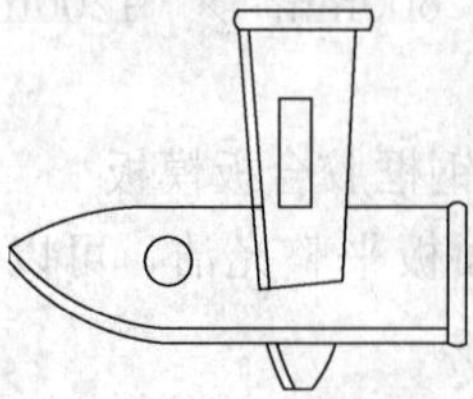

图 13-11 销钉连接图

(2) 特点：

铝合金建筑模板具有重量轻、拆装方便、施工高效、密封性能好、不易跑浆、混凝土成型品质好、周转使用次数多、回收价值高、综合经济效益好的特点。

13.1.3.2 模板施工

54型铝合金建筑模板适合墙体模板、水平楼板、柱子、梁、爬模、桥梁模板等模板的使用，可以拼成小型、中型或大型模板。连接主要采用圆柱体插销和楔型插片。模板背后支撑可采用专用斜支撑，也可采用 ϕ48mm 钢管或方管等作为背撑。施工工艺参见“55型组合钢模板”有关内容。

13.1.4 模板的运输、维修和保管

13.1.4.1 运输

(1) 不同规格的钢模板不得混装、混运。运输时，必须采取有效措施，防止模板滑动、倾倒。长途运输时，应采用简易集装箱，支承件应捆扎牢固，连接件应分类装箱。

(2) 预组装模板运输时，应分隔垫实，支捆牢固，防止松动变形。

(3) 装卸模板和配件应轻装轻卸，严禁抛掷，并应防止碰撞损坏。严禁用钢模板作其他非模板用途。

13.1.4.2 维修和保管

(1) 模板和配件拆除后，应及时清除粘结的灰浆，对变形和损坏的模板和配件，宜采用机械整形和清理。

(2) 维修质量不合格的模板及配件不得使用。

(3) 对暂不使用的钢模板，板面应涂刷脱模剂或防锈油。背面油漆脱落处，应补刷防锈漆，焊缝开裂时应补焊，并按规格分类堆放。

(4) 钢模板宜存放在室内或棚内，板底支垫离地面100mm以上。露天堆放，地面应平整坚实，有排水措施，模板底支垫离地面200mm以上，两点距模板两端长度不大于模板长度的1/6。

(5) 入库的配件，小件要装箱入袋，大件要按规格分类，整数成垛堆放。

13.2 现场加工、拼装模板

13.2.1 木模板

13.2.1.1 木模板选材及优缺点

(1) 现阶段木模板主要用于异型构件。木模板选用的木材品种，应根据它的构造及工程所在地区来确定，多数采用红松、白松、杉木。

(2) 木模板的主要优点是制作拼装随意，尤其适用于浇筑外形复杂、数量不多的混凝土结构或构件。另外，因木材导热系数低，混凝土冬期施工时，木模板具有保温作用，但

由于木材消耗量大，重复利用率低，本着绿色施工的原则，我国从20世纪70年代初开始“以钢代木”，减少资源浪费。目前，木模板在现浇钢筋混凝土结构施工中的使用率已大大降低，逐步被胶合板、钢模板代替。

13.2.1.2 木模板配置注意事项

（1）木模板的配置应以节约为原则，并考虑可持续使用，提高周转使用率。

（2）定制模板尺寸时，要考虑模板拼装结合的需要，根据实际情况适当加长或缩短模板的长度。

（3）拼装模板时，板边要刨平刨直，接缝严密，不漏浆。不得将木料上有节疤、缺口等疵病的部位与混凝土面直接接触，应放在反面或截去。

（4）木模板厚度：侧模一般采用20～30mm厚，底模一般采用40～50mm厚。

（5）直接与混凝土接触的木模板（侧模）宽度不宜大于200mm；梁和拱的底板木模板宽度不加限制。

（6）钉子长度应为木板厚度的2～2.5倍，每块木板与木档相叠处至少钉2只钉子。

（7）配制好的模板应在反面编号并写明规格，分类堆放保管，以免错用。备用模板要加以遮盖保护，以免变形。

13.2.1.3 木模板适用范围

木模板常用于基础、墙、柱、梁板、楼梯等部位。

1. 基础模板

（1）阶形基础模板

安装顺序：放线→安底阶模→安底阶支撑→安上阶模→安上阶围箍和支撑→搭设模板吊架→检查、校正→验收。

根据图纸尺寸制作每一阶模板，支模顺序由下至上逐层向上安装，先安装底阶模板，用斜撑和水平撑钉稳撑牢；核对模板墨线及标高，配合绑扎钢筋及混凝土（或砂浆）垫块，再进行上一阶模板安装，重新核对各部位墨线尺寸和标高，并把斜撑、水平支撑以及拉杆加以钉紧、撑牢，最后检查斜撑及拉杆是否稳固，校核基础模板几何尺寸、标高及轴线位置，见图13-12。

（2）杯形基础模板

安装顺序：放线→安底阶模→安底阶支撑→安上阶模→安上阶围箍和支撑→搭设模板吊架→（安杯芯模）→检查、校正→验收。

杯形基础模板与阶形基础模板基本相似，在模板的顶部中间装杯芯模板，见图13-13。

杯芯模板分为整体式和装配式。尺寸较小者一般采用整体式，如图13-14、图13-15所示。

（3）条形基础模板

根据土质的情况分为两种情况：土质较好时，下半段利用原土削铲平整不支设模板，仅上半段采用吊模；土质较差，其上下两段均支设模板。侧板和端头板制成后，应先在基础底弹出基础边线和中心线，再把侧板和端头板对准边线和中心线，用水平尺校正侧板顶面水平，经检测无误差后，用斜撑、水平撑及拉撑钉牢。最后校核基础模板几何尺寸及轴线位置。

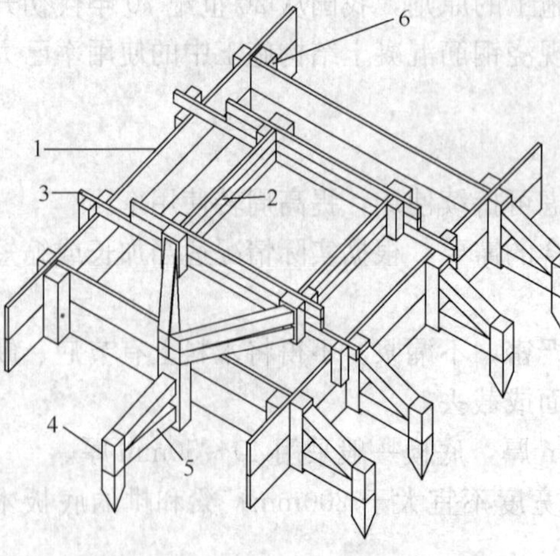

图 13-12　阶形基础模板

1—第一阶侧板；2—第二阶侧板；3—轿杠木；4—木桩；5—撑木；6—木档

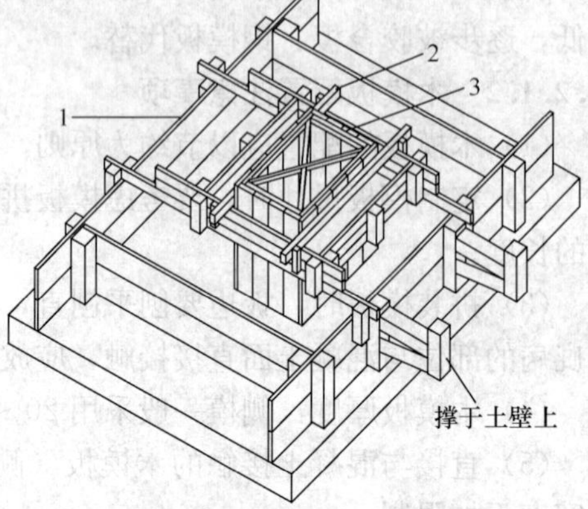

图 13-13　杯形基础模板

1—底阶模板；2—轿杠木；3—杯芯模板；

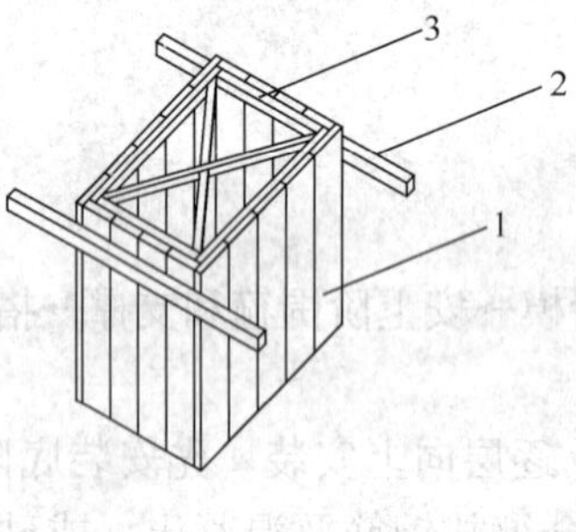

图 13-14　整体式杯芯模板

1—杯芯侧板；2—轿杠木；3—木档

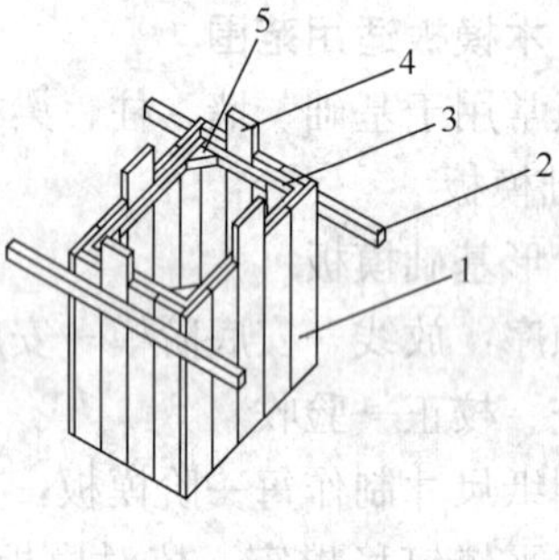

图 13-15　装配式杯芯模板

1—杯芯侧板；2—轿杠木；3—木档；4—抽芯板；5—三角板

（4）施工要点

1）安装模板前先复查地基垫层标高及中心线位置，弹出基础边线。基础模板板面标高应符合设计要求。

2）基础下段土质良好利用土模时，开挖基坑和基槽尺寸必须准确。

3）采用木板拼装的杯芯模板，应采用竖向直板拼钉，不宜采用横板，以免拔出时困难。

4）脚手板不能搭设在基础模板上。

2. 柱模板

（1）安装顺序：放线→设置定位基准→第一块模板安装就位→安装支撑→邻侧模板安装就位→连接第二块模板，安装第二块模板支撑→安装第三、四块模板及支撑→调直纠偏→安装柱箍→全面检查校正→柱模群体固定→清除柱模内杂物、封闭清扫口。

（2）根据图纸尺寸制作柱侧模板后，测放好柱的位置线，钉好压脚板后再安装柱模板，两垂直向加斜拉顶撑。柱模安完后，应全面复核模板的垂直度、对角线长度差及截面尺寸等项目。柱模板支撑必须牢固，预埋件、预留孔洞严禁漏设且必须准确、稳牢。

（3）安装柱箍：柱箍的安装应自下而上进行，柱箍应根据柱模尺寸、柱高及侧压力的大小等因素进行设计选择（有木箍、钢箍、钢木箍等），柱箍间距一般在40～60cm，柱截面较大时应设置柱中穿心螺栓，由计算确定螺栓的直径、间距。

3. 梁模板

（1）安装顺序：放线→搭设支模架→安装梁底模→梁模起拱→绑扎钢筋与垫块→安装两侧模板→固定梁夹→安装梁柱节点模板→检查校正→安梁口卡→相邻梁模固定。

（2）弹出轴线、梁位置线和水平标高线，钉柱头模板。

（3）梁底模板：按设计标高调整支柱的标高，然后安装梁底模板，并拉线找平。按照设计要求或规范要求起拱，先主梁起拱，后次梁起拱。

（4）梁下支柱支承在基土面上时，应将基土平整夯实，满足承载力要求，并加木垫板或混凝土垫板等有效措施，确保混凝土在浇筑过程中不会发生支顶下沉等现象。

（5）梁侧模板：根据墨线安装梁侧模板、压脚板、斜撑等。

（6）当梁高超过70cm时，梁侧模板宜加穿梁螺栓加固。

4. 顶板

（1）安装顺序：复核板底标高→搭设支模架→安放龙骨→安装模板（铺放密肋楼板模板）→安装柱、梁、板节点模板→安放预埋件及预留孔模板等→检查校正→交付验收。

（2）根据模板的排列图架设支柱和龙骨。支柱与龙骨的间距，应根据模板的混凝土重量与施工荷载的大小，在模板设计中确定。

（3）底层地面分层夯实，并铺木垫板。采用多层支顶支模时，支柱应垂直，上下层支柱应在同一竖向中心线上。各层支柱间的水平拉杆和剪刀撑要认真加强。

（4）通线调节支柱的高度，将大龙骨拉平，架设小龙骨。

（5）铺模板时可从四周铺起，在中间收口。若压梁（墙）侧模时，角位模板应通线钉固。

（6）楼面模板铺完后，应复核模板面标高和板面平整度，预埋件和预留孔洞不得漏设并应位置准确。支模顶架必须稳定、牢固。模板梁面、板面应清扫干净。

13.2.1.4 施工注意事项

（1）模板安装前，先检查模板的质量，不符质量标准的不得投入使用。

（2）带形基础要防止沿基础通长方向出现模板上口不直、宽度不准、下口陷入混凝土内、拆模时上段混凝土缺损、底部上模不牢的现象。

（3）杯形基础应防止中心线不准，杯口模板位移；混凝土浇筑时芯模浮起，拆模时芯模起不出的现象。

（4）梁模板要防止梁身不平直、梁底不平及下挠、梁侧模炸模、局部模板嵌入柱梁间，拆除困难的现象。

（5）柱模板要防止柱模板炸模、断面尺寸鼓出、漏浆、混凝土不密实，或蜂窝麻面、偏斜、柱身扭曲的现象。

（6）板模板：防止板中部下挠，板底混凝土面不平的现象。

13.2.2 土　　模

13.2.2.1 适用范围

土模是指在基础或垫层施工时利用地槽的土壁作为模板。主要适用于地下连续墙、桩、承台、地基梁、逆作施工楼板。采用土模可以提高工效，保证质量，并能节约大量木材。

13.2.2.2 土模的种类

土模施工分现浇式和预制式两种。

(1) 现浇式是指在地基上浇筑拱桥及建筑物基础。

(2) 预制式又可分为以下几种:

1) 地下式，即按构件的外形挖地槽浇筑。

2) 半地下式。

3) 地上式。

13.2.2.3 施工注意事项

(1) 一般土模选用黏土较为适宜，不能用淤泥或砂土，含水量宜控制在20%～24%之间，且应严格控制地下水位，如果含水率大，土质稀软易变形；如果含水率低，土模容易剥落难密实。

(2) 土模要有一定的密实度，一般在80%左右，具体数据以试验来定。

13.2.3 胶合板模板

混凝土模板用胶合板有木胶合板和竹胶合板两种。胶合板用作混凝土模板具有以下优点:

(1) 板幅大，自重轻，板面平整。既可减少安装工作量，节省现场人工费用，又可减少混凝土外露表面的装饰及磨去接缝的费用。

(2) 承载能力大，特别是经表面处理后耐磨性好，能多次重复使用。

(3) 材质轻，18mm厚的木胶合板单位面积重量为50kg，模板的运输、堆放、使用和管理等都较为方便。

(4) 保温性能好，能防止温度变化过快，冬期施工有助于混凝土的保温。

(5) 锯截方便，易加工成各种形状的模板。

(6) 便于按工程的需要弯曲成型，用作曲面模板。

13.2.3.1 木胶合板模板

1. 木胶合板的分类

木胶合板模板分为三类:

(1) 素板：未经表面处理的混凝土模板用胶合板。

(2) 涂胶板：经树脂饰面处理的混凝土模板用胶合板。

(3) 覆膜板：经浸渍胶膜纸贴面处理的混凝土模板用胶合板。

2. 木胶合板规格尺寸

混凝土用胶合板的规格尺寸应符合表13-11的规定。

木胶合板规格尺寸（mm） 表 13-11

幅面尺寸				厚度 (h)
模数制		非模数制		
宽度	长度	宽度	长度	
—	—	915	1830	$12 \leqslant h < 15$
900	1800	1220	1830	$15 \leqslant h < 18$
1000	2000	915	2135	$18 \leqslant h < 21$
1200	2400	1220	2440	$21 \leqslant h < 24$
—	—	1250	2500	

3. 物理力学性能

木胶合板物理力学性能指标见表13-12。

木胶合板物理力学性能指标值表 **表13-12**

项目		单位	厚度（mm）			
			12≤h<15	15≤h<18	18≤h<21	21≤h<24
含水率		%	6～14			
胶合强度		MPa	≥0.70			
静曲强度	顺纹	MPa	≥50	≥45	≥40	≥35
	横纹		≥30	≥30	≥30	≥25
弹性模量	顺纹	MPa	≥6000	≥6000	≥5000	≥5000
	横纹		≥4500	≥4500	≥4000	≥4000
浸渍剥离性能			浸渍胶膜纸贴面与胶合板表层上的每一边累计剥离长度不超过25mm			

13.2.3.2 竹胶合板模板

1. 竹胶合板规格尺寸

竹胶合板是由竹席、竹帘、竹片等多种组坯结构，及与木单板等其他材料复合，专用于混凝土施工的竹胶合板。其规格、尺寸见表13-13。

竹胶合板规格尺寸（mm） **表13-13**

长度	宽度	厚度
1830	915	9、12、15、18
1830	1220	
2000	1000	
2135	915	
2440	1220	
3000	1500	

注：竹模板规格也可根据用户需要生产。

我国竹材资源丰富，且竹材具有生长快、生产周期短（一般2～3年成材）的特点。另外，一般竹材顺纹抗拉强度为18N/mm^2，为松木的2.5倍，红松的1.5倍；横纹抗压强度为6～8kN/mm^2，是杉木的1.5倍，红松的2.5倍；静弯曲强度为15～16N/mm^2。因此，在我国木材资源短缺的情况下，以竹材为原料制作混凝土模板用竹胶合板，具有收缩率小、膨胀率和吸水率低，以及承载能力大的特点，是一种具有发展前途的新型建筑模板。

2. 物理力学性能

竹胶合板物理力学性能指标见表13-14。

竹胶合板物理力学性能指标值 表13-14

项目		单位	优等品	合格品
含水率		%	≤12	≤14
静曲弹性模量	板长向	N/mm^2	≥7.5×103	≥6.5×103
	板短向	N/mm^2	≥5.5×103	≥4.5×103
静曲强度	板长向	N/mm^2	≥90	≥70
	板短向	N/mm^2	≥60	≥50
冲击强度		kJ/m^2	≥60	≥50
胶合性能		mm/层	≤25	≤50
水煮、冰冻、干燥后的保存强度	板长向	N/mm^2	≥60	≥50
	板短向	N/mm^2	≥40	≥35
折减系数	—	—	0.85	0.80

13.2.3.3 安装要点

1. 胶合板模板的配制方法和要求

(1) 胶合板模板的配制方法

1) 按设计图纸尺寸直接配制模板。形体简单的结构构件，可根据结构施工图纸直接按尺寸列出模板规格和数量进行配制。模板厚度、横档及楞木的断面和间距，以及支撑系统的配置，都可按支承要求通过计算选用。

2) 利用计算机辅助配制模板。形体复杂的结构构件，按结构图的尺寸可用计算机进行辅助画图或模拟构件尺寸，进行模板的制作。

(2) 胶合板模板配制要求

1) 应整张直接使用，尽量减少随意锯截，以免造成胶合板浪费。

2) 木胶合板常用厚度一般为12或18mm，竹胶合板常用厚度一般为12mm，内、外楞的间距可随胶合板的厚度及构件种类和尺寸，通过设计计算进行调整。

3) 支撑系统可以选用钢管脚手架，也可采用木材。采用木支撑时，不得选用脆性、严重扭曲和受潮后容易变形的木材。

4) 钉子长度应为胶合板厚度的1.5～2.5倍，每块胶合板与木楞相叠处至少钉2个钉子。第二块板的钉子要转向第一块模板方向斜钉，使拼缝严密。

5) 配制好的模板应在反面编号并写明规格，分别堆放保管，以免错用。

2. 墙体和楼板模板

采用胶合板作现浇混凝土墙体和楼板的模板，是目前常用的一种模板技术，与采用组合式模板相比，可以减少混凝土外露表面的接缝，满足清水混凝土的要求。

(1) 墙体模板

常规的支模方法是：胶合板面板外侧的立档用50mm×100mm方木，横档（又称牵杠）可用ϕ48×3.5脚手钢管或方木（一般为边长100mm方木），两侧胶合板模板用穿墙螺栓拉结。

1) 钢筋绑扎完毕后，进行墙模板安装时，根据边线先立一侧模板，临时用支撑撑住，用线锤校正模板的垂直，然后固定牵杠，再用斜撑固定。大块侧模组拼时，上下竖向拼缝要互相错开，先立两端，后立中间部分，再按同样方法安装另一侧模板及斜撑等。

2）为了保证墙体的厚度正确，在两侧模板之间可用小方木撑头（小方木长度等于墙厚），小方木要随着浇筑混凝土逐个取出。为了防止浇筑混凝土时墙身鼓胀，可用直径12～16mm螺栓拉结两侧模板，间距不大于1m。螺栓要纵横排列，并可增加穿墙螺栓套管，以便在混凝土凝结后取出。如墙体不高，厚度不大，在两侧模板上口钉上搭头木即可。

（2）楼板模板

1）板顶标高线依1m线引测到柱筋上，在施工过程中随时对板底、板顶标高进行复测、校正。

2）排板：根据开间的尺寸，确定顶板的排板尺寸，以保证顶板模板最大限度地使用整板。

3）根据立杆支撑位置图放线，保证以后每层立杆都在同一条垂直线上，应确保上下支撑在同一竖向位置。

4）立杆排好后，进行主次龙骨的铺设，按排板图进行配板，为以后铺板方便，可适当编号，尽量使模板周转到下一层相同位置。

5）模板安装完毕后先进行自检，再报监理预检，合格后方可进行下道工序。

6）严格控制顶板模板的平整度，两块板的高低差不大于1mm。主、次木楞平直，过刨使其薄厚尺寸一致，用可调U形托调整高度。

7）梁、板、柱接头处，阴阳角、模板拼接处要严密，模板边要用电刨刨齐整，拼缝不超过1mm，并且在板缝底下必须加木楞支顶。

8）按规范要求起拱：先按照墙体及柱子上弹好的标高控制线和模板标高全部支好模板，然后将跨中的可调支托丝扣向上调动，调到要求的起拱高度，起拱应由班组长、放线员、专业工长严格控制，在保证起拱高度的同时还要保证梁的高度和板的厚度。

9）板过刨后必须用厂家提供的专用漆封边，以减少模板吸水。

13.2.4　塑　料　模　板

塑料模板指适用于一些异型、不规则构件以及现场加工较有困难的模板，只进行现场拼装的模板。塑料模板是一种节能的绿色环保产品，模板在使用上“以塑代木”、“以塑代钢”是节能环保的发展趋势。

13.2.4.1　塑料模板的种类

塑料模板的种类如表13-15所示。

塑料模板的种类　　　　**表13-15**

种　类	组　成
木塑 建筑模板	由废塑料PP、ABS、PVC、PE等再生粒子组成，里面掺有木粉或者秸秆粉末为填充料生产而成（颜色为黑色）
粉煤灰塑料 建筑模板	由最差的废塑料PP、PE、PVC、ABS等再生粒子组成，里面填充物为粉煤灰、石粉
玻璃纤维 塑料建筑模板	中等废塑料PP、PE、PVC、ABS等再生粒子组成，填充物为三层玻纤布压塑而成

13.2.4.2 塑料模板的优缺点

1. 优点

（1）有较好的物理性能，使用温度－5～65℃，不吸潮、不吸水，防腐蚀，并且有足够的机械强度，可以多次使用，节约混凝土浇筑成本。

（2）可塑性强，允许设计者有较大的设计自由，能根据设计要求，通过不同模具形式，生产出各种不同形状和不同规格的模板，模板表面可以形成装饰图案，使模板工程与装饰工程相结合。塑料模板可锯、钻，纵、横向可以任意连接组合，卸模设有楔型模板；转角接点设有90°阴、阳角模板，施工十分方便。

（3）塑料模板重量轻，铺设1m² 模板约16±0.5kg，省工、省时、省圆钉，施工轻便。

（4）塑料模板表面光洁，容易脱模，操作方便（与木模、竹胶板施工方法一样），不需要脱模剂，板接缝处不需要贴胶带，弥补了一般塑料模板和木模板的种种缺陷，有助于实现清水混凝土效果。

（5）可以回收利用，经处理后可以再生塑料模板或其他产品。

2. 缺点

（1）模板的强度和刚度较小

目前塑料模板主要为用作顶板和楼板的平板形式模板，承载量较低，需适当控制木方间距才能满足施工要求。

（2）热胀冷缩系数大

塑料板材的热胀冷缩系数比钢铁、木材均要大，因此塑料模板受气温影响较大，如夏季高温期，昼夜温差达40℃，木塑建筑模板夏季在阳光的照射之下大量变形；冬季在0℃时钉钉子会开裂；在脱模时高空摔落容易破裂，冬季周转次数为0次。粉煤灰塑料建筑模板在夏季气温高达30℃以上时，混凝土浇筑容易有波浪形，方木间距大于150mm也会出现此类情况，增加了方木费用及木工人工费用。

（3）电焊渣易烫坏板面

塑料模板主要用作楼板模板，在铺设钢筋时，由于钢筋连接时电焊的焊渣温度很高，落在塑料模板上，易烫坏板面，影响成型混凝土的表面质量。

13.2.4.3 施工工艺

1. 工艺流程

弹线→铺垫板→支设架子支撑→安主次龙骨、墙体四周加贴海绵条并用50mm×100mm单面刨光方木顶紧→大于4m时支撑起拱→铺模板→校正标高→安装顶板周边侧模→验收。

2. 弹线

墙体拆模后，在每面墙上弹出1m标高水平线和顶板模板底线。

3. 铺垫板

垫板采用400mm×50mm×100mm方木，垫在立杆底部，木方的方向应保持一致。

4. 安装支撑体系

顶板支撑采用钢管支撑，立杆高度依楼层确定，立杆上设丝托，支撑边柱距墙皮为150～250mm，中间立柱采用均分的方法，尽量采用1.2m的间距，不足处用0.9m及0.6m的补足，可预先在地面上弹出位置线，第一层间距确定后，往上每层应保持一致，以保证上下层立柱对齐。上下至少设2道水平横杆，下横杆距地450mm，上下横杆间距随碗扣定。

5. 安装主次龙骨

主龙骨采用100mm×100mm方木，其间距和立杆的间距保持一致，主龙骨应放置在丝托的托槽内，并根据墙体水平线调整高度。主龙骨完成后，在主龙骨上面设置次龙骨，次龙骨采用50mm×100mm方木，间距为300mm，次龙骨应根据标高拉线调平，不平处应在次龙骨下垫木楔调平。房间四周靠墙应紧贴一根50mm×100mm方木（过刨）。

6. 塑料模板板面铺设

次龙骨铺设完成且调平后，即可进行塑料模板铺设，铺设时按照排板图进行，先铺设塑料模板，最后用多层板补边。安装时顺着塑料模板长边方向顺序进行，拼缝直接硬拼，不需设置胶条，板缝要挤严。板位置和拼缝调整合适后，立即将板沿长边方向用钉子固定，钉钉只能从钉眼处钉（玻璃纤维塑料模板比较硬，不能直接钉钉，但可用钻头钻孔钉钉），模板四角宜都有钉，中间部位可根据实际情况按适当间距下钉。最后一块不足以使用塑料模板的地方，根据实际尺寸用12mm厚竹多层板补齐、挤严。

当顶板上有需要开洞的地方需用多层板替换，以减少对模板的破坏。塑料模板也能切断，可是切断后模板剩余的部分拆模后无法修复用在下一个工程，而且模板价格较高，所以不建议切割。顶板板面与梁或墙体侧模相接时，应压在梁侧模或墙体侧模上，但不得吃进梁内，必须与侧模一平。板四周靠墙时应在墙面上粘贴胶条，海绵条要求与板面平齐，不得突出模板表面，与墙体挤严，防止漏浆。

7. 起拱

跨度大于4m的板，应按10mm要求起拱，起拱线要顺直，不得有折线。要保证中间起，四边不起。起拱方法：先按照墙体上及柱子上弹好的标高控制线和模板标高全部支好模板，然后将跨中的可调支托向上调动丝扣，调到要求的起拱高度，在保证起拱高度的同时还要保证梁的高度和板的厚度。

8. 模板清洁

塑料模板表面光滑，多次使用后，光滑度仍然很好，不需要使用脱模剂，板面安装完成后，直接用清水擦洗干净即可。

9. 模板使用注意事项

（1）施工前，应根据设计图纸要求，按施工流水段做好材料、工具的准备工作，配好模板，按尺寸裁割（考虑2mm的加工余量）。

（2）因塑料模板尺寸特别准确，厚度没有太多偏差，补边用的多层板或其他材料应确保厚度与其一致，拼缝不错台。

（3）清理时应注意清理侧边，以免粘附有杂质，导致拼缝不严。

（4）次龙骨木方一定要过刨，使其表面平整，以保证表面铺设的平整度。

（5）因模板材质为塑料，不得直接在板面进行电气焊施工，以免烧坏模板。

（6）模板边设有钉子眼，钉钉时，只能从眼内下钉，不得随意下钉。

（7）塑料模板在现场搬运时要轻拿轻放，不得乱砸乱摔。堆放时要码放整齐。

（8）拆模时，注意不得用铁件翘边，避免砸坏模角。要轻拆轻放，分类码放，专模专用，提高周转次数。

13.3 大 模 板

13.3.1 大模板构造

13.3.1.1 大模板的分类

1. 按板面材料分类：大模板按板面材料分为木质模板、金属模板、化学合成材料模板。

2. 按组拼方式分类：大模板按组拼方式分为整体式模板、模数组合式模板、拼装式模板。

3. 按构造外形分类：大模板按构造外形分为平模、小角模、大角模、筒子模。

13.3.1.2 大模板的板面材料

大模板的板面是直接与混凝土接触的部分，它承受着混凝土浇筑时的侧压力，要求具有足够的刚度，表面平整，能多次重复使用。钢板、木（竹）胶合板以及化学合成材料面板等均可作为面板的材料，其中常用的为钢板和木（竹）胶合板。

1. 整块钢板面

一般用4～6mm（以6mm为宜）钢板拼焊而成。这种面板具有良好的强度和刚度，能承受较大的混凝土侧压力及其他施工荷载，重复利用率高，一般周转次数在200次以上。另外，由于钢板面平整光洁，耐磨性好，易于清理，这些均有利于提高混凝土表面的质量。缺点是耗钢量大，重量大（40kg/m^2），易生锈，不保温，损坏后不易修复。

2. 组合式钢模板组拼板面

这种面板一般以2.75～3.0mm厚的钢板为面板，虽然亦具有一定的强度和刚度，耐磨，自重较整块钢板面要轻，能做到一模多用，但拼缝较多，整体性差，周转使用次数不如整块钢板面多，在墙面质量要求不严的情况下可以采用。用中型组合钢模板拼制而成的大模板，拼缝较少。

3. 木胶合板板面

大模板用木胶合板是由木段旋切成单板或由木方刨切成薄木，再用胶粘剂胶合而成的三层或多层的板状材料，通常用奇数层单板，并使相邻层单板的纤维方向互相垂直胶合而成。胶合板面板常用7层或9层胶合板，板面用树脂处理，一般周转次数在50次以上。以木材为主要原料生产的胶合板，由于其结构的合理性和生产过程中的精细加工，可大体上克服木材的缺陷，大大改善和提高木材的物理力学性能。木胶合板的厚度为12、15、18和21mm。大模板用木胶合板的胶合强度指标如表13-16所示，纵向弯曲强度和弹性模量指标如表13-17所示。

大模板用木胶合板的胶合强度指标值 表13-16

树种	胶合强度（单个试件指标值）（N/m^2）
桦木	≥1.00
克隆、阿必东、马尾松、云南松、荷木、枫香	≥0.80
柳安、拟赤杨	≥0.70

大模板用木胶合板纵向弯曲强度和弹性模量指标 表 13-17

树　　种	弹性模量 (N/mm^2)	静弯曲强度 (N/mm^2)
柳　　安	3.5×10^3	25
马尾松、云南松、落叶松	4.0×10^3	30
桦木、克隆、阿必东	4.5×10^3	35

4. 竹胶合板板面

竹胶板是以毛竹材作主要架构和填充材料，经高压成坯的建材，组织紧密，质地坚硬而强韧，板面平整光滑，可锯、可钻、耐水、耐磨、耐撞击、耐低温；收缩率小、吸水率低、导热系数小、不生锈。其厚度一般有 9、12、15、18mm。

5. 化学合成材料板面

采用玻璃钢或硬质塑料板等化学合成材料作板面，其优点是自重轻、板面平整光滑、易脱模、不生锈、遇水不膨胀；缺点是刚度小、怕撞击。

13.3.1.3 大模板的构造形式

大模板主要是由板面系统、支撑系统、操作平台和附件组成，分为桁架式大模板、组合式大模板、拆装式大模板、筒形模板以及外墙大模板。

1. 组合式大模板

组合式大模板是目前最常用的一种模板形式。它通过固定于大模板板面的角模，能把纵横墙的模板组装在一起，房间的纵横墙体混凝土可以同时浇筑，故房屋整体性好。它还具有稳定，拆装方便，墙体阴角方正，施工质量好等特点，并可以利用模数条模板加以调整，以适应不同开间、进深的需要。

组合式大模板由板面系统、支撑系统、操作平台及附件组成，如图 13-16 所示。

(1) 板面系统

板面系统由面板、竖肋、横肋以及龙骨组成。

面板通常采用 4～6mm 的钢板，面板骨架由竖肋和横肋组成，直接承受由面板传来的浇筑混凝土的侧压力。竖肋，一般采用 60mm×6mm 扁钢，间距 400～500mm。横肋，一般采用 8 号槽钢，间距为 300～350mm。保证了板面的双向受力。竖龙骨采用 12 号槽钢成对放置，间距一般为 1000～1400mm (图 13-18)。

横肋与板面之间用断续焊缝焊接在一起，其焊点间距不得大于 20cm。竖肋与横肋满焊，形成一个结构整体。竖肋兼作支撑架的上弦。

为加强整体性，横、纵墙大模板的两端均焊接边框 (横墙边框采用扁钢，纵墙边框采用角钢) 以使得整个板面系统形成一个封闭结构，并通过连接件将横墙模板与纵墙模板有机地结合在一起 (图 13-17)。

(2) 支撑系统

支撑系统由支撑架和地脚螺栓组成，其功能是保持大模板在承受风荷载和水平力时的竖向稳定性，同时用以调节板面的垂直度。

支撑架一般用槽钢和角钢焊接制成 (图 13-18)。每块大模板设置 2 个以上支撑架。支撑架通过上、下两个螺栓与大模板竖向龙骨相连接。

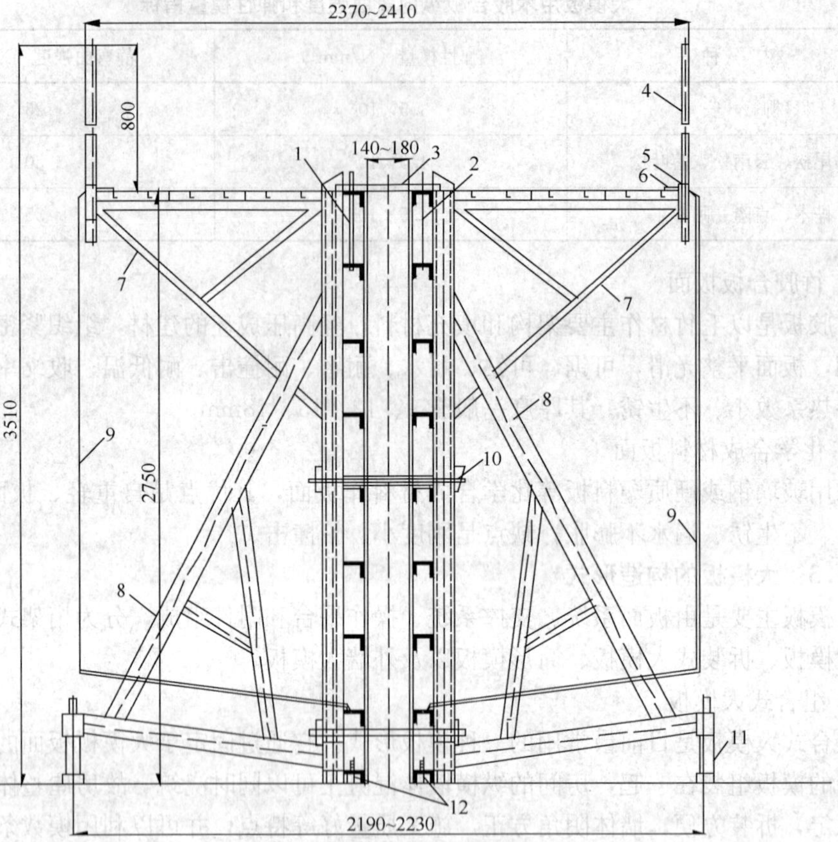

图 13-16　组合式大模板构造

1—反向模板；2—正向模板；3—上口卡板；4—活动护身栏；5—爬梯横担；6—螺栓连接；7—操作平台斜撑；8—支撑架；9—爬梯；10—穿墙螺栓；11—地脚螺栓；12—地脚

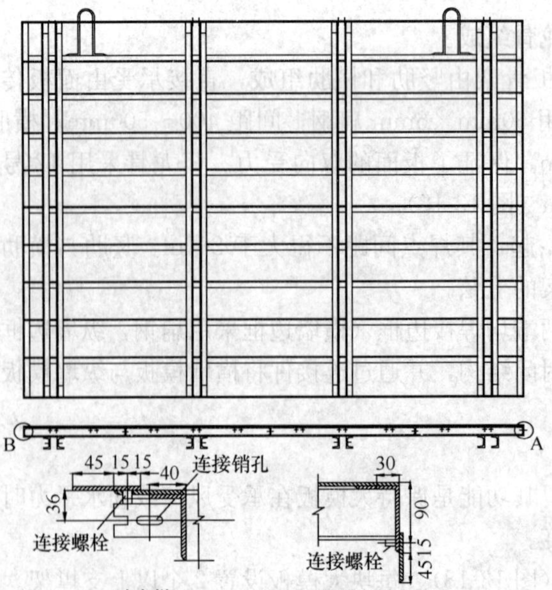

图 13-17　组合式大模板板面系统构造

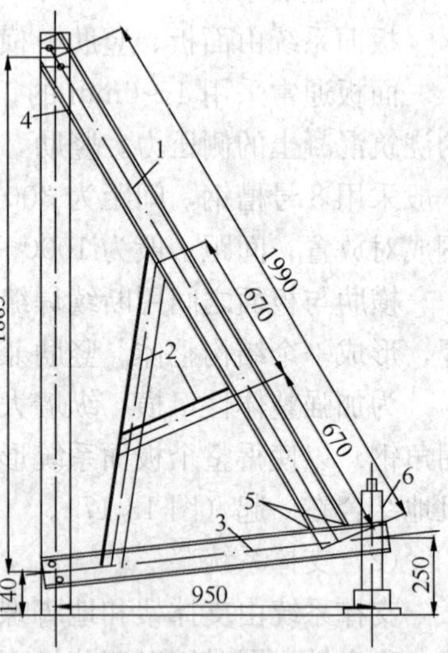

图 13-18　支撑架

1—槽钢；2—角钢；3—下部横杆槽钢；4—上加强板；5—下加强板；6—地脚螺栓

地脚螺栓设置在支撑架下部横杆槽钢端部，用来调整模板的垂直度和保证模板的竖向稳定。地脚螺栓的可调高度和支撑架下部横杆的长度直接影响到模板自稳角的大小。

（3）操作平台

操作平台是施工人员操作的场所和运行的通道，操作平台系统由操作平台、护身栏、铁爬梯等部分组成。操作平台设置于模板上部，用三角架插入竖肋的套管内，三角架上满铺脚手板。三角架外端焊有 ϕ37.5mm 的钢管，用以插放护身栏的立杆。铁爬梯供操作人员上下平台之用，附设于大模板上，用 ϕ20 钢筋焊接而成，随大模板一道起吊。

（4）附件

1）穿墙螺栓与塑料套管

模板连接用穿墙螺栓与塑料套管。穿墙螺栓是承受混凝土侧压力、加强板面结构的刚度、控制模板间距的重要配件，它把墙体两侧大模板连接为一体。为了防止墙体混凝土与穿墙螺栓粘结，在穿墙螺栓外部套一根硬质塑料管，其长度与墙厚相同，两端顶住墙模板，内径比穿墙螺栓直径大3～4mm，这样在拆除时可保证穿墙螺栓的顺利脱出。穿墙螺栓用 45 号钢加工而成，一端为梯形螺纹，长约 120mm，以适应不同墙体厚度的施工。另一端在螺栓杆上车上销孔，支模时用板销打入销孔内，以防止模板外涨。板销厚 6mm，做成斜头，以方便拆卸。详见图 13-19。

2）上口卡子

在模板顶端与穿墙螺栓上下对直位置处利用槽钢或钢板焊制好卡子支座，并在支模完成后将上口卡子卡入支座内。上口卡子直径为 ϕ30mm，其上根据不同的墙厚设置多个凹槽，以便与卡子支座相连接，达到控制墙厚的目的。详见图 13-20。

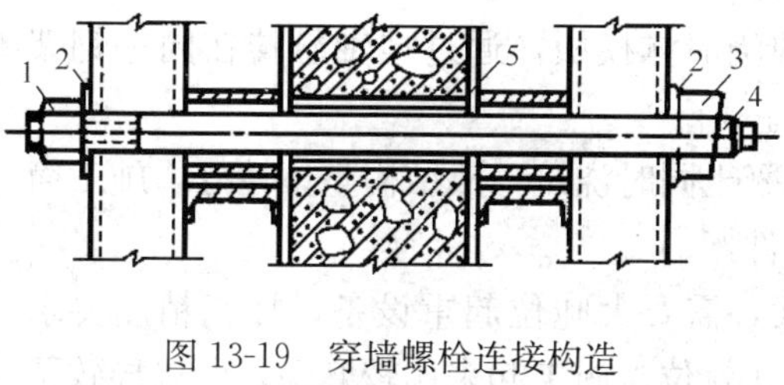

图 13-19 穿墙螺栓连接构造

1—螺母；2—垫板；3—板销；4—螺杆；5—塑料套管

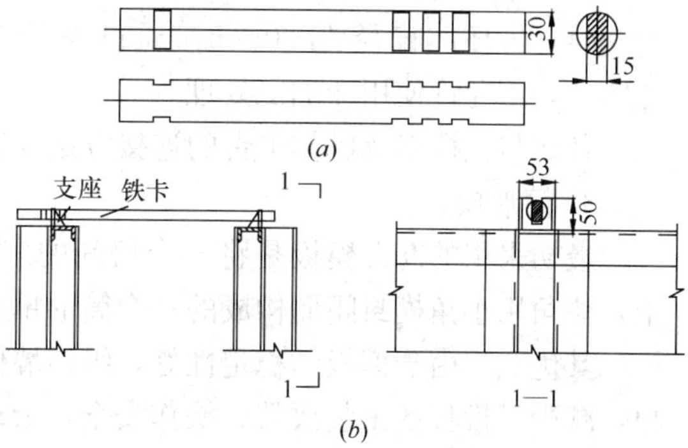

图 13-20 上口卡子

（a）铁卡子大样；（b）支座大样

2. 拆装式大模板

拆装式大模板（图 13-21）与组合式大模板的最大区别在于其板面与骨架以及骨架中各钢杆件之间的连接全部采用螺栓组装而非焊接连接，这样比组合式大模板便于拆改，也可减少因焊接而变形的问题。

（1）板面：板面采用钢板或胶合板，通过 M6 螺栓将板面与横肋连接固定，其间距为 350mm。为了保证板面平整，板面材料在高度方向拼接时，应拼接在横肋上；在长度方向拼接时，应在接缝处后面铺设一道木龙骨。

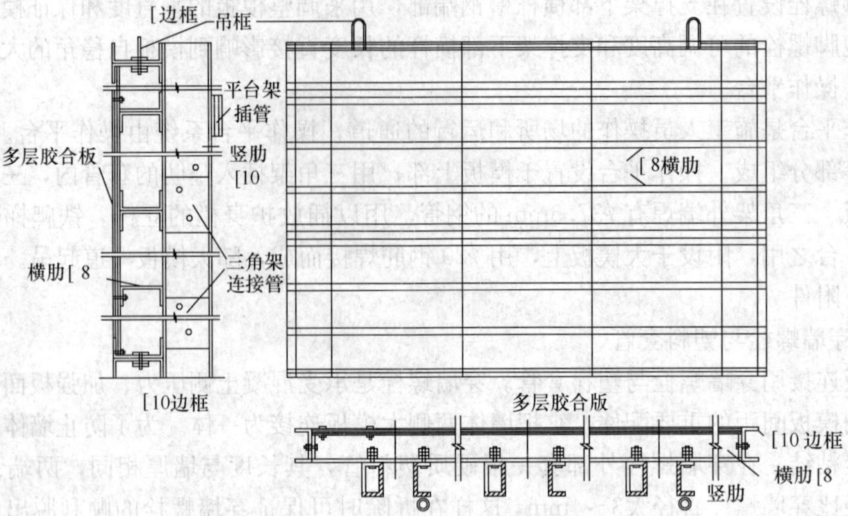

图 13-21 拼装式大模板

(2) 骨架：横肋以及周边边框全部用 M16 螺栓连接成骨架，连接螺孔直径为 18mm。如采用木质面板，则在木质面板四周加槽钢边框，槽钢型号应比中部槽钢大一个板面厚度，能够有效地防止木质板面四周损伤。例如当面板采用 20mm 厚胶合板时，普通横肋为 8 号槽钢，则边框应采用 10 号槽钢；当面板采用钢板时，其边框槽钢与中部槽钢尺寸相同。各边框之间焊以 8mm 厚钢板，钻 ϕ18mm 螺孔，用以互相连接。

(3) 竖向龙骨：采用两根 10 号槽钢成对放置，用螺栓与横肋相连接。

(4) 吊环：直径为 20mm，通过螺栓与板面上边框槽钢连接，吊环材质一般为 Q235A，不允许使用冷加工处理。

骨架与支撑架及操作平台的连接方法与组合式模板相同。

3. 筒形模板

最初采用的筒形模板是将一个房间的三面现浇墙体模板，通过挂轴悬挂在同一钢架上，墙角用小角模封闭而构成的一个筒形单元体。

其优点是由于模板的稳定性好，纵横墙体混凝土同时浇筑，故结构整体性好，施工简单，减少了模板的吊装次数，操作安全，劳动条件好。

其缺点是模板每次都要落地，且模板自重大，需要大吨位起重设备，加工精度要求高，灵活性差，安装时必须按房间弹出的十字中线就位，施工起来比较麻烦，所以导致了其通用性差，目前已经很少采用。

用于电梯井的筒形模板在 13.3.2 节单独进行介绍。

4. 外墙模板

外墙大模板的构造与组合式大模板基本相同，但由于对外墙面的垂直平整度要求更高，特别是需要做清水混凝土或装饰混凝土的外墙面，对外墙大模板的设计、制作也有其特殊的要求。主要需解决以下几个方面的问题：

(1) 门窗洞口的设置：

这个问题的习惯做法是：将门窗洞口部位的模板骨架取掉，按门窗洞口的尺寸，在骨架上做一边框，与大模板焊接为一体（图 13-22）。门窗洞口宜在内侧大模板上开设，以便在振捣混凝土时便于进行观察。

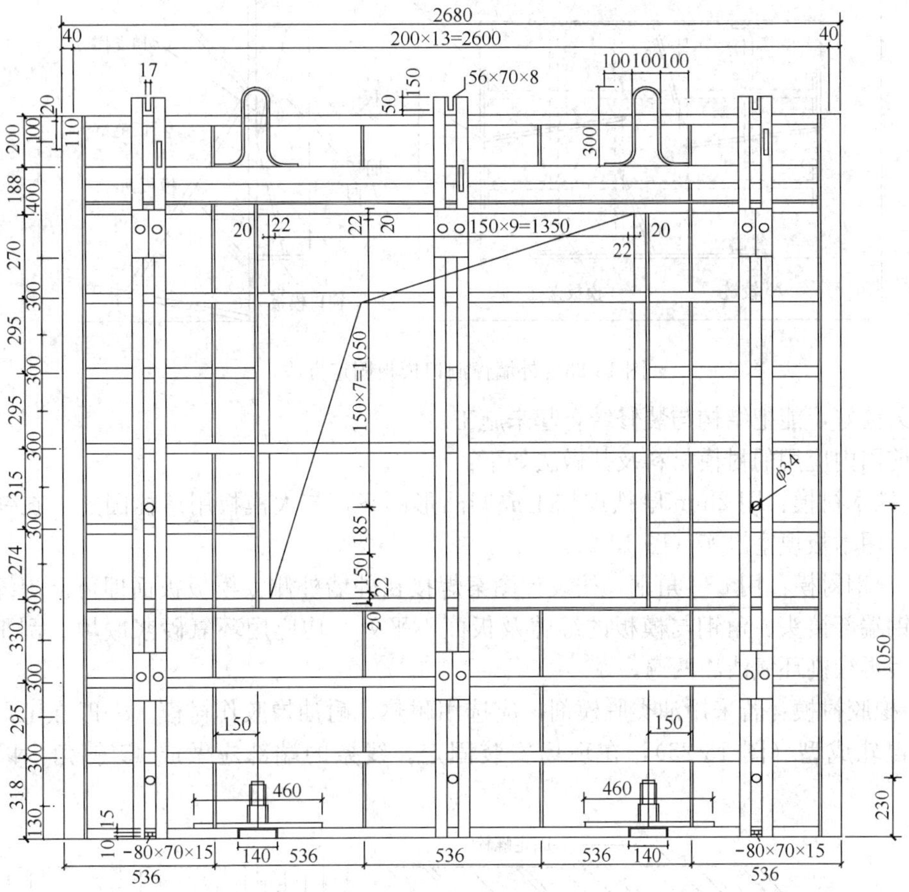

图 13-22　外墙大模板门窗洞口

另一种作法是：保存原有的大模板骨架，将门窗洞口部位的钢板面取掉。同样做一个型钢边框，并采取以下两种方法支设门洞模板。

1）散装散拆方法：按门窗洞口尺寸加工好洞口的侧模和角模，钻好连接销孔。在大模板的骨架上按门窗洞口尺寸焊接角钢边框，其连接销孔位置要和门窗洞口模板上的销孔一致（图 13-23）。支模时将各片模板和角模按门窗洞口尺寸组装好，并用连接销将门窗洞口模板与钢边框连接固定。拆模时先拆侧帮模板，上口模板应保留至规定的拆模强度时方能拆除，或在拆除后加设临时支撑。

2）板角结合方法：在模板板面门、窗洞口各个角的部位设专用角模，门、窗洞口的各面设条形板模，各板模用铰链固定在大模板板面上。支模时用钢筋钩将其支撑就位，然后安装角模。角模与侧模用企口缝连接。

目前最新的做法是：大模板板面不再开门窗洞口，门洞和窄窗采用假洞口框固定在大模板上，装拆方便。

（2）外墙采用装饰混凝土时，要选用适当的衬模：装饰混凝土是利用混凝土浇筑时的塑性，依靠衬模形成有花饰线条和纹理质感的装饰图案，是一种新的饰面技术。它的成本

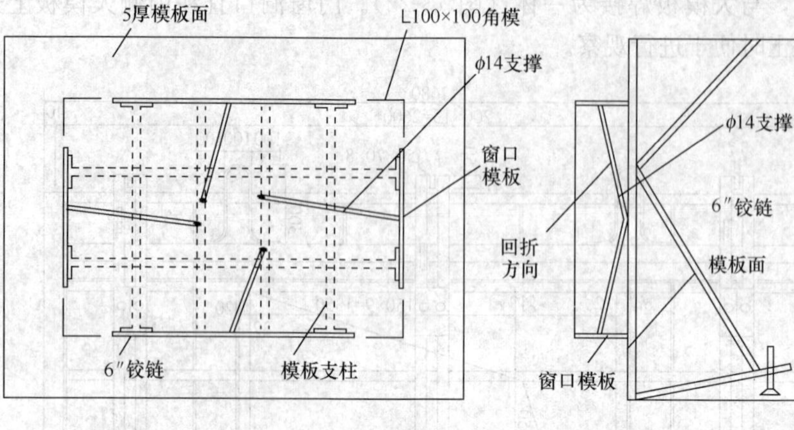

图 13-23　外墙窗洞口模板固定方法

低，耐久性好，能把结构与装修结合起来施工。

目前国内应用的衬模材料及其做法如下：

1）铁木衬模：用 2mm 厚铁皮加工成凹凸形图案，与大模板用螺栓固定。在铁皮的凸槽内，用木板填塞严实（图 13-24）。

2）角钢衬模：用 L30 角钢，按设计图案焊接在外墙外侧大模板板面即可。焊缝须磨光。角钢端部接头、角钢与模板的缝隙及板面不平处，均应用环氧砂浆嵌填、刮平、磨光，干后再涂刷环氧清漆两遍。

3）橡胶衬模：若采用油类脱模剂，应选用耐热、耐油橡胶作衬模。一般在工厂按图案要求辊轧成型（图 13-25），在现场安装固定。线条的端部应做成 45°斜角，以利于脱模。

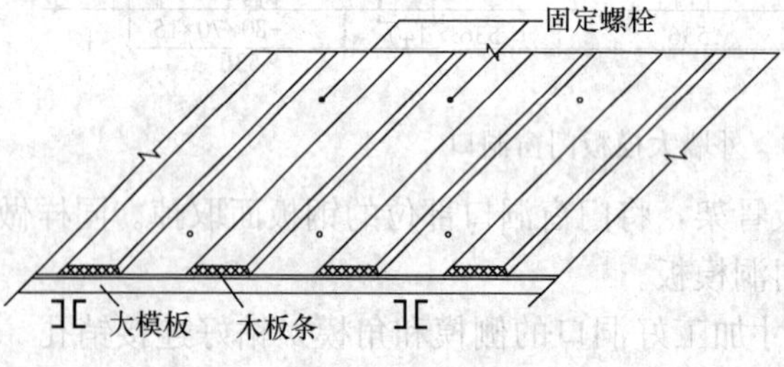

图 13-24　铁木衬模

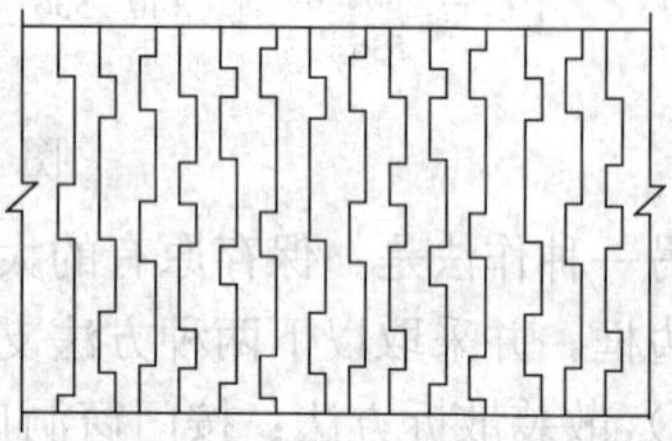

图 13-25　橡胶衬模

4）梯形塑料条：将梯形塑料条用螺栓固定在大模板上。横向放置时要注意安装模板的标高，使其水平一致；竖向放置时，可长短不等，疏密相同。

(3) 保证外墙上下层不错台、不漏浆和相邻模板平顺：为了解决外墙竖线条上下层不顺直的问题，防止上、下楼层错台和漏浆，要在外墙外侧大模板的上端固定一条宽 175mm、厚 30mm、长度与模板宽度相同的硬塑料板；在其下部固定一条宽 145mm、厚 30mm 的硬塑料板。为了能使下层墙体作为上层模板的导墙，在其底部连接固定一条［12 槽钢，槽钢外面固定一条宽 120mm、厚 32mm 的橡胶板。浇筑混凝土后，墙体水平缝处形成两道腰线，可以作为外墙的装饰线。上部腰线的主要功能是在支模时将下部的橡胶板和硬塑料板卡在里边作导墙，橡胶板又起封浆条的作用。所以浇筑混凝土时，既可保证墙面平整，又可防止漏浆。

为保证相邻模板平整，要在相邻模板垂直接缝处用梯形橡胶条、硬塑料条或 L30×4 角钢作堵缝条，用螺栓固定在两大模板中间（图 13-26），这样既可防止接缝处漏浆，又使相邻外墙中间有一个过渡带，拆模后可以作为装饰线或抹平。

（4）外墙大角的处理：外墙大角处相邻的大模板，采取在边框上钻连接销孔，将 1 根 80mm×80mm 的角模固定在一侧大模板上。两侧模板安装后，用“U”形卡与另一侧模板连接固定。

（5）外墙外侧大模板的支设：一般采用外侧安装平台方法。安装平台由三角挂架、平台板、安全护身栏和安全网所组成，是安放外墙大模板、进行施工操作和安全防护的重要设施。在有阳台的地方，外墙大模板安装在阳台上。

三角挂架是承受模板和施工荷载的构件，必须保证有足够的强度和刚度。各杆件用 2L50mm×5mm 角钢焊接而成，每个开间内设置两个，通过 ϕ40 的“L”形螺栓挂钩固定在下层外墙上（图 13-27）。

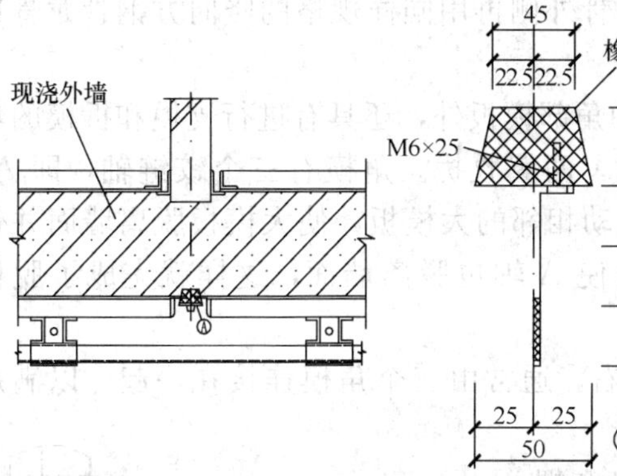

图 13-26 外墙外侧大模板垂直接缝构造处理

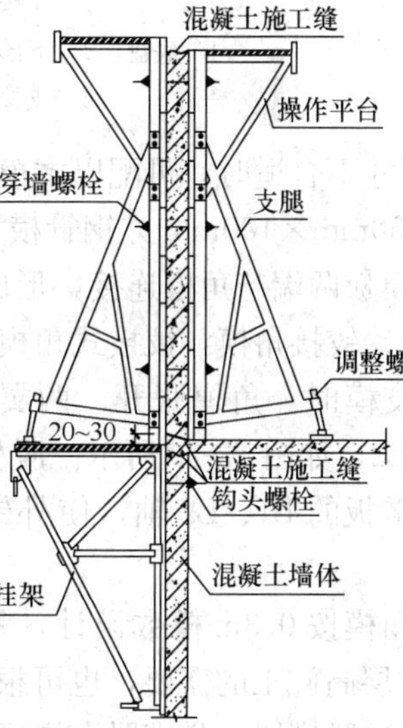

图 13-27 三角挂架支模示意图

平台板用型钢作横梁，上面焊接钢板或铺脚手板，宽度要满足支模和操作需要。其外侧设有可供两个楼层施工用的护身栏和安全网。为了施工方便，还可在三角挂架上用钢管和扣件做成上、下双层操作平台，即上层作结构施工用，下层平台进行墙面修补用。

13.3.2 电 梯 筒 模

13.3.2.1 组合式铰接筒形模板

组合式铰接筒形模板，以铰链式角模作连接，各面墙体配以钢框胶合板大模板，如图 13-28 所示。

（1）铰接筒形模板的构造：组合式铰接筒模是由组合式模板组合成大模板、铰接式角模、脱模器、横竖龙骨、悬吊架和紧固件组成。

1）大模板：大模板采用组合式模板，用铰接角模组合成任意规格尺寸的筒形大模板

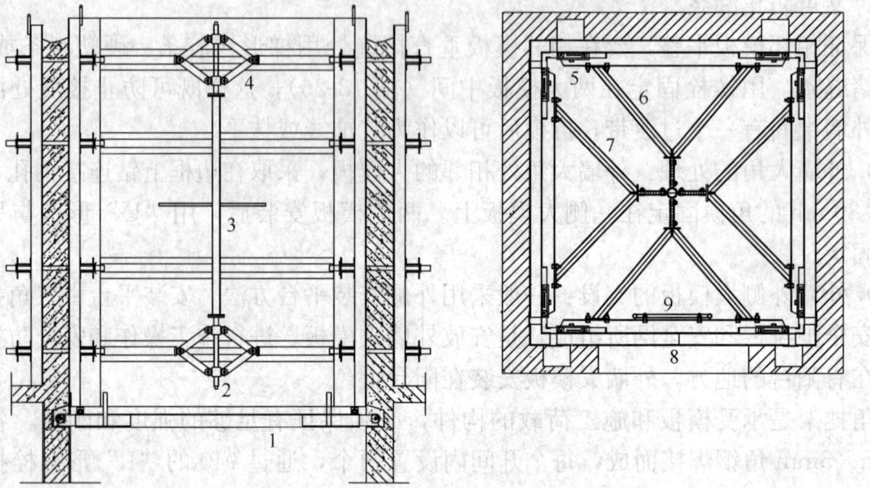

图 13-28　组合式铰接筒形模板构造

1—底盘；2—下部调节杆；3—旋转杆；4—上部调节杆；5—角模连接杆；6—支撑架 A；7—支撑架 B；8—墙模板；9—钢爬梯

（如尺寸不合适时，可配以木模板条）。每块模板周边用 4 根螺栓相互连接固定，在模板背面用 50mm×100mm 方钢管横龙骨连接，在龙骨外侧再用同样规格的竖向方钢管龙骨连接。模板两端与角模连接，形成整体筒模。

2）铰接角模：铰接式角模除作为筒形模的角部模板外，还具有进行支模和拆模的功能。支模时，角模张开，两翼呈 90°；拆模时，两翼收拢。角模有三个铰链轴，即 A、B1、B2，如图 13-29 所示。脱模时，脱模器牵动相邻的大模板，使大模板脱离墙面并带动内链板的 B1、B2 轴，使外链板移动，从而使 A 轴也脱离墙面，这样就完成了脱模工作。

角模按 0.3m 模数设计，每个高 0.9m 左右，通常由三个角模连接在一起，以满足 2.7m 层高施工的需要，也可根据需要加工。

3）脱模器：脱模器由梯形螺纹正反扣螺杆和螺套组成，可沿轴向往复移动。脱模器每个角安设 2 个，与大模板通过连接支架固定，如图 13-30 所示。

脱模时，通过转动螺套，使其向内转动，使螺杆作轴向运动，正反扣螺杆变短，促使两侧大模板向内移动，并带动角模滑移，从而达到脱模的目的。

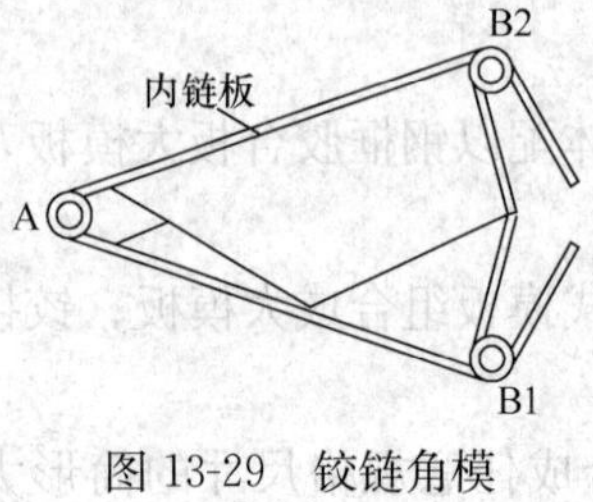

图 13-29　铰链角模

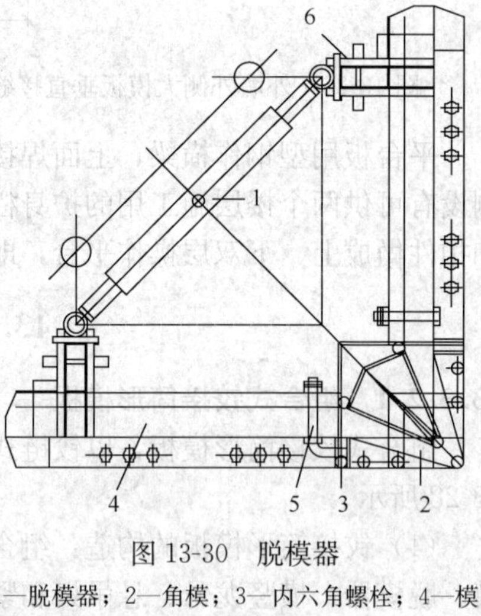

图 13-30　脱模器

1—脱模器；2—角模；3—内六角螺栓；4—模板；5—钩头螺栓；6—脱模器固定支架

(2) 铰接式筒模的组装

1) 按照施工栋号设计的开间、进深尺寸进行配模设计和组装。组装场地要平整坚实。

2) 组装时先从角模开始按顺序连接，注意对角线找方。先安装下层模板，形成筒体，再依次安装上层模板，并及时安装横向龙骨和竖向龙骨。用地脚螺栓支脚进行调平。

3) 安装脱模器时，必须注意四角和四面大模板的垂直度，可以通过变动脱模器（放松或旋紧）调整好模板位置，或用固定板先将复式角模位置固定下来。当四个角都调到垂直位置后，用四道方钢管围拢，再用方钢管卡固定，使铰接筒模成为一个刚性的整体。

4) 安装筒模上部的悬吊撑架，铺脚手板，以供施工人员操作。

5) 进行调试。调试时脱模器要收到最小限位，即角部移开 42.5mm，四面墙模可移进 141mm。待运行自如后再行安装。

13.3.2.2 滑板平台骨架筒模

滑板平台骨架筒模，是由装有连接定位滑板的型钢平台骨架，将井筒四周大模板组成单元筒体，通过定位滑板上的斜孔与大模板上的销钉相对滑动，来完成筒模的支拆工作，如图 13-31 所示。

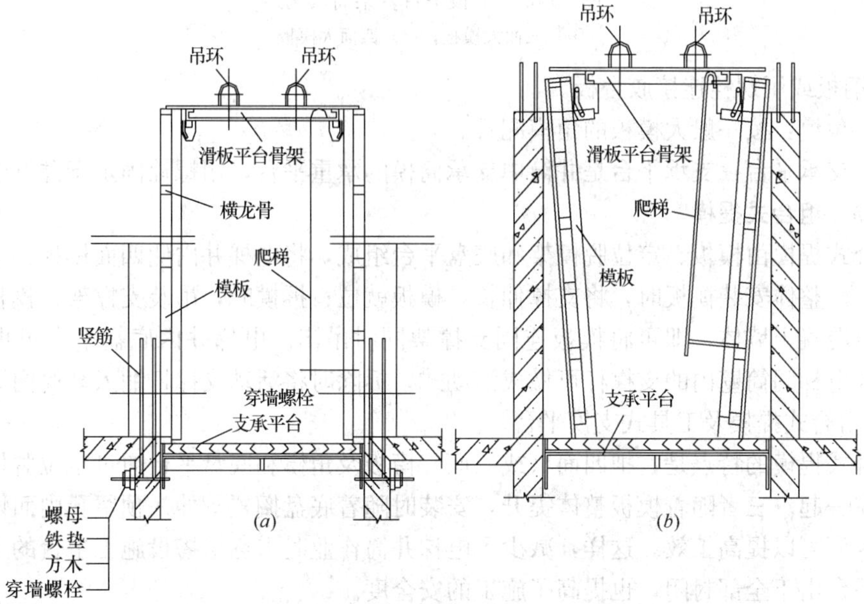

图 13-31 滑板平台骨架筒模安装示意

(a) 安装就位；(b) 拆模

滑板平台骨架筒模，由滑板平台骨架、大模板、角模和模板支承平台等组成。根据梯井墙体的具体情况，可设置三面大模板或四面大模板。

(1) 滑板平台骨架：滑板平台骨架是连接大模板的基本构架，也是施工操作平台，它设有自动脱模的滑动装置。平台骨架由 12 号槽钢焊接而成，上盖 1.2mm 厚钢板，出入人孔旁挂有爬梯，骨架四角焊有吊环，如图 13-32 所示。

连接定位滑板是筒模整体支拆的关键部位。

(2) 大模板：采用 8 号槽钢或□50mm×100mm×2.5mm 薄壁型钢做骨架，焊接

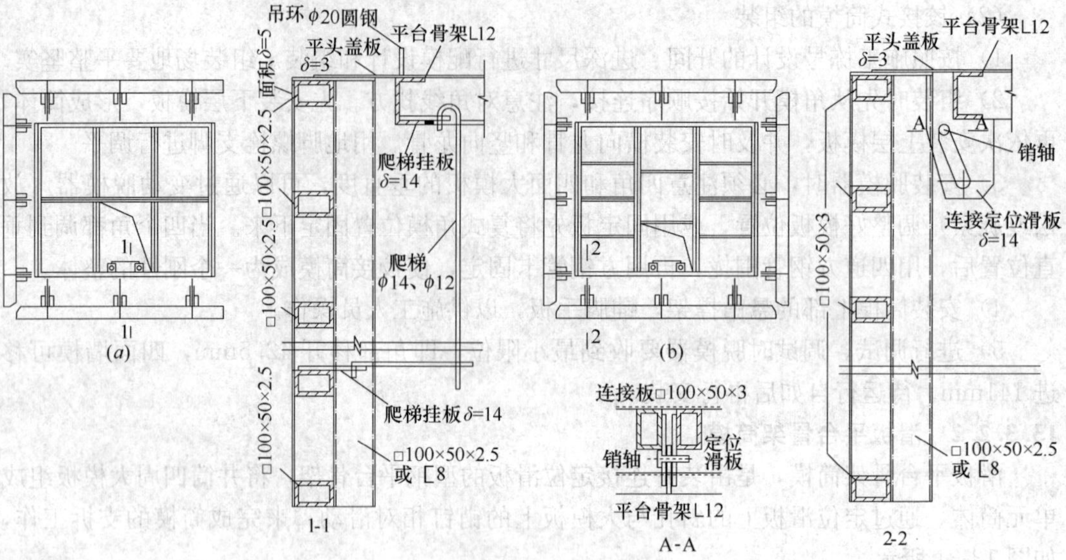

图 13-32　滑板平台骨架筒模构造
(*a*) 三面大模板；(*b*) 四面大模板

5mm 厚钢板或用螺栓连接胶合板。

（3）角模：按一般大模板的角模配置。

（4）支承平台：支承平台是井筒中支承筒模的承重平台，用螺栓固定于井壁上。

13.3.2.3　组合式提模

组合式提模由模板、定位脱模架和底盘平台组成，将电梯井内侧四面模板固定在一个支撑架上。整体安装模板时，将支撑伸长，模板就位；拆模时，吊装支撑架，模板收缩位移，脱离混凝土墙体，即可将模板连同支撑架同时吊出。电梯井内底盘平台可做成工具式，伸入电梯间筒壁内的支撑杆可做成活动式，拆除时将活动支撑杆缩入套筒内即可。图 13-33 为组合式提模及工具式支模平台。

组合式提模的特点是，把四面（或三面）模板及角模和底盘平台通过定位脱模架有机地连接在一起。三者随着模板整体提升，安装时随着底盘搁置脚伸入预留孔内而恢复水平状态，因而可以提高工效。这样，减少了电梯井筒作业时需逐层搭设施工平台的工序，同时底盘平台由于全部封闭，也提高了施工的安全度。

组合式提模的构造如下：

1. 大模板与角模

大模板可以做成整体式，也可以用组合钢模板进行拼装。角模要设置加劲肋，并在中部的加劲肋上设一吊钩，与三脚架的吊链连在一起。角模与大模板采用压板连接。

在大模板上采用开洞的办法留出电梯井的门洞模板，并通过开洞口供施工人员出入作业。在开洞处的大模板上设置两根 ϕ48 的钢管，以增加洞口的刚度，又可与电梯井筒外模连在一起。

2. 底盘平台架

底盘平台架由底盘架及门形架两部分组成。底盘架用 2 根 12 号槽钢横梁与 4 根 12 号槽钢纵梁组成井字状，上面满铺钢板网。纵、横梁端部装焊导向条，单向伸缩的搁脚放在

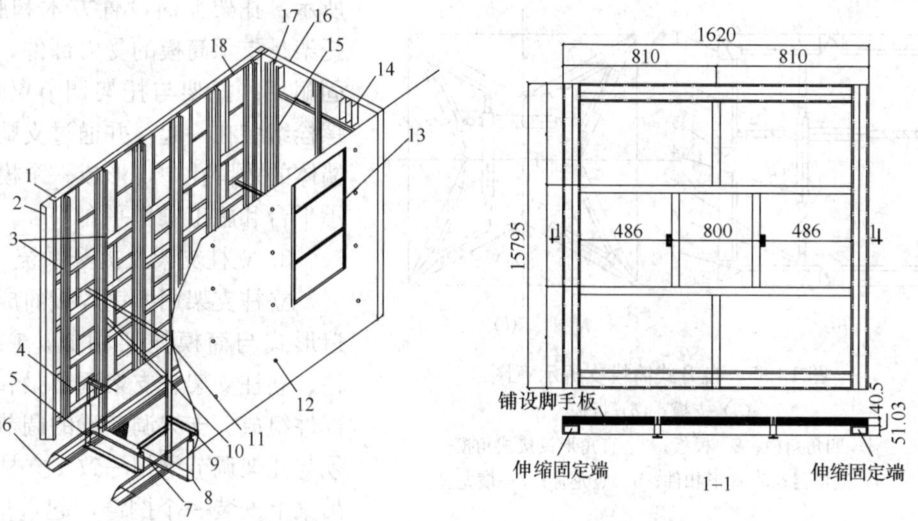

图 13-33 组合式提模及工具式支模平台

1—大模板；2—角模；3—角模骨架；4—拉杆；5—千斤顶；6—单向铰搁脚；7—底盘及钢板网；8—导向条；9—承力小车；10—门形钢架；11—可调卡具；12—拉杆螺栓孔；13—门洞；14—搁脚预留洞位置；15—角模骨架吊链；16—定位架；17—定位架压板螺杆；18—吊环

纵梁两端。门形架焊接在底盘的横梁上，用 10 号槽钢焊接而成。

定位脱模装置由安装在门形架上的 8 个千斤顶和承力小车及可调卡具组成，用千斤顶调整高低。每面模板用两个承力小车及两个可调卡具支承，进行水平及竖向调整。在门形架四个角上还装有可调三角架，用于悬吊角模。铁链与角模的夹角成 5°，当大模板移动时，角模被铁链吊住，使竖向无大的移动。这样既满足了大模板水平方向的调整，又解决了角模悬吊和拆除的问题。

13.3.2.4 电梯井自升筒模

这种模板的特点是将模板与提升机具及支架结合为一体，具有构造简单合理、操作简便和适用性强等特点。

自升筒模由模板、托架和立柱支架提升系统两大部分组成，如图 13-34 所示。

1. 模板

模板采用组合式模板及铰链式角模，其尺寸根据电梯井结构大小决定。在组合式模板的中间，安装一个可转动的直角形铰接式角模，在装、拆模板时，使四侧模板可进行移动，以达到安装和拆除的目的。模板中间设有花篮螺栓退模器，供安装、拆除模板时使用。

2. 托架

筒模托架由型钢焊接而成，如图 13-35

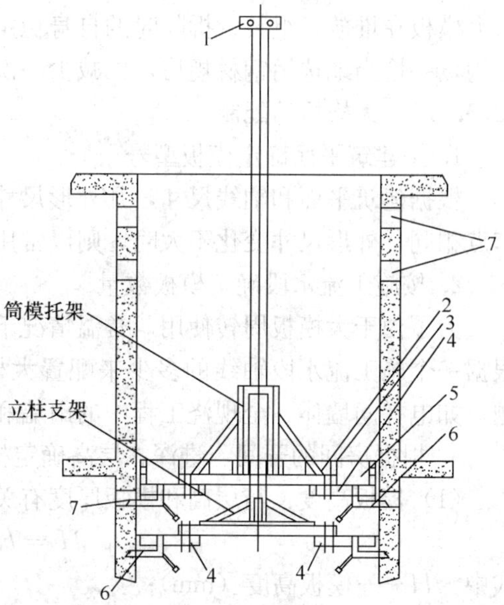

图 13-34 电梯井筒模自升结构

1—吊具；2—面板；3—方木；4—托架调节梁；5—调节丝杆；6—支腿；7—支腿洞

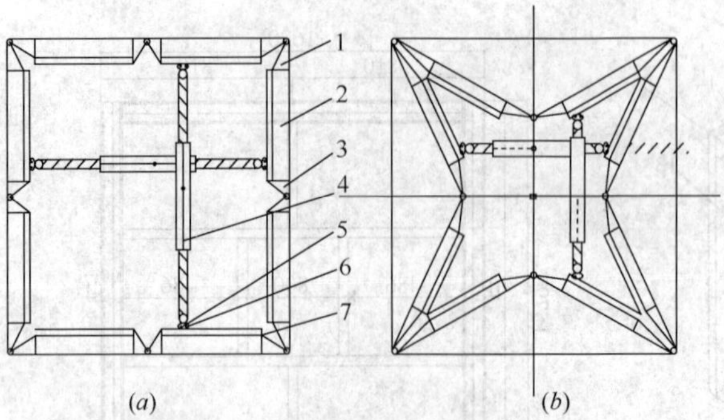

图 13-35　自升式筒模支拆示意图

（a）支模；（b）拆模

1—四角角模；2—模板；3—直角形铰接式角模；4—退模器；5—3 形扣件；6—竖龙骨；7—横龙骨

所示。托架上面设置方木和脚手板，托架是支承筒模的受力部件，必须坚固耐用。托架与托架调节梁用 U 形螺栓组装在一起，并通过支腿支撑于墙体的预留孔中，形成一个模板的支承平台和施工操作平台。

3. 立柱支架及提升系统

立柱支架用型钢焊接而成。其构造形式与筒模托架相似，它是由立柱、立柱支架、支架调节梁和支腿等部件组成。支架调节梁的调节范围必须与托架调节梁相一致。立柱上端起吊梁上安装一个捯链，起重量为 2～3t，用钢丝绳与筒模托架相连接，形成筒模的提升系统。

13.3.3 模 板 设 计

13.3.3.1　设计原则

（1）模板的设计应与建筑设计配套。规格类型要少，通用性要强，能满足不同平面组合需要。

（2）要力求构造简单，制作和装拆灵活方便。

（3）要使模板组合方便，设缝合理、协调，尽量做到纵、横墙体能同时浇筑混凝土。

（4）还要保证模板坚固耐用，并且经济合理。大模板的设计首先要满足刚度要求，确保大模板在堆放、组装、拆除时的自身稳定，以增强其周转使用次数。同时应采用合理的结构，并恰当地选用钢材规格，以减少一次投资量。

13.3.3.2　大模板的配制

1. 按建筑平面确定模板型号

根据建筑平面和轴线尺寸，凡外形尺寸和节点构造相同的模板均可列为同一型号。当节点相同，外形尺寸变化不大时，则以常用的开间尺寸为基准模板，另配模板条。

2. 按施工流水段确定模板数量

为了便于大模板周转使用，常温情况下一般以一天完成一个流水段为宜。所以，必须根据一个施工流水段轴线的多少来配置大模板。同时还必须考虑特殊部位的模板配置问题，如电梯间墙体、全现浇工程中的山墙和伸缩缝部位的模板数量。

3. 根据房间的开间、进深、层高确定模板的外形尺寸

（1）模板高度：与层高和模板厚度有关，一般可以通过下式确定：

$$H = h - h_1 - C_1$$

式中　H——模板高度（mm）；

h——楼层高度（mm）；

h_1——楼板厚度（mm）；

C_1——余量，考虑到模板找平层砂浆厚度及模板安装不平等因素而采用的一个常

数，通常取20～30mm。

（2）横墙模板长度：横墙模板长度与进深轴线、墙体厚度及模板搭接方法有关，按下式计算：

$$L = L_1 - L_2 - L_3 - C_2$$

式中 L——内横墙模板长度（mm）；

L_1——进深轴线尺寸（mm）；

L_2——外墙轴线至外墙内表面的尺寸（mm）；

L_3——内墙轴线至墙面的尺寸（mm）；

C_2——为拆模方便，外端设置一角模，其宽度通常取50mm。

（3）纵墙模板长度：纵墙模板长度与开间轴线尺寸、墙厚、横墙模板厚度有关，按下式确定：

$$B = b_1 - b_2 - b_3 - C_3$$

式中 B——纵墙模板长度（mm）；

b_1——开间轴线尺寸（mm）；

b_2——内横墙厚度（mm）。端部纵横墙模板设计时，此尺寸为内横墙厚度的1/2加外轴线到内墙皮的尺寸；

b_3——横墙模板厚度×2（mm）；

C_3——模板搭接余量，为使模板能适应不同的墙体厚度，故取一个常数，通常取20mm。

4. 大模板制作加工

（1）放样：用不小于16mm厚钢板做成模板焊接平台，按1∶1划在平台上，根据放线尺寸下料。

（2）调直：所有型钢都要先进行冷加工调直。

（3）下料

1）型钢下料：型钢（竖肋及边框）下料均采用剪板机剪切。

2）钢板下料：钢板必须表面平整，不允许板上有局部凹陷。画线后由剪板机下料，误差为1mm。出现边角翘曲的地方，应冷加工校正，用砂轮打磨掉毛刺再使用。

（4）冲孔：边框上模板拼装用各种连接孔，用冲床冲出。为了保持孔位准确，要求型钢在靠模上进行冲孔。靠模相应的位置上也有孔，这样已冲好的孔可与靠模上的孔用销子固定，然后再冲其他的孔。

（5）再调直：在钢平台上冷加工进行局部校直。

（6）制作平台靠模：为了减少焊接变形，应在制作平台上按放样线放出大模板边框架的外包尺寸线和内净尺寸线、全部竖肋的两侧位置线。这些线作为制作靠模（焊接大模板框架的工具夹）控制线。将工具夹零件分别固定在控制线两侧。距四侧转角150～200mm处，各边固定模具一对。在竖肋的焊接处，外侧固定模具一只。其他无焊接处的模具每隔800mm固定模具一对。模具可用L75×8角钢制作，长80mm左右。

（7）焊接：

1）框架焊接：将大模板的边框及竖肋分别放入靠模内，如个别型钢料截面有误差，用薄铁垫片将框架垫平。然后先用点焊将大模板框架焊在一起，至少用2个人（最好用4

个人）同时进行对称焊接。

2）钢面板焊接：钢面板与竖肋及边框用电焊连接。钢面板与竖肋进行跳焊，每段焊缝不超过 80mm，相距 100～150mm，焊缝高 4～6mm，且在肋的两边相间焊接。钢面板与边框要满焊，焊缝高为 4～6mm。焊接的方法是先进行点焊，然后跳焊，再逐一补平。

（8）质量允许偏差应符合表 13-18 的规定。

整体式大模板制作允许偏差和检验方法　　表 13-18

项次	项　目	允许偏差（mm）	检验方法
1	板面平整	±3	卷尺量检查
2	模板长度	−2	卷尺量检查
3	模板板面对角线差	≤3	卷尺量检查
4	板面平整度	2	2m 靠尺及塞尺检查
5	相邻面板拼缝高低差	≤0.5	平尺及塞尺量检查
6	相邻面板拼缝间隙	≤0.8	塞尺量检查

注：本表引自《建筑工程大模板技术规程》（JGJ 74—2003）。

13.3.4　施工要点及注意事项

13.3.4.1　施工顺序

楼板上弹墙皮线、模板外控制线→剔除接槎混凝土软弱层→安门窗洞口模板并与大模板接触的侧面加贴海绵条→在楼板上的墙线外侧 5mm 贴 20mm 厚海绵条→安内横墙模板→安内纵墙模板→安堵头模板→安外墙内侧模板→安外墙外侧模板→办理预检……→模板拆除→模板清理。

13.3.4.2　施工工艺

1. 模板安装

（1）按照方案要求，安装模板支架平台架。

（2）安装洞口模板、预留洞模板及水电预埋件。门窗洞口模板与墙模板结合处应加垫海绵条防止漏浆。如果结构保温采用大模内置外墙外保温，应先安装保温板。

（3）安装内横墙、内纵墙模板，根据纵横墙之间的构造关系安排安装顺序，将一个流水段的正号模板用塔式起重机按位置吊至安装位置初步就位，用撬棍按墙位置先调整模板位置，对称调整模板的对角线或斜杆螺栓。用 2m 靠尺板测垂直校正标高，使模板垂直度、水平度、标高符合设计要求，立即拧紧螺栓。

（4）合模前检查钢筋、水电预埋管件、门窗洞口模板、穿墙套管是否遗漏，位置是否准确，安装是否牢固或是否削弱混凝土断面过多等，合反号模板前将墙内杂物清理干净。

（5）安装反号模板，经校正垂直后用穿墙螺栓将两块模板锁紧。

（6）正反模板安装完后检查角模与墙模，模板与墙面间隙必须严密，防止漏浆、错台现象。检查每道墙上口是否平直，用扣件或螺栓将两块模板上口固定。办完模板工程预检验收，方准浇筑混凝土。

（7）在流水段分段处，墙体模板的端头安装卡槎子模板，它可以用木板或用胶合板根据墙厚制作，模板要严密，防止浇筑内墙混凝土时，混凝土从外头部分流出。

（8）安装外墙内侧模板，按模板的位置线将大模板安装就位找正。

(9) 安装外墙外侧模板，模板放在支撑平台架上（为保证上下接缝平整、严密，模板支撑尽量利用下层墙体的穿墙螺栓紧固模板），将模板就位找正，穿螺栓，与外墙内模连接紧固校正。注意施工缝模板的连接严密，牢固可靠，防止出现错台和漏浆的现象。

(10) 穿墙螺栓与顶撑可在一侧模立好后先安，也可以两边立好从一侧穿入。

2. 大模板的拆除

(1) 模板拆除时，结构混凝土强度应符合设计和规范要求，混凝土强度应以保证表面及棱角不因拆除模板而受损，且混凝土强度达到 1.2MPa。

冬期施工中，混凝土强度达到 1.2MPa 可松动螺栓，当采用综合蓄热法施工时待混凝土达到 4MPa 方可拆模，且应保证拆模时混凝土温度与环境温度之差不大于 20℃，且混凝土冷却到 5℃及以下。拆模后的混凝土表面应及时覆盖，使其缓慢冷却。

(2) 拆除模板：首先拆下穿墙螺栓，再松开地脚螺栓使模板向后倾斜与墙体脱开。如果模板与混凝土墙面吸附或粘接不能离开时，可用撬棍撬动模板下口。但不得在墙体上撬模板，或用大锤砸模板。且应保证拆模时不晃动混凝土墙体，尤其在拆门窗洞口模板时不能用大锤砸模板。

(3) 拆除全现浇混凝土结构模板时，应先拆外墙外侧模板，再拆除内侧模板。

(4) 清除模板平台上的杂物，检查模板是否有钩挂兜绊的地方，调整塔臂至被拆除模板的上方，将模板吊出。

(5) 大模板吊至存放地点时，必须一次放稳，其自稳角应根据模板支撑体系的形式确定，中间留 500mm 工作面，及时进行模板清理，涂刷隔离剂，保证不漏刷、不流淌。每块模板后面挂牌，标明清理、涂刷人名单。

(6) 大模板应定期进行检查和维修，在大模板上后开的孔洞应打磨平整，不用者应补堵后磨平，保证使用质量。冬季大模板背后做好保温，拆模后发现有脱落及时补修。

(7) 为保证墙筋保护层准确，大模板上口顶部应配合钢筋工安装控制竖向钢筋位置、间距和钢筋保护层工具式的定距框。

(8) 当风力大于 5 级时，停止对墙体模板的拆除。

3. 大模板清理

拆下的大模板，必须先用扁铲将模板内、外和周边灰浆清理干净，模板外侧和零部件的灰浆和残存混凝土也应清理干净，然后用拖把将吸附在板面的浮灰擦净，擦净后的大模板再用滚刷均匀涂刷隔离剂。

13.3.4.3 安全要求

1. 大模板堆放的安全要求

(1) 筒模可用拖车整体运输，也可拆成平模用拖车水平叠放运输，平模叠放运输时，垫木必须上下对齐，绑扎牢固，车上严禁坐人。

(2) 平模存放时，必须满足地区条件要求的自稳角。大模板存放在施工楼层上，必须有可靠的防倾倒措施，并垂直于外墙存放。在地面存放模板时，两块大模板应采用板面对板面的存放方法，长期存放应将模板连成整体。对没有支撑或自稳角不足的大模板，应存放在专用的堆放架上，或者平卧堆放，严禁靠放到其他模板或构件上，以防下脚滑移倾翻伤人。

2. 大模板安装安全要求

(1) 大模板组装或拆除时，指挥、拆除和挂钩人员，必须站在安全可靠的地方才可操作，严禁任何人员随大模板起吊，安装外模板的操作人员应配挂安全带。

(2) 大模板必须设有操作平台、上下梯道、防护栏杆等附属设施。如有损坏，应及时修好。大模板安装就位后为便于浇筑混凝土，两道墙模板平台间应搭设临时走道或其他安全措施，严禁操作人员在外墙板上行走。

(3) 大模板起吊前，应将吊机的位置调整适当，并检查吊装用绳索、卡具及每块模板上的吊环是否牢固可靠，然后将吊钩挂好，拆除一切临时支撑，经检查无误后方可起吊。模板起吊前，应将吊车的位置调整适当，做到稳起稳吊不得斜牵起吊，就位要准确，禁止用人力搬动模板。吊运安装过程中，严防模板大幅度摆动或碰倒其他模板。

(4) 吊装大模板时，如有防止脱钩装置，可吊运同一房间的两块板，但禁止隔着墙同时吊运另一面的一块模板。

(5) 大模板安装时，应先内后外，单面模板就位后，应用支架固定并支撑牢固。双面模板就位后用拉杆和螺栓固定，未就位和固定前不得摘钩。

(6) 组装平模时，用卡或花篮螺栓将相邻模板连接好，防止倾倒；安装外墙外模板时，必须将悬挑扁担固定，位置调好方可摘钩。外墙外模板安装好后要立即穿好销杆，紧固螺栓。

(7) 有平台的大模板起吊时，平台上禁止存放任何物料。里外角模和临时摘挂的板面与大模板必须连接牢固，防止脱开和断裂坠落。

(8) 模板安装就位后，要采取防止触电的保护措施，应设专人将大模板串联起来，并与避雷网接通，防止漏电伤人。

(9) 清扫模板和刷隔离剂时，必须将模板支撑牢固，两板中间保持不应少于60cm的走道。

3. 大模板拆除安全要求

(1) 在大模板拆装区域周围，应设置围栏，并挂明显的标志牌，禁止非作业人员入内。

(2) 拆模起吊前，应复查穿墙销杆是否拆净，在确无遗漏且模板与墙体完全脱离后方可起吊，拆除外墙模板时，应先挂好吊钩，紧绳索，再行拆除销杆和担。吊钩应垂直模板，不得斜吊，以防碰撞相邻模板和墙体。摘钩时手不离钩，待吊钩吊起超过头部方可松手，超过障碍物以上的允许高度，才能行车或转臂。模板就位和拆除时，必须设置缆风绳，以利模板吊装过程中的稳定性。在大风情况下，根据安全规定，不得作高空运输，以免在拆除过程中发生模板间或与其他障碍物之间的碰撞。

(3) 起吊时应先稍微移动一下，证明确属无误后，方可正式起吊。

(4) 大模板的外模板拆除前，要用吊机事先吊好，然后才准拆除悬挂扁担及固定件。

(5) 大模板拆除后，及时清除模板上的残余混凝土，并涂刷脱模剂，在清扫和涂刷脱模剂时，模板要临时固定好，板面相对停放的模板间，应留出人行道，模板上方要用拉杆固定。

13.4　滑　动　模　板

滑动模板施工是以滑模千斤顶、电动提升机或手动提升器为提升动力，带动模板（或滑框）沿着混凝土（或模板）表面滑动而成型的现浇混凝土结构的施工方法的总称，简称滑模施工。

我国在20世纪50年代第一个五年计划时期，开始应用滑模工艺建造了一批筒仓类工程。经过几十年的发展，滑模工程、提升机具、滑模施工工艺等方面不断进步，并相继颁布了《滑动模板工程技术规范》(GBJ 50113)、《液压滑动模板施工安全技术规程》(JGJ 65)、《滑模液压提升机》(JJ 80) 等国家标准和行业标准。

目前，滑模施工工艺不仅广泛应用于贮仓、水塔、烟囱、桥墩、立井筑壁、框架等工业构筑物，而且在高层和超高层民用建筑也得到了广泛的应用。滑模施工由单纯狭义的滑模工艺向广义的滑模工艺发展，包括与爬模、提模、翻模、倒模等工艺相结合，以取得最佳的经济效益和社会效益。

13.4.1　滑模工程的基本要求

采用滑升模板施工的现浇混凝土结构工程，称为滑模工程。一般可分为：仓筒（或筒壁）结构滑模工程（如烟囱、凉水塔贮仓等）；框架或框剪（框架-剪力墙）结构滑模工程；框筒和筒中筒结构滑模工程以及板墙结构滑模工程等，它们又可以大致分为以下三类：以竖向结构为主的滑模工程，可称为“主竖结构滑模”；以横向结构（框架梁）为主的滑模工程，可称为“主横结构滑模”；以竖向与横向结构并重的滑模工程，可称为“全结构滑模”或“横竖结构滑模”。“为主”系指其相应的模板工程量占总模板工程量的绝大部分（例如70%以上），且“主竖滑模”以竖向连续滑升的工程量为主，“主横滑模”以竖向间隔滑升（中间有大段空滑）的工程量为主，“全平面滑模”则为竖向连续和间隔滑升的工程量相当或相差不多。

采用滑模施工的工程，一般应满足以下要求：①工程的结构平面应简洁，各层构件沿平面投影应重合（或者虽具有变径和变截面设计，但也适合采用滑模施工），且没有阻隔、影响滑升的突出构造。②当工程平面面积较大、采用整体滑升有困难或者有分区施工流水安排时，可分区段进行滑模施工。当区段分界与变形缝不一致时，应对分界处做设计处理。③直接安装设备的梁，当地脚螺栓的定位精度要求较高时，该梁不宜采用滑模施工，或者必须采取能确保定位精度的可靠措施；对有设备安装要求的电梯井等小型筒壁结构，应适当放大其平面尺寸，一般每边放大不小于50mm。④尽量减少结构沿滑升方向截面（厚度）的变化（可采取改换混凝土强度等级或配筋设计来实现）。⑤宜采用胀锚螺栓或锚枪钉等后设措施代替结构上的预埋件。必须采用预埋件时，应准确定位、可靠固定且不得突出混凝土表面。⑥各种管线、预埋件和预留洞等，宜沿垂直或水平方向集中布置（排列）。⑦二次施工构件预留孔洞的宽度，应比构件截面每边增大30mm。⑧结构截面尺寸、混凝土强度等级、混凝土保护层和配筋等宜符合表13-19的规定或要求。

使用滑模的一般规定　　表 13-19

项　目	规定事项
对结构截面的要求	1. 直形墙厚应大于或等于 140mm，圆形变截面筒壁厚度应大于或等于 160mm，素混凝土和轻骨料混凝土墙厚应大于或等于 180mm；2. 框架柱的边长应大于或等于 300mm，独立柱的边长应大于或等于 400mm；3. 梁宽应大于或等于 200mm
对混凝土等级的要求	1. 普通混凝土应大于或等于 C20；2. 轻骨料混凝土应大于或等于 C15；3. 同一标高段的结构（件）宜采用同一等级混凝土
对混凝土保护层的要求	1. 墙板应大于或等于 20mm；2. 连续变截面筒壁应大于或等于 30mm；3. 梁、柱应大于或等于 30mm
对结构配筋的要求	1. 应能在提升架横梁下的净空内进行绑扎；2. 交汇于节点处的钢筋排列应适应设支承杆的要求；3. 宜利用结构受力筋作支承杆，但其设计强度应降低 10%～25%，且其焊接接头应与钢筋等强；4. 与横向结构的连接筋应采用Ⅰ级钢筋，直径不宜大于 8mm，外露部分不应先设弯钩

注：本表用于“体内滑模”，“体外滑模”时需酌情考虑。

13.4.2 滑模装置的组成

滑模装置主要由模板系统、操作平台系统、液压系统、施工精度控制系统和水电配套系统等部分组成（图 13-36）。

13.4.2.1 模板系统

1. 模板

模板又称围板，固定于围圈上，用以保证构件截面尺寸及结构的几何形状。模板随着提升架上滑且直接与新浇混凝土接触，承受新浇混凝土的侧压力和模板滑动时的摩阻力。

模板按其所在部位及作用不同，可分为内模板、外模板、堵头模板以及变截面工程的收分模板等。模板可采用钢材、木材或钢木混合制成，也可采用胶合板等其他材料制成。

图 13-37 为一般墙体钢模板，也可采用组合模板改装。

当施工对象的墙体尺寸变化不大时，宜采用围圈与模板组合成一体的“围圈组合大模板”（图 13-38）。

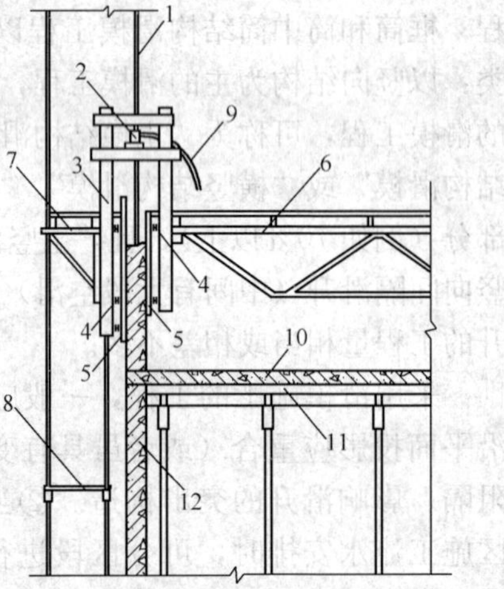

图 13-36　液压滑动模板装置

1—支承杆；2—千斤顶；3—提升架；4—围圈；5—模板；6—操作平台及桁架；7—外挑架；8—吊脚手架；9—油管；10—现浇楼板；11—楼板模板；12—墙体

墙体与框架结构的阴阳角处，宜采用同样材料制成的角模。角模的上下口倾斜度应与墙体模板相同。

图 13-39 为收分模板，系应用于变断面结构的异型模板。模板面板两侧延长的“飞边”（又称“舌板”），用来适应变断面的缩小或扩大的需要，但“飞边”尺寸不宜过大，一般不宜大于 250mm。当结构断面变化较大时，可设置多块伸缩模板加以解决。

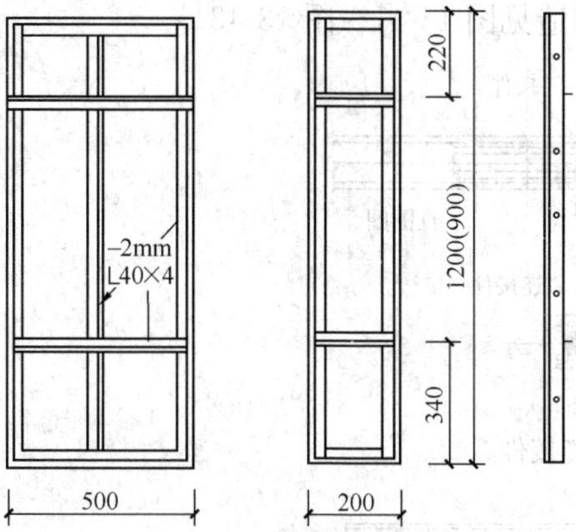

图 13-37 一般墙体钢模板

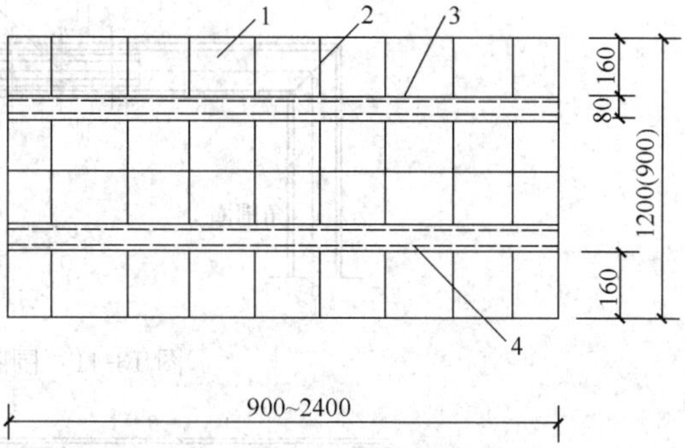

图 13-38 围圈组合大模板

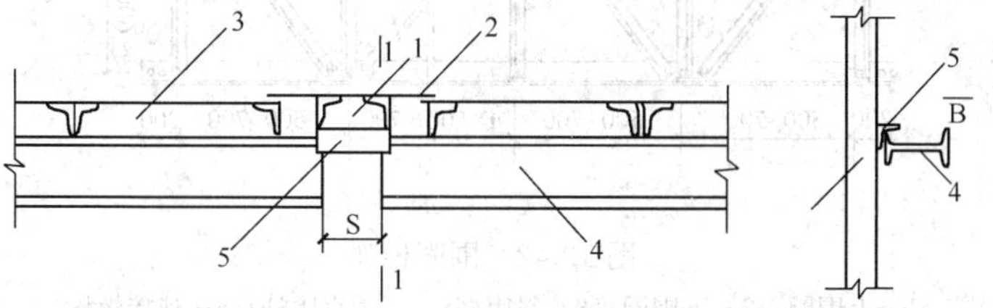

图 13-39 收分模板使用示意图

1—收分模板；2—延长边缘（飞边）；3—模板；4—围圈；5—悬挂件

对于圆锥形变截面工程，模板在滑升过程中，要按照设计要求的斜度及壁厚，不断调整内外模板的直径，使收分模板与活动模板的重叠部分逐渐增加，当收分模板与活动模板完全重叠且其边缘与另一块模板搭接时，即可拆去重叠的活动模板。收分模板必须沿圆周对称成双布置，每对的收分方向应相反。收分模板的搭接边必须严密，不得有间隙，以免漏浆。

为了防止混凝土浇筑时外溅，以及采取滑空方法来处理建（构）筑物水平结构施工时，外模板上端应比内模板高出 S 距离，下端应比内模板长出 T 距离（图 13-40）。

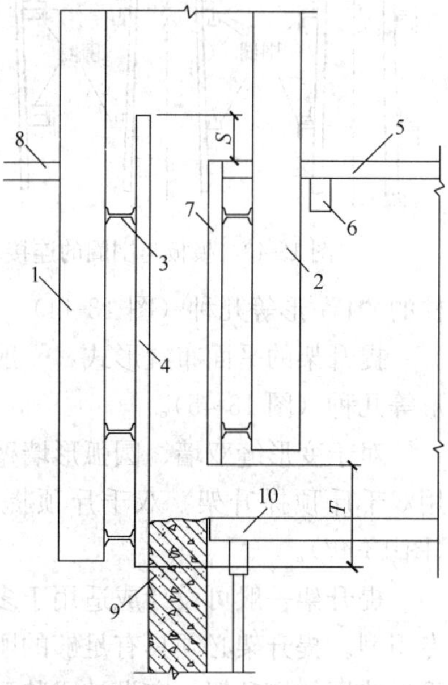

图 13-40 外模板示意图

1、2—提升架立柱；3—围圈；4—外模板；5—作业平台；6—作业平台梁（或桁架）；7—内模板；8—外挑平台；9—墙体混凝土；10—水平结构模板；S—外模高出长度（100～150mm）；T—外模长出长度（水平结构厚度+150mm）

2. 围圈

它是模板的支撑构件，又称作围梁，用以保证模板的几何形状。模板的自重、模板承受的摩阻力、侧压力以及操作平台直接传来的自重和施工荷载，均通过围圈传递至提升架的立柱。

围圈一般设置上、下两道。当提升架的距离较大时，或操作平台的桁架直接支承在围圈上时，可在上下围圈之间加设腹杆，形成平面桁架，以提高承受荷载的能力。模板与围圈的连接，一般采用挂在围圈上的方式，当采用横卧工字钢作围圈时，可用双爪钩将模板与围圈钩牢，并用顶紧螺栓调节位置。围圈构造见图 13-41～图 13-43。

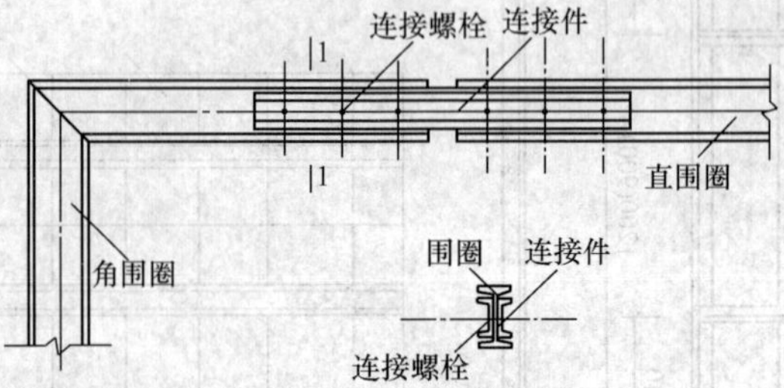

图 13-41　围圈及连接件

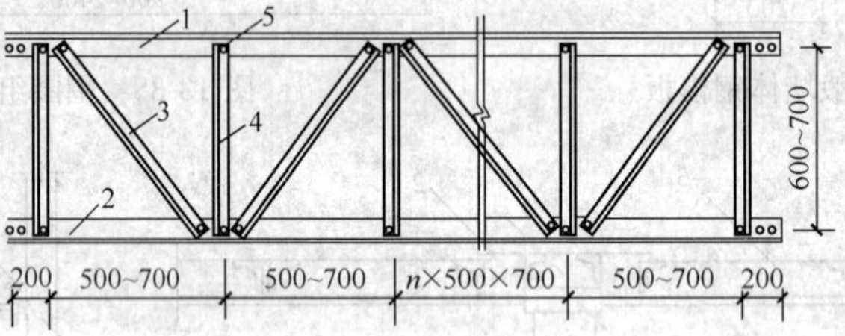

图 13-42　围圈桁架

1—上围圈；2—下围圈；3—斜腹杆；4—垂直腹杆；5—连接螺栓

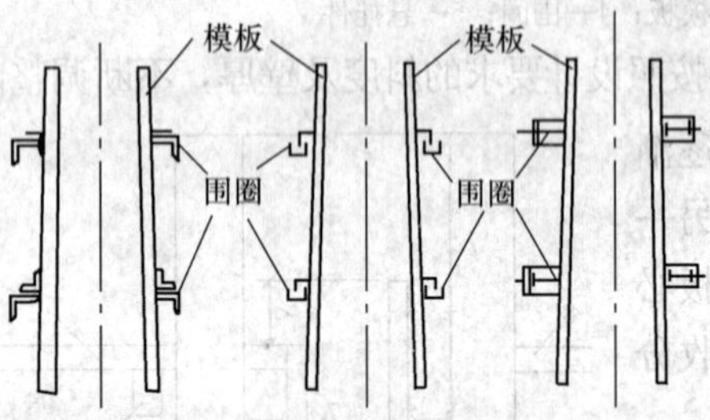

图 13-43　模板与围圈的连接

3. 提升架

提升架又称作千斤顶架。它是滑模装置的主要受力构件，用以固定千斤顶、围圈和保持模板的几何形状，并直接承受模板、围圈和操作平台的全部垂直荷载和混凝土对模板的侧压力。

提升架的立面构造形式，一般可分为单横梁"Ⅱ"形，双横梁的"开"形或双横梁单立柱的"Γ"形等几种（图 13-44）。

提升架的平面布置形式，一般可分为"I"形、"Y"形、"X"形、"Ⅱ"形和"口"形等几种（图 13-45）。

对于变形缝双墙、圆弧形墙壁交叉处或厚墙壁等摩阻力及局部荷载较大的部位，可采用双千斤顶提升架。双千斤顶提升架可沿横梁布置（图 13-46），也可垂直于横梁布置（图 13-47）。

提升架一般可设计成适用于多种结构施工的通用型，对于结构的特殊部位也可设计成专用型。提升架必须具有足够的刚度，应按实际的水平荷载和垂直荷载进行计算。对多次重复使用的提升架，宜设计成装配式。

提升架的横梁与立柱必须刚性连接，两者的轴线应在同一平面内，在使用荷载作用下，立柱的侧向变形应不大于 2mm。

提升架横梁至模板顶部的净高度，对于配筋结构不宜小于 500mm，对于无筋结构不宜小于 250mm。

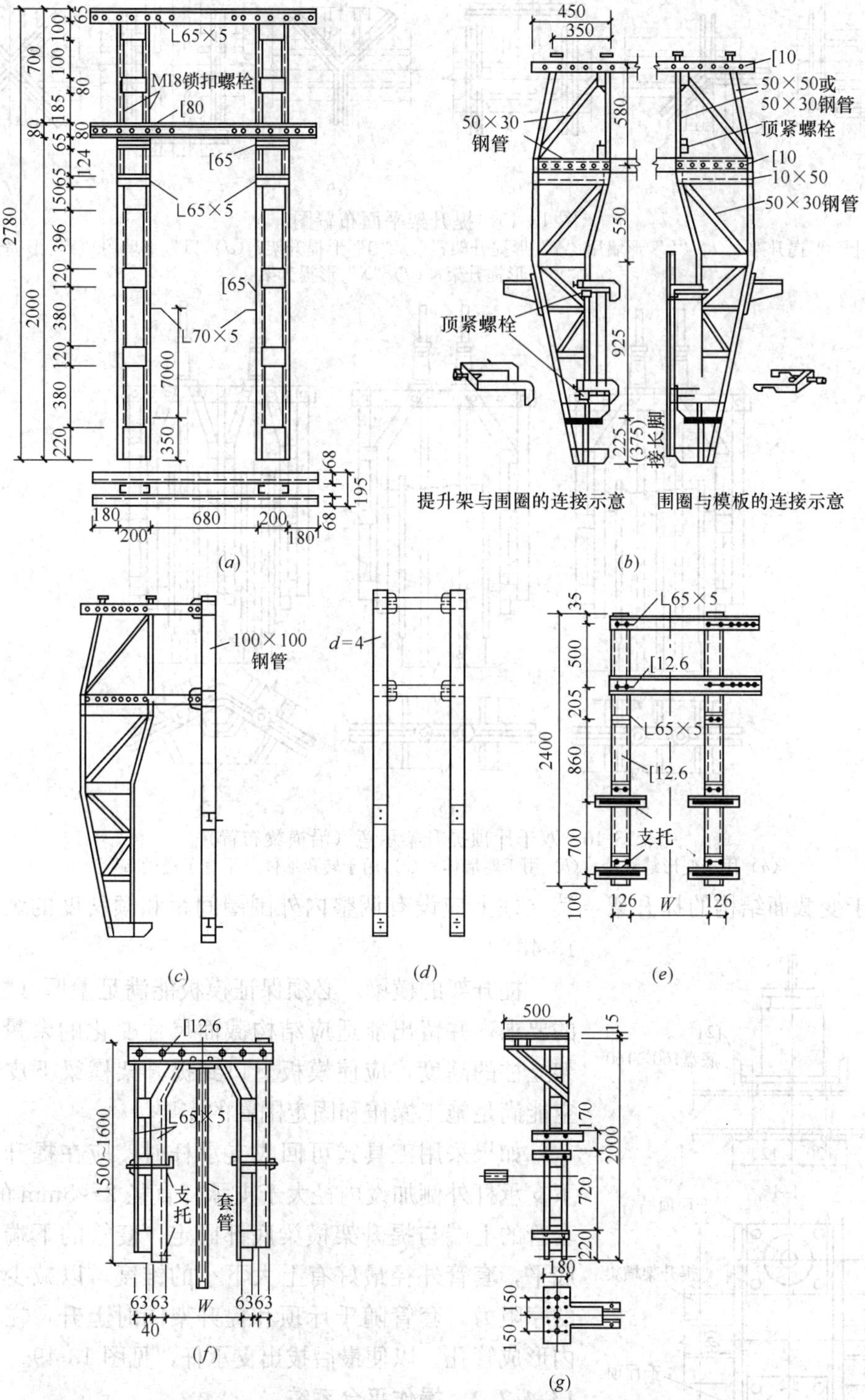

图 13-44 提升架立面构造图

(*a*)“开”形提升架；(*b*) 钳形提升架；(*c*) 转角处提升架；(*d*) 十字交叉处提升架；(*e*) 变截面提升架；(*f*)“Ⅱ”形提升架；(*g*)“T”形提升架

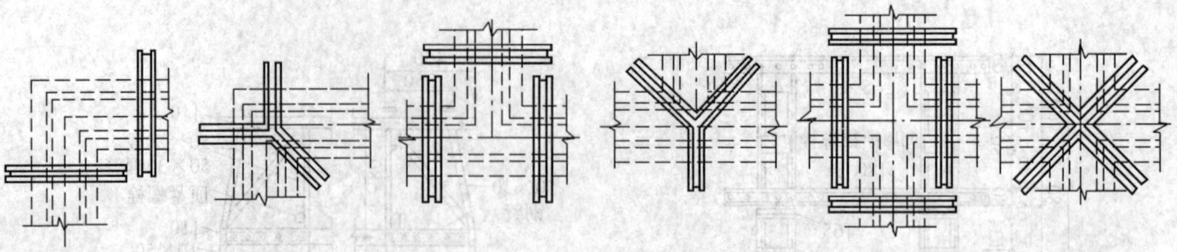

(a)　(b)　(c)　(d)　(e)　(f)

图 13-45　提升架平面布置图

(a)"Ⅰ"形提升架；(b)"L"形墙用"Y"形提升架；(c)"Π"形提升架；(d)"T"形墙用"Y"形提升架；(e)"口"形提升架；(f)"X"形提升架

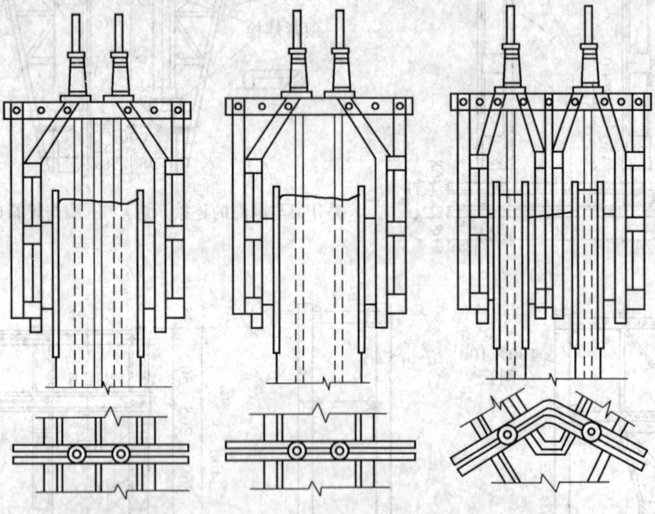

(a)　(b)　(c)

图 13-46　双千斤顶提升架示意（沿横梁布置）

(a) 用于变形缝双墙；(b) 用于厚墙体；(c) 用于转角墙体（垂直于横梁布置）

用于变截面结构的提升架，其立柱上应设有调整内外围圈间距和倾斜度的装置（图13-48）。

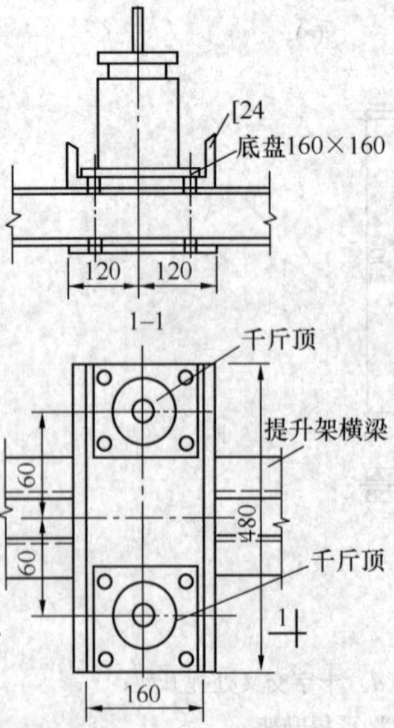

图 13-47　双千斤顶提升架示意

提升架的横梁，必须保证模板能满足壁厚（柱截面）的要求，并留出能适应结构截面尺寸变化的余量。提升架立柱的高度，应使模板上口到提升架横梁下皮间的净空能满足施工操作和固定围圈的需要。

如果采用工具式可回收支承杆时，应在提升架横梁下支承杆外侧加设内径大于支承杆直径 2～5mm 的套管，套管的上端与提升架横梁底部固定，套管的下端至模板底平，套管外径最好有上大下小的锥度，以减少滑升时的摩阻力。套管随千斤顶和提升架同时上升，在混凝土内形成管孔，以便最后拔出支承杆，见图 13-49。

13.4.2.2　操作平台系统

操作平台系统是滑模施工的主要工作面，主要包括主操作平台、外挑操作平台、吊脚手架等，在施工需要时，还可设置上辅助平台（图 13-50），它是供材料、工

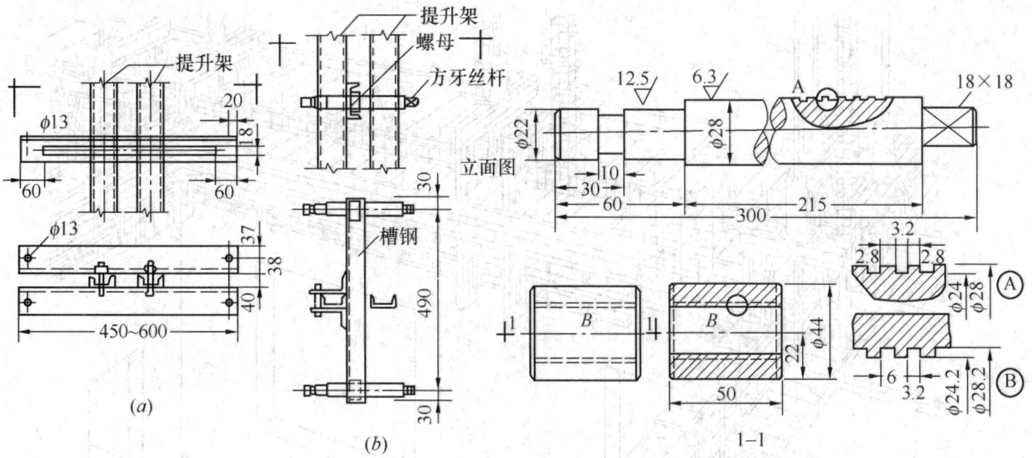

图 13-48 围圈调整装置

(*a*) 固定围圈调整装置；(*b*) 活动围圈调整装置

具、设备堆放和施工人员进行操作的场所。

1. 主操作平台

主操作平台既是施工人员进行绑扎钢筋、浇筑混凝土、提升模板的操作场所，也是材料、工具、设备等堆放的场所。因此，承受的荷载基本上是动荷载，且变化幅度较大，应安放平稳牢靠。但是，在施工中要求操作平台板采用活动式，便于反复揭开进行楼板施工，故操作平台的设计，要考虑既要揭盖方便，又要结构牢固可靠。一般将提升架立柱内侧、提升架之间的平台板采用固定式，提升架立柱外侧的平台板采用活动式（图 13-51）。

按结构平面形状的不同，操作平台的平面可组装成矩形、圆形等各种形状（图 13-52、图 13-53）。

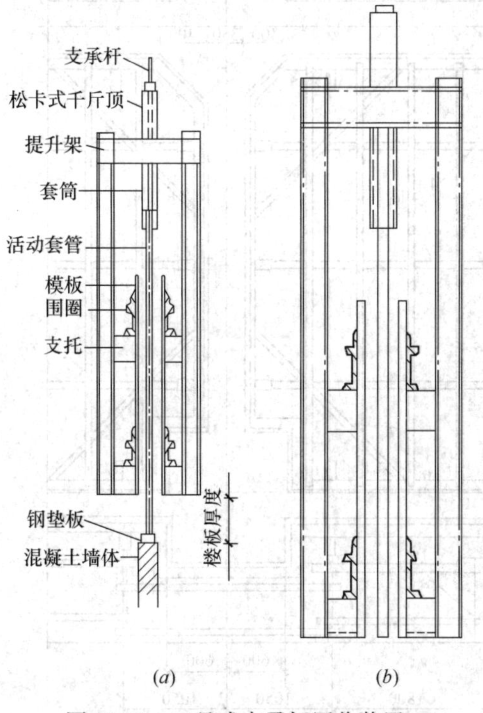

图 13-49 工具式支承杆回收装置

(*a*) 活动套管伸出至楼板底部墙体；(*b*) 活动套管缩回，下端与模板下口相平

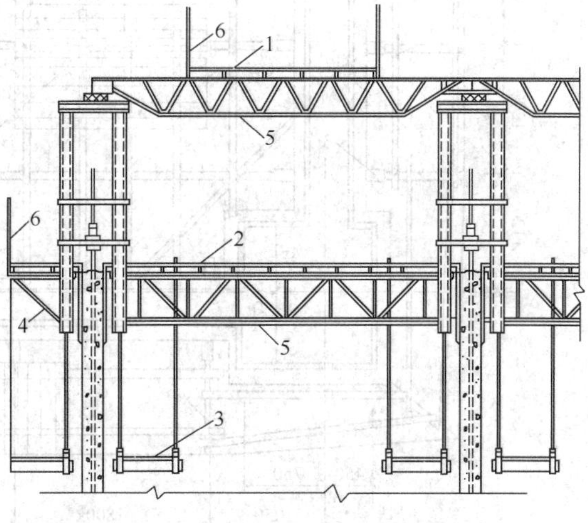

图 13-50 操作平台系统示意图

1—上辅助平台；2—主操作平台；3—吊脚手架；4—三角挑架；5—承重桁架；6—防护栏杆

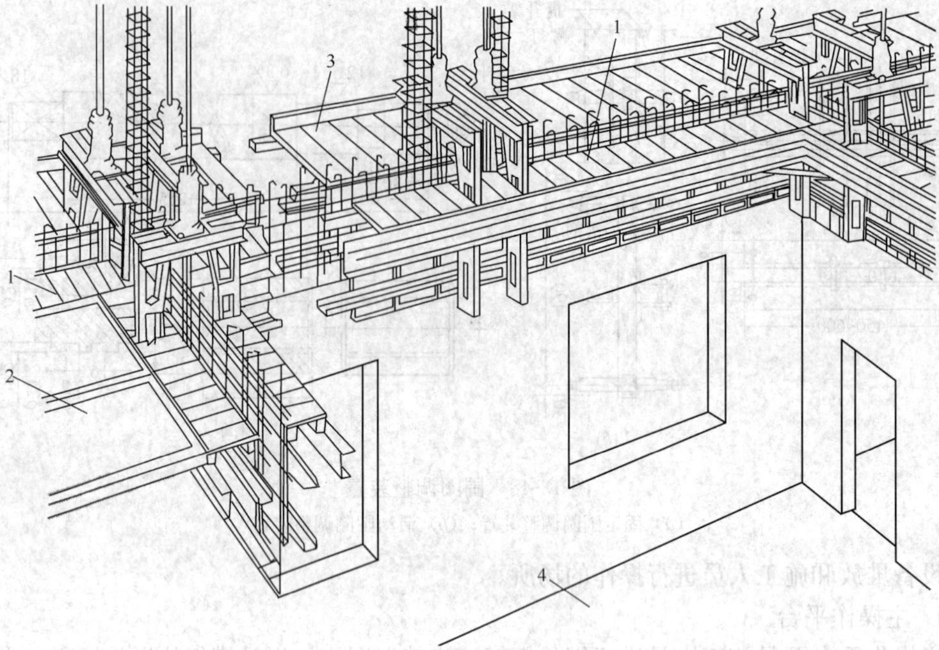

图 13-51　操作平台平台板

1—固定式；2—活动式；3—外挑操作平台；4—下一层已完的现浇楼板

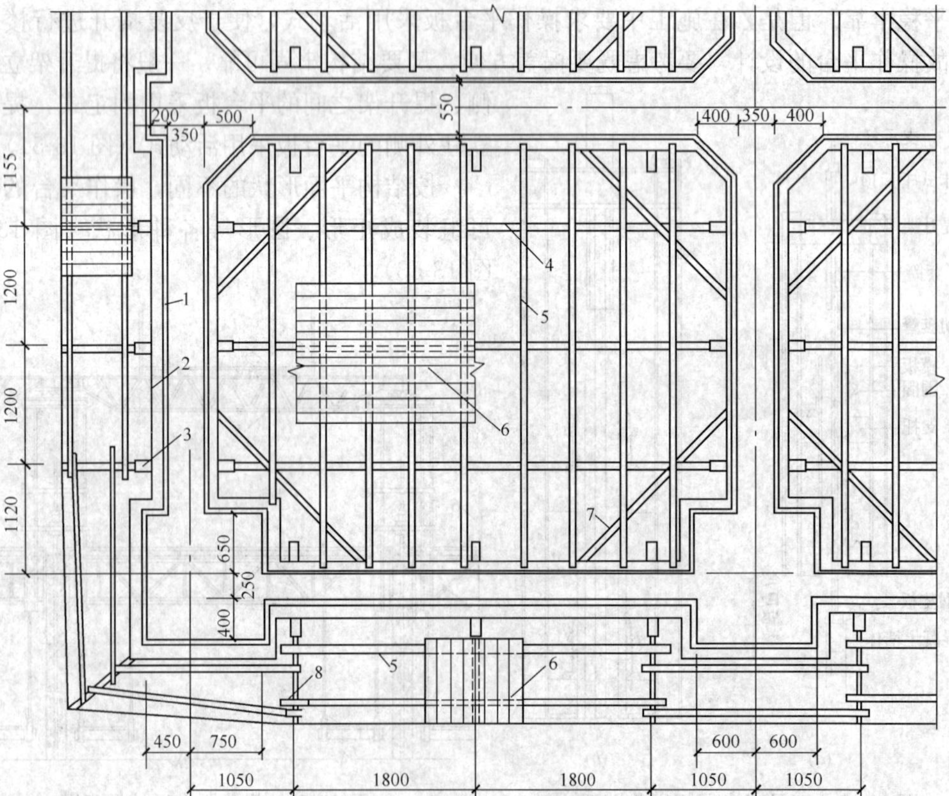

图 13-52　外挑矩形操作平台

1—模板；2—围圈；3—提升架；4—承重桁架；5—楞木；6—平台板；7—围圈斜撑；8—三角挑架

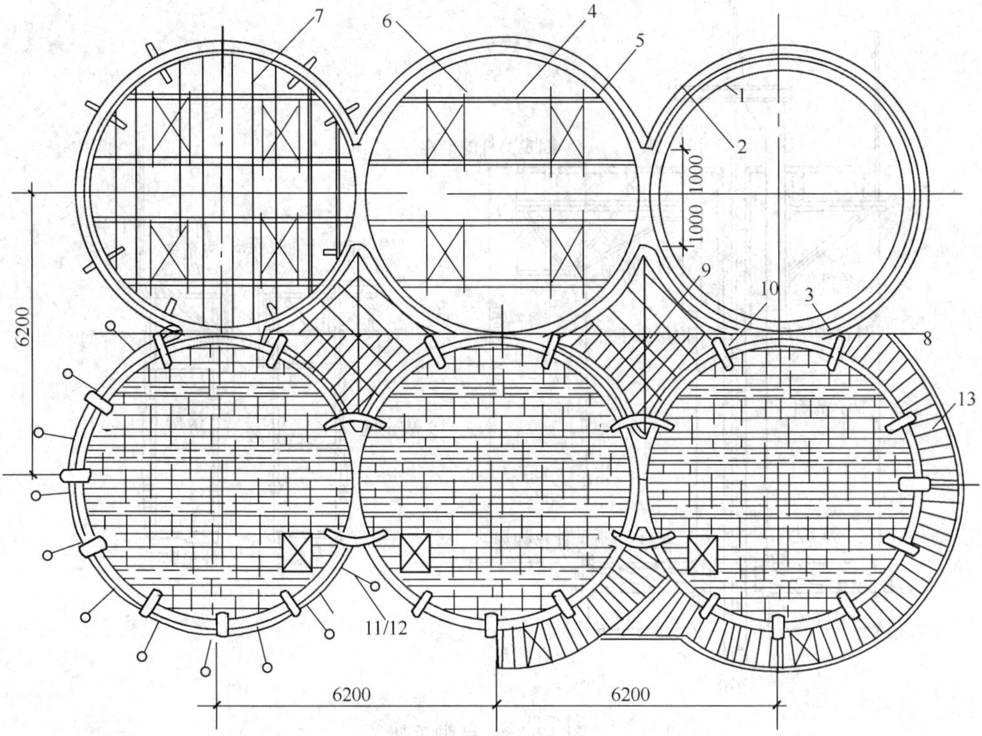

图 13-53 圆形操作平台

1—模板；2—围圈；3—提升架；4—平台桁架；5—桁架支托；6—桁架支撑；7—楞木；8—平台板；9—星仓平台板；10—千斤顶；11—人孔；12—三角挑架；13—外挑平台

2. 外挑操作平台

外挑操作平台一般由三角挑架、楞木和铺板组成。外挑宽度为 0.8～1.0m。为了操作安全起见，在其外侧需设置防护栏杆。防护栏杆立柱可采用承插式固定在三角挑架上，该栏杆亦可作为夜间施工架设照明的灯杆。

三角挑架可支承在提升架立柱上或挂在围圈上。三角挑架应用钢材制作，其构造与连接方法如图 13-54 所示。

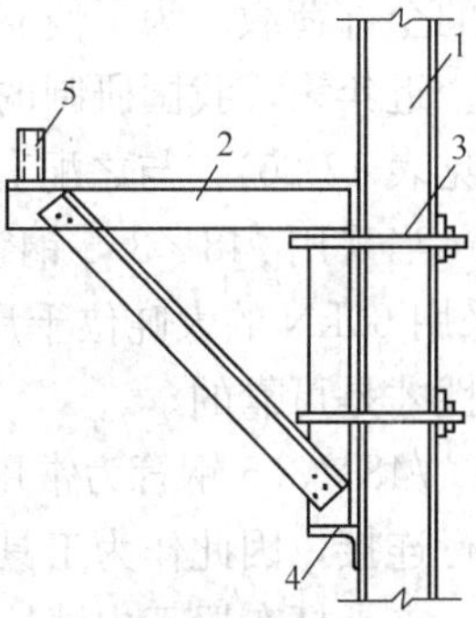

图 13-54 三角挑架

1—立柱；2—角钢三角挑架；3—U 形螺栓；4—支托；5—钢管

3. 吊脚手架

吊脚手架又称下辅助平台或吊架子，是供检查墙（柱）体混凝土质量并进行修饰、调整和拆除模板（包括洞口模板）、引设轴线、高程以及支设梁底模板等操作之用。外吊脚手架悬挂在提升架外侧立柱和三角挑架上，内吊脚手架悬挂在提升架内侧立柱和操作平台上。外吊脚手架可根据需要悬挂一层或多层（也可局部多层）。

吊脚手架的吊杆可用 $\phi16$～$\phi18$ 的圆钢制成，也可采用柔性链条。吊脚手架的铺板宽度一般为 600～800mm，每层高度 2m 左右。为了保证安全，每根吊杆必须安装双螺母予以锁紧，其外侧应设防护栏杆挂设安全网（图 13-55）。内、外吊脚手架设置两层及两层以上时，除需验算吊杆本身强度外，尚应考虑提升架的刚度，防止变形。

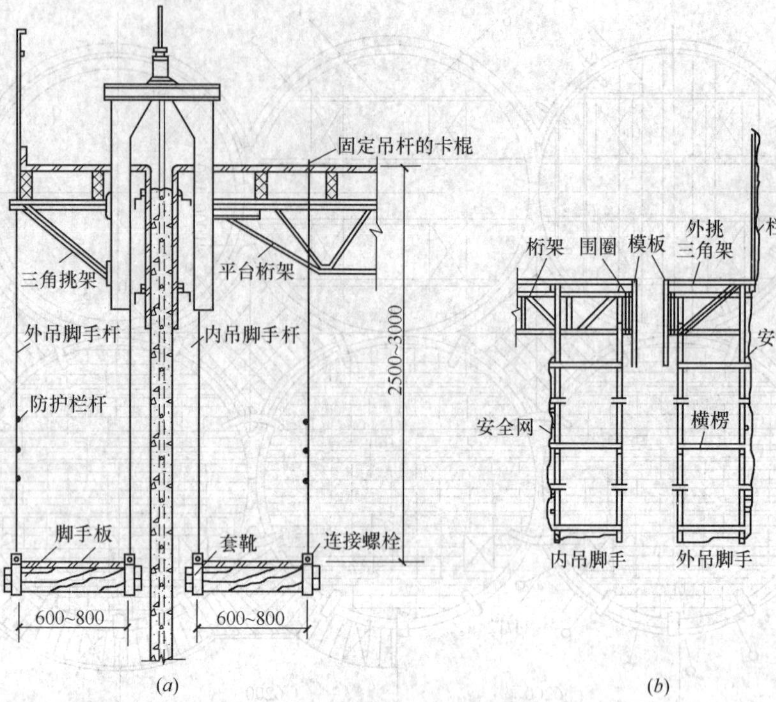

图 13-55　吊脚手架

(a) 吊在提升架上；(b) 吊在围圈上

13.4.2.3　液压提升系统

液压提升系统主要由支承杆、液压千斤顶、液压控制台和油路等部分组成。

1. 支承杆

支承杆又称爬杆、千斤顶杆或钢筋轴等，是千斤顶运动的轨道，并支承着作用于千斤顶的全部荷载。为了使支承杆不产生压屈变形，应采用一定强度的圆钢或钢管制作。

近年来，我国研制的额定起重量为 60～100kN 的大吨位千斤顶得到广泛应用（其型号见表 13-20），与之配套的支承杆采用 $\phi48\times3.5$ 钢管。

当采用 $\phi48\times3.5$ 钢管作支承杆且处于混凝土体外时，其最大脱空长度不能超过 2.5m（采用 60kN 的大吨位千斤顶工作起重量为 30kN），最好控制在 2.4m 以内，支承杆的稳定性才是可靠的。

$\phi48\times3.5$ 钢管为常用脚手架钢管，由于其允许脱空长度较大，且可采用脚手架扣件进行连接，因此作为工具式支承杆和在混凝土体外布置时，比较容易处理。

支承杆布置于内墙体外时，在逐层空滑楼板并进法施工中，支承杆穿过楼板部位时，可通过加设扫地横向钢管和扣件与其连接，并在横杆下部加设垫块或垫板（图 13-56）。为了保证楼板和扣件横杆有足够的支承力，使每个支承杆的荷载分别由三层楼板来承担，支承杆要保留三层楼的长度，支承杆的倒换在三层楼板以下才能进行，每次倒换的量不应大于支承杆总数的 1/3，以确保总体支承杆承载力不受影响。

$\phi48\times3.5$ 支承杆的接长，既要确保上、下中心重合在一条垂直线上，以便千斤顶爬升时顺利通过；又要使接长处具有相当的支承垂直荷载能力和抗弯能力。同时要求支承杆接头装拆方便，便于周转使用（图 13-57）。

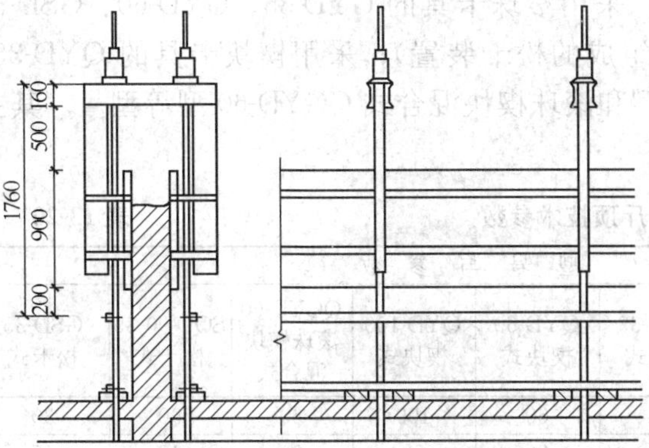

图 13-56 内墙钢管支承杆体外布置

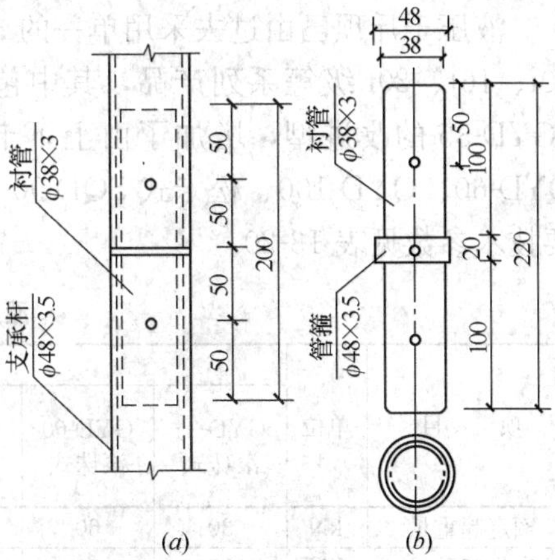

图 13-57 $\phi48$ 支承杆的连接

支承杆布置在框架柱结构体外时，可采用钢管脚手架进行加固。

支承杆布置于外墙体外时，由于没有楼板可作为外部支承杆的传力层，可在外墙浇筑混凝土时，在每个楼层上部约 150～200mm 处的墙上，预留两个穿墙螺栓孔洞，通过穿墙螺栓把钢牛腿固定在已滑出的墙体外侧，以便通过横杆将支承杆所承受的荷载传递给钢牛腿（图 13-58）。

钢牛腿必须有一定的强度和刚度，受力后不发生变形和位移，且便于安装。其构造如图 13-59 所示。

为了提高 $\phi48\times3.5$ 钢管支承杆的承载力和便于工具式支承杆的抽拔，在提升架安装千斤顶的下方，应加设 $\phi60\times3.5$ 或 $\phi63\times3.5$ 的钢套管。

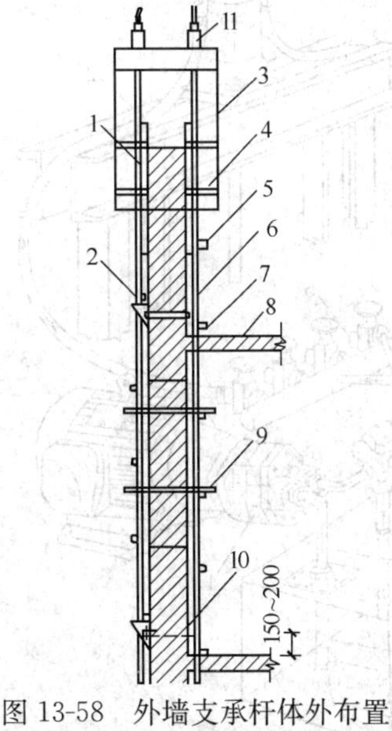

图 13-58 外墙支承杆体外布置

1—外模板；2—钢牛腿；3—提升架；4—内模板；5—横向钢管；6—支承杆；7—垫块；8—楼板；9—横向杆；10—穿墙螺栓；11—千斤顶

2. 液压千斤顶

滑模采用的液压千斤顶都为穿心式，固定于提升架上，中心穿支承杆，千斤顶沿支承杆向上爬升时，带动提升架、操作平台和模板一起上升。

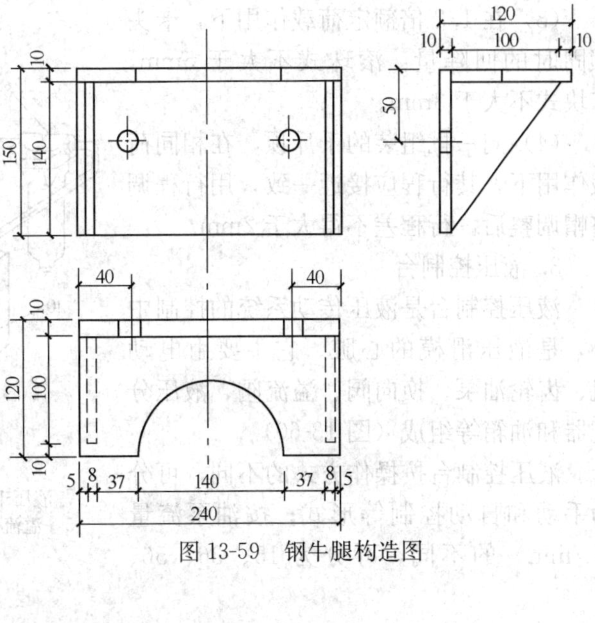

图 13-59 钢牛腿构造图

液压千斤顶已由过去采用单一的 3t 级 GYD-35 型滚珠式千斤顶，发展为 3t、6t、9t、10t、16t、20t 级等系列产品，其中包括：采用滚珠卡具的 GYD-35、GYD-60、GSD-35（GYD-35 的改进型，增加了由上下卡头组成的松卡装置）；采用楔块卡具的 QYD-35、QYD-60、QYD-100、松卡式 SQD-90-35 型和滚珠楔块混合式 QGYD-60 型等型号。其主要技术参数见表 13-20。

液压千斤顶技术参数　　表 13-20

项　目	单位	型号与参数							
		GYD-35 滚珠式	GYD-60 滚珠式	QYD-35 楔块式	QYD-60 楔块式	QYD-100 楔块式	QGYD-60 滚珠楔块混合式	SQD-90-35 松卡式	GSD-35 松卡式
额定起重量	kN	30	60	30	60	100	60	90	30
工作起重量	kN	15	30	15	30	50	30	45	15
理论行程	mm	35	35	35	35	35	35	35	35
实际行程	mm	16～30	20～30	19～32	20～30	20～30	20～30	20～30	16～30
工作压力	MPa	8	8	8	8	8	8	8	8
自重	kg	13	25	14	25	36	25	31	13.5
外形尺寸	mm	160×160×245	160×160×400	160×160×280	160×160×430	180×180×440	160×160×420	202×176×580	160×160×300
适用支承杆	mm	ϕ25 圆钢	ϕ48×3.5 钢管	ϕ25（三瓣）F28（四瓣）	ϕ48×3.5 钢管	ϕ48×3.5 钢管	ϕ48×3.5 钢管	ϕ48×3.5 钢管	ϕ25 圆钢
底座安装尺寸	mm	120×120	120×120	120×l20	120×120	135×135	120×120	140×140	120×120

液压千斤顶出厂前，应按规定进行出厂检验。液压千斤顶使用前，应按下列要求检验：

（1）耐油压 12MPa 以上，每次持压 5min，重复三次，各密封处无渗漏。

（2）卡头锁固牢靠，放松灵活。

（3）在 1.2 倍额定荷载作用下，卡头锁固时的回降量：滚珠式不大于 5mm，卡块式不大于 3mm。

（4）同一批组装的千斤顶，在相同荷载作用下，其行程应接近一致，用行程调整帽调整后，行程差不得大于 2mm。

3. 液压控制台

液压控制台是液压传动系统的控制中心，是液压滑模的心脏。它主要由电动机、齿轮油泵、换向阀、溢流阀、液压分配器和油箱等组成（图 13-60）。

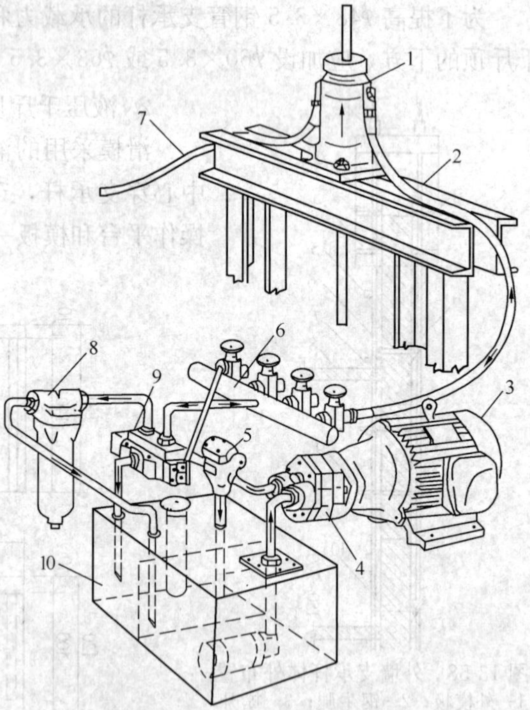

图 13-60　液压传动系统示意图
1—液压千斤顶；2—提升架；3—电动机；4—齿轮油；5—溢流阀；6—液压分配器；7—油管；8—滤油器；9—换向阀；10—油箱

液压控制台按操作方式的不同，可分为手动和自动控制等形式；按油泵流量（L/min）的不同，可分为 15、36、56、

72、100、120等型号。常用的型号有HY-36、HY-56型以及HY-72型等。其基本参数如表13-21所示。

液压控制台基本参数表　　表13-21

项　目	单位	基本参数						
		HYS-15	HYS-36	HY-36	HY-56	HY-72	HY-80	HY-100
公称流量	L/min	15	36	56		72	80	100
额定工作压力	MPa	8						
配套千斤顶数量	只	20	60	40	180	250	280	360
控制方式		HYS	HY		HY	HY	HY	HY
外形尺寸	mm	700×450×1000	850×640×1090	850×695×1090	950×750×1200	1100×1000×1200	1100×1050×1200	1100×1100×1200
整机重量	kg	240	280	300	400	620	550	670

注：1. 配套千斤顶数量是额定起重量为30kN滚珠式千斤顶的基本数量，如配备其他型号千斤顶，其数量可适当增减；

2. 控制方式：HYS—代表手动，HY—同时具有自动和手动功能。

每台液压控制台供给多少只千斤顶，可以根据每台千斤顶用油量和齿轮泵送油能力及时间计算。如果油箱容量不足，可以增设副油箱。对于工作面大、安装千斤顶较多的工程并采用同一操作平台时，可一起安装两套以上液压控制台。

液压系统安装完毕，应进行试运转，首先进行充油排气，然后加压至12N/mm^2，每次持压5min，重复3次，各密封处无渗漏，进行全面检查，待各部分工作正常后，插入支承杆。

液压控制台应符合下列技术要求：

(1) 液压控制台带电部位对机壳的绝缘电阻不得低于0.5MΩ。

(2) 液压控制台带电部位（不包括50V以下的带电部位）应能承受50Hz、电压2000V，历时1min耐电试验，无击穿和闪烙现象。

(3) 液压控制台的液压管路和电路应排列整齐统一，仪表在台面上的安装布置应美观大方，固定牢靠。

(4) 液压系统在额定工作压力10MPa下保压5min，所有管路、接头及元件不得漏油。

(5) 液压控制台在下列条件下应能正常工作：

1) 环境温度为－10～40℃。

2) 电源电压为380±38V。

3) 液压油污染度不低于20/18（注：液压油液样抽取方法按《液压油箱液样抽取法》(JG/T 69)，污染度测定方法按《油液中固体颗粒污染物的显微镜计数法》(JG/T 70) 进行)；

4) 液压油的最高油温不得超过70℃，油温温升不得超过30℃。

4. 油路系统

油路系统是连接控制台到千斤顶的液压通路，主要由油管、管接头、液压分配器和截止阀等元、器件组成。

油管一般采用高压无缝钢管及高压橡胶管两种，根据滑升工程面积大小和荷载决定液压千斤顶的数量及编组形式。

主油管内径应为14～19mm，分油管内径应为10～14mm，连接千斤顶的油管内径应为6～10mm。高压橡胶管的耐压力标准如表13-22所示。

无缝钢管一般采用内径为8～25mm，试验压力为32MPa。与液压千斤顶连接处最好用高压胶管。油管耐压力应大于油泵压力的1.5倍。

钢丝增强液压橡胶软管和软管组合件（GB/T 3683—2011）　表13-22

内径 (mm)	设计工作压力（MPa）		内径 (mm)	设计工作压力（MPa）	
	1型、1T型	2、3型，2T、3T型		1型、1T型	2、3型，2T、3T型
5	21.0	35.0	19	9.0	16.0
6.3	20.0	35.0	22	8.0	14.0
8	17.5	32.0	25	7.0	14.0
10	16.0	28.0	31.5	4.4	11.0
10.3	16.0	—	38	3.5	9.0
12.5	14.0	25.0	51	2.6	8.0
16	10.5	20.0			

注：1. 1型：一层钢丝编织的液压橡胶软管；
2. 2型：二层钢丝编织的液压橡胶软管；
3. 3型：二层钢丝缠绕加一层钢丝编织的液压橡胶软管；
4. 1T、2T、3T型软管增强层结构与1、2、3型对应相同，在组装管接头时不切除或部分切除外胶层；
5. 软管的试验压力与设计工作压力比率为2，最小爆破压力与设计工作压力比率为4。

油路的布置一般采取分级方式，即从液压控制台通过主油管到分油器，从分油器经分注管到支分油器，从支分油器经胶管到千斤顶，如图13-61所示。

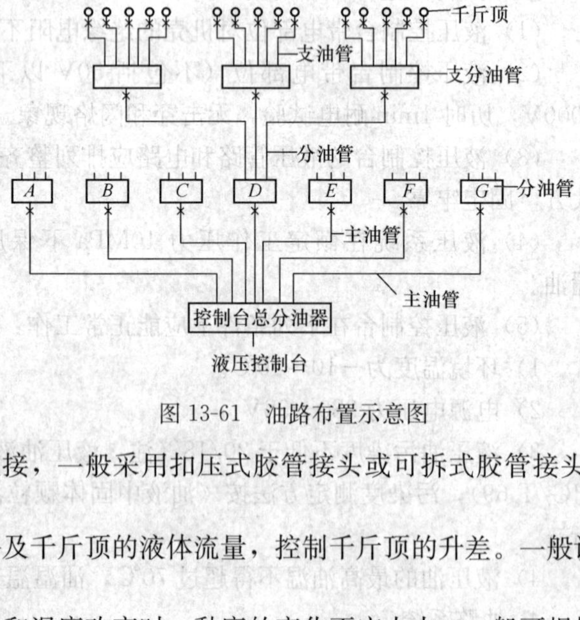

图13-61　油路布置示意图

由液压控制台到各分油器及由分、支分油器到各千斤顶的管线长度，设计时应尽量相近。

油管接头的通径、压力应与油管相适应。胶管接头的连接方法是用接头外套将软管与接头芯子连成一体，然后再用接头芯子与其他油管或元件连接，一般采用扣压式胶管接头或可拆式胶管接头；钢管接头可采用卡套式管接头。

截止阀又叫针形阀，用于调节管路及千斤顶的液体流量，控制千斤顶的升差。一般设置于分油器上或千斤顶与管路连接处。

液压油应具有适当的黏度，当压力和温度改变时，黏度的变化不应太大。一般可根据气温条件选用不同黏度等级的液压油，其性能见表13-23。

液压油在使用前和使用过程中均应进行过滤。冬季低温时可用 22 号液压油，常温用 32 号液压油，夏季酷热天气用 46 号液压油。

L-HM 矿物油型液压油主要指标（摘自 GB 11118.1） **表 13-23**

项目		质量指标												试验方法
质量等级		优等品					一等品							
黏度等级（按 GB/T 3141）		15	22	32	46	68	15	22	32	46	68	100	150	
运动黏度（mm^2/s）	0℃	—	140	300	420	780	1400	2560						GB/T 265
	不大于 40℃	13.5～16.5	19.8～24.2	28.8～35.2	41.4～50.6	61.2～74.8	13.5～16.5	19.8～24.2	28.8～35.2	41.4～50.6	61.2～74.8	90～110	135～165	
黏度指数 不小于		95	95	95	95	95	95	95	95	95	95	90	90	GB/T 2541
闪点（℃） 开口不低于		140	140	160	180	180	140	140	160	180	180	180	180	GB/T 3536
闭口不低于		128		128		148		168		168		—		GB/T 261
倾点（℃） 不高于		−18	−15	−15	−9	−9	−18	−15	−15	−15	−9	−9	−9	GB/T 3535
空气释放值（50℃）（min）不大于		5	5	6	10	12	5	5	6	10	12	报告	报告	SH/T 0308
密封适应性指数不大于		15	13	12	10	8	15	13	12	10	8	报告	报告	SH/T 0305
氧化安定性 氧化 1000h 后，酸值（mgKOH/g）不大于		—			2.0		—			2.0				GB/T 12581
水分（%） 不大于		痕迹					痕迹							GB/T 260
机械杂质（%） 不大于		无					无							GB/T 511

13.4.2.4 施工精度控制系统

施工精度控制系统主要包括：提升设备本身的限位调平装置、滑模装置在施工中的水平度和垂直度的观测和调整控制设施等。精度控制仪器、设备的选配应符合下列规定：

（1）千斤顶同步控制装置，可采用限位卡挡、激光水平扫描仪、水杯自动控制装置、计算机控制同步整体提升装置等。

（2）垂直度观测设备可采用激光铅直仪、自动安平激光铅直仪、经纬仪和线锤等，其精度不应低于 1/10000。

（3）测量靶标及观测站的设置必须稳定可靠，便于测量操作，并应根据结构特征和关键控制部位（如：外墙角、电梯井、筒壁中心等）确定其位置。

13.4.2.5 水、电配套系统

水、电配套系统包括动力、照明、信号、广播、通信、电视监控以及水泵、管路设施等。水、电系统的选配应符合下列规定：

（1）动力及照明用电、通信与信号的设置均应符合现行的《液压滑动模板施工安全技术规程》（JGJ 65）的规定。

（2）电源线的规格选用应根据平台上全部电器设备总功率计算确定，其长度应大于从地面起滑开始至滑模终止所需的高度再增加10m。

（3）平台上的总配电箱、分区配电箱均应设置漏电保护器，配电箱中的插座规格、数量应能满足施工设备的需要。

（4）平台上的照明应满足夜间施工所需的照度要求，吊脚手架上及便携式的照明灯具，其电压不应高于36V。

（5）通信联络设施应保证声光信号准确、统一、清楚，不扰民。

（6）电视监控应能监视全面、局部和关键部位。

（7）向操作平台上供水的水泵和管路，其扬程和供水量应能满足滑模施工高度、施工用水及局部消防的需要。

13.4.3 滑模装置的设计与制作

13.4.3.1 总体设计

1. 滑模装置设计的主要内容

（1）绘制滑模初滑结构平面图及中间结构变化平面图。

（2）确定模板、围圈、提升架及操作平台的布置，进行各类部件和节点设计，提出规格和数量；当采用滑框倒模时，应专门进行模板与“滑轨”的构造设计。

（3）确定液压千斤顶、油路及液压控制台的布置，提出规格和数量。

（4）制定施工精度控制措施，提出设备仪器的规格和数量。

（5）进行特殊部位处理及特殊措施（附着在操作平台上的垂直和水平运输装置等）的布置与设计。

（6）绘制滑模装置的组装图，提出材料、设备、构件一览表。

2. 滑模装置设计的荷载项目及其取值

（1）操作平台上的施工荷载标准值

施工人员、工具和备用材料：

设计平台铺板及檩条时，$2.5kN/m^2$；

设计平台桁架时，$2.0kN/m^2$；

设计围圈及提升架时，$1.5kN/m^2$；

计算支承杆数量时，$1.5kN/m^2$。

平台上临时集中存放材料，放置手推车、吊罐、液压操作台，以及电、气焊设备，随升井架等特殊设备时，应按实际重量计算设计荷载。

吊脚手架的施工荷载标准值（包括自重和有效荷载）按实际重量计算，且不得低于$2.0kN/m^2$。

（2）模板与混凝土的摩阻力标准值

钢模板 1.5～3.0kN/m^2；

当采用滑框倒模法施工时，模板与滑轨间的摩阻力标准值按模板面积计取 1.0～1.5kN/m^2。

（3）操作平台上设置的垂直运输设备运转时的额定附加荷载，包括垂直运输设备的起重量及柔性滑道的张紧力等，按实际荷载计算。

垂直运输设备制动时的刹车力按式（13-1）计算：

$$W=(A/g+1)Q=KQ \tag{13-1}$$

式中 W——刹车时产生的荷载（N）；

A——刹车时的制动减速度（m/s^2）；

g——重力加速度（9.8m/s^2）；

Q——料罐总荷重（N）；

K——动力荷载系数。

式中 A 值与安全卡的制动灵敏度有关，其数值应根据经验确定，为防止因刹车过急对平台产生过大荷载，A 值一般取 g 值的 1～2 倍；K 值在 2～3 之间，如 K 值过大，则对平台不利，而取值过小，则在离地面较近时容易发生事故。

（4）混凝土对模板的侧压力：对于浇灌高度为 80cm 左右的侧压力分布如图 13-62 所示。其侧压力合力取 5.0～6.0kN/m，合力作用点约在 2/5H 处（H 为混凝土浇灌高度），如图 13-62 所示。

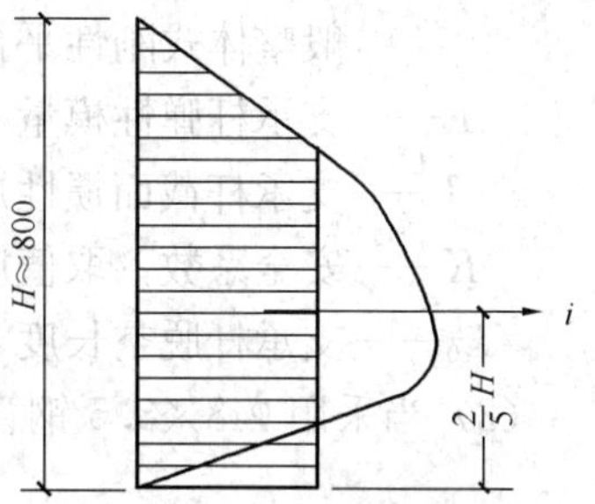

图 13-62 模板侧压力分布
H—混凝土浇灌高度

倾倒混凝土时模板承受的冲击力：用溜槽串筒或 0.2m^3 的运输工具向模板内倾倒混凝土时，作用于模板面的水平集中荷载标准值为 2.0kN。

（5）当采用料斗向平台上直接卸混凝土时，混凝土对平台卸料点产生的集中荷载按实际情况确定，且不应低于式（13-2）计算的标准值 W_k（kN）：

$$W_k=\gamma[(h_m+h)A_1+B] \tag{13-2}$$

式中 γ——混凝土的重力密度（kN/m^3）；

h_m——料斗内混凝土上表面至料斗上表面的最大高度（m）；

h——卸料时料斗口至平台卸料点的最大高度（m）；

A_1——卸料口的面积（m^2）；

B——卸料口下方可能堆存的最大混凝土量（m^3）。

（6）风荷载按《建筑结构荷载规范》（GB 50009）的规定采用。模板及其支架的抗倾倒系数不应小于 1.15。

（7）可变荷载的分项系数取 1.4。

3. 千斤顶数量的确定

液压提升系统所需的千斤顶和支承杆的最少数量可按式（13-3）计算：

$$n = N/P_0 \tag{13-3}$$

式中　N——总垂直荷载（kN），按上述 2 第（1）（2）（3）项之和，或 2 第（1）（2）（5）项之和，取其中较大者；

P_0——单个千斤顶的计算承载力（kN），按支承杆允许承载力，或千斤顶的允许承载能力（为千斤顶额定承载力的 1/2），两者取其较小者。

4. 支承杆允许承载力的计算

（1）当采用 $\phi25$ 圆钢支承杆，模板处于正常滑升状态时，即从模板上口以下，最多只有一个浇灌层高度尚未浇灌混凝土的条件下，支承杆的允许承载力按式（13-4）计算：

$$P_0 = \alpha \cdot 40EI/[K(L_0 + 95)^2] \tag{13-4}$$

式中　P——支承杆的允许承载力（kN）；

α——工作条件系数，取 0.7～1.0，视施工操作水平、滑模平台结构情况确定。一般整体式刚性平台取 0.7，分割式平台取 0.8；

E——支承杆弹性模量（kN/cm^2）；

I——支承杆截面惯性矩（cm^4）；

K——安全系数，取值应不小于 2.0；

L_0——支承杆脱空长度，从混凝土上表面至千斤顶下卡头距离（cm）。

（2）当采用 $\phi48 \times 3.5$ 钢管作支承杆时，支承杆的允许承载力，按下式计算：

$$P_0 = \alpha/K(99.6 - 0.22L) \tag{13-5}$$

式中　P_0——$\phi48 \times 3.5$ 钢管支承杆的允许承载力（kN）；

L——支承杆长度（cm）。当支承杆在结构体内时，L 取千斤顶下卡头到浇筑混凝土上表面的距离；当支承杆在结构体外时，L 取千斤顶下卡头到模板下口第一个横向支撑扣件节点的距离。

5. 千斤顶的布置原则

千斤顶的布置应使千斤顶受力均衡，布置方式应符合下列规定：

（1）筒壁结构宜沿筒壁均匀布置或成组等间距布置。

（2）框架结构宜集中布置在柱子上。当成串布置千斤顶或在梁上布置千斤顶时，必须对其支承杆进行加固；当选用大吨位千斤顶时，支承杆也可布置在柱、梁的体外，但应对支承杆进行加固。

（3）墙板结构宜沿墙体布置，并应避开门、窗洞口；洞口部位必须布置千斤顶时，支承杆应进行加固。

（4）平台上设有固定的较大荷载时，应按实际荷载增加千斤顶数量。

6. 提升架的布置原则

提升架的布置应与千斤顶的位置相适应。其间距应根据结构部位的实际情况、千斤顶和支承杆允许承载能力以及模板和围圈的刚度确定。

7. 操作平台的设计原则

操作平台结构必须保证足够的强度、刚度和稳定性。其结构布置宜采用下列形式：

(1) 连续变截面筒壁结构可采用辐射梁、内外环梁以及下拉环和拉杆（或随升井架和斜撑）等组成的操作平台。

(2) 等截面筒体结构可采用桁架（平行或井字形布置）、小梁和支撑等组成操作平台，或采用挑三角架、中心环、拉杆及支撑等组成的环形操作平台。

(3) 框架、墙板结构可采用桁架、梁与支撑组成桁架式操作平台，或采用桁架和带边框的活动平台板组成可拆装的围梁式活动操作平台。

(4) 柱子或排架的操作平台，可将若干个柱子的围圈、柱间桁架组成整体稳定结构。

13.4.3.2 部件的设计与制作

1. 模板

模板应具有通用性、耐磨性、拼缝紧密、装拆方便和足够的刚度，并应符合下列规定：

(1) 模板高度宜采用 900～1200mm，对筒体结构宜采用 1200～1500mm；滑框倒模的滑轨高度宜为 1200～1500mm，单块模板宽度宜为 300mm。

(2) 框架、墙板结构宜采用围圈组合大钢模，标准模板宽度为 900～2400mm；对筒体结构宜采用小型组合钢模板，模板宽度宜为 100～500mm，也可以采用弧形带肋定形模板。

(3) 异形模板，如转角模板、收分模板、抽拔模板等，应根据结构截面的形状和施工要求设计。

(4) 围模合一大钢模的板面采用 4～5mm 厚的钢板，边框为 5～7mm 厚扁钢，竖肋为 4～6mm 厚、60mm 宽扁钢，水平加强肋宜为 [8 槽钢，直接与提升架相连，模板连接孔为 ϕ18mm、间距 300mm；模板焊接除节点外，均为间断焊；小型组合钢模板的面板厚度宜采用 2.5～3mm；角钢肋条不宜小于 L40×4，也可采用定型小钢模板。

(5) 模板制作必须板面平整，无卷边、翘曲、孔洞及毛刺等，阴阳角模的单面倾斜度应符合设计要求。

(6) 滑框倒模施工所使用的模板宜选用组合钢模板，当混凝土外表面为直面时，组合钢模板应横向组装，若为弧面时宜选用长 300～600mm 的模板竖向组装。

2. 围圈

围圈的构造应符合下列规定：

(1) 围圈截面尺寸应根据计算确定，上、下围圈的间距一般为 450～750mm，上围圈距模板上口的距离不宜大于 250mm。

(2) 当提升架间距大于 2.5m 或操作平台的承重骨架直接支承在围圈上时，围圈宜设计成桁架式。

(3) 围圈在转角处应设计成刚性节点。

(4) 固定式围圈接头应用等刚度型钢连接，连接螺栓每边不得少于 2 个。

(5) 在使用荷载作用下，两个提升架之间围圈的垂直与水平方向的变形不应大于跨度的 1/500。

(6) 连续变截面筒体结构的围圈宜采用分段伸缩式。

(7) 设计滑框倒模的围圈时，应在围圈内挂竖向滑轨，滑轨的断面尺寸及安放间距应与模板的刚度相适应。

(8) 高耸烟囱筒壁结构上、下直径变化较大时，应按优化原则配置多套不同曲率的围圈。

3. 提升架

提升架宜设计成适用于多种结构施工的形式。对于结构的特殊部位，可设计专用的提升架。对多次重复使用或通用的提升架宜设计成装配式。提升架的横梁、立柱和连接支腿应具有可调性。

提升架应有足够的刚度，设计时应按实际的受力荷载验算，其构造应符合下列规定：

(1) 提升架宜用钢材制作，可采用单横梁“Ⅱ”形架、双横梁的“开”形架或单立柱的“Γ”形架，横梁与立柱必须刚性连接，两者的轴线应在同一平面内，在使用荷载作用下，立柱的侧向变形应不大于2mm。

(2) 模板上口至提升架横梁底部的净高度，对于$\phi 48\times 3.5$支承杆宜为500～900mm。

(3) 提升架立柱上应设有调整内外模板间距和倾斜度的调节装置。

(4) 当采用工具式支承杆设在结构体内时，应在提升架横梁下设置内径比支承杆直径大2～5mm的套管，其长度应到模板下缘。

(5) 当采用工具式支承杆设在结构体外时，提升架横梁相应加长，支承杆中心线距模板距离应大于50mm。

4. 操作平台

操作平台、料台和吊脚手架的结构形式应按所施工工程的结构类型和受力情况确定，其构造应符合下列规定：

(1) 操作平台由桁架或梁、三角架及铺板等主要构件组成，与提升架或围圈应连成整体，当桁架的跨度较大时，桁架间应设置水平和垂直支撑，当利用操作平台作为现浇顶盖、楼板的模板或模板支承结构时，应根据实际荷载对操作平台进行验算和加固，并应考虑与提升架脱离的措施。

(2) 当操作平台的桁架或梁支承于围圈上时，必须在支承处设置支托或支架。

(3) 外挑脚手架或操作平台的外挑宽度不宜大于800mm，并应在其外侧设安全防护栏杆。

(4) 吊脚手架铺板的宽度，宜为500～800mm，钢吊杆的直径不应小于16mm，吊杆螺栓必须采用双螺帽。吊脚手架的双侧必须设安全防护栏杆，并应满挂安全网。

5. 液压控制台

液压控制台的设计应符合下列规定：

(1) 液压控制台内，油泵的额定压力不应小于12MPa，其流量可根据所带动的千斤顶数量、每只千斤顶油缸的容积及一次给油时间确定，可在15～100L/min内选用。大面积滑模施工时可多个控制台并联使用。

(2) 液压控制台内，换向阀和溢流阀的流量及额定压力均应等于或大于油泵的流量和液压系统最大工作压力，阀的公称内径不应小于10mm，宜采用通流能力大、动作速度快、密封性能好、工作可靠的三通逻辑换向阀。

(3) 液压控制台的油箱应易散热、排污，并应有油液过滤的装置，油箱的有效容量应为油泵排油量的2倍以上。

（4）液压控制台供电方式应采用三相五线制，电气控制系统应保证电动机、换向阀等按滑模千斤顶爬升的要求正常工作，并应加设多个控制台并联使用的插座。

（5）液压控制台应设有油压表，漏电保护装置，电压、电流指示表，工作信号灯和控制加压、回油、停滑报警、滑升次数及时间的控制器等。

6. 油路

油路设计应符合下列规定：

（1）输油管应采用高压耐油胶管或金属管，其耐压力不得低于25MPa。主油管内径不得小于16mm，二级分油管内径宜用10～16mm，连接千斤顶的油管内径宜为6～10mm。

（2）油管接头、针形阀的耐压力和通径应与输油管相适应。

（3）液压油应定期进行过滤，并应有良好的润滑性和稳定性，其各项指标应符合国家现行有关标准的规定。

7. 千斤顶

液压千斤顶使用前必须逐个编号经过检验，并应符合下列规定：

（1）液压千斤顶在液压系统额定压力为8MPa时的额定提升能力分别为35kN、60kN、90kN等。

（2）液压千斤顶空载启动压力不得高于0.3MPa。

（3）液压千斤顶最大工作油压为额定压力的1.25倍时，卡头应锁固牢靠、放松灵活、升降过程连续平稳。

（4）液压千斤顶的试验压力为额定油压的1.5倍时，保压5min，各密封处必须无渗漏。

（5）液压千斤顶在额定压力提升荷载时，下卡头锁固时的回降量对滚珠式千斤顶应不大于5mm，对楔块式或滚楔混合式千斤顶应不大于3mm。

（6）同批组装的千斤顶应调整其行程，使其在施工设计荷载作用下的爬升行程差不大于1mm。

8. 支承杆选材和加工要求

支承杆的选材和加工应符合下列规定：

（1）支承杆的制作材料为HPB235级圆钢、HRB335级钢筋或外径壁厚精度较高的低硬度焊接钢管，对于热轧退火钢管，表面不得有冷硬加工层。

（2）支承杆直径应与千斤顶的要求相适应，长度宜为3～6m。

（3）采用工具式支承杆时应用螺纹连接：圆钢ϕ25mm支承杆连接螺纹宜为M18，螺纹长度不宜小于20mm；钢管ϕ48支承杆连接螺纹宜为M30，螺纹长度不宜小于40mm。任何连接螺纹接头中心位置处公差均为±0.15mm，支承杆借助连接螺纹对接后支承杆轴线偏斜度允许偏差为（2/1000）L（L为单根支承杆长度）。

（4）HPB235级圆钢和HRB335级钢筋支承杆采用冷拉调直时，其延伸率不得大于3%。支承杆表面不得有油漆和铁锈。

（5）工具式支承杆的套管与提升架之间的连接构造宜做成可使套管转动并能有50mm以上的上下移动量。

（6）对兼作结构钢筋的支承杆，应按国家现行有关标准的规定进行抽样检验。

13.4.3.3 滑模构件制作的允许偏差

滑模装置的各种构件的制作应符合有关钢结构制作的规定，其允许偏差应符合表13-24的规定。构件表面除支承杆及接触混凝土的模板表面外，均应刷防锈涂料。

构件制作的允许偏差　表13-24

名　称	内　容	允许偏差（mm）
钢模板	高度	±1
	宽度	−0.7～0
	表面平整度	±1
	侧面平直度	±1
	连接孔位置	±0.5
围圈	长度	−5
	弯曲长度≤3m	±2
	>3m	±4
	连接孔位置	±0.5
提升架	高度	±3
	宽度	±3
	围圈支托位置	±2
	连接孔位置	±0.5
支承杆	弯曲	小于(1/1000)L
	ϕ25	−0.5～+0.5
	ϕ48×3.5钢管	−0.2～+0.5
	圆度公差	−0.25～+0.25
	对接焊缝凸出母材	<+0.25

注：L为支承杆加工长度。

13.4.4 滑模装置的组装与拆除

13.4.4.1 滑模装置的组装

滑模施工的特点之一，是将模板一次组装好，一直到施工完毕，中途一般不再变化。因此，要求滑模基本构件的组装工作，一定要认真、细致、严格地按照设计要求及有关操作技术规定进行。否则，将给施工带来很多困难，甚至影响工程质量。

1. 准备工作

滑模装置组装前，应做好各组装部件编号、操作平台水平标记，弹出组装线，做好墙、柱保护层标准垫块及有关的预埋铁件等工作。

2. 组装顺序

滑模装置的组装应根据施工组织设计的要求，并按下列顺序进行：

(1) 安装提升架。所有提升架的标高应满足操作平台水平度的要求，对带有辐射梁或辐射桁架的操作平台，应同时安装辐射梁或辐射桁架及其环梁。

（2）安装内外围圈，调整其位置，使其满足模板倾斜度正确和对称的要求。

（3）绑扎竖向钢筋和提升架横梁以下钢筋，安设预埋件及预留孔洞的胎模，对体内工具式支承杆套管下端进行包扎。

（4）当采用滑框倒模工艺时，安装框架式滑轨，并调整倾斜度。

（5）安装模板，宜先安装角模后再安装其他模板。

（6）安装操作平台的桁架、支撑和平台铺板。

（7）安装外操作平台的支架、铺板和安全栏杆等。

（8）安装液压提升系统，垂直运输系统及水、电、通信、信号精度控制和观测装置，并分别进行编号、检查和检验。

（9）在液压系统试验合格后，插入支承杆。

（10）安装内外吊脚手架及挂安全网，当在地面或横向结构面上组装滑模装置时，应待模板滑至适当高度后，再安装内外吊脚手架，挂安全网。

3. 组装要求

模板的安装应符合下列规定：

（1）安装好的模板应上口小、下口大，单面倾斜度宜为模板高度的 0.1%～0.3%，对带坡度的筒壁结构如烟囱等，其模板倾斜度应根据结构坡度情况适当调整。

（2）模板上口以下 2/3 模板高度处的净间距应与结构设计截面等宽。

（3）圆形连续变截面结构的收分模板必须沿圆周对称布置，每对的收分方向应相反，收分模板的搭接处不得漏浆。

（4）液压系统组装完毕，应在插入支承杆前进行试验和检查，并符合下列规定：

1）对千斤顶逐一进行排气，并做到排气彻底。

2）液压系统在试验油压下持压 5min，不得渗油和漏油。

3）整体试验的指标（如空载、持压、往复次数、排气等）应调整适宜，记录准确。

（5）液压系统试验合格后方可插入支承杆，支承杆轴线应与千斤顶轴线保持一致，其偏斜度允许偏差为 2/1000。

4. 滑模装置组装的允许偏差

滑模装置组装完毕，必须按表 13-25 所列各项质量标准进行认真检查，发现问题应立即纠正，并做好记录。

滑模装置组装的允许偏差　　　　表 13-25

内　容		允许偏差（mm）
模板结构轴线与相应结构轴线位置		3
围圈位置偏差	水平方向	3
	垂直方向	3
提升架的垂直偏差	平面内	3
	平面外	2
安放千斤顶的提升架横梁相对标高偏差		5
考虑倾斜度后模板尺寸的偏差	上　口	−1
	下　口	+2

续表

内容		允许偏差（mm）
千斤顶位置安装的偏差	提升架平面内	5
	提升架平面外	5
圆模直径、方模边长的偏差		−2～+3
相邻两块模板平面平整偏差		1.5

13.4.4.2　滑模系统的拆除

滑模系统的拆除主要分整体分段拆除和高空解体散拆。无论哪种拆模方法，均必须先做到以下几点：

（1）切断全部电源，撤掉一切机具。

（2）拆除液压设施，但千斤顶及支承杆必须保留。

（3）揭去操作平台板，拆除平台梁或桁架。

（4）高空解体散拆时，还必须先将挂架子及外挑架拆除。

1. 整体分段拆除，地面解体

这种方法可以充分利用现场起重机械，既快又比较安全。整体分段拆除前，应作好分段方案设计。主要考虑以下几点：

（1）现场起重机械的吊运能力，做到既充分利用起重机械的起吊能力，又避免超载。

（2）每一房间墙壁（或梁）的整段两侧模板作为一个单元同时吊运拆除；外墙（外围轴线梁）模板连同外挑梁、挂架亦可同时吊运；筒壁结构模板应按均匀分段设计。

（3）外围模板与内墙（梁）模板间围圈连接点不能过早松开（如先松开，必须对外围模板进行拉结，防止模板向外倾覆），待起重设备挂好吊钩并绷紧钢丝绳后，再及时将连接点松开。

（4）若模板下脚有较可靠的支承点，内墙（梁）提升架上的千斤顶可提前拆除，否则需待起重设备挂好吊钩并绷紧钢丝绳时，将支承杆割断，再起吊、运下。

（5）模板吊运前，应挂好溜绳，模板落地前用溜绳引导，平稳落地，防止模板系统部件损坏。外围模板有挂架子时，更需如此。

（6）模板落地解体前，应根据具体情况作好拆解方案，明确拆解顺序，制定好临时支撑措施，防止模板系统部件出现倾倒事故。

2. 高空解体散拆

高空散拆模板虽不需要大型吊装设备，但占用工期长，耗用劳动力多，且危险性较大，故无特殊原因尽量不采用此方法。若必须采用高空解体散拆时，必须编制好详细、可行的施工方案，并在操作层下方设置卧式安全网防护，高空作业人员系好安全带。一般情况下，模板系统解体前，拆除提升系统及操作平台系统的方法与分段整体拆除相同，模板系统解体散拆的施工顺序如下：

拆除外吊架脚手架、护身栏（自外墙无门窗洞口处开始，向后倒退拆除→拆除外吊架吊杆及外挑架→拆除内固定平台、拆除外墙（柱）模板→拆除外墙（柱）围圈→拆除外墙（柱）提升架→将外墙（柱）千斤顶从支承杆上端抽出→拆除内墙模板→拆除一个轴线段围圈，相应拆除一个轴线段提升架→千斤顶从支承杆上端抽出。

高空解体散拆模板必须掌握的原则是：在模板散拆的过程中，必须保证模板系统的总体稳定和局部稳定，防止模板系统整体或局部倾倒塌落。因此，制定方案、技术交底和实施过程中，务必有专职人员统一组织、指挥。

13.4.5 滑模工艺与滑模工程

13.4.5.1 滑模工艺的类别与基本特点

滑模工艺已由高耸筒体构筑物逐步推广应用到包括框架、框剪、框筒、筒中筒和板墙等结构形式的高层、超高层建筑工程中，滑模工艺主要包括以下几类。

按提升设备分类，可分为液压千斤顶滑模和升板机滑模。前者又可分为密机位滑模和疏机位滑模，目前主要采用较大吨位液压千斤顶的疏机位滑模。

按支承杆的设置，可分为体内滑模和体外滑模。前者是将支撑杆设置于混凝土墙或柱子之中，后者将支承杆设于墙或主体之外。

按对楼层结构的施工安排，可分为空滑楼层并进滑模工艺和空滑楼层跟进滑模工艺。空滑楼层并进滑模工艺即梁、柱、墙滑模空滑过楼层板并随即支模和浇筑楼板混凝土后，再继续向上滑升施工；空滑楼层跟进滑模工艺即滑模空滑过楼层，在柱、墙敷设梁板的钢筋后，继续向上滑升施工，楼层板则错后跟进施工。

此外，还可按施工的平面流水安排分为整体滑模工艺和分区（段）滑模工艺，按施工的立面进度分为同步（等高）滑模工艺和不同步滑模工艺（即按施工需要，在滑升高度上保证规定的高差）等。

几种主要滑模工艺的基本特点列入表 13-26 中。

主要滑模工艺的基本特点　　表 13-26

工艺名称	工艺的基本特点
密机位液压千斤顶滑模工艺	1. 采用小吨位（≤3t）液压千斤顶；2. 机位设置较密，较易布置，比较灵活；3. 提升架和围梁一般采用相对轻型设计；4. 使用千斤顶较多，油路较多，增加施工管理难度
疏机位液压滑模工艺	1. 采用大吨位（≥6t）液压千斤顶；2. 机位设置较疏，因机位荷载较大，对机位布置要求严格；3. 提升架和围梁一般采用相对轻型设计；4. 使用千斤顶较少，油路较少，较易进行施工管理
升板机滑模工艺	使用升板机提升装置和粗径支承杆（承重导杆），采用体内或体外滑模工艺
体内滑模工艺	1. 支承杆设于柱、墙混凝土中，承压稳定性较好，其外露部分一般不需要进行（或只做少许）稳定性加固；2. 在不抽拔支承杆时，支承杆的耗用量大；在抽拔支承杆时，有相当难度
体外滑模工艺	1. 支承杆设于柱子和墙体之外，基本无损耗，使用完毕后可移作他用；2. 支承杆需有严格的确保其稳定承载的构造措施
空滑楼层并进滑模工艺	1. 楼层结构随竖向结构同层施工，确保结构整体的及时形成；2. 滑模作业平台的铺板需反复揭（移）开铺装；3. 单条流水线施工，施工速度相对较慢
空滑楼层跟进滑模工艺	1. 楼板结构甩后施工（但一般拖后不宜超过 3 层）；2. 柱、墙悬空部位需验算并视需要加快；3. 竖向结构滑模和两条流水线施工，速度较快

滑模的一般工艺流程见图 13-63。

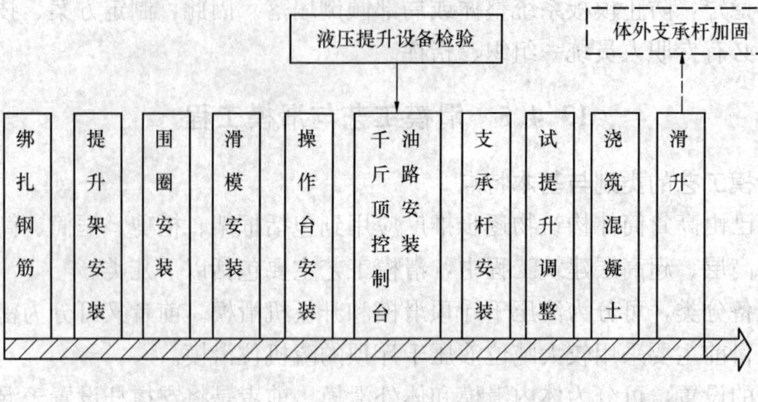

图 13-63　滑模施工的一般工艺流程

13.4.5.2　各类工程滑模施工工艺

滑模技术在各类工程的应用中，为适应不同的工程情况和施工要求，在工艺和技术方面不断地有所创新和发展，从而形成了众多的、各具特色的滑模工艺技术，见表 13-27。

在各类工程中采用的滑模工艺　　**表 13-27**

工程类别	采用的滑模工艺
框剪和板墙结构工程	1. 墙、柱、梁同步滑升工艺；2. 滑框倒模工艺；3. 楼板层空滑随浇工艺（也称"逐层空滑楼板并进工艺"、"逐层封闭工艺"、"滑-浇工艺"）；4. 先滑框架和墙体、楼板跟进工艺；5. 先滑框架和墙体、楼板降模浇筑工艺
筒体结构工程	1. 无井架液压滑模工艺；2. 滑框倒模工艺；3. 外滑内提同步施工工艺；4. 外滑内砌工艺；5. 桥墩液压自升平台翻模工艺；6. 圆形筒仓结构滑模工艺；7. 筒身滑模和水箱提升工艺；8. 双曲线冷却塔提升架直立滑升提模工艺；9. 提升架倾斜滑模工艺
其他结构工程	1. 立井拉杆式滑模筑壁工艺；2. 立井压杆式滑模筑壁工艺；3. 墙体加厚滑模筑壁工艺；4. 桁架导轨墙体滑模工艺；5. 柱子滑模与网架屋盖顶升同步施工工艺；6. 爬轨器液压缸牵引滑模工艺

其中的一些工艺简述如下：

1. 与框架、剪力墙滑模配合的楼板施工工艺

与框架、墙体滑模配合的楼板施工共有三种工艺作法：并进工艺为每滑一层后、接着浇筑（或安装）楼板，按一条流水线组织施工；跟进工艺为滑模先行，楼板施工后跟；滑模和楼板为两条流水线，楼板模板浇一层、往上倒一层；降模工艺为滑模滑至 10 层左右后，自最上一层楼板开始支模，浇筑一层后，降模至下一层，往下走，亦是两条流水线，或者为三条流水线（楼板有两个降模段、交替上升）。

(1) 并进工艺。并进工艺中的楼板为现浇时，当将滑模装置空滑过楼板层后，只需吊开活动平台板，即可按常规方法（包括支架支模、桁架支模和采用早拆模板体系）进行支模和浇筑楼板混凝土。当楼板（有时也有梁）为预制时，则需将滑模的模板空滑至楼面约一个楼板层厚度，形成足够的孔隙，以便吊装（插入）楼板。其作业平台沿墙体两侧设置，中间留空，以利楼板（及梁）的安装。在承重墙空滑时，不支承楼板的非承重墙应浇

筑一段（高约500mm）的混凝土，以利于保持作业平台的稳定。在安装楼板时，墙体混凝土应达到不低于2.5MPa的强度（为加快施工速度，每层墙体的最上浇筑层可改用早强混凝土或提高混凝土的等级。也可采用临时支架使楼板暂不压在墙上，待其达到要求强度后，将其落于墙上，并撤去临时支架）。在楼板浇筑完毕，继续滑施上层墙体时，滑模底的悬空部分应加设挡板。

（2）跟进工艺。采用楼板自下而上的跟进施工，需要解决好支架方案和模板、支架方便地倒至上一层的施工作法。通常可在梁、柱、墙上留洞或设置临时牛腿、挂钩、穿销作为支点，采用桁架支模、散装散拆和向上翻倒。还有一种整体折叠式模板做法：将每个房间的楼板模板做成中间（分布筋的跨中）以铰链连接的两块，在其铰链位置留出适当的宽板缝（将分布筋改为在中间搭接或焊接，连接前暂时先弯起），拆模后可从此宽板缝中将折叠在一起的两块模板及桁式支架等吊至上层，随后补施板缝。

（3）降模工艺。系自上而下降模施工楼板的工艺。当墙体连续滑升到顶或滑8～10层高度后，将先在底层按每个房间组装好的模板提升到顶部楼层，用吊杆（其上部支挂于墙体的预留洞中）吊于最上层楼板底标高处，即可进行该层楼板的施工。待楼板混凝土达到拆模强度（一般应大于或等于15MPa）后，将模板降至下一层，直至施工到最底一层。当层数较少时，只需配备一套模板或将滑模作业平台改为模板；当楼层较多时，可按10层左右分段，配二至数套模板（依滑升墙体和降模施工楼板的速度，考虑倒模要求，确定配备套数）。

跟进和降模工艺虽有方便和优越之处，但由于墙体结构处于缺少水平结构支持（结构未完全形成）的状态，刚度较差，特别是在降模工艺下，凌空作业带来的安全要求较高，因此，一般只在有快速完成外壳结构要求的情况下采用。三种滑模工程中楼板施工工艺的主要构造情况如图13-64所示。

2. 圆形筒壁结构滑模工艺

筒体结构一般采用圆形平面或由两端圆弧与中间为直线段组成的平面，其竖平面可为矩形、梯形和双曲线梯台形，筒壁截面则有等截面或变截面，圆弧或曲线外形、变径和变截面是筒体结构的共同特点。

无井架液压滑模工艺为不在筒体内设置落地式井架，将作业平台、提升架、随升井架、吊笼和模板等全部荷载都传给支承杆承受的滑模工艺（图13-65）。其作业平台结构由内、外钢圈、适量的中间钢圈（包括固定提升架的钢圈）和辐射梁构成。设上、下内钢圈者，其间设拉杆形成鼓圈，在鼓圈底部设带花篮螺栓的悬索拉杆与平台拉结。提升架、随升平台、扒杆（用于吊运钢筋等不能使用吊笼的物品）、外护栏和吊架等均装于（或挂置于）作业平台之上。随升井架一般均采用双井架，以提高垂直运输的供应能力和速度。在井架内设吊笼，吊笼上部设安全抱闸。作业平台应设避雷装置，可将不抽拔的支承杆作为永久避雷导线，其做法为：在已作的永久避雷接地板上沿烟囱筒身外侧的对称四分点引4根扁钢（－60×8）至筒身标高1.0m左右处，分别用不锈钢螺母（M18，带平垫圈）固定于筒身壁内预埋的暗榫上，将暗榫上的扁钢延长至筒身留孔上部，用3道环向扁钢将支承杆与其焊接牢固，待滑模到顶后，按同样做法将永久避雷针与支承杆进行整体连接，且其连接焊接均应达到以下要求：扁钢之间的搭接焊缝长度应大于$2b$（b为扁钢宽度）；扁钢与支承杆之间的焊缝长度应大于$6d$（d为圆钢支承杆的直径）；支承杆之间采用榫接对

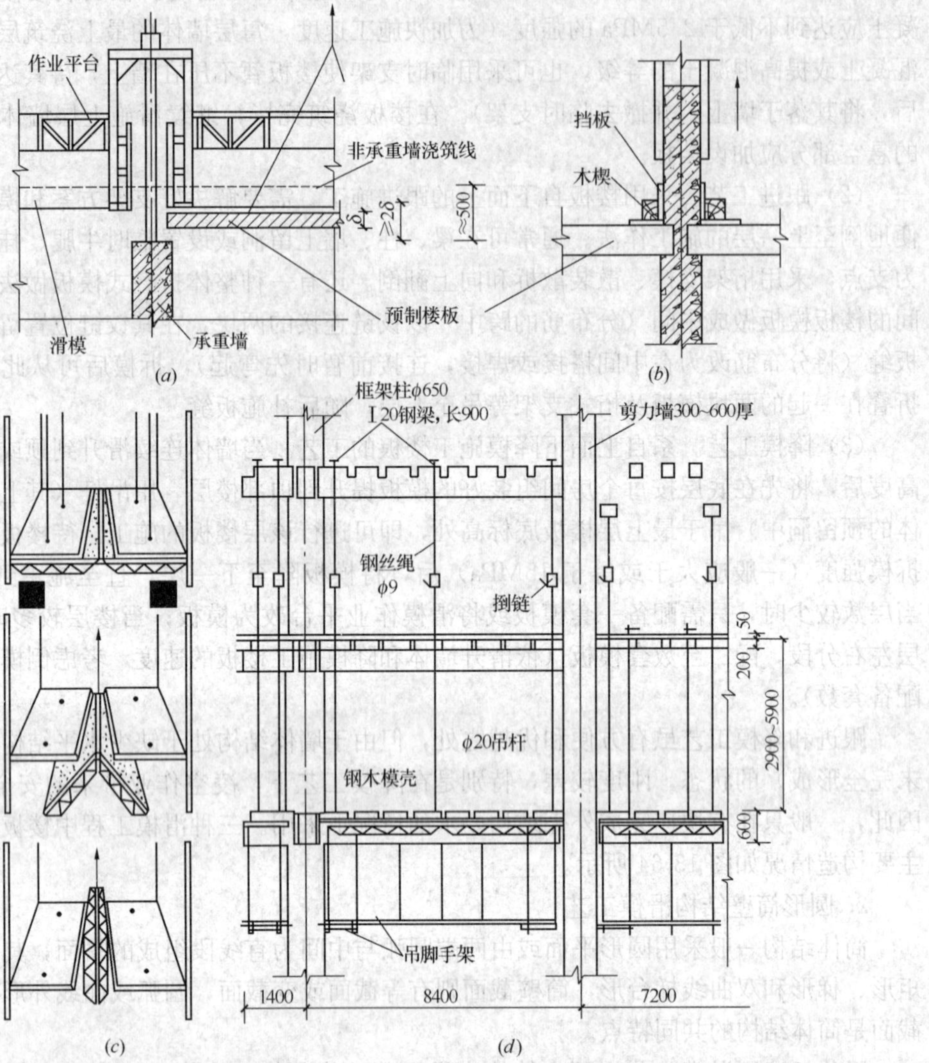

图 13-64　滑模中楼板施工做法的主要构造

(*a*) 并进工艺中预制楼板的安装；(*b*) 空滑的墙体段补模背楔；(*c*) 跟进工艺中采用铰接模板的支模、折叠和吊至上层的情形；(*d*) 降模工艺中的吊挂装置

接和坡口焊接。

烟囱的筒壁和内衬都采用滑模施工时，称为“双滑”，并需做好牛腿、内衬竖向伸缩缝和隔热层预制块的固定等相关处理：可采用在内模面上焊竖向切割板，以将伸缩缝滑（割）出来；隔热预制块可采用梳子挡板临时固定法（挡板用扁钢焊成，高 450mm 左右，悬挂于相邻千斤顶之间，随提升架上升，过牛腿时需暂时取下）或红砖固定法（即用 100 号红机砖置于预制块和内模之间，浇筑时先筒壁、后内衬，将红砖浇于内衬混凝土之中，不再取出）。筒壁采用滑模、内衬为砌筑的工艺称为“外滑内砌”工艺；而筒壁采用滑框倒模、内衬砌筑的工艺，则称为“外倒内砌滑模工艺”，其滑框倒模的安装顺序为：搭设筒底施工平台→焊接内衬砌筑平台→随升井架安装→作业平台安装→安装提升架和收分装

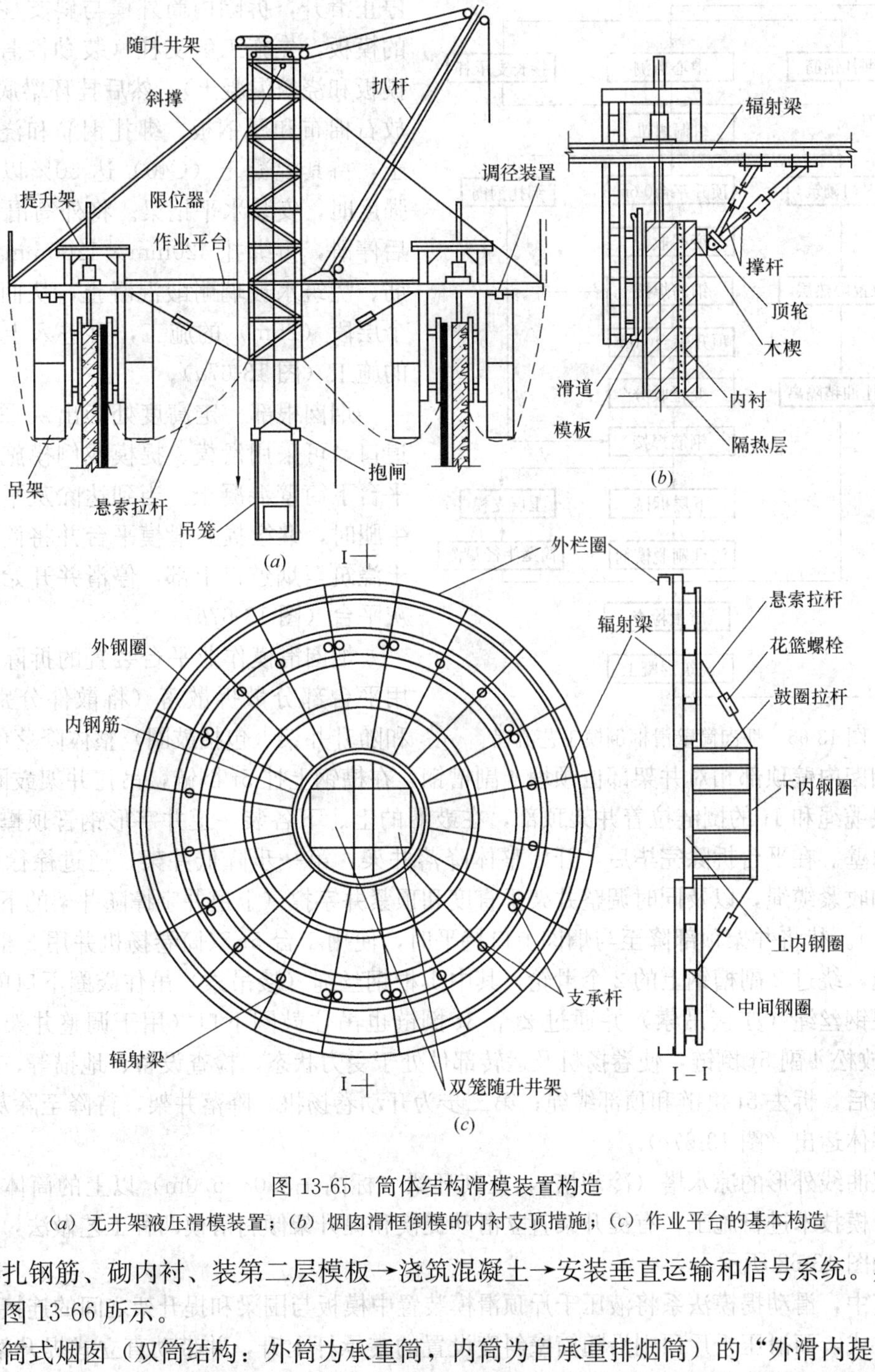

图 13-65 筒体结构滑模装置构造

(a) 无井架液压滑模装置；(b) 烟囱滑框倒模的内衬支顶措施；(c) 作业平台的基本构造

置→绑扎钢筋、砌内衬、装第二层模板→浇筑混凝土→安装垂直运输和信号系统。其工艺流程如图 13-66 所示。

套筒式烟囱（双筒结构：外筒为承重筒，内筒为自承重排烟筒）的"外滑内提同步施工工艺"为外筒采用常规滑模、内筒采用提模的工艺。在渭河电厂 240/7m 套筒式烟囱施工中采用此项工艺，其做法的要点为：外筒每滑升 250mm 高、内筒也相应在模板内砌筑 250mm 高耐火砖，当外筒连续滑升 3 个提升层后，内筒也相应浇筑水玻璃耐酸陶粒混凝土 750mm 高，其矿棉板和镀锌钢板也紧跟内筒提升完成。而依附于外筒的旋转钢梯和筒间钢平台、信号平台等也随滑升同步进行。当外筒滑升至筒间平台标高以上 1.5m 处时，

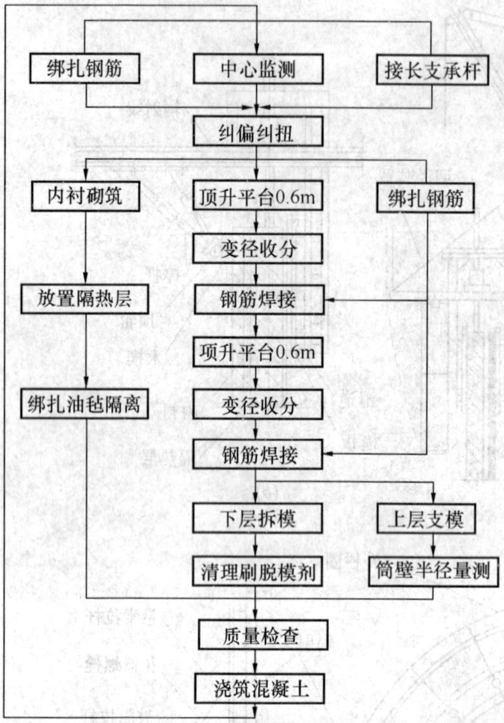

图 13-66　烟囱筒壁滑框倒模工艺流程

停止滑升，拆除内筒外模与斜支柱相碰处的模板，先施工斜支柱（装劲性骨架、挂模板和浇筑混凝土），然后挂环梁底模、安放石棉布和厚钢板、绑扎钢筋和浇筑混凝土，待其混凝土（C40）达 50%以上设计强度时，安装水平钢梁。将外筒滑 750mm 后停滑，再绑扎 420mm×1200mm 环梁钢筋、浇筑水玻璃耐酸混凝土，从而完成一个层段（25m）的施工，再进入上一层段的施工（图 13-67*a*）。

烟囱根部一定高度处为出灰平台和烟道口，可采用滑模、提模或倒模施工出灰平台下筒壁混凝土。当到达除灰平台底部牛腿时，继续提升滑模平台并将筒壁混凝土浇筑至烟道口上部，停滑并开始施工除灰平台（图 13-67*b*）。

烟囱滑模作业平台装置的拆除一般采用平台部分散拆散落（将散件分别吊下）和随升井架（包括鼓圈）整体降落的做法，即在烟囱内壁顶部相对井架部位预埋 4 副槽钢，在槽钢上挂 5t 捯链，吊住井架鼓圈下口，用 4 根缆绳和 1t 的捯链拉着井架顶部，在鼓圈的上、下各装一道井字形钢管顶撑，撑住烟囱内壁。在平台拆除完毕后，开始整体降落井架：第一步降低井架，通过徐徐放松 5t 捯链和收紧缆绳，以及同时调整井架垂直度和顶紧井字撑（上道井字撑随井架的下降而逐步上移）。待将井架顶部降至与烟囱上口持平时，使用 1 台 5t 双筒卷扬机并用 2 根 ϕ18.5 钢丝绳，绕过 2 副槽钢上的 2 个滑轮，其中 1 根钢丝绳（接吊索）吊住鼓圈下口的两点，另 1 根钢丝绳（亦接吊索）并通过 2 个 3t 捯链也吊住鼓圈下口（用于调整井架的垂直度）。放松 4 副 5t 捯链，使卷扬机及运转部件处于受力状态，检查设备、地锚等，确认安全可靠后，拆去 5t 捯链和顶部缆绳；第二步为开动卷扬机、降落井架，待降至除灰平台，即可解体运出（图 13-67c）。

双曲线外形的凉水塔（冷却塔），在其环梁（标高＋3.0～5.0m）以上的筒体部分可采用滑模技术进行施工，有提升架直立滑动提模和提升架倾斜滑模两种工艺做法，其装置情况如图 13-68 所示。

其中，滑动提模法系将液压千斤顶滑模装置中模板与围梁和提升架之间的连接改为可松开方式，而滑压千斤顶则沿随筒壁斜度设置的支承杆上升，并带动直立式提升架上升。在浇筑混凝土前，依靠提升架将围梁和模板固定到设计位置，待浇完的混凝土达到适合强度后，松开模板和圈梁的固定装置，使模板与混凝土面脱离，启动千斤顶将模板装置提升到上一个浇筑层位置。在整个施工过程中，作业平台和吊脚手架始终处于水平状态，便于上架人员进行操作和纠偏控制。滑动提模系统利用提升架之间剪刀撑的夹角（其变化由移动提升架立腿上的剪刀撑滑块来实现，滑块移动有限位，每次不超过 10mm）来调整提升

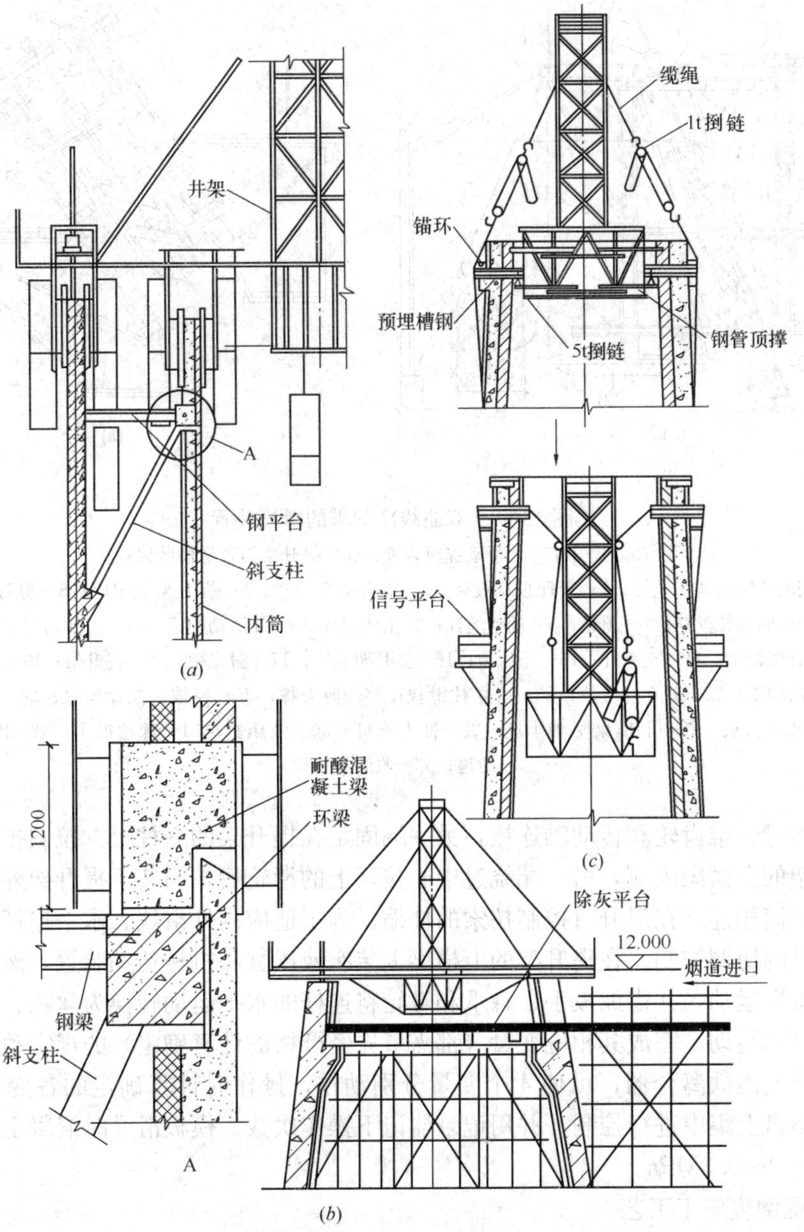

图 13-67 烟囱滑模施工图示

(*a*)“外滑内提”装置及筒间平台节点；(*b*)“外滑内砌”除灰平台施工情况；(*c*)作业平台分两步拆除

架的间距，进行模板装置的外张和内收，使筒壁按双曲线设计外形上升。支承杆坡度（应与筒壁外模平行）则通过设于千斤顶底座外侧的调坡丝杠进行调整；提升架倾斜滑模法系将提升架按筒壁坡度装设，在倾斜状态下进行滑模的方式。其提升架与模板、剪刀撑、水平连杆等构件通过辐射（拉圆）拉索与中心拉环连接，形成稳定的环状空间结构，提升架两侧设环状作业平台，下挂吊脚手架。施工中通过调节滑块的高低来改变提升架的间距（变径）和倾斜度。在剪刀撑交点标高处设置可随筒壁变化进行相应伸缩的水平连杆，其

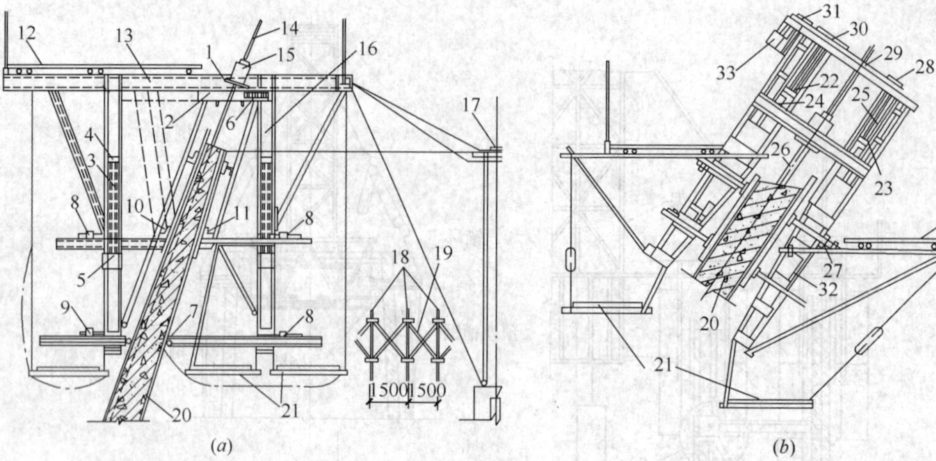

图 13-68　双曲线冷却塔的滑模装置

(*a*) 提升架直立滑动提模装置；(*b*) 提升架斜置滑模装置

1—千斤顶调坡铰座和调坡丝杠；2—千斤顶调坡架；3—提升架剪刀撑；4—提升架固定座；5—剪刀撑滑动铰座；6—千斤顶铰座的推拉丝杠；7—顶轮；8—调整丝杠；9—限位卡；10—外活动围梁；11—内活动围梁；12—作业平台；13—提升架横梁；14—支承杆；15—千斤顶；16—提升架立柱；17—激光靶；18—提升架；19—剪刀撑；20—筒壁；21—吊脚手；22—外立柱滑块；23—内立柱滑块；24—剪刀撑；25—控坡、控径丝杠；26—支承杆套管；27—顶紧丝杠顶头板；28—上横梁附轴承座；29—推力连杆；30—液压缸；31—棘轮扳手；32—围梁支承槽钢滑道；33—收绳卷扬机

一端通过螺母、锥齿轮和传动轴连接，另一端固定在提升架的立柱上。拉圆拉索的一端固定在提升架的上横梁内侧，另一端绕过中心拉环上的滑轮后，与装于提升架外侧上端的收绳卷扬机鼓筒相连，在滑升时控制拉索的伸缩。为了适应内外滑块、水平连杆和拉圆拉索这 4 个变量的协调控制，在提升架的上横梁上装有液压缸和机械传动装置，液压缸推动水平连杆作水平运动，并借助扳手、棘爪和棘轮将连杆的水平运动转换为丝杠、竖轴和收绳卷扬机鼓筒的转动，完成其相应变量（都需事先经严格的计算确定）的规定动作。在棘轮扳手上装有电磁铁离合器，可使 4 个变量分别动作，操作时计算确定的各变量的动作次数，在控制盘上集中进行控制，并用记录器记下操作次数。模板滑升时混凝土的脱模强度应控制在 0.2～0.3MPa。

3. 滑框倒模施工工艺

滑框倒模工艺是在滑模施工工艺的基础上发展而成的一种施工方法。这种方法兼有滑模和倒模的优点，因此易于保证工程质量。

滑框倒模工艺系在模板与围梁之间增设滑道，滑道固定在围梁内侧，随围梁、作业台和提升架滑升，模板留在原位，不滑升，只与滑道间相对滑动，待滑道滑升至上一层模板位置后，拆除最下一层模板（一般配置 3～4 层，每层模板高 500mm 左右，在便于插放的前提下，尽量加大模板宽度，以减少竖向拼缝），清理后倒至上层使用。模板宜采用较为轻便的复合胶合板或双面加涂玻璃钢树脂面层的中密度纤维板，以利于向滑道内插放。

滑框倒模的施工程序：绑一步横向钢筋→安装上一层模板→浇灌一步混凝土→提升一层模板高度→拆除脱出的下层模板，清理后倒至上层使用。如此循环进行，层层上升。

滑框倒模工艺具有以下优点：①滑升阻力显著减小，可相应减少提升设备和滑模装置自重，约可节省 1/6 的千斤顶和减轻 15%的用钢量；②滑框时模板不动，消除了普通滑模常见的粘模和拉裂现象，滑升时对混凝土强度也无特别严格要求，只要大于 0.05MPa，不致引起混凝土坍塌、支承杆失稳和影响滑升安全即可；③便于及时清理模板和涂刷隔离剂，可有效地消除滑模混凝土的质量通病；④施工方便可靠，利于梁板的插入施工。由于增加了倒模工序，使其施工速度比普通滑模稍有降低。

滑道既是滑升时的侧支承杆，也是在浇筑混凝土时承受和传递侧压力的内层格栅，可采用钢管、角钢或槽钢，间距按模板和围梁的构造设计计算确定，一般为 300～400mm，长度为 1.0～1.5m，安装的锥度（倾斜度）为 0.3%～0.6%，滑道与围梁间采用螺栓连接，对于变厚墙体，可用加垫方木解决。围梁一般采用 10 号工字钢加腹杆形成的桁梁，在大梁处可采用门型围梁，以将被大梁隔断的两侧围梁连接起来；变截面墙体的滑道可采用加长滑道臂（用 4mm 厚钢板制作）解决：当变截面处的最后一步混凝土浇筑完毕、并将提升架（底部）空滑至变截面处时，将原滑道及滑道臂拆下，换上加长臂滑道，即可倒模施工。滑框倒模的一些主要构造做法示于图 13-69 中。

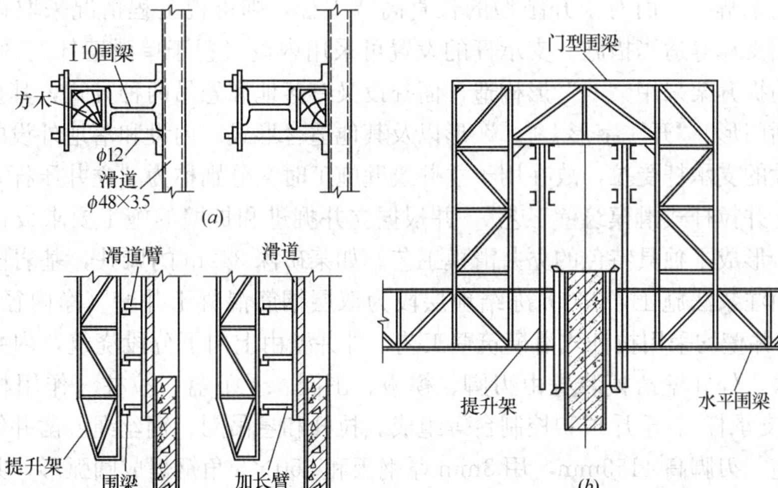

图 13-69 滑框倒模装置的一些构造做法

(a) 滑道与围梁的连接；(b) 大梁处的门型围梁；(c) 变径和变截面处的做法

4. 其他滑模工艺

(1) 滑柱同步提升网架工艺

利用柱子或框架滑模的装置实现网架屋盖同步顶升的工艺，分别称为“柱子滑模同步提升网架工艺”和“框架滑模同步提升网架工艺”。后者只是多了框架梁的滑模，而工艺原理是相同的，即将在地面组装好的钢网架屋盖结构支承于柱子滑模装置的承力架上，网架与柱滑模装置一起同步上升。采用此法施工时，需首先确定兼顾柱子、框架滑升和网架顶升的机位设置，即一般取柱子和框架梁上的网架支座位置，计算出机位承力架的荷载(包括滑模施工荷载和网架屋盖的顶升荷载)，确定包括“体内滑模”和“体外滑模”选用的液压千斤顶的型号、数量及其承力架装置的设计，已知工程案例中，每根柱子按其不同的荷载情况，布置4台、8台、12台、甚至24台GYD-35型千斤顶，在梁中部网架支座的两侧布置体外滑升提升架，使用QYD-60型和QYD-100型千斤顶。在设计承力架及其整体组合时，同时考虑网架顶升支座的设置，可视情况采取以下作法：①在柱子滑模承力架的顶部设一块与柱子断面尺寸相同的20mm厚钢板，用于固定千斤顶，同时也承托网架支座。当网架被滑模装置带升至设计标高后，利用钢板上的浇注孔补浇千斤顶下的柱头混凝土。千斤顶支座钢板留在柱头上，将支承杆的多余部分切去后，与支座板焊牢；②用槽钢将柱子或框架梁滑升机位处“开”字形承力架的下横梁连在一起，在槽钢上设置千斤顶支座、网架支座和抬杠，将网架顶（提）升至设计标高后，按设计要求予以固定。其主要构造如图13-70所示。

（2）单侧滑模筑壁工艺

采用单侧面滑升模板施工只需一侧支模的筑壁工程（如立式矿井的井壁、罐体衬壁以及挡土墙和坝体的护面工程等）的工艺，称为“单侧滑模筑壁工艺”。内侧滑模需要解决好支承杆、提升架和作业平台的设置及其承载稳定问题。对于有圆周或四面墙壁的井筒类工程，可通过对称设置支承杆、提升架和利用作业平台的整体性（构架与环向或双向的水平支撑）作用来解决；而对于开敞型的长直高墙工程，则可视工程情况采取设置水平锚拉、加强单侧支撑等适当措施。支承杆的设置可采用内设（置于单滑墙体之内）或外设。内设支承杆的提升架采用“「”形构造，而外设又有落地和悬吊两种方式，其提升架的形式可选用包括门形、“开”字形、“「”形以及其他适合形式。内设和落地外设的支承杆受压，悬挂外设的支承杆受拉，故在用于立井筑壁施工时又分别称为“立井压杆式滑模筑壁工艺”和“立井拉杆式滑模筑壁工艺”，并根据立井掘进和护壁的施工要求设计滑模装置和施工工艺，形成了独具特色的立井滑模工艺。如某矿深342m的风井，基岩段为单层井壁，采用地面注浆法施工，230m冻结地层段为双层钢筋混凝土井壁（净内径5m，壁厚0.4m），内外井壁均采用拉杆式滑模筑壁工艺，外井壁由上向下分段浇筑，内井壁则由下向上连续浇筑。外井壁滑模装置由刃脚、模板、围圈、上下盘、拉柱（作用相当于提升架）、拉杆（支承杆）、千斤顶和控制台等组成。拉杆和悬吊圈、钢丝绳、凿井绞车等一起构成悬吊设施。刃脚高1153mm，用3mm厚钢板和L50×6角钢焊成圆弧形，共8块，上设竖筋安放孔。用伸缩螺栓调径（径向可调范围为200mm）。拉柱用[10槽钢和扁钢焊接而成，两侧设千斤顶支座，每根拉柱上装2台GYD-35千斤顶。在用于外井壁施工时，按掘进和筑壁平行作业的要求，共设五层吊盘（全高15m，总重达41.5t），原滑模装置的上下盘为第三层（滑模盘）和第四层（辅助盘、装控制台等），第一层为保护盘（防护上空落物），第二层为浇筑盘，而第五层为掘进盘（在盘上安装刃脚、悬吊柔性掩护筒和中心回转式抓岩机）。在各层吊盘上均设有圆形吊筒孔和方形人孔。其作业程序的要点为：①当掘进深度达到筑壁段要求高度后，先整体下送第五层平台，达预定标高后予以固定，借助激光指向仪安设刃脚。②在五层吊盘下送前，先将模板沿径向收缩30mm，使其与井壁脱离，同时将钢筋下送到吊盘，由二层吊盘传到三层吊盘存放。③在绑扎钢筋前，先用5t捯链将三层和四层吊盘下降2m左右，安设全部竖筋（其上端与上段井壁的竖筋绑扎连接，下端插入刃脚的钢筋孔内），绑扎横筋，待横筋绑扎高度超过刃脚后，将三层和四层吊盘落到预定位置。④待模板随吊盘落到刃脚后，再将模板向外撑30mm，并以激光指向仪找正。⑤混凝土用平板车送到井口，再用绞车下送到二层吊盘，卸入1.5m^3的分灰器，

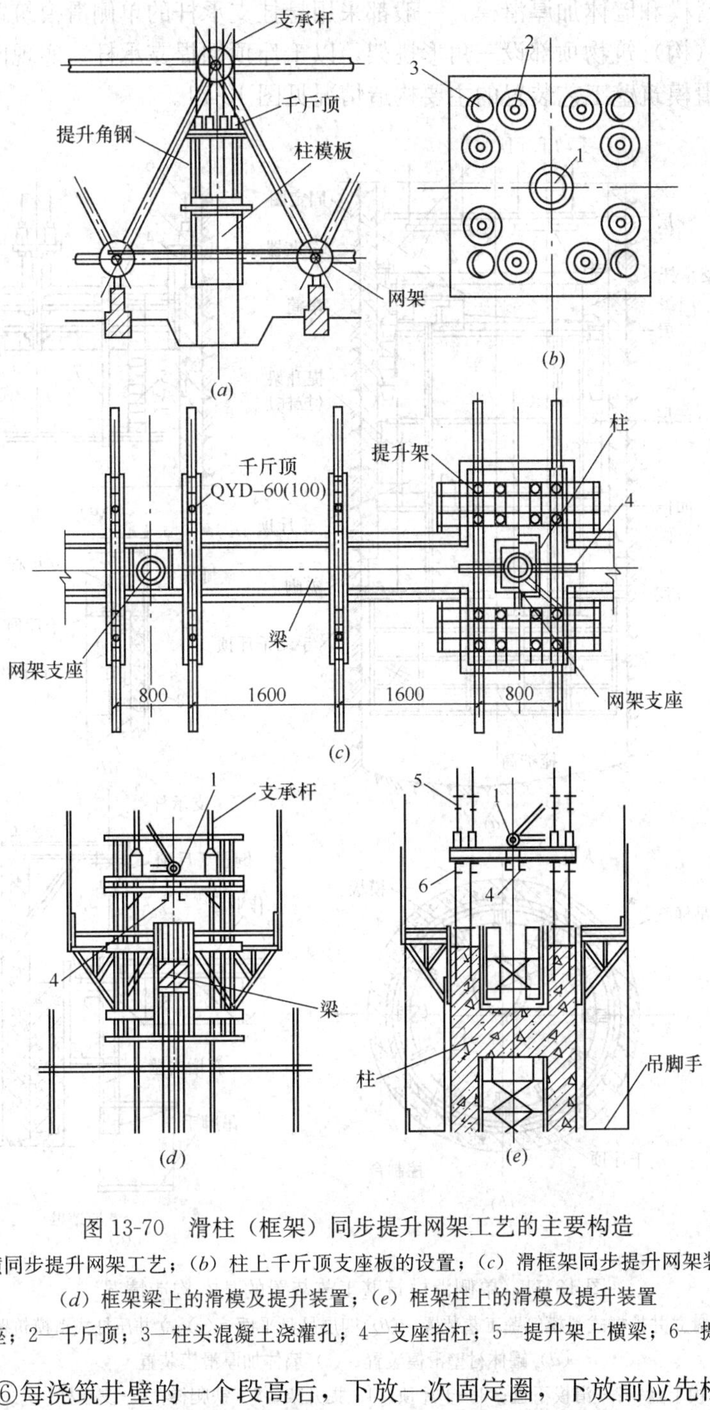

图 13-70 滑柱（框架）同步提升网架工艺的主要构造

（*a*）滑横同步提升网架工艺；（*b*）柱上千斤顶支座板的设置；（*c*）滑框架同步提升网架装置平面；（*d*）框架梁上的滑模及提升装置；（*e*）框架柱上的滑模及提升装置

1—网架支座；2—千斤顶；3—柱头混凝土浇灌孔；4—支座抬杠；5—提升架上横梁；6—提升架下横梁

经串筒入模。⑥每浇筑井壁的一个段高后，下放一次固定圈，下放前应先松开千斤顶的固定圈和支承杆的螺母，将支承杆下放一个段高。待固定圈下放固定后，再将千斤顶固定和装上支承杆螺帽（固定在固定圈的下缘）。上端支承杆长 3.0m，穿心支承杆长 1.0m，其他中间接长段长 0.5～3.0m。内井壁在外井壁全部完成后开始施工，拆除第五层吊盘，将三、四层吊盘与一、二层脱离，自下而上进行连续施工。

立井压杆式滑模筑壁工艺的支承杆设于新浇混凝土中，其作法同传统滑模工艺。

罐体衬壁滑模和墙体加厚滑模，一般都采用悬挂支承杆的单侧滑模筑壁工艺，在金属罐体顶部或建（构）筑物顶部设三角形挑架，以千斤顶倒提支承杆，实现向上滑升。

以上单侧滑模筑壁工艺装置的主要构造情况见图 13-71。

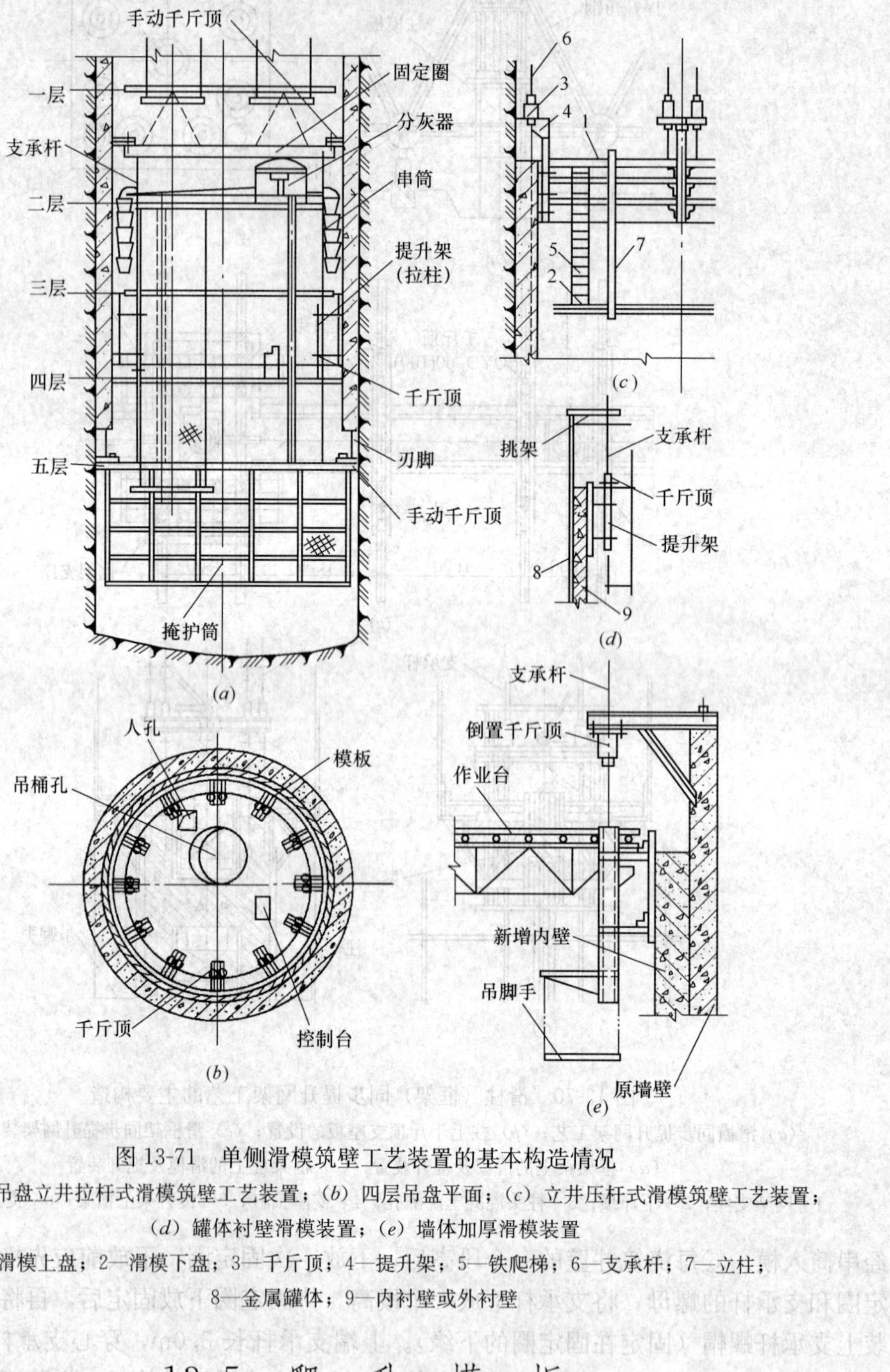

图 13-71　单侧滑模筑壁工艺装置的基本构造情况

(*a*) 五层吊盘立井拉杆式滑模筑壁工艺装置；(*b*) 四层吊盘平面；(*c*) 立井压杆式滑模筑壁工艺装置；(*d*) 罐体衬壁滑模装置；(*e*) 墙体加厚滑模装置

1—滑模上盘；2—滑模下盘；3—千斤顶；4—提升架；5—铁爬梯；6—支承杆；7—立柱；8—金属罐体；9—内衬壁或外衬壁

13.5　爬　升　模　板

爬升模板简称爬模，是通过附着装置支承在建筑结构上，以液压油缸或千斤顶为爬升动力，以导轨为爬升轨道，随建筑结构逐层爬升、循环作业的施工工艺。施工的一种模板工艺，它是钢筋混凝土竖向结构施工继大模板、滑升模板之后的一种较新工艺。

爬升模板，由于它综合了大模板和滑升模板的优点，已形成了一种施工中模板不落地，混凝土表面质量易于保证的快捷、有效的施工方法，特别适用于高耸建（构）筑物竖向结构浇筑施工。爬升模板既有大模板施工的优点，如：模板板块尺寸大，成型的混凝土表面光滑平整，能够达到清水混凝土质量要求；又有滑升模板的特点，如：自带模板、操作平台和脚手架随结构的增高而升高，抗风能力强，施工安全，速度快等；同时又比大模板和滑升模板有所发展和进步，如：施工精度更高，施工速度和节奏更快更有序，施工更加安全，适用范围更广阔。

爬升模板施工工艺一般具有以下特点：

（1）施工方便，安全。爬升模板顶升（或提升）脚手架和模板，在爬升过程中，全部施工静荷载及活荷载都由建筑结构承受，从而保证安全施工。

（2）可减少耗工量。架体爬升、楼板施工和绑扎钢筋等各工序互不干扰。

（3）工程质量高，施工精确度高。

（4）提升高度不受限制，就位方便。

（5）通用性和适用性强，可用于多种截面形状的结构施工，还可用于有一定斜度的构筑物施工，如桥墩、塔身、大坝等。

目前爬升模板技术有多种形式，常用的有：模板与爬架互爬技术、新型导轨式液压爬模（提升或顶升）技术、新型液压钢平台爬升（提升或顶升）技术。

13.5.1 模板与爬架互爬技术

13.5.1.1 技术特点

（1）架体与模板分离爬升。架体不带模板爬升，但提供支模平台；架体爬升到位后固定在结构上，然后借助塔式起重机或捯链拉升模板，到位后坐落在架体上。

（2）架体结构简单，承载力小，主要为工人施工提供多层作业平台，并起到支撑防护的作用。

（3）架体爬升采用自动化施工，与传统的施工方法相比在一定程度上减轻了工人劳动强度，简化了施工工艺。

（4）模板作业需要单独进行，爬升靠塔式起重机或捯链提升，模板的合模、分模、清理维护，也需要工人借助捯链完成，增加了工人的劳动强度及作业时间。

（5）架体通用性好，可重复使用。

13.5.1.2 结构组成及原理

现有的模板与爬架互爬技术，按爬升动力不同分为液压顶升式爬升、电动葫芦提升式爬升，不论哪一种技术，其核心组成包括附着装置、升降机构、防坠装置架体系统、模板系统。

1. 附着装置

附着在建（构）筑物结构上，与架体的竖向主框架连接并将架体固定，承受并传递架体荷载的连接结构，由预埋件和固定套（承力件）组成，具有附着、导向、防倾功能。预埋件埋在结构中，其位置的准确性保证了架体的爬升定位准确，因此预埋件起到导向、定位的作用；固定套承受整个架体的自重及架体上的施工荷载，并将架体固定在附着装置上，起到防止架体倾覆作用。

2. 升降机构

由导轨、爬升动力设备组成，可自动爬升并锁定架体，通过爬升动力作用，可以实现导轨沿附着装置、架体沿导轨的互爬过程。

3. 架体系统

架体系统由竖向主框架、水平连接桁架、各作业平台组成，架体系统的主要作用是为工人施工提供多层作业平台，为模板作业提供支模平台。

4. 模板系统

模板系统由模板及其提升装置组成，架体爬升到位后模板通过塔式起重机或起吊葫芦提升至上一层作业平台，人工操作完成合模、分模作业。

13.5.1.3　施工工艺及要点

（1）模板与爬架互爬技术施工工艺流程见图 13-72。

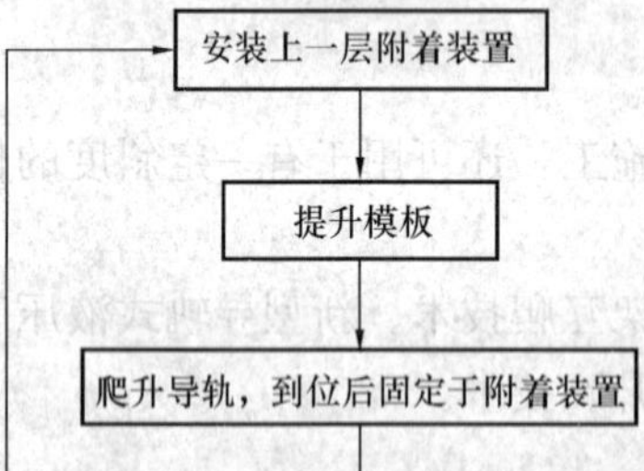

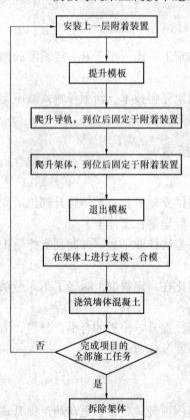

图 13-72　典型的模板与爬架互爬技术施工工艺流程图

（2）模板与爬架互爬技术施工要点：

1）架体与模板安装使用前应制定施工组织方案，对相关施工人员进行技术交底和安全技术培训。

2）架体设计、安装应由有资质的单位施工。

3）架体使用前进行安全检查，对于液压动力设备检查是否有漏油现象，对于电动葫芦应理顺提升捯链，不得出现翻链、扭接现象。

4）架体爬升前，要清理架体杂物，墙体混凝土强度应达到设计要求后方可爬升。

5）爬升时应实行统一指挥、规范指令，爬升指令只能由一人下达，但当有异常情况出现时，任何人均可立即发出停止指令。

6）架体爬升到位后，必须及时进行附着固定和防护，检查无误后方可进行模板提升作业。

7）模板提升到位后应靠近墙体，并用模板对拉螺栓将模板与墙体进行刚性拉结，确保架体上端有足够的稳定性。

8）当遇到 6 级以上大风、雷雨、大雪、浓雾等恶劣天气时禁止爬升和装拆作业，大风天气要对架体进行拉结，夜间严禁进行升降和装拆作业。

9）架体施工荷载（限两层同时作业）小于 $3kN/m^2$，与爬升无关的物体均不应在脚手架上堆放，严格控制施工荷载，不允许超载。

10）架体施工区域内应有防雷设施，并应设置消防设施。

11）当完成架体施工任务时，对架体进行拆除，先清理架上杂物及各种材料，并在拆除范围内做醒目标识，同时对拆除区域进行警戒，经检查符合拆除要求后方可进行。

13.5.2 新型导轨式液压爬升（顶升、提升）模板

13.5.2.1 导轨式液压顶升模板

1. 技术特点

（1）结构设计遵循：《液压爬升模板工程技术规程》（JGJ 195—2010），《液压升降整体脚手架安全技术规程》（JGJ 183—2009），《建筑施工安全检查标准》（JGJ 59）和建建［2000］230号关于颁布《建筑施工附着升降脚手架管理暂行规定》的通知、《建筑结构荷载规范》（GB 50009）、《钢结构设计规范》（GB 50017）等标准、规范、规定的有关要求。

（2）采用架体与模板一体化式爬升方式。架体爬升时带动模板一起爬升，架体既是模板爬升的动力系统，也是支撑体系。

（3）爬升动力为顶升力。动力设备通常采用液压油缸、液压千斤顶；操作简单、顶升力大、爬升速度快、具有过载保护。

（4）采用同步控制器，架体爬升同步性好，爬升平稳、安全。

（5）模板作业简单。模板随架体爬升，省时省力；模板支撑系统中设计模板移动滑车及调节支腿，可方便地完成合模、分模及模板多方位微调，有助于模板施工；架体提供模板作业平台，可进行模板的清理与维护。

（6）架体设计多层绑筋施工作业平台，满足不同层高绑筋要求，方便工人施工。

（7）架体结构合理，强度高，承载力大，高空抗风性好，安全性高。

（8）带模板自动爬升，节省塔式起重机吊次和现场施工用地；施工工艺简单，施工进度快，劳动强度低。

（9）架体一次性投入较大，但周转使用次数多，综合经济性好。

2. 结构组成及原理

导轨式液压顶升模板技术由模板系统、架体与操作平台系统、液压爬升系统、电气控制系统组成（图13-73）。

（1）模板系统

模板系统由模板、模板调节支腿、模板移动滑车组成。模板爬升完全借助架体，不需要单独作业；模板的合模、分模采用水平移动滑车，带动模板沿架体主梁水平移动，模板到位后用楔铁进行定位锁紧。模板垂直度及位置调节通过模板支腿和高低调节器完成。

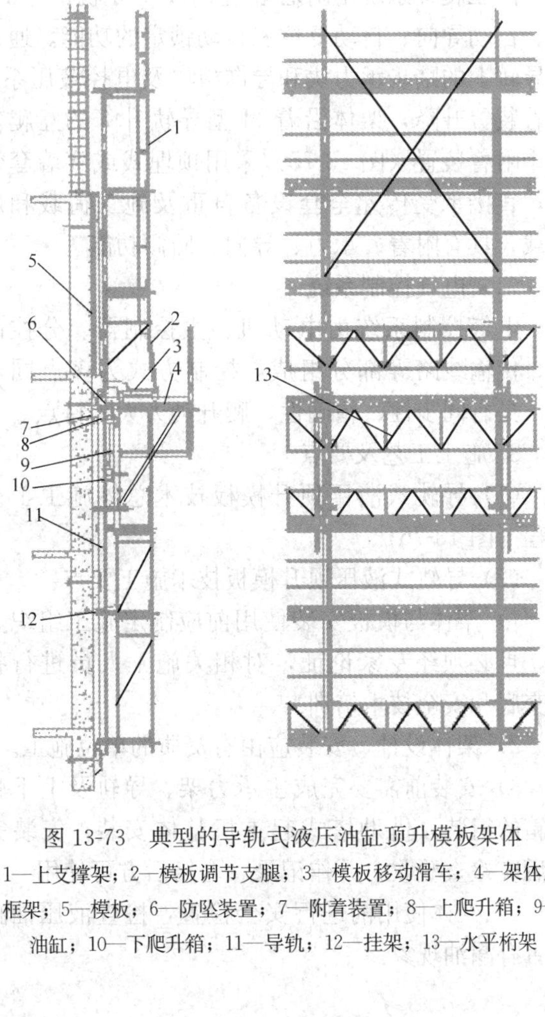

图13-73 典型的导轨式液压油缸顶升模板架体

1—上支撑架；2—模板调节支腿；3—模板移动滑车；4—架体主框架；5—模板；6—防坠装置；7—附着装置；8—上爬升箱；9—油缸；10—下爬升箱；11—导轨；12—挂架；13—水平桁架

(2) 架体与操作平台系统

架体与操作平台系统一般竖跨 4 个半层高，由上支撑架、架体主框架、防坠装置、挂架、水平桁架、各层作业平台和脚手板组成。上支撑架一般为 2 个层高，提供 3～4 层绑筋作业平台，可以满足建筑结构不同层高绑筋需求。主框架是架体的主支撑和承力部分，主框架提供模板作业平台和爬升操作平台。防坠装置采用新型的钢绞线锚夹具结构（图 13-74）。

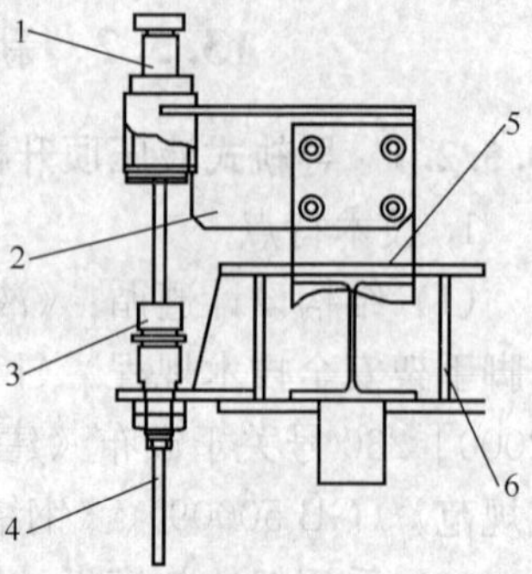

图 13-74　钢绞线锚夹具式防坠装置结构示意图

1—防坠装置（上）；2—安装板；3—防坠装置（下）；4—防坠钢绞线；5—导轨；6—架体主梁

防坠装置上端固定端在导轨的上部，下端（又称为锁紧端）安装在架体主承力架的主梁上，预应力钢绞线一端锚固在上端部，另一端从下端（锁紧端）穿过，当出现架体突然下坠时，下端（锁紧端）内的弹簧会自动推动钢绞线夹片进行楔紧，使架体立刻停止下坠，达到防坠落的目的。挂架提供清理维护平台，主要用于拆除下一层已使用完毕的附着装置。水平桁架与脚手板主要起到连接和安全防护目的。

(3) 液压爬升系统

液压爬升系统由附着装置、H 型导轨、上下爬升箱和液压油缸等组成，具有自动爬升、自动导向、自动复位和自动锁定的功能。通过爬升机构的上下爬升箱、液压油缸、H 型导轨上的踏步承力块和导向板以及电控液压系统的相互动作，可以实现 H 型导轨沿着附着装置升降，架体沿着 H 型导轨升降的互爬功能。附着装置（图 13-75）采用预埋式或穿墙套管式，直接承受传递全套设备自重及施工荷载和风荷载，具有附着、承力、导向、防倾功能。

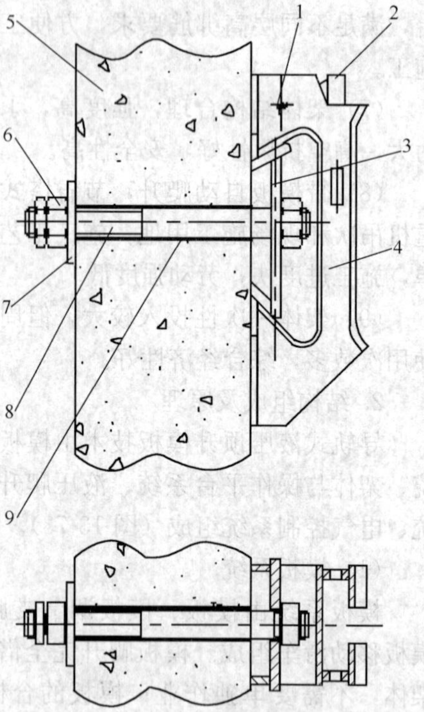

图 13-75　穿墙套管式附着装置结构图

1—销轴；2—导轨挂座；3—固定座；4—附着套；5—墙体；6—螺母；7—垫板；8—穿墙螺杆；9—穿墙套管

(4) 电气控制系统

电气控制系统由电动机、主控制器、分控制器、传输线路等部分组成，控制方式为多点同步式，具有同步性、精确性、爬升动力大等特点。

3. 施工工艺及要点

(1) 导轨式液压顶升模板技术总体施工工艺流程（图 13-76）。

(2) 导轨式液压顶升模板技术施工要点：

1) 架体与模板安装使用前应制定施工组织方案，且必须经专家论证，对相关施工人员进行技术交底和安全技术培训。

2) 架体设计、安装应由有资质的单位施工。

3) 安装前需要完成主承力架、导轨及上下爬升箱的组装，借助塔式起重机整体安装，安装完成后应检查验收，并作记录，合格后方可使用。

4) 架体使用前进行安全检查，检查液压油缸是否有漏油现象。

5）架体爬升前，要清理架体杂物，解除相邻分段架体之间、架体与建（构）筑物之间的连接，确认各部件处于爬升工作状态，墙体混凝土强度应达到设计要求后方可爬升。

6）启动电控液压升降装置先爬升导轨，导轨爬升到位后固定在附着装置的导轨挂板上，再次启动升降装置顶升架体，到位后固定在附着装置上。

7）爬升时应实行统一指挥、规范指令，爬升指令只能由一人下达，但当有异常情况出现时，任何人均可立即发出停止指令。

8）非标准层层高大于标准层高时，爬升模板可多爬升一次或在模板上口支模接高，定位预埋件必须同标准层一样在模板上口以下规定位置预埋。

9）对于爬模面积较大或不宜整体爬升的工程，可分区段爬升施工，在分段部位要有施工安全措施。

10）油缸同步爬升，整体升差应控制在50mm以内。相邻机位升差应控制在机位间距的1/100以内。

11）模板应采取分段整体脱模，宜采用脱模器脱模，不得采取撬、砸等手段脱模。

12）楼板滞后施工应根据工程结构和爬模工艺确定，应有楼板滞后施工技术安全措施。

13）当遇到6级以上大风、雷雨、大雪、浓雾等恶劣天气时禁止爬升和装拆作业，大风天气要对架体进行拉结，夜间严禁进行升降和装拆作业。

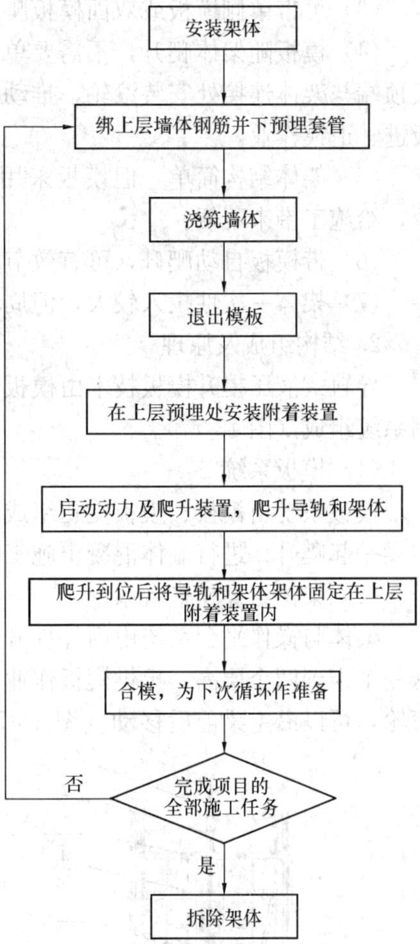

图13-76 典型的导轨式液压顶升模板施工工艺流程图

14）架体施工区域内应有防雷设施，并设置消防设施。

15）架体施工荷载（限两层同时作业）小于3kN/m^2，应保持均匀分布，与爬升无关的其他东西均不应在脚手架上堆放，严格控制施工荷载，不允许超载。

16）当完成架体施工任务时，对架体进行整体拆除。

4. 适用范围

适合任何结构形式的高层、超高层建筑结构施工，能够快速、安全、高质高量完成墙体结构施工。

13.5.2.2 导轨式（穿心式）液压提升模板

1. 技术特点

（1）采用架体与模板一体化式爬升方式。与前节中介绍的导轨式液压顶升模板类似，架体爬升时带动模板一起爬升，架体既是模板爬升的动力系统，也是支撑体系。

（2）爬升动力为提升力。动力设备一般采用穿心式液压千斤顶，操作简单、顶升力大、具有过载保护，但爬升速度慢、行程短。

(3) 可带单侧模板或双面模板爬升，使用方便。

(4) 模板随架体爬升，不需要单独作业；模板合模、分模过程采用模板滚轮，即在模板顶端与架体连接处安装滚轮，推动模板依靠滚轮在相应的架体支架轨道上滚动，完成模板进、退模作业。

(5) 架体结构简单，但模板采用滚轮方式在一定程度上限制了利用架体进行绑筋作业，给施工带来不便。

(6) 带模板自动爬升，可有效节省塔式起重机吊次和现场施工用地，加快施工进度。

(7) 架体一次性投入较大，但周转使用次数多，综合经济性好。

2. 结构组成及原理

导轨式液压提升模板技术由模板系统、架体与操作平台系统、液压提升系统、电气控制系统组成（图 13-77）。

(1) 模板系统

模板系统由模板、模板支腿组成，内外模板通过模板支腿连接在内外提升架上，并随主梁一起爬升；进行墙体混凝土施工时，模板合模、退模通过模板支腿进行调节。

(2) 架体与操作平台系统

架体与操作平台系统由内外提升架、外挂架、水平桁架、脚手板组成。内外提升架通常一个半到两个层高，提供模板作业、提升作业操作平台；提升架上端与主梁连接处安装滚轮，可以沿主梁前后移动（图 13-78），并通过销轴定位，能够满足变截面墙厚施工；

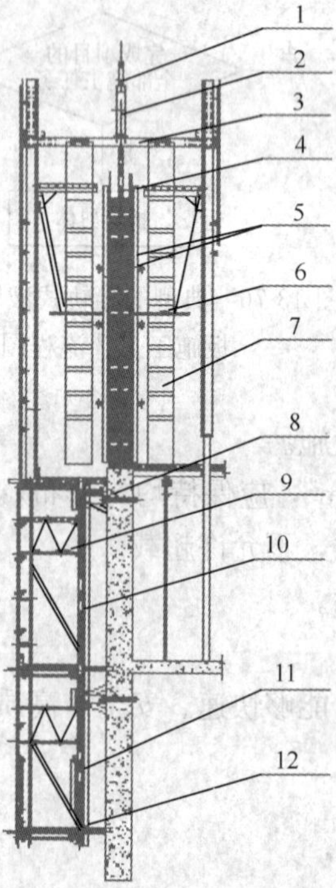

图 13-77 典型导轨式液压提升模板结构示意图

1—限位卡；2—液压千斤顶；3—主梁；4—支撑杆；5—模板；6—模板支腿；7—内外提升架；8—附着导向座；9—外挂架；10—导轨；11—水平桁架；12—脚手板

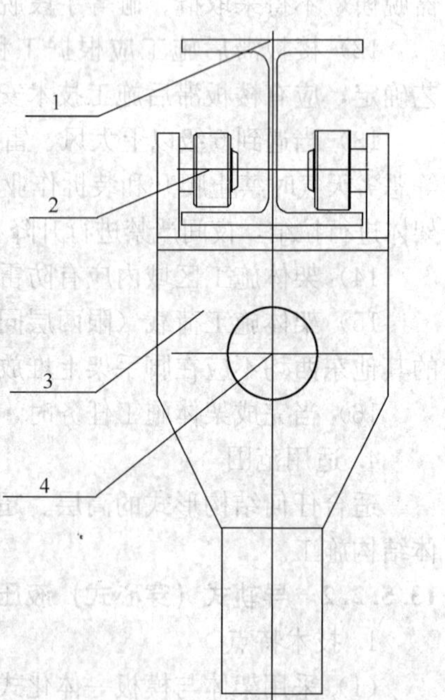

图 13-78 提升架与主梁连接结构示意图

1—架体主梁；2—滚轮；3—模板挂架；4—销轴

外挂架提供导向作业平台。

(3) 液压提升系统

液压提升系统由限位卡、支撑杆、液压千斤顶、主梁、附着导向座、导轨等组成，支撑杆是爬升过程的主要承力部件，单次爬升最大距离由限位卡控制，附着导向座和导轨具有爬升导向作用。在结构施工中，支撑杆埋在墙体结构内，模板及施工作业架挂在主梁上，在液压油压的作用下，千斤顶提升主梁、模板、架体系统一起沿支撑杆爬升，到位后固定在支撑杆上。

(4) 电气控制系统

电气控制系统由电动机、控制器、传输线路等部分组成，控制方式为单点式，具有控制简单、爬升动力大等特点。

3. 施工工艺及要点

(1) 导轨式液压提升模板技术总体施工工艺流程如图 13-79 所示。

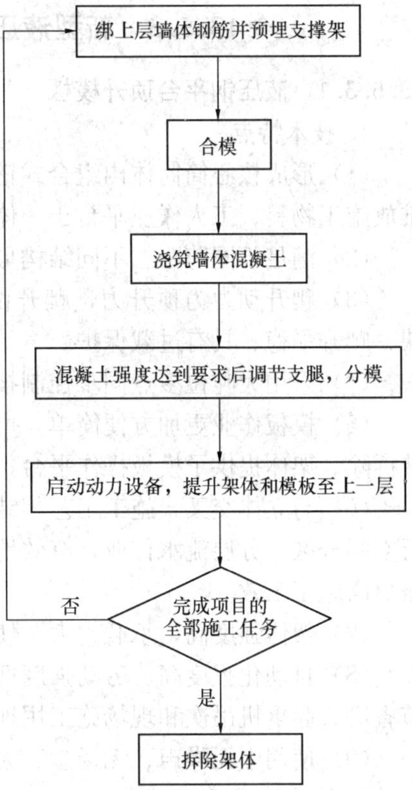

图 13-79 典型的导轨式液压提升模板施工工艺流程图

(2) 导轨式液压提升模板技术施工要点：

1) 在架体与模板安装使用之前应制定施工组织方案，对相关施工人员进行技术交底和安全技术培训。

2) 安装前首先在墙体结构中埋设支撑架。

3) 借助塔式起重机对架体、模板、提升设备整体安装。

4) 架体爬升前，要清理架体杂物，墙体混凝土强度应达到设计要求后方可爬升。

5) 启动液压千斤顶整体爬升架体及导轨，到位后固定在支撑杆上。

6) 千斤顶的支撑杆上应设限位卡，每隔 500～1000mm 调平一次，整体升差值宜在 50mm 以内。

7) 对于爬模面积较大或不宜整体爬升的工程，可分区段爬升施工，在分段部位要有施工安全措施。

8) 模板应采取分段整体脱模，宜采用脱模器脱模，不得采取撬、砸等手段脱模。

9) 爬升时应实行统一指挥、规范指令。

10) 当遇到 6 级以上大风、雷雨、大雪、浓雾等恶劣天气时禁止爬升和装拆作业，大风天气要对架体进行拉结，夜间严禁进行升降和装拆作业。

11) 架体内外挂架上施工荷载（限两层同时作业）小于 3kN/m^2，应保持均匀分布，与爬升无关的物体均不应在脚手架上堆放，严格控制施工荷载，不允许超载。

12) 当完成架体施工任务时，对架体进行整体拆除。

4. 适用范围

适合筒仓、柱形结构墙体施工。

13.5.3　新型液压钢平台爬升（顶升、提升）模板

13.5.3.1　液压钢平台顶升模板

1. 技术特点

（1）形成核心筒筒体内组合式钢物料平台技术，功能完善，集多面模板作业、绑筋、堆放施工物料、工人作业平台于一体。

（2）满足不同跨距、不同结构形式的核心筒筒体内结构施工要求。

（3）爬升动力为顶升力，爬升设备为液压油缸或液压千斤顶，顶升力大、爬升速度快、爬升平稳、具有过载保护。

（4）采用大吨位多点同步控制技术，可以实现架体单独、分段、整体爬升。

（5）模板作业更加方便简单，可带多面模板一起爬升，不需要塔式起重机反复进行吊装拆除。架体提供了模板操作平台，可进行模板作业。

（6）与立体交叉式施工工艺相结合，充分利用高层建筑竖向空间上的优势，施工中进行空间分区、分层流水作业，有效地拓展施工作业面，可以更加合理地安排施工工序，显著提高施工工效。

（7）架体强度高，承载力大，使用周期长，综合性能好。

（8）自动化程度高、劳动强度低、施工速度快、效率高，使用安全，操作简单。有效节省塔式起重机吊次和现场施工用地，加快施工进度。

（9）使用中无噪声、无扬尘、无污染、无扰民，节能环保。

2. 结构组成及原理

液压钢平台顶升模板技术由模板系统、架体与操作平台系统、液压爬升系统、电气控制系统组成，如图 13-80、图 13-81 所示。

（1）模板系统

模板系统由模板、模板移动装置组成。液压钢平台顶升模板技术目前采用两种支模体系：一是采用水平移动滑车，带动模板沿架体主梁水平移动，到位后用楔铁进行锁紧；二是采用滚轮与捯链相结合的方式进行模板的合模、退模作业，模板退出后用丝杠（或固定螺栓）进行锁紧。这两种支模体系均保证工人在爬模架体作业平台上即可以进行合模、退模、模板清理等工作，有效减少塔式起重机吊次。

（2）架体与操作平台系统

架体与操作平台由附着装置、架体主框架（或内外框架）、防坠装置、挂架、钢平台支架、水平桁架、各层作业平台和脚手板组成。架体钢平台支架一般 2 个层高，可以满足不同层高绑筋作业要求，钢平台承载力达 $0.5kg/m^2$；架体主梁承担并传递整个施工荷载及自重；架体下层作业平台是爬升过程控制平台，并为拆除下层使用完毕的附着装置提供了作业平台。附着装置采用预埋式或穿墙套管式，直接承受传递全套设备自重及施工荷载和风荷载，是爬模施工中唯一需要周转使用的部件。

（3）液压爬升系统

液压爬升系统由导轨、爬升箱和液压油缸（或液压千斤顶）等组成，具有自动爬升、自动导向、自动复位和自动锁定的功能。通过爬升机构的上下爬升箱、液压动力设备、导轨以及电控液压系统的相互动作，可以实现导轨沿着附着装置升降、架体沿着导轨升降的互爬功

能。液压顶升设备放在架体两侧中间部位（如图 13-80 所示，此时爬升过程为两端顶升架体），或放在整个架体中间下端（如图 13-81 所示，此时爬升过程为中间集中顶升架体）。

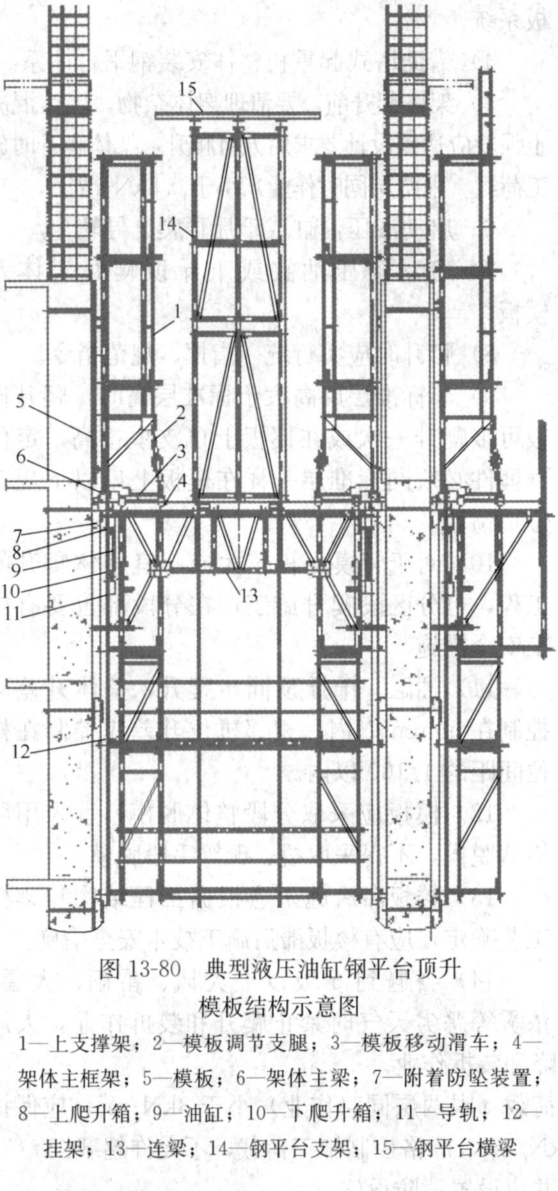

图 13-80 典型液压油缸钢平台顶升模板结构示意图

1—上支撑架；2—模板调节支腿；3—模板移动滑车；4—架体主框架；5—模板；6—架体主梁；7—附着防坠装置；8—上爬升箱；9—油缸；10—下爬升箱；11—导轨；12—挂架；13—连梁；14—钢平台支架；15—钢平台横梁

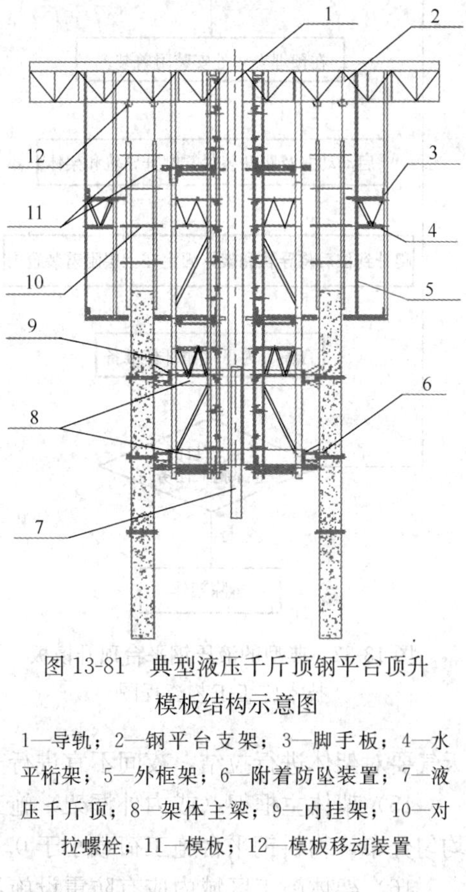

图 13-81 典型液压千斤顶钢平台顶升模板结构示意图

1—导轨；2—钢平台支架；3—脚手板；4—水平桁架；5—外框架；6—附着防坠装置；7—液压千斤顶；8—架体主梁；9—内挂架；10—对拉螺栓；11—模板；12—模板移动装置

（4）电气控制系统

电气控制系统由电动机、主控制器、分控制器、传输线路等部分组成，控制方式为多点同步式，具有同步性、精确性、爬升动力大等特点。

3. 施工工艺及要点

（1）液压钢平台顶升模板技术施工流程如图 13-82 所示。

（2）液压钢平台顶升模板技术施工要点：

1）架体与模板安装使用前应制定施工组织方案，对相关施工人员进行技术交底和安全技术培训。

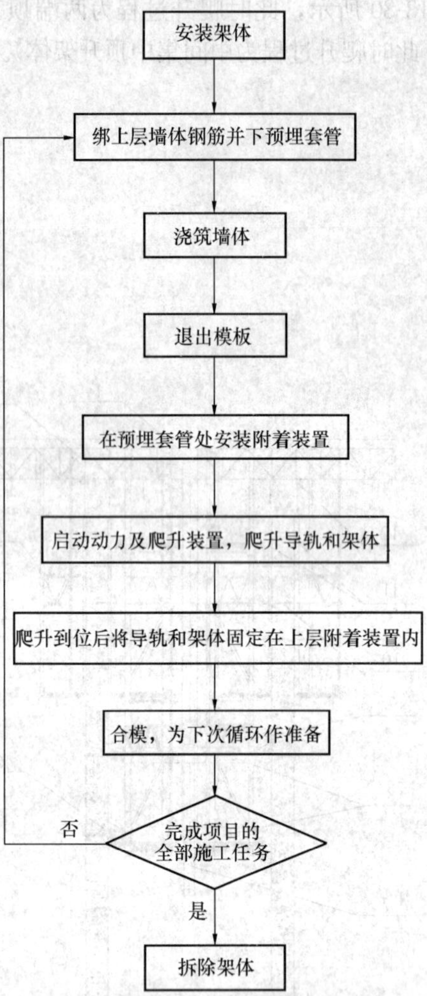

图 13-82　典型的液压钢平台顶升模板技术施工工艺流程图

2）架体设计、安装应由有资质的单位施工。

3）借助塔式起重机整体安装架体系统和模板系统。

4）借助塔式起重机整体安装钢平台体系。

5）架体爬升前，要清理架体杂物，墙体混凝土强度应达到设计要求后方可爬升，架体爬升时施工荷载（限两层同时作业）小于 0.5kN/m²。

6）启动液压油缸或千斤顶爬升导轨。

7）启动液压油缸或千斤顶爬升架体及模板。

8）爬升时应实行统一指挥、规范指令。

9）非标准层层高大于标准层高时，爬升模板可多爬升一次或在模板上口支模接高，定位预埋件必须同标准层一样在模板上口以下规定位置预埋。

10）对于爬模面积较大或不宜整体爬升的工程，可分区段爬升施工，在分段部位要有施工安全措施。

11）油缸、千斤顶同步爬升，整体升差应控制在 50mm 以内；相邻机位升差应控制在机位间距的 1/100 以内。

12）模板应采取分段整体脱模，宜采用脱模器脱模，不得采取撬、砸等手段脱模。

13）楼板滞后施工应根据工程结构和爬模工艺确定，应有楼板滞后施工技术安全措施。

14）当遇到 6 级以上大风、雷雨、大雪、浓雾等恶劣天气时禁止爬升和装拆作业，大风天气要对架体进行拉结，夜间不宜进行升降和装拆作业。

15）架体主框架（或内外框架）施工荷载（限两层同时作业）小于 3kN/m²，应保持均匀分布，物料钢平台施工荷载小于 0.5kN/m²，严格控制施工荷载，不允许超载。

16）架体施工区域内应有防雷设施，并应设置消防设施。

17）当完成架体施工任务时，对架体进行整体拆除。

4. 适用范围

适合任何结构形式高层、超高层建筑的核心筒筒体、塔台、筒仓、桥墩结构施工。

13.5.3.2　液压钢平台提升模板

1. 技术特点

（1）功能完善，提供绑筋作业及堆放施工物料的平台，架体与模板分开爬升。

（2）架体结构整体性好，但通用性差，当结构平面发生变化时，需要进行部分架体二次拆装，因此适合截面变化不大的筒体结构施工。

(3) 爬升动力为提升力，爬升设备放置在整个结构上方，一般采用升板机，速度快、结构简单、操作方便，但提升力小、提升钢平台需要升板机数量多，采用链条拉拽平台，容易出现卡链、断链等现象。

(4) 模板爬升、合模、分模作业需要借助捯链完成；架体提供支模平台，可进行模板的清理与维护。

(5) 架体强度高，承载力大，使用周期长。

(6) 钢平台耗钢量大，通用性差，使用安全，施工速度快。

(7) 一次性投入大，特别是爬升承力及导向用的格构柱，需要埋设在墙体结构中，造成了一定的浪费。

2. 结构组成及原理

液压钢平台提升模板技术由模板系统、架体与操作平台系统、液压爬升系统、电气控制系统组成(图 13-83)。

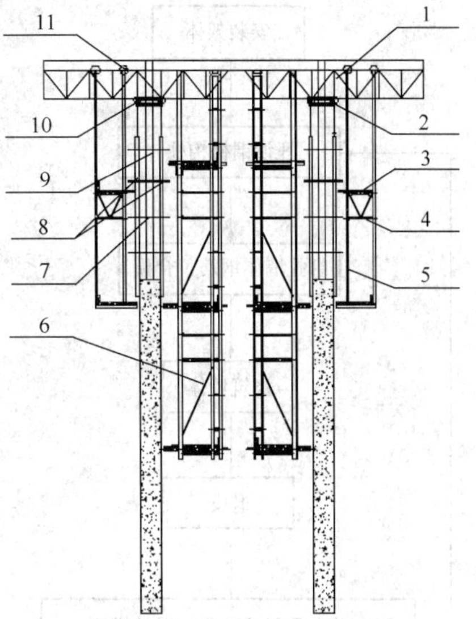

图 13-83　典型液压钢平台提升模板结构示意图

1—钢平台；2—附着固定座；3—脚手板；4—水平桁架；5—外框架；6—内框架；7—模板对拉螺栓；8—模板；9—格构柱；10—模板提升捯链；11—升板机

(1) 模板系统

由模板、模板施工捯链组成。

液压钢平台提升模板作业是通过捯链实现，架体爬升到位后，借助捯链拉升模板，到位后通过模板对拉螺栓固定，架体提供支模平台，减少塔式起重机吊次。

(2) 架体与操作平台系统

由附着装置、钢平台、内挂架、外挂架、水平桁架、各层作业平台、脚手板组成。钢平台支架一般为 2 个层高，可以满足不同层高绑筋作业要求，钢平台承载力达 0.5kN/m^2；内外挂架提供多层施工作业平台。

(3) 液压爬升系统

由格构柱、爬升动力设备(升板机)组成。格构柱既是爬升的导向装置，也是爬升的定位装置，在整个建筑结构施工中需要多根格构柱，这些格构柱将埋设在墙体中，分段拼接，一直到爬升完毕；爬升时架体在爬升动力设备的作用下，沿格构柱爬升，到位后通过附着固定座将架体锁定在格构柱中，并进行墙体施工。

(4) 电气控制系统

电气控制系统由电动机、控制器、传输线路等部分组成，控制方式为多点同步式，具有同步性、精确性、爬升动力大等特点。

3. 施工工艺及要点

(1) 液压钢平台提升模板技术施工流程如图 13-84 所示。

(2) 液压钢平台提升模板技术施工要点：

1) 架体与模板安装使用前应制定施工组织方案，对相关施工人员进行技术交底和安全技术培训。

2) 架体设计、安装应由有资质的单位施工。

3) 安装架体前首先在墙体中埋设格构柱。

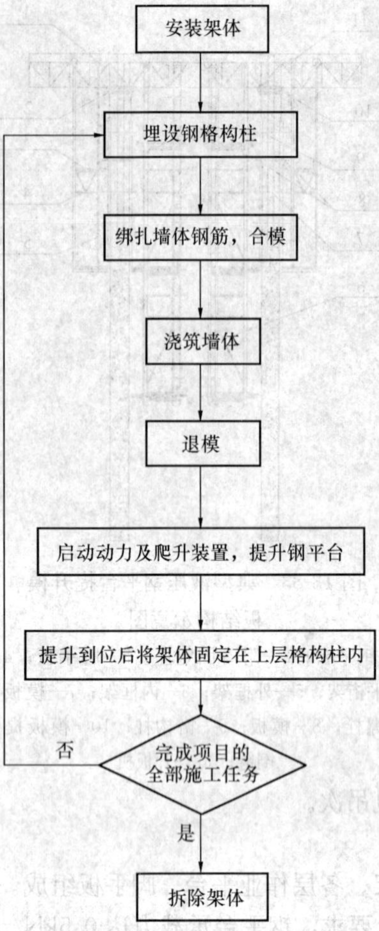

图 13-84　典型的液压钢平台提升模板技术施工工艺流程图

4）借助塔式起重机整体安装架体系统和模板系统，并用附着固定座将架体固定在格构柱中。

5）安装升板机。

6）架体爬升前，要清理架体杂物，墙体混凝土强度应达到设计要求后方可爬升。

7）同步启动升板机电控装置，整体提升架体系统，到位后固定在上一层格构柱中。

8）借助导链提升模板，到位后用模板对拉螺栓固定。

9）爬升时应实行统一指挥、规范指令。

10）非标准层层高大于标准层高时，爬升模板可多爬升一次或在模板上口支模接高，定位预埋件必须同标准层一样在模板上口以下规定位置预埋。

11）对于爬模面积较大或不宜整体爬升的工程，可分区段爬升施工，在分段部位要有施工安全措施。

12）模板应采取分段整体脱模，宜采用脱模器脱模，不得采取撬、砸等手段脱模。

13）楼板滞后施工应根据工程结构和爬模工艺确定，应有楼板滞后施工技术安全措施。

14）当遇到 6 级以上大风、雷雨、大雪、浓雾等恶劣天气时禁止爬升和装拆作业，大风天气要对架体进行拉结，夜间严禁进行升降和装拆作业。

15）架体主框架（或内外框架）施工荷载（限两层同时作业）小于 $3kN/m^2$，应保持均匀分布，物料钢平台施工荷载小于 $500kg/m^2$，严格控制施工荷载，不允许超载。

16）架体施工区域内应有防雷设施，并应设置消防设施。

17）当完成架体施工任务时，对架体进行整体拆除。

4. 适用范围

适合结构形式变化不大的高层、超高层建筑筒体、塔台、筒仓结构施工。

13.5.4　各类型爬模对比

上述各种爬模技术特点的对比如表 13-28 所示。

各种爬模技术特点对比　　**表 13-28**

类型 / 参数	模板与架体互爬	导轨式液压爬模		液压钢平台	
		顶升模板（液压油缸）	提升模板（穿心式千斤顶）	顶升（液压油缸、液压千斤顶）	提升（升板机）
结构形式	简单，强度低	简单，强度高	简单，强度高	简单，强度高	简单，强度高
技术水平	低	高	中	高	中

续表

类型 / 参数	模板与架体互爬	导轨式液压爬模		液压钢平台	
		顶升模板（液压油缸）	提升模板（穿心式千斤顶）	顶升（液压油缸、液压千斤顶）	提升（升板机）
自动化程度	低	高	中	高	中
施工速度	慢	快	中	快	快
爬升动力	小	大	大	大	大
施工工艺	复杂	简单	简单	简单	复杂
劳动强度	高	低	中	低	中
占用场地	多	少	少	少	少
占用塔式起重机	多	少	少	少	较少
经济性	综合经济性差	一次性投入多，重复使用率高，综合经济性好	一次性投入多，重复使用率高，综合经济性好	一次性投入多，重复使用率高，综合经济性好	一次性投入多，可重复使用

13.5.5 爬升模板的安全规定与使用

（1）爬模施工应按照《建筑施工高处作业安全技术规范》（JGJ 80）的要求进行。

（2）爬模工程在编制施工组织设计时，必须制定施工安全措施。

（3）爬模工程使用应设专职安全员，负责爬模施工安全和检查爬模装置的各项安全设施，每层填写安全检查表。

（4）操作平台上应在显著位置标明允许荷载值，设备、材料及人员等荷载应均匀分布，人员、物料不得超过允许荷载；爬模装置爬升时不得堆放钢筋等施工材料，非操作人员应撤离操作平台。

（5）爬模施工临时用电线路架设及架体接地、避雷措施等应按《施工现场临时用电安全技术规范》（JGJ 46）的有关规定执行。

（6）机械操作人员应执行机械安全操作技术规程，定期对机械、液压设备等进行检查、维修，确保使用安全。

（7）操作平台上必须设置灭火器，施工消防供水系统应随爬模施工同步设置。在操作平台上进行电、气焊作业时应有防火措施和专人看护。

（8）上下架体操作平台均应满铺脚手板，脚手板铺设应按《建筑施工扣件钢管脚手架安全技术规范》（JGJ 130）的有关规定执行；上、下架体全高范围及下端平台底部均应安装防护栏及安全网；主操作平台及下架体下端平台与结构表面之间应设置翻板和兜网。

（9）遇有六级以上强风、雨雪、浓雾、雷电等恶劣天气，禁止进行爬模施工及装拆作业，并应采取可靠的加固措施。

（10）爬模装置拆除前，必须编制拆除技术方案，明确拆除部件的先后顺序，规定拆除安全措施，进行安全技术交底。爬模装置拆除时应做到先装的后拆，后装的先拆，独立高空作业宜采用塔式起重机进行分段整体拆除。

(11) 爬模装置的安装、操作、拆除必须在有资质的专业厂家指导下进行，专业操作人员应进行技术安全培训，并应取得爬模施工培训合格证。

13.5.6 环保措施

(1) 模板选用钢模板或优质竹木胶合板和木工字梁模板，提高周转使用次数，减少木材资源消耗和环境污染。

(2) 平台栏杆宜采用脚手架钢管。

(3) 模板和爬模装置应做到模数化、标准化，可在多项工程使用，减少能源消耗。

(4) 爬模装置加工过程中应降低材料和能源消耗，减少有害气体排放。

(5) 混凝土施工时，应采用低噪声环保型振捣器，以降低城市噪声污染。

(6) 及时清运施工垃圾，严禁随意凌空抛撒。

(7) 液压系统采用耐腐蚀、防老化、具备优良密封性能的油管，防止漏油造成环境污染。

13.6 飞模

飞模又称台模，因其形状像一个台面，使用时利用起重机械将该模板体系直接从浇筑完毕的楼板下整体吊运飞出，周转到上层布置而得名。

飞模是一种水平模板体系，属于大型工具式模板，主要由台面、支撑系统（包括纵横梁、各种支架支腿）、行走系统（如升降和滑轮）和其他配套附件（如安全防护装置）等组成。其适用于大开间、大柱网、大进深的现浇钢筋混凝土楼板施工，对于无柱帽现浇板柱结构楼盖尤其适用。

飞模的规格尺寸主要根据建筑物的开间和进深尺寸以及起重机械的吊运能力来确定。飞模使用的优点是：只需一次组装成型，不再拆开，每次整体运输吊装就位，简化了支拆脚手架模板的程序，加快了施工进度，节约了劳动力。而且其台面面积大，整体性好，板面拼缝好，能有效提高混凝土的表面质量。通过调整台面尺寸，还可以实现板、梁一次浇筑。同时使用该体系可节约模架堆放场地。

飞模的缺点是：对构筑物的类型要求较高，如不适用于框架或框架-剪力墙体系，对于梁柱接头比较复杂的工程，也难以采用飞模体系。由于它对工人的操作能力要求较高，起重机械的配合也同样重要，而且在施工中需要采取多种措施保证其使用安全性。故施工企业应灵活选择飞模进行施工。

13.6.1 常用的几种飞模

飞模的种类形式较多，应用范围也不一样。如按照飞模的构架材料分类，可分为钢架飞模、铝合金飞模和铝木结合飞模等。

如按照飞模的结构形式分类，飞模可分为立柱式飞模、桁架式飞模和悬空式飞模等。

13.6.1.1 立柱式飞模

立柱式飞模结构简单，制作和应用也不复杂，所以在施工中最为常见，是飞模最基本的形式。立柱式飞模的基本结构可描述为：使用伸缩立柱做支腿支撑主次梁，最后铺设面板。支腿间有连接件相连，支腿、梁和板通过连接件连接牢固，成为整体。

立柱式飞模又分为多种形式：

1. 钢管组合式飞模

这种飞模结构比较简单，可满足多种工程的需要，而且它可由施工人员自行设计搭设，十分方便。钢管组合式飞模的立柱为普通钢管，底部使用丝杠作伸缩调节。主次梁一般采用型钢。面板则可根据情况灵活选择组合钢模、钢边框胶合板模板或普通竹木胶合板。

钢管组合式飞模的关键在于各部分选材规范，同时各部分连接的强度足够牢固，整体结构稳定耐用，其具体构造为：

（1）立柱：柱体可采用脚手管 ϕ48×3.5 或无缝钢管 ϕ38×4。柱脚一般使用螺纹丝杠或插孔式伸缩支腿，用于调节高低，适应楼层变化。立柱之间使用水平支撑和斜拉杆连接。一般使用脚手管、扣件连接。

（2）主梁：如采用组合钢模板，可用方钢 70×50×3。主次梁采用 U 形扣件连接。主梁与立柱同样可采用 U 形扣件连接，如图 13-85 所示。

（3）次梁：如采用组合钢模板，可用方钢 60×40×2.5；如采用其他面板，可使用 ϕ48×3.5 脚手管，并用勾头螺栓与蝶形扣件与面板连接。

（4）面板：如采用组合钢模板，应用 U 卡和 L 销连接。如采用竹（木）多层复合板材，应尽量选择幅面较大的板，以减少拼缝。

钢管组合式飞模的一种形式，如图 13-86 所示。

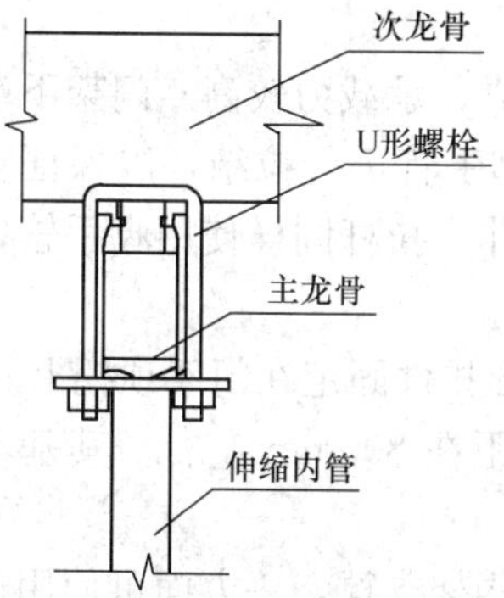

图 13-85　主梁与立柱连接节点

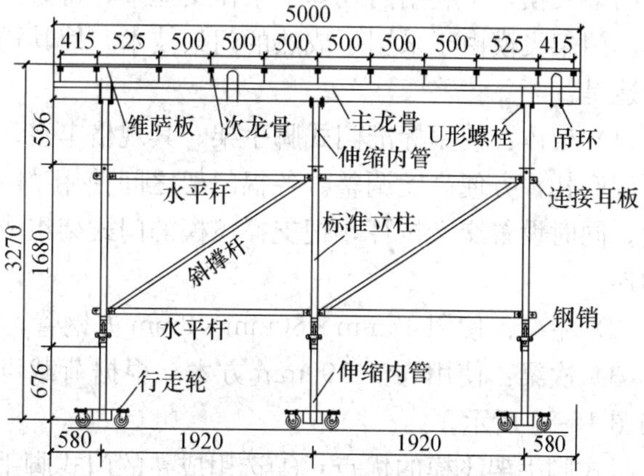

图 13-86　钢管组合式飞模的一种形式

钢管组合式飞模的优点：①结构简单，材料普遍，无特殊构件，一般现场均可自行制作，普及面较广；②结构形式灵活，可自由设计开间进深，满足不同结构尺寸的需要，应用范围较广；③部件均采用常用件，搭设方便快捷，可在短期内显出效益。

钢管组合式飞模的缺点：①虽然其组合方式简便，但稳定性也受到相应影响，需要经常检查各部件的功能和连接稳定性；②其自重较大，移动时需借助专门工具，且高低调节较为吃力。

2. 构架式飞模

构架式飞模由构架、主次梁和面板组成。有的构架底部装有可调节升降的丝杆。构架飞模的支架体系由一榀榀专用构架组成，每榀宽 1～1.4m，榀间距根据荷载约设置为 1.2～1.5m。构架的高度，应与建筑物层高相符。

构架式飞模与钢管组合式飞模的主要区别在于其构架支柱形式，构架飞模的构架为定制，在规定的尺寸部位焊接有专用连接件，然后各榀构架再通过横杆、剪刀撑等连接在一起。其具体构造如下：

(1) 构架：分为竖杆、水平杆和斜杆。采用薄壁钢管。竖杆一般采用 $\phi42\times2.5$，其他连杆可适当缩减用材。竖杆上的连接一般为焊接碗扣型连接件，使各连杆连接稳固可靠。

(2) 剪刀撑：各榀构架之间采用剪刀撑相连。剪刀撑可使用薄壁细管或钢片制作。每两根中心铰接。剪刀撑与构架竖杆采用装配式插销连接。

(3) 主次梁：主梁一般采用标准型材，为减轻自重，可采用铝合金工字梁，在强度允许的范围内，还可采用质量较好的木工字梁，主梁间隔即构架竖杆宽度。次梁一般采用标准方木，次梁间隔根据荷载决定。

(4) 面板：采用普通竹木胶合板，平整光滑，可钉可锯，易于更换。

这种构架式飞模比钢管组合式飞模更为专业，各部分连接更加可靠。其拆装也方便，重量相对较小，安装一次成型后，可连续可靠地使用。构架飞模的缺点是，需要专门的设计人员进行设计，并专门加工，制作需要周期。部分材料（如铝合金型材）成本稍高。

3. 门架飞模

门架飞模，是利用门式脚手架作支撑架，将其按构筑物所需要的尺寸进行组装而成的飞模。门架飞模由于采用了成熟的门架技术，使其构造简单，组装简便，稳定耐用。其基本构造是：

(1) 架体：使用标准门式脚手架。其规格丰富，连接可靠，承载力较高。门架下端插入可调底托，方便高度调整。各榀门架之间使用 $\phi48\times3.5$ 脚手管进行拉结，以保证整体刚度。同时设置交叉拉杆，把支撑飞模的门式架组成一个整体。拉杆同样使用脚手管，扣件相连。

(2) 主梁：使用 45mm×80mm×3mm 方钢管，使用蝶形扣件固定在门架顶托上。

(3) 次梁：使用 50×100mm 方木。根据荷载可选择间距在 800mm 左右。其基本形式如图 13-87 所示。

门式脚手架飞模的优点：①选用成熟的门式脚手架作为构架支撑，一方面可使用现成的材料，减少了加工步骤，缩短了工期。同时门式脚手架连接件配套比较成熟，使用起来较为方便；②门架受力合理，形式简单，可减少杆件使用量，减轻飞模重量，提高飞模承载能力；③门架飞模结束使用后，拆卸完毕，门架可继续单独使用，提高了利用效率，使方案经济可行。

门架式飞模的缺点：对建筑物的层高要求较为苛刻，层高变化过大，将影响飞模的使用效率。

13.6.1.2　桁架式飞模

桁架式飞模与立柱式飞模的区别在于其支撑体系从简单的立柱架换为结构稳定的桁架。桁架上下弦平行，中间连有腹杆，可两榀拼装，也可多榀连接。桁架材料可根据情况灵活选用，具体有铝合金和型钢等，各有其特点。

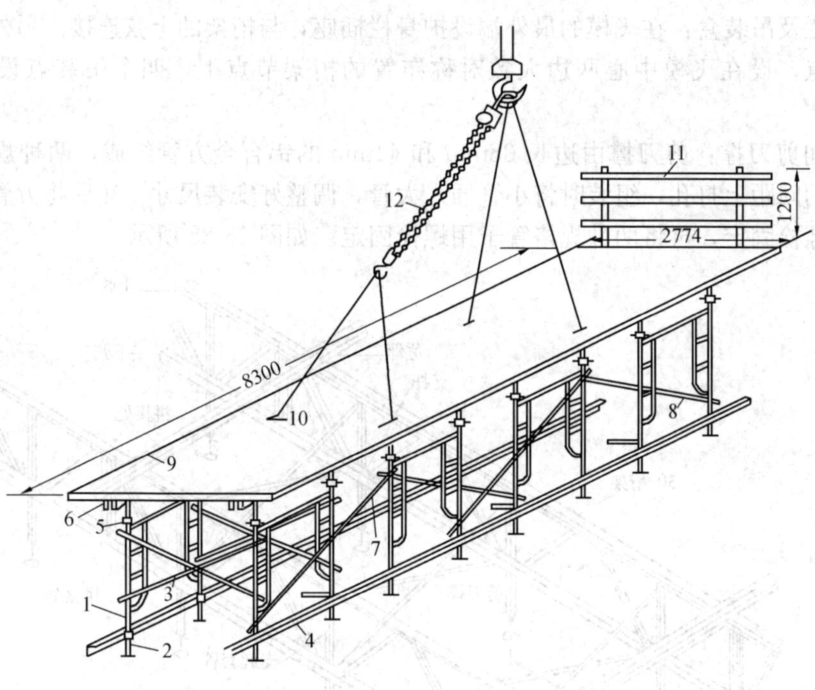

图 13-87 门架式飞模的结构形式

1—门架；2—底托；3—交叉拉杆；4—通长角钢；5—顶托；6—大龙骨；7—人字支撑；8—水平拉杆；9—面板；10—吊环；11—护身栏；12—电动环链

1. 铝木桁架式飞模

这是一种引进型的成熟的工具式飞模体系，其制造商在美国。桁架的主要构件用铝合金制作。重量轻，每平方米自重约 41kg。承载力高，整体刚度好，可拼装成较大的整体飞模，适用于大开间、大进深的楼面工程，是一种比较先进的飞模体系。

这种飞模引进后，最早在北京贵宾楼饭店工程中得到应用，其具体结构如下：

(1) 桁架：使用槽型铝合金作材料，分为上弦、下弦和腹杆。上下弦断面由两根槽型铝合金组成，中留间隙夹入腹杆。桁架长度最短为 1.5m，最长可达 10 余米。高度可随建筑物层高而选择。桁架宽度可根据开间大小设置。桁架可接长，使用铝合金方管和螺栓作连接构件，但要注意上下弦接缝应错开。

组装好的桁架承载能力较高，一般支撑间距在 3m 时，可承受 $49kN/m^2$ 的荷载。当支撑间距在 4.5m 时，可承载 $27kN/m^2$。间距 6m 时，承载力约为 $21kN/m^2$。

(2) 梁：由于桁架上弦可作主梁，只需再配备次梁即可。铝木桁架飞模使用中空铝合金工字梁。可依据飞模的宽度选择多种长度。使用专用卡板与桁架上弦相连。中空铝梁内嵌有方木，方便与面板钉接。铝梁单重 6.8kg/m。

(3) 面板：使用 18mm 厚多层板。面板表面覆膜，光滑耐水，可锯可钉。

(4) 支腿：使用专用支腿组件支撑飞模，便于调节飞模高低及入模脱模。支腿组件由内套管、外套管及螺旋起重器组成，使用高碳钢制作。支腿内套管的高度与桁架高度基本相同，支腿的外套管一般较短，并于桁架下弦做固定连接。支模时，支腿可在其长度范围内任意调节。支腿下部放置螺栓起重器，以便支模时找平及脱模时落模作微调。

护身栏及吊装盒：在飞模的最外端设护身栏插座，与桁架的上弦连接。另外每榀飞模有四个吊点，设在飞模中心两边大致对称布置的桁架节点上，四个吊装点设有钢制吊装盒。

桁架间剪刀撑：剪刀撑由边长 38mm 和 44mm 的铝合金方管组成，两种规格的方管均在相同的间距上打孔，组装时将小管插入大管，调整好安装尺寸，然后将方管两端与桁架腹杆用螺栓固定，再将两种规格管子用螺栓固定。如图 13-88 所示。

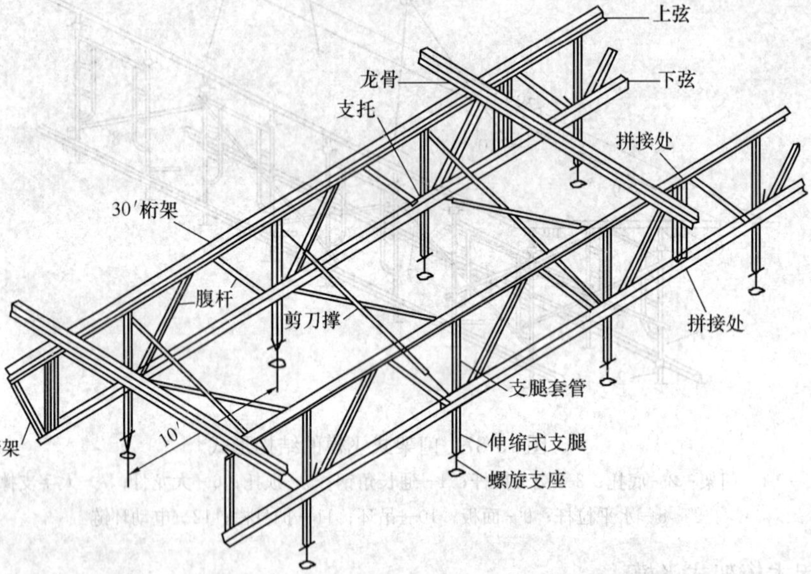

图 13-88 铝木桁架式飞模的形式

该飞模体系的优点是结构成熟，整体重量轻，承载力高，工具性强，操作简便。

缺点是成本较高，在国外应用较为广泛，但并不适合国情，难以大面积推广。

2. 跨越式钢管桁架飞模

跨越式钢管桁架飞模，是一种适用于有反梁的现浇楼盖施工的工具式飞模，其特点与钢管组合式飞模相同。具体结构形式如下：

(1) 钢管组合桁架：采用 ϕ48×3.5 钢管用扣件相连。每台飞模由三榀平面桁架拼接而成。两边的桁架下弦焊有导轨钢管，导轨至模板面高按实际情况确定。

(2) 龙骨：桁架上弦铺设 50mm×100mm 方木龙骨，间距 350mm，使用 U 形卡扣将龙骨与桁架上弦连接。

(3) 面板：采用 18mm 厚胶合板，用木螺钉与木龙骨固定。

(4) 前后撑脚和中间撑脚：每榀桁架设前后撑脚和中间撑脚各一根，均采用 ϕ48×3.5 钢管。它们的作用是承受飞模自重和施工荷载，且将飞模支撑到设计标高。

撑脚上端用旋转扣件与桁架连接。当飞模安装就位后，在撑脚中部用十字扣件与桁架连接。当飞模跨越窗台时，可打开十字扣件，将撑脚移离楼面向后旋转收起，并用钢丝临时固定在桁架的导轨上方。

(5) 窗台边梁滑轮：是把飞模送出窗口的专用工具，由滑轮和角钢架组成。吊运飞模时，将窗边梁滑轮角钢架子固定在窗边梁上，当飞模导轨前端进入滑轮槽后，即可将飞模平移推出楼外。

（6）升降行走杆：是飞模升降和短距离行走的专用工具。支模时将其插入前后撑脚钢管内。脱模后，当飞模推出窗口时，可从撑脚钢管中取出。

（7）操作平台：由栏杆、脚手板和安全网组成，主要用于操作人员通行和进行窗边梁支模、绑扎钢筋用。

13.6.1.3 悬架式飞模

悬架式飞模与前两类飞模的区别在于其不设立柱，支撑设在钢筋混凝土建筑结构的柱子或墙体所设置的托架上。这样，模板的支设不需要考虑到楼面的承载力或混凝土结构强度发展的因素，可以减少模板的配置量。

而且，由于没有支撑，其使用不受建筑物层高的影响，从而能适应层高变化较多的建筑物施工，并且飞模下部有空间可供利用，有利于立体交叉施工作业。

飞模的体积小，可以多层叠放，减少施工现场堆放场地。

缺点是托架与墙柱的连接要通过计算确定，并且要复核施工中支撑飞模的结构在最不利荷载下的强度稳定性。

悬架式飞模主要由桁架、次梁、面板、活动翻转翼板和剪刀撑组成，如图 13-89 所示。其具体结构形式如下：

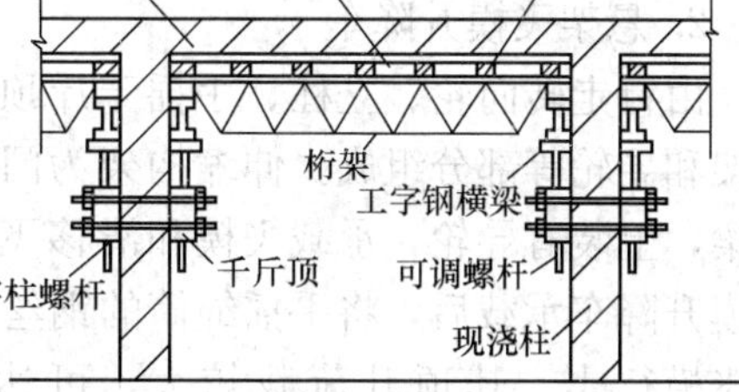

图 13-89 悬架式飞模的形式

（1）桁架：桁架沿进深方向设置，它是飞模的主要承重件。一般上下弦采用 70mm×50mm×3mm 的方钢管组成。下弦表面要求平整光滑，以利滚轮滑移。腹杆采用 $\phi48\times3.5$ 钢管。加工时桁架上弦应稍拱起，设计允许挠度不大于跨度的 1/1000。

（2）次梁：沿开间方向放置在桁架上弦，用蝶形扣件和筋骨螺栓紧密连接。为了防止次梁在横向水平荷载作用下产生松动，可在腹杆上焊接螺栓扣紧。

为了使飞模从柱网开间或剪力墙开间中间顺利拖出，尽量减少柱间拼缝的宽度，在飞模两侧需装有能翻转的翼板。翼板需用次梁支撑，因此在次梁两端需要做可伸缩的悬臂。

（3）面板：可采用组合钢模板，亦可采用钢板、胶合板等。

（4）活动反转翼板：活动翻转翼板与面板应用同一种模板，两者之间可用活动钢铰链连接，这样易于装拆，便于交换，并可作 90°向下翻转。

（5）阳台模板：阳台模板搁置在桁架下弦挑出部分的伸缩支架上，伸缩支架用来调节标高。

（6）剪刀撑：包括水平和垂直剪刀撑，设置在每台飞模的两端和中部，选用与腹杆同样规格的钢管，用扣件与腹杆相连。

（7）支设点：支撑悬架式飞模的托架，可采用钢牛腿。钢牛腿采用预埋在柱子中的螺栓固定。如果将螺栓插入预埋的塑料管内，螺栓还可以抽出重复利用。螺栓和钢牛腿的截面需根据飞模支点的荷载计算确定。

柱箍设在楼板底部标高附近的位置，在相对两个方向分别用一副角钢以螺栓连接，固定在柱子上。飞模就位后，柱子之间的空隙部位用钢盖板铺盖。

13.6.2　升降、行走和吊运工具

为了便于飞模施工，需配套相应的辅助机具。飞模的辅助机具主要包括升降、行走和吊运三大类。

13.6.2.1　升降机具

升降机具，就是在台模就位后，调整台模台面上升的预定高度，并在拆模时，使台面下降，方便飞模运出的辅助机械。常见的形式有以下几种：

1. 立柱台模升降车

升降车既能控制台模升降，又能移动飞模，非常便利。它以液压为动力传动，由多个功能部分构成（图 13-90）。其顶升荷载可达 5～10kN，升降调节高度达 0.5m，顶升速度为 0.5m/min，下降速度最快可达 5m/min，重量 200kg。

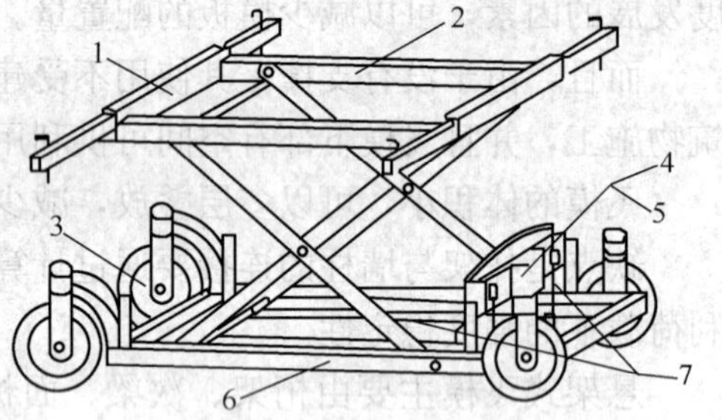

图 13-90　立柱台模升降车

1—伸缩臂架；2—升降架；3—行走铁轮；4—升降机构；5—千斤顶；6—底座；7—提升钢丝绳

2. 悬架飞模升降车

由行走转向轮、立柱、手摇千斤顶、伸缩构架和导轮等部分组成。伸缩构架为门形悬臂横梁，上装有导轮，承载飞模和滑移飞模。当飞模升降车承载后，将手摇绳筒的钢丝绳取出，固定在飞模出口处，然后摇动绞筒手柄，使飞模行走。其顶升荷载较大，可达10～20kN，但升降幅度较小，只有 30mm，重约 400kg。

3. 螺旋起重器

螺旋起重器顶部设 U 形托板，托住桁架。中部为螺杆、调节螺母及套管，套管上留有一排销孔，便于固定位置。升降时，旋动调节螺母即可。下部放置在底座下，可根据施工的具体情况选用不同底座。通常一台飞模用 4～6 个起重器。

4. 杠杆式液压升降器

简单方便的液压升降装置，多使用在桁架飞模上。可使用操纵杆非常方便地通过液压装置，将托板提升，使飞模就位。

13.6.2.2　行走装置

1. 行走轮

它是最常见的行走工具。一般是在轮上装上杆件，当飞模需要移动时，将其插入飞模的立杆中，从而实现飞模的各向行走。

2. 滚轴

常见于桁架飞模的移动。滚轴的形式分为单轴、双轴和组合轴。使用时，将飞模降落在滚轴上，用人工将飞模推动。

3. 滚杠

滚杠也常见于桁架式飞模，即用普通脚手架钢管滚动来移动飞模。这种方法虽然简便操作，但其移动难以控制，也存在不安全因素，所以不推荐使用。

13.6.2.3 吊运装置

1. 电动葫芦

可用于调节飞模飞出建筑物后的平衡，使其保持水平，保证飞模安全上升。

2. 外挑平台

形同外挑料台。飞模从外挑料台使用吊车吊走，可减少飞模的飞出动作，降低不安全因素。该操作平台使用型钢制作，根部与建筑物锚固，端部使用钢丝拉绳斜拉于建筑物的上方可靠部位。

3. C型平衡起吊架

由起重臂、上下部构件和紧固件组成。上下部构架的截面可做成立体三角形桁架形式，上下弦和腹杆用钢管焊接而成，起重臂与上部构架用避震弹簧和销轴连接，起重臂可随上部构架灵活平稳地转动。

13.6.3 飞模的选用和设计布置原则

13.6.3.1 选用原则

（1）飞模的选用，主要取决于建筑物的结构形式。板柱结构最适于使用飞模施工，而框架、框剪和剪力墙体系，由于结构形式复杂，飞模施工较为困难。

（2）十层以上的民用建筑使用飞模在经济上会比较合理。另外，层高及开间大的建筑，也可考虑使用飞模。

（3）飞模的选择一方面要考虑经济成本，能否因地制宜使用现有资源，降低成本。另外要结合施工项目的规模，如相同的建筑结构较多，可选择相对定型的飞模，可取得较好的经济效果。

13.6.3.2 飞模的设计布置原则

（1）飞模的结构设计，必须按照国家现行有关规范进行计算。引进型飞模或以前使用过的飞模，也需对关键部位和改动部分进行结构校核。各种临时支撑、操作平台都需通过设计计算才可使用。在飞模组装完毕后，应先进行荷载试验。

（2）飞模的布置应着重考虑飞模的自重和尺寸，必须适应吊装设备的起重能力。另外，为了便于飞模的飞出，应尽量减少飞模的侧向移动。

13.6.4 施 工 工 艺

13.6.4.1 飞模施工的准备工作

飞模施工准备工作主要包括：平整场地；弹出飞模位置线；预留的洞口必须盖好；验收飞模的部件和零配件。面板使用木胶合板时，要准备好板面封边剂及模板脱模剂等。另外，飞模施工必需的量具，如钢卷尺、水平尺以及吊装所用的钢丝绳、安全卡环等和其他手工用具，如扳手、锤子、螺丝刀等，均应事先准备好。

13.6.4.2 立柱式飞模施工工艺

1. 钢管组合式飞模施工工艺

（1）组装

钢管组合式飞模根据飞模设计图纸的规格尺寸按以下步骤组装：

首先装支架片：将立柱、主梁及水平支撑组装成支架片。一般顺序为先将主梁与立柱用螺栓连接，再将水平支撑与立柱用扣件连接，最后再将斜撑与立柱用扣件连接。

拼装骨架：将拼装好的两片支架片用水平支撑与支架立柱扣件相连，再用斜撑将支架片用扣件相连。应当校正已经成型的骨架，并用紧固螺栓在主梁上安装次梁。

拼装面板：按飞模设计面板排列图，将面板直接铺设在次梁上，面板之间用U形卡连接，面板与次梁用勾头螺栓连接。

(2) 吊装就位

1) 先在楼（地）面上弹出飞模支设的边线，并在墨线相交处分别测出标高，标出标高的误差值。

2) 飞模应按预先编好的序号顺序就位。

3) 飞模就位后，即将面板调至设计标高，然后垫上垫块，并用木楔楔紧。当整个楼层标高调整一致后，在用U形卡将相邻的飞模连接。

4) 飞模就位，经验收合格后，方可进行下道工序。

(3) 脱模

1) 脱模前，先将飞模之间的连接件拆除，然后将升降运输车推至飞模水平支撑下部合适位置，拔出伸缩臂架，并用伸缩臂架上的钩头螺栓与飞模水平支撑临时固定。

2) 退出支垫木楔。

3) 脱模时，应有专人统一指挥，使各道工序顺序、同步进行。

(4) 转移

1) 飞模由升降运输车用人力运至楼层出口处（图13-91）。

2) 飞模出口处可根据需要安设外挑操作平台。

3) 当飞模运抵外挑操作平台上时，可利用起重机械将飞模调至下一流水段就位。

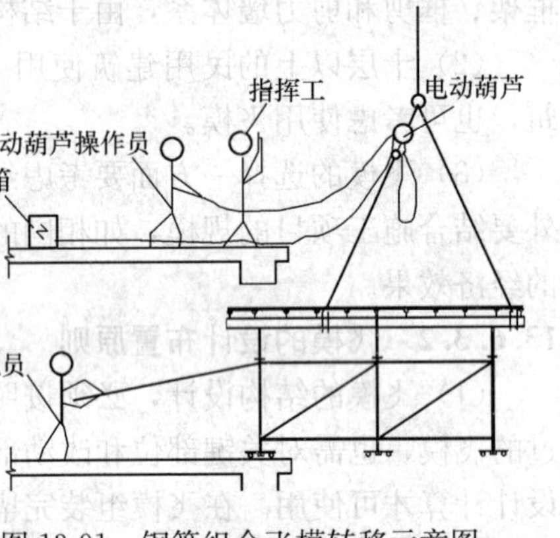

图13-91　钢管组合飞模转移示意图

2. 门架式飞模施工工艺

(1) 组装

平整场地，铺垫板，放足线尺寸，安放底托。将门式架插入底托内，安装连接件和交叉拉杆。安装上部顶托，调平后安装大龙骨。安装下部角铁和上部连接件。在大龙骨上安装小龙骨，然后铺放木板，并将面板刨平，接着安装水平和斜拉杆，安装剪刀撑。最后加工吊装孔，安装吊环及护身栏。

(2) 吊装就位

1) 飞模吊装就位前，先在楼（地）面上准备好4个已调好高度的底托，换下飞模上的4个底托。待飞模在楼（地）面上落实后，再安放其他底托。

2) 一般一个开间（柱网）采用两吊飞模，这样形成一个中缝和两个边缝。边缝考虑柱子的影响，可将面板设计成折叠式。较大的缝隙在缝上盖厚5mm、宽150mm的钢板，钢板锚固在边龙骨下面。较小的缝隙可用麻绳堵严，再用砂浆抹平，以防止漏浆而影响脱模。

3) 飞模应按照事先在楼层上弹出的位置线就位，并进行找平、调直、顶实等工序。

调整标高应同步进行。门架支腿垂直偏差应小于 8mm。另外，边角缝隙、板面之间及孔洞四周要严密。

4）将加工好的圆形铁筒临时固定在板面上，作为安装水暖立管的预留洞。

（3）脱模和转移

1）拆除飞模外侧护身栏和安全网。

2）每架飞模除留 4 个底托，松开并拆除其他底托。在 4 个底托处，安装 4 个飞模。

3）用升降装置勾住飞模的下角铁，启动升降装置，使其上升顶住飞模。

4）松开底托，使飞模脱离混凝土楼板底面，启动升降机构，使飞模降落在地滚轮上。

5）将飞模向建筑物外推到能挂在外部（前部）一对吊点处，用吊钩挂好前吊点。

6）在将飞模继续推出的过程中，安装电动环链，直到挂好后部吊点，然后启动电动环链使飞模平衡。

7）飞模完全推出建筑物后，调整飞模平衡，将飞模吊往下一个施工部位。

13.6.4.3 铝木桁架式飞模施工工艺

1. 组装

（1）平整组装场地，支搭拼装台。拼装台由 3 个 800mm 高的长凳组成，间距为 2m 左右。

（2）按图纸尺寸要求，将两根上弦、下弦槽铝用弦杆接头夹板和螺栓连接。

（3）将上弦、下弦槽铝与方铝管腹杆用螺栓拼成单片桁架，安装钢支腿组件，安装吊装盒。

（4）立起桁架并用方木作临时支撑。将两榀或三榀桁架用剪刀撑组装成稳定的飞模骨架。安装梁模、操作平台的挑梁及护身栏（包括立杆）。

（5）将方木镶入工字铝梁中，并用螺栓拧牢，然后将工字铝梁安放在桁架的上弦上。

（6）安装边梁龙骨。铺好面板，在吊装盒处留活动盖板。面板用电钻打孔，用木螺栓（或钉子）与工字梁方木固定。

（7）安装边梁底模和里侧模（外侧模在飞模就位后组装）。

（8）铺操作平台脚手板，绑护身栏（安全网在飞模就位后安装）。

2. 吊装就位

（1）在楼（地）面上放出飞模位置线和支腿十字线，在墙体或柱子上弹出 1m（或 50cm）水平线。

（2）在飞模支腿处放好垫板。

（3）飞模吊装就位。当距楼面 1m 左右时，拔出伸缩支腿的销钉，放下支腿套管，安好可调支座，然后飞模就位。

（4）用可调支座调整板面标高，安装附加支撑。

（5）安装四周的接缝模板及边梁、柱头或柱帽模板。

（6）模板面板上刷脱模剂。

3. 脱模和转移

（1）脱模时，应拆除边梁侧模、柱头或柱帽模板，拆除飞模之间、飞模与墙柱之间的模板和支撑，拆除安全网。

（2）每榀桁架分别在桁架前方、前支腿下和桁架中间各放置一个滚轮。

（3）在紧靠四个支腿部位，用升降机构托住桁架下弦并调节可调支腿，使升降机构承力。

（4）将伸缩支腿收入桁架内，可调支座插入支座夹板缝隙内。

（5）操纵升降机构，使面板脱离混凝土，并为飞模挂好安全绳。

（6）将飞模人工推出，当飞模的前两个吊点超出边梁后，锁紧滚轮，将塔式起重机钢丝绳和卡环把飞模前面的两个吊装盒内的吊点卡牢，将装有平衡吊具电动环链的钢丝绳把飞模后面的两个吊点卡牢。

（7）松开滚轮，继续将飞模推出，同时放松安全绳，操纵平衡吊具，调整环链长度，使飞模保持水平状态。

（8）飞模完全推出建筑物后，拆除安全绳，提升飞模，如图 13-92 所示。

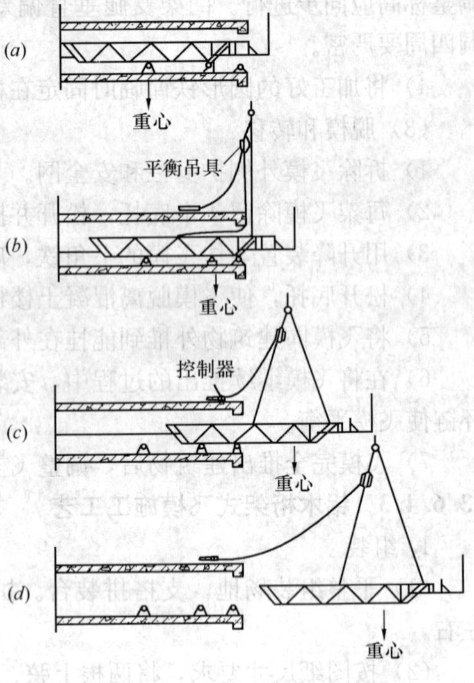

图 13-92　铝木桁架飞模转移示意图

13.6.4.4　悬架式飞模施工工艺

1. 组装

悬架飞模可在施工现场设专门拼装场地组装，亦可在建筑物底层内进行组装，组装方法可参考以下程序：

（1）在结构柱子的纵横向区域内分别用 $\phi48\times3.5$ 钢管搭设两个组装架，高约 1m。为便于能够重复组装，在组装架两端横杆上安装四只铸铁扣件，作为组装飞模桁架的标准。铸铁扣件的内壁净距即为飞模桁架下弦的外壁间距。

（2）组装完毕应进行校正，使两端横杆顶部的标高处于同一水平，然后紧固所有的节点扣件，使组装架牢固、稳定。

（3）将桁架用吊车起吊安放在组装架上，使桁架两端分别紧靠铸铁扣件。安放稳妥后，在桁架两端各用一根钢管将两榀桁架作临时扣接，然后校正桁架上下弦垂直度、桁架中心间距、对角线等尺寸，无误后方可安装次梁。

（4）在桁架两端先安放次梁，并与桁架紧固。然后放置其他次梁在桁架节点处或节点中间部位，并加以紧固。所有次梁挑出部分均应相等，防止因挑出的差异而影响翻转翼板正常工作。

（5）全部次梁经校正无误后，在其上铺设面板，面板之间用 U 形卡卡紧。面板铺设完毕后，应进行质量检查。

（6）翻转翼板由组合钢模板与角钢、铰链、伸缩套管等组合而成。翻转翼板应单块设置，以便翻转。铰链的角钢与面板用螺栓连接。伸缩套管的底面焊上承力支块，当装好翼板后即将套管插入次梁的端部。

（7）每座飞模在其长向两端和中部分别设置剪刀撑。在飞模底部设置两道水平剪刀撑，以防止飞模变形。剪刀撑用 $\phi48\times3.5$ 钢管，用扣件与桁架腹杆连接。

（8）组装阳台梁、板模板，并安装外挑操作平台。

2. 飞模支设

（1）待柱墙模板拆除，且强度达到要求后，方可支设飞模。

（2）支设飞模前，先将钢牛腿与柱墙上的预埋螺栓连接，并在钢牛腿上安放一对硬木楔，使木楔的顶面符合标高要求。

（3）吊装飞模入位，经校正无误后，卸除吊钩。

（4）支起翻转翼板，处理好梁板柱等处的节点和缝隙。

（5）连接相邻飞模，使其形成整体。

（6）面板涂刷脱模剂。

3. 脱模和转移

拆模时，先拆除柱子节点处柱箍，推进伸缩内管，翻下反转翼板和拆除盖缝板。然后卸下飞模之间的连接件，拆除连接阳台梁、板的U形卡，使阳台模板便于脱模。

在飞模四个支撑柱子内侧，斜靠上梯架，梯架备有吊钩，将电动葫芦悬于吊钩下。待四个吊点将靠柱梯架与飞模桁架连接后，用电动葫芦将飞模同步微微受力，随即退出钢牛腿上的木楔及钢牛腿。

降模前，先在承接飞模的楼面预先放置六只滚轮，然后用电动葫芦将飞模降落在楼面的地滚轮上，随后将飞模推出。

待部分飞模推至楼层口外约1.2m时，将四根吊索与飞模吊耳扣牢，然后使安装在吊车主钩下的两只捯链收紧。

起吊时，先使靠外两根吊索受力，使飞模处于外略高于内的状态，随着主吊钩上升，要使飞模一直保持平衡状态外移。

13.6.5　施工质量与安全要求

13.6.5.1　飞模施工的质量要求

1. 质量要求

（1）采用飞模施工，除应遵照现行的《混凝土结构工程施工质量验收规范》等国家标准外，还需要对飞模的稳定性进行设计计算，并进行试压试验，以保证飞模各部件有足够的强度和刚度。

（2）飞模组装应严密，几何尺寸要准确，防止跑模和漏浆，允许偏差如下：

面板标高与设计标高偏差±5mm；面板方正≤3mm（对角线）；面板平整≤5mm（塞尺）；相邻面板高差≤2mm。

2. 保证质量措施

（1）组装时要对照图纸设计检查零部件是否合格，安装位置是否正确，各部位的紧固件是否拧紧。

（2）各类飞模面板要求拼接严密。竹木类面板的边缘和孔洞的边缘，要涂刷模板的封边剂。

（3）立柱式飞模组装前，要逐件检查门式架、构架和钢管是否完整无缺陷，所用紧固件、扣件是否工作正常，必要时做荷载试验。

（4）所用木材应无劈裂、糟朽等现象。

（5）面板使用多层板类材料时，要及时检查有无破损，必要时翻面使用。

（6）飞模模板之间、模板与柱和墙之间的缝隙一定要堵严，并要注意防止堵缝物嵌入混凝土中，造成脱模时卡住模板。

（7）各类面板在绑钢筋之前，要涂刷有效的脱模剂。

（8）浇筑混凝土前要对模板进行整体验收，质量符合要求后方能使用。

（9）飞模上的弹线，要用两种颜色隔层使用，以免两层线混淆不清。

13.6.5.2　飞模施工的安全要求

采用飞模施工时，除应遵照现行的安全技术规范的规定外，还需要采取以下安全措施：

（1）组装好的飞模，在使用前最好进行一次试压试验，以检验各部件无隐患。

（2）飞模就位后，飞模外侧应立即设置护身栏，高度可根据需要确定，但不得小于1.2m，其外侧需加设安全网，同时设置好楼层的护身栏。

（3）施工上料前，所有支撑都应支设好，同时要严格控制施工荷载。上料不得太多或过于集中，必要时应作核算。

（4）升降飞模时，应统一指挥，步调一致，信号明确，最好采用步话机联络。所有操作人员必须经专门培训上岗操作。

（5）上下信号工应分工明确。下面的信号工可负责飞模推出、控制地滚轮、挂安全绳和挂钩、拆除安全绳和起吊等信号；上面的信号工可负责平衡吊具的调整，指挥飞模就位和摘钩的信号。

（6）飞模采用地滚轮退出时，前面的滚轮应高于后面的滚轮1～2cm，防止飞模向外滑移。可采取将飞模的重心标画于飞模旁边的办法。严禁外侧吊点未挂钩前将飞模向外倾斜。

（7）飞模外推时，必须挂好安全绳，由专人掌握。安全绳要慢慢松放，其一端要固定在建筑物的可靠部位上。

（8）挂钩工人在飞模上操作时，必须系好安全带，并挂在上层的预埋件上。挂钩工人操作时，不得穿塑料鞋或硬底鞋，以防滑倒摔伤。

（9）飞模起吊时，任何人不准站在飞模上，操作电动平衡吊具的人员也应站在楼面上操作。要等飞模完全平衡后再起吊，塔式起重机转臂要慢，不允许倾斜吊模。

（10）五级以上的大风或大雨时，应停止飞模吊装工作。

（11）飞模吊装时，必须使用安全卡环，不得使用吊钩。起吊时，所有飞模的附件应事先固定好，不准在飞模上存放自由物料，以防高空物体坠落伤人。

（12）飞模出模时，下层需设安全网。尤其使用滚杠出模时，更应注意防止滚杠坠落。

（13）在竹木板面上使用电气焊时，要在焊点四周放置石棉布，焊后消灭火种。

（14）飞模在施工一定阶段后，应仔细检查各部件有无损坏现象，同时对所有的紧固件进行一次加固。

13.7　模　壳

钢筋混凝土现浇密肋楼板能很好地适应大空间、大跨度的需要，密肋楼板是由薄板和间距较小的双向或单向密肋组成的，其薄板厚度一般为60～100mm，小肋高一般为300～500mm，从而加大了楼板截面有效高度，减少了混凝土的用量，用大型模壳施工的现浇双向密肋楼板结构，省去了大梁，减少了内柱，使得建筑物的有效空间大大增加，层高也相应降低，在相同跨度的条件下，可减少混凝土30%～50%，钢筋用量也有所降低，使楼板的自重减轻。密肋楼板能取得好的技术经济效益，关键因素决定于模壳和支撑系统。单向密肋楼板如图13-93所示，双向密肋楼板如图13-94所示。

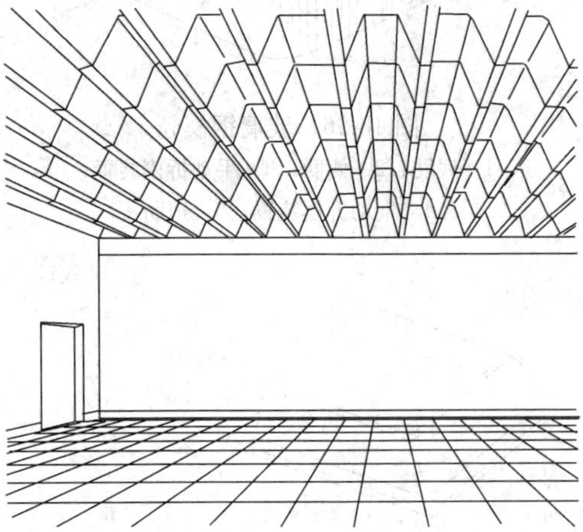

图13-93　单向密肋楼板

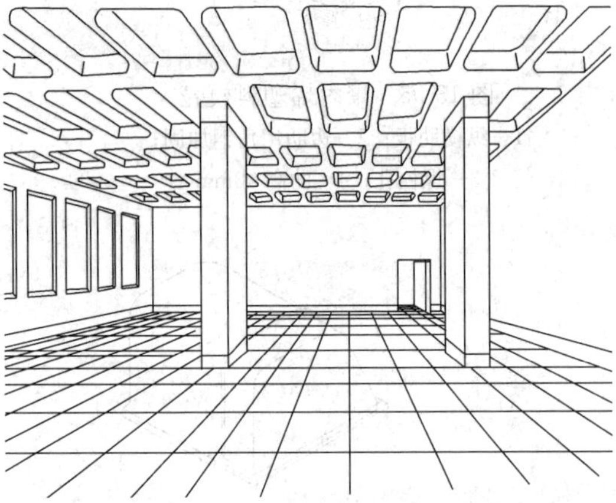

图13-94　双向密肋楼板

13.7.1　模壳的种类、特点和质量要求

13.7.1.1　模壳的种类

1. 按材料分类

（1）塑料模壳：以改性聚丙烯塑料为基材注塑而成，现发展到大型组合式模壳，采用多块（四块）组装成钢塑结合的整体大型模壳，在模壳四周增加L36×3角钢便于连接，能够灵活组合成多种规格，适用于空间大、柱网大的工业厂房、图书馆等公用建筑（图13-95）。

（2）玻璃钢模壳：采用不饱和聚酯树脂作粘接材料，用中碱方格玻璃丝布增强，采用薄壁加肋构造形式，刚度大，使用次数较多，周转率高，可采用气动拆模，但生产成本较高。模壳的几何尺寸、外观质量和力学性能，均应符合国家和行业有关标准以及设计的需要，应有产品出厂合格证（图13-96）。

2. 按模壳的形状分类

（1）"T"形模壳，适用于单向密肋楼板，规格多为112cm×52.5cm×(35～43)cm，见图13-97。

（2）"M"形模壳，适用于双向结构密肋楼板，规格多为120cm×90cm×(30～45)cm和120cm×120cm×(30～45)cm，见图13-98。

3. 按模壳的模数分类

（1）标准模壳，常用尺寸有600mm×600mm、800mm×800mm、900mm×900mm、1000mm×1000mm、1100mm×1100mm、1200mm×1200mm、1500mm×1500mm共7种

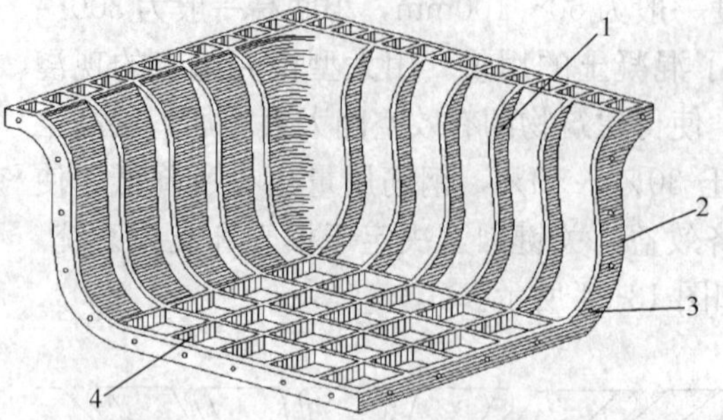

图 13-95　聚丙烯塑料模壳

1—纵横肋板；2—边肋用角钢加固；3—螺栓孔；4—肋高 40mm

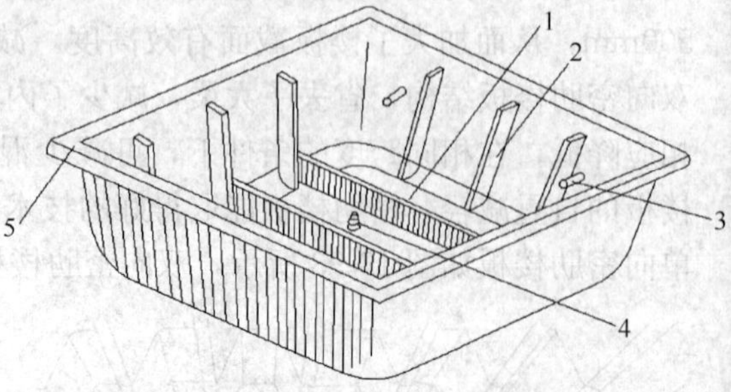

图 13-96　玻璃钢模壳

1—底肋；2—侧肋；3—手动拆模装置；4—气动拆模装置；5—边肋

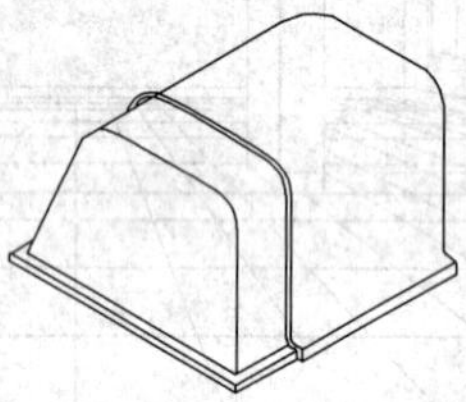

图 13-97　"T"形模壳

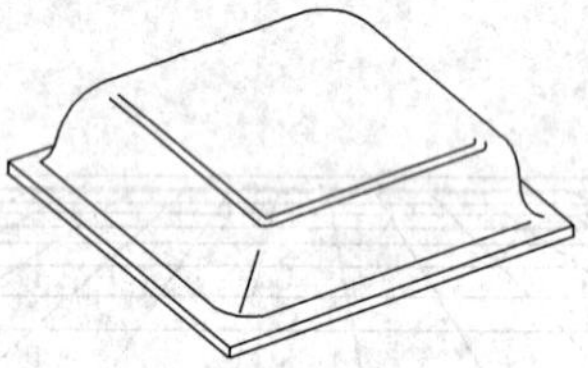

图 13-98　"M"形模壳

系列，模壳高度在 300～500mm 之间，翼缘厚度 50mm。常用的标准模壳为 1200mm×1200mm 系列，每个塑料模壳的重量在 30kg 左右，玻璃钢模壳的重量略轻于塑料模壳，每个重 27～28kg。

（2）非标准模壳一般可根据设计尺寸委托厂家订做。

13.7.1.2　加工质量要求

1. 塑料模壳

（1）模壳表面要求光滑平整，不得有气泡、空鼓。

（2）如果是多块拼装的模壳，要求拼缝横平竖直。模壳的顶部和底边，不得产生翘曲变形，几何尺寸必须满足施工要求。

2. 玻璃钢模壳

（1）模壳表面光滑平整，不得有气泡、空鼓、裂纹、纤维外露，任何部位不得有毛刺。

（2）装置拆模的部位，要按图纸的要求制作牢固，气动拆模装置气孔周围要密实，不得有透气现象，气孔本身要通畅；模壳底边光滑平整，不得有凹凸现象。

13.7.2　支 撑 系 统

支撑的布置与模壳的施工速度、工程质量密切相关，设计时应考虑标准化、通用化、易组装、拆卸施工方便、经济合理等问题。支撑力的传递路径为：模壳支撑在龙骨的角模上，龙骨支撑在钢柱上，钢支柱支撑在混凝土楼板或地基土上，支撑柱一般可采用碗扣式脚手架或可调式支撑柱；固定铁件一般采用槽钢或角钢制作，用于固定主龙骨。模壳模板还可根据现场施工情况，采取早拆支模系统，缩短模壳单次使用时间，提高周转率。

13.7.2.1 钢支柱支撑系统

钢支柱采用标准件，顶部增加一个柱冒（扣件），防止主龙骨位移。支柱在主龙骨方向的间距一般为1.2～2.4m，异形部位支柱的间距视具体情况增减。支撑系统因龙骨和支撑件不同可分为四种，图13-99为其中一种。施工时采取“先拆模壳、后拆支柱”的方法，即当混凝土强度达到设计强度的50%时，可松动螺栓卸下角钢，先拆下模壳，该种支撑的主龙骨采用3mm厚钢板压制成方管，其截面尺寸为150mm×75mm，在静载作用下垂直变形≤1/300，如静载过大，钢梁不能满足要求时，则应加大钢梁截面或缩小支柱间距。主龙骨每隔400mm穿一销钉，在穿销钉处预埋ϕ20mm钢管，这样不仅便于安装销钉，而且能在销紧角钢的过程中防止主龙骨的侧面变形。角钢采用L50×5，用ϕ18销钉固定在主龙骨上，作为模壳支撑点。其余三种钢支柱柱头采用槽钢、角钢或方木。

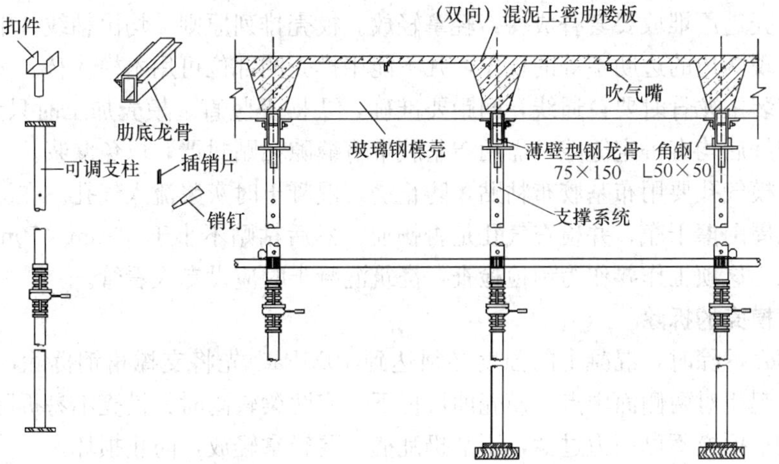

图13-99 模壳钢支柱支撑系统

13.7.2.2 门式架支撑系统

采用定型组合门式架，将其组成整体式架子，顶部有顶托，底部有底托，顶托上放置100mm×100mm的方木作主梁，主梁上放置70mm×100mm方木作次梁，间距与密肋的间距相同，次梁两侧钉L50×5角钢作模壳的支托。这种支撑系统同样采取先拆除模壳、后拆肋底支撑的方法。该方法的缺点是：主梁上再放次梁，用料增多；两道木梁易受潮变形，密肋肋底不易平整。

13.7.2.3 早拆柱头支撑系统

由支柱、柱头、模板主梁、次梁、水平撑、斜撑、调节地脚螺栓组成，这种支撑系统是在钢支柱顶部安置快拆柱头，见图13-100。采用这种系统，脱模后密肋楼板小肋底部光滑平整。

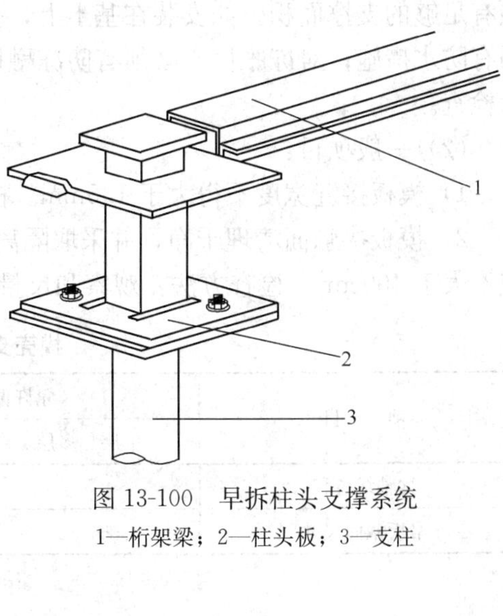

图13-100 早拆柱头支撑系统

1—桁架梁；2—柱头板；3—支柱

13.7.3 施 工 工 艺

13.7.3.1 工艺流程

弹线→支立柱→安放支撑件→安放主、次龙骨→安放模壳→胶带粘贴缝隙→堵气孔→刷隔离剂→绑钢筋→安装电气管线及预埋件→隐蔽工程验收→浇筑混凝土→养护→拆角钢（次龙骨边木）→拆模壳→拆除支撑系统。

13.7.3.2 模壳的支设

（1）模板及支架系统设计：根据工程结构类型和特点，确定流水段划分；确定模壳的平面布置，纵横木楞的规格、数量和排列尺寸；确定模壳与次木楞及其他结构构件的连接方式，同时确定模壳支架系统的组合方式，验算模壳和支架的强度、刚度及稳定性。绘制全套模壳模板及支架系统的设计图，其中包括模板平面布置总图、分段平面图、模板及支架的组装图、节点大样图、零件加工图。

（2）模壳进厂堆放要套叠成垛，轻拿轻放。模壳排列原则，均由轴线、中间向两边排列，以免出现两边的边肋不等的现象，凡不能用模壳的部位可用木模代替。

（3）安装主龙骨时要拉通线，间距要准确，要横平竖直。模壳加工时只允许有负差，因此模壳铺好后均有一定缝隙，需用布基胶带将缝隙粘贴封严，以免漏浆。

（4）拆模气孔要用布基胶布粘贴，防止浇筑混凝土时灰浆流入气孔。在涂刷脱模剂前先把充气孔周围擦干净，并检查气孔是否畅通，然后粘贴不小于50mm×50mm的布基胶布堵住气孔。这项工作要作为预检检查，浇筑混凝土时应设专人看管。

13.7.3.3 模壳的拆除

（1）模壳拆除时，混凝土的强度必须达到10MPa。先将支撑角钢拆除，然后用小撬棍将模壳撬起相对两侧面中点，模壳即可拆下。密肋梁较高时，模壳不易拆除，可采用气动拆模工艺。拆模不可用力过猛，不乱扔乱撬，要轻拿轻放，防止损坏。

（2）拆除支架：混凝土的强度必须达到规定的拆模强度，才允许拆除支架。

13.7.3.4 质量标准

（1）主控项目：楼板及其支架必须有足够的强度、刚度和稳定性；其支架的支撑部分须有足够的支撑面积。如安装在基土上，基土必须坚实并有排水措施。对湿陷性黄土，必须有防水措施；对冻胀性土必须有防冻融措施。检查方法：对照模板设计，现场观察或尺量检查。

（2）一般项目：

1）模板接缝宽度不得大于1.5mm。检查方法：观察和用楔形塞尺检查。

2）模板接触面清理干净，并采取隔离措施。梁的模板上粘浆和漏刷隔离剂累计面积应不大于400cm^2。检查方法：观察和尺量检查。允许偏差项目，见表13-29。

模壳支模允许偏差 表13-29

项目	允许偏差（mm）		检查方法
	单层、多层	高层框架	
梁轴线位移	5	3	尺量检查
梁板截面尺寸	+4−5	+2−5	尺量检查

续表

项 目	允许偏差（mm）		检 查 方 法
	单层、多层	高层框架	
标高	±5	+2，−5	用水准仪或拉线和尺量检查
相邻两板表面高低差	2	2	用直线或尺量检查
表面平整度	5	5	用2m靠尺和塞尺检查
预留钢板中心线位移	3	3	尺量检查
预留管、预留孔中心线位移	3	3	尺量检查

13.7.3.5 成品保护

（1）在层高1/2处左右的支架系统的水平栏杆上宜固定一层水平安全网，用于防止人员坠落，同时拆模壳时，使之坠入安全网，以保护模壳。

（2）拆除模壳要用小撬棍，以木楞为支点，先撬模壳相对两侧帮中点，模壳松动后，依然以木楞为支点，撬模壳底脚的内肋，轻轻向下撬掉模壳。切忌硬撬或用铁锤硬砸，也不能使用大撬棍以肋梁混凝土为支点进行撬动，以保护模壳和密肋混凝土。

（3）吊运模壳、木楞、钢楞或钢筋时，不得碰撞已安装好的模壳，以防模板变形。

（4）要严格遵循混凝土强度达到10MPa时方可拆模壳；混凝土强度达到75%，肋跨<8m时，可拆除支柱；但肋跨>8m时，混凝土强度必须达100%可方拆除支柱。

13.7.3.6 应注意的质量问题

（1）密肋楼板板面较薄，一般为5～10cm，因此要防止水分过早蒸发，早期宜采取塑料薄膜覆盖的养护方法，以利混凝土早期强度的提高和防止裂缝的产生。

（2）密肋梁侧面胀出，梁身不顺直，梁底不平。防治的方法：支架系统应有足够强度、刚度和稳定性；支柱底脚垫通长板，支撑在坚实地面上；模壳下端和侧面设水平和侧向支撑，补足模壳的刚度；密肋梁底楞按设计和施工规范起拱；角钢与次楞弹平线安装，销固牢靠。

（3）单向密肋板底部局部下挠。防治的方法：模壳安装应由跨中向两边安装，减少模壳搭接长度的累计误差。安装后要调整模壳搭接长度，不得小于10cm，保证接口处的刚度。

（4）密肋梁轴线位移，两端边肋不等。防治的方法是，主楞安装调平后，要放出次楞边线再安装次楞，并进行找方校核。安装次楞要严格跟线，并与主楞连接牢靠。

（5）模壳安装不严密：模壳加工的负公差所致。检查安装缝隙，钉塑料条或橡胶条补严。

13.8 柱 模

13.8.1 玻璃钢圆柱模板

随着国内建筑市场对施工工艺水平和质量要求的不断提高，模板技术在多样化、标准化、系列化和商品化等方面取得了可喜的成绩。

玻璃钢圆柱模板是现浇钢筋混凝土圆柱施工的专用模板，主要由翻边单开口玻璃钢筒体、带钢箍、对开接口槽钢箍、定位柱、固定件、牵索等构成，采用玻璃钢和一般钢材制作。该圆柱模板利用槽钢箍安装活动梯，利用定位柱（兼脚手架）搭设操作平台，即可形成一个独立的操作单元。玻璃钢圆柱模板装拆轻便，尤其利于用起重设备直接提升脱模；浇筑的混凝土表面平整光亮，可满足清水混凝土质量标准；且造价低廉，重复利用率高，适用于不同直径的现浇钢筋混凝土圆柱施工。

玻璃钢圆柱模板，是采用不饱和聚酯树脂为胶结材料和无碱玻璃布为增强材料，按照拟浇筑柱子的圆周周长和高度制成的整块模板。以直径为700mm，厚3mm圆柱模板为例，模板极限拉应力为194N/mm²，极限弯曲应力为178N/mm²。产品技术参数举例见表13-30。

产品技术参数举例 **表13-30**

板面平面度（mm）	≤2.5	螺栓孔距（mm）	200±5
板面尺寸误差（mm）	≤2	拉伸强度（MPa）	≥300
板面对角线误差（mm）	≤3	工作面巴氏硬度	≥48
模板厚度（mm）	3±0.5闭合处5	正常使用周转次数（次）	≥30
法兰平直度（mm）	2		

13.8.1.1 特点

（1）重量轻、强度高、韧性好、耐磨、耐腐蚀。

（2）可按不同的圆柱直径加工制作，比采用木模、钢模模板易于成型。

（3）模板支拆简便，用它浇筑成型的混凝土柱面平整光滑。

13.8.1.2 构造

玻璃钢圆柱模板，一般由柱体和柱帽模板组成。

1. 柱体模板

（1）柱体模板一般是按圆柱的圆周长和高度制成整张卷曲式模板，也可制成两个半圆卷曲式模板。

（2）整张和半张卷曲式模板拼缝处，均设置用于模板组拼的拼接翼缘，翼缘用扁钢加强。扁钢设有螺栓孔，以便于模板组拼后的连接。

（3）为了增强模板支设后的整体刚度和稳定性，在柱模外一般须设置上、中、下三道柱箍，柱箍采用L40×4或L56×6制成，一般可设计成两个半圆形，拼接处用螺栓连接。

（4）柱模的厚度，根据混凝土侧压力的大小，通过计算确定，一般为3～5mm。考虑模板在承受侧压力后，模板断面会膨胀变形，因此，模板的直径应比圆柱直径小0.6%为妥。

2. 柱帽模板

（1）一般设计成两个半圆锥体，周边及接缝处用角钢加强。

（2）为了增强悬挑部分的刚度，一般在悬挑部位还应增设环梁，以承受浇筑混凝土时的荷载。

13.8.1.3 加工质量要求

（1）模板内侧表面应平整、光滑，无气泡、皱纹、外露纤维、毛刺等现象。

（2）模板拼接部位的边肋和加强肋，必须与模板连成一体，安装牢固。

（3）模板拼接的接缝，必须严密，无变形现象。

13.8.1.4 施工工艺

1. 玻璃钢圆柱模板的安装（以平板玻璃钢圆柱模板为例）

玻璃钢圆柱模板的支设如图 13-101 所示：

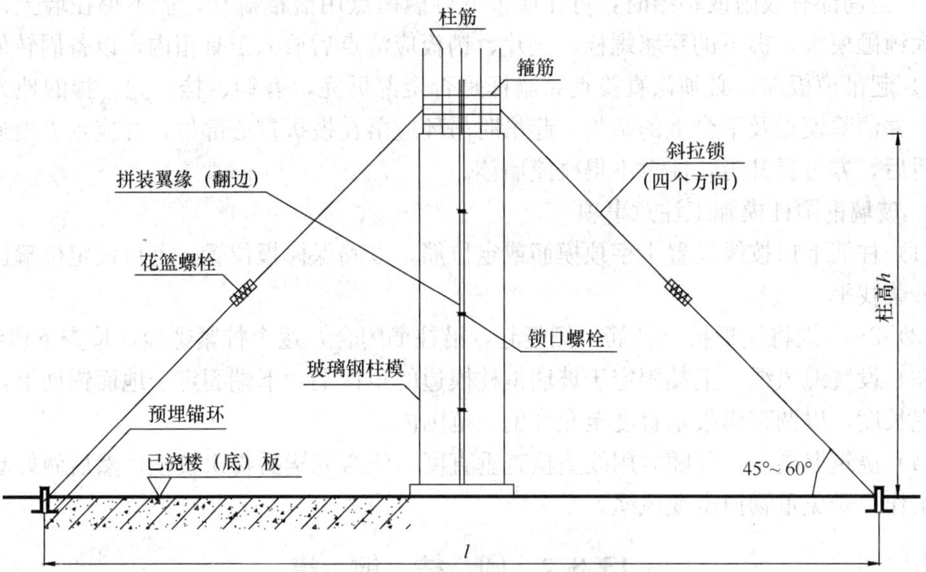

图 13-101 玻璃钢模板支模示意图

（1）工艺流程：

埋设锚环→放置垫块→粘海绵条→柱模就位→拧锁口螺栓→勾斜拉索并初调垂直→根部堵浆→浇筑混凝土→复调复振→清理柱根→拆模刷油。

（2）玻璃钢模板在搬运和组装过程中，严禁扭曲磕碰，防止损伤玻璃钢模板。

（3）埋设锚环：浇筑混凝土楼板时，沿梁的轴线并居中预埋钢筋。

（4）放置垫块：每根圆柱分两层放 8 个垫块（以塑料垫块为宜），上下层各 4 块，按十字布设。

（5）粘海绵条：将 3～5mm 海绵条粘在圆柱模锁口缝处，防止漏浆。

（6）柱模就位：将模板竖立，围裹闭合模板。

（7）拧锁口螺栓：柱身从上到下不加柱箍，逐个拧紧锁口螺栓。

（8）勾斜拉索并初调垂直：斜拉锁由 ϕ6 钢筋（或钢丝绳）与花篮螺栓组成。

（9）根部堵浆：在柱模根部外侧留 20～30mm 的间隙，外箍方形钢框或木框，浇筑混凝土时在其间隙填入砂浆，防止底部漏浆。

（10）浇筑混凝土：确保垂直下料，并正确控制混凝土坍落度。

（11）复调复振：在混凝土初凝前，吊线坠检查柱子垂直偏差，微调花篮螺栓进行校正。

（12）清理柱根：浇筑完毕撤除柱根外部的箍框，并将外侧砂浆铲平。

（13）拆模刷油：1 根柱模每天可周转 1～2 次。

2. 玻璃钢圆柱模板的拆除

（1）拆除的顺序：卸下斜拉锁→松开锁口螺栓→拆模板。

（2）板拆除的要求

1）在常温条件下竖向结构混凝土强度必须达 1.2MPa，在冬施条件下墙体混凝土强度必须达 4.0MPa，方可进行拆模。

2）拆模的流向为先浇先拆，后浇后拆，与施工流水方向一致，拆除模板的顺序与安装模板正好相反。

3）当局部有吸附或粘结时，可在模板下口撬模点用撬棍撬动，但不得在墙上口晃动或用大锤砸模板，拆下的穿墙螺栓、垫片、销板应清点后放入工具箱内，以备周转使用。

4）起吊模板前，必须认真检查穿墙杆是否全部拆完，有钩、挂、兜、拌的地方及时清理，并清除模板及平台上的杂物，起吊时吊环应落在模板重心部位，并应垂直慢速确认无障碍后，方可提升走，注意不得碰撞墙体。

3. 玻璃钢圆柱模施工注意事项

（1）柱筋下口按线设置十字顶模筋或定位筋，以确保模板位置，上口设定位箍筋，地面用砂浆找平。

（2）2～3 人将模板抬至柱筋一侧竖起，沿柱筋闭合，逐个拧紧螺栓，检查下口缝隙。

（3）设置缆风绳，上端固定于玻璃钢柱模边的角钢上，下端固定于地面锚筋上，调节缆风绳长度，以调整模板垂直度至允许偏差范围内。

（4）浇筑混凝土，并随时用线坠检查垂直度，浇筑完毕后再次校核，然后做好看模和保护工作，避免重物撞击缆风绳。

13.8.2　圆 柱 钢 模

（1）在某些工程中，从施工方便和成活效果的角度考虑，圆柱模板采用定型钢制模板。层高不合模数的圆柱则据各层图纸配置接高模板。

圆柱定型钢模板高度规格一般为 3.2m、0.9m、1.2m 等，具体组拼可见厂家设计。圆柱模加固剖面图、立面图见图 13-102。

（2）大直径圆柱钢模，采用 1/4 圆柱钢模组拼，圆柱钢模面板采用 δ=4mm 钢板，竖肋为 δ=5mm 钢板，横肋为 δ=6mm 钢板，竖龙骨采用 [10 槽钢；梁柱节点面板，竖肋和横肋均采用 δ=4mm 钢板。每根柱模均配有 4 个斜支撑，且沿柱高每 1.5m 增设 δ=6mm 加强肋。

（3）小直径圆柱钢模，采用 1/2 圆柱钢模组拼（图 13-103）。柱子模板采用全钢定型模板，模板由两片板拼接而成，模板采用 6mm 厚的钢板作为板面，钢板弯成 180°。用 10 号槽钢作为背楞，竖向背楞间距 30cm。用槽钢作柱箍进行柱子加固，柱箍间距 60cm。见图 13-103。

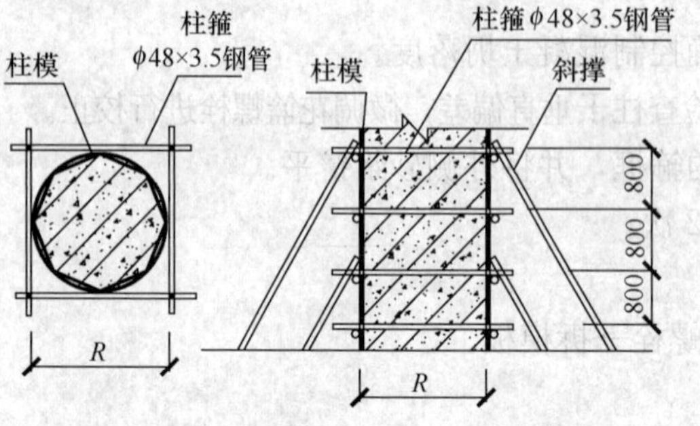

图 13-102　圆柱模加固剖、立面示意图

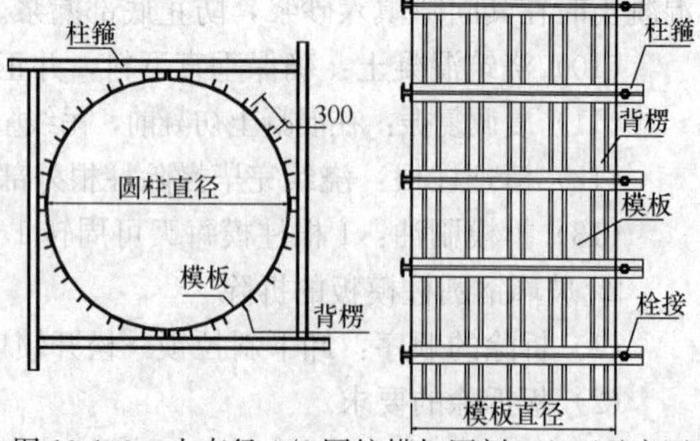

图 13-103　小直径 1/2 圆柱模加固剖、立面示意图

(4) 工艺流程：施工准备→模板吊装→临时固定并就位→模板加固→加斜支撑→二次校正→验收。

(5) 施工要点：

1) 找平，在浇筑底板混凝土时，在柱子四边压光找平 200mm。

2) 弹好柱边 50cm 控制线、柱边线。

3) 防止跑模，在柱子根部锁一根 100mm×100mm 方木。

4) 在楼地面不平的模板下口，用干硬性水泥砂浆堵密实。

5) 斜撑用 ϕ48×3.5 钢管，用 U 形托调节长度，柱子每侧上下各一道，拉杆采用 8 号钢丝绳，中间用花篮螺栓调节长度。见图 13-104。

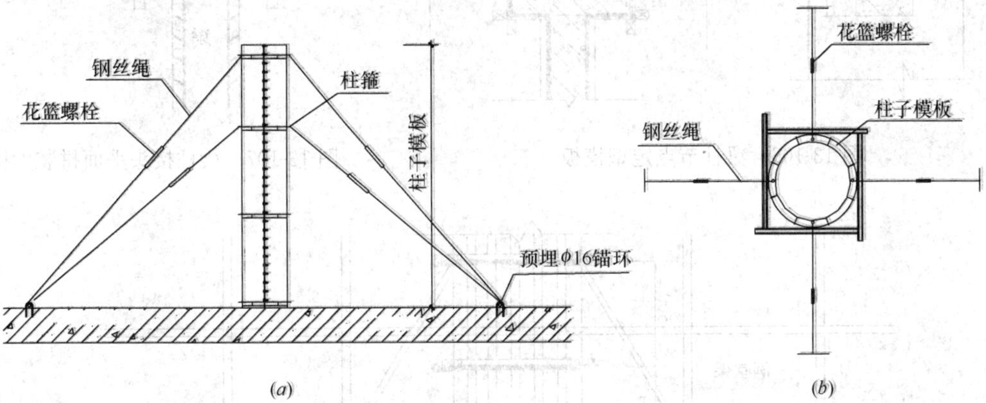

图 13-104　圆柱斜撑示意图
(a) 立面图；(b) 剖面图

6) 为了固定斜撑和拉杆，在柱子四周的楼板上每侧预埋 ϕ16mm 地锚和 ϕ16 锚环。

13.8.3　无柱箍可变截面钢柱模

(1) 框架柱采用可调定型钢模板。其模板投入量以施工流水段划分为依据，应合理配备。施工工艺流程为：弹柱位置线→安装柱模板→安柱箍→安拉杆和斜撑→验收。

钢模板安装示意图如图 13-105。

(2) 梁柱节点处理

梁柱节点定型模板见图 13-106，梁柱接头平面拼装大样见图 13-107。

(3) 柱垂直度控制：某些工程中，结构空间高，为保证框架柱的垂直度及稳定性，将采取有效措施进行加固及支撑。

1) 模板用带锥度式穿墙螺栓，模板螺栓安装时可直接采用穿墙螺栓，不但方便取出，而且可节约大量塑料套管的费用投入，降低工程成本。

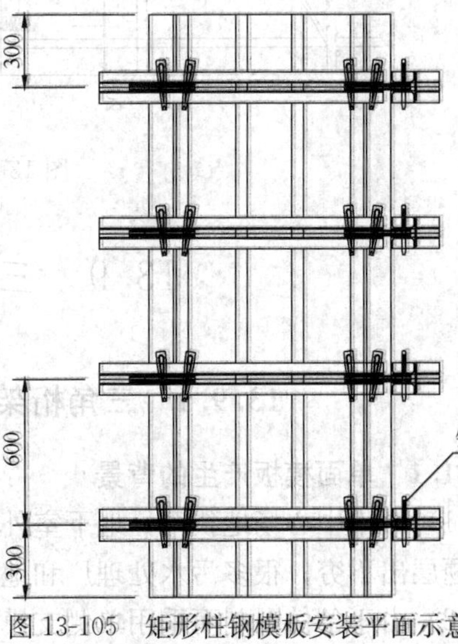

图 13-105　矩形柱钢模板安装平面示意图

2）柱模的拉杆或斜撑：如果柱截面过大，为避免过多孔洞，不能采用过多的穿墙螺栓。可在柱模每边设 2 根拉杆，固定于事先预埋在大放脚或楼板内的插筋或预埋钢筋环上，用吊线坠和拉通线的方法控制垂直度，用花篮螺栓调节校正模板的垂直度，拉杆与地面夹角不大于 45°。柱垂直度控制见图 13-108。

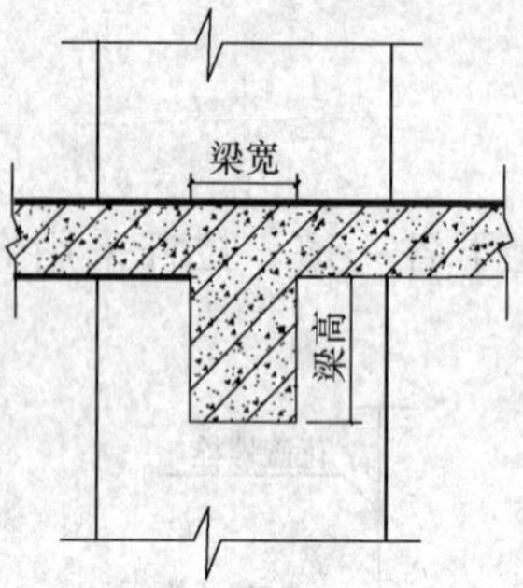

图 13-106　梁柱节点定型模板

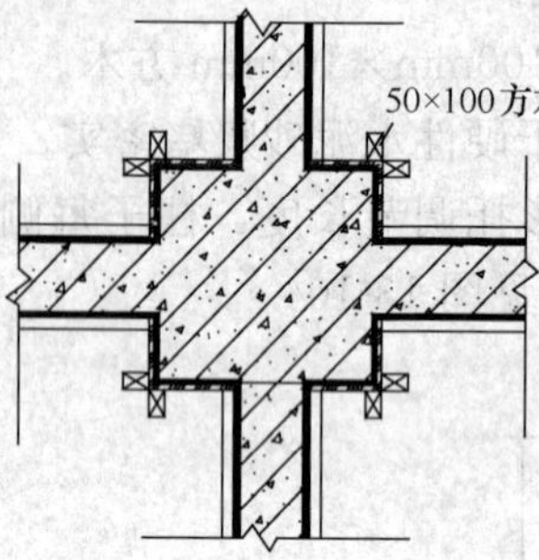

图 13-107　梁柱接头平面拼装大样

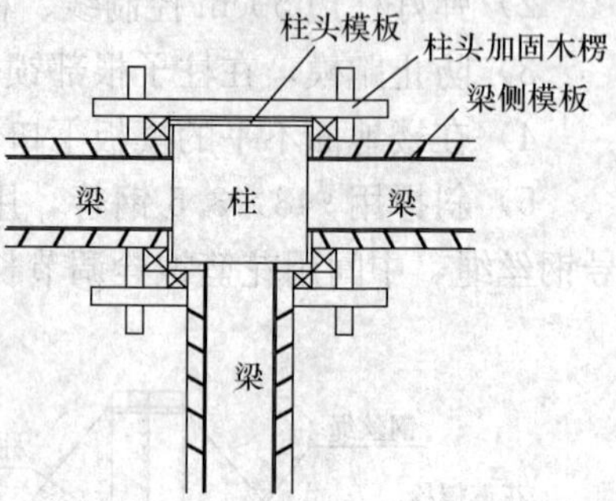

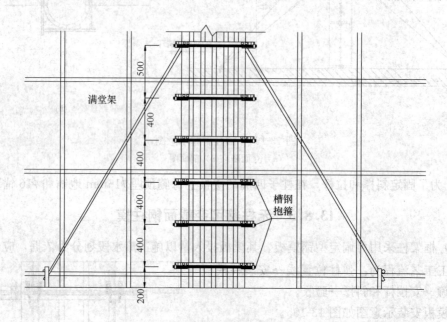

图 13-108　柱垂直度控制

13.9　三角桁架单面支模

13.9.1　三角桁架单面支模的传力体系及配件

13.9.1.1　单面模板产生的背景

（1）城市中心场地狭窄，地下室外墙采用双侧支模变得很困难，传统单侧模板施工方法问题层出不穷；很多污水处理厂和地下隐蔽工程要求墙体绝对防水，不能拉穿墙螺栓。

（2）由于条件限制而采用单侧支模时，一般有两种方式，一种采用钢管（$\phi48\times3.5$）

扣件式体系，另一种为桁架支撑体系。对两种方式进行经济分析，工料等成本基本持平，而桁架式体系的周转次数多，结构稳定性好受力明确，能满足支撑强度、有效控制整体刚度的要求，而且施工方便、灵活、速度快，位移范围较小，易于控制，利于材料周转和节约成本。

（3）桁架式支撑体系减少了现场拼装，在模板加工场拼装到位，使拼装调差降到最低，提高施工质量，桁架式支撑整体性强，可在支模时预留模板上端位移，满足施工质量标准。

13.9.1.2 单面模板工作原理

（1）单侧支架为单面墙体模板的受力支撑系统，采用单侧支架后，模板无需再拉穿墙螺栓。

（2）单侧支架通过一个 45°的高强受力螺栓，一端与地脚螺栓连接，另一端斜拉住单侧模板支架，因斜拉螺栓受斜拉锚力 F 后分为一个垂直方向的力 F_2 和一个水平方向的力 F_1，其中 F_2 抵抗了支架的上浮力，水平力 F_1 则保证支架不会产生侧移（图 13-109）。

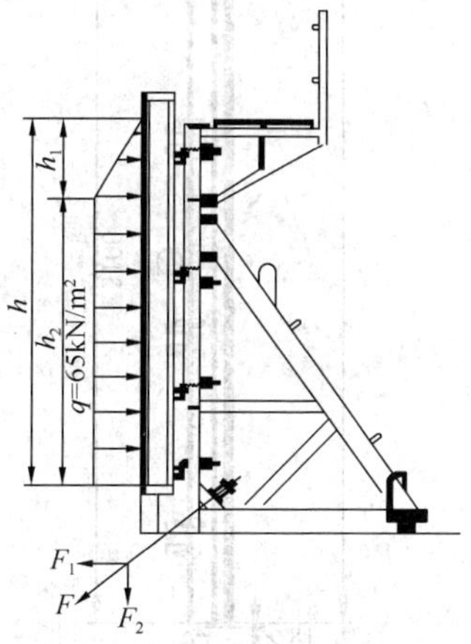

图 13-109 单侧模板受力分析图

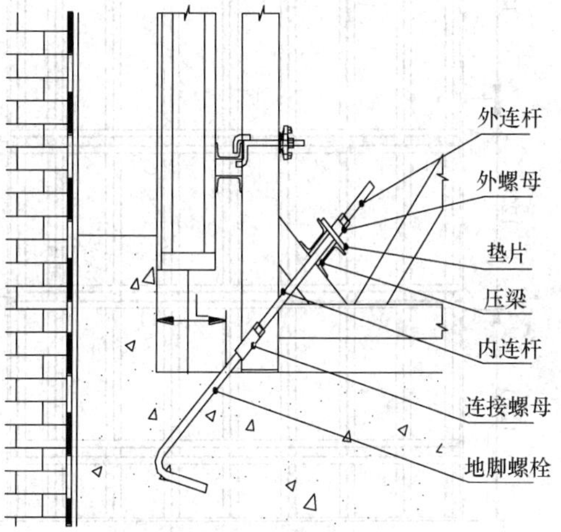

图 13-110 单侧支架埋件系统图

13.9.1.3 单面模板支架组成

（1）单侧支架由埋件系统和钢桁架组成。钢桁架系统包括：支架、背楞扣件、挑架；埋件系统包括：地脚螺栓、内连杆、连接螺母、外连杆、外螺母、垫片和双槽钢压梁（图 13-110）。

（2）架体系统：架体部分按高度分为标准节和加高节。

（3）模板系统模板面板为 18mm 厚胶合板，竖肋为 15cm 高的铝梁，横肋为双［10 号槽钢（图 13-111）。

13.9.1.4 支架特点

（1）单侧支架具有刚度大，能保证模板不侧移，模板下口基本不漏浆；操作简单；

（2）施工方便，支架支设方便明了，不易出现漏支少支现象；安全性高，刚度大，相互连成整体；

（3）质量容易保证，支架支设完后整体效果壮观，工作人员可以在支架之间方便穿行，容易检查潜在的质量隐患。

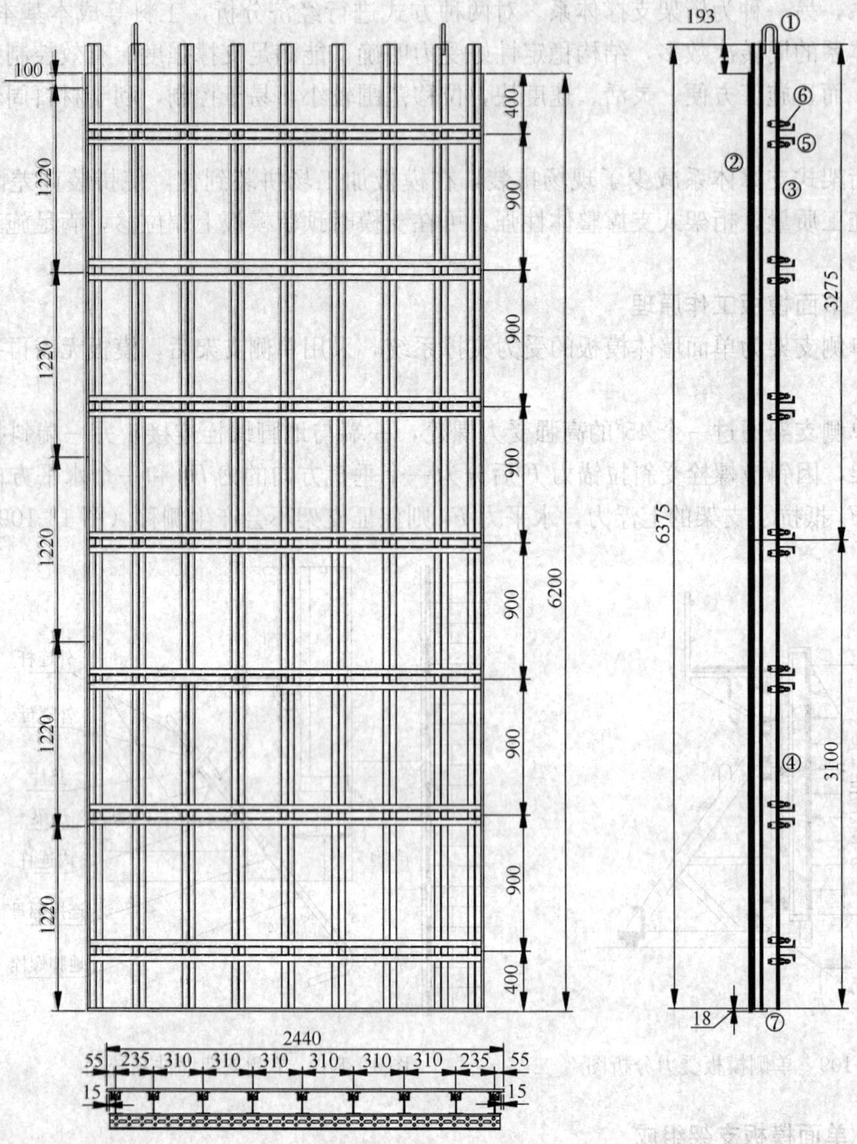

图 13-111　单侧模板系统图

①模板吊钩；②18mm厚胶合板；③、④铝梁竖肋；⑤双槽钢背楞；

⑥横肋与竖肋的连接扣件；⑦端头护板

13.9.1.5　适用范围

在保证有操作空间的前提下，在高度 7.5m 内可适于任何单侧墙体模板，包括地下室外墙模板，污水处理厂墙体模板，道桥边坡护墙模板和与此类同的模板。正常情况下，最高单侧支架须占用宽度约 4m 的操作空间。

13.9.2　三角桁架单面支模施工

13.9.2.1　地脚螺栓预埋

（1）地下室底板有边梁，边梁超出外墙为 250mm，地下室底板地脚螺栓预埋见图

13-112，地脚螺栓出板面处与墙面距离为20mm，地脚螺栓裸露长度为150mm。其他各层地脚螺栓出板面处与外墙距离为270mm，地脚螺栓裸露端与水平面成45°，见图13-113。

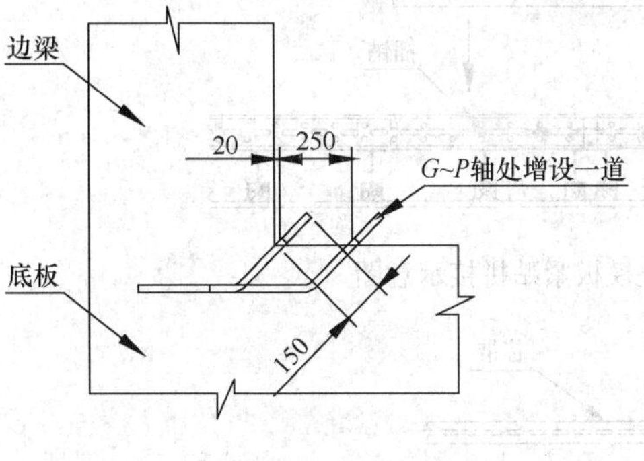

图13-112 地下室底板地脚螺栓预埋

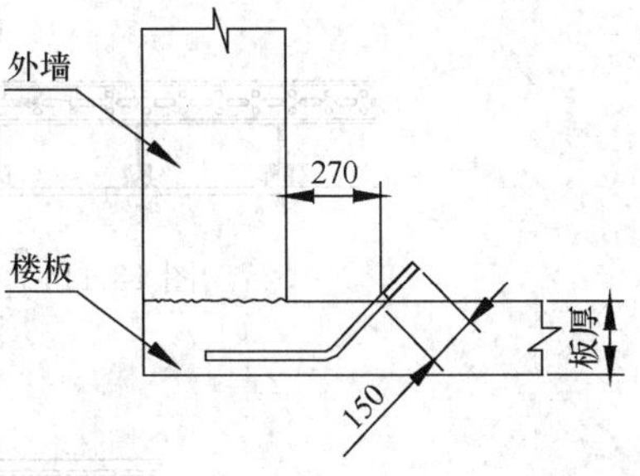

图13-113 其他各层地脚螺栓预埋

（2）现场埋件预埋时要求拉通线，保证埋件在同一条直线上。地脚螺栓在预埋前应对螺纹采取保护措施，用塑料布包裹并绑牢，以免施工时混凝土粘附在丝扣上影响上连接螺母。

（3）因地脚螺栓不能直接与结构主筋点焊，为保证混凝土浇筑时埋件不跑位或偏移，要求在相应部位增加附加钢筋，地脚螺栓点焊在附加钢筋上，点焊时请注意不要损坏埋件的有效直径。

13.9.2.2 模板及单侧支架安装

（1）安装流程：钢筋绑扎并验收后→弹外墙边线→合外墙模板→单侧支架吊装到位→安装单侧支架→安装加强钢管（单侧支架斜撑部位的附加钢管）→安装压梁槽钢→安装埋件系统→调节支架垂直度→安装操作平台→再紧固并检查埋件系统→验收合格后浇筑混凝土。

（2）合墙体模板时模板下口与弹好的墙边线对齐，然后安装钢管背楞，临时用钢管将墙体模板撑住。需由标准节和加高节组装的单侧支架，应预先在堆放场地装拼好，然后吊至现场。

（3）在直面墙体段，每安装五至六榀单侧支架后，穿插埋件系统的压梁槽钢。底板有反梁时，应根据实际情况确定。

（4）支架安装完后，安装埋件系统。用钩头螺栓将模板背楞与单侧支架部分连成一个整体。

（5）调节单侧支架后支座，直至模板面板上口向墙内倾约10mm（当单侧支架无加高节时，内倾约5mm），因为单侧支架受力后，模板将向后位移。

（6）最后再紧固并检查一次埋件受力系统，确保混凝土浇筑时，模板下口不会漏浆。

13.9.2.3 模板拼缝节点

（1）当两块模板贴紧靠齐拼接时，按图13-114所示的模板拼缝节点进行施工。

（2）当模板与模板之间有较宽的缝时，当缝宽小于480mm时，可按图13-115所示的拼缝节点施工。

（3）当模板拼缝宽度大于480mm、小于840mm时，则在标准模板两侧均加拼缝模板，确保每个拼缝均在480mm以内（图13-116）。

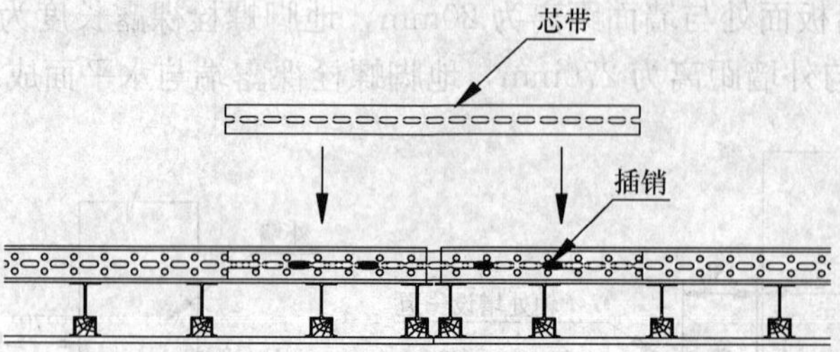

图 13-114　两块模板紧贴拼接示意图

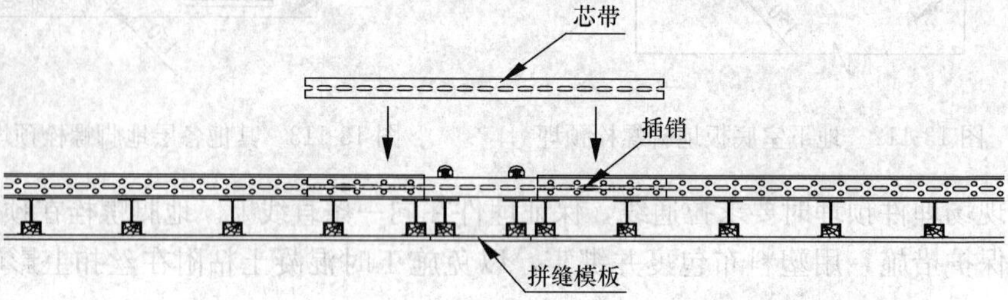

图 13-115　两块模板宽缝拼接示意图

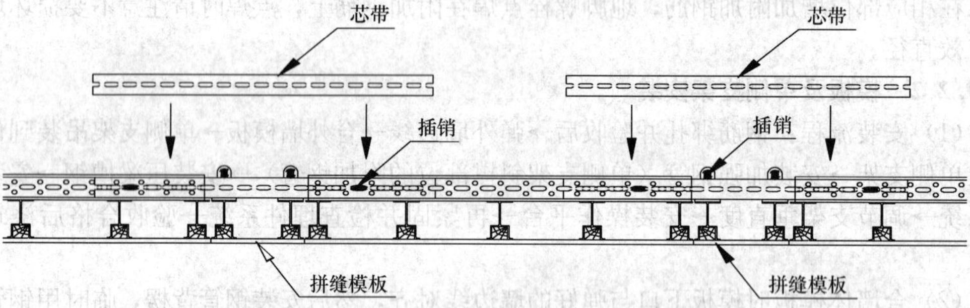

图 13-116　两块模板宽缝 480～840mm 拼接示意图

（4）在遇有内墙与外墙交接点处，则在交接点部位留置施工缝，模板连接按常规施工，芯带穿过内隔墙钢筋（图 13-117）。

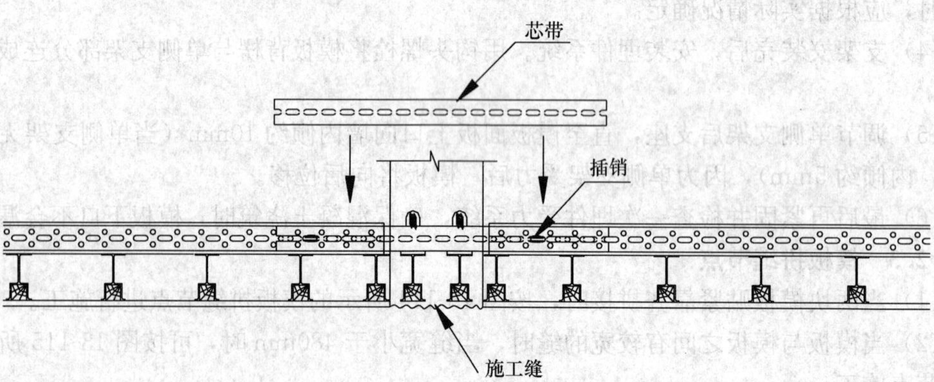

图 13-117　内墙与外墙交接点处拼接示意图

（5）外墙与柱相连处，形成两个阴角，为保证阴模板不跑模，可按图 13-118 设对拉螺栓杆。

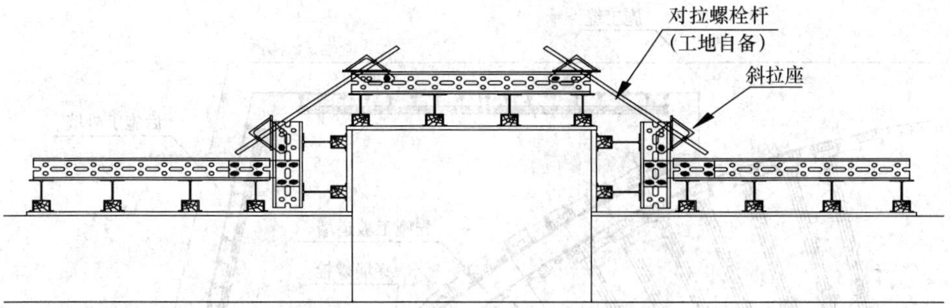

图 13-118 外墙与柱相连处拼接示意图

13.9.2.4 模板及单侧支架拆除

（1）外墙混凝土浇筑完 24h 后，先松动支架后支座，后松动埋件部分。

（2）彻底拆除埋件部分，并分类码放保存好。

（3）吊走单侧支架，模板继续贴靠在墙面上，临时用钢管撑上。

（4）混凝土浇筑完 48h 后拆模板，混凝土拆模后应加强养护。

13.9.3 异型结构单面支模施工

13.9.3.1 阴角处施工缝的留设

因单侧支架宽度大（3m 至 4m 不等），在阴角处布置支架时，支架后座冲突，因此需在外墙阴角处附近留设施工缝，先施工完阴角一侧墙后，再施工另一侧墙，图 13-119 所示为阴角处施工缝的留设方法。

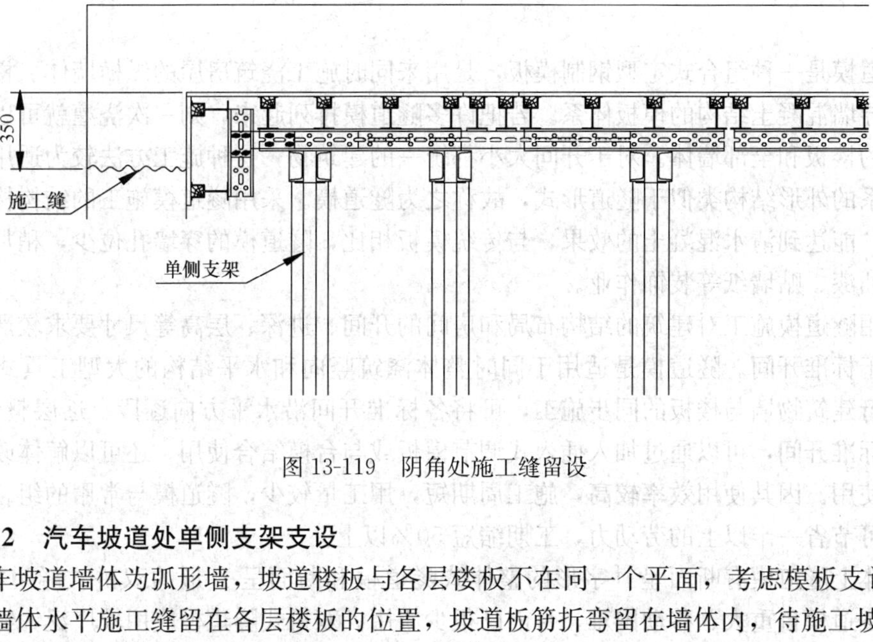

图 13-119 阴角处施工缝留设

13.9.3.2 汽车坡道处单侧支架支设

汽车坡道墙体为弧形墙，坡道楼板与各层楼板不在同一个平面，考虑模板支设方便，坡道处墙体水平施工缝留在各层楼板的位置，坡道板筋折弯留在墙体内，待施工坡道楼板时将折弯钢筋剔出，见图 13-120，在图示位置留施工缝，先施工与外墙相接的汽车坡道墙体，后施工剩下的外墙。

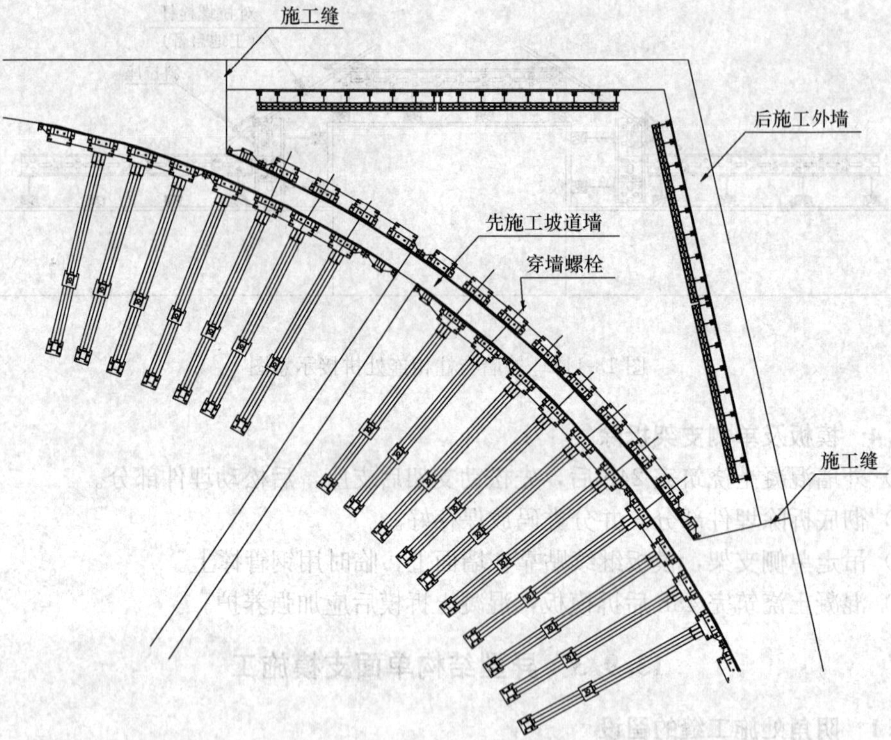

图 13-120 汽车坡道弧形墙墙体施工缝留设

13.10 隧道模

隧道模是一种组合式定型钢制模板，是用来同时施工浇筑房屋的纵横墙体、楼板及上一层的导墙混凝土结构的模板体系。若把许多隧道模排列起来，则一次浇灌就可以完成一个楼层的楼板和全部墙体。对于开间大小都统一的建筑物，这种施工方法较为适用。该种模板体系的外形结构类似于隧道形式，故称之为隧道模。采用隧道模施工的结构构件其表面光滑，能达到清水混凝土的效果，与传统模板相比，隧道模的穿墙孔位少，稍加处理即可进行油漆、贴墙纸等装饰作业。

采用隧道模施工对建筑的结构布局和房间的开间、进深、层高等尺寸要求较严格，比较适用于标准开间。隧道模是适用于同时整体浇筑竖向和水平结构的大型工具式模板体系，进行建筑物墙与楼板的同步施工，可将各标准开间沿水平方向逐段、逐层整体浇筑。对于非标准开间，可以通过加入插入式调节模板或与台模结合使用，还可以解体改装作其他模板使用。因其使用效率较高，施工周期短，用工量较少，隧道模与常用的组合钢模板相比，可节省一半以上的劳动力，工期缩短 50%以上。

总体上隧道模有断面呈Ⅱ字形的整体式隧道模和断面呈Γ形的双拼式隧道模两种。整体式隧道模自重大、移动困难，目前已很少应用。双拼式隧道模应用较广泛，特别在内浇外挂和内浇外砌的多、高层建筑中应用较多。

13.10.1 双拼式隧道模

13.10.1.1 隧道模构造

隧道模体系由墙体大模板和顶板台模组合而构成，用作现浇墙体和楼板混凝土的整体浇筑施工，它由顶板模板系统、墙体模板系统、横梁、结构支撑和移动滚轮等组成单元隧道角模，若干个单元隧道角模连接成半隧道模（图 13-121），再由两个半隧道模拼成门型整体隧道模（图 13-122），脱模后形成矩形墙板结构构件。单元隧道角模用后通过可调节支撑杆件，使墙、板模板回缩脱离，脱模后可从开间内整体移出。

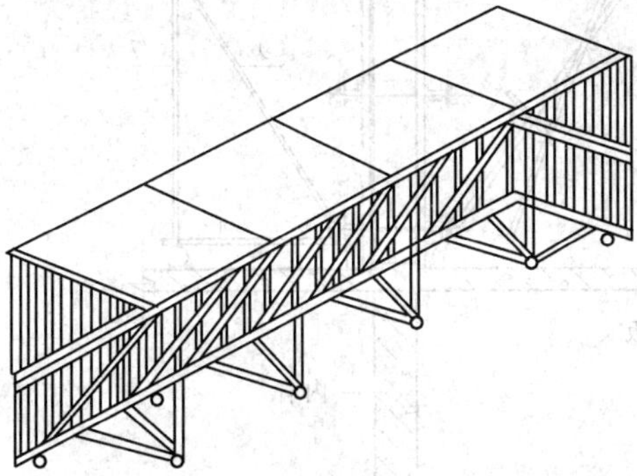

图 13-121 单元角模组拼成半隧道模

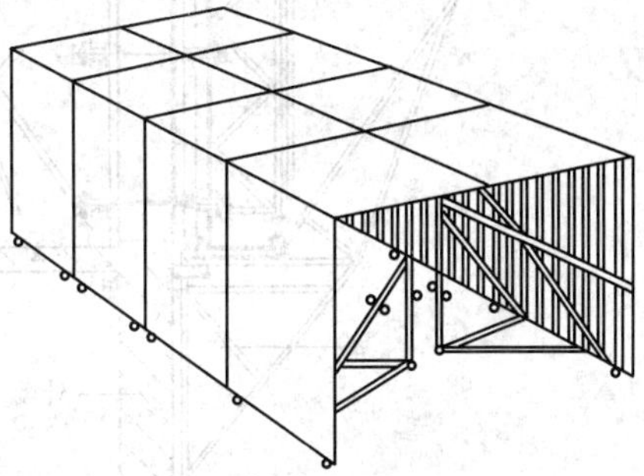

图 13-122 半隧道模组拼成整体隧道模

1. 隧道模的基本构件

隧道模的基本构件为单元角模。单元角模由以下基本部件组合而成：水平模板、垂直模板、调节插板、堵头模板、螺旋（液压）千斤顶、移动滚轮（与底梁连接）、顶板斜支撑、垂直支撑杆、穿墙螺栓、定位块等组成，如图 13-123 所示。

2. 隧道模的主要配件

隧道模的主要配件为：支卸平台、外墙工作平台、楼梯间墙工作平台、导墙模板、垂直缝伸缩模板、吊装用托梁及悬托装置、配套小型用具等。

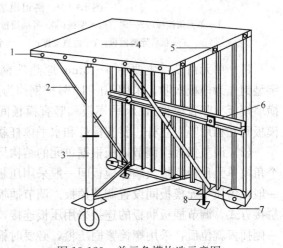

图 13-123 单元角模构造示意图

1—连接螺栓；2—斜支撑；3—垂直支撑；4—水平模板；5—定位块；6—穿墙螺栓；7—滚轮；8—螺旋千斤顶

3. 隧道模的工作过程

双拼式隧道模由两个半隧道模和一道独立的调节插板组成。根据调节插板宽度的变化，使隧道模适应于不同的开间，在不拆除中间模板及支撑的情况下，半隧道模可提早拆除，增加周转次数。半隧道模的竖向墙体模板和水平楼板模板间用斜支撑连接。在半隧道模下部设行走装置，一般是在模板纵向方向，沿墙体模板下部设置两个移动滚轮。在行走装置附近设置两个螺旋或液压顶升装置，模板就位后，顶升装置将模板整体顶起，使行走轮离开楼板，施工荷载全部由顶升装置承担。脱模时，松动顶升装置，使半隧道模在自重作用下，完成下降脱模，移动滚轮落至楼板面。半隧道模脱模后，将专用支卸平台从半隧道模的一端插入墙模板与斜撑之间，将半隧道模吊升至下一工作面。

13.10.1.2　隧道模模板配置

1. 隧道模的配置及组成

隧道模的组成如图13-124所示。

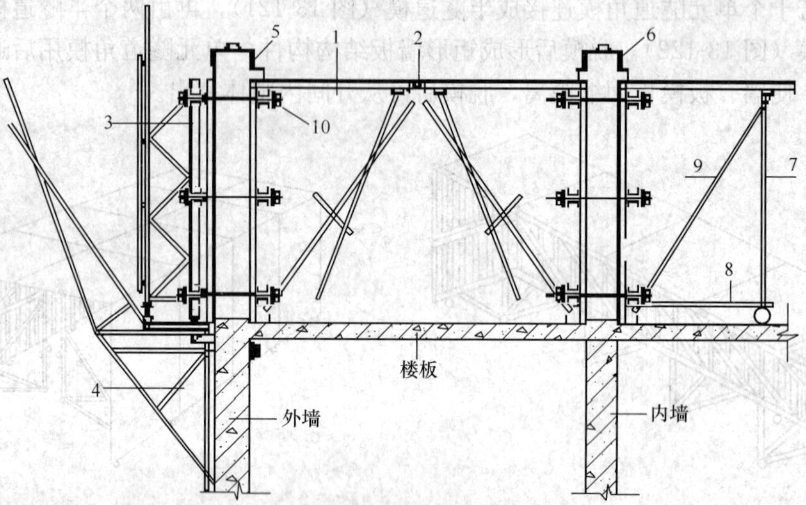

图13-124　隧道模结构组成示意图

1—单元角模板；2—调节插入模板；3—外墙模板；4—外墙模作业平台；5—单肩导墙模板；6—双肩导墙模板；7—垂直支撑；8—水平支撑；9—斜支撑；10—穿墙螺栓

(1) 单元角模：主要由4～5mm厚热轧钢板作为模板面板，采用轻型槽钢或"几"字型钢作为模板次肋，采用10～12号槽钢作为主肋，焊接成顶板模板（水平模板）和纵、横墙模板（竖直模板），水平模板和竖直模板间联结简易可靠，一般采用连接螺栓组装，模板间互相用竖直立杆、斜支撑杆和水平撑杆联结成三角单元，使其成为整体单元角模。

(2) 调节插板：调节插板根据单元的结构尺寸设计，结构形式同角模的组成模板。两个角模单元顶板模板及墙体模板间一般采用压板连接，对于单元开间和进深变化的结构，一般在角模单元模板间设置调节插板。调节插板面板根据拆模顺序先后，可设计成企口的拼接方式，调节插板肋板的连接采用压板连接，压板一端安装于一侧角模水平模板上，另一侧插板就位后，采用螺栓紧固压板，必要时根据情况设置加强背楞，以保证插板位置的整体刚度。

(3) 堵头模板：分为纵、横墙和楼板堵头模板，堵头模板由钢板及角钢组焊而成，墙体堵头模板内置于纵横墙模板的端部，通过螺栓与其形成固定连接。

(4) 导墙模板：导墙模板是控制隧道模的安装及结构尺寸的关键，进行墙板混凝土浇筑施工前，该施工层的导墙应在上一层浇筑时完成，导墙模板高度根据导墙的高度确定，一般控制在100～150mm，导墙模板根据内外墙体划分为单肩导墙模板及双肩导墙模板，外墙施工采用单肩导墙模板，内墙施工采用双肩导墙模板，导墙模板由内外卡具控制导墙尺寸及位置，其结构形式主要根据隧道模体系配套设计，采用钢板和角钢设计加工。

(5) 外墙模板：楼电梯间，外山墙的模板可统称为外墙模板。由于采用隧道模的施工必须设置在楼地面或坚固的施工平台上进行，而对于外墙外侧因无水平构件作为施工平台，且其外墙体模板刚度要求较大，外墙模板除采用对拉螺栓承担混凝土侧压力外，根据墙体浇筑高度的不同，一般设计采用简易桁架式模板，桁架除保证模板刚度外，还起到外侧模板支撑的作用。

(6) 门窗洞口模板：采用隧道模施工，门窗洞口模板须预先安装就位。洞口模板一般采用带调节伸缩装置的定制钢制洞口模板，脱模后整体吊装至下一作业段。也可根据施工作业条件的不同采用现场加工的木质洞口模板拼装，并采用钢制连接角模组合，以便于人工搬运。

(7) 外墙模板作业平台：楼电梯间及外山墙的模板的施工承重平台由外墙作业平台承担，作业平台根据所处位置的不同分为外山墙作业平台和楼梯间作业平台，其结构形式均为简易三角外挂架方式，外挂架通过穿墙螺栓与已浇筑墙体连接，外挂架根据设置位置的不同，外围附加水平挑架和密目网等组成安全封闭围护装置（图 13-125）。

(8) 支卸平台：也称为吊装平台架，由于半隧道模体积大、作业面长，其流水吊装过程中必须设计专用的支卸平台进行隧道模的周转和吊装工作。支卸平台分为简易型桁架或格构式钢桁架，一般根据隧道模的结构尺寸进行专用设计配置，其设计必须满足扭转刚度和整体稳定，一般大型隧道模均采用格构式钢桁架支卸平台（图 13-126），平台由上下两个空间桁架经端部的格构式短柱焊接形成Ⅱ形构件。支卸平台利用其下部桁架插入半隧道模的顶板模板，下部进行固定，利用吊装机械缓慢平移出，完成隧道模的周转就位。

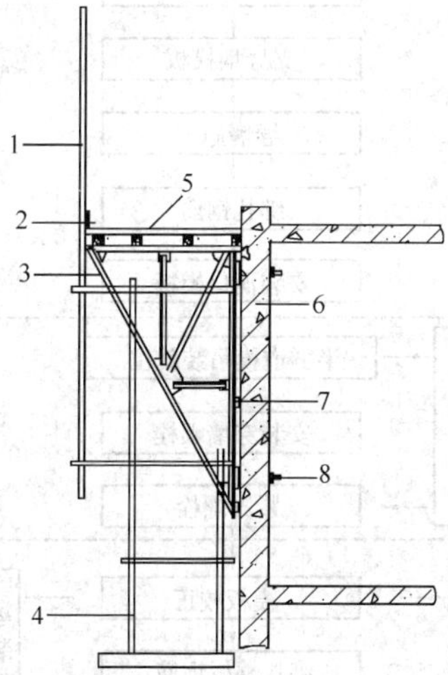

图 13-125 外墙模板作业平台示意

1—外脚手架及密目网；2—踢脚板；3—三角外挂架；4—外挂操作平台；5—施工作业平台；6—外墙体；7—挂架垫板；8—外挂架连接螺栓

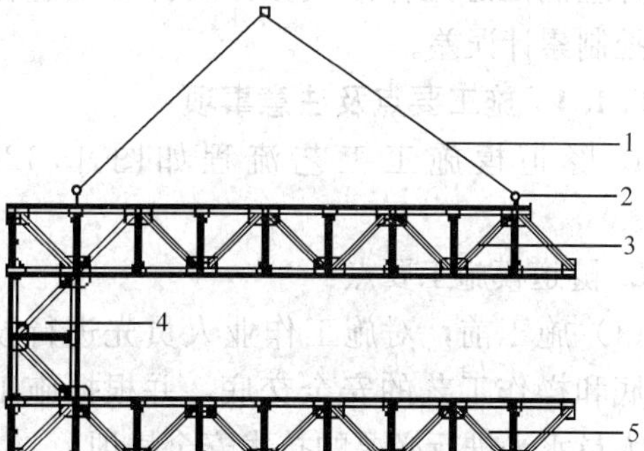

图 13-126 格构式钢桁架支卸平台

1—拉索；2—焊接卡具；3—上部钢桁架；4—格构式短柱；5—下部钢桁架

(9) 变形缝模板：采用隧道模施工遇到结构的变形缝位置时，可采用变形缝模板配置。变形缝模板根据建筑物垂直构件间的尺寸确定，采用双侧模板，一侧模板固定，一侧模板可收缩形式，利用穿墙螺栓和隧道模构件完成模板定位，混凝土达到拆模强度后，通过收缩装置使两侧模板脱模。

2. 其他辅配件

采用隧道模施工，其模板安装组合过程中，需要配置标准配件完成辅助定位及加固工作，如穿墙螺栓、连接压板、稳定支撑、临时支撑等。

13.10.1.3　隧道模的设计

隧道模的设计根据建筑物的单元开间尺寸及数量，水平及垂直流水段的划分进行。一般根据单元开间及进深的变化确定标准角模的水平模板和垂直模板的单元尺寸，及顶板与墙体模板的调节插板的规格形式；根据水平构件及垂直构件的尺寸确定导墙模板、堵头模板；根据水平构件和垂直构件的施工荷载确定模板的结构体系、穿墙螺栓布置间距、承重支撑的布置形式；根据隧道模的整体规格和重量设计支卸平台的结构尺寸及吊点位置。

在隧道模设计过程中应注意以下几点：

（1）隧道模各组成模板的强度及刚度必须通过设计验算，其模板组合拼接的位置及连接应安全可靠。

（2）隧道角模单元间及调节插板的拼接位置及导墙、堵头板位置须进行模板结构的细化设计和定位装置。

（3）隧道模支撑系统的设计须进行稳定承载力验算，模板整体组拼刚度须有构造措施予以保证。

（4）隧道模的支卸平台的设计须进行杆件的稳定性验算，保证整体抗扭转刚度，吊点位置的选择须满足支卸平台与隧道模重心位置重合。

（5）隧道模的各模板组成部分的设计尺寸须根据建筑构件的结构尺寸制定，模板单元设计应满足通用标准模数，设计加工过程中应控制累计误差。

13.10.1.4　施工要点及注意事项

1. 隧道模施工工艺流程如图 13-127 所示。

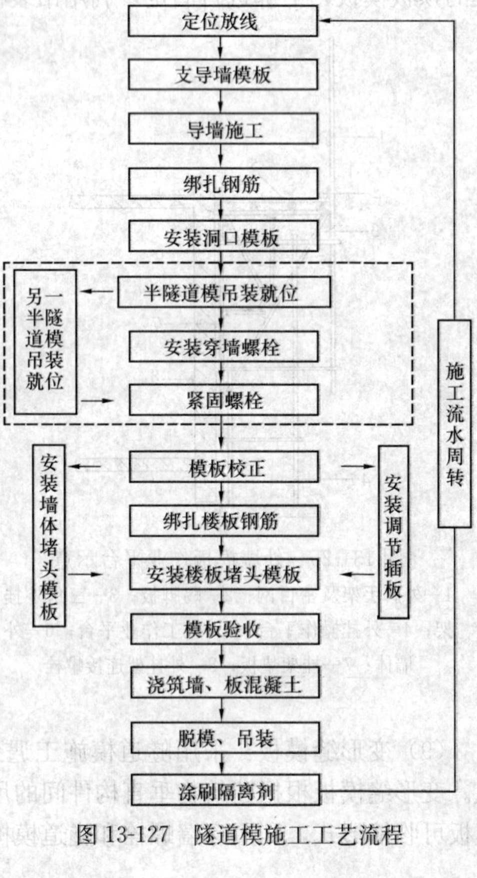

图 13-127　隧道模施工工艺流程

2. 隧道模施工要点：

（1）施工前，对施工作业人员先进行技术交底和操作工艺的安全交底，并根据施工作业人员水平进行必要的技术安全培训。

（2）在施工中，根据提升能力合理安排垂直运输设备，合理划分流水段，采取流水作业施工。

（3）根据施工段进度安排，合理组织好钢筋绑扎、模板拆立、混凝土浇筑振捣等流水程序及作业人员用工。

（4）隧道模的墙体模板安装，在墙体钢筋绑扎后，安装半隧道模要间隔进行，以便检查预埋管线及预留孔洞的位置、数量及模板安装质量。隧道模合模后应及时调整，检查整体模板的定位尺寸、平整度、垂直度是否满足安装质量要求，并着重检查施工缝位置、导墙位置、堵头板位置的模板安装质量，经检查合格并做好隐蔽检查记录后，方可进行混凝土浇筑作业。

(5) 模板拆除。拆模时，应首先检查支卸平台的安装是否平稳牢固，然后放下支卸平台上的护栏。拆除调节插板和穿墙螺栓，旋转可调节支撑丝杆，使顶板模板下落，垂直支撑底端滑轮落地就位。脱模完成后借助人工或机械将半隧道模推出到支卸平台上，当露出第一个吊点时，即应挂钩，绷紧吊绳，但模板的滚轮不得离开作业面，以利于模板继续外移。在模板完全脱离构件单元前，应立即挂上另一吊点，起吊到新的工作面上。按此步骤，再将另一个半隧道模拆出。当拆出第一块半隧道模时，应在跨中用顶撑支紧。

(6) 隧道模进入下一标准单元后，应及时清除模板表面混凝土，并进行隔离剂涂刷，涂刷过程中注意避免污染钢筋。

3. 隧道模施工注意事项

(1) 导墙的施工

导墙是保证隧道模施工质量的重要基础，导墙是指为隧道模安装所必须先浇筑的墙体下部距楼地面100～150mm高度范围内的一段混凝土墙。导墙是控制隧道模的安装质量和保证结构尺寸的标准和依据，它的质量直接影响隧道模的混凝土成型质量。为此施工时必须严格要求。施工时应注意以下几点：

1) 每个单元层施工前均应用经纬仪将纵横轴线投放在楼地面上，并认真弹好各墙边线及门洞位置线。

2) 导墙模板单元应方正、顺直，表面粘附的水泥浆应清理干净，并在安装前刷一遍隔离剂。导墙模板内撑及外夹具应对称设置，撑夹牢固。

3) 认真检查校正混凝土墙插筋的间距，清除模内的垃圾杂物和松散混凝土块。

4) 浇混凝土前必须洒水湿润模板。混凝土振捣应密实，操作过程中必须控制模板外移、变形和垂直度偏差。

5) 拆模时应避免损伤构件边角，及时清除墙与楼地面阴角处的混凝土浆，以便下一单元隧道模的安装和拆除。

6) 用水平仪将楼层控制标高线投放在导墙两侧并弹线，以利于模板安装时控制标高。

(2) 隧道模的吊装周转

隧道模吊装周转前，详细检查隧道模板的安装位置是否可靠，支卸平台的吊点设置是否合理，插入支卸平台后，隧道模与平台间须有刚性连接装置，隧道模脱模平移过程中，应在吊装的外力牵引和人工辅助作用下，借助隧道模的下部滑动滚轮使其缓慢水平滑移撤出。同时根据作业前后的偏移重心位置不同，设置钢丝绳辅助吊点调整，确保吊装过程重心平稳，重力平衡（图13-128、图13-129）。

(3) 隧道模冬期施工养护

隧道模冬期施工，采用蒸汽排管加热器、红外线辐射加热器、辐射对流加热装置均可。其中红外线辐射加热养护方法效果较好。其拆模强度须同条件养护试块达到规范强度要求，对于开间较大结构顶板须设置必要的临时支撑，以保证混凝土水平构件的拆模强度及跨度满足规范要求。

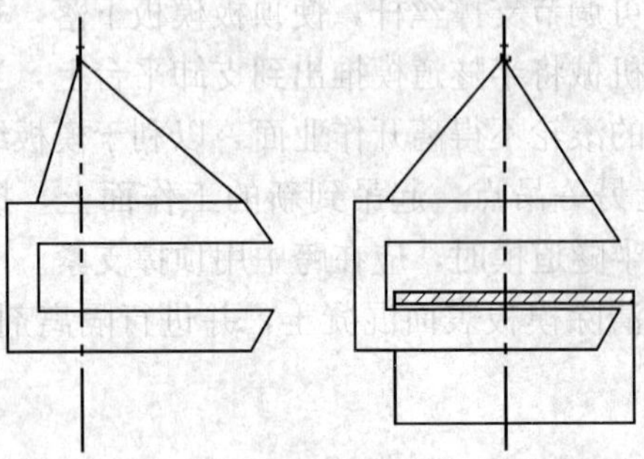

图 13-128　纵向水平重心调整
(a) 作业前重心位置；(b) 作业中重心位置

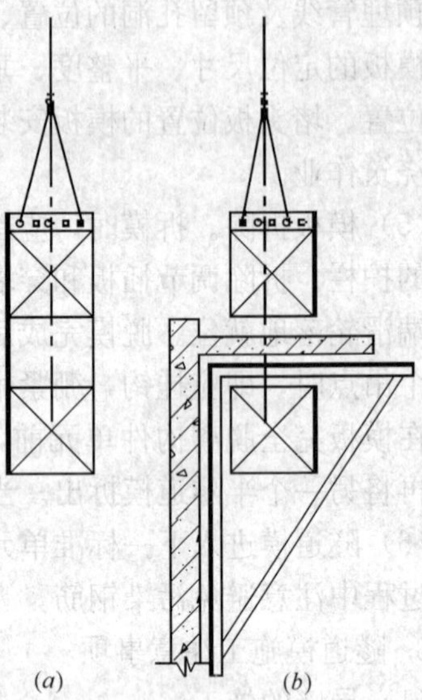

图 13-129　横向水平重心调整
(a) 作业前重心位置；(b) 作业中重心位置

13.10.2　其他形式隧道模

其他形式的隧道模体系主要有以下几种：法国的乌的诺和巴蒂门塔隧道模、德国的胡纳贝克隧道模、英国的赛克托隧道模、美国的伯德隧道模，各种形式的隧道模在细节上虽各有不同，但在机械和运用方面都大同小异。

通过研究和实践，隧道模施工工艺简单，各技术工种的劳动强度较低，无需预制，装修湿作业少。用隧道模施工的建筑房屋是按水平方向逐渐连续浇筑成型，具有整体性好、抗震性强的特点，使用隧道模可一次浇筑出墙体、楼板结构，特别适用于高层和超高层建筑，国外用隧道模施工的建筑已达 70 层。目前采用隧道模的施工速度和大模板的施工速度相近，已建隧道模建筑工程造价略高于内浇外砌工程，但高层和超高层建筑中采用这种体系经济性较好。

13.11　早 拆 模 板 体 系

20 世纪 80 年代中期，我国从国外引进了早拆模板体系，并应用成功。进入 90 年代初期，早拆模板体系在国内开始在建筑工程施工中推广应用，由于多年的工程应用和施工经验的积累，该施工技术不断走向成熟和规范，是建设部十项推广新技术之一。早拆模板体系利用结构混凝土早期形成的强度和早拆装置、支架格构的布置，在施工阶段人为把结构构件跨度缩小，拆模时实施两次拆除，第一次拆除部分模架，形成单向板或双向板支撑布局，所保留的模架待混凝土构件达到《混凝土结构工程施工质量验收规范》(GB 50204)拆模条件时再拆除。早拆模板体系是在确保现浇钢筋混凝土结构施工安全度不受影响、符合施工规范要求、保证施工安全及工程质量的前提下，减少投入、加快材料周转，降低施工成本以及提高工效、加快施工进度，具有显著的经济效益和良好的社会效益。

13.11.1 早拆模板施工特点及原理

13.11.1.1 施工特点

1. 操作便捷、工作效率高

支拆快捷，工作效率高。早拆模板支架构造简单，操作方便、灵活，施工工艺容易掌握，与常规支模工艺相比较，工作效率可提高2～3倍左右，可加快施工速度，缩短施工工期。对施工工人的技术水平、技术素质要求不高，适合国内当前建筑业劳动力市场的基本状况。

2. 施工安全可靠、保证工程质量

早拆模板体系支撑尺寸规范，减少了搭设时的随意性，避免出现不稳定结构和节点可变状态的可能性，施工安全可靠；结构受力明确，支架整齐，施工过程规范化，确保工程质量。

3. 功能多，适应能力强

早拆模板施工，可与多种规格系列的模板及龙骨配合使用。

4. 降低耗材、追求绿色文明施工

利于文明施工及现场管理。早拆模板体系施工过程中，避免了周转材料的中间堆放环节，模板支架整齐、规范，立、横杆用量少，没有斜杆，施工人员通行方便，便于清扫，有利于文明施工及现场管理。对于狭窄的施工现场尤为适用。

5. 有利于环境保护，社会效益良好

龙骨、模板材料的用量大量减少，有利于绿色植被的保护。同时运输量的减少，工人劳动强度的减轻，有利于施工现场的管理，使之产生良好的社会效益。

6. 加快材料周转，投资少，见效快，经济效益显著

早拆模板体系与传统支模方式比较，材料周转快，投入少，模板及龙骨可比常规的投入减少30%～50%，同时降低了材料进出场运输费、损坏和丢失所支出的费用，经济效益显著。

13.11.1.2 早拆模板施工原理

根据现行的国家标准《混凝土结构工程施工及验收规范》（GB 50204）中规定，板的结构跨度≤2.0m时，混凝土强度达到设计强度的50%方可拆模；结构跨度在2.0～8.0m时，混凝土强度达到75%方可拆模；大于8.0m时，混凝土强度达到设计强度的100%方可拆模。因此，早拆模板施工的基本原理是：在施工阶段把楼板的结构跨度人为控制在2m以内，通过降低楼板自重荷载，在混凝土强度达到设计强度的50%时实现提早拆模。

13.11.2 基本构造及适用范围

13.11.2.1 基本构造

1. 支撑构件

早拆模板支撑可采用插卡式、碗扣式、独立钢支撑、门式脚手架等多种形式，但必须配置早拆装置，以符合早拆的要求。

2. 早拆装置

早拆装置是实现模板和龙骨早拆的关键部件，它是由支撑顶板、升降托架、可调节丝杠组成。图 13-130～图 13-133 为常见的形式。支撑顶板平面尺寸不宜小于 100mm×100mm，厚度不应小于 8mm。早拆装置的加工应符合国家或行业现行的材料加工标准及焊接标准。

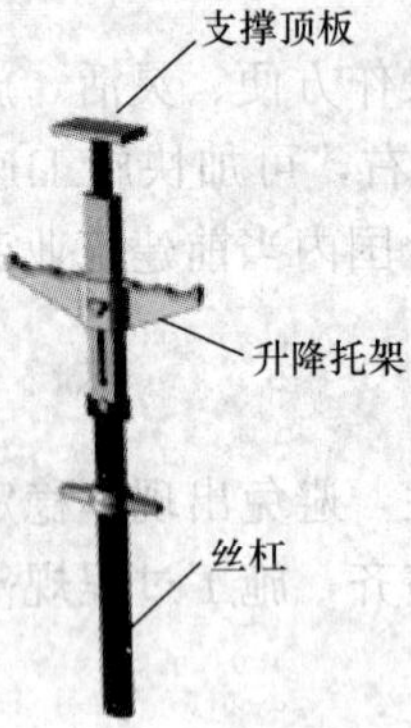

图 13-130　早拆装置一

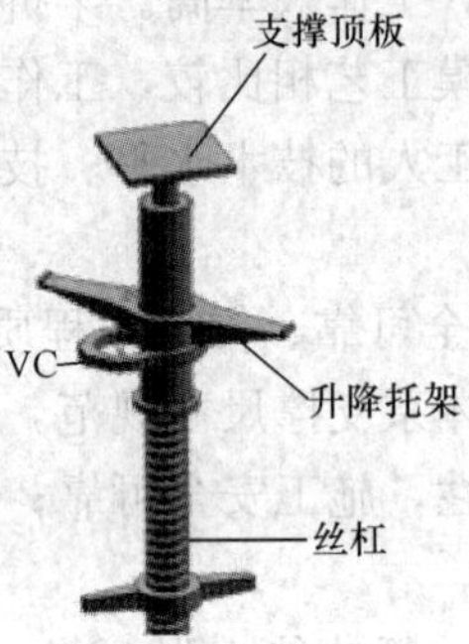

图 13-131　早拆装置二

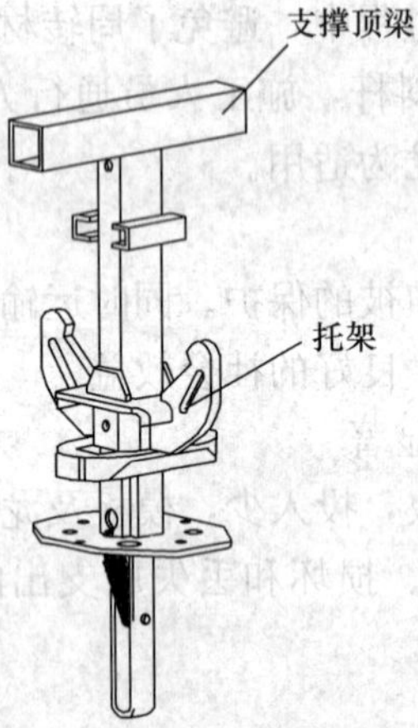

图 13-132　早拆装置三

图 13-133　早拆装置四

3. 模板及龙骨

模板可根据工程需要及现场实际情况，选用组合钢模板、钢框竹木胶合板、塑料板模板等。龙骨可根据现场实际情况，选用专用型钢、方木、钢木复合龙骨等。

4. 早拆模板施工示意

早拆模板施工如图 13-134 所示。

13.11.2.2　适用范围

早拆模板适用于工业与民用建筑现浇钢筋混凝土楼板施工，适用条件为：①楼板厚度不小于 100mm，且混凝土强度等级不低于 C20；②第一次拆除模架后保留的竖向支撑间距≤2000mm。早拆模板不适用于预应力楼板的施工。

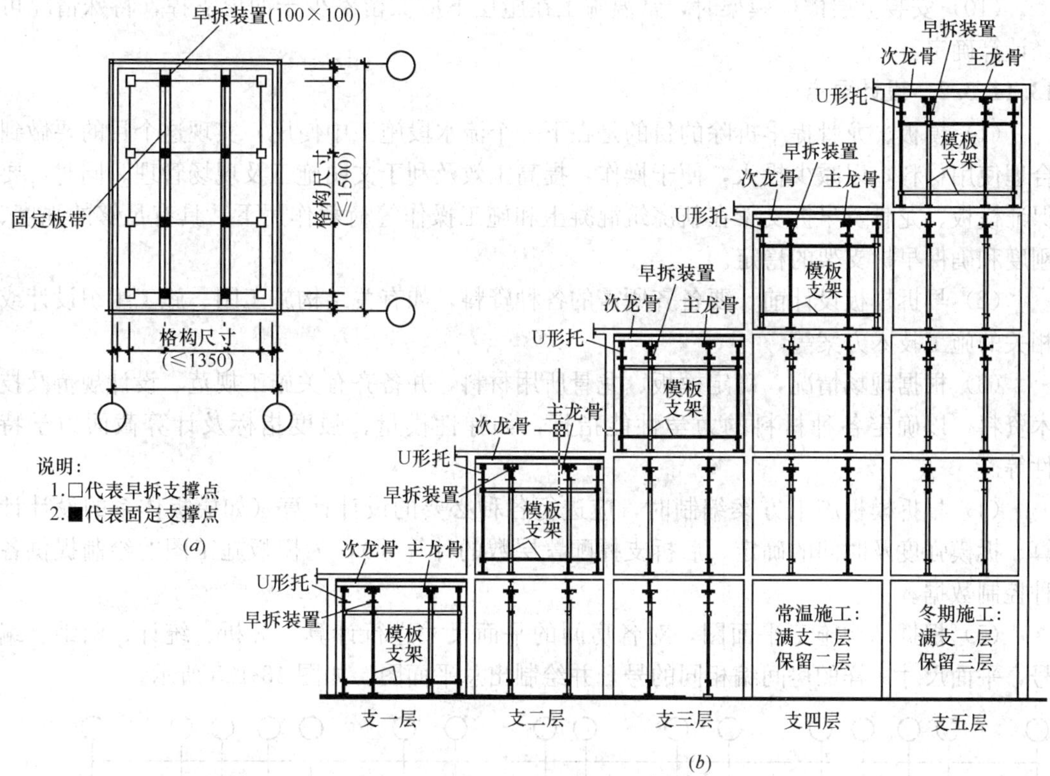

图 13-134 早拆模板施工示意图

(a) 平面格构；(b) 施工工艺

13.11.3 早拆模板施工设计原则及要点

13.11.3.1 设计原则

(1) 早拆模板应根据施工图纸及施工组织设计，结合现场施工条件进行设计。

(2) 模板及其支撑设计计算必须保证足够的强度、刚度和稳定性，满足施工过程中承受浇筑混凝土的自重荷载和施工荷载，确保安全。

(3) 参照楼板厚度、混凝土设计强度等级及钢筋配置情况，确定最大施工荷载，进行受力分析，设计竖向支撑间距及早拆装置的布置。

(4) 早拆模板设计应明确标注第一次拆除模架时保留的支撑，并应保证上下层支撑位置对应准确。

(5) 根据楼层的净空高度，按照支撑杆件的规格，确定竖向支撑组合，根据竖向支撑结构受力分析确定横杆步距。

(6) 确定需保留的横杆，保证支撑架体的空间稳定性。

(7) 第一次拆除模架后保留的竖向支撑间距应≤2m。

(8) 根据上述确定的控制数据（立杆最大间距及早拆装置的型号、横杆步距等），制定早拆模板支撑体系施工方案，明确模板的平面布置。

(9) 根据早拆模板施工方案图及流水段的划分，对材料用量进行分析计算，明确周转材料的动态用量，并确定最大控制用量，以保证周转材料的及时供应及退场。

（10）安装上层楼板模架时，常温施工在施层下应保留不少于两层支撑，特殊情况可经计算确定。

13.11.3.2　设计要点

（1）模板、龙骨提早拆除的目的是在下一个流水段施工中使用，实现这个目的要做到合理使用材料，以减少投入，便于操作，提高工效及利于文明施工及现场管理。同时，要保证模板、龙骨及早拆支架在新浇筑混凝土和施工操作等荷载作用下，具有足够的强度、刚度和确保早拆支架的稳定。

（2）早拆模板设计前，要备齐所需的各种资料，如有关结构施工图、施工组织设计或相关的施工技术方案等。

（3）根据现场情况，确定模板、龙骨所用材料，并备齐有关施工规范、设计规范及技术资料，以确定各种材料的力学性能指标，如弹性模量、强度指标及计算截面力学特性等。

（4）早拆模板施工方案编制时，应进行各种必要的设计计算（如模板体系的设计计算、拆模强度及时间的确定、后拆支撑配置层数的计算等），为模板施工图的绘制提供各种控制数据。

（5）根据结构施工平面图，对各房间的平面尺寸进行计算、分析、统计、归纳、编号，平面尺寸一样的房间编相同的号，并绘制出总平面图。如图 13-135 所示。

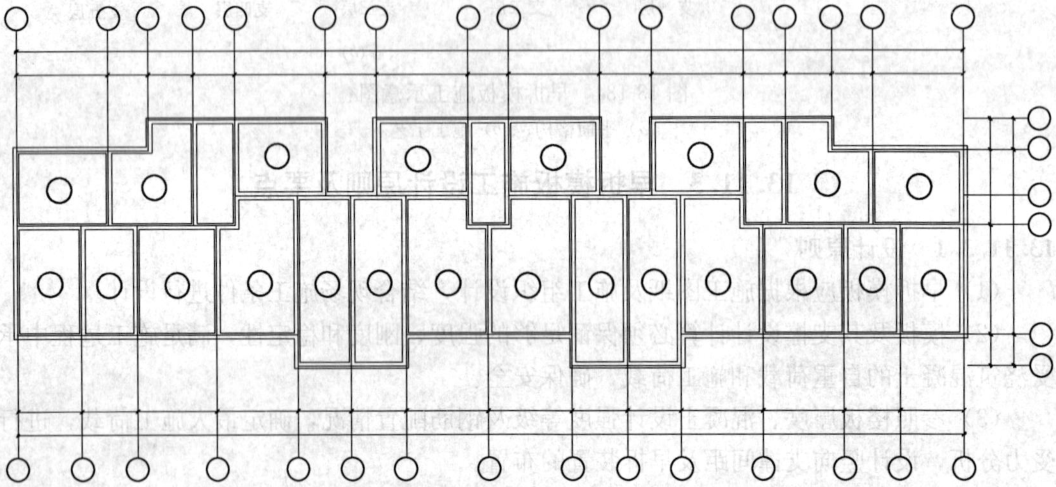

图 13-135　总平面示意图

（6）根据计算确定的水平支撑格构及各房间的平面尺寸，绘制各不同编号的房间施工（支模）大样图及材料用量表（图 13-136）。

（7）绘制竖向剖面结点大样，注明模板、龙骨及支架竖向、水平支撑的组合情况，如下图 13-137 所示。

（8）绘制规范化竖向施工模式图，标明不同施工季节所需支撑层数及模板材料的施工流水，如图 13-134 所示。

（9）为了掌握资金的投入数额及材料总供应量，要进行动态用量分析计算，并编制出材料总用量供应表。

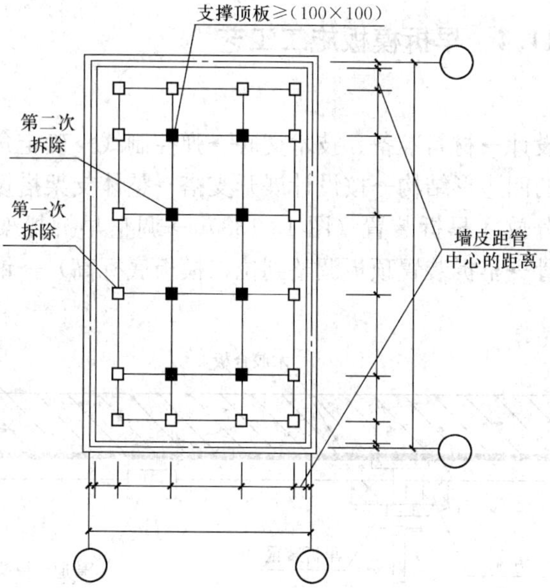

各房间材料用量表			
房间号	产品名称	规格(mm)	数量

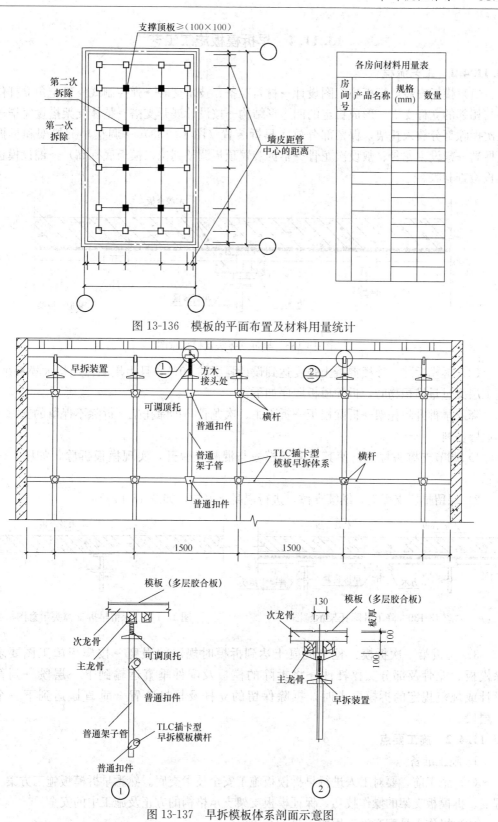

图 13-136 模板的平面布置及材料用量统计

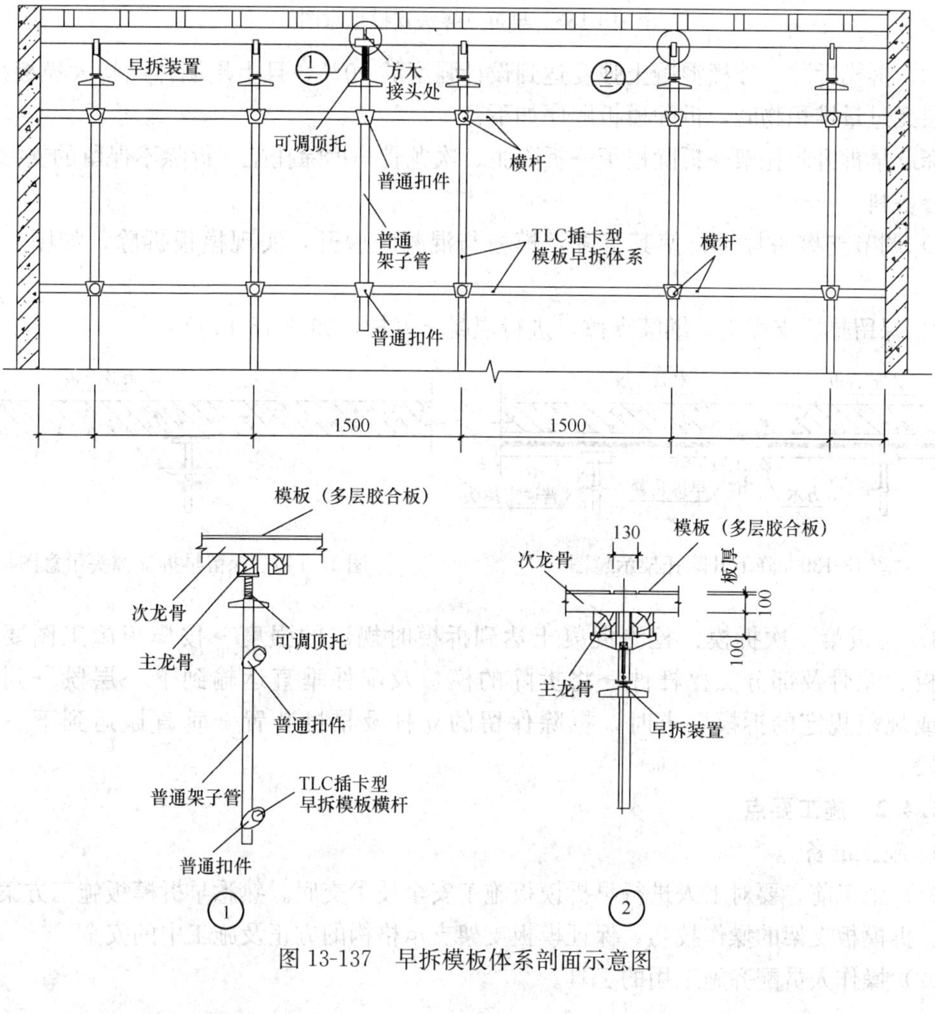

图 13-137 早拆模板体系剖面示意图

13.11.4 早拆模板施工工艺

13.11.4.1 工艺流程

(1) 模板安装：模板施工图设计→材料准备、技术交底→弹控制线→确定角立杆位置并与相邻的立杆支搭，形成稳定的四边形结构→按设计展开支搭→整体支架搭设完毕→第一次拆除部分放入托架，保留部分放入早拆装置（图 13-138）→调整早拆托架和早拆装置标高→敷设主龙骨、敷设次龙骨→早拆装置顶板调整到位（模板底标高）→铺设模板→模板检查验收。

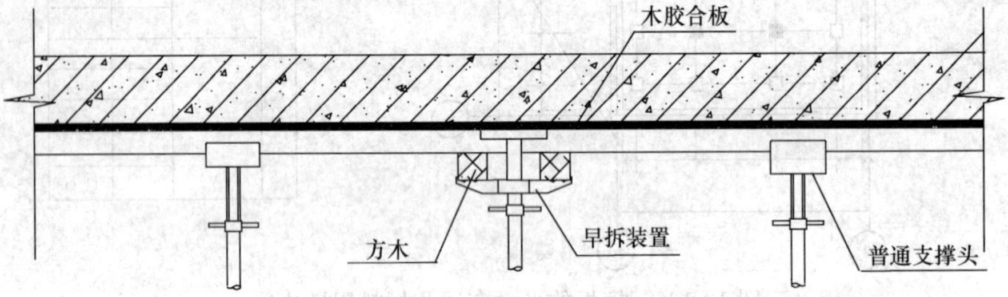

图 13-138 早拆支撑头支模示意图

(2) 拆模拆除：楼板混凝土强度达到设计强度的 50%，且上层墙体结构大模板吊出，施工层无过量堆积物时，拆除模板顺序如下：

降下早拆升降托架→拆除模板→拆除主、次龙骨→拆除托架→拆除不保留的支撑→为作业层备料。

1) 调节支撑头螺母，使其下降，模板与混凝土脱开，实现模板拆除，如图 13-139 所示。

2) 保留早拆支撑头，继续支撑，进行混凝土养护，如图 13-140 所示。

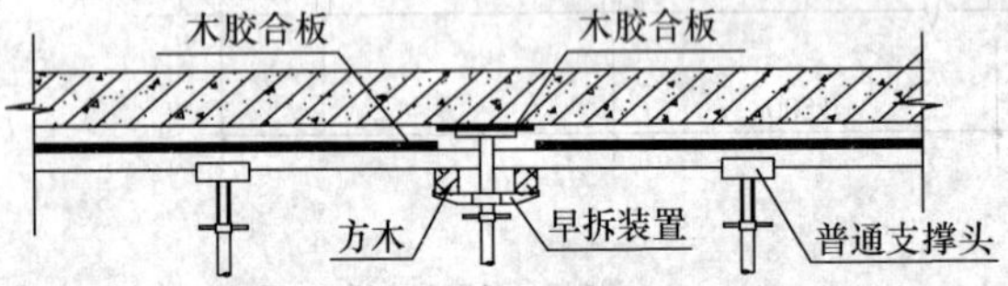

图 13-139 降下升降托架示意图

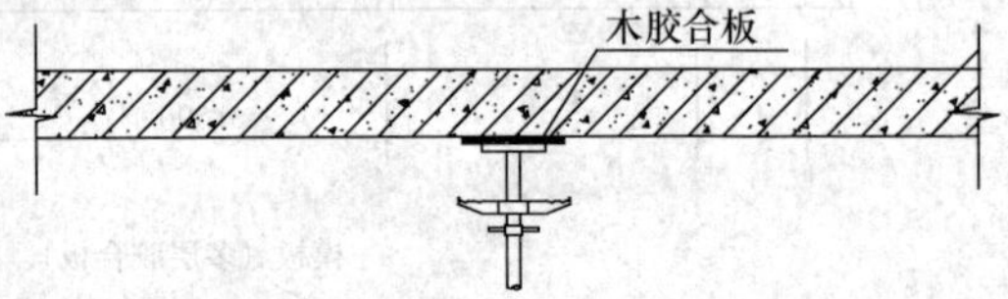

图 13-140 保留早拆支撑头示意图

3) 模板第一次拆模：检测混凝土达到拆模时规定的强度→按模板施工图要求拆除模板、龙骨及部分支撑杆件→将拆除的模板及配件垂直运输到下一层段→到符合设计或规范规定的拆模要求时，拆除保留的立杆及早拆装置→垂直搬运到下一个施工层段。

13.11.4.2 施工要点

1. 施工准备

(1) 施工前，要对工人进行早拆模板施工安全技术交底。熟悉早拆模板施工方案，掌握支、拆模板支架的操作技巧，保证模板支架支承格构的方正及施工中的安全。

(2) 操作人员配齐施工用的工具。

（3）对材料、构配件进行质量复检，不合格者不能用。

2. 支模施工中的操作要点

（1）支模板支架时，立杆位置要正确，立杆、横杆形成的支撑格构要方正。

（2）快拆装置的可调丝杠插入立杆孔内的安全长度不小于丝杠长度的1/3。

（3）主龙骨要平稳放在支撑上，两根龙骨悬臂搭接时，要用钢管、扣件及可调顶托或可调底座将悬臂端给予支顶。

（4）铺设模板前要将龙骨调平到设计标高，并放实。

（5）铺设模板时应从一边开始到另一边，或从中间向两侧铺设模板。早拆装置顶板标高应随铺设随调平，不能模板铺设完成后再调标高。

3. 模板、龙骨的拆除要点

（1）模板、龙骨第一次拆除要具备的条件：首先是混凝土强度达到50%及以上（同条件试块试压数据）；其次是上一层墙、柱模板（尤其是大模板）已拆除并运走后，才能拆除其模板、龙骨、横杆等（保留立杆除外）。

（2）要从一侧或一端按顺序轻轻敲击早拆装置，使模板、龙骨降落一定高度，而后可将模板、龙骨及不保留的杆部件同步拆除并从通风道或外脚手架上运到上一层。

（3）保留的立杆、横杆及早拆装置，待结构混凝土强度达到规范要求的拆模强度时再进行第二次拆除，拆除后运到正在支模的施工层。

13.11.5 质 量 控 制

13.11.5.1 构配件的检查与验收

所有进场的杆件、构配件使用前要进行外观检查，发现有变形、锈蚀严重，存在裂纹、规格、尺寸不符等，严禁使用。

13.11.5.2 早拆模板安装的检查与验收

（1）早拆模板应按照设计及施工方案进行支搭，每道工序施工前应对前道工序进行检验，达到相关规范或施工方案要求后再进行下道工序施工。

（2）早拆模板安装的允许偏差应符合表13-31的规定。

早拆模板安装的允许偏差 **表13-31**

序号	项 目	允许偏差	检验方法
1	支撑立柱垂直度允许偏差	≤层高的1/300	吊线、钢尺检查
2	上下层支撑立杆偏移量允许偏差	≤30mm	钢尺检查
3	支撑顶板与次龙骨间高差	≤2mm	水平尺+塞尺检查

13.11.5.3 早拆模板拆除的检查与验收

（1）模板支撑第一次拆除必须达到有关规范或施工方案规定的拆模条件，并经项目技术负责人批准后方可拆除。

（2）第一次拆除模架后，保留的支撑应满足有关规范或施工方案的要求。

（3）模架的第二次拆除应按《混凝土结构工程施工质量验收规范》（GB 50204）等相关规定执行。

13.12 清水混凝土模板施工

清水混凝土分为：普通清水混凝土、饰面清水混凝土和装饰混凝土。普通清水混凝土为表面颜色无明显色差，对饰面效果无特殊要求的清水混凝土。饰面清水混凝土为表面颜色基本一致，由规律排列的对拉螺栓孔眼、明缝、禅缝、假眼等组合形成的，以自然质感为饰面效果的清水混凝土。装饰清水混凝土为表面形成装饰图案、镶嵌装饰片或彩色的清水混凝土（表 13-32）。

清水混凝土分类和做法要求　　**表 13-32**

序号	清水混凝土分类	清水混凝土表面做法要求	备　注
1	普通清水混凝土	拆模后的混凝土有本身的自然质感	—
2	饰面清水混凝土	混凝土表面自然质感	禅缝、明缝清晰、孔眼排列整齐，具有规律性
		混凝土表面上直接做保护透明涂料	孔眼按需设置
		混凝土表面砂磨平整	禅缝、明缝清晰、孔眼排列整齐，具有规律性
3	装饰清水混凝土	混凝土有本身的自然质感以及表面形成装饰图案或预留装饰物	装饰物按需设置

13.12.1 清水混凝土模板施工特点、适用范围

13.12.1.1 清水混凝土模板施工特点

（1）它属于一次浇筑成型，不做任何外装饰，表面平整光滑，色泽均匀，棱角分明，无碰损和污染，只是在表面涂一层或两层透明的保护剂。

（2）清水混凝土施工前期，着重于模板配置、模板拼缝、螺栓孔设置、节点控制等方面的深化设计。清水混凝土的模板配置，是清水混凝土成型施工中的一个重要环节。

13.12.1.2 清水混凝土模板施工适用范围

清水混凝土适用于民用建筑、公共建筑、构筑物、园林等工程中，同时也适用于清水混凝土装饰造型、景观造型施工。

13.12.2 清水模板的深化设计

模板的深化设计应根据工程结构形式和特点及现场施工条件，对模板进行设计，确定模板选用的形式，平面布置，纵横龙骨规格、数量、排列尺寸、间距、支撑间距、重要节点等。同时还应验算模板和支撑的强度、刚度及稳定性。模板的数量应在模板设计时按流水段划分，并进行综合研究，确定模板的合理配制数量、拼装场地的要求（条件许可时可设拼装操作平台）。按模板设计图尺寸提出模板加工要求。

13.12.2.1 一般规定

（1）清水混凝土施工前，应根据规范和规程的有关要求，制定专项施工方案。同时还应进行重要部位和关键节点的深化设计。

（2）模板和支撑体系应根据清水混凝土工程的结构形式、造型特点、荷载大小、施工

设备和材料供应等条件进行设计。

（3）模板必须具有足够的刚度，在混凝土侧压力作用下不允许有一点变形，以保证结构物的几何尺寸均匀、断面的一致，防止浆体流失；对模板的材料也有很高的要求，表面要平整光洁，强度高、耐腐蚀，并具有一定的吸水性；对模板的接缝和固定模板的螺栓等，则要求接缝严密，要加密封条防止跑浆。

（4）模板支搭完成后，应对模板工程进行验收。在浇筑混凝土时，要随时对模板和支撑体系进行观察。

（5）在设计模板的分隔线时，布置要合理而有规律，以保证整体的外观效果。

（6）模板应尽可能拼大，现场的接缝要少，且接缝位置必须有规律，尽可能隐蔽。暴露在外的接缝，如工程允许，接缝处应设压缝条。

13.12.2.2 模板体系的选用

随着清水混凝土施工的发展和领域的拓宽，清水混凝土不仅用于建筑中，还被更多的用于装饰和造型中。因此，模板设计应根据建筑的特性和类型分别进行。对模板应进行详尽周到的设计，使其在满足特性和类型的前提下，用清水混凝土的表面质感来表现设计意图。所设计的模板块连接处要有足够的刚度，经得起反复装拆。

对于不同类型造型的清水混凝土构件应选择不同体系的模板，一般外形规整、几何形状简单的造型构件宜选择钢木结构模板。不规则形状、周转次数要求不高，可选用木模板。几何形状特别复杂且周转次数较多的宜选用定型钢模板。

1. 钢模板

钢模板分为大钢模和定型钢模。大钢模一般用于形状规则的墙体，如剪力墙结构，墙体模板设计应根据墙面大小，尽量根据“一面墙、一块板”的原则进行设计，一般墙体在不超过 6m 的时候只需用一块模板，如果墙体过长时，可采取拼装的形式。如图 13-141 所示。

定型钢模一般用于形状不规则的构件，如饰面和装饰清水混凝土。模板设计应根据构

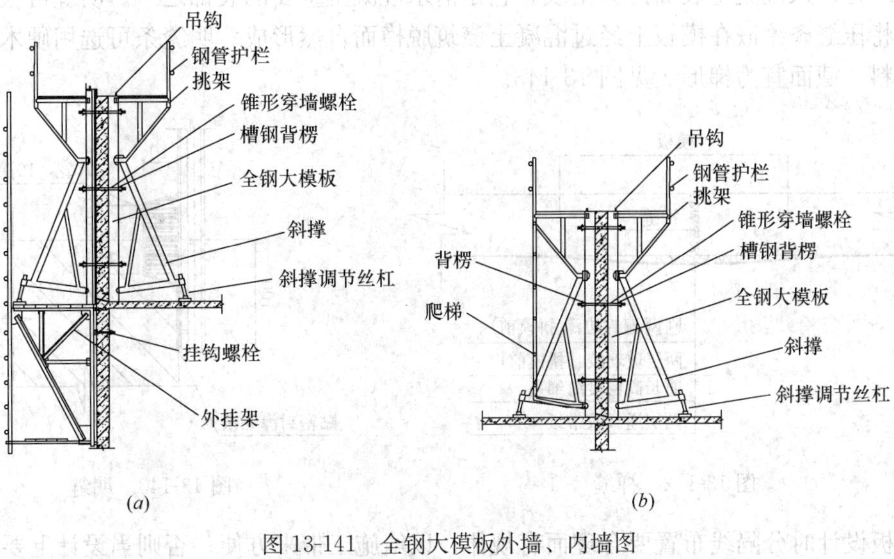

图 13-141 全钢大模板外墙、内墙图

（a）全钢大模板外墙图；（b）全钢大模板内墙图

件的特点、饰面和装饰的个性化进行定型制作，以确保其个性的效果。

2. 木模板

木模板也是清水混凝土常用的模板。它适用于墙体和一些不规则构件，装拆比较灵活方便，但对于木模板的材质要求较高。

3. 钢框木模板

清水混凝土对模板面要求很高。应选用强度高、平整度好、表面光滑、模板周转率较高的模板。

大钢模体系的施工进度快，模板拼缝整齐，但是钢模板重量大，混凝土表面气泡较多，表面的锈蚀和脱模剂容易引起混凝土表面色差，生产出来的建筑产品表面光亮、生硬、冷涩，无法满足要求较高的清水混凝土的柔和的质感效果。木模板虽然质量轻但是整体刚度较低，对于混凝土侧压力较大的构件，有时不能满足设计的对拉螺栓孔位置要求。钢框木模板是克服两者弱点的结合物，故应用较为广泛。

4. 其他模板

其他模板的选用是根据结构特点和受力需要，保证施工质量而选用。

13.12.2.3 节点设计

清水混凝土模板设计，应根据构件的大小，尽量做到不同的构件都应有设计方案。各种构件连接部位必须做节点设计，针对不同的情况逐个画出节点图，以保证连续严密，牢固可靠，保证施工时有据可依，避免施工的随意性。

1. 拼缝与明缝设计

(1) 拼缝

利用模板或面板拼缝的缝隙在混凝土表面上留下的有规则的隐约可见的印迹叫做“拼缝”又名“禅缝”，见图 13-142。配模设计时根据设计的意图应考虑设缝的合理性、均匀对称性、长宽比例协调的原则，确定模板分块、面板分割尺寸。

(2) 明缝

明缝是凹入混凝土表面的分格线，它是清水混凝土重要的装饰之一。明缝可根据设计要求，将压缝条镶嵌在模板上经过混凝土浇筑脱模而自然形成。明缝条可选用硬木、铝合金等材料，截面宜为梯形。见图 13-143。

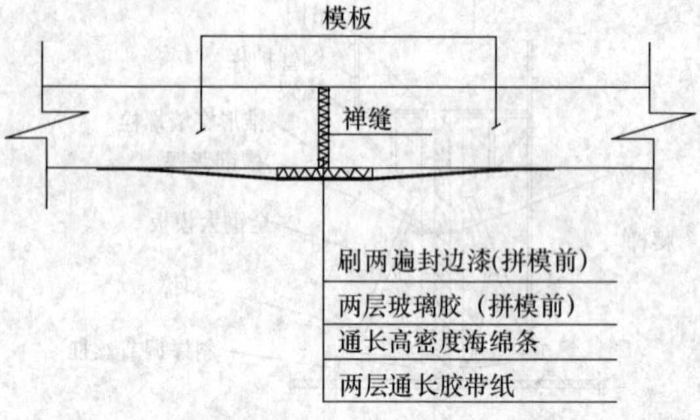

图 13-142　禅缝

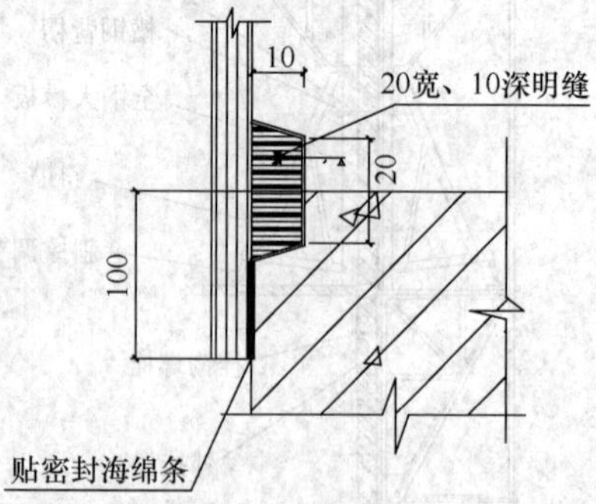

图 13-143　明缝

模板设计时分隔线布置要合理而有规律，以给施工带来方便；否则当设计上要求模板严丝合缝，施工却很困难，需要花更多的人力与物力，甚至要求模板有过分大的刚度与精

度，这就增大了不必要的模板费用及整个施工费用，因此制定模板方案十分重要。

(3) 螺栓孔设计

螺栓孔眼的排布应纵横对称、间距均匀，在满足设计的排布时，对拉螺栓应满足受力要求。

1) 穿墙螺杆

墙体模板的穿墙螺杆应根据墙体的侧压力选用螺栓的直径，施工时需安装塑料套管，并在塑料套管的两端头套上塑料堵头套管，既防止了漏浆，又起到模板定位作用，饰面效果较好。孔眼内后塞 BW 膨胀止水条和膨胀砂浆，见图 13-144。

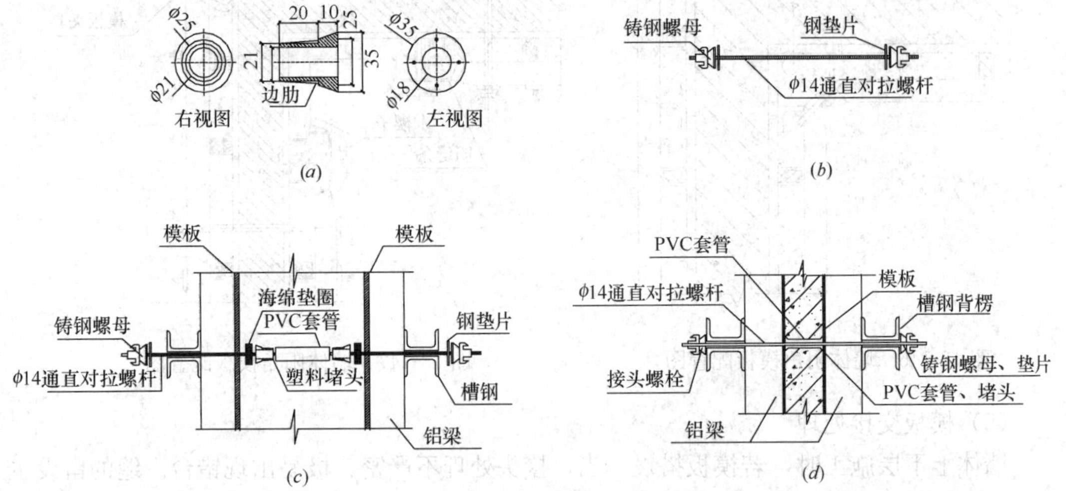

图 13-144 清水混凝土构件穿墙螺栓示意图

(a) 塑料堵头剖面；(b) 对拉螺杆配件；(c) 对拉螺栓组装示意；(d) 对拉螺栓安装成品示意

2) 假孔和堵头

如果达不到对称、间距均匀的要求，或设计有要求时，考虑建筑外观的需要，可排放一些堵头和假眼（图 13-145）。

堵头 假眼

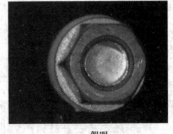

图 13-145 堵头与假眼

堵头：用于固定模板和套管，设置在穿墙套管的端头对拉螺杆两边的配件，拆模后形成统一的孔洞作为混凝土重要的装饰效果之一。

假眼：造型构件无法设置对拉螺栓，为了统一对拉螺栓孔的美学效果，在模板上设置假眼，其外观尺寸要求与对拉螺栓孔堵头相同，拆模后与对拉螺杆位置形成一致。

(4) 阴角模及阳角模施工

清水墙体阴角部位采用定型阴角模，阴角模和大模板分别与明缝条搭接，明缝条用螺栓拉接在模板和角模的边框上，以达到调节缝的目的，如图 13-146 所示。

阳角部位的模板相互搭接，并由模板夹具夹紧；为防止水泥砂浆从阳角接缝处渗出，一侧的模板端与另一侧模板面的结合处需贴上密封条，以防漏浆。如图 13-147 所示。

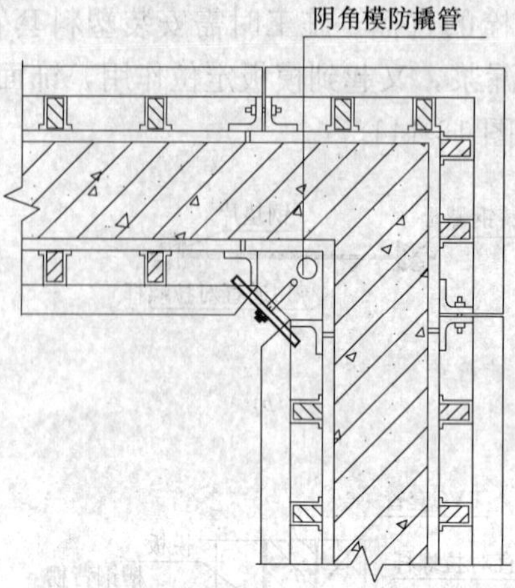

图 13-146　墙体阴角模板配置图

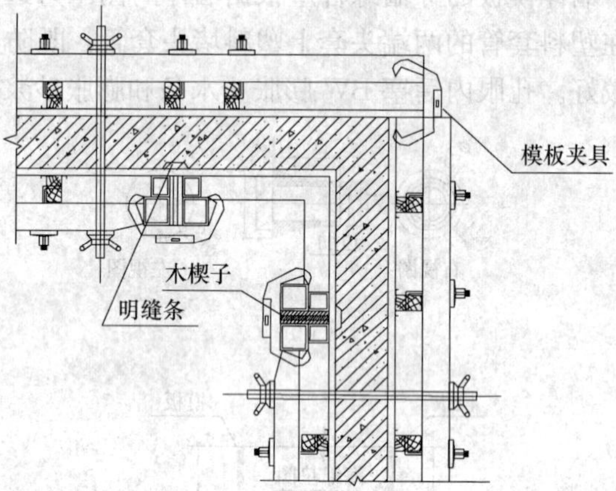

图 13-147　墙体阳角模板配置图

(5) 模板交接处理

墙体上下层施工时，若模板搭设不当，接头处理不严密，极易出现错台。缝的留设也影响着整体的外观观感。节点设计极为重要。见图 13-148。

(6) 梁柱接头

根据施工经验，从清水混凝土结构施工结果及有关部门的评价方法来看，首先强调的是观感，即梁柱线条是否通顺、结构表面是否平整、色泽是否一致、气泡是否较少、各处接缝是否干净利落等。

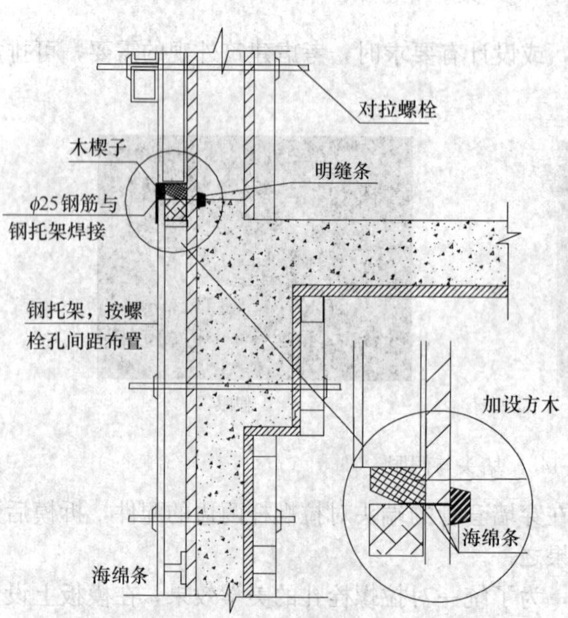

图 13-148　模板交接局部错台处理详图

梁柱节点模板、主次梁交接处模板设计及安装质量是框架结构梁柱节点施工质量的直接表现。本工程不同类型的梁柱节点形式，将通过精心设计，制作专用节点模板，并通过变化其高度尺寸，以调节同层高柱子的模板安装。梁柱节点采用多层板配制成工具式或定型专用模板，与柱、梁模配套安装。

(7) 门窗洞口

门窗洞口采用后塞口做法，模板设计为企口型，一次浇筑成型，确保门窗洞口尺寸和窗台排水坡度，如图 13-149 所示。

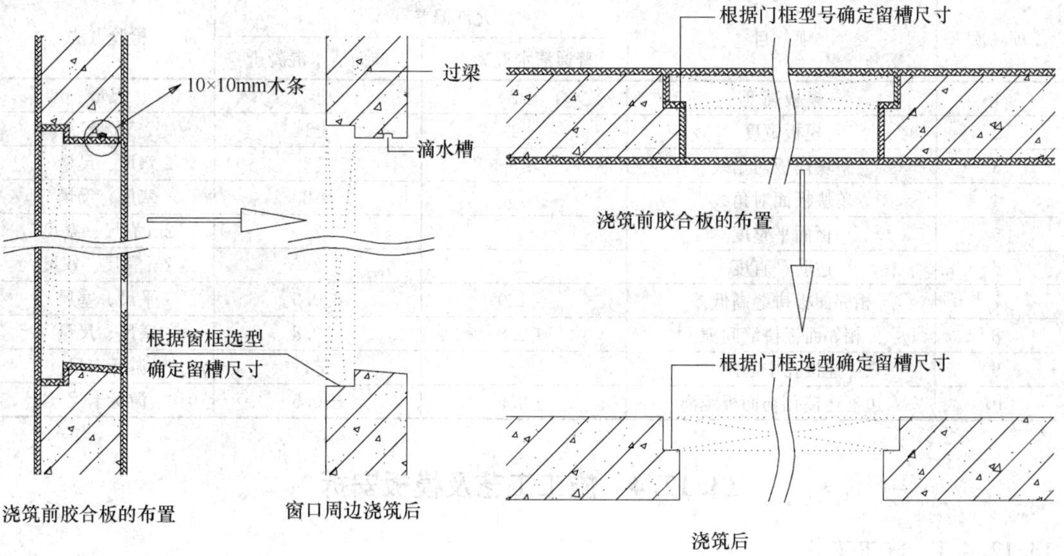

图 13-149 清水门窗洞口模板——滴水、企口、披水等细部节点图

13.12.3 模板的加工与验收

13.12.3.1 模板加工制作

（1）模板的加工制作在加工厂完成，模板下料应准确，切口应平整，组装前应调平、调直。按设计要求在现场进行安装。模板的设计需根据模板周转使用部位和设计要求出具完整的加工图、现场安装图，每块墙模板要进行编号。

（2）选择模板面板时，模板材料应干燥。需注意板的表面是否平滑，有无破损，夹板层有无空隙、扭曲，边口是否整洁，厚度、长度公差是否符合要求等。

（3）为达到清水混凝土墙面的设计效果，需对面板进行模板分割设计，即出分割图。依据墙面的长度、高度、门窗洞口的尺寸和模板的配置高度、模板配置位置，计算确定在模板上的分割线位置；必须保证在模板安装就位后，模板分割线位置与建筑立面设计的禅缝、明缝完全吻合。

（4）面板后的受力竖肋采用型材，其布置间距严格按照受力计算的间距进行。

（5）模板龙骨不宜有接头。当确需接头时，有接头的主龙骨数量不应超过主龙骨总数量的 50%。模板背面与主肋（双槽钢）间的连接用专用的钩头螺栓，钩头螺栓须交错布置，且须保证螺栓紧固。妆墙模板后的双 8 号槽钢连接前须确保平直，不扭曲；连接时要确保连接件的紧固。

13.12.3.2 模板制作验收

（1）模板制作尺寸的允许偏差与检验方法应符合表 13-33 的规定。检查数量：全数检查。

（2）模板版面应干净，隔离剂应涂刷均匀。模板间的拼缝应平整、严密，模板支撑应设置正确、连接牢固。检查方法：观察。检查数量：全数检查。

清水混凝土模板制作尺寸允许偏差与检验方法　表 13-33

项次	项目	允许偏差（mm）		检验方法
		普通清水混凝土	饰面清水混凝土	
1	模板高度	±2	±2	尺量
2	模板宽度	±1	±1	尺量
3	整块模板对角线	≤3	≤3	塞尺、尺量
4	单块板面对角线	≤3	≤2	塞尺、尺量
5	板面平整度	3	2	2m靠尺、塞尺
6	边肋平直度	2	2	2m靠尺、塞尺
7	相邻面板拼缝高低差	≤1.0	≤0.5	平尺、塞尺
8	相邻面板拼缝间隙	≤0.8	≤0.8	塞尺、尺量
9	连接孔中心距	±1	±1	游标卡尺
10	边框连接孔与面板距离	±0.5	±0.5	游标卡尺

13.12.4 施工工艺及模板安拆

13.12.4.1 施工工艺

根据图纸结构形式设计计算模板强度和板块规格→结合留洞位置绘制组合展开图→按实际尺寸放大样→加工配制标准和非标准模板块→模板块检测验收→编排顺序号码、涂刷隔离剂→放线→钢筋绑扎、管线预埋→排架搭设→焊定位筋→模板组装校正、验收→浇筑混凝土→混凝土养护→模板拆除后保养模板周转使用。

13.12.4.2 模板安装

（1）模板进场卸车时，应水平将模板吊离车辆，并在吊绳与模板的接触部位垫方木或角钢护角，避免吊绳伤及面板，吊点位置应作用于背楞位置，确保有四个吊点并且均匀受力。

（2）吊离车辆后，平放在平整坚实的地面上，下面垫方木，避免产生变形。平放时背楞向下，面对面或背对背地堆放，严禁将面板朝下接触地面。模板面板之间加毡子以保护面板。模板吊装时一定要在设计的吊钩位置挂钢丝绳，起吊前一定要确保吊点的连接稳固，严禁钩在几字型材或背楞上。注意模板面板不能与地面接触，必要时在模板底部位置垫毡子或海绵。模板施工中必须慢起轻放，吊装模板时需注意避免模板随意旋转或撞击脚手架、钢筋网等物体，造成模板的机械性损坏和变形及安全事故的发生，影响其正常使用；严格保证两根吊绳夹角小于5°；严禁单点起吊；四级风（含）以上不宜吊装模板。

（3）入模时下方应有人用绳子牵引以保证模板顺利入位，模板下口应避免与混凝土墙体发生碰撞摩擦，防止“飞边”。调整时，受力部位不能直接作用于面板，需要支顶或撬动时保证模板背楞龙骨位置受力，并且必须加方木垫块。

（4）套穿墙螺栓时，必须在调整好位置后轻轻入位，保证每个孔位都加塑料垫圈，避免螺纹损伤穿墙孔眼。模板紧固之前，应保证面板对齐。浇筑过程中，严禁振动棒与面板、穿墙套管接触。

13.12.4.3 模板拆除

模板拆卸应与安装顺序相反，即先装后拆、后装先拆。拆模时，轻轻将模板上口撬离墙体，然后整体拆离墙体，严禁直接用撬棍挤压面板。拆模过程中必须做好对清水墙面的保护工作。拆下的模板轻轻吊离墙体，放在存放位置准备周转使用。装车运输时，最下层模板背楞朝下，模板面对面或背对背叠放，叠放不能超过六层，面板之间垫棉毡保护。

13.12.4.4 安装尺寸允许偏差与检验

模板安装尺寸允许偏差与检验方法应符合表 13-34 的规定。检查数量：全数检查。

清水混凝土模板安装尺寸允许偏差与检验方法 表 13-34

项次	项目		允许偏差（mm）		检验方法
			普通清水混凝土	饰面清水混凝土	
1	轴线位移	墙、柱、梁	4	3	尺量
2	截面尺寸	墙、柱、梁	±4	±3	尺寸
3	标高		±5	±3	水准仪、尺量
4	相邻版面高低差		3	2	尺量
5	模板垂直度	不大于 5m	4	3	经纬仪、线坠、尺量
		大于 5m	6	5	
6	表面平整度		3	2	塞尺、尺量
7	阴阳角	方正	3	2	方尺、塞尺
		顺直	3	2	线尺
8	预留洞口	中心线位移	8	6	拉线、尺量
		孔洞尺寸	+8，0	+4，0	
9	预埋件、管、螺栓		3	2	拉线、尺量
10	门窗洞口	中心线位移	8	5	拉线、尺寸
		宽、高	±6	±4	
		对角线	8	6	

13.12.4.5 模板施工质量通病

模板质量通病的防治及质量保证措施，详见表 13-35。

模板质量通病的防治及质量保证措施 表 13-35

序号	项目	防治措施
1	混凝土墙底烂根	模板下口缝隙用木条、海绵条塞严，或抹砂浆找平层，切忌将其伸入混凝土墙体位置内
2	墙面不平、粘连	墙体混凝土强度达到 1.2MPa 方可拆模板，清理模板和涂刷隔离剂必须认真，要有专人检查验收，不合格的要重新涂刷
3	墙体垂直偏差	支模时要反复用线坠吊靠，支模完毕经校正后如遇较大的冲撞，应重新较正，变形严重的模板不得继续使用
4	墙面凸凹不平	加强模板的维修，每次浇筑混凝土前将模板检修一次；板面有缺陷时，应随时进行修理；不得用大锤或振动器猛振模板，撬棍击打模板面板
5	墙体阴角不垂直，不方正	及时修理好模板；支撑时要控制其垂直偏差，并且角模内用顶固件加固，保证阴角部位模板的每个翼缘至少设有一个顶件，顶件不得使用易生锈的钢筋或角铁；阴角部位的模板两侧边需粘有海绵条，以防漏浆
6	墙体外角不垂直	阳角部位的模板确保定位准确，夹具紧固，使角部线条顺直，棱角分明
7	墙体厚度不一致	使用坚固的塑料撑具直接顶在两侧大模板上，保证模板间距；穿墙螺栓需按设计要求上紧

13.13　楼梯模板

现浇钢筋混凝土楼梯，由梯段和休息平台组成。休息平台模板施工与楼板大致相同。而楼梯段与水平面有一定的夹角，模板支搭有差异。楼梯结构有板式和梁板式。梯段常见形式有双折直跑式、连续直跑式和旋转楼梯。楼梯的模板施工主要包括模架选择，楼梯段、休息平台模板位置确定，荷载统计、模架配置，造型与构造处理，安装拆除施工等。

13.13.1　直跑板式楼梯模板施工

设计图纸一般给出成型以后的楼梯踏步、休息平台的结构位置尺寸，而梯段、休息平台模板的支模位置，则需要施工时推算确定。直跑梁式楼梯的楼梯段、休息平台支模位置，以及设有休息平台梁的楼梯支模位置，从施工图纸上可以方便地反算出来。不设休息平台梁的直跑板式楼梯的楼梯段、休息平台支模位置，则需根据楼梯板厚，进行一定的计算。

13.13.1.1　板式双折楼梯模板位置的确定

1. 首段楼梯板支模位置确定

首段楼梯板支模长度示意如图 13-150 所示。

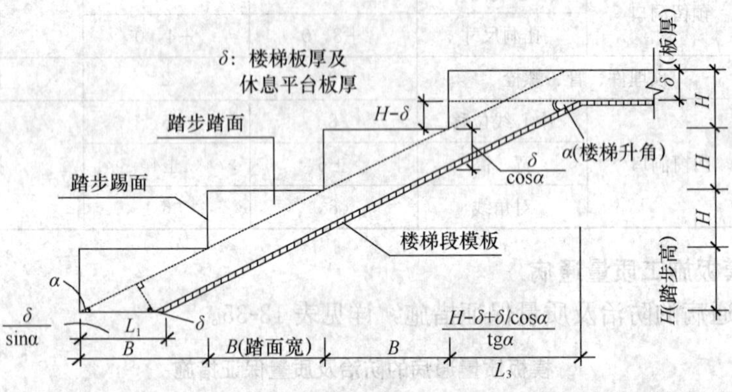

图 13-150　首段楼梯板支模长度示意图

图 13-150 中 α 为梯段升角，$\alpha=\text{arctg}\,\dfrac{H}{B}$。

从图 13-163 可以看出，模板支设起步位置比第一级楼梯踏步的踢面结构后退 $\dfrac{\delta}{\sin\alpha}$，

令
$$L_1=\frac{\delta}{\sin\alpha} \tag{13-6}$$

由 L_1 即可确定楼梯段模板支设起步位置。

2. 由休息平台起步的楼梯模板位置

如图 13-151 所示，从休息平台起步的楼梯模板，应该按建筑图所示第一级踏步的起步位置向楼梯段方向延伸。延伸的距离，是从楼梯第一级踏步的结构踢面向楼梯段方向延伸

$$L_2 = \delta \times \mathrm{tg}\frac{\alpha}{2} \quad (13\text{-}7)$$

考虑到装修踢面面层的构造厚度，休息平台应向上一跑梯段延伸

(L_2)+踢面面层构造厚度

3. 楼梯模板上部与休息平台相交的支模位置

楼梯最上一级的踢面，是休息平台的边缘，而最上面一级的踏面（图 13-150），与休息平台面重合。从平台上表面，无法分出哪个部位是踏面，哪个部位是休息平台。一般木工支这个部位的模板，是按向平台方向推一个踏面宽度来掌握。从图 13-150 分析，梯段模板实际上应该比一级踏面尺寸要长。当楼梯陡时，伸出多一些；楼梯坡缓，支模短一些。

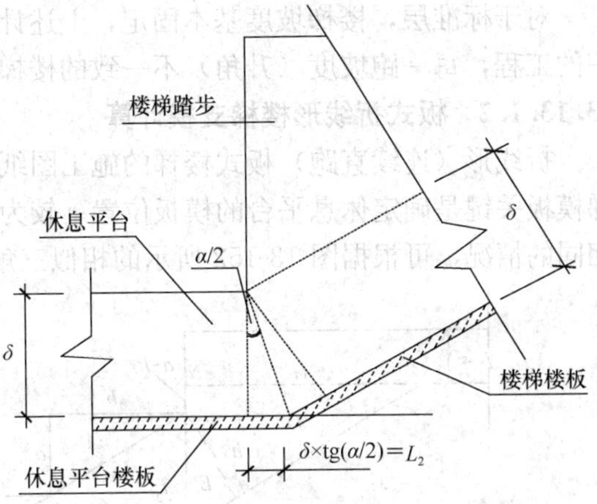

图 13-151　休息平台处模板起步示意图

由图 13-150，楼梯模板应从楼梯最上一级踢面位置向上延伸

$$L_3 = \frac{H - \delta + \dfrac{\delta}{\cos\alpha}}{\mathrm{tg}\alpha} \quad (13\text{-}8)$$

这段距离是将最上一级踏步中扣除板厚（本例休息平台板厚与梯板厚相同），到该位置楼梯模板的垂直距离是根据楼梯升角算出来的。这段距离为

$$踏步高(H) - 休息平台板厚(\delta) + \frac{楼梯段厚(\delta)}{\cos\alpha}$$

用这段距离除以 tgα，就是楼梯模板应从最上一级楼梯踏面向休息平台方面延伸的水平投影距离。这段距离的支模板长度为

$$\frac{H - \delta + \dfrac{\delta}{\cos\alpha}}{\sin\alpha}$$

4. 梯段模板的水平投影长度

(1) 首段楼梯模板的水平投影长度为

首段楼梯建筑图的投影长度(各踏面宽度之和)$-L_1+L_3$

(2) 其余段楼梯模板的水平投影长度为

该段楼梯建筑图的投影长度(各踏面宽度之和)$-L_2+L_3$

需要说明的是，(2) 仅适用于上下梯段在休息平台处折转方向的情况。如果休息平台上下两梯段沿同一方向延伸，若下一段楼梯支模时考虑了踢面的面层厚度，上一跑楼梯支模时就不考虑了。因为休息平台已整体前移了一个踢面厚度。同理，沿同一方向的多段直跑楼梯，只在首段增加踢面厚度，其他段不增加。

以上两个水平投影长度用于确定休息平台支模的平面位置。

5. 楼梯段支模长度

其支模长度为：$\dfrac{楼梯段的水平投影长度}{\cos\alpha}$

对于标准层，楼梯坡度基本固定，上述计算简单一些。而层高变化频繁、楼梯坡度不一的工程，每一跑坡度（升角）不一致的楼梯，均需单独进行上述计算。

13.13.1.2　板式折线形楼梯支模计算

折线形（连续直跑）板式楼梯的施工图纸一般也只表示构件成型以后的尺寸。此类楼梯模板关键是确定休息平台的模板位置。较为复杂的是上下跑楼梯段和休息平台板厚均不相同的情况，可根据图 13-152 所示的相似三角形原理推出计算公式。

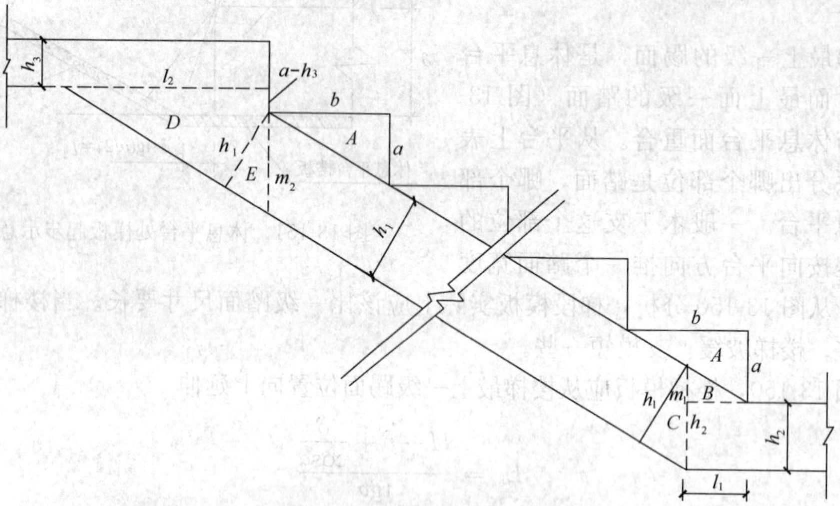

图 13-152　折线形板式楼梯支模示意

下面是根据相似三角形的原理推导休息平台模板位置参数的公式以及计算过程。

由△A∽△B，$m_1/a=l_1/b \rightarrow m_1\times b=l_1\times a$　（Ⅰ）

由△A∽△C，$h_1/b=(m_1+h_2)/\sqrt{a^2+b^2} \rightarrow$

$$h_1\sqrt{a^2+b^2}=m_1\times b+h_2\times b \rightarrow m_1\times b=h_1\sqrt{a^2+b^2}-h_2\times b \quad (Ⅱ)$$

将（Ⅰ）式代入（Ⅱ）式得到休息平台板前进一侧的支模参数 l_1。

$$l_1=(h_1\sqrt{a^2+b^2}-h_2\times b)/a \quad (13\text{-}9)$$

由△A∽△E，$h_1/b=m_2/\sqrt{a^2+b^2} \rightarrow m_2 b=h_1\sqrt{a^2+b^2}$　（Ⅲ）

由△A∽△C，$l_2/b=(m_2+a-h_3)/a \rightarrow l_2=[m_2 b+b(a-h_3)]/a$　（Ⅳ）

将（Ⅲ）式代入（Ⅳ）式得到休息平台板到达一侧的支模参数 l_2。

$$l_2=[h_1\sqrt{a^2+b^2}+b(a-h_3)]/a \quad (13\text{-}10)$$

只要将楼梯图纸上的踏步高度、宽度及板的厚度代入公式内，就可算出折线形板式楼梯模板起步位置，即从踏步向前延伸的尺寸 l_1、l_2，从而确定其支模位置。

13.13.1.3　模板施工

双跑板式楼梯包括楼梯段（梯板和踏步）、休息平台板，如图 13-153、图 13-154 所示。休息平台梁和平台板模板与楼板模板基本相同，不再赘述。

楼梯段模板以采用木模为例，由底模、格栅、牵杠、牵杠撑、外帮板、踏步侧板、反三角木等组成（图 13-155）。

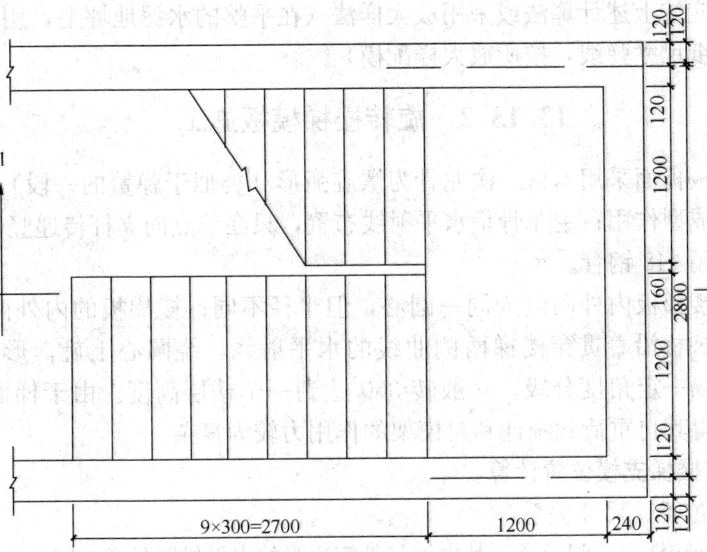

图 13-153 双折板式楼梯示意图

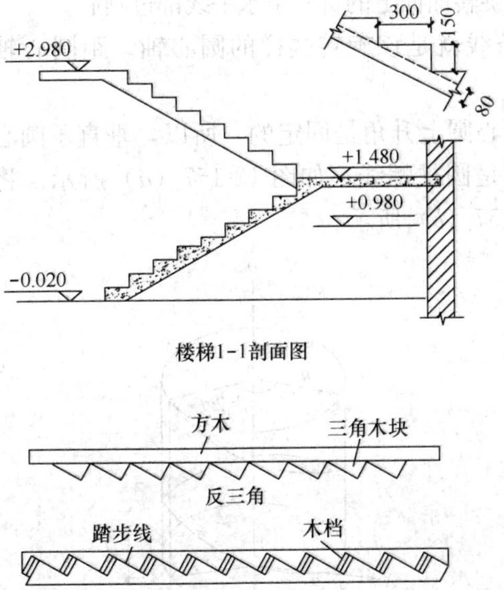

图 13-154 楼梯及休息平台

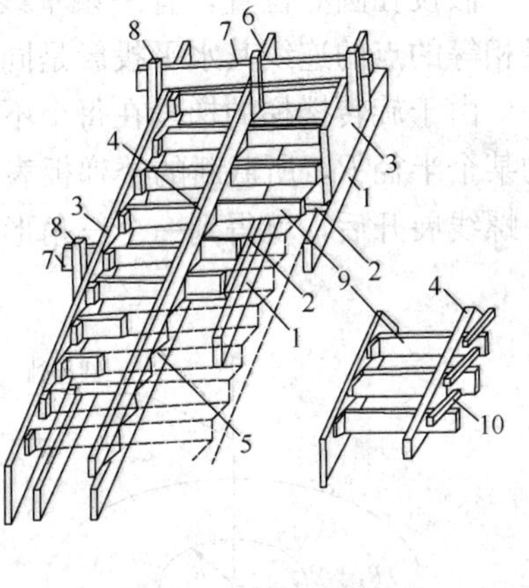

图 13-155 楼梯模板构造

1—楞木；2—底模；3—外帮板；
4—反三角木；5—三角板；
6—吊木；7—横楞；8—立木；
9—踏步侧板；10—顶木

踏步侧板两端钉在梯段侧板（外帮板）的木档上，如先施工墙体，则靠墙的一端可钉在反三角木上。梯段侧板的宽度至少要等于梯段板厚及踏步高，板的厚度为 30mm（使用多层板应加木肋），长度按梯段长度确定。在梯段侧板内侧划出踏步形状与尺寸，并在踏步高度线一侧留出踏步侧板厚度钉上木档，用于钉踏步侧板。反三角木是由若干三角木块钉在方木上，用以控制踏步的准确成型。三角木块两直角边长分别等于踏步的高和宽，板的厚度为 50mm（亦可使用多层板加钉木肋）；方木断面为 50mm×100mm。每一梯段反三角木至少要配一条。楼梯较宽时，可多配。反三角木用横楞及立木支吊。

模板配制，应按上述计算法或采用放大样法（在平整的水泥地坪上，用1∶1或1∶2的比例，按照图纸尺寸弹线，按所放大样配模）。

13.13.2　旋转楼梯模板施工

旋转楼梯模板板面采用木材，次龙骨为螺旋弧形（类似于弹簧的一段），同时承担模板荷载和楼梯面成型作用；主龙骨呈水平射线布置，只在节点向立杆传递竖向荷载。龙骨和支撑立杆均采用ϕ48钢管。

旋转楼梯的楼梯板内外两侧为同一圆心，但半径不同；楼梯板的内外两侧升角不同（图13-156）。楼梯板沿着贯穿楼梯两侧曲线的水平射线，绕圆心上旋，形成螺旋曲面；其上的楼梯踏步以一定角度分级，一般转360°达到一个楼层高度。由于梯面荷载集度随半径而不同，使得其自重荷载统计和对模架的作用力较为复杂。

13.13.2.1　旋转楼梯支模位置计算

1. 旋转楼梯位置、尺寸关系

图13-156为旋转楼梯空间示意。其内侧与外侧边缘的水平投影是两个同心圆。等厚度梯段表面，半径相同的截面展开图都是直角三角形，但半径不同的三角形斜面与地面的夹角均不相同，所以旋转楼梯梯段是一个旋转曲面，在这个旋转曲面上的每一条水平线都过圆心。

假设在圆心位置，有一条垂线OO′，这条线就是该旋转楼梯的圆心轴。距圆心轴半径相等的点的连线其水平投影是同心圆。

由于旋转楼梯的梯段在每个不同半径的同心圆上升角是固定的，所以，垂直于圆心轴的某个半径R，所截断的楼梯板表面，其断面是圆柱螺线，如图13-157（a）所示。将圆柱螺线展开后，就得到一个三角形，如图13-157（b）所示。

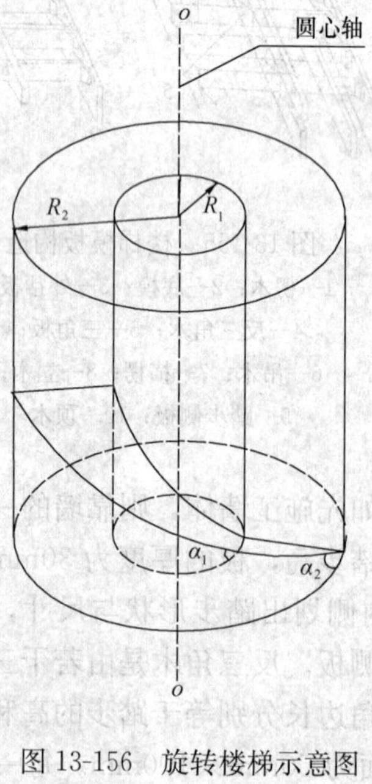

图13-156　旋转楼梯示意图

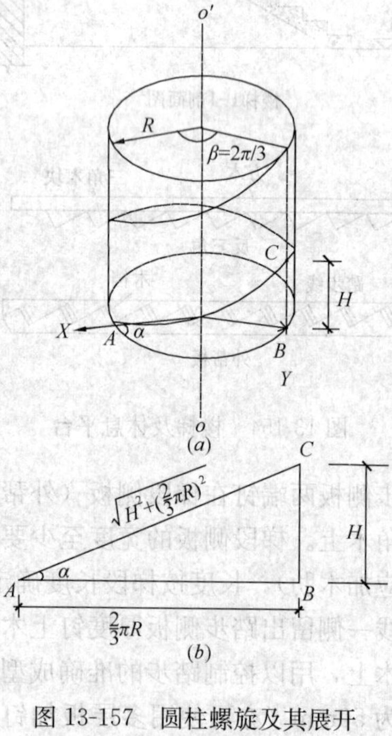

图13-157　圆柱螺旋及其展开

（a）圆柱螺旋；（b）展开图

旋转楼梯梯段的水平投影是扇面的一部分，其实际形状为曲面扇面，梯面面积的精确计算可用积分；亦可采用楼梯中心线（即梯段的平均值）简化计算。

2. 旋转楼梯内、外侧边缘水平投影长度

一般施工图在旋转楼梯上仅标出内侧、外侧边缘的半径、楼梯步数和中心线尺寸等。施工所需梯段内、外侧边缘的投影长度，支承梯段模板的弧形底楞长度等，均须换算。

可先按中心线半径和楼梯段中心线尺寸，反算出该段楼梯所夹的圆心角。将圆心角转换为弧度制，即可方便地计算任意半径长梯段、休息平台的投影弧长。

已知夹角为 β（弧度），半径长为 R 的弧长投影为：$R\times\beta$。

3. 计算旋转楼梯内、外侧边缘升角

普通直跑楼梯，其全段坡度是一样的，而旋转楼梯，半径不等的位置。升角不同，只能通过计算确定。所以像内、外侧边缘，弧形底楞钢管等，均需单独进行计算。若升角用 α 表示，则

$$\operatorname{arctg}\alpha_i=\frac{\text{楼梯段两端高差}}{\text{楼梯段任一半径}(R_i)\text{水平投影长度}}$$

4. 确定楼梯支模起始位置

旋转楼梯梯段模板的起、终点位置，与前述普通直跑楼梯，在方法上没有差异。只是因为楼梯内、外侧升角不同，所以 L_1、L_2、L_3 的计算，应根据内、外侧各自的升角分别计算。上下两侧四个端点的起、终点位置确定了，休息平台的位置也就确定了。

5. 休息平台支模位置、踏步、尺寸

根据下跑楼梯起、终点位置，确定两个端点位置，然后算出休息平台内侧与外侧的弧长。此长度是根据图纸数据直接算得的，实际支模尺寸（长度方向）为：

$$\text{计算弧长}+L_2-L_3$$

旋转楼梯平台内、外弧分别计算。由于首段楼梯支模时考虑了踏步踢面的面层厚度，以后的平台、楼梯等依次后移，故不必在计算平台支模尺寸中再考虑。每层楼梯只考虑一次。

旋转楼梯的踏步，应根据图纸标注的中心线尺寸，转换为内、外弧边缘的实际尺寸。

13.13.2.2 旋转楼梯支模计算实例

现浇钢筋混凝土结构旋转楼梯的施工图上所标出内外侧边缘的半径、楼梯步数和中心线等位置尺寸，都是结构成型尺寸。施工所需梯段内、外侧边缘的投影长度，支承梯段模板的弧形底楞长度，休息平台定位尺寸等，往往是按实际尺寸放样来确定。以下通过一个施工实例，介绍板式旋转楼梯支模位置图表计算方法。

计算实例：某工程地下二层设备机房（建筑标高－11.80m）到地下一层（建筑标高－4.50m）为：内弧半径 2.15m、外弧半径为 3.8m 的旋转楼梯，中间设三个梯段两个休息平台。

设计每 6°为一级楼梯踏步，允许施工时取整数，作适当调整。

楼梯施工简图见图 13-158，楼梯段支模数据列表计算见表 13-36，休息平台支模数据计算见表 13-37，图 13-159 为下达给施工班组的模板施工图。

1. 弧形楼梯段支模计算表

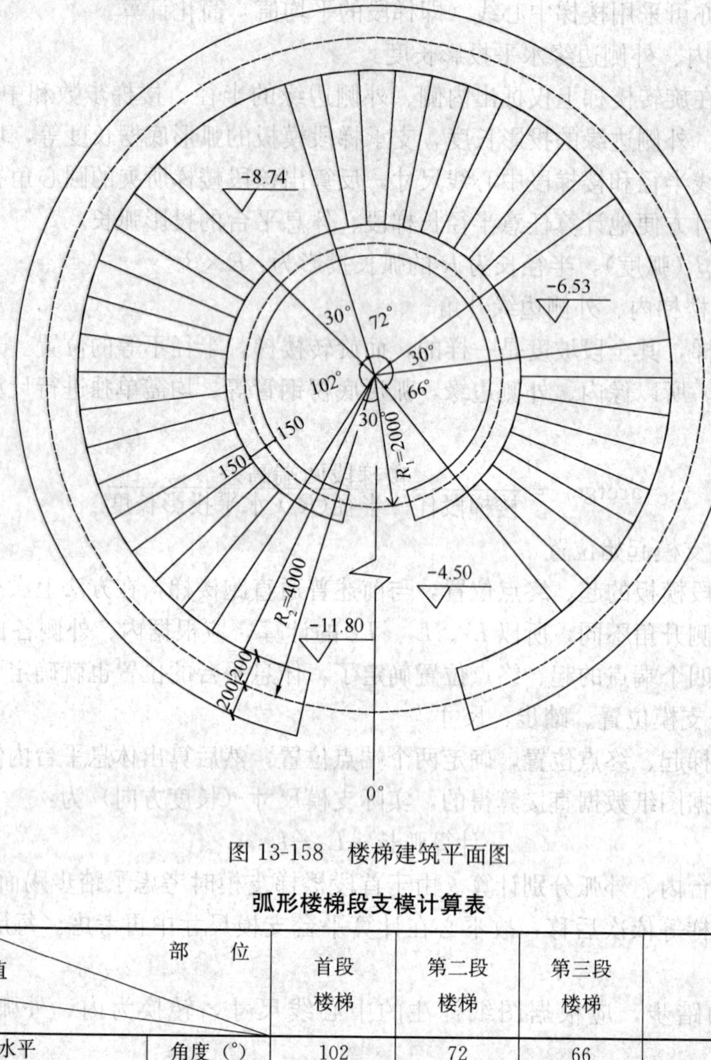

图 13-158　楼梯建筑平面图

弧形楼梯段支模计算表　　　　表 13-36

计算项目（部位／数值）		首段楼梯	第二段楼梯	第三段楼梯	备注
梯段水平投影夹角	角度（°）	102	72	66	弧度＝角度值×π/180°
	弧度	1.7802	1.2566	1.1519	
楼梯踏步支模宽度	内侧（mm）	225			按每级踏步夹角为6°计算
	外侧（mm）	398			
梯段升角（角度）	内侧（°）	37.07			—
	外侧（°）	23.13			
图示梯段投影长度	内侧（mm）	3827	2702	2477	—
	外侧（mm）	6765	4775	4377	
楼梯段高差（mm）		3060	2210	2030	每级踏步高 H=170
模板起步后退尺寸	内侧（mm）	133	—		—
	外侧（mm）	204			
由休息平台起步尺寸	内侧（mm）	—	27		—
	外侧（mm）		16		
梯段上部模板延伸距离	内侧（mm）	252			—
	外侧（mm）	414			
梯段模板水平投影长度	内侧（mm）	3946	2927	2702	—
	外侧（mm）	6975	5173	4775	

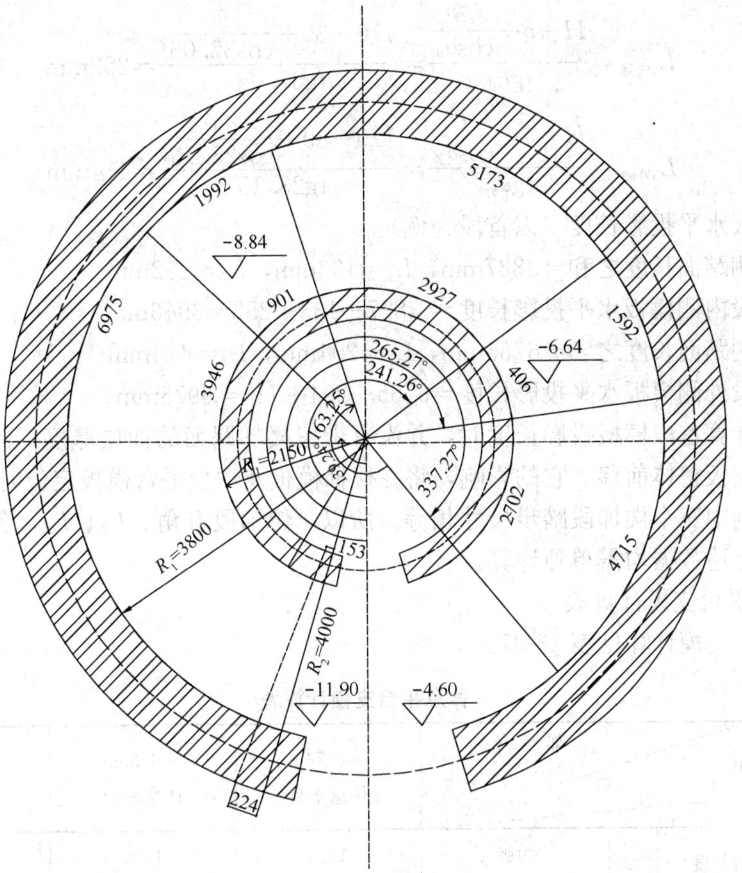

图 13-159　模板施工图

表 13-37 说明：

（1）本例的楼梯踏步支模宽度是根据每级踏步圆心角为 6°计算出来的。

（2）梯段升角：梯段上距圆心轴不同半径处升角不一。确切地说，本计算项目应称为梯段指定部位升角。

（3）L_1 计算

由：板厚 $\delta=80$mm，$\alpha_{内}=37.06°$，$\alpha_{外}=23.13°$，得：

$$L_{1内侧}=\frac{板厚(\delta)}{\sin\alpha_{内}}=\frac{80}{\sin 37.06°}=133\text{mm}$$

$$L_{1外侧}=\frac{板厚(\delta)}{\sin\alpha_{外}}=\frac{80}{\sin 23.13°}=204\text{mm}$$

（4）L_2 计算

$$L_{2内侧}=\delta\times\text{tg}\frac{\alpha_{内}}{2}=80\times\text{tg}\frac{37.07°}{2}=27\text{mm}$$

$$L_{2外侧}=\delta\times\text{tg}\frac{\alpha_{外}}{2}=80\times\text{tg}\frac{23.13°}{2}=16\text{mm}$$

（5）L_3 计算：

踏步高 $H=170$mm

$$L_{3内侧}=\frac{H-\delta+\frac{\delta}{\cos\alpha_{内}}}{tg\alpha_{内}}=\frac{170-80+\frac{80}{\cos37.06°}}{tg37.06°}=252mm$$

$$L_{3外侧}=\frac{H-\delta+\frac{\delta}{\cos\alpha_{外}}}{tg\alpha_{外}}=\frac{170-80+\frac{80}{\cos23.13°}}{tg23.13°}=414mm$$

梯段模板水平投影长度（以首段为例）：

由：内侧踏面长度之和＝3827mm，L_1＝133mm，L_3＝252mm

得：梯段内侧模板水平投影长度＝ 3827－133＋252＝3946mm

由：外侧踏面长度之和＝6765mm，L_1＝204mm，L_3＝414mm

得：梯段外侧模板水平投影长度＝6765－204＋414＝6975mm

（6）在计算首段模板投影长度时，并没有考虑楼梯踢面的面层厚度。因为这个尺寸，只是使楼梯模板整体前移。它的影响，将在楼梯模板及休息平台模板定位时再作考虑。

（7）本例中三个楼梯段踏步尺寸相等。所以，像梯段升角、L_2、L_3，各梯段无差别。若不同，则上述数据均需单独计算。

2. 休息平台支模计算表

休息平台支模计算见表 13-37。

休息平台支模计算表　　　　**表 13-37**

计算项目 \ 数值 \ 部位		−8.74m 休息平台	−6.53m 休息平台	−4.50m 休息平台
图纸平台长度（mm）	内弧	1126	1126	—
	外弧	1990	1990	—
实际支模长度（mm）	内弧	901	901	—
	外弧	1592	1592	—
平台模板夹角（角度值）	内弧	24°	24°	—
	外弧	24°	24°	—
平台内侧端点弧长坐标（mm）	下侧	5225	9053	12656
	上侧	6126	9954	—
平台外侧端点弧长坐标（mm）	下侧	9189	15954	22321
	上侧	10781	17546	—
平台内侧端点角度坐标（角度值）	下侧	139.24°	241.26°	337.27°
	上侧	163.25°	265.27°	—
平台外侧端点角度坐标（角度值）	下侧	138.55°	240.55°	336.55°
	上侧	162.55°	264.56°	—
平台模板板面标高（m）		−8.84	−6.64	−4.60

表 13-37 说明：

(1) 实际支模尺寸：

图纸平台尺寸$+L_2-L_3$。如平台内侧支模尺寸为：1126+27−252=901mm。

(2) 平台弧长端点坐标：

以图 13-158 所标 0°位置为圆心角 0°及梯段内、外弧两个同心圆的 O 起点位置。

因考虑踢面面层构造厚度为 20mm，故首段楼梯起步位置为：

30°弧长$+L_1+$踢面面层厚度

内侧：1126+133+20=1279mm

外侧：1990+204+20=2214mm

上述尺寸加上梯段模板投影长即平台端点。

(3) 造成平台处与上、下梯板交角不处在同一圆心射线的原因有两个：一是内侧升角大，探入平台的模板长；二是内、外侧同时平推 20mm 厚踢面面层，使得内弧一侧弧长的圆心角比外侧大一些。这两个原因造成的差异，在后续的支楼梯踏步模板和楼梯面层抹灰完成以后，在楼梯上表面就会消除。

综合表 13-36、表 13-37 数据即可画出模板施工图（图 13-159）。

3. 模板受力计算

梯板与平台板均为 80mm 厚，踏步按中心线尺寸折算为 80mm。梯板的背楞钢管为支座，梯板长度 $l=1.25$m，梯板两端各伸出支座 $m=0.20$m。

(1) 荷载统计

①荷载标准值

背楞钢管+模板	$0.13+0.05\times6=0.43\text{kN/m}^2$
钢筋混凝土楼梯板	$0.08\times25.1=2.01\text{kN/m}^2$
混凝土楼梯踏步	$0.08\times25.1=2.01\text{kN/m}^2$
Σ	4.45kN/m^2
施工均布荷载	2.0kN/m^2

②荷载设计值

$$q=1.2\times4.45+1.4\times2.0=8.14\text{kN/m}^2$$

$$q_{组合}=1.35\times4.45+1.4\times0.9\times2=8.52\text{kN/m}^2$$

取荷载设计值：$q=1.2\times4.45+1.4\times2.0=8.52\text{kN/m}^2$

验算模板变形取固定荷载标准值：

$q'=4.45\text{kN/m}^2$

(2) 模板面板强度验算（按单块模板）：

$$M_{支座}=1/2\times0.2q\times0.2^2$$

$$=1/2\times1.704\times0.04=0.0341\text{kN}\cdot\text{m}$$

$$M_{跨中}=\frac{ql^2}{8}\left(1-\frac{4m^2}{l^2}\right)$$

$$=1/8\times0.2q\times1.25^2(1-4\times0.2^2/1.25^2)$$

$$=0.2987\text{kN}\cdot\text{m}$$

$$W_{模板}=(200\times40^2)/6=53333\text{mm}^3$$

$$\delta_{模板}=\frac{M_{跨中}}{W_{模板}}=\frac{0.2987\times10^{6}}{53333}=5.6\text{MPa}$$

一般松木板［δ］＝13～17MPa，故模板强度满足要求。

从模板受力合理角度，两根底楞还应向中间靠拢，但模板边上可能不稳，特别是外弧一侧首先集中受荷时，内弧一侧模板容易翘起。一般边楞的位置可在距梯板边缘 $l/8\sim l/6$ 之间找个整数即可。

（3）模板变形验算（按单块模板）：

$$\omega_{\max}=\frac{ql^{4}}{384EI}(5-24\lambda^{2})=\frac{0.2\times4.45\times1250^{4}}{384\times9000\times1.067\times10^{6}}\left[5-24\left(\frac{0.2}{1.25}\right)^{2}\right]$$

$$=2.584\text{mm}<\frac{l}{400}=\frac{1250}{400}=3.125\text{mm(可)}$$

13.13.2.3　楼梯段螺旋面面积折算

1. 作用于弧形次龙骨的荷载取值

图 13-160 所示阴影面积是外弧的次龙骨在一个受力单元所负担的荷载区域的水平投影。此区域荷载，通过次龙骨，经主龙骨（只承受节点传递荷载，不必计算；如用扣件与立杆连接，只计算扣件锁固能力）与立杆的结点，从立杆、斜撑传下。

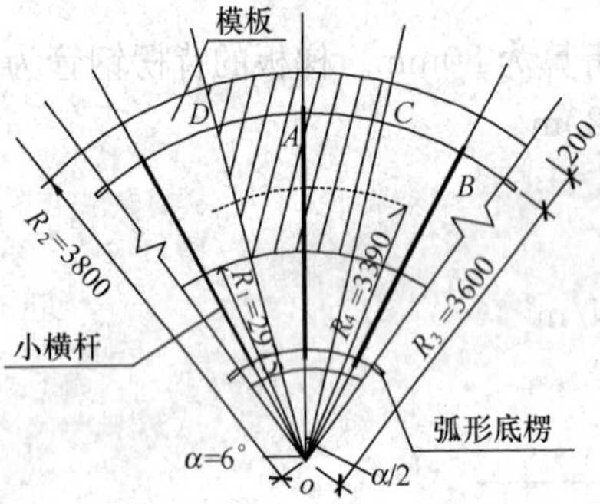

图 13-160　外侧底楞受荷面积投影
（一级楼梯踏步）

作用在次龙骨上的均布荷载，可分解为法向荷载（垂直于钢管）$q\cos\alpha$，以及沿钢管方向的切向荷载 $q\sin\alpha$。其中，法向荷载使钢管受弯、受剪、受扭；切向荷载使管子受压（可忽略不计）。

2. 次龙骨受荷面积计算

每一个微小角度的曲面扇面上的荷载，对扇面区域次龙骨的作用值可以用一个区域的荷载之和除以该区域次龙骨长度来表示。

$$次龙骨线荷载=\frac{曲面扇形面积荷载之和}{曲面区域内底楞钢管长度}$$

由于内弧段与外弧段半径相差较大，两根弧管负担的面积差异较大。所以，外弧段次龙骨所受荷载作用，可作为计算校核控制截面。以两根次龙骨之间为界，计算外弧段荷载。

如图 13-160，作用在外弧次龙骨上阴影部分的曲面扇形面积为：

$$1/2(R_2^2\phi-R_1^2\phi)\div\cos\alpha=\phi(R_2^2-R_1^2)/(2\cos\alpha)\qquad(13\text{-}11)$$

上式中 α 为梯段升角。对整个梯面来说，α 随半径变化，不是一个固定的值。为了求得精确解，对曲面进行积分。

在楼梯表面，距圆心轴为 R 的点的连线是圆柱螺线，其在梯段上的长度可表示为 $\sqrt{(R\phi)^2+H^2}$。我们以梯段上每一个确定半径 R 的圆柱螺线长和 $\mathrm{d}R$ 的长方形面积代替微小的部分圆环面积，对半径 R 方向积分，可列出：

$$楼梯模板面积=\int_{R_1}^{R_2}\sqrt{(R\phi)^2+H^2}\,\mathrm{d}R\qquad(13\text{-}12)$$

式中 R_1、R_2——待求区域上、下界；

ϕ——待求区域的圆心角（用弧度表示）；

H——该楼梯段两边高差。

【解】 令 $R\phi=t$，则 $R=\frac{t}{\phi}$，$dR=\frac{1}{\phi}dt$

积分上下限为：$R_1\phi=t_1$　$R_2\phi=t_2$ 则有：

$$楼梯模板面积=\int_{t_1}^{t_2}\frac{1}{\phi}\sqrt{t^2+H^2}dt$$

$$=\frac{1}{2\phi}\{[t_2\sqrt{t_2^2+H^2}+H^2\ln(t_2+\sqrt{t_2^2+H^2})]-[t_1\sqrt{t_1^2+H^2}+H^2\ln(t_1+\sqrt{t_1^2+H^2})]\}$$

代入图 13-160，作用在外弧次龙骨上阴影部分的曲面扇形面积计算如下：

图 13-160 中，阴影范围扇形面积（一级踏步）水平投影夹角 $\phi=\frac{6°\times\pi}{180°}=0.1047$，高差 $H=170$mm；$t_1=R_1\times\phi=2.975\times0.1047=0.31154$；$t_2=R_2\times\phi=3.8\times0.1047=0.39794$；

$$则阴影部分楼梯模板面积=\int_{t_1}^{t_2}\frac{1}{\phi}\sqrt{t^2+H^2}dt$$

$$=\frac{1}{2\phi}\{[t_2\sqrt{t_2^2+H^2}+H^2\ln(t_2+\sqrt{t_2^2+H^2})]$$

$$-[t_1\sqrt{t_1^2+H^2}+H^2\ln(t_1+\sqrt{t_1^2+H^2})]\}$$

$$=\frac{1}{2\times0.1047}\{[0.39794\sqrt{0.39794^2+0.17^2}$$

$$+0.17^2\ln(0.39794+\sqrt{0.39794^2+0.17^2})]$$

$$-[0.31154\sqrt{0.31154^2+0.17^2}+0.17^2\ln(0.31154+\sqrt{0.31154^2+0.17^2})]\}$$

$$=0.3245\text{m}^2$$

3. 外弧次龙骨线荷载：

对应的外弧次龙骨长度$=R_3/\cos\alpha_3$，其中 $R_3=3600$mm，该钢管升角为：

$$\alpha_3=\text{arctg}\frac{H}{R_3\times\frac{6°\times\pi}{180°}}=\text{arctg}0.4509=24.27°$$

外弧次龙骨所负担阴影范围梯段中线 $R_中=3390$mm，该钢管升角为：

$$\alpha_中=\text{arctg}\frac{H}{R_中\times\frac{6°\times\pi}{180°}}=\text{arctg}0.4789=25.59°$$

梯段中心线升角为：$\alpha_1=\text{arctg}\frac{H}{R_1\times\frac{6°\times\pi}{180°}}=\text{arctg}0.5457=28.62°$

模板荷载作用于次龙骨时，应分解为垂直于钢管的法向荷载 $q\cos\alpha_3$（α_3 为次龙骨升角）和沿钢管方向的切向荷载 $q\sin\alpha_3$。

由此，可以得到次龙骨上的法向线荷载为：

$$q_{法}=q\frac{\cos^2\alpha_3\int_{R_1}^{R_2}\sqrt{(R\phi)^2+H^2}\mathrm{d}R}{R_3\phi} \tag{13-13}$$

将前面计算的结果代入式（13-13），可得到次龙骨上的法向线荷载：

$$q_{法}=q\frac{\cos^2\alpha_3\int_{R_1}^{R_2}\sqrt{(R\phi)^2+H^2}\mathrm{d}R}{R_3\phi}=8.52\times\frac{\cos^2 24.27°}{3.6\times0.1047}\times0.3245=6.094\text{kN/m}$$

亦可用扇形面积内外端半径的平均值，计算次龙骨上法向线荷载的近似值：

$$q_{法}=q\frac{\cos^2\alpha_3}{\cos\alpha_{中}}\times\frac{R_2^2\phi-R_1^2\phi}{2R_3\phi}=q\frac{\cos^2\alpha_3}{\cos\alpha_{中}}\times\frac{R_2^2-R_1^2}{2R_3} \tag{13-14}$$

将计算的结果代入式（13-14），可得到次龙骨上的法向（近似）线荷载：

$$q_{法}=q\frac{\cos^2\alpha_3}{\cos\alpha_{中}}\times\frac{R_2^2-R_1^2}{2R_3}=8.52\frac{\cos^2 24.27°}{\cos 25.59°}\times\frac{3.8^2-2.975^2}{2\times3.6}=6.092\text{kN/m}$$

由上面计算，把扇形范围的平均半径所对应的 cosα 及楼梯的相应数据，代入式（13-11），求得数值比精确解小不到万分之四；用楼梯段中线所对应的 cosα 代入式（13-14），得到的结果比用式（13-11）小 3‰左右；所以，对于精度要求不是很高的情况，可用式（13-14）计算，再略作放大。

13.13.2.4　弧形次龙骨的受力计算

1. 弧形次龙骨的受力分析

弧形次龙骨一般用较长的钢管加工。假定每根管有 4 个以上的支点，其计算简图为三～五跨连续梁，按四跨梁受均布荷载的内力系数进行分析，如图 13-161 所示。

（1）在均布竖向荷载作用下，B 支座处负弯矩和剪力最大。

（2）弧形次龙骨在两支点（水平小横杆）之间，偏离支点连线，因此会产生扭矩。若各支点间距相等，则扭矩所产生的支座剪力亦相等。

（3）弧形次龙骨两支座之间的高差，致使竖向荷载在每个节点处积累的沿次龙骨方向的压应力最大。

综上所述，各结点为弯、剪、扭、压组合受力状态，其中 B 支座受力最大（图 13-162）。

2. 次龙骨强度计算

由于旋转楼梯次龙骨（材料 ϕ48 钢管为低碳钢）受力较复杂，可按第三强度理论验算

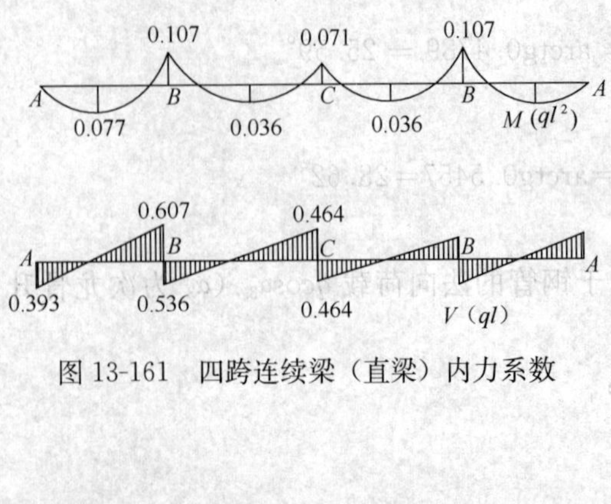

图 13-161　四跨连续梁（直梁）内力系数

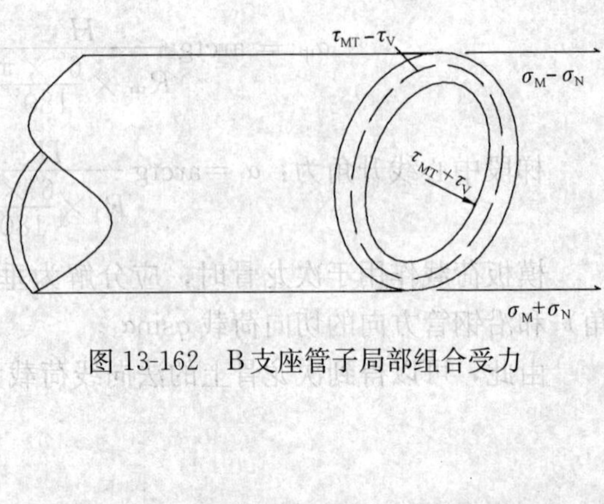

图 13-162　B 支座管子局部组合受力

其强度。其压应力最大值为：

$$\delta_{\max}=\frac{1}{2}(\delta+\sqrt{\delta^2+4\tau^2}) \tag{13-15}$$

其剪应力最大值为：

$$\tau_{\max}=\frac{1}{2}\sqrt{\delta^2+4\tau^2} \tag{13-16}$$

（1）弧形次龙骨的弯曲应力

立杆间距为18°圆心角，对应的外弧次龙骨长度为：

$$L=\frac{R_3}{\cos\alpha_3}\times\frac{18^\circ\times\pi}{180^\circ}=\frac{3.6\times\pi}{\cos24.27^\circ\times10}=1.24\text{m}$$

次龙骨弯曲应力：

$$\sigma=\frac{M_{\text{W}}}{W}=\frac{0.107\times q_{法}\times L^2}{5078}=\frac{0.107\times6.094\times1240^2}{5078}=197.44\text{MPa}$$

（2）弧形次龙骨的扭矩和相应剪力

在图13-160的受力单元上，作用在外弧次龙骨上的荷载，分别从C点、D点沿次龙骨向支点立杆传递。由于弧管偏离两支点连线（AB），对弧管产生了扭矩。为了推导扭矩数值，可将ABC弧放大，如图13-163所示。

从图13-163可以看出，作用在次龙骨ACB上的任一点荷载对AB两点连线的偏心距（即扭矩力臂）为：

$$R_3\cos[-R_3\cos(\beta/2)]=R_3[\cos\theta-\cos(\beta/2)] \tag{13-17}$$

上式中，θ为变量，β是已知量。需要说明的是以下几点：

1）图13-160所示为实际梯面和弧管的水平投影，但次龙骨弧管上任一点到圆心轴之距R_3，与水平投影无异。

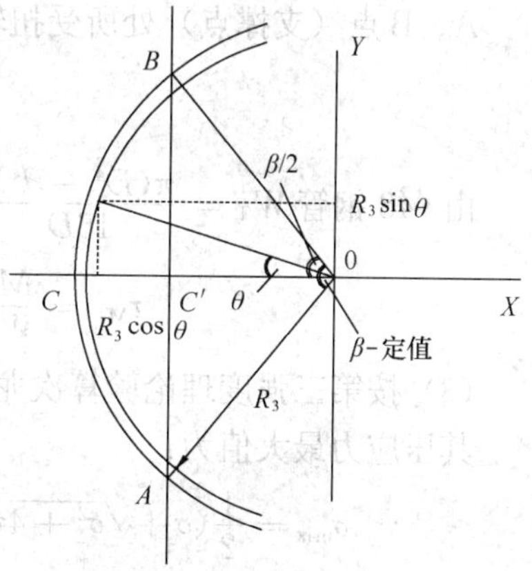

图13-163 底楞扭矩示意

2）次龙骨ABC弧线，与AB点连线，只是两端点和弧线中点的水平投影。所以式（13-17）给出的偏心距（扭矩力臂）也仅是实际力臂到连线轴的投影，偏心荷载与连线轴的力臂恰好是投影长度。

3）为了和扭矩力臂相统一，扭矩计算在水平投影平面进行。用于计算的次龙骨法向线荷载，应该除以次龙骨升角的余弦，折算为作用于次龙骨的水平投影荷载。

4）弧形次龙骨对应于$\text{d}\theta$的水平投影长度应为$R_3\text{d}\theta$，作用于这段长度上的法向线荷载为：

$$\frac{q_{法}\times R_3\text{d}\theta}{\cos\alpha_3}$$

基于以上分析，楼梯段上每一微小面积荷载的水平投影作用于次龙骨所产生的扭矩为：

$$M_T=\int_{-\frac{\beta}{2}}^{\frac{\beta}{2}}\frac{q_{法}}{\cos\alpha_3}\times R_3\mathrm{d}\theta\times R_3\left(\cos\theta-\cos\frac{\beta}{2}\right)$$

即：

$$M_T=\frac{q_{法}\times R_3^2}{\cos\alpha_3}\int_{-\frac{\beta}{2}}^{\frac{\beta}{2}}\left(\cos\theta-\cos\frac{\beta}{2}\right)\mathrm{d}\theta \tag{13-18}$$

代入已知数值：$q_{法}=6.094\text{kN/m}$；$R_3=3600\text{mm}$；$\alpha_3=24.27°$；$\beta=18°$；因 $\cos\frac{\beta}{2}=\cos9°$为常数，故可得到弧管偏心对 A、B 点（支撑点）处的扭矩：

$$M_T=\frac{q_{法}\times R_3^2}{\cos\alpha_3}\int_{-\frac{\beta}{2}}^{\frac{\beta}{2}}\left(\cos\theta-\cos\frac{\beta}{2}\right)\mathrm{d}\theta$$

$$=\frac{6.094\times3.6^2}{\cos24.27°}\left(\int_{-\frac{\beta}{2}}^{\frac{\beta}{2}}\cos\theta\mathrm{d}\theta-\cos9°\int_{-\frac{\beta}{2}}^{\frac{\beta}{2}}\mathrm{d}\theta\right)$$

$$=86.6352\left(\sin9°-\sin(-9°)-\cos9°[9°-(-9°)]\frac{\pi}{180}\right)$$

$$=86.6352\left(2\sin9°-\cos9°\times\frac{\pi}{10}\right)=0.226\text{kN}\cdot\text{m}$$

A、B 点（支撑点）处所受扭转剪力及转角分别为：

$$\tau_{MT}=\frac{M_T}{W_T}$$

由 $\phi48$ 钢管 $W_T=\frac{\pi(D^4-d^4)}{16D}=10156\text{mm}^3$，可计算本例：

$$\tau_{MT}=\frac{M_T}{W_T}=\frac{0.226\times10^6}{10156}=22.25\text{MPa}$$

(3) 按第三强度理论验算次龙骨材料 $\phi48$ 钢管（支撑点处）强度。

其压应力最大值为：

$$\sigma_{max}=\frac{1}{2}(\sigma+\sqrt{\sigma^2+4\tau^2})=\frac{1}{2}(197.44+\sqrt{197.44^2+4\times22.25^2})$$

$$=199.92\text{MPa}<[\sigma]=205\text{MPa}$$

其剪应力最大值为：

$$\tau_{max}=\frac{1}{2}\sqrt{\sigma^2+4\tau^2}=\frac{1}{2}\sqrt{197.44^2+4\times22.25^2}=101.20\text{MPa}<[\tau]=120\text{MPa}$$

3. 弧形次龙骨的刚度计算

次龙骨中点挠度，由两部分内力的作用叠加而成。其一是法向荷载作用产生的弯矩；其二是扭矩引起的结点转角 θ 致使弧管偏转，中点下垂。中点挠度为两项变形之和。

由于模板及支撑系统在弹性范围工作，其对混凝土结构成型的挠度影响，是由混凝土养护期间的荷载产生的，所以模板及支撑系统的刚度计算不考虑振捣等施工活荷载的作用，且荷载取标准值，比强度计算荷载小很多，一般强度条件可满足，刚度可不校核。

13.13.2.5 支撑立杆计算

立杆承受弧形次龙骨法向荷载，外侧受荷面积大。校核外侧立杆承载能力：

每根立杆负担18°范围楼板，由前面计算，荷重为1.24×6.094=7.56kN；

立杆步距1.5m，计算长细比

$$\lambda=L_0/i=1.155\times1.8\times1500/15.8=197.4$$

查表得稳定性系数：$\varphi=0.185$

则立杆稳定承载力设计值：$f=F/(\varphi A)=7560/(0.185\times489)=83.57\text{N/mm}^2<205\text{N/mm}^2$

由于楼梯板存在较大的水平方向荷载：7.56×tg24.27°=3.41kN，故需设与楼板相垂直的斜撑，计算从略。

13.13.2.6 地基承载力核算

与常规计算无差异，此处从略。

13.13.3 旋转楼梯模架施工

13.13.3.1 旋转楼梯施工

1. 旋转楼梯施工步骤

施工步骤以13.13.2.2所介绍的板式旋转楼梯为例。支模材料：模板板面采用木模板；竖向支撑及主次龙骨采用扣件、ϕ48钢管。

熟悉图纸→确定支模材料→放楼梯内、外侧两个控制圆及过圆心射线的线→计算楼梯段、休息平台、楼梯踏步尺寸→确定支模位置→加工楼梯段弧形底楞钢管（次龙骨）→确定休息平台水平投影位置及标高→支平台模板→支楼梯段控制点放射状水平小横杆→安放楼梯段弧形底楞钢管→铺楼梯段模板→加固支撑→封侧帮模板→绑钢筋→吊楼梯踏步模板→浇混凝土。

（1）备料

1）立柱

采用扣件、ϕ48钢管，根据相应踏步的底标高确定钢管的不同长度，相同长度的各截2根为1组。长度为相应踏步的底标高减去梯段底板厚及楞木、底板木模的厚度。

2）主龙骨

主龙骨ϕ48钢管采用扣件与立柱锁固，如外侧立杆一只扣件不满足要求，可再增加一只；长度为楼梯宽度加600mm，即每边长出300mm，以供固定边模板用。

3）模板面板

可按楼梯的图纸尺寸，锯出梯形板，亦可用50mm×50mm方木加楔，沿着弧面铺设。由于弧形底楞间距较大，板厚不宜小于40mm。

4）侧帮

侧帮是指踏步两端头的模板。侧帮应能弯成一定弧度，由于材料较薄刚度差，除了在主龙骨处加固外，尚需以扁铁等材料作径向约束。

5）立帮

因为踏步的高度和长度一致，故按正常板式楼梯的支模方法准备立帮即可。

（2）放线

放线是支旋转楼梯模板的最重要的工作，具体按下述步骤进行：

1）定出中心点

根据图纸尺寸，定出楼梯中心点位置，然后在中心点处做出标志；中空的旋转楼梯中心点较为直观，中间为结构筒时需将中心点引测上来。

2）划圆定轮廓

以中心点为圆心，分别以中心点至内外弧的距离为半径，在地面上画出两条半圆弧，即为旋转楼梯轮廓的水平投影基准线。

3）建立中垂线

在中心点处设一根垂直线。在楼梯位置的上方放一根固定的100mm×100mm方木，并在方木的中间部位上定出一个点，使这点与地面中心点重合。然后用一根16～20号的钢丝，将地面中心点桩钉与木方中心点连通拉紧。

4）画点线

按图示尺寸，画出分隔点、踏步线、找踏步交点、确定梯段底板线。

（3）支模

放好线后，即可按线支模。

1）立支柱、主龙骨、弧形次龙骨，形成支撑骨架。

2）安装梯段底板。在立好的骨架上钉牢事先配好的小块梯形底板。

3）钉侧帮。按内外圆弧的不同尺寸选取已准备好的梯形侧模板，分别安装在同一踏步的两端。要把每个侧帮靠紧，两相邻侧帮用短木方钉牢，但必须钉在踏步外侧。

4）模板支到一定程度后，需检查楼梯的尺寸和标高，不妥之处要进行调整。如底板的平整、侧帮所组成圆弧的棱角等。当确认没有问题后，再对楼梯模板进行整体加固。

5）立踏步板。与常规做法相同，但应待钢筋绑扎完毕后方能进行。

6）钉上口拉条。方法与普通楼梯一样。

2. 弧形底楞钢管的加工

弧形底楞钢管（次龙骨）是旋转楼梯的梯段模板成型的重要杆件。它的形状是螺旋线。为了保证加工精度，直钢管在加工前调直、在预定的顶面弹通长直线，以便于量测、画线；加工高差。一般加工时，先按弧形管与弦长处在同一水平面弯曲成水平投影夹角的圆弧形，然后再按所支撑的梯段高差加工弧形管竖向弧度。加工弧形管两端高差的方法是以该管中点为中心，将管子两端分别垂直于加工平面（弹通长直线的一面朝上）向上和向下按弧长比例逐点弯曲，弯曲角度要均匀。见图13-164弧形底楞投影示意图。

高差偏离（该管中点）平面的尺寸Δ的具体计算公式如下：

$$\Delta = \text{弧管实长} \times \sin\alpha$$

弧管加工前要仔细计算。然后绘制加工尺寸图，按图下料。弯制亦可使用手工。

计算步骤：先算出水平投影尺寸及各控制点投影位置，然后按底楞钢管所在位置的升角（α）折算为实长加工尺寸。

下面以图13-165旋转楼梯的第二段楼梯外侧弧形底楞的加工尺寸计算为例，进行具体说明，并绘制加工图（计算数据见图13-160和表13-36）。弧管R_3＝3600mm，α_3＝24.27°。

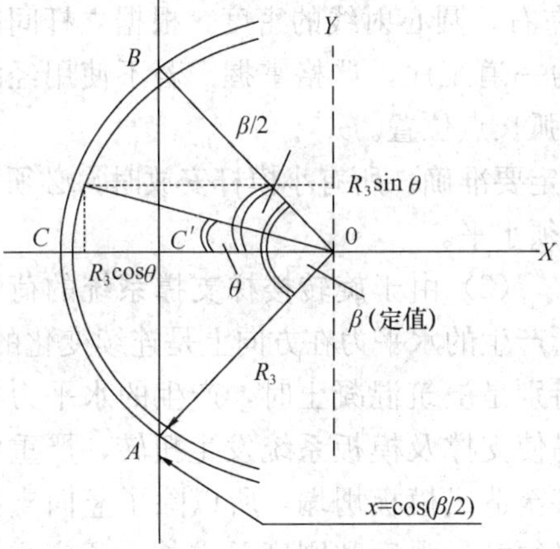

图 13-164 弧形底楞投影示意图

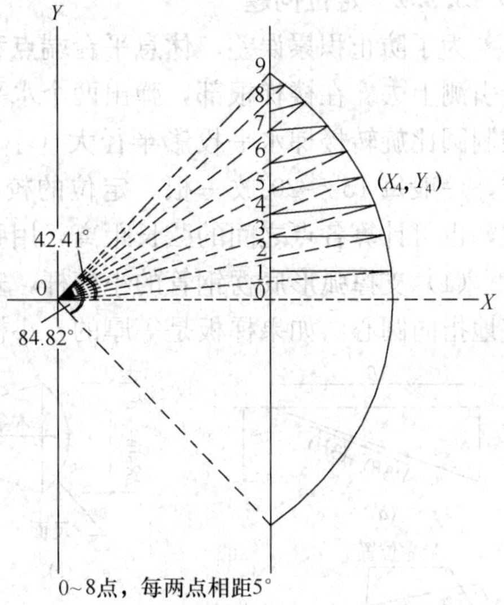

图 13-165 弧形底楞加工尺寸推导

【解】

1）以弧形管平面投影弦长为基线（Y 轴平行于基线，过圆心），做直角坐标系。以 R_3 为半径，从圆心按 5°间隔画射线。射线与圆弧交点坐标：$X=R_3\cos\theta$，$Y=R_3\sin\theta$，以此作为加工的控制点。具体计算详见图 13-159、图 13-164 和表 13-38，加工图见图 13-165。

2）列表计算加工控制点数值。

加工控制点数值（mm） **表 13-38**

项目 / 数值 / 点编号	水平投影				加工尺寸	
	X_i 坐标 $R_3\cos\beta_i$	Y_i 坐标 $R_3\sin\beta_i$	本点矢高 (X_i-X_9)	本点至 O 点距离（Y_i）	本点矢高	本点至 O 点距离 $(Y_i/\cos\alpha_3)$
0	2658	2428	0	2428	0	2663
1	3600	0	942	0	942	0
2	3586	314	928	314	928	344
3	3545	625	887	625	887	686
4	3477	932	819	932	819	1022
5	3383	1231	725	1231	725	1350
6	3263	1521	605	1521	605	1668
7	3118	1800	460	1800	460	1975
8	2949	2065	291	2065	291	2265
9	2758	2314	100	2314	100	2538
弦长投影	$2R_3\sin 42.41°=4856$			加工后弦长	$\sqrt{4856^2+2403^2}=5418$	
弧长投影	$R_3=\dfrac{82.82°\times\pi}{180°}=5329$			下料弧管实长	5846	
弧管两端均匀偏离下料平面中点距离为：弧管实长×$\sin\alpha/2=1201$mm						

13.13.3.2　定位问题

为了防止积累误差，休息平台端点和梯段控制点，一般应直接从楼梯水平投影位置直接引测上去。在楼梯根部，弹出两个水平投影范围以外的同心控制圆线和圆心射线。同心控制圆比旋转楼梯水平投影半径大（小）200mm左右。圆心射线的密度，根据立杆间距定，一般每15°～20°放一根。定位的校核，应作为一道工序，严格掌握。若不使用经纬仪，也可计算各点之间的弦长距离，用弦长来确定弧长点位置。

（1）支撑弧形底楞钢管的小模杆，安放位置一定要准确。所有小模杆安放时，必须垂直地指向圆心。如果梯板是等厚的，小模杆安装必须水平。

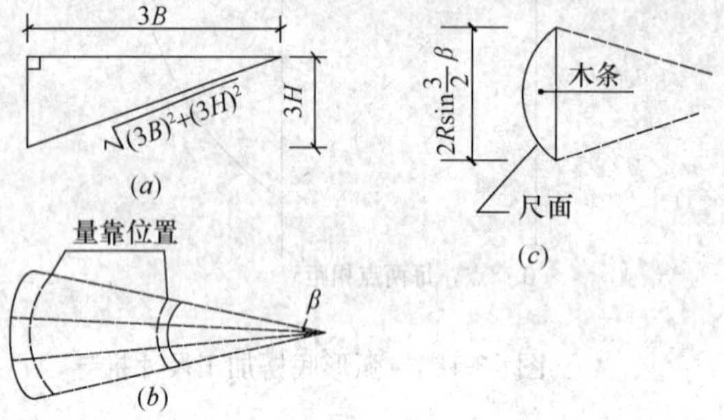

图13-166　坡度靠尺加工示意

H—踏步高；*β*—每段踏步夹角；*B*—弧管位置踏步宽；*R*—对应于弧管位置的半径

（2）由于旋转楼梯支撑系统的荷载所产生的水平力在方向上是连续变化的，特别是浇筑混凝土时，产生的水平力极易使支撑及模板系统发生扭转，严重的甚至造成模板坍塌，所以除了竖向支撑必须满足强度和刚度要求外，还应增加与模板板面相垂直的斜支撑和侧向支撑。

（3）坡度靠尺：用于检查弧形底楞及模板的铺设是否满足要求，靠尺用容易弯曲的三合板或纤维板制作。其下料尺寸见图13-166（*a*）。长度分别是内弧和外弧两根底楞钢管位置的三级踏步宽，高度是三级踏步高。靠尺上口钉制图3-166（*c*）形状木条固定。斜边两角之间可用细铁丝作弓弦，使其与上口木条一致。用此尺检查时，放尺的位置要准确，见图13-166（*b*），若靠尺斜边与模板（弧管）无缝、直角边垂直、水平，则为合格。

13.13.3.3　注意事项

（1）旋转楼梯（亦称螺旋楼梯）依传递荷载的路径不同，其梯板的受力形式有很大区别。本例所述的梯板是向两侧的内外筒墙上传力，故为简支板；向单侧传力时，梯板为悬挑结构。若梯段中间无支点，仅在上下两端传力时，楼梯为空间结构，梯板受力较复杂。但无论哪种形式，对支模板来说，都没有太大区别，在模板的强度校核和支撑系统的受力计算方面方法一致。

计算时，从施工实际出发，进行了一些简化。比如梯面模板，虽然分块很小，但每一块在支点的高度和水平方向上都有一点变化，由于量值较小，我们视为水平放置的简支板受竖向荷载作用。弧形底楞与模板之间，可以认为是点接触，受力简化为只受垂直于管的正压力和模板与管子之间传递的摩擦力。这两种力作用于弧管应产生剪力、弯矩、扭矩、扭转剪力以及截面拉（压）应力产生的切向弯矩。由于最后一项量值较小，计算时予以忽略。

（2）常见的双折直跑楼梯，在楼梯板与休息平台相交处，一般设有楼梯梁。因此，前面分析的L_1、L_2的推算，显得没有什么意义。但往往在这个部位，由于楼梯模板就位不准，给钢筋的合理就位造成很大麻烦，也影响了结构的安全，建议在施工休息平台处带有楼梯梁的楼梯时，也需要计算一下楼梯模板应该在什么位置与楼梯梁相交。同时核定梯板钢筋与楼梯梁钢筋在位置上是否矛盾。

（3）大多数楼梯的梯板板厚与休息平台板厚是一致的，所以本例的分析也是建立在这个基础上的。如果这两种板的板厚不同，在计算 L_2、L_3 时，应做适当的调整。如将 L_3 改为：

$$L_3=\frac{H-\delta_{平台板}+\dfrac{\delta_{梯板}}{\cos\alpha}}{\mathrm{tg}\alpha}$$

L_2 的情况复杂一些，需另作图分析。

（4）某些楼梯，楼梯踏面的面层厚度与休息平台面层厚度不一致，一般是后者稍厚一些，如图 13-167 所示，在支楼梯模板时，应整体将梯模向下侧休息平台水平推移（$H-h$）÷tgα。式中 H 为休息平台建筑构造厚度，h 为楼梯踏步踏面面层厚度，α 为楼梯升角。楼梯踏步第一级的支模位置仍应该是原设计位置。这样，就会有一小段梯板斜面暴露在休息平台根部。在做平面面层时，切不可剔凿该部位，只能在面层上采取措施，把局部做薄一点。同时，楼梯最上一级踢面位置是与图纸尺寸一致的，但踏步高比其他踏步低 $H-h$。

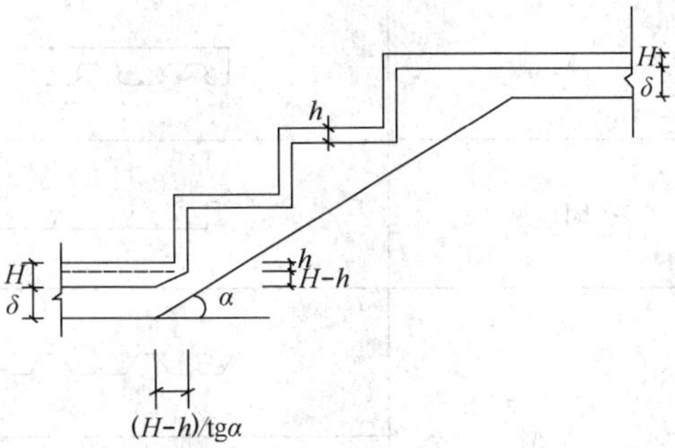

图 13-167　踏面与休息平台板厚不一致时支模尺寸示意

（5）同心圆汽车坡道模板施工，亦可参考本法进行受力分析。

13.14 永久性模板

永久性模板是一种建筑钢结构楼板的永久性支承模板，它是楼盖的永久性支承模板。根据设计要求可以与现浇混凝土层共同工作，形成建筑物的永久组成部分，习惯称之为结构楼承板。

结构楼承板的材质一般为镀锌压型钢板，根据受力的特性又称为楼承板、钢承板、镀锌楼承板、镀锌钢承板、镀锌楼层板等；因其能够与现浇混凝土层共同工作，从结构形式上又称为组合楼板、组合楼层板、组合楼承板、压型钢板组合楼板等，其分类见表 13-39、表 13-40。

永久性模板的分类　　**表 13-39**

永久性模板	压型钢板模板	
	各种配筋的混凝土薄板	预应力混凝土空心底板模板 预应力混凝土实心底板模板
		螺旋肋钢筋混凝土底板模板
		冷轧带肋钢筋混凝土底板模板

典型压型钢板截面示意图　　**表 13-40**

型号	截面简图	板厚（mm）	单位重量（kg/m²）
M型		0.8	9.68

续表

型号	截面简图	板厚（mm）	单位重量（kg/m²）
M型	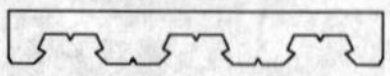	0.9	10.5
闭口型		1.0	12.17
V型	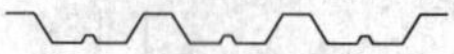	1.2	14.6
		1.6	19.3
W型	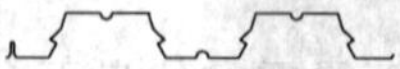	1.6	21.7

压型钢板作为楼承板，其特点为施工快捷、方便、工期短、节约钢筋、可兼做钢模板，具有造价低、强度高的特点。

13.14.1 压型钢板

13.14.1.1 种类、规格和使用原则

1. 种类

以压型钢板作永久性模板，与压型钢板上浇筑的混凝土形成组合楼板，根据压型钢板是否与混凝土共同作用分为组合式和非组合式两种。

(1) 组合式：压型钢板既起到模板的作用，又作为现浇楼板底面受拉钢筋，不但在施工阶段承受施工荷载和现浇混凝土层自重，而且在使用阶段还承受使用荷载。

(2) 非组合式：只起到模板功能，承受施工阶段的所有荷载，不承受使用阶段的荷载。

2. 材料和规格

(1) 压型钢板材料

压型钢板采用热镀锌钢板，其基板钢材牌号Q215、Q235、Q345。热镀锌钢板通过冷轧制成，压型钢板因其基板钢材材质的不同，其组合板极限抗弯承载力是不同的。

(2) 压型钢板规格

现用作钢楼承板的镀锌压型钢板有20多个型号，分别由不同的波高、波距、板宽和端头收口形式，组成多型号的组合板；其中因生产厂家的不同，波高从35～75mm；波宽从215～305mm；板宽从125～344m；厚度从0.7～2.3mm，截面形式有开口型、闭口型、缩口型。

(3) 压型钢板的基本形式

组合楼板中采用的压型钢板的基本形式见图13-168。

(4) 压型钢板的堵头板：压型钢板的边缘收边有三种形式可供选择，分别有堵头板、

泡绵及端头压扁处理等方法。

1）压型钢板端头用堵头板进行收边，且根据不同板型，采用相应的堵头板，其选用的材质和厚度与压型钢板相同（图 13-169）。

2）压型钢板端头用梯形泡绵堵塞，见图 13-170。

3）压型钢板端头压扁进行收边处理，见图 13-171。

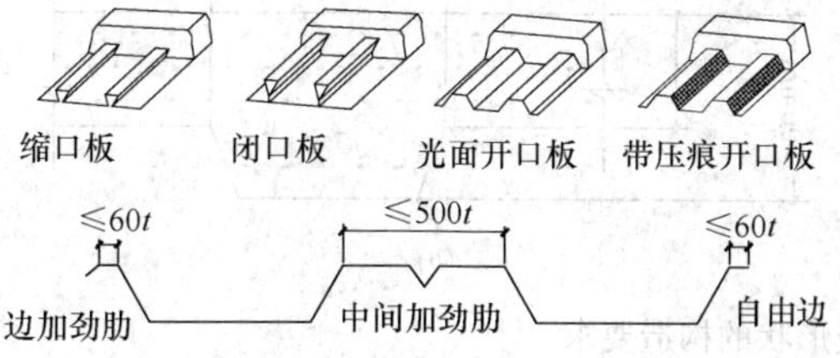

注：t为压型钢板厚度

图 13-168 压型钢板组合楼板的基本形式

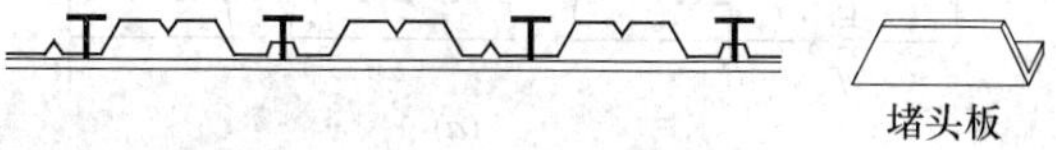

注：1.压型钢板收边构造仅适用于楼板边缘，以及压型板沟肋走向改变处；
2.应根据不同板型，采用相应的堵头板

图 13-169 压型钢板端头堵头板收边

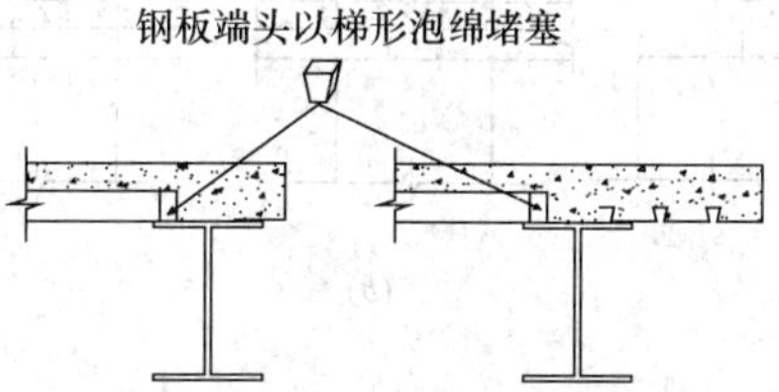

图 13-170 压型钢板端头泡绵收边

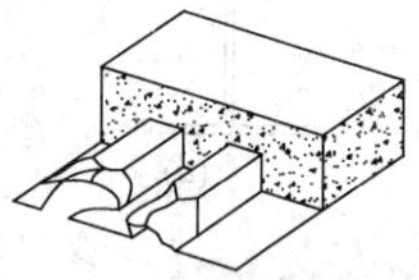

图 13-171 压型钢板端头压扁工收边

（5）材料标准：《碳素结构钢》（GB/T 700）、《低合金高强结构钢》（GB/T 1591）、《连续热镀锌薄钢板》（GB/T 5218）、《圆柱头焊钉》（GB/T 10433）

3. 使用原则

（1）压型钢板模板在施工阶段必须进行强度和变形验算，跨中变形应控制在 $L/200$，且≤20mm，如超过变形控制量，应铺板后在板下设临时支撑。

（2）压型钢板模板使用时，应作构造处理，其构造形式与现浇混凝土叠合后是否组合成共同受力构件有关。

1）组合楼板中压型钢板的选型要求：对组合板压型钢板选材宜采用带有特殊波槽和压痕的开口、缩口及闭口板。

2）组合楼板的形状及构造要求

①组合楼板的形状应满足图 13-172 所示的构造要求。

②混凝土强度等级不宜低于 C25。

③混凝土的粗骨料最大粒径不应超过以下数值中的较小值：$0.4h_{c1}$，$b_w/3$ 及 30mm（h_{c1}：压型钢板板肋以上混凝土高度；b_w：浇筑混凝土的凸肋平均宽度）。

④组合楼板在钢梁、混凝土梁或剪力（砖）墙上的支承长度要求如图 13-173 所示。

（3）组合楼板端部设置栓钉锚固件，栓钉在压型钢板凹肋处要穿透压型钢板焊牢在钢梁上。

（4）组合楼板采用光面开口压型钢板时需配置横向钢筋，有较高的防火要求时需配置

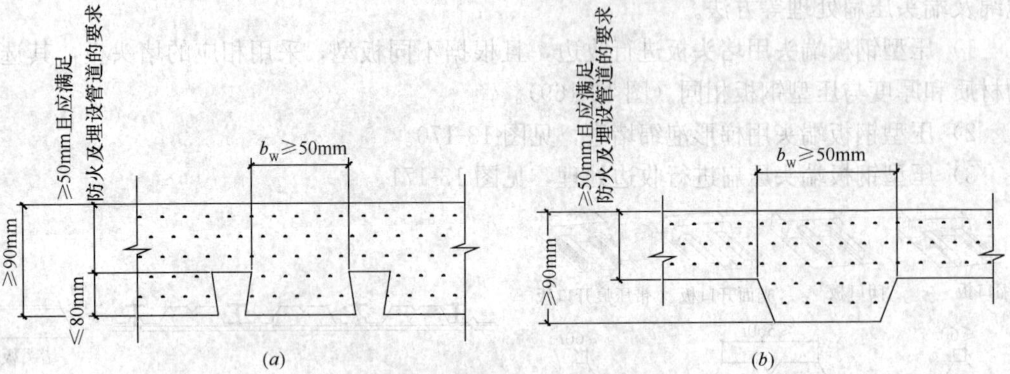

图 13-172 组合楼板形状的构造要求
(*a*) 缩口或闭口型板；(*b*) 开口型板

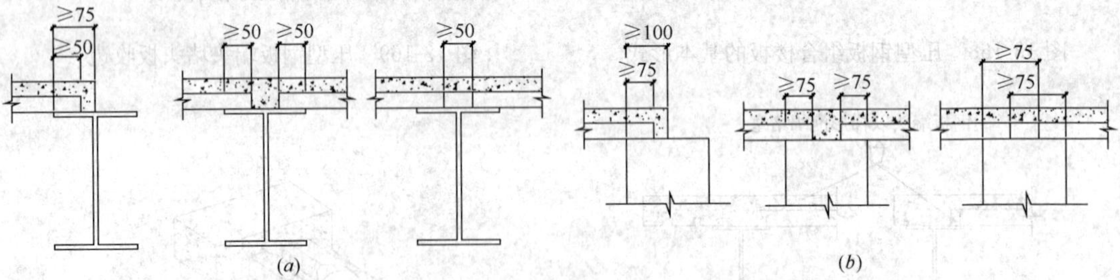

图 13-173 组合楼板支承长度要求
(*a*) 支承于钢梁上；(*b*) 支承于混凝土或砌体上

纵向受拉钢筋，在连续组合板或悬臂组合板需配置支座负钢筋。

（5）组合楼板受力钢筋的保护层厚度应满足表 13-41 的要求。

（6）受拉钢筋的锚固长度、搭接长度及保护层厚度应遵循《混凝土结构设计规范》GB 50010 中的有关规定，受拉钢筋的锚固长度见表 13-42。

组合楼板受力钢筋保护层厚度表　表 13-41

环境等级	保护层厚度（mm）	
	受拉钢筋	非受拉钢筋
一类环境	15	10
二类环境	20	10

受拉钢筋的锚固长度　表 13-42

	C25	C30	C35	C40
HPB235	27*d*	24*d*	22*d*	20*d*
HPB335	34*d*	30*d*	27*d*	25*d*

（7）对组合楼板的防火要求：

1）组合板的耐火等级应根据《高层民用建筑设计防火规范》（GB 50010）中的有关条文确定，楼板的耐火极限见表 13-43。

冷轧扭钢筋混凝土薄板模板规格尺寸　表 13-43

厚度（mm）	跨度（mm）	宽　度
根据跨度由设计确定。当叠合后的楼板厚度为板跨（*L*）的 1/35～1/40 时，薄板厚度取 *L*/100+10	一般为 4000～6000，经多块横向拼接最大可达 5400×6000	由于多块薄板横向拼接成双向叠合楼板，因此单板宽度的确定后，能使模板的拼缝置于受力最小位置，即楼板弯矩最小的四分点处

2）组合板当耐火极限为1.5h的厚度不能满足图13-187中的要求时，应采取相应的防火保护措施，如图13-174所示。

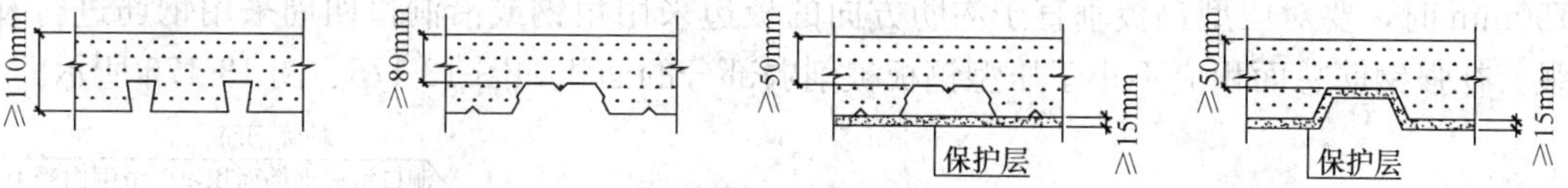

图13-174 耐火极限为1.5h的组合板构造要求

(8) 对非组合板压型钢板选材不需采取特殊波槽、压痕的板型或采取其他构造措施，非组合板可不考虑压型钢板的防火要求。

13.14.1.2 压型钢板模板的安装

1. 施工技术准备工作

(1) 在设计图的基础上，进行压型钢板模板平面布置图的深化设计，尽量避免在栓钉位置进行压型钢板的搭接，并完成安装前的方案编制、技术交底、操作工艺交底和安全生产交底。

(2) 与梁、柱交接处和预留孔洞处的异形压型钢板模板，应先放出大样再进行切割。

(3) 对组合式压型钢板模板，在安装前制定好栓钉施焊工艺。

2. 施工材料准备工作

(1) 检查压型钢板模板的型号、规格是否符合设计要求，检查外观是否存在变形、扭曲、压扁、裂痕和锈蚀等质量缺陷，有关材质复验和试验鉴定已经完成。

(2) 压型钢板进场后，按轴线、房间及安装顺序配套码垛、分层、分区、分规格按加工订货单码放整齐，并注明编号，区分清楚层、区、号，用记号笔标明，并准确无误地运至施工指定部位。

(3) 吊运时采用专用软吊索，以保证压型钢板板材整体不变形、局部不卷边。安装压型钢板时最好与钢结构柱、梁同步施工。

(4) 准备好临时支撑工具，直接支承压型钢板模板的龙骨宜采用木龙骨。

3. 钢结构压型钢板模板的安装

(1) 操作工艺流程

弹线→清板→按轴线、房间位置吊运→模板拆捆、布板→支设模板临时支撑→切割→压合→侧焊→端板焊接→留洞→洞口边加固→封堵→验收→栓钉焊接→清理模板表面→验收。

(2) 操作工艺要点

1）先在铺板区的钢梁上弹出中心线，以此作为铺设压型钢板固定位置的控制线。确定压型钢板搭接钢梁的搭接宽度及压型钢板与钢梁熔透焊接的焊点位置。

2）因压型钢板长度方向与次梁平行，铺板后难以观测到次梁翼缘的具体位置，因此要先将次梁的中心线及次梁翼缘宽度返弹在主梁的翼缘板上，固定栓钉时应将次梁的中心线及次梁翼缘宽度再返弹到次梁上面的压型钢板上。

3）压型钢板模板铺设时，相邻跨模板端头的槽口应对齐贯通。采用等离子切割机或剪板钳裁剪边角，裁切放线时富余量应控制在5mm范围内，浇筑混凝土时应采取措施，防止漏浆，且布料不宜太集中，采用平板振动器及时分摊振捣。

①组合楼板开孔时，根据开孔大小要对洞口边缘的压型钢板进行补强，当洞口≤750mm 时，要对压型钢板垂直于沟肋方向的板边采用角钢或沿洞口四周采用钢筋进行补强，补强钢筋总面积应不小于压型钢板被削弱部分的面积如图 13-175、图 13-176 所示。

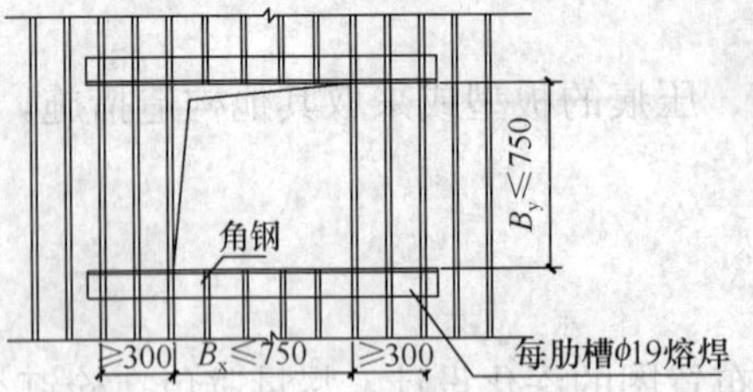

图 13-175　组合楼板开孔≤750 时的加强措施之一

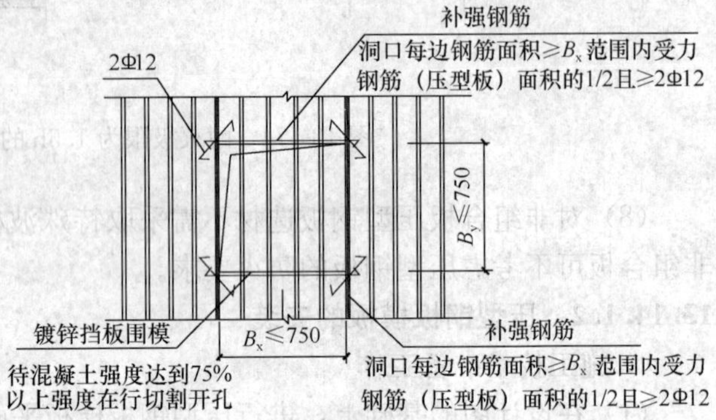

图 13-176　组合楼板开孔≤750 时的加强措施之二

②组合楼板开孔时洞口在 750～1500mm 时，洞口四边均要采用角钢进行补强。

③混凝土楼面板预留孔洞，尺寸大于 750mm×750mm 者采用先开洞措施，即在钢梁上加焊型钢托梁分隔，增加洞口刚度，网片钢筋在洞口断开，并与型钢焊接；洞口尺寸小于 750mm×750mm 者采取后开洞措施，即在压型钢板上增加堵头分割板，网片钢筋贯通，混凝土浇筑成型后可剪断钢筋。

4）模板应随铺设，随校正、调直、压实，随点焊，以防止模板松动、滑脱。压型钢板与压型钢板侧板间连接采用咬口钳压合，使单片压型钢板间连成整板。先点焊压型钢板侧边，再固定两端头，最后采用栓钉固定。

5）楼板与钢梁的搭接支承长度不得少于 75mm，栓钉直径根据板的跨度按设计要求采用。

6）压型钢板模板底部应设置临时支撑和木龙骨。支撑应垂直于模板跨度方向设置，其数量按模板在施工前变形控制计算量及有关规定确定。

7）组合楼板悬挑收边按《钢与混凝土组合楼（屋）盖结构构造》05SG522 国家建筑标准设计图集中节点做法施工。

8）组合板在按简支板设计时，要在支座上部的混凝土叠合层中布置楼板抗裂钢筋。

9）组合式模板与钢梁栓钉焊接时，栓钉的规格、型号和焊接位置，应按设计要求确定。焊前，根据弹出栓钉位置线，处理压型钢板表面的镀锌层。栓钉施焊前，必须对不同材质、不同规格、不同厂家、不同批号生产的栓钉，采用不同型号的焊机及焊枪进行严格的与现场同条件的工艺参数试验。

①静拉伸试验：采用 20°斜拉法检查拉断时的位移及抗拉强度、延伸及屈服点。

②反复弯曲试验：在一个纵向平面内反复弯曲 45°以上，要求焊缝周围无任何断裂现象。

③弯 90°角试验：要求在焊缝的薄弱部位不裂。

10）一般常用的栓钉规格见表 13-44。

一般常用的栓钉规格表 **表 13-44**

板跨度	栓钉直径（mm）	简　图
板跨＜3m	13～16	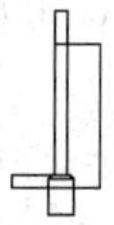
3m≤板跨≤6m	16～19	
板跨＞6m	19	

11）栓钉焊接工艺参数参考表见表 13-45。

栓钉焊接工艺参数 **表 13-45**

栓钉规格（mm）	电流（A）		时间（s）		伸长度（mm）		提升高度（mm）	
	普通焊	穿透焊	普通焊	穿透焊	普通焊	穿透焊	普通焊	穿透焊
ϕ13	950	—	0.7	—	4	—	2.0	—
ϕ16	1250	1500	0.8	1.0	5	78	2.5	3.0
ϕ19	1500	1800	1.0	1.2	5	79	2.5	3.0
ϕ22	1800	—	1.2	—	6	—	3.0	—

12）焊接磁环：焊接瓷环是栓钉焊的一次性辅助焊接材料，其中心孔的内外直径、椭圆度应符合设计要求，薄厚均匀，不得使用已经破裂和有缺陷的瓷环，受潮的瓷环要经过250℃、1h 的烘焙，且放潮气 5min 后方可使用。

13）栓钉焊接的电源，应与其他电源分开，工作区应远离磁场，或采取防磁措施。栓钉焊接后，以四周熔化的金属成均匀小圈且无缺陷为合格。

14）质量检查要求：执行《钢结构工程施工质量验收规范》BG 50205。栓钉高度（L）允许偏差为±2mm，偏离垂直方向的倾角（θ）应≤5°。目测合格后，再按规定进行冲力弯曲试验，弯曲 15°时焊接面不得有任何缺陷。合格的栓钉，可在弯曲状态下使用。

4. 混凝土结构压型钢板模板的安装

（1）工艺流程

找平放线→支设支承龙骨→吊运压型钢板模板搁置在支承龙骨上→人工拆捆→铺放压型钢板模板→模板就位调整、校正→模板与支承龙骨钉牢→模板纵向搭接点焊连接→清理模板表面。

（2）工艺要点

1）支撑系统，应按模板在施工阶段的变形量控制要求及有关规定设置。支撑龙骨应垂直于模板跨度方向布置，模板搭接处和端部均应放置龙骨。端部不允许有悬臂现象。

2）模板应随铺放，随校正，随与支撑龙骨固定，然后将搭接部位点焊牢固。

5. 安装注意事项

（1）安装施工用照明动力设备的电线，应采用绝缘线，并用绝缘支撑使电线与压型钢板楼板隔离开。要经常检查线路，防止电线损坏漏电。照明行灯电压一般不得超过 36V，潮湿环境不得超过 12V。

（2）安装中途停歇时，应对已拆捆未安装的模板与结构做临时固定，不得单摆浮搁。每个层段，必须待模板全部铺设连接牢固并经检查后，方可进行下道工序施工。

（3）已安装好的压型钢板模板，如设计无规定时，施工荷载一般不得超过 2.5kN/m²，更不得对模板施加冲击荷载。

（4）上、下层连续施工时，支撑系统应设置在同一垂直线上。

13.14.2　混凝土薄板模板

薄板是现浇楼（顶）板的永久性模板，又与楼（顶）板现浇混凝土叠合形成组合板，构成楼（顶）板的受力结构，适用于不设置吊顶和一般装饰标准的工程，可以大量减少顶棚的抹灰作业。组合式模板适用于抗震设防地区和非地震区，不适用于承受动力荷载。当用于结构表面温度高于 60°，或工作环境有酸碱等侵蚀性介质时，应采取有效的防护措施。

13.14.2.1　品种、构造和规格

1. 品种

叠合板用预应力底板模板分为两类，预应力混凝土实心底板模板和预应力混凝土空心底板模板，有些生产厂家又称为 SP 预应力空心板。

（1）预应力混凝土实心底板模板见图 13-177。

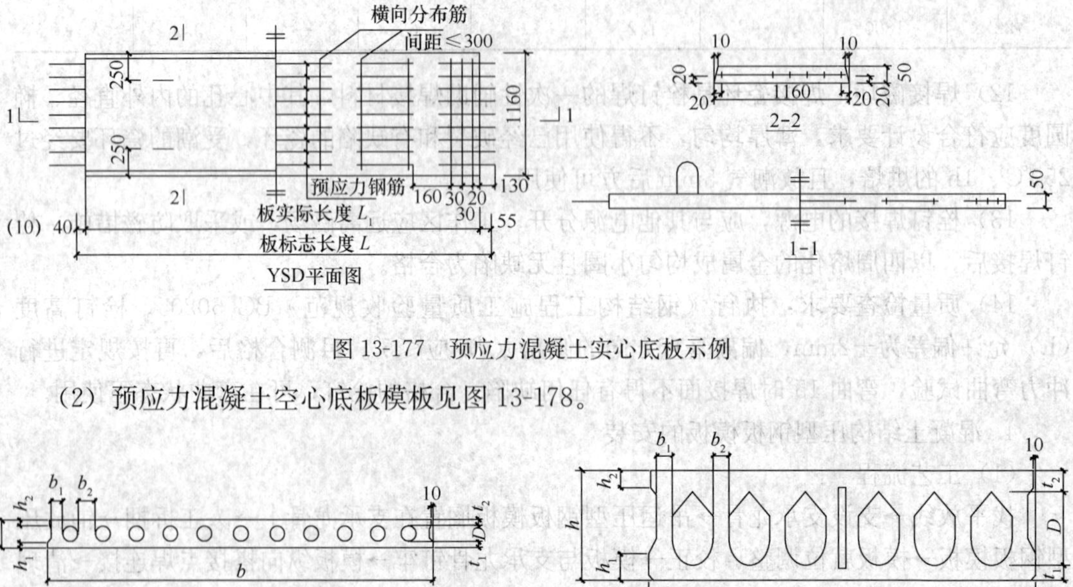

图 13-177　预应力混凝土实心底板示例

（2）预应力混凝土空心底板模板见图 13-178。

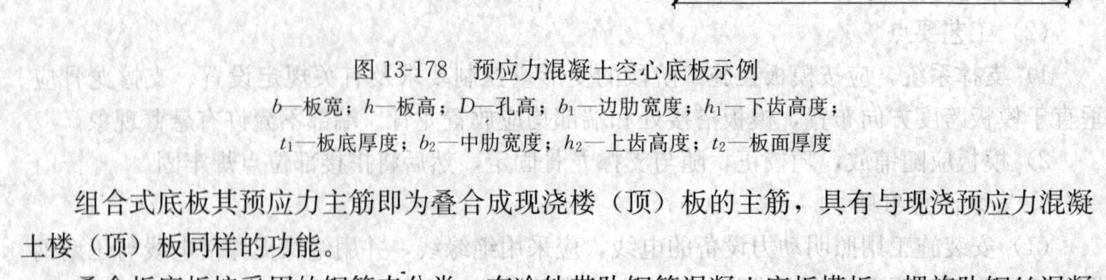

图 13-178　预应力混凝土空心底板示例

b—板宽；h—板高；D—孔高；b_1—边肋宽度；h_1—下齿高度；

t_1—板底厚度；b_2—中肋宽度；h_2—上齿高度；t_2—板面厚度

组合式底板其预应力主筋即为叠合成现浇楼（顶）板的主筋，具有与现浇预应力混凝土楼（顶）板同样的功能。

叠合板底板按采用的钢筋来分类，有冷轧带肋钢筋混凝土底板模板、螺旋肋钢丝混凝土底板模板，见表 13-46。

预应力实心板钢筋规格 表 13-46

预应力钢筋种类	螺旋肋钢丝	冷轧带肋钢筋
直径（mm）	$\phi^{H}5$	$\phi^{R}5$
抗拉强度标准值（N/mm）	1570	800
抗拉强度设计值（N/mm）	1110	530
底板构造钢筋种类	冷轧带肋钢筋 CRB400 级钢筋，也可采用 HPB235、HRB335 级钢筋	
支座负钢筋种类	HRB335、HRB400 级钢筋	
吊　钩	HRB235 级钢筋	

1）冷轧带肋钢筋是采用普通低碳钢筋或低合金钢筋圆盘条为母材，经冷轧或冷拔减径后在其表面冷轧成具有三面或二面月牙形横肋，并在轧制过程中消除内应力的钢筋，一般直径为 4～12mm。

2）冷轧带肋钢筋分为 550、650、800 三个级别，抗拉强度标准值分别为 550MPa、650MPa、800MPa。其中 550 级的冷轧带肋钢筋在预应力薄板中用于取代冷拔低碳钢丝，作预应力混凝土空心板预制件的受力钢筋。

3）冷轧带肋钢筋因表面有牙形横肋，与混凝土握裹锚固效果好，改善了构件弹塑性阶段的性能，提高了构件的强度和刚度。但因冷轧带肋钢筋延伸率较小，构件承受动力荷载的性能较差，在制作、运输、安装、设计使用时需采取有效措施。

2. 板面抗剪的构造要求

（1）当要求叠合面承受的抗剪能力较小时，可在板的上表面加工成具有粗糙划毛的表面，用辊筒压成小凹坑。凹坑的长、宽一般在 50～80mm，深度在 6～10mm，间距在 150～300mm 或用网状滚轮辊压成 4～6mm 深的网状压痕表面，见图 13-179。

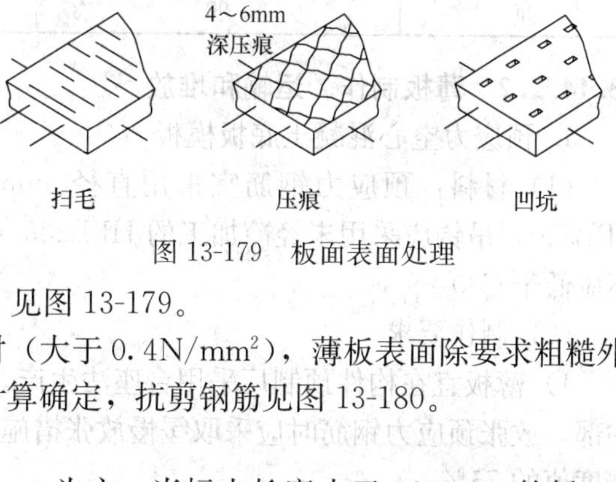

图 13-179　板面表面处理

（2）当要求叠合面承受较大的剪应力时（大于 0.4N/mm²），薄板表面除要求粗糙外，还要增设抗剪钢筋，其规格和间距由设计计算确定，抗剪钢筋见图 13-180。

3. 规格尺寸

（1）预应力混凝土空心底板厚度以 50mm 为主，当标志长度小于 3600mm 的板，为

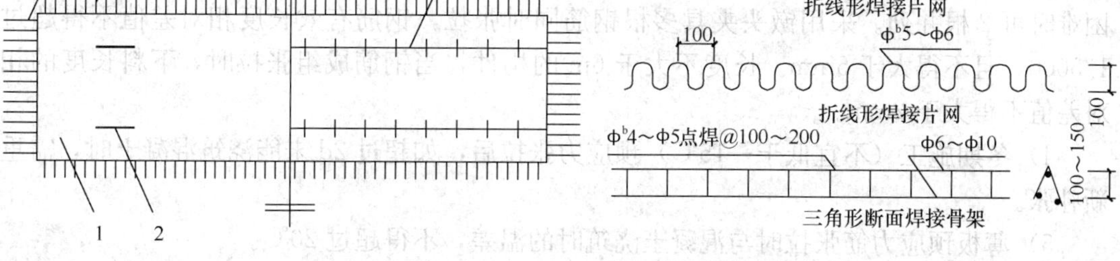

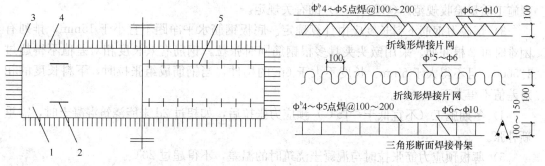

图 13-180　板面抗剪钢筋

1—薄板；2—吊环；3—主筋；4—分布筋；5—抗剪钢筋

便于运输板厚可取 40mm。标志长度以 3000～4800mm 为主，标志宽度以 600mm、1200mm 为主，实际需要时也可增加 500mm、900mm、1000mm、1500mm、1800mm、2400mm 等规格。预应力混凝土空心底板主要规格尺寸见表 13-47。

预应力混凝土空心楼板主要规格　　**表 13-47**

厚度/mm	100	120	150	180	200
标志长度/mm	4500～6000	5400～7200	6000～9000	8100～10500	9000～11100
空心率	≥25%		≥30%		≥34%

注：板长模数为 300mm。

（2）预应力混凝土实心板模板，板厚与叠合层厚度相组合后，形成的主要规格尺寸见表 13-48。

预应力混凝土实心板主要规格尺寸　　**表 13-48**

板厚（mm）	叠合层厚度（mm）	板　　跨　　度
50	60	3000、3300、3600、3900、4200、4500
50	70	3600、3900、4200、4500、4800
50	80	3900、4200、4500、4800、5100
60	80	4500、4800、5100、5400、5700
60	90	4800、5100、5400、5700、6000

13.14.2.2　薄板制作、运输和堆放

1. 预应力空心混凝土底板模板

（1）材料：预应力钢筋宜采用直径 5mm 的高强螺旋肋钢丝或中强冷轧带肋钢筋 CRB550，吊钩应采用未经冷加工的 HPB235（Q235）级钢筋制作。薄板混凝土强度等级不应低于 C30。

（2）制作要求

1）薄板宜在构件预制厂采用台座法生产。固定台座预应力筋的放张部位宜设在台座中部，放张预应力钢筋时应采取缓慢放张措施，放张时的混凝土强度应不低于设计混凝土强度值的 75%。

2）板制作过程中的模板、钢筋、预应力和混凝土等分项质量应符合《混凝土结构工程施工质量验收规范》（GB 50204）的有关规定。

3）预应力钢筋下料长度应由计算确定。底板钢筋水平净距不宜小于 15mm，排列有困难时可 2 根并列。采用镦头夹具多根钢筋同时张拉，钢筋有效长度相对差值不得超过 1/5000，且不得大于 5mm。长度不大于 6m 的构件，当钢筋成组张拉时，下料长度的相对差值不得大于 2mm。

4）冬期施工（不宜低于－15℃）预应力张拉后，如超过 2d 未能浇筑混凝土时，需重新补张。

5）薄板预应力筋张拉时与混凝土浇筑时的温差，不得超过 20℃。

6）薄板出池起吊混凝土强度，如设计无要求时，应不低于设计强度的 80%。

7）板制作允许偏差，见表 13-49。

薄板制作的允许偏差 **表 13-49**

项次	项目	允许偏差（mm）	检测方法
1	板长度	+10，−5	尺检：5m 或 10m 钢尺
2	板宽度	±5	尺检：2m 钢尺
3	板高度	+5，−3	尺检：2m 钢尺
4	对角线	+10	尺检：5m 或 10m 钢尺
5	侧向弯曲	$l/750$，且$\ngtr 20$	小线拉、钢板尺量
6	翘曲	$L/750$	小线拉、钢板尺量
7	表面平整	5	2m 靠尺靠，楔形尺量
8	板底平整度	4，5	2m 靠尺靠，楔形尺量
9	预应力钢筋间距	5	尺量
10	预应力钢筋在板宽方向的中心位置与规定位置偏差	<10	钢板尺量
11	预应力钢筋保护层厚度	+5，−3	钢板尺量
12	预应力钢筋外伸长度	+30，−10	钢板尺量
13	预埋件位置	中心位置偏移：10 与混凝土面平整：5	钢板尺量
14	吊环位置	中心位置偏移：10 规格尺寸：+10，0	钢板尺量
15	板自重	±7%	—

注：1. 第 15 项仅用于型式试验；
2. L 为板长。

（3）运输和堆放要点

1）板装运时的支撑位置和方法应符合板的受力状态，并要固定牢固。

2）进入施工现场后，板应分类、分规格堆放，并注意受力方向，码放高度不多于 6 块。

3）堆放场地应平整夯实，堆放时应使板与地面之间留有一定空隙，并有排水措施。

4）板堆放按受力情况设置支撑垫木，垫木要上下对齐，距板端 200～300mm，垫平垫实。

2. 预应力实心混凝土底板模板

（1）材料

薄板混凝土强度等级不低于 C30，叠合层混凝土强度等级为 C40。

（2）制作要求

1）预应力钢筋宜沿板宽均匀布置，其预应力钢筋中心宜设置在距底板截面中心处或稍偏板底位置，底板钢筋水平净距不宜小于 25mm，排列有困难时可采用 2 根并列。

2）预应力主筋及非预应力的混凝土保护层厚度应符合《混凝土结构设计规范》（GB 50010）的规定，当不足时可采用增加抹灰等保护措施。

3）板端伸出的预应力钢筋长度以及侧向分布筋伸出长度，应符合设计要求，不得弯折及折断。

4）预应力实心底板应配置横向分布筋，分布筋应在预应力钢筋上绑扎或预先点焊成网片再安装。

5）底板面结合用构造钢筋的设置，其下半部应埋入底板混凝土内并与预应力钢筋绑扎，上部露出板面的高度不宜小于 2/3 叠合层厚度，结合筋的混凝土保护层不应小于 10mm。

6）吊钩的直径、数量应按设计及图纸配置，最小直径不宜小于 8mm，其埋入混凝土的深度不应小于 $30d$，并应焊接或绑扎在预应力钢筋上。

7）薄板制作允许偏差，除主筋外伸长度的允许偏差为 5mm 外，其他可参见表 13-49。

（3）运输和堆放要点

1）薄板出池起吊的混凝土强度，如设计无要求时，均不得低于 75%。

2）薄板吊运时应慢起慢落，并防止与其他物体相撞。

3）堆放场地平整坚实，板与地面应有一定空隙，板两端（至板端 200mm）及跨中位置均应设置垫木，当板标志长度≤3.6m 时跨中设一条垫木，当板标志长度>3.6m 时跨中设两条垫木，垫木要上下对齐，堆放高度不宜多于 6 层，储存期不宜超过 2 个月。

4）混凝土强度达到设计要求后方可出厂。运输时在支点处要绑扎牢固，以防移动和跳动。在板的边部与绳索接触处的混凝土应采用衬垫进行防护。

5）冷轧带肋钢筋延伸率较小，构件承受动力荷载的性能较差，在制作、运输、安装、使用中应加以注意。

13.14.2.3 安装工艺

1. 准备工作

（1）薄板进场后，要核对出厂合格证明及其型号、规格、几何尺寸、预埋件留置情况，下表面是否平整，有无裂缝、缺棱掉角、翘曲等现象，不合格产品不得使用。预应力混凝土薄板单向板如出现纵向裂缝，必须征得设计单位同意后才可使用。

（2）清理薄板周边毛刺，上表面尘土、浮渣。

（3）将支承薄板的墙（梁）顶部伸出的钢筋调整好。检查墙（梁）标高是否符合安装标高要求。

一般墙（梁）顶面标高应比板底设计标高低 20mm 为宜，否则应提前处理，弹出墙（梁）安装标高控制线，分别划出安装位置线，并注明板号。

（4）按照板跨度设计支撑，当板跨度 $L \leqslant 9$m 时，在跨中设置一道支撑；跨度 $L > 9$m 时，在跨中的 $L/4$ 处设置一道支撑；多层建筑中，上层支柱必须对准下层支柱。

（5）直接支承薄板的龙骨，宜采用 50mm×100mm 或 100mm×100mm 方木，立柱宜采用可调钢支柱或 100mm×100mm 木柱，拉杆可采用钢管脚手架或 50mm×100mm 方木。支撑安装后，要检查龙骨上表面是否平直，标高是否符合板底设计标高要求。

（6）准备好板缝模板，宜做成与板缝宽度相适应的几种规格尺寸的木模。

（7）配备好各种工具。

2. 模板安装

（1）工艺流程

在墙（梁）上弹出安装水平线和位置线→搭设临时支撑→检查和调整支撑龙骨上口水平标高→吊运薄板就位→板底平整检查、校正、处理→调平相邻板面（整理板周边伸出钢筋）→板缝模板安装→绑扎板缝钢筋→绑扎叠合层钢筋→薄板表面清理→叠合层混凝土浇筑、养护→达到设计要求强度后，拆除板底支撑。

（2）预应力混凝土空心板安装

1）吊装前先堵板端孔，便于混凝土灌缝。

2）薄板搁置在预制梁上，搁置点应坐浆处理；薄板搁置在现浇梁（叠合层与梁同时浇筑）上，现浇梁侧模上口宜贴泡沫胶带，以防止漏浆，并确保板在梁上的搭接长度。

3）吊装时，吊点与板端距离控制在20～30mm内，吊索与板夹角不得小于50°，防止吊索内滑。

4）当板反拱值差别较大时，应在灌缝前将相邻板调平，根据具体情况在板跨中设置1至2道夹具。薄板尽可能一次就位，以防止撬动时损坏薄板。

（3）预应力混凝土实心板安装

1）预应力混凝土实心板中板端外伸钢筋要向上弯曲90°，弯曲直径必须大于20mm。

2）底板就位前在跨中及紧贴支座部位均应设临时支撑，当轴跨$L\leqslant3.6$m时跨中设置一道支撑，当轴跨$3.6\text{m}<L\leqslant5.4$m时跨中设置两道支撑，当$L>5.4$m时跨中设置三道支撑。

3）施工均布荷载不应大于1.5kN/m^2，荷载不均匀时，单板范围内折算均布荷载不宜大于1.0kN/m^2，否则需采取加强措施。

4）临时支撑拆除要符合施工规范要求，一般保持连续两层有支撑。

3. 浇筑混凝土

（1）浇筑叠合层混凝土前，薄板表面必须清扫干净，并浇水充分湿润（冬期施工除外），但不能有积水。

（2）浇筑叠合层混凝土时，应特别注意用平板振动器振捣密实，以保证与薄板结合成整体。

4. 灌缝

（1）灌缝前清除板缝之间的杂物，将板缝打湿，但不得有积水。

（2）板缝一般采用C25的细石混凝土灌实。

（3）当板面有叠合层时，先浇筑板缝混凝土，再浇筑叠合层。为保证后浇层与板粘结牢固，板缝混凝土应低于板面30～40mm。

（4）在灌缝混凝土或砂浆强度达到50％前，严禁撬动板。

5. 叠合层及圈梁施工

（1）叠合层施工时应设可靠支撑。当跨度$L\leqslant9$m时，在跨中设一道支撑。

（2）ϕ6钢筋网片铺设。钢筋双向ϕ6@200。板拼缝内吊1根ϕ12钢筋。钢筋绑扎搭接，接头相互错开，搭接长度大于10d。

（3）栓钉焊接，栓钉规格为D16，长110mm，栓钉由供货厂家采用专用焊接设备现场熔焊，见图13-181、图13-182。

（4）混凝土薄板与叠合层支座节点构造。

1）叠合板与混凝土梁或砌体墙连接时，中间两相邻板端空隙不应小于40mm，底板

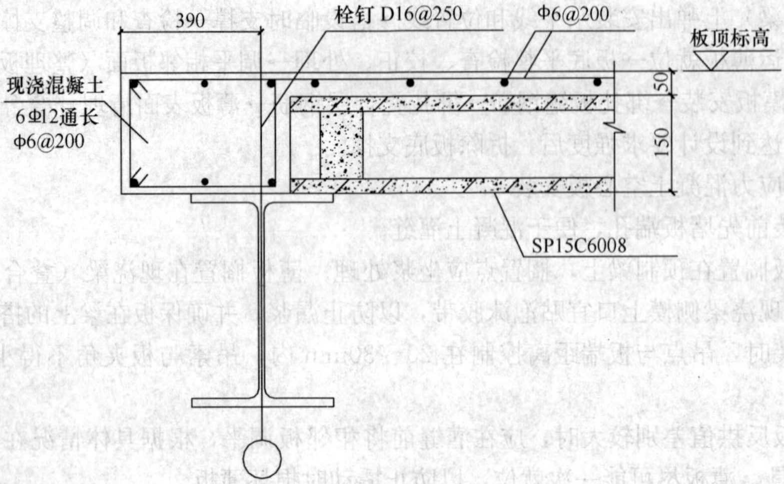

图 13-181　板与圈梁连接示意之一

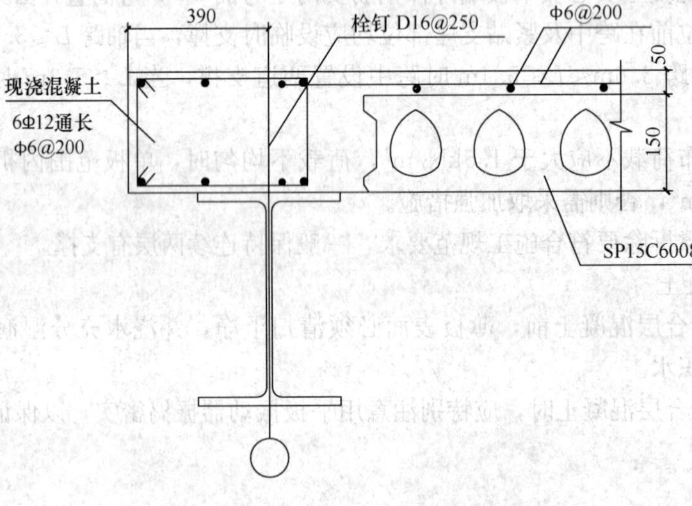

图 13-182　板与圈梁连接示意之二

和支座之间设置 20mm 水泥砂浆垫层，当圈梁与叠合层整体浇筑时不设。

2）叠合板与钢梁连接时中间支座处两相邻板端空隙不应小于 80mm，底板和支座之间设置 20mm 水泥砂浆垫层，钢梁上抗剪连接件根据设计要求设置。

6. 填补拼缝

（1）拼缝内应用钢丝刷清理干净。

（2）填缝材料可选用掺纤维丝的混合砂浆，亦可使用其他材料。

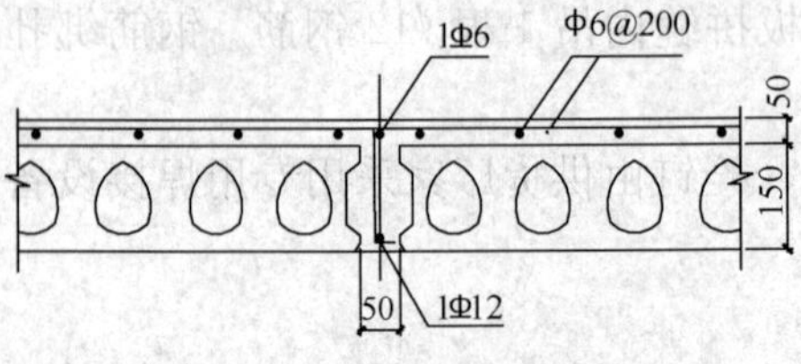

图 13-183　板与板留缝和配筋

（3）填缝材料应分两次压实填平，两次施工时间间隔不小于 6h，见图 13-183。

7. 支撑的拆除

（1）预应力混凝土薄板模板，须待叠合层混凝土强度达到设计强度标准值的 70%。

（2）冷轧扭钢筋混凝土薄板模板，须待叠

合层混凝土强度达到设计强度的70%。

8. 薄板安装质量要求

(1) 允许偏差见表13-50。

薄板安装质量允许偏差　　表13-50

序　号	项　目	允许偏差（mm）	检验方法
1	相邻两板底高差	高级≤2	在板底与硬架龙骨之间用塞尺检查
		中级≤4	
		有吊顶或抹灰≤5	
2	板的支撑长度偏差	5	用尺量
3	安装位置偏差	≤10	用尺量

(2) 薄板如需开凿管道等设备孔洞时，应征得设计单位的同意。开洞时，不得扩大孔洞面积及切断钢筋，并应对薄板采取补强措施。

9. 吊装相关计算

(1) 钢丝绳验算：钢丝绳强度符合吊装要求。

(2) 卡环的验算：卡环满足要求。

(3) 起重机验算：汽车式起重机起重量、起吊高度、起重机工作半径满足施工要求。

10. 安全措施

(1) 预应力钢丝张拉时，应扣上安全链条，生产线两端不得有人，防止钢丝断裂伤人。

(2) 薄板厂内吊装转运时，应注意车间内操作人员的安全并保持桁车运行平稳。

(3) 现场吊装时，应用对讲机指挥，起重机臂下不得站人。

(4) 支撑搭设牢固，并架设人行通道。

(5) 高空施工，当风速达10m/s时，吊装作业应停止。

13.15 现浇混凝土结构模板的设计计算

13.15.1 模板设计的内容和原则

13.15.1.1 设计的内容

模板设计的内容，主要包括模板和支撑系统的选型；支撑格构和模板的配置；计算简图的确定；模架结构强度、刚度、稳定性核算；附墙柱、梁柱接头等细部节点设计和绘制模板施工图等。各项设计内容的详尽程度，根据工程的具体情况和施工条件确定。

13.15.1.2 设计的主要原则

1. 实用性

主要应保证混凝土结构的质量，具体要求是：

(1) 保证构件的形状尺寸和相互位置的正确。

(2) 接缝严密，不漏浆。

(3) 模架构造合理，支拆方便。

2. 安全性

保证在施工过程中，不变形，不破坏，不倒塌。

3. 经济性

针对工程结构的具体情况，因地制宜，就地取材，在确保工期、质量的前提下，尽量减少一次性投入，降低模板在使用过程中的消耗，提高模板周转次数，减少支拆用工，实现文明施工。

13.15.2 模板结构设计的基本内容

13.15.2.1 荷载及荷载组合

1. 荷载

梁板等水平构件的底模板以及支架所受的荷载作用，一般为重力荷载；墙、柱等竖向构件的模板及其支架所受的荷载作用，一般为侧向压力荷载。荷载的物理数值称为荷载标准值，考虑到模板材料差异和荷载分布的不均匀性等不利因素的影响，将荷载标准值乘以相应的荷载分项系数，即荷载设计值进行计算。

(1) 水平构件底模荷载标准值

1) 模板及支架自重标准值，应根据设计图纸确定，常用材料可以查阅相应的图集、手册。

2) 新浇混凝土自重标准值，对普通混凝土，可采用 $24kN/m^3$；对其他混凝土，可根据实际重力密度确定。

3) 钢筋自重标准值，按设计图纸计算确定。一般可按每立方米混凝土的钢筋含量计算：框架梁为 $1.5kN/m^3$，楼板为 $1.1kN/m^3$。

4) 施工人员及设备荷载标准值：

①计算模板及直接支承模板的次龙骨时，对工业定型产品（如组合钢模）按均布荷载取 $2.5kN/m^2$，另应以集中荷载 2.5kN 再行验算，比较两者所得的弯矩值，按其中较大者采用；现场拼装模板按均布荷载取 $2.5kN/m^2$，集中荷载按实际作用数值选取。

②计算直接支承次龙骨的主龙骨时，均布活荷载取 $1.5kN/m^2$；考虑到主龙骨的重要性和简化计算，亦可直接取次龙骨的计算值。

③计算支架立柱时，均布活荷载取 $1.0kN/m^2$；考虑到立柱的重要性和简化计算，亦可直接取主龙骨的计算值。

5) 振捣混凝土时产生的荷载标准值：每个振捣器对水平面模板作用，可采用 $2.0kN/m^2$。

(2) 竖向构件侧模荷载标准值

1) 新浇筑混凝土对模板侧面的压力标准值，采用插入式振捣器，且浇筑速度不大于 10m/h、混凝土坍落度不大于 180mm 时，可按以下两式计算，并取其较小值：

$$F = 0.28\gamma_c t_0 \beta \sqrt{V} \tag{13-19}$$

$$F = \gamma_c \times H \tag{13-20}$$

当浇筑速度大于 10m/h，或混凝土坍落度大于 180mm 时，侧压力标准值可按式（13-20）计算。

式中 F——新浇筑混凝土对模板的最大侧压力（kN/m^2）；

γ_c——混凝土的重力密度（kN/m^3）；

t_0——新浇筑混凝土的初凝时间（h），可经试验确定。当缺乏试验资料时，可采用 $t_0=200/(T+15)$ 计算（T 为混凝土的温度℃）；

V——混凝土的浇筑速度（m/h）；

β——混凝土坍落度影响修正系数，当坍落度大于 50mm 且不大于 90mm 时，取 0.85；坍落度大于 90mm 且不大于 130mm 时，β 取 0.9；坍落度大于 130mm 且不大于 180mm 时，β 取 1.0；

H——混凝土侧压力计算位置处至新浇筑混凝土顶面的总高度（m）；

混凝土侧压力的计算分布图形，见图 13-184。

2）倾倒混凝土时产生的荷载标准值：倾倒混凝土时对垂直面模板产生的水平荷载标准值，可按表 13-51 采用。

倾倒混凝土时产生的荷载标准值　　表 13-51

向模板内供料的方法	水平荷载（kN/m^2）
溜槽、串筒或导管	2
容积小于 0.2m^3 的运输器具	2
容积 0.2～0.8m^3 的运输器具	4
容积大于 0.8m^3 的运输器具	6

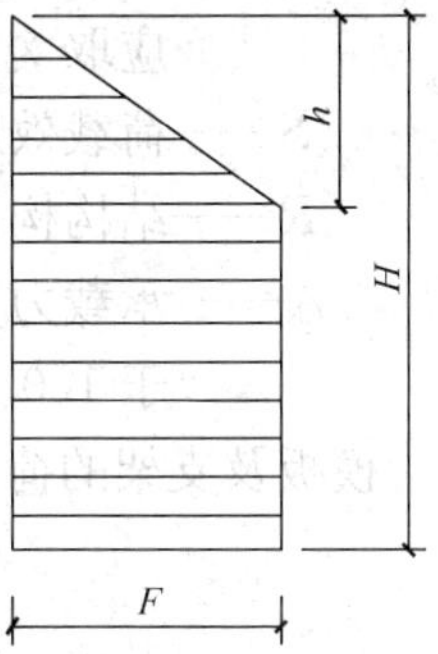

图 13-184 侧压力计算分布图

注：h 为有效压头高度；H 为混凝土浇筑高度

3）振捣混凝土时产生的荷载标准值：对垂直面模板可采用 4.0kN/m^2。

4）竖向构件采用坍落度大于 250mm 的免振自密实混凝土时，模板侧压力承载能力确定以后，应按 $F=\gamma_c\times H$ 核定其可承担混凝土初凝前的浇筑高度 H，再按 $H=t_0\times V$ 对浇筑速度或混凝土初凝时间进行控制（H 计算值≤竖向构件浇筑高度）。

（3）荷载设计值

1）计算模板及支架结构或构件的强度、刚度、稳定性和连接强度时，应采用荷载设计值（荷载标准值乘以荷载分项系数）。

2）计算正常使用极限状态的变形时，应采用荷载标准值。

3）荷载分项系数应按表 13-52 采用。

荷载分项系数（γ_i）　　表 13-52

荷载类别	分项系数 γ_i
模板及支架自重标准值（G_{1k}）	永久荷载的分项系数： （1）当其效应对结构不利时：对由可变荷载效应控制的组合，应取 1.2；对由永久荷载效应控制的组合，应取 1.35； （2）当其效应对结构有利时：一般情况应取 1；对结构的倾覆、滑移验算，应取 0.9
新浇混凝土自重标准值（G_{2k}）	
钢筋自重标准值（G_{3k}）	
新浇混凝土对模板的侧压力标准值（G_{4k}）	
施工人员及施工设备荷载标准值（Q_{1k}）	可变荷载的分项系数： 一般情况下应取 1.4；对标准值大于 4kN/m^2 的活荷载应取 1.3。对 3.7kN/m^2≤标准值≤4kN/m^2，按标准值为 4kN/m^2 计算
振捣混凝土时产生的荷载标准值（Q_{2k}）	
倾倒混凝土时产生的荷载标准值（Q_{3k}）	
风荷载（W_k）	1.4

4）钢面板及支架作用荷载设计值可乘以系数 0.95 进行折减。当采用冷弯薄壁型钢时，其荷载设计值不应折减。

（4）荷载组合

1）按极限状态设计时，其荷载组合应符合下列规定：

对于承载能力极限状态，应按荷载效应的基本组合采用，并应采用下列设计表达式进行模板设计：

$$\gamma_0 S \leqslant \frac{R}{\gamma_R} \tag{13-21}$$

式中 γ_0——结构重要性系数，对重要的模板及支架宜取 $\gamma_0 \geqslant 1.0$；对一般的模板及支架应取 $\gamma_0 \geqslant 0.9$；

S——荷载效应组合的设计值；

R——结构构件抗力的设计值，应按各有关建筑结构设计规范的规定确定。

γ_R——承载力设计值调整系数，应根据模板及支架重复使用情况取用，不应小于 1.0。

模板及支架的荷载基本组合的效应设计值，可按下式计算：

$$S = 1.35\alpha \sum_{i\geqslant 1} S_{Gik} + 1.4\varphi_{cj} \sum_{j\geqslant 1} S_{Qjk} \tag{13-22}$$

式中 S_{Gik}——第 i 个永久荷载标准值产生的效应值；

S_{Qjk}——第 j 个可变荷载标准值产生的效应值；

α——模板及支架的类型系数：对侧面模板，取 0.9；对底面模板及支架，取 1.0；

φ_{cj}——第 j 个可变荷载的组合系数，宜取 $\varphi_{cj} \geqslant 0.9$。

2）对于正常使用极限状态应采用标准组合，并应按下列设计表达式进行设计：

$$S \leqslant C \tag{13-23}$$

式中 C——模板结构或结构构件达到正常使用要求的规定限值，应符合表 13-52 有关变形值的规定。

对于标准组合，荷载效应组合设计值 S 应按下式采用：

$$S = \sum_{i=1}^{n} G_{ik} \tag{13-24}$$

3）参与计算模板及其支架荷载效应组合的各项荷载的标准值组合应符合表 13-53 的规定。

模板及其支架荷载效应组合的各项荷载标准值组合　　表 13-53

项目		参与组合的荷载类别	
		计算承载能力	验算挠度
1	平板和薄壳的模板及支架	$G_{1k}+G_{2k}+G_{3k}+Q_{1k}$	$G_{1k}+G_{2k}+G_{3k}$
2	梁和拱模板的底板及支架	$G_{1k}+G_{2k}+G_{3k}+Q_{2k}$	$G_{1k}+G_{2k}+G_{3k}$

续表

项目		参与组合的荷载类别	
		计算承载能力	验算挠度
3	梁、拱、柱（边长不大于 300mm）、墙（厚度不大于 100mm）的侧面模板	$G_{4k}+Q_{2k}$	G_{4k}
4	大体积结构、柱（边长大于 300mm）、墙（厚度大于 100mm）的侧面模板	$G_{4k}+Q_{3k}$	G_{4k}

注：验算挠度应采用荷载标准值；计算承载能力应采用荷载设计值。

4）非满跨的荷载组合

水平构件模板尚应考虑荷载分布为非满跨时的最不利情况。

（5）模板的变形值规定

1）当验算模板及其支架的刚度时，其最大变形值不得超过下列容许值：

①对结构表面外露的模板，为模板构件计算跨度的 1/400；

②对结构表面隐蔽的模板，为模板构件计算跨度的 1/250；

③支架的压缩变形或弹性挠度，为相应的结构计算跨度的 1/1000。

2）组合钢模板结构或其构配件的最大变形值不得超过表 13-54 的规定。

组合钢模板及构配件的容许变形值（mm） **表 13-54**

部件名称	容许变形值	部件名称	容许变形值
钢模板的面板	≤1.5	柱箍	$B/500$ 或≤3.0
单块钢模板	≤1.5	桁架、钢模板结构体系	$L/1000$
钢楞	$L/500$ 或≤3.0	支撑系统累计	≤4.0

注：L 为计算跨度，B 为柱宽。

3）液压滑模装置的部件，其最大变形值不得超过下列容许值：

①在使用荷载下，两个提升架之间围圈的垂直与水平方向的变形值均不得大于其计算跨度的 1/500。

②在使用荷载下，提升架立柱的侧向水平变形值不得大于 2mm。

③支承杆的弯曲度不得大于 $L/500$。

4）爬模及其部件的最大变形值不得超过下列容许值：

① 爬架立柱的安装变形值不得大于爬架立柱高度的 1/1000。

②爬模结构的主梁，根据重要程度的不同，其最大变形值不得超过计算跨度的 1/500～1/800。

③支点间轨道变形值不得大于 2mm。

13.15.2.2 模板结构的受力分析

1. 模板面板的受力特点和功能分析

模板面板直接约束着塑性混凝土材料，承受与板面相垂直的压力，是结构构件的成型工具。模板面板一般较薄，需要其背部纵横相交的受弯构件向穿墙螺栓、支撑点、边框传递荷载。此类受弯构件，在散支散拆工艺中称为次龙骨、主龙骨；在定型模板中称为钢楞或（钢）肋等，在本章中统称为龙骨。

（1）墙柱等竖向构件

模板面板，在混凝土成型过程中大体经历以下几个阶段：混凝土初凝前，塑性状态的构件所产生的侧压力完全作用在模板上。在振捣作用下，混凝土会呈现液态性状，此时所产生的侧压力是模板受力的最大值。模板材料随之发生弹性变形，振捣停止后变形随之得到恢复（模板的弹性变形需要拆模后才得以全部恢复）；如果模板材料在构件成型过程中超过了材料的弹性变形能力，则会造成不可恢复的塑性变形，木材类材料还可能断裂损坏。随着混凝土水化，侧向压力逐渐减小，结构全部截面均能够承受构件自重以后，竖向构件的模板就失去了成型作用（只是在保水、保温方面还在继续起作用）。混凝土强度继续增长，表面与模板形成一定的吸附力。

施工中要求墙柱混凝土要分层、分步浇筑，是从振捣棒的作用范围考虑的，但也起到了降低模板侧压力的作用；一般来说，混凝土浇筑高度与混凝土初凝时间的乘积，不应超过模板设计侧压力值的有效压头。自密实混凝土虽然无振捣，但在初凝时间较长，浇筑高度较高的情况下，会产生比普通混凝土高得多的侧压力。高大桥墩采用高抛混凝土入模，模板面板尚应考虑混凝土重力加速度的影响。

（2）梁板等水平构件模板

在混凝土强度没有形成之前，构件自重完全由模板的底模承担。随着混凝土强度的增长，构件在成型方面不再依赖于模板，并可随混凝土强度的逐步增长，沿设计荷载传递路线向梁、柱、墙体、基础卸荷。混凝土水平构件的强度条件由弯曲拉应力控制，达到满足自身所受重力作用下抗弯能力的时间相对长一些，在模板板面逐渐失去作用的过程中，模架在一定阶段还承担着卸荷作用。

（3）模板应力分布

模板板面的强度，应考虑受到如混凝土入模位置的集中堆积、振捣作用等超荷现象的短时作用时，不出现破坏。超荷的短时现象消失后，模板在材料弹性力作用下，随即得到恢复。同一水平面模板板面一般受与之垂直的均布荷载。在次龙骨支撑处的上截面和次龙骨支撑跨中的下截面弯曲应力最大，在次龙骨支撑处截面剪切应力最大。

（4）模板材质还需要保证构件的外观效果。一般木质模板刚度好，强度较低；金属模板涂敷的脱模剂易吸附气泡；塑料、橡胶模板较易变形；需要采取不同措施予以克服。不同材质模板对水泥浆体的吸附作用差异很大。天然木材表面较为粗糙，其木纤维吸水膨胀时侵入水泥浆表面形成一定的粘连；但过一段时间，水分通过毛细管转移出去后，模板干缩后自然与构件表面脱离。有的覆膜竹、木质多层板基本不产生粘连。金属模板表面光洁，有真空吸附现象，需涂敷脱模剂。塑料类模板表面会产生薄膜转移，脱模较容易。

（5）底模强度应满足构件所受的重力作用，对其进行强度计算时的取值与侧模板有区别。模板面板的刚度应满足构件在养护期间的变形控制指标，所以，其计算取值可不考虑施工振捣等作用，但应考虑浇筑混凝土时自由降落的冲击影响和不均匀堆载影响。

2. 模板主次龙骨的受力特点和功能分析

次龙骨承托模板板面的一侧，集中面板传来的面荷载，传递到其支撑点——主龙骨；它是具有一定强度和刚度的受弯杆件。次龙骨布置均匀，可使所支撑的面板受力和变形均匀一致。如果次龙骨初始的变形较大（如方木边材一侧和芯材一侧收缩变形不一致，致使方木弯曲、扭曲变形），超过了所支撑的面板极限挠度，会使支顶不实处的面板发生断裂或挠度超标。主龙骨支承次龙骨，也是典型的受弯杆件，将所受次龙骨的集中荷载传递到支撑节点。

具有三个以上支座的主、次龙骨支座处截面弯曲应力最大；主次龙骨在支撑点截面均有较大的剪力传递。

3. 模板撑拉锁固件的受力特点和功能分析

散拼模板的安装需要配件相互联结、固定、卸荷。传统木模板靠铁钉固定。一般墙、梁帮、柱模板常用螺栓等对拉卸荷，用斜撑纤绳拉顶调整垂直；组合钢（铝）模采用U形卡、穿墙扁铁及楔形卡连接固定；柱模板常采用柱箍相向平衡侧压力；单面支撑桁架将所受水平荷载转为对地面的拉、压作用；承担联结和固定模板，约束模板系统水平侧向力的部件、设施，称之为模板撑拉锁固件。

模板撑拉锁固件是指常用于模板之间、模板与主次龙骨、主龙骨与支撑结点的荷载传递部件。其中穿墙螺栓，一定要控制在弹性范围内工作并充分考虑部件的弹性恢复力影响。如：侧向模板面板的强度应满足混凝土呈液态时的侧压力作用，但长时间的液态侧压力，会使穿墙螺栓的弹性伸长得不到恢复，而造成构件表面的凸凹。

4. 模板支撑架体的受力特点和功能分析

现浇混凝土水平构件在没有形成自身的卸荷能力之前，全部重量都由模架支撑系统承担。模板系统的功能、受力形态与竖向构件无区别。但其支撑体系，承担向底板、地面传递混凝土水平构件所受的重力，是典型的按稳定性控制的受力结构。采用对顶方法对撑两侧墙体的模架，其支撑体系承担两侧墙体混凝土侧压力，也是按稳定性控制的受力结构。

水平构件支撑体系处理不当，会发生失稳垮塌事故。当荷载达到受压杆件稳定承载极限时，支撑架体在短向发生“S”形压缩变形，此种情况架体虽未垮塌，但已失去承载能力。继续加荷架体节点处会发生扣件崩扣，引发连锁反应，致使支撑体系整体垮塌。对撑两侧墙体的支撑失稳，会造成崩模。

支撑系统结点：目前所普遍使用的扣件式脚手架，其连接结点扣件锁固能力，靠与钢管的摩擦力传递。它受施工人员操作影响较大，容易存在系统性的差异，而降低了支撑系统整体协调受力能力。新型架体如碗扣式结点为旋转扣紧；插卡式结点为楔形片重力自锁；锁孔楔卡、圆盘楔卡等结点靠重力自锁；结点的锁固程度受操作人员人为影响较小，受力较为均衡，锁固方式也相对可靠。

竖向构件的模板往往需要侧向斜撑。由于斜撑与水平侧压力有角度差，因此斜撑在承受模板侧压力时，会产生向上的分力，因而使模板受到上浮作用，必须加拉杆或钢丝绳予以平衡。

13.15.3 设计计算公式

设计计算公式见表13-55和表13-56。

连续梁的最大弯矩、剪力与挠度　　表 13-55

荷载图示	剪力 V	弯矩 M	挠度 W
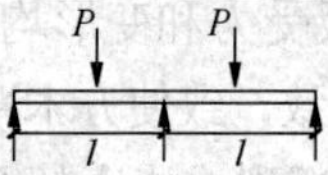	$0.688P$	$0.188Pl$	$\frac{0.911\times Pl^3}{100EI}$
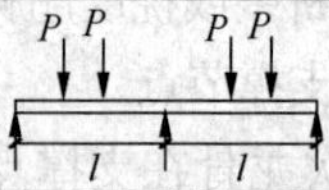	$1.333P$	$0.333Pl$	$\frac{1.466\times Pl^3}{100EI}$
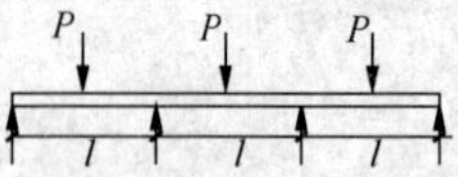	$0.650P$	$0.175Pl$	$\frac{1.146\times Pl^3}{100EI}$
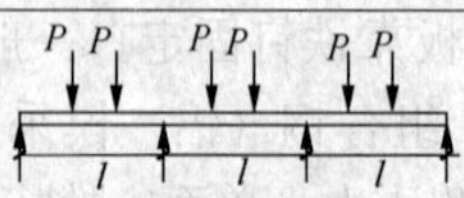	$1.267P$	$0.267Pl$	$\frac{1.883\times Pl^3}{100EI}$
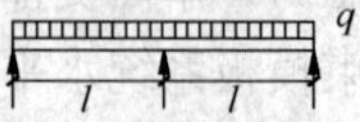	$0.625ql$	$0.125ql$	$\frac{0.521\times ql^4}{100EI}$
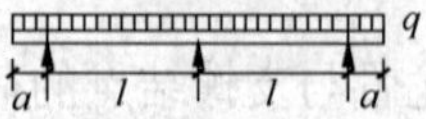 a=0.41挠度相等	$0.50ql$	$0.105ql^2$	$\frac{0.273\times ql^4}{100EI}$
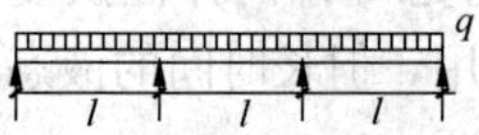	$0.60ql$	$0.10ql^2$	$\frac{0.677\times ql^4}{100EI}$
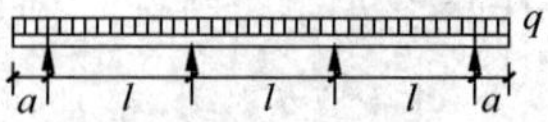	$0.50ql$	$0.084q^2$	$\frac{0.273\times ql^4}{100EI}$

悬臂梁与简支梁的最大弯矩、剪力与挠度　　表 13-56

荷载图示	剪力 V	弯矩 M	挠度 ω
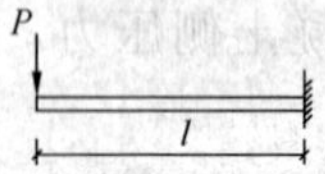	P	Pl	$\frac{Pl^3}{3EI}$
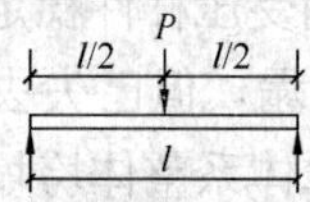	$\frac{P}{2}$	$\frac{Pl}{4}$	$\frac{Pl^3}{48EI}$
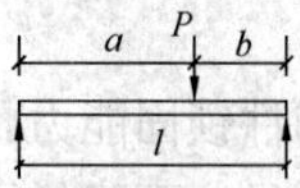	$\frac{Pa}{l}$	$\frac{Pab}{l}$	$\frac{Pb}{EI}\left(\frac{l^3}{16}-\frac{b^2}{12}\right)$
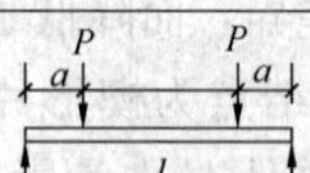	P	Pa	$\frac{Pa}{6EI}\left(\frac{3}{4}l^3-a^2\right)$
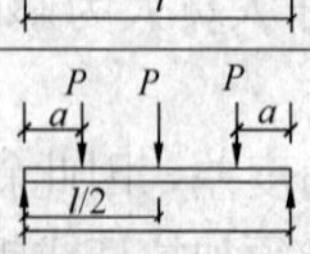	$\frac{3P}{2}$	$P\left(\frac{l}{4}-a\right)$	$\frac{P}{48EI}(l^3+6al^2-8a^3)$
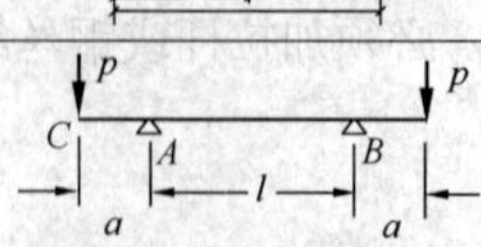	P	Pa	$\frac{Pa^2l}{6EI}(3+2\lambda)$
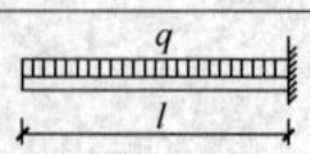	ql	$\frac{ql^2}{2}$	$\frac{ql^4}{8EI}$

续表

荷　载　图　示	剪力 V	弯矩 M	挠度 ω
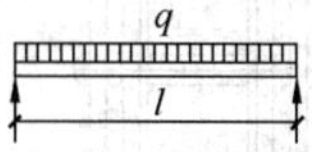	$\frac{ql}{2}$	$\frac{ql^2}{8}$	$\frac{5ql^4}{384EI}$
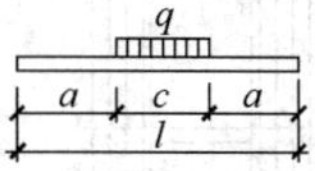	$\frac{qc}{2}$	$\frac{qc\ (al-c)}{8}$	$\frac{qc}{384EI}(8l^3+6c^3l-c^3)$
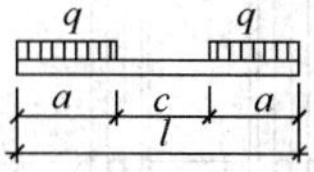	qa	$\frac{qa^3}{2}$	$\frac{qa^2}{48EI}(3l^2-2a^2)$
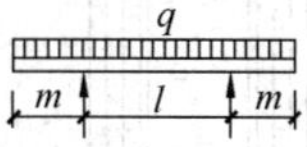	$\frac{ql}{2}$	$\frac{qm^2}{2}$	$\frac{qm}{24EI}(-l^3+6m^2l+3m^3)$

13.15.4　模板结构设计示例

13.15.4.1　采用组合式钢模板组拼模板结构

由于模板的受力情况各异，现以两种常用模板结构构件的计算举例如下：

1. 墙模板

【例 1】　某工程墙体高 3m，厚 180mm，宽 3.3m，采用组合钢模板组拼，验算条件如下。

钢模板采用 P3015（1500mm×300mm）分两行竖排拼成。内龙骨采用 2 根 ϕ48×3.5 钢管，间距为 750mm，外龙骨采用同一规格钢管，间距为 900mm。对拉螺栓采用 M20，间距为 750mm（图 13-185）。

混凝土自重（γ_c）为 24kN/m^3，强度等级 C20，坍落度为 70mm，采用泵管下料，浇筑速度为 1.8m/h，混凝土温度为 20℃，用插入式振动器振捣。

钢材抗拉强度设计值：Q235 钢为 215N/mm^2，普通螺栓为 170N/mm^2。面板钢模的允许挠度为 1.5mm，纵横肋钢板厚度为 3mm。

试验算：钢模板、钢楞和对拉螺栓是否满足设计要求。

【解】

1. 荷载设计值

（1）混凝土侧压力标准值：

其中 $t_0=\frac{200}{20+15}=5.71\text{h}$

$$F_1=0.28\gamma_c t_0\beta\sqrt{V}$$

$$F_1=0.28\times24000\times5.71\times0.85\times\sqrt{1.8}$$
$$=43.76\text{kN/m}^2$$

$$F_2=\gamma_c\times H=24\times3=72\text{kN/m}^2$$

取两者中小值，即 $F_1=43.76\text{kN/m}^2$

考虑荷载折减系数：

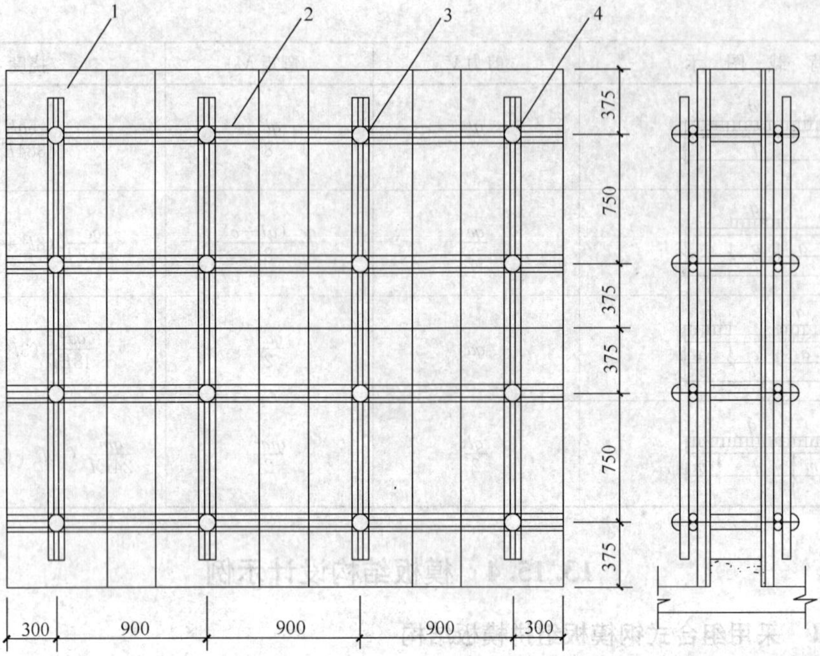

图 13-185　组合钢模板拼装图

1—钢模；2—内龙骨；3—外龙骨；4—对拉螺栓

$$F_1\times 折减系数=43.76\times 0.9=39.38\text{kN/m}^2$$

（2）倾倒混凝土时产生的水平荷载

查表 13-51 为 2kN/m^2；

荷载标准值为 $F_2=2\times$折减系数

$=2\times 0.9=1.8\text{kN/m}^2$。

（3）混凝土侧压力设计值：

按式（13-22）进行荷载组合：$F'=1.35\times 0.9\times 39.38+1.4\times 0.9\times 1.8=50.11\text{kN/m}^2$

2. 验算

（1）钢模板验算

P3015 钢模板（$\delta=2.5$mm）截面特征，$I_{xj}=26.97\times 10^4\text{mm}^4$，$W_{xj}=5.94\times 10^3\text{mm}^3$。

①计算简图如图 13-186、图 13-187 所示。

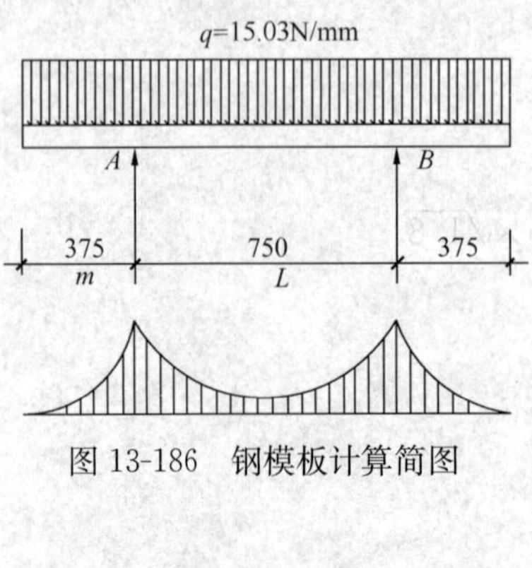

图 13-186　钢模板计算简图

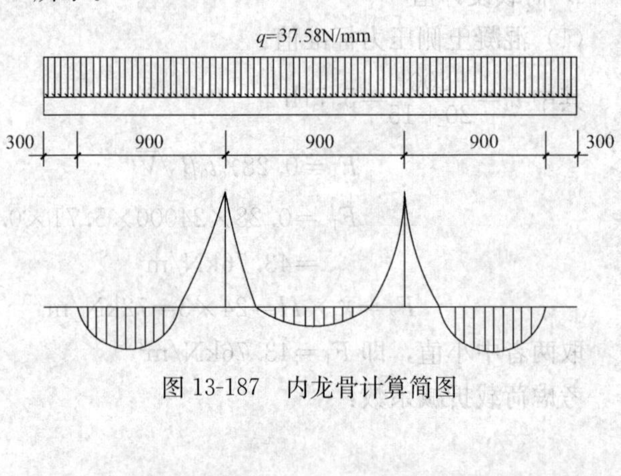

图 13-187　内龙骨计算简图

化为线均布荷载：$q_1=F'\times0.3/1000=\frac{50.11\times1000\times0.3}{1000}=15.03$N/mm（用于计算承载力）；$q_2=F_1\times0.3/1000=\frac{43.76\times100\times0.3}{1000}=13.13$N/mm（用于验算挠度）。

②抗弯强度验算：

$$M=\frac{q_1m^2}{2}=\frac{15.03\times375^2}{2}=1.06\times10^6\text{N}\cdot\text{mm}$$

小钢模受弯状态下的模板应力为：

$$\sigma=\frac{M}{W}=\frac{1.06\times10^6}{5.94\times10^3}=178.45\text{N/mm}^2<f_m=215\text{N/mm}^2\ （可）$$

③挠度验算：

$$\begin{aligned}\omega&=\frac{q_2m}{24EI_{xj}}(-l^3+6m^2l+3m^3)\\&=\frac{13.13\times375(-750^3+6\times375^2\times750+3\times375^3)}{24\times2.06\times10^5\times26.97\times10^4}\\&=1.36\text{mm}<[\omega]=1.5\text{mm(可)}\end{aligned}$$

(2) 内龙骨（双根ϕ48×3.5mm钢管）验算

2根ϕ48×3.5mm的截面特征为：$I=2\times12.19\times10^4\text{mm}^4$，$W=2\times5.08\times10^3\text{mm}^3$

①计算简图：

化为线均布荷载：$q_1=F'\times0.75/1000=\frac{51.11\times1000\times0.75}{1000}=37.58$N/mm（用于计算承载力）。

$q_2=F_1\times0.75/1000=\frac{43.76\times1000\times0.75}{1000}=32.82$N/mm（用于验算挠度）。

②抗弯强度验算：由于内龙骨两端的伸臂长度（300mm）与基本跨度（900mm）之比，300/900=0.33<0.4，则伸臂端头挠度比基本跨度挠度小，故可按近似三跨连续梁计算。

$$M=0.1q_1l^2=0.1\times37.58\times900^2$$

抗弯承载能力：$\sigma=\frac{M}{W}=\frac{0.1\times37.58\times900^2}{2\times5.08\times10^3}=299.60\text{N/mm}^2>f_m=215\text{N/mm}^2$（不可）

改用2根60×40×2.5方钢作内龙骨后，$I=2\times21.88\times10^4\text{mm}^4$，$W=2\times7.29\times10^3\text{mm}^3$

抗弯承载能力：$\sigma=\frac{M}{W}=\frac{0.1\times37.58\times900^2}{2\times7.29\times10^3}=208.78\text{N/mm}^2<f_m=215\text{N/mm}^2$（可）

③挠度验算：

$$\omega=\frac{0.677\times q_2l^4}{100EI}=\frac{0.677\times32.82\times900^4}{100\times2.06\times10^5\times2\times21.88\times10^4}=1.62\text{mm}<3.0\text{mm}\ （可）$$

(3) 对拉螺栓验算

T20螺栓净截面面积$A=241\text{mm}^2$

①拉螺栓的拉力：

$$N=F'\times 内龙骨间距\times 外龙骨间距=50.11\times 0.75\times 0.9=33.82\text{kN}$$

②对拉螺栓的应力：

$$\sigma=\frac{N}{A}=\frac{33.82\times 10^3}{241}=140.35\text{N/mm}^2<170\text{N/mm}^2\ （可）$$

2. 柱箍

柱箍是柱模板面板的横向支撑构件，其受力状态为拉弯杆件，应按拉弯杆件进行计算。

【例 2】　框架柱截面尺寸为 600mm×800mm，侧压力和倾倒混凝土产生的荷载合计为 60kN/m^2（设计值），采用组合钢模板（图 13-188），选用［80×43×5 槽钢作柱箍，柱箍间距 l_1 为 600mm，试验算其强度和刚度。

【解】

1. 计算简图

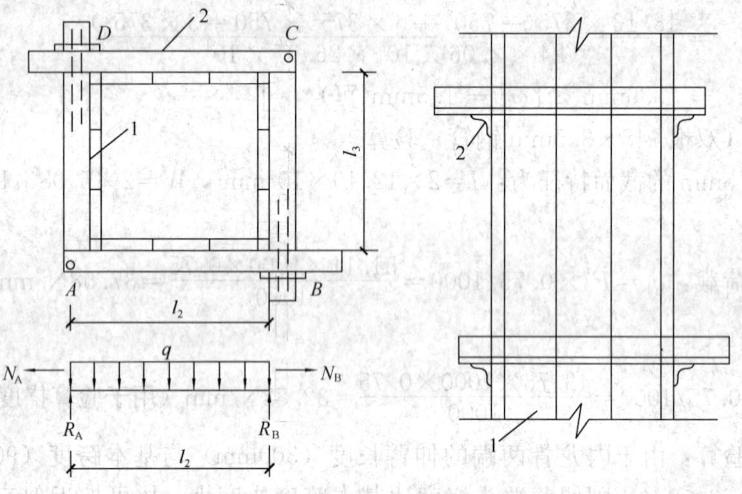

图 13-188　组合钢模板柱箍

1—钢模板；2—柱箍

$$q=FL_1\times 0.95$$

式中　q——柱箍 AB 所承受的均布荷载设计值（kN/m）；

F——侧压力和倾倒混凝土荷载（kN/m^2）；

0.95——折减系数。

则：$q=\dfrac{60\times 10^3}{10^6}\times 600\times 0.95=34.2\text{N/mm}$

2. 强度验算

$$\frac{N}{A_n}+\frac{M_x}{\gamma_x W_{nx}}\leqslant f$$

式中　N——柱箍承受的轴向拉力设计值（N）；

A_n——柱箍杆件净截面面积（mm^2）；

M_x——柱箍杆件最大弯矩设计值（N·mm）；

$$M_x=\frac{ql_2^2}{8}$$

γ_x——弯矩作用平面内，截面塑性发展系数，因受震动荷载，取 $\gamma_x=1.0$；

W_{nx}——弯矩作用平面内，受拉纤维净截面抵抗矩（mm^3）；

f——柱箍杆件抗拉强度设计值（N/mm^2），$f=215N/mm^2$。

由于组合钢模板面板肋高为55mm，故：

$$l_2=b+(55\times2)=800+110=910mm$$

$$l_3=a+(55\times2)=600+110=710mm$$

$$l_1=600mm$$

$$N=\frac{a}{2}q=\frac{600}{2}\times34.2=10260N$$

$$M_x=\frac{1}{8}ql_2^2=\frac{34.2\times910^2}{8}=3540127.5N\cdot m$$

$$[80\times43\times5: A_n=1024mm^2, [80\times43\times5: W_{nx}=25.3\times10^3mm^3$$

则 $$\frac{N}{A_n}+\frac{M_x}{\gamma_x W_{nx}}=\frac{10260}{1024}+\frac{3540127.5}{25.3\times10^3}$$

$$=10.02+139.93=149.95<f=215N/mm^2 \text{（可）}$$

3. 挠度验算

$$\omega=\frac{5q'l_2^4}{384EI}\leqslant[\omega]$$

式中 $[\omega]$——柱箍杆件允许挠度（mm）；

E——柱箍杆件弹性模量（N/mm^2），$E=2.05\times10^5N/mm^2$；

I——弯矩作用平面内柱箍杆件惯性矩（mm^4），可查表13-7；

q'——柱箍AB所承受侧压力的均布荷载设计值（kN/m），计算挠度扣除活荷载作用。假设采用串筒倾倒混凝土，水平荷载为 $2kN/m^2$，则其设计荷载为 $2\times1.4=2.8kN/m^2$，故

$$q'=\left(\frac{60\times10^3}{10^6}-\frac{2.8\times10^3}{10^6}\right)\times600\times0.95=32.6N/mm$$

则：$$\omega=\frac{5\times32.6\times910^4}{384\times2.05\times10^5\times101.3\times10^4}=\frac{1.118\times10^{14}}{7.974\times10^{13}}$$

$$=1.4mm<[\omega]=\frac{l_2}{500}=\frac{910}{500}=1.82mm(\text{可})$$

13.15.4.2 模板支架计算

【例3】 现浇框架钢筋混凝土梁板，架体搭设高度14.9m，纵横向轴线8m。框架梁400mm×1000mm，楼板厚150mm，施工采用扣件、ϕ48×3.5mm钢管搭设满堂脚手架作模板支承架。施工地区为北京市郊区。图13-189、图13-190为示意图，模板设计基本数据见表13-57，验算模板支架。

模板设计基本数据　　表 13-57

位　置	楼　板	梁　侧	梁　底
模板面板	15mm 厚木质覆膜多层板	15mm 厚木质覆膜多层板	15mm 厚木质覆膜多层板
次龙骨	50mm×100mm 方木，间距 b =250mm	50mm×100mm 方木纵向通长，上下间距 267mm	3 根 100mm×100mm 方木纵向通长，计算间距 200mm
主龙骨	100mm×100mm 方木，间距 1200mm	50mm×100mm 方木双根，(左右) 中心距 750mm	ϕ48 钢管横向放置，纵向间距 1200mm
可调顶托	长度≥550mm，伸出立杆长度≤300mm；悬臂部分（顶部水平杆中心距主龙骨下皮）长度 a≤400mm	—	长度≥550mm，伸出立杆长度≤300mm；悬臂部分（顶部水平杆中心距主龙骨下皮）长度 a≤400mm
穿墙螺栓	—	2Φ 14 加于主龙骨，距梁底 200mm、650mm 处	—
立杆纵横距	纵距、横距相等，即 $L_a = L_b$ =1.2m	梁两侧距楼板立杆分别为 400mm	梁下正中横向设 2 根立杆，即 L_{a1}=450+300+450（mm），纵距 $L_{b1} = L_b$=1.2m
立杆步距	步距 1.2m	—	步距 1.2m
模架基底	200mm 厚 C30 现浇混凝土楼板（有卸荷支撑）		

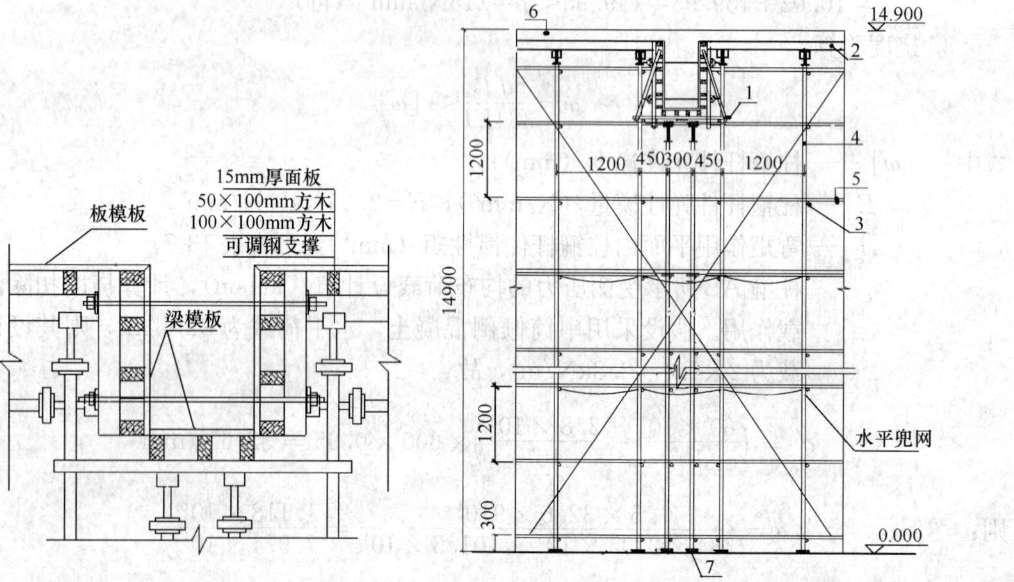

图 13-189　现浇框架钢筋混凝土梁板模架示意之一

1—小横向水平杆；2—方木；3—纵向水平杆；4—立杆；5—大横向水平杆；6—混凝土楼板；7—木垫板

【解】

1. 计算参数、荷载统计

(1) 顶板支撑体系的荷载传递：荷载→多层板→方木次龙骨→方木主龙骨→调节螺栓顶托→扣件钢管脚手架支撑系统→楼面地面。

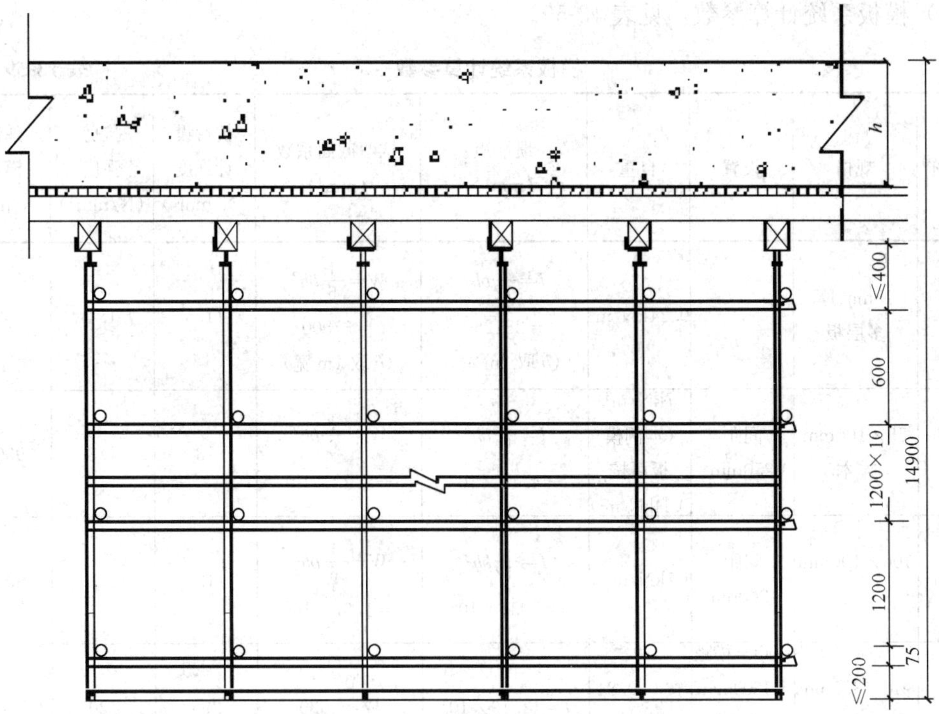

图 13-190　现浇框架钢筋混凝土楼板模架示意之二

（2）本算例的结构重要性系数 γ_0 为 0.9。

（3）模板及支架的荷载基本组合的效应设计值按

$$S = 1.2\sum_i S_{Gi} + 1.4\sum_i S_{Qi}$$

$$S = 1.35\alpha\sum_i S_{Gi} + 1.4\psi_{cj}\sum_j S_{Qj}$$

两式计算后取大值。

式中　α——模板及支架的类型系数。侧面模板取 0.9；底面模板及支架取 1.0。

ψ_{cj}——活荷载组合系数，取 0.9。

（4）荷载标准值、分项系数，见表 13-58。

荷载标准值、分项系数　　**表 13-58**

	荷载类型	分项系数	荷载标准值
固定荷载	混凝土	1.2（1.35α）	$24kN/m^3$
	楼板钢筋单位重量		$1.1kN/m^3$
	梁钢筋单位重量		$1.5kN/m^3$
活荷载	作用于面板、次龙骨的施工均布活荷载	1.4（1.4×ψ）	$2.5kN/m^2$
	作用于面板、次龙骨的施工集中活荷载		集中：2.5kN（与均布荷载作用相比较，取大值）
	作用于主龙骨的施工均布活荷载		$1.5kN/m^2$
	作用于立杆的施工均布活荷载		$1kN/m^2$
	振捣混凝土		$2kN/m^2$
	风荷载（北京地区，重现期 n=10 年）		$0.3kN/m^2$

（5）模板系统计算参数，见表13-59。

模板系统计算参数 **表13-59**

部件名称	规格	设置	自重	惯性矩（mm^4）	抗弯截面系数（mm^3）	抗弯设计强度（N/mm^2）	抗剪强度（N/mm^2）	弹性模量（N/mm^2）
面板	15mm厚多层板	—	0.24kN/m^2	$I=\frac{1}{12}bh^3$ $=281250$ （b取1m宽）	$W=\frac{1}{6}bh^2$ $=37500$ （b取1m宽）	11.5	1.4	6425
次龙骨	50×100mm方木	间距250mm	7kN/m^3（本例模板可按0.14kN/m^2）	$I=\frac{1}{12}bh^3$ $=4.17\times10^6$	$W=\frac{1}{6}bh^2$ $=8.33\times10^4$	13	1.3	9000
主龙骨	100×100mm方木	间距1200mm	7kN/m^3	$I=\frac{1}{12}bh^3$ $=8.33\times10^6$	$W=\frac{1}{6}bh^2$ $=1.67\times10^5$	13	1.3	9000
立杆ϕ48钢管	ϕ48×3.5mm钢管	纵距＝横距＝1200mm，步距＝1200mm	按0.0384kN/m	$I=12.19\times10^4$	$W=5080$	205	120	2.05×10^5

（6）立杆支撑架自重标准值，见表13-60。

立杆支撑架自重标准值 **表13-60**

楼板底（计算单元内）模板支架自重	计算过程及结果（kN）
立杆(14.9－0.15－0.015－0.1×2)×0.0384＝14.535×0.0384 横杆 1.2×13×0.0384 纵杆 1.2×13×0.0384 直角扣件 26×0.0132	＝14.685×0.0384＝0.558 ＝0.599 ＝0.599 ＝0.343
对接扣件 2×0.0184	＝0.0368
调节螺栓及U形托	0.035
剪刀撑（每隔四排垂直、水平两个方向设置剪刀撑，计算支架自重时，考虑含剪刀撑计算单元，剪刀撑斜杆与地面的倾角近似取为$\alpha=45°$）	＝1.2×2×2×0.0384/（4cos45°） ＝0.0652
旋转扣件 2×4×0.0146/4（剪刀撑（每隔四排）每步与立杆相交处或与水平杆相交处均有旋转扣件扣接）	＝0.0292
合计	＝2.234

（7）梁底（计算单元内）模板支架自重，见表13-61。

梁底（计算单元内）模板支架自重 **表 13-61**

梁底（计算单元内）模板支架自重	计算结果（kN）
立杆（14.9－1－0.015－0.1×2）×0.0384	＝0.5255
横杆（0.375×12）×0.0384	＝0.1728
纵杆（1.2×12）×0.0384	＝0.553
直角扣件 24×0.0132	＝0.317
对接扣件 2×0.0184	＝0.0368
调节螺栓及 U 形托	＝0.035
剪刀撑（梁下立杆）1.2×2×2×0.0385/4cos45°	＝0.0652
旋转扣件 2×4×0.0146/4	＝0.0292
合计	＝1.735

2. 楼板模板验算

(1) 模板面板计算

多层板按三跨连续板受力，采用 50mm×100mm 方木作为次龙骨，间隔 250mm 布置，跨间距 $b=250\text{mm}=0.25\text{m}$，取 $c=1\text{m}$ 作为计算单元，按三跨连续梁为计算模型进行验算。计算单元简图如图 13-191 所示。

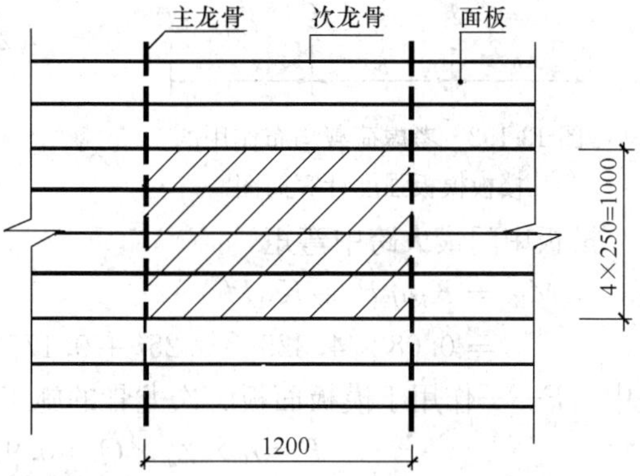

图 13-191 模板面板计算简图

1) 荷载统计

强度计算的设计荷载取值，按固定荷载分项系数取 $\gamma_i=1.2$，可变荷载分项系数取 $\gamma_{Qi}=1.4$；固定荷载分项系数取 $\gamma_i=1.35$，$\alpha=1.0$，可变荷载分项系数取 $\gamma_{Qi}=1.4$，$\psi=0.9$；两种荷载组合计算，取大值。刚度计算的设计荷载取值，只考虑固定均布荷载（标准值）作用。结构重要性系数 $\gamma_0=0.9$。

①强度计算的线荷载：

$$q_{11}=\gamma_0[\gamma_i\times(G_{1k}+G_{2k}+G_{3k})+\gamma_{Qi}\times(Q_{1k}+Q_{2k})]\times c$$
$$=0.9\times[1.2\times(0.24+3.6+0.165)+1.4\times(2.5+2)]\times1.0$$
$$=10.00\text{kN/m}$$

$$q_{12}=\gamma_0[\gamma_{Gi}\times\alpha\times(G_{1k}+G_{2k}+G_{3k})+\gamma_{Qi}\times\psi\times(Q_{1k}+Q_{2k})]\times c$$
$$=0.9\times[1.35\times(0.24+3.6+0.165)+1.4\times0.9\times(2.5+2)]\times1.0$$
$$=9.97\text{kN/m}$$

取 $q_1=q_{11}=10.00\text{kN/m}$

②当作用于模板施工荷载为集中荷载作用时的均布荷载：

$$q_2=\gamma_0\times\gamma_i(G_{1k}+G_{2k}+G_{3k})\times c$$
$$=0.9\times1.2\times(0.24+3.6+0.165)\times1.0$$
$$=4.325\text{kN/m}$$

③刚度计算的荷载值：

$$q_2=\gamma_0(G_{1k}+G_{2k}+G_{3k})\times c$$

$$= 0.9 \times (0.24 + 3.6 + 0.165) \times 1.0$$
$$= 3.60\text{kN/m}$$

2）模板板面弯曲强度计算：

①如图 13-192 所示，当作用于模板的施工荷载为均布荷载作用时：

$$M_{11} = K_M q_1 b^2$$
$$= 0.101 \times 10.00 \times 0.25^2 = 0.063\text{kN} \cdot \text{m}$$

注：K_M 取 0.101，为可能出现的非满跨时的弯矩最大值。以下凡三跨连续梁同。

②当作用于模板施工荷载为集中荷载作用时（图 13-193）：

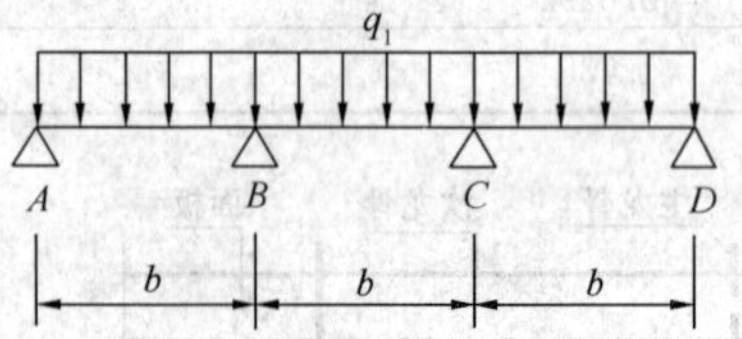

图 13-192　考虑荷载均布作用的楼板模板强度计算简图

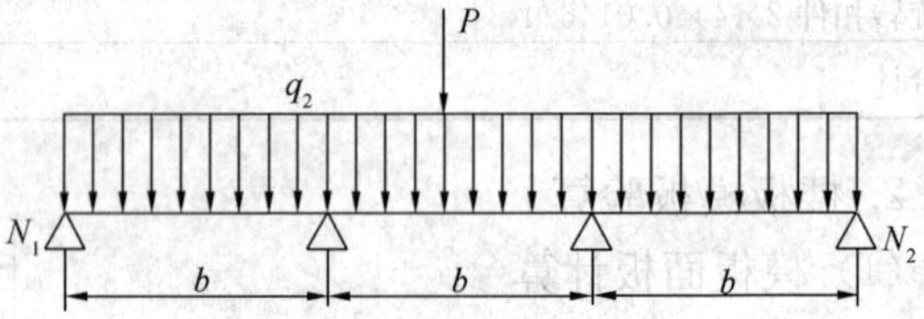

图 13-193　当荷载集中作用跨中时，楼板模板强度计算简图

模板中间最大跨中弯矩

$$M_{12} = K_M q_2 b^2 + K_M P b$$
$$= 0.08 \times 4.325 \times 0.25^2 + 0.175 \times 3.15 \times 0.25 = 0.1594\text{kN} \cdot \text{m}$$

式中　P——作用于模板面板、次龙骨的施工集中活荷载设计值。

$$P = \gamma_0 \times \gamma_{Qi} \times Q_i = 0.9 \times 1.4 \times 2.5 = 3.15\text{kN}$$

③模板弯曲强度

$$\delta = \frac{M_{max}}{W} = \frac{0.1594 \times 10^6}{37500} = 4.25\text{N/mm}^2 < [f] = 11.5\text{N/mm}^2\text{,故满足要求。}$$

式中　K_M——弯矩系数，由《建筑结构静力计算手册》查得。

3）模板抗剪强度计算

当次龙骨采用钢管时，面板跨中两侧分别传到支座的剪力值 Q 按面板所承担的全跨荷载考虑；当次龙骨采用方木时，面板跨中两侧分别传到支座的剪力值 Q，按面板所承担全跨荷载的一半考虑。

$$Q = \frac{1}{2} q_1 \times 0.25 = 1.25\text{kN}$$

$$\tau = \frac{3Q}{2bh} = \frac{3 \times 1250}{2 \times 1000 \times 15} = 0.125\text{N/mm}^2 < [\tau] = 1.4\text{N/mm}^2\text{,满足要求。}$$

4）模板挠度验算：

$$\omega = \frac{K_W q_3 b^4}{100EI}$$
$$= \frac{0.677 \times 3.60 \times 250^4}{100 \times 6425 \times 281250}$$
$$= 0.053\text{mm}$$

$$\omega = 0.053\text{mm} < [\nu] = \frac{b}{400} = \frac{250}{400} = 0.63\text{mm}\text{,满足要求。}$$

式中　K_W——挠度系数，由《建筑结构静力计算手册》查得。

(2) 次龙骨强度、挠度验算

按照三等跨连续梁进行验算，计算单元简图如图 13-194 所示。

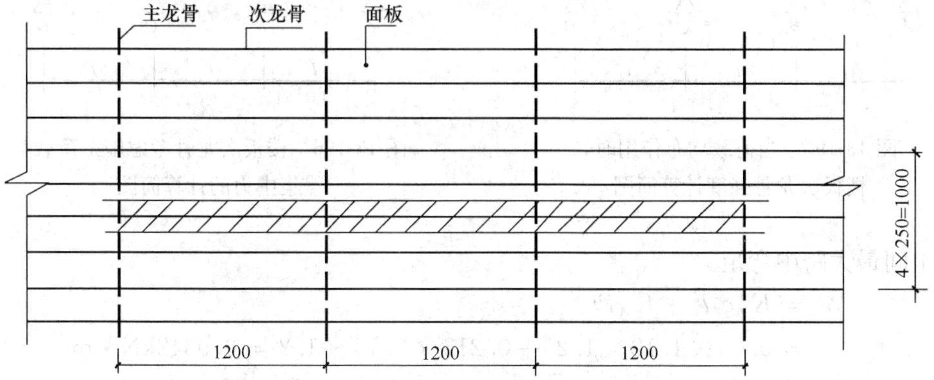

图 13-194 楼板次龙骨计算简图

1) 荷载计算：

$$q_{11}=\gamma_0\{[\gamma_i\times(G_{1k}+G_{2k}+G_{3k})+\gamma_{Qi}\times Q_{1k}]\times b+\gamma_i\times m_{次龙骨}\}$$

$$=0.9\times\{[1.2\times(0.24+3.6+0.165)+1.4\times(2.5+2)]\times0.25+1.2\times0.035\}$$

$$=2.54\text{kN/m}$$

$$q_{12}=\gamma_0\{[\gamma_i\times\alpha\times(G_{1k}+G_{2k}+G_{3k})+\gamma_{Qi}\times\psi\times Q_{1k}]\times b+\gamma_i\times\alpha\times m_{次龙骨}\}$$

$$=0.9\times\{[1.35\times1\times(0.24+3.6+0.165)+1.4\times0.9$$

$$\times(2.5+2)]\times0.25+1.35\times1\times0.035\}$$

$$=2.53\text{kN/m}$$

$$取\ q_1=q_{11}=2.54\text{kN/m}$$

恒载设计值：

$$q_2=\gamma_0\times\gamma_i[(G_{1k}+G_{2k}+G_{3k})\times b+m_{次龙骨}]$$

$$=0.9\times1.2\times[(0.24+3.6+0.165)\times0.25+0.035]$$

$$=1.12\text{kN/m}$$

恒载标准值：

$$q_3=\gamma_0[(G_{1k}+G_{2k}+G_{3k})\times b+m_{次龙骨}]$$

$$=0.9\times[(0.24+3.6+0.165)\times0.25+0.035]$$

$$=0.933\text{kN/m}$$

集中荷载设计值为：$P=\gamma_0\times\gamma_{Qi}\times Q_{1k'}=0.9\times1.4\times2.5=3.15\text{kN}$

2) 弯曲强度计算：

按照三跨连续梁进行分析计算。

①当施工荷载为均布荷载作用时（图 13-195）：

$$M_{11}=K_M q_1 l^2$$

$$=0.101\times2.54\times1.2^2=0.3694\text{kN}\cdot\text{m}$$

②当施工荷载为集中荷载时（图 13-196）：

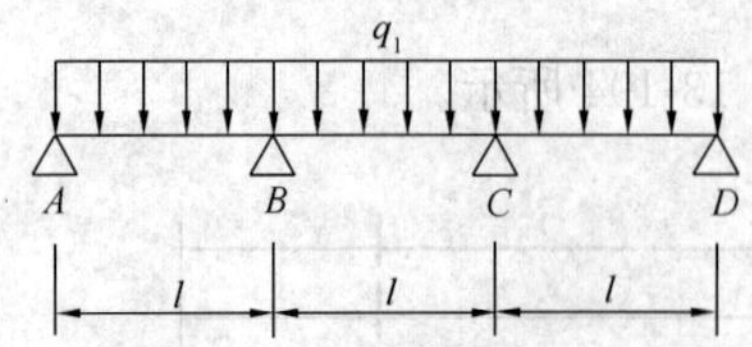

图 13-195　当荷载均布作用时，楼板次龙骨强度计算简图

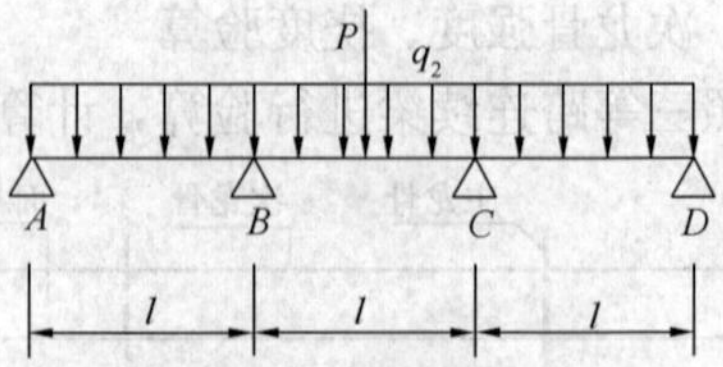

图 13-196　楼板次龙骨考虑施工荷载为集中力的计算简图

中间最大跨中弯矩

$$M_{12}=K_{\mathrm{M}}q_2l^2+K_{\mathrm{M}}Pl$$
$$=0.08\times1.12\times1.2^2+0.213\times3.15\times1.2=0.9342\mathrm{kN\cdot m}$$

取两者中最大的弯矩 $M_{12}=0.9342\mathrm{kN\cdot m}$ 为强度计算值，则

$$\delta=\frac{M_{\max}}{W}=\frac{0.9342\times10^6}{83333}=11.21\mathrm{N/mm^2}<[f_{\mathrm{m}}]=13\mathrm{N/mm^2}$$，故验算满足要求。

3）抗剪强度验算：

当主龙骨采用钢管时，次龙骨跨中两侧分别传到支座的剪力值 Q 按次龙骨所承担的全跨荷载考虑；当主龙骨采用方木时，次龙骨跨中两侧分别传到支座的剪力值 Q 按次龙骨所承担全跨荷载的一半考虑。

$$Q=\frac{1}{2}(1.12\times1.2+3.15)=2.247\mathrm{kN}$$

$$\tau=\frac{3Q}{2bh}=\frac{3\times2247}{2\times50\times100}=0.674\mathrm{N/mm^2}<[\tau]=1.4\mathrm{N/mm^2}$$，满足要求。

4）挠度验算：

按照三跨连续梁进行计算，最大跨中挠度：

$$\omega=\frac{K_{\mathrm{W}}q_3l^4}{100EI}$$
$$=\frac{0.677\times0.933\times1200^4}{100\times9000\times4.17\times10^6}$$
$$=0.35\mathrm{mm}$$

取 $\omega=0.35\mathrm{mm}<[\omega]=\frac{l}{400}=\frac{1200}{400}=3\mathrm{mm}$，故满足要求。

（3）主龙骨强度、挠度验算

1）受力分析：

计算单元简图如图 13-197 所示。

2）荷载计算

由于次龙骨间距较密，可化为均布线荷载：

$$q_{11}=\gamma_0\{[\gamma_i\times(G_{1\mathrm{k}}+G_{2\mathrm{k}}+G_{3\mathrm{k}})+\gamma_{\mathrm{Q}i}\times Q_{1\mathrm{k}}]\times l_{\mathrm{a}}+\gamma_i\times m_{\text{主龙骨}}\}$$
$$=0.9\times\{[1.2\times(0.24+0.14+3.6+0.165)+1.4\times(1.5+2)]\times1.2+1.2\times0.07\}$$
$$=10.74\mathrm{kN}$$

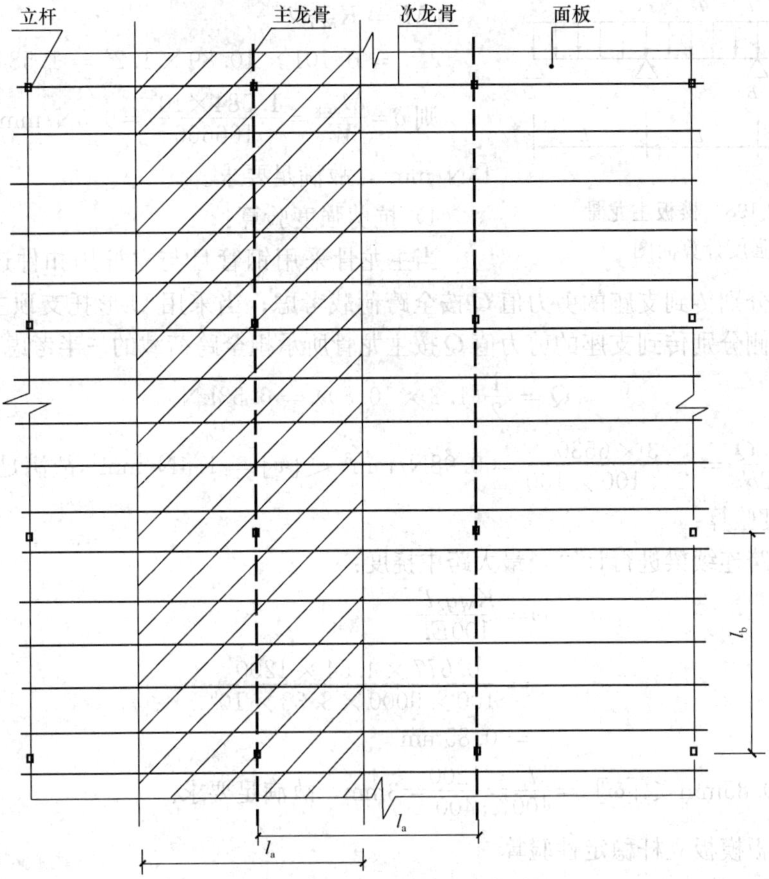

图 13-197 楼板主龙骨计算简图

$$q_{12}=\gamma_0\{[\gamma_i\times\alpha\times(G_{1k}+G_{2k}+G_{3k})+\gamma_{Qi}\times\psi\times Q_{1k}]\times l_a+\gamma_i\times\alpha\times m_{主龙骨}\}$$
$$=0.9\times\{[1.35\times1\times[(0.24+0.14)+3.6+0.165]\times1.2+1.4\times0.9\times(1.5+2)]+1.35\times1\times0.07\}$$
$$=10.89\text{kN}$$

取 $q_1=q_{12}=10.89\text{kN/m}$

恒载设计值：

$$q_2=\gamma_0\times\gamma_i[(G_{1k}+G_{2k}+G_{3k})\times l_a+m_{主龙骨}]$$
$$=0.9\times1.2\times\{[(0.24+0.14)+3.6+0.165]\times1.2+0.07\}$$
$$=5.45\text{kN/m}$$

恒载标准值：

$$q_3=\gamma_0[l_a\times(G_{1k}+G_{2k}+G_{3k})+m_{主龙骨}]$$
$$=0.9\times\{1.2\times[(0.24+0.14)+3.6+0.165]+0.07\}$$
$$=4.54\text{kN/m}$$

3）弯曲强度计算：

按照三跨连续梁进行分析计算，次梁所施加的施工荷载简化为均布荷载作用，如图 13-198 所示。

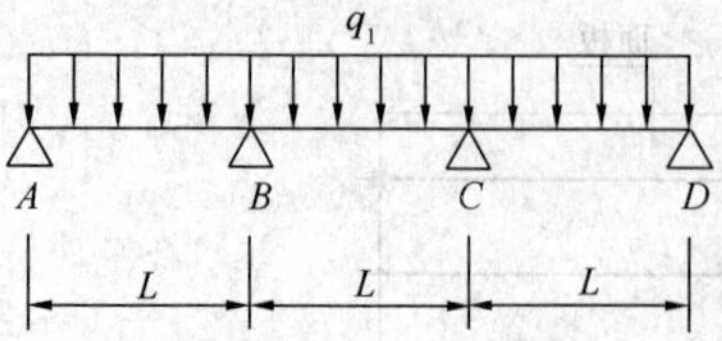

图 13-198 楼板主龙骨强度计算简图

$$M_1 = K_M q_1 l^2$$
$$= 0.101 \times 10.89 \times 1.2^2 = 1.584\text{kN} \cdot \text{m}$$

则 $\delta = \frac{M_{max}}{W} = \frac{1.584 \times 10^6}{166666} = 9.5\text{N/mm}^2 < [f_m] = 13\text{N/mm}^2$，故满足要求。

4）抗剪强度验算：

当主龙骨采用钢管且与立杆用扣件连接时，主龙骨跨中两侧分别传到支座的剪力值 Q 按全跨荷载考虑；当采用U形托支顶主龙骨时，次龙骨跨中两侧分别传到支座的剪力值 Q 按主龙骨所承担全跨荷载的一半考虑。

$$Q = \frac{1}{2}(1.2 \times 10.89) = 6.53\text{kN}$$

$$\tau = \frac{3Q}{2bh} = \frac{3 \times 6530}{2 \times 100 \times 100} = 0.98\text{N/mm}^2 < [\tau] = 1.4\text{N/mm}^2$$，故满足要求。

5）挠度验算：

按照三跨连续梁进行计算，最大跨中挠度：

$$\omega = \frac{K_W q_3 l^4}{100EI}$$
$$= \frac{0.677 \times 4.54 \times 1200^4}{100 \times 9000 \times 8.33 \times 10^6}$$
$$= 0.85\text{mm}$$

取 $\omega = 0.85\text{mm} < [\omega] = \frac{l}{400} = \frac{1200}{400} = 3\text{mm}$，故满足要求。

（4）楼板模板立杆稳定性验算

1）计算参数：

楼板部分模架支撑高度为：14.69m

活荷载标准值：$N_Q = 1.0\text{kN/m}^2$

立杆根部承受压力值：

$m_{主龙骨}$、$m_{支架}$ 由表 13-59 和表 13-60 查得。

$$N_{11} = \gamma_0 \times \{l_a \times l_b \times [\gamma_i \times (G_{1k} + G_{2k} + G_{3k}) + \gamma_{Qi} \times Q_{1k}] + \gamma_i \times (l_b \times m_{主龙骨} + m_{支架})\}$$
$$= 0.9 \times \{1.2 \times 1.2 \times [1.2 \times (0.24 + 0.14 + 3.6 + 0.165) + 1.4 \times (1.0 + 2)] + 1.2 \times [1.2 \times 0.07 + 2.234]\}$$
$$= 14.39\text{kN}$$

$$N_{12} = \gamma_0 \times \{l_a \times l_b \times [\gamma_i \times \alpha \times (G_{1k} + G_{2k} + G_{3k}) + \gamma_{Qi} \times \psi \times Q_{1k}] + \gamma_i \times \alpha \times (l_b \times m_{主龙骨} + m_{支架})\}$$
$$= 0.9 \times \{1.2 \times 1.2 \times [1.35 \times 1 \times (0.24 + 0.14 + 3.6 + 0.165) + 1.4 \times 0.9 \times (1.0 + 2)] + 1.35 \times 1 \times [1.2 \times 0.07 + 2.234]\}$$
$$= 14.97\text{kN}$$

取 $N = N_{12} = 14.97\text{kN}$

由风荷载设计值产生的立杆段弯矩 M_W，按下式计算：

$$M_w = 0.9 \times 1.4 M_{wk} = 0.9 \times \frac{1.4 \times W_k \times l_a \times h^2}{10}$$

式中 M_{wk}——风荷载标准值产生的弯矩；

W_k——风荷载标准值，$W_k=\mu_z\cdot\mu_s\cdot W_0$；

μ_z——风压高度变化系数，当 $H=15$m，$\mu_z=1.14$

μ_s——风荷载体型系数，$\mu_s=1.3\varphi$；

挡风系数 $\varphi=1.2A_n/A_w$，查《建筑施工扣件式钢管脚手架安全技术规范》附录 A 表 A.0.5 得 $\varphi=0.106$，$\mu_s=1.3$，$\mu_s=1.3\times0.106=0.138$

W_0——基本风压，按 10 年重现期取值。北京地区 W_0 取 0.3kN/m²。

$$W_k=\mu_z\cdot\mu_s\cdot W_0=1.14\times0.138\times0.3=0.047$$

$$M_W=0.9\times\frac{1.4\times W_k\times l_a\times h^2}{10}=\frac{0.9\times1.4\times0.047\times1.2\times1.2^2}{10}=0.0102\text{kN}\cdot\text{m}$$

截面惯性矩：$\phi48\times3.5$ 脚手管的截面惯性矩

$$I=12.19\times10^4\text{mm}^4$$

回转半径：按 $\phi48\times3.5$ 脚手管计算

$$i=\frac{\sqrt{D^2+d^2}}{4}=\frac{\sqrt{48^2+41^2}}{4}=15.8\text{mm}$$

根据《建筑施工扣件式钢管脚手架安全技术规范》JGJ 130—2011 规定，本模架支撑属于满堂支撑架。满堂支撑架立杆整体稳定计算按支撑高度取计算长度附加系数 k 值（本例按支撑高度 10～20m，$k=1.217$）；立杆顶部和底部计算长度系数 μ，分别按相应规则（模架剪刀撑的设置按加强型构造做法，查附录列表中表 C-3、表 C-5）查表插值计算；按计算出的长度较大值求立杆长细比，查计算立杆稳定承载能力的系数 φ（注：竖向荷载按立杆根部承受的荷载，风荷载按立杆顶部所受的风荷载进行整体稳定性计算）。

按顶部计算长细比：$\lambda=\dfrac{l_0}{i}=k\mu_1\dfrac{h+2a}{i}=1.217\times1.408\times\dfrac{1200+2\times400}{15.8}=216.9$

按非顶部计算长细比：$\lambda=\dfrac{l_0}{i}=k\mu_2\dfrac{l_1}{i}=1.217\times2.247\times\dfrac{1200}{15.8}=207.7$

根据 $\lambda=216.9$，查《建筑施工扣件式钢管脚手架安全技术规范》JGJ 130—2011 附录 A.0.6 轴心受压构件的稳定系数 φ（Q235 钢），得 $\varphi=0.154$。

1）不组合风荷载时，取 $N=14.97$kN；

$$\sigma=\frac{N}{\varphi A}=\frac{14.97\times10^3}{0.154\times4.89\times10^2}=198.79<f=205\text{MPa},\text{满足稳定性要求。}$$

2）立杆稳定性计算在不组合风荷载时，立杆根部截面承受压力值所采用的 $N=N_{12}=14.97$kN 由下列荷载组合求得

$$N_{12}=\gamma_0\times\{l_a\times l_b\times[\gamma_i\times\alpha\times(G_{1k}+G_{2k}+G_{3k})+\gamma_{Qi}\times\psi\times Q_{1k}]$$
$$+\gamma_i\times\alpha\times(l_b\times m_{\text{主龙骨}}+m_{\text{支架}})\}$$

而在考虑风荷载作用时，由风荷载设计值产生的立杆段压应力应乘以组合系数 ψ：

$$\sigma'_w=\psi\times\frac{M_w}{W}=0.9\times\frac{0.0102\times10^6}{5080}=1.81\text{MPa}$$

立杆稳定性 $\sigma=\sigma+\sigma'_w=198.79+1.81=200.6<f=205$MPa，满足稳定性要求。

（5）楼板模架基底结构验算

因脚手管单位面积所受压力为 14970/489＝30.61MPa，大于 C30 混凝土承压能力，

故需在其根部垫钢板卸荷。卸荷面积应不小于 $0.2\times0.2=0.04\text{m}^2$，楼板抗冲切能力（近似）按两侧截面考虑 $2\times200\times200=80000\text{mm}^2$，$80000\text{mm}^2\times1.43\text{N/mm}^2=114.4\text{kN}$，大于立杆根部承受压力值 14.97kN（可）。

3. 框架梁模板验算

梁侧、梁底面板采用 15mm 厚木质覆膜多层板，梁侧次龙骨采用 50mm×100mm 方木，间距 267mm；主龙骨采用双根 50mm×100mm 方木，间距 750mm；双根 ϕ14 穿墙螺栓对拉卸荷。梁底纵向采用 3 根 100mm×100mm 方木作为次龙骨，跨间距 133mm；主龙骨采用 ϕ48 钢管，间距 1200mm；主龙骨面板按两跨连续板考虑。

（1）梁侧模板计算：

1）模板板面计算：

①荷载统计：

a. 混凝土侧压力标准值

$$t_0=\frac{200}{20+15}=5.71。$$

$$F_1=0.28\gamma_c t_0\beta\sqrt{V}$$
$$=0.28\times24000\times5.71\times0.85\times\sqrt{1.8}$$
$$=43.76\text{kN/m}^2$$
$$F_2=\gamma_c\times H=24\times1=24\text{kN/m}^2$$

混凝土侧压力标准值（表 13-53）取两者中小值，$G_{4k}=24\text{kN/m}^2$

倾倒混凝土时产生的水平荷载，查表 13-51，$Q_3=2\text{kN/m}^2$。

b. 计算框架梁混凝土侧压力设计值：

$$F_{11}=\gamma_0\times(\gamma_{Gi}\times F_1+\gamma_{Qi}\times Q_i)$$
$$=0.9\times(1.2\times24+1.4\times2)=28.44\text{kN/m}^2$$
$$F_{12}=\gamma_0\times(\gamma_{Gi}\times\alpha\times F_1+\gamma_{Qi}\times\psi\times Q_i)$$
$$=0.9\times(1.35\times0.9\times24+1.4\times0.9\times2)=28.51\text{kN/m}^2$$

取 $F=F_{12}=28.51\text{kN/m}^2$

c. 面板强度计算的线荷载：

$q_1=l_b\times F=0.75\times28.51=21.38\text{kN/m}$（$l_b$ 为主龙骨间距 750mm 时）

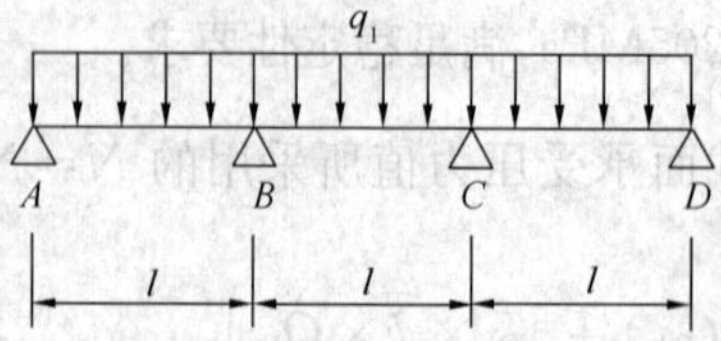

图 13-199　梁侧模板强度计算简图

d. 刚度计算的设计荷载：

$$q_2=\gamma_0\times G_{4k}\times l_b$$
$$=0.9\times24\times0.75$$
$$=16.2\text{kN/m}$$

②模板板面弯曲强度计算：计算简图如图 13-199 所示。

$$M_{11}=K_M q_1 b^2$$
$$=0.101\times21.38\times0.267^2=0.154\text{kN}\cdot\text{m}$$

模板截面特性：

$$I=\frac{bh^3}{12}=\frac{750\times15^3}{12}=210938\text{mm}^4;W=\frac{bh^2}{6}=\frac{750\times15^2}{6}=28125\text{mm}^3$$

$$\delta=\frac{M_{\max}}{W}=\frac{0.154\times10^6}{28125}=5.48\text{N/mm}^2<[f]=11.5\text{N/mm}^2$$，故满足要求。

③模板板面抗剪强度计算：

$$Q=\frac{1}{2}q_1\times c=\frac{1}{2}\times21.38\times0.267=2.85\text{kN}$$（c 为次龙骨间距）

$$\tau=\frac{3Q}{2bh}=\frac{3\times2850}{2\times750\times15}=0.38\text{N/mm}^2<[\tau]=1.4\text{N/mm}^2$$，故满足要求。

④模板板面挠度验算：

$$\omega=\frac{K_W q_2 b^4}{100EI}=\frac{0.677\times16.2\times267^4}{100\times6425\times210938}=0.41\text{mm}$$

$$\omega=0.41\text{mm}<[\omega]=\frac{b}{400}=\frac{267}{400}=0.67\text{mm}$$，故满足要求。

2）次龙骨强度、挠度验算

①荷载计算：

a. 强度计算的设计荷载取值：

$q_1=F\times c=28.51\times0.267=7.61\text{kN/m}$（$c$ 为次龙骨间距 267mm 时）

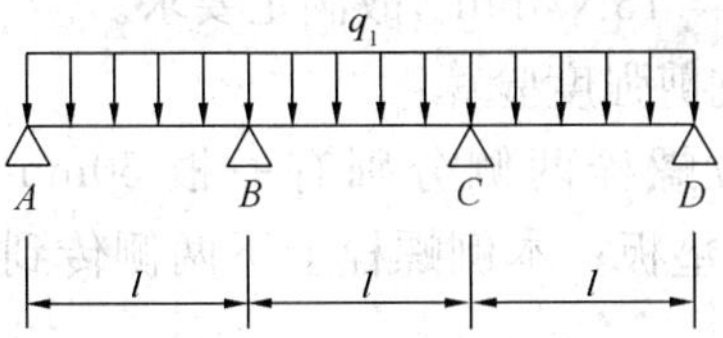

图 13-200 梁侧模板次龙骨强度计算简图

b. 刚度计算的设计荷载：

$$q_2=\gamma_0\times G_{4k}\times c=0.9\times24\times0.267=5.77\text{kN/m}$$

②弯曲强度计算：

施工荷载为均布荷载，按照三跨连续梁进行分析计算，如图 13-200 所示。

$$M_{11}=K_M q_1 l^2=0.101\times7.61\times0.75^2=0.4323\text{kN}\cdot\text{m}$$

则 $$\delta=\frac{M_{\max}}{W}=\frac{0.4323\times10^6}{83333}=5.19\text{N/mm}^2<[f_m]=13\text{N/mm}^2$$，故满足要求。

③抗剪强度验算：

主龙骨采用方木，次龙骨跨中两侧分别传到支座的剪力值 Q，按次龙骨所承担全跨荷载的一半考虑。

$$Q=\frac{1}{2}\times7.61=3.805\text{kN}$$

$$\tau=\frac{3Q}{2bh}=\frac{3\times3805}{2\times50\times100}=1.14\text{N/mm}^2<[\tau]=1.4\text{N/mm}^2$$，故满足要求。

④挠度验算：

按照三跨连续梁进行计算，最大跨中挠度：

$$\omega=\frac{K_{W}q_{2}l^{4}}{100EI}=\frac{0.677\times5.77\times750^{4}}{100\times9000\times4.17\times10^{6}}=0.33\text{mm}$$

$$取\ \omega=0.33\text{mm}<[\omega]=\frac{l}{400}=\frac{1200}{400}=3\text{mm},故满足要求。$$

3）主龙骨强度、挠度验算

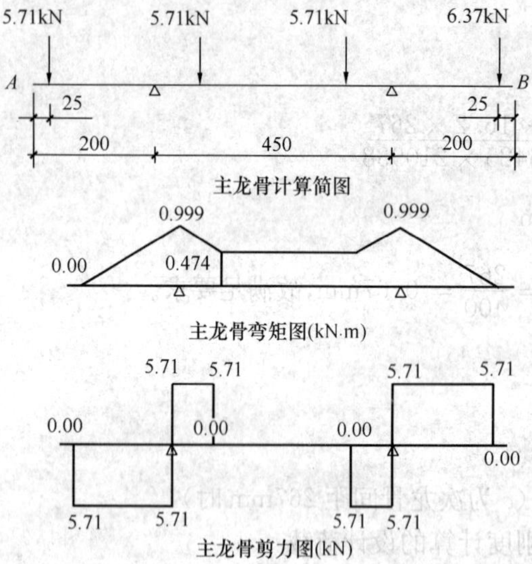

图 13-201　梁侧主龙骨内力图

①受力分析：

由于楼板厚度为 150mm，实际梁侧模高度 850mm；对拉螺栓距梁底模 200mm，间隔 450mm 再设一道。作用在主龙骨上的次龙骨集中力为 7.61×0.75=5.71kN，计算单元简图如图 13-201 所示。

②强度计算：

由弯矩图：

$$\delta=\frac{M_{max}}{W}=\frac{0.999\times10^{6}}{166666}=5.99\text{N/mm}^{2}<[f_{m}]=13\text{N/mm}^{2},故满足要求。$$

③抗剪强度验算：

对拉螺栓两侧分别有一根 50mm×100mm 方木作主龙骨，主龙骨在对拉螺栓处一般加有钢垫板；本例螺栓上下两侧传到垫板边缘的剪力 Q 相等，主龙骨抗剪能力按此荷载考虑。

$$Q=5.71\text{kN},$$

$$\tau=\frac{3Q}{2bh}=\frac{3\times5710}{2\times100\times100}=0.86\text{N/mm}^{2}<[\tau]=1.4\text{N/mm}^{2},故满足要求。$$

④挠度验算：

如果精确计算图 13-202 所示主龙骨挠度，手算的计算量较大。可以按照不计跨中荷载，只计算两侧外伸部分荷载作用的挠度和不计两侧荷载只计算跨中荷载作用的挠度分别进行计算，以计算出的挠度与控制值进行比较，校核变形是否符合要求。

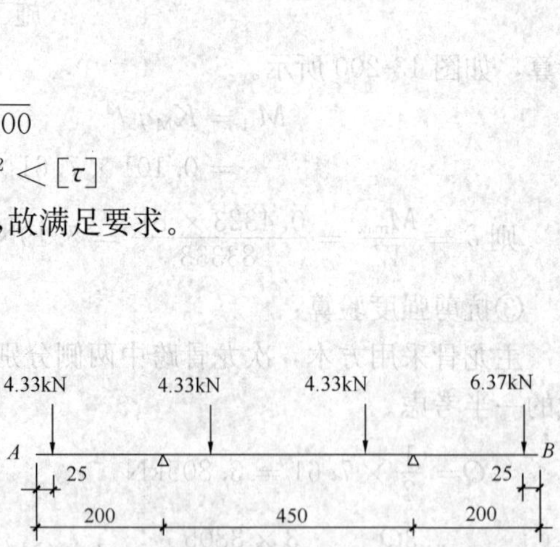

图 13-202　梁侧主龙骨变形计算受力图

主龙骨刚度计算取荷载标准值：

$$q_2=\gamma_0 G_{4k}cl=0.9\times24\times0.67\times0.75=4.33\text{kN}$$

a. 不计跨中荷载时的主龙骨两端头挠度（表 13-56）：

$$\omega=\frac{Pa^2l}{6EI}(3+2\lambda)$$

$$=\frac{4330\times175^2\times450}{6\times9000\times8.33\times10^6}\left(3+2\times\frac{175}{450}\right)$$

$$=0.50\text{mm}$$

式中，$\lambda=\frac{a}{l}=\frac{175}{450}$

b. 不计两侧外伸部分荷载时的主龙骨跨中挠度（表 13-56）：

$$\omega=\frac{Pal^2}{24EI}(3-4\alpha^2)=\frac{4330\times92\times450^2}{24\times9000\times8.33\times10^6}\left[3-4\times\left(\frac{92}{450}\right)^2\right]=0.127\text{mm}$$

式中，$a=92\text{mm}$；$\alpha=\frac{m}{l}=\frac{92}{450}$

因两种变形方向相反，互有抵消，故实际变形小于两者中的大值 0.5mm。

即：$\omega<0.5\text{mm}<[\omega]=\frac{l}{400}=\frac{450}{400}=1.13\text{mm}$，故满足要求。

（2）梁底模板

对梁底模板及支架，荷载统计按 GB 50666—2011 规定：强度计算的设计荷载取值，按固定荷载分项系数取 $\gamma_i=1.2$，可变荷载分项系数取 $\gamma_{Qi}=1.4$；荷载组合：固定荷载分项系数取 $\gamma_i=1.35$，$\alpha=1.0$；可变荷载分项系数取 $\gamma_{Qi}=1.4$，组合系数 $\psi=0.9$ 两种荷载组合计算，取大值。刚度计算的设计荷载取值只考虑固定均布荷载作用。

1）梁底模面板计算

①梁底模面板荷载

a. 面板强度计算的线荷载：

作用于梁横截面模板自重：$G_{1k}=0.24\text{kN/m}$

作用于梁横截面混凝土：$G_{2k}=24\text{kN/m}$

作用于梁横截面钢筋：$G_{3k}=1.5\text{kN/m}$

$$q_{11}=\gamma_0[\gamma_{Gi}\times(G_{1k}+G_{2k}+G_{3k})+\gamma_{Qi}\times Q_{2k}]\times c$$

$$=0.9\times[1.2\times(0.24+24+1.5)+1.4\times(2+2.5)]\times1.0$$

$$=33.47\text{kN/m}$$

$$q_{12}=\gamma_0[\gamma_{Gi}\times\alpha\times(G_{1k}+G_{2k}+G_{3k})+\gamma_{Qi}\times\varphi\times Q_{2k}]\times c$$

$$=0.9\times[1.35\times1\times(0.24+24+1.5)+1.4\times0.9\times(2+2.5)]\times1.0$$

$$=36.38\text{kN/m}$$

取 $q_1=q_{12}=36.38\text{kN/m}$

（验算模板时，线荷载方向一般与梁长度方向垂直（次龙骨与梁长同向）；令 c 为 1.0m 宽，梁底模受荷范围就在一延米上）。

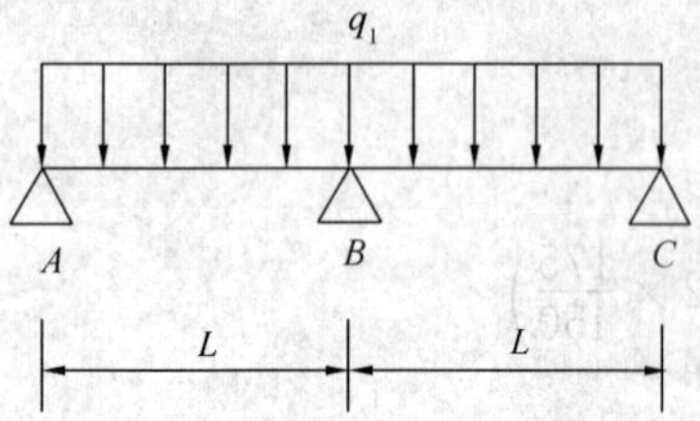

图 13-203　当荷载均布作用时梁底模板强度计算简图

b. 面板刚度计算的设计荷载：

$$q_2=\gamma_0(G_{1k}+G_{2k}+G_{3k})\times c$$
$$=0.9\times(0.24+24+1.5)\times1.0$$
$$=23.17\text{kN/m}$$

②模板板面弯曲强度计算：

施工荷载为均布作用，按照双跨连续梁进行分析计算，计算简图见图 13-203。

$$M_{11}=K_M q_1 b^2=0.125\times36.38\times0.2^2=0.1819\text{kN}\cdot\text{m}$$

模板截面特性：

$$I=\frac{bh^3}{12}=\frac{1000\times15^3}{12}=281250\text{mm}^4;W=\frac{bh^2}{6}=\frac{1000\times15^2}{6}=37500\text{mm}^3$$

$$M_{\max}=M_{11}$$

$$\delta=\frac{M_{\max}}{W}=\frac{0.1819\times10^6}{37500}=4.85\text{N/mm}^2<[f]=11.5\text{N/mm}^2\text{,故满足要求。}$$

③模板板面抗剪强度计算：

$$Q=\frac{1}{2}q_1\times0.2=3.64\text{kN}$$

$$\tau=\frac{3Q}{2bh}=\frac{3\times3640}{2\times1000\times15}=0.364\text{N/mm}^2<[\tau]=1.4\text{N/mm}^2\text{,故满足要求。}$$

④模板板面挠度验算：

查表 13-55 可知，$K_W=0.521$，则

$$\omega=\frac{K_W q_2 b^4}{100EI}$$
$$=\frac{0.521\times23.17\times200^4}{100\times6425\times281250}$$
$$=0.11\text{mm}$$

$$\omega=0.11\text{mm}<[\omega]=\frac{b}{400}=\frac{200}{400}=0.5\text{mm,故满足要求。}$$

2）次龙骨强度、挠度验算

①荷载计算：

a. 强度计算的设计荷载取值

梁支撑承担梁本身以及两侧部分楼板模架（梁侧 175mm 范围）及构件的荷载，计有：每延米模板及主次龙骨：G_{1k}＝楼板、梁模板面板＋梁侧主、次龙骨＋楼板、梁底次龙骨 G_{1k}＝0.24×（2×0.175＋2×0.85＋0.4）＋7×0.1×0.05×［2×4＋（2×2×0.85/0.75）］＋（2×0.175×0.14＋7×0.1×0.1×3）＝0.588＋0.439＋0.259＝1.29kN/m。

作用于梁横截面混凝土：G_{2k}＝24×（2×0.175×0.15＋1）＝25.26kN/m

作用于梁横截面钢筋：$G_{3k}=1.1\times2\times0.175\times0.15+1.5\times1=1.56\text{kN/m}$

$$q_{11}=\gamma_0[\gamma_{Gi}\times(G_{1k}+G_{2k}+G_{3k})+\gamma_{Qi}\times Q_{2k}]\times c$$
$$=0.9\times[1.2\times(1.29+25.26+1.56)+1.4\times(2+2.5)]\times0.2$$
$$=7.21\text{kN/m}$$
$$q_{12}=\gamma_0[\gamma_{Gi}\times\alpha\times(G_{1k}+G_{2k}+G_{3k})+\gamma_{Qi}\times\psi\times Q_{2k}]\times c$$
$$=0.9\times[1.35\times1\times(1.29+25.26+1.56)+1.4\times0.9\times(2+2.5)]\times0.2$$
$$=7.85\text{kN/m}$$

取 $q_1=q_{12}=7.85\text{kN/m}$，$c$ 为次龙骨间距。

b. 刚度计算的设计荷载：

$$q_2=\gamma_0\times(G_{1k}+G_{2k}+G_{3k})\times c$$
$$=0.9\times(1.29+25.26+1.56)\times0.2$$
$$=5.1\text{kN/m}$$

②弯曲强度计算：

施工荷载为均布荷载，按照三跨连续梁进行分析计算，计算简图见图 13-204。

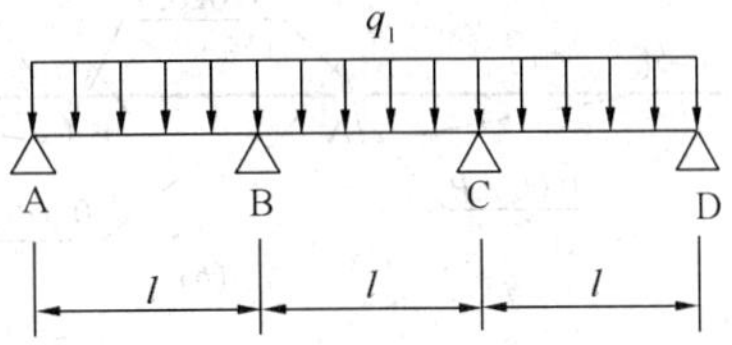

图 13-204　当荷载均布作用时梁底次龙骨强度计算简图

$$M_{11}=K_M q_1 l^2$$
$$=0.101\times7.85\times1.2^2=1.142\text{kN}\cdot\text{m}$$

则 $\delta=\dfrac{M_{max}}{W}=\dfrac{1.142\times10^6}{1.67\times10^5}=6.84\text{N/mm}^2<[f_m]=13\text{N/mm}^2$，强度满足要求。

③抗剪强度验算：

因主龙骨采用钢管，次龙骨跨中两侧分别传到支座的剪力值 Q 按次龙骨所承担的全跨荷载考虑。

$$Q=7.85\times1.2=9.42\text{kN}$$

$\tau=\dfrac{3Q}{2bh}=\dfrac{3\times9420}{2\times100\times100}=1.413\text{N/mm}^2>[\tau]=1.4\text{N/mm}^2$，不满足要求，但考虑到实际受荷最大的中龙骨，不承担梁侧楼板及梁侧模板荷载，即实际受荷为：

$Q=0.9\times\{0.2\times[1.35\times(25.5+0.24)+1.4\times0.9\times(2+2.5)]+1.35\times7\times0.1\times0.1\}\times1.2=8.83\text{kN}$，则 $\tau=\dfrac{3Q}{2bh}=\dfrac{3\times8830}{2\times100\times100}=1.325\text{N/mm}^2<[\tau]=1.4\text{N/mm}^2$，满足要求。

④挠度验算：

按照三跨连续梁进行计算，最大跨中挠度：

$$\omega=\frac{K_W q_2 l^4}{100EI}$$
$$=\frac{0.677\times5.1\times1200^4}{100\times9000\times8.33\times10^6}$$
$$=0.95\text{mm}$$

取 $\omega=0.95\text{mm}<[\omega]=\dfrac{l}{400}=\dfrac{1200}{400}=3\text{mm}$，故满足要求。

3）主龙骨强度、挠度验算

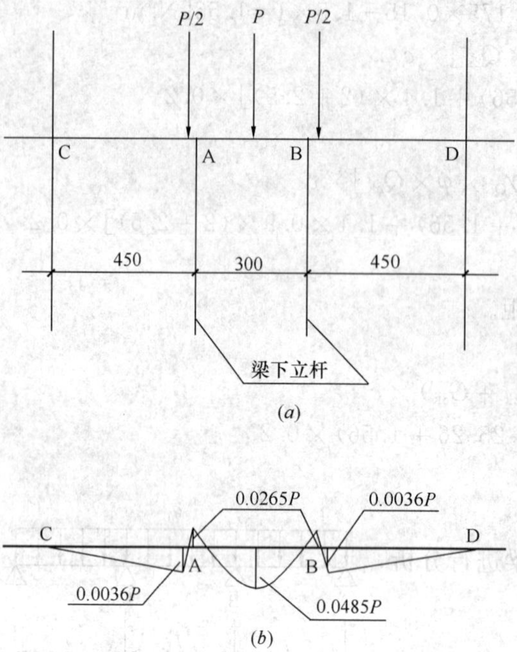

图 13-205　梁底主龙骨弯矩图

(a) 立杆位置；(b) 主龙骨弯矩图

①荷载及弯矩

梁下横向布置两根立杆，位置见图 13-205（a）。由力矩分配法（计算从略）可算出主龙骨弯矩如图 13-205（b）。

用于强度计算（取次龙骨传递下的结点荷载）：$P=1.2\times7.85=9.42\text{kN}$

用于刚度计算（取次龙骨传递下的结点荷载）：$P=1.2\times5.1=6.12\text{kN}$

②弯曲强度计算：

由图 13-205，主龙骨弯矩最大值在跨中，则

$$\delta=\frac{M_{\max}}{W}=\frac{0.0485\times9.42\times10^6}{5080}$$

$$=89.94\text{N/mm}^2<[f_{\text{m}}]$$

$$=205\text{N/mm}^2\text{，故满足要求。}$$

③抗剪强度验算

当主龙骨采用钢管且与立杆用扣件连接时，主龙骨跨中两侧分别传到支座的剪力值 Q 按全跨荷载考虑；当采用 U 形托支顶主龙骨时，主龙骨传到 U 形托支座的剪力值 Q，按主龙骨两侧分别向支座传递考虑，剪切面荷载最大值为中跨荷载的一半。

$$Q=\frac{1}{2}P=\frac{1}{2}\times7.85\times1.2=4.71\text{kN}$$

$$\tau=\frac{2Q}{A}=\frac{2\times4710}{489}=19.26\text{N/mm}^2<[\tau]=120\text{N/mm}^2\text{，故满足要求。}$$

④挠度验算：

三跨连续梁上，作用有对称集中荷载。为简化计算，不考虑边跨集中力对中跨跨中挠度的有利影响，按梁中跨为两端固定的单跨梁，计算跨中挠度：

$$\omega=\frac{Pl^3}{192EI}$$

$$=\frac{1.2\times5100\times300^3}{192\times2.05\times10^5\times1.219\times10^5}$$

$$=0.034\text{mm}$$

因为 $\omega=0.034\text{mm}<[\omega]=\frac{l}{400}=\frac{300}{400}=0.75\text{mm}$，故满足要求。

（3）梁下模板立杆稳定性验算

梁底部分净高 13.685m；

立杆根部承受竖向荷载压力值：

$$N=7.85\times1.2+1.35\times1.735=11.76\text{kN}$$

截面惯性矩：按 $\phi48\times3.5$ 脚手管的截面惯性矩：

$$I=12.19\times10^4\text{mm}^4$$

根据《建筑施工扣件式钢管脚手架安全技术规范》JGJ 130—2011 规定，本模架支撑属于满堂支撑架。本例题模架用于混凝土结构施工时，剪刀撑的设置按普通型构造做法。由于《建筑施工扣件式钢管脚手架安全技术规范》JGJ 130—2011 没有给出符合本算例的立杆排列相应数据，故按列表中（表 C-2、表 C-4）中同步距 μ_1、μ_2 的大值核定。满堂支撑架立杆整体稳定计算，分别按顶部和底部相应规则计算立杆计算长度，取计算大值，求长细比，查出模架支撑立杆稳定承载能力的计算系数 φ。按立杆根部实际承受的荷载进行整体稳定性计算：

按顶部计算长细比：$\lambda=\dfrac{l_0}{i}=k\mu_1\dfrac{l_1+2d}{i}=1.217\times1.558\times\dfrac{1200+2\times400}{15.8}=240$

按非顶部计算长细比：$\lambda=\dfrac{l_0}{i}=k\mu_2\dfrac{l_1}{i}=1.217\times2.492\times\dfrac{1200}{15.8}=230.34$

根据 $\lambda=240$，查《建筑施工扣件式钢管脚手架安全技术规范》JGJ 130—2011 附录 A.0.6 表 A.0.6 轴心受压构件的稳定系数 φ（Q235 钢），得 $\varphi=0.127$。

1）不组合风荷载时，取 $N=11.76\text{kN}$；

$$\sigma=\frac{N}{\varphi A}=\frac{11.76\times10^3}{0.127\times4.89\times10^2}=189\text{MPa}<f=205\text{MPa}$$，满足稳定性要求。

2）立杆稳定性计算在不组合风荷载时，立杆根部截面承受压力值由以下荷载组合计算求得：

$$N=7.85\times1.2+1.35\times1.735=11.76\text{kN}$$

故在考虑风荷载作用时，由风荷载设计值产生的立杆段压应力应乘以组合系数 ψ：

$$\sigma_w=\psi\times\frac{M_w}{W}=0.9\times\frac{0.0102\times10^6}{5080}=1.81\text{MPa}$$

立杆稳定性 $\sigma=\sigma+\sigma'_w=189+1.81=190.8<f=205\text{MPa}$，满足稳定性要求。

13.16 脱 模 剂

13.16.1 脱模剂基本性能及要求

脱模剂又称隔离剂，是涂刷（喷涂）在模板表面，起隔离作用，在拆模时能使混凝土与模板顺利脱离，保持混凝土形状完整及模板无损的材料。脱模剂对于防止模板与混凝土的粘结，保护模板，延长模板的使用寿命，以及保持混凝土墙面的洁净与光滑，起到了重要作用。脱模剂的施工性能指标见表 13-62。

脱模剂的施工性能指标 **表 13-62**

检验项目		指标
施工性能	干燥成膜时间	10～15min
	脱模性能	能顺利脱模，保持棱角完整无损，表面光滑；混凝土粘附量不大于 $5g/m^2$
	耐水性能	按试验规定水中浸泡后不出现溶解、粘手现象
	对钢模板锈蚀作用	对钢模板无锈蚀危害
	极限使用温度	能顺利脱模，保持棱角完整无损，表面光滑；混凝土粘附量不大于 $5g/m^2$

注：上述施工性能指标适用于除纯油类物质外的化学脱模剂。

脱模剂应满足以下基本要求：

(1) 容易脱模，不粘结和污染墙面，保持混凝土表面光滑、平整，棱角整齐无损。

(2) 涂刷方便，成膜快，易于干燥和清理。

(3) 对模板和混凝土均无侵蚀，不影响混凝土表面的装饰效果，不污染钢筋，不含有对混凝土性能有害的物质；能够保护模板，延长模板使用寿命。

(4) 具有较好的稳定性、耐水性、耐候性和适应性。

(5) 无毒、无刺激性气味。

(6) 材料来源广泛，价格相对便宜。

13.16.2 脱模剂的种类

混凝土脱模剂种类繁多，不同的脱模剂对混凝土与模板的隔离效果不尽相同。在选用脱模剂时，应主要根据脱模剂的特点、模板的材料、施工条件、混凝土表面装饰的要求，以及成本等因素综合考虑，同时还要注意脱模剂不应导致混凝土表面风化起灰，不妨碍洒水养护时混凝土表面的湿润，不损害构件的正常性能，不污染混凝土。

脱模剂一般可分为以下几类：

(1) 海藻酸钠 1.5kg，滑石粉 20kg，洗衣粉 1.5kg，水 80kg，将海藻酸钠先浸泡 2～3d，再与其他材料混合，调制成白色脱模剂。常用于涂刷钢模。缺点是每涂一次不能多次使用，在冬期、雨期施工时，缺少防冻防雨的有效措施。

(2) 乳化机油（又名皂化石油）50%～55%，水（60～80℃）40%～45%，脂肪酸（油酸、硬脂酸或棕榈脂酸）1.5%～2.5%，石油产物（煤油或汽油）2.5%，磷酸（85%浓度）0.01%，苛性钾 0.02%，按上述质量比，先将乳化机油加热到 50～60℃，并将硬脂酸稍加粉碎然后倒入已加热的乳化机油中，加以搅拌，使其溶解（硬脂酸溶点为 50～60℃），再加入一定量的热水（60～80℃），搅拌至成为白色乳液为止。最后将一定量的磷酸和苛性钾溶液倒入乳化液中，并继续搅拌，改变其酸度或碱度。使用时用水冲淡，按乳液与水的质量比为 1∶5 用于钢模，按 1∶5 或 1∶10 用于木模。

(3) 长效脱模剂。

1) 不饱和聚酯树脂∶甲基硅油∶丙酮∶环己酮∶萘酸钴＝1∶(0.01～0.15)∶(0.30～0.50)∶(0.03～0.04)∶(0.015～0.02)，每平方米模板用料则依次为(g)∶60∶6∶30∶2∶1。

2) 6101号环氧树脂∶甲基硅油∶苯二甲酸二丁酯∶丙酮∶乙二胺＝1∶(0.10～0.15)∶(0.05～0.06)∶(0.05～0.08)∶(0.10～0.15)，每平方米模板用料依次为(g)∶60∶9∶3∶3∶6。

3) 低沸水质有机硅，按有机硅水解物∶汽油＝1∶10 调制，每平方米模板用 50g。采用长效脱模剂，必须预先进行配合比试验。底层必须干透，才能刷第二层。涂刷一次脱模剂，一般模板可以使用 10 次左右，不用清理，但价格较贵，涂刷也较复杂。

13.16.3 脱模剂涂刷注意事项

(1) 在首次涂刷脱模剂前，应对模板进行检查和清理。板面的缝隙应用环氧树脂腻子或其他材料进行补缝。清除掉模板表面的污垢和锈蚀后，才能涂刷脱模剂。

（2）涂刷脱模剂可以采用喷涂或刷涂，操作要迅速，涂层应薄而均匀，结膜后不要回刷，以免起胶。涂刷时所有与混凝土接触的板面均应涂刷，不可只涂大面而忽略小面及阴阳角。在阴角处不得涂刷过多，否则会造成脱模剂积存或流坠。

（3）在首次涂刷甲基硅树脂脱模剂前，应将板面彻底擦洗干净，打磨出金属光泽，擦去浮锈，然后用棉纱沾酒精擦洗。板面处理越干净，则成膜越牢固，周转使用次数越多。采用甲基硅树脂脱模剂，模板表面不准刷防锈漆。当钢模重刷脱模剂时，要趁拆模后板面潮湿，用扁铲、棕刷、棉丝将浮渣清理干净，否则干固后清理较困难。

（4）不管用何种脱模剂，均不得涂刷在钢筋上，以免影响钢筋的握裹力。

（5）现场配制脱模剂时要随用随配，以免影响脱模剂的效果和造成浪费。

（6）涂刷时要注意周围环境，防止污染。

（7）脱模后应及时清理板面的浮渣，并用棉丝擦净，然后再涂刷脱模剂。

（8）涂刷脱模剂后的模板不能长时间放置，以防雨淋或落上灰尘，影响脱模效果。

（9）冬雨期施工不宜使用水性脱模剂。

13.17 模板拆除

13.17.1 拆模时机与控制要求

混凝土结构浇筑后，达到一定强度方可拆模。模板拆卸时间应按照结构特点和混凝土所达到的强度来确定。拆模要掌握好时机，应保证混凝土达到必要的强度，同时又要及时，以便于模板周转和加快施工进度。

（1）侧模拆除时，混凝土强度应能保证其表面及棱角不因拆模而受损坏，预埋件或外露钢筋插铁不因拆模碰挠而松动。冬期施工时，应视其施工方法和混凝土强度增长情况及测温情况决定拆模时间。

（2）底模及其支架的拆除，结构混凝土强度应符合设计要求。当设计无要求时，同条件养护试件的混凝土强度应符合表 13-63 的规定：

拆模时混凝土强度要求　　表 13-63

构件类型	构件跨度（m）	达到设计的混凝土立方体抗压强度标准值的百分率（%）
板	≤2	≥50
	>2、≤8	≥75
	>8	≥100
梁、拱、壳	≤8	≥75
	>8	≥100
悬臂构件	—	≥100

（3）位于楼层间连续支模层的底层支架的拆除时间，应根据各支架层已浇筑混凝土强度的增长情况以及顶部支模层的施工荷载在连续支模层及楼层间的荷载传递计算确定。模板支架拆除后，应对其结构上部施工荷载及堆放料具进行严格控制，或经验算在结构底部增设临时支撑。悬挑结构按施工方案加临时支撑。

（4）采用快拆支架体系时，且立柱间距不大于 2m 时，板底模板可在混凝土强度达到设计强度等级值的 50%时，保留支架体系并拆除模板板块；梁底模板应在混凝土强度达到设计强度等级值的75%时，保留支架体系并拆除模板板块。

(5) 后张预应力混凝土结构的侧模宜在施加预应力前拆除，底模及支架的拆除应按施工技术方案执行，并不应在预应力建立前拆除。

(6) 大体积混凝土的拆模时间除应满足混凝土强度要求外，还应使混凝土内外温差降低到25℃以下时方可拆模。否则应采取有效措施防止产生温度裂缝。

13.17.2 拆模顺序与方法

13.17.2.1 一般要求

(1) 模板拆除的顺序和方法，应按照配板设计的规定进行，遵循先支后拆，后支先拆，先非承重部位，后承重部位以及自上而下的原则。拆模时，严禁用大锤和撬棍硬砸硬撬。

(2) 组合大模板宜大块整体拆除。

(3) 支承件和连接件应逐件拆卸，模板应逐块拆卸传递，拆除时不得损伤模板和混凝土。

(4) 拆下的模板和配件不得抛扔，均应分类堆放整齐，附件应放在工具箱内。

13.17.2.2 支架立柱拆除

(1) 当拆除钢楞、木楞、钢桁架时，应在其下面临时搭设防护支架，使所拆楞梁及桁架先落在临时防护支架上。

(2) 当立柱的水平拉杆超过2层时，应首先拆除2层以上的拉杆。当拆除最后一道水平拉杆时，应与拆除立柱同时进行。

(3) 当拆除4～8m跨度的梁下立柱时，应先从跨中开始，对称地分别向两端拆除。拆除时，严禁采用连梁底板向旁侧一片拉倒的拆除方法。

(4) 对于多层楼板模板的立柱，当上层及以上楼板正在浇筑混凝土时，下层楼板立柱的拆除，应根据下层楼板结构混凝土强度的实际情况，经过计算确定。

(5) 阳台模板应保持三层原模板支撑，不宜拆除后再加临时支撑。

(6) 后浇带模板应保持原支撑，如果因施工方法需要也应先加临时支撑支顶后拆模。

13.17.2.3 普通模板拆除

(1) 拆除条形基础、杯形基础、独立基础或设备基础的模板时，应符合下列要求：

1) 拆除前应先检查基槽（坑）土壤的安全状况，发现有松软、龟裂等不安全因素时，应采取安全防范措施后，方可进行作业。

2) 模板和支撑应随拆随运，不得在离槽（坑）上口边缘1m以内堆放。

3) 拆除模板时，应先拆内外木楞、再拆木面板；钢模板应先拆钩头螺栓和内外钢楞，后拆U形卡和L形插销。

(2) 拆除柱模应符合下列要求：

1) 柱模拆除可分别采用分散拆和分片拆两种方法。

2) 分散拆除的顺序为：拆除拉杆或斜撑→自上而下拆除柱箍或横楞→拆除竖楞→自上而下拆除配件及模板→运走分类堆放→清理→拔钉→钢模维修→刷防锈油或脱模剂→入库备用。

3) 分片拆除的顺序为：拆除全部支撑系统→自上而下拆除柱箍及横楞→拆除柱角U

形卡→分片拆除模板→原地清理→刷防锈油或脱模剂→分片运至新支模地点备用。

(3) 拆除墙模应符合下列要求：

1) 墙模分散拆除顺序为：拆除斜撑或斜拉杆→自上而下拆除外楞及对拉螺栓→分层自上而下拆除木楞或钢楞及零配件和模板→运走分类堆放→拔钉清理或清理检修后刷防锈油或脱模剂→入库备用。

2) 预组拼大块墙模拆除顺序为：拆除全部支撑系统→拆卸大块墙模接缝处的连接型钢及零配件→拧去固定埋设件的螺栓及大部分对拉螺栓→挂上吊装绳扣并略拉紧吊绳后拧下剩余对拉螺栓→用方木均匀敲击大块墙模立楞及钢模板，使其脱离墙体→用撬棍轻轻外撬大块墙模板使全部脱离→起吊、运走、清理→刷防锈油或脱模剂备用。

3) 拆除每一大块墙模的最后2个对拉螺栓后，作业人员应撤离大模板下侧，以后的操作均应在上部进行。个别大块模板拆除后产生局部变形者应及时整修好。

4) 大块模板起吊时，速度要慢，应保持垂直，严禁模板碰撞墙体。

(4) 拆除梁、板模板应符合下列要求：

1) 梁、板模板应先拆梁侧模，再拆板底模，最后拆除梁底模，并应分段分片进行，严禁成片撬落或成片拉拆。

2) 拆除模板时，严禁用铁棍或铁锤乱砸，已拆下的模板应妥善传递或用绳钩放至地面。

3) 待分片、分段的模板全部拆除后，将模板、支架、零配件等按指定地点运出堆放，并进行拔钉、清理、整修、刷防锈油或脱模剂，入库备用。

13.17.2.4 特殊模板拆除

(1) 对于拱、薄壳、圆穹屋顶和跨度大于8m的梁式结构，应按设计规定的程序和方式从中心沿环圈对称向外或从跨中对称向两边均匀放松模板支架立柱。

(2) 拆除圆形屋顶、筒仓下漏斗模板时，应从结构中心处的支架立柱开始，按同心圆层次对称地拆向结构的周边。

(3) 拆除带有拉杆拱的模板时，应在拆除前先将拉杆拉紧。

13.17.3 模板拆除安全技术措施及注意事项

模板及支架拆除工作的安全，包括吊落地面和转运、存放的安全。要注意防止顶模板掉落、支架倾倒、落物和碰撞等伤害事故的发生。模板拆除应有可靠的技术方案和安全保证措施，并应经过技术主管部门或负责人批准。

(1) 拆模前应检查所使用的工具是否有效和可靠，扳手等工具必须装入工具袋或系挂在身上，并应检查拆模场所范围内的安全措施。

(2) 模板的拆除工作应设专人指挥。作业区应设围栏，其内不得有其他工种作业，并应设专人负责监护。

(3) 多人同时操作时，应明确分工、统一信号或行动，应具有足够的操作面，人员应站在安全处。

(4) 高处拆除模板时，应符合有关高处作业的规定，应搭脚手架，并设防护栏杆，防止上下在同一垂直面操作。搭设临时脚手架必须牢固，不得用拆下的模板作脚手板。

(5) 操作层上临时拆下的模板不得集中堆放，要及时清运。高处拆下的模板及支撑应用垂直升降设备运至地面，不得乱抛乱扔。

（6）在提前拆除互相搭连并涉及其他后拆模板的支撑时，应补设临时支撑。拆模时，应逐块拆卸，不得成片撬落或拉倒。

（7）拆模必须拆除干净彻底，如遇特殊情况需中途停歇，应将已拆松动、悬空、浮吊的模板或支架进行临时支撑牢固或相互连接稳固。对活动部件必须一次拆除。

（8）已拆除了模板的结构，应在混凝土强度达到设计强度值后方可承受全部设计荷载。若在未达到设计强度以前，需在结构上加置施工荷载时，应另行核算，强度不足时，应加设临时支撑。

（9）遇 6 级或 6 级以上大风时，应暂停室外的高处作业。雨、雪、霜后应先清扫施工现场，方可进行工作。

（10）拆除有洞口的模板时，应采取防止操作人员坠落的措施。洞口模板拆除后，应及时进行防护。

（11）拆除平台、楼板下的立柱时，作业人员应站在安全处，严禁站在已拆或松动的模板上进行拆除作业，严禁站在悬臂结构边缘敲拆下面的底模。

13.18　模板工程施工质量及验收要求

13.18.1　一 般 规 定

（1）模板及其支架应根据工程的结构形式、荷载大小、地基土类别、施工设备和材料供应等条件进行设计。模板及其支架应具备足够的承载能力、刚度和稳定性，能可靠地承受浇筑混凝土的重量、侧压力以及施工荷载。

（2）在浇筑混凝土之前，应对模板工程进行验收。模板安装和浇筑混凝土时，应对模板及其支架进行观察和维护。发生异常情况时，应按施工技术方案及时进行处理。

（3）模板及其支架拆除的顺序及安全措施应按施工技术方案执行。

13.18.2　模 板 安 装

13.18.2.1　主控项目

（1）安装现浇混凝土的上层模板及其支架时，下层楼板应具有承受上层荷载的承载能力，或加设支架；上、下层支架的立柱应对准，并铺设垫板。

检查数量：全数检查。

检验方法：对照模板设计文件和施工技术方案观察。

（2）在涂刷模板隔离剂时，不得沾污钢筋和混凝土接槎处。

检查数量：全数检查。

检验方法：观察。

13.18.2.2　一般项目

（1）模板安装应满足下列要求：

模板的接槎不应漏浆；在浇筑混凝土前，木模板应浇水湿润，但模板内不应有积水；模板与混凝土的接触面应清理干净并涂刷隔离剂，但不得采用影响结构性能或妨碍装饰工程施工的隔离剂。

浇筑混凝土前，模板内的杂物应清理干净；对清水混凝土工程及装饰混凝土工程，应使用能达到设计效果的模板。

检查数量：全数检查。

检验方法：观察。

(2) 用作模板的地坪、胎膜等应平整光洁，不得产生影响构件质量的下沉、裂缝、起砂或起鼓。

检查数量：全数检查。

检验方法：观察。

(3) 对跨度不小于4m的现浇钢筋混凝土梁、板，其模板应按设计要求起拱；当设计无具体要求时，起拱高度宜为跨度的1/1000～3/1000。

检查数量：在同一检验批内，对于梁应抽查构件数量的10%，且不少于3件；对于板应按有代表性的自然间抽查10%，且不少于3间；对大空间结构，板可按纵横轴线划分检查面，抽查10%，且不少于3面。

检验方法：水准仪或拉线、钢尺检查。

(4) 固定在模板上的预埋件、预留孔和预留洞均不得遗漏，且应安装牢固，其偏差应符合表13-64的规定。

检查数量：在同一检验批内，对梁、柱和独立基础，应抽查构件数量的10%，且不少于3件；对墙和板，应按有代表性的自然间抽查10%，且不少于3间；对大空间结构，墙可按相邻轴线间高度5m左右划分检查面，板可按纵横轴线划分检查面，抽查10%，且均不少于3面。

检验方法：钢尺检查。

预埋件和预留孔洞的允许偏差 **表13-64**

项目		允许偏差（mm）
预埋钢板中心线位置		3
预埋管、预留孔中心线位置		3
插筋	中心线位置	5
	外露长度	+10，0
预埋螺栓	中心线位置	10
	外露长度	+10，0
预留洞	中心线位置	10
	尺寸	+10，0

注：检查中心线位置时，应沿纵、横两个方向量测，并取其中的较大值。

(5) 现浇结构模板安装的偏差应符合表13-65的规定。

检查数量：在同一检验批内，对梁、柱和独立基础，应抽查构件数量的10%，且不少于3件；对墙和板，应按有代表性的自然间抽查10%，且不少于3间；对大空间结构，墙可按相邻轴线间高度5m左右划分检查面，板可按纵横轴线划分检查面，抽查10%，且均不少于3面。

现浇结构模板安装的允许偏差及检验方法　　表 13-65

项目		允许偏差（mm）	检验方法
轴线位置（纵、横两个方向）		5	钢尺检查
底模上表面标高		±5	水准仪或拉线、钢尺检查
截面内部尺寸	基础	±10	钢尺检查
	柱、墙、梁	+4，−5	钢尺检查
层高垂直度	不大于 5m	6	经纬仪或吊线、钢尺检查
	大于 5m	8	经纬仪或吊线、钢尺检查
相邻两板表面高低差		2	钢尺检查
表面平整度		5	2m 靠尺和塞尺检查

（6）预制构件模板安装的偏差应符合表 13-66 的规定。

检查数量：首次使用及大修后的模板应全数检查；使用中的模板应定期检查，并根据使用情况不定期抽查。

预制结构模板安装的允许偏差及检验方法　　表 13-66

项目		允许偏差（mm）	检验方法
长度	梁、板	±5	钢尺量两角边，取其中较大值
	薄腹梁、桁架	±10	
	柱	0，−10	
	墙板	0，−5	
宽度	板、墙板	0，−5	钢尺量一端及中部，取其中较大值
	梁、薄腹梁、桁架、柱	+2，−5	
高（厚）度	板	+2，−3	钢尺量一端及中部，取其中较大值
	墙板	0，−5	
	梁、薄腹梁、桁架、柱	+2，−5	
侧向弯曲	梁、板、柱	l/1000 且≤15	拉线、钢尺量最大弯曲处
	墙板、薄腹梁、桁架	l/1500 且≤15	
板的表面平整度		3	2m 靠尺和塞尺检查
相邻两板表面高低差		1	钢尺检查
对角线差	板	7	钢尺量两个对角线
	墙板	5	
翘曲	板、墙板	l/1500	调平尺在两端量测
设计起拱	薄腹梁、桁架、梁	±3	拉线、钢尺量跨中

注：l 为构件长度。

13.18.3 模板拆除

13.18.3.1 主控项目

（1）底模及其支架拆除时的混凝土强度应符合设计要求；当设计无具体要求时，混凝土强度应符合表13-66的规定。

检查数量：全数检查。

检验方法：检查同条件养护试件强度试验报告。

(2) 对后张法预应力混凝土结构构件，侧模宜在预应力张拉前拆除；底模支架的拆除应按施工技术方案执行，当无具体要求时，不应在结构构件建立预应力前拆除。

检查数量：全数检查。

检验方法：观察。

(3) 后浇带模板的拆除和支顶应按施工技术方案执行。

检查数量：全数检查。

检验方法：观察。

13.18.3.2 一般项目

(1) 侧模拆除时的混凝土强度应能保证其表面及棱角不受损伤。

检查数量：全数检查。

检验方法：观察。

(2) 模板拆除时，不应对楼层形成冲击荷载。拆除的模板和支架宜分散堆放并及时清运。

检查数量：全数检查。

检验方法：观察。

13.19 绿色施工

绿色施工的宗旨是四节一环保（节能、节地、节水、节材和环境保护）。体现在模架施工中，同样是以最大限度地节约资源和减少对环境的负面影响为目的。在保证工程质量、施工安全基础上，通过科学管理和技术进步来实现。

模架施工是建筑结构施工中的一个重要环节。作为大宗的工具型的周转材料，模架占用资源量大，垂直和水平运输量大；施工过程中，噪声和脱模剂的使用对环境产生一定的污染；在施工、倒运、清理过程中形成一些建筑垃圾。现浇混凝土结构的项目要实施绿色施工，模架具有举足轻重的地位，应首先在工程总体方案中进行策划。在施工组织设计阶段，就充分考虑绿色施工的总体要求，在施工方法上为模板、支撑系统的绿色施工提供基础条件。

13.19.1 水电、天然资源的节约和替代

降低资源占用，减少资源消耗，是模板绿色施工第一要务；建筑工地节能是一个系统的、延续的过程，从工程的规划设计阶段开始，直至工程竣工验收。在施工过程中，合理制定施工组织设计并严格实施则可以使各类机械和劳动力资源的效率发挥到最大化。目前，建筑施工现场的窝工、机械闲置时有发生，一方面资源紧张，另一方面却又普遍存在浪费。这些问题可以通过优化施工方案、合理安排人力物力资源得到解决。例如实行一定程度的立体交叉流水作业、细化施工进度计划、大力开发和使用环保型工程机械、开展施工废弃物（建设固体废弃物、建筑垃圾）的再生利用、努力提高工程机械及零部件的可重

复使用、可循环使用、可再生使用率等。

模板施工不直接消耗水电，但施工工艺有些与水电消耗密切相关。比如木模板，如果拼缝不严，往往需要浇水，使木板膨胀将板缝涨严；模板堆放不合理，二次搬运会浪费机械工时和电力。合理的规划和管理，能产生节约潜力。

13.19.1.1　技术措施

（1）适当延迟模板拆除时间，起码在混凝土水化剧烈反应阶段（即混凝土持续温升阶段），暂不拆除模板；在已拆除模板的构件表面及时覆盖塑料薄膜或涂刷混凝土养护剂，不但可以减少构件表面水分的蒸发，减少表面龟裂；还可以减少养护用水的消耗，为绿色施工的节水指标作出贡献。

（2）木模板板面拼缝须严密，不得采用浇水膨胀板缝的方法解决模板接缝漏浆的问题。

（3）我国森林资源贫乏，造林绿化、改善环境是基本国策。支模龙骨所用的板材、方材，模板面板所用的木质胶合板，大量消耗宝贵的森林资源。而相对于生长较慢的木材，南方的竹子生长迅速，资源较丰富。国家技术政策倡导多采用竹胶合板，少使用天然木质材料，以从根本上保护森林绿化。当然，竹材模板在加工性能和成型效果方面，与木质模板还有一定差距。基于竹资源存量丰富的国情，我国的竹材模板的加工制造水平还有待提高。

（4）坚持以钢代木的技术政策。20世纪70年代，国家提出在模板材料上以钢代木的技术政策。钢模板成型准确、强度高、抗老化、防火、防水，周转次数多。钢模体系均为工业产品，所用辅助支撑配套，操作相对简单。虽然钢铁生产中消耗焦炭矿石、排放污染气体，但废旧钢模可回收再利用，属可循环利用的再生资源。在绿色环保等方面，与其他材料模板相比，其技术经济指标与环境影响等方面综合性能具有优势。

13.19.1.2　管理措施

（1）图纸会审时，应审核节材与材料资源利用的相关内容，制定为达到材料损耗率所应采取的措施。

（2）在模架系统的选择上，在满足施工工期、质量、机械、工艺水平和经济承受能力等条件限制基础上，充分考虑节能要求。

（3）材料运输工具适宜，装卸方法得当，防止损坏和遗撒。根据现场平面布置情况就近卸载，避免和减少二次搬运。

（4）采取技术和管理措施提高模板、脚手架等的周转次数。

（5）制定相应的模板施工节能考核指标和相应的奖罚制度，将责任落实到具体管理和操作岗位。

13.19.2　可再生资源的循环利用

13.19.2.1　使模板成为再生资源的可能性

（1）目前，一些单位为了充分利用废旧方木，使用开榫、胶粘的方法，将散碎木材接起来重复使用；将破损断裂的木制胶合板破成木条，拼制为再生模板，都为木质模板的再生利用提供了一种开拓性的思维，进行的有益尝试也取得了实质性的进展。当然这项工作绝不是一蹴而就，距离木质模板成为可再生资源还需要进行艰苦的探索。

（2）在钢制、塑料、玻璃钢等模板的再生利用上，不应只限于回用到模板上。目前的再生资源的循环利用，评价指标集中在使用过的模架材料，经过简单的修整、改制，仍然用于模板。其实模板材料作为再生资源的循环利用，应当有一个下游产业链。比如塑料、玻璃钢模板重新解体加工可在原制造厂进行，回收模板中不能重复使用的玻璃纤维要进行妥善的无害化处理；而金属模板则需要重新冶炼。

（3）需要研制、采用可降解的（如蜂窝纸板模板）、可回收的材料（刚度好、温度稳定性好的塑料模板），作为模板材料。

13.19.2.2 模板设计思路与理念

在现浇混凝土结构施工中，建筑模板是成本较高的消耗性材料。除了本身的使用损耗之外，运输、现场倒运、垂直运输机械、场地占用、清洗、装拆工时等方面的费用，对于不同的模板体系有很大差异。因此在模板设计时应综合考虑上述影响，选择高强轻质材料；少消耗材料，少污染环境。

（1）合理选用模板体系：如筒仓、烟囱、水塔采用滑模；平面布局基本一致的高层剪力墙住宅采用大模板；地铁、输水管道等连续结构采用隧道模；剪力墙旅馆建筑采用飞模；圆柱采用玻璃钢模等。

（2）施工前应对模板工程的方案进行优化。多层、高层建筑使用可重复利用的模板体系，模板支撑宜采用工具式支撑。

（3）推广早拆模板体系，利用混凝土结构早期强度增长迅速的特点，充分利用混凝土早期自身形成的强度，加快模板周转，减少施工过程投入。

（4）模板选用以节约自然资源为原则，推广使用定型钢模、钢框竹模、竹胶板。采用非木质的新材料或人造板材代替木质板材。

（5）改善模板的耐久性能，延长模板确保施工质量的使用年限。重视模板对混凝土早期的保温、保湿、防裂的养护功能。

（6）应选用耐用、维护与拆卸方便的周转材料和机具。优先选用制作、安装、拆除一体化的专业队伍进行模板工程施工。

（7）采用新型免拆模板——保温砌模的混凝土网格式剪力墙施工体系，改革传统的支模工艺。推广采用外墙保温板替代混凝土施工模板的技术。

13.19.3 施工降噪和减少污染

模板施工的污染源，主要有钢模板、金属模板在装卸、安装拆除过程中敲击碰撞或在清理粘连混凝土等污染物的过程中所产生的噪声和粉尘；废弃的塑料、玻璃钢模板对环境所形成的不可降解的建筑垃圾污染。

钢、铝等金属模板与混凝土形成的吸附力较强，因此必须使用化学脱模剂，故而产生了污染的问题。在模板表面涂刷脱模剂时，还可能出现所涂刷脱模剂粘附到钢筋上，影响了混凝土与钢筋之间粘结握裹力。脱模剂对环境的次生影响发生在水洗残留在模板表面的化学脱模剂时，不仅浪费大量宝贵水资源，还会污染现场或直接污染地下水资源等。

除了污染问题，脱模剂还会渗入到混凝土墙体表面，影响混凝土的观感以及后续装饰工程做法。比如造成粘贴瓷砖空鼓、腻子开裂等装饰质量问题。

13.19.3.1 技术措施

（1）推行文明施工，杜绝野蛮作业。提高施工操作人员的文明素质。充分利用农民工夜校等宣教阵地，向施工人员宣讲绿色施工的社会意义，建立社会公德和社会责任感，为创建社会主义的和谐社会承担起历史责任。

（2）进行周密的施工环境保护策划，分析施工过程中可能产生污染的环节，研究对策制定措施，利用技术交底等文件贯彻到施工管理层和作业层，在可能产生污染的环节明确相关责任，落实到人。

（3）解决脱模剂污染问题可以采用非金属类模板，如木质纤维类层压板、塑料类高分子建筑模板，可在允许的周转次数内，实现无需涂刷或少量涂刷建筑脱模隔离剂，即可在现浇混凝土施工与水泥等胶凝材料制品生产中实现易脱模的实用功效。使用钢模板和金属模板可以采用一些专利技术实现无脱模剂的自脱模：

1）采用电作用自脱模器实现自脱模。其原理为：通过插入新浇混凝土的电极棒与钢模板之间的电效应作用，在钢模板与新浇混凝土紧密接触的表面之间，形成的水汽等混合物的润滑隔离层，完成现浇混凝土成品表面与模板之间易于脱模的效果。此法可减轻劳动强度，节约时间、材料，保证混凝土成型质量。

2）喷涂坚韧防腐涂料饰面实现自脱模。其原理为：通过在被处理的钢模板表面喷涂坚韧防腐涂料，固化后所形成的饰面涂料膜坚韧，不怕碰撞不易破损，形成一种长效脱模隔离壳体。实现无须在钢模板表面重复涂刷常规的传统建筑脱模剂而实现自脱模效能的目的。

13.19.3.2 管理措施

（1）降低污染，节能减排，实施绿色施工。这是一项系统工作，应对施工策划、材料采购、现场施工、工程验收等各阶段进行控制，加强对整个施工过程的管理和监督。

（2）按照总体控制要求，分解到模板施工各个环节，制定具体指标（如噪声分贝值、粉尘控制值、垃圾利用率、循环材料使用率等）以及节材措施，在保证工程安全与质量的前提下，进行施工方案的节材优化，建筑垃圾减量化，尽量利用可循环材料等。

（3）严格控制脱模剂的品种和消耗量。

（4）合理规划模板占用场地，组织流水施工，争取做到模板不落地。落实节地与施工用地保护措施，制定临时用地指标、严格控制施工总平面布置规划及临时用地节地措施等。

13.19.4 改善施工作业条件

提倡绿色施工是人类文明和技术进步的结果，必然对施工环境、操作条件、劳动卫生具有积极的推动作用。

13.19.4.1 提高机械化水平

（1）目前在所有模板体系中，机械化程度最高、劳动强度最低的模板是电动爬模。由于技术所限，电动爬模还仅限应用于剪力墙、筒体结构，不适于所有混凝土结构。且由于使用成本较高，一般使用在混凝土超高层建筑。随着电动爬模技术的发展，这项技术会在更大的范围得到应用。

（2）滑模应用早于爬模，也是机械化程度较高的模板体系。特别适用于连续、高大、周长很长的筒仓、水塔。施工速度快，省去了搭设脚手架的工序。

（3）采用免拆永久模板、保温砌模等模板，简化施工工艺，提高建筑物综合性能。

（4）对大量性、较为定型的楼板、楼梯等水平构件，采用预制混凝土构件，可大量减少施工现场的模板工作量。工厂化生产的预制混凝土构件，产品质量稳定、模板消耗量小、减少现场污染、加快工程进度，应适度发展。

13.19.4.2 促进施工标准化

建筑业相对于其他工业体系，工作环境艰苦，施工技术在不同企业存在较大差异。模板和支撑材料的工业化生产，使得在材料上有了较为统一的局面，为促进施工工艺的统一和标准化奠定了基础。在国家绿色施工战略目标的原则基础和政策引导下，重新评估和规划模架施工系统在建筑施工过程中的角色，在材料、工艺等方面无疑会进一步促进模板施工的技术进步。

脚手架工程，由于扣件钢管的应用，使施工工艺在标准化方面有了全国统一的共识。竹胶合板、木质多层板、钢制大模板、滑模、电动爬模等模板的应用以及相关配套规程规范的指导，会在宏观上使模板施工过程在操作、使用、安装和拆除等方面实现施工的标准化。

绿色施工在我国还是一个全新的概念，它在中国的倡导和推行虽然还有一个过程，但走绿色施工之路势在必行，不容置疑。2007 年 9 月，建设部发布了《绿色施工导则》，对建筑工程实施绿色施工提供指导，积极推动建筑业发展绿色施工，使建筑业肩负起可持续发展的社会责任。相信随着绿色施工在我国的逐步推行，我国模板行业也会逐渐改变资源消耗型的发展模式。

参 考 文 献

[1] 叠合板用预应力混凝土底板. GB/T 16727—2007.

[2] 预应力混凝土叠合板. 06SG4391—1.

[3] 钢与混凝土组合楼(屋)盖结构构造. 05SG522.

[4] 建筑施工手册缩写组. 建筑施工手册(第四版)北京：中国建筑工业出版社，2003.

[5] 胡裕新. 钢筋混凝土旋转楼梯支模计算. 中国模架学会三届二次年会中国模架学会三届二次年会论文汇编(2000 年)

[6] 杨嗣信，余志成，侯君伟. 建筑工程模板施工手册(第二版). 北京：中国建筑工业出版社.

[7] 王怀岭，牛喜良. 折线形板式楼梯支模的计算. 建筑工人，2007(9).

网上增值服务说明

为了给广大建筑施工技术和管理人员提供优质、持续的服务，我社针对本书提供网上免费增值服务。

增值服务的内容主要包括：

(1) 标准规范更新信息以及手册中相应内容的更新；

(2) 新工艺、新工法、新材料、新设备等内容的介绍；

(3) 施工技术、质量、安全、管理等方面的案例；

(4) 施工类相关图书的简介；

(5) 读者反馈及问题解答等。

增值服务内容原则上每半年更新一次，每次提供以上一项或几项内容，其中标准规范更新情况、读者反馈及问题解答等内容我社将适时、不定期进行更新，请读者通过网上增值服务标验证后及时注册相应联系方式（电子邮箱、手机等），以方便我们及时通知增值服务内容的更新信息。

使用方法如下：

1. 请读者登录我社网站（www.cabp.com.cn）“图书网上增值服务”板块，或直接登录（http://www.cabp.com.cn/zzfw.jsp），点击进入“建筑施工手册（第五版）网上增值服务平台”。

2. 刮开封底的网上增值服务标，根据网上增值服务标上的 ID 及 SN 号，上网通过验证后享受增值服务。

3. 如果输入 ID 及 SN 号后无法通过验证，请及时与我社联系：

E-mail：sgsc5@cabp.com.cn

联系电话：4008-188-688；010-58337206（周一至周五工作时间）

如封底没有网上增值服务标，即为盗版书，欢迎举报监督，一经查实，必有重奖！

为充分保护购买正版图书读者的权益，更好地打击盗版，本书网上增值服务内容只提供在线阅读，不限定阅读次数。

防盗版举报电话：010-58337026

网上增值服务如有不完善之处，敬请广大读者谅解并欢迎提出宝贵意见和建议（联系邮箱：sgsc5@cabp.com.cn），谢谢！